日本植物方言集成

日本植物方言集成

八坂書房［編］

八坂書房

まえがき

　小社はさきに『日本植物方言集〈草本類篇〉』と題する一書を昭和47年（1972）4月に刊行した。同書の刊行は「生活の古典双書」シリーズの発刊とともに小社創設にともなう出版開始の中核をなすものであった。編集は㈳日本植物友の会で、その刊行を強力に推進して下さったのは当時の副会長松田修氏であった。会内ではすでに孔版印刷でごく少部数が作られていたが、これを活版印刷にして出版したものである。友の会の全国の会員によって地方の植物方言が採集され、それを標準和名に分類し、配列されたものであり、数点の文献資料からも採られて植物数950余、方言9500余語が集録されていた。小社ではこれに方言名からの「逆引き」を作成して付け、刊行した。創立記念出版の意味もあって1000部に限った限定出版としたが、類書が見当たらなかったことも幸いして、好評裡に迎えられ、数ヶ月後には完売できたほどであった。限定版としたので再版はしなかったが、この〈草本篇〉の刊行はそれなりの役割は果たし得たと思っている。

　刊行後、多くの方々からご意見をいただいた。その多くは、木本類が含まれていないこと、江戸時代以降現代に至るまで刊行されている多数の文献（資料）類からの方言採集が少ないことの指摘であった。小社でもいずれはご指摘の不足を補ってより一層充実したものを刊行したいと考えて、断続的ながら資料の調査・収集の努力を続けてきた。〈草本篇〉刊行より二十数年を経て、基本的な資料収集もいちおうの区切りと考え、数年前より刊行の準備を始めた。

　本書『日本植物方言集成』の刊行を容易にしたのは最近急速に進歩している電算機器（コンピュータ）の力によるものである。その威力なしには本書の刊行は望めなかったであろう。機械万能への時代を礼賛するつもりはないが、本書のような性質の刊行物への機器の貢献には計り知れないものがある。

植物方言はそれぞれの地方特有の鋭い自然観察力と同時に、人びとの暖かいまなざしを感じさせる。その中には大地に深く根ざした強い生活の匂いがある。その植物方言が私たちに語りかけているものは失われゆく自然の悲痛な叫び声かも知れない。

　本書に収録した方言はまだまだほんの一部にすぎないだろう。もっと広範な資料を渉猟しなければならないことも確かである。しかし方言名を持つ植物が数を減らし、そして方言を使い伝える人も日々減っていき、やがては植物方言が人びとの言葉から永遠に消え去ってゆくであろうことを考えると、まだまだ不完全な内容とはいえ、多少の意義はあろうかと思い、あえて刊行することにした。多くの方々のご叱正をお願いする次第である。

八坂書房

凡　例

○本書の構成
- 本書は植物の標準和名ごとに方言名をまとめて五十音順に収録し、それぞれの使用地域名を加えた本篇と、方言名から標準和名を知ることができるように配列した方言名索引との2部から構成されている。
- 収録した植物は、日本に野生する種子植物・シダ植物・コケ類・キノコ類・藻類および主な作物・野菜・果物・園芸植物を含む2000種あまりにわたり、それぞれの方言名およそ40000語を収採した。

○見出しについて
- 見出しは五十音順に配列し、標準和名およびそれに準ずる別名はカタカナで、方言名はひらがなで表記した。
- 原則として見出しの標準和名は太字で示し、別名は見出しの後に細字で示した。また、「キャベツ」「マリゴールド」のように和名ではないが一般的に用いられている名称は和名に準ずるものとして扱った。
- 原則として種名・亜種名・変種名を見出しとして扱い、品種・園芸品種（栽培品種）はその中に含むものとした。その場合も、異なる方言名が用いられているときには、方言名のあとの（　）内に品種名・園芸品種（栽培品種）名を示して区別した。
  <例>ツバキ
  　　………
  　　きのみのき　島根（出雲）
  　　くろぶち（タマツバキ）　伊豆八丈島
- 「カエデ」「サクラ」「ユリ」のように属名を見出しとし、数種の方言をまとめて収録した場合もある。その場合、種により方言が異なるときには方言名のあとの（　）内に種名を示した。
  <例>ユリ
  　　………
  　　いそゆり（スカシユリ）　東京（三宅島・御蔵島）

○方言名の表記と配列について
- 方言名は現代仮名遣い・ひらがな・表音式で示した。ただし、長音は「ー」で表した。この場合、長音記号「ー」は、直前のかなの母音と同じ母音を繰り返すものとみなし、同音の母音と並んだ場合には長音記号「ー」を先に並べた。
- 清音・濁音・半濁音がある場合は、清音→濁音→半濁音の順に並べた。
- 直音・拗音・促音がある場合には、直音を先に並べた。

○方言の使用地域名について
- 使用地域名は原資料の表記によった。したがって、現在の行政区分による地名とは必ずしも一致しない。
- 使用地域名の表記は原則として県名の後の（　）内に郡名・市名・町名・慣例的な地名・旧国名などを並べて挙げ、「県」「郡」「市」などは省いて示した。ただし、次の例のように、郡名と市名が同一の場合には「市」を用いて区別した。
  <例>大分（大分市・大分）は、大分県（大分市・大分郡）を示す。
- 地域名の配列は、近世の資料によるものを先に、近代の資料によるものを後に掲げ、それぞれをほぼ北から南へと並べた。
- 同一方言について、原資料によって使用地域の表記に異なりがある場合には、原則として原資料のまま収録した。
  <例>イヌビワ
  　　………
  　　さるがき　駿州　静岡（駿河）
- 同一方言について、原資料によって使用地域の範囲に異なりがある場合には、原資料のままとし、地域名を並べて収録した。なお、県名の後の＊はその県内の一部で方言が使われていることを示す。
  <例>高知　高知（土佐・高岡・長岡）
  <例>土州　徳島＊　高知

vii

資料文献一覧

熊野物産初志　畔田伴存　1856
校本物類称呼諸国方言索引　吉沢義則　1933
古事類苑（植物部）　神宮司庁　1912
重訂本草綱目啓蒙　小野蘭山　1847
物類称呼　越谷吾山　1775
物類品隲　平賀源内　1763
浜荻（仙台方言音韻考）　匡子　19世紀
浜荻（庄内語及語釈）　堀季雄　1767
大和本草　貝原益軒　1708
俚言集覧　太田全斎　1797頃
樹種名方言集　農林省山林局　1932
樹木と方言　倉田悟　1962
全国植物方言集（全3冊）　橘正一　1939
日本樹木名方言集　農商務省山林局　1916
日本主要樹木名方言集　倉田悟　1963
日本植物方言集（草本類篇）　日本植物友の会　1972
日本野外植物方言集　奥山春季　1963
農作物の地方名　農林省統計調査部　1951
民俗と植物　武田久吉　1948
秋田の植物方言　水口清　1930
鹿児島県植物方言集　内藤喬　1955

佐久の植物方言　佐藤邦雄　1950
佐渡植物方言　渡辺吾郎　1931
四国樹木方言集　高知営林局　1936
肥後南ノ関動植物方言及民俗誌　能田太郎　1931
山口県植物方言集　小川五郎　1943
和歌山県植物方言集　水口清　1954
全国方言辞典　東條操　1984
日本方言大辞典　小学館　1989
秋田方言　秋田県学務課　1929
岡山方言辞典　岡山方言辞典刊行会　1981
香川県方言辞典　近石泰秋　1976
鹿児島県方言辞典　橋口満　1987
木曽の方言　矢島満美　1974
高知県方言辞典　土居重俊・浜田数義　1985
埼玉県方言辞典　平島良　1989
仙台方言辞典　浅野建二　1985
東北地方方言辞典（標準語引）　森下喜一　1987
長崎県方言辞典　原田章之進　1993
広島県方言辞典　村岡浅夫　1981
宮崎県方言辞典　原田章之進　1979

ア

アイ　　　　　　　　　　　〔タデ科／草本〕
あい　鳥取（東伯）
あいばこ　岡山*
あえっぱ　埼玉（入間）
あこ　新潟*
あゆ　岡山
いえー　埼玉（入間）
そめうえー　福島（相馬）　福岡（浮羽）
たであい　岐阜*
やー　佐賀

アイバソウ → アブラガヤ

アオアカザ　　　　　　　　〔アカザ科／草本〕
ぎんざ　阿州

アオイスミレ　　　　　　　〔スミレ科／草本〕
ねこのつぶ　長野（下水内）
やますみれ　秋田（北秋田）

アオウリ　　　　　　　　　〔ウリ科／草本〕
あおうり　京都
うり　岩手（二戸）
かたうり　相模
つけうり　岩手（二戸）
なうり　大阪
ならつけうり　岩手（二戸）
はなんぼ　大和
まうり　岩手（二戸）
まるづけ　江戸

アオカゴノキ → バリバリノキ

アオガシ　ホソバタブ　　　〔クスノキ科／木本〕
あおたぶ　山口（厚狭）
あさだ　高知（長岡・土佐）
いぬじらき　大分（南海部）
いぬたぶ　鹿児島（奄美大島）
かぐさ　高知（幡多）
かわぐす　高知（高知・幡多）
くえしば　高知（高岡）
くそたぶ　宮崎　熊本　鹿児島
こーがー　沖縄
ししくさ　徳島（海部）　高知
しししば　高知（高岡・幡多）
しらき　高知（高岡・幡多）　愛媛（宇和島市）
しらたぶ　高知　愛媛　福岡　佐賀　大分　熊本
しろあさだ　高知（香美・土佐）
しろせんこ　高知（幡多）
しろたぶ　山口（厚狭）　徳島（海部）　高知（幡多）　奄美大島
しろたまがら　高知（幡多）
せんこ　高知（幡多）
せんこぎ　高知（幡多）
たぶ　高知（幡多）
たぶのき　高知（安芸）
どーねり　高知　高知（安芸・土佐・幡多）
はなご　高知（土佐）
はなにっけい　高知（吾川）
ひたっのき　鹿児島（垂水市）
ふえしば　高知（高岡・幡多）
ふよーしば　高知（長岡）
まーどわむむ　沖縄（与那国島）

アオカズラ　　　　　　　　〔アワブキ科／木本〕
とずる　伊豆

アオガヤツリ　　　　　　　〔カヤツリグサ科／草本〕
おーたまがやつり　和歌山

アオガリダイズ　　　　　　〔マメ科／草本〕
いとかしきまめ　鹿児島*
かいばだいず　静岡*　福岡*
かいばまめ　静岡*　熊本*
かつまめ　愛知*
かんさくだいず　香川
しもだいず　鹿児島*
しょば　鹿児島*
たまめ　栃木*　埼玉*　山梨*　静岡*
たわけまめ　岐阜*

アオキ

なかうちまめ　長野*
なかまめ　三重*
はまめ　佐賀*　大分*
ひかげまめ　北海道*
みどりまめ　鳥取*

アオキ　〔ミズキ科／木本〕

あおい　岐阜（揖斐）
あおき　秋田　新潟　富山　栃木　埼玉　神奈川　三重
あおぎ　青森　宮城　福島
あおきっぱ　茨城　埼玉
あおきば　青森　岩手　宮城　秋田　山形　富山　長野（上伊那）　岐阜　三重　奈良　和歌山　鳥取（気高）　岡山　高知（香美・安芸）　大分　宮崎
あおきば　青森（上北）
あおぎば　青森　秋田　山形
あおぎんば　秋田　山形
あおしば　愛媛（温泉）
あおにょろ　熊本（玉名）
あおのき　宮城（玉造・栗原）
あおみ　宮城（本吉）
あおんど　和歌山（東牟婁）
いぼし　熊本（下益城）　宮崎（西臼杵）　大分
いぼしだま　宮崎（西臼杵）
いぼしのき　大分（大分・南海部）
いわしのき　奈良（吉野）
いんだしけー　沖縄（石垣島）
うぎざん　鹿児島（奄美大島）
うしおき　神奈川（東丹沢）
うしおけ　神奈川（三浦）
うしのきんたま　静岡
おーいば　静岡（伊豆）
おーぎっぱ　新潟（岩船）
おーきば　静岡　山口
おーぎは　新潟（東蒲原）
おしょいっぱ　千葉
おしょーき　千葉　神奈川
おしょーぎ　千葉（君津）
おしょぎ　千葉（夷隅）
おしょぎっぱ　千葉（夷隅）
おしょけっぱ　千葉
おしょけのき　千葉（上総）
おしょっぱ　千葉（夷隅）
おしょっぴん　千葉

きつねつばき　新潟（西頸城）
きつねのつばき　新潟（刈羽）
けつねのしりふき　岐阜（揖斐）
こーやしきび　三重（三重）
ざくぬのき　茨城（鹿島）
さるのちんぽ　千葉（長生）
たまつばき　長野（下水内）
だるま　神奈川（三浦）
だるまっき　神奈川（三浦）
だるまのき　神奈川（三浦）
ちゃこのき　秋田（北秋田）
つきだし　鹿児島（肝属）
どくほんぽ　福井（丹生）
どくみそ　新潟（西頸城）
どすつばき　新潟（刈羽）
なべつきだし　鹿児島（肝属）
なべつし　鹿児島
にわき　宮城（本吉）
のみのえぎ　鹿児島（奄美大島）
はびらしば　伊豆八丈島
ぽーしのき　大分（南海部）
まくらっこ　岩手（盛岡）
みそきば　愛知（額田）
みそっぱ　静岡（榛原）
みそば　愛知（北設楽）
みそぶた　埼玉　東京
みたまのき　伊豆八丈島
やけのは　富山（黒部）
やまたけ　鹿児島（鹿児島市・奄美大島）
やまだけ　熊本　宮崎　鹿児島
やまたけんは　山口（熊毛）
やまでー　鹿児島（奄美大島）

アオギリ　〔アオギリ科／木本〕

あおぎり　岩手　宮城
あおにょろ　三重（伊勢）
あおにょろり　三重（伊勢）
あおのき　熊本（玉名）
あおべら　宮崎（日向）　大分
あぶらくさ　鹿児島
いくさき　鹿児島（肝属）
いさき　高知（高岡）
いっさ　鹿児島（肝属）
いっさき　薩州　高知　鹿児島
いっさく　鹿児島
いっさっ　鹿児島

アオダモ

いっさつのっ　鹿児島（鹿児島・谷山）
おーぎり　鹿児島（奄美大島）
かじぎー　沖縄
ごとーぎり　和歌山（東牟婁）
しなのき　岩手（気仙）
せーよーぎり　青森（津軽）
ていさきかじ　沖縄
へら　大分（北海部）
やまぎり　茨城（久慈）

アオジソ 〔シソ科／草本〕
せーそ　愛媛（宇和島）　高知
せーそー　高知　高知（高知市）

アオスズラン → エゾスズラン

アオダイズ 〔マメ科／草本〕
あおさ　島根
あおにぶ　播磨
かんごく　伊豆（君沢）
こんりんざい　伊豆　尾張　長門　周防　阿州

アオダモ　コバノトネリコ 〔モクセイ科／木本〕
あい　徳島（海部）
あいぎ　徳島　高知（安芸・長岡）
あいなぎ　高知（香美）
あいのき　三重　奈良　和歌山
あえのき　長崎（対馬）
あおしだ　福島　群馬
あおぞわ　三重（一志）
あおたご　木曾　長野（伊那）　福井（大野）
あおだこ　埼玉　長野　静岡　愛知　岐阜　福井
　三重　愛媛　宮崎
あおだご　富山（五箇山）
あおたま　岩手　宮城　新潟
あおだま　山形　新潟
あおたも　青森　岩手　宮城　秋田
あおだも　青森　岩手　宮城　秋田　山形　新潟
あおたんご　福井（三方）
あおとで　高知（土佐）
あおとねり　石川　三重　徳島　高知
あおどねり　熊本（球磨）
あおとねりこ　兵庫（佐用）　徳島（那賀）
あおはだ　岐阜（揖斐）　三重（一志）
あおふじき　埼玉（秩父）　山梨（本栖）
あかつが　広島
あぶらこ　岩手（胆沢）

あらだま　青森（三戸）
いしっこずき　新潟（北魚沼）
いろのき　長野（佐久）
いんきのき　栃木（塩谷）
おーしだ　福島　茨城　栃木　群馬　埼玉
おがたも　岩手
かなねぶ　長野（北佐久）
かまねぶ　長野（北佐久）
かわねぶ　長野（北佐久）
きねぎ　香川（大川）
きねじ　香川（大川）
くろたもぎ　新潟（佐渡）
こしだ　栃木（上都賀）
こぶし　島根　熊本
さるすべり　青森　岩手　秋田
さわすべり　広島
さんしち　静岡（南伊豆・賀茂）
しおじ　新潟（北蒲原・東蒲原）
しだのき　栃木（塩谷）
すすべりのき　岡山（備前・備中）
そずき　岩手（九戸）
だご　石川（能登）
たごのき　静岡（遠江）
たも　岩手　宮城　秋田　新潟
たもえ　長野（下水内）
たもぎ　青森　新潟　長野
たものき　岩手　宮城　秋田
だんご　石川　福井
とーしねりこ　広島
とーねじ　兵庫（有馬）
とーねり　三重　奈良　山口
とーねりこ　岐阜　三重
とーねる　三重（伊賀）
とーねるこ　三重（鈴鹿）
とすべり　愛知　滋賀　三重　兵庫　岡山
とねこ　佐賀（藤津）
とねり　富山　石川　福井　静岡　愛知　三重
　奈良　和歌山　鳥取　岡山　広島　高知　愛媛
　福岡　大分　熊本
とねりこ　青森　岩手　富山　静岡　岐阜　三重
　京都　兵庫　香川　徳島　高知　愛媛　宮崎
とねる　三重（員弁）　愛媛（新居）
とねるこ　高知（香美）
とんねりこ　鳥取　広島
とんねるこ　石川（加賀）　福井（勝山）
にがき　岩手　大分　宮崎

アオツヅラフジ

ふじき　群馬　埼玉　東京　神奈川　山梨　長野
　　　静岡　島根
ふじっき　長野（伊那）
ほほのき　福岡（粕屋）
やまだも　新潟（南魚沼）
やまたもぎ　新潟（南魚沼）
ゆーれいばな　山形（西田川）
ゆーれーばな　山形（西田川）
わのき　岡山　島根

アオツヅラフジ　カミエビ　〔ツヅラフジ科／草本〕
あおいかずら　伊予　高知（高岡）
あおかずら　高知（高岡）
あおずる　埼玉（秩父）
あおそ　高知（幡多）
いぬかぶ　岡山（御津）
うしかぶ　岡山（邑久）
おやのめつぶし　奈良（南大和）
かねとずる　埼玉（秩父）
きつねんがらめ　鹿児島（薩摩・阿久根市）
きんねんかずら　鹿児島（阿久根市）
げしぶどー　岡山
こっぽーかずら　広島（比婆）
しにぶどー　新潟
しんぶんそー　新潟
ちんちんかずら　美作
ちんちんこー　岡山（苫田）
つずら　高知（土佐）　宮崎（日向）
つづら　宮崎（西臼杵）
つるくさ　長野（佐久）
とーしふじ　長野（佐久）
とんずる　長野（北安曇）
はとかずら　鹿児島（垂水市）
はときびり　鹿児島（垂水市）
はとくびり　熊本（球磨）　鹿児島（国分市）
はぬけ　岡山
はぬけかずら　香川（綾歌）　岡山
ひきさんぽ　香川（香川）
ぶす　新潟
へくさんぽ　高知（土佐）
へこずる　木曾
やかんかずら　東京（三宅島）
やかんからげ　東京（三宅島）
やかんずる　東京（三宅島）
やかんふじ　東京（三宅島）
やまかし　薩摩

アオネカズラ　〔ウラボシ科／シダ〕
さるのしょーが　紀州熊野
びろーどしのぶ　江戸

アオノクマタケラン　〔ショウガ科／草本〕
くまたか　和歌山（日高）
さーにん　沖縄（島尻）
さにん　鹿児島（中之島）
さにんがしわ　鹿児島（中之島）
さねん　鹿児島（奄美大島）
さんねん　鹿児島（与論島）
しゃーにん　沖縄（島尻）
すっさ　鹿児島（肝属）
ちくしゃ　東京（三宅島）
むちざねん　鹿児島（大島）
やまつわがしわ　鹿児島（悪石島）
やまとー　沖縄（石垣島）
やまばしゃ　鹿児島（喜界島）

アオノリ　〔アオサ科／藻〕
あーさ　沖縄（首里）
あおさ　紀伊　三重（度会）　山口（厚狭）　香川
　　　（三豊・仲多度）
あおそ　和歌山（日高）
いとあおさ　佐渡　山形（西田川・飽海）
うみあーさ　沖縄（首里）
かつな　南部　岩手（二戸）
つづれあおさ　山形（飽海）
はまごのり　宮崎（延岡）
びそ　青森
ぴちゃぴちゃあおさ　山形（飽海）
ひばのり　群馬（多野）

アオノリュウゼツラン　リュウゼツラン
　　　　　　　　　　　〔リュウゼツラン科／草本〕
おらんだおもと　鹿児島（薩摩）
かみなりよけ　静岡（志太）
じゃのべろ　島根（石見）
どぅがい　沖縄（石垣島）
どぅぐわい　沖縄（首里）
とぅぶ　沖縄（与那国島）
とーぶー　沖縄（竹富島）
どっかい　鹿児島（日置）
とんびゃん　鹿児島（沖永良部島・与論島）
るがい　沖縄（石垣島）
るぐわい　沖縄

4

アオハダ　　　〔モチノキ科／木本〕

あおかわ　宮城
あおき　新潟（北蒲原）　静岡（遠江）　岐阜（揖斐）　三重（多気）　長崎（東彼杵）
あおぎ　三重（大杉谷）
あおしだ　群馬（谷川温泉）
あおだく　長野（松本）
あおつき　茨城（大子）
あおとねり　鳥取（八頭）
あおねり　山形
あおのき　宮城（気仙）
あおば　熊本　鹿児島（薩摩）
あおはだ　埼玉　東京　神奈川　山梨（北都留）　静岡（伊豆）　三重
あおぶ　新潟（魚沼）
あおべら　熊本（菊池）
あおぼ　宮城（栗原・玉造）
あおぽ　岩手　宮城
あおぼー　岩手（西磐井）
あずきぎ　高知（土佐）
あずきじんだ　和歌山（那智）
あずきな　高知（長岡）
あぶらこ　茨城
あぶらない　広島（佐伯）
ありもどき　高知（安芸）
あわごな　茨城
いたぎ　滋賀（北部）
いぬげやき　高知
うめぼとけ　三重（員弁）
うめもどき　福井　三重　奈良　和歌山　広島
うめもどき　広島（備後）
かおかだ　宮城（本吉）
からしょーごい　岐阜（飛騨）
からすがき　福島（双葉）
くまねり　長野（松本市）　岐阜（美濃）　静岡（遠江）
くまのり　静岡（遠江）　長野　愛知
くまぶち　静岡
こーこーぶな　高知
こーしゅーぶな　栃木（日光）
こーぽーちゃ　栃木　和歌山　熊野
ごげぎ　青森（上北）
こざくら　岩手（下閉伊）
こさばら　岩手（岩手・東磐井）
こさぶた　岩手（下閉伊）
こさぶな　青森　岩手

こさぶろー　高知（長岡）
こさむらい　青森　岩手
こさんばら　岩手（岩手・紫波）
こしゃぶな　栃木
こしょーぶち　栃木（日光市）
こしょーぶな　栃木（日光）
こせみ　福井（三方）
さいご　京都　徳島（美馬）　愛媛（宇摩）
さるすべり　青森　青森（下北）　秋田　岩手
さわみずき　静岡
さんじ　愛媛（新居）　高知（土佐）
さんじしば　高知（幡多）
しゃくしぎ　宮城（柴田・宮城）
しらき　三重（飯南）
しらだも　宮城
しらふくろ　和歌山（有田）
しろき　高知（高岡・幡多）
しろこ　青森（増川）
しろさんじ　愛媛（上浮穴）
しろさんり　愛媛（面河）
しろじしゃ　三重（伊賀）
しろふじき　山梨（本栖）
そげた　三重（北牟婁）
そばこ　福島（富岡）
たご　富山
だんごばら　長野（北佐久）
たんつぼ　長野（北佐久）
とーふのき　群馬（甘楽）
とりあしぎ　和歌山（東牟婁）
どろのき　岡山　備前　備中
なつしょーごい　岐阜（飛騨）
なつしょーごいん　岐阜（飛騨）
なつそよご　紀伊
なつななめ　大分（大野・南海部）
なつならめ　宮崎（東臼杵）
なつふくら　紀伊
なつぶくら　高知（安芸・長岡）
なわめのき　長崎（西彼杵）
にがき　周防　大分（久住）
はなしさんじ　愛媛（宇和島）
はなしふくらし　岡山
ひきざくら　岩手（上閉伊）
ひとつば　青森（北津軽）　岩手（和賀）　秋田（鹿角・北秋田）　埼玉　静岡（秋葉山）　岐阜（揖斐）
びやべら　宮城（刈田・伊具）

アオバノキ

ふくら　高知（安芸）
ふくらしば　高知（長岡）
ふくらもどき　香川（綾歌・仲多度）
ふとつば　秋田（北秋田・南秋田）
へやぶな　宮城（刈田）
へら　宮崎（東臼杵・児湯）
べらべら　宮城（加美・黒川）茨城
ほさば　岩手（早池峰山）
まるばうめもどき　静岡
みねばり　山形（東置賜）
めんぶくらた　香川（香川）
めんぶくらと　香川（香川）
やねぎ　三重（多気）
やまうめもどき　福井（丹生）
ゆみぎ　長門

アオバノキ　〔ハイノキ科／木本〕
ふっしば　鹿児島（大島）

アオベンケイ　〔ベンケイソウ科／草本〕
やまべんけーそー　和歌山（伊都）

アオマメ　〔マメ科／草本〕
あおはだ　伊豆　伊勢
あおばだまめ　山形
あおばつ　山形（西村山）　長野（佐久）
ひたしまめ　長野（佐久）
まんごく　愛知（名古屋市）

アオミドロ　〔ホシミドロ科／藻〕
あおさ　香川　愛媛（周桑）
あおんどろ　新潟（南蒲原）静岡　奈良（宇陀）
あまんどろ　新潟　神奈川（津久井）　長野（諏訪・佐久）　静岡（富士・榛原）
あみどろ　備前　鳥取　岡山（上房）
あめんどろ　岡山（岡山）
あもんどろ　長野（佐久）
あわさ　新潟（南蒲原・佐渡）
あわのり　岐阜（加茂）
あわんどり　新潟（西蒲原）
あわんどろ　静岡（榛原）
おんどろ　熊本（下益城）
かーめんどろ　埼玉（秩父）
かいろのわたぼーし　長野（下水内）
かえるのふとん　千葉（長生）
かっぱ　山形（西置賜）
かっぱっだ　山形（村山）
かっぱわた　山形
かな　青森　岩手（二戸）
かんな　岩手（二戸）
げぇろのわたぼし　長野（下水内）
ぬま　神奈川（津久井）
のま　島根（隠岐島・周吉）
みずあか　新潟（南蒲原・佐渡）
もく　千葉（夷隅）　神奈川（愛甲）
もば　広島（比婆）　香川（中部）
やおやたおし　京都

アオモジ　〔クスノキ科／木本〕
こざくら　鹿児島（種子島）
こめばな　鹿児島（出水・長島）
こめぽー　鹿児島（出水）
こよしのき　鹿児島（川内市）
こよしばな　鹿児島（川内市）
しょーがのき　佐賀　長崎
じんのき　鹿児島（甑島）
そつぎょーばな　長崎
つぶこーしゅ　長崎（東彼杵）
つぶごしょー　長崎
なたおれ　鹿児島（屋久島）
はなのき　熊本（水俣）
はらみだせ　鹿児島（甑島）
ひがんぎ　鹿児島（鹿児島・谷山）
ほえんのき　鹿児島（屋久島）
ほーのき　鹿児島（出水）
ほのはな　鹿児島　鹿児島（薩摩・阿久根・長島）
ほよいのき　鹿児島（屋久島）
ほよーじ　鹿児島（中之島）
まめのこばな　鹿児島（種子島）
みのはな　鹿児島（鹿児島市）
みばな　鹿児島（種子島）
もちばなぎ　京都（竹野）
やまこーしゅー　熊本（天草）
やまごしょー　長崎
よーじぎ　鹿児島（屋久島・奄美大島）
よーじのき　鹿児島（甑島・屋久島）
よしこ　鹿児島（薩摩）
よしの　鹿児島（薩摩）

アオモリトドマツ → オオシラビソ

アカアズキ　〔マメ科／草本〕
ねこのめ　江州

アカエゾマツ 〔マツ科／木本〕
しんこまつ　北海道（根室）

アカエンドウ 〔マメ科／草本〕
えんどまめ　富山（砺波・東礪波・西礪波）
さんどまめ　新潟
ぶとーまめ　茨城
ぶどーまめ　茨城（稲敷・北相馬）

アカガシ 〔ブナ科／木本〕
あおかし　愛媛（上浮穴）　高知（土佐）
あかかし　愛媛（宇和島）　鹿児島（大口）
あかがし　千葉　神奈川　静岡　和歌山　山口　高知　愛媛
あかめがし　静岡（伊豆）
あぶとがし　長崎（西彼杵）
あらかし　熊本（玉名）
いちいがし　和歌山（東牟婁）
いぼがし　岡山（備前・備中）
うばがし　埼玉（入間）
おーかし　和歌山（日高・東牟婁）　高知（安芸・高岡・幡多）
おーがし　高知（高岡）　北越　静岡　和歌山　岡山　広島　四国
おーばがし　静岡　和歌山（西牟婁）　島根　高知　愛媛　大分
おーはだがし　高知（幡多）
おがし　和歌山（高野山・那賀）
おんのべ　高知（幡多）
かたぎ　兵庫（神戸市・播磨）　広島　山口（周防）　愛媛
くまかし　静岡（秋葉山）
くまがし　静岡　兵庫　福岡　佐賀　大分（直入・大野）
くまのかし　周防
くろがし　長崎（南高来）
さとがし　長野（東彼杵・南高来）
にぶ　広島
はこがし　高知（土佐）
はした　鹿児島（肝属）
はしたかし　鹿児島（垂水市）
はず　福井（越前）
はつかし　福井（若狭）
はとがし　佐賀（西松浦・藤津）　熊本（玉名）
はどがし　徳島（海部）　高知（幡多）
はところし　福岡　福岡（小倉）
はびろ　奈良　和歌山　高知（幡多）　佐賀（藤津・杵島）　熊本（中東部）
はびろがし　佐賀（杵島・藤津）
はびろのあかがし　和歌山（日高）
はびろのおーかし　奈良　和歌山
はぶとがし　長崎（平戸）　熊本（天草）
ひろばがし　静岡（小笠）
ぽかーき　岡山（美作）
ほんがし　兵庫（播磨）　佐賀（西松浦）
ほんかたぎ　広島
まるばがし　静岡（遠江）
ろかし　周防

アカカブ 〔アブラナ科／草本〕
おどいかぶ　薩州
かぶら　富山（東礪波）
ひのかぶ　愛媛（松山）　香川（高松市）

アカカンバ 〔カバノキ科／木本〕
ぶたかんば　埼玉（秩父）

アカゴメ 〔イネ科／草本〕
あかたいとー　薩摩
あかだま　島根（石見）
あかとぼし　鹿児島（肝属）
みずくちいね　岡山（苫田）

アカザ 〔アカザ科／草本〕
あおあかざ　長崎（南高来）
あおじそ　島根（石見）
あかざ　山形（山形）　京都（船井）　和歌山（有田）　大阪（豊能）　兵庫（洲本市）　島根（美濃・邑智・仁多）　福岡（福岡）　長崎（東彼杵）　熊本（玉名・八代）　大分（宇佐）　宮崎（宮崎市）　鹿児島（垂水市）
あかざら　山形（西田川）　新潟（中越）
あかじゃ　青森（八戸市）　秋田（鹿角・北秋田・雄勝・山本）　岩手（紫波）
あかしゃー　青森
あかじゃら　青森
あかじょー　青森
あかそ　新潟（西頸城）
あかぞ　新潟（西頸城）
あかだ　広島（比婆）　山口（玖珂・大島）　大分
あかたひーば　大分（大分）
あかだひーば　大分（大分）

アカシデ

あかねぎ　和歌山（伊都）
あかば　愛媛（喜多）
あかめ　新潟（西頸城）
あかんざ　群馬（佐波）島根
あかんた　島根（能義）
えどあかざ　青森南部　南部
おとこひょーな　長崎（諫早市）
がりんばら　群馬（佐波）
きぎ　徳島（美馬）
さそり　長野（北安曇）
せんべくさ　岩手（釜石市）
せんべぐさ　岩手（上閉伊）
ちょーきり　岡山（小田）
てだな　沖縄
てんきり　広島（芦品）
ぱんぽこ　長崎（福江島・南松浦）
ひーば　大分
びいば　大分（大分）
ひな　沖縄
ひなま　富山（砺波）
ひょー　新潟（直江津）
ひんのは　鹿児島（川辺）
べにばな　奈良（南大和）
へびぐさ　群馬（佐波）
ほーきぎ　大阪（泉北）
ほーけぎ　大阪（泉北）

アカシデ　シデノキ　　　〔カバノキ科／木本〕
あおしで　長野（松本）三重（多気・北牟婁）高知（幡多）
あかおも　長崎（対馬）福岡（犬ヶ岳）
あかしで　宮城　群馬　静岡　三重　高知　愛媛
あかそね　群馬（勢多）埼玉（入間）
あかその　群馬（多野）埼玉（秩父）
あかぞの　埼玉（秩父）静岡（駿河・伊豆）
あかぞや　鹿児島（大口）
あかぞや　大分（大分・南海部）
あかぞろ　摂津　丹波
あかぞろ　埼玉（秩父）東京　神奈川　伊豆
あかっそね　群馬（勢多）
あかめしで　兵庫（佐用）
あんさ　岩手（下閉伊）
いしして　静岡（遠江）石川（加賀）
いぬげや　岡山（備後）広島（安芸）
いわおも　長崎（対馬）
いわしで　石川（能登）

おにけやき　山形（飽海）
おむのき　熊本
おも　福岡　佐賀
おもぞや　熊本（球磨）
おものき　福岡（築上・犬ヶ岳）大分
おもれき　佐賀（藤津・杵島）長崎（南高来）
おんなしで　三重（多気）
くそぞろ　岩手（気仙）
くちぐろ　青森　岩手（和賀）
くちごろー　岩手（気仙）
くろぞや　宮崎（北諸県）
こさぶな　青森（下北・上北）
こしで　千葉（安房・清澄山）静岡（遠江）奈良（吉野・十津川）兵庫（但馬）
こめしで　高知（長岡）三重（北牟婁）岐阜（揖斐）
こらふしで　岐阜（飛騨）
さんなめ　岩手（下閉伊）
しで　青森（下北）秋田（南秋田）富山　岐阜　石川　福井　東京　静岡　三重　奈良　和歌山　鳥取　岡山
しでのき　秋田（南秋田）
しばざくら　山形（東田川）
ましで　和歌山（日高）高知（香美）
じょろーしで　岐阜（揖斐）
しらしで　和歌山（日高）
しろしで　三重　京都　徳島　高知　愛媛
しろそね　茨城
しろその　群馬（多野）
しろぞの　静岡
しろぞや　宮崎（東臼杵）
しろぞや　大分（南海部）
そで　青森（下北）
そね　伊豆　北海道　青森（南部）岩手　宮城　秋田（鹿角）山形（最上）福島　茨城（久慈）栃木　群馬（吾妻）長野　埼玉　愛媛（中部）
そねぎ　秋田（仙北）
そねぬき　岩手（岩手・東磐井・西磐井）
そねぬぎ　秋田（北秋田・仙北）
そねのき　秋田（仙北）岩手　宮城　山形　福島
その　豆州　相州　群馬（多野）静岡（伊豆）
そののき　伊豆与市坂
そめ　青森（南津軽）
そや　青森（下北・上北）愛媛（南予）福岡　佐賀　長崎　熊本　大分　宮崎　鹿児島
そやのき　熊本　鹿児島

そろ　青森（津軽）　岩手　秋田（北秋田）　千葉
　（夷隅）　神奈川（津久井）　山梨　静岡（賀茂）
　愛媛（中部）
そろのき　青森　秋田
ちょーちんしで　富山
ひょーたんぞろ　神奈川（道志）
ほーそ　兵庫
ほんしで　岐阜（恵那）　三重（一志・飯南・鈴鹿・
　亀山）　奈良（吉野）　和歌山（高野山）　徳島（美
　馬）　高知（土佐）
ほんそね　栃木（日光）　静岡（遠江）
ほんのしで　山口（玖珂）
ましで　岐阜（揖斐）　鳥取（因幡）　高知　高知
　（吾川・幡多）
まぞや　宮崎（西都市）
まめしで　静岡（駿河）
みずみざくら　丹後
めしで　三重（一志）　和歌山（伊都）
めそろ　静岡（南伊豆）
もんしで　和歌山（有田）
やちくわ　秋田　秋田（雄勝）
やちは　秋田
やつくわ　秋田（雄勝）

アカスグリ → フサスグリ

アカソ　〔イラクサ科／草本〕

あいからし　岩手（盛岡市）
あいご　岩手（盛岡市）
あかそ　静岡（磐田）　山形　長野（諏訪）
あかだ　仙台　山形（北村山）
あがた　岩手（上閉伊）
あかわた　越後　長野（下水内）
あかわたぼーし　白河
あぶらぐさ　長野（北佐久）
おしょーゆぐさ　長野（佐久）
おど　木曾
おろ　木曾　埼玉（秩父）　北越　静岡（磐田）
かわらさいかち　岩手（二戸）
くちえお　南部
ぐっちゃ　秋田（鹿角）
たにそば　岐阜（養老・不破）
たにはぎ　三重（阿山）
ちょま　新潟（南蒲原）
ばりばり　熊野
ほたからむし　木曾

アカヂシャ　〔キク科／草本〕

ひのかぶ　宮城*
むらだち　長野（西部）

アカツメクサ → ムラサキツメクサ

アカテツ　〔アカテツ科／木本〕

あんまーちーぎー　沖縄（島尻）
しょーちぎ　鹿児島（奄美大島）
はまちぎ　鹿児島（沖永良部島）
はまつばき　鹿児島（悪石島）

アカナ　〔アブラナ科／草本〕

おーみな　京都
ひのな　江州

アカネ　〔アカネ科／草本〕

あがね　青森（八戸市）
あかねかずら　予州
あかねのき　群馬（勢多）
こがねぐさ　鹿児島（垂水市）
びんとーそー　紀伊
べにかずら　駿州
べにかつら　駿州
べろきれぐさ　筑波
ほーれんぐさ　群馬（山田）
ままこのしりのごい　近江坂田

アカバグミ　〔グミ科／木本〕

すすぐみ　東京（三宅島・御蔵島）

アカバナ　〔アカバナ科／草本〕

とっくばな　静岡（富士）
とっくりばな　静岡（富士）

アカマツ　〔マツ科／木本〕

あかほまつ　山梨
あがまず　宮城（宮城）　秋田
あがまつ　秋田
あかめまつ　長野
おなごまつ　青森　秋田（北秋田）　兵庫（神戸
　市）　島根　岡山　広島（備後）　福岡　熊本
　（玉名）　鹿児島
おんなまつ　青森　茨城（久慈）　群馬　千葉
　神奈川（津久井）　静岡
じまつ　静岡（駿河）
どよーまつ　岩手（和賀）

アカミノヤドリギ

ないちまつ　北海道
にょーばまつ　島根（出雲・隠岐島）
にょーぼまつ　広島（比婆）
のらまつ　秋田（仙北）
ひめまつ　岐阜（恵那・岩村）
ふたばまつ　岩手　秋田　秋田（雄勝）　山形　山形（米沢市）　埼玉
まじ　岩手（上閉伊）
めまつ　青森　秋田（北秋田）　山形（飽海）　茨城　新潟　静岡　静岡（富士）　京都　京都（何鹿）　和歌山（海草）　島根　高知　大分　鹿児島
めんき　広島（芦品）
めんまつ　富山　愛知　兵庫（姫路市・加古）　奈良（南大和）　和歌山　鳥取（鳥取市）　島根（石見）　岡山　山口（厚狭）　香川　愛媛（松山）　高知（高岡・長岡）　鹿児島
やにかきまつ　岩手（和賀）

アカミノヤドリギ　〔ヤドリギ科／木本〕
はなごんご　長野（北佐久）

アカミノヤブカラシ　〔ブドウ科／草本〕
やまぶどー　鹿児島（垂水市）

アカメイヌビワ　〔クワ科／木本〕
きのん　鹿児島（奄美大島）
こーぶり　鹿児島（奄美大島）
はっかぎ　鹿児島（奄美大島）
まらちと　鹿児島（奄美大島）

アカメガシワ　〔トウダイグサ科／木本〕
ああげしば　香川（大川）
あおのき　新潟（西頸城）
あかいのき　東京（八丈島）
あかえ　東京（三宅島）
あかえのき　東京（大島・新島）
あかかし　山形（酒田）　静岡（駿河）
あかかじ　山城加茂
あかがし　和歌山（伊都・日高）
あかがしわ　和歌山（日高）
あかき　岐阜（揖斐）
あかぎ　和歌山（日高）
あかごさいば　筑前
あかだ　和歌山（伊都）
あかたい　沖縄

あかっぽ　和歌山（海草）
あかでんぽー　埼玉（入間）
あかはげ　新潟（東蒲原）
あかべ　江州　福井　三重　滋賀　奈良　愛媛
あかべのき　三重（伊勢市）
あかぽー　和歌山（西牟婁）
あかめ　千葉　神奈川　静岡　石川　愛媛　福岡
あかめがし　和歌山（西牟婁）　三重（員弁・三重）
あかめかしわ　京都
あかめがしわ　京都　三重　鳥取　高知　鹿児島（種子島）
あかめしば　岡山
あかめのき　千葉　新潟（佐渡）　石川（能登）　福井（敦賀）　静岡（伊豆）　和歌山
あかめはり　和歌山（有田）
あかめんぽ　山梨（南巨摩）
あかめんぽー　山梨（南巨摩）
あかも　静岡（駿河・京丸）
あかんべん　千葉（清澄山）
あかんぼ　和歌山（和歌山・御坊）
あさがら　埼玉
あしば　高知（安芸）
あずさ　静岡（遠江）
あずさのき　静岡（駿河）
あっけい　東京（八丈島）
あっけーのき　東京（八丈島）
あめふり　島根（隠岐島）
いはだ　埼玉
いわだ　埼玉　千葉（夷隅・清澄山）
うばぎ　鹿児島（奄美大島）
おーかし　広島（安佐）
おがら　埼玉　神奈川
かーしらば　香川（木田）
かーば　山口（厚狭）
かーば　山口（阿武）
かーらがし　香川
かーらがし　高知（土佐）　香川（綾歌）
かーらしば　香川　香川（木田）
かいば　長門　周防　長州　山口（厚狭）　鹿児島（川辺・加世田市）　島根（石見）
かいばのき　山口（周防・厚狭）
かいばのっ　鹿児島（川辺）
かかべ　福井
かさいきー　沖縄（石垣島）
かさぎ　沖縄（与那国島）
かじがら　鹿児島（鹿児島・谷山）

アカメガシワ

かしゃぎ　鹿児島（奄美大島）
かしやば　和歌山（東牟婁）三重（南牟婁）
かしわ　近畿　中国　四国　九州　和歌山　宮崎　鹿児島
かしわぎ　四国　奈良　徳島（三好）　種子島
かしわご　高知（幡多）
かしわのき　高知（幡多）　長崎（南高来）　鹿児島（出水・肝属・悪石島）
かしわば　和歌山（那智）
かしわんど　和歌山（有田）
かしわんどー　和歌山（有田）
かず　播州
かっしゃぎ　淡路
かっぱのき　鹿児島（川辺）
かつわぎ　鹿児島（甑島）
かなめがし　静岡（遠江）
かなめがしわ　静岡（遠江）
かば　山口（周防）
かまえ　三重（志摩）
かみなりぎ　和歌山（伊都）
かみなりささぎ　新潟（北蒲原）
かみなりのき　和歌山（伊都）
からかし　香川　香川（綾歌）
かるめ　千葉（清澄山）
かわばぎ　山口（萩）
かわらあかべ　三重（亀山）
かわらかし　予州
かわらがし　伊予
かわらかしわ　香川　香川（香川）
かわらがしわ　徳島（東租谷）　香川　高知　三重（志摩）　土佐
かわらくさぎな　備前　備中　広島（比婆）　岡山
かわらけしば　静岡（小笠）　徳島（大竜寺山）
かわらころび　福井（遠敷）
かわらしば　徳島　高知（幡多）　阿波
かわらしらき　福井（遠敷）
かわらひしゃぎ　岡山
げいば　愛媛（西宇和）
ごきのき　和歌山（有田・日高）
こさいば　播州
ごさいば　近畿　岡山
ございば　岡山（御津）
こさば　紀伊
ごさば　和歌山（西牟婁・東牟婁・田辺）
ござんば　和歌山（西牟婁）
こしゃば　山城

こしゃば　山城
ごしゃば　城州白川　京都　和歌山（日高）
こもりば　和歌山（日高）
ごんび　紀伊　三重（度会）
さいころば　京都（丹波）　大阪（摂津）　兵庫
さいしば　長門　周防
さいもり　福井　和歌山　和歌山（那賀）　岡山（東南部）
さいもりて　和歌山（那賀）
さいもりのき　和歌山（北部）
さいもりば　越中　富山　和歌山　高知　高知（幡多）
さいもりばのき　和歌山（北部）
さず　和歌山
ざる　和歌山（伊都）
さんだめし　沖縄
ししゃげ　高知（幡多）
しはぎ　河州
しらき　滋賀
しわぎ　阿波
すししば　高知（幡多）
すしば　高知（幡多）
すずしば　高知（幡多）
そばのき　摂津
たがしわ　和歌山（日高）
だす　奈良（南大和）
だず　和歌山（伊都・那賀）
たずわ　大阪（和泉）　和歌山
たにいもぎ　和歌山（有田）
たにがし　宮崎
たにがしわ　宮崎
たも　福井（三方）
たものき　福井（三方）
だんごき　新潟（東蒲原・南蒲原）
だんごのき　新潟（東蒲原・南蒲原）
ちしゃぎ　高知（幡多）
ちまきしば　長崎　長崎（対馬）
ちょーしのき　近江　三重（伊賀）　滋賀
てらがしわ　周防
にかだ　千葉（安房）
にはだ　千葉
にわだ　千葉
にわぽー　東京（大島）
ぬかがら　三重（伊賀）
ぬけがら　三重（伊賀）
はーぶらぎ　鹿児島（奄美大島・与論島）

アカメモチ

はがは　山口（玖珂）
はしかぎ　高知（高岡）
はず　和歌山（伊都）
ばたばた　三重（志摩）
ばっかい　茨城
はぶてこぶら　福井（遠敷）
ひきさげ　宮崎（青島）
ひさき　鹿児島（鹿児島市・桜島）
ひさげ　高知（幡多）　宮崎（児湯）
ひさげのき　宮崎（児湯）　鹿児島（加治木・蒲生）
ひしゃげ　高知（幡多・高岡）
ひしゃげのき　高知（高岡）
ひっさき　鹿児島（始良）
ひっさげ　鹿児島（鹿屋市）
ひっさけのき　鹿児島（始良）
ひっさげのき　鹿児島（肝属）　宮崎
ひとつば　埼玉（秩父）　広島（備後）
ひとつば　埼玉（秩父）　広島（備後）
ふーばぎ　鹿児島（大島）
ふくわぎ　鹿児島（甑島）
ふさげ　鹿児島（加治木）
ふしはんのき　福井（丹生）
へっさけ　鹿児島（鹿屋市）
べにがしら　山口
ぽにがしわ　和歌山（串本）
ぽんがしら　和歌山（東牟婁）
ぽんかしわ　和歌山（東牟婁・西牟婁）
ぽんがしわ　和歌山（東牟婁・西牟婁）
ぽんぎ　三重（度会）　和歌山（東牟婁・西牟婁）
ぽんしば　奈良（吉野・十津川）
ぽんのき　奈良（吉野・十津川）　和歌山（日高・竜神）
ぽんぼり　三重（南牟婁）
みかーだ　静岡（南伊豆）
みかだ　千葉（安房）
みそもり　福井　兵庫（加古）　岡山（南部）
みつなかしわ　三重（伊勢市）
みつながしわ　伊勢
みはーぽ　東京（大島）
むんけや　茨城
めころび　若狭
めはじき　三重（員弁・桑名）
めはっちょー　鹿児島（種子島）
やまあぶらき　福井（足羽）
やまがしわ　高知
やまきり　茨城

やまぎり　岡山（備中）　長崎
やまころび　福井（大飯・小浜）
やまゆーな　沖縄（首里）

アカメモチ → カナメモチ

アカメヤナギ　〔ヤナギ科／木本〕

かわやなぎ　和歌山（那賀）　香川
はいろ　周防
まるばやなぎ　和歌山（西牟婁）

アカモノ　〔ツツジ科／木本〕

じぐみ　秋田（鹿角）

アカリンゴ　〔バラ科／木本〕

なかみりんご　江戸　東京
へいここ　岡山
べしゃご　石川
べにここ　加州
べにりんご　江戸　加州
べべこ　石川
りんき　出羽　木曾　秋田（鹿角）

アキカラマツ　〔キンポウゲ科／草本〕

うしいやぐさ　山口（大津）
うしのつのかえ　和歌山（有田）
うしのつのがえ　和歌山（有田）
からまつそー　長野（北佐久）
せんきぐすり　青森（津軽）
そばな　山形（北村山）
たがぐさ　山形（東田川）
たかと　山形（東田川）　長野（佐久）
たかとー　長野（佐久）
たかどー　秋田
たかとーろー　静岡（賀茂）
たかとくさ　秋田（雄勝）　岐阜（吉城）
たかとぐさ　秋田（雄勝）
にがそー　長野（北佐久）
へんきくまり　青森
ものくさ　和歌山（有田）

アキギリ　〔シソ科／草本〕

あぶらくさ　秋田（北秋田）
あぶらこ　山形（酒田市・飽海）
あぶらな　秋田（南秋田）
かんだいな　山形（西置賜）
むこなかせ　山形

アキグミ

〔グミ科／木本〕

あきぐいみ　山口
あきぐいめ　山口
あきぐみ　栃木　静岡　三重　和歌山　大分
あきごみ　三重（伊賀）
あけぐみ　山口（阿武）
あさーどり　島根（石見）
あさいどー　島根（簸川）
あさいどり　島根（飯石）　広島（比婆）
あさえどー　島根（簸川）
あさえどり　島根（出雲・簸川）
あさだら　広島（山県・比婆）
あさだれ　岡山　広島
あさつき　播磨
あさど　島根（八束・能義）
あさどー　鳥取　島根
あさどり　備前　鳥取　島根　岡山　山口
あさどりいちご　島根（邑智）　広島（備後）
あさどりぐいび　岡山
あさどろ　島根（八束）
あさやどり　島根（仁多）
あさら　熊野
あさんどり　島根（簸川）
あしゃらぐみ　和歌山（東牟婁・新宮市）
あずきぐみ　千葉（安房・清澄山）
あわぐみ　青森（上北）　長崎（南高来）　鹿児島（桜島）
あわぐん　鹿児島（日置）
いちご　島根（邑智）
いねかりぐみ　新潟（東蒲原）
いわぐみ　千葉（鋸山・勝浦）
うしぐみ　三重（志摩）
うらじろ　東京（西多摩）
かーらぐみ　岩手（上閉伊）
かさとり　防州
かさどり　山口（吉敷）
からぐみ　岩手　宮城
からしゃごみ　岩手（胆沢・水沢）
かわぐみ　島根（那賀）
かわらぐみ　江州　岩手　宮城　羽後　秋田　山形　栃木　新潟　新潟（東蒲原）　石川　福井　長野　長野（上伊那）　滋賀
かわらごみ　長野（北安曇）
かわらしゃぐみ　宮城（栗原）
かわらずみ　長野（伊那）
かんすべ　島根（那賀）

ぎゅーみ　山口（大島）
ぐいかん　山口（大島）
ぐいび　兵庫（赤穂）
ぐいみ　島根　山口　高知
ぐいめ　島根　山口
くーび　鹿児島（与論島）
ぐーめ　山口（阿武・防府）
くびぎ　鹿児島（奄美大島）
ぐみ　青森　岩手　秋田　宮城　千葉　三重　和歌山　山口　鹿児島
ぐゆめ　山口（阿武）
ぐるみ　山口（佐波）
ぐんのき　鹿児島
こーやぐみ　山梨（富士吉田）
こぐん　鹿児島（垂水市）
こまぐみ　鹿児島（硫黄島）
ごみ　江州　三重（伊賀・一志）
こめぐみ　熊本（球磨・天草）　鹿児島（甑島・出水・長島）
こめぐん　鹿児島（西部）
こめしゃしゃぶ　讃州高松　香川（木田）
こめのぐん　鹿児島（日置島）
さごみのき　岩手（遠野）
ささいどり　島根（美濃）
させぶ　高知（幡多）
じーめ　山口（玖珂）
しおぐみ　三重（志摩・伊勢市）
しおずみ　三重（志摩・北牟婁・伊勢市）
しびとぐみ　京都（竹野）
しもぐみ　岩手　宮城
しもごみ　三重（伊賀）
しゃしゃび　阿州　徳島（那賀）　香川　淡路
しゃしゃぶ　讃州丸亀　徳島（美馬）　香川　愛媛　高知
しゃせぶ　徳島　高知　愛媛
ずみ　三重（尾鷲市）
すもぐみ　岩手（岩手・稗貫）
そばぐみ　青森（上北）
だいずぐみ　紀州　和歌山
たかりぐみ　勢州　福井（三方）　三重（伊勢市）
たなご　島根（隠岐島・八束）
たなんご　島根（八束）
とーごん　島根（八束）
のぐいめ　山口（大島・吉敷）
のぐみ　鹿児島（西部・甑島）
はまぐみ　山形（酒田市・飽海）　新潟（新潟市）

アキタブキ

ひぐみ　福岡（粕屋）
へそつき　岡山
まつぐいめ　山口（玖珂）
まめぐみ　青森（下北）　和歌山（有田）
やまぐいめ　山口（玖珂・岩国）
やまぐみ　秋田（北秋田）　大阪（豊能）　山口　熊本（玉名）　岩手　山梨　長野　三重　島根
やまぐん　島根（八束）

アキタブキ　〔キク科／草本〕
とーぶき　秋田　長野（諏訪）
ふき　秋田（南秋田）
ふぎ　秋田（南秋田）
ほき　秋田（北秋田・雄勝）
ほぎ　秋田（南秋田・仙北・平鹿・山本）

アキチョウジ　〔シソ科／草本〕
えぐさ　木曾

アギナシ　〔オモダカ科／草本〕
おもだか　千葉（山武）
かだえ　秋田（雄勝）
くわいぐさ　和歌山（新宮市）
くわえ　千葉（館山）
すきがら　秋田（鹿角）
とばえくわい　京都
はさみぐさ　防州　秋田（北秋田）
はさんぐさ　鹿児島（大島）

アキニレ　〔ニレ科／木本〕
あかだも　滋賀
いしげやき　高知（幡多）　静岡　山口　徳島　熊本
いたちはぜこ　和州
いぬがや　島根（石見）
いぬげや　広島
いぬけやき　阿州
かわらけやき　丹波　摂津
けや　岡山
こねり　周防
こぶにれ　静岡（遠江）
たも　青森（弘前市・津軽）
たのき　秋田（鹿角）
なんじゃもんじ　新潟
なんじゃもんじゃ　新潟
にーれ　和歌山

にで　鳥取（因幡）
にべ　福井　愛媛
にれ　福井　岐阜　広島　香川　岡山　福岡　長崎　大分　熊本　香川
にれけやき　静岡　広島
にれのき　愛媛
ぬめり　鳥取（因幡）
ぬれ　兵庫（淡路）　大分
ねば　岡山
ねばねばのき　和歌山（海草）
ねばのき　岡山
ねり　広島　香川
ねりぎ　長崎（壱岐島）
ねれ　岡山　広島　香川　福岡　大分
ねれのき　阿波　徳島　愛媛　佐賀
ねんば　和歌山（那賀）
ねんばのき　和歌山（那賀）
のげや　大分（下毛・宇佐）
やまにれ　秋田（南秋田）
よしのき　石川（加賀）
よぎ　埼玉　東京　神奈川

アキノウナギツカミ → ウナギツカミ

アキノキリンソウ　〔キク科／草本〕
あきのきりんそー　山口（厚狭）
あわだちそー　江戸　新潟（新潟市）　和歌山（西牟婁）
あわだつ　新潟
あわばな　鹿児島（奄美大島）
きくんそー　鹿児島（肝属）
きけーとー　山形（飽海）
さいこ　熊本（玉名）
さいばな　秋田（鹿角・南秋田）
さえばな　秋田（南秋田）
しぇあんばな　秋田（鹿角）
しゃばな　秋田（北秋田）
もこなかせ　岩手（水沢市）
やまだいこん　青森
やまな　熊野

アキノタムラソウ　〔シソ科／草本〕
うつぼぐさ　熊本（菊池）
おほんばな　静岡（富士）
すいばな　熊本（天草）
ぼんばな　静岡（富士）
まむしそー　木曾

アケビ

みずくさ　和歌山（新宮）
みずのくさ　富山（西礪波）
みつぐさ　和歌山（新宮市）
みつのくさ　富山（西礪波）
やまじそ　静岡（富士）

アキノノゲシ　　　　　　　〔キク科／草本〕
あざみ　鹿児島（肝属）
うさぎぐさ　香川（西部）
うさぎのもち　福島（石城）
うまあざみ　青森
うまあじゃみ　青森
うまあんじゃみ　青森
うまこやし　近江坂田　長崎（東彼杵）
うまごやし　長崎（東彼杵）　千葉
うるしくさ　岩手（東磐井）
けし　香川（東部）
こまひきくさ　岩手（二戸）
ごやじ　石川（鳳至）
こやち　石川（鳳至）
ちくさ　長崎（東彼杵）
ちぐさ　長崎（東彼杵）
ちち　山形（東田川）
ちちくさ　鹿児島（垂水・川内・日置）　静岡（小笠）　鳥取（気高）
ちちぐさ　鳥取（気高）　熊本（菊池）　宮崎（西諸県）　鹿児島（川内市）
つんぼばな　熊本（玉名）
のだけ　江戸　東京
ふてくさ　愛媛（周桑）
ぽーな　千葉（安房・富浦）
みみつくし　愛媛（周桑）
めあざみ　宮崎（西臼杵）
やまけし　秋田（北秋田）　青森（北津軽）
ゆーれき　鹿児島（阿久根市）

アキメヒシバ　　　　　　　〔イネ科／草本〕
あきぼこり　岩手（二戸）
いとほとくい　鹿児島（種子島）
いとほとくい　鹿児島（種子島）
がいな　和歌山（東牟婁）
かさ　静岡（富士）
こーもり　静岡（富士）
こーもりぐさ　静岡（富士）
しらくさ　長崎（壱岐島）
はが　富山（射水）

はかり　富山（射水）
ほーとりくさ　和歌山（東牟婁）
ほとり　和歌山（新宮市・有田）
やまほとくろ　鹿児島（揖宿）

アクシバ　　　　　　　　　〔ツツジ科／木本〕
やかんこ　山形（北村山）
よめさんのなみだ　京都（何鹿）

アケビ　　　　　　　　　　〔アケビ科／木本〕
あおぼけ　鹿児島（肝属）
あかいぶ　新潟（東頸城）
あきうさ　香川（香川）
あきうどー　山口（玖珂）
あきゅ　鹿児島
あきんどかつら　周防
あけご　新潟（中越）
あけっか　岡山
あけびらき　鹿児島（川辺）
あけむすべ　鹿児島
あっくり　茨城　千葉（香取・印旛）
あわあけほ　宮崎（西臼杵）
あわかけほ　宮崎（西臼杵）
いつつば　長門　愛媛（周桑）
いつつばあきび　山形（北村山）
いぬのきんたま　静岡
いぬのつべ　長崎（彼杵）
うべ　山口（都濃）　鹿児島（曽於）
うべずら　伊豆八丈島　東京（八丈島）
うんべ　鹿児島（鹿児島）
おきのこんぶ　鹿児島（肝属）
かーつ　東京（大島）
がひん　徳島（阿波）
からすうべ　鹿児島（出水）
からすうんべ　鹿児島（薩摩）
からすのあまだけ　山口（厚狭）
からすのうり　山口（厚狭）
からすむべ　鹿児島
ぎゅーすいそー　遠州
くちあけび　高知（幡多）
ぐべ　鹿児島（曽於）
けきび　山口（厚狭）
ごさいぼずる　若州
こっこー　山口（熊毛）
こつぶ　宮崎（宮崎市）
こぶと　高知（土佐）

こぶとあけび　高知（長岡）
じじーばばー　長野（諏訪）
じんじばんば　長野（北佐久）
たたば　江州
たてたてごんぼ　奈良
たとば　越前
たんぽぽ　遠州
ちょちょび　江州
てんたてこんぼー　甲州
とっぱっ　鹿児島
とんぽ　宮崎（都城）
ながうんべ　鹿児島（出水）
ねこぐそ　愛媛
ねこくそうんべ　鹿児島（串木野市・日置）
ねこくそかずら　岡山（岡山市）
ねこのくそ　房総　香川（三豊）
ねこのげーげー　千葉
ねこのこったばき　宮城（石巻）
ねこのたばけ　山口（阿武）
ねこのへんどー　鳥取（気高）
ねこんうんべ　鹿児島（串木野市）
ねこんくそ　鹿児島（肝属）
ねこんくそうべ　鹿児島（薩摩）
ねこんくそうんべ　鹿児島（串木野市）
ねこんへ　鹿児島（出水）
ねこんべ　鹿児島（阿久根市）
はだつかずら　紀伊
はんだつ　和州（吉野）　奈良（吉野）
はんだつかずら　紀伊
ひきび　山口（阿武）
やなぎあくび　長野（北佐久）

アケボノツツジ　〔ツツジ科／木本〕
たけつつじ　鹿児島（垂水市）
だけつつじ　鹿児島（垂水市）

アコウ　〔クワ科／木本〕
あかこー　沖縄（与那国島）
あかのき　鹿児島（桜島）
あかみずき　和歌山
あこ　和歌山（日高）　鹿児島
あこー　高知　宮崎　鹿児島（種子島・硫黄島）　沖縄
あこーき　沖縄
あこーぎ　鹿児島（甑島）
あこーもり　鹿児島（中之島）

あこき　鹿児島（大根占）
あこぎ　薩摩　高知（高岡・幡多）　長崎（平戸）　鹿児島（甑島・肝属・種子島）
あこのき　和歌山（日高）　鹿児島
あこんき　鹿児島（屋久島）
あんきゃーねぎ　鹿児島（奄美大島）
うしく　鹿児島（与論島）
うすき　沖縄
うすく　鹿児島（沖永良部島）　沖縄（首里）
うぞくき　沖縄
おーぎ　和歌山（日高）　鹿児島（大島）
おーぎのき　紀伊　和歌山（日高）
たつのき　鹿児島（垂水市）
みずき　和歌山（有田）

アサ　タイマ　〔クワ科／草本〕
あさ　岩手（二戸）　島根（美濃）　鹿児島（日置・薩摩・曽於）
あさお　宮城*
あさき　京都（京都）　島根（能義）
あらそ　秋田*　岡山（御津）
いちび　長崎（南高来）
いと　青森（津軽）　岩手（紫波）　秋田（雄勝・鹿角）
いど　青森（八戸市）
いとそ　千葉（東葛飾）　新潟*
うー　大分（西国東・日田）
お　薩摩　山形　福島（会津）　栃木（安蘇）　群馬（利根）　神奈川（津久井）　新潟（東蒲原）　富山*　福井　山梨　長野（上伊那）　岐阜*　静岡（志太）　三重*　京都　兵庫　兵庫　和歌山*　鳥取*　島根　岡山（苦田）　広島（高田・豊田）　山口（阿武）　愛媛*　高知　熊本*　大分*　宮崎　鹿児島
おいあさ　宮崎*
おー　奈良（吉野）
おーあさ　岐阜*
おがら　江戸　群馬*
おたね　山形*　福島*　群馬*
おのは　新潟（東蒲原）　鹿児島（悪石島）
おのみ　千葉（東葛飾）
かあっつぉ　新潟（中頸城）
かおつー　群馬*
かつ　長野
かつそ　栃木*
かっつお　栃木（安蘇）

からむし　青森（津軽）　香川（小豆島）
からむま　青森
からもの　青森（三戸）
かわそ　山梨*
ささ　秋田*　大分*
さびそ　青森（津軽）
したそ　栃木（安蘇）
そ　富山　和歌山（和歌山市）　島根（石見）　長崎（壱岐島）
そー　滋賀（彦根）
たいま　岩手*　群馬*　福井　山梨*　長野*　岐阜*　静岡*　三重　滋賀　鳥取　岡山　広島　高知*　熊本*　宮崎
たそ　山梨*
たなき　島根*
ばーごー　沖縄（波照間島）
ひぎり　土州
ひね　島根*
ひねり　土州
ひめ　兵庫*　岡山*
ぶー　沖縄（八重山）
ほんあさ　静岡*
まーぶー　沖縄（鳩間島）

アサガラ　　〔エゴノキ科／木本〕

いとち　徳島（海部）　香川（香川・仲多度）　愛媛　高知（土佐・長岡）
いどち　和歌山（有田）
いもぎ　伊勢布引山　大和経峰山　神奈川　長野　三重（一志・飯南・伊賀）　愛媛（上浮穴・面河）
いもぐす　九州（南部）
いもくそ　熊本　大分　宮崎　鹿児島（川内市）
いもぐり　宮崎
いもぞー　熊本（球磨）
えとち　香川（香川）
えどち　香川（香川）
おおばじしゃ　奈良（吉野）
くそいとち　愛媛（新居）
くろいとち　高知（土佐）
しおずー　島根（鹿足）　山口（佐波）
しょーねなし　濃州
しろいも　三重（一志）
すくも　愛媛（上浮穴）
すくもぎ　岡山
すってん　岐阜（飛騨）
すてぎ　福島（南会津）　岐阜（飛騨）　愛知（北設楽）
たにやす　大分（直入）
とち　四国
におちょーめん　高知（長岡）
みずき　三重（伊賀）
みずき　三重（伊賀）

アサギリソウ　　〔キク科／草本〕

はくさんよもぎ　石川

アサザ　　〔ミツガシワ科／草本〕

いけのおもだか　伊勢
いもなぎ　加賀　富山（砺波・東礪波・西礪波）
いもなぎん　富山（砺波）
えんこーいもば　周防
えんざ　江戸
かえるかんざ　江戸
かえるのえんざ　江戸
かくと　江戸
かっぱのだまし　江戸
かてえんざ　江戸
かめばな　越後　越中　加賀
がめはな　越後　越中　加賀
かわいも　肥後
かわと　江戸
くさあおい　下野
くちじしゃ　甲斐
くちじゃけ　甲斐
くりしへげ　甲斐
くりじゃけ　甲斐
じゃんじゃんもく　江戸
すっぽんくさ　備前
すっぽんもく　備前
ぜにもく　江戸近辺
だぶなぎ　仙台
ちゃんきん　近江
ちゃんぎん　近江大津　近江
とちかがみ　尾張
とちのかがみ　尾張
とばす　常陸
とばす　常陸
どぶばす　常陸
とんがめくさ　伊勢
どんがめぐさ　伊勢
なぎ　駿河

アサダ 〔カバノキ科／木本〕

- あかざ　東京　神奈川　山梨
- あかぞー　千葉（夷隅）
- あかだ　山梨　岡山　広島
- あさじ　鳥取
- あさだ　埼玉
- あさなら　新潟（蒲原）
- あずさ　宮城　山形（北村山）
- あんさ　岩手（気仙）
- いどち　奈良（吉野）
- おにしで　熊本（球磨）
- おんばぞー　千葉（君津）
- かのこしで　静岡
- からくぬぎ　大分（南海部・大野）
- からくり　大分（大野）
- かわしで　和歌山（伊都）
- かんば　高知
- きしゃく　静岡（水窪）
- くましで　島根（鹿足）　山口（佐波）　徳島（那賀）
- こわだ　山口（佐波）
- さくらおおれ　新潟（東蒲原・南蒲原）
- しなじき　岩手（稗貫）
- しゃーく　長野（伊那）
- しょーはり　愛媛（面河）
- しろしで　岡山
- しろもーか　高知
- すくも　愛媛（上浮穴）
- そね　秋田　秋田（雄勝・北秋田）　山形（米沢市）
- そのき　秋田　秋田（雄勝）
- たかやま　石川
- ぬめりあさじ　鳥取
- はねかす　高知（香美）
- はねかわ　和歌山（伊都）　高知
- ひしゃく　長野（伊那）
- みのかぶり　静岡（駿河）　愛知
- めげやき　茨城
- やなぎあんさ　岩手（下閉伊）

アサツキ 〔ユリ科／草本〕

- あささけ　富山*
- あさじき　青森
- あさずき　青森　岩手（二戸）
- あさずきひる　秋田*
- あさずけ　北海道*　富山*　福井　長野*　岐阜（郡上）
- あさとき　盛岡　青森　岩手　秋田（鹿角）

- あさとり　愛媛*
- いぬきば　岩手（遠野市・上閉伊）
- いぬのきば　岩手（上閉伊）　秋田*
- おとげ　京都*
- きもと　山形（庄内）
- くさらっきょー　長野*
- さしびろ　秋田*
- さんがつわけぎ　勢州
- しともじ　三重（志摩）
- しもとじ　三重（志摩）
- しらしげ　山形*
- しろ　北海道*
- しろこ　山形（東田川）
- せんぶき　筑前
- せんぼんわけぎ　伯州
- せんもと　鹿児島*
- ちもと　筑紫
- でんぶりあさつき　岐阜*
- ねびろ　長野（北佐久）
- ののひろ　福島*
- はなまがり　福島（相馬）
- ひー　鹿児島*
- ひともじ　筑前　肥前
- ひゅーる　新潟*
- ひる　岩手*　山形　福島（相馬）　新潟（岩船・東蒲原）　長野*
- ひるこ　山形
- ひろ　青森*　山形（庄内）　新潟*
- ひろこ　秋田*　山形（北部）
- へりつぶ　新潟*
- ほいとーねぶか　岡山*
- ほいとねぎ　山口（厚狭）
- ほいとのねぎ　山口（厚狭）
- みつきわけぎ　勢州
- やまねんびろ　長野（北佐久）

アサノハカエデ 〔カエデ科／木本〕

- かえでもみじ　島根（隠岐島）
- みやまもみじ　栃木（真岡市・日光市）

アサヒカエデ → イタヤカエデ

アサマリンドウ 〔リンドウ科／草本〕

- ひめりんどー　三重（南牟婁）　和歌山（東牟婁）

アザミ 〔キク科／草本〕

- あかうま　岐阜（恵那）

アザミ

あかんま 岐阜（恵那）
あざ 沖縄（新城島） 山口（佐波）
あざいも 滋賀（高島）
あざび 山口（美祢）
あざびな 山口（玖珂）
あざみな 山口（玖珂）
あざめ 福岡（粕屋） 山口（玖珂） 熊本（玉名） 大分（大分）
あざめいぎ 山口（都濃）
あじみ 山口（大島・吉敷・美祢）
あだびな 山口（玖珂）
あだみ 山口（厚狭・吉敷・大津） 大分（大分）
あだめ 大分（大分）
あだん 鹿児島（奄美大島）
あらめ 大分（海部）
あんじゃみ 青森
いが 島根（美濃） 山口（熊毛・吉敷・阿武） 大分（大分）
いがいが 島根（美濃） 山口（厚狭・豊浦・美祢） 大分（大分）
いがいがばな 山口（玖珂）
いがぐさ 島根（鹿足）
いがな 岡山 山口（熊毛） 愛媛（大島）
いがのはな 山口（豊浦）
いがぼたん 山口（熊毛・豊浦）
いがんどー 山口（美祢）
いぎ 山口（玖珂・熊毛・都濃・佐波・吉敷・美祢・阿武）
いぎぐさ 山口（玖珂）
いぎな 山口（大島）
いぎのは 山口（都濃）
いぎのはな 島根（美濃・益田市） 山口（玖珂・熊毛・豊浦・阿武）
いぎばな 山口（都濃・豊浦）
いぎぼたん 山口（佐波）
いぎんぞー 山口（美祢）
いぎんど 山口（吉敷・美祢）
いぎんどー 山口（玖珂・熊毛・吉敷・美祢）
いざな 岡山（真庭）
いしぐんぼー 沖縄（石垣島）
いたいた 新潟（中越） 岐阜（飛驒） 静岡（田方） 兵庫（加古） 和歌山（有田） 山口（玖珂）
いたいたのき 奈良（南大和）
いたいたぼーず 岐阜（飛驒）
いたいたぼぼ 岐阜（飛驒）
いどら 大分（大分）

いどろばな 大分（大分）
いなば 三重（志摩）
いら 山口（熊毛）
いらくさ 山口（大島）
うさぎくさ 山口（玖珂）
うさぎぐさ 山口（柳井市）
うしでーうまでー 奈良（南大和）
うしでこいうまでこい 奈良（南大和）
うばのかいもち 新潟（西蒲原）
うぶんぎ 沖縄（黒島）
うまのおこわ 群馬（山田）
うまのおばこ 群馬（山田）
うまのぼたもち 福島（相馬） 千葉（印旛）
うまのもち 福島（相馬）
おにくさ 大分（速見）
おにぐさ 大分（速見）
おにざめ 大分（東国東）
おにたんぽぽ 山口（玖珂）
おにばば 大分（北海部）
がざみ 兵庫（赤穂） 岡山（吉備） 愛媛（松山市・北条市）
がざめ 愛媛（松山市・北条市）
ぎざぎざ 大分（北海部）
ぎざぎざぐさ 山口（美祢）
ぎだぎた 山口（大島）
ぎだぎだ 山口（大島）
ぐいばな 香川（木田）
くんしょーぐさ 山形（東田川）
くんしょーばな 山形（東田川）
こーじろいき 山口（玖珂）
ごーじろいぎ 山口（玖珂）
さざみ 山口（豊浦）
ちちくさ 江戸 島根（美濃）
ちちぐさ 島根（美濃）
ついばな 沖縄（首里）
とーほー 岡山（真庭）
とげとげそー 静岡（小笠）
ななばけ 山口（熊毛）
のいぎ 山口（佐波）
のみとりばな 長野（下水内）
ばか 大分（大分）
ばかたれ 大分（大分）
はまぐんぼー 沖縄（石垣島・小浜）
ぱまぐんぼー 沖縄（石垣島・鳩間島）
ばら 静岡（庵原） 香川（東部）
べにばら 山口（都濃）

アシ

まんぽたもち　千葉
めら　島根（隠岐島）
やまごぼー　岐阜　愛知
んじつぃちゃー　沖縄（首里）

アシ　→　ヨシ

アジサイ　　　　　　　〔ユキノシタ科／木本〕

あじさいしば　伊豆　八丈島
あっさいしば　伊豆八丈島
あっさししば　伊豆八丈島
あっちょーしば　東京（八丈島）
あばけばな　千葉（夷隅）
あまちゃ　山形（西田川・飽海）　山口（大島）
あまちゃのき　宮崎（延岡）
あんさ　新潟（佐渡）
あんさんばな　石川（鳳至）
あんしー　長崎（壱岐島）
あんせぁ　秋田（平鹿）
うのはな　鹿児島（肝属）
おいらんばな　山形（鶴岡市）
おたきさんばな　長崎（長崎市）
おてまるかん　山口（大津・阿武）
おばけばな　千葉（夷隅）
おばさん　山口（大島）
かんざしばな　山形（酒田市・飽海）
かんじょしば　東京（八丈島）
けまる　富山
こがいのき　東京（新島）
こげー　東京（新島）
じこくかんは　伊豆賀茂郡
じごっぱな　鹿児島
しちばけ　高知（長岡）
しちめんちょー　新潟（西頸城）
しばはな　東京（大島）
じゅーごにちばな　鹿児島（曽於）
つきだしのき　（シマアジサイ）鹿児島（悪石島）
てまーばな　島根（益田市）
てまり　鹿児島
てまりか　熊本（玉名・下益城）
てまりかん　山口
てまりぐさ　山口（玖珂）
てまりこ　香川（三豊）福岡（築上）
てまりこー　島根（益田市）
てまりばな　島根
てまるかん　山口

てまるばな　島根（美濃）
てんまりばな　山形（北村山・飽海）富山
てんまる　香川（綾歌）
てんまるかん　山口（熊毛）
てんまるこ　香川（仲多度・三豊）
てんまるばな　富山（射水）岐阜（安八・飛騨）
ながしばな　鹿児島（垂水市・奄美大島）
なないろばけ　佐賀（藤津）
ななばけ　新潟（佐渡）　三重（宇治山田市・度会）　滋賀（彦根）　奈良（宇智）山口　香川（仲多度）
ななばな　岡山（上房）福岡（築上）
ななへんげ　島根（簸川）
ばけわな　富山（富山市）
ひちへんげ　岐阜（海津）
ひちめんちょー　佐賀（藤津）
ほんぽんだりや　山口（豊浦）
ほんぽんばな　新潟（東蒲原）
やぶでまり　筑紫
やまたばこ　岐阜（飛騨）
ゆーれーぐさ　鹿児島（種子島）
ゆーれーばな　山口（美祢）
わすれぐさ　東京（利島）

アシタバ　　　　　　　〔セリ科／草本〕

あいたば　福岡（八女）
あいたぼ　東京（伊豆大島）
あしたっぱ　東京（伊豆利島）千葉（安房）
あしたぶ　東京（伊豆新島）
あしたぼ　東京（大島）千葉（館山）
さざえだけ　周防
はちじょーそー　和歌山（西牟婁・東牟婁）
やーたば　東京（八丈島）
やたば　東京（八丈島）

アシボソ　　　　　　　〔イネ科／草本〕

きゃーなぐさ　熊本（玉名）
けあしほそ　和歌山（西牟婁）
ささほとくい　鹿児島（指宿市）
つめわりがぎな　鹿児島（奄美大島）
でんしばがぎな　鹿児島（奄美大島）
のほとり　和歌山（新宮市）
はたけささ　山口（厚狭）

アズキ　　　　　　　〔マメ科／草本〕

あーまみ　鹿児島（与論島）

20

あか　山口（大島）
あがまーみ　沖縄（石垣島）
あかまーみー　沖縄（首里）
あかまみ　沖縄（石垣島）
あがまみ　沖縄（石垣島・鳩間島）
あかまめ　大分*
あずい　千葉（夷隅）
あずき　京都　佐賀（伊万里）　長崎（東彼杵）
　熊本（上益城）　鹿児島（鹿児島・薩摩）
あっつ　鹿児島（鹿児島）
あるき　大阪　奈良（吉野）
あんこまめ　北海道*　滋賀*　高知*
あんずき　岩手（二戸）
あんまめ　山梨*
いらくり　三重*
おあか　島根（鹿足）
がにのめ　京都（竹野）
かんのめ　山口*
かんのめあずき　大分（日田）
きんとき　埼玉*　愛知*　滋賀（坂田・東浅井・
　栗太）
くだー　鹿児島（喜界島）
ぐるりまめ　熊本*
こなれまめ　愛知*
こまめ　静岡*　兵庫*　奈良（宇智）
しょーず　千葉（印旛）
しょーまめ　徳島*
ならず　愛媛*
はーまみ　沖縄（竹富島）
はちがつあまめ　沖縄
はちがつまめ　沖縄
ほこりかずき（ダイナゴンアズキ）　京都　大阪
ほこりかつぎ（ダイナゴンアズキ）　京都
ままみ　沖縄（首里）
ままめ　沖縄
まめ　群馬（利根）

アズキナシ　　　　　　　　　〔バラ科／木本〕
あおくみ　福井（越前）
あずき　岐阜（飛騨）
あずきいちご　島根（出雲）
あずきいちごのき　島根（石見）
あずきじんだ　和歌山（東牟婁）
あずきなし　山梨（本栖）
いじみ　富山（五箇山）
いずみ　長野（松本市）

うしころし　群馬（利根）　長野（上水内）
うらじろ　福井（若狭）　静岡（遠江）
えつかた　岩手（上閉伊）
えつかだ　岩手（上閉伊・下閉伊）
かたいつご　宮城（宮城）
かたしけ　青森（中津軽）
かたしば　青森（上北）
かたしぶ　秋田（鹿角・花輪）
かたしま　青森（三戸）
かたしみ　山形（西置賜）　福島
かたすき　青森（津軽）　秋田（北秋田・南秋田）
かたすぎ　北海道　青森　岩手　宮城　秋田
かだすぎ　秋田
かたすげ　青森
かたすみ　東北　岩手　茨城
かたずみ　東北　青森　山形（東田川）　茨城
かだすみ　岩手（二戸）　秋田
かたそえ　岩手（上閉伊）
かたそべ　青森　岩手
かたちみ　宮城（刈田）
かたつみ　茨城
かたなし　石川　福井
かたばみ　秋田（北秋田）
かまがれ　福井（大野）
かまつか　富山　岐阜（飛騨）
くさみず　青森（東津軽）　秋田（仙北・鹿角）
くさみつ　秋田
けんつー　長野（佐久）
こなし　千葉
さなし　秋田
しーぶな　岡山
しぐれのき　岐阜（揖斐）
しぶで　福井（今立）
じゅみ　青森（中津軽）
じょみ　青森（中津軽）
しるた　福井（三方）
しろぶな　岡山（美作）
しろぼたん　石川（加賀）
ずんほ　静岡（駿河）
たにやす　大分（南海部）
とりしょんべ　山梨（本栖）
とりはまず　栃木（日光）
なかて　山梨（南巨摩）
ななかま　福島（会津）
ななかまど　青森
はかりのめ　埼玉　長野　岡山（美作）

アズサ

はかりめ　京都（丹波）　大阪（摂津）
ひえだんご　愛知（東三河）
ほーちょ　三重（亀山）
まっぱつ　新潟
まめなし　静岡
むしかく　岐阜（飛騨）
めつぱす　新潟
めつぱす　新潟
めつぱつ　新潟
めっぱつ　新潟
やたまき　秋田
やまなし　秋田（南秋田）　埼玉　千葉（夷隅・君津）　新潟　富山　静岡　和歌山　島根　島根（石見）　愛媛　愛媛（新居）
やんない　山形（北村山）
やんなえ　山形（北村山）
よーじのき　三重　三重（南牟妻）

アズサ → ミズメ

アスナロ　アスヒ, ヒバ　〔ヒノキ科／木本〕

あおき　岩手（紫波）
あおび　徳島（那賀）
あしたなれ　山形（最上・新庄）
あしだろ　山形（飽海）
あす　兵庫（播磨）
あすかび　和歌山（日高）
あすかべ　和歌山（日高）　奈良（吉野）
あすだろ　山形（飽海・北村山）
あすなら　秋田　島根　高知
あすなる　三重（伊賀）
あすなろー　山形（最上）
あすひ　信州木曾　長野　岐阜（飛騨）　静岡　愛知（名古屋市）　兵庫（播磨）　鳥取（因幡）　熊本（肥後）　大分（豊後）　富士山
あそなら　岐阜（揖斐）
あて　加州　和州　富山　石川　福井　滋賀　京都　島根（隠岐島）　岡山（美作）
あてのき　富山（東礪波）
あてび　新潟　石川（能登）　福井　岐阜　静岡　京都
あらぶ　甲州深山村
いしっぴ　栃木（日光）
いしび　茨城　栃木（那須・塩谷）
いとすぎ　広島（比婆）
おにざわら　神奈川（津久井）
おにひば　岩手　埼玉　神奈川（津久井）　三重

からすぎ　静岡
くさまき　駿河　岩手（気仙）　宮城（本吉）　山形（置賜）　茨城　新潟　石川　福井　静岡（磐田）
くろすぎ　静岡
けやのき　伊豆大島
さわら　岩手（江刺）　山形　栃木　群馬（吾妻）　千葉　山口（厚狭）　長崎（東彼杵・南高来）　熊本（球磨）　大分（竹田）　宮崎（南那珂）
しきば　鹿児島（大口市）
しのぎ　山形（最上・北村山）
しのぎひば　山形（北村山）
しばのき　山形（北村山）
しらび　下野日光　栃木（日光）
しらべ　栃木（日光）
しろび　岩手　福島　群馬
つがるひのき　秋田（仙北）
つぎつぎば　三重（伊勢市・宇治山田市）
つべつべ　山形（西田川）
つみつみ　山形（鶴岡・東田川）
なろ　佐賀（杵島）　長崎　長崎（南高来）　熊本　熊本（上益城）　宮崎（都城・児湯）
なろー　福岡（筑豊）
ひかわ　山形（北村山）
ひぬき　岩手（岩手・東磐井・西磐井）
ひのき　岩手（下閉伊）　千葉（長生）　青森　宮城　秋田　栃木　群馬　岐阜
ひのぎ　岩手　秋田　山形
ひば　静岡　青森　岩手　宮城　福島　山形　山形（村山・西置賜）　群馬　長野　静岡　石川
ひばな　山形（最上）
ぼやひ　福岡　大分（玖珠）
まき　北海道　静岡
みねぞー　山梨（南巨摩）

アスパラガス　オランダキジカクシ, マツバウド　〔ユリ科／草本〕

あめりかうど　群馬*
あわばうど　青森（三戸）
いびりぱっこ　青森*
うどん　青森*
えびりこ　青森（三戸）
おらんだ　埼玉*
きじかくし　埼玉*
くだりそで　青森*
しおで　山形*

アセビ

せーよーうど　北海道＊青森＊岩手＊宮城＊秋田＊山形（酒田市・飽海）福島＊茨城＊栃木＊群馬＊埼玉＊神奈川＊新潟＊石川＊富山＊福井＊山梨 長野 静岡 愛知＊三重＊滋賀＊京都＊奈良 鳥取 島根 岡山 広島 愛媛 高知＊福岡＊長崎＊熊本＊大分＊宮崎＊
せーよーそで　青森
せーよーぞて　青森（津軽）
せーよーそでこ　青森＊岩手＊秋田＊
せーよーたけのこ　佐賀＊
そでこ　青森＊
ちょーせんうど　山梨＊
ほたるぐさ　山形
まつばうど　青森（三戸）岩手＊宮城＊秋田＊山形＊栃木＊埼玉＊新潟＊富山＊福井＊山梨＊長野＊岐阜＊静岡＊三重＊京都＊島根＊広島＊香川＊福岡＊宮崎＊

アズマイチゲ　　　　　　　　〔キンポウゲ科／草本〕
かんこばな　岩手（二戸）
きつねのちょーちん　長野（下水内）
しろまんさく　青森（八戸）
すんちこばな　青森（八戸）
だまくさ　青森（八戸）
ちょんぶり　岩手（二戸）
ふくべ　青森（八戸）
ふくべな　青森（八戸）
ふくべら　青森（八戸）
らっこ　青森（八戸）

アズマギク　　　　　　　　〔キク科／草本〕
あっぱがいど　岩手（九戸）
おさらばな　長野（北佐久）
さらけばな　岩手（水沢市）
さらこ　秋田（鹿角）
さらこばな　青森（八戸）岩手（胆沢）
さらばな　青森（八戸・南部）岩手（東磐井・二戸）
さらばなこ　青森（八戸）岩手
さらばんこ　青森（南部）
さらんこ　岩手（盛岡・紫波）
さらんこばな　青森（南部）岩手（水沢市・上閉伊）
たばこばな　青森（下北）
ときしらず　青森（上北）
ばばのなかづれ　青森 岩手
べにさら　岩手（遠野市・上閉伊）
べにさらこ　岩手（紫波）

べにちゃらこ　秋田（鹿角）
べんぢゃらこ　秋田（鹿角）
ほりそー　紀伊牟婁
めどつのさらこ　青森（八戸）
やまじのきく　京都

アズマネザサ　　　　　　　　〔イネ科／木本〕
おんなだけ　東京（三宅島）
にがつたけ　東京（三宅島・御蔵島）

アゼガヤツリ　　　　　　　　〔カヤツリグサ科／草本〕
あぜくさ　島根（美濃）
しろがやつり　和歌山（海草・那賀）
ますくさ　和歌山（新宮市・日高）
ますぐさ　和歌山（東牟婁・西牟婁）
やから　香川（中部）

アゼスゲ　　　　　　　　〔カヤツリグサ科／草本〕
なわてくさ　三重

アゼテンツキ　　　　　　　　〔カヤツリグサ科／草本〕
あぜくさ　和歌山（有田）
あぜくな　和歌山（有田）
うしのひげ　和歌山（新宮市）
えんのけ　長野（下水内）
こまのかみ　新潟（加茂市）

アゼナ　　　　　　　　〔ゴマノハグサ科／草本〕
あずきぐさ　香川（中讃）
おーむしろ　香川（東部）
こごめ　香川（東部）
びっきくさ　和歌山（新宮）

アセビ　　　　　　　　〔ツツジ科／木本〕
あさび　山口（大津）
あざみ　山形（村山）
あざみしば　埼玉（入間）
あさめしば　静岡（榛原）
あしび　静岡 山口
あしぶ　出雲
あしゃぶ　高知（幡多）
あせしば　静岡
あせび　千葉 静岡
あせびしば　島根（那賀）
あせぶ　三重 兵庫 岡山 高知 愛媛
あせぼ　青森 岩手 山形 埼玉 静岡 愛知

アセビ

岐阜　三重　奈良　和歌山　岡山　山口
あせぼ　青森　秋田
あせぼしば　越前　静岡
あせぼのき　周防
あせみ　福島　埼玉　神奈川　山梨　静岡
あぜみ　埼玉（入間）
あせみしば　埼玉（入間）
あせむし　埼玉（秩父）
あせも　江戸　愛知（北設楽東南部）　熊野　三重（南西部）　東京　埼玉　山梨　静岡
あせもしば　埼玉（入間）
あせんぽ　青森　山形　三重　和歌山
あせんぽん　新潟
あばんちゃ　山口（大津）
あへんぽ　山形（飽海）
あまっちゃ　茨城（太田）
いせじろ　新潟（佐渡）
いせぶ　三重（鈴鹿）
いせぽ　三重（員弁・一志）
いせんぽ　三重（伊賀）
いねのき　三重（度会）
いわもち　薩州　鹿児島
うしあらい　福井　和歌山（東牟婁）
うしあらいしば　兵庫（有馬）　和歌山（東牟婁）
うしくわず　島根（石見）
うしころし　三重　山口
うしのしらめとり　和歌山（東牟婁）
うしのはおとし　和歌山（東牟婁）
うしのはもがき　和歌山（東牟婁）
うじはらい　和歌山（西牟婁）　紀州
うばのちゃぽ　長州
うばのてまき　長州
うばのてやき　防州
うまくわず　静岡　鹿児島
うまよいぎ　高知（幡多）
えせび　三重
えせぶ　三重（鈴鹿・志摩）
えせべしば　三重（志摩）
えなば　大分　熊本
えなばのき　熊本（球磨）
おしのふたえ　島根（簸川・出雲市）
おなざかもり　丹後
おなだかもり　丹後　京都（竹野）
おばのてやき　島根（美濃）
おばんたやき　島根（鹿足）
おばんちゃ　山口（厚狭・美祢・荻・仙崎）

おばんちゃき　山口（長門）
おばんちゃぎ　島根（鹿足・益田市）　山口（美祢）
おばんてぼー　島根（美濃）
おんなざかもり　丹波　京都（丹波）
かしょーし　山口（大津・長門）
かすくい　備前
かちかちばな　高知（長岡）
かぶれのき　高知（幡多）
がらがら　福井（敦賀）
からしきび　新潟（佐渡）
かんふじ　富山（砺波）　福井（越前）
こごめばな　岡山（備前）
こしきみ　新潟（佐渡）
こしば　和歌山（那智）
こべたき　和歌山（有田）
ごまいり　周防　山口（玖珂・熊毛）
ごまいりのはな　山口（玖珂）
こまいれ　山口（大島）
ごまいれ　山口（玖珂）
ごまえ　山口（玖珂）
ごまやきしば　芸州
ごまんどー　広島（賀茂）
こめぎ　熊野
こめごめ　三重（北牟婁）
こめしば　和歌山（新宮市・東牟婁）
こめのき　青森　山形（酒田市）
これきみ　新潟（佐渡）
させんぽ　和歌山（海草・日高）
さらっぷ　福島（石城）
さらぽ　福島（石城）
さるっぱー　茨城（太田）
さるっぽ　福島　茨城
さるっぽさかき　福島　茨城
さるぽ　福島（石城）
しきび　埼玉（入間）
ししかず　長崎（西彼杵）
ししくわず　長崎（西彼杵）
しずこばな　山形（酒田）
したわれしば　静岡　静岡（周智）
しゃしゃっぽ　島根（益田市）
しゃしゃび　広島（賀茂）
しゃしゃぶ　山口（吉敷）　福岡（小倉市）
しゃしゃほ　島根（益田市・那賀）　広島（佐伯・広島市）
しゃしゃも　山口（吉敷）
しゃせんしば　愛媛（上浮穴）

しゃせんぼ　和歌山（那賀）
しゃりしゃり　城州上加茂
じりじり　福井（三方）
じんじろ　福井（敦賀）
すずこばな　山形（酒田市）
すずらん　山口（吉敷）　茨城（久慈）
せせぼ　和歌山（伊都・高野山）
ぜにかねしば　島根（簸川・能義）
せんじ　高知（幡多）
せんちゃ　埼玉（秩父）
たで　高知（幡多）
たでしば　愛媛（西宇和・宇和島）
だにのき　高知（幡多）
ちゃせんぼ　愛知（知多）
ちょーせんさかき　新潟（佐渡）
ちょーちんばな　秋田　宮城
てやき　山口（厚狭）
てやきしば　長州　山口（厚狭）
どくしば　伊予　高知（幡多）　愛媛（宇和島）
どくばな　熊本（天草）
なたてしば　愛媛（宇和島）
にがき　和歌山（東牟婁）
ねずみさし　東京（八王子）
ねずみしば　東京（八王子）
ぱえぱえばな　山形（酒田市）
はくあぞー　奈良（吉野）
はくわず　奈良（吉野）
はこぼれ　奈良（吉野）　和歌山（東牟婁）
はごもり　三重（熊野市・南牟婁）
ばすいき　山形（東田川）　宮城
ばすいぼく　岩手　宮城
ぱちこ　奈良（奈良）
ぱちぱち　高知（吾川）
ぱちぱちぐさ　奈良（宇智）
ぱちぱちばな　山口（豊浦）
ぱっちり　高知
ぱっちんこ　山口（玖珂）
はっぴちん　三重（志摩）
はっぽ　三重（志摩）
はなしば　山口（見島）
はなのき　山口（見島）
はもの　奈良（北山川）
はもり　和歌山（日高・東牟婁）　奈良
はもりしば　和歌山（西牟婁）
はもれ　和歌山（東牟婁）
はもろ　奈良（吉野・十津川）　和歌山（東牟婁）

ばりばりしば　島根（簸川・出雲市）
ばんちゃ　島根（鹿足）
ばんちゃぎ　山口（玖珂・佐波・阿武）
ばんてやき　山口（長門）
ひがんぎ　鹿児島　鹿児島（大隅）
ひがんきょ　鹿児島
ひがんのき　鹿児島（曽於）
ふぐしば　愛知（知多）
ぶすご　東京（日原）
べっちりさん　山口（玖珂）
ほーこーにんしば　奈良（吉野）
まめいりしば　島根（飯石・仁多・出雲）
みどり　三重（北牟婁）
むぎばな　岡山（吉備）
むぎめし　山口（都濃）
むぎめしのき　山口（豊浦）
むぎめしばな　島根　岡山　広島　山口　鹿児島
　（垂水市・肝属）
めどり　三重（北牟婁）
やましきび　埼玉（入間）
やまもも　山口（厚狭）
やりやり　福井（三方）
ゆずり　山口（玖珂）
よしびのき　福岡（犬ヶ岳）
よしぶ　大分（大分・玖珠）
よしみ　筑前　福岡（田川）
よしみしば　西土　筑紫　筑前　熊本
よせぶ　豊前
よなしば　熊本（八代）
よなば　熊本　熊本（天草）　大分（大分）
よなばしば　宮崎（西臼杵）
よねしば　宮崎（児湯・西諸県）
よねば　豊後　大分（大野・南海部）
よめおこす　茨城（久慈）
よれーどーし　京都（竹野）
よろえどーし　京都
わさぞ　山口（豊浦）
わさび　山口（玖珂・阿武）
わせび　静岡
わせびわ　広島
わせぼ　新潟（蒲原）

アゼムシロ　→　ミゾカクシ

アダン　　　　　　　　　　〔タコノキ科／木本〕

あざに　沖縄（石垣島）
あだに　沖縄（首里・八重山）

アツニ → オヒョウ

アツモリソウ 〔ラン科／草本〕
うしのきんたま 長野（北佐久）
えんめ 長野（下伊那・飯田市）
えんめーこぶくろ 木曾
かっこ 岩手（気仙） 秋田（鹿角）
かっこーばな 岩手（上閉伊）
かっこーへのこ 岩手（二戸）
かっこのへのこ 秋田（鹿角）
かっこのみずくさ 青森
かっこのみずぐみ 青森
かっこばな 岩手（上閉伊） 青森（八戸）
かっこぺのこ 青森（八戸）
かんぺのこ 岩手（二戸）
きんたまそー 長野（霧ヶ峰）
きんたまばな 長野（佐久） 岩手（二戸）
けぺぺのこ 岩手（二戸）
こぶくろばな 信州
ししのふぐり 長野（南佐久）
ふぐりばな 長野（南佐久）
へのごばな 青森（八戸）
よめのでんぶくろ 長野（上伊那）

アーティチョーク チョウセンアザミ
〔キク科／草本〕
おーあざみ 愛媛*

アデク 〔フトモモ科／木本〕
かなつばき 鹿児島（肝属）
こへ 鹿児島（奄美大島）
よめじょのき 鹿児島（垂水市）
よめばら 鹿児島（垂水市）

アブノメ 〔ゴマノハグサ科／草本〕
あきぼこり 山口（厚狭）
あきぽとこり 山口（厚狭）
あずきぐさ 香川（中讃）
じどーぐさ 大分（大分市）
そろえ 和歌山（日高）
ぱちぱちぐさ 和歌山（西牟婁） 鹿児島（川内市）
ひょーたんぐさ 香川（東部）
まつのもと 和歌山（東牟婁）

アブラガヤ アイバソウ 〔カヤツリグサ科／草本〕
あいばそー 勢州
あぶらかやこ 島根（邇摩）
あぶらかやご 島根（邇摩）
あぶらすげ 山形（北村山）
かにがや 予州
すげ 鹿児島（中之島）
とーすみ 埼玉（秩父）
べーべ 宇治山田 三重 伊勢
やまますはり 播磨

アブラギク → シマギク

アブラギリ 〔トウダイグサ科／木本〕
あぶらき 長門 石川（加賀） 島根 宮崎 鹿児島 三重 福井（越前・今立） 静岡（駿河）
あぶらぎ 播州 周防 石川（加賀） 島根（出雲） 宮崎（北諸県） 鹿児島
あぶらこし 滋賀（北部）
あぶらせん 筑前 佐賀 長崎（対馬）
あぶらだく 紀伊 和歌山
あぶらっき 静岡（静岡）
あぶらのき 江州 宮崎（北諸県）
あぶらのみ 福井*
あぶらみ 近江
あらきり 鹿児島（肝属）
いぬぎり 紀伊 鹿児島 高知 広島
いんぎー 鹿児島（肝属）
うば 土州
えこ 熊本*
えのき 鹿児島（屋久島）
きのみ 福井* 島根*
きのみのき 島根（石見）
きりみ 福井*
このみ 福井（越前）
こらび 福井（大飯）
ころぎ 島根（隠岐島）
ごろた 島根*
ごろたのき 島根（出雲）
ころのき 京都*
ころび 福井 滋賀（高島） 京都 島根（出雲）
ころびのき 福井 福井（若狭）
ころぶ 鳥取* 島根*
しなぎり 静岡* 和歌山* 鳥取* 山口* 徳島* 香川* 高知*
すしのき 福井（坂井）
せんのき 筑前

アブラチャン　　〔クスノキ科／木本〕

だいがん　播磨　千葉（君津）　和歌山（日高）
たいかんじ　島根（石見）
だま　宇治山田　熊野　三重（度会）
だまのき　三重　三重（伊勢）
だんかんじ　島根*
とーぎり　愛媛*
どくい　伊勢
どくえ　駿河庵原　千葉　静岡（駿河・伊豆）
どくえのき　駿河　静岡（南伊豆）
どくば　伊勢　三重（伊勢）
とくりゅーのき　伊勢
とげ　千葉*
どけ　千葉（清澄山）
どけー　千葉（君津・長生）
とたゆ　甲斐河口
とっけ　千葉（清澄山・勝浦）
ふば　高知（高岡）
ぽっほらん　長崎（五島）
ほば　高知（幡多）　大分（南海部）　宮崎　愛媛（宇和島）
ほばのき　大分（南海部）
ほべのき　大分（南海部）
ほんぎり　福岡*
ほんでんぽ　鹿児島（熊毛）
まるみ　伊勢度会
みずぎり　四国
やまぎり　静岡（遠江）　三重（紀伊）　和歌山（紀伊）　島根（石見）　広島　愛媛（東予・南予）　佐賀（神埼）　長崎（西彼杵）　宮崎（児湯・東臼杵）　鹿児島（肝属・種子島・屋久島）
ゆーでー　和歌山*
ろくえ　千葉（夷隅）
ろくりん　三重（志摩）
ろつげ　千葉*

アブラシバ　　〔カヤツリグサ科／草本〕

かにがや　予州
なきり　長州
みちくさ　予州
やまますはり　播磨

アブラススキ　　〔イネ科／草本〕

あぶらかや　熊本（玉名）
おんながや　長野（北佐久）
かりやす　和歌山（那賀）
こがねがや　山形（北村山）

アブラチャン

あおじさ　岩手（稗貫）
あかじさ　信州木曾
あかじしゃ　新潟
あかずさ　山梨（東八代）
あつまんどー　島根（石見）　山口（佐波）
あぶらき　栃木（西部）　群馬（東部）
あぶらぎ　栃木（西部）　徳島（三好）
あぶらっこ　磐城
あぶらのたま　山梨（本栖）
あまひょーだん　秋田
いぬむらだち　美濃粕河
おとこじしゃ　長野（上水内）
かわらずさ　山梨（都留）
ぎしゃき　信州
きつねのほーずき　長野（下水内）
くろじさ　岩手
くろじしゃ　新潟（岩船・東蒲原）　長野（松本）
くろちゃん　岩手（岩手・稗貫・盛岡）
くろともぎ　徳島（三好）　香川（香川）
くろんちゃ　岩手（岩手・紫波）
ごーらきしゃ　信州
こさぶろ　秋田
こじしゃ　群馬（利根）
こともぎ　高知（長岡）
こむらだち　三重（鈴鹿）
こやす　佐賀（佐賀市）
こやすのき　福島（会津）　佐賀
ごろはら　美濃粕河
じさ　神奈川（箱根）
じさき　青森　秋田　秋田（角館市）
じさっから　群馬（勢多）
じさのき　岩手（気仙）
じしがら　長野（下高井）
じしゃ　上野　福島　福島（会津）　群馬　新潟　長野　静岡　愛知
じしゃがら　群馬　新潟
じしゃきんば　青森　青森（弘前市）
じしゃぐれ　埼玉（秩父）
じしゃのき　群馬（利根）
じっちゃぎ　秋田
じっちゃく　秋田（鹿角）
じっちゃくしば　秋田
しゃがら　長野（下水内）
じゅしゃ　静岡　静岡（南伊豆・駿河）
しろともぎ　高知（長岡）

アブラナ

ずさ　野州足尾銅山　岩手　宮城　群馬　埼玉
　　埼玉（秩父）　神奈川　山梨　静岡　静岡（富
　　士）　三重
ずさき　青森　秋田
ずさきしば　秋田
ずさぐれ　埼玉（秩父）
ずさだま　静岡（駿東）
ずしゃ　静岡（伊豆）
ずな　宮城
すまる　兵庫（佐用）
せんぼんぎ　大分（大野・南海部）
たにじろ　三重（飯南）
ちしゃがのき　新潟（長岡市）
つえぎのき　熊本（八代）
つさ　甲州河口　伊豆
つたから　山形（北村山）
ともぎ　徳島　香川（香川）　高知（香美）　愛媛
　　（新居）　高知
とりき　岩手（稗貫）
なべくゎし　秋田（仙北）
はらはら　岐阜（山県・揖斐）
はれはれ　西濃北山
びしゃぐれ　埼玉（秩父）
びしゃもんぐれ　埼玉（秩父）
びんつけぎ　秋田
ふくべじしゃ　長野（長野）
ふくべじしゃがら　新潟（中頸城）
へいたまのき　栃木（塩谷）
へったも　福島（双葉）
ぽんぽんじしゃがら　新潟（北蒲原）
まともぎ　高知（土佐）
むらだち　静岡　三重　奈良　和歌山
めんともぎ　高知（土佐）
もとぎ　香川（綾歌）
もとじ　三重（一志・飯南）
もんじゃ　茨城（筑波山）
やからみ　高知（高岡）
やからめ　四国　愛媛（上浮穴）　高知（高岡）
　　九州　大分

アブラナ　ナノハナ　　　　〔アブラナ科／草本〕
あぶらたね　鹿児島*
かぶ　青森（八戸）
からし　福島*　福岡　佐賀　長崎（壱岐島・諫早
　　市）　熊本（玉名）
からしな　福島（大沼）　佐賀

からしなたね　鹿児島*
からしのはな　福岡（柳川市）　佐賀（柳河）
からせ　福岡*　大分*
くきたち　岩手（二戸）
くくたち　岩手（二戸）
さじの　岐阜（吉城）
しょーたね　島根
ぜんとく　岡山　広島
たかぶ　宮崎*
たね　滋賀*　鳥取*　岡山*　山口（厚狭）　愛媛
　　熊本（下益城）　宮崎*　鹿児島*
たねかつ　鹿児島
たねかぶ　鳥取*　島根*　鹿児島（垂水市・肝属）
たねこ　岡山*　広島*
たねっ　鹿児島（肝属）
たねな　島根（鹿足・隠岐島）
ながらし　福島（会津若松市）　滋賀*
なたね　青森（八戸）　山口（厚狭）　愛媛（新居）
　　福岡（久留米市・三井・浮羽）
なだね　青森（八戸）
なっぱ　静岡（小笠・富士）
なばな　宮城（仙台市）
ねーり　長野（諏訪・東筑摩）
ねーれ　山梨*　長野（諏訪）
のらぼーな　埼玉*
はずな　新潟*
はたけな　京都
はだな　新潟
はるな　宮城*　岐阜（恵那）
ふくたつな　岐阜（吉城）
ふゆな　江戸
まな　奈良　和歌山（和歌山市）　愛媛
まなかぶ　香川（高松市）

アベマキ　　　　　　　　　〔ブナ科／木本〕
あつがねくぬぎ　山口
あつかわくぬぎ　滋賀　兵庫　島根
あつかわほーそ　岐阜
あつかわまき　岐阜
あべ　鳥取　岡山　島根　山口
あべくぬぎ　静岡（遠江）
あべた　岡山　島根
おーかわくぬぎ　山口（周防）
おかやび　福井
おくぬぎ　石川　京都　兵庫
おにくぬぎ　福島

アマドコロ

おぼそ　和歌山（那賀）
おんくぬぎ　京都　大阪　兵庫　愛媛
かたぎ　岡山
かわほーそ　島根（隠岐島）
くぬき　長崎（対馬）
くぬぎ　和歌山（那賀）　茨城　兵庫　対馬
こーか　熊本（芦北）　大分（北海部・大野）
こーくぬぎ　大分
こるくがし　静岡（伊豆）
こるくくぬぎ　長野　岐阜　静岡　和歌山
こるくのき　兵庫（姫路）
こるくまき　広島（比婆）
ころっぷす　佐賀（藤津）
さわぐり　東京
どーだ　長崎　対馬
とち　愛知
どんぐり　静岡　岡山
どんぐりのき　岡山
どんごろぼそ　滋賀
ばー　丹波　摂津
ばくおんき　兵庫
ばくのき　京都（丹波）
はばまき　岡山
ひあき　広島
ひまき　広島（備後）
ひよくり　周防
ふくれぎ　佐賀（神埼）
ほーす　岐阜（美濃）　愛知（尾張）
ほーすまき　長野（木曾）
ほーそ　兵庫　岐阜
まき　岐阜　島根（益田市・仁多）　岡山　広島　
　　山口（周防）
まべた　岡山
みずまき　広島
わたくぬぎ　静岡　奈良
わたどち　三重
わたのき　岡山（苫田・美作）
わたまき　岡山　広島（比婆）

アマ　　　　　　　　　　〔アマ科／草本〕

あさ　新潟*　長野*
お　富山*　島根*
ささ　新潟*
じんま　宮城*
やまそ　新潟（佐渡）

アマチャ　　　　　　　　〔ユキノシタ科／木本〕

あまちゃかずら　長州
おぶゆ　岐阜（大垣）
きあまちゃ　周防
じゃぽんのは　栃木（上都賀）
はかんぞー　岐阜（飛騨）
やまちゃ　木曾

アマチャヅル　　　　　　〔ウリ科／草本〕

あまちゃ　山形（飽海）
いつつば　鹿児島（長島・甑島）
かわあまちゃ　広島（比婆）

アマヅル　　　　　　　　〔ブドウ科／木本〕

あまちゃづる　香川（綾歌）

アマドコロ　イズイ　　　〔ユリ科／草本〕

あまら　山形（庄内）
いずい　和歌山
えんみ　周防　長州
おとこすずらん　長野（北佐久）
おにすずらん　長野（北佐久）
がまんぞー　紀伊熊野
からすゆり　京都
きつねのちょーちん　青森
きつねのまくら　青森
さるのつづみ　紀伊熊野　牟婁
すずらん　長野（佐久）
ちょうちんばな　静岡（小笠）
ちんぽはれ　長野（佐久）
つまばな　山形（飽海）
てんぐさ　三重（伊勢）
はねうま　阿州
はねむま　阿州
ひめいも　鹿児島
へーびゆり　長野（佐久）
へーびよろ　長野（佐久）
へびすずらん　長野（佐久）
へびつる　総州篠篭田村
へびのあねさま（あねはん）　山形（鶴岡市）
へびのだいもち　山形（東田川・飽海）
へびまくら　山形（飽海）
へびゆり　山形
へべゆり　神奈川（津久井）
べべゆり　神奈川（津久井）
へんびゆり　新潟（南蒲原）

アマナ

まむしぐさ　山形（飽海）
やまどろ　千葉（八日市場）
れんご　紀州熊野　牟婁

アマナ　〔ユリ科／草本〕
あまいも　京都
あまつぼろ　京都
いぐいそー　山口（豊浦・厚狭）
いくいりゅー　山口（厚狭）
いぐいりゅー　山口（厚狭）
うぐいす　摂州　周防
うぐいそー　山口（厚狭）
かたくり　南部
かたくりな　佐渡
かたすみら　肥前
からすいも　愛媛（周桑）
からひがん　鹿児島
くわい　広島（比婆）
ぐわい　広島（比婆）
ごーら　周防
すぐら　長崎（対馬）
すてっぽー　筑前
すみら　肥前
たゆり　駿河
つるぼ　丹波
なんきんずいせん　京都
はったんきょ　熊本（玉名）
はるひめゆり　京都
まつばゆり　江州
みずふで　姫路
むぎくわい　和歌山
むぎぐわい　京都
むぎくわえ　京都

アマノリ → イワノリ

アマモ　〔アマモ科／草本〕
あおじ　伊勢志摩
あじも　志州　播州　長州　和歌山（西牟婁）
うしかんざし　熊本
うみすげ　新潟
おおもく　千葉（君津）
おどろ　長州
かなくず　雲州　讃州
かもめのおび　能登
かんぞー　岡山
ぎんたるも　長州
ごば　香川（佐柳島）
ごも　青森（津軽・上北）
ごもご　青森
さこき　土州
すげも　土佐
はまゆー　豊前
まがも　岡山
むくしお　伊勢　三重（宇治山田市）
むくしほ　勢州
も　青森
もしおぐさ　勢州二見
もは　讃州
もば　雲州　讃州
りゅーぐーのおとひめのもとゆいのきりはずし
　　雲州　讃州

アマリリス　〔ヒガンバナ科／草本〕
とーひがん　鹿児島（甑島）
めおとばな　鹿児島（鹿児島市）
らっぱばな　鹿児島（鹿児島市）

アミガサタケ　〔アミガサタケ科／キノコ〕
しもやけ　青森（上北）
つちあきび　島根（石見）

アミタケ　〔アミタケ科／キノコ〕
あみこ　宮城（仙台）
あみこもだし　宮城（仙台）
あわいくち　長野（上伊那）
あわいくび　長野（上伊那）
あわたけ　長野（上伊那）
きょーめいたけ　山口（厚狭）
しばはり　兵庫（加古・津名・三原）
ずいたけ　岡山
すいとん　岐阜（飛騨）
すかし　岩手（二戸）
すかしきのこ　岩手（二戸）
すどーし　三重
すどーし　三重
ぬめり　岩手（二戸）
ひょろたけ　栃木（日光・那須）

アメリカセンダングサ　〔キク科／草本〕
くんしょう　千葉（山武・東金）
たかたうこぎ　和歌山（和歌山市・海草）
びんぼうぐさ　千葉

アメリカナデシコ 〔ナデシコ科／草本〕
たまらんこ　和歌山（日高）
なでしこ　和歌山（日高・東牟婁）
びじんそー　三重（宇治山田市）

アメリカボウフウ 〔セリ科／草本〕
おらんたぽーふら　北海道*
ぽーふら　北海道*　青森*

アヤメ 〔アヤメ科／草本〕
うまばな　山形（西田川・庄内）
かいどーばな　木曾
かいとばな　木曾
かけつ　岩手（上閉伊）　岐阜（北飛驒）
かげつ　岩手（釜石市）　岐阜（吉城）
かげつばた　岐阜（吉城）
かっこ　山形　新潟（西蒲原）　岩手（江刺・水沢）
かっこー　秋田（雄勝）
かっこーばな　秋田（北秋田）
かっこばな　山形（飽海）　福島（相馬）
かっこん　山形（西村山）
しょーどめ　岩手（盛岡）
しょどめ　岩手（盛岡）
そーどめ　青森（八戸）　岩手（二戸）
そとめ　青森（津軽）　秋田（由利）
そどめ　青森（八戸）　秋田
ばんばな　山形（飽海）
まとり　山形（庄内）
むらさきあやめ　長野（佐久）

アラカシ 〔ブナ科／木本〕
あおかし　熊野　千葉　三重　徳島　高知
あおがし　千葉　三重　熊本（天草）
あかがし　千葉　三重　宮崎
あらかし　和歌山　高知　鹿児島
あらんぼ　千葉（君津）
あらんぼがし　千葉（清澄山）
いっちーかっちー　静岡
いぼがし　栃木　埼玉
えぼがし　埼玉（入間）
おーかし　三重　和歌山　高知
おーがし　三重（熊野）
おーばかし　三重
おーばがし　静岡（駿河）　岡山（美作）
おかし　三重（伊賀）
おがし　奈良　和歌山（那賀）
おにかし　高知（長岡）
おにがし　岡山
おばめがし　三重（員弁）
おんがし　三重　和歌山
かいまつけ　鹿児島（加世田市）
かいまっけ　鹿児島（加世田市）
かいまっち　鹿児島（加世田市）
かしぎ　鹿児島（奄美大島）　沖縄
かたぎ　京都（何鹿）　岡山　広島　山口（周防）　愛媛　福岡（小倉市）
くまかし　愛知（東三河）
くまがし　静岡　愛知（東三河）　兵庫（神戸市）　福岡　佐賀
くろかし　静岡　鹿児島　千葉　伊豆　山口
くろがし　千葉　静岡　三重　兵庫　岡山　広島　福岡　長崎　宮崎　鹿児島
くろかたぎ　熊本
くろかっし　千葉（君津）
こーかし　鹿児島（種子島）
こか　沖縄
こがし　和歌山（海草・東牟婁）
さとがし　鹿児島（大口）
しばかし　静岡（駿河）
しろがし　鹿児島（薩摩）
つばかし　徳島　高知　愛媛
つばがし　高知（幡多）
つぶがし　徳島
つぼかし　徳島（海部）　高知
つぼがし　高知（高岡）
どべがし　山口（佐波）
ならがし　長野　愛知
にぶ　広島
はくろがし　福岡（嘉穂・鞍手）
はたかし　大分（南海部）
はたがし　大分（大分・南海部）
はとかし　鹿児島（大口）
はとがし　熊本　大分　宮崎　鹿児島
はどかし　宮崎
はどがし　高知（幡多）
はなご　高知（土佐）
はぶとがし　鹿児島（出水・薩摩）
ほんかし　香川　香川（香川）
ほんがし　佐賀（杵島）　熊本（熊本市）
ほんたかぎ　広島
まがし　香川（仲多度・綾歌）
ますかたぎ　周防

アラメ

まてーがし　長崎（壱岐）
まるっぱがし　埼玉（入間・名栗）
まるばかし　愛知
みずがし　山口（佐波）
やくらかし　静岡（秋葉山）
やくらがし　静岡（駿河・遠江）
やぐらがし　静岡（秋葉山）

アラメ　　　　　　　　　〔チガイソ科／藻〕

あまだ　静岡（榛原）
あもと　三重（志摩）
あらめ　和歌山（西牟婁）
あんろく　三重（志摩）
おはしな　京都*
かじめ　新潟（佐渡）　石川（鳳至）　静岡　山口（見島）
きりめ　和歌山（日高）
ちじらめ　和歌山（日高）
め　和歌山（海草・西牟婁）
めー　大阪　三重（北牟婁）　兵庫（神戸・淡路島）　和歌山（日高・東牟婁）

アリタソウ　ケイガイ　　　　〔シソ科／草本〕

ねずぐさ　南部
ねずみぐさ　南部
やはずぐさ　紀伊

アリドオシ　　　　　　　　〔アカネ科／木本〕

あかのき　伊豆八丈島
ありどおし　江戸　岡山
いていて　千葉（安房）
いぬのまたかき　島根（簸川）
おにのめつき　和歌山（新宮市・東牟婁）
おにのめっき　和歌山（新宮市・東牟婁）
おにのめつこ　紀伊牟婁郡
かなげ　千葉（吉尾）
ことりすわらず　三重（北牟婁）
ことりとまらず　和歌山（東牟婁）
こまそり　鹿児島（揖宿）
こまぞり　鹿児島（揖宿）
さいかきばら　東京（三宅島）
そめんく　鹿児島（垂水市・肝属）
とびのしりさし　防州
とりとまらず　熊野　三重（熊野市）
ねずみいばら　三重（尾鷲市）
ねずみぎ　高知（幡多）
ねずみつつき　周防
ねずみのしりふき　高知（幡多）
ねずみのはなつき（ヒメアリドオシ）　高知（高岡・幡多）
ねずみのはなとーし　土佐　高知
ねずみのめざし　長崎（平戸）　鹿児島（垂水）
ねずみのめっき　鹿児島（垂水市）
ねずみはな　駿河
ねずみばな（ヒメアリドオシ）　駿河　高知（幡多）
ねずみばら　東京（御蔵島）　静岡（南伊豆・志太・賀茂・小笠）
ねずんのめさし　鹿児島（肝属）
ねずんのめつき　鹿児島（肝属）
はぽろり　肥前
ひいらき　東京（三宅島・御蔵島）
ひーらぎ　伊豆三宅島　東京（三宅島）
ひつきゃにぎ　鹿児島（奄美大島）
へーらぎ　和歌山（東牟婁）
へずり　山口（大島）
やぶへ　和歌山（西牟婁）
やまひいらぎ　長崎（壱岐）

アレチノギク　　　　　　　〔キク科／草本〕

いじんぐさ　千葉（長生）
いじんそー　千葉
いぬじおーぎく　和歌山（西牟婁）
おごりくさ　静岡（小笠）
かんぐんそー　東京（三宅島）
かんごんくさ　東京（三宅島）
かんごんぐさ　東京（三宅島）
ごいしんぐさ　東京（三宅島）
ごいっしんぐさ　東京（三宅島）
ごじんかそー　東京（三宅島）
さいごーくさ　岡山　鹿児島（国分市）
さいごーぐさ　千葉　鹿児島（国分市・姶良）
さいごくさ　宮崎（児湯）
さいごぐさ　熊本（芦北・八代）　宮崎（児湯）
しなぶき　鹿児島（揖宿）
すぎは　岡山（吉備）
せーたかぐさ　香川（島嶼部）　愛媛（島嶼部）
だいみょーそー　和歌山（有田）
たかせんぼー　香川
たかぼーず　香川
たんだいくさ　鹿児島（肝属・出水）
ちんだいぐさ　鹿児島

てつどーくさ　香川（東部）　岡山
てつどーそー　東京（三宅島）
てんじんくさ　愛媛（新居）
てんちょうぐさ　千葉（君津・木更津）
とーじんくさ　東京（大島）　和歌山（日高）
とーじんぐさ　東京（大島・三宅島）　和歌山（日高）
によん　鹿児島（川辺）
のぎく　山形（鶴岡市・東田川）　香川（東部）
のぼりぐさ　香川（中部）
ひなたくさ　愛媛（新居）
びんぼーくさ　静岡（賀茂）
びんぼぐさ　奈良
ほーぶしぐさ　鹿児島（与論島）
みなぶき　鹿児島（揖宿）
めいじくさ　岡山
めくらくさ　和歌山（新居）
めくらぐさ　和歌山（新宮市・東牟婁）

アロエ　ロカイ　　　　　　　　〔ユリ科／草本〕
あるは　大分（大分市）
あろい（キダチロカイ）　鹿児島（奄美大島）
あろえ（キダチロカイ）　鹿児島（奄美大島）
いしゃころし　静岡（志太）　鹿児島（阿久根市）
ついかさ　沖縄（石垣島）

アワ　オオアワ　　　　　　　　〔イネ科／草本〕
あー　静岡（川根）
あお　鹿児島（与論島）
あかあわ（アワの1種）　伊勢
あわきび　福井*
あわごめ　岩手（気仙）　熊本（八代・下益城）
あわのこめ　福井（大野）
あわんこめ　長崎（五島・南松浦）
あん　沖縄（石垣島）
うぉあ　東京（八丈島）
うるちのみ　島根*
お　東京*
おーごめ　東京（八丈島）
かじあわ　福井（大野）
くまご　島根　広島（比婆・高田）
ごくもの　奈良（吉野）
しもかぶり　江戸
ただあわ　鳥取*
ときび　三重*
にんそくだまし　島根（鹿足）

ねこのて　島根（鹿足）
ねこまた　江戸
もちーもの　群馬（多野）
やまあわ　鳥取*

アワガエリ　　　　　　　　　〔イネ科／草本〕
けむしぐさ　和歌山（有田）

アワコガネギク　　　　　　　〔キク科／草本〕
やまぎく　和歌山（伊都）

アワゴケ　　　　　　　　　　〔アワゴケ科／草本〕
すずめのばんどり　富山（砺波・東礪波・西礪波）
すずめのばんどる　富山（砺波）

アワブキ　　　　　　　　　　〔アワブキ科／木本〕
あーぶくたらし　神奈川（津久井）
あおふき　高知（土佐）　愛媛（新居・上浮穴）
あおぶき　高知（幡多）
あぶくたらし　岩手　福島　栃木（日光）
あぶくたらし　栃木（日光市・下都賀）
あぶくったらし　群馬（勢多）
あぽこったらし　栃木（塩谷）
あわぎ　奈良（吉野）　徳島（那賀）
あわずのき　高知（香美）
あわたち　群馬（利根）　埼玉（入間・名栗）
あわたらし　山梨（北都留・南都留）
あわはだ　石川（能登）
あわふき　徳島　大分
あわぶき　茨城　長野
あわふきぎ　岐阜（揖斐）
あわぶきたらし　静岡
あわふぐ　秋田
あわぶく　富山（黒部）　山梨　神奈川（東丹沢）
あわぶくたらし　茨城　栃木（西部）　群馬　埼玉（秩父）　山梨
あわぶくだらし　埼玉（秩父）
あわぼくたらし　甲斐　埼玉（秩父）
あんぶく　神奈川（東丹沢）　静岡（愛鷹山・北伊豆）
あんぶくだし　神奈川（西丹沢）　静岡
あんぶくたらし　岩手　宮城　埼玉　神奈川　静岡
いとぶ　福井（三方）
いもー　長野（伊那）
おおねっぷ　青森（西津軽）
おおねぷ　青森（西津軽）

アワモリショウマ

おおねんぶ　青森（西津軽）
おおねんぶ　青森（西津軽）
くもしば　近江坂田
こじきほほば　石川（能登）
こぞーなかせ　岐阜（揖斐）
さわぐり　千葉（清澄山）
すのき　高知（香美・長岡）　徳島（那賀）
ずわはき　和歌山（日高）
たにびわ　香川（香川）　高知（長岡）
たのしば　木曾
ちゃふき　岩手（上閉伊）
ちゃぶき　青森
つわはき　和歌山（日高）
てんか　岩手
てんが　岩手（岩手）
てんがっき　千葉（清澄山）
てんがっぽー　岩手（稗貫）
てんがほ　宮城（名取・刈田）
てんがぽ　宮城（宮城・伊具）
てんかぽー　岩手　茨城　宮城
てんがほー　宮城（牡鹿・刈田）
てんがぽく　群馬（利根）
てんがん　岩手（和賀）
てんかんぼ　岩手　宮城
てんがんぽ　岩手　宮城
てんかんぽー　茨城　埼玉（秩父）
てんかんぽー　岩手（気仙）
てんがんぽー　茨城
てんがんぽー　岩手（胆沢）
てんくわ　岩手（岩手・紫波）
てんぐわ　岩手　宮城
とーふ　岩手（岩手・下閉伊）　長野（伊那）　静岡（伊豆）
とーふのき　岩手（下閉伊・岩手）　静岡（伊豆）
なべわか　岐阜（揖斐・粕川）
ねずくるい　岩手（下閉伊）
ねつくい　岩手（上閉伊）
ばかのき　島根（出雲）
めずら　越前牛首
やまが　秋田
やまぐり　和歌山（伊都）
やまちしゃ　大分（南海部）
やまびや　高知（土佐・長岡）
やまびわ　四国　愛媛　愛媛（上浮穴）　高知　高知（長岡）　宮崎
やまぶや　高知（土佐）

やまべや　高知（土佐）
やまめぐり　和歌山（日高）　紀州

アワモリショウマ　〔ユキノシタ科／草本〕

あわもりそー　和歌山
きりんそー　岐阜（飛騨）
とりあし　山形（東置賜）
よめおとし　能登

アンズ　〔バラ科／木本〕

あじうめ　北海道（松前）　青森（上北）　宮城
あじめ　青森（津軽）
あずんめ　秋田（鹿角）　山形　福島　福井*
あつんめ　山形　福島
あめんどー　三重*
あめんとーす　筑紫
あらんきょー　愛媛*
あんずうめ　北海道*　青森　秋田*　宮城*　山形　群馬*　富山*　和歌山　滋賀*
あんずめ　青森*
あんずん　新潟*　石川（河北）　長野（西筑摩）　大阪*
うめ　青森*　岩手*　福井*
からうめ　山形*　福島*　山梨*
からからず　新潟*
からもも　長野（更級・佐久）
かるうめ　青森（南部）
かるむめ　盛岡
かるめ　青森*
かるんめ　青森（三戸）
かろうめ　宮城（仙台市）
ごんごんめ　鹿児島
さんず　三重*
すうめ　島根*
はだんきょ　富山（礪波）
ばだんず　新潟*
ぱらからず　新潟*
め　青森
めー　青森*
もも　山形（酒田市・西置賜）　長野　長野（上田）
わたうめ　岩手*

アンペライ　ネビキグサ　〔カヤツリグサ科／草本〕

ふくい　山口（厚狭）

イ → イグサ

イカリソウ

イイギリ 〔イイギリ科/木本〕
あおいのき　宮城（仙台）
あずきじんだ　和歌山（東牟婁）
あんぎ　鹿児島（奄美大島）
いぬぎー　鹿児島（薩摩・出水・川内）
いぬぎり　高知（高知市・須崎市）　熊本　宮崎　鹿児島（鹿児島市）　静岡　東京　宮城
いぬせんだん　長門
いんぎー　鹿児島（大口）
いんぎり　福岡　長崎　宮崎　鹿児島（肝属）　千葉
うねぎり　和歌山（有田）
うふばきるき　鹿児島（奄美大島）
えんぎり　千葉（清澄山）
かさい　沖縄
かさぎ　青森（西津軽）
かじゃき　青森（西津軽）
かたぎり　愛媛　高知　島根
からせんだん　江戸
きゆぎ　鹿児島（奄美大島）
くるまじんだ　紀伊　奈良（吉野）
げろ　木曾
けんのき　和歌山（竜神）
ごとー　静岡（南伊豆）
さーぎり　神奈川（東丹沢）
さわぎり　茨城（多賀）　神奈川（東丹沢）　和歌山
しおぎり　徳島（海部）　高知（幡多・高岡・安芸）
ししだ　和歌山　紀伊
しろき　徳島（那賀）
しんだ　和歌山
じんだ　紀伊　奈良（吉野）
せんだ　和歌山（竜神）
たにぎり　和歌山（東牟婁）
ちょーず　福井（越前）
ちよのき　鹿児島（屋久島）
ちりぎ　沖縄
とーせんだん　東京　東京花戸
なんてんぎり　山形（鶴岡市）　花戸
のぎり　広島（佐伯）　山口（周防）　福岡　福岡市・八女）
のせんたん　長門
のぶのき　福岡（犬ヶ岳）
ふば　高知（幡多）
ぽーだら　岡山（美作）
ほくてん　奈良　大和
ほば　高知（幡多）

みずき　高知（幡多）
みずぎり　高知
みつぎり　四国
やまぎり　宮城　宮城（栗原）　秋田　秋田（北秋田）　茨城　千葉　三重（紀伊）　京都（丹波）　大阪（摂津）　兵庫　和歌山（紀伊・東牟婁）　島根（石見）　広島（佐伯）　佐賀（東松浦）　長崎（西彼杵）　熊本　大分　宮崎　鹿児島（垂水市）　沖縄
やまなんてん　新潟

イガガヤツリ 〔カヤツリグサ科/草本〕
ますぐさ　高知（土佐）

イガホオズキ 〔ナス科/草本〕
あだぼ　山形（北村山）
うまほーずき　秋田（鹿角）
おっぽほんずき　山形（北村山）
おとこぼーずき　長野（佐久）
くさっぽーずき　長野（佐久）
しっぱずき　長野（下水内）
しんぱじ　山形（西置賜）
すっぱら　新潟

イカリソウ 〔メギ科/草本〕
おとことりあし　長野（下水内）
おとむれーばな　神奈川（津久井）
かなびきそー　予州
かりがねそー　加州
かんざしぐさ　福井（今立）
がんぶたばな　長野（北安曇）
くもきり　江戸
くもきりそー　江戸花戸
ちょーせんばな　新潟
つりふねそー　近江坂田
つるはな　新潟（佐渡）
つるばな　新潟（佐渡）
つるぽっぽ　千葉（下総）
てんどりばな　城州大悲山
とんどりばな　城州
ふなずな　長州
へぐさ　静岡
へくな　静岡（小笠）
よめとりぐさ　静岡
よめとりそー　静岡（小笠）

イグサ

イグサ　イ，トウシンソウ　〔イグサ科／草本〕

- あおい　秋田
- あみ　伊勢
- いー　久留米　和歌山（海草・有田・東牟婁）
- いぇー　石川（江沼）
- いくさ　仙台　岩手（盛岡）　山形（村山）　新潟　岡山　熊本（玉名）
- いもどし　鹿児島（薩摩）
- うしのひげ　奈良（南大和）
- うしのひたい　広島（東部）
- えぐさ　秋田
- おーとぅーじん　沖縄（首里）
- かやつり　長野（北安曇）
- くさ　岩手（紫波）
- けー　宮崎*
- ける　宮崎*
- ごさい　信州木曾　防州
- ござくさ　千葉（山武）
- さぎのしりさし　長門
- さちぃー　沖縄（首里）
- じみ　肥前　福岡*
- じん　宮崎*　鹿児島（川辺）
- じんくさ　鹿児島（肝属）
- じんぐさ　鹿児島（肝属）
- すげ　山形（東田川）
- すもとりぐさ　岡山（真庭）
- たたみおもて　埼玉*
- たたみくさ　茨城　栃木*　群馬*　千葉*
- たたみぐさ　奈良
- たばこぐさ　静岡（志太）
- つくも　防州
- でぃー　沖縄（与那国島）
- とぅーじんいー　沖縄（首里）
- とーしみ　愛媛（周桑）　岡山（後月）　和歌山（日高）　山口（厚狭）
- とーしみぐさ　福島（石城・相馬）　和歌山（那賀・日高・新宮）
- とーしめ　南部
- とーしめぐさ　和歌山（東牟婁）
- とーしん　山形*
- とーしんがら　茨城*
- とーしんくさ　和歌山（新宮・那賀）　熊本（玉名）
- とーしんぐさ　長野（佐久）　和歌山（那賀）
- とーしんそー　千葉　静岡　和歌山（西牟婁）　鳥取*
- とーすみ　新潟（加茂市）　和歌山（日高）　鳥取*
- とーすみくさ　青森
- とーすみぐさ　青森（津軽）
- とーすみそー　和歌山（日高）
- としび　山形*
- としべ　秋田
- としみ　岩手（盛岡）　三重　和歌山（日高）
- としみくさ　青森
- としめ　秋田
- どじょーさし　静岡
- とすみ　和歌山（日高）
- とんぼーどまり　防州
- なかよし　長野（北安曇）
- ななもじり　福島（相馬）
- にぐさ　南部
- ねぐさ　福島*
- ばおりぐさ　福島*
- びー　沖縄（八重山）
- びーぐ　鹿児島（与論島）　沖縄（国頭・中頭）
- びぐ　沖縄（宮古島）
- びぐい　鹿児島（沖永良部島）
- びご　鹿児島*
- びごい　鹿児島（奄美大島）
- ひめすこ　薩州
- びんぐ　鹿児島（徳之島）
- びんご　大分*　宮崎*
- びんごい　山形*　静岡*　三重
- まるい　山梨*　静岡*　三重　佐賀　熊本*　大分*　宮崎*　鹿児島*
- まるこすげ　防州　長州
- まるすげ　静岡
- みじさ　広島*
- みちば　鹿児島*
- やわらぎ　長州
- ゆ　岡山（浅口）　島根
- ゆがや　宮崎*
- ゆがら　岡山（川上）
- ゆぐさ　岩手（紫波）
- ゆだ　岡山（岡山市）

イケマ　〔ガガイモ科／草本〕

- おーごん（黄こん）　上州三峰山
- かつぶし　新潟
- からすこがみ　長野（木曾）
- からすのわた　富山
- からひこ　下野日光　栃木
- からびこ　上野

こがめ　日光
こかもち　甲斐
こけあちょー　秋田（南秋田）
ごげぁちょー　秋田（南秋田）
こさ　青森（南部）　岩手（下閉伊）
ごまちゃ　青森
ごまちょ　青森（津軽）
ごまつり　青森
ごまつりこ　青森
こんがみ　岩手（東磐井）
たぶりぐさ　青森（津軽）
ちちかずら　和歌山（有田）
ちどめ　島根（隠岐島・周吉）青森
なべこがみ　木曾　長野（木曾）
ぱんや　三重（伊勢）
ぶすもち　甲州
ふとね　滋賀
へぃふりぐさ　三重（志摩）
へーふりぐさ　三重（宇治山田市・志摩）
へくさずる　長野（下水内）
やまかごめ　日光
ゆかしこ　和歌山（日高）

イシカグマ　〔コバノイシカグマ科／シダ〕
しのぶ　和歌山（有田）

イシミカワ　〔タデ科／草本〕
あしかがり　福岡（八女）鹿児島
あしかき　丹波
あしがき　周防　丹波
あしかわり　周防
うしのひたい　越後
うまのあしかき　周防
かえるのつらかき　筑前
かぎのしりかし　秋田（北秋田・鹿角）
かっぱくさ　南部
かっぱぐさ　南部
かっぱずる　仙台
かっぱそー　秋田（平鹿）
かっぱのごき　青森
かっぱのしりぬぐい　秋田（北秋田・鹿角）
かなむぐら　伊豆三宅島　長州
からすねこぐり　木曾
からすのすねこぐり　木曾
こごめくさ　新潟（刈羽）
こんぺいとー　福岡（築上）

こんぺいとーのはな　岩手（二戸）
こんぺいとはな　岩手（二戸）
こんぺー　福岡（築上）
こんぺとー　福岡（築上）
さかさはそー　甲州河口
さかさばり　木曾
たまくさ　伊豆八丈島
ばらすいこ　長野（北佐久）
びっきのつらかき　福岡（三井・三池）
まむしのあご　城州伏見

イシモチソウ　〔イシモチソウ科／草本〕
いしもち　播州　和歌山（日高）
すなもぐり　岡山
すなもちそー　江戸　江州　東京
すなもぶり　岡山

イズイ → アマドコロ

イズセンリョウ　〔ヤブコウジ科／木本〕
おこしごめのみ　鹿児島（姶良）
おこしごめんみ　鹿児島（国分市）
かしらん　勢州
かしわらん　江戸
せんりょ　鹿児島（出水）

イスノキ　ヒョンノキ　〔マンサク科／木本〕
いす　静岡
いすのき　三重（志摩）
かなぶー　大分（大分市）
きひょん　尾州　愛知（名古屋市）
さーふーのき　佐賀
さーふしのき　佐賀（杵島）
さいびゅー　熊本（水俣）
さらふーのき　佐賀
さるのふえのき　宮崎
さるひゅー　熊本（玉名）
さるびゅー　熊本（芦北）
さるひゅーのき　大分（南海部）
さるひょー　西土　佐賀
さるひょーのき　福岡（筑前）長崎（南高来）
さるふーのき　長崎（壱岐）
さるふえ　土佐　大分（日田）
さるぶえ　山口（厚狭）
さるふえのき　大分（日田）宮崎（児湯・宮崎）
さるふえゆず　大分（南海部）
さるべ　長崎（平戸）

イズノシマダイモンジソウ

さるぼや　長崎（平戸）
さんのひえ　熊本（球磨）
ししぶえ　山口（厚狭）
ししぶえのき　山口（厚狭）
にわさかき　岡山
ひゅーひゅーのき　愛媛（東部）
ひょーのき　静岡　愛媛
ひょーひょー　静岡
ひょーひょーぐり　福岡（豊前）　熊本（玉名）
ひよのき　山口
ひよひよのき　福岡（豊前）
ひよひよのき　福岡（企救・築上）
ひょん　静岡　愛媛
ひょんぎ　大阪
ひょんご　岡山
ひょんころ　愛知（三河）
ひょんのき　周防　静岡（伊豆）　和歌山　岡山
　山口　香川（小豆島）　愛媛　熊本　紀伊
ひるひょーのき　福岡（筑紫）
ふくえ　静岡（駿河）
ふくべのき　滋賀
ぶちん　沖縄（与那国島）
へんのき　紀伊
ほーちこほーこ　静岡（伊豆）
ほっぽ　山口（見島）
ぽぽゆす　宮崎（東臼杵）
まさかき　能州
ゆいのき　鹿児島（肝属）
ゆじき　沖縄
ゆす　静岡　三重　和歌山　徳島　高知　愛媛
ゆすぎ　沖縄
ゆすじ　沖縄
ゆすのき　紀伊　島根　山口

イズノシマダイモンジソウ〔ユキノシタ科／草本〕
ゆきのした　東京（三宅島）

イズハハコ　ヤマジオウギク　〔キク科／草本〕
わたな　和歌山

イセハナビ　〔キツネノマゴ科／草本〕
みぞはぎ　長崎（島原市）

イソギク　〔キク科／草本〕
いそよむぎ　東京（三宅島）
いそよもぎ　東京（三宅島）

しもかずき　和歌山（西牟婁・東牟婁）
しもかつぎ　和歌山（東牟婁）　三重（南牟婁）
そそよもぎ　東京（三宅島）
たびくさ　東京（三宅島）
たびぐさ　東京（三宅島）
はまぎく　千葉

イソツツジ　〔ツツジ科／木本〕
こめつつじ　青森（津軽）

イソノキ　〔クロウメモドキ科／木本〕
いわかちば　秋田（仙北）
いんざくら　熊本
うばき　勢州
うばのき　伊勢
やちかたこ　秋田（仙北）
やましっ　鹿児島（垂水市・肝属）

イソマツ　〔イソマツ科／草本〕
いしまつ　鹿児島（与論島）

イソヤマアオキ → コウシュウウヤク

イタチガヤ　〔イネ科／草本〕
うぎくさ　沖縄（本島）
うずらかくし　鹿児島（指宿）
こーろぎぐさ　鹿児島（奄美大島）
ほたるぐさ　鹿児島（奄美大島）

イタチササゲ　〔マメ科／草本〕
あきぼこり　長門
あきまさり　長門
あずきっぱ　長野（下水内）
そでふり　上州榛名山
そでふりな　長野（北佐久）

イタドリ　〔タデ科／草本〕
あーすいすい　福岡（八女）
あーすいまい　福岡（八女）
あおば　岩手（上閉伊）
あおば　和歌山（那賀）
あかっぽ　和歌山（日高）
あっぱな　和歌山（伊都）
あなっぽ　和歌山（北部・和歌山・那賀・海草・
　伊都）
あねんぼ　静岡
あまね　福岡（大牟田・三池）

イタドリ

いーたんこ　奈良（宇智）
いかどり　岐阜（益田）
いくろんぼ　島根（隠岐島）
いたーどり　島根（邑智・那賀・美濃）
いたいた　三重（上野市）愛知（小牧）
いたいどり　京都（福知山・天田）　島根（邇摩・邑智・那賀・美濃・鹿足）
いたこ　島根（大原）
いたこん　長野（北佐久・小県）
いたじーこ　石川（鳳至・珠洲）
いたじっこ　静岡（田方）
いたじっぽ　愛媛（宇摩）
いたじっぽー　愛媛（宇摩）
いたずいこ　長野（長野・北安曇・下水内・更級）三重（員弁）
いたずいこん　石川（鳳至・珠洲）
いたずら　和歌山（日高・和歌山）香川（仲多度）富山（下新川）奈良　岡山（児島）広島（豊田）
いたずらすいこ　長野（北佐久）
いたずり　石川（鹿島）　和歌山（和歌山・海草・東牟婁）　兵庫（津名・三原）岡山（小田）広島（呉・安芸・佐伯・豊田）　山口（玖珂）愛媛（松山・今治・新居・周桑・越智・温泉・喜多・伊予）香川（高松・綾歌・仲多度・小豆・三豊・香川）徳島　高知（安芸・幡多・長岡・南美）
いたずる　和歌山（有田）香川　徳島（美馬）愛媛（喜多）
いたずろ　奈良（吉野）和歌山（日高・東牟婁）
いたっどり　長野（南佐久）
いたっぽ　奈良（吉野）和歌山（那賀・海草・伊都）愛媛（周桑）高知（幡多）
いたっぽー　和歌山（伊都）
いたつり　愛媛（周桑・越智）
いたど　山口（厚狭）
いたどい　鹿児島（加世田市・出水）
いたどー　鳥取（西伯）島根（八束）
いたどな　山口（岩国）
いたとり　三重（一志）
いたどり　秋田（平鹿）山形（飽海）
いたぶ　高知（幡多）
いたぶり　高知（幡多）
いたぶろ　奈良（吉野）
いたほ　奈良（吉野）
いたほぼ　三重（度会）
いたろー　島根（那賀）

いたんこ　兵庫（淡路島・津名・三原）奈良（宇智）徳島（美馬・名西・三好）香川（三豊）高知（高岡・安芸）和歌山（有田・伊都・海草・那賀）愛媛（伊予）
いたんご　香川　徳島
いたんずり　和歌山（伊都）香川（香川・小豆島）広島（賀茂）
いたんずる　和歌山（伊都）香川　徳島
いたんだら　長野（東筑摩）
いたんだらけ　岐阜（大野）
いたんどーり　兵庫（伊丹・川辺）
いたんどころ　長野（松本）
いたんどり　群馬（利根）　埼玉（秩父）　東京（南多摩・西多摩）　山梨（東八代・西八代・南八代・南都留）静岡（安倍・磐田・榛原・富士）愛知（南設楽・八名）岐阜（吉城）長野（諏訪・下伊那・南安曇）石川（石川）滋賀（甲賀）京都（京都・福知山・船井・南桑田・紀伊・宇治・乙訓・天田）奈良（添上）三重（志摩・名賀）　大阪（三島）　兵庫（神戸・西宮・加東・多紀）島根（那賀・能義）山口（吉敷）香川
いたんどれ　岐阜（吉城）京都
いたんどろ　長野（東筑摩）
いたんぽ　徳島（美馬）　香川（木田・小豆）　愛媛（宇和島市・東宇和・南宇和・宇摩・喜多）高知（幡多）　岐阜　奈良（吉野）和歌山（伊都・有田・海草・日高）兵庫（武庫・美嚢・津名）熊本（阿蘇）
いたんぽ　兵庫（淡路島・津名）奈良（吉野）徳島（西部・美馬・板野・阿波）香川　香川（高松・仲多度・綾歌・小豆）高知（西部）和歌山（伊都）山口（吉敷）愛媛（伊都・上浮六・喜多・上宇和・温泉・周桑）
いたんぽー　広島
いたんぽこ　兵庫（淡路島）香川（大川）岐阜（大野）
いったいどり　島根（邑智）
いったんこ　奈良（宇智・吉野）和歌山（和歌山・海南・伊都・海草）
いったんだらけ　岐阜（飛驒・高山・吉城・大野）
いったんどーり　大阪
いったんどり　埼玉（入間）岐阜（吉城）京都（船井）香川
いったんどれ　岐阜（吉城）
いったんぽ　和歌山（伊都）

イタドリ

いっぽり　兵庫（淡路島・三原）
いぬしば　山口（美祢）
いぬすいば　山口（都濃）
いんたんこ　奈良（吉野）
うしだんじ　兵庫
うしのしかんぽ　宮城（牡鹿）
うしのすかっぽ　千葉（君津）
うしのすかぽ　千葉
うばいろー　北海道
うまずいこ　長野（更級）
うますっかんぽ　栃木
うまっかんぽ　栃木（芳賀）
うまつっかんぽ　栃木
うまのしかどり　山形（飽海）
うまのしけあんこ　秋田（北秋田）
うまのすかっぽ　千葉
うんますいこ　長野（北佐久）
えたえどり　島根（簸川）
えたしどり　兵庫（加東）
えたじりば　福島（相馬）
えたどり　神奈川（足柄上）　長野（諏訪）　島根（大原・簸川・八束）
えたどる　富山（上新川）
えたろば　富山（上新川）
えたろべ　富山（上新川）
えたんずり　兵庫（加東）
えたんどり　兵庫（加東）　島根（簸川・八束）
えたんばし　福島（相馬）
えったすいすい　江州　滋賀
えったのぞーり　奈良（北葛城）
えったんどーり　兵庫（神戸）
えったんどり　埼玉（入間）　滋賀（甲賀）　京都（京都）　兵庫（城崎・多紀・加東・美嚢）
えどすいこ　長野（諏訪・上伊那・下伊那・更級）
えなっぽ　和歌山（那賀）
おいらんすいこ　長野（佐久）
おいらんずいこ　長野（南佐久）
おったんどり　埼玉（入間）
おとこすいすい　島根（隠岐島）
おにしゃじっぽー　岡山（阿哲）
おにしゃじっぽん　岡山（浅口）
おにしゃっぽん　岡山（浅口）
かーからっぽ　鹿児島（日置）
かーがらっぽ　鹿児島（日置）
かーらかっぽ　山口（厚狭）
かーらっぽ　鹿児島（日置）

かじっぽ　島根（邇摩）
がじっぽ　島根（大田市）
かしどり　秋田（雄勝）
かすらかっぽ　山口（美祢）
かずらかっぽ　山口（美祢）
かっこ　山形（東田川）
かっじんどー　島根（美濃）
かっぽ　千葉（夷隅）　山口（吉敷・厚狭）
かっぽー　山口（美祢）
かっぽり　岡山（児島・津）
かっぽん　島根（隠岐島）
かっぽん　兵庫（美方）　鳥取（西伯・岩美・気高・東伯）　島根（能義）　広島（賀茂・安芸）　山口（佐波・厚狭）　香川　岡山（児島）
かっぽんがら　宮崎（西臼杵）
かば　山口（笠戸島・下松）
かみなりすいこ　長野（北佐久・南佐久）
かみなりずいこ　長野（南佐久）
かやぽんぽん　石川（鳳至）
からすがっぽー　山口（美祢）
からすっぱ　長野（南佐久）
からふと　静岡（田方）
からほこ　石川（鹿島）
かわじんとー　島根（石見）
かわじんどー　島根（美濃）
かわすいば　島根（安濃・美濃・邇摩）
かわたけ　肥前　山口（熊毛）　福岡（小倉市・八幡）　長崎（高来・南高来）　熊本（天草）　大分（東国東）
かわらがっぽ　山口（厚狭）
かわらたけ　広島（高田）
かわらだけ　広島（高田）
かんこ　山形（飽海・東田川）
かんちこ　愛媛（大三島）
かんぽん　広島（賀茂）
きいずいこ　長野（北佐久）
ぎしぎし　和歌山（日高・本田）　福岡（戸畑）
きしゃっぽん　岡山（浅口）
きずいこ　長野（佐久）
きつねんみ　鹿児島（鹿児島・谷山）
くちなわほーのみ　長崎（平戸）
ぐみ　広島（高田）
こーざ　愛媛（周桑・新居）
ごーさ　愛媛（周桑・今治市）
ごーざ　愛媛（周桑）
ごーな　愛媛（周桑・新居）

40

イタドリ

こっぽ　大分　徳島（三好）
ごっぽ　徳島（三好）
こっぽん　兵庫（赤穂）　広島（江田島・倉橋島・安芸）
こでっぽー　岡山（児島）
こばこば　広島（芦品）
ころっぽ　香川（仲多度）
ごろっぽ　香川（仲多度）
こんこん　広島（山県）
ごんぱち　奈良（吉野）　三重（北牟婁・南牟婁）
ごんぱち　熊野　静岡（磐田）　三重（南牟婁）　奈良（吉野）　和歌山
さーじ　岡山（児島）
さーしんご　岡山（赤磐・久米・和気）
さーじんこ　岡山（久米）
さーつぽろ　岡山（川上）
さぁっぽろ　岡山（川上）
さいき　山梨
さいじ　兵庫（赤穂）　岡山（御津・岡山・倉敷・和気・邑久・児島・都窪・吉備・浅口）　山口（向島・防府）
さいじっぽ　岡山（吉備）
さいじっぽー　島根（邑智）　岡山（吉備・阿哲）
さいしんご　岡山（和気・英田・赤磐・久米・吉備・児島・苫田）
さいじんこ　岡山（苫田・津山・和気・久米・川上・赤磐・勝田）
さいじんご　岡山（和気・赤磐）
さいしんこー　岡山
さいじんこー　岡山（津山市）
さいじんごー　岡山（津山・苫田・久米）
さいじんば　兵庫（播磨）
さいじんぽー　岡山
さいず　岡山（邑久）
さいせんこ　岡山
さいせんご　岡山（和気・都窪・赤磐）
さいたな　広島（佐伯）　山口（大島・玖珂・熊毛）　香川（綾歌）　愛媛（伊予）
さえじ　岡山（児島・邑久）
さえじん　岡山（邑久）
さえず　岡山（邑久）
さえせんぽ　岡山（都窪）
さえたな　山口（大島・玖珂）
ささどり　青森（津軽・中津軽・南津軽）　岩手（上閉伊）　秋田（鹿角・北秋田・南秋田）
ささぽこ　秋田（由利）

さざんぽー　大分（大野）
さしがら　秋田（由利・雄勝）
さしじろ　秋田（南秋田）
さじっぱ　島根（能義）
さしっぽ　島根（能義・仁多）　岡山（小田）
さじっぽ　勢州　栃木（那須）　鳥取（西伯・東伯）　島根（出雲・能義・仁多）　岡山（小田）　三重（伊勢）
さしっぽー　岡山（備中北部・吉備）
さじっぽー　島根（邑智・仁多）　岡山（備中北部・苫田・倉敷・川上・上房・小川・小田・阿哲・吉備）　広島（比婆）
さしとり　青森（八戸・上北・下北・南津軽）　岩手（九戸）　秋田（由利・仙北・鹿角・雄勝・山本）
さしどり　南部　秋田　青森（青森・八戸・下北・上北・北津軽）　秋田（北秋田・由利・仙北・雄勝・山本・河辺・鹿角・南秋田）　岩手（下閉伊・紫波・九戸・二戸）　新潟（中越・長岡）　山形
さしどろ　秋田（秋田・南秋田・河辺）
さじな　備後　兵庫（播磨）
さじなっぽー　岡山（備中北部・上房・苫田）
さじなんこ　岡山（久米）
さじなんご　岡山
さしぼこ　秋田（由利）　山形（酒田）
さしんこ　岡山（吉備）
さじんこー　岡山（苫田）
さしんどり　秋田（鹿角）
さす　秋田
さすがら　秋田（由利）
さすとり　岩手（下閉伊）
さすどり　南部　秋田（由利・鹿角・仙北・北秋田・山本・河辺）　岩手
させどり　岩手（和賀）　秋田（北秋田・南秋田）
さそどり　秋田（南秋田・山本）
さだ　鹿児島（揖宿）
さたんご　大分（北海部・南海部）
さど　豊後　熊本（球磨・八代・下益城・阿蘇）　大分（南海部・北海部）　宮崎（延岡・東臼杵・西臼杵・西諸県）　鹿児島（指宿）
さとーがら　熊本（阿蘇）　鹿児島（国分市・肝属・垂水）
さとがら　熊本（球磨・芦北）　大分（速見・玖珠）　鹿児島（肝属・鹿児島・垂水）
さどがら　大分（日田・大分・玖珠・速見）　宮

イタドリ

崎（東諸県・西諸県・児湯） 熊本（葦北・八代・球磨） 鹿児島（鹿児島）
ざどがら 大分（大分市）
さどがわ 鹿児島（肝属）
さどくら 鹿児島（肝属）
さとご 大分（北海部）
さどわら 鹿児島（肝属）
さとんがら 大分（大分）
さとんご 大分（北海部）
さどんぽー 大分（大野）
さびどり 秋田（北秋田）
しあじ 岡山（邑久）
しーかんぽ 埼玉（秩父）
しいかんぽー 埼玉（秩父）
しいしいば 山口（山口・吉敷）
しいのき 岡山（吉備）
しかしか 秋田（北秋田）
しかどり 山形（酒田） 秋田（由利）
しかんこ 青森（下北・上北）
しかんば 青森（北津軽）
しかんぱ 青森（北津軽）
しけば 青森（中津軽）
したどり 佐渡
しっぽく 香川（高見・仲多度）
しっぽん 島根（簸川・能義） 岡山（浅口）
しゃーじ 岡山（邑久・御津・都窪・吉備・浅口・児島）
しゃーしんご 岡山（吉備・赤磐）
しゃーじんご 岡山
しゃーず 岡山（邑久）
しゃーせんこ 岡山
しゃーせんご 岡山（邑久・都窪・吉備）
しゃーせんごー 岡山（都窪）
しゃーりんご 岡山（吉備）
しゃいじ 岡山（上道）
しゃいじんご 岡山（赤磐）
しゃいなっぽ 岡山（吉備）
しゃえーし 岡山（邑久・児島）
しゃえーじ 岡山（邑久・児島・浅口）
しゃこんたー 山口（玖珂・熊毛）
しゃじ 岡山（邑久・浅口）
しゃじいな 岡山（真庭）
しゃじごご 岡山
しゃしっぽ 岡山（川上）
しゃじっぽ 岡山（阿哲）
しゃじっぽ 島根（出雲） 鳥取（日野・西伯）

岡山（吉備・小田・川上・阿哲）
しゃしっぽー 岡山（小田）
しゃじっぽー 鳥取（日野・西伯）
しゃじっぽー 岡山（倉敷・上房・真庭・小田・吉備・阿哲） 広島（比婆）
しゃじな 広島（比婆） 岡山（上房・真庭・阿哲）
しゃじなご 岡山（久米・真庭）
しゃじなっこー 岡山（川上）
しゃじなっぽー 岡山（真庭・津山市・上房）
しゃじのとー 広島（比婆）
しゃじぽ 岡山
しゃじぽー 岡山（阿哲）
しゃしぽん 広島（御調）
しゃしんこ 岡山（御津・久米・川上）
しゃじんこ 岡山（御津・吉備）
しゃじんご 岡山（上房）
しゃしんごー 岡山（吉備・御津・久米）
しゃじんぽー 岡山（真庭）
しゃじんぽー 岡山（真庭・小田）
しゃっぽん 岡山（真庭）
しゃっぽん 島根（邑智） 岡山（浅口・小田・後月）
しゃぽん 岡山（浅口）
しゃりんこ 岡山（後月）
しゃりんご 岡山（吉備）
しゃりんこー 岡山（川上）
しゃりんごー 岡山（御津・川上）
しゃりんぽー 岡山（後月・川上）
しゃんぽこ 岡山（岡山）
しゃんぽん 岡山（浅口・小田）
しゅーじ 岡山（児島）
しょっぺしょっぺ 千葉
しらみくさ 長崎（平戸）
しんざい 島根（出雲・能義）
しんざえ 島根（出雲・能義）
しんざこ 島根（松江・能義・簸川）
しんじゃ 鳥取（気高）
じんめ 熊本（天草）
すいか 島根（隠岐島）
すいかっぽ 山口（厚狭）
すいがっぽ 山口（厚狭）
すいかっぽー 山口（美祢）
すいかっぽん 新潟（佐渡）
すいかんぼ 福井（今立・坂井） 山梨（中巨摩） 埼玉（秩父） 三重（志摩）
すいかんぼ 埼玉（秩父）
すいかんぼー 埼玉（秩父）

イタドリ

すいかんぽー　新潟（佐渡）　埼玉（秩父）
すいかんぽん　新潟（佐渡）
すいきんぽー　山梨（東八代）
すいぐさ　島根（八束）
すいこ　新潟（中蒲原・佐渡）　石川（珠洲・金沢・鹿島）　長野（上伊那・北佐久・小県）　香川（小豆）
すいこき　香川（綾歌）
すいこたんこ　石川（鳳至）
すいこっぺ　石川（鳳至）
すいこっぽー　高知（香美）
すいこん　石川（珠洲）　香川（小豆島）　愛媛（中島）
すいこんぽ　長野（佐久）　愛媛（伊予・喜多・周桑）
すいこんぽ　広島（高田）
すいこんぽー　長野（佐久・北佐久・南佐久）
すいじ　愛媛（今治）
すいす　三重
すいすい　三重（志摩）　兵庫（加古・飾磨）　奈良（吉野）　和歌山（海南・海草・那賀）　島根（隠岐島）　山口（都濃）　香川（仲多度・高松）　福岡（久留米）　大阪（泉北）　岡山（児島）　広島（沼隈）
すいすいこんぽ　三重（度会）
すいすいごんぼ　三重　三重（志摩）
すいすいば　山口（厚狭）　三重（飯南）　島根　愛媛
すいたな　広島（能美島）
すいたん　広島（能美島）
すいっぱ　静岡（小笠）
すいと　富山（氷見市）　京都（綴喜）
すいとー　京都　紀伊
すいば　島根（飯石・邇摩・那賀・隠岐）　広島（江田島・能美島）　山口（都濃・佐波）　愛媛（越智）
すいばん　広島（江田・能美）
すいび　和歌山（那賀）
すいもさ　岐阜（吉城）
すいもの　兵庫（有馬）
すいんこ　香川（大川）
すかし　新潟
すかすか　秋田（鹿角・北秋田）　新潟（西蒲原）
すかっぱ　青森
すかっぽ　和歌山（日高）　島根（隠岐島）　千葉（山武）

すかっぽん　大阪（泉北）　京都（久世）
すかどり　山形（飽海・飛島）　山形（酒田）
すかな　新潟（下越）　山形（鶴岡）
すかみ　山形（鶴岡）
すかんこ　山形（北部）　青森（上北）　秋田（雄勝）　岩手（紫波）
すかんどり　山形
すかんぽ　埼玉（川越）　三重（桑名市）　兵庫（赤穂・播磨）　奈良（添上・磯城）　和歌山（伊都）　千葉　岐阜（海津）　大阪（大阪・南河内）　京都（久世）　山口（佐波）
すかんぽ　岩手（九戸）　福島　埼玉（入間・北葛飾・秩父）　千葉（長生・夷隅・安房）　新潟（中頸城・刈羽）　静岡（富士）　三重（志摩）　大阪　大阪（豊能・泉北）　兵庫（揖保・姫路・赤穂）　奈良（南部・添上・南葛城）　和歌山（和歌山市・海草）　島根（仁多）　香川　宮崎（西諸県）　山形（庄内）　宮城（玉造）　神奈川（足柄山）　岐阜（海津）　福井　広島（佐伯）　愛媛（伊予）
すかんぽー　播磨姫路　埼玉（秩父）
すかんぽー　福井（敦賀）
すかんぽん　東京（三宅島）　三重（志摩）　大阪（泉北）
すかんぽんぽ　三重（志摩）
すかんぽんぽん　三重（志摩）
すけごっかんぽー　群馬（勢多）
すけのこ　三重（名賀）
すっかん　三重（上野市）
すっかんぽ　栃木（芳賀・河内）　群馬　埼玉（秩父）　千葉（印旛）　三重（上野市・阿山）　静岡（富士）　新潟　兵庫（加東）
すっかんぽ　千葉（夷隅）　新潟（中頸城）　埼玉（秩父）　静岡　兵庫（赤穂）　島根（仁多）
すっかんぽー　群馬（勢多）　新潟（中越・南蒲原）
すっかんぽー　新潟　東京（北多摩）
すっかんぽっち　栃木（芳賀）
すっかんぽん　大阪（泉北）
すっこべ　兵庫（赤穂）
すっこべー　兵庫（赤穂）
すっぱ　滋賀（栗太）
すっぱいぽん　島根（邑智）
すっぱん　京都（乙訓）
すっぽ　奈良（吉野）
すっぽー　富山　大阪（南河内）　兵庫（武庫）　京都（久世）　岡山（上道・浅口・小田）　島根（那

43

イタドリ

賀）広島（豊田・沼隈）愛媛（西宇和）
すっぽこ　兵庫（赤穂）
すっぽん　新潟（佐渡）三重（志摩）奈良（吉野）和歌山（天草・有田・日高）京都 兵庫 岡山（小田・川上）広島 広島（安芸）山口 山口（都濃・佐波・美祢・厚狭）島根 島根（大原・簸川・美濃）香川 愛媛 高知（幡多）
すっぽんすいか　新潟（佐渡）
すっぽんだい　兵庫（赤穂）
すっぽんぽん　新潟（佐渡）大分（宇佐）
せいき　長野（南安曇）
せいず　長野（南安曇）
せーきんぽー　長野（長野）
せーじ　岡山（邑久）
せーず　岡山（邑久）
せんぽん　和歌山（東牟婁）
たーじ　島根（隠岐島）
だーじ　島根（隠岐島）
だーじんば　京都（丹後）
だいおん　播磨
だいじ　青森　兵庫（加東・加西・播磨・飾磨）
だいじっぽ　島根（邑智）
だいじんご　岡山（和気）
だいじんば　京都（竹野・中）
だいじんば　京都（中）
だいじんぼ　兵庫
だいずいこ　長野（北佐久）
たいどー　島根（鹿足）
だいとー　島根（鹿足）
たいぼく　香川（三豊）
たいぽん　島根（邑智）
だいぽん　島根（邑智）
たえすかんぽ　福島（石城・西白河・相馬・棚倉・南部）
たかすいこ　長野（北佐久）
たかずいこ　長野（佐久・長野・北佐久）
たかずっぽー　長野（北佐久）
たかどの　京都 紀伊
たかどり（ハチジョウイタドリ）東京（三宅島）
たかな　京都 紀伊
たかば　新潟（西頸城）長野（北佐久）
たからこ　三重（名賀・阿山）
たからんこ　三重（阿山）
たかんば　東京（三宅島）
たけし　岡山（浅口）
たけしー　岡山（浅口）

たけしーとー　岡山（浅口）
たけしんげ　島根（隠岐島）
たけしんじゃ　鳥取（気高）
たけしんぜーこ　島根（隠岐島）
たけしんどー　島根（美濃）
たけじんとー　島根（益田市・美濃）
たけずいか　島根（隠岐島）
たけすいこ　新潟（佐渡）長野（北佐久）
たけずいこ　長野（佐久）
たけずいこん　石川（鳳至）福井（坂井・今立）
たけすいすいば　島根（浜田市・那賀）
たけすいば　福井（大野）島根（石見・那賀・美濃・邇摩）山口（阿武）
たけすかな　福島（相馬・石城）
たけすかんぽ　福島（石城・南部）
たけすっかん　三重（上野市）
たけずっかん　三重（上野市）
たけすっかんぽ　茨城
たけすっかんぽー　群馬（山田）
たけずっぽん　新潟（佐渡）
たけぞー　福井（今立）
たけだんじ　京都（竹野）
たけたんずり　香川
たけだんずり　香川
たけだんぶり　香川
たけっぽっぽ　島根（安来市・大原・安濃）
たけどり　濃州　岐阜（郡上・武儀・本巣）
たけとん　島根（邑智）
たけとんとこ　島根（邑智）
たけとんとん　島根（邑智）
たけとんとんこ　島根（邑智）
たけのこ　徳島（三好・美馬）
たけぽっぽ　島根（大原・安濃）
たけんぽ　島根（飯石）
たけんぽ　島根（飯石）
たけんぽっぽ　広島（高田）
たこ　近江甲賀　三重　滋賀（甲賀）
たじ　愛媛（越智）島根（知夫）
だじーこ　石川（鳳至）
たしっぱ　愛媛（西条市）
たじっぱ　愛媛（西条・新居）
たしっぱ　伊予　愛媛　高知（土佐）
たじっぱ　島根（飯石・安濃・邑智・邇摩・美濃）広島（尾道・高田・双三・比婆）愛媛（西条・新居）
だじっぽ　島根（飯石）

イタドリ

たじっぽー　広島（比婆・双三・御調）　島根（飯石・邑智）
たじな　広島（賀茂・御調・豊田・芦品）　愛媛　岡山（小田・英田）
たじんこ　広島（深安・比婆・沼隈・芦品）　岡山（小田・英田）
だじんこ　岡山（児島）
たじんこー　岡山（後月）
たじんぽ　広島（沼隈）
たじんぽー　広島（世羅・御調）
たじんぽー　広島（比婆）　岡山
たず　広島（世羅・双三）　和歌山（日高）
たずな　広島（甲奴）　岡山（小田）
たちがれー　広島
たちっぽ　島根（飯石）　広島（比婆）　山口（玖珂）
たちっぽー　広島（比婆）　山口（玖珂）
たちな　備後
たちながら　広島（因島・御調）
たちひ　京都
たちぽっぽ　島根（簸川）
たちんぽ　広島（芦品）　島根（簸川・飯石）　高知（土佐）
たちんぽ　島根（簸川）
たちんぽー　島根（簸川）　広島（芦品）　香川（綾歌）　高知（土佐）
たちんぽー　島根（簸川）　広島（芦品）　愛媛（新居）
たっけん　三重（名張市）
たっちん　広島（向島・御調・豊田）
たっちんから　広島（豊田）
たっぽ　島根（簸川）
たっぽん　広島（倉橋島・安芸）
たで　鹿児島（大島）
たでっぽー　広島（安芸）
たなご　三重（名張市）
たゃーじん　京都（竹野）
だゃーじんば　京都（竹野）
たりんこ　岡山（小田・後月）
たんこ　石川（鳳至）
だんこ　石川（鳳至）
だんじ　播磨　京都（福知山・竹野）　兵庫（佐用・神崎・加西・赤穂・揖保・美方・出石・養父・宍粟）　鳥取（岩美・気高・八頭）　岡山（英田・和気）
だんじー　鳥取（岩美・気高）
だんじがら　兵庫（赤穂）

だんじこ　岡山（英田）
だんじべそ　兵庫（赤穂）
たんじり　京都
だんじり　京都（与謝・天田）　鳥取（気高・岩美）　岡山（英田）　愛媛（南宇和）
たんじんば　京都（丹後）
だんじんば　京都（丹後・熊野）
だんずり　石川（輪島市・鳳至）
たんつぼ　愛媛（新居・周桑）
たんとこ　島根（鹿足）
たんば　三重（度会）
たんばこ　三重（一志）　長崎（壱岐島）
たんぼ　島根（邑智）　山口
たんぽ　東京（三宅島）　島根（邑智・那賀）　広島　香川　香川（小豆）
たんぽぽ　島根（隠岐島）
ちゃっぽん　愛媛（西宇和）
ちゃんぽん　島根（邑智）
ちゅーぎ　岩手（九戸）
ちょんちょん　香川（綾歌）
ちょんば　高知（幡多）
ちょんぽ　徳島（海部）
ちんこん　香川（小豆島）
ちんちこ　岡山（浅口）
ちんぽ　岡山（浅口）
ちんぽこ　岡山（和気・浅口）
ちんぽこりん　岡山（浅口）
つかな　秋田（由利）　新潟（岩船）
つかんぽ　神奈川（高座・三浦）
つかんぽ　千葉（夷隅）
つっかんぽ　群馬（佐波）
つぼ　広島（山県）
ててっぽ　山口（玖珂・都濃）
ててっぽー　広島（大崎下島・豊田）
ててぽーぽー　福島（石川・相馬）
てと　広島（倉橋島・安芸）
でんすけ　秋田（仙北・鹿角）
てんどり　三重（志摩）
てんぽーから　岩手（釜石・上閉伊）
どーがえ　山形（北村山）
どーぐい　山形（米沢市）
どーぐり　山形（米沢市）
どーごい　福島（会津・南会津）
とーとがら　長野（下水内）
とーとんがら　長野（下水内）
とがらんぽ　秋田（平鹿）

イタドリ

どがらんぽ　岩手（和賀）　秋田（平鹿・雄勝）
どげ　山形（西田川）
とごい　山形（飽海）
とごえ　秋田（南秋田）
とっかんぽ　栃木（上都賀）　群馬（勢多）
とっこん　石川（能登）
とっと　秋田（雄勝）
とっとがな　秋田（雄勝）
とっぽー　広島（安芸）
とっぽん　広島（佐伯・安芸）
どてがら　山形（東村山）
どでんがら　山形（東村山）
とと　秋田（雄勝）
とど　岩手（九戸）
ととから　岩手（二戸）
ととがら　新潟（中頸城）
ととくさ　静岡
ととんがら　新潟（中越・長岡）
とどんがら　新潟（上越市）
ととんぽー　群馬（利根）
とのさまがつぼ　山口（厚狭）
とのさまがらっぽ　山口（厚狭）
とんがい　山形（南置賜）
とんがからぽ　秋田（平鹿）
どんがからぽ　秋田（平鹿）
どんかめ　福島（大沼）
どんがら　秋田（仙北・平鹿）　山形（東村山）　福島（会津・大沼・北会津・南会津）
どんからから　山形（東村山）
とんからぽ　秋田（平鹿・雄勝）
とんからんぽ　秋田（横手・平鹿）
とんからんぽ　秋田（雄勝）
どんがらんぽ　秋田（平鹿・雄勝）
とんかんぽ　群馬（前橋）
とんきば　山形（西置賜）
とんきょー　岡山（都窪・浅口）
どんぐい　北海道（札幌）　山形（東田川）　福島（南会津）　山形（最上・東置賜）
どんぐえ　山形（置賜・庄内）
どんぐり　山形（西田川）　新潟（東蒲原・北蒲原）　北海道（虻田）
どんくろぽ　山形（置賜）
どんぐろぽ　山形（置賜）
どんげがら　山形（最上）
どんげんがら　山形（北村山）
どんげんすかんこ　山形（北村山）

どんこ　広島（佐伯）
どんご　山形（飽海）
どんこい　静岡（榛原）
どんこいから　宮城（柴田）
どんごえ　山形（庄内・東田川）
どんごろ　新潟（東蒲原・北蒲原・岩船）　岡山
どんざら　秋田（仙北）
とんでから　山形（東村山）
とんでんがら　山形（東村山）
どんでんがら　山形（村山）
とんとん　島根（邑智・鹿足）　広島（佐伯）
とんとんがら　長野（下水内）
とんとんこ　島根（邑智）
とんとんたけ　島根（邑智）
とんとんだけ　島根（邑智）
とんべがら　山形（最上）
どんべがら　山形（最上）
なべうれ　島根（知夫）
なべわり　島根（隠岐島）
にんじんこ　岩手（九戸）
ねぽ　秋田（鹿角）
ねんぽ　秋田（鹿角）
のだけ　山口（厚狭）
のんぎり　香川　香川（小豆島）
はーたな　広島（走島・安芸・御調・沼隈）　山口（岩国・玖珂・熊毛・都濃）　愛媛（越智）
はーたね　広島（御調）　香川（小豆島）　愛媛（越智）
はいた　香川（豊島・小豆島）　愛媛（周桑・新居・温泉）　高知
はいたごーざ　愛媛（周桑）
はいたじっぽ　愛媛（周桑）
はいたな　山口（岩国・大島・玖珂・熊毛）　香川（綾歌・小豆島）　愛媛（中島・越智・温泉）　福島　広島（安芸）
はいたね　愛媛（越智）　加賀（小豆島）
はいたら　山口（玖珂）
はいたん　香川（小豆島）
はえたち　香川
はえたな　山口（屋代島・大島）　香川（小豆島）　愛媛（越智）
はえたね　愛媛（越智）
はえたん　香川（小豆島）
はしとり　秋田（北秋田）
はだいしんこ　岡山（和気）
はっぱ　長崎（上県・下県）

イタビカズラ

はっぺ　岡山（和気）
はっぽん　広島（西能美島・佐伯）
はますいば　島根（美濃）
びーびーがら　山口（豊浦）
ひょっぱ　群馬（佐波）
ひょろひょろだけ　和歌山（日高）
ぶら　鹿児島（奄美大島）　沖縄（名瀬市）
へたな　香川（綾歌）
へったんどり　兵庫（武庫）
へびいたどり　長野（佐久）
へびさいき　河口
へびすかな　山形
ほいとーがっぱ　山口（厚狭）
ぼいとーがっぱ　山口（厚狭）
ほえとのかっぱ　山口（厚狭）
ぽーこん　岡山（浅口）
ほーずいこ　長野（上伊那）
ほーずいこ　長野（埴科・更級）
ぽーぽーがら　岩手（上閉伊）
ほーらだけ　和歌山（日高）
ぼーらだけ　和歌山（日高）
ぽかうん　広島（沼隈）
ほけじろ　和歌山（日高）
ぽこんぽこん　広島（高田）
ぽっぽ　和歌山（海草・那賀）
ぽっぽったけ　広島（高田）
ぽつぽつだけ　広島（高田・双三）
ほほろだけ　和歌山（日高）
ほろろだけ　和歌山（日高）
ぽんちん　香川（粟島・三豊）
ぽんぶら　広島（佐伯・双三）
ぽんぽだけ　広島（広島）
ぽんぽろ　広島（佐伯）
ぽんぽん　山口（大島・熊毛）
ぽんぽん　新潟（佐渡）　石川（鳳至・珠洲）　長野（佐久・長野）　岡山（小田・後月・浅口）　広島（芦品・深安・佐伯）　山口（大島・熊毛）　愛媛（青島）　高知（幡多）
ぽんぽんき　広島（沼隈）
ぽんぽんぎ　広島（走島）
ぽんぽんすいか　新潟（直江津・佐渡）　大分（宇佐）
ぽんぽんずいか　新潟（佐渡）
ぽんぽんずいこ　新潟（佐渡・上越）
ぽんぽんずいこん　新潟（佐渡）
ぽんぽんすみれ　新潟（西蒲原）

ぽんぽんたけ　島根（邑智）　和歌山（有田）
ぽんぽんだけ　三重（志摩）　和歌山（有田）　島根（邑智）　広島（高田・双三）
ぽんぽんつ　広島（安芸・安佐）
ぽんぽんまいか　新潟（佐渡）
またたび　木曾
みずくるま　山口（都濃・厚狭）
みずぐるま　山口（厚狭・都濃）
みやじっぽー　岡山（備中北部・山房）
めぐみ　高知（幡多）
めすたいどー　島根（鹿足）
めだっこ　兵庫（赤穂）
めんぼこさん　島根（仁多）
もんつき　山口（美祢）
もんつきぐさ　山口（美祢）
もんつきそー　山口（美祢）
やぐるまそー　福島
やたら　和歌山（日高）
やつおり　山口（阿武）
やますいこ　長野（下水内）
やますかんぽ　千葉（長生）
やまたけ　筑前　岡山
やまだけ　新潟（佐渡）　広島（世羅・御調）
やまだち　広島
やまとんとん　島根（邑智）
やまどんとん　島根（邑智）
やまどんどん　島根（邑智）
やまとんとんこ　島根（邑智）
ゆたんこ　香川（島嶼）　愛媛（島嶼）
ゆたんぽ　香川（綾歌）　徳島（海部）
ゆわんめ　鹿児島（肝属）

イタビ → イヌビワ

イタビカズラ　　　　　　〔クワ科／木本〕

あおぶな　神奈川（愛甲）
いしかずら　岡山（都窪）
いたぶ　高知
いちちく　薩摩
いわかずら　岡山（都窪）
いわまめ　島根（隠岐島・周吉）
くいいたび　備前
こたび　鹿児島（国分市）
ぜんぜんかずら　鹿児島（国分市）
ちちでこ　江州
ちちもも　和歌山（有田）
つるいちご　岡山

イタヤカエデ

つるいちじく　岡山
ぬめかずら　岡山（都窪）

イタヤカエデ　アサヒカエデ, エンコウカエデ
〔カエデ科／木本〕

あおもみじ　和歌山（東牟婁）　高知（土佐）
いたぎ　富山　石川　福井　長野（西筑摩）　岐阜（飛騨）　静岡（安倍）　京都　兵庫（穴粟）　鳥取　島根（出雲）　岡山　木曾
いたぶ　高知（長岡）
いたや　秋田　栃木（西部）　京都（北桑田）　茨城　新潟　長野　富山　石川　鳥取　熊本
いだや　秋田
いたやぎ　岐阜（養老）
いたやのき　岐阜（飛騨）
いたやばな　群馬（多野）　新潟（長岡市）
いたやもみ　石川（加賀）
いたやもみじ　群馬　石川
うらじろ（ウラジロイタヤ）　山形（西田川）
おーいた　山口（佐波）
おーいたかえで　島根（鹿足）
おーかえで　木曾
おーっぽもみじ　千葉（清澄山）
おーばかえで　千葉　静岡　長野　岐阜　三重　高知　愛媛　大分
おーばな　香川（香川）　高知（幡多）　茨城
おーばな（イトマキカエデ）　徳島（美馬）　高知（土佐・長岡）
おーはなのき　福島（双葉）
おーばもみじ　栃木　群馬　埼玉　千葉　神奈川　静岡　三重　奈良　熊本
おーもみじ　和歌山（東牟婁）
おのだいばな　群馬（尾瀬）
おばな（オニイタヤ）　和歌山（日高）　徳島（那賀・美馬）　高知（幡多）
おばなかえで　高知（幡多）
おりでやばな　群馬（利根）
かいで　和歌山（東牟婁）
かいでもみじ　三重（北牟婁）
かえで　岩手　愛知　三重　愛媛　高知
かえでもみじ　三重（三重・度会・牟婁）
かたしお　新潟（南魚沼）
かたしよ　新潟（南魚沼）
かたしょー　新潟（南魚沼）
かたしよのき　新潟（北魚沼）
かべ　高知（幡多）

かめのこー　埼玉（入間）
かやぜ　静岡（南伊豆）
かやで　静岡（伊豆）　愛媛　高知（土佐）
かやでもみじ　静岡（伊豆）
きねぎ　高知（土佐）
くーでぃ　宮崎（西臼杵）
くろはいた　神奈川（西丹沢）
くろはな　群馬（甘楽）
くろばな　栃木（日光）　群馬（甘楽）　長野（松本・伊那）
しなばいたや　岩手（気仙）
しらいた　福井（若狭）
しらかえで　和歌山（日高・伊都）　三重（一志）
しらもみじ　和歌山（伊都）
しろいたぎ　鳥取（気高）
しろいたや　青森（下北）
しろっぱな　群馬（利根）
しろはいた　神奈川（西丹沢）
しろはな　群馬（甘楽）
しろばな　栃木（日光）　長野（伊那）
すっぽんぽん　新潟（刈羽）
つたかえで　広島
つたもみじ　広島
ときわかえで　福井（越前）　鹿児島（大隅・奄美大島）
とりあしいたぎ　岐阜（揖斐）
ねぎ　高知（土佐・長岡）
はいた　甲州河口　埼玉（秩父・入間）　神奈川　山梨　静岡（御殿場）
はいたぼー　埼玉（入間）
はいたもみじ　静岡（御殿場）
はな　栃木　群馬（東部）　山梨（山梨・東山梨）　長野（上田市）
はないたや　山形（最上）　茨城
はなかえで　三重（伊賀）　和歌山（有田）
はなのき　栃木（塩谷）　群馬（勢多）　埼玉（秩父）　新潟（刈羽）　長野（松本市・佐久・北佐久）　和歌山（日高）
はなもみじ　和歌山（日高）
はぼそもみじ　奈良（吉野）
ひゃーた　埼玉（秩父・名栗）　山梨（都留）　静岡（御殿場）
へーた　埼玉　東京　神奈川（津久井）
へーたのき　神奈川（津久井）
ほんかえで　三重（飯南）
ほんばな　群馬（利根）　山梨（東山梨）

まいたや　岩手（岩手）宮城（栗原・玉造）
めぎ　高知（土佐）
もみじ　埼玉（入間）三重（鈴鹿）愛媛　高知
もみじいたや　岩手（稗貫）
もみじば　山梨（東山梨）
もみず　青森（東津軽）岩手（胆沢）
よめふりいたぎ　岐阜（揖斐）

イチイ　オンコ　　　　　　〔イチイ科／木本〕
あおき　長野（上伊那）
あか　鹿児島（垂水）
あかき　福岡（八女）熊本　大分　宮崎　鹿児島（大隅）
あかぎ　山形（東置賜・西置賜）熊本　鹿児島（垂水）
あかみ　長野
あつかわまき　長野（下伊那）
あっこのき　秋田（仙北）
あぶらぎ　静岡　駿河
あららぎ　青森　岩手　秋田　群馬　新潟　長野　静岡　三重　奈良　和歌山　高知　熊本
いちい　富山　長野　静岡　島根　愛媛
いちぇ　長野
いちのき　長野　岐阜　福井　和歌山
いちばのき　岐阜（益田）
いっちん　奈良（南葛城）
いんぞー　福島（尾瀬・会津）
うっこ　岩手（上閉伊・九戸）
うんこ　青森（津軽・上北・下北）
うんこ（キャラボク）青森（上北）
えすのき　長野（上水内）
おこ　青森（中津軽）
おこのき　青森（津軽）
おっこ　越後　青森　岩手　宮城　秋田　山形　福島　新潟
おっこー　岩手　秋田　宮城　新潟　滋賀
おっこー（キャラボク）宮城（仙台市）山形
おっこのき　秋田　青森
おんこ　松前　北海道　青森　岩手（九戸）宮城　山形（鶴岡）埼玉（秩父）神奈川　新潟（佐渡）静岡　高知（長岡）
おんこ（キャラボク）山形（鶴岡市）
おんこー　秋田
かじき　鳥取（岩見）
きゃら　岩手　宮城　山形　山形（東村山）
きゃらぼく　岩手（岩手・稗貫）

しび　広島（山県）
しぼしぼ　江戸
しゃくぎ　静岡　遠江
しゃくのき　大阪　岡山（備前・備中）
すおー　栃木
すおーのき　栃木（日光）
すほーのき　栃木（日光）
たけぞ　長野（南安曇）
ちゃらぼく　岩手
つが（キャラボク）岡山（苫田）
とが　佐渡　新潟　長野　鳥取　島根　岡山
とが（キャラボク）島根（仁多）
とがのき（キャラボク）島根（仁多）
ひとつば　新潟（東蒲原・南蒲原）
ひびのき（キャラボク）岡山（苫田）
びゃくだん　福岡
べごだ　河口
へた　飛騨
へだ　山梨
へだのき　富士北麓・東麓　山梨
へだま　山梨
みねすおー　長野
みねすぼ　長野（諏訪）
みねすほー　長野
みねずぼー　長野（諏訪）
みねぞ　長野（北安曇・伊那）
みねぞー　信州　山梨　長野
みねつぶ　長野（諏訪）
みねどー　長野（松本市）
みめぞ　長野（北安曇）
むねつぶ　長野（諏訪）
めめぞ　長野
もみ　山形（飽海）
もろむき　宮崎（南那珂）
もろむぎ　宮崎
やますおー　栃木（日光）長野（木曾）
やますほー　栃木　長野
やまびゃくだん　西土　四国

イチイガシ　　　　　　　　〔ブナ科／木本〕
あおかし　広島
あおかせ　周防
あまがし　熊本（球磨）
あらかし　島根
いち　和歌山　福岡　宮崎　鹿児島
いちい　和歌山　山口　高知

いちいがし　福岡　熊本
いちいかたぎ　山口（厚狭）
いちいのき　丹波　摂津　広島（広島）
いちがし　静岡　和歌山　愛媛　佐賀　宮崎　熊本
いちかたぎ　愛媛（東予）
いちしー　愛媛（南予）
いちのき　福井　長野　岐阜　三重（宇治山田市）　和歌山　福岡（八女）　鹿児島（川内市・揖宿）　熊本
いっち　紀州
いっちい　高知　佐賀
いっちいがし　高知（高岡・幡多）
いっちいのき　福岡（犬ヶ岳）
いっちがし　長崎（西彼杵）　熊本（天草）
いっちのき　三重（宇治山田市）　佐賀
いっちん　奈良（南葛城）
えっちいがし　静岡（伊豆）
えっちゅーがし　千葉（清澄山）
かたぎ　広島
かわかし　鹿児島（大口市）
しーがし　愛媛（東部・東伊予）
にぶ　広島
ほそばがし　和歌山（東牟婁）
まがし　愛媛（東部・東伊予）
ろぎ　鹿児島（揖宿）

イチゲソウ → イチリンソウ
イチゴ → オランダイチゴ
イチゴツナギ　〔イネ科／草本〕
かんがら　京都（竹野）
そもそも　長崎
ほこりぐさ（オオイチゴツナギ）　香川（中部）

イチジク　〔クワ科／木本〕
あまがき　岡山（岡山市・御津）
いそずき　福岡（粕屋）
いたぶ　長崎（五島）　熊本（天草）
いっぐつ　福岡（久留米市）
うしのした　周防　豊前
うしのしたあぎ　防州
うしのひたい　防州　長門
うしほーずき　大分（大野）
うどんげ　加州　石川（加賀）
えのび　和州
かきのほーずき　勢州
からがき　山梨*　岐阜（本巣・山県）　愛知（葉栗）　滋賀*　香川
きなんば　滋賀
くーたぶ　鹿児島（甑島）
こーらいがき　愛知*　三重*　岡山　岡山（岡山市）
こやすのき　周防
さんぞがき　福岡*
じく　島根*
したび（イチジクの1種）　沖縄（石垣島）
しながき　大分（大分市）
ずた　熊本（宇土）
たーがき　大分（大分）
たつ　鹿児島*
たび　熊本　鹿児島*
たぶ　熊本（天草・芦北）
ちち　大分（大分市・大野）
ちちかき　奈良（宇陀）
つんぐり　広島（大崎上島）
とーがい　山口（大島）
とーがき　長州　筑前　久留米　新潟（佐渡）　山梨*　滋賀*　京都　大阪*　兵庫　奈良　鳥取*　島根　岡山（岡山）　広島　山口（厚狭・玖珂）　香川（小豆島）　愛媛　福岡（築上）　長崎　熊本　大分
とーたび　熊本*
とーたぶ　熊本（天草）　鹿児島*
とーびや　大分（大分）
とがき　大阪*　兵庫（家島）
とたび　熊本（天草）
とろがき　島根（石見）
とんがき　愛知*　兵庫　兵庫（赤穂）
なんば　兵庫（赤穂）　愛媛*　香川　鹿児島*
なんぱ　香川（男木島・女木島）
なんばー　香川（高見）
なんばがき　香川（大川・木田）　熊本（天草）
なんばん　熊本（天草）
なんばんがき　周防　熊本（球磨・天草）
ねじゅ（イチジクの1種）　江戸
ばべしま　広島（走島）
びってー　大分（大分）
ほーらいがき　鳥取*
ほぐり　熊本（下益城）
ままんがき　広島
まんたぶ　熊本（天草）
まんまんがき　大分（大分）
むかが　埼玉*　山口*

むかさ　岩手*
むかじゅ　京都*
やまかき　周防
やまびつ　周防
やまぶーずき　熊本（球磨）
んたび（イチジクの1種）沖縄（石垣島）

イチハツ　〔アヤメ科／草本〕
あやめ　岩手（九戸）
からしょーが　神奈川（愛甲）
からしょーぎ　神奈川（津久井・藤沢）
しょどめ　岩手（岩手）
ひでりぐさ　伊豆　駿河
ひでりそー　伊豆　駿河
まんねんそー　伊豆　駿河
やつあやめ　山形（飽海）
やつはし　薩摩　薩州
やましょーぶ　鹿児島

イチビ　〔アオイ科／草本〕
あさ　愛知*
あさくさ　伊勢
いちぴそ　宮城*
いちぶ　徳島　長崎（壱岐島）
えつぶ　青森
お　愛知*　岡山*　香川
おーのき　三重*
おがらのま　徳島*
かなひき　豊前
かなびき　豊前
きりあさ　青森*　福島*　広島*
こぎそ　広島*
ごさいば　摂州
しなのお　伊賀
つなそ　熊本（玉名）
やまわたぼーし　信濃

イチヤクソウ　〔イチヤクソウ科／草本〕
あたごごけ　加州
かがみぐさ　江州
かがみそー　淡州
きっこーそー　江戸　東京
すずらん　江戸
ぜにくさ　伊豆八丈島
のあおい　若州
のあふひ　若州

べっこーそー　江戸
まきおもて　大和　和州
やまさいしん　河内
ろうでんそー　島根（簸川）
ろくてんそー　広島（比婆）
ろくでんそー　島根（簸川）

イチョウ　〔イチョウ科／木本〕
ちちのき　相模
はべるばー　沖縄（首里）

イチリンソウ　イチゲソウ　〔キンポウゲ科／草本〕
あめふりばな　岩手（盛岡）　東京（南多摩）　長野（下高井）
いちげそー　和歌山（伊都）
おとこかたこ　新潟（刈羽）
かんこばな　秋田（鹿角）
きえばな　長野（下高井）
きつねちょーちん　長野（下水内）
くさまんさく　青森（上北）
けしのはな　京都
ちょんべな　山形（飽海）
ゆきわりそー　長野（下高井）

イツマデグサ → エゾデンダ

イトイヌノヒゲ　〔ホシクサ科／草本〕
いぬのけ　長野（北佐久）
いののけ　長野（北佐久）

イトカボチャ　〔ウリ科／草本〕
そーめんがぼちゃ　山形（西置賜・西村山）

イトスゲ　〔カヤツリグサ科／草本〕
やまどりしだ　尾張

イトススキ　〔イネ科／草本〕
おつくり　長門
すすき　新潟
もみじぐさ　長州

イトナ　〔アブラナ科／草本〕
みずな　上方

イトバショウ → リュウキュウバショウ

イトハナビテンツキ　〔カヤツリグサ科／草本〕
みのぐさ　鹿児島（肝属）

イトヒバ 〔ヒノキ科／木本〕
すいりょーひば　和歌山（東牟婁）

イトモ 〔ヒルムシロ科／草本〕
がわもく　長野（佐久）

イヌエンジュ 〔マメ科／木本〕
いぬえんじ　静岡（伊豆）
いぬえんじゅ　高知（安芸）
いんじゅ　丹波　摂津　青森　岩手　栃木
うしくすべ　和歌山（日高）
うしねじり　和歌山（伊都）
うしのき　和歌山（伊都）
えんじ　秋田（北秋田）　長野（北佐久）　岩手　栃木　群馬　神奈川　山梨　岐阜　石川　福井　三重　岡山　広島　愛媛　熊本
えんじゅ　秋田（鹿角・北秋田）
えんじゅのき　三重（度会）
えんじょ　長野（上水内）
えんじょー　岐阜（飛騨）
えんず　岐阜　鳥取　岡山
えんずい　鳥取　岡山
えんずのき　岡山（苫田）
おーえんじ　鳥取（岩美）
くしこ　静岡（遠江）
くろえんじ　長野（小県）　熊本（球磨）
くろえんじゅ　岩手　茨城　静岡　和歌山　広島　大分　宮崎
くろえんじょ　長野（埴科）
こんちん　和歌山（西牟婁・東牟婁）
さとえんじゅ　青森（下北）
しろえんじゅ　宮崎（北諸県）
にんじゅ　岩手（東磐井）
はきしば　秋田（北秋田）
ふずき　岩手（九戸）
ほんえんじゅ　千葉（清澄山）
まげき　福岡（粕屋）
やまえんじゅ　大分（大野・北海部）
やませんだん　長崎

イヌガシ 〔クスノキ科／木本〕
あさだ　高知
いぬたまがら　高知（幡多）
おんたまがら　高知（幡多）
しろたまがら　高知（高岡・幡多）
すずめのき　鹿児島（垂水市）

たぶ　高知（長岡）
たまがら　高知（幡多）
まつらにっけー　和歌山

イヌガヤ 〔イヌガヤ科／木本〕
あかき　福岡（八女）
あすなろ　芸州
あぶらみがや　勢州
いぬがや　三重（員弁）
いぬくそまき　青森（下北）
うしがや　三重（伊賀）
えんこーまき（チョウセンマキ）　和歌山（東牟婁・新宮）
おーぎがや　茨城（石岡）
おとこがや　長野（上田）
おにがや　西国　筑前
おねひのき　熊本（八代）
おるがんのき　鹿児島（阿久根市）
かや　福岡（粕屋）
がや　岐阜（美濃）　岡山（美作）　鹿児島（鹿児島市）
かやのみ　熊本（菊池）
かやのみのき　陸中
からまき（チョウセンガヤ）　岡山（岡山市）
かわらまつ　防州
きつねもろび　秋田（南秋田）
しび　山形（北村山）
しびのき　三重（度会）
しゅーび　福島（石城）
しゅび　山形
しゅびき　山形（最上）
しょーび　山形　新潟（佐渡）
しょーびのき　山形（北村山）
しょーぶ　青森　岩手　宮城　秋田（仙北・北秋田）　山形（西置賜）　新潟（北蒲原）
じょーぶ　青森　岩手　山形
しょーぶかや　秋田（仙北）
しょーぶから　青森（中津軽）
しょーぶがら　岩手（稗貫）
しょーぶき　青森
しょーぶこ　岩手　宮城
しょーぶしば　青森　青森（津軽）　岩手　秋田
しょーぶのき　青森　岩手　秋田　山形（北村山）
しょぱ　秋田（鹿角）
しょぶ　青森（津軽）　秋田（南秋田）
しょぷ　秋田（南秋田）

しょぶき　秋田（南秋田）
しょぶのき　秋田（雄勝）
すーび　福島
そーぶ　青森
そーぶしば　青森（南津軽）
そーぶのき　秋田（北秋田）青森
そぶき　秋田（北秋田）青森
だけおんこ　青森（上北）
ちょーせんまき（チョウセンガヤ）岡山（岡山市）
でぼ　岐阜（中津川）
でぼがや　木曾
はしりまめ　宮崎（東臼杵）
はなつね　北海道
はなつる　北海道
ばりこのき　岩手（気仙）
ばりばりのき　長崎（平戸市）
ばりばりのき　長崎（五島）
はりめかし　西国　筑前　大分（南海部）
はりめがし　福岡（筑前）
ひーびがや　島根（隠岐島）
ひえび　木曾　岐阜（美濃）東濃　福井（大野）
ひぎのき　高知（幡多）
ひだま　神奈川（西丹沢）
ひだまがや　千葉（清澄山）
ひったま　茨城（久慈）
ひび　伊勢度会　長州　筑前　三重　滋賀　京都（竹野）岡山　山口　徳島（海部）香川（香川）愛媛　高知　福岡
ひびがや　江州　鳥取（伯耆）島根（出雲）
ひびのき　三重（度会・伊勢市）徳島（海部）香川（香川）愛媛　高知　高知（高岡）
ひべ　三重（南牟婁）
ひゅーがい　茨城
ひゅーび　福島（石城）宮城　群馬
ひょーび　奥州　越後　山形　福島　新潟　富山　福井　長野
ひょーぶ　宮城　秋田（仙北）山形　富山　石川　長野　静岡
びょーぶ　北海道　秋田（由利）福島　新潟（東部・南蒲原）静岡（富士宮市）
ひょーろ　石川（加賀）
ひよび　江州　新潟　福井　岐阜　滋賀　島根
ひわ　徳島（那賀）
ふび　和歌山（東牟婁）
ふゆび　新潟（北魚沼）
へいべ　和歌山（那智）

へーび　三重（南牟婁）
へーべ　三重　奈良（北山川）
べこ　広島（安芸）
へだま　甲斐河口湖　木曾　群馬（利根・北甘楽）埼玉（秩父）神奈川　長野（松本市・木曾）静岡　静岡（伊豆）愛知
へったま　陸奥　岩手　宮城　福島　茨城　栃木（栃木市・安蘇）群馬（山田）静岡
へったまがや　千葉（清澄山）
ぺったまがや　千葉（小湊）
へったまのき　宮城（宮城・柴田）
へったんがや　千葉（大多喜）
へっぷりがや　静岡
へとべ　勢州
へび　岐阜（美濃市）和歌山（日高・東牟婁）
へびがや　三重（員弁）
へびのき　三重（度会）和歌山（西牟婁・東牟婁）
へべ　丹波　紀州熊野　長州　三重　奈良（吉野）滋賀　和歌山
べべ　奥州　紀伊牟婁　福井　滋賀（坂田・東浅井）京都　奈良　奈良（吉野）
へべがや　三重（伊賀）和歌山　紀州
べべがや　京都（北桑田）和歌山（伊都・有田）
べべし　福井（小浜）
へべのき　和歌山（新宮市・西牟婁）紀州
へぼ　江戸
べぼ　長野（伊那）岐阜（恵那・中津川）
へぼがや　和歌山（日高）岩手　秋田　石川　木曾　兵庫　熊本
へぼぎ　薩州　滋賀
へぼのき　和歌山　宮崎（西臼杵）紀州　対馬　大分　熊本　鹿児島
へんだ　伯州　東京（西多摩）鳥取　島根（石見）広島（比婆）
へんだのき　神奈川（津久井）
ほげんぎょのき　長崎（壱岐）
ほだま　静岡（伊豆・土肥）
ほのめかし　福岡（粕屋）
ほろむかし　長崎（壱岐島）
ほろめかし　西国　筑前　長崎（壱岐島）大分（大野）
ほろめがし　宮崎（西臼杵）
まっこーのき　山形（北村山）
まっこぎ　山形（北村山）
まっこぬき　山形（北村山）
まめぞー　大分（南海部）

イヌガラシ

みねすおー　信州
めがや（雌梶）　高知（吾川）
もろのき　鹿児島
もろば　鹿児島（出水・大口）
もろはのき　鹿児島（出水）
もろむぎ　宮崎（小林市）鹿児島
もろめき　宮崎
もろもぎ　宮崎（小林市）鹿児島（鹿屋市・姶良）
もろもく　鹿児島（肝属）
もろもろ　鹿児島（垂水市）
もろもろのき　鹿児島（揖宿）
やずめ　新潟（刈羽）
やどめ　新潟（粟島）
やまおんこ　岩手（上閉伊）
やまがや　木曾　新潟　長野（木曾）　三重
やましょーぶ　青森（上北）岩手　宮城　秋田
やましょぶ　秋田（北秋田）
やますん　長崎（五島）
やまそぶ　青森（下北）
ゆびのき　岡山

イヌガラシ　　〔アブラナ科／草本〕

あぜからし　大阪
あぜがらし　大阪
あぜだいこん　仙台
おとこなずな　羽前
おにわたいこ　愛媛（新居）
きつねなたね　山形（飽海・庄内）
きつねのからし　予州
ごぼーな　江州
たがのぽー　長野（佐久）
たがらし　和州　大阪
たごま　能州
たごんぼ　新潟
たべらっこ　愛媛（周桑）
だんごな　江戸
たんころぼ　長野（佐久）
つみな　新潟（白根）
なずな　愛媛（周桑）
にわだいこん　尾張　愛知
のがらし　予州　愛媛
はだいこん　仙台
はただいこん　仙台
へびぐさ　新潟（直江津市）

イヌガンソク　　〔イワデンダ科／シダ〕

うしぜんまい　岩手（二戸）
うまぜんまい　新潟
おとこわらび　岩手（二戸）
おにぜんまい　新潟　長野（下水内）
おにわらび　千葉（山武）
おらんだへご　鹿児島（垂水市・肝属）
こあめ　長野（北安曇）
こごみ　青森（津軽）宮城（仙台市）
ちびやん　甲州金峰山
へびぜんまい　新潟（南蒲原）長野（下水内）
へびのせっく　河口
やまとりかくし　島根（仁多）
やまどりかくし　島根（仁多）

イヌガンピ → コガンピ
イヌグス → タブノキ

イヌコウジュ　　〔シソ科／草本〕

くるまばな　濃州　近江坂田
にせはっか　熊本（球磨）
のはっか　熊本（菊池）
はっかくさ　鹿児島（垂水市）
はっかぐさ　鹿児島（垂水市）
やまじそ　鹿児島（揖宿）
ゆきみそー　尾張

イヌゴマ　　〔シソ科／草本〕

あぶらくさ　秋田（南秋田・河辺・山本）
あますいばな　長野（下水内）
ごまくさ　木曾　熊野
ちのこ　青森（津軽）
ちょろぎだまし　和歌山
ちろ　青森

イヌコリヤナギ　　〔ヤナギ科／木本〕

かわやなぎ　秋田（南秋田）

イヌザクラ　　〔バラ科／木本〕

あかぼ　鹿児島（出水）
いぬざくら　高知（土佐）愛媛（新居・上浮穴）
えちごぶな　日光
えのさくら　長野（小県）
がんどざくら　三重（員弁）
くさいざくら　岩手（岩手）
くさざくら　千葉（清澄山）
くさんざくら　岩手（紫波）

くそざくら　長野（諏訪）　群馬（甘楽）　静岡（秋葉山）　三重（員弁）
くろざくら　高知（長岡）
こごのき　青森（三戸）
ごてんざくら　鳥取（伯耆）
ごんご　岩手（稗貫）
さくら　島根　長野（松本）
せいきゅー　紀伊
せーきょーざくら　和歌山（日高）
せんきゅーざくら　和歌山（有田）
たにざくら　高知（土佐）
つみざくら　高知（土佐）
どーしざくら　宮城
におざくら　高知（長岡）
ねこぐそざくら　群馬（甘楽）
ひがんざくら　宮崎（北諸県）
ひめざくら　佐賀（藤津）
ひめちょ　長崎（東彼杵）
へくそざくら　群馬（利根）
へっぴりざくら　埼玉　長野（佐久）
へっぷりさくら　群馬　栃木
へっぷりざくら　栃木（西部）　群馬（東部）
へひりざくら　岩手（上閉伊）
ほーごーざくら　野州日光　日光
みずざくら　岩手（上閉伊）　高知（長岡）
みずね　茨城
みずめざくら　静岡（遠江）
めくら　宮城（名取・宮城・柴田）
めじろざくら　栃木（日光）
めずけ　徳島（美馬）
めずら　上州三峰山　山形（北村山）　奈良（吉野）
もーかざくら　熊本（球磨）
ももくさ　徳島（美馬・那賀）
ももざくら　木曾
よぐそざくら　甲州河内
よもそざくら　神奈川（津久井）

イヌザンショウ　〔ミカン科／木本〕

いーしぇんしょ　秋田（仙北）
いなざんしょー　長野（北佐久）
いぬざんしゅー　熊本（球磨）
いぬさんしょ　宮城　三重　和歌山
いぬざんしょー　栃木　埼玉　千葉　神奈川　静岡　三重　奈良　和歌山　熊本
いのざんしょー　長野（北佐久）
いんざんしゅ　鹿児島（薩摩・大口）
いんざんしょー　埼玉（秩父）　長崎（壱岐）　熊本（水俣）
うしざんしょ　京都（竹野）
うまざんしゅ　鹿児島（薩摩）
うまさんしょ　岩手（稗貫・東磐井・西磐井）
うまさんしょ　石川（能登）
えんざんしょー　群馬　長野
おとこさんしゅー　山形（東田川）
おとこさんしょー　山形（東田川）
おにざんしょー　長野（北佐久）
おんざんしょー　静岡（伊豆白川）
おんじいざんしょー　千葉（清澄山）
くまざんしょー　福井（今立）
ざんしょ　長崎（五島）
さんしょー　青森（西津軽）
さんしょのき　秋田
どくざんしょー　東京（三宅島）
ひねざんしょー　山梨
ひんしょー　高知（土佐・長岡・高岡）
ほそき　木曾　美濃　長野　静岡　愛知
ほそきばら　静岡（磐田・水窪）
ほそく　岐阜（恵那）
ほそっき　長野（伊那）
やま　東京（三宅島）
やまざんしゅ　山口（熊毛）　鹿児島（薩摩・日置・垂水）
やまざんしょ　和歌山（那賀）　三重
やまさんしょー　秋田　長野（北佐久）　宮崎　鹿児島　岩手（下閉伊・和賀）
やまざんしょー　東京（御蔵島）　鹿児島（薩摩・垂水市）　長野　三重　高知

イヌシデ　〔カバノキ科／木本〕

あおおも　長崎（対馬）
あおしで　徳島　長野　静岡　愛知　三重　和歌山　鳥取　島根　広島　高知
あおぞの　静岡
あおそや　宮崎（東臼杵）
あおぞや　大分（南海部）　宮崎（西都）　鹿児島（肝属）
あかしで　岐阜（揖斐）
あかぞろー　神奈川（津久井）
あぶらしで　山形　静岡（富士山麓）
あらしで　熊本（芦北）
ありしで　静岡
ありそめ　甲州深山村

イヌショウマ

ありぞめ	武蔵　駿河
いししで	群馬（甘楽・多野）　静岡（伊豆）
いしぞね	茨城
いしその	伊豆
いぬおも	福岡（犬ヶ岳）
いぬげや	広島（備後・安芸）
いぬしで	三重（度会・亀山）
おおしで	奈良（十津川）
おしで	三重（一志・飯南）
おそろ	静岡（南伊豆）
おにしで	高知（幡多）
おものき	長崎（対馬）　福岡（粕屋）
おんしで	山梨（南巨摩）
くちぐろ	青森（津軽）
くましで	徳島（美馬）　高知（長岡）　愛媛（面河）
くろしで	愛媛（上浮穴）
くろその	埼玉
こさぶな	青森（三戸）　岩手（気仙）　宮城（本吉）
さんなめ	青森（下北）
しで	静岡　岐阜　石川　福井　三重　和歌山　岡山　高知　愛媛
しでのき	高知　愛媛
しましで	和歌山（有田）　徳島（那賀）
しらしで	和歌山（伊都）
しらぞね	茨城
しろしで	岐阜　三重　奈良　京都　兵庫　鳥取
しろそね	茨城（筑波）　栃木（西部・河内）　群馬（東部・勢多）　埼玉（入間）
しろぞの	埼玉（秩父・入間）　神奈川　静岡（駿河・伊豆）
しろそや	鹿児島（大口）
しろぞや	大分（大分・南海部）　宮崎（北諸県）
しろぞろ	埼玉　東京　神奈川
そね	青森（上北）　岩手　宮城（柴田）　山形　福島（岩代）　新潟（北蒲原）　茨城　栃木（芳賀）　群馬（山田）　千葉　愛媛（中部）　高知（吾川）
その	静岡（田方・伊豆）
そののき	静岡（伊豆）
そや	青森（上北・下北）　愛媛（南部・南予）　熊本　宮崎　鹿児島（肝属）
そやのき	鹿児島（肝属）
そろ	青森　岩手　群馬　千葉　東京　静岡（賀茂）　徳島（海部）　愛媛（中部）　高知（吾川・幡多）
そろのき	秋田　青森（西津軽）　静岡（駿河）
たけぞや	宮崎
だけそや	熊本（八代）
なんじゃもんじゃ	新潟
におしで	高知（長岡）
ねこしで	福岡
のしで	島根（鹿足）　山口（佐波）
ぶたしで	三重（員弁）
ほんのしで	山口（玖珂）
ましで	三重（牟婁）　和歌山
ましで	紀伊
みつしんで	岡山（美作）
めくりそめ	駿河吉原
めくりぞめ	静岡（駿河）
めぐろぞの	静岡（駿河）
やましで	新潟（東部・南蒲原）

イヌショウマ　〔キンポウゲ科／草本〕

いわだら	越後
いわんたいら	佐州
しろみずひき	紀伊牟婁

イヌスギナ　〔トクサ科／シダ〕

ぬまどぐさ	和歌山（西牟婁）

イヌタデ　〔タデ科／草本〕

あい	香川（中部）
あいくさ	山形（飽海）
あいなーふさ	沖縄（石垣島）
あかのまま	新潟（新潟市）　鹿児島（始良）
あかのまま	新潟（新潟）
あかのまんま	神奈川　静岡（富士）　愛媛（東宇和）　鹿児島（始良）
あかまきくさ	富山（富山）
あかまま	和歌山（和歌山・海草・那賀）
あかままぐさ	富山
あかまんま	埼玉（北葛飾）　東京　神奈川（川崎・平塚）　鹿児島（始良）
あかめし	奈良（宇智）
あかめまんま	静岡（富士）
あげまま	山形（庄内）
あずきのまんま	岩手（盛岡）
あまざけ	兵庫（美嚢）
うまんこーしゅー	熊本（玉名）
おこわくさ	新潟　群馬
おこわぐさ	長野（北佐久）
おこわのくさ	群馬（上田・館林）
おこわばな	新潟　群馬

かわたけ　島根（美濃）
かわたで　熊本（球磨）
ごま　三重（宇治山田市・伊勢）
こんぺとぐさ　和歌山（新宮市）
こんぺとぐさ　和歌山（新宮市）
さでー　鹿児島（奄美大島）
すっぽんのたで　河内
せきはんぐさ　山形（東田川）
たかたで　鹿児島
たで　岩手（紫波）　島根（美濃・鹿足）　広島
　（豊田）　熊本（菊池）　鹿児島
たでくさ　秋田（北秋田）　島根（美濃）
ぢんぢのへ　山形（庄内）
とびっかね　栃木（安蘇）
みずひきばな　山形（酒田市・南置賜）
んまんこーしゅー　熊本（球磨）

イヌツゲ　ヤマツゲ　〔モチノキ科／木本〕

あおしば　青森　岩手
あおつげ　新潟（岩船）
あさまつげ　勢州
いかしば　山口（厚狭）　福岡（小倉市）
いかとり　高知（長岡）
いしずの　群馬（多野）
いぬがみ　山口（熊毛・阿武）
いぬつげ　岐阜　三重　奈良　大分
いぬもーち　三重（尾鷲市）
いぬわげ　山口（大島）
いぼた　岩手（岩手）
いぼたん　岩手（盛岡市・岩手）
いもら　福井（三方）
いららぎ　愛媛（新居）
いんつげ　東京（御蔵島）　大分　福岡　熊本
うさぎかくし　秋田（仙北）
うさぎかくれ　秋田（北秋田）
うさぎだまり　秋田（北秋田）
おーつげ（イヌツゲの１種）　江戸
おまゆだまのき　埼玉（入間）
ががんず　岐阜（美濃）
かしらけずら　江州
かしらけずらずのき　岐阜（美濃）
かしらけずり　江州　滋賀　奈良
かしらこ　福井（若狭）　三重（中北部）　滋賀
かしらつかみ　土州
かしらつげ　奈良（吉野）
かしらつじ　奈良（吉野）

かにのす　播州
がにのす　播磨
かまこぶし　三重（伊勢市・北牟婁）　和歌山
　（那賀・海草・伊都）
かみしば　秋田（北秋田）
かんすかびれ　山口（玖珂）
かんすかべーに　山口（玖珂・岩国）
かんすかべに　山口（玖珂・岩国）
かんすかべり　山口（玖珂・大島）
かんすがべり　山口（玖珂）
がんのす　兵庫（神戸市・宍粟）
くさつげ　岩手　宮城
くそつげ　鹿児島（川内）
くろつげ　山形（飽海）　高知
けじら　島根（仁多）
げずら　美濃　江州　福井　滋賀　京都　京都（竹
　野）　奈良（高市・宇智）　和歌山　和歌山（伊都）
けずらき　兵庫（神戸市）
けつろ　丹波
こきげしば　青森（弘前市）
こずもず　青森（上北）
ことりもち　高知（幡多・安芸）
こめごめ　紀伊
さかき　秋田　新潟
させぼ　岐阜（揖斐）
すずめぎ　徳島（海部）
ぜにげ　千葉（大多喜）
ぞーりかくし　三重（度会）
たまつげ　千葉（清澄山）
だんごっき　埼玉（入間）
だんごっぱな　東京
だんごばら　神奈川（津久井）
ちぐろ　島根（出雲）
ちゃがゆこぼし　和歌山
ちゃらべー　東京（八丈島）
ちゃわんあげ　愛知（東春日井）
ちょんちょんしば　熊本（球磨）
つげ　青森　岩手　秋田　宮城　茨城　栃木　群
　馬　埼玉　東京　静岡　三重　香川　高知　大
　分　宮崎　熊本
つげのき　青森（津軽）　熊本（八代）
つげもち　熊本（人吉）
つずろぎ　和歌山（伊都）
つぶろ　広島（比婆）
つぼろ　広島（比婆）
つんげ　青森（津軽）

イヌツゲ

とりとまらず 三重（尾鷲市） 四国 高知（安芸・幡多）
なべたたき 三重 和歌山（日高）
なべぶかし 秋田（北秋田）
なべゆずり 愛知（東春日井）
なべわり 和歌山（西牟婁・田辺）
にせつげ 大分（大分）
ねじほ 秋田
ねじもじ 三重（南牟婁） 和歌山（南牟婁）
ねじもた 山形（東置賜）
ねじもち 福井 奈良 大分
ねず 和歌山 和歌山（田辺市・東牟婁） 四国 高知
ねずき 高知 愛媛 愛媛（上浮穴）
ねずのき 和歌山（日高・東牟婁） 徳島 愛媛 高知
ねずみがたら 島根（邇摩）
ねずみしば 静岡（賀茂・南伊豆）
ねずみちゃ 青森 岩手（水沢）
ねずみちょー 山口（阿武）
ねずみつぐら 島根（石見）
ねずみのはなとーし 徳島（美馬） 愛媛（宇摩） 高知（安芸）
ねずみもち 島根 広島（比婆・高田） 愛媛 高知
ねずもず 青森 青森（上北・下北） 岩手
ねずもち 秋田 福島 和歌山 広島 四国 高知
ねぞぎ 徳島（那賀）
ねつほ 秋田
ねんどー 周防
ねんどーかくっとー 山口（玖珂）
のつげ 東京（三宅村） 伊豆三宅島
はまつげ 筑前
ばんていし 山口（玖珂）
はんのき 大分
ひーらぎ 山口 山口（吉敷・厚狭） 佐賀 佐賀（藤津・杵島）
びががず 秋田（南秋田・北秋田）
びろかがず 秋田（男鹿）
びんか 豆州 木曾 山形（西田川） 神奈川 長野 岐阜 静岡 愛知（北設楽） 三重（北牟婁） 愛媛 高知 高知（長岡）
びんかか 佐州 新潟（佐渡）
びんかが 新潟（佐渡）
びんかかし 東国
びんかがず 甲州 信州 宮城 秋田 山形 山形（北村山） 新潟 新潟（佐渡） 山梨 長野 山口 愛媛
びんかがず 秋田 山形 宮城 長野
びんかがつ 山形（北村山）
びんかがみ 山形（北村山）
びんかがり 筑前
びんかくじ 山形（北村山）
びんかけのき 新潟
びんかのき 静岡
びんかん 神奈川（東丹沢） 静岡（駿河）
びんくわ 静岡（小笠）
びんそ 山形（東田川）
びんそー 山形（東田川）
びんちょ 神奈川（東丹沢）
びんちょのき 神奈川（足柄上）
ほたるぐさ 山口（玖珂）
ぼんぼり 福井（三方）
まいだまのき 埼玉（入間）
まつげ 鹿児島（鹿屋）
ままこ 三重（一志・度会）
ままこつ 三重（一志）
ままこつぶら 三重（一志）
まめしば 青森 愛媛 愛媛（新居）
まめつげ 大分（南海部）
まゆだまっき 埼玉（入間）
まゆだまのき 埼玉（入間）
むちぎ 鹿児島（大島）
めーだまぎ 埼玉（入間）
めちょめちょ 愛媛（宇摩）
めはりぎ 土佐
めはりのき 四国 高知（安芸）
もちゃがら 沖縄（国頭）
やずめ 新潟（東蒲原・南蒲原）
やどみ 岐阜（飛騨） 福井（越前）
やとめ 筑前
やどめ 越州 加賀 木曾 山形（西置賜・庄内） 新潟 岐阜（恵那） 富山 石川 福井
やまちが 秋田（北秋田）
やまちゃ 岩手（江刺）
やまつげ 青森 岩手 秋田 千葉 東京（小笠原諸島・三宅島） 新潟（北蒲原） 静岡 三重 奈良 和歌山（日高） 福岡 大分 鹿児島
やまつげ（ツクシイヌツゲ） 鹿児島（垂水市）
やまつばき 秋田（北秋田・山本）
よめおこし 秋田（北秋田） 山形（東置賜）
よめがさら 和歌山（日高） 鳥取 島根 岡山

福岡
よめごさら　島根（能義・簸川・出雲）
よめさら　香川（綾歌）
よめさらい　高知（長岡）
よめのささつげ　香川（香川）
よめのさら　兵庫　和歌山（日高）　島根　島根
　（石見）　岡山　広島（比婆）　徳島（美馬・三好）
よめのつぼろ　広島（比婆）
よめんさら　岡山　香川
りんか　愛媛（上浮穴）

イヌドクサ　〔トクサ科／シダ〕
かわらどくさ　和歌山（西牟婁）
すぎとくさ　江戸
つぎつぎ　和歌山（有田）
やちすぎな　仙台

イヌナズナ　〔アブラナ科／草本〕
てーれぎ　長門
のこぎりそー　北国
ほとけぐさ　長野（佐久）

イヌナツメ　〔クロウメモドキ科／木本〕
やまなつめ　甲斐

イヌノヒゲ　〔ホシクサ科／草本〕
きんしゃ　山形（東田川）

イヌノフグリ　〔ゴマノハグサ科／草本〕
いぬのきんたま　和歌山（有田）
のぶくさ　紀伊牟婁
はたけくわがた　和歌山（西牟婁）
ほしのひとみ　千葉（柏）

イヌハギ　〔マメ科／草本〕
しらはぎ　和歌山
しろはぎ　長野（北佐久）

イヌビエ　〔イネ科／草本〕
かもやぐさ　和歌山（有田）
くまびえ　仙台
げーろまま　岐阜（稲葉）
こーがいひえ　香川（東部）
のびえ　香川（西部）
ひげ　香川（中部）
やぶどろぼー　新潟（刈羽）

りくびえ　岡山（邑久）

イヌビユ　〔ヒユ科／草本〕
あおびー　島根（美濃）
あおびょ　山形（東田川）
あおふよー　山形（東置賜）
あかひーな　阿州
あかびそ　岩手（二戸）
あかびろ　青森
おこり　新潟（刈羽）
おとこすべらんそ　山形（酒田市）
おとこひゅーな　長崎（諫早市）
おとこひょー　山形（東村山）
おとこびょー　山形（東村山）
おにつめびしょ　長野（北佐久）
おにびえ　千葉
おんびょーな　和歌山（新宮市）
かみなりひょーな　和歌山（西牟婁）
かみなりびょーな　和歌山（西牟婁）
きちがい　新潟（刈羽）
くさけとぎ　新潟（西蒲原）
くさひょーな　愛媛（新居）
そーめん　長野（長野）
つけな　佐賀（唐津）
はんぴょー　山形（東置賜）
ひあかぜ　岩手（二戸）
ひー　島根（美濃・邇摩）　山口（厚狭）　岡山
ひーな　島根（美濃）　長崎（壱岐）
ひーにゃー　鹿児島（名瀬市）
ひーば　熊本（球磨）
ひえ　千葉（山武）
ひば　熊本（球磨）
ひゆ　香川
ひゅーな　和歌山（東牟婁）　長崎（平戸）
ひょー　新潟（佐渡）　岩手（東磐井）　千葉（安
　房）
ひょーな　和歌山（日高・東牟婁・西牟婁）
ふ　島根（能義）
ふぃ　島根（能義）
ふぃー　島根（能義）
ふしだか　新潟（刈羽）
ぶたくさ　宮崎（東諸県）
ふゆな　香川
へくさ　山形（東置賜・西村山）
べにくさ　和歌山（東牟婁）
べにぐさ　和歌山（東牟婁）

まぴゅー　新潟（佐渡）
まるはぐさ　長野（北佐久）
まるびょー　長野（下水内・北佐久）
むくらぐさ　鹿児島（大島）
よばいぐさ　香川（中部）

イヌビワ　イタビ，コイチジク　〔クワ科／木本〕

あこー　紀伊　薩摩
あまじっこ　千葉（君津）
あまちぎ　沖縄（国頭）
あまほぜ　千葉（安房）
あまもも　熊野
あめんどー　山口（阿武）
いしずく　筑後　鹿児島
いしぶたい　静岡（南伊豆）
いしぶたえ　大分（別府市）　静岡（南伊豆）
いしぶて　熊本（球磨）　宮崎（西臼杵・宮崎）
いせずき　福岡（粕屋）
いそぐるみ　伊豆八丈島
いたっのき　長崎（五島）
いたっぽ　和歌山（那智）
いたっぽー　大阪
いたび　兵庫（淡路）　長崎（平戸）
いたびのき　鹿児島（悪石島）
いたぶ　土州　高知　長崎（南高来）　徳島
いたほ　熊野　三重（南牟婁）　和歌山
いたんぽ　和歌山（東牟婁・新宮）
いたんぽ　三重（南牟婁）
いちび　和歌山（東牟婁・那智）
いちぶ　和歌山（日高）
いちほ　三重（南牟婁）
いちほーずき　予州
いちゃひゃ　鹿児島（沖永良部島）
いちゃぶ　鹿児島（奄美大島）
いっずき　福岡（大牟田）　熊本（玉名）
いっずく　福岡（犬ヶ岳）　熊本（玉名）
いぬいたぶ　高知（幡多・土佐清水）
いぬいちじく　岡山　愛媛
いぬたぶ　鹿児島（出水・屋久島）
いぬとーがき　芸州　広島（安芸）
いぬのひば　香川（綾歌）
いぬび　和歌山（和歌山市）
いぬひば　香川
いぬびば　島根（益田市）
いぬびや　和歌山（那賀・海草）
いぬびわ　香川　高知

いぬほーずき　予州
いぬもも　和歌山（日高）
いぬやたび　和歌山（西牟婁）
いのが　三重（南牟婁）
いのび　和歌山（海草）
いのぶ　和歌山（伊都・西牟婁）
いのぶのき　和歌山（海草・那賀）
いのぶや　和歌山（東牟婁）
いんたび　鹿児島（出水）　熊本（天草）
いんたぶ　山口（熊毛）　鹿児島（出水）
いんのたび　長崎（平戸）
うしいちじく　熊本（阿蘇）
うしこーじ　静岡（南伊豆）
うしじゃっぽ　和歌山（東牟婁）
うしのした　豊前　大阪（南河内）　山口（大島）　大分
うしのちち　山口（厚狭）
うしのひたーぎ　周防
うしのひたい　防州　山口（長門）　愛媛（北宇和）
うしのひたいき　高知（幡多）
うしのひたいぎ　高知（幡多）
うしびや　愛媛（大洲市）
うしびわ　岡山　愛媛（大洲市）
うしぶて　大分　宮崎　熊本
うしぶわ　山口
うしもも　三重（志摩）
うしらっぽ　和歌山（東牟婁）
うすのした　山口（見島）
うどんげ　志州
うまのかわはぎ　長崎（対馬）
えどびわ　神奈川（三浦）
えのび　奈良　大阪
えのびわ　肥前
えのぼわん　島根（八束）
おしびて　宮崎（東臼杵）
おとば　大分（東国東）
おとほ　大分（東国東）
おぼほ　和歌山（伊都）
かーぐるま　東京（御蔵島）
かーぐるみ　東京（大島・三宅島）
かーほーずき　静岡（引佐）
かきのほーずき　勢州　三重
かなひばし　島根（浜田市・美濃）
かまひばし　島根（浜田市・那賀）
からすのいちじく　愛媛（周桑）
からすのなし　和歌山（伊都）

イヌビワ

からすのびわ　城州　京都	さわびわ　静岡（南伊豆）
からすびや　香川　香川（大川）	さんたぶ　鹿児島（屋久島）
からすまわり　伊豆八丈島	じく　高知（幡多）
からたぶ　鹿児島（甑島）	じくしん　和歌山（東牟婁）
かわぐるみ　東京（三宅島）	しびたい　大分（南海部）
かわたび　鹿児島（国分市・肝属・垂水）　熊本（球磨）	しゅびたい　大分（北海部）
	ずくしのき　長崎（壱岐）
かわたぶ　鹿児島（鹿児島・肝属）	ずんぼ　千葉（安房）
かわびや　千葉　静岡	たき　鹿児島（曽於）
かわびわ　静岡（南伊豆・引佐）	たっ　鹿児島（曽於）
きーちび　沖縄	だっこー　山口（見島）
きつねのふで　志州	たっのっ　鹿児島
くいたぶ　宮崎（西臼杵）　鹿児島（屋久島）	たっぽ　和歌山（東牟婁）
くえいたぶ　高知（土佐清水）	たねびや　香川　香川（大川）
くそずんぼ　千葉（安房）	たび　鹿児島　熊本（天草）
くそたっ　鹿児島	たびかずら　鹿児島（肝属）
くそたび　鹿児島	たびのき　鹿児島（肝属）
くたち　鹿児島（日置）	たぶ　熊本（八代）　鹿児島
くたっ　鹿児島（揖宿）	たぶのき　鹿児島（出水・屋久島）
くらいたぼ（イヌビワの1種）　紀伊	たんぽ　和歌山（東牟婁）
くるみわじ　東京（八丈島）	たんぽぽ　和歌山（東牟婁）
こいちじく　和歌山（和歌山市）　奈良（吉野）　宮崎	ちちこ　三重（北牟婁）　和歌山（有田）
	ちちたっぽ　伊勢
ごーじ　三重（神島）	ちちのき　伊勢　三重（志摩・北牟婁）　兵庫（淡路）
こーじぶたい　静岡（南伊豆）	
こたっ　宮崎（北諸県）　鹿児島（薩摩）	ちちのみ　伊勢　三重（伊賀・度会）
こたっのは　鹿児島（川辺）	ちちのめ　岡山（御津）
こたび　鹿児島（鹿児島市・姶良・硫黄島）	ちちぶ　熊野　筑後　三重　和歌山
こたぶ　鹿児島（薩摩）　宮崎	ちちふく　和歌山（西牟婁・那賀）
こだら　薩州	ちちほ　三重　和歌山
こたんのは　鹿児島（川辺）	ちちほーず　山口（大津）
こびや　和歌山　和歌山（中北部）	ちちぼこ　三重（鳥羽）
ごびや　和歌山　和歌山（日高・西牟婁・田辺）	ちちぽんぽん　和歌山（和歌山）
こびわ　和歌山　三重　愛媛	ちちまめ　岡山　山口
こぶし　静岡	ちちもも　三重　兵庫（淡路島）　和歌山
こまのき　城州	ちちもものき　愛媛（宇和島）
こめたび（イヌビワの1種）　鹿児島	ちちんぼ　兵庫（淡路）　山口　福岡　熊本
こり　三重（志摩）	ちっこのき　千葉（安房）　東京（三宅島）
こわぐるみ　伊豆三宅島	ちっぱ　鹿児島（奄美大島）
さーびわ　静岡（静岡）	ちんこーぼく（イヌビワの1種）　江戸
さるいちじく　千葉（清澄山）	どくいちじく　和歌山（海草）
さるがき　駿州　静岡（駿河）	どんまい　三重（志摩）
さるのしり　江戸　城州	にじり　和歌山（海草・西牟婁）
さるのほーずき　勢州	はげたぶ　鹿児島（屋久島）
さるもも　千葉（清澄山）	はげもも　和歌山（有田）
さわびや　静岡	ひゆしな　和歌山（東牟婁）

イヌブナ

びわ　徳島（海部）
ぶっく　長崎（諌早市）
ふつべたたき　島根（隠岐島）
ぶつべたたき　島根（隠岐島）
ぶて　宮崎（西諸県）
ほんごびわ　和歌山（日高）
まめぎ　予州
まめぎしば　予州
まめずた　予州
まわり　東京（八丈島）
まわりのき　東京（八丈島）
みいそび　鹿児島（奄美大島）
みんこぎ　鹿児島（奄美大島）
みんしゃぶ　鹿児島（奄美大島）
むしぶて　宮崎（西都）　鹿児島（奄美大島）
むしゅびて　宮崎（宮崎市）
むすびて　宮崎（東諸県）
やたび　和歌山（海草・東牟婁・西牟婁）
やたんぼ　和歌山（東牟婁）
やまいたび　長崎（西彼杵）
やまいたぶ　高知　熊本
やまいちじく　千葉　神奈川　奈良　和歌山　島根（簸川・鹿足）　山口　福岡　宮崎
やまかぶち　熊野　紀伊
やまたび　鹿児島（出水）
やまとーがき　島根（美濃）　山口（厚狭）
やまびや　千葉　静岡
やまひわ　長門
やまびわ　和歌山　和歌山（有田）　島根（那賀）　山口　佐賀（肥前）　長崎（肥前）　宮崎　宮崎（日向）
やまふーずき　熊本（球磨）
よのんば　京都　奈良
わたび　和歌山（東牟婁）

イヌブナ　〔ブナ科／木本〕

あおぶな　長野　神奈川　山梨
あかぶな　静岡　岐阜　福井　山口
あらぶな　兵庫（但馬）
いしぶな　宮城　静岡　三重　高知　大分
いぬき　茨城（西茨城）
いぬぶな　和歌山（伊都）
いぼぶな　埼玉（三峰山）　愛媛
おにしで　和歌山（伊都）
おにぶな　奈良（吉野）
かしぶな　徳島（美馬・那賀）

かぶぶな　静岡（水窪）
くろおも　高知
くろぶな　栃木（日光市・真岡市）　埼玉（秩父）　青森　岩手　宮城　茨城　群馬　神奈川　山梨　静岡　岐阜　三重　広島　高知　愛媛
こまぶな　青森（下北）
こもちぶな　三重（一志・飯南・度会）
しらしで　岐阜（東部）
すがら　山口（玖珂）
せたんに　北海道
たにがし　和歌山（有田）
つきけやき　長野
ねぶ　紀伊　和歌山
のじ　丹波　摂津　広島
ぶな　秋田　岐阜（中津川）　三重
むらだち　埼玉（秩父）
めぶな　茨城（筑波）
もとす　岐阜（恵那）
もとすぶな　岐阜　鳥取（因幡）　岡山（美作）
やましで　三重
やましば　山梨（南巨摩）
わさぶな　富山　和歌山　三重

イヌホオズキ　〔ナス科／草本〕

あわつぶ　青森
いぬごしょー　豊前
いのほーずき　讃州
いんふずっ　鹿児島（曽於）
うしほーずき　城州
うまふーずい　千葉（長生）
こなすび　三重
せんなのほーずき　埼玉（入間）
どろほーぐさ　群馬（佐波）
にがほーずき　青森
ねんねんほーずき　群馬（山田）
ねんねんぼーずき　群馬（山田）
のらほーずき　群馬（佐波）
ばかなす　新潟
まはつぶ　青森（上北）
ままほーずき　青森
やまほーずき　神奈川（津久井）　青森

イヌマキ　〔マキ科／木本〕

あさなろ　東京（八丈島）
あさなろー　東京（式根島）
あすなう　山口（吉敷）

あすなよー　東京（青ヶ島）
あすなろ　東京（大島・三宅島・御蔵島）　静岡
　伊豆諸島
あすなろー　伊豆大島　伊豆神津島　伊豆八丈島
　静岡
いぬまき　茨城　群馬　和歌山　広島　島根　山
　口　高知　愛媛　宮崎　熊本
おちょーちょーのき　静岡
おとめ　高知（安芸）
おりょーちょろのき　静岡（駿河）
おんのき　島根（隠岐島）
かやのみ　山口（豊浦）
きた　沖縄（石垣島）
きだ　沖縄（石垣島・鳩間島）
きゃーぎ　沖縄（宮古島）
きやのき　熊本（天草）
きゃんぎ　沖縄
きんしょー　岡山
くさまき　西国　長州　栃木（西部）　群馬　新
　潟　茨城　岐阜　福井　三重　和歌山　四国
　広島　島根　山口　熊本
くそまき　和歌山（海草・那賀）
けや　長崎（対馬）
こーやまき　岡山（岡山市・御津）　島根
さけすぎ　宮崎（北諸県）
さる　山口（吉敷・厚狭）
さるうめ　山口（豊浦）
さるのき　奈良（吉野）　岡山　山口
さるのきんたま　山口（吉敷・豊浦・阿武・萩）
さるのきんだま　山口（豊浦）
さるのたま　山口（豊浦）
さるのみ　山口
さるまめ　山口（熊毛・豊浦）
さるめのみ　山口（豊浦）
さるもも　福井（三方）　島根（美濃）　山口
さるもものき　島根（美濃）
さんばいまき　島根（石見）
しい　山口（熊毛）
だかんじょ　福井（坂井）
だかんす　鹿児島（加世田市・曽於）
だかんず　鹿児島（加世田市・曽於・志布志）
だごい　鹿児島（加世田）
ちゃーぎ　沖縄（首里）
ちゃしぎ　沖縄（国頭）
なら　島根（出雲）
にんぎょー　山口（都濃）

にんぎょのき　長崎（諫早市）　大分（田口）
にんぎょのみ　鹿児島（出水）
ねこのきんたまのき　福岡（嘉穂）
はちまきぼーず　山口（豊浦）
はなしば　山口（美祢）
ひこげり　山口（都濃）
ひとつば　島根　熊本（人吉市・球磨）　鹿児島
　（奄美大島）　山口
ひば　奥州南部
ひよぐり　山口（玖珂）
ほそば　静岡　千葉　愛知
ほそばらかんまつ　静岡（遠江）
まき　千葉　神奈川（足柄上）　長野（東筑摩）
　静岡　三重　大阪（豊能）　兵庫（津名）　和歌
　山　高知　福岡（嘉穂）　長崎　熊本（天草）
　鹿児島（伊佐）
まきーき　鹿児島（奄美大島）
まきのき　静岡（遠江）
やぞーこぞーのき　静岡　静岡（遠江）
やまひとつば　鹿児島（奄美大島）
らかん　石川（能登）
らかんじ　島根（石見）
らかんしゅ　周防　石川（加賀）
らかんじゅ　石川　福井

イヌムラサキ　　　　　　　〔ムラサキ科／草本〕
しこん　長崎（壱岐島）

イヌユズリバ → ユズリバ

イヌヨモギ　　　　　　　　〔キク科／草本〕
きくよもぎ　江戸

イヌワラビ　　　　　　　〔イワデンダ科／シダ〕
あおこごみ　山形
あおこごめ　山形
あぶらこごみ　山形（北村山）
こしな　熊野
しでこ　静岡（磐田）
たいのじじ　熊本（菊池）
ぬいのじじ　熊本（菊池）
へびくさ　神奈川（愛甲）
へびぜんまい　神奈川（津久井）
へびわらび　神奈川（津久井）
へべわらび　神奈川（津久井）

イネ

イネ　　　　　　　　　　　　〔イネ科／草本〕
いなくさ　福島（相馬）　長野　岐阜*
いにぇ　宮崎（宮崎）
いねぐさ　京都*
えね　千葉（印旛）　埼玉（入間）　新潟（中蒲原）
おさ　山形（最上）
からもの　青森（三戸）
けしね　青森（上北）
こめ　岩手（九戸）　鹿児島（揖宿）
こめさま　長崎（南高来）
こめさん　三重（度会）
しらちゃに　沖縄（首里）
そーもく　岡山（苫田）
た　長崎（南高来）
たー　長崎（南高来）
たごめ　埼玉*　東京*　徳島*　長崎*　宮崎*
たぶ　伊豆八丈島　東京（八丈島）
たぼ　伊豆八丈島
ちょんちょ　和歌山（日高）
のおいいね　島根（鹿足）
ほんけ　奈良
まい　鹿児島（与論島）　沖縄（八重山）
まじ　沖縄（宮古島）
めー　沖縄（石垣島・波照間島）

イノコズチ　　　　　　　　　〔ヒユ科／草本〕
あけずすかんこ　岩手（岩手）
あたまはげ　奈良（南大和）
いじくさり　山形
いじくされ　山形（東田川・酒田）
いじくされだだ　山形（酒田市・飽海）
いたずらこぞー　山形（西置賜）
いちび　和歌山（日高）
いっとろべー　岡山（吉備）
いとろべ　播州　備前　岡山（備前）
いぬざし　熊本（球磨）
いぬのはり　和歌山（日高）
いのこづち　千葉（市原）　京都（何鹿）　岡山（英田）
いのこどち　岐阜（吉城）
いんのこどっち　岐阜（吉城）
えのこずち　讃州
えのころずち　讃州
おこり　新潟
おとこばか　山形（西置賜）
からすびゃっこ　岩手（盛岡）

からすや　宮城（玉造）
きちがい　新潟
きつねのしらみ　千葉（館山）
くんしょー　岡山（児島）
くんしょーばな　新潟（刈羽）
げど　長崎（平戸島）
げんこつ　福井（今立）　福岡（八女）
こさしぐさ　近江坂田
こじき　群馬
こぶし　山口（大津）
こまのすね　埼玉（秩父）
こまのひげ　山口（玖珂・柳井）
こまのひざ　埼玉（秩父）
こまのひざくさ　水戸
こまのひざぐさ　水戸
ごんつ　和歌山（日高）
さかさなんてん　岩手（上閉伊）
ささりもの　伊豆神津島
さし　鹿児島（川辺・肝属・加世田）
じさん　鹿児島（奄美大島）
しっとろべー　岡山（真庭）
だだ　山形（飽海）
たっぽーぐさ　尾州
つちな　長門　周防
ていそー　佐州
てっぽーくさ　尾州
てっぽーぐさ　尾州
とびくさ　静岡（賀茂）
とびつかみ　静岡
とびつき　福井（今立）　愛知（愛知）
とびつきくさ　愛知（知多）
とびつきぐさ　静岡（榛原）　愛知（知多）
とびっつかみ　静岡（磐田）
とりつきばば　愛媛（宇摩・新居浜市）
とりつきばばー　岡山（岡山市）
とりつきむし　愛媛（周桑）　尾州
どろぼ　富山（東礪波）　愛媛（周桑）
どろぼー　山形（西村山）　岐阜（飛騨）　新潟（中蒲原）
どろぼーくさ　千葉（長生）
どろぼーぐさ　山形（飽海）　群馬（桐生市）　千葉　愛媛
とんびつかみ　静岡
ぬしとくさ　香川（丸亀）
ぬしとぐさ　三重
ぬすとぐさ　三重（宇治山田市）　愛媛

ぬすびと　山形（飽海）
ぬすびとくさ　備前　三重
ぬすびとぐさ　備前　三重（宇治山田市）
のしと　新潟（中越・長岡）
のみつぎぐさ　奈良（南大和）
のらぼくさ　群馬
ばか　山形（西置賜）群馬（利根）熊本（鹿本）
ばかぐさ　長野（北佐久）
ばんばんぐさ　三重（志摩）
ひっつきぼー　福岡（田川）
ひっつきまんご　山口（厚狭）
ひっつきもち　兵庫（赤穂）
ひっつきもも　山口（山口市）
ぶーしび　鹿児島（大島）
ふぇーとー　岡山
ふしくさ　和歌山（東牟婁）
ふしぐさ　和歌山（東牟婁）
ふしたか　熊本（天草）
ふしだか　山形（鶴岡市）石川（鳳至）和歌山（東牟婁・新宮）新潟　山口（柳井・玖珂）長崎（北松浦）熊本（天草）
へーとー　岡山（御津）
へとー　岡山（御津）
ぺんぺんぐさ　三重（志摩）
まんじょーしゃーふさ　沖縄（石垣島）
みつ　宮城（仙台市）
むしな　鹿児島（大島）
ものぐるい　筑前
ものぶれ　熊本（玉名）
やぶじらみ　長崎（長崎市）
やぶどろぼー　新潟
やまぬすびと　勢州
やまぬすびとぅ　伊勢
よたぐさ　新潟（中越・長岡）

イノデ　　　　　　　　　〔オシダ科／シダ〕
かたぜんまい　新潟
こごみ　羽川米沢　下野日光
せんべへご　鹿児島（垂水市）
もっこぜんまい　山形（東田川）
やまどりかくし　島根（簸川）
やまどりしだ　和歌山（日高）

イノモトソウ　　　　　〔イノモトソウ科／シダ〕
あまくさ　熊本（天草・上益城）
いしかきわらび　熊本（玉名）

いぬどくさ　近江坂田
いわしょーぶ　熊本（玉名）
えのもとそー　和歌山（新宮）
こごみ　奥州
さいとー　福岡（田川）
といのあし　長崎（東彼杵・諫早市）
とりあし　和歌山（北部・伊都・那賀）
とりのあし　和歌山（北部・伊都・那賀）　高知　愛媛（周桑）
とりのあしがた　泉州
とりのあしくさ　奈良（高市）
ふじんくさ　大分（大分市）
まつざかしだ　尾州

イノンド　　　　　　　　〔セリ科／草本〕
にんじんぐさ　鹿児島（甑島）

イバラ
あおぐい　島根（邑智）
あおだから　島根（簸川）
いが　大分
いがどろ　大分（北海部）
いぎ　島根　山口
いげ　大分
いげぞろ　宮崎（児湯）
いげんと　大分（大分市）
いぞら　大分（大分市・大分）
いぞろ　宮崎（東諸県）
いたいた　大阪（泉北）
いどら　長崎（対馬）大分
いどらげず　大分（大分市）
いどろ　大分
いろど　大分（大分）
いんとんとん　香川（小豆島）
かたら　鳥取（西伯）島根（出雲）
かたり　島根（壱岐島）
くい　広島（比婆）愛媛（大三島）
ぐい　岡山（苫田・岡山市）
くいどり　大分（北海部）
くいどろ　大分（北海部）
ぐいのき　岡山（岡山市）
ぐしがり　大分（北海部）
さっかち　鹿児島（喜界島）
さらかき　沖縄（石垣島）
さらかち　沖縄（首里）
とげ　大分

イブキ

ねこずめ　熊本（玉名）
ねこんつめ　熊本（玉名）
ばら　江戸　香川　鹿児島（屋久島）
ばらぐろ　徳島
ぴ　大分（別府）
もずす　青森（南部）
もずれ　千葉（君津）
やぼ　長崎（壱岐島）

イブキ → ビャクシン

イブキガラシ　〔アブラナ科／草本〕
ちゅーぜんじな　栃木（日光）

イブキシダ　〔ヒメシダ科／シダ〕
がんがんふくらべ　鹿児島（肝属）

イブキジャコウソウ　〔シソ科／草本〕
かやりぐさ　愛知（知多）
なんばぐさ　長野
はっか　長野（佐久）
はまぐさ　志州国府村

イブキダイコン　〔アブラナ科／草本〕
くろだいこん　愛媛
むくろだいこん　出雲

イブキトラノオ　〔タデ科／草本〕
えびね　近江　防州　滋賀（坂田）

イブキボウフウ　〔セリ科／草本〕
やまにんじん　信濃　伊勢　畿内　安芸　秋田
　（鹿角）　長野（北佐久）　三重（伊勢）
やまぼーふー　高知（高岡）

イボクサ　イボトリグサ　〔ツユクサ科／草本〕
いぼとりくさ　越前
いぼとりぐさ　越前　高知
つがね　和歌山（新宮市・東牟婁）
べっちょぐさ　新潟（佐渡）
ほしぐさ　新潟（佐渡）
ほねくさ　三重（度会）
めいぼくさ　越前
めいぼぐさ　越前
よごとそー　熊野　紀伊牟婁

イボタ → イボタノキ

イボタクサギ　ガシャンギ　〔クマツヅラ科／木本〕
ぺーぶー　鹿児島（与論島）

イボタノキ　イボタ　〔モクセイ科／木本〕
いかのす　香川（大川）　愛媛（新居）
いそねずみ　長崎（壱岐島）
いのこしば　福岡（小倉市）
いびさしぎ　高知（安芸）
いぼた　青森　秋田　埼玉　千葉　神奈川　静岡
　三重　高知
いぼたのき　静岡（東遠江）
いぼたん　和歌山（那賀）
いぼった　東京（大島）
うしたたき　土州
うまのほね　長門
うまのほねき　周防
うまのほねぎ　広島（比婆）
うまほね　周防
うまほね　広島（比婆）
えぼた　青森（津軽）
えぼだ　宮城（宮城）
えぼった　千葉（君津）
かきしば　長崎（南高来）　鹿児島（甑島）
かまはじき　埼玉（秩父）
かわつげ　高知（土佐）
かわねず　高知（土佐）
くね　山形（飽海）
くねぎ　山形（飽海）
こごめ　阿州
こごめばな　阿州
ことりとまらず　三重（伊勢市・度会）
しだき　東京（八丈島）
しろつげ　高知（土佐）
しろねず　高知（長岡）
しろねずき　高知（香美・土佐）
すずめがくし　徳島（海部）
ちゅーきのき　長崎（壱岐）
つげ　高知（土佐）
とすべり　近江坂田　静岡（東遠江）
どすべり　山形（飽海）
とすべりのき　島根（隠岐島）
とりとまらず　岐阜（揖斐）　香川（大川）
ねじもーち　三重（員弁）
ねずみちょー　山口（阿武）
ねずみのき　長崎（壱岐島）
ねずみのまくら　出雲　愛媛（上浮穴）

ねずみもち　三重　福岡（小倉）
ねずもち　三重（員弁）
ねんねのき　三重（度会）
ばかぎ　鹿児島（甑島）
みずがめら　島根（平田市）
むまのほねぎ　周防
むまほね　周防
もくさ　鹿児島（奄美大島）
やまおしろい　備後

イモ
さかえも　長野（下水内）
ととこ　島根（鹿足）
ぽぽ　常陸　越後　美濃　駿河

イモキ，イモノキ → タカノツメ

イヨカズラ　スズメノオコゲ　〔ガガイモ科／草本〕
すずめのまくら　和歌山（新宮市・東牟婁）

イヨフウロ　シコクフウロ　〔フウロソウ科／草本〕
いしゃたおし　徳島（麻植）

イラクサ　〔イラクサ科／草本〕
あい　青森（津軽）　秋田（北秋田・仙北）
あいからむし　岩手（盛岡）
あいぐさ　青森（三戸）　岩手*　福島*
あいご　岩手（盛岡）
あいごき　秋田（北部）
あいこはぎ　青森　岩手　秋田
あいそ　青森　岩手　秋田
あいど　岩手（上閉伊）
あえ　秋田（仙北）
あえご　青森
あえごき　秋田（北秋田）
あざめら　島根（周吉）
あたたくさ　三重（伊勢）
あたたぐさ　三重（宇治山田市）
いたいたくさ　加州　新潟（南蒲原）　三重
いたいたぐさ　加州　山形（鶴岡市・飽海）　三重
いら　岐阜（大野）　長崎（五島）　鹿児島（鹿児島市・国分市）　長野（下水内）
いらいら　鹿児島（国分市）
いらいらくさ　茨城　岩手（和賀）　加州
いらそ　新潟　岐阜（飛騨）
いらな　富山（東礪波）
いらん　長野（下水内）

うちなぐさ　摂津
えぁっこ　岩手（気仙）
えぐき　山形（飽海）
えのと　山形（西田川）
えらくさ　岩手（和賀）
おにあさ　加州
かいくさ　秋田（鹿角・北秋田）
かいぐさ　秋田（北秋田・鹿角）
かやぐさ　長野（北佐久）
かゆかい　岩手（下閉伊）
かゆがり　岩手（遠野・上閉伊）
かりくさ　岩手（二戸）
しょんべぐさ　奈良
しょんべんぐさ　奈良
になくさ　摂州
にら　群馬（多野）
ねばりくさ　青森（上北）
ねやーおぐさ　島根（仁多）
のこぎりぐさ　江戸
ひとさしくさ　加州
ままこ　山形（東村山）
まむしそー　加州
みやお　島根（出雲）
めら　周防
もつへん　秋田（北秋田）
もっへん　秋田（北秋田）

イラモミ　マツハダ　〔マツ科／木本〕
そぎ　山梨（河口）
とーひ　野州日光　山梨　静岡
とらのおもみ　長野
ねずみさん　群馬（多野）
まつはだ　栃木　埼玉　埼玉（秩父）
やにだれ　長野（小県）

イロハモミジ　イロハカエデ，タカオモミジ　〔カエデ科／木本〕
おーやき　鹿児島（奄美大島）

イワウチワ　〔イワウメ科／草本〕
いわざくら　山形（鶴岡市）　埼玉（秩父）

イワオモダカ　〔ウラボシ科／シダ〕
からすのはばき　長野（北佐久）
きつねのはばき　長野（北佐久）
くわがた　静岡（磐田）

イワカガミ

けんば　秋田（鹿角・南秋田）
げんば　秋田（鹿角）
げんば　秋田（鹿角）
ときわのおもだか　奥州湧谷

イワカガミ　〔イワウメ科／草本〕
きつねのかおつき　新潟（佐渡）
ちゅーりんばな　富山（東礪波）
ひかりば　飛騨白山
むじなのふとん　新潟（佐渡）

イワガネ　〔イラクサ科／木本〕
いらはど　鹿児島（肝属）
いわがらお　熊本（球磨）
はど　鹿児島（国分市）
ばんどー　鹿児島（種子島）

イワガネソウ　〔ホウライシダ科／シダ〕
おーしだ　江州
はど　鹿児島（国分）
やぶがらお　鹿児島（肝属）

イワガラミ　〔ユキノシタ科／木本〕
うちはずる　高知（吾川）
うりずた　山形（東田川）　高知（吾川）
おーずた　埼玉（秩父）
つた　秋田（鹿角・北秋田）　岡山（苫田）　香川
　　愛媛　高知
つたうるし　岡山（苫田）
つたかずら　高知（土佐）
つるあじさい　埼玉（秩父）
はちかずら　徳島（美馬）
ゆきかずら　相州

イワギキョウ　〔キキョウ科／草本〕
いわはぎ　和歌山（東牟婁）

イワギク　〔キク科／草本〕
いそぎく　東京（八丈島）
いそごき　東京（新島）

イワギボウシ　〔ユリ科／草本〕
うりい　埼玉（秩父）
うるい　山形
かわいもり　和歌山（有田）
やまおんばこ　静岡（小笠）

イワギリソウ　〔イワタバコ科／草本〕
ゆきのした　讃州祖谷

イワザクラ　トサザクラ　〔サクラソウ科／草本〕
いぬのごま　三重

イワスゲ　〔カヤツリグサ科／草本〕
てっきり　武州三峰山
ねじれもっこー　長州

イワタケ　〔イワタケ科／地衣〕
いわがしゃー　長野（上伊那）
いわなば　鹿児島（肝属）
たけきのこ　長野（北安曇）

イワタバコ　〔イワタバコ科／草本〕
いそじしゃ　徳島（那賀）
いわい　埼玉（秩父）
いわじしゃ　新潟（新潟市）　静岡　和歌山（和
　　歌山・新宮・海草・那賀・伊都・東牟婁）　大
　　分（直入）　宮崎（東臼杵）　鹿児島（垂水市）
いわじな　愛媛（周桑）
いわたかな　鹿児島（川辺）
いわたがな　鹿児島（鹿児島・加世田・国分・垂
　　水・姶良・日置・伊佐・薩摩・川辺）
いわだかな　鹿児島
いわだがな　宮崎（児湯）
いわちさ　木曾
いわちちゃ　長崎（南高来）
いわな　上州榛名山　熊野
たきじしゃ　愛媛（上浮穴）
やまずだ　木曾
やまたばこ　静岡

イワダレソウ　〔クマツヅラ科／草本〕
はまはい　和歌山（東牟婁・西牟婁）

イワテトウキ → トウキ

イワナシ　〔ツツジ科／木本〕
いばなし　京都　遠江
いわぜこ　長野（下高井）
いわまめ　山形（南村山）
ごまにぎり　秋田（北秋田）
こまみそ　秋田（北秋田）
ごまみそ　秋田（北秋田）
さつきなし　山形（東田川）

じなし　新潟（中頸城）
じみかん　長野（下高井）
すないちご　北国
ひらこーじ　長野（下高井）
まめいちご　福井（今立）
むしのこ　山形（庄内）
やまなし　新潟
やまみかん　長野（下高井）

イワナンテン　　　　　　　〔ツツジ科／木本〕
いわつばき　大和吉野　和歌山

イワニガナ　ジシバリ，ヒメジシバリ
　　　　　　　　　　　　　　〔キク科／草本〕
あかげい　鹿児島（揖宿）
いわにがな　和歌山（西牟妻）
うのとりくさ　鹿児島（薩摩）
うのとりぐさ　鹿児島（甑島）
おとこじしばり　岩手（水沢）
おやのあとつぎぐさ　長崎（南高来）
きつねのたんぽぽ　奈良（南葛城）
げいくさ　鹿児島（揖宿）
げーくさ　鹿児島（国分市）
げーぐさ　鹿児島（始良）
こがねぐさ　鹿児島（硫黄島）
こぞーころし　福岡（三池）
こばたおし　鹿児島（出水・川辺）
こばとーし　長崎（南高来）
こばらし　鹿児島（薩摩・甑島）
さぎのあし　備前
じがら　神奈川（津久井）
じがらみ　東京（八王子）
じすばり　青森（三戸）千葉（山武）
じだくさ　鹿児島（始良）
しのびぐるま　紀伊
すどりぐさ　鹿児島（硫黄島）
すもとりくさ　福島（中村）
ちぐさ　千葉　静岡（富士）長崎（東彼杵）
ちちくさ　群馬（利根・吾妻・佐波）静岡（小笠）新潟　和歌山（有田）鹿児島（肝属）
ちちぐさ　周防　山形（飽海）群馬　新潟（十日町市・刈羽）和歌山（有田）高知（土佐）鹿児島（肝属）
ちちな　長門
ちちばれ　愛媛（周桑）
ちっこぐさ　千葉（山武）

ちどめぐさ　香川
ちょーぐさ　広島（豊田）鹿児島（鹿児島市）
つるにがな　和歌山
つんぼぐさ　愛媛（周桑）
どくたんぽぽ　三重（宇治山田市・伊勢）和歌山（日高）香川
とんぼのちち　秋田（由利）
にかな　周防
にがな　富山（砺波）長野（上伊那）
ねずのみみ　伊豆
はたけびり　山口（大津）
はりがねくさ　青森（八戸）
ふしふしぐさ　香川
まごやし　岡山
まごよし　岡山
みみつぶし　愛媛（温泉・周桑）
みみつんぼ　愛媛（温泉・周桑）
めつぶし　愛媛（周桑）
めめつぶし　愛媛（周桑）
めめつんぼ　愛媛（周桑）

イワノリ　アマノリ　　　　〔ウシケノリ科／藻〕
あさくさのり　岩手（二戸）
あまのり　和歌山（日高）
あまも　佐州
さくらのり　岩手（二戸）
のり　岩手（二戸）和歌山（日高）
わかのり　和歌山（和歌山）

イワヒゲ　　　　　　　　　〔ツツジ科／木本〕
けのくち　三重（志摩）

イワヒトデ　　　　　　　　〔ウラボシ科／シダ〕
ぜんまいしのぶ　和歌山（西牟妻）

イワヒバ　　　　　　　　　〔イワヒバ科／シダ〕
いわごけ　長野（佐久）鹿児島（川辺）長崎（北松浦）
いわしのぶ　和歌山（日高）
いわひば　京都
いわへぎ　鹿児島（伊佐）
いわへぼ　大分（大分）
いわまつ　伊勢　紀伊　讃岐　久留米　新潟（佐渡）和歌山（新宮・海草・日高・東牟妻・西牟妻）島根（隠岐島・籟川・能義）岡山（岡山市）広島　香川　熊本（玉名・下益城・阿

イワブキ

蘇）長崎（南高来）　鹿児島　筑後
えわまつ　埼玉（入間）　島根（周吉）
こけまつ　筑紫　筑前
ちんま　木曾
てんぐのもとどり　武州秩父　群馬（多野）
としょー　新潟（佐渡）
まんねんそー　周防
ゆくまつ　和歌山（日高）
ゆわまつ　群馬（佐波）　東京（八王子）　神奈川（津久井）　山梨（南巨摩）

イワブキ → クロクモソウ

イワフジ → ニワフジ

イワヤナギ → ヤマヤナギ

イワユリ → ユリ

イワレンゲ 〔ベンケイソウ科／草本〕
かみなりそー　三重（志摩）
かわらぐさ　長崎（対馬）
たかのつめ　長野（北安曇）
やねくさ　和歌山（日高）

インゲンマメ ナマメ 〔マメ科／草本〕
あかみとり　三重*
あくしゃまめ　熊本*
あくせーまめ　長崎*
あねこまめ　新潟*
あほまめ　滋賀（甲賀）
あめりかささげ　岐阜*
あめりかまめ　滋賀*
あんごまめ　三重*　岡山*
いげま　愛媛（周桑・新宮）
いろまめ　北海道*
いんぎまめ　山口（都濃）
いんぎょーまめ　大分（大分市・大分）
いんぎょまめ　富山*　福井*　奈良　大分*
いんぎりまめ　愛知*　福岡（築上）　大分
いんぎん　山口（玖珂・熊毛・都濃・吉敷・厚狭・豊浦・阿武）
いんげまめ　山口（玖珂）
いんげん　山口（玖珂・吉敷・美袮・阿武）
いんげんあたま　山口（大島）
いんげんまめ　京都　江戸
いんにょまめ　石川（河北）
うくまーみ　沖縄（首里）
えいどーまめ　山口（阿武）
えーどーまめ　山口（阿武）
えかきまめ　和歌山*
えどささぎ　兵庫（豊岡市・出石）
えどささげ　木曾　播州　兵庫（播磨）
えどふろー　予州
えどまめ　新潟*　大阪
えんぎん　大阪
えんげん　群馬　埼玉（入間・北足立）　神奈川（平塚）
えんげんまめ　千葉（東葛飾）　熊本（玉名）
えんどー　山口（大津）
えんどーまめ　山口（厚狭）
おきゃくまめ　宮崎*
おじょーまめ　愛媛
おらんだまめ　福島（浜通・相馬）
かがち　和歌山（日高）
かきまむ　鹿児島（徳之島）
かきまめ　滋賀（彦根）　京都（中）　奈良（南大和）　和歌山（日高）　山口（大島・吉敷）　大分（大分市・大分）
かくまめ　三重（伊賀）
かじわらささげ　越前
かまささげ　丹波
かわくいまめ　山口（玖珂）
かんどーまめ　山口（阿武）　兵庫
かんとまめ　大分（大分市）
きささげ　長野*
きじまめ　佐賀*　長崎*
きじら　徳島*
きまめ　大分*
ぎんささげ　越前　越後
きんとき　鹿児島（与論島）
きんときまめ　北海道*　新潟*　岐阜*　三重*　滋賀*　京都*　兵庫*　鳥取*　岡山　愛媛　高知*　福岡*
きんとんまめ　宮城*　新潟*　福井*　岐阜*
ぎんふろー　予州
ぎんぶろー　予州　愛媛（宇和島）
くわのきまめ　新潟*
くわまめ　愛媛*
けんけん　愛媛*
ごいしまめ　石川（江沼）
こーしふろ　香川（高松市）
こーしぶろ　香川（高松市）
こーしゅーふろー　讃州
ごがつささげ　岐阜（大垣市）

インゲンマメ

ごがつささげ　岐阜　愛知*　三重*　広島*　和州
ごがつまめ　尾張　山梨*　岐阜　愛知*　三重*
　滋賀*　奈良*　広島*　山口
こまつまめ（サヤインゲン）　山梨（甲府市）
さいとー　北海道*　宮城　富山*　滋賀*　京都
　奈良　島根*　高知*　大分*
さいまめ　上総
ささぎ　北海道*　青森（八戸）　岩手（上閉伊）
　宮城　秋田*　山形　福島　山梨*　岐阜*　山口
　（玖珂）
ささぎまめ　山口（大島）
ささげ　奥州南部　北海道*　青森　岩手　宮城
　秋田　新潟*　長野　岐阜　愛知　京都　鳥取*
　山口（玖珂・都濃・佐波）　宮崎
ささげまめ　山口（都濃）　鹿児島（鹿児島）
さつきまめ　山口（大島）
ざとー　愛媛*
さのき　山口（佐波）
さのぎ　山口（佐波）
ざまめ　静岡*
さやくいまめ　岡山*　山口（玖珂）
さやくりまめ　山口（玖珂）
さやまめ　北海道*　富山*　福井*　三重*　兵庫*
　島根*　山口（玖珂・佐波・美祢・阿武）　徳島*
　愛媛*　高知*　福岡*　佐賀*　熊本*　宮崎　鹿児
　島
さんどーまめ　山口（荻市・阿武）
さんどささぎ　筑紫
さんどささげ　阿州　島根*　岡山*　広島*　徳島*
さんどなり　富山　石川*　岐阜*　静岡*　和歌山
　（日高）　香川*　福岡*　大分（東国東）
さんどまめ　宮城*　山形　福島　埼玉*　新潟*
　富山*　福井*　岐阜　愛知*　三重*　滋賀*　京都
　大阪*　兵庫　奈良　和歌山（日高）　鳥取*　島
　根*　岡山　広島*　山口（山口・大島・玖珂・
　吉敷・厚狭・阿武）　徳島　香川　愛媛（松山）
　高知*　福岡　長崎　宮崎*
さんどまめ（サヤインゲン）　広島（高田）
さんばそーまめ　徳島*
しととまめ　熊本（下益城）
しとどまめ　熊本（阿蘇）
しなのまめ　伊州
しゃくじょーまめ　岐阜（恵那）
じゅーろく　神奈川（津久井・愛甲・中）
しょーえんどー　山口（玖珂）
ずくなし　山梨*

すこき　和歌山*
せやみ　山梨*
せやみささげ　山形（東田川）
せやみじゅーろく　山梨*
せんごくまめ　下総佐倉　下総
せんじまめ　上総君津
せんだいささげ　下総佐倉　宮城
そーぼーまめ　千葉
たーささげ　大分（大分）
だてまめ　山形*
たまごまめ　島根*
たらずまめ　鳥取*　島根*
たわけまめ　岐阜*
ちゃおけまめ　大分*
ちゃまめ　広島*
ちょーじゃまめ　滋賀*
ちょーせんささげ　西国
つゆまめ　岡山*　広島（安芸）　山口*　香川*
つるささげ　岐阜*
つるまめ　石川*　長野*　大分*
てありささげ　岩手*
てーこつまめ　福岡*　大分*
でっちまめ　愛媛*
てなし　北海道*
てなしいんげん　新潟*
てなしささげ　青森*　秋田*　山形*
てなしまめ　新潟*福井*　滋賀*
てぽー　北海道*
てまめ　北海道*　新潟*
とーささげ　信濃
とーまめ　城州　長野（北安曇）　山口（周防・
　玖珂・熊毛・都濃）
とーろく　和歌山　愛媛*
とーろくまめ　大阪（大阪市）　兵庫（加古）　和歌
　山（東牟婁・新宮）　島根*　岡山（岡山）　愛媛*
どじょーまめ　岐阜*　静岡*　鹿児島*
とてこーせく　新潟（三島）
とはっすん　熊本（下益城・阿蘇）
とろくすん　長崎（長崎市）　熊本（玉名・下益
　城）
とんどまめ　岡山*
なたささげ　山形（庄内）
なたささげ　奥州　庄内　山形（庄内）　岩手
　（二戸）
なたまめ　勢州白子　岐阜*　大阪（大阪市）
なめ　山口（阿武）

インゲンマメ

なまめ　京都*　山口（阿武）　大分*
なりくら　群馬*　長崎*
なりっくらいんげん　群馬*
なりっこ　静岡（志太）
なんきん　栃木
なんきんまめ　西国　栃木　広島（高田）　大分（日田）
にしあまめ　徳島*
にしきまめ　愛媛*
にどじゅーろく　東上総
にどとりまめ　新潟*
にどなり　駿河　伊勢　岐阜（可児・恵那）　奈良（南大和）　和歌山（東牟婁・新宮市）　三重（桑名）
にどなりささげ　仙台
にどなりまめ　石川　山梨*　岐阜*　静岡　愛知*　三重　奈良　和歌山　大分*
にどふろー　予州
にとまめ　宮崎*
にどまめ　宮城*　富山　石川　福井　長野*　静岡　三重　京都　大阪　兵庫　奈良　和歌山（北部）　鳥取*　島根*　広島　愛媛*
にまめ　山梨*
にんぎょーまめ　大分（大分市・大分）
のすかいまめ　熊本*
のすかこまめ　滋賀
ばかまめ　島根*　山口*
はこたてまめ　大分（大野）
はこだてまめ　大分（大野）
はっしょーまめ　近江　江州　滋賀（蒲生）
はっしょまめ　三重（伊賀・伊勢）
はやまめ　長野*
びじんまめ　長崎*
びるま　北海道*　三重*
ふーろまめ　千葉（安房）
ふくろまめ　鹿児島*
ふじま　江戸
ふじまめ　江戸　滋賀*　京都*　鳥取（西伯）　山口（防府・玖珂・厚狭）　長崎*　大分（大分市）
ふしみまめ　大阪
ふじみまめ　大阪
ふらう　千葉（安房）
ふるー　群馬*
ふるーまめ　上州
ふろ　薩摩　高知*

ふろー　予州　群馬（佐波・吾妻・北甘楽・利根・礁氷）　千葉（安房）　岡山
ふろーまめ　群馬*　兵庫*
ふろまめ　熊本（下益城）　大分*　宮崎*
ぽーずまめ　山口（玖珂）
ほーとーまめ　岡山*
ぼたんささげ　新潟*
ほっかいどーまめ　富山*　鳥取*
まごまめ　予州
まどまめ　京都*
みたび　埼玉（入間）　東京（西多摩）　神奈川*
めずら　埼玉（秩父）
めどまめ　山口（玖珂）
もがん　鹿児島（姶良）
もがんまめ　鹿児島（谷山）
やさいまめ　福岡*　長崎*　大分*　宮崎*　鹿児島*
やざまめ　宮崎*
やしやまめ　佐賀*　熊本*
やせまめ　長崎*　宮崎*　鹿児島*
やつぶさ　香川*

ウイキョウ　　　　〔セリ科／草本〕

にーじんきょー　沖縄（鳩間島・石垣島）
にんじんきょ　沖縄（竹富島）
はなのみ　長崎*
ひげにんじん　和歌山（新宮）

ウエマツソウ　　　〔ホンゴンソウ科／草本〕

ときひさそー　和歌山（東牟婁）

ウキクサ　カガミグサ　〔ウキクサ科／草本〕

あおさ　香川
あしさげ　周防
うむしかざ　沖縄（石垣島）
うむしふさ　沖縄（石垣島）
かえるくさ　香川（小豆島）
がえるぐさ　香川（小豆島）
かがみくさ　山形（東田川）
ぜにぐさ　伊豆八丈島
たつなみそー　紀州
どんすかえし　丹波
どんすがえし　丹波
みずくさ　香川（中部）
みずくさ　三重（三重）
みずひやし　防州

ウコギ

みずびやし　防州
やろ　千葉（夷隅）
やろー　千葉（夷隅）

ウグイスカグラ　〔スイカズラ科／木本〕

あずきいちご　新潟（佐渡）　兵庫　島根（簸
　川・能義）　岡山　香川（香川・綾歌）
あずきぐみ　埼玉（秩父）　大分（直入）
いちごのき　島根（簸川）
うぐいす　江戸　和歌山（有田）　福岡（粕屋）
うぐいすぐみ　岐阜（恵那）　千葉　三重
うぐいすごみ　木曾　三重（度会・一志）　岐阜
　（恵那）
うぐいすじょーご　筑前
うぐいすつつじ　三重（北牟婁）
うぐいすばな　三重（多気）
うぐみ　岩手（胆沢）
うまぐみ　和歌山（海草）
うめのごろー　山梨（都留）
おぐみ　岩手（胆沢）
おばんち　大分（由布院）
からすぐみ　神奈川（足柄上）
きねし　甲州河口
ぐみ　青森　岩手　東京　長野
ぐみのき　岩手（稗貫）
こうめ　静岡（南伊豆）
こしき　三重
こしききり　三重（伊賀）
こしきぐみ　伊賀　三重
こじきぐみ　三重（伊賀）
ごりょーがい　埼玉（秩父・入間）　神奈川（津
　久井）
ごりょーげ　神奈川（津久井）
ごりょーげー　神奈川（津久井）
ごろげ　神奈川（東丹沢）
さがりこ　福島（相馬）
さがりこっこ　茨城（久慈）
さがりっこ　福島（石城・平）
さがりまめいちご　香川（香川）
さぐみのき　岩手（上閉伊）
しだみ　津軽
しばとりぐみ　木曾
しばとりごみ　木曾
しゃぐみ　栃木（日光）
しろうつぎ　島根（簸川）
すずみぐみ　千葉（長生）

すずめいちご　奈良（吉野）
すずめぐみ　千葉（夷隅・大多喜）　三重（一志）
すずめごみ　三重（一志）
たうえぐみ　長野（北安曇・佐久・北佐久）
ちゃぐみ　千葉　千葉（長生）
ちょーせんぐみ　江戸
ちょーちんぐみ　栃木　神奈川
とりいちご　島根（益田市）　三重　山口
どんどいちご　三重（鈴鹿）
どんどろ　三重（亀山）
どんどろぐみ　三重（鈴鹿）
なーしろぐみ　千葉（印旛）
ながしのごみ　長野（佐久）
ながしろぐみ　長野（佐久）
なしろぐみ　岩手（盛岡）
なつぐみ　上州榛名山
なわしろぐみ　長野（佐久）
のーぐい　埼玉（秩父）
はぎしば　青森（北津軽）
ばんし　熊本（下益城）
ひよどりいっこ　鹿児島（薩摩）
ひよどりごみ　三重（伊賀）
ふーりんぐみ　千葉（長生）
ほーたるぐみ　静岡（北伊豆）
ほっちょのき　和歌山（伊都）
ほとと　福井（大飯）
まめいちご　岡山　広島（比婆）
みずぐみ　和歌山（那賀）
みずぶくろ　兵庫（淡路島）
みずもも　岡山（久米）
やまぐみ　岩手（上閉伊）　宮城
やまごみ　長野（北佐久）

ウケザキオオヤマレンゲ　〔モクレン科／木本〕

ぎょくせー　新潟（佐渡）

ウコギ　ヤマウコギ　〔ウコギ科／木本〕

いっかき　佐州
いっかきのは　新潟（佐渡）
うこ　九州
うこぎばら　長野（北佐久）
うどげ　山形（最上・西田川）
おこぎ　秋田（北秋田・河辺）　山形　長野（北
　佐久・上伊那）
おとぎばら　長野（北佐久）
ごくな　島根（仁多）

ウコン

たらっぺ　栃木（足利市・鹿沼市）
つっでんは　鹿児島（肝属）
ねずみさし　佐渡
ばら　長野（北佐久）

ウコン　〔ショウガ科／草本〕
うちん　沖縄（首里）
うっきん　沖縄（石垣島）

ウコンバナ → ダンコウバイ

ウシクグ　〔カヤツリグサ科／草本〕
かやぐさ　長野（佐久）
はなびぐさ　長野（佐久）
ますくさ　新潟（中頸城）
みかど　秋田　秋田（北秋田・雄勝・山本）

ウシクサ　〔イネ科／草本〕
さし　鹿児島（垂水）
さしくさ　鹿児島（西之表・熊毛）
さしのきこ　鹿児島（肝属・揖宿）
ながさし　熊本（球磨）
ひっつっぶれ　長崎（南松浦）
ものぶれ　熊本（菊池）

ウジクサ → ミソナオシ

ウシコロシ → カマツカ

ウシノケグサ　〔イネ科／草本〕
ぽぽのけ　長野（佐久）

ウシノシタ　〔イワタバコ科／草本〕
うしのけっぺー　新潟（岩船）

ウシノシッペイ　〔イネ科／草本〕
うしおい　長野（下高井）
たけんこぐさ　鹿児島（肝属）

ウシノヒタイ → ミゾソバ

ウシハコベ　〔ナデシコ科／草本〕
あさししゃげ　山形（北村山）
あさしらぎ　新潟（直江津）
いたづけ　新潟
さとはこべ　秋田（鹿角）
じむしくさ　静岡（小笠）
すずめぐさ　山形（北村山・東村山）
はこべ　秋田（北秋田）
はこべくさ　愛媛（周桑）

ひずりくさ　山口（厚狭）
ひずれくさ　島根（美濃）

ウシブドウ → マツブサ

ウスノキ　〔ツツジ科／木本〕
あかわん　山形（西置賜・飽海）
おかずのき　和歌山（日高）
こしき　伊勢　愛知（知多）
こしきどり　奈良（宇智）
そばいちご（カクミノスノキ）　香川（香川）
やかんこ　山形（東置賜・西村山）

ウスバサイシン　〔ウマノスズクサ科／草本〕
ぶんぶくちゃがま　山形（東田川・飽海）

ウスベニニガナ　〔キク科／草本〕
うまごやし　鹿児島（甑島・薩摩）
ちちくさ　鹿児島（加世田）
ちちぐさ　鹿児島（川辺）
にぎゃなくさ　鹿児島（奄美大島）
ぱるはんだま　鹿児島（与論島）
まごやし　鹿児島（揖宿）

ウズラマメ　〔マメ科／草本〕
さんどまめ　愛媛（新居）
しょーにんのいりまめ　播州
せっとーまめ　山梨（南巨摩）
つゆまめ　香川（塩飽諸島）
にどなり　和歌山（新宮・海草）
にどまめ　島根（鹿足・那賀）
ほっかいどまめ　富山　富山（砺波・東礪波・西礪波）　愛媛（西条市・今治市）

ウダイカンバ　〔カバノキ科／木本〕
あかしかんば　岩手
いためきかんば　埼玉（秩父）
いたやみねばり　栃木（日光）
いぬくそざくら　宮城
うかわ　山梨（南巨摩）
うだい　木曾　埼玉（秩父）　岐阜（飛騨）
うだいかんば　埼玉　長野　岐阜
うだいまつ　長野
うでい　埼玉（秩父）
おーかば　岩手（下閉伊）
おーみねはずさ　奈良（吉野）
がじ　岩手（気仙）

がぞ　岩手（上閉伊）
かば　岩手
かばざくら　青森　岩手　宮城　熊本（八代）
かりんば　北海道
かんば　新潟　群馬　長野　富山　福井
がんび　秋田（仙北）
がんび　秋田（南秋田・北秋田）
くっぷ　北海道
こっぱだみねばり　栃木（日光）
さいはだ　上州足尾　福島（南会津）　栃木（日光市）
さはだ　福島（南会津）　栃木（日光市）
さやはだ　茨城
しらはりのき　長野
しらび　青森
せーはだ　福島（会津）
だいかんば　群馬（利根・勢多）　埼玉（秩父）
てらし　福島（信夫）
とぼしかんば　富山（東礪波・五箇山）　石川　石川（白山）　岐阜
はたしろ　岩手（下閉伊・岩手）
はだしろ　岩手（下閉伊）
ぶにゅー　長野（秋山郷）
まかば　北海道　岩手（下閉伊）
まかんば　北海道　群馬（吾妻）　長野
みねばり　栃木
むねば　岐阜（飛驒）
やてらし　長野
やまだて　岩手（上閉伊）

ウチワドコロ　　　〔ヤマノイモ科／草本〕

がんどころ　秋田（鹿角）
にがどころ　長野（北佐久）

ウツギ　ウノハナ　　　〔ユキノシタ科／木本〕

あおうつぎ　三重（多気）
あかうつぎ　駿河吉原　青森　福島　埼玉　静岡
あかつげ　香川（香川）
あかめうつぎ　奈良（吉野）
あなうつ　福井（三方）
あなうつぎ　新潟　石川　福井　岐阜　兵庫
あなうと　丹波
あなうど　福井（小浜市）
あなぐさ　福井（大野）
あなそ　和歌山（有田）
あなっそ　和歌山（伊都・有田）

あなっぽ　和歌山（伊都・有田・那賀）
あなのき　三重（鳥羽市）
あなぶと　福井（大飯）　京都（船井）
いせび　宮崎（西諸県・高千穂・小林・西臼杵）
いとうつぎ　富山（五箇山）　岐阜（大白川）
いぬうつぎ　和歌山（東牟婁・新宮）
うぐいばな　静岡（周智）
うずき　静岡（南伊豆）
うずき　宮城（宮城）
うずきしば　秋田（北秋田）
うずげなべくゎし　青森（津軽）
うつい　福井（大野）
うつぎ　青森　岩手　宮城　山梨　愛知　三重　奈良　和歌山　高知　福岡
うつぎてっぽー　福井（坂井）
うつげ　高知　愛媛
うっつぎ　熊本（芦北）
うのはな　和歌山　香川　高知（長岡）　熊本（八代）　青森　岩手　岡山　山口　福岡　鹿児島
おーうつぎ　三重（北牟婁）
おかまてっこ　香川（大川）
おつぎ　福井　京都　三重　和歌山
おつぎのばんちゃ　三重（鈴鹿）
おつげ　香川　高知　愛媛
おんうつぎ　三重（亀山）
かざ　青森
がさ　青森（東津軽）
がざ　新潟（岩船）
がじゃしば　青森（西津軽）
かわつげ　高知（幡多）
がんじゃ　青森（東津軽）
かんば　伊豆
くぎき　東京（八丈島）
くちあけみずっくりょー　加賀
くね　青森　秋田
くねうつぎ　北海道（松前）
くねぎ　秋田（秋田市）
くねしば　秋田
けずら　大阪（南河内）
こつはさみ　静岡（水窪）
ごめごめ　熊本（下益城）
さぶい　福井（遠敷）
しびとばさみ　福井（大野）
しらうつぎ　三重（鈴鹿）
しろうつぎ　青森　岩手　宮城　静岡　三重

ウツボグサ

しろうつげ　高知（安芸）
ずき　京都（竹野）
だいほーのき　越中
たうえばな　青森　青森（南部）　島根（大田市）
　岡山　岡山（苫田）
たけうつぎ　三重　岡山
たにつげ　高知（長岡）　徳島
ちゃがす　岡山（邑久）
つげ　徳島（海部）　愛媛（温泉・新居）　高知
　（安芸・幡多）
つゆばな　石川（能登）
てっぽーぎ　三重（度会）
てっぽつげ　香川（綾歌・仲多度）
どんがめ　愛媛（周桑）
なんべくゎし　青森（津軽）
にがき　高知（香美）
はしき　伊豆八丈島
はしぎ　伊豆八丈島
はつき　薩州
はなうつぎ　岐阜（揖斐）
はめき　薩摩
ぴーぴーうつぎ　千葉（清澄山）
ひきだし　江州
ふえ　奈良（十津川）
ふえぎ　奈良（吉野）
ふえのき　埼玉（秩父）
ほとけばな　長野（北安曇）
ほねからのき　山形（北村山）
ほねからはさみ　山形（北村山）
ほんうつぎ　和歌山　愛媛
ほんうつげ　高知（幡多）
ほんおつぎ　三重（一志）
むぎおつぎ　和歌山（伊都）
むぎのき　三重（伊賀）
やまうつき　大和
やまうつぎ　青森
ゆみぎ　三重（度会）
ゆみのき　福井（坂井）

ウツボグサ　　　　　　　　〔シソ科／草本〕

あぶらくさ　青森
あぶらぽーず　山形（飽海）
あますいばな　長野（下水内）
あまちこ　岩手（二戸）
あめすいばな　京都（竹野）
あめふりばな　山形（鶴岡市）

うしでてこいうまでてこい　和歌山（海草）
うしぼくと　長崎
うつぼくさ　岩手（二戸）
うばがき　周防
うばこ　陸前
うばちち　秋田（平鹿）
うばのち　奥州
うまのはな　島根（那賀）
おつぼねぐさ　静岡
かくそー　富山（砺波・東礪波・西礪波）
かごくさ　秋田　山形（飽海）　島根（美濃）　岡
　山（御津）　愛媛（新居）
かごぐさ　秋田　山形（飽海）　島根　岡山（御
　津）
かこそー　長門　三重（宇治山田市・伊勢）　和
　歌山（東牟婁・日高）　島根（邇摩）　岡山
かごそー　青森（八戸）　秋田（北秋田）　岩手
　（上閉伊）　神奈川（足柄上）　奈良　和歌山　和
　歌山（東牟婁・伊都・海草・日高）　兵庫（津
　名）　岡山（邑久）　山口（厚狭）
かごんそー　熊本（八代・球磨）
かじばな　山形（鶴岡市）　新潟（刈羽）
かっこ　和歌山（那賀）
かんかばな　山形（飽海）
かんごそー　和歌山（有田）
きつねのまくら　和州　奈良
くすりぐさ　長野（佐久）　和歌山（有田）
くちーびー　島根（美濃）
くちなわのまくら　周防
くちびーびー　島根（美濃）
くわじばな　新潟（刈羽）
げんこそー　富山（砺波・東礪波・西礪波）
こーそばな　長野（下高井）
こっといかけたか　和歌山（日高）
こっといかたげた　和歌山（日高）
こっといころばし　防州
こむそーくさ　広島（豊田）　宮崎　鹿児島（鹿
　児島）
こむそーぐさ　熊本（芦北）
こむそぐさ　広島（豊田）　宮崎（西諸県）　鹿児
　島（鹿児島市）
さかさまばな　熊本（八代）
しかくそば　秋田（鹿角）
しびとのまくら　和州
しびとばな　和州
じびょーぐさ　静岡（富士）

ウド

じょろーな　佐渡
すいぐさ　木曾
すいこばな　島根（美濃）
すいすい　近江
すいすいばな　近江　新潟（佐渡）　滋賀（高島）　島根（美濃）　和歌山（西牟婁）　熊本（玉名）
すいばな　佐渡　木曾　新潟（直江津）　長野（下水内・佐久・北安曇）　岡山（苫田）　広島（比婆）
すすりばな　山形（飽海・庄内）
すみれ　香川　香川（小豆島）
すもとり　濃州
せきとーばな　岡山（御津・岡山）
ちちくさ　滋賀（彦根・愛知）　岡山
ちちぐさ　神奈川（津久井）　岡山　山口（玖珂）
ちちこ　山口（玖珂）
ちちこぐさ　山形（飽海）
ちちこばな　岩手（水沢・東磐井）
ちちばな　木曾　長野（上伊那・北安曇）　広島（比婆）　和歌山（西牟婁）
ちちばなこ　岩手（水沢）
ちっこくさ　千葉（山武）
ちっこぐさ　千葉（印旛）
ちっちりばな　和歌山（海草）
ちとめ　周防
ちどめ　大分（宇佐）
ちどめくさ　山口（厚狭）　千葉（安房・館山）
ちどめぐさ　愛媛（上浮穴）
ちょーぐさ　長野（北佐久）
つずら　香川（香川）
つちのこぐさ　和歌山（海草）
つちんぼくさ　福島（東白川）
つちんぼぐさ　福島（東白川）
つつば　岩手（紫波）
つつら　香川（香川）
つぼくさ　山口（厚狭）
つゆすいばな　山形（酒田市・飽海）
つゆばな　山形（飽海）
ねこのくそ　岩手（九戸）　山形（飽海）　富山（砺波・東礪波・西礪波）
ねこのまくら　愛媛（上浮穴）
のあぶら　山形（北村山）
ばくろーそー　周防
ばべ　和歌山（東牟婁）
ひぐらし　伊予
ひゃくそー　山口（大津）

へびのまくら　長野（上伊那・埴科）
へびばな　新潟（直江津市）
ほいとのまくら　青森（南部・八戸）　岩手（二戸）
ほえどのまくら　青森
ぽーずぐさ　山口（厚狭）
ぽーずぐさ　山口（厚狭）
ほたるくさ　京都（何鹿）
ほたるぐさ　山形（西置賜）　京都（何鹿）　和歌山（日高）
ほたるぶくろ　和歌山（日高）
ぽんばな　山形（鶴岡市・東田川）
まつかさぐさ　雲州
まつがさぐさ　香川（大川）
ままこばな　奈良（添上）
みこのすず　京都（竹野）
みずすいばな　新潟（西蒲原）
みちむぎ　和歌山（伊都）
みつくさ　島根（美濃）
みっこのすず　京都（竹野）
みつすいばな　新潟（西蒲原）
みつすえばな　新潟（西蒲原）
みつばな　山形（飽海）　新潟（刈羽）　島根（石見・美濃・邑智・鹿足）　長野（北安曇・更級）
むしだし　和歌山（有田）
よこずち　福岡（小倉市）
よこずちぐさ　福岡（田川）
よこづち　福岡（小倉）
よこつちくさ　防州
よこづちぐさ　福岡（田川）
よめのまくら　青森（上北）
りんどー　山口
りんとーそー　長門
んばちち　秋田（鹿角・平鹿）

ウド　ヤマウド　　　　　　　　　〔ウコギ科／草本〕
いそいも　薩摩
うど　秋田（北秋田）　岩手（二戸）　山形（東村山）　宮城（仙台）　千葉　東京　神奈川（足柄上）　長野（諏訪）　福井（今立）　和歌山　鳥取（西伯）　島根（能義・邇摩）　熊本（八代）　鹿児島
うんと　山形（庄内・最上）
おんど　山形（西田川）
かんら　勢州
さいき　北海道松前千砂野　木曾　富士裾野野辺しか　西土　筑前　福岡　佐賀　大分　宮崎*

しが　西国　福岡（久留米・小倉・粕屋・八女）
しかがくれ　熊本（下益城）
せなー　千葉（安房）
そーじもの　鳥取（東伯）
とーぜん　長崎（南高来）熊本　鹿児島（垂水）
どーせん　長崎＊　熊本＊　鹿児島＊
どーぜん　長崎（南高来）　熊本（南部）　鹿児島（垂水市）
とぜん　長崎（長崎）　熊本　鹿児島（垂水）
どぜん　薩摩　鹿児島（垂水市）
どっか　西国　福島（東白川）茨城（久慈・多賀）
どっくはつ　西国
ふしあか　岐阜＊
むまぜり　勢州
やまうど　作州　山形（東村山）　栃木
やまくじら　青森（津軽）
よろいぐさ　勢州

ウドカズラ　〔ブドウ科／木本〕
たにもだま　和歌山（西牟婁・東牟婁）

ウナギツカミ　〔タデ科／草本〕
あしかき　丹波
かっぱすり　岩手（東磐井）
かっぱのしりぬぐい（アキノウナギツカミ）　秋田（鹿角・北秋田）
からすのすねこくり　木曾
からすのすねこゆり　木曾
こんぺいばい　愛媛（周桑）
こんぺとぐさ　山形（鶴岡市）
こんぺとばな　山形（鶴岡市）
さかさばら　木曾
やなぎそー　丹波

ウノハナ → ウツギ

ウバメガシ　〔ブナ科／木本〕
いそかし　鹿児島（肝属）
いそがし　鹿児島（肝属）　屋久島
いばべ　和歌山（日高）
いばめ　静岡（駿河）
いばめがし　和歌山
いまめ　三重　和歌山（日高）　静岡
いまめがし　和歌山（西牟婁）静岡　三重　愛媛
うばがし　長崎（南高来）
うばしば　九州　三重（伊勢）
うばべ　紀州　和歌山（東牟婁・新宮市）三重

うばめ　静岡　三重
うまべ　和歌山
うまべのき　鹿児島（甑島）
うめ　愛知（知多）兵庫（淡路島）徳島　愛媛（南宇和）和歌山　香川　高知
うまめがし　香川　高知　愛媛
うまめのき　高知（幡多・安芸）
うるふぎ　沖縄
かたぎ　広島　山口（周防）
かわかし　宮崎
かわがし　宮崎
くまがし　島根（石見）
こばんしば　徳島（伊島）
しば　静岡（伊豆）　和歌山
ぜにかねしば　静岡（南伊豆）
たにがし　静岡
ちじみばべ（ビワバガシ）　和歌山（東牟婁）
なたくま　静岡
にぶ　広島
ぱちぱちぐさ　三重（宇治山田市）
ぱちぱちしば　和歌山（日高）
ばば　岡山（備前・備中）
はべ　岡山
ばべ　奈良（南大和）　和歌山（和歌山市・東牟婁）香川　静岡　三重　兵庫　岡山　愛媛
はべがし　広島（広島）
ばべがし　奈良　岡山
ばべどんぐり　岡山
ばべのき　兵庫（加古）　和歌山（東牟婁）　岡山　香川
はまかし　鹿児島（種子島・屋久島）
はまがし　鹿児島（熊毛）
ばめ　静岡　奈良　兵庫
ばめがし　静岡　広島
ばりばり　静岡（遠江）
ふくしば　和歌山（日高）
ままのき　伊豆　静岡
まめがし　愛媛（南予）
まめぎ　愛媛（中予・南予）
まめしば　三重　愛媛
んまべのき　鹿児島（甑島）
んまめ　和歌山（西牟婁）

ウバユリ　〔ユリ科／草本〕
あまな　賀州
うばいろ　青森（八戸）

うばがゆり　勢州
うばゆり　阿州　勢州　静岡（賀茂）
うべあろ　岩手（二戸）
えいざんゆり　京都
えべあろ　岩手（二戸）
おとこじね　長崎（南高来）
おとこやー　鳥取（気高）
おとこゆり　熊本（玉名）
おなごじね　長崎（温泉岳・南高来）
おなごやー　鳥取（気高）
おばゆり　神奈川（愛甲）　静岡（富士）
おばろ　青森
おべあろ　青森　岩手（二戸）
おんばゆり　和歌山（那賀）
おんぼいわな　和歌山（海草）
かさゆり　美濃国小郷辺
かしはゆり　江州
かしわゆり　江州
かたくり　和歌山（東牟婁）　山口（厚狭）　鹿児島（中之島）　愛媛（周桑）
からすのおかね　福岡（嘉穂）
かわゆり　京都
がわゆり　京都　三重
ぎわい　播州
ごぼーゆり　筑前
ごんぼゆり　和歌山（那賀・東牟婁）
さゆり　木曾
さるだひこ　勢州
しかかくれゆり　筑前
しかがくれゆり　筑前
ずり　山口（厚狭）
ずんべぇろ　岩手（東磐井・上閉伊）
ちんめあーろ　岩手（上閉伊）
ちんめぇあろ　岩手（釜石）
つんばいろ　宮城（仙台）
てっぽーゆり　長野（佐久）
てんぐゆり　京都
ばばゆり　岐阜（高山）
はゆり　濃州　若州
ぽっぽ　和歌山（新宮・有田・日高・西牟婁）
ほんぽ　紀伊日高
ほんぽ　和歌山（有田・日高）
ほんぽー　和歌山（日高）
めぎわ　河内
めぐわ　河州

めぐわい　河内
や　島根（能義）　広島（比婆）
やー　鳥取（気高）
やい　島根（邇摩）
やいも　島根（邇摩・能義・簸川）　岡山（小田）
やいやい　岡山（苫田）
やのいも　島根（能義）
やまかつら　加州
やまかぶ　越後　長野（下高井）
やまがぶら　加賀　山形（鶴岡市・東田川・庄内）
やまくわい　勢州
やまぐわい　伊勢
やまっかぶ　新潟（刈羽）
やまのいも　長野（北佐久）
やまのゆり　熊本（球磨）
やまゆい　鹿児島（姶良・国分）
やまゆり　熊野　熊本（球磨・八代・玉名）　宮崎（西臼杵）
やや　備後　広島（比婆）
ゆり　熊本（八代）
るり　山口（大津）
んばぇーろ　岩手（盛岡）

ウマゴヤシ　〔マメ科／草本〕

いけぐさ　長崎*
うまこえぐさ　長野*
うまやごえ　富山*
うるしけし　和歌山（日高）
えんさずる　京・一乗寺村
えんざずる　京都　山城
からくさ　京都
きじばら　福岡*
くまこやし　鳥取（気高）
くましごえ　三重*
くるじ（コメツブウマゴヤシ）　鹿児島（与論島）
くるまくさ　鹿児島（薩摩）
くるまぐさ　鹿児島（甑島）
こっといこやし　芸州
こっといごやし　安芸
ごまめ　山形（酒田）
こやしいらず　島根（大田市）
さば　京都
ししな　長崎*
じしばり　鹿児島（長島・出水）
すすきばな　香川　香川（小豆島）
すずめくさ　山形（酒田）

ウマノアシガタ

たいひ　宮城＊　福島＊
たぐさ　島根（簸川）
たごやし　佐賀＊　長崎＊
だんじり　島根＊
たんぽーつーつー　富山（富山）
ちちぐさ　鹿児島＊
ちちばな　長野＊
ちょーせんれんげ　奈良＊
つめくさ　新潟＊　佐賀＊
つめぐさ　岡山＊
とーくさ　島根＊
とーないぐさ　山口（厚狭）
びんじょ　長崎＊
ぽぐさ　岩手（盛岡）
ぽぽんこ　岩手（盛岡）
まごやし　長崎（長崎）　千葉（東金）
みみくさ　千葉＊
みみばれんげ　富山＊
わかくさ（コメツブウマゴヤシ）　鹿児島（奄美大島）

きつねのぼたん　神奈川（中・平塚）　島根（江津市）　広島（福山市）
きつねばな　新潟
きんそー　和歌山（新宮市）
きんばいそー　広島（福山市）
こんぺいとーくさ　島根（松江）
こんぺいとーはな　愛媛（新居）
こんぺーとー　静岡（志田）　福島（相馬）
こんぺーとーぐさ　岡山（岡山市）
こんぺと　山形（飽海）
こんぺとー　島根（簸川・能義）
こんぺとくさ　和歌山（東牟婁）
こんぺとぐさ　山形（酒田市）　群馬（多野）　和歌山（東牟婁）　島根（出雲）
こんぺとはな　長野（北安曇）
こんぺとばな　山形（鶴岡市・飽海）
こんぺんとー　和歌山（新宮市）
こんぺんとーくさ　和歌山（日高）
こんぺんとーぐさ　岐阜（飛騨）　和歌山（日高）
こんぺんとん　和歌山（新宮）
たからし　丹波
ちりりんぐさ　鳥取（気高）
てあればな　長野（北安曇）
てはればな　岐阜（飛騨）
てまりぐさ　江州
てやきがはな　長野（東筑摩）
てやきばな　岐阜（飛騨）
とーだいくさ　和歌山（田辺・西牟婁）
とーだいぐさ　和歌山（田辺）
どくくさ　和歌山（日高）
どくぜり　山形（東村山・西村山）
とりあし　山形（西田川）
とりのあし　山形（西田川）
ならならこんぽ　愛媛（喜多）
のどはれ　山口（厚狭）
はっぽーくさ　和歌山（田辺市）
ぴーぴーくさ　島根（邇摩）
ぴーぴーぐさ　島根（邇摩）
ぴーぴーさし　鹿児島（薩摩）
ぴーびーされ　鹿児島（薩摩）
ひぜんばな　新潟（直江津市）
ほとほと　木曾
めーぽのはな　鳥取（岩美・気高）

ウマノアシガタ　キンポウゲ　〔キンポウゲ科／草本〕
あたまいた　和歌山（海草）
いちね　紀伊牟婁
いぬのあし　熊本（球磨）
いぼつりばな　長野（北佐久）
いんのあし　熊本（球磨）
いんのあしかた　熊本（玉名）
いんのあしがた　熊本（玉名）
うしぜり　防州
うしののどはれ　山口（厚狭）
うしみつば　岡山（岡山）
うまぜり　播州　群馬（佐波）　新潟（佐渡）
うまな　木曾
うまのばんじょー　河内
うまんあしがた　熊本（八代）
おーぜり　備後　山形
おこりおとし　江州
おこりばな　岐阜（飛騨）
おにぜり　備後
おにみつば　岡山（岡山市）
おめき　熊野尾鷲
かいるこぐさ　近江彦根
かえるぐさ　新潟（直江津）
かわみつば　江州　播州
きいきいぐさ　広島（深安）

ウマノスズクサ　〔ウマノスズクサ科／草本〕
うまのすずかけ　和州

おはぐろばな　尾州
すずなり　伊勢
そもっこ　秋田（北秋田）
ちどりそー　播州
つんぼくさ　播州
つんぼぐさ　播磨
なんもく　紀伊牟婁
むまのすずかけ　和州
らかんふじ　東京（八丈島）

ウマノミツバ　オニミツバ　〔セリ科／草本〕
いぬみつば　甲州
おにみつば　和歌山（西牟婁）
みつば　鹿児島（揖宿）
みつばのうばきしょー　長崎（壱岐島）
みつばのくりきしょー　長崎（壱岐島）

ウミヒルモ　〔トチカガミ科／草本〕
ばいくさ　和歌山（西牟婁）
ばいぐさ　和歌山（西牟婁）

ウメ　〔バラ科／木本〕
そうめ（小梅）　岐阜（北飛騨）
にわうめ（小梅）　仙台　関西　近江　山梨（南巨摩）　三重（宇治山田市）　島根（美濃・益田市）
まこー（紅梅）　江戸

ウメガサソウ　〔イチヤクソウ科／木本〕
きぬがさそー　和歌山

ウメザキイカリソウ　〔メギ科／草本〕
うめざき　江戸

ウメバチソウ　〔ユキノシタ科／草本〕
いちりんそー　能州　神奈川（箱根）
うめがえそー　駿河　山梨
うめばち　和歌山（有田）
こまくさ　木曾
こまつる　木曾
こまのつめ　木曾
こまひきぐさ　木曾
しもふりくさ　岩手（盛岡）
しもみそ　岩手（二戸）
じゅーはいそー　岡山
しゅくはいそー　岡山
すもふりばな　岩手（上閉伊）

のうめ　飛州　岐阜（飛騨）

ウメモドキ　〔モチノキ科／木本〕
あずきな　高知（土佐）
うめな　高知（高岡）
うめぼどぎ　秋田（鹿角）
うめぼとけ　青森　秋田　山形　三重（三重・鈴鹿）
うめもど　宮城（登米）
えかきしば　大分
からしょーごい　岐阜（高山市）
くまねり　木曾　美濃
したわれ　千葉（夷隅）
のこぎりもち　大分（直入・大野）
やまがき　青森（津軽）

ウラギク　〔キク科／草本〕
はましおん　和歌山

ウラシマソウ　〔サトイモ科／草本〕
しゃっぽばな　岐阜（高山）
てんぐのはね　加賀
てんなみそー　加州
ひんご　東京（三宅島）
へびくさ　東京（八丈島）
へびのこしかけ　群馬（多野）
へびのだいばち　宮城（登米・玉造）
へびのぼらず　千葉（長生）
へびまくら　山形（庄内）
へんご　東京（三宅島・八丈島）
やぶこんにゃく　和歌山（那賀）
やぶごんにゃく　和歌山（那賀）
やぶだま　和歌山（那賀）
やまこんにゃく　新潟

ウラジロ　〔ウラジロ科／シダ〕
いわじろ　鹿児島（熊毛）
うへご　鹿児島（川内市）
うらじお　福岡（嘉穂）
うらじる　鹿児島（大島）
うらじろ　富山（西礪波）　福岡（嘉穂）　鹿児島（垂水・日置・大島）
うらじろしだ　兵庫（淡路島）
えとり　駿河
えんどり　駿河
おーしだ　山口（厚狭）　愛媛（北宇和）　鹿児島

ウラジロイタヤ

（屋久島・熊毛）　和歌山（東牟婁・和歌山）
おーすだ　山口（厚狭）　鹿児島（熊毛）
おーへご　鹿児島（垂水・薩摩）
おかざり　静岡（富士・小笠）　和歌山（西牟婁）
おにこ　和歌山（和歌山・日高）
おにこしだ　和歌山（日高）
おにしだ　和歌山（新宮・西牟婁・東牟婁・海草・有田・日高）　愛媛（周桑・新居）　高知（幡多・高岡）
おにしば　愛媛
おにっこ　和歌山（海草・那賀・日高）
おにへご　鹿児島（出水）
かざり　和歌山（伊都・那賀）
かなそのき　京都
がまんど　和歌山（海草）
くましだ　和歌山（田辺・西牟婁・日高）
くまっこしだ　和歌山（田辺・西牟婁）
くまっちょ　和歌山（田辺）
くまっちょしだ　和歌山（日高）
こしだ　島根（隠岐島）
こましで　防州
ごまんじょ　和歌山（海草・伊都・那賀）
ごまんぞ　和歌山（海草）
ごまんど　和歌山（海草）
しだ　静岡（小笠）　和歌山（和歌山・海草・東牟婁・西牟婁）　島根（美濃）
しだっこ　和歌山（海草）
したば　伊豆八丈島
しだんば　島根（邇摩）
しまば　伊豆八丈島
しょーがつしだ　和歌山（有田）
しょがつすだ　鹿児島（熊毛）
すだ　筑後　長崎（南高来）
せきぞろ　愛知（知多）
せきどろ　愛知（知多）
たかへご　鹿児島（加世田市・川辺）
だば　島根（出雲）
ためがら　長州
のなし　長門
ふなが　和歌山（西牟婁）
ふなご　兵庫（津名・三原）
へご　薩摩　長崎（五島）　熊本（芦北・八代）　鹿児島（屋久島・谷山・串木野・薩摩・大島）　播州
ほなが　京都　和歌山　和歌山（日高・西牟婁・東牟婁）　高知（長岡）

ほながしだ　和歌山（西牟婁）
ほんしだ　和歌山（日高）
まよば　和歌山（有田）
むろむき　肥前
もろのは　熊本（玉名）
もろば　山口（大島）　鹿児島（屋久島・熊毛）
もろぶき　島根（美濃）
もろむき　東国　筑前　東京（八丈島）　島根（美濃）　山口（厚狭）　福岡（福岡市・小倉市）　大分　鹿児島（屋久島・肝属・熊毛）　高知　愛媛
もろむぎ　福岡（築上）　鹿児島（肝属）
もろめき　宮崎（東臼杵）
もろもき　雲州　島根　島根（知夫）　長崎（長崎市・西臼杵・平戸島・南高来）
もろもく　佐賀（東松浦）　長崎（対馬）
もろもち　長崎（五島・南松浦）
やまくさ　奈良（宇智）　岡山（岡山市）　徳島（徳島市）　香川（高松）　愛媛（新居・周桑）　讃州
やまぐさ　大阪（大阪市・東成）　香川（佐柳島・伊吹島）
やまのくさ　播州
ゆずりは　岡山

ウラジロイタヤ → イタヤカエデ
ウラジロイチゴ → エビガライチゴ
ウラジロウツギ　　　〔ユキノシタ科／木本〕
くそつげ　高知（長岡）

ウラジロエノキ　　　〔ニレ科／木本〕
かみのき　東京（小笠原）
げたぎ　鹿児島（屋久島）
ふく　鹿児島（屋久島）
ふくいき　沖縄
ふくぎ　鹿児島
ふくのき　鹿児島（屋久島）
ふんぎ　鹿児島（奄美大島）　沖縄
ままき　東京（小笠原諸島）
やまふくぎ　沖縄

ウラジロガシ　　　〔ブナ科／木本〕
いぼがし　福井（三方）
うらじろがし　山口（佐波）
かたき　愛媛（南部）
かたぎ　広島　山口（玖珂）

ウラジロノキ

こーかしぎ　鹿児島（奄美大島）
ごーちんころし　鹿児島（肝属）
こがし　高知（長岡）
こばがし　愛媛
こばじろ　静岡（南伊豆）
こまがし　和歌山（有田）
ささがし　栃木　埼玉
ささばがし　茨城　福岡（鞍手・嘉穂）
しーがし　島根　広島　愛媛（新居）
しーかたぎ　周防
しらかし　和歌山（東牟婁）　徳島　香川（大川）　鹿児島（肝属）
しらがし　宮崎（宮崎市・宮崎）　静岡　対馬　鹿児島
しらかたぎ　愛媛（東予）
しらっかし　千葉（清澄山）
しろかし　広島（高田）　千葉　徳島　高知　鹿児島
しろがし　千葉　静岡　兵庫　広島　大分
にぶ　広島
はご　高知（長岡）
はごがし　愛媛（宇摩）　高知（長岡）
はばそ　周防
はぼそ　三重　香川（香川・大川）　宮崎
ほそがし　高知（土佐）　愛媛
ほそばがし　千葉　高知（高岡）　静岡　岡山　愛媛
ほんがし　静岡（駿河）
まがし　愛媛（新居）
やなぎかし　島根　宮崎
やなぎがし　島根（石見）　宮崎（北諸県）　千葉（長生）

ウラジロカンコノキ　〔トウダイグサ科／木本〕
ひじん　鹿児島（奄美大島）

ウラジロカンバ → ネコシデ

ウラジロサナエタデ　〔タデ科／草本〕
ほんたで　島根（美濃）　香川（高松市）
またで　香川（高松市）

ウラジロサルナシ　〔マタタビ科／木本〕
あかくち　鹿児島（垂水）
こっこ　鹿児島（川辺）
ふなばりかずら　鹿児島（垂水市）

ウラジロナナカマド　〔バラ科／木本〕
さいが　秋田（鹿角）

ウラジロノキ　〔バラ科／木本〕
あかたまがし　富山（黒部）
あずきなし　野州日光　岐阜（揖斐）
あり　高知（土佐）
ありのき　和歌山（日高）　愛媛（新居）
あわだんご　木曾　長野（松本市）　高知（吾川）
いつかた　宮城
うしもーか　高知（幡多）
うらじろ　新潟　群馬　静岡　愛知　岐阜　三重　高知　福岡
うらじろがし　新潟（岩船）
うらじろずみ　長野（伊那）
かたすみ　岩手　宮城
かたずみ　宮城
かたなし　富山
かまはじき　周防
ごろべっき　日光　栃木
しぐれのき　岐阜（揖斐）
しばのき　和歌山（伊都・高野山）
しらき　和歌山（日高）
しらぎ　高知（幡多）
しらはし　愛媛（新居）
ずみ　埼玉（秩父）
とりはまつ　栃木（日光）
なしぎ　高知（幡多）
なまなし　香川
のなし　長門
はちろーずみ　山梨（北都留）
はまつ　栃木（日光）
ひえだんご　岐阜（中津川）
ひとつば　岩手　宮城　新潟　新潟（北蒲原）
ひとつぱ　岩手　宮城
まかなし　日光
まめなし　和歌山（伊都）
やまあり　奈良（吉野・十津川）　和歌山（日高）　愛媛（上浮穴）　高知
やまぐわ　美濃
やまずもも　高知（香美）
やまなし　長州　栃木　群馬（東部）　神奈川　三重　兵庫（神戸市）　奈良　和歌山　山口　徳島（美馬）　香川（大川・香川）　愛媛（上浮穴・新居）　高知（幡多・土佐）
わたぎ　和歌山（有田）

ウラジロハコヤナギ　〔ヤナギ科／木本〕
うらじろ　秋田（北秋田・山本）

ウラジロマタタビ　〔マタタビ科／木本〕
くつか　東京（三宅島）

ウラジロモミ　ダケモミ　〔マツ科／木本〕
うらじろ　長野　静岡
うらじろもみ　岐阜（飛騨）
かわき　奈良（玉置山）
ぎょーじゃもみ　尾州
しろもみ　栃木　群馬
にれもみ　鎌倉
ふっ　北海道
まつはだ　上野男体山　栃木（日光市）
めき　甲州河口
もみ　富山　長野　高知　愛媛
わさびもみ　高知（土佐）

ウラジロヨウラク　〔ツツジ科／木本〕
おけこつつじ　山形（北村山）
おはこつつじ　山形（北村山）

ウラハグサ　〔イネ科／草本〕
うめずる　和歌山（西牟婁）
なかよし　仙台
ひよひよ　濃州

ウリ　〔ウリ科／草本〕
あじうり　新潟（佐渡）

ウリカエデ　〔カエデ科／木本〕
あおうり　埼玉　三重
あおかい　奈良（吉野）
あおかえで　奈良（吉野）　和歌山
あおき　和歌山（東牟婁）
あおぎ　高知（安芸）
あおそ　和歌山（東牟婁）
あおっぱもみじ　千葉（清澄山）
あおのき　茨城（久慈）
あおべら　大分　宮崎
あおもじ　岐阜（美濃）
あおもみじ　三重（員弁）
いいずか　栃木（日光）
いいずく　福島（双葉）
いいつが　栃木（日光）

いえずく　茨城
うり　甲州河口　埼玉（入間）　山梨
うりい　埼玉（秩父）
うりかわ　長野（伊那）　三重（員弁）
うりがわ　群馬（甘楽）
うりき　兵庫（佐用）
うりぎ　愛媛（新居）　高知　三重
うりだ　福井（今立）
うりっぱのき　埼玉（入間）
うりな　三重（熊野）
うりはだ　千葉（清澄山）
うりほー　山梨（本栖）
うりんぼ　群馬（多野）　愛知（東三河）
うりんぽー　愛知（東三河）
うるいがわ　木曾
うるぎ　三重（伊賀）
かえで　静岡（秋葉山）　三重（三重）
かみもみじ　栃木（唐沢山）
かやで　高知（土佐）
くろもみじ　福井（遠敷）
しらかえで　奈良
しらはし　鳥取（日野）　広島
しらはしのき　福井（遠敷）
しろはしのき　島根（石見）
とりのあし　高知（幡多）
とんび　長野（伊那）
とんのき　三重（伊賀）
とんぼもみじ　三重（員弁）
ねぎ　徳島（美馬）
ねりのき　茨城（太田）
のりのき　静岡（駿河）
はしかえで　山口（佐波）
はしぎ　三重（一志）
ばもみじ　千葉（小湊）
ひかげあおもみじ　茨城（新治）
ひとつっぱ　長野（松本市）
ひめねぎ　徳島（美馬）
ひょーぎ　奈良（十津川）
ほんうり　長野（木曾）
みみずき　高知　高知（香美・安芸）
みみのき　新潟（東蒲原・南蒲原）　高知（香美）
みやまうり　岐阜（揖斐）
みやまうりな　岐阜（門入）
もみじ　三重　高知（長岡）　香川（綾歌）
やまうり　三重（北牟婁）
やまかえで　紀伊　群馬（利根）

ゆりのき　三重（北牟婁）

ウリカワ　　　　　　　　〔オモダカ科／草本〕
いもくさ　香川（東部）
うなぎのひれ　和歌山（新宮市・東牟婁）
うまばり　山口（厚狭）
おときやなし　岩手（東磐井）
さえずり　和歌山（新宮市）
とんのくさ　熊本（玉名）
とんのした　熊本（玉名）
ほとけのざ　富山
まばり　岡山（川上）

ウリクサ　　　　　　　　〔ゴマノハグサ科／草本〕
ひっつきぐさ　和歌山（東牟婁・新宮市）
ももえくさ　鹿児島（揖宿）
ももえぐさ　鹿児島（揖宿）

ウリノキ　　　　　　　　〔ウリノキ科／木本〕
うきのき　群馬
うり　新潟（中頸城・刈羽）　長野（長野市・上田市）
うりがお　群馬
うりかぬき　山形（西置賜）
うりぎ　阿波　高知（長岡）
うりっこ　新潟（東蒲原・南蒲原）
うりな　和歌山（海草）
うるい　茨城（水戸市）
おーのき　青森（弘前）
おにうり　阿州祖谷
こーもりぎ　高知（土佐）
しらはし　筑前
しらはしのき　筑前
しろうり　長野（松本市）
はしのき　岡山（苫田）
はなうり　滋賀
べらき　秋田（鹿角）
みつなり　鹿児島（肝属）
やまぎり　阿波

ウリハダカエデ　　　　　　〔カエデ科／木本〕
あおうり　埼玉（秩父）
あおうりき　秋田（南秋田）
あおか　岩手（上閉伊）　宮城
あおかえで　奈良（吉野）　和歌山（高野山）　山口（佐波）

あおかのき　宮城
あおかわ　岩手（陸前・上閉伊）　宮城
あおかわのき　宮城
あおき　青森　岩手　京都（北桑田）　長崎（平戸）
あおぎ　青森（下北）
あおぎり　山梨（都留）　山口（玖珂）　熊本（球磨）
あおこ　岩手（上閉伊）
あおご　岩手（釜石）
あおっか　宮城（刈田）
あおのき　青森　岩手　宮城
あおはだ　茨城
あおばな　紀伊
あおべら　熊本（球磨）
あおべり　大分
あおぼ　岩手（上閉伊）
あおぼーず　宮城
あおもみじ　島根（簸川）
あさがら　栃木（塩谷）
いいずか　栃木（日光）
いーずく　福島（会津・双葉）　栃木（日光市）　新潟（東蒲原・南蒲原）
いーつが　栃木（日光市）
いえずく　茨城（久慈・大子）
いたや　青森　岩手　宮城
うな　福井（大野）
うり　新潟　長野　富山　石川　福井　山梨　静岡　兵庫　愛媛
うりー　埼玉（秩父）
うりう　栃木（西部）　群馬（多野）
うりかえで　兵庫（佐用）
うりかわ　新潟（南魚沼）　山梨（南巨摩）
うりがわ　群馬（甘楽）
うりがわのき　福井（大野）
うりき　青森　秋田　秋田（南秋田）　山形　茨城　新潟　新潟（北蒲原）
うりぎ　青森　埼玉（秩父）　三重　徳島（美馬）　香川　愛媛　高知
うりこー　新潟（南魚沼）
うりじな　福井（大野）
うりっかわ　群馬　新潟　長野
うりっき　新潟（東蒲原）
うりっこ　新潟
うりっぽ　岐阜（恵那）　静岡（南伊豆）
うりっぽー　埼玉（秩父）　長野（上田市）
うりな　石川　福井　岐阜　高知（幡多）
うりなのき　岐阜（揖斐）

ウルシ

うりのき　上州三峰山　青森（上北）　秋田（鹿角・仙北）　栃木（西部）　群馬（東部）　埼玉（秩父）　新潟（佐渡）　石川　長野（松本）　兵庫（宍粟）　島根（石見）　徳島（美馬）　長崎
うりば　和歌山（伊都）　宮崎（西都市）
うりばな　群馬（利根）
うりぽー　山梨（西八代・本栖）
うりゅー　群馬（多野）
うりんぼー　長野　愛知
うるき　青森（南津軽）　新潟（岩船）
うれき　新潟（岩船）
うんな　石川（能登）
えーずく　下野　茨城　福島（会津）
おーかぎ　島根（隠岐島）
おーかぎのき　島根（隠岐島）
おーばいいずか　栃木（日光）
おか　宮城（柴田）
おっか　山形（南村山・北村山）
おっかわ　山形
おっかわぬき　山形（東置賜・西置賜）
おばもみじ　和歌山（有田）
おりかわ　山形（西置賜）
おりかわぬき　山形（西置賜・東置賜）
かいで　和歌山（日高）
かえでん　和歌山（東牟婁）
かさぎ　兵庫（播磨）
きっかわのき　宮城
ごんじのき　山形（西置賜）
しらはし　鳥取（日野）　広島
てつかえで　和歌山（伊都）
はしぎ　宮城（柴田）　広島（佐伯）
へらのき　佐賀（藤津）
ぽりめきいたや　岩手（気仙）
みみずき　四国　高知
みみずのき　新潟　高知
やっこばな　福島（会津）
やまあおぎり　福岡（粕屋）
やまいっさつ　鹿児島（垂水市）
ゆみぎ　奈良（吉野）
ゆりのき　新潟（佐渡）

ウルシ　〔ウルシ科／木本〕

うるしのき　静岡
かぶれ　静岡（遠江）
かぶれっき　静岡
かぶれのき　静岡　広島（高田）

まけぎ　岡山（児島・御津）

ウルップソウ　〔ウルップソウ科／草本〕

はなぶさ　京都

ウワバミソウ　〔イラクサ科／草本〕

あかみず　山形　鹿児島
あず　岩手（上閉伊）
いもな　滋賀
いわそば　和歌山（伊都）
うたうたいな　佐渡
おつゆな　長野（北安曇）
くちなわじゅーこ　三重
しずくさ　佐渡
しずくち　佐渡
しずくな　佐渡　岐阜　徳島
しずしずな　佐渡
じゃぐさ　青森（津軽）　山形（飽海）
しゃくな　青森　秋田
そまな　岐阜（飛騨）
たにふたぎ　岐阜（飛騨）
とろろくさ　長野（下水内）
へびくさ　秋田
みず　南部　上州榛名山　秋田（雄勝）　山形　新潟（刈羽）　青森　岩手（盛岡・胆沢・紫波）
みずくさ　上州三峰山　埼玉（秩父）　長野
みずな　木曾妻籠　但州　山形（東置賜・西村山）　新潟（佐渡・東蒲原）　岐阜（飛騨）
みんじ　秋田（鹿角）
みんず　秋田（平鹿・雄勝）　青森　岩手
むかごみず　和歌山
めず　青森
やまかご　加賀
よしな　富山（砺波・東礪波・西礪波）　新潟（中頸城）

ウワミズザクラ　〔バラ科／木本〕

あかくも　青森（南津軽）
あかこぶ　青森（南津軽）
あかこぽ　青森（南津軽）
あつかわ　福井（今立）
あはか　静岡（駿河）
あみそめ　青森
あやさくら　広島（佐伯）
あんにんぐ　新潟
あんにんご　新潟（北魚沼）

ウワミズザクラ

いとさくら　宮城（刈田）
いとざくら　宮城（刈田）
いぬざくら　茨城　静岡
いぬはんさ　奈良（北山川）
うばざくら　長崎（南高来）　山梨（東山梨）
うわみず　石川（能登）
うわみずざくら　青森（中津軽）
えちごぶな　栃木（日光）
おさくら　宮城
かば　青森（上北）
かまつか　新潟（北魚沼）
かんばざくら　千葉（清澄山）　鳥取（日野）　岡山
きそざくら　長野（木曾）
くさみず　富山（黒部）
くそざくら　静岡　群馬　長野　岐阜　兵庫　岡山
くそべざくら　岡山
くろこぼ　青森（中津軽）
くろんぼ　鳥取（岩美）
こーごー　新潟（岩船）
こーごのき　青森（上北）
こーぼーざくら　群馬（勢多）
こご　岩手（岩手）　山形（最上）
こござくら　青森（下北）　岩手（胆沢）　宮城（栗原）
ここのき　山形（酒田）
こごのき　青森　秋田　山形
こざくら　宮城
ごてんざくら　新潟　鳥取　岡山　愛媛（上浮穴）
こねさくら　広島
こぶのき　青森（西津軽）
こぼのき　青森（津軽）
こましで　長州
こめざくら　長野（木曾）
こも　岩手（胆沢）
こものき　青森（北津軽）　岩手　宮城　秋田
こんご　青森　岩手　宮城　新潟（岩船）
こんごー　秋田（仙北・東田川）　青森　岩手　茨城
こんごーざくら　北海道　岩手（刈田）　宮城　秋田　福島　茨城　栃木（日光市）　群馬
こんごーのき　岩手（稗貫・和賀）　秋田
こんござくら　秋田（南秋田）
こんごし　山形（酒田）
こんこのぎ　秋田
こんごのき　青森（上北・下北）
ごんごのき　秋田（仙北）

さくら　青森　和歌山　島根
しうり　北海道（松前）　宮城
しのぶざくら　徳島（美馬）
たけざくら　長野（伊那）
つちざくら　東京
つびやき　埼玉（秩父）
つぶやき　埼玉
つみうず　高知（土佐）
つみざくら　高知（土佐）
なたづか　福島（檜枝岐）　新潟（魚沼）
ななかまど　青森（西津軽）　秋田（北秋田）
にがき　愛媛（上浮穴・面河）　高知（土佐）
にがざくら　長野（北佐久）
にまめざくら　長州
ねずみざくら　鳥取（日野）　岡山
ねずら　福井　岐阜（益田）　愛知（東春日井）　鳥取
はんさ　三重　岡山（美作）
ひめっちょざくら　鹿児島（大口）
へこきざくら　愛知（三河）
ほえひそ　岐阜（飛騨）
ほえふと　岐阜（飛騨）
ほえぶとざくら　木曾　長野（木曾）
ほーご　栃木（日光市）
ほーごーざくら　栃木　栃木（日光市）　野州
ほーちょーざくら　三重　三重（飯南・一志・伊賀）
ほんごーざくら　宮城（加美・黒川）
まめざくら　木曾　長野（木曾）　京都（丹波）　大阪（摂津）　兵庫（摂津・丹波）
みざくら　高知（土佐）
みずさくら　長野（小県）
みずざくら　和歌山（高野山）
みずね　群馬（利根）　新潟　新潟（岩船・北蒲原・東蒲原）
みずねざくら　群馬（利根）　新潟（北蒲原・東蒲原）
みずのき　新潟（北蒲原）　富山（東礪波・五箇山）
みずみ　新潟
みずみざくら　群馬（利根）　長野（松本）
みずめ　新潟　福井
みずめさくら　新潟（長岡）
みずめざくら　新潟　福井　長野　岡山
みずら　山形（北村山）　福井（三方）
みそのき　岩手（上閉伊）
みつざくら　山梨（南巨摩）
めくら　山形（北村山・西村山・米沢）

めくらぬき　山形（東置賜・北村山）
めくらぼ　山形（東置賜）
めくらほーご　秋田
めくらほしご　山形（西村山）
めくらほんご　宮城（刈田）　山形（西村山）
めざくら　埼玉（入間）
めずら　山形（北村山）　埼玉　埼玉（秩父）　石川　福井　山梨　長野（木曾）　岐阜　愛知　奈良　鳥取
めずらし　兵庫（但馬）
めずらのき　岐阜（揖斐）
もーか　高知（土佐）
ももざくら　山梨（本栖）
やますもも　青森（北津軽）
やまもも　静岡
よぐそざくら　栃木（塩谷）
よぐそざくら　栃木（塩谷）　神奈川　山梨
よごそざくら　神奈川（東丹沢）
よもそざくら　静岡（伊豆）
りきんね　北海道

ウンシュウミカン　〔ミカン科／木本〕
あいかん　東京*
あかみかん　福岡*　鹿児島*
あまみかん　長崎*　大分*
おーみかん　島根*　福岡*
かわうす　島根*
さねなし　高知*　鹿児島*
じくじん　徳島*　熊本*
じくりん　徳島*
じゃがたら　宮崎*
じゅーりん　三重*
じゅくじん　徳島*　熊本*　大分*
じゅりん　三重（北牟婁）
しんじん　熊本*
つくみかん　大分*
とーみかん　岐阜*　静岡*　愛知*　三重*　奈良*　島根（美濃・益田市）　愛媛*　高知（長岡）　佐賀*　長崎*　大分*
とみかん　三重*
はつきみかん　愛媛*
ふゆみかん　大阪*　岡山*
ほんみかん　三重*　奈良*　長崎*
ゆこみかん　鹿児島*
りくじん　徳島
りくりん　徳島

りふじん　千葉（山武）　徳島　熊本（下益城）
りゅーじん　徳島*　愛媛（松山市）　福岡*
りゅーりん　愛媛*　高知*

ウンゼンツツジ　〔ツツジ科／木本〕
いわつつじ　香川
こごめつつじ　香川
こつつし　鹿児島（肝属）
こめつつじ　足尾銅山　和歌山
ちょーじつつじ　伊勢
ゆめつつじ　甲斐河口

エイザンスミレ　エゾスミレ　〔スミレ科／草本〕
えーざんすみれ　和歌山
さつましめり　加州
たいがくすみれ　和歌山（伊都）
だいがくすみれ　和歌山（伊都）
にんじんすみれ　長野（佐久）
のこぎりすみれ　和歌山（伊都）

エゴノキ　〔エゴノキ科／木本〕
あおで　長野（諏訪）
あかじしゃ　新潟　茨城
あかずさ　岩手（岩手）
あかずた　山形（最上）
あかずら　信州木曾
あがた　山梨（本栖）
あかちゃ　青森　岩手　秋田（北秋田）
あがちゃら　秋田（河辺）
あかつら　秋田　山形
あがつら　秋田（北秋田）
あかんちゃ　青森（北津軽）　岩手　秋田　山形
あかんちゃら　秋田（由利・河辺・南秋田）
あぶらちゃん　鹿児島（肝属・鹿屋）
あぶらっこのき　茨城（大子）
いーずく　伊豆大島
いこ　茨城
いご　栃木（益子）
いっちゃ　伊豆　伊豆八丈島
いっちゃのき　東京（八丈島）
えご　江戸　茨城　栃木　埼玉　東京　神奈川　滋賀　鳥取　島根
えごっつる　長野（上田）
えごのき　栃木　群馬　埼玉　和歌山（高野山）
えごのみ　茨城（久慈）
えざす　東京（大島）

エゴノキ

おやにらみ　東京（大島・三宅島・御蔵島）
おやねらみ　東京（三宅島）
おやめらめ　東京（大島）
かばばのき　福井（越前）
からかわ　千葉（長生）
ぎしゃ　山形（東田川）
きしゃのき　鳥取（因幡）
くろじさ　木曾
こが　鹿児島（奄美大島）
こはず　神奈川（足柄下）　静岡
こはぜ　伊豆　青森　岩手　岩手（紫波）　秋田　新潟　神奈川　岐阜（恵那）　静岡　愛知　岐阜（恵那）
こはぜのき　静岡
こはで　静岡（南伊豆）
こまらはんぜ　岐阜（揖斐）
こめじしゃ　木曾
こめみず　千葉
こめみょーじ　静岡（南伊豆）
こやし　佐賀（藤津）　熊本（球磨）
こやしのき　鹿児島
ごやしのき　鹿児島（揖宿・喜入）
こやす　佐賀（小城）　熊本（八代）　大分（中津市）　鹿児島　宮崎
こやすかき　宮崎（日南市）
こやすぎ　鹿児島（甑島）
こやすのき　肥前　福岡　佐賀　長崎　熊本（球磨）　大分　宮崎　鹿児島（奄美大島・甑島）
さぼん　加州　石川（加賀）
さまぎ　沖縄
さるすべり　青森　青森（上北）　福井
じさ　青森　青森（西津軽）　岩手　岩手（稗貫）　宮城（宮城）　茨城
じさから　山形（東置賜）
じさき　青森　青森（下北）　岩手　岩手（江刺）　秋田
じさっき　秋田（北秋田）
しさのき　青森（東津軽）
じさのき　青森　秋田　秋田（南秋田）　岩手　宮城　宮城（本吉）　山形　山形（東置賜）　福島（双葉・相馬）
じさぼ　福島（伊達・信夫）
じしゃ　佐渡　山形　千葉　新潟　石川　福井　千葉　岐阜
じしゃがら　山形　新潟
じじゃから　山形（西置賜）

じしゃのき　佐渡　岩手　山形　福島　福島（相馬）　新潟（北蒲原・佐渡）　佐賀　長崎　熊本
しちゃまぎー　沖縄
じっちゃしば　青森（中津軽）
じやから　会津
しゃくしぎ　駿河　静岡
じゃのき　山形（酒田市）
しゃぼんだま　茨城（久慈・多賀）　千葉
しゃまき　鹿児島（奄美大島）
しゃもじき　愛知（八名）
しゃもじぎ　愛知（八名）
しょーから　新潟（北蒲原）
ずえ　宮城
ずさ　岩手　宮城　山形　栃木（日光市）　千葉
ずさき　青森　岩手　秋田
ずさのき　秋田（南秋田）　福島（双葉）
ずさのぎ　青森　山形　宮城
すしゃ　静岡（南伊豆）
ずしゃ　静岡（南伊豆）
ずなえ　島根（出雲）
ずぼずぼのき　新潟
せっけん　福井（勝山）
せっけんのき　鹿児島（肝属）
たーま　沖縄（与那国島）
ちさ　福井　三重
ちさぎ　青森（上北・下北）
ちさのき　仙台　福井　三重（伊賀・丹波）　兵庫　岡山
ちしゃ　石川　福井　岐阜　三重　滋賀　奈良　和歌山（伊都）　島根（江津市）　岡山　岡山（美作）　広島（広島市）　福岡
ちしゃのき　新潟（佐渡）　福井　越前　岐阜　岐阜（飛騨）　静岡　愛知　三重　滋賀（丹波・摂津）　兵庫　奈良（吉野）　和歌山　島根（石見）　岡山　山口　香川（香川）　高知（土佐）　佐賀　長崎（東彼杵）　熊本
ちちゃ　鳥取（岩美）
ちちゃのき　石川（能登）
ちな　岐阜　島根　岡山　広島
ちない　石州　芸州　周防　予州　岐阜　岐阜（飛騨）　鳥取　鳥取（日野）　島根　島根（出雲）　広島（比婆）　山口　愛媛
ちないえごのき　兵庫（播磨）
ちないぎ　鳥取（日野）
ちないのき　島根（仁多）　岡山　広島　広島（比婆）

ちなえ　岐阜　島根　広島　山口　愛媛
ちなのき　岡山
ちなや　広島（備後）
ちなり　岡山
ちなわ　島根（那賀）
ちね　島根（出雲）
ちやのき　石川（加賀）
ちゃのき　秋田　石川
ちょーのき　和歌山（日高）
ちょーめ　愛媛（上浮穴）　大分（大野）
ちょーめい　大分（南海部）
ちょーめー　大分（南海部）
ちょーめぎ　大分（佐伯）
ちょーめつ　和歌山
ちょーめのき　大分（南海部）
ちょーめん　和歌山　徳島　香川（綾歌）　愛媛　高知（土佐）　大分　宮崎
ちんまらはぜ　岐阜（揖斐）
つない　鳥取　島根
つないぎ　鳥取（日野）
つねのき　島根（隠岐・出雲）
とーひぼ　兵庫（神戸市）
どくのみ　鹿児島（川辺）
とのすぎ　島根（益田市）
とぶとぶ　滋賀（高島）
なんじゃもんじゃ　神奈川（足柄上）
にがき　宮城（伊具）
はぜのき　静岡（遠江）
ひくろぎ　和歌山
ひとつば　石川
ぶくぶくのき　埼玉（入間）
ぶとまめ　山口（厚狭）
ほとときす　紀州
ぽとぽと　福井（越前）
ぽとぽとのき　福井（越前）
ぽろぽろのき　新潟（刈羽）
ぽんぽら　富山（西礪波）
まんしゃ　福井（大野）
みつなり　和歌山
めんごやす　大分（大野）
やまがら　秋田（南秋田）
やまぎい　鹿児島
やまぎー　鹿児島（肝属）
やまぎり　鹿児島（肝属）
りごのき　青森（北津軽）
りしゃ　岐阜（飛驒）

りねのき　島根
ろくろ　愛知　三重（阿山）
ろくろぎ　仙台　岐阜（飛驒）　和歌山
ろくろぎ　紀州熊野　秋田　山形（北村山・西田川）　福島　岐阜　静岡（駿河）　愛知　岐阜　三重　奈良　和歌山（伊都）　香川（香川）　宮崎（南那珂）　鹿児島（奄美大島）
ろくろのき　岩手　山梨　長野　三重　愛媛　鹿児島
ろやす　熊本（八代）

エゴノリ　〔イギス科／藻〕

うけうど　長州
うみごんにゃく　長州
えご　山形（東田川）
えごくさ　山形

エゴマ　〔シソ科／草本〕

あえす　山形（西村山）
あおじそ　島根（美濃）
あぶら　青森*　岩手（紫波）　宮城（栗原）　秋田（河辺・北秋田）　山形
あぶらえ　福島（会津・大沼）　埼玉*　石川*　山梨*　長野*　岐阜（飛驒）
あぶらげ　岐阜（飛驒）
あぶらこ　青森*
あぶらごま　青森*
あぶらしそ　岩手（盛岡）
あぶらな　岩手*　秋田*　岐阜*
あめごま　島根*
あんぶらしそ　秋田（鹿角）
いくさ　長野（佐久）
うまごま　広島*
え　東京*　神奈川*　新潟*　富山*　石川*　福井*　山梨*　長野*　静岡*　愛知*　滋賀*
えあぶら　山形*　埼玉*　千葉*　新潟*　宮崎*
えか　和歌山（日高）
えぐさ　山形（西置賜）　群馬*　新潟（中頸城・八海山）　長野（下水内・佐久）　滋賀*
えこ　周防　長門　九州　島根（美濃）　福岡（久留米）
えご　福島*　鳥取*　島根*　岡山*　広島*　山口*　徳島*　福岡（久留米・三井・浮羽）　佐賀*　長崎*　大分*　宮崎*
えこぐさ　島根（美濃）
えごくさ　島根（美濃）

えごま　福岡*
えたね　山形*
えのみ　山梨*
えんた　山梨*
おたね　山形（山形）
おにごま　宮城*
くろあぶら　青森*　秋田*　山形*
こーばしあぶら　青森*
こばし　青森*
じぃーねん　福島（相馬）
じーね　千葉（印旛）
ししょあぶら　山形（西置賜・西村山）
しなごま　和歌山*
じふね　岩手（二戸）
じゅーね　青森　青森（八戸・三戸）　岩手　宮城（栗原）　栃木　茨城　長野*
じゅーねあぶら　南部
じゅーねん　仙台　青森　秋田*宮城　福島　福島（南会津）
じょーね　岩手（九戸）
しろあぶら　青森*　山形*
しろじそ　宮城（仙台市）　鹿児島（揖宿）
ぞーねん　北海道
たねあぶら　秋田*
ちんごま　福井*
つぶあぶら　青森*　秋田*　山形*　岩手（盛岡）
つぼあぶら　青森*　青森（津軽）
やまじそ　鹿児島（垂水市・肝属）

エゾエノキ　　〔ニレ科／木本〕
えのぎ　青森（中津軽）
えのみ　青森
えんのき　青森
くろえのき　新潟（佐渡）　大分（南海部）
くろよのみ　新潟（佐渡）
さどこのき　岩手（岩手）
さとのみのき　青森（上北）
よのき　富山
よのみ　新潟（佐渡）

エゾオオバコ　　〔オオバコ科／草本〕
ほんじゅーまるば　青森
ほんじゅまるば　青森
まるば　青森

エゾギク　　〔キク科／草本〕
あずまぎく　長野（佐久・下水内）　山口（厚狭）　和歌山（海草・日高）
いちねんきく　新潟（中蒲原）　広島（世羅）
いちねんぎく　広島（双三）
うらだぎく　青森（八戸）
えだぎく　島根（美濃）　広島（安芸・佐伯）
えどぎく　千葉（東葛飾）　富山（砺波・東礪波・西礪波）　長野（諏訪・上伊那）　静岡（遠州）　島根　島根（美濃・邇摩）　岡山（岡山）　広島　愛媛（周桑）　福岡（久留米市・粕屋）　宮崎（延岡）
おなだぎく　青森
おらだぎく　青森
おらんだぎく　青森（上北・三戸・八戸）　秋田（鹿角・雄勝）　岐阜（飛騨）　岩手（二戸）　新潟
おろしゃ　和歌山（田辺）
おわだぎく　青森
きょーきく　三重（伊勢）
きょーぎく　三重（宇治山田市）
こんきく　福島（相馬・中村）　和歌山　高知（長岡）
こんぎく　島根（美濃）　香川（高松）　和歌山（和歌山）
せんだいぎく　新潟（中蒲原）
ちょーせんぎく　宮城（仙台）　山形　福島（相馬）　群馬（佐波）　新潟　富山　岐阜（吉城）　福岡（築上）
なつぎく　鹿児島
まずまいはなこ　青森（八戸）
まずまえぎく　青森（八戸）　岩手（盛岡・釜石）　山形（村山）
まつまえぎく　岩手（上閉伊・九戸）　山形（北村山）
まんざいぎ　鹿児島（肝属）
まんざいぎく　宮崎（東諸県）　鹿児島（薩摩・肝属・川辺・揖宿）　熊本（玉名）
まんざいぎっ　鹿児島

エゾスズラン　アオスズラン　　〔ラン科／草本〕
はしごだん　富山（射水）

エゾスミレ → エイザンスミレ

エゾデンダ　イツマデグサ　　〔ウラボシ科／シダ〕
ねきりぐさ　城州平安

エゾニュウ 〔セリ科／草本〕
あまにょー　青森
かけぜり　広島（比婆）
にお　青森
にょー　秋田（南秋田）　青森
にょーぼかけぜり　広島（比婆）

エゾネギ 〔ユリ科／草本〕
ちもと　羽州米沢
のびろ　青森（八戸・三戸）
はまびろ　青森（八戸・三戸）

エゾノギシギシ 〔タデ科／草本〕
のみのふね　岩手（水沢）
まつこのすかっぱ　岩手（水沢）

エゾノキツネアザミ 〔キク科／草本〕
くれねぁ　岩手（東磐井）
はなくさ　青森（八戸・三戸）

エゾマツ　クロエゾマツ 〔マツ科／木本〕
ぐい　松前
しゅーこまつ　青森（上北）
しろべ　信州
しんこまつ　北海道　青森（東津軽）　広島
てしおまつ　東京　大阪

エゾミソハギ 〔ミソハギ科／草本〕
そーはぎ　熊本（球磨）
ぱんばな　新潟（刈羽・十日町市）
みそはぎ　新潟　京都（京都）
みぞはぎ　青森
みぞばな　青森（八戸）

エゾユズリハ 〔ユズリハ科／木本〕
いずのは　秋田

エゾリュウキンカ → リュウキンカ

エダマメ 〔マメ科／草本〕
あぜまめ　新潟＊　富山＊　石川　山梨＊　長野（佐久）　岐阜＊　静岡（志太）　愛知　三重　滋賀＊　京都＊　大阪　兵庫　奈良　和歌山　岡山　広島（高田）　山口＊　香川　愛媛（松山）　福岡＊　佐賀＊　熊本＊
うでまめ　岐阜（大垣市）
さやまめ　大阪　神奈川（中）　富山（砺波）　上方　大阪（大阪市）　和歌山（和歌山市）　香川　愛媛
じゅーさんやまめ　香川
はじきまめ　青森（上北）　山形（米沢市）　群馬（吾妻）　福井
はんずきまめ　山形（米沢市）
ぽんまめ　青森（上北）
ゆでさや　大阪
ゆでさやまめ　奈良
ゆでまめ　新潟（東蒲原）　長野（佐久）　岐阜（大垣市・飛騨）　静岡（志太）

エドトコロ → ヒメドコロ

エドヒガン　ヒガンザクラ 〔バラ科／木本〕
あずまひがん　和歌山（東牟婁）
いぬざくら　愛媛　大分
こごめざくら　山口（佐波）
ちござくら　鹿児島（出水）
ひがんざくら　高知　大分　熊本　鹿児島
ひめざくら　熊本（球磨）
へこきざくら　愛知（北設楽）
へっぴりざくら　埼玉（秩父）
べんざくら　鹿児島（出水）
もーくさ　徳島（那賀）
ももざくら　神奈川　山梨　徳島
よぐそざくら　静岡（田方）

エニシダ 〔マメ科／木本〕
えげしだ　青森
きんしだれ　新潟
きんすだれ　山形（西置賜）　新潟（中蒲原）　新潟　兵庫（赤穂・加古）　広島（比婆）　愛媛　愛媛（周桑）
くさやなぎ　新潟

エノキ 〔ニレ科／木本〕
あかよのみ　新潟（佐渡）
あまみ　茨城
うのみのき　山形（飽海）
え　山口（厚狭）
えのぎ　青森　宮城
えのっ　鹿児島（串木野）
えのみ　青森　岩手　秋田（南秋田）　宮城（仙台）　山形　埼玉（秩父）　東京　新潟　福井　長野　静岡　島根　岡山　山口　愛媛（香美）　福岡（八女）　長崎（南高来）　熊本

大分
えのみぎ　岡山
えのみのき　庄内　伊豆八丈島　宮城　山形　新
　潟（佐渡）　福井　長野　静岡（志太）　三重
　鳥取　島根　岡山　広島（比婆）　山口　愛媛
　（周桑・大洲）高知（幡多）福岡（八女）長崎
　（南高来）　熊本
えのむのき　熊本（玉名・天草）
えのんのき　島根（出雲）
えむく　香川　香川（綾歌）
えもく　香川　香川（香川・綾歌）
えんのき　静岡　佐賀
えんのみ　静岡
からすもく　香川
けびのき　兵庫　兵庫（但馬）
ごがつのき　鹿児島（串木野）
こむく　香川
こもく　香川（木田）
さとーまめ　山口（厚狭）
さとーみ　茨城（久慈）
さとのみのき　青森（上北）
さとんみのき　鹿児島（日置）
しろえのみ　大分（南海部）
しろけやき　青森（津軽）
そばのき　三重（熊野）　和歌山（西牟妻）
つきのき　盛岡　青森（上北）　岩手（紫波）
ばかえのき　栃木（唐沢山）
びんぎ　沖縄（首里）
ふくぎ　鹿児島（悪石島）
ぶんぎ　沖縄
みえのき　大分（北海部）
めーのき　鹿児島（屋久島）
めのき　鹿児島（加世田市）
めむくのき　岡山
ゆのき　富山
ゆのみ　富山　長野
ゆのみのき　長野（長野市）
よしのき　石川
よぬぎ　山口
よねぶのき　熊本（天草）
よのき　新潟　富山　岐阜　福井　滋賀　三重
　和歌山　兵庫　鳥取　島根　香川　愛媛
よのきのみのき　奈良
よのみ　近江　山形（飽海）　新潟（佐渡）　石川
　福井　静岡　三重（度会）　滋賀　奈良　和歌
　山　山口（厚狭・大島）　徳島（阿波・麻植）

愛媛　大分
よのみのき　新潟（東蒲原・南蒲原）　富山　石
　川　福井　長野（松本市）　静岡　滋賀　三重
　兵庫（美方）　奈良（南大和）　和歌山（海草）
　鳥取　島根　徳島　香川
よのん　島根（隠岐島）
よのんのき　島根（隠岐島）
よろみ　静岡（伊豆）　三重（伊勢市・度会）
よろんご　新潟　新潟（刈羽）

エノキグサ　　　　　　　　　〔トウダイグサ科／草本〕
あみがさそー　新潟
くみかげそー　和歌山（西牟妻）
だんだんばな　岡山
ほーしばな　愛媛（周桑）

エノキタケ　　　　　　　　　〔キシメジ科／キノコ〕
えのきたけ　広島
えのきもたし　仙台
おりぬき　山形（南村山）
おりめき　山形（東置賜）
こーとーなば　山口（厚狭）
なめ　山形（東田川・飽海）
なめこ　新潟
ぼりめぎ　岩手（九戸）
やつきのこ　山形（東置賜）
ゆきたけ　新潟
ゆきなめ　新潟（東頸城）
ゆきのした　宮城（仙台）

エノコログサ　　　　　　　　〔イネ科／草本〕
あそおこたち　熊本（玉名）
あわおこたち　熊本（玉名）
あわぐさ　長野（北佐久）　長崎（北松浦）
あわのえるこ　愛媛（新居）
あわはくじゃ　青森（三戸）
あわほ　大阪（豊能）
あわぼ　千葉（木更津）
いっこっこ　佐賀（神埼）　鹿児島
いぬぐさ　泉州　大阪　岡山（岡山）
いぬこぼ　香川（三豊）
いぬころ　奈良（南大和）
いぬころくさ　長野（小県）
いぬころころ　肥前　佐賀　長崎
いねころ　奈良（南葛城）　和歌山（那賀）
いのこ　岡山（苫田）

エノコログサ

いのこかね　備後
いのこぐさ　久留米　長崎
いのころ　奈良（南葛城）　和歌山（西牟婁・東牟婁・田辺）　高知（幡多）
いのころくさ　和歌山（海草）
いのじ　茨城
いのじあわ　水戸
いのっこ　静岡
いらくさ　岡山（岡山市）
いんがぐさ　鹿児島（大島）
いんぐさ　鹿児島（川内市）
いんころばな　富山（高岡市）
いんのお　新潟（佐渡）
いんのしりぽ　熊本（玉名）
うさぎのお　大阪（豊能）
うしのおっぱ　山形（東田川）
えのこぐさ　岩手（二戸）　千葉（香取）
えのこぶ　愛媛（新居）
えのこぽ　讃州　岡山（邑久）　香川
えのころ　鹿児島（熊毛）
えのころぐさ　島根（簸川）　京都（何鹿）
えのぽくさ　長野（下水内）
えびこぐさ　高知（土佐）
おこじそー　山形（飽海）
おやり　秋田
かいるととら　丹波
かにくさ　山口（厚狭）
かにぐさ　長州
がにくさ　山口（厚狭）
がにぐさ　山口（厚狭）
かにそばえ　福岡（小倉市）
がにそばえ　福岡（小倉市）
がねぐさ　和歌山（日高）
きつねあわ　山形（東田川）
きつねのおっぱ　山形（飽海）
きつねのちょーちん　新潟（刈羽）
けむし　和歌山（北部・伊都・那賀）　鹿児島（鹿児島市）
けむしぐさ　山形（東田川）　京都（何鹿）
ころころぐさ　長野（小県）
さげむすび　新潟
すずめあわ　岡山（児島・御津）
すずめのあわ　島根（那賀）　岡山（御津・岡山市）　水戸
すずめのてっぽー　岡山（岡山）
すなどり　京都（竹野）

てんぐんさん　香川（高松）
とーとーぐさ　備後　広島
とーとーご　広島（佐伯）
とーとーぽ　備中
とーとこ　岡山（邑久）
とーどこ　岡山（邑久）
とと　長崎（壱岐島）
ととあわ　長崎（五島・南松浦）
とどくさ　長崎（北松浦）
ととこ　島根（石見・邑智・美濃）
ととこくさ　防州　山口（山口）
ととこぐさ　防州　島根（石見）
ととろ　島根（美濃）
ととんぼ　長崎（東彼杵）
ねーこじゃらかし　新潟（中蒲原）
ねこ　三重（宇治山田市・伊勢）　兵庫（津名）　高知（土佐）　和歌山（有田・日高・東牟婁）
ねこあな　山口（荻市・阿武）
ねこあわ　山口（阿武）
ねこぐさ　兵庫（淡路島）　山口（大島）
ねこじゃら　山形（酒田市・飽海）
ねこしゃらかし　新潟　神奈川（川崎）
ねこじゃらかし　千葉
ねこじゃらし　長野（下水内）　茨城（鹿島）　群馬　埼玉（入間）　東京　神奈川（平塚・足柄上）　熊本（熊本）
ねこじゃらんぽ　長野（長野）
ねこじゃれ　長野（上田・北佐久）
ねこそばい　新潟（中頸城）
ねこそばえ　新潟（西頸城）　愛知（東加茂）
ねこだまし　富山（砺波・東礪波・西礪波）
ねことぶらかす　富山（砺波・東礪波・西礪波）
ねこねこ　長野（佐久）
ねこのお　香川
ねこのしっぽぐさ　福岡（柳川市）
ねこのたまとり　富山（砺波・東礪波・西礪波）
ねこのたまとる　富山（砺波）
ねこのひげ　岐阜（可児）
ねこのみっと　新潟（刈羽）
ねこはいぐさ　和歌山（新宮市）
ねこばえ　兵庫（加古）
ねこばな　三重（宇治山田市・伊勢）
ねこばやし　兵庫（加古）
ねこんぽ　長野（下水内）
ねのおぐさ　熊本（球磨）
のあわ　大分（直入）

はぐさ　丹波　秋田（鹿角）　岩手（紫波）
はくじゃ　青森（三戸）　岩手（二戸）
はこじゃ　青森（三戸）
ひげぐさ　山形（東田川）　岡山（岡山市）
へぐさ　秋田（鹿角）
べろべろ　長崎（北松浦）
ほじょぐさ（ムラサキエノコロ）　鹿児島（始良）
むつろぐさ　鹿児島（大島）
よーじぐさ　福井（今立）
よのこ　富山（砺波・東礪波・西礪波）

エビカズラ　→　エビヅル

エビガライチゴ　ウラジロイチゴ　〔バラ科／木本〕
えびがらいちご　和歌山
えぼしいちご　和歌山（伊都）
くまいちご　上州三峰山　秋田（鹿角・南秋田）
　和歌山（有田）　島根（仁多）
くまえちご　秋田（南秋田・鹿角）　岩手（紫波）
さいのいっご　鹿児島（鹿児島）
さるいちご　秋田（仙北）　宮城　福井（今立）
　静岡（磐田）　和歌山（東牟婁・西牟婁）　徳島
　（美馬）　愛媛（宇摩）　高知（吾川）
すずなりいちご　神奈川（足柄上）
たたみいちご　埼玉（秩父）
たわらいちご　高知（高岡）
ほんとのきいちご　長野（北佐久）
みやまなわしろいちご　三重
もちいちご　広島（比婆）
もりいちご　岐阜（不破）
よぼし　奈良（吉野）

エビスグサ　　　　　　　　　〔マメ科／草本〕
いしゃだおし　和歌山（新宮市・東牟婁）
ちゃーまーみ　沖縄（島尻）
ちゃーまみ　沖縄（国頭）
どくけし　香川（西部）　京都（竹野）　岡山
どくげし　香川
どくなし　和歌山（新宮市）
どっけし　徳島
はぶそー　和歌山　愛媛　大分（大分市・津久見市）
　鹿児島（曽於）　京都（竹野）　和歌山（新宮）
はぶちゃ　和歌山（伊都・海草・東牟婁・日高）
　熊本（熊本市・天草）
はぶんそー　鹿児島
まめちゃ　香川（西部）
ろくけし　岡山

ろっけし　岡山

エビヅル　エビカズラ　　　　〔ブドウ科／木本〕
いぬぶどー　山口（阿武・豊浦）
いぬもがら　山口（豊浦）
うしえべす　伊豆八丈島
うまのぶす　東国
えくぼ　高知（幡多）
えくぼかずら　高知（幡多）
えこぶ　高知（幡多）
えしび　新潟（西頸城）
えび　上総　島根　山口（大島・美祢）
えびかずら　島根（石見）　山口（阿武・玖珂）
えびかん　山口（大島）
えびこ　和歌山（海草）
えびこかずら　和歌山
えびしょ　熊野　三重　和歌山（南部）
えびしょかずら　和歌山
えびす　山口（大津）
えびず　山口（阿武）
えびぞろ　相州
えびながさ　山口（阿武）
えびのこ　茨城（結城）
えぶ　長野（佐久）　島根
えぶこ　香川（香川・綾歌）　東京（三宅島）
えぶこかずら　予州
えべず　伊豆八丈島　東京（御蔵島）
えぽこ　東京（三宅島）
えんつる　千葉（長生）
おいのべかずら　高知（幡多・長岡）
おにのべかずら　高知（土佐）
おんのべ　高知（幡多）
がい　鹿児島（桜島）
がいぶ　鹿児島（桜島）
がにがにっ　鹿児島（川辺）
がねき　鹿児島
がねっ　鹿児島（川辺・加世田市）
がねび　長崎（南高来・諫早市）　熊本（玉名）
がねびかずら　鹿児島（加世田市・川辺）
がねぶ　島根（能義）　長崎（東彼杵）　熊本（球
　磨）　宮崎（東臼杵・西臼杵）　鹿児島
がねぶかずら　鹿児島（肝属・川辺）
がねぶどー　福井（大牟田市）
がびかずら　備前
がびずる　岡山（久米）
がぶ　岡山（御津）

エビネ

かぶずる　備前
からすがらめ　鹿児島
がらべ　鹿児島
がらみ　長州　西国　筑前　島根（美濃）　山口（厚狭）　長崎（壱岐島）　宮崎（宮崎市）　鹿児島（肝属）
がらめ　薩州　熊本（球磨）　大分　宮崎（児湯）　鹿児島
がらん　鹿児島
がらんべ　鹿児島
がらんみ　鹿児島（姶良）
がらんめ　熊本（芦北）
がりっご　鹿児島（揖宿）
がれーぶ　鹿児島（種子島）
がれっご　鹿児島（揖宿）
がれぶ　鹿児島
がれめ　鹿児島（肝属）
かわぶどー　和歌山（那賀）
がんび　広島（比婆）
ぐいび　兵庫（赤穂）　広島（比婆）
くろ　島根（那賀）
ぐろ　島根（浜田市・大田市）
くろぶどー　奥州　仙台
ぐんだ　若狭　京都（竹野）
げーらび　岡山（児島）
こがねぐさ　長野（北佐久）
こぶどー　信州　秋田（北秋田）
こぶんど　岩手（釜石市）
ごぎ　伊勢
ごよみ　伊賀
ごよみずり　滋賀（愛知）
ごよみずる　近江
さなずら　山形
さなずらぶんど　山形（南村山・西田川）
さんどこまめ　山口（阿武）
すいび　新潟（佐渡・西頸城）　富山（東礪波）
すび　新潟（佐渡）
どくぶどー　山口（玖珂）
なつがんどー　泉州
なべとりかずら　阿州
ねこ　山形（酒田市・飽海）
のぶどー　仙台　京都　秋田　山口（玖珂・熊毛）　鹿児島（国分市）
のらぶどー　越前
ぶとー　山形（東村山）
ぶどー　秋田（仙北）

ぶんぞ　福島（相馬）
ほんえび　島根（那賀）
ほんぐいび　広島（比婆）
めくらぶどー　秋田
やまえび　上野
やまぶどー　山形　三重（桑名）　島根（平田市）　岡山（久米）　広島（豊田）　山口（玖珂）　熊本（阿蘇）　鹿児島
やまぶんどー　仙台
わたのき　宮崎（西諸県）

エビネ　〔ラン科／草本〕

いれーせん　伊吹
うりっぱ　群馬（多野）
ししばくい　熊本（八代）
すずらん　栃木（安蘇・河内）
ながししば　伊豆八丈島
ひゃっくり　島根（隠岐島）

エビモ　〔ヒルムシロ科／草本〕

うどんもく　岡山
えぼもく　千葉（佐原）
のげも　南部
ぴんちんばな　三重（伊勢）
もく　千葉（山武・君津）

エンコウカエデ → イタヤカエデ

エンコウソウ → リュウキンカ

エンジュ　〔マメ科／木本〕

しろえんじゅ　栃木
にがき　丹波　肥前杵島　福井　兵庫　佐賀
ふじ（シロエンジュ）　長野（小県）
ふじき（シロエンジュ）　静岡（富士山）

エンドウ　〔マメ科／草本〕

あまえんどー　山口*
いがら　大分（大分市・大分）
いざら　大分（大分市・大分）
いざりまめ　広島*
いぞら　大分（大分）
いだら　大分（大分）
いら　大分
いらだ　大分
いらら　大分
うすい　和歌山*
うわ　広島　安芸

エンドウ

えどまめ　青森（八戸）　山形（村山）
えんず　上総　長崎（南松浦・北松浦）　熊本（玉名・芦北・天草・八代・球磨）　宮崎（東臼杵・西臼杵・児湯・東諸県・西諸県）
えんずー　埼玉（入間）　佐賀（藤津）　熊本（球磨）
えんずまめ　長崎（南高来）　宮崎（宮崎・児湯・西諸県）
えんち　長崎（南松浦）
えんど　和歌山（和歌山・海草・那賀・有田・日高・東牟婁）　島根（八束・能義）　愛媛（周桑）　福岡（築上）
えんどー　東国
えんどまめ　埼玉（入間）　京都（京都）　和歌山（和歌山・海草・那賀・有田・日高・東牟婁）　島根（能義）
おーえんどー　広島（安芸）
おかぐらえんどー　山梨*
おたふく　千葉（夷隅）
おたふくまめ　千葉（夷隅）
おむき　京都*
かきまめ　奥州　岩手*　宮城
かきまめ（サヤエンドウ）　宮城（仙台・本吉）
かぎまめ（サヤエンドウ）　宮城（本吉・石巻）
かめど　山形（東村山）
かわくいまめ　広島*　山口*
かんささぎ　千葉（夷隅）
かんささげ　千葉（夷隅）
かんじゅーろく　千葉（夷隅）
かんじゅーろく（サヤエンドウ）　神奈川（津久井・中）
かんじゅろく（サヤエンドウ）　神奈川（鎌倉市・平塚・津久井）
かんじょーろく（サヤエンドウ）　神奈川（鎌倉市・中）
かんじろく（サヤエンドウ）　神奈川（藤沢市）
かんとー　広島（一部・高田）
かんどー　広島（豊田）
かんまめ　千葉*
ぎんだまobserv　鹿児島（奄美大島）
ぎんどーまみ　鹿児島（与論島）
こえんどー　島根（鹿足・隠岐島）　広島（高田）　山口
こけっこまめ　静岡（志太）
ごんどーまめ　福島*
さいまめ　広島（佐伯・高田）

ささらまめ　大分（大分）
さとーまめ　茨城*
さとーまめ（サヤエンドウ）　茨城（稲敷・北相馬）
さどきまめ（サヤエンドウ）　新潟（下越）
さとまめ（サヤエンドウ）　山形（庄内）
さどまめ　新潟*
さやえんど　福岡（築上）
さやくい　広島（沼隈・高田・芦品）
さやぶどー　栃木・埼玉　群馬*
さやぶどー（サヤエンドウ）　栃木（安蘇）　群馬（館林）　埼玉（北葛飾）
ざやぶんど（サヤエンドウ）　滋賀（彦根）
さやまめ　宮城*　新潟*　石川　山梨*　滋賀*　和歌山*　広島　島根　熊本*
さるえんど　兵庫（加古）
さるえんどー　山口*
さるこまめ　山口*
さるつらまめ　茨城（稲敷）
さるほーまめ　茨城（東南部）
さるまめ　青森*　茨城（東南部・稲敷）　千葉（下総・印旛）　広島（広島市）　山口　山口（玖珂）
さわり　岩手（二戸）
さんがつまめ　茨城*　栃木*　埼玉*　千葉*
さんがつまめ（サヤエンドウ）　茨城（真壁・北相馬）　千葉（海上・千葉）
さんどなり　新潟*
さんどまめ　宮城*　福島　茨城*　栃木（宇都宮）　群馬*　埼玉*　新潟（中越）
さんどまめ（サヤエンドウ）　新潟　愛媛
しかぱり　青森（南部）
しがまめ　青森*
しがわり　青森　岩手（二戸）　秋田（鹿角）
ししくわず　上州
じゃり　岩手（二戸）
すかぱり　青森
すがわり　青森（南部・八戸）　岩手（上閉伊・盛岡・紫波）　秋田（鹿角）
そーまめ　岩手*
そらず　岡山（邑久）
ちゃんこまめ　愛媛*
つけまめ　石川
つたまめ　宮城*
つちわりくさ　青森（西津軽）
つらまめ　青森*　秋田*

エンバク

つるぶんでー　芸州　伊勢
つるまめ　秋田（北秋田）　山形（村山・最上・飽海）　福島*　千葉（印旛）　静岡（小笠）　愛知（宝飯）　大分（大分）
とーまめ　愛媛
どよまめ（サヤエンドウ）　新潟
とりまめ　千葉（夷隅）　静岡（志太）
ながさき（サヤエンドウ）　茨城（北相馬）
ながさきまめ（サヤエンドウ）　茨城（稲敷）　千葉（印旛）
なつまめ　北海道*　富山　富山（砺波）
なりきんまめ　静岡*
にえず　三重（度会）
にどまめ　北海道（松前）　青森　岩手（釜石・二戸・上閉伊）　宮城（栗原）　秋田（北秋田）　山形（最上・置賜）　新潟（東蒲原・中蒲原）　愛媛
にどまめ（サヤエンドウ）　岩手（気仙）　宮城（仙台市）　新潟（北蒲原）
にんずー　埼玉（入間）
にんどまめ　岩手（下閉伊）　青森　秋田（鹿角）
のらまめ　畿内　京都　岐阜*
ばた　京都*
はったまめ　熊本（八代）
ばったまめ　熊本（八代）
びっつるまめ　群馬*
ひらら　大分
ふきあげ　長野（東筑摩）　岐阜（恵那）
ふきあげたま　静岡（磐田）
ぶっつー　群馬（利根）
ふとー　埼玉*
ぶどー　栃木（足利市）　群馬（佐波・邑楽・勢多・前橋）
ぶどー（サヤエンドウ）　栃木　栃木（足利・安蘇）
ぶどーまめ　茨城　栃木*　群馬（勢多）　埼玉（北足立）　千葉（印旛）
ぶどーまめ（サヤエンドウ）　栃木（安蘇）
ぶどまめ　埼玉*
ぶんご（サヤエンドウ）　広島（安芸）
ぶんじゅー　鹿児島*
ぶんず　群馬（勢多）
ぶんず（サヤエンドウ）　埼玉（川越）
ぶんずー　群馬*　群馬（北甘楽）　埼玉*　埼玉（秩父・入間）
ぶんずー（サヤエンドウ）　埼玉（入間）　千葉（印旛）
ぶんぞー　群馬（碓氷）　東京*　長野（南佐久・佐久）
ぶんぞーまめ　群馬（北甘楽）
ぶんつー　埼玉（秩父）
ぶんつー（サヤエンドウ）　群馬（勢多）
ぶんど　埼玉（北足立）　滋賀（蒲生・竜根・近江八幡）
ふんどー　岐阜（恵那）
ぶんどー　芸州　伊勢　群馬（多野）　埼玉（秩父）　岐阜（恵那）　滋賀（滋賀）　京都（中・与謝）　広島（高田）　三重（桑名）
ぶんどー（サヤエンドウ）　群馬　埼玉　滋賀　京都　三重
ぶんどーまめ　群馬*　埼玉*　滋賀　京都*　広島　山口*
ぶんどまめ　岐阜*　滋賀（近江八幡・蒲生）　京都*
ほび　島根（邑智）
みずご　香川（高見島）
みぞ　山口*
みど　山口*
みとり　山梨*
みどりまめ　宮城*　福島*
むきまめ　滋賀*　京都*
やしゃえんどー　熊本*
ゆきわり　山形*　山形（庄内）　山梨　長野*　長野（佐久・南佐久）
ゆきわりまめ　長野（佐久）
ゆきわれ　長野（佐久）
よぎわり　山形（庄内）
よさくまめ　秋田　秋田（河辺・南秋田・雄勝）
よさぐまめ　秋田（南秋田・仙北・平鹿・雄勝）
よどまめ　山形（庄内）

エンバク　〔イネ科／草本〕

いかむぎ　長崎*
うしむぎ　兵庫*
うばむぎ　長崎*
うまむぎ　宮城*　山形*　福島*　徳島*　宮崎*
おーむぎ　香川*
かっつぁもんぎ　石巻
からすど　熊本（玉名）
きつねむぎ　宮城*
じーねご　愛媛（大三島）

しおがまがや　陸奥
すずむぎ　千葉*　静岡*
つばくらむぎ　岩手*　宮城*　栃木*　新潟*　香川*
つばくろ　和歌山（日高・西牟婁）
つばくろむぎ　栃木*　長野*　愛媛*
つばさぐさ　愛媛（周桑）
つばさむぎ　山口*
つばめ　和歌山（和歌山市）
つばめくさ　徳島*
つばめぐさ　岡山（岡山市）　愛媛（周桑）
つばめむぎ　備中　岩手*　宮城*　岐阜*　和歌山*
　　島根*　山口*　福岡*　宮崎*
つぼくりむぎ　岐阜*
とんも　長野*
はとむぎ　長野*　岐阜*
ばむぎ　宮崎*
よたむぎ　新潟*

エンレイソウ　　　　　　　〔ユリ科／草本〕
えもーし　北海道
えもーで　北海道
えれぐさ　阿州
おーみつば　秋田
がぜつな　佐渡
きまくない　北海道
ぎりまき　長野（下水内）
ぐりみき　山形（庄内）
ぐるみ　長野（下水内）
ぐるみき　山形
ぐるめき　山形
くるめきな　越後
ごろめき　山形（西田川）
さがりいちご　新潟（佐渡）
さはいいちご　新潟（佐渡）
さわぶどー　山形（西置賜）
じょーざけ　山形（鶴岡市・東田川）
たちあおい　武州　江戸
まだぶ　青森（弘前）
まんだぶ　青森
みかどそー　北海道（松前）
みつば　長野（木曾）
みつば　山形（西置賜）
みつばあおい　越中
みつばいちご　越後
みつばにんじん　越後
やまほーずき　新潟（佐渡）

やままは　岩手（盛岡）
やまみつば　秋田
やまもちぐさ　長野（北安曇）

オウシュウスモモ　　　　　〔バラ科／木本〕
おーすもも　愛知*　島根*　大分*
けるしー　岐阜*
さとすもも　秋田*
すいかもも　東京*　岐阜*　滋賀*　愛媛*
すいかんと　山形*　福島*
すいかんもも　三重*
すかもも　富山*
どいつもも　徳島*
ふーむき　愛媛*
ふむーさ　広島*　熊本*
ふもーさー　岡山*　広島*

オウチ　　　　　　　　　〔センダン科／木本〕
しょんげな　熊野

オウトウ → サクランボ

オウバイ　　　　　　　　〔モクセイ科／木本〕
おーしゅくばい　佐渡
きんすだれ　岡山（小田）
きんばい　仙台
きんばいか　岩手（上閉伊）

オウレン　　　　　　　〔キンポウゲ科／草本〕
おーれんぐさ　島根（邇摩・那賀）
おれん　福井（今立）
くすりぐさ　福井（今立）　岡山（英田）
なぎなたほーずき　岐阜（恵那）

オオアワ → アワ

オオアワガエリ　　　　　　〔イネ科／草本〕
あわぐさ　和歌山（新宮市）
いちごつなぎ　和歌山（新宮）
けむしぐさ　長野（北佐久）
じぞーつばな　山形*
むぎくさ　長野（北佐久）

オオアワダチソウ　　　　　〔キク科／草本〕
あわのはな　鹿児島（日置）
いとーそー　長野（北佐久）
ぼーばな　新潟（直江津）

オオイタドリ 〔タデ科／草本〕
さし　山形（東田川）
さしどり　青森　岩手（上閉伊）

オオイタビ 〔クワ科／木本〕
いしじべ　鹿児島（奄美大島）
いたぶ　長崎（五島）
いわがらみ　長州
いわしば　長州
いわしばり　長州
いんいたぶ　長崎（壱岐島）
いんたぶ　鹿児島（出水）
おーたぶ　鹿児島（国分市）
がくくれ　鹿児島（大島）
からすこくぼ　高知（幡多）
からすのちち　鹿児島（薩摩）
くちは　鹿児島（奄美大島）
しーしちゃび　鹿児島（与論島）
しーちゃび　鹿児島（与論島）
たびかずら　鹿児島（肝属）
たぶ　鹿児島（出水・肝属）
たぶのき　鹿児島（肝属）
ちちのみ　福岡
つく　高知（幡多）
つた　高知（幡多）
つたかずら　鹿児島（揖宿）
つたん　高知（幡多）
とんぶい　鹿児島（名瀬市）
ぶっくのき　長崎（南高来）
みんこ　鹿児島（名瀬市）
みんちゃぶかずら　鹿児島（奄美大島）
むいぎょー　鹿児島
むるんぎゅ　鹿児島（奄美大島）

オオイヌタデ 〔タデ科／草本〕
あかめまんま　静岡（富士）
かわたで　和歌山（伊都）
たで　鹿児島
たでくさ　秋田（北秋田）　山形（山形）　鹿児島（加世田）
はちぶたで　秋田（鹿角）

オオウシノケグサ 〔イネ科／草本〕
とどくさ　山形（庄内）

オオウバユリ 〔ユリ科／草本〕
うしのした　秋田（南秋田）

オオウラジロノキ　ズミノキ 〔バラ科／木本〕
おーやまなし　三重（伊賀）
おとこずみ　長野（松本）
かしょーしき　筑前
かたなし　栃木（西部）　群馬（東部）
すなし　茨城　長野　静岡　愛知　岐阜
ずみ　青森　埼玉（秩父）　神奈川　静岡
ずんぽのき　岐阜
てんごりんご　山梨（富士吉田）
ひめなし　岐阜（揖斐）
やまずみ　埼玉（秩父）　富山（五箇山）
やまなし　岩手　宮城　茨城　栃木　群馬　埼玉
　（秩父）　神奈川　福井　山梨　愛知　三重　奈良

オオカグマ 〔シシガシラ科／シダ〕
いのてここみ　奥州東柳川村
ししわらべ　宮崎（東臼杵）

オオカマツカ → カマツカ

オオカメノキ　ムシカリ 〔スイカズラ科／木本〕
いっぽんよつずみ　埼玉（秩父）
いぬそぞみ　宮城（仙台市）
いぬのくそまき　青森（上北）
うまじゅみ　青森（南津軽）
うまじょみ　秋田（鹿角・北秋田・南秋田）
うまもち　新潟（北魚沼）
えたのけつぬぐい　山形（北村山）
おーかめ　新潟（南魚沼）
おーがめ　山形（東田川）
おーがめのき　福島（会津）
おーじゅみ　青森（下北）
おーじょみ　秋田　山形
おーぞみ　秋田　山形
おーば　新潟（佐渡）
おーよーずみ　岐阜（恵那・付知）
おーよすず　富士山
おとこゆーぞめ　長野（伊那）
おとこよーぞめ　岐阜（恵那）
かっぱぞみ　秋田（南秋田）
かべ　木曾
がべ　木曾
かべのき　長野（木曾）　岐阜（東濃）
かべんそー　岐阜（東濃）

がんびゅー　岐阜（飛騨）
がんべーじ　長野（上水内）
きつねしば　岐阜（揖斐）
きつねのしりぼし　石川（能美・白山）
きんたまのき　岩手（岩手）
くそくさぎ　富山（五箇山）　岐阜（大白川）　福
　井（大野）
くそっき　栃木（那須）
くそどー　大和吉野郡　奈良洞川
くそはすに　岩手（下閉伊）
くろずみ　群馬（利根）
けつねしば　岐阜（揖斐）
けまり　埼玉（秩父）
けまりのはな　青森（八戸）
けまりばな　青森（八戸）
けんまりざくら　青森（八戸）
さるぽこ　長野（上水内）
さわふたぎ　岩手　宮城　山形
ししずい　新潟（東蒲原）
しぶとぎ　岐阜（揖斐）
しゃかばな　愛知（段戸山）
しゅねしば　岐阜（揖斐）
しろよそず　山梨（本栖）
ずみ　長野（下水内）
ぞーのき　山形（飽海）
ぞみ　岩手（和賀）
たにかめがら　島根（仁多）
たんぺい　長野（伊那）
だんぺい　群馬（利根）
たんぺいそう　木曾　栃木（日光）
つまぶさ　福島（南会津・会津）　栃木（那須）
ねこくさぎ　新潟（岩船・魚沼）　群馬（利根）
ねこのくさぎ　山形（羽黒山）　新潟（北蒲原）
ねこのくそ　新潟　長野（志賀高原）
ねじりしば　秋田（山本）　青森　岩手
ねずき　岩手（和賀）
ねそ　滋賀（滋賀）
のぞはれ　岐阜（揖斐）
はなしぶれん　奈良（吉野）
はびろ　青森　宮城
はらしば　青森（三戸）
ひとちば　青森　岩手
ひとつっぱ　岐阜（恵那・中津川）
ひとつば　青森　岩手　岩手（胆沢）　秋田　福
　井　京都
ひらか　南部

びらか　青森
びらき　青森　岩手
びらけ　青森（北津軽）
びらっか　青森（三戸）
ふたつば　青森　岐阜（郡上）
ふたつばいたや　岩手（岩手）
ふたば　岩手（岩手）
べら　青森（三戸）
べらか　岩手（稗貫）
べらき　秋田（南秋田）　青森　岩手
べらつか　岩手　宮城
へらのき　秋田（北秋田）
まめしば　青森（上北）
まるきしば　青森（東津軽・上北）
みやまよーすず　静岡（安倍）
むしかり　愛知（東三河）
めんかぶり　宮城（刈田）
もちしば　青森（西津軽）
やこーじゅー　岐阜（揖斐）
やはち　山梨（南巨摩）
やまあおい　山形（東田川・羽黒山）
やまでまり　埼玉（秩父）
やまてまる　福井（大野）
やまぼたん　岐阜（揖斐）
やまもち　新潟（佐渡）
りてんだほ　北海道

オオカラシ　〔アブラナ科／草本〕
おーな　高知
このわか　岡山　山口（厚狭）　熊本
しょーな　和歌山（東牟婁）
せんば　愛媛（周桑・新居）
たかな　熊本（玉名）
とーわか　高知
とくわかな　讃州
まな　愛媛（周桑）
まんば　愛媛（周桑・新居）

オオカラスウリ　〔ウリ科／草本〕
がらすぬはんめ　鹿児島（奄美大島）
がらすぬまいきゃ　鹿児島（沖永良部島）

オオクマヤナギ → クマヤナギ

オオケタデ　〔タデ科／草本〕
おにたで　備後
かぶてこぶら　肥前

けーとーばな　長野（北佐久）
たばこばな　鹿児島（揖宿）
ちょーせんたばこ　丹波
とーたで　阿州
はちぐさ　丹波
はぶてごーら　長門　周防
ひらたちおどし　肥前
まむしぐさ　伯州
みずひき　長野（佐久）

オオコマユミ → コマユミ

オオジシバリ　ツルニガナ　〔キク科／草本〕
ずすばい　岩手（上閉伊）
ずすべり　岩手（上閉伊）
ちぐさ　静岡（富士）

オオシマガンピ　〔ジンチョウゲ科／木本〕
かびき　鹿児島（奄美大島）
かみぎ　鹿児島（奄美大島）

オオシマコバンノキ　〔トウダイグサ科／木本〕
あんばぎ　鹿児島（徳之島）
ままんぎ　鹿児島（与論島）
まむが　鹿児島（奄美大島）

オオシマノジギク　〔キク科／草本〕
いそぎく　鹿児島（奄美大島）

オオシラビソ　アオモリトドマツ　〔マツ科／木本〕
あおとど　青森（東津軽）
あこー　山梨（南巨摩）
うらびょーそ　群馬（利根）
おーりゅーせん　栃木（日光）
おっこ　秋田（鹿角）
おもた　長野（八ヶ岳）
おんこー　青森（南津軽）
きそ　長野（志賀高原）
くろび　長野（松本）
じさ　栃木（日光市）
じゅーもんじつが　福島（岩代）
しらつが　福島（会津）
しろつが　福島（尾瀬）　群馬（利根）
ぜんじょーまつ　富山（中新川・東礪波・立山・五箇山）
だけおっこ　青森（上北）
つが　秋田　山形　福島　尾瀬　長野

つがしらべ　山梨（南都留）
つがまつ　宮城
つがるもみ　青森　岩手
とが　石川（白山）
とど　青森（津軽）
とどまつ　青森（岩手）
ととろっぽー　青森（津軽）
ひそ　長野（志賀高原）
ぶさまつ　新潟（苗場山）
ほんつが　山形（置賜）
もみ　岩手（岩手）　宮城
もろび　岩手　秋田（仙北・北秋田）
やなき　長野
やにったれもみ　長野（上水内）
りゅーせん　栃木（日光）　群馬（尾瀬）

オオシロシキブ → ムラサキシキブ

オオゼリ → ドクゼリ

オオタニワタリ　〔チャセンシダ科／シダ〕
こーじしば　伊豆八丈島
こーじぶた　伊豆八丈島
さらむしる　沖縄（石垣島）
さるむしるー　沖縄（島尻）
さわわたり　東京（御蔵島）
するむしる　沖縄（竹富島）
たにわたり　和歌山（東牟婁・西牟婁）　鹿児島（大島）
ひらむしるー　沖縄（島尻）
ふきんぬふき　沖縄（鳩間島）
ふすんぬふき　沖縄（竹富島）
ふついび　沖縄（与那国島）
ふついんぬふき　沖縄（石垣島）
やまがしゃ　鹿児島（奄美大島）
やまつる　鹿児島（奄美大島）

オオチドメ　〔セリ科／草本〕
へびのした　鹿児島（垂水市）

オオツヅラフジ → ツヅラフジ

オオデマリ　テマリバナ　〔スイカズラ科／木本〕
いたちのは　山形（飽海）
きょーぼたん　群馬（山田）
けまる　香川（高松市）
てまりか　福岡（筑前）　熊本（玉名）
てまりばな　和歌山（伊都）
てんまるばな　岡山（岡山市）　広島（比婆）

オオナラ → ミズナラ

オオヌマハリイ　ヌマハリイ
〔カヤツリグサ科／草本〕
　えご　長野（北佐久）

オオノアザミ　　　　　　　〔キク科／草本〕
　おにあざみ　山形（東村山）

オオバアサガラ　　　　　〔エゴノキ科／木本〕
　あかいも　三重（一志・飯南・多気）
　あさがら　埼玉（秩父）茨城　栃木　群馬　東
　　京　山梨　静岡　愛知　木曾
　あさだのき　茨城（大子）
　いとち　高知（土佐・長岡）愛媛（宇摩・新居）
　いどち　奈良（吉野）
　いもぎ　神奈川　長野　三重　愛媛
　いもくそ　岐阜（中津川）
　いものき　神奈川（西丹沢・道志）
　おがら　埼玉（秩父）
　くそぶ　兵庫（佐用）
　さわみそ　岐阜（中津川）
　しょーねなし　美濃
　しろいとじ　愛媛（石槌山）
　しろいとち　高知（土佐）
　たにあさ　福井（三方）京都（北桑田）福岡
　　（築上・犬ヶ岳）
　たにやす　大分（南海部）

オオバイボタ　　　　　　〔モクセイ科／木本〕
　ばかぎ　鹿児島（甑島）
　よめなつづら　鹿児島（肝属）

オオバウマノスズクサ〔ウマノスズクサ科／木本〕
　はなくさ　鹿児島（薩摩）

オオバギ　　　　　　　〔トウダイグサ科／木本〕
　すみつなぎ　鹿児島（加計呂麻島）
　やまぎり　鹿児島（大島）

オオバキスミレ　　　　　　〔スミレ科／草本〕
　じあおい　山形（東田川）
　しろな　山形（東田川）
　つちあおい　山形（鶴岡市・東田川・庄内）

オオバギボウシ → トウギボウシ

オオバグミ　マルバグミ　　〔グミ科／木本〕
　いそぐみ　東京（三宅島・御蔵島）
　さがいぐん　鹿児島（肝属・種子島）
　じゃんかにゅー　沖縄（宮古島）
　とらぐみ　讃州　鹿児島（島嶼）
　のしろぐいめ　高知（幡多）
　まるばぐみ　和歌山

オオバクロモジ → クロモジ

オオバコ　　　　　　　　〔オオバコ科／草本〕
　あばぁそー　山口（豊浦）
　あばく　山口（美祢）
　あめこ　青森（津軽）
　あんばこ　長野（北佐久）
　あんばっ　鹿児島（川辺）
　あんぱん　鹿児島（揖宿）
　いがらくさ　岡山（邑久）
　いんびき　新潟（佐渡）
　うさぎくさ　新潟（刈羽）
　うやんちゅぬぶーふつぁ　沖縄（石垣島）
　うんばく　鹿児島（鹿児島・肝属・大島）
　うんばくさ　鹿児島（大島）
　うんばのは　鹿児島（鹿屋）
　おーざぬぶーふさ　沖縄（竹富島）
　おーばいこ　香川（三豊）
　おーばか　山口（厚狭）
　おーばく　秋田（平鹿）静岡（富士）
　おーばくそー　静岡（富士）
　おおほこさん　愛知（海部）
　おがめっぱ　福島（会津若松）
　おっばこ　和歌山（新宮）
　おっぱこ　群馬（利根）
　おばか　山口（佐波）
　おばけ　岩手（二戸）
　おばこ　静岡（富士）富山（西礪波）福井（今
　　立）京都（京都）和歌山（東牟婁）兵庫（津
　　名・三原・赤穂）岡山（吉備・和気・上道）
　　島根（美濃・鹿足）広島（豊田）山口（萩・
　　厚狭・熊毛）福岡（久留米・山門）佐賀（藤
　　津・神埼・小城）大分（佐伯）鹿児島（鹿児
　　島・串木野）
　おばこくさ　長崎（南高来）
　おばっこー　和歌山（日高）
　おほこ　山口（玖珂・豊浦）
　おもばこ　山口（厚狭）
　おんば　鹿児島（加世田・肝属）

オオバコ

おんばく　埼玉（入間・大里）　千葉（山武）　東京（八王子）　神奈川（鎌倉・津久井・愛甲・足柄上）　静岡（田方・富士・小笠）　愛知（知多）　長野（長野・下伊那）　島根（美濃・邇摩）　長崎（壱岐）　熊本（八代）　宮崎（宮崎・日南・東諸県・西臼杵）　鹿児島（鹿児島・日置・揖宿）

おんばくねねごーこー　長野（下水内）

おんばくろー　新潟（佐渡）

おんばこ　北海道　群馬（碓氷）　埼玉（入間）　東京　愛知（名古屋・南設楽）　長野（諏訪・下伊那）　和歌山（海草・日高）　大阪（豊能）　鳥取（気高）　島根（美濃・邑智・能義・簸川）　山口（玖珂）　愛媛（越智）　福岡（築上・朝倉）　長崎（長崎・東彼杵・下県）　熊本（芦北・八代・球磨）　大分（大分・直入）　宮崎（児湯）

おんぱこ　愛知（知多）

おんぱこば　愛知（春日井）

おんばっ　長崎（南松浦）　鹿児島（鹿児島・串木野・垂水・鹿屋・日置・川辺・肝属）

おんばっこ　千葉（君津）　鹿児島（肝属）

おんばっのは　長崎（南松浦）　鹿児島（薩摩）

おんぱっぱ　千葉（市原・君津）

おんばん　鹿児島（鹿児島）

おんばんのは　鹿児島（加世田・串木野・阿久根・薩摩）

おんびら　長野（上水内）

おんべこ　群馬（利根）

おんぼこ　島根（美濃）

おんぼこさま　愛知（海部）

かいるくさ　愛知（海部）

かいるっぱ　新潟（北蒲原）　栃木　青森

かいろくさ　愛知（海部）

かいろっぱ　栃木（河内）

がいろっぱ　長野（佐久）　群馬　栃木（川越）　静岡

かいろば　愛知（一宮）

がえーろっぱ　岩手（胆沢）　宮城（仙台）

がえーろぱ　宮城（仙台）

かえるぐさ　山形（飽海）　栃木（芳賀）　兵庫（赤穂・津名・三原）

かえるっぱ　青森　栃木　埼玉（秩父）　千葉（下総）　新潟（北蒲原・東蒲原）　和歌山（伊都）

がえるっぱ　福島（会津）　新潟

かえるのは　栃木（那須）

かえるば　奥州　南部　仙台　野州　兵庫（赤穂・津名・三原）　岩手（二戸）

かえるぱ　仙台　福島　茨城　茨城（稲敷）

がえるぱ　山形（東置賜）　福島（相馬）

がえろぐさ　三重（鳥羽市・志摩）

かえろっぱ　新潟（東蒲原）　静岡

かえろっぱ　奥州会津　宮城（仙台）　茨城（久慈・稲敷）　栃木　埼玉（秩父）　千葉（印旛）　長野（更級）　新潟（長岡）　静岡（島田市）　鹿児島（鹿児島市）

がえろっぱ　栃木（宇都宮）　長野（北佐久・小県・下高井）

がえろっぱ　宮城（仙台市）　山形　群馬（佐波・館林）　千葉（印旛）　新潟　長野

かえろっぺ　栃木（栃木市）

がえろば　宮城（玉造）

がえろぱ　仙台　宮城（登米）　山形

かぎひっぱり　山形（鶴岡市）

かぎり　青森（下北）

かせるぱ　茨城（西茨城）

かにくさ　山口（豊浦）

がにぐさ　山口（豊浦）

かにんくさ　山口（豊浦）

がにんぐさ　山口（豊浦）

かまきり　青森（津軽・上北・弘前・南津軽）

かんこびきくさ　北海道松前

かんびき　岩手（下閉伊）

かんぴき　岩手（下閉伊）

ぎーこんばいこん　長野（上水内）

ぎこぎこ　福島（耶麻）

ぎしぎし　和歌山

ぎっちょ　青森（南津軽）

ぎゃーろっぱ　静岡（富士）

ぎゃーろば　愛知（中島）

ぎゃろっぱ　宮城（栗原）

ぎゅーろっぱ　千葉（印旛）

ぎょーろば　愛知（中島）

きりんこ　青森（青森）

げぁろっぱ　宮城（仙台市）　山形（東置賜・西置賜）

げぁろぱ　宮城（石巻）　山形（南置賜・東田川）　岩手

げぇーろくさ　岩手（二戸）

けーるっぱ　福島（東白川・棚倉）　茨城（稲敷・真壁）

げーるっぱ　福島（相馬）　茨城（北相馬）　栃木（芳賀）　群馬（佐波）　新潟（西蒲原）

オオバコ

げーるぱ　福島（相馬）
けーろっぱ　福島（会津）　栃木（上都賀・下都賀）
げーろっぱ　宮城　栃木（安蘇）　群馬　埼玉（秩父・北葛飾・川越）　千葉（市原・印旛・東葛飾・山武）　新潟　山梨（南巨摩）　長野
げーろっぱ　栃木（佐野市・安蘇）
けぇろぱ　岩手（江刺・胆沢）
げーろぱ　宮城　千葉（印旛）
げろーぱ　宮城（仙台市）
げろーぱ　宮城（仙台市）
げろっぱ　山形（酒田市・飽海）
ごいこんごいこん　長野（更級）
こーばく　山梨
こーばこ　鳥取（気高）　兵庫
こーやくんさー　鹿児島（喜界島）
こーれっぱ　長野
ごっきんごっきん　岡山（岡山）
こばこば　福井（大飯）
ごんぼひき　愛知（中島）
さぜんそー　山口（玖珂）
ざぜんそー　山口（柳井・玖珂）
しーばんぐさ　沖縄（中頭）
しっつりこんば　長野（北佐久）
しとっぺ　長野（佐久・南佐久）
しとねご　青森
しなきり　青森（下北）
じびょーぐさ　静岡（富士・庵原）
しゃぜん　長門
じゅーやく　青森（三戸）
ずいこんざいこん　長野（上水内）
すいこんばいこん　長野（長野・下高井）
すいこんばんこん　長野（下水内）
ずこずこ　長野（下高井）
ずこもこ　新潟（中蒲原）
すじつなぎ　埼玉（秩父）
すっこべ　兵庫（赤穂）
すぷいぐさ　沖縄（本島）
すもーとり　山形（中部）
すもーとりぐさ　山形（南置賜・南村山）　群馬（伊勢崎市）　千葉（山武・印旛）　新潟（佐渡）　静岡（富士）　奈良（北葛城）　岡山（御津）　香川　福岡（福岡市）　長崎（南松浦）
すもーとりばな　島根（出雲）　長崎（南松浦）
すもっとり　新潟（佐渡）
すもとり　但馬　山形（東村山）　新潟（佐渡）　愛知（幡豆）

すもとりぐさ　山形　新潟　福井（今立）　岐阜（稲葉）　静岡（富士）　宮崎（東諸県）　福島（大原）
すもんとり　大阪（泉北）
すもんとりぐさ　兵庫（加古）　奈良
ぜっけんめっこん　山形（東置賜・西田川）
たーんむぐさ　沖縄（島尻）
だいろっぱ　新潟
だえきくくさ　岩手（水沢）
だごべ　岩手（盛岡）
だごぽ　岩手（盛岡）
たぽぽ　岡山（吉備）
たぽぽ　岡山（総社）
たんば　長野（南佐久・佐久）
ちじばこ　新潟
ちちばこ　新潟
ちどめぐさ　長野（佐久）
ちょくこ　秋田
ちょちょば　秋田（南秋田）
ちょちょぱ　秋田（南秋田）
ちょちょりこ　秋田（仙北）
ちょちょりぱ　秋田（仙北）
ちょちょれこ　秋田（河辺）
ちょっこ　秋田
ちょぽりこ　秋田
ちょりちょりば　秋田（仙北）
ちょりぱ　秋田（南秋田・山本）
ちょれっぱ　秋田
ちょろば　秋田（山本）
ちんべ　山形（庄内）
つちばこ　丹波
つっぱこ　京都（何鹿）
つつばご　京都（何鹿）
つばくろのかかさん　秋田（平鹿）
つんばくらのかかさん　秋田（平鹿）
つんべ　山形（庄内）　新潟
つんべー　山形（鶴岡市・東田川）
つんべこ　山形（西田川・飽海）
てりこぱこ　秋田（鹿角）
てりこぱりこ　秋田（鹿角）
てるこぱりこ　秋田（鹿角）
とりぐさ　山形（飽海）
とりこぱこ　秋田（南秋田）
とりこぱっこ　秋田（南秋田）
とりこぱりこ　秋田（南秋田）
どんきゅーくさ　鹿児島（薩摩）

オオバコ

どんきゅーぐさ　鹿児島（甑島）
どんくいきりかし　長崎（南高来）
なりぎっぱ　青森（上北）
なりこっぱ　青森（三戸）
なりごっぱ　青森（三戸）
にしん　秋田（平鹿）
にす　秋田
ねねごーこー　長野（下水内）
ねぶとんくさ　鹿児島（与論島）
ばいばい　新潟（中頸城）
はこっこ　山口（玖珂）
はこび　高知（安芸）
はこべ　木曾与川村　長野（上水内）
はこべら　伊豆八丈島　東京（八丈島）
はたおりぐさ　千葉（夷隅）　山梨
ばっこぐさ　島根（隠岐島）
はっこべ　高知　高知（幡多）
ひきぐさ　岩手（江刺）
びきぐさ　岩手（江刺）
びぎとぅるな　沖縄（与那国島）
ひきひき　和歌山（那賀）
びきびき　和歌山（那賀）
びっきくさ　山形（東村山・最上・置賜）　秋田（南秋田）
びっきぐさ　秋田（南秋田・山本）　山形（北村山）
びっきっぱ　山形（西置賜）　福島（会津・南会津・北会津）
びっきのこ　岩手（気仙）
びっきのは　岩手（上閉伊・気仙・水沢・胆沢・江刺・下閉伊・東磐井・稗貫）　秋田（河辺・由利・山本）　山形（庄内）　宮城（本吉）
びっきぱ　山形（東置賜・西置賜）
びっきりこ　長野（更級）
びっきりこー　長野（更級）
ひっきりんぼ　長野（佐久）
びっきんくさ　山形
びっきんぐさ　山形（西置賜）
ひばりこ　山形（飽海）
ひるふぁぐさ　沖縄（国頭）
ふぃらふぁぐさ　沖縄（首里）
ふぃるふぁぐさ　沖縄（首里）
ふーじっぱ　千葉（山武）
ふーずいっぱ　千葉（夷隅）
ふーずいば　千葉（長生）
ふーずいば　千葉　千葉（長生）
ふーずきば　千葉（山武）

ふとちゃこ　青森（上北）
ふるこ　盛岡
べけんぐさ　山形（最上・西田川）
べこ　山形（東村山）
べっきぐさ　山形
べっきんぐさ　山形（東村山・南村山）
ほーさー　山口（玖珂）
ほーずいっぱ　千葉（安房）
ほーずきば　総州　房州
ほーぜっぱ　千葉（安房）
ほーばく　静岡（富士）
ほーばこ　愛媛（周桑）
ほばこ　山口（厚狭）　熊本（玉名）
まぐりっぱ　秋田（仙北）
まりこ　蝦夷　山形（庄内）　岩手（宮古・下閉伊）
まりご　岩手（九戸・下閉伊）
まりこぐさ　山形（飽海）
まりごくさ　岩手
まりこっぱ　岩手（九戸・下閉伊）　山形（南置賜）
まりごっぱ　岩手（九戸・二戸）
まりこっぺ　山形（庄内）
まりこば　岩手（下閉伊）
まるき　秋田（平鹿・雄勝）　岩手
まるきっぱ　岩手（盛岡・二戸・紫波）
まるぎっぱ　岩手（九戸・二戸・紫波）
まるきのは　秋田
まるきば　岩手（二戸）
まるぎば　青森（八戸）
まるぎば　岩手（盛岡・岩手）
まるぐ　秋田（平鹿）　岩手（上閉伊・下閉伊・紫波）
まるこ　岩手（上閉伊・下閉伊）　山形　山形（酒田）
まるご　青森（八戸）　岩手（釜石・下閉伊）
まるこっぱ　青森（南部・三戸・南津軽）　岩手（九戸・二戸・盛岡）　秋田（北秋田・鹿角）
まるこっぱ　青森（三戸）
まるごっぱ　青森（八戸）　秋田（北秋田・鹿角）　岩手（九戸・二戸・岩手）
まるごのこっぱ　岩手（下閉伊）
まるこのは　岩手（上閉伊）
まるごのは　岩手（遠野・上閉伊）
まるこば　南部　青森　岩手（岩手）
まるこば　秋田（北秋田・山本）　青森
まるごば　青森（南津軽）　秋田（北秋田・鹿角）　岩手（盛岡・二戸）

まるっぱ　山形（飽海）　山口（玖珂・柳井）　大分（大分市）
まるば　青森　岩手（上閉伊・釜石・九戸）　秋田（仙北）
まるぱ　青森（上北・南津軽）　秋田　岩手（九戸）　山形（東田川・西田川）
まるばぐさ　秋田（北秋田）
まれこ　岩手（下閉伊）
まれご　岩手（下閉伊）
まろく　岩手（上閉伊）
まろこ　山形（東田川）　岩手（上閉伊・和賀・稗貫・紫波）
まろご　岩手（紫波）
まろこっぱ　岩手（九戸）
まろこぱ　岩手（二戸・稗貫）
まろごぱ　岩手（九戸）
まろっぱ　青森（津軽）
みちおんばこ　岩手（下閉伊）
みちぽーき　甲州
めーぶし　沖縄（波照間島）
めつばっくさ　長崎（南松浦）
めつんばつぐさ　長崎（五島）
めどんぱり　長崎（北松浦）
めひっぱい　宮崎（西諸県）
めほーき　能登
やっさんこ　石川（鳳至）
やっさんご　石川（鳳至）
らんばこ　島根（美濃）
んまはこべ　山形（南村山）

オオバジャノヒゲ　〔ユリ科／草本〕
ましこたま　群馬（山田）
まんこたま　秋田（南秋田）

オオバセンキュウ　〔セリ科／草本〕
せーき　山形（東田川）

オオバタネツケバナ　〔アブラナ科／草本〕
てーれぎ　山口（防府）　愛媛　愛媛（松山）

オオハナワラビ　〔ハナヤスリ科／シダ〕
かんわらび　三重（宇治山田市）

オオバボダイジュ　〔シナノキ科／木本〕
あおしな　北海道　福井（三方）
うまだ　秋田（雄勝）

おーばまだ　宮城（宮城）
おーばまんだ　岩手（岩手）
おーまんだ　秋田（仙北）
おばまだ　秋田
おばまんだ　秋田（鹿角）
しな　岩手　山形　新潟　富山　群馬
しなのき　山形（西田川）
まだ　山形　青森　岩手
またのき　秋田（仙北）
まだのき　岩手　秋田　宮城
まんだ　山形（東村山）　岩手　秋田
まんだぬき　山形（東南部）
むわだ　山形（北村山）
もあだ　山形

オオハマグルマ　〔キク科／草本〕
しくさ　鹿児島（中之島）

オオハマボウ　ヤマアサ　〔アオイ科／木本〕
はじぎー　鹿児島（沖永良部島）
はぜ　鹿児島（沖永良部島）
ゆーな　鹿児島（奄美大島）　沖縄（首里）
ゆーなぎ　鹿児島（奄美大島）
ゆながし　鹿児島（奄美大島）
ゆなぎ　鹿児島（奄美大島）
よーな　鹿児島（徳之島）
よーにゃ　鹿児島（与論島）

オオバヤシャブシ　〔カバノキ科／木本〕
くろぶな　静岡（南伊豆）
はいのき　東京（八丈島・青ヶ島）
はんのき　東京（大島・三宅島）
ぶな　静岡（伊豆）
へーのき　東京（八丈島）
やしゃ　神奈川　静岡　東京（三宅島）
やしゃぶな　静岡（伊豆）

オオバヤドリギ　〔ヤドリギ科／木本〕
とびぎ　鹿児島（奄美大島）
ほや　長野（佐久）

オオバヤナギ　〔ヤナギ科／木本〕
あかやなぎ　栃木　岐阜
おーばやなぎ　青森　岩手　秋田
おーやなぎ　青森（下北・上北）
かたくりやなぎ　青森（下北）

オオバライチゴ

かわどろ　長野（伊那）
やすもとやなぎ　福島（会津）
やまやなぎ　青森（下北・上北）
わたのき　新潟（北蒲原）

オオバライチゴ　リュウキュウバライチゴ
〔バラ科／木本〕

あましたいっご　鹿児島（肝属）
さがいいっこ　鹿児島（甑島）
さがいこいっご　鹿児島（甑島）
さがいこまつ　鹿児島（甑島）
たかいっご　鹿児島（垂水市）
にぎいしょび　鹿児島（奄美大島）
のーしろいちび　鹿児島（奄美大島）

オオハルシャギク　〔キク科／草本〕

あきざくら　青森　秋田　千葉（長山）　富山
　（砺波・東礪波・西礪波）　岡山（小田）　香川
　（高松）　高知　福岡（三池）　長崎（南松浦）
　熊本（玉名）　大分　鹿児島（鹿児島）
あきんじゃくら　青森
さくらそー　大分（大分）
せいたか　愛知（愛知）
ぜにこくさ　岩手（二戸）
たえさんばな　鹿児島（肝属）
たえわんそー　福島（相馬）
ちょーせんざくら　大分（大分）
にんじんばな　長崎（南高来）
ひがんざくら　大分（大分）
ぽーせきばな　岐阜（揖斐）

オオハンゲ　〔サトイモ科／草本〕

くちなわんべーろ　熊本（玉名）
へぶし　岩手（二戸）

オオハンゴンソウ　〔キク科／草本〕

きくじゅ　三重（宇治山田市・伊勢）
せいたか　青森（八戸・三戸）
はくじょーきく　山形（村山）
はちじょーぎく　山形（北村山）

オオヒョウタンボク　〔スイカズラ科／木本〕

やえがー　長野（佐久）

オオボウシバナ → ツユクサ

オオマツヨイグサ　ツキミソウ　〔アカバナ科／草本〕

おいらんそー　山形（酒田市）　長野（北佐久）
おいらんばな　青森（津軽）　山形　群馬（佐波）
　新潟（東蒲原）　秋田　岩手（紫波）
おさらくばな　青森（三戸）
おしゃらくばな　岩手（岩手・二戸）
おらんだばな　岩手（盛岡）
きつね　静岡（富士）
こーとりばな　香川（塩飽諸島）
ごけばな　青森（津軽）　岡山（岡山市）
さがんずきばな　青森（津軽）
じょーろーばな　岩手（二戸）
じょろーばな　山形（酒田市）
じょろばな　青森（三戸）
そーれんぐさ　岡山（岡山市）　香川
そーれんばな　岡山（岡山市・御津）　香川（小
　豆島）　徳島（美馬）
たぶばな　秋田（鹿角）
たんぶばな　秋田（鹿角）
だんぶりばな　秋田
つきみそー　岩手（二戸）　福島（相馬）　群馬
　（伊勢崎・佐波・勢多）　静岡（富士）　長野（北
　安曇）　新潟（南蒲原）　和歌山（日高）
できゃーつきみそー　静岡（富士・榛原）
ひとつばな　岡山（岡山市）
ままたきばな　山形（東村山）
やしゃこらばな　愛知（碧海）
ゆーがお　埼玉（秩父）　福島（相馬）
ゆーげしょー　千葉（長生）
ゆーはんばな　静岡（磐田）　長野（更級・埴科）
ゆーれーぐさ　島根（益田市）
ゆーれーばな　奈良（南葛城）　島根（益田市）
ゆーれんばな　香川（仲多度）　愛媛
よとーばな　東京（八王子）
よとりばな　長野（下伊那）
よばいばな　島根（仁多）

オオミゾソバ → ミゾソバ

オオムギ　ハダカムギ，カワムギ　〔イネ科／草本〕

あかどー　広島*
あかむぎ　山梨*
あめむぎ　青森*　秋田*
あらむぎ　埼玉*　愛知*　三重　山口*　福岡*　長
　崎*　熊本*　大分*　鹿児島*
いがむぎ　山形*　新潟*　京都*　鳥取*　熊本*
いなむぎ　愛媛*

オオムギ

うしむぎ　鹿児島*
うまむぎ　奈良*　広島*　宮崎*
えましむぎ　長野（上伊那・下伊那）
おーびん　香川
おにむぎ　静岡*
かちがた　三重
かっちゃむぎ　岩手*
かてむぎ　北海道*
かなご　徳島*　愛媛*　高知*
かぶし　山梨*
かぶせ　山梨*
かぼせ　山梨*
かまおれむぎ　鹿児島（薩摩・甑島）
からむぎ　宮城　福島　茨城　埼玉*　千葉*　東京*
かわかぶり　北海道*　東京*　福井*　徳島*　佐賀*　大分*
かわらむぎ　山口*
くいむぎ　三重*
くさむぎ　長野*
ぐんばいむぎ　岐阜*
けなしむぎ　江戸
けむぎ　岩手*　埼玉*　鳥取*
げらむぎ　愛媛*　高知*
こびむぎ　岡山*
こめむぎ　三重*　島根*　山口*
さけむぎ　山梨*
さなだむぎ　北海道*　茨城*　栃木*　千葉*　静岡*　島根*
さんがつむぎ　岩手*　福岡*
しろほーし（ボウズムギ）　佐渡
すぬけむぎ　岐阜*
すばむん　沖縄（石垣島）
すんぽ　福井*
ただむぎ　奈良*　和歌山*　熊本*
だんごむぎ　広島*
ちこ　岡山（岡山市・邑久）
ちこむぎ　岡山（岡山市・御津）
ちごむぎ　岡山*
ちゃんこむぎ　宮崎*
ちょーせんむぎ　西国
ちんむぎ　島根*
つのむぎ　沖縄
とーじむぎ　静岡*
とーちゅー　大分
どーちゅー　福岡*　大分（西国東）
どーちゅーはだか　大分*

どちゅーはだか　大分*
とびだし　福井*
とびでむぎ　福井*
にじょーおーむぎ　北海道*　岐阜*
にじょーむぎ　北海道*　山形*　東京*　静岡*　宮崎*　鹿児島*
にどむぎ　東京*
にむぎ　山口*
ぬけあし　島根*
ねはず　東京*
のんぼりむぎ　鹿児島*
ぱだがーむん　沖縄（竹富島）
はだかっぽ　山梨*
ぱだかむん　沖縄（鳩間島）
はだかもん　富山*
はだむぎ　滋賀*　山口*
ばりょーむぎ　京都*
ひちへん　山口*
ひとかわむぎ　宮崎*
ぴねむん　沖縄（石垣島）
ひめっこ　静岡*
ひめむぎ　静岡*
びゅーまん　山口*
ふーむぎ　鹿児島（大島）
ふかむぎ　鹿児島*
ふたさく　栃木*
ふたのぼり　神奈川*　山梨*　熊本*　宮崎*
ふたひらむぎ　東京*
ふたみち　東京*
ほーしむぎ　大阪*　鳥取*
ほーずむぎ　福島*　埼玉*　千葉*　新潟*　京都*
ほなが　鹿児島（薩摩・甑島）
ほんむぎ　大分（南海部）
まむぎ　三重*　大阪*　和歌山*　徳島（那賀）
まるむぎ　兵庫*
みぬぎ　島根*　広島*　山口*
みむぎ　島根*　広島*　山口*
むぎ　岩手（二戸・上閉伊）
むぎやす　滋賀　京都*　大阪　兵庫*　奈良*
むけやす　福井*　京都*　大阪*
めしむぎ　北海道*　京都*　奈良*　島根*　広島*　山口*　宮崎*
もちねむぎ　京都*
もやしむぎ　山形*
やすむぎ　岡山*
やっこむぎ　兵庫*

オオムラサキシキブ

やばね　栃木* 埼玉* 東京* 神奈川*
やむぎ　東京* 静岡*
よなむぎ　静岡* 愛知*
ろっかくむぎ　北海道* 岩手*
わり　岐阜（加茂）
わりはむぎ　埼玉*

オオムラサキシキブ　　〔クマツヅラ科／木本〕
じみのき　鹿児島（出水）
しらはし　東京（三宅島）
しんぎ　鹿児島（屋久島）
たまぐはき　沖縄（国頭）
たまぐゎーぎ　沖縄（島尻）
われぎ　鹿児島（奄美大島）

オオヤハズエンドウ　ザートウィッケン
〔マメ科／草本〕
きじはり　熊本*
ぴりぴりぐさ　大分*
べっち　三重*
まめれんげ　滋賀*
りょくひ　茨城* 群馬*

オオヤマザクラ　　〔バラ科／木本〕
かば　秋田

オオヤマハコベ　　〔ナデシコ科／草本〕
こんぱるそー　摂州
つるせん　大阪
とーじんかずら　紀伊
なんばんはこべ　肥前

オカオグルマ　　〔キク科／草本〕
ねこのみみ　広島（比婆）

オガサワラタコノキ → タコノキ

オガタマノキ　　〔モクレン科／木本〕
いーむし　長崎（南松浦）
いむし　長崎（南松浦）
いもくそ　宮崎（西諸県）
いんぶのっ　鹿児島
うすぎ　鹿児島（屋久島）
うつがんのき　鹿児島（長島）
うっがんのき　鹿児島（出水）
おがたま　高知　鹿児島
おがもち　徳島　香川　愛媛　高知

からすもも　高知（幡多）
さるすべり　静岡（南伊豆）
しょーるすん　沖縄
しろもも　鹿児島（奄美大島）
そーるすん　沖縄
たまのき　静岡
どーそくのき　鹿児島（中之島）
どすん　鹿児島（沖永良部島）
どすんのき　鹿児島（奄美大島）
ほんさかき　鹿児島（肝属）
よきとぎ　鹿児島（球磨）
るすん　沖縄（八重山）
ろーそくのき　鹿児島（中之島・悪石島）

オカトラノオ　　〔サクラソウ科／草本〕
いんのしっぽばな　長崎（五島・南松浦）
いんむらさけ　長崎（福江島）　鹿児島（国分市）
えどずいこ　長野（下水内）
おじょろのすいこ　長野（北佐久）
がろんへ　宮崎（児湯）
がわろんへ　宮崎（児湯）
すいか　島根（美濃）
すいくゎ　福井（今立）　島根（美濃）
たちばな　秋田（鹿角）
とらんお　熊本（玉名）
にろいさんくさ　新潟（刈羽）
ねこのお　木曾
ねこのしっぽ　福島（相馬・中村）
のたばこ　広島（比婆）
のぼりふじ　山形（飽海）
ばばずいこ　長野（下水内）
ひもなが　山形（東田川）
ぼんばな　山形（鶴岡市）
むかしのすいこ　長野（北佐久）
やまぐさ　和歌山（日高）
やまけいとー　岩手（二戸）
やますいこ　長野（更級）
やまたばこ　島根（美濃）　広島（比婆）
やまとらのお　静岡（富士）

オカボ → リクトウ

オカメザサ　コマイザサ　　〔イネ科／草本〕
かごたけ　山口（厚狭）
かごだけ　山口（厚狭）
がらんささ　熊本（鹿本）
がらんざさ　熊本（鹿本）

かんのんざさ　長崎（東彼杵）　熊本（球磨）　宮崎（西臼杵）
くまんざさ　東京（南多摩）
くゎんのんざさ　熊本（球磨）
こまいささ　山口（厚狭）
ごまいざさ　広島（比婆）　山口（厚狭）
こんじきささ　静岡（安倍）
さんきさんき　千葉（長生）
さんまいささ　島根（能義）
さんまいざさ　島根（能義）
そろばんたけ　三重（伊勢）
そろばんだけ　三重（宇治山田市）
ちまきざさ　熊本（玉名）
つまきささ　熊本（玉名）
ぶんごささ　山口（厚狭）
ぶんござさ　和歌山（東牟婁）　山口（厚狭）
めござさ　高知（高岡）　鹿児島（肝属）
めごたけ　鹿児島（肝属）
めごだけ　鹿児島

オガラバナ　〔カエデ科／木本〕
あねこいたや　秋田（鹿角）
あらはご　埼玉（秩父）
かえでのき　紀州日高
ほざきかえで　和歌山（伊都）

オガルカヤ　〔イネ科／草本〕
かにかや　熊本（球磨）
かにがや　熊本（球磨）
かや　長野（佐久）
かるかや　鹿児島（薩摩）　千葉（山武）
きつねがや　長尾（北佐久）
じょろくさ　和歌山（東牟婁）
じょろぐさ　和歌山（東牟婁）
つんぶかや　鹿児島（薩摩）
つんぶがや　鹿児島（甑島）

オギ　〔イネ科／草本〕
おぎよし　新潟
かなよし　長野（北佐久）
かわよし　長野（北佐久）
ときわ　熊本（玉名）
とりく　大分（北海部）
とりわ　大分（北海部）
はぶくら　岩手（二戸）
ぶんごときわ　防州

もーえ　長野（下水内）
よし　長野（佐久）

オキナグサ　〔キンポウゲ科／草本〕
いっぷくひゃっぷく　新潟（東蒲原）
うしかいわらび　防州
うじのへげ　岩手（紫波・花巻・和賀・上閉伊・稗貫）
うずのひげ　岩手（和賀・上閉伊）
うないこ　京都　福井（若狭）
うねいこ　鹿児島（薩摩）
うねーこ　鹿児島（肝属）
うねこ　薩州
うねご　大分（西国東）　鹿児島（薩摩）　薩州
うねりこ　宮崎（東諸県）
うばかしら　青森（八戸・三戸）　岩手（和賀・岩手・二戸・九戸）　松前
うばがしら　松前　青森（南部）　秋田（北秋田・南秋田）
うばけ　岩手（九戸・二戸・岩手・和賀）
うばけやけや　秋田
うばこ　岩手（下閉伊）
うばしらが　岩手（九戸）
うばしらがぁ　岩手（九戸）
うばと　岩手（下閉伊）
うばのあたま　岩手（岩手）
うばのしらが　岩手（岩手）
うばのばっかい　青森（八戸）
うばのばんかい　青森（八戸）
うばばな　岩手（下閉伊）
うんばけ　岩手（九戸）
おいじのひげ　岩手（気仙）
おいじのひげこ　岩手（気仙）
おいちのひげ　岩手（気仙）
おいちのひげこ　岩手（気仙）
おいでのひげ　岩手（気仙）
おえちのばば　岩手（気仙）
おーじのばっこ　岩手（下閉伊）
おかんぽろ　長野（北佐久）
おぎ　大分（速見）
おきなぐさ　江戸
おきなぞ　静岡（庵原）
おこなぐさ　山口（大島・美祢）
おじーのひげ　木曾　岩手（上閉伊・気仙）
おじのしげ　岩手（上閉伊）
おじのひげ　青森　岩手（稗貫・上閉伊・紫波）

オキナグサ

おずのしげ　岩手（紫波）
おずのひげ　岩手（紫波）
おぢごかんば　茨城（真壁）
おぢごばな　水戸
おつかぶり　長野（北安曇）
おっかぶろ　木曾
おっかぶろーのちんごんば　長野（諏訪）
おっかぶろばな　長野（諏訪）
おないこ　肥後
おないご　大分（別府市）　肥後
おにがしら　長門
おにごろ　越中　富山　石川
おにやこ　熊本（球磨）　大分（大分）
おにゃこ　熊本（球磨）
おねこ　宮崎（児湯）
おねご　大分　鹿児島（伊佐）　鹿児島（大口）
おねこぐさ　鹿児島（肝属）
おねごじょ　鹿児島（鹿児島）
おねこやんぶし　鹿児島（出水・大口・阿久根）
おねこやんぼし　鹿児島（姶良・国分・薩摩）
おねごやんぼし　鹿児島（伊佐）
おばかしら　青森（津軽・八戸）　秋田（鹿角・北秋田）　岩手（二戸）
おばがしら　津軽　青森（津軽）
おばけ　岩手（二戸・九戸）
おばこ　岩手（宮古・下閉伊）
おばこばな　岩手（下閉伊）
おばしらが　岩手（岩手・九戸・下閉伊）
おばしらがぁ　岩手（九戸・岩手）
おばっこ　岩手（下閉伊）
おばっな　青森
おばっぱ　青森
おばのけっこ　岩手（下閉伊）
おばのばっかい　青森（南部）
おみなみせ　大分（大分）
おんばかしら　秋田（鹿角）
おんばく　埼玉（川越）
おんばこ　兵庫（淡路島・三原）
おんばっじ　青森
かーらけぐさ　栃木（芳賀）
かーらけぽんぽ　福島（中部）
かーらちご　群馬（勢多・佐波）
かーらのおばさん　福島（東白川・棚倉）
かーらばば　福島　福島（相馬・福島）
かいろっぱ　群馬（館林）　埼玉（川越・入間）
かえっぱはれ　山形（東置賜）

かえるっぱ　栃木（芳賀）
かえるっぱ　栃木
かえろっぱ　茨城（久慈・稲敷）
かがそー　美濃
がくそー　美濃
がくもち　美濃
かずらぐさ　愛知（知多）
かずら（髪）　濃州　愛知（知多）
かせるぱ　茨城（西茨城）
かっしき　飛騨
かっちき　飛州　埼玉（入間）
かっちきじょーろ　東京（八王子）
かっつる　青森（八戸）
かばきれ　岩手（胆沢）
かぶきれ　岩手（胆沢）
かぶろ　木曾
かぶろそー　伊州
かぶろっこ　長野（下伊那・飯田）
かぼきれ　岩手（胆沢）
かみぬけしたへなれぽんぽこうえなれ　山形（北村山）
かむろ　周防
からちご　群馬（佐波）
からば　岩手（胆沢）
からばな　岩手（胆沢）
からばば　岩手（東磐井・西磐井）
からばんば　岩手（西磐井）
からぱんば　岩手（西磐井）
かわらちご　下野　栃木（矢板市・河内）　青森　群馬（勢多）
かわらのおばさま　新潟（東蒲原・北蒲原）
かわらのおばさん　青森　群馬（勢多）
かわらのおばちゃん　静岡（富士）
かわらのおばちゃんびんたほたおし　静岡（富士）
かわらはな　福島
かわらばな　仙台　岩手（胆沢）
かわらばば　福島　福島（相馬）
かわらばんば　宮城（栗原）
がんぽーし　上野
がんぽーじ　上野　群馬　長野（下伊那）
きつねこんこん　備後　岡山
ぎりぎりそー　島根（那賀）
けいせいそー　甲斐　備中
けいせいばな　岡山
けいせんくゎ　備中　美作
けーけー　岡山（苫田）

オキナグサ

けーしんば　鳥取（西伯）
けーしんばな　鳥取（西伯）
けーせーそー　甲州　備中
けーせーばな　大分（直入）
けーせん　岡山（苫田）
けーせんか　備前　作州
げえろっぱ　栃木（安蘇）
げーろっぱ　埼玉（川越）
げじげじまいた　加州
けしょーぐさ　大分（大分市・大野）
けしょぐさ　大分（直入）
けや　岩手（岩手）
けやけや　秋田（平鹿）
げゃげゃ　秋田（鹿角）　岩手（岩手）
ごくどの　四国
こまなかせ　岩手（西磐井）
こまのひざ　仙台
こまのひじゃき　岩手（東磐井・西磐井）
こらこら　播州木梨村
さねもーすー　羽川米沢
ざんぎりかぶ　岩手（水沢・胆沢）
ざんぎりこ　岩手（水沢・東磐井・江刺）
ざんぎりばな　岩手（江刺）
ざんぐりそー　岩手（和賀）
ざんざりこ　岩手（江刺）
じーがひげ　安芸
じーちゃーばーば　岩手（気仙）
じーとんばーとん　香川（直島・小豆）
しぐま　山口（大津）
しじこばな　山形（東置賜）
じじとばな　山形（飽海）
じじばば　岩手（東磐井・気仙）
しゃーまふり　長野（下水内）
しゃぐま　信州木曾
しゃぐまぐさ　石見
しゃぐまさいこ　筑前　石見　静岡（富士）
じゃんがばば　岩手（水沢）
しゃんがらばば　兵庫（赤穂）
しゃんこばな　兵庫（赤穂）
しゃんごばな　播州龍野
じゃんこばな　播州龍野
しゃんごろばばー　兵庫（赤穂）
じゃんじゃらこ　岩手（花巻・稗貫）
しゃんしゃんばな　兵庫（赤穂）
しゃんしゃんばら　兵庫（赤穂）
じょーどの　四国

じょろばな　愛媛（上浮穴）
しらがうば　岩手（岩手）
しらがくさ　静岡（富士）
しらがばな　静岡（富士）
しらがばば　岩手（水沢・東磐井・西磐井）
しらがばばぁ　岩手（江刺）
しらがばんば　岩手（東磐井）
しらがぼーず　山形（東田川）
しらがんば　岩手（稗貫・下閉伊）
すずくさ　京都（京都）
せかいそー　佐渡　京都
ぜかいそー　信州　筑前
ぜがいそー　信州　京都　周防　筑前　福岡
だいじょのぼ　山形（村山）
だいじょのぼり　山形（村山）
だえじょのぼ　山形（北村山）
だえしょのぼー　山形（北村山）
だえじょのぼり　山形（村山）
だんじょー　阿州
だんじょーどの　讃州
だんべはれ　山形（村山）
だんぺはれ　山形（北村山）
ちくるまい　富山（富山）
ちごちご　長野（東筑摩・北安曇）　岩手（東磐井）
ちごちごばな　長野（北安曇）
ちごのばな　長野（佐久）
ちごのまい　越中　富山（富山）
ちごばな　水戸　上州妙義山　武州三峰山　加賀　畿内　泉州　播磨　武州仙川　埼玉（秩父）　岩手（二戸）　福岡
ちごろまえ　富山（富山）
ちこんば　長野（飯田）
ちごんば　長野（下伊那）
ちちこ　下野
ちちこー　下野　播州　加賀　栃木
ちちっこ　長野（北安曇）
ちちばな　岩手（東磐井）
ちちんこ　仙台
ちょぽりこ　秋田
ちょろば　秋田（山本）
ちょんばな　長野（上伊那）
ちんけぁふげぁ　岩手（気仙）
ちんこ　仙台
ちんご　但馬
ちんこばな　信濃　鳥取（西伯）
ちんころばな　長野（下水内・北佐久）　兵庫

オキナワキョウチクトウ

　（飾磨）
ちんぢ　佐渡　信州　岩手（江刺）　福岡
ちんぼはれ　長野（佐久）
つばくらぐさ　長州
つばらそー　長州
つぶるけぇ　岩手（岩手）
つぼきゃ　岩手（二戸）
つぼけ　岩手（盛岡・紫波・稗貫）
つぼけぁ　岩手（岩手・紫波）
つぼっけ　青森
つぼろけぁ　岩手（岩手）
つわぶき　三河
つんこ　山形（村山・山形市）
つんぼぐさ　大分（大分）
てまりばな　長野（北安曇）
てんぐのもとどり　越中
てんぺのこ　山形（北村山）
てんまりぐさ　長野（北安曇）
てんまりばな　長野（北安曇）
としよりぐさ　兵庫（赤穂）
ぬすとはな　大和
ぬすどばな　和州
ぬすびとばな　肥前
ねこ　長野（佐久）
ねこぐさ　筑紫　筑前　福岡
ねこばな　九州　筑後　福岡
のちゅーりっぷ　長崎（平戸島）
はぐま　和泉
ばっかい　岩手（九戸）
ばっかいやろー　岩手（九戸）
ばっかやい　岩手（九戸）
ばっきゃー　岩手（九戸）
ばっけぁ　岩手（九戸）
ばっけぇあ　岩手（九戸）
ばっけや　岩手（九戸）
ばっつる　青森（八戸）
ばばぐさ　長野（佐久・北佐久）
ばばこ　岩手（江刺・東磐井）　宮城（本吉）
ばばこくさ　岩手（気仙）
ばばそー　岩手（和賀）
ばばっかしら　青森（八戸）
ばばのくさ　青森（弘前市）
ばばのしらが　青森
ばばふぐりのけ　秋田
ばんば　岩手（江刺）
ばんはくさ　甲州河口湖

ばんばそー　山形（飽海）
ばんばは　甲州河口湖
ひーなぐさ　長州　山口（吉敷・美祢・大津）
　福岡（築上）　熊本（天草）
びっきくさ　秋田（南秋田）
ひめばな　大阪
びんたぼ　埼玉（秩父）　東京（八王子）　神奈川
　（津久井・愛甲）
ふでくさ　長野（北安曇）
ふでぐさ　長野（北安曇）
ふでばな　長野（下水内）　茨城（稲敷）
ほーくりばば　岐阜（加茂）
ほーこぐさ　播州姫路
ほばこ　山口
ぽぽらんけ　山形
ぽんぽらけ　山形（庄内）　新潟
まりくさ　岩手（九戸）
まりばな　岩手（九戸）
まるきば　岩手
みみつんぼー　大分（大分市）
もしゃらんこ　岩手（和賀）
ものぐるい　飛騨
やちばば　山形（東田川）
やぶれくさ　青森
やまでらほーし　周防
やまでらほーず　山口（大津・阿武）
やまのふで　茨城（結城・筑波）
やまぶしばな　石見
やまんば　岡山
やまんばば　長野（下水内）
やろこばな　山形（東田川）
ゆーれいぐさ　熊本（玉名）
ゆーれーばな　熊本（鹿本）
ゆーれぐさ　熊本（玉名）
ゆーればな　熊本（鹿本）
らかんそー　越中　飛州
んばかしら　青森（三戸）　岩手（九戸）　秋田
　（鹿角）
んばしらがぁ　岩手（九戸）
んばのばっかい　青森（八戸）
んばのばんかい　青森（八戸）

オキナワキョウチクトウ → ミフクラギ
オキナワジンコウ → シマシラキ
オキナワハイネズ　　〔ヒノキ科／木本〕
いしょまつ　鹿児島（奄美大島）

いそまつ　鹿児島（奄美大島）
はいすぎ　沖縄
ひっちぇーし　沖縄（慶良間島）

オクチョウジザクラ　　　　〔バラ科／木本〕
やまざくら　新潟

オクラ　　　　〔アオイ科／草本〕
あめりか　新潟*
あめりかねり　秋田*　埼玉*　富山*　岐阜*　鳥取*　岡山*
あめりかろねり　岡山*
おかほれん　福岡*
おがら　福島*
おかれんこん　富山*　福岡*　佐賀*　長崎*　熊本*　大分*　鹿児島*
おくらがんぼー　富山
おくらまめ　富山*
おげら　福島*
かさまめ　長崎*
からかさまめ　長崎*
こーひー　徳島*
ここあ　和歌山*
つのまめ　福岡*
とーれんこん　宮崎*
とろろまめ　熊本*　鹿児島*
ねり　東京*　新潟*　島根*　徳島*
のれんこん　熊本*　宮崎*
はすまめ　山口*
はたけばす　長崎*
はたけれんこん　福岡*　佐賀*　熊本*　大分*　宮崎*
みとろろ　宮崎*

オグルマ　　　　〔キク科／草本〕
あわじのぎく　青森
あわもり　長州
あわんだのぎく　青森
きぎばな　青森
きつねのたばこ　越後
しおはぎ　福岡（山門・柳川）　長崎（南松浦）
つゆぎく　和歌山（西牟婁・日高）
つゆばな　青森
のぎく　青森
みずぐるま　防州
わゆぎく　和歌山（日高）

オケラ　　　　〔キク科／草本〕
うばおろし　長野（下水内）
うまのみみ　青森（津軽）
かいぶしこけら　青森
かいぶしのき　千葉（山武）
かえぐし　青森
こげら　青森
このまんじゅ　青森
じゃくじつ　広島（比婆）
そーじゅっのき　千葉（山武）
そーずつ　千葉（印旛・山武）
とどき　常州筑波
ひゃくずつ　山形（北村山）
まのみみ　青森（津軽）
わたぼーし　群馬（佐波）
われもこー　越中

オジギソウ　ネムリグサ　　〔マメ科／草本〕
だいはち　富山（西礪波）
てきらいそー　三重（伊勢）
てぎらいそー　三重（宇治山田市）
にんにんぐさ　沖縄（首里）
ねむりぐさ　三重　熊本（下益城）
ねんねくさ　新潟（刈羽）
びっくりそー　岡山（上房）　高知
びとぅうばいふさ　沖縄（石垣島）

オシダ　　　　〔オシダ科／シダ〕
がくま　石川（能美）
きじかくし　岡山（苫田）

オシロイバナ　　　　〔オシロイバナ科／草本〕
あきざくら　仙台
うえざぬはな　沖縄（鳩間島）
うやざぱな　沖縄（鳩間島）
うやんちゅぬぱな　沖縄（八重山）
おけしょーばな　鹿児島（姶良）
おけしょばな　鹿児島（姶良）
おしろい　福岡（築上）
おしろいのき　山口（熊毛）　島根（美濃）　鹿児島（加世田）
おしろいはな　鹿児島（鹿児島）
おっしゅくさ　福島（相馬）
けしょーばな　鹿児島（薩摩）
けしんみのき　鹿児島（川内市）
ごーせーすぶら　長崎（上県・下県）

さんとぅしぱな　沖縄（波照間島）
ほっしえくさ　福島（相馬）
めしたきばな　長崎（平戸島）
ゆさんでぃばな　沖縄（首里）
ゆさんでばーなー　沖縄（島尻）
ゆねーばな　鹿児島（与論島）
よめしばな　東京（三宅島）　長崎

オタカラコウ　〔キク科／草本〕
おにぶき　長野（北佐久）
おばぶき　静岡（富士）
くわずぶき　愛媛（上浮穴）
ぽんなだまし　岩手（二戸）

オダマキ　〔キンポウゲ科／草本〕
いとくり　山形（鶴岡市）
かっこばーな　秋田（鹿角・平鹿）
かっこばな　秋田（鹿角・平鹿）
かんこばな　秋田（鹿角）
かんこんばな　秋田（鹿角）
くーだ　沖縄（首里）
つきがねそー　山形（鶴岡市・酒田市）
つりがねぐさ　秋田
つりがねそー　山形（鶴岡市・酒田市）
つるしがね　岩手（盛岡）
やまかんこ　秋田（鹿角）
んばっつ　岩手（岩手）

オトギリソウ　〔オトギリソウ科／草本〕
おーぎりす　和歌山（東牟婁）
おとぎり　和歌山（日高）
おとぎりす　佐渡　山形（西田川）　東京　奈良（高市）　和歌山（日高・東牟婁・新宮・那賀）　新潟（中部）　島根（那賀・美濃）　宮崎（児湯）　三重（度会）
おとぎりそー　山形（山形）　島根（美濃・仁多）　岡山（久米）　鹿児島（鹿児島・肝属）
おととぐさ　三重（志摩）
そめくさ　新潟（刈羽）
そめこぐさ　長野（北佐久）
そめこばな　山形（北村山）
たかのきずぐすり　長野（下高井）
ちちすいばな　新潟（佐渡）
ちどめぐさ　熊本（八代）
つーいちがたばこ　熊本（八代）
のこがねぐさ　鹿児島（熊毛）

のこがねぐさ　鹿児島（種子島）
ひぐさ　新潟
ふりだしぐさ　熊本（球磨）
ほととぎす　木曾　静岡　島根（邇摩）
ほととぎそー　熊本（球磨）
ぽんばな　鹿児島（日置・姶良）
まごやし　鹿児島（揖宿）
むしぐすり　埼玉（秩父）
やませんぶり　大分（宇佐）

オトコエシ　〔オミナエシ科／草本〕
あおばな　岐阜（吉城）
あわばな　岐阜　長野（上田・上伊那）　新潟
あんじさぇ　青森
あんつさぇ　青森
おーっち　水戸
おーづつ　新潟（刈羽）
おつとめし　岡山
おとこえし　京都（何鹿）
おとこなえし　和歌山（東牟婁）
おとこなにし　和歌山（東牟婁）
おとこめし　鹿児島（加世田市）
きーばな　鹿児島（熊毛）
きばな　鹿児島（肝属）
こーじくさ　福島（相馬）
こーじばな　福島（相馬）
こがねばな　秋田（雄勝）　宮城（玉造）
しろあわばな　秋田（北秋田・鹿角）　青森　岩手（二戸）
しろおみなえし　山形（東村山・山形）　長野（北佐久）
しろおんなめし　熊本（玉名）
しろかねばな　長州
しろこがね　秋田（雄勝）
しろこごめ　島根（能義）
ちどめぐさ　山口（厚狭）
つちな　和歌山（日高）
とちな　信州　木曾　濃州　近江坂田　土州　静岡　高知（土佐）
のどくろ　鹿児島（垂水市）
はががら　青森
ぽんばな　静岡　静岡（富士）　鹿児島（加世田市・川辺）　青森
わりばな　埼玉（秩父）

オトコヨウゾメ　　　〔スイカズラ科／木本〕
こね　防州
よーそめ　伊豆

オトコヨモギ　　　〔キク科／草本〕
あかぬまよもぎ　日光山
がらがら　青森
からよもぎ　江州　長州
かわらよもぎ　長州
きのこつなぎ　青森
たからよもぎ　江州
とよぎ　越後
のぎく　奥州

オドリコソウ　　　〔シソ科／草本〕
あばちち　秋田（鹿角）
あまご　山形（北村山）
あまちゃ　山形（北村山）
ありのみず　長野（埴科）
いなぐさのおじい　千葉（館山）
うばがち　佐州
うばちち　岩手（二戸）
おどりこそー　江戸
おまこばな　山形（東村山）
かんこばな　城州上加茂
きつねのちょーちん　新潟（刈羽）
くるまぐさ　豊後
すいすいぐさ　熊本（玉名）
すいばな　新潟　長野（下水内）
ちすいば　新潟（佐渡）
ちちすいばい　新潟（佐渡）
ちちばな　青森
ぢぢぼくさ　山形（酒田）
つこつこ　青森（津軽）
つばな　岩手（遠野・上閉伊）
ととき　播磨
ひぐさ　新潟
ぷるぷるそー　肥前
ぶんぶくさ　長崎（壱岐島）
へびのちっち　岩手（上閉伊・釜石）
へぼくさ　信州
やぶそば　筑前

オナモミ　　　〔キク科／草本〕
いじくさり　山形（酒田市）
うまなすび　丹波

うまののみ　越前
かみのき　青森
こじき　千葉（東金）
こんぺと　山形（飽海）
さんぱつ　秋田
とつつき　千葉
どろぼ　岩手（盛岡）
どろぼー　青森
なべわかし　岩手（九戸）
なもみ　青森（八戸）　岩手（二戸）
のごま　長門　周防
ばかなす　千葉（館山）
ひっつきもち　兵庫（赤穂）
ぶっつけもち　長州
ほしだま　岩手（九戸）
むまのみみ　越後
めなもみ　京都　長州
やまごんぼ　山形（酒田）
やまなすび　長崎（壱岐島）

オニアザミ　　　〔キク科／草本〕
じごくあざみ　伊豆八丈島
はまごぼー　伊豆八丈島

オニイタヤ → イタヤカエデ

オニウコギ　　　〔ウコギ科／木本〕
からすのにんぎりめし　青森（津軽）
やまうこぎ　石見

オニク　　　〔ハマウツボ科／草本〕
きむらたけ　下野

オニクサ　　　〔テングサ科／藻〕
ろっかく　高知（幡多）

オニグルミ　　　〔クルミ科／木本〕
うるし　京都（丹波・摂津）
おーくるび　青森（中津軽）
おぐるみ　加州
おとこくるみ　長野（松本）
おとこぐるみ　石川（加賀）
くいび　岐阜（飛騨）
くりうめ　香川（綾歌）
くりび　秋田（鹿角・北秋田）
くりみ　高知　愛媛
ぐるび　富山　兵庫　鳥取　島根

オニシバリ

くるびのき　秋田（秋田・山本）
ぐるみ　富山　石川　岐阜　兵庫　鳥取　島根　岡山　広島
くるみのき　青森　岩手　宮城　山口
くるめ　福岡
ぐるめぎ　広島
くろび　石川
くろべ　富山
くんめ　長野（下水内）
こーぐり　香川（綾歌）
こーごく　香川
こぐるみ　熊本
のぐーめ　佐賀（藤津・杵島）
のぶ　山口（周防）
ひぐるみ　岩手（稗貫）
びっちょぐるみ（ヒメグルミ）　山形（西置賜）
ぽや　和歌山
ほんぐるみ　群馬　埼玉（秩父）　静岡（駿河）
ほんのぶ　愛媛（温泉）
まるぐるみ　石川（加賀）
めくるみ（ヒメグルミ）　加賀　長野（松本市）
めぐるみ　三重（一志・北牟婁・尾鷲）　和歌山（竜神）
ももたろ　石川（能登）
やちおこぎ　秋田（鹿角）
やまぎり　長崎（東彼杵）
やまぐるみ　長野（北佐久）

オニシバリ　　　　　〔ジンチョウゲ科／木本〕
かみのき　鹿児島（出水）
こしょー　山梨
さくらがんぴ　静岡（田方）
そろでぐさ　青森（上北）
なつぼーず　越後　山形（西置賜）
ひのかじ　熊本（八代）　宮崎（臼杵）
やまかんぞー　静岡

オニスゲ　　　　　〔カヤツリグサ科／草本〕
みくりすげ　和歌山（西牟婁）

オニタビラコ　　　　〔キク科／草本〕
あかっつら　千葉（山武・東金）
うまこやす　鹿児島（鹿屋市）
うまごやす　鹿児島（鹿屋市）
ごよーじ　越中
たいせんばしら　鹿児島（薩摩）

たいせんばしら　鹿児島（甑島）
たびらこ　鹿児島（鹿児島）
たんぽぽ　鹿児島（名瀬市）
ちくさ　長崎（南高来）
ちぐさ　熊本（八代・菊池）　長崎（南高来）
ちちくさ　鹿児島（日置・鹿児島）
ななくさのおば　和歌山（東牟婁・新宮）
のこぎりっぱ　静岡（小笠）
のこぎりば　静岡（小笠）
ひふぐさ　和歌山（東牟婁）
ぶすくさ　鹿児島（奄美大島）
みみつぶし　愛媛（周桑）
みみつぶしくさ　愛媛（周桑）
やまふき　鹿児島（硫黄島）
やまぶき　東京（硫黄島）

オニドコロ　トコロ　　〔ヤマノイモ科／草本〕
あまどころ　信州
いしいも　武蔵
えどどころ　京都
かんどころ　佐州
てんぐぐさ　三重（宇治山田市）
ところ　秋田（鹿角）　山形（東村山）　福島（相馬）　新潟（南蒲原）　和歌山（伊都）　鹿児島（加世田）
とごろ　秋田（南秋田）　岩手（紫波）
ところえも　福島（相馬）
にがいも　上総
はなたかめん　島根（美濃・益田市）
ひめいも　鹿児島
ほとこ　山形（最上）

オニナベナ　　　　〔マツムシソウ科／草本〕
ちーぜる　千葉（印旛）
らしゃかきくさ　千葉（印旛）

オニナルコスゲ　　　〔カヤツリグサ科／草本〕
きつねのちょーちん　山形（東田川）

オニノヤガラ　　　　〔ラン科／草本〕
きょーおーそー　予州
すちな　奥州
てんま　千葉（柏）
どろぼのあし　青森（八戸・三戸）
ぬすっとのあし　長野（北佐久）
ぬすびとのあし　山形（東置賜）

ぬすびとのあし　仙台　越前　宮城（登米）　秋
　田（北秋田）　岩手（紫波）
のずち　下野　上州榛名山
びっきのあし　青森（八戸）
ぼーずぐさ　土州
やまいも　青森（上北）
やまさつま　神奈川（津久井）
やもり　青森

オニバス　ミズブキ　　〔スイレン科／草本〕
いばらばす　丹波
うきはす　鹿児島（種子島・熊毛）
おにはす　江戸
げとー　仙台
げどー　宮城（仙台）
たにふたぎ　福井（大野）
どんがん　香川（綾歌）
どんばす　大阪（泉北）　新潟（北蒲原）

オニビシ　→　ヒシ
オニミツバ　→　ウマノミツバ
オニヤブソテツ　　〔オシダ科／シダ〕
おにしだ　和歌山（西牟婁）
おにしらず　長門
おにぜんめ　長野（下水内）
げし　岡山（児島）
ぜんめくさ　山形（酒田）
てんぐのかくれぐさ　千葉（白浜）
とらのおくさ　兵庫（津名）
へごかご　島根（美濃）

オニヤブマオ　　〔イラクサ科／草本〕
いそからお　鹿児島（甑島・薩摩）
おにからむし　和歌山（新宮）
おにかろし　和歌山（新宮）
たんばのは　鹿児島（出水）
たんばのは　鹿児島（長島）
はず　予州

オニユリ　　〔ユリ科／草本〕
あかゆり　山形　鹿児島（甑島・薩摩）　新潟
あわばな　鹿児島（姶良）
あわゆり　熊本（玉名・球磨・菊池）　鹿児島
　（薩摩）
えいゆり　鹿児島（薩摩）
えーゆり　鹿児島（甑島）

がーら　島根（簸川・飯石）
かっこー　長門
かっこーばな　島根（鹿足）
けやぎ　石川（鹿島）
ごーら　長州　島根（鹿足）　山口（都濃・熊毛）
ごーる　予州
こーろ　山口（玖珂）　高知（幡多）
ごーろ　防州　予州　高知（幡多）
さとゆり　秋田　岩手（稗貫）　新潟（南蒲原）
さどゆり　秋田（鹿角）
しゃくじょーゆり　長州
たにこゆり　近江
てんがいゆり　岡山（岡山市）
にがゆり　木曾　秋田　和歌山（日高・那賀）
　山形
にがよろ　秋田
はかばゆり　千葉（安房）
ばかゆり　鹿児島（甑島・薩摩）
はたけゆり　長州　千葉
ふくらみ　静岡
へーびゆり　静岡（小笠）
ほとけゆり　千葉（安房）
やまごーら　周防
やまゆり　青森（八戸）　静岡
ゆい　鹿児島（出水）
ゆり　青森　岩手（上閉伊・紫波）　新潟　島根
　（美濃）
よろ　秋田（北秋田・南秋田）

オニルリソウ　　〔ムラサキ科／草本〕
さし　鹿児島（肝属・垂水）

オノエヤナギ　　〔ヤナギ科／木本〕
いやなぎ　新潟（佐渡）
かわやなぎ　岩手（岩手）　高知（土佐）
ちゃやなぎ　岐阜（揖斐）　和歌山（有田）
ひられやなぎ　新潟（佐渡）
やすかた　栃木（栗山）

オノオレカンバ　オノオレ　　〔カバノキ科／木本〕
あかあずさ　埼玉（秩父）
あずさ　岩手（上閉伊）　埼玉（秩父）
あずさみねばり　埼玉（秩父）　群馬（草津）
あんさ　青森（上北）
あんちゃ　岩手（九戸・和賀）
うねつばり　新潟（長岡）

オノマンネングサ

おのおれ　栃木（日光市）　青森　岩手　秋田　茨城　群馬　静岡
おのおれかば　静岡（遠江）
おのれ　熊野　山形（北村山）　福島（会津）　青森　岩手
おのれぎ　栃木（日光市）
おんのーれ　岩手（下閉伊）　栃木
おんのれ　岩手（下閉伊）　茨城　栃木
おんのれみねばり　栃木（日光）
かたかんば　長野（北安曇）
かなき　岩手（下閉伊）
かなぎ　山梨
かば　秋田（北秋田）
がんじ　岩手（東磐井）
かんのき　岩手（上閉伊）
しろかば　青森（下北）
たで　岩手（稗貫）
なたおれぎ　鹿児島（肝属・熊毛）
ほんあずさ　栃木（日光市）
ほんみね　群馬　埼玉
ほんみねばり　群馬　埼玉（秩父）　山梨
みねばり　茨城　茨城（久慈）　栃木　栃木（日光市）　群馬　埼玉　山梨　長野　長野（松本市）　岐阜　静岡　鳥取（岩美）　広島
やましば　北海道（松前）
やまだて　岩手　岩手（下閉伊・胆沢）

オノマンネングサ　マンネングサ
〔ベンケイソウ科／草本〕

いしぐさ　福島（相馬）
いみりぐさ　豊前　豊後
いわのぼり　伯州
いわまき　丹波
えしぐさ　福島（相馬）
えどこんごー　防州　山口（周防）
おとこえしぐさ　岩手（水沢）
からくさ　江州守山
こけすぎ　栃木（日光市）
こまのつめ　勢州
してくさ　予州
すてぐさ　丹波　紀州　予州
せんねんそー　讃州
たかのつめ　勢州　三重（松阪市）
ちりちり　南部
ちりちりぐさ　紀州　薩州
ちりとり　南部

つみきりぐさ　筑前　福島（相馬）
つめきりそー　山口（厚狭）
てんじんのすてくさ　芸州
ながくさ　愛媛（周桑）
なげくさ　越後
ねこのつめ　福島（相馬）　静岡（志太）　和歌山（西牟婁）
ねなし　群馬（山田）　岡山
ねなしかずら　大和
ねなしぐさ　江戸
のびきやし　泉州
はままつ　紀州
ひがんそー　泉州
ふえぐさ　秋田
ほっとけぐさ　勢州山田
ほとけぐさ　勢州内宮
まつかね　江州方根
まつがね　江州
まむしぐさ　伯州
みずくさ　阿州
ゆわからまき　岩手（上閉伊・釜石）
よばいぐさ　和歌山（日高）
よばいそー　和歌山（日高）

オヒシバ　チカラグサ　〔イネ科／草本〕

うかぜぐさ　鹿児島（川内市）
うまぐさ　鹿児島（与論島）
うまのおっぱ　山形（東田川）
おーかめぐさ　岡山（邑久）
おこたち　熊本（玉名）
おとこすもーとり　和歌山（和歌山市）　岡山（岡山市）
おとこすもとり　和歌山（和歌山）　岡山
おんひえ　岡山（御津）
おんびえ　岡山（御津）
かんざし　予州　岡山（児島）
こーてくさ　鹿児島（大島）
こましばり　和歌山（新宮）
しげくさ　愛媛（新居）
しじち　鹿児島（奄美大島・大島）
したきり　播州
すけぐさ　香川　香川（小豆島）
すもーとりぐさ　長門　周防　岡山（岡山市）
すもとり　高知（幡多）
すもとりくさ　和歌山（新宮・海草・那賀・有田・日高・東牟婁）　岡山（岡山）　山口（防府）

すもとりぐさ　筑前　山形　兵庫（赤穂）　和歌山
すもとりそー　京都（何鹿）
ちがいぐさ　兵庫（津名）
ちがや　熊本（玉名）
ちからぐさ　淡州　和歌山（有田・海草）　岡山
　（上道）　鹿児島（川辺・肝属）
ちからしば　鹿児島（加世田市）
ちゅーな　木曾
とぅんにゅっさー　鹿児島（喜界島）
とのはんのこしかけぐさ　山形（東田川）
はぐさ　山形（北村山）　神奈川（鎌倉）　千葉
　（印旛）
はとぽとくい　鹿児島（加世田市）
はんくさ　山形（東田川）
ひがさぐさ　山形（酒田市・飽海）
ひがさばな　山形（酒田市・飽海）
びきくさ　鹿児島（奄美大島）
びんぼうぐさ　千葉（安房）
ほーきぐさ　山形（鶴岡市・東村山）
ほとくい　鹿児島（揖宿・肝属）
ほとこり　福岡（小倉市）
みちした　伊吹山坂田
みちしば　島根（邇摩）　千葉（館山）

オヒョウ　アツシ, アツニ, オヒョウニレ
　　　　　　　　　　　　　　［ニレ科／木本］

あかだも　滋賀
あつ　北海道
あつし　北海道
あつに　北海道
いぬがや　島根（石見）
いぬげや　広島
うばねれ　長野（長野・松本）
うばねれ　信濃和田峠
おーひおたも　青森（上北）
おーひょー　秋田（南秋田）
おだま　神奈川（西丹沢）
おひたも　青森（上北）
おひふ　秋田　山形
おひゅー　北海道　青森　岩手　秋田
おひゅーだも　青森　岩手
おひょー　北海道　青森　岩手　秋田　山形　東
　京　静岡
おひょーだも　青森　岩手　秋田
くまねれ　岐阜（中津川）
しながわ　徳島（美馬）

しなずき　岩手（稗貫）
しなつき　岩手（稗貫・和賀）
しろだも　岩手（下閉伊）
しろねそ　福井（大野）
すなずき　岩手（稗貫）
ずなのき　宮城（宮城）
たぶ　群馬（利根）
だぶ　群馬（利根）
だぶげやき　群馬（利根）
たも　岩手　宮城　秋田　福島　山梨
たもげやき　群馬（勢多）
なめり　越前
にで　長野（伊那）　岐阜（飛騨）　鳥取（因幡）
にべ　福井（若狭）
にれ　福井　岐阜（飛騨）　岡山　広島　香川
　埼玉　新潟　長野
にれぎ　大分（久住）
ぬめり　鳥取（因幡）
ぬめりしな　福島（会津）　滋賀（伊吹）
ねばりじな　岐阜
ねべらこたも　岩手（岩手）
ねべらたも　岩手（岩手）
ねり　広島
ねりじな　福井（大野）
ねれ　岐阜　福井　岡山　広島　香川
ねれじな　富山（五箇山・黒部）　岐阜（白川）
ほんだも　福島（会津）
まるばにれ　静岡（遠江）
めんじな　愛媛（上浮穴）
やじな　静岡（駿河）　岐阜（美濃）　福井（今立）
やちだも　秋田（北秋田）
やにいり　埼玉（秩父）
やにれ　埼玉（秩父）　山梨（北都留）
やねら　山梨（北都留）
やまばり　福島（会津）　滋賀（坂田）
わるとじな　岐阜（揖斐）

オヘビイチゴ　　　　　　　　　［バラ科／草本］
いつつば　福岡（朝倉）
いぬいちご　愛媛（周桑）
からすのいちご　愛媛（周桑）
きじむしろ　江戸
くちなわいちご　岡山
ごりんそー　愛媛（北宇和）
ひとでぐさ　三重（宇治山田市）
へびのいちご　愛媛（周桑）

オミナエシ　　〔オミナエシ科／草本〕

あおばな　岐阜（飛騨）　長野（更級）
あかばな　和歌山（新宮）
あねばな　山形（北村山）
あわぐさ　静岡（富士）
あわごめばな　熊本（玉名）
あわばな　駿州　木曾　青森（三戸・上北・八戸）　岩手　岩手（二戸・上閉伊・紫波）　秋田　山形（北村山・最上）　福島　群馬（勢多）　新潟（刈羽）　長野　長野（上田・上伊那・東筑摩）　岐阜（飛騨・大野）　静岡　和歌山（伊都）　鹿児島（鹿児島市・薩摩）
あわぼ　青森（上北）
あわぼー　青森
あわぼんばな　岩手（九戸）
あわもり　防州　島根（美濃）
あわんばな　宮崎（西諸県）　秋田（鹿角）
おぎなえし　和歌山（日高・那賀）
おぎなめし　和歌山（日高）
おふななえし　和歌山（東牟婁）
おぼんばな　滋賀（彦根）　静岡（富士）
おみないし　愛媛（周桑）
おみなえし　備前
おみなべし　新潟
おみなめし　福島（会津）　千葉（印旛）　愛知　三重　福岡（久留米）　長崎（長崎）
おめなめし　長崎（長崎）
おもなめし　新潟
おんなえし　和歌山（東牟婁）　鹿児島（始良）
おんなめし　兵庫（赤穂）　岡山　福岡（八女）　佐賀（藤津）　熊本（玉名）
かるかや　宮城（伊具）　奈良（宇智）　鳥取（岩美）　新潟（刈羽）
きーばな　鹿児島（種子島・熊毛）
きかねはな　長門
きばな　鹿児島（阿久根市・肝属）
きよばな　鹿児島（曽於）
こーじぐさ　福島（相馬）
こーじばな　福島（相馬）　埼玉（秩父）
こがね　岩手（水沢）
こがねばな　防州　宮城（玉造）　秋田（雄勝）　山形（東田川）　新潟（中蒲原）
こごめばな　島根（美濃・能義・鹿足）　広島（比婆）
ちとめくさ　佐渡
つきみくさ　千葉（山武）
つきみばな　千葉（山武）
でしのはな　熊本（下益城）
とちな　山梨（南巨摩）
なわばな　岩手（九戸）
のばな　鹿児島（肝属）
ほとけぐさ　奈良（吉野）
ぼにばな　岡山（苫田）
ぼんはな　宮崎（東諸県）
ぼんばな　秋田（南秋田・鹿角）　岩手（二戸）　福島　栃木　群馬（山田・多野）　埼玉（入間）　山梨（南巨摩）　長野（下伊那・北佐久）　岐阜（高山・益田）　静岡（富士・磐田）　滋賀（彦根）　奈良（吉野）　島根（石見・隠岐島・那賀・鹿足）　鹿児島（鹿児島・谷山・加世田・垂水・揖宿・川辺・伊佐・始良）　鳥取
みそばな　山形（北村山・飽海）

オムロガキ　　〔カキノキ科／木本〕

すきとーり　大阪
てんりゅーぼー　遠州袋井　浜松

オモダカ　　〔オモダカ科／草本〕

あぎなし　筑前
いもば　岡山（川上）
えほど　青森
えんごだんご　青森
おい　新潟（北蒲原）
おとがいなし　仙台
かじき　山形（東田川）
かど　青森（上北）
くちあけ　新潟（佐渡）
くちさけ　伊豆
くろくわわ　熊本（玉名）
ぐゎ　島根（邑智）
くわい　香川　島根（益田）　鹿児島（日置）
くわいぐさ　和歌山　和歌山（新宮・那賀）
くわがらな　木曾
くわらつ　新潟（佐渡）
ごーくゃー　京都（竹野）
ごーわゃー　京都（竹野）
こぐゎい　熊本（玉名）
こくわぇ　熊本（玉名）
こすくい　長州　防州
ごわ　京都（竹野）
ごわい　能州
さじおもだか　畿内　京都　長州

たほど　青森（津軽）
たれご　山形（東田川）
つらさき　石川（鳳至）
つらわれ　防州　島根（益田市・那賀）
とりのあし　千葉（安房）
なぎ　山形（東田川）
ななと　北国
ななとーくさ　信州
ななとーぐさ　佐渡　新潟（佐渡）
はさみ　山形（西置賜）
はさみのはな　山形（東田川）

オモト　　　　　　　　　　　〔ユリ科／草本〕
おーもと　愛媛（周桑・新居）
おもと　岡山（英田）
おもど　鹿児島
さるふー　沖縄（八重山）
やぶかざめ　長州
ゆため　周防　長州
ゆだめ　周防　長州

オヤブジラミ　　　　　　　　〔セリ科／草本〕
にんじんぐさ　愛媛（周桑）
にんじんそー　兵庫（三原）
ぬんじんそー　兵庫（津名・三原）
のにんじん　愛媛（周桑）

オヤマソバ　　　　　　　　　〔タデ科／草本〕
やまたで　島根（益田市）

オヤマボクチ　　　　　　　　〔キク科／草本〕
うらじろ　神奈川（愛甲・津久井）　山梨　長野
えんどり　神奈川（足柄上）
えんどりっぱ　神奈川（足柄上）
おーかみまくら　和歌山（有田）
ごぼーぱ　山形（東置賜・東田川）
ごぼっぱ　青森　岩手　秋田（北秋田）　山形　栃木（上都賀）
ごんぱ　山形（東村山）
ごんぽーぱ　新潟（岩船）
ごんぽっぱ　岩手　福島（相馬）
ごんぽのは　山形（北村山・東田川）
ごんぽは　山形（東村山）
ごんぽぱ　山形
ごんぽんぱ　山形（新庄市）
のごんぼー　埼玉（秩父・入間）

ほくちごぼー　愛知（東三河・北設楽）
やまごぼー　東北　山形（米沢市）　埼玉（秩父）　長野　長野（北佐久）　静岡　静岡（磐田）　千葉（君津）
やまごんぼ　山形（庄内）
やまたばこ　和歌山（日高）

オヤマリンドウ　　　　　　〔リンドウ科／草本〕
あさまりんどー　長野（佐久）
びんどろばな　秋田（南秋田）
やちりんどー　長野（佐久）

オランダイチゴ　イチゴ　　　〔バラ科／草本〕
あび　伊豆八丈島　東京（八丈島）
いしょび　鹿児島（大島）
いちご　和歌山（日高・東牟婁）
いちねご　和歌山（西牟婁）
いちゅじゃー　鹿児島（喜界島）
いちゅび　鹿児島（沖永良部島・奄美大島・与論島）　沖縄（首里）
いちゅびゃ　鹿児島（喜界島）
いちゅびゃー　鹿児島（喜界島）
いちゅんぎ　鹿児島（徳之島）
いちょび　沖縄
いちりご　和歌山（西牟婁）
いちりんこ　和歌山（西牟婁）
いちりんご　和歌山（西牟婁）
いっご　長崎（南松浦）
えずご　秋田（北秋田）　岩手（紫波）
ぐいび　広島
くいべ　広島
ぐいべ　広島
ぐいみ　広島
ぐいめ　広島
くさいちご　和歌山（新宮）
さかさばら　駿州
さっとあび　伊豆八丈島
しないちご　奈良（吉野）
せいよいずご　青森（三戸）
せいよーいちご　和歌山（那賀）　熊本（玉名）
せいよーえちご　新潟（佐渡）
せーよーいちご　兵庫（但馬）　熊本（玉名・下益城）　岩手（盛岡）　岡山
たいし　沖縄（鳩間島）
ちょーせんいちご　広島（比婆）　新潟（中魚沼）
てーし　沖縄（石垣島・竹富島）

オランダカイウ

ままっこえちご　岩手（九戸）　新潟（佐渡）

オランダカイウ　　　　　　　　〔サトイモ科／草本〕
かいう　山口（厚狭）　愛媛（新居）
らっぱそー　山口（厚狭）

オランダガラシ　クレソン，ミズガラシ
〔アブラナ科／草本〕
いじんせり　神奈川（足柄上）
いぜんぜり　神奈川（足柄上）　長野（北佐久）
おおさがな　青森（八戸・三戸）
かわだかな　熊本（球磨）
かわなずな　山形（東村山）
しなぜり　群馬（勢多）　長野（北佐久）
しぶくさ　鹿児島（大島）
しぶさい　鹿児島（奄美大島）
しんぶせり　鹿児島（奄美大島）
しんぷやさい　鹿児島（奄美大島）
せいよーぜり　神奈川（足柄上）
せーよーぜり　長野（北佐久）
たいわんぜり　長野（佐久）　群馬（勢多）
ばぜり　長野（佐久）
ぱぜり　長野（佐久）
ばんかぜり　長野（北佐久）

オランダゼリ → パセリ
オランダナ → ハボタン
オリヅルラン　　　　　　　　　〔ユリ科／草本〕
えんこーらん　島根（美濃・那賀）

カ

カイザイク 〔キク科／草本〕
かいがら　岩手（二戸）
かさかさばな　山形（東置賜）
かちゃかちゃばな　山形
かながらばな　山形（酒田市・飽海）
かりかりばな　山形（東田川・飽海）
けんこばな　山形（酒田市）
ごむばな　山形（東田川）
しゃりしゃりばな　山形（飽海）
べっこーばな　山形（飽海）
むぎわらぎく　岩手（二戸）

カイドウ 〔バラ科／草本〕
かいどーざくら　岡山（御津）
はまなし　山形（東田川）

カエデ 〔カエデ科／木本〕
あおすだれ（チリメンカエデ）　長野（北佐久）
いたや　盛岡　青森（津軽・南部）
いたやもみじ　仙台
おがつら　長州
はいた　甲州
はな　宮城（加美・黒川）　栃木　新潟（長岡市）
はないたや　青森
はなのき　青森（南津軽）　岩手（盛岡）　秋田　山形（酒田）　群馬（多野）　新潟（岩船・佐渡）　富山（下新川）　岐阜（揖斐）
やまもみじ　新潟　長野　鹿児島

カエンサイ　サンゴジュナ，テーブルビート，ビート 〔アブラナ科／草本〕
あかじさ　播磨　和歌山（有田・日高）　大分*
うずまきかぶ　秋田*
うずまきだいこん　播州　宮城　岡山*
とーじさ　江戸
とーだいこん　播磨
にしきだいこん　参州
ひかぶら　愛媛*
ゆのみかぶ　北海道*

ガガイモ 〔ガガイモ科／草本〕
いがいも　志州
いかしこ　泉州
いがなすび　山口（熊毛）
いしがき　泉州
いも　山口（大島）
おがらべっちょ　秋田（雄勝）
おまつりかいっこ　秋田（鹿角）
かがいも　山口（都濃・吉敷・大津）
がかいも　山口（美祢）
かがみ　熊本（玉名）
かがらいも　山口（大島）
かがらび　加州
ががらび　加州
かごいも　山口（豊浦）
かこめ　尾州
かとりぐさ　江戸
かぶな　筑紫　筑前
がぶな　筑紫
かぶろ　筑前
がぶろ　筑前
がまじろ　岩手（水沢）
からすなべ　雲州
からすのもち　勢州
がんがらび　越後　新潟（中蒲原）
くあい　山口（玖珂・都濃）
くさぱんや　江戸
くさわた　静岡（賀茂）
ごあみ　長野（北安曇）
ごあめ　長野（北安曇）
こあんべ　長野（北安曇）
こーがみ　仙台
ごーがみ　仙台
こーがめ　駿州
ごーがめ　駿州
こーがも　遠州
ごがちょ　秋田（仙北）
ごがっちょー　秋田
こがね　木曾

ごがべっちょ　秋田（平鹿・由利）
こがみ　木曾　宮城（登米）仙台　長野（更級）
ごがみ　仙台
ごがみずる　仙台
こがめしょ　秋田（由利）
こからい　羽州米沢
こがらび　羽州
ごがらび　羽州
こがらみ　山形（庄内）
ごがらみ　山形（新庄市・酒田市）
こげあちょ　秋田（河辺）
こげぁちょー　秋田（南秋田）
ごげぁちょー　秋田（南秋田）
こげぇじょ　岩手（遠野）
こげちょ　秋田（秋田）
ごまざい　南部
ごまじょ　津軽　岩手（盛岡）
ごまじょから　岩手（遠野）
ごまじりかい　岩手（二戸）
ごまじりきゃっこ　秋田（鹿角）
こまじろ　南部
ごましろ　南部
ごまじろ　津軽　岩手（二戸）
ごましろかい　南部
ごまちゃ　秋田（北秋田）岩手（紫波）
ごまちゃのからこ　青森
ごまちゃのきゃっこ　秋田（北秋田）
ごまちょ　青森（津軽）
ごまちょーから　岩手（九戸）
ごまっちょ　秋田（山本）
ごまつり　青森（八戸）
ごまんざい　南部
ごまんざえ　岩手（盛岡）
ごまんさや　岩手（盛岡）
ごまんちょ　岩手（盛岡）
こんがら　長野（下水内）
ごんがら　長野（下水内）
しこへい　備前
しこへー　備前
しもぶけかずら　鹿児島（肝属）
しもふりかずら　鹿児島（垂水）
しょーかいも　山口（美祢）
しょーがいも　山口（美祢）
すすめなべ　長門
すすめのなべ　周防
すずめのまくら　越前

たーのしらんぼー　岡山
たとーがみ　下総
たぶりぐさ　青森（津軽）
だんぶりくさ　青森
ちがいも　羽州
ちくさ　京都
ちちぐさ　江戸　岩手（二戸）
ちどめ　津軽　羽州
つりがねぐさ　防州
つりかねそー　防州
ところ　山口（佐波）新潟（佐渡）
とりのなべ　周防
どろこがみ　長野（佐久）
とんぼーのち　津軽　羽州
とんぼのち　出羽
ながいも　山口　山口（熊毛・玖珂・都濃）
はとがみ　下総
はんしゃ　予州
はんじゃ　予州
はんや　佐渡
ぱんや　木曾　東京（三宅島）三重（宇治山田市・伊勢）
ほけちょ　秋田（山本）
ほんがら　長野
みみずくかずら　岡山
むじなのち　佐渡
やいとばな　上総
やまいも　山口（玖珂・厚狭・豊浦・美祢・阿武）
らまそー　江戸　京都

カカツガユ　〔クワ科／木本〕

くすどき　江戸
こくどんかし　熊本（球磨）
ねこづめ　鹿児島（甑島）
やまみかん　熊本（球磨）

カガミグサ → ウキクサ

カキ　〔カキノキ科／木本〕

あえがき（アマガキ）鹿児島（大隅）
あおそ（シブガキ）栃木　奈良（宇智）
あおんぞ（シブガキ）千葉（夷隅）
あるかや（ゴショガキ）鹿児島
えどいち（カキの１種）栃木
えぼしがき（フデガキ）青森（南部）宮城（仙台市）
えんまおー（ハチヤガキ）茨城（多賀）

おそごねり（フデガキ）　紀州
かっか　三重（伊賀南部）
きねり（アマガキ）　島根　岡山（阿哲）　広島　愛媛　高知　長崎（対馬・壱岐島）
きねりがき（アマガキ）　島根（大田市）　長崎（壱岐島）
きゃら（アマガキ）　大分（下毛）
きんぎり（アマガキ）　岐阜（大野）
きんたまがき　栃木（大田原・那須市）
こねいがっ（アマガキ）　鹿児島　鹿児島（鹿児島）
こねがき（アマガキ）　鹿児島（薩摩）
こねがっ（アマガキ）　鹿児島
こねっがっ（アマガキ）　鹿児島　鹿児島（鹿児島）
こねり（アマガキ）　福岡（築上）　宮崎（東諸県）
こねりがき（アマガキ）　宮崎（児湯・東諸県）
こはるがき（アマガキ）　熊本（玉名）
こまえ（アマガキ）　山形（東置賜）
ごまふき（アマガキ）　島根（鹿足）　香川
さとーがき（フユウガキ）　香川（高見島）
さとーがき（アマガキ）　岡山（苫田）
さとがき（アマガキ）　和歌山（和歌山市）
しぶとまり（アマガキ）　香川
たかのせ（フデガキ）　播州
だらり（カキの１種）　新潟（佐渡）
にたり　群馬（勢多）　山梨（南巨摩）　和歌山（和歌山市）
ねれがき（アマガキ）　高知（高知市）　佐賀　熊本（芦北・八代）
みょーたん（アマガキ）　山梨（南巨摩）
やつみぞがき（ハチオウジガキ）　石見

カギカズラ　　　〔アカネ科／木本〕

あくびそー　熊野　和歌山（和歌山・東牟婁）　三重（南牟婁）
かぎのつる　芸州
さねかずら　熊野　三重（牟婁）　和歌山（牟婁）
さるとりぐい　芸州　防州　長州
さんちん　高知（高岡）
さんねんかずら　熊野　三重（牟婁）　和歌山（牟婁）
たかのつめ　伊豆御蔵島　静岡（賀茂）
たけかずら　熊野　和歌山
ちょーとこ　和歌山（西牟婁・東牟婁）
ちょーとこかずら　和歌山（西牟婁）
つりかずら　高知（幡多・高岡）
つりがねかずら　和歌山（東牟婁）

つりばりかずら　高知（幡多）
てんびんかずら　防州
ねこづめかずら　熊本（球磨）
ふじつりばり　紀伊熊野　和歌山（牟妻）

カキツバタ　　　〔アヤメ科／草本〕

あやめ　岩手（二戸・九戸）
うまこばな　青森（八戸）
かおばな　常陸　茨城
かきつ　富山（砺波）　新潟（中蒲原）　青森（八戸）
かけつ　岐阜（北飛騨・吉城）
かっこ　山形（東置賜）　新潟　岩手（水沢）
かっこー　山形（村山）　新潟　秋田（雄勝）
かっこーばな　福島
かっこばな　山形（西置賜・東置賜）　福島
かんこ　新潟（新発田市）
しょとめ　秋田
しょどめ　秋田（仙北）　岩手（岩手・二戸）
そとめ　青森（三戸・津軽）
そどめ　青森
つわきり　出羽
ふでばな　坂東

カキドオシ　　　〔シソ科／草本〕

あさっぺい　島根（美濃）
あさっぺー　島根（益田市）
うぐさ　長州
うむしかざ　沖縄（石垣島）
うむしふさ　沖縄（石垣島）
かいとりくさ　奥州
かいとりぐさ　陸奥
かいとりばな　陸奥
かいねぐさ　佐州
かいねだばら　奥州
かいねだわら　奥州　佐渡
かいねんずる　加州
かきどーさー　島根（美濃）
かきどーろ　筑前
かきどくさ　熊本（阿蘇・上益城）
かきどし　熊本（鹿本）
かきねどーし　木曾
かじばな　新潟
かたいかり　駿河　播州
かべとし　秋田
かんとりぐさ　羽州

カキバカンコノキ

かんとりそー　江戸　山形（飽海）　東京　和歌
　山（西牟婁・海草）　高知　神奈川（川崎）
くつぐさ　和州
けぁいどしんじ　秋田
しおふくれ　島根（美濃）
じしばり　島根（美濃）
じゃこーそー　周防
すいかんずる　山形（庄内）
せにくさ　長門
ぜにくさ　周防
ぜにぐさ　伊豆八丈島
たんくさ　宮崎（北諸県）
ちどめぐさ　山口（熊毛）
つおつくし　島根（美濃）
つるはっか　奥州
てんぐさ　島根（美濃）
でんぐさ　島根（美濃）
ねぜり　加賀
びっきぐさ　山形（飽海）
へびのおっかさ　長野（佐久）
へびのかんこばな　秋田（鹿角）
みそばな　青森（南部）
もーせん　秋田
もへ　秋田（雄勝）
やはたそー　紀州
やますみれ　青森
りびょーぐさ　長野（北佐久）
れんせんそー　周防

カキバカンコノキ　〔トウダイグサ科／木本〕
こびじん　鹿児島（奄美大島）

ガクアジサイ　〔ユキノシタ科／木本〕
あじさい　東京（青ヶ島）
あつさのき　東京（三宅島）
あっさのき　東京（三宅島）
あっちぇー　東京（青ヶ島）
いわうつぎ　上州三峰山
がく　香川
かんじょーしば　東京（八丈島・青ヶ島）
きつねのしんのげ　千葉（安房）
くそしば　東京（三宅島）
こがい　東京（新島）
じーしば　東京（御蔵島・三宅島）
じーのき　東京（御蔵島）
しば　東京（三宅島）

しばはな　東京（大島）
ずい　東京（三宅島）
ずいずい　東京（三宅島）
ずいのき　静岡（伊豆）　東京（三宅島）

ガクウツギ　コンテリギ　〔ユキノシタ科／木本〕
あかうつぎ　大分（南海部）
あかじみ　宮崎　熊本
あかつげ　愛媛（面河）
いとーぶ　熊本（八代）
いぬとーしん　高知（幡多）
いわうつぎ　埼玉（秩父）
うさぎかくし　兵庫（佐用）
うつぎ　三重（多気）
うつげ　高知（土佐）
うっだしのき　鹿児島（川辺）
うのはな　和歌山　高知
うばうつぎ　愛媛（新居）
おなごじみ　長崎（南高来）
かたじろ　高知（幡多）
きうつぎ　三重（三重）
こめうつぎ　大分（大野）
こんてりぎ　和歌山（西牟婁・田辺）　高知（吾川）
こんてるき　熊野
じみ　長崎（南高来）　宮崎　熊本
しゅーどめ　三重（北牟婁）
じゅんがら　鹿児島（出水）
しろうつぎ　熊野　埼玉（秩父）
しろめうつぎ　三重（飯南）
じんがら　宮崎（北諸県）　鹿児島
じんしば　鹿児島（出水）
ずいぽー　静岡（伊豆）
すっぽん　宮崎（西諸県）　三重
すべり　香川（香川）
ちょーちょーばな　三重　奈良
ちょーちょばな　三重　奈良
つきだし　大分（佐伯市）
つきだしのき　鹿児島（悪石島）
つきつき　高知（長岡）
つくでのき　和歌山（日高）
つげつげ　和歌山（伊都）
つげっつげ　和歌山（伊都）
つげのき　愛媛（宇和島）
つっつきぶし　宮崎（東臼杵）
つっつきぼーし　宮崎（東臼杵）
とーしみ　三重（北牟婁）　山口（阿武）　愛媛

（宇和島）
とーしみぎ　山口（玖珂）　愛媛（宇和島市）
とーしみのき　高知（安芸）
とーしん　和歌山（田辺市）　広島（高田）　高知
とーしんぎ　徳島（那賀）　高知（幡多・長岡）
とーしんのき　和歌山（東牟婁）　高知（幡多）
とーしんぼ　島根（美濃）
とーすみ　高知
ままごうつぎ　高知（土佐）
みやまうつげ　愛媛（面河）
むくげ　山口（玖珂）
むしむし　和歌山（有田）
やまちゃうつぎ　埼玉（入間）
やまどーしみ　山口（厚狭・佐波）

カクミノスノキ → ウスノキ

カクレミノ　〔ウコギ科／木本〕
あばめーきー　沖縄（石垣島）
いぐろ　鹿児島（奄美大島）
いつつば　長門
いもがら　鹿児島（硫黄島）
いもぎ　周防　三重（大杉谷）
いんやつで　鹿児島（肝属）
うーあさぐる　沖縄
うりのき　伊豆神津島　静岡（南伊豆）
おばもち　和歌山（那智）
おんじーともべら　千葉（安房）
かしゃんば　東京（三宅島）
かしわ　伊豆御蔵島
かりまた　長崎（対馬）
くもかつき　長門
くわべら　千葉（安房）
こんまだま　静岡（榛原）
しろぎ　高知（幡多）
たびのき　三重
たぶ　三重（宇治山田市）
だんぐる　沖縄（与那国島）
てーしば　静岡（小笠）
でがし　和歌山（東牟婁）
てくらべ　静岡（志太）　大阪　泉州
てしば　静岡（小笠）
てっこぱ　千葉（大多喜）
てばき　静岡（小笠）
てびら　和歌山（東牟婁）
てんぐっぱ　千葉（君津）
てんぐのうちわ　千葉（清澄山）　和歌山（有田）

てんぐのき　三重（度会）
てんぐば　三重（員弁）
とーふ　静岡（南伊豆）
とりあしのき　和歌山（新宮）
どんぐろ　沖縄（与那国島）
なまかぶら　長門
ぬすどのて　長州　防州　山口（厚狭）
ぬひとのて　山口（厚狭）
はうちわ　三重（員弁）
はおろし　長崎（壱岐島）
はぐす　大分（南海部川内）
はくち　徳島（海部）
はくちぎ　高知（幡多・高岡・安芸）
はこぼし　長崎（壱岐）
はこぼれ　長崎（壱岐）
はびら　伊豆八丈島
はぶちょー　高知（幡多）
はぽろ　長崎
はぽろし　鹿児島（垂水市・肝属・大口・出水・
　川内）
びーあさんぐる　沖縄
ひとつば　高知（幡多）
ふゆはくちのき　高知（高岡）
ほーのき　福岡（八女）　三重（伊勢）
ほそき　愛知（知多）
まはらい　熊本（玉名）
みそば　三重（志摩神島）
みつで　三重（北牟婁）　和歌山（新宮市）　山口
　（大津）　鹿児島（肝属・大根占）
みつながしわ　岡山
みつば　和歌山（有田）
みつばいもぎ　鹿児島（種子島）
みつばがしわ　紀州
みのかぶり　熊本（玉名）
みやまとべら　高知（幡多）
むくのき　三重（大杉谷）
やつで　山口（佐波）
やひらぎ　鹿児島（種子島）
やまうるし　鹿児島（中之島・悪石島）
やまだら　鹿児島（屋久島）
やまばかんのき　鹿児島（屋久島）
やまやつで　千葉（清澄山）
ゆーぐる　鹿児島（徳之島）
ゆーごろ　鹿児島（奄美大島）
ゆぐる　鹿児島（奄美大島）　沖縄
よーごろ　鹿児島（大島）

カゴノキ

よごろ　鹿児島（奄美大島）　沖縄（国頭）

カゴノキ　〔クスノキ科／木本〕
あさかい　島根（出雲）
いかご　鹿児島
えっちゅーがし　千葉（清澄山）
かがし　滋賀
かけ　滋賀
かご　三重
かごがし　鹿児島（肝属）　岡山　愛媛
かごのき　三重　奈良　和歌山
かごめ　三重（度会）
かじ　宮崎
がしら　長崎（東彼杵）
かなこ　静岡（南伊豆）
かのこ　静岡（南伊豆・榛原・磐田）
かのこが　静岡（南伊豆）
かのこがし　神奈川（大磯）　愛知（八名）
かもこが　静岡（南伊豆）
かものき　島根（石見）
かりん　山口（周防）
かるめんど　三重（度会）
くが　沖縄
くるまぎ　和歌山（東牟婁）
こーが　香川　鹿児島（垂水・肝属）
こーぎそ　鳥取（因幡）
こが　山口（厚狭）　香川（大川）　愛媛（新居）　高知　宮崎（児湯）　鹿児島　熊本（天草）　島根
こがあさだ　愛媛（宇摩）
こがかし　愛媛（宇和島）
こがのき　香川（大川）　鹿児島（垂水市）　奈良　三重　和歌山　熊本　屋久島
こがんせん　鹿児島（肝属・垂水）
こっぱしょだま　千葉（清澄山）
さるすべり　静岡（遠江）　山口（佐波）　高知（高岡・長岡）　長崎（壱岐島）
しろこが　静岡（南伊豆）
すだのき　鹿児島（中之島）
たまぐし　千葉（安房）
とぎのき　鹿児島（種子島）
なつがし　三重（飯南）
なまずたぶ　福岡（粕屋）
なめんど　三重（一志）
はなが　愛媛（上浮穴）
はながし　沖縄
ふしこが　鹿児島（肝属）

ふゆかのこ　静岡（三ヶ日）
ふゆがのこ　愛知（東三河）
ほしかご　宮崎
ほしこが　福岡（八女）　佐賀（藤津）　長崎（南高来）　熊本（球磨・芦北）　大分（南海部）　宮崎　鹿児島（肝属・伊佐）
ほしたぶ　大分（大野）　熊本（球磨）
ほんかご　熊本
まんだらこが　山口（周防）
むしかご　富山
もんつくば　和歌山（東牟婁）

カザグルマ　〔キンポウゲ科／草本〕
かざくさ　熊本（玉名）
かぜくさ　熊本（玉名）
きばち　山形（東田川）
くるまばな　長野（更級）
てっせん　岩手（二戸）
てっせんか　長野（北佐久）
てっせんかずら　長野（北佐久）
てんじんばな　長野（北佐久）
みちくさ　熊本（玉名）
らんぷみがき　熊本（玉名）

カサスゲ　〔カヤツリグサ科／草本〕
うげ　山形*
おにすげ　山形*
すげ　青森　岩手*　宮城　秋田*　山形*　福島　栃木*　千葉*　新潟*　福井　長野*　岐阜*　静岡*　三重*　和歌山　鳥取*　島根*　岡山*　広島*　山口*　徳島*　愛媛*　高知*　長崎*　宮崎*
すび　奈良*
ほんすげ　島根*
みのすげ　和歌山*
やずすげ　山形*

カシ　〔ブナ科／木本〕
おぎ　関東
かしに　沖縄（石垣島・竹富島）
かたぎ　長門　周防　島根　広島　山口（厚狭・玖珂）　愛媛（松山）
かちのき　三重
かっちのき　三重
かっちん　奈良（南葛城）
かつのき　三重
じょーき　兵庫（神戸市）

130

カジイチゴ 〔バラ科／木本〕

- あび　東京（御蔵島）
- あぶ　東京（三宅島）
- えちごあぴ　東京（八丈島）
- おくやまいちご　長崎（南高来）
- きいちご　静岡　和歌山（新宮）　岡山
- たかいっこ　鹿児島（垂水市）
- たかいっごー　鹿児島（垂水市）
- とのさまいちご　静岡　静岡（小笠）　和歌山（海草）
- ばらあび　東京（八丈島）
- やまいちご　福岡（築上）

カジノキ 〔クワ科／木本〕

- おにそ　和歌山（那賀）
- かじ　愛媛（北宇和）　高知（高知市・高岡）
- かじこーぞ　長州
- かじそ　周防
- かみそ　愛媛（新居）
- かみのき　福岡（八女）
- かんのき　鹿児島（川辺）
- くさかじ　徳島（那賀）
- こーぞ　山口（熊毛）
- まかじ　徳島（那賀）

カシュウイモ 〔ヤマノイモ科／草本〕

- けいも　京都　大阪　長門　周防
- ぜっぷ　駿河　遠江
- ぜっぽー　静岡（榛原）
- せんぶ　伊豆八丈島　神奈川
- ぜんぶ　常州　相模
- ぜんぽ　静岡（榛原）
- ぜんぽー　静岡（榛原）
- でぶ　伊豆八丈島　静岡（伊豆）
- でぶせんぶ　豆州
- ほじ　和歌山（新宮市）

ガジュマル 〔クワ科／木本〕

- うしく　鹿児島（奄美大島・徳之島）
- おーぎ　和歌山（日高）
- がざまに　沖縄（波照間島）
- がざみ　沖縄（石垣島）
- がざむねー　沖縄（石垣島）
- がざむねーきー　沖縄（石垣島）
- かじょーに　沖縄（竹富島）
- がんつぼに　沖縄（小浜島）
- けんもんぎ　鹿児島（奄美大島・沖永良部島・与論島）
- さがい　沖縄（与那国島）
- さしゃと　薩州　鹿児島（薩摩）

カシワ 〔ブナ科／木本〕

- いーば　島根　岡山（北部）　広島（比婆）
- いーばまき　広島（比婆）
- おーばなら　山形（東田川・飽海）
- おーまき　島根（簸川）
- おーまきしば　島根（美濃）
- かいば　青森
- かさぎ　岩手（気仙・上閉伊）
- かし　庄内　山形（鶴岡）
- かししぎ　岩手（江刺）　宮城　秋田　山形
- かしのわっぱのき　山形（酒田市）
- かしばぐい　広島（比婆）
- かしやぎ　佐渡
- かしぎ　山形（最上）　新潟（佐渡）
- かしやしば　静岡
- かしやっぱ　静岡（駿河）
- かしやっぽ　静岡
- かしやんば　静岡
- かしらき　青森　岩手
- かしらぎ　青森　岩手
- かしらげ　青森　岩手（岩手）
- かしわき　佐渡　青森（西津軽・上北）　岩手（気仙）　広島
- かしわしば　島根（美濃）
- かすばみ　山形（西村山）
- がらなら　山口（阿武）
- くのぎ　熊本（玉名）
- ここぜ　丹波
- こごぜ　丹波
- ごぞーしば　島根（美濃）
- ごどーしば　島根（那賀）
- ごとーまき　広島（山県）
- じんこー　甲斐河口　富士山
- そだ　愛知（葉栗）
- ちまきしば　佐賀（東松浦）　長崎（対馬）
- てがしわ　島根（八束）
- どんぐりぼのき　石川（江沼）
- なら　大分　宮崎（児湯）　鹿児島（始良）
- ならかしわ　鹿児島（肝属）
- ならぎ　島根（美濃）
- なろ　三重（飯南）

カズノコグサ

ばたこ　兵庫
ほー　和州
ほーのき　静岡（川根）
ほそ　和州
ぼったり　東濃
ぼったりしば　木曾
まき　島根　岡山
まきのき　愛知（東加茂）
まきのは　島根（那賀）
みつなら　富士山
ゆずりは　千葉（印旛）　山梨（南都留）

カズノコグサ → ミノゴメ

カスマグサ　　　　　　　　　〔マメ科／草本〕
えんどーくさ　岡山
からえどまめ　山形（東村山）
くさちゃ　岡山
ごまめ　山形（東田川・飽海）　新潟（西蒲原）
しびび　福井（今立）
ちゃくさ　岡山
のえんどー　岡山
ふえくさ　群馬（山田）
ふえぐさ　群馬（山田）

カゼクサ　　　　　　　　　〔イネ科／草本〕
かぜしらせ　大分（直入）
がにしば　千葉（館山）
くろんぼー　新潟（西蒲原）
こまつなぎ　新潟（西頸城・中頸城）
みちしば　山形（南置賜・東田川）　千葉　神奈川（川崎）　新潟（岩船）　長野（佐久）　鳥取（西伯）　山口（厚狭）

カセンソウ　　　　　　　　　〔キク科／草本〕
うまのごち　青森
えらしげくさ　青森
おやまおぐるま　和歌山（伊都）
むらぎく　青森
やじぎく　青森
やつぎく　青森
やなぎきく　青森

カタクリ　　　　　　　　　〔ユリ科／草本〕
あまいも　京都加茂
あまつぼろ　京都鳥羽
うぐいす　播州

うばゆり　江戸
えやり　島根（周吉）
おばいろ　神奈川（津久井）
おんなかたこ　新潟（刈羽）
かかだんご　山形（北村山）
かがゆり　江戸
かぜふきぐさ　福井
かたかこ　仙台
かたかご　山形（東村山）　岐阜（飛騨）　岩手（東磐井）　新潟（北蒲原）
かたがこ　山形（飽海）
かたかんこ　北海道
かたくり　南部　江戸
かだくり　青森（八戸）
かたこ　佐渡　加賀　越前　京都　岩手（九戸・上閉伊・紫波）　秋田（雄勝）　山形（東田川）　新潟（長岡・三島・魚沼・南蒲原・岩船）
かたご　青森（弘前市）　岩手（上閉伊）　秋田　山形（東村山）
かだこ　青森　秋田（鹿角）
かたこご　山形（西田川）
かたこゆり　青森（八戸）
かたこん　新潟（長岡）　長野（下水内）
かたすみら　肥前
かたたご　山形（東置賜・米沢市）
かただんご　山形（置賜）
かたっけーあ　岩手（上閉伊・釜石）
かたっこ　新潟（西頸城・刈羽）　長野（下水内）
かたっぱ　新潟（東蒲原・北蒲原）
かたは　新潟
かたば　新潟（東蒲原）
かたはな　新潟（東蒲原）
かたばな　佐州
かたより　岐阜（恵那）
かたんこ　山形（西部）
がたんこ　岩手（盛岡）　山形（東田川）
かっかべ　青森（八戸）
がんこべ　山形（西田川）
くずば　新潟（西頸城）
くぞ　福島（会津）　長野（上田）
げんごば　福島（中部）
ごんばいろ　栃木（日光）
こんぺいる　栃木（日光）
ごんべいる　日光
ごんべいろー　日光
すてっぽー　筑前

すみら　肥前
ずり　山口（大津）
たいほせ　愛媛
つるぽ　丹波
なんきんすいせん　京都花戸
のり　山形（東田川・飽海）
はこべ　秋田（雄勝）
はつゆり　京都
はるひめゆり　京都花戸
ぶんだいゆり　江戸　佐州
ほーほけきょ　群馬（山田）
ほきっちょ　岩手（気仙）
ほけきょばな　秋田（河辺）
まつばゆり　江州
むぎくはい　京都
ゆりいも　愛媛（周桑）

カタバミ　　　〔カタバミ科／草本〕

あいもぐさ　岐阜（吉城）
あかねぐさ　宮崎（西諸県）
あけずのあずき　岩手（盛岡）
あけずのあずきまま　岩手（紫波）
あけずのまま　岩手（盛岡・紫波）
あずきまま　岩手（盛岡）
あまちゃ　香川（三豊）
ありごずいこみ　岐阜（郡上）
ありごずいこめ　岐阜（郡上）
あわかこめか　大分（大分市）
いさくさん　山口（熊毛）
いちゃちゃぼ　兵庫（美方）
いぼちゃこ　兵庫（美方）
うまいもの　愛媛（周桑）
うめずけぐさ　福島（相馬）
えどしかんこ　秋田（由利）
おかねぐさ　大分（大分）　鹿児島（始良）
おごりこ　北海道（江差）
おちゃっから　山梨
おっぺっぺ　群馬（佐波）
おとばみ　長野（北佐久）
おみがきそー　大分（大分市）
おみこしくさ　山口（吉敷）
おみこしぐさ　山口（吉敷）
かがみくさ　三重（河芸）　岡山（津山・苫田・勝田・邑久）　島根（美濃・邑智）　広島（神石）　山口（玖珂）　高知（東津・吾川）　愛媛（周桑・東宇和・西宇和）　大分（大分）

かがみぐさ　石州　長州　防州　島根（石見）　広島　山口（玖珂）　愛媛　高知　大分（大分市）
かがみすいば　島根（邑智・美濃）　山口（玖珂）
かがみそー　山口（玖珂）　島根　高知
かがんぐさ　島根（八束）
かこべ　岩手（和賀・水沢・紫波）
かたぎ　三重（阿山）
かたんば　長崎（長崎・諫早）
かねくさ　鹿児島（鹿児島）
がねくさ　鹿児島（鹿児島）
かねこくさ　鹿児島（鹿児島・国分・薩摩・日置・始良・大島）
かねこぐさ　鹿児島（薩摩）
かまくさ　播磨　愛媛
かまちこ　香川（仲多度・三豊）
からすのすいこ　長野（北佐久）
からすのてーてー　新潟（中越）
からすのてーらー　新潟（長岡）
からたちぐさ　東京（八丈島）
かんがし　島根（美濃）
かんがみぐさ　防州　山口（熊毛）
かんがめ　愛媛
がんがめ　愛媛
かんかん　島根（美濃）
かんかんぐさ　島根（石見・邑智・美濃・邇摩・那賀・鹿足）　岡山（御津・小田・邑久・浅口）　広島（府中・賀茂・安芸）　山口　香川（直島・瀬居島）　愛媛（中島）
かんがんぐさ　島根（美濃）
かんかんそー　島根（鹿足）
かんぞー　新潟
がんぞー　新潟（上越市）
ききょーかたばみ　山口（熊毛）
ぎち　愛媛（新居）
きゅーり　和歌山（和歌山市）
きゅーりくさ　茨城　和歌山（有田）
きゅーりぐさ　和歌山（有田）
くろーばー　長野（東筑摩）
げどーくさ　山口（熊毛）
けんかばー　山口（熊毛）
こがね　鹿児島（薩摩・始良）　熊本（鹿本）
こがねくさ　筑紫　福岡（久留米市・福岡市・筑後・浮羽・糸島）　長崎（南高来・西彼杵）　熊本（球磨・熊本・八代・阿蘇・葦北）　鹿児島（鹿児島市・肝属・熊毛）　佐賀（東松浦）　山口（柳井・玖珂・熊毛・阿武）

カタバミ

こがねぐさ　讃岐　筑紫　久留米　肥前　相州　福岡（福岡市・久留米市）　長崎（西彼杵・南高来）　熊本　熊本（玉名）　大分　鹿児島
こがねばな　筑紫　福岡（福岡市）
こがれぐさ　熊本（天草）
ごもんぐさ　山形（鶴岡市・東田川）
こんがらぐさ　熊本（天草）
こんじきすっぱ　静岡（安倍）
こんぺんと　山形（西置賜）
さがみくさ　島根（美濃）　山口（玖珂）
さるまぐさ　静岡（賀茂）
しーしー　京都（竹野）　岡山（岡山市・阿哲・浅口）
しいしいば　山口（山口）
しーしんとー　大分（北海部）
しーみ　鹿児島（徳之島）
しおぐさ　和歌山（東牟婁）
しおどめ　埼玉（春日部）
しかしか　秋田（鹿角・山本）
しかんこ　北海道（森）　青森（上北）　秋田（北秋田・南秋田）
しかんぽ　秋田（仙北）
しごめ　三重（志摩・度会）
じごめ　三重（志摩）
しっけえあこ　岩手（九戸）
しふぁしけぁこ　秋田（雄勝）
じゃ　三重（名賀）
しゃこばな　和歌山（日高）
しゃみせんばな　京都（京都市）
しょーのき　群馬（勢多）
しょっから　静岡（田方・三島）
しょっぱ　群馬（山田・桐生・藤岡）
しょっぱい　埼玉（南埼玉）
しょっぱくさ　群馬　埼玉（川越・入間）　東京（三宅島）　神奈川（相模原）
しょっぱぐさ　群馬（多野）　埼玉（川越）　東京（八王子・三宅島）
しょっぱしょっぱ　埼玉（秩父）　群馬（群馬）　東京（西多摩）　神奈川（足柄上）
しょっぱっか　千葉（東葛飾）
しょっぱんぐさ　埼玉（大里）
しょっぱんこ　東京（三宅島）　埼玉（川越）
しょっぱんぴん　東京（三鷹）
しょっぺ　埼玉
しょっぺー　千葉（印旛）
しょっぺしょっぺ　千葉（印旛）　東京（北多摩）

しんこ　香川（仲多度）
しんどくさ　兵庫（飾磨）
じんばり　徳島（三好）
すいか　香川（三豊）
すいかんぽ　福岡（大牟田）
すいかんぽー　長崎（長崎市）
すいくさ　出雲　熊野　和歌山（西牟婁）　島根（益田市・隠岐島）　香川（佐柳島・志々岐）
すいこ　静岡（磐田）　長野（東筑摩）
すいこき　静岡（沼津市）
すいこくさ　長野（南安曇）
すいこっぱ　静岡（磐田）
すいこめ　岐阜（郡上）
すいこんぽー　静岡（磐田）
すいしば　高知（高岡）　愛媛（周桑）
すいす　香川（綾歌・仲多度）
すいすい　新潟（中越）　長野（上田）　岐阜（郡上）　三重（伊賀・上野・名賀）　京都（何鹿）　兵庫（加古）　奈良（南部・添上・磯城）　和歌山（和歌山・西牟婁・名賀・海草・伊都・有田・日高）　広島（江田島・比婆・安芸）　香川（高松・小豆・木田）　高知（高岡）　大分（大分・速見・大野・北海部）　愛媛（東宇和）　徳島（阿波）　新潟
すいすいくさ　静岡（小笠・富士）　和歌山（東牟婁）　愛媛（東宇和）　大分（直入）
すいすいぐさ　静岡（富士・駿東）　和歌山（有田・東牟婁・新宮）　島根（鹿足）　徳島（那賀）　香川（小豆島・男木島）　大分（直入）
すいすいこんぽ　三重
すいすいごんぽ　三重
すいすいば　愛知（海部・豊橋・渥美・知多）　和歌山（東牟婁）　島根（美濃）　愛媛（周桑・喜多・西条）　大分（大野）　鹿児島（薩摩）　山口（熊毛）
すいすいばな　静岡（小笠）　兵庫（津名）
すいっぱ　静岡（田方・賀茂）　大分（速見・大分）　岐阜（揖斐）
すいな　木曾
すいなぐさ　岐阜（益田）
すいば　兵庫（赤穂）　和歌山（和歌山・伊都・海草・日高・西牟婁）　徳島（美馬）　香川（伊吹島・三豊）　愛媛（大三島・西条・周桑・越智・新居・上浮穴）　大分　大分（大分・速見・大野・西国東）　千葉（長生）　愛知（知多）　岐阜（加茂）　島根（大原）　広島（安芸）　山口

カタバミ

（熊毛・佐波）　鹿児島（薩摩）
すいばな　和歌山（有田）
すいめ　山口（都濃）
すいもぐさ　和歌山　徳島（麻植）
すいもの　和歌山（日高・有田）
すいものくさ　尾張　伊勢　山形（西田川）　群馬（佐波）　新潟（中越）　静岡（富士）　三重（志摩）　和歌山　広島（福山）　香川（東部）
すいものぐさ　尾州　群馬（佐波・群馬・利根・多賀）　埼玉（北足立）　静岡（富士）　岐阜（吉城）　新潟（新潟・長岡・古志）　石川（鳳至）　三重（鳥羽）　和歌山（新宮・田辺・日高・西牟婁・東牟婁）　兵庫（赤穂）　香川（高松）　徳島（麻植）　長崎（長崎）
すいもん　奈良（高市）　和歌山（日高・西牟婁）
すいもんぐさ　三重（志摩・鳥羽）　和歌山（日高）　徳島（名東）
すーぐさ　大阪（泉北）
すえくさ　島根（隠岐島）
すかすか　南部　秋田（山本）　山形（庄内）
すかすかこ　秋田（雄勝）
すかんく　青森（弘前）
すかんこ　津軽　北海道（函館）　青森　岩手（九戸・盛岡・二戸）　秋田（秋田・平鹿）　新潟（中越・古志）
すかんしょ　秋田（鹿角）
すかんべ　北海道（函館）　山形（東田川）
すかんぼ　青森　秋田（平鹿）
すかんぽ　秋田（平鹿）　北海道（洞爺）　茨城　岐阜（岐阜）
すくさ　東京（御蔵島）　静岡　大分
すぐさ　江戸　伊豆　東京（御蔵島）　神奈川（高座）　静岡（小笠）　大分（大分）
すぐな　福島（耶麻）
すけぁすけぁこ　秋田（雄勝）
すすいば　静岡（庵原）
すずめかご　新潟（北蒲原）
すずめくさ　長野（北安曇）　新潟（北蒲原・中魚沼・中頸城・西頸城）　富山（西礪波）
すずめぐさ　佐渡　新潟（直江津市）　富山（西礪波）　長野（北安曇）　兵庫（赤穂）　山形（酒田）　静岡（田方・賀茂）
すすめげさ　新潟（佐渡）
すずめしっかな　岩手（気仙）
すずめすかんこ　青森（三戸）　岩手（二戸・九戸）　秋田

すずめのあいきょー　新潟（佐渡）
すずめのあしがらみ　岩手（九戸）
すずめのおさがり　新潟（中頸城）
すずめのかいろ　新潟（加茂市）
すずめのかえちょ　新潟（中越・長岡）
すずめのかんしょ　長野（下水内・下高井）　千葉（館山）
すずめのかんしょー　新潟
すずめのこーよ　新潟（西頸城）
すずめのさいこ　長野（北安曇）
すずめのさかずき　長野（上田・佐久）
すずめのさんしょー　新潟（直江津市）
すずめのしきゃんこ　青森（三戸）
すずめのしそ　和歌山（西牟婁）
すずめのしっかな　岩手（気仙）
すずめのすいこ　長野（佐久・長野・大町・南佐久・下高井・上水内）
すずめのすいこん　長野（上田）
すずめのすかし　新潟（刈羽）
すずめのすかんこ　山形（東田川）
すずめのすかんぽ　山形（飽海）
すずめのすけあんこ　青森（三戸）
すずめのちょーちん　新潟（佐渡）
すずめのちょんちょん　新潟（西頸城）
すずめのつかもり　越後
すずめのはかま　仙台　山形（西田川）　福島（相馬・郡山）　新潟（南蒲原・佐渡）　青森　秋田　岩手（東磐井）　宮城（登米）
すずめのはばき　長野（下水内）　新潟
すずめのははこ　福島（相馬）
すずめのははご　福島（相馬）
すっかい　北海道（函館）
すっかんしょ　千葉（野田）
すっかんぽ　茨城（猿島）
すっぱ　静岡（小笠・清水市）
すっぱぐさ　埼玉（大里）　東京（南多摩）
すのさ　上総
すもも　奥州境
すももぐさ　和歌山（日高）
すんこ　津軽
すんばこくさ　静岡
ぜにくさ　山口（玖珂）　静岡　長野（北安曇）　宮崎（延岡）
ぜにぐさ　長野（北安曇）　和歌山（西牟婁）
ぜにこ　和歌山（西牟婁）
ぜにみがき　長崎（壱岐島）

カタバミ

ぜんぜぐさ　長野（北安曇）
ぜんぜんぐさ　大分（南海部・西海部）
ぜんみがき　長崎（長崎市・東彼杵・諫早・北松浦）
だいす　北海道（森）
たいほーぐさ　兵庫（赤穂）
たてばこ　和歌山（海草）
たまくさ　播磨
だんじりばな　奈良（吉野）
たんぼくさ　富山（富山・射水）
たんぼぐさ　富山　富山（射水）
ちーちーぐさ　東京（三宅島）　静岡（賀茂）
ちーとめぐさ　三重（志摩）　和歌山（和歌山市）
ちぐさ　静岡（志太・小笠）
ちどめ　埼玉（入間）
ちどめくさ　福井（今立）　兵庫（揖保）　福岡（朝倉）　熊本（天草）　鹿児島（揖宿）
ちどめぐさ　熊本（天草）
ぢひばり　静岡（田方）
ちょーちょーすいば　島根（石見）
ちょんがら　鹿児島（甑島・薩摩）
ちょんこぐさ　新潟
ちんちんぐさ　岡山（北木島・児島）　香川（瀬居島）　愛媛
ちんちんぐら　三重（志摩・鳥羽）
ちんちんもぐさ　佐渡
ちんちんもげき　新潟（佐渡）
つそー　大阪（豊能）
つまんじゃぴっしゃげ　大分（別府市）
つまんじゃぴっしゃげ　大分（別府市）
つめくさ　山口（玖珂・熊毛）
つんつんぐさ　香川（東部）
てんとぐさ　福島（会津若松）
どきょーぐさ　三重（志摩）
とのさまずいこ　長野（東筑摩・南安曇）
とばつかみ　静岡（田方）
とびしゃく　大分（大分市）
とびつかみ　千葉（印旛）
どろほーぐさ　群馬（勢多）
とんがらぐさ　熊本（天草）
どんどろくさ　広島
どんばそー　栃木（南部）
とんぶくさ　埼玉（北足立・入間）　千葉（市原）　東京（武蔵野・北多摩）　長野（東筑摩）
どんぶぐさ　群馬（勢多）　長野（東筑摩）
どんぶっぱ　群馬（勢多）
とんぼくさ　茨城　東京（南多摩）　静岡（伊東）

長野（岡谷）　富山（砺波・東礪波・西礪波）　福井（大飯・今立）　滋賀（甲賀）　山口（玖珂）　鹿児島（姶良）
とんぼぐさ　江州　近江坂田　京都　山形（西田川）　群馬（勢多）　千葉　千葉（印旛・長生）　富山（砺波）　福井　静岡（田方・伊東）　滋賀（甲賀）　島根（仁多）　山口（玖珂）　鹿児島（姶良）
どんほぐさ　上総
どんぽぐさ　群馬（勢多）　富山（砺波）
とんぼのきゅーり　加州　石川
とんぼのしーこ　富山（砺波・東礪波・西礪波）
どんぼのしーこ　富山（東礪波）
なべしかしか　秋田（南秋田）
にじち　沖縄（与那国島）
ねこあし　山形（北村山・西田川）　静岡（浜名）
ねこじゃっぱ　静岡（富士）
ねこちゃっぱ　静岡（富士）
ねこのおちゃっぱ　山梨
ねこのくそ　静岡（駿東・田方）
ねこのさかずき　木曾
ねこのしかしか　山形（西田川）
ねこのしょっから　山梨（南巨摩）　静岡（賀茂・田方）
ねこのすいこぎ　岐阜　岐阜（恵那）
ねこのちゃ　山梨　山梨（中巨摩・北巨摩）
ねこのちゃっから　宮崎（延岡）
ねこのちゃっぱ　静岡（富士）
ねこのちゃんから　山梨（中巨摩）
ねひけーま　沖縄（石垣島）
のず　伊豆八丈島　東京（八丈島）
のみ　岐阜（不破）
はこべ　庄内　岩手（上閉伊）　山形　福島（東白川）
はごべ　岩手（釜石）
はこんぺ　秋田（平鹿）
はすぐさ　相模
ぱちぱちぐさ　東京（三宅島）
ぱちんこ　大分（大分市）
はなかたばみ　岡山
ばななぐさ　山形（鶴岡市・酒田市）
はみそー　山口（阿武）
はらたちくさ　東京（八丈島）
はらたちばな　東京（八丈島）
ひとつっぱ　静岡（静岡）
ひよっぱくさ　東京（練馬）

ぴんぴらぐさ　愛媛（周桑）
ぴんぴんくさ　香川（丸亀）　愛媛（周桑）
ぶどー　和歌山（和歌山市）
ぶどーくさ　栃木（宇都宮市）　静岡（沼津市）
ふもんじくさ　静岡（小笠）
へずり　山口（大島）
べんべんぐさ　広島（安芸）
ぺんぺんぐさ　山形（東田川）　広島（安芸）
ほーべら　愛媛（西宇和）
まーじく　鹿児島（喜界島）
まーすふさ　沖縄（石垣島）
まーそーまふさ　沖縄（石垣島）
まーそーまふつぁ　沖縄（石垣島）
まーはじき　鹿児島（奄美大島）
まつかさばな　静岡（小笠）
まるしかんこ　秋田（北秋田）
まるぱ　秋田（鹿角）
まんじゅしかしか　秋田（鹿角）
みーはじかー　沖縄（島尻）
みがきぐさ　高知（高岡）
みかんぐさ　山形（飽海）
みかんそー　山形（庄内）
みこしくさ　山口（熊毛）
みつっぱ　静岡（小笠）
みつば　岩手（和賀）　島根（鹿足）　香川（瀬戸内海島嶼部）　大分（大分）
みっぱ　北海道（福山）　岩手（和賀）　静岡（浜名）　新潟（長岡・佐渡）　島根（鹿足）　大分（大分）　鹿児島（出水・熊毛）
みっぱ　山形（庄内）
みつばくさ　鹿児島（姶良）
みみぐさ　山口（熊毛）
みやこばな　和歌山（日高）
みやじき　鹿児島（奄美大島）
めーじき　鹿児島（奄美大島）　沖縄（黒島）
めーじち　鹿児島（奄美大島）
めーはじちゃー　沖縄（首里）
めのくすい　鹿児島（阿久根市・川内市）
めはじき　鹿児島（奄美大島）
めんめのかんじょ　長野（下水内）
ももずき　山口（玖珂）
ももんぐさ　愛媛（周桑）
もんかたばみ　新潟（直江津市）
もんもんぐさ　広島（走島）
やまとやぐさ　三重
ろーそくばな　山形（飽海）

んめづけくさ　福島（相馬）

カタヒバ　〔イワヒバ科／シダ〕
いわへご　鹿児島（伊佐）
いわへぼ　大分（大分市）

カツラ　〔カツラ科／木本〕
おこーのき　岩手（九戸・下閉伊・紫波）
かずのき　新潟（岩船）
かずら　青森　岩手　宮城　秋田
かつらき　福岡
かつらぎ　広島　福岡
かつらのき　青森　岩手　秋田
こーのき　宮城　新潟　長野（北安曇）
ごまのき　青森（津軽）
しょーゆのき　山形（飽海・北村山）　岡山（備中）
たまかつら　栃木
たまみど　三重（志摩）
まこのき　青森（弘前市）
まっこ　秋田　秋田（仙北）
まっこー　青森（津軽）
まっこーのき　青森（南津軽）
まっこのき　青森（津軽）　秋田（北秋田・南秋田）
みずのき　神奈川（丹沢）　山梨
やしゃびしゃく　江州
らんこ　北海道

カナウツギ　〔バラ科／木本〕
かつしぼり　神奈川（津久井）

カナクギノキ　〔クスノキ科／木本〕
あおがら　岡山
あかたらのき　紀州
あからぎ　伊予　長門
あきがのこ　岐阜（揖斐）
あさだ　高知（吾川・高岡）　山口（佐波）
あらき　高知（土佐）
あわがら　兵庫（佐用）
いぬたで　高知（土佐）
いもぎ　和歌山（東牟婁）
おーむらだち　三重（鈴鹿）
かっこ　高知（土佐）
かなくぎのき　高知（香美）
かなこ　静岡（遠江）
かのこ　静岡（遠江）　岐阜（揖斐）
からくす　高知（幡多）

カナビキソウ

こーが　鹿児島（垂水市・肝属）
こーぐわ　鹿児島（垂水）
こーはり　宮崎（東臼杵）
こーはる　高知（幡多）　大分（南海部・大野）
こが　高知（香美）　鹿児島（大口）
こはる　愛媛（宇和島）
しろこが　奈良（吉野）
しろもず　三重（度会）
そばのき　和歌山（日高・竜神）
たで　和歌山　愛媛（宇摩）　高知
たでぎ　徳島　香川　愛媛　高知
たてじらく　長崎（雲仙）
たにがさ　三重（員弁）
たにこが　鹿児島（出水）
たねぎ　高知（土佐）
とーじょー　高知（安芸）
とんじょ　高知（安芸）
なつかのこ　静岡（三ヶ日）
なつがのこ　愛知（東三河）
なつこが　宮崎　熊本　鹿児島
ぬかがす　三重（度会）
ぬかがら　福井　岐阜　三重　奈良　鹿児島
のこが　鹿児島（出水・大口）
ひえだんご　長野（木曾）
まめぼし　岐阜（揖斐）
めんともぎ　愛媛（新居）
もーずのき　三重（尾鷲）
もず　三重（度会・北牟婁）
もずのき　三重（北牟婁）

カナビキソウ　〔ビャクダン科／草本〕
おーしだ　近江

カナムグラ　〔クワ科／草本〕
うまこかし　播州
おーむぐら　和歌山
かえるのつらかき　周防　長門
きぢねのちょーちん　秋田（鹿角）
けーかくそー　紀伊
しりまき　大分（北海部）
すいじんのて　佐渡　新潟（佐渡）
すいじんのら　佐州
すくさ　伊豆
すくもかずら　長州　防州
すずめのはかま　伊豆君沢
つるくさ　長野（佐久）

つるもぐら　新潟
なべころげ　埼玉（秩父）
なべっころげ　埼玉（秩父）
ねばりくさ　青森（上北）
ねばりぐさ　青森（上北）
みつばせ　鹿児島（鹿屋市）
むぐら　青森（八戸）
むまこかし　播州

カナメモチ　アカメモチ　〔バラ科／木本〕
あかめ　和歌山　愛知　三重　岡山
あかめがし　静岡　愛知　三重
あかめがしわ　静岡
あかめもち　静岡
かたそば　香川（大川）
かなみぎ　岡山
かなめ　静岡　和歌山（新宮市）　山口（厚狭）
　　三重　大分　宮崎　鹿児島
かなめがし　静岡　三重　岡山　山口　香川
かなめのき　静岡　岡山　愛媛
かねかぶり　山口（阿武）
しょちょき　鹿児島（川内市）
しょよず　長野（下伊那）
そば　三重　和歌山（東牟婁）　徳島（海部）　高知
そばがし　紀州　和歌山
そばき　三重（伊勢）　高知（高岡）
そばぎ　高知（高岡）
そばたろー　三重（度会）
そばのき　勢州　三重　奈良　和歌山　高知
そまのき　周防
そよず　長野（下伊那）
なたおろし　熊本（玉名）
なたなかせ　愛知（三河・東三河）
ふぐせ　和歌山（東牟婁）

カニクサ　ツルシノブ　〔フサシダ科／シダ〕
あせもぐさ　広島（比婆）
いしがきしのぶ　和歌山（有田）
いとかずら　上野　美濃　近江　鹿児島（奄美大島）
いとしばり　周防
うんじゃんかずら　鹿児島（与論島）
おぶゆかずら　高知（長岡）
かざりかずら　山口（大津）
かなずる　江州
かなつる　伊豆八丈島
かなとづら　静岡（賀茂）

かにくさ　静岡（小笠・熱海）　近江坂田　京都
かにこくさ　勢州
かにこぐさ　勢州
かにずる　江州
かぶりかずら　瀬戸内
からすぶかずら　沖縄本島
かんずる　江州
かんつる　京都
げんしゃ　静岡
こんぶくさ　和歌山（有田市）
こんぶぐさ　和歌山（有田市）
ささへご　鹿児島（揖宿）
さみせんかずら　西国
さみせんぐさ　兵庫（美嚢）　熊本（阿蘇）
さみせんずる　和州
さんせんかずら　鹿児島（国分市）
しのからみ　周防
しのまきかつら　長州
しのもつれ　長州　周防　島根（那賀）
しゃみせん　長崎（東彼杵）
しゃみせんかずら　和歌山（伊都）　岡山　山口（厚狭）　鹿児島（国分市）
しゃみせんくさ　兵庫（津名）
しゃみせんぐさ　熊野　愛知（知多）　和歌山（東牟婁）
しゃみせんずる　岡山（御津）　熊本（熊本）
しゃみせんそー　岡山（都窪）
しゃみせんのいとかずら　鹿児島（国分市）
すじくさ　愛媛（新居）
たたきぐさ　上野　江州　近江　美濃
たにかずら　鹿児島（熊毛・種子島）
たまわらび　鹿児島（奄美大島）
たんかずら　鹿児島（国分市）
つづらかずら　和歌山（東牟婁）
つのまきかずら　長州
つるくさ　愛知（知多）
つるしのぶ　江戸　和歌山（西牟婁）　広島（福山市）
つるまき　鹿児島（大島）
ねこぴんぴん　熊本（玉名）
はなかずら　西国
ひともつれ　岐阜（美濃）
びんびんかずら　岡山
ぴんぴんかずら　愛知（知多）　和歌山（東牟婁・新宮市）　岡山　山口（厚狭・大津）　宮崎（西臼杵・児湯）　熊本（玉名）

びんびんぐさ　岡山
ぴんぴんぐさ　和歌山（東牟婁・新宮市）　岡山（小田）
ぺんぺん　静岡
ぺんぺんかずら　岡山
ぺんぺんぐさ　千葉（長生）　福岡（小倉）　長崎（五島・南松浦）
ほたるぐさ　山梨（甲府市）
まつたぶくさ　鹿児島（奄美大島）
みみじくさ　鹿児島（与論島）
もっといかずら　愛媛（周桑）
もといかずら　和歌山（新宮市・東牟婁）
ゆずるはんだ　鹿児島（喜界島）
りんきょーぐさ　勢州
りんどーかずら　広島（豊田）

カニコウモリ　〔キク科／草本〕
ぽーな　青森
ほな　青森
ほんたいや　青森
ほんな　秋田（北秋田）
やせぼな　青森

カニサボテン　〔サボテン科／草本〕
かにしゃぽ　岡山（岡山）
かにそー　静岡（志太・小笠）
かにらん　島根（益田市）　静岡（小笠）
がねらん　鹿児島（肝属）
がねんて　鹿児島（鹿児島市・加世田市）
からめら　静岡（富士）

カニツリグサ　〔イネ科／草本〕
ねこそばえ　新潟（直江津市）

カノコソウ　〔オミナエシ科／草本〕
きょーがのこ　愛知（三河）
はるおみなえし　和歌山（伊都）

カノコユリ　〔ユリ科／草本〕
あかがのこ　鹿児島（薩摩）
かのこ　鹿児島（薩摩）
かのこゆい　鹿児島（薩摩）
しろかのこ　鹿児島（薩摩）
たなばたゆり　和歌山（日高）
たなはなゆり　和歌山（日高）
どよーゆり　羽前米沢

カノツメソウ

ひめゆり　熊本（玉名）
ゆり　千葉（市原）

カノツメソウ　　　　　〔セリ科／草本〕
せいきち　埼玉（秩父）

カバノキ　　　　　〔カバノキ科／木本〕
うだいまつ　信州
くさざくら　信濃　長野
さくら　甲州河口
しらかば　奥州　東北
ひーたん　筑前
ほんごーざくら　奥州
みねばり　栃木

カブ　　　　　〔アブラナ科／草本〕
いんでぃー　沖縄（国頭）
うでぃ　鹿児島（喜界島・奄美大島・沖永良部島・大島）沖縄（国頭）
うでぃでぃーくに　沖縄（国頭）
うどぅい　鹿児島（与論島）
うむでぃ　沖縄
かうら　富山
かぶこ　秋田（平鹿）
かぶた　青森（上北）三重（度会）
かぶだいこ　大分
かぶだいこん　岩手＊　宮城　新潟＊　大分（大分）鹿児島＊
かぶと　大分（大分）
かぶな　東国　佐渡　周防　新潟（佐渡・東蒲原）広島（佐伯）福岡（久留米市・築上）長崎（南高来）大分（東国東）宮崎
かぶら　大阪　三重（津）岡山（和気）愛媛（周桑）福岡（築上）
かぶらだいこん　徳島＊
かぼら　和歌山（東牟婁・日高）
かんぶ　山口（柳井・玖珂）
けっとばし　神奈川（高座）
けりとばし　奈良（吉野）
こけかぶ　山口（玖珂・柳井）
すわりかぶ　福岡（久留米）
ずんぐりかぶ（天王寺カブ）青森（南部）
つくりかぶ　青森（三戸）
とびあがり　周防
なっぱ　静岡（庵原）
ねかぶ　青森（三戸）福岡（久留米市）宮崎

（宮崎市）
ゆき　周防　九州
んーでぃー　沖縄（首里）
んーでぃなー　沖縄（与那国島）

カブトバナ → トリカブト

カボチャ　　　　　〔ウリ科／草本〕
あばちゃ　島根（鹿足）
あぶちゃ　沖縄（小浜島）
あぶっちゃ　沖縄（黒島）
あぶらしめ　秋田＊
あぼちゃ　出羽置賜　島根（美濃）
あめりかかぼちゃ　福島
あめりかとなす　青森
おかぶ　長野（南佐久）
おかぼ　京都　長野（上田・佐久）岐阜　静岡（庵原）滋賀＊　京都＊　徳島＊　愛媛（新居・周桑）
おさつ　岡山＊
おちょーせん　香川
おぼら　香川（大川）
おんぞ　香川（仲多度）
かーぼー　富山（氷見）愛媛
かっちゃ　愛知（北設楽）
かば　三重（安芸）
かばちゃ　島根（隠岐）
かぶす　広島
かぶち　長野（南佐久）
かぶちゃ　岩手（九戸）千葉（夷隅・市原）山梨（西八代）岐阜（吉城）奈良（吉野）和歌山（東牟婁・西牟婁）島根（邑智）鹿児島（鹿児島・川辺）
かぶちょ　新潟（西蒲原・西頸城）
かぼ　岐阜＊　三重（津）滋賀＊
かぼぇちゃ　新潟（西頸城）
かぼち　島根（隠岐）
かぼちゃ　江戸　千葉（長生）滋賀（滋賀）和歌山（西牟婁）広島　山口　香川　愛媛　福岡（八女・糸島）熊本（八代）鹿児島（揖宿）
かもうっ　長崎（南松浦）
からいご　鹿児島（一部・出水）
からうり　福岡（築上）大分（下毛）京都（竹野）
からっかぶちゃ（セイヨウカボチャ）長野（上伊那）
きくかぼちゃ　秋田（雄勝）
きくぼべら（ザセキカボチャ）富山（東礪波）
きねぼぶら（カボチャの1種）鹿児島（薩摩）

カボチャ

きねゆーがお　鹿児島（出水）
きんか　和歌山*
きんかん　和歌山（有田）　兵庫（揖保）
きんくゎ　和歌山（有田）
きんくゎー　沖縄（国頭）
きんくゎん　沖縄（国頭）
きんと　青森（上北）　秋田（北秋田・山本）　岩手（気仙）　宮城（登米）
きんとーか　備前　岡山（備前）
くだりかぼちゃ（チリメンカボチャ）　岩手（下閉伊）
さつま　備前　岡山（倉敷・小田・邑久・浅口）　広島（深安・芦品・沼隈）
さつまうり　広島（芦品）
さつまゆーがお　備前
せいよーかぼちゃ　山口（大島）
ちょーせん　香川（高松）　愛媛（南宇和・北宇和）　高知（宿毛・幡多）
ちょーせんさつま　岡山（邑久）　高知（宿毛）
ちんくゎー　沖縄
つが　鹿児島（枕崎）
つくもかぼちゃ　宮城
でいわんかぼちゃ　宮城
とうっそー　鹿児島（喜界島）
とうっぴょー　鹿児島（喜界島）
とー　鹿児島（加計呂麻島）
とーうり　山口（吉敷）
とーかぼちゃ（セイヨウカボチャ）　長野（上伊那）
とーがん　東上総　広島
とーかんふり　佐渡
とーぐゎん　東上総
とーちぶる　鹿児島（奄美大島）
とーつぃぶる　鹿児島（奄美大島・徳之島）
とーつぶり　鹿児島（与路島）
とーつぶる　鹿児島（沖永良部島・大島）
とーつぶろ　鹿児島（奄美大島・与路島）
とーつぶろー　鹿児島（奄美大島）
とーてぃぶり　鹿児島（奄美大島）
とーなす　栃木（安蘇）　東京　神奈川（川崎・平塚）　岡山（小田）　山口（美祢）　愛媛（新居）　福岡（築上）　宮崎（延岡）
とーなすび　紀伊　兵庫（淡路島）　和歌山　香川（大川・木田）
とーぶら　北海道*　秋田　山口（柳井・大島・玖珂・都濃・熊毛）

とーぽら　山口（祝島・熊毛）
となす　秋田（由利）
となすび　兵庫（淡路島・福崎）　奈良（南大和）
とふら　福井（遠敷・大飯）　秋田（仙北）
どふら　秋田（中北部・南秋田・河辺・仙北・山本）
とんがん　高知（安芸）
とんきん　佐賀（藤津）
とんぽら　山口（祝島・熊毛）
ないきん　高知（幡多）
なくぉ　沖縄（与那国島）
なりきん　岡山（児島）　長崎（南高来）
なるかん　鹿児島（与論島）
なんか　仙台　富山*　宮崎
なんかん　富山　長野（佐久・小県）　岐阜*　長崎（長崎）
なんき　和歌山（那賀・海草）
なんきん　摂津　津国　神奈川*　富山*　石川*　福井　福井（福井市）　岐阜　愛知*　三重　滋賀　京都　大阪　大阪（泉北）　兵庫（揖保・赤穂・飾磨）　奈良　和歌山　和歌山（日高）　鳥取　島根（石見・那賀・美濃）　岡山　岡山（和気）　広島　山口（玖珂・熊毛・都濃・吉敷・美祢・阿武）　徳島　香川　愛媛　愛媛（南宇和）　高知　福岡*　佐賀*　長崎（南高来）　熊本（上益城・天草・八代）　大分　宮崎（児湯・西臼杵）
なんきんうり　大阪
なんくゎ　沖縄（与那国島）
なんくゎー　沖縄（首里）
なんくゎん　沖縄（国頭・島尻）　富山（富山）
なんばいこ　熊本（玉名・宇土）
なんばいご　熊本（玉名・宇土）
なんばん　広島*　福岡（三池・久留米）　熊本（玉名）　宮崎（宮崎市・日南・東臼杵・西臼杵）
はえ　長崎（南松浦）
ひゅーが　福岡（朝倉）
ぶな　香川（伊吹島）　佐賀　長崎（南高来）　鹿児島（甑島・薩摩）
ぶら　大分
へちま　志摩
ぽー　広島（大崎上島・向島・豊田）
ぽーか　三重（志摩）
ぽーぐら　熊本
ぽーくゎ　三重
ぽーた　島根（石見・那賀・美濃）　広島
ぽーちゃ　島根（石見・邑智）

ガマ

ぽーちん　山口（玖珂・防府市・佐波）
ぽーひら　鳥取（東伯）
ぽーびら　石川（鳳至）
ぽーぶーら　熊本（阿蘇）
ぽーぶな　肥前　島根*　佐賀　佐賀（藤津）　長崎（西彼杵）
ぽーふら　江戸　西国　兵庫（美方）　鳥取　島根（八束・邇摩・邑智・那賀・美濃・隠岐）　広島　山口（玖珂）　徳島　香川（高松）　高知（幡多）　岡山
ぽーぶら　大阪　長門　周防　筑紫　久留米　肥後　千葉（夷隅）　東京*　石川（石川・松任）　三重（志摩）　奈良*　鳥取　島根（石見・隠岐）　岡山（小田）　広島（安芸）　山口（大島・豊浦・吉敷・大津・阿武）　香川（大川）　高知（幡多・長岡）　福岡（久留米・八女・朝倉・嘉穂・築上）　佐賀（唐津）　長崎（壱岐・南高来）　熊本（鹿本・阿蘇・八代・天草）　大分　宮崎（西臼杵）　鹿児島（出水・黒島）
ぽーふり　鳥取（西伯）
ぽーぶり　岡山（上房）
ぽーぽら　島根（美濃・益田市）　山口（大島・玖珂・佐波・吉敷・厚狭・美祢・大津・阿武・豊浦）
ぽーぽらかぼちゃ　山口
ぽーぽろ　山口（美祢）
ぽーむら　熊本（天草）
ぽーら　富山*　兵庫（赤穂）　島根（石見・美濃・那賀）　山口（吉敷）　高知（安芸）
ぽーらい　山口（玖珂）
ぽーらん　広島（佐木島・因島）　山口（玖珂）　愛媛（弓削島・越智）
ぽくら　長崎*
ぽぐら　熊本（球磨・天草）
ぽちゃ　島根（能義）
ぽった　長崎（南松浦）
ぽっだ　長崎（五島・南松浦）
ぽっは　長崎（南松浦）
ぽっば　長崎（五島・南松浦）
ぽっぱ　長崎（五島・南松浦）
ぽっべ　長崎（南松浦）
ぽつら　長崎*
ぽづら　高知（吾川）
ぽふら　秋田　秋田（雄勝・河辺）　三重（志摩）　香川（大川）　高知
ぽぶら　加州　薩摩　秋田　富山（砺波・東礪波・西礪波）　石川（金沢）　三重（志摩）　香川（大川）　高知　長崎（西彼杵・五島）　福岡　熊本（阿蘇・菊池・飽託・宇土・上益城・下益城・八代・球磨・天草・芦北）　大分　宮崎*　鹿児島　鹿児島（谷山・川辺）
ぽべら　富山（東礪波）　岐阜（大野）
ぽぽら　秋田　秋田（平鹿）　鹿児島
ぽりば　長崎（南松浦）
ぽるば　石川（能美）　長崎（南松浦）
ぽんか　三重（志摩）　滋賀（栗太）
ぽんが　三重（志摩）
ぽんかん　佐賀（藤津）
ぽんきん　北海道*　宮城*　秋田*　福島*　群馬*　富山*　石川　長野*　愛知*　岡山*
ぽんくゎ　滋賀（栗太）
ぽんたん　佐賀
ぽんちゃん　佐賀（佐賀）
ぽんちん　佐賀（佐賀・神埼）
ぽんぶら　島根（美濃・鹿足）　熊本（菊池・鹿本）　佐賀（東松浦）
ぽんぽら　岩手*　秋田（雄勝）　島根*　島根（美濃・益田市）　山口
ぽんぽら　山口（厚狭・吉敷・美祢）
ぽんぽら　福島
まさがりかぼちゃ（クリカボチャ）　青森（上北）
むすめ　長野（長野）
ゆーが　愛媛（南宇和）
ゆーがお　香川（豊島）　鹿児島（出水）
ゆーご　兵庫（赤穂）　岡山（神島）　香川　長崎（南高来）　熊本（天草）
ゆーごー　岡山（和気・小田）　香川（小豆島・本島）　長崎（南高来）　熊本（天草）　宮崎（西臼杵）　鹿児島
ゆーごなんきん　大分*
ゆーちゃろか　香川　香川（小豆島）
ゆご　熊本（天草）　宮崎*　鹿児島*　鹿児島（出水）
るする　山形（庄内・飽海）
るすん　山形（庄内）
ろそん　山形（庄内・飽海）

ガマ　〔ガマ科／草本〕

かつぎ　青森（上北）
かっぽ　新潟（中頸城）
がつぼ　新潟（西蒲原）
かば　山形（鶴岡）

がば　山形
がま　大阪（豊能）　長崎（長崎）
かわどそー　宮崎（児湯）
かわどそく　宮崎（都於）
かんば　信濃　秋田（雄勝）　山形（村山）
がんば　山形
きつねのろうそく　千葉（君津）
こも　大阪（南河内）
すずかや　周防
つこも　長州
れんじゃく　備中

ガマズミ　　　〔スイカズラ科／木本〕

あかまめ　山口（阿武）
あかみ　山口（厚狭）
あかめんこ　埼玉（比企）
あずきねそ　福井（今立）
いしぶ　石川（能登）
いせぎのき　鹿児島（肝属・垂水・鹿屋）
いせつ　山口（熊毛）
いせっ　鹿児島（日置）
いせつのき　山口（熊毛）
いせっのき　鹿児島（日置）
いせび　宮崎（東臼杵）　熊本　鹿児島
いせぶ　宮崎（東臼杵）
いたちのけたがえし　三重
いっしょー　岡山
いっしょーいちご　広島（比婆）
いっしょのき　岡山
いつずみ　千葉（印旛）
いつどめ　千葉（千葉・印旛）
いぬあし　三重（鈴鹿）
いぬそぞみ　宮城
いゆーめ　愛媛（宇和島）
うおぞめ　愛知（額田）
うおどめ　岐阜（中津川）
うしがまつか　三重（三重）
うしころ　三重（三重）
うしころし　丹波　千葉（夷隅・大多喜）
うしたたき　三重（亀山市）
うしのした　岡山（苫田）
うしのしだい　兵庫（佐用）
うしのしちゃ　福井（三方）
うしのひたい　岡山
うしのよだれ　兵庫（佐用）
うしぶたい　岡山（苫田）

うましぶね　三重（伊賀）
うまずみ　青森（弘前・津軽）
うまぞーみ　岩手（稗貫）
うまのぶす　信州
えぞみ　東京（三宅島）
おーかみしばき　三重（伊賀）
おーしぶれ　奈良（十津川）
おーじめ　高知（幡多）
おーずみ　新潟（東蒲原）
おじのみ　高知（幡多）
おじめ　高知（高岡）
おんしぶね　三重（伊賀）
がーるみ　和歌山（日高）
かかんこーもり　高知（幡多）
かこふじ　伊豆八丈島
かごぶち　伊豆八丈島
かざめし　羽州
かすのは　山形（酒田市・庄内）
かたふじ　伊豆八丈島
かちかち　三重（志摩）
かます　三重（度会）
がますいび　新潟（佐渡）
がまずいび　新潟（佐渡）
がまずみ　新潟（佐渡）
かまつか　秋田　岐阜
かまとーし　薩摩
かめがら　伯耆　鳥取　島根　広島
からすっかけ　埼玉（南埼玉）
からすのおみき　福井（三方）
からすのしーのみ　埼玉（入間）
からすのみ　埼玉（入間）
がらみ　和歌山（有田・日高）
からもも　和歌山（有田）
がるみ　和歌山（有田・日高）
きぼたん　鹿児島（阿久根市）
ぐみ　千葉（安房）
くろがねもどし　高知（幡多）
くろねそ　富山（五箇山）
ごーのき　山口（阿武）
ごーのみ　山口（佐波）
ごーのみき　長門　周防
ごーのみぎ　防長
こごめのき　紀州
ごしょーのき　広島（比婆）
こぞーみ　岩手（胆沢）
こつずみ　青森（弘前・津軽）

ガマズミ

こめごめ　高知（幡多）
さいめ　伊勢
ざとーずみ　新潟（北魚沼）
さらかけ　新潟（刈羽）
さるがき　新潟
さるずみ　新潟
さるのこしかけ　三重（鈴鹿市・四日市市）
さるのすっかけ　新潟
さるのすっかし　新潟（刈羽）
さんたねそ　岐阜（揖斐）
さんのすっかけ　新潟
しおごみ　三重（伊勢）
しおずみ　三重（北牟婁）
しぐれ　青森　青森（弘前）　岐阜　三重
しぐれのき　三重　奈良
しじめ　高知（幡多）
しどみ　茨城
しのみ　埼玉（入間）
しぶね　三重（伊賀・南牟婁）
しぶりごみ　三重（伊賀）
しぶれ　京都　三重　奈良　和歌山
しぶれごみ　三重（伊賀）
しぶれん　奈良（吉野）
じみ　山形（西置賜）　新潟（岩船・西頸城）
しむり　三重（員弁）
しむれ　三重（員弁）
じめ　三重（鳥羽）
しもぞー　長崎（対馬）
しもてずみ　三重（北牟婁）
しもふらし　三重（志摩）
しもふり　千葉（安房）
しもふりぐみ　埼玉
じゅのみ　青森（中津軽）
じゅみ　青森　岩手　宮城　秋田
じゅんめ　三重（宇治山田市）
じょーみ　青森（南部）　秋田（北部）　山形
じょのみ　青森　岩手
しょびしょび　三重（度会）
じょみ　秋田（南秋田）
しわぎ　山口（阿武）
しんぶり　和歌山（東牟婁）　三重
しんぷり　三重（南牟婁）
しんぶりごみ　三重（伊賀）
じんめ　三重（志摩）
ずいね　三重（員弁）
ずいねん　三重（員弁）

すじゃくろ　紀州
すずみ　千葉
ずみ　紀州　秋田　埼玉（秩父）　新潟（中蒲原）
　　和歌山　群馬　長野　三重
ずんめ　三重（志摩）
せびせび　三重（鳥羽市）
ぜんまい　三重（度会・志摩）
ぞーのみ　秋田
そーみ　秋田　山形
ぞーみ　青森　青森（三戸）　岩手　岩手（九戸）
　　秋田　秋田（河北・北秋田）　山形　山形（東
　　田川・飽海）
そぞみ　岩手　宮城　宮城（登米）　千葉
そぞめ　岩手　宮城　千葉　千葉（印旛）
ぞぞめ　岩手（上閉伊）
ぞべ　三重（度会）
ぞべぞべ　三重（度会）
ぞみ　秋田　秋田（南秋田・鹿角）　山形　山形
　　（東田川・飽海）　和歌山　和歌山（日高）
だとーのつえ　山口（厚狭）
ちはき　三重（志摩）
ちはきもも　和歌山（有田）
つず　千葉（安房）
つずみ　千葉（安房）
とーしみのき　長崎（壱岐島）
とーずみ　高知（安芸）
とーねじ　三重（伊賀）
どす　静岡（秋葉山）
どっす　静岡（遠江）
どめ　東京
どんす　静岡（水窪）
なべおとし　香川（大川・香川）　大分
なべたおし　徳島
なべつし　鹿児島（大隅）
なべっとし　徳島
なべとーし　筑前　徳島（海部）　香川　愛媛
　　（宇摩）　福岡　大分
なべどーし　宮崎（東臼杵）
につずみ　日光
ねぎりしば　青森（北津軽）
ねじき　和歌山　愛媛（周桑）
ねじのき　和歌山
ねず　高知（安芸）
ねずのき　高知（安芸）
ねそ　福井　三重　岡山
ねそのき　福井　福岡

ねっそ　愛知（東三河）
はしぎ　広島（比婆）
はしのき　広島（比婆）
ぶらぶら　三重（南牟婁）
みそぼんぼ　福井（鯖江）
むしかり　尾張
むまのぶす　信州
もで　三重（鳥羽）
やつどどめ　埼玉（入間）
やっどどめ　埼玉
やにでんぼろ　福井（今立）
やまおーばこ　岡山
やまじみ　熊本（玉名）
やまじゃくろ　紀州
やまずみ　長野　三重
ゆーじめ　高知
ゆーじゅめ　高知
ゆーじゅめ　高知（幡多）
ゆーずみ　高知
ゆーぞめ　木曾　岐阜
ゆすず　神奈川（東丹沢）
ゆつずみ　福島（磐城）
よいどめ　静岡（水窪）
よーじ　高知　高知（香美）
よーじぎ　高知　高知（幡多）
よーじのみ　高知　高知（高岡）
よーじみ　高知　高知（幡多・土佐）
よーじめ　愛媛　高知
よーすず　静岡（志太・駿河）
よーずみ　長野（伊那）　三重（北牟婁）
よーぞめ　岐阜　静岡　愛知
よーどめ　東京（大島）　静岡　長野　愛知
よしず　山梨（北巨摩）
よじみ　高知
よじめ　愛媛　高知
よすずみ　長野（佐久）
よすらぐみ　茨城（真壁）
よそーめ　東京（三宅島）
よぞーめ　東京（三宅島・御蔵島）
よぞーめん　東京（三宅島）
よそず　山梨（東山梨・南都留）
よそぞ　東京（南多摩）　神奈川（津久井）　山梨（北都留）
よそぞみ　茨城（筑波山）
よそぞめ　足尾銅山　江戸　岩手　栃木　東京
よそどめ　千葉（印旛・山武）　静岡　静岡（駿東・御殿場・熱海）
よぞめ　岩手（上閉伊）
よつぐみ　山形（東村山）
よつずぐみ　茨城
よつずみ　日光　宮城　山形　福島　茨城　栃木（日光市）　群馬　埼玉（秩父）　長野
よっずみ　群馬（佐波）
よつずめ　群馬（多野）
よつつずみ　宮城　茨城
よっつずみ　福島（相馬）
よっつどみ　栃木（塩谷）
よっつどめ　茨城
よつとぞめ　埼玉（秩父）
よつどぞめ　埼玉（秩父）
よつどど　埼玉（秩父）
よっとどめ　栃木（塩谷）
よつどどめ　埼玉（入間・秩父）
よつどめ　茨城　栃木　埼玉　新潟
よとずみ　神奈川（足柄上）
よとずみ　神奈川（丹沢）
よのみ　東京（三宅島）　新潟（西頸城）
ろっそ　静岡（藤枝）

カマツカ　ウシコロシ　〔バラ科／木本〕

あかねし　福井（若狭）
あかまめ　長門　山口（厚狭）
あずきなし　岐阜（揖斐）
あねり　宮城（柴田）
あまがす　三重（四日市）
あまに　岩手（早池峰山）
あまね　秋田　青森　岩手
あまみ　秋田（北秋田）
あわだんごのき　長野（北安曇）
あんこざくら　和歌山（加太）
あんねり　宮城（宮城）
いしごみ　三重（鈴鹿）
いしなまえ　香川（綾歌）
いちびち　静岡（榛原・志太）
いぬなまえ　香川（綾歌・香川）
いねび　岡山（美作）
いぼた　新潟（南魚沼）　茨城
いぼたのき　茨城（東茨城）
いわなし　山形
うしうちぎ　高知（幡多）
うしおいぎ　高知（幡多）
うしころ　岐阜（中津川）

カマツカ

うしころし　埼玉（秩父）　愛媛（上浮穴）　高知
　長野　静岡　岐阜
うししばき　高知（幡多）
うししわい　高知（幡多）
うしずばい　高知（幡多・高岡）
うしたたき　千葉　和歌山（伊都）　高知
うしなぐり　岐阜（中津川市・恵那）
うしぶつ　高知（安芸）
うすしばき　高知（幡多）
うでがえし　和歌山（伊都・有田）
うまぐみ　和歌山（有田）
おじごろし　三重（一志）　和歌山（東牟婁）
おつぎ　和歌山（那賀）
かかんこーもり　高知（幡多）
かたしで　三重（一志）
かなつぶし　三重（度会・北牟婁）
かまがら　愛媛（温泉）
かまくた　三重（志摩）
かまじか　青森（東津軽）
かます　三重（志摩）
かますか　三重（度会・鳥羽）
かますが　三重（度会）
かますか　青森　愛知　三重　高知
かまずが　秋田（男鹿）
がまずか　青森（下北）　秋田（南秋田）
かますご　三重（一志・志摩）
かまずみ　青森（中津軽）
かまぞ　秋田
かまつか　青森　茨城　新潟　岐阜　三重
かまつが　青森
かまつかぐみ（オオカマツカ）　伊勢
かまつぶし　和歌山（日高）　奈良　三重
かまねじ　和歌山（日高）
かまねぶり　和歌山（日高・竜神）
かまます　三重（亀山）
ぐいざくら　兵庫（佐用）
ぐみのき　岐阜（揖斐）
くろがねもどき　大分（大野）
くろがねもどし　高知（幡多）
こーしいで　千葉（清澄山）
ごーもり　高知（幡多）
こーもりのき　高知（高岡）
こしいで　千葉（安房・清澄山）
こしいれ　千葉（安房）
こしき　和歌山（日高・西牟婁）
こしぎ　徳島（海部）

こじきのやっこめ　三重（河芸）
こしこ　和歌山（日高）
こしょぶ　三重（一志・伊勢）
こめばな　和歌山（那賀）
さいふりぼく　宮城　山形　福島
したなし　岩手（下閉伊）
しやなし　秋田（雄勝）
しゃなし　秋田（雄勝）
じゅみ　青森（中津軽）
しろなまえ　香川（綾歌）
しわぎ　山口
しんぶり　三重（伊賀）
すまがす　三重（鈴鹿）
たになし　三重（一志）
たにわたりのき　鹿児島（垂水市）
ちょーせんがき　長野（上水内）
ちょーめ　愛媛（周桑）
てんぐしば　和歌山（伊都・有田）
とっくりごみ　三重（一志）
とりのみ　和歌山（東牟婁）　三重（南牟婁）
なたが　岩手（胆沢・水沢）
なたずか　新潟（新発田）
なたはじき　青森（津軽）
なまい　徳島（海部）　高知（長岡）
なまえ　徳島　愛媛　香川　高知
なまめ　高知（安芸・幡多）
にしこーり　宮城（黒川）
ねじり　和歌山（伊都）　山口（玖珂）
ねずみのまくら　岡山（苫田）
ねんば　新潟（佐渡）
のみつか　青森
のゆす　大分　宮崎　熊本　鹿児島
はまじかん　秋田
はまなし　新潟
ばんばがき　静岡（南伊豆）
ままえ　高知（香美・長岡）
むしごめ　三重（伊賀）
むしこり　愛知（北設楽）
めっぱす　新潟
めっぱつ　新潟
やすのき　静岡
やつのき　静岡　静岡（土肥）
やつのぎ　静岡（天城山）
やつのみ　神奈川（足柄上）
やつるぎ　静岡　静岡（駿東・愛鷹山）
やまうつき　大和

やまじかん　秋田
やまなし　新潟　島根（仁多）　山口　愛媛（新居）　福岡　長崎（壱岐島）　鹿児島（国分市）
ゆわなし　山形
よつずみ　長野（佐久）

カミエビ → アオツヅラフジ

カモアオイ → フタバアオイ

カミヤツデ　ツウダツボク　〔ウコギ科／木本〕
くまだら　下野日光

カモジグサ　〔イネ科／草本〕
うしのおっぱ　山形（鶴岡市・飽海）
うま　山形（酒田市）
うまぐさ　長野（佐久）
おかた　和歌山（和歌山・有田）
おかたくさ　和歌山（有田・和歌山）
おかたぐさ　木曾　紀伊　和歌山
おじょぐさ　千葉（君津）
かずらめ　和歌山（那賀）
かずら（髪）　富山（富山）
かにつりくさ　愛媛（周桑）
かねつりくさ　長崎（西彼杵）
かみなぐさ　久留米
からすむぎ　東京（三宅島・御蔵島）
かんずら　富山（富山・砺波・東礪波・西礪波・射水）
かんなぐさ　久留米
かんねぐさ　熊本（玉名）
きじのお　鹿児島（国分市）
ししがや　和歌山（東牟婁）
じじょぐさ　和歌山（日高）
じね　鹿児島（薩摩）
じねんご　岡山（御津）
じねんごぐさ　島根（簸川）
じょろーぐさ　木曾
じょろぐさ　和歌山（田辺市）
すずめのみ　兵庫（津名）
すずめむぎ　岡山（御津）
ちこくさ　大分（佐伯）
ちごぐさ　大分（南海部）
つばめくさ　岡山（岡山市）
つばめぐさ　群馬（多野）　岡山（岡山市）
ばんばさんぐさ　島根（能義）
ひなくさ　岡山（邑久）
へなくさ　千葉（市原）

へびむぎ　山形（庄内）
むぎくさ　木曾

カモノハシ　〔イネ科／草本〕
かつおぐさ　和歌山（有田）
かにかや　福島（相馬）
じぃになればぁになれ　山口（厚狭）
はさみぐさ　和歌山（日高）

カヤ　〔イチイ科／木本〕
いらみ　長州
おーぎな　防州
おとこがや　熊本
おとこかやのみ　山形（東田川）
かいご　島根（鹿足・邑智）
がや　富山　長野　静岡　岐阜　福井　三重　岡山　香川　愛媛　高知　徳島
かやくさ　岡山　広島
かやご　島根
かやのき　岩手　宮城　山形
かやのみ　庄内　山形（酒田）　茨城
かやのみのき　岩手（江刺）　宮城　福島（相馬）　新潟（岩船）
かやぶ　和歌山（東牟婁）
かやぽ　和歌山（東牟婁）
かやんぽ　山形（米沢）
こーら　島根（鹿足・美濃）
しば　新潟（佐渡）
しろがや　滋賀
しろがや（シブナシガヤ）　伊州　三重（上野市）
たかがや　摂州　和州
たちがや　新潟（北蒲原・岩船）
ちがや　群馬（佐波）
ちなわ　島根（邑智）
ときわ　大分（大分・宇佐）
のぎしょ　伊豆八丈島
はちのこ　吉野　三重（上野市）
はちのこ（シブナシガヤ）　吉野　三重（上野市）
ぶんご　島根（美濃・益田市）
へだま　埼玉
ほんかや　千葉（大多喜）
ほんがや　秋田　埼玉　岡山　広島
まくさ　伊豆
やちがや　青森（上北）

カヤツリグサ 〔カヤツリグサ科／草本〕

あやとりくさ　栃木（芳賀）
あやとりそー　静岡（小笠）
い　山口（阿武）
いぬのはなげ　周防
えっ　熊本（玉名）
おーたまてんつき　山口（吉敷）
おーたまてんわき　山口（吉敷）
かじよりくさ　香川（仲多度）
かにつりくさ　山口（都濃）
かや　愛知（知多・名古屋）　岡山（岡山市・浅口）　山口（玖珂・大島）　京都（宇治）　広島（賀茂）　愛媛（周桑）
かやかや　岡山（浅口）
かやくさ　島根（美濃・鹿足）　山口（厚狭）　鹿児島（姶良）　岐阜（土岐）　三重（伊勢）　岡山（岡山・児島）　愛媛（周桑）　佐賀（神埼）
かやぐさ　三重（宇治山田市・伊勢）　奈良（南葛城）　山口（玖珂）　佐賀（神埼）　熊本（玉名）　愛媛（周桑）　広島（比婆）　岡山（浅口）
かやこ　岩手（盛岡）
かやそー　岡山（岡山市）
かやついくさ　鹿児島（加世田・枕崎・川辺・肝属・薩摩）
かやつがい　愛媛（西条・新居）
かやつり　東京　静岡（小笠）　愛知（名古屋・豊田）　岐阜（山県）　長野（大町）　新潟　福井（今立）　大阪（南河内）　岡山（岡山・浅口・児島）　山口（厚狭・豊浦・大津）　愛媛（周桑）
かやつりくさ　千葉（市原）　新潟（新潟）　富山（西礪波）　京都（船井）　大阪（豊能）　島根（美濃）　山口（防府・萩）　福岡（小倉）　鹿児島（鹿児島・川辺）
かやつりそー　兵庫（姫路）　山口（玖珂）
かやとりくさ　和歌山（那賀）
かやのき　長崎（大村）
かやのつりて　岡山（浅口）
からまつくさ　愛媛（新居）
かんかんぐさ　山口（阿武）
かんざし　山口（大津）
かんざしくさ　奈良（高市）
かんざしぐさ　山形（北村山）
かんざしばな　新潟（佐渡）
ぎんぐさ　長野（佐久）
けずりくさ　大阪（南河内）
けんかなかよし　熊本（鹿本）

こーぶし　静岡（小笠）
こーもり　山梨（甲府）
こぶし　千葉（印旛）　島根（益田市）
こまいさらげ　豆州
さぶろー　熊本（天草）
さんかく　山形（東田川）　香川（東部）　岡山（上道）
さんかくい　岡山（御津）
さんかくいね　広島（尾道）
さんかくくさ　広島（深安）　愛媛（周桑）
さんかくぐさ　山口（佐波・吉敷・厚狭）　香川（三豊）　茨城（稲敷）　兵庫（津名・三原）　岡山（吉備・後月）
さんかくしげ　岩手（東磐井）
さんかくすげ　栃木（宇都宮）　富山（礪波・東礪波・西礪波）　山口（佐波・吉敷）　香川（中部）　宮崎（登米・西諸県）　鹿児島（姶良・揖宿）
さんかくひえ　香川（中部）
さんかっすげ　宮崎（西諸県）
しかくぐさ　山口（玖珂）
しっとーくさ　熊本（玉名）
しっとぐさ　熊本（玉名）
じゃらんじゃらん　岡山
じゅーばこぐさ　愛媛（宇摩）
しりやす　愛媛（新居・周桑）
すげ　青森（三戸）　熊本（天草）　宮崎（東諸県）　岡山（吉備）　広島（尾道）
すげぇ　青森（三戸）
すげくさ　岡山　広島
すすきにからまつ　広島（芦品）
すもーとり　山口（豊浦）
すもーとりくさ　大阪（大阪）
すもとりくさ　茨城（鹿島）　石川（鳳至）　長崎（北松浦）　福岡（田川）
すもとりぐさ　福岡（田川）
すもんとりくさ　大阪（大阪）
せんこはなび　山形（北村山）
ぞーりくさ　山口（阿武）
たつのけ　山形（東田川）
たつのひげ　山形（東田川・西田川）
ちりちりばな　福島（相馬）
ちんちんぐさ　岡山（児島）
とーしん　香山（東牟婁）
とーしんぐさ　香川
とーすみぐさ　香川（小豆島）
とかきくさ　奈良（吉野）

とんぼぐさ　近江
なかつぐ　愛媛（周桑）
なかよし　長野（更級）　岡山（浅口）　大分（南海部）　長崎（平戸島）
なかよしくさ　兵庫（加東）　長崎（下県）
なかよしぐさ　奈良（宇智）　長崎（対馬）
なかわけ　愛媛（周桑）
にらくさ　伊豆八丈島
ねこのさみせん　鹿児島（鹿児島市）
はしどめ　長州
はなこぼし　鹿児島（加世田市）
はなび　山口（熊毛）　愛媛（周桑）
はなびぐさ　山口　山口（岩国・徳山・玖珂・熊毛・都濃）　愛媛（周桑）
はなびせんこ　鳥取（気高）
はなびせんこー　鳥取（西伯）　愛媛（周桑）
はなびのはな　山口（玖珂）
ひちとー　山口（佐波）
ひろげぐさ　岡山（小田）
ぴんぴんぐさ　山口（都濃）
ふけぐさ　宮崎（北諸県）
ぺんぺんぐさ　山口（都濃）
ぽき　山形（鶴岡）
ぽき　岩手（盛岡）
まーしぐさ　島根（出雲）
ますかけ　福井　岐阜（飛騨・郡上）　山口（玖珂）　京都（竹野）
ますくさ　埼玉（秩父）　和歌山（日高・東牟婁）　長崎（東彼杵）　熊本（球磨）　長野（下水内）　岡山（津山・赤磐・和気）　島根（美濃）　広島（佐伯）
ますぐさ　常陸　岩手　秋田（由利）　埼玉（入間）　東京（八王子）　岐阜（加茂）　静岡（榛原）　京都（竹野）　和歌山（西牟婁・東牟婁）　島根（美濃・簸川・飯石）　岡山（真庭・赤磐・英田・勝田・久米・阿哲）　広島（比婆・世羅）　徳島　徳島（美馬）　熊本　山口　兵庫（赤穂・出石）
ますげ　安房
ますまりばな　山口（柳井）
ますわうり　山口（大津・阿武）
ますわり　周防　山梨（南都留）　長野（駒ヶ根）　兵庫（西南部・揖保・佐用・赤穂）　島根（邑智）　広島（高田・双三）　山口（玖珂・大津）　徳島（名西）　佐賀（唐津）　熊本（鹿本）
ますわりぐさ　山口（玖珂・柳井）　宮崎（西臼杵）

ますわりそー　山口（玖珂）
まつばり　山口（玖珂）
まっぱり　山口（玖珂）
まるこ　島根（美濃）　山口（豊浦）
まるこぐさ　山口（都濃・豊浦）
まるこすげ　島根（邇摩）
まるすげ　岡山（浅口）
まるすげ　富山（砺波・東礪波・西礪波）
みかづき　秋田（山本）
みかたぐさ　秋田（山本）
みずごーぼし　長崎（壱岐島）
みそすげ　山形（東田川）
みつかど　香川（東部）　兵庫（川辺）　岡山（浅口）　山口（阿武）
みつかどくさ　兵庫（津名）
みつかどぐさ　兵庫（淡路）
みつまた　香川（瀬戸内海島嶼）
みつめ　岡山（岡山・浅口）
むすびくさ　広島（御調）
やおらす　島根（那賀）
やがら　讃州
ゆすかけ　山口（玖珂）
ゆら　鹿児島（日置）
よつ　福岡（小倉市）
よっく　福岡（小倉）
よより　熊本（天草）
りんごくさ　秋田（北秋田）
りんごぐさ　秋田（北秋田）
りんごのかまりくさ　秋田（北秋田）
りんごのかまりぐさ　秋田（北秋田）
りんごのくさ　青森（下北）
りんごのっこ　秋田（鹿角）
わぐろ　山形（東田川）
わりくさ　岐阜（岐阜）

カラコギカエデ　〔カエデ科／木本〕

からくるび　青森（北津軽）
からこぎ　木曾
ななえいたや　北海道
はなかえで　京
はなしもぎ　秋田（北秋田）
ふしっぱ　茨城
べこころしいたや　岩手（紫波）
もんじゅ　山形（北村山）
やちいたや　青森（西津軽）　長野（上水内）

カラシナ

カラシナ 〔アブラナ科／草本〕
おかいこな　愛知*
からし　和歌山（日高）
からせ　岡山
きがらし　埼玉　静岡*　京都*　長崎*
きんがらし　佐賀*
こからしな　山口*
こしょーな　新潟*
こたかな　青森*
じたかな　青森*
すしからし　福岡*
すりからし　長崎（壱岐島）
すりがらし　福岡*　長崎*
たかな　江戸　青森（上北・三戸）　岩手（上閉伊）　宮城（栗原・仙台市）　秋田（鹿角）　島根　鹿児島（肝属）
たがな　青森（八戸）　岩手　秋田（仙北）
ちりめんからし　江戸
ちりめんな　紀伊
ながらし　新潟（東蒲原）　滋賀*　高知*
ななはじき　大分*
ばしょ　長崎（対馬）
ばしょーな　江戸
ほんからしな　三重*
まんば　香川（高松市）
みがらし　和歌山（田辺市）　愛媛*
やまがらし　山口*
やましおな　大分*
わがらし　佐賀

カラスウリ 〔ウリ科／草本〕
あかがらす　山口（玖珂）
あかごい　鹿児島（垂水）
あかごり　鹿児島（垂水）
いんごいごー　佐賀
うしごり　長崎（北松浦）
うちでのこづち　山口（豊浦）
うまごい　鹿児島（姶良・鹿屋市）
うまんからんからん　熊本（鹿本）
うまんごい　鹿児島（肝属・薩摩）
うりね　伊勢　紀伊熊野　三重（桑名）
うるね　熊野加太村
うるねかずら　和歌山（日高）
うんまごい　鹿児島（肝属）
おきゃがりこぶし　大分（大分）
かじ　伊豆大島

かたきうり　山形（西置賜）
からすうり　石川（鳳至）　島根（美濃）　広島（豊田）　山口（萩）　佐賀（藤津）　長崎（長崎）
からすかき　山口（大島・玖珂）
からすがき　山口（玖珂）
からずぐちな　山口（大津）
からすご　三重（度会）　大分（大分市）
からずごい　鹿児島（甑島・薩摩）
からすこー　大分（速見）
からすこーべ　大分（南部・大分・直入）　宮崎（東臼杵）
からすごーり　大分（大分・南海部）
からすごっぺ　愛媛
からすこはい　大分（大分）
からすこばい　大分（大分）
からすこぶ　大分（大分）
からすこぶし　大分（中部・大分）
からすこべ　愛媛（喜多）　大分（南部・大分）
からすこべす　大分（大分・大野）
からすこぼし　大分（大分）
からすこり　大分（大分）
からすごり　宮崎（宮崎市）
からすこんぶ　愛媛（周桑）　大分（中部・大分）
からすこんぽ　愛媛（周桑）　大分（南海部・北海部）
からすじょーちん　大分（南海部）
からすちょーちん　大分（南海部）
からすちんご　栃木（安蘇）
からすっぽぐり　栃木（安蘇）
からすとんごー　鹿児島（熊毛）
からすのうり　和歌山（伊都・那賀）
からすのかき　山口（吉敷）
からすのきんたま　栃木　千葉（我孫子）
からすのごーり　長崎（壱岐島）
からすのこまくら　長崎（対馬）
からすのごり　熊本（八代）
からすのすいか　香川　鹿児島（種子島）
からすのたまご　長崎（大村市）
からすのちちっぽ　熊野
からすのちょーちん　山口（吉敷）
からすのふんぐり　三重（志摩・北牟婁・尾鷲）　和歌山（日高）
からすのべんとー　大分（大分市・大分）
からすのまくら　近江坂田　滋賀（蒲生・彦根・近江八幡）　和歌山（東牟婁）　山口（熊毛・都濃・佐波・豊浦）　長崎（対馬・北松浦）　大分

150

カラスウリ

(大分)
からすび　山口（玖珂）
からすふしぐり　木曾
からすふんぐり　三重
からすぽー　静岡（駿東）
からすぽーぶら　山口（豊浦）　大分（大分市）
からすまーり　群馬（佐波）
からすまくら　岐阜（養老）　山口（佐波・大津）
からすまっこ　秋田（平鹿・雄勝）
からすまわり　栃木（足利）
からすむぎ　大分（大分市・大分）
からすんだんご　鹿児島（薩摩）
からすんべ　鹿児島（出水）
からすんまご　秋田（雄勝）
かるり　島根（邇摩）
かんすり　山口（玖珂）
きつねのまくら　丹波　山形（東田川）　新潟（新潟市）　山口（阿武）
きんぶるし　三重（志摩）
きんぶんし　周防
くさうり　大分（大分）
くそうり　越前　山口（大津・都濃）　大分（別府市・速見）
くそごい　鹿児島（鹿児島・串木野・加世田・肝属・曽於）
くそごいのかずら　鹿児島（川辺）
くそこーい　鹿児島（揖宿）
くそごーり　福岡（早良・福岡市・筑後）　熊本（玉名）　大分（中部）
くそごり　大分（速見）　鹿児島
くそとごい　宮崎（児湯）
くそぼんぼり　大分（速見）
くちなし　山口（厚狭・佐波・吉敷）
くどーじ　土佐　高知（高知）
ぐどーじ　土佐　高知
くろごーり　福岡（福岡）
ごい　鹿児島（姶良・谷山）
ごいかずら　鹿児島（川辺・揖宿）
ごいごいしょ　鹿児島（出水市）
こーぶり　福岡（築上）
ごーぶり　福岡（築上）
こーらん　福岡（三潴）
ごーり　筑後　筑前　肥前　福岡（久留米市・福岡市）　長崎　長崎（南高来）　熊本　熊本（熊本・球磨）　大分　大分（大分）
こべ　大分（大分市）

ごべ　大分（大分市）
こべうり　大分（大分）
こべー　大分（大分市）
ごべー　大分（大分市）
こべずる　熊本（阿蘇）
ごべずる　熊本（阿蘇）
ごり　福岡（山門）　熊本（八代）　大分（大分）　鹿児島（肝属）
こんげらごー　大分（大分）
ごんげらこー　大分（大分）
ささむぎ　神奈川（津久井）
じょーちごー　予州
すすむぎ　神奈川（津久井）
すずめうり　長州　防州
ぜんごい　鹿児島（肝属）
だいこくさま　栃木（栃木市）
たたっぽー　和歌山（日高）
たっぽろ　和歌山（日高）
たまくさごーり　長崎（長崎）
たまずさ　長州　石川（鳳至）　茨城（真壁）
たまずさごーり　筑前　久留米　筑後
たまぶさ　茨城（稲敷）
たまぶさ　茨城（真壁）
ちちこぶ　高知（幡多）
ちょーちごー　伊予
ちょーちょこべ　宮崎（西臼杵）
ちょーちんそー　山口（佐波）
ちょちょこぶ　高知（幡多）
ちんごいごい　鹿児島（肝属）
ちんごべ　熊本（阿蘇）
にがごり　長崎（南高来）
ぬまぶさ　近江坂田
ひめうり　大阪（泉北）　岡山（岡山市）　福岡（福岡市）　大分（東国東）
ひめごーり　大分（速見）
ひめごり　熊本（玉名）
ふかうり　山口（玖珂）
ぶどーじ　土佐　高知
へぼっちょ　長野（南安曇・北安曇）
べんべぐさ　三重（志摩）
べんべんぐさ　三重（志摩）
ぽぽくり　熊本（鹿本）
まざむぬかざ　沖縄（石垣島）
むすびじょー　阿州
むべ　山口（玖珂・都濃）
やっこさん　栃木（足利市）

151

カラスオウギ

やまうり　周防

カラスオウギ → ヒオウギ

カラスザンショウ　　　　　〔ミカン科／木本〕
あおだら　福井（三方）　三重（員弁）　福岡（粕屋）
あおばら　神奈川　静岡
あきだら　大分　宮崎
あくのき　伊豆大島　東京（大島）
あくばら　静岡（静岡市）
あこのき　伊豆八丈島　東京（八丈島・三宅島・御蔵島）
あしだら　高知（安芸）
あほだら　和歌山（東牟婁）
あんぎ　鹿児島（奄美大島）
いおんぼお　愛媛（上浮穴）
いぎのぶ　山口（佐波）
いげしらげ　鹿児島（種子島）
いぬだら　高知（土佐）　三重　和歌山　大分　宮崎　長崎
いのさんしょー　兵庫（但馬）
いまんぼ　愛媛（面河）
いんだら　鹿児島　熊本　千葉
うしだら　高知（幡多）
おーざんしょー　城州　岡山
おおばら　愛知（三河三輪村）
おとこだら　紀伊　和歌山（海草）　鹿児島（姶良）　愛知
おにさんしょー　長門
おにざんしょー　長州
おにだら　三重　宮崎　鹿児島
おんだら　長崎（南高来）　宮崎　和歌山
ぐいき　岡山
くささんしょー　長州
くまぎり　高知（幡多）
くまさんしょー　長門
くまざんしょー　伯州　鳥取　島根
くまだら　岡山
くまばら　静岡（静岡市）
くろだら　兵庫
げたぎ　愛媛（宇和島市）
げたばら　静岡
ごじゅ　青森（西津軽）
ごじょー　秋田
ごじょのき　青森（西津軽）
こばら　静岡（南伊豆）
こめだら　愛媛（宇摩）　徳島　高知

こめばら　愛知（南設楽・八名）
さいしょ　福井（勝山）
ざら　山口（阿武）
さんしょーだら　奈良（吉野）
しおじ　三重（伊賀）
しおで　三重（伊賀）
ししだら　高知（香美・高岡）
しびとばら　静岡（小笠）
しんじゅ　新潟
せーだら　長崎（対馬）
たーら　三重（志摩）
たーらぎ　高知（幡多）
たーらのき　高知（幡多）
たでぎ　高知（安芸・幡多）
たまんばら　千葉
たまんばー　千葉
たら　和歌山　徳島（海部）　高知（安芸・幡多）　鹿児島
だら　三重　山口　鹿児島
たらーき　鹿児島（悪石島）
たらぎ　愛媛（宇和島）
たらのき　鹿児島（悪石島）
だらのき　三重（北牟婁）
たわらのき　和歌山（西牟婁）
どくばら　三重（北牟婁）
はいずみ　三重（一志）
はしだら　高知（安芸）
はばそ　三重（飯南）
はりぎり　岡山
ぽーだら　三重　奈良　和歌山　和歌山（日高）
ほーのき　三重（志摩）
ほそき　和歌山（日高）
ほそきだら　和歌山（日高）
ほそげだら　奈良（吉野）
ほんだら　高知（安芸）　熊本（水俣）
まざはい　高知（高岡）
まざわい　高知（高岡）
みやこだら　大分（由布院）
めだら　三重（鈴鹿）　熊本（球磨）
やまあらし　埼玉（入間・名栗）
やまえんじゅ　茨城（久慈）
やまぎり　茨城（常陸太田市）　埼玉（秩父）
やまざんしょー　青森　岩手　新潟（北部）　鳥取　鳥取（伯耆）　島根　島根（出雲）
やまほー　伊勢　三重
ゆりさんしょー　兵庫

カラスノエンドウ　ヤハズエンドウ
〔マメ科／草本〕
いしえんどー　新潟（佐渡）
いしまめ　鹿児島
いせんど　能州
いらら　長州　筑前　山口（豊浦・厚狭）
うさぎのくさ　千葉（市原）
うしえんど　熊本（玉名）
えんどーちゃ　岡山（岡山）
かにのめのえんどー　新潟（直江津）
からすのえんどう　兵庫（洲本・津名）
からすのまめ　和歌山（有田）
かわらえんどー　岡山（御津）
きつねまめ　山形（東田川・西田川・東村山）
きつねんかみさし　熊本（玉名）
くさえんどう　千葉（安房）
くつわくさ　岩手（盛岡）
ざーるいっけん　岡山（御津）
しーびぴ　石川（鳳至）　兵庫（淡路島・津名）
しじぴーぴー　長野（更級）
しびび　福井（今立）
しびぴーやー　長野（更級）
しょーぴー　島根（鹿足・益田市）
すべべ　福井（今立）
つずらふじ　尾州
なるまめ　愛知（知多）
のえんどー　岡山（勝田・和気）
はさみ　新潟（直江津）
はさみくさ　山形（庄内）　三重（度会）　岡山　山口
はまえんど　香川（東部）
ぶーまめ　鹿児島（出水）
まーめんご　岡山（児島）
やまじゃわり　岩手（二戸）

カラスノカタビラ（オオイチゴツナギ）
　　　　　　　　　→ イチゴツナギ

カラスビシャク　ハンゲ　〔サトイモ科／草本〕
あかこのまんま　山形（東置賜）
いぼとりぐさ　山形（飽海）
えんげん　長野（北佐久）
えんごさく　熊本（玉名）
おしゃもじ　静岡
おたがめ　長崎（壱岐島）
かたかめ　長崎（壱岐島）
かぶらぐす　南部
かぶらすず　岩手（盛岡）
かぶらぶし　秋田（鹿角）　岩手（紫波）
かぶらぶす　南部
かぶらむし　秋田（鹿角）
かぶらむし　秋田（鹿角）
からすいも　長野（北佐久）　静岡
からすえぐり　長野（下水内）
からすてっぽー　長野（下水内）
からすのおきゅー　群馬（山田）　新潟（東蒲原）
からすのおっぺっぺ　群馬（佐波）
からすのきゅー　群馬（佐波）
からすのきゅーすい　栃木（塩谷）
からすのこめ　江州草津
からすのしゃくし　奈良
からすのせんこ　群馬（山田）
からすのせんこー　新潟（南蒲原）
からすのてっぽー　宮城（仙台市）　群馬（山田）　長野（下水内・北佐久）　兵庫（赤穂）　新潟
からすのはんがい　富山
からすのばんがい　富山（富山）
からすのやひやき　群馬（佐波）
きつねのしゃくし　江州
きつねのしゃみ　山形（庄内）
きつねのろーそく　福岡（大牟田市）　青森（八戸）
くりくな　長崎（南高来）
くりこ　肥前
ささばへんご　伊豆八丈島
じろじゅーやく　愛媛（周桑）
すずめのおはぐろ　新潟（北蒲原）
すずめのはこべ　新潟（北蒲原）
すずめのひしゃく　周防　防州
すなっくい　群馬（勢多）
ぢきとりくさ　岩手（盛岡）
ちょーせんおばこ　山口（大島）
つぐろえ　佐渡
つぶろこ　新潟（佐渡）
つぽつら　山梨（西山梨）
てっぽー　長野（北佐久）
てっぽーばな　新潟
でべそ　静岡
どろぼーばな　神奈川（愛甲）
とんびのへそ　和歌山（東牟婁）
はくり　熊本（下益城）
はげ　和歌山（東牟婁）

カラスムギ

はげいも　和歌山（西牟婁）
はげっしょ　和歌山（日高）
はげのくさ　和歌山（東牟婁）
はげぼーず　和歌山（東牟婁）
はたけぼーず　和歌山（東牟婁）
はたけみつば　和歌山（那賀）
はんぎ　島根（美濃）
はんげ　島根（美濃・那賀）　広島（比婆）　山口（大津）　岡山　京都（竹野）　新潟　青森（八戸）
はんげだま　長野（北佐久）
はんげったま　群馬（佐波）
ひゃくしょーなかせ　鹿児島（川辺）
ぶし　青森
ふるこな　長崎（東彼杵）
ぶん　青森
へぇびっちょ　新潟（中頸城）
へーびっちょ　新潟（西頸城）
へーぶし　宮城（登米）
へそくび　備後
へそくり　久留米　筑後　熊本（球磨）　大分（北海部）
へそぐり　長崎　大分（宇佐）
へぞくり　熊本（玉名）
へそそび　岡山
へその　愛知（北設楽）
へそび　岐阜（吉城・飛騨）
へそびぐさ　山形（飽海）
へそべ　岐阜（恵那）　静岡　静岡（小笠）
へそんび　岡山
へっぽそ　山梨
へのへ　静岡（小笠）
へびす　奥羽
へびす　山形（東村山・山形）　奥羽
へびのあねさま（あねはん）　山形（東田川）
へびのしゃくし　鹿児島
へびのだいもち　山形（東田川）
へびまくら　山形（飽海）
へびゆり　山形（飽海）
へぶし　岩手（二戸）
へぶす　仙台　常陸筑波　岩手（上閉伊）
へべす　山形（東村山・北村山）　岩手（上閉伊）
へぼくそ　長野（下水内）
へぼそ　武州　千葉（印旛）　長野（下伊那）　広島（福山市）
へぼそー　千葉（印旛）
へぼっちょ　長野（北安曇）

へぼろ　千葉（印旛・夷隅）
へんべそ　神奈川（津久井）
へんべそー　東京（八王子）
ほーじ　和歌山（日高）
ほぞくり　筑前
ほそび　三重
みずたま　江戸
みずだま　江戸

カラスムギ　〔イネ科／草本〕

いちごさし　予州
うば　長崎（壱岐島）
うま　山形（飽海）
おちゃひけとごろ　伊勢
おに　兵庫（津名）
からしむぎ　島根（能義）
からすど　熊本（玉名）
からぼん　和歌山（東牟婁）
ささむぎ　神奈川（津久井）
じーねご　愛媛（越智）
しじんこ　愛媛（周桑）
じじんこ　愛媛（周桑）
じね　長崎（南高来・北松浦）　熊本*
じねー　防州
じねーご　周防
じねご　能州　新潟（佐渡）　徳島（麻植）　愛媛　福岡*　長崎（南高来）　大分*
しねんこ　丹波　阿州
じねんこ　備後　阿州　讃州　香川（小豆島・伊吹島）
じねんご　長州　防州　讃州　奈良（吉野）　島根（石見）　岡山（邑久）　広島（比婆）　山口（豊浦・大島）　徳島　香川　愛媛
じねんごー　島根　山口（厚狭）　岡山
じねんごぐさ　島根（簸川）
じねんごむぎ　島根*
じねんじょ　香川（高松・仲多度）
しほこ　佐渡
しゅーにごー　大分*
じゅーねんご　愛媛（南宇和・二神島）
ずーにー　大分*
ずーね　大分*
すずむぎ　千葉（市原・長生・千葉）　神奈川（津久井）
ずにー　大分*
ずねじ　愛媛*

ずねんご　山口（豊浦）
ずねんごー　島根　山口（厚狭）
ちちばら　山口（厚狭）
ちゃひきぐさ　紀伊　長門　山形（飽海）
つねーご　山口*
つばさくさ　愛媛（周桑）
つばめ　和歌山（和歌山）　愛媛（周桑）
つばめくさ　岡山（岡山）　愛媛（周桑）
つばめむぎ　静岡（小笠）　千葉（柏）
にしむけひがしむけ　福岡（築上）
にしゃどち　勢州
にしろー　愛媛（周桑）
はたおり　伊勢
ひーごくさ　岡山
ひーごむぎ　岡山（御津）
みぎむけひだりむけ　熊本（熊本市）
むぎのおに　兵庫（津名）
よせくさ　防州

カラタチ　〔ミカン科／木本〕
いばら　和歌山
がいたち　香川（豊島）
かたら　島根（簸川）
がんたちいばら　岐阜（養老）
きこく　長門　周防　富山（砺波）　静岡（志太）　愛知（名古屋市・幡豆）　三重　京都（京都市）　奈良　和歌山　愛媛
くのっ　鹿児島（鹿児島）
げし　鹿児島（肝属）
げじ　大分（玖珠）
げす　鹿児島
げず　長州　周防　西国　筑紫　豊後　山口（厚狭）　長崎（対馬）　熊本　大分（大分・速見）　宮崎（東諸県）
げずのき　宮崎（宮崎市・東諸県）
じゃきち　讃州　徳島　香川
じゃきつ　阿州
じゃきっぽ　香川（小豆島）
じゃけち　香川
じゃけつ　岡山（岡山市）
じゃけつぐい　備前
じゃっけつ　兵庫（赤穂・淡路島）　香川（小豆島）
じゃっけつき　兵庫（赤穂）
たちぶ　茨城（多賀）
ちこく　三重（度会）
ねこだま　香川（三豊）

ねこゆず　岡山（勝田・英田）
らっけつ　兵庫（佐用）

カラタチバナ　〔ヤブコウジ科／木本〕
からたちばな　京都
きょーたちばな　芸州
こーじん　静岡（志太）
ささつばた　芸州
ささっぺた　芸州
ささりんどー　石州
せんりょう　千葉（山武）
たちばな　江戸　周防　山口（厚狭）　福岡（福岡市）　千葉（山武）
ななかまど　筑後　久留米
やぶこーじ　周防　筑紫　筑前　関東西国

カラハナソウ　〔クワ科／草本〕
かなむぐら　長野（木曾）
きぢねのちょーちん　秋田（北秋田）
きつねのちょーちん　岩手（九戸・二戸）
じゃひずら　秋田（北秋田）
しゃびっら　秋田（北秋田）
つるな　長野（佐久）
ねばりずる　長野（南部）
ほっぴす　長野（佐久）
ほっぷす　長野（佐久）
むぐら　長野（木曾）
むぐらずる　長野（南部）
やえむぐら　岩手（二戸）
やぶがらし　長野（北佐久）
ゆきばそー　長野（上水内）

カラマツ　フジマツ, ラクヨウショウ　〔マツ科／木本〕
あかまつ　栃木（日光市）　埼玉（秩父）
あぶらまつ　岐阜（飛驒）　鳥取
えんこ　静岡（伊豆）
えんこまつ　東京（伊豆諸島）　静岡（伊豆）
おずばまつ　青森（津軽）
おちばまつ　青森　秋田（北秋田・山本）　長野（佐久）　静岡　大分　岩手　山形　福井　鳥取　長崎
おりばまつ　秋田（鹿角）
からまず　宮城（宮城）
こぼれまつ　山形　山形（最上・西村山・北村山）
ちょーせんまつ　山形（酒田市）
とが　島根（隠岐島）

カラマツソウ

としょー　島根（出雲）
はなびぜんこ　愛媛（喜多）
ふじまつ　青森（上北・下北）　宮城　静岡　島
　根（隠岐島）
ほっかいまつ　福井（若狭）
まつ　秋田　埼玉
らくよーまつ　島根（石見）

カラマツソウ　　　〔キンポウゲ科／草本〕
うしのこぐさ　長州
うまぜり　長門
うまはぎ　飛騨白山
おのえのじさばさ　新潟（刈羽）
かがみくさ　新潟（刈羽）
せいたかぐさ　長野（下水内）
たかとー　木曾　青森（南部）
たかどー　岩手（二戸）　長野（下水内）
たかとーぐさ　長野（諏訪・上伊那）
たかどーろ　伊豆大島
とりあし　長野（佐久）

カラムシ　チョマ　　〔イラクサ科／草本〕
あおそ　山形
あおそり　山形（山形）
あおぞり　山形（東村山）
あおた　山形
あかがしら　予州
あかぞ　新潟*
あま　徳島（海部）
あらそ　兵庫*
いじんそ　岡山（岡山市）
いと　山形*
いとそ　富山*　石川　岐阜（北飛騨）
いなば　三重（志摩）
いら　三重*
いわがね　紀伊
うーがら　鹿児島（奄美大島）
うーベー　沖縄（首里）
うがら　鹿児島（奄美大島）
うさぎのくさ　鹿児島（出水市）
うらじろ　和歌山（有田）　山口*　徳島*　愛媛*
　佐賀*　大分*
えんぽーたち　東京（三宅島）
お　新潟*　大分*
おすみず　山形（西田川）
おのは　鹿児島（悪石島）

かせ　富山（東礪波）
かっこば　和歌山（伊都）
かつほ　大分*
かっぽー　予州　薩州
かっぽんたん　宮崎（西臼杵）
かっぽんば　福岡（小倉）
かっぽんぽ　福岡（小倉市）
がめんは　熊本（熊本市）
かやんは　鹿児島（肝属）
かやんば　鹿児島（垂水）
からお　熊本（球磨・玉名）　鹿児島（姶良・薩摩）
からぼし　和歌山（東牟婁）
からぼそ　和歌山（東牟婁）
からんは　鹿児島（鹿児島市）
からんば　鹿児島（鹿児島・姶良）
かろじ　滋賀（栗太）
かんかたん　鹿児島（国分市）
くさまお（アオカラムシ）　和歌山（伊都）
くろじ　奈良*
くろじかっこ　奈良*
くわぐさ　和歌山（有田）
こーじ　山形（西置賜）
こっぽくさ　愛媛*
さとからむし　木曾
しらお　長崎（東彼杵）
しらそ　雲州
しろ　長崎*　兵庫（三原）
しろお　長州　土州　島根（美濃・益田市）
しろー　島根*　島根（美濃・鹿足）　山口（大島）
　高知*　熊本（八代）
しろーぐさ　島根（美濃）
しろおもとき　長州
しろそ　肥前
しろっぱ　長崎（南高来）
しろのは　長崎（南高来）
しろは　肥前　熊本（芦北）
しろほ　肥前
しろほぐさ　長崎（壱岐島）
しろむしお　島根（邇摩）
しろゆ　島根（那賀）
たったんは　鹿児島（中甑島）
たつたんば　鹿児島（薩摩）
たんたんくさ　宮崎（東諸県）
たんぽは　鹿児島（長島）
たんぽほ　鹿児島（出水）
ちゃらんそー　山口（萩市・阿武）

とーかんぽー　埼玉*
のそ　和歌山（有田）
はじ　高知*
はず　愛媛*　高知*
ぱりぱりのき　豆州
ぱんぱんくさ　佐賀*
ぱんぱんぐさ　熊本（阿蘇）　長崎（北松浦）
ひうじ　播磨　岡山（苫田）　徳島*　香川*　愛媛*
ひうちぐさ　紀伊牟婁　徳島*
ひめんじょー　和歌山（伊都・那賀）
ひゅーじ　播磨　岡山（英田）　徳島　愛媛（新居・周桑）
ひろじば　徳島*
ぶーあさ　沖縄（宮古島）
ぽんぽ　鳥取（気高）
ぽんぽんぐさ　長崎　長崎（下県）　熊本　熊本（熊本・阿蘇・菊池・鹿本）　大分（竹田市・直入）
ぽんぽんそー　福岡（八女・筑後）
ぽんぽんは　福岡（嘉穂）
まお　京都（船井）　和歌山（日高）　鹿児島（垂水）
まごは　和歌山*
まこばい　和歌山（有田）
まこばえ　和歌山（海草・那賀）
まごばえ　和歌山（海草・那賀）
まよがら　鹿児島（奄美大島）
みずくさ　相州
むしお　鳥取*　島根　岡山*　広島
もっそ　島根（簸川・仁多）
やっぽんぽん　福岡（八女）
やまお　鳥取（気高）
やまそ　新潟　新潟（佐渡）　富山　福井　滋賀
やもーば　鹿児島（中之島）

カリガネソウ　　〔クマツヅラ科／草本〕
ごーけしば　防州
つちくさぎ　和歌山（日高）

カリフラワー　　〔アブラナ科／草本〕
はなかんらん　山梨*　兵庫*　香川*　福岡*　佐賀*　長崎*　熊本*　大分*　鹿児島*　宮崎*
はなきゃべつ　秋田*　滋賀*　大分*　鹿児島*

カリマタガヤ　　〔イネ科／草本〕
ほとり　和歌山（新宮）

カリヤス　　〔イネ科／草本〕
かいなぐさ　播磨　筑前
かや　長野（下水内）
かるかや　山形（北村山）
こがや　長野（北安曇）
どーのけ　長野（下水内）
にわとりたぶ　伊豆八丈島
ひきあみぐさ　静岡（志太）
やまかりやす　東京（八丈島）
やまわら　新潟（佐渡）

カリン　　〔バラ科／木本〕
あんちく　新潟（佐渡）
かりんとー　北海道*　宮城*　福島*　東京*
かりんなし　新潟*
くわずなし　香川*
ばかまるべ　秋田（北秋田）
ぼけなし　宮城*
まるめなし　福井*
まるめる　盛岡
もっか　青森

カルカヤ　　〔イネ科／草本〕
しおがまかや　奥州
しますすき　京都
しもくさ　長門
しもふり　長州
しもふりかや　長州　防州
とーぐさ　長州
ぽーずばな　千葉（東葛飾）
ぽーまばな　千葉（東葛飾）
ぽんばな　鳥取

カワヤナギ　　〔ヤナギ科／木本〕
いやなぎ　新潟（佐渡）
いやなん　富山（砺波）
えっこご　福島（相馬）
おんなやなぎ　新潟（東蒲原・南蒲原）
かわねこ　石川　島根
くさやなぎ　長野（北安曇）
じしばり　周防
つんのこ　鹿児島（薩摩）
とーみみやなぎ　周防
ふしやなぎ　上州妙義山・三峰山
やすもと　佐渡
ゆやなぎ　奥州　仙台

カワラケツメイ　　　　　　　〔マメ科／草本〕
あきほとくり　筑前
あさねぐさ　静岡
あさねごろ　鹿児島（揖宿）
おちゃのき　島根（美濃）　長野（北佐久）
かわらえんどー　岡山（高梁市）
かわらちゃ　山形（東田川）
かわらまめ　新潟　和歌山（有田）
きつねあざみ　茨城
きつねささげ　長野（下水内）
きつねちゃ　長野（下水内）
くさいかぢ　岩手（盛岡）
くさちゃ　熊野　広島（比婆）　岡山
くさねぐた　千葉（印旛）
けらねんぶり　静岡
こーかーじゃ　広島（比婆）
こーかちゃ　岡山（苫田）
こーぽーたい　熊本（球磨）
こーぽーだいしのまぶた　熊本（球磨）
こーぽーちゃ　富山（東礪波・西礪波）　三重　和歌山（新宮市）　島根（美濃）
こねもり　島根（能義）
こららくさ　鹿児島（始良）
さわやなぎちゃ　長野（下水内）
しのまぶた　熊本（球磨）
じんぞーぐさ　長野（北佐久）
すしこ　鹿児島（曽於）
すしこー　熊本（球磨）
すすこ　熊本（球磨）　宮崎（東諸県）　鹿児島（垂水市・曽於）
すずこ　熊本（芦北・八代）　鹿児島（種子島）
すすこー　熊本（球磨）
すすこぐさ　鹿児島（垂水市）
すすこちゃ　鹿児島（出水）
すらら　熊本（阿蘇）
たごこ　新潟
だごこ　新潟
だらちゃ　島根（鹿足）　山口（厚狭・大島）　広島
ちゃぐさ　岡山　愛媛（周桑・新居）
ちゃのき　島根（美濃）
ねむちゃ　岐阜（美濃）　三重（宇治山田市）　島根（美濃・簸川）
ねむりぐさ　鹿児島（揖宿）
ねむりそー　静岡
ねむりっちょ　山形（酒田市）
のさいかい　岩手（盛岡）
のさやかつ　岩手（盛岡）
のちゃ　長崎（南高来）
のちゃまめ　山口（大津）
のらねんぶり　静岡
はたけじゃ　和歌山（日高）
はたけちゃ　和歌山（日高）
はぶそー　長野（佐久）
はぶちゃ　長野（佐久）
はまちゃ　山形（酒田市・飽海）　静岡（富士）　鳥取（米子市）　島根　島根（美濃・能義）
べんざさら　長野（北佐久）
まめちゃ　山形（酒田市）　京都（竹野）　和歌山（新宮市・西牟婁）　香川（西部）
やまちゃ　長野（下水内）
ゆらめぐさ　熊本（下益城）
ゆらら　熊本（阿蘇・玉名）
ゆららぐさ　鹿児島（始良）

カワラサイコ　　　　　　　〔バラ科／草本〕
あまあかな　周防
がくもんじ　長野（北佐久）
かしもんじ　防州
こまあかな　防州
ちんぽ　松前
ぶたくさ　鹿児島（揖宿）

カワラスゲ　　　　　　〔カヤツリグサ科／草本〕
たにすげ　和歌山（伊都）

カワラナデシコ　　　　　〔ナデシコ科／草本〕
あずきばな　岩手（二戸）
いがばな　山形（酒田）
いつくさ　福井
いわぐさ　福井
うまばな　山形（酒田）
せきちく　愛媛（周桑）
てんきつばな　山形（東置賜）
てんつきばな　山形（東置賜・最上・村山）　福島（相馬）　長野（筑摩・佐久・北安曇）　新潟
ところてんぐさ　島根（美濃・那賀・邇摩）　山口（厚狭・大津）
ところてんばな　静岡　島根（美濃・那賀）　広島（比婆）　山口（厚狭）　神奈川（津久井）
なでしこ　青森（八戸）　山形（山形）　島根（美濃・仁多）　熊本（天草）
のなでしこ　秋田　山形（飽海）

ふでばな　長崎（北松浦）
ぽんばな　千葉（印旛）
めどちのはな　岩手（二戸）
めどつはな　青森（三戸）
めどっぱな　青森（三戸）
やませきちく　岩手（二戸）
やまとなでしこ　新潟（新潟市）
やまなでしこ　秋田　島根（美濃・仁多）　熊本（菊池）　岩手（二戸）　千葉（長生）　長野（北安曇）

カワラニンジン　ノニンジン　〔キク科／草本〕
かわらよもぎ　佐渡
くさにんじん　大和
のらにんじん　丹波
ひふ　山形（東田川）
やぶにんじん　大和

カワラハハコ　〔キク科／草本〕
あられぎく　江戸　和歌山（西牟婁）
かわらしちこ　山形（米沢市）
かわらもちぐさ　新潟
くれねぇ　岩手（江刺）
じじこ　秋田（北秋田）
しょよむぎ　青森
しろよむぎ　青森
しろよもぎ　青森（津軽）
ずずこ　秋田
だみばな　秋田（北秋田）
ちちこ　秋田（北秋田）　山形（北村山）
ちょーせんよごみ　青森
ちょーせんよもぎ　青森
つつこ　秋田　山形（北村山）
つづこ　秋田
はままつ　青森

カワラハンノキ　〔カバノキ科／木本〕
おーぽぎ　高知（高岡）
おーろぎ　高知（高岡）
おっかど　群馬（利根・多野）
かわつくなべ　奈良
かわっくらび　奈良（吉野）
かわばたのまるぽのやなぎ　和歌山（伊都）
こーばり　高知（土佐）
こーばる　高知（土佐）
ねばりはんのき　高知（吾川）

へべ　奈良（北山川）

カワラボウフウ　ヤマニンジン　〔セリ科／草本〕
のにんじん　上州野田村

カワラマツバ　〔アカネ科／草本〕
あわくさ　青森
うじころし　静岡（富士）
かたなぐさ　長野（北佐久・佐久）
すぎのは　岩手（二戸）
ちちぐさ　岡山（御津）
どかたくさ　岩手（二戸）
まづくさ　青森
まつばくさ　青森　新潟
まつばぐさ　新潟

カワラヨモギ　〔キク科／草本〕
いでろん　木曾
いぬよもぎ　和州
いわよぐみ　青森
いわよごみ　青森（津軽）
おじょろぎく　愛媛（周桑）
かとりぐさ　愛媛（周桑）
かびくさ　木曾
からくさよもぎ　山口（厚狭）
かわらまつば　長野（北佐久）
こぎ　遠州
ごぎょー　常州　熊野加太村　長門
ごんけ　摂州
ちんだいぐさ　鹿児島（鹿児島市）
とーよもぎ　周防
とのさまよもぎ　山口（厚狭）
とりよもぎ　周防
ねずみよもぎ　山形（飽海）
ばかにんじん　津軽
はまぽー　長門
はまよもぎ　加賀　長門
ふつ　長州
ふなぽーき　芸州
ほたるぐさ　島根（美濃）
ほどー　防州
まつばくさ　新潟
やまなでしこ　千葉（長生）
よわよごみ　山口（厚狭）

カンアオイ 〔ウマノスズクサ科／草本〕
いしのねかくし　大分（直入）
いしばさみ　勢州
おげこばな　秋田（雄勝）
おげばな　越後
おげばな　越後
かけのあおい　山城鞍馬
かげのあおい　城州鞍馬
かんすころげ　山口（厚狭）
げじょがま（コシノカンアオイ）　山形（東田川）
さいしん　長門　周防　福岡（田川）　千葉（君津）
さいしんあおい　京都
じゃどのみみ（コバノカンアオイ）　秋田（北秋田）
ぜにあおい（コバノカンアオイ）　秋田（鹿角）
ちゃがまのき　山城鞍馬
ちょーじゃのかま　佐渡　越後
ちょーじゃのかまこ　山形（西置賜）
どがんす　福岡（小倉市）
ときわぐさ　木曾
ひとつば　周防　長門
ぶんぶくちゃがま　山形（東田川・飽海）　新潟　福岡（小倉）
ぷんぷくちゃがま　福岡（小倉市）
ろくてんそー　岡山（苫田）

かっこーぎ　和歌山（東牟婁）
かわはしぎ　長崎（壱岐）
こーぽーだいしちゃ　高知（幡多）
こーぽーちゃ　高知（幡多）
すずいのき　鹿児島（甑島）
すずれぎ　徳島（海部）
そめんく　鹿児島（肝属・垂水）
つずいのき　鹿児島（肝属・揖宿）
つずれぎ　高知（幡多・高岡）
つずれのき　熊本（水俣）
つついば　鹿児島
つつごろのき　鹿児島（川辺）
とりとまらず　和歌山（海草）
どんざのき　熊本（水俣）
ねずみさし　志摩
はりげのき　長崎（西彼杵）
はりまげ　長崎（壱岐）
はりめぎ　高知（幡多）
はるげ　熊本（天草）
ひひらぎ　福岡（粕屋）
ふくちぎ　鹿児島（大島）
へえもりぎ　鹿児島（奄美大島）
またたび　高知（幡多・安芸）
もっぱぎ　高知（幡多）
やまちゃ　高知（幡多）

カンイチゴ → フユイチゴ

カンガレイ 〔カヤツリグサ科／草本〕
さんかく　岡山（御津）
やから　和歌山（那賀）

ガンクビソウ 〔キク科／草本〕
きせるぐさ　山形（飽海）

ガンコウラン 〔ガンコウラン科／木本〕
こけのみ　青森（津軽）

カンコノキ 〔トウダイグサ科／木本〕
あーぎま　鹿児島（与論島）
えへもり　鹿児島（奄美大島）
おじころし　伊勢小方村
おだいしちゃ　高知（幡多）
おちゃとぎ　高知（幡多）
かすくりやのき　長崎（平戸）
かすくれ　長崎（壱岐島）
かすくれん　長崎（壱岐）
かっこー　高知（土佐）

カンザブロウノキ 〔ハイノキ科／木本〕
あおば　鹿児島（薩摩）
あおばぎ　鹿児島（薩摩）
あおばのき　鹿児島（薩摩）
いもばい　徳島　高知
おおやんぎ　鹿児島（奄美大島）
かんざぶろーのき　尾鷲
だいこんのき　鹿児島（出水）
つるんぎー　沖縄（与那国島）
でこんのき　鹿児島（出水・大口）
とうるい　沖縄
とうるき　沖縄
みずゅず　鹿児島（屋久島）
ゆずのき　鹿児島（屋久島）

カンザンチク 〔イネ科／草本〕
めだけ　鹿児島（硫黄島）
やごろ　鹿児島（奄美大島）

カンショ → サツマイモ

カンスゲ 〔カヤツリグサ科／草本〕
すげ　神奈川（愛甲・足柄上）
ひろり　山形（南部）
ひろろ　長野（下水内）
ふぃろり　山形（置賜）

カンゾウ（萱草） 〔ユリ科／草本〕
おひーなぐさ　神奈川（津久井）
おひなぐさ　東京（八王子）
かこな　青森（三戸）
がごんず　秋田（雄勝）
かんおんそー　久留米
ささな　長門
しょーび　防州
とってこー　信州
ぴーぴー　長野
ぴーぴーぐさ　栃木　神奈川（津久井）
ぴーぴーな　岐阜（飛騨）
ぴーぴこ　長野（東筑摩）
ぴーぴっぱ　長野（東筑摩）
ぴーひょろ　山梨
ぴっぴ　長野（北安曇・南安曇）
ぴぴ　秋田（鹿角）
ぴぴぐさ　青森（津軽）
ぴゅーぴゅー　山梨（南巨摩）
ぴゅぴゅぐさ　山形（村山）
ひょーひょーぐさ　長野（上水内）
ぴよぴよ　山形（西田川）　長野（東筑摩）　滋賀
　　　（愛知）
ぴょん　山梨
ぴょんこ　山梨
ぴょんぴょ　長野（佐久）
ぴょんぴょん　山形（北村山）
ひるな　木曾
ぴんよろ　山梨
ほけきょ　長野（佐久）
ほっぴょーぐさ　長野（上水内）
ろんごぐさ　長門

カンゾウ（甘草） 〔マメ科／草本〕
けけっこ　長野（小県）
けけっちょ　長野（北佐久）
とけっきょー　長野（佐久・南佐久）
とてこっこ　長野（北安曇・東筑摩）
とてっきょー　長野（小県・東筑摩）
とてっこ　長野

ほけっきょー　長野（南佐久）

ガンソク → クサソテツ

カンタループメロン 〔ウリ科／草本〕
ろじめろん　北海道*　岐阜*　滋賀*　京都*　兵庫*
　　　鳥取*

カンチク 〔イネ科／草本〕
ごぜだけ　鹿児島　鹿児島（肝属）
はかだけ　三重（宇治山田市）

カントウカ → フキノトウ

カンナ 〔カンナ科／草本〕
うきん　鹿児島（肝属）
だんどく　熊本（鹿本）
てっぽーぐさ　愛知（海部）
てっぽーそー　愛知（碧海）
びじんそー（ハナカンナ）　長州　防州
ほだいじゅ　長崎（南高来）
らっぱそー　愛媛
らんどくそー　静岡（小笠）

ガンピ（雁皮） 〔ジンチョウゲ科／木本〕
おぜんばな　栃木（上都賀）
かべ　島根
かみそ　和歌山（東牟婁）
かみのき　滋賀　福岡（八女）
ひお　香川（木田・綾歌）　愛媛（宇摩）　高知*
ひの　高知（高岡・幡多）
ひのお　高知*
ひよ　讃岐　香川（香川・三豊）
ひよのき　香川（香川・三豊）

ガンピ（岩菲） 〔ナデシコ科／草本〕
てらこばな　青森（津軽）

カンボク 〔スイカズラ科／木本〕
あかえ　木曾
あかはしぎ　青森　岩手
あかはすに　岩手（下閉伊）
あかや　長野（木曾）
いぬくそのき　岩手（下閉伊）
いぬのくそ　岩手（下閉伊）
うまじょみ　秋田（南秋田）
えどのき　秋田（北秋田）
おによーずみ　長野（伊那）

キイシモツケ

かみなりのき　新潟（岩船）
からすじゅみ　秋田（男鹿）
からすじょみ　秋田（南秋田）
かんぼく　青森（中津軽）
かんぼこ　新潟（西蒲原）
くさぎ　木曾
くそくさぎ　木曾
くそばしき　岩手（盛岡市・岩手）
けまり　青森（八戸）
けまりのはな　青森（八戸）
けまりばな　青森（八戸）
けんまりざくら　青森（八戸）
ざとのき　青森　岩手
じゃどのき　岩手（岩手）
てっぽーだま　岩手（九戸）
どくぶつ　長野（北佐久）
とりはまず　栃木（日光市）
ひところび　岩手　岩手（盛岡市）
ふところび　岩手（岩手）
みどろのき　青森（青森市・津軽）
めーどのき　青森　岩手
めくされのき　青森（西津軽）
めどのき　北海道　青森　岩手　秋田
めどのぎ　青森　岩手
めんどーのき　青森（中津軽）
めんどのき　青森（上北）　岩手

キイシモツケ　〔バラ科／木本〕
いわはぎ　和歌山（那賀）
けずら　和歌山（那賀）
こめばな　和歌山（那賀）
やまこでまり　和歌山（和歌山市）

キイセンニンソウ　→　センニンソウ

キイチゴ　〔バラ科／木本〕
あずきいちご　秩父　埼玉（秩父）
あび　伊豆八丈島　東京（三宅島・八丈島・御蔵島）
あびんば　東京（三宅島）
あぶ　東京（三宅島）
あゆび　東京（三宅島）
あわいちご　木曾　近江　埼玉（秩父）　長野*　島根（能義）　熊本（八代）　宮崎（東臼杵）
いちごいばら　和歌山（東牟婁・西牟婁）
いばらいちご　岐阜*
おーかみいちご　岡山*
おーかわいちご　備後

おごんえちご　岩手（上閉伊）
かないちご　泉州
きわだいちご　青森（三戸）
きんいちご　佐賀*
きんちんご　熊本*
くいいちご　山口（大島）
ぐいびいちご　島根*　岡山*
くまいちご　栃木　富山（東礪波）　岐阜*
ごがついちご　播州　秋田（鹿角・北秋田）
こがねいちご　丹後
こごめいちご　島根*
ごぶいちご　鳥取*
さがりいちご　佐渡　播州　長門　周防　予州　埼玉（秩父）　新潟（佐渡）　兵庫*　鳥取*　島根（簸川）　愛媛*　高知（高岡）　大分*
さつきいちご　秋田（北秋田・仙北）　新潟　福井　福井（今立）
さんがらいちご　山口（大島）
しおいっご　鹿児島（川辺）
だいいちご　鹿児島*
たうえいちご　青森（三戸）　広島*
たまいちご　青森*
ちょーせんいちご　岡山*　広島*
ときしらず　広島*
なしろいちご　三重*
なついちご　岩手
なりいちご　大分*
なわしろいちご　広島*
にがいちご　播州
ばらいちご　青森*　山形*　福島*　長野*
ほほろいちご　備後　島根（邑智）　広島（比婆）
まいちご　長野（木曾）
まめいちご　埼玉（秩父）
やまいちご　栃木　神奈川（足柄上）　福井　静岡　三重（宇治山田市）　和歌山
やまたいし　沖縄（石垣島）

キカシグサ　〔ミソハギ科／草本〕
あきぼこり　山口（厚狭）　香川（東讃岐）
あきぼとこり　山口（厚狭）
あずきぐさ　香川（中讃）
ごめごめくさ　熊本（玉名）
ねーまぐさ　長野（北佐久）
ひー　岡山（川上）
よめんなみだぐさ　千葉（君津）

キク

キカラスウリ 〔ウリ科／草本〕
いのした　伊豆御蔵島
うしごーり　筑前　筑後　豊後
うしごーる　熊本（玉名）
うしこべ　豊後
うしのひたい　広島（東部）
うまごい　鹿児島（鹿児島市・揖宿）
うるね　和歌山（伊都）
うんまごい　鹿児島（日置）
かーじうる　東京（三宅島）
かじ　伊豆御蔵島　伊豆八丈島・三宅島
かじうり　東京（御蔵島・三宅島）
かじぐり　東京（三宅島・御蔵島）
かなつとごり　宮崎（東諸県）
がらすいむん　鹿児島（奄美大島）
からすうい　鹿児島（加世田市）
からすうり　青森　岩手（二戸・紫波）　秋田　宮城（仙台）　山形　新潟　山口（防府・厚狭）
からすうんべ　鹿児島（川内市）
からすこんび　予州
からすてんぐり　新潟
からすとんき　鹿児島（姶良）
からすとんぎ　鹿児島（姶良）
からすなす　新潟
からすのたまご　大阪（泉北）
からすのひめうり　大阪（泉北）
からすびな　新潟（佐渡）
からすぶっくれ　山形（北村山）
からすべご　秋田（鹿角）
からすぽんぐり　山形（北村山）
からすまっこ　秋田（平鹿・雄勝）
からすまる　秋田（南秋田・山本）
からなす　新潟
かるり　伯州
くそうり　越前
くそごい　鹿児島（鹿児島・加世田）
くそごり　熊本（玉名）
ぐぼー　東京（三宅島）
くりうり　越前
ぐりかずら　鹿児島（奄美大島）
げほー　東京（三宅島）
ごい　鹿児島（揖宿・肝属）
ごいごい　熊本（芦北）
ごーり　筑前　肥前　鹿児島（垂水市）
ごーりかずら　鹿児島（垂水市）
ごーりき　熊本（阿蘇）

こぴのこ　土州
こべ　熊本（阿蘇）
ごべ　熊本（阿蘇）
ごり　播州　薩州
ごる　熊本（菊池）
たんぽこ　和歌山（日高）
つた　青森
にがうり　城州貴船
まるぐどーじ　高知（長岡）
みずからすうり　越前
むべうり　城州貴船
やまうばかずら　泉州
やまうり　和歌山（伊都）
やまうりかずら　泉州
んまごい　鹿児島（揖宿）

キキョウ 〔キキョウ科／草本〕
あさがお　山形（最上・東田川）
かんそー　信州
きぎゅう　青森（八戸）
きっきょー　福島（相馬）
くゎんそー　信州上田　信州
けきょー　広島（三次）　愛媛（周桑・新居）
こぶくろばな　秋田（雄勝）
せいねい　江州
せーねー　江州
ちゃわんばな　青森（津軽）
ひとえぐさ　岩手
ぽばな　岩手（岩手）
ぽんばな　木曾　岩手（九戸・岩手・上閉伊・紫波）　青森（八戸）　秋田（鹿角）　福島　栃木　長野　長野（上田・小県・上水内・下水内・更級）　鳥取
ぽんばなこ　青森　岩手
むらさきばな　愛媛（新居）　富山（氷見）
よめとりばな　秋田（由利）

キク 〔キク科／草本〕
あおぎく（黄菊）　岐阜（飛騨）
いろぎく　青森（三戸）
かすく　沖縄（石垣島）
からよもぎ　伊豆八丈島
ぎく　秋田（北秋田）
きっ　長崎（南松浦）　鹿児島（曽於）
はなぎく　青森（三戸）
まい　広島

キクイモ 〔キク科／草本〕

あめりかいも　秋田* 山形（西置賜）福島*
あんぽんたん　宮城*
いこくいも　新潟*
いしいも　秋田*
いっといも　北海道* 青森* 宮城* 岐阜（飛騨・高山）
いっとーじしょー　愛知*
いもぎく　東京* 島根
いもしょーが　奈良* 和歌山* 高知* 宮崎*
かきいも　青森*
かきねいも　青森*
かぐいも　青森（八戸）
がすいも　青森* 宮城* 山形*
かずのいも　岩手*
からいも　青森（八戸）岩手（二戸）宮城* 秋田* 山形 福島* 群馬* 埼玉 東京（八王子）神奈川（津久井）長野（下水内）山梨 新潟 岐阜* 広島*
がらいも　青森*
からえも　青森
からしいも　秋田* 茨城*
からじゃいも　富山
ぎしょーいも　山形
きりいも　福島
きりも　兵庫*
ぐれいも　宮城*
けがしいも　岩手*
こーこいも　鳥取*
こーぽいも　長野* 鳥取*
ごしょいも　福島* 新潟
ごしょーいも　岩手* 宮城* 福島* 長野* 岐阜（飛騨・高山）愛知*
ごしょなりいも　岩手*
ごといも　青森* 秋田* 岐阜*
さんといも　岐阜* 島根*
さんどいも　岐阜（飛騨）
ししいも　鹿児島（肝属・垂水）
じゅーごやはな　鹿児島*
しょーがいも　秋田* 福島* 福井* 愛知* 三重* 島根* 山口* 鹿児島*
しょーがこーいも　鹿児島*
すいも　大分*
せーよーいも　新潟*
たいないも　秋田*
たらずいも　鳥取*
たわけいも　岐阜*
だんだんいも　広島*
ちょうせんぎく　千葉（君津・富津）
ちょーせんいも　秋田*
ちょろけいも　岐阜（飛騨）
つくりいも　千葉*
つけいも　北海道* 岩手（九戸）
でこいも　宮城*
てんじくいも　熊本*
とーからいも　山形*
とーといも　大分*
どかたいも　岩手*
にいも　新潟*
にくいも　秋田*
にないも　岡山
ばかいも　北海道* 秋田* 岐阜*
ばかしょが　大分*
はっしゅいも　熊本*
はっしょーいも　青森* 岐阜* 愛知* 鳥取*
はつといも　岐阜
はないも　青森* 秋田* 山形（東田川）岐阜 熊本*
ぶたいも　北海道 秋田* 山形* 福島（相馬）新潟* 長野（佐久）岡山* 香川* 大分*
ぶたえも　福島（相馬）
ふらんすいも　岩手* 秋田*
まぐいも　山形
まつまえいも　岩手（水沢）
みそずけいも　福岡*
ろくしょーいも　岐阜（飛騨）

キクザキイチゲ　キクザキイチリンソウ
〔キンポウゲ科／草本〕

おたばな　長野（北安曇）
おでれこ　岩手（二戸）
おとこかたんこ　山形（西田川）
からね　山形（西置賜）
たねつけばな　新潟（佐渡）
てっぽっぽばな　山形（飽海）
でるこまるこ　岩手（二戸）
でれこ　岩手（二戸）
ほけきょばな　山形（飽海・東田川）
ほけちょばな　山形（飽海・西田川）
まんしゃく　山形（酒田）
ゆきふりばな　長野（北安曇）

キクザキイチリンソウ → キクザキイチゲ

キクバドコロ 〔ヤマノイモ科／草本〕
きどころ　山形（北村山）
きんずそー　宮崎（東臼杵）
ぎんすそー　宮崎（東臼杵）
とーごろ　山口（熊毛）
ところ　長崎（東彼杵・南高来）
ところてん　鹿児島（出水）
ひめかずら　鹿児島（揖宿）

キクムグラ　ヒメムグラ 〔アカネ科／草本〕
おごらぐさ　紀伊
くるまっぱ　日光
ちじみぐさ　紀伊
まるばのよつばむぐら　和歌山
むしつりぐさ　紀伊

キクラゲ 〔キクラゲ科／キノコ〕
きくら　鹿児島（鹿児島・加世田）
きのみみ　岩手（二戸）
くらげきのこ　千葉（成田）
さるのしりすけなば　宮崎（東諸県）
だぶみみ　伊豆八丈島
なば　福岡（朝倉）
ねこのみみ　丹波　三重（度会）　兵庫　島根　長崎（五島・南松浦）
びんびらごけ　岐阜（吉城）
びんびりごけ　岐阜（北飛騨・吉城）
べんべらごけ　岐阜（吉城）
みーぐら　鹿児島（奄美大島）
みしくりみん　沖縄（波照間島）
みみきのこ　岩手（九戸）　千葉（安房）
みみぐい　沖縄（首里）
みみごけ　岐阜（飛騨）
みみたけ　岡山（児島・御津・上房）
みみなば　九州　山口（豊浦）　福岡（嘉穂・粕屋）　長崎　熊本（玉名・下益城）　宮崎（宮崎）
みみらごけ　岐阜（郡上）
みんぐい　鹿児島（奄美大島）
みんぐり　鹿児島（薩摩・甑島）　沖縄（八重山）
みんぐる　沖縄（八重山）
みんぐるー　沖縄（与那国島）
みんちゃば　鹿児島（加世田）
みんなば　長崎（五島）　鹿児島（屋久島）
めめらごけ　岐阜（郡上）

キケマン 〔ケシ科／草本〕
いそぼく　鹿児島（硫黄島）
いわぜり　大分（南海部・佐伯）
うしあいた　伊豆八丈島
うばころし　土佐
おばころし　土佐
さくーな　鹿児島（奄美大島）
さくな　鹿児島（奄美大島）
にんにく　長崎（壱岐島）
はちろーくさ　鹿児島（薩摩）
はちろーぐさ　鹿児島（甑島）
ひとこえよばり　勢州　三重（伊勢）
ひとこえよぼり　勢州
へびあいた　伊豆八丈島
へびにんじん　江州
もゝちどり　江戸

キササゲ 〔ノウゼンカズラ科／木本〕
あずきぎ　青森（上北）
あずさ　岡山
あつまぎ　青森（中津軽）
あららぎ　千葉（清澄山）
いーずつみ　三重（伊勢）
おーごんじゅ（ハナキササゲ）　山口（厚狭）
おーごん（黄金）　香川
かみなりささぎ　山形（東田川・西田川）
かみなりささげ　越後　筑前早良　岩手　千葉　新潟（佐渡）　石川　和歌山
かみなりのき　山形（東田川）
かみなりよけ　徳島
かわぎり　上州妙義山・三峰山　長州　周防　埼玉（秩父）　東京　長野
かわささぎ　福岡（八女）
かわらかし　筑後
かわらかしわ　勢州　防州　長州
かわらがしわ　長州　高知（幡多・高岡）
かわらぎ　高知（幡多）
かわらぎり　常州　岩手
かわらくさぎな　石州　岡山（川上）
かわらささげ　濃州　岩手
かわらしば　長州
かわらひさぎ　筑前
かわらひしゃぎ　長崎（壱岐島）
かわらぼー　静岡（秋葉山）
きささぎ　山形（北村山）
きささげ　青森（中津軽）

キジカクシ

きりささげ　福井（三方）
ごしんこー　肥前
さごろ　岩手（岩手）
さごろー　秋田（仙北）
さんごろのき　岩手（岩手）
しおぎり　高知（幡多）
せんだんぎり　南部　岩手（紫波）
せんだんのき　岩手（稗貫・東磐井）
そーめんのき　岩手（九戸）
たず　三重（多気）
だず　三重（北牟婁）
だずのき　三重（北牟婁）
だらすけのき　讃州
なまかまど　鹿児島（伊佐）
はぶてこぶら　長門　周防
びしゃのき　埼玉（入間）
やまきり　岩手（上閉伊・東磐井）
ゆーだちのき　木曾
らいでんぎり　京都　岩手
らいでんぼく　栃木（日光市）
らいぼく　岩手（岩手）
らいよけ　宮城（加美・黒川）

キジカクシ　　　　　〔ユリ科／草本〕

ごくらきまき　富山（西礪波）
こごめぐさ　周防
にわすき　長州
のこぎりぐさ　長野（北佐久）
のこぎりそー　長野（北佐久）
ほたるぐさ　山形　長野（北佐久）
ほたるんくさ　山形（西置賜）
やまどりかくし　周防

ギシギシ　　　　　〔タデ科／草本〕

あかびこ　山形（飽海）
あかべこ　山形（飽海）
あぶらっこし　東京（三宅島）
いぬしーしーどー　山口（吉敷）
いぬししんど　山口（厚狭）
いぬしのはな　阿州
いぬしんざい　備後　岡山
いぬしんば　広島（比婆）
いぬすいじ　愛媛（周桑）
いぬすいじん　愛媛（周桑）
いぬすいば　伯州　山口（大島・熊毛・佐波・美祢・厚狭・阿武）　愛媛（周桑）

いぬずいば　山口（都濃・吉敷）
いぬはさっぺー　山口（阿武）
いんしびき　宮崎（西諸県）
うしくいぐさ　奈良（南大和）
うしぐさ　岡山（岡山市）
うしころし　岐阜（飛騨）
ううしーかんぽ　熊本（球磨）
うししーかんぽ　熊本（球磨）
うししーしー　京都（竹野）
うじしーしー　京都（竹野）
うししーとー　岡山（小田）
うじしーとー　岡山（小田）
うししーな　岡山
うししーば　岡山
うしじのとー　山口（玖珂）
うしじんさい　岡山
うししんじゃ　鳥取（気高）
うしじんとー　山口（玖珂）
うしずいか　新潟（佐渡）
うしすいとー　岡山
うしすいば　山口（大島・玖珂・熊毛・佐波・阿武）　島根
うしずいもんさ　岐阜（飛騨）
うすかんぽ　奈良
うすかんぽ　千葉（夷隅）
うしずかんぽ　千葉（夷隅）
うしねぶり　岡山（岡山市）
うしのえったんこ　奈良（南葛城）
うしのした　備前　青森
うしのしんじゃ　鳥取（気高）
うしのしんどー　山口（玖珂）
うしのじんとー　山口（玖珂）
うしのすいすいごんぱ　三重（宇治山田市）
うしのすいすいこんぽ　三重（度会）
うしのすいば　山口（玖珂）
うしのすかすか　山形（西田川）
うしのひたい　備前
うまきちきち　静岡（小笠）
うまくさ　山形（飽海）
うまさし　山形（酒田）
うまざし　山形
うましかしか　山形（北村山・西田川）
うますいうますい　三重（阿山）
うまずいか　新潟（佐渡）
うまずいき　長野（諏訪）
うますいこ　静岡

ギシギシ

うまずいこ　長野（下水内・更級・南安曇）　石川（鳳至）
うまずいこき　神奈川（津久井）
うますいこけ　静岡
うまずいこけ　静岡（富士）
うまずいこば　静岡（富士）
うますいば　静岡（富士）
うますかし　新潟（中越）
うますかな　山形（村山）
うますかんぺ　岩手（盛岡）
うますけやんこ　岩手（二戸）
うますすき　長野（諏訪）
うまずっかし　新潟（直江津市）
うますっかんぽ　群馬（山田）
うますっかんぽ　福島（東白川）
うまの　富山（富山）
うまのさしのとー　山形（飽海）
うまのしかんこ　山形（上閉伊）
うまのしりぬぐい　秋田
うまのすいか　長野（北佐久）
うまのすいかし　新潟（直江津市）
うまのすいこ　長野（北佐久）
うまのすいこん　富山（東礪波）
うまのすいば　山口（厚狭）
うまのすーかはーか　富山
うまのすかすか　山形（西田川）
うまのすかっぽ　千葉（長生）
うまのすかっぽち　千葉（長生）
うまのすかどり　山形（飽海）
うまのすかな　山形
うまのすかんこ　岩手（盛岡・二戸・紫波）　山形（村山）
うまのすかんと　山形（西田川）
うまのすかんぽ　山形（東田川・西田川）
うまのすっかし　新潟
うまんたばこ　熊本（八代）
うんまつつかんぽ　群馬（勢多）
うんまのすいこ　長野（南佐久）
おいらんぐさ　三重（伊勢）
おーじ　長州
おーもしすいば　島根（美濃）
おじ　山口（大島）
おすしぐ　長野（佐久）
おすしぐさ　長野（佐久）
おにしーとー　岡山（邑久）
おにじーとー　岡山（邑久）

おにしーば　島根（松江・能義）　山口（美祢）
おにじしーば　岡山（小田）
おにしんじゃ　島根（松江・能義）
おにずいこ　長野（北安曇）
おにすいすいば　岡山（小田）
おにすいとー　岡山
おにすいば　島根（美濃・鹿足）　山口（厚狭・美祢）
おむぎ　愛媛（周桑）
おんなだいおー　静岡
かいるのきつけ　泉州
かえるのきつけ　泉州
がえろっぱ　長野（佐久）
かとーぐさ　静岡
からすのすいこんこ　香川
かわたかな　熊本（球磨）　鹿児島（肝属）
かわだかな　熊本（球磨）　鹿児島
ぎしぎし　近江　四国　京都
ぎしぎしだいおー　備前
ぎち　上総
きちきち　静岡（小笠）
ぎちぎち　徳島（美馬）
きちきちぐさ　静岡（小笠）
きちきちもみじ　静岡（小笠）
きちきちもんじ　静岡（小笠）
きっきっのは　鹿児島（川内）
きりきりな　佐渡　新潟（佐渡）
ぎりぎりな　佐渡　新潟（佐渡）
くさだいおー　愛媛（新居）
くちなわしーし　岡山（苫田）
くちなわしんじゃ　鳥取（西伯）
げしげし　京都（船井）　山口（大島）
げじげじ　新潟（佐渡）　島根（鹿足）　山口（吉敷）
こーぴる　鹿児島（与論島）
こめぐさ　岡山（岡山市）
ごんぎょー　山形（東村山）
さーじ　岡山（邑久）
さいら　和歌山（東牟婁）
さえらぐさ　和歌山（東牟婁）
さば　和歌山（日高）
しい　吉備
しー　備前
しーしー　大分（大分市）
じーじー　大分（大分）
しーしーとー　岡山（上道）
しーしんとー　大分

ギシギシ

しーとー　岡山（吉備）
しーのとー　岡山（小田）
じくじく　鹿児島（屋久島）
じごくのね　鹿児島（甑島・薩摩）
しざー　島根（益田市・鹿足）
ししんとー　福岡（朝倉）
しだー　島根（美濃）
しなは　和歌山（東牟婁）
しなひこ　岩手（釜石）
しなぴこ　岩手（上閉伊）
しの　信州木曾
しのと　和歌山（那賀）
しのね　信州木曾　西海　和歌山（日高・東牟婁）福岡（久留米市）
しのは　南部　長門　秋田　和歌山（東牟婁・日高）福岡（八女）
しのば　仙台
しのはぐさ　信州木曾
しのはだいおー　仙台
しのび　青森（八戸）秋田（鹿角）
しのべ　津軽　秋田（北秋田）
しびぐさ　香川（小豆島）
しぶくさ　山口（玖珂）徳島　鹿児島（加世田市）阿州
じぶくさ　山口（玖珂）
しょっぱん　埼玉（北葛飾）
しろぎしぎし　阿州
しろしのと　和歌山（那賀）
しんざい　出雲
しんじゃ　鳥取
じんとー　山口（玖珂・熊毛）
じんどー　山口（玖珂・熊毛）
しんのは　信州木曾
すいぎく　鹿児島（中之島）
すいこき　徳島（三好・美馬）
すいこんぽ　予州
すいごんぽ　伊予
すいじ　伊予
すいしば　山口（吉敷）
すいすい　近江坂田　和歌山（日高）山口（玖珂）大分（大分市）宮崎（東諸県）
すいすいこんぽ　三重（度会）宮崎（児湯）
すいすいごんぽ　三重（宇治山田市）宮崎（児湯）
すいすいば　山口（玖珂）
すいとー　丹後　丹波
すいな　木曾

すいば　山口（大島・玖珂・熊毛・美祢・大津・阿武）
すいばー　山口（美祢）
すかな　山形（東村山）
すかんぽ　千葉（香取）
すこっ　鹿児島（鹿児島市）
すっしゃ　静岡（磐田）
すのぶ　青森
すのべ　秋田（北秋田）青森
すのぺ　青森（津軽）
すりこんぽ　予州
すりごんぽ　伊予
すりこんぽー　土州
すりごんぽー　土佐
せんにんそー　岐阜（飛騨）
だいおー　江戸　木曾　河内　江州　東京（三宅島・西多摩）長野（佐久）島根（浜田市・美濃）山口（熊毛・厚狭）香川（西部）愛媛（南宇和）宮崎（西諸県・児湯）
だいおーしんざい　出雲　島根（簸川・松江市・能義）
だいおーしんじゃ　島根（能義）
だいおーすいば　島根（美濃）
だいば　香川（三豊）
だいろっぱ　新潟（西蒲原）
だえろっぱ　新潟（西蒲原）
たこのいぼ　和歌山（和歌山市・海草）
たむしのくすり　鹿児島（始良）
たんぽこ　鹿児島（甑島）
たんぽこ　鹿児島（薩摩）
ちーのとー　岡山（小田）
ちちこ　新潟
てーてーぐさ　岡山（岡山市）
とくわか　島根（美濃）
のだいおー　木曾　備後
はすいば　愛媛（新居）
はぜ　高知（幡多）
べこのした　青森（八戸）
へびぎしぎし　大分（別府市）宮崎（西臼杵）
へびさし　山形（酒田）
へびしかな　山形（西置賜）
へびしんどー　山口（佐波）
へびじんとー　山口（佐波）
へびしんぽり　静岡
へびすいこ　新潟（佐渡）長野（上伊那）
へびすいば　島根（美濃・益田市）

へびのすいこ　長野（佐久）
へびのすかっし　新潟
へびのだいおー　新潟（佐渡）
へんぴすかっし　新潟（南蒲原）
まくり　熊野　長野（下水内・下高井）
まくりっぱ　長野（佐久）
まくる　新潟
まくれっぱ　新潟（直江津市）　長野（佐久）
まこのすかっぱ　岩手（水沢）
まだやし　青森
まむしすいば　島根（那賀）
むぎ　山口（大島）
やますっかし　新潟（中魚沼）
ゆーしゃ　鹿児島（奄美大島）
らいおん　高知（土佐）
らいおんぐさ　三重（宇治山田市・伊勢）
わだいおー　雲州　山口（玖珂）　秋田
んますかな　福島（相馬）
んますっかな　福島（相馬）
んまのすっかな　福島（相馬）
んまんぎしぎし　熊本（玉名）

キジノオシダ　〔キジノオシダ科／シダ〕
おにしだ　江戸

キジムシロ　〔バラ科／草本〕
いぼつりばな　長野（北佐久）
つるきんばい　尾州　愛知

キシュウミカン　〔ミカン科／木本〕
あまみかん　徳島*
かわちみかん　福岡*
かわみかん　熊本*
きのくにみかん　愛媛*
こにかん　島根*
こびらん　和歌山*
こみかん　三重　和歌山　島根*　山口*　愛媛*
　　福岡*　佐賀　長崎*　大分　宮崎　鹿児島*
こみっかん　静岡（志太）
じみかん　静岡*
しょーがつみかん　和歌山*
しろわ　千葉*
ちんぴんこみかん　宮崎*
はかりみかん　愛媛*　福岡*
ひらみかん　大阪*　奈良*
ふくれみかん　茨城*

べにみかん　熊本*
ほんみかん　千葉*　神奈川*　岐阜*　静岡（志太）
　　愛知*　和歌山*　徳島*
まちみかん　宮崎*
やなぎば　広島*
ゆらみかん　京都*

キジョラン　〔ガガイモ科／草本〕
しもふけ　鹿児島（肝属）
しもふけかずら　鹿児島（肝属）
ふよーらん　江戸

キズイセン → スイセン

キスゲ → ユウスゲ

キダチロカイ → アロエ

キチジョウソウ　〔ユリ科／草本〕
かんのんそー　長門　周防
きちじょーらん　和歌山
つなるき　長州
へーなぐさ　上総
みかんぐさ　伊勢　千葉（安房）
やぶらん　静岡（賀茂）

キヅタ　フユヅタ　〔ウコギ科／木本〕
いしずた　防州
いぼつた　鹿児島（国分市）
いぼった　鹿児島（国分市）
うしぶたい　東京（三宅島）
うるし　千葉（長生）　長崎（壱岐島）
うるじ　千葉（長生）
かしらはげ　紀伊熊野
かむしっぱ　東京（三宅島）
かんずた　勢州
かんづく　勢州
こまかずら　長崎（南高来）　熊本（球磨）
こまのき　岡山（苫田）
しびー　鹿児島（喜界島）
たきかずら　周防
たず　長崎（壱岐島）
たつかずら　防州
つた　青森（八戸）　埼玉（秩父）　新潟　島根
　　（簸川）　愛媛（周桑）　熊本（芦北）
つたかずら　鹿児島（肝属・国分市）
つたんかずら　鹿児島（甑島）
のごまずた　香川（木田）

キツネアザミ

ふゆずた　和歌山（西牟婁）
へった　東京（三宅島）
めはりかずら　高知（幡多）
よろいった　岩手（二戸）

キツネアザミ　〔キク科／草本〕
うまこやし　和歌山（有田）
うまごやし　和歌山（有田）
うまごんぼ　宮崎（東諸県）
かけばな　和歌山（那賀）
かぶな　埼玉（入間）
かんざし　和歌山（那賀）
かんざしぐさ　愛媛（周桑）
ひめあざみ　播磨　和歌山（西牟婁）愛媛（周桑）

キツネノエフデ　〔スッポンタケ科／キノコ〕
たぬきのろーそく　愛媛（大三島）
ほしくそ　南部

キツネノカミソリ　〔ヒガンバナ科／草本〕
いかりばな　大分（東国東）
えんこばな　愛媛（周桑）
おし　熊本（球磨）
おはかけばな　大分（大分）
おひもち　奈良（吉野）
かぶれのはな　高知（幡多）
かみそりぐさ　奈良（南大和）
かみそりばな　埼玉（秩父）
きつねのたいまつ　福井
きつねばな　福島（相馬）
きつねゆり　岡山（岡山市）
けさかけばな　熊本（球磨）宮崎
こしょーばな　長崎（壱岐）
しいれ　徳島　高知
しいれくさ　徳島　高知
じごくばな　長崎（壱岐島）
じゃらんぽんくさ　群馬
じゅずばな　兵庫（播磨）
しれー　神奈川（津久井）
しろい　徳島（美馬）
しろいー　広島（比婆）
しろえ　島根（隠岐島）
すずたま　神奈川（津久井）
ずずだま　神奈川（津久井）
そーればな　島根（隠岐島）
ちーち　長野（下水内）

ちゃんちゃんぽ　徳島
てくさり　兵庫（美囊）
てくされ　兵庫（播磨）
てはれぐさ　愛媛（越智）
どくばな　島根（鹿足）熊本（鹿本）宮崎（西臼杵）
なつすいせん　新潟
なつずいせん　新潟
にゅーとーばな　島根（鹿足）
はかけばな　大分（南海部）
はこぼれくさ　静岡（駿東）山梨（南都留）
はっかけばぁさん　静岡（駿東）山梨（南都留）
はっかけばな　静岡（駿東）山梨（南都留）
はっかそー　和歌山（西牟婁）
はぬけいばら　大分（南海部）
はみずはなみず　富山（富山）
はもぎ　大分（南海部）
はんもげ　大分（南海部）
ひがんばな　山形（西田川）宮崎（西臼杵）
ひぜんばな　三重（尾鷲）
ひゃっくり　島根（能義）
べんべのまくら　岐阜（養老・不破）
ぽんそー　新潟（西蒲原）
まんじゅーそー　岩手（二戸）
やくびょーばな　島根（鹿足）
ゆーれんぐさ　徳島
わすれぐさ　宮城（仙台市）

キツネノチャブクロ　〔ホコリタケ科／キノコ〕
いしわた　熊本（玉名）
きつねのたばこ　千葉（柏）
きつねふくろ　神奈川（津久井）
じがき　土佐
じむぐり　山形（東田川）
ちどめ　千葉（印旛）
ぶす　京都（中）

キツネノヒマゴ → キツネノマゴ

キツネノボタン　〔キンポウゲ科／草本〕
あめふりばな　長野（下伊那・飯田）
いたちのあし　勢州
いぬぜり　山口（大津）
うーまみつば　富山（砺波）
うしぜり　和歌山（西牟婁）島根（美濃）福岡（築上）
うしののどばれ　山口（厚狭）

キツネノボタン

うしみつば　奈良（南大和）
うまころし　静岡（小笠）
うまぜり　秋田（雄勝）　山形（酒田市）　新潟（佐渡）　長野（下水内）　福岡（山門・八女・柳川）　大分（南海部・佐伯）
うまのからごしょー　木曾
うんまぜり　鹿児島（日置）
おーぜり　山形（西田川・庄内）　岩手（二戸）　和歌山（東牟婁）
おこりぐさ　新潟（西頸城）
おごりくさ　新潟（西蒲原・西頸城）
おじゅり　秋田（鹿角）
おぜり　秋田（鹿角）　新潟
おとこぜり　山形（東置賜・西田川）
おにぜり　山形（西田川・飽海）　新潟（上越市）　長野（北佐久）　岡山
かえるのこんぺいとー　千葉（安房）
からすのあし　愛媛（周桑）
からすのせり　愛媛（周桑）
き　香川
ぎしぎし　鹿児島（甑島・薩摩）
きちきち　愛媛（周桑）
きちきちぐさ　三重（志摩）
きちきちぼーず　愛媛（周桑）
きつね　長野（北安曇）
きつねのえりまき　山口（佐波）
きつねのこんぺい　山口（吉敷）
きつねのこんぺいとー　富山（射水）
きつねのこんぺーと　山口（吉敷）
きつねのこんぺとー　富山（射水）
きつねのしょーべんおけ　山口（玖珂）
きつねのしょーべんたご　山口（玖珂）
きつねのちょーちん　山口（都濃・豊浦・大津）
きつねのつぼ　山口（阿武）
きつねのふくろ　山口（玖珂）
きつねのまいかけ　山口（美祢・玖珂）
きつねのまいだれ　山口（美祢・玖珂）
きつねのまえかけ　山口（都濃）
きつねのまえだれ　山口
きつねのまくら　山口（阿武）
きつねのまゆだれ　山口（都濃・熊毛）
きんそー　和歌山（新宮市）
きんほーげ　山口（豊浦）
きんぽーげ　山口（玖珂・阿武）
けたがらし　広島（福山）
こんぺいと　岡山（御津）　山口（大島・玖珂・都濃）　熊本（玉名）
こんぺいとー　秋田　神奈川（川崎）　静岡　岡山　山口（玖珂・都濃・阿武）　愛媛（周桑）　鹿児島（鹿児島）
こんぺいとーくさ　埼玉（大里・入間）　静岡（岡山）　山口（萩）
こんぺいとーぐさ　兵庫（三原・津名）　山口（玖珂）
こんぺいとくさ　岩手（水沢）　和歌山（東牟婁）　岡山（御津）
こんぺーくさ　愛媛（周桑）
こんぺーそー　奈良（宇智）
こんぺーと　山口（玖珂・都濃）　愛媛　熊本（玉名）
こんぺーとー　秋田　神奈川（津久井）　静岡（富士）　山口　愛媛（周桑）　鹿児島（鹿児島市・奄美大島）
こんぺーとーくさ　静岡（富士）　岡山
こんぺーとーぐさ　群馬（佐波）　新潟　岡山（岡山市）　山口（萩市）
こんぺーとーばな　新潟
こんぺーとぐさ　三重（阿山）　奈良（宇智）　山口（玖珂）
こんぺと　秋田（鹿角）　群馬（山田）　埼玉（秩父）　長野（佐久）　兵庫（淡路）　愛媛
こんぺとー　香川
こんぺとーくさ　群馬（伊勢崎・前橋・佐波・勢多・多野）　埼玉（入間）
こんぺとーぐさ　埼玉（大里）
こんぺとくさ　神奈川（足柄下）　岐阜（恵那）　和歌山（日高・東牟婁・西牟婁）　兵庫（津名）　山口（玖珂）　香川（丸亀）
こんぺとぐさ　山形　長野（佐久）　岐阜（恵那）　和歌山　兵庫（淡路）　香川（中部）
こんぺとばな　山形（庄内）　長野（佐久・下伊那・飯田）　新潟
こんぺんそー　奈良（南葛城）
こんぺんとー　和歌山（北部・伊都・那賀）
こんぺんとーのき　新潟（直江津市）
こんぺんばな　奈良（吉野）
こんぺんぽ　奈良（南大和）
しべんすまい　鹿児島（肝属）
しべんずまい　鹿児島（曽於・肝属）
しべんすまいくさ　鹿児島（肝属）
しべんずまいぐさ　鹿児島
ぜにぐさ　群馬（佐波）

キツネノマゴ

せりもどき　岡山
たいそーぐさ　新潟（直江津）
たがらし　静岡（富士）
ちりりんぐさ　鳥取（気高）
どくぐさ　山口（美祢）
どくぜり　山形　長野　香川（西部）　岡山
どくばな　長野（北佐久）　山口（豊浦）　長崎
　（五島・南松浦）
どっぐさ　鹿児島（川内市）
なべくわし　青森
なんべくゎし　青森
のどはれ　山口（厚狭）
ばせり　山口（吉敷）
ばせり　山口（吉敷）
はっぽーぐさ　島根（那賀）
びーびーぐさ　島根（能義）
べっとばな　山形（酒田）
へびのいちご　岡山（御津）
ぼたんばな　長野（北佐久）
みぞそば　奈良（南大和）
みちのはたのごろーざえもん　山形（西田川）
みみんだればな　長野（下伊那）
やけどばな　富山（富山）
やけばな　富山（砺波・東礪波・西礪波）

キツネノマゴ　　　　　〔キツネノマゴ科／草本〕

いちくさ（キツネノヒマゴ）　鹿児島（沖永良部島）
かぐらそー　和歌山（伊都）
きつねのたまご　香川（東部）
ちゅーちゅぐさ　熊本（玉名）
どくぐさ（キツネノヒマゴ）　鹿児島（大島）
めぐすりばな　長崎（五島・南松浦）

キツネヤナギ　　　　　　〔ヤナギ科／木本〕

こぶやなぎ　和歌山（新宮市）
やまやなぎ　秋田（雄勝）

キツリフネ　　　　　　〔ツリフネソウ科／草本〕

おこりびっちょ　北海道
おこりべっちょ　北海道
からすみず　秋田
からすみんず　秋田

キヌガサソウ　　　　　　〔ユリ科／草本〕

おーかざぐるま　加州白山　越州立山

キヌガワミカン　　　　　〔ミカン科／木本〕

うすかわ　奈良*　島根*
うすかわみかん　茨城*　千葉*　和歌山*　鳥取*
　島根*　山口*　香川*　愛媛*　高知*　長崎*
ぎんみかん　山口*
くろしまみかん　鹿児島*
さぼん　愛媛*
しらかわ　千葉*
すべ　埼玉*
すべみかん　島根*
すべりみかん　鳥取*
はなみかん　宮崎*
はやなえみかん　熊本*
はるみかん　香川*
ふゆだいだい　愛媛*

キハギ　　　　　　　　　〔マメ科／木本〕

おーはぎ　甲州河口湖

キハダ　　　　　　　　　〔ミカン科／木本〕

おいへぎ　岡山（美作）
おーしき　岩手（和賀）
おーつき　島根
おーばく　岩手（気仙）　宮城　新潟（中蒲原）
　岐阜（飛騨）　三重　和歌山
おーばそ　群馬（多野）
おーばり　岩手（気仙）
おーひき　岩手　秋田（鹿角）
おーへぎ　秋田　鳥取（因幡）　岡山（備中）
おひき　岩手（和賀・気仙）
おへぎ　岡山（美作）　広島
かねき　新潟（東蒲原）
かねのき　新潟（南蒲原）
きがわ　鳥取（因幡）
きはだ　青森　岩手　宮城　秋田　新潟　栃木
　（塩谷）
きゃーら　新潟（刈羽）
きわら　新潟（佐渡）
こーちん　富山
さんぜんそー　埼玉（秩父）　静岡　岐阜
しけれぺに　北海道
しこ　青森（上北・三戸）　岩手（岩手）
しこー　青森（三戸）
しこのき　岩手
しこのへ　青森（北津軽）　秋田　秋田（北秋田）
しこのへい　岩手（上閉伊）

しこのへー　岩手（上閉伊）　東京（西多摩）
しころ　北海道　青森　岩手　秋田　山形*　滋賀
しころべ　秋田
しころぺ　秋田（山本）
しっこ　岩手（岩手）
しっこー　青森（三戸）
しっこのき　青森（三戸）　山形（北村山）
しっこのへ　盛岡
しろっぺ　秋田（北秋田）
すーばく　熊本（上益城）
すころ　青森　岩手　秋田
すころへ　秋田（北秋田）
すっこのぎ　岩手（釜石）
すっこのへ　岩手（釜石）
だらすけ　奈良（吉野）
たんば　秋田（雄勝・平鹿）
たんぱ　秋田（雄勝・平鹿）
にがき　山形　島根
ひこ　岩手（岩手）
ひこのき　岩手（稗貫）
ひころ　岩手（岩手）
へぎ　秋田（仙北）
ほーちん　富山
みょーせん　新潟　長野
めぐさりのき　青森（下北）
もへ　青森（中津軽・南津軽）
やちくわ　秋田
やつくわ　秋田

キビ　〔イネ科／草本〕

あわきび　北海道*　岩手（二戸）　新潟*　石川*　福岡*
あわきみ　青森*　岩手*
いきび　新潟*
いせきび　熊本（玉名）
いなきび　北海道*　青森　宮城*　秋田*　山形*　新潟*　富山　岐阜　兵庫　奈良（吉野）　和歌山*　鳥取　岡山　愛媛*　高知*　佐賀*
いなきみ　北海道*　青森　岩手（九戸）　秋田（鹿角）　鳥取*
いなりきび　和歌山*
いねきび　山形　熊本*
うるきび　岐阜*
うるきみ　青森*
えなきみ　岩手（九戸）
おんがら　鹿児島（揖宿）

かちきび　新潟*
きっ　宮崎（西諸県）
きみ　埼玉（入間）　千葉（長生）　東京　神奈川　広島（安芸）
きみだんご　青森*　岩手*
こーぼーきび　岐阜（飛騨）　長崎*
こきび　久留米　筑後　新潟*　富山*　石川*　長野（上伊那）　岐阜*　静岡（磐田）　兵庫　奈良（吉野）　鳥取　島根　山口*　徳島　香川　愛媛（松山）　高知　福岡*　長崎*　熊本　大分*　鹿児島　鹿児島（悪石島）
こきび（モチキビ）　熊本（玉名）
こきみ　岩手*　鳥取*　島根*
こぎみ　東京（八丈島）
こぎん　島根（出雲）
ごくもの　奈良（吉野）
こっきみ　岩手*
こめきび　奈良
ずりきび　京都　兵庫*
たかきび　山口（山口）　長崎（南高来）
たかきみ　秋田（鹿角）
だんごきび　山形*　新潟*
だんごきみ　青森*
ちょーきび　岩手（九戸）
ちょなきみ　秋田*
ちんてぃー　沖縄（与那国島）
つるきび　京都*
とーきび　北海道*　長野（南佐久）　岐阜*　三重*　滋賀*　京都*　大阪　島根*　和歌山*　岡山（岡山市）
とーきん　島根*　島根（大原）
とーぬちみ　鹿児島（喜界島）
ときっ　鹿児島
ときび　三重*　三重（志摩）　京都*　大阪*　奈良（宇智）　和歌山*　徳島
とっきび　秋田（雄勝）
とのきび　三重*
なんばら　岡山*
のみきび　長野*
はぜきみ　青森*
はなきび　高知*
はらきび　兵庫*
ばんばら　岡山*　広島（沼隈）
ばんばら　広島
ひえきみ　岩手*
びき　島根（邑智）

キブシ

ひなきび 秋田＊
ぶろ 滋賀（高島）
ほーききび 岐阜＊
ほーききみ 秋田＊
ほーきび 新潟＊ 兵庫＊
ほきび 新潟＊
ほっきび 新潟＊
ほもろこし 神奈川（津久井）
ほんきび 越前
まーじん 沖縄（那覇市・首里）
みだれきび 奈良＊
もちーもの 群馬（多野）
もろこし 奥州南部 新潟＊ 石川＊ 京都＊ 兵庫＊

キブシ マメブシ 〔キブシ科／木本〕
あかうつぎ 秋田（北秋田） 青森
あかしば 秋田（北秋田） 青森
あさだ 高知（香美）
あずきな 三重（北牟婁・南牟婁・尾鷲）
あずきはだ 三重（北牟婁）
あつきな
あめふらし 大分（大野）
あめぽっち 秋田（仙北）
いみちのしん 鹿児島（垂水）
うつぎ 福井（大野）
うめな 高知（幡多・高岡）
うめなのき 高知（幡多）
おとこつきよざし 茨城（新治）
おとこつきんぼー 岐阜（恵那）
おなごじんがら 鹿児島（姶良）
かさぎ 高知（香美）
かさだ 徳島（海部） 香川（綾歌）
かさなぎ 高知（安芸）
かさなぶし 高知（安芸・幡多）
かさんだ 香川（香川）
かわつげ 和歌山（伊都）
きぶし 愛知（段戸山）
くろうつぎ 新潟（北魚沼）
くろがね 高知（安芸）
こごめのき 高知（高岡）
ごめごめ 和歌山 鹿児島
こめしば 秋田（仙北）
ごんずい 三重 奈良 和歌山
ざとーのつえ 三重（度会）
さわはぎ 群馬（利根） 和歌山（東牟婁）
さわぷた 新潟（岩船）

さわふたぎ 新潟（岩船） 茨城（筑波山）
じーきしば 秋田（鹿角）
じーのきしば 秋田
じしば 青森（下北）
じっき 青森 岩手
じっきしんば 秋田（鹿角）
しとこ 東京（八丈島）
じぬきしば 青森（津軽・上北）
じぬぎしば 秋田（北秋田・山本）
じのき 青森（上北・下北）
じのきしば 秋田（北秋田）
じのぎしば 青森（津軽）
じみ 宮崎（西都）
じみのき 熊本 鹿児島
しょーふた 新潟（岩船）
しろつきで 広島
しんざいぎ 和歌山（日高）
しんぬき 三重（一志）
じんのき 山形（東村山）
ずい 静岡 岐阜 宮崎
ずいき 三重（飯南・多気・度会）
ずいっぽ 静岡（南伊豆）
ずいっぽー 静岡（南伊豆）
ずいぬきしば 青森（上北）
ずいのき 山形 新潟 富山 福井 埼玉 静岡 岐阜 三重
ずいのきしば 青森（津軽・下北）
ずいぼー 静岡（南伊豆）
ずえとりき 秋田（仙北）
ずさのき 秋田（南秋田）
ずっぽー 熊本（球磨）
ずっぽーのき 熊本（球磨）
すっぽん 和歌山（日高） 高知（幡多） 千葉
ずぬき 青森 山形
ずぬきしば 青森（中津軽）
ずのき 青森（津軽）
ずばき 秋田（山本）
ずぼき 秋田（南秋田）
そーざき 富山（魚津）
たにおとし 香川（仲多度）
たにかさ 高知（長岡）
たにくさり 高知（幡多）
たにとーし 香川（綾歌）
たにわたし 高知（安芸）
たにわたり 高知（安芸） 愛媛（宇和島）
たまぶし 和歌山（西牟婁）

ついだし　千葉（清澄山）
ついつい　徳島（美馬）
ついついぎ　広島
つきだし　千葉　大分　宮崎
つきだしのき　伊勢・紀伊
つきつき　三重　岡山　高知（長岡）
つきで　島根（仁多）
つくずく　福井（大野）
つけんだし　静岡（愛鷹山）
つずみ　高知（幡多）
つっき　埼玉（秩父）
つっきんだし　神奈川（足柄上）
つんぬき　宮城
とーし　奈良（十津川）
とーしみ　奈良（十津川）　愛媛（南宇和）
とーしみぎ　三重（一志）
とーしみぐさ　三重（度会）
とーしみのき　三重（鈴鹿・四日市）
とーしん　高知（幡多・高岡）　愛媛
とーしんぎ　島根（簸川）
とーしんのき　高知（幡多）　愛媛（新居）
とーすみ　愛媛（上浮穴）　高知（幡多）　福井　三重
としみ　三重（度会）
とすみ　三重（度会）
とりふくぎ　鹿児島（奄美大島）
とんぶり　秋田（大館）
のどーしみ　山口（佐波）
はなずおー　鹿児島（阿久根）
ひのくちぎ　静岡（南伊豆）
ふきやのき　鹿児島（甑島）
ふし　静岡（小笠）
ぶし　青森　秋田
ふしのき　秋田（大館）
ぶっぽーのき　鹿児島（屋久島）
ぶらぶらのき　和歌山（新宮市・東牟婁）
まいぼんしん　鹿児島（揖宿）
まいまいぶし　福井（三方）
まえんぶしのき　東京（大島）
まげんぶし　静岡（京丸）
ままご　高知（土佐）
まめぎ　三重（一志）
まめっぽ　和歌山（有田）
まめばし　愛媛（新居）
まめぶき　青森（西津軽）
まめふじ　木曾　埼玉（秩父）　和歌山（東牟婁）

まめぶし　東北　関東　神奈川　山梨　静岡　三重　和歌山（日高・東牟婁）岡山　愛媛　高知
まめぶち　埼玉（秩父）
まめぽーし　富山（氷見）
まめぼち　秋田（仙北・大館）
まめぽっち　埼玉（秩父）
まめんぶし　神奈川　山梨　静岡　愛知
まめんぶち　群馬（利根・甘楽）
まめんぽ　熊本（球磨）
まめんぽー　静岡（榛原）
まんぶし　神奈川　山梨　福井
まんぽし　岩手（岩手）
まんぽせ　岐阜（岩村）
むしつき　和歌山（竜神）
めんめのき　富山（五箇山）
めんめんのき　富山（富山・出町）
もじ　宮崎（宮崎）
ゆみぎ　鹿児島（悪石島）
よーじぎ　静岡（南伊豆）
よーのき　三重（志摩・一志）石川（能登）
よめな　高知（高岡）
よめなのき　高知（高岡）

ギボウシ　〔ユリ科／草本〕

あせ　和歌山（西牟婁）
あまな　越後
あまんぜー　新潟（佐渡）
あめふりばな　長野（北安曇）
いわうな　佐渡
いわだかな　宮崎（東諸県）
いわな　勢州　和歌山（那賀）
いわぶき　島根（隠岐島）
うーるい　新潟（西蒲原）
うそはくり　宮崎（西臼杵）
うで　新潟（西蒲原）
うまんつめ　千葉（印旛）
うり　青森（八戸）　秋田　岩手（二戸）　山形　栃木（日光市）
うりい　青森（八戸）
うりこ　青森　岩手　秋田
うりっぱ　群馬（勢多・多野・北甘楽）　長野（北佐久）　佐久
うるい　木曾　濃州　仙台　青森（三戸・八戸）岩手（九戸・上閉伊・二戸）　秋田（鹿角）　山形（東村山）　神奈川（津久井）　新潟（岩船）岐阜（飛騨）　静岡

ギボウシ

うるいそー　江戸　青森（南部）
うるいっぱ　福島（石城）　長崎（北松浦）
うるいは　常陸
うるいば　木曾
うるえ　秋田（雄勝）　岩手（気仙）
うれ　青森（三戸）　岩手（二戸）
うれー　秋田（鹿角）
うれーっぱ　長野（下水内）
うれっぱ（タチギボウシ）　北海道
うれのはな　青森（三戸）
えびな　高知（土佐）
えわぶき　島根（周吉）
おーばこ　山口（玖珂・熊毛・都濃）
おばこ　山口（熊毛）
おばこのはな　山口（熊毛）
おんながいろっぱ　群馬（山田）
がいるっぱ　長野（下高井）
がいろっぱ　群馬（佐波）　埼玉（入間）　長野（下高井）
かえろっぱ　長野（下水内）　静岡
がえろっぱ　栃木（足利市）　群馬（桐生市）　長野（佐久）
かみなりおそれのは　山口（大津）
かわな　和歌山（伊都）
かんのんそー　山口（吉敷）
かんりゅーそー　山口（吉敷）
きしきし　佐渡　新潟（佐渡）
ぎそー　山口（吉敷）
ぎば　静岡（富士）　愛知（知多）
ぎびき　富山
ぎびぎ　富山（富山・射水・中新川）
ぎびく　富山（東礪波）
ぎほ　秋田（鹿角）　青森　静岡（富士）　愛知（知多）　岡山（久米）
ぎぽー　山形（東置賜）
ぎぼーし　筑前
ぎぼーじゅ　越後　山口（玖珂・都濃・阿武）
ぎぼーず　山口（美祢）
ぎほき　新潟（佐渡）
ぎほき　新潟（佐渡）
ぎぼし　和歌山（伊都・那賀・東牟婁）　山口（厚狭・阿武・大津・玖珂・熊毛・佐波・都濃・豊浦・美祢・吉敷）
ぎぼな　和歌山（伊都）
ぎぼん　愛知（知多）
きりみち　新潟（西蒲原）

ぎりりす　佐渡
ぎんぶき　新潟（西頸城）
ぎんぽ　青森（上北）　山形
ぎんぽ　青森（八戸）
ぎんぽー　山形（東置賜）
ぎんぽーるいは　青森（八戸）
きんぽき　新潟（西蒲原）
ぎんほけ　新潟（西頸城）
げーぶき　富山（高岡市）
げーろっぱ　群馬（館林）　埼玉（入間）　長野（佐久・下高井）
げぶき　富山（東礪波）
けべき　富山（砺波・東礪波・西礪波）
げべき　富山（砺波）
けんびき　新潟（中頸城）
げんぶき　新潟（西頸城）
こーらいぎぽーし　京都
こーれ　長野（下水内）
こーれー　長野（諏訪）
こーれっぱ　長野（北佐久・下水内）
こーれん　神奈川（西丹沢・愛甲・足柄上）
こーれんば　長野（佐久・北安曇）
これ　長野（霧ヶ峰）
これい　長野（諏訪）
これー　埼玉（秩父）　長野（諏訪）
ころり　山梨（南巨摩）
さぎそー　長州　防州　筑紫　筑前
さじぎぼー　和州
さわぎきょー　木曾
さわな　長門　防州
ししのはばき　岐阜（恵那）
しまおばこ　山口（玖珂）
すじおばこ　山口（熊毛）
ずひき　石川（鳳至）
すぶき　新潟（西蒲原）
だいりんぐさ　静岡
たきな　周防　長門　島根（鹿足・美濃）
ちょーせんおばこ　熊本（玉名）
でびき　富山（射水・富山）
でべき　富山（富山）
でぺき　富山
とーばこ　山口（佐波・吉敷）
ねぎぽーず　山口（美祢）
ばめき　新潟（佐渡）
ひょーな　静岡
ふーつばい　千葉（長生）

ふーりんば　千葉（印旛）
ふーりんば　千葉（印旛）
ぶくぶく　上州三峰山
ふだんそー　熊本（阿蘇）
ぶんちょーけ　仙台
ぶんちょーそー　仙台
ほし　山口（大津）
まほーき　伊豆御蔵島・三宅島・八丈島
みずおばこ　山口（玖珂）
めしつづみ　熊本（玉名）
めんば　新潟（佐渡）
やちうり　秋田（南秋田）
やまうり　秋田（南秋田）
やまおーばこ　神奈川（東丹沢・愛甲）
やまおんばく　埼玉（入間）　神奈川（愛甲）
やまおんばこ　広島（比婆）
やまかんぴょー　神奈川（津久井）　長野（北佐久）
やまじしゃ　丹波
やまほーずき　熊本（阿蘇）
わすれぐさ　周防

キャベツ　　　　　　　〔アブラナ科／草本〕
うらじろ　東京（西多摩）　神奈川（津久井）
かいばつ　秋田（北秋田・平鹿・山本）
かいべつ　北海道*　青森*　秋田（北秋田・平鹿・山本）　新潟*
かえびつ　秋田（山本）
かえべつ　北海道　秋田（山本）
かんらん　熊本（玉名）
かんらんたまな　京都*
かんろー　新潟*
きゃべつな　熊本*
たまかぶ　新潟*
たましば　富山（礪波・東礪波・西礪波）
たま　北海道　岩手（盛岡・紫波）　青森　宮城　秋田　山形　福島　茨城　栃木　群馬　埼玉　東京　千葉　神奈川　新潟（北蒲原）　富山（礪波）　石川　福井　山梨　長野（佐久）　岐阜　静岡　愛知　三重　京都　大阪　兵庫　奈良　和歌山　鳥取　島根　岡山　山口　徳島　香川　愛媛　高知　福岡　佐賀　長崎　熊本　大分　宮崎*　鹿児島*
だまな　青森（八戸）　富山（礪波）
ちゃいべつ　奈良（吉野）
ちりめんかんらん　（チヂミバカンラン）　茨城*　埼玉　山梨　静岡　大阪　香川*

ちりめんたまな　（チヂミバカンラン）　宮城*　秋田*　山形*
はくさい　京都*　大分*
まきな　山形*　香川（伊吹島）　宮崎*
まりな　山梨*　長野*

キャラボク　→　イチイ
キュウケイカンラン　→　コールラビ

キュウリ　　　　　　　〔ウリ科／草本〕
あおうり　京都
いたちうり　愛知（海部）
いぼうり　長野*
うい　鹿児島（与論島）　沖縄（本島）
うり　青森　岩手（九戸）　秋田*　群馬（多野）　埼玉（秩父）　東京*　新潟　山梨　長野*　岐阜*　静岡（磐田）　愛知　奈良（吉野）　和歌山*　広島（芦品）　徳島（美馬）　愛媛*　高知*　宮崎*　鹿児島（大島）
うるい　岐阜（飛騨）
おーごん　千葉（山武）
からうり　岐阜*
きおり　福島（相馬）
きゅい　長崎（南高来）
きゅっ　長崎（南松浦）
きゅり　秋田（平鹿・雄勝）
つけもんうり　宮崎*
とーろーうり　福島（大沼）
みずうり　長野（佐久・北佐久）

キュウリグサ　タビラコ　〔ムラサキ科／草本〕
おとこなずな　山形（東置賜）
かわらけな　佐渡　紀伊牟婁
たなんぽ　長野（北安曇）
たびらこ　岡山（苫田）
たびらっこ　長野（北安曇）
なぞな　佐渡

キョウガノコ　ナツユキソウ　〔バラ科／草本〕
あっぱな　青森（八戸・三戸）
かのこそー　青森（八戸）
とりあし　長野（下水内）
やまうつき　大和

ギョウギシバ　　　　　　〔イネ科／草本〕
おにくさ　山口（熊毛）　鹿児島（加世田・日置）
おにしば　千葉（安房）

177

ギョウジャニンニク

しば　鹿児島（揖宿）
はたかりくさ　愛媛（新居）

ギョウジャニンニク　〔ユリ科／草本〕
あいぬねぎ　北海道
あいばかま　北国　佐州
あさどい　秋田（鹿角）
いんきんば　秋田（鹿角）
えぞねぎ　岩手（胆沢）
きくびる　奥州松前
きとびる　北海道
きとぴろ　青森（上北）
さとーびる　岩手（上閉伊）
じゅーにひとえ　野州

ギョウジャノミズ → サンカクヅル

キョウチクトウ　〔キョウチクトウ科／木本〕
かんちくとー　和歌山（西牟婁）
てんぐばな　栃木
どくぎ　熊本（上益城）
どくざくら　鹿児島（与論島）
にわざくら　群馬（勢多）
みつまたやなぎ　和歌山（日高）

キョウナ　〔アブラナ科／草本〕
うきな　近江
きょーとな　岐阜*
きょーみずな　山形*　石川*
しょーがつな　静岡*　愛知*
じょーじょーな　高知*
すじな　宮城*
すべな　京都*
せんきりな　福井*
せんしちな　青森（三戸）
せんぼんかぶ　宮崎*
せんぼんな　北海道*　宮城　千葉　島根*　徳島　佐賀*　長崎*　熊本*　宮崎*　鹿児島（肝属）
ちすじな　兵庫*
とくな　島根*
ひょーずな　近江　京都
ふゆな　山梨*　長野*
みずな　京都　北海道*　青森*　岩手*　宮城　秋田*　山形（酒田）　福島*　栃木　群馬（佐波）　埼玉　千葉*　東京　神奈川*　新潟*　富山*　石川　福井　山梨*　長野*　岐阜　静岡*　愛知　三重　滋賀　京都　大阪　兵庫　奈良　和歌山

鳥取*　岡山　広島　山口　徳島　香川　愛媛*　高知*　福岡　佐賀*　長崎*　大分*　宮崎*
みずなー　上方
みぶな　宮城*　新潟*　三重*　滋賀　京都　大阪　兵庫*　和歌山*　岡山*　徳島*　愛媛*
もちな　岐阜*
やつがしら　岩手*　宮城*　福島*　石川（河北）
やつぶさ　神奈川*

ギョボク　〔フウチョウソウ科／木本〕
あまき　沖縄
あまぎ　鹿児島（肝属）

ギョリュウ　〔ギョリュウ科／木本〕
こじきやなぎ　香川（木田）

キランソウ　〔シソ科／草本〕
いしゃころし　奈良（宇智）　高知（幡多）
いしゃごろし　高知（幡多）
いしゃたおし　長崎（壱岐島）
いしゃたわし　長崎（北松浦）
いしゃなかし　愛媛（周桑）
うしのした　土州
おどげそー　鹿児島（揖宿）
かまのふた　神奈川（足柄上）
さんかいそー　和歌山（新宮）
さんさいそー　和歌山（新宮）
じいくさ　鹿児島（肝属）
じごくのかまのふた　和歌山（西牟婁）
すじぐさ　愛媛（宇和島市）
たかと　三重（宇治山田市）
ちーぐさ　鹿児島（甑島・薩摩）
ちちぐさ　鹿児島（日置）　愛媛（周桑）
ちちょーそー　薩摩
ちりめんそー　三重（伊勢）
ちりんそー　三重（宇治山田市）
はまじまぐさ　三重（志摩）
ほたるそー　伊豆八丈島
みぐさ　愛媛（周桑）
めくされな　防州
よーぐさ　愛媛（周桑）

キリ　〔ゴマノハグサ科／木本〕
あばのき　石川（鹿島）
きのき　鹿児島
けんのき　三重（伊賀）

キリシマツツジ 〔ツツジ科／木本〕
きんつつじ　岩手（上閉伊）
たうえつつじ　埼玉（北葛飾）

キリンソウ 〔ベンケイソウ科／草本〕
いしずけ　新潟（刈羽）
おとこっぽーずき　長野（北佐久）
ぎりぎりそー　新潟（直江津市）
せーたかのっぽ　新潟（直江津）
ちどめぐさ　長野（佐久）
ちゃちゃぽこ　新潟
つつから　新潟（岩船）
つめきりそー　新潟
ぴーぴーぐさ　新潟（直江津）
ぴんぴんそー　新潟
ふくるぎ　沖縄（首里）
ほーずきぐさ　長野（北佐久）

キレンゲツツジ 〔ツツジ科／木本〕
きーつつじ　山口（厚狭）

キンエノコロ 〔イネ科／草本〕
いのっこ　静岡（富士）
いんのしっぽ　鹿児島（甑島）
けーむし　静岡（富士）
けむし　鹿児島（鹿児島市）　静岡（富士）
ねこじゃらかし　長野（北安曇）　新潟（中蒲原）
ねこじゃらし　静岡（富士）
ぴーぴーぐさ　群馬（山田）　熊本（玉名）

ギンガソウ → ギンバイソウ

キンカン 〔ミカン科／木本〕
きーかんぽ　愛知*
きみかん　鳥取*　島根*
きゅーみかん　島根*
たちばな　長州
ちんぴんにかん　島根
にんぽー　山口*

キンギョソウ 〔ゴマノハグサ科／草本〕
おかぐらばな　山形（北村山）
きんぎょばな　長野（更級）
ちどりそー　福岡（築上）

キンギョモ → マツモ

キンギンナスビ 〔ナス科／草本〕
たまごなすび　長州
にぎぼたん　鹿児島（奄美大島）
まざむぬねなさび　沖縄（石垣島）

キンギンボク → ヒョウタンボク

キンケイギク 〔キク科／草本〕
だいやもんど　山形（酒田市・飽海）

キンシバイ 〔オトギリソウ科／木本〕
だんだんけ　千葉（鋸山下）

キンセンカ 〔キク科／草本〕
ありやけ　摂州
きりこし　甲斐河口
けいせんくゎん　加州
けーせーかん　加州
のりのはな（トウキンセン）　和歌山（日高）

ギンセンカ 〔アオイ科／草本〕
ろとーそー　播州

キンチャクソウ 〔ゴマノハグサ科／草本〕
うさぎみみ　山形（酒田市）

キンバイザサ 〔キンバイザサ科／草本〕
ふぁるちく　鹿児島（奄美大島）

キンバイソウ 〔キンポウゲ科／草本〕
うめばち　飛騨白山

ギンバイソウ　ギンガソウ 〔ユキノシタ科／草本〕
うしのつめ　武州三峰山　埼玉（秩父）
うめはちそー　飛騨白山
ぽーずぽーず　木曾
みず　木曾
みずくさ　木曾
みずな　木曾
やはつ　河口
ゆーだちぐさ　木曾

キンポウゲ → ウマノアシガタ
キンマクワ → マクワウリ

キンミズヒキ 〔バラ科／草本〕
いじくさり　秋田（河辺・由利）　山形（東田川）
いずくされ　秋田（北秋田・由利）

きちがい　新潟（刈羽）
きちげー　長崎（壱岐島）
きんざし　熊本（球磨）
くそぼこり　土州
さしくさ　鹿児島（垂水）
さしぐさ　鹿児島（肝属）
しんちぐさ　鹿児島（奄美大島）
せんきぐさ　神奈川（愛甲）
つかみ　和歌山（西牟婁）
つかみぐさ　和歌山（西牟婁）
つまつかみ　木曾
どろぽー　北海道
なごみ　秋田（鹿角・北秋田）
なづみくさ　岩手（東磐井）
なもみ　青森（八戸）　岩手（盛岡・二戸）
ぬすとぐさ　島根（仁多）
のさばりこ　秋田
ばか　北海道　新潟　長野（北佐久）　熊本（玉名）
はくらんくさ　鹿児島（串木野市）
ひっつきぐさ　和歌山（東牟婁・新宮）
みつねぐさ　熊本（八代）
ものぶれ　熊本（玉名）

キンラン　〔ラン科／草本〕
からすしば　伊豆八丈島

ギンラン　〔ラン科／草本〕
きつねゆり　長野（下水内）
すずらん　愛媛（周桑）

ギンリョウソウ　〔イチヤクソウ科／草本〕
きせる　群馬（山田）
こけのゆーれい　新潟（南蒲原）
とっくり　山口（厚狭）
ゆーれー　山口（厚狭）
ゆーれーそー　和歌山（西牟婁）
ゆーれーばな　山形（酒田市・東田川）

キンレイカ　〔オミナエシ科／草本〕
もみじくさ　静岡（富士）
やまから　武蔵
よーぞめ　東京（御蔵島）

クガイソウ　トラノオ　〔ゴマノハグサ科／草本〕
かっぺれそー　長州
こびくさ　防州

たでもどき　備前岡山
てんなみそー　加州
とらかつら　富山（富山）
とらがわら　富山
とらのお　越前　青森（八戸・三戸）　新潟
なげざや　長州
ねこのおっぽ　岩手（九戸）
やまつつじ　佐州
やまつつみ　佐渡
やまほーせんか　秋田（鹿角）

クグ　〔カヤツリグサ科／草本〕
くこ　青森（上北）
くご　仙台　青森（三戸）　山形（東置賜・東田川）
はなこぼし　鹿児島（川辺・国分市）

クコ　〔ナス科／木本〕
あきののげし　京都
あまごしょー　久留米
あまとんがらし　和歌山（那賀）
うこん　和歌山（新宮市・東牟婁）
うんぎ　群馬（佐波）
かーらぐん　富山（砺波）
がさんくさ　鹿児島（出水）
からすなんばん　静岡
かわほーずき　神奈川（足柄上）
こぶい　鹿児島（揖宿）
こまこやし　山形（米沢）
ねずみさし　佐渡
のなんばん　静岡
ひこ　鹿児島
ほこらほーずき　香川（伊吹島）

クサイチゴ　〔バラ科／木本〕
あかいちご　鹿児島（肝属）
あかいっこ　鹿児島（串木野）
あかいっご　鹿児島（串木野）
いちご　徳島　長崎（東彼杵）
いばらいちご　江戸
えんじょ　秋田（南秋田）
おばいちご　播州
かごいちご　山口（大津）
かまいちご　島根（美濃）
かんしいちご　島根（能義）
かんすいいちご　福岡
かんすいちご　筑紫　長崎（南高来）

くさご　秋田*
ぐみ　栃木*
くゎんすいちご　筑前　島根（能義）　長崎（南高来）
じいちご　愛媛（宇摩）
じじえちご　秋田（鹿角）
じだいちご　熊本（球磨）
ちょーせんいちご　三重（宇治山田市・伊勢）
どがんす　鹿児島（肝属）
どがんそ　熊本（玉名）
どくゎんそー　熊本（玉名）
なべいちご　予州　高知（幡多・吾川）
のいちご　鹿児島（出水）　神奈川（愛甲）
のーしろいちご　鹿児島（甑島・薩摩）
はいいちご　和歌山（新宮市・東牟妻）
ばらいちご　奈良（宇智）
ほーらくいちご　和歌山（那賀）
ほそいちご　肥前　長崎（西彼杵・南高来）
ほぼろいちご　防州
ほんいちご　大分（南海部）
やぶいちご　三重（阿山）　和歌山　高知（吾川）
やまいちご　熊本（菊池）　山口（萩）
やまいつご　山口

クサギ　〔クマツヅラ科／木本〕

あまぎ　丹波　福井（大飯）　京都
あまくさぎ　鹿児島
あまくさっ　鹿児島（鹿児島市）
おほーくさい　甲州河口湖
ぎょーさん　栃木（上都賀）
くさぎ　新潟　栃木　埼玉　千葉　神奈川　山梨　静岡　愛知　岐阜　香川　福岡　鹿児島（奄美大島）
くさきな　鹿児島（肝属）
くさぎな　石州　島根　愛知　岡山（苫田）　広島（比婆）　山口（厚狭・大津）　徳島　香川　愛媛　高知　長崎（東彼杵）　宮崎（東臼杵）　鹿児島（甑島・硫黄島）　沖縄
くさじな　沖縄（首里）
くさっ　鹿児島
くさっな　鹿児島
くさな　鹿児島（坊ノ津）
くじゅ　愛媛　高知（土佐）
くじゅー　伊予　愛媛　高知（土佐）
くじゅーな　徳島　愛媛（宇摩）　高知（土佐）
くせのぎ　山形（東田川）

ごけのつび　島根（益田市）
ごまぎ　青森（八戸）
さにー（アマクサギ）　鹿児島（喜界島）
さんちんのき　福井（坂井）
しゅーしゅー　三重（志摩）
じょーさん　秋田（北秋田）
せんちぎ　高知（幡多・土佐清水）
つーのき　群馬（甘楽）
とーごろーのき　埼玉（秩父）
とーのき　仙台　会津　伊豆八丈島　伊豆　木曾　青森（上北）　秋田　茨城　埼玉　東京（伊豆諸島）　神奈川（津久井）　新潟（佐渡）　富山　福井　山梨　長野
とーのぎ　青森（八戸）
とーばい　静岡（伊豆）
とーばえ　静岡（南伊豆）
とのき　青森　岩手　宮城　秋田　石川
とのぎ　青森（上北）　秋田（山本・南秋田）
とよば　静岡　愛知
とりば　長野（下伊那）　静岡（磐田）　愛知
とんぬき　岩手（岩手）
とんのき　青森　岩手　秋田（仙北）　富山
とんのこむしのき　宮城（牡鹿）
ぽーずくさ　静岡（南伊豆）
ぽんさん　福井（今立）
ぽんさんじりじり　福井（大野）
みそぶた　愛知（知多）
むしっこのき　東京（大島）
めのき　羽後　秋田
もじゃ　宮城（志田）
やまぎり　岩手（九戸）　東京（八丈島）
やまこーず　山形（北村山）

クサキョウチクトウ　オイランソウ　〔ハナシノブ科／草本〕

あきざくら　山形（西置賜）
おいらんそー　山形（飽海）　東京（八王子）　神奈川（津久井）　長野（北佐久）　三重（宇治山田市・伊勢）　和歌山（日高）　香川
おいらんばな　青森（八戸）　山形（北村山）　栃木
かるかやそー　長野（北佐久）
くるまばなこ　青森（八戸）
ごしょざくら　静岡（小笠）
こまちそー　群馬（多野）
さくらそー　山形（北村山）　岐阜（恵那）　三重（宇治山田市・伊勢）

クサスギカズラ

しんせん　長野（北佐久）
すいばな　群馬（吾妻）
せいだか　青森（八戸）
ちござくら　熊本（玉名）
つなぎばなこ　青森（八戸）
てんぐっぱ　群馬（佐波）　埼玉（北葛飾）
てんぐっぱ　埼玉（北葛飾）
てんぐのはな　群馬（佐波）
てんぐばな　山形（鶴岡市）　千葉（柏）
なつざくら　山形（東田川）
はがばなこ　青森（八戸）
びじょざくら　長野（佐久）
びじんそー　長野（佐久）
ひゃくにちそー　群馬（多野・佐波）　長野（佐久）
ひゃくんちそー　群馬（佐波）
ふろすのはな　青森（八戸）
ぽんばな　群馬（利根・吾妻・勢多）　埼玉（北葛飾）
まつばいばな　青森（八戸）
まんねんそー　群馬（多野）
みかえりそー　長野（佐久）
よどざくら　神奈川（津久井）

クサスギカズラ　テンモンドウ　〔ユリ科／草本〕

うみまつ　島根（美濃）
からすいばら　志州
こーもんそー（タチテンモンドウ）　三重（宇治山田市・度会）
ごくらくすぎ　富山（砺波・東礪波・西礪波）
てんもんどー　鹿児島（国分・薩摩）
てんもんどー（タチテンモンドウ）　岩手（二戸）岡山（岡山）
ほーたろぐさ（タチテンモンドウ）　静岡（志太）
ほたるぐさ（タチテンモンドウ）　秋田（鹿角）　山形（庄内）　岡山（岡山市）　香川（丸亀）

クサソテツ　ガンソク　〔イワデンダ科／シダ〕

おさくさ　木曾
くぐみ　富山（砺波・東礪波・西礪波）
くもば　伊豆八丈島
げんたかぶ　木曾
こごみ　青森（津軽）　秋田（鹿角・北秋田）　山形　岩手（二戸・岩沢・胆沢・紫波）　長野（佐久）　富山
こごめ　秋田　山形　新潟（南蒲原）　富山（砺波・東礪波・西礪波）

ごしょばな　長崎（壱岐島）
しだもどき　周防
しらじぐさ　埼玉（秩父）
すりばちれんだ　木曾
せきだぐさ　木曾
ふたおもて　木曾
へびのござ　信州木曾
やまそてつ　周防

クサタチバナ　〔ガガイモ科／草本〕

しおかぜそー　淡路島

クサトベラ　〔クサトベラ科／木本〕

こーひる　鹿児島（与論島）
まらふくら　鹿児島（奄美大島）
まらふくらぎ　鹿児島（奄美大島）

クサネム　〔マメ科／草本〕

あきほこり　新潟（西蒲原）
あさねぐさ　静岡（浜名）
あぜぼく　岡山（岡山市）
あまちゃ　山形（西田川）
いちねんじゃ　岡山（邑久）
うきたのき　千葉
うちたのき　千葉（長生）
おじぎそー　山形
おちゃぐさ　山形（飽海）
おばこーぼーぐさ　和歌山（新宮市）
かーかじゃ　島根（出雲）
かーかちゃ　島根（大原）
かっこぐさ　新潟（西蒲原）
かわらささげ　木曾
きつねねむ　能州
くさちゃ　岡山
けらねんぶり　静岡
こーかくさ　越後
こーぽしゃ　新潟（刈羽）
すずこまめ　鹿児島（薩摩）
ねぶりぐさ　熊本（玉名）
ねむちゃ　新潟
ねむりぐさ　山形（飽海）　福島（相馬）　香川
のてねんぶり　静岡
のはぶ　山形（東田川）
ひぐらし　奈良（南大和）
びんざさら　木曾

クサノオウ　　　　　　　〔ケシ科／草本〕
あかこのばっこ　山形（置賜）
あかのばっこ　山形（東置賜）
いぼとり　広島（比婆）
えぼくさ　青森
きつねのおー　長野（佐久）
こぞーなかせ　静岡
こたちばこ　秋田（鹿角）
たむしぐさ　秋田（鹿角）　岩手（二戸）　岡山
　　（苫田）　広島（比婆）　鹿児島（姶良）　千葉
　　（山武）
だんぺはれ　山形（北村山）
ちちくさ　福島（相馬）
ちどめぐさ　和歌山（日高）
づんぼくさ　新潟（中頸城）
とーせんそー　周防
どくぜり　山形（飽海）
どくぶつのき　長野（北佐久）
にがくさ　宮城（志田）
ひぜんくさ　岩手（二戸）
びっきのくそ　岩手（盛岡）
へーびぐさ　長野（佐久）
やいとばな　愛媛（周桑）
やげ　岩手（上閉伊・釜石）

クサハギ　　　　　　　〔マメ科／草本〕
まめぐさ　鹿児島（肝属）
やまうり　鹿児島（桜島）

クサフジ　　　　　　　〔マメ科／草本〕
うさぎのおこわ　長野（北佐久）
うさぎのまめ　長野（北佐久）
うまこやし　宮崎（西臼杵）
うまのあずき　岩手（二戸）
うまのおこわ　長野（北佐久）
うまのくちぐい　東京（八丈島）
おこわぐさ　長野（北佐久）
かみそめばな　長野（北佐久）
かわむき　群馬（山田）
くちがらみ　長野（佐久）
ごまめずる　長野（北佐久）
しびーびー　群馬（佐波）
しびびー　長野（北佐久）
しろねぐさ　和歌山（新宮）
すずめのえんどー　長野（佐久）
つちむぐり　伊豆八丈島

つるくさ　長野（佐久）
とんぼぐさ　長野（佐久）
のこぎりぐさ　長野（北佐久）
のらえんどー　長野（北佐久）
ぴーぴーぐさ　群馬（佐波）
まのあじきみし　青森

クサボケ　　　　　　　〔バラ科／木本〕
ごしょばな　長崎（壱岐島）
しどみ　奥州　仙台　日光　武蔵野　福島（東白
　　川）　埼玉（秩父）　長野　静岡　和歌山（北部）
しどめ　群馬（山田・佐波）　埼玉（入間・秩父）
　　千葉　東京（八王子）　神奈川（西部）　山梨
　　長野　静岡
じなし　常陸　福島（東白川）　長野
しんどみ　栃木（河内）
すどみ　山形（北村山・西村山）
すどめ　山形（北村山・西村山）
ちくうめ　肥前
ひがんばな　長崎（壱岐島）

クサボタン　　　　　〔キンポウゲ科／草本〕
きぐさ　近江国坂田
そっぺなし　秋田（鹿角）
どっちつかず　秋田（鹿角）
どっちっかず　秋田（鹿角）

クサヨシ　　　　　　　〔イネ科／草本〕
あせ　和歌山（西牟婁）
かわむき　群馬（山田）
しまざさ（シマガヤ）　鹿児島（肝属）
しろねぐさ　和歌山（新宮市）
ちごのかみ　新潟（西蒲原）

クサレダマ　　　　　〔サクラソウ科／草本〕
おぽんばな　静岡（富士）
ぽんばな　静岡（富士）

クジャクシダ　クジャクソウ　〔ホウライシダ科／シダ〕
あねこかんじゃし　秋田（鹿角）
おずーずー　神奈川（津久井）
おずる　神奈川（津久井）
かにくさ　木曾
からくさ　木曾
かんざしぐさ　秋田（北秋田）
きぎねのかんじゃし　秋田（鹿角）

クズ

きつねこーもり　山形（庄内）
きつねのかんざし　山形（北村山）
こーもりぐさ　山形（西田川）
ごむ　長野（更級）
こんもり　山形（西置賜）
ぜにのき　静岡（小笠）
ちりんそー　群馬（山田）
とりあし　山形（東置賜）
とりのあし　山形（東田川）
ぬりばしぐさ　島根（邇摩）
はりがねそー　長野（北佐久）
よめのかんざし　青森（津軽）
よめのかんじゃし　青森　秋田（鹿角）
よめのはし　秋田（北秋田・雄勝・鹿角）　岩手（二戸）　山形（東田川）　新潟（東蒲原）　富山（砺波・東礪波・西礪波）　長野（下水内）

クズ　〔マメ科／草本〕

いのこ　島根（邑智）
いのこのかね　備後　備前
うまのおこわ　群馬（山田）
うまのぼたもち　千葉（九十九里浜・柏）
うまふじ　茨城（真壁）　栃木　長野（下水内）　新潟
うんまふじ　群馬（勢多）
えのこかずら　島根（簸川・能義）
かいば　京都（中）　山口（大津）　長崎（大村市）
かいばかずら　山口（阿武）
かいろずる　新潟
かえばかずら　山口（阿武）
かきねのかずら　宮崎（西諸県）
かじき　宮崎（東諸県）
かじね　宮崎（東諸県）
かじねかずら　宮崎（児湯）
かず　熊本（球磨）
かずさ　香川
かずざ　香川（仲多度）
かずね　筑前　熊本（球磨）
かずらふじ　東京（八丈島）
かずら（葛）　群馬（利根）　東京（八丈島）　和歌山（伊都・那賀・東牟婁）　長野（美濃・鹿足）　山口（大島・玖珂・熊毛・都濃・吉敷・豊浦・美祢・阿武）　香川　福岡（小倉）　長崎（東彼杵）　鹿児島（与論島）
かたくり　山口（玖珂・都濃・佐波・吉敷・美祢）
かたくりのき　山口（都濃）

かっざ　香川
かっじゃ　香川
かっずぁ　兵庫（津名）
かつねかずら　鹿児島（出水・伊佐）
かつら　伊豆八丈島
がらすまみ　鹿児島（与論島）
かんがんね　熊本（玉名）
がんにょーかずら　長崎（壱岐）
かんね　長崎（南高来）　熊本（球磨）　鹿児島（鹿児島市・種子島・黒島・熊毛）
かんねーかずら　鹿児島（鹿児島市）
かんねかずら　福岡（大牟田市）　佐賀　長崎（北松浦）　熊本（鹿本・八代・玉名）　宮崎（東臼杵）　鹿児島（垂水・姶良・川辺・薩摩）
かんねんかずら　長崎（対馬）　鹿児島（鹿島・串木野・阿久根・姶良・出水・熊毛）
くじょ　青森（八戸・三戸）　秋田（南秋田・北秋田）
くじょあじ　青森（八戸）
くじょー　青森
くじょっつら　青森（八戸）
くじょば　岩手（二戸）
くじょふじ　青森（八戸）　岩手（二戸）
くずかずら　山口（熊毛・阿武）　愛媛（周桑・宇摩）　高知　鹿児島（甑島・種子島・薩摩）
くずしば　島根（邇摩）
くずっぱ　新潟（南蒲原）　千葉（君津）
ぐすのは　佐賀（小城）
くすば　島根（鹿足・邑智）　山口（玖珂）
くずは　山口（玖珂・吉敷）
くずば　福島（相馬）　神奈川（津久井・足柄上）　静岡　富山（西礪波）　京都（竹野）　山口（厚狭・阿武・大島・玖珂・熊毛・大津・佐波・豊浦・美祢）　香川　高知（高岡）　宮崎（東臼杵）
くずば　山形（東置賜）
ぐずば　富山（西礪波）　山梨（南巨摩）
くすばいかずら　愛媛（北宇和）
くずばいかずら　愛媛（北宇和）
くすばかずら　島根（鹿足・大原）　香川
くずばかずら　兵庫（津名）　島根（邑智・簸川）　山口（厚狭・大津・玖珂・熊毛・佐波・都濃・吉敷）　高知（幡多・高岡）　愛媛（周桑）
くずばふじ　東京（八王子）
くずびた　山口（熊毛）
くずふじ　盛岡　宮城（登米・本吉）　福島（東白川・棚倉）　東京（御蔵島）

くずぼーら　岡山（苫田）
くずま　島根（石見・美濃）　岡山　山口（阿武）
くずまー　島根（美濃）
くずまーかずら　島根（美濃）
くずまい　兵庫（佐用）
くずまかずら　島根（美濃）　山口（阿武）
くずまき　長崎（対馬）　鹿児島（薩摩）
くすまきかずら　鹿児島（西部）
くずまきかずら　鹿児島（串木野・出水・日置）
くずまのかずら　島根（美濃）
くずまのき　島根（美濃）
くずまひ　高知（幡多）
くずめー　鳥取（気高）
くずもりかずら　和歌山（東牟婁）
くずんば　島根（邇摩）
くぞ　南部　秋田（由利・雄勝・鹿角）　岩手（二戸・紫波）　山形（東村山）
ぐぞ　愛知（北設楽）
くぞっぱ　長野（佐久）
くぞば　静岡（磐田）　岐阜（武儀）
くそびき　静岡
くそふじ　福島（伊達）　千葉（君津）　愛知（北設楽）
くぞふじ　福島（東白川）
くそふず　岩手（遠野・上閉伊）
くつかずら　鹿児島（川内市）
くっかずら　鹿児島（川内市）
くつば　広島（比婆）
くつばかずら　島根（邑智）
くつふじ　奈良（南大和）
くつまかずら　鹿児島（川辺）
くっまかずら　鹿児島（川辺）
くっまっかずら　鹿児島（薩摩）
くつまっかずら　鹿児島（薩摩）
くつわかずら　和歌山（西牟婁）
くつんば　広島（比婆）
くどば　福島
くまかずら　宮崎（西臼杵）
くまぶち　徳島（三好）
くれんご　秋田（河辺・平鹿・雄勝）
くゎんねんかずら　兵庫（三原）
くんまかずら　鹿児島（川辺）
けずま　島根（那賀）
けずまかずら　島根（那賀）
こじばかずら　島根（能義）
こじんば　島根（飯石）

ごじんばかずら　島根（飯石・仁多）
こずば　鳥取（気高）
ごすほ　鳥取（気高）
ごそば　岐阜（恵那）
ごぶりょー　熊本（下益城）　宮崎（西臼杵）
じゅーごやんかずら　鹿児島（川辺）
ずく　山口（吉敷）
ずり　山口（美祢）
つづら　和歌山（東牟婁）
つるくさ　山口（玖珂）
とーら　和歌山（日高）
とーらかずら　和歌山（日高）
とずら　埼玉（秩父）
ふじ　東京（三宅島）　新潟（古志）
ふじづる　鹿児島（屋久島）
ふじっつる　群馬（山田）
ふじっぱ　長野（下水内）
ふじば　木曾
ふじばまめ　木曾
ふすばかずら　兵庫（津名）　山口（大津）
ほんかんね　熊本（玉名）
まふじ　茨城　千葉（印旛）
まめかずら　和歌山（伊都）
まんふじ　千葉（印旛）
まんぼたもち　千葉（印旛）
やまかずら　伊豆八丈島
やまのいも　山口（玖珂）
やまふじ　新潟
やまゆり　山口（大島）

クスドイゲ　〔イイギリ科／木本〕

いぐい　徳島（海部）
うそど　大分（北海部）
くすのいき　防州
くすのいぎ　防州　周防
くそいき　周防
くそずろ　高知（幡多）
くそど　高知（高岡）
くそとー　大分（南海部）
くそのくい　周防
くそんどー　高知（幡多・高岡）
くろいげ　長崎（壱岐島）　熊本（水俣）
げーずやぼ　長崎（壱岐）
げずのき　長崎（壱岐島）
しょいのいげ　鹿児島（川辺）
しょいのび　鹿児島（日置）

クスノキ

しょいのぴ　鹿児島（日置）
しょっのけ　鹿児島（川辺）
じょろ　周防
すなやぼ　長崎（壱岐島）
そーのいげ　鹿児島（甑島・長島）
そないげ　長崎（壱岐）
そねのいげ　熊本（球磨）
そねのき　熊本（球磨）　鹿児島（肝属）
そろのくいぎ　周防
そんのいげ　長崎（東彼杵・南高来・五島）
そんのき　長崎（平戸）
ぞんのき　鹿児島（長島）
とりとまらず　和歌山（日高）　高知（幡多）　長崎（対馬）
どんのいげ　熊本（天草）
のけずいら　長門
ばらくそ　高知（高岡）
やなじょろ　福岡（粕屋）
やまちゃのき　長門
ゆす　香川（木田・屋島）

クスノキ　〔クスノキ科／木本〕

あおき　周防
うらじろくす　江戸
うらじろぐす　江戸
おーのき　相州鎌倉
きょーちくしば　周防
しゅろのき　武州品川　東京
しょーのーのき　長崎（南高来）
しょ　長崎（南高来）
しょのき　長崎（南高来）
しょののっ　鹿児島
そのうぎ　鹿児島（薩摩）
そのぎ　鹿児島（鹿児島市）
そののっ　鹿児島（鹿児島）
たぶ　薩摩
てくす　九州
またみ　伊豆八丈島
まだみ　伊豆八丈島
やまくす　武蔵

クスノハガシワ　〔トウダイグサ科／木本〕

ながはーぎー　鹿児島（奄美大島）

クソニンジン　〔キク科／草本〕

からよもぎ　常州

ごぎょー　常州
ごむけ　播州
ばかねんじ　津軽　青森
やまにんじん　仙台

クチナシ　〔アカネ科／木本〕

かざぐるま　熊本（玉名・球磨）
かじまやー　沖縄（首里）
くちーな　沖縄（本島）
くちな　鹿児島（奄美大島）
くちなおし　三重（伊賀）
ぐちなおし　徳島（那賀）
くちなしろ　宮崎
くちなわし　愛媛（大洲市・南宇和）
くちゃなし　鹿児島（喜界島）
さんしち　和歌山
さんびき　和歌山（東牟婁）
さんひち　和歌山
せんぶり　高知（高岡）
せんぼく　岐阜（山県）
ふちな　鹿児島（奄美大島）
ふつな　鹿児島（奄美大島）

クヌギ　〔ブナ科／木本〕

あべのき　岡山（美作）
あべわたまき　富山
いしく　奈良（宇陀）
いしまき　広島（比婆）
うすかわくぬぎ　兵庫（但馬）
うずな　防州　予州
うつな　予州
うばぼー　摂州
うらじろまき　長野（下伊那）
うわぼー　摂州
おーなら　筑前
おなら　千葉（安房・東葛飾）
おぼら　近江坂田
かし　青森（西津軽・上北）
かしならがま　新潟（刈羽）
かしわ　岩手（紫波）
かたぎ　埼玉（秩父）　長野　岡山　広島
かっちどんぐり　福井（福井）
かなぎ　石川（加賀）　福井（今立）　岐阜（恵那）
かなまき　岡山
からんちょのき　長野（北佐久）
ぎだんぼ　長野（下水内）

クヌギ

くーくーどんぐり　静岡（駿河）
くぎ　佐賀　長崎（五島）　熊本
くぎのき　福岡　大分（豊前）
くぐ　佐賀　長崎
くぐのき　佐賀（杵島・藤津）
くにぎ　茨城　滋賀　島根　広島　山口　香川　愛媛　宮崎
くぬき　岩手（下閉伊・稗貫・気仙）　山口
くぬぎ　宮城　香川　愛媛
くぬぎぼーそ　石川（加賀）
くねぎ　秋田
くねなら　岐阜（飛騨）
くねんぼー　長野（佐久）
くのき　神奈川
くろぎ　島根（隠岐島）
ごぼーなら　群馬（邑楽）
ごぼーなら　群馬（山田）
さわぐり　三重
じざい　但州
じざいがし　但州　兵庫
じざいのき　京都（竹野）
ししどんぐり　山口（厚狭）
しだみ　奥州　山梨
じだんぐり　信州
じだんぼー　上州　群馬（佐波）
じだんぼーのき　群馬（佐波）
じょーき　広島（佐伯）
しんだんぽー　栃木
じんたんぽー　埼玉（入間）
じんだんぽー　埼玉
じんたんぽのき　埼玉（入間）
ずーくり　肥前　佐賀（小城）
ずーぐり　肥前　佐賀（小城）
ずぐり　鹿児島（肝属）
ずんぐり　佐賀（藤津・杵島）
ぞーぐりのき　佐賀
ぞにぐい　佐賀（杵島・藤津）
ちちん　愛媛（周桑）
ちりめん　静岡（伊豆）
ちんだくり　秋田（鹿角）
つーら　宮崎
つぐりのき　宮城
てつまき　広島（比婆）
でんぐり　静岡（駿河）
どーだ　長崎（対馬・壱岐島）
どーだのき　長崎（壱岐島）

とち　三重（飯南・宇治山田市）　愛知　静岡
とちちどんぐり　三重
とちのき　静岡（駿河・遠江）
とつちぼ　三重（伊勢）
とんぐり　山梨　長野　兵庫（姫路市）　佐賀　熊本
どんぐり　秋田（仙北・北秋田）　摂津　大阪（泉北）　島根（美濃）　岡山（英田）　愛媛（周桑・喜多）　福岡（築上・八女）　長崎（東彼杵・南高来）　大分
どんぐりがし　長崎（南高来）
どんぐりぎ　香川（伊吹島）
どんぐりのき　福井　長野　三重　和歌山　島根　広島　山口（厚狭）　愛媛　福岡　宮崎
なら　静岡（南伊豆）
ならかし　青森（三戸）
ならぎ　島根（石見）
ならのき　高知（幡多・高岡）
はーそ　島根（隠岐島）
ははそ　長門
ひまき　広島
ひめまき　広島（広島市）
ひょぐり　山口
ひょぐんのき　熊本（水俣）
ほーす　岐阜（美濃）　愛知（東春日井）
ほーそ　周防　岐阜（美濃）　和歌山（日高）　島根（石見）
ほーそならぎ　山口
ほーそまき　岡山
ほーちょー　静岡
ぽーちょー　静岡（伊豆）
ぽーぽー　静岡（伊豆）
ほさ　鹿児島（薩摩）
ほしのき　宮崎（西諸県）
ほほそ　長門
まき　備中　長野　兵庫　鳥取　島根　岡山　広島　香川（佐柳島）
まきのき　島根
まるすだみ　山形（北村山）
みずき　広島（安佐）
みずまき　島根　岡山　広島
めく　京都　兵庫
めくぬぎ　石川　丹波　愛媛
わたく　奈良（宇陀）
わたまき　岡山（美作）

クネンボ 〔ミカン科／木本〕
- きこく 三重*
- きぬぶ 鹿児島（種子島）
- きゅーねん 大阪 奈良（南大和） 岡山（児島）
- きんくねっ 鹿児島
- きんくねび 熊本* 鹿児島（屋久島・種子島）
- きんくねぶ 宮崎* 鹿児島*
- ぎんくねぼ 鹿児島*
- くねぎ 鹿児島
- くねっ 鹿児島
- くねび 熊本（玉名）
- くねぶ 久留米 山口 福岡 熊本 宮崎（宮崎） 鹿児島
- こーとー 神奈川*
- さゆー 和歌山*
- すいくねく 鹿児島（屋久島）
- とーくねんぽー 島根*
- ときんかん 鹿児島*
- とくねび 宮崎*
- とくねぶ 宮崎*
- とねっぽ 島根*
- ふにず 沖縄（宮古島）
- ふねり 沖縄（宮古島）
- むにやい 沖縄
- ゆーねんぽ 徳島*

クマイチゴ 〔バラ科／木本〕
- おーかわいちご 広島（比婆）
- おにぐま 愛媛（上浮穴）
- きいちご 長野（北佐久）
- くまばら 愛媛（新居） 高知（香美・長岡）
- くまばらいちご 徳島（三好） 高知（安芸）
- くろいちご 高知（高岡）
- たちいちご 秋田（鹿角・北秋田）
- ばらいちご 長野（北佐久）
- ひえいちご 熊本（八代）
- びんたはげいっご 鹿児島（垂水市）
- ももいちご 高知（幡多）

クマガイソウ 〔ラン科／草本〕
- あかつら 山形（庄内）
- うしのつび 和歌山（日高）
- おーぶくろばな 木曾
- おとこかっこ 岩手（東磐井）
- おとこかっこばな 岩手（上閉伊）
- おまんこばな 神奈川（津久井）
- かこぺのこ 岩手（二戸）
- きつねのちょうちん 千葉（山武）
- きんたまばな 岩手（二戸） 神奈川（津久井）
- くまがえそう 静岡
- けゃぺばな 青森
- たぬきのきんたま 千葉（安房）
- ちょーちんばな 青森 神奈川（津久井）
- とーかのちょーちん 千葉（印旛）
- とーかのちょーちんば 千葉（印旛）
- にたりそー 三重（宇治山田市）
- へのごばな 青森（八戸）
- ほてーそー 江戸
- もっこ 岩手（気仙）
- やまちょーちん 山形（飽海）
- らっぱぐさ 広島（比婆）
- んばべた 秋田（雄勝）

クマザサ 〔イネ科／草本〕
- おーざさ 広島（比婆）
- かや 京都（中）
- かんじんだけ 熊本
- かんのんざさ 熊本（玉名）
- しの 長野（上水内）
- しまざさ 三重（宇治山田） 奈良（南大和） 和歌山（日高） 鹿児島（薩摩）
- まみ 広島（北部）
- まみんど 広島（芦品）
- やきばさざ 和歌山（西牟婁）
- よざさ 島根（簸川・能義）

クマシデ 〔カバノキ科／木本〕
- あおしで 静岡（遠江） 兵庫（但馬） 福岡
- あおその 静岡（天城山）
- あおぞの 福岡（豊前） 大分
- あおぞや 福岡（豊前） 大分
- あおぞや 大分 福岡
- あかしで 福井（大野） 三重（大杉谷）
- あかぞや 大分（南海部）
- あずきしで 福井（越前）
- ありしで 静岡（駿河） 山梨（南巨摩） 徳島（那賀・三好・木頭・祖谷）
- ありぞの 静岡（愛鷹山）
- ありぞろ 山梨（北都留）
- いししで 静岡 愛知 岐阜 三重
- いしそね 栃木（日光市）
- いしぞね 下野日光 宮城（伊具） 茨城（多賀）

栃木
いしその　埼玉（秩父）
いしぞの　埼玉（秩父・入間）　静岡（伊豆）
いしぞや　大分（南海部）
いしぞろ　埼玉（入間）
いぬげや　広島
いぬしで　広島（比婆）　群馬（甘楽）
いわしば　岩手（和賀）
おにしで　三重　奈良　和歌山（日高）
おにぞや　熊本（球磨）
おばしで　三重
おも　福岡（朝倉）　佐賀　長崎（対馬）　熊本
　（八代・芦北）　大分（玖珠）
おものき　福岡　佐賀　長崎（南高来・対馬）
　大分
かしぞの　静岡（伊豆・駿河）
かたしお　岐阜（揖斐）
かたしで　静岡　岐阜　鳥取（因幡）
かたぞの　埼玉（入間）
かたねじ　京都（北桑田）
かわらしで　鳥取（因幡）
くずごろ　岩手（稗貫）
くちぐろ　宮城（刈田）
くちごろ　岩手（岩手・上閉伊）　宮城（名取）
くつぐろ　青森（上北・下北）　宮城
くましで　高知　愛媛
くまのしで　山口（玖珂）
くろしで　高知（土佐）
くろそね　栃木（北部・日光市）　群馬（東部）
こーらしば　愛媛（新居）
ごましで　三重（一志・飯南）
こめしで　岐阜（揖斐）
しーのき　新潟（東蒲原・南蒲原）
しで　群馬　静岡　岐阜　福井　高知　愛媛
しでおも　長崎（対馬）
しらぞね　茨城
しろおも　福岡（犬ヶ岳）
しろき　丹波　摂津
しろしで　山梨（南巨摩）　高知（長岡）
しろその　静岡
しろそや　大分
そね　青森（三戸）　岩手（気仙）　宮城　茨城
　群馬（佐波）　愛媛
そねのき　岩手　秋田　山形
そばがた　群馬（利根）
そや　愛媛（南予）　福岡（豊前）　佐賀　長崎

熊本
そろ　宮城（玉造）　埼玉　愛媛（中部）
たかしで　岐阜
たにがし　神奈川　静岡　奈良　和歌山
ちょーちんしで　富山　越中
にわしで　高知（長岡）
ねぶとしで　新潟（西頸城）
ふじごろ　宮城（本吉）
みおぞや　大分（大野）
みやまぞろ　群馬（利根）
むくしで　三重
むしぞの　神奈川（東丹沢）
むしっくいそね　埼玉（入間）
むしっくいぞね　埼玉（入間）
むしっくいぞろ　埼玉（入間）
やまばり　福井（三方）
よで　新潟（岩船）

クマタケラン　〔ミョウガ科／草本〕
おとこさにん　鹿児島（肝属）
おんしゃねん　鹿児島（大島）
おんじゃねん　鹿児島（奄美大島）
かしゃ　鹿児島（奄美大島）
さーにん　沖縄（島尻）
さにん　鹿児島（阿久根・薩摩・肝属）
さねん　鹿児島（肝属・奄美大島）
しくしゃ　鹿児島（甑島・薩摩）
しゃーにん　沖縄（島尻）
しゃえん　鹿児島（川辺）
しゃえんのは　鹿児島（川辺）
しゃにん　鹿児島（肝属）
しゃねん　鹿児島（奄美大島・肝属）
ちくしゃ　鹿児島（甑島・薩摩）
むちがさ　鹿児島（奄美大島）
むちがしゃ　鹿児島（奄美大島）
もちがしゃ　鹿児島（奄美大島）

クマツヅラ　〔クマツヅラ科／草本〕
あけずぐさ　沖縄（本島）
くまやなぎ　鹿児島（肝属）

クマノミズキ　〔ミズキ科／木本〕
あかばしか　高知（土佐）
あかみずき　福井　三重　奈良　山口
あかみずし　大分　宮崎　熊本　鹿児島
あめふらし　長崎（西彼杵）

クマヤナギ

あめふりのき　長崎（平戸市）
いしみずき　広島（比婆）
うしころし　青森（西津軽）
おっとみずくさ　埼玉（秩父）
おとこみずくさ　栃木　山梨
かたいち　宮城（刈田）
かたいちご　宮城（宮城・名取）
かたさご　埼玉（入間）
かたし　新潟（佐渡）　群馬（勢多）
かたしょ　長野（上水内）
かたすご　埼玉（秩父・入間）
かたすな　静岡（北伊豆）
かたそぎ　神奈川（東丹沢）
かたそげ　埼玉（秩父）　東京　神奈川
かたちこ　千葉（清澄山）
かたつこ　千葉（大多喜）
かたばし　愛媛（面河）
かたはしか　三重（南牟婁・北牟婁）
かたばしか　愛媛（上浮穴）　高知（土佐）　和歌山
からくるみ　青森（下北）
きのめ　熊野
くさみずいだや　秋田（南秋田）
くそみずき　岐阜（揖斐）
くまいちご　宮城
くまばしか　奈良（吉野）
くろみずき　愛媛（面河）
くろみって　鹿児島（肝属）
しろはしか　高知（高岡・高知）
しろみずし　福岡（犬ヶ岳）　大分（直入）
すぽとみ　鹿児島（中之島）
たにしょーろ　愛媛（宇摩）
とで　高知（長岡）
とりあし　三重（一志）
とりあしみずき　熊野　三重（飯南）
なきびしょ　長野（上水内）
にっちぇのき　熊本（水俣）
のばしか　高知　高知（高岡）
はしか　高知　徳島（那賀）
はしかぎ　高知　高知（高岡・幡多）　愛媛（新居）
はしかのき　静岡（磐田・水窪）
はしかみず　静岡（京丸）　岐阜（揖斐）
はしかみずき　高知（土佐）　愛媛（新居）　石川（能登）
はしやのき　高知（高岡）
はなったらし　長野（更級・篠ノ井）

ひばしか　高知（幡多）
ほんみじゅす　福岡（粕屋）
ほんみずき　三重　鳥取　山口　高知　愛媛
まねば　石川（能登）
みじゅす　長崎（対馬）
みずき　富山　福井　三重　鳥取　四国
みずくさ　木曾　静岡　愛知（東三河）
みずはしか　三重（一志・北牟婁）
みずばしか　三重　和歌山（伊都）　高知
みずふるい　和歌山（日高）
みつはしか　熊野牟婁
みつふい　甲州河口

クマヤナギ　〔クロウメモドキ科／木本〕

いしこただみ　青森（津軽）
かなかずら　広島（比婆）
かなずる　木曾
かなふじ　濃州　埼玉（秩父）
がにまなく　陸前
かねかねいちんご　熊本（球磨）
くまうじ　徳島
くまえぶ　長野（佐久）
くまふじ　木曾
くまんど　長野（佐久）
くろがね　和歌山（海部）
くろがねかずら（オオクマヤナギ）　和歌山（日高）
くろがねかずら　鹿児島（垂水市）
こまのつめ　近江坂田
てつべんかつら　江戸
どーずな　青森
どーずら　青森　秋田
とーつら　越後
とじら　秋田
とずな　青森（津軽）
とずら　青森　秋田　山形（東田川）
とずらご　山形（東村山・北村山）
とずる　秋田（南秋田）
ととら　新潟（佐渡）
とんずら　秋田（平鹿）
やぶとそらご　山形（北村山）

グミ　〔グミ科／木本〕

あさいどり　広島（山県）
あさえどり　島根（仁多）
あさどー　鳥取（西伯）
あさどり　鳥取（西伯）

いちご　広島（高田）
かまつかぐみ　美濃
ぐいし　香川（仲多度）
ぐいのみ　香川（綾歌）
ぐいび　備前　島根（邑智）　岡山（浅口）　香川
　　（小豆島・豊島）
ぐいびー　岡山（邑久）
ぐいみ　四国　島根　香川（西部）
くーび　鹿児島（沖永良部島）　沖縄（首里）
ぐーび　鹿児島（種子島）
くーびきー　沖縄（鳩間島）
ぐゆみ　阿波
ぐんど　富山（砺波）
ぐんび　兵庫（佐用）
ごいび　島根（飯石）
ごいぶ　愛媛　愛媛（今治市）
こーび　沖縄（首里）
ごび　島根
ごぶ　島根
ごみ　江州
ごよぶ　愛媛（越智）
ささび　讃州
しゃしゃび　阿州　徳島
しゃしゃぶ　香川（木田）　愛媛
しゃしゃぶのき　土州
しゃしゃぼ　愛媛　高知
ずみ　山梨　長野（東筑摩）　三重
たうらぐみ　肥前
たからぐみ　肥前
たわらぐみ　肥前　群馬（佐波）
とらぐみ　薩州
はたけいちご　島根（美濃）
びーびー　岡山（御津・浅口）　広島
びーびーのき　岡山（御津）
ぶいぶい　広島（佐伯）　愛媛（大三島）
ふびり　沖縄（石垣島）
むぎしゃしゃぶ　讃岐
やぶがに　沖縄（与那国島）
やまいちご　島根

クラカケマメ　　　〔マメ科／草本〕
けんさいまめ　長州
しじりこばし　山形（西置賜・東田川）
やろーまめ　出雲

グラジオラス　　　〔アヤメ科／草本〕
あめりかしょーぶ　岡山（岡山）
うすけばな　鹿児島（与論島）
おらんだそー　岡山
きじのお　鹿児島（鹿児島市）
ごくらくしょーぶ　富山（砺波・東礪波・西礪波）
じゅにそどめ　青森（津軽）
たけのぼり　島根（美濃）
たまかっこ　山形（北村山）
だんだんかけつ　岐阜（飛騨）
だんだんしょーぶ　神奈川（川崎市）　富山（砺波・東礪波・西礪波）
だんだんばな　福岡（八女）　熊本（玉名）
ちどりそー　静岡（小笠）
ながら　岩手（盛岡）
ながらかんべそ　秋田（鹿角）
ながらべそ　秋田（鹿角）
ながらべっちょ　秋田（鹿角）
なからぺっと　青森（三戸）　岩手（紫波）
ながらべっと　青森（三戸）　岩手（上閉伊）
なんだらべっちょ　青森（上北）
ねじりばな　秋田（鹿角）
のぼりしょーぶ　群馬（山田）
のぼりちょ　山形
のぼりべっと　山形（東田川）
はなしょーぶ　富山（砺波・東礪波）
やぎんくすばな　鹿児島（与論島）
よこあやめ　青森（八戸・三戸）
らっぱそー　島根（江津市・大原）
らっぱばな　山形（西田川）
りゅーすい　埼玉（入間）

クラマゴケ　　　〔イワヒバ科／シダ〕
えーざんごけ　江戸

クララ　　　〔マメ科／草本〕
うじころし　上州野田村　山形（飽海・酒田）　新潟（佐渡・南蒲原）　長野（下水内・北佐久）
かみなりささげ　越後
きつねささぎ　岩手（上閉伊）
きつねささげ　仙台　岩手（紫波）
きつねのささぎ　青森　秋田
きつねのささげ　仙台　青森（三戸）　宮城（仙台市）　秋田
くさえんじゅ　北濃　和歌山（西牟婁）
くさぎ　広島（豊田）　兵庫

クリ

くしん　千葉（印旛）
くじん　長野（下水内）
くらら　佐渡
くらんぎ　兵庫（津名）
ごーじがら　長野（北佐久）
ごーじぐさ　長野（北佐久）
こーじころし　長野（北安曇）新潟
ごーじころし　長野（北佐久）
こーじっころし　長野（更級）
ししあつき　駿河
せくじ　鹿児島（姶良）
ぜくじ　鹿児島（姶良）
せんぶり　佐渡
にがわらび　山形（東田川）
はえとりくさ　兵庫
はえとりぐさ　広島（豊田）
はなひる　新潟（西蒲原）
まとりくさ　佐渡

クリ　　　　　　　　〔ブナ科／木本〕

おかぐい　鹿児島（薩摩）
がんがん　岐阜（大野）
くりもも　山形（西置賜）
ささぐり（シバグリ）　長門　周防　熊本（玉名）
しまぐり（シバグリ）　奈良（南大和）
ひょーひょー　千葉（東葛飾）
ろっかくとー（ハコグリ）　江戸
ろっかくどー（ハコグリ）　東京

クリタケ　　　　　　〔モエギタケ科／キノコ〕

あかずんど　長野（下水内）
あかもたし　山形
あかんぼ　栃木
いぐいだけ　島根（那賀）
くりかっくえ　岩手（九戸）
くりからしめじ　岩手（二戸）
くりのきかっくい　青森（三戸）
くりのきかっくぇ　岩手（九戸）
くりのきしめじ　青森
くりのきなば　広島（比婆）
くりのきもだし　陸奥　山形
くりのきもたせ　岐阜（飛騨）
くりもだし　山形
くりもたせ　岐阜（飛騨）
このもと　広島（比婆）
しもかずき　広島（比婆）

やまとりもだし　秋田（雄勝）

クリンソウ　　　　　〔サクラソウ科／草本〕

あかふじそー　長野（佐久）
おうめど　岩手（九戸）
くるまさくらそー　長野（北佐久）
くるまさんしち　加州
くるまそー　長野（北佐久）
くるまっこ　岩手（二戸）
さーばな　福島（相馬）
しちかいそー　岩手（上閉伊・水沢）　宮城（登米）富山（砺波・東礪波・西礪波）
しちかえそー　富山（富山）
しちけぁんそー　岩手（気仙）
すずけぇそー　岩手（上閉伊）
てぐるま　岩手（二戸）
とーばな　岩手（上閉伊）
ひちりんそー　岐阜（恵那）
ほーどけ　盛岡
ほーどげ　青森（八戸）
ほどけ　青森
ほんどき　秋田（平鹿）
ほんどぎ　秋田（平鹿）
ほんどげ　青森
やちばな　長野（佐久）
やまだいこん　秋田（平鹿）

クルマバソウ　　　　〔アカネ科／草本〕

かざくるま　秋田
かんじゃくるま　秋田（鹿角）
のるまぐさ　青森
ぷるぷるくさ　秋田（雄勝）

クルマバナ　　　　　〔シソ科／草本〕

かざくるま　秋田
さし　鹿児島（喜界島）
のらはっか　山形（東田川）
ぷるぷるくさ　秋田（雄勝）

クルマバハグマ　　　〔キク科／草本〕

かさな　加賀　木曾　京都　紀伊国牟婁
とちな　加賀

クルミ　　　　　　　〔クルミ科／木本〕

ぐいみ　徳島*
ぐみ　山口*

くりび　秋田（鹿角・北秋田）
こーくり　新潟（佐渡）
こーくるび　新潟（佐渡）
ごび　島根*
すめちょ　山形*
ちんち　長野（下伊那）
とち　三重*

グレープフルーツ　　〔ミカン科／木本〕
おーごんとー　広島*
ぽめろ　愛媛*

クロイゲ　　〔クロウメモドキ科／木本〕
あしくた　鹿児島（与論島）

クロイチゴ　　〔バラ科／木本〕
さるいちご　愛媛（宇摩）

クロウメモドキ　　〔クロウメモドキ科／木本〕
いからっぱ　秋田（男鹿）
うしころし　栃木（日光）
ぐそく　播州
くろうめもどき　青森（中津軽）
くろつし　甲州
こおどく　青森（中津軽）
ことりとまらず　三重（一志・飯南）
さわふたぎ　福島（二本松）
しめっぱり　新潟（佐渡）
どくばら　静岡（富士）
どしなら　青森（津軽）
とすなら　青森（津軽）
どすなら　秋田（鹿角）　青森　岩手
とりず　三重（員弁）
とりとまらず　能州　秋田（男鹿・仙北）　石川（能登）　三重（北部・員弁・鈴鹿・亀山）
とりのぼらず　越前
なべこーじ　岩手（気仙）
やちかば　宮城（本吉）
やなし　岩手（稗貫）
やなす　青森（西津軽）　岩手（岩手）
やまかいどう　栃木（唐沢山）

クロガネモチ　　〔モチノキ科／木本〕
あおい　高知（幡多）
あおき　和歌山　山口（厚狭）　愛媛　高知
あおぎ　和歌山（東牟婁）　高知

あかもち　鹿児島（奄美大島・与論島）
いぬもち　紀伊　静岡　高知（幡多）
いもぎ　三重（度会）
いもぐす　宮崎（北諸県）
いもくそ　宮崎　熊本　鹿児島
いもぐそ　宮崎　鹿児島
いんどりもち　長崎（平戸）
うししば　和歌山（西牟婁）
えのもち　静岡（駿河）
おーばもち　三重（度会）
おじごもち　千葉
おとこやんもち　鹿児島（肝属・佐多）
おばもち　和歌山（東牟婁・新宮市）
おんじーもち　千葉
おんじもち　千葉（清澄山）
ごまいり　防州
しらはい　高知（吾川）
しろき　鹿児島（出水）
しろぎ　高知（幡多）　大分（南海部）　熊本（天草）
しろさんじ　愛媛（面河）
そげた　三重（尾鷲）
たろざえもん　東京（三宅島）
つぼななめ　佐賀（藤津）
つるぐす　三重（北牟婁・長島）
てらつば　三重（度会・北牟婁）　奈良（下北山・吉野）
てらつばき　徳島（海部）
どーねり　高知（高岡）
とーねりこー　山口（厚狭）
とりもちのき　福岡（八女）
なのみ　筑前　福岡（八女）
ならめ　宮崎（児湯）
にらもーち　和歌山（伊都）
にわもうち　和歌山（伊都）
ねがきのき　鹿児島（甑島）
はぐす　鹿児島（種子島）
はともち　静岡　静岡（駿河・遠江）　愛知（東三河）
びきあさてい　沖縄（与那国島）
ひちじょー　香川（屋島・木田）
ふいなり　香川（三豊）
ふくら　高知（安芸）
ふくらしば　静岡　岐阜　三重（宇治山田市）　和歌山（田辺市）　高知（幡多・高岡）
ふくらそのき　三重（宇治山田市）

クロキ

ふくらもち　愛媛
ふゆなり　香川（三豊）
ぽーずのき　三重（桑名・長島）
ぽっきりならめ　鹿児島（肝属・垂水）
ぽっこりのき　鹿児島（肝属・垂水）
ほんもち　静岡（東遠）
まんりょー　愛媛（大洲市）
みずたらし　長崎（西彼杵）
みずもち　千葉（長生）
みつき　鹿児島（鹿児島市・垂水市）
めもち　千葉（長生）
もーちのき　和歌山（那賀）
もち　静岡（榛原）　広島　島根
もちならべ　鹿児島（甑島）
もちのき　三重
やまじん　鹿児島（沖永良部島）
やんもち　鹿児島
やんもちのき　熊本（水俣）
るすこむちならび　鹿児島（奄美大島）
ろーそくぎ　鹿児島（奄美大島）

クロキ　〔ハイノキ科／木本〕

いそくろぎ　長崎（西彼杵）
うつごろーのき　鹿児島（甑島）
うばころししば　長崎（壱岐）
おはんてやぎ　島根（石見）
かわき　奈良（玉置山）
くるぽ　沖縄
くろき　鹿児島（垂水）
くろっだんぺ　鹿児島（大口）
くろへ　鹿児島（肝属・佐多）
くろへのき　鹿児島（肝属・佐多）
くろぼー　鹿児島（硫黄島・中之島）
しらばい　高知（幡多）
はいがら　鹿児島（肝属）
はいどーろ　福岡（八女）
はいのき　島根（簸川）　山口（厚狭）　高知（幡多）　長崎（対馬）　大分
はいろら　福岡（粕屋）
はしくろぼー　沖縄
はまうぶとり　沖縄（与那国島）
ろくろぎ　愛媛（大洲市）

クロクモソウ　イワブキ　〔ユキノシタ科／草本〕
いわぶき　山形（北村山）
はこべ　賀州　北越

はこべら　越中

クログワイ　〔カヤツリグサ科／草本〕
あぶらすげ　仙台
あまざや　佐賀*
いこ　播州
いご　播磨
いごよ　新潟（刈羽）
えぐ　下総
えご　東国
おにくわい　埼玉*　愛知*
ぎわ　防州　岡山（岡山市）
ぎわいずる　播州
きわいつる　播州
ぐゎ　岡山
ごい　新潟*
こめかみ　阿州　土州
ごや　阿州　香川
こやうとしみぐさ　三重（伊勢）
ごよ　新潟（南蒲原）
ごよーとしみぐさ　三重（宇治山田市）
しりさし　越前
ずるり　越前
するりん　播磨
ずるりん　播州
そろい　和歌山（那賀）
たいも　福島（相馬）
たえみ　福島（相馬）
たぐゎ　岡山
たつぽ　新潟*
たぶ　新潟*
たぶし　新潟*　新潟（北蒲原）
てんず　丹波
ぱちぱち　岡山（御津）
ぴりぴりぐさ　岩手（江刺）
へご　上総　千葉　千葉（長生）
べりべりこー　山口（厚狭）
やがな　和歌山（日高）
やがら　和歌山（日高）
ゆがら　岡山（川上）

クロササゲ　〔マメ科／草本〕
おんば　香川（仲多度）
おんばささげ　香川（仲多度）

クロベ

クロソヨゴ　　〔モチノキ科／木本〕
うかば　大和吉野
ふくら　徳島（美馬）

クロツグ　　〔ヤシ科／木本〕
ばに　沖縄（与那国島）
ばね　鹿児島（奄美大島）
まーに　沖縄（島尻・首里・石垣島・鳩間島）
まみんが　沖縄（石垣島）
んまに　沖縄（竹富島）

クロツバラ　　〔クロウメモドキ科／木本〕
うしころし　甲州

クロヅル　　〔ニシキギ科／木本〕
あかずる　山形（東田川）
しらくち　高知（土佐）
しらくちずる　高知（土佐）
ひのきかずら　高知（土佐）
またたび　愛媛（新居）

クロトチュウ　コクテンギ　〔ニシキギ科／木本〕
ほんみょーぶ　鹿児島（甑島）
めーぶ　鹿児島（悪石島）

クロナ　　〔アブラナ科／草本〕
おそな　岩手*　三重*
くろかぶ　福岡*　大分*
くろまな　和歌山*
くろみずな　滋賀*
さんがつこ　岐阜*
じな　宮崎*
だいこくな　新潟*
なべじまな　宮城*
なんばな　京都*
のくろな　徳島*
はるこ　京都*
はるな　和歌山*
ふゆな　福島*　栃木*　群馬*
ろくしょーな　和歌山*
わかな　兵庫*

クローバー → シロツメクサ

クロバイ　　〔ハイノキ科／木本〕
いもばい　高知（安芸）
うばころし　筑前

おおばい　長崎（対馬）　鹿児島（北薩）　愛媛（西宇和）
おこしこめしば　筑前
くろっだんぺー　鹿児島（大口）
くろばい　三重（北牟婁）　高知
くろへ　宮崎（日南）
くろべ　大分（南海部）
くろぼー　鹿児島（屋久島・種子島・奄美大島）
くろんぼ　鹿児島（奄美大島）
しまくろき　日向
しまくろぎ　日向
そめしば　筑前
ちゃーぎくるぽー　沖縄
つぼくろ　鹿児島（肝属）
とちしば　筑前　高知（幡多）
とらのおつばき　大阪
はーのき　島根（益田市・江津市）
はいたろー　静岡（南伊豆）
はいのき　和歌山（東牟婁）三重　奈良　高知　宮崎
はいぽー　千葉（清澄山）
はなしきみ　京都（山城）
はなもち　京都（宇治）
ふくらしば　愛知（知多）
ぶな　静岡（袋井）
へいのき　愛知（南設楽）
みじくるぽー　沖縄
やまくろぎ　長崎（西彼杵）

クロベ　ネズコ　〔ヒノキ科／木本〕
あかび　秋田　山形（最上）
あすかべ　島根（隠岐島）
あっかべ　島根（隠岐島）
いぬび　栃木（西部）　群馬（東部）
いぬびざわら　山梨（南巨摩）
かっかべ　島根
かび　秋田（北秋田）
がび　秋田　宮城
がんび　秋田（北秋田・山本・川辺）
くかび　茨城
くるび　岩手（和賀）
くろひ　岩手（稗貫）
くろび　岩手　宮城　秋田　山形　福島　栃木　群馬　埼玉　長野　富山　静岡
くろべ　青森　栃木　山梨　長野　富山　石川　静岡　広島
くろべすぎ　和歌山

クロマツ

ごろーひば　長野
さわら　青森（津軽）　長野（上水内）
しらび　宮城（宮城）
ねず　秋田　新潟　富山　岐阜　福井
ねずこ　青森　岩手　宮城
ねずみしば　静岡（伊豆）
ねりそ　九州（北部）
はままつ　青森
ひのき　岩手　宮城　山形　福島　新潟　栃木（西部）
ひば　岩手（気仙）　宮城　山形　群馬
ひむろ　広島
ひめあすなろ　京阪　島根（出雲）　広島
ひもろ　静岡（伊豆）

クロマツ　　　　　　　　　〔マツ科／木本〕

いそまつ　広島（安佐）
おーまつ　福井（大野）
おとごまつ　青森　岩手
おにこ　岐阜（東濃）
おにまつ　新潟（佐渡）　岐阜（東南部）
おんき　広島（芦品）
ぎんまつ　山形（北村山）
ぎんみどり　山形（北村山）
しらほいまつ　千葉　静岡
しろばい　山梨
しろほい　静岡（駿河）
しろほいまつ　千葉（夷隅）　静岡
しろまつ　岩手（気仙）　宮城　宮城（仙台市）　群馬
しろみどり　新潟（佐渡）
のとまつ　秋田　山形（酒田・飽海）
のどまつ　秋田
はままず　宮城（宮城・名取）
はままつ　岩手　宮城
めじろ　新潟　長野（佐久）

クロマメ　　　　　　　　　〔マメ科／草本〕

かきまめ　予州
きなこまめ　長野（佐久）
くろごろも　濃州
くろず　高知
じゃりまめ　奈良（宇智）
にまめ　島根（出雲市）

クロマメノキ　　　　　　　〔ツツジ科／木本〕

あさまぶどー　長野（佐久）

クロミノオキナワスズメウリ　〔ウリ科／草本〕

ぐり　鹿児島

クロモジ　　　　　　　　　〔クスノキ科／木本〕

あきうり　山梨
あぶらぎ　広島（比婆）　高知
うこんはなのき　近江
おーばぎしゃ　信州
おがたま　和歌山（那智）
かわのかしら　芸州
くまやなぎ　宮城（刈田）
くろぎ　奈良（吉野）
くろじしゃ　新潟（南蒲原）
くろせんぶぎ　筑前
くろともぎ　徳島（三好）　高知（上佐）
くろとりぎ　野州　栃木
くろもーず　三重（亀山）
くろもーずぃ　三重（鈴鹿）
くろもーち　三重（鈴鹿）
くろもじ　新潟　富山　埼玉　愛知　三重　奈良　大分　熊本
くろもじゃ　石川　愛媛
くろもず　三重（度会）
くろもみじ　長野（下水内）
くろもんじ　山形　新潟　富山　千葉　埼玉　東京　山梨　静岡　愛知　岐阜　三重　兵庫
くろもんしゃ　新潟（南魚沼）　静岡（御殿場）
くろもんじゃ　新潟　神奈川　山梨　静岡　愛知　高知　愛媛
くろもんじゅ　高知
くろもんしょ　高知　愛媛
くろもんじょ　山梨（富士吉田）
くろもんじょー　新潟（南魚沼）
くろもんず　岡山（苫田）
くろもんぞー　山梨　静岡
くろもんど　山梨（中巨摩）
こーじばな　埼玉（秩父）
ごまぎ　青森（三戸）
じしゃ　信濃　長野（東筑摩）
じしゃのき　新潟（佐渡）
しょーがのき　西国　九州　佐賀（藤津・杵島）　熊本（球磨）
しょーのーのき　山形（飽海）

クワイ

すしぎ 鹿児島（始良）
ちしゃ 信州 長野
とりき 越後 宮城 秋田 山形 新潟（東蒲原・南蒲原）
とりきしば 北海道 青森 青森（三戸）岩手 宮城 秋田
とりこしば 松前 北海道 青森 岩手 宮城 秋田（北部）
とりこのき 岩手（二戸・下閉伊）
とりしば 奥州 仙台 北海道 青森（南部）岩手（上閉伊）宮城 新潟
とりのき 岩手 山形
とりはごのき 鳥取
なくわ 鹿児島（鹿屋市）
ねそ 越前 島根（邑智）
ねろ 福井
はしぎ 宮城
はとりき 宮城（本吉）
はほぜりのき 島根（簸川）
びしゃ 信州
ひめうつぎ 青森（弘前）
ふくぎ 鳥取 島根（隠岐島）岡山
ふぐき 雲州
ぽーじゃのき 宮城（本吉）
ぽーのき 鹿児島（出水）
ほのき 鹿児島（出水）
ほよーじ 福岡 大分（日田）
まつぶさ 南部
まんさく 群馬（勢多）
もじのき 宮城（刈田・柴田）
もじゃ 宮城
もちぎのき 鳥取
もちのき（オオバクロモジ）山形（飽海）
もちのき 山形（飽海）
もちばなぎ 兵庫
もちばなのき 滋賀（高島）
もんしゃ 山梨（富士山）
もんじゃ 仙台 甲州河口 岩手 宮城 秋田 福島 群馬 群馬（勢多）新潟
もんじゃのき 岩手 宮城 福島 群馬 静岡（伊豆）
もんちゃ 宮城（仙台）
もんつや 甲州河口
やまのかみのおはなぎ 新潟（北蒲原）
よーじ 千葉（君津）
よーじっき 栃木（塩谷）
よーじのき 岩手 栃木 神奈川 長野 長野（佐久）静岡
よじき 岩手（二戸・岩手）
よしのき 鹿児島（薩摩）

クロヨナ 〔マメ科／木本〕

うかばきー 沖縄（石垣島）

クワ 〔クワ科／木本〕

かーだけ 岩手（九戸）
かこ 青森（三戸）
かこくわ 青森（三戸）
かべ 東京*
こんぎ 沖縄（石垣島）
どんどろぎ 愛媛（大三島）
むらさきかこのき 青森（三戸）

クワイ 〔オモダカ科／草本〕

いご 秋田*
いとびん 山口（周防）
いもだか 長野（北安曇）
うりかわ 尾州
えご 秋田（雄勝）岩手（紫波）
えごたご 青森（津軽）
おもだかいも 宮城*
かい 福岡（鞍手）
かが 佐賀*
かる 福岡（粕屋）
ぎや 佐賀*
ぐぇー 沖縄
ぐわ 島根（邑智）広島（高田）岡山
くわぁー 愛知（海部）
くゎい 熊本（玉名）
ぐゎい 岡山
ぐわいいも 岐阜
くわいも 北海道 長野（北安曇）岐阜（大野）愛知* 愛媛*
ぐわいも 愛知（葉栗）
くゎえ 和歌山（海草・那賀・有田・日高・西牟婁）島根（那賀）
ぐゎえ 島根（那賀）
くわだい 山形*
ぐわね 愛知（葉栗）
くわのだいくさ 秋田
くわんご 宮崎*
こわり 静岡（安倍）

クワクサ

じゃんぼ　福井*
たいま　岩手（紫波）
たいも　岩手*　福島*　新潟（西頸城）　新潟*　石川*　長野*　高知
たがらいも　宮崎*
たぎや　佐賀*
たつぼ　岩手*
たねご　青森*
たばさみ　伊豆八丈島
たほど　北海道　青森（南部・津軽）　岩手　岩手（九戸）
たぽんこ　岩手*
ちょーせんぎや　佐賀*
つつわれ　越前
つらわれ　越前　島根（益田市・那賀）
つるわれ　福井
にがぎや　佐賀*
ひやこ　岩手（紫波）
ほど　岩手*
ほどこ　岩手（岩手）
みずいも　北海道*

クワクサ 〔クワ科／草本〕

うめぐさ　和歌山（東牟婁・西牟婁）
かごぐさ　埼玉（秩父）
かんごそー　和歌山（有田）
きりぐさ　和歌山（新宮・東牟婁）
ひんじゃぬうばん　鹿児島（奄美大島）

クワズイモ 〔サトイモ科／草本〕

いばし　鹿児島（中之島・悪石島・大島）
ういごー　鹿児島（与論島）
かよーばさー　鹿児島（奄美大島）
つらわれ　越前
でしいも　鹿児島（川辺）
はじ　鹿児島（川辺）
ばじ　鹿児島（大島）
ばしかしわ　鹿児島（種子島・屋久島）
ばちかしわ　鹿児島（熊毛）
ばちがしわ　鹿児島（種子島）
びーよーま　沖縄（小浜島）
びぐい　沖縄（与那国島）
びゅーり　沖縄（石垣島・新城島）
びる　沖縄（石垣島）
びろーさ　沖縄（鳩間島）
ぶん　沖縄（竹富島）

らっぱそー　愛媛（新居）
んばし　沖縄（島尻・首里）

クワノハイチゴ 〔バラ科／木本〕

あましたいっご　鹿児島（肝属）
さがいいっご　鹿児島（甑島）
さがいこいっご　鹿児島（甑島）
さがいこまつ　鹿児島（甑島）
たかいっご　鹿児島（垂水市）

グンバイナズナ 〔アブラナ科／草本〕

かなむぐら　常陸筑波

グンバイヒルガオ 〔ヒルガオ科／草本〕

あさがおばな　鹿児島（肝属）
あめふりばな　鹿児島（奄美大島）
はうちわかずら　和歌山（西牟婁・東牟婁）
はまかずら　鹿児島（奄美大島・沖永良部島）
はまかんだ　鹿児島（奄美大島・徳之島）

ケイガイ → アリタソウ

ケイトウ 〔ヒユ科／草本〕

えぼしぎく　山口（玖珂）
えぼしまんだら　鹿児島（垂水市）
からい　長崎（五島・南松浦）
きーつ　大分（大分・大分市）
きーつじ　大分（南部）
きーとぎ　新潟（頸城・西頸城）
きつんはな　宮崎（東諸県）
きょーとぎ　岐阜（郡上）
きょーとぎく　岐阜（郡上）
けいと　和歌山（東牟婁）　島根（能義）　山口（厚狭・大津・玖珂・熊毛・佐波・都濃・豊浦・美祢・吉敷）
けいとぎ　福島　千葉（夷隅・長生）
けいどり　千葉（夷隅）
けーつー　大分（大分市・大分）
けーつーし　大分（北海部）
けーつーじ　大分（大分・大野）
けーと　福島（福島）　和歌山（日高・西牟婁）　島根（美濃・鹿足）　山口（厚狭・美祢・阿武）　愛媛（新居）
けーど　山形（最上・北村山）
けーとい　岐阜（飛騨）
けーとー　静岡（富士）　岡山
けーとーげ　佐渡

けーとーし　大分（大分市・速見）
けーとーじ　大分（大分）
けーとき　栃木（真岡市・芳賀）　三重（志摩）
けーとぎ　京都　山形（西田川・東置賜）　福島（相馬）　栃木（塩谷）　千葉（夷隅）　新潟（佐渡）　岐阜（飛騨）
けーとげ　福島（相馬）　新潟（佐渡）　岐阜（飛騨）
けーとばな　山口（都濃）
けーとり　千葉（夷隅）
けーとん　新潟（佐渡）　静岡（富士）
けーとんじ　新潟（佐渡）
けちゅー　鹿児島（揖宿）
けつ　鹿児島
けっし　鹿児島（薩摩）
けっとーじ　熊本（玉名）
けっとぎ　新潟（西蒲原）
けと　青森（南部）　秋田（仙北）　岐阜（海津）　三重（度会）　奈良（南大和）　愛媛（周桑）　和歌山（日高・海部）
けど　秋田（仙北）
けとー　兵庫（赤穂）
けとーげ　岩手（上閉伊・釜石）　岐阜（飛騨）
けとき　秋田（鹿角・北秋田）　三重（度会）
けとぎ　庄内　京都　青森（津軽）　秋田　秋田（鹿角・雄勝）　山形　栃木　新潟　富山（富山・射水）　石川（河北）　岐阜（飛騨）　愛知（豊橋市・宝飯）　三重（度会・員弁）
けどぎ　青森（弘前）　岩手（盛岡）　秋田（河辺・由利・雄勝・鹿角・北秋田）
けとぎく　富山（東礪波）
けとけ　群馬（佐波）
けとげ　青森（上北）　群馬（勢多・佐波）　岐阜（恵那）
けどげ　青森　岩手（紫波）
けとし　熊本（玉名）
けとん　富山（富山・砺波・射水・東礪波・西礪波）
けとんじ　新潟（佐渡）
ごしきそー　岐阜（恵那）
ちゅちゅー　鹿児島（揖宿）
つまぐり　大分（大分）
つまぐりそー　大分（大分）
とーんにゅかがみー　鹿児島（喜界島）
とーけーし　大分（大分・東国東）
とーけーじ　大分（東国東・南海部）
とーけーばな　大分（大分）
とさか　山形（東村山・飽海）

とっけし　福島
とっけち　福島
ととき　群馬（佐波）
ととけ　群馬（佐波）
とりかぶと　山口（玖珂）
とりのえぼし　青森
とりのかさ　新潟（中越）
とりのけっちゃか　岩手（九戸）
とりのびく　山形（鶴岡市・東田川）
にわとりのえぼし　鹿児島（曽於・大島）
にわとりのとさか　奈良（南葛城）
にわとりのよぼし　宮崎（東諸県）
ひぐばな　山形（庄内）
びくばな　山形
まんだら　鹿児島（鹿児島・鹿屋・枕崎・垂水・薩摩・肝属・川辺・姶良・日置）　宮崎（都城）
まんだらぎっ　鹿児島（谷山・鹿児島）

ケカモノハシ　　〔イネ科／草本〕

きつねのろーそく　鹿児島（日置）　長崎（南松浦）
つんびーくさ　静岡（小笠・榛原）
どくむぎ　山形（飽海）
どろぼー　新潟
ばれん　宮崎（宮崎市）
わに　新潟

ケシ　　〔ケシ科／草本〕

からし　宮崎
からせ　岡山（小田）
けしのみ　佐渡
ながらし　高知（高知）
びじんそー　島根（八束）
ぼたんけし　青森（八戸）

ゲッキツ　　〔ミカン科／木本〕

いんぎ　鹿児島（大島）
がいぐちぎ　鹿児島（奄美大島）

ケッキュウハクサイ　　〔アブラナ科／草本〕

おみな　島根*
かぶ　福岡*
かぶな　山口*
かんとーはくさい　岐阜*
きやぎはくさい　大阪*
けっき　栃木*
しろな　北海道*　秋田*　福島*　富山*　石川*　三

重* 滋賀* 大阪* 島根* 岡山* 長崎*
しろまな 三重*
たばねはくさい 愛知*
たまかぶ 静岡
たましちな 高知*
たましろな 秋田*
たまな 新潟* 石川* 岐阜 静岡* 滋賀 京都* 大阪* 鳥取* 島根 岡山* 広島* 山口* 徳島* 香川 愛媛* 高知 長崎* 熊本* 大分* 宮崎* 鹿児島*
たまはくさい 北海道 青森* 岩手* 山形* 福島* 新潟* 富山 福井 長野* 岐阜 愛知* 三重* 滋賀 京都* 大阪* 奈良 和歌山* 鳥取* 島根* 香川* 愛媛*
つけものはくさい 大分*
まかりな 秋田*
まかるな 山形
まきかぶ 熊本* 宮崎*
まきしろな 秋田*
まきな 秋田* 山形* 群馬* 埼玉* 富山* 鳥取* 島根 岡山* 山口* 愛媛* 福岡* 佐賀* 長崎 熊本* 大分* 宮崎 鹿児島
まきはくさい 青森* 新潟* 三重* 和歌山* 島根* 徳島* 高知* 宮崎*
まくな 長崎*
まくれな 秋田*
まつな 長崎* 鹿児島
もりな 長崎*

ゲットウ 〔ショウガ科／草本〕
さでん 鹿児島（奄美大島）
さに 鹿児島（沖永良部島）
さにん 鹿児島（奄美大島・南西諸島）
さねん 鹿児島（奄美大島・与論島）
さみ 沖縄（竹富島・鳩間島）
さみん 沖縄（石垣島）
さんにん 沖縄（首里）
さんねん 鹿児島（与論島）
しゃんにん 沖縄（首里）
しょーか 東京（三宅島）
そーか 東京（三宅島）
むちがしゃ 鹿児島（奄美大島）
もちがしゃ 鹿児島（奄美大島）

ケマンソウ 〔ケシ科／草本〕
おいらんばな 山形（北村山）

おがくら 青森
おけだいそー 和歌山（海草）
かけだいそー 和歌山（海草）
かけろこのはな 岩手（二戸）
きんちゃくはな 岩手（水沢）
きんちゃくぼたん 長野（佐久）
くさぼたん 信濃
すずめのたちばし 青森（八戸）
たいつりそー 和歌山（日高） 香川
たいつりばな 青森（八戸）
たまよーらご 岩手（上閉伊・釜石）
ちょーちんこ 青森（津軽）
ちょーちんばな 長野（佐久）
とーろぼたん 青森
とりこばな 青森（上北）
びっきばな 岩手（遠野・上閉伊）
ふじぼたん 和歌山（日高） 新潟
よーらくそー 仙台
よーらくぼたん 仙台

ケヤキ ツキ 〔ニレ科／木本〕
あおけや 埼玉（三峰山）
あおけやき 静岡（伊豆・遠江）
あおげやき 群馬 神奈川 熊本
あおまき 埼玉（三峰山） 石川（加賀）
あかけや 埼玉（三峰山）
あかけやき 石川 長崎
あかげやき 神奈川（西丹沢）
いしけやき 兵庫 鳥取 愛媛 長崎
いしげやき 奈良（南大和） 和歌山（東牟婁） 熊本（球磨）
いしげやく 福岡（八女）
いつき 富山
いぬけやき 周防
おーけやき 長崎（南高来）
かいけ 徳島（美馬・麻植） 香川 高知（高岡・土佐）
かえき 新潟（西頸城）
かなぎ 兵庫
きやき 新潟（佐渡） 富山 岐阜 静岡 福井 和歌山
きやけ 徳島 高知 愛媛
くろおも 筑前
くろぶな 筑前
けや 福島 茨城 埼玉（秩父） 兵庫 兵庫（神戸市） 和歌山 島根（石見） 広島

けやぎ　青森　宮城　秋田
けやけ　島根　高知　愛媛
けやしき　静岡（伊豆）
けやのき　和歌山（日高・西牟婁）
ざくげやき　熊本（球磨）
しらき　奈良（吉野）
しろき　奈良（南大和）
すなずき　山形（東置賜）
ちぎ　宮城（宮城）
つき　静岡　秋田　長崎
つきけやき　青森　岩手　宮城　秋田　福岡　大分　熊本
つきげやく　福岡（築上）
つきのき　長野（上伊那）　青森　岩手
なたくま　静岡（伊豆）
はなげやき　佐賀（藤津）
ほんけやき　兵庫　鳥取　熊本
ほんげやき　和歌山（東牟婁）
まき　埼玉（秩父・三峰山）
やぶげやき　和歌山（東牟婁）
ゆみのき　相模大山

ケール　ハゴロモカンラン, リョクヨウカンラン　〔アブラナ科／草本〕

かきかんらん　愛知*
たいわんかんらん　島根*
はかんらん　新潟*
はたまな　青森*　岩手　秋田*
むらさきかんらん　秋田*
むらさきたまな　大阪*

ゲンゲ　レンゲソウ　〔マメ科／草本〕

あかくさ　石川*　福井*
あかなくさ　福井*
あかばな　福井*
うまぐすり　西国
えましばな　愛知（碧海）
えんどー　山梨
おーみ　大分*
おしばな　木曾
おしゃかばな　愛知（碧海・岡崎市）
おじょべんばな　富山
おじょめぐさ　富山
おしょらいばな　富山（射水）
おみょーぎばな　山梨
かごばな　熊本（天草）

かぽんばな　栃木（日光市・安蘇）
かもんばな　栃木（佐野市・安蘇）
かんばな　福井*
がんばな　筑前
かんぽんばな　群馬（山田）
かんぽんばな　栃木*
がんもどり　賀州
きょーなずな　信州木曾
ぎょんぎょー　岡山（浅口）
くぐしばな　千葉（君津・印旛）
くさだね　富山（西礪波）　石川
けげけ　栃木*　三重*　滋賀*　京都*　愛媛*
げげな　尾張　京都
けしな　三重*
げりな　三重*
げんぎのはな　福岡（粕屋）
げんげーら　山口（阿武）
げんげち　広島（佐伯）　山口（大島）
けんげ　愛媛
げんげな　三重*　京都*
けんげばな　肥後
げんけばな　畿内
げんげばな　尾張　京都　大阪　周防　岐阜（加茂）　愛知（知多）　三重（員弁）　島根（仁多）　宮崎（延岡市）
げんげぽー　奈良*
げんげら　奈良　山口*
げんげんばな　三重（名賀・宇治山田市）　大阪（大阪市）　奈良*　鹿児島
げんげんぽ　奈良*
げんごべ　福井（坂井）
げんごべー　福井（吉田・坂井）
げんじ　愛知（知多）
げんじばな　滋賀（神崎）
げんとく　福井*
こえくさ　岐阜*
こえぐさ　岐阜（飛騨）
こぎょー　岡山*
ごぎょー　岡山（岡山市・児島）
ごくらくばな　佐賀
ごぜなー　長崎（南高来）
こやしぐさ　山形（飽海）　福島（相馬）
ごめんさ　富山*
こわめしばな　福井
ごんぎょー　岡山（岡山市・邑久）
ごんげ　岡山（真庭・苫田）

ゲンノショウコ

さーご　島根（簸川・出雲市）
さいこくばな　静岡（磐田）
さるご　島根
さるごー　島根（那賀・邑智）
さんこばな　島根（簸川）
しうんえー　青森＊　宮城＊　山形　埼玉＊　岐阜＊
　滋賀＊　鳥取　島根　岡山　香川＊　愛媛＊　大分＊
しゃかばな　愛知（宝飯）
しゅくえー　大分＊
じょーでん　長野（上伊那）
じょーでんぐさ　長野＊
しょーめぐさ　富山（西礪波）
じょーめくさ　長野＊
じょーめぐさ　長野（東筑摩）
しんのーぐさ　千葉（君津）
すもとりばな　長崎（南高来）
せんぐさ　福井＊
せんぶっ　鹿児島
たいとはな　福岡＊
たいとばな　福井（坂井）
たいな　大阪＊
たえんどー　茨城＊　山梨＊　静岡＊
たかのつめ　長野（下水内）
たぶど　埼玉（北葛飾）
たぶどー　茨城（真壁）　栃木＊　埼玉＊
たぶんず　埼玉（入間）
たぶんずー　埼玉＊
たぶんぞー　埼玉＊
たぼたん　千葉＊
だんじり　島根（隠岐島）
てんまりばな　栃木（足利市・河内）　長野（上田）
とんぼくさ　福井＊
とんぼぐさ　福井
なみそ　富山
はえんどー　山梨
はなくさ　福島（相馬）　富山＊　石川　長野＊　三重＊　鳥取　長崎＊
はなぐさ　富山（礪波）　福井
はなだね　富山＊
はんずん　鹿児島＊
ばんそー　大分＊
びんじょ　長崎＊
ふーずー　福岡＊
ふーずーばな　久留米
ふーずばな　福岡（久留米市）
ふーぞ　熊本　熊本（鹿本）

ふーぞー　福岡（朝倉）　熊本
ふーぞーばな　福岡（浮羽・八女）　佐賀＊　熊本　大分＊
ふーぞくさ　熊本（球磨・天草）
ふーぞぐさ　熊本＊
ふーそばな　佐賀（藤津）
ふーぞばな　長崎＊　熊本
ふーぞらばな　佐賀
ふぞ　熊本（芦北・八代）　鹿児島（日置）
ふぞばな　熊本　鹿児島　鹿児島（肝属）
ふぞばん　熊本（中部）
ふでばな　鹿児島
ぶる　三重　三重（度会）
べろべろ　三重（度会）
べんばな　富山　富山＊
ほーぞー　福岡＊　熊本
ほーそーばな　福岡（粕屋）　大分（西国東・大分）
ほーぞーはな　筑紫
ほーぞーばな　久留米　筑紫　肥後　福岡（粕屋・福岡市）　熊本　大分　鹿児島（種子島）
ほーそばな　福岡（築上）
ほーぞばな　熊本
ほーどーけ　筑前
ほーねんくさ　長野＊
ほーねんそー　長野（佐久）
ほずまめ　鹿児島＊
ほそばな　鹿児島（鹿児島）
ほとけのざ　山口（厚狭）
ぼろぼろ　三重＊
ほんじょばな　鹿児島（肝属）
ほんぞん　鹿児島＊
まんこ　栃木＊
みやこ　鳥取　島根　岡山＊
みやこばな　鳥取＊　島根
もーせん　神奈川＊
れんぎ　鳥取＊
れんぎょー　埼玉＊
れんげ　京都＊
れんげばな　丹波　熊本（宇土）

ゲンノショウコ　フウロソウ，ミコシグサ
〔フウロソウ科／草本〕

あかはらくさ　鹿児島（薩摩）
あかはらぐさ　鹿児島（甑島）
いしゃいらず　秋田（北秋田）　山形（西田川）

ゲンノショウコ

	新潟（中越）　和歌山（那賀）　岡山　山口
いしゃころし	秋田（河辺・由利）　埼玉（秩父）　島根（美濃）　岡山（都窪）　山口（佐波）　愛媛
いしゃごろし	群馬（多野・佐波）　山口（阿武）
いしゃたおし	香川（西部・豊島）　京都（何鹿）　和歌山（那賀）　兵庫（津名・三原）　岡山　徳島（美馬）
いしゃだおし	京都（何鹿）　和歌山（那賀）　岡山（岡山市・御津）　徳島
いしゃなかし	愛媛
いしゃなかせ	富山（砺波）　福井（大飯）　静岡（磐田・賀茂・田方）　愛知（北設楽）　愛媛　岡山
いたちぐさ	長野（上田）
いつつば	奈良（南大和）
うめぐる	山口（柳井）
うめずりそー	山口（玖珂）
うめずる	三重（志摩・鳥羽市・度会）　和歌山（田辺・日高・伊都・西牟婁・東牟婁）　岡山（邑久）
うめずるくさ	和歌山（東牟婁・西牟婁・日高）
うめずるそー	三重（一志）　和歌山（伊都・日高）
うめはちそー	飛騨白山
おこあし	岩手（気仙）
おこしんさーぐさ	長崎（壱岐島）
おみぐっさま	岩手（東磐井）
おみこし	島根（美濃）　山口（都濃）
おみこしぐさ	山口（大津・阿武）　愛媛（南宇和）
おみこしさん	秋田（雄勝）　岩手（二戸）
おみこしばな	富山　富山（富山市・高岡）　福井（今立）
おもこしぐさ	山口（阿武）
おもこしさん	岩手（二戸）
かぐらぐさ	青森（下北）　静岡（磐田）
かのはし	秋田（平鹿）
かみさまぐさ	山口（大津・阿武）
かみさんぐさ	愛媛（周桑）
かみさんばな	愛媛（周桑）
かんさーくさ	愛媛（周桑）
きこしくさ	山口（玖珂）
ぎゅーへんそー	島根（出雲）　長野（松本）
ぎんなずる	富山（富山・砺波・射水・東礪波・西礪波）
くすりのはな	兵庫（赤穂）
くちどめ	青森　岩手（九戸）
くちびるばみ	青森（上北）
くちべにばな	新潟（刈羽）

くちべん	新潟
げりどめ	島根（美濃）
げんなぐさ	富山（高岡）
げんなんそー	長野（佐久）
げんのしょーく	岩手（盛岡）
げんのそー	山形（東置賜・西置賜）　福島（会津若松・耶麻・大沼・北会津）
げんのそーご	秋田（北秋田）
げんのんそー	福島（南会津・石城）
げんよりしょーこ	長野（下水内）
こーほーくさ	新潟
こーぼーぐさ	新潟
こーもりぐさ	山形（東田川）
こしくさ	新潟（中越・長岡・石志）
ごしんさーばな	長崎（壱岐島）
ごしんさんばな	長崎（壱岐島）
ごてんそー	岡山（邑久）
ごろぜんぐさ	山形（東田川）
さくらがわ	江戸
しこあし	山口（柳井・玖珂）
じびーぐさ	和歌山（西牟婁）
じびゃくぐさ	和歌山（海草・西牟婁）
しびょーくさ	静岡（駿東・富士・浜名）　和歌山（西牟婁）　兵庫（赤穂）
じびょーぐさ	長野（北佐久）　静岡（富士）　兵庫（赤穂）　和歌山（西牟婁）
しびょーそー	和歌山（伊都・海草）
じびょーそー	和歌山（伊都・海草）
しんじくさ	山口（大島）
しんじところ	島根（能義）
じんじとろろ	島根（能義）
せきりぐさ	秋田（雄勝）　青森　山形　新潟（石志）　長野（北安曇）　京都（竹野）　兵庫（赤穂）　山口（柳井・玖珂）　宮崎（東諸県・児湯）　鹿児島（加世田市・熊毛・種子島）
せきりばな	新潟
せんにんたけ	新潟
せんにんたすけ	新潟（刈羽）
せんぶり	鹿児島（肝属・曽於）
たこのて	長崎（南高来）
たちまちぐさ	秋田
たばねぐさ	長野（北安曇）
ちごくさ	上州
ちごぐさ	上野
ちょくばな	富山（砺波）
つるうめ	島根（邇摩・仁多）

ケンポナシ

てきめんぐさ　山口（柳井）
てきめんそー　山口（柳井・玖珂）
てんがいそー　新潟（中頸城）
とんぼくさ　福井
どんぼぐさ　福井
にこしぐさ　広島（比婆）
ねこあし　仙台　青森（津軽）　岩手（盛岡）　山形　宮城（仙台市・栗原）　福島（相馬）　静岡（周智・磐田）
ねこあしぐさ　山口（厚狭）
ねこあしそー　静岡（小笠）
ねこぐさ　静岡　静岡（志太・小笠）
ねこのあし　仙台　宮城（仙台市）　静岡
ねこのあぢ　宮城（仙台）　福島　静岡（小笠）　愛媛（周桑）
はなげ　岐阜（飛騨・吉城）
はなげぐさ　岐阜（大野）
はらのくさ　鹿児島（川辺）
ひめずる　和歌山（伊都・東牟婁）
ふーれー　江州
ふーろ　広島（福山市）
ふーろーそー　山口（柳井）
ふーろそー　奈良（南大和）
ふゆのうめ　越後
ふゆのむめ　越後
へぎりくさ　青森
べに　青森　岩手（盛岡）
べにちょくそー　高知（高知市）
べにちょくばな　島根（能義）
べばな　城州岩倉
べんべんぐさ　山形（飽海）
ほっけばな　木曾
まんびゅーぐさ　新潟（直江津市）
みこしくさ　岩手（二戸）　新潟　長州　周防
みこしぐさ　長州　岩手（二戸）　山形（東田川）　千葉（夷隅）　新潟（長岡・石志）　静岡　兵庫（赤穂・津名）　岐阜（吉城）　富山　和歌山（和歌山・伊都・那賀・海草・高岡・西牟婁）　島根（石見・美濃・那賀・邑智・能義）　岡山（小田）　広島（比婆・高田）　山口（大島・厚狭・玖珂）　香川（仲多度）　愛媛（喜多・北宇和・周桑）　福岡（田川・築上・北九州・小倉）　大分（大分市・宇佐）　鹿児島（大口市）
みこしそー　山口（玖珂）
みこしばな　奈良（南大和）　岐阜（吉城）
みこしゅぐさ　山口（熊毛・吉敷）

みこつそー　山口（玖珂）
みちしば　青森
みつばぐさ　愛媛　愛媛（周桑）
みやこぐさ　山口　山口（厚狭）
めぐしくさ　千葉（夷隅）
めこしぐさ　千葉（夷隅）
やりぐさ　長野（北安曇）
よがのはし　秋田（大曲・平鹿・雄勝）
りびょーぐさ　東京（南多摩）　神奈川（津久井）　静岡（富士）　長野（北佐久）　山口（厚狭）
りびょぐさ　島根（八束）
りべよくさ　富山（高岡市）
れんげそー　長州
ろーそくぐさ　富山
ろーそくそー　富山（富山）
ろーそくばな　山形（飽海）　富山（砺波・東礪波・西礪波）
ろっぽーそー　岐阜（飛騨・吉城）
わりがき　木曾

ケンポナシ　〔クロウメモドキ科／木本〕

あさがら　宮城　長野（上田）
あまかじょ　青森（西津軽）
あまかぜ　南部　盛岡　青森（上北）　岩手
あまがぜ　岩手（上閉伊・江刺）
あまがつのき　山形（北村山）
あまかんぞ　青森
あまごーず　秋田（角館）
あまざ　岩手
あまざき　青森（三戸）
あまざけ　青森（上北・三戸）
あまじゃ　岩手（上閉伊）
あまちゃ　岩手（上閉伊）
うらじろ　島根（石見）
うらじろのき　島根（石見）
かんぞのき　青森
けーび　播州
けび　兵庫（播磨）　鳥取（因幡）
けびのき　鳥取（因幡）
けみ　兵庫（但馬）
けびん　鳥取（伯耆）
けん　奈良（十津川）
けんなし　滋賀（犬上）
けんのき　滋賀（北部）　和歌山（日高）　三重　奈良　熊本（球磨）
けんのみ　和歌山（東牟婁）　三重

けんぶ　木曾
けんぶ　山梨　長野　静岡　三重　高知
けんぶくなし　静岡（遠江）
けんぶなし　青森　岩手　秋田　新潟　静岡　福井　愛知　三重　徳島
けんぶなす　秋田（角館）
けんぶん　静岡（遠江）
けんぶんなし　新潟（佐渡）　静岡
けんぽ　新潟　石川　長野　岐阜　三重　和歌山　愛媛（宇和島）　高知
けんぽー　埼玉
けんぽー　和歌山（日高）　高知（土佐）　三重
けんぽかなし　久留米
けんぽがなし　筑前　久留米　熊本（芦北）
けんぽこなし　肥前
けんぽなし　新潟　群馬　奈良　三重　徳島　高知　香川
けんぽのき　岐阜（益田）
けんぽのき　埼玉（入間）　奈良（北山川）
けんぽろ　埼玉（秩父）　東京　長野　四国
けんぽんなし　静岡　香川
こで　木曾
こてなし　福井（大野）
こんでんなし　静岡（遠江）
こんれん　愛知（東三河）
しゃぽんぱ　宮城（宮城）
ちょーびなし　福井（勝山）
ちんぴ　長野（伊那）
ついんぽなし　山形（北村山）
てっぽなし　山形　広島
てんがぽー　仙台
てんのき　長崎（対馬）
てんぶなし　秋田
てんぶんなし　静岡
てんぽ　三重　京都　大阪　兵庫
てんぽーなし　仙台　三重（鈴鹿）
てんぽーのなし　和歌山
てんぽがなし　熊本（水俣）
てんぽくなし　熊本　鹿児島（出水市）
てんぽこ　肥前
てんぽこなし　仙台　宮城（仙台市）　新潟　栃木　鳥取　佐賀　長崎（諫早市）　福岡　宮崎（西諸県）　鹿児島（肝属）
てんぽなし　越前　栃木　岐阜
てんぽなし　山形　島根（石見）　広島　高知　大分　宮崎

てんぽのき　群馬（北甘楽）　新潟（中蒲原）
てんぽろ　埼玉（秩父・入間）
とで　愛媛（上浮穴・面河）　高知（香美）
とんで　高知（香美・安芸）
ほんぜんのき　岐阜（揖斐）

コアカソ　〔イラクサ科／木本〕

あかうつぎ　高知（安芸）　大分（佐伯）
あかがしら　愛知　愛媛
あかそ　長野（佐久）　三重　高知
あかつなぎ　高知（安芸）
あかひゅーじ　愛媛（周桑）
あぶらぐさ　長野（北佐久）
あめごさし　三重（一志）
うつげ　高知（幡多）
うめくさ　高知（幡多）
えっぐさ　鹿児島（日置）
えびくさ　高知（幡多・安芸）
えびぐさ　宮崎（児湯・西諸県）
えびしまくさ　高知（高岡）
えびなぐさ　高知（幡多）
えびはど　高知（幡多）
おしょーゆぐさ　長野（北佐久）
おにば　三重（員弁）
おんどうつぎ　香川（香川）
がにくさ　三重　高知　高知（幡多）
かにさし　和歌山（東牟婁・新宮市）
がにさし　三重　和歌山　和歌山（東牟婁）
がにつりくさ　高知（幡多）
がにのめ　岡山（備中）
がにぶし　和歌山　和歌山（東牟婁）
かまおり　徳島（美馬）　高知　三重
かまおろ　高知（安芸・香美）
かまぎり　高知（香美）
かまたず　高知（土佐）
かもおり　高知（長岡）
かわうつぎ　鹿児島（始良）　大分（南海部）
かわばたうつぎ　高知（幡多）
かわはっ　鹿児島（肝属）
こーらはぎ　高知（土佐・長岡）
ごーらはぎ　兵庫（佐用）
ごーろーはぎ　愛媛（新居）
さわしば　静岡（榛原）
さわはぎ　静岡（南伊豆・秋葉山）
さわふさぎ　静岡（賀茂・榛原・南伊豆）
さわふたぎ　静岡（南伊豆）

たにあかそ　三重（亀山）
たにあさ　三重（伊賀）
たにあらし　三重（鈴鹿）
たにうつぎ　和歌山　高知　大分
たにうつげ　高知（安芸）
たにがさ　三重（員弁）
たにしげし　三重（度会）
たにはぎ　三重　奈良　愛媛（宇摩・温泉）熊本
たにふさがり　奈良（吉野）
たにふさき　和歌山（那智）
たにぼーき　奈良　和歌山
たにぼき　和歌山（伊都）
ちちぶさし　高知（安芸）
つげ　高知（土佐）
なべあらし　高知（高岡）
ねんど　愛媛（上浮穴・面河）
はいさし　三重（一志）
ぱりぱりのき　伊豆
ばんどはぎ　三重（伊賀）
ひぜんば　高知（幡多）
ほーきぎ　三重（度会）
ほーきのき　神奈川（東丹沢）
みおどろ　和歌山（日高）
みずくさ　神奈川
みずぐわ　高知（幡多）
みよどろ　奈良（吉野・十津川）
みんどろ　奈良（吉野・十津川）
むかしほーき　静岡（周智）
めがねぐさ　岡山（苫田）
めっぱじき　長野（北佐久）
やまだいつけ　静岡（静岡）

コアジサイ　〔ユキノシタ科／木本〕
あじさい　栃木（唐沢山）　群馬（多野）　和歌山（伊都）
あまちゃ　静岡（磐田・久窪）
あまちゃうつぎ　埼玉（入間・秩父）
あまちゃばな　三重（鈴鹿）
うのはな　静岡（伊豆）
おにつくで　和歌山（日高）
とちぐさ　和歌山（日高）
ふしぐろ　愛知（東三河）
ほーきぐさ　茨城（久慈）
やまあじさい　群馬（勢多）　三重（三重・伊賀）
やまがら　三重（員弁）

コアマモ　〔アマモ科／草本〕
こあじも　和歌山（西牟婁）
ぜにも　長門

ゴイシマメ　〔マメ科／草本〕
はちぶまめ　水戸

コイチジク → イヌビワ

コウオウソウ → マリゴールド

コウガイゼキショウ　〔イグサ科／草本〕
うしのこめ　岡山（上房）
はなびせんこー　愛媛（周桑）

コウジ　〔ミカン科／木本〕
きんこーじ　福岡*　佐賀*　熊本
げし　宮崎*
げず　大分*
こみかん　島根*　宮崎*
じゃがら　三重（南牟婁）
たちばな　長州　西国　熊本（玉名）
ふくれみかん　埼玉*
みかんこーじ　防州　長州
ゆーご　静岡*　滋賀*
ゆこー　徳島*　佐賀*

コウシュウウヤク　イソヤマアオキ
〔ツヅラフジ科／木本〕
いそだけ　鹿児島（甑島）
いそやまだけ　薩州
こめごめじん　鹿児島（屋久島）
はまくねぶ　鹿児島（奄美大島）

コウゾ　〔クワ科／木本〕
あかそ　和歌山（伊都・那賀）　三重
いぬこーぞ　城州
うーかじ　沖縄（黒島）
おっかず　群馬（多野）
おっかぞ　群馬（多野）
かきがら　宮崎*　鹿児島（鹿屋市・肝属）
かご　美濃　丹後　豊前　筑前　福井　京都　兵庫　鳥取*　福岡　佐賀　熊本　熊本（玉名）
かごのき　鳥取*　岡山*　福岡（八女）　熊本*　大分　宮崎
かし　長崎（対馬）
かじ　徳島　香川　愛媛　高知　福岡*　長崎*　熊本（球磨・八代）　大分*　宮崎（延岡）　鹿児島

コウゾ

かじお　長崎（東彼杵）
かじがー　沖縄（八重山）
かじがら　鹿児島（肝属・垂水）
かじかわ　長崎（対馬）
かじくさ　高知*
かじくそ　高知（幡多）
かじのき　愛媛　高知　福岡（鞍手・嘉穂）　熊本*　宮崎*　鹿児島
かじのは　予州
かず　栃木　群馬　埼玉（秩父）　東京*　長野（上田）　静岡　愛知
がず　長野（佐久）
かぞ　江戸　東京　神奈川　長野　愛知
かぞー　静岡（志太）
かちがみのき　宮崎*
かちがら　鹿児島*
かつ　鹿児島*
かっがら　鹿児島（大隅）
かっず　静岡
かびぎ　鹿児島（奄美大島）　沖縄
かびきー　沖縄（石垣島）
かびぎー　沖縄（宮古島）
かびきー　沖縄（小浜島）
かびんぎー　沖縄（竹富島）
かみぎ　三重（員弁・伊賀）
かみくさ　岐阜（恵那・中津川）　三重（員弁・桑名市）
かみぐさ　岐阜（恵那）　三重（員弁・桑名市）
かみそ　三重（飯南）　奈良　和歌山　徳島（美馬）　愛媛　高知*
かみそーぎ　三重（多気）
かみのき　尾張宮　岐阜　三重　福岡（八女）　熊本（玉名）
かわぞ　長野*　岡山*
かんがら　熊本*
かんご　兵庫（美方）　和歌山（那賀・海草・伊都）
かんこのき　長崎（五島）
かんず　静岡
かんぞ　神奈川（足柄上・西丹沢）　山梨　岐阜（恵那・土岐）　静岡　愛知
かんぞー　静岡
かんぞー　神奈川（足柄上・西丹沢）　岐阜（中津川市）　静岡
かんど　和歌山*
かんばなー　沖縄（石垣島）
きがみ　福井　岐阜*

くちはげいちご　奈良（吉野・十津川）
くろかし　徳島*
くろそ　愛媛
こーじ　岩手　宮城
こーじぐわ　青森（南津軽）
こーじしば　秋田（北秋田）
こーじのき　岩手　秋田
こーず　青森　岩手　秋田　富山　福井　千葉
こーそ　宮城（本吉）
こーぞ　宮城　栃木　東京　三重　和歌山
こーぞー　山口（阿武・萩）
こーど　山口（阿武）
こーどー　山口（阿武）
こかじ　徳島（那賀）
こずくわ　青森（西津軽）
こぞ　和歌山（日高）
こど　和歌山（日高）
さわいちご　静岡（賀茂・南伊豆）
じかじ　愛媛*
しゃな　丹波
しろそ　愛媛（温泉）
そ　島根（石見）
たくのき　奈良（吉野）
たこのき　東京（八丈島）
たにぐわ　熊野
たふ　紀州
たほ　静岡（伊豆）
つちがんぴ　三重（尾鷲）
っふぉーじ　沖縄（竹富島）
ながそ　愛媛*　和歌山（伊都）
にかじ　徳島（那賀）
のかず　山梨（北都留）
のかぞ　山梨（南巨摩）
のそ　埼玉　和歌山　和歌山（東牟婁）
ひお　備後　岡山（苫田）
ひほ　香川*
ひゅーじ　徳島*
ふがじ　沖縄（八重山）
ほんこーず　秋田（仙北）
まーふがじ　沖縄（石垣島）
まかご　鳥取
まかぞ　静岡*
ますかじ　徳島*
まそ　島根*　山口（阿武）
まぞ　徳島
めかんぞー　静岡（静岡）

ゴウソ

めっか　静岡（静岡）
やこそ　予州
やぶこーじ　江州
やまかご　鳥取*
やまかじ　埼玉（秩父）　高知　愛媛　大分　宮崎　熊本（八代）　鹿児島（垂水市・肝属）
やまかず　埼玉（秩父）　神奈川（津久井）
やまかぞ　信濃　美濃　静岡
やまがみ　三重（一志・飯南）
やまがみそ　三重（伊賀）
やまかんぞ　静岡（静岡）
やまがんぴ　奈良（北山川）
やまこーぞ　島根（仁多）　福井（三方）
やまそ　和歌山（有田・日高）　高知（長岡）
やまとぅふーがじ　沖縄（鳩間島）
わちがわ　鹿児島*

くんしょーぐさ　長野（佐久）
くんじょーそー　青森
くんしょぐさ　熊本（玉名）
こーずりぐさ　島根（美濃）
このむら　山形（酒田）
ころもな　秋田
ころもんぱ　山形（飽海）
ころんぱ　山形（飽海）
さぶろーな　高知（土佐）
のぎく　青森
のじしゃ　熊本（球磨）
はばのつつ　青森
ほーずき　秋田
ほれぐさ　岩手（九戸）

ゴウソ　タイツリスゲ　〔カヤツリグサ科／草本〕

きつねのちょーちん　山形（西置賜）

コウバイ → ウメ

コウボウムギ　フデクサ　〔カヤツリグサ科／草本〕

おにぜきしょう　越前
こーぽーさんのふで　山形（酒田市）
こーぽーのふで　新潟
はたかり　愛媛（周桑）
はましば　千葉（安房）
はますげ　山形（飽海）
はまそー　仙台
はまむぎ　加賀　三重（志摩）　島根（益田市）　鹿児島（日置・加世田）
はまんぽ　島根（江津市）
ばりん　島根（江津市）
ふでくさ　京都（竹野）

コウゾリナ　〔キク科／草本〕

うしたばこ　東京（八丈島）
うまごおやし　鹿児島（肝属・垂水）
うまごやし　鹿児島（肝属）
うまのごはん　秋田
うるしぐさ　青森
おとこにがな　千葉（山武）
かーぞり　鳥取（気高）
かーぞれ　鳥取（気高）
かじもじ　木曾
がっぽし　長野（北佐久）
かぶくさ　青森
かぶつぐり　青森
かみなりそー　和歌山（海草）
がもんじ　美濃
かやな　山形（米沢市）　群馬（山田）
かやむぐり　新潟（佐渡）
かやもり　新潟（佐渡）
かんぽーじ　長野（下水内）　木曾
がんぽーじ　愛知（東加茂）
かんぽじ　長野（下水内）
がんぽじ　長野（北佐久）
かんぽじゃ　静岡（賀茂）
かんもじ　木曾
がんもじ　木曾
がんもんじ　岐阜（飛騨）

コウホネ　〔スイレン科／草本〕

おにはす　新潟（刈羽・西蒲原）
かーぽーず　静岡
かたすぽ　富山（富山）
かっぱね　新潟（南蒲原）
かっぱぶき　山形（東田川）
かと　秋田
かど　青森（八戸）　秋田　千葉（山武）
かとー　青森（南部）
かどー　秋田　山形（北村山）　岩手（紫波・下閉伊）
がとー　南部
かわたび　長野（下水内）
かわと　仙台
かわね　新潟（刈羽・西蒲原）
かわぽーず　静岡

けんけらぼーず　山形（西田川）
なますばな　山形（東田川）
ぽき　山形（庄内）
ぽきぽき　山形（東田川・西田川・庄内）
ぽきんぽきん　山形（東置賜）
ぽちぽち　岩手（紫波）
ぽっき　山形（庄内）
ぽんぽんぐさ　山形（飽海）
ぽんぽんばな　山形（飽海）
みずたんぽぽ　山形（飽海）

コウマ → ツナソ

コウモリソウ　〔キク科／草本〕
かんだいな　南部　青森（八戸）　岩手
ぽーと　青森（八戸・三戸）
しばいわ　静岡（富士）

コウヤノマンネングサ　コウヤノマンネンスギ
〔マンネンゴケ科／コケ〕
まんねんたけ　山梨（南巨摩）
まんねんぽーき　静岡（南伊豆）

コウヤボウキ　〔キク科／木本〕
あまさけぼうき　千葉（安房）
うさぎかくし　周防　静岡　山口　徳島
うさぎのしりかき　高知（安芸）
うさぎのめはじき　香川（木田）
うさぎのめはり　長州　周防
うさぎもつれ　香川（綾歌・仲多度）　愛媛　高知（幡多）
えんどい　高知（幡多）
おばはき　兵庫（津名）
かくし　徳島
かんこー　三重（一志）
かんこーぽーき　三重（一志）
きじかくし　埼玉（秩父）　山梨（塩山市）
きじのす　三重（三重）
きじのすね　宮崎（東臼杵）
きじのすねかき　大分（南海部）
ごくつぶし　濃州
とりこのつげ　香川（香川）
とりのこつげ　香川（香川）
ねこのみみ　香川（綾歌）
ねんだいぽーき　高知（幡多・高岡）
ねんど　山城　高知　京都　和歌山
ねんどい　高知（幡多）

ねんどー　山城　群馬　京都　高知
のばーけ　静岡（京丸）
ひぜんば　高知（幡多）
ひめねんとー　高知（高岡）
へいのあたま　静岡（賀茂・田方・天城山）
ほうきのき　千葉（君津）
ほーきぎ　福井　三重　和歌山
ほーきぐさ　茨城　栃木　埼玉　千葉　静岡　愛知　三重　奈良　和歌山　岡山　高知　高知（幡多）
ほーきのき　福井（大飯）
ほーきのくさ　和歌山（田辺・新宮）
ほーけくさ　和歌山（日高）
まゆはき　山城
むらさきぐさ　高知（幡多）
めんど　京都　和歌山（伊都・高野山）　徳島　高知
めめんどり　三重（北牟婁）
もちばなのき　和歌山（東牟婁）
やまほうき　千葉（富津）
やまほーき　高知（安芸）
やまわら　静岡（京丸）
よつばりたれ　愛媛（宇摩）
よねのき　和歌山（西牟婁）

コウヤマキ　ホンマキ　〔コウヤマキ科／木本〕
あすなろー　静岡（伊豆）
かなまつ　静岡（駿河）
からかさまつ　静岡（駿河）
からまつ　陸前　宮城（刈田）
きんしょー　岡山
きんまつ　静岡（駿河）
くさまき　木曾　長野（松本市）　岐阜（東濃）　静岡（遠江）　広島
くちまき　静岡（駿河）
こーやまき　三重
こーやまぎ　宮城（宮城）
こーやまつ　新潟（佐渡）　広島（比婆）　岐阜（飛騨）
さるのき　島根（益田市）　岡山（御津）
ぜにまき　静岡（駿河）
そそばまき　静岡（秋葉山）
とーまき　静岡　島根
にらまつ　青森（上北）　岩手　秋田（北秋田・山本）　山形
ほしまき　宮崎（宮崎市・宮崎）

ほんこーや　岡山
ほんまき　富山　三重　兵庫（播磨）　奈良（吉野）　和歌山　島根（石見）　岡山　愛媛　高知（高岡）　佐賀　宮崎
まき　新潟（長岡）　岐阜（美濃）　三重　奈良（吉野）　和歌山　高知（幡多）　熊本（人吉）　宮崎　鹿児島
ままき　広島（佐伯）　山口

コウヤミズキ　〔マンサク科／木本〕
きりしまみずき　和歌山（伊都）
みやまとさみずき　和歌山（伊都）

コウヨウザン　〔スギ科／木本〕
かみなりのき　島根（出雲）
くじゃくのき　福井
くじゃくもみ　広島
くもとーし　熊本（芦北）
とらのお　静岡（駿河）
とらもみ　静岡（伊豆）
とりとまらず　静岡（伊豆）
らいじょうーぼく　島根（出雲）

コウライシバ → シバ

コオニユリ　〔ユリ科／草本〕
あかゆり　鹿児島（硫黄島・奄美大島）
おにゆり　愛媛（北宇和）
こーら　島根（美濃）
しばゆり　長野（北佐久）
やちゆり　長野（下水内）
やまゆい　鹿児島（奄美大島）
やまゆり　長野（北佐久）
ゆい　鹿児島（川辺）

ゴガツササゲ　〔マメ科／草本〕
うまめ　岐阜*
うるざまめ　愛知*
かきまめじょ　長崎*
がしゃまめ　和歌山*
かまさざげ　島根*
かわくいまめ　山口*　大分*
かんがらまめ　岡山*
かんじんろく　神奈川*
かんとーまめ　大分*
じなたまめ　新潟*
しゃくじょまめ　岐阜*

しろまめ　秋田*
しろみとり　三重*
すしまめ　徳島*
だいふくまめ　北海道*
たわけまめ　岐阜*
とーろく　和歌山　愛媛*
とーろくまめ　大阪　兵庫（加古）　和歌山（東牟婁・新宮）　島根*　岡山　愛媛*
とろくすん　長崎　熊本（玉名・下益城）
ながせまめ　愛媛*
もがみ　鹿児島
もがん　鹿児島
もがんまめ　鹿児島*
われつと　島根*

コガンピ　イヌガンピ　〔ジンチョウゲ科／木本〕
あさやいと　江州
いぬかご　播州　兵庫（播磨）
いぬがんぴ　播州　和歌山（西牟婁）
うしかく　鹿児島（川辺）
うしかっ　鹿児島（川辺）
こまつなぎ　広島（豊田）　鹿児島
しらはぎ　薩州
しろはぎ　鹿児島（肝属）
しろみそはぎ　鹿児島（肝属）
のかじ　鹿児島（種子島）
のがんぴ　播州
のひのー　鹿児島（種子島）
ぽんばな　鹿児島（伊佐・川内市）
やまかご　播磨
やまかりやす　播磨

ゴキヅル　〔ウリ科／草本〕
あいもの　富山（砺波・東礪波・西礪波）
あひるのべんとー　千葉（山武）
いんどーふーずき　熊本（球磨）
がももん　新潟（西蒲原）
からすのごき　江州
からすのごきづる　江州
かわどーらん　熊本（玉名）
かわほーずき　肥前　岡山
きつねんどーらん　熊本（玉名）
きんぶんしき　安房
ごりかずら　福岡（柳川）
すずうり　肥後
すずめのうり　東国

どもぐさ　奈良（南葛城）
ひなのごーし　西土　筑前
ひめうり　京都
ぶんぶくちゃがま　山形（庄内）　静岡（志太）
べんとー　千葉（山武）
よめのごき　西国　筑前
よめのさら　紀伊　和歌山（有田）
よめのわん　伊勢　勢州
わんのき　江戸

コクサギ　〔ミカン科／木本〕

あぶらき　三重（員弁）
あぶらぎ　三重（鈴鹿）
あぶらくさ　岐阜（恵那）
あぶらは　三重（員弁）
あやくさ　近江坂田
いぬくさぎ　三重（伊賀）
うしくわず　山口　長崎（壱岐島）
うじころし　青森　宮城
うなしば　静岡（周智）
うまあらいのき　岐阜（揖斐）
えったちゃのき　和歌山（有田）
からんちょのき　長野（北佐久）
くさぎ　静岡（熱海）
くさぎな　高知（土佐）
こーばし　愛媛（周桑）　高知（土佐）
こくさ　神奈川（西丹沢）
こくさぎ　岩手　宮城　栃木　埼玉　静岡
こぐさぎ　群馬（甘楽）
こくさっぱ　東京　神奈川　山梨
こくそっぱ　東京（八王子）
さわうるし　千葉（鋸山）
さわふさぎ　静岡（伊豆）
じょーざん　羽前
しょーべんのき　長崎（多良岳）
せんずい　紀州
たいさぎ　高知（香美）
たいさげ　徳島（那賀）
たにくさぎ　奈良（吉野）
たにくさし　高知（土佐・長岡）
たにやなぎ　三重（一志）
ちゃびしゃぎ　阿州　徳島（美馬）
とーみょー　播州　備前
とーみょーそー　備後
とーめょー　岡山　兵庫
ともめ　芸州　広島

にがき　千葉（安房）
にどがみ　千葉（清澄山）
ぬたべ　三重（飯南）
ねず　愛媛（新居）
ねたべ　三重（度会）
のぐさ　城州鞍馬　京都（鞍馬）
はほろせ　宮崎（西臼杵・高千穂）
はもげ　大分（直入）
びんつけのき　長崎（壱岐島）
へーけじゃ　高知（安芸）
へびのちゃ　越前　福井
へみのちゃ　福井
ぽーずぎ　三重（一志）
みかえりぎ　奈良（吉野）
みたに　三重（一志）
みたび　三重（多気）
みたべ　三重（北牟婁）
めっぱじき　長野（北佐久）
めど　愛媛（上浮穴）

コクチナシ　〔アカネ科／木本〕

からくちなし　江戸
ちょーせんくちなし　和歌山（新宮）
とーくちなし　和歌山（新宮市）
はなぐちなし　岡山（岡山市）

コクテンギ → クロトチュウ

コクラン　〔ラン科／草本〕

いわたかな　鹿児島（長島）

コケモモ　〔ツツジ科／木本〕

おはまなし　富士
おやまりんご　富士山
かんろーばい　長野（北佐久）
かんろばい　長野（北佐久）
ふれっぷ　北海道

コケリンドウ　〔リンドウ科／草本〕

あさねぼー　静岡（小笠）
あめふりばな　静岡（小笠）
きつねのしょんべんおけ　静岡（小笠・榛原）
きつねのしょんべんため　静岡（小笠）
きつねばな　長野（北安曇）
ささりんどー　静岡（富士・庵原）
やくな　東京（八丈島）

コゴメウツギ 〔バラ科／木本〕

- いいぎさげ　千葉（安房）
- いぬはぎ　山梨（小金沢）
- うつぎ　宮城（栗原）　長崎（対馬）
- うばすかし　駿州
- うばずかし　長野（北佐久）
- えぞうつぎ　岩手
- えぞはぎ　岩手（下閉伊・紫波・稗貫）
- おばあずかし　山梨（南都留）
- おばすかし　山梨（東山梨・富士吉田）
- おばはぎ　武州三峰山　埼玉（秩父）　山梨（小金沢）
- かなぎ　東京（大島）　石川（能登）
- かれうつぎ　静岡（引佐）
- くちした　千葉（小湊）
- こーらいはぎ　大分（久住）
- こがねざんしょー　高知（土佐）
- こごめ　高知（土佐）
- こごめのき　紀伊
- こめうつぎ　三重（北牟婁）　奈良（吉野）
- こめごめ　宮城（刈田）
- こめのき　青森（三戸）　岩手　秋田
- こめのごしば　青森（中津軽）
- さかき　岩手（水沢）
- さわふさぎ　甲斐
- しょっとうつぎ　静岡（北伊豆）
- しょっとごや　山梨（南巨摩）
- しらうつぎ　木曾　埼玉（秩父）　岐阜（揖斐）
- しらはぎ　下野日光　上州榛名山　岩手（上閉伊）　青森　福島　茨城　栃木　群馬　山梨
- しらはしぎ　岩手
- しろうつぎ　木曾　埼玉（秩父）　長野（佐久）　岐阜（恵那）
- しろはぎ　長野（北佐久）
- しろもや　静岡
- しろやまぶき　埼玉（秩父）
- そばうつげ　高知（長岡）
- だんごのき　栃木（塩谷）
- ねずみもや　静岡（駿河）
- はぐち　山梨（中巨摩）
- はしき　岩手（岩手）
- ぴーぴーうつぎ　千葉（小湊）
- ひめはぎ　埼玉（秩父・栃本）
- ほーきのき　長野（北佐久）　山梨
- まぶしぼや　長野（佐久・北佐久）
- まむしぼや　長野（北佐久）
- みそはぎ　岩手（上閉伊）
- よーけなし　静岡（南伊豆）
- よーけんなし　静岡（南伊豆）
- よーでんぞー　静岡（南伊豆）

コゴメガヤツリ 〔カヤツリグサ科／草本〕

- えつ　熊本（玉名）
- さんかくくさ　兵庫（三原）
- ますくさ　和歌山（東牟婁）
- みつかど　兵庫（三原）
- みつかどぐさ　島根（美濃）

コゴメバナ → ユキヤナギ

コゴメヤナギ 〔ヤナギ科／木本〕

- ぽりぽりやなぎ　秋田（鹿角）

コシアブラ　ゴンゼツ 〔ウコギ科／木本〕

- あおぶ　宮城（柴田）
- あぶら　青森（津軽）
- あぶらき　青森（上北）　岩手　滋賀
- あぶらぎ　北海道　青森　岩手
- あぶらこ　北海道　青森
- あぶらせん　長崎（東彼杵）
- あぶらっこ　青森　秋田　山形
- あぶらぽー　長野（上田）
- あまごうり　熊本（八代）
- いつつばいもぎ　奈良（吉野）
- いつつばうそぼ　岩手（稗貫）
- いとじ　栃木（日光市）
- いどち　栃木（日光）
- いぬぽー　京都（山城）　広島（広島市）　徳島　香川　愛媛　高知
- いぬぽぽ　京都　広島
- いもき　栃木（西部）　群馬（東部）　京都　大阪　島根　岡山　広島（佐伯）　四国
- いもぎ　青森　岩手　埼玉（秩父）　栃木　東京　山梨　静岡　福井　三重　滋賀　兵庫　和歌山　鳥取　山口（厚狭）
- いもくそ　静岡　大分　宮崎
- いもっき　栃木（塩谷）
- いもど　山口（阿武）
- いものき　岩手　茨城　福井　山梨　長野　岐阜（飛騨）　静岡　愛知　三重　和歌山　徳島（美馬）　愛知（新居）　高知
- うさぎかじり　群馬（利根）　新潟（南魚沼）
- うさぎっぷー　群馬（利根）

コシアブラ

うさぎっぽい　新潟（魚沼）
うさぎぶー　新潟（南魚沼）
うそっぽ　青森（北津軽）岩手　岩手（盛岡）
うそっぽー　岩手
うそぽ　岩手
うむのき　静岡（田方・賀茂）
おしょのき　新潟（佐渡）
おんなごんぜつ　岐阜（恵那）
かたなのき　岐阜　滋賀　奈良（吉野）
かぶらき　石川
からっぽ　愛媛（上浮穴・面河）
からんぽ　愛媛（面河）
きょーぎ　島根（邑智）
こーせんのき　岐阜（揖斐）
こさずな　秋田
こさっぱら　岩手（稗貫）
こさばら　岩手　宮城（栗原・玉造）秋田（仙北）
こさぶな　秋田（北秋田）
こさぶろ　秋田
こさぶろー　秋田（山本・南秋田）静岡（駿河）
　高知（安芸）
こさんばら　秋田（仙北）
こしあぶら　青森　秋田　宮城　福島　栃木　群
　馬　長野　三重　和歌山　山口　福岡
こしあぶらのき　新潟（見附）
こしべ　新潟（東蒲原・南蒲原）
こしゃ　京都（北桑田）
こしゃぎ　和歌山（伊都）
こしゃぐら　岐阜（揖斐）
こしょーぶな　福井（今立）
こしょめ　福井（越前）
こせあぶら　滋賀
こせだら　愛知（段戸山）
こっぷ　青森（三戸）
ごは　熊本（球磨）
ころー　熊本（菊池）
こわばら　宮城
ごんずい　群馬（利根）静岡
こんぜつ　富山（五箇山）福井（勝山）
ごんせつ　静岡（遠江）
ごんぜつ　北海道　岩手　秋田　石川　長野　岐
　阜　京都　三重　和歌山　兵庫　鳥取　島根
　岡山　広島　愛媛　大分
こんでつ　岐阜（中津川）
ごんでつ　木曾　飛驒
さった　岩手

さったら　宮城　山形
さるすべり　秋田（山本）
さるっぽ　新潟（南魚沼）
さるふー　新潟（南魚沼）
さるぽ　青森（津軽）
さるぽ　青森　青森（上北）
さんたら　宮城（加美・黒川）
ざんぽーぎ　山形（庄内）
しのき　大分（日田）
しらき　高知　高知（土佐・長岡・高岡）
しらほー　熊本（球磨）
しろいも　三重　奈良
しろいもぎ　奈良（吉野）
しろき　広島　高知　高知（香美）
しろぎ　広島（比婆）愛媛　高知
そらっぽ　長野（伊那）
だいこんぎ　秋田（北秋田）
たかのつめ　岩手　埼玉
どーかんのき　福井（三方）
とーふ　群馬　岐阜　岐阜（飛驒）静岡
とーふっき　埼玉（秩父）
とーふのき　長野
とちあぶら　青森
とんご　岐阜（美濃）
なまとーふ　木曾
なまどーふ　長野（木曾・下伊那）岐阜（恵
　那・中津川）
にんじんぎり　徳島
ぬけぎ　三重（伊賀）
ばか　島根（邑智・石見）
ばかのき　島根　広島
はくち　高知（土佐・高岡）
はくちぎ　高知（安芸）
はごだし　岐阜（揖斐）
はぽか　岡山（北部）
ふくべ　三重（鈴鹿）
ぼーだら　埼玉（秩父）
ぼーちょ　岐阜（揖斐）
ぼーちょー　福井（大野）
ぼか　鳥取（岩美・日野）島根（出雲）岡山
　広島　愛媛　愛媛（上浮穴）高知　高知（土
　佐・幡多）
ぼかのき　兵庫（但馬）鳥取（因幡）岡山（備中）
まめがら　宮城（本吉）
みつて　秋田
むんけや　茨城

コジイ

めんぼか　高知（土佐）
もんけ　福島（双葉）
やまおから　岩手
やまおがら　岩手　宮崎　宮城（本吉）　新潟
やまかぶら　石川（能登）　鳥取（岩美）
やまぎり　島根（仁多）
やまどーふ　静岡（愛鷹山）
やまほほ　青森（三戸）
よつば　岩手（紫波）
ろーのき　福岡（築上・犬ヶ岳）

コジイ → ツブラジイ

コシオガマ 〔ゴマノハグサ科／草本〕
にんじんくさ　青森

コジキイチゴ 〔バラ科／草本〕
ふくろいちご　和歌山（熊野）

コシダ 〔ウラジロ科／シダ〕
いぬのこすだ　山口（厚狭）
いぬへご　長崎（東彼杵）
いわへご　鹿児島（伊佐）
うらじろへご　鹿児島（硫黄島）
おにっこしだ　和歌山（日高）
こへご　長崎　鹿児島
ごまんじょ　和歌山（海草）
ごまんじょー　和歌山（那賀）
こめしだ　熊野　和歌山（新宮市・東牟婁）
ねこすだ　山口（厚狭）　熊本（球磨）
へご　長崎（南高来）　鹿児島（加世田市）
むつしだ　和歌山（東牟婁）
もろもき　長崎（東彼杵）

ゴシュユ 〔ミカン科／木本〕
あおぞー　駿州
あおんぞー　駿州
はびてこぶら　紀州牟婁
はぶてこぶら　紀州若山　雲州

コショウ 〔コショウ科／草本〕
えのみこしょー　東国
からし　長野（上田）
こごしょー　筑紫
とーごしょー　鹿児島

コショウノキ 〔ジンショウゲ科／木本〕
ひのかじ　宮崎（西臼杵）
みつまた　鹿児島（出水）
やまじんちょー　鹿児島（悪石島・中之島）
やまりんちょー　鹿児島（垂水市）

コスミレ 〔スミレ科／草本〕
おんなすみれ　新潟（刈羽）

コスモス 〔キク科／草本〕
あきさくら　長崎（南松浦）
あきざくら　青森（津軽）　秋田　千葉（長生）　富山（砺波）　岡山　広島（比婆）　熊本　大分　鹿児島（鹿児島市）
さくらそー　大分（大分市）
せーたか　愛知（愛知）
ためさんばな　鹿児島（肝属）
ちょーせんざくら　大分（大分市・速見）
ひがんざくら　大分（大分）
ぼーせきばな　岐阜（揖斐）

ゴゼンタチバナ 〔ミズキ科／草本〕
とーきな　北海道

コタニワタリ 〔チャセンシダ科／シダ〕
おにのした　秋田（鹿角）　岩手（二戸）
せきだぐさ　木曾
たかのは　木曾

コツクバネウツギ 〔スイカズラ科／木本〕
てっぽつげ　香川（綾歌）

コデマリ 〔バラ科／木本〕
こごめざくら　島根
こごめばな　富山（高岡市・東礪波）　島根（石見）
さつきばな　山形（酒田市）
しずかけ　津軽
しつがけ　津軽
すずかけ　京都　長州　三重（宇治山田市）　岡山（岡山市）
てんまりばな　和歌山（新宮）
にぎりまんま　青森（上北）

ゴトウヅル → ツルアジサイ

コナギ 〔ミズアオイ科／草本〕
あぎなし　長野（北佐久）　鹿児島（垂水）

あごなし　長野（北佐久）
あつなし　鹿児島（伊佐）
あんなし　鹿児島（加世田）
いもがら　島根（美濃）　大分（佐伯市）　長崎（北松浦）
いもくさ　福岡（小倉市）　鹿児島（肝属）
いもぐさ　香川（島嶼）
いものは　島根（邑智）　山口（厚狭）
いもば　伯州　山口（厚狭）
いもばくさ　長門
おとがいなし　山形（東置賜）
おとげなし　長野（北佐久）
おもだか　大分（大分市）
くるまなへ　長野（下水内）
ごんぱち　岡山（川上）
そろえ　和歌山（有田）
つばきくさ　新潟（佐渡）
つばきば　新潟（佐渡）
なぎ　山形（東田川・鶴岡市）　新潟（刈羽・南蒲原）　福井（今立）　和歌山（日高・東牟婁）　兵庫（淡路島・津名）　岡山（御津・邑久）　香川　愛媛（周桑）　鹿児島（始良）
なぎぐさ　和歌山（新宮市）
なぎのは　和歌山（東牟婁）
はながらくさ　長崎（北松浦）
ひーるぐさ　岡山（御津）
びーるくさ　岡山（浅口・御津）
びりくさ　岩手（二戸）
みずぐさ　鹿児島（奄美大島）
みずなぎ　和歌山（西牟婁）

コナスビ　〔サクラソウ科／草本〕
いのほーずき　香川
うまのばっち　岩手（二戸）
きんちゃくなすび　熊本（玉名）
なすびぐさ　和歌山（東牟婁）
はたけなすび　紀伊在田　和歌山（東牟婁）
はたなすび　和歌山（東牟婁）

コナラ　ハハソ　〔ブナ科／木本〕
あおそ　広島（広島）
あさこ　大分（南海部）
いしなら　北海道　青森　高知　大分
いしまき　愛知（東加茂）
うつなき　広島（佐伯）
うつなら　愛媛（面河）

うみなぎ　広島
おなごなら　青森（東津軽）
かくま　山形（北村山・西田川）
かくまぬき　山形（北村山）
かしなら　山形
かしわ　岡山　愛媛（面河）
かたぎ　埼玉（比企）
かちのき　三重
かっちのき　三重
かつのき　三重
かなまき　岡山（美作）
くりこなら　青森（南津軽）
くろなら　青森　秋田　新潟　長野
くろはさこ　大分（玖珠・大野）
ごーぽーしば　筑前
こなら　青森　岩手　徳島　高知　香川
こばなら　山形（東田川・飽海）
こぼーそ　奈良　鳥取（因幡）
こぼそのき　岐阜（揖斐）
こまき　木曾　長野（西筑摩）　島根（簸川）
こめなら　秋田（雄勝）　茨城　新潟（北蒲原）
こめぼそ　京都（北桑田）
ごんだ　島根（石見）
ごんだらまき　島根（石見）
ごんだろーまき　広島（山県）
さしか　長崎（対馬）
さとなら　山形（庄内・酒田）
しごま　鹿児島（日置）
しば　静岡（遠江）
しぶなら　岐阜（揖斐）
すだ　熊本（芦北・八代）
すのき　静岡（遠江）　愛知（三河）
そだ　伊勢
そだめ　愛知（尾張）
そだめまき　岐阜（恵那）
だまかしどんぐり　山口（厚狭）
ちまめ　愛知（知多）
ちゅぎ　熊本
てんごろみのき　静岡
どーだがし　長崎（壱岐）
どんぐり　京都（船井）　島根（能義）　熊本（玉名）　千葉（清澄山）
どんぐりのき　山形（東村山）　愛媛（中部）
どんどろまき　広島（安佐）
ならかし　静岡（遠江）　徳島（海部）
ならき　広島（安佐）

コヌカグサ

ならくぎ　熊本（球磨）
ならご　佐賀
ならしば　紀伊
ならぬき　山形（北村山）
ならのき　秋田（北秋田）　高知　佐賀　長崎
ならはのき　愛媛（中予）
ならぽーそ　愛媛（新居）
ならほそ　福井（若狭）　滋賀
ならぽそ　丹波
のがし　和歌山（東牟婁）
はーそ　鳥取　島根（石見）
はさこ　福岡　熊本　熊本（上益城）　大分　大分（宇佐・下毛）
はざこ　熊本
はさこのき　熊本（球磨）
ははそ　静岡　三重　奈良　和歌山
ばりまき　山口（玖珂）
ひなら　静岡
ほーさ　越前　富山　石川　福井（越前）　愛媛（東部・大三島）　高知　宮崎
ほーざ　福井（越前）
ほーさなら　福井（越前・勝山・大野）
ほーさのき　福井（丹生）
ほーそ　富山　石川（加賀）　福井（越前）　岐阜　近畿　三重　滋賀　京都（山城・竹野）　奈良　和歌山　中国　鳥取　島根（石見）　岡山（苫田）　広島（安芸）　山口　徳島　香川　愛媛　高知（土佐）
ほーそー　三重（北牟婁）　岡山（苫田）　愛媛（東部）
ほーそーつなき　広島（広島）
ほーそなら　福井　岐阜　岡山（美作）　広島
ほーそのき　静岡（駿河）　兵庫（神戸市）　和歌山（田辺市）
ほーそまき　兵庫（神戸市）　鳥取（伯耆）　島根　広島（北部）
ほーなら　富山
ほさ　宮崎　鹿児島
ほさのき　愛媛　愛媛（中部）　鹿児島　鹿児島（伊佐）
ほす　宮崎（西諸県）
ほそ　福井（若狭）　近畿　三重（北牟婁・南牟婁）　京都（丹波・摂津）　兵庫（南部）　和歌山　鳥取　鳥取（伯耆）　鹿児島
ほそなら　富山
ほそのき　福井（敦賀・遠敷・小浜）　静岡（駿河）

ほそばのき　三重
ほそまき　広島（比婆）
ほほさ　愛媛（新居）　高知（長岡・土佐）
ほほそ　徳島　香川　愛媛（宇摩）　高知（土佐）
ほんなら　栃木（北部・日光市）
ほんばさこ　大分（南海部）
ほんぽーそ　奈良（吉野）　和歌山（有田）　鳥取（因幡）
ほんぽそ　奈良（吉野）　和歌山（高野山）
まおそ　広島（広島市）
まき　長野　岐阜　静岡　愛知　鳥取（伯耆）　島根（出雲）　岡山（美作）　広島（安芸）
まきしば　木曾
まこなら　山梨（本栖）
まなら　宮城（宮城・刈田）
まぽーそ　奈良
まぽーそー　奈良　岡山（美作）
まほさ　愛媛（中部）
まほそ　奈良（吉野）　宮崎
みずなら　群馬（山田）
みずぽーそー　岡山
めぽー　埼玉（秩父）
めんなら　高知（土佐）
もや　静岡（伊豆）
よめのこ　長野（下水内）
よめのこし　長野（下水内）

コヌカグサ　〔イネ科／草本〕

せーよーこぬかくさ　長野*
てんもんだいくさ　岩手（水沢）

コノテガシワ　〔ヒノキ科／木本〕

そのて　周防
てがしわ　周防　長門　島根
はりぎ　土州　高知
びゃくだん　江戸　島根（隠岐島）

コバイモ　〔ユリ科／草本〕

かさゆり　滋賀（坂田）
てんがいゆり　岐阜（美濃）

コハクウンボク　〔エゴノキ科／木本〕

しゃぽんのき　愛媛（新居）
すくも　愛媛（上浮穴）
ちょーめ　愛媛（上浮穴）
ちょーめん　高知（土佐）

コバノガマズミ 〔スイカズラ科／木本〕
じゅんめ　三重（宇治山田市）
しろよつどどめ　埼玉（秩父）
なべおとし　香川（香川・綾歌）
なべとーし　香川（香川・綾歌）　愛媛（宇摩）
みずき　山口（厚狭）

コバノトネリコ → アオダモ

コバノミツバツツジ 〔ツツジ科／木本〕
あえら　山口（厚狭）
あえらぎ　山口（厚狭）
いちばんつつじ　埼玉（秩父）　秩父

コバンソウ 〔イネ科／草本〕
きつねのちょーちん　山形（酒田市）
きつねのとーろー　山形（西田川）
たわらむぎ　山形（飽海）
ちょーちんばな　山形（飽海）

コバンノキ 〔トウダイグサ科／木本〕
あかねぎ　高知（土佐）
いわしのき　宮崎（宮崎）
えんじゅ　筑前
かよもんなかせ　高知（長岡）
こばん　兵庫（佐用）
こばんぎ　三重（北牟婁）
こばんのき　高知（高岡）
しゅたん　高知（土佐）
せんぽんのき　鹿児島（肝属）
ななかまもどり　奈良（北山川）
はぎな　高知（幡多）
はとはぐれ　鹿児島（垂水）
はどはぐれ　鹿児島（垂水市）
やますおー　鹿児島（肝属・垂水）
やまなんてん　勢州大杉

コバンモチ 〔ホルトノキ科／木本〕
いもぎ　三重（伊勢）　高知（高岡）
うぶださ　沖縄（与那国島）
おばもーち　和歌山（東牟婁）
こばもーち　三重（北牟婁）
こばもち　和歌山（東牟婁）
こばもちのおば　和歌山（東牟婁）
しゃくしぎ　高知（幡多・安芸）
しらき　鹿児島
しらちぐ　沖縄

しらつぐ　鹿児島（中之島・奄美大島・悪石島）
しろぎ　高知（高岡）
しろつぐ　鹿児島（悪石島）
つぐ　鹿児島（中之島）
とび　高知（幡多）
とびぎ　徳島（海部）
とびのき　高知（幡多）
のーない　高知（高岡）
はもがせ　鹿児島（甑島）
ほーまがい　鹿児島（肝属）
まがせ　鹿児島（大口）
みずがし　高知（幡多）
もがせ　鹿児島（肝属・垂水）
やまあこー　鹿児島（種子島）
やまがんぴ　高知（幡多）

コブシ 〔モクレン科／木本〕
いそざくら　岩手（下閉伊）
いとざくら　青森　岩手（九戸・下閉伊）
いとまきざくら　南部　岩手（気仙）
いもうえばな　神奈川
うしほひ　静岡（遠江）
おーざくら　岩手（九戸）　秋田（角館）
おかやなぎ　和歌山（西牟婁）
きくれんげ　島根（邇摩）
げーしゅんか　南国
こーぶし　静岡（秋葉山）
こぶき　山形（飽海）　新潟（岩船）
こぶしもくれん　宮城（刈田）
こぶしろ　熊本（球磨）
こぶのき　山形　茨城
こぼし　宮城　富山　福井　滋賀　岡山　広島
こぼせ　福井　鳥取
こぼりばな　宮城（刈田）
ごまがら　大和吉野
さくら　岩手（九戸）　青森
しきざくら　松前　津軽　北海道　青森　岩手　秋田
しちざくら　岩手（早池峰山）
しょーがき　広島
しょーべんぎ　広島
しろざくら　青森（下北・上北）　岩手（稗貫）
しんよー　兵庫（但馬）
せきざくら　岩手（稗貫）
たうえざくら　秋田（北秋田）
たうちさくら　青森　岩手　宮城

たうちざくら　青森（津軽）　岩手　宮城（本吉）
　　秋田（鹿角・北秋田）
たうちじゃくら　青森（上北）
たにいぞぎ　広島（神石）
たねまきざくら　岩手（稗貫）　秋田（北秋田・
　　仙北）
ちんちょー　岡山
っくぶし　山梨　静岡　岐阜　福井
とねりこ　島根（出雲）
なわしろざくら　青森（西津軽）
はかんぞ　岐阜（飛騨）
ひがんざくら　岩手（九戸）
ひきざくら　奥州南部　北海道　岩手（盛岡市）
　　秋田（仙北）　静岡
ふきざくら　岩手（上閉伊）
ふし　静岡
ふしのき　静岡（遠江）
ほほのき　長崎（対馬）
むんけや　茨城
やまこぶし　石川（能登）
やまもくれん　岐阜　滋賀　京都（丹波）　大阪
　　（摂津）　兵庫（摂津）　島根（石見）　広島　福
　　岡（八女）

コフジウツギ　　　〔フジウツギ科／木本〕
どくうつぎ　鹿児島（鹿児島市）
どくうつし　鹿児島（鹿屋市）
どくずし　鹿児島（肝属）
どくのき　鹿児島（肝属）
ほーのき　鹿児島（甑島）

コブナグサ　　　〔イネ科／草本〕
いもぐさ　香川（西部）
おかりやす　伊豆八丈島
かいなぐさ　播州　筑前
かりやす　伊豆八丈島　佐渡　長州　東京（三宅島）
けーなぐさ　千葉（安房）
こぶなくさ　京都
ささくさ　長門　周防　和歌山（日高・新宮市）
ささもどき　江州
ささものずき　周防
ついもち　愛媛（新居）
つゆもち　長門
よべーぐさ　千葉（館山）

コブニレ → ハルニレ

ゴボウ　　　〔キク科／草本〕
ごーぽ　千葉（印旛）　長崎（南松浦）
ごーぽー　熊本（宇土）
ごっぽ　群馬（利根）
ごぼ　和歌山　愛媛（新居・周桑）
ごんぼ　青森（八戸）　岩手（遠野・上閉伊）　秋
　　田（由利・雄勝・平鹿・仙北・山本）　新潟
　　（中蒲原）　福井　三重（安芸）　和歌山　福岡
　　（三池）　熊本（八代・球磨）　宮崎（宮崎・児湯）
　　鹿児島（垂水・肝属）
ごんぽー　岩手（紫波）　福島（福島）　群馬　京
　　都　和歌山（日高）　岡山（吉備）　福岡（久留
　　米・八女・三井・築上）　佐賀（藤津）

ゴマ　　　〔ゴマ科／草本〕
あぶらえ　長野*
うぐま　沖縄（首里）

コマイザサ → オカメザサ

コマガタケスグリ　　　〔ユキノシタ科／木本〕
つらすぐり　秋田（鹿角）

ゴマギ　　　〔スイカズラ科／木本〕
いだじ　山形（飽海・東田川）
いだじのき　山形（飽海・東田川）
いたちのき　山形（庄内）
いたちのしりかけ　新潟（佐渡）
いたちのへっぴり　新潟（佐渡）
いぬのしりぬぐい　秋田（山本・仙北）
えんこのけつのごい　秋田（由利）
こまぎ　兵庫（佐用）
ごまぎ　三重（鈴鹿）
ごましおのき　山形（飽海）
ごましおやなぎ　岡山
ごまのき　長野（上水内）
ごまんだ　島根（平田市）
ごまんだら　島根（平田市）
せんべい　岡山
とーのき　青森　岩手
ねこのくそぎ　山形（飽海・東田川）
ばっと　新潟（佐渡）
ばっとー　新潟（佐渡）
ふしのき　青森　岩手
ぽんつかえり　秋田（仙北）
やまごま　岡山

コマクサ　　〔ケシ科／草本〕
おこまくさ　新潟
せんにんそー　岩手（二戸）

コマツナ　　〔アブラナ科／草本〕
あおな　秋田＊　埼玉＊
あぽうん　栃木＊
うぐいすな　福島＊　栃木＊　群馬＊　埼玉＊　東京＊
　神奈川＊　新潟＊　富山＊　山梨＊　長野＊　岐阜＊
　静岡＊
おーのな　山梨＊
おそまな　徳島＊
おぽーしな　栃木＊
かみそりな　岡山＊
かんな　群馬＊
くいな　三重＊
こーぎな　埼玉＊
こな　東京＊　和歌山＊　島根
さとな　島根＊
しのぶな　福島
しもしらず　群馬＊
しゃかな　京都＊
しょーがつな　岐阜　静岡＊　愛知＊　兵庫＊　三重＊
すぎな　大分＊
ちごな　岡山＊
つまみな　長野＊
なこ　群馬＊
はるな　東京＊　京都＊　奈良＊
ひがんな　兵庫＊　岡山＊
ふーのー　大分（速見）
ふくたちな　岡山（岡山市）
ふくだつな　岐阜（北飛騨）
ふゆな　福島＊　群馬＊　埼玉＊　東京＊　新潟＊　山梨＊
　長野＊　岐阜＊　兵庫＊
まな　和歌山
もちな　岐阜＊　愛知＊
ゆきな　宮城（仙台市）　仙台

コマツナギ　　〔マメ科／草本〕
うしはぎ　宮崎（西諸県）　鹿児島（姶良）
おはぎ　岡山（御津）
かなはぎ　長野（北佐久）
かわらはぎ　新潟
くさはぎ　木曾　遠江　近江坂田　山口（厚狭）
くさふじ　長野（佐久）
ごぜのしりさし　熊本（玉名）

ごぜんしりさし　熊本（玉名）
こっといつなぎ　熊本（玉名）
こはぎ　長野（北佐久）
さるあずき　防州
じしばり　岡山（都窪）
すいくゎのはな　新潟（刈羽）
ちはぎ　長野（佐久）
とんずるぐさ　長野（北佐久）
ねむりぐさ　和歌山（有田）
ねむりこ　新潟（刈羽）
のはぎ　熊本（菊池）
はぎ　高知（土佐）　新潟
はぎくさ　長野（佐久）
ひめこはぎ　山口（大津）
ぶすくさ　木曾
ぶんどー　高知（香美）
ぽこなかせ　長野（北佐久）
ぽんばな　山形（東田川）
まむしぐさ　木曾
もこなかせ　長野（佐久）

ゴマナ　　〔キク科／草本〕
さんごく　山形（西置賜）
さんごくだち　山形（東置賜）

ゴマノハグサ　　〔ゴマノハグサ科／草本〕
うすくさ　紀伊牟婁

コマユミ　オオコマユミ　　〔ニシキギ科／木本〕
いぬまゆみ　福井（大野）　高知（香美）
いろまき　青森（上北・西津軽）
いろまきしば　青森（東津軽）
えりまき　青森（津軽）
えろまき　青森
えんまき　秋田（鹿角）
おーいろまき　青森
おーえろまき　青森
かいこしば　京都（北桑田）
かくぎ　高知　愛媛
くさまゆみ　秋田（秋田）
ごぜのき　熊本（玉名）
こまき　岩手　秋田
こまゆみ　新潟（西頸城）
こめぎ　鹿児島（姶良・国分）
こめばりのき　岐阜（揖斐）
しただしあねъ　富山（東礪波）

しらみころし　青森　埼玉　新潟（北魚沼）
しらみとり　青森（上北）
にしきぎ　山口（熊毛）　香川（香川・仲多度）
　高知　熊本
にゃーめ　香川（綾歌・香川）
ねそ　三重（伊賀）
はきしば　青森（上北）　秋田
はぎしば　秋田（南秋田・仙北）
はきぬき　山形（北村山）
はぎぬき　山形（村山）
ははきのほ　山形（東村山）
ふじ　秋田（男鹿）
ほーきぎ　秋田　富山　石川　岐阜　福岡
ほーきしば　青森（津軽）
まいび　鹿児島　富山（黒部）
まいめ　鹿児島
まえび　福井（小浜）
まき　青森　岩手　宮城　秋田　山形（東村山）
まぎ　秋田　宮城
まきぬき　山形（北村山）
まきのき　山形（北村山）
まきのほ　山形（東村山）
またぬき　山形（北村山）
ままっぱちぎり　岩手（岩手）
まゆみ　岩手　新潟　長野　石川　福井　徳島
　愛媛　福岡
みゃーみのき　島根（仁多）
めぎ　鹿児島（肝属）
もち　大分（東国東）
やまにしき　島根（平田市）
やまもち　大分（東国東）
ゆみぎ　愛媛　高知
ゆみしば　愛媛（温泉）

コミカン　〔ミカン科／木本〕
ほんみっかん　静岡（志太）

コミカンソウ　〔トウダイグサ科／草本〕
あきぼこり　鹿児島（種子島）
あきまさり　鹿児島（種子島・熊毛）
あさねごろ　鹿児島（日置）
ありみかん　鹿児島（川辺）
かき　鹿児島（揖宿）
きおーがんぐさ　鹿児島（日置）
さんしょーぐさ　和歌山（新宮）
さんねんねむり　鹿児島（悪石島）

じんたんぐさ　鹿児島（甑島・薩摩）
ちちさんしょー　東京（三宅島）
つちざんしょー　伊豆八丈島
ぬすどぐさ　鹿児島（奄美大島）
ねこみかん　長崎（大村市）
ねぶりくさ　和歌山（有田）
ねむりくさ　鹿児島（与論島・鹿児島・枕崎）
　東京（三宅島）　長崎（南高来）
ねむりぐさ　東京（三宅島）　和歌山（有田）　長
　崎（南高来）　鹿児島
ねむりそー　三重（宇治山田市・伊勢）
ほしんたれ　鹿児島（姶良）
ほしんたん　鹿児島（姶良）
まめくさ　熊本（菊池）
まめちゃ　和歌山（有田）
みかんぐさ　鹿児島（肝属・薩摩）

コミネカエデ　〔カエデ科／木本〕
いたぶ　愛媛（新居）
いたや　青森（西津軽）
うぐいすいたや　岩手（胆沢）
うぐいすばる　石川（白山）
うりぎ　高知（土佐）
うりぼー　山梨（本栖）
かえで　岩手　秋田　愛媛
かやで　高知（土佐）
からくるみ　青森（西津軽）
かわくるび　秋田（仙北）
かわくるみ　岩手（岩手・秋田）
かわぐるみ　岩手（岩手）
かわでもみじ　山梨（南巨摩）
こばのはなのき　岩手（岩手）
こみねかえで　青森（中津軽）
さわびそ　岐阜（中津川）
ねぎ　愛媛（新居）
はぜもみじ　岐阜（揖斐）
はないたや　岩手（稗貫）
ひめねぎ　徳島（美馬）
みやまいたぎ　岐阜（揖斐）
もみじ　青森　新潟　高知　愛媛

コムギ　〔イネ科／草本〕
いなむぎ　鹿児島（奄美大島）
いにゃむぎ　鹿児島（与論島）
いにゃむに　鹿児島（喜界島）
うどんむぎ　山梨*　岐阜*

かんばく　北海道*
くむぎ　鹿児島（大島）
こごみ　三重（阿山）
こなむぎ　東京（利島）　宮崎*
こばく　北海道*　埼玉　徳島（板野）　愛媛*
こもぎ　岡山
ざれ　熊本（上益城）
しょーゆむぎ　山形*
そー　山口（阿武）
だごむぎ　宮崎*　鹿児島*
だら　山口
だんごむぎ　愛媛*
ひやきむぎ　岐阜*
ぽー　宮崎*
まむぎ　岐阜*
んなむじ　沖縄（首里）
んなむん　沖縄（八重山）

コムラサキ　　　　　〔クマツヅラ科／木本〕
こめこめのき　尾張
こめごめのき　尾張
むらさき　播州

コメガヤ　　　　　〔イネ科／草本〕
おこめぐさ　長野（北佐久）
こめこめ　長野（佐久）
すずめのおこめ　長野（北佐久）

コメツガ　　　　　〔マツ科／木本〕
いぬつが　栃木
うらじろ　青森（弘前市・中津軽）　福井
かなつが　山形（置賜）
くさつが　栃木
くるび　岩手（岩手）
くろつが　栃木　静岡
くろとが　奈良（吉野）
こめつが　青森（中津軽）
こめとが　静岡（駿河）
しろつが　静岡（遠江）
つが　岩手　秋田　栃木　東京　長野（佐久）
　高知
つがさわら　岩手（岩手）
つがまつ　岩手（気仙）
とが　岩手　和歌山
とがまつ　和歌山
ひめつが　長野（松本市）　鳥取（岩美）

べにつが　福島　栃木　群馬　尾瀬
めつが　静岡　静岡（遠江）
もみ　新潟　石川
もろび　秋田（山本）

コメツツジ　　　　〔ツツジ科／木本〕
うんぜんつつじ　和歌山（日高）

コモ　　　　　　　〔イネ科／草本〕
かっぽ　越後
かつみ　陸奥
こもかや　阿州
こもくさ　仙台
ちまきくさ　仙台
まきくさ　南部

ゴモジュ　　　　　〔スイカズラ科／木本〕
ぎむる　鹿児島（奄美大島）
ぎゅむるぎー　鹿児島（奄美大島）
げむる　鹿児島（南西諸島）
ごまぎ　香川

コモチカンラン → メキャベツ

コモチシダ　　　　〔シシガシラ科／シダ〕
いわへご　鹿児島（中部）
おーとび　鹿児島（奄美大島）
おーへご　鹿児島（甑島）
かくまり　東京（八丈島）
へご　鹿児島
むかでへご　鹿児島（甑島）
やまどりかくし　静岡（南伊豆）

コモチマンネングサ　〔ベンケイソウ科／草本〕
つめくさ　鹿児島（出水）
なげくさ　愛媛（周桑）
ほーたろぐさ　静岡（富士）
ほたるぐさ　鹿児島（出水・阿久根）　静岡（富士）

ゴヨウマツ　　　　〔マツ科／木本〕
おんごよー　高知
ごはのまつ　愛媛（宇和島）
ごほんまつ　秋田　静岡　島根（石見）
こめまつ　福井（越前）
ごよー　青森　埼玉　富山　石川　福井　静岡
　長野　岐阜　高知　愛媛　宮崎　熊本
ごよーのまつ　青森　岩手　福島　福井　京都

大阪　三重　和歌山　岡山　鳥取　広島　山口
　　愛媛　長崎
ごよーまつ　青森　岩手　秋田　新潟　富山　石
　　川　福井　山梨　愛知　岐阜　三重　和歌山
　　京都　広島　高知
ごよのき　島根（鹿足）
ごよまつ　愛媛（東予）
しもふりまつ　仙台　岩手（東磐井）　新潟　新
　　潟（北蒲原）
ちょーせんまつ　長崎（対馬）
はりなが　富山
ひめこ　岩手　茨城　千葉　埼玉　東京　山梨
　　岐阜　石川　福井
ひめご　秋田（仙北）
ひめぎょー　埼玉（秩父）　青森　新潟　山梨
　　静岡　岐阜　和歌山　岡山　広島
ひめまつ（ヒメコマツ）　青森　岩手　宮城　山
　　形（北村山）　福島　富山　石川（加賀）　岐阜
　　（美濃）　京都　和歌山　岡山　広島
ふじごよー　静岡（伊豆）
みやまごよー　新潟（蓮華温泉）
めんごよー　高知
やまごよー　福岡（犬ヶ岳）

コリヤナギ　　　　　　　　　〔ヤナギ科／木本〕
いとやなぎ　北海道*
かわやなぎ　山口*
きりゅー　長野*
こーりのき　長崎*
ねこやなぎ　香川
はこやなぎ　芸州
やなぎごり　山梨*

コーリャン　→　モロコシ

コールラビ　キュウケイカンラン
　　　　　　　　　　　　　　〔アブラナ科／草本〕
かぶかんらん　青森　岐阜*　大阪*　鳥取*　宮崎*
かぶたまな　青森　秋田*　福島*
てこまな　静岡*

コリンゴ　→　ズミ

コンギク　→　ノコンギク

ゴンズイ　　　　　　　　〔ミツバウツギ科／木本〕
あめふりのき　長崎（壱岐島）
いぬたん　高知（長岡）
いぬのくそ　愛媛（宇摩）

いわしやかず　山口
うけじゃぎ　三重（一志）
うまのしょーべんぎ　高知（安芸）
うめな　愛媛（宇和島）
おおばもえむ　大分（由布院）
かみなりぎ　愛媛（西宇和）
からすとまらず　三重（志摩）
からすのふみおり　三重（亀山）
ぎょーぎょーな　和歌山（東牟婁）
くさぎ　静岡（熱海）
くそごし　熊本（玉名）
くろきな　愛媛（東三河）
くろくさぎ　播州　和歌山（東牟婁）　兵庫（播
　　磨）
くろはぜ　土州　徳島（美馬）　香川（香川・仲
　　多度）　高知
くろもんじゃ　高知（安芸・香美）
ごいずい　静岡（南伊豆）
ごし　静岡（南伊豆）
ごしゅ　三重（伊賀）
ごぜのき　埼玉（入間）
ごっつい　静岡（伊豆土肥）
ごまのき　肥州　長崎（対馬）
ごんじ　大分（南海部）
ごんず　千葉　大分（南海部）
ごんずい　千葉　静岡
ごんずき　大分（東国東）
こんりー　大分（南海部）
さんぎな　三重（尾鷲）
しおからのき　鹿児島（屋久島）
じゃぎな　三重（度会）
しょーべんぎ　高知（長岡）
しょーべんのき　愛媛（大洲市）　長崎（平戸市）
　　鹿児島（屋久島）
しょーべんぼー　千葉（清澄山）
せんだん　三重（河芸）
そらしらず　武州玉川　東京
だいきな　宮崎（東臼杵）
だぎ　三重（北牟婁）
たで　和歌山（東牟婁）
たんぎ　勢州
だんぎ　三重
だんぎな　紀州　三重（度会・北牟婁）　奈良
　　（吉野・北山川）　和歌山（東牟婁）
だんぎり　紀州
だんほな　紀伊

つみくそのき　泉州
で　熊本（水俣）
でぁーのき　熊本（球磨）
でー　熊本（水俣市）
でぎ　鹿児島（肝属）
でぎな　宮崎（入郷）
てさん　鹿児島（奄美大島）
でのき　宮崎　鹿児島（垂水市）
とべら　熊本（球磨）
とりあし　三重（員弁）
なべぶち　宮崎（都城）
なべわら　鹿児島（奄美大島）
なべわり　鹿児島（奄美大島）
ならかば　埼玉（入間）
ねこのくそのき　長崎（西彼杵）
ねこばばのき　長崎（西彼杵）
はぜな　土州　愛媛（宇和島）　高知（高岡・幡多）
はなな　紀州
みーはんちゃー　沖縄
みずよす　鹿児島（甑島）
みはんちゃぎ　沖縄
めーたま　沖縄
めのみのき　鹿児島（揖宿・喜入）
めはちかぎ　鹿児島（奄美大島）
もーがせ　鹿児島（甑島）
やまごしゅ　三重（一志）
やまこんじゅ　三重（一志）
やまごんずい　三重（一志）
やまはぜ　高知（幡多）

ゴンゼツ → コシアブラ

コンテリギ → ガクウツギ

コンニャク　コンニャクイモ　〔サトイモ科／草本〕
えどゆき　奈良（吉野）
こんにゃくだま　静岡（富士）

こんにゃくね　鹿児島*
こんやく　埼玉（入間）　和歌山（伊都・有田・東牟婁）
さといもこんにゃく　鹿児島*
すなおろし　香川（高見島）
たま　京都*　和歌山*　山口*
つゆいも　宮崎
てないぐさ　岐阜（加茂）
てんぴら　滋賀（坂田・東浅井）
とーねんご　岡山*
どくはらい　神奈川（津久井）
にゃく　京都（宇治）
はがいも　三重*
べったら　栃木（河内）
へびのあねさま（あねはん）　山形（東田川）

コンブ　〔コンブ科／藻〕
あおいた　長野（佐久）　静岡
こっのは　鹿児島（鹿児島）
こぶかわ　秋田（鹿角）
しがね　松前
はこぶ　熊本（天草）
ほんめ　仙台
ぼんめ　岩手（気仙）

コンロンカ　〔アカネ科／木本〕
わらべなかしゃ　鹿児島（奄美大島）

コンロンソウ　〔アブラナ科／草本〕
やなぎぐさ　木曾
やなぎそー　木曾
やなぎはな　木曾
ゆりくさ　木曾
よりくさ　木曾

サ

サイカチ 〔マメ科／木本〕
うまさいかし　信州奈良井
からたち　愛媛（伊予）　静岡（遠江）
かわらふじ　紀伊　鳥取　島根　広島
かわらぶし　三重（南牟婁）
きこく　静岡（遠江）
さーがず　岩手（九戸）
さーかち　島根（隠岐）
さいかいし　筑前
さいかいじゅ　筑前
さいかし　周防
さいがじ　岩手
さいかち　青森　岩手　宮城
さいかちいばら　富山
さいかちばら　埼玉　神奈川（足柄上）　新潟（佐渡）　長野（北佐久）　静岡
さいがちばら　青森（西津軽）
さいかのき　岩手（気仙）
さかえじ　青森（中津軽）
さがつ　青森（三戸）
さげじ　青森（中津軽）
さやかち　静岡（駿河）
さるとりいばら　茨城
しえがじ　秋田（鹿角）
しゃいかち　宮城　山形
しゃがじ　青森　秋田
しゃかち　秋田（北秋田・山本）
しゃがち　秋田
しゃかつ　秋田（仙北）
しらみころし　新潟（中蒲原）
せあがず　秋田
せいがじ　青森　宮城
せいかち　静岡（伊豆）
せかち　秋田（北秋田）
ちこく　福井（越前）
ばら　静岡（伊豆）
ばらのき　静岡（遠江）
はりえんじゅ　島根（石見）
はりまめのき　丹波

まめのき　宮崎（西臼杵）

サイハイラン 〔ラン科／草本〕
いもばっこり　静岡（磐田）
くさえびね　岐阜（美濃）
ささばくり　山形（西置賜）
ささばっくり　山形（東置賜・北村山）
ささばやくり　山形（東置賜）
ささぼくろ　岐阜（美濃）
はくり　青森（津軽）　宮崎（西臼杵）
はっくり　青森（八戸・三戸）　福島（相馬）
ほーくり　長野（北安曇）

ザイフリボク　シデザクラ 〔バラ科／木本〕
あかねじ　丹後
あぶらしで　愛知（東三河）
あわぐみ　福井（三方）
いぬしで　岡山（苫田）
いねび　岡山
うしころし　宮城（宮城）　山梨　岐阜
うしなぐり　木曾
うねもじり　能州
うらじろ　長州　周防
おーかめしばき　三重（伊賀）
おばばのへそ　長野（北佐久）
かしらしめ　愛媛（西宇和）
かねかぶり　山口（阿武）
かねっかぶり　山口（佐波）
かまがら　愛媛（伊予）
かまはじき　周防
くろぐみ　岐阜（揖斐）
くろすまがす　三重（鈴鹿）
じーなかせ　広島（比婆）
しで　長州　防州　和歌山（有田）　静岡（袋井）
しでざくら　和歌山
しらの　佐渡
しわき　播州
しわぎ　播州

しわのしで　山口（佐波）
ためがら　周防
てんぐしば　和歌山（伊都）
なたおらし　長崎（対馬）
なたかぶり　山口（阿武）
なまえ　讃州　香川（綾歌）
なまえもどき　愛媛（宇摩）
なます　福岡（粕屋）
のいし　大分（由布院）
のしで　山口（阿武）
はかりのめ　山口（厚狭）
はなもちのき　山口（厚狭）
はるばる　三重（志摩）
ふじき　長州　周防
みずみざくら　丹後
むらたち　福井（坂井）
もちばな　兵庫（有馬）
やまざくら　岡山
やまなし　山口（周防）　愛媛（宇摩）
やまむく　三重（度会）
やまむろ　美濃
よめごろし　長野（北佐久）

サキキ　　　　　〔ツバキ科／木本〕

あうで　千葉（鋸山）
あぜ　千葉（君津）
あぜさかき　千葉（大多喜）
あで　千葉（清澄山）
あでさかき　千葉（清澄山）
あみぎ　岡山
いす　神奈川（大磯）
いそさかき　鹿児島（薩摩）
うふわけいし　沖縄
おーさかき　大分　鹿児島（奄美大島）
おとびのき　福井（敦賀）
おやまさかき　高知（土佐清水）
かみさかき　埼玉　静岡　三重　和歌山　愛媛　高知（香美）　熊本　大分　宮崎　鹿児島
かみさんしば　島根（鹿足）
かみしば　三重　和歌山　島根（石見）　四国　愛媛　高知　長崎　鹿児島
かみしゃかき　宮崎　熊本　鹿児島
かみじゃかき　宮崎（西都）　鹿児島（屋久島）
かみば　島根（石見）
かんさかき　鹿児島（鹿児島市）

かんしゃかき　鹿児島（薩摩・大口・鹿児島）
かんじゃかけ　熊本（芦北）
ごへのき　高知（幡多）
さかき　静岡　三重　奈良　和歌山　福岡　宮崎　熊本　鹿児島
さかきしば　島根（出雲）　愛媛　愛媛（上浮穴）　福岡（築上）　長崎　長崎（西彼杵）　熊本（球磨）
さかしば　京都（北部）　愛媛（大洲市）　高知（幡多）
ささき　静岡　広島　愛媛
しば　静岡（駿河）　島根（石見）
しゃかき　石川　和歌山　岡山　愛媛　鹿児島（奄美大島）
しゃかけ　福井（若狭）
しゃしゃ　香川（大川）
しゃしゃき　岡山（美作）
しょーぎ　岐阜（北飛騨・吉城）
せんだら　鳥取（岩美・気高）
そよぎ　長野（上伊那）
つるめき　鹿児島（奄美大島）
はなしば　宮崎（宮崎市）
はなてしば　福井（三方）
はなのき　岐阜（美濃）
はゆす　鹿児島（大島）
ふついま　沖縄（首里）
ほんさかき　熊本　宮崎　高知
ほんしゃかき　熊本
まさかき　東京（三宅島・御蔵島）　茨城　神奈川（足柄上）　島根（石見）
みやこさかき　肥前　長崎
みやまさかき　山口　山口（玖珂）　高知（幡多）　長崎（南松浦・五島）
みやましゃかき　鹿児島（大口）
みやまのき　鹿児島（出水）
やまさかき　鹿児島（奄美大島）
りっか　高知（土佐清水）

サカキカズラ　ニシキラン　〔キョウチクトウ科／木本〕

くちなしかずら　和歌山
くろさい　高知（幡多）
くろまさき　鹿児島（甑island）
くろまさきかずら　鹿児島（甑島）
こんどーかずら　和歌山
とーじかずら　和歌山
どびんかずら　鹿児島（悪石島）

サガリバナ

にしきかずら　和歌山
まさき　東京（三宅島）
まさきずる　東京（三宅島）
まさきふじ　東京（御蔵島・小笠原島）

サガリバナ　〔サガリバナ科／木本〕
じけげ　鹿児島（与論島）

サギゴケ　〔ゴマノハグサ科／草本〕
あぜな　防州
おかいちょーばな　岡山
おかまはんぐさ　愛媛（周桑）
おかんすぐさ　愛媛（周桑）
おまんこばな　愛媛（新居）
おめこばな　岡山
かみつかう　江州
かみっこー　江州
かわらけな　泉州
さぎごけ　京都
さぎしば　勢州
さぎそー　江戸　京都　山形（東田川）
しただしおかべ　山形（酒田市・飽海）
じょろばな　愛媛（周桑）
じろたろーばな　泉州
しろばなさぎごけ（サギシバ）　和歌山
たはぜ　防州
ちどりそー　筑前
ちゃわんわり　愛媛（周桑）
ちゃわんわればな　愛媛（周桑）
とののうま　佐賀　肥前
とののむま　肥前
はしりな　紀伊
はぜな　泉州
はっかけばな　長野（諏訪）
ばっぺばな　山形（鶴岡市）
へびのひち　青森（津軽）
ほかけそー　泉州
まんぺはれ　秋田（仙北）
みみずく　伊勢
むぎめしばな　近江
もちはぜ　越前　越後
よめはんばな　愛媛（周桑）

サキシマスオウノキ　〔アオギリ科／木本〕
はまぐるみ　鹿児島（奄美大島）

サギソウ　〔ラン科／草本〕
こぎぼーし　長州

サクラ　〔バラ科／木本〕
かば　秋田　新潟（北魚沼）
からんちょのき　長野（北佐久）
かんば　徳島（美馬・三好）
かんぱき　高知
かんばのき　徳島（美馬・三好）
けや　和歌山（日高）
しおがまざくら（ヤエザクラ）　熊本（玉名）
　鹿児島
たらぼー　岩手（九戸）
ちょーちんざくら（ヤエザクラ）　静岡（志太）
　熊本（玉名）
てんまるざくら（ヤエザクラ）　山形（西置賜）
　岐阜（飛驒）
ぼたんざくら（サトザクラ）　三重　和歌山（日高）
ぼたんざくら（ヤエザクラ）　福島（相馬）　静岡
　（志太）　三重（松阪）　愛媛（松山）
まりざくら（ヤエザクラ）　神奈川（津久井）
みずうめ　徳島（三好）
やまざくら（ヤエザクラ）　三重（名賀）
よめごろし　長野（佐久）

サクラソウ　〔サクラソウ科／草本〕
くるまそー　埼玉（入間）　長野（北佐久）　岐阜
　（飛驒）
くるまっこ　青森（八戸・三戸）
くるまばな　青森（八戸・三戸）　長野（北安曇）
くるみそー　新潟（長岡）
さくらあさ　周防
しどりげっちょ　岩手（岩手）
なるてんぐさ　岡山
なわないそー　富山　富山（富山市・射水）
めどちばな　青森（上北）
めどつばな　青森
やまほーどげ　青森（八戸・三戸）

サクラタデ　〔タデ科／草本〕
あいくさ　山形（北村山）
あかめまんあ　静岡（富士）

サクラツツジ　〔ツツジ科／木本〕
かわざくら　鹿児島（中之島）
かわつつじ　鹿児島（屋久島）

つずらのき　鹿児島（悪石島）
ねざくら　鹿児島

サクララン　　　　　　〔ガガイモ科／草本〕
かずららん　鹿児島（悪石島）
かみさしばな　沖縄（首里）
つばきらん　鹿児島
みゃーぬした　鹿児島（与論島）
おーみかん　高知*

サクランボ　オウトウ　〔バラ科／木本〕
さくらご　盛岡　仙台　宮城（仙台市）　秋田　山形　福島　新潟（西蒲原）
さくらめど　長野（佐久）
さくらもも　青森*　群馬*　埼玉*　千葉*　新潟*　山梨*　長野　岐阜*　京都*　大阪*　愛媛*　長崎*　大分*
さくらんご　宮城（栗原）　山形　新潟（刈羽）
さくらんぽんぽ　千葉（夷隅）
みざくら　福島　群馬*　高知*

ザクロソウ　　　　　　〔ザクロソウ科／草本〕
すずこぐさ　山口（大津）
なるてんぐさ　岡山
ももぐさ　和歌山（有田）

ササ　　　　　　　　　〔イネ科／草本〕
いらさ　宮崎（都城）
すす　奈良（吉野）
すず　山梨　静岡（安倍）　島根　愛媛

ササガヤ　　　　　　　〔イネ科／草本〕
ささぼとくい　鹿児島（垂水市）
たこーらぼとくり　熊本（球磨）
のがや　香川（東部）
めっぱりぐさ　東京（三宅島・御蔵島）

ササクサ　　　　　　　〔イネ科／草本〕
いちび　和歌山（日高）
いちろく　和歌山（新宮）
かいなぐさ　長門
そーちく　薩州
つかみ　和歌山（東牟婁）
つかみぐさ　和歌山（東牟婁）
とーささ　京都
のざさ　熊本（菊池）

ものぶれ　熊本（玉名）

ササゲ　　　　　　　　〔マメ科／草本〕
あかもの　千葉（山武）
あくしゃまめ　熊本（南部）
あさぎ　島根（豊田）
あずきささげ　新潟*
あほまめ　滋賀（甲賀）
いるまめ　北海道*
いんげんまめ　北海道*　岩手*　長野*　静岡*　三重*　京都
うわ　岡山（邑久）
おかまめ　大分*
おにまめ　大分*
おらんだ　福島（相馬）
かきぐろ　予州
きささぎ　長野（上田）
きささげ　大分*
きふろー　長野*
きまめ　福岡*
きょこつ　愛媛*
きりさご　鳥取*
きんとき　東京（南多摩）
きんとん　栃木　埼玉*　東京*
きんとんあずき　栃木
くねまめ　長野（下水内）
ぐるりまめ　熊本*
くろまめ　京都*
こくとり　茨城*　栃木*
こさしらず　山梨*
こっちゃーまめ　佐賀*
ささぎ　青森　岩手（上閉伊）　秋田（雄勝）　埼玉（入間・北足立）　千葉（長生）　神奈川（津久井）　岐阜（吉城）　和歌山（日高）　山口（厚狭）　福岡（久留米・八女・築上）　佐賀（東松浦）　長崎（壱岐島）
ささげまめ　鹿児島（鹿児島）
さざとー　京都*
ささん　富山*
ささんぎ　秋田（由利・鹿角・山本・南秋田・仙北・雄勝）
さつまめ　三重*
さなり　備前　岡山（備前・御津）
さやまめ　北海道*　京都*
しぶり　和歌山（東牟婁）
じぶり（ササゲの１種）　和歌山（東牟婁）

ササゲ

しぶろ（ササゲの1種）　和歌山（日高）
じぶろ（ササゲの1種）　和歌山（日高）
じゅーはち　大阪（北河内）
じゅーはちささげ　関西　京都　滋賀*
じゅーはちまめ　三重　滋賀*　大阪*
じゅーろく　西国　山梨　岐阜*
じゅーろくささぎ　関東
じゅーろくささげ　尾張　関東　新潟（佐渡）
じゅーろくまめ　岐阜　愛知*　滋賀*
せーよーあずき　山梨*
せつささげ　三重*
せつまめ　三重*
せとうち　福岡*
そらふき　島根*
たぼー　長野（上田）
だぼー　長野（上田）
たらじまめ　島根（簸川）
たらずまめ　島根（簸川）
だらり　雲州
たわけまめ　岐阜*
ちょーせんささげ　西国
つゆまめ　広島
てありささげ　山形*
てうちまめ　熊本*
てなし　北海道*　長野*
てなしささぎ（ツルナシササゲ）　山形（北村山）
てなしささげ　岩手*　福島*
てなしまめ　奈良*
てんこー　愛知
てんこーあずき　秋田
てんじくまめ　長野（更級）
てんじょー　埼玉*　長野（更級）
てんじょーあずき　埼玉*
てんじょーなり　群馬*
てんじょーまもり　埼玉*
てんじょく　長野（更級）
とーささげ　信州
とーぶろ　千葉*
とーろくすん　長崎　大分*
とーろくまめ　京都*
なかくろ　熊本*
ながささぎ　福岡（築上）
ながささげ　南部　山形*　福島*　福岡（築上）
ながふーろ　予州
ながぶろ　千葉（安房）
ながふろー　予州　島根*　香川（高松市）　高知*

宮崎*
ながぶろー　愛媛（松山）
ながまめ　富山*　鳥取*　島根*　山口*　佐賀*
なつあずき　滋賀*　奈良　鳥取*　島根*　広島　大分*
なまめ　沖縄　沖縄（首里）
ならちゃあずき　秋田*
なわささげ　四国
なんきん　茨城（真壁）
なんどなり　岐阜*
にじゅーろく（ササゲの1種）　常州
にどなり　駿河　伊勢　愛知（北設楽）
にどなりまめ　大分*
にどまめ　京都*　兵庫*　鳥取*
はっしょーまめ　近江
ひよたれ　山口*
びんじょ　滋賀（神崎）
びんじょー　滋賀*
ふーろー　沖縄（首里・石垣島・竹富島）
ふーろーまみ　沖縄（八重島）
ふどー　香川（綾歌）
ぶどー　香川（三豊）
ぶどーあずき　岡山*
ふらう　上州　総州　信州　九州
ふる　鹿児島（徳之島）
ふろ　愛媛　宮崎
ふろー　上州　総州　信州　伊予　九州　沖縄　長野（南佐久・長野）　島根（鹿足）　徳島*　愛媛（松山）　高知*　大分　宮崎（日向）　沖縄（首里・小浜島）
ぷろー　鹿児島（喜界島）
ふろーまみ　沖縄（新城島）
ふろまーみ　沖縄（与那国島）
ふろまみ　鹿児島（奄美大島）
ふろまめ　宮崎（東諸県）　鹿児島*
ぶんず　千葉（上総）
ぶんどー　愛媛*
べにまめ　兵庫*
ほどまめ　京都*
ほろまみ　鹿児島（奄美大島）
ほろまむ　鹿児島（奄美大島）
ぼんまめ　島根*
みささげ　山口*
みず　和歌山（日高）
みずささげ　和歌山（日高）
みずら　常州　関東　静岡（浜名）

サツマイモ

みぞ　山口*
みたび　神奈川（愛甲）　埼玉（入間）
みどり　山口*
みとりあずき　岐阜*　三重*　大分*
めずら　栃木　群馬（館林）　埼玉*
もがり　遠州

ササユリ　〔ユリ科／草本〕

かっこゆり　三重（一志）
かっぽ　和歌山（田辺市・東牟婁・西牟婁）
さゆり　山形
たけばな　三重（志摩）
つりがねそー　丹波
でんぐり　和歌山（東牟婁）
てんゆり　和歌山（東牟婁）
でんゆり　和歌山（東牟婁）
ひめゆり　高知　熊本（玉名）
やまゆり　三重　和歌山（海草・有田・日高）
　広島（比婆）　岡山
やまより　岐阜（恵那）
ゆり　和歌山（東牟婁）

サザンカ　〔ツバキ科／木本〕

いじゅ　沖縄（首里）
うめがたし　鹿児島
かたいし　九州
かたし　島根　愛媛　高知　長崎（南高来）　熊
　本（天草・芦北）　鹿児島
かたしぼーず　熊本（上益城）
かたせ　島根
かたち　島根
かちゃし　熊本
かてし　熊本（天草）　鹿児島（姶良・吉松）
かてしのき　長崎（南高来）
こかたし　高知　鹿児島（揖宿）
こがたし　愛媛（中部）　高知　熊本（天草）　宮
　崎（東臼杵）　鹿児島　鹿児島（肝属）
こがちゃし　長崎（南高来）
こがてし　鹿児島（薩摩）
こつばき　大分（南海部）
こまがたし　愛媛（南宇和）　高知（幡多）
こめがたし　愛媛（南部）
さざんか　高知（安芸・高岡・幡多）
しろちばち　沖縄
しろつばき　鹿児島（奄美大島）
のがし　鹿児島（奄美大島）

ひめかたいし　佐賀
ひめかたし　福岡　長崎　熊本　大分（南海部）
　宮崎　鹿児島
ひめがたし　長崎　熊本　宮崎　鹿児島
ひめかていし　長崎（北松浦・壱岐島）　宮崎
　（都城）　鹿児島
ひめかてし　鹿児島（串木野・日置）
ひめつばき　長崎（南松浦・壱岐島・五島）　熊
　本（球磨・芦北）　大分　鹿児島
ぽでんか　熊本（芦北）
やまつばき　長崎（南高来）　熊本（下益城）
んじゅ　沖縄（首里）

サジオモダカ　〔オモダカ科／草本〕

よめのよりいと　木曾

サジガンクビソウ　〔キク科／草本〕

くさたばこ　福島（相馬）
たばこくさ　福島（相馬）
たばこぐさ　新潟（刈羽）

ザゼンソウ　〔サトイモ科／草本〕

あしたこ　青森
いぬのした　秋田（鹿角）
うしのした　岩手（二戸）
うしのみみ　芸州
うらじろ　青森
えごな　米沢
くわだいな　青森
さえんしな　山形（西置賜）
へーこのした　出羽
べこのした　青森（八戸）　岩手（盛岡・二戸）
やまごぼー　青森　島根（邇摩）
やまごんぼ　青森　鹿児島（垂水）
やまぶき　和歌山（新宮）
やまぼーこ　島根（美濃・仁多）

サツマイモ　カンショ　〔ヒルガオ科／草本〕

あかいも　長崎　大阪*　和歌山*　山口（大島）
　徳島*
あかおらんだ（サツマイモの1種）鹿児島（垂水）
あかげんき　山口（大島）
あかずき　福井
あかずきいも　東京（八丈島）
あかはちり　肥前
あかばちり　肥前

サツマイモ

あかぱちり　肥前
あかぽけ　岡山（邑久）
あがん　沖縄（波照間島）
あこーん　沖縄（小浜島）
あっこん　沖縄（石垣島）
あまいも　京都＊　兵庫　和歌山＊　島根＊　岡山（邑久）　愛媛＊
あめりかいも　岡山（邑久）　広島（江田島・安芸）　香川　愛媛（新居・越智）
あんがん　沖縄（石垣島・波照間島）
いしぐーんむ　沖縄（首里）
いちいも　伊豆諸島
いも　神奈川（平塚）　千葉（長生）　奈良（宇陀）　和歌山（西牟婁）　兵庫（飾磨）　岡山　広島（安芸）　山口（柳井・大島・玖珂・熊毛・都濃・吉城・阿武）　愛媛（宇和島・宇摩・越智・温泉・喜多・西宇和・北宇和・南宇和）　香川　佐賀（藤津・唐津）　長崎（東彼杵・西彼杵・南高来・北高来）　熊本（熊本・宇土・天草）
いものこ　山口（玖珂）
うむ　鹿児島（沖永良部島）　沖縄（首里）
うらーんだー　沖縄（石垣島）
うらーんだあっこん　沖縄（石垣島）
うるまいも　兵庫＊
うん　鹿児島（与論島）　沖縄（鳩間島・黒島）
うんちー　沖縄（与那国島）
うんてぃー　沖縄（与那国島）
うんむー　沖縄（国頭）
おいも　東京　愛媛（宇摩）
おーむらいも　愛媛（越智）
おかいいも　和歌山（日高）
おかいも　和歌山（日高）
おさつ　東京　静岡（富士）　大阪（泉北）　愛媛（宇摩）
おといも　香川（三豊）
おらんだいも　山口（玖珂）
かいも　長崎（西彼杵）　鹿児島（口之永良部島・鹿児島・谷山）
からいむ　鹿児島（喜界島）　沖縄（首里・那覇市）
からいも　肥前　対馬　山梨　岐阜　滋賀　兵庫＊　鳥取　島根　広島（賀茂）　山口（大島・玖珂・都濃・豊浦）　徳島　香川（与島・仲多度）　愛媛　高知　福岡（大牟田・八女）　佐賀　長崎（西彼杵）　熊本（鹿本・下益城・阿蘇）

大分（大分・速見・北海部）　宮崎（宮崎・日南）　鹿児島（鹿児島・鹿屋・姶良・熊毛）
からん　熊本（天草）
からんぽ　宮崎（東臼杵）
からんむ　沖縄（首里）
かりやいも　熊本（球磨）
かりゃいも　熊本（球磨）
かれも　熊本（球磨）
かわごえ　東京（八丈島）
かんかん　熊本（玉名・下益城）
かんこ　宮崎（西臼杵）　鹿児島＊　長崎（西彼杵）
かんしょ　山口（吉敷）　熊本（芦北）
かんじょ　熊本（芦北）
かんだ　沖縄（首里）
かんちょ　熊本（宇土・下益城・八代）
かんちょー　熊本（天草）
かんぽ　熊本（天草）　宮崎（一部・西諸県）
かんぽ　熊本（天草）　宮崎（西諸県）
かんぽー　熊本（球磨・天草）
かんも　伊豆八丈島　東京（八丈島・青ヶ島）　富山＊　長崎＊　熊本（下益城・芦北）　鹿児島
き　鹿児島（徳之島）
きゅーしゅーいも　徳島　愛媛
くらがー（サツマイモの1種）　沖縄（首里）
くりいも（サツマイモの1種）　島根（石見）
げんき　香川　長崎（壱岐島）
げんきーいも　島根（江津市）
げんきいも　和歌山　和歌山（日高）　広島（芦品・高田・府中）　山口（大島）　香川　愛媛（小呉島・新居・越智）　福岡（久留米）　長崎（壱岐島）
げんけいも　山口（見島）
げんこつ　島根
げんじ　愛媛（南宇和）
げんじいも　兵庫（加古・飾磨）　山口（吉城）　香川　愛媛（西条・温泉・新居・南宇和）　長崎（南松浦）
けんちいも　長崎（五島）
こーこいも　長崎（対馬）
こーこーいも　長崎（対馬）
こーこも　長崎（対馬）
こーこもも　長崎（対馬）
ごといも　山口（大島）
ごとーいも　島根（益田）
さくらいも　山口（熊毛）　香川（三豊）
さずま　福島　栃木（芳賀）

サツマイモ

さつま　茨城（多賀・筑波）　栃木（河内）　埼玉（入間）　東京（立川）　静岡（富士・浜名）　三重（北牟婁）
さつまいも　東国
さつまばちり　肥前
さつめいも　神奈川（横浜）
さつめーも　神奈川（平塚）
さといも　広島（比婆）　山口（熊毛）　香川（与島・坂出）　愛媛（新居）　鹿児島（谷山）
じーきも　広島（府中）
じーさんいも　広島（江田島・安芸）
じきー　東京（八丈島）
じきいも　広島（安芸）
じくーも　東京（八丈島）
しじゅーにち　東京（八丈島）
しっきー　東京（八丈島）
しまいも　讃岐　兵庫*　香川
じゃがいも　和歌山（日高）
じゅーきいも　広島（佐伯・西能美島・安芸）　長崎（長崎市）
じゅーきも　広島（佐伯）　長崎（長崎）
じゅーきゅーいも　広島（佐伯）
じゅきいも　香川
じゅごんち　鹿児島（肝属）
ずいきいも　広島（賀茂・甲奴）
すま　東京（三宅島）　三重
たいわん　香川
たいわんいも　茨城*　愛媛（宇和島・温泉・北宇和）
たついも　山口（大島）
ちゃがいも　和歌山（日高）
つるいも　岐阜*　和歌山*　高知（幡多）　愛媛（北宇和）
てるこ　東京（八丈島）
でんじいも　広島（大崎上島・豊田）
てんじくいも　徳島（三好）
といも　山口（柳井・玖珂・熊毛・吉敷・豊浦）　香川（三豊）　愛媛（宇摩・周智・越智・温泉・今治市）　福岡（浮羽）　佐賀　長崎（対馬・南高来）　大分　宮崎（延岡）　鹿児島（大島）
とーいも　防州　筑紫　久留米　肥前　島根（益田市）　山口　香川　高知*　山口（玖珂・熊毛・都濃・佐波・吉城・厚狭・豊浦・美祢・大津・阿武）　福岡（久留米・八女・浮羽・築上）　佐賀　長崎*　大分（日田・宇佐）　熊本（阿蘇）　宮崎*
とーじいも　愛媛

とーじんいも　岡山*　山口*　香川（佐柳島・伊吹島）　愛媛（越智）
とーのいも　大分*
とこいも　兵庫（飾磨）
とのいも　山口（大津・美祢）
とらいも　熊本（熊本）
とん　鹿児島（奄美大島）
とんとん　大分（佐伯）
ばけいも　徳島*　香川*
はたいも　和歌山*
はたけいも　香川*
はちり　肥前　長崎（南高来）
ばちり　肥前
はちりはん　大阪　香川（三豊）
はちる　長崎（南高来）
はちん　長崎（南高来）
はっちゃん　長崎（諫早・北高来・西彼杵）　鹿児島　鹿児島（鹿児島）
はぬす　鹿児島（奄美大島・喜界島）
ぱぬす　鹿児島（喜界島）
ばばごろし　東京（八丈島）
はんし　鹿児島（奄美大島・徳之島）
ぱんしゅー　鹿児島（喜界島）
はんしゅん　鹿児島（徳之島）
はんしん　鹿児島（徳之島）
はんす　鹿児島（黒島・奄美大島）　沖縄（首里）
ぱんすー　鹿児島（喜界島）
はんちん　鹿児島（徳之島）
はんちんんむ　沖縄（那覇市）
ひゅーがいも　徳島　徳島（美馬・麻植）
ひろしまいも　岡山*
へいけいも　山口（吉敷）
へーけいも　山口（吉敷）　福岡（築上）
へっぴりいも　静岡（富士）
ぽけ　香川　愛媛（南宇和）
ぽけいも　香川（大川・仲多度）　愛媛（温泉・南宇和）
ほそずる　東京（八丈島）
ほんいも　島根（隠岐島）
まいも　和歌山（日高）　島根（美濃・益田市）　岡山（邑久）　香川
まえも　岡山（邑久）
まつえ　兵庫（淡路島・三原）
まるじゅ　長野（佐久）
まるじゅー　長野（南佐久）
むしいも　香川

サツマニンジン

もしいも　香川
もちばちり　肥前
やーん　鹿児島（徳之島）
やーんち　鹿児島（徳之島）
りーきーいも　島根（出雲）
りーきいも　島根　広島（御調）
りーきえも　島根（簸川）
りえきいも　島根（大原）
りきいも　広島（豊田）　香川
りきも　徳島*
りゅーき　山口（熊毛）　愛媛
りゅーきいも　和歌山（和歌山市）　鳥取（西伯）　島根（石見）　広島（芦品・府中・安芸）　山口（玖珂・佐波・吉敷・美祢・阿武・厚狭）　香川　香川（大川）　愛媛　愛媛（宇和島・周桑・温泉）　福岡（朝倉）　長崎（西彼杵）
りゅーきも　徳島（美馬）
りゅーきゅいも　和歌山（日高）　香川（丸亀）
りゅーきゅー　愛媛（喜多）
りゅーきゅーいも　畿内　紀州和歌山　周防　長門　筑紫　石川（鳳至）　岐阜*　滋賀・兵庫　鳥取*　島根（石見・美濃・越智）　岡山（小田・後月）　広島（高田・山県）　山口（玖珂・熊毛・都濃・吉敷・佐波・厚狭・美祢・阿武）　香川　徳島（美馬・三好）　愛媛（宇和島・周桑・温泉）　高知（宿毛）　福岡（朝倉）　佐賀*　長崎（西彼杵）　大分（大分）
りゅーきゅーからいも　山口（都濃）
りゅーくいも　愛媛（喜多）
りゅーけいも　愛媛（周桑）
りゅきいも　島根（邑智・大原）　香川（三豊）　愛媛（温泉）
りゅきゅいも　香川　香川（三豊）
りょーげいも　愛媛*
るいきいも　鳥取（西伯）　山口（都濃）　和歌山（西牟婁）
わつー　宮崎（西臼杵）
んぽ　鹿児島（薩摩）
んむ　沖縄（首里）
んも　三重（志摩）

サツマニンジン → フシグロ

サツマノギク　　　　　　　　〔キク科／草本〕
いそぎく　鹿児島（甑島・薩摩）
こんぎく　福島（中村）
のぎく　鹿児島（薩摩）

やまぎく　鹿児島（甑島・薩摩）

サトイモ　ミズイモ　　　　〔サトイモ科／草本〕
あおいも　長崎
あおから　江戸　秋田*
あおからいも　宮城（栗原）　秋田
あおがらいも　秋田（北秋田）
あおずる　和歌山（日高）
あかいも　山口（玖珂）　長崎（北松浦）
あかから　江戸
あかがら　熊本（八代・球磨）
あかからいも　宮城（栗原）　秋田（鹿角）
あかずる　和歌山（海草）
あかだつ　愛知（海部）
あかめいも（サトイモの1種）　山口（厚狭）　高知*
あがらいも　岐阜*
あくいも　福島（相馬）
あぜいも　長崎（南高来）
あたいも　福島（北部）
あやこいも　山口（大島）
あらいいも　長野（佐久）
あらいも　群馬（利根）　新潟　新潟（東蒲原）　山梨　長野　鳥取（西伯）　島根（鹿足）　広島　広島（高田）　山口（玖珂）　徳島*　香川（綾歌）　福岡　大分*　豊前
いえのいも　新潟*　岐阜*　山口（厚狭・吉敷・美祢）　長崎*
いがいも　山口（美祢）
いぐいも　和歌山（海草・那賀・伊都・東牟婁）　鳥取（岩美）　山口（柳井・玖珂）
いごいも　新潟（北蒲原）　兵庫（美方）
いたいも　山口（柳井）
いも　埼玉（入間）　神奈川（中部）　香川　佐賀（藤津）　熊本（鹿本）　宮崎（延岡）
いもがら　秋田
いもこ　山形（庄内）　新潟　石川（鳳至・珠洲）
いものこ　盛岡　仙台　酒田　北海道（函館）　青森　岩手（紫波・盛岡・二戸・上閉伊）　宮城　秋田（鹿角）　山形（酒田）　富山（西礪波）　石川　長野（佐久）　兵庫（津名・三原）　島根　山口（玖珂・豊浦）
いものご　岩手（盛岡・遠野・上閉伊）
いものこっこ　青森
いもんこ　石川（能美）　佐賀（藤津）　長崎（南高来）
うぐいも　広島（高田・安芸）

サトイモ

うまいも　岐阜* 奈良*
うむ　鹿児島（奄美大島・喜界島）
うん　鹿児島（大島）
えがいも　石川* 岐阜（飛騨）
えぐいも　宮城* 新潟　三重（三重）　京都* 大阪（大阪）　奈良（南大和）　滋賀　和歌山（田辺・海草・那賀・伊都・有田・日高・東牟婁）　鳥取（石見・気高）　島根　岡山（苫田・児島・和気）　山口（大島・玖珂・佐波・吉敷・美祢・大津・阿武）　香川（小豆島・豊島）　愛媛　福岡* 長崎（南松浦）
えごいも　福島* 埼玉（秩父）　新潟（東蒲原）　山梨* 長野（北安曇）　愛知（八名）　岐阜（吉城）
えぞいも　広島（甲奴）
えのいも　山口（美祢）　長崎（西彼杵・南松浦）
えも　埼玉（入間）
えもこ　山形（村山）
えものこ　青森　岩手（紫波）　秋田（鹿角・河辺・仙北・平鹿・雄勝・由利）　宮城（本吉）　島根（簸川）
えもんこ　石川（能美）
えんぐいも　山口（阿武）
えんご　静岡*
おーがらいも　秋田*
おーのはらいも　香川*
おかいも　山形（西田川）　佐賀（杵島）
おかいもこ　山形（飽海）
おやいも　広島（双三・高田）　山口（大津）　香川（高見島・仲多度）
おやのいも　山口（大津）
かいいも　山口（都濃・大津）
かいも　島根（鹿足）　山口（玖珂・都濃・佐波・豊浦・美祢・大津）　福岡（遠賀・鞍手）
かえいも　山口（大津）
かえも　山口（大津）
かさいも　石川（鳳至）
かしら　宮城* 新潟* 滋賀* 京都* 島根*
かしらいも　山口（阿武）
がしらいも　山口（阿武）
かぶいも　和歌山*
かやまいも　福島*
かゆいも　山口（都濃・大津・阿武）
からいも　島根* 山口* 福岡　長崎* 大分*
からかさいも　石川（鹿島）
からとり　宮城（仙台市）　山形（東田川）　福島（相馬）

からとりいも　宮城　秋田* 山形
きぬかつぎ　群馬*
きりいも　京都*
くきいも　愛媛* 高知*
くさいも　高知*
ぐしえも　岩手（釜石）
くりいも　茨城* 山口（厚狭）
ぐれいも　岩手（上閉伊）
くろいも　新潟（佐渡）
くろずる　和歌山（日高）
くわいも　山口（玖珂）
けいも　群馬（多野）　埼玉（秩父）　山梨（島田市）　静岡　宮崎（宮崎）
げしいも　広島（芦品）
げすいも　広島（双三）
げんきいも　岡山（上房）
こいち　山口
こいも　江戸　京都　大阪（大阪市）　奈良（宇智・吉野）　島根（鹿足）　兵庫（津名・三原）　岡山（川上）　広島　広島（高田）　山口（厚狭）　香川　徳島（美馬）
こーこいも　群馬*
こぞーいも　神奈川（川崎市）
こだね　愛媛*
ことりいも　山形（東田川）
こんくいも　山口（阿武）
こんぐいも　山口（阿武）
さいも　新潟* 山口* 愛媛*
さくき　和歌山（日高）
ささいも　山口（阿武・厚狭）
さたいも　山口（阿武）
さつまいも　奈良（吉野）　鳥取（気高）　大分*
さでいも　徳島（美馬）
さてーも　神奈川（平塚）
さでも　鹿児島（揖宿）
さでゃーいも　広島（御調）
さとまいも　奈良（吉野）
さとんぼ　山口（大島）
さむーじ　沖縄（石垣島）
じーきいも　島根（出雲）　岡山（上房・小田）
じいも　岐阜（揖斐）　愛知　三重* 和歌山* 徳島　香川
じぎ　青森
じぎいも　青森
じぎゆも　青森
じけいも　富山*

サトイモ

しさむーじ　沖縄（石垣島）
しだいも　富山*
じまいも　秋田*　高知*
じゃがいも　山口（吉敷）
しゃくいも　愛媛
しゅーいも　新潟*
じょーしゅーいも　長野
しょーちゅーいも　長野（南佐久）
しろいも　山形*　山形（東田川）　新潟*　山梨*　京都*　長崎*　熊本（玉名）
ずいき　山口（厚狭）
ずいきいも　青森　山形　新潟*　富山（東礪波）　石川*　福井　長野（諏訪・佐久）　岐阜（飛騨・吉城）　滋賀　京都　大阪　兵庫（但馬）　奈良　和歌山　鳥取（気高・西伯）　島根（邇摩・大原）　岡山（真庭・苫田）　広島（佐伯）　徳島（那賀）　香川（綾歌）
ずいきも　富山（砺波・東礪波・西礪波）　京都（竹野）
ずーきいも　千葉（山武）　島根（隠岐島）
ずえきえも　奈良
ずぎ　青森
ずきいも　青森（津軽）　富山（砺波）
すぎんいも　徳島（那賀）
ずゆきいも　奈良
たーむじ　沖縄（中頭）
たーん　沖縄（宮古島）
たーんむ　沖縄（国頭）
たいま　岩手（紫波）
たいも　山形（西村山）　富山（砺波・東礪波・西礪波）　福井（敦賀）　岐阜（吉城・稲葉）　滋賀（彦根・蒲生・愛知）　京都*　大阪（泉北）　兵庫　奈良（宇智・吉野）　和歌山（和歌山・海草・日高・東牟婁・西牟婁）　岡山*　山口（吉敷）　香川（三豊）　愛媛（周桑）　高知
たえも　静岡（富士）
ただいも　筑紫　群馬（勢多・群馬）　埼玉（秩父）　新潟*　山梨*　長野　岐阜　静岡　愛知（知多）　三重（一志）　滋賀　奈良（吉野）　愛媛（周桑・新居）　高知（幡多）　福岡*　大分　宮崎（児湯）
たついも　岐阜*　愛知*
だついも　岐阜（飛騨）
たらいも　新潟*
たんぽいも　福井*
ちーいも　香川（三豊）

ちぼいも　富山*
ちょんちょー　鹿児島（熊毛）
ちょんちょん　鹿児島（屋久島）
ちょんぽ　鹿児島（屋久島・熊毛）
ついんぬく　沖縄（首里）
つおいも　奈良
つくいも　山口（都濃）
つちいも　栃木　岐阜*　三重*　滋賀*　大阪（豊能）　和歌山*　福岡*　大分
つねいも　滋賀*
つべいも　鹿児島（肝属）
つぼいも　奈良（吉野）
つむご　長崎*
つらいも　長野（南佐久）
つるご　長崎（五島・西彼杵・南松浦）
つるつる　山口*
つるつるいも　山形（西村山）　山口（美祢）
つるなしいも　長野*
つるのこいも　久留米　筑後　山口（美祢）
つんご　長崎（西彼杵・南松浦）
つんのこ　石川*　熊本（八代・球磨）　大分*
つんのこいも　福岡
てんじくいも　兵庫*　大分
といも　香川（高松）　大分（西周東）　宮崎*
どいも　大分*
とーいも　長州　新潟*　千葉（山武）　山口（玖珂）　香川（高松）　長崎（対馬）　大分*
とーのいも　岐阜（益田・稲葉）　滋賀（彦根）　兵庫（加古）　島根（鹿足）
とーん　沖縄（小浜島）
どたれいも　埼玉*
とのいも　三重（松阪・度会）
どろいも　栃木*　石川（金沢市）　三重*　滋賀*　京都*　大阪*　兵庫*　奈良　徳島*　香川　福岡*
なついも　愛媛*　大分
なんきー　長崎（長崎・西彼杵）
なんきいも　長崎（長崎・西彼杵）
なんきも　長崎（長崎）
なんきん　鹿児島（肝属・鹿児島・垂水市）
なんきんいも　静岡*　長崎（南高来・長崎・西彼杵）　宮崎*
にがいも　石川（河北）
にがしき　鹿児島（肝属）
にがしき（ミズイモ）　鹿児島
にたいも　長崎（対馬）
ねいも　青森

サトウキビ

ねえも　青森
ねぐいも　香川（三豊）
ねばいも　富山（東礪波）　岐阜（飛騨）
ねばし　岐阜（飛騨）
ねんねいも　愛知*
はいも　青森（三戸・八戸）　岩手*　山形（東置
　賜・西村山）　福島（会津）　群馬*　新潟（佐渡）
　長野（更級）　長崎
ばいも　青森（上北・下北）　長崎
ぱいも　長崎（長崎）
はええも　山形（東村山）
はえも　青森　岩手
ばかいも　岩手*　埼玉*　千葉*
ばかえも　福島（中村）
はかりいも　愛知（名古屋）
はしいも　青森*　秋田*
はすいも　青森（津軽）　福島*　神奈川（中）　新潟
　（上越）　広島*　山口（玖珂・美祢）　鹿児島（肝属）
はすがら　神奈川（中）
はたいも　仙台　青森　宮城　山形（東置賜）
　福島（相馬）　新潟（中越）　岐阜（武儀・吉城）
　三重（桑名）
はたえも　福島（福島・相馬）
はだえも　静岡（富士）
はたけいも　山形*　福島*　群馬*　新潟（刈羽）
　福井*　滋賀*　鹿児島（宝島）
はちいも　大分*
ぱてーうむ　鹿児島（喜界島）
はないも　福島（北部・相馬）
ばらいも　徳島*　徳島（那賀・海部）
ばんどりいも　岐阜（飛騨）
ひだえも　富山
ひよっこいも　群馬（勢多）
ふぁえも　山形（西置賜）
ぶんご　高知*
へーじいも　愛媛*
ほいも　山梨　長野（下伊那）　奈良（吉野）
ほーいも　和歌山*
ぼーこいも　愛媛
ほーこーいも　愛媛*
ぼーどいも　長崎（対馬）
ぼーどー　（サトイモの1種）　長崎（壱岐島）
ぼーどーいも　（サトイモの1種）　長崎（壱岐島）
ほんいも　和歌山（日高）
まいも　富山　岐阜*　三重　奈良　和歌山*　徳
　島　徳島（美馬・那賀）　大分*　宮崎（宮崎・

東諸県）
まるいも　長野（上田・佐久）
みがしき（ミズイモ）　鹿児島
みのいも　長野（下伊那）
みやこいも（ミズイモ）　紀伊
むーじ　沖縄（八重山）
むーず　沖縄（石垣島）
むーだー　沖縄（与那国島）
むじ　鹿児島（与論島）　沖縄（竹富島）
むじぬむ　沖縄（宮古島）
むんつい　沖縄（小浜島）
めあか　和歌山（日高）　徳島*　愛媛*
めあかいも　愛媛
めめんこいも　岐阜（飛騨）
めやか　愛媛*
やすいも　山梨*
やつがしら　茨城*　千葉*　新潟*　山梨*　長野*
やはたいも　新潟（佐渡）
やまいも　山口（吉敷）
やまんいも　長崎（南高来）
やわたいも　新潟（佐渡）
ゆーめしいも　京都*
ゆぐいも　香川（綾歌）
よごいも　富山（西礪波）
よどいも　宮崎*
りゅーきゅーいも　和歌山（日高）
ろくがついも　富山*
わさいも　大分*
わせいも　鹿児島

ザートウィッケン　→　オオヤハズエンドウ

サトウカエデ　〔カエデ科／木本〕
いたや　岩手（九戸）
みずき　岩手（九戸）

サトウキビ　〔イネ科／草本〕
あきさとー　愛知*　岡山*　香川*
あずきさとー　三重*
あまかんしょ　高知*
あまき　岐阜*
あまきび　岐阜*　兵庫　愛媛*　佐賀*　長崎*　大
　分*　宮崎　鹿児島*
あまさ　沖縄（与那国島）
あまじ　愛知*
あましな　沖縄（波照間島・石垣島）
あましん　岐阜*

サトウダイコン

あまだ　沖縄（与那国島）
あまつぃな　沖縄（波照間島）
あまぽー　静岡*
いじん　千葉*
いじんきび　岡山*　熊本*
いじんさとー　静岡*
うーじ　沖縄（首里）
うぎ　鹿児島（奄美大島・与論島）
おーぎ　鹿児島（屋久島・熊毛）
おぎ　鹿児島（硫黄島）
おっがら　鹿児島
おん　鹿児島*
おんがら　鹿児島*
かやきび　兵庫*
かやさとほー　静岡*
からざとのき　福岡*
かんしょぎ　三重*
かんしょきび　高知*
きざ　沖縄（新城島）
きっつぁ　沖縄（石垣島）
きび　香川*　愛媛*
きんとき　千葉*
こーら　愛知（知多）
さーたーうーじ　沖縄（首里）
さとー　香川（大川・綾歌）
さとーがら　熊本*
さとーかんしゃ　三重*
さとーき　兵庫（津名・三原）岡山
さとーぎ　岐阜*　三重*　兵庫*　奈良*　岡山　広島*　山口*　香川*　愛媛*　高知*　大分*
さとーきっ　鹿児島（加世田）
さとーけんせ　愛知*
さとーたかきび　愛媛*
さとーときび　岡山
さとーとーびき　岡山
さとーなんば　三重*
さとーのき　岩手（紫波）　千葉*　岐阜*　静岡*　愛知　三重　大阪　和歌山*　福岡
さとーぽー　東京*　静岡*　愛知*
さとぎ　奈良（高市）　三重（三原）　香川（三豊・伊吹島）　愛媛（松山・新居）
さときっ　鹿児島（鹿児島）
さときび　愛媛（周桑）　熊本（玉名）
さとぎり　大阪（泉北）
さとのき　愛知（海部・知多）　三重（伊勢）
さとんぽー　静岡（志太）

しざ　沖縄（石垣島）
しっざ　沖縄（伊良部島）
しっつぁ　沖縄（石垣島）
しら　沖縄（竹富島）
しんざ　沖縄（鳩間島・黒島）
しんじゃ　沖縄（小浜島・黒島）
すいとーきび　広島*
すすきあまき　岐阜*
すすきさとぽー　静岡*
せーよーとーきび　岡山*
ついら　沖縄（石垣島）
とーうぎ　愛媛（周桑）　鹿児島（奄美大島）
とーがんしゃ　和歌山*
とーざと　愛知*
とーざん　岐阜*
ねそーきび　大分*
ふゆざとう　静岡*　愛知*
ほあまき　岐阜*
ほんあまき　岐阜*
ほんきび　岡山*
ほんざとー　愛知*
ほんさとーきび　熊本*

サトウダイコン　テンサイ　〔アカザ科／草本〕
あまだいこん　奈良*　和歌山*　山口*　香川*
さとーかぶ　青森*

サトウモロコシ　〔イネ科／草本〕
あまぎ　岐阜*
あまきび　新潟*　徳島*　香川*　愛媛*　長崎*　熊本*　大分*　宮崎*　鹿児島*
あまじ　愛知*
あまと　岐阜*
あまときび　鹿児島*
えどきつ　鹿児島*
おくさとのき　愛知*
からきび　香川*　愛媛*
からけんせ　愛知*
からざと　香川*
からざとのき　愛知*
からときび　奈良*
きびかんしょ　高知*
きびざとー　愛媛*
こーらいきび　岐阜*
こきつ　鹿児島*
さいから　熊本*

さとーき　岐阜* 愛媛*
さとーきび　宮城* 秋田* 福島* 茨城* 埼玉* 千葉* 新潟* 富山* 福井* 山梨* 長野* 岐阜* 静岡* 愛知* 三重* 滋賀* 京都* 大阪* 兵庫* 和歌山* 鳥取* 島根* 岡山* 広島* 山口* 愛媛* 高知* 福岡* 長崎* 大分* 宮崎* 鹿児島*
さとーきみ　北海道* 青森* 岩手* 鳥取*
さとーけんぜ　愛知*
さとーなんばん　三重*
さとーぽー　静岡*
さとき　岐阜* 三重*
さときみ　青森*
さとのき　岐阜* 愛知* 福岡*
さとみぎ　奈良*
さとみきつ　鹿児島*
さんとく　徳島*
さんとくきび　和歌山*
しーか　千葉*
するぽ　鹿児島*
そるがむ　山口* 熊本*
たかきび　香川* 宮崎*
たかきびかんしょ　高知*
ちょーせんもろこし　千葉*
とーきび　大阪* 徳島*
とーざとー　岐阜* 愛知* 三重*
とーじんかんしゃ　東京*
とーじんさとのき　愛知*
ときびかんしゃ　三重*
ときびかんしょ　和歌山*
とのきび　和歌山*
とのきびさとのき　愛知*
なつきび　京都* 岡山*
なつざとー　静岡* 愛知* 三重* 香川*
なつさとーぽー　静岡*
ほーきび　兵庫*
ほさときっ　鹿児島*
よそきび　鹿児島*
ろぞく　青森* 三重* 佐賀*

サトザクラ → サクラ
サトトネリコ → トネリコ
サネカズラ　ビナンカズラ　〔マツブサ科/木本〕
あねはぎ　高知（幡多）
うしんふぐい　鹿児島（奄美大島）
うしんふぐいかずら　鹿児島（奄美大島）
おーすけかずら　筑前　福岡（嘉穂）　熊本（玉名）

おすけかずら　福岡（嘉穂）
かみかずら　静岡
きかずら　鹿児島（鹿児島）
くつば　勢州
ごくのい　相州
こんぺーとかずら　鹿児島（姶良）
さめらかずら　鹿児島（熊毛）
どどいかずら　鹿児島（川内市）
とどろかずら　高知（幡多）
ととろかつら　出雲
どべどべかずら　高知（幡多）
とろいかずら　鹿児島（薩摩）
どろいかずら　鹿児島（薩摩）
とろろ　島根（美濃）
とろろかずら　出雲　石見　島根（平田市）　山口（厚狭）　高知（宿毛市）
なめらかずら　鹿児島（熊毛・種子島）
ねばりかずら　熊野
のいかずら　鹿児島（阿久根・薩摩・出水・甑島）
のりかずら　愛媛（周桑）　高知（安芸）
びじんそー　大阪
びなんかずら　東国　讃州　和歌山（東牟婁）　愛媛（新居）　鹿児島（出水・揖宿・肝属）
びなんせき　伊州
びなんそー　尾張　伊勢　京
ひねかずら　鹿児島　鹿児島（加世田市・日置）
ひのいかずら　鹿児島（薩摩）
ひのえかずら　鹿児島（伊佐）
ひめかずら　鹿児島（川辺）
ひらくちかずら　長崎（北松浦）
ひらんかずら　和歌山（東牟婁）　岡山
ひらんじき　江州
びらんじき　江州
ひらんそー　岐阜（養老・不破・加茂）
びらんそー　三重
びんかずら　伊豆諸島　岡山　熊本（球磨）　宮崎（西臼杵）
ぴんかずら　宮崎（西臼杵）
びんつけ　鹿児島（揖宿）
びんつけかずら　筑前　高知（幡多）　宮崎（西臼杵・東臼杵）　鹿児島（川辺）
ふのいかずら　鹿児島（揖宿）
ふのり　土佐　愛媛（周桑）
ふのりかずら　土佐　日向　高知（長岡）　宮崎（東諸県）　鹿児島
みじんかずら　長崎（壱岐島）

もちかずら　高知（安芸）　鹿児島（出水）
もつかずら　鹿児島（阿久根）
やーらこかずら　高知（香美）

サビタ → ノリウツギ

サフランモドキ　〔ヒガンバナ科／草本〕
あかすいせん　静岡（小笠）
あめばな　長崎（北松浦）
あめらん　和歌山（有田・日高）
ぐしくびる　鹿児島（与論島）
じくじくー　沖縄（首里）
ちょーせんすびら　長崎（壱岐島）
なつずいせん　山口（厚狭）
はなさふらん　和歌山（新宮）

サボテン　〔サボテン科／草本〕
あぶらどり　紀伊牟婁
いしゃころし　香川
いろへば　薩州
うしのべろ　広島（上蒲刈島・安芸）
おーずつ　兵庫（但馬）　広島（備南）
おーどつ　広島（備南・安芸）
おきなしだ　江戸
かべたたき　福岡（久留米市）
さちらさっぽー　薩州
さんぼて　予州
さんぼら　予州
しゃぼてん　静岡（富士）　岐阜（稲葉）　和歌山
　（和歌山・海草・有田・日高・東牟婁・西牟婁）
　佐賀（小城）　熊本（玉名）
しんにんそー　沖縄（石垣島）
そっぽー　静岡（小笠）
たきしだ　長門
とーなす　薩州
とーなつ　薩州
にょろり　予州　徳島
によん　鹿児島　鹿児島（鹿児島・谷山・姶良）
はりのあるき　鹿児島（種子島）

ザボン　〔ミカン科／木本〕
うすむらさき　徳島
うちあか　島根*
うちむらさき　筑前　東京*　福井*　三重*　滋賀*
　大阪（大阪）　兵庫*　奈良（南大和）　和歌山*
　島根*　広島*　山口*　徳島*　香川*　愛媛（松山）
　高知（高知）

ざぼてん　大分*
ざんぶ　千葉*
さんぽ　筑前　福岡（筑前）
ざんぽ　九州
さんぽー　伊予　愛媛
ざんぽー　予州　愛媛（周桑・松山）
じゃがたら　筑前
じゃがたらみかん　京都　筑前
じゃがたろ　大阪（大阪市）
じゃぼてん　香川
とーくねんぽ　宮崎（日向）
とーくねんぽ　宮崎（日向）
ぶらんす　愛媛
ぶんたん　鹿児島（甑島）
ぼんたん　山口*　福岡*　佐賀*　大分*　宮崎*　鹿児島

サヤインゲン → インゲンマメ
サヤエンドウ → エンドウ

サラサドウダン　〔ツツジ科／木本〕
いわつつじ　高知（幡多）
つりがねつつじ　愛媛（新居）　高知（長岡・土佐）
よーらくつつじ　静岡

サラソウジュ　〔フタバガキ科／木本〕
とち　防州　長州

サルオガセ　〔サルオガセ科／地衣〕
きひげ　紀州
きりぐさ　山梨（南巨摩）
きりさるかせ　駿州富士
きりも　栃木（日光）
くもあか　甲斐
くものはな　日光
こりばらも　神奈川（丹沢）
さるかせ　南部
さるのうんもの　山梨（南巨摩）
さるのたすき　岐阜（飛騨）
せんにんのひげ　静岡（富士）
つた　神奈川（津久井）
てんぐのたすき　江戸
てんぐのふんどし　上総
ねこのおんぼ　岐阜（飛騨）
ねこのしっぽ　岐阜（飛騨・吉城）
はなごけ　泉州
もく　静岡（富士）

やまうばのおがせ　伯耆　阿州
やまうばのおくす　阿波
やまうばのおくず　阿波　徳島

サルスベリ　　　　　　〔ミソハギ科／木本〕
あかぶら　鹿児島（奄美大島）
うばのちゃぼ　周防
うばのてやき　周防
えんた　奈良（吉野）
おどりばな　栃木（足利市・日光市）　群馬（山田）
おばおんばな　滋賀（甲賀）
おぽんばな　滋賀（甲賀）
かせおしみ　美濃
かせほせ　伊勢
くすぐりっき　埼玉（北葛飾）
くすぐりのき　鹿児島
こそぐいぎ　鹿児島（肝属）
こそぐりのき　福岡（久留米市・三井）　熊本　宮崎（東諸県）
こそぐんのき　熊本
こそこそのき　熊本（阿蘇）
こちこち　千葉（夷隅）
こちょぐいのき　鹿児島（長島）
こちょぐりのき　熊本
こちょぐんのき　熊本
こちょこちょ　千葉（夷隅）　島根
こちょこちょのき　新潟　島根　福岡（三井）　熊本　大分（大分・直入）
ごちょごちょのき　山形（酒田市）　千葉（夷隅）
こちょぶいのき　佐賀（藤津）
ことことのき　茨城（猿島）　埼玉（北葛飾）
ごよぐり　千葉（夷隅）　島根
さすりぽー　山梨
さためし　岩手（盛岡市）
さっとびらかし　熊本（球磨）
さるじょっこ　山形（飽海）
さるた　伊豆　美濃　静岡（磐田）　奈良（吉野）　徳島　高知（土佐）
さるたも　伊豆
さるとべー　熊本（球磨）
さるなかせ　栃木
さるなめし　岩手（胆沢）
ざんなめのき　熊本（八代）
さんのこしかけ　熊本（天草）
さんのみ　伊豆
せんにちこー　奈良（吉野）

せんにちばな　長崎（対馬）
ちょこぐり　熊本（八代・球磨）
ちょこじりのき　熊本（上益城・八代）
ちょこちょこのき　熊本
ちょこばいのき　熊本（上益城）
にこにこばな　山形（飽海）
はーぶらぎ　鹿児島（奄美大島）
はごーき　沖縄（慶良間島）
はごーぎ　沖縄（首里）
はだかぎ　常陸　山形　新潟（佐渡）　愛媛（周桑）
はだかっき　群馬（佐波）
はだかぬき　茨城（真壁）
はだかのき　山形　新潟（佐渡）　富山（富山市）　滋賀（坂田・東浅井）
はんねんこー　島根（益田市）
ぽんばな　熊本（球磨）
よめじょぎ　鹿児島（肝属）
りょーぶ　島根（隠岐島）
わくじょっこー　山形（酒田市）
わらいき　山形
わらいぎ　埼玉（入間）
わらいこ　三重（阿山）
わらいのき　三重（志摩）
わらうき　山形

サルトリイバラ　サンキライ　〔ユリ科／木本〕
いが　山口（美祢）　大分
いがぐい　岡山（御津・岡山）　香川（小豆）
いがしば　大分（西国東）
いがんは　大分（西国東・東国東）
いぎ　島根（石見・美濃）　山口（山口・玖珂・熊毛・都濃・豊浦・美祢・大津・阿武）
いぎいのさ　山口（豊浦）
いぎしどー　長州　山口（吉敷・厚狭・美祢）
いぎしば　島根（美濃）
いぎのくさ　山口（豊浦）
いぎのは　山口（玖珂・熊毛・都濃・豊浦・美祢・大津・阿武）
いぎまんめー　山口（玖珂）
いぎんど　山口（吉敷）
いぎんどー　長州　山口
いげ　熊本（鹿本）
いげしば　熊本（玉名）
いげのは　福岡（大牟田）　熊本（鹿本）
いげんは　福岡（大牟田）　熊本（玉名）
いちび　熊野　紀伊尾鷲　三重（尾鷲）

サルトリイバラ

いぬばら　予州
いばら　新潟　富山（砺波・東礪波・西礪波）　和歌山（海草・有田・日高・東牟婁）
いばらぐさ　三重（宇治山田市）
いびつ　和歌山（和歌山・田辺・新宮・日高・西牟婁・東牟婁）
いびついばら　奈良（吉野）　和歌山（西牟婁・田辺市）
いびつしば　奈良（吉野）　和歌山（西牟婁）
いびつのは　和歌山（田辺・西牟婁・日高）
いびつばら　奈良（吉野）　和歌山（田辺・西牟婁）　兵庫（津名）
いぶつ　和歌山（東牟婁）
うばがち　熊野
うまかたいばら　備前
うまがたぎー　岡山（御津・岡山市）
うまがたぐい　備前　岡山（御津・岡山・児島）
うまがたり　島根（隠岐島）
うまぐい　播州姫路
うまのはら　岐阜（武儀）
うりっぱ　茨城
えびいばら　讃州
えびす　和歌山（西牟婁）
えびつ　和歌山（東牟婁・西牟婁）
えびわ　和歌山（西牟婁）
えべつ　和歌山（西牟婁・東牟婁・田辺）
おさすり　和歌山（東牟婁）
おさすりのは　三重（志摩）　和歌山（東牟婁）
おてんぽ　山口（厚狭）
おてんぽ　山口（厚狭）
おてんぽー　山口（厚狭）
おてんぽー　山口（厚狭）
おにのばら　秋田（北秋田）
おにばら　秋田（北秋田）
おんしょだま　静岡（榛原）
おんじょだま　静岡
おんなしば　島根（益田市）
おんばんば　鹿児島（薩摩）
かいもちばら　千葉（君津）
かから　薩州　長崎（壱岐島・北松浦）　熊本（熊本市）　鹿児島（鹿児島・国分・姶良・出水・薩摩）
かからいげ　長崎（五島・南松浦）　熊本
かからのき　鹿児島（川辺・揖宿）
かからのは　熊本（八代）　鹿児島（川内）
かからば　山口（阿武）

かからんじゅ　鹿児島（出水）
かからんは　長崎（南高来）　熊本（芦北）　宮崎（西諸県）　鹿児島（鹿児島・串木野・薩摩・川辺）
かくらくい　周防
かくわのき　鹿児島（鹿屋市）
かくゎら　鹿児島（肝属）
かごばら　上総　群馬（勢多）　千葉（印旛）
かしばのは　山口（熊毛）
かしゃんば　静岡
かしわ　和歌山（和歌山・海草・那賀・日高・有田）　兵庫（三原）　島根（美濃）　広島（比婆）　山口（都濃・玖珂・岩国・下松）　福岡（小倉市）
かしわぐい　広島（比婆）
かしわしば　島根（石見・美濃・鹿足）
かしわだんご　広島（比婆）
かしわのは　和歌山（伊都・海草・日高・熊毛・佐波・美祢）　山口　愛媛（伊予）
かしわばら　静岡（賀茂）
かしわもち　和歌山（和歌山市・伊都）
かしわもちのは　和歌山（日高）
かたら　石州　鳥取（西伯）　島根　広島（佐伯・高田）　山口（玖珂）
かだら　石州　鳥取（米子・西伯）　岡山（小田）　島根（能義）　広島　山口（玖珂）
がたら　岡山（小田）
かたらいぎ　山口（玖珂）
かだらいぎ　山口（玖珂）
かたらぐい　芸州　防州
かだらぐい　芸州　島根（仁多・邑智）
かだらのき　山口（玖珂）
かたらのは　島根（松江市）　山口（玖珂）　熊本（八代）
かたり　島根（隠岐島）
がたろ　広島　岡山
がたろ　岡山
かちかちいばら　富山（富山・射水）
かっかじゅ　鹿児島（出水）
かっから　熊本（天草）　鹿児島（出水市・川辺）
かっがら　宮崎（西諸県）　鹿児島
かっからんは　鹿児島（川辺）
かっがらんは　鹿児島（川辺）
かないばら　新潟（佐渡）
かねばら　山形（庄内）
がめいげ　筑前
かめいばら　筑前　筑紫
がめぎ　福岡（鞍手）

サルトリイバラ

がめしば　福岡（粕屋）
かめのこーいばら　播州姫路
かめのは　長崎（壱岐島）
がめのは　福岡（福岡・久留米・筑紫・嘉穂・三井・田川・朝倉・糸島・戸畑・小倉・八幡）佐賀（唐津・東松浦）
がめんは　福岡（嘉穂・朝倉）熊本（天草）
からたち　近江　讃岐　土州　滋賀（高島）香川（香川・高松）愛媛　高知
がらたち　香川（高松）
からたちいばら　讃州　山形（飽海）
がらたちいばら　讃州
からたちぐい　香川（香川）
からたちずる　岐阜（養老・不破）
からたちばら　香川　高知
がらたて　滋賀
からっぱ　千葉（印旛）
がらっぱ　千葉（印旛）
がりたち　徳島（美馬）
かわらけいばら　京都（竹野）
かんから　熊本（阿蘇）大分
がんがら　滋賀（彦根）
かんからいげ　福岡（築上）
かんからのは　大分（臼杵）
かんきばら　茨城
がんじゃいばら　石川（珠洲）
かんたち　伊勢
かんだち　伊勢　伊州
がんたち　勢州　三重（北部）
がんだち　岐阜（恵那）
かんたちいばら　勢州
かんだちいばら　勢州　愛知（知多）三重（上野・一志）
がんたちいばら　勢州　三重（一志）
がんだちいばら　愛知（知多）
がんど　木曾
かんどいばら　岐阜（恵那・加茂）
かんとすばら　岐阜（恵那）
かんとちいばら　愛知（知多）岐阜（養老）
かんとばら　石川（鳳至）
がんどばら　木曾　石川（鳳至）
かんないいばら　佐渡
がんないばら　新潟（佐渡）佐渡
がんにゃーばら　新潟（佐渡）佐渡
かんねいばら　新潟（佐渡）
かんべ　佐賀（藤津）

がんべ　佐賀（藤津）
かんらいいばら　能州
がんらいいばら　能登
ぐい　岡山（児島・和気）香川（小豆）
くいばり　島根（仁多）
くいぼたん　山口（熊毛）
ぐいぼたん　山口（熊毛）
くたんばら　神奈川（津久井）
くだんばら　静岡
くゎから　長崎（東彼杵）鹿児島（肝属）
くゎくゎじゅ　鹿児島（出水）
くゎくゎら　広島　長崎（壱岐・南高来）熊本（熊本）鹿児島（鹿児島・加世田・垂水・肝属・日置・川辺・始良・薩摩・揖宿）
くゎくゎらいげ　薩州　佐賀（唐津）熊本（玉名・鹿本・球磨）
くゎくゎらしば　熊本（八代）
くゎくゎらんは　長崎（南高来）熊本（芦北・鹿本）宮崎（北諸県）鹿児島（鹿児島・串木野・阿久根・出水・始良・川辺・揖宿・肝属・日置）
くゎっから　宮崎（北諸県）鹿児島（出水）
くゎっくゎじゅ　鹿児島（出水）
くゎっくゎら　鹿児島（出水）
くゎんから　熊本（阿蘇）
くゎんくゎら　大分（大分）
ごーとーばら　愛知（南設楽）
ごーどーばら　愛知（南設楽）
ごーどばら　静岡（榛原）
ごーともも　静岡
ごきいばら　能登
こけばら　高知（幡多）
ござるまめ　三重（志摩）
こしからげ　長崎（東彼杵）
ごてんばら　愛媛（周桑）
ごとーばら　静岡（小笠）
ごどばら　静岡
ごまくだら　青森
ごまぐだら　青森（津軽）
ごろーしろーしば　西国
ごろーじろーしば　西国
ごんだら　三重（志摩）
こんだら　三重（志摩）
ごんたろーいばら　三重（志摩）
こんぴらのは　三重（南部・度会）
さいかちいばら　加州　富山（砺波・東礪波・西礪波・射水）岐阜（飛騨）

サルトリイバラ

さるかき　宮崎（西臼杵・東臼杵）
さるかきいばら　岐阜（揖斐）　和歌山（西牟婁）
さるかきばら　越後
さるかく　宮崎（東諸県・児湯・南那珂）
さるかけ　熊本（球磨）　宮崎（児湯）　鹿児島（大口市）
さるかけいげ　肥後
さるかけいざら　大分（佐伯市）
さるかけいざろ　大分（佐伯市）
さるかけいぞろ　大分（佐伯市）
さるかけいばら　越前　新潟（北蒲原）　和歌山（南部・田辺・東牟婁・南那珂）
さるがたり　島根（八束・隠岐島）
さるこきいばら　和歌山（東牟婁）
さるすべり　山口（都濃）
さるとりいぎ　防州　山口（大島・玖珂・佐波・吉敷・厚狭・美祢・大津・阿武）
さるとりいばら　愛媛（周桑）
さるとりぐい　岡山（邑久）　山口（玖珂）
さるとりばら　愛媛（周桑）
さるばべ　兵庫（加古）
さるばら　岩手（二戸）
さるまめ　長野（木曾）
さんかく　宮崎（宮崎市）
さんかくいげどろ　熊本（下益城）
さんかくばら　秋田
さんきち　山口（玖珂）
さんきちばら　岩手（二戸）
さんきちべ　徳島（徳島市）
さんきな　沖縄（八重山）
さんきばら　愛媛（宇和）
さんきら　静岡（磐田）　三重（津・度会）　奈良（吉野）　大阪（豊能）　和歌山　和歌山（海草・那賀・伊都）　島根（邇摩）　岡山（岡山市・苫田・高梁）　山口（玖珂）　愛媛　愛媛（東宇和・南宇和・温泉・周桑）　高知　熊本（熊本市）　宮崎（西臼杵・東臼杵）　鹿児島（奄美大島）
さんきらい　江州　山形（東村山）　千葉（印旛）　静岡　三重　大阪（南河内）　和歌山（和歌山・伊都・日高・海草・東牟婁）　島根（美濃）　岐阜（恵那）　岡山（岡山市）　山口（熊毛）　徳島　愛媛（松山）　鹿児島（日置・串木野市）
さんきらいばら　岩手（二戸）　静岡（小笠）　和歌山（伊都）
さんきらかずら　鹿児島（甑島・薩摩）
さんきらばら　愛媛（東宇和・南宇和・北宇和）
さんきらん　香川（香川）　和歌山（東牟婁）
さんきれ　栃木（上都賀）
さんきれー　静岡（賀茂）
さんきれがたり　島根（隠岐島）
さんごばら　秋田（南秋田・鹿角）　山形（東田川・西田川）
さんちな　沖縄（本島）
さんとりぐい　備後
さんねんうずき　岡山（邑久）
しかき　高知
じごくいばら　秋田
じごくばら　秋田（北秋田・鹿角）　岩手（東磐井）
じごくんばら　秋田（鹿角）
しそかぜいばら　播州
しば　愛媛（西条）
しばつけのは　長崎（北松浦）
しばのは　愛媛（西条・周桑）
しょーがくばら　信州　長野（下水内）
しょーがくほー　長野（下水内）
しりがせいばら　播州
じんごろべ　三重（志摩）
すんごろめ　三重（志摩）
ずんぼろ　三重（志摩）
せんごばら　秋田
そくめっし　東京（八丈島）
たからんは　鹿児島（大口市・肝属）
たごのは　熊本（鹿本）　鹿児島（出水）
だごのは　熊本（鹿本）　鹿児島（出水）
だごんは　長崎（五島・南松浦）　熊本（天草）
たたきしば　兵庫（津名）
たまばら　埼玉（入間）　千葉（印旛）　神奈川（西丹沢・足柄上・愛甲）
たまんばら　埼玉（入間）　千葉（印旛）　東京（旧市域・八王子）
たんきらいばら　埼玉（秩父）
だんごしば　神奈川（津久井）
だんごのは　島根（美濃）　山口（玖珂・岩国）　愛知（南設楽）　三重（度会）
だんごばら　神奈川（津久井）
だんじき　京都（中）
ちまき　和歌山（日高）
ちまきのは　兵庫（加西）
つくめ　東京（小笠原）
つくめふじ　伊豆八丈島　三宅島
とげんばら　群馬（山田）
とっぱ　愛媛（周桑）

サルトリイバラ

とりとまらず　福島（相馬）
どんがめぐい　岡山
どんこ　岡山
どんぽろ　三重（志摩）
ないばら　新潟（佐渡）
のがくばら　山形（北村山）　岩手（水沢・紫波）
はなぐつ　長崎（五島）
はなぐっ　長崎（南松浦）
はなぐり　岩手　長崎（五島）
はなぐんのは　長崎（南松浦・五島）
はばら　鹿児島（加世田）
ぱぱら　鹿児島（川辺・加世田市）
はらしおで　山形（村山）
ばらしおで　山形
はらたちいばら　岐阜（養老・不破）
ぱらっぱ　茨城
ばらのき　伊豆八丈島
ばらのは　兵庫（津名）　徳島（板野）
ばんがち　熊野
ふきあげ　木曾　埼玉（秩父）
ふきだま　信州
ふくだま　東京（三宅島・御蔵島）
ふくだまのき　東京（三宅島）
ふくだんばら　神奈川（津久井）　静岡（田方・賀茂）
ふだんばら　静岡（賀茂・田方）
ふでんどー　広島（豊田）
ぶとん　山口（柳井・大島）
ぶとんのは　山口（大島）
へーけず　阿州
ほーちょーいぎ　防州　長州
ほーちょーぐい　山口（玖珂）
ぽーちょーぐい　山口
ほーらんしば　愛媛（越智）
ぼたもちばら　埼玉（秩父・比企）
ぽたんぐい　山口（玖珂）
ぽたんば　山口　山口（柳井・大島・玖珂）
ぽたんばら　愛媛（新居・宇摩・周桑・西条）
ほちょーいぎ　防州
ほちょーのくい　防州
ほってんどー　山口（防府市・佐波）
ほつろーいぎ　山口（大津）
ほっろーいぎ　山口（大島）
ぽて　山口（大島）　広島　愛媛（越智・大三島）
ぽてくい　備後
ぽてぐい　備後

ぽてのは　山口（大島・玖珂）
ほてんどー　防州　山口（吉敷・厚狭）
ぽてんどー　広島（御調）
ぽてんば　愛媛（今治市・伯方島）
ほてんば　山口（厚狭）
ほてんぽ　山口（厚狭）
ほてんぽー　山口（吉敷・厚狭）
ぽとんば　山口（大島）
ほらくい　備後
ほらぐい　備前　備後
ぽんがら　滋賀（彦根）
まがた　岡山（邑久・児島）
まがたぐい　岡山（御津）
まがたら　島根（出雲市・簸川）
まきしば　島根（石見・浜田・美濃・那賀）　高知（土佐・高知）　愛媛（喜多・南宇和）
まきのは　島根（邑智）
まめいばら　新潟（刈羽）
まんじゅーしば　山口（都濃）　佐賀（東松浦）　長崎（南松浦）
まんじゅーのは　熊本（阿蘇）
まんじゅーば　静岡（南伊豆・賀茂）　山口（大島）
まんじゅしば　長崎（諫早市）
まんじゅっぱ　群馬（勢多）　千葉（印旛）
まんじゅのしば　山口（都濃）
まんじゅば　秋田
まんじゅんは　長崎（南高来）
まんじょいばら　愛知
みみずくいばら　和泉
みみつく　和歌山（有田）
みみつくのは　和歌山（有田）
むかかたぐい　備前
むまがたいばら　備前
むまぐい　播州姫路
めくらつぶ　木曾
めさんきら　鹿児島（奄美大島）
めまきしば　島根（美濃）
もがき　東京（三宅島・御蔵島・伊豆大島）　静岡（田方・賀茂）
もがきばら　仙台　秋田（北秋田・雄勝・鹿角）　岩手（岩手・東磐井）
もかくばら　秋田（北秋田）
もがくばら　南部　青森　岩手（盛岡・東磐井）　秋田（北秋田・平鹿）
もちしば　愛媛　愛媛（北宇和・南宇和・宇和島）　高知（土佐）　兵庫（津名）

サルナシ

もちのしば　兵庫（津名）
もんかきばら　秋田　岩手（上閉伊）
もんがきばら　秋田
もんがくばら　南部　青森（上北・三戸）岩手（上閉伊・釜石）秋田（鹿角）宮城（仙台市）静岡（南伊豆・賀茂）
やきちいばら　岐阜（不破・養老）
やきもちばら　茨城（真壁）
やまじょのは　愛知（丹羽）
やまのがきばら　山形（東置賜）
やまんばら　群馬（山田）
わらたたき　木曾
わんごろめ　三重（志摩）

サルナシ　〔マタタビ科／木本〕

あおかずら　高知（香美）
あかえ　静岡
あかかずら　高知（香美・幡多）
かなかずら　安芸
くーがー　沖縄（首里）
ごかご　大和吉野　奈良
こくおー　紀州
こくわ　南部　紀州　北海道（松前）青森（三戸）秋田　山形（西置賜・北村山）新潟（佐渡）
こっか　長野（上伊那・下伊那）
こっこ　鹿児島（川辺）
ごっこー　薩摩
さるぶどー　埼玉（秩父）
しらくち　奥州　紀州　岩手　秋田（鹿角）埼玉（秩父）長野（上伊那）静岡　和歌山　広島（比婆）徳島（三好）香川（香川）鹿児島（肝属）
つた　愛媛（上浮穴）
つなふじ　伊豆　静岡
にきょー　松前　羽川　青森　岩手
やぶなし　濃州　参州　長州　愛知
やまずもも　長野（北佐久）

サルノコシカケ　〔キノコ〕

いたちのこしかけ　常陸
おかまさまのこしかけ　栃木
おかまのこしかけ　千葉（印旛）
おにばーさんのこしかけ　静岡（榛原）
かたみみ　新潟（佐渡）
きのみ　青森
きのみみ　仙台　青森（弘前）秋田（北秋田・鹿角）山形（東置賜・西置賜）
さしのこ　青森
しろみみ　新潟（佐渡）
はなこぶ　平戸
ふしきのこ　青森（弘前）
ぶしのこ　青森（津軽）
ぶすきのこ　青森（弘前）
みこぶ　平戸
みこんぶ　平戸

サルマメ　〔ユリ科／木本〕

おてんとさまのみ　長野（北佐久）
かんなりまめ　長野（北佐久）
てんとさまのまめえり　長野（北佐久）
ふきあげ　信州木曾湯丹沢　岐阜（恵那）

サワアザミ　マアザミ　〔キク科／草本〕

あじゃみ　秋田（北秋田）
うまのぼたもち　福島（相馬）
きせるあざみ　和歌山（海草・那賀）
さがりは　秋田　山形　山口（柳井・玖珂）
せちあざみ　山形（東村山）
とらあざみ　秋田（北秋田）
ひらあざみ　秋田（北秋田）
まだみ　山口（厚狭）
めあざみ　長州
やまごぼー　長野（下伊那）

サワアジサイ → ヤマアジサイ

サワオグルマ　〔キク科／草本〕

うぐさ　筑前　長崎
おたばこぼん　長野（北佐久）
かさぶた　越後
くさぎく　武州仙川村
しのびぐるま　江戸
せんふくそー　長州
たおぐるま　周防
たばこばな　長野（北佐久）
ちょーと　越後
のしおん　越後
のぶき　新潟
ふじさわぎく　江戸　京都
やちばっかい　青森
やちばな　青森（八戸・三戸）
やちぶき　山形（東村山）秋田
やちゅーど　長野（下水内）

やまけーとー　加賀
やまげーとー　加賀

サワギキョウ　〔キキョウ科／草本〕
あぎなし　中国　九州　鹿児島（垂水市）
あんなし　鹿児島（加世田市）
みずあおい　防州　長州
やちとどり　青森

サワグルミ　〔クルミ科／木本〕
おにぐるみ　長野（佐久）
かーくるみ　長野（上水内）
かーぐるみ　栃木（秩父）
かくるみ　山形
かぐるみ　岩手　山形
かるめ　上州三峰山　埼玉（秩父）　東京　山梨
かわくり　富山（下新川）
かわくるみ　山形（西置賜・新庄市）　宮城　長野　新潟　鳥取
かわぐるみ　秋田（北秋田）　栃木　静岡　山梨　長野　鳥取　島根　愛媛
かわこ　宮城（柴田）
かわす　紀州
かわず　徳島（剣山・木頭）
かわのぶ　島根（隠岐）　高知（高岡）
くくるび　福井（三方）
くるび　奈良（吉野）
くるみ　宮城　静岡　三重　京都　鳥取　大分　宮崎
ぐるみ　岡山　徳島（美馬）
くろんご　長崎（対馬）
こーくる　新潟（刈羽）
こーくるび　新潟（佐渡・岩船）　岐阜（飛騨）
こーくるみ　新潟（佐渡）　富山　石川
こーぐるみ　新潟（北魚沼）
こーだ　鳥取（伯耆）　島根（出雲）　岡山　広島
こぐめ　長崎（南松浦）
こくるび　富山（五箇山）　岐阜（揖斐）　福井（大野・今立）
こぐるび　岐阜（飛騨）
こぐるみ　富山　石川　岐阜　福井　岡山
こころび　福井（大野）
さわくるみ　新潟　群馬　三重
さわぐるみ　静岡　愛知　長野　岐阜
さわっくるみ　新潟
さんくるみ　岐阜（飛騨）

しおじ　木曾
じゅこーき　栃木（日光）
じゅこーぼく　栃木（日光）
しるみ　宮崎
しろき　愛媛（新居）　高知（土佐）
たず　紀州
どーはん　新潟（南魚沼）
のぐるみ　山形　福岡（早良）
のぶ　兵庫　奈良　中国地方　鳥取（因幡）　山口（周防）　徳島　愛媛　高知　福岡（朝倉・筑紫）　長崎　長崎（東彼杵）　熊本　熊本（菊池）　大分
のぶのき　岡山　愛媛　高知　福岡（早良）　長崎（東彼杵・北松浦）　大分
はだつ　三重（伊勢）
はのぶ　長崎（東彼杵）
ひめぐるみ　栃木（黒磯市・那須）
へぼ　和歌山（有田・日高）
へぼぎり　和歌山（有田・日高）
ほーぐるみ　岐阜（飛騨）
ぼや　和歌山（有田）
ぼやぎり　和歌山（有田・日高）
ほんくるみ　三重　和歌山
やし　青森　岩手　秋田　山形　富山
やしのき　青森　岩手　秋田
やす　青森　青森（上北）　岩手　秋田　山形　富山
やすのき　青森　秋田　宮城　茨城
やまぎり　岩手（和賀）　山形　福島　群馬（北甘楽）　神奈川　新潟　福井　岐阜　静岡　鳥取　鳥取（因幡）　島根（石見）　佐賀（佐賀市）　熊本（熊本市・八代）　大分　大分（中津）
やまぐるみ　山形（東置賜）
やまのぶ　兵庫（佐用）

サワシバ　〔カバノキ科／木本〕
あぶらしで　岐阜（大野）
ありしで　高知（香美）
いいぞの　神奈川（東丹沢）
いしぞね　茨城（刈田）
いしぞね　茨城
いわしば　岩手（和賀）
いわなら　新潟（北魚沼・南魚沼）
うしころし　甲州河口湖
うばーずる　東京
うばぞろ　埼玉（名栗）

おにしで　青森　埼玉
おばぞの　埼玉（秩父）
おばぞろ　神奈川（西丹沢）
かすりそね　群馬（勢多）
かたしば　青森（上北）
かつらしで　福井（三方）
くじぐろ　秋田（北秋田・南秋田）
くじごろ　青森　岩手　秋田
くじごろー　岩手（岩手・下閉伊・紫波）
くずぐろ　秋田（南秋田）
くずごろ　岩手（稗貫）
くちくろ　秋田（仙北）
くちぐろ　北海道　青森　岩手　宮城　秋田
くちげろ　秋田（北秋田）
くちごろ　青森　岩手　宮城　秋田
くちごろー　岩手（岩手）
くちむろ　岩手（下閉伊）
くつぐろ　青森（下北）
くつごろ　青森　宮城
くろくち　茨城　山梨　静岡（富士山・駿河）
くろしで　愛媛（上浮穴）
くろぶち　新潟（岩船）
こざわふさぎ　静岡（駿河）
さーしで　鳥取（因幡）
さわこんなら　岩手（下閉伊）
さわふさぎ　静岡（伊豆）
さわふたぎ　宮城（本吉）　静岡（遠江）
さわぶな　石川
しで　岐阜　福井　愛媛
しょーはり　愛媛（面河）
しろしで　山梨（南巨摩）
そーしで　兵庫（但馬）
そろ　山梨
たにおも　愛媛（面河）
ちょーちんしで　岐阜（揖斐）
つこつこしで　富山（黒部）
つちむろ　岩手（気仙）
とちわらしで　岐阜（揖斐）
のましで　富山（五箇山）
はなのき　茨城
ふじごろ　岩手（下閉伊）
ぶな　宮城（柴田）
ぶなぞろ　静岡（富士）
まめしで　静岡（駿河）
みずしで　丹波　摂津
みやましで　岐阜（中津川）

むぎかい　茨城
めぐれ　山梨
めくろ　富士山
めぐろ　富士山
やまがらしで　滋賀（西部）
やまくぬぎ　山梨（南巨摩・塩山市）
やましで　福井（大野）

サワハコベ　ツルハコベ　　　〔ナデシコ科／草本〕
えんめーそー　播州　兵庫（播磨）
なんばんはこべ　肥前

サワフタギ　ルリミノウシコロシ
〔ハイノキ科／木本〕
あおだま　新潟（北蒲原・東蒲原）
いしこり　埼玉（入間）
いぬつげ　奈良（吉野）
いぼた　秋田　茨城（新治・真壁）
うねつげ　和歌山（伊都）
うまつなぎ　福井（三方）
かっこ　愛媛（面河）
かっこー　山口　徳島　愛媛　高知
かっこーのき　高知（土佐）
かっこぎ　愛媛　愛媛（上浮穴）　高知
かんこ　愛媛（新居・面河）　福岡（築上・犬ヶ岳）　大分（直入・大野）
かんこー　高知　熊本
かんこのき　愛媛（宇和島）
こめご　栃木（那須）
さかいぎ　栃木（唐沢山）
さびた　岩手
さわっぷたぎ　栃木（日光）
さわふたぎ　宮城　静岡（伊豆）
さんなめし　茨城
しらき　岐阜（中津川）
しらつげ　神奈川　静岡　岐阜　三重　奈良　和歌山
しろかっこー　高知（土佐）
しろつげ　三重　徳島　高知
たんこ　大分（大野）
つげ　兵庫（佐用）
つずれぎ　香川（綾歌）
つのーる　埼玉（入間）
つのぎ　和歌山（伊都・有田・日高）
ななかま　千葉（成田市）　長野（松本市）　岐阜（揖斐）

ななかまど 茨城（笠間） 新潟（佐渡）
にしくり 新潟（北魚沼）
にしこーり 秋田 岩手
にしこり 青森 岩手 宮城 秋田 福島 群馬
　埼玉 新潟 山梨 長野
にしごり 秋田（北秋田） 埼玉（秩父）
にしこれ 茨城（筑波山）
にしごろ 岩手
にしっこり 新潟 埼玉 山梨
にしゅこーり 福島（磐城）
にすこり 岩手 宮城
にれうつぎ 新潟（北蒲原）
ねずもち 新潟（南魚沼） 岐阜（揖斐）
はいかずき 徳島（那賀）
はいかぶり 静岡
はいつげ 徳島
はいのき 徳島
はだかぎ 三重（一志）
ひしこーり 宮城
ほとぼと 福井（大野）
ほろぎ 香川（綾歌・香川）
みのかぶり 静岡
むしかれ 岐阜 岐阜（郡上） 福井
むしこーり 岐阜（恵那）
むしこり 静岡 愛知
やぎ 岐阜（中津川）
やまうつぎ 奈良天川
やまつげ 静岡 奈良 和歌山 徳島

サワラ 〔ヒノキ科／木本〕

あさかべ 鳥取（日野） 島根（出雲） 岡山
あすなろ 高知 熊本
あすなろひのき 山形（酒田）
いとひば（ヒヨクヒバ） 群馬（佐波）
えどすぎ（ヒムロ） 青森（津軽）
おけさわら 和歌山
おけざわら 三重（伊勢）
かきしば 秋田（北秋田）
かび 山形（米沢市）
きんぼや 熊本
くろび 山形（山形）
さーら 長野（伊那） 山口（厚狭）
さつますぎ（ヒムロ） 和歌山（日高）
さつみば（ヒムロ） 和歌山（新宮市）
さらび 青森（南部）
さわら 三重

さわらぎ 山形（最上・新庄）
さわらひば 静岡（遠江）
しのぎ 山形（北村山）
じひのき 島根（出雲）
しろひば 岩手（気仙）
しろぼや 熊本
すぎひのき 広島（山県）
そなれまつ（シノブヒバ） 肥前
ちょーせんすぎ 大分（久住）
なうひ 大分（久住）
なろ 福岡 佐賀（杵島・佐賀） 長崎（彼杵）
　大分 鹿児島
なろー 佐賀 長崎 長崎（南高来） 大分 大
　分（竹田）
なろし 佐賀
なろひ 長崎（南高来） 大分 大分（竹田）
ぬかっぴ 茨城 茨城（久慈）
ぬかび 茨城（多賀）
ねずみばら（シノブヒバ） 信濃
はいすぎ（シノブヒバ） 静岡
はいねず（シノブヒバ） 愛知（尾張）
ひのき 岩手 山形（西田川） 新潟 茨城 千
　葉 鳥取 岡山 島根 宮崎
ひのぎ 山形
ひば 青森 岩手 宮城 秋田 山形 山形（村
　山・西置賜） 栃木（北部） 群馬（佐波） 新潟
　（東蒲原・南蒲原） 富山 石川 長崎
ひばのき 山形（北村山）
ひむろ 上野 近江
ひめむろ 伊予
ひもろ 伊豆
ひろび 宮城
ぼや 熊本（上益城）
ぼやひ 熊本 大分（玖珠）
ほんざわら 山梨（南巨摩）
やおひ 島根（出雲）
よめごろし 長野（北佐久）
よれねず（シノブヒバ） 愛知（尾張）

サワラン 〔ラン科／草本〕

あさひらん 茨城*

サンカクイ 〔カヤツリグサ科／草本〕

さーら 沖縄（八重山）
さんかく 岡山
みかど 青森（津軽）

サンカクヅル

みかんど　青森
みかんどくさ　青森
みっちば　鹿児島
みつばち　鹿児島（肝属）
ゆーき　福島（相馬）
りーき　福島（相馬）

サンカクヅル　ギョウジャノミズ　〔ブドウ科／木本〕
いぬえぴこ　高知（幡多）
えび　神奈川（足柄上）　静岡（磐田）　和歌山（伊都）
えびこ　静岡（賀茂）　高知（土佐）
えびこかずら　徳島（美馬）　愛媛（上浮穴）
えびそ　奈良（吉野）
えびちょ　山形（北村山）
おいのめかずら　高知（香美）
がぶかずら　島根（仁多）
かまえび　埼玉（秩父）
がらめ　鹿児島（肝属）
がらめかずら　鹿児島（肝属）
かんのーえびずる　伊豆新島
がんび　広島（比婆）
ぎょーじゃのみず　和歌山
こまめえび　埼玉（秩父）
さなじら　青森
さなずら　秋田（北秋田・南秋田・平鹿・鹿角）　山形（西置賜・東田川）
さなずらぶんど　秋田（北秋田）　岩手（二戸）　山形（東田川）
さなんじらぶんど　青森
ひとつめ（ケサンカクヅル）　高知（高岡）
ひとつめかずら（ケサンカクヅル）　高知（高岡・幡多）
ひとつめかずら　高知（高岡・幡多）
ぶと　秋田（南秋田）
ぶと　秋田（南秋田）
ぼたえび　島根（隠岐島・周吉）
やまえびこ　静岡（賀茂）
やまぶどー　千葉（清澄山）　静岡（田方・賀茂）
やまぶんど　長野（下水内）

サンキライ　→　サルトリイバラ

サンゴジュ　〔スイカズラ科／木本〕
あかじさ　播州
いしび　鹿児島（奄美大島）
いにしぎ　鹿児島（沖永良部島）

いぶすのき　鹿児島（肝属・垂水）
いみしんのき　長崎（壱岐）
いりぶち　沖縄（与那国島）
うしころし　鹿児島（曽於・志布志）
うなぎしば　鹿児島（種子島）
うばころし　長崎（壱岐島）
うぼころし　鹿児島（肝属）
うむし　鹿児島（喜界島）
かんげんのき　神奈川（横浜）
ぐまぎ　鹿児島（奄美大島）
こってころし　鹿児島（肝属）
こまがえし　木曾
こまがやし　木曾
ささぎー　沖縄
たいみんと　熊本（玉名）
たにくさらし　高知（幡多）
たにつばき　鹿児島（垂水・肝属）
たねくさらし　高知（幡多）
ちょーちんぶらぶら　三重（志摩）
でっのき　鹿児島（垂水市）
てっぽーしば　長崎（壱岐）
てっぽーのき　長崎（壱岐島）
とーじさ　江戸
なたかけ　鹿児島（奄美大島）
はっぱはっぱのき　長崎（平戸）
ふくまねき　愛媛（大洲）
ぽーち　鹿児島（与論島）
みしぎ　鹿児島（与論島）
みずがし　高知（高岡）
めたらよー　京都（山城）
やまじみ　熊本（玉名）
やまたけ　鹿児島
ゆみしぎのき　長崎（平戸）
わじく　沖縄

サンゴジュナ　→　カエンサイ

サンザシ　〔バラ科／木本〕
さるなし　湖西
さんざらし　和歌山（有田）

サンシキスミレ　〔スミレ科／草本〕
おたふくそー　新潟
ちょーばな　山形（飽海）
ねこすみれ　山形（庄内）
ねこのつらこ　青森

サンシチソウ　〔キク科／草本〕
おらんだくさ　肥前
きんぎょぐさ　紀伊和歌山
さんひち　岡山　愛媛（周桑）
ちーどぅみぐさ　沖縄（首里）
ちどめ　雲州
にんじんさんしち　沖縄（首里）
はみそー　山口（厚狭）

サンショウ　〔ミカン科／木本〕
きのめ　長野（佐久）　岡山（御津）　香川　大分
さとさんしゅ　鹿児島（加世田市）
はじかみ　盛岡　大分（大分）
ひんしょー　京都（丹波）
びんしょー　丹波　摂州
ほんさんしょー　徳島　香川
ほんざんしょー　高知（高岡）
やまざんしょー　栃木

サンショウバラ　〔バラ科／木本〕
いざよいいばら　城州
きんおー　江戸
にしっこり　甲州

サンショウモ　〔サンショウモ科／シダ〕
がわもく　長野（佐久）
こばん　長野（佐久）

サンポウカン　〔ミカン科／木本〕
かぶす　愛媛*
さんぽこ　島根*
だいつきだいだい　愛媛*
とーてん　福岡*
とっくりみかん　宮崎*
へそだか　広島*

シイ　〔ブナ科／木本〕
いがじー　熊本（玉名）
いた　鹿児島（薩摩）
いたじー　和歌山（西牟婁）　鹿児島（垂水市）
こじのき　熊本（芦北）
しーじゃー　沖縄（首里）
しーじゃーだむん　沖縄（首里）
しーに　沖縄（竹富島・石垣島）
しっこのき　東京（三宅島）
しでのき　新潟（岩船）

しば　鹿児島（加計呂麻島）
たいとー　長州
たまのき　静岡
たわらじー　静岡

ジイソブ → ツルニンジン

シイタケ　〔キシメジ科／キノコ〕
きのこ　鹿児島（鹿児島・姶良・日置・屋久島）
しえたけ　秋田（南秋田）　岩手（紫波）
したけ　鹿児島（加世田）
ちぬく　沖縄
なば　宮崎（西臼杵）
ならぶさ　新潟
にらぶさ　山形（庄内）　新潟
にらむさ　山形（西田川）
ひるしめじ　日光
ひるたけ　下野　栃木
みのぐろ　滋賀（蒲生）
もろはきのこ　播州
ゆききのこ　播磨

シイモチ　〔モチノキ科／木本〕
むちならび　鹿児島（大島）

シウリザクラ　ミヤマイヌザクラ, シオリザクラ
〔バラ科／木本〕
からぎ　秋田（鹿角・雄勝）
からこ　秋田

ジオウ　〔ゴマノハグサ科／草本〕
さおひめ　関東

シオガマギク　〔キク科／草本〕
おどりそー　近江坂田
しおがまそー　和歌山
たぶりそー　尾張
のこぎりそー　江州

シオクグ　〔カヤツリグサ科／草本〕
はまくぐ　和歌山

シオジ　〔モクセイ科／木本〕
かわぐるみ　紀州
こーばし　奈良（吉野）　和歌山　三重
しおじ　埼玉　東京　静岡　岐阜　高知　福岡　大分　熊本　長崎

しおで　大分　宮崎
しょーじ　神奈川　三重
そわのき　岐阜（揖斐）
たも　新潟（長岡）
はだい　高知
はだつ　徳島　香川　愛媛　高知
はのき　兵庫
はらひり　高知（高岡）
ほのき　鳥取（岩美）
やまぎり　尾張

シオデ 〔ユリ科／草本〕

あまどころ　木曾
かつらな　周防
くさからたち　近江坂田
こといかつら　長州
しなてかつら　長門
しゅーでこ　岩手（遠野・上閉伊）
しゅでこ　秋田（河辺・仙北）
しゅんでこ　秋田（平鹿）
しょーじ　神奈川（足柄上）
しょーで　山形（東村山）長野（北安曇）
しょーでん　山形（東村山）
しょーでんずる　埼玉（秩父）
しょーでんぽ　神奈川（津久井）
しょーでんぽー　神奈川（愛甲）
じょーでんぽー　長野（佐久）
しょーでんぽーい　神奈川（津久井）
しょで　青森　山形（山形・庄内）
しょでこ　秋田（鹿角）岩手（盛岡）山形（庄内）
しょでっこ　秋田　山形
しょんでこ　秋田（鹿角）
そで　青森　岩手（盛岡・二戸）秋田　山形
そでこ　青森（上北・三戸・八戸）岩手（盛岡・二戸）秋田（南秋田）
そでっこ　秋田（南秋田・北秋田）山形
そでんこ　秋田（鹿角）
はしょーで　長野（佐久）
ひでこ　秋田　山形

シオン 〔キク科／草本〕

ごくらくばな　長野（更級）
しせつそー　長野（北佐久）
じゅーごやぐさ　鹿児島
じゅーごやそー　新潟（刈羽）
じゅーごやばな　群馬（山田・佐波）埼玉（秩父）静岡　新潟（中蒲原・刈羽）宮崎（西諸県）
せいたか　青森（八戸）
せいたかば　新潟（刈羽）
せーたか　長野（下水内）
せーたかべろべろ　新潟　新潟（中頸城）
せだか　青森（八戸）
たかぎく　香川
たかさご　鹿児島（肝属）
ひがんばな　山形　新潟（中蒲原・中魚沼）
みかえりそー　岐阜（恵那）
よなべばな　奈良（高市）
ろくしゃくばな　富山

ジギタリス 〔ゴマノハグサ科／草本〕

きつねのてぶくろ　富山（富山）福岡（田川）
ぎぼし　山形（東田川・西田川）
きりそー　秋田（鹿角）
きりんそー　秋田（鹿角）
ちょーちんばな　山形（西置賜・北村山）新潟　岐阜（飛騨）
ちょーちんぶらぶら　岐阜（飛騨）
のぼりばな　山形（東田川）
はんしょばな　青森（北津軽）
ふくろばな　山形（東置賜・北村山）
ほたるばな　福岡（田川）
ほたるぶくろ　山形（北村山）
まぐればな　岩手（上閉伊）
らっぱばな　山形（東田川）

シキミ 〔シキミ科／木本〕

あおき　山形
あししば　鹿児島（肝属）
ありそー　島根（隠岐島）
いっぽんばな　大分（大分）
おこー　静岡（駿河）
おこーのき　山梨（南巨摩）
おなしだ　高知
おはな　静岡　愛知
おはなのき　静岡（伊豆）
こー　高知（幡多）
こーき　大分（大野）
こーぎ　岡山
こーしば　遠江　静岡　島根（那賀・鹿足）山口　愛媛　高知（安芸）
こーっぱ　東京（八王子）
こーのき　遠江　茨城（多賀）埼玉　千葉　東

京（大島・八丈島）　神奈川　新潟（中越）　山梨　静岡　三重　奈良（吉野）　和歌山　岡山　徳島　愛媛　高知　長崎（対馬）　熊本　大分　鹿児島（屋久島）
こーのきはな　和歌山
こーのは　神奈川（藤沢市）
こーのはな　神奈川　静岡　三重　奈良　和歌山　愛媛
こーば　茨城（東茨城）
こーぱ　茨城
こーはう　長崎（五島）
こーはな　神奈川　静岡　三重　奈良（吉野）　和歌山
こーばな　東京（神津島・三宅島・御蔵島）　静岡（伊豆・駿河）
こーんはな　長崎（対馬）
このはな　和歌山（東牟婁・西牟婁・田辺）
こはな　三重（南牟婁）　和歌山（東牟婁）
こめのき　青森（三戸）
さかしば　宮崎（西諸県）
しきば　山口（玖珂）
しきびしば　愛媛（宇和島）
しきびのき　鹿児島（種子島）
しきぶ　新潟　和歌山　兵庫　山口　愛媛　熊本　鹿児島（屋久島）
しさび　秋田（北秋田）
しば　山口（向島・玖珂）
しゃしゃき　鳥取
しんばな　岡山
ねこあし　山形（酒田市・東田川）
はかき　周防
はかしば　山口（美祢・大津）
はかのき　島根（美濃・益田市・石見）
はな　江戸　千葉（夷隅）　静岡　三重（志摩・宇治山田市）　兵庫（淡路島・神戸市）　山口（向島）　愛媛　徳島
はなえだ　岡山（苫田）　愛媛（八幡浜市・南宇和）　高知（幡多）　広島
はなぎ　岡山
はなさかき　伊勢
はなしば　筑前　久留米　三重（度会）　島根（石見）　広島　山口　徳島　香川（三豊）　愛媛　高知　高知（高知市）　福岡　佐賀　長崎　熊本　大分（速見・北海部）　宮崎
はなしばのき　佐賀
はなのい　千葉（君津）

はなのき　伊豆　美濃　播州　因幡　出雲　長州　防州　茨城（多賀）　千葉（安房・夷隅）　岐阜（飛騨）　静岡（磐田）　滋賀　兵庫　和歌山（西牟婁）　鳥取（気高）　島根　岡山（小田）　広島　山口　愛媛　高知（幡多）　福岡　佐賀　長崎　熊本（玉名・下益城）　大分（大分）　宮崎　鹿児島（姶良）
はなのは　愛知（東三河）
はなのみ　福島（石城）
はなみのき　長崎
はなむらさき　山口（阿武・荻）
ひきしば　鹿児島
ほとけしば　大分（南海部）
ほとけばな　徳島
ほんしきび　埼玉（入間）
ぽんばな　東京（大島）
まっこ　静岡（賀茂・南伊豆）　奈良（吉野）　徳島（那賀）　高知（幡多）　鹿児島（肝属）
まっこー　千葉　静岡　熊本　鹿児島
まっこーぎ　鹿児島（奄美大島）
まっこーのき　静岡（伊豆）　愛媛　愛媛（上浮穴）　宮崎　鹿児島
まっこーばな　静岡（静岡市）
まっこぎ　三重（度会）
まっこのき　和歌山　和歌山（北部）　広島　鹿児島　鹿児島（肝属）
もろば　山口（屋代島）
やまくさ　宮崎（西臼杵）
よしび　熊本（菊池・熊本）
よしぶ　大分（大分）
よねば　大分（大分）

シコクビエ　〔イネ科／草本〕

いがび　新潟*
えぞびえ　岐阜*
おらんだひえ　岐阜*
おらんだひえ　熊野
からびえ　木曾　岐阜*
かんとーびえ　大和吉野
こーぽー　広島*
こーぽーひえ　神奈川*　徳島*
こーぽーひえ　大和吉野
さんかくひえ　新潟*
さんまたひえ　新潟*
しろひえ　群馬*
しんしょーひえ　福井*

すげひえ　福井*
するがひえ　岐阜*
ちょーせんひえ　群馬*　長野（佐久）　岐阜*
とーぼーひえ　長野*
またひえ　富山*　長野*
みつまた　栃木*
みつまたひえ　群馬*

シコクフウロ　→　イヨフウロ

シシウド　〔セリ科／草本〕

あまによ　青森（上北）
いぬうど　京都
うしうど　広島（比婆）
うまうど　榛名山　木曾　城州貴船　神奈川（津久井）
うんまいど　新潟（刈羽）
おにうど　山形（飽海）
かど　京都（竹野）
ごーで　広島（比婆）
ごんぼーうど　長野（佐久）
さいき　新潟（西頸城）　静岡（富士）
さえき　静岡（富士）
さく　青森（上北）
さぐ　青森（上北）
しかかくし　熊本（阿蘇）
しかな　筑紫
しかのたち　紀伊牟婁　和歌山（有田）
ずいき　長野（北安曇）
せーき　長野（北佐久）
なまっこ　日光
やまうど　埼玉（秩父）

シシガシラ　〔シシガシラ科／シダ〕

おさくさ　秋田（河辺・雄勝）　長野（下水内）　新潟（南蒲原）　広島（比婆）
おにかつら　秋田
おにのござ　山形（東田川）
かでくさ　和歌山（東牟婁）
かどくさ　和歌山（東牟婁）
きつねのおさ　広島（比婆）
くしのは　秋田
くしわらび　長野（下水内）
さかなのき　新潟（刈羽）
さるぐさ　秋田（北秋田）
ざるぐさ　秋田（北秋田）
ししのたてがみ　新潟（刈羽）

そてつぐさ　熊本（玉名）
でんかめ　鳥取（東伯）
のこぎりそー　和歌山（有田）
へびのござ　山形
むかでくさ　新潟（中頸城）　和歌山（東牟婁）
むかでぐさ　和歌山（東牟婁）
むかでそー　高知（土佐）
むかでのあし　新潟（刈羽）
むかどぐさ　和歌山（東牟婁）
やまそてつ　和歌山（新宮）
よろいぐさ　秋田（北秋田）

ジシバリ　→　イワニガナ

シジミバナ　〔バラ科／木本〕

こごめぐさ　長門　周防
こごめばな　長門　周防　広島（比婆）　山口（厚狭）
こめごめ　東京（南多摩）
こめのき　岩手（水沢）

シシラン　〔シシラン科／シダ〕

かしょーらん　尾州
みるらん　京都

シソ　〔シソ科／草本〕

あかな　沖縄（本島・宮古島）
あかなば　沖縄（本島・国頭）
あかなばー　沖縄（本島）
あはなば　沖縄（国頭）
いぇー　岐阜（揖斐）
いそっぱ　群馬（佐波・吾妻・多野・群馬・勢多）　埼玉（入間・北足立）　千葉（東葛飾）　神奈川（平塚・中・愛甲）　静岡（富士）
おちょいちょ　静岡
からもん　富山*
きそ　群馬（新田）　埼玉（入間・大里）　千葉（夷隅）　東京　長野
しーな　富山（射水）　石川
じさ　青森
ししょ　佐賀（藤津）　長崎（北高来・南高来）　鹿児島（肝属）
ししょっぱ　群馬（利根・山田）
しそー　岡山　熊本（天草）
しそっぱ　埼玉（大里）　千葉（長生）　静岡（富士）
しな　富山*
しのは　岩手（九戸）　青森（上北）　福岡*

しんしょーば　秋田
すそ　秋田（河辺・雄勝）　岩手（二戸）　福岡
　　（粕屋）　佐賀（藤津）
すそっぱ　千葉（夷隅）
すのは　岩手（盛岡）
そ　岩手（岩手）
そそば　福島（相馬）
ちーそ　富山（富山）
ちそ　秋田（河辺・北秋田）　福島　埼玉（入間）
　　千葉（市原・夷隅）　静岡（富士）　愛知（北設
　　楽）　新潟（西蒲原）　石川（鳳至）　和歌山（伊
　　都・東牟婁）　岡山（小田・浅口）　島根（美
　　濃・鹿足）　広島（安芸）　香川　愛媛（新居・
　　周桑）　福岡（築上・田川・小倉）　長崎　大分
　　（宇佐）　宮崎（児湯）
ちそっぱ　福島（相馬・北会津）　群馬（佐波）
　　埼玉（入間）　静岡（富士）　山梨
ちちょっぱ　静岡（富士）
ちちょば　石川（河北）
ちと　愛媛（周桑）
ちとー　石川（河北）
ちりめん　長州
つさ　青森
つそ　秋田（南秋田・由利）　福島　千葉
つそば　福島
つそば　福島（相馬）
つっそば　福島（福島）
ひのは　青森*

シダ　〔シダ〕

いぬかざり　奈良（南大和）
うらじろ　三重（尾鷲）
くのんば　東京（御蔵島）
くもんば　東京（三宅島・御蔵島）
けーそくそー　周防
こーみ　長野（下水内）
こごみ　宮城（伊具）
こもんば　東京（三宅島）
しずら　島根（鹿足・益田市）
したしぼ　岡山
したんば　島根
しだんば　島根（石見）
したんば　岡山
しで　静岡（富士）
しょーびき　栃木（上都賀）
すだ　福岡（久留米・山門・粕屋）　熊本（玉名）

たがのは　秋田（鹿角）
なべわり　岡山（岡山市）
ねば　島根（隠岐島・周吉）
ふなが　和歌山（西牟婁）
ふなご　滋賀（蒲生）
ふゆししゃず　山形（最上）
へーうのござ　富山（富山市）
へーぶのござ　富山（富山市・砺波・東礪波・西
　　礪波）
へご　薩摩　香川（三豊）　佐賀　長崎（南松浦）
　　鹿児島（肝属）
へびいちご　栃木
へびぐさ　栃木（上都賀）
へびのだいはち　新潟（佐渡）
ほだ　岩手（気仙）
ほだくさ　青森（上北）
まろもく　長崎（対馬）
もろぶき　島根（鹿足・美濃）
もろむき　島根（石見・鹿足）　福岡（福岡市・
　　築上）
もろもき　島根（那賀）　山口　長崎（長崎市）
もろもく　長崎（対馬）
やまくさ　愛媛（松山）
やまのくさ　播州
ゆきしらず　秋田（仙北）
わらび　鹿児島（奄美大島）

シダレヤナギ　〔ヤナギ科／木本〕

いとぅやなじ　沖縄（首里）
いとやなぎ　長門　周防　新潟（長岡市）　長野
　　（小県）
いやなぎ　周防
しなりやなぎ　秋田（由利）　山形（村山）
すだた　岐阜（飛騨）
たれやなぎ　新潟（長岡市）
みずやなぎ　美濃国
みだれやなぎ　石川（江沼）

シチク　〔イネ科／木本〕

とらだけ　鹿児島

シチダンカ → ヤマアジサイ

シチトウ　シチトウイ　〔カヤツリグサ科／草本〕

い　鹿児島（川辺・薩摩・大島）
おかい　新潟*
かくい　宮崎*

シチトウイ

さんかく　山形* 千葉*
さんかくい　群馬* 新潟* 山梨* 岐阜* 静岡* 愛知* 三重 和歌山* 岡山* 山口* 徳島* 香川* 愛媛* 福岡* 熊本* 大分* 宮崎* 鹿児島（奄美大島・中之島・悪石島）
さんかくくだ　福島*
さんかくたたみぐさ　栃木*
さんかくび　宮崎*
さんかくゆ　広島* 宮崎*
しちとー　鹿児島（薩摩）
しちとくさ　秋田*
しっとー　大分　熊本（玉名）
しらとり　山形*
とーい　高知*
としべ　山形（東田川・飽海）
ひちとー　島根（美濃）
ふくい　和歌山（新宮市）
ふくいぐさ　和歌山（東牟婁・西牟婁）
ふくり　鹿児島*
みちしば　鹿児島（出水・熊毛・種子島）
みつかど　愛知*
ゆーきゅ　山形*
りーき　宮城* 福島*
りきゅー　宮崎*
りゅーき　宮城
りゅーきぐさ　福島* 茨城*
りゅーぎゅ　福島*
りゅーきゅー　栃木* 群馬* 埼玉* 千葉* 新潟* 長野* 静岡* 三重 和歌山（日高）鳥取* 高知* 福岡*
りゅーきゅーい　宮城* 新潟* 山梨* 静岡*

シチトウイ → シチトウ

シデ → アカシデ

シデザクラ → ザイフリボク

シデノキ → アカシデ

シナガワハギ　　　〔マメ科／草本〕
かめくさ　鹿児島（奄美大島）

シナノガギ → マメガキ

シナノキ　　　〔シナノキ科／木本〕
あさじ　鳥取　岡山
かかのき　岡山（備中）
こばのまだ　秋田（仙北）山形
こばのまんだ　秋田（南秋田・山本）

ごべんぎょー　北海道
しおずつみ　島根（石見）
しな　青森　岩手　山形　福島　埼玉（秩父）長野（諏訪）
しなかわ　山形　新潟　千葉
しながわ　三重
しながわのき　伊勢　三重（伊勢）
しなかわむき　三重（熊野）和歌山
しなき　秋田（南秋田）
しなじん　神奈川（東丹沢）
しなっかわのき　千葉（清澄山）
しなっき　埼玉
しなのがき　島根（出雲）
しなのかわのき　紀州　三重（南部）和歌山（南部）
しなのかわむき　紀州牟婁
しなわ　北海道　北海道松前
しの　滋賀（高島）
しやかわむぎ　福島（西部）
たく　徳島（麻植・那賀）高知（香美）
たくのき　高知（香美）
とりおぎ　奈良
なわのき　岡山（備前・備中）
にべし　北海道
にれ　徳島（美馬）高知（香美）
ねそ　岡山
ねそのき　岡山
はたけしな　福島　徳島
ひるかわ　兵庫（但馬）鳥取（因幡）岡山（美作）
ふいき　愛媛（新居）高知（土佐）
ふゆぎ　愛媛（上浮穴・面河）高知（土佐）
へら　島根（石見）山口　熊本　大分　宮崎
へらのき　尾州　紀伊　島根（石見）福岡（中津）佐賀（藤津・杵島）熊本（八代）大分　宮崎（東諸県）
へりかわ　鳥取（岩美）
ぽだいご　島根（出雲）
ぽだいじゅ　静岡（遠江）香川
ほんじな　岐阜（恵那）
まうだ　岩手　福島（田村）
まだ　青森　岩手　宮城　宮城（栗原）秋田　山形
またのき　奥州　青森（南部）茨城（久慈）
まだのき　南部　青森　岩手　宮城　秋田　秋田（北秋田）
まんだ　青森　岩手　岩手（羽州）秋田

まんだのき　秋田（鹿角）
みなわ　青森
めじな　岐阜（大白川）
もあだ　新潟（東蒲原・南蒲原）
もーだ　福島（耶麻）　岩手
もはだ　山形
もまだ　山形（米沢市・山形市）
もろた　高知
もわだ　宮城　山形　福島
やまがき　鳥取　鳥取（日野）　島根（石見・仁多）　岡山　広島
やまかげ　岡山（美作・備中）
やましな　福井（徳島）
やまじな　岐阜（恵那）
わたのき　北海道

ジネンジョ → ヤマノイモ
シノダケ → ヤダケ
シノブ　　　　　　　　　〔シノブ科／シダ〕
きじかくし　長州
きじくさ　防州
くもぐさ　伊豆八丈島
つちびわ　周防
やまどりかくし　周防
わすれぐさ　長州

シノブヒバ → サワラ
シバ　　　　　　　　　　〔イネ科／草本〕
あしじり　沖縄（中頭・首里）
あしじりゆんじり　沖縄（首里）
あしずり　沖縄
あしら　沖縄（石垣島）
あまくさ　奈良（高市）
うびんがにふさ　沖縄（八重山）
おーしさー　沖縄（竹富島）
おにしば　山口（厚狭）
かいしさーま　沖縄（鳩間島）
かいっさーま　沖縄（鳩間島）
かいふさー　沖縄（石垣島）
かが　青森（津軽）
かのか　秋田（北秋田・鹿角）
かのが　青森（津軽）　秋田（北秋田・鹿角）
かのご　秋田（南秋田）
けぱ　防州　山口（玖珂・大島）
こーげ　岡山（都窪）　徳島（美馬）　愛媛（周桑）
こーげくさ　岡山（邑久）

ささくさ（コウライシバ）　鹿児島（加計呂麻島）
しだ　佐渡　新潟（佐渡）　広島（高田）
しだくさ　新潟（佐渡）
しばくさ　福島（相馬）
しばくれ　仙台
しら　新潟（佐渡）
しらくさ　新潟（佐渡）
たたみぐさ　長野（佐久）
ちょーせんしば（コウライシバ）　鹿児島
ちんばらみ　周防
ねこしば（コウライシバ）　長州
はみぐさ　徳島（伊島）
ぴぴだぐさー　沖縄（与那国島）
ふくべしば（コウライシバ）　長州
へご　東京（八丈島）
やえ　鳥取（気高）
やえしば　熊本（玉名）

シバイモ → スズメノヤリ
シバグリ → クリ
シブガキ → カキ
シマウリ　　　　　　　　〔ウリ科／草本〕
うと　熊本（玉名）
ぎんまくわ　岩手（二戸）

シマウリカエデ　　　　　〔カエデ科／木本〕
おーはだ　鹿児島（奄美大島）
おーやぎ　鹿児島（奄美大島）
やまでー　鹿児島（奄美大島）

シマエゴノキ　　　　　　〔エゴノキ科／木本〕
さまぎ　鹿児島（奄美大島）
しゃーまん　鹿児島（沖永良部島）
しゃまぎ　鹿児島（奄美大島）
ろーころぎ　鹿児島（奄美大島）

シマガヤ → クサヨシ
シマカンギク　アブラギク，ハマカンギク
　　　　　　　　　　　　〔キク科／草本〕
のぎく　長崎（壱岐島・南高来）　熊本（玉名）
もーせん　長崎（北松浦）
やまぎく　島根（邇摩）

シマギク　アブラギク　　〔キク科／草本〕
あわぎく　和歌山

のぎく　長崎（壱岐島）
やまきく　和歌山（伊都）
やまぎく　熊本（球磨）

シマクロキ → ハマセンダン

シマグワ → ヤマグワ

シマサルナシ　ナシカズラ　〔マタタビ科／木本〕
かずらなし　鹿児島（串木野）
くが　鹿児島（奄美大島）
こっこー　鹿児島（甑島）
こっぷ　鹿児島（川辺）
しょっぷ　鹿児島（川辺）
しょっぽ　鹿児島（川辺）
しらくち　島根（簸川）
そっぽ　鹿児島（川辺）
どーらん　島根（仁多）
どーらんかずら　島根（仁多）
ふゆなし　鹿児島（大口市）
やまなし　鹿児島（大口市・伊佐）
やまなしこっこー　鹿児島（甑島）

シマシラキ　オキナワジンコウ
　　　　　　　〔トウダイグサ科／木本〕
いしぶき　鹿児島（奄美大島）

シマタゴ　　　　　　〔モクセイ科／木本〕
おーやぎ　鹿児島
じんき　鹿児島（奄美大島）
じんぎ　鹿児島（奄美大島）　沖縄（首里）

シマニシキソウ　〔トウダイグサ科／草本〕
かねくぐさ　鹿児島（奄美大島）
ぎちゃーぱぐさ　沖縄（本島）

シマバライチゴ　　　　〔バラ科／木本〕
やまいっご　鹿児島（肝属）

シメジ　　　　　　〔キシメジ科／キノコ〕
あじしめじ　山口（厚狭）
あずき　岩手（二戸）
あずきもだし　岩手（二戸）
あずきもだち　岩手（九戸）
いしわり　山形（東田川）
うえこ　岩手（盛岡）
おーはぎ　広島（比婆）
おーひめじ　秋田（雄勝）

おぎたけ　信州
かぶしめじ　山口（厚狭）
かんこ　長野（長野）
きうしじ　岩手（上閉伊）
きゅーしち　岩手（釜石）
ざざんぼー　島根（邑智）
さもだこ　岩手（二戸）
さもだつ　青森（津軽）
さもんだし　青森
さんもんだし　青森（津軽）
しぇんぽんだけ　秋田（鹿角）
しろはつたけ　伊豆
すずめのわかい　岩手（水沢）
ずるりっこ　山口（大島）
せんぼんだけ　岩手（二戸）　秋田（鹿角）　千葉
　（東葛飾）
せんぼんはぎ　広島（比婆）
せんぼんひめじ　広島（比婆）
せんぼんもたし　群馬（吾妻）
せんめだけ　山形（飽海）
ぬのぱえ　青森（上北）
のめー　鳥取（西伯）
のめり　鳥取（西伯）
はおしめじ　秋田（雄勝）
みんちゃば　鹿児島（加世田）
もたせ　富山（東礪波）

シモツケ　　　　　　　〔バラ科／木本〕
おこじのき　山形（飽海）
おこわぐさ　長野（北佐久）
かんざし　静岡（富士）
かんざしばな　静岡（富士）
でんぶばな　長野（北佐久）
やまうつぎ　上州

シモツケソウ　　　　　〔バラ科／草本〕
あかばな　長野（佐久）
あけぼの　長門
あわそー　周防
くさしもつけ　長門　周防
こめざいばな　新潟（佐渡）

シャガ　　　　　　　〔アヤメ科／草本〕
いしまどり　山形（飽海）
うまのはぬけ　木曾弥勒の森
おーきまどり　山形（飽海）

ジャガイモ

おかだちかっこ　山形（北村山）
からすのおーぎ　和歌山（海草）
しゃがばな　千葉（安房）
とーかん　山口（厚狭）
どてしょーぶ　新潟
にんぎょーくさ　富山（富山）
ぬすびとまどり　山形（飽海）
ねこまどり　山形（東田川）
はかけまどり　山形（飽海）
はぬけ　木曾与川
ひおーぎ　京
みちきり　伯州
めくらかっこ　新潟（西蒲原）
めくらがっこ　新潟（西蒲原）
めくらしょーぶ　新潟（南蒲原）
やぶしょーが　和歌山（西牟婁）
よねやましょーぶ　新潟

ジャガイモ　バレイショ　〔ナス科／草本〕

あかいも　大和吉野　宮城*　山形*　福島　福島（信夫・相馬）　長野（佐久）　岐阜（揖斐・恵那）　京都　奈良　和歌山（日高）　兵庫
あかえも　福島（福島）
あかせいだ　福島（石城）
あかせーだ　福島（石城）
あきいも　山形（西置賜）　新潟（佐渡）　長野（下伊那）
あっぷらいも　秋田　茨城（多賀）
あどいも　徳島
あばいも　徳島（三好）
あふら　宮城（牡鹿）　秋田（河辺・雄勝）
あぶら　宮城（牡鹿）
あぶら　宮城*
あふらいも　宮城（牡鹿）　山形（東村山・北村山）
あぶらいも　秋田（北秋田・南秋田）　山形（北村山）　宮城（牡鹿・亘理・柴田）
あぶらいも　宮城*
あぶらえも　秋田（北秋田）
あほいも　和歌山（日高）
あめりかいも　山口（大島）
あれいろー　島根（鹿足）
あれーろー　島根（石見・邑智・那賀）
あれろ　熊本（阿蘇・下益城）
あれろー　島根（鹿足）
あれろーいも　島根（鹿足）
あんずいも　香川（綾歌）

あんぷら　秋田（南秋田）
あんぺらいも　秋田（山本）
いーじん　長崎（西彼杵）
いがいも　大阪（大阪）
いじーいも　長崎（西彼杵）
いしいも　石川（江沼）　鳥取*
いじんいも　熊本（天草）
いじんがいも　長崎（西彼杵）
いじんがらいも　長崎（樺島・西彼杵）　熊本（天草）
いも　秋田（北秋田・南秋田）　山形（北村山）　愛媛（周桑）
うどいも　徳島（那賀）
うめいも　和歌山*
えちごいも　岐阜（揖斐）
えも　岩手（九戸）　秋田（北秋田・仙北）
おけさいも　長野（下伊那）
おじまいも　神奈川（中）
おじゃが　山形（鶴岡）　群馬　東京　静岡（富士）
おしょろ　愛媛（宇摩）
おしょろいも　愛媛（宇摩）
おだいしいも　富山（射水）　愛媛　愛媛（宇摩・新居・周桑）　香川（島嶼）
おだいっさん　愛媛（周桑）
おだいっさんいも　愛媛（周桑）
おたすけいも　群馬*
おとこいも　長野（東筑摩）
おびいも　広島（百島）
おほど　徳島（美馬・三好）
おらんだ　静岡*　兵庫（神崎）　長崎*
おらんだいも　滋賀（伊香）　兵庫（飾磨）　長崎（長崎・西彼杵）　熊本（天草）　大分*
おらんだがらいも　長崎（西彼杵）
かいも　岡山（上房）
かしいも　熊本（阿蘇）　大分*
がじゃいも　徳島（美馬）
かついも　石川（能美）
かつきいも　石川（江沼）
かづわき　石川（能美）
かねいしいも　富山（礪波・東礪波・西礪波）
かびたいも　長野（更級・北佐久・小県）
かぶいも　宮城*
かぶたいも　長野（北佐久・上田）
かぶだいも　長野
からいも　岩手（気仙）　宮城（登米・玉造）　山形（米沢）　千葉（夷隅）　京都（竹野）　福岡

ジャガイモ

（三池）　大分*
からえも　宮城（本吉）
かんかんいも　香川
かんたいも　長野（南安曇）
かんといも　愛媛（伯方）
かんとーいも　愛媛（越智）
かんとんいも　北海道（函館）
かんぱらいも　栃木（那須）
かんふら　青森（三戸）　福島（郡山・棚倉）
かんぷら　青森（三戸）　宮城* 福島　茨城* 栃木　新潟*
かんぶらいも　福島（安達）　新潟（東蒲原）
かんぷらいも　山形（東置賜）　福島（安達・安積・西白河）　茨城（多賀）　栃木　新潟（東蒲原）
かんぷらえも　福島（会津若松）
かんぺらいも　栃木（那須）
かんぽいも　新潟
かんぽーいも　新潟
かんぽこいも　新潟
かんぽらいも　栃木（那須）
かんぽらえも　新潟（北蒲原）
きしいも　山形（米沢市）　福島*
きしぇも　山形
きぬかつぎ　岡山（吉備）
きはくやいも　大阪*
きゅーきゅ　熊本（球磨）
ぎゅーきゅ　熊本（球磨）
きゅーきゅーいも　福島（福島・双葉）
きゅーしゅーいも　山形（東置賜）　福島（北部）
ぎょーじゃいも　大阪* 和歌山（西牟婁）
きりいも　新潟* 島根（石見）　広島
きれだいも　兵庫*
ぎんいも　紀伊高野山
きんか　岡山（邑久・浅口）　広島（江田島）　山口
きんかいも　山形（西置賜）　兵庫（佐用）　京都（紀伊）　鳥取（八頭）　岡山（倉敷・津山・阿哲・赤磐・浅口・英田・邑久・小田・勝田・上・吉備・久米・児島・都窪・苫田・御津・真庭・和気）　島根（能義・簸川・飯石・安濃・邇摩・邑智・那賀・美濃・鹿足）　広島（双三・比婆・御調・賀茂・高田・豊田・深安・世羅）　山口（大島・厚狭・吉敷・阿武）　香川（高松・小豆・香川）　高知　大分
きんかついも　愛媛（越智）
きんかん　岡山（岡山・児島・都窪・久米・邑久・上道・吉備・小田・後月）　広島（御調・

世羅）　山口（吉敷・阿武）　香川（綾歌・仲多度・小豆島）
きんかんいも　香川
きんだいま　奈良（南葛城）
きんたまいも　滋賀（近江八幡・栗太・坂田・東浅井）　兵庫（淡路島・加東）
きんときいも　岩手（九戸）
きんも　鳥取*
くどいも　丹波　徳島
くまのいも　鳥取*
くるまえも　盛岡
くゎしいも　愛媛（越智）
げんきいも　長野（下伊那）
げんきちいも　長野（下伊那）
ごいしも　徳島（美馬）
こーしいも　長野（下伊那・上伊那）　岐阜　愛知（北設楽）　三重* 徳島*
こーじいも　静岡* 愛知* 三重
ごーしいも　愛知（東加茂）　徳島（名東・阿波）　香川（大川）
ごーしも　徳島（三好）
こーしゅいも　新潟　三重（一志）　京都　徳島　大分（大分）
ごーしゅいも　徳島（美馬）
ごーしゅー　徳島（美馬）
こーしゅーいも　福島* 新潟（古志）　長野（下伊那）　岐阜（恵那）　静岡（磐田）　愛知（北設楽）　三重* 大分（大分）
こーじゅーいも　静岡（磐田）
ごーしゅーいも　兵庫（淡路島・沼島）　徳島（板野・勝浦）　長野（下伊那）　静岡
こーしょいも　新潟（長岡・三島）
こーしょーいも　新潟（越後）　大分（大分）
ごーしょーいも　秋田（鹿角）
こーしんぼ　愛知（知多）
こーといも　愛媛（越智）
こーばいいも　岐阜（土岐）
こーばいも　岐阜（郡上）　広島（御調）
こーぼ　愛知（北設楽）
こーぼいも　福井　岐阜　岐阜（郡上）　愛知（北設楽）　三重（那賀・阿山）　鳥取　島根（能義・八束・大原・仁多・簸川・飯石）　岡山（神島・小田・後月）　広島（上蒲刈島・走島）　愛媛（大三島・伯方島・越智）　大分（東国東・大分）
こーぼえも　島根（能義）

ジャガイモ

こーぼーいも　福井（大野）　長野（下伊那）　岐阜（飛騨）　鳥取（鳥取市・東伯）　島根（仁多）　岡山（神島・小田・児島・浅口・後月・）　広島　広島（御調・深安）　愛媛（大三島・越智・伊予）　大分（姫島）
ごがついも　福井（今立）　静岡（志太）
こけいも　広島（尾道）　山口*
ごしーいも　徳島（板野）
こしいも　三重*　滋賀*
ごしいも　秋田（河辺）　兵庫（淡路島）　徳島　香川
ごしぇも　秋田（河辺）
こしも　奈良　徳島（麻植）
ごしも　徳島（美馬）
こじゅーいも　香川*
ごしょいも　北海道（函館市・札幌・白老）　青森　青森（青森・八戸・南津軽・三戸）　岩手（二戸）　宮城　宮城（仙台）　秋田　秋田（秋田・南秋田・北秋田・鹿角）　山形　山形（北村山）　栃木（塩谷・那須）　新潟（中越）　千葉（君津・安達）　富山　富山（砺波・東礪波・西礪波）　岐阜*　愛知*　徳島（麻植）　愛媛*
ごしょえも　青森　岩手（九戸）　秋田（鹿角・河辺）　宮城　山形　富山（射水）
ごしょーいも　北海道（小樽市・虻田）　青森（北津軽）　秋田（鹿角）　福島（福島）　宮城（仙台市）　新潟　富山　岡山　山口（厚狭）
ごしょーえも　青森　新潟
ごせも　秋田（平鹿・河辺）
ごそいも　青森
ごそえも　青森
こてぁいも　秋田（南秋田）
こどいも　秋田（北秋田・山本・由利・鹿角）　茨城（稲敷）　新潟（中蒲原）
ごといも　青森*　秋田　山形（村山）　茨城（稲敷）　新潟
こどえも　秋田（南秋田・北秋田・河辺・雄勝・山本）
ごどーしゅ　三重（名賀）
こばいも　三重*
こぼいも　福井（吉田・大野）　三重（伊賀・阿山）
こぼいも　福井（大野）
ごぼいも　福井*
ごぼーいも　新潟（中越・長岡）
こぼさん　島根（簸川）
ごろ　新潟（西頸城）

ころいも　奈良（高市）
ごろいも　新潟（西頸城）　長野（北佐久・南佐久）
ごろーいも　新潟（西頸城）
ころげいも　広島（賀茂）
ごろさいも　新潟（西頸城）
ごろざいも　新潟（西頸城）　長野（北安曇）
ごろざえもん　新潟
ごろさくいも　長野（中部・北安曇）
ごろぜいも　長野（北安曇）
ごろたいも　新潟（西頸城）　長野（更級）
ごろたえも　新潟（西頸城）
ころぼいも　島根（仁多）
ごろぼえも　島根（仁多）
ごんがついも　静岡（志太）
こんじくいも　奈良*
こんしんいも　大分*
こんぼいも　愛知（奥設楽・北設楽）
さいも　石川
さかたろいも　鹿児島（揖宿）
さっぽろいも　福井*
さるいも　三重（名賀）
さるきいも　兵庫（淡路島）
さるきん　兵庫*　兵庫（淡路島・津名・三原）
さんえんいも　埼玉（北葛飾）
さんごいも　奈良
さんごしいも　奈良
さんごじいも　奈良（山辺）
さんだいも　富山（富山）
さんだえも　新潟（中蒲原）
さんちゅいも　奈良
さんちゅーいも　奈良（山辺）
さんどいも　群馬（多野・利根）　埼玉（秩父・北埼玉・大里・児玉・比企・入間）　新潟（上越・中頸城）　京都（竹野・与謝）　福井　兵庫（淡路島・養父・宍粟・出石）　島根（鹿足）　岡山（苫田・小田・倉敷・川上・真庭・英田・阿哲・勝田・赤磐・和気・御津・後月・久米・浅口）　広島（深安・芦品）　徳島　愛媛（宇摩）　香川（伊吹島）
さんどえも　新潟（中頸城）
さんとく　群馬（碓氷）
さんとくいも　群馬（高崎・前橋・勢多・多野・甘楽・碓氷・群馬・吾妻）　埼玉（大里・秩父）　静岡
じーがたらいも　徳島（勝浦）
しーだいも　新潟（佐渡）

ジャガイモ

じが　熊本（飽託）
じがいも　岐阜（土岐）　山口（玖珂・都濃・佐波・吉敷・美祢・大津）　徳島（勝浦）
しこくいも　山形（西村山）　新潟　島根
じごくどーしん　新潟
しここいも　島根（隠岐島）
しころいも　島根（隠岐島）
しどいも　京都*
しないも　島根　滋賀*　鳥取*
しなのいも　鳥取*　島根（八束）　岡山（真庭）　大分（中部）
しべいも　島根（簸川）
しべえも　島根（簸川）
じゃーたらいも　静岡（富士）
じゃいも　新潟（長岡）　富山　石川　徳島（三好・美馬）　熊本（天草）　宮崎（西臼杵）
じゃが　埼玉（北埼玉）　東京（江戸川・葛飾）　静岡（富士）　和歌山（海草）　山口（阿武）　愛媛（温泉）　長崎（西彼杵・南高来）　熊本（八代）
じゃがえも　千葉（東葛飾）
じゃがた　静岡（磐田）　鹿児島（日置）
じゃがたいも　長野（西筑摩）　三重（阿山）　兵庫（赤穂）　奈良（吉野）
じゃがだいも　奈良（吉野）
じゃがたら　茨城（北相馬・筑波）　群馬（碓氷・勢多）　埼玉（北葛飾・南埼玉・北埼玉・北足立・大里・児玉・入間）　千葉（印旛）　神奈川（高座・中・足柄上・鎌倉）　静岡（静岡・富士）　愛知（名古屋・中島・幡豆）　岐阜（土岐）　富山（砺波・東礪波・西礪波・下新川）　石川（金沢）　三重（四日市・北牟婁・河芸）　広島（高田・比婆）　山口（大島・玖珂・都濃・吉敷）　愛媛（宇摩）　福岡（筑紫・築上）　長崎　熊本（玉名・鹿本・飽託・宇土・上益城・下益城）
じゃがたらいも　青森（上北）　秋田（雄勝・北秋田）　山形（鶴岡）　群馬（前橋・桐生・新田）　栃木（上都賀）　埼玉（児玉・北葛飾・南埼玉・北足立・大里・比企・入間・秩父）　千葉（安房・長生）　神奈川（高座）　静岡（浜松・志太・周智・磐田・榛原）　愛知（名古屋・豊橋・碧海）　岐阜（岐阜・恵那・土岐）　長野（小県）　富山（砺波・東礪波・西礪波・中新川）　石川（金沢）　滋賀（野洲）　京都（紀伊・愛宕・久世・宇治）　奈良（添上）　三重（一志）　和歌山（和歌山・日高・有田）　大阪　兵庫（加西・赤穂・揖保・武庫・美嚢・有馬・津名・三原）　岡山（岡山・上房・後月・和気・赤磐）　広島（世羅・佐伯・比婆・御調）　山口（玖珂・吉敷・阿武・熊毛・都濃・美祢・豊浦・大津）　香川（小豆島・仲多度・三豊・綾歌）　徳島（勝浦・板野）　高知（長岡・吾川）　愛媛（松山・宇和島・温泉・新居・越智・周桑・上浮穴・東宇和・南宇和・西宇和・北宇和）　福岡（大牟田・浮羽・鞍手・小倉）　熊本（八代）　大分（南海部）　宮崎（延岡・日南）　鹿児島（大島・薩摩・曽於）
じゃがたらえも　栃木（芳賀）
じゃがたれ　岐阜（土岐）　和歌山　広島（世羅）　山口（玖珂）　愛媛（北宇和）
じゃがたれいも　和歌山（伊都）
じゃがたろ　埼玉（北足立）　千葉　静岡（志太）　和歌山（日高）　福岡（築上）　長崎（南高来・北高来・南松浦）　熊本（阿蘇・玉名・飽託・宇土・八代・天草）　鹿児島
じゃがたろいも　埼玉（北足立）　静岡　和歌山（那賀）
じゃがたろえも　千葉
じゃがたろー　茨城（稲敷）　埼玉（北足立・大里）　静岡（小笠）　長崎（東彼杵）
じゃがたろーいも　埼玉（北足立）
じゃがのいも　静岡（富士）
じゃがら　栃木　群馬　埼玉（北足立・北足立）
じゃからいも　新潟
じゃがらいも　福島　群馬　埼玉　新潟（中魚沼）　富山　石川（能美・江沼）
じゃけいも　群馬（北甘楽）
しゃっぽらいも　福井（大野）
しゃっぽろえも　福井
しゃばらいも　長野
じゃばらいも　長野（下水内）
しゃらいも　長野（東筑摩）
じゃんが　静岡（小笠）
じゃんがー　静岡（小笠）　長崎（西彼杵）
じゃんがら　栃木　新潟（上越市）　富山（西礪波）
じゃんがらいも　福島（西白河）　栃木　新潟（上越市）　富山
じゃんがらえも　富山（富山・射水）
しゅーろいも　愛媛（新居）
しゅんじゅーいも　大分*
じょーしゅーいも　愛知（北設楽）　長野（北佐久）
しょーのじゅー　宮崎（西臼杵）

ジャガイモ

しょーろいも　房総　紀伊　千葉（夷隅）　兵庫（淡路島）　和歌山　和歌山（和歌山市・田辺市・日高）　香川　愛媛
じょーろいも　和歌山（田辺）　愛媛（新居・周桑）
じょーろーいも　愛媛（新居）
しょろいも　千葉（夷隅）　大阪*
じょろいも　千葉（夷隅）　愛媛（宇摩）
しろいも　青森（上北）　山梨　長野（長野・上伊那）　岐阜（北飛騨・吉城）　大阪*
しんしーいも　群馬（多野）
しんしいも　群馬（多野）　埼玉（秩父）　大分（大分）
しんしゅいも　大分（大分市）
しんしゅーいも　埼玉（秩父）　新潟*　静岡　岐阜（吉城）　大分（大分）
しんしんいも　埼玉（秩父）　大分（大分市）
すないも　福島（大沼）　滋賀*　鳥取*　島根（八束）
すなえも　福島（会津若松）
すなのいも　島根（八束）
せいだ　神奈川（津久井）
せいだいも　東京　神奈川　山梨（中巨摩・南都留）
せいだえも　福島（平）
せーだ　東京（八王子）　神奈川（愛甲・津久井）　山梨*
せーだいいも　山梨　山梨（南都留）
せーだいも　東京（南多摩・八王子）　神奈川（足柄上・愛甲・津久井・高座）　山梨　山梨（中巨摩）　新潟（佐渡）　長野（東筑摩・諏訪）　岐阜（高山）
ぜーだいも　山梨（中巨摩）
せーだゆー　東京（南多摩）　神奈川　神奈川（津久井）
せーだゆーいも　甲府
せーだんぼー　東京（八王子）
せーぽいも　福井（南条）
せーよいも　兵庫
せーよーいも　兵庫（美方）
せーらいも　新潟（佐渡）
ぜんこーじいも　熊野　滋賀坂田　滋賀
ぜんこじいも　京都（北桑田）
せんだいいも　岐阜（吉城）
せんだいも　新潟（西頸城）　岐阜（飛騨・益田・郡上・高山）　福島（石城）
せんだゆーいも　岐阜（飛騨・吉城）
ぜんだゆーいも　岐阜（北飛騨）

だいしいも　京都　島根（隠岐島）　香川（島嶼）
たいせんいも　島根（隠岐）
たけしま　徳島（美馬）　高知*
たらえも　富山（東礪波）
たらずいも　島根（那賀）
だらずいも　島根（那賀）
たんぱいも　新潟
たんぽいも　新潟
ちょーせいも　福島（中部）
ちょーせんいも　三重　三重（名賀）　奈良　奈良（吉野）
ちょーせんむー　三重（名賀）
ちょーせんも　三重
ちょーろく　香川（綾歌）
ちょろいも　千葉（君津）　岡山（児島）　福岡（築上）　大分（大分・宇佐）
つるいも　上総　埼玉（入間）
てんからいも　富山*
てんころ　富山
てんころいも　富山（砺波・東礪波・西礪波）
てんころえも　富山（富山）
てんじくいも　奈良　京都（相楽）
どいも　福島*
とーいも　千葉（夷隅）　徳島　長崎（西彼杵・長崎）
とくいも　埼玉（秩父）　愛媛（大島）
どくいも　埼玉（秩父）　愛媛（大島・越智）
なしいも　石川（鳳至・江沼）　福井*
なついも　岩手（和賀）　宮城　山形（東村山）　福島（会津）　埼玉（北埼玉・北足立）　千葉*　新潟　富山*　石川　石川（鳳至）　山梨　長野　長野（上伊那・北安曇・諏訪）　岐阜（吉城）　島根（那賀・邑智）　兵庫（神戸）　岡山（真庭）　広島（山県）
なづいも　山形（村山・置賜）
なつえも　福島　埼玉（入間）　富山（富山）
なりいも　青森（三戸）　岩手（上閉伊・気仙）
なりえも　岩手（釜石）
なんきんいも　佐賀（三養基）
にさくいも　愛知（西加茂）　福井（南条）
にといも　秋田（鹿角）　新潟（北蒲原）
にどいも　北海道（函館）　青森（青森・八戸・三戸・上北・西津軽・北津軽）　岩手（盛岡・上閉伊・下閉伊・二戸）　宮城（仙台）　秋田（南秋田・北秋田・鹿角・河辺・由利・雄勝）　山県（西置賜）　福島　栃木*　埼玉*　神奈川

ジャガイモ

(横浜市・平塚市) 新潟 (長岡・西蒲原・北蒲原・佐渡) 富山 富山 (西礪波) 石川 石川 (珠洲) 福井 (今立) 山梨* 長野 長野 (上伊那) 岐阜 静岡* 三重 (阿山・飯南) 滋賀 滋賀 (伊香) 京都 (何鹿・竹野・加佐・南桑田) 大阪 (泉北・南河内) 兵庫 兵庫 (加東・美方) 奈良 (宇陀・添上・吉野) 和歌山 (伊都・日高) 鳥取 (岩美・八頭) 島根 (石見・邑智・那賀・鹿足・隠岐島) 岡山 (上房・川上・児島・小田) 広島 (安芸・沼隈) 山口* 徳島 徳島 (三好) 香川 (高松・小豆・仲多度・綾歌) 愛媛 (宇和島・今治・宇摩・越智・温泉・伊予・上浮穴・喜多・西宇和・北宇和) 熊本 (阿蘇) 大分 (東国東) 宮崎*

にどいろ 奈良 (吉野)
にどえも 青森 秋田 (雄勝・北秋田・河辺・由利・山本・鹿角・仙北) 岩手 (九戸) 宮城 山形 福島
にどーいも 京都 (熊野)
にどがらいも 熊本 (芦北・天草)
にどこ 大分*
にどとりいも 山梨*
にどべりいも 長野*
にゅーどーいも 宮城 (本吉)
にんどいも 秋田 山形
にんどえも 青森 秋田 (鹿角・平鹿・河辺・仙北・雄勝)
のとろ 山梨 (南巨摩)
ばいちょ 徳島 (海部)
ばかいも 茨城 (稲敷) 長野 (更級・下水内) 和歌山 (日高)
はきりいも 島根
はしいも 新潟*
はしも 新潟 (中魚沼)
はしょーいも 京都
はちこくいも 新潟 新潟 (中蒲原・西蒲原)
はっしょいも 京都 兵庫 (城崎・豊岡市) 香川 (小豆島)
はっしょーいも 岐阜* 京都 (竹野・加佐) 兵庫 (但馬) 香川 (直島・香川・小豆島) 愛媛 (伯方島・越智)
はやといも 京都*
ばらいも 和歌山 (東牟婁) 徳島 (那賀)
ばれいしょ 埼玉 (南埼玉・北埼玉・北足立) 愛媛 (越智)
ばれいしょー 愛媛 (周桑)

ばれーしょ 島根 (隠岐島)
ばれーしょー 岡山 (岡山・浅口) 愛媛
ばれーちょ 兵庫 (赤穂)
ばれんちょ 福島 徳島 大分 (宇佐)
ばれんちょー 大分 (大分)
はんげいも 埼玉 (秩父)
びくにいも 広島 (百島)
ひゃくいも 京都 (綴喜)
ひゃくにちいも 奈良 (吉野)
ひゅーがいも 奈良 奈良 (吉野)
ひょーがいも 奈良 (吉野)
ひろいも 長野*
ふど 徳島
ぶど 徳島 (美馬)
ふどいも 徳島 (阿波・美馬)
ぶどいも 徳島 (美馬)
へーろくいも 千葉 (君津・安房)
ほーこいも 愛媛 (北宇和)
ほーねんいも 新潟 新潟 (長岡)
ほっかいどーいも 鳥取 (八頭)
ほど 岩手 (岩手・上閉伊) 徳島 (美馬)
ほといも 徳島 (三好)
ほどいも 岩手* 徳島 (美馬・三好) 愛媛 (新居・宇摩)
まるいも 長野 (中部・東筑摩)
まんじゅーいも 岐阜*
みっきーいも 岡山 (小田)
みっきいも 岡山
むらさきえも 岩手 (九戸)
めくりいも 岡山 (久米)
やごろいも 山形 (西村山)
やごろえも 山形 (村山)
やすといも 千葉*
やたらいも 静岡 (周智) 三重 (三重・鈴鹿)
ゆきいも 静岡*
ゆきえも 岩手 (九戸)
りゅーきゅーいも 上総 熊本 (八代・芦北・球磨) 大分 (日田市)
れんこいも 大分*
ろくがついも 富山 長野 (諏訪・上伊那) 滋賀*
ろくがつえも 富山 (上新川・下新川・婦負)
ろくしょいも 香川 (大川)
ろっがついも 富山
わせいも 新潟* 新潟 (中頸城) 山梨* 岐阜 (恵那)

シャクナゲ 〔ツツジ科／木本〕
うずきばな　伊勢
おやましば　愛媛
さぐなんそ　青森（上北）
さくらぎ　青森　秋田（山本）
さんらんのき　広島（安佐）
しゃくなん　予州　群馬（佐波）　和歌山（東牟妻）　高知（土佐）
しゃくなん（ツクシシャクナゲ）　和歌山　徳島（美馬）　愛媛　高知
しゃくなんしょー　青森（三戸）　愛媛（新居）　高知（幡多・柏島）
しゃくなんしょー（ツクシシャクナゲ）　愛媛（新居）　高知（幡多）
しゃくなんぞー　肥前　福岡
とこあか（シロバナシャクナゲ）　長野（北佐久）
なぎ　岩手（上閉伊）　新潟（佐渡）　香川（高見島）
はぐさん　山形（庄内）
ひゃくなん　予州
べろべろ　島根（隠岐島）
もーのはな　伊賀
ものたち　山形（飽海）

シャクヤク 〔ボタン科／草本〕
くさぼたん　岩手（紫波）　山形（東置賜）
てんじくぼたん　山形（酒田市）
ひゃくなんぎ　秋田
やまぼたん　宮城（仙台市）

ジャケツイバラ 〔マメ科／木本〕
あとさきばら　香川（大川）
いきもどりぐい　香川（木田）
かわらいばら　周防
かわらふじ　筑前
がんじきいばら　京都（竹野）
がんぜきいばら　丹後
こってかずら　鹿児島（肝属）
こってころし　鹿児島（肝属）
さっとり　伊豆新島・大島
さるかきいばら　新潟（佐渡）　和歌山（田辺市・新宮市）
さるかきやぼ　長崎（壱岐島）
さるかけ　鹿児島（垂水市）
さるかけいばら　紀州　三重　和歌山（西牟妻）
さるがたり　島根（隠岐島）
さるとりいぎ　長門　山口（厚狭）

さるとりいばら　水戸　甲府　泉州　和歌山（田辺市・日高）　香川（仲多度）　高知（高岡）
さるとりくい　周防
さるとりぐい　備後
さるとりばら　神奈川（東丹沢）　香川（綾歌）　愛媛（宇摩）　高知
とびとりいげ　熊本（球磨）
ねこかずら　鹿児島（日置）
むしゃとりいげ　熊本（球磨）

ジャコウソウ 〔シソ科／草本〕
あっぱのちち　秋田（鹿角）
あっぽのちち　秋田（鹿角）

シャジクソウ 〔マメ科／草本〕
とんぼはぎ　常陸

シャシャンボ 〔ツツジ科／木本〕
あおき　香川（綾歌・仲多度）
あかがねもどし　高知（幡多）
あかずら　防州
あかべ　三重（尾鷲）
あきはぜ　三重（一志・那賀・名張）
あずえご　千葉（清澄山）
あずきごな　千葉（清澄山）
あずきごのき　千葉（君津）
あせんぼ　和歌山（北部・紀ノ川）
あまびしゃこ　和歌山（那賀）
うばがけやき　高知（幡多）
うばのてやき　高知（幡多・高岡）
うまごみ　三重（名張）
えどびしゃく　和歌山（有田）
えどびしゃこ　和歌山（海草）
おーじ　岡山
おーじのき　岡山
おちゃつぼ　静岡（小笠）
おちゃっぽ　静岡
おとこひささき　静岡（東遠）
おとんこ　三重（阿山）
おんささき　岡山
おんざさき　岡山
おんじゃかき　岡山
かたびらぎ　長門
からすのふん　岡山
がらめ　山口（熊毛）
ぐい　高知（幡多）

ジャノヒゲ

くいささぽ　三重（志摩）
ぐーれー　高知（長岡）
ぐり　高知（幡多）
ぐりのき　高知（幡多）
ぐりん　高知（幡多）
ぐりんのき　高知（幡多）
ぐれ　高知（幡多・長岡・安芸）　徳島（海部）
ぐれい　高知（幡多）
ぐれのき　高知（幡多・安芸）　徳島（海部）
ぐれみ　高知（安芸）
くろがね　香川（綾歌・仲多度）　鹿児島（垂水市）
くろがねのき　高知（幡多）
くろがねもどき　高知（幡多・高岡）
けんどのき　香川（大川）
ごきやす　静岡
こしき　和歌山（紀南・海草・海南）
こそば　高知（幡多）
こめしば　大分（東国東）
こめじゃかき　大分（東国東）
こめのみ　大分（東国東）
ささぎいちご　島根（江津市）
ささぶ　三重（志摩）
ささぽ　三重（志摩）
さしっぷ　鹿児島（長島）
さしび　長崎（南高来）
さしぼのき　東京（新島）
さすぼ　東京（新島）
させっ　鹿児島（薩摩半島）
させっぽ　熊本（水俣）　鹿児島（北薩）
させび　鹿児島　長崎（平戸）
させぶ　鹿児島（中之島・甑島）
させぶのき　鹿児島（甑島・対馬）
させぽ　和歌山（東牟婁）
させんぽ　和歌山（東牟婁・日高）　島根（隠岐）
させんぽのき　京都
さつぽ　静岡（南伊豆）
しどのき　周防
しゃしゃお　三重（阿山）
しゃしゃっぽ　熊本（天草）
しゃしゃび　鹿児島（屋久島）
しゃしゃぶ　広島（高田）　山口（大島）　愛媛（大三島・宇和島）　三重（志摩・伊勢）　長崎（壱岐島）
しゃしゃぶのき　長崎（壱岐島）
しゃしゃぼ　三重（志摩・南牟婁・北牟婁）　和歌山（新宮）　奈良（北山川）

しゃしゃんぽ　和歌山（東牟婁）
しゃせっ　鹿児島（薩摩半島）
しゃせっぷ　鹿児島（阿久根）
しゃせっぽー　鹿児島（鹿児島）
しゃせぶ　大分（北海部）
しゃせんぽ　和歌山（東牟婁）
しゃんしょび　京都（竹野）　兵庫（但馬）
しょーのき　岡山
すいのみ　愛媛（周桑）
ちゃごみ　兵庫（淡路）
ちゃせび　熊本（玉名）
ちゃせんぽ　福井（三方）　愛知（三河）　三重（北部）
ちんだいまめ　福岡（大牟田）
とびのふん　岡山
なつはぜ　奈良（南大和）
ななかま　高知（安芸）
ななかまど　高知（安芸）
はちぼく　三重（桑名）
はなざかき　鹿児島（鹿屋市・鹿児島・桜島）
ばんじゃがき　愛媛（南宇和）
はんちゃ　高知（幡多）
ばんどやき　高知（幡多）
ひのみ　山口（厚狭）
ひもみ　山口（厚狭）
ひよどり　愛知（知多）
ぶりのき　高知（幡多）
ほーじろ　三重（志摩）
ほーらくごみ　三重（阿山・名張）
みそすね　宮崎（東臼杵）
みそっちょ　鹿児島　宮崎　福岡
みそまのき　福岡（犬ヶ岳）
みそんちゅー　福岡（粕屋）
みそんつ　鹿児島（日置）
みそんつのき　鹿児島（日置）
もんだい　島根（那賀）
やまみかん　熊本（玉名）
よねしば　山口（厚狭）
よめなり　福井（敦賀）

ジャノヒゲ　リュウノヒゲ　〔ユリ科／草本〕

あがりもの　和歌山（有田）
あがりもも　和歌山（有田）
いしたたみ　岩手（二戸）
いっがねぐさ　鹿児島（加世田市）
いっぽんば　山口（阿武）

ジャノヒゲ

いわすげ　周防	ごぜのめ　熊本（下益城）
いわたま　宮崎（西臼杵）	ごんめんたま　福岡（三池）
いんきょのめだま　加賀	さどんめんたま　熊本（球磨）
おーひげぐさ　伊豆八丈島	さんころ　神奈川（三浦）
おくめ　山口（玖珂）	じーがたま　島根（能義）
おくめのめんたま　山口（玖珂・熊毛・柳井）	じーがだま　島根（能義）
おこめのめんたま　山口（玖珂）	じーがだまのき　島根（出雲）
おじーのめんたま　山口（玖珂）	じーがひげ　島根（能義）
おじーのめんつー　山口（玖珂）	じーげひげ　島根（浜田市）
おどめ　三重（宇治山田市・度会）	じーご　島根（出雲）
おどめこ　三重（宇治山田市）	しーたまぐさ　島根（能義）
おどりこ　勢州	じーだまぐさ　島根（那賀）
おにのめんたま　山口（玖珂）	じーなめ　山口（都濃）
おにのめんつー　山口（玖珂）	じーのきんたま　山口（厚狭）
おはるめんちょー　山口（熊毛）	じーのたま　島根（那賀）
おひちのめんたま　山口（柳井）	じーのひげ　出雲　埼玉（北足立）　山口（玖珂）
おふくだま　勢州	じーのみ　島根（美濃）
おんたま　大分（佐伯市）	じーのめ　山口（厚狭）
おんだま　大分（佐伯市）	じーのめんたま　島根（美濃）　山口（玖珂）
おんどのみ　志州	じじーのきんたま　山口（厚狭）
おんぽー　山口（玖珂）	じじげ　埼玉（北葛飾）
おんぽーのめんたま　山口（玖珂）	じじへげ　埼玉（北足立）
がくもんどー　島根（美濃）	じじんこ　静岡
かけろーぐさ　周防	じのひげ　埼玉（北足立）
かしらご　江州	じのへげ　埼玉（北足立）
かぶろぐさ　和歌山（新宮市）	じのみ　熊本（芦北・八代）
かまのめんたま　島根（美濃）	じゃーがひげ　山口（玖珂）
かりのまなこ　秋田（仙北）	じゃがひげ　静岡（小笠）
かんだいだま　石川（鹿島・珠洲・羽咋）	じゃがひげそー　静岡（小笠）
きつねにら　岩手（気仙）	しゃぐま　鳥取（気高）
ぎめかごぐさ　宮崎（西臼杵）	しゃごひげ　岐阜（大垣）
きょーぞがめんたま　熊本（玉名）	じゃのひげ　尾州　江州
ぎんぎろ　三重（宇治山田市）	じゅーごだま　山口（玖珂・吉敷）福岡（小倉市）
ぐー　香川	しゅーしゅーだま　島根（美濃）
ぐさ　岡山（邑久）	じゅーじゅーだま　島根（美濃）
くすだま　京都（何鹿・竹野・船井）兵庫（赤穂）岡山（苫田）	じゅーだま　静岡（賀茂）　山口（玖珂・吉敷・豊浦・美祢・阿武・都濃・熊毛・佐波）
くずだま　京都（何鹿）	じゅーだめ　山口（玖珂）
ぐすだま　京都（何鹿・船井）	じゅーたん　山口（都濃・大島）
くすんだま　岡山	じゅーたんぼ　山口（都濃）
ぐだま　香川	じゅーだんぼ　山口（都濃）
ぐっしゃーめ　京都（竹野）	じゅーど　島根（隠岐島）
ぐっしゃめ　京都（竹野）	しゅーねんたま　長崎（東彼杵）
こーぼし　山口（大津）	じゅーねんだま　長崎（東彼杵）
ごせのたま　山口（大津）	しゅーのきび　山口（阿武）
ごぜのたま　山口（大津）	じゅじゅたま　山口（阿武）

ジャノヒゲ

じゅじゅだま　山口（豊浦・玖珂）	ねこくま　栃木
じゅず　新潟	ねこたま　栃木
じゅずたま　青森（津軽）	ねこだま　岩手（水沢・胆沢）　山形（北村山）
じゅずだま　播州　青森　静岡　島根（石見）　山口（厚狭・豊浦）	栃木　千葉（印旛）　静岡　磐田
じゅずのみ　山口（大島）	ねこのきんたま　宮崎（延岡）
じゅだま　山口（厚狭・大島）	ねこのめ　山形（南置賜）　新潟
じゅねん　長崎（東彼杵）	ねこのめだま　山形（東置賜）
じゅぶだま　山口（厚狭）	ねこんぎったまい　鹿児島（薩摩）
じゅんたま　福岡（築上）	ねこんきんたま　千葉（印旛）
じゅんだま　福岡（築上）	ねこんたま　大分（大分市）
じょーがだま　島根（邇摩）	ねこんまい　鹿児島（肝属）
じょーがひげ　関西　周防　四国　島根（那賀）　岡山（岡山市）　山口（柳井・玖珂）　愛媛（周桑）	はずみたま　熊本（熊本市）
	はずみ玉　熊本（熊本市）
	はたくさ　埼玉（比企）
じょーごたま　広島（比婆）	びーどろ　山口（大島）
じょーごだま　島根（邇摩・大原）	びんぼーぐさ　鹿児島（奄美大島）
じょーたま　広島（比婆）	ふきだま　兵庫（美囊）　奈良（宇陀・吉野）　和歌山
じょーだま　愛媛（周桑）	
じょーのひげ　愛媛（周桑）	ふきだめ　奈良　奈良（宇陀）
じょーひげ　埼玉（入間）　愛媛（周桑）	ふきんだま　奈良　奈良（宇陀）
じょーみたま　愛媛（新居）	ふくだま　兵庫（加古）　和歌山（和歌山・西牟婁）　岡山（小田）
じょんごだま　広島（備後）	
じょんのひげ　群馬（佐波）	ふくだみ　三重（阿山）
じんごだま　島根（邑智）	ふくだめ　三重（阿山）　奈良
じんじょそー　山形（庄内）	ふくふくだま　山口（玖珂・柳井）
じんのみ　愛媛（伊予・周桑）	ふくんだま　岡山（邑久）
じんのめんたま　山口（玖珂）	ふっきん　奈良　奈良（宇陀）
すいしょー　山口（大島）	ぶるぶるー　山口（大島）
すずだま　山口（豊浦）	ほろだま　京都（与謝）
ずずだま　山口（豊浦）	まんごいし　岡山
すずのみ　島根（周吉）	まんごのこ　岡山
ずずのみ　島根（隠岐島）	まんごろ　岡山
せんりょーもも　山口（熊毛・都濃）	まんごろこ　岡山
たきのひげ　山口（都濃）	まんごろじ　岡山
たつのひげ　奥州　紀伊　宮城（登米）　新潟（佐渡・南蒲原）　山口（都濃）	まんりゅー　新潟
	むくだま　兵庫（赤穂）
たわのひげ　奥州　新潟	めくめのめのたま　山口（玖珂）
ちちはげ　埼玉（北葛飾）	めくらのめんたま　福岡（久留米）
ちばくさ　鹿児島（薩摩）	めっちょひがら　予州
ちばぐさ　鹿児島（甑島）	めめだま　岐阜（郡上）
てまるかん　山口（豊浦）	めんこ　新潟
てまるくさ　山口（豊浦）	もじなぐさ　富山（砺波・東礪波・西礪波）
てまるぐさ　山口（豊浦）	やぶでまり　山口（大島）
てるまるのき　山口（大島）	やぶてんまる　山口（大島）
でんでんぐさ　鹿児島（奄美大島）	やぶみふきだま　泉州
にわくさ　鹿児島　鹿児島（大島）	やぶらん　静岡（小笠）　和歌山（東牟婁）

やまでまり　長崎（北松浦）
ゆびがねぐさ　宮崎（児湯）
ゆびわばな　鹿児島（姶良）
らっぽたま　愛媛（周桑）
りゅーご　山口（熊毛）
りゅーだま　山口　山口（大津・玖珂・吉城）
りゅーだん　周防
りゅーのけ　山口（美祢）
りゅーのした　山口（豊浦）
りゅーのひげ　東国　千葉（市原）　熊本（球磨）
りゅーのめ　山口（熊毛）
りょーご　山口（熊毛）

シャラノキ → ナツツバキ

シャリンバイ　ハマモッコク，マルバシャリンバイ　〔バラ科／木本〕
いそじ　紀伊牟婁
いそもっこく　和歌山（日高）
うじごろし　志州
うじごろし　志州国府村
えきすのき　鹿児島（屋久島）
からすぎ　志州
くろみ　鹿児島（桜島）
さいま　東京（八丈島・三宅島）
さえま　伊豆八丈島
さえまのき　伊豆八丈島
さっずし　鹿児島（鹿児島市）
したん　島根（簸川・能義）
せーま　東京（大島・御蔵島）
せくはち　鹿児島（屋久島）
ちゃーちぎ　鹿児島（与論島）
てぃかち　沖縄（首里）
てーかち　沖縄（島尻）
てーちき　鹿児島（悪石島）
てーちぎ　鹿児島（奄美大島）
てかち　沖縄（国頭）
はまもっこく　和歌山（西牟婁）
ひこはち　徳島（伊島）
へこはち　鹿児島
へごはち　鹿児島（川辺・日置）
へこはつ　鹿児島（加世田市）
へごはつ　鹿児島（日置）
へころ　鹿児島（甑島）
へころー　鹿児島（甑島）
へっかち　長崎（西彼杵）

へはる　鹿児島（奄美大島）
へらんだま　鹿児島（鹿児島市）
へわり　鹿児島（種子島）
へわりのき　鹿児島（種子島）
もっこく　山形（西田川）

シュウカイドウ　〔シュウカイドウ科／草本〕
かいどー　島根（鹿足）
しょかいし　石川（金沢市）
すいか　岐阜（恵那）
すかんぽ　福島（岩瀬）
すけど　鹿児島（姶良）
すっぱすっぱ　埼玉（児玉）

ジュウニヒトエ　〔シソ科／草本〕
かったいまくら　木曾
かんだがまくら　木曾
かんたんのまくら　木曾
ちちすいばな　新潟（佐渡）

シュウメイギク　〔キンポウゲ科／草本〕
あきぼたん　相州　周防
おにみつば　岡山
かがぎく　泉州
かぶらぎく　加州小松　加賀
かぶろぎく　勢州山田　三重（伊勢）
からぎく　越前
かわぎく　紀州　和歌山（熊野）
がわぎく　紀伊
かんのんぎく　播州林田
きつねぎく　京
きぶねぎく　京都
くさぼたん　近江　長門　周防　江州　新潟
くゎんのんぎく　播州林田
こーらいぎく　周防　讃州
さつまぎく　濃州
しまぎく　越後
しゅーめいぎく　勢州久井
とよのぎく　滋賀
はっさくぼたん　長州
はまぎく　常州　茨城
みつばぎく　和歌山（熊野）
むみょーそー　南部
らんぎく　播州立野

ジュウモンジシダ 〔オシダ科／シダ〕
しゅもくしだ　和歌山

ジュウロクササゲ 〔マメ科／草本〕
あかものささげ　広島（沼隈）
あずきささげ　新潟*
あやものささげ　広島（沼隈）
いんげんまめ　北海道*　岩手*　長野*　静岡*　三重*　京都*
かきふろ　予州
かきぶろ（ジュウハチササゲ）　予州
きささげ　大分*
くろまめ　京都*
ごがつささげ　岡山*
こさしらず　山梨*
こっちゃーまめ　佐賀*
さんじゃくささげ　江戸　東京
さんじゃくふろ　岡山*　香川
さんじゃくふろと　讃州
さんじゃくまめ　埼玉*　滋賀*
じゅーはちささげ　滋賀*　大阪
じゅーはちまめ　三重*　滋賀*　大阪*
じゅーろく　東国　山梨*　岐阜*
じゅーろくまめ　岐阜　愛知*　滋賀*
せつささげ　三重*
せつまめ　三重*
せとうち　福岡*
だらり　雲州
たわけまめ　岐阜*
ちーろくすん　長崎　大分*
つるまめ　鹿児島
てなし　北海道*　長野*
てなしささげ　岩手*　福島*
てなしまめ　奈良*
てんじょー　埼玉*
てんじょーあずき　埼玉*
てんじょーなり　群馬*
てんじょーまもり　埼玉*
とーぶろ　千葉*
とーろくすん　長崎　大分*
とーろくまめ　京都*
どじょーまめ　滋賀*　大分*
とろくすん　長崎（南高来・南松浦）
ながささげ　南部
ながぶろ　宮崎
ながふろー　予州　愛媛（松山）
なわささげふろー　四国
びんじょ　滋賀（神崎・愛知）
ふーろー　沖縄　沖縄（首里）
ふろ　高知（長岡）
ふろー　四国　伊予　長野*　徳島*　香川　高知　大分*
ふろーまめ　高知　大分　鹿児島（薩摩）
ふろまめ　鹿児島　鹿児島（肝属・姶良）　宮崎
ほどまめ　京都*
ぽんまめ　島根
みささげ　山口*
みず　和歌山（日高）
みずら　茨城（真壁・久慈）　静岡（浜名）
みぞ　山口*
みどり　山口*
みとりあずき　岐阜*　三重*　大分*
めずら　埼玉*
もがみ（ジュウハチササゲ）　遠江
もがり　遠江　静岡
やまがた　佐賀　長崎（五島・南松浦）

シュクシャ 〔ショウガ科／草本〕
しぐさ　鹿児島（硫黄島）
ほざきしょーが　鹿児島（鹿屋市）

ジュズダマ 〔イネ科／草本〕
いらたか　長州
うまひえ　山梨*
おじゅず　福岡*
おやだま　東京*
かねきんたま　熊本*
かわじゅず　千葉（富山）
ぎんだま　山梨*
じーだま　富山
じくず　京都*
ししだま　鹿児島（奄美大島・沖永良部島）
ししんだま　鹿児島（沖永良部島）
しずのき　岡山（岡山）
じったまのき　鹿児島（阿久根）
じゅいたまのっ　鹿児島（肝属）
しゅしゅたま　福岡（小倉）
しゅず　愛媛（周桑）
じゅずがたま　熊本（玉名）
じゅずくたま　群馬（山田）
じゅずこ　栃木*　埼玉*
じゅずのき　熊本（天草）

シュンギク

じゅったま　熊本（八代）
じゅろく　新潟*
じゅんたま　福岡（築上）
じんだま　大分*
すいすいだま　沖縄（首里）
すいすいだまぎー　沖縄（首里）
ずいだま　鹿児島（鹿児島・曽於）
ずーずく　千葉（印旛）
ずしのみ　秋田*
すず　和歌山（田辺・西牟婁）
すずくさ　和歌山（東牟婁）
すずこ　東国
ずずご　東国　群馬（勢多）　埼玉（北足立）
すずだま　和歌山（日高）　島根（美濃）　山口（厚狭・大津）　高知（幡多）　長崎（壱岐島）　鹿児島（串木野）
ずずだま　岩手（盛岡）
すずっこ　千葉（安房）
ずずばな　奈良（宇智）
すらだま　熊本*
せーせだま　鹿児島（奄美大島）
だぇどくせん　岡山（岡山市）
たま　島根*
ちょーせんむぎ　防府
ついだま　沖縄（石垣島）
つしたまのっ　鹿児島（肝属）
はじき　静岡*
はちこく　上総
はちごく　宮城*　茨城*
はちぼく　岐阜（大垣市）　滋賀*
はっかい　上総
はとむぎ　山口（熊毛）　千葉（君津）
ぼだいじゅ　岡山*
ぼだいず　岡山
ぼだぇず　岡山（邑久）
わかじゅず　島根*

ジュズネノキ　　　〔アカネ科／木本〕

そめんく　鹿児島（肝属）
ひーらぎ　鹿児島（中之島）
やまつげ　鹿児島（悪石島）

シュロ　　　〔ヤシ科／木本〕

あわのとくしま　大分（大野）
しゅろちく　静岡（富士）
しゅろっぺ　静岡（富士）

ちぐ　鹿児島（奄美大島・与論島）
ついぐ　鹿児島（奄美大島）　沖縄（首里）
つぐ　東京（大島・八丈島）　香川（伊吹島）
つぐー　鹿児島（沖永良部島）
ていぐ　鹿児島（奄美大島）
はえたたき　岐阜（稲葉）
わじゅろ　和歌山

シュロソウ　　　〔ユリ科／草本〕

あおやぎぞー　尾張
はくい　鹿児島（阿久根市）
やまうり　上州榛名山

シュンギク　　　〔キク科／草本〕

おらんだぎく　阿州
からきく　新潟*
きくな　京都　大阪　東京*　新潟*　富山（砺波・東礪波・西礪波）　石川　長野　岐阜　愛知*　三重　滋賀　大阪（大阪市）　兵庫（飾磨）　奈良　和歌山　鳥取　島根　岡山　香川*　福岡*
きくなでしこ　伊勢
きしな　京都*
きんからぎく　新潟*
こーらいぎく　京都　大阪
さつまぎく　濃州
しゅんぎく　関東
しんぎく　東国　越前　岩手（紫波）　秋田（鹿角）　和歌山（海草・日高・東牟婁）　大阪（泉北）　岡山（後月）　島根（美濃・能義）　広島（安芸）　福岡（久留米・築上・粕屋）　佐賀（唐津）　宮崎（児湯）
しんぎす　香川（坂出）
しんさん　島根（仁多）
じんそー　島根（簸川）
すいんぎく　秋田（河辺）
つましろ　富山*　石川
つまじろ　加州　富山　富山（富山・砺波・東礪波・西礪波・射水）
とつぎく　京都
なつな　宮城（栗原）
のびすま　伊州
はなわぎく　三重*
ふだんぎく　伊勢　長野（佐久）
ふだんそー　肥後
みずな　山形（飽海）
むしんそ　鳥取（西伯）

269

ジュンサイ

むじんそ　鳥取（西伯）
むしんそー　雲州　鳥取（岩美）
むじんそー　雲州　愛知*　三重*　鳥取
もじんそ　鳥取（西伯）
もじんそー　鳥取*
りゅーきゅーぎく　讃岐
るすん　伊勢
ろーな　山口（熊毛）
ろーま　近江彦根　長門　滋賀*　島根（石見）
　山口（大島・厚狭）　福岡*
ろーまぎく　防州

ジュンサイ　〔スイレン科／草本〕

うんちぇー　沖縄（首里）
じゅしゃ　秋田（河辺）
じゅんさぇ　新潟
じゅんしょぇ　秋田（雄勝）
じゅんせぇ　秋田（山本）　岩手（上閉伊）
ずるんさい　山口（厚狭）
とちかつみ　彦根
どびゃくしょー　大和
どびょーし　奈良（大和）
ひめのぞーり　島根（大田市）
みずぃうんちぇー　沖縄（首里）
みずばす　奈良（宇智）

シュンラン　ホクロ, ヤマラン　〔ラン科／草本〕

あかりそー　勢州
あっくり　千葉（印旛・山武）
あっくりしゃっくり　岩手（東磐井）
あねさまけんけん　石川（鳳至）
あんさまあねさま　石川（鳳至）
あんさんばな　石川（珠洲）
いこり　島根（邇摩）
うぐいす　山口（阿武）
うぐいすのはな　石川（珠洲）
えくり　四国　土州　高知
おいちこーだいし　新潟（魚沼）
おかぐらばな　山梨
おかめ　山形（飽海）
おきく　大阪（泉北）　奈良（南部）
おきくぐさ　奈良（南大和）
おきくぼーさん　和歌山（有田）
おきくぼーず　和歌山（有田）
おきくぼさん　奈良（南大和）
おきくらん　奈良（南大和）

おぎとほーず　山形（北村山）
おじーおばー　静岡（田方）
おじーばば　埼玉（入間）
おじばば　兵庫（赤穂）
おしょーこどー　山口（大島）
おすぎおたま　山形（村山）
おせき　和歌山（有田）
おなかぽっさん　和歌山（海草）
おなつせいじゅーろー　和歌山（海草）
おなつせーじゅーろー　和歌山（海草）
おにばば　茨城
おのえのじーばー　岡山（御津）　山口（熊毛）
おのえのじーばば　大分（大分・東国東）
おのえのじいばばぁ　岡山
おばさんけさん　三重（津）
おひめさま　山口（都濃）
おぼさんけさん　三重（宇治山田市）
おまんこばな　神奈川（津久井）
がいがんじのおしょーさま　千葉（千葉）
がしゃ　丹波
からすのおき　山口（熊毛）
からすのおぎ　山口（熊毛）
きっきりばばさ　石川（珠洲）
くさらん　長野（上伊那）
けけろ　石川（珠洲）
けけろばば　石川（珠洲市）
けっけりだんべ　石川（輪島市）
げんこつはさみ　岡山（邑久）
こけろっこ　石川（珠洲市）
こっくりばな　石川（珠洲）
ささほーくり　長州
ささぽくり　石川（鳳至）
ざとーべべ　山形（北村山）
じーこーべー　山口（吉敷）
じーこべー　山口（吉敷）
じーさばーさ　石川（鳳至）
じいさんばぁさん　福岡（築上）
じーさんばーさん　徳島（美馬）　香川（綾歌）
　福岡（築上）
じーとこげ　山口（佐波）
じーとごけ　山口（佐波）
じーとこばーとこ　山口（吉敷）
じーとばー　福島　広島（賀茂）　山口（大島・
　玖珂・吉敷・豊浦・美祢・厚狭）　熊本（玉名）
じーとばば　熊本（玉名）
じいば　福井

じーば　福井　山口（大島）
じーばー　福島　広島（比婆）　山口（玖珂・熊毛・都濃・佐波・吉敷・厚狭・豊浦・美祢）
じーばい　山口（大島）
じーばぐさ　山口（美祢）
じーばち　山口（美祢）
じいばば　和歌山（日高・東牟婁・西牟婁）　島根（隠岐）　岡山（邑久）　香川（丸亀）　大分（大分）
じーばば　福島（相馬）　和歌山　和歌山（西牟婁）　島根（隠岐島）　岡山（邑久）　徳島　香川（仲多度）　大分
じーばばぁ　岡山
じーばばー　岡山（苫田・小田）　広島（深安・沼隈）
じさばさ　新潟
しじーばばー　東京（八王子）
じじーばばー　群馬（勢多）　埼玉（入間）　千葉（海上）　長野（上伊那・下伊那・飯田）　静岡（浜名）　岡山
じじばー　香川（小豆島）
しじばな　千葉（長生）　新潟　熊本（鹿本）
じじばな　岩手（水沢）　福島（福島・相馬）　茨城　群馬　千葉（千葉）　神奈川（川崎）　静岡（磐田）　長野　新潟　和歌山（東牟婁）　兵庫（津名・三原）　広島　大分（宇佐）
しじばば　福島（石城）　熊本（天草）
じじばば　山形（置賜）　福島（相馬）　栃木　群馬　千葉（印旛）　新潟（西頸城）　石川（鳳至・鹿島）　長野（下水内）　静岡（磐田）　三重　三重（阿山）　和歌山（東牟婁）　大分（宇佐）
しただしあねま　石川（珠洲）
しただしおーかみ　山形（飽海）
しただしおかべ　山形（飽海）
しただしねーちゃん　石川（珠洲・鳳至）
しただしぺろちゃん　石川（珠洲）
じっこばっこ　石川（鳳至）
じとば　山形（西村山・北村山）
しゃみせんばな　石川（鹿島）
じょーさん　三重（伊賀）
じょーとんばーさ　石川（鳳至・珠洲）
じょーとんぼー　石川（鳳至）
しんぎく　長崎（南高来）
じんじーばんば　神奈川（藤沢市）
じんじーばんばー　神奈川（津久井）
しんじばっぱ　茨城

しんじばんば　茨城　神奈川（三浦）
じんじばんば　神奈川（三浦）
じんじんばー　埼玉（秩父）
じんば　山口（大島）
すげ　徳島（美馬）
すげはくり　岩手（岩手）
すげはっくり　秋田（南秋田）
すげはほくり　長門
すげぽくり　石川（鳳至）
せっくり　静岡
せんりょー　千葉（香取）
ちゃんぺばな　石川（珠洲）
ちょっぴん　千葉（印旛）
ちょぴん　千葉（印旛）
ちょろめん　石川（河北）
てんぐばな　新潟（東蒲原）
とんびばた　石川（河北）
なずなぼーさん　和歌山（有田）
はーくり　福島（石城）
はーこり　島根（石見）
はいくり　備後　島根（簸川）
はいこり　周防　島根　広島（比婆）
はいこるぐさ　島根（大田市）
はえころ　島根（出雲）
はえころらん　島根（出雲）
はかりぼーず　山口（熊毛）
はかりぼとけ　山口（玖珂）
はくい　鹿児島（鹿児島市）
はくり　東国　周防　島根（益田市）　広島（佐伯）　長崎（壱岐島・東彼杵）　熊本（天草・玉名・球磨・鹿本）　鹿児島（鹿児島市）
ばくり　熊本（球磨）
はこねぼーず　山口（熊毛・都濃）
はこり　島根（石見）　山口（玖珂）
はこりのぼんさん　山口（玖珂）
はこりほとけ　山口（玖珂）
はこりぼんさん　山口（玖珂）
はこりらん　山口（玖珂）
はこれ　島根（鹿足）
はつかえべす　広島（芦品）
はっかえべす　広島（芦品）
はっかりさー　山口（玖珂）
はっかりそー　山口（玖珂）
はっかりほーず　山口（玖珂・熊毛）
はっくり　福島　千葉（君津）　静岡（小笠）　広島（高田）　長崎（東彼杵）　熊本（鹿本）

ショウガ

はっくりばぁさ　静岡（小笠）
はっこーり　山梨（南巨摩・西八代）
はっこり　山梨　長野（下伊那）　静岡　山口（玖珂）
はっこりぐさ　山口（玖珂）
はっこりぽー　山口（玖珂）
はっこりぽーさ　山口（玖珂）
はっこりぽーさー　山口（玖珂）
はっこりぽーず　山口（玖珂）
はっこりぽとけ　山口（玖珂）
はっこれ　静岡（志太）
はるらん　島根（隠岐島）
ひなさま　石川（能登）
ひゃーこり　島根（簸川）
ひゃっくり　島根（隠岐島）
ひゃっこり　島根（八束）
へーくり　島根（隠岐島）
へーこり　島根（出雲）
べべしばな　石川（珠洲）
べべなめ　神奈川（津久井）
べべほーじろ　三重（南牟婁）
ほいとねぶか　山口（豊浦）
ほーくり　石川（鳳至・珠洲）　岐阜（郡上）　島根（石見・鹿足）　山口（阿武・都濃・厚狭・大津）　岡山（邑久）　広島（高田）　徳島（海部）
ほーくりぽーさ　山口（厚狭）
ほーくりぽーず　山口（山口・都濃・吉敷）　愛媛（越智・大三島）
ほーくりぽとけ　山口（吉敷）
ほーくりらん　山口（阿武）
ほーくろ　石川（鹿島・羽咋）　岐阜（郡上）　和歌山（日高）
ほーくろじっさ　岐阜（山県）
ほーくろのはな　石川（鳳至・珠洲）
ほーくろらん　和歌山（東牟婁）
ほーこり　岡山
ぽーさん　山口（豊浦）
ほーろくじっさ　岐阜（山県）
ほくらばんど　奈良（吉野）
ほくり　畿内　阿州　愛媛（周桑）
ほくる　和歌山（東牟婁）
ほくろ　京都　播磨　千葉（印旛）　三重（宇治山田市・伊勢）
ほっくり　東国　静岡　三重（伊賀）　岡山（御津）　広島（高田）　香川（仲多度）　愛媛（周桑）
ほっくりさん　徳島

ほっこり　山口（都濃）
ほっころばーさ　石川（鳳至・珠洲）
ほっころばば　石川（鳳至・珠洲）
ほっころべーさ　石川（鳳至・珠洲）
ほっころべべ　石川（鳳至・珠洲）
ほっころべべちょ　石川（鳳至・珠洲）
ぽぽなめ　神奈川（津久井）
ぽぽなめじぞー　神奈川（津久井）
ほんまり　山口（阿武）
まんりょう　千葉（香取）　香川
めーやか　長野（下伊那・飯田）
めーやかめ　長野（下伊那・飯田）
めんやかぶり　長野（下伊那・飯田）
やぶらん　青森（八戸・三戸）　岩手（二戸）　秋田（本庄）　山形　千葉（市原・山武）　新潟（南蒲原）　三重（伊勢）　島根（邇摩・隠岐島）　山口（玖珂・熊毛・吉敷・豊浦）
やまでらぽーさん　山口（都濃）
やまでらぽーず　山口（熊毛）
やまのあねさ　石川（河北）
やまのあねさま　石川（珠洲）
やまのばーさ　石川（珠洲）
やまほーくろ　石川（輪島市）
やまらん　山形（酒田市）　千葉（市原）　石川（珠洲・鳳至）　三重（志摩・宇治山田市）　奈良（南大和）　島根（隠岐島・邇摩）　山口
ゆきわりばな　長野（下水内）
ゆりばりばな　長野（下水内）
らん　青森（八戸）　岩手　埼玉（入間）　新潟（刈羽・南蒲原）　富山（東礪波）　島根（隠岐島）　山口（都濃・吉敷）　香川（高松）　熊本（天草）
らんのはな　石川（珠洲）

ショウガ　〔ショウガ科／草本〕

しょーがはじかみ　尾張
はじかみ　周防　長門　山梨*　滋賀（彦根）　奈良*　兵庫（神戸市）　岡山*　香川（高松）　大分*
はじがみ　香川（高松）
はじかめ　大阪（大阪市）
はちかめ　京都（葛野）

ジョウカン　〔ミカン科／木本〕

はかりみかん　愛媛*

ショウジョウバカマ　〔ユリ科／草本〕

あじきばな　秋田（北秋田）

ショクヨウギク

あずきばな　秋田（北秋田）
あんじきばな　秋田（鹿角）
あんずきまま　山形（北村山）
うそー　長州
おとこかだこ　新潟
かおばな　新潟（中越・長岡）
かごめばな　新潟（刈羽）
かでこ　秋田（北秋田）
かんざしばな　新潟
きせるばな　山形（東置賜）
くゎじばな　長野（下高井）
けんけんばな　富山（富山）
こがねばな　長州
こまがっこ　山形（最上）
ごまばな　山形（北村山）
こんろんばな　新潟（南蒲原）
しゃしんばな　山形（東田川）
じゃらかたこ　新潟
じゃりかけばな　新潟
たうちばな　岐阜（飛騨）
ちゃせんばな　長野（下高井）
ちょーせんざくら　山形（東田川）
ちょーせんばな　長野　新潟（刈羽）
なでつきくさ　山形（庄内）
なでつきそー　山形（東田川・西田川）
なでつきばな　山形（東田川・西田川）
なでばな　山形（庄内）
はっかけばな　福島（石城・相馬）
みずばな　長野（北安曇）
みそばな（シロバナショウジョウバカマ）　宮崎（東臼杵）
みぞばな（シロバナショウジョウバカマ）　宮崎（東臼杵）
もとじろ（シロバナショウジョウバカマ）　宮崎（東臼杵）
もどしろ（シロバナショウジョウバカマ）　宮崎（東臼杵）
やちかたこ　秋田（平鹿）
やつばな　秋田（北秋田）
ゆきげしば　岩手（岩手）
ゆきのした　岩手（岩手）　新潟　新潟（刈羽）
ゆきわりそー　山形（東田川・飽海）　長野（下水内）
ゆきわりばな　長野（北安曇）

ショウブ　〔サトイモ科／草本〕

かっこ　山形　新潟（西蒲原）
かっこばな　山形（飽海）
かわしょーぶ　鹿児島
がんば　山形（東田川）
きぷしょ　鹿児島（奄美大島）
こんさいろ　島根（鹿足）
こんざいろ　島根（鹿足）
しょく　鹿児島
そとめ　青森（津軽）
そどめ　青森（上北）
のきしのぶ　福島（相馬）
ぴょんぷ　長野（佐久）

ショウベンノキ　〔ミツバウツギ科／木本〕

あだくし　鹿児島（奄美大島）
あやはびた　沖縄（与那国島）
うきざる　沖縄
うぎじゃん　鹿児島（奄美大島）
うぐさん　鹿児島（奄美大島）
うまのしょーべん　沖縄（屋久島）
じーぶた　沖縄
しこのき　福岡
しょーべんのき　鹿児島（垂水）
でーのき　鹿児島（悪石島）
ででのき　鹿児島（屋久島）
みみずみ　鹿児島（中之島）
やまでき　鹿児島

ショウロ　〔ショウロ科／キノコ〕

あらくち　周防
ころび　三重（南牟婁）
しょーろー　岡山
しょろ　鹿児島（伊佐）
しろ　鹿児島（加世田）
たごしこ　宮崎
だごじろ　宮崎（宮崎）
ちちふぐり　島根（大原）
でんべ　神奈川（高座）
ほど　静岡（小笠）

ショクヨウギク　〔キク科／草本〕

あきぎく　青森*　秋田　山形*　新潟*
あぽーぎく　青森*
あまぎく　長野*
おもいほか　山形*　新潟*

きぎく（黄菊）　埼玉* 長野*
きくのたま　山口*
くいぎく　千葉*
げんじやま　秋田*
どいつぎく　北海道*
なつぎく　青森*

ショクヨウダイオウ　ルバーブ　〔タデ科／草本〕
おーば　長野*

ショクヨウホオズキ　〔ナス科／草本〕
あまほーずき　愛知*
きんかんは　滋賀* 徳島*
きんかんほーずき　北海道*
せーよーほーずき　北海道*
とーきょーほーずき　新潟*
ほーずきとまと　宮城* 栃木* 富山* 大分*
やさいほーずき　山口*

ジョチュウギク　シロバナムシヨケギク
〔キク科／草本〕
きく　和歌山（日高）
じゅちゅーぎく　岡山
のみとりぎく　青森*
のみとりばな　秋田
のみとりんばな　秋田（鹿角）
まんじゅぎく　三重*
むしとりぎく　山形*
むしよけぎく　福島* 埼玉* 広島* 佐賀*

シラカシ　〔ブナ科／木本〕
あおがし　紀伊　奈良
あまがし　福岡（犬ヶ岳）
うらじろ　兵庫（中部）
おおかし　奈良（十津川）
かたぎ　広島　愛媛
くまがし　筑前
くろかし　東京　和歌山（西牟婁）
こーじがし　熊本（天草）
ごまめ　宮崎（西都）
ささかし　群馬　三重　熊本
ささがし　埼玉（入間）
ささばがし　福岡（粕屋）
しーかし　三重（員弁）
しーかたぎ　防州
しらかし　和歌山（那賀・日高）

しろかし　熊本
ながばがし　千葉（清澄山）
にぶ　広島
はじろ　福岡（小倉市）
はとがし　熊本（人吉市）　宮崎
はなが　高知（幡多）
はながし　丹波　摂津　大分　熊本
はぼそ　和歌山（東牟婁）
ほそばがし　千葉　静岡　広島　愛媛
ほんがし　栃木（唐沢山）
みずはご　高知（幡多・高岡）
みねさぶろー　奈良（吉野・十津川）
めかし　三重（伊勢北部）
めがし　和歌山（那賀）
めんがし　三重　和歌山　愛媛
やなぎがし　岡山　熊本
やなぎばがし　静岡　静岡（駿河）
やなっかし　鹿児島（薩摩）

シラカンバ　〔カバノキ科／木本〕
あかしかんば　青森　秋田
あわぽーき　長野（南安曇）
おーみねはずさ　大和吉野
おんかわ　山梨（南巨摩）
かば　青森　岩手　宮城　新潟（北蒲原）
かばのき　長野
かび　陸奥　羽後　青森　秋田
がび　青森（北津軽・上北）
かんば　新潟（中頸城）　長野
かんばぞーし　長野（ト高井・志賀高原）
かんび　岩手（盛岡市・羽後）　青森　秋田
かんぴ　秋田
がんぴ　北海道　青森（上北）　岩手（胆沢・和賀）　宮城　秋田
さっさ　宮城（宮城）
さつら　福島（耶麻）
しゃつら　栃木（北部）
しらかんば　富山　石川　群馬　埼玉　長野　静岡　岐阜
しらかんぽー　群馬（多野）
しらた　岩手
しらだ　岩手（盛岡市・岩手）　秋田
しらはだ　岩手（稗貫・気仙）
しらはり　信州奈良井　長野（佐久・小県・伊那）　山梨（北巨摩）
しろき　山梨（富士山北麓）

しろざくら　岩手（水沢・胆沢）　栃木（日光・
　下都賀）
しろっこ　福島（南会津）
たつら　秋田（雄勝）　山形（酒田市）
てらし　宮城（柴田）　山形（米沢市）
ひかば　岩手（和賀）　新潟（北魚沼）
ひかんば　加賀　石川（能美）
ひよろ　新潟（北魚沼）
ぶたのき　山梨（八ヶ岳）　長野（八ヶ岳）
へろのき　群馬（利根）
まかんば　青森（下北）
やまあかし　宮城
やまきり　静岡（遠江）
やまてらし　宮城
やまてらす　宮城（刈田）

シラキ　　　　　〔トウダイグサ科／木本〕

あぶらき　江戸　高知
あぶらぎ　徳島（美馬）　愛媛（上浮穴・面河）
あぶらみ　城州　京都
いたぶ　高知（幡多）
いぬいたぶ　高知（高岡）
いもぎ　静岡（秋葉山）
いわはぜ　丹後
うしくすべ　和歌山（日高）
かーらがし　香川（綾歌・仲多度）
こーじらき　紀州
こはぜ　甲州
ころび　丹後
さんきち　高知（幡多）
ししき　栃木（日光）
しらき　岩手　宮城　新潟（佐渡）　長野　静岡
　愛知　岐阜　三重　和歌山　鹿児島
しろいたぶ　高知（土佐）
しろき　三重（伊賀）　兵庫（佐用）　鹿児島（大
　口・出水）
しろぎ　愛媛（宇和島）
しろっき　茨城（大子）
しろともぎ　愛媛（新居）　高知（長岡）
しろはだ　予州　奈良（吉野・北山川）　愛媛
しろはだのき　鹿児島（肝属・垂水）
しろへい　鹿児島（垂水）
しろまたかた　福井（小浜）
たけしらき　大分（大野）
たにあさ　福井（遠敷）
たにいたぶ　高知（長岡）

ちえぎ　高知
ちちき　静岡（榛原）
ちちぎ　奈良（吉野）
ちちこ　愛媛（周桑）
ちんくわ　仙台
ととうつぎ　青森（下北）
ともぎ　愛媛（新居）
なべくわし　青森（下北）
においたぶ　高知（幡多・土佐・香美）
はだじろ　香川（香川）　愛媛　高知
ひくらがし　和歌山（西牟婁）
またかた　福井（遠敷・三方・小浜）
みつなり　愛媛（上浮穴・新居）　高知（安芸）
　大分　熊本　宮崎
みつなりぎ　鹿児島（肝属・垂水）
もえがら　木曾
もえぎ　土佐
もとじろ　高知（高岡）
やまいたぶ　高知（幡多・高岡）
やまちちき　高知（幡多）

シラクキナ　　　　　〔アブラナ科／草本〕

ひろしまな　京都*　広島

シラタマカズラ　　　　　〔アカネ科／木本〕

おやだき　鹿児島
きのかずら　鹿児島（奄美大島）
はいかずら　鹿児島（奄美大島）
みんつきかずら　鹿児島（奄美大島）
わらべなかせ　鹿児島（南西諸島）

シラネアオイ　　　　　〔シラネアオイ科／草本〕

くさぎり　青森（八戸・三戸）
やまぼたん　秋田（北秋田・鹿角・仙北）　岩手
　（上閉伊・紫波・二戸）　山形　新潟

シラネセンキュウ　スズカゼリ　〔セリ科／草本〕

おーぜり　岐阜（美濃）
やまぜり　和歌山（日高）

シラネニンジン　　　　　〔セリ科／草本〕

おやまにんじん　山形（飽海・酒田市）
ちょーかいにんじん　山形（飽海）

シラハギ → ニシキハギ

シラビソ

シラビソ シラベ 〔マツ科／木本〕
うらじろ 長野（上田市）
かわき 奈良（玉置山）
こりゅーせん 栃木（日光）
しらつが 栃木（日光） 静岡（遠江）
しらび 群馬（利根） 長野（松本市） 静岡 岐阜
しらびそ 新潟 長野 山梨 静岡 岐阜 石川
しらべ 静岡（安倍）
しらもみ 長野 静岡
しろ 山梨 静岡（伊豆）
しろき 新潟 長野
しろつが 群馬（利根） 広島
しろもみ 静岡
ぜんじょーまつ 富山
たけつが 飛州
にれもみ 奈良（吉野）
ひそ 長野
ふっ 北海道
ほんじろ 山梨（南巨摩）
まつはだ 栃木（日光市）
もろび 秋田 秋田（仙北）
りゅーせん 栃木（日光） 群馬（利根） 静岡（伊豆）

シラベ → シラビソ

シラヤマギク 〔キク科／草本〕
うらじろぎく 加州
おーな 備前
おとこごっぽー 新潟（刈羽）
はんばいな 青森（津軽）
まつな 和歌山（日高）
やまぎく 長野（北佐久） 千葉（君津・上総）

シラン 〔ラン科／草本〕
いもらん 千葉（長生）
けいらん 和歌山（田辺）
しゅーらん 和歌山（新宮）
しゅらん 播州 阿州 予州 雲州 筑前 岡山
しゅろらん 和歌山（西牟婁）
しろらん 和歌山（西牟婁）
せいだか 青森（三戸）
ちりらん 和歌山（西牟婁）
ちりん 和歌山（西牟婁）
はくらん 周防
ひがんばな 鹿児島（大島）
べにらん 千葉（君津）

らん 奥州 鹿児島（阿久根市）

シリブカガシ 〔ブナ科／木本〕
あかがし 宮崎（小林・西諸県）
あまかし 徳島（海部）
あまがし 和歌山（西牟婁・東牟婁） 福岡 熊本
あまかせ 周防
おーよしかし 周防
おちょーずがし 福岡（粕屋）
かしー 大分（東国東）
かたぎしー 大分（大分）
かわがし 長崎（西彼杵）
くろがし 長崎（壱岐） 大分
くろまて 宮崎
しー 岡山
したくぼ 広島（広島）
しっこぼじ 佐賀（藤津）
しょーべんかがし 熊本（球磨）
しょーべんがし 熊本（球磨）
しりふか 高知 愛媛
しりぶか 山口 高知 愛媛 宮崎
しりふかがし 高知（幡多）
しりぶかがし 高知（幡多）
しろまてがし 宮崎（西都）
すいつきどんぐり 熊本（熊本市）
ねねしかたぎ 広島（広島）
ばかがし 宮崎（西都）
はと 高知（高岡）
はとがし 宮崎（宮崎市）
まてがし 大分（南海部） 宮崎
まてばしー 長崎（北松浦）
よしがし 宮崎（北諸県） 鹿児島（川内市）

シロウリ ツケウリ, ナウリ 〔ウリ科／草本〕
あおうり 福島* 栃木* 福井* 岐阜* 愛知* 京都
あおだい 愛知*
あさうり 京都 和州 周防 岐阜* 滋賀（蒲生） 大阪（大阪市）
あぜうり 兵庫*
いもうり 長崎
うり 京都 山口（厚狭）
うりぃ 和歌山（日高）
おちうり 宮城 岐阜*
かたうり 佐州 相模 加州 若州 北海道* 青森* 岩手* 秋田 山形（庄内） 新潟（佐渡） 富山（富山・砺波・東礪波・西礪波・射水）

石川（金沢）　福井＊　三重＊
かだうり　岩手（遠野・紫波）　秋田（鹿角・山本・仙北・雄勝）　山形（庄内）
かつらうり　京都＊
からうり　岐阜＊　和歌山＊
かりうり　岐阜＊
かりもり　愛知＊
きゅーり　愛知＊
こえうり　青森＊
こーかりうり　岐阜＊
こーこーうり　千葉＊　山口＊
こーのものうり　長門　周防
こまうり　福井＊
ころばし　高知（幡多）
ころばしうり　長野（上田）
ころびうり　静岡＊
さいうり　愛知＊　福岡＊
しころうり　秋田
じばいうり　宮城
しまうり　長野＊　鳥取＊　島根＊　広島＊　長崎＊
ずびうり　愛媛
つけうり　筑紫　北海道＊　青森＊　岩手　宮城（玉造）　秋田＊　山形＊　福島　福島（会津）　茨城＊　千葉＊　東京＊　新潟（北蒲原）　富山＊　長野　岐阜＊　愛知＊　三重＊　滋賀＊　兵庫＊　鳥取＊　島根＊　岡山＊　山口＊　福岡＊　長崎＊　熊本＊　大分＊　宮崎＊　鹿児島＊
つけまうり　青森＊
つけものうり　岐阜＊　兵庫＊　山口＊　宮崎＊　鹿児島＊
ときうり　愛知＊
なうり　和州　讃州　大阪　宮崎＊
なにぼうり　兵庫＊
なますうり　鳥取＊
ならうり　東京＊
ならずけうり　青森＊　滋賀＊　京都＊　鳥取＊
にがうり　福島＊
ばうり　山梨＊
はえうり　青森＊　山梨＊　長野＊
はなまる　江戸
はなんぽ　大和
ばばうり　富山　富山（富山）
ふちうり　秋田＊
ほんうり　山梨（南巨摩）　長野（上田・佐久）　岐阜＊　三重＊　京都＊　和歌山＊　福岡＊
ぼんうり　山梨　長野
まうり　鹿児島＊　青森＊　岩手＊　沖縄（首里）

まるずけ　江戸
まるずけうり　伊州　勢州
もみうり　鳥取＊
やさいうり　若州　加州　久留米　筑後　福岡＊　佐賀＊　長崎＊
ゆーがおうり　新潟＊

シロカネソウ → ツルシロカネソウ

シロザ　〔アカザ科／草本〕
ぎんざ　阿州

シロヂシャ → ダンコウバイ

シロダモ　〔クスノキ科／木本〕
あおき　新潟（西頸城）
あかあさだ　高知（香美）
あかかし　茨城（太田）
あかしょだま　千葉（上総）
あかたまがら　高知（高岡・幡多）
あさかえ　兵庫（佐用）
あさだ　香川（香川・大川）　高知　徳島
あぶらき　薩州
あまかし　茨城（太田）
いぬすぎ　鹿児島（悪石島）
うさぎのみみ　神奈川　福井
うらじろ　奥州　埼玉　新潟（佐渡）　広島（比婆）　愛媛（周桑）
うらじろのき　福島（相馬）
おがのみ　神奈川
おきのこーぎ　長崎（平戸）
おんながし　群馬（山田）
かるめんど　三重（尾鷲市）
きたたぶ　宮崎（日向）
きのみ　大分（直入）
きのみたぶ　鹿児島（出水）
きのめ　鹿児島（屋久島）
くさだみ　東京（三宅島）
くす　千葉（長生）
くすだみ　東京（三宅島）
くすめんどー　三重（志摩）
くすんど　和歌山（有田）
くそだみ　東京（八丈島）
くろこが　静岡（伊豆）
けいしんたぶ　熊本（球磨）
こが　神奈川　静岡（駿東・伊豆）　山口（佐波）
こがたま　静岡（伊豆）
こがでっぽー　静岡（伊豆稲取）

こがのき　静岡
ざわざわのき　鹿児島（甑島）
しょだま　千葉
しろあさだ　愛媛（宇摩）
しろつず　肥前
しろもみじ　鹿児島（肝属・垂水）
すずえのき　鹿児島（国分市）
すずはぎ　鹿児島（種子島）
すすべー　薩摩
すずめのき　鹿児島（垂水市）
するべ　鹿児島（肝属）
たつのき　鹿児島（肝属・大根占）
たぶ　愛媛（新居）　福岡　大分
たま　静岡（静岡）
たまがら　愛媛（宇和島）　高知（幡多・高岡）
たまくさ　愛媛（西宇和）
たまのき　三重（度会）　和歌山（東牟婁・新宮）
たも　秋田　福井（遠敷）　三重
だも　三重（三重）
たものおばさん　三重（伊勢）
たものき　福井（敦賀）
たんま　高知（高岡）
つず　九州
つずのき　西国　長崎（西彼杵）
つずのみのき　長崎（平戸）
つつのみ　西州　筑紫
つつみのき　長崎（西彼杵）
つんのみ　長崎（壱岐）
とーのき　長崎（対馬・五島）
とまがら　徳島（海部）
ながたぶ　大分（北海部）
にっきだも　三重（鈴鹿）
にっけいもどき　高知（土佐）
はなが　愛媛（上浮穴・面河）
はながは　愛媛（温泉）
はなご　愛媛（新居）　高知（土佐）
ひめだまがら　高知（幡多・土佐清水）
まっこのみ　静岡（駿東）
めんたまがら　高知（幡多・土佐清水）
めんだも　三重（鈴鹿）
もーじ　三重（一志）
やぶたまがら　高知（幡多・土佐清水）
やぶにっけい　和歌山（新宮市）
やまだみ　東京（八丈島）

シロツメクサ　クローバー　　　〔マメ科／草本〕
あめふりばな　青森
いじんばな　長野（北佐久）
いずみぐさ　山形（飽海）
うしくわず　岡山（御津・岡山）
うしばな　山形（鶴岡市）
うまごやし　岩手（二戸・紫波）　山形（庄内）　新潟（西蒲原）　千葉　静岡（志太）　島根（美濃）　徳島
うまのこ　山形（西田川）
おーだくさ　岩手（東磐井）
おかぼくそー　北海道*
かんかんぐさ　広島（豊田）
くろーばー　和歌山（海草）
くろば　青森（三戸）
くろばー　和歌山（日高）　岡山　千葉
ごぎょー　岡山（御津）
こぬかいらず　秋田
こぼくさ　長野（北佐久）
こやしくさ　福島*
じょーめくさ　長野（北安曇）
しろごぎょー　岡山（岡山市）
しろもくしゅく　島根（邇摩）
しろれんげ　静岡（富士）　三重（宇治山田市・伊勢）　和歌山（有田）　岡山（岡山市・御津）　広島（広島）　香川（丸亀）
せーよーらまこ　秋田*
せーよーれんげ　岡山（岡山市）
だんごはな　新潟*
だんごばな　福島　島根*
たんぽぽ　長野（佐久）
ちちすまぐさ　新潟*
ちょーせんれんげ　奈良（磯城）
つなぎばな　山形（庄内）　青森
つめくさ　北海道*　岩手　秋田*　福島*　茨城　群馬*　埼玉　神奈川　富山　山梨　長野*　滋賀　京都　和歌山　鳥取　島根*　岡山　佐賀　大分*　鹿児島*
どてくさ　岩手（東磐井）
なつめぐさ　新潟（直江津）
はいのき　和歌山（東牟婁）
べいこくさ　岩手（東磐井）
べこぐさ　岩手*
ほーれぐさ　長野（北佐久）
ぼくさ　岩手（九戸・東磐井）　山形（北村山）　長野（佐久）

ぼくそー　秋田（北秋田）　山形　福島（相馬）
　千葉（安房）　長野（北佐久）
ほたるぐさ　和歌山（有田）
ぼんぽこばな　山形（酒田市・飽海）
まぐさ　山形（飽海）
まめこくさ　宮城*
まんじぐさ　福島（相馬）
みっちくさ　岩手（九戸）
みつば　京都　青森*　岩手（九戸・水沢）　秋田*
　山形*　福島*　群馬（利根）　新潟　富山（東礪
　波・西礪波・砺波）　石川*　長野（佐久）　岐阜
　（郡上）　静岡（富士・浜名）　島根　岡山（岡山
　市）　香川　広島　長崎*　熊本*　鹿児島（出水）
みつぱ　秋田（北秋田）　山形（西置賜）
みつぱ　青森　秋田（北秋田）　山形　長野
みつばな　新潟（直江津）
みつばのはな　長野（佐久）
みつばぼくさ　長野（佐久）
めぐさ　長崎*
もくしき　岩手（東磐井）
もくしく　長野（北佐久）
もくしくのはな　長野（北佐久）
もくしゅく　長野（下水内）
もくひき　岩手（九戸）
やろこばな　山形（西田川）
ゆびはめ　長野（佐久）

シロネ　〔シソ科／草本〕
のこぎりそー　能州　石川（能登）
ひともとぐさ　加州

シロバイ　〔ハイノキ科／木本〕
いもはい　高知（東部）
いもばい　高知（安芸・幡多）
うばころし　三重（伊勢）
こめしば　鹿児島（北薩）
しらばい　三重（北牟婁）　高知（高岡・幡多）
しろばい　高知
ともぎ　高知　高知（土佐）
はい　徳島（海部）
はいのき　三重　高知

シロバナエンレイソウ　〔ユリ科／草本〕
あまちゃ　青森（八戸・三戸）
あまっこ　岩手（九戸）
やまそば　岩手（上閉伊）

シロバナサクラタデ　〔タデ科／草本〕
あかめまんま　静岡（富士）
さでー　鹿児島（奄美大島）
たで　鹿児島（川内）
はくたで　山口（厚狭）
みずたで　長崎（壱岐島）

シロバナタンポポ　〔キク科／草本〕
たんぽぽ　愛媛（周桑）
ちぐさ　静岡（富士）

シロバナムシヨケギク → ジョチュウギク

シロモジ　〔クスノキ科／木本〕
あかじしゃ　長野　岐阜（恵那）
いっちょーつぐり　愛知（額田）
うこんばな　京都
おーともぎ　高知（長岡）
おくやままつえぎ　熊本（球磨）
おにともぎ　高知（土佐）
きわたぎ　岐阜（濃州）
くろじしゃ　木曾
くろともぎ　高知（高岡・長岡）
さるでのき　和州吉野　和歌山（熊野）
じしゃ　岐阜（恵那）　愛知（三河・東三河）
じしゃき　長野（木曾）　木曾
じしゃぐら　岐阜（揖斐）
ししゃのき　愛知（段戸山）
しらき　信州　長野
しらち　高知（安芸）
しろき　豆州　静岡（伊豆）　鹿児島（鹿屋）
しろともぎ　香川（香川）　高知（土佐）
ちさぐら　福井（大野）
つえぎ　熊本（球磨）
つらふり　播州
てしゃぐら　岐阜（美濃）
てはじき　岐阜（美濃）
ともぎ　愛媛　高知
とりあし　和歌山（高野山）
におともぎ　高知（安芸・土佐）
のそば　予州　愛媛
はきれ　三重（亀山）
はりはり　木曾
はれはれ　福井（大野）
はれはれのき　福井（大野）
ほーさき　木曾
ほーさけ　木曾

シロヤマシダ

みつで　勢州　三重
むらだち　岐阜　岐阜（美濃）　三重　三重（鈴鹿・三重）
めくされぎ　宮崎（東臼杵）
やから　愛媛（上浮穴・面河）
やからめ　愛媛（上浮穴）
やっかち　福井（大野）
やまぶき　山口（玖珂）
われわれ　岐阜

シロヤマシダ　〔イワデンダ科／シダ〕
おーとび　鹿児島（奄美大島）

シロヤマゼンマイ　〔ゼンマイ科／シダ〕
こーじぐさ　鹿児島（屋久島）
へご　鹿児島（揖宿）

シロヨモギ　〔キク科／草本〕
かわらよもぎ　長州

ジンチョウゲ　〔ジンチョウゲ科／木本〕
じごしょー　但州
じんちょ　福岡（久留米市）
じんちょー　奈良
ちょーじ　山形　三重（宇治山田市）　山口（厚狭）
ちんちょー　防州
はなごしょー　但馬
むすひぎ　三重（度会）
むすびき　三重（度会）
やまき　豊前
りんちょー　長州
りんちょーぎ　京都
りんのき　和歌山（東牟婁）

スイカ　〔ウリ科／草本〕
あかうい　沖縄（島尻）
くゎんとぅうい　沖縄（首里）
くわんとうり　沖縄
さいうり　大阪　大阪（大阪市）
しーか　岡山　長崎（南高来）　熊本（玉名）
しーくゎ　島根（能義）　長崎（南高来）
じくゎ　秋田（山本）　宮崎（日南）
すぃーくゎうい　沖縄（首里）
すいくゎ　洲本　島根（美濃）　熊本（上益城）
すーか　千葉（印旛）
すーが　岩手（紫波）
すーぐゎ　秋田（雄勝）　岩手（紫波）
すえがん　山形（村山・置賜・最上）
すが　岩手（岩手）
すぐゎ　鹿児島（加世田）
すぐゎん　秋田（山本）
そーめんうり　新潟（佐渡）
ぼーぶら　京都
みずなし　山口*
やまとーら　沖縄（小浜島）
やまとーり　沖縄（石垣島・黒島）
やまとーる　沖縄（宮古島）

スイカズラ　〔スイカズラ科／木本〕
ああかかずら　高知（長岡）
あまちゃ　千葉（安房）　東京（八王子）
あまちゃのき　徳島
うぐいすかぐら　岐阜（恵那）
うばのちかずら　周防
かなとかずら　伊豆八丈島
きんかんは　鹿児島（肝属）
きんぎんかずら　宮崎（西臼杵）　鹿児島
ぎんぎんかずら　鹿児島（加世田市）
しのばなかずら　熊本（玉名）
しらんかずら　佐賀（神崎）
すいすいかずら　播磨　讃岐　熊本（球磨）
すいすいぐさ　徳島
すいばかずら　高知（土佐）
すいばな　土佐　千葉（八日市場）　長野（佐久）　静岡　長崎（東彼杵）　熊本（八代）　鹿児島
すいばなかずら　出雲　島根（籤川）　鹿児島（出水）
すいばのかずら　長崎（壱岐島）
すずめかずら　熊本（球磨）
すばな　鹿児島（加世田市）
ちーかずら　鹿児島（甑島）
ちーぐさ　鹿児島（甑島）
ちっこのめーめー　千葉（房総）
とんのちかずら　熊本（球磨）
にんどう　千葉（君津）
にんどー　伊豆　東京（三宅島・御蔵島）　神奈川　新潟（新潟市）　静岡（南部）　和歌山（日高）　広島（比婆）　山口（厚狭・大津）　香川
にんどーかずら　島根（美濃）　山口（熊毛）
にんどーちゃ　島根（邇摩）
ねんど　三重
はなしばかっだ　長崎（南高来）

ひかずら　秋田（鹿角）
ひびかずら　岡山（苫田）
へくそかずら　山口（豊浦）
まるかずら　鹿児島（始良）
みつ　鹿児島（肝属）
みつばな　長崎（諫早市）

ズイキ　〔サトイモ科／草本〕
いもおじ　東京（三宅島）
いもじ　京都　東京（伊豆諸島）　富山（砺波）
　　岐阜（飛騨）　滋賀（滋賀）　高知（土佐）
いもじっこ　東京（三宅島）
いもだつ　新潟（佐渡）　岐阜（飛騨）
いもんじく　香川
からとり　仙台　庄内　宮城（仙台市）　山形
　　（鶴岡）
ずいくき　島根（鹿足）
ずきかんぴょー　香川（大川）
たつ　岐阜（飛騨・恵那）
だつ　美濃　尾張　新潟（佐渡）　岐阜（飛騨）
　　愛知（名古屋市）
といも　新潟（北蒲原）
とーのいも　奈良（吉野）
みずいも　熊本（玉名）
わりな　千葉（上総）　三重（志摩）　奈良（南大
　　和）　和歌山　岡山（児島）　愛媛（岩城島・魚
　　島・大三島）
わんな　茨城（稲敷）　千葉（香取）　三重（志摩）

スイセン　〔ヒガンバナ科／草本〕
いとずいせん（キズイセン）　岡山（岡山市）
きんだい　房州　千葉（上総）
ぎんだい　千葉（安房）
きんで　鹿児島（谷山・始良）
ぎんで　鹿児島（鹿児島）
ぎんでか　鹿児島（肝属）
ぎんでかん　鹿児島
きんでばな　鹿児島（鹿児島）
ぎんでばな　鹿児島（鹿児島市・出水）
きんでんくゎ　鹿児島（肝属）
きんでんばな　鹿児島（始良）
きんどんばな　鹿児島（川辺）
しーせん　岡山　長崎（南高来）
しなすいせん　山口（厚狭）
しなずいせん（キズイセン）　山口（厚狭）
しゅーせん　長崎（長崎）

しょーせん　三重
しろすいせん　青森（八戸）　岩手（二戸）
ずいせん　東京（八丈島）
ちちろ　長野（下水内）
ちちろっぽ　長野（下水内）
とーびる　鹿児島（奄美大島）
とっぴん　沖縄（石垣島）
はるたま　大阪

スイゼンジナ　〔キク科／草本〕
のりな　長野*
はるたま　紀州　山口（厚狭）　鹿児島（鹿児島市）
はるまた　長崎*
はんたま　紀州　山口（厚狭）　鹿児島（中之
　　島・悪石島・大島）
はんだま　鹿児島（西南諸島）　沖縄（首里・石
　　垣島）
はんらま　鹿児島（奄美大島）

スイゼンジノリ　〔藻〕
かわたけ　福岡（浮羽）
かわたけのり　福岡（浮羽）

スイセンノウ　〔ナデシコ科／草本〕
うさぎのみみ　山形（庄内）　新潟
うさぎばな　山形（飽海）
うさぎみみ　山形
せきばんふき　岡山
たいわんそー　新潟
にねんぐさ　岩手（水沢）
にねんそー　岩手（水沢）
ねこのみみ　岩手（九戸）
ひとりもしめ　島根（出雲）
びろーどぐさ　青森（津軽）
びろーどそー　岡山　愛媛（周桑）
びろどー　富山（東礪波）
ふとりもすめ　島根（出雲）
ふらんそー　新潟

スイトウ　〔イネ科／草本〕
しゃく　宮崎*
たいね　群馬*　埼玉*　岐阜*　福岡*　鹿児島*
たごめ　埼玉*　東京*　徳島*　長崎*　宮崎*
たんこめ　鹿児島*
たんぼいね　兵庫*　宮崎*
ひいね　岡山*

ズイナ

まいね　香川＊
みずいね　香川＊　高知＊　福岡＊　大分＊
みずくさ　愛知＊
みずね　高知＊

ズイナ　〔ユキノシタ科／木本〕

あおぎ　奈良（吉野）
あぶらぎ　高知（土佐・高岡）
あぶらぎ　高知（土佐・高岡）
かわくろぎ　高知（幡多）
きよめな　三重（多気）
くろもじ　高知（安芸）
ごめな　和歌山（伊都）
さかやむすめ　和歌山（新宮市）
さかよめ　三重（多気・北牟婁）
ずいずい　奈良（北山川）
だんぎな　和歌山（東牟婁）
むすめな　和歌山（新宮市・東牟婁）
むすめなのき　和歌山（那智）
やまな　和歌山（新宮）
よめな　三重　奈良　和歌山　和歌山（日高）　高知　高知（高岡）
よめなのき　和歌山（北部・西牟婁）　高知（幡多）
よめなはぎ　和歌山（東牟婁）
ろくべな　高知（安芸）

スイバ　〔タデ科／草本〕

あかぎしぎし　筑前　鹿児島（鹿児島）
あかし　播州
あかじ　摂津
いか　山口（豊浦）
いぬだいおー　予州
いぬのすいか　香川（三豊）
いんだよ　香川（丸亀市）
いんのとー　香川（西部）
うーまのすいこん　富山（砺波）
うしのべろ　宮崎（宮崎）
うまかんこ　岩手（紫波）
うまさとーがら　鹿児島（始良・国分）
うまさとがら　鹿児島（始良・国分市）
うましかん　秋田
おにしんざい　岡山
かたずいこ　長野（北佐久）
かとば　静岡
からすのはっぱ　徳島（美馬）
かんごそー　和歌山（那賀）

きいこ　山口（玖珂）
ぎしぎし　和歌山（有田・日高・西牟婁）　山口（美祢・大島）　福岡　熊本（玉名・下益城）　大分（大分市・別府市）
きちきち　静岡（小笠）
きちきちもみじ　静岡（小笠）
きちきちもんじ　静岡　静岡（小笠）
きびすいこ　新潟（佐渡）
きりんそー　熊本（天草）
くさずいこ　長野（更級）
こごんぼ　熊野
さし　山形（東田川・西田川・酒田）
さしのとー　山形（飽海）
さつまくさ　静岡（賀茂）
さとぎしぎし　宮崎（西臼杵・東臼杵）
しー　岡山（児島）
しーかんぼ　群馬（多野）
しーかんぼ　熊本（球磨）
しーしー　京都（竹野）　岡山（苫田）　山口（吉敷）　大分（大分市）
しーしーこ　山口（吉敷）
しーしーと　山口（佐波）
しーしーどー　山口（吉敷）
しーしーば　岡山（吉備・苫田）　山口（佐波・吉敷・厚狭・豊浦・美祢）
しーしーばば　山口（美祢）
しーしば　山口（佐波・吉敷）
しーしんどー　山口（厚狭）
しーだんじ　兵庫（但馬）
しーと　兵庫（但馬）
しーとー　岡山　岡山（岡山・小田）
しーな　富山　岡山
しーのと　岡山（岡山・御津）
しーば　島根（松江・能義・簸川）　岡山　山口（厚狭・美祢・大津・阿武・吉敷）
しーばんどー　岡山　福岡（田川）
しかしか　秋田（鹿角）
しかどり　山形（庄内）
しかな　秋田
しかん　秋田（雄勝）
しかんこ　岩手　秋田（北秋田・河辺）
しかんしょ　秋田（鹿角）
しけやんこ　青森（三戸）
しけやんこへ　青森（三戸）
ししんど　山口（厚狭）
ししんどー　山口（厚狭）

スイバ

ししんば　山口（厚狭）	すいくさ　島根（隠岐島）
しのは　佐賀（小城）　長崎（諫早）	すいくば　能州
しのびこ　青森（上北）	すいくゎ　島根（隠岐島）
しのべ　岩手（九戸）	すいこ　加賀　越後高田　新潟（佐渡・西頸城）　富山（西礪波）　長野（更級・北安曇・南安曇・南佐久・下水内）　岐阜（恵那）　静岡　愛知（北設楽）
しのへこ　青森（上北）	
しのぺこ　青森（上北）	
しびんこ　香川（木田）	
しぶくさ　香川（綾歌）	すいこき　上野　木曾　群馬（多野）　山梨（南巨摩）　長野（佐久）　岐阜（土岐）　静岡（富士）　香川（綾歌）　愛媛　高知（土佐）
しゃしん　山形（東田川）	
しょっから　静岡（田方）	
しょっぱ　埼玉（児玉・北足立）	
しょっぱくさ　群馬　埼玉（大里）　神奈川（愛甲）	すいこぎ　上野　神奈川　静岡（沼津・富士）　山梨（中巨摩）　長野（下伊那・南佐久）　岐阜（恵那・土岐）　徳島　徳島（美馬）
しょっぱぐさ　神奈川（愛甲）	すいこけ　山梨（南巨摩）　愛知（北設楽）
しょっぱん　埼玉（入間）	すいこげ　静岡（富士）　愛知　山梨（中巨摩）
しょっぱんくさ　群馬	すいこっのは　鹿児島（肝属）
しんきゅー　島根（隠岐島）	すいこっぽ　徳島（海部）
しんげー　島根（隠岐島）	すいこのとー　岡山
しんこ　香川（仲多度）	すいこば　愛知（北設楽）
しんざ　島根（隠岐島）　岡山　広島（神石）	すいこみ　岐阜（郡上）
しんざい　備後　島根（能義）　岡山	すいこめ　岐阜（郡上）
しんざえ　島根（出雲・隠岐島）	すいこん　富山（礪波・東礪波・西礪波）　長野（上田・北安曇）
しんじゃ　鳥取（西伯・気高）　島根（松江・能義・簸川・隠岐島）	
	すいこんこ　香川（三豊）
しんじゃい　島根（隠岐島）	すいこんとー　長野（下高井）
しんじゃこ　島根（隠岐島）	すいこんべ　新潟（西頸城）
しんじゃん　島根（八束）	すいこんべー　新潟（直江津）
しんしんどー　山口（厚狭）	すいこんぼ　勢州　長野（飯田・南佐久・上伊那）　福井（今立）
しんすいー　島根（隠岐島）	
しんぜ　島根（隠岐島）	すいごんぼ　伊勢　三重（北部）
しんぜぁー　島根（隠岐島）	すいこんぽー　長野（佐久・北安曇・更級）
しんぜー　島根（隠岐島）	すいじ　伊予　愛媛（周桑）
しんとー　山口（玖珂）	すいしーば　岡山（久米）　山口（吉敷）
じんとー　島根（美濃）　山口（玖珂・都濃・佐波）　山口周防	すいじくさ　仙台
	すいじこ　愛媛（周桑）
すいか　新潟（佐渡）　岐阜（益田・飛騨）　島根（隠岐島）	すいじのとー　愛媛（周桑・喜多）
	すいしば　山口（防府・佐波・吉敷・厚狭）
すいかしょ　新潟（直江津）	すいしゃ　愛知（北設楽）
すいかのぽんぽん　新潟（佐渡）	すいじょ　長野（佐久）
すいかんとー　新潟（佐渡）	すいじん　愛媛（伊予・喜多）
すいかんぽ　神奈川　山梨　福井	すいじんこ　愛媛（周桑）
すいかんぽ　神奈川（足柄上）　福井	すいじんとー　愛媛（周桑）
すいかんぽー　群馬（碓氷）　東京（八王子）	すいすい　兵庫（揖保）　奈良（宇陀）　島根（隠岐島）　和歌山　京都（竹野）　広島（能美）　山口（熊毛・都濃・阿武）　岡山　香川　熊本（八代）　大分
すいき　長野（諏訪）	
すいきょー　長野（諏訪）	
すいくき　熊本（球磨）	

スイバ

ずいずい　香川（丸亀市）
すいすいぐさ　岡山　島根（鹿足）　徳島（美馬）　香川（中部）
すいすいこんぼ　勢州　三重（一志）　和歌山
すいすいごんぼ　伊勢　三重　和歌山（伊都）
すいすいば　岐阜（岐阜市）　島根（那賀）　岡山（小田）　山口（大島・玖珂・熊毛・吉敷・厚狭・豊浦・阿武）
すいずいば　山口（厚狭）
すいすいばな　静岡（小笠）　和歌山（那賀・有田）
すいっぱ　静岡（富士・志太・浜名・田方・駿東・庵原・小笠・磐田・引佐）　愛知（北設楽）
すいっぽ　島根（隠岐島）
すいとー　岡山
すいどー　畿内
すいば　西国
すいばす　大阪
すいばとー　山口（美祢・阿武）
すいばな　愛媛（越智）
すいばら　丹後
すいべら　予州
すいべん　大阪
すいぼ　山口（大島）
すいみ　香川（高見）
すいもくさ　三重
すいもぐさ　岐阜（飛騨）
すいもさ　岐阜（飛騨）
すいもの　島根（隠岐島）
すいものぐさ　群馬（佐波）
すいもんさ　岐阜（飛騨・大野）
すかし　越後三条　新潟（刈羽）
すかす　新潟（中蒲原・西蒲原）
すかすか　岩手（上閉伊）　秋田（北秋田・鹿角）　山形（西田川・庄内）
すかた　岐阜（山県）
すかっぱ　岩手（水沢）
すかっぽ　千葉（長生）
すかどり　秋田　山形（東田川・飽海）
すかな　仙台　秋田　山形　福島　新潟（下越）
すがな　仙台　岩手　秋田　山形（東村山・東置賜）　福島（相馬）
すかんこ　北海道　青森（八戸・三戸）　岩手（盛岡・九戸・二戸・紫波）　秋田（河辺・北秋田）　山形（庄内・最上）
すかんじゃ　山形（西田川）
すかんすかん　岩手（上閉伊）

すかんと　山形（東田川・西田川）
すかんば　宮城（登米）
すかんば　山口（阿武）
すかんべ　秋田（鹿角）
すかんぺ　秋田（鹿角）　岩手（盛岡）
すかんば　勢州　東京　山口（阿武）　長崎（長崎）
すかんぽ　江戸　岩手（二戸）　山形（東村山）　神奈川（川崎）　新潟　山口（大島）　長崎
すかんぽー　泉州　福島（棚倉）
すくさ　神奈川（津久井）
すぐさ　静岡（安倍・榛原）　兵庫（淡路島）
すくぼ　神奈川（津久井）
すけやんこ　岩手（二戸）
すこぽー　勢州
すしんざい　出雲
すすいば　島根（江津市）
すずいば　静岡（庵原）
すずめくさ　静岡（田方）
すずめのすいこ　長野（長野）
すずめのはかま　上総　千葉（上総）
すた　山口（大津）
すっかし　新潟（中越・長岡・南蒲原）
すっかな　岩手（気仙）　福島（中村・相馬）
すっかぱー　常州
すっかん　埼玉（入間）
すっかんぽ　福島　群馬（山田）　埼玉（入間）　千葉
すっかんぽー　埼玉（入間）　鹿児島（姶良）
すっくんぽー　千葉（君津）
すっぱ　東京（八丈島）　静岡（清水・小笠）　滋賀（栗太）　山口（豊浦）
すっぱぐさ　神奈川（津久井）　埼玉（大里）
すっぱしょー　新潟（直江津）
すっぽかっぽ　栃木（芳賀）
すつぼぐさ　讃岐
すっぽくさ　讃州
すなびこ　岩手（上閉伊）
すのは　青森（八戸）
すりかんぽ　三重（鳥羽）
すりこんぽ　高知（土佐）
すりすりこんぽ　三重
ぜにくさ　静岡（庵原）
たいのびーび　山口（大津）
たいのぴーぴー　山口（大津）
たいびーびー　山口（大津）
たいぴーぴー　山口（大津）

たいびび　山口（大津）
たいびぴ　山口（大津）
たで　鹿児島（鹿児島市）
だやす　青森（津軽）
だんじり　鳥取
ちぐさ　静岡（静岡・安倍・庵原・志太・小笠）
ちすいば　山口（都濃）
ちひばり　静岡（田方）
つかな　山形（西置賜）　新潟（下越）
つめくさ　岐阜（吉城）
つめぐさ　岐阜（飛騨）
であんす　青森
とてっこ　千葉（安房）
ととくさ　伊豆熱海
とばっかみ　静岡（田方）
とんばくさ　静岡（田方）
にんげすいじ　愛媛（周桑）
ぬた　山口（大津）
ねこちゃっぱ　静岡（富士）
ねこのくそ　静岡（駿東）
ねこのしょっから　静岡（賀茂）
ねこのちゃっぱ　静岡（富士）
ねこのつめ　長野（佐久）
のみのとー　静岡
のみんこし　静岡
ひとつっぱ　静岡（静岡）
ふもんじくさ　静岡（小笠）
べこすかな　山形（東村山・西村山）
まつかさばな　静岡（小笠）
みつっぱ　静岡（小笠）
んーまのすいこん　富山（砺波・東礪波・西礪波）

スイレン　〔スイレン科／草本〕
ひつじぐさ　京都　周防

スウェーデンカブ　〔アブラナ科／草本〕
うしかぶ　千葉*　兵庫*
おーかぶ　山形*
かちくかぶ　山形*　新潟*
せーよーかぶ　静岡*
せんかいかぶ　北海道*　青森*
せんだいかぶ　北海道*　青森*
みずかぶ　青森*
るたばか　北海道*　青森*　山形*　長野*　岐阜*

スカシタゴボウ　〔アブラナ科／草本〕
たがのぽー　長野（佐久）
たんごろばな　長野（佐久）
たんころぼ　長野（北佐久）

スカシユリ → ユリ

スガモ　〔アマモ科／草本〕
うみすげ　和歌山（新宮）
ごも　青森（津軽）
むご　青森

スギ　〔スギ科／木本〕
あおば　富山（砺波）
しろき　静岡（磐田）　愛知（北設楽）
ともえすぎ（クサリスギ）　尾州
ひめすぎ　周防
やぶくぐり　熊本
やぶとーし　大分（竹田市）

スギゴケ　〔スギゴケ科／コケ〕
しゃりしゃり　三重（志摩）

スギナ　〔トクサ科／シダ〕
いっぽんまつ　香川
いとな　山口（都濃・美祢）　香川
うすのさと　青森（津軽）
うどん　兵庫（赤穂）
うまのおこわ　静岡（駿東）
うまのごっく　静岡（駿東）
うまのさとー　秋田（北秋田・山本）
うまのそーめん　山形（西田川・庄内）
おすぎ　兵庫（神崎）
おとこつくずくし　山形（鶴岡）
おばー　愛媛（周桑）
かみなりのへそ　長野（北安曇）
かもぐさ　秋田（北秋田・山本）
がんのかもこ　秋田（北秋田・山本）
くぎくさ　山口（佐波）
しーなぐさ　長野（北佐久）
しえな　岩手（九戸）
しぎな　新潟（岩船）
じごくくさ　山口（玖珂）
じごくぐさ　熊野　島根（八束）　山口
じごくのかぎっつるし　群馬　栃木

スギナ

じごくのかぎつるし　静岡（志太）
じごくのかねひも　静岡（賀茂）
じごくのかま　山口（阿武）
じごくのじざいかき　鹿児島（肝属）
じごくのじずぇかき　鹿児島（肝属）
じごくのしでかぎ　鹿児島（肝属）
じごくのつりがき　静岡（駿東・庵原）
じっこべ　山形（東田川）
しなくさ　青森（三戸）
しなぐさ　青森（三戸）岩手（九戸）
すいな　木曾　岩手（九戸）長野（上田・北安曇）
すいなくさ　長野（上田）兵庫（津名）
すいなぐさ　長野（上田・南佐久）
すぎくさ　宮城　東京（三宅島）静岡　和歌山（東牟婁・新宮）熊本（球磨）
すぎこぐさ　秋田
すぎなえぐさ　三重（宇治山田市・伊勢）和歌山（東牟婁）
すぎなくさ　秋田
すぎなぐさ　秋田　山形（東村山・飽海）長野（佐久）静岡（磐田）
すぎなっこ　山形（東田川）
すぎねぐさ　山形（飽海）
すぎのくさ　愛媛（周桑）
すぎのもりも　新潟（直江津市）
ずきほしぐさ　熊本（玉名）
すぐさ　静岡（小笠・榛原）
ずくし　静岡（志太・引佐）
ずくぼーし　静岡（引佐）
ずくんぼ　静岡（引佐）
ずくんぼー　静岡（周智）
ずくんぼーし　静岡（引佐）
すっこんぼー　静岡（周智）
すなくさ　岩手（九戸）
すもーとりくさ　福島（田村）
ずんずく　静岡（静岡・引佐）
ずんずくし　静岡（静岡・浜松・安倍・志太・小笠・榛原・磐田・浜名）
ずんずくしょ　静岡（浜名）
ずんずくぼーし　静岡（小笠・榛原）
すんなんもともと　富山（砺波）
そーめん　奈良（宇智）和歌山（有田）
そーめんくさ　新潟（刈羽）
そーめんぐさ　山形（飽海）
そーめんこ　秋田（雄勝）
そめんぐさ　鹿児島（薩摩・川内）

ちょーな　香川
ちょーなぐさ　香川
ちょーなんぐさ　香川
ついめ　長野（下水内）
ついめくさ　長野（下水内）
つぎき　埼玉（入間）
つきぐさ　香川
つぎくさ　宮城（仙台）山形（庄内・西村山・米沢市）福島（安達・相馬）千葉（山武）静岡（志太・小笠）愛媛（周桑）
つぎぐさ　仙台　山形　福島（石城）山口（佐波）香川
つぎつぎ　山形（庄内・西置賜）新潟（加茂市・岩船・刈羽）静岡（志太・小笠・周智・浜名）愛知（海部）三重（阿山）和歌山（海草・有田）香川（綾歌・仲多度）
つぎつぎおんばー　静岡（小笠）
つぎつぎくさ　静岡（小笠）奈良　和歌山（日高・有田・那賀）岡山（邑久）香川（丸亀）
つぎつぎぐさ　新潟（直江津市）山梨（西山梨）静岡　奈良　和歌山（有田・日高）岡山（邑久）香川
つぎつぎぼーし　香川（仲多度）
つぎな　山形（最上）福島（相馬）栃木　静岡（田方・富士・志太・榛原・磐田・浜名）新潟（中魚沼）長野（佐久）兵庫（津名）岡山
つぎなぐさ　新潟（中蒲原）
つぎなんぼー　栃木（芳賀）
つぎのこ　茨城（那珂）和歌山（有田）
つぎのみ　福島（相馬）
つぎのめ　福島（石城・相馬）
つぎほ　埼玉（入間）神奈川（津久井）静岡（小笠・榛原）
つぎほ　埼玉
つぎほー　埼玉（入間）
つぎほしくさ　熊本（玉名）
つぎほしのしんるい　熊本（玉名）
つぎまつ　土州　高知（土佐）
つぎめぐさ　静岡（富士）新潟（南蒲原）
つくがらぼ　山形（西置賜）
つくし　青森（上北）岩手（気仙）宮城（本吉・名取・柴田）山形（西置賜）静岡（駿東）山口（玖珂・都濃・美濃）
つくしのおば　香川
つくしのおばさん　奈良　静岡（富士）
つくしんぼ　東京

つくしんぼー　静岡（田方・駿東・志太・榛原）　山口（熊毛）
つくづく　青森（南津軽・中津軽）
つくつくし　青森（東津軽）　東京（八丈島）
つくづくし　青森（東津軽・中津軽）
つくつくぼーし　静岡（小笠）　和歌山（海草・那賀・伊都・有田・日高・東牟婁・西牟婁）
つぐな　静岡（榛原）
つくのおば　伊勢
つぐのおば　勢州　熊本
つげくさ　千葉（山武）
つげな　静岡（小笠）
つげんぼ　高知（長岡）
つなぎ　山口（都濃）
つなぎぐさ　山形（酒田市・西村山）
つみくさ　山形（庄内）
つみつみ　山形（東田川）
つめき　長野（佐久）
つんがらべ　岐阜（揖斐）
つんがらぼ　山形（西置賜）
つんぎのこ　和歌山（有田）
つんげのこ　群馬（邑楽）
つんげんぐさ　山形（北村山）
つんつん　静岡（浜名）
つんなぎぐさ　新潟（直江津市）
てんてんぐさ　山形（西村山）
でんぽーし　岡山
とーな　防州　讃岐　香川（香川）　愛媛（周桑・新居）　大分（大分市）
とーなくさ　愛媛（周桑）
とくさ　岩手（稗貫）　愛媛（周桑）
とけーぐさ　長野（北佐久・佐久）
どこついだ　山形（東置賜）　鳥取（気高）　岡山（赤磐）
どこどこ　岡山
どこどこくさ　長野（北安曇）　新潟（西頸城）　岡山
どこどこさいた　岐阜（飛騨）
どこどこついだ　岐阜（高山）　岡山
どこどこつぎた　岐阜（飛騨）
とねこんくさ　山形（最上）
ねこのかもこ　秋田（北秋田・山本）
はかま　香川（三豊）
ひがんぐさ　島根（美濃）
ひがんぼーし　山口（阿武）
ひがんぼーず　山口（厚狭・吉敷）　鹿児島（種子島）
ひなえ　山口（玖珂）
ふしくさ　愛媛（周桑）
へびたばこ　新潟（西蒲原）
ほーし　岡山（岡山）　山口（大島）
ぼーし　山口（大島）
ほーしこ　山口（大島）　香川（西部）　愛媛（周桑）
ほーしこくさ　愛媛（周桑・新居）
ほーしこぐさ　香川（三豊）
ほーしこのおば　香川（高松）
ほーしこのおばー　香川（木田・高松市）
ほーしこのおばさん　愛媛
ほーしこのおばはん　香川　香川（綾歌）
ほーしこのおや　香川（木田）　愛媛
ほーしこのき　香川　香川（綾歌）
ほーしこのくさ　愛媛
ほーしゃ　山口（大島）
ほーたるくさ　愛媛
ほーたるのくさ　香川（木田）
ほーたろぐさ　静岡　愛媛
ほたるぐさ　山形　新潟（直江津市）　長野（上水内・下水内）　岡山　香川　愛媛（周桑）　大分（直入）
ほたるそー　山形（飽海）
ほたろくさ　岡山　愛媛（周桑）
ほねそぎぐさ　山口（都濃）
ほねつぎくさ　山口（都濃）
ぽんぽんぐさ　新潟（刈羽）
まつぐさ　鹿児島（肝属）
まつな　筑紫　筑前　京都（竹野）　福岡（久留米）　長崎（南高来）　鹿児島（肝属・垂水）
まつなくさ　久留米　福岡（久留米）　長崎（南高来）
まつなぐさ　久留米　香川（大川）　高知（高岡）
まつのとー　福岡（大牟田）　熊本（玉名）
まつばぐさ　広島（豊田）　宮崎（西諸県・北諸県）　鹿児島（鹿児島・川内・加世田・姶良・肝属・日置・薩摩・出水・川辺）
まつばんぐさ　鹿児島（日置・姶良・肝属）
まつふき　島根（隠岐島）
まつぶき　播州　島根（隠岐島・周吉）　兵庫
みずな　香川
よろほーし　静岡（磐田）

スギラン　〔ヒカゲノカズラ科／シダ〕

えんこーそー　常陸筑波

スグリ

きらん　大和吉野

スグリ　　　　　　　　　〔ユキノシタ科／木本〕
いくり　大分*
いっさ　福島*
おーすぐり　長野*
からいちご　長崎*
からうめ　鳥取*
からすのちょーちん（グーズベリー）　徳島
からゆすら　岡山*
かれじ　青森*
ぐみいちご　島根*
ごしべ　富山*
ごび　島根*
さとみ　宮崎*
しまぐみ　長野*
すぐき　京都*
すぐりんぽ　長野*
すじぐみ　長野*
たうえぐみ　長野*
ちょーせんぐみ　栃木*
ちょーちん　山梨*
ちょーちんいちご　島根*広島（山県）
ちょーちんもも　岐阜*
にがうめ　岐阜*
にわうめ　山梨*
ばらぐみ　長野*
ばらすぐり　秋田*　長野*
やしゃ　新潟*
ゆすら　愛知*　岐阜*
わたりうめ　愛媛*

スゲ　　　　　　　　　〔カヤツリグサ科／草本〕
かんのんそー　香川（小豆島）
くご　山形（東置賜）　長野（佐久）
こご　木曾
みのげ　福井（小浜市）

スズカケノキ　　　　　　〔スズカケノキ科／木本〕
はいびょーぎり　山形（酒田）

スズカゼリ → シラネセンキュウ

ススキ　　　　　　　　　〔イネ科／草本〕
あおい　鹿児島　鹿児島（出水）
いちもんがや　香川（三豊）
いなぴに　沖縄（石垣島）

いわすげ　長崎（対馬・下県）
うまくさ　伊豆八丈島　東京（八丈島）
えふきがや　熊本（球磨）
おきりかや　阿州
おとこがや　山口（大津）　熊本（阿蘇）
おにがや　長州　香川
おばな　新潟　鹿児島（出水）
おばなかるかや　山口（厚狭）
おんがや　山口（厚狭）
がいん　沖縄
かにがや　防州
かや　青森（八戸）　岩手（二戸・紫波）　秋田　秋田（鹿角）　山形（山形・鶴岡）　埼玉（秩父）　神奈川（川崎）　静岡（磐田）　長野　新潟（南蒲原）　富山（礪波・西礪波）　三重（名張市・阿山）　兵庫（洲本・津名・三原・淡路島）　奈良（南大和）　和歌山（田辺・海草・東牟婁・西牟婁）　鳥取（気高・西伯）　島根　島根（美濃・那賀・能義・簸川）　岡山　岡山（児島）　広島　香川　香川（高松）　愛媛　愛媛（周桑）　福岡（築上）　長崎（北松浦）　熊本（上益城）　天草・八代）　宮崎（東諸県）　鹿児島（垂水・肝属）
かや（ムラサキススキ）　秋田（鹿角）
かやぎ　三重（志摩）
かやこ　鳥取（西伯）
かやご　三重（志摩）　兵庫（赤穂）　鳥取（西伯）　島根
かやぶ　和歌山（新宮）
かやぼ　三重（志摩）　和歌山（東牟婁・新宮）
かやんぼ　奈良（南大和）　香川（東部）　高知（香美）
かんとーし　愛媛（岡村島・大三島・越智）
ぎしき　鹿児島（奄美大島）
ぎすき　沖縄（宮古島）
ぎゃー　鹿児島（徳之島）
ぎゃーもと　鹿児島（与論島）
ぐしき　沖縄（国頭・島尻）
ぐしち　沖縄（中頭・那覇市・首里）
げーん　沖縄（首里・那覇市）
ごすき　沖縄
しの　山口（大島・厚狭）
じひき　鹿児島（大島）
しまがや　愛媛（宇和島市）
じんぎ　鹿児島（大島）
すしちゃー　鹿児島（喜界島）

すずき　兵庫（津名）　香川
すすっ　鹿児島（日置・曽於）
すすっかや　鹿児島（出水市・川内市）
ちがや　山口（厚狭）　熊本（玉名）
てきりがや　阿州　香川（中部）
てきりぐさ　兵庫（三原）
てすき　鹿児島（大島）
ときわ　山口（見島）
ふきくさ　岡山（英田）
まーや　長野（下水内）
まがや　長野（下水内）
まぐさ　東京（三宅島・御蔵島）
みみつんぽ　福井
やがや　千葉（印旛・長生）　長野（下水内）　新潟（中蒲原）
やねがや　熊本（八代・球磨）　宮崎（西臼杵）

スズサイコ　〔ガガイモ科／草本〕
こがみ　長野（北佐久）
すずめぐさ　長野（佐久）
てんつきばな　長野（佐久）
はまやなぎ　佐渡

スズタケ　〔イネ科／木本〕
くますず　宮崎（西臼杵）
じーご　島根（能義）
しのめだけ　鹿児島（鹿児島市）
すすのだけ　鹿児島（垂水市）
すだけ　秋田（羽後）　山形（羽後）
ほっだけ　鹿児島（川辺）
まじ　宮崎（西臼杵）
みすず　長野
みすずだけ　山口（厚狭）

スズフリバナ → トウダイグサ

スズメウリ　〔ウリ科／草本〕
おんじょたま　静岡（小笠）
からすのちょーちん　富山（砺波・東礪波・西礪波）
かんちんちゃがま　富山（射水）
きんぶんしき　安房
すずめのうり　東国
ひめうり　京都
よめのごき　西国

スズメノエンドウ　〔マメ科／草本〕
いせえんどー　福岡（三池）

いぬえんどー　泉州　岡山（吉備）
うしえんどー　熊本（玉名）
えんどーぐさ　長野（下水内）
おさんじょまめ　熊本（南部）
かにのめ　能州
からすのえんどう　千葉（安房）
くさえんどー　岡山（御津）　千葉（富浦）
くさまめ　三重（度会）
すずめまめ　奈良（南大和）
すべべ　富山（砺波・東礪波・西礪波）
のえんどー　愛媛（周桑）
のらえんど　千葉（江見）

スズメノカタビラ　〔イネ科／草本〕
いちごつなぎ　長崎
かぶろぐさ　新潟（南蒲原・直江津）
こぞうなかせ　千葉（山武）
すずめぐさ　山形（飽海）
はぐさ　新潟（加茂市・直江津）
はなびぐさ　新潟（加茂市・直江津市）
びんぽーくさ　青森（上北）　長野（下水内）　岡山
ぴんぽーぐさ　青森（上北）
ほこりぐさ　香川（中部）

スズメノチャヒキ　〔イネ科／草本〕
びーるぐさ　鹿児島（肝属）

スズメノテッポウ　〔イネ科／草本〕
いぬのひげ　愛媛（周桑）
うしつんばら　奈良（南大和）
おせんこ　長野（更級）
かえるぐさ　近江
かにつりぐさ　愛媛（周桑）　愛知
かにます　愛媛（新居）
がねのほ　香川（島嶼）
からすのせんこー　新潟
きつねぐさ　新潟
きょじんぐさ　鹿児島（奄美大島）
こんぺーとー　愛媛（周桑）
しーびびー　静岡（小笠）
しば　岡山（岡山市）
しびーびー　静岡（富士）
しろくさ　新潟（西蒲原）
ずくろ　防州
すっぽん　鹿児島（鹿児島市）
すどばな　山形（村山）

スズメノヒエ

ずどばな　山形（村山）
せんこ　長野（更級）　香川（高松）
たむぎ　千葉（山武）
たんぴょー　長野（小県）
ちゅーちゅーくさ　青森（東津軽）
ちゅーちゅーぐさ　和歌山（東牟婁）
ちょーじゃくさ　岩手（水沢）
てっぽーぐさ　香川（中部）
とーとー　岡山　岡山（邑久）
とごー　岩手（二戸）
ぴーぴー　長野（下伊那）
ぴーぴー　長野
ひーひーぐさ　長野　愛媛（周桑）　熊本（玉名）
びーびーくさ　岐阜（恵那）　岡山（岡山）　熊本（玉名）
ぴーびーぐさ　長野（下伊那）　岐阜（恵那）
ぴーぴーくさ　神奈川（足柄上）　新潟　福井（今立）　和歌山（東牟婁）　岡山（岡山）　島根（美濃・能義）　愛媛（周桑）　大分（大分）　鹿児島（鹿児島）
ぴーぴーぐさ　山形　栃木　群馬（勢多）　千葉（富浦）　新潟　長野　奈良（南大和）　和歌山（東牟婁）　島根（美濃・能義）　岡山（岡山）　愛媛（周桑）　高知（土佐）　大分（大分）　宮崎（東諸県）　鹿児島（鹿児島）
ぴーぴぐさ　岐阜（飛騨）
ぴーぴこ　長野（北安曇）
ひーらだ　岡山（邑久）
ひーらんだ　岡山（上道）
ひえ　三重
ひぜんぐさ　香川（東部・内海島嶼）
びっこくさ　山形（村山）
ぴっぴーぐさ　福井（今立）
ぴっぴくさ　新潟（西蒲原・南蒲原）
ぴっぴぐさ　新潟（西蒲原）　岩手（岩手）
ひでぐさ　香川（東部・内海島嶼）
ぴぴぐさ　山形
ひふき　長野（西筑摩）
ひょーひょー　長野
ぴょーぴょー　長野（更級・小県）
ひょーひょーぐさ　長野（下水内・北佐久）
ぴょーひょくゎ　長野（更級）
ひよひよ　三重（阿山）
ひょひよくさ　富山（砺波・東礪波・西礪波）
ひょひょぐさ　富山（砺波・西礪波）
ふえ　愛媛（周桑）

ぶえ　山口（厚狭）
ふえくさ　和歌山（西牟婁）
ふえぐさ　長野　和歌山（西牟婁）　徳島（海部）
ふえつぶき　静岡（賀茂）
ふえのこ　愛媛（周桑）
ふえのこぐさ　愛媛（周桑・今治市）
ふえふき　長野
ふえふきくさ　青森（東津軽）
ふえふきぐさ　長野　和歌山（東牟婁）
ふきぐさ　広島（比婆）
ふじくさ　熊本（玉名）
ふでぐさ　香川（丸亀）　愛媛（新居）
ふでぐさ　香川　熊本（玉名）
ぺっぺぐさ　富山（砺波・東礪波・西礪波）
ぽーずぐさ　鳥取（気高）　熊本（球磨）
ぽーずぐさ　山形（北村山）　鳥取（気高）　広島（比婆）
ほーねんぐさ　長野（小県）
ほっぴょ　長野（更級）
ほっぴょー　長野（埴科・小県）
みのくさ　熊本（球磨）
みのぐま　長崎（北松浦）
みのこま　島根（簸川）
みのごみ　島根（簸川）
やりかつぎ　岩手（東磐井）　山形（北村山）
やりぐさ　山形（東田川）
やりもち　山形（西田川・庄内）

スズメノヒエ → スズメノヤリ

スズメノヤリ　シバイモ，スズメノヒエ
〔イグサ科／草本〕

いちごとーし　鹿児島（日置）
いっことおし　鹿児島（日置）
うしのこめ　新潟
おてんとさまのいも　静岡（富士）
かえるぐさ　近江
かぜくさ　山口（厚狭）
かまこしば　阿州　河内
からすのまんま　福島（相馬）
からすのむぎ　福島（相馬）
かんたのまくら　愛知
きんたのまくら　愛知
こじきこめむし　福島（相馬）
しだ　新潟（佐渡）
したきり　青森（津軽）　新潟
しばいも　和歌山

しばくさ　紀伊名草
しら　新潟（佐渡）
しらみ　新潟
しらみぐさ　長野（北佐久）
すずまのやり　和歌山
すずめぐさ　長門　周防
すずめのあわ　岡山（邑久）
すずめのえぼ　岡山
すずめのこまくら　兵庫（津名）
すずめのこめ　愛媛（上浮穴）
すずめのだんご　三重（多気）
すずめのはかま　伊勢
すずめのひえ　播磨　備前
すずめのやり　和歌山
ずんば　岡山（邑久）
そそつかみ　木曾
たばこ　奈良（宇智）　和歌山（有田）
たばこくさ　兵庫（津名）
たばこぐさ　三重（山田）　和歌山（有田）
たぼこぐさ　三重（伊勢）　和歌山（日高）
ちしんこー　山口（厚狭）
どじょさし　和歌山（西牟婁）
とりのこめ　防州
ぱっぱぐさ　和歌山（御坊市）
はりがねぼーとり　和歌山（和歌山）
ふでくさ　愛媛（新居）
へっぱくさ　和歌山（日高）
ほとくい　鹿児島（鹿屋市）
むしのこ　新潟
やつまた　近江
やりくさ　播磨
わすれくさ　新潟（刈羽）

スズラン　〔ユリ科／草本〕
いわな　駿河
うまうまのみみ　青森（三戸）
うまのみみ　青森（八戸・三戸）
うまのみみくさ　青森（八戸・三戸）
かきらん　和歌山（西牟婁）
きつねのうるい　岩手（二戸）
すずたま　兵庫（佐用）
りりー　北海道
んまのみみ　青森（三戸）

スダジイ　〔ブナ科／木本〕
いたしー　鹿児島（大口）

いたじー　和歌山　熊本　鹿児島
かのつめ　三重
きたなで　奈良（北山川）
くそじー　佐賀（藤津）
くましー　愛媛（宇和島）
し　鹿児島（日置）
しーかし　香川（綾歌）
しーがし　埼玉（入間）
しーぎ　鹿児島（奄美大島）
しーのき　高知　鹿児島（屋久島）
しだじー　和歌山（東牟婁）
しのき　鹿児島（日置・中之島・悪石島）
しば　鹿児島（川内市）
すだ　宮崎
すだし　高知　大分　宮崎　鹿児島
すだじー　高知　鹿児島（肝属）
すなじー　愛媛（宇和島）
ちんぎ　沖縄（与那国島）
ちんにー　沖縄（与那国島）
つのじー　静岡（南伊豆・引佐・二俣）
ながこじー　熊本（水俣）
ながじー　和歌山（西牟婁）　徳島
べにがらじー　鹿児島（肝属）
ほんすだ　高知

スダレヨシ　〔イネ科／草本〕
かなよし　仙台

ステコビル　〔ユリ科／草本〕
もめら　島根（石見）
もめらのはな　島根（鹿足）

スナヅル　〔クスノキ科／草本〕
はまそーめん　鹿児島（徳之島）

スノキ　〔ツツジ科／木本〕
あかやかん　山形（北村山）
あかわん　山形（飽海）　新潟（北魚沼）
あかわんご　新潟（北魚沼）
あたまはげ　和歌山（北部）
うしのひたい　島根
うすいちご　静岡（榛原・小笠・藤枝）
うすすこめ　福井（大野）
うすのみ　和歌山（有田）
うどぐみ　岩手（岩手）
うまのきんきん　京都（船井）

スブタ

うめず　愛知（東三河）
おかす　周防
おかず　三重　和歌山（日高）
おかずぐさ　和歌山（日高）
おかずのき　三重（飯南・度会・伊勢）
おけこつつじ　新潟（東蒲原）
おけすい　三重（鈴鹿）
かくずみ　長野（下水内）
かずのき　長門　周防
からすのくぎ　福井（三方）
かんす　島根（邑智）
きず　周防
きすいば　山口（佐波）
きずのき　長門　周防　山口（熊毛）
こうめ　和歌山（東牟婁）
こーしぎ　三重（河芸）
ごきやす　静岡（東遠）
こしき　木曾　三重（鈴鹿）
さいさい　三重（一志・度会）
さいのき　三重（度会）
しーご　千葉（清澄山）
しーごー　千葉（清澄山）
すぎ　三重　和歌山
すごご　千葉（安房・清澄山）　香川（仲多度）
すいしば　高知
すいすい　三重　和歌山（東牟婁）
すいすいば　三重　奈良
すいっぱ　千葉　岐阜　静岡
すいのき　福井（大飯）
すいのみさん　三重（桑名）
すいは　三重（員弁・鈴鹿）　京都（北桑田）
すいば　千葉　長野　愛知　三重　岡山　広島（比婆）　徳島（美馬）　愛媛（新居・宇摩）　高知（土佐）
すいばな　高知（土佐）
すいみ　愛媛（新居）　高知（土佐）
すいもの　兵庫（有馬）
すいもん　和歌山（田辺）
すいもんぎ　三重（一志）
すーっぱし　千葉（安房）
すうめ　静岡（伊豆）
すうめのき　岐阜（揖斐）
すかんめ　千葉（君津）
すしば　山口
すっぱ　神奈川　静岡
すのき　木曾

ずみ　新潟（南魚沼）　群馬（利根）
ちゃわんいちご　静岡（東遠）
ちゃわんもも　静岡（小笠）
どーだし　静岡（小笠）
どびん　広島（賀茂）
にがめのき　岐阜（揖斐）
ねこのわんこ　青森（南津軽）
はげも　和歌山（北部）
はこずみ　群馬（利根）
はこべ　香川（綾歌）
びんだらさん　三重（鈴鹿）
ふきだま　長野（北安曇）
へーけーず　高知（土佐）
へーけず　愛媛（上浮穴）
ますいちご　岡山
まらっぱじき　長野（北佐久）
やまうめ　千葉
やますいか　香川（綾歌）
やますいすい　三重（員弁）
やますいは　周防
やますいば　周防　千葉（清澄山）
やますかんぽ　千葉（君津）
やますぐさ　静岡（磐田・周智・秋葉山）
やまなすび　香川（大川）
やまゆずら　岡山
ろっかくずみ　新潟

スブタ　　　〔トチカガミ科／草本〕

やつで　香川

スベリヒユ　　　〔スベリヒユ科／草本〕

あかごんぼ　栃木（宇都宮）　奈良
あかそ　長野（佐久）
あけずくさ　岩手（水沢）
あけずのまま　岩手（二戸）
あごなしごんぼ　栃木（宇都宮）　奈良
いぬひょー　相模
いぬびょー　相模
いぼくさ　岡山（児島）
いわいずる　伯耆
いんのみみ　鹿児島（甑島・薩摩）
いんびらびー　山口（大島・美祢）
おとこひゅー　静岡（志太）
おなごひー　山口（玖珂）
おなごびー　山口（玖珂）
おろろくさ　富山（砺波）

スベリヒユ

おろろぐさ　富山（砺波）
おんなひゅー　静岡（志太）
かーらばな　香川（綾歌）
かんかんぐさ　岡山（御津・都窪）
ぎすくさ　静岡（小笠）
ぎすぐさ　愛知（宝飯）
きんたろーぐさ　群馬（佐波）
きんときぐさ　埼玉（秩父）
くさつめれしょ　長野（佐久）
ぐんばいうちわ　新潟（刈羽）
こーろぎぐさ　群馬（多野）　香川（東部）
こがねぐさ　宮崎（東諸県）
こがぼい　青森
ごんべ　群馬（勢多・佐波）　千葉（印旛）
ごんべー　長野（佐久）　群馬（利根）
ごんべーくさ　神奈川（津久井）
ごんべーぐさ　群馬（佐波）
ごんべくさ　茨城（新治）　千葉（印旛）
ごんべぐさ　千葉（印旛）
ごんべさん　神奈川（津久井）
ごんぽ　福岡
さかなつりぐさ　島根（能義）
さけのみぐさ　群馬（佐波）
さけのんべくさ　福島（西城）
さるすべり　山口（玖珂）
じすべり　三重（多気）
しねび　鹿児島（日置）
しのべ　鹿児島（熊毛・種子島）
しべらび　鹿児島（熊毛・種子島）
じゃんぎりぐさ　兵庫（赤穂）
しるべ　熊本（菊池）
しんびらびー　山口（玖珂）　鹿児島（甑島・薩摩）
しんべろべろ　山形（西田川）
すーみずな　沖縄（宮古島）
すねべな　熊本（天草）
すねりべ　熊本（天草）
すびび　鹿児島（揖宿）
すびり　熊本（天草）
すべーび　鳥取（西伯）
すべら　長野（諏訪）
すべらしょー　長野（北安曇）
すべらびー　長野（北安曇）　鳥取（東伯）　岡山
　（岡山市）　山口（大島・玖珂）
ずべらびー　鳥取（東伯）
すべらりゅ　山形（東田川）
すべらひょ　山形（鶴岡・東田川）　新潟

すべらひょー　新潟　長野（北安曇）
すべらびょー　佐渡
すべらべー　岡山（邑久）
すべらべーろ　秋田
すべらべった　山形（東田川）
すべらべら　秋田
すべらべろ　秋田
すべらへん　長野（諏訪）
すべらんしょ　山形
すべらんそー　山形（酒田・飽海）
すべらんちょ　山形（東田川）
すべらんひょー　山形
すべり　和歌山（田辺・有田・日高）　兵庫（淡
　路島・津名・三原）　徳島（鳴門）
すべりぐい　香川
すべりくさ　愛媛（新居・周桑）
すべりぐさ　香川（三豊）
すべりしょー　長野（上田）
すべりそー　熊本（天草）
すべりっぴょ　新潟（南蒲原）
すべりひー　山口（熊毛・玖珂）
すべりびー　鳥取（東伯）　島根（美濃・邇摩）
　山口（玖珂・熊毛）　長崎（南高来）
すべりびーな　長崎（壱岐島）
すべりびぇ　岡山（御津）
すべりびな　熊本（天草）
すべりひょ　新潟（南蒲原）
すべりひょー　江戸　静岡（小笠）
すべりひょーな　和歌山（新宮）
すべりぶい　香川（綾歌）
すべりべー　岡山（邑久）
すべりべな　熊本（天草）
すべるびー　岡山（邑久）
すべろ　和歌山（日高）
すめひょー　山形（米沢市）
すめらひゆ　熊本（天草）
すめりびー　島根（美濃）
すめりびーば　大分（佐伯）
ずめりひーば　大分（佐伯）
すめりびゅ　福岡（柳川）　熊本（玉名）
すめりひょー　山形（米沢市）
すりびる　熊本（天草）
ずるずるびー　山口（熊毛）
するびる　熊本（天草）
ずんだらべー　山口（大島）
ずんべびー　鳥取（東伯）

293

スベリヒユ

ずんべらびー　鳥取（東伯）
ずんべらひょー　加賀　加州
ずんべらびょー　加賀
ずんべらぽ　富山（射水・富山）
ぜにぐさ　香川（三豊）
たえたえぐさ　島根（石見・簸川）
たこ　奈良　大阪　兵庫（赤穂・神崎）
たこくさ　奈良　大阪（豊能）　兵庫（神崎・美嚢・播磨）　岡山　山口（熊毛・都濃・吉敷・厚狭）
たこぐさ　大阪（豊能）　兵庫（赤穂・美嚢）　奈良　奈良（南大和）　山口　熊本（天草）
だぶりくさ　青森
ためりひゆ　防州
だんぶりぐさ　青森
ちぎり　三重（度会・宇治山田）
ちち　山形（東田川）
つめしょー　長野（佐久）
つめねしょ　長野（佐久）
つめのしょ　長野（佐久）
つめびしょ　長野（佐久）
つめりひゆ　熊本（玉名）
つめれしょ　長野（佐久）
つるつる　新潟（刈羽・柏崎）
どどろびー　岡山（邑久）
どんぐりくさ　岡山
どんどろびー　島根（那賀）　岡山（邑久・浅口）
どんどろべ　香川（島嶼）　愛媛（島嶼）
どんどろべー　山口（玖珂）
どんぶぐさ　栃木（足利市）
とんぼくさ　埼玉　千葉　和歌山（日高）　島根（美濃）
とんぼぐさ　山形（酒田）　埼玉（北葛飾）　千葉（印旛）　群馬　和歌山（日高）　島根（美濃）　山口（吉敷・厚狭）
なめらびえ　千葉（長生）
なめらひゆ　千葉（長生）
にんぶとぅきー　沖縄（首里）
ぬべなびー　島根（美濃）
ぬべらびー　山口（美祢）
ぬべりびー　島根（美濃）
ぬべりびーな　長崎（壱岐島）
ぬめらびー　島根（美濃）
ぬめりぐさ　島根（美濃）　福岡（山門）
ぬめりびー　福岡（山門）
ぬめりびーな　島根（美濃）　福岡（山門）

ぬめりひゆ　伊豆　周防　久留米　筑後　福岡（柳川）
ぬめりひょー　宮城（仙台市）
ぬめるびー　島根（美濃）
ねこみみ　鹿児島（垂水市）
のびる　熊本（天草）
のべらびー　山口（厚狭）
のべらぼー　島根（美濃）
のべり　長崎（壱岐島）
のべりひな　長崎（壱岐島）
のめりびゅ　熊本（球磨）
のめりびる　熊本（球磨）
のんべーぐさ　群馬（佐波）
はいとりくさ　群馬（山田）　島根（美濃）　高知（幡多）　長崎（壱岐島）
はいよけ　山口（阿武）
はえおいぐさ　山口（美祢）
はえとりくさ　山口（厚狭）
はえとりぐさ　群馬（山田）　静岡　島根　山口（厚狭）　高知（幡多）　長崎（壱岐島）
はえよけ　山口（阿武）
はえよけぐさ　島根（美濃）
はたかりくさ　山口　山口（玖珂）
ひー　鳥取（東伯）　山口（美祢・大島・玖珂・熊毛・大津・阿武）
ひーぐさ　山口（美祢）
ひーびらびー　山口（玖珂・大島）
ひーふ　山口（玖珂）
ひぐさ　岡山
ひしな　高知（幡多）
ひずり　島根（美濃）　香川（中部）
ひでりくさ　愛媛（新居）
ひでりぐさ　新潟（加茂市・佐渡）　長野（北佐久）　香川（中部）
ひでりこ　香川（東部）
ひでりそー　鳥取（東伯・気高）
ひでりびー　岡山（都窪）
ひゆ　山口（玖珂）
ひゅー　静岡（志太）　熊本（八代）
ひゅーず　静岡
ひゅーな　長崎（東彼杵・南高来）　熊本（天草）
ひゅーひゅー　静岡（志太）
ひゆり　新潟（佐渡）　山口（佐波）
ひょー　山形　山形（東村山）　千葉（市原）
びょー　山形
ひょーぐさ　群馬（利根）

スミレ

びょーくさ	群馬（利根）
ひよくさ	新潟（西蒲原）
びり	山口（豊浦）
びんびらびー	山口（大島）
びんぼーぐさ	岡山（邑久）
ふずきくさ	鹿児島（日置）
ふずきぐさ	鹿児島（日置）
ぶたくさ	鹿児島（出水）
ぶたんくさ	鹿児島（肝属）
ぶたんはんめくさ	鹿児島（薩摩・川辺）
ふょー	山形（西置賜）
ほいびん	鹿児島（枕崎市）
ほーしみん	鹿児島（出水）
ほーずがみみ	鹿児島（甑島・薩摩）
ほーずみみ	鹿児島（甑島・薩摩）
ほしみん	鹿児島（出水市）
ほとけのみみ	鹿児島　鹿児島（日置・川辺）
ほとけみず	鹿児島（揖宿・川辺）
ほとけみん	鹿児島（鹿児島・串木野・加世田・始良・川辺・肝属・出水・日置）
ほとけみんぐい	鹿児島（串木野市）
ほとけみんぐさ	鹿児島（鹿児島市）
ほとけめん	鹿児島（日置）
ほとけんみ	鹿児島（薩摩・阿久根）
ほとけんみみ	鹿児島（川辺・揖宿）
ほとけんみん	鹿児島　鹿児島（肝属）
みじな	沖縄（八重山）
みな	沖縄（石垣島）
みなー	沖縄（石垣島）
みなん	沖縄（波照間島）
みんちゃばいさ	鹿児島（肝属）
みんちゃばぐさ	鹿児島（肝属）
みんぶとぅきー	沖縄（首里）
みんぶとき	鹿児島（奄美大島）
めーはりこんぽ	福岡（柳川市）
めーはりごんぽー	福岡（柳川市）
めっつり	岡山（児島）
めっぱり	山口（美祢）
めつり	岡山（児島）
めはりこんぽ	福岡（三池）
よごしぐさ	鹿児島（始良）
よっぱらい	千葉（市原・印旛）　東京　新潟（刈羽）
よっぱらいぐさ	群馬（山田・佐波）　埼玉（秩父）　千葉（印旛）
よっぱらえくさ	千葉（印旛）
よめっこぐさ	静岡

ズミ　コリンゴ　〔バラ科／木本〕

いやなし	宮城（宮城・名取）
いわなし	山形（北村山）
おんなずみ	長野（松本）
かたなし	福井（大野・三方）
からっぽー	予州
ぐみ	福井（丹生）
くろずみ	甲州
こーやずみ	山梨（河口湖）
こなし	信濃　木曾　飛騨　山梨　長野（北佐久）
こなす	青森（津軽）
こやず	下野
こりんご	秋田
さなし	青森　岩手
さわなし	福島（石城）　栃木（塩谷・日光）
さんなし	青森（津軽）
しだなし	岩手（稗貫）
すなし	木曾　長野
ずみ	新潟　群馬　山梨
ずんぼ	岐阜（飛騨）
ずんぽのき	岐阜（飛騨）
まめなし	茨城（久慈・太田）　新潟（佐渡）
みかんずみ	長野（松本）
みつばかいどー	江戸　青森（津軽）
やすもも	栃木（日光市）　日光
やずりんご	山形（北村山）
やちりんご	山形（北村山）
やつもも	足尾　栃木（日光）
やなし	宮城
やまかいどー	静岡（秋葉山）
やまずみ	埼玉（秩父）　岐阜（飛騨）
やまなし	美作　岩手　山形（北村山）　栃木（日光）　新潟（佐渡）　福井　静岡（秋葉山）　三重
やまりんご	岩手　秋田（仙北）

ズミノキ → オオウラジロノキ

スミレ　〔スミレ科／草本〕

あごかきばな	越後　新潟（刈羽）
あめふりばな	秋田（北秋田）
あめふりばなこ	秋田（仙北）
うしがーまんきー	鹿児島（喜界島）
うしのこっこ	鹿児島
うしんこ	鹿児島

スミレ

うしんぴき　熊本（球磨）
うまかぎ　熊本（天草）
うまがき　熊本（天草）
うまかちかち　宮崎（南那珂）
うまからばな　宮崎（東臼杵）
うまくさ　防州
うまのかちかち　福岡（三潴）
うまのこっち　鹿児島（鹿児島市）
うまんかっかっ　鹿児島（鹿児島）
うまんがったんがったん　熊本（玉名）
うまんがっとんがっとん　熊本（玉名）
うまんこ　鹿児島（出水）
うまんこっこ　鹿児島
うまんごっとんごっとん　熊本（玉名）
うんまんこっこ　鹿児島
うんまんごっこ　鹿児島
えごまんま　福島（石城・相馬）
えんござ　群馬（利根）
おーじがちち　伊豆八丈島
おかつくさ　愛知（渥美）
おかつばな　岐阜（恵那）
おそーめばな　長野（下水内）
おそめばな　長野（下水内）
おそめんばな　新潟（中魚沼）
おちょーばんば　高知（土佐）
おちょぼ　静岡（安倍）
おつるじょー　山口（大島）
おとこくさ　長門
おまんびくしゃく　埼玉（入間）
かぎつけばな　青森（八戸・三戸）
かきっと　埼玉（秩父）
かぎとりばな　仙台　香川（三豊）
かぎのはな　佐渡
かきばな　新潟（佐渡）
かぎはな　仙台　新潟（佐渡）
かぎばな　仙台　伊予　讃岐　新潟（佐渡）　愛媛（伊予）　長崎（東彼杵）
かぎひきくさ　仙台
かぎひきばな　仙台　秋田
かぎひきばなこ　岩手（西磐井）
かぎひっぱり　秋田（仙北）
かけこーばな　群馬（多野）
かげっぴき　山形（米沢）
かけばな　新潟（佐渡）　長崎（大村市・西彼杵）
かげはな　新潟（佐渡）
かげばな　新潟　長崎（東彼杵・西彼杵）

かげびき　宮城（登米）
かげびこ　秋田（秋田市）
かげびっこ　秋田（秋田）
かげんばな　新潟（佐渡）
かっちょばな　熊本（球磨）
かもめのはな　青森（三戸）
がんがんばな　新潟（佐渡）
かんこばな　福島　新潟（岩船）
かんこばなこ　秋田（鹿角）
かんこんばな　秋田（鹿角）
かんなぐさ　大分（大分）
かんまーきり　神奈川（津久井）
ききょーぐさ　泉州堺
ききんま　熊本（八代）
ぎぎんま　熊本（八代）
きくばな　大分
きぐばな　大分（大分）
きつねばな　大分（大分）
きょーのうま　筑前
くくとりぐさ　鹿児島（奄美大島）
くびきり　長野（佐久）　岐阜（恵那）
くびきりばな　福井（大野）　岐阜（恵那）　三重（志摩）　奈良（吉野）
くびつりそー　徳島（名東）
けけうま　熊本（阿蘇・上益城・下益城・鹿本）
げけうま　熊本
げげうま　肥後　熊本
げげんうま　熊本（菊池）
けけんばな　熊本（菊池）
げけんばな　熊本（菊池）
けけんま　熊本（阿蘇・鹿本・八代・上益城）
けし　青森（三戸）　岩手（二戸）
げすこ　岩手（二戸）
けっけらけん　東京（大島）
けんかぐさ　東京（西多摩）
けんかばな　静岡（安倍・周智）　鹿児島（種子島）
けんかぽー　山口（吉敷）
けんくゎばな　鹿児島（熊毛）
げんげ　愛知（名古屋）　広島（賀茂）
げんじへいき　岩手（釜石）
げんじへーけ　岩手（上閉伊）
けんつけぐさ　鹿児島（揖宿）
げんぺーぐさ　岩手（上閉伊）
こけこーろのはな　香川（仲多度）
こけっかっか　香川（木田・香川）
こっけっこーばな　伊豆新島

スミレ

こまかけ　長崎（南高来）
こまかけばな　愛知（北設楽）　長崎（南高来）　熊本（阿蘇）　宮崎（東臼杵）
こまぐさ　鹿児島（垂水市）
こまつけばな　熊本（阿蘇）
こまひきくさ　筑前　筑後
こまひきぐさ　木曾　筑後　石川（鹿島）　関西*
こまよせばな　宮崎（東臼杵）
こめたわら　長野（下水内）
こめばなあわばな　長野（北佐久）
さぎごけ　山形（庄内）
さるこばな　島根（那賀）
じーがかつかうばがかつか　長崎（北松浦）
じーかち　東京（八丈島）
じーがち　東京（八丈島）
じいじいばな　伊豆神津島
じいじいばんばー　静岡（磐田）
じーとばー　山口（佐波）
じーばー　山口（都濃・佐波・阿武）
じーばば　和歌山（日高・東牟婁）
じーやんばーやん　愛媛（南宇和）
しかけこばな　秋田（平鹿）
しかけばな　秋田（平鹿）
じじーばばー　静岡（磐田）　愛知（渥美）
じじかち　東京（八丈島）
ししんびき　熊本（球磨）
ししんぴき　熊本（球磨）
じじんびき　熊本（球磨）
ししんぷき　熊本（球磨）
じじんぶき　熊本（球磨）
じせんびき　熊本（球磨）
しょーやくさ　山口（吉敷）
しょーやぐさ　山口（吉敷）
じろーたろー　岐阜（恵那）　愛知　三重（志摩・一志）
じろーたろーくびひき　和歌山（日高・西牟婁）
じろーばな　島根（鹿足・邑智）
じろーぼーたろーぼー　大和　奈良（吉野）
じろしたろー　愛知（北設楽）
じろたろ　愛知（知多）　三重（員弁）　岐阜（郡上）
じろたろー　愛知（南設楽）
じろたろぐさ　大分（北海部）
じろっこたろっこ　栃木（河内）
じろばな　岐阜（恵那）
じろばなたろばな　岐阜（加茂・恵那）
じろぼくろぼ　奈良

しろぼたろぼ　三重（名賀）
じろぼたろぼ　三重（名賀）
じろやさぶろー　三重（多気）
じろんたろー　愛知（北設楽）
じろんぼーたろんぽー　愛知（宝飯）
じろんぼたろんぼ　愛知（豊橋）
じんじーばんばー　静岡（磐田）
じんじばんば　静岡（磐田）
じんじゃっこ　神奈川（愛甲）
じんじんばな　東京（八丈島）
すずめかたんこ　秋田（由利）
すみら　熊本（上益城）
すみれ　江戸
すもーといばな　静岡（小笠）　長崎（諫早・北高来）
すもーとり　京都　周防　長門　群馬　静岡（志太・小笠・磐田）　広島（能美島）　山口（玖珂・熊毛・都濃・厚狭・豊浦・阿武）　香川　高知（安芸）　大分（大分）
すもーとりぐさ　仙台　加賀　能登　東海道筋　近江　畿内　長門　青森　宮城　山形（東村山・新庄）　栃木　群馬　千葉（長生・山武）　静岡　静岡（加茂・小笠・榛原・磐田）　長野（諏訪）　愛知（一宮）　岐阜（吉城）　新潟（中魚沼・中蒲原）　石川（小松）　滋賀　三重　奈良（吉野）　大阪（泉北）　鳥取　岡山　島根　山口（大島・玖珂・熊毛・都濃・佐波・吉城・厚狭　豊浦・美祢・大津・阿武）　愛媛（南宇和・喜多）　和歌山（日高・田辺市）　広島（江田島・能美島）　香川（三豊）　福岡（嘉穂）　佐賀（唐津）　長崎（西彼杵）　鹿児島　宮崎（延岡市）
すもーとりそー　静岡（浜松・浜名）
すもーとりばな　茨城（北相馬）　群馬（山田・佐波）　埼玉（入間）　千葉（印旛・夷隅・長生・市原）　東京（南多摩・八王子・三宅島）　神奈川（横浜・川崎・三浦・高座・足柄上・中・鎌倉）　新潟（中越）　富山（砺波）　山梨　長野（諏訪・佐久）　静岡（志太・賀茂・榛原・小笠）　兵庫（淡路島・津名）　愛知（知多）　島根（邑智）　岡山（浅口）　広島（比婆・高田・芦品）　山口（豊浦）　香川　愛媛（周桑）　福岡（嘉穂）　長崎（東彼杵・西彼杵・北高来・南高来）　大分　鹿児島（揖宿）
すもーどりばな　千葉
すもーとりばなこ　岩手（水沢）

スミレ

すもーとりわな　富山（富山）
すもーばな　上野　千葉　岡山（御津・久米）
すもっとりくさ　新潟（中蒲原）
すもといぐさ　熊本（球磨）
すもといばな　佐賀（藤津）　長崎（北高来）　熊本（球磨）　鹿児島（揖宿・谷山）
すもとーばな　島根
すもとっぱな　熊本（球磨）
すもとり　富山（東礪波）　石川（河北）　長野（上伊那）　愛知（中島）　広島（佐伯・能美島）　山口（大島・厚狭・美祢）　高知（安芸）　福岡（築上）
すもとりぐさ　京都　山形（西置賜）　新潟（北蒲原）　岐阜（恵那）　三重（松阪）　奈良　和歌山（和歌山・海草・有田・日高・東牟婁・西牟婁）　島根（美濃・簸川・能義）　広島　山口（大島・玖珂・熊毛・都濃・佐波・吉城・厚狭・豊浦・美祢・大津・阿武）　香川　佐賀（唐津市）　長崎（西彼杵）　熊本（熊本・八代・天草）　大分（佐伯）　宮崎（宮崎・西臼杵・東諸県）　鹿児島（川内市）
すもとりげんげ　愛知（名古屋市）　山口（都濃）
すもとりにんぎょー　山口（佐波）
すもとりばな　近江坂田　京都　青森（南部）　山形（東置賜・最上）　福島（北会津）　茨城（稲敷）　群馬（碓氷・伊勢崎）　千葉（印旛）　東京（三宅島・御蔵島）　新潟（西頸城・北蒲原）　富山（富山・東礪波）　福井　岐阜（吉城・山県）　静岡（富士）　愛知（葉栗）　長野　三重　京都（竹野）　和歌山（伊都・那賀・有田・日高・東牟婁）　兵庫（三原・津名・飾磨・揖保）　島根　広島（向島・芦品・高田）　山口（大島・厚狭・豊浦・阿武）　徳島（美馬）　香川（直島・綾歌・塩飽諸島）　愛媛（周桑・新居）　高知　福岡　長崎（西彼杵・北松浦・南高来）　熊本（阿蘇・鹿本・上益城・八代・球磨・芦北・天草）　大分　宮崎（児湯）　鹿児島（甑島・薩摩）
すもとりはなこ　岩手（胆沢）
すもとりばなんこ　岩手（紫波）
すもとるぐさ　富山（西礪波）　長崎（南高来）　熊本（天草）
すもとるばな　富山（射水）　長崎（南高来）　熊本（芦北・天草）
すもんとり　奈良（南大和）
すもんとりくさ　兵庫（津名・三原）

すもんとりぐさ　奈良（南大和）
すもんとりばな　三重（員弁）　兵庫（飾磨）　和歌山（伊都）　大阪（泉北）
せきとりそー　愛知（名古屋市）
せせんびき　熊本（球磨）
せせんぴき　熊本（球磨）
せせんぶきぶき　熊本（人吉）
そーみなぎ　鹿児島（与論島）
そーめんばな　新潟（中魚沼）　鹿児島（奄美大島）
だだんごかちかち　鹿児島
たちばなこ　青森（青森市）
たろーじろー　愛知（北設楽）
たろーぽー　勢州　三重（飯南）
たろばな　岐阜（恵那）
たろぽー　三重
たろんぽーじろんぽー　愛知（八名・宝飯）
たろんぽーじろんぽー　愛知（宝飯）
だんまかっか　鹿児島（日置）
ちーちーばな　東京（八丈島）
ちょーちょーかんばん　新潟（佐渡）
ちょーちょーばな　北海道（札幌市）
ちょんかけ　熊本（球磨）
ちんきらかっこ　神奈川（愛甲）
ちんじゃっこ　神奈川（愛甲）
ちんちのこま　神奈川（中・足柄上）　静岡（駿東）
ちんちもっこ　神奈川（足柄上）
ちんちんこま　神奈川（愛甲・津久井）
ちんちんこまこま　神奈川（中）
ちんちんこまどり　神奈川（愛甲）
ちんちんすみれ　神奈川（中）
ちんちんのこま　神奈川　静岡（駿東）
ちんちんばな　神奈川（津久井）
ちんちんもっこ　神奈川（足柄上）
つぼたま　山梨（南巨摩）
つぼばな　神奈川（三浦）
つめりばな　長野（更級）
てんまんかっか　鹿児島（川辺）
どーどーうまぐさ　周防
どどうま　久留米
とどうまかちかち　福岡（久留米・三井・三池・八女）
どどうまかちかち　福岡（久留米・柳川・三井）　長崎（長崎市・対馬）
ととのうま　筑前　福岡（久留米）
とどむま　福岡（久留米）
とどんま　福島（石城）

とのうま　薩摩
とのうまかつかつ　鹿児島（鹿児島）
とののうま　西国　筑紫　筑前
とりぐさ　鹿児島（奄美大島）
とんかち　熊本（玉名）
とんかちばな　熊本（玉名）
どんどばな　熊本（天草）
とんとめかちかち　福岡（浮羽）
とんとんかちかち　熊本（玉名）
とんとんばな　長崎（西彼杵）　熊本（玉名）
とんのうま　長崎（西彼杵）
とんのこま　熊本（玉名）
どんのこま　熊本（天草）
とんのんま　長崎（西彼杵・東彼杵）　熊本（玉名・天草）
ばーかち　東京（八丈島）
ばがち　伊豆八丈島
はなかぎ　熊本（天草）
はながき　熊本（玉名）
はねうま　香川（大川）
はねんま　香川（大川）
ばばがち　東京（八丈島）
ひーかち　広島（安芸）
ひーごのおしり　鳥取（東伯）
ひっかけ　新潟（西蒲原）
ひっかけばな　福島（伊達）　長野（上伊那）
ひっかっこね　鹿児島（鹿児島）
びっちょ　埼玉（入間）
びびんこ　熊本（球磨）
ぴぴんこ　熊本
びびんちょ　熊本（球磨）
ひんかしばな　鹿児島（川辺）
ひんかっ　鹿児島（曽於）
ひんかっか　鹿児島（揖宿）
ひんかっこね　鹿児島（鹿児島市・日置）
ひんかっこねっ　鹿児島（鹿児島市）
ひんかっちょ　鹿児島（川辺・肝属）
ひんかっばな　鹿児島（川辺）
べこのつのつき　秋田（北秋田・南秋田）
べっとばな（パンジー）　山形（酒田）
へびこばな　秋田
へびばなこ　秋田（仙北）
べろべろかんじょー　神奈川（足柄上・足柄下）
ほーほらぎっちょ　岩手（釜石）
ほけきょばな　神奈川（三浦）　山形（飽海）
ほけちょーばな　宮崎（西臼杵）

ほけちょくさ　秋田（南秋田）
ほけちょばな　山形（飽海）　宮崎（東臼杵）
ほちろ　和歌山（有田）
ほっぴょー　群馬（利根）
ほほぎっちょはな　岩手（気仙）
ままけし　青森（三戸）
まんかー　鹿児島（喜界島）
みみひき　宮崎（西臼杵）
もととり　大阪（泉北）
やぶけし　青森（上北・三戸）
やまけし　青森（青森市・八戸・上北）　南部
やんがー　鹿児島（喜界島）
ゆーれーばな　山口（佐波）
よいちょばな　静岡（田方）
よめばな　信濃
れんげ　愛知（知多）
んまかちかち　宮崎（日南）
んまんっとんこっとん　熊本（玉名）

スモモ　ニホンスモモ　〔バラ科／木本〕

あめんじょ　奈良（吉野）
あめんどー　三重*　熊本*
いくい　佐賀
いくり　愛媛*　高知　福岡　長崎*　熊本　熊本（下益城）　宮崎*　鹿児島*
いぐりも　宮崎（児湯）
いくりもも　福岡*　宮崎*　鹿児島（肝属）
いぐりもも　宮崎（児湯）
えどすもも　秋田*
おーいくり　福岡*
かたちもも　山口（大島）
かんめら　福岡*
さざんか　岡山*
さもも　北海道*
さんたろー　和歌山*　岡山*
しーめ　島根（出雲）
しーめん　島根（仁多・能義）
しおめ　島根（出雲市）
じすもも　山形*
しゅーめ　島根（出雲）
すい　京都*
すいかもも　福井*　岐阜*　愛媛*
すいめ　鳥取*　鳥取（西伯）　島根*
すいもも　和歌山*
すうめ　播州　長野*　岐阜　奈良*　兵庫*　鳥取　鳥取（西伯）　島根　岡山　広島（比婆・芦品）

山口*
　すーめん　島根*　島根（石見）　広島*　広島（比婆・高田）
　すごんぼ　新潟（三島）
　すごんぼー　新潟
　すねもも　高知*
　すぼんぼ　青森*
　ずぼんぼ　岐阜（大野）
　すもんぼ　長野（西筑摩）　岐阜（大野）
　すもんぼー　新潟
　すんめ　美作　富山　岐阜（加茂・武儀）　岡山（美作）　広島*
　たうえもも　鹿児島*
　とーぼーさく　鳥取*　島根（仁多）
　とーぼさく　島根（出雲）
　びんごゆぐり　宮崎*
　べっこ　福井
　べっこー　福井*
　べんけーもも　江戸
　むかしもも　秋田*
　もも　新潟*　岐阜（飛騨）　京都*
　ゆくしもも　宮崎
　よねもも　栃木*　奈良（吉野）　鳥取*　香川*　愛媛　鹿児島　鹿児島（肝属）
　れーし　長崎*

スルガラン　〔ラン科／草本〕
　おらん　和歌山（西牟婁・東牟婁）

セイシカ　〔ツツジ科／木本〕
　やまざくら　鹿児島（奄美大島）

セイヨウグルミ　トウグルミ　〔クルミ科／木本〕
　おにぐるみ（テウチグルミ）　長野（佐久）
　かしぐるみ　長野（諏訪・上伊那）
　かしぐるみ（テウチグルミ）　岩手（盛岡市）　新潟（長岡市）　長野
　のぐるみ（テウチグルミ）　静岡（駿河）
　はぐるみ（テウチグルミ）　岩手

セイヨウスモモ　〔バラ科／木本〕
　あめりかすもも　新潟*
　あめりかもも　福岡*　鹿児島*
　あめんどー　三重*　大分*
　だきょー　青森*
　とーすもも　山形*

　びわとー　新潟*

セイヨウナシ　〔バラ科／木本〕
　ながなし　北海道*
　ひめんこ　北海道*
　ひょーたんなし　北海道*　長野*　熊本*
　ふくべなし　青森*
　ぽけなし　宮城*
　まるめなし　青森*　岩手*
　よーり　北海道*　岩手*　宮城*　新潟*　岐阜*

セイヨウノコギリソウ　〔キク科／草本〕
　のこぎり　長崎（南松浦）
　むかでばな　鹿児島（阿久根市）

セイヨウフウチョウソウ　〔フウチョウソウ科／草本〕
　ちょうちょうばな　千葉（柏）

セイヨウワサビ　→　ワサビダイコン
セイロンベンケイ　→　トウロウソウ

セキショウ　〔サトイモ科／草本〕
　いっしょますこます　福島（相馬）
　えっしょますこます　福島（相馬）
　かやしょ　長崎（五島）
　かやじょ　長崎（南松浦）
　かわしょ　鹿児島（川辺）
　かわしょーぶ　島根（隠岐島）　広島（比婆・豊田）　愛媛（周桑）　熊本（八代・球磨）　鹿児島（日置・姶良・出水）
　かわしょっ　鹿児島（阿久根市・薩摩）
　かわしょぶ　鹿児島（甑島・薩摩）
　しょーぶ　和歌山（東牟婁）
　せきしょ　和歌山（日高）　岡山（津山・英田）
　せきしょーぶ　和歌山（東牟婁）　愛媛（周桑）
　せっしゅ　鹿児島（姶良）
　せっそー　鹿児島（鹿屋）
　たにしょーぶ　和歌山（東牟婁・新宮市）
　めかんち　愛媛　愛媛（周桑）
　めこっぱち　愛媛（周桑）
　めつっぱり　愛媛（周桑）　福岡（小倉市）　熊本（上益城）　大分（大分・別府）　宮崎（児湯）
　めっぱ　静岡（富士）
　めっぱじき　山梨　静岡（小笠・富士）
　めっぱち　静岡（志太）
　めはじき　岐阜（海津）　静岡（富士）　兵庫（播磨南部・飾磨）　熊本（玉名）

めはじきのき　愛媛（周桑）
めはり　福岡（久留米）
めはりごんぼ　熊本（玉名）

セキショウモ　〔トチカガミ科／草本〕
いとも　和歌山（西牟婁）
うなぎも　宮崎（宮崎市）
へらも　江州

セキチク　〔ナデシコ科／草本〕
こーらいせきちく　長州
せきずく　青森（八戸）
ところてんばな　島根（石見）
なでしこ　岩手（釜石）
にねんそー　奈良（南大和）

セッコク　〔ラン科／草本〕
ささらん　鹿児島（薩摩・垂水市）
せきらん　防州
せんこく　紀州
せんごくまめ　紀州
ちくらん　薩州
ちちくらん　薩摩
とくさらん　東京（三宅島・御蔵島）
どくさらん　東京（三宅島）

セツブンソウ　〔キンポウゲ科／草本〕
いっかそー　筑前
いっけそー　福岡（筑前）

ゼニアオイ　〔アオイ科／草本〕
あおい　和歌山（海草・日高・東牟婁）
あおいくさ　島根（能義）
あおいぐさ　島根（美濃）
からあおい　長州　防州
からおい　岩手（九戸）
こからおえ　山形（鶴岡市）
ふよー　新潟
ぽんちか　鹿児島（大隅）
ぽんちくゎ　鹿児島（肝属）
ぽんでんか　鹿児島（薩摩）
ぽんてんくゎ　鹿児島（肝属）

ゼニゴケ　〔ゼニゴケ科／コケ〕
うずらぐさ　紀伊日高
うつらぐさ　和歌山（日高）

セリ　〔セリ科／草本〕
かわぐさ　鹿児島（鹿児島）
かわくた　鹿児島（揖宿）
かわぜり　熊本（芦北）
しぇりこ　秋田（仙北）
すいり　新潟（長岡）
せい　鹿児島（鹿児島・加世田・鹿屋・姶良・日置）
せいのは　鹿児島（加世田）
せいり　青森　鳥取（気高）
せーり　福島（相馬）　埼玉　千葉　愛知　長野
　　　　新潟（刈羽・西蒲原・南蒲原）　鳥取（気高）
　　　　長崎（大村・南高来）　熊本（玉名）
せーりっぱ　静岡（富士）
せる　長崎（下県）
せろ　新潟（長岡）
とーだー　鹿児島（喜界島）
にほんぜり　群馬（勢多）
ひり　秋田（河辺）
ほんぜり　群馬（勢多）　長野（北佐久）
みずぜり　島根（美濃）

セリモドキ　タニセリモドキ　〔セリ科／草本〕
せんきばな　長野（佐久）
みずつきしょーま　江州伊吹
やまぜり　新潟

セロリ　〔セリ科／草本〕
おらんだみつば　福島＊　埼玉＊　新潟＊　長野＊　香
　　　　川＊　長崎＊
せーよーな　長野＊
せーよーみつば　石川＊　京都＊　兵庫＊

センキュウ　〔セリ科／草本〕
うしくさ　丹後

センジュギク　→　マリゴールド

センダン　〔センダン科／木本〕
あうち　和歌山（西牟婁）
あて　伊豆君沢郡
おーち　武蔵
ごんずい　九州
せんだい　和歌山（東牟婁）
せんびき　静岡（遠江）
てんつつき　江州
とーへんぼく　広島
ゆみぎ　土州

センダングサ

らいよけ　茨城

センダングサ　〔キク科／草本〕
いしくさ　越後
いしぐさり　新潟
いとろべ　播州
いぬがみぐさ　周防
うしぜり　伊豆八丈島
うしよもぎ　伊豆八丈島
おこりぐさ　周防
おにのや　芸州　勢州
おにはり　播州
からすのや　長州　防州
からすばり　奥州
がらすばり　奥州
きつねのはり　播州　和歌山（海草・有田・日高）
きつねのぼたん　和歌山（有田）
きつねのや　播州
きつねのやり　播州　島根（那賀）
きつねはり　備後　埼玉（秩父）
きつねばり　備後
くんしょー　静岡（志太）　香川
くんしょーぐさ　群馬（伊勢崎・前橋・山田・佐波・勢多・群馬）　千葉　岡山　香川
さし　鹿児島（奄美大島）
さしくさ　鹿児島（奄美大島）
しぶつかみ　伊勢
しゃくせ　高知（土佐）
つびつかみ　甲斐河口
つまつかみ　甲斐河口
とつつき　千葉（香取）
とりつきじじー　岡山（岡山市）
どろぼ　愛媛（周桑）
にゅーどーのはり　周防
ぬすびと　播磨
ぬすびとのはり　勢州　防州
はさみくさ　播州
はりぎく　三重（宇治山田市・伊勢）
ひっつき　奈良（南大和）
ものぐるい　豊前
ものつき　長州　周防
ものぶれ　熊本（玉名）
もんつき　岡山
もんつきくさ　岡山
やぶぬすびと　勢州
やまぬすびと　勢州

センダンバノボダイジュ → モクゲンジ

センナリホオズキ　〔ナス科／草本〕
いなほーずき　東京（三宅島・御蔵島）
いぬふずき　鹿児島
いぬほーずき　山口（大島）
いねほーずき　東京（三宅島）
いのほーずき　東京（三宅島・御蔵島）
いんふづっ　鹿児島（肝属）
おとこほーずき　岩手（二戸）
くわれほーずき　長野（下水内）
ささほーずき　讃州　岡山
しょーじき　東京（三宅島）
たんぽほーずき　和歌山（西牟婁・日高・田辺）　岡山
ちょーせんほーずき　広島（比婆）
どくなり　鹿児島（徳之島）
のふーずき　熊本（玉名）
のふずき　鹿児島
のふずっ　鹿児島（川辺）
はたけふーずき　長崎（諫早・北松浦）
はたけふずっ　鹿児島（日置・薩摩）
はたけほーずき　和歌山（海草・日高）　長崎（諫早）
ひちゃーぶずき　熊本（球磨）
ふぃちゃーふずき　鹿児島（薩摩）
ほーずき　岩手（二戸）
ほかふーずき　熊本（玉名）
まめほーずき　広島（比婆）
やまふーずき　鹿児島（奄美大島）
やまふずっ　鹿児島（揖宿・甑島・薩摩）

センニチコウ　センニチソウ　〔ヒユ科／草本〕
うしのはもじき　和歌山（新宮市）
うらしまそー　高知
おぼんばな　滋賀（甲賀）
かりかりばな　山形（鶴岡市・飽海）
くっくさ　和歌山（伊都）
せんにちこ　青森（八戸）　和歌山（日高）　熊本（玉名）
だるまそー　新潟
だんごばな　山形（村山）　新潟　和歌山（西牟婁）
てまりのはな　島根（鹿足市）
てまりばな　福井（大飯）
てまるこのはな　島根（美濃・益田）
とーだえばな　鹿児島（奄美大島）

はもじ　和歌山（新宮）
はもじき　和歌山（新宮）
ふっ　和歌山（日高）
ふっくさ　和歌山（海草）
ぽーすはな　三重（伊賀）
ぽーずばな　山形（鶴岡市・庄内）　静岡（小笠）
　　愛知（渥美）　鹿児島（薩摩・奄美大島）
ぽしばな　鹿児島（日置）
ぽすばな　宮崎（東諸県）　鹿児島
ぽずばな　鹿児島
ぽっぱな　鹿児島（鹿児島市）
ぽんさんばな　奈良（高市）
ぽんばな　山形（鶴岡市・西田川）　鹿児島（鹿
　　児島市・肝属・薩摩）
ぽんぽこばな　山形（飽海）
ぽんぽんさん　鹿児島（肝属）
まつばぼたん　栃木
やんぽす　鹿児島（鹿屋市）

センニチソウ → センニチコウ

センニンソウ　〔キンポウゲ科／草本〕

いぬのふぐり　京都
うしかずら　島根（美濃）
うしくわず　三重（北牟婁）　京都（何鹿）　奈良
　　（南大和）　鳥取（気高）　島根（美濃・邇摩）
　　長崎（北松浦）
うしのかたびら　京都（竹野）
うしのした　岡山（邑久）
うしのはおとし　岡山（御津・上道）
うしのはこぼし　鹿児島（出水）
うしのはなもげ　山口（厚狭）
うしのはもじき　和歌山（東牟婁）
うまのはおとし　鹿児島（肝属）
うまのはかけぐさ　武州隅田川辺
うまのはかけそー　武州
うまのはこぼし　千葉（長生）
うまのはこぼれ　広島（福山市）
うまんはおとし　鹿児島（串木野市・肝属）
うまんはおれ　鹿児島（肝属・揖宿）
うまんはおろし　鹿児島（鹿児島市・川内市）
うまんはかけ　鹿児島（国分）
うまんはかげ　鹿児島（始良）
うまんはぽろし　鹿児島（始良・薩摩）
うんまはおとし　鹿児島（串木野市）
うんまんはおろし　鹿児島（川内市）
くつかずら　島根（美濃）

くつくさ　伊豆大島　和歌山（伊都）
くつぐさ　尾州　和歌山（伊都）
けつくさりくさ　東京（八丈島）
こーじぐさ　伊豆三宅島
じーばなかずら　熊本（玉名）
じごずまい　鹿児島（甑島）
ずごずまい　鹿児島（薩摩）
せんにんかずら　大分
たかたで　鹿児島（肝属）
たかたねかずら　鹿児島（垂水市）
たむしかずら　鹿児島（始良）
たむしぐさ　福島（相馬）
ちょーせんかめだ　長崎（南高来）
ちょーせんせめだ　長崎（南高来）
どくかずら　鹿児島（阿久根市）
はかけぐさ　鹿児島（鹿屋市）
はたけくさ　愛媛（周桑）
はつほ　山梨（南巨摩）
はっぽー　静岡（賀茂）
はぬけ　岡山（邑久）
はぬけかずら　岡山
はもじ　和歌山（東牟婁）
はれぐさ　千葉（市原）
ひょーたんぐさ　江戸
ふじぐさ　伊豆八丈島
ふずくさ　伊豆大島　静岡（南伊豆・賀茂）
ふつくさ　上州　熱海　佐渡　熊野　周防　長州
　　和歌山（東牟婁・西牟婁）　広島（福山市）
ふっくさ　東国　九州　山口（大津）
ぽしばな　鹿児島（肝属）
ぽっぱな　鹿児島（始良）
ぽんばな　鹿児島（川辺）
みのかずら（キイセンニンソウ）　和歌山
むいわらかずら（キイセンニンソウ）　紀州
やいとばな　千葉（印旛）
んまんはおろし　鹿児島（鹿児島）

センノウ　〔ナデシコ科／草本〕

おぜんばな　群馬（利根）

センブリ　トウヤク　〔リンドウ科／草本〕

くすりぐさ　山口（大津）　香川（高松市）
こおーれん　長州　防州
しぇんぶり　秋田（鹿角）
しろせんぶり　鹿児島（始良）
すずめはぎ　伯耆

センボンギク

せんふぃ　鹿児島（鹿児島・加世田・垂水・出水）
せんふり　青森　神奈川（足柄上）　静岡（富士）
　岡山（高梁）　熊本（芦北）　宮崎（西諸県）
せんぷり　静岡（富士）　和歌山（東牟婁）　島根
　（美濃・那賀・邑智・能義）　広島（豊田）　山口
　（防府）　福岡（築上・朝倉）
とーまく　静岡（富士）
とーやく　盛岡　木曾　近江　長門　周防　青森
　岩手（盛岡・上閉伊・紫波）　宮城（仙台市・
　志田）　山形　新潟（中頸城・刈羽）　埼玉（北
　足立）　静岡（小笠・周智・志太）　長野（上伊
　那）　和歌山（西牟婁）　香川（高松市）
とーやくそー　秋田（鹿角）
にがくさ　山口（大津）
にがとーやく　香川（高松市）
ねーせー　伊豆八丈島
ひゃくふり　千葉（君津）
ひんわり　秋田（北秋田）　新潟（南蒲原）
へんふり　青森
やくそー　愛知（知多）

センボンギク　　　　　　　〔キク科／草本〕
みずぎく　和歌山（西牟婁）
よめな　和歌山（東牟婁）

センボンヤリ　ムラサキタンポポ　〔キク科／草本〕
うらじろ　青森
ごんぼそー　青森
しろあざみ　青森
しろあじゃみ　青森
しろあんじゃみ　青森
ふでくさ　仙台
むらさきたんぽぽ　青森　秋田（北秋田）
やりぐさ　伊勢

ゼンマイ　　　　　　　　　〔ゼンマイ科／シダ〕
おとこぜんまい　栃木
おにわろ　鹿児島（出水）
おんなぜんまい　栃木
かくま　佐渡
かぐま　佐渡
さるのこしかけ　大分（直入）
じぇんめゃー　宮城（仙台）
せんこ　千葉（山武）
せんご　千葉（夷隅）
ぜんご　上総　千葉（山武・夷隅）

せんこうわらび　千葉（印旛）
せんこー　長州
ぜんこー　長州
ぜんごわらび　千葉（印旛）
ぜんざわらび　長野（下伊那）
ぜんのき　鹿児島（姶良）
ぜんべ　鹿児島（曽於）
ぜんまいわらび　福井（今立）
ぜんめ　長野（北安曇）　鹿児島（垂水・薩摩）
ぜんめぁ　秋田（北秋田・平鹿・雄勝・由利）
　岩手（紫波）
ぜんめー　長野（北安曇）　新潟（刈羽）
ぜんめへこ　鹿児島（薩摩）
たかんつめ　宮崎（西臼杵）
ちどめ　岡山（邑久）
でんだ　長野（下伊那）　愛知（北設楽）
でんまい　和歌山（日高・東牟婁）
とりっこば　東京（大島）
れんだ　愛知（東加茂）

センリョウ　キミノセンリョウ　〔センリョウ科／木本〕
からたち　三重（北牟婁）
じじんこ　三重（熊野市）
すじぐさ　高知（幡多）
ひよどりじょーご　高知（幡多）
ふしふし　熊野
まんりょー　高知（高岡）
みばな　鹿児島（鹿児島）
みやまとべら　高知（高岡）
やぶこーじ　高知（幡多）
やまぐま　鹿児島（奄美大島）

ソクズ　　　　　　　　〔スイカズラ科／草本〕
おらんだそー　九州
くさたず　京都　紀伊　長門　周防
くさにっとこ　和歌山
じっつぁ　沖縄（与那国島）
すじわたし　新潟（佐渡）
そくど　大和
そくどー　大和
たかたつ　鹿児島（甑島）
たず　鹿児島（諸島）
たずぐさ　鹿児島（諸島）
にわたず　備前

ソテツ　　　　　　　　　　〔ソテツ科／木本〕
すていたー　鹿児島（喜界島）
ちどめのき　和歌山（日高）
とぅていだー　鹿児島（喜界島）

ソバ　　　　　　　　　　　〔タデ科／草本〕
くべ　福井（大野）
くろむぎ　岐阜＊
すすじくさ　山口（大津）
そばはっと　青森（南部・三戸）
そばむぎ　岐阜＊
そま　久留米　熊本（玉名・八代）　宮崎（西諸
　　県・北諸県）　鹿児島
まくそ　福井（大野）

ソバナ　　　　　　　　　　〔キキョウ科／草本〕
あまな　富山
いわととき　山形（東置賜・西置賜）
くたち　新潟（北魚沼）
つりがねそー　長州　防州
やまそば　新潟

ソヨゴ　フクラシバ　　　　〔モチノキ科／木本〕
あおだま　富山（黒部）
あおたまがし　富山（魚津）
いぬさかき　静岡
おのうえ　大分（南海部）
からからしば　福岡（犬ヶ岳）
くらしば　福井　島根　徳島（那賀・木頭）
くろさんじ　高知（土佐）
さいご　京都
さいごしば　福井（遠敷）
さかき　富山（五箇山）　岐阜　長野　山梨
さじのき　高知（幡多）
さんじ　愛媛（上浮穴・新居）　高知（土佐・幡多）
さんじこしば　愛媛（上浮穴）
さんじしば　愛媛（上浮穴）　高知（幡多）
さんしば　高知（幡多）
さんり　愛媛（面河）
しぇーご　岐阜（飛騨）
しよえぎ　岐阜（飛騨）
しょーぎ　岐阜（吉城）
しょーぎしば　富山（東礪波・五箇山）
しょーごい　岐阜（吉城）
しょぎ　長野（上田市）　岐阜（飛騨）
しょぎ　長野（上田市）　岐阜（飛騨）

しょぎしば　富山
しょごい　木曾
しょごい　長野（木曾）
しょゆーのき　富山（魚津）
しよよぎ　岐阜（揖斐）
しろき　紀伊　和歌山
しろそよも　愛知（北設楽）
すずかし　関東
すすぬち　宮崎
すすめち　宮崎
せんご　長野（木曾）
そげっぱ　長野（松本）
そごい　長野（上伊那）
そめぎ　長野（松本）　山梨
そよき　伊州川口
そよぎ　東国　新潟　長野　静岡　愛知　岐阜
そよご　長野　静岡　愛知　岐阜
そよのき　静岡（遠江）　岐阜（飛騨）
そよみ　新潟　山梨（本栖）
そよも　愛知（三河）　岐阜（恵那）
たにねたり　宮崎
たぶがし　富山（出町）
ななめのき　大分（大野）
ひしゃしゃぎ　愛知（北設楽）
ふくしば　島根（那賀）
ふくてんとー　周防
ふくら　周防　福井（若狭）　和歌山　山口　徳
　　島　香川　高知
ふくらーと　香川（綾歌・仲多度）
ふくらかし　広島（比婆）
ふくらし　兵庫　兵庫（神戸）　鳥取（伯耆）　島
　　根　岡山　広島
ふくらじ　播州
ふくらしば　周防　埼玉　新潟（佐渡）　富山
　　福井　岐阜　愛知　三重（伊勢）　京都（竹野）
　　奈良　和歌山　近畿　中国　島根（邑智）　香
　　川　愛媛　高知
ふくらしばのき　土州
ふくらしゃ　岡山
ふくらせ　岡山（岡山市）
ふくらそ　三重（三重・北牟婁）
ふくらそー　勢州
ふくらた　香川
ふくらもち　三重　高知（幡多）
ふくらんしょ　滋賀　奈良
ふくらんじょ　泉州　大阪（南河内）　和歌山

ソラマメ

　（海草）
ふくらんじょー　和州　和歌山（高野山）
ふくらんどー　周防
ふくれしば　周防　島根（那賀・邑智）　広島
　（厳島）　山口（厚狭）
ふゆしば　高知（土佐）
ふゆななめ　大分（大野）
ふゆぶくら　和歌山（日高）
ふりらふし　兵庫
ほくら　福井（若狭）
ほくらそ　岐阜（揖斐）
みずき　薩摩
みねふくら　大分（南海部）
みねぶくら　大分（宇佐）
みよがし　高知（幡多）
やまそめき　宮崎

ソラマメ　　　　　　　　　　　〔マメ科／草本〕
あえーまめ　岡山（児島）
あおまめ　新潟（東蒲原）　奈良　和歌山*
あぜまめ　静岡（田方）　三重（津）
あまめ　土州
いぐちまめ　山口（吉敷・厚狭）
いしまめ　広島*
いずまめ　三重（南牟婁）　和歌山（日高・西牟
　婁・東牟婁）
いっすんまめ　大阪*
いりまめ　大分*
えったまめ　福岡（粕屋）
えんげんまめ　福井（福井）
えんず　長崎（西彼杵）
えんど　広島（広島市）
えんどー　芸州　島根（鹿足）　広島（安芸）　山口
　（柳井・大島・玖珂・熊毛・佐波・吉敷・美祢）
えんどーまめ　山口（玖珂）
えんどまめ　長崎（東彼杵・西彼杵）
おーえんどー　島根（鹿足）　広島（安芸・加田）
　山口（玖珂・熊毛・都濃）
おーへんどー　山口（玖珂）
おーま　山口*
おたふくまめ　青森*　宮城*　福島*　茨城*　栃木*
　埼玉*　千葉*　神奈川（中）　新潟（東蒲原）　石
　川　福井*　長野（諏訪）　岐阜（飛騨）　静岡
　（庵原）　京都（京都）　大阪*　和歌山*　島根
　（邑智・隠岐島）　山口（山口・都濃・美祢・阿
　武）　香川　高知*　長崎（玉名・天草）

おとこまめ　山口（阿武）
おやたおし　富山（富山・射水）
おやだおし　富山　富山（射水）
おやまめ　香川（綾歌・仲多度）
かいこまめ　愛知*　京都*
かしまめ　静岡（庵原）　鹿児島（甑島）
がしまめ　静岡（庵原）　宮崎*
かたまめ　山形（庄内）　栃木*　群馬*　新潟*　三
　重*　大阪*　滋賀（滋賀）
かっちんまめ　香川（三豊）
からまめ　熊本*
がんくい　山口*
がんくいまめ　山口（玖珂）
がんくびまめ　山口（玖珂）
がんくら　山口*
がんくらまめ　山口（吉敷）
がんた　静岡
がんたまめ　静岡（志太）
がんま　静岡
がんまー　静岡
がんまめ　遠江　伊勢　茨城（北相馬・稲敷）
　千葉（東葛飾）　静岡　静岡（小笠・磐田・安
　倍・浜名）　三重（桑名）
きくのりまめ　山口*
きたまめ　宮崎
きゃーまめ　鹿児島（大島）
くゎしまめ　鹿児島（薩摩）
けーっちまめ　山形（庄内）
けちまめ　青森*　山形（飽海）
けっちまめ　秋田（秋田市）　山形（庄内）
けつっまめ　山形（最上）
けつまめ　北海道*　青森　岩手　秋田（鹿角）
　山形（庄内・最上）　石川*
けつわり　新潟
けつわりまめ　新潟（糸魚川市）
げまめ　新潟*
こいまめ　広島（豊田・大崎下島・大崎上島）
こーや　富山（氷見）　愛媛（伊予・周桑）
こーやまめ　予州　広島（賀茂）　愛媛（周桑）
　高知*
ごがつまめ　伊豆　駿河　神奈川*　山梨　静岡
　（田方・富士）
こやまめ　広島　山口（屋代島・浮島・大島）
　愛媛（松山・新居・周桑）　高知（幡多）
ごんがつまめ　静岡（田方）
さぬきまめ　福島*　新潟（北蒲原）

ソラマメ

さねきまめ　新潟（三島）
さのきまめ　新潟（西蒲原）
さるまめ　広島（倉橋島・賀茂・安芸）
さんがつだいず　和歌山*
さんがつまめ　埼玉*　鳥取（西伯）
さんきまめ　新潟
さんぐゎつまめ　鳥取（西伯）
さんず　奈良　愛媛*
さんどー　京都*　愛媛*
さんどまめ　福島（福島）
さんぬきまめ　新潟
しがつまめ　阿波　土佐　静岡*　三重　徳島*　長崎（西彼杵・南高来・北高来）　熊本（天草）　鹿児島
しぐゎつまめ　長崎（南高来）　熊本（天草）
しんが　高知（室戸岬）
しんがつまめ　静岡　三重（南牟婁）
しんごーまめ　静岡*
しんまめ　香川
すそまめ　愛知*
そーず　愛媛*　高知*
そそまめ　石川（鹿島）　愛知（中島・葉栗）
そら　山口（都濃）
そらず　兵庫（淡路島）　広島　山口（大島・都濃・熊毛）　徳島（美馬）　香川　愛媛（新居）　岡山
そらだいず　岡山（岡山市）　香川（三豊）　高知*
そらまめ　東国
そろまめ　香川（小豆島）
だいず　広島（高田）　香川　香川（丸亀）
だいずまめ　香川（三豊）
たっぷく　千葉（山武）
だんごまめ　秋田*
つけまめ　石川*
てっぽーまめ　千葉　千葉（海上）
てんがさまめ　山口（阿武）
てんざや　神奈川*
てんじく　島根*　島根（石見・美濃）　岐阜　岡山（小田）　山口　山口（萩・阿武）
てんじくまめ　中国　長州　四国　岐阜*　静岡（志太・安倍）　島根（石見・美濃・鹿足）　岡山（川上）　山口　山口（阿武・大島・大津）
てんじまめ　青森*
てんじゅく　島根*
てんじんまめ　静岡*　山口（吉敷・大津・阿武）
てんずく　静岡（賀茂）　山口

てんずくまめ　岡山*　山口（阿武）
とーだいず　島根（隠岐島）
とーのまめ　筑前　久留米　愛知　岐阜　三重　和歌山　福岡（福岡・粕屋）　佐賀　長崎（壱岐島）　大分
とーまーみ　沖縄
とーまみ　鹿児島（南西諸島）　沖縄
とーまめ　濃州　紀伊　長門　西国　久留米　東京（八丈島）　神奈川（中・平塚・愛甲）　新潟（佐渡）　岐阜（山県）　愛知　三重（志摩）　和歌山（日高）　山口（大島・玖珂・熊毛・都濃・佐波・吉敷・厚狭・豊浦・美祢・大津・阿武）　香川（粟島）　福岡　福岡（嘉穂・八女・築上・鞍手）　佐賀　佐賀（唐津・東松浦）　長崎　長崎（諫早・西彼杵・北松浦・壱岐島）　大分　宮崎（延岡市）　鹿児島　鹿児島（徳之島・沖永良部島）
とーまんみ　沖縄（国頭）
とーやし　高知*
ときまめ　宮崎*
とつまめ　宮崎*
とまめ　岐阜　岐阜（大垣・海津・安八・揖斐）　愛知　愛知（海部）　三重　三重（飯南）　大阪*　和歌山　和歌山（西牟婁）　長崎（五島・南松浦）　宮崎*　鹿児島*
とらまめ　山口（厚狭）
とりまめ　熊本（宇土・上益城・下益城・八代・芦北・天草）
とるまめ　熊本（宇土・上益城・下益城・八代・芦北・天草）
どんがらまめ　香川（綾歌）
とんのまめ　福岡（三潴・朝倉）
とんまめ　大阪*　福岡（三潴・朝倉・浮羽）　佐賀（藤津）　長崎（南高来・東彼杵）　熊本（天草）　大分*
なたまめ　長崎（西彼杵）　鹿児島（谷山）
なちまめ　長崎（南高来）
なつまめ　出雲　備後　筑紫　久留米　山梨（南巨摩）　静岡　愛知（北設楽）　三重*　兵庫*　奈良（吉野）　和歌山　鳥取（米子）　島根（安濃・邇摩・邑智・那賀・八束・能義）　岡山　岡山（苫田）　広島　山口（大島）　徳島（海部）　愛媛*　福岡　福岡（久留米・三池・山門）　佐賀*　長崎　長崎（南高来・北高来・西彼杵）　熊本　熊本（玉名）　大分　宮崎　宮崎（児湯）
にどまめ　青森

ソラマメ

にんぎょーまめ　鹿児島*
にんどまめ　長崎（東彼杵）
のら　高知*
のらまめ　尾張
ばかまめ　鹿児島（薩摩）
ばくまめ　静岡*
はじきまめ　三重*　大阪（大阪）　大分*
はじまめ　兵庫*
はずまめ　香川（高見）
はぜまめ　大阪（泉北）
はばりまめ　宮崎*
はるまめ　熊本（天草）
ひきわりまめ　茨城*　福岡（柳川）
ひごまめ　鹿児島*
ひだりまめ　青森*
ひばり　香川（仲多度）
ぴんじまみ　沖縄（八重山）
ふぃんでぃまーみ　沖縄（与那国島）
ふーまみ　鹿児島（沖永良部島・奄美大島）
ふーまめ　鹿児島（奄美大島）
ふぇーまめ　島根（簸川・出雲市）
ふゆまめ　相模　千葉（香取）　島根*
へいまめ　島根（簸川）
へーまめ　愛知（北設楽）　島根（大原・仁多・簸川）
へこ　広島*
へこきまめ　愛知*
へったれまめ　千葉（印旛）　静岡（田方）
へっひりまめ　千葉（海上）
へっぴりまめ　山梨（東八代・北巨摩）
へっぴりまめ　千葉（海上）　山梨（西山梨・中巨摩）　静岡（安倍・富士）
へっぷりまめ　静岡（川根・庵原・安倍）
へまめ　愛知　島根（簸川）
べろやきまめ　茨城（新治）
ほーすばり　広島（賀茂）
ほーずばり　広島（賀茂）
ほーそばり　広島
ほーまめ　東京（八丈島）
ぼーまめ　東京（八丈島）
ほてーまめ　鹿児島（種子島・熊毛）
ほらいまめ　鹿児島*
またまめ　宮崎*
まめ　群馬（多野）　奈良　大阪（泉北）　岡山（和気）　広島（走島）　山口　香川　愛媛　長崎（南高来・西彼杵）　熊本（飽託・宇土・下益城）
まめじょ　長崎*
やけっぱたまめ　茨城（西茨城）
やまだまめ　東京（八丈島）
やまとまめ　大和
ゆかーりまめ　茨城（稲敷・北相馬）
ゆがーりまめ　茨城（稲敷）
ゆきやりまめ　山梨*
ゆきわり　下総　山形（庄内）　茨城（東南部）　千葉（香取）　山梨　長野*
ゆきわりまめ　下総　茨城（稲敷・北相馬）　千葉（香取・海上）　山梨（南巨摩・西八代）
ゆきわれ　山梨　山梨（甲府）
ゆきわれまめ　山梨　山梨（東八代）
よじけまめ　群馬*
らっかまめ　宮城*
わきわりまめ　茨城　千葉*　山梨

タ

ダイオウ 〔タデ科／草本〕
うまのすかな　新潟（北蒲原）
ぎしぎし　久留米　和歌山（西牟婁）
じこくんね　鹿児島（薩摩）
しのんび　秋田（鹿角）
しんのび　秋田（鹿角）
すいすい　和歌山（日高）
だいろっぱ　新潟（西蒲原）
へびしかな　新潟
へびすえこ　新潟（上越市）
んまのちかな　秋田（仙北）

ダイオウショウ 〔マツ科／木本〕
にらまつ　山形（東置賜）

ダイコン 〔アブラナ科／草本〕
あおくび　青森（津軽）
あまな　長野（佐久）
いんげんな（シャムロダイコン）　京都
えどだいこ（練馬ダイコン）　和歌山
おだい　京都（京都市）　大阪　和歌山（日高）
おだいこ　愛媛（周桑）
おはかた　出羽
がいこ　和歌山（西牟婁）
けっくりけーし（聖護院ダイコン）　群馬（佐波）
けっくりげーし（聖護院ダイコン）　埼玉（北葛飾）
けっくりげし（聖護院ダイコン）　埼玉（北葛飾）
けっころがし（聖護院ダイコン）　栃木
けとばしだいこん（聖護院ダイコン）　栃木
こおーね（守口ダイコン）　西土　筑前
こごーね（守口ダイコン）　防州
さいこん　岐阜（大野）
じゃーこ　長崎（南高来）　熊本（上益城・八代）
じゃーこん　佐賀（三養基）　長崎（南松浦・南高来）　熊本（玉名・八代）
じゃこ　熊本（飽託・天草）
じゃこん　熊本（阿蘇・上益城）
しろごぼー（守口ダイコン）　予州

すずしろ　静岡＊　岡山＊　大分＊
だーこ　愛知（一宮）
だいくに　沖縄（石垣島・竹富島・鳩間島）
だいこ　埼玉（入間）　和歌山（日高・東牟婁）　鳥取（気高）　島根（能義）　岡山（和気）　山口（厚狭）　愛媛（周桑）　福岡（粕屋）
だいご　青森（八戸）
だいこね　沖縄
だいごん　青森（八戸）
だいだい　山形（西置賜）　兵庫（加古）
だえーご　岩手（九戸）　埼玉（入間）
だえこ　秋田（北秋田）　埼玉（入間）
だえご　岩手（九戸）
だえこん　千葉（長生）
だゃーこん　千葉（夷隅）
たゆー　京都
つばくらだいこん（三月ダイコン）　志州
であぁーこん　長崎（諫早）
であこ　岩手（紫波）　秋田
であこん　秋田（由利・山本）
でぇーこ　埼玉（入間）
でーくに　鹿児島（与論島）　沖縄
でーぐに　沖縄（石垣島）
でーくねー　鹿児島（喜界島）
でーくねー　鹿児島（喜界島）
でーこ　神奈川（平塚）　長野（下高井）　福岡（築上）
でーこん　静岡（富士）　長野（諏訪）　福岡（久留米・三池・浮羽・築上）　佐賀（三養基）
でくにー　鹿児島（奄美大島）
でこん　宮崎（宮崎・小林・日南・東諸県・西諸県・児湯）　鹿児島
でゃーこ　埼玉（入間）
でゃーこん　静岡（富士）
でゃこん　長野（諏訪）
でんくに　鹿児島（奄美大島）
てんころ（聖護院ダイコン）　兵庫（赤穂）
どーこね　鹿児島（大島）
ときしらず（時無ダイコン）　大分（大分）

ダイコンソウ

とこね　鹿児島（名瀬市）
どこね　鹿児島（大島）
ながねだいこん（秦野ダイコン）　京都
ねずみだいこん（黒ダイコン）　相模
ねね　山梨（南巨摩）
ふろふき　山形（山形市）　福岡（福岡市）
ほそねだいこん（守口ダイコン）　大阪
まな　三重（南牟婁）
らいこん　長崎（南松浦）
らいふく　富山*
りゃーこん　熊本（芦北・天草）
りゃこ　熊本（天草）

ダイコンソウ　〔バラ科／草本〕

いぼばな　長野（北佐久）
きんみずひき　西国
こまつなぎ　大阪
こんぺとばな　長野（佐久）
そらでのはな　鹿児島（肝属）
だいこんそー　備前
だいこんな　江戸
たんごな　江戸
つんぼぐさ　熊本（阿蘇）
どくすいばな　和歌山（有田）
どろぼー　北海道
のだいこん　備後
はちじょーそー　江州

タイサイ　〔アブラナ科／草本〕

いぎゃな　長崎*
おいな　京都*
おいらん　富山*
おかめな　山形*　長野*
おたふくな　三重*
おたま　静岡*
おたまな　岩手*　埼玉　神奈川　静岡*
かいな　千葉*
かきな　秋田*　長野*　滋賀*
かぶ　静岡*
くきぞろ　福島*
こけな　福井*
さじかぶ　熊本*
さじな　新潟*　岐阜*　三重*　和歌山*　香川（東部）　大分*
しめじな　山形*
しもな　滋賀*

しゃくしかぶ　福岡
しゃくしごな　岡山
しゃくしまな　大分*
しゃくな　三重（志摩）
しゃぺな　新潟*　長野*
しゃもじかぶ　新潟
しゃもじな　栃木*　埼玉*　新潟*　富山*　山梨*　長野　岐阜*　静岡*　愛知　三重*　滋賀　兵庫（加古）　島根　岡山　香川*　鹿児島
しゃもな　愛知*　三重*　滋賀*
しょーがつな　岐阜*
しらふき　鹿児島*
しらゆきたいさい　香川（東部）
しろぐろ　埼玉
しろな　富山*
せーよーな　山形*
せっかいな　滋賀*　兵庫*
たいな　富山（東礪波）
たいなかぶ　新潟*
だな　群馬*
だるまな　新潟*　長野*
つけな　北海道*　山形*　新潟*　岐阜*　静岡*
でな　青森*　秋田*
ながな　三重*
ぬしげな　宮崎*　鹿児島
はかきな　滋賀*
はちな　兵庫*　大分*
はつな　富山*　石川　鹿児島*
はんがい　富山（西礪波）
はんがいな　富山*　石川
ひらぐき　島根*　山口*　愛媛*
ふゆな　福島*
ぺな　秋田*
へらな　青森（上北・三戸）　岩手　宮城（仙台市）　秋田*　山形　福島　埼玉*　新潟*
へるかぶ　新潟*
ほべたな　滋賀*
まるな　三重*
めしげかぶ　宮崎*
めしじゃくしな　宮崎*
めじゃくしな　長崎*
もちな　岐阜*
ゆきしろたいな　福岡*　長崎*
ゆりな　青森*　岩手*　宮城*　秋田*　山形*　茨城*　千葉*　山梨*　静岡*
れんぎな　島根*

ダイサンチク 〔イネ科／木本〕
おやこーこーだけ　鹿児島（川辺）
がらだい　鹿児島（与論島）
がらでー　鹿児島（奄美大島）
こーこーだけ　鹿児島（甑島）
ちょーちんだけ　山口（厚狭）
とーきんちく　鹿児島（甑島）
とーでー　鹿児島（南西諸島）
とぎんちっ　鹿児島

タイサンボク 〔モクレン科／木本〕
たいはくれん　和歌山（新宮市）
はもくれん　山口（厚狭）

ダイズ 〔マメ科／草本〕
あおずけまめ　北海道*
あおまめ　新潟（東蒲原）
あかまらーまみ　沖縄（石垣島）
あからまめ　山形*
あきず　香川（仲多度）
あきまめ　静岡* 三重 京都 兵庫（養父）岡山 広島* 香川
あさまめ　富山*
あぜだいず　岡山
あぜまめ　新潟* 富山* 石川 山梨* 長野（佐久・南佐久）岐阜* 静岡（志太）愛知 三重 滋賀 京都 大阪* 兵庫 奈良 和歌山 岡山 広島（高田）山口 香川 愛媛（松山）福岡* 佐賀* 熊本*
あでまめ　和歌山（海草）
いじきまめ　京都*
うちまみ　沖縄（新城島）
うついまみ　沖縄（新城島）
うふしざー　沖縄（竹富島）
うぶしざーまみ　沖縄（新城島）
うぶちざーまみ　沖縄（黒島）
うふついざーまみ　沖縄（石垣島）
うふついじゃー　沖縄（首里）
うぶついだーまみ　沖縄（石垣島）
えだまめ　和歌山（新宮・海草）岡山
おーまめ　青森* 福島* 新潟*
おくまめ　山梨* 静岡* 愛知*
おだいず　愛媛（周桑）
おにのまめ　静岡（富士）
かしき　熊本（八代）
かばしこ　防州

かまらーまみ　沖縄（新城島）
きなこまめ　富山（西礪波）長野（佐久・南佐久）香川 大分*
きまめ　山形（酒田）
くらかけまめ（クロダイズ）京都
くろいらもの　山口*
けーとーまめ　南部
こーぞーまめ　京都*
ごがつまめ　福井*
こちまめ　大阪*
ごのまめ　山口（厚狭）
こまだいず　岡山
こままめ　兵庫
こまめ　新潟* 岐阜* 三重* 大阪（泉北）和歌山*
ごまめ　埼玉* 新潟* 奈良
さとーまめ　山形*
さやまめ　和歌山（和歌山）香川 愛媛
さんしょーまめ　岡山*
じまめ　岐阜* 和歌山*
じゃーず　佐賀（藤津）長崎（南高来）熊本
じゃーずまめ　熊本
じゃーち　長崎（南高来）
じゃじ　長崎（南高来）
じゃず　長崎（南高来）
じゃずまめ　熊本（鹿本・玉名・宇土・上益城・下益城・天草）
じゃぜまめ　和歌山（日高）
じゃぜんまめ　香川（木田）
じゃっちゃ　長崎（五島）
じゃん　長崎（五島・南松浦・北松浦）
しゅーさんやのおまめ　香川（高松）
しろまめ　新潟（佐渡）富山（砺波・東礪波・西礪波）石川 福井* 岐阜* 三重 滋賀 大阪* 兵庫* 京都（竹野）奈良* 山口* 佐賀（藤津）
せーたろー　島根*
せんこ　高知*
そらず　岡山（御津）
だいじょー　広島（豊田）
だいずまめ　北海道 千葉（印旛）奈良（吉野）熊本 宮崎（児湯）鹿児島（姶良）
だいどまめ　山形（西置賜）
だえーずまめ　千葉（夷隅）
ただまめ　岐阜（加茂）愛知* 三重 滋賀* 兵庫（印南）
たのくろまめ　茨城（稲敷）東京*

ダイダイ

たまめ　静岡*　滋賀*
たるまめ　京都*
たんぽまめ　石川*
ちゃまめ　富山*　滋賀*
ちょっちゃん　長崎（五島）
でーず　福岡（築上）　熊本（熊本・阿蘇・鹿本・飽託・上益城・八代・球磨・芦北・天草）
でず　宮崎（宮崎・日南・東臼杵・児湯・東諸県）
でずまめ　宮崎（児湯）
てっぽーまめ　岐阜*
でつまめ　鹿児島（姶良）
とーかまめ　大阪*
とーふまーみ　沖縄（中頭・首里）
とーふまみ　鹿児島（喜界島・与論島）　沖縄（島尻・八重山）
とーふまみー　鹿児島（喜界島）
とーふまめ　北海道*　京都*　香川　長崎*　大分*　宮崎*
とーぷまんみ　沖縄（国頭）
としとりまめ　静岡（富士）
とまと　三重（志摩）
なつまめ　千葉*　静岡*　愛知*　三重（志摩）
なつめ　山梨（南巨摩）
にぞなり　奈良（宇智）
にまめ　福井*　愛媛*
はうまめ　沖縄
はたまめ　岐阜*　滋賀*
ぶつぃだーまみ　沖縄（石垣島）
ぶんまみー　鹿児島（喜界島）
ぽんしゅろ　山梨*
ぽんじろ　山梨*
ほんまめ　三重*
ほんまめ　青森（上北）
まーうちまみ　沖縄（竹富島）
まーみ　鹿児島（与論島）　沖縄（首里）
まだいず　岡山*
まみ　新潟（佐渡）
まめ　青森（八戸）　岩手（二戸・上閉伊・紫波）　秋田　福島（相馬）　群馬（多野）　埼玉（入間・大里）　神奈川（津久井）　長野（下伊那）　富山（東礪波）　長崎（南高来）
まるまめ　岐阜*　香川（小豆島）
みずくぐり　滋賀*
みそまめ　江州　北海道*　青森*　宮城*　秋田*　山形*　福島　群馬*　東京*　神奈川*　富山*　石川*　福井*　山梨*　長野*　岐阜*　静岡（川根）

三重*　滋賀*　京都*　兵庫*　奈良　岡山（岡山市・和気）　香川（高松）　大分*
みとまめ　石川*
やけしらず　山梨*
やままめ　山形*
りゃーす　熊本（下益城・芦北・八代）

ダイダイ　〔ミカン科／木本〕

いんくにぶ　沖縄（首里）
かごつ　伊豆八丈島
かぶす　長門　周防
かぶち　三重（志摩）　和歌山（西牟婁・日高）
かぶつ　伊豆八丈島　伊豆賀茂　東京（伊豆諸島）
がぶつ　伊豆八丈島
こーじ　三重（北牟婁・南牟婁）
こーぶつ　長崎（五島）
こーるい　兵庫（淡路島）　島根（石見）　山口（大島）　徳島　高知
こーるいもの　高知
こがねくぶり　沖縄
こぶつ　長崎（五島）
さんず　三重（南牟婁）　和歌山（東牟婁・新宮）
すー　三重（南牟婁）
でーでーくえぶ　沖縄
でーでーくにぶ　沖縄（首里）

タイツリスゲ　→　ゴウソ

タイトゴメ　→　メノマンネングサ

タイマ　→　アサ

タイミンタチバナ　〔ヤブコウジ科／木本〕

いちい　和歌山（東牟婁）
いもき　和歌山　大阪
うしころし　鹿児島（種子島）
かみのき　東京（八丈島）
かめんぞう　東京（神津島）
しちぎ　高知　高知（幡多・高岡・土佐）
しちのぎ　高知　高知（幡多・高岡）　和歌山（新宮市）
しちりぎ　高知（幡多・高岡・安芸）
しちりんぎ　高知（幡多）
しつぎ　高知（安芸）
しっち　和歌山（東牟婁）
しっつん　鹿児島（川辺）
しつんじょ　和歌山（日高）
しはすやまもも　高知（高岡）

しょーべんのき　千葉（清澄山）
しょーべんぼー　千葉（清澄山）
たいみん　鹿児島（種子島）
たにくまがし　福岡（粕屋）
だまむ　沖縄（与那国島）
ちきりがし　大分（南海部）
とくなめ　三重（志摩）
なたおれ　鹿児島（肝属）
はほそ　静岡（南伊豆）
ひーち　和歌山（東牟婁）
ひじき　鹿児島（奄美大島）
ひじぎ　鹿児島（奄美大島）
ひじのき　鹿児島（中之島）
ひちーがし　大分（南海部）
ひちがし　鹿児島（屋久島）
ひちぎ　高知（幡多）
ひちのき　三重（度会・北牟婁）　和歌山（東牟婁・新宮市）　岡山（笠岡）
ひつき　徳島（海部）
ひつぎのき　鹿児島（肝属）
ひっつき　長崎（平戸）
ひっつん　鹿児島（川辺）
ひつのき　鹿児島（屋久島）
ふじき　鹿児島（悪石島）
ふつぎ　鹿児島（甑島）
やまさんじ　高知（幡多）

タイミンチク　　　　　　　〔イネ科／木本〕
だいみょーだぎ　沖縄（石垣島）
だいみょーちく　鹿児島（鹿児島市・垂水市）
でみょだけ　鹿児島（肝属）
でめだけ　鹿児島
とーきんちょー　鹿児島（奄美大島）

ダイモンジソウ　　　　〔ユキノシタ科／草本〕
いわな　山形（飽海）
いわのり　山形（東田川）
いわぶき　秋田（北秋田・由利）　岩手（胆沢）　山形（南村山・東田川）　長野（下水内）　新潟
いわぼき　新潟（刈羽）
うしごんぼ　新潟
えわぼーき　新潟（中頸城）
ぎんぶき　新潟
にわぶき　青森（三戸）
ままごけ　東京（八丈島）
まめばはき　伊豆八丈島

まんじゅそー　新潟（刈羽）
やけっつら　新潟
やっけら　秋田
やまった　山形（庄内）
ゆわぶき　山形（東村山）　青森（八戸）
ゆわんぶき　秋田（鹿角）

タウワントウ　→　トウ

タウコギ　　　　　　　　〔キク科／草本〕
いじくさり　秋田
えじくされ　秋田（南秋田）
えずくされ　秋田（由利・北秋田）
おにのはさみ　長野（北佐久）
かぜひきぐさ　長崎（壱岐島）
かみくさ　長野（下高井）
からすのはさみ　青森
からすのや　山形（米沢市）
からすのやっこ　岩手（紫波）
からすや　仙台　宮城（登米）
かわでさ　尾州
ぎしぎし　讃岐
きつねのはさみ　長野（北佐久）
くんしょー　富山（東礪波）　千葉（千葉）
くんしょーくさ　福島（会津若松）　長野　岡山
くんしょーぐさ　福島
くんしょーばな　青森　新潟（南魚沼）
さぶぼった　千葉（印旛）
さぶろだ　三重（宇治山田市・伊勢）
さるぽった　千葉（印旛）
さんだいそー　三重（津市）
さんひち　和歌山（新宮市）
だいさんそー　三重（津）
たうこぎ　城州
たうこぎそー　新潟　岡山
たうこん　予州
たがいそー　和歌山（東牟婁）
たこぎ　秋田
たすと　岩手（盛岡）
たまぜり　長野（佐久）
とーこぎ　島根（邇摩）
はいえんぐさ　鹿児島（川辺）
はいびょーくさ　福井
はいびょーそー　秋田
はいびょぐさ　福井
はさみくさ　青森
はさみぐさ　長野（佐久）

やはず　江州　近江　紀伊牟婁

タカサブロウ　〔キク科／草本〕
いたちのひともとぐさ　佐州
いちやくさ　武州
いちやぐさ　江戸
いぼくさ　鹿児島（鹿児島市）
うなぎころし　若州
うなぎつかみ　若州
ごまくさ　和歌山　和歌山（新宮・日高・東牟婁）
　熊本（玉名）
ごまのき　新潟（新潟）　佐賀（神埼）
さぶろーた　江戸
さぶろた　江戸
さぶろだ　江戸　伊勢
しろきく　和歌山（有田）
たうつげ　阿州
たごめ　能州
たたらび　江戸王子
ちどめくさ　山口（厚狭）
ぬまだいこん　京都
ひやけぐさ　千葉（館山）
ぽやぽや　鹿児島（種子島・熊毛）

タカトウダイ　〔トウダイグサ科／草本〕
いがき　伊豆利島
おじはっか　千葉（館山）
げぇーろっぱ　千葉（夷隅）
ちちもどき　近江　滋賀（伊吹山）
べにさし　上州榛名山

タカナ　〔アブラナ科／草本〕
あんびんな　山口*
いかな　滋賀*
うえな　静岡*
うまいな　三重*　京都*
えどな　島根*
おいしな　京都*
おいな　京都*　愛媛*
おーからし　北海道*　東京*　山口*
おーたかな　青森*　愛知*
おーな　京都*　兵庫　島根*　岡山
おーば　青森*　千葉*　神奈川*　京都*
おーばからし　鳥取*　島根*　岡山*　広島*　愛媛*　高知
おーばな　和歌山*

おくな　東京*　神奈川*
かきがらし　岐阜*
かきな　栃木*　埼玉*　東京*　神奈川*　岐阜*　静岡*　三重*　兵庫*　和歌山*　鳥取*　島根*　岡山*　広島　山口*　香川
かぎな　広島
かきば　岐阜*
かつおな　滋賀*　京都*　福岡*　熊本*　大分*
かっぱな　滋賀*　京都　兵庫　兵庫（加古）
からな（辛菜）　福井*
くさな　和歌山*
くだりたかな　青森*
ごさー　鹿児島*
ごまんざい　広島（比婆）
さんがつな　富山*　徳島*
しがつな　神奈川*　三重*　長崎*
しなぜり　群馬*
じゅーな　和歌山*
じょーさい　滋賀*
じょーな　和歌山（東牟婁）
せーさい　宮城*　山形
せんば　香川（綾歌）　愛媛（周桑・宇摩）
せんばな　徳島*　愛媛*
たかたろー　宮崎*
たばこな　福井*
ちゅーじゃくな　岡山*　広島
てんまな　大阪*
とーな　長野*
ときわか　兵庫
とく　島根（出雲市・簸川）
とくわか　愛媛（温泉）　高知（高知市）
とくわかな　讃岐
とどな　島根*
はがらし　鳥取*
ばしゃな　岡山*
はしょーな　秋田*　三重*　奈良*　和歌山*　島根*　岡山*　長崎*
はりな　和歌山*　徳島*
はるな　兵庫*　奈良*　和歌山*　徳島*　愛媛
はるぼこり　愛媛*
はんしゃくな　佐賀*
ひゃっか　香川　愛媛*
ひるな　愛媛*
ふきな　山口*
べーこくな　新潟*
まんば　防州　香川　香川（仲多度）　愛媛　愛

媛（周桑）
やわな　愛媛*
ろくさな　和歌山*

タカネイバラ　　　　　　　〔バラ科／木本〕
ふじばら　静岡（富士）

タガネソウ　　　　　　　〔カヤツリグサ科／草本〕
ぎょーじゃそー　薩州
ばくもんぞ　福島（東部）
やまおばこ　播磨

タカノツメ　イモキ，イモノキ　〔ウコギ科／木本〕
あかいかき　島根（石見）
あかいもぎ　島根（石見）
あぶらこ　青森（東津軽・南津軽）　埼玉　静岡　三重（南部）　滋賀　大阪　兵庫　奈良　和歌山　鳥取　島根　岡山　広島　高知
あぶらこし　三重（伊賀）
いしのぼり　神奈川（津久井）
いぬしろで　広島（比婆）
いぬばか　島根　広島
いぬほー　広島
いぬぽー　島根（出雲）　広島　高知
いぬぽか　広島
いもき　紀州
いもぎ　日光　木曾　青森　福井　三重　兵庫（宍粟）　和歌山　島根（石見）　岡山　山口　高知
いもきり　鹿児島（肝属・大隅）
いもくそ　大分　宮崎　熊本　鹿児島
いもぐり　宮崎
いもっき　埼玉（入間）
いものき　岩手（上閉伊）　茨城　埼玉（秩父）　山梨　長野　静岡　愛知　岐阜　島根　岡山　広島（双三）　鹿児島
うこんばな　長州
うそっぽ　岩手　秋田
うそぽ　岩手（稗貫）
おとこごんぜつ　木曾　東美濃　岐阜（美濃）　長野
おにのつめ　大分
おんぽか　高知（土佐）
かたいもぎ　和歌山（有田）
かたなのき　岡山（備前中部）　熊本（球磨）
からっぽ　高知（土佐）
ぐーず　新潟（岩船）

こーせんのき　岐阜（揖斐）
こさばら　岩手（胆沢）　宮城　福岡（筑前）
こさぶろー　香川（綾歌）
こしあぶら　宮城（本吉・宮城）　山形（西村山・米沢市）　新潟（北蒲原）　岐阜　三重
こしゃのき　和歌山（伊都）
こすあぶら　宮城（本吉）
こせいも　三重（飯南）
こせだら　愛知（段戸山）
こせとーだい　愛知（三河）
こつぼ　青森（三戸）
こびのき　新潟（岩船）
こんぜつ　木曾
ごんぜつ　岩手　宮城　長野　岐阜
こんでつ　木曾　福井（大野・若狭）
さんたら　宮城（栗原・玉造）
しゃくしぎ　愛知（三河東部）　周防
しらき　兵庫　高知（土佐）
しろいも　三重（一志）
しろき　愛知　高知
しろぎ　広島　愛媛（宇摩）　高知
しろっき　栃木（塩谷）
じんだ　和歌山
せんぽー　青森
だいこのき　石川　石川（加賀）
たかのつめ　新潟（岩船）　兵庫（播磨）
どーかんのき　福井（三方）
とーだい　愛知（額田）
とーふっき　埼玉
とりのあし　兵庫（摂津）　和歌山（西牟婁）
なまどーふ　信州馬篭
ぬしきき　鹿児島（肝属・川内）
ぬすどのて　周防
ねこのつめ　熊本
ばかのき　島根（出雲）
はぐち　周防
はしき　岡山（北部）
ひめちょ　宮崎
ぽーしぎ　大分（南海部）
ぽーだら　埼玉
ぽーちょ　岐阜（揖斐）
ほーのき　佐賀
ぽか　岡山　高知（長岡）
ぽか　島根
ぽちょ　三重（員弁）
ほんぷー　大分

まめがら　宮城（本吉）
みそば　尾張
みつばいもぎ　奈良　高知（土佐）
みつばいものき　岩手（下閉伊）
みつばうそぽ　岩手（岩手・稗貫）
みのかえし　熊本
むくのき　三重（大杉谷）
むんけや　茨城
もいぶと　岩手（下閉伊）
もえぶと　岩手（下閉伊）
やまおのがら　宮城（陸前）
やまが　岩手（下閉伊）
やまそば　岡山
やまつば　岡山
よしよし　福井　福井（越前）

タカラコウ → トウゲブキ

タガラシ　　　　　　　　〔キンポウゲ科／草本〕
うしぜり　西国　長州　筑紫
うばぜり　西国　筑紫
うまくわず　周防
うまぜり　西国　周防　筑紫　福岡（久留米市）
　熊本（鹿本）
うわぜり　西国
おーぜり　山形（飽海）
おとこみつば　神奈川（津久井）
かえるのきつけ　上総
からしぐさ　新潟（佐渡）
かわがらし　新潟（佐渡）
きちきち　予州
きつねぐさ　長野（北佐久）
げじげじ　尾州
こがねばな　木曾
こんぺーとー　静岡（富士）
こんぺとぐさ　千葉（東葛飾）
すずしろ　薩摩
すずな　薩摩
たがらし　京　江戸
たせり　仙台
たぜり　仙台　江戸　京都　摂州
たたなべ　讃州　予州
たたらず　青森（津軽）
たたらび　下総　長門　周防
たたろべ　備前
たねつけばな　佐渡
たんがら　備前

どぶこしょー　江戸
ひきのかさ　西国
ほとほと　木曾
みずぶき　木曾

タケ　　　　　　　　　　〔イネ科／木本〕
ささら　島根（隠岐島）
すずくだけ　青森（三戸）
でー　鹿児島（奄美大島・喜界島）

ダケカンバ　　　　　　　〔カバノキ科／木本〕
あかかば　福島（耶麻）
あかかんば　静岡（遠江）　富山（東礪波）
あかよこじ　長野（小県）
あつさ　長野（諏訪）
かかんぼー　長野（小県）
かば　秋田　山形　高知
がび　青森（津軽・南津軽）
かんば　福井（越前）
かんぴ　秋田（北秋田・仙北）
がんひ　青森　秋田
がんび　岩手　秋田
がんぴ　青森　秋田　山形　茨城
かんぴょ　秋田
くろかんば　長野（松本市）
さちら　宮城（柴田）
さっちら　栃木（那須）
さわぶさ　栃木（西部）　群馬（東部）
さわぶな　静岡（駿河・富士山）
しらかば　岩手　秋田　山形　栃木
しらかんば　青森（津軽）　山梨（南巨摩）　静岡
　（駿河）
しらはり　山梨（北巨摩）
しらはりよぎそ　山梨（北巨摩）
そーしかんば　新潟（頸城）　長野
たいかんば　富山
たけかば　静岡（駿河）
だけかば　静岡（駿河）
たけかわ　山梨（南巨摩）
たけかんば　長野（木曾）
だけかんば　木曾
たけしかんば　岐阜（飛騨）
たけぞーし　長野（下高井・志賀高原）
だけそーし　長野（下水内・下高井）
たつら　宮城（栗原）
てらし　山形（南村山）　福島（安達）

ひかば　岩手（下閉伊）
ぶた　山梨（東山梨・北都留）　長野（南佐久）
ぶたかんば　山梨（東山梨・北都留）　長野（南佐久）
ほろもーか　高知（土佐）
まき　宮城（宮城）
まぎ　宮城（宮城）
みねぞーし　長野（下水内）
やまかんば　青森（津軽）

タケシマラン　〔ユリ科／草本〕
へびのかか　山形（東田川）

ダケモミ　→　ウラジロモミ

タケニグサ　チャンパギク　〔ケシ科／草本〕
あさがら　埼玉（入間）　神奈川（愛甲）
あさやけ　神奈川（足柄上）
いとそめくさ　紀伊牟婁
いんきぐさ　新潟（南蒲原）
うこん　周防
うずくさ　山形（北村山）
うらじろ　播州
おーかみおどし　周防
おーかみぐさ　播州
おーかめたおし　兵庫（飾磨）
おーかめだおし　芸州
がくどー　木曾阿寺沢
がくろ　木曾
かじくさ　丹後
かじのは　紀州
がちゃがちゃ　秋田（鹿角）
がちゃちゃ　秋田（鹿角）
かみなりばな　長野（佐久）
がらがら　長野（上伊那）
からたけ　近江坂田
きかずから　秋田（北秋田）
きつねのささぐ　岩手（二戸）
きつねのとぼしがら　埼玉（秩父）
きんかぐさ　新潟
くさのおー　長野（佐久）
こーら　熊野
こーらご　熊本（八代）
こーらさど　熊本（八代）　宮崎（西臼杵）
こーろぎ　三重（飯南）
ごーろぎ　和州　三重（飯南）
これらくさ　静岡（賀茂）

ささやき　駿河富士
ささやけ　武蔵　周防　神奈川（津久井）
ささやけがら　埼玉（秩父）
ささやけぐさ　埼玉（入間）
さむらい　山口（山口市）
さむらいぐさ　静岡（富士）
しろさど　熊本（八代・球磨）
すずなり　長野（佐久）
すそやけ　埼玉（秩父）
そそはぎ　群馬（勢多）
そそや　木曾
そそやき　仙台　武州三峰山
そそやきぐさ　上州榛名山
そそやけ　埼玉（秩父）　山梨（南巨摩）　静岡（周智）　長野（下伊那）
たかとー　水戸
たちでこ　高知（高岡）
たちばこ　秋田（鹿角・北秋田）　岩手
たつでこ　高知（吾川・幡多）
だっど　岐阜（加茂）
たてばこ　紀伊　和歌山（日高・西牟婁）
ちゃんばぎく　新潟（南蒲原）　千葉（東金）
つくぼくさ　新潟（西頸城・西蒲原）
つけいし　阿波
つけいも　徳島（那賀）
つのくずし　木曾
つんぼおさ　新潟（西頸城）
とーとがら　長野（下水内）
とーぶくがら　岩手（遠野）
どーぶつがら　岩手（気仙）
どくぐさ　長野（北佐久）
どどーがら　秋田（南秋田）
どどがら　秋田（北秋田）　青森（八戸）　岩手（盛岡・紫波）
どろぼうのけつぬぐい　千葉（山武）
どろぼのしんぬき　千葉（印旛）
どろぽのしんぬぎ　千葉（印旛）
どんがら　長野（佐久）
とんどがら　秋田（河辺）
どんどがら　秋田（河辺）
とんぼがら　岩手（東磐井）
はこぼれ　木曾阿寺沢
ばんばな　山形（酒田市）
びっきのくそ　青森（八戸）
ぶよぐさ　長野（北佐久）
ほーそーのき　埼玉（入間）

ダケブキ

ほーそーばな　埼玉（所沢・入間）
ほくちのき　三重
ぽんがら　山形（飽海）
みみたれ　河口
よーど　山形（飽海）
よじゅーむちんき　山形（西田川）

ダケブキ　〔キク科／草本〕
やぶれがさ　和州

タコノキ　オガサワラタコノキ　〔タコノキ科／木本〕
あざにぶらー　沖縄（石垣島）
あだんぶら　沖縄（鳩間島）
あんだりぶらー　沖縄（石垣島）
きあだん　東京（小笠原諸島）

タチアオイ　〔アオイ科／草本〕
あおい　和歌山　熊本（玉名）
えれぐさ　阿波
おーがらあおい　南部
からあおい　秋田（鹿角）　青森
からあおえ　青森
からおい　盛岡　青森（上北・三戸・八戸）　岩手（紫波・九戸）　秋田（平鹿・仙北）　山形
からおえ　秋田（鹿角・仙北）　岩手（紫波）
ぜにご　山形（北村山）
たちあおい　武州
つよばな　京都（竹野）
とーきち　木曾
とこばな　山形（北村山）
とっとこばな　山形（東置賜）
やくとーし　北国
よーろーぐさ　勢州

タチシノブ　〔ホウライシダ科／シダ〕
しのぶ　東京（八丈島）
しんだらめ　鹿児島（揖宿）

タチスズシロソウ　〔アブラナ科／草本〕
ねこのめ　群馬

タチスベリヒユ　〔スベリヒユ科／草本〕
あかごんぼ　奈良（宇智）
あかなれごんぼ　奈良（宇智）
ほとけのみみ　奈良（宇智）

タチツボスミレ　〔スミレ科／草本〕
すみれ　新潟
にんじんば　東京（八丈島）
ねこばな　秋田（鹿角）
ねこんばな　秋田（鹿角）

タチドコロ　〔ヤマノイモ科／草本〕
ところ　岡山（苫田）

タチナタマメ　〔マメ科／草本〕
かたまめ　徳島*
きなたまめ　新潟*　岡山*
じなたまめ　新潟*
たちたつばけ　鹿児島*
たちわき　愛媛*
つるなしなたまめ　福井*
てなし　福島*
てなしなたまめ　福島*　茨城*　新潟*

タチバナ　〔ミカン科／木本〕
ごはま　鹿児島（奄美大島）
すぃーくゎーしゃー　沖縄（首里）
たちんぼ　奈良（宇智）

タチフウロ　〔フウロソウ科／草本〕
いつつのはな　長野（佐久）
やまこすもす　長野（北佐久）

タチヤナギ　〔ヤナギ科／木本〕
おとこやなぎ　新潟（東蒲原）
はなやなぎ　静岡（賀茂）

タツナミソウ　〔シソ科／草本〕
すいすいばな　和歌山（東牟婁・西牟婁）
すいばな（ビロードタツナミ）　和歌山（西牟婁）
すいものぐさ　和歌山（有田）

タデ　〔タデ科／草本〕
あいくさ　長野（下高井）
あかまきぐさ　富山（富山・射水）
あかままくさ　和歌山（那賀）
おこわぐさ　栃木
おこわばな　新潟（刈羽）
かれくさ　山形（新庄市・東田川）
かわごしょー　鹿児島*
ぎゃりぐさ　富山（砺波）

こんぺーとー　和歌山（日高・西牟婁）
こんぺんとん　和歌山（有田）
せーそー　愛媛*
たぜ　岡山
たつ　三重（名賀）
たて　富山（砺波・東礪波・西礪波）
たんでぐさ　秋田（鹿角）
なんばんぐさ　新潟（西蒲原）
ほんたで　岡山
もろこしぐさ　群馬（多野）
わせたで　長州
わたぜ　熊本（下益城）

タニウツギ　〔スイカズラ科／木本〕

あかうつぎ　播磨　紀伊牟婁　青森　岩手　三重
あかちょーじ　駿州　紀伊牟婁
あかつげ　土佐
あずきばな　山形（東置賜）
あずち　富山（黒部）
あぜぬりばな　福井（吉田）
あなぶと　福井（小浜）
あめっぷり　長野（上水内）
あめふりばな　岩手（釜石市）　新潟（中頸城）　長野
いわしばな　秋田（平鹿）　山形（酒田市）　新潟
うずらのき　茨城（真壁・筑波）
うつい　福井（大野）
うつぎ　新潟　福井　茨城　長野　岐阜　三重
うのき　福井（大野）
うのはな　新潟（刈羽）　長野（佐久）　兵庫（佐用）　岡山（苫田）
うまのは　茨城（真壁・筑波）
おーだんうつぎ　三重（伊賀）
おつぎ　富山　福井
おつぎのき　福井（丹生）
おんなうつぎ　長野（下水内）
かいこばな　山形（西置賜）
かきば　山形（西置賜）
かきんぱ　山形（西置賜）
かざ　青森
がさ　秋田（平鹿）
がざ　青森（津軽）　岩手　宮城　秋田（由利・南秋田）　山形　福島　新潟
かさき　秋田
がさき　秋田（鹿角）
がざき　岩手　秋田　山形

がざしば　青森　岩手
がざのき　宮城　山形
がざば　山形（北村山・西置賜）
かじばな　山形　山形（東田川）　新潟
がじゃ　秋田（鹿角・北秋田）　青森
がじゃしば　青森　岩手　秋田
がじゃっぱ　青森（三戸）
かっこばな　山形（東田川）
かっちきばな　長野
かっちぎんばな　秋田（鹿角）
かて　新潟（北魚沼）
かてのき　新潟
かぶしばな　新潟（佐渡）
からうつぎ　青森（上北・三戸）
かわらうつぎ　山形　茨城　三重
がんざ　山形　新潟
がんざば　山形（東田川・最上）
かんざしば　岩手
かんざしばな　山形（酒田市）
がんざのき　秋田（山本）
がんざのはな　山形（飽海）
がんじゃ　青森（津軽）
がんじゃしば　秋田（北秋田）　青森
くそたれうつぎ　岐阜（揖斐）
けたのき　仙台
ごかん　新潟（南魚沼）
こつばさみ　新潟（野尻湖）
ごまうつぎ　三重（員弁）
ごまだ　三重（員弁）
さおとめうつぎ　雲州
さおとめばな　能州
さつきばな　越中　福島　富山（高岡市・東礪波）　石川　福井　島根（邑智）
じくなし　岩手　山形
じくなしばな　山形（西田川）
しゃぼんぐさ　新潟
すいばな　甲斐河口
ずくなし　岩手　福島　新潟（西蒲原）
ずくなうつぎ　岩手（紫波）
ずくなしば　越後
ずくなしばな　山形（東田川・西田川・鶴岡）
すだね　山形（西置賜）
すだねぬき　山形（北村山・西村山）
すだねばな　群馬（利根）
すだのき　山形（西村山）
すだのばな　山形（西村山）

すだのみのはな　山形（西村山）
すだれ　山形（北村山）
すっぽんのき　三重（伊賀）
ぞーっぱ　新潟（刈羽）
そーとめしば　広島（比婆）
そーとめつつじ　徳島（美馬）
たいえばな　石川（能登）
だいぼ　富山（出町）
だいほー　富山（富山・魚津）
たうえばな　新潟　長野　鳥取　岡山
たうつぎ　和歌山
たけうつぎ　三重（三重）
だつま　石川（珠洲・能登）
たにうつぎ　三重（鈴鹿）
だにうつぎ　福井（大野）
だにばな　山形　新潟　福井
だんばな　石川　福井
てまるこ　高知（幡多）
どーだんうつぎ　群馬
どーっぱ　新潟
どーのすね　福島　新潟
どーのすべ　新潟（村上）
どくうつぎ　三重（員弁）
どっぱ　新潟（岩船・北魚沼）
どまぬぎ　山形（北村山）
どまんぎ　山形（北村山）
どよーべー　長野（上水内）
なべわり　群馬（利根）
なべわりうつぎ　木曾
はなうつぎ　新潟（佐渡）
ばばなかせ　富山　石川
ひきざら　京都（北桑田）
ひきだら　福井
へーない　丹後
へーないうつぎ　丹後
べにうつぎ　山形（飽海）　福島
へびばな　山形（北村山）
ほねからはさみ　山形（北村山）
みやまがすみ　紀伊
やまうつぎ　常陸　岩手（陸中・和賀）　秋田
　（陸中）　山形（米沢市）
やまがざ　山形（西田川）
ろーっぱ　新潟（刈羽）

タニガワスゲ　　〔カヤツリグサ科／草本〕
かにがや　山口（厚狭）

タニグワ　→　フサザクラ

タニソバ　　〔タデ科／草本〕
かたびらぎ　長州

タニタワシ　→　ナンテンハギ

タヌキラン　　〔カヤツリグサ科／草本〕
ちまきすげ　新潟
みのすげ　新潟

タネツケバナ　　〔アブラナ科／草本〕
いたちせいり　鳥取（気高）
いたちぜーり　鳥取（気高）
かったかな　薩州
かわたかな　薩摩
かわふしべ　秋田
こーがらせ　島根（美濃）
こめご　山形（北村山）
こめごめ　山形（東村山）
こめなずな　長野（佐久・北安曇）
すずな　薩州
たいらぎ　山口（厚狭）
たがらし　佐州　新潟（佐渡）
たねつけばな　佐州
たのなずな　長野（北佐久）
たびらき　山口（長門）
たわさび　新潟（加茂）
たんがらし　新潟　富山
てえらぎ　山口（厚狭）
てーれぎ　周防
なずな　新潟（西蒲原）
のだいこん　山形（飽海）
めくらぜり　茨城

タバコ　　〔ナス科／草本〕
あほーぐさ　周防

タビエ　→　ヒエ

タビラコ　→　キュウリグサ

タブノキ　イヌグス　　〔クスノキ科／木本〕
あおき　千葉（安房）　新潟（西頸城）　静岡（南部）
あおたぶ　大分（日田・海部）　鹿児島（大隅）
あおだま　富山
あおのき　岩手（上閉伊・気仙）　宮城（本吉）
あおはたのき　宮城（本吉）
あかたぶ　山口（厚狭）　福岡　佐賀　長崎　大分

タブノキ

あかったぶ　鹿児島（出水）
あさかい　鳥取（因幡）
あさだ　土佐　鳥取（因幡）　高知（安芸）
あぶらぬすびとのき　土佐
あまがし　茨城
いぬぐす　神奈川　静岡　奈良　大阪　広島　高
　知　愛媛
いぬたまがら　高知（高岡・幡多）
いんげしん　鹿児島（薩摩）
うしだみ　伊豆八丈島
うらじろ　埼玉（入間）
うらじろぐす　江戸
おーい　千葉（安房）
おーえ　千葉（安房）
おーえのき　千葉（安房）
おーはば　越前
おーひ　千葉（安房）
おだくさ　宮崎（西臼杵・高千穂）
からたぶ　筑前
からだも　福井（丹生）
くさだま　宮崎（西臼杵・高千穂）
くさだみ　伊豆八丈島　東京（三宅島・御蔵島）
くすたぶ　筑前　大分（北海部・大野）
くすだも　福井（敦賀）
くすのき　富山　石川　福井　千葉
くそだも　福井（若狭）
こが　和歌山（日高）
こがたぶ　大分（日田・海部）
こぬぐす　紀伊
ごんたぶ　鹿児島（屋久島）
さかき　岩手（釜石）
ささたぶ　大分（南海部）
さんたぶ　鹿児島（屋久島）
ししくさ　高知（長岡）
しば　神奈川　静岡（伊豆）
しまぐす　静岡（伊豆）
しょだま　千葉（上総）
じょんじょんしば　長崎（壱岐島）
じりじり　福井（敦賀）
しろぐす　静岡（伊豆）
しろたぶ　山口　鹿児島（甑島）
しろたまがら　高知（幡多）
しろだも　京都
じんじんのき　長崎（東彼杵）
せんこーたぶ　鹿児島（出水）
せんこたぶ　熊本（水俣市）　鹿児島（出水）

たご　高知（幡多）
たび　富山　石川
たぶ　山口　徳島　高知　鹿児島（奄美大島）
たぶのき　東京（三宅島）　岡山　高知
たぼのき　東京（三宅島）
たまくす　静岡（伊豆）
たまぐす　千葉（君津・夷隅）　東京（神津島・
　御蔵島・三宅島）　静岡　三重　和歌山（東牟
　婁）　島根（石見）　山口　長崎（東彼杵）　宮崎
　宮崎（児湯）
たまつばき　岩手（下閉伊）
たまのき　駿河　長州　福井（大飯）　静岡　愛
　知　三重　和歌山　山口
たみ　東京（三宅島）
たみのき　東京（三宅島）
ため　東京（八丈島）
たも　加賀　越前　伊豆　石川　福井　静岡　三
　重　兵庫（因幡）　鳥取　宮崎（児湯）
だも　新潟（佐渡）　福井　京都（丹後）　鳥取
　（岩美）
たものき　駿河　群馬（多野）　静岡　福井（大
　飯）　三重
たもん　香川
たもんのき　香川（三豊）
たんのき　島根（隠岐）
つまみのき　石川（能登）
つむぬー　沖縄（与那国島）
つんぎ　鹿児島（奄美大島）
とーごす　紀伊
とーずる　周防
とーずれ　周防
とーねり　周防
どーねり　岡山　四国　愛媛（東部）　高知　高
　知（高岡）
どーねん　高知（幡多）
とーのき　長崎（対馬）
とーもち　徳島（那賀）　高知（安芸）
とのき　長崎（五島）
とむる　沖縄
とむん　沖縄
ともろ　沖縄（国頭）
ともん　沖縄
ななしのき　和歌山（東牟婁）
ばくちのき　鹿児島（奄美大島）
はなが　伊予
はねり　鳥取（伯耆）

タマアジサイ

はびろ　岩手（釜石）
はまつばき　岩手（下閉伊）
はんべん　鹿児島（大隅）
べにたぶ　大分　鹿児島
へんたぶ　鹿児島（肝属）
べんたぶ　大分　宮崎　鹿児島
ほんたぶ　熊本（球磨）
ほんだも　三重（鈴鹿）
まが　千葉（長生）
まだみ　東京（伊豆大島・八丈島）　東京（伊豆諸島）
まるばたぶ　大分（南海部）
むしくいたぶ　福岡（粕屋）
めっぽーき　神奈川（三浦）
めんど　三重（志摩）
もちしば　埼玉（比企・入間）
もちのき　秋田　山形　新潟　茨城　東京
やぶにっけい　岡山
やまぐす　京都　大阪　兵庫　東京（小笠原）

タマアジサイ　〔ユキノシタ科／木本〕

あかごろも　千葉（清澄山）
あじさい　群馬（勢多）　栃木（唐沢山）
いもがー　静岡（南伊豆）
いもがわ　静岡（南伊豆）
うきぼーず　山梨（南巨摩）
おんぼ　静岡　愛知
おんぼー　長野（下伊那）
がーぼし　愛知（東三河）
かーむくれ　静岡（賀茂・南伊豆）
かなしば　東京（三宅島）
かまはじき　福井（大野）
かれったぐれ　静岡（賀茂）
かわたぐり　安房小湊
かわったぐれ　静岡（南伊豆）
かわむくれ　静岡（賀茂・南伊豆）
きあじさい　日光男体山
きつねのしんのげ　千葉（安房）
こなしば　伊豆八丈島　東京（三宅島）
さーふさぎ　神奈川（東丹沢）　静岡（駿東）
さーふたぎ　千葉（長生）
さーぽーし　静岡（富士宮）
さーぼし　静岡（静岡）
さくたんば　東京（御蔵島）
さびかわ　千葉（清澄山）
さわかんば　静岡（土肥）
さわっぶさぎ　東京　東京（八王子）　神奈川　山梨
さわふさぎ　駿河　埼玉　東京（八王子）　神奈川（津久井）　山梨　静岡
さわふた　静岡（伊豆）
さわふたぎ　茨城　埼玉（秩父）　千葉　東京（大島）　静岡　静岡（富士）
さわふたげや　千葉（安房）
さわぼーし　山梨　静岡
さわぼーず　静岡
さわぼたん　栃木（上都賀）
そーたき　東京（八丈島）
そーたきしば　東京（八丈島）
そまたばこ　福井（大野）
たにっぷさぎ　埼玉（入間）
たばこぐさ　静岡（小笠）
なすがら　山梨　長野
なすびがら　岐阜（恵那）
ねこだま　山梨（甲府）
はこべ　福島（双葉）
ぶーだのき　茨城（大子）
ほっちんがら　群馬（甘楽）
やまあまちゃ　島根（隠岐島）
やまたばこ　茨城　福井　長野　岐阜
やまぼたん　福井（大野）

タマガヤツリ　〔カヤツリグサ科／草本〕

あぜくさ　島根（美濃）
かまちこ　香川（東部）
さんかく　香川（東部）
さんかくぐさ　香川（中部）
さんかくすげ　香川（中部）
さんかくひげ　香川（中部）
すげ　新潟（佐渡）　香川（島嶼）
ますくさ　香川（東部）　和歌山（東牟婁）
ますぐさ　和歌山（東牟婁）　岡山（川上）
まるすげ　山形　香川（西部）　長崎（北松浦）
みつかど　瀬戸内海島嶼　香川（東部）

タマサンゴ → フユサンゴ

タマシダ　〔ツルシダ科／シダ〕

きじのしーぽ　鹿児島（甑島・薩摩）
たまごぐさ　鹿児島
たまごわらび　鹿児島（大島）
たまわらび　鹿児島（奄美大島）
のこぎりしば　伊豆八丈島　東京（八丈島）

まんぐ　鹿児島（奄美大島）
みんぎょくさ　鹿児島（奄美大島）
むかぜぐさ　鹿児島（鹿児島・桜島）
むかでへご　鹿児島（鹿児島・桜島）
めんぎょーぐさ　鹿児島（奄美大島）
わらび　鹿児島（奄美大島）

タマスダレ　〔ヒガンバナ科／草本〕
あめふりそー　三重（宇治山田市）
すいせん　静岡（小笠）
なつじーせん　岡山
なつすいせん　山口（厚狭）　熊本（玉名）
なつずいせん　山口（厚狭）

タマツバキ → ネズミモチ

タマネギ　〔ユリ科／草本〕
せーよーねぎ　山梨*
たまねぶか　富山（砺波）
たまんねぎ　和歌山（伊都）
ねぎだま　山梨*　愛知*
まるねぎ　山口*

タマブキ　〔キク科／草本〕
いわぶき　岩手（二戸）
うしぼんな　秋田（北秋田・南秋田）
うしよもぎ　伊豆八丈島
けんぼな　秋田
ねこぼんな　秋田

タマミズキ　〔モチノキ科／木本〕
あおき　山口（佐波）
あかみ　高知（安芸）
あかみずき　和歌山
あめふり　鹿児島（北薩）
かなくそ　高知（幡多）
からいそ　愛媛（大洲）
からくす　高知（幡多）
からくそ　高知（幡多）
くそべた　高知（高岡）
げろー　愛知（南設楽）
しおぎり　高知（安芸）
しゃしゃか　高知（安芸）
しらき　和歌山（東牟婁）
しらぎ　高知（安芸）
しろさいご　福井（遠敷）
たにあさ　鹿児島（伊佐・大口）

ひめちょー　宮崎（児湯・西諸県）　熊本（球磨）
みずき　三重　奈良（吉野・北山川）　和歌山　徳島　高知
みずぎり　高知（幡多）
みずのせ　高知（幡多）

タムシバ　〔モクレン科／木本〕
いとざくら　青森（下北）
いまんぼ　愛媛（上浮穴）
くぶし　木曾　愛知　福井
くろずさ　岩手（稗貫）
こーぶし　三重（多気・北牟婁・南牟婁）
こーぽし　福井　愛媛
こぶき　山形（東田川・飽海）
こぶし　岩手　秋田　山形　新潟　富山　長野　愛知　岐阜　福井　三重　京都　奈良　和歌山　兵庫
こぶのき　山形（東田川・飽海）
こぼし　岐阜　福井　香川　高知　愛媛
こぼせ　愛媛（面河）
さとーしば　和歌山
しばざくら　秋田（鹿角）　岩手
しばっこぶし　群馬（利根）
しばにっけー　秋田（秋田・南秋田）
しまやなぎ　愛媛（面河）
しろざくら　青森（下北）
たうちざくら　青森　岩手
たむしば　青森　岐阜
てうちざくら　青森
においこぶ　高知（吾川）
におやなぎ　香川（綾歌）
にっけー　秋田（山本）
ひきざくら　岩手（上閉伊・稗貫）
ひめこぶし　青森（中津軽）
めぼし　三重（員弁）
やまけし　青森（東津軽）
やまこぶし　福島（会津）
やまやなぎ　高知（幡多）

タムラソウ　〔キク科／草本〕
くさあざみ　近江
こまとどめ　尾州
めくろぐさ　加賀
めぐろくさ　加州

タモノキ → トネリコ

タラノキ

タラノキ 〔ウコギ科／木本〕

あえだら　福井（小浜）
いぎ　山口（玖珂）
いぎのき　山口（玖珂・阿武）
いぬだら　木曾　筑前　山口（厚狭）　高知
いぼだら　福井（坂井）
うきのき　千葉（君津）
うどもどき　山形（飽海・最上）
うまぽこ　秋田
おーだら（メダラ）　山口（厚狭）
おだら　三重
おとことろ　福井（大飯）
おとこったら　長野（佐久）
おなごたろ　福井（大飯）
おにーぎ　山口（玖珂）
おにがたら　島根（江津市）
おにぐい　予州　山口（大島）
おにたたき　三重（伊勢市・宇治山田市）
おにたたき（メダラ）　三重（宇治山田市）
おにだら　静岡　鹿児島（鹿児島）
おにのかなぼ　山形（飽海）
おにのかなぼー　勢州　三重（伊勢市）　山口（玖珂・厚狭）
おにのき　山口（美祢）
おにのばら　愛媛（西条市・上浮穴）
おにのぼー　山口（光市・熊毛）
おにのめつき　和歌山（新宮市・東牟婁）
おにのめつこ　紀伊牟婁郡
おにばら　神奈川（足柄上）　高知（幡多）
おんなったら　長野（佐久）
からいもだら　鹿児島（肝属）
からすとまらず　山口（厚狭）
くろのき　香川（木田）
ざらめ　奈良（吉野）
さるかきいばら　和歌山（東牟婁）
しびとばら　静岡
しょくだら　和歌山（東牟婁）
じょろーだら　静岡（秋葉山）
せのき　奥州
たーらんばら　奈良（南大和）
たこのき　山口（玖珂）
たなぼー　青森（増川）
たのんばら　高知（幡多）
だら　三重　奈良　山口
たらいぎ　山口（吉敷）
だらいぎ　山口（都濃）

だらいげ　熊本（球磨・鹿本）
たらいばら　岐阜（揖斐）
だらぎ　山口（厚狭・大津）　鹿児島（大島）
たらぐい　岡山
たらこー　岐阜（揖斐）
たらっぷ　青森（上北）
たらっぺ　新潟　栃木　群馬（上野東部・佐波）　静岡
たらっぺー　長野（佐久）
たらっぺーし　群馬（山田）
たらつぼ　青森（津軽）
たらっぽ　奥陸　青森（上北）　南部　陸中　岩手（上閉伊）　宮城　福島　静岡
たらっぽい　東京（奥多摩）
たらっぽー　青森　岩手　伊豆
たらのき　青森　福井　埼玉　高知　鹿児島
だらのき　山口　熊本　鹿児島
たらのくい　山口（熊毛）
たらのぼー　羽後　秋田（北秋田）
たらのめ　新潟　長野　静岡
たらばい　東京（八丈島）
たらばら　静岡（伊豆）
たらほ　宮城（刈田）
たらぽ　北海道　陸奥　陸中　羽後　宮城（登米）　青森　岩手　秋田
たらぽ　青森　岩手　宮城
たらぽい　神奈川（津久井）
たらぽー　北海道　青森　岩手　宮城　茨城（稲敷）　栃木
たらぽー　青森　岩手
だらぽー　岩手（下閉伊）
たらぽのき　福島（相馬）
だらめ　大阪（南河内）　奈良（吉野）　三重　熊本
たらんばら　高知（土佐）
たらんぺ　静岡（駿東）
たらんぽ　青森　岩手　宮城　千葉　埼玉　神奈川
たらんぽ　岩手（稗貫）
たらんぽー　千葉（長生）
だらんめ　熊本（球磨）
たろ　三重　香川
たろうど　近江
たろー　三重（伊賀）
たろーうど　近江
たろーのど　近江
たろのいげ　和州
たろのき　石川（能登）

324

たろんぽ　福井（丹生）
どーいぎ　山口（熊毛）
どちのき　青森（津軽）
どよーばら　高知（幡多）
とりとまらず　江戸　長門　福井（三方）
とりのぼらず　岡山（美作）
どろのき　青森（津軽）
ばめ　東京（八丈島）
ばめのき　伊豆八丈島
ばらだら　徳島（那賀）　高知（土佐）
ひめだら　静岡（秋葉山）
ぽーだら　富山（射水）　福井　三重
ぽーだらいばら　富山（西礪波・五箇山）
ぽーだらのき　富山（砺波）
ほんだら　千葉　三重　和歌山（東牟婁）　山口
　（厚狭）　香川（香川・綾歌）　徳島
めくいだら　（メダラ）徳島（海部）
めぐいだら　徳島（海部）
めだら　三重（尾鷲）
めんだら　和歌山（有田）
もちたら　栃木（塩谷）
もちだら　福島（双葉）
やまいげ　熊本（鹿本）
やまうど　安芸

タラヨウ　　　　　　　　〔モチノキ科／木本〕
あぶりだし　鹿児島（出水）
えかきしば　長崎（東彼杵）　熊本　大分（日田）
おーとりもち　高知（高岡・幡多）
おーばとりもちのき　福岡（粕屋）
おーばもち　高知（高岡・幡多）
おーもち　鹿児島（大根占）
おがしばもち　高知（幡多）
おがば　高知（高岡・幡多）
おがもち　高知（幡多）
かたつけば　豊州
じかきしば　佐賀（藤津・杵島）
じゃきしば　佐賀（藤津・杵島）
たらのき　福井（坂井）
てがたぎ　高知（安芸）
のこぎり　熊本（球磨）　宮崎
のこぎりしば　高知（高岡・幡多）
のこぎりば　熊本（球磨）　大分（南部）　宮崎
のこぎりもち　熊本　大分　宮崎　鹿児島（肝属）
のこぎりやんもち　宮崎　熊本　鹿児島
のこしば　長門

のこば　鹿児島（薩摩）
のこやみ　鹿児島（曽於）
のこやん　鹿児島（曽於・鹿屋）
のこやんもち　鹿児島（伊佐・大口）
のこんば　鹿児島（始良）
ほほばもち　高知（高岡・幡多）
もじんばり　紀州
もちのき　岡山（美作）　熊本（芦北）
もんつきしば　岡山　山口　山口（厚狭）　愛媛
　高知　高知（幡多）　熊本（熊本市）
やいとのき　和歌山（西牟婁・田辺市）
やんもち　鹿児島（始良）

ダリア　　　　　　　　　〔キク科／草本〕
いもばな　秋田（北秋田）　愛媛　長崎（南高
　来・壱岐島・五島・南松浦）
いもぽたん　高知（幡多）　岡山
からぽたん　山形（新庄市・北村山）　富山（富
　山市）
きんしぽたん　香川（高松）
さつまぽたん　千葉　千葉（長生）　新潟
てんじくぽたん　青森（上北）　宮城（仙台市）
　岩手（紫波）　秋田（鹿角）　山形　埼玉（入間）
　東京（八王子）　神奈川（津久井）　新潟　富山
　（砺波）　静岡（志太）　三重　奈良（宇陀）　長
　崎（南松浦）　熊本（下益城）　大分（大分）　鹿
　児島（肝属）
てんじっぽたん　鹿児島（始良）
てんしぽたん　宮城（登米）　福井　三重（阿
　山・度会）　奈良（宇陀）　和歌山（海草）　鳥取
　（気高）　岡山　岡山（小田）　山口（厚狭）　愛
　媛（南宇和）　大分（大分）
てんじゅくぽたん　熊本（玉名）
てんずきぽたん　青森（三戸）
といもぎく　長崎（南高来）　鹿児島
はぽたん　鹿児島

ダンギク　ランギク　　　　〔キク科／草本〕
やまこーじゅ　西国

タンキリマメ　　　　　　　〔マメ科／草本〕
きつねまめ　新潟（新潟市）
しらみまめ　京都
べにかわ　吾州

ダンコウバイ　ウコンバナ, シロヂシャ
〔クスノキ科／木本〕

あかずさ　山梨（本栖）
あわもち　新潟（西頸城）
あわもり　富山　岐阜（飛騨）
いがんつげ　大分（久住）
いわぎしゃ　長野（北佐久）
いわじしゃ　群馬（利根）　長野（飯田市）　静岡（磐田・水窪）
いわじゅしゃ　静岡（駿河）
いわずさ　甲斐　埼玉（秩父）　東京　神奈川　山梨
いわつた　群馬（多野）
いわとりき　岡山
いわはぜ　長野　岐阜（飛騨）　富山（魚津）
いわむらだち　長野（木曾）
うこんばな　江戸　和歌山
うわじ　富山（黒部）
うわず　富山（黒部）
うわはぜ　富山（魚津）
おーばじさ　長野（木曾）
おばともぎ　徳島（美馬）
おんなじしゃ　長野（上水内）
かべじさ　越前
かべっちゃ　福井（今立）
ぎしゃ　長野（更級・北佐久・篠ノ井）
ぎしゃぎしゃ　長野（北佐久）
きしゃぐさ　長野（佐久）
ぎょーじゃぼたん　奈良（吉野）
くろじしゃ　信州
くろまたかた　福井（小浜）
こーじばな　埼玉（秩父・入間）　奈良（吉野）
こーじばなのき　埼玉（入間）
こじしゃ　長野
じしゃ　長野（北佐久）
じしゃがら　長野（下高井）
じしゃばな　長野（北佐久）
しろじしゃ　長野　岐阜（美濃）
しろじしゃくら　岐阜（美濃）
しろじしゃぐら　岐阜（揖斐）
しろずさ　山梨（東八代）
しろともぎ　香川（香川）
しろもじ　加州　栃木（日光市）
しろもんじ　栃木（日光）　兵庫（佐用）
しろもんじゃ　栃木（日光）
ずさ　山梨

たにいそぎ　長州　周防　岡山（苫田）　広島（比婆）
たにこーばい　岐阜（揖斐）
つらふり　播州
ときしらず　木曾
とっかんば　長野（北佐久）
ともぎ　香川（綾歌）　愛媛（新居）　高知（香美）
なんじゃもんじゃ　茨城（久慈・太田）
にかがら　富山（魚津）
のそば　伊予
はなむらだち　三重（員弁）
はるはしゃげ　岐阜付知
まんさく　群馬（利根）　福井（三方）　和歌山（伊都）
みやまじしゃ　静岡（安倍）
むしかつら　福井（大野）
むらた　三重（員弁）
もとぎ　香川（綾歌）
もんじゅ　群馬（勢多）
やえときしらず　木曾
やまおーばい　美濃粕河
やまじしゃ　長野（伊那）
よーじのき　神奈川（足柄上）
らんこーばい　三重（員弁）

ダンチク　ヨシタケ
〔イネ科／草本〕

あし　和歌山（西牟婁）
あせ　和歌山（田辺・有田・日高・西牟婁）
おかのあし　長州
たぎく　長崎（東彼杵）
たけく　長崎（東彼杵・西彼杵）
だけく　長崎（東彼杵）　鹿児島（中之島）
たちき　鹿児島（川辺）
だちく　伊勢
たちったけ　鹿児島（肝属）
たてき　鹿児島（揖宿）
たてぎ　鹿児島（垂水市）
たてぎから　鹿児島（垂水）
たてく　佐賀　鹿児島（薩摩・出水・大島）
たてっがら　鹿児島（肝属）
たてっぱ　鹿児島（川辺）
でーく　鹿児島（徳之島）　沖縄（首里）
ぶん　鹿児島（奄美大島）
ぽーだけ　鹿児島（奄美大島）
ぽーでー　鹿児島（奄美大島）
よし　徳島（海部）

よしたけ　京都　防州

ダンドク　〔カンナ科／草本〕
かんな　静岡（志太）　香川　沖縄（首里）
かんなそー　福島（相馬）
かんなん　静岡（志太）
げかたおし　鹿児島
げかたらし　鹿児島
だんとくせん　熊本（玉名）
はなばしゃ　鹿児島（徳之島）
ぱなばしゃ　鹿児島（与論島）
はなばしょ　鹿児島（喜界島）
まーらんばそー　沖縄（石垣島）
まらばさ　沖縄（鳩間島）
らっぱそー　岡山
らんどく　岡山

ダンドボロギク　〔キク科／草本〕
じへんぐさ　静岡（榛原）
しゅーせんぐさ　静岡（磐田）
しょーかいせきぐさ　静岡（小笠）
ひこーきぐさ　静岡（小笠）
ひりょーぐさ　静岡（榛原）

タンナサワフタギ　〔ハイノキ科／木本〕
ぽろぎ　香川（香川）

タンポポ　〔キク科／草本〕
うさぎぐさ　香川（東部）
うさぎのちち　秋田（北秋田）
うまごやし　熊本（天草）
おーごんか　薩摩
おーごんそー　江戸
おーちぶな　豆州島嶼
おがんおがん　新潟（佐渡）
おかんかん　新潟（佐渡）
おがんがん　新潟（佐渡）
おかんかんかん　新潟（佐渡）
おかんかんぞー　新潟（佐渡）
おかんかんばん　新潟（佐渡）
おぼーおぼー　長野
おやこーこー　千葉（長生）
おやこーこーばな　房総　千葉（茂原）
おんぽ　群馬（佐波）
かこもこ　青森（北津軽・下北）
かしぼくろ　青森（八戸）

かじゃ　青森
かじゃんば　青森
かちかち　富山（富山・下新川）
かっこーじ　新潟（中魚沼）
がっこーし　新潟（中魚沼）
かっぽこ　福井（南条）
かっぽっぽ　滋賀（高島）
かんかん　新潟（佐渡）
かんかんばな　新潟（佐渡）
かんぞー　新潟（佐渡）
かんぽ　静岡（引佐）　長野（飯田・飯山・上伊那）
がんぽ　長野（上伊那・下伊那）　静岡（引佐）
かんぽー　長野（下伊那・飯田）
かんぽーじ　山梨（中巨摩）
かんぽーじ　山梨（中巨摩・西八代）
がんぽーし　山梨　長野（南部）
がんぽーじ　神奈川（津久井）　山梨（中巨摩）　長野（長野・飯田・下水内・諏訪・上伊那・下伊那）　静岡
がんぽーじろ　岩手（九戸）
がんぽーそー　青森（八戸・三戸）
かんぽじ　神奈川（津久井）　長野（上伊那）
がんぽじ　神奈川（津久井）　長野（上伊那・下水内）
きなたんぽぽ　愛媛（周桑）
ぐくぱな　山形（村山）
くさぎな　愛媛（南宇和）
くじっけぁ　岩手（九戸）
くじな　木曾　信州　青森（上北）　宮城　山形（米沢）　福島（会津）　群馬（利根）　神奈川（愛甲）　山梨（北巨摩）　岐阜（吉城）　長野（長野・上田・下伊那・東筑摩・南佐久・南安曇・諏訪）　新潟（中魚沼・古志）　三重（志摩）　大分
ぐしな　宮城（仙台市）　山形（米沢市）
ぐじな　仙台　信州　青森（上北）　山形　福島（会津）　神奈川（愛甲・中）　新潟（刈羽）　長野（下伊那）　三重（志摩）
くじゅーな　愛媛（東宇和・喜多）
くじゅな　愛媛（宇和島・南宇和・北宇和・喜多）
くずくい　岩手（九戸）
くずくいな　岩手（九戸）
くずな　山形（北村山・東村山）　新潟
くちくちな　新潟（佐渡）
ぐちぐちな　佐渡
くちな　奥州　佐渡

タンポポ

ぐちな　仙台　奥州　宮城（仙台市）　三重（志摩）
くびきりばな　長野
くまくま　青森（津軽・青森・弘前）　秋田（山本）　新潟（中越・長岡）
ぐまぐま　青森
くまこ　秋田
くまぼ　秋田（北秋田）
くまぼ　秋田（北秋田）
くわもこ　青森（北津軽・下北）
ぐんちなばな　山形（北村山）
げげしょ　新潟（長岡）
こーちゃ　新潟（刈羽）
ごご　秋田（南秋田）
ごごじょー　新潟（西蒲原・刈羽）
ごごろっけ　秋田（南秋田）
こちふち　伊豆八丈島
こちふな　伊豆八丈島
こちぶな　伊豆八丈島
ごやじ　佐州　丹波　新潟（佐渡）
ごろーじ　新潟（佐渡）
こんこーじばな　新潟（佐渡）
こんでん　新潟（佐渡）
こんねんどー　新潟（佐渡）
こんれんばな　新潟（佐渡）
さけかいぼー　長崎（上県・下県）
しーびび　兵庫（有馬）
じゃんとんばな　新潟（西頸城）
じゃんどんばな　新潟（西頸城）
じゃんぽん　新潟（西頸城・中頸城）
じりんどー　新潟（佐渡）
じりんどばな　新潟（佐渡）
ずくつくべ　山形（東田川）
たーたんば　静岡
たーたんぽ　静岡
たーたんぽ　静岡
たたんぽこ　静岡（賀茂・磐田）
たたんぽご　静岡
たたんぽぽ　群馬（山田）
たっぽ　東京（西多摩・南多摩）
たっぽっぽ　埼玉（入間）　東京（西多摩・南多摩）
たびらこ　岐阜（加茂）　大分（速見）
たぶらこ　滋賀（高島）
たぽんつつ　島根（隠岐島）
たんたんぽ　静岡
たんたんぽ　静岡（田方）
たんたんぽー　静岡（志太）

たんたんぽぽ　静岡（安倍）
たんぱこ　岡山（上房）　香川（香川）
たんぶき　富山（富山）
たんぷき　富山
たんぽ　埼玉（入間）
たんぽ　江戸　埼玉（入間）　千葉（長生）　東京　神奈川（鎌倉）　愛知（名古屋）　新潟　大分（大分）
たんぼく　仙台
たんぽく　仙台
たんぽこ　京都
たんぽご　愛知（東春日井）　兵庫（印南）
たんぽこ　静岡（小笠）　愛知（名古屋・東春井）　新潟（西蒲原・佐渡）　三重（伊勢）　京都　和歌山（日高・東牟婁）　兵庫（飾磨）　島根（大田市）　岡山（吉備・浅口）　香川　高知　福岡（福岡・久留米・筑上）
たんぽこな　香川（小豆島）
たんぽこりん　新潟（佐渡）
たんぽっぽ　大分（大分）
たんぽな　香川
たんぽな　熊野　京都　京都（相楽）　和歌山（日高・東牟婁）　島根（隠岐島）　香川（小豆島）
たんぽぽ　埼玉（北埼玉）
たんぽぽん　新潟
たんぽん　兵庫（津名・三原）
たんぽんぽ　福島　大阪（泉北）
たんぽんぽー　大阪（泉北）
たんぽんぽん　新潟（佐渡）
ちーぐさ　長崎（南高来）
ちぐさ　静岡（富士）
ちちぐさ　長野（北佐久・佐久）　石川（金沢）　広島（安芸）　山口（玖珂・熊毛・都濃・佐波・大津・阿武）　香川（東部）
ちな　周防
ちゃーぽんぽん　新潟（佐渡）
ちゃちゃっぽ　群馬（勢多・佐波）　静岡（富士・庵原）
ちゃちゃっぽこ　群馬（吾妻）
ちゃちゃぽぽ　山形（北村山）
ちゃんちゃんぽ　山梨
ちゃんちゃんぽごごご　山形（南村山）
ちゃんちゃんぽっぽ　山形（南村山）
ちゃんちゃんぽん　新潟（佐渡）
ちゃんちゃんぽんぽ　新潟（佐渡）
ちゃんちゃんぽんぽん　新潟（佐渡）

ちゃんぽ　神奈川（三浦）
ちゃんぽこ　新潟（佐渡）　群馬（碓氷・北甘楽）
　愛知（中島）　岐阜（山県）　岡山（上房）　香川
　（丸亀）
ちゃんぽぽ　山形（西村山・最上）　新潟（佐渡）
　山梨（東八代）　富山（東礪波）　香川　長崎
　（南松浦）
ちゃんぽん　香川（大川・志度）
ちゃんぽんちゃんぽん　新潟（佐渡）
ちゃんぽんぽ　山形（西村山）　新潟（佐渡）
ちゃんぽんぽん　新潟（佐渡）
つずみぐさ　越中　福井
つんぶーばな　新潟（佐渡）
つんぽがら　群馬（佐波）
つんぽぐさ　福井　福井（今立）　大分　大分
　（大分）
つんぽばな　新潟（佐渡）　大分　大分（大分）
でっこっけ　青森（南部）
てっぽっぽばな　山形（東置賜・西置賜）
ででこけ　岩手（二戸）
ででこけばなこ　岩手（和賀）
でてここ　青森（下北）
でてこっけ　青森（南部）
ででこっけ　青森（八戸・三戸）
ででこっこ　青森（三戸）
てでっこき　岩手（二戸）
ででっこっこ　青森（三戸）
ててっぽ　岩手（上閉伊・江刺）　宮城（栗原）
てでっぽ　岩手（釜石・紫波・岩手）
ででっぽ　岩手（宮古・上閉伊・胆沢）　宮城
　（仙台市）
てでっぽー　岩手（九戸）
てでっぽっぽ　岩手（上閉伊・稗貫）
てでっぽっぽ　青森　秋田（平鹿）　岩手（紫波）
ででっぽっぽ　青森
ててっぽぽ　岩手（江刺）　山形（東置賜・東田川）
ててぽぽ　岩手（紫波・盛岡）　青森　秋田（鹿角）
ででぽぽ　秋田（鹿角）
てとこっけ　青森（南部・三戸）
てんまるかくし　新潟（上越市）
とぶたまり　大分（大野）
どぶたまり　大分（大野）
とんぼぐさ　埼玉（北足立）
とんぼのちち　茨城　三重（一志）
どんぼのちち　三重（名賀）
にがな　房総　周防　千葉　千葉（夷隅・市原・

長生・山武・海上）　長野（佐久）　三重（鳥羽
市・志摩）
にぎゃな　鹿児島（大島）
はっぱこ　兵庫（津名・三原）
ぴーぴーぱな　神奈川（愛甲）
びびばな　秋田（雄勝）
ぴんぴばな　千葉（夷隅）
ふいぶい　三重（志摩）
ふくな　沖縄（石垣島・鳩間島）
ふくなー　沖縄（竹富島）
ふくなん　沖縄（石垣島）
ふじな　大分（大分）
ぶちな　勢州
ぽこじや　新潟（中越）
ぽこじゃ　新潟（長岡）
ぽっこ　秋田　岩手（気仙）
ぽぽじゃ　新潟（佐渡）
ぽぽちゃ　新潟（佐渡）
ぽぽちゃ　新潟（佐渡）
ぽぽらんけ　山形（鶴岡市・東田川）
ぽんぽこちゃがま　新潟（佐渡）
ぽんぽこちゃん　新潟（佐渡）
ぽんぽんぐさ　大分（大分市）
ぽんぽんちゃ　新潟（佐渡）
まんがこんが　千葉（千葉）
まんがまんが　千葉（千葉）
まんがれ　大分（玖珠）
まんご　愛知（額田・宝飯・幡豆）
まんごー　上総市原
みみつんぽ　埼玉（入間）　大分（大分市）
むじな　勢州
むちな　勢州
もちばな　山形（東田川・飽海）

チガヤ　　　　　　　　　　　　　　〔イネ科／草本〕

あなちゅー　大分（北海部）
あまいよ　和歌山（日高）
あまかや　熊本（阿蘇）
あまじ　千葉（安房・富浦）
あまじこ　新潟
あまた　愛媛
あまちか　愛媛
あまちこ　山形（酒田市・飽海）　新潟　愛媛
あまちゃ　和歌山（東牟婁）
あまちゃこ　愛媛（周桑）
あまちゅー　大分（北海部）

チガヤ

あまね　静岡（小笠）　和歌山（和歌山・有田・日高）　兵庫（赤穂）　岡山（岡山市・児島）　香川（綾歌）　熊本
あまみ　防州
あまめ　和歌山
おーの　岡山（苫田）
おせんばた　新潟
おなごかや　島根（美濃）　長崎（北松浦）
おばな　鹿児島（出水・河辺）
おばんこ　鹿児島（熊毛）
がいばら　高知
かにすかし　播州
かや　和歌山（日高・西牟婁）　長崎（北松浦・南松浦）　鹿児島（加世田市）
かやがみ　福岡（三池）
かやご　島根（隠岐島）
かやね　愛媛（周桑）
かやぼ　和歌山（東牟婁）
かんぞー　岡山（邑久）
きゃこ　鹿児島（日置）
きんのこ　新潟
きんぽこ　新潟
くゎいくゎい　新潟
こーじ　和歌山（有田）
こじ　和歌山（日高）
ささね　木曾
ささみ　静岡　和歌山（有田・日高）
さざみ　静岡（駿東）　和歌山（有田・日高）
ささみぐさ　和歌山（東牟婁）
さざみくさ　和歌山（東牟婁）
ささめ　千葉（印旛・茂原・山武）
さざめ　千葉（香取・印旛）
しのね　千葉（長生・鴨川）
しば　群馬（勢多）　新潟　島根（松江市）
しばはな　神奈川（足柄上）
しばばな　神奈川（足柄上）
しばめ　長野（下水内・北佐久）
しばめのくさ　長野（下水内）
じょーめぐさ　富山（西礪波）
しらかや　静岡（小笠）
しらがや　静岡
しろつばな　山形（西田川）
すいすい　香川
すいば　島根（能義）
ずいば　島根
ずいぼー　島根（鹿足）

ずば　島根
ずばな　大分（別府市・直入）
ずぶな　山口（大島）
ずほ　島根（那賀・鹿足）　岡山　岡山（苫田）　長崎（壱岐島）
すぽー　山口（玖珂）
ずぽー　島根（鹿足）　山口（那賀）
ずぽーな　山口　山口（玖珂）
ずぽーなー　山口（熊毛）
ずぽかや　長崎（壱岐島）
ずぽな　広島（高田）　山口　山口（大島・熊毛）　大分（直入）
ずぽんな　愛媛（越智）
ずむな　山口（大島）
ずわ　島根（江津市）
すんば　愛媛（伊予・伯方島）
ずんば　岡山
ずんばい　岡山（小田）
ずんばぇー　岡山
ずんばら　三重（志摩）　広島（府中市）
ずんばらこ　三重（志摩）
ずんぽ　岡山（岡山・御津）
ずんぽー　島根（鹿足・邑智）
ずんぽな　愛媛（大三島）
ぜにこ　東京（三宅島）
せんばた　新潟
ちあみ　和歌山（伊都）
ちあめ　和歌山（伊都）
ちー　和歌山（日高）
ちぐさ　京都（何鹿）　和歌山（田辺・日高・西牟婁）
ちのね　和歌山（東牟婁）
ちばな　山形（山形）　兵庫（津名・三原）
ちばみ　和歌山（和歌山）
ちぶく　京都（竹野）
ちゅあみ　和歌山（伊都）
ちょーきち　和歌山（那賀）
ちわ　和歌山（伊都）
ちわね　和歌山（那賀）
ちわみ　和歌山（那賀）
ちんがき　和歌山（東牟婁）
ちんば　和歌山（西牟婁）
ちんぽー　和歌山（伊都）
ちんぽね　和歌山（海草・那賀）
つあのみ　大分（大分市）
ついのこ　新潟

ついばな　岐阜（本巣）
ついばな　沖縄（石垣島）
つば　作州　鳥取　島根（鹿足）　山口（阿武・大津）
つばくろ　大分（速見）
つばころ　島根（那賀）
つばな　山形（庄内）　茨城　神奈川（足柄上）　新潟（新潟・北蒲原）　和歌山（和歌山・新宮・那賀・伊都・有田・日高・東牟婁・西牟婁）　山口（厚狭・大津）　愛媛（周桑）　福岡（久留米・築上・八女）　熊本（上益城・八代）　大分（別府）　宮崎（児湯）　鹿児島（川辺・日置・姶良）
つばなこ　島根（石見）
つばね　大分（大分市）　神奈川（津久井）
つばねこ　島根（美濃・邑智）
つばのこ　島根（石見）　山口（美祢・阿武）
つばめ　山口（厚狭・佐波）　長野（下水内）
つばんこ　島根（石見）
つばんこー　島根（美濃・那賀）
つびな　鹿児島（曽於）
つぶな　山口（玖珂・大島）
づぶな　山口（大島）
つべ　新潟
つぼ　島根（鹿足）
づぼ　岡山（勝田）
つぼー　島根（鹿足）
つぼーばな　防州
つぼな　山口　山口（大島・玖珂・都濃）
つぼみ　山口（阿武）
つんつん　兵庫（津名）
つんつんば　静岡（志太）
つんつんばな　静岡（志太）
つんば　福井（大飯）　山口（豊浦）　岡山（岡山）
つんばな　静岡（富士）　福井（大飯）　山口（豊浦・吉敷）　和歌山（和歌山・新宮・伊都・田辺・那賀・海草・有田・日高・西牟婁・東牟婁）
つんばね　播州
つんばら　福井（大飯）　岐阜（加茂）　三重（南牟婁）　京都　奈良（宇陀）　和歌山（伊都・東牟婁）　山口（吉敷）
つんぽ　和歌山（東牟婁）
つんぽ　和歌山（東牟婁）　岡山
つんぽー　福井（大飯）
つんぽら　和歌山（田辺市）

とま　和歌山（日高）
とまがや　熊野
とまぐさ　和歌山（日高・西牟婁）
とますげ　高知（幡多）
とわば　伊豆
なつし　鹿児島（姶良）
ねかんど　愛媛（周桑）
のぎのとと　岐阜（飛驒）
のぶし　島根（邑智）
のぼし　兵庫（淡路）　島根（出雲・能義）　広島（比婆）
のぼせ　岡山（小田）　広島（比婆）
のまき　新潟（佐渡）
のまぎ　新潟（佐渡）
ぴーぴーくさ　大分（宇佐）
ひがや　島根（美濃・邑智）
ひるぬき　和歌山（日高）
へびしば　群馬（勢多）
まかや　長崎（対馬）　熊本（球磨）　大分（大野）　鹿児島　沖縄（宮古島）
まがや　愛媛（周桑）　長崎　熊本（玉名・球磨）　鹿児島（垂水・河辺）
まくさ　香川
まはや　鹿児島（与論島）
まひや　鹿児島（与論島）
みのかや　長州　熊本（八代・球磨）　宮崎（西臼杵）　鹿児島（谷山）
みのがや　防州　長州　熊本（八代）　宮崎（西臼杵）　鹿児島（鹿児島）
みのくさ　防州
みのげ　千葉（夷隅）
めかや　島根（邑智・美濃）
めがや（雌茅）　島根（美濃）
めんかや　島根（邑智・美濃）
めんがや　島根（美濃）
やまわら　越中
わらいぐさ　和歌山（海南市）

チカラグサ → オヒシバ

チカラシバ　〔イネ科／草本〕

あまさまのまんじょのけ　新潟（南蒲原）
いぬつばな　若州
いんのこしっしょい　鹿児島（加世田市）
えんしょーぐさ　秋田
おうまぐさ　山口（大津）
おーかめぐさ　岡山

チクセツニンジン

おーくさ　鹿児島
おおしば　千葉（山武）
おーまぐさ　山口（大津）
おこじそー　山形（飽海）
おにしば　千葉（匝瑳）
かぐま　新潟（刈羽）
がにしば　千葉（香取）
けむし　山形
こってーこかし　広島（比婆）
こっといつなき　長州　防州
こまつなぎ　長門　熊本（菊池・玉名）　鹿児島
　（肝属）
しけぐさ　徳島（美馬）　愛媛（新居）
じしば　千葉（銚子）
すげくさ　香川（小豆島）
たぬきのしりお　熊本（鹿本）
ちからくさ　徳島（美馬）　千葉（安房）
ちからぐさ　周防　徳島
ちゃせんくさ　長州
つんびのけ　静岡（志太）
なざぎ　沖縄（石垣島）
なたくさ　長州
なっきー　鹿児島（薩摩）
ぬざぎ　沖縄（鳩間島）
ぬだで　沖縄（与那国島）
ねこのお　秋田（鹿角）
ばばけむし　福島（相馬）
ひげぐさ　奈良（宇智）
ひげめめじょ　熊本（玉名）
ほーきぐさ　秋田
ほとぐり　熊本（芦北・八代）
みちくさ　防州　長州
みちぐさ　和歌山（東牟婁）
みちしたぐさ　島根（能義）
みちしば　防州　長州　新潟（刈羽）　鳥取（気高）
みちんば　長野（下水内）　鳥取（気高）　千葉
むじむしくさ　愛媛（周桑）
わたぐさ　山形（東田川）

チクセツニンジン　→　トチバニンジン

チゴユリ　　　　　　　　　　〔ユリ科／草本〕
すずらん　群馬（山田）
ねこゆり　福島（相馬）
へびゆり　新潟
やまのばさのよろ　新潟（中頸城）

チコリ　キクニガナ　　　　　〔キク科／草本〕
こーひーだいこん　長野*
こーひーにんじん　北海道*

チシマザサ　ネマガリダケ　　〔イネ科／木本〕
がっさんだけ　山形（鶴岡市・西田川）
じだけ　北海道　青森　岩手　秋田　山形
しの　長野（上水内）
じんだけ　群馬（利根）
すず　長野（飯山市）
ちまきざさ　山口（厚狭）
やまたけ　新潟

チシャ　→　レタス

チシャノキ　　　　　　　　〔ムラサキ科／木本〕
かきのきだまし　東京　静岡（駿河）　和歌山
　島根（石見）　広島　大分（大野・直入）
かきもどき　岡山
きさのき　鹿児島（肝属）
きじしゃ　予州　愛媛
こまぎ　熊本（水俣）
ざとーのつえ　越後　越前　新潟
じしゃ　群馬（碓氷）
じしゃのき　佐渡　越前
たがやさん　土州
ちさぬち　沖縄
ちしゃ　高知　熊本　鹿児島
ちしゃのき　愛媛　福岡
ちちゃ　鹿児島（薩摩）
ちぶり　周防
ちょーめ　近江
ちょーめん　愛媛　高知
とーびわ　四国
ひしゃ　鹿児島（川辺）
ほーずき　神奈川
やつなぎ　日光
やつるぎ　日光

チダケサシ　　　　　　〔ユキノシタ科／草本〕
あかちんき　長野（佐久）
おぼんばな　静岡（富士）
げんこぐさ　長野（北佐久）
げんこつぐさ　長野（北佐久）
ぼんばな　静岡（富士）

チチコグサ　　　　　　　　　　〔キク科/草本〕
おとこつづこ　岩手（水沢）
おとこもぐさ　岐阜（恵那）
かつらぼーこ　京都（与謝）
からすぼーこ　京都（与謝）
しろよもぎ　山形（飽海）
しんじこしんじこ　秋田（鹿角）
すずめのちょーちん　新潟（佐渡）
すずめのちょんちょん　新潟（佐渡）
すずめのまくら　愛知（知多）
すずめぼーこー　京都（竹野・与謝）
ちちこ　新潟
ちちっこ　静岡（富士）
つつこ　山形（東村山）
つづのこ　富山（射水）
てんぐもちぐさ　新潟
とーご　愛知（豊田・宝飯・碧海）
とーごばな　愛知（豊川）
とーごろそー　愛知（海津）
とのさまもちぐさ　新潟
とんご　愛知（碧南）
やまばーこ　鳥取（西伯）

チチブドウダン　→　ベニドウダン

チヂミザサ　　　　　　　　　　〔イネ科/草本〕
いとぼとくり　大分（佐伯市）
うずらぼとくい　鹿児島（垂水市）
がぎなぐさ　鹿児島（奄美大島）
がらがーぎな　鹿児島（奄美大島）
きゃーなものぶれ　熊本（玉名）
けちぢみざさ　和歌山（西牟婁）
こざさ　秋田
さくさく　和歌山（東牟婁）
ささぐさ　和歌山（新宮市）
ついもち　島根（美濃）
へぼとくい　鹿児島（薩摩）
ほとろ　和歌山（新宮市）
ものぶれ　熊本（玉名）
やまほとくい　鹿児島（揖宿）

チトセラン　　　　　　　〔リュウゼツラン科/草本〕
とぅらぬじゅー　沖縄（首里）

チドメグサ　　　　　　　　　　〔セリ科/草本〕
うるはたぐさ　新潟（新潟市）
おにごけ　江戸

かがみぐさ　播州　島根（邑智）
かがみじしばり　江戸
かさぐさ　愛媛（周桑）
くさまちん　伊勢
じしばり　島根（隠岐島・周吉）　愛媛（新居）
ぜにくさ　和歌山（日高）
ぜにぐさ　和歌山（日高）
ぜんまい　福岡（筑後市）
ちーどめ　静岡（富士）
ちーどめくさ　静岡（富士）
ちとりぐさ　奈良（高市）
ちょーちんぐさ　越後
ちりめんぐさ　岡山（岡山市）
つめぐさ　鹿児島（大口市・揖宿）
とんぼぐさ　千葉（山武）
ひーなくさ　静岡（富士）
ひーるくさ　静岡（富士）　岡山（浅口）
ひーるぐさ　岡山（浅口）
びーるぐさ　静岡（富士）　岡山（浅口）　熊本（玉名）
ひーろぐさ　山形（東田川）
ひるくさ　秋田（北秋田）　千葉（印旛）　新潟
ひるぐさ　江州　山形（北村山・飽海）
びるくさ　山形（北村山）
びるぐさ　山形（村山）　熊本（玉名）
ひるっぱ　千葉（柏）
ひろくさ　秋田　秋田（鹿角・河辺・北秋田）
ひろぐさ　岩手（遠野・紫波）
びろぐさ　青森（三戸）
へいろくさ　長野（更級）
へーるくさ　新潟（中頸城）
へびくさ　青森（上北）
へるくさ　新潟（刈羽）
へろぐさ　秋田（雄勝）　山形（東田川）　新潟（刈羽）
べろくさ　青森（三戸）
べんけーそー　山形（飽海）
よめのじしばり　千葉（印旛）
よろいぐさ　佐渡

チドリノキ　ヤマシバカエデ　　〔カエデ科/木本〕
あらご　武州三峰山
あらさご　埼玉（入間）
あらは　福島（岩瀬）　神奈川（西丹沢）
あらはが　栃木（上都賀・安蘇）
あらはがら　足尾銅山　茨城

あらはご　埼玉（秩父・入間）
あらはだ　群馬（勢多）
あらふぐ　群馬（甘楽）
あららぎ　東京（奥多摩）
えべすぎ　神奈川（足柄上・東丹沢）
こーらしば　愛媛（新居）
こってころし　長崎（多良岳）
さーしば　埼玉（秩父）
さわかし　静岡（田方）
さわぐり　千葉（上総・清澄山）
さわしば　埼玉（秩父）　山梨（北都留・南巨摩）　静岡（伊豆・磐田・水窪）　岐阜（恵那）
さわふさき　茨城
さわぶな　静岡　茨城（大子）
さんしば　岐阜（恵那）
しば　長野（上田）
しばのき　埼玉（秩父）
たにあさ　岐阜（美濃粕河）
たにあざ　福岡（犬ヶ岳）
たにあやら　山口（周防）
たにおも　愛媛（上浮穴・面河）
たにがし　三重　奈良　和歌山　高知　熊本
たにくわ　徳島（美馬）
たにしば　岐阜（加子母）
たにしょー　高知（長岡）
たにじょーろ　愛媛（宇摩・上浮穴・面河）　高知（土佐）
たにじょろ　愛媛（面河）
たにはぎ　山口（佐波）
ちちのき　高知（長岡）
とちわらしで　岐阜（門入）
やまくぬぎ　山梨（韮崎）
やましば　木曾　宮城（宮城）　山梨（東山梨）　福井（今立）　和歌山（伊都・日高）

チマキザサ　ネガマリダケ　〔イネ科／木本〕
くまざさ　羽州　山形（飽海）
ねまがりだけ　出羽

チャンチン　〔センダン科／木本〕
かみなりのき　勢州
かみなりよけ　新潟（南部）　長野（長野市）
くもさがし　鹿児島（日置）
くもやぶり　伊勢
こーちん　富山　石川
しろはぜ　土州

すぐろぎ　鹿児島
てんつくのき　鹿児島（鹿児島市・鹿児島）
てんつずき　江州
とーせんき　新潟（北蒲原）
なんじゃのき　常州
ばかすくろぎ　鹿児島（鹿児島市）
ひよけのき　山口（周防）
ひんぼく　防州
ほーちん　能州
やまうるし　駿河　静岡
ゆみぎ　土州
らいじんぼく　山形（北村山・東置賜）
らいでんぼく　常州　丹波　奥羽　茨城　栃木　群馬（東部）　千葉（上総）　京都（丹波）
りゅーがん　新潟　長野（長野市）
りゅーばん　新潟
りょーがん　新潟

チャンパギク → タケニグサ

チョウジガマズミ　〔スイカズラ科／木本〕
なべおとし　香川（大川）

チョウジザクラ　〔バラ科／木本〕
げんじそー　丹州
しゅーざくら　長野（北佐久）
ねずみざくら　長野（北佐久）
みじめざくら　長野（佐久）
やまざくら　新潟

チョウジタデ　〔アカバナ科／草本〕
あずきぐさ　香川（中讃）
とんがらしぐさ　和歌山（新宮市）
なんばんぐさ　新潟（佐渡）

チョウセンアサガオ　マンダラゲ　〔ナス科／草本〕
あいす　備後
いがなす　長州
いがなすび　防州　島根（美濃）　岡山（邑久）　愛媛（周桑）
きあさがお　総州
きちがいくさ　千葉
きちがいそー　三重（宇治山田市・伊勢）
きちがいなす　群馬（佐波）　埼玉（秩父）　静岡
きちがいなすび　石州　群馬（山田）　長野（佐久）　岡山（岡山市）　山口（厚狭）
きちげなす　長野（東筑摩・佐久）

きばそ　香川（仲多度）
きばそー　徳島
ぎばそー　豊前
げかころし　讃州
げかだおし　伯州　石州　予州
こけこっこ　兵庫（赤穂）
ぜろたばこ　遠州　鹿児島（鹿児島市・川内市）
せんそーたばこ　和歌山（日高）　島根（美濃）
　鹿児島（鹿児島）
ぜんそくたばこ　和歌山（日高）　島根（美濃）
　鹿児島（鹿児島市）
ちゃめらそー　江戸
ちゃるめらそー　江戸
ちょーせんあさがお　江戸
ちょーせんたばこ　遠江
ちょーせんなーしび　沖縄（島尻）
ちょーせんなすび　山口（厚狭）
ちょーせんほーずき　福島（相馬）
とーたで　阿波
とーなすび　予州
ばかなす　千葉（君津・富津）
はりなすび　予州

チョウセンアザミ → アーティチョーク

チョウセンゴヨウ　チョウセンマツ　〔マツ科／木本〕
おにこ　山梨（南巨摩）
おにごよー　山梨（南巨摩）　長野（八ヶ岳）
ごよーのまつ　岩手（岩手）
ごよーまつ　青森　岩手　岐阜
こんごーさんまつ　静岡（遠江）
しゃぐま　新潟（苗場山）
ちょーせんごよー　青森　岩手
ちょーせんまつ　静岡　高知
はながごよー　山梨
はながらごよー　山梨（南巨摩）
はなしごよー　山梨（南巨摩）
ほんごよー　埼玉（秩父）　岐阜（飛騨）
やにたりのき　長野

チョウセンニンジン　ヤクヨウニンジン
〔ウコギ科／草本〕
おたねにんじん　富山*　高知（長岡）
くすりにんじん　静岡　三重*
しろにんじん　長野
ちょーせん　庄内　山形（鶴岡）
やくねんじ　岐阜*

チョセンゴミシ　〔マツブサ科／木本〕
ごむし　長野（佐久）

チョマ → カラムシ

チョロギ　〔シソ科／草本〕
がんだいも　長野（西筑摩）
きくいも　青森
ぎりいも　長野
ぎんろーじ　長野（北安曇）
げじげじいも　長野（北佐久）
げんろーじ　長野（北安曇）
ごりんご　新潟*
しないも　越前　福井
じないも　越前
しょーっぴ　長野（南佐久）
しょろき　仙台
じょろふき　周防
しょんびろ　長野（北佐久）
しろぎ　宮城（仙台市）
ちょーきち　長野*　岐阜*
ちょーろく　阿州
ちょーろっぴ　長野
ちょーろっぴょ　長野（下水内）
ちょな　肥後
ちょろいも　長野　三重*　滋賀*　奈良*　岡山
　大分*
ちょろきち　南部　長野
ちょろきちいも　長野（諏訪市・下伊那）
ちょろぎっ　青森（八戸）　岩手（二戸）
ちょろけいも　長野（下伊那）
ちょろけん　長野（下伊那）
ちょろちょろいも　長野（諏訪市・下伊那）
ちょろっけ　長野（上伊那）
ちょろっこ　長野（下高井）
ちょろっぴき　長野（上伊那）
ちょろっぴち　長野（東筑摩）
ちょろっぺ　長野（東筑摩）
ちょろり　長野（南安曇）
ちょろんけ　長野（小県）
ちょろんこ　秋田（鹿角）　青森
ちょろんぴん　長野（上伊那）
とーろーいも　山口（厚狭）
にないも　岐阜*
ねじいも　長野　三重（伊勢）
ひたりねじ　備後　岡山
ひょろんこ　岩手（岩手）

びろんど　長野（北安曇）
びんのす　山形*
びんろーじ　長野（北安曇）
べのーすいも　富山*
べんろじ　長野*
ほらいも　青森（津軽）　栃木　群馬*　新潟*
ほらいもこ　青森（中津軽）
ほらえもこ　青森
ほろいも　栃木（河内）
まきいも　長野（諏訪）
やまかい　佐渡
よめのふき　周防

ツウダツボク → カミヤツデ

ツガ　〔マツ科／木本〕

くろつが　滋賀
だけもみ　飛騨
つが　千葉　埼玉　神奈川　富山　徳島　高知　愛媛
つがもみ　茨城　栃木　静岡
つべつが　香川（仲多度）
とがのき　静岡（駿河）
とがまつ　長野　滋賀　三重　和歌山　熊本
とんが　三重（南牟婁）
ばか　岡山（美作・備中）
へったま　茨城
べべのき　奈良（宇智）
ほんつが　静岡　滋賀
まつが　山梨（南巨摩）
もみ　石川（加賀）
やにまつ　群馬
やはず　山形（酒田市）

ツキ → ケヤキ

ツキミソウ → オオマツヨイグサ

ツキヨタケ　〔キシメジ科／キノコ〕

くまべら　岐阜（飛騨）
こーずり　岐阜（大野）
つきみごけ　岐阜（飛騨）
なめっこ　羽州
ばかもだし　山形（飽海）

ツクシ　〔トクサ科／シダ〕

いーなぐさ　長野（佐久）
いぬのちんこ　長野（佐久）
いぬのちんぽ　長野（佐久・南佐久）
いののちんこ　長野（佐久）
いののちんぽ　長野（上田・佐久）
いののちんぽ　長野（上田）
うしのふで　熊本（上益城・下益城）
おいしゃさんのちょんぽ　新潟（中頸城）
おしゃしゃ　香川（小豆島）
おしょーさんのすずこ　岩手（九戸）
おぼーず　山梨
おぼーずい　山梨
かがんぽいぽい　宮崎（宮崎）
かしぼーず　静岡（富士）
かっぱのしんちこ　秋田（河辺）
がぼんぼ　島根（大田市）
かみなりのへそ　長野（上田・佐久）
かもぐさ　秋田（北秋田）
からすのちょんぽ　新潟（北蒲原）
かれぼーず　静岡（富士）
かんかんぼーず　広島
がんのかも　秋田（北秋田）
がんのかもこ　秋田（北秋田）
ききんぽー　新潟（中魚沼・中蒲原）
きたかたごんず　茨城（北相馬）
きちきちぶーし　大分（南海部）
ぎっちのこ　山形（東田川）
きつねのたばこ　新潟（西蒲原）
きつねのちょーちん　青森（三戸）
きつねのちんぽ　静岡（富士）
きつねのちんぽー　静岡（富士）
きつねのふで　新潟（東蒲原）　長崎（南高来）
きつねのろーそく　青森（三戸）　岩手（盛岡・二戸）　山形　富山（下新川・上新川）　福井（今立）　石川（鹿島）
きつねんふで　新潟（東蒲原）　長崎（南高来）
ぎほ　島根（隠岐島）
ぎぼし　広島（佐伯・能美・因島）
きりきりぼーず　岐阜（吉城）
くーすべ　山形（飽海）
くちなわのよめご　長崎（南高来）
くちなわんよめご　長崎（南高来）
ぐっつべ　山形（酒田市・飽海）
けつべ　山形（飽海）
けぶし　広島（安芸・呉）
げんのまら　新潟（佐渡）
こごしょー　新潟（刈羽）
こちょこちょきんよーず　新潟（西蒲原）
ごとごとこいし　茨城（稲敷）

ごぼー　千葉
ざぼんぱ　島根（安濃）
じーばば　青森（東津軽・上北）
じきじきぼーず　岐阜（飛騨・吉城）
じきしぼーず　岐阜（吉城）
じきなのこ　島根（大原）
じくじくし　山形（飽海）
じくじくしょ　山形（西田川）
じくじくぼー　岐阜（吉城・飛騨）
じくじくぼーず　岐阜（吉城・大野）
じくじくぽっぽ　岐阜（吉城）
じくじくぽぼ　岐阜（吉城）
じくしぼーし　岐阜（吉城・飛騨）
じくび　秋田（仙北）
じくべ　秋田（秋田・平鹿・仙北・南秋田・由利・雄勝・河辺）
じぐべ　秋田（秋田・平鹿・仙北・南秋田・由利・雄勝・河辺）
じくぽ　秋田（仙北）
じごくのそこのかぎっつるし　栃木（芳賀）　埼玉（南埼玉）
じごばこ　青森（北津軽）
じごばば　青森（青森・東津軽・西津軽・南津軽・北津軽）
じこべ　山形（東田川）
じじこすぐれ　秋田（平鹿）
じじこはれ　秋田（平鹿）
じじばば　青森（下北）
しずこはれ　秋田（平鹿）
じちゃばちゃ　青森（東津軽）
じっくび　山形（最上）　秋田（仙北）
じっくべ　秋田（秋田市・雄勝・由利）
じっことばば　青森（北津軽）
じっこばば　青森（北津軽）
じっこべ　山形（村山）
じっぱっこ　青森（下北）
じどばば　青森（東津軽）
じねんごー　山口（阿武）
じばば　青森（東津軽）
しぶくさのとー　徳島
じゃっぱ　山形（庄内）
じゃっぱっぱ　山形（庄内）
しんこべ　山形（西村山）
しんこべ　山形（西田川）
しんちこ　秋田（鹿角）
じんちこ　秋田（鹿角）

しんちこはれ　秋田（鹿角）
しんつこばれ　秋田（鹿角）
ずいこんぼ　新潟（北蒲原）
ずいこんぼさん　岐阜（安八）
すいすいとんぼ　三重（飯南）
すいな　長野（南佐久）
ずいな　長野（北安曇）
ずーつくべ　山形（新庄市）
ずーつくめ　山形（東田川）
すかなのぽんぽん　新潟（長岡市）
すがなのぽんぽん　新潟（長岡市）
ずぎ　青森（西津軽・南津軽）
ずぎかのか　秋田
すぎくさ　秋田（南秋田・山本）
すぎすぎぼーぼ　岐阜（大野）
ずぎずぎぼーぼ　岐阜（大野）
すぎすぎぼんこ　新潟（中魚沼）
ずきつっぽ　新潟
すぎな　仙台　青森（北津軽）　秋田（山本）　岩手（和賀・下閉伊・二戸）　宮城（登米・木吉）　福島（信夫・田村・岩瀬・双葉・石城）　千葉（安房）　新潟（佐渡）　山梨（北巨摩）　埼玉　岐阜　和歌山　兵庫（淡路島）　山口（豊浦・玖珂）　香川　長崎（南高来）
すぎなっくさ　茨城（猿島）
すぎなのこ　青森（三戸）　秋田（南秋田・由利）　岩手（東磐井・和賀）　宮城（本吉）　福島（大沼）　山口（都濃）島根（大原）
すぎなのこーと　富山（下新川）
すぎなのこっこ　岩手（岩手）
すぎなのこむすめ　島根（大原）
すぎなのてんぼ　千葉（海上）
すぎなのと　山形（北村山）
すぎなのとー　石川（鹿島）　島根（八束）
すぎなのはな　山形（西村山）
すぎなぼーず　島根（鹿足）
すぎの　秋田（仙北）
すぎのこ　青森（東津軽）　岩手（南磐井・江刺）　福島（石川）
すぎのご　青森（東津軽）　岩手（和賀・江刺）　福島（石川・石城）
すぎのと　長崎（南高来）
すぎのとー　長崎（南高来）
すぎぼ　岐阜（不破）　福井（大野）
ずきぼ　岐阜（不破）
すぎぼさん　岐阜（不破）

すぎぼし　熊本（玉名・宇土・上益城・八代・球磨・芦北）
ずきぼし　熊本（玉名）
すぎぼす　熊本（玉名・球磨）
すぎぼんさん　熊本（玉名・八代）
ずきぼんさん　熊本（玉名・八代）
すぎんぼ　岐阜（揖斐）
ずく　青森（南津軽）　愛知（西春日井・海部）　三重
ずくさ　岐阜（岐阜）
ずくさん　岐阜（羽島）　愛知
ずくし　静岡（磐田・周智・浜名）　愛知（知多・西春日井）　岐阜（本巣）　新潟（佐渡）
ずくしろ　宮崎（西諸県）
ずくしんぼ　佐賀（唐津）
ずくずく　青森（津軽）　青森（南津軽・東津軽）　岩手（釜石・気仙）　岐阜
ずくずくし　新潟（佐渡）　愛知　愛知（知多）　大阪（東成）
ずくずくぼー　福島（石城）　三重（飯南）
ずくずくぼーし　静岡（小川）　愛知（葉栗）　岐阜（大野）
ずくずべ　秋田（雄勝）
ずくび　秋田（仙北）　岩手（和賀）
ずくべ　秋田（秋田・雄勝・平鹿・仙北・由利・南秋田・北秋田・山本）
ずぐべ　秋田（秋田・平鹿・仙北・由利・南秋田・北秋田・山本）
ずくほ　岐阜（養老）
ずくぼ　秋田（仙北）　山形（東田川・西田川）　岐阜（岐阜市・揖斐・養老・大垣市）　福岡（朝倉・遠賀・北九州）　佐賀（唐津）　長崎（彼杵）　大分（大分市・大分）
ずぐぼ　秋田（平鹿・仙北）
ずくぼー　筑前　久留米　岐阜（養老・本巣）　福岡（久留米・三井・八女・山門・浮羽・朝倉・糸島・嘉穂）　佐賀　長崎（上県・下県）　大分（日田）
ずくぼーさん　岐阜（海津）　福岡（築上）
ずくぼーし　長野（下伊那）　愛知（小牧）　岐阜（海津）　熊本（鹿本）
ずくぼさん　岐阜（大垣）
ずくぼし　長野（諏訪・東筑摩）　岐阜（恵那）　愛知（岡崎市・額田）　熊本
ずくぼんさん　福岡（山門）
ずくみ　愛知（西春日井）

ずくんべ　秋田　秋田（平鹿・雄勝・河辺）
ずくんぽ　静岡（磐田）　岐阜（岐阜市・本巣）　愛知（岡崎市・額田）
ずくんぽー　岐阜（稲葉）
ずくんぽーし　長野（諏訪）　愛知（宝飯）
ずくんぽし　愛知（豊橋市）
すげな　青森（西津軽）
ずこずこ　青森（北津軽）
ずことばな　青森（南津軽）
すごばえ　山形（庄内）
すこばな　青森（南津軽・西津軽・北津軽）
すごべ　山形（庄内・東田川・西田川）
ずごべ　山形（庄内）
すごべー　山形（庄内）
すごぼ　山形（鶴岡）
ずごぼ　山形（鶴岡市）
すこぼこ　秋田（由利）
すごんぼ　山形（飽海）　岐阜（稲葉）
ずごんぼ　山形（飽海）
すずこ　青森（南津軽）　秋田（鹿角）
ずすぼーし　静岡
ずだ　青森（南津軽）　山形（南村山）
すっくび　秋田（仙北・由利）　山形（最上）
ずっくび　山形（最上）
すっくべ　秋田（秋田・雄勝・平鹿・仙北・由利）　山形（酒田・最上・飽海）
すっくぺ　山形（飽海）
ずっくべ　秋田（秋田市・由利）　山形（最上）
すっくるべ　山形（最上）
ずっくるべ　山形（最上）
すっくんぽ　岐阜（大垣）
ずっこ　青森（南津軽）
ずっこばな　青森（西津軽）
ずっこべ　山形（東田川・西田川・庄内）
ずっこべー　山形（飽海）
ずっこぼ　山形（東田川）
ずっこぼさい　岐阜（大垣）
ずっこぼさん　岐阜（大垣）
ずっこんべ　山形（東田川）
ずっこんぼ　山形（東田川）
ずっつべー　山形（飽海）
ずっとこばな　青森（西津軽）
ずっんきのこ　群馬（邑楽）
ずんづくし　静岡　静岡（浜名）
ずんづくぼー　静岡（庵原）
ずんずこ　青森（東津軽）

ツクシ

ずんつこ　青森（東津軽・南津軽）
ずんべらこー　富山（高岡）
ずんぽこ　新潟（佐渡）
たーほーず　広島（豊田・大崎上島）
たうな　香川　大分
たけぽんぽん　京都（竹野）
たぼーしゃ　広島（広島）
たぼーず　広島（豊田・大崎上島）
たんべこ　秋田（北秋田）
ちーちくぼー　静岡（安倍）
ちーちんぽ　千葉（夷隅）
ちくし　島根（簸川・飯石）
ちくちくぼし　滋賀（滋賀）　熊本（八代）
ちくんべ　秋田（由利）
ちちこ　青森（南津軽）
ちちこぼし　広島（御調・佐木島・因島）
ちっくび　秋田（仙北）
ちっこべ　山形（村山）
ちゃんちゃんぽー　島根（隠岐島）
ちゅーちゅーくぼし　滋賀（滋賀）
ちゅーちゅーぼし　滋賀（滋賀）
ちゅくちゅくぼし　滋賀（滋賀）
ついだらぼーし　島根（簸川）
つーくさ　愛媛（越智）
つーくし　静岡（富士）
つーこんぽ　新潟（北蒲原）
つーつく　静岡（富士）
つーつんぼ　千葉（安房）
つぎき　茨城　埼玉　大分（大分市）
つぎくさ　宮城（仙台）　千葉（東葛飾）　山口（大津）
つぎつぎ　宮城（志田・遠田）　山形（西田川）　福島（伊達）　新潟（柏崎・岩船）　香川（仲多度）
つぎつぎくさ　和歌山（那賀）
つぎつぎぼーし　島根（那賀）　高知
つぎつぎぼーず　高知
つぎっぽ　新潟
つぎな　長野（佐久）　福島（双葉・石城）
つぎなくさ　福島（双葉）
つぎなぐさ　福島（双葉）
つぎなこ　福島（双葉）
つぎなほ　福島（石城）
つきなんぼ　群馬　栃木
つぎなんぽ　栃木
つぎなんぽー　栃木（芳賀）
つきのこ　福島

つきのご　岩手（稗貫・胆沢・和賀）　福島（石城・田村・東白川）
つぎのこ　岩手（一関・和賀・胆沢・稗貫）　福島（棚倉・田村・石川・東白川・西白川・双葉）　茨城　埼玉
つぎのご　岩手（和賀・胆沢・江刺）　福島（岩瀬・石川・石城・双葉）
つぎのこのはな　茨城（那珂）
つぎのぼ　福島（田村）
つきばな　大分（大分市）
つぎばな　大分（大分）
つぎぼ　岐阜（不破）　大分（大野）
つきぼーず　熊本
つぎぼーず　熊本（鹿本・玉名・球磨）
つぎぼーどっこ　群馬（山田）
つきほし　熊本
つきぼし　熊本
つぎぼし　熊本（宇土・玉名・下益城）
つきぼっさん　熊本
つぎぼっさん　熊本（鹿本・八代・球磨・芦北）
つぎほっどっこ　群馬（山田）
つきぼんさん　熊本
つぎぼんさん　熊本（玉名）
つぎまつ　山形（西村山）　高知
つぎまどっこ　埼玉（秩父）
つぎんぼー　千葉（君津）
つく　山形（南村山）
つくし　東国　青森（上北）　岩手（気仙）　宮城（本吉）　島根（八束・大原・仁多・簸川・飯石・邇摩・邑智・隠岐）
つくしのぼーず　山口（玖珂）
つくしのぼーや　山口（大津・美祢）
つくしろ　宮崎（西諸県）
つくしんぼ　岩手（二戸）　茨城　群馬　埼玉　千葉（長生）　東京　愛知　長野（長野）　三重　島根（松江・飯石）　岡山　山口（大島・玖珂・都濃・吉敷・厚狭）　香川　愛媛　熊本（熊本・阿蘇・下益城・球磨・天草）
つくしんぽ　岐阜（稲葉）　愛媛（西宇和）
つくしんぽー　埼玉（入間・北足立）　千葉（千葉）　神奈川（平塚・足柄上）　山梨　静岡（富士）　愛知　岐阜　長野　新潟　山口（都濃・佐波・吉敷・厚狭・美祢・大津・阿武）　香川（高松）　大分（大分）　宮崎（延岡）　鹿児島（鹿児島・阿久根・日置）
つくしんぽー　福島

ツクシ

つくしんぼーじ　山口（玖珂・都濃・佐波・吉敷・厚狭・豊浦・美祢・大津・阿武）
つくずく　宮城（栗原）　山形（北村山）
つくずくし　木曾　久留米　青森（東津軽）　山形（東村山）　富山（東礪波）　静岡（富士・浜名）　新潟（佐渡）　大阪　兵庫　熊本（玉名・飽託・芦北・八代）　大分（大分市）
つくずくす　青森　岩手（盛岡）　山形
つくずくぼー　熊本（天草）
つくずくぼーり　山口（豊浦）
つくずくよーす　宮城（刈田）
つくずくよす　宮城（黒川）
つくずくよんす　宮城（亘理）
つくすぼ　福島
つくつく　青森（南津軽）　東京（八丈島）　岐阜（山県・恵那）　三重（名張市）　大阪（泉北）　奈良　京都（京都）　兵庫　香川
つくつくし　東国　長門　周防　青森（東津軽・津軽）　東京（八丈島）　新潟（佐渡）　岐阜（山県）　石川（金沢）　京都（京都）　三重（志摩）　大阪（大阪）　熊本（天草・八代）
つくつくぼ　岐阜（揖斐）
つくつくぼー　福島（石城・田村）　岐阜（益田・飛騨）　三重（南牟婁）　和歌山（東牟婁）　山口（豊浦）　大分（大分市・大分）　熊本（天草）
つくつくぼーさん　福岡（築上）
つくつくほーし　丹波　島根　広島（上蒲刈島）　香川（直島・豊島・小豆島）
つくつくぼーし　大和　福井（敦賀・大飯）　岐阜（岐阜）　愛知（知多）　長野　三重（伊勢・一志・飯南）　滋賀（蒲生・近江八幡・甲賀）　奈良（南部）　京都（与謝）　大阪（泉北・豊能）　兵庫（氷上・佐用・飾磨）　和歌山（日高・有田）　島根（隠岐島・仁多・安濃・簸川）　広島（江田島・能美島・安芸）　山口　徳島（板野）　香川（小豆島・豊島）　愛媛　福岡（築上）　大分
つくつくぼーす　大分
つくつくぼーず　岐阜（大野・益田）　大分（大分・宇佐）　宮崎（日南）
つくつくぼーり　山口（豊浦）
つくつくぼーん　徳島（美馬）
つくつくぼし　滋賀（蒲生・近江八幡）　山口
つくつくぼん　京都（京都市）
つくつくぼんさん　兵庫（赤穂）
つくつくよーず　宮城（仙台・宮城）
つくつしょー　熊本

つくつんぼ　石川（珠洲）
つくなし　愛知（額田）　熊本（下益城）
つくねんぼ　大分（大野）
つぐべ　秋田（仙北・由利）　山形（東田川・飽海）
つぐべ　秋田（山本）
つくべこ　山形（西田川）
つくぼ　山形（最上）　秋田（平鹿）　岐阜（安八）　熊本（阿蘇）
つくぼー　滋賀（高島）　岐阜（養老）　福岡（三潴）　佐賀　大分（日田）
つくぼーし　木曾　長野（下伊那）　愛知（小牧）　岐阜　熊本（熊本・鹿本・宇土・八代・球磨）　大分（大分市）
つくぼーず　大分（東国東）　宮崎（南那珂）
つくぼし　滋賀（高島）　愛知（額田）　岐阜（恵那）　京都（京都）　熊本（天草・下益城）
つくぼせ　愛知　岐阜（恵那）
つくぼん　京都（京都市）
つくぼんさん　福岡（柳川）
つくら　山口（阿武）
つくんしょ　栃木（河内）
つくんびょーし　滋賀（神崎）
つくんべ　秋田（河辺）
つくんぼ　愛知（額田）　岐阜　新潟（岩船）
つくんぼーし　愛知（宝飯）
つげのこ　茨城（猿島）
つげめ　新潟（岩船）
つごべ　青森（西津軽・三戸）　山形（東田川）
つこぼ　秋田（由利）
つずこ　秋田（鹿角）
つずぼーし　群馬（邑楽）
つつくさ　熊本（天草）
つつくるべ　山形（最上）
つっこ　青森（西津軽・北津軽）　山形（北村山）
つっこべ　青森（東津軽）　秋田（雄勝・仙北）　山形（北部・庄内）　福島（耶麻）
つつこんぼ　熊本（天草）
つっつく　奈良（吉野）
つつんきのこ　群馬（邑楽）
つねんごー　山口（阿武）
つべのこ　秋田（河辺・仙北）　宮城（仙台）
つべのご　秋田（仙北）
つぼぽ　山形（東田川）
つんきーのこ　茨城　埼玉
つんぎのこ　栃木　群馬（山田・邑楽）　埼玉（北葛飾）

ツクシ

つんげのこ　群馬（山田）　茨城　千葉
つんずく　青森（北津軽）
つんずくし　静岡
つんつく　大阪（泉北）
つんつくぼー　静岡（庵原）
つんつくぼーさん　福岡（築上）
つんつくぼーし　岐阜（恵那）　愛媛（周桑）
つんつこ　青森（南津軽・西津軽・北津軽）
つんぼこ　山形（北村山）　青森（上北）
つんめのこ　埼玉（南埼玉）
でんぼーし　岡山（児島）
でんぼし　岡山（邑久）
とーがんぼーず　島根（鹿足）
とーしんご　岡山（笠岡）
どーしんご　岡山（北木島）
とーしんぼー　愛媛（周桑）
とーな　香川　愛媛　熊本（阿蘇）　大分
とーなのこ　大分（大分市）
どこついだ　山形（東置賜）　鳥取（気高）　岡山（赤磐）
どこどこ　埼玉（北葛飾）　新潟（西頸城）
どこどこくさ　長野（北安曇）　新潟　富山　石川（能義）
どこどこさいた　岐阜（飛驒・吉城）
どこどこついだ　岐阜（高山）
どこどこつぎた　岐阜（飛驒）
どこどこつなぎ　静岡（安倍）
とっかんぼーず　島根（鹿足）
とろところ　秋田（雄勝）
ねこのかもこ　秋田（北秋田）
ねこのすずこ　岩手（稗貫）
ねこのすっこ　岩手（和賀）
ねこのちしこ　岩手（紫波）
ねこのちょんぼ　新潟
ねこのつんつこ　岩手（稗貫）
のちのとんび　岡山　愛媛（越智）
ひーかんぼ　広島（御調）
ひーがんぼー　愛媛
ひーかんぼーず　広島（鷲島・御調）
ひがんだんぼ　山口（阿武）
ひがんぼ　島根（邇摩）　広島（山県・高田）　愛媛（喜多）
ひがんぼいぼい　宮崎（宮崎）
ひがんぼー　島根（江津市・邇摩）　広島（高田・山県）　山口（吉敷）　愛媛（喜多）
ひがんぼーさ　山口　山口（阿武・厚狭・都濃）

ひかんぼーず　周防
ひがんぼーず　防州　福島　島根（鹿足・那賀・美濃・安濃・邇摩・邑智）　広島　広島（佐伯・安芸）　山口（美祢・厚狭・阿武・玖珂・熊毛・都濃・佐波・吉敷・豊浦・大津）　高知（幡多・安芸）　愛媛　熊本（阿蘇）　大分　宮崎（日向）　鹿児島（熊毛・種子島）
ひがんぼし　愛媛（北宇和）　高知（幡多）
ひがんむーず　高知（安芸）
ひだんぼーず　島根（鹿足）
ふーし　大分（南部）
ぶーし　大分（中部）
ふで　宮城　山形（北村山）　福島（亘理）
ふでくさ　奈良（吉野）　鹿児島（曽於）
ふでぐさ　大分（直入）
ふでこ　青森（北津軽）　岩手（紫波・気仙）　秋田（山本）　宮城（栗田）
ふでっこ　岩手（盛岡）
ふでつぼくさ　岩手（稗貫）
ふでのじく　島根（隠岐島）
ふでのほ　島根（簸川）
ふでのほこ　青森（上北）
ふではな　長野（北佐久）
ふでばな　長野（佐久）
ふんでこ　青森（下北）
へいがんぼ　愛媛（東宇和）
へーかんぼ　愛媛（東宇和）
へーびのちんぼ　長野（南佐久）
へーびのまくら　長野（南佐久・佐久）
べこのすずこ　岩手（紫波）
ぺっぺこ　山形（北村山）
ぺっぺのこ　山形（北村山）
へびたばこ　新潟（西蒲原）
へびのかもこ　秋田
へびのまくら　秋田　山口（玖珂）
へびのろーそく　石川（能美）
ほーえんつくつく　千葉（長生）
ほーこーぼーず　広島（安芸）
ほーし　雲州　作州　長門　周防　兵庫（但馬・飾磨・神崎）　鳥取（米子・気高・東伯）　島根（松江・能義・八束・大原・仁多・簸川）　岡山（久米・上房・和気・後月・小田）　広島（深安・安芸・沼隈・賀茂・備後）　山口（玖珂・熊毛・大島）　香川（与島）
ぼーし　島根（仁多）　山口（大島・玖珂）　岡山（吉備）

ツクシゼリ

ほーしこ　予州　兵庫（宍粟・播磨・淡路島）
　島根（大田市）　岐阜（大垣）　大阪（大阪）　広
　島（安芸・呉・豊田）　山口（大島）　徳島　香
　川（高松・大川）　愛媛（松山・今治・西条・
　新居・周桑）　大分（大分市・大分）
ほーしのこ　広島（倉橋島）
ほーしほーし　島根（出雲）
ほーしほーし　島根（簸川）
ぽーじぽーじ　島根（簸川）
ほーしゃ　島根（鹿足）　広島（倉橋島）　山口
　（大島・玖珂・熊毛・都濃・周防）
ぽーしゃ　山口（大島）
ほーしゃくしゃ　山口（熊毛）
ほーしゃくじゃ　山口（熊毛）
ほーしゃよみのこ　広島（安芸）
ほーしょ　広島（豊田）
ほーしょー　広島（沼隈・走島）
ほーしんこ　広島（倉橋島）
ほーしんご　広島（安佐）
ほーず　三重（志摩）
ぽーず　秋田　千葉（夷隅）　新潟（中頸城）　石
　川（河北）　島根（隠岐島）　広島（江田島・西
　能美島）　佐賀（藤津）　熊本（球磨）
ぽーずぎっちょー　熊本（天草）
ほーずな　岐阜（加茂）
ほーずびんた　鹿児島（川辺）
ぽーせ　京都（竹野）
ぽーせ　京都（竹野）
ほーせんつくつく　千葉（夷隅）
ほーそ　島根（出雲・仁多・簸川）
ほーつくし　香川（高松市）
ほし　島根（出雲・八束・大原・簸川・飯石）
　広島（御調）
ぽし　島根（大原）
ほしこ　讃州　兵庫（佐用・津名）　島根（大田
　市）　香川　愛媛（弓削島）
ほしこさん　島根（安濃・大田市）
ほしこぽん　兵庫（津名・三原・淡路島）
ほしさん　島根（松江）
ほしでんこ　島根（安濃）
ほしでんご　島根（安濃・大田市）
ほしのこ　島根（安濃・大田市）
ほしのと　熊本（下益城）
ほしぼし　島根（簸川）
ぽしぼし　島根（簸川）
ぽしぼじ　島根（簸川）
ぽじぽじ　島根（簸川）
ほしぼそ　島根（簸川）
ぽず　熊本（天草）
ほそ　島根（出雲）
ほそほそ　島根（簸川）
ぽそぽそ　島根（簸川）
ほたるのくさのおばさん　愛媛（周桑）
ほっさん　島根（松江市・安来市・八束）
ほっちょ　静岡（磐田）
ほとけんぽー　茨城（稲敷）
ぽんこ　新潟（長岡・中越）
ぽんさん　島根（隠岐島）　愛媛　佐賀（藤津）
まつな　京都（竹野）　長崎（南高来）
まつなぐさ　長崎（南高来）　熊本（阿蘇）
まつのと　長崎（南高来）
まっばぐさんこ　宮崎（西諸県）
まっばっさ　鹿児島（揖宿）
まつぶきのぽーず　島根（隠岐島）
めーひっぱる　長崎（南高来）
めめずのまくら　長野（諏訪）
もともと　富山
もろむき　大分（北海部）
やんぽしさん　熊本（芦北）
よろほーし　静岡（磐田）
よろぽし　静岡（磐田）
りきりきぽーし　岐阜（吉城）
りきりきぽーず　岐阜（吉城）
ろーそく　石川
んまのすいこ　秋田（由利）

ツクシゼリ　〔セリ科／草本〕

せんきょ　宮崎（西諸県）
やまにんじん　鹿児島（姶良）

ツクネイモ → ナガイモ

ツクバネ　〔ビャクダン科／木本〕

あかじしゃ　新潟（刈羽）
かいまめ　長野
かわまめ　岐阜（飛騨）
けんけんばたばた　新潟（刈羽）
けんけんぽとぽと　新潟（刈羽）
しょんべんまめ　岐阜（揖斐）
すずめのもり　徳島（那賀・海部）
つくばね　木曾　飛騨　新潟　石川　埼玉
つくばみ　岩手（和賀）
とんぼ　新潟（岩船）

とんぼざくら　新潟（岩船・北蒲原）
とんぼばな　新潟（北蒲原）
はごのき　仙台　江戸　岩手　宮城　茨城　栃木
　　岐阜（岩村）
はごぶし　茨城（大子）
はごまめ　福島（相馬）
はぬい　山形（東田川）
はねっこ　山梨（東山梨）
はねのき　加賀　群馬（甘楽）
はんごえ　山形（東田川）
はんこのぎ　岩手（上閉伊・釜石）
はんごのき　宮城（宮城）
ひーこたま　埼玉（比企）
ひーこのき　埼玉（秩父）　山梨（北都留）
ひぐるま　福井（三方）
まめぎ　足尾銅山　栃木（日光）
やまずみ　相模　箱根
やまはご　山形（庄内）
やままめ　岩手（東磐井）
やまわら　山形（西田川）
よつばい　岐阜（揖斐）

ツクバネアサガオ　　　〔ナス科／草本〕

せいよーあさがお　新潟
ちょーせんあさがお　岡山（岡山）
つくばそー　三重（宇治山田市）
つくばなそう　千葉（柏）
つくばねそー　野州　三重（伊勢）
べにちゃ　岡山
ゆーがお　岡山

ツクバネウツギ　　　〔スイカズラ科／木本〕

あかねり　高知（土佐）
うぐいすかぐら　木曾
うぐいすばな　山形（庄内・飽海）
うさぎがくれ　山梨（都留）
うさぎのつらかくし　愛媛（上浮穴）
うしたたき　山形（東田川）
うつぎ　三重（員弁・伊賀）　愛媛（新居）
えんどぼーき　香川（綾歌）
おしゃかばな　福井（三方）
おつげ　愛媛（新居）
おとこうつぎ　岩手（下閉伊）
くぎうつぎ　三重（員弁）
こうつぎ　香川（綾歌）
しらうつぎ　静岡（秋葉山）

しろうつぎ　奈良（吉野）
すずめおどろ　兵庫（佐用）
すずめのもり　香川（香川）
たにうつぎ　高知（香美）
たにどーし　高知（長岡）
ちゃわんのき　福井（敦賀）
つきつき　三重（度会）
つくばね　石川（能登）
つげ　愛媛（新居）
てっぽつげ　香川（綾歌）
はきぎ　秋田（南秋田・北秋田）
はぎぎ　秋田（南秋田・北秋田）
はきしば　青森（津軽）　秋田
はぎしば　秋田（南秋田・北秋田・仙北）
はごえ　山形（東田川・西田川）
はごぬき　山形（北村山）
はごのき　秋田
はんごのき　宮城（宮城）
ひぐるま　福井（三方）
ほーきぎ　秋田　秋田（山本）　山形　山形（飽
　　海）　新潟
ほーきしば　青森（西津軽）
ほぎぎ　青森（下北）
ほきしば　秋田（南秋田・北秋田）
ほぎしば　秋田（南秋田・北秋田）
ほけきょのき　山形（庄内）
ほっちょんばな　三重（伊賀）
ほととぎす　三重　三重（伊賀）
やいかわうつぎ　千葉（清澄山）
やえかわ　神奈川（東丹沢）
やまうつぎ　秋田（仙北）
やまつばめ　埼玉（秩父）
やままめ　岩手（上閉伊）
やまわら　秋田　福井

ツクバネガシ　　　〔ブナ科／木本〕

あおかし　千葉
あおはだ　徳島（那賀）
あかがし　高知　愛媛　長崎
あまがし　和歌山　熊本（人吉市）
あらかし　高知（土佐・長岡）
いちーがし　静岡（秋葉山）
いちきがし　静岡（駿河）
おーかし　奈良　和歌山　高知
おーはだがし　徳島（海部）
おばかし　三重（員弁）

ツゲ

かわかし　宮崎　鹿児島（肝属・垂水）
かわがし　高知（幡多）　大分（南海部）　宮崎
こがし　紀州
こばはかし　静岡（南伊豆）
こまかし　静岡（駿河）
こまがし　静岡（井川）
せんば　宮崎（西諸県）
せんばかし　鹿児島（薩摩・大口）　宮崎（北諸県）
せんぱがし　宮崎　熊本　鹿児島
つくばね　宮崎　熊本
つばかし　高知（幡多）
つぼかし　高知（安芸）
つぼがし　宮崎（北諸県）
はいぎ　遠州　静岡（遠江）
はごのき　静岡（駿河）
はずがし　三重（員弁・桑名）
はどがし　高知（幡多）
はなかがし　佐賀（杵島・藤津）
はなかし　宮崎
はながし　長崎　宮崎（東諸県）
はぶとがし　長崎（西彼杵）
はほそ　和歌山　高知（高岡・幡多）
はほそがし　高知（安芸・幡多）
はほそのおーかし　和歌山（東牟婁）
みずがし　高知（幡多）
めんがし　岡山
やなぎがし　島根（石見）

ツゲ → ヒメツゲ

ツケウリ → シロウリ

ツゲモチ　　　　　　　〔モチノキ科／木本〕

あじゃむちゃがら　沖縄
いすやんもち　鹿児島（肝属）
おきなわそよご　和歌山（西牟婁・東牟婁）
くるむち　鹿児島（大島）
すなもち　高知（幡多）
とりもちのき　和歌山（東牟婁）
はーむちならび　鹿児島（奄美大島）
はながら　鹿児島（大口）
むちゃがら　沖縄
むつならび　鹿児島（奄美大島）
もちのき　高知（土佐）
やまつげ　鹿児島（垂水市）

ツゲモドキ　　　　　　〔トウダイグサ科／木本〕

こーかし　鹿児島（奄美大島）

なとりぎ　鹿児島（奄美大島）

ツタ　ナツヅタ　　　　　〔ブドウ科／木本〕

あまずる　和歌山（東牟婁）
いしがらみ　長野（上田）
いぬえびかずら　京都
きそいかずら　熊野
たが　山形（飽海）
たず　長崎（壱岐島）
つた　青森（八戸）
つたかずら　和歌山（東牟婁）　長崎（長崎）　鹿児島（国分市・肝属）
つたんかずら　鹿児島（垂水）
てんのうめ　薩州
てんばい　筑前
なつずた　和歌山（西牟婁）
にしきづた　静岡（賀茂）
めつっぱり　山口（厚狭）
めっぱりかずら　高知（幡多）
めはじき　鳥取（気高）
めはじきのき　鳥取（岩美）
めはり　和歌山（田辺市・西牟婁）
めはりかずら　和歌山（田辺市・西牟婁）
めばりかずら　高知（幡多）
めはりぐさ　熊野
めひっぱり　山口（厚狭）
もみじかずら　鹿児島（肝属）

ツタウルシ　　　　　　　〔ウルシ科／木本〕

うず　長崎（壱岐島）
うまごやし　静岡（周智）
うるし　岐阜（本巣）
うるしずた　埼玉（秩父）
うるみずく　静岡（富士）　岐阜（本巣）
かきうるし　雲州　阿州
かざうるし　山形（東村山・飽海）
かなずる　静岡（周智）
くまずる　静岡（周智）
くまやしま　静岡（周智）
だいこんずた　静岡（周智）
つた　甲州河口　信濃

ツチアケビ　　　　　　　〔ラン科／草本〕

やまあけび　青森（下北）
やましゃくじょー　長州　西土　鹿児島（垂水市）
やまとーがらし　伊豆三宅島　京都　紀伊

やまなすび　鹿児島（姶良）
やまのかみのしゃくじょー　静岡（磐田）　和歌山（日高・東牟婁）

ツチグリ　　　　　　　　〔ツチグリ科／キノコ〕
きつねのたばこ　千葉（印旛）
きつねぶくろ　神奈川（津久井）
こーべ　鹿児島（姶良）
ころべ　鹿児島
つちがき　京都　長州
つちだんご　栃木（鹿沼・日光）
つちふぐりのおば　大和
ぶんぶくちゃがま　山形（飽海）　千葉（印旛）
ぽぽだけ　青森
みみつぶし　長野（佐久）
みみっぶし　長野（佐久）
めつぶし　江州
やまがき　阿波

ツチグリ（土栗）　　　　　〔バラ科／草本〕
とちくり　薩摩　鹿児島（薩摩）
ほど　長野（佐久）

ツチトリモチ　　　　〔ツチトリモチ科／草本〕
じもち　鹿児島（熊毛・屋久島）
じゃんもち　鹿児島（垂水・肝属・揖宿）
たにぬぱんきゃー　沖縄（石垣島）
ぽーず　沖縄（波照間島）

ツツジ　　　　　　　　　〔ツツジ科／木本〕
うつぎ　岡山（苫田）
つずぎ　秋田　山形（村山）
つちんじょ　和歌山（日高）
つつきんぽろ　岡山（小田）
はちまんたろー　埼玉（秩父）
ひつじ　新潟（西頸城）　長野（西筑摩）　島根（邑智）
べろんぎ　岡山（備中北部）
べろんごー　岡山（吉備）
もみじ　岐阜（飛驒）

ツヅラフジ　オオツヅラフジ　〔ツヅラフジ科／木本〕
あおふじ　神奈川（愛甲）
あめかつら　予州
うしかぶ　岡山（邑久）
おーつぶら　鹿児島（姶良）

おとこへ　周防
かつらくさ　秋田（仙北）
くすりかずら　鹿児島（垂水市）
げしぶどー　岡山
こぞーころし　伊勢
しらみころし　長野（更級）
ちんちんかずら　作州
つずら　和歌山　島根（簸川）　岡山（苫田）　香川（香川）　熊本（球磨）　鹿児島（国分・垂水・阿久根・揖宿・出水）
つずらかずら　徳島（美馬）　愛媛（新居・宇摩）　高知　鹿児島（甑島・薩摩）　熊本（玉名）
つづら　和歌山（和歌山・海草・那賀・東牟婁・西牟婁）
とずら　神奈川（足柄上）　静岡（賀茂）
とずる　駿河庵原
とどらふじ　三重（伊勢）
とんずる　長野（佐久）
のみころし　長野（更級）
はくさかずら　肥前
はときびり　鹿児島（国分）
ひょーそかずら　島根（簸川）
びんびんかずら　播州
ぴんぴんかずら　播州
ふそな　加州
ほんつずら　和歌山（東牟婁）
みやまかずら　長崎（壱岐島）
むまのめ　肥前
めくらぶどー　津軽
めつぶしかずら　雲州
もてかずら　長崎（南高来）
やぶからし　雲州
やまかし　薩摩
わらべかずら　紀伊

ツナソ　コウマ，ジュート　〔シナノキ科／草本〕
あさ　長野*　香川*　宮崎*
あさがおいちび　大分*
あらそ　香川*
あんぽら　大分*
いちび　静岡　和歌山（日高）　佐賀　大分　熊本（玉名）
いちぶ　阿州
いちべ　和歌山（日高）　大分
からずし　新潟*
せーよーあさ　山形*

ツノハシバミ 〔カバノキ科／木本〕

- あしば　秋田（羽後）
- いぬはしばみ　青森（下北）
- うしなつぐり　岡山
- おとこかしばみ　新潟（刈羽・東頸城・中頸城）　長野（上水内・北安曇）
- おとこはしばみ　岩手（気仙）　宮城　長野（上水内・北安曇）
- おとこはちだめ　山梨（河口湖）
- おとこまんさく　岩手（東磐井）　新潟（北蒲原）
- おとこまんしゃく　新潟（北蒲原）
- かしっぱ　青森（増川）
- かしのたま　山梨（本栖）
- かしのみ　埼玉（秩父）
- かしば　青森（津軽・下北・弘前）　秋田
- かしばのみ　秋田（北秋田）
- かしまめ　木曾恵那　秋田（鹿角）　埼玉（秩父）　新潟（佐渡・西頸城）　長野（松本市）　岐阜
- かすぱみ　宮城（宮城）
- かたばみ　栃木（日光）
- かわしば　羽後
- くり　広島（比婆）
- くゎしば　青森（津軽・三戸）　秋田（山本・北秋田・河辺）
- くゎしばみ　青森（東津軽・中津軽）　秋田（仙北）　新潟（長岡）
- くゎしまめ　新潟（刈羽）
- くゎしわん　新潟（刈羽）
- さるぐるみ　埼玉　静岡　愛知
- さるのみ　埼玉（秩父市）
- しで　愛媛（新居）
- しばくり　青森（中津軽）
- しばぐり　青森（弘前）　新潟（北蒲原）　埼玉（秩父）
- しばくるみ　福島（会津）　新潟（東蒲原）
- しばぐるみ　新潟（東蒲原）
- しばっくり　群馬（利根）
- しろつむら　福井（三方）
- しろねそ　富山（黒部）　福井（大野）
- しろまんしゃく　新潟（東蒲原）
- せんば　富山（新川）
- つの　青森（西津軽）
- つのかしばみ　長野（上田）
- つのはしば　岩手（岩手）　宮城（栗原・玉造）
- つのはしばみ　岩手（岩手・下閉伊）
- なつぐり　広島（比婆）
- ななかまど　山梨（都留）
- はしかまめ　三重（一志）
- はしっぱみ　岩手（九戸）
- はしば　青森（西津軽・上北・下北）
- はしばみ　山形（米沢市）　栃木（日光）　新潟　石川　福井　三重
- はすばい　岐阜（揖斐）
- はすまめ　山形（北村山）
- はすんば　福井（大野）
- はぜ　福井（大野）
- はせばい　岐阜（揖斐）
- はせばみのき　福井（大野）
- はっしょーまめ　京都（北桑田）
- はっしょまめ　福井（今立）
- はっとぐるみ　群馬（勢多）
- はなったらしのき　埼玉（入間）
- やつどめ　静岡
- やまくり　神奈川（西丹沢）
- やまぐるみ　木曾　宮城（伊具）　埼玉（秩父）　長野（木曾）
- やましば　和歌山（伊都・高野山）

ツバキ 〔ツバキ科／木本〕

- うがてし　鹿児島（薩摩）
- えんじゅ　伊豆　信濃
- おーかたし　高知（高岡）
- おーがたし　長崎（西彼杵）
- おーがちゃん　佐賀（藤津）
- おーつばき　大分（南海部）
- かすはき　宮崎（西臼杵）
- かた　宮崎*
- かたーし　山口
- かたーしのき　山口*
- かたいし　静岡　山口　福岡　佐賀　熊本
- かたぎ　大分
- かたさし　島根（石見）
- かたし　兵庫（淡路島）　島根　山口　徳島　愛媛　高知　長崎　熊本　宮崎　鹿児島　沖縄
- がたし　鹿児島（奄美大島）
- かたしー　大分
- かたしぎ　鹿児島（奄美大島）
- かたしのき　九州　熊本
- かたせ　島根
- かたち　兵庫　島根　広島　山口　愛媛
- かたっのっ　鹿児島（鹿児島）
- かたはし　山口（厚狭・大津・豊浦）

かちゃーし　静岡（駿河）
かちゃし　佐賀　熊本
がっこ　富山（黒部）
かっぽ　福井（勝山）
かてーし　静岡（駿河）
かてし　長崎　大分*　宮崎　宮崎（児湯）　鹿児島
かてしのき　長崎（壱岐島）
かんたし　鹿児島（奄美大島）
かんたち　徳島*
きのみ　岐阜*　兵庫（加古）　和歌山（日高）
きのみのき　島根（出雲）
くろぶち（タマツバキ）　伊豆八丈島
こんぽ　群馬（山田）
しばき　沖縄
たたち　島根*　広島*　山口*　愛媛*　宮崎*
たんぽ　茨城　千葉（香取・海上）
ちばき　沖縄
ちばち　沖縄
ちゃん　播州
ちゃんちん　京都
ちんのき　九州
つばぎ　青森　岩手
つぶり　三重（鳥羽市・志摩）
つぶりぎ　三重（志摩）
つべ　三重（度会）
つむき　茨城（水戸）
つらげ　山形
つんぶぐり　三重（志摩）
はたびら　三重（志摩）
はたぶら　三重（志摩）
はっこ　長野（下水内）
ひめかたし　宮崎
ひめつばき（シロツバキ）　鹿児島
ぴんちゃ　群馬*
ぺーろ　島根
ほっぱ　新潟（中越）
もす　三重（志摩）
やえます（ヤエツバキ）　三重（志摩）
やまがたし　長崎（西彼杵）
やまつばき　新潟　香川　熊本

ツバナ　　　　　　　　　　　　〔イネ科／草本〕
うしくい　山口（厚狭）
かやご　島根
かやつばな　山口（都濃）
かやのみ　山口（大津）

かやのめ　島根（八束・簸川）
かやんぼ　高知（香美）
こばな　山口（吉敷）
しーふな　島根（隠岐島）
しび　島根（隠岐島）
しびな　島根（隠岐島）
しぶ　島根（隠岐島）
しふな　島根（隠岐島）
しんこ　島根（簸川）
せーふな　島根（隠岐島）
せーふら　島根（隠岐島）
ちのこ　岐阜（大野）
ちゃのこ　長野（下伊那）
つくつくぼーし　愛媛（伊予市）
にんじんこ　島根（簸川）
ねじりこ　島根（簸川）
ねんじんこ　島根（簸川）
のぼし　島根（出雲）
のぼせ　島根（大原）
はいや　山口（都濃）
ほばな　島根（八束）
まかやのしん　大分（大野）
まきくさ　山口（厚狭）
みばな　山口（大津）
めんぽ　岐阜（大野）
よし　島根（飯石）

ツバメオモト　　　　　　　　　〔ユリ科／草本〕
ささにんどー　長野（木曾）

ツブラジイ　コジイ　　　　　　〔ブナ科／木本〕
あおしー　大分（南海部）
あおじー　三重
あおたしー　大分（南海部）
あさがら　宮崎　鹿児島（出水）
あさがらじー　宮崎　鹿児島
いぼこじー　宮崎（都城）
いぼしー　宮崎
かぶじー　静岡（引佐）
こーじ　鹿児島（加世田・長島）
こーじのき　鹿児島（出水・長島）
こじ　鹿児島（薩摩）
こじー　福井　三重　和歌山（西牟婁）　高知
こじのき　熊本（水俣）
さいひ　宮崎（日南市）
さんから　静岡（南伊豆）

ツボクサ

さんからじー　静岡（南伊豆）
しーがし　兵庫　岡山　広島　愛媛
しーかたき　広島
しーき　鹿児島（大口）
じーぎ　沖縄
しーじ　沖縄
しーんき　大分（東国東）
たいごしー　高知
たいこじー　和歌山（田辺市）　山口　徳島
ひがんじー　静岡（駿河）
ふごじー　和歌山（田辺市）
ぼらじー　鹿児島（薩摩）
まじー　長崎（西彼杵）
まめじー　静岡（南伊豆・駿河）
まるこじー　熊本（水俣）
やっかんしー　高知

ツボクサ　　　　　　　　　　〔セリ科／草本〕
あみぐさ　和歌山（新宮市）
おーばちどめぐさ　鹿児島（鹿児島市）
おーむ　鹿児島（沖永良部島）
くすりくさ　和歌山（有田）
ぜにぐさ　熊野　三重（宇治山田市・伊勢）
ぜんぐさ　島根（美濃）
ちどめぐさ　鹿児島（姶良・国分市・鹿屋）
つばしゃぐさ　鹿児島（奄美大島）
でんぐさ　島根（美濃）
ひとつっぱ　静岡（小笠）
ひとつば　島根（美濃）
ふくれんそー　島根（美濃）
ふっくさ　大和
みこしくさのうばきじょー　長崎（壱岐島）
みつかもり　東京（八丈島）
みはじき　鹿児島（名瀬市）
めっぱぐさ　和歌山（東牟婁）
よっぺーぐさ　山口（大津）
よっぺぐさ　山口（大津）

ツボスミレ　　　　　　　　〔スミレ科／草本〕
かもめのはな　青森（八戸・三戸）
しろすみれ　愛媛（周桑）
ひんかっごね　鹿児島（鹿児島市）

ツメクサ（詰草）　　　　　　〔マメ科／草本〕
あずきばな　三重
あぶらくさ　伊豆八丈島

うまごやし　岩手（二戸）
えましばな　愛知（碧南）
えんどー　山梨
おしゃかばな　愛知（碧南）
おしょーべんばな　富山
おしょーらいばな　富山（射水）
おしょめくさ　富山（射水）
かごばな　熊本（天草）
かんぽんばな　群馬（山田）
ぎょんぎょろ　岡山（浅口）
くえんどー　山梨
げきな　滋賀（滋賀）
げんきのはな　福岡（粕屋）
けんげ　山口（大津）
げんげ　岐阜（武儀）　滋賀（坂田・東浅井・栗太）　三重（尾鷲）　山口（玖珂・熊毛・都濃・佐波・厚狭・大津）　愛媛（周桑）　宮崎（児湯）
げんげいら　山口（阿武）
げんげじ　広島
げんげそー　山口（玖珂・都濃・吉敷・大津）　熊本（天草）
げんげち　広島（佐伯）　山口（大島）
げんげばな　畿内　愛知　岐阜　富山　宮崎（延岡）
げんげん　愛知（海部）　三重（名賀）　愛媛（温泉）　宮崎（日南）
げんげんしょ　鹿児島（肝属）
げんげんばな　三重（伊勢）　鹿児島
げんごべい　新潟（西蒲原）
ごぎょー　岡山（岡山）
ごくらくばな　佐賀
こごめぐさ　予州
ごしんさーばな　福岡
ごしんさばな　福岡（北九州）
ごぜなー　長崎（南高来）
ごんぎょー　岡山（岡山）
ごんげ　岡山（真庭）
ごんげん　岡山（勝田）
さりこばな　島根（簸川）
さるごー　島根（邑智）
さんごばな　島根（簸川）
じせよーくさ　山口（厚狭）
しゃかばな　茨城（猿島）
しょーてんくさ　長野（上伊那）
しょーめくさ　長野（東筑摩）　富山（砺波）
しんのーくさ　千葉（君津）
すずめぐさ　江戸　山形（飽海）

ツユクサ

すずめのみ 岡山（苫田）
すもーとりばな 神奈川（足柄上） 長崎（南高来）
せんぶつ 鹿児島（肝属）
たぶど 埼玉（北葛飾）
たぶどー 茨城 埼玉
たぶんず 埼玉（入間）
たぶんすんずく 埼玉（入間）
ちりりんげ 神奈川（鎌倉）
でんき 和歌山（西牟婁）
でんげ 和歌山（和歌山）
でんげそー 和歌山（和歌山・海草）
てんまりばな 栃木（河内） 長野（上田）
なみそ 富山（富山）
はな 富山（富山）
はなぐさ 福島（相良） 富山（東礪波・西礪波）
ひよこぐさ 新潟（直江津） 大分（宇佐）
ふーずばな 福岡（大川・久留米） 長崎（諫早）
ふーぞ 熊本（鹿本）
ふーぞー 福岡（朝倉） 熊本（鹿本・玉名・飽託・上益城）
ふーぞーばな 佐賀 熊本
ふーぞくさ 熊本（球磨・天草）
ふーぞばな 福岡（三池・八女・浮羽） 佐賀（藤津） 熊本（宇土）
ふーづばな 福岡（久留米）
ふぞ 鹿児島（日置）
ふぞばな 熊本（玉名・菊池・球磨・八代・上益城・芦北・天草） 鹿児島（谷山・姶良・肝属）
ふぞばん 熊本（宇土・上益城・八代）
ぶどー 埼玉（南埼玉）
ふのりぐさ 高知（幡多）
ぶる 三重（度会）
べろべろ 三重（度会）
べんばな 富山（富山）
ほーそー 福岡（朝倉）
ほーそーばな 福岡（粕屋・築上） 大分
ほーぞーばな 久留米 筑紫 福岡（朝倉） 熊本（熊本・下益城・飽託） 鹿児島（熊毛）
ほーぞばな 福岡（朝倉） 熊本（熊本・菊池・飽託・上益城・八代）
ほーとーげ 筑前
ほーねんそー 長野（南佐久）
ほそばな 鹿児島（鹿児島）
ほたるくさ 埼玉（入間）
ほたるぐさ 新潟（直江津市） 長崎（北佐久） 和歌山（日高） 広島 香川

ほとけのざ 山口（厚狭） 愛媛
ほんじょばな 鹿児島（肝属）
ほんぞー 防州
みこしばな 福岡（北九州）
みやこ 鳥取（米子・気高） 島根（能義）
みやこばな 鳥取 島根（松江・簸川）
みよーぎばな 山梨
れんげ 静岡（小笠） 京都（船井） 和歌山 兵庫 鳥取（気高） 岡山 山口 愛媛（周桑）
れんげそ 長崎（南高来）
れんげのはな 山口（都濃）
れんげはな 江戸 京畿 熊本（宇土）

ツメクサ（爪草）　　〔ナデシコ科／草本〕
ありんこぐさ 岡山
おあやけぐさ 山口
こぞーころし 山口（阿武）
こぞーなかせ 神奈川（津久井） 千葉（山武） 愛媛（周桑）
たかのつめ 岡山 愛媛（新居）
てんじん 泉州
てんじんのつめ 泉州
びんぼぐさ 岡山
べろくさ 秋田

ツメレンゲ　　〔ベンケイソウ科／草本〕
たかのつめ 筑後 長野（東筑摩）
ねこのつめ 甲州 長野（北安曇）
やねぐさ 紀伊 和歌山（和歌山市）

ツユクサ オオボウシバナ　〔ツユクサ科／草本〕
あいくさ 大分
あいつけばな 島根（那賀）
あいばな 播磨 阿波 大分（大分）
あおあい 松前
あおば（オオボウシバナ） 滋賀
あおばな 畿内 長門 京都 群馬（群馬） 山口（佐波） 香川（東部）
あきはな 佐州
あけじぱ 山形（西置賜）
あけずくさ 岩手（盛岡・遠野）
あけずばな 岩手（気仙）
あけつぐさ 岩手（南部）
あけつばな 岩手（上閉伊）
あさくさ 山口（豊浦）
あさこばな 長崎（諫早市）

あたうば　山口（大島）
あっけぐさ　山形（北村山）
あとーさま　山口（大島）
あとのさま　山口（大島）
あほーばな　山口（吉敷）
あみくさ　和歌山（日高）
ありんごくさ　岡山
いくばな　山形（西田川）
いもくさ　山口（玖珂）
いろばな　青森（八戸・三戸）
いんきくさ　香川（三豊）
いんきぐさ　秋田（秋田・仙北）　群馬（山田・勢多）　新潟（刈羽）　長野（佐久）　和歌山（日高）　兵庫（美方）　山口　山口（熊毛・都濃・佐波・大津）
いんきのはな　山口（大津）
いんきばな　山形　秋田（南秋田）　新潟（東蒲原）　静岡　三重（名賀）　山口（都濃）　長崎（北松浦）
いんくぐさ　長野（佐久）
うつし　筑前　久留米
うつしばな　筑紫　筑前
うでこき　東京（三宅島・御蔵島）
えのぐばな　長野（下伊那）
えんどぐさ　兵庫（津名）
おかしわのは　山梨（北都留）
おかしわのはな　山梨（北都留）
おかっつぁんのはな　長崎（長崎）
おかっつぁんはな　長崎（長崎）
おばっぽくさ　愛媛（北宇和）
おまんこばな　埼玉（入間）
おめこくさ　山口（厚狭）
おやのめつぶし　奈良（南葛城）
おんどりぐさ　奈良（宇陀）
おんどりばな　和歌山（伊都）
かえるぐさ　島根（江津市・仁多）
かぎばな　佐州
かげくさ　山口（阿武・大津）
がしゃがしゃのはな　山口（阿武）
かしわ　愛媛（周桑）
かしわぐさ　山口（熊毛）
かしわのは　山口（佐波）
かしわのはな　山口（佐波）
かたぐろ　新潟（佐渡）
がちゃがちゃばな　千葉（夷隅）
かっこばな　鹿児島（日置）

かっけこ　鹿児島（阿久根市）
かぶらぶし　山形（酒田）
かまくさ　愛媛（周桑）
かまぐさ　香川　愛媛（周桑）　高知
かまずか　美作　讃岐　伊予　土佐　島根（邇摩）　兵庫（津名・三原）　広島（比婆）　高知
かまちこ　香川
かまつか　播磨　石見　美作　安芸　周防　阿波　讃岐　土佐　島根　島根（美濃・安濃）　岡山（岡山市・邑久）　広島　広島（安芸）　山口　徳島（三好・美馬）　香川（小豆島）　愛媛　愛媛（松山・新居・周桑）
かまつこ　讃岐
かみそめばな　長野（佐久）
かめがう　周防
かめがら　出雲　石見　島根（美濃・能義）
からくさ　山口（厚狭）
からすぐさ　静岡（富士）
からすのはな　長野（北佐久）
きーきーぐち　三重（志摩）
ぎーすぐさ　岡山（岡山・都窪・邑久）　和歌山（西牟婁）　広島（沼隈）
ぎーすそー　静岡
ぎいすのくさ　兵庫（神崎）
ぎすぐさ　雲州　静岡（小笠・磐田）　滋賀（坂田・東浅井）　和歌山　三重（北牟婁）　大阪　鳥取　香川（高松）
ぎすぐさ　雲州　三重（北牟婁）　兵庫（赤穂）　和歌山（東牟婁）　鳥取（西伯）
ぎっちょぐさ　愛知（知多）
ぎりすぐさ　和歌山（日高）
ぎりすぐさ　奈良（南部）
ぎりすのはな　和歌山（海南）
ぎりすばな　三重　奈良（南部）
きんぎりすぐさ　香川（小豆島）
ぎんぎりすぐさ　香川
きんちゃくばな　愛知（名古屋）　長野
くつわばな　和歌山（西牟婁）
けけこーろー　愛媛（周桑・喜多）
こうめぐさ　山口（大津）
こーかみ　富山（西礪波）
こーがみ　越中
こーやぐさ　富山（礪波・東礪波・西礪波）
こーやたろー　濃州
こーやのあねま　富山（富山）
こーやのおかた　富山（富山・射水・西礪波）

ツユクサ

　愛知（名古屋）
こーやのおめん　防州
こーやのたろー　近江坂田
こーやのめん　加州
こーやめん　加賀
こかこ　大阪（豊能）奈良（生駒市・大和郡山市）
こけこっこ　奈良（南葛城）和歌山（伊都）
こけこっこー　奈良
こけこっこのくさ　奈良（桜井市）
こけこっこばな　奈良（宇陀・磯城）和歌山（伊都）
こけこのはな　奈良
こめぐさ　愛媛（伊予・周桑）
ごんぼそー　秋田（北秋田）
こんやたろー　近江　江州
さねこばな　秋田
さやーらーぐさ　兵庫（美方）
じーばば　福岡（田川）
しきくさ　鹿児島（揖宿）
じしばり　岡山（久米）
しばもちぐさ　愛媛（周桑・北宇和）
しばもちそー　愛媛（周桑）
しゅーとばな　大阪（泉北）
じろんべたろんべ　福井（坂井）
じんじくろ　新潟（佐渡）
すいすい　近江坂田
すいものぐさ　尾張
すぎな　山口（熊毛）
すずむしくさ　鹿児島　鹿児島(肝属・日置・薩摩)
すずむしぐさ　鹿児島　鹿児島（揖宿）
すずむしそー　薩摩　鹿児島（鹿児島市）
すずめくさ　愛媛（周桑）
そこのべべ　青森（青森）
そめくさ　長野（下伊那）新潟
そめこばな　山形（北村山）
だごばな　熊本（鹿本）
だぶりぐさ　秋田（北秋田）
たまごくさ　愛媛（周桑）
たろーのはかま　加賀
たろべ　江州
たわらぐさ　香川（三豊）
だんぶりぐさ　秋田（北秋田・鹿角・山本）
だんぶりそー　秋田
だんぶりのはな　青森（八戸）
だんぶりのはなこ　青森（八戸）
だんぶりはな　青森（八戸）秋田（秋田・仙北）

　新潟（佐渡）
だんぺはれぐさ　山形（西村山）
たんぽくさ　富山
たんみー　鹿児島（喜界島）
ちくさ　伊州
ちぐさ　伊州　山口（大島）奈良　鹿児島（日置）
ちまき　山口（大島）
ちまきまんじゅ　山口（大島）
ちょーちょーばな　新潟（佐渡）島根（石見）長崎（東彼杵）
ちょーちょーばんばん　長崎（北松浦）
ちょっちょばな　静岡
ちょんちょりんぐさ　鹿児島（揖宿）
ちょんちょりんのは　鹿児島（鹿屋市）
ちょんちょろいんぐさ　鹿児島（肝属）
ちょんちりんぐさ　鹿児島（始良）
ちんちょろりんぐさ　鹿児島（始良）
ちんちりんぐさ　鹿児島（肝属・垂水）
ちんちろいそー　三重（志摩）
ちんちろぐさ　福井　和歌山（東牟婁）宮崎（東諸県・児湯）鹿児島（肝属・薩摩）
ちんちろばな　越前　長野（上伊那）長崎（壱岐島）
ちんちろりんくさ　長野（上伊那）福岡（田川）長崎（北松浦）鹿児島（加世田・国分・肝属・始良・曽於）
ちんちろりんぐさ　長崎（五島）鹿児島
ついもち　山口（玖珂）
つきくさ　新潟　鹿児島（揖宿）
つぎくさ　秋田　新潟　鹿児島（揖宿）
つぼくさ　秋田
つゆくさ　江戸　畿内
つゆもり　島根（那賀）山口（阿武）
つよくさ　青森（八戸・三戸）
てんぐさ　新潟（長岡）
とーたび　鹿児島（奄美大島）
とーぽーし　尾州
ところてん　群馬（山田）
ところてんぐさ　栃木（塩谷）
とっとこばな　新潟
とっとばな　新潟（佐渡）
とてこっこぐさ　福岡（柳川市）
とてこっこばな　長野（飯田・上伊那・下伊那）岐阜（吉城・飛騨）
とてっこばな　和歌山（伊都）
とてっぽっぽ　佐賀（藤津）

ツユクサ

どぶりくさ　秋田（雄勝）
どんくぐさ　熊本（天草）　鹿児島（出水市）
どんこばな　長崎（島原）　鹿児島（薩摩・甑島）
どんとぐさ　熊本（天草）
どんばぐさ　奥州会津　島根（隠岐島）
とんぷぐさ　長野（佐久）
どんぶりそー　秋田
とんぼくさ　群馬（利根）
とんぽぐさ　但州　山形（庄内・山形・東村山）　群馬（利根）　東京　新潟（東蒲原・西蒲原・中蒲原・南蒲原）　長野（佐久・下水内）　岐阜（飛騨・吉城）　静岡（志太）　京都（何鹿・竹野）　兵庫（美方）
とんぽぐさ　長野（諏訪・上伊那）
どんぽくさ　長野（下水内）
どんぽぐさ　新潟（西蒲原）　京都（竹野）
とんぽげさ　群馬（多野）
とんぽそー　秋田（北秋田）
とんぽとまり　長野（北安曇）
とんぽばな　長野（北安曇）
ながら　埼玉（秩父）
なんかだね　鹿児島（奄美大島）
なんからだ　鹿児島（奄美大島）
なんかんだら　鹿児島（奄美大島）
にわとりぐさ　愛媛（周桑）
にわとりそー　愛媛（周桑）
にわとりのたまご　山口（阿武）
ねこのつくつく　青森（八戸・三戸）
ねこのはながら　仙台　宮城（仙台・登米）
ねこのはなくら　宮城（仙台市・志田）
ねこのべべ　青森（津軽）
はたおりぐさ　上総
はたかり　山口　山口（阿武・都濃）
はっぽーくさ　大分（海部）
ばっぽーぐさ　大分（北海部）
はっぽぐさ　愛媛（宇和島・北宇和）
ばっぽぐさ　愛媛（北宇和）
はとぽっぽ　徳島（那賀）
はとぽっぽぐさ　福岡（柳川市）
はながら　木曾　勢州　周防　長州　群馬（勢多）　埼玉（入間・秩父）　千葉（印旛）　東京（八王子）　新潟（佐渡）　山梨（南巨摩）　長野（下伊那・飯田・西筑摩・佐久）　静岡　静岡（志太）　三重（伊勢）　島根（隠岐島）　山口（大島・玖珂・熊毛・厚狭・豊浦・阿武）　福岡（田川）　長崎（対馬・下県）　熊本　熊本（玉名・八代・球磨・芦北）　大分（直入・速見）　鹿児島（薩摩・大島・甑島・硫黄島）
はなぐら　山口（阿武）
はなだ　山口（豊浦）
ははしぐさ　佐州
ひーかり　和歌山（東牟婁）
ひーるくさ　岡山（吉備）
ひーるぐさ　岡山（吉備）
ひかり　和歌山（東牟婁）
ひぐらし　岩手（上閉伊・釜石）
ひめかい　鹿児島（枕崎）
ひょたいきょばな　鹿児島
びんつけ　島根（益田市）
びんつけぐさ　島根（美濃・益田市）
びんつけばな　島根（石見・美濃）　長崎（壱岐島）
ぺちぺちくさ　仙台
ぺちぺちばな　仙台
ぺちぺちばな　仙台
べべっちょばな　長野（佐久）
ぽーしばな　常州　濃州　尾州　長野　愛知（名古屋）　三重　岡山　山口（大島）　鹿児島（大口市）
ほーたるぐさ　千葉（印旛）　静岡（富士）
ほーたるこぐさ　富山（東礪波）
ほーたれこ　鹿児島（川内市）
ほーたろくさ　三重（伊勢）
ほーたろぐさ　長野（佐久）　三重（志摩・宇治山田市）
ほーたろばな　千葉（夷隅）　長野（下伊那・飯田）
ほーとり　和歌山（西牟婁）
ほーろぎぐさ　三重（志摩）
ほたいくさ　鹿児島（薩摩）
ほたるき　三重（志摩）
ほたるくさ　福岡（福岡市）
ほたるぐさ　勢州　土佐　山形（飽海）　埼玉（秩父）　千葉　千葉（長生）　新潟　福井（敦賀）　長野（佐久・諏訪）　静岡　三重（志摩・名賀）　滋賀（坂田・東浅井）　京都（京都市）　奈良（吉野）　和歌山（和歌山・田辺・新宮・伊都・有田・日高・東牟婁・西牟婁）　島根（鹿足）　岡山（英田）　広島（安芸）　山口（玖珂・熊毛・豊浦・美祢）　愛媛（周桑）　福岡（小倉市）　長崎（諫早市・北松浦）　熊本（八代）　大分（大分市・大分）　鹿児島（鹿児島市・枕崎市・薩摩）
ほたれこぐさ　鹿児島（薩摩）

ツリガネニンジン

ほたれこばな　鹿児島（薩摩）
ほたろぐさ　茨城　千葉（東葛飾）　奈良
ほったるこくさ　富山（砺波）
ほったろばな　岐阜（恵那）
ほととぎす　山口（美祢）
まんじゅ　山口（大島）
まんじゅーぐさ　大分（大分・大野）
まんじゅぐさ　熊本（玉名・上益城）　大分（大分）
まんじゅばな　熊本（玉名）
むぎくさ　愛媛（周桑）
むらさきぐさ　香川　香川（仲多度）
めぐすりばな　新潟（佐渡）
めひかい　鹿児島（枕崎市）
もちつきそー　山口（豊浦）
よめぐさ　長野（佐久）
よめはんぐさ　香川（東部）
よめはんばな　愛媛（周桑）
らけこほろ　山口（大津）

ツリガネソウ → ツリガネニンジン

ツリガネツツジ　ウスギヨウラク〔ツツジ科／木本〕
おけつつじ　山形（北村山）
かめこつつじ　秋田（北秋田・南秋田）　山形（北村山）
なべこぼち　丹波　京都（丹波）
みつはつつじ　東京（西多摩）
よーらくつつじ　三重（三重）

ツリガネニンジン　ツリガネソウ, トトキ
〔キキョウ科／草本〕
あまな　木曾　江州　岐阜（飛騨高山）
あめっぷり　長野（北安曇）
あめっぷりばな　長野（北安曇）
あめふりかっこ　岩手（気仙）
あめふりばな　青森（三戸）　岩手（遠野）　群馬（勢多）　長野（松本）
あめふりばなこ　青森
おけおけ　新潟
おけくい　新潟
おけつつじ　山形（村山）　新潟
おけばな　新潟（刈羽）
おばな　木曾
おばねいな　木曾
かっこー　周防
かっぽ　栃木（芳賀）　鳥取（西伯）
かねな　和歌山（西牟婁・田辺）

かめこちちんじ　秋田（鹿角）
ききょー　山口（都濃）
ききょーかずら　勢州
ききょーずる　紀伊国牟婁郡
ききょーもどき　但馬
きつねのしょんべたご　和歌山（日高）
きつねのしょんべんつぼ　山口（柳井）
きつねのちょーちん　山口（玖珂・熊毛・大津）
きつねのとーろ　周防
けつねのちょーちん　近江坂田
こっぽばな　島根（那賀・江津市）
こぶくろそー　信州
してんば　筑紫　筑前　筑摩
しゃくしな　近江　江州
しゃくしゃ　越中
しゃぐしゃ　越中
しゃぐじゃ　越中
しゃじゃ　越中
しゃじゃしゃ　越中
すずはな　木曾
ちごな　島根（邇摩）
ちちぐさ　静岡（小笠）
ちちのちょーちんばな　山口（柳井）
ちゃぶくろばな　木曾
ちょーせんにんじん　山口（豊浦）
ちょーちんぐさ　鹿児島（肝属・垂水）
ちょーちんごーら　島根（石見）
ちょーちんばな　福島（相馬）　長野（北佐久・上伊那）　岐阜（恵那）　静岡（小笠）　新潟　三重（伊勢・宇治山田市）　和歌山（日高）　岡山（小田）　山口（阿武）　宮崎（西諸県）　鹿児島（肝属）
ちょーちんぶらぶら　岐阜（吉城）
ちんちろ　和歌山（田辺市）
つりがね　木曾　山口（美祢）
つりかねそー　木曾　長州　防州
つりがねそー　静岡（小笠）　和歌山　和歌山（新宮・海草・那賀・西牟婁）　山口（玖珂）　岡山　高知（土佐）
つりがねばな　島根（仁多）
てっぽーばな　福島（南部）　東京（南多摩）
ててっぽかかっぽ　鳥取（西伯）
とーかんばな　埼玉（秩父）
とーろぐさ　広島（比婆）
とーろばな　丹波
とっとき　新潟（西蒲原）

ツリバナ

とっとのめ　千葉（夷隅）
ととき　山形　東京（八王子）　神奈川（足柄上）　新潟（刈羽・佐渡）　長野（佐久・北安曇・更級）
とどき　岩手（東磐井）　和歌山（日高）
とどぎ　山形（村山）
とときっぱ　千葉（印旛）
とときな　山形（西置賜）　埼玉（秩父）
とときにんじん　山口（柳井・玖珂）
ながにんじん　山口（大島）
にへな　木曾
にゅーどーぶくろ　防州　長州
にんじん　山口（都濃）
ぬぬば　岩手（遠野・上閉伊）
ぬのば　岩手（盛岡）　秋田　山形　神奈川（足柄上）　新潟（刈羽）　山口（柳井）
ねーな　木曾
ねーば　長野（東筑摩）
のしば　山形（東田川）
ののば　青森　岩手（盛岡・上閉伊・紫波）　秋田　山形
ののぼ　山形（東村山）
のば　山形（酒田）
のろ　山形（酒田）
のろば　山形（酒田・庄内）
はくとーおー　江戸
はこばな　新潟
はてどこね　沖縄（沖永良部島）
ばな　埼玉（秩父）
はなちょーちん　福島（相馬）
はなのもと　越中
ばんぶくろ　木曾
びしゃびしゃ　山城
ふーりんそー　山口（都濃）
ふーりんばな　木曾妻籠　千葉（山武）
ふーれー　木曾
ふぇーとーのすず　岡山（邑久）
ふくろくさ　青森（三戸）
へびじゃわん　上総
へびちゃわん　上総　千葉
ほーとくにんじん　鹿児島（国分市）
ぽけばな　新潟
まなにんじん　山口（阿武）
まめききょう　千葉（君津）
みねば　長野（東筑摩）
むこなかせ　山形（飽海）
やまぎきょー　鹿児島（揖宿）

やまごぼー　鹿児島（甑島・薩摩）
やましろととけ　京都（竹野）
やまだいこ　青森（八戸）　岩手（九戸）　秋田（鹿角）
やまだいこん　南部　青森（八戸・三戸）　秋田（鹿角）　山口（都濃）
やまでぁこ　青森　秋田（鹿角）
やまでぇあこ　秋田（鹿角）
やまでぇご　青森
やまな　近江
やまにんじん　新潟（中越・長岡）　静岡（小笠）　山口（阿武・玖珂・柳井）
よしな　新潟（上越）
わかな　上州野田村
わくな　長野（更級）　愛知（東加茂）

ツリバナ　　　〔ニシキギ科／木本〕

あくしょぎ　宮城（玉造）
あんあらはす　甲州河口
いぬくそまき　青森（下北）
いぬまき　青森（上北・下北）　山形（北村山）
いぬまゆみ　埼玉（秩父）
いのくそ　高知（長岡）
いろまき　青森（東津軽・中津軽・下北）
うしころし　埼玉（秩父）
えりまき　北海道　青森（津軽）
えりまぎ　青森
おーまき　岩手（岩手）
おーまゆみ　福井（三方）
おとこまき　山形（北村山）
おとこまゆみ　埼玉（秩父）
おばふたばさみ　和歌山（伊都）
おまえび　山形（飽海）
おまゆみ　岩手（胆沢）
おんなまゆみ　山梨（北都留）
くすま　千葉（清澄山）
こぶまよみ　埼玉（名栗）
こむね　富山（五箇山）　岐阜（白川）
さるのじゅーばこ　岐阜（揖斐）
したわれ　千葉（安房・清澄山）
すずのき　三重（伊賀）
たまてばこ　三重（伊勢市・宇治山田市）
ちんからまゆみ　群馬（尾瀬）
つりみがん　青森（八戸）
なめら　埼玉（秩父）
にしき　岐阜（揖斐）　高知（土佐）

はなやすめぎ　高知（長岡）
はるまめ　三重（一志）
ふじき　静岡（南伊豆）
ほんまゆみ　神奈川（東丹沢）　高知（香美）
まき　青森　岩手　宮城　秋田（雄勝・仙北）　山形（東置賜）
まぎ　青森（南津軽）
まきしば　青森　宮城　秋田（鹿角・北秋田）
まきのき　青森（上北）　岩手（下閉伊）
まゆみ　栃木　群馬　埼玉（秩父）　石川　福井　長野（北佐久）　愛媛（新居）　高知（安芸）　熊本（八代）
まゆみぎ　高知（香美）
まよいば　奈良（吉野）
まよめ　長野（伊那）
むすびぎ　三重（一志）
めばえのき　岐阜（揖斐）
めめぞき　山梨（河口湖）
もとぎ　和歌山（東牟婁）
ゆみき　新潟（南魚沼）
ゆみぎ　静岡　三重　和歌山　愛媛　高知
りゅりしで　大分（大野）

ツリフネソウ　〔ツリフネソウ科／草本〕
いびはめくさ　長野（飯田）
おとこみじ　山形（飽海）
からすみず　秋田（北秋田・南秋田・鹿角）　岩手（二戸）
からすみんじ　秋田（鹿角）
からすみんず　秋田（平鹿）
かわみず　山形（庄内）
かわらほーせんこ　新潟（中頸城）
きんぎょそー　静岡（富士・庵原）
せきむらさき　岩手（二戸）
だんばな　山形（飽海）
ほらがいそー　紀伊
やまほーせんか　福島（相馬）
ゆびとーし　埼玉（秩父）
ゆびはめ　長野（北安曇）
ゆびはめぐさ　長野（下伊那）
よめのかんじゃし　青森

ツルアジサイ　ゴトウヅル，ツルデマリ
〔ユキノシタ科／木本〕
あじさいつた　日光
うりつた　上州三峰山

つた　秋田（鹿角）　愛媛（新居・宇摩）　高知（土佐）
つるあじさい　和歌山
べぼずる　木曾

ツルウメモドキ　〔ニシキギ科／木本〕
うめかずら　高知（幡多）
うめつる　近江坂田
うめばち　近江坂田
うめぽとき　山形（飽海）
うめぽとけ　山形
うめもと　山形（飽海）
うめもどき　千葉（長生・夷隅）　新潟（佐渡）
がんぴかずら　高知（幡多）
こずくみ　愛媛（上浮穴）
さんしょーかずら　周防
しらずかずら　長崎（壱岐島）
たにわたし　熊本（球磨）
つるまゆみ　高知（吾川）
つるもどき　長野（佐久）　三重（宇治山田市）
なべはし　甲州河口
ぬめくり　長州
ぬめぐり　防州
はなぐいかずら　鹿児島（川辺・垂水市）
はまがき　秋田（鹿角）
はんつけ　山形（鶴岡市・飽海）
ひよどりじょーご　山口（厚狭）　高知（香美）
ふじぐみ　秋田（北秋田）
ほそくび　愛媛　高知
ほそくびかずら　高知（土佐）
まつかずら　島根（簸川）
めじろみかん　宮崎（宮崎市）
やつはしけ　長門
やまがき　北海道　青森（津軽）　岩手

ツルカコソウ　〔シソ科／草本〕
おーぎかずら　尾州
きくからくさ　伊勢

ツルカノコソウ　〔オミナエシ科／草本〕
やまかのこそー　和歌山（伊都）

ツルグミ　〔グミ科／木本〕
おくび　鹿児島（名瀬市）
かずらぐいみ　高知
かずらぐん　鹿児島（肝属）

かわらぐいみ　香川　香川（大川）
かんきん　鹿児島（与論島）
かんだぐみ　長崎（壱岐島）
ぎんぐいみ　香川（香川）
くび　鹿児島（奄美大島）
くびき　鹿児島（奄美大島）
くびぎー　鹿児島（奄美大島）
さがいぐん　鹿児島
さがりぐみ　和歌山（東牟婁）
すぐみ　東京（三宅島）
すすぐみ　東京（八丈島）
たうちぐみ　勢州
だみー　鹿児島（喜界島）
たわらぐみ　東京（御蔵島）
とらぐみ　鹿児島（中之島）
とらぐん　鹿児島（日置）
のぐみ　鹿児島（悪石島）

ツルコウジ　〔ヤブコウジ科／木本〕
かさばつかずら　鹿児島（揖宿）

ツルコウゾ　〔クワ科／木本〕
かずらかじ　鹿児島（肝属）
むくみ　鹿児島（薩摩）
むくみかずら　鹿児島（伊佐・薩摩）
むくんかじ　鹿児島（垂水市）
むくんかずら　鹿児島（伊佐）
むこんかずら　鹿児島（肝属）

ツルコケモモ　〔ツツジ科／木本〕
こけのみ　山形（東置賜）

ツルシキミ → ミヤマシキミ

ツルシノブ → カニクサ

ツルシロカネソウ　シロカネソウ
　〔キンポウゲ科／草本〕
しろばなさばのお　和歌山
ひょーたんくさ　木曾
みやまからまつ　和歌山（西牟婁・東牟婁）

ツルソバ　〔タデ科／草本〕
あまっち　鹿児島（喜界島）
いおめかずら　鹿児島（揖宿）
いおんめんは　鹿児島（肝属）
いたぶ　高知（幡多）
いもうめ　鹿児島（屋久島）

いもうんめ　鹿児島（種子島）
いよんめ　鹿児島（肝属）
いわんみ　鹿児島（揖宿）
いんのじご　鹿児島（出水）
うまいもの　高知（幡多）
うんまんがえし　東京（三宅島）
えんぽーたち　東京（三宅島）
からむし　東京（御蔵島）
かんつみ　鹿児島（与論島）
かんのみ　東京（三宅島）
かんのむし　東京（三宅島）
ぐのみは　鹿児島（鹿屋市）
ぐりん　鹿児島（川辺）
ぐるみ　鹿児島（川辺）
ぐるめ　鹿児島（串木野）
ぐろみ　鹿児島（川辺）
ぐろん　鹿児島（日置・加世田）
ささがみ　鹿児島（肝属）
しーべんこっこ　鹿児島（薩摩）
しーべんこっこー　鹿児島（甑島）
しーぽーざー　沖縄（首里）
しびがら　鹿児島（奄美大島）
しめかずら　鹿児島（奄美大島）
しめがら　鹿児島（奄美大島）
すぃむがら　鹿児島（奄美大島）
すぃもんかずら　鹿児島（奄美大島）
すーみ　鹿児島（甑島・薩摩・大島）
すーめ　鹿児島（甑島・薩摩）
すずめこーじょー　鹿児島（大島）
すずめごーじょー　鹿児島（硫黄島）
すみがら　鹿児島（奄美大島）
すむがら　鹿児島（奄美大島）
ちから　鹿児島（川辺）
ちがら　鹿児島（川辺）
つきぶんこ　東京（三宅島）
つけもんこ　東京（三宅島）
とーぐさ　沖縄本島
ふなかずら　鹿児島（種子島）
ほーのみ　肥前平戸

ツルタデ　〔タデ科／草本〕
いもーめん　鹿児島（種子島）
いよんめ　長崎（南松浦）
いんがらめっぷ　長崎（南松浦）
すいみ　鹿児島
ぬくだち　東京（八丈島）

ほーのみ　長崎（北松浦）
ぽっぽんめ　長崎（南松浦）

ツルデマリ → ツルアジサイ

ツルドクダミ　　　　　　〔タデ科／草本〕
かきそば　青森
かしゅー　愛媛（越智・大三島）
なべころげ　東京（南多摩）

ツルナ　　　　　　　　〔ツルナ科／草本〕
いそがき　仙台　羽州米沢　播州姫路　宮城（仙
　台市）　秋田＊・新潟＊
うみじしゃ　岡山
おかみる　江州
おくひじき　羽州米沢
かわらじしゃ　羽州米沢
さがき　秋田＊
ちょーせんな　青森（三戸）
ちょーめーそー　近江彦根
はまあかざ　遠州舞阪　周防　静岡（遠州）
はまじさ　周防　兵庫（津名）
はまじしゃ　伊豆　兵庫（津名）　和歌山（田
　辺・東牟婁・西牟婁）　山口（防府市）　岡山
　鹿児島
はまちしゃ　大阪＊　兵庫＊　和歌山＊　山口＊　鹿児
　島（沖永良部島）

ツルニガナ → オオジシバリ

ツルニンジン　ジイソブ　〔キキョウ科／草本〕
あまな　木曾
そぶ　木曾
ちそぶ　木曾
ちゅーぶ　木曾
つりかねかずら　江戸
つりがねかずら　江戸
つりがねにんじん　佐渡
てたらもっち　山形（庄内）
とっとりもち　日光
ととき　岩手（盛岡）
とどぎ　対州　青森（津軽）
とどき　青森
とどきにんじん　対州
ととらもち　出羽
ほとぎ　青森

ツルハコベ → サワハコベ

ツルフジバカマ　　　　　〔マメ科／草本〕
きつねまめ　山形（庄内）

ツルボ　　　　　　　　〔ユリ科／草本〕
いびら　大分
うしうちら　江戸
うしうらう　江戸
うしうろー　江戸
うしぐろ　千葉（富浦）
うしにら　山形（飽海）
うしのにんにく　近江坂田　鹿児島（鹿児島市）
うしのびる　新潟
うしのふし　江戸
うしひる　伊勢
うしびる　駿河庵原郡竜爪山
おしょーろ　埼玉（秩父・入間）　神奈川（津久井）
くわい　西州
こけじょろ　木曾
こけじょろー　木曾
さんだいがさ　周防　三重
しびな　広島（比婆）
しろね　木曾
ずいべら　筑紫
すがな　和歌山（新宮）
すっな　鹿児島（加世田市）
すなか　和歌山（東牟婁）
すびら　長崎（壱岐島）
すみな　鹿児島（長島・鹿屋・出水）
すみら　熊本（玉名）　宮崎（児湯）　鹿児島（国
　分・出水・姶良・薩摩）
すんな　鹿児島（川辺・姶良）
たんぱんぐわい　筑紫
つるぽ　山城
にがほーじ　和歌山（西牟婁）
はたほーじ　和歌山（有田）
はにら　伊豆八丈島
ひぼろ　千葉（長生）
ひる　静岡（富士）
へびっくそ　静岡（賀茂）
へぼろ　千葉（夷隅）
もめら　長門　周防　山口（厚狭）
やー　島根（那賀）
やまねこ　岡山（御津）

ツルホラゴケ　　　　　〔コケシノブ科／シダ〕
こがねほらごけ　和歌山（西牟婁・東牟婁）

ツルマオ

あれがまち　鹿児島（奄美大島）　〔イラクサ科／草本〕

ツルマサキ　〔ニシキギ科／木本〕
あおつた　秋田（鹿角）
いしがらみ　長野（北佐久）
かめずた　長野（北佐久）
つた　長野（佐久）
つたかずら　愛媛（新居）　高知（土佐）
まえめかずら　山口（厚狭）
まゆみかつら　長州
やまずた　木曾

ツルマメ　〔マメ科／草本〕
こまめ　羽州　秋田　山形
ちゃまめ　長野（北佐久）
のまめ　和歌山（西牟婁）
まめずる　長野（北佐久）

ツルラン　〔ラン科／草本〕
しらかねのはな　鹿児島（悪石島）

ツルリンドウ　〔リンドウ科／草本〕
いぬのちんぽ　山口（厚狭）
きつねのきんたま　山形（飽海）
きつねのちょーちん　長野（下水内）　岡山（吉備）
きつねのまくら　奈良（宇陀）
たぬきのきんたま　山口（厚狭）
たぬきのきんたまはちじょーじき　山口（厚狭）
ひょーたんかずら　熊本（玉名）

ツルレイシ　ニガウリ　〔ウリ科／草本〕
あかめうり　徳島*
あかめれーし　徳島*
あにきうに　大分
いがうり　福井*　愛媛*　福岡*
うめうり　京都*
おがほや　青森　岩手（盛岡）
かめうり　兵庫（淡路島・津名・三原）
からしうり　福島*
きんれーし　島根
くいか　愛知*　滋賀*
ぐか　愛知*
ごい　鹿児島
ごーや　沖縄（石垣島・竹富島・鳩間島）
ごーやー　沖縄（首里）
ごーりかずら　長崎
こがごり　熊本（玉名）
ごり　宮崎　鹿児島（種子島・薩摩）
でし　和歌山（東牟婁・新宮）
でしこぼ　和歌山（東牟婁）
でしぽこ　和歌山（新宮）
とーごーり　島原
とーごり　宮崎*
とごい　鹿児島
にかいきゅう　愛媛*
にがうり　長州　阿州　防州　青森　宮城*　埼玉*　千葉　東京　新潟　富山　石川　山梨　岐阜*　静岡*　愛知*　三重*　京都*　山口*　愛媛*　高知*　福岡*　佐賀　長崎　熊本　大分　宮崎*　鹿児島　鹿児島（徳之島）
にがぐい　鹿児島（指宿市）
にがぐり　鹿児島（奄美大島）
にがごい　福岡　佐賀*　長崎*　宮崎*　鹿児島（鹿児島・谷山・肝属・姶良）
にがごーい　福岡（築上）
にがごーり　筑後　久留米　長崎　福岡（久留米・築上）　佐賀*　長崎（南高来）　熊本　大分（日田）　宮崎
にがごり　熊本（玉名・八代）　鹿児島（肝属・種子島）　宮崎（宮崎）
にがごる　熊本（菊池）
にかわうり　高知*
はかうり　佐賀*
ふか　佐賀*
れいし　和歌山（日高・東牟婁）　鳥取（西伯）　岡山（上房）
れいしこ　和歌山（日高）

ツワブキ　〔キク科／草本〕
いしぶき　千葉（君津）
いそぶき　千葉（安房）　東京（利島・三宅島・御蔵島）　静岡
いわぶき　千葉（豊浦）
おかばす　新潟（長岡）
おばこ　三重（南牟婁）
ぎょーじゃぶき　奈良（南大和）
しろずわ　鹿児島（肝属・垂水・曽於）
そばしゃ　鹿児島（大島）
たからこ　大和　徳島（名東）

テイカカズラ

たからこー　甲斐
ちばさ　鹿児島（奄美大島）
つぃふぁふぁ　沖縄（首里）
つとづわ　鹿児島（垂水）
つば　徳島　福岡（粕屋）　佐賀（小城）　鹿児島（姶良）
つばしゃ　鹿児島（奄美大島）
つばしゃー　鹿児島（大島）
つばのは　佐賀（小城）
つばぶき　岡山　福岡（久留米）
つや　三重（南牟婁）　和歌山（新宮・日高・東牟婁・西牟婁）
つやぶいき　和歌山（西牟婁）
つやぶき　福島（相馬）　新潟　和歌山（西牟婁）
つわ　長州　防州　静岡　兵庫（赤穂）　三重（南牟婁）　和歌山（有田・日高・西牟婁）　島根（石見・美濃）　山口（厚狭・大津）　香川（伊吹島）　高知　福岡（朝倉）　長崎（南高来）　熊本（玉名・球磨）　宮崎（南那珂・日南）　鹿児島
つわっ　鹿児島（揖宿・肝属）
つわな　愛媛（南宇和）　高知（幡多）
つわのじく　和歌山（日高）
つわぶき　江戸
つわんこ　鹿児島（加世田市）
つわんぽ　鹿児島（鹿児島）
つわんぽ　鹿児島（鹿児島市・加世田市）
どんべんつつみ　熊本（下益城）
におぶき　徳島（名東）
ひふき　東京（利島）
ふぉーきしば　東京（八丈島）
ふき　千葉（市原）　東京（三宅島）　鹿児島（肝属・与論島）
べっこーふぎ　青森（津軽）
ほーきしば　伊豆八丈島　東京（八丈島）
やせー　熊本（芦北・八代）
やまぶき　青森　千葉（安房）　東京（大島・利島）　京都（京都市）　島根（美濃・簸川・能義）　広島（高田）　山口（厚狭）　福岡（築上）　熊本（玉名）　宮崎（西臼杵）

テイカカズラ　マサキノカズラ
〔キョウチクトウ科／木本〕

いぼつた　鹿児島（肝属）
いぼった　鹿児島（垂水）
うしのはなぐい　鹿児島（国分）
うしのはなぐり　鹿児島（国分市）

うるし　千葉（長生）
うるす　千葉（山武）
かずら（葛）　長州　千葉（市原）　岡山（岡山市）
きぞえ　長門
きんきんぐさ　熊本（玉名）
くろまさかずら　鹿児島（肝属・川辺）
くろめかずら（チョウジカズラ）　鹿児島（請島）
こがみ　福島（相馬）
さいのつの　尾州　愛知（尾張）
じーかずら　鹿児島（奄美大島）
しおかい　高知（幡多）
しおこけじょ　鹿児島
しおふき　薩摩　高知（幡多）
しおふきかずら　鹿児島（肝属）
じべ　鹿児島（奄美大島）
せきだかずら　山城　和歌山（西牟婁・田辺市）　熊本（球磨）
せきりゅー　和歌山（東牟婁）
せきりゅーと　和歌山（新宮）
ぜにかずら　熊本（阿蘇）　大分（佐伯市）　鹿児島（姶良）
ぜにしば　熊本（玉名）　宮崎（宮崎市）
ぜにつた　静岡
せんしば　熊本（玉名）
ぜんぜんかずら　熊本（玉名・菊池）
ちちかずら　和歌山（新宮市）　鹿児島（肝属）
つた　島根（簸川）　岡山（苫田）
つたごがみ　福島（相馬）
つたまさき　和州
つるくちなし　勢州
とーりしば　山口（厚狭）
ときわかずら　防州
とびがらみかずら　長門
はなぐいかずら　鹿児島（日置・国分市）
ほんまさき　伊豆三宅島　東京（三宅島）
まさき　東京（八丈島・三宅島）
まさきかずら　東京（三宅島）　高知（幡多）　長崎（壱岐島）　鹿児島（奄美大島）
まさきずる　東京（三宅島）
まさきのかずら　東京（三宅島）　長崎（下県・対馬）
まさきふじ　東京（八丈島・御蔵島）
もてかずら　鹿児島　鹿児島（揖宿・日置）
やまつばき　長州

デイゴ　　〔マメ科／木本〕
- ぐず　沖縄（鳩間島）
- ずーきー　沖縄（竹富島）
- ずぐ　沖縄（石垣島）
- ずくい　沖縄（小浜島）
- ずぐきー　沖縄（石垣島）
- どーふき　沖縄（宮古島）
- ぶーじ　沖縄（石垣島）
- ぶじ　沖縄（波照間島）

テイショウソウ　　〔キク科／草本〕
- くまのはぐま　和歌山（西牟婁・東牟婁）

テウチグルミ → セイヨウグルミ

テツカエデ　　〔カエデ科／木本〕
- あおき　京都（北桑田）
- あおべら　大分（直入）
- いずくも　新潟（岩船）
- いたぶ　徳島（海部）　高知（土佐）
- うりき　山形（南置賜・飽海・北村山）
- うりぎ　高知（土佐）
- えんじ　秋田（北秋田）
- おーばうりき　山形（東田川）
- おーばかえで　群馬（利根）
- さるば　山梨（南巨摩）
- さわふたぎ　山形（北村山・西村山）
- しゃくで　新潟（南魚沼）
- しろうりぎ　愛媛（上浮穴）
- てつば　愛媛（面河）
- のまうり　岐阜（揖斐）
- はなぬき　山形（北村山）
- ほやのき　徳島（美馬）
- みぎ　山形（西村山）
- やちおっか　山形（西村山）
- ゆーごーばな　新潟（南魚沼）

テッセン　　〔キンポウゲ科／草本〕
- くるまばな　長野（下水内）

テツドウソウ → ヒメムカシヨモギ

テッポウユリ　リュウキュウユリ　〔ユリ科／草本〕
- いねら　東京（八丈島）
- いわゆり　羽州米沢
- てっぽーゆり　江戸
- てっぽゆり　和歌山（海草・日高）
- てんなんしょー　島根（鹿足）

- びわゆり　鹿児島（薩摩）
- ゆいうむ　沖縄本島

テマリバナ → オオデマリ

テリハツルウメモドキ　　〔ニシキギ科／木本〕
- あめがたかずら　鹿児島（甑島）
- うしのはなどーし　鹿児島（甑島）
- うまのちゃ　鹿児島（国分市）
- かたかずら　鹿児島（日置）
- しらずかずら　長崎（壱岐島）
- はなぐいかずら　鹿児島

テリハノイバラ　　〔バラ科／木本〕
- あおぐい　香川（香川）
- あかばら　長野（北佐久）
- いばら　和歌山（日高・東牟婁）
- けんもも　鹿児島（肝属）
- こもちぐい　香川（木田）
- にぎ　鹿児島（奄美大島）
- はーげ　鹿児島（種子島）
- はいばら　香川（仲多度）
- ばら　長野（北佐久）
- ばらぼたん　長野（北佐久）
- ひゃーひげ　熊本（球磨）
- まーにぎ　鹿児島（与論島）
- ゆざり　鹿児島（喜界島）

テリハノブドウ → ノブドウ

テリハノビワ　　〔バラ科／木本〕
- ありんがふきー　沖縄（石垣島）

テリハボク　　〔テリハボク科／木本〕
- どくぎ　鹿児島（与論島）
- やなぶ　沖縄（首里）
- やらぶ　沖縄（首里）

デロ → ドロヤナギ

テングサ　　〔テングサ科／藻〕
- いーし　沖縄（石垣島）
- いなとり　三重（志摩）
- きぬぐさ　和歌山（海草・西牟婁）
- けぐさ　東京（三宅島）
- こころぼち　福井（坂井）
- すごろてん　兵庫
- すっころてんぐさ　兵庫
- てんや　徳島（海部）

ところてんぐさ　長州　京都　和歌山　岡山　山口
なんば　和歌山（海部）
ぶと　東京（八丈島）　三重（志摩）　鹿児島
ぶど　伊豆八丈島　鹿児島（姶良）
ふとぐさ　和歌山（西牟婁）
ぶとぐさ　和歌山

テングタケ　　　　　　〔テングタケ科／キノコ〕
ごまなば　熊本（玉名）
あおしめじ　栃木
はえころし　山形（西置賜）
はえとり　長野（佐久）
はえとりきのこ　山形（飽海）　長野（佐久）
はえとりだけ　山形（飽海）
はえとりなべ　広島（比婆）
ばかもだし　山形（飽海）
へえとり　長野（小県）
へとりきのこ　山形（飽海）
もくかぶり　山形（東置賜）

テンジクアオイ　　　　〔フウロソウ科／草本〕
あおい　和歌山（日高・東牟婁）
せいよーあおい　長崎（壱岐島）
ふゆあおい　香川（高松市）

デンジソウ　　　　　　〔デンジソウ科／シダ〕
かがみぐさ　防州
かたまん　新潟（西蒲原）
しー　鹿児島（与論島）

テンジクマモリ　→　トウガラシ「八房」

テンダイウヤク　　　　〔クスノキ科／木本〕
しろもじ　栃木（日光）

テンナンショウ　　　　〔サトイモ科／草本〕
うぐいす　山口（厚狭）
うじころし　福島（相馬）
えべくされ　島根（隠岐島）
おったがしゃくし　長崎（対馬）
くちなおーのとーとーこ　広島（比婆）
くちなおのとーとーこ　広島（比婆）
くちなわじゃくし　島根（仁多）
くちなわびゃくし　長崎（南高来）
こんぺーとー　山口（阿武）
しゃみせんぐさ　島根（簸川）
しろだえはつ　岩手（遠野）

だいはち　岐阜（大野）
たかざらし　伊豆八丈島
たっぱれ　茨城（稲敷）
つちっくい　神奈川（津久井）
でぁーばち　岩手（東磐井）
てっぱれ　茨城（稲敷）
でなそ　島根（周吉）
てはれ　島根（隠岐島）
ではれ　島根（周吉）
てんなんそー　宮城（仙台）　山口（吉敷）
どくばな　山口（阿武）
とらのお　広島（福山市）
はんげ　山口（萩市・大津・阿武）
ひびのまくら　福島（相馬）
へーびくさ　千葉（香取）
へーびのおかた　長野（南佐久）
へーびのこんにゃく　千葉（印旛）
へーびのしたべら　静岡
へーびのはしばこ　富山（西礪波）
へーびよろ　長野（佐久）
へーぶのはしばこ　富山（砺波）
へそべ　埼玉（入間）
へっのしゃくし　鹿児島（垂水・阿久根・薩摩）
へびくさ　伊豆大島
へびこんにゃく　神奈川（愛甲・足柄上）　静岡（磐田）
へびじゃくし　長野（上伊那・下伊那・飯田）　鹿児島（肝属）
へびのあんどん　群馬（山田）
へびのおがた　岩手（水沢）
へびのおわだ　岩手（気仙）
へびのかたな　岩手（盛岡）
へびのかつやま　長野（下伊那・飯田）
へびのからかさ　広島（福山市）
へびのこしかけ　群馬（勢多）　埼玉（秩父）
へびのこんじんさま　千葉（印旛）
へびのこんにゃく　千葉（印旛）　神奈川（足柄上）
へびのした　富山
へびのしゃくし　宮崎（西臼杵）　鹿児島（肝属）
へびのだいおー　佐渡
へびのだいはち　宮城（玉造）　長野（下水内・西筑摩）　岐阜（飛騨）
へびのだいばち　北海道松前
へびのだいはつ　岩手（二戸・紫波）
へびのたいまつ　北海道　秋田（北秋田）
へびのだいまつ　秋田（北秋田）

へびのだいもじ　秋田（平鹿・北秋田）
へびのだえはち　岩手（水沢）
へびのちょこ　房総
へびのでぇあばん　岩手（盛岡）
へびのでぇもじ　秋田（雄勝）
へびのどんがら　長野（北安曇）
へびのぱっこ　秋田（山本・由利）
へびのまくら　岩手（岩手）福島（相馬）
へびまくら　山形（庄内）
へびゆり　房総
へんご　伊豆　東京（八丈島）
へんびのだいはち　岐阜（恵那・飛騨）
へんびのでぇあまぢ　秋田（鹿角）
へんべのだいはち　岐阜（吉城）
へんべのだいはつ　岐阜（吉城）
まへんご　伊豆八丈島
むさしあぶみ　江戸
めごさく　青森（津軽・弘前）
やぶこんにゃく　三重（伊勢）和歌山（西牟婁）岡山
やぶごんにゃく　三重（宇治山田市）和歌山（日高・西牟婁）
やまこんにゃく　熊野　周防　神奈川（津久井）
やまごんにゃく　岩手（盛岡）群馬（勢多）神奈川　新潟（中越・長岡）和歌山（日高・東牟婁）島根（簸川）山口（峰）長崎（壱岐島）

テンノウメ　　　　　　　　〔バラ科／木本〕
いしうめ　薩摩
いそざんしょー　鹿児島（奄美大島）
くろまつかん　鹿児島（沖永良部島）

テンモンドウ　→　クサスギカズラ

トウ　タイワントウ　　　　　〔ヤシ科／木本〕
とーよし　秋田（鹿角）
とよし　秋田（由利・鹿角）

トウアズキ　　　　　　　　〔マメ科／草本〕
てんじくささげ　薩州

トウカエデ　　　　　　　　〔カエデ科／木本〕
はなのき　山形
べっとのき　山形（西田川）

トウガラシ　　　　　　　　〔ナス科／草本〕
あーぐしゅ　鹿児島（与論島）

いんのまら　静岡（富士）
かぐら（シシトウ）　滋賀（彦根）
かぐらごしょ（シシトウ）　岐阜（恵那）
からごし　岐阜（山県）
からごしょ　岐阜（恵那）島根（隠岐島）
からごしょー　岐阜（土岐）鳥取*
からし　会津　宮城　秋田*　福島（石城）東京*　新潟*　静岡*　和歌山*　岐阜（加茂）広島（豊田・大崎下島）鳥取　愛媛（新居）高知　長崎（南高来）大分（西国東）宮崎*
からせ　大分（西国東）
からなんばん　新潟（佐渡）滋賀*
からみ　岐阜（安八）
こーしゅ　佐賀（藤津）長崎（南高来）
こーしゅー　筑後柳川　福岡*　佐賀　長崎（南高来）熊本（玉名・下益城）
こーしょー　長崎（壱岐島）
こーと　三重*
こーらいごしょー　京都
こーらぐす　沖縄（島尻）
こーれーぐーす　鹿児島（奄美大島）
こーれーぐしゅ　沖縄（那覇市・首里）
こーれーぐす　沖縄（国頭・中頭）
こがらし　栃木*
こしゃのき　和歌山（伊都）
こしゅ　熊本（八代）宮崎（日南・児湯・東諸県・西諸県）鹿児島（鹿児島・鹿屋）
こしゅー　福岡（山門）長崎（西彼杵・諫早・南高来）熊本（天草）大分　宮崎　鹿児島
こしゅのっ　宮崎（西諸県）
こしょ　新潟（中頸城）岐阜（武儀）島根（能義）鹿児島（姶良・肝属・熊毛）
こしょー　仙台　西国　久留米　筑紫　鹿児島　福島*　新潟（西頸城・中頸城）長野　長野（更級）岐阜　愛知*　滋賀*　兵庫（飾磨）和歌山　鳥取　鳥取　島根（仁多）岡山　山口（厚狭）福岡　福岡（久留米・三井・築上）佐賀　長崎（壱岐島）熊本　熊本（鹿本）大分　宮崎*　鹿児島　鹿児島（大島・熊毛・種子島・奄美大島）
こす　鹿児島*
こっしゅー　佐賀（三養基）長崎（北高来）
しちごさん（八房）和歌山（日高）
しんとーがらし　埼玉*
すりがらし　福岡*
そらふきなんばん（八房）岩手（上閉伊）

たおがらし　山口（玖珂）
たかのつめ　滋賀*　大阪*　兵庫（加古）　岡山　山口（都濃）
たがらし　山口（玖珂）
てんこー（八房）　岩手（二戸）
てんじく　滋賀*
てんずくまぶり　岐阜（恵那）
てんつき　奈良*
てんとー　岡山*
てんとーまぶり　大分（大分）
てんとこ　鳥取
てんとごしょー　鳥取*
てんどとーがらし　滋賀（彦根）
てんとまぶり　鳥取（西伯）
てんむき　奈良
とーがらせ　山口（玖珂・熊毛・都濃・豊浦）
とーくしょー　鹿児島（奄美大島）
とーなんば　岐阜（恵那）
とがらし　大阪（泉北）　宮崎（日南）
とこぼし　出羽
とんから　山口（豊浦）
とんがらし　福島（福島）　埼玉（入間・北足立・大里）　千葉（印旛・夷隅）　神奈川（愛甲）　静岡（富士）　愛知（名古屋）　和歌山（日高・海草・西牟婁）　大阪（泉北）　兵庫（飾磨・揖保）　岡山（後月・和気）　広島（安芸）　山口（大島・玖珂・熊毛・都濃・佐波・吉敷・厚狭・豊浦・美祢）　香川　愛媛（周桑）　宮崎（延岡）
とんがらし　岡山（吉備）　島根（美濃）　山口（玖珂・阿武）　大分（速見）
なば　青森（上北）
なんば　青森　岩手（岩手・紫波）　秋田（北秋田・雄勝・平鹿・河辺）　山形　千葉（山武）　富山　石川（石川）　福井　岐阜（安八・大野）　愛知　愛知（幡豆）　滋賀（伊香・東浅井・坂田・滋賀・蒲生）　鳥取（米子市）　島根（出雲・松江・簸川）
なんばの　青森（八戸）
なんばん　東北　盛岡　仙台　庄内　常陸　上総　佐渡　甲府　信濃　遠江　三河　北海道（函館）　青森（八戸・三戸）　岩手（遠野・上閉伊・二戸）　宮城　宮城（仙台市）　秋田（鹿角・北秋田・南秋田）　福島　茨城　栃木　群馬*　埼玉*　千葉*　東京*　神奈川（足柄上・高座・津久井・愛甲）　新潟（三条・佐渡）　富山　富山
（下新川・東礪波）　石川　福井（敦賀）　山梨　山梨（南巨摩・東山梨・中巨摩）　長野　長野（上水内・南佐久）　岐阜　岐阜（吉城）　静岡（志太・庵原・磐田・浜名）　愛知（三河・北設楽・東加茂）　滋賀*　京都　鳥取*　島根　広島*　香川*　長崎*　熊本*
なんばんこしょー　岐阜*
ぴーまん　三重（名賀）
ひちみとーがらし　山口（大島）
ひとこしょー　鳥取*
ほいとのわたいれ　岩手（気仙）
ほーるぐーしゅ　沖縄（国頭）
まずものこなし　越前
みかんこしょー　鳥取*

トウガン　カモウリ，トウガ　〔ウリ科／草本〕
いがうり　福井*
えどとーがん　伊州　三重（伊賀）
かたうり　秋田*
かむり　富山
かもうっ　長崎（南松浦・五島）
かもうり　上総　北陸　畿内　大阪　中国　長門　周防　沖縄　新潟　富山*　石川　福井*　長野*　岐阜*　三重*　滋賀　京都（竹野）　大阪（大阪）　兵庫*　奈良*　和歌山（日高）　愛媛*　長崎*　大分*　宮崎*
かもーり　滋賀（蒲生）
かもり　富山（東礪波・西礪波）　石川*　福井（大飯）
かもる　富山（富山市・砺波）
からうり　長野*
かんうり　島根*
かんぴょー　秋田*　福島*　三重*　京都*　和歌山*　徳島*　香川*　愛媛*　福岡*　宮崎*
かんむり　富山*　福井*　滋賀*
かんもり　石川*　福井*　滋賀*
かんもる　富山（富山市）
しうり　鹿児島（奄美大島）
しぶい　沖縄　鹿児島（与論島・沖永良部島・喜界島）　沖縄
しふり　沖縄
しぶり　沖縄　鹿児島（奄美大島・徳之島）　沖縄（石垣島・新城島）
しぴりん　沖縄（波照間島）
しぶる　沖縄（黒島・鳩間島）
しぶるん　沖縄（石垣島）

トウキ

しゅぶい　沖縄（竹富島）
すーぶ　沖縄（宮古島）
すぶい　鹿児島（与論島）
すぶり　沖縄（石垣島）
だいとー　福岡*
つぃーぶい　沖縄（与那国島）
つーぐゎ　長崎（佐世保）
つが　鹿児島（鹿児島・出水）
つぐゎ　鹿児島（垂水・出水）
つっぐゎ　沖縄（与那国島）
つぶい　鹿児島（与論島）
とーうり　京都*
とーが　福岡（築上）
とーがん　防州　千葉（海上・東葛飾）
とーがんかぼちゃ　岐阜*
とーぐゎ　東国　佐賀（小城）　熊本（玉名）
とーぐゎん　岡山
とんが　伊州　三重　福岡（粕屋）
とんがん　愛知（海部）
ながつが　宮崎*
ひょーたんうり　北海道*
ふゆうり　岡山*
まるゆーご　新潟*
まんねんうり　福井*
よーなす　山形*

トウキ　　〔セリ科／草本〕

いのちのはは　岩手（二戸）
うしのめくすり　佐渡
とーぎ　秋田
とーきにんじん（イワテトウキ）　岩手（胆沢）
ひゃくだ　奈良（吉野）
よめのわん　越前

トウキビ → トウモロコシ

トウギボウシ　オオバギボウシ　〔ユリ科／草本〕

うり　足尾銅山　秋田　山形
うりー　伊香保　群馬　埼玉（秩父）
うりっぱ　伊香保
うりっぱ　埼玉（秩父）
うりば　山形（西田川）
うるい　岩手（上閉伊）　秋田　山形（庄内）　福島　栃木（日光市）
うるいそー　江戸
うれー　山形（東田川）
えもけーるっぱ　福島（相馬）

えもげるぱ　福島（いわき市）
おにべろ　茨城
おるいな　木曾
おんばこ　神奈川（厚木・秦野）　長野（下伊那）
がいろっぱ　群馬（桐生・利根・新田）
かえろっぱ　群馬（碓氷）　長野（長野・飯山）
かぶとそー　長野（北佐久）
ぎば　静岡（富士）
ぎほ　静岡（富士）
ぎぼーし　筑前
ぎぼーしゅ　越後
ぎんぽー　岩手（二戸）
げぇろっぱ　長野（北佐久・小県）
こーらいぎぼーし　京都
こーれっぱ　長野（更級）
これい　埼玉（秩父）
ころり　甲斐
しろうり　足尾銅山
めんぱ　佐州
やまおんば　埼玉（入間）
やまおんばく　神奈川（丹沢）　長野（下伊那）
やまおんばこ　長野（下伊那）　静岡（富士）
やまがいろっぱ　長野（下高井）
やまかえろっぱ　長野（小県・下高井）
やまかんひょー　金峰山麓
やまかんぴょー　長野（志賀高原）　静岡（富士）
やまがんぴょー　栃木　長野（下高井）　静岡

トウグミ　　〔グミ科／木本〕

しゃごみ　長野（佐久）
せーよーぐぃび　岡山（岡山市）
せーよーぐみ　熊本（玉名）
たうえいちご　広島（比婆）
ちょーせんぐみ　岡山（岡山市）

トウグルミ → セイヨウグルミ

トウグワ　カラグワ，カラヤマグワ，マグワ
　　　　　　〔クワ科／木本〕

もちぐわ　土州

トウゲシバ　　〔ヒカゲノカズラ科／シダ〕

ずしもどき　会津

トウゲブキ　タカラコウ　　〔キク科／草本〕

きじんそー　下野日光
さらな　野州日光

トウナ

トウゴクミツバツツジ　〔ツツジ科／木本〕
いばんつつじ　埼玉（秩父）
にわつつじ　埼玉（秩父）
むらさきつつじ　埼玉（秩父）　長野（佐久）

トウゴマ　ヒマ　〔トウダイグサ科／草本〕
おーごま　岡山*
しなごま　埼玉*
しらあぶら　秋田*
ぜろたばこ　鹿児島（川内）
そばつなぎ　群馬*
たにかたし　鹿児島（奄美大島）
たにごま　熊本
だにごま　熊本（熊本市）
たま　長野*
たんがたし　鹿児島（奄美大島）
だんがたし　鹿児島（奄美大島）
たんぎゃたし　鹿児島（奄美大島）
たんにゃーわたし　鹿児島（喜界島）
ちゃんだかしー　沖縄（首里）
ちょーせんごま　栃木*　長野（北佐久）
とーがき　島根（美濃）
どーがき　島根（美濃）
とごま　鹿児島（曽於）
なんぷー　鹿児島（奄美大島）
ひま　青森　岩手　宮城　山形　福島*　茨城　栃木*　埼玉　東京*　新潟　富山　石川　福井*　山梨　長野*　岐阜　静岡　愛知　三重　滋賀*　京都　大阪　兵庫　和歌山　鳥取　島根　岡山　広島　山口　香川　愛媛　高知　福岡*　佐賀　長崎*　熊本　大分（大分市）　宮崎*　鹿児島（川辺）
ひまし　岩手　島根*
へったんたばこ　鹿児島（川内）

トウショウブ　→　グラジオラス

トウシングサ　→　イグサ

トウシャジン　マルバノニンジン　〔キキョウ科／草本〕
たにぎきょー　加州

トウジンビエ　〔イネ科／草本〕
おにひえ　大分*
とーびえ　大分*

トウダイクサ　スズフリバナ　〔トウダイグサ科／草本〕
うあまのどー　鹿児島（出水）
かやつりくさ　伯州
すずふりくさ　佐州　勢州
すずふりばな　佐州　勢州
ぜにつなぎ　越後
ちんぽはれくさ　長野（下水内）
とーしょーそー　越後
とーだいくさ　京
うまのどく　鹿児島（出水）
うるしぐさ　長州
きつねのすず　筑後
みこのすず　備前
みずぐさ　和歌山（有田）

ドウダンツツジ　〔ツツジ科／木本〕
かめこつつじ　秋田（鹿角）
くろぼーき　長野（佐久）
だんごき　宮城（仙台市）
まえだき　宮城（仙台市）
やしおつつじ　伊勢

トウチシャ　→　フダンソウ

トウチャ　〔ツバキ科／木本〕
つばきちゃ　東京（南多摩）

トウツルモドキ　〔トウツルモドキ科／木本〕
くーじ　沖縄（鳩間島・竹富島）
くじ　沖縄（石垣島）
ふたでぃり　沖縄（石垣島）
ふたでぃる　沖縄（新城島）
ふつい　沖縄（石垣島）

トウナ　〔アブラナ科／草本〕
あじな　和歌山*
あまな　岡山*
かいな　滋賀*
からな（唐菜）　滋賀*
さんがつな　新潟*
しがつな　愛媛*
しなはくさい　長崎*
しゃかな　三重*
しょーがつな　愛知*
しんしゅーな　岐阜*
すいくきな　山城
ちぢみな　長崎*

ちじみはくさい　山口*
ちょーせんな　愛媛*
ちりめん　埼玉
ちりめんな　埼玉*　富山*
ちりめんはくさい　青森*　福島*　富山*　岡山*　山口*　大分*　宮崎*
とーじんな　岡山*
とーまな　和歌山
ながさきはくさい　岡山*　長崎*　宮崎*
はるな　宮城*　新潟*　滋賀*
ふいごな　宮崎*
ふらんすな　滋賀*

とらもみ　静岡（駿河）
にれもみ　岩手　宮城
ひそ　長野（下高井）
ひらつげ　伊豆
ほんとーひ　長野（伊那）
まつはだ　栃木（西部）　群馬（東部）　埼玉（秩父）　新潟
やに　埼玉　山梨
やにぎ　埼玉（秩父）　山梨
やにたろー　群馬（甘楽）
やにのき　埼玉（秩父）　山梨
やにもみ　長野

トウノイモ　〔サトイモ科／草本〕

あかいも　筑前　富山（砺波）
あかずき　富山（富山市）
あかずる　和歌山（海草）
あかむーじ　沖縄（石垣島）
いもがしら　庄内　山形（鶴岡）
からとり　山形（東置賜）
からとりのこ　仙台
からとりのね　山形
くろどー　予州
なんきん　鹿児島
ぽどー　防州　長州

トウバナ　〔シソ科／草本〕

かざぐるま　和歌山（新宮市・東牟婁）

トウヒ　〔マツ科／木本〕

あいそ　静岡（駿河）
うらじろ　埼玉（秩父）　山梨
えぞまつ　長野
かみなり　静岡
からすぎ　山梨　長野　静岡（遠江）　島根（出雲）
くろまつ　山梨　長野
くろも　静岡
くろんぼ　山梨（南巨摩）
こーぼっちゃ　日光
しゃらもみ　奈良（吉野）
しゅんぐ　北海道
しろびそ　長野（下水内）
とーひ　群馬（尾瀬）
とら　山梨
とらのお　栃木（日光）　山梨　静岡（遠江）
とらのおもみ　新潟　長野　静岡　広島

トウムギ → トウモロコシ

トウモロコシ　トウキビ，トウムギ，ナンバンキビ　〔イネ科／草本〕

あかなんば　大阪（豊能）
あぶりき　福井（大野）
いぼ　鹿児島*
いぼきび　鹿児島（薩摩・甑島）
うまきび　山形（東田川）
うまのはとーみぎ（デントコーン）　山形（東置賜）
うまもろこし　山梨*
うらんだふいん　沖縄（竹富島）
おとも　静岡（富士）
かいせんきび　香川（仲多度・綾歌）
かききび　山形
かしきび　奥州から越後辺　佐渡　畿内　山形　新潟　石川（鳳至）　長野（上伊那）
かしまめ　新潟*
かしんきび　播州　和歌山*
かなと　愛知*
かぶる　東京*
からきび　香川（大川）
からと　愛知（碧海）
からとー　愛知（碧海）
からとーなんば　愛知（碧海）
かわきとが　和歌山（東牟婁・日高）
かんかけじょ　鹿児島（薩摩）
かんかけどー　鹿児島（甑島）
かんしょきび　和歌山*
かんしんきび　香川（綾歌）
かんせんきび　香川（仲多度）
かんぽー　熊本（菊池）
きなんば　大阪（豊能）
きび　北海道*　青森（下北）　秋田　山形　埼玉*

トウモロコシ

新潟　長野　岐阜*　静岡*　兵庫*　奈良（吉野）　和歌山（日高）　鳥取　岡山　広島（比婆）　山口（大津・屋代島・大島）　徳島　香川（綾歌・仲多度）　高知　大分　宮崎*
きみ　南部　北海道　青森（八戸）　岩手（二戸・九戸・気仙・紫波）　秋田（秋田・仙北・平鹿・鹿角・由利・北秋田）　福島（北部）　宮城（栗原）　鳥取*　島根（能義・仁多）
ぎみ　青森
きょーのきび　富山
ぎょく　千葉*
きんび　山形（庄内）
きんみ　秋田（鹿角・南秋田）
くーらい　愛知（名古屋）
くさぎん　鹿児島（奄美大島）
ぐすんとーじん　沖縄（首里）
ぐすんとーぬちん　沖縄（首里）
ぐすんとーんついん　沖縄（中頭）
くゎしきび　奥州　越後　畿内　山形　新潟（中蒲原）
くゎしきぶ　新潟（西蒲原）
けんせい　愛知（宝飯）
げんせい　愛知（幡豆）
けんせー　愛知（宝飯）
げんせー　愛知（幡豆）
こーぼいも　広島（芦品）
こーぼーいも　広島
こーら　愛知（知多）
こーらーきび　岐阜（土岐）
こーらい　宇治山田　福井　岐阜（岐阜市）　愛知　愛知（名古屋・海部・知多）　三重　三重（伊勢・四日市・員弁）　滋賀　滋賀（高島・伊香・東浅井・坂田・滋賀・蒲生）　岡山（邑久）　広島　広島（豊田・御調）　香川　愛媛　愛媛（越智・大三島）
こーらいきび　尾張　讃州　福井*　岐阜（大垣市・不破・山県）　愛知　滋賀　鳥取*　岡山（西部島嶼）　広島（東部島嶼沿岸）　香川（高松）　愛媛*
こーらえ　岡山（邑久）
こーらきび　岐阜（山県・揖斐）
こーりゃー　岐阜（岐阜）　広島（御調）
こーりゃーきび　香川（仲多度）
こーりゃん　香川（大川）
こーりゃんきび　香川（大川）
こーれん　広島（上蒲刈島・倉橋島・安芸）

こくぞ　新潟*
こくで　新潟*
こくでんかし　新潟（三島）
こくれん　新潟（西蒲原）
こくれんかし　新潟
こくれんくゎし　新潟（南蒲原）
こなきび　香川（木田）　高知*
こらいきび　岐阜
こらきび　新潟*　岐阜　香川
さいたかきび　和歌山（日高）
さぐり　群馬（碓氷）
さつまきび　備前
さとーきび　岡山（真庭）　広島（高田）
さとーげんせー　愛知（幡豆）
さとーぼー　愛知（八名）
さとーまめ　長野（北安曇）
さときび　長野（下伊那・上水内）　愛知（西加茂）
さとのき　愛知（海部）
さとまめ　長野（北安曇）
さともろこし　長野（北安曇）
さんかく　熊本（下益城）
さんとく　愛媛（大三島）
じねんご　山口*
しりょーきみ　岩手*
しんすけ　山口（熊毛）
せいたかきび　越後
せーたかきび　新潟
たーたーこ　島根　島根（仁多）
たーたこ　島根　島根（仁多）
たいと　福井（敦賀）
たかきび　因幡　伊予　岐阜（恵那）　静岡（磐田）　兵庫*　奈良（吉野）　島根（益田市）　山口（大津・柳井）　徳島*　香川（粟島）　愛媛*　高知（高岡）　熊本（天草）　鹿児島（種子島・悪石島）
たかびき　香川
たこしきび　山口（阿武）
たちきび　青森（津軽）
たちぎみ　津軽
たまきび　愛知（北宇和）
たわらきみ　岩手（九戸）
だんごきび　山形*
ちゃのきび　富山（富山）
ちょーきみ　青森*岩手*
ちょきび　岩手（二戸）
ちょっきみ　青森*

トウモロコシ

つつみきび　兵庫＊　鳥取＊
つときび　新潟＊　長野（下伊那）　静岡（磐田）　愛知（東三河・額田・北設楽）
つともろ　静岡（志太）
つのきび　兵庫＊
つぶこ　群馬（群馬）
つまきび　新潟（西頸城）
とうちみにー　鹿児島（喜界島）
とーあわ　埼玉＊　岐阜＊　岐阜（揖斐）
とーかし　新潟＊
とーから　愛知（碧海）
とーきび　常陸　越前　西国　久留米　山形（山形）　福島　群馬　山梨（中巨摩）　愛知（名古屋）　岐阜　新潟（三条・中魚沼）　石川（金沢）　兵庫（揖保）　島根（簸川・美濃）　岡山　広島　山口（大島・熊毛・佐波・吉敷・厚狭・豊浦・美祢・大津・阿武）　香川　愛媛（周桑・新居）　福岡（飯塚・久留米・浮羽・筑紫・三井・築上・小倉）　佐賀（鹿島・藤津）　長崎（佐世保・南高来・壱岐島）　熊本（玉名・下益城・阿蘇・八代）　大分（大分）　宮崎（宮崎・日南・延岡）　鹿児島（大島・薩摩・出水）
とーぎび　山口（大島・豊浦・玖珂・熊毛・大津）
とーきびまめ　愛媛（北宇和）
とーきぶ　長崎（南高来）
とーきみ　奥州　仙台　常陸　秋田　岩手（西磐井・紫波）　群馬（吾妻）　栃木（安蘇）　島根（能義）
とーぎみ　常陸　北海道＊　青森＊　岩手＊　宮城（仙台）　秋田＊　山形（置賜）　福島（白河・中村）　茨城（水戸・猿島）　栃木（栃木・川内・下都賀）　群馬（利根）　埼玉　東京（八丈島）　新潟＊　鳥取（西伯）　島根（隠岐島）　鹿児島（沖永良部島）
とーぎめ　栃木
とーきん　島根（簸川・大田市）
とーぎん　鳥取（米子市）　島根（簸川・能義・八束・隠岐島）
とーけぶ　富山（富山・射水）
とーじんもろこし　静岡（庵原）
とーたかきび　香川（高見島）
とーたこ　島根（飯石）
とーちび　鹿児島（喜界島）
とーつきび　新潟＊
とーと　愛知＊　愛知（知多）
とーとー　広島（豊田）

とーとーきび　島根（安濃）　広島（高田）
とーとーぎん　鹿児島（与論島・徳之島）
とーとーこ　島根（邑智）　広島（比婆）
とーとーとーきび　広島（田島）
とーとーとーびき　広島（田島）
とーときび　愛知＊　三重（志摩）　島根（大田市・仁多・簸川・安濃）
とーときみ　島根（仁多）
とーときん　島根（出雲・簸川・仁多）
とーとぎん　島根（簸川）
とーとこ　島根（飯石・仁多）　広島＊
とーとびき　三重（志摩）
とーとびきび　香川（岩黒島）
とーとんきび　島根（安来市・大田市・安濃）
とーな　新潟　岐阜　岐阜（加茂・美濃・益田・武儀）　富山　福井
とーなー　福井＊
とーなお　岐阜（加茂・美濃・吉城）
とーなきび　岐阜（益田・美濃）
とーなご　岐阜（益田・郡上）
とーなもろこし　岐阜
とーなわ　富山＊　岐阜（飛騨・吉城・美濃・大野・益田・武儀）　福井（大野）
とーぬきん　鹿児島（奄美大島）
とーのかし　新潟＊
とーのきび　静岡（浜名）　長野＊　岐阜（土岐・恵那）　愛知（北設楽・知多）
とーのとーびき　広島（横島）
とーびき　島根（大田市）　岡山　香川（小豆島）　徳島＊　愛媛
とーびび　長崎（南高来）
とーまめ　群馬（利根）　新潟（中魚沼）　長野（東筑摩）　岐阜（武儀）
とーみき　宮城（加美）　福島（北会津）
とーみぎ　宮崎　宮城（仙台）　山形　福島　福島（相馬）　茨城　栃木　群馬　群馬（利根）　千葉　東京＊　新潟（東蒲原）
とーむぎ　岩手＊　福島（西白河）　茨城（真壁・稲敷）　栃木　群馬
とーむん　沖縄（石垣島）
とーめぎ　福島＊　栃木（河内・芳賀）
とーもくず　千葉（山武）
とーもこし　千葉（山武）
とーもっくし　千葉（山武）
とーもろこし　東国
とーわ　岐阜（益田・揖斐）　滋賀（蒲生）

トウモロコシ

ときつ　鹿児島（姶良）
ときっ　鹿児島（谷山・肝属）
ときっのよめじょ　宮崎（都城市）　鹿児島（鹿児島・鹿屋・加世田・姶良・川辺）
ときび　秋田（平鹿）　山形（村山）　福井　三重（北牟婁）　京都（京都市）　大阪（泉北）　和歌山*　山口（厚狭）　徳島　香川（仲多度）　愛媛（松山）　熊本（宇土・上益城・八代・芦北・天草）　宮崎　宮崎（日南・東諸県・西諸県）　鹿児島（肝属）
ときびのこんぶ　鹿児島*
ときぶ　長崎（南高来）
ときみ　岩手（岩手）　秋田（雄勝・平鹿・仙北）
とぎみ　山形（東置賜・東村山）　福島（南部・会津）　宮城（遠田）
とぎん　島根（出雲・隠岐島）
とげみ　山形（米沢）
とっきび　秋田（北秋田・仙北）　山形
とっきみ　秋田（平鹿・雄勝）　山形（最上）
とっきよめじょ　鹿児島
ととーきび　広島（豊田）
ととーこ　島根（邑智）　広島（比婆・高田）
とときび　石川（河北）　三重（志摩）　島根（大田市）　広島（双三）
とときん　島根（簸川・仁多）
ととこ　広島（世羅・高田）
ととびき　島根（大田市・安濃）
となお　岐阜（飛騨・吉城）
となご　福井*
となわ　富山（富山・射水・東礪波・西礪波）　岐阜（飛騨・吉城）
とのきび　山形（村山）　富山*　岐阜*　岐阜（稲葉）　愛知（西春日井）
とのまめ　富山*
とはな　富山（東礪波）
とびき　三重（志摩）　福井（大飯）　香川（佐柳島）
とびきのこ　三重（志摩）
とまめ　山形*　山形（西置賜）　長野（北安曇・南安曇）
とみぎ　宮城（本吉）　山形（東置賜）
ども　静岡（富士）
どもくし　千葉（山武）
とらきび　香川（綾歌）
とわわ　福井（大野）　岐阜*
とんがらせ　岡山（小田）
とんきみ　山形（置賜）

とんぎみ　山形（西置賜）
とんと　愛知*　愛知（知多）
とんときび　愛知（知多）
とんとんきび　広島（倉橋島）
とんのきび　石川*　石川（鹿島）
とんのきぶ　富山（富山市・射水）
とんのきみ　山形（置賜）
とんのまめ　富山
とんもろぐし　千葉（印旛）
とんもろこし　埼玉（入間・北足立）　神奈川（平塚）　長野（下高井）
なーまんきび　島根*
なーまんとーきび　岡山（北木島）
なーまんとーびき　岡山（北木島）
なかきび　鹿児島（熊毛）
なきぎん　鳥取*
なばんきび　広島（安芸）
なまきび　岐阜*
なまぎん　島根（八束）
なまんきび　広島（安芸）
なまんとびき　岡山（大飛島）
なんがのとーきび　広島（大崎下島）
なんがん　広島（大崎下島）
なんがんとーきび　広島（三角島）
なんがんとーびき　広島（大崎下島）
なんきん　奈良（宇智）
なんないきび　島根（鹿足）
なんなんきび　広島（安芸）
なんば　山形（最上）　福島　石川（金沢）　長野（下伊那）　福井　福井（坂井）　岐阜*　愛知（三河）　三重　三重（北牟婁・安芸）　滋賀（高島・坂田・栗太・東浅井・滋賀・近江・甲賀）　京都　大阪　大阪（泉北）　兵庫　兵庫（飾磨・津名・三原）　奈良　奈良（吉野）　和歌山　和歌山（和歌山）　島根（八束）　岡山（倉敷・川上・児島・阿哲・久米・浅口）　広島（深安・倉橋島）　山口（屋代島・大島）　徳島　徳島（美馬）　香川　愛媛（弓削島）　長崎*
なんばかき　香川
なんばきび　大阪（播磨　岐阜（武儀・郡上）　愛知（八名・東加茂）　上方　京都（竹野）　和歌山（西牟婁）　大阪（大阪）　兵庫（赤穂）　岡山（真庭・阿哲・和気）　広島（神石）　山口（大島）　徳島　徳島（那賀）　香川（大川・小豆島・三豊）　愛媛　大分（大分市）
なんばきみ　鳥取*　島根*

トウモロコシ

なんばぎみ　島根（出雲・簸川・八束・飯石）
なんばきん　島根（簸川）
なんばぎん　鳥取（米子市）　島根（出雲・松江・簸川・能義・八束・大原・仁多・飯石）
なんばとー　愛知（三河）
なんばどー　愛知（岡崎）
なんばら　三重（志摩）
なんばり　三重（志摩）
なんばん　摂津尼崎　青森（八戸）　岩手（東磐井）　宮城（仙台）　福島（北方・耶麻・河沼・大沼）　茨城　神奈川（川崎・高座・愛甲・津久井・足柄下）　山梨　静岡（磐田）　新潟　福井（大飯）　長野（北安曇・南安曇・上田）　岐阜（不破・吉城）　愛知（三河・北設楽）　三重（名張市）　滋賀　京都　兵庫（神戸市）　山口（阿武）　長崎（南高来）
なんばんきび　畿内　京摂　周防　長門　石川　長野*　岐阜（郡上）　静岡（周智・磐田）　愛知（三河）　滋賀（高島）　上方　京都（竹野）　大阪*　兵庫　兵庫（但馬）　奈良・和歌山*　鳥取*　島根（簸川）　岡山　広島（佐伯）　山口（大島・玖珂・佐波・吉敷・阿武・厚狭）　徳島*　香川（大川・小豆島）　高知*　大分（大分）　鹿児島（肝属）
なんばんぎん　島根（簸川）
なんばんとーきび　岡山（北木島）
なんばんとーじん　沖縄（首里）
なんばんとーのきび　遠江　広島
なんばんとーびき　岡山（高島）　香川（牛ヶ首島）
なんぼ　福井*
なんまい　島根（石見・鹿足・美濃）　広島（佐伯）　山口（玖珂）
なんまいきび　島根（石見・鹿足）　山口（玖珂・阿武）
なんまえきび　島根（鹿足）
なんまぎん　島根（能義）
なんまん　島根（石見・那賀）　山口（玖珂・熊毛・都濃・佐波・吉敷・阿武）
なんまんきび　島根（石見・那賀・美濃・鹿足・安濃・邇摩・邑智）　広島（安芸）　山口（大島・玖珂・熊毛・都濃・佐波・吉敷・大津・阿武）　大分*
なんまんぎん　島根（松江市・八束）
なんまんこ　島根*　広島*
なんまんこー　島根（石見）
なんまんとーきび　岡山（笠岡）

なんまんとーびき　岡山（北木島・大飛島）　広島（田島）
にときび　宮崎*
のきび　愛媛*
はーれとーきび　山形*
はしりきび　愛媛*
はしれきび　鳥取*
はすきび　山形（西田川）
ばすきび　北海道*
はすばく　岐阜*
はぜなんばん　長野（北安曇）
はぜりきび　岡山*
はたきび　香川（塩飽諸島）
はちこく　石川（鹿島）　愛知（知多）
はちほく　伊勢　岐阜　岐阜（郡上）　滋賀（神崎・愛知）　福井
はちほくとーなご　滋賀*
はなきび　高知（長岡）
はばーきび　鳥取*
ばはいこーらい　鳥取*
ばんばーとーきび　広島（走島・御調）
ばんばんとーきび　広島（走島）
ばんばんとーびき　広島（走島）
ひなじょ　鹿児島*
ひなじょときっ　鹿児島（曽於）
ひなとーきび　鹿児島（垂水市）
ひなときび　鹿児島*　鹿児島（垂水市）
ひめじょ　熊本（菊池）
ふくろきび　長野・和歌山*
ふくろきみ　岩手*
ふさきび　鹿児島（奄美大島）
ふろしきび　秋田*
ほーききび　岡山（真庭）
ほーきもろこし　長野（佐久・南佐久）
ほーらいきび　香川（与島）
ほきび　加賀
まーま　島根（那賀）
まーまん　島根（江津市・那賀）
まきび　新潟（西頸城）　富山
まご　宮崎*
まごじょ　宮崎*
まさ　群馬（多野）
まつきび　新潟（西頸城）　長野（北安曇）
まままきび　新潟　富山*　石川*　広島（山間部）
まままんきび　広島（双三・高田）　山口（岩国市・下松市・玖珂・都濃）

ままんこ　広島（双三・比婆）
まめ　群馬（多野）　愛媛*　愛媛（宇摩）
まめきび　奥州から越後辺　岩手（紫波）　山形
　（東田川）　新潟（柏崎・東頸城・西頸城）　長野
　（南安曇・西筑摩）　岐阜（郡上・岐阜市・武儀）
　長崎*
まめきみ　盛岡　岩手*　青森
まめさん　愛媛（宇摩）
まめもろこし　長野*
まるきび　岐阜*
まんば　岡山　香川
まんまきび　広島　山口*
まんまん　島根（石見・邑智）　広島　山口（熊
　毛）　愛媛（越智）
まんまんき　広島（比婆）
まんまんきび　新潟　島根（石見・邇摩）　広島
　山口（柳井・大島・玖珂・都濃・厚狭・阿武）
まんまんこ　島根（邇摩・邑智・那賀・美濃）
　島根*　広島（双三）
まんまんこー　島根（石見）　広島（山県）
まんもろこし　長野（上水内）
みごーら　愛知（知多）
みときび　鹿児島*
むきび　鹿児島*
むるぐし　千葉（印旛）
むろこし　長野（佐久）
もちきみ　鳥取*
もつきっ　鹿児島（揖宿）
もっぎっ　鹿児島（揖宿）
もろこし　群馬（碓氷・多野・北甘楽）　埼玉
　（秩父）　東京（利島）　千葉（安房）　神奈川
　（津久井・中・平塚）　新潟（中頸城）　山梨（南
　巨摩・中巨摩・東八代）　長野（岡谷・南佐久）
　岐阜（飛騨）　静岡（富士）　和歌山　愛知　福
　井　長崎（南松浦）
もろこしきび　新潟*　岐阜*
やききび　高知*　高知（長岡）
やすじ　埼玉（北葛飾）
やまきび　高知（長岡）
やまとぅふーむん　沖縄（石垣島）
やまとぅやたふ　沖縄（波照間島）
やまととーじに　沖縄（国頭）
やまととーんちん　沖縄（首里）
よめじょ　鹿児島（加世田市）
よめじょきっ　山口（熊毛）　鹿児島（揖宿・加
　世田・日置）

よめじょきび　鹿児島（薩摩・甑島）
よめじょときっ　宮崎*　鹿児島（肝属）
よめぞきっ　鹿児島（鹿児島・揖宿）
よめぞぎっ　鹿児島（揖宿）
りんきび　静岡（磐田）
るすんとーじん　沖縄（首里）
んまぬまらたかちん　沖縄（与那国島）
んまぬまらちん　沖縄（与那国島）

トウヤク → センブリ

トウロウソウ　セイロンベンケイ
〔ベンケイソウ科／草本〕

きじぐさ　沖縄（与那国島）
そーしちぐさ　沖縄（首里）
ちょーちんぐさ　鹿児島（沖永良部島）
とーきし　沖縄（石垣島）
とーきつい　沖縄（石垣島）
とーしさーま　沖縄（石垣島）
とーっさーま　沖縄（竹富島）
とっし　沖縄（波照間島）
どんぶいぐさ　鹿児島（与論島）

トガサワラ
〔マツ科／木本〕

あかつが　東京
あかとが　奈良（吉野）
かわき　三重　兵庫（東部）　奈良（吉野）　和歌山
かわきさわら　和歌山
かわきとが　和歌山（日高・東牟婁）
ごよーとが　高知（安芸）
さわら　奈良　紀伊
さわらとが　東京　和歌山
つがさわら　三重
とがさわら　三重（北牟婁）
とがざわら　三重　奈良
まいだ　奈良（吉野）
まとが　和歌山（古座川）

トキワアケビ → ムベ

トキワガキ　トキワマメガキ　〔カキノキ科／木本〕
おじゅーしがき　熊本（球磨）
がーがー　沖縄
ががのき　鹿児島（奄美大島）　沖縄
がが　鹿児島（奄美大島）　沖縄
くろがき　三重　和歌山（西牟婁）　四国　鹿児島
とこばがき　愛知（東三河）

トキワカモメヅル

ふゆがき　静岡（三ヶ日）
まんねんがき　静岡
やまがき　高知　福岡　鹿児島（加世田市）
やまかんたし　鹿児島（奄美大島）
やましっ　鹿児島（垂水市）
やましっかっ　鹿児島（日置）
やましび　鹿児島（屋久島）
やましぶ　高知（幡多・高岡）

トキワカモメヅル　〔ガガイモ科／草本〕
さとーかずら　鹿児島（揖宿）

トキワススキ　〔イネ科／草本〕
あざこ　山口（厚狭）
かや　宮崎（西諸県）
ぎしき　鹿児島（与論島）
ぎゃー　鹿児島（与論島）
ぐすちゃー　鹿児島（喜界島）
じひき　鹿児島（大島）
ずしちゃー　鹿児島（奄美大島）
ずすき　鹿児島（奄美大島）
ですき　鹿児島（奄美大島）
とーじっき　鹿児島（奄美大島）
とーじんき　鹿児島（南西諸島）
とーずいき　鹿児島（奄美大島・徳之島）
ときわ　長崎（壱岐島・北松浦）
ときわかや　山口（厚狭）
ときわがや　山口（厚狭）　熊本（八代）　鹿児島
とっか　熊本（八代）　鹿児島　鹿児島（加世田市・揖宿）
とっかんぼ　鹿児島（鹿児島）
とっがんほ　鹿児島（鹿児島）
とっくゎ　熊本（八代）　鹿児島（鹿児島・加世田・日置・川辺）
とっぱ　鹿児島（阿久根市・枕崎市・揖宿）
とっぽ　鹿児島（指宿市）

トキンイバラ　〔バラ科／木本〕
きくいばら　西国　筑紫
ごやおぎ　畿内
ぼたんばな　江戸

トキンソウ　〔キク科／草本〕
こぞーなかせ　埼玉（秩父）
しぐれくさ　青森
じゃんこくさ　岩手（水沢）

ちりちり　和歌山（日高）
ちりへり　和歌山（日高）
なしろはこべ　青森
はなひりぐさ　和歌山（西牟婁）
ひぐれぐさ　青森（津軽）
ぽやぽや　鹿児島（熊毛・種子島）

ドクウツギ　〔ドクウツギ科／木本〕
いちろーべーごろし　千葉（安房・清澄山）
いちろべごろし　山形（最上・飽海）
うじきり　富山（砺波）
うしころし　静岡
うじころし　富山（射水）
うまあらいうつぎ　佐州
うまあらいくさ　佐州
うまおどかし　岩手（上閉伊）
うまおどろかし　青森（津軽）　羽後　秋田（山本）
うまおどろきゃす　秋田（北秋田）
うまおんどろがし　青森（津軽）
うまのき　秋田（北秋田）
おどろかし　青森　秋田（仙北）
おにころし　岐阜（大野・白川）
かーらうつぎ　青森（八戸）　岩手（上閉伊・釜石）
かさな　防州
かなうつぎ　北国
からうつぎ　陸中　青森　岩手　宮城
かわうつぎ　岩手　宮城　新潟（佐渡）
かわぶし　青森（上北）
かわらうつぎ　羽後　木曾　山形（飽海・北村山）　茨城（水戸）　新潟（佐渡）　長野
かわらぎ　静岡（土肥）
かわらぶし　山形（東田川）
さーうつぎ　静岡（富士）
さるころし　西国　新潟（佐渡）
さわうつぎ　新潟（佐渡）
したまがり　富山（東礪波）
したわれ　静岡（小笠）
どぐうずぎ　秋田
どくうつぎ　岩手（気仙）　宮城（本吉）
どくのき　能登
どくぶつ　富山（黒部）
ななかまど　青森（上北）
なのかまんじゅー　山形（飽海）
なべくだき　山梨（南巨摩・富士吉田市）
なべっつる　静岡（富士）
なべはじき　千葉

なべわり　千葉（夷隅）　神奈川（愛甲）　新潟　富山　石川　静岡
なべわりうつぎ　新潟（佐渡）
なべわれ　千葉（清澄）　山口（河口）
ねじころし　越中　千葉（君津）　富山
ねずころし　千葉（安房）
ねずみころし　甲斐富士山麓　富山　山梨　愛媛
ねずみとり　千葉（安房・小湊）
のーしろたん　高知（吾川）
ばーころし　福井（今立）
ひところばし　能州　青森（上北）　岩手（和賀）　山形（北村山）
ひところばす　岩手（岩手）
ひところび　福井（大野）
ぶす　木曾
ぶすうつぎ　岩手（江刺）
まいどーかいん　青森（中津軽・南津軽）
まおどろかし　秋田（北秋田）　青森（津軽）
まおどろげぁーし　秋田（鹿角）
まし　上州伊香保　群馬（佐波）　新潟（南魚沼）
ましっぺー　上野　群馬
まちん　栃木（芳賀）
まどろのき　陸奥　青森
まんじゅー　山形（飽海）
まんどろかし　青森（中津軽）
みそやかず　新潟（東蒲原・刈羽）
むまあらいうつぎ　加賀

トクサ　〔トクサ科／シダ〕

しもと　大分（大分市）
つぎくさ　大分（大分市・北海部）
つくし　山口（柳井・玖珂）
つぐし　岩手（稗貫）
つくしんぼ　山口（柳井・玖珂）
つめとぎ　千葉（山武）
つめみがき　富山
とーぐさ　大分（速見）
とくき　山口（玖珂・豊浦）
はぎしりぐさ　群馬（多野）
はぐさ　岡山　大分（東国東）
はすり　山口（玖珂・都濃・厚狭）　岡山
はすりぎ　山口（都濃）
はすりぐさ　岡山
はとぎ　島根（出雲）
はとぎぐさ　島根（出雲）
はぶらし　福岡（嘉穂）

はみがき　静岡（田方）　兵庫（赤穂）　島根（簸川・大原）　山口（美祢）　大分（大分）
はみがきぐさ　京都（竹野）
ほたるくさ　岡山（上房）
みがきぐさ　山口（熊毛）　大分（大分）
みがきそー　大分（大分市）
もぐさ　山口（熊毛）
やしりくさ　秋田
やすりくさ　青森（東津軽）
やすりぐさ　秋田　山形（飽海）

トクサラン　〔ラン科／草本〕

ちちかしゃ　鹿児島（大島）

ドクゼリ　オオゼリ　〔セリ科／草本〕

いんぜい　鹿児島（出水）
うばぜり　新潟
うまぜり　秋田（平鹿）　山形（西置賜）　熊本（玉名）
うまんぜり　秋田
うんまぜり　秋田
おーぜり　青森　秋田（北秋田）　山形　兵庫（赤穂）
おーばぜり　鹿児島（出水）
おとこぜり　山形
おにぜり　山形　長野（北佐久・北安曇）
おんじぇり　秋田（鹿角）
きつねのぼたん　山形（飽海）
くそぜり　兵庫（赤穂）
こんぺいと　青森（三戸）
こんへーと　青森（三戸）
さく　秋田（北秋田）
さぐ　秋田（北秋田）
とぶぜり　兵庫（赤穂）
どぶぜり　兵庫（赤穂）
なべわりうつぎ　佐渡
ばかじぇり　青森
ばかぜり　青森
まつまえ　長野（木曾）
みじゃちるばな　秋田（北秋田）
んまぜり　秋田（平鹿・雄勝）　熊本（玉名）

ドクダミ　〔ドクダミ科／草本〕

あんごっぱ　千葉（夷隅）
いしゃころし　大分（大分市）
いっときばな　山口（都濃・大津島）

ドクダミ

いぬからいも　熊本（阿蘇）
いぬのしり　岡山
いぬのへ　青森（中津軽）　秋田（北秋田）　熊本（阿蘇）
いぬのへどくさ　備後
いぬへ　秋田（北秋田）
いもくさ　山口（玖珂・厚狭）　大分（大野）
いもぐさ　山口（玖珂・厚狭）　高知（土佐）　大分（大野）
いもしん　長崎（壱岐島）
いもば　山口（厚狭）
いんからいも　熊本（菊池）
いんのへ　熊本（阿蘇）
うまくわず　高知（幡多）
うまぜり　大分（大分）
えぬのへ　青森
えぬのべ　青森
えのぞま　島根（隠岐島）
おーとくさ　長崎（南松浦）
おしょーさんのしりふき　大分（北海部）
おばばぐさ　大分（大分市・南海部）
おまんこくさ　群馬（館林）
がいろっぱ　静岡（安倍）
かぇーろっぱ　静岡（志太）
がえるっぱ　新潟（東蒲原）
かえるば　千葉
かえるぽっぴ　千葉　千葉（長生）
かえろっぱ　静岡
がえろっぱ　新潟（東蒲原）　静岡（庵原・安倍）
かきだのし　長州　防州
かきっぱ　青森
かたじろ　山口（熊毛）
かってー　島根（隠岐島）
かってぐさ　島根（隠岐島）
かっぱくさ　鹿児島（谷山）
がっぱぐさ　鹿児島（鹿児島）
かっぱのへ　大分（大分）
かみなりのへ　静岡
かみなりのへそ　静岡（小笠）
がらっぱくさ　宮崎（西諸県）　鹿児島（鹿児島・谷山・串木野・加世田・鹿屋・川内・薩摩・川辺・熊毛・日置・肝属・曽於・大島）
がらっぱぐさ　鹿児島
がらっぱんくさ　宮崎（西諸県）　鹿児島（鹿児島）
がらっぱんぐさ　鹿児島（鹿児島）
がらっぱんは　鹿児島（姶良）

がらんばっちょ　鹿児島（出水）
がらんぱっちょ　鹿児島（出水）
がわろんへ　宮崎（東諸県）
きーしぐさ　大分（大野）
きちょむさんのしりのごい　大分（大野）
きっちょむさんのしりのごい　大分（大野）
きつねのからいも　熊本（菊池）
きっねんからいも　鹿児島（肝属）
ぎゃーこぐさ　鳥取（西伯）
ぎゃーるくさ　鳥取（西伯）
ぎゃーろっぱ　静岡（富士）
きゃほぐさ　山口（玖珂）
きゃぼくさ　山口（玖珂）
きんぎんぐさ　山口（吉敷）
くさいば　岐阜（稲葉）
くさいぼ　岐阜（不破）
くさぎ　岡山（上道・御津）　香川　香川（小豆島）
くじらぐさ　伊豆八丈島
けーせーぐさ　常州　周防
けーるっぱ　上総
けんけんばな　大分（北海部）
ごぜぐさ　山口（吉敷）
ごぜな　長州
ごせのしりのごい　大分（大分）
ごぜんしりのごい　大分（大野）
ごでのつび　島根（鹿足）
ごでのつめ　山口（熊毛）
さくさ　鹿児島（国分市）
さぐさ　鹿児島（国分市）
じこーじこ　伊豆新島
じごくくさ　愛知（海部）
じごくぐさ　勢州　愛知（海部）　岡山（苫田）
じごくさみ　栃木（栃木市）
じごくそば　奥州　会津　常陸　武蔵　青森（下北・三戸・八戸）　秋田（鹿角・北秋田）　岩手（盛岡・紫波）　福島　茨城　栃木　千葉（東葛飾・山武・印旛）
しびとくさ　大分（大分市）
しびとぐさ　大分
しびとばな　駿河　沼津
しびとりぐさ　大分（大野）
しぶとくさ　大分（大分）
しぶとぐさ　江戸　大分（中部）
じゃくさ　熊本（八代）　大分（大分）
じゃぐさ　大分

ドクダミ

じゃこくさ　熊本（球磨・芦北）
じゃこぐさ　熊本（芦北・八代）
じゃころし　宮崎（西臼杵）
じゃごろし　宮崎（西臼杵）
じゅーあく　神奈川（津久井）
しゅーさい　高知（高知市）
じゅーせり　和歌山
じゅーな　香川（三豊）
じゅーなぐさ　香川（三豊）
じゅーやく　近江坂田　熊野　宮城（仙台市）　秋田（雄勝）　山形（東置賜）　埼玉（川越・入間）　東京（南多摩）　神奈川（津久井）　新潟（佐渡）　福井（今立）　静岡　三重（志摩・度会）　滋賀（甲賀）　京都（京都市）　大阪（豊能）　奈良　和歌山（海草・有田・日高・東牟婁・西牟婁）　兵庫（津名・三原）　島根（美濃・那賀・邇摩・仁多・邑智・簸川）　山口（大島・玖珂・佐波・吉敷・厚狭・大津・阿武）　岡山　徳島　徳島（美馬）　香川　愛媛　愛媛（北宇和）　長崎（対馬・下県）　大分
じゅーろーくさ　山口（都濃）
じゅーわく　東京（南多摩）　神奈川（愛甲・川崎市）
しゅんきく　滋賀（甲賀）
じゅんきく　滋賀（甲賀）
しゅんやく　三重（津）
しょーやさんのしりのごい　大分（大分）
しょーやさんのしりふき　大分（北海部）
しょーやどんのしりのごい　大分（南部）
しょーやのへ　山口（佐波）
じょーりぐさ　山口（玖珂）
じょーろくさ　山口（玖珂・熊毛・都濃）
じょーろぐさ　山口
じょーろりのしりぬぐい　山口（玖珂）
じょぐさ　山口（玖珂）
じょどぐさ　山口（玖珂）
じょろーくさ　山口（大島・玖珂・熊毛・都濃）
じょろーぐさ　山口
じょろくさ　山口（玖珂・熊毛・都濃）
じょろぐさ　山口
じょろのしりぬぐい　大分（大分）
じょろのしりのぐい　大分（大分市）
じょろのしりふき　山口（熊毛）
じんじょそば　青森（三戸）
しんだもんぐさ　福岡（朝倉）
じんやく　三重（伊賀）

すいだしぐさ　島根（美濃・益田市）
すぐだみ　東京（三宅島）
ずくだみ　伊豆三宅島　東京（三宅島・御蔵島）
せんちんぐさ　山口（熊毛・吉敷）
そーけぐさ　山口（都濃）
たかじろ　山口（大島）
だつーさんのしりふき　大分（大野）
だんとく　新潟（刈羽）
ちょーせんおばす　山口（大島）
ちょろぐさ　山口（都濃）
つみ　山口（大島）
てくされ　岡山（岡山市・御津）
どーすぐさ　山形（東置賜）
どーだみ　山口（吉敷）
どくぐさ　上野　岡山（真庭）
どくぜり　山形（東田川）
どくそ　香川（木田）
どくそー　静岡（小笠）
どくだに　山口（佐波）
どくだね　千葉（長生）
どくだび　秋田（平鹿・雄勝・仙北）
どくだみ　江戸
どくだみそー　山口（大島・玖珂・熊毛・都濃・厚狭）　熊本（阿蘇）　宮崎（西諸県）
どくだむ　宮崎（東諸県）
どくため　千葉（長生・夷隅）　静岡（富士）　岐阜（稲葉）　新潟（西蒲原）　富山（西礪波）　石川（鳳至）　兵庫（赤穂）　岡山　島根（簸川・能義）　山口（大島）　熊本（玉名）　鹿児島（鹿児島）
どくだん　新潟（刈羽・南蒲原）　兵庫（赤穂）　長崎（南高来）　熊本（芦北）　鹿児島（始良）
どくだんくさ　熊本
どくだんしゅ　熊本（天草）
どくだんす　熊本（玉名）
どくだんそ　宮崎
どくだんぞ　宮崎（宮崎・東諸県）
どくだんそー　長崎（東彼杵）　熊本（熊本・八代・菊池・上益城）　鹿児島（始良）
どくだんび　秋田（平鹿・山本・由利・雄勝）　山形
どくだんべ　秋田　岐阜（岐阜市・飛騨）　愛知（尾張）
どくだんべー　岐阜（恵那）
どくだんめ　神奈川（中）
どくなぎ　新潟

トケイソウ

どくなべ　越前　石川（江沼）
どくばみ　静岡（小笠）
どくはめ　静岡（小笠）岡山（勝田）
どくまくり　佐渡　新潟（佐渡）島根（大田市）
どくまめ　静岡（小笠・榛原）
どくまり　新潟（佐渡）
どくらき　秋田（北秋田）
どくらみ　山口（佐波）
とこくさ　鹿児島　鹿児島（揖宿・薩摩）
とこぐさ　鹿児島（川辺）
とごくさ　鹿児島（薩摩）
とごぐさ　鹿児島（甑島）
とこころし　佐賀
とずらぐさ　山口（佐波）
どすんくさ　山形（南村山）
どっかめ　兵庫（赤穂）
とべら　佐賀（藤津）宮崎（北諸県・西諸県）鹿児島（薩摩・姶良）
とべらくさ　佐賀　佐賀（小城）鹿児島（阿久根市・肝属）
どんこぐさ　鹿児島（阿久根市）
なぐすり　山口（吉敷・大津）
にくむぐさ　福島（相馬）
にこしぐさ　山口（豊浦）
にゅーどーぐさ　筑前　島根（石見・鹿足・邑智・那賀）広島（佐伯・高田）山口　山口（玖珂・熊毛・都濃・佐波・吉敷・厚狭・豊浦・大津・阿武）福岡（直方・朝倉・田川・嘉穂・小倉）大分　大分（宇佐）
にゅーどくさ　山口（美祢）福岡（築上）
にゅーどぐさ　島根（石見）
のどいし　山口（厚狭）
のどはれ　山口（厚狭）
のばいたな　周防
ばーのへ　山口（厚狭）
ばかがら　青森（南部・下北）岩手（盛岡）
ばくどくさ　大分（大野）
はしごーぐさ　鹿児島（川内市）
はしごそー　鹿児島（川内）
ばっくんくさ　大分（大野）
はっちょーぐさ　大分
ばんどー　鹿児島（熊毛・種子島）
ふじなくさ　東京（八丈島）
ふじのくさ　東京（八丈島）
へぐさ　山形（西田川）
へくそかずら　熊本

へくそかつら　大分（大分市）
へこきぐさ　岡山（小田）
へびくさ　茨城（多賀）
へびころし　大分（大分）
へびさとがら　大分（大分）
へひりくさ　大分（大分）
へひりぐさ　大分（大分市）
ぽーずぐさ　河州　四国　予州
ほしゃどんのしりふき　大分（大分・大野）
ほとけぐさ　雲州
ほとけそば　島根（出雲）
ままおや　大分（北海部）
みこしぐさ　山口（豊浦）
やくびょーぐさ　広島（比婆・庄原）
よめのは　山口（厚狭）
よめのへ　島根（益田市・美濃）山口（厚狭・吉敷・山口市）
りびょーぐさ　山口（厚狭）
ろくだみ　山口（玖珂・厚狭）
わくごーぐさ　筑後
わくどーぐさ　筑後　福岡（福岡市）
わくどぐさ　福岡　福岡（久留米・三井・三池・八女）
わぐどぐさ　福岡（八女）
わごくさ　岡山

トケイソウ　〔トケイソウ科／草本〕
ぽろん　長崎
ぽろんかずら　長崎

トゲソバ → ママコノシリヌグイ

トコロ → オニドコロ

トサミズキ　〔マンサク科／木本〕
こしゃぶら　木曾
しろむら　木曾　濃州
ときしらず　木曾

ドジョウツナギ　〔イネ科／草本〕
どじょーぐさ　新潟（南蒲原）

トダシバ　〔イネ科／草本〕
かりやす　鹿児島（肝属）
こがねがや　山形（北村山）

トチカガミ　〔トチカガミ科／草本〕
かえるえんざ　江戸

かえるぐさ　熊野　紀伊
かっぱのぎょーぎ　新潟（西蒲原）
かっぱのだまし　江戸
がめばす　越後
くさあおい　野州
くちさけ　甲斐
こまのあしがた　伊州
しいのぎ　青森
しりのぎ　青森
すっぽんのかがみ　泉州
すっぽんのかさ　丹波
ぜにくも　江戸
どーがめばす　紀伊牟婁郡・熊野　讃岐
どーくゎ　静岡（安倍）
とちから　三河
とちも　尾張
どんがめぐさ　勢州
びるじろー　予州
やつばな　泉州

トチノキ　　　　〔トチノキ科／木本〕

おーとち　和歌山
おーどち　三重　和歌山
くわずのくり　和歌山（日高）
こーぼーくわずのくり　徳島
こーぼーだいしくわずのくり　阿州
だいしくり　阿波
だいしぐり　徳島
とじ　青森　秋田　宮城
とじのき　青森　秋田
とちぐり　愛媛（南予）
とちっぽ　宮城（柴田）
とちねんぼー　埼玉（秩父）
とちぶのき　山形（西村山）
とつ　秋田（鹿角）
とつのき　岩手　宮城
とっぷぬき　山形（北村山）
どんぐり　秋田（雄勝）
どんぐりどち　三重（一志）
とんじ　青森　秋田
ひょーひょーぐり　熊本
ほんとち　和歌山
ほんどち　三重　和歌山
やちくわ　秋田（北秋田・仙北）

トチバニンジン　チクセツニンジン
〔ウコギ科／草本〕

かのにげぐさ　広島（福山市）
かもじにんじん　会津
さんかい　北海道
しまにんじん　津軽
しまばらにんじん　肥前
しゅくきな　北海道
せだおにんじん　鹿児島（姶良）
にっこーにんじん　野州
ひげにんじん　鹿児島（姶良・日置）
ふげねんじん　島根（隠岐島）
ふしにんじん　山形（飽海）
やまにんじん　常陸　下野　栃木（日光）　長野
　（北佐久）　熊本（八代・球磨）　鹿児島（垂水市）

トックリイチゴ　　　〔バラ科／木本〕

とのさまいちご　駿河

トドマツ　アカトドマツ　　〔マツ科／木本〕

てしおまつ　大阪
とどろっぽ　青森（津軽）
ととろまつ　青森（津軽）

トネリコ　サトトネリコ，タモノキ
〔モクセイ科／木本〕

あおたご　木曾
あおだも　秋田
あおはだ　栃木（利根）
おーしだ　日光
おがたも　岩手
かなえぶ　長野（北佐久）
かわねぶ　長野（北佐久）
こぶし　島根（出雲）　熊本（玉名）
さるすべり　青森（三戸）　岩手　秋田（北秋田）
しょんじき　山形
しょんつき　山形
しらじ　伊豆
しろだんご　福井（三方）
そずき　岩手（九戸）
たこのき　加州　越前
たごのき　北国　静岡
だごのき　加州　富山（砺波）
たつのき　城山
たぶのき　丹州
たも　岩手（稗貫）　宮城　秋田（山本）

トベラ

たもぎ　新潟　長野
たものき　岩手　宮城　秋田（仙北）　新潟
だんご　福井
だんごのき　福井（三方）
とーすべり　大阪（南河内）
とすべり　兵庫（神戸市）　岡山
とすべりのき　丹波
とねりこ　青森　岩手
はだつ　大阪　徳島　香川　愛媛　高知
はのき　島根（邑智）　岡山
みずだも　岩手（下閉伊）
もえぶと　岩手（九戸・下閉伊・東磐井）

トベラ　　〔トベラ科／木本〕

いそとべら　静岡（伊豆）　高知（安芸）
いぬだら　長門
いぬのへ　宮崎（南那珂）
うしとべら　紀伊
おがたまのき　日向
がき　千葉（銚子）
からすぎ　三重（志摩）
からすのき　三重（志摩・度会）
くさぎ　福井　和歌山
くさぎのき　福井（坂井）
くさじょー　鹿児島（屋久島）
くそとびら　島根（美濃・益田市）
ごぜのへ　熊本（下益城）
したわれ　千葉（上総）
とーんべら　東京（大島）
どくのき　山口（見島）
どくやまもん　愛知（知多）
とびら　伊豆諸島　鹿児島（屋久島）　沖縄（与那国島）
とぶらしば　東京（八丈島）
とべら　静岡　三重　高知　愛媛　長崎（壱岐）　福岡　宮崎　熊本　鹿児島
とべらのき　山口（阿武）　鹿児島（垂水）
とべらもっこく　神奈川（大磯）
ともひら　千葉（鋸山）
ともべら　千葉（清澄山・小湊）
なべくだき　静岡（伊豆）
なべわり　静岡（伊豆）　和歌山（和歌山市）
にがき　讃岐　岡山（児島）　徳島（伊島）　香川（佐柳島・高見島）
ねこーじんきらい　静岡（興津）
ばちばち　三重（志摩）

ばちばちのき　三重（志摩神島）
ぱっぱっぐさ　千葉（安房）
はまつばき　東京（八丈島）
ばりばりしば　愛媛（西宇和・大洲）
ひめゆずりは　福井（敦賀）
ひらき　千葉（長生）
ぶーぶー　佐賀（杵島）
ふたまた　千葉（安房）
ぽーだら　長門　周防
ろくのき　山口（阿武）

トボシガラ　　〔イネ科／草本〕

うまぐさ　長野（大津）

トマト　　〔ナス科／草本〕

あかがき　岡山*
あかなしび　島根（簸川）
あかなす　青森　山形（東置賜）　福島*　茨城　栃木　群馬*　埼玉*　千葉　東京*　神奈川　神奈川（愛甲・津久井）　新潟*　富山*　福井*　山梨　長野*　岐阜*　静岡（富士）　愛知　三重*　滋賀　京都*　大阪*　和歌山　鳥取　島根（隠岐島）　岡山*　香川*　愛媛*　福岡*　佐賀*　長崎*大分　宮崎*
あかなすび　東京*　京都*　和歌山（日高）　岡山　福岡（築上）　佐賀*　大分
あめりかなす　山梨*　岡山*
あめりかなずび　山口（大島）
おかほや　青森
からなすび　徳島*
きちがいなす　埼玉*　山梨*
けんぽなす　青森
さんごじゅなすび　京都
せーよーなす　東京*　福井*　長野*　岐阜*　岡山*　山口*　大分*　宮崎*
せーよーなすっ　鹿児島
せーよーなすび　佐賀*
たまとー　鹿児島（指宿）
ちょーせんなすび　島根（益田市・邑智）　佐賀*　長崎*
とーがき　岐阜*
とーなす　北海道　秋田（鹿角）　岩手（二戸）　長野*　静岡*　愛知*　鳥取*　島根（邇摩）　広島*
とーなすび　福岡（築上）
となす　秋田（鹿角）

とめと　和歌山（日高）　大阪
ばかなす　埼玉*
びっち　岩手（九戸）
びっつ　青森（八戸）　岩手
ぶっきらなす　青森（津軽）
べちょなす　青森（上北）
べっちょなす　青森（上北）

トモエソウ　　　〔オトギリソウ科／草本〕
おとこおどりそー　木曾

トラノオ → クガイソウ

トラノオシダ　　〔チャセンシダ科／シダ〕
おにしだ　長門　周防
しだもどき　長門
へんねれそー　長州

トラノオモミ → ハリモミ

トリアシショウマ　　〔ユキノシタ科／草本〕
あわぼ　京都　防州
あんずきまま　山形（村山）
いわたで　越後
いわんだいら　佐州
いわんだら　新潟（佐渡）
うまのあし　秋田
さらしな　越後
じょーな　山形（飽海）
じょな　山形（飽海）
じょんな　山形（飽海）
とらし　新潟（刈羽）
とりあし　岩手（紫波・二戸）　秋田（鹿角・北秋田）　山形　長野（下水内）　新潟（佐渡・南蒲原）
とりのみつあし　長野（下高井）
ほけきょばな　山形（村山）
みずき　静岡（賀茂・田方）
みつふで　肥後
もくだ　陸奥　下野　佐州
ゆきのした　山形（村山）

トリカブト　カブトバナ　　〔キンポウゲ科／草本〕
うじ　山形
えぼしぎく　石見
えぼしばな　加賀
おんぼーぶくろ　防州
かぶとぎく　秋田（北秋田・雄勝）　山梨（南巨摩）　静岡（富士）　新潟　和歌山（日高）　島根（邇摩）　広島（比婆）
かぶとくさ　秋田（鹿角）　香川（丸亀）
かぶとぐさ　秋田（鹿角）
かぶとそー　仙台
かぶとばな　新潟（佐渡）　長野（東筑摩・更級）　静岡（富士）　兵庫（但馬）
かぶらぶし　岩手（上閉伊・釜石）　山形
かぶらぶす　山形（東田川）
かんぐらぶす　山形（北村山）
かんのしばな　富山　富山（射水・富山）
かんぶとくさ　秋田（鹿角）
かんむりぐさ　静岡（富士）
こいぶくろ　防州
しゃっぽばな　富山（射水・富山）
しらみぐさ　木曾
しらみころし　木曾
たにこさず　秋田　山形（西置賜）
とのさまぼーし　長野（佐久）
とりよぼし　島根（邇摩）
ねやくさ　新潟（佐渡）
ねやぐさ　新潟（佐渡）
のぶし　岩手（二戸）
ふじ　新潟
ぶし　北海道　青森（上北・津軽）　岩手（二戸）　長野（佐久）
ぶししとぎ　岩手（紫波）
ぶししとげ　岩手（盛岡・二戸・東磐井）　秋田（鹿角）　新潟
ぶししどけ　青森（津軽）　秋田（鹿角）
ぶすとげ　岩手（上閉伊）
ぶす　佐渡　新潟（佐渡）
ぶすしどけ　南部
ぶすすどげ　岩手（盛岡）
べんけーそー　埼玉（入間）
やぶき　木曾
やぶさ　木曾
やふす　木曾
やぶすー　木曾
やふすふ　木曾
やぶれ　木曾
よほしぎく　島根（益田市・那賀）
よほしばな　木曾

トリトマラズ → ヘビノボラズ

ドロノキ → ドロヤナギ

ドロヤナギ

ドロヤナギ　デロ，ドロノキ　〔ヤナギ科／木本〕
うらじろ　島根（石見）
かどろ　青森（津軽・羽後）　秋田（鹿角・北秋田）
かわどろ　陸奥　陸中　羽後
かんどろ　青森（上北）　秋田（鹿角）
くろどろ　北海道
こめのき　秋田
しらき　岩手　秋田
でろ　北海道　青森　岩手　栃木
どろ　新潟　長野　岐阜　石川　福井
どろのき　富山
どろぶ　新潟　富山　栃木
どろぶやなぎ　栃木（日光）
どろべー　群馬（利根）
どろんぼ　栃木　群馬　長野
ならぬなし　千葉（安房）
はこやなぎ　山形（西田川）　新潟　長野（長野市）
ばたばた　島根（隠岐島）
ほとけぎ　越後
わたどろ　北海道
わたのき　北海道　羽後　秋田（鹿角・北秋田）
　福井　兵庫（姫路市）

トロロアオイ　〔アオイ科／草本〕
おーすけ　筑前
おーれん　肥前
かみどろろ　長州
きょーのふのり　土州
きょーぶのり　土州
くさにれ　長野（下水内）
こーず　丹波
さんかつそー　播磨
たも　群馬（多野）　静岡　広島
ちょーせんあさがお　近江
とどろー　島根（美濃）
とろとろ　勢州
とろろ　伊豆　島根（美濃）
にれ　新潟
ねじうめ　紀伊　三重（伊勢）　和歌山（日高）
ねべし　岐阜（武儀）
ねり　能登
のとろ　西国
びなんそー　雲州
ふのり　伊予

ドングリ　〔ブナ科／木本〕
あてがし　熊本（宇土）
いずこぼんぼ　山形（飽海）
いずみぼんぼ　山形（飽海）
いずめぼんぼ　山形（飽海）
いっちーかっちー　静岡（磐田）
いっちかっち　静岡（小笠）
いっちんかっちん　福岡（築上）
えじこぼんぼ　山形（飽海）
おたぐり　大分（速見）
かし　山口（阿武）
かしのみ　山口（美祢・阿武）　徳島
かしのわっぱ　山形（東田川・酒田）
かしのわんこ　山形（西田川・鶴岡市）
かしらっぱ　山形（東田川）
かしわっぱ　山形（東田川・西田川）
かたーし　山口（美祢）
かたぎのみ　大分（大分）
かっつけだま　和歌山（日高）
かんのばい　三重（志摩）
かんぽち　静岡（田方）
きんごろ　山口（熊毛）
きんごろー　山口（熊毛）
きんだんぽー　長野（長野市・上水内）
ぎんな　長野
くぬぎだま　栃木（栃木市・塩谷）
こなら　東国　千葉（長生）
このみ　山形（西置賜・東田川）　山口（玖珂）
ごろさ　長野
ごろさま　長野（北部）
ごろさん　長野（長野市・上水内）
こんぼち　静岡（田方）
しー　鹿児島（揖宿）
しーだめ　静岡（小笠）
しーだんぽ　長野（佐久）
じーだんぽ　東京（南多摩）
しーなんぽ　長野（佐久）
しーらんぽ　長野（上田・佐久）
しーらんぽ　長野（佐久）
しーらんぽー　長野（上田）
じざい　但州　京都（舞鶴市）
じざいぽ　京都（宮津市）
じだい　京都
じだぐり　山形（東置賜）　福島（中部）
しだに　群馬（多野）
しだび　山形（東田川）

ドングリ

しだみ　盛岡　仙台　青森（上北・三戸）　山形　新潟　長野（諏訪）
じだらんぽ　千葉（印旛・東葛飾）
じだんぐり　信州　長野
しだんぽ　長野（上田・佐久）
しだんぽ　栃木　群馬（山田・館林）　埼玉（大里）　千葉（東葛飾）
じだんぽー　上州　群馬（多野）
しなんぽ　長野（上田・佐久）
しゅーしゅー　山口（厚狭）
しょーぐり　山口（屋代島・浮島）
しょしょぐり　山形（北村山）
しょんぐり　山口（大島）
しらんぽ　長野（南佐久）
しらんぽー　長野（上田）
じらんぽー　群馬（勢多）
じんだ　福島（北部）
じんだぽ　長野（佐久）
じんだぽー　長野（長野市・上水内）
しんだみ　長野（諏訪）
じんだんぐり　山形　群馬（多野）
しんたんぺ　山形（東田川）
しんだんぽ　長野（南佐久）
しんだんぽ　長野（佐久）
じんたんぽ　埼玉（入間）　千葉（東葛飾）
じんだんぽ　栃木　千葉（印旛）
じんたんぽー　埼玉（入間）
じんだんぽー　上州　江戸　群馬　群馬（多野）　埼玉（秩父）　千葉（東葛飾）　東京　東京（八王子）
ずーぐい　佐賀（佐賀）
ずだぐり　新潟
すだみ　岩手（紫波・和賀）　山形
すだみごろ　山形（北村山）
すだめ　三重（阿山）
すだんぼ　長野（上田）
ずでんぽ　山形（東村山）
すなび　山形（最上）
すなべ　山形（飽海）
すなみご　山形（北村山）
ずぶた　熊本（阿蘇）
ずんぐい　佐賀（杵島）　熊本（天草）
ずんぐいじー　佐賀（藤津）
ずんぐり　山梨　静岡（田方）　熊本（天草）
ずんだぐり　山形
ずんだべー　山形（飽海）

ずんだみ　山形（西田川）
ずんだんぐり　山形
ずんだんご　山形（東村山）
ずんだんぽ　山形
そなめ　香川
ちちっぽ　香川（小豆島）
つぶたま　徳島（板野）
つぶだま　徳島（板野）
つんぐり　広島（大崎上島）
でんぐりみ　静岡（榛原・小笠）
でんくるま　尾張
でんぐるみ　静岡（小笠）
でんごろみ　静岡（小笠）
てんや　滋賀（蒲生）
どーぐい　熊本（球磨・芦北）
どーぐりまて　鹿児島（種子島）
とち　兵庫（淡路島）　徳島
とちっぽ　徳島（美馬・三好）
とちのみ　山形（西村山）　徳島（勝浦）
とちぽー　大分（大分市）
とちんこ　徳島（那賀）
とちんぽ　徳島（勝浦）
とちんぽ　徳島（小松島）
とっちのみ　愛知（知多）
とっちぽ　三重（度会）
どひょんぐり　大分（大分市）
どんくみ　大分（大分市）
どんぐりがっしー　長崎（西彼杵）
とんぐりとんぐり　大分（大分）
どんぐりべー　新潟（佐渡）
どんぐりぼず　熊本（上益城）
どんぐりまて　鹿児島（種子島）
どんぐるみ　静岡
どんごろ　滋賀（坂田・東浅井）
どんごろじー　熊本（球磨）
どんごろみ　静岡
どんどー　大分（大分市・大分）
どんどろ　大分（大分市・大分）
どんどん　大分（大分市・大分）
どんどんぐり　島根（邑智）　大分
どんどんみ　大分（大分）
どんぶり　熊本（上益城）
どんろー　大分（大分）
ながしだみ　山形（北村山）
なら　香川（木田）
ならがま　新潟（中越）

ドングリ

ならご　山形(北村山)
ならこー　西国　福岡(福岡市)
ならぽぽ　岐阜(飛騨)
ならんごー　新潟(西蒲原)
ならんごし　新潟(中頸城)
ならんぼー　埼玉(北葛飾)
ねずみぽんぽ　山形(飽海)
ばいじょー　愛媛(大三島)
ばべ　岡山(児島)　山口(大島)
ばべしま　広島(走島)
ひーなんぽ　長野(佐久)
ひーらんぽ　長野
ひゅーひゅーぐり　大分(大分)
ひゅひゅどんぐり　大分(大分)
ひょーぐり　山口(屋代島・大島)
ひょーひょー　山形(西置賜)
ひょーひょーぐり　静岡(富士)　熊本　熊本(下益城)
ひょーひょっくり　神奈川(中)
ひょーべら　山口(都濃)
ひょくり　山口(都濃)

ひよぐり　周防　山口
ひょぐり　熊本(上益城・芦北)
ひょひょんぐり　大分(東国東)
ひょんぐり　山口
ひょんひょんぐり　大分(大分)
ぶつな　山口(阿武)
ほーぺら　山口(大津島)
ほそ　和州　福井(遠敷)　奈良
まだじー　福岡(福岡市)
まて　長崎(対馬)　鹿児島(種子島)
まてば　島根(簸川)
まるすだみ　山形(西村山・南村山)
よめのごき　佐渡
よめのこし　長野(下水内)
よめんごー　群馬(邑楽)
ろんどー　大分(大分)
ろんどん　大分(大分市・大分)
ろんろん　大分(大分市・大分)

トンボソウ　　　　　　　　　　　〔ラン科／草本〕

ことんぽそー　和歌山

ナ

ナウリ → シロウリ

ナガイモ　　　〔ヤマノイモ科/草本〕

あぐいも（ツクネイモ）　新潟*
あほいも（ツクネイモ）　新潟*
あらいも（ツクネイモ）　徳島*
あんけついも（ツクネイモ）　奈良*
いせいも　福島*　岐阜*　長野（更級）　愛知　三重
いちねんいも　青森（八戸）　岩手　広島（比婆）
いちねんいも（ツクネイモ）　千葉*　東京*　京都*　鳥取
いちょーいも　紀伊　周防　青森　茨城　東京*　福井　岐阜　静岡*　三重　滋賀　京都　鳥取　島根*　岡山
いちょーかた（ツクネイモ）　大和
いっせいも　長野（更級）
いもじるいも（ツクネイモ）　静岡*
うじいも（ツクネイモ）　関西
うしのくそ（ツクネイモ）　神奈川（津久井）
うしのした（ツクネイモ）　神奈川（津久井）
うしのしたいも（ツクネイモ）　神奈川*　山梨*
うずいも（ツクネイモ）　島根*
うずー（ツクネイモ）　周防
うたいも（ツクネイモ）　大阪*
うちわいも（ツクネイモ）　新潟*
うでいも（ツクネイモ）　島根*
えちごいも　新潟（佐渡）
えどいも　山形（東置賜）
えどいも（ツクネイモ）　周防　長門　岐阜*
おーいも　山形（西置賜）
おーぎいも（ツクネイモ）　下野　栃木*　埼玉*　新潟*　鳥取
おーしゅーいも（ツクネイモ）　島根*　岡山*
おーすけいも　岩手（釜石）
かきいも（ツクネイモ）　青森*
かごいも（ツクネイモ）　山口（豊浦）
かつね（ツクネイモ）　長崎*
かなくずいも（ツクネイモ）　宮城（登米）
かなくそいも（ツクネイモ）　青森（上北・三戸）　岩手（二戸・気仙・胆沢）　秋田（鹿角）
きねいも　埼玉*
きりいも　野州日光　宮城（栗原）　山形（西置賜）　栃木（日光）
きりいも（ツクネイモ）　宮城*　福島*　新潟*　福井　静岡（磐田）　京都（北部）　兵庫*　鳥取　広島（比婆）
きんちゃくいも（ツクネイモ）　和歌山*
ぐりいも（ツクネイモ）　宮城*
くるいも（ツクネイモ）　京都*
ぐれいも（ツクネイモ）　宮城*
げんのいも（ツクネイモ）　三重*　滋賀*
こしょいも（ツクネイモ）　鹿児島（奄美大島）
こぶしいも（ツクネイモ）　青森*　宮城*　山形
じいも（ツクネイモ）　富山（西礪波）
じねんじょー（ツクネイモ）　山口（熊毛・都濃）
しょーがいも（ツクネイモ）　防州　山口（玖珂・都濃）
しろいも（ツクネイモ）　京都*
しんしゅーいも　岐阜（吉城）
しんしょいも　岐阜（吉城）
しんしょなおしいも　岐阜（吉城）
ずくねんじょー（ツクネイモ）　福島*
すりいも　長野（長野・北安曇）
ずるずるいも（ツクネイモ）　山口（都濃）
ぜにいも（ツクネイモ）　大分*
せんすいも（ツクネイモ）　静岡*
せんだいいも　岐阜（吉城）
せんだゅーいも　岐阜（吉城）
だいこいも　秋田（鹿角）　山形（東置賜・西置賜）
だいこんいも　山形（西置賜・南置賜）　新潟（佐渡）
だいしいも（ツクネイモ）　仙台
だこいも（ツクネイモ）　千葉*
たまいも（ツクネイモ）　宮崎*
だらいも（ツクネイモ）　石川
たらずいも（ツクネイモ）　鳥取
たろいも　新潟（上越市）

ナガイモ

だんごいも（ツクネイモ）　山形*
つくいいも（ツクネイモ）　佐賀*
つくいも（ツクネイモ）　東国　仙台　江戸　群馬　埼玉*　東京（西多摩・南多摩）　新潟*　長野*　和歌山（日高）　鳥取　岡山　山口（玖珂・熊毛・都濃・佐波・吉敷・厚狭・豊浦・美祢・大津・阿武）　愛媛*　大分*
つくいやまいも（ツクネイモ）　鹿児島
つくても（ツクネイモ）　東京（八丈島）
つぐねいも（ツクネイモ）　山口（豊浦）
つくのいも（ツクネイモ）　山口（豊浦）
つくりいも（ツクネイモ）　筑紫　福島*　石川　鳥取　愛媛*　高知*　長崎*　大分*　宮崎*
つるつるいも（ツクネイモ）　山口（都濃）
ていせ（ツクネイモ）　上州
ていも（ツクネイモ）　土佐　群馬*　埼玉*　千葉（印旛・山武）　新潟*　富山（砺波・東礪波・西礪波）　山梨*　長野（上伊那・佐久）　高知*　福岡*　宮崎*
でいも（ツクネイモ）　徳島　高知（高知）
てーいも（ツクネイモ）　静岡（志太）
でーごいも　山形（東置賜）
でーも（ツクネイモ）　千葉（印旛）
てこいも　江戸　長野（東筑摩）　岐阜（飛騨）　京都（竹野）　島根（美濃）
てこいも（ツクネイモ）　東京*　千葉（山武）　愛知（碧海）　滋賀*　京都*　兵庫
でこいも（ツクネイモ）　宮城*
てっかいいも（ツクネイモ）　北海道松前
でっこいも（ツクネイモ）　宮城（栗原・登米）
てのひらいも（ツクネイモ）　山形（西置賜）　岐阜*　静岡*　静岡（小笠）
てんねこいも（ツクネイモ）　新潟*
といも（ツクネイモ）　盛岡　仙台　岩手（盛岡）
とーいも（ツクネイモ）　津軽　岩手（二戸）　千葉*　東京*
どーかんいも（ツクネイモ）　長野（東筑摩）
どーらくいも（ツクネイモ）　富山*
とくいも（ツクネイモ）　山口（阿武）
とこいも（ツクネイモ）　山口（美祢）
ところいも（ツクネイモ）　千葉*
とっくいりいも　山口（玖珂）
とっくりいも　北海道*　鳥取*　山口（玖珂）　山形（西置賜・東置賜）
とろ（ツクネイモ）　埼玉*
とろいも　長野（佐久）

どろいも（ツクネイモ）　栃木*　京都*　徳島*
とろろいも　岩手（遠野・上閉伊）　福島（信夫）
とろろえも　福島（会津若松）
ながいも（ツクネイモ）　山口　山口（玖珂・熊毛・都濃・阿武）
なついも　岐阜（吉城）
にぎりいも（ツクネイモ）　秋田*　茨城*
にぎりえも（ツクネイモ）　青森　秋田（雄勝）
にまるいも（ツクネイモ）　富山*
ねいも（ツクネイモ）　東京*　山梨*
ねばりいも（ツクネイモ）　北海道*
ねまりいも（ツクネイモ）　北海道*　青森*　秋田（鹿角）　山形（西置賜）　新潟*
ねまりえも（ツクネイモ）　秋田（鹿角）
ねりいも（ツクネイモ）　青森*
ねんじいも（ツクネイモ）　大分*
のいも（ツクネイモ）　山口（大津）
ばかいも　岩手（上閉伊・水沢）　山形　福島（北部・中部）　新潟（上越市）　長野（東筑摩・上伊那）
ばかいも（ツクネイモ）　山形（西田川）　福島　新潟（刈羽）　静岡（志太）
ばかえも　岩手　福島
はじかみいも（ツクネイモ）　新潟*
はだいしいも（ツクネイモ）　仙台
はだいしも（ツクネイモ）　岩手（二戸）
はたけいも（ツクネイモ）　長崎*
はたしいも（ツクネイモ）　宮城（仙台市）
はたたいも（ツクネイモ）　仙台
はだよし（ツクネイモ）　仙台　秋田（鹿角）　山形（東置賜・西置賜）　福島（石川）
はだよしいも（ツクネイモ）　仙台　青森（南部・三戸・上北・下北）
ばつこいも（ツクネイモ）　福島*
ばらいも（ツクネイモ）　徳島*
はんだよし（ツクネイモ）　秋田（鹿角）
ひらいも（ツクネイモ）　秋田*　岡山*　岡山（上房）
びわいも（ツクネイモ）　大分*
ぶっしょいも　福島　東京*　神奈川*　富山*　山口*　高知*　大分*
ぶっしょーいも　山口（吉敷・大津）
ふんどいも（ツクネイモ）　長野（下水内）
ふんどーいも（ツクネイモ）　長野（更級）
へらいも（ツクネイモ）　青森（三戸）　岩手（上閉伊）　宮城*　山形*

へらえも（ツクネイモ）　岩手（釜石）
ぽーいも　新潟（長岡）
ほぎいも（ツクネイモ）　島根*
ほとけいも（ツクネイモ）　岩手*
ほんいも（ツクネイモ）　愛知
まいも　和州
まいも（ツクネイモ）　徳島*
まるいも（ツクネイモ）　石川*
みかわいも（ツクネイモ）　仙台
みねいも（ツクネイモ）　上野　甲州
みみくずりいも　宮城（石巻）
めあか（ツクネイモ）　徳島*
やまいも（ツクネイモ）　山口（大島・玖珂・熊毛・佐波・厚狭・美祢）
やまと（ツクネイモ）　東国
やまといも　山形　福島　茨城（真壁）　群馬*　東京*　岐阜*　静岡*　京都*
やまのいも（ツクネイモ）　東国　関西
やわたいも（ツクネイモ）　庄内　山形（鶴岡）
らくだいも　宮城（仙台市）　新潟（中頸城・中蒲原）　長野　岐阜（恵那）　静岡（磐田）
らくだいも（ツクネイモ）　宮城　新潟　富山　石川*　山梨　岐阜*　愛知
れんぎいも（ツクネイモ）　愛媛*

ナガバアコウ　〔クワ科／木本〕
きっきりぎゅ　鹿児島（奄美大島）
しちゃふぁが　鹿児島（与論島）
はなが　鹿児島（大島）
はながい　鹿児島（沖永良部島）
はながもり　鹿児島（大島）
はながんぎ　鹿児島（沖永良部島）
ひっきらぎ　鹿児島（奄美大島）
まんじゅーぎー　鹿児島（喜界島）

ナガハグサ　〔イネ科／草本〕
すじぐさ　新潟（直江津）
ちょーちんぐさ　新潟（直江津市）
なかときくさ　長野*

ナガバノコウヤボウキ　〔キク科／草本〕
うさぎかくし　静岡（磐田）
ほーきぐさ　静岡（磐田）

ナギ　〔マキ科／木本〕
えなぎ　熊本（上益城）

おにせんまい　和歌山（日高）
かっつけだま　和歌山（日高）
かみなりよけ　三重（宇治山田市）
けのび　静岡（伊豆）
せんにんびき　静岡　静岡（伊豆・遠江）
せんにんりき　静岡　静岡（伊豆・遠江）
せんびき　静岡　静岡（伊豆・引佐）
せんまいさばき　静岡
ちからしば　周防　長門　静岡　三重（南牟婁・北牟婁）　和歌山　山口（厚狭・大津）　香川　愛媛（南部）　高知（東部）　福岡　佐賀　長崎　大分　宮崎　鹿児島
ちからっぱ　静岡　駿河・遠江
ちからば　山口（厚狭）
なぎのき　山口　愛媛
なぎのは　静岡（駿河）
なげのき　愛媛
なじ　沖縄
なにのみ　静岡（伊豆）
ののおりば　奈良（南大和）
はたおりぎ　三重（宇治山田市）
はたのき　静岡（駿河）
べんけーきらず　静岡（駿河）　三重（宇治山田市）
べんけーつば　静岡（駿河）
べんけーなかし　和歌山　愛媛
べんけーなかせ　静岡　三重（宇治山田市）　岡山（岡山市）
べんけーのさんまいぎり　島根　島根（出雲）
べんけーのさんまいば　愛知（知多）
べんけーのなみだこぼし　千葉（安房）
べんけーば　静岡　三重（北牟婁・南牟婁）　和歌山
やますぎ　鳥取（岩美）
ゆかるぴとうぬきゃんぎ　沖縄

ナギ（菜葱）　→　ミズアオイ

ナギイカダ　〔ユリ科／木本〕
あくまはらい　山形（酒田市・飽海）
ばらなぎ　和歌山（東牟婁・新宮市）
まよけ　山形（酒田市）

ナギナタコウジュ　〔シソ科／草本〕
あきぐさ　長野（佐久）
あんぶらぐさ　青森
えんまるぐさ　富士山麓
ねじぐさ　秋田（鹿角）

ナキリスゲ

ねずみあぶら　奥州
ねずみくさ　岩手（遠野・気仙）　宮城
ねずみよげ　山形（北村山）
ばか　木曾
ばかがら　青森（八戸）　岩手（二戸）
はくらんくさ　長門
はっか　長野（佐久）
はっかぐさ　秋田（北秋田・鹿角）

ナキリスゲ　〔カヤツリグサ科／草本〕
きゃしつか　鹿児島（奄美大島）
はなこぼし　鹿児島（加世田市）

ナゴラン　〔ラン科／草本〕
ふーらん　島根（隠岐島）

ナシ　ワナシ　〔バラ科／木本〕
あおなんばん　鹿児島（薩摩）
あり　阿波
ありのき　予州
いぬころし　山形（東田川）
うせんじ（ナシの1種）　奈良（吉野）
きなし　富山*
ごんたなし　宮崎*
さんすけなし（ナシの1種）　山形（庄内）
たもとやぶり（ナシの1種）　鹿児島（薩摩・肝属）
ひえなし　福島（西白河）　鹿児島（長島）
ほそぢち　三重*
ほんなし　宮城*
まるなし　北海道*
やまなし　青森

ナシカズラ　→　シマサルナシ

ナス　〔ナス科／草本〕
うしのきんたま　奈良（生駒）
うしめのきんたま　奈良
おーぎなすび（ナスの1種）　予州松山
おなす　愛媛（周桑）
おび　香川
かまきなす（ナガナス）　周防
きかずら　鹿児島（奄美大島）
きさなす　山形（北村山）
きんちゃくなす　長門　周防
きんちゃくなす（マルナス）　仙台　山形（東置賜）
きんちゃくなすび　南部
くろうり　滋賀（栗太）

くろとり　滋賀（栗太）
くろなす　静岡（富士）
たかなり　沖縄
なーす　千葉（印旛）
なきそー　京
なしび　島根（能義）
なすき　宮城（仙台）
なすぎ　熊本（天草）
なすっ　鹿児島（谷山）
なすの　青森（八戸）
なすび　静岡（富士）　愛知　岐阜　新潟（佐渡）　富山（砺波・東礪波・西礪波）　石川　福井　京都（京都）　大阪（泉北）　鳥取（気高）　島根（美濃）　岡山　広島（安芸）　徳島（美馬）　愛媛（周桑）　福岡（福岡・築上）　熊本（玉名・八代）　宮崎（延岡・日南）　鹿児島
なすぶ　富山（富山）　熊本（玉名）
なすん　鹿児島
なそび　鳥取（西伯）
はたけなす　宮城（伊具・桃生・本吉）
び　香川

ナズナ　オオナズナ　〔アブラナ科／草本〕
うちわぐさ　尾張
おでーるぐさ　山梨
おとこな　新潟
おとこなずな　新潟
おどりこばな　愛媛（周桑）
おになずな　長州
おばばきんちゃく　尾張　愛知（知多）
おばばのしゃみせん　愛知（一宮）
かにとりぐさ　豊後
がらがら　群馬（多野）　長野（上水内・更級）　兵庫（赤穂）　岡山（児島）　愛媛（周桑・新居・西宇和）　千葉（君津）
がらがらくさ　宮城（桃生）　長野（長野・下高井・上水内）　新潟
がらがらそー　仙台
がらんがらん　山口（大島）
がらんがらんくさ　兵庫（赤穂）
かんかんぐさ　岡山（岡山市・御津）
かんざしぐさ　愛知（知多）　愛媛
かんざしこ　青森（三戸）
きつねのかんざし　新潟（直江津）
きつねのしゃみせんこ　秋田（北秋田）
くさねじもち　近江坂田

ナズナ

ぐんばいささ　新潟
げーしゃ　静岡
こもそぐさ　岩手（九戸）
こんがらさまのすず　岡山（邑久）
さみしぇんくさ　秋田（鹿角）
さみせくさ　奈良（高市）
さみせんぐさ　江戸　岩手（九戸）　秋田（北秋田）　山形（飽海）
さめせんのばっこ　岩手（盛岡）
じじのきんちゃく　尾張
じじのきんちゃくばばのきんちゃく　尾張
じゃこじゃこ　福岡（福岡）
じゃごじゃご　福岡（福岡市）
しゃしゃんぐさ　山形（飽海）
しゃみせんぐさ　河内　越後　山形　群馬（山田）　静岡（富士）　愛知（知多・名古屋・額田）　三重（宇治山田市・伊勢・津・河芸）　奈良（南大和）　和歌山（田辺・有田・日高）　香川　香川（三豊）　愛媛（周桑）　高知（幡多・高岡）　福岡（福岡市）　熊本（天草・八代・阿蘇）　大分（別府市）　鹿児島（鹿児島市）
しゃみせんこ　秋田（仙北・雄勝・鹿角）　青森（八戸）　岩手（盛岡）
しゃみせんばな　新潟　岐阜（飛騨・吉城）　兵庫（津名）　山口（大島）
しゃもじくさ　栃木（那須）
じゃらじゃらぐさ　福岡（福岡市）
すず　愛媛（周桑）
すずかけ　岡山（邑久）
すずがらがら　福岡（久留米市・三井）
すずくさ　新潟　和歌山（和歌山市）　岡山（御津）
すずぐさ　岡山（岡山）
すずめだらこ　青森（津軽）
すずめのきんちゃく　尾張　京都
すずめのだらこ　津軽　青森（津軽）　岩手（二戸）
すもーとりぐさ　越後
すもとりぐさ　越後　新潟
たごぼー　島根（簸川）
ちぇんちぇんばな　岩手（胆沢）
ちゃどく　岩手（二戸）
ちゃんちゃんこ　秋田（鹿角）
ちょーちんこ　青森
ちりちりぐさ　静岡
ちろりん　愛媛（周桑）
ちろりんくさ　愛媛（周桑）
ちんごんばち　長野（諏訪）
ちんごんばち　長野（諏訪）
ちんちろぐさ　愛媛（伊予市・周桑）
ちんちろりん　愛媛（周桑）
ちんちんぐさ　愛媛（周桑）
つきのこごめ　尾張
つんつんぐさ　香川（中部）
なー　和歌山（海草）
なじな　島根（能義）
ななくさ　群馬（山田・佐波）　埼玉（川越・入間）　神奈川（中）　栃木　山梨（南巨摩）　静岡（志太）　愛知（八名）　奈良（吉野）　岡山（児島）　愛媛（北宇和）　佐賀（東松浦）
ななぐさ　栃木　岡山（吉備・御津）
なのくさ　静岡（志太）
なるこくさ　石川（鳳至）
ねこのしゃみせん　山口（厚狭・吉敷）　佐賀　長崎（北松浦・東彼杵）　熊本（鹿本）　鹿児島（鹿児島市）
ねこのぴんぴん　熊本（玉名・上益城・宇土・下益城）
ねこのぺんぺん　熊本（鹿本）
ねこぴん　熊本（玉名）
ねこぴんぴん　熊本（天草・水俣・玉名・芦北）
ねこぺんぺん　熊本（鹿本）
ねこんぴん　熊本（玉名）
ねこんぴんぴん　熊本（玉名）
のこぎりなずな　新潟（西蒲原）
はかげ　大分（北部・中部）
ばちくさ　江戸　岩手（紫波）
ばっこ　岩手（盛岡）
ばばのきんちゃく　尾張　愛知（岡崎）
ひこぴろ　愛媛（周桑）
ひちぐさ　岡山（小田）
ひなくさ　岡山（小田）
びらびら　兵庫（津名）
ぴんぴろ　愛媛（周桑）
ぴんぴんぐさ　讃州　愛知（岡崎）　和歌山（日高）　兵庫（赤穂）　岡山　香川（高松）　高知
べらべらぐさ　奈良（南大和）
ぺんぺこぐさ　長野（東筑摩）
べんべんくさ　愛知（知多）
ぺんぺんぐさ　江戸　青森　茨城（那珂湊）　栃木（足利・那須）　群馬　埼玉（所沢・北足立）　千葉（佐原・安房・夷隅）　東京　神奈川（川

ナタネ

崎・平塚・足柄上）　山梨（甲府）　静岡（小
笠・富士・賀茂・志太）　愛知（宝飯）　長野
（須坂・下高井・諏訪・東筑摩）　新潟（見付・
東蒲原・南蒲原）　石川（石川）　三重（伊勢・
員弁）　和歌山（田辺・海草・有田・日高・西
牟婁）　兵庫（伊丹・西宮）　岡山　高知（高岡）
鹿児島（鹿児島・姶良・肝属）
むしつりぐさ　仙台
めなずな　奥州　越後
もしびくさ　島根（簸川）
ももそくさ　岩手（九戸）
やまささげ　京都
よめな　岩手（二戸）　岡山（岡山市）
よめのさら　岡山（邑久）
りんちろりん　愛媛（周桑）
りんりんぐさ　新潟（直江津）

ナタネ　　　　　　　　　　〔アブラナ科／草本〕
あおな　秋田*
うえな　滋賀*
うんざい　島根*
うんだい　宮城　栃木　山梨　岐阜　静岡　愛
知*　鳥取*　島根　岡山　広島　愛媛*　福岡*
長崎（南松浦・南高来・福江島）　熊本*　大分*
宮崎*
うんらい　愛知*
おーな　福岡*　大分*
おんだい　島根（出雲）
かったね　鹿児島（肝属）
かぶ　鳥取*　宮崎*　鹿児島*
かぶたね　鳥取*
くきたち　岩手（紫波）
しんしゅーな　岐阜*
すえたね　島根*
すえな　滋賀*
せんとく　岡山　広島
だいせん　鹿児島*
たかねかぶ　鹿児島（垂水）
とーだね　新潟*
とーな　新潟*
なず　山口*
ねず　島根　島根（益田市・美濃）
ねずたね　島根*
ふくたち　秋田*
みとり　愛知*
ゆきのした　北海道*

ナタマメ　　　　　　　　　〔マメ科／草本〕
あおまめ　青森*
おにまめ　長野*
からたち　高知*
きせるまめ　福井*
きつねのかたな　大分*
さいかちまめ　宮城
さいまめ　新潟*
させまめ　富山*
じなたまめ　新潟*
たちはき　四国　九州　鹿児島（奄美大島）
たちはぎ　久留米　四国　九州
たちばけ　鹿児島
たちはち　沖縄
たちまめ　福岡（直方）　大分
たちやち　鹿児島（喜界島）
たちわき　徳島　高知　福岡（鞍手）　大分　熊
本　宮崎　鹿児島（薩摩・徳之島）
たちわけ　福岡*　熊本（玉名・下益城）　大分
宮崎（宮崎市・日南・東諸県）　鹿児島　鹿児
島（肝属）
たちわち　沖縄
たちわれ　大分（大野）
たつあき　鹿児島（奄美大島）
たっちゃき　福岡（福岡市・粕屋）
たっちゃぎ　福岡（久留米市）　大分（大分市）
たっちゃく　福岡（三池）　大分*
たっぱき　鹿児島（加世田市）
たっぱぎ　鹿児島（加世田）
たっぱけ　宮崎*　鹿児島
たっぱけ　宮崎（西諸県）　鹿児島
たっぱげ　宮崎　鹿児島
たっぱっげ　鹿児島（谷山）
たつわき　鹿児島（奄美大島）
たっわけ　鹿児島　鹿児島（肝属）
たてばけ　大分*
たてわき　土州　徳島*　高知
たまめ　兵庫*
ちりのこまめ　秋田*
とーろくまめ　岡山
ながたらまめ　和歌山*
なた　大分（大分）
なたぎっちょ　長崎（南高来）
なたささぎ　山形*
なたぶろー　長野*
はちはぎ　佐賀*

ばちわけ　大分（大分市）
ぱちわけ　大分（大分市）
ひゃくじょーまめ　長野*
ひょーたんまめ　長野*
ぶんど　岐阜（恵那）

ナチシダ　〔イノモトソウ科／シダ〕
やまわらび　鹿児島（種子島）
わらび　鹿児島（屋久島）

ナツグミ　〔グミ科／木本〕
あさだれ　岡山（小田）
あさどり　岡山（苫田）
かしきぐみ　愛媛（上浮穴）
ぐいび　岡山
ぐいみ　高知　愛媛
ぐいめ　大分（北海部）
ぐみ　青森　岩手　宮城　千葉　新潟　石川　三重　高知
ぐゅみ　愛媛（大洲）
ごがつあさどり　岡山
ごみ　三重（伊賀・一志）
こめぐみ　鹿児島
さいずちぐみ　茨城（久慈）
さがりぐみ　木曾
さがりごみ　三重（伊賀）
さぐみ　岩手（上閉伊・稗貫）
さつきぐみ　秋田
さつきごみ　近江坂田
さんごみ　福井（大野）
しおぐみ　勢州
しかぐみ　宮城（登米）
しなぐゅみ　徳島（那賀）
しゃぐみ　岩手（稗貫）　栃木（塩谷）
しゃごみ　岩手（和賀・胆沢）　山形（北村山）
しゃしゃぶ　土佐　香川　高知（幡多・土佐・長岡）
しょーろぐみ　高知（長岡）
ずみ　山梨（富士山麓）　三重（北牟婁）
たうえぐみ　栃木　埼玉　千葉　神奈川　三重
たらぐみ　青森（三戸）
たわらぐみ　青森　埼玉（秩父）　千葉　東京　東京（八王子）　神奈川（津久井）　長野　鳥取（岩美・気高）
ちちもも　播磨
ちゃぐみ　岩手（上閉伊・稗貫）
つくりぐいみ　愛媛（宇和島）

とーしゃしゃぶ　香川（高松市）
ないしょーぐみ　東京（八丈島）
ながしろぐみ　静岡（東遠）
なつぐいみ　高知（香美）
なつしゃしゃぶ　愛媛（上浮穴）
なつしゃせぶ　高知（高岡）
なわしろぐみ　防州　長州　千葉　東京（伊豆諸島）
ばんば　岡山
ひーぐみ　長野（下水内）
びーび　岡山
びっくりぐみ　栃木（日光市）
ぶらりごみ　奈良
ぶられごみ　奈良（南葛城）
へそつき　播磨
ほんぐみ　長野（北佐久）
ほんぐみ　長野（佐久）
やまぐみ　筑前　青森　福井　和歌山　鳥取（気高）
やましゃしゃぶ　高知（安芸）

ナツズイセン　〔ヒガンバナ科／草本〕
いちゃいよーっく　青森（八戸）
からすのかみそり　青森（八戸）
きつねばな　木曾
ちんぼっぱれ　長野（佐久）
つずら　山形（北村山）
つつら　山形（村山）
ならさら　山形（北村山）
ぴーぴーぐさ　神奈川（津久井）
ひがんばな　鹿児島（甑島）
わすれぐさ　岩手（上閉伊・釜石）　長野（北佐久）

ナツヅタ　→　ツタ

ナツツバキ　シャラノキ　〔ツバキ科／木本〕
あおつばき　愛媛（上浮穴）
えんた　和歌山（伊都）
おーえご　埼玉（秩父）
おーみねつつじ　奈良（吉野）
くろすべり　熊本（八代）
さるすべり　福島　栃木　東京（西多摩）　富山　石川　福井　山梨　長野　静岡（富士）　三重　京都　中国地方　島根（仁多）　岡山　広島（比婆）　香川　香川（仲多度）
さるた　山梨（東山梨）　静岡（富士）
さるだ　福井（三方）
さるたのき　静岡（富士）
さるなめ　栃木（日光市）

ナツトウダイ

しゃ　栃木（日光市）
しゃ　栃木（日光市）
しろかたし　鹿児島（垂水・肝属）
しろつばき　鹿児島（垂水・肝属）
すべり　埼玉（秩父）　島根
すべりのき　群馬（多野）
そばぎ　高知（安芸）
だんごのき　静岡
なつつばき　和歌山（伊都）
はだかっぽ　茨城（久慈）
はだかのき　茨城（久慈）
はだかんぼ　茨城（大子）
ひゃくかこー　静岡（水窪）
やまつばき　三重　和歌山

ナツトウダイ　〔トウダイグサ科／草本〕

そばのき　勢州尾鷲
とんぼのちち　千葉（印旛）
のーろ　豆州諸島

ナツノハナワラビ　〔ハナヤスリ科／シダ〕

おしろいばな　熊本（玉名）
きんそーこー　千葉（印旛）
ねこんおしろい　熊本（玉名）

ナツハゼ　〔ツツジ科／木本〕

あかんのき　山形（飽海）
あきぐるま　山形（飽海）　新潟（岩船）
あきごろも　山形（飽海）　新潟（岩船）
あたぱんずき　山形（北村山）
あたまはげ　福井　京都　和歌山（有田）　岡山
あたまはじき　山形（東置賜・西置賜）
あたまはんじき　山形（東置賜・西置賜）
あとはんけち　山形（西田川）
あどはんけち　山形（西田川）
あまね　青森（西津軽）　岩手（岩手）
あまぶら　香川（西部）
あんどん　愛知（東三河）
いぬきず　周防
うしのきんたま　岐阜（岩村）
うしのだんべい　新潟（中頸城）
うずぐみ　石川（能登）
うすのみ　木曾馬籠　和歌山（伊都）
うまのすず　山口（阿武）
うまのつめ　兵庫（淡路島）
うまのばり　兵庫（淡路島）
うまのめ　山口（阿武）
おぐるま　山梨（山梨）
おとこかず　三重（度会）
おとこやま　岩手　宮城（本吉）
かしゅーすい　福井（大野）
かしらはげ　周防
かすしぼり　宮城（加美）
かすなり　大阪（南河内・泉北）　奈良（宇陀・五条）
からすもも　和歌山（有田）
かんかん　山口（阿武）
かんかんすいば　山口（阿武）
かんすいちご　広島（比婆）　岡山　香川（香川）
きつねのきず　周防
きぶどー　岩手（下閉伊）
きんたまはじき　長野（下伊那・飯田）　愛知（八名）
くまのきんたま　新潟（北魚沼）
くまのまら　山梨（塩山）
くろやかん　山形（北村山）
くろわん　山形（飽海・西置賜）　秋田（北秋田）　新潟（北魚沼）
こーとく　岩手（下閉伊）
こーどく　岩手（九戸・下閉伊）
こーどぐ　岩手（九戸）
こおとこ　岩手（下閉伊）
こーまりはじき　長野（北安曇）
こはじけ　岩手（紫波）
こはじゃ　秋田（北秋田・南秋田）　青森（北津軽）
こはじゃのみ　秋田（北秋田）
こはずけ　岩手（和賀）
こはぜ　青森（津軽・下北）　秋田
こはんちゃ　秋田（鹿角）
こまのはじき　長野（北安曇）
こまのまら　長野（下高井）
こんぴらはじき　長野（佐久・北佐久）
こんまら　長野（佐久）
こんまらはじき　長野（北安曇）
こんまりはじき　長野（北安曇）
こんもーはじき　長野（伊那）
さかずき　山形（飽海）
させんぽー　三重（桑名）
さるまめ　長野（佐久・北佐久）
さんご　兵庫（淡路）
しーこ　岡山（児島・岡山）
じきろーばな　山口

しゃしゃんぽ　奈良（南大和）
じょじょむけ　福井（三方）
しりなし　長野（北安曇・木曾）
しんこなし　長野（木曾）
すいみ　愛媛（宇摩）
ちょろむけ　福井（三方）
ちんちろがんす　山口（阿武）
つぶりはげ　周防
ててまら　福井（三方）
ててまる　京都（何鹿）
てりは　紀州
どんばら　山口（阿武）
なつこはぜ　青森（中津軽）
なつごろー　新潟
なつはぜ　周防　三重（伊賀）
なべたたき　和歌山（有田）
はげ　和歌山（高野山）
はげっこ　福井（今立）
はげのき　紀州
はげのみ　香川（綾歌）
はげもも　和歌山（海草）
ばこつぼ　長野（下伊那・飯田）
ばこまめ　長野（下伊那・飯田）
はじまきぶどー　栃木（日光）
はちまきいちご　広島（比婆）　山口（佐波）
はちまきずみ　新潟（刈羽）
はちまきぶどー　山梨
はちまきぶどーのき　栃木（塩谷）
はちまきめんこのき　埼玉（入間）
はちまきもも　静岡（小笠）
はちまんたろー　埼玉（秩父）　岡山
ばちりん　岐阜（飛騨）
はつまきぐみ　茨城（新治）
はつまきぐみのき　埼玉（秩父）
はつまきぶどー　茨城（柿岡・大子）
はんつけ　岩手（和賀）
ぶんこ　和歌山（有田）
ぶんぶくちゃがま　茨城（久慈・真壁）　栃木（塩谷）
ぶんぷくちゃがま　新潟（刈羽）
ぽーかい　香川（綾歌）
まらっぱじき　長野（北佐久）
むぐさく　岡山
むくれんず　山形（北村山）
むけっちょ　兵庫（養父）
めっぱす　新潟

もくれんじ　秋田（山本）
やかん　山形（北村山）
やがん　山形（北村山）
やまうず　香川（綾歌）
やまおとこ　福島（相馬）　新潟
やまがんす　岡山（上房）
やまなし　山口（厚狭）　福岡（粕屋）
やまなす　岡山　香川（木田）
やまなすび　兵庫　岡山　岡山（御津）　広島　広島（芦品）　香川　香川（大川・綾歌）　愛媛
やまぶら　香川（綾歌・仲多度）
やろこはずまき　山形（北村山・最上）

ナツフジ　〔マメ科／木本〕

からすのこーがい　山口（厚狭）
からすのこーがえ　山口（厚狭）
きつねのこーがい　鹿児島（出水）
こふじ　鹿児島（肝属・垂水）　熊本（玉名）
さるかくさん　山口（厚狭）
さるのこがたな　山口（厚狭）
さるのこしかけ　山口（厚狭）
さるふじ　和歌山（新宮市）
じゅごやんかずら　鹿児島（川辺）
しろふじ　香川
ときしらず　大和　伯耆
どよーふじ　奈良（南大和）　和歌山（西牟婁・日高）
ふじ　和歌山（東牟婁）
ふじかずら　高知（幡多）　岡山　鹿児島（出水）
ふじづる　鹿児島（出水）
まめふじ　香川　香川（大川）

ナツミカン　〔ミカン科／木本〕

きーだいだい　愛媛
ざいざい　大分*
じゃがたろみかん　長崎（壱岐島）
ずぼん　新潟（佐渡）
だいだい　鳥取*　島根　広島*　山口*　香川*　愛媛*　愛媛（喜多）　福岡*　大分*
でれ　鹿児島*
なつくねぶ　熊本*
なつしゅ　和歌山（日高）
なつしろ　静岡*　和歌山
なつだいだい　鳥取*　島根　岡山*　広島*　山口*　徳島*　香川（高松市）　愛媛　高知*　福岡*　長崎*　熊本*　大分*　宮崎*　鹿児島（甑島）

なつでで　宮崎* 鹿児島
はぎだいだい　島根*
はるみかん　紀州有田
やまみかん　宮崎*

ナツメ　　　　　〔クロウメモドキ科／木本〕
からなつめ（サネブトナツメ）　芸州
たいそー　鳥取*
とーざくろ（サネブトナツメ）　大和
なつうめ　茨城* 栃木* 新潟* 富山* 福井* 静岡　京都* 鳥取* 島根* 岡山* 高知* 福岡* 熊本*
なつうんめ　長野*
なつおめ　島根（出雲）
なつまめ　埼玉* 山梨* 福岡*
なつんめ　福島* 新潟* 福井* 岐阜* 三重（三重）滋賀（高島）京都* 鳥取* 愛媛* 宮崎
ぽーだら　富山（富山）

ナツユキソウ　→　キョウガノコ

ナデシコ　　　　〔ナデシコ科／草本〕
あめしかそー　岡山（上房）
あめしかなでしこ　岡山（上房）
うちの　高知（長岡）
かるかや　群馬（勢多）
くばく　長州
しゃぼんばな　岐阜（飛騨）
せきちく　木曾　防州
ちゃせんばな　奥州
てんつきばな　山形（東田川・西田川）福島（東白川・棚倉）長野（上田・佐久・更級）
ところてんばな　新潟（佐渡）岐阜　岐阜（吉城）
ながひこ　埼玉（入間）
のらせきちく　愛媛（上浮穴）
ふとりもすめ　島根（出雲市・隠岐島）

ナナカマド　　　　〔バラ科／木本〕
あおざんしょー　埼玉（秩父）
あずさ　長野（佐久・北佐久）
ずさ（サビハナナカマド）　長野（佐久）
あわふき　福井（大野）
あわぶくたらし　栃木（西部）山梨（西八代・本栖）
いつかた　岩手（気仙）
いんのくそ　大分（直入）
いんのふん　大分（直入）

いんばい　京都（丹後）
えんじゅ　新潟（東蒲原）宮崎（西諸県）
おやまのさんしょー　岡山
かたしげ　青森
かたすぎ　青森
かたすみ　青森　岩手
かまど　京都（北桑田）
くさいき　青森（上北）
くさみず　青森（津軽）
くさみち　青森（北津軽）
くしあこ　青森（北津軽）
くまさいそー　岩手（下閉伊）
くまざんしょー　飛騨　富山　岐阜　福井
こごのき　岩手　宮城　秋田
こものき　青森
さいか　岩手（下閉伊・和賀）
さいが　青森　岩手　秋田（南秋田）山形（北村山）
さいかい　岩手（東磐井・西磐井）
さいかち　岩手
さいかちのき　秋田（北秋田）
さいかつ　岩手（岩手）山形（北村山）
さいがつ　山形（北村山）
さいかつら　山形（北村山）
さえが　秋田（南秋田）
さるがい　宮城
さるなめし　山形（東田川）
しゅーし　青森　岩手
そめか　青森（東津軽）
だけこんごー　青森（上北）
だけさいかち　秋田（仙北）
たけさんしょ　長野（下伊那）
たけざんしょ　長野（伊那）
どかん　青森
どくわん　青森
ななかまで　山梨
なべはじ　京都（北桑田）
なべゆーす　宮城（本吉）
ならまきのき　新潟（東蒲原）
はじかみ　山梨（南巨摩）
はちのみ　新潟（岩船）
ふじき　岩手（下閉伊）新潟（佐渡）
みがきのき　福島（会津）
みやまえんず　愛媛（新居）
もものき　秋田
やまいんじゅ　青森（下北）

やまえんじゅ　青森　岩手　岩手（盛岡市）　宮崎
やまさいかち　秋田（北秋田・雄勝）
やまさえがず　秋田（北秋田）
やまさんしょー　長野（松本市）
やまざんしょー　大分（南海部）
やましゃかず　秋田（仙北）
やまなんてん　山形（東置賜・南置賜）　新潟　福井　長野　長野（北佐久）
やまなんてん（サビハナナカマド）　長野（北佐久）
やまりんご　福井（丹生）
ゆみぎ　岐阜（中津川）
らいじんぼく　長野（北佐久）
らいでんぼく　長野（北佐久）
らいでんぼく（サビハナナカマド）　長野（佐久）
らいぼく　岩手（紫波）
りりぎ　長野（小県）

ナナメノキ　〔モチノキ科／木本〕
あおき　和歌山　岡山
あおぎ　岡山
あおきしば　福岡（粕屋）
あかみのき　鹿児島（北薩）
あぶりだしのき　長崎（西彼杵）
いぬふくら　愛媛（宇摩）
かしもどき　岡山
くろぎ　岡山
しーかし　香川（綾歌）
ななみのき　鹿児島（肝属）
ななめ　大分　鹿児島
なのめ　大分
なまめ　肥前　鹿児島
なもめ　肥前　熊本
ならめ　鹿児島（大口）
ならめのき　熊本（水俣）
ふくら　大分（東国東）

ナニワイバラ　〔バラ科／木本〕
りきゅーいばら　筑前

ナノハナ → アブラナ

ナベナ　〔マツムシソウ科／草本〕
やまだいこん　江戸

ナベワリ　〔ビャクブ科／草本〕
どくのき　能登
みそやかず　北国

ナマメ → インゲンマメ

ナミキソウ　〔シソ科／草本〕
みつばな　青森（津軽）

ナメコ　〔モエギタケ科／キノコ〕
くぼーだけ　青森（三戸）
ずべごけ　岐阜（飛騨）
ずべもたせ　富山（東礪波）
ぬえと　青森（上北）
ぬえど　青森（三戸）
のどやき　岐阜（飛騨）
ほんなめこ　栃木（下都賀）

ナラ　〔ブナ科／木本〕
おとこしば　島根（益田市）
こなら　長州　防州　山梨（南巨摩）
じんたんぼ　千葉（東葛飾）
そだ　愛知（葉栗）
はさこ　大分
ほー　和州
ほーさ　富山（下新川）　愛媛
ほーそ　兵庫（佐用）　和歌山（東牟婁・西牟婁）
ほーそー　岐阜（揖斐）　岡山（苫田）
ほーそーしば　香川
ほさ　宮崎　鹿児島（肝属）
ほしのき　宮崎（西諸県）
ほす　滋賀
ほそ　和州　滋賀　奈良　奈良（宇智）　和歌山
まき　雲州　長野（伊那）　鳥取（西伯）　島根　岡山（小田）　愛媛
まほそ　宮崎（児湯）

ナライシダ　〔オシダ科／シダ〕
あかこごみ　山形（西置賜・西村山）
あかこごめ　山形（最上・東田川）

ナラガシワ　〔ブナ科／木本〕
いぬかしわ　新潟（東蒲原・南蒲原）
おーなら　山口（阿武）
おーならき　宮崎
おーならのき　宮崎（児湯）
おーばなら　宮崎
がごー　岡山（備前・備中）
がごーまき　岡山
かしわ　新潟　長野　京都　奈良　大阪　兵庫

岡山　広島　長崎（対馬）
かしわなら　長野　岡山
くろまき　岡山
ごーご　岡山（苫田）
ごーこーしば　備前
ごーごーしば　福岡（粕屋）
ごーなら　広島（比婆）
こがしわ　静岡（遠江）
こと　広島（佐伯）
ごとごとー　広島（比婆）
ごとごとしば　広島（比婆）
ごとごとまき　広島（比婆）
ごとまき　広島（比婆）
ごとろーまき　岡山
なら　岡山　大分　長崎（対馬）
ならかし　新潟（岩船）
ならば　岡山（備前）
ばたこ　兵庫（佐用）
ばたご　岡山
はなこ　大分（南海部）
まき　岡山
みずなら　福島　岡山

ナラタケ　〔キシメジ科／キノコ〕
おくもだせ　山形（東田川）
おりみき　山形（東南部）
くぬぎもたせ　栃木
くわのきのきのこ　神奈川（津久井）
つばたけ　栃木
ならごけ　富山（東礪波）
ならのきもだし　栃木
ぼりめぎ　岩手（九戸）
もたし　山形
もたつ　山形（最上）

ナルコユリ　〔ユリ科／草本〕
あまどころ　佐渡　木曾
あまね　広島（比婆）
えびな　高知（幡多）
おーせい　青森（八戸）
たましのぶんど　山形（西田川）
ちょーちんばな　静岡　静岡（小笠）
つりがねそー　丹波
ぬすびとあし　山形（北村山）
へーびゆり　静岡
へびのあねさま（あねはん）　山形（鶴岡市）
へびのだいもち　山形（東田川・飽海）
へびのちょーちん　新潟（刈羽）
へびのゆり　常陸筑波郡
へびゆり　神奈川（津久井）
へべゆり　東京（南多摩）　神奈川（津久井）
へんびゆり　木曾　新潟（南蒲原）
みみんだれ　群馬（山田）
やまどころ　岩手（盛岡）

ナワシロイチゴ　〔バラ科／木本〕
あーまきいちご　神奈川（津久井）
あかいちご　長野（佐久）
あしくだし　西州　筑前
あしくれいちご　鹿児島（屋久島・熊毛）
あしもといっこ　鹿児島（川辺）
あしもといっご　鹿児島（川辺）
あましたいっこ　鹿児島（揖宿）
あましたいっご　鹿児島（肝属）
あわいちご　岐阜（北飛驒・吉城）
いがいちご　鹿児島（甑島・薩摩）
いきいちご　島根（益田市・美濃）
いちご　島根（美濃）
いちごばら　長野（北佐久）
いちんご　岡山
いちんごー　岡山
うしいちご　播磨
かわらいちご　木曾　長野（北安曇）　島根（邑智）
きいちご　長野（佐久）　和歌山（伊都・東牟婁）　岡山
ぎすいちご　木曾妻籠
きりぎりすいちご　駿河浅間社　千葉（印旛）
きりきりまいちこ　千葉（印旛）
くさいちご　山形（北村山・東田川・山形）　岡山（苫田）
くちないちご　高知（幡多）
くまいちご　岐阜（吉城）
げしいちご　岡山
こいっご　鹿児島（肝属）
ごいっこ　鹿児島（肝属）
ごがついちご　岩手（二戸）　長崎（諫早市）
ごぐゎついちご　長崎（南高来）
さぐみ　茨城
さないちご　長崎（北松浦）
さるいちご　埼玉（秩父）
じいちご　和歌山（東牟婁）　徳島（美馬）　鹿児島（中之島）

じゃとりあび　伊豆八丈島　東京（八丈島）
そばいちご　岩手（二戸）
そばまきいちご　青森（八戸・三戸）　岩手（二戸）
たうえいちご　長崎（南高来）　熊本（八代・玉名）
たうえいつご　鹿児島（揖宿）
たうえいっご　鹿児島（伊佐・大口市）
たかいちご　鹿児島（種子島）
たかいっこ　鹿児島（熊毛）
たかいっこ　鹿児島（垂水市）
ちちえちご　福島（相馬）
つげいちご　岩手（盛岡市）
つちいちご　島根（美濃）　山口（大津）　高知（幡多）
つらいちご　青森
つらえちご　青森
つるいちご　木曾　近江坂田　神奈川（足柄上）　静岡（賀茂）
どんがめいちご　広島（比婆）
なえしろいちご　山口（厚狭）
ながしいちご　熊本（球磨）
ながしいちんご　鹿児島（薩摩・甑島）
なついちご　島根（簸川）
なべいちご　高知（長岡）
のいちご　岡山　香川　高知（幡多）　愛媛（周桑）　鹿児島（喜界島）
のいっこ　鹿児島（揖宿）
のいっご　鹿児島（揖宿）
のしろいちご　熊本（八代）
のたりいちご　紀州熊野　岩手（盛岡市）
のらいちご　山形（西村山・飽海）
のらえっご　山形（酒田）
はいいちご　東京（三宅島）
はいばら　和歌山（東牟婁）
はくらいちご　丹後
はくらんいちご　豊前
はげいちご　兵庫（三原）
ばらいちご　千葉（印旛）　東京（三宅島）　長野（北佐久）
はらくわりいちご　香川（香川）
はるいちご　大分（佐伯）
びいっこ　鹿児島（加世田市）
ぴーっご　鹿児島（加世田市）
へひあひ　伊豆八丈島
へひあび　伊豆八丈島
へびいちご　島根（美濃）
へまいぎ　島根（美濃）

へまりいちご　秋田（鹿角）
みつばいちご　京都
もーいちゅび　沖縄（首里）
やちいちご　山形（飽海）
やまいちご　長野（佐久）　和歌山（東牟婁・新宮）　島根（美濃）　愛媛（宇摩）　高知（幡多）

ナワシログミ　　　　　　　　　　〔グミ科／木本〕
あさどりいちご　広島（比婆）
あわまきいちご　千葉（清澄山）
いそぐみ　静岡（伊豆）　山口（見島）
いんのくそぐみ　鹿児島（甑島）
かつおぐいめー　高知（幡多）
ぐいーび　岡山（苫田）
ぐいーびー　岡山
ぐいび　岡山
ぐいびー　岡山
ぐいみ　香川（西部）
ぐいめ　山口（玖珂）　高知（幡多）
くびぎー　鹿児島（奄美大島）
ぐみ　三重　香川　高知
ぐゆみ　高知　愛媛
ぐるみ　高知（安芸）
ぐん　鹿児島
ぐんのき　鹿児島（出水・長島）
ぐんび　兵庫（佐用）
ごがつぐみ　静岡（伊豆）　三重（桑名）　和歌山（日高）
ごび　島根（簸川）
こめびーびー　岡山
さがいぐん　鹿児島（揖宿）
さがりぐみ　鹿児島（種子島・屋久島）
さぐみ　秋田（山本・南秋田）
さごみ　秋田（山本・南秋田）
さばぐいめ　高知
さんがりぐみ　島根（美濃・益田市）
しゃしゃぶ　徳島（美馬）　香川　愛媛
ずみ　長野（北安曇）
たいぐみ　栃木（日光）
たうえごみ　三重（伊賀）
たわらぐみ　陸奥　熊本（球磨・玉名）
ちゅーしろぐみ　福岡（犬ヶ岳）
とらぐみ　長崎（南高来）　熊本（天草）
とらぐん　鹿児島
なつぐみ　栃木
なわしろいちご　岡山（川上）

ナンキンコザクラ

なわしろぐみ　京都
なんしろぐみ　東京（大島）
なんしろごみ　三重（伊賀）
のーしろぐみ　大分（直入・北部部）
のぐみ　静岡（伊豆）　大分（大野）
のしろぐみ　和歌山（伊都）　熊本（球磨）
はまぐみ　島根（隠岐島）
はるぐみ　山口（厚狭）　高知　福岡（八女）
びーのみ　愛媛（西宇和）
むぎいちご　岡山
むぎぐん　鹿児島（薩摩）
むぎびーびー　岡山
むっぐん　鹿児島（出水）
やまぐいみ　高知（長岡）
やまぐみ　秋田（山本・南秋田）　鹿児島
やまぐん　鹿児島

ナンキンコザクラ → ハクサンコザクラ

ナンキンナナカマド〔バラ科／木本〕
やまさんしょー　東濃　美濃　長野（木曾）　岐阜（恵那）

ナンキンハゼ〔トウダイグサ科／木本〕
うきょー　筑前早良郡

ナンテン〔メギ科／木本〕
てるてん　香川
なんでんじく　鹿児島
まんじょー　広島（高田）

ナンテンカズラ〔マメ科／木本〕
さるかき　鹿児島（奄美大島）

ナンテンハギ　タニワタシ，フタバハギ
〔マメ科／草本〕
あかまめ　長野（北佐久）
あずきっぱ　長野（佐久）
あずきな　信州木曾　山形（西置賜）　岐阜（東濃）
あずきんば　埼玉（秩父）
たかどんぐさ　山形（西田川）
なんてんぐさ　愛媛（上浮穴）
ふたばはぎ　和歌山
まめっぱ　群馬（山田）
まんねんじょ　長野（佐久）

ナンキンマメ → ラッカセイ

ナンバンカラムシ　ラミー〔イラクサ科／草本〕
あさ　滋賀*
うらじろ　和歌山（有田）　山口*　徳島*　愛媛　佐賀*　大分*
かこぱん　和歌山*
かしば　大分*
かつほ　大分*
からそ　岐阜*
たんたんば　宮崎*
ちょーせんあさ　北海道*
てっぽーくさ　徳島*
てんしーとー　島根*
はど　愛媛*　高知*
ぽたあさ　岐阜*
ぽっかんくさ　大分*
ましょば　鳥取*
まっそ　島根*

ナンバンギセル〔ハマウツボ科／草本〕
あずきくさ　岩手（二戸）
あずきな　長野
あっくり　千葉（千葉）
おもいぐさ　千葉（柏）
おらんだぎせる　近江坂田
かっこーいのこ　岩手
かっこーへのこ　岩手（九戸）
かっこーぺのご　岩手（九戸）
かっごのへのご　岩手（九戸）
かっこべ　岩手（九戸）
かやくさ　山形（鶴岡市）
きしりばな　鹿児島（奄美大島）
きせるそう　千葉（山武）
せんきぐさ　青森　青森（弘前市）
だばつきり　鹿児島（奄美大島）
はえとりぐさ　島根（美濃）
はぎ　青森（八戸）
べこのきんたま　岩手（九戸）
ぺんきぐさ　青森
まめっぱ　群馬（山田）
みてぐら　東京（三宅島）
ゆうれいそう　千葉（長生）
よだれくい　鹿児島　鹿児島（鹿児島・阿久根・薩摩）
よだれくいくさ　鹿児島（揖宿）
よだれくいばな　鹿児島（揖宿）

ナンバンキビ → トウモロコシ

ナンバンキブシ 〔キブシ科／木本〕
とりふき　鹿児島（奄美大島）
とろふき　鹿児島（奄美大島）
とろろき　鹿児島（奄美大島）

ナンバンハコベ 〔ナデシコ科／草本〕
つるせんのー　和歌山

ナンブアザミ 〔キク科／草本〕
ごぼーあざみ　山形（東村山）

ニガイチゴ 〔バラ科／木本〕
あいたいちご　和歌山（有田）
おーかわいちご　備後
こがねいちご　丹波
なわしろいちご　神奈川（川崎）
にがいちご　播州

ニガウリ → ツルレイシ

ニガカシュウ 〔ヤマノイモ科／草本〕
じねんよーば　三重（志摩）
せぶ　東京（御蔵島）
でぶ　東京（三宅島）
ところおば　三重（志摩）
にがほし　和歌山（新宮市）
にがほじ　和歌山（新宮市）
むかご　和歌山（有田）

ニガキ 〔ニガキ科／木本〕
あまにがき　兵庫（佐用）
いんじゃぎ　沖縄
うるし　長野（北佐久）
えんじゅ　福井（若狭）
おへぎ　岡山（苫田）
からにがき　福井（三方）
きがき　岐阜（大野）
くすりぎ　秋田（仙北・北秋田）
くろはぜ　香川（大川）
ごえもんきはだ　奈良（吉野）
しばえんじ　長野（北佐久）
しらみころし　秋田（仙北）　新潟（東蒲原・南蒲原）
にがき　青森　岩手　新潟　栃木　千葉　神奈川　三重　熊本　鹿児島

にがぎ　宮城（本吉）
にがざ　茨城（笠間）
にがっ　鹿児島（薩摩・阿久根・垂水）
にがのき　栃木（益子）
にわうるし　千葉　千葉（清澄山）　京都　和歌山　鳥取（岩美）　広島
のうるし　千葉（清澄山）
はさぎ　江州
はなえぐさ　岐阜（飛騨）
ふじき　福井（小浜）　和歌山（伊都）
んじゃく　沖縄（首里）

ニガキモドキ 〔ニガキ科／木本〕
てさん　鹿児島（大島）

ニガクサ 〔シソ科／草本〕
かみそりくさ　伏見　近江
ちなくさ　長州

ニガタケ → マダケ

ニガナ 〔キク科／草本〕
うまごやし　讃州
おとこじしばり　長野（下水内・下高井）
かぶくさ　青森（津軽）
かぶりぐさ　秋田（雄勝）
きつねのたばこ　和州
くぐさ　青森（津軽）
じがら　神奈川（津久井）
ちぐさ　静岡（富士・庵原）
ちちぐさ　新潟（北魚沼）
ちちばな　岡山
にぎゃな　鹿児島（大島）
はこな　羽州米沢　山形（米沢市）
まごやし　薩州
ままな　甲斐　山梨
やぐさ　静岡（富士）　長崎（東彼杵）
やけばな　富山（砺波）

ニシキウツギ 〔スイカズラ科／木本〕
うのはな　長野（北佐久）
そーとめ　神奈川（西丹沢）
にわうつぎ　長野（北佐久）
はなうつぎ　群馬（佐波）
らっぱばな　長野（佐久）

ニシキギ　　　　　　　　　　〔ニシキギ科／木本〕

あおはだ　三重（鈴鹿）
あずさ　静岡（南伊豆）
いろまき　青森（東津軽）
かくらぎ　徳島（三好）
かどぎ　青森（津軽）
かねんき　千葉（印旛）
かみすり　栃木（日光市）　岐阜（恵那）
かみすりばら　神奈川（津久井）
かみすりまゆみ　木曾　栃木（日光市）
かみそり　甲州河口
かみそりぎ　山梨（都留）　静岡（駿東）　和歌山（伊都）　岡山　徳島（那賀）
かみそりのき　茨城　栃木（塩谷・日光市）
かみそりまゆみ　山梨（北都留）
かみそりまよめ　山梨（東山梨）
かみそりもどき　和歌山（有田）
かみそれ　三重（伊賀）
かみそれぎ　三重（伊賀）
きつねのかみそり　宮城（伊具）
きつねのやり　島根（那賀）
くそまゆみ　岩手（稗貫）
くろまゆみ　岩手（紫波）
こけさまゆみ　木曾
ごぜのき　熊本（玉名）
こっぱまゆみ　長野（北佐久）
こはまゆみ　武州三峰山　埼玉（秩父）
こばまゆみ　長野（北佐久）
さるのきんたま　滋賀（坂田・東浅井）
さるのきんだま　滋賀（坂田）
さるみかん　周防
さんしょーまゆみ　栃木（日光）
しゃみせんぎ　三重（北牟婁）
しょーじぼね　三重（鈴鹿）
しらみころし　埼玉　長野
しらみごろし　静岡（志太）
しらみとり　福島（相馬）
しらみのき　群馬（山田）
そげぬきさん　三重（宇治山田市・伊勢）
つるうめもどき　長野（佐久・北佐久）
とーがのかみそり　茨城（常陸太田市）
とすべり　愛媛（宇摩）
とりあし　三重（亀山市）
とりとまらず　岩手　秋田（平鹿）
にしき　三重　奈良　和歌山
にしきぎ　青森（中津軽）　三重（伊賀）

にれ　長野（北安曇）
ねそ　三重（伊賀）
のこぎりば　三重（伊賀）
のまゆみ　長門
はっこぼれ　埼玉（入間）
はねぎ　奈良（吉野）
ははき　福島（二本松市）
ばばっちぎり　青森（三戸）
はんぎ　宮城（遠田）
はんこのき　青森（津軽）　長野（北佐久・北安曇）
はんこのぎ　青森（津軽）
はんのき　長野（北佐久）
ひーらぎ　熊本（玉名）
ひらたぎ　長崎（壱岐島）
ふだばさみ　和歌山（伊都）
ほーちょーぎ　岡山　岡山（小田）
まき　青森　岩手（江刺・東磐井）
まさき　三重（伊勢）
まつつげ　青森（西津軽・南津軽）
ままこちぎり　青森（上北・三戸）
ままちぎり　青森　岩手
ままちねり　岩手（紫波）
ままっぱつねり　岩手（二戸）
ままつめり　岩手（岩手・盛岡）
ままばちぎり　青森（上北）
ままぱちぎり　青森（上北・三戸）
ままぱつぎり　青森（三戸）
みこのすず　亀山
みやんみやぎ　島根（八束）
やがたのき　熊本（玉名）
やのはのき　熊本（玉名）
やはず　三重（伊賀）　島根（美濃）
やばず　島根（美濃）
やはずのき　熊本（玉名）
やばにしきぎ　雲州
やばね　愛知（東加茂）
やまおとこ　青森（三戸）　岩手（岩手・盛岡市）
やまなんてん　島根（隠岐島）
ゆみぎ　周防
よろいぎ　島根（美濃）

ニシキソウ　　　　　　　　　　〔タカトウダイ科／草本〕

あかくさ　摂津住吉
あかぐさ　播州　千葉（印旛）
いぼくさ　岡山
おにめんくさ　岡山

ざぶとんぐさ　千葉（山武）
すてぐさ　周防
ちーぐさ　和歌山　兵庫（津名・三原）　岡山
ちくさ　紀伊
ちちくさ　紀伊
ちちぐさ　備後　和歌山（田辺・有田・日高・西牟婁）　兵庫（三原）　岡山
とーあみそー　石州
のげし　奈良（高市）
わすれぐさ　長州　防州

ニシキラン → サカキカズラ

ニシキハギ　シラハギ　〔マメ科／草本〕
かもめぐさ（シラハギ）　加賀
しかみぐさ（シラハギ）　駿河
ひょいひょいぐさ（シラハギ）　伊勢

ニセアカシア → ハリエンジュ

ニチリンソウ → ヒマワリ

ニッケイ　〔クスノキ科／木本〕
かじょき　青森（上北）
がらし　沖縄（首里）
けしん　宮崎（東諸県）　鹿児島（肝属）
けしんのき　鹿児島（加世田市）
けせん　鹿児島
げせん　鹿児島（鹿児島市・鹿児島）
けせんのき　鹿児島（肝属）
にっけーしば　山口（大津）
ほんげせん　鹿児島（垂水市）
やまけせん　鹿児島（鹿屋市）

ニホンスモモ → スモモ

ニホンタチバナ　〔ミカン科／木本〕
くがにー　沖縄（首里）
くがにーくにぶ　沖縄（首里）

ニューサイラン　マオラン　〔リュウゼツラン科／草本〕
まらっくす　千葉*
らん　宮崎*
ろっぷあさ　愛知*　三重*

ニラ　〔ユリ科／草本〕
きりひら　沖縄
きりびら　沖縄（島尻）
きりびらー　沖縄（国頭）
きんさんにら　佐渡
きんひら　沖縄
きんぴら　沖縄（首里）
こじきねぶか　岐阜*
こにら　東京（八丈島）
こんじきねぶか　愛知*
じゃま　新潟（長岡）
じゃま　新潟（中越）
ちちぐさ　千葉（印旛）
ちりびら　沖縄（那覇）
とち　奈良（山辺・磯城）
にいら　愛媛（北宇和）
にーら　福岡（築上）　熊本（玉名）
にざー　島根（美濃）
にな　広島
にらー　島根（美濃）
にらねぎ　岐阜*　静岡*　京都*　鳥取*
にんにく　新潟（佐渡）
ねーら　千葉（印旛）
ねら　岡山（小田）
びーざ　沖縄（新城島）
びーら　沖縄（小浜島・石垣島）
びら　鹿児島（南西諸島）　沖縄
ふいる　薩摩
ふたもじ　上総　千葉*　千葉（山武）
へんどねぶか　徳島*
ほいとーねぎ　山口*
んーだー　沖縄（与那国島）

ニリンソウ　〔キンポウゲ科／草本〕
いちりんそー　佐渡
こもちぐさ　長野（下水内）
こもちな　長野（下水内）
こもちばな　長野（下水内）
せきな　山形（北村山）
そばな　山形（西置賜）
そばぱ　山形（村山）
ふくべな　秋田
ふぐべな　山形
ふくべら　北海道　青森（津軽）　山形（東田川・飽海）

ニレ → ハルニレ

ニワウメ　〔バラ科／木本〕
こうめ　伊豆八丈島　播州　新潟（佐渡）　和歌山（海草・日高）　島根（能義）
こむめ　江戸　播州

ニワザクラ

こんめ　富山（西礪波）　和歌山（海草）　山口
　　（厚狭）
にわざくら　長州

ニワザクラ　　　　　　　　　〔バラ科／木本〕
みざくら（ヒトエノニワザクラ）　長野（佐久）

ニワゼキショウ　　　　　　　〔アヤメ科／草本〕
こごめばな　三重（度会）
ごすいせん　愛媛
ごずいせん　愛媛（周桑）
せきしょー　岩手（二戸）　鹿児島（国分市）
せきしょーぶ　鹿児島（国分市）
ちょーせんあやめ　静岡（志太）　三重（宇治山
　　田市・伊勢）　愛媛（周桑）
ちんかあやめ　愛媛（周桑）
ちんこあやめ　愛媛（周桑）
なんきんあやめ　群馬（山田）
ひめあやめ　栃木
ひめしょーぶ　岡山
ひよりばな　宮崎（児湯）

ニワトコ　　　　　　　　　〔スイカズラ科／木本〕
あーぼ　千葉（夷隅）
あーぼのき　千葉（安房・夷隅）
あおへぼのき　東京（北多摩）
あぶ　千葉（安房）
あぼ　千葉（夷隅・安房・大多喜）
あわぼ　千葉（夷隅）
あわぼー　千葉（長生）
あわぼーのき　千葉（君津）
いぬたず　高知（長岡）
いぬのしりのげ　秋田（南秋田）
うつぎ　宮城（仙台市）
うばたず　愛媛（新居）
おぐらさし　福井（大野）
おはなぎ　栃木（足利）
かいかいろー　庄内　山形（鶴岡）
かちぼー　東京（清瀬）
からすのあずき　青森（津軽）
からすのあずきめし　青森（津軽）
からすのあんずぎみし　青森（津軽）
からすのにぎりみし　青森（津軽）
からすのまんま　青森（上北）
ぐぇーぽ　千葉（安房）
くさうつぎ　青森（下北）

くさぎ　青森（津軽）
くさじー　千葉（君津・安房）
くさじき　上総　千葉（市原・長生・夷隅）
くさずき　千葉（長生）
くさたず　愛媛（新居・上浮穴）
くさのき　山形（庄内）
くさんずき　千葉（山武）
くしぇあかすのぎ　秋田（男鹿）
くせふりき　青森（北津軽）
くそたず　愛媛（新居）
けんけろ　山形（西部）
けんけろのき　山形（庄内）
こぶしのき　秋田（仙北）
こぶぬき　岩手（岩手・上閉伊）
こぶのき　南部　盛岡　北海道　青森　岩手（上
　　閉伊）　秋田　秋田（山本）
こほのき　青森　青森（上北）
こほのぎ　青森（上北）
こまくらのき　長崎（壱岐島）
こめごのき　福島（相馬）
こめごめ　群馬（勢多）
こもうつぎ　仙台　岩手　宮城　秋田
こんぶのき　岩手（岩手）
こんぽーのき　青森（下北）　秋田
さるのき　山形（飛島）
さるのりつまっかまか　山形（飛島）
じーめ　山口（熊毛）
しゃくおしのき　加州　石川
しゃとこめ　伊豆八丈島
しゃはとこめ　伊豆八丈島
しよやき　高知（幡多）
しろたず　高知（安芸）
ずーのき　長崎（平戸）
すっぽんこ　秋田（仙北）
すべりぎ　山口（都濃・玖珂）
ぞくず　青森（西津軽）
そこず　青森（南津軽）
そごず　山形（北村山）
だいのこんごー　埼玉　埼玉（南埼玉）　神奈川
　　神奈川（藤沢市）
だいのこんどー　神奈川（中）
だえんごぼー　千葉（夷隅）
たぎ　島根（簸川）
たぐさ　大分（南海部）
たくさんだ　東京（利島）
たじ　島根（仁多）　鹿児島（垂水市）

たじのき　鹿児島（垂水市）
たず　久留米　兵庫　島根（美濃）　岡山（邑久）
　広島（比婆）　山口　四国　徳島（麻植）　香川
　（香川）　高知　福岡（嘉穂）　熊本（八代）　宮
　崎（西臼杵）　鹿児島（甑島）
だず　奈良（南大和）
たずき　長州　広島（比婆）　山口　九州　福
　岡（八女）　宮崎　鹿児島
たずのは　福岡（嘉穂）
たずば　島根（石見）
たつのき　長州　秋田　鹿児島（肝属・薩摩）
だつのき　鹿児島（薩摩・大村）
たっのっ　鹿児島（谷山）
たつのは　鹿児島（肝属・垂水市）
たで　熊本　鹿児島
たにうつぎ　熊本（球磨）
だんごぼー　千葉（夷隅）
たんのき　長崎（対馬）
ちどめぐさ　山口（阿武・萩市）
でいこんごー　神奈川（東丹沢）
でーのこんごー　神奈川（足柄上）
でのき　鹿児島
どーこー　岐阜（揖斐）
とーじ　沖縄（石垣島・鳩間島）
とーず　沖縄（竹富島）
とーとーじ　沖縄（石垣島）
とりき　青森（三戸）
ななかまぞ　秋田（秋田）
ななかまど　秋田（河辺）　山形（飛島）
ならしびと　宮城（玉造）
なわしろたず　高知（土佐）
にやっとー　東京（大島）
にわつく　埼玉（秩父・入間）　東京（奥多摩）
にわっとこ　静岡（駿東）
にわとく　山梨（東山梨・南都留）　三重（鳥
　羽・伊勢）
にわとこ　青森　高知
ねーんどー　山口（玖珂）
ねんど　山口（玖珂）
のーしろ　高知（土佐）
のーしろたず　高知　高知（土佐・長岡）
はたこのき　加州
はなぎ　群馬（山田）
はなのき　上野　群馬
ひえぎあわぎ　宮城（高千穂）
ひえぎおーぎ　宮崎（西臼杵）

びきたず　愛媛（宇摩）　高知（土佐）
ほだら　宮崎（西臼杵・高千穂）
ほねからはさみ　山形（北村山）
ほねつぎ　岡山
みやとこ　東京（八丈島・三宅島）
やまうど　秋田（男鹿）
やまたず　紀伊
やまとーしん　肥前

ニワフジ　イワフジ　　　　〔マメ科／木本〕
ありまふじ　和歌山
いぬふじ　和歌山（新宮市）
いわふじ　新潟　和歌山（西牟婁・新宮）　熊本
　（玉名）
ちふじ　新潟
ふじらん　熊野

ニワホコリ　　　　　　　　〔イネ科／草本〕
かみきりばな　山形（東田川）
かみつみ　山形（飽海）
かみつりぐさ　山形（飽海）
けしくさ　鹿児島（奄美大島）
ごまくさ　新潟（刈羽）
ぴっぴぐさ　千葉（山武）
ぴらぴらぐさ　三重（宇治山田市・伊勢）
びんぼうぐさ　千葉（長生）
ふえのこ　愛媛（新居）
むぎくさ　長野（下水内）

ニワヤナギ → ミチヤナギ

ニンジン　　　　　　　　　〔セリ科／草本〕
あかきれーくに　沖縄（島尻）
あかでーくに　沖縄（国頭・波照間島）
あかね　岐阜＊
いぬのまら　静岡（富士）　福岡（築上）
かもにんじん　会津
きいだいくに　沖縄（宮古島）
きだいくに　沖縄（宮古島）
きだいこね　沖縄
きだるくに　沖縄（宮古島）
きんざくに　沖縄（小浜島）
きんだいくに　沖縄（八重山）
きんだいほーね　沖縄（新城島）
きんだぐに　沖縄（与那国島・石垣島）
くまもとにんじん　肥後
けーのまわり　仙台

ニンジンボク

けーのめぐり　仙台
ごよーそー　城州貴船
しまにんじん　津軽
しまばらにんじん　肥前
すすくれにんじん　南部
ちでーくに　沖縄（首里）
ちれーくに　沖縄（本島）
にーじん　愛知（名古屋）　岐阜　新潟（西蒲原）　石川　山口　福岡（久留米・粕屋・八女・築上）　長崎（諫早・南松浦）　熊本（玉名・宇土・下益城・八代・芦北・天草）
にじん　熊本（宇土・下益城・八代・芦北・天草）　宮崎（宮崎・日南・児湯）　鹿児島
にっこーにんじん　下野　栃木（河内）
にんじ　和歌山（和歌山・海草・有田・日高）
にんずん　千葉（山武）
ねーじん　新潟　富山　石川（河北）　熊本（八代・球磨・芦北・天草）
ねごんず　京都（京都市）
ねじ　青森
ねじん　熊本（八代・芦北・天草）　鹿児島（肝属）
ねんじ　青森（八戸）　岩手（紫波）　秋田（鹿角・南秋田・北秋田）　和歌山（海草・那賀・伊都）
ねんじん　青森　岩手（九戸）　福島（福島・相馬）　埼玉（入間・北足立）　千葉（夷隅・市原・君津・安房・長生・印旛・東葛飾）　静岡（富士）　岐阜（吉城）　和歌山（伊都・日高）　大阪（泉北）　徳島（美馬）　愛媛（周桑）　熊本（八代・芦北）
ねんじんこ　秋田（平鹿）
ねんずん　岩手（上閉伊）　山形（庄内・村山・置賜）　千葉（山武）
ばがねんじ　青森（津軽）
はたにんじん　仙台
やまにんじん　日光

からひ　鹿児島*
からひー　鹿児島*
からひる　大分*
しゅろこ　秋田（南部）
せる　東京*
せんきびる　静岡（磐田）
ちょーせんねぎ　兵庫*
つるくび　江戸
つるほ　静岡（富士）
とち　伊勢　三重*　奈良*
にーじん　愛知（小牧・東春日井）
ににく　秋田　岡山
ににっこ　新潟（西蒲原）
ににょご　青森　岩手（紫波）
にのこ　秋田*
にもじ　岐阜*
にら　静岡（富士）
にんにょご　青森　岩手
ねんじん　愛知（小牧・東春日井）
ひー　宮崎*　鹿児島（鹿児島・肝属）
ひゆ　宮崎*
ひり　宮崎*
ひる　東国　関東　伊豆田方郡・賀茂郡　周防　長門　九州　茨城*　群馬（勢多）　埼玉*　千葉（上総）　神奈川（中）　山梨　長野*　岐阜（加茂）　静岡（小笠・富士）　愛知　岡山*　宮崎　鹿児島
びる　鹿児島（与論島）　沖縄　沖縄（石垣島・鳩間島）
ひるいも　愛知*
ひるたま　栃木*　群馬*　埼玉*　静岡*
ひるだま　静岡（富士）
ひるったま　栃木　群馬（山田・館林）
ぴん　沖縄（石垣島）
ふぃる　薩摩　沖縄（首里）
ふくしゅー　佐賀　長崎*　長崎（南高来）　大分*
ふる　鹿児島（奄美大島）　沖縄
みのこ　秋田*
やまらっきょー　静岡（富士）
ろくとー　関西　筑紫
ろくどー　勢州

ニンジンボク　〔クマツヅラ科／木本〕

おんなごんぜつ　美濃　岐阜（恵那）
こんぜつ　濃州　木曾
こんでつ　木曾　岐阜（飛騨）
なまどーふ　信州馬籠　長野

ニンニク　ヒル　〔ユリ科／草本〕

おーにんにく　東国
おーびる　埼玉*　千葉*　静岡（磐田）

ヌカキビ　〔イネ科／草本〕

みこすず　新潟

ヌカボ 〔イネ科／草本〕
あじょーつりくさ　長崎（壱岐島）
あもじょーぐさ　長崎（壱岐島）
あもじょーつりくさ　長崎（壱岐島）

ヌカボシクリハラン 〔ウラボシ科／シダ〕
ぬかぼしした　和歌山（東牟婁・西牟婁）

ヌカボタデ 〔タデ科／草本〕
あずきばな　山形（飽海）

ヌスビトハギ 〔マメ科／草本〕
あねこ　秋田（北秋田）　岩手（紫波）
あねこぐさ　秋田（北秋田）
いじくさり　秋田（河辺・由利）　山形（西田川）
いじくされ　山形（庄内）
いずくされ　秋田（由利・北秋田）
いたずらかいもち　新潟
いっとろべ　岡山（苫田）
いっとろべー　岡山（吉備）
いぬがみ　山口（厚狭・熊毛・阿武）
いぬじらみ　島根（益田市）
いぬのしらみ　大阪（南河内）
いぬのへ　青森（津軽）
いのこずち　山口（豊浦・玖珂）
いのこつち　山口（美祢）
いもちぐさ　山口（都濃）
うしぐさ　東京（三宅島）
うじくさ　東京（三宅島）
うじぐさ　静岡（榛原）
うじころし　東京（三宅島）
うしのべった　長野（下高井）
えとりべ　島根（隠岐島・周吉）
えびくさ　長崎（南松浦・五島）
おきつね　静岡（富士）
おとーか　静岡（富士）
おとび　静岡（磐田）
おなごばか　山形（西置賜）
おに　山口（大島）
かますぐさ　長野（北佐久）
からすのきんちゃく　新潟（西頸城）
ききすぎ　山口（玖珂）
ききずき　山口（玖珂）
きつね　静岡（富士）
きつねのつめ　長野（佐久）
きつねのどーらん　長野（佐久）

げどー　山口　山口（玖珂・都濃・大津・阿武）
こじき　千葉（山武）
こじきのきんちゃく　新潟
こどろぼー　秋田（北秋田）
こんぺとーくさ　山口（美祢）
さし　宮崎（東諸県・児湯）　鹿児島（川辺・加世田）
ざし　鹿児島
さしぐさ　鹿児島（肝属・垂水・奄美大島）
しっつきぼー　鹿児島（揖宿）
しゅーから　山口（大島）
せんとび　静岡（磐田）
そーはぎ　山口（阿武）
そらまめ　岩手（盛岡）
たんぽじらみ　富山（富山・射水）
つーかみ　静岡（榛原）
つかづかみ　静岡（沼津）
つかみ　和歌山（東牟婁）
つかみぐさ　和歌山（東牟婁）
つぐみくさ　和歌山（東牟婁）
つびったかり　神奈川（津久井・愛甲）
つまずかみ　静岡（沼津市）
つまつかみ　静岡（小笠）
つんびつかみ　静岡（小笠）
とっつき　千葉（八日市場）
とびくさ　静岡（賀茂）
とびつかみ　静岡（賀茂・周智）
とびつきくさ　静岡（榛原）
どろぼ　岩手（盛岡）　千葉（夷隅）　富山　富山（東礪波・西礪波）　愛媛（周桑）
どろぼー　岩手（盛岡）　長野（埴科）　富山（砺波・東礪波・西礪波）
どろぼーぐさ　千葉　千葉（長生・印旛）　長野（上伊那）　山口（岩国・玖珂）
どろぼーはぎ　山形（飽海）
どろぼぐさ　千葉（印旛）
どろぼのきんちゃく　長野（下水内）　新潟
なのみ　大阪（南河内）
なもみ　秋田（平鹿）
ぬさばりくさ　秋田（仙北）
ぬしとくさ　香川（高松）
ぬすごはぎ　山口（玖珂）
ぬすっと　埼玉（北葛飾）　長野（上伊那）
ぬすっとくさ　福井（大飯）　愛媛（新居）
ぬすっとはぎ　山口（玖珂）
ぬすと　山口（玖珂・岩国）　愛媛（東宇和）

ヌマダイコン

ぬすとくさ　千葉（君津）　島根（仁多）　山口
　（岩国・玖珂）　愛媛（喜多）
ぬすとぐさ　山口（玖珂）
ぬすとはぎ　山口（玖珂）
ぬすとばら　愛媛（宇和）
ぬすびと　山形（東田川）　京都（中）　鳥取（気
　高・岩美）　山口（玖珂）
ぬすびとのあし　三重
ぬすみ　秋田（北秋田）
ぬひとくさ　岡山
ねこのつめ　長野（佐久）　山口（豊浦・大津）
ねむりぐさ　山口（美祢）
のさばりこ　秋田　秋田（平鹿）
のさばりんこ　秋田
のさばるこ　秋田（仙北）
のさんばりこ　秋田
ばか　山形（西置賜）　群馬（利根）　静岡（駿東）
　長野（南安曇・下高井）　新潟（西蒲原）　熊本
　（熊本・阿蘇）　大分（大分）
ばかぐさ　長野（北佐久）
はぎ　山口（吉敷）
はぎのはな　山口　山口（吉敷）
はさみぐさ　山口（玖珂）
ばばじらみ　富山　富山（射水）
ばらのは　徳島（板野）
はるじらみ　富山（射水）
ひーつきぐさ　山口（美祢）
ひーつきもんず　山口（大島・大津）
ひつき　山口（玖珂）
ひっつきぐさ　山口（大島）
ひっつきばー　広島（比婆）
ひっつきべったり　鹿児島（熊毛・屋久島）
ひわざし　熊本（球磨）
びわざし　熊本（球磨）
べったりさし　鹿児島（熊毛）
べったりさし　鹿児島（種子島）
べべつかみ　山梨（南巨摩）
ほいと　山口（豊浦）
ほいとー　山口（熊毛・豊浦）
ほいとーぐさ　山口（吉敷）　島根（美濃）
ほてんど　山口（吉敷）
ぼら　広島（尾道）　山口（大島）　愛媛（越智）
ほれぐさ　静岡（榛原）
まめくさ　滋賀坂田　長野（北佐久）
まめば　長野（北佐久）
みかずきざし　熊本（球磨）

みそなおし　東京（三宅島）
ものずき　山口（玖珂・佐波）
ものぶれ　熊本（玉名）
ももずき　山口（玖珂・岩国市）
もんつき　山口（大島・美濃・豊浦）
もんつきぐさ　山口（美祢）
やぶしらみ　三重（阿山）
やぶじらみ　新潟（岩船）　島根（石見）　山口
　（熊毛）
やぶどろぼー　静岡（庵原）
やまさし　鹿児島（種子島・熊毛）
やましらみ　群馬　千葉（夷隅）
やまじらみ　群馬（山田）　千葉（夷隅）
やまじらめ　山口（豊浦）
やまのばさ　新潟
やまのばさま　新潟
やまのばばさ　富山
やもめ　山形（北村山）
よいはぎ　山口（吉敷）
んまのしらみ　秋田（鹿角）

ヌマダイコン　　〔キク科／草本〕

からすきぐさ　和歌山（東牟婁・新宮市）
さし　鹿児島（奄美大島）
べったりざし　鹿児島（垂水市）
やんもちざし　鹿児島（垂水市）

ヌマトラノオ　　〔サクラソウ科／草本〕

こえまけぐさ　江州
じゅーごやそー　新潟（刈羽）
しらはぎ　加州

ヌマハリイ → オオヌマハリイ

ヌメリイグチ　　〔アミタケ科／キノコ〕

くりたけ　岡山
ずべたけ　岡山
ぬめたけ　岡山
べんたけ　熊本（玉名）
ぼたいだち　岡山
ぼたひら　岡山
まつたけ　岩手（二戸）
ゆくち　岡山

ヌメリグサ　　〔イネ科／草本〕

びきのはなとーし　青森（津軽）
びっきのはなとし　青森（津軽）

ヌルデ　フシ, フシノキ　　　〔ウルシ科／木本〕
あかべそ　城州醍醐　京都
あばぎ　千葉（安房・清澄山）
あばんき　千葉（安房・清澄山）
あばんぎ　千葉（清澄山）
うるし　長野（佐久）
うるしのき　静岡　茨城　岡山
えびのき　山口（周防）
おいわず　香川（大川）
おかざり　山梨（南都留）
おじゅーごんち　岐阜（恵那・中津川）
おっかど　上野　秩父　信濃　群馬　埼玉　埼玉（秩父）　山梨
おっかどのき　上野　信濃
おほんだれのき　山梨
かじのき　岩手　山形
かしわ　高知（高岡）
かずのき　岩手　宮城　福島　茨城　埼玉
かちき　富山（砺波）
かちのき　岩手（稗貫・気仙）　山形（西田川）　宮城　神奈川
かつき　岩手　秋田　富山　石川（能登・越前）　岐阜　福井
かつぎ　石川（能登）
かつっき　石川
かつっぽ　茨城
かつぬき　宮城　山形（東置賜）
かつのき　奥州　陸奥　仙台　相模　伊豆八丈島　越前　岩手　宮城（登米）　山形　福島　茨城　埼玉　東京　神奈川　新潟　富山　石川　山梨　静岡
かっぽ　宮城（伊具）
かつぼく　群馬（吾妻）　新潟（岩船）
かつんぼ　千葉（印旛）　東京（八王子）　神奈川（津久井）
かつんぽー　埼玉（入間）　東京（西多摩・八王子）　神奈川（津久井・愛甲）
かぶれ　愛知（宝飯）　岡山
かぶれき　静岡
かぶれっき　静岡（富士・志太）
かぶれのき　静岡（遠江）　岡山
きずのき　広島（比婆）
きだいじ　島根（簸川）
きたうす　島根（石見）
きたす　大分（北海部）　宮崎（児湯）
きたすき　周防

きたすぎ　長門　周防　広島（安佐・佐伯）　山口（周防）
きたらす　島根（石見）
きぶし　栃木（芳賀）　宮崎
ごばいし　岡山（備前・備中）
こまぎ　青森　岩手（九戸）
ごまき　佐渡　北海道　岩手　青森　秋田
ごまぎ　津軽　青森　岩手　秋田　群馬（勢多）　新潟
ごまぞ　秋田（仙北・秋田）
ごまのき　岩手（岩手）
ごまんぞー　秋田（仙北・平鹿）
ごめごめ　和歌山（那賀）　鹿児島（肝属）
さいはいのき　甲州　山梨
じーきしば　秋田（鹿角）
じーのきしば　秋田（北秋田・山本）
しおから　東京　岡山（備前・備中）
しおからかぜぎ　千葉（香取）
しおからのき　千葉（香取）
しおなめ　千葉（長生）
しおのき　千葉　岐阜（飛騨）　岡山
しおのみのき　群馬（山田）
しょーから　千葉（印旛）
しょーで　長野（篠ノ井）
しょーのみ　長野（北佐久）
しょーのみのき　長野（北佐久）
しょっぱみ　埼玉（秩父）
しょっぺしょっぺのき　千葉（下総）
しょんじき　山形（飽海）
しょんちき　山形（庄内）
しょんつき　山形（飽海）
しんぶし　茨城（多賀）
ずぬき　山形（東置賜・北村山）
ずのき　山形（東置賜・北村山）
すのみ　長野（北安曇）
だいのこ　静岡（静岡）
つおど　島根（隠岐島）
てんびん　山口（大島）
ぬで　千葉　岐阜
ぬてっぽ　宮城（柴田）
ぬでっぽ　宮城（柴田）　岐阜（中津川）
ぬでっぽー　岐阜（恵那）
ぬでんぼ　茨城（笠間）
ぬでんぽー　栃木
ぬりだ　備前　滋賀　兵庫　鳥取　岡山　広島
ぬりで　江戸　佐渡　茨城　千葉　東京（伊豆大

405

ネーブル

島）兵庫（穴栗）
ぬりでんぼー　群馬（勢多・甘楽）
ぬるだ　鳥取
ぬるて　青森（中津軽）
ぬるで　宮城　新潟　群馬　長野
ぬるでっぽー　群馬（利根）
ぬるでんぼ　栃木　群馬（多野）
ぬるでんぼー　群馬　埼玉　新潟
ぬるでんぼー　群馬（碓氷）
ねぶ　山口（厚狭）
ねぶのき　周防
ねりで　新潟（南魚沼）
のっだ　富山（五箇山）
ので　上総埴生郡　山形（西村山）茨城　千葉
のでっぷし　茨城
のてっぽ　福島
のでっぽ　山形（北村山）茨城
のてっぽー　茨城（西茨城）
のてっぽー　新潟
のでっぽー　宮城
のでっぽー　宮城　山形　福島　茨城　新潟
のでぬき　山形（北村山）
のでのき　上総　尾張　千葉　愛知
のでば　宮城　福島　茨城　栃木（日光）
のでぽ　宮城
のでぽー　茨城（多賀）福島　栃木
のてんつき　山形（北村山）
のでんぽ　茨城　栃木　群馬
のでんぽー　栃木（上都賀）
のりだ　岐阜（大白川）鳥取（日野）
のりで　新潟　長野（松本市）
のりでっぽ　長野（佐久）
のりでっぽー　長野（小県・北佐久・佐久）
のりでのき　新潟（西頸城）
のるで　長野（篠ノ井）岡山（備中）
のるでっぽー　長野（北佐久・佐久）
のんでぬき　山形（北村山）
のんでんぽー　栃木　茨城（久慈）
はぐろのき　鹿児島
はしりぎ　長崎（対馬）
はぜ　静岡（遠江）宮崎
はんじ　静岡（遠江）
ひぐらし　周防
ひたいすぎ　広島
ふーし　鹿児島（薩摩）
ふし　伊勢布引山　周防　青森　岩手　福井　岐

阜　三重　滋賀　兵庫　奈良　和歌山　島根（美濃）岡山（苫田）広島　高知　長崎（東彼杵）熊本
ふしき　秋田
ふしぎ　岩手（九戸）島根（美濃）徳島（海部・美馬）香川（綾歌・香川）愛媛（新居）
ふしつき　周防
ふしつく　静岡　高知　愛媛（上浮穴）
ふしのき　長門　青森　秋田（北秋田）東京（西多摩）新潟（佐渡）愛知　三重（北牟婁）京都（竹野）島根（仁多）岡山（小田）広島（比婆）山口（厚狭）徳島（海部）香川　愛媛　高知　福岡　熊本　大分　鹿児島（川辺）
ふすのき　岩手（九戸）
ふでのき　尾州
ほだる　木曾妻籠
ほんだる　木曾
まけぎ　岡山（備前・備中）
まけのき　香川
みんぽし　茨城（久慈）
みんぽしのき　茨城
めうるし　江戸
めんぶし　山梨（南巨摩）
やまうるし　青森　石川　岐阜
やまはぜ　土佐
やまぶし　静岡（水窪）
ゆりだ　福井　兵庫
ゆりて　佐渡
ゆりで　新潟（佐渡）高知　愛媛
ゆりら　兵庫（播磨）
ゆるだ　丹波　鳥取（因幡）
ゆるでん　愛媛
ろーぼく　福井　岡山（備前中部）

ネーブル　〔ミカン科／木本〕

ねーぶりかん　愛媛（大三島）
へそだいだい　山口*
へそみかん　三重*　大阪*　島根　岡山*　広島*　徳島*　香川*　愛媛　高知*　福岡　佐賀*　長崎*　熊本　大分*　宮崎*　鹿児島
へそみっかん　静岡（志太）
めーぶる　和歌山（日高）
わしんとん　宮崎*

ネギ　〔ユリ科／草本〕

いしもじ　高知（安芸）

ネギ

いともじ　高知（安芸）
うつぼ　島根（邑智）
うつぼぐさ　岐阜*
うつろぐさ　高知（長岡）
おーねぎ　筑前　島根（出雲）　福岡（福岡市）
おによき　大分（大分）
からな　長野（佐久）
かりぎ　三重（伊賀）　大分（大分）
かるぎ　三重（阿山）
かれき　尾張
かれぎ　三重（名張市）
かんぬし　長野（長野）
きねぶか　大分*
くさみ　奈良（吉野）
ごぶ　長野（下水内）　大阪（大阪市）
さしびろ　秋田（秋田市・平鹿）
しともじ　富山　鹿児島（肝属）
しびさ　沖縄（小浜島）
しびら　沖縄（八重山）
しびる　沖縄（波照間島）
しむとぅ　鹿児島（沖永良部島）
しゅろこ　秋田（仙北）
しろ　青森
しんな　沖縄（宮古島）
しんむとぅ　鹿児島（南西諸島）
しんむとぅー　鹿児島（喜界島）
ずぃーびら　沖縄（首里）
すむな　沖縄（宮古島）
せんもと　薩摩
ちりちり　富山（氷見）　愛媛
ちろ　愛媛（大三島）
つぃんだー　沖縄（与那国島）
とーもじ　熊本（天草）
なんば　大阪（大阪市）　奈良（吉野）
にうか　鳥取
にぎ　埼玉（入間・北足立）　千葉（夷隅）　熊本（球磨）
にげ　山形（酒田）
にぶか　富山　鹿児島（徳之島）　沖縄
ぬくば　石川（鹿島）
ねうか　富山（富山・射水）　大阪（中河内・東成）　奈良（吉野）
ねぎ　関東
ねきぱ　山形（西村山）
ねくば　石川*　福井（大野・丹生）　長野（西筑摩）　岐阜（大野・飛騨）

ねくわ　石川
ねじき　新潟（中頸城）
ねじろ　大分（速見）
ねっくゎ　石川（能美）　鹿児島（枕崎市）
ねぶ　鹿児島
ねぶか　岩手　宮城　福島（相馬）　愛知　岐阜　新潟（佐渡・中蒲原）　富山（砺波・東礪波・西礪波）　石川　福井　滋賀（滋賀）　三重（安芸）　奈良（吉野）　和歌山（海草・日高）　大阪（泉北）　兵庫（飾磨）　鳥取　島根　岡山（後月・和気）　広島（安芸）　山口　香川（三豊）　徳島　高知　愛媛（新居・周桑）　福岡（築上）　長崎（壱岐島・南高来）　熊本　大分　宮崎（宮崎・東諸県・西臼杵）　鹿児島（大島）
ねぶかん　大阪（泉北）
ねぶこ　鳥取（米子）
ねぽか　福島　三重
ねみぎ　新潟（中蒲原）
ねるか　奈良
ねんざ　岐阜（吉城）
ひー　鹿児島*
ひともーじ　山口（阿武）
ひともじ　近江　京　富山（砺波）　岐阜*　奈良（吉野）　徳島（那賀）　和歌山（日高）　山口（柳井）　高知（高知市）　長崎（長崎・南高来）　熊本（阿蘇・菊池・玉名・飽託・宇土・天草）　鹿児島（肝属）
びら　沖縄（国頭・首里）
びらー　沖縄（国頭）
ひる　岩手（気仙）　宮城*　山形（西置賜）　静岡（磐田）
ひるこ　岩手*　宮城*　宮城（登米）
びるぱ　山形（南置賜）
ひろ　青森　秋田（鹿角）
ふともじ　長崎（西彼杵・南高来）　熊本（天草）
ふともち　長崎（南高来）
ふともつ　長崎（南高来）
へんもと　鹿児島（熊毛・屋久島）
ほこねぎ　山口（厚狭）
ぽねん　長崎*
もともち　長崎（南高来）
もよぎ　長崎*
わけぎ　尾張　長門　周防
わけぎ　山口（阿武・豊浦）　福岡（築上）　熊本（阿蘇・天草・八代）　宮崎（西臼杵・西諸県）

ネコシデ

ネコシデ　ウラジロカンバ　〔カバノキ科／木本〕
いつかた　岩手（気仙）
うらじろ　栃木（日光）
えつかだ　宮城（本吉）
けはえかんば　群馬（利根）
さわら　群馬
だけかんば　長野（戸隠山）
ねこしで　木曾
よぎそ　山梨（南巨摩）

ネコノチチ　〔クロウメモドキ科／木本〕
こげのき　鹿児島（垂水市）
ばーころし　山口（厚狭）
めしのき　鹿児島（肝属）

ネコノテ → アワ

ネコノメソウ　〔ユキノシタ科／草本〕
へびくさ　新潟

ネコハギ　〔マメ科／草本〕
こまつなぎ　鹿児島（揖宿）
しゃこくさ　岡山（御津）
はさみそー　高知（土佐）
まめくさ　鹿児島（肝属・垂水）
みやこぐさ　岡山（御津）

ネコヤナギ　〔ヤナギ科／木本〕
いっこ　福島
いぬこやなぎ　宮城（仙台市）
いぬころ　三重（名張市・名賀）　和歌山（新宮）
いぬころやなぎ　愛媛（松山）
いねころ　岐阜（飛騨）
いのころ　岐阜（飛騨）
いのころやなぎ　奈良
いぼぽつ　山形（東田川）
いんごびゅーたん　熊本（玉名）
いんごぽー　熊本（天草）
いんころ　石川（鹿島）
いんにょこにゅーにゅー　新潟（佐渡）
いんにょこにょこ　新潟（佐渡）
いんねこ　新潟（佐渡）
いんねこじょーじょー　新潟（佐渡）
いんねこにょーにょー　新潟（佐渡）
いんねこねこ　新潟（佐渡）
いんねこねこのこ　新潟（佐渡）
いんねこばな　新潟（佐渡）
いんのこ　新潟（佐渡）　鹿児島（川辺）
いんのこじゅ　鹿児島（鹿児島市）
いんのこじゅーじゅ　新潟（佐渡）
いんのこじょーじょー　新潟（佐渡）
いんのこっこ　熊本（芦北・八代）
いんのこにょーにょー　新潟（佐渡）
いんのこぼーぼー　新潟（佐渡）
いんのこやなぎ　新潟（佐渡）　鹿児島（肝属）
いんのじょー　鹿児島（鹿児島市）
えこえこ　福島（東白川）
えっこご　福島（磐城・相馬）
えぬこご　福島（磐城）
えぬこやなぎ　宮城（石巻）
えのころ　長野（東筑摩）　岐阜（飛騨）　静岡（志太）　愛知（北設楽）
えのころやなぎ　京都　長野（小県）
えんここ　新潟（佐渡）
えんこしこし　青森（九戸）
えんころ　新潟（佐渡）　富山（氷見市）
えんのころ　静岡
えんまる　山梨（南巨摩）
おんにょこにょーにょー　新潟（佐渡）
かわねこ　石州　島根　山口（玖珂）
かわばたやなぎ　高知（土佐）
かわめどり　岐阜（飛騨）
かわやなぎ　新潟（佐渡）　三重（志摩）　山口　徳島（美馬）　香川　愛媛（新居）　高知　熊本（天草）
かわらのこちこち　山形（庄内）
かわらやなぎ　新潟（佐渡）　三重（阿山）　山口（美祢・阿武）
けむし　奈良（南大和）
こーとねんぶつ　山口（都濃）
こしこし　青森（三戸）
こちこち　秋田（鹿角）
こぶやなぎ　大阪（泉北）
ころころやなぎ　群馬（勢多）
さるっこやなぎ　埼玉（北葛飾）
さるやなぎ　江戸　勢州
ちんこやなぎ　群馬（館林）
ちんころ　栃木　群馬（碓氷）
ちんころたんころ　栃木
ちんころやなぎ　群馬（勢多）
ちんのこ　鹿児島
とーと　鳥取（東伯）
とーとー　岡山（苫田）

とーとーねんぶ　山口（周防）
とーとーねんぶー　山口（熊毛）
とーとーねんぶち　山口（熊毛・都濃）
とーとーねんぶつ　山口（周防）
とーとーねんぽ　山口（玖珂・都濃）
とーとーねんぽー　山口（玖珂）
とーとーやなぎ　伯州　山口（玖珂・熊毛）
とーとのめ　岡山（苫田）
とーとめ　鳥取（西伯）
とーねんぶつ　山口（都濃）
とーねんぽー　山口（玖珂・美祢）
ととこ　島根（石見）　山口
ととこい　山口（玖珂）
ととこやなぎ　山口
ととんぼ　広島
ととんぼーのき　広島（比婆）
にゃきゃん　新潟（佐渡）
にゃにゃ　福井
にゃんこのき　山形（西田川）
にゃんにゃんこ　新潟（佐渡）
ねこ　神奈川（津久井）　富山（砺波）　三重（名張市・宇治山田市）　山口
ねこさい　島根（八束）
ねこじゃらげ　山形（西村山）
ねこじゃらし　栃木　東京（八王子）　長野（佐久）
ねこだま　富山（射水）
ねこちゃんぴん　山口（豊浦）
ねこちゃんぽ　鳥取（気高・岩美）
ねこちんちん　熊本（天草）
ねこどり　富山（砺波）
ねこねこ　新潟（佐渡・東蒲原）　福井（今立）　岐阜（飛騨）
ねこねこおんぽ　岐阜（飛騨）
ねこねこにゃんにゃん　新潟（佐渡）
ねこねこばな　新潟（佐渡）
ねこねこやなぎ　新潟（佐渡）
ねこのえんば　富山（氷見市）
ねこのき　奈良（南葛城）
ねこのつめ　長野（佐久）　山口
ねこのぽんぽ　山形（北村山）
ねこのまくら　奈良（南葛城）　和歌山（伊都）
ねこのめ　新潟（佐渡・東蒲原）
ねこばーさん　鳥取（因幡）
ねこばな　新潟（佐渡）　三重（宇治山田市）
ねこべんぽ　山形（南置賜）

ねこぽこ　長野（長野市）
ねこぽほ　新潟（佐渡）
ねこぽんぽ　山形
ねこまた　新潟（佐渡）
ねころまい　奈良（宇智）
ねこんこー　秋田（平鹿）
ねこんちんちん　福岡（築上）　熊本（天草）
ねこんちんぽ　熊本（天草）
ねねころ　岐阜（武儀）
ねんねんころ　新潟
はまねこ　山形（東田川・西田川）
ふでやなぎ　備前
べーこ　岐阜（飛騨）
べこ　青森　山形（東村山）　岐阜（飛騨）
べここ　岩手（上閉伊）　宮城（仙台市）　秋田（雄勝）　山形（東村山・北村山）
べここやなぎ　宮城（仙台市）
べこべこ　山形（東村山・北村山）　岐阜（飛騨）
べこやなぎ　岐阜（飛騨）
べこんこ　秋田（雄勝）
べんべのこ　山形（東村山）
ぽほやなぎ　新潟（佐渡）
みみこち　山形（酒田市・飽海）
やなぎころころ　群馬（佐波）
やまやなぎ　秋田

ネザサ　　〔イネ科／木本〕
いささ　丹波
こーざさ　山口（豊浦・厚狭）
こざさ　広島（比婆）

ネジキ　　〔ツツジ科／木本〕
あかうつぎ　静岡
あかき　紀州有田
あかぎ　栃木（安蘇）　三重（伊賀）　兵庫（淡路）
あかじく　和歌山
あかずね　泉州
あかずら　防長
あかだ　三重（志摩）
あかねじ　若州　兵庫（有馬）
あかばし　三重（伊賀・四日市）
あかはしのき　福井（三方）
あかべ　三重（度会・伊勢）
あかべん　和歌山（加太）
あかべんてんさん　三重（伊賀）
あかぽ　岡山（苫田）

あかほー　岡山（岡山・御津）
あかほー　岡山
あかほーとー　岡山
あかぼせ　三重（員弁）
あかめ　静岡　愛知　福井　三重（度会）　和歌
　　山　岡山　鹿児島（出水）
あかめーその　静岡（南伊豆）
あかめがし　和歌山（伊都）
あかめはり　和歌山（有田）
あかんぼ　長野　和歌山　岡山
あかんぼー　埼玉（狭山）　長野（下伊那）
いわしやかず　神奈川（足柄上・西丹沢）
うばおりぎ　長崎（西彼杵）
うばがてやき　高知（高岡・幡多）
うばころし　高知（土佐・高岡）
うばのてやき　高知（高岡・吾川・幡多）
おじころし　奈良（吉野）　和歌山（東牟婁）
おじごろし　三重　奈良（北山川）
おとこさんなめし　茨城（東茨城）
おばなかし　愛媛（新居）
おんじょんてやき　熊本（球磨）
かさはし　三重（員弁）
かしうすみ　埼玉（秩父）
かしうつぎ　群馬（勢多）
かしおし　広島（南部）
かしおしぎ　泉州
がしおしし　福岡（犬ヶ岳）
かしおしみ　長野（上伊那）　岐阜（瑞浪）　大分
　　（南海部）　宮崎（東臼杵）
かしおしみのき　京都
かしおしめ　埼玉（秩父市）　長野（北佐久）　山
　　梨　宮崎（西部）
かしおすみ　群馬（多野）
かしおずみ　陸前　山城　宮城　京都（府山城）
かしおすみのき　京都
かしおずみのき　京都　山城　京都（山城）
かしおせ　徳島　香川　愛媛　高知
かしおつぎ　富山（五箇山）
かしおのき　城州
かしおみ　和歌山（西牟婁）
かしこせ　静岡（南伊豆）
かしこせん　静岡（南伊豆）
かししぼり　群馬（勢多）
かしつぎ　群馬（甘楽）
かしぼし　長野（木曾）
かしもどき　備前

かしょーせん　岐阜（揖斐）
かしょしょ　愛媛（宇摩）
かしょしょぎ　香川（香川）
かしよせ　香川（綾歌）
かしょせ　高知
かすーぎ　能州
かすおし　木曾　播州　岐阜（瑞浪）
かすおしみ　周防　薩州
かずおしみ　薩州
かすぎ　泉州　三重（度会）
かすげ　三重（伊勢）
かすしぼり　日光
かすなら　岐阜（揖斐）
かすのき　徳島（海部）　香川（綾歌）　高知（高岡）
かすほし　愛知（東三河）　岐阜（岩村）
かすほし　静岡（静岡）
かすほしみ　埼玉（秩父）
かせうしぎ　長門　周防
かせえせび　三重（度会）
かせえせぼ　三重（一志・飯南・多気）
かせぎ　三重（鳥羽）
かせせぎ　香川（綾歌）
かせほせ　城州上加茂
かそーし　静岡（瀬尻）　愛知（東三河）　岐阜
　　（瑞浪）　山口（佐波）
かそーしき　大分（久住）
かそーしめ　静岡（秋葉山）
かそじ　三重（員弁）
かそふし　美濃
かつおつぎ　岐阜（大白川）
かっしぼり　栃木（塩谷）
かっしゅー　栃木（日光）
かっすぼ　栃木
かつふし　東濃
かつぶし　福井（三方）　三重（多気）　兵庫（佐用）
かつぼせ　三重（多気）
かどーしん　山梨（東八代）
かなかぶり　島根（石見）
かねかぶり　島根（益田市）
かめーがら　島根（邑智）
かめがら　島根（石見）
かんつぶし　富山（黒部）
きずのき　山口（熊毛）
きつねのさいばし　京都上加茂
きつねのぬりばし　江州
きつねのはしのき　広島（比婆）

ネジバナ

くしぎ　高知（幡多・安芸）
こまぎ　熊本（玉名・熊本）
こまのき　熊本（玉名・熊本）　鹿児島（大口）
さかむこのき　周防
さかやのよめじょー　山口（厚狭）
さきあか　岡山
さるすべり　伊州　近江坂田　長州　周防　三重（伊賀）　島根（簸川）
さるなめし　水戸　宮城（名取）
さるぬめり　周防
さるのさいばし　城州上加茂
さるまとり　長門
さるまめり　長門
さるめのき　熊本（玉名）
さるめらかし　肥前
さんなめ　熊本（玉名）
さんなめし　茨城（東茨城）
ししくいばし　香川（香川・綾歌）
しょーじのき　越後
しらえせぼ　三重（多気）
すのき　京都
すぽ　鹿児島（垂水市）
そばのき　和歌山（東牟婁）
ちょーちんばな　三重（四日市）
つずれぎ　高知（幡多）
つめあか　泉州
どーらぎ　岐阜（揖斐）
におーさんのてもと　鹿児島（北部）
ぬくぬくのき　能州
ぬりで　江州
ぬりばし　勢州　山梨（塩山）　三重（伊勢市）
ぬりばしのき　三重（伊勢）
ぬりべばそき　三重（伊勢）
ねじき　宮城（宮城）　加賀
ねじんぼ　茨城（大子）
ねれのき　熊本（球磨）
ばーなかし　愛媛（新居）
ばーのき　山口（厚狭）
はいかずき　徳島（美馬）　愛媛（新居・宇摩）　高知
はいぎ　高知（香美）
はいもち　高知（香美）
はげ　香川（綾歌・仲多度）
はしのき　岡山
はせわせ　城州
はとのあし　備中

ばんでやき　高知（幡多）
ひくらがし　和歌山（伊都・日高）
ひだりねじり　福島（双葉）
ひだりねじれ　宮城（本吉）
びょーぶ　香川（綾歌）
ますずみ　加賀
まっちき　茨城（東茨城）
ままこたたき　三重
まらっぱじき　長野（北佐久）
みそうしない　熊本（八代）　大分（大野）
みそやき　高知（土佐）
みそやきぎ　高知（土佐）
めあか　和歌山（新宮）
めしつぶのき　京都
めしつぶのはな　京都
めでのき　岩手（気仙）
やまぜ　周防
やまなし　宮城
やまばん　愛媛（宇摩・新居）
よーしん　長野（上田市）
よめのはし　筑前

ネジバナ　モジズリ　　〔ラン科／草本〕

かなひばしばな　木曾
きつねささら　水戸
しかばな　群馬（山田）
しんこばな　筑前　奈良
すもとりぐさ　岐阜（飛騨）
なわばな　岡山（真庭）
にじぐさ　江州
にじばな　越中
ねじねじばな　三重（宇治山田市・伊勢）
ねじばな　和歌山
ねじりばな　秋田　福島（相馬）　群馬（吾妻・山田）　長野　新潟
ねじりんぼー　神奈川（川崎）
ねじればな　長野（北安曇）　新潟　熊本（玉名）
ねずりばな　青森
ねずればな　岩手（遠野・上閉伊）　山形（村山）
ねんじりばな　秋田（鹿角）　静岡（小笠）
のこぎりばな　新潟（刈羽）
のこぎりばなこ　岩手（東磐井）
のぼりばな　山形（飽海）
ひだりねじ　羽州
ひだりまえ　和歌山（有田）
ひだりまき　江州　防州　岩手（紫波）　秋田

ネズ

　　（北秋田）　山形（鶴岡市・東田川）　新潟　和歌山（西牟婁）　熊本（玉名）　鹿児島（揖宿）
ひだりまぎ　青森（八戸・三戸）
ひでりこばな　青森（三戸）
ひねりばな　青森（三戸）
ぽんばな　山形（東田川）
ままこくさ　長州
もぐらもち　青森（三戸）
もじずり　木曾
もじりばな　千葉（安房）
よめのたすき　長門

ネズ → ネズミサシ

ネズミサシ　ネズ, ムロ　〔ヒノキ科／木本〕

あすなろ　千葉（君津・小湊）
いがまつ　福岡
いかむろ　防州
いぬひむろ　周防
かくすべ　福井（越前）
かくすべのき　福井（三方）
かふすべのき　福井（鯖江）
からすぎ　茨城　東京
くろつばた　長野（下水内・下高井）
くろべ　岐阜（飛騨）
さずま　宮城（本吉・亘理）
さつま　宮本（本吉・亘理）
しゃぐま　岩手（気仙）
しゃじま　岩手　宮城
しゃずま　岩手　宮城
だきひもち　大分（大野）
たじま　常陸　千葉（君津）　静岡　静岡（伊豆）
たちむろ　三重
だんだんまつば　三重（神島）
としょー　山形（西置賜）　新潟（長岡市）　静岡（駿河）
にしこぎ　防州
ねぎさん　岐阜
ねず　岩手　静岡　岐阜　岡山　愛媛
ねずほろ　岐阜（瑞浪）
ねずみさし　新潟（佐渡）
ねずみすぎ　福井
ねずみつき　三重（南牟婁）
ねずみのお　山梨（南巨摩）
ねずみのくそ　宮崎（宮崎）
ねずみのふ　岡山（邑久）
ねずみのふん　愛媛（周桑）

ねずみばら　新潟　長野　静岡
ねずみまつ　石川（能登）　鳥取　岡山
はいすぎ　伊勢　静岡
はますぎ　周防
はままつ　石川（加賀）　島根
ばらも　神奈川（津久井）
はりまつ　岩手（東磐井）
ひーらぎ　静岡（遠江）
ひうかし　長崎（南高来）
ひぐろ　徳島（板野）
ひで　東京（小笠原諸島）
ひひらぎ　静岡（遠江）
ひむろ　周防　長門　長野（松本市）　静岡（伊豆）　三重　兵庫（播磨）　和歌山　岡山　広島　山口（周防）　香川　愛媛
ひむろすぎ　静岡（伊豆）
ひめすぎ　新潟（佐渡）
ひめむろ　周防
ひもろ　近江坂田　静岡　岡山（備中）　山口（厚狭）　愛知
ひもろすぎ　和歌山（東牟婁）
ぶろぎ　兵庫（播磨）
ぶろと　香川（小豆島）
ぶろのき　和歌山（田辺・西牟婁）　香川（小豆島）
ぶろん　兵庫（播磨）
へーらぎ　島根（隠岐島）
べぽ　三河　静岡（遠江）　愛知（岡崎市・知多）
べぽー　静岡　愛知
べぽのき　静岡　愛知
ほー　熊野
むろ　青森　長野（上田市）　岐阜　静岡　三重　滋賀　京都　兵庫　和歌山　和歌山（西牟婁）　島根　岡山　広島　広島（比婆）　山口　愛媛
むろき　大阪　広島
むろぎ　広島　大分
むろた　三重（南部）
むろだ　香川（木田）
むろのき　宮城　三重　和歌山　岡山
むろまつ　兵庫（神戸市）　和歌山　岡山
むろんじょ　三重（伊賀）
むろんど　紀伊　和歌山（西牟婁）
もどら　岡山　香川（香川）
ももろ　岡山（美作）
もろ　青森　滋賀　三重　京都（竹野）　岡山
もろーぎ　岡山
もろぎ　滋賀（蒲生）　広島　岡山　岡山（小田）

香川（大川）　愛媛
もろすぎ　岩手（岩手）　長崎（平戸）
もろた　香川
もろだ　滋賀（犬上）　徳島　香川（綾歌・大川）
もろっぽ　和歌山（海草）
もろと　岡山　香川
もろのき　宮城（本吉）
もろまつ　岡山（岡山市）
もろむぎ　宮崎（東諸県）
もろら　香川
もろんじょ　三重（南部）　大阪（泉北）　奈良
　　　奈良（南大和）　和歌山
もろんど　木曾　岐阜（恵那）　三重　和歌山
もろんぽ　長野（上田・佐久）　和歌山（海草）
もろんぽー　長野（上田）　和歌山

ネズミノオ　　　　　　　　　〔イネ科／草本〕
かたき　河口湖
くご　山形（西置賜・東田川）
こまつ　東京（三宅島）
こまつなぎ　東京（三宅島）
こまつねぎ　東京（御蔵島）
ちからぐさ　和歌山（新宮市）

ネズミモチ　　タマツバキ　　　〔モクセイ科／木本〕
いたし　北海道松前
いぬつばき　泉州
いぬもーち　三重（志摩）
いぼた　伊豆三宅島　周防　山形（庄内）　愛媛
　　　（北宇和）　高知（幡多）　宮崎（東諸県）　熊本
　　　鹿児島
いぼたのき　長崎（南高来）　鹿児島
いぼたんき　鹿児島（鹿児島市・日置）
いぼたんのき　鹿児島（曽於）
いんぼたのき　鹿児島（甑島）
うまだおし　和歌山（東牟婁）
うまとし　紀伊牟婁郡
うまどし　和歌山（東牟婁）
うんがじまる　鹿児島（与論島）
えびすぎらい　高知（幡多）
えぼた　高知（幡多）
かぜひきばな　鹿児島（曽於）
かわつばき　雲州　島根（簸川・能義）
くね　山形（飽海）
くろもーち　三重（員弁）
けらっぱ　三重（南牟婁・北牟婁）

こーぞぎ　高知（幡多）
ごーたねしゃし　高知（幡多）
こめつばき　愛媛（温泉）
さーたーぎー　沖縄　沖縄（首里）
さたぎ　鹿児島（奄美大島）
さとーぎ　三重　高知（長岡）
さとぎ　三重（志摩・員弁）
さとのき　三重（鈴鹿・志摩・鳥羽）
しだき　伊豆八丈島　東京（八丈島）
しろき　大分（南海部）
すいすい　徳島（海部）
たずのき　長崎（対馬）
たにくさらぎ　三重（度会）
たにわたし　肥前　長崎（五島・東彼杵・西彼杵）
たにわたり　鹿児島（鹿屋）　宮崎
たねごじゃし　高知（幡多）
たねわたし　長崎（平戸・西彼杵）
たまつばき　伊勢　石見　東京（小笠原諸島）
　　　和歌山（西牟婁）　島根　島根（石見）　大分
　　　大分（南海部）
つるぐす　和歌山（東牟婁）
でこっさーのき　鹿児島（鹿児島市）
でこっさーのはな　鹿児島（鹿児島市）
でふっさーのき　鹿児島（鹿児島市）
でふつのつ　鹿児島（日置）
でふっのっ　鹿児島（日置）
てらつば　高知（幡多・土佐）
てらつばき　伊勢　播州　讃岐　三重　兵庫　和
　　　歌山（日高・田辺市）　岡山　四国　香川　愛
　　　媛（宇摩）　高知（安芸）
とすべり　山形（飽海）
とらつば　愛媛（新居・周桑）　高知　高知（高
　　　岡・長岡・土佐）
ななかま　高知（幡多・高岡）
ななかまど　高知（幡多・高岡）
ななかまもどり　和歌山（東牟婁）
なまかまど　高知（幡多）
ねじっちょー　山口（厚狭）
ねしばり　島根（益田市）
ねじもち　宮崎（青島）　熊本（球磨）
ねず　周防　兵庫（淡路島）
ねすちょー　長門
ねずっちょー　周防
ねずのき　兵庫（淡路島）　高知（高岡）
ねずみ　高知（幡多）　大分（南海部）
ねずみがえし　静岡（小笠）

ネナシカズラ

ねずみぎ　周防　伊予　岡山　愛媛（宇和島）　高知（幡多・高岡）
ねずみくそ　静岡（引佐・三ヶ日）　三重（伊賀・鳥羽）　愛媛（宇和島）
ねずみしば　島根（鹿足）
ねずみちょー　周防　長門　山口（厚狭・大津）
ねずみつばき　島根（益田市）　大分（北海部・南海部）
ねずみのき　備前　備中　三重　岡山（児島）　香川（大川）　長崎（壱岐島）　熊本（玉名）　鹿児島（肝属）
ねずみのくそ　三重　宮崎
ねずみのくそのき　熊本（水俣）
ねずみのこまくら　出雲
ねずみのふのき　岡山
ねずみのふん　京都　愛媛（周桑）
ねずみのふんたろぎ　三重（度会）
ねずみのふんのき　香川（木田）
ねずみのまくら　三重　和歌山　和歌山（日高）　島根　徳島（海部）　高知（安芸）　長崎
ねずみのもち　越前
ねずみもーち　三重（度会）
ねずみもち　京都　高知（幡多・高岡）
ねずもち　高知（高岡）
ねずんのき　鹿児島（指宿市・肝属）
ねぞき　阿波
ねぞぎ　阿波
ねりもち　鹿児島（種子島）
ひーなり　高知（幡多）
ぴぴじゃぬさったーきー　沖縄（石垣島）
ひめつばき　大分（大野・東国東）
ひょんのき　広島（比婆）
ふいなり　高知（幡多）
ふえご　愛媛（西宇和）
ふとつば　島根（隠岐）
ふぎ　愛媛（宇和島市）
ふゆご　愛媛（西宇和）
ふゆなり　讃州
みずもーち　三重（桑名）
もーち　三重（員弁）
もち　三重（員弁）
やぶつばき　東国
やぶもーち　三重（員弁）

ネナシカズラ　〔ヒルガオ科／草本〕
あせぼずる　富山（富山市・砺波）

うしぞーめん　島根（隠岐島）
うしのそーめん　近江　筑前　岡山（小田）
うまぐさ　江州
おしぞーめん　島根（周吉）
からまり　宮城（登米）
こーがずら　鹿児島（沖永良部島）
こーがずる　鹿児島（沖永良部島）
さるのはまい　城州玉水
そーめんぐさ　東国
なつゆき　佐州
ねなし　木曾　秋田（鹿角）　青森　岩手（二戸・紫波）　長野（北佐久）　神奈川（足柄上）　高知（土佐）
ねなしくさ　青森
ねなしぐさ　木曾　青森（津軽）
ねなしじら　秋田　秋田（鹿角）
ねなしずる　木曾　山形（北村山）　秋田（雄勝）　岩手（水沢）　長野（下水内）
まきたおし　東京（南多摩）　長崎（壱岐島）
まきたらし　長崎（壱岐島）
まめだおし　東京（南多摩）
もとなしかずら　宮崎（西彼杵）
やどなしぐさ　静岡
やなぎのつる　長野（北安曇）

ネビキグサ → アンペライ

ネマガリダケ → チシマザサ

ネム → ネムノキ

ネムノキ　ネム　〔マメ科／木本〕
あさねごろ　鹿児島（曽於・肝属）
あさねぼー　大分（南海部）
いほのき　岩手（岩手）
うしごめ　岡山（小田）
うしころし　新潟（佐渡）
うしのこめ　島根（隠岐島）　岡山
うしのそーめん　鳥取（気高）
うしのびーびー　兵庫（赤穂）
うしのもち　島根（隠岐島）　岡山
うしのやっこめ　兵庫（赤穂）　岡山（邑久）
うしやっこ　岡山（備前）
うまっこのき　宮城
えーのき　京都
えびのき　京都　京都（山城）
おきよ　大分（中津市）
おこのき　長野（下水内）

かーか　鳥取（気高）　鳥取　島根（出雲・隠岐島）
かーかー　兵庫（但馬）　鳥取（因幡）　島根
かーかぎ　島根（仁多）
かーかのき　島根（出雲・隠岐島）　鳥取
かーかのはな　鳥取（気高）
かかのき　島根（出雲・隠岐島）
かんこのき　石川（加賀）
こいかのき　高知（幡多）
こーか　越後　佐州　丹波　埼玉　新潟（越後）　福井　岐阜（美濃）　静岡　愛知（東加茂）　滋賀　京都（竹野）　大阪　兵庫　和歌山　鳥取（因幡）　島根（石見）　岡山（苫田）　広島（比婆）　徳島（海部）　愛媛（宇摩）　高知　福岡（小倉）　佐賀　長崎　熊本　大分（北海部）　宮崎　鹿児島
こーが　山形（北村山）
こーかー　島根（石見）　広島（比婆）
こーかーのき　島根（益田市）
こーかい　美作　長州　新潟　島根（鹿足）　岡山　広島　広島（備後南部）　山口（周防）　福岡（糸島）
こーかいき　京都（竹野）
こーかいぎ　鳥取　岡山　広島
こーかえ　新潟（西頸城）
こーかぎ　岐阜（郡上）　鳥取（日野）　徳島（美馬）　愛媛　高知　鹿児島（肝属・中之島）
こーかぐさ　越後
こーかっぽ　熊本（八代）
こーかねむのき　福岡
こーかのき　越後　近江　讃岐阿野郡　宮城　新潟　新潟（佐渡）　福井　福井（小浜市）　岐阜　三重　和歌山　島根（石見）　岡山　福岡　佐賀　長崎（北松浦）　熊本（玉名・下益城）　大分　宮崎（西臼杵）　鹿児島（肝属）
こーがのき　福岡（豊前）　大分
こーかぶ　群馬（山田）
こーかん　愛媛　熊本　熊本（下益城）　鹿児島
こーかんたろー　鹿児島（甑島）
こーかんぽ　福島　茨城　栃木　埼玉（秩父）
こーかんぽ　福岡（犬ヶ岳）
ごーかんぽ　群馬（勢多）
こーかんぽー　栃木　群馬（佐波）　群馬　埼玉　愛知
こーかんぽー　茨城（久慈）
こーかんぽく　西国　岩手（稗貫・気仙）　宮城（本吉）　茨城　栃木　静岡

ごーかんぼく　仙台　栃木（鹿沼）
こーけ　長崎（壱岐島）
こーけぇ　長崎（対馬）
こーけーのき　長崎（対馬）
こーけのき　長崎（壱岐）
こーけん　長崎（対馬）
こーこ　山形（庄内）　新潟
こーこーのき　新潟（中頸城）
こーこぐさ　新潟（西蒲原）
こーこのき　山形（庄内）　新潟（東頸城）
こーのき　青森　山形（北部）　埼玉
こーわ　千葉（清澄山）
こか　新潟（西蒲原）　新潟　長崎　宮崎　鹿児島
こかぎ　愛媛（面河）
こかげ　高知（土佐）
こかのき　鹿児島（始良）
こがのき　宮崎
こぐ　山形（西田川）
こご　山形　新潟
こごーのき　新潟
ここのき　新潟（北蒲原・中頸城）
こごのき　山形　新潟（北蒲原）
こんこんき　新潟（中越）
じごくさいかち　秋田（北秋田・仙北）
じごくばな　秋田（南秋田）
じごばな　秋田
じんごくまっこー　秋田
せんだん　岩手（胆沢・江刺）
ところてんばな　新潟（佐渡）
ねーぶる　静岡（川根）
ねずのき　青森（津軽）
ねび　福井（三方）
ねびのき　福井（三方）　和歌山（那賀）
ねぶ　新潟　富山　石川　福井　静岡　愛知　岐阜　三重　和歌山　山口
ねぶいのき　鹿児島（大口）
ねぶき　山形（最上）
ねぶぎ　伊予
ねぶた　静岡
ねぶた　江戸　岩手　秋田（平鹿・北秋田）　山形（西置賜・東田川）　群馬　埼玉（北足立・秩父）　千葉　高知（高岡・安芸）
ねぶたぎ　秋田（北秋田）　山形（西置賜）　宮城（栗原）　愛媛　高知
ねぶたごぬき　山形（北村山）
ねぶたのき　青森（上北）　岩手　宮城（登米）

ネムノキ

ねぶた　秋田　山形（西置賜）　茨城（久慈）　埼玉（秩父）　千葉　神奈川（津久井）
ねぶたのぎ　山形　宮城
ねぶたんごぬき　山形（北村山）
ねぶちゃ　高知
ねぶった　埼玉（秩父）　千葉（君津）　神奈川（中）
ねぶったのき　群馬（佐波）
ねぶと　神奈川
ねぶのき　静岡　愛知　長野　福井　三重　和歌山　高知
ねぶり　山形　静岡　三重　兵庫（加古）　奈良　和歌山　岡山
ねぶりぎ　青森　静岡　三重　和歌山　島根（美濃・益田市）　高知（高岡）　鹿児島
ねぶりぐさ　木曾
ねぶりこ　新潟　富山　愛知　奈良（吉野）　香川　愛媛
ねぶりこっこ　山形（西田川）
ねぶりこのき　愛媛（周桑）
ねぶりそー　高知（長岡）
ねぶりちゃ　高知（幡多）
ねぶりっき　静岡（磐田）
ねぶりのき　京都
ねぶりのき　京都　静岡　愛知　岐阜　三重　和歌山　広島　山口（大島）　長崎（壱岐島）　鹿児島（鹿児島市）
ねぶりやなぎ　山形（東置賜）
ねぶんのき　熊本（水俣）
ねぼた　埼玉（北足立）
ねむ　和歌山（海草）
ねむいのっ　鹿児島（姶良）
ねむこかのき　宮崎（西諸県）
ねむた　伊豆八丈島　岩手　宮城　茨城（多賀）　群馬（山田）　千葉　静岡
ねむたぎ　山形（東村山・北村山）　福島（相馬）　茨城　愛媛　高知
ねむたぐさ　山形（北村山・西村山）
ねむたぬき　山形　宮城　福島
ねむたのき　仙台　岩手（胆沢）　宮城（仙台市）　山形　福島　茨城　千葉　神奈川（中）
ねむたんぎ　山形（西村山）
ねむちゃ　高知（幡多）
ねむった　福島（石川）　茨城（久慈・那賀）　栃木　群馬（碓氷・佐波）
ねむったき　茨城
ねむったぬぎ　福島（東白川）

ねむったのき　茨城（久慈・那賀・笠間）
ねむねむ　大分（大分）
ねむり　宮城　茨城　岐阜　静岡　広島　大分（大分・北海部）
ねむりき　島根
ねむりぎ　山形　福島　茨城　和歌山　島根　広島　高知（幡多）　長崎　大分（大分市・別府市）　宮崎
ねむりぐさ　宮城　茨城
ねむりこ　山形　広島　大分　宮崎（東諸県・東臼杵）
ねむりこーか　宮崎（宮崎）　鹿児島（垂水市）
ねむりこーけ　山形（西田川）
ねむりこーご　山形（西田川）
ねむりこか　宮崎　鹿児島（曽於）
ねむりこっけ　山形（西田川）
ねむりこっこ　山形（西田川）
ねむりこん　大分（大分）
ねむりこんこん　新潟（岩船）
ねむりしょ　熊本（天草）
ねむりっこ　大分（北海部）
ねむりっちょ　山形（飽海）
ねむりねこ　大分（大分）
ねむりのき　長州　宮城　秋田　山形　福島　茨城　長野　岐阜（飛騨）　静岡　京都　和歌山（西牟婁・東牟婁）　島根（石見）　熊本（菊池）　大分　宮崎（東諸県）　鹿児島（垂水市）
ねむりばな　山形
ねむりんぎ　山形（北村山）
ねむりんこ　大分（大分）
ねむるぎ　宮城（登米）
ねむれ　山形（飽海）　茨城　佐賀（神埼）
ねむれねむれ　宮城　山形
ねむれのき　宮城　茨城
ねむれんぎ　山形（東村山）
ねむんのき　熊本（天草）　大分（北海部）
ねもったのき　茨城（久慈）
ねれねれのき　佐賀
ねんごのき　青森（上北）
ねんず　三重（南伊勢）
ねんたのき　宮城（刈田・伊具）
ねんねこのき　静岡　佐賀　長崎（南高来）　熊本（菊池）
ねんねこんぼ　福岡（三井）
ねんねこんぼーのき　長崎（南高来）
ねんねこんぽのき　福岡（八女）

ねんねんのき　奈良（高市）
ねんぶ　静岡　兵庫
ねんぶた　秋田（平鹿）
ねんぶり　静岡　三重　滋賀　京都（竹野）　奈良　岡山
ねんぶりき　青森　青森（三戸）
ねんぶりっき　静岡
ねんぶりのき　青森（三戸）　静岡（駿河・遠江）　京都（竹野）　奈良（宇智）
ねんぶる　静岡（駿河）
ねんぽのき　青森（津軽）
ねんむり　山形　静岡　三重
ねんむりがっさ　宮城（遠田）
ひぐらし　周防　福井　山口（厚狭）　徳島（美馬）　香川（大川・香川）
ひぐらしのき　愛媛
びらびら　和歌山（東牟婁）
ほーかんば　茨城（真壁・筑波）
まこのき　秋田（北秋田）
まっこ　山形　宮城
まっこー　宮城（志田）
まっこーのき　宮城（加美・黒川）
まっこぬぎ　山形（北村山）
まっこのき　宮城　秋田（由利・北秋田）　山形　山形（最上・北村山）
やままめ　宮城
よーよーねぶり　岡山（岡山）
よねぶり　愛媛（宇摩）
よめじょのき　鹿児島（桜島）
よろいぎ　和歌山（東牟婁・新宮）

ネムリグサ → オジギソウ

ノアサガオ　〔ヒルガオ科／草本〕
かんじゃ　鹿児島（徳之島）
やまかんだ　沖縄（首里）
やまかんだー　沖縄（島尻・首里）

ノアザミ　〔キク科／草本〕
あかしば　岐阜（稲葉）
あかんば　岐阜
あざみ　山形（東村山）　福井（今立）　三重（一志）　大阪（豊能）　岡山（英田）　鳥取（米子・気高）　島根（美濃）　愛媛（周桑）　長崎（長崎）　熊本（球磨）　鹿児島（国分・揖宿）
あざみぐい　岡山
あざめ　福岡（粕屋）　熊本（球磨）　鹿児島（始良・出水）
あざめくさ　鹿児島（垂水）
あざん　鹿児島（始良）
あじゃみ　青森（八戸）　秋田（北秋田）　岩手（紫波）
あたみ　和歌山（海草・日高・東牟婁）
いが　島根（能義）
いがいが　島根（美濃）
いがくさ　島根（鹿足）
いがな　岡山（真庭）
いらくさ　愛媛（周桑）
うしのこめのめし　和歌山（那賀）
うまでこん　宮崎（児湯・西諸県）
うまのぼたもち　福島（相馬）　千葉（印旛）
うまのもち　福島（相馬・石城・亘理）　千葉（印旛）
おしろいばな　愛媛（周桑）
おとこあざみ　岩手（二戸）
おにあざみ　山形
おにあざん　鹿児島（始良・国分）
がざみ　岡山（吉備）
きさきさ　福井
ぎざぎざ　福井
きつねのおしろいはけ　和歌山（那賀）
こーじんばな　武州野田
こどもなかせ　熊本（飽託）
ざるぐさ　長野（佐久）
だらくさ　長崎（南高来）
ちちくさ　島根（美濃）
ちちぐさ　島根（美濃）
のばら　愛媛（周桑）
のみとりばな　長野（更級）
のらあざみ　静岡（富士）
はなかご　群馬（山田）
はるあざみ　岩手（二戸）
やまあざん　鹿児島（日置・薩摩）
やまごぼー　鹿児島（甑島）
やまのぼたもち　福島（石城・亘理）
んまのぼたもち　福島（相馬）
んまのもち　福島（相馬）

ノアズキ　ヒメクズ　〔マメ科／草本〕
かてくず　武州秩父
くろご　島根（益田市・那賀）
ひめくず　和歌山（西牟婁）
ほんかんね　熊本（玉名）

ノイチゴ

まめぐさ　鹿児島（肝属）

ノイチゴ
いばらいちご　新潟（上越市）
ながしいちご　熊本（球磨）
へーびいちご　愛媛（松山市）
へびいちご　岡山（児島）
へびのまくら　栃木

ノイバラ　ノバラ　〔バラ科／木本〕
あおいぎ　島根（鹿足・益田）
あおぐい　伯州
あおばらいぎ　周防
あかぐい　徳島（三好）
あかめ　徳島（美馬）　高知
あかめばら　徳島（美馬）　高知
あまぐい　広島（比婆）
いがいが　島根（浜田）
いがぼたん　島根
いぎ　島根（石見）　山口（山口市・厚狭）
いぎのき　島根（石見）　山口（大津）
いぎぼたん　島根（石見）
いぎんどー　山口（厚狭）
いげ　薩摩　福岡（築上）　長崎（南高来）　熊本（玉名・八代）　鹿児島（薩摩・肝属）
いげくさ　高知（幡多）
いげだら　長崎（対馬）
いげどら　宮崎（延岡）
いげどろ　熊本（下益城）　宮崎（西臼杵）
いげぼたん　福岡（築上）　鹿児島（桜島）
いげんどろ　熊本（玉名）　宮崎（西臼杵）
いぞろぐい　宮崎（東諸県・宮崎市）
いぬいぎ　長門
いばら　島根（能義）
いばらしょーべ　滋賀（東浅井・坂田）
いばらしょーべん　京都　丹波
いばらのき　奈良（南大和）
おにのばら　青森
かたら　雲州　島根（出雲）
かたり　島根（隠岐島）
ぐい　讃岐　岡山（苫田）　徳島（美馬・三好）　香川（高松市・丸亀市）
くいだら　島根（能義・仁多）
ぐいばな　岡山（苫田）
くいぼたん　島根（邇摩）
こもちいばら　泉州

しょっじ　鹿児島（姶良）
しろいげ　長崎
とーろじ　周防
のいげ　福岡（八女）
のばいーき　長門
のらばら　岩手（陸中）
はいばら　和歌山（東牟婁）　香川（大川・仲多度）
ばら　岩手　秋田（鹿角・南秋田）　山形（北村山）　長野（北佐久・諏訪）　徳島（美馬）　香川（大川・綾歌）　愛媛（新居）　高知（幡多）
ばらぼーずき　長野（北佐久）
まがりぐい　備前
まはらんいげ　鹿児島（甑島）
めぐろばら　伊豆大島
もがきばら　福島（相馬）
やまたんぎ　沖縄（石垣島）
よそしばり　防州
よめぐい　美濃
よめしばり　周防

ノウゼンカズラ　〔ノウゼンカズラ科／木本〕
あのよのれんげ　長崎（南松浦・福江島）
きんれん　岩手（九戸）
ごくらくばな　長崎（南松浦・五島）
さいもんかずら　岩手（東磐井）
そーてんかずら　長州
ちょーせんあさがお　岩手（上閉伊）
てーか　島根（石見・出雲）
てーかかずら　長州
てっせんかずら　島根（益田市）
てにが　島根（邑智）
まさき　愛媛
まさきかずら　愛媛（周桑）　熊本（玉名）
まさきのかずら　愛媛（周桑）　高知

ノウゼンハレン　キンレイカ
〔ノウゼンハレン科／草本〕
おかはしば　岩手（水沢）
ちょーせんあさがお　岩手（上閉伊）
はれんげ　岩手（九戸）

ノウルシ　〔トウダイグサ科／草本〕
うばのちち　山形
かもめのちち　山形（飽海）
きつねのちち　伏見
くさうるし　山形（東田川）

さわうるし　山城
じちょーそー　信濃
すずふりぐさ　佐渡　伊勢
ちぐさ　江戸
ちち　山形（飽海）
ちちくさ　長門
なべなぐり　越後
はかのちち　城州伏見
はまねこ　山形（飽海）
はまねこのちち　山形（酒田市）
やぶそば　江戸

ノカイドウ　ヤマカイドウ　〔バラ科／木本〕
こまのちんぽ　広島（比婆）
とりとまらず　愛媛（上浮穴）

ノカンゾウ　ベニカンゾウ　〔ユリ科／草本〕
おひーなぐさ　神奈川（津久井）
かじばな　群馬
かっこ　岩手（盛岡）
からすのにんにく　岩手（二戸）
からそーげ　島根（邑智）
かんす　東京（三宅島）　鹿児島（薩摩）
かんぞ　島根（能義）
かんそー　山形（米沢市）　群馬（山田）　鹿児島（与論島）
かんぞー　岩手（東磐井）　群馬（山田・佐波）　東京（三宅島）
かんのんす　鹿児島（薩摩）
かんのんそー　鹿児島（姶良・国分市・薩摩）
かんぴ　岩手（盛岡）
かんぴょー　山形（東村山・北村山）
くゎんぞ　島根（能義）
くゎんのんす　鹿児島（薩摩）
くゎんのんそー　鹿児島（国分・薩摩）
けやんしょー　岩手（二戸）
こーず　長崎（南高来）
にんぎょーそ　千葉（長生）
のゆり　木曾
はまゆり　三重（志摩）
ぴーぴーぐさ　神奈川（津久井）
ひしてばな　鹿児島（揖宿）
びなんす　鹿児島（薩摩）
ひめこゆり　群馬（利根）
べにすげ　長州
ほやばなこ　岩手（東磐井）

めくらしょーぶ　新潟（中蒲原）
やまゆり　静岡（富士）
やみゆり　千葉（夷隅）
ゆりけい　千葉（夷隅）
よろ　群馬（吾妻）

ノキシノブ　〔ウラボシ科／シダ〕
あならん　新潟（刈羽）
いぬふーらん　山口（厚狭）　愛媛（周桑・新居）
いわくさ　鹿児島（薩摩・上甑島）
いわごけ　長崎（南高来）
うさぎのみみ　岩手（釜石）
おじごらん　千葉（夷隅）
おばらん　三重（宇治山田市・伊勢）
からすのわすれぐさ　加州
たかのは　岩手（東磐井）
ひとつば　越前　山口（厚狭）　熊本（八代）　鹿児島（阿久根市）
ほしらん　千葉（山武）
まつふーらん　讃州
やつめそー　長野（北安曇）
やつめらん　江戸　新潟（中蒲原・新潟市）　千葉（柏）　和歌山（西牟婁）
わすれぐさ　加州

ノギラン　〔ユリ科／草本〕
ささりんどー　木曾馬籠
ひめくさ　和歌山（新宮）
みずばな　信州

ノグサ　ヒゲグサ　〔カヤツリグサ科／草本〕
かぎそー　和歌山
きぬぐさ　和歌山（日高・東牟婁）
こあま　和歌山（西牟婁・東牟婁）
なんばぐさ　和歌山（東牟婁）
まぐさ　和歌山（西牟婁・東牟婁）

ノグルミ　ノブノキ　〔クルミ科／木本〕
いがき　高知（幡多）
いぬぎり　大分（南海部）
いぬぐり　大分（南海部）
いぬせんだ　高知（幡多）
かいな　紀伊
かっしき　長崎（壱岐島）
からすのくし　和歌山（有田）
かわのぶ　高知（高岡）

ノゲイトウ

きつねのくし　岡山・岡山（御津）
ぐりす　高知（幡多）
ぐりみ　高知
ぐるす　高知（幡多）
くるみ　福岡（豊前）
くろき　高知（幡多）
くろみ　高知（幡多）
げたぎ　岡山　愛媛（南部）
こーだ　鳥取（伯耆）　岡山
こーば　岡山（備前・備中）
こぐるみ　淡路
さるのくし　岡山　徳島
せんこー　長崎（対馬）
せんこーのき　長崎（上県・下県・対馬）
せんだん　高知（幡多）
どんぐるみ　広島
のぐるめ　山口　長崎（壱岐）　福岡　佐賀　大分　宮崎
のぐろみ　福岡
のぶ　兵庫
のぶた　島根
のんのき　高知
ふしのき　高知
ふでのき　紀伊
ふぶ　広島（安佐）
まめふりきり　大分（日田）
やすのき　松前
やまぐるみ　紀伊　栃木（日光市・下野西部）
やまぜんだん　高知（高岡・幡多）

ノゲイトウ　　　〔ヒユ科／草本〕

いぬけいとー　予州
いぬげーとー　長門　周防　予州
いぬのお　防州
きつねび　摂州
のびきやし　摂州
のびきゃん　摂州

ノゲシ　ハルノノゲシ　　　〔キク科／草本〕

いたいた　京都（何鹿）
うさぎくさ　千葉（銚子）　和歌山（有田）
うさぎぐさ　和歌山（有田）　香川（西部）
うさぎのもち　愛媛（新居）
うまあざみ　青森
うまごやし　讃州　和歌山（日高）　香川　長崎（壱岐島）　鹿児島（肝属）
うまんもち　鹿児島（薩摩・甑島）
うるしけし　和歌山（東牟婁）
うるしなし　和歌山（新宮）
かぶくさ　岩手（二戸）
きつねのたばこ　和州
けし　香川（東部）
けしな　周防
けしなくさ　長門
ごあじ　能州
こましたげ　江州
ごましたけ　江州
こまびやし　信州
ごまひやし　信州
こもちち　島根（簸川）　高知（幡多）
こもちな　島根　高知（幡多）
さとうぐさ　千葉（君津・富津）
さんひち　島根（美濃）
そーざ　京都（竹野）
たんぽこ　福岡（八女）
たんぽぽ　筑前　東京（三宅島・御蔵島・八丈島）　鹿児島（奄美大島）
ちぐさ　静岡（富士・庵原）　長崎（東彼杵）
ちちくさ　江戸　和歌山（有田・田辺市）　島根　香川（西部）　鹿児島（始良・垂水市）
ちちぐさ　新潟（直江津市）　群馬　愛知（知多）　兵庫（加古）　三重　和歌山（田辺・有田）　広島（比婆）　山口（大津）　鳥取（気高）　島根（鹿足）　愛媛（新居）　長崎（北松浦）　熊本（玉名）　鹿児島（阿久根市・垂水・始良・肝属・硫黄島）
ちちな　広島（比婆）　山口（厚狭）
ちちば　和歌山（有田）
つーざ　京都（竹野）
てぃのーりゃ　沖縄（竹富島）
とぅぬなん　沖縄（石垣島）
とぅのーなー　沖縄（石垣島）
とぅるなん　沖縄（石垣島）
とぅんなー　沖縄（鳩間島）
にぎゃな　鹿児島（奄美大島）
ねずみくさ　長崎（北松浦）
ひえからぼくち　東京（多摩川）
ひえがらぼっち　武州多摩川
ふーく　鹿児島（喜界島）
ふーくー　鹿児島（喜界島）
ふくだら　鹿児島（奄美大島）
ふでくさ　愛媛（周桑）

ぽーな　千葉（安房）
ぽーぽーな　島根（美濃）
ほこどりや　鹿児島（大島）
ほごどりや　鹿児島（奄美大島）
ぽやし　新潟（佐渡）
まーおーふぁー　沖縄（首里）
まごやし　千葉（印旛）
まごやしゃ　静岡（志太）
まるこやす　千葉（印旛）
みみつぶし　愛媛（周桑）
むまごやし　讃州
めあざみ　防州
やまちぶな　東京（八丈島）
んーまんむっちょー　鹿児島（薩摩）

ノコギリソウ　ハゴロモソウ　〔キク科／草本〕
うごくさ　青森
うにくさ　青森　岩手
うにぐさ　青森（津軽）
おととぐさ　長野（佐久）
からよもぎ　勢州
ぎさぎさくさ　新潟（刈羽）
こさんしち　備前
ころもぎく　鹿児島（肝属）
さしよもぎ　備前
しおがまぎく　滋賀（彦根）
しのくさ　青森
ずりぱ　山形（東村山）
ちとめぐさ　備前
ちどめくさ　備前
のこぎく　長崎（五島）　鹿児島（肝属）
のこぎり　鹿児島（肝属）
のこぎりば　越前
のこぎりぱ　山形（西置賜・北村山）
のこぎりばな　山形
のごくさ　青森
のこずりそー　仙台
のこずりばな　山形（東村山）
ひのくさ　青森
ほーおーそー　仙台
ほんだわら　山口（厚狭）
むかぜくさ　鹿児島（谷山）
むかぜばな　鹿児島
やすりぐさ　青森
やまくさ　近江
らいさまぐさ　福島（相馬）

らえさまくさ　福島（相馬）

ノコンギク　〔キク科／草本〕
きくなぐさ　兵庫（津名・三原）
のぎく（コンギク）　岩手（二戸）　岡山
のぎく　秋田（鹿角・北秋田・雄勝）　山形（中部）　新潟　千葉　神奈川（川崎）　和歌山（新宮・海草・日高）
めどちのさくら（コンギク）　岩手（二戸）
やまぎく（コンギク）　島根（益田市・仁多）
よめな（コンギク）　岩手（二戸）

ノササゲ　〔マメ科／草本〕
いしまめ　鹿児島（伊佐）
かんねかずら　熊本（玉名）
こかんね　熊本（玉名）
こまめ　甲斐河口

ノザワナ　〔アブラナ科／草本〕
まな　新潟（中頸城）

ノジギク　〔キク科／草本〕
いそふつ　鹿児島（川辺）
えがぎく　高知（幡多）
にがぎく　高知（幡多）
のぎく　鹿児島（揖宿）

ノジトラノオ　〔サクラソウ科／草本〕
おじょろのすいこ　長野（北佐久）

ノシラン　〔ユリ科／草本〕
みしば　鹿児島（悪石島）
みつしば　鹿児島（中之島・悪石島）

ノダイオウ　〔タデ科／草本〕
しのび　秋田（鹿角）
だいりっぱ　静岡（志太）

ノダケ　〔セリ科／草本〕
いおーぜり　佐州
うしうど　木曾
うどばかせ　木曾
おーちぶな　伊豆八丈島
おで　島根（隠岐島）
おにうど　長野（北佐久）
かーで　島根（仁多）

ノチドメ

がーで　島根（仁多）
さいき　新潟
せーき　長野（北佐久）
とーき　熊本（八代）
のだけ　筑前
やまうど　静岡（富士）　新潟
やまにんじん　鹿児島（垂水市）
やまみつば　紀伊

ノチドメ　〔セリ科／草本〕

あみぐさ　和歌山（新宮市）
かきとーし　熊本（玉名）
かきどおし　熊本（玉名）
じしばり　千葉（君津）
ちーどめ　静岡（富士）
ちどめくさ　神奈川（川崎）　富山（射水）
ちどめぐさ　新潟（南蒲原）　富山（射水）
とんぼぐさ　千葉（山武）
びーるくさ　静岡（富士）

ノニンジン → カワラニンジン

ノハナショウブ　〔アヤメ科／草本〕

かっこー　千葉（柏）　新潟（南蒲原）
しょとめ　秋田（秋田・河辺・仙北）　岩手
しょどめ　秋田（仙北・平鹿・由利）　岩手（紫波）
そとめ　秋田（北秋田）
そんどめ　秋田（鹿角）
どんどばな　三重（多気）
とんとんばな　三重（多気）
どんどんばな　二重（多気）
ほんばな　長野（茅野）

ノバラ → ノイバラ

ノハラアザミ　〔キク科／草本〕

あじゃら　秋田（北秋田）
うしのこめのめし　和歌山（那賀）
うまあじゃみ　秋田（北秋田・河辺）
おにあざみ　秋田（由利）
おにあんじゃみ　秋田（鹿角）
きつねのおしろいはけ　和歌山（那賀）
んまのあんじゃみ　秋田（鹿角）

ノビエ　〔イネ科／草本〕

あかびる　青森
かやもぐさ　和歌山（有田）
くさへ　秋田

さらべ　岩手（二戸）
のへ　秋田（北秋田）
はたけびえ　熊本（菊池）
ひえ　新潟　和歌山（日高・東牟婁）　岡山（御津）　山口（厚狭）　香川　長崎（北松浦）　熊本（玉名）
ひえくさ　鹿児島（垂水市）
ひえぐさ　岩手（紫波）　秋田（北秋田）　三重（宇治山田市・伊勢）
ひよ　新潟（南蒲原）
へ　山形（西置賜）
へぐさ　秋田（北秋田）
みちぐさ　和歌山（東牟婁）
みっぺ　岩手（二戸）
りくびえ　岡山（邑久）

ノビル　〔ユリ科／草本〕

あさつきびる　秋田（雄勝）
あさどり　秋田（鹿角）
いぬのきんば　秋田（鹿角）
いのらんきょ　島根（簸川）
いんのくそのびる　鹿児島（肝属）
うぐいす　山口（都濃・豊浦）
うしひる　伊豆君沢
おかひろこ　宮城（仙台市）
おひょろこ　宮城（仙台市）
かばらぶし　青森（津軽）
きつねひる　秋田（仙北）
きもと　仙台　青森（津軽）　岩手（二戸）
こあさつき　仙台　青森（南部）
こじきねぎ　長野（下伊那・飯田・更級）
こじきねぶか　奈良（宇智）　長野（北安曇）
しりこ　山形（北村山）
しろこ　秋田（仙北）
すてごびる　群馬（佐波）
すてこびろ　群馬（佐波）
たいろ　栃木（芳賀）
たまびる　秋田（北秋田）
たまびろ　青森（津軽）　秋田（北秋田）
たまびろ　秋田（北秋田・鹿角）
ちみとこ　山口（玖珂）
ちもと　仙台　島根（石見）　山口（玖珂）
にーしびら　沖縄（石垣島）
にしな　新潟（刈羽）
にら　山口（厚狭・阿武）　愛媛（周桑）
にんにく　筑紫　新潟

ぬしびら　沖縄（石垣島）
ぬすびら　沖縄（鳩間島）
ねびー　鹿児島
ねびーろ　神奈川（津久井）
ねびる　山梨　山梨（中巨摩）
ねびろ　群馬（北甘楽）　山梨　長野（佐久）
ねぶかぐさ　愛媛（周桑）
ねぶり　江州
ねぶろ　長野（北佐久）
ねむり　阿州
ねんびーろ　長野（諏訪）
ねんびる　長野（北安曇）
ねんびろ　長野
ねんぶり　加賀　石川（加賀）　富山（上新川）　長野（下伊那・北安曇）　三重（宇治山田市・伊勢）
ねんぶる　長野（東筑摩・上伊那）
ねんぽろ　長野（東筑摩）
のあさつき　伊豆
のーびる　新潟（刈羽）
のしろ　青森（津軽）
のだんきょー　福岡（築上）
ののしろ　青森（津軽）
ののせり　山形（東村山）
ののひり　山形（南村山）
ののひる　久留米　山形（東置賜）　茨城（北相馬）　栃木　長野（下伊那・飯田）
ののびる　江州坂田　福島（相馬）
ののひろ　青森　群馬（佐波・山田）　栃木　長野（長野市）
ののひろこ　山形（北村山）
のび　鹿児島（曽於）
のびーる　岐阜（刈羽）
のびーろ　神奈川（津久井）
のびら　大分（大分）
のびり　岐阜（吉城）
のびる　熊本（玉名）
のびるこ　岩手（紫波）
のびるっこ　岩手（上閉伊）
のびろ　埼玉（入間）　神奈川（川崎）　長野（更級・下水内）
のべ　鹿児島（肝属）
のまびろこ　山形（北村山）
のらんきょー　山口（厚狭）　福岡（築上）
のんびる　新潟
のんひろ　長野（下水内）

のんびろ　長野（下水内・更級）
はへる　沖縄
ひーる　山口（玖珂）
ひぜんばな　山口（大津）
ひょっこ　岩手（岩手）
びら　鹿児島（喜界島）
ひりこ　山形（北村山）
ひる　関東　岩手（盛岡）　静岡（志太）　山口（大島・玖珂・大津）　長崎（長崎）
びる　長崎（長崎）
ひるかき　山口（都濃）
ひるこ　奥州　福島　山形（東村山）
ひるご　福島（会津若松）
ひるな　山口（吉敷・厚狭・美祢・阿武）
ひるのとんぼ　新潟（佐渡）
ひるぽーず　山口（玖珂）
ひるぼし　和歌山（東牟婁）
ひろ　青森（三戸・八戸）　山形（庄内）　秋田（鹿角）　岩手
ひろこ　青森（三戸・八戸）　岩手　山形（東置賜・米沢市・村山）　秋田（雄勝）
ひろたま　山形（東田川・西田川）
ひろっこ　秋田　山形
ひろったま　群馬（多野）
へーとーにら　岡山（御津）
へーとーらっきょー　岡山
へーぶのねぶか　富山（礪波・東礪波・西礪波）
ほいたねぶか　鳥取（気高）
ほいとーにーにく　広島（比婆）
ほいとーねぎ　山口（吉敷・厚狭）
ほいとねぶか　鳥取（気高）　岡山（苫田）　愛媛（周桑）
ほえーとーねぶか　岡山（邑久）
ほえとーねかぶ　岡山（邑久）
またたび　秋田　山形
またびろ　秋田　山形
むち　愛媛（周桑）
もくもく　山口（大島）
もめら　山口（豊浦・厚狭）
やまらっきょー　山口（玖珂）
ゆびら　大分（大分市）
ろくどー　関西
わけぎ　山口（吉敷・豊浦）

ノブキ　　　　　　　　　　　　　　〔キク科／草本〕

うらじろ　島根（美濃）

ノブドウ

かえるっぱ　長野（佐久）
くまぶき　木曾
やまごぼー　島根（邇摩）
やまごんぼ　鹿児島（垂水市）
やまぶき　和歌山（新宮）
やまほーこ　島根（美濃・仁多）

ノブドウ　〔ブドウ科／草本〕

あたまはげ　熊野
いーびーずり　富山（下新川・富山市）
いしぶどー　静岡（下田・賀茂）
いたがらめ　宮崎（東臼杵）鹿児島（出水）
いぬえび　京都　山口（大島）
いぬえびこ　愛媛（周桑）高知（幡多）
いぬえぶ　山口（大島）
いぬえべっしょ　和歌山（東牟婁）
いぬがーら　山口（豊浦）
いぬかぶ　岡山（和気）
いぬからみ　山口（厚狭・豊浦・美祢）福岡（粕屋）宮崎（児湯）鹿児島（肝属）
いぬがらみ　山口　宮崎（児湯）
いぬがんび　広島（比婆）
いぬごよみ　岐阜（養老・不破）
いぬび　愛媛（周桑）
いぬぶどー　兵庫（神戸市）和歌山（西牟婁・東牟婁）山口（豊浦・玖珂・熊毛・都濃・吉敷）愛媛（周桑）
いぼつる　長野（北佐久）
いんかいび　鹿児島（熊毛）
いんかねっ　鹿児島（肝属・熊毛）
いんがねつ　鹿児島（肝属・種子島）
いんかねび　長崎（北松浦）熊本（玉名）
いんがねび　鹿児島（鹿屋市・種子島）
いんかねぶ　長崎（南高来）鹿児島（肝属・熊毛）
いんがねぶ　長崎（南高来）鹿児島（肝属）
いんがらべ　鹿児島（出水）
いんがらみ　長崎（壱岐島）宮崎（児湯）
いんがらめ　鹿児島（大口・串木野・出水・始良）
いんがらんべ　鹿児島（大口・串木野・出水・始良）
いんがれぶ　鹿児島（薩摩・熊毛）
いんびかね　鹿児島（鹿屋）
うしえび　山口（大島）
うしえびす　東京（八丈島）
うしえびご（テリハノブドウ）東京（三宅島）
うしえべすり　三重（飯南）

うしがねぶ　熊本（球磨）宮崎（東臼杵）
うしからめ　熊本（水俣・芦北）大分（直入）
うしがらめ　熊本（芦北）大分（直入）
うしぐみ　福井
うしごよみ　近江坂田　三重
うしぶどー　静岡（賀茂）福井（大野）広島（比婆）
うばしかずら　高知
うまえひ　浅間社
うまえび　神奈川（足柄上）
うまえびこ　静岡（田方・賀茂）
うまえんつる　千葉
うまかねぶ　長崎（東彼杵）
うまがねぶ　長崎（東彼杵）
うまずいび　新潟（佐渡）
うまのめだま　静岡（駿東）
うまぶどー　山形（山形市）福島（相馬）群馬（勢多）埼玉（秩父）千葉（銚子）神奈川（津久井）長野（東筑摩・長野・更級）新潟　長崎（大村市）
うまぶんど　山形（東村山・北村山）
うまんえんずる　千葉（長生）
うめす　山口（阿武）
うめず　山口（大津・阿武）
うめずかずら　長州
うんぬきかずら　熊本（八代・球磨）
うんぬぎかずら　熊本（八代）
うんまがねび　鹿児島（鹿児島市）
うんまぶどー　神奈川（足柄上）福井
えくび　山口（熊毛）
えったえこぶ　香川
えび　上総　山口（大島・玖珂・都濃・佐波・阿武）
えびいちご　山口（大津）
えびかずら　山口（阿武）
えびかん　山口（大島）
えびこ　和歌山（有田）山口（玖珂）香川　香川（大川）
えびす　山口（大津）
えびすいちご　山口（阿武）
えびすかずら　山口（阿武）
えびずる　千葉（山武）山口（大島・玖珂）
えびぞー　相模
えびつる　東国　京都　千葉（下総）
えびぶどー　山口（玖珂・阿武）
えびまめ　山口（阿武）
えびんしょー　山口（阿武）

えぶかん　山口（大島）
えぶこ　和歌山（日高）　香川（大川・仲多度）
えべす　山口（大津）
えべすかずら　山口（阿武）
えべっしょ　和歌山（日高）
えべっしょー　和歌山（日高）
おいのべ　高知（長岡）
おいのへかずら　高知（土佐・高岡）
おいのべかずら　高知
おいのめ　高知（土佐）
おいのめかずら　高知（土佐）
おーのび　愛媛（上浮穴）
おーのみかずら　山口
おとこがらび　鹿児島（悪石島）
おにのへかずら　高知（長岡）
おにのべかずら　高知（長岡・土佐）
おにぶよだま　長野（北佐久）
おんのへかずら　高知（幡多・高岡）
おんのべかずら　高知
がーら　山口（豊浦）
ががえび　神奈川（横浜）
かがゆび　神奈川（都筑）
かしら　山口（豊浦）
かつらいぼー　山梨（北都留）
かにふ　沖縄（竹富島）
かにぶ　鹿児島（奄美大島）　沖縄（石垣島）
かにふん　沖縄（石垣島）
かにん　沖縄（鳩間島）
かねーぶ　鹿児島（奄美大島）
がねーぶ　鹿児島（薩摩）
がねっ　鹿児島
かねっかずら　鹿児島（肝属）
がねっかずら　鹿児島
がねび　熊本（玉名・下益城）
かねふ　鹿児島（奄美大島）
がねぶ　鹿児島（肝属）　熊本（玉名）
かねぶかずら　鹿児島（奄美大島）
がぶ　鳥取（西伯）　島根（仁多・能義）　岡山（岡山市・苫田）
かまえび　茨城（稲敷）　群馬（山田）　東京　長野（北佐久）
かまえぶ　長野（北佐久）
かまゆび　静岡（磐田）
がらいも　山口（大津）
からすえくぼ　高知（幡多）
からすえび　島根（隠岐島）　山口（阿武・萩市）

からすえびね　鹿児島（川辺）
からすえぶこ　東京（三宅島）　高知（幡多）
からすえびご　東京（三宅島）
からすおんのへ　高知（幡多）
からすおんのべ　高知（幡多）
からすかねび　鹿児島（川辺）
からすがねび　鹿児島（川辺）
からすのうど　富山（射水）
からすのぐんで　富山（砺波・東礪波）
からすのぶどー　千葉　富山（東礪波）
がらせ　岡山（小田）
がらび　岡山（小田）
からぶどー　千葉　福井（鯖江）
がらみ　長州　西土　山口　山口（豊浦・熊毛・都濃・吉敷・厚狭・大津・阿武・美祢）　福岡（嘉穂・築上・三井）　宮崎（東諸県）
からめ　山口（豊浦・厚狭）　福岡（築上）　大分（大分）
がらめ　山口（豊浦・厚狭）　大分（大分市）
からも　山口（都濃・豊浦）
がらも　山口（都濃・豊浦）
からもん　山口（大津）
がらもん　山口（大津）
がらん　山口（美祢・厚狭）　熊本（八代）
がらんどー　山口（厚狭）
がらんぽー　山口（美祢）
かわらぶどー　岩手（遠野・上閉伊）
かんび　香川（小豆島）
がんび　香川（小豆島）
かんぶ　鹿児島（西之表・熊毛）
かんべ　香川（小豆島）
がんべ　香川（小豆島）
きつねがら　鹿児島（始良）
きっねがら　鹿児島（始良）
きつねんかずら　鹿児島
きつねんがらめ　鹿児島（始良・曽於）
きつねんぐゎらめ　鹿児島（日置）
きんねんからめ　鹿児島（鹿児島）
くさぶどー　長野（下伊那・飯田）
くすきのちょーちんかずら　高知（幡多）
ぐんだ　福井（三方・遠敷）
ぐんと　富山（東礪波・西礪波）
ぐんど　富山（砺波）
ぐんどー　福井（三方・遠敷）
ごーのみ　長門　山口（都濃）
ごすべり　石川（鳳至）

ノブドウ

ごよー　富山
ごよび　富山
ごよみ　伊賀
ごよんずり　富山（下新川）
さっとえび　福井（大野）
さとーえび　福井（大野）
さどぶどー　岩手（二戸）
さるえび　山梨（南巨摩）
さるぶどー　新潟
さるぶんど　山形（西部）
さるまなぐ　青森（東津軽）
さるめだま　新潟（岩船）
しーのみ　山口（大津）
しところばし　新潟（中魚沼）
すいかずら　山口（吉敷）
すいちょ　山口（吉敷）
すいちょー　山口（吉敷）
すいのみ　山口（大津）
すいばり　山口（吉敷）
すいひょー　福井（三方）
すいみ　山口（阿武）
すいめ　山口（阿武）
するちょ　山口（佐波）
そぶどー　山口（吉敷）
たぬきのちょーちんかずら　高知（幡多）
たんかずら　鹿児島（薩摩）
つる　長野（佐久）
どくえび　長野（北佐久）
どくえびしょ　和歌山（新宮）
どくえべす　東京（御蔵島）
どくなり　鹿児島（奄美大島）
どくぶどー　新潟（岩船）　山口（熊毛）
どくぶんど　山形（酒田）
どしぶどー　岩手（九戸）　山形（東村山）
どすぶどー　長野（下水内）
どすぶんど　山形（西田川）　長野（下水内）
とりえぶこ　兵庫（三原）
ねこのまなぐ　福島（会津・北会津・南会津）
ねこのめだま　宮城（宮城）　群馬
ねこぶどー　青森　栃木（佐野市）
ねこぶんど　山形（酒田市・飽海）
のぶだー　山口（玖珂）
のぶろー　山口（佐波）
のぼする　長野（南佐久・北佐久）
のぼつる　長野（北佐久）
ばいばいかずら　鹿児島（川辺）

はこぼれ　埼玉（入間）
ばっかけぶどー　埼玉（児玉）
はぬけぶどー　山口（吉敷）
ばばころし　新潟（岩船）
ばばふじ　岐阜（揖斐）
ばりばりかずら　鹿児島（垂水市）
ひとつめ　高知
ひのみのかずら　高知（土佐）
ひめからし　愛媛（宇摩）
ひめっかずら　鹿児島（薩摩）
ぶし　山形（飽海）
ぶす　佐渡　山形（北村山・庄内）　新潟（刈羽・佐渡）　長野（下水内）
ぶどー　青森　岩手　山口（都濃）
へーとーぶどー　岡山（御津・岡山）
へーびいちご　千葉（香取）
へびぶどー　新潟　山口（都濃）
へんびくさ　福井（大野）
ほへとーぶどー　岡山（岡山）
ほんぐね　徳島
またたび　高知（安芸）
まめえび　埼玉（秩父）
みやまつ　新潟（中頸城）
むまぶどー　埼玉（秩父）
めくらぶど　青森（上北・八戸・北津軽・南津軽）　岩手（釜石）　秋田（北秋田・南秋田）
めぐらぶど　青森　岩手（盛岡）
めくらぶどー　北海道松前　仙台　青森（南津軽・北津軽・三戸）　岩手（二戸）　宮城（仙台市）　秋田（北秋田・南秋田）　長野
めくらぶんど　岩手（上閉伊・紫波）　秋田（北秋田）　山形（酒田市）
めぐらぶんど　青森　岩手（釜石）
めくらぶんどー　秋田（平鹿・由利・鹿角）
めだまずる　新潟（中頸城）
めっこぶどー　青森　岩手（上閉伊）
めひからし　愛媛（宇摩）
めひかり　島根（益田市・邑智）　愛媛（新居）
めひかりかずら　愛媛（新居・上浮穴）　高知（土佐）
めひっかずら　鹿児島（薩摩）
もがら　山口（豊浦）
やまえび　岐阜（飛騨）
やまがれぶ　鹿児島（鹿児島市）
やまのめかずら　高知（土佐）
やまぶーどー　奈良（吉野）

やまぶど　島根（能義）
やまぶどー　静岡（下田・賀茂）　岐阜（武儀）
　山口（大島・玖珂・都濃・佐波・厚狭・美祢・
　大津・阿武）　鹿児島（与論島）
んまぶどー　福島（相馬）

ノブノキ → ノグルミ

ノボタン　　　　　　　　　〔ノボタン科／木本〕
いんがんしゃー　鹿児島（奄美大島）
いんくるび　鹿児島（奄美大島）
いんぬちび　鹿児島（奄美大島）
いんぬひ　鹿児島（奄美大島）
いんぬび　鹿児島（奄美大島）
いんぬひちゃ　鹿児島（奄美大島）
いんぬひゃ　鹿児島（奄美大島）
いんぬふぐい　鹿児島（奄美大島）
いんのひちゃ　鹿児島（奄美大島）
いんのひつ　鹿児島（大島）
いんのひゃー　奄美大島
てーにー　沖縄（島尻）
はんきたー　沖縄（島尻）
まっこー　沖縄（国頭）

ノボロギク　　　　　　　　　〔キク科／草本〕
おきゅーくさ　千葉
からすのきゅー　千葉
かりんさんぐさ　長野（北佐久）
かんぎく　長野（北佐久）
きゅーくさ　千葉
しもくさ　長野（北佐久）
しもしらず　長野（北佐久）
たいしょーくさ　静岡（小笠）　千葉
たいしょーそー　千葉
たいないそー　長野（佐久）
ひこーきくさ　静岡（小笠）　和歌山（有田）
ひこーきぐさ　和歌山（有田）
ぽろぎく　千葉
まめかすくさ　千葉
まめかすそー　千葉（印旛）
まんしゅーぐさ　山形（飽海）
みみきかず　青森（津軽）
みみやかず　青森

ノミノツヅリ　　　　　　〔ナデシコ科／草本〕
あせものぐさ　新潟（柏崎）
いとはこべ　長野（北佐久）

こごめくさ　愛媛（新居）
こめぐさ　防州　長野（佐久）
こめな　防州
とりのした　防州

ノミノフスマ　　　　　　〔ナデシコ科／草本〕
あびのみ　岡山
あみのめ　岡山
こごめ　香川（東部）
こごめくさ　群馬（山田）　岡山　愛媛（新居）
こごめぐさ　長門　群馬（山田）
こめぐさ　木曾
こめな　木曾
ちちふんべつ　新潟（西蒲原）
のみのすま　岐阜（恵那）
ひずる　岡山（苫田）
ひめあさしらえ　岐阜（恵那）　長野（下高井）
ひよこくさ　愛媛（周桑）
ほたろぐさ　和歌山（和歌山市）
ほとけのひずり　防州

ノリウツギ　サビタ，ノリノキ　〔ユキノシタ科／木本〕
いぬたで　香川（綾歌）
うつぎ　三重（員弁）
おーすけ　福岡（犬ヶ岳）
おーすけのき　熊本（玉名）
かぎ　岩手（和賀）
かぎのき　岩手（和賀）
がざ　岩手　宮城
かぶうつぎ　木曾
かぶらうつぎ　越中
かぶらき　福井（大野）
かぶらぎ　長野（木曾）
かぶらっき　木曾
かみどろ　群馬（勢多）
がんぎ　山形（最上）
がんのき　秋田（仙北）
きにれ　山形
きのり　高知（高岡）
くさうつぎ　新潟（佐渡）
くそうつぎ　新潟（佐渡）
くろうつぎ　福島（会津）
ごぜいさまのつえ　長野（諏訪）
さした　岩手（岩手）
さひた　岩手（岩手）
さびた　北海道　青森　岩手　秋田

ノリウツギ

さぴた　青森　秋田　岩手
さぶた　青森　岩手（釜石）　秋田
さふたぎ　岩手（上閉伊）
さわふた　青森　岩手
さんぴた　青森　秋田
しゃぴた　青森（八戸）
しろはしぎ　青森（津軽）
しんぎ　鹿児島（屋久島）
たず　愛媛　高知
たずのき　高知（長岡）
たずのり　愛媛（上浮穴・面河）
たにうつぎ　三重（伊賀）
たも　埼玉　山梨　長野　静岡
たもぎ　埼玉（秩父）
とーしみ　三重（度会）
どくぶつ　長野（北佐久）
とろ　埼玉　静岡
とろのき　岩手（九戸）
とろぶ　埼玉（入間）
とろろ　木曾　岐阜　奈良
とろろうつぎ　三重
とろろぎ　三重（度会）　岡山
とろろのき　愛知　奈良
なべらうつぎ　三重（鈴鹿）
にで　三重（多気）
にべ　熊野　岩手　福井　三重　京都　奈良　和歌山和歌山（日高・西牟婁）　徳島（海部）　福岡（八女）
にべうつぎ　和歌山（東牟婁）
にべし　三重
にべのき　三重　和歌山　和歌山（東牟婁）　高知　高知（安芸）
にれ　宮城　山形　栃木　栃木（真岡市）　群馬　新潟　福井　長野
にれき　岩手　宮城
にんべ　岩手（上閉伊・下閉伊・稗貫）
にんべい　岩手（稗貫）
ぬべうつぎ　三重（員弁）

ぬべし　近江坂田　岐阜（揖斐）
ぬれ　福井（大野）
ぬれのき　福井（大野）
ぬんび　岩手（早池峰山）
ねばし　越前
ねばりのき　越前
ねり　宮城　茨城　新潟　福井
ねりうつぎ　新潟（東蒲原）
ねりかつぎ　福井（大野）
ねりかわ　福井（大野）
ねりき　岩手
ねりぎ　岩手　宮城　山形
ねりだま　山形（飽海）
ねりのき　福井　岐阜
のべし　三重（多気）
のり　埼玉（秩父）　高知（香美・安芸）
のりうつぎ　三重（鈴鹿・亀山）
のりがざ　秋田（山本）
のりき　岩手　宮崎（東臼杵）
のりぎ　岩手　宮城　秋田　三重　四国　徳島（美馬・麻植）　愛媛　高知　熊本　大分　宮崎　鹿児島（肝属）
のりのき　岩手　山形　栃木（西部）　群馬（東部）　埼玉（秩父）　愛知　岐阜　岡山　高知　熊本（八代）　鹿児島（肝属）
のれつ　鹿児島（桜島）
ひの　鹿児島（始良・加治木）
ふのり　愛媛（上浮穴）　高知（長岡）
べにうつぎ　三重（員弁）
みずうつぎ　三重（志摩）
めで　新潟　群馬
めでぬき　岩手（上閉伊・気仙）
めでのき　岩手（上閉伊）
やまうつぎ　栃木　栃木（日光）
やまたも　埼玉（秩父）
やまどーしん　和歌山（西牟婁）

ノリノキ → ノリウツギ

ハ

バアソブ 〔キキョウ科／草本〕
とらとら　秋田（鹿角）

ハイイヌガヤ 〔イヌガヤ科／木本〕
まっこぎ　山形（北村山）
まっこぬき　山形（北村山）

バイカアマチャ 〔ユキノシタ科／木本〕
もっこーばな　和歌山（伊都・東牟婁）

バイカウツギ 〔ユキノシタ科／木本〕
しらうつぎ　木曾

バイカオウレン 〔キンポウゲ科／草本〕
おばおーれん　長野（木曾）　岐阜（南部）

バイカモ 〔キンポウゲ科／草本〕
うたぜり　岡山
かっぽくさ　岩手（釜石・上閉伊）
きんぎょぐさ　長野（佐久・上伊那・長野）
ぐんだれ　長野（東筑摩）
も　岩手（二戸）

ハイキビ 〔イネ科／草本〕
たけんこぐさ　鹿児島（川内市）
なじゃき　沖縄（宮古島）

バイケイソウ 〔ユリ科／草本〕
げりめき　新潟（佐渡）
さきそー　熊本（八代）
さぎそー　熊本（八代・球磨）
さつぷし　栃木（日光）
ししのはばき　濃州
ずっくい　岩手（上閉伊）
はえのどく　予州
ばけんそー　伊勢
ゆりば　大和吉野郡

ハイシバ 〔イネ科／草本〕
ぬっぱしば　鹿児島

ハイネズ 〔ヒノキ科／木本〕
はいべほ　静岡（遠江）
はいまつ　静岡
はと　島根（出雲）

ハイノキ 〔ハイノキ科／木本〕
あずさ　肥後五家庄
いぬばい　高知（幡多）
いのこしば　福岡　熊本（八代）　大分　宮崎　鹿児島
えのこぎ　鹿児島（種子島）
えのこしば　鹿児島（種子島）
えへー　愛媛（面河）
かいま　鹿児島（出水）
くろき　周防
くろはい　紀伊
くろばい　紀伊
くろはいのき　周防
こごめしば　愛媛（上浮穴）
こしば　高知（幡多）
こばい　高知（幡多・高岡）
しらばい　高知（高岡）
しろぽー　鹿児島（屋久島）
しんぎそー　島根（鹿足）
しんねそ　山口（佐波）
におつげ　愛媛（宇摩）
ねずしば　愛媛（上浮穴）
ののこしば　熊本（球磨）
はい　高知（幡多・高岡・安芸）　宮崎（西都）
はいかずき　山口（山口）　愛媛（上浮穴）
はいぎ　高知（長岡）
はいしば　高知（土佐）
はいのき　高知
はえかずき　愛媛（面河）
はなしきみ　城州修学院村
はなもち　城州宇治

429

ハイビャクシン

ばりばしば　福岡（犬ヶ岳）
へのき　宮崎
よしちばい　高知（安芸）

ハイビャクシン　〔ヒノキ科／木本〕
いわまつ　山形（飽海）
さしま　伊豆新島
さっこ　岩手（上閉伊）
そなれ　江戸
たにわたり　島根（隠岐島）
はいすぎ　長崎（壱岐島）
ぴけーし　沖縄（鳩間島・石垣島）
へすぎ　鹿児島（薩摩）

ハイマツ　〔マツ科／木本〕
ごょーまつ　秋田
しもふりまつ　青森（下北・上北）　岩手　秋田（北秋田・鹿角）
そなれまつ　筑紫
たけまつ　長野（上伊那）
だけまつ　羽州
ちょーかいまつ　山形（飽海）
つるまつ　長野（駒ヶ岳）
なえのまつ　長野（戸隠山・下水内）
なげのまつ　長野（上水内）
ぶさ　新潟（魚沼）
へーずりまつ　長野（飯田市）
べぽ　愛知（知多）

ハウチワカエデ　メイゲツカエデ　〔カエデ科／木本〕
いたや　青森　岩手　宮城　静岡
うちわかえで　新潟（南魚沼）
おーいたぎ　石川（加賀）
おーかえで　富山　広島
おーばいたや　青森（津軽）　岩手（岩手）
おーばかえで　埼玉（秩父）
おーはだかえで　茨城（大子）
おーばもみじ　茨城　福井（今立）
おーもみじ　宮城（栗原・玉造）
おーもみで　栃木
かえで　青森　宮城　埼玉
かやで　静岡（安倍）
くろいたや　青森（津軽）　岩手（岩手）
じゅーにひとえ　静岡（御殿場）
しろっぱな　群馬（利根）
たちばな　富山（黒部）
たちばないたや　新潟（岩船）
たつばな　富山（魚津）
てんぐは　秋田（仙北）
にっこーいたや　花戸
はうちわかえで　青森（中津軽）
はな　岩手（岩手）
はないたぎ　石川（能登）
はないたや　青森　岩手　秋田（南秋田）
はないだや　秋田（男鹿）
はなかえで　岐阜（恵那）
はなぬき　岩手（岩手）　山形（北村山）
はなのき　青森（西津軽）　岩手（盛岡）　宮城（宮城）　秋田（鹿角・南秋田）　山形（東田川・飽海）　新潟　福井
はなもみじ　群馬（多野）
ほんもみじ　新潟（北蒲原）
めーげつかえで　青森（中津軽）　和歌山（日高）
もみじ　青森　岩手　新潟（佐渡）　群馬　山梨　岐阜　広島

ハウチワマメ　〔マメ科／草本〕
のぼりふじ　山形　和歌山（日高）　山口（厚狭）

ハエドクソウ　〔ハエドクソウ科／草本〕
さかさなもみ　岩手（九戸）
さかさばな　青森（八戸）
さがりばな　青森（八戸）
そぶろ　長崎（対馬・下県）
なごみ　青森
なもみ　岩手（九戸）
にしきな　千葉（山武）
はいころしくさ　熊本（玉名）
はいとりくさ　和歌山（日高・那賀・伊都・有田・東牟婁・西牟婁）　福岡（嘉穂）　熊本（菊池・阿蘇）
はいとりそー　青森
はえどくくさ　岩手（九戸）
はえとりぐさ　秋田（南秋田・鹿角）　山形（北村山）　和歌山　福岡（嘉穂）　熊本（阿蘇）　大分（大分市）　鹿児島（鹿児島）
はえのどく　鹿児島（始良）
はっとりそー　青森
ひゃーんどく　熊本（球磨）
へくさ　鹿児島（薩摩）
へさし　鹿児島（始良）
へさん　鹿児島（始良）

へのどく　鹿児島（姶良・肝属）

ハカマカズラ　　　　　　　　〔マメ科／木本〕
つんじゅ　和歌山
はかまかずら　肥後

ハギ　　　　　　　　　　　　〔マメ科／草本〕
かわらよもぎ　木曾
しょーりゃーばな　新潟（佐渡）
しょろごも　宮崎（東諸県）
ちょーせんはぎ　和歌山（東牟婁）
ときわ　熊本（玉名）
はぎこ　長野（南部）
はぎっこ　茨城（久慈）
はぎっちょ　茨城（久慈）
はぎのこ　鹿児島
はぐしこ　福島
はげこ　長野（下伊那）
ほーき　長野（北佐久）
みやぎの　佐渡
めどはぎ　和歌山（東牟婁）

ハクウンボク　オオバヂシャ　〔エゴノキ科／木本〕
あかみすば　岡山
あびろ　秋田（北秋田）
あびろぎ　山形（北村山）
えご　足尾
おーあかずら　木曾
おーえご　埼玉（秩父）
おーえごのみ　栃木（塩谷）
おーがねのき　島根（石見）
おーかめ　山形（西置賜）
おーがめ　山形　新潟　群馬
おーじしゃ　岐阜（揖斐）
おーじない　広島（佐伯）
おーじょみ　秋田（南秋田）
おーずさ　宮城（加美・黒川）
おーば　日光　茨城　栃木（日光市）　静岡
おーばあかずら　木曾
おーばかめ　山形（東田川）
おーばきしゃ　鳥取（因幡）
おーばこはぜ　静岡（駿河）
おーばじさ　木曾　東濃　栃木（下野西部）
おーばじしゃ　東濃　秋田　兵庫
おーばずさ　宮城（加美・黒川・宮城）
おーばぢしゃ　山形（西置賜）

おーばちない　岡山
おーばのちしゃ　兵庫（但馬）
おーやましで　近江伊吹山
おながし　埼玉（秩父）
おんながし　埼玉（秩父）
おんながしわ　山梨（東山梨）
おんなかしわぎ　甲州河口　静岡（富士山）
くろあさがら　群馬（勢多）
さくしご　岩手（上閉伊）
さくしのき　青森（下北）
さるしべり　青森（東津軽）
じしゃ　山形（東田川）
しゃくしき　岩手（岩手）
しゃくしぎ　岩手（岩手・紫波）
しゃくしご　青森（西津軽）　岩手
しゃくすぎ　岩手（岩手）
ずさ　宮城（刈田）
たにあらし　越前金崎
ちしゃのき　和歌山（有田）
とつば　岩手（胆沢）
なすがら　山梨（南巨摩）
ねじくるい　岩手（下閉伊）
はくうん　江戸
はびら　秋田
はびろ　北海道　青森　岩手　秋田　福井　長野　和歌山
ひとつっぱ　長野（松本市）
ひとつば　青森　岩手　宮城　群馬（利根）　埼玉（秩父）　石川　福井　岐阜（飛驒）　鳥取　岡山　広島　広島（比婆）
ひとっぱ　茨城　埼玉（秩父）
ひめがしわ　山梨
ひゃくしぎ　岩手（東磐井）
びらか　北海道（松前）　青森
ふんぐり　東京
ふんぐりずつみ　埼玉（秩父）　山梨（北都留）
ぺらき　秋田
へらのき　青森（西津軽）
ほんぐりずつみ　埼玉（秩父）
まるこぱ　青森（中津軽）
まるば　福井（大野）
やまずみ　長崎（西彼杵）
よながし　埼玉（秩父）

ハクサイ　　　　　　　　　　〔アブラナ科／草本〕
あおな　福島*　千葉*　大分*

ハクサンコザクラ

まな 三重（北牟婁） 愛媛 愛媛（大三島）

ハクサンコザクラ　ナンキンコザクラ
〔サクラソウ科／草本〕

ゆきわりそー 日光

ハクサンボク
〔スイカズラ科／木本〕

あめだし 鹿児島（鹿児島市）
いせき 鹿児島（川内市）
いせぎ 鹿児島（川内）
いせきのき 鹿児島（揖宿）
いせずら 鹿児島（肝属・佐多）
いせつ 鹿児島（肝属）
いせっ 鹿児島（佐多）
いせつのき 鹿児島（加世田市・肝属）
いせっのき 鹿児島（加世田市・佐多）
いせび 熊本 鹿児島（中之島）
いせびのき 鹿児島（肝属）
いせぶ 鹿児島（甑島）
いせぶのき 鹿児島（垂水市）
いとぞめのき 長崎（壱岐）
いぬでまり 九州
えーとしば 長崎（壱岐）
おとこじみ 長崎（南高来）
かごぶち（シマハクサンボク） 東京（八丈島・小笠原諸島）
かごぶち 東京（八丈島）
じみのき 長崎（南高来・壱岐島） 鹿児島（出水・長島）
じん 鹿児島（鹿児島市）
じんのき 長崎（南高来）
せっかこー 福岡（南部）
ちーばーき 沖縄
とーしみのき 長崎（壱岐島）
なべつし 鹿児島（肝属）
はなしんみ 鹿児島（揖宿）
ひよどいのき 鹿児島（長島）
ひよどりじゅーご 熊本（天草）
むーりー 沖縄
めいしぎー 沖縄
もーりー 沖縄
もりぎ 沖縄
やまえどみと 東京（三宅島）
やまてらし 九州 福岡（筑前）
よとどめ 神奈川（足柄上）

バクチノキ
〔バラ科／木本〕

あかき 鹿児島（甑島）
あかぎ 鹿児島（甑島）
あかた 宮崎（北諸県）
あこー 鹿児島（大根占）
あこぎ 宮崎（北諸県）
あこのき 鹿児島（肝属・鹿屋）
うぐさん 鹿児島（奄美大島）
おんのき 和歌山（那智）
かたざくら 三重（北牟婁・南牟婁）
きのん 鹿児島（奄美大島）
ごいのき 静岡（伊豆）
こーゆす 鹿児島（奄美大島）
さるこかし 静岡（遠江） 鹿児島（薩摩）
さるのめあかし 鹿児島（出水・長島）
さんならめ 鹿児島（鹿屋）
すいぎ 紀州
ちゅんぎ 鹿児島（奄美大島）
つんぎ 鹿児島（奄美大島）
なんじゃもんじゃ 千葉（安房）
にたり 伊勢 三重（伊勢）
ねつさまし 肥前
ばかのき 福岡 福岡（八女）
はきん 鹿児島（奄美大島）
ばくっのき 鹿児島（日置）
はだかのき 三重（北牟婁・南牟婁） 和歌山 島根（石見） 徳島 福岡 福岡（八女） 宮崎（宮崎市）
はっき 鹿児島（奄美大島）
はんざぶくろ 三重（南牟婁・北牟婁）
ひゅーじゅ 宮崎（児湯）
ひょーじょーのき 長崎（壱岐）
びらん 三重（宇治山田市）
びらんじ 静岡（駿河） 和歌山
ひらんじゅ 宮崎（児湯）
びらんじゅ 神奈川（箱根） 静岡（伊豆）
びらんのき 三重
ほーがのき 三重（北牟婁・南牟婁）
みずかし 高知
わぶん 沖縄

ハクチョウゲ
〔アカネ科／木本〕

こごめばな 三重（伊勢市）
はくちん 周防
ばんていし 西土 筑紫
へくそばな 和歌山（日高）

まんてし　鹿児島（肝属）

ハクモクレン　　　　　　　〔モクレン科／木本〕
おーこぼし　丹波
ぎょくらん　香川（高松市）
たうちざくら　青森（三戸）
もくれんげ　佐渡　長州

ハゲイトウ　　　　　　　〔ヒユ科／草本〕
かまつか　愛媛（松山）
がんらいそー　仙台　佐州
げりめき　新潟（佐渡）
ごしきそー　岐阜（恵那）
にしきそー　盛岡
はげいど　青森（八戸）
はげと　愛媛（周桑）
はまんだら　鹿児島　鹿児島（曽於・川辺）
まんだら　鹿児島（肝属）

ハコグリ → クリ

ハコネウツギ　　　　　　〔スイカズラ科／木本〕
あかいろうつぎ　高知（土佐）
あかうつぎ　三重（員弁）
あかうつげ　愛媛（新居）
あかたず　高知（長岡）
あかつげ　愛媛（新居）
あまちゃうつぎ　埼玉（入間）
いぬおつぎ　三重（一志）
いわしばな　秋田（平鹿）
うちぎ　東京（八丈島）
うつぎ　青森　岩手　宮城　山梨　静岡　和歌山
　　高知　熊本
うのき　木曾　高知（長岡）
うのはな　長野　高知　周防
えどうつぎ　青森（南部）
えどだいほ　越中　富山
えろかわり　福島（相馬）
おーかめばな　奈良（吉野）
おつぎ　埼玉（秩父）
おらんだそー　武州
かざ　青森　岩手
がしゃうずぎ　青森（上北）
がじゃうつぎ　青森（上北）
かつつき　青森（津軽）
かまのき　伊豆八丈島　東京（大島・三宅島・御
　　蔵島）

かんさ　秋田
がんじゃしば　青森（津軽）
かんば　神奈川　静岡
くろうつぎ　三重（一志）　高知（土佐）
くろはぎ　加賀
さきわけいわしばな　秋田（河辺）
しーばな　埼玉（秩父）
じつげつうつぎ　埼玉（秩父）
しもうつぎ　神奈川（東丹沢）　山梨（富士吉田）
しもつ　千葉（清澄山・安房）
しもと　千葉（勝浦）
しろうつぎ　山梨（本栖）
しろたず　高知（土佐）
ずいのき　神奈川（三浦）
すいばな　長野（北佐久）　山梨（本栖）
すもっとー　千葉（安房）
せっとーうつぎ　山梨（都留）
そーとめ　神奈川（西丹沢）　島根（簸川）
たうえばな　富山　富山（射水）
たけうつぎ　三重（員弁）
だてばな　熊野　和歌山（日高）
たにうつぎ　宮崎（児湯）
だにばな　三重（一志）
つげ　高知（土佐）
とーうつぎ　長崎（壱岐島）
にわうつぎ　長野（北佐久）
のーしろたず　高知（長岡）
ばうつぎ　千葉（安房）
ばばなかせ　岐阜（飛騨）
はんつけ　山形（飽海）
ほんつげ　愛媛（温泉）
まうつげ　高知（土佐）
みやとこ　高知（香美）
めくらつげ　香川（香川）
やぶふつぎ　高知（長岡）
やまうつぎ　栃木（日光）
よめがはし　甲州
らっぱばな　長野（北佐久）
わすのり　高知（土佐）

ハコネシダ　ハコネソウ　〔ホウライシダ科／シダ〕
あしなが　江州
いしした　駿州
いちょーぐさ　伯州
いちょーしのぶ　阿州　徳島
おずーずー　神奈川（津久井）

ハコネソウ

おずる　神奈川（津久井）
おとのくさ　和歌山（東牟婁）
おらんだそー　武州　相州箱根
からすのあし　越後
きつねのかんざし　越後
くろはぎ　加州
すしたで　和歌山（東牟婁）
すじたで　和歌山（東牟婁）
とらのぐさ　和歌山（東牟婁）
はこねそー　和歌山（東牟婁）
ほーおーそー　甲州河口
ほーおーはぎ　駿河
よめがさら　甲斐
よめがはし　甲州
よめがははき　甲州
よめのかんざし　越後
よめのぬりばし　越前
よめのはし　能登
よめのははき　近江

ハコネソウ → ハコネシダ

ハコネダケ 〔イネ科／木本〕
いじりかっぽー　山口（厚狭）
いじりがっぽー　山口（厚狭）
ちょーちんだけ　山口（厚狭）
まなささ　山口（厚狭）　熊本（玉名）

ハコベ　コハコベ 〔ナデシコ科／草本〕
あさししゃげ　山形（北村山）
あさしらい　長野（下水内）
あさしらえ　長野（下水内）
あさしらき　秋田（由利）　富山（富山・射水）
あさしらぎ　秋田（秋田・南秋田・由利）　山形（庄内）　新潟（中頸城・佐渡）　富山（富山市・射水）
あさしらぐ　庄内　羽州　東尾張　加賀　秋田（北秋田・雄勝・平鹿・仙北）　長野　新潟（西頸城）　富山　福井
あさしらげ　羽州　庄内　賀州　東尾張　秋田　秋田（雄勝）　山形（東置賜・鶴岡）　新潟　石川（加賀）　福井
あさしらべ　秋田
あさしらみ　長野
あさしらん　富山（富山・砺波・射水・東礪波・西礪波）
あさひしゃげ　山形（東置賜）

あさひらぎ　山形（東置賜）
あさらげ　新潟（西蒲原）
あせしらぎ　新潟（中頸城）
いずり　山口（阿武）
いたずけ　新潟
いのこずち　山口（美祢）
うさぎぐさ　香川（島嶼部）
おーうさぎぐさ　瀬戸内海島嶼
おーばこ　香川（綾歌）
おしえぐさ　鹿児島（肝属・薩摩）
おばこ　愛知（一宮市）　兵庫（佐用）　熊本（阿蘇・菊池）
おんばこさん　愛知（海部）
かこべ　秋田（河辺）
かっこべ　青森（青森）
からすのしりふき　香川（丸亀）
からすのしりふり　香川（丸亀）
がらんがらん　山口（都濃）
がんがんくさ　岡山
きりこ　静岡（志太）
ぎんがらくさ　新潟（北蒲原）
こごめくさ　山口（阿武）　愛媛（周桑）
ことりぐさ　山形（西田川）　熊本（鹿本）　大分（大分）
こんぺーとーぐさ　山口（都濃）
こんぺこ　愛知（知多）
こんぺとーくさ　山口（都濃）
さみせんそー　山口（阿武）
しーぴーぴー　愛知（知多）
じごくぐさ　静岡（小笠）
じごくそー　静岡（小笠）
しずめくさ　秋田（由利）
しどめくさ　秋田（山本）
しびびー　京都（葛野）
じむしくさ　静岡（小笠）
じゃらんじゃらん　山口（都濃）
ずいむしぐさ　静岡（小笠）
すかんぴょ　山形（東田川）
すごりくさ　山口（佐波）
すずめくさ　青森（中津軽）　秋田（南秋田・山本）　山形（東村山）　広島（尾道）
すずめぐさ　青森　秋田（山本）　山形（庄内）　愛媛（新居）
すずめのすいこ　長野（北佐久）
すずめんぐさ　山形（東村山）
すもとり　愛知（海部）

ハコベ

すもどり　愛知（海部）
すもとりぐさ　香川（綾歌）
すりえぐさ　山形（飽海）
たいしょーくさ　香川（仲多度）
たこぐさ　熊本（天草）
ちょーちんぐさ　福岡（粕屋）
ちょんちょんぐさ　福岡（福岡市・粕屋）
ちんちんぐさ　岡山（浅口）
つづり　山口（阿武）
つるの　大分（速見）
つるはこべ　伊豆八丈島　木曾　愛知（東春日井）
　　岐阜（恵那）
つれづれくさ　岡山（都窪）
とつぐさ　山形（飽海）
とてーこ　千葉（安房）
とてこっぱな　岐阜（飛騨・吉城）
とりぐさ　滋賀（甲賀）
とりぐさ　山形（飽海）　静岡（志太）　三重（志摩）
とんごろもち　愛知（額田）
にわこくさ　広島（御調）
にわとりくさ　香川（小豆島）　大分（下毛）
にわとりぽーず　山口（熊毛・都濃）
はーこ　宮城（登米）　神奈川（鎌倉）
はくべ　青森（北津軽）　秋田（山本）　新潟（新潟）
はぐべ　青森（三戸）
はくべくさ　愛媛（周桑）
はくべら　大分（大分）
はこ　鳥取（西伯）
はこび　京都（南桑田・宇治・紀伊・乙訓）　奈良
　　（添上）　大阪（大阪・南河内）　兵庫（西宮・三
　　原）　徳島　宮崎（西諸県）　鹿児島（垂水）
はこべ　山口（大島）
はごべ　青森（八戸）　山口（大島・玖珂・美
　　祢・熊毛・都濃・吉敷）
はこべう　山口（佐波）
はこべくさ　福島（相馬）　長崎（南高来）　宮崎
はこべぐさ　熊本（球磨・天草）　宮崎（南那）
はこべずる　愛知（東春日井）
はこべら　木曾末川　若州　山形（飽海）　長野
　　（諏訪）　静岡（小笠・榛原）　岐阜（飛騨・吉城）
　　愛知　愛知（名古屋）　大阪（大阪市）　兵庫
　　（赤穂）　和歌山（西牟婁・伊都）　島根（鹿足）
　　山口（玖珂・大島・熊毛・都濃・吉敷・豊浦・
　　阿武）　愛媛（周桑）　長崎（壱岐島）　熊本（阿
　　蘇・天草・球磨）　大分　宮崎（西臼杵）
はこべんくさ　秋田（南秋田）

はこぽ　京都（乙訓）
はこぽれ　静岡（小笠）
はこり　山口（都濃）
はこんべ　熊本（天草）
はこんべい　秋田（北秋田）
はっかぐさ　山形（飽海）
はっこべ　愛知　和歌山（西牟婁）　兵庫（津名）
　　熊本（玉名・宇土・天草）
はっこり　山口（玖珂）
はながら　千葉（夷隅）
はにし　伊豆八丈島
はにら　伊豆八丈島　静岡　静岡（静岡市・賀
　　茂・志太）
ばばのきんちゃく　愛知
はべら　勢州　三重（北部・松阪・伊勢・志摩）
ひーぐさ　大分（東国東）
びーぐさ　大分（東国東）
ぴーず　岡山（浅口）
ひーずる　岡山（苫田）
ひーずるくさ　岡山（浅口）
ぴーぴーくさ　岡山（児島・都窪）　大分（大分）
ぴーぴーぐさ　大分（大分）
ひじり　島根（能義）　山口（佐波）　広島（高田）
ひじる　広島（御調）
ひずー　鳥取（西伯）
ひずず　山口（吉敷）
ひずり　石州芸州　長州　勢州　兵庫（佐用）　島
　　根　岡山（児島・小田）　広島　広島（山県・高
　　田）　山口（熊毛・厚狭・玖珂・吉敷・美祢・豊
　　浦・大津・阿武）　香川（中部・善通寺・仲多
　　度・綾歌・香川・小豆島）　大分（速見）
ひずりくさ　岡山（小田）　山口（厚狭・阿武）
ひずりぐさ　島根　岡山（岡山市）　山口（厚狭）
　　香川（仲多度）
ひずりそー　山口（都濃）
ひずる　雲州　新潟（中部・長岡）　兵庫（佐用）
　　島根（隠岐島）　岡山（上道・邑久・赤磐・英
　　田・真庭・阿哲・浅口・川上・勝田・津山）
　　広島（芦品・御調・世羅・豊田・深安）　山口
　　（玖珂）　愛媛　香川（高松）　熊本（玉名）
ひずるくさ　岡山（浅口・上道・真庭・児島）
　　広島（佐伯・深安）
ひずるぐさ　岡山（岡山市）
ひずるめ　岡山（吉備）
ひずれ　山口（大島・豊浦）
ひずれぐさ　島根（美濃）

ハコヤナギ

ひっじり　島根（隠岐島）
ひっつきばな　山口（大津島・都濃）
ひつる　備中
ひばり　山口（吉敷）
ひょーこぐさ　島根（出雲市・簸川）
ひよこぐさ　秋田　新潟　静岡　愛知　岐阜（恵那・可児・土岐）　大阪（南河内）　京都（竹野）　兵庫（赤穂・加古・揖保・加東・宍粟）　島根　岡山（浅口・赤磐・小田・吉備・児島・都窪・御津）　広島（賀茂・高田）　山口（厚狭・玖珂・熊毛・佐波・都濃・吉敷）　徳島（那賀）　香川（三豊・丸亀・綾歌・仲多度・小豆島）　愛媛（伊予・宇摩・新居・周桑）　高知　福岡（福岡市・大牟田・鞍手・三池・八幡・小倉）　佐賀　長崎（南高来・平戸）　熊本（阿蘇・天草）　大分（宇佐）　宮崎（西諸県）　鹿児島（鹿児島・大島）
ひよこのえ　秋田
ひよずる　岡山（吉備・浅口）
ひよっこくさ　栃木（宇都宮）　千葉　新潟
ひよっこぐさ　千葉（長生・夷隅）
ひよっこぐさ　山形　新潟
ひよっこそー　静岡（小笠）
ぴよぴよくさ　福島　大分（大分）
ぴよぴよぐさ　香川（西部）　大分（大分）
ぴよぴよぐさ　新潟
びり　山形（飽海）
ひるくさ　京都（紀伊）
ひるもくさ　岡山
ひんずり　丹波　京都（竹野・加佐）
ひんつる　越後
ふぃじり　島根（能義）
ふじり　島根（八束）
へいずる　山口（大島）
へえずり　山口（大島）
へーずりくさ　広島（佐伯）　山口（厚狭）
へずり　讃州　島根　広島（広島・賀茂）　山口　山口（大島・美祢・大津）　香川　香川（高松・香川・仲多度・三豊）
へずりくさ　島根（飯石）
へずりぐさ　島根（那賀）
へずる　島根（隠岐島）　岡山（児島）　愛媛（越智）
へんずる　若州
ぺんぺんくさ　愛知（北設楽・宝飯・碧海）　山口（都濃）
ぺんぺんぐさ　山口（都濃）

ほーべら　高知（長岡・吾川）　愛媛（東宇和）
ほこべ　香川（小豆島）
ほばこ　香川（中部）
まいずる　備前
みぐさ　岡山（上道）
みずはこべ　山口（都濃）
むしずり　予州
むしつり　伊予
めじろくさ　香川（綾歌）　宮崎（宮崎）
めつりくさ　香川
めつりぐさ　香川（綾歌）
ゆずる　岡山（久米）
りぎ　山口　山口（玖珂）

ハコヤナギ → ヤマナラシ

ハゴロモソウ → ノコギリソウ

ハシドイ　〔モクセイ科／木本〕

えごのき　野州
きんつくばね　花戸
くそざくら　山梨（塩山市）
さかば　岩手（早池峰山）
さわかば　岩手（下閉伊）
どすなら　北海道
はしどい　木曾
ぶんごー　北海道
みずき　京都（京都市）
やちかば　北海道　岩手
やちかんば　北海道
やちざくら　長野（上水内）
やまぐわ　栃木（日光）

ハシバミ　〔カバノキ科／木本〕

おんなかしばみ　新潟
かしば　青森（津軽）
かしばみ　青森（陸奥・陸中北部）　長野（長野市・上田市）
かしまめ　秋田（鹿角）　新潟（長岡市）
かんば　羽後
こーっぱ　茨城（稲敷）
こっぱ　千葉（印旛）
しばくり　陸奥　陸中
なつぐり　島根（仁多）　広島（比婆）
はせんぱ　富山（東礪波）
まんしゃく　新潟（北蒲原）
やまくわ　富士山

バショウ 〔バショウ科/草本〕
あそー　沖縄（小浜島）
うー　沖縄（首里）

ハシリドコロ 〔ナス科/草本〕
おーみるくさ　静岡（伊豆）
きちがいぐさ　埼玉（秩父）
さわなす　木曾
さわなすび　長野（木曾）
ななつききょー　江戸
はしりところ　肥後
はるよばわり　武州三峰山
ほめきぐさ　大和
やまほーずき　長野（木曾）
ゆきわりそー　長野（佐久）
よばーり　埼玉（秩父）

ハス 〔ハス科/草本〕
これんげ　周防　長門
つばき　青森（三戸）
でぃん　沖縄（首里）
でん　佐賀
でんこん　佐賀（藤津）
とばす　新潟（西蒲原）
ほとけそー　山形（東田川）
めんだい　愛知（海部）
りん　沖縄（首里・石垣島・竹富島）
れん　熊本（玉名）
れんげ　岩手（紫波）　秋田（北秋田）
れんだい　愛知（海部）

ハスイモ 〔サトイモ科/草本〕
からいも　上総　神奈川（中・平塚）
しろいも　肥後
しろいもじ　高知（土佐）
すーむじ　沖縄（与論島）
ついも　高知（幡多）
つづら　和歌山（西牟婁）
といもがら　鹿児島（垂水・薩摩・長島）
とーいも　鹿児島（肝属・垂水）
はすがら　神奈川（平塚）
みずいも　愛媛（新居）
やつがしら　武蔵
りゅーきゅー　高知　高知（高知市）
りゅーきゅーいも　高知　高知（高知市）

ハスノハイチゴ 〔バラ科/木本〕
ぎょーじゃいちご　和州大峰

ハスノハカズラ 〔ツヅラフジ科/草本〕
いぬかずら　和歌山
いぬつずら　紀州　熊野
いんつずら　鹿児島（中之島）
うばかずら　鹿児島（種子島・熊毛）
おばかずら　和歌山（東牟婁・新宮市）
がたまた　芸州
しじうば　熊野
ちゃがちゃがかずら　和歌山
つすら　和歌山（西牟婁）　高知（高岡）　鹿児島
　（肝属・鹿屋市）
はとくびり　鹿児島（加世田市）
ひょーずる　予州
びるかずら　鹿児島（奄美大島）
やきもちかずら　予州

ハスノハギリ 〔ハスノハギリ科/木本〕
はまぎり　東京（小笠原諸島）

ハゼノキ　リュウキュウハゼ, ロウノキ
〔ウルシ科/木本〕
うるしのき　静岡
かぶれっき　静岡
かぶれのき　静岡　岡山*
かぶれんしょ　和歌山*
こーしぎ　鹿児島（与論島）
さつま　福井（大飯）　京都
ちゃちゃんぽく　静岡
ちょーじゃのかし　佐渡
とーはぜ　鳥取*
ねばのき　長州
のてんぽー　栃木*
はい　鹿児島*
はいまき　鹿児島（川辺）
はいまきのき　鹿児島（加世田市）
はいまけ　鹿児島*
はし　鹿児島　鹿児島（肝属）
はじ　福岡（築上）　長崎（東彼杵）　鹿児島（長
　島・甑島）
はしぎ　周防　和歌山（東牟婁）
はじぎ　鹿児島（奄美大島）　沖縄（首里）
ばじき　沖縄（鳩間島）
はじぎー　沖縄（島尻）

パセリ

ぱじきー　沖縄（石垣島・白保島）
はしのき　鹿児島（川辺）
はしのっ　鹿児島
はじまき　鹿児島*
はしまきのき　鹿児島*
はじゃぎ　鹿児島（奄美大島）
はちまつけのっ　鹿児島（鹿児島）
はつまつけのっ　鹿児島（鹿児島）
まけのき　香川*　高知*　鹿児島*
むぎめしばな　高知（高岡）
やまうるし　新潟（北蒲原）　石川　三重　奈良（南大和）
やまはし　鹿児島（奄美大島）
ろーぎ　愛媛（周桑・伊予）
ろーのき　静岡　香川*　愛媛*

パセリ　オランダゼリ　〔セリ科／草本〕
いじんせり　神奈川（津久井）
せーよーぜり　秋田*　三重*
たいわんぜり　長野（佐久）
よーせり　埼玉*

ハダカホオズキ　〔ナス科／草本〕
いぬほーずき　周防　島根（美濃）　高知（幡多）
きつねのほーずき　神奈川（足柄上）
ちんちかもん　鹿児島（甑島）
ちんちんもん　鹿児島（薩摩）
やまごしょ　鹿児島（垂水市）
やまごしょー　鹿児島（垂水市）
やまのかみのほーずき　佐渡
やまふーずき　鹿児島（甑島・薩摩）
やまふずき　宮崎（北諸県・西諸県）　鹿児島（大口市・垂水市）

ハダカムギ → オオムギ

ハタガヤ　〔カヤツリグサ科／草本〕
ふけぐさ　鹿児島（川内市）

ハタササゲ　〔マメ科／草本〕
あずきささげ　新潟*
いんげんまめ　北海道*　岩手*　長野*　静岡*　三重*　京都*
きささげ　大分*
こさしらず　山梨*
こっちゃーまめ　佐賀*
じゅーはちささげ　滋賀*

じゅーはちまめ　三重*　滋賀*　大阪*
じゅーろー　愛媛
じゅーろく　山梨*　岐阜*
じゅーろくまめ　岐阜*　愛知*　滋賀*
せつささげ　三重*
せつまめ　三重*
せとうち　福岡*
たわけまめ　岐阜*
てなし　北海道*　長野*
てなしささげ　福島*　岩手*
てなしまめ　奈良*
てんじょー　埼玉*
てんじょーあずき　埼玉*
てんじょーなり　群馬*
てんじょーまもり　埼玉*
とーぶろ　千葉*
どじょーまめ　滋賀*　大分*
はこざきささげ　筑前
はこささげ　福岡
ふろー　長野*　徳島*　高知*　大分*
ふろまめ　宮崎*　鹿児島*
ほどまめ　京都*
ぽんまめ　島根*
みささげ　雲州　山口*
みぞ　山口*
みどり　山口*
みとりあずき　岐阜*　三重*　大分*
めずら　埼玉*
もりささげ　筑前
りょーりささげ　筑前　福岡（筑前）

ハタンキョウ　アーモンド　〔バラ科／木本〕
あらんきょ　愛媛（周桑）
いくり　高知（高知市）

ハチク　〔イネ科／木本〕
おーたけ　新潟
おとこたけ　岡山
おんたけ　和歌山（日高）
おんだけ　和歌山（日高）
からたけ　新潟
くれたけ　山口（厚狭）
じょーしゅーだけ　長野（北佐久）
たが　宮城（仙台）
だんちく　筑前
ちんちくだけ　長崎（長崎市）

ハツタケ

はっちく　熊本（玉名）
ひちく　岐阜（加茂・恵那）

ハチジョウイチゴ　〔バラ科／草本〕
からすいちご　東京（三宅島）
さがりいちご　東京（三宅島）
すあび　東京（御蔵島）
ゆび　東京（三宅島）

ハチジョウキブシ　〔キブシ科／木本〕
かつんぎ　東京（御蔵島）

ハチジョウシダ　〔イノモトソウ科／シダ〕
やまわらび　鹿児島（種子島）
わらび　鹿児島（屋久島）

ハチジョウススキ　〔イネ科／草本〕
かんぶと　和歌山（東牟婁・西牟婁）
きぬぐさ　和歌山（天草・日高・西牟婁）
しらてし　和歌山（日高）
はちじょーまぐさ　東京（大島・新島）
まんぐさ　秋田（河辺）

ハチジョウナ　〔キク科／草本〕
うるしくさ　青森
かぶくさ　青森　岩手
かぶぐさ　青森　岩手（九戸）
かまとかえし　青森
かまんどげーし　青森
ねがらみ　青森
はなくさ　青森（津軽）
はなぐり　青森
びんぼーぐさ　青森（津軽）

ハッカ　〔シソ科／草本〕
いきせ　岐阜（飛騨）
かわりくさ　西国
じょろてん　和歌山（日高）
はっかいん　鹿児島（奄美大島）
はっかくさ　福岡（小倉）　鹿児島（日置）
はっかぐさ　鹿児島（日置）
みずたばこ　佐州　新潟（佐渡）
めくさ　長州　鹿児島
めぐさ　埼玉　東京　京都（竹野・中）　広島*　宮崎*　鹿児島（大口市）
めくすり　佐渡

めぐすりのき　宮崎*
めざめぐさ　尾州
めのくすい　鹿児島（阿久根市・薩摩）
めはりぐさ　西国
めばりぐさ　西国

ハッサク　〔ミカン科／木本〕
くものうえ　大分*

ハッショウマメ　〔マメ科／草本〕
おしゃらくまめ　江戸
くずまめ　尾州
ささげ　南部
しゃくじょーまめ　播州
じゅーりまめ　尾州
せんごくまめ　尾州
せんだいささげ　下総佐倉
ちょーせんささげ　西国
てんじくまめ　尾州
なたまめ　伊勢
なるこまめ　讃州
にどじゅーろく　東上総
にどなり　伊勢駿河
はしょーまめ　肥前
はちりはん　江戸　肥前
はっしょーまめ　近江
びんざさら　尾張
ふじまめ　関西　尾州　近江

ハツタケ　〔ベニタケ科／キノコ〕
あいすり　江州
あいずり　南部　勢州　近江　滋賀（蒲生）
あいたけ　因幡　備前　滋賀（蒲生）　鳥取（西伯）　島根（大田・能義）　岡山（岡山・和気）　広島（比婆）　香川（小豆島）
あいだけ　備前　備中
あいづり　江戸
あいつる　勢州
あえたけ　岡山
あおすり　江州
あおはち　美濃　三河　尾張　愛知（知多・名古屋）
あおはつ　山形（東置賜）　広島（比婆）
あかつき　茨城
あやずり　江戸
あやつり　江戸
うるみ　千葉（印旛）

ハドノキ

おなごはじんたけ　秋田（鹿角）
しばはり　香川（小豆島）
しめじ　熊本（玉名）
しゅろなば　宮崎（宮崎）
しょーたけ　岡山
ぬめ　島根（江津）
はつだけ　千葉（安房）
ほんきのこ　千葉（長生）
ほんばったけ　香川（高松）
まつきのこ　山形（酒田）　千葉（香取・夷隅）
まつぎのこ　千葉（夷隅）
まつなば　中国　防州　九州　山口（厚狭）　熊本（下益城）
まつみみ　北国　加賀　富山（高岡）　石川（加賀）
まつみん　富山（砺波）
まつめん　富山（東礪波・西礪波）
まんじょ　富山（下新川）
やっき　茨城
ろくしょ　千葉（夷隅）
ろくしょー　山形　千葉（夷隅・君津）
ろくしょーだけ　岩手（九戸）
ろくしょーはじんだけ　秋田（鹿角）
ろくしょーはつたけ　山形（西置賜・飽海）
ろくしょはつたけ　秋田（雄勝）

ハドノキ　〔イラクサ科／木本〕

いものき　鹿児島（屋久島）
いもめ　鹿児島（屋久島）
うまいちご　鹿児島（屋久島）
かわしゃしゃぶ　高知
かわやなぎ　高知（幡多）
ぎむるぎ　鹿児島（奄美大島）
こーはた　鹿児島（奄美大島）
たいぜ　鹿児島（川辺）
たいぜんは　鹿児島（川辺）
たいたいしば　鹿児島（川辺）
たないのき　鹿児島（屋久島）
なべわら　鹿児島（奄美大島）
なべわり　鹿児島（奄美大島）
はうべい　沖縄
はだら　鹿児島（肝属）
はどんは　鹿児島（肝属）
はんどー　鹿児島（種子島）
まんがんぎ　鹿児島（奄美大島）
みずき　鹿児島（悪石島）
みずぎ　鹿児島（中之島）

ハトムギ　〔イネ科／草本〕

ぎしだま　山形　島根（隠岐島）
くすだま　作州
げしだま　島根（隠岐島）
こーぽー　広島*
こーぽーむぎ　岐阜*
しこくむぎ　防州　兵庫*
じしだま　山形（西置賜・南置賜）
じゅずたま　青森（津軽）
じゅずだま　青森
しるむぎ　山梨*
ずずだま　山口（豊浦）
ちょーせんむぎ　岐阜*　兵庫*
とーむぎ　岐阜*　兵庫*
はちくぼ　岐阜*
はちこく　宮城*　茨城*　栃木*
はちほく　愛知*

ハナイカダ　〔ミズキ科／木本〕

あおき　岩手（岩手・気仙）　香川（香川）
あずきな　和歌山（有田）
いばなのき　佐渡
いぼな　江州　新潟（佐渡）　滋賀
いぼなのき　新潟（佐渡）
おとこじんがら　鹿児島（始良）
おとこやま　宮城（宮城）
かたなぎ　愛知（段戸山）
きほーずき　愛知（南設楽）
きほーずき　愛知（東加茂）
くだき　三重（一志）
このめ　群馬（利根）
そっで　鹿児島（始良）
つきつき　岡山（苫田）
つきで　宮崎（西臼杵）　大分　鹿児島
つきでのき　宮崎
つくで　鹿児島（肝属・垂水）　大分（由布院）
つくでんは　鹿児島（肝属・大口・垂水）
つつで　鹿児島（日置）
つっで　宮崎　鹿児島（日置）
つっでんは　宮崎（北諸県）
てずつ　木曾　濃州　岐阜（美濃・東加茂）　富山　福井
とーしみ　三重（員弁・伊賀）
とーしん　三重（伊賀）
とーだい　愛知（段戸山）
とりふく　鹿児島（奄美大島）

なきな　奈良（吉野）
はごのき　紀州熊野
はとばのき　岐阜（揖斐）
はなうつぎ　鹿児島（出水）
はもも　和歌山（那智）
ほーずき　静岡（南伊豆）
ほーずきのき　長野（北佐久）
まごのて　広島（比婆）
ままこ　甲斐河口　信濃　山形　山梨　静岡
ままこき　野州
ままこぎ　日光　鹿児島（大口）
ままこで　岩手（江刺）
ままこな　三重　岡山　熊本　宮崎（東臼杵）鹿児島
ままこのき　神奈川　三重（員弁）
ままこのて　岩手（東磐井）
ままさい　群馬（勢多）
ままっこ　栃木　群馬　群馬（勢多）　埼玉　埼玉（秩父）　東京（八王子）　神奈川　神奈川（津久井）　山梨　長野　静岡
むきむき　山梨（郡内）
むこな　香川（綾歌）
やまでー　鹿児島（奄美大島）
やまほーずき　長野（北佐久）　静岡
よめな　和歌山（伊都）
よめのてのひら　静岡
よめのなみだ　三重（一志）　和歌山（高野山）
らおぎ　三重（飯南）

ハナウド　〔セリ科／草本〕
がっき　山形（西田川）
かっちき　山形（西田川）
かわばくし　熊本（球磨）
さーぐ　岩手（二戸）
さく　山形（北村山・庄内）　秋田（平鹿）
せぎ　山形（東田川）
そらで　鹿児島（肝属・垂水）
にっそば　福井（今立）
にほくさ　秋田
にょー　秋田（南秋田）
のーぐさ　新潟
まっかさく　秋田（雄勝）
やぼどせん　鹿児島（薩摩）
やぼどぜん　熊本（球磨）　鹿児島（薩摩）

ハナカエデ → ハナノキ

ハナガガシ　〔ブナ科／木本〕
せんぱがし　宮崎（都城）
はなが　鹿児島（出水）
はなががし　宮崎
よし　鹿児島（大口市）
よしかし　鹿児島（大口市）
よしがし　鹿児島（大口市）
よしのき　鹿児島（薩摩）

ハナガサギク　〔キク科／草本〕
くさだりや　長野（佐久）
くさぼたん　長野（佐久）
ちょーせんだりや　長野（佐久）
ちょーせんひまわり　長野（佐久）
ひめひまわり　長野（佐久）
りんぎく　長野（佐久）

ハナカツミ → マコモ

ハナキリン　〔トウダイグサ科／木本〕
がんだいこー　沖縄（島尻）
にぎぼたん　鹿児島（奄美大島）

ハナササゲ　〔マメ科／草本〕
げんぶくまめ　備前

ハナショウブ　〔アヤメ科／草本〕
あやめ　岩手（九戸）
うまこばな　青森（八戸）
うまばな　山形（庄内）
かいとばな　木曾
かけす　山形（西置賜）
かっこ　秋田（雄勝）　山形（東村山・最上・西置賜・東置賜）　福島　新潟
かっこー　山形（北村山）　秋田（雄勝）
かっこーばな　山形（東村山）
かっこばな　山形（東置賜）
さおとめばな　青森（西津軽）
しょとめ　秋田
しょどめ　秋田（秋田）　岩手（岩手）
そとめ　青森（上北）
たうえくさ　岩手（九戸）
たうえばな　岩手（九戸）
やちあやめ　青森（八戸）

ハナズオウ　〔マメ科／木本〕
からすばな　鹿児島

ハナタデ

しお　山形（東田川）
つるむらさき　佐渡
はしのき　伊豆八丈島
はなむらさき　越後

ハナタデ　〔タデ科／草本〕
あいくさ　山形（北村山）
うまたで　高知（土佐）
こめばな　富山（西礪波）
はっかぐさ　山形（東田川）

ハナチョウジ　〔ミカン科／木本〕
おにかそ　熱海
おにしばり　甲州

バナナ　〔バショウ科／草本〕
とーばしゃ　鹿児島（沖永良部島・与論島）
ばさない　沖縄（那覇市）
ばしゃない　沖縄（首里）
ばしゃなり　鹿児島（奄美大島）
ばしょーのみ　広島（比婆）
ばしょんみ　鹿児島　鹿児島（肝属）
ばそーぬなり　沖縄（石垣島）

ハナノキ　ハナカエデ　〔カエデ科／木本〕
しらはしのき　京都
しろばな　長野（松本）
なまえ　木曾
めぎ　岐阜（恵那）

ハナヒリノキ　〔ツツジ科／木本〕
あかわん　山形（米沢市）　神奈川（箱根）
あくしょぎ　北国　加州　山形（南置賜・北村山）
あくしょのき　山形
うじころし　山形　群馬　新潟　新潟（佐渡）
　富山　長野
うじごろし　青森　岩手　富山（東礪波・五箇山）
うまあれーうつぎ　新潟（佐渡）
おとこやま　岩手　宮城
おひしや　北海道
くさめのき　秋田
くしゃみのき　長野
ごーじころし　長野（北安曇）
ごきす　三重（三重）
しぶき　青森　岩手
にがき　富山（東礪波・五箇山）

はくしょぎ　秋田
はくしょのき　山形（飽海）
はだかぎ　江州　滋賀（坂田）
はないぶし　秋田（北秋田）
はなしび　北海道（十勝）
はなしみぎ　新潟（北魚沼）
はなしむぎ　岩手（和賀）
はなしもぎ　岩手（和賀）
はなしゅみぎ　新潟（北魚沼）
はなしゅんぎ　新潟（北魚沼）
はなしょみぎ　山形（飽海・東田川）
はなしょみぎ　新潟（岩船）
はなしょみな　山形（飽海・東田川）
はなしょも　新潟（岩船）
はなしょもぎ　秋田（南秋田・平鹿）
はなしょよごみ　秋田（仙北・雄勝）
はなしんぎ　群馬（利根）
はなひりのき　青森（中津軽）
はなふすべ　山形（飽海）
はなへり　福井（三方）
ぴりぴりぐさ　宮城（名取）
みやまかつふし　伊吹山　滋賀（坂田）
むしころし　岐阜（加茂・大白川）
やまおとこ　岩手（稗貫）
やまなんばん　福井（三方）

ハナマメ → ベニバナインゲン

ハナミョウガ　〔ショウガ科／草本〕
しくしゃ　鹿児島（熊毛・種子島）
しゅくしゃ　静岡
やぶみょーが　長州　筑紫
やましょーが　静岡　和歌山（新宮市・東牟婁）
　宮崎（西諸県）　鹿児島（鹿児島・加世田・国分）
やまみょーが　熊野　和歌山（東牟婁）　宮崎
　（児湯）

ハナワラビ　〔ハナヤスリ科／シダ〕
とこわらび　越後

ハネガヤ　〔イネ科／草本〕
どーのけ　長野（佐久）

パパイヤ　〔パパイヤ科／木本〕
ばんしょーうい　鹿児島（与論島）
ばんすゐー　鹿児島（奄美大島）
べんすうい　沖縄（島尻）

ハハコグサ

まんじゅ　沖縄（小浜島）
まんじゅい　沖縄（竹富島）
まんじゅーいー　沖縄（首里）
まんじゅまい　沖縄（石垣島）
まんじゅみ　沖縄（石垣島）
まんじょーまい　鹿児島（奄美大島）
まんずい　沖縄（鳩間島）

ハハキクサ → ホウキギ

ハハキモロコシ → ホウキモロコシ

ハハコグサ　　　　　　　　〔キク科／草本〕
あわごめ　熊本（玉名）
あわぶつぶつ　熊本（玉名）
いづこ　青森
うかしぶつ　肥前
うさぎぐさ　山形（飽海）
うさぎのみみ　静岡（賀茂）　山口（岩国・玖珂・吉敷）
うさぎみみ　山形（飽海）
えじこだたみ　青森
えづこ　青森
おーばこ　香川
おーもちくさ　長門
おぎょー　千葉（山武）　山口（都濃・阿武）
おこばな　和歌山（海草・日高）
おたばこそー　愛媛（北宇和）
おとーさんよもぎ　広島（安芸）
おとこちちこ　新潟（西蒲原）
おとこもぐさ　岐阜（恵那）
おとこよもぎ　佐渡　木曾　島根（美濃）
おとのさまのたばこ　愛媛（南宇和・北宇和）
おとのさんゆむぎ　広島（深安・安芸）
おとのさんよもぎ　広島（安芸）
おばこ　香川
おばこくさ　佐賀（唐津）
おやごくさ　愛媛（越智）
からしぶつ　西海
からすのおきゅー　香川（東部）
からよもぎ　島根（隠岐島・周吉）
かわちじこ　信濃
かわちぢ　長野
かわちちこ　信濃
かわちぢこ　青森
かわらしちこ　山形（東田川）
かわらしづこ　青森
かわらぢぢ　青森

かわらちちこ　山形（東田川）
かわらつんこ　山形（東田川）
かわらつんつこ　青森　山形（東田川）
きつねんたばこ　宮崎（東諸県）
きばなぐさ　鹿児島（姶良・国分）
ぎゃーろつりぐさ　静岡（富士）
きんきんぐさ　愛媛（周桑）
きんどろのはな　岐阜（安八）
きんなん　長野
きんばな　静岡（富士）
きんよむぎ　青森
こーじばな　上総　讃州　千葉（印旛・山武）　和歌山（東牟婁）
こーじぶつ　肥前　佐賀（東松浦）
こーずりな　千葉（山武）
ごぎょー　岩手（二戸）　山口（玖珂・都濃・厚狭）　香川（高松）
ごぎょーぶつ　筑前　九州
ごぎょーよもぎ　九州
ごぎょぶつ　九州
ごぜんくさ　岩手（東磐井）
じじこ　秋田（鹿角）
したりぐさ　青森
しねりくさ　青森
じょーかよもぎ　愛媛（南宇和）
しりつまいぐさ　鹿児島（肝属）
しりつまりぐさ　鹿児島（肝属・垂水）
しろぶつ　鹿児島（硫黄島）
しんじこ　秋田（鹿角）　山形（東村山）
しんちこしんちこ　秋田（鹿角）
ずっこ　青森
たばこくさ　山口（厚狭・阿武）　愛媛（北宇和）
たばこぐさ　山口（阿武）
たびらこ　島根（仁多）
たぶらこ　島根（仁多）
たぽーこ　島根（出雲）
たまご　群馬（山田）　和歌山（海草）　愛媛（松山・温泉）
たまごくさ　和歌山（有田・日高）　愛媛（宇和島・温泉・周桑）
たまごぐさ　群馬（山田）　新潟（直江津）　和歌山（有田・日高）
たんぽばーこ　鳥取（西伯）
ちーこ　静岡
ちち　新潟（佐渡）
ちちくさ　栃木（那須）　新潟（刈羽）　香川（東

ハハコグサ

部）愛媛
ちぐさ　遠江　新潟（直江津市）　静岡（志太）
ちちこ　木曾　岩手（水沢）　秋田（鹿角・北秋田）　山形（東村山）　新潟　長野（下水内）　静岡　兵庫（美方）
ちぢこ　秋田（鹿角）
ちちこぐさ　岐阜（郡上）　新潟（南蒲原）　愛媛（松山）
ちちっこ　長野（北安曇）　和歌山（日高）
ちちっこぐさ　長野（大町）
ちちっこばーこ　鳥取（気高）
ちちっこもち　長野（北安曇）
ちちばーこ　鳥取（気高）
ちっこぐさ　長野（大町）
ちんこ　静岡
つずみぐさ　佐渡　新潟（佐渡）
つつこ　青森　山形（東村山）　新潟（北蒲原）
つづこ　青森　岩手（水沢）　山形（東村山）　宮城
つづみぐさ　佐州
てんじくもち　山口（萩・厚狭・玖珂・都濃・阿武）
とーこ　尾張
とーご　木曾　尾張　愛知（宝飯）
とのさまぐさ　防州
とのさまげんげ　山口（大島）
とのさまげんげな　山口
とのさまたばこ　紀州
とのさまのたばこ　愛媛（北宇和）
とのさまのよもぎ　愛媛（東宇和）
とのさまゆむぎ　兵庫（津名・三原）
とのさまよむぎ　兵庫（津名）　山口（玖珂・大島）
とのさまよもぎ　紀州　熊野　和歌山（西牟婁）　島根（鹿足・美濃）　広島（大竹・佐伯・安芸）　山口（玖珂・阿武）　愛媛（上浮穴・東宇和）　福岡（福岡市）
とのさまれんげそー　山口（大島）
とのさんよもぎ　広島（佐伯・高田・安芸）　山口（大島）
とのはんよもぎ　愛媛（周桑）
とんご　木曾　愛知（愛知・碧海）
とんごもち　愛知（東春日井）
とんごろもち　愛知（額田）
にく　兵庫（赤穂）
ねこのみみ　江戸　新潟（佐渡）　奈良（山辺）　山口（玖珂・熊毛）
ねずみのみみ　千葉　静岡（賀茂・田方）　新潟（佐渡）　奈良

ねばりぶつ　大分（宇佐）
ねばりもち　下野宇都宮　下野　栃木
のごーし　長門　周防
はーこ　宮城（登米）　静岡（志太）　兵庫　鳥取（岩美西伯・気高）　島根（出雲・簸川）
はーご　岩手（東磐井）
はーこぐさ　兵庫（洲本）　島根（簸川・美濃）
はーこさん　島根（出雲市・簸川）
はこ　山形（東置賜）　福島（相馬）　島根（簸川・大原）
はこくさ　福島（相馬）
はこび　京都（京都）
はこべ　福島（信夫）　千葉（長生）　京都（京都市）　大阪（泉北）
はたけしちこ　山形（米沢市）
はっこり　島根（八束）
はなぐさ　青森（三戸）　岩手（紫波）
ははぐさ　香川（島嶼）　愛媛（島嶼）
ははこぐさ　大阪（豊能）　岡山（御津）　愛媛（越智）
ははっこ　静岡（富士）
ひきよもぎ　香川（高松市）
ひずり　島根（隠岐島）
ひなさんよもぎ　島根（隠岐島）
ひなよもぎ　島根（益田市・大田市）
ひよこくさ　千葉（長生）
ひよこぐさ　熊本（天草）
べいべいくさ　山口（玖珂）
ぺーぺーぐさ　山口（玖珂）
ほーか　福井
ほーこ　山梨（東山梨）　滋賀（彦根）　京都（竹野）　大阪（泉北）　和歌山（日高）　兵庫（明石）　島根（美濃）　岡山（苫田・児島・岡山）
ほーこー　京都（竹野）　島根（石見・邑智）　岡山（浅口・児島）　広島（比婆）
ほーこーくさ　岡山（御津）
ほーこーばな　岡山（邑久・岡山市）　広島（比婆）
ほーこーよもぎ　島根（鹿足・美濃・那賀）　岡山（浅口・御津）　広島（向島）
ほーこくさ　新潟（新潟）　和歌山（海草・東牟婁・西牟婁）　岡山（御津）　島根（美濃）　山口（玖珂）　香川（高松）
ほーこさん　兵庫（飾磨）　島根（邇摩・邑智・石見）
ほーこばな　広島（安芸・上蒲刈島）
ほーこよむぎ　島根（美濃）

ほーこよもぎ　島根（石見）
ほーべら　徳島（美馬・三好）
ほこほこ　大阪（泉北）
ほこよもぎ　島根（美濃・那賀）
ほとけのざ　愛媛（東宇和）
ほんこー　島根（邑智）
まわたそー　岐阜（海津）
もちくさ　周防　静岡（志太）
もちぐさ　周防　長門　青森（三戸・八戸）　岩手（上閉伊）　山形（東田川・南置賜）　東京（三宅島・八丈島）　静岡（田方）　長野　新潟　和歌山（西牟婁）　山口（豊浦・美祢・阿武・大津）　長崎（長崎）　鹿児島（薩摩）
もぢくさ　青森
もちなぐさ　島根（安濃）
もちばな　豊後
もちぶつ　肥前
もちよもぎ　香川（高松市）
もっこくさ　和歌山（新宮）
もっこぐさ　和歌山（東牟婁）
やまもちぐさ　徳島
よめな　山口（都濃）
わたぐさ　群馬（多野）　山口（都濃）

ハハソ　→　コナラ

ハバヤマボクチ　〔キク科／草本〕
のごんぼ　鹿児島（肝属）
やまごんぼ　鹿児島（垂水市）

ハブソウ　〔マメ科／草本〕
いしゃいらず　和歌山（海南・新宮・東牟婁）
おだいしまめ　岡山
ちゃまみ　鹿児島（与論島）
ちゃまめ　山口（大島）　長崎（南高来）
どくけーし　高知
どくけし　静岡（榛原）　和歌山（新宮市・東牟婁）　岡山（御津）　徳島（美馬）
どくけしまめ　山口（厚狭）
どっけし　徳島
はぶちゃ　島根（美濃・能義）　岡山（英田）　鹿児島
まめちゃ　山口（大島）

ハボタン　オランダナ　〔アブラナ科／草本〕
しょかつな　仙台　長州
とーな　加賀

はなかんらん（チヂミバカンラン）　北海道*　新潟*　富山　愛知　兵庫　長崎　熊本　宮崎
はなたまな（チヂミバカンラン）　岩手*　秋田*
ぼたんな　播州
らんな　江戸　東京

ハマアオスゲ　〔カヤツリグサ科／草本〕
いそすげ　和歌山（和歌山市・西牟婁）

ハマアザミ　〔キク科／草本〕
いそあざみ　紀伊熊野
いそごぼー　鹿児島（中之島）
はまごぼー　志州波切　和歌山（西牟婁・東牟婁）
はまごんぼ　和歌山（日高）

ハマイヌビワ　〔クワ科／木本〕
ありきゃねく　鹿児島（奄美大島）
びっき　鹿児島（奄美大島）

ハマウド　〔セリ科／草本〕
くじらぐさ　和歌山（西牟婁）
ときわのはちじょーそー　江戸

ハマエンドウ　〔マメ科／草本〕
えんどー　山形（飽海）
きつねまめ　松前　北海道（松前）　山形（庄内）
くさふじ　薩摩
ごまめ　新潟（刈羽）
しょーぶ　島根（那賀）
とりばな　伊勢
はちはちえんどー　島根（隠岐島）
はまえんど　鹿児島（薩摩）
はまえんどー　島根（美濃）　鹿児島（揖宿）
はまごまめ　千葉（九十九里浜）
はまのえんど　島根（能義）
はまのまめ　島根（能義）
びーびーびー　群馬（多野）
まめぐさ　山形（飽海）

ハマオモト　ハマユウ　〔ヒガンバナ科／草本〕
いさねくさ　鹿児島（喜界島）
おもと　徳島　徳島（海部）
おらんだおもと　防州
さでぃふ　沖縄（宮古島）
さでぃふかー　沖縄（石垣島）
さでく　鹿児島（奄美大島）

しだふか　沖縄（鳩間島）
しまおもと　駿河熱海
はまおもと　周防
はまがみ　鹿児島（薩摩・甑島）
はまがん　鹿児島（肝属）
はまばしょー　水戸　西土
はまゆい　鹿児島（鹿児島市）
はまゆー　長門　伊豆大島
はまゆり　紀伊熊野　東京（三宅島）　和歌山（東牟婁）
はまよー　東京（八丈島）
はまんこ　東京（新島）
ぶら　鹿児島（奄美大島）
ほーがめ　志摩

ハマカンギク → シマカンギク

ハマカンザシ　　　　　〔イソマツ科／草本〕
はなかんざし　新潟
まつばかんざし　新潟
まつばこざくら　新潟

ハマギク　　　　　〔キク科／草本〕
いそぎく　伊豆八丈島
ぼたんこばな　山形（飽海）

ハマキャベツ　　　　　〔アブラナ科／草本〕
はまちしゃ　京都*　和歌山*　香川　愛媛*

ハマクサギ　　　　　〔クマツヅラ科／木本〕
いぬつげ　高知（高岡・幡多）
いぬのくそ　大分　宮崎
いぬのへ　大分　宮崎
うつげ　高知（幡多）
えーがら　鹿児島（甑島）
おーくさもくさ　愛媛（南宇和）
おにのへのき　山口（厚狭）
かぐさ　高知（高岡・幡多）
かつぼぎ　高知（幡多）
きくばこくさぎ　東京
くさぎ　高知（高岡・幡多・吾川）　三重（度会）
くしぎ　高知（幡多）
こーやのじょーざん　紀州花戸
ごぜのき　防州
こめごめ　福岡（粕屋）
こめごめのき　長崎（壱岐島・対馬）
ごめのき　長崎（対馬）

じゃこーぎ　高知（幡多）
しょしょぶき　愛知（東部）
しょぶしょぶのき　三河
しらぎ　高知（高岡）
しらつげ　高知（幡多）
しろぎ　高知（幡多）
しろつげ　高知
つげ　高知（幡多）
なつとべら　長崎（対馬）
なつはし　日州
にがき　高知　高知（安芸・高岡）
はもけぎ　高知（幡多）
ひゃーがら　熊本（天草）
へいのき　鹿児島（肝属）
へーがら　長崎（南高来）　鹿児島（出水・長島）
へおい　鹿児島（種子島）
へから　宮崎（都城）
へがら　鹿児島（桜島・屋久島）
へがらのき　鹿児島（甑島）
へくさりのき　長崎（壱岐島）
へくさんぼのき　高知（高岡）
へひりのき　長崎（壱岐島）
へんどくさ　高知（高岡）
ぼーずくさ　熊本（球磨）
ぼくさ　愛媛（西宇和）
ぼったぎ　鹿児島（屋久島）
まゆみ　徳島（海部）
みがき　高知（高岡）
やまぐわ　高知（幡多）
ゆみぎ　高知（高岡・幡多）
ゆみのき　長崎（平戸）
りんのき　和歌山（東牟婁）

ハマグルマ　　　　　〔キク科／草本〕
なーまん　鹿児島（与論島）
ねこのした　長崎（福江市）　鹿児島（日置）

ハマゴウ　　　　　〔クマツヅラ科／木本〕
がじゃんぎ　鹿児島（奄美大島）
せんぼー　防州
はまかずら　鹿児島（肝属）
はまちしゃ　鹿児島（日置）
はまつばき　佐渡
はまはぎ　出雲
はまほー　安芸　長門
はまほーのき　筑前

ハマナタマメ

はまんぼー　島根（美濃）
ほー　土州
ほーぎ　鹿児島（沖永良部島）
ほーのき　伊豆三宅島　駿河　三州　土州　和歌山（東牟婁・新宮）　高知　鹿児島（甑島）
ほーのつら　伊豆八丈島
ほーぶし　鹿児島（与論島）
ほがーら　鹿児島（日置）
ほがら　鹿児島（日置）
ほがれ　鹿児島（日置）
ゆなぎ　鹿児島（奄美大島）

ハマコンギク　〔キク科／草本〕
のぎく　東京（三宅島）

ハマジンチョウ　〔ハマジンチョウ科／木本〕
しゅーぎ　鹿児島（加計呂麻島）

ハマスゲ　〔カヤツリグサ科／草本〕
かぶし　沖縄（石垣島）
くぐ　長州　徳島
くご　青森（上北）
こーぶし　和歌山（日高）　島根（益田市・美濃）　岡山（都窪・御津）　山口（厚狭）　福岡（八女）　熊本（玉名）　鹿児島（薩摩・川内・熊毛・種子島・与論島）　沖縄（首里）
こーぼし　山口（厚狭・萩市）　長崎（壱岐島）　熊本（菊池・八代）
こーぽすくさ　長崎（南高来）
こばし　宮崎（東諸県）
こぶくさ　和歌山（田辺市）
こぶぐさ　和歌山（田辺市）
こぶし　石川（鳳至）　兵庫（赤穂）　和歌山（新宮・田辺・東牟婁・西牟婁・日高）　福岡（嘉穂）　熊本（球磨）　大分（大分・宇佐）　宮崎（宮崎・西諸県・北諸県）　鹿児島（肝属）
こぼし　鹿児島（加世田市・川辺・姶良・揖宿・肝属・薩摩）
すげ　新潟（佐渡）　岡山（都窪）
ねんじゅぐさ　兵庫（淡路島）
はなび　和歌山（有田）
ほーぶし　鹿児島（沖永良部島）
ほーふび　長崎（南松浦）
ほーぶひ　長崎（五島）
ほーぽひ　長崎（五島）
ほーほび　長崎（南松浦）

やがら　讃州　香川
やわらい　島根（美濃）

ハマゼリ　〔セリ科／草本〕
おばせり　熊野
きりしまにんじん　薩州
せたおにんじん　薩州
はまにんじん　山形（飽海）
やぶしらみ　長州

ハマセンダン　ウラジロゴシュユ, シマクロキ　〔ミカン科／木本〕
くろき　鹿児島（奄美大島）
げたのき　長崎（平戸市）
さいかち　高知（高岡・幡多）
しばくろぎ　長崎（平戸）
しまくろ　鹿児島　沖縄
しまくろぎ　鹿児島（大隅）
にがき　高知（幡多）
ふるん　沖縄（与那国島）
やまぎり　熊本（水俣）
やまぐるち　沖縄（首里）
やまくろ　沖縄
やませんだん　高知（幡多）　長崎（南高来）

ハマナ　〔アブラナ科／草本〕
たいしょーな　神奈川*
べかな　東京*

ハマナシ　ハマナス　〔バラ科／木本〕
きんちゃくぼたん　長野（佐久）
はいだま　岩手（上閉伊）
はなたちばな　筑紫
ばら　岩手（盛岡市）　秋田（山本・北秋田）
ばらぼたん　長野（北佐久）

ハマナス　→　ハマナシ

ハマナタマメ　〔マメ科／草本〕
いそたちわけ　鹿児島（阿久根市・硫黄島）
いそたっぱけ　鹿児島（川辺）
いそたっぱけ　鹿児島（川辺）
いそまめ　伊豆八丈島　長門　周防　和歌山（日高）
うまのくら　高知（幡多）
うまんこ　鹿児島（肝属）
うまんご　鹿児島（肝属）
うんまーみ　鹿児島（与論島）

ハマナツメ

たちわき　土州
たっぱけ　鹿児島（日置）
たっぱけ　鹿児島（日置）
はまくすかずら　薩州
はまたてわき　阿州
はままめ　周防

ハマナツメ　　　〔バラ科／木本〕
さいかちいばら　静岡

ハマナデシコ　フジナデシコ　〔ナデシコ科／草本〕
いそがんひ　山城
はまなでしこ　佐渡　和歌山（西牟婁）

ハマニガナ　　　〔キク科／草本〕
いわいちょー　和歌山（西牟婁）
ぽーふのおば　志摩

ハマニンドウ　　　〔スイカズラ科／木本〕
いぬにんどー　和歌山（西牟婁）
しろまさき　鹿児島（甑島）
ねこかずら　鹿児島（垂水市）

ハマヒサカキ　　　〔ツバキ科／木本〕
あいのき　三重（志摩）
いそさかき　高知（高岡）
いそしば　長崎（南高来・対馬）
いそつぎ　鹿児島（奄美大島）
いそつげ　鹿児島（肝属）
いそべ　和歌山（西牟婁）
いそびしゃこ　和歌山（日高）
うっちんぎ　沖縄（与那国島）
おとこさかき　鹿児島（甑島・西長島）
おとこしば　鹿児島（川辺・日置・長島）
がらすぎーまぎ　鹿児島（奄美大島）
がらすぎま　鹿児島（与論島）沖縄
がらすぐま　鹿児島（奄美大島）
がらすぐまぎゅ　鹿児島（奄美大島）
がらすげま　鹿児島（奄美大島）
けさのき　鹿児島（屋久島）
けたっしば　鹿児島（肝属・佐多）
けたのき　鹿児島（屋久島）
ごぜんしば　長崎（壱岐島）
こめしば　熊野大島　和歌山（西牟婁）
さかき　高知（幡多）
じげた　鹿児島（屋久島）

しば　鹿児島（加世田市）
せんばい　徳島（伊島）
ちじみびしゃこ　和歌山（加太）
はまうまべ　和歌山（新宮市・東牟婁）
はまくさらかし　鹿児島（硫黄島）
はまさかき　高知（幡多）鹿児島（長島・出水）
はまざかき　宮崎（青島）
はまつげ　鹿児島（川辺）
はまひさかき　高知（幡多）
はまびしゃかき　和歌山（新宮）
はまびしゃこ　和歌山（新宮・東牟婁・加太）
ひさかき　高知（幡多）
よもくさら　鹿児島（奄美大島）
よもくさらぎ　鹿児島（奄美大島）

ハマビシ　　　〔ハマビシ科／草本〕
ひし　勢州　和歌山（日高）

ハマヒルガオ　　　〔ヒルガオ科／草本〕
あおいかずら　江戸
あめばな　山形（酒田）
あめふりあさがお　山形（飽海・北村山）
あめふりばな　新潟（直江津）
いそばばき　伊豆八丈島
おーだれ　新潟（直江津）
おこりばな　新潟（佐渡）
かみなりぐさ　新潟（直江津）
けつねのしょんべたんご　和歌山（日高）
こがれくさ　鹿児島（日置・加世田）
じしばり　山口（熊毛）鹿児島（加世田・日置）
じむぐり　千葉（山武）
とーじんぶえ　駿河
なべばな　京都（竹野）
はまあさがお　千葉（安房）
みだれあさがお　島根（隠岐島）
みみだれ　愛知（知多）
みみだれぐさ　愛知（知多）
みみだればな　愛知（知多）
みみやま　三重（志摩）
みみやみ　三重（志摩）
みみんだれあさがお　静岡（小笠・志太）
らっぱばな　山形（飽海）

ハマビワ　　　〔クスノキ科／木本〕
いそしば　山口（見島）大分（南海部）
いそじらき　大分（南海部）鹿児島（肝属）

いそで　鹿児島（屋久島）
いそびわ　山口（見島）　鹿児島（肝属・佐多）
こーつば　鹿児島（悪石島）
こーっぱ　鹿児島（悪石島）
しげのき　鹿児島（硫黄島）
しばぎ　鹿児島（甑島）
しばたのき　長崎（平戸）
しばのき　鹿児島（中之島）
しゃくなんしょ　高知（幡多）
しゃくなんしょー　高知（幡多）
しょーがつのき　山口（見島）
しょーちぎ　鹿児島（奄美大島）
てっぽんたま　鹿児島（肝属・佐多）
でんやしばぎ　鹿児島（甑島）
ぼんぼんしば　大分（南海部）
やまびわ　山口　宮崎（青島）　沖縄

ハマベンケイソウ　〔ムラサキ科／草本〕
ちちっぱべんけー　和歌山（西牟婁）

ハマボウ　〔アオイ科／木本〕
はまつばき　和歌山（東牟婁）
はまむくど　高知
はまんぽ　長崎（南高来）
ひしてばな　鹿児島（揖宿）
ほーのき　豆州
ゆーな　鹿児島（奄美大島）　沖縄（首里）
ゆーなぎ　鹿児島（奄美大島）
ゆなぎー　鹿児島（奄美大島）
ゆなぎゅ　鹿児島（奄美大島）

ハマボウフウ　〔セリ科／草本〕
かにくび　鹿児島（与論島）
はにくび　鹿児島（与論島）
はまきい　鹿児島（川内・肝属）
はまぎー　鹿児島（肝属）
はまきく　宮崎（宮崎・東諸県）
はまきり　宮崎（宮崎・東諸県）　鹿児島（奄美大島）
はまぎり　宮崎（南部）
はまごぶ　鹿児島　鹿児島（加世田・日置）
はまごぶー　鹿児島（日置）
はまにり　鹿児島（喜界島）
はまにんじん　岡山
はまんぽ　島根（益田市・那賀）
ぼーふ　山形（東田川）　新潟　島根（美濃）　鹿児島（日置・薩摩）
ぼーふー　三重　和歌山　岡山　千葉
ぼふ　京都（竹野）
まつな　岡山
やおやぼーふー　東京　和歌山（西牟婁）
やまにんじん　周防

ハマボッス　〔サクラソウ科／草本〕
ぐしょーばな　鹿児島（与論島）

ハママンネングサ　〔ベンケイソウ科／草本〕
はに　鹿児島（喜界島）

ハマムギ　〔イネ科／草本〕
かにくさ　紀伊海部
まさなぐさ　紀伊牟婁郡

ハマモッコク → シャリンバイ
ハマユウ → ハマオモト
ハマヨモギ → フクド

ハヤトウリ　〔ウリ科／草本〕
あくしゃうり　長崎*
あくせうり　長崎*
あてちゃこうり　高知
いんどうり　愛媛*　高知*
うしなり　岐阜*
うと　熊本（玉名）
かごしまうり　和歌山*
きんしうり　長野*
げんこつうり　三重*　大分*　鹿児島*
ごっちゃうり　長崎*
さつまうり　滋賀*　宮崎*
ざねうり　静岡*　愛知*
しなうり　高知*
しまずさんうり　熊本
せーよーなす　岐阜*
せんなり　鹿児島（奄美大島）
せんなりうり　茨城*　群馬*　埼玉*　神奈川*　山梨　長野*　静岡*　愛知*　広島*　宮崎*
たなうり　宮城
ちゃてうり　長野
ちゃとうて　群馬*
ちゃよけ　宮崎*
ちゃよこ　岐阜*　高知*　大分*　宮崎*　鹿児島*
ちゃよて　秋田*　福島*　茨城*　群馬*　埼玉*　新

バラ

潟* 福井* 山梨* 静岡* 三重* 兵庫* 奈良*
和歌山* 徳島* 佐賀*
ちゃよてー　栃木* 神奈川* 滋賀* 宮崎*
ちょーせんうり　富山* 静岡* 宮崎*
つけうり　宮城* 三重*
つけもんうり　鹿児島*
つんびつかみ　静岡（小笠）
とーうり　愛知*
なんよーうり　宮崎*
ねんぶつうり　大分*
ばかうり　山口* 愛媛* 長崎* 大分* 宮崎*
はすなりうり　長野*
はぜとうり　長崎*
はとうり　山梨*
はやしうり　山形*
ひゃくねんうり　愛媛*
ふしなり　山梨*
ぺっけん　兵庫*
ぽけうり　山口*
みかんうり　兵庫*

バラ　　　　　　　　　　　　〔バラ科／木本〕
いがぼたん　島根（簸川・那賀）　山口（熊毛）
　大分
いぎ　山口（都濃・防府）
いぎぼたん　島根（鹿足）　山口
いげ　長崎　大分　鹿児島
いげどろぼたん　熊本（下益城）
いげばな　長崎（五島）
いげぶたん　熊本（玉名）
いげぼたん　福岡（福岡市）　長崎　熊本　大分
　鹿児島（種子島）
いぞら　大分（大分）
いぞらぼたん　大分（大分）
いどら　大分（中部）
いどらぼたん　大分（中部）
いどろ　九州　大分
いどろぼたん　大分
いどんはな　大分（大野）
いばら　長州　山形（米沢市）　新潟（三島・刈
　羽）　石川（能美）
いばらしょーべ　滋賀（東浅井・坂田）
いばらしょーべん　京都　丹波
いばらぼたん　播州　富山（砺波）　石川　岐阜
　（養老）　愛知（知多）　三重（松阪）　京都（竹
　野）　大阪（大阪市）　兵庫（但馬）　奈良　和歌

山　愛媛（松山）
かたらぼたん　島根
ぐいーぼたん　岡山（岡山市）
くいぼたん　島根　岡山（小田）　広島　山口
　（大島）　大分（北海部）
くいぼたん（コウシンバラ）　播州　島根（邇
　摩・邑智）
ぐいぼたん　岡山（岡山市・御津）　香川（木田）
ぐびぼたん　岡山（浅口）
こーしんばな　兵庫（但馬）
こーしんばな（コウシンバラ）　京都
しょーびん　愛知（海部・中島）　三重（阿山）
しょーぶ　三重（阿山）
しょびん　三重（宇治山田市・度会）
ちょーしゅん　大分（大分市）　沖縄（首里）
ちょーしん　島根（簸川）　沖縄（小浜島）
ちょーしんばら　島根（簸川）
ちょーせんかたら　島根（出雲）
ちょーせんかたり　島根（隠岐島）
つばき　山口
てんしぼたん　大分（大分）
とーしめー　沖縄（石垣島）
とーやほ　長崎（壱岐島）
ときしらず　宮城（仙台市）
とげ　大分（大分市・北海部）
とげぼたん　大分（大分市・北海部）
にぎぶたん　鹿児島（奄美大島）
にぎぼたん　鹿児島（奄美大島）
にじばな　鹿児島（沖永良部島）
ににぼたん　鹿児島（喜界島）
ばらぼたん　香川（三豊）
ぼたん　和歌山（東牟婁）
ぼたんぐい（コウシンバラ）　讃州
よばら　新潟

バライチゴ　　　　　　　　　　〔バラ科／木本〕
あかいちご（ヤクシマバライチゴ）　鹿児島（屋
　久島）
ほーろくいちご　静岡（富士）

バラモミ → ハリモミ

バラモンジン　　　　　　　　　〔キク科／草本〕
しろごぼー　北海道*
せーよーごぼー　秋田* 福島* 宮崎*

ハラン　　　　　　　　　　〔ユリ科／草本〕
せんつば　愛媛（松山）
てんじくらん　長州　防州
ばら　鹿児島（鹿児島）
ばらー　岡山（久米）
ばらん　和歌山（新宮・日高）　島根（能義）　山口（厚狭）　香川（高松）　福岡（築上）　佐賀（藤津）　熊本（鹿本）
ばらんば　鹿児島（薩摩）
ばれん　防州　和歌山（東牟婁・西牟婁・海草・那賀・有田）　徳島　香川　長崎（長崎）　熊本（上益城・玉名）
ひとつば　兵庫（但馬）　島根（美濃）　岡山（岡山市）　広島（比婆）　愛媛（松山）
ひろは　常陸　久留米　福岡（久留米・福岡・三井）
りゅーきゅーらん　周防　長門

ハリイ　　　　　　　　　〔カヤツリグサ科／草本〕
いぐさ　熊本（玉名）
かげ　青森（津軽）
かげい　青森

ハリエンジュ　ニセアカシア　〔マメ科／木本〕
あかちゃん　鹿児島（日置）
えんじゅ　岩手（胆沢）　広島（広島市）
さるかけいげ　熊本（球磨）
たいぼく　鹿児島（鹿児島）

ハリギリ　　　　　　　　　〔ウコギ科／木本〕
あおだら　三重　岡山
あきだら　宮崎（宮崎市）
あくだら　常州　信州　栃木　群馬　埼玉（秩父）　長野　新潟　富山
あくたらぼ　茨城
あくだらぼー　茨城（久慈）
あくだらぼー　茨城（多賀）
あほーだら　美濃　岐阜（恵那・美濃）
いがだら　島根（石見）
いぬぎり　兵庫　島根
いぬたず　香川（綾歌）
いぬだら　木曾　和州　長野　奈良　香川（綾歌）　福岡　熊本（熊本市）　宮崎　鹿児島
いぬたらっぽ　茨城
いぬたらぼ　茨城
いもぎ　石川
いんぎり　鹿児島（垂水・肝属）
いんだら　新潟　長野　岐阜　宮崎　鹿児島
えのだら　長野（上水内）
えんだら　長野　岐阜
おいだら　鹿児島（垂水）
おーたら　奈良（吉野）
おーだら　芸州　島根（石見）　和歌山　兵庫　熊本（熊本市）
おーばら　千葉　東京（大島・三宅島）　神奈川　山梨　岐阜　静岡　愛知　鹿児島（姶良）
おーばらのき　山梨
おーほー　甲州河口湖
おじーだら　千葉（安房）
おしたら　岡山（備前）
おたら　和歌山（高野山）
おだら　紀伊　宮崎（児湯・延岡）
おとこだら　紀伊
おにせん　北海道
おにだら　三重　広島（広島市）　高知　佐賀　熊本　宮崎
おんじーだら　千葉（清澄山）
おんたら　岡山
おんだら　岡山　宮崎　熊本　鹿児島（垂水市）
かしわ　神奈川（三浦）
かったいぎり　勢州　三重（伊勢）
きんだら　熊本
くしだら　岡山
くまだら　鳥取　大分　宮崎（西臼杵）
くろだら　紀伊
くろのき　岡山
こーはち　城州大悲山
こはち　城州大悲山
さくたら　東京（八丈島）
さくだら　東京（三宅島・八丈島）
さんざのき　長野（北安曇）
さんねんうずき　岡山
しーだら　愛媛
しお　愛媛（東部）
しおじ　福井（三方）　愛媛（宇摩・面河）
しおせ　高知（土佐）
しおぜ　長野
しおだら　三重（一志）
ししだら　予州　徳島　愛媛　高知
しびとばら　静岡（遠江）
しまだら　長崎　宮崎
しょーじ　三重（一志）
すみだら　周防　長門　島根（鹿足）　山口（周防）

せいだら　長崎（対馬）
せいぬき　岩手（稗貫）
せぬき　山形（北村山・西置賜）　栃木（矢板市）
せぬぎ　宮城（登米）
せのき　奥州　栃木
せのぎ　岩手（釜石）
せん　北海道
せんだん　広島（佐伯）
せんにちばら　愛知（東加茂）
せんのき　奥州　秋田　静岡　高知（吾川）
たーらのき　長崎（隠岐）
たいぐい　岡山（備前）
だいだら　鳥取　島根（出雲）　岡山　広島（比婆）
だいぶつ　群馬（利根）
たにぎり　島根（石見西部）
たら　備後　岐阜　岐阜（飛驒）　兵庫　兵庫（神戸）　鳥取（因幡）　山口（周防・長門）　香川（仲多度）　愛媛　愛媛（東予）　福岡（筑後・久留米）　宮崎（日向）
だら　鳥取（因幡）　熊本　宮崎　鹿児島
たらおだら　広島（安芸・備後）
たらがい　岡山
だらぎ　沖縄
たらのき　和歌山（有田）　島根（美濃・益田市）
だらのき　筑前　長野（上田）　島根（出雲）　熊本（人吉市）
たらぽー　茨城（筑波山）
ちまきばら　静岡（賀茂・南伊豆）
つぶ　大阪（大阪市）　和歌山（日高）　岡山
てんぐっぱ　東京（三宅島）
てんぐのはうちわ　東京（三宅島）
とりとまらず　周防
ななかま　静岡（南伊豆）
ななかまばら　静岡（伊豆）
ななかもはら　伊豆
ぬかせん　北海道
ばら　山梨　静岡
ばらのき　東京（大島）　静岡（遠江）
はりのき　富山（西礪波・五箇山）
ひんのき　秋田（山本）
へぬき　山形（北村山）
ほーだら　岐阜（飛驒・揖斐）　九州
ぽーだら　紀州　石川　福井（越前）　山梨　長野　木曾　岐阜　飛驒　愛知　三重　奈良　和歌山　和歌山（日高）　高知　沖縄
ぽーだら　石川（加賀）

ほほだら　岐阜
ほんたら　高知（幡多）
ぽんでんだら　群馬　千葉
みやこだら　土佐　高知　大分　宮崎（北諸県）　鹿児島（屋久島・熊毛）
みやまだら　高知（幡多）
むねぎり　紀伊
もみじ　泉州
やつめだら　佐賀
やまきり　岩手
やまぎり　宮城　山形　福島　栃木　埼玉　埼玉（秩父）　千葉　新潟　静岡　島根（石見）　岡山　福岡（八女）　熊本　鹿児島（垂水市）

ハリツルマサキ　〔ニシキギ科／木本〕
まっこー　沖縄（首里）

ハリハマムギ　〔イネ科／草本〕
ちばな　鹿児島（与論島）
ちばな　鹿児島（与論島）
ひーつきゃにぎ　鹿児島（奄美大島）
ひつきにぎ　鹿児島（奄美大島）

バリバリノキ　アオカゴノキ　〔クスノキ科／木本〕
あさがら　東京（八丈島）
いぬすぎ　鹿児島（奄美大島）
いのすぎ　鹿児島（奄美大島）
おろのき　伊豆湯ヶ島
かるめん　三重（度会）
かるめんど　三重（多気）
くさぶ　鹿児島（大口・垂水市）
くそたぶ　鹿児島（大口）
ささたぶ　大分（南海部）
ししくさ　高知（土佐清水）
しょーべんぽー　千葉（清澄山）
しょんべんぽー　千葉（安房）
しらき　高知
しらたま　大分（南海部）
しろせんこー　高知（幡多）
すだ　鹿児島（中之島）
たまがし　千葉（清澄山）
ながしば　熊本　鹿児島
ながは　鹿児島（薩摩）
ながはたぶ　鹿児島（北薩）
なべわり　千葉（清澄山）
はながたぶ　大分　鹿児島

ハルニレ

はぼそ 和歌山（東牟婁）
ばりばり 鹿児島（大口・種子島）
やまゆずり 静岡（南伊豆）

ハリビユ 〔ヒユ科／草本〕
めっぱり 長崎*

ハリブキ 〔ウコギ科／木本〕
とりとまらず 山形（北村山） 奈良
はったんばら 埼玉（秩父）

ハリモミ トラノオモミ, バラモミ 〔マツ科／木本〕
かみなり 遠江 静岡（遠江）
くさびもみ 高知（土佐）
くろまつ 山梨 静岡
くろも 静岡（富士山）
しらつが 下野上都賀郡
しれべ 岐阜（飛騨）
しろもみ 駿州富士
たじから 静岡 静岡（秋葉山）
とらのお 静岡（伊豆）
とらもみ 静岡（伊豆）
なんじゃもんじゃ 長野（南佐久）
はも 長野 静岡
ばら 静岡（伊豆）
ばらつが 神奈川（西丹沢）
ばらも 神奈川（西丹沢） 山梨
ばらもみ 栃木 山梨 静岡 静岡（富士山）
はりもみ 静岡（駿河）
へだま 遠江
まつはだ 群馬（吾妻）
もみざわら 徳島（那賀）
やに 山梨（南巨摩）
やにたろー 群馬
やにまつ 山梨（北都留）
りゅーせん 日光
わさび 高知（土佐）

ハルシャギク 〔キク科／草本〕
おいらんそー 福島（相馬） 新潟（刈羽）
おえらんそー 福島（相馬）
かのすね 宮崎（東諸県）
からぎく 岩手（上閉伊・釜石）
からのせり 新潟
かんじゃしばな 青森
かんなのせり 新潟

くじゃくそー 青森（八戸・三戸） 新潟
じゃのめそー 神奈川（津久井） 新潟（刈羽）
じゃらめんそー 神奈川（津久井）
じょろーぎく 新潟
せいりくさ 青森（八戸）
ぜにばな 岩手（上閉伊・釜石）
たけぎく 新潟
ちらちらばな 鹿児島（鹿児島市）
てんぐばな 山形（東田川）
とんごくさ 新潟
なつざくら 富山（東礪波） 岡山
にんじんそー 新潟
びじんそー 山形（西置賜）
びろーどぎく 富山
びろーどそー 山形（鶴岡市・庄内） 和歌山（日高）

ハルジョオン 〔キク科／草本〕
しろっぱ 千葉（君津・上総）
てんちょうぐさ 千葉（安房）
びんぼうぐさ 千葉（香取）

ハルタデ 〔タデ科／草本〕
あかまんま 和歌山（有田）
たでぼけくさ 兵庫（津名）

ハルトラノオ 〔タデ科／草本〕
いろはそー 尾州
ゆきふで 東京

ハルニレ ニレ 〔ニレ科／木本〕
あかさ 甲斐河口
あかたも 岩手（下閉伊）
あかだも 松前 北海道 青森 岩手（盛岡市） 秋田（鹿角・仙北） 静岡 滋賀 岡山
あかにれ 鳥取（因幡）
いしげやき 山口（阿武）
いぬがや 島根（石見）
いぬがや 埼玉 広島
いぬけやき 岩手（東磐井）
いぬげやき 埼玉
うばにれ 長野（上水内）
おーひゅーたも 青森（上北）
おたま 甲斐
おひたも 青森（上北）
おひゅーだも 青森（北津軽）

ハルノノゲシ

おんなげやき　栃木（唐沢山）
かねり　広島
くさみじ　岩手（岩手）
くしゃく　静岡（遠江）
くろだも　青森（西津軽）
けやき　福島（会津）
こねり　長門　周防
こぶだも　秋田（鹿角）
こぶだも（コブニレ）　秋田（鹿角）
さびた　岩手（紫波）
しないだも　秋田（北秋田）
しなひだも　秋田（北秋田）
しゅじ　秋田（雄勝）
しゅじだも　羽後　秋田　山形（酒田）
ずな　宮城（柴田）
たまのき　茨城
たも　陸奥　青森　岩手（上閉伊）　秋田（北秋田・雄勝）
たもぎ　青森（上北）
たものき　羽後
つずれだも　青森（東津軽）
つずれだも（コブニレ）　青森（津軽）
つつだも　青森（西津軽）
つつらだも　青森（西津軽・下北）
どろつく　埼玉（秩父）
なめずく　埼玉（秩父）
にえのき　鹿児島（肝属）
にがき　筑前
にべ　岐阜　鳥取　鹿児島（肝属）
にべ　岩手（盛岡市・岩手）　福井（若狭）　奈良（山辺）
にりんのき　大阪（泉北）
にれ　青森　岩手　宮城　新潟　富山　栃木　群馬　埼玉　長野（北佐久）　静岡　岐阜　岡山　広島　香川　福岡
にれ（コブニレ）　栃木
にれき　仙台
にれぎ　山形（最上）
ぬかだーら　埼玉（秩父）
ぬめり　鳥取（因幡）
ねばねばのき　和歌山
ねり　栃木　群馬　京都　兵庫　広島
ねりき　岩手（胆沢）
ねりだも　福島（会津）
ねれ　栃木　群馬　埼玉　長野　岐阜　福井　岡山　広島　香川　福岡

ねれのき　群馬　群馬（甘楽）　島根　熊本　熊本（下益城・球磨）
のりうつぎ　岩手（紫波）
のりにれ　長野（下水内・下高井）
のりのき　奈良（吉野）
はまけやき　鳥取（因幡）
ふぐりしで　木曾
むしだま　新潟（東蒲原）
やきり　尾州
やぎり　木曾
やちだま　新潟
やちだも　青森　岩手
やにれ（コブニレ）　長野（松本市）
やまうつぎ　栃木
やまだま　新潟

ハルノノゲシ → ノゲシ

ハルリンドウ　〔リンドウ科／草本〕
さわぎきょー　伊勢
ふでそー　三重

バレイショ → ジャガイモ

ハンカイソウ　〔キク科／草本〕
たからこー　長州

ハンゲ → カラスビシャク

ハンゲショウ　〔ハンゲショウ科／草本〕
うらじろ　熊野
かたしろ　山口（厚狭）
かたじろ　熊野　山口（厚狭）
かたしろぐさ　和歌山（西牟婁）
がらっぱぐさ　鹿児島（日置・姶良・伊佐）
かわごぼー　長州
がわろんへ　宮崎（東諸県）
けしょー　長野（諏訪）
しろどくだめ　熊本（玉名）
しろどくだんす　熊本（玉名）
たばんぐさ　長崎（五島）
たんばくさ　長崎（南松浦）
ちょーせんおばこ　山口（大島）
つしろひかげ　鎌倉
どくだめ　鹿児島（奄美大島）
はげしょー　泉州
はげしょーくさ　泉州
はんげくさ　備前
はんげしょー　芸州

ひきしょーぶ　熊本（球磨）
びきしょーぶ　熊本（球磨）
みつじろおしろいかけ　鎌倉

ハンゴンソウ　　　　　〔キク科／草本〕
あさがら　木曾　長野（西筑摩）
いとな　秋田
おたねがら　木曾
おたねぐさ　木曾
かわらあさ　秋田（雄勝）
かわらいと　秋田（河辺）
とーへーじ　木曾
ななつば　北海道
ふじき　木曾
へびあさ　山形　秋田　岩手（二戸）
へびあんざい　秋田
まねあさ　奥州
やじあんじゃみ　秋田（鹿角）
やじうど　青森
やじばうど　青森
やつあざみ　秋田（鹿角）
やぶあさみ　秋田
やまあさ　北国　新潟（佐渡）
やまいと　秋田

バンジロウ　　　　　　〔フトモモ科／木本〕
とーっしゅ　沖縄（竹富島）
とっし　沖縄（竹富島）

ハンノキ　　　　　　　〔カバノキ科／木本〕
あかはり　香川（仲多度）
あかばり　徳島（三好）
あかはりのき　香川（綾歌）
あずまのき　東京（西多摩）
ありのき　和歌山（日高）
あわぼのき　秋田（仙北）
あんのき　和歌山（日高）
おかば　岡山　広島
おはぐろぽんぽん　茨城
かんのき　千葉（夷隅・印旛）
きつねのかんざし　岡山
こばん　栃木（西部）
さるのくし　岡山
さわばん　長野（伊那）
しめばり　佐渡
せちば　秋田（平鹿）

そーだばん　広島
そろばんのき　山口
ちゃばん　新潟
つくなべ　奈良
ねこのだっぺ　山形（東田川）
ねこのだんぺ　山形（北村山）
はげ　島根（仁多）
はげしばだ　島根（石見）
はげしばり　奈良（南大和）
はなのき　静岡（駿河）
はぬき　岩手　宮城　栃木
はぬぎ　山形（北村山）
はのき　青森　岩手　宮城　山形　千葉　岡山
はのぎ　青森　宮城
はり　徳島（三好・美馬）
はりぎ　岡山　愛媛
はりのき　伊豆八丈島　茨城　新潟（佐渡・西頸城）　富山（西礪波）　石川　長野（南佐久）　静岡　三重（牟婁）　京都（中）　奈良　和歌山　兵庫　山口　香川　愛媛　福岡（八女）
はるのき　新潟（西頸城）　静岡（伊豆）
ばん　兵庫（播磨）　鳥取（伯耆）　島根（出雲）　広島
はんぎ　岡山
ばんぎ　岡山（美作）
ばんざ　島根（仁多）
ばんぞー　兵庫　岡山　広島
ばんぞーき　広島
ばんぞーぎ　岡山
はんた　長野（諏訪）
ばんだ　鳥取（伯耆）
はんつー　山梨
ばんどのき　島根（石見）
はんのき　青森　岩手　宮城
ばんのき　周防　長門　秋田　秋田（鹿角）　兵庫　島根　広島　山口
はんべ　青森（弘前・津軽）
ひゃーのき　東京（八丈島）
ふち　長野（南佐久）
ぶち　東京（八丈島）
ほんやしゃ　静岡　静岡（駿河）
みずき　丹波　摂津　兵庫（加古）
みみちこ　山形（東田川）
やしのき　静岡（遠江）
やじは　南部
やじば　青森（津軽）

ヒイラギ

やしゃ　東京（利島）　長野（松本市）
やしゃぶし　伊豆
やしゃほ　静岡
やしゃほのき　静岡（遠江）
やちか　山形（酒田）
やちくわ　岩手　秋田　秋田（仙北・由利）　山形　山形（東田川）
やちしば　青森（西津軽）
やちつぱ　茨城
やちっぱ　茨城
やちっぱり　長野（佐久）
やちば　南部　青森（上北）　岩手　宮城　秋田
やちぱ　青森　秋田
やちはり　長野（佐久・北佐久）
やちはんのき　北海道　宮城
やつか　秋田（平鹿）
やつくわ　秋田　岩手（稗貫・和賀）
やつぐわ　山形（東田川）
やつば　秋田（北秋田）　青森　岩手　山形
やつはんのき　宮城（刈田）
ゆわば　青森（津軽）
よーけんぽー　長野（佐久・北佐久）

ヒイラギ　　〔モクセイ科／木本〕

あららぎ　高知（幡多）
いたいた　三重　奈良（宇陀）
いちぶきん　香川（大川）
いっしゅきん　香川（大川）
おとこひーらげ　静岡
おにおどし　静岡（庵原）
おにさし　愛知（知多）
おにざし　高知（長岡）
おにしば　防州　三重（志摩）
おにのきんたまつき　奈良（吉野）
おにのふぐりつき　奈良（吉野）
おにのめさし　三重（伊賀・亀山市）
おにのめつき　宇治山田　三重　奈良（南部）　和歌山　徳島　香川
おにのめつきしば　和歌山（西牟婁）
おにのめっつき　奈良（宇陀）
おにのめつぶし　奈良（南部）
おにばら　静岡（庵原）
おひらぎ　三重（伊賀）
おんのめつき　徳島（美馬）
かざぐるま　山形
かぜぐるま　和歌山（東牟婁）

かみなりよけ　静岡（小笠）
こりおご　香川（伊吹島）
しいらぎ　三重（鈴鹿）
しひらぎ　三重（志摩）
ずる　山口（萩市）
ちらしゃき　愛知（葉栗）
つげ　三重（鈴鹿）
とーひららぎ　長崎（壱岐）
ねずみさし　上総　千葉（夷隅）　神奈川（津久井）　岐阜（恵那）　静岡　静岡（京丸）
ねずみつきば　三重（志摩）
ねずみのはなつき　三重　高知　高知（長岡）
ねずみばら　千葉（夷隅）
はなつき　三重（伊勢）
ばら　千葉　千葉（長生）　静岡（伊豆）　奈良（宇智）
ひーばら　高知　高知（土佐）
ひーら　土州　高知（土佐・高岡）
ひーらのき　伊豆八丈島
ひひら　高知
ひらら　高知
へーらぎ　三重　和歌山
へへらき　和歌山（田辺）
ほんひーらぎ　長崎（壱岐）
めつきしば　和歌山　高知　高知（土佐）
めつきばら　三重（飯南）
めつきばらい　奈良（吉野）
めつこ　香川（大川）
めつつきばら　香川（仲多度）
めつっぱり　岡山
めひらぎ　三重（伊賀）
めめつこはなつこ　大阪（泉北）
よだれにろぎ　高知（須崎市）
りんぼく　和歌山（東牟婁）

ヒイラギガシ　→　リンボク

ヒイラギズイナ　〔ユキノシタ科／木本〕

こーゆす　鹿児島（奄美大島）
しろもも　鹿児島（奄美大島）

ヒイラギナンテン　〔メギ科／木本〕

とーなんてん　勢州

ヒエ　タビエ　〔イネ科／草本〕

いのししびえ　和歌山（東牟婁）
がらさむん　沖縄（鳩間島）

がらしぬむん　沖縄（竹富島）
がらしまい　鹿児島（与論島）
きらびえ　大和吉野郡
けしね　岩手（下閉伊・九戸）
ごくもの　奈良（吉野）
こびえ　香川
しゅこ　土佐
しゅっこ　土佐
だごびえ　富山*
ばかいね　岐阜（飛騨）
はずびえ　福島*
ひー　千葉（夷隅）
ひせ　宮城（登米）　福島（福島）
ふえ　秋田（北秋田）　新潟（南蒲原）
へ　岩手（盛岡・紫波）　秋田（北秋田）　岐阜
　（吉城）
へえ　岩手（上閉伊）　千葉（夷隅）
へー　埼玉（入間・北足立）　千葉（夷隅）
ぽーずびえ（ヒエの１種）　島根（鹿足）
ほび　島根（邑智）
ほべ　鳥取*
ほんび　福島（石城）
まずべそ　新潟*

ヒエンソウ　　　　　〔キンポウゲ科／草本〕
うぐいすそー　三重
ちどりそー　和歌山（日高）
にんじんそー　静岡（小笠）

ヒオウギ　カラスオウギ　　〔アヤメ科／草本〕
あまな　岡山（苫田）
おーぎな　防州
からすおーぎ　伊豆大島　東京（三宅島）
からすのおーぎ　東京（三宅島）　伊豆新島
からすぱぎ　岩手（二戸）
がんそー　島根（邑智）
だるまぐさ　福島（相馬）
とらのお　山形（新庄市・酒田市）
はこぼれ　木曾殿村
ひおぎ　和歌山（日高）
ひがんばな　伊豆大島
ひよっ　鹿児島（阿久根・薩摩）
へびおーぎ　伊豆諸島
みちきり　但州

ヒオウギアヤメ　　　　〔アヤメ科／草本〕
なみこばな　鹿児島（加世田市）

ビカクシダ　　　　　〔ウラボシ科／シダ〕
こーもりらん　三重（宇治山田市）

ヒカゲスゲ　　　　　〔カヤツリグサ科／草本〕
くぐ　山形（村山）

ヒカゲツツジ　　　　　〔ツツジ科／木本〕
うこんつつじ　埼玉（秩父）
きつつじ　三重（宇治山田市）
なおしげつつじ　愛媛（上浮穴）

ヒカゲノカズラ　　　　〔ヒカゲノカズラ科／シダ〕
うさぎのたすき　高知（長岡）
うさぎのねどこ　静岡（安倍・志太）
うしのすじわたし　新潟（佐渡）
おーかめぐさ　和歌山（東牟婁）
おにのくちひげ　和歌山（東牟婁）
おにのたすき　奈良（吉野）
きつねお　秋田（南秋田）
きつねのお　三重（伊賀）　奈良（南部）　山口
　（厚狭）
きつねのおっぱ　山形（飽海）
きつねのおび　和歌山（田辺市）　広島（豊田）
きつねのくさ　新潟
きつねのくびまき　山形（北部）　兵庫　山口
　（厚狭）
きつねのけさ　豊前
きつねのけら　秋田（北秋田・河辺）
きつねのころも　山形（北村山）
きつねのしっぽ　兵庫（赤穂）
きつねのしょろ　秋田（由利）
きつねのしりお　美濃
きつねのしりご　熊本（球磨）
きつねのたすき　但州　熊野　新潟（南蒲原）
　奈良　和歌山（西牟婁・田辺市）　島根（美濃）
　岡山（小田・真庭・苫田）　広島
きつねのふとん　静岡
きつねのふんどし　静岡（磐田）
きつねのみの　福岡（小倉市）
きつねのよーだれかけ　岡山
きつねのよだれかけ　岡山
きつねんたすき　熊本（玉名）
きつねんはちまき　熊本（玉名）

きつねんまえかけ　熊本（玉名）
きぬぐさ　和歌山（日高・西牟婁）
けつねのたすき　和歌山（西牟婁）
こあま　和歌山（西牟婁）
さるおがせ　江戸
さるだすき　奈良（吉野）
さるで　木曾
さるのくびまき　三重（度会）
さるのござ　熊本（芦北）
さるのしりふき　岐阜（吉城）
さるのたすき　和歌山（新宮市）
さるのふとん　三重（度会）
さるのふんどし　三重（度会）
さんのたすき　熊本（球磨）
じがらみ　奈良（吉野）
ししのねば　土州
じばいまつ　長野（下水内）
しんがらび　和歌山（東牟婁）
てんぐのたすき　江戸　新潟
とびかずら　紀伊牟婁郡
なんばくさ　和歌山（東牟婁）
ねこのつめ　鹿児島
ねんねぐさ　埼玉（入間）
はいたろ　越前
まぐさ　和歌山（東牟婁）
やまうばのたすき　伊予　新潟　愛媛
やまのかみのくちひげ　和歌山（西牟婁・東牟婁）
やまのかみのくびい　和歌山（東牟婁）
やまのかみのくびかけ　和歌山（東牟婁）
やまのかみのたすー　和歌山（日高）
やまのかみのたすき　和歌山（新宮市・日高）
やままくり　和歌山（新宮・東牟婁）　島根（簸川）

ヒカンザクラ　　　　　　　〔バラ科／木本〕
しわすいばな　鹿児島（奄美大島）
しわすばな　鹿児島（南西諸島）
せつぶんざくら　鹿児島（奄美大島）

ヒガンザクラ → エドヒガン

ヒガンバナ　マンジュシャゲ　〔ヒガンバナ科／草本〕
あかこばな　福岡（浮羽）
あかごばな　福岡（浮羽）
あかはな　兵庫（氷上）
あかばな　兵庫（氷上）　熊本（天草）
あたまいた　和歌山（伊都）　広島（甲奴）
あたまはしり　山口（熊毛）

いえやきばな　兵庫（丹波）
いかりばな　大分（東国東）
いげしば　佐賀（唐津市）
いちしばな　山口（熊毛）
いちじばな　山口（熊毛）　福岡
いちゃーころり　愛媛（今治）
いちやにょろり　予州今治
いつしせん　福岡（北九州）
いっときごろし　大分（北海部）
いっときばな　周防　山口（柳井・玖珂・熊毛・都濃）
いっぽかっぽ　和歌山（東牟婁）
いっぽらかっぽら　和歌山（東牟婁）
いっぽんかっぽん　和歌山（新宮・東牟婁）
うしおい　濃州
うしおび　岐阜（美濃）
うしにんにく　滋賀（湖北）
うしのにんにく　近江
うしもめら　石州　長州　防州　島根（鹿足）山口（阿武）
うどんげ　北海道松前
うまちゃごちゃご　和歌山（東牟婁）
うまのしたまがり　鳥取
えんこーばな　島根（那賀・安濃・邇摩・邑智・美濃・石見）　愛媛（周桑）　高知（高岡）
えんこばな　島根（飯石）　愛媛（北宇和・睦月島）　高知（高岡・幡多）
おいもち　和歌山（東牟婁）
おいらんばな　愛媛（周桑）
おーいー　紀伊牟婁郡
おーすがな　熊野　紀伊牟婁郡
おーとぼほ　岐阜（吉城）
おーばこ　静岡（駿東）
おーむしばな　山口（阿武）
おーもめら　長州
おこし　香川（三豊）
おこりぐさ　山口（熊毛）
おこりばな　山口（熊毛）
おしかけばな　大分（大分）
おしのはな　熊本（球磨）
おしょりばな　大分（大分・中部）
おしろいくさ　長崎（対馬）
おちょーちんぽんぽらこ　愛媛（周桑）
おにばな　山口（佐波）
おにもめら　周防
おにゆり　福井（今立）　愛媛（周桑）

おぶれのはな　愛媛（越智）
おふれば　愛媛（南宇和）
おへぐろ　香川（小豆島）
おほいい　熊野
おほすがな　熊野
おぼんばな　神奈川（津久井）　愛媛
おまんじゅばな　香川（男木島・女木島）
おみこし　大阪（泉南）
おみこしばな　山形（東置賜）
おみこっさん　大阪（泉北）
おやころし　大分（速見）
おりかけばな　大分（中部）
おりこんばな　愛媛（新居浜市）
おりばな　愛媛（周桑・新居浜市）　大分（南部・大分）
おれはな　愛媛（周桑）
おんこしばな　香川（小豆島）
おんでん　徳島
おんびら　福岡（築上）
かーかんじー　静岡（駿東）
かいかいばち　長崎（対馬・上県・下県）
かえんそー　仙台
がくのはな　山口（大津）
かごばな　兵庫（淡路島・津名）　山口（山口）
かじばな　群馬（勢多・佐波）　茨城　滋賀（西部）　京都（綾部市・船井）　奈良（山辺・宇陀）　兵庫（氷上）　島根　島根（仁多）　広島（比婆）
かったいばな　和歌山（日高）　兵庫（津名）
かったろばな　和歌山（西牟婁）
かっちゃいはな　兵庫（淡路島）
かっちゃばな　兵庫（津名）
かっちゃぶら　兵庫（淡路島）
かっちょばな　兵庫（津名）
かぶのはな　高知（幡多）
かぶれ　広島（高田）　高知（幡多）
かぶれぎ　高知（幡多）
かぶれぐき　山口（大津・阿武）
かぶればな　静岡（賀茂）　和歌山（東牟婁）　山口（阿武・玖珂・熊毛・吉敷・厚狭・大津）　高知　愛媛
かぶれんしょ　和歌山（日高・西牟婁）
かぶれんしょー　和歌山（日高）
かまわれ　千葉（葛飾）
かみさんばな　滋賀（湖西）　愛媛（周桑）
かみそり　青森（三戸）
かみそりくさ　兵庫

かみそりぐさ　奈良（北葛城）
かみそりばな　京　京都（福知山市）
かみなりさんばな　愛媛（周桑）
かみなりばな　愛知（宝飯）　滋賀（湖西）
かめかぐら　和歌山（伊都）
かめかんぐら　和歌山（伊都）
かめゆり　青森
からすのしりぬぐい　岐阜（飛騨）
からすのまくら　備前
かわかんじ　駿河
かんざしばな　山形（飽海）
かんじんばな　宮崎（南那珂）
かんばな　栃木
かんぱり　栃木（上都賀）
かんぱりばな　栃木（安蘇）
きじきじばな　大分（西国東）
ぎしぎしばな　大分（西国東）
きちきち　愛媛（周桑）
きちきちばな　愛媛（周桑）
きちきちぼーし　愛媛（周桑）
きちきちぼーず　愛媛（周桑）
きちねばな　島根（能義）
きつね　奈良（磯城）
きつねおーぎ　岡山（邑久）
きつねくさ　和歌山　岡山　島根（八束・簸川）　山口（阿武）
きつねぐさ　島根（出雲）　広島
きつねごーら　島根（安濃・大田市）
きつねごろー　島根（大田市）
きつねのいも　京都下久世
きつねのおーぎ　美濃　岡山（邑久）
きつねのかみそり　武州　京都　中国　滋賀（湖西）　京都　兵庫　奈良　和歌山（伊都・日高）
きつねのかんざし　茨城　新潟（佐渡）　京都
きつねのしりぬぐい　越前
きつねのたいまつ　木曾　越前　山形（酒田市）　福井　大阪　兵庫　岡山
きつねのたんぽぽ　奈良（奈良市）
きつねのちょーちん　京都（何鹿）　山口（厚狭・都濃・豊浦）
きつねのはな　京都（何鹿・船井）
きつねのはなび　京都（綾部市）
きつねのよめご　肥前
きつねのろーそく　兵庫（赤穂）
きつねばな　木曾　出雲　備前　茨城　富山（砺波・東礪波）　愛知（宝飯・知多）　三重（伊

ヒガンバナ

勢・宇治山田）　京都（竹野）　兵庫（赤穂・神戸）　和歌山（新宮・東牟婁）　鳥取（日野・西伯）　島根（松江・大原・能義・八束・仁多・簸川・飯石・安濃・鹿足）　岡山（和気・後月）　広島（府中）　山口（阿武）　香川（直島）　大分（速見）

きつねんばな　兵庫（但馬）
きんたい　千葉
きんもーげ　山口（厚狭）
くされはな　姫路
くちなーばな　和歌山（西牟婁）
くちなごーろ　山口（大島）
くちなのごーろ　山口（大島）
くちなわのごーろー　山口（大島）
くちなわのしたすがり　鳥取（岩美）
くちなわのはな　鳥取（岩美）
くちなわばな　和歌山（西牟婁）　鳥取（西伯）
くちなわんよめご　熊本（玉名）
くっくさ　和歌山（東牟婁）
くゎじばな　長野（下高井）　新潟（南蒲原）
くゎんじんばな　宮崎（日南）
げーんこばな　高知（幡多）
けさかけ　熊本（球磨）
けさかけばな　宮崎（日南）
けさばな　宮崎（西諸県）
けさんぼー　熊本（球磨）
けしの　高知
げどばな　愛媛（大島・越智）
けなしいも　岡山
ごーら　山口（玖珂）
ごーらばな　和歌山（西牟婁）
ごーろ　山口（佐波・美祢）　高知（宿毛）
ごーろー　山口（美祢）
ごしょーばな　長崎（壱岐島）
ごしょばな　長崎（壱岐島）
ごったれぼーしのはな　和歌山（西牟婁）
こらいばな　和歌山（西牟婁）
ころぼし　和歌山（東牟婁）
こんせぇすぶら　長崎（上県・下県）
さんこたけ　兵庫（赤穂）
さんまいばな　勢州　富山（砺波・東礪波）　奈良（宇智）
しーじんばな　新潟　新潟（刈羽）
しーれ　神奈川（津久井）　静岡（賀茂）　徳島（那賀・海部）　高知（安芸）　長崎（対馬）
しーれー　高知

しいれくさ　徳島　高知
しーれのはな　神奈川（津久井）
しいればな　高知
しきび　奈良（吉野）
じこくのはな　島根（隠岐島）
じごくのはな　島根（隠岐島）
じこくばな　京　備前　群馬（佐波・山田）　富山（東礪波・西礪波）　岡山（児島）　宮崎（都城）　鹿児島（肝属）
じごくばな　群馬（多野）　富山（東礪波）　京都（何鹿）　宮崎（児湯）　鹿児島（肝属）
じごくもめら　山口（都濃・厚狭・吉敷）
じじんこ　愛媛（周桑）
じじんこはな　愛媛（周桑）
じずばな　兵庫（飾磨）　岡山（後月）
したかりばな　伊勢松坂　三重（松阪市）
したきりばな　三重（伊賀）
したこじき　三重（伊賀）　奈良（宇陀）
したこじけ　近江　大和　三重（阿山）
しただし　奈良（山辺）
したまがり　尾州　江州　群馬（山田）　富山（東礪波）　愛知（知多・中島）　三重　京都（与謝）　鳥取（西伯・東伯）
したまわり　滋賀（北部・坂田・東浅井）
しで　高知（安芸）
しにとばな　滋賀（湖西）
しびっとばな　和歌山（那賀・日高・海草）
しびとぐさ　福島（相馬）
しびとっぱな　埼玉（入間）
しびとはな　武蔵　中国
しびとばな　仙台　尾張　京都　丹波　長州　周防　土佐　宮城（仙台市）　山形（庄内）　福島（相馬）　埼玉（秩父・入間）　新潟　三重（北牟婁）　滋賀　京都（何鹿）　兵庫（赤穂・淡路島）　和歌山（和歌山・海南・海草・那賀・日高）　広島（豊田）　山口（浮島・吉敷・大津）　徳島　大分（東国東・北海部）
しびな　島根（邑智）
しびら　兵庫（佐用）　岡山（苫田）
しびり　京都（何鹿）
しびれ　兵庫（赤穂・揖保）
しびれぐさ　兵庫（佐用）
しびればな　播州赤穂　兵庫（赤穂）
しぶとぐさ　和歌山（和歌山・海草・那賀・有田）
しぶとっぱな　埼玉（入間）
しぶとばな　滋賀（湖北・彦根）　京都（愛宕・

京都市）　大阪（大阪市・泉北）　兵庫（赤穂）
　奈良（南大和）　和歌山　和歌山（伊都・那
　賀・海草）
しぶら　兵庫（佐用・赤穂）
しぶらい　兵庫（赤穂）
しぶる　大阪
しぶれ　兵庫（赤穂）　大阪（大阪）
しまつわり　滋賀（坂田・東浅井）
しゃきしゃき　鳥取（鳥取）
しゃけ　高知（吾川）
しゃごま　高知
しゃしゃばな　愛媛（周桑）
しゃしゃんば　愛知（名古屋）
じゃずばな　岡山（上房・備中北部）
じゃらんぽんぐさ　群馬
じゃらんぽんくさ　群馬
じゃんぽんば　千葉（印旛）　栃木（足利市・
　下都賀）　群馬（佐波）
じゃんぽんばな　福島（石城）　千葉（千葉）
しゅーしゅーばな　大分（大分・大野）
しゅーしんこー　京都
しゅーじんばな　新潟
しゅーじんばな　新潟
しゅーせん　東京（八丈島）
しゅーとんばな　愛媛（周桑）
しゅーとんばら　愛媛（周桑）
じゅーれんこー　京都（愛宕）
じゅじゅばな　香川（三豊）　大分（大分・大野）
じゅず　岡山
じゅずかけばな　新潟
じゅすばな　大分（大分）
じゅずばな　予州　神奈川（津久井）　愛知（宝
　飯）　奈良（吉野）　兵庫　島根（邑智）　岡山
　（阿哲・苫田）　広島（芦品・高田・府中）　香川
　愛媛（周桑）　大分（大分）
しゅとんばな　奈良（南大和）
しょーしょーばな　仙台
しょーじょーばな　仙台　宮城（仙台市）
じょーちん　山口（美祢）
しょーらいばな　富山（西礪波）
しょしょばな　愛媛（周桑）
じょろばな　愛媛（周桑）
しらみばな　山口（都濃）
しれ　徳島（海部）　高知
しれい　土佐
しれー　土佐　高知　長崎（対馬）

しれーのはな　高知
しれーばな　高知（長岡・吾川）
しろい　熱海　伊豆　徳島（美馬・三好）　高知
　（香美）　愛媛（新居）
しろいもち　徳島（三好）
しろえ　島根（隠岐島・周吉）　愛媛（新居）
しろり　伊勢　静岡（周智）
じんじごー　岡山
しんだもののはな　島根（能義）
しんだもんのはな　埼玉（北葛飾）
しんだもんばな　埼玉（北葛飾）
しんとーばな　島根（能義）
しんびり　福井（大飯）　京都（天田）
すいすいばな　大分（大分市）
すいばな　兵庫（佐用・神崎）
すがな　愛知（知多）　三重（南勢）　和歌山（東
　牟婁）
すずかけ　土佐
すずかけばな　土佐
すずだま　神奈川（津久井）
ずずだま　神奈川（津久井）
すずばな　静岡（小笠）　奈良（吉野）　愛媛（宇摩）
ずずばな　愛知（宝飯）　兵庫（佐用）　奈良（吉
　野）　島根（邑智・那賀）　香川（丸亀・三豊）
　愛媛（宇摩）
すずばん　香川
ずずばん　香川（小豆島）
すずばんめ　香川（小豆島）
すずめばな　島根（邑智）
すずんばな　大分（大分）
すてこくさ　筑前
すてこのはな　筑前
すてごのはな　筑紫
すてこばな　西国　福岡（福岡市・粕屋）
すてごばな　西国　福岡（福岡市・粕屋）
すびら　大分（大分・大野）
すびらのはな　大分（大分・大野）
せきりのはな　山口（熊毛）
せそび　伊勢
せつび　伊勢
せんこばな　大分
せんさいごーろ　周防
せんだち　熊本（球磨）
せんだま　香川（小豆島）
せんだんま　香川（小豆島）
せんだんまー　香川（小豆島）

ヒガンバナ

そーしきばな　群馬（前橋市）　滋賀（湖東）　島根（能義・仁多・隠岐島）　愛媛（周桑）
そーれーばな　島根（隠岐島）
そーればな　島根（隠岐島）
そーれんくさ　兵庫（津名・三原）
そーれんのはな　鳥取（岩美・気高）
そーれんばな　兵庫（津名・三原）　鳥取（岩美）　島根（出雲・隠岐島）　徳島　徳島（美馬）　香川　愛媛（周桑・新居・温泉・伊予・上浮穴・松山）　高知（幡多）　長崎（対馬）　大分（大分市）
だいほぜ　愛媛（北宇和）
たこいも　兵庫（津名）
たこじき　奈良（北葛城）
たこばな　兵庫（津名）
たすきばな　奈良（吉野）
たんたんばな　香川　香川（小豆島）
たんぽこ　香川
たんぽぽ　香川　香川（小豆島）
ちからこ　和歌山（東牟婁）
ちじみ　高知（安芸）
ちゃんころ　高知（幡多）
ちゃんちゃんけーろ　山口（玖珂）
ちゃんちゃんげーろ　山口（玖珂）
ちゃんちゃんぽ　徳島
ちゃんちゃんぽー　和歌山（西牟婁）
ちゅーねんぽ　兵庫（赤穂）
ちょーちんかんかん　山口（玖珂）
ちょーちんぐさ　山口（大島・熊毛・美祢）
ちょーちんとーろ　島根（浜田市）
ちょーちんばな　神奈川（津久井）　静岡（出方）　兵庫（赤穂）　和歌山（那賀・伊都・東牟婁）　島根（邑智・能義・鹿足）　岡山（小田）　山口（玖珂・佐波・厚狭・豊浦・美祢・阿武）　広島（比婆）　愛媛　愛媛（周桑・新居）
ちょーちんばら　愛媛（周桑）
ちんちく　香川（三豊）
ちんちこ　香川（三豊）
ちんちろばな　高知（安芸）　愛媛（周桑）
ちんちろりん　神奈川（津久井）　愛媛（周桑）
ちんちんとーろ　島根（大田市）
ちんちんどーろ　島根
ちんちんとろ　島根（大田市）
ちんりんぽーりん　神奈川（津久井）
ちんりんぽんりん　神奈川（津久井）
つくつく　三重（上野市）
つずばな　香川（男木島）

つつばな　三重（飯南）
つつんぽこ　高知（安芸）
つぶろ　兵庫（津名）　徳島（名東）
つぼろ　兵庫（津名）
つるぼこ　高知
つるんぼ　高知（高岡）
つんぽばな　兵庫（津名・淡路島）
てあきばな　丹波　丹波笹山
てくさうり　和歌山（日高）
てくさび　奈良（南大和）
てくさり　奈良（吉野）　兵庫（神戸市・神崎・津名）　和歌山（日高）　山口（大島）
てくさりくさ　広島（御調）
てくさりぐさ　播磨
てくさりばな　能州　三重（伊賀）　奈良（山辺・宇陀）　島根（隠岐島）　山口（大島・玖珂）　愛媛（今治市）
てくされ　大阪（大阪）　兵庫（飾磨）　山口（玖珂）
てくさればな　島根（石見・邑智）　山口（玖珂・柳井）　兵庫（飾磨）
てはりくさ　愛媛（越智）
てはりばな　山口（都濃）
てはれ　山口（大島）
てはれくさ　愛媛（越智）
てはればな　山口（都濃）
でべそ　香川（小豆島）
てやきばな　丹波
てんがいばな　京都
てんさり　山口（玖珂）
てんつく　香川（三豊）
てんとばな　茨城
とーいびら　大分（大分市・大分）
とーけんばな　高知（安芸）
とーだいぼーず　和歌山（東牟婁）
とーろーばな　神奈川（津久井）
ときしらず　岐阜（吉城）
どくぐさ　山口（玖珂・阿武）
とくしゅばな　愛媛（周桑）
どくしょーばな　兵庫（赤穂）
どくずみた　唐津
とくすみら　肥前
どくすみら　肥前
どくずみら　宮崎（日向市）
どくっぱな　埼玉（入間）
どくばな　群馬（佐波）　神奈川（津久井）　静岡（駿東）　三重（上野市）　奈良　島根　島根（八

ヒガンバナ

束・鹿足）　岡山（真庭・川上）　山口（大島・玖珂・熊毛・都濃・佐波・吉敷・厚狭・豊浦・美祢・大津・阿武）　愛媛　愛媛（周桑・新居浜市）　高知（高岡）　大分　宮崎（西臼杵）
どくほーじ　和歌山（日高）
どくほーせんこ　愛媛（周桑）
どくほじ　和歌山（日高）
どくもめら　長州　山口（厚狭）
どくゆり　山口（美祢）　高知（幡多・長岡）
どばい　長崎（壱岐島）
どべのき　山口（吉敷）
なつずいせん　周防
なべはじき　京都（竹野）
なべばな　岐阜（益田）
にがいほーじ　和歌山（西牟婁・海草）
にがぐさ　山口（大津）
にがにが　京都（天田）
にがにがば　京都（何鹿）
にがばな　愛知（宝飯）　兵庫（赤穂）　愛媛（新居浜市）
にがほーじ　和歌山（田辺市・日高・西牟婁）
にがほり　和歌山（日高）
にがんばな　静岡（富士）
にしんのはな　北海道松前
にゅーどーくさ　島根（鹿足）　山口（山口・玖珂・佐波・吉敷・厚狭・大津・阿武）
にゅーどーばな　島根（鹿足）　山口
にゅーどーもめら　長州　山口（玖珂）
ねこがま　香川（小豆島）
ねこぐるま　香川（小豆島）
ねこだましのはな　島根（隠岐島）
ねこばな　島根（隠岐島）　愛媛（今治市・弓削島・新居）
ねじねじ　滋賀（湖南）
のあさがお　静岡（小笠）
のたいまつ　能州
のだいまつ　能州
のどばな　島根（八束）
はえとりばな　群馬（勢多）
はかげ　大分　大分（大分）
はかげばな　大分　大分（大分・南海部）
はかばな　三重（上野市・志摩）　島根（出雲・鹿足・簸川）
はこほれ　静岡
はこぼれ　東京（八王子）　神奈川（津久井）　静岡（賀茂・田方・駿東・富士）

はこぼれぐさ　静岡（駿東・田方・賀茂）
ぱちぱちばな　愛媛（周桑）
はっかけ　静岡（富士）
はっかけくさ　静岡（富士）
はっかけばーさ　静岡（駿東・富士）
はっかけばーさん　静岡（富士・庵原）
はっかけばな　群馬（群馬）　神奈川（津久井）　静岡　静岡（富士・田方・駿東）
はっかけばばー　神奈川（津久井）
はっかけばんばー　山梨
ぱっちらこ　愛媛（周桑）
ぱっちりこ　愛媛（周桑）
はなのお　香川（豊島）
はなのしば　香川
はぬけいばら　大分（南海部）
はぬけいびら　大分（南海部）
はぬけぐさ　豊後
はぬけばばー　長野（上伊那・下伊那・飯田）
はまべ　大分（大分）
はみずはなみず　加賀　青森（上北）　富山（東礪波）　奈良（磯城）
はめのしば　香川（豊島）
はもぎ　大分（大分市・大分・南海部）
はもげ　神奈川（相模原）　大分　大分（大分）
ばんじょー　徳島（那賀）
はんも　大分（大分市・大分）
はんもげ　大分（大分・南海部）
ひーさんばな　大分（大分・北海部）
ひーなんばな　静岡（静岡・庵原）
ひーなんばら　静岡（静岡・清水・小笠）
ひーひりこっこ　静岡（榛原）
ひーりこっこ　静岡（榛原）
ひおもち　奈良（吉野）
ひがんぐさ　仙台　宮城（仙台市）
ひがんぞ　静岡（庵原）
ひがんそー　新潟　三重（桑名市）
ひがんばな　武州　上総　美作　中国
ひがんばら　静岡（志太）
ひがんばん　熊本（宇土・下益城）
ひがん　熊本（芦北・八代・球磨・天草）
ひぜん　愛媛（伊予）
ひぜんばな　三重（松阪市・尾鷲）　愛媛（喜多）　熊本（球磨）
ひでんばな　島根（益田市）
ひなんばな　静岡（島田・志太）
ひなんばら　静岡（小笠）

ヒガンバナ

ひらんばな　大分（大分）
ふじばかま　播磨　播州三日月
へーけばな　大分（速見）
へそび　伊勢　三重（度会）
へそべ　三重（員弁）
べちべちばな　高知
へびごーろ　山口（大島）
へびのとー　大分（大分市）
へびのはな　京都（福知山市）　山口　山口（大島・玖珂・熊毛・都濃・阿武）　大分（大分）
へびばな　静岡（賀茂）　山口（大島・吉敷）　大分
へんびのしたまがり　岐阜（海津）
ほーぜのはな　愛媛（南宇和）
ほーぜばら　愛媛（周桑）
ほーせんくゎばな　愛媛（周桑）
ほーせんこ　愛媛（周桑）
ほーせんこばな　愛媛（周桑）
ほーせんばな　愛媛（周桑）
ほーそーばな　山口（厚狭）　大分（大分市）
ほぜ　愛媛（周桑・温泉・上浮穴）　高知（高岡・幡多）
ほぜくさ　愛媛（周桑）
ほぜのはな　高知　高知（幡多）　愛媛（喜多）
ほせはな　愛媛（周桑）
ほぜばな　香川（三豊）　高知（幡多）　愛媛（周桑・宇摩・新居・越智・温泉・喜多・上浮穴・東宇和・西宇和・南宇和・北宇和）
ほそび　勢州
ほで　高知（高岡）
ぼて　周防
ぼで　高知（幡多）
ほでばな　愛媛（周桑・伊予）
ほときさんばな　愛媛（周桑）
ほとくさんばな　島根（隠岐）
ほとけぐさ　群馬（佐波）
ほとけさんばな　京都（綾部市）　島根（隠岐島・八束）
ほとげのざ　京都（加佐）
ほとけばな　群馬（佐波）　茨城　和歌山（田辺市・東牟婁）
ほどずら　予州松山　信州松本
ぽにばな　広島（比婆）
ほんこしばな　香川　香川（小豆島）
ほんせんこばな　愛媛（周桑）
ぽんばな　山形（東田川）　群馬（佐波）　神奈川（津久井）　岐阜（吉城）　島根（能義・隠岐島）　愛媛（周桑）
ぽんぽんささき　静岡（焼津・志太）
ぽんぽんばな　高知（安芸）
まうさき　紀伊牟婁郡
まえきしゃ　山口
まえぎしゃ　周防
まきしゃ　福岡（小倉）
まぎしゃ　福岡（小倉）
まぜ　高知（幡多）
まっさき　和歌山（和歌山・海南・日高・那賀・海草・有田）
まっさぎ　和歌山（有田）
まっさけ　奈良（宇智）　和歌山（和歌山・日高・那賀・海草・有田）
まっさっけ　和歌山（海草・日高）
まっしゃき　和歌山（日高・有田）
まっしゃぎ　和歌山（日高・有田）
まっしゃけ　和歌山（和歌山・日高・有田）
まっしゃげ　和歌山（和歌山・那賀・日高）
まっせき　和歌山（日高）
まつりばな　愛媛（大島）
まんさき　和歌山（那賀・西牟婁）　香川
まんざき　和歌山（伊都）
まんさけ　和歌山（田辺市）
まんざけ　和歌山（田辺市）
まんじ　和歌山（西牟婁）
まんしゃ　熊本（阿蘇・菊池）
まんしゃく　香川（綾歌）
まんじゃく　奈良（吉野）
まんじゅ　和歌山（西牟婁・東牟婁）
まんじゅー　兵庫（赤穂）
まんじゅーのはな　高知　高知（吾川）
まんじゅぐさ　紀伊日高郡
まんじゅさき　和歌山（西牟婁）　岡山　香川（高松）　愛媛（周桑）
まんじゅさけ　熊野　和歌山（和歌山）
まんじゅさげ　和歌山（田辺・東牟婁）
まんじゅさま　香川
まんじゅしゃげ　京　土佐　茨城　静岡（富士）　和歌山（和歌山・海草・伊都・西牟婁・東牟婁）　愛媛（周桑）
まんじゅそー　紀伊日高郡
まんじゅばな　山口（豊浦）　香川（小豆島）　熊本（菊池）　大分（大分）
まんじゅやげ　静岡（富士）
まんじょ　兵庫（淡路）

まんだらそー　山形（鶴岡市）
みかんぐさ　三重
みかんそー　京都
みかんばな　和歌山（東牟婁）
みこしばな　香川（豊島・小豆島）
みしこばな　香川
みちわすれぐさ　群馬（多野）
みみかけばな　高知（安芸）
みみかちばな　高知（安芸）
みみくさり　和歌山（西牟婁）
むいなばな　新潟（佐渡）
めくさりばな　徳島（三好）
めくさればな　徳島　愛媛（周桑）
もーさき　紀伊
もめら　島根（石見・美濃）　山口（厚狭・大島・熊毛）
もめらのはな　山口（玖珂・豊浦）
やくびょーばな　越後　信濃　島根（鹿足）　広島（安芸）
やけとばな　兵庫
やぶいも　奈良（吉野）
やんめしょっこ　神奈川（中）
ゆーれーばな　上総　美作　埼玉（北葛飾）　広島（比婆）　山口（都濃）　徳島（海部）　大分（大分）
ゆーれんくさ　徳島
ゆーれんばな　和歌山（伊都）　広島　徳島（海部）　山口（都濃）　愛媛　愛媛（越智）　高知（安芸）
ゆり　高知（幡多）
よめのかんだし　和歌山（伊都）
らいさまのはな　茨城（多賀）
らっかん　奈良（南大和）
らんかん　和歌山（東牟婁）
らんとばな　茨城（稲敷）
りりんこばな　高知（幡多）　愛媛（周桑）
ろくほーし　和歌山（日高）
ろくほーじ　和歌山（日高）
わすれぐさ　仙台　山形（飽海）　長野（佐久・更級・南佐久）
わすればな　群馬（多野）　静岡（磐田）

ヒキオコシ　〔シソ科／草本〕

うつろはぎ　丹波　京都（竹野）
えぐさ　木曾
おりど　土州

おろとど　予州
おろんとど　阿州
ごまがらくさ　周防　長門
ごまくさ　周防　長門
せきりぐさ　静岡（賀茂）
とんぼそー　和州
にがくさ　熊野
むらたち　木曾
むらだち　仙台　木曾　秋田（鹿角）
ゆがら　木曾

ヒギリ　〔クマツヅラ科／木本〕

ちりんとー　沖縄（首里）
とーぎり　京都　長州　防州
にわぎり　鹿児島
はなぎり　和歌山（東牟婁・新宮市）　鹿児島（薩摩）

ヒグルマ → ヒマワリ

ヒゲグサ → ノグサ

ヒケッキュウハクサイ　〔アブラナ科／草本〕

おーさかな　岐阜＊　三重　兵庫＊
おーさかはくさい　愛知＊　大阪＊　奈良
かきな　長崎＊　宮崎＊
かきはくさい　滋賀＊
かきやさい　鹿児島＊
かぶ　福岡　宮崎＊　鹿児島＊
かぶな　福岡
こな　兵庫　岡山＊　熊本＊
じな　山形＊　山梨　宮崎＊
しらな　北海道＊　青森　福井　山梨　岐阜　京都＊
しろな　青森　秋田　福島　富山＊　福井　三重　滋賀＊　大阪＊　長崎＊　熊本＊　宮崎＊　鹿児島＊
たけのこはくさい　宮城＊
たちな　山口＊
ちょーせんな　山形＊
ちょーせんはくさい　北海道＊　宮城＊　新潟＊　石川＊　山梨　島根＊　岡山＊　愛媛＊　長崎＊
つけなはくさい　岐阜＊
てんまな　奈良＊
なつはくさい　愛知＊
はかぶ　宮崎＊
ばさ　岡山＊
ばさな　宮城＊
はしろな　秋田＊　新潟＊　宮崎＊
ばっさりな　福島＊

ヒゴクサ

ばっさりはくさい　宮城*
はな　鹿児島*
はなはくさい　秋田*
はやさい　鹿児島*
ばらはくさい　京都*　奈良*　香川*
はるな　鳥取*
ひちな　鹿児島*
ひらぎく　鳥取（日野）
ひらぐき　島根*　広島*　広島（高田）　山口*
ひらぶき　島根*　広島（佐伯）
ふつーな　栃木*
ぶんいもんな　奈良*
ほーけね　群馬*
ぼけはくさい　三重*
まかんはくさい　三重*　鹿児島*
まくりな　滋賀*　京都*
まな　三重*　鳥取*　徳島*
まんざいはくさい　宮城*
むかしな　宮崎*
もちな　愛知*

ヒゴクサ　　〔カヤツリグサ科／草本〕
なんばくさ　和歌山（東牟婁）

ヒサカキ　　〔ツバキ科／木本〕
あいちゃかけ　福井（三方）
あおら　兵庫（赤穂）
あかつら　長門
あくしば　九州　静岡　三重　和歌山　高知（吾川）　福岡　鹿児島
あこしば　静岡（伊豆）
いぎま　沖縄
いさかき　高知（幡多）
いささき　高知　愛媛
いささぎ　愛知（知多）
いしゃーき　周防
いしゃこ　山口（吉敷）
いしゃさき　高知（香美・長岡）
いしゃしゃき　山口
いしゃしゃぎ　山口
いしゃっこー　山口（佐波）
いぬくゎぎま　沖縄
いぬさかき　静岡（伊豆）　高知（香美）　鹿児島（出水）
いんき　静岡（伊豆）　福岡（嘉穂）
いんきのき　東京　静岡　三重（宇治山田）　山口（大島）
いんきもも　静岡（引佐）
いんきょぼんぼ　福井（鯖江市）
うさかき　新潟（北蒲原）
おしゃしゃぶ　山口（熊毛）
おなごさかき　鹿児島（甑島）
おなごしば　鹿児島（川辺）
おはなぎ　高知（幡多）
きさかき　高知（高岡）
きず　山口（玖珂）
くさかき　島根（隠岐島）
くさかけ　島根（石見）　広島（比婆）
くるぎま　鹿児島（与論島）
けたじゃかき　鹿児島（屋久島）
けだのき　鹿児島（中之島）
こさかき　高知（高岡・幡多）　大分（南海部）　熊本（球磨）
こざかき　鹿児島（肝属）
こささき　高知（高岡）
こしきび　熊本（球磨）
こしば　長崎（壱岐島）
こしゃかき　宮崎（串間）
こじゃかき　宮崎　熊本
こまさき　高知（柏島）
こめさかき　大分（南海部）
こめしば　和歌山（西牟婁・潮岬）
さかき　新潟　石川　茨城　栃木　千葉　埼玉　神奈川　東京（八丈島）　岡山　山口　香川　高知　福岡　長崎　熊本　鹿児島
さがき　山口（美祢）
さかきしば　鹿児島（川辺）
さかしば　鹿児島（鹿児島市・姶良・薩摩）
さかっき　東京（大島）
ささき　岡山（苫田）　広島（芦品）
ささぎ　広島（芦品）
ささぎしば　島根（那賀）
さっこー　広島
ししゃかけ　石川（加賀）
ししょーかき　高知（長岡）
したくさ　奈良
しば　静岡（駿東）　山口（豊浦）
しばかき　静岡
しばのき　福岡（小倉市）
しばばな　鹿児島（日置・肝属）
しびき　島根（邇摩）
しぶ　鳥取（西伯）

ヒサカキ

しぶぎ　島根（簸川・能義）	びしゃ　岐阜（美濃）
しぶんぎ　島根（簸川）	ひしゃかき　愛知　高知
しゃかき　福岡　熊本　鹿児島	びしゃかき　三重　奈良　和歌山　高知
しゃしゃ　香川（大川）	びしゃがき　岐阜　三重　和歌山
しゃしゃき　静岡　愛知　兵庫（赤穂・加古）	びしゃかけ　三重（熊野）　和歌山（東牟婁）
山口（厚狭）　岡山　徳島（美馬）　香川　愛媛	ひしゃこ　和歌山（那賀）
高知（土佐）　福岡（粕屋）	びしゃこ　紀伊　大阪（南河内）　奈良（宇陀・
しゃしゃぎ　山口（大津）　福岡（粕屋）	南大和）　京都　和歌山　徳島（那賀）　高知
しゃしゃきしば　山口（大津）	びしゃご　熊野　三重（宇治山田市・北牟婁・伊勢）
しゃしゃび　愛媛（西条）	びしゃこー　和歌山（東牟婁）
しゃしゃぶ　山口（玖珂）	ひしゃしゃき　愛知（三河）
しゃしゃほ　三重（宇治山田市）	ひしゃしゃぎ　高知
しゃしゃほのき　山口（熊毛）	びしゃしゃき　和歌山（新宮）
しゅ　徳島（伊島）	びしゃしゃく　滋賀（甲賀）
しゅーししば　和歌山（西牟婁）	びしゃしゃこ　滋賀（蒲生）
しゅーしばな　和歌山（西牟婁）	びしゃた　三重（伊勢）
しゅんべん　島根（美濃）	びしゃだ　三重（志摩・宇治山田市）
しらかけ　富山　島根（美濃）	びしゃっこ　和歌山（東牟婁・西牟婁・田辺）
しらさき　愛知　高知	びしゃっこー　和歌山（日高）
しらさぎ　周防	ひしゃぶ　山口（玖珂）
ずいずい　山口（玖珂）	ひしょーかき　高知（長岡）
たてしば　福岡（宗像）	びしょぎ　兵庫（淡路）
たまけた　鹿児島（屋久島）	ひちゃこ　福井（三方）
ちさかき　静岡（榛原）	ひちゃちゃき　福井（三方）
ちさかけ　福井（敦賀）	ひちゃちゃけ　福井（三方）
ちしゃかき　高知（土佐）	びっしゃっこ　和歌山（西牟婁・田辺）
ちしゃかけ　長崎（対馬）	ひめじゃかき　宮崎（西都）
ちゃかき　福井（勝山・鯖江）	ひらかき　高知（高知・幡多）
ちゃかけ　福井（今立・福井・鯖江）	ひらさき　高知
ちらさき　山口（大島）	ひんだら　福井（遠敷）
ちらさぎ　山口（大島）	ふくしば　島根（那賀）
つんとー　丹波	ふくらしば　島根（邑智）
といさせび　佐賀（杵島・藤津）	ふくれしば　島根（那賀・邑智）
どくさかき　熊本（天草）	ぶしゃかき　三重（員弁）
どくささほ　三重（志摩）	ぶしゃかけ　三重（員弁）
のさかき　茨城（筑波山）	へだら　丹後　京都（竹野）　兵庫
はかしば　長崎（平戸）　鹿児島（川辺）	へちゃかけ　滋賀（高島）
はしばのき　鹿児島（肝属）	へはる　薩摩　鹿児島（薩摩）
ばちばち　岐阜（揖斐）	へんだら　福井（若狭）
はな　和歌山（西牟婁）	まめちゃ　和歌山（海草）
はなしば　山口（吉敷）　鹿児島　鹿児島（薩摩）	むしゃしゃぎ　山城　京都（山城）
ひさかき　高知	むらさかき　福岡（小倉市）
びさかき　和歌山（東牟婁）	むらさかぎ　福岡（小倉市）
ひざかぎしば　佐賀（藤津）	めくされしぶぎ　島根（簸川）
ひささき　長門　静岡（小笠）	めさかき　静岡（熱海）
ひささぎ　長門　静岡（小笠）　山口（玖珂）	めささき　静岡

467

めささぎ　静岡（藤枝）
めんさかき　高知（幡多）
やまけさ　鹿児島（屋久島）
やまけた　鹿児島（屋久島）
やまさかき　三重（志摩）
やましきみ　紀伊
やまちゃ　木曾　岐阜（恵那）

ヒシ　オニビシ　〔ヒシ科／草本〕
いけぐり　島根（美濃・益田市）
おちしば　山口（厚狭）
おにこ　青森
おにびし　新潟
かたぶし　秋田（由利）
がらもん　香川
こっといかけ　島根（邑智）
さんかく　鹿児島（種子島）
しい　香川（高松）
ししがしら（オニビシ）　静岡
すずも　周防
てんがい（オニビシ）　静岡
ぬまびし　青森（八戸）
のまびし　青森（八戸）
ふし　秋田（鹿角・北秋田）　新潟（白根・南蒲原）　岡山
ふしこ　秋田
へし　埼玉（北足立）　和歌山（海草）

ヒシモドキ　〔ヒシモドキ科／草本〕
むしずる　山城

ビジョザクラ　〔クマツヅラ科／草本〕
こまちぐさ　和歌山（日高）
こまちそー　和歌山（日高）

ヒゼンマユミ　〔ニシキギ科／木本〕
めーぶ　鹿児島（悪石島）

ヒツジグサ　〔スイレン科／草本〕
いぬはす　宮城（登米）
かっぱぐさ　青森（津軽）
かっぱのごき　秋田
じゃらんぽん　茨城
じゅんさい　和歌山（海草）　岡山
すいれん　和歌山（海草・那賀・伊都・日高）
ぜんぱづのはな　青森（八戸・三戸）
ななつばな　新潟（西蒲原・十日町・中魚沼）
べごのした　青森
めんどつ　青森（津軽）

ヒデリソウ → マツバボタン

ヒデリコ　〔カヤツリグサ科／草本〕
あぜくさ　島根（美濃）　山口（厚狭）　香川（東讚）
おーぎこーぶし　広島（佐伯）　大分（佐伯）
くろぐさ　千葉（市原）
こけ　和歌山（日高）
こげ　和歌山（日高）
こげっぽぐさ　兵庫（淡路島・津名）
こまのかみ　新潟（加茂市）
しぶくさ　長野（北佐久）
すげぐさ　香川（中部）
てんつき　香川（東部）
のみのす　和歌山（有田）
はなび　和歌山（有田）
はなびせんこーくさ　福岡（小倉市）
はなびせんこーぐさ　福岡（小倉市）
ゆがや　島根（那賀）
よつ　福岡（小倉市）

ヒトツバ　〔ウラボシ科／シダ〕
いそば　鹿児島（長島・出水）
いぼのは　鹿児島（鹿児島・桜島）
うらぼし　筑前
きつねのせきだ　和歌山（新宮・東牟婁）
ちどめ　和歌山（日高）
はらん　岡山（和気）
ばらん　岡山（和気）
ひとつっぱ　静岡（磐田）

ヒトツバカエデ　マルバカエデ　〔カエデ科／木本〕
あさがらいたや　岩手（上閉伊・岩手・稗貫・和賀）
あまごいたや　宮城（刈田）
いぶいたや　宮城（柴田）
うぐいす　新潟（北魚沼）
うぐいすいたや　岩手（気仙）　新潟
おーばいたや　宮城（柴田）
おーばいだや　秋田（南秋田）
おばいたや　秋田（南秋田）　宮城（柴田）
かやで　山形（北村山）
かるかいたや　宮城（栗原・玉造）
しらいたぎ　岐阜（揖斐）
しらいたや　岩手（岩手・和賀）　富山（黒部）

しらうり　埼玉（秩父・入間）
しらかえで　岩手（岩手）
しろいたや　岩手（盛岡）　宮城（柴田）
しろいだや　秋田（仙北）
たんぺーじ　埼玉（秩父）
ちーちくいたや　長野
とちいたぎ　長野（松本）
はなのき　秋田
ひとつば　青森（南津軽）　宮城（本吉）　茨城　石川（能美）
ひとっぱ　長野（伊那）
ひとつばかえで　岩手（岩手）
ひとはかえで　新潟（北魚沼）
ぽぽいたや　秋田（南秋田）
まめのは　山梨　山梨（西八代）
まるばかえで　長野

ヒトツバタゴ　　　〔モクセイ科/木本〕
うみてらし　長崎（対馬）
なたおらし　長崎（対馬）

ヒトツバハギ　　　〔トウダイグサ科/木本〕
はぎな　高知（高岡）

ヒトモトススキ　　〔カヤツリグサ科/草本〕
かわそ　鹿児島（肝属）
かわそっ　鹿児島（肝属）
かわそび　鹿児島（肝属）
なきり　遠州

ヒトリシズカ　　　〔センリョウ科/草本〕
ひとりごと　山形（東田川）

ヒナギク　エンメイギク，チョウメイギク，デージー　　　〔キク科/草本〕
いちねんじゅー　岩手（水沢）
おーさかぎく　静岡（志太）
おさらんこ　宮城（仙台市）
おさらんこばな　宮城（仙台市）
ざらばな　宮城（登米）
ぜにがだ　宮城（登米）
だるまそー　新潟（佐渡）　長野（下水内）
ちょーめぎく　島根（出雲）
ちょーめんぎく　島根
ちょめーぎく　島根（出雲）
てんめんぎく　岡山（上房）

ときしらず　青森（八戸）　岩手（九戸・上閉伊）　宮城（仙台市）　秋田（北秋田・鹿角）　新潟（佐渡）　富山（射水）　広島（比婆）
ときしらんじ　秋田（鹿角）　岩手（二戸）
まめぎく　青森　山形　福島（相馬）
まんじゅぎく　山形（酒田市・飽海）
まんじゅばな　山形（酒田市・飽海）　長崎（壱岐島）
まんねんそー　福島（相馬）
みずぎく　富山（砺波・東礪波）
やろこぎく　山形（北村山）
やろこばな　山形（東置賜・西田川）
やろこぼたん　山形（飽海）

ヒナゲシ　グビジンソウ　　〔ケシ科/草本〕
いろけし　青森（上北）
いろげし　青森（津軽）
はろけし　青森（上北）
びじんそー　青森（八戸・三戸）　山形（北村山）

ビナンカズラ → サネカズラ

ヒノキ　　　〔ヒノキ科/木本〕
あおき　長野（東筑摩・上伊那）
あおび　徳島（那賀）
あさかべ　島根（出雲）
あつはだ　千葉
いしっぴ　茨城
いしび　千葉（香取）
かみひ　長崎（東彼杵）
かみひのき　青森（東津軽）
きそひのき　青森　秋田
きんひば　岩手（気仙）
こばひのき　山形（酒田）
さくらひ　熊本
さわら　青森　山形
しぬぎ　山形（北村山）
しのぎ　山形（最上・北村山）
しばのき　福島（田村）
しろき　静岡（磐田）　愛知（北設楽）
しろひ　熊本（八代）
せんぱく　青森（上北）
つぎつぎば　三重（伊勢市・宇治山田市）
とことこ　山形（飽海）
なろすぎ　長崎（南部）
ばちばち　長野（下伊那）
ばちばち　富山（西礪波）　奈良（南大和）

ヒノキシダ

ぱりぱりのき　埼玉（入間）　熊本
ぱりばりん　山梨
ひ　福井　熊本
ひぬき　岩手　宮城
ひぬぎ　山形（北村山・西村山）
ひのっ　鹿児島（姶良）
ひば　佐渡　青森　岩手（下閉伊）　宮城　秋田　山形（東田川・村山・西置賜）　福島　東京　和歌山
ひぱ　青森　岩手　宮城　秋田　群馬
ひばのき　山形（北村山）
ひばのっ　鹿児島（姶良）
ひばひ　丹波　摂津
ひわ　岡山（岡山市）
ひんぱく　山形（東田川）
へんぱく　岩手（稗貫・気仙）　山形　福島　島根（出雲）
ほんひ　栃木（西部）　群馬（東部）　千葉（君津）　富山　静岡　鳥取　岡山　熊本　大分（直入）
ほんぴ　茨城
ほんぴ　茨城
まき　奥州南部　木曾　北海道
まきはだ　栃木（西部）　群馬（東部）
まひ　長野（木曾）
めぎ　関東
よめごろし　長野（北佐久）

ヒノキシダ　〔チャセンシダ科／シダ〕

つるしだ　和歌山（西牟婁・東牟婁）

ヒノキバヤドリギ　〔ヤドリギ科／木本〕

やどかり　鹿児島（甑島）

ヒバ → アスナロ

ヒハツ　〔コショウ科／木本〕

ぴたつい　沖縄（石垣島）
ぴばーじ　沖縄（石垣島）
ぴばち　沖縄（鳩間島）
ぴばつん　沖縄（鳩間島）
ぴやーし　沖縄（竹富島）

ヒバマタ　〔ヒバマタ科／藻〕

くわまた　和歌山（日高）

ヒマ → トウゴマ

ヒマワリ　ニチリンソウ，ヒグルマ　〔キク科／草本〕

くんしょーぎく　三重（伊勢）
くんしょーぎく（コヒマワリ）　三重（宇治山田市）
てんぐるま　滋賀*
てんとーまくり　埼玉（北葛飾）
てんとーまわり　埼玉（北葛飾）
どいつぎく（コヒマワリ）　山形（北村山）
にちりんそー　山形（西田川）　岐阜（恵那）　愛知*　滋賀*　和歌山*
にちれん　富山（東礪波）
にちれんそー　愛知*　奈良*　和歌山*
ねっぱばな　秋田*
ひぐるま　加賀　大和　北海道*　山形（東置賜・西置賜）　新潟（佐渡）　富山（砺波）　石川*　福井*　長野*　静岡（小笠・榛原）　滋賀　大阪（大阪市）　奈良*　和歌山（海草・日高）　島根　広島　山口*　徳島（三好）　香川*　愛媛（周桑）
ひぐるまそー　京都*
ひのまる　青森*　秋田*　秋田（南秋田）　山形　山形（北村山・飽海）　長野*
ひのまるばな　福島（会津）
ひまる　千葉（印旛）
ひまわり　江戸
ひまわりぎく　青森（八戸）
ひまわる　新潟
ひむき　山梨（南巨摩）　長野*
ひむきくさ　山梨*
まうり　青森
めっぱ　青森（南部）
わっぱばな　秋田（北秋田）

ピーマン　〔ナス科／草本〕

あおとー　岐阜*　静岡*
あおとーがらし　岐阜*　滋賀*　兵庫*
あおどーがらし　岐阜*　滋賀*　兵庫*
あおとん　岐阜*　愛知*
あおとんがらし　和歌山*　岡山　大分*
あおなんばん　青森*　福井*
あほーなんばん　宮城
あまがらし　静岡*　愛媛*
あまごしょー　岐阜*　鳥取*　島根*　福岡*　熊本*
あまし　愛媛*
あまとー　岐阜*　島根*
あまとーがらし　埼玉*　千葉*　岐阜*　三重*　滋賀*　大阪*　奈良*　鳥取*　島根　岡山　大分*
あまとん　岐阜*

あまなんばん　茨城* 新潟* 石川* 山梨* 長野*
　　愛知*
いがしや　宮崎*
いごまごしょー　福岡*
うまなんばん　宮城*
おーごしょー　福岡*
おかぐらとーがらし　栃木* 千葉*
おししこなんばん　富山*
おししなんば　富山（上新川）
おししなんばん　富山*
おたふく　三重*
おたふくなんば　富山*
おにこしょー　長野*
おにとーがらし　大分*
おになんばん　山梨*
おらんだこしょー　長崎*
かきとーがらし　和歌山*
かぐら　千葉*
かぐらこしょー　長野*
かぐらとーがらし　茨城* 神奈川* 静岡*
かぐらなんばん　新潟* 福井* 山梨* 静岡*
かしらなんば　富山* 山梨*
かますなんば　青森*
ごんげんなんばん　岩手*
さとーとーがらし　千葉*
ししがらし　宮城 神奈川*
ししこしょー　新潟*
ししとーがらし　福島* 茨城* 栃木* 埼玉* 千
　葉* 福井* 愛知* 三重* 大阪* 兵庫* 島根*
　岡山 広島* 大分*
ししとんがらし　大阪*
ししなんばん　茨城* 富山* 山梨* 愛媛*
ししばとーがらし　岡山
ししまいとーがらし　鳥取*
しんとーがらし　埼玉*
せーよーおーあまとーがらし　宮崎*
せーよーごしょー　宮崎* 鹿児島*
せーよーとーがらし　千葉* 東京* 岡山 広島*
　山口
せーよーなんばん　秋田*
だいかぐら　京都*
たまなんばん　新潟*
だるま　茨城*
ちょーせんこしょー　長崎*
ちょーせんとーがらし　神奈川*
ばかとんがらし　埼玉* 千葉*

ひひとーがらし　東京* 広島*
ふくなんばん　茨城*
ほーずきなんばん　富山* 愛知*
やさいなんばん　山梨*
よーがらし　福島* 愛媛*

ヒムロ → サワラ

ヒメアザミ　ヒメヤマアザミ　　　〔キク科／草本〕
とちな　加賀
はなぐさ　岩手（二戸）
へらあざみ　奥州 福島（安達）
へらあんじゃみ　秋田（鹿角）
もちくさ　岩手（二戸）
やまごぼー　鹿児島（甑島）

ヒメアリドオシ → アリドオシ

ヒメイタビ　　　　　　　　　　〔クワ科／木本〕
かみつた　高知（幡多）
つた　高知（幡多）
つたかずら　高知（幡多）
ひごずた　東京

ヒメウズ　　　　　　　　　〔キンポウゲ科／草本〕
からすいも　岡山 愛媛（周桑）
からすのいも　愛媛（周桑）
けんけんいも　和歌山（西牟婁）
ちんちんばな　濃州
ねこいも　岡山（邑久）
ねずみいも　和歌山（西牟婁）
やぶいも　岡山（邑久）

ヒメウツギ　　　　　　　　〔ユキノシタ科／木本〕
いわうつぎ　埼玉（秩父）
しらうつぎ　近江坂田
つげ　愛媛（上浮穴）

ヒメカンゾウ　　　　　　　　　〔ユリ科／草本〕
はりますげ　和州

ヒメクグ　　　　　　　　〔カヤツリグサ科／草本〕
いちんごつなぎ　鹿児島（川内市）
えふ　熊本（玉名）
こんべとくさ　青森（津軽）
はなこぼし　鹿児島（揖宿）
やーらげ　山口（厚狭）

ヒメクズ → ノアズキ

ヒメクマヤナギ　　　〔クロウメモドキ科／木本〕
まっこー　鹿児島（与論島）

ヒメグルミ → オニグルミ

ヒメコウゾ　　　〔クワ科／木本〕
いぬこーぞ　城州
かじのき　予州
たず　紀伊
たふ　紀伊
だぶ　紀伊
やこそ　予州
やぶこーじ　江州

ヒメコバンソウ　　　〔イネ科／草本〕
おらんだじね　長崎（南高来）
かめのこ　新潟（刈羽）
がらがら　和歌山（有田）
がらがらくさ　島根（能義・簸川）
がらがらもんじょ　福岡（福岡）
がらんがらんくさ　山口（厚狭）
がんがん　岡山（上道）
かんかんぐさ　岡山（児島）
がんがんぐさ　岡山（岡山市）
かんざし　和歌山（有田）
かんざしぐさ　奈良（南大和）
こめばな　鹿児島（薩摩）
しかばな　奈良（南大和）
しゃみせんぐさ　岡山（岡山市）
じゃんじゃこ　岡山
すずがや　和歌山（和歌山・西牟婁）
すずくさ　和歌山（海草・日高）　岡山（御津）　山口（厚狭）　香川（高松）
すずぐさ　和歌山（和歌山）　岡山　山口
すずはな　奈良（南大和）
すずめのおどりこ　兵庫（津名）
ちゃらちゃらぐさ　鹿児島（始良）
ちょーせんぐさ　島根（益田市）
ちらちらかみさし　熊本（玉名）
ちらちらくさ　熊本（玉名）
ちろりん　愛媛（周桑）
ちんちょろりんぐさ　鹿児島（薩摩・甑島）
ちんちろぐさ　岡山（上道）
ちんちろりん　愛媛（周桑）
なずなぐさ　岡山（御津）

なんたらむぎ　岡山（岡山市）
にぎりめし　島根（簸川）
ねこのしゃみせん　長崎（壱岐島）
ほーきぐさ　島根（美濃）
ほたるぐさ　島根（那賀）　鹿児島（揖宿）

ヒメコマツ → ゴヨウマツ

ヒメシオン　　　〔キク科／草本〕
しょーかいせき　静岡（志太）
ぼんばな　群馬（多野）

ヒメジシバリ → イワニガナ

ヒメシャガ　　　〔アヤメ科／草本〕
あわあやめ　秋田（北秋田）
えどあやめ　岩手（上閉伊・釜石）
ひめあやめ　青森（津軽）
ひめかっこ　山形（北村山）
やまあやめ　飛州

ヒメシャラ　　　〔ツバキ科／木本〕
あかぎ　静岡（伊豆）　和歌山　高知（長岡）　福岡
あかた　高知　愛媛　宮崎　熊本
あかだ　高知　愛媛
あかたのき　高知（安芸・高岡）
あかはだ　三重
あからき　四国
あからぎ　高知　愛媛
いもぎ　三重（伊勢）
えてのき　三重
えんこー　静岡　静岡（遠江）
えんた　静岡（遠江）　三重（牟婁）　奈良　和歌山
えんたのき　三重（牟婁）　和歌山（新宮）
こしゃら　愛媛
こなつつばき　和歌山（伊都）　高知（幡多）
さるごめ　新潟（長岡市）
さるすべり　秋田　神奈川　新潟（北蒲原・上越市）　富山　石川　福井　山梨　長野（長野市）　静岡　三重　三重（宇治山田市）　滋賀（北部）　兵庫（姫路市）　奈良　和歌山　鳥取（因幡）　島根（石見）　岡山（美作）　広島　山口（周防）　愛媛（上浮穴・新居）　高知　九州北部　福岡　佐賀（神埼）　長崎（西彼杵）　熊本　大分　宮崎　鹿児島（始良・肝属）
さるた　静岡　三重　奈良　和歌山　山口　四国　愛媛　高知　熊本　大分
さるたのき　静岡（富士）　三重（牟婁）　和歌山

（新宮市）　高知（幡多）
さるたん　静岡
さるとべり　高知（香美）
さるなめし　宮城（刈田）　新潟（上越市）　長野
さるのき　三重（宇治山田市）
さんのめし　新潟（長岡市）
すべた　熊本（球磨）
すべり　神奈川　山梨　岐阜（飛驒）　静岡　三重　和歌山
すべりのき　山梨（南巨摩）
ちょこちょこのき　島根　福岡（小倉市）
ひめしゃら　紀伊　静岡　愛媛
ひゃくじっこー　新潟（北蒲原）
りょーば　長野（北安曇）

ヒメジョオン　　　　〔キク科／草本〕
あめりかぐさ　大分（直入）
いぬよめな　和歌山（西牟婁）
うしのした　静岡（富士）
かいこんぐさ　千葉（柏）
がいせんくさ　千葉（山武）
げゎろっぱ　千葉（市原）
ごいしんぐさ　千葉（山武）
さいごーぐさ　熊本（菊池）
しゃぼんばな　群馬（山田）
しろぎく　長野（北佐久）
せんそーぐさ　熊本（菊池）
せんどーぐさ　長野（北佐久）
せんろぐさ　長野（北佐久）
たいしょうぐさ　千葉（市原）
たまごぐさ　長野（佐久）
つんぼぐさ　和歌山（有田）
てっどーくさ　静岡（小笠）
てつどーぐさ　山形（酒田市）　長野（北佐久）
てつどぐさ　長野（北佐久）
でんきぐさ　群馬（勢多）
でんしんぐさ　長野（北佐久）
てんちょうぐさ　千葉（安房）
のぎく　宮城（仙台・志田）　千葉
ひめあぜぎく　山口（大津）
びんぼーぐさ　東京（多摩）
まんしゅーぐさ　京都（何鹿）
まんじゅーくさ　京都（何鹿）
やまぎく　長野（北佐久）
やまほーれんそー　長野（北佐久）

ヒメスイバ　　　　〔タデ科／草本〕
おじょろのすいこ　長野（北佐久）
すずめのすいこ　長野（佐久）

ヒメチドメグサ　　　　〔セリ科／草本〕
ぜにごけ　和歌山（那賀）

ヒメツゲ　　　　〔ツゲ科／木本〕
あなぐつのき（ツゲ）　福井（大飯）
いそつげ　防州
いぬつげ（ツゲ）　豆州
いんつけ（ツゲ）　福岡
うばしば　長州
かしらはら（ツゲ）　奈良（宇陀）
けずら（ツゲ）　滋賀（高島）
たうえぎ（ツゲ）　岡山
とりとまらず（ツゲ）　奈良（南大和）
ねずかたぎ（ツゲ）　島根（江津市）
ねずみぎ（ツゲ）　島根（石見）
ねずみつぐろ（ツゲ）　島根（那賀）
ねずみつつぎ（ツゲ）　島根（那賀）
ねずみつぶろ（ツゲ）　島根（那賀）
ねぶみぎ（ツゲ）　島根（那賀）
ひーらぎ（ツゲ）　島根（美濃・益田市）
びんが（ツゲ）　岐阜（美濃）
ほんつげ（ツゲ）　福岡（八女）
やどめ（ツゲ）　岐阜（美濃）
よめがさら（ツゲ）　鳥取（因幡）　島根（出雲）　岡山（美作）

ヒメドコロ　エドトコロ　　　〔ヤマノイモ科／草本〕
かなくそいも　青森（八戸・三戸）
つくいも　埼玉（北葛飾）
はだよし　青森（八戸・三戸）
ひめ　鹿児島（西表島）
ひめかずら　鹿児島（肝属）
ひめかつら　鹿児島（肝属）

ヒメノボタン　　　　〔ノボタン科／草本〕
くさのぼたん　和歌山（東牟婁）
つばめぐさ　熊本（球磨）

ヒメハギ　　　　〔ヒメハギ科／草本〕
あかちり　紀伊熊野　和歌山（牟婁）
くさちゃ　周防
くさはぎ　木曾

すずめはぎ　東国　江戸　江戸花戸　東京
のちゃ　西国　筑前
ぽんばな　神奈川（愛甲）

ヒメハシゴシダ　〔ヒメシダ科／シダ〕
からくさしだ　和歌山（西牟婁）

ヒメバショウ　〔バショウ科／草本〕
はなばしゃ　鹿児島（奄美大島）
はなばしゅー　沖縄（首里）
びじんそ　鹿児島（肝属）
びびんそ　鹿児島（肝属）

ヒメハッカ　〔シソ科／草本〕
ひめめぐさ　和歌山（西牟婁・東牟婁）

ヒメハマナデシコ　〔ナデシコ科／草本〕
かといぐさ　鹿児島（肝属）

ヒメバライチゴ　〔バラ科／木本〕
あかいっご　鹿児島（垂水）

ヒメバラモミ　〔マツ科／木本〕
ばらくろ　長野（佐久）

ヒメヒオウギズイセン　〔アヤメ科／草本〕
きんしょーぶ　和歌山（海草・日高）

ヒメヒゴタイ　〔キク科／草本〕
きつねのあだみ　山口（厚狭）
こまのつめ　信州木曾　美濃

ヒメビシ　〔ヒシ科／草本〕
しし　山形（飽海）

ヒメヒバ　〔ヒノキ科／木本〕
かたひば　勢州
めひば　伊勢

ヒメヘビイチゴ　〔バラ科／草本〕
くちなわんいちご　熊本（玉名）

ヒメムカシヨモギ　テツドウソウ　〔キク科／草本〕
おこりぐさ　静岡（小笠）
かいこんぐさ　千葉（柏）
がいせんくさ　千葉（山武）

がらがら　青森
ぎんかむぎ　青森
ごいしんそう　千葉（山武）
ごまくさ　青森（津軽）
ごまぐさ　青森
これらくさ　青森（三戸）
これらぐさ　青森（三戸）
こんきぐさ　新潟（西蒲原）
さいごーぐさ　岡山　熊本（球磨）
さいごぐさ　宮崎（東諸県）
しなくさ　鹿児島（揖宿）
しなぐさ　鹿児島（揖宿）
しなぶき　鹿児島（揖宿）
しんだいかぎり　群馬（佐波）　千葉（成田・三里塚）
せんそーぐさ　京都（竹野・熊野・与謝）
たいわんくさ　熊本（玉名）
たかせんぼー　香川（中部）
ちか　山形（東田川）
ちょーせんぐさ　兵庫（津名）
ちんだいぐさ　宮崎（西諸県）　鹿児島（加世田・垂水・肝属・揖宿・出水）
つなみぐさ　岩手（九戸）
つんぼぐさ　和歌山（有田）
てつどーくさ　山口（厚狭）
てつどーぐさ　岩手（二戸）　山形（酒田市・飽海）新潟（南蒲原）　長野（北佐久・下水内）　島根（益田市）　岡山　山口（厚狭）　香川（中部）
てつどぐさ　長野（北佐久）
でんきゅーぐさ　群馬（勢多）
でんしんくさ　愛媛（新居）
とーじんくさ　兵庫（津名）
とーじんそー　兵庫（三原）
どかたぐさ　秋田　青森　長野（北安曇）
とくがーそー　静岡（志太）
のぎく　青森　千葉（君津）　香川（中部）
ばかよごみ　秋田（鹿角）
ばかよもぎ　秋田（北秋田・鹿角）
ばんだえくさ　福島（相馬）
ばんだえこむぎ　青森（三戸）
ひやけぐさ　島根（邑智）
びんぽーぐさ　群馬（佐波）　神奈川（津久井）
ほーきぐさ　新潟（刈羽）　三重（志摩）　島根（邑智）
ほーねんぐさ　新潟（刈羽）　京都（竹野）
ほきさ　青森

みょーかくじくさ　長野（下水内）
めいじくさ　岡山
めーじそー　山形（酒田市）
めくらばな　和歌山（新宮市・東牟婁）
やなぎよもぎ　山形（飽海）
ゆーりくさ　熊本（球磨）
わたぐさ　和歌山（有田）

ヒメムグラ → キクムグラ

ヒメモチ　　　　　　　　〔モチノキ科／木本〕
こばあおき　秋田（鹿角）

ヒメヤシャブシ　　　　　〔カバノキ科／木本〕
いとはん　新潟（南魚沼）
いぬしで　山口
いわうちしば　青森（上北）
いわしば　青森　岩手　秋田
いわしばり　秋田（南秋田）
いわば　岩手（稗貫）　山形（北村山・最上・米沢）
いわはげ　青森（上北）
いわばしば　岩手（和賀）　秋田
いわはぬき　宮城（栗原・玉造）
えわば　宮城（刈田）
くましで　福井（三方）
くらしば　長野（下水内）
こばり　福井（越前）
さんがい　岡山
じしば　秋田
じゃりしばり　徳島
しらばん　新潟（北魚沼）
すなどめ　山口
そーばり　熊本
つちしばり　群馬（東部）　栃木（西部）　京都（丹波）　大阪（摂津）　広島
つちんばち　栃木（西部・日光市）
ねばり　富山（五箇山）
ねぼそ　福井（大野）
はげ　愛媛（東部）
はげしばり　秋田　東京　富山　石川　福井　岐阜　静岡　近畿　愛知　兵庫　中国　愛媛（東部）　高知（吾川）　熊本　大分（玖珠）
はげらかくし　鳥取
はぬき　宮城（宮城）
ひらならし　青森　岩手
ましば　岩手（岩手）　秋田　秋田（鹿角）
まるばやなぎ　岡山

みねばり　岡山
みほそ　富山
めほそ　福井　福井（越前）
めほそのき　岐阜（揖斐）
やしゃ　木曾　長野　静岡　愛知
やしゃのき　新潟（長岡市）
やしゃぶし　北海道　青森（中津軽）
やしょ　愛知
やなしで　鳥取
やましで　鳥取
やましば　富山（黒部）
やましばり　福井
やまはり　福井（三方）
やまわり　富山（氷見）
ゆはば　山形（北村山）
ゆわしば　青森（南津軽）
ゆわば　山形（西村山・北村山）

ヒメヤマアザミ → ヒメアザミ

ヒメユズリハ　　　　　〔ユズリハ科／木本〕
いずりは　三重（度会）
いぬずる　熊本（天草）
いぬゆずりは　高知（幡多・高岡）
いぬわかば　高知（幡多）　和歌山
うぶずり　沖縄（与那国島）
おめでた　和歌山（西牟婁）
かたえずり　高知（高岡・幡多）
かたゆずり　高知（高岡）
こめゆずり　福岡（粕屋）
こゆずり　福岡（粕屋）
ころま　高知（幡多）
しょーがつのき　鹿児島（甑島）
しょく　鹿児島（日置）
つる　大分（北部）
つるしば　長崎（平戸）
つるのき　熊本（鹿本）
つるのは　大分（佐伯）
はなが　沖縄（国頭）
ひめずる　紀伊　和歌山（東牟婁）
ほんゆずりは　宮崎（串間）
まんざい　福井（敦賀市）
むぎずる　大分（南海部）
やまわかば　和歌山（東牟婁）
ゆーずる　鹿児島（奄美大島）
ゆずのき　東京（八丈島）
ゆずりのき　鹿児島（薩摩）

ヒメヨモギ

ゆずりは　山口　高知　鹿児島
ゆずる　鹿児島（奄美大島）
ゆむら　沖縄
わかば　福井（大飯）

ヒメヨモギ　〔キク科／草本〕
ちんだいぐさ　鹿児島
びんぼーぐさ　神奈川（中）
ほとくい　鹿児島　鹿児島（鹿屋市）

ヒメレンゲ　〔ベンケイソウ科／草本〕
ほたるぐさ　岡山（御津）

ヒモケイトウ　センニンコク　〔ヒユ科／草本〕
こまけいとー　新潟
しだれけいと　青森（八戸・三戸）
とらのお　新潟
のげーとー　山形（北村山）
やりこけとぎ　岩手（水沢）

ヒモサボテン　〔サボテン科／草本〕
えんこーらん　岡山（岡山）
とらのお　岡山（岡山）
ひもしゃぼてん　和歌山（日高）

ヒモラン　〔ヒカゲノカズラ科／シダ〕
いとふーらん　伊豆　静岡（賀茂）　島根（隠岐島）
えどふーらん　島根（隠岐）
きひも　静岡（磐田）
さんのもてー　熊本（球磨）

ビャクシン　イブキ，イブキビャクシン
　〔ヒノキ科／木本〕
こーぼく　福岡（筑前）
さつますぎ（タチビャクシン）　和歌山（新宮・東牟婁）
しんぱく　北海道　福井　岐阜（飛驒）　和歌山　鳥取（因幡）　島根（隠岐島）　大分（直入）　宮崎
しんばり　群馬（利根）　鳥取（伯耆）　島根
そねれ　青森（上北）　秋田（北秋田）
たちべぼ　静岡（遠江）
なないろひば　岩手（岩手）
はいまつ　静岡（遠江）
はく　岡山　広島（比婆）　愛媛（上浮穴・周桑）　高知　大分
ひば　新潟（中蒲原）

びゃくすぎ　木曾　東京（三宅島）　静岡
びゃくだん　栃木（西部）　群馬（東部）　静岡　福岡　熊本　大分　宮崎（北諸県）　鹿児島（熊毛）
びゃくたんのき　島根（出雲）　広島
ふけずりすぎ　島根（隠岐島）
べぼ　静岡
ほたるひめ　島根（邇摩）
まろど　四国

ヒャクニチソウ　〔キク科／草本〕
いつまで　長崎（壱岐島）
うらしま　青森（津軽・八戸・三戸）　岩手（上閉伊）　山形（東田川）　新潟　愛知（尾張）　岡山（苫田・御津・岡山）　熊本（玉名）
うらしまそー　青森（八戸）　岩手　山形（東置賜）
うらしまのはな　青森（津軽）
おらんだそー　静岡（小笠）
おらんだばな　鹿児島（肝属）
かごしまばな　鹿児島（肝属）
かさねばな　山形（西田川）
くるまそー　静岡（志太）
こごめぐさ　加賀
さっかいそー　山形（北村山）
じごくばな　和歌山（西牟婁）
しゃっぶばな　山形（庄内）
しゃっぽぎく　和歌山（海草）
しゃっぽばな　静岡（小笠）　富山（東礪波・西礪波）　岐阜（飛驒・吉城）　愛知（知多）　和歌山（日高）
しゃっぽんぎく　福井（大飯・今立）
しゃっぽんのぎく　福井（今立）
しゃっぽんばな　福井（大飯）　奈良　和歌山（新宮・日高）
しゃっぽんぱな　和歌山（日高）
しゃんぽんぎく　奈良（南大和）
じゅーにかげつ　鹿児島（鹿児島市・日置）
せこんどばな　鹿児島
せんだんくゎ　鹿児島（鹿児島）
ちんだんか　鹿児島（鹿児島市）
てんじくそー　京都（竹野）
とーじんそー　愛知（海部）
ときしらず　長野（長野）
ななばけ　和歌山（海草）　島根（出雲）
ななへんげ　島根
びじんそー　鹿児島（肝属）

びぞんそ　鹿児島（肝属）
へんげばな　島根（邑智・仁多）
ほとけばな　山形（東田川・飽海）
ぽんばな　栃木　栃木（安蘇）
よこはまぎく　千葉　千葉（長生）

ヒユ 〔ヒユ科／草本〕

あかびそ（ムラサキビユ）　南部
いざりひー　島根（那賀）
からひー　備前
きょー　埼玉（秩父）
とーのひゆ　播州
なずな　伊豆八丈島
はびょー　加州
ひあかざ　岩手（二戸）
ひー　備前　雲州　大阪（豊能）　兵庫（津名）
　鳥取（米子）　山口（厚狭）
ひーな　阿波　九州　宮崎（宮崎市）
ひーのは　福岡（田川）
ひしな　島根*
ひなぐさ　長崎*
ひゅー　福井（今立）
ひゅーな　和歌山（東牟婁）　長崎（南高来）
びゅーな　沖縄（石垣島）
ひよ　筑前　江州　福岡（八女・筑後）
ひょー　東国　江戸　佐渡　京都　福井（今立）
びょー　仙台
ひょーあかざ　津軽　青森（津軽）　岩手（二戸）
ひょーっぱ　群馬（山田）
ひょーな　紀伊　群馬（勢多）　和歌山（日高・
　東牟婁・西牟婁）
ひよくさ　佐渡
ひよな　新潟（刈羽）
ひょろな　三重*
ひるな　山口*
ほずきくさ　青森（上北）
ぽっきくさ　青森（上北）
めんひょーな　和歌山（新宮）

ヒュウガナツミカン 〔ミカン科／木本〕

いどみかん　宮崎*
おーごん（黄金）　岡山*
こなつみかん　高知*　長崎*
しんなつ　京都*

ヒョウタン 〔ウリ科／草本〕

いひゅ　鹿児島（肝属）
たんぽ　滋賀（滋賀・蒲生）
ついぶる　沖縄（首里）
つぶろ　新潟（佐渡）
ひゅーたん　福岡（八女・山門・浮羽・築上）
　熊本　宮崎（宮崎・児湯）
ひょーたんついぶる　沖縄（首里）
ひよこたん　静岡（小笠）　愛知　岐阜　奈良
　和歌山（日高）
ひょこたん　群馬（佐波）　岐阜　静岡（掛川・
　磐田）　愛知　京都（京都市）　大阪（大阪市）
　奈良（南大和）　和歌山　香川
ひょん　愛知（宝飯）
ふーべ　千葉（安房）
ふくべ　青森（津軽）　岩手（江刺・上閉伊・二
　戸）　宮城（仙台）　山形（庄内）　福島（東白川）
　新潟（岩船）　富山（砺波）　山梨（南巨摩）　千
　葉（長生）　岐阜（山県・本巣）　静岡（磐田）
　愛知（知多）
ふくべっと　群馬（邑楽）　埼玉（北葛飾）
ふくべっとー　群馬（勢多）　埼玉（秩父）
ふくべん　山形
ふくめんぼー　山梨　山梨（南巨摩）
へこたん　香川

ヒョウタンボク　キンギンボク
〔スイカズラ科／木本〕

うぐいすやぶ　新潟（佐渡）
うしごみ　信州　長野（鳥居峠）
うつぎだま　秋田（仙北）
からうつぎ　秋田（山本・男鹿）
きんぎんばな　長野（長野）
きんぎんぼく　青森（中津軽）
てっぽーうつぎ　青森（南津軽）
てっぽーだま　秋田　青森（津軽）
てっぽだま　秋田（仙北）
てっぽのたみ　青森（津軽）
どくうつぎ　秋田（横手）
どくぶつ　長野（北佐久）
びっきたんこ　山形（飽海）
びっきてんこ　山形（飽海）
ひところばし　青森（上北）　山形（北村山）
ひところばす　山形（北村山）
ひょーたんうつぎ　秋田（鹿角・北秋田）
ひょーたんごみ　長野（北佐久）

ふくべ　山形（酒田市・東田川）
ぶし　青森　秋田（鹿角）
ぶしたま　青森（津軽）
ぶしたまのき　青森（東津軽）
ふたご　青森　秋田　山形（飽海）
ふたごのみ　秋田（雄勝）
ふたごやぶ　新潟（佐渡）
ふたころばす　山形（北村山）
ふたつぐみ　山形（北村山）
ふたつご　山形（北村山）
やえがわ　長野
よめころし　長野（上水内・北安曇）
よめころし　長野（北佐久）

ビヨウヤナギ　　　〔オトギリソウ科／木本〕
びじょやなぎ　和歌山（日高）

ヒヨクヒバ → サワラ

ヒヨドリジョウゴ　　　〔ナス科／草本〕
おちゃぽのふーずき　福岡（久留米・三潴・三井・浮羽）
ちゃぽのほーずき　筑後　筑前
ちゃらこ　福島（会津）
つたさんごじゅ　仙台
つるさんご　筑前
つるさんごじゅ　仙台　備前
とんのじょーご　長崎（東彼杵）　熊本（球磨）
はなぐりかずら　鹿児島（薩摩）
はぬけかずら　岡山
びびごじょ　熊本（玉名）
びびごじょごじょ　熊本（玉名）
ひよどりばな　山形（飽海）
ほろし　和歌山（西牟妻）
やまほおずき　千葉（安房）
やまもんにゃ　岩手（二戸）

ヒヨドリバナ　　　〔キク科／草本〕
あかこがね　岩手（東磐井）
あっぱんざい　青森
あわばな　青森
あわもり　島根（美濃）
おじころし　熊本（八代・球磨）
じじばば　千葉（東葛飾）
しろおみなえし　山形（東村山）
てでっぽ　石川（鹿島）

ヒョンノキ → イスノキ

ヒラタケ　　　〔キシメジ科／キノコ〕
おすふら　島根（隠岐島）
くろきのこ　熊本（下益城）
むきだけ　青森（上北・三戸）　岩手（上閉伊）　宮城（栗原）
むぎんたけ　秋田（鹿角）
むくだい　岐阜（飛騨）
もくだい　岐阜（飛騨）
わかえ　山形
わけ　山形（東田川）
わげー　山形（東田川）

ヒラマメ　　　〔マメ科／草本〕
こーしぶろ　香川（小豆島）

ヒル → ニンニク

ヒルガオ　　　〔ヒルガオ科／草本〕
あいこ　島根（邑智）　広島（比婆）
あさがおばな　鹿児島（肝属）
あさやけ　長野（上伊那）
あさやけぐさ　長野（上伊那）
あめあさがお　埼玉（北足立）　新潟（下越）
あめうるばな　仙台
あめっぷりばな　長野（北安曇）
あめばな　長野（北安曇）
あめふらせばな　山形（飽海）
あめふり　仙台　野州　越後
あめふりあさがお　岩手（盛岡・胆沢）　宮城（仙台市）　山形　栃木　群馬（多野）　東京（南多摩・西多摩）　長野
あめふりげんだ　岩手（紫波）
あめふりばな　陸奥　仙台　下野　上野　越後　佐渡　青森（南部・八戸）　宮城（玉造）　岩手（盛岡・水沢・二戸）　秋田　秋田（鹿角・北秋田・由利・雄勝）　山形　福島　栃木　埼玉（入間）　新潟　新潟（新発田・南蒲原）　長野
あめぶりばなこ　岩手（東磐井）
あめふりばなっこ　岩手（水沢）
あめふりばんな　秋田（平鹿）
あめふりんばな　秋田（鹿角）
いおずな　島根（出雲）
いおづら　長崎（壱岐島）
いぬあさがお　山口（大津）
いぼくさ　徳島（三好・美馬）

ヒルガオ

いもがらくさ　長崎（北松浦）
いもずら　島根（隠岐島）
いもずる　福島　愛媛（上浮穴）
いもづるくさ　長崎（北松浦）
うおつなぎ　島根（能義）
えおじり　島根（八束・大原）
おかこっこ　兵庫（赤穂）
おけんばな　長野（上伊那）
おこりづる　新潟
おこりばな　長州　新潟　佐賀（藤津）　鹿児島
おこれかずら　鹿児島（甑島）
おこればな　鹿児島（甑島）
おたねばな　新潟（岩船）
おたのみばな　青森（弘前）
かさずる　木曾　長野（南安曇）
がずばな　島根（邑智）
かたねばな　新潟（岩船）
かっこー　周防
かっぽー　備後
かっぽぐさ　熊本（菊池）
かどぼ　福島（中部）
かぶとばな　長野（東筑摩）
かみなりずる　長野（北安曇）
かみなりばな　新潟（中頸城）　長野（北安曇・南安曇）
からまり　山形（北部）　岩手（東磐井）
からまれ　山形（飽海・庄内）
かわずる　近江坂田
かんだちばな　長野
かんどんべー　埼玉（秩父）
かんどんぽ　福島（南部）
きつねあさがお　山口（阿武・都濃）
きつねのあさがお　兵庫（赤穂）
きつねばな　山口（厚狭・宇部市）
くさあさがお　長野
くちなわのあさがお　山口（厚狭）
くゎじばな　長崎（諌早）
げたづら　岩手（二戸）
げんた　青森（三戸）
げんだ　青森（八戸・三戸）
げんだづら　青森（八戸・三戸）
ごーずり　石川（江沼）
ごーずる　越前
こーづる　岩手（九戸）
ごーづる　越前
こちこちばな　秋田（仙北）
ごのしろ　山口（厚狭）
ごほずり　石川（江沼）
ごろーしろーぐさ　長門
さわちぐさ　木曾
ちちばな　新潟
ちょーせんあさがお　千葉（市原）　長野　山口（阿武・厚狭）　鹿児島
ちょくずる　長野（諏訪）
ちょくばな　木曾　備前　讃岐　長野　島根（石見）　香川
ちょこぐさ　島根（那賀）
ちょこちょこばな　長野（南安曇）
ちょこばな　長州　埼玉（入間）　長野　長野（北安曇・東筑摩）　島根　島根（美濃）　岡山（邑久）　山口（阿武・厚狭）　鹿児島
つぼっつら　長野
つぼっつる　長野（東筑摩・北安曇）
つぼっはら　長野（更級）
つぼつる　長野（佐久）
つぼづる　紀伊
つりがねそー　岩手（二戸）
つるくさ　山形（飽海）
つんぶーばな　新潟（佐渡）
つんぽーばな　新潟（佐渡）
つんぽばな　新潟（佐渡）
てんきばな　新潟
どくあさがお　長野
どくばな　長野（北佐久）
とぼつる　長野（北佐久）
どんどろけぐさ　鳥取（西伯）
なくこわし　茨城
なべこわし　茨城
なべぶっつぁけ　福島（相馬）
なべわり　福島（相馬）　新潟（糸魚川）
にがな　長野（上伊那）
のあさがお　長門　秋田　岡山（御津）　広島（比婆）　高知（香美）　熊本（玉名・菊池）
はたけあさがお　和州　三重（名張市）　奈良（吉野）
はまあさがお　広島（豊田）
ひでりそー　山口（都濃）
ひぼっつる　長野（上水内・佐久）
ひまわり　山口（徳山）
ひゅーがお　佐賀（藤津）　熊本
ひるあさがお　長野（北佐久）　静岡（小笠）
へーとーあさがお　岡山（御津）

へーぶのあさがお　富山（砺波・東礪波・西礪波）
へっぴりあさがお　群馬（勢多）
へとつきばな　長野（諏訪）
へどつきばな　長野
へどっきばな　長野（小県）
へどっつる　長野
へどつる　長野（東筑摩・佐久）
べにちょくばな　長野（上伊那）
へびあさがお　相州　山口　山口（厚狭・都濃・豊浦）
へびがお　山口（豊浦）
へびつきばな　長野（南佐久）
へびのあさがお　山口（都濃・厚狭・豊浦・大津）
へびのちょこ　房総
へぼっつる　長野（中部・北部）
へぼつる　長野（東筑摩・佐久）
べんちょくばな　長野（上伊那）
みみくさり　三重（志摩）
みみこぐさ　高知（柏島）
みみだれあさがお　石川（鳳至）
みみだれぐさ　近江
みみつく　兵庫（飾磨）
みみつんぼ　新潟（佐渡）
やまあさがお　岩手（和賀・二戸）　秋田（南秋田）　長野（南安曇）　島根（隠岐島）　山口（大島）
ゆーが　山口（豊浦）
ゆーがお　山口　山口（熊毛・佐波・美祢・阿武）
ゆーだちあさがお　長野（上伊那）
ゆーだちばな　長野
よーだちばな　長野（下伊那）
らっぱばな　山形（飽海）

ヒルムシロ　　〔ヒルムシロ科／草本〕
おーばんこばん　千葉（市原）
かねくさ　秋田（南秋田）
かわかつら　羽州米沢
くだり　岩手（二戸）
くちあけ　新潟（佐渡）
げたのひも　新潟（南蒲原）
こばん　長野（下水内）　静岡（安倍）
こばんぐさ　山形
じーさんのしおき　熊本（玉名）
つばきば　新潟（佐渡）
ばり　岡山（川上）
びーもの　岩手（上閉伊）
ひーるくさ　岡山

びり　島根（美濃）　愛媛（新居・周桑）
ひりこ　信州
びりこ　信州
びりご　長野（北佐久）
びりも　群馬（勢多）　長野（北佐久・佐久）
ひりもの　津軽
びりもの　津軽　岩手（遠野・紫波）
びるくさ　秋田（北秋田・仙北）
ひるご　静岡（志太）
ひるごさ　熊本（球磨）
びるござ　熊本（球磨）
ひるむしろ　畿内　北越
ひるも　関東　江戸　木曾　宮城（登米）　山形（東村山・北村山）　栃木　千葉（長生）　新潟（刈羽）　静岡（小笠）　香川（中部）
びるも　岩手（紫波）　福島（相馬）　栃木　長野（佐久）　香川（中部）
びるもの　山形（北村山・東置賜）　岩手（盛岡）
ひれもの　岩手（東磐井）
びろくさ　秋田（北秋田）
ひろご　長野（佐久）
びろご　長野（北佐久）
ひろも　山形（北村山）　長野（下水内）
びろも　青森（津軽）　長野（北佐久）
ふるむしろ　熊本（玉名）
ふるも　新潟（西蒲原）
へろも　新潟（刈羽）
べろも　長野（北佐久）

ヒレアザミ　　〔キク科／草本〕
おにのまゆはき　長州　防州
さがりは　岩手（二戸）
しろあざみ　三重（伊勢）

ヒレザンショウ　　〔ミカン科／木本〕
やまさんしょ　東京（小笠原諸島）

ビロウ　　〔ヤシ科／木本〕
くば　鹿児島（島嶼）　沖縄
くば　沖縄（新城島）
くふぁ　沖縄（小浜島）
こば　鹿児島（曽於・沖永良部島・肝属・奄美大島）
ごは　対馬
こばのき　鹿児島（悪石島）
ふば　鹿児島（島嶼）
ろーのき　東京（八丈島）

ビロードイチゴ 〔バラ科／木本〕
えんざいっご　鹿児島（大口市）

ビロードタツナミ → タツナミソウ

ヒロハノカワラサイコ 〔バラ科／草本〕
うらじろ　秋田（鹿角）

ビワ 〔バラ科／木本〕
かたぎ　大分
ひば　三重（度会）
ぽわん　島根（簸川・八束）

ビワバカシワ → ウバメガシ

ヒンジガヤツリ 〔カヤツリグサ科／草本〕
ぽーずぐさ　和歌山（東牟婁）

フウチョウソウ 〔フウチョウソウ科／草本〕
ふーれーそー　越後
よーかくそー　伊勢　三重（伊勢）
よーこーそー　伊勢

フウトウカズラ 〔コショウ科／草本〕
あさがら　鹿児島（甑島）
うしはんだ　鹿児島（喜界島）
きんぎんかずら　鹿児島
くさかずら　鹿児島（枕崎市）
さんかくかつら　防州
すじぐさ　高知（幡多）
つたかずら　伊豆八丈島　東京（八丈島）
つたふじ　東京（八丈島）
のつた　伊豆八丈島　東京（八丈島）
はかけかずら　鹿児島（垂水市）
はかげかずら　鹿児島（垂水市）
ひとかずら　東京（三宅島）
ふーかずら　鹿児島（出水）
ふとかずら　和歌山（新宮）
ほーとーかずら　鹿児島（熊毛）
ほとかずら　鹿児島（川辺）

フウラン 〔ラン科／草本〕
いわらん　高知
しょーぶらん　土佐

フウリンソウ 〔キキョウ科／草本〕
ちょーちんばな　栃木

フウロソウ → ゲンノショウコ

フカノキ 〔ウコギ科／木本〕
あさがら　鹿児島
あさがらのき　鹿児島
あさぐる　鹿児島（奄美大島）沖縄（与那国島）
あさくるき　沖縄
あさぐろ　鹿児島（奄美大島）沖縄
あさごろ　鹿児島（奄美大島）沖縄（与那国島）
あさんぐる　沖縄
いもぎ　鹿児島（屋久島）
うるしのき　鹿児島（屋久島）
じんからのき　鹿児島（内之浦）
じんがらのき　鹿児島（肝属）
つじんぎー　沖縄
ばかぎ　鹿児島（中之島・屋久島）
ふかのき　鹿児島
みーあさぐろ　沖縄
やまあさがら　鹿児島（甑島）

フキ 〔キク科／草本〕
あおぐき　京都*
がんぽーじ　群馬（多野）
きょーぶき　北海道*
さとふき　愛媛（周桑）
しぱーま　沖縄（小浜島）
しよふき　青森*
そーじもの　鳥取（東伯）
たんば　長野（北安曇）
たんば　長野（下水内）
たんぱんこ　山梨*
ちふぁふぁー　沖縄（中頭）
ちょぶき　北海道*　青森（三戸）
ついっぱっぱ　沖縄（首里）
つぃばしゃ　鹿児島（奄美大島）
つぃぶるんぐさ　沖縄（石垣島）
つくりふき　北海道*
つくりぶき　富山（東礪波）
っていば　鹿児島（奄美大島）
っていばんしゃ　鹿児島（奄美大島）
つわ　愛媛（温泉）鹿児島（鹿児島・谷山）
とーぶき　秋田　長野（上田）滋賀*
のぶき　山形（鶴岡市）青森（三戸）長野（佐久）熊本（玉名）
ばっけー　岩手（水沢）
ぱっぱー　沖縄（与那国島）

フキノトウ

ひふき　東京（利島・新島）
ふいき　三重（飯南）　奈良　和歌山（日高・東牟婁・西牟婁）　兵庫（三原）
ふーい　千葉（君津）
ふーき　福島（会津）　群馬　埼玉（大里）　千葉　岐阜　長野（南佐久）　新潟（中蒲原・西蒲原）
ふーぎ　福島（会津）　千葉
ふーきのぼー　群馬*　富山*
ふぎ　青森（八戸）　山形（東村山）
ふきだま　奈良（吉野）
ふきんしょ　栃木（那須）
ふきんぽ　群馬（多野）　埼玉（南埼玉）
ふきんぽー　長野（諏訪）
ふっ　長崎（南松浦）
ふゆき　三重（度会・尾鷲）
ほーき　新潟（西蒲原・刈羽・西頸城）　長野（南安曇）
ほぎ　岩手（紫波）　秋田（雄勝）
ほんぶき　東京（三宅島）
まぶき　東京（御蔵島）
みずぶき　東京（利島・三宅島）　京都*　鳥取*　島根（石見・籔川）　長崎*
やまのふき　長野（北佐久）
やまのぶき　青森（三戸）
やまぶき　東京（三宅島）　長野（北佐久）　愛媛（周桑）　熊本（八代・球磨）

フキノトウ　カントウカ　　　　〔キク科／草本〕
しゅーとめ　三重（阿山）
ゆきわり　大分（直入）

フクオウソウ　　　　　　　　〔キク科／草本〕
さいとーくさ　京都

フクシア　　　　　　　　　〔アカバナ科／木本〕
ひょーたんそー　山形（酒田市）

フクジュソウ　　　　　　〔キンポウゲ科／草本〕
がんじくそ　岐阜（吉城）
がんじつそー　福島（相馬）　宮崎（西臼杵）
がんにっつぉー　山形（米沢市）
ぎんばいそー　徳島（麻植）
くるまばな　岩手（九戸）
ぐゎんじつそー　宮崎（西臼杵）
ちぢまんちゃく　秋田（鹿角）
つちまんさぐ　岩手（盛岡・岩手）

ふくじそー　秋田
ふくじんそー　秋田
まぐさく　岩手（九戸）
まぐさぐ　岩手（九戸）
まごさく　岩手（九戸）
まごさぐ　青森（八戸・三戸）
まんさく　青森（上北・三戸）　岩手
まんさぐ　北海道　青森（八戸・三戸）　岩手（二戸・上閉伊・紫波・岩手）
ゆきわり　木曾

フクド　ハマヨモギ　　　　　〔キク科／草本〕
しぇよむぎ　青森（津軽）
はまよもぎ　伊勢　熊野度会郡
ふくど　和歌山

フクベ　　　　　　　　　　〔ウリ科／草本〕
かんぴょーゆーご　雲州　島根（出雲）

フクラシバ → ソヨゴ

フクラモチ　　　　　　　〔モチノキ科／木本〕
ずいご　和泉

フサザクラ　タニグワ　　〔フサザクラ科／木本〕
いぬくそいだや　秋田（北秋田）
いもぎ　三重（鈴鹿）
いらくわ　周防
うしころし　群馬（多野）
おちゃぼーず　山梨（大月市・都留市）
かまぞ　長野（小県）
かわたち　三重（員弁）
かわだち　三重（員弁）
くおと　高知（安芸）
くぼーと　高知（安芸）
くぼとぎ　高知（香美）
くもつき　香川（綾歌）
くわうと　徳島（美馬）　高知（香美）　愛媛（宇摩）
くわおと　高知（安芸）
くわずみ　三重（飯南）
くわな　愛媛（新居浜市）　高知（土佐・長岡）
くわのうと　高知（長岡）
くわぶし　長野（埴科）
くわぶそ　香川（香川）
くわほーと　高知（香美）
くわもどき　三重（亀山市）　香川（香川）　高知（香美・安芸）

フジ

ごだご　千葉
ごだんが　千葉（清澄山）
こたんご　千葉（安房）
ごだんこ　千葉（君津）
ごだんご　千葉（清澄山）
さーくわ　神奈川　山梨　静岡　愛知
さあっか　静岡（水窪）
さーふさぎ　神奈川（東丹沢）
さがら　栃木（日光）
さわくり　山梨（河口湖）
さわぐり　甲州
さわくわ　静岡　長野（下伊那）　岐阜（恵那・揖斐）
さわぐわ　木曾妻籠　静岡　山梨　長野　岐阜
さわしわ　木曾
さわっくわ　静岡（御殿場）
さわはんのき　山梨（大月）
さわふさぎ　愛知（段戸山）
さわふたぎ　福島（会津）　群馬（勢多・甘楽）
さわぶたげ　群馬（利根）
たぐわ　三重（員弁・一志・多気・北牟婁）
たにあざ　宮崎
たにがし　三重　奈良　和歌山　高知　熊本
たにくわ　大和吉野郡　周防　三重（亀山）　岡山　山口　愛媛（上浮穴）　高知（安芸・高岡）
たにぐわ　江州　三重　兵庫　奈良　和歌山　愛媛（上浮穴・面河）
たにはり　宮崎（東臼杵）
たにはる　大分（南海部）
てつぎ　高知（香美）
ななかま　長野（松本市）　山梨（東山梨）　富山（黒部）
ななかまど　神奈川（東丹沢）　山梨（南巨摩）
ならかま　山梨（南巨摩）
ならっかまど　埼玉（秩父）
みみずぎ　山梨（北都留）
むらだち　日光
めめず　埼玉（秩父）
めめすぎ　埼玉（秩父）
めめずき　埼玉（秩父）
めめずぎ　神奈川（津久井・東丹沢）　山梨（大月市・都留）
めめずっき　埼玉（秩父・入間）　東京（八王子）
めめた　埼玉（入間）
やまが　千葉
やまぐわ　千葉　岐阜（揖斐）　福井（大野）

やまんが　千葉（清澄山）

フサスグリ　アカスグリ　〔ユキノシタ科／木本〕

あかすぐり　岩手*
あさすぐり　宮崎*
かーらんず　北海道*
かーらんつ　北海道*
かーらんと　北海道*
かーれんず　北海道*
かーれんと　北海道*
かちんこ　北海道*
からしぐり　青森*
かりんず　北海道*
かりんつ　北海道*
かりんと　北海道*
かれんき　北海道*
かれんじ　北海道*
くだりすぐり　青森*
こすぐり　長野*
じゅずすぐり　長野*
すずすんぐり　長野*
せーよーすぐり　青森*　岩手*　秋田*　長野*
せーよーぶどー　山形*
ちょーちんぐみ　長野*
ちらしぐり　青森*
つーぐり　秋田*
つなぎすぐり　青森（津軽）　岩手*
つなすぐり　青森*
つらすぐり　青森*　岩手*
つるすぐり　青森*　岩手*
なかぐり　三重*
ぶどーすぐり　秋田*　福島*
ぶんどーすぐり　青森*
ゆしらん　青森*

フサモ　〔アリノトウグサ科／草本〕

がおろぐさ　岐阜（飛騨）
かわげ　山形（西置賜）
かわまつ　日光
きんぎょぐさ　山形　群馬（佐波）
つぎつぎ　大阪（泉北）

フシ → ヌルデ

フジ　〔マメ科／木本〕

いとふじ（コフジ）　長門
いわふじ　周防

フジアザミ

おーふじかずら　長門
きふじ　新潟
くじょふじ　青森（三戸）
さるふじ　防州
のふじ　長崎（五島）
ふじかずら　奈良（吉野）　和歌山（東牟婁）
まふじ　東京（八王子）　新潟　福井（遠敷）
わらべかずら　長州

フジアザミ　〔キク科／草本〕

いそごぼー　豆州
おーあざみ　静岡（富士）
おにあざみ　神奈川（愛甲）　静岡（富士）
がけあざみ　長野（北安曇）
すばしりごぼー　静岡（駿東）
のあざみ　静岡（富士）
のらあざみ　静岡（富士）

フジカンゾウ　〔マメ科／草本〕

おきつね　静岡（富士）
おとーか　静岡（富士）
きつね　静岡（富士）
ものぶれ　熊本（玉名）

フジキ　〔マメ科／木本〕

あおえんじゅ　埼玉（秩父）
あめふらし　大分（大野）
いく　群馬　埼玉　山梨　静岡
いくのき　埼玉　神奈川　静岡
いぬえんじゅ　千葉（清澄山）
えんじゅ　千葉（安房・清澄山）　福岡（糸島）
さわふたぎ　新潟（北蒲原）
にがしだ　武州三峰山　埼玉（秩父）
ふじえんじ　茨城
ふじき　栃木　長野　岐阜
ふじばのき　茨城
まめぶし　千葉（夷隅）　神奈川
やまえんじ　島根（出雲）
やまえんじゅ　甲斐　埼玉　千葉　山梨　静岡
　和歌山　岡山　広島
やませんだん　静岡（駿河）
ゆく　東京　静岡
ゆくのき　埼玉（三峰）　群馬　神奈川（丹沢）
　静岡

フジギク　〔キク科／草本〕

ちょーりょーそー　長州

フシグロ　サツマニンジン　〔ナデシコ科／草本〕

いぬのしりだし　木曾
かまたてばな　濃州加志母
かわらげし　江州
こたつばな　木曾
ごよーそー　城州貴船
しまにんじん　津軽
しまばらにんじん　肥前
とちしば　紀伊牟婁郡
ふしぐろ　江州
むらたち　播州
やまにんじん　日光
よもいらばな　木曾
よもりばな　木曾

フシグロセンノウ　〔ナデシコ科／草本〕

おぜんばな　長野（北佐久）
がんぴ　長野（北佐久）
こたつばな　長野（下伊那・飯田）
じぐれ　越前
ぜにばな　岩手（上閉伊）
ぜんばな　岐阜（恵那）
たいこばな　広島（比婆）
ぼんばな　新潟
やぐらばな　長野（下伊那・飯田）

フジナデシコ → ハマナデシコ

フシノキ → ヌルデ

フジバカマ　〔キク科／草本〕

うさぎのさとーくさ　青森（三戸）
こといごろし　長州
こめばな　青森（津軽）
すげほこり　石川（羽咋）
ぼんばな　福井（丹生）
もちばな　福島（相馬）

フジマメ　アジマメ，センゴクマメ
〔マメ科／草本〕

あいささげ　三重
あくしゃまめ　熊本*
あじまめ　大分*
いげまめ　岐阜*　愛媛（周桑）
いろまめ　北海道*

フダンソウ

いんぎまめ　香川（高松）
いんぎりまめ　福岡* 大分*
いんぎん　山口（厚狭）　香川（高松）
いんぎんまめ　山口（厚狭）　徳島*
いんげん　高知
いんげんまめ　京都　大阪　埼玉* 福井* 静岡*
　愛知* 滋賀* 大阪* 京都（竹野）　兵庫* 岡
　山* 広島* 山口* 徳島* 高知* 佐賀* 大分*
おーまめ　静岡*
かきまめ　紀伊　雲州　予州　三重* 滋賀* 大
　阪* 兵庫* 奈良* 和歌山（和歌山・田辺・日
　高）　鳥取（西伯）　島根（美濃・益田）　岡山*
　山口* 徳島*
かくまめ　三重*
かずらまめ　島根*
かままめ　三重*
かんまめ　遠江
きじまめ　三重* 佐賀* 熊本* 宮崎*
きんじょーまめ　長野
きんとんまめ　栃木*
くずまみ　和歌山*
くろまめ　鹿児島*
さいまめ　上総
さやまめ　京都（与謝）　岡山　大分*
じゃこまめ　滋賀
せんごく　愛知（名古屋市）
せんごくまめ　尾州　岐阜（大垣市）　愛知　愛
　知（名古屋市）　三重* 滋賀* 大分*
たなまめ　京都*
つばくらまめ　遠州　尾張
つばくろまめ　伊豆
つりまめ　富山
つるはし　長野（北安曇）
つるまめ　新潟（南蒲原）　富山（射水・東礪波・
　西礪波）　石川　福井* 三重* 滋賀* 岡山* 鹿
　児島*
てんじくまめ　鹿児島*
てんしゅくまめ　富山*
どいつまめ　奈良*
とーまめ　土州　城州　長野* 広島* 山口*
とっこまめ　新潟*
とっとこまめ　新潟（中蒲原）
とっとまめ　新潟*
とりまめ　千葉* 新潟*
とんきんまめ　福岡*
なたまめ　長野（佐久・上田）

なんき　愛媛（松山）
なんきん　愛媛（松山）
なんきんまめ　西国　筑紫　筑前　久留米　福岡
　（久留米・三井）　長崎* 熊本（玉名）
にどまめ　京都* 鹿児島*
にほんいちまめ　奈良*
ねこのした　三重*
はちくぼまめ　岐阜*
はちこくまめ　鳥取
はっしゅー　長崎（壱岐島）
はっしょーまめ　勢州　周防　長門　筑後　久留
　米　三重（津・安芸）　滋賀* 和歌山* 佐賀*
　長崎*
はとまめ　千葉*
ひこーきまめ　兵庫* 奈良* 和歌山*
ふじささげ　秋田* 長野*
ふじまめ　江戸
ぶんぞ　奈良*
まんごく　岐阜* 愛知*
むらさきまめ　長崎*
めずら　埼玉*
もろこし　和歌山（田辺・西牟婁）
やさいまめ　長崎* 大分*
やせまめ　鹿児島*
ゆげまめ　岐阜*
よーがんず　山梨*

フジモドキ　　　　　　　　〔ジンチョウゲ科／木本〕
さつまふじ　江戸

フタバアオイ　カモアオイ〔ウマノスズクサ科／草本〕
ごしょあおい　紀伊熊野
さーしゅーで　長野（木曾）
ゆきした　長野（木曾）
ゆきのした　木曾

フタバハギ　→　ナンテンハギ

フタリシズカ　　　　　　　　〔センリョウ科／草本〕
しきんす　紀伊

フダンソウ　トウチシャ　　　　〔アカザ科／草本〕
あかじさ　播州
あさぎり　京都（中）　三重（阿山）
あさぎりな　三重* 京都（中・与謝）　愛媛*
あまな　福井* 三重* 滋賀* 徳島* 愛媛*
いつもな　兵庫* 島根* 徳島* 香川* 愛媛* 高知*

ブッシュカン

うずな　長崎*
うどちしゃ　京都*
うぼな　大阪
うまいな　三重　滋賀*　京都*　大阪*　奈良*
おーばこじさ　雲州
おたふくな　島根*
おんばくほーれんそー　島根
かきな　北海道*　福島*　茨城*　栃木*　群馬*　埼玉*　神奈川*　富山*　山梨*　長野*　岐阜*　静岡*　滋賀*
かちゅーな　長崎*
かつおな　愛媛*　佐賀*　長崎*　大分*　鹿児島*
かつぶしな　静岡*
きくな　仙台　宮城（仙台市）
ごまいらず　三重
さんねんちしゃ　高知*
さんねんな　群馬（山田）　静岡*
しのは　青森*
しゃくな　福島*
じょーじゅーな　高知
じょーじょーな　徳島*
じょーな　滋賀*　愛媛（周桑）
しろな　熊本*
ずべな　富山*
そーぎなー　沖縄（石垣島）
だし　静岡
ちしゃな　富山（東礪波・西礪波）
ちょーせんな　南部　青森（八戸・三戸）　岩手（二戸）
つねな　滋賀*
てつな　山梨*
とーぐさ　京都*
とーじさ　江戸　京都（竹野）
とーじしゃ　奈良（南大和）
とーだいこ　愛媛*
とーちさ　上方　香川
とーちゃ　鳥取*　島根*
とーな　宮城　埼玉*　新潟*　長野*
とーなっぱ　宮城*
ときな　岐阜*
ときなし　新潟*　富山*　和歌山*
ときなば　愛知*
とこぎしゃ　静岡*
とこな　群馬*　埼玉*　神奈川*　山梨*
とじしゃ　奈良*　和歌山（海草・日高・東牟婁）　宮崎*

とすしゃ　宮崎*
とっしゃば　宮崎*
とっちしゃ　兵庫*
とっちゃ　福井*
とっちゃー　福井
とっちゃな　福井
どろな　群馬*
なじな　青森
なずな　青森
なつちしゃ　島根*　岡山*
なつちゃ　島根*
なつな　北海道*　青森　岩手（水沢）　秋田　山形　福島*　栃木*　新潟　山梨*　大阪*　島根*　岡山*　徳島*　愛媛*
なんどきな　滋賀*
ねんじゅーな　山口*
ねんぶんそー　島根*
ひゃくな　福島*　埼玉*　山梨*
ふだんじしゃ　島根*
ふだんな　紀伊　栃木*　群馬*　埼玉*　岐阜*　三重*　奈良*　和歌山*　徳島*　香川*　長崎*　大分*
ふらんすな　京都*　熊本*　鹿児島*
ふらんそー　和歌山（和歌山）　岡山
ふらんな　和歌山*
ほーまんな　長崎*
ほさまな　青森（津軽）
やだな　新潟*

ブッシュカン　　〔ミカン科／木本〕
うじゅきつ　大分*
つくろ（マルブッシュカン）　鹿児島（奄美大島）

ブッソウゲ　　〔アオイ科／木本〕
あかばなー　沖縄（首里）
ぐしょーく　沖縄（石垣島・竹富島）
ぐしょーくぬばな　沖縄（石垣島・竹富島）
ぐそーく　沖縄（鳩間島）
ぐそーくぬばな　沖縄（鳩間島）
ぐそーばなー　沖縄（国頭）
ちょーちんばな　鹿児島（大島・徳之島）
ひゃくにちばな　鹿児島（奄美大島）

フデクサ → コウボウムギ

フデリンドウ　　〔リンドウ科／草本〕
あめりかばな　群馬（山田）
ささりんどー　静岡（富士）

しおばな　岐阜（恵那）
はたかり　愛媛（周桑）
ふでくさ　愛媛（周桑）
やまききょー　青森
らっぱばな　長野（佐久）

フトイ　　　　　　　　〔カヤツリグサ科／草本〕
おい　仙台　羽州　青森（上北）　秋田＊　新潟
おえ　羽州
おーい　青森　宮城（登米）　新潟＊　熊本＊
かつみ　越後
さしもぐさ　芸州　防州　勢州
しちとー　備前　山形（酒田市）
とーい　美濃　三河　伊勢　長州　防州　筑前
とーがま　会津
ひちとー　広島（比婆）
まるい　徳島＊
まるこすげ　周防
まるすげ　周防
まるたたみくさ　栃木＊
ゆがや　島根（益田市）
りゅーきゅー　播州　山形＊
りゅーせい　江州
ろーきょー　長野（下水内）

ブドウ　　　　　　　　〔ブドウ科／木本〕
いぶ　石川（能美）
うどづる　富山＊
えび　岐阜＊
がどー　富山
ぐど　石川（能美）
ぐんど　富山（砺波）　石川
さなずら　山形（米沢市）
しろぶどー　北海道（函館）

フトモモ　　　　　　　〔フトモモ科／木本〕
ふーとー　沖縄（首里）
ふとー　鹿児島（奄美大島）
ほーとー　鹿児島（種子島）
ほとー　鹿児島（奄美大島）

ブナ　　　　　　　　　〔ブナ科／木本〕
あおぶな　群馬（利根）　静岡（水窪）
あかぶな　埼玉（秩父）
いしぶな　大分（日田）
いぼぶな　長野（野尻）

おぶな　茨城（筑波山）
おも　愛媛（上浮穴）
おものき　高知
かすなら　福井（大野）
きそば　岩手（和賀）
くまえ　熊本（人吉）
くまえのき　熊本（八代）
くめやのき　滋賀（神崎）
このみ　越後　青森　山形　新潟　長野
このみのき　北海道松前
しらき　奈良（吉野）
しろき　奈良（南大和）
しろぶな　甲州　栃木（日光）　埼玉（秩父）　山梨
そばぐり　秋田　山形
そばぐるみ　秋田（大館市）
そばのき　山形（西田川）　鹿児島（出水）
そまのき　鹿児島（出水）
たこぶな　岐阜（中津川）
ちからしば　岡山　岡山（美作）
ななかまちぶな　大分（大野）
なら　福井（大野）
ならぼそ　福井（三方）
におーず　香川　香川（香川）
のじ　広島　広島（山県・佐伯・広島）
のじー　広島
びらに　北海道
ぶなぐり　秋田（鹿角）
ぶなぬぎ　山形（最上・北村山）
ぶんな　岩手（稗貫）　秋田（北秋田）
ぶんなぐり　山形（最上）　栃木（日光市）
ほんぶな　青森（下北）　群馬（利根）　埼玉　埼
　　玉（秩父）　静岡（遠江）　滋賀　愛媛（中部）
　　高知
やしゃ　静岡
やまえのき　宮崎（西諸県）
やまぶな　静岡（伊豆）　愛媛（中部）

フナバラソウ　ロクオンソウ　〔ガガイモ科／草本〕
あさなべ　長州
おーとりなべ　長州
ことりなべ　長州
しょーがつな　愛知＊　鹿児島＊

フノリ　　　　　　　　〔フノリ科／藻〕
いせのり　常陸
いせぶ　仙台　岩手（気仙）　宮城　山形（東村

フユイチゴ

　　山・北村山）
いせぶのり　秋田（鹿角）
かいら　鹿児島（甑島）
ひのり　三重（志摩）
ふぐのり　秋田（河辺）

フユイチゴ　カンイチゴ　　　〔バラ科／木本〕
いちごいばら　和歌山（東牟婁・西牟婁）
いばらいちご　和歌山（日高・西牟婁）
うしえびこ　伊豆三宅島
おにいちご　和歌山（有田）
おやこーこーいちご　鹿児島（甑島）
かしやば　和歌山（東牟婁）
かしわ　和歌山
かしわいちご　和歌山
かずらいちんご　鹿児島（薩摩）
からすえびこ　東京（三宅島）
からすえびこ　伊豆三宅島
かんいちご　和歌山　島根（能義）　山口（大津）
　　高知（高岡）　宮崎（西臼杵）
くちなーいちご　和歌山（西牟婁）
げんだいちご　鹿児島（出水）
さぷいちご　高知
しおいっご　鹿児島（串木野市）
じはいいちご　和歌山（日高）
しょーべんいちご　熊本（球磨）
しわすいちご　和歌山（日高）
だーすいちご　鹿児島（甑島）
たけやまいちご　島根（隠岐島）
つるいちご　木曾　長州　防州
つるがしわ　紀伊熊野
ときしらず　長州　筑紫　筑前　島根（那賀）
　　広島（比婆）　愛媛（宇摩）
ときなし　長州
とらいちご　鹿児島（種子島）
ねこいちご　鹿児島（悪石島）
のいちご　和歌山（西牟婁）　鹿児島（日置）
はげいちご　長崎（東彼杵）
ほーろくいちご　熊野
やまいちご　大阪（豊能）　和歌山　熊本（菊池）
　　鹿児島（肝属）
やまいっご　鹿児島（鹿児島市・揖宿）
ゆきいちご　周防

フユサンゴ　タマサンゴ　　　〔ナス科／木本〕
うえむきとんがらし　三重（志摩）

みとんがらし　三重（志摩）

フユザンショウ　　　〔ミカン科／木本〕
いたくらさんしょー　長州
いぬざんしょー　和歌山
ふだんさんしょー　紀州
ほぜぐい　長州
ほちょーさんしょー　長門　周防
ゆさんしょー　周防　土州

フユノハナワラビ　　　〔ハナヤスリ科／シダ〕
かたはわらび　和州
かんわらび　三重（宇治山田市）

フヨウ　　　〔アオイ科／木本〕
いちび　伊豆八丈島　東京（青ヶ島）　静岡（賀
　　茂・南伊豆）
いっさき　鹿児島（屋久島）
かじ　鹿児島（奄美大島）
かじき　鹿児島（奄美大島・徳之島）
かつばき　和歌山（東牟婁）
かわがしわ　長崎（壱岐島）
かわつばき　和歌山（東牟婁）
だまどにんば　沖縄（与那国島）
びーのき　鹿児島（甑島）
ぶふー　鹿児島（垂水市）
ふゆー　沖縄
ふゆのき　鹿児島（鹿屋）
やまかじ　鹿児島（奄美大島）
やまかず　鹿児島（奄美大島）

フランスギク　　　〔キク科／草本〕
うさぎばな　山形（西田川）

ブンタン　　　〔ミカン科／木本〕
かぼそ　大阪*
じゃがたら　大分*
じゃがたろー　大分*
ときぶね　宮崎*
とくねび　宮崎*
とくねぶ　宮崎*　宮崎（東諸県）
とくみねぶ　宮崎*
ばけもの　山口*
かつもり　伊勢
とーご　遠江
とーろく　東国

ブンドウ → リョクトウ

ヘアリーベッチ　ケヤハズエンドウ，ビロードクサフジ　　　　　　　　　〔マメ科／草本〕
　こえくさ　岐阜＊
　ふーぴーぴー　栃木＊

ヘクソカズラ → ヤイトバナ

ヘゴ　　　　　　　　　　　　〔ヘゴ科／シダ〕
　おーへご　鹿児島（出水）
　じんぐ　沖縄（石垣島）

ヘチマ　　　　　　　　　　　〔ウリ科／草本〕
　いとうい　宮崎（西諸県）　鹿児島（宝島・口之永良部島・大島・揖宿・肝属）
　いとううい　鹿児島（喜界島）
　いとうり　周防　長門　東京（八丈島）　広島＊　香川＊　宮崎＊　鹿児島（薩摩・種子島）
　いとぐい　鹿児島（屋久島・熊毛）
　いとぐり　鹿児島（種子島）
　だべーら　沖縄（竹富島）
　だんだぶっと　長崎（南松浦）
　だんだぶつど　長崎（五島）
　とうり　信濃
　なーべーらー　沖縄（首里）
　ながうり　薩州　岐阜＊　大分（大分）　鹿児島（薩摩）
　ながふぇーらー　沖縄（首里）
　なばらやー　鹿児島（喜界島）
　なばらよー　鹿児島（喜界島）
　なびゃーら　沖縄（宮古島）
　なびら　鹿児島（奄美大島・徳之島）　沖縄（黒島・波照間島）
　なびらー　沖縄（与那国島）
　なぶら　鹿児島（奄美大島）
　なぶり　鹿児島（奄美大島）
　なべーら　沖縄
　なべら　沖縄　沖縄（新城島）
　へちまうり　大分（北海部）
　へちまこーず　熊本（玉名）
　へっちー　静岡
　へつま　千葉（山武）　鹿児島（熊毛）
　ゆーていご　長崎（南高来）
　ゆーてごい　長崎（南高来）
　ゆてごい　佐賀　長崎（南高来）
　りゅーきゅーへちま（ナガヘチマ）　薩州

ベニガク → ヤマアジサイ

ベニカンゾウ → ノカンゾウ

ベニコウジ　　　　　　　　　〔ミカン科／木本〕
　とーみかん　九州

ベニドウダン　チチブドウダン　〔ツツジ科／木本〕
　いわつつじ　高知（長岡・土佐）
　さがりつつじ　愛媛（上浮穴）
　しがつみつば（シロドウダン）　鹿児島（肝属）
　つりがねつつじ　高知（土佐）
　ゆーらく　埼玉（秩父）

ベニニガナ　　　　　　　　　〔キク科／草本〕
　きぬぶさそー　三重（宇治山田市）
　くぇんばな　鹿児島（薩摩）
　くれないのはな　雲州
　こーか　和歌山（日高）
　つんばな　鹿児島（薩摩）
　とあかね　鹿児島（肝属）
　はな　仙台
　べに　秋田
　べんばな　鹿児島（鹿児島）

ベニバナ　　　　　　　　　　〔キク科／草本〕
　くえんはな　鹿児島（甑島）
　くれない　広島（比婆）
　くれないのはな　雲州
　つんばな　鹿児島（甑島）
　つんばな　鹿児島（甑島）
　はちまちばな　沖縄
　はな　仙台

ベニバナイチヤクソウ　〔イチヤクソウ科／草本〕
　おこまぐさ　長野（北佐久）

ベニバナインゲン　ハナマメ　〔マメ科／草本〕
　おたふくまめ　長野＊
　そばさんぶろ　宮崎＊
　だいふくまめ　北海道＊
　だらまめ　石川＊
　はないんげん　埼玉＊　神奈川＊　長野＊　島根＊
　はなさいとー　徳島＊
　はなささぎ　宮城＊　山形＊　福島＊　山梨＊　長野（北佐久）
　はなささげ　秋田＊　長野＊

はなじゅーろく　山梨*
はななたまめ　山梨*
はなぶろ　熊本*　大分*
はなみ　山梨*
べにばないんげん　宮城
まめとりささげ　青森*

ベニマンサク → マルバノキ

ヘビイチゴ　　　　　　　　〔バラ科／草本〕
いずいちご　愛媛（周桑）
いぬいちご　熊野　兵庫（三原）　愛媛（周桑）
いぼつりばな　長野（北佐久）
いぼばな　長野（北佐久）
うまいちご　新潟
おーむしいちご　島根（益田市）
かえるいちご　新潟（南蒲原）
からすいちご　愛媛（周桑）　長崎（壱岐島・下県・対馬）
からすのいちご　和歌山（東牟婁）　兵庫（津名）　愛媛（周桑）
きつねいっこ　鹿児島（揖宿）
きつねいっご　鹿児島（揖宿）
くそえちご　青森
くちなーいちご　徳島（三好）
くちないちご　奈良（南大和）　和歌山（新居）
くちなおいちご　岡山
くちなこ　香川（東讃）
くちなごのまくら　香川（高松）
くちなごのやまもも　香川（丸亀市）
くちなわいちご　長門　周防　京都（竹野）　和歌山（海草・日高）　島根（能義）　岡山（岡山・苫田・御津）　長崎（長崎・北松浦・東彼杵）
ぐちなわいちご　和歌山（日高）
くちなわのもも　三重
くちなわんいちご　熊本（玉名）
ごかいさんいちご　島根（邑智）
こじきちち　滋賀（高島）
たまごぐさ　愛媛（周桑）
どくいちご　静岡（小笠）　新潟　三重（伊勢）
どくえつご　山形（村山）
ひとでくさ　三重（伊勢）
へーびいちご　静岡（富士）
へーびのまくら　埼玉（大里）
へびあひ　伊豆八丈島
へびあび　伊豆八丈島
へびあび　伊豆八丈島

へびいづこ　青森（八戸）
へびのいちご　熊本（八代）　鹿児島（肝属）
へびのいっこ　鹿児島（垂水）
へびのござ　埼玉（北葛飾）
へびのちち　茨城
へびのまくら　栃木（塩谷）　福島（白河・伊達）　群馬（山田）　埼玉（北葛飾）　香川（高松）
へびまくら　群馬（佐波）
へぶいっこ　鹿児島（垂水）
へぽのまくら　富山（東礪波）
へんびいちご　新潟（南蒲原）
へんべのまくら　岐阜（飛騨）
むぎいちご　防州
やまいっこ　鹿児島（川内）
やまいっご　鹿児島（薩摩）

ヘビノボラズ　トリトマラズ　　〔メギ科／木本〕
いぬのしりつき　江州
さわいばら　江州　紀伊牟婁郡　滋賀
とりとまらず　三重（伊勢）　愛媛（新居）
のがけばら　福島（相馬）
ほねすいいばら　江州

ヘラオオバコ　　　　　　　〔オオバコ科／草本〕
かまきり　青森
なりきっぱ　青森
なりこっぱ　青森
なりごっぱ　青森
まるきば　青森
まるば　青森

ヘラオモダカ　　　　　　　〔オモダカ科／草本〕
あめくさ　秋田（鹿角）
ななふしぐさ　広島（比婆）

ヘラシダ　　　　　　　〔イワデンダ科／シダ〕
ひとつば　山口（厚狭）

ベンケイソウ　コベンケイソウ
　　　　　　　　　　　　　〔ベンケイソウ科／草本〕
いきくさ　長州　山形（飽海）
いちやくそー　江戸
いぬつげ　神奈川（愛甲）
おふくらぐさ　越中
かみなりぐさ　新潟　和歌山（有田）
かみなりそー　和歌山（有田）

ホウキタケ

きじんそー　長門
きずぐさ　周防
きらんそー　周防　長門
くさきり　作州
くさぎり　作州
げんじそー　江戸
ししふきそー　江戸　嵯峨
すてぐさ　長州　防州
ちーちーぐさ　石見
ちっち　山形（西置賜）
ちとめ　筑紫　島根（能義）
ちどめ　筑前　筑後　静岡（小笠）　島根（能義）
ちどめぐさ　丹波　島根（美濃）
ちどめくさ　丹波　筑紫　和歌山（東牟婁）　島根（美濃）　愛媛（周桑）
ちどめぐさ　丹波　山形（西村山・飽海）　島根（美濃）
てきりぐさ　若州
てっきりぐさ　仙台
ててっぽっぽー　島根（江津市）
でんきそー　新潟（直江津）
とりのいきりぐさ　越前
はちまんそー　筑前
はほーずき　和州
はまうつぎ　和州
はまれんげ　若狭
ふきば　備後
ぶくぶく　木曾
ふくらぐさ　越中
ふくらしば　秋田（鹿角）
ふくらばし　秋田（鹿角）
ふくらんこ　青森（上北）
ふくらんそー　山形（飽海）
ふくれくさ　加州　山形（村山・庄内）
ふくれぐさ　加賀　山形（庄内）
ふくれんぐさ　山形（東置賜・北村山）
ふくれんぽー　仙台
ふくろかまし　岩手（紫波）
ふくろぐさ　南部　仙台　青森（津軽）　岩手
べんけいそー　京

ヘンルーダ　　　　　　　　　〔ミカン科／草本〕
へんだら　京都（何鹿）

ホウオウチク　　　　　　　　〔イネ科／木本〕
きんじくだけ　鹿児島

しゅんよーちく　土州　高知

ホウキギ　ホウキグサ　　　　〔アカザ科／草本〕
くさはぎ　青森*
くさぼーき　山形（西村山・東田川）　福島　埼玉*　千葉　東京＊　新潟　山梨*　長野（佐久）　静岡＊　三重＊　熊本＊
くさぼき　岩手（水沢）
どんぶり　秋田＊
にがき　青森
ねずみで　岡山（小田）
ねんど　愛媛＊
はーぎくさ　岩手（九戸）
はき　青森（八戸）　岩手（盛岡・紫波）　秋田（鹿角）
はぎ　青森＊　岩手　秋田　山形
はきぎ　南部　秋田＊
はきくさ　岩手（九戸）
はなほーきぐさ　青森＊
はははぎ　長州　防州
ほーきぎ　岡山
ほーきくさ　福島（相馬）　和歌山（新宮）　岡山　島根（美濃・那賀）　広島（豊田）　熊本（鹿本・芦北）　大分（直入・宇佐）　鹿児島（日置）
ほーきない　長崎＊
ほーきぽ　佐州　北海道＊
ほーきぽー　佐州
ほーきん　富山（東礪波・西礪波）
ほーきんくさ　秋田　静岡（小笠）
ほーけんげよ　滋賀＊
ほーっくさ　熊本（玉名）
ほたるぐさ　秋田＊
ほっさ　長崎＊
よせくさ　和歌山＊

ホウキタケ　　　　　〔ホウキタケ科／キノコ〕
うどんきのこ　千葉（印旛）
ざざんぽー　島根
しろぽっこ　栃木
せんこーたけ　岡山
そーな　岐阜（飛騨）
てごけ　富山
ねずたけ　富山（西礪波）
ねずみあし　山梨（南巨摩）　三重　奈良
ねずみごけ　福井（今立）
ねずみたけ　京都　栃木　山梨（南巨摩）　香川

ホウキモロコシ

　　（足柄上・津久井）　岐阜（飛騨）　静岡　大分
　　（佐伯）　鹿児島（鹿児島）
ねずみだけ　香川（足柄上）　京都（竹野）
ねずみで　広島（比婆）
ねずみのあし　千葉（印旛）　大阪（泉北）
ねずみのて　富山（西礪波）　三重（北牟婁）　和
　　歌山（新宮・日高）
ねずみのてーごけ　富山（砺波）
ねずみもだし　山形（東田川）
ねずんたけ　鹿児島（鹿児島・姶良）
ねっこもたし　仙台　青森（三戸）　宮城（仙台）
ねっこもだし　青森（三戸）
ねっこもたせ　岩手（九戸）
はきもたし　青森（三戸）
はきもだし　青森（三戸）　秋田（雄勝）
はきもたせ　岩手（九戸）
ほーきもたげ　新潟（東蒲原）
ほーきもたし　仙台　宮城（仙台）　山形（西置
　　賜・北村山）　新潟（東蒲原）
ほーきもたせ　新潟（東蒲原）
ほーきんごけ　岐阜（飛騨）
ほんねずみたけ　栃木（小山・上都賀）
むぎわらたけ　鹿児島（姶良）

ホウキモロコシ　ハハキモロコシ　〔イネ科／草本〕
おらんだきび　徳島*
おんぼー　徳島*
じゃのひげ　岩手（二戸）
しゅろきみ　岩手*
ちょーせんほーき　東京*　山梨*
ちょーせんもろこし　宮城*　福島*　山梨*
はぎきび　青森*
はぎきみ　青森（八戸・三戸）
はきもろこし　青森*　山形*
はけきみ　岩手*
ばらきび　広島*
ほーき　秋田*　埼玉*　千葉*　山梨*
ほーききび　北海道　青森*　秋田*　山形*　新潟*
　　石川　福井*　長野*　岐阜*　愛知*　滋賀*　京都*
　　大阪*　兵庫　和歌山*　鳥取*　島根*　岡山　山口*
　　徳島*　愛媛*　高知*　福岡*　長崎*　熊本*　大分*
　　宮崎*　鹿児島*
ほーききみ　岩手*　秋田*
ほーきぎん　島根*
ほーきけんせ　愛知*
ほーきたかきび　香川*　愛媛*　高知*

ほーきとーきび　宮城*　島根　岡山　山口*
ほーきときび　三重*　和歌山*
ほーきない　埼玉*
ほーきび　新潟*　鳥取*　徳島*　香川*　福岡*　長
　　崎*　宮崎*　鹿児島*
ほーきぼー　静岡*
ほーきん　岐阜*
ほーきんきび　岐阜*
ほーけきび　福井*
ほーけときび　滋賀*　和歌山（日高）
ほーけんきび　福井*
ほきび　宮崎*
ほっきび　宮崎*
ほっぐき　鹿児島*
ほっときび　鹿児島*
ほもろこし　神奈川*
やなんきび　長崎*
やまわら　秋田*
よせときび　和歌山*

ホウキラン　→　マツバラン

ホウセンカ　〔ツリフネソウ科／草本〕
いえんが　鹿児島（熊毛）
いぎぬき　広島（芦品）
いぎぬぎ　広島（芦品）
いぬのあし　熊本（阿蘇）
えかんこ　秋田（河辺）
えがんこ　秋田（河辺）
えぐゎんこ　秋田（河辺）
えんが　秋田（平鹿）　鹿児島（熊毛・種子島）
えんがばな　鹿児島（屋久島）
えんぐゎ　秋田（平鹿）　鹿児島（熊毛）
えんぐゎばな　鹿児島（熊毛）
えんぐゎんこ　秋田（河辺）
おーせんか　山口（美祢）
おこりばな　京都（竹野）
おこわばな　群馬（吾妻）
おせんこばな　愛媛（新居）
かーきーばなー　鹿児島（喜界島）
かまくら　鹿児島（奄美大島）　沖縄（本島）
かまんかー　鹿児島（喜界島）
きーせんか　山口（都濃）
きんじゃく　沖縄（八重島）
きんせんか　山口（都濃）
きんたく　沖縄（与那国島）
くれない　山口（阿武）

ホウセンカ

けいせいばな　富山（富山・射水）
けーせばな　富山（射水）
こーけん　東京（八丈島）
こーしぇんか　秋田（鹿角）
こーしぇんこ　秋田（鹿角）
こーしんか　山形（東置賜）　千葉（印旛）
こーせん　栃木
こーせんか　北海道松前　南部　盛岡　青森　岩手（九戸・上閉伊・釜石・紫波）　福島（福島・相馬）　茨城（稲敷・北相馬）　栃木（芳賀）　群馬（群馬・佐波・多野）　埼玉（入間・秩父）　千葉　千葉（匝瑳・長生・夷隅・山武）　岐阜（飛騨・郡上・吉城）　新潟（北蒲原）　静岡　静岡（磐田・富士・志太）　京都　島根（八束・簸川・出雲）
こーせんくゎ　南部　岩手　静岡（榛原）
こーせんこ　秋田（北秋田）　青森（八戸）　岩手（二戸・紫波）　群馬（前橋市・佐波・山田）　埼玉（入間）　東京（八王子）　新潟　新潟（北蒲原・中魚沼）　岐阜（飛騨）　静岡（磐田）　鳥取（西伯）
こーせんこー　木曾　埼玉（入間）　東京（南多摩）　岐阜（恵那）
こーへんこ　青森（三戸）
こしゃぎとんこ　秋田（仙北）
こせんか　岩手（紫波）
こせんくゎ　岩手
こせんこ　岩手（江刺）　秋田（北秋田）
こひんこ　青森
こへんこ　青森（三戸）
こんやのもがれ　香川（伊吹島）
しきみ　長崎（南高来）
しろとんしゃこ　鹿児島（出水）
しんざく　沖縄（波照間島）
しんじゃく　沖縄（石垣島）
すいせん　山口（吉敷）
すばべり　高知（安芸）
たまくら　鹿児島（徳之島・奄美大島）
ちょーせんか　青森
ちょーせんこ　青森（八戸）　岩手（二戸・九戸）　秋田（雄勝）
ちょーせんつばき　高知　高知（高岡）
ちょーちょーばな　静岡（庵原）
ちょーへんこ　青森（津軽）
ちんさーぐー　沖縄（中頭）
つばくろぐさ　山口（阿武）

つばね　佐賀　長崎（長崎・諫早・南松浦・西彼杵・北高来・南高来）　熊本（天草）
つばべ　高知　高知（高岡）
つばべー　高知　高知（吾川）
つばべに　高知　高知（幡多）
つばべり　高知
つばべん　高知　高知（安芸）
つばべんそー　高知　高知（幡多）
つばみばな　熊本
つばめ　高知　佐賀　長崎（南松浦・東彼杵・西彼杵）
つばめー　高知
つばめそー　高知（土佐）
つばめに　高知（幡多）
つばめり　高知（香美）
つばめんしゅ　高知（幡多）
つばんばな　熊本（阿蘇・玉名・宇土・天草）
つばんべり　高知
つぼばな　熊本（下益城・八代）
つぼばん　熊本　熊本（宇土・上益城・八代）
つほんばな　熊本　熊本（玉名・上益城・下益城）
つほんばん　熊本　熊本（宇土・上益城・下益城）
つまぐら　大分（西国東）
つまぐり　山口（大島・都濃・佐波・吉敷・美祢・阿武）　大分
つまぐりそー　山口（柳井・玖珂・熊毛・都濃・佐波・吉敷・豊浦・美祢・阿武）　大分
つまぐれ　筑前　久留米　福島（南部・東白川）　島根（鹿足）　山口（吉敷・厚狭・豊浦・美祢）　福岡（久留米・筑後・三井・三池）　長崎（南松浦・五島）　熊本（玉名・阿蘇・上益城・鹿本）　大分
つまぐれそ　静岡（浜松市）
つまぐれそー　山口（豊浦・美祢・大津・厚狭）
つまくれない　長州　防州　新潟（中越・長岡）　福岡（久留米市・粕屋）
つまぐれない　筑前長崎　新潟　長崎　大分（北海部）
つまぐろ　筑前　島根（鹿足）　山口（厚狭・豊浦・阿武）　福岡（福岡・築上）　佐賀（唐津）　長崎（東彼杵・壱岐島）　熊本（熊本・玉名・飽託・宇土・上益城・下益城・八代・球磨・芦北・天草）　大分（別府）
つまぐろそー　山口（吉敷・厚狭・豊浦・美祢・大津・阿武）
つましょ　長崎（西彼杵）

ホウセンカ

つまね　肥前　佐賀（藤津）　長崎（長崎・諫早・西彼杵・北高来）
つまぶり　熊本（菊池）
つまぶれ　熊本（玉名）
つまべにくさ　長州
つまべり　高知（高岡）
つまめ　長崎（長崎市・西彼杵・東彼杵）
つまんばな　熊本（玉名・阿蘇・宇土・天草）
つみさこ　鹿児島（薩摩）
つめぐら　大分（西国東）
つめぞめ　熊本（八代）
つわべに　高知
つわべり　高知
つんばくろ　山口（阿武）
つんばくろそー　山口（都濃）
てぃんさーぐー　沖縄（国頭）
てぃんざく　沖縄（宮古島）
てぃんしゃーぐー　沖縄（那覇市・首里）
てぃんしゃぐ　沖縄（国頭）
てぃんだく　沖縄（宮古島）
てぃんちゃぐー　沖縄（島尻）
てっぽー　山形（西村山）
てんぐさ　沖縄（宮古島）
てんちゃぐー　鹿児島（奄美大島）
とくしゃごー　鹿児島
とっさぐ　鹿児島（喜界島）
とっさご　鹿児島（鹿児島・谷山・枕崎・姶良・揖宿・日置・川辺・肝属）
とっしゃご　宮崎（西諸県・都城）　鹿児島（揖宿・曽於・肝属）
とびぐさ　大分（大分市）
とびごま　山口（大島）
とびさご　鹿児島（串木野市）
とびさこぐさ　鹿児島（甑島）
とびしっこ　鹿児島（大島）
とびしゃ　熊本　大分（大分）
とびしゃく　愛媛　熊本　大分（大分）
とびしゃこ　高知（幡多）　熊本（球磨）　大分（大分）　宮崎
とびしゃご　予州　薩州　愛媛（弓削島・宇和島・北宇和・南宇和）　高知（幡多）　熊本　熊本（八代・球磨・芦北・天草）　大分　宮崎　宮崎（宮崎・延岡・日南・東諸県）　鹿児島（大島・甑島・薩摩）
とびしゃんご　熊本（八代）
とびんしゃご　高知（幡多）

とぶしゃご　熊本（球磨・天草）
とみしゃご　熊本（天草）
とんさご　鹿児島（枕崎）
とんしゃく　熊本（天草）
とんしゃご　熊本（天草）
のぎながし　高知（土佐）
のぎのき　徳島（美馬）　高知（香美・長岡）
のぎのぎ　徳島（美馬）　高知（長岡）
のぎのはな　高知（長岡）
ぱっちんばな　岐阜（飛騨）
ばまくら　鹿児島（大島）
びじんそー　島根（那賀・鹿足・隠岐島）　高知　高知（吾川）
ひとさご　鹿児島（種子島）
ひみやこ　山口（大島・玖珂）
ひゃくにちそー　山口（玖珂）
ひりんさー　島根（邑智）
びりんさー　島根（邑智）
びりんそー　島根（石見）
ふらんそー　香川（伊吹島）
べに　高知（長岡）
べにがら　高知（長岡・幡多）
へんさらくさ　長州
ほーかんしょ　高知（高岡）
ほーけん　東京（八丈島）
ほーしょーかん　富山　石川（石川）
ほーしょーくゎん　富山（富山）
ほーしょかん　富山（砺波）
ほーしんか　群馬（山田）　千葉（印旛）
ほーせんくゎ　千葉（市原）　兵庫（洲本・三原）　島根（能義）　広島（安芸）　香川（香川）　大分（宇佐）
ほーせんくゎん　埼玉（大里）
ほーせんこ　秋田　神奈川（平塚）　長野（南佐久）　新潟（中蒲原）　京都　和歌山（和歌山・海草・那賀・有田・東牟婁・西牟婁・日高）　愛媛（周桑・新居）
ほーせんこー　神奈川（高座・津久井）　静岡（富士）　新潟　大阪（泉北）　島根（邑智）　広島（安芸）　山口（玖珂・都濃）　愛媛（周桑）
ほしんかん　埼玉（大里）
ほせっか　富山（東礪波・西礪波）
ほねぬき　防州　長州　山形（東田川）　大分（大分市）
ほねのき　新潟（長岡・中越）　富山
まんか　鹿児島（大島）

みやこ　島根（石見・鹿足・美濃）　山口（佐波・美祢・阿武）
みやこがすり　島根（那賀）
みやこのはな　島根（石見）
みやこばしり　広島
みやこばな　島根（石見）
みやこもどり　愛媛（大三島・越智）
みやこわすれ　安芸　島根　島根（鹿足・美濃）
れんが　庄内　秋田（平鹿）　山形　山形（庄内・最上）
れんがん　山形　山形（最上）
れんがんそー　山形（北村山）
れんぐゎ　秋田（雄勝）　山形（最上）
れんぐゎんそー　山形（村山）

ホウチャクソウ　〔ユリ科／草本〕
とーろばな　加賀

ホウビチク　〔イネ科／木本〕
ごぎんちく　薩州
さんしょーだけ　播州　兵庫（播磨）
よよだけ　防州

ボウフウ　〔セリ科／草本〕
おなごぐさ　長州
おなごな　長門　周防
はまぐさ　常陸
やまにんじん　信濃　畿内　安芸　広島（福山市）

ホウライカズラ　〔マチン科／木本〕
もてかずら　山口（熊毛）

ホウライチク　〔イネ科／木本〕
からだい　鹿児島（与論島）
きんちく　鹿児島（奄美大島・甑島・与論島）
きんちっだけ　鹿児島
きんちょー　鹿児島（奄美大島）
しんにょらちく　高知（幡多）
ちんちく　鹿児島（種子島）
ちんちょっだけ　鹿児島（川辺）
どよーちく　和歌山（西牟婁）
どよちく　和歌山（日高）
んじゃたき　沖縄（首里）
んじゃだき　沖縄（首里）

ボウラン　〔ラン科／草本〕
きみる　筑前.
つのらん　鹿児島（奄美大島）
まつらん　肥前
みるらん　薩摩

ホウレンソウ　〔アカザ科／草本〕
とぎ　青森*
ふーりんな　沖縄（首里）
ほーた　岐阜*

ホウロクイチゴ　〔バラ科／木本〕
うふいちゅび　鹿児島（与論島）
うふばいちゅり　鹿児島（奄美大島）
うまいちご　木曾
うわいっご　鹿児島（肝属）
かしのはいちご　鹿児島（種子島）
かしゃいちご　鹿児島（種子島・悪石島）
かしわいちご　鹿児島（屋久島・種子島）
かんすいちご　鹿児島（出水）
しおず　鹿児島（屋久島）
しおずい　鹿児島（肝属）
しおずいちご　鹿児島（中之島）
しおずる　鹿児島（屋久島）
しおていつご　鹿児島（肝属）
しょーちゅーいちご　鹿児島（下甑島）
しょーろずじょー　鹿児島（屋久島）
しろいっご　鹿児島（鹿屋市）
そーだいちご　鹿児島（屋久島）
そーでいちご　鹿児島（屋久島）
たかいちゅび　沖縄（首里）
たかいっご　鹿児島（鹿児島市）
たんばいちご　鹿児島（阿久根市）
どかんす　鹿児島（加世田市）
どがんす　鹿児島（揖宿）
どがんすいちご　熊本（熊本市）　鹿児島（甑島）
どがんすいっご　鹿児島（串木野市・加世田市・川辺）
どんがいっご　鹿児島（川辺）
なべいちご　高知（幡多・高岡）
やまいちゅび　沖縄（首里）
よぼしいちご　静岡（富士）
ろしゃいっご　鹿児島（加世田市）
ろばんすいつご　鹿児島（川辺）

ホオズキ 〔ナス科／草本〕

えどふずき　高知（長岡）
おなごほーずき　岩手（二戸）
くくりずきん（ホオズキの1種）　江戸
こっかー　沖縄（鳩間島）
じじっくゎー　沖縄（石垣島）
しじっちぐゎー　沖縄（石垣島）
とーふなびー　沖縄（首里）
とーほーずき　神奈川（中・平塚）
ふーず　鹿児島（日置）
ふーずぃ　千葉（印旛・夷隅）
ふーずき　福島　千葉　福岡（久留米・三池・築上）　長崎（長崎・南高来）　熊本（玉名）　大分（宇佐）　宮崎（延岡）
ふーずっ　長崎（南松浦）
ふずき　石川（石川）　岡山（児島）　長崎（南松浦）　熊本（八代）　宮崎（西諸県）　鹿児島（加世田・枕崎・肝属・出水）
ふずっ　鹿児島（鹿児島）
ほいずき　福井（今立）
ほーじき　島根（簸川・能義）
ほーずき　石川（能美）
ほぞき　石川（羽咋）
ほづき　青森　秋田（雄勝）
ほづけ　秋田（北秋田・山本）
ぽっけぁ　秋田
ほんずきろ　静岡（志太）
ほんづき　新潟
ほんづけ　秋田（北秋田）
まんじゅーほーずき　岩手（二戸）

ホオノキ 〔モクレン科／木本〕

あら　岡山（苫田）
いもき　山口（阿武・豊浦・萩）
いもきり　山口（豊浦）
おとめば　山口（阿武）
かいば　山口（豊浦）
かさぐるまのき　栃木
かさぶー　大分（玖珠）
かしわ　大和　山口（阿武）
きつねのからかさ　宮崎
けば　山形（西田川）
ごろいのき　鹿児島（出水）
さいば　鳥取
さんばい　広島

さんばいしば　広島（佐伯）
たーらし　沖縄（首里）
はんのき　静岡（遠江）
ふー　福島　新潟　群馬
ふーのき　福島　新潟（佐渡）　大分　宮崎　佐賀　熊本
ふでのき　三重（伊賀）　鳥取（因幡）
ふのき　宮崎（北諸県）
ふのは　山形（北村山）
ほー　岩手　秋田　新潟　栃木　静岡　岐阜　三重　奈良　広島　香川　大分　宮崎　熊本
ほーしば　和歌山（東牟婁）
ほおば　愛媛
ほーば　富山　石川　福井　岐阜　静岡　静岡（駿河）　滋賀　滋賀（北部）　愛媛　愛媛（中部）
ほーばのき　福井　岐阜　益田
ぽか　愛媛（上浮穴）
ほた　岡山（苫田）
ほぬき　岩手（岩手）
ほぬぎ　山形（北村山）
ほのき　青森　岩手　宮城　秋田
ほのぎ　青森　秋田
ほほば　静岡　富山　岐阜　石川　福井　滋賀
ほほばのき　福井
ほんぬき　秋田（北秋田）
ほんのき　新潟　宮崎
ほんのぎ　秋田（鹿角）
ほんぽー　広島　山口
みつなかしわ　三重（伊勢市）
やまいたち　鹿児島（姶良）

ホガエリガヤ 〔イネ科／草本〕

はじがえり　和歌山（伊都）

ホクロ → シュンラン

ボケ 〔バラ科／木本〕

あまちゃ　青森
かいどーばら　岩手（上閉伊）
かりん　東京（三宅島）
かろうめ　宮城（登米）
しとみ　東国
しどみ　岩手（上閉伊）　宮城（仙台市）　栃木　埼玉（秩父）
しどめ　栃木　群馬（佐波）　埼玉（入間・秩父）　千葉（市原）
じなし　福島（相馬）　長野（上伊那）

ちどめ　群馬（佐波）
ぽけしどみ　千葉（印旛）
やまもも　新潟（佐渡）

ホコリタケ　　　　　〔ホコリタケ科／キノコ〕
あくきのこ　山形（飽海）
いしのわた　長州　予州
うさぎたけ　岩手（二戸）
かざぶくろ　岩手（盛岡）
かざぽ　福島（相馬）
かざほ　福島（相馬）
かぜぶくろ　福島（相馬）
きぢねのほごぢ　秋田（鹿角）
きつねのちゃぶくろ　和州
きつねのちゃんぷくりん　埼玉（入間）
きつねのはいだわら　越前
きつねのはいぶくろ　若州
きつねのひきちゃ　勢州
きつねのへ　青森
きつねのほこつ　青森
きつねび　南部
きつねぶくろ　伊豆諸島
けぶだし　新潟（刈羽）
けぶりごけ　岐阜（飛騨）
けむたし　上総
けむりだし　山形（酒田）
ちどめ　千葉（印旛）　静岡（小笠）
つちわた　京都
てんぐのへだま　岩手（二戸）
ぶんぶくちゃがま　千葉（山武）
みみつぶし　讃岐
みみつぶれ　長野（下水内）
めつっぱり　岡山
めつっぱれ　岡山

ホザキノヤドリギ　　　　〔ヤドリギ科／木本〕
はなごんご　長野（北佐久）

ホシクサ　　　　　　　　〔ホシクサ科／草本〕
いぬのはなげ　周防
けやりそー　尾張
こりん　名古屋
たいこのぶち　山口（厚狭）
だいやもんど　静岡（安倍）
たけつつそー　江戸
ひついただき　紀伊牟婁郡

ぽーずぐさ　和歌山（東牟婁）
ほしくさ　尾張
みずたま　名古屋
やりかたげ　周防
やりたて　周防
やりもち　周防
よるのほし　仙台

ホシダ　　　　　　　　〔ヒメシダ科／シダ〕
えっへご　鹿児島（串木野市）
かしきわらび　鹿児島（徳之島）
がねんくさ　鹿児島（串木野市）
こしだ　山口（大津）
さかな　和歌山（有田）
ししぜんまい　熊本（球磨）
じわらび　大分（佐伯市）
たいのじじー　熊本（菊池）
はしごしだ　鹿児島（大島）
へご　鹿児島　鹿児島（姶良・揖宿・川辺）
やましば　鹿児島（鹿屋市）
わらび　鹿児島（喜界島）

ホソバイヌビワ　　　　〔クワ科／木本〕
いぬこびわ　和歌山（日高）
いんずくし　長崎（壱岐島）
かわたび　鹿児島（肝属）
みんこぎ　鹿児島（名瀬市）

ホソバタデ　　　　　　〔タデ科／草本〕
たんだい　青森（津軽）

ホソバタブ → アオガシ

ホソバノヒメトラノオ　〔ゴマノハグサ科／草本〕
いぬのしーぽ　宮崎（西諸県）
いんのしっぽ　鹿児島（薩摩）
くっどんのしっぽ　鹿児島（薩摩）
ねこのしーぽ　鹿児島（垂水市）
ぽんばな　鹿児島（垂水市）

ホソバワダン　　　　　〔キク科／草本〕
にがな　鹿児島（硫黄島・中之島）
にぎゃな　鹿児島（奄美大島）
ぽーふー　鹿児島（甑島）
んじゃな　沖縄（首里）

ボダイジュ　　　　　　　〔シナノキ科／木本〕
どじょーき　丹波
まんだ　山形（東村山）
もあだ　山形（東村山）
もくれんじ　河内

ホタルイ　　　　　　　〔カヤツリグサ科／草本〕
がきのでんぽ　長野（下水内）
ゆがら　岡山（川上）

ホタルカズラ　　　　　　〔ムラサキ科／草本〕
かずら　千葉（東金）
わすれなぐさ　千葉（富浦）

ホタルグサ　　　　　　　〔セリ科／草本〕
しきゅさ　沖縄（竹富島）
しこさ　沖縄（石垣島）

ホタルブクロ　　　　　　〔キキョウ科／草本〕
あだのだんぶくろ　岐阜（飛騨）
あっぱちち　青森（津軽）
あっぱつつ　青森
あまっぽり　山梨（南巨摩）
あまっぽり　長野（下伊那）
あまのばな　長野（北佐久）
あめっぷり　長野（西筑摩）
あめっぽり　長野　長野（飯田）
あめっぷりばな　福島　長野
あめっぶる　長野（上伊那）
あめっぽり　長野（下伊那）
あめぶくろ　長野（北佐久）
あめふりかっこ　岩手（気仙）
あめふりぐさ　長野（南安曇）
あめふりそー　岩手（稗貫）　千葉（安房）
あめふりばな　上州妙義山　木曾　青森（三戸・八戸）　岩手（上閉伊・釜石・二戸）　宮城（玉造）　群馬（勢多）　長野　長野（佐久・北安曇）
あめふりばなこ　青森（岩手）
あんどん　富山（東礪波）
あんぽんたん　神奈川（川崎）　京都（与謝）
おがんこばな　青森　岩手（盛岡）
かかっぽ　兵庫（但馬）
かっこ　奈良（南大和）　山口（大島）
かっこー　京都（竹野）　島根（美濃）
かっぷ　奈良（吉野）
かっぽ　山口（大島）　愛媛

かっぽー　広島（比婆）　山口（大島）
かっぽーはな　福島（東白川）　群馬（利根）
かっぽーばな　常陸　福島（東白川）
かっぽんはな　群馬（利根）　茨城（多賀）
かっぽんばな　茨城（多賀）
かまつか　愛媛（宇和島）
からすのちょーちん　愛媛（周桑）
からすのまくら　山口（阿武）
かんこばな　青森
がんこばな　青森　岩手（盛岡）
きつねのしょーべんたご　山口（玖珂）
きつねのしょーべんぶくろ　山口（玖珂）
きつねのしょんぼけ　静岡
きつねのたご　紀伊那賀郡
きつねのちょーちん　青森（八戸・三戸）　新潟（刈羽）　富山（西礪波・砺波）　静岡（志太・安倍）　長野（下高井）　岡山（児島）
きつねのとーろ　周防
きつねのとーろー　富山（富山・上新川・射水）
きぼたん　岩手（上閉伊・釜石）　宮城（仙台）
くまくさ　福島（相馬）
こごごご　山形（北村山）
こじきぶくろ　越中　静岡
こっぽ　島根（那賀）
しゃべっぽり　長野（飯田）
じゃらんぽん　千葉（夷隅）
じゃんぽんばな　長野（北佐久）
そーしきばな　富山
だんぶくろ　岐阜（飛騨）
だんべ　長野（南安曇）
ちゃぶくろばな　木曾
ちゃんぶくろ　長野（西筑摩・下伊那・飯田）
ちゃんぶろば　長野（西筑摩）
ちょーちん　長野（更級）
ちょーちんぐさ　静岡　山口（豊浦）　宮崎（西白杵）　鹿児島（鹿児島市）
ちょーちんばな　信濃　伊勢　青森（津軽）　群馬（利根）　栃木　千葉（印旛）　東京（三宅島）　新潟（刈羽・佐渡・南蒲原）　長野（更級）　岐阜（飛騨）　静岡（富士・庵原）　三重（阿山）　奈良（吉野）　兵庫（津名）　岡山（苫田）　山口（豊浦）　愛媛（周桑）　鹿児島　鹿児島（肝属）
ちょーちんふくろ　新潟（刈羽）
ちょーちんぶらぶら　長野　岐阜（飛騨）
ちょーちんぼらぼら　富山（富山・射水）
ちょくばな　静岡

つぁんぽこ　長野（南佐久・上水内）
つーろばな　鹿児島（甑島・薩摩）
つゆくさ　長野
つりがねぐさ　静岡（富士・庵原）
つりがねそー　上州榛名山　武州三峰山　新潟（刈羽）　愛媛（松山）　熊本（玉名）
つりがねのはな　静岡
つるがねそー　岩手（二戸）
てちっぽ　神奈川（津久井）
てちっぽまちっぽ　神奈川（津久井）
てっぽーばな　福島（東白川）
ててっぽー　神奈川（津久井）
ててっぽち　京都（竹野）
ててっぽっぽ　神奈川（津久井）
ででっぽっぽ　神奈川（津久井）
とーろーばな　長野（下伊那・飯田・更級）　富山　和歌山（日高）
とーろばな　長野　長野（下水内）
とくらんぽ　神奈川（津久井）
とっかりばな　上州三峰山
とっかん　長野（北佐久）
とっかんば　長野（南佐久）
とっかんばな　栃木　群馬（利根）　埼玉（入間・秩父）　東京（八王子）　長野（佐久）
とっかんぽ　群馬（利根）
とっくりばな　千葉（印旛）　長野（南佐久）
とっこばな　千葉（印旛）
とったりばな　長野（南安曇）
どんどばな　静岡
どんどろけばな　鳥取（気高）
はーぽん　京都（船井）
ぱこぱん　和歌山（海草・有田）
ぱこぱん　和歌山（海草・有田）
ばったりばな　長野（南安曇）
ひめこばんそー　山口（吉敷）
ぷくらんこ　青森
ふくらんぽ　長野（西筑摩・上伊那）
ふくろそー　青森（三戸）
ふくろばな　木曾　長野（諏訪・東筑摩）
ふくろんば　長野（諏訪）
ふくろんばな　長野（諏訪）
ふんぐりばな　長野（南佐久）
ほーかちょー　京都（竹野）
ほーかん　京都（竹野）
ほーずき　山口（玖珂・都濃）
ほーだろばなこ　岩手（東磐井）

ほーてらばな　長野（下水内）
ほーぱん　京都（竹野）　奈良（吉野）　和歌山
ほけきょー　新潟（刈羽）
ほたるかご　山口（吉敷）
ほたるくさ　静岡（賀茂）　山口（玖珂・都濃・厚狭・美祢）
ほたるぐさ　長野（北安曇・下伊那）　山口
ほたるのちょーちん　長野（北佐久）
ほたるのつば　山口（宇部市）
ほたるのっぱ　山口（玖珂）
ほたるのふくろ　山口（玖珂）
ほたるばな　新潟（刈羽）　富山　長野
ほたろばな　長野（諏訪）
ほっぱん　和歌山（有田）
ぽっぱん　和歌山（有田）
ほっぽこ　長野（北安曇）
ほっぽばな　奈良（吉野）
ほとらばな　新潟（刈羽）
ぽんぽこ　長野（諏訪・上伊那）
ぽんぽり　長野（東筑摩）
ぽんぽんくさ　千葉
ぽんぽんばな　千葉（印旛）
やぶゆり　山口（玖珂）
ゆーだちばな　甲斐河口
よめのはは　東京（八丈島）

ボタン　〔ボタン科／木本〕
きぼたん　岩手（上閉伊）　宮城（仙台市）
はっかくさ　岩手（紫波）
はつかぐさ　岩手（紫波）
ひこ　青森
ほんぼたん　和歌山（海草）

ボタンヅル　〔キンポウゲ科／草本〕
いわちゃかずら　島根（邇摩）
おならかずら　静岡（磐田）
おんなかずら　静岡（磐田）
かきどおし　岡山（真庭）
かんきりそー　岡山（真庭）
くつぐさ　高知（土佐）
こってーかけ　広島（比婆）
さるて　山形（北村山）
しんてんかずら　丹波
しんでんかずら　丹州
すくもかずら　伯州　防州
すずめかずら　鹿児島（日置）

ボタンボウフウ

せんずる　神奈川（愛甲）
たいかずら　鹿児島（加世田市・日置）
たかたで　鹿児島（垂水市）
ちゃかずら　石州　島根（簸川）
どんどろ　伊勢
なべからまり　仙台
ねこかずら　鹿児島（垂水市）
ねこずら　岩手（二戸）秋田（鹿角）
ねこなぐり　鹿児島（垂水市）
ねこなぶり　鹿児島（垂水市）
ねごんじら　秋田（鹿角）
はこからげ　高知（長岡）
ひっからげ　高知（長岡）
みじみじかずら　尾鷲矢浜村
もえんざ　新潟（佐渡）
よめのかんかがり　高知（土佐）
わくで　山形（北村山）
わくのて　仙台　木曾　駿河吉原　山形（東置賜）
　　神奈川（足柄上）

ボタンボウフウ　　　　　　〔セリ科／草本〕
いそばな　鹿児島（奄美大島）
いわぜり　千葉（館山）
おんなくさ　長州　防州
くいぽーふー　江州
たきな　長崎（壱岐島）
はまぽーふー　鹿児島（薩摩）
ぽーふ　鹿児島（薩摩）
ぽーふー　高知（柏島）鹿児島（甑島）
ぼく　鹿児島（硫黄島・大島）
ぼたんぽーふー　尾州
まくだ　東京（三宅島）
まぐた　東京（三宅島）
まつな　防州

ボチョウジ　リュウキュウアオキ〔アカネ科／木本〕
くだはぎ　鹿児島（奄美大島）
しぎく　鹿児島（奄美大島）
しじく　鹿児島（奄美大島）
しずく　鹿児島（奄美大島）

ホツツジ　マツノキハダ　　　〔ツツジ科／木本〕
ののこぎ　島根（仁多）
まつのきはだ　奥州

ホテイアオイ　ホテイソウ〔ミズアオイ科／草本〕
いもがら　佐賀（西松浦）
ういたかひょーたん　三重（伊勢・宇治山田市）
うきくさ　愛媛（周桑）鹿児島（肝属・国分）
うきぐさ　広島（比婆）佐賀（杵島）鹿児島
　　（国分市）沖縄（本島）
うきらん　静岡（小笠）佐賀（佐賀）
うみほーずき　佐賀（三養基）
おーうきぐさ　佐賀（藤津・西松浦）
がねんしぶたけ　佐賀（佐賀）
がめのしぶたい　佐賀（神埼）
がめのしぶたけ　佐賀（佐賀）
がめのしゅぶたけ　佐賀（佐賀・神埼）
がめのしゅぷたけ　佐賀（佐賀）
がめんしぶた　佐賀（三養基）
がめんしぶた　佐賀（神埼）
がめんしぶたけ　佐賀（佐賀）
たいわんなぎ　佐賀（三養基）熊本（八代）
だいわんなぎ　佐賀（神埼）
たいわんもがら　佐賀（佐賀）
だいわんもがら　佐賀（佐賀）
たいわんもぐら　佐賀（佐賀）
だいわんもぐら　佐賀（佐賀）
たまばす　岡山（上房・小田）
ちょーせんなぎ　佐賀（神埼・三養基）
なぎ　佐賀（神埼）
ひやしんす　山口（厚狭）佐賀（三養基）
ふーらん　佐賀（佐賀・小城）
ふくらすずめ　新潟
ほていそー　富山（砺波）
ぽてれんそー　埼玉（北葛飾）
ぽとっしゅー　佐賀（杵島）
みずぐさ　鹿児島（奄美大島）
みずたま　岡山
みずひやしんす　佐賀（小城）
みずらん　佐賀（神埼）
もがら　佐賀（杵島・佐賀）

ホテイシダ　　　　　　〔ウラボシ科／シダ〕
おーのきしのぶ　和歌山

ホテイソウ → ホテイアオイ

ホテイチク　　　　　　　　〔イネ科／木本〕
がらでー　鹿児島（与論島）
くさん　沖縄（本島）
くさんだき　沖縄（首里）

こさん　鹿児島
こさんだけ　熊本（南部）　鹿児島
こさんちく　和歌山（田辺市）　高知　長崎（対馬）
ごさんちく　和歌山（日高）　広島（比婆）　山口（厚狭）
ごぜだけ　鹿児島　薩摩
さんちく　熊本（下益城）
ふしよりだけ　三重（宇治山田市）
ふりよりだけ　三重（志摩）

ホドイモ　　　　　　　　　〔マメ科／草本〕
おかぐわい　遠江
かしゅー　東国
けいも　畿内
しばくり　江州
しばぐり　江州　東京
せつぶ　駿州　遠州
ぜんぶ　相模
つちくり　江州
つちぐり　上州
でぶ　東京（八丈島）
ふじぐわい　遠江
ふと　飛騨
べんけいいも　仙台
ほど　甲州　青森（南部）　秋田（鹿角）　高知（土佐）
ほどいも　青森　岩手（二戸）　新潟
ほどこ　秋田（鹿角）　岩手（紫波）
ほどづら　秋田（鹿角）　岩手（上閉伊）
ほんぢら　秋田（鹿角）
ままだんご　福島（会津）
まめずる　上州　和州
まめだんご　福島（相馬）

ホトケノザ　　　　　　　　〔シソ科／草本〕
おとかぐさ　群馬（山田）
かざぐるま　岩手（二戸）
かじばな　和歌山（有田）
かんじょほぐさ　山梨（南巨摩）
きつねのたんぽぽ　兵庫（赤穂）
くるまぐさ　群馬（多野）　広島（比婆）
くるまそー　長野（北佐久）
くるまばな　愛媛（周桑）　岡山
たいらご　岡山（和気）
だんじりぐさ　愛媛（周桑）
みこしぐさ　和歌山（有田）

ゆきのした　香川（東部）　愛媛

ホトトギス　　　　　　　　〔ユリ科／草本〕
こまゆり　富山（富山）
しびっとばな　和歌山（海草）
そーしきばな　和歌山（海草）
そーれんばな　和歌山（海草）
やまぎゅーり　鹿児島（垂水市）

ポプラ　　　　　　　　　　〔ヤナギ科／木本〕
あおどろ　秋田（北秋田）
かんどろ　秋田（北秋田・山本）
せーよーやなぎ　秋田（北秋田）　岡山（岡山市）
らいき　青森（三戸）
らいぎ　青森（南部）　秋田（北秋田）
らんじゅ　青森（津軽）

ホラシノブ　　　　　　　〔ホングウシダ科／シダ〕
かーまいぐさ　鹿児島（与論島）
こがりくさ　鹿児島（加世田市）
ごかりくさ　鹿児島（加世田市）
さぎくさ　鹿児島（奄美大島）
しのぶ　和歌山（東牟婁）　島根（美濃）
しのぶもどけ　岡山
ちだらめへご　鹿児島（指宿）
ねこしたらべ　鹿児島（指宿市）
へご　鹿児島（川内市）
ほんぐさ　鹿児島（名瀬市）
むかでへご　鹿児島（垂水市）
もたらめへご　鹿児島（指宿）

ホルトソウ　　　　　　　〔トウダイグサ科／草本〕
あぶらき　防州
あぶらぐさ　長州
ひこごま　周防

ホルトノキ　モガシ　　　〔ホルトノキ科／木本〕
あかつぐ　鹿児島（中之島）
いぬやまもも　大分（南海部）
うばださ　沖縄（与那国島）
おーしらつくき　沖縄
おーてかちき　沖縄
くろつぐ　鹿児島（悪石島）
しーとぎ　阿波　徳島
じーのき　東京（御蔵島・三宅島）
しゃくしぎ　高知（幡多）

ボロボロノキ

しろかし　鹿児島（奄美大島）
ずくのき　紀州
ずみ　三重（木之本）
たーらし　沖縄
たにやす　大分（南海部）
ちーのき　静岡（南伊豆）
ちぎ　東京（御蔵島・三宅島）
ちんぎ　鹿児島（奄美大島）
ちんめ　愛媛（周桑）
つぎのき　和歌山（有田）
つんぎー　鹿児島（奄美大島）
とび　高知（幡多）
とびのき　高知（幡多）
とびのみ　高知（幡多）
なりつぐぎ　鹿児島（奄美大島）
のーない　高知（幡多・高岡）
はぼそ　静岡（熱海）
はもがせ　鹿児島（甑島）
ばんごーし　長崎（壱岐島）
まごじょのき　長崎（平戸）
みずがし　高知（幡多）
みつがしわ　高知（幡多）
もーがせ　鹿児島（種子島）
もがいのき　鹿児島（川辺）
もがし　鹿児島（出水）
もがせ　鹿児島　鹿児島（川辺・肝属・垂水）
やせうま　徳島（海部）
やぶっちゃ　静岡（興津）

きばさ　佐州　備後　新潟
ぎばさ　庄内　備後　山形（庄内）
ぎばそ　山形（西田川）　新潟（西頸城）
きばそー　山形（酒田）
ぎんばさ　山形（庄内）
ぎんばそー　備後　山形
ごもく　山形（東村山・西田川）
しらみつぶし　筑前
じんば　兵庫（城崎）　島根
じんばさ　島根（大原）
じんばそー　出雲　周防　新潟（刈羽）　島根（大原）
じんばな　新潟
たづも　北海道
たわら　雲州
たわらも　勢州　新潟
たわらもの　尾張
ひゅたんも　鹿児島（肝属）
ほだわら　佐州
ぼば　島根（石見）
ほんだら　佐州
ほんだわら　京
も　鹿児島（肝属）
もー　三重（志摩）
もく　山形（庄内）　千葉（夷隅）
もずく　山口（厚狭）
もば　島根（周吉）　山口（阿武）
もんば　島根（八束）

ボロボロノキ　〔ボロボロノキ科／木本〕

あんらぎ　沖縄（国頭）
ざーる　鹿児島（奄美大島）
まめぎ　鹿児島（奄美大島）

ホンダワラ　〔ヒバマタ科／藻〕

おにもく　静岡（榛原）
おふと　防州
かにのす　三重（志摩）
がらも　香川（塩飽諸島）

ボンテンカ　〔アオイ科／木本〕

おだんか　尾張
かしめ　鹿児島（肝属）

ホンモンジスゲ　〔カヤツリグサ科／草本〕

しのけ　福島（相馬）
じゃのひげ　長野（下水内）
たつのけ　長野（下水内）　新潟
りゅーのひげ　長野（下水内）

マ

マアザミ → サワアザミ

マイタケ 〔サルノコシカケ科／キノコ〕
くもたけ　伊賀　静岡
さるまい　美濃
ならごけ　岐阜（飛驒）
ほんまいたけ　栃木
まえご　秋田（雄勝）
まえたけ　新潟（東頸城・岩船）
めーあんだけ　秋田（鹿角）
めだけ　鹿児島（垂水）

マイヅルソウ 〔ユリ科／草本〕
きしゃらほそちぇ　北海道
しらやまあおい　石川

マオラン → ニューサイラン

マカンバ 〔カバノキ科／木本〕
いぬくそざくら　岩手（水沢市・胆沢）
かばざくら　青森　岩手　秋田
かんば　岩手（胆沢）　富山　石川　福井
かんび　青森
そで　長野（北安曇）
たっつら　宮城
ぶたかんば　埼玉
よこじそーし　長野（小県）

マキ 〔マキ科／木本〕
あすなろ　東京（大島・八丈島）　静岡（伊豆・遠江）
あべ　岡山
きゃーぎ　鹿児島（奄美大島）　沖縄
きゃーんぎ　沖縄（八重山）
けーんぎ　沖縄（石垣島）
けんぎ　沖縄（黒島）
さるのき　岡山（小田）
ひとぅつば　鹿児島（奄美大島・喜界島）
ぴとぅとぅふぁ　鹿児島（喜界島）
ひとつば　島根（石見）　山口（周防）　佐賀　大分　宮崎　鹿児島　鹿児島（奄美大島）
ひとつばのき　山口（厚狭）
ひゃーぎ　鹿児島（沖永良部島）
ほそば　千葉　千葉（安房）　静岡　静岡（磐田）　愛知（宝飯・渥美）
やぞーこぞーのき　静岡
らかん　石川（能登）
らかんじ　島根（石見）
らかんしゅ　石川（加賀）
らかんじゅ　周防　長門　石川　福井（越前）

マクサ 〔テングサ科／藻〕
かんぶと　和歌山（西牟婁・東牟婁）
きぬぐさ　和歌山

マグワ → トウグワ

マクワウリ　アジウリ，カラウリ 〔ウリ科／草本〕
あおうり　山形（酒田・飽海）
あけうり　山口（阿武）
あさぎうり　宇治山田　三重（伊勢）
あじうり　江州　雲州　作州　長門　九州　西国　北海道＊　青森　青森（八戸・三戸）　岩手＊　宮城　秋田　山形＊　新潟　新潟（長岡）　京都＊　和歌山＊　鳥取　島根　岡山　岡山（児島）　広島　広島（高田）　山口（厚狭・熊毛・大津・大島・玖珂・都濃・佐波・吉敷・豊浦・美祢・阿武）　香川（高見島）　福岡　福岡（築上）　佐賀＊　熊本＊　大分＊
あじふり　久留米
あぜうり　兵庫（但馬）
あねさまうり　千葉（山武）
あまうり　北海道＊　岩手＊　宮城＊　秋田＊　山形＊　福島　群馬＊　埼玉＊　新潟　新潟（北蒲原）　富山（東礪波・西礪波）　石川＊　福井＊　長野　長野（小県）　京都＊　兵庫　広島　福岡＊　佐賀＊　長崎＊　大分＊　宮崎＊
あんじうり　秋田（雄勝）
あんじゅーり　秋田（平鹿・雄勝）
うい　長崎（諫早）

マクワウリ

うちうり　山形（庄内）
うばうり　尾張
うみうり　秋田*　山形*
うめうり　秋田*
うり　山口（玖珂・阿武）
えのきはだ　長崎*
えはだ　防州
おーごんうり　岐阜*
おーごん（黄金）　千葉*
おちうり　宮城*　岐阜*
かきうり（キンマクワ）　仙台
かしうり　福岡*　佐賀（三養基）　長崎*　宮崎*　鹿児島（薩摩）
かじかうり　仙台　宮城（登米・仙台市）
かじこーうり　宮城（仙台市）
かたうり　富山（射水）
かっかうり　宮城（仙台市）
かつもり　愛知*
かでうり　富山（富山）
からおり　島根*
かりもり　尾張
かんうり　鹿児島*
かんろ　北海道*　宮城*
きーうり　岐阜*　愛知*　三重*　鳥取　高知*　福岡*
きくね　京都*
ぎしみょー　山口（玖珂）
きすふり　仙台
きなうり　愛知*　佐賀*　長崎*　大分*
きゅーなうり　三重*
きゅーり　山口（吉敷）
きんうり　仙台　岐阜*　愛知*　三重*　京都*　和歌山　鳥取　島根*　岡山（岡山）　山口（熊毛・佐波・吉敷・厚狭・豊浦）　徳島　香川*　愛媛*　福岡*　佐賀　長崎（南高来）　熊本　大分*　宮崎*
ぎんうり　岐阜*　三重*　大分*　宮崎*
きんか　南部　岩手（紫波・盛岡）　宮城（栗原）　秋田（鹿角・北秋田）
きんかわ　秋田*
きんかんうり　青森*　岩手　秋田*　福井（福井）　愛知*　鳥取*
きんくり　秋田（鹿角・北秋田）　岩手（二戸）
きんくわ（キンマクワ）　南部
きんこうり　山形（置賜）　千葉（香取）　静岡　京都*
きんとき　鳥取*

きんまく　愛知*　岡山（邑久）
きんまくわ　江戸　栃木*　三重*　宮崎*
ぎんまくわ　江戸　南部
きんまっか　京都*　徳島*　長崎*
こーこうり　山口（厚狭）
こーこーうり　山口（吉敷・厚狭）
ごまんこうり　秋田（南秋田）
ごまんこーり　秋田（南秋田）
ごもんか　秋田（河辺・北秋田）
ごもんかうり　秋田*
ごもんくわ　秋田（北秋田・河辺）
ころがしうり　静岡*
ころがりうり　岩手*　岐阜*
ころばしうり　長野（上田）
さとうり　香川*
じうり　新潟*
しなうり　長崎（南高来）
しまうり　松前　津軽　北海道*　青森　山形　長野*　鳥取*　宮崎*
しまうり（キンマクワ）　松前　津軽
しまうり（ギンマクワ）　北海道松前　津軽
しよくうり　宮崎
しんじうり　鳥取*
しんじゅーうり　鳥取*
せんしか　備前
せんしか（キンマクワ）　備前
せんしか（ギンマクワ）　備前　岡山（岡山市）
たまごうり　山形　宮崎
たわらうり　三重*
ちんみょー　佐渡　長門　新潟（佐渡）　山口（玖珂）　佐賀
つけうり　山口（厚狭）　長崎（南高来）
つるてうり　宮城*
でうり　仙台　岩手（上閉伊・釜石・和賀）　宮城　山形（庄内）　富山（富山・東礪波・西礪波）　石川*
できうり　茨城（稲敷）　千葉（北部・山武）
ててうり　山形（庄内）
とーろく　山形
とーろくうり　会津　福島（会津・大沼）
とーろくり　福島（会津若松）
どさうり　岐阜*
とろこうり　秋田*
なしうり　山形*　茨城*　群馬*　埼玉*　千葉*　神奈川（平塚）　富山（砺波・東礪波・西礪波）　福井*　山梨*　長野*　岐阜*　静岡*　愛知*　三重

滋賀　京都＊　大阪＊　兵庫（美方）　和歌山＊　島
根　岡山＊　広島（芦品）　山口（玖珂・熊毛・厚
狭）　徳島＊　香川　愛媛　高知＊　福岡＊　長崎
（南高来）　熊本　大分　宮崎＊　鹿児島＊
なしうり（ギンマクワ）　山形（西置賜）
なしまくわ　岐阜＊
なつめうり　群馬＊　岐阜＊　愛知＊　山口（熊毛・
　玖珂）　高知＊　長崎＊
なんきんうり　三重＊
ねずみうり　越前
ねずみまくわ　越前
はいうり　岩手＊　長野　長野（上田）
はたけめろん　神奈川＊
ばばうり　山形＊
ふしなり　山梨＊
ほうり　鳥取＊
ほーうり　岐阜＊
ほたうり　周防
ぼたうり　山形（東田川）　岐阜＊　鹿児島＊
ほとけうり　鳥取＊
まーうい　沖縄（竹富島）
まーうーり　沖縄（石垣島）
まーうーる　沖縄（鳩間島）
まーうるん　沖縄（石垣島）
まうり　青森（八戸・上北）　岩手＊　秋田（平鹿）
　山形（東田川・西田川）　千葉（海上）　新潟＊
　岐阜＊　高知　宮崎＊　鹿児島（徳之島）
まうりのできいり　千葉（海上）
まおり　青森＊　山形（西田川）
まくら　山形（酒田）
まぐり　秋田（仙北）
まくわ　山口（大津）
まぐわ　青森
まくわめろん　埼玉＊
まぐわり　千葉（印旛）
まっか　和歌山（日高・東牟婁）　大阪　山口
　（大島・玖珂・熊毛・都濃）
まっかうり　千葉（夷隅）　和歌山（和歌山・日
　高・海草・那賀・伊都・東牟婁）　山口（大
　島・美祢）
まっくわ　長崎（長崎）
まんまうり　熊本＊
まんまくわ　静岡＊
みのうり　賀州　富山（氷見市）　石川　石川
　（金沢・鹿島・羽咋）
めうり　秋田（山本・河辺）

めろん　群馬＊　埼玉＊　東京＊　神奈川（三浦）　徳
　島＊　宮崎＊
めろんうり　富山＊
もーうい　沖縄（島尻）
りんごうり　福井＊

マコモ　ハナカツミ　〔イネ科／草本〕

かーも　富山
かじき　青森（津軽）　秋田
がじき　青森（津軽）　秋田
かじけ　青森（津軽）
かずき　青森　岩手（紫波）　秋田（南秋田・仙
　北・雄勝）
かちぎ　山形（鶴岡）
がちき　秋田（南秋田）
がちぼ　山形（西置賜）
がちぼこ　山形（西置賜）
かちも　野州
かつぎ　秋田　山形
かづき　新潟
がつぎ　庄内　青森（津軽）　秋田　山形
がつこ　宮城（栗原）
がつご　山形　岩手（東磐井）
かつぼ　越後
かっぽ　長野（下高井）
かっぽ　新潟（南蒲原・北蒲原）
がつぼ　新潟（北蒲原）
がつぽ　新潟
かつみ　野州　陸奥　奥州　青森（津軽）
かつも　群馬（勢多・山田）
かっも　群馬（山田）
こも　福岡（鞍手・筑紫・浮羽）　熊本（玉名）
　鹿児島（鹿児島・肝属）
こもがや　阿州
こもくさ　和歌山（日高）
こもぐさ　仙台　奈良（南大和）
ちまきくさ　仙台　宮城（仙台市）
なかも　岡山
ぽんごも　盛岡　仙台
まかも　岡山
まくも　福島（相馬）　埼玉（北足立）
まつこも　鹿児島（肝属）

マサキ　オオバマサキ，ナガバマサキ
　　　　　　　　　　　　　　〔ニシキギ科／木本〕
あおき　伊予松山　長野（佐久）　静岡

マサキノカズラ

あおたま　新潟（西頸城）
あおのき　岩手（九戸）
あおやぎ　大分（北海部）
いそくろぎ　肥前
いそまめ　高知（幡多）
いそめ　鹿児島（肝属）
いぬのくそまき　青森（上北）
うしころし　静岡（伊豆）
うまぶ　鹿児島（肝属）
おこしんぎ　愛媛（大洲）
おこしんしば　愛媛（西宇和）
おなつ　和歌山（西牟婁・田辺市）
かみなりのき　三重（伊勢市）
くらぎ　西国
くろぎ　宮崎（西臼杵・高千穂）　鹿児島（阿久根市・出水）
くろぎ　西国
くろしば　鹿児島（阿久根市）
くろふち　東京（青ヶ島）
くろぶち　伊豆八丈島　東京（八丈島）
こーしんぎ　高知（幡多）
こーしんしば　高知（幡多）
したわれ　上総　千葉（上総）
だまちゅるび　沖縄（与那国島）
たまつばき　仙台　武蔵　丹波　長州　岩手（上閉伊）　宮城　山形　茨城　栃木　千葉　東京（大島・御蔵島）　新潟　長野（佐久・東筑摩）　静岡　京都　島根（隠岐島）
つたかずら　島根（美濃）
つばき　長野（北佐久）
てらつばき　但馬
とこなつ　紀伊　三重（南牟婁）　和歌山
なつとこ　和歌山（西牟婁）
にしきしば　山口（厚狭）
はつばき　長野（佐久）
はなこもぎ　鹿児島（大島）
はなしば　山口（厚狭）
はなつばき　長野（北佐久）　高知（幡多）
はなのき　山口（阿武）
はまつばき　周防　伊予　福島（相馬）　東京（三宅島）　山口　高知（幡多）　愛媛
ひーしば　三重（鳥羽）
びーびーぎー　沖縄
ぴーぴーしば　島根（簸川・仁多）
ぴーぴーっぱ　埼玉（入間）
ぴーぴーのき　長野（篠ノ井）

ぴっぴんき　千葉（長生）
ぴぴのき　山形（酒田市・飽海）
ふすまんぎ　沖縄（石垣島）
ふちま　沖縄
ふてぃま　沖縄（鳩間島）
ふゆぎ　周防
ふゆしば　大分（北海部）
ぶんぶんのき　鹿児島（甑島）
ほっぷのき　福井（坂井）
ほんまさき　静岡（熱海）
まいみぎ　岡山
まえみき　岡山（岡山市）
まえめ　山口（周防）
まさき　高知　愛媛　宮崎
まみな　土佐　高知
まめのき　周防
まゆみ　長州　周防　香川　愛媛（周桑）
まゆみき　岡山（岡山市）
まんがらのき　香川　香川（木田）
まんじゅーしば　島根（益田市・邇摩）
みゃーぶ　鹿児島（甑島）
みゃーべ　長崎（平戸）
めーみ　岡山
ゆみのき　熊野

マサキノカズラ → テイカカズラ

マスクサ　　　　　〔カヤツリグサ科／草本〕
ますがい　宮崎（児湯）

マスクメロン　　　　　〔ウリ科／草本〕
おんしょーめろん　三重*
せーよーあじうり　北海道*
せーよーうり　宮崎*
せーよーめろん　東京*

マダイオウ　　　　　〔タデ科／草本〕
いぬししんど　山口（厚狭）
うまずいこき　神奈川（津久井）
おーばこ　山口（厚狭）
おとこだいおー　静岡
からすのあぶら　城州貴船
だいおー　静岡（小笠）
たむしそー　静岡
んましかんこ　秋田（雄勝）

マダケ　ニガタケ　〔イネ科／木本〕
おーたけ　伊豆
おーだけ　奈良（吉野）
おとこだけ　伊豆　静岡（駿東）　大阪（泉北）
　山口（厚狭）　熊本（玉名）　長崎（南高来）
がら　鹿児島（沖永良部島）
からだい　鹿児島（与論島）
からたき　沖縄（首里）
からたけ　仙台　宮城（仙台市）　山形（東田
　川・西田川）　岐阜（恵那）　宮崎（東諸県）　鹿
　児島
からだけ　鹿児島
がらでー　鹿児島（沖永良部島・奄美大島・与論島）
かわたけ　鹿児島（中之島）
くれたけ　久留米
こばしだけ　長野（飯田市）
しまだけ　山口（防府）
ねがだけ　富山（西礪波）
ひだけ　宮崎
ひちく　和歌山（東牟婁）　島根（石見）
ほんだけ　山口（阿武・厚狭）
みっちゃ　和歌山（西牟婁）
みっちゃだけ　和歌山（日高）
やまたけ　鹿児島（請島）

マタタビ　〔マタタビ科／木本〕
うらじろ　長州　高知（安芸・土佐）
うらじろかずら　高知（土佐）
かたじろ　高知
かたじろかずら　高知（幡多）
こくわ　山形（東田川）
こずら　山形（東田川）
こつら　越前
こつらふじ　岐阜（武儀）
さるのきんたま　高知（高岡）
しとぎのくちふき　青森（上北）
たびくさ　島根（簸川）
たびぐさ　島根（仁多）
なつうめ　山形（鶴岡）
ねこなぶり　鹿児島（垂水市）
はんぞーのき　播州
ふゆめ　島根（美濃・益田市）
またたびかずら　鹿児島（垂水市）
またたぶ　秋田（北秋田）
まだのき　岩手（気仙）
またぶ　秋田（北秋田・山本）
またんぶ　秋田（鹿角）
まったーび　兵庫（津名・三原）
まっだぶ　秋田（山本）
まんたび　青森　岩手（二戸）　秋田
まんたぶ　青森　秋田　秋田（山本・北秋田・鹿
　角）
まんだぶ　青森　秋田
まんたんぶ　秋田（鹿角）
やまぶどー　甲州
わたた　島根（周吉）
わたたび　佐州　新潟（佐渡）
わたな　島根（隠岐）

マタデ → ヤナギタデ

マダラタケ　〔イネ科／木本〕
とらだけ　薩州

マツ　〔マツ科／木本〕
あおば　富山（砺波）
とほり　福島（南会津）
まつぎ　広島（比婆）
まつっき　長野（佐久）
まつっこ　京都
まつのぼん　滋賀（湖西）
めんまつ　香川
やつぶさ　大阪

マツカゼソウ　〔ミカン科／草本〕
えこぐさ　鹿児島（垂水市）
えごくさ　鹿児島（垂水市）
しびとくさ　和歌山（新宮市）
しびとぐさ　和歌山（新宮市・東牟婁）
まつがえるーだ　江戸

マツグミ　〔ヤドリギ科／木本〕
からすのうえき　島根（益田市）
からすのつぎき　周防　島根（石見）
からすのつぎほ　愛媛（宇摩）
からすもち　島根（益田市）
とびずた　和歌山（日高）
ほや　和歌山（日高）
まつぐぃーび　岡山（小田）
まつぐいび　岡山（吉備）
まつぐいめ　周防　山口
まつぐゆび　芸州
まつみどり　岡山（岡山市）

マツタケ

みどり　兵庫（有馬）
もち　広島（比婆）
もちのき　島根（美濃）
もちほや　広島（比婆）
やどかり　和歌山（日高）

マツタケ　〔キシメジ科／キノコ〕
さまつ　島根
なば　奈良（南大和）　広島（三原・豊田）　佐賀（藤津）
ほんまつ　島根（出雲）
ほんまつたけ　栃木（栃木・上都賀）
まつきのこ　山形（東田川）
まつたけなば　長崎（南高来）
まつだけなば　筑紫

マツノキハダ → ホツツジ

マツバイ　〔カヤツリグサ科／草本〕
うしげ　富山（砺波・東礪波・西礪波）
うしこーげ　新潟（西蒲原）
うしつげ　静岡（小笠）
うしのけ　志摩　淡路　富山（西礪波・東礪波）　山口（厚狭）　香川
うしのけーもじ　富山（西礪波）
うしのけぐさ　岡山（川上）　香川（中部）
うしのこーげ　新潟
うしのひえ　香川（東部）
うしのひげ　香川　愛媛（周桑）
こーげ　新潟
こげ　山形（東田川）
しゃぐま　山口（厚狭）
としめぐさ　和歌山（東牟婁）
ねこげ　山口（厚狭）

マツバウド → アスパラガス

マツバギク　〔ツルナ科／草本〕
おーひぐらし　山口（大島）
しうふるてんす　岩手（二戸）
せーよーねなし　岡山
ひでりもー　三重（志摩）
まつばそー　静岡（小笠）

マツバスゲ　〔カヤツリグサ科／草本〕
おひなぐさ　福島（相馬）

マツバハルシャギク　〔キク科／草本〕
びろどそー　香川（高松市）

マツバボタン　ヒデリソウ　〔スベリヒユ科／草本〕
あめりかそー　静岡（小笠）　新潟　三重（宇治山田市）　島根（出雲）　山口（阿武）
あめりかひょー　山形（東置賜・西置賜）
あめりかぼたん　山形（東田川）　新潟
いぎぼたん　山口（阿武・玖珂）
いしがらまき　岩手（紫波）
いちきりそー　高知
いちにちそー　新潟
いちりんそー　香川
いでりそー　山口（佐波）
いみりくさ　福岡（築上）　熊本（玉名）
いみりぐさ　福岡（築上）
いわぎく　岩手（気仙）
いわぼたん　青森（八戸・三戸）　千葉（市原）　新潟（中蒲原）　静岡（富士）　福岡（久留米・三井・三潴・浮羽）
えすからまき　岩手（盛岡）
えわぼたん　青森
おーひぐらし　山口（大島）
おてんきそー　埼玉（入間）　東京（八王子）　神奈川（津久井）
おひでりそー　愛媛（周桑）
かやぼたん　新潟（西蒲原）
からくさ　和歌山（新宮）
からび　新潟（刈羽）
からびょー　山形（西村山・北村山）
からぼたん　新潟（佐渡）
きんぎんそー　福島（相馬・中村）
くさつめれしょ　長野（佐久）
くびぼたん　山口（大島）
ころびそー　愛媛（松山）
すっぽんそー　山口（岩国市・玖珂）
すっぽんてん　山口（玖珂）
すべり　和歌山（田辺市・海草）
たかのつめ　愛知（西春日井）
ちみぎりしょ　三重（員弁）
ちみぎりそー　兵庫（津名・三原）　山口（豊浦）　愛知（知多）
ちめきりそー　岩手（九戸）
ちょーちこ　島根（隠岐島）
ちょんぎりぐさ　新潟
ちりんそー　岩手（上閉伊・釜石）

508

ちりんちりん　岩手（遠野・上閉伊）
ちんちくたんちく　新潟
つききりそー　山口（厚狭・豊浦）
つきみそー　静岡（小笠・浜名）
つけぎりそー　三重（桑名）
つまぎりそー　愛知（海部）
つみきりぐさ　鹿児島
つみきりそー　石川（江沼）　長野（上伊那）　岐阜（飛騨）　静岡（小笠・浜名）　兵庫（津名）　山口（吉敷・厚狭・豊浦）　徳島
つみぎりそー　愛知（知多）
つみきりぼたん　長崎（壱岐島）
つめきり　岩手（九戸）　福島　福井（今立）　兵庫（加古）
つめきりそー　青森　長野（佐久）　岐阜（飛騨）　静岡（富士）　兵庫（赤穂・加古）　石川（江沼）　和歌山（海草・日高・東牟婁）　山口（大島・吉敷・美祢・大津・阿武）　高知
つめぎりそー　三重
つめじそー　長野（佐久）
つめりぐさ　和歌山（日高）
つめりしょ　長野（佐久）
つめれしょ　長野（佐久）
つゆぼたん　山口（都濃）
つるんつるん　岩手（遠野）
つんきー　鹿児島（鹿児島・谷山）
つんきーくさ　鹿児島（肝属・鹿児島）
つんきーぐさ　鹿児島
つんきり　富山（射水・高岡市）
つんきりぐさ　鹿児島（肝属）
てれめんそー　静岡（志太）
てれんそー　香川（大川）
てんきそー　栃木　群馬（勢多・佐波）　埼玉（北葛飾）　神奈川（愛甲）
どんどろびし　香川
なつぼたん　島根（鹿足）　広島（安芸・高田）
にちりんそー　奈良（宇陀・北葛城）　山口（豊浦）　徳島
にちれんそー　福井（今立）
にっちそー　愛媛（東宇和）
にっちゅーばな　和歌山（新宮市）　新潟
にっちゅぐさ　熊本（玉名）
にわぼたん　群馬（佐波）
ぬだりこ　岩手（紫波）
ねこずみ　群馬（群馬）
ねなし　群馬（佐波）　愛媛（喜多）

はなかんらん　山口（豊浦・大津）
はなぼたん　山口（豊浦・美祢）
はぼたん　山口（豊浦・美祢）
ひーてるそー　愛媛（周桑）
ひぐらし　山口（大島）
ひぞりそー　山口（佐波・美祢）
ひでりくさ　島根（邇摩・鹿足）
ひでりぐさ　兵庫（佐用）　島根
ひでりこ　岩手（水沢）　山口（大島）
ひでりこー　山口（大島）
ひでりそー　岩手（東磐井）　新潟　群馬（勢多）　静岡（志太）　三重（志摩・宇治山田市）　島根　島根（美濃・鹿足・邇摩）　岡山　山口（大島・玖珂・熊毛・都濃・佐波・吉敷・厚狭・豊浦・美祢・阿武）　香川（木田・高松市）　愛媛　高知　高知（幡多）　福岡（築上）　大分
ひでりば　山口（吉敷）
ひでりばな　山形（東田川）
ひでんそー　島根（邇摩）　山口（大島）
ひなぎく　山口（美祢）
ひなたぎく　山口（美祢）
ひなたぐさ　兵庫（赤穂）
ひなたそー　静岡（小笠）　愛知　奈良　和歌山（和歌山）
ひぼたん　愛媛
ひゃくにちそー　徳島　徳島（美馬）
ひよりぐさ　山口（吉敷）
ひよりそー　島根（石見・那賀）
ひよりばな　秋田
ひるさぎ　山口（阿武）
ひるてるそー　愛媛（松山市・周桑）
ひるべる　岐阜（恵那）
ひるべろ　岐阜（恵那）
ひれりそー　山口（佐波）
ふるてりそー　山口（都濃）
へーろへーそ　和歌山（新宮）
べんばな　新潟（岩船）
ほいてる　三重（津・安芸）
ほーきらん　和歌山（西牟婁）
ほーろへーそ　和歌山（東牟婁）
ぼたん　山口（阿武）
ほってーろ　鹿児島
ほるてる　三重（宇治山田市・津）
ぽろちらん　山口（阿武）
ほろびーそー　山口（玖珂）
ほろびし　宮城（仙台市）

マツバラン

ほろびんそー　高知
ほろべし　宮城（登米・仙台市）　山口　高知
ほろべそ　宮城（仙台市）
ほろべっそー　宮城（仙台市）
まつばぎく　山口（熊毛）
まつばぐさ　山口（都濃）
まつばそー　静岡（小笠）　山口（厚狭）
まつほたん　青森　和歌山（東牟婁）　山口（熊毛）　愛媛（新居）

マツバラン　ホウキラン　〔マツバラン科／シダ〕
いわははき　伊豆
ちくらん　和歌山（田辺市）
ほーきらん　和歌山（西牟婁）
ほーけらん　和歌山（日高）

マツブサ　ウシブドウ　〔マツブサ科／木本〕
うしぶどー　三重　高知（吾川）
うばふじ　木曾
おっかど　埼玉（秩父）
くろごむし　長野（佐久）
ごばつる　甲州
ごみし　長野（下伊那）
ごむし　長野（上伊那）
さんしょーかずら　高知（幡多）
したかずら　熊野
しょーがずる　静岡（磐田）
しょーがふじ　木曾　岐阜（美濃）
しょがぶし　岐阜（加茂）
びなんかずら　神奈川（愛甲・足柄上）
びんかずら　伊豆八丈島
ふのりかずら　高知（香美）
まつえび　木曾　長野（上伊那・下伊那）
まつえびこ　愛媛（温泉・上浮穴）
まつがんび　広島（比婆）
まつぐいび　広島（比婆）
まつくさぶんど　岩手（釜石・上閉伊）
まつぶどー　青森　長野（北佐久）　愛媛（新居）　高知（土佐）
みやまつ　新潟
むこしばり　香川（仲多度）
もちかずら　泉州
やりこ　愛媛（上浮穴）
やりこかずら　高知
やわらかずら　泉州
わたかずら　紀伊熊野　紀州牟婁郡　和歌山（東牟婁）
わたかつら　紀州
わたふじ　神奈川（愛甲・足柄上）　静岡（磐田）
わたぶし　豆州
わたぶどー　静岡（磐田）

マツムシソウ　〔マツムシソウ科／草本〕
うまのくそばな　島根（大田市）
おぼんばな　長野（上伊那）
きくな　信濃　長野　岐阜（美濃）
くいな　上州妙義山
しばぎく　青森
たすな　上州榛名山
だずは　甲州河口
たずま　山梨（東八代）　長野
たつま　甲州　信州
だつま　信濃　長野（佐久）
とけーぐさ　長野（北佐久）
みやま　長野（上伊那）
りんぽーぎく　和歌山

マツモ　キンギョモ　〔マツモ科／草本〕
えびくさ　秋田
えびのす　紀伊
えびもく　宮城（登米）
かわまつ　山形（西置賜）
かわまつぼ　山形（最上）
きんぎょぐさ　静岡（志太）
きんぎょそー　香川
くじゃくも　江戸　勢州
すずくさ　富山　富山（富山・射水）
すずも　土佐
のぼり　但馬
ふさも　江州　香川
ふなもく　房総

マツモトセンノウ　〔ナデシコ科／草本〕
せーよーがんぴ　長野（北佐久）

マツヨイグサ　ヨイマチグサ　〔アカバナ科／草本〕
あかばな　岡山（上房）
うのはな　島根（江津）
えんこほー　山口（吉敷）
おいらんくさ　岩手（九戸）
おいらんばな　青森　岩手（盛岡）　秋田
おえらんそー　山形（庄内）

マテバシイ

おえらんばな　青森
おさらくばな　青森（三戸）　岩手（九戸）
おさらぐばな　岩手（九戸）
おじきそー　島根（那賀）
おしゃがばな　岩手（盛岡）
おしゃめばな　山形（東置賜・西置賜）
おしゃめんばな　山形（最上）
おしゃらくばな　岩手（九戸）
おへんどばな　愛媛（周桑）
きつね　静岡（富士）
きつねぐさ　山口（都濃）
こげばな　青森
さがんずきばな　青森
じょーろーばな　岩手（釜石）　千葉（長生）
じょーろばな　青森
じょろーばな　青森（三戸）　岩手（上閉伊）　千葉　千葉（長生）　島根（美濃）
じょろばな　岩手（九戸）
そーかばな　兵庫（淡路島・津名・三原）　山口（厚狭）
そーれんくさ　岡山（岡山）
そーれんばな　岡山（岡山）　香川（小豆島）　愛媛（新居）
だぶばな　秋田（鹿角）
だんぶばな　秋田（鹿角）
ちゃわんわれ　大分（大分市）
つきみくさ　岡山（上房）　山口（豊浦）
つきみそー　千葉（印旛・山武）　静岡（富士）　新潟（南蒲原）　京都（竹野）　和歌山（伊都・那賀・海草・日高）　岡山（上房）　島根（美濃）　山口　愛媛（新居・周桑）　熊本（八代）　鹿児島（薩摩）
つくみそー　山口（大島）
つんぼばな　兵庫（淡路島・津名）
どくばな　山口（吉敷）
なべわり　岡山（岡山・御津）
ぱっかりそー　岩手（江刺）
ばんばそー　山口（吉敷）
ひあさがお　新潟（刈羽）
ひのくれそー　京都（竹野）
ぽっかり　岩手（水沢）
ほとけばな　京都（竹野）
ままたきばな　山形（村山）
みみんだれ　静岡（小笠）
やしゃこらばな　岩手（九戸）　愛知（碧南）
ゆーがお　福島　茨城

ゆーげしょー　千葉（長生）　山口（厚狭）
ゆーばばな　岩手（九戸）
ゆーれーばな　山口（厚狭）
ゆーれんばな　香川（大川）
よいまちぐさ　岡山　山口（大島・玖珂・熊毛・都濃・佐波・吉敷・厚狭・豊浦・美祢・大津・阿武）
よいまつぐさ　山口（都濃）
よるまつぐさ　山口（大島・大津）

マツリカ　マツリ，モウリンカ　〔モクセイ科／木本〕

むいくゎ　沖縄
むらくばな　沖縄（首里）
むりくばな　沖縄（石垣島）
もーりんか　薩摩

マテバシイ　〔ブナ科／木本〕

おーじー　丹波　摂津
かぶとじー　宮崎（児湯・高鍋）
くだん　沖縄
くまがし　佐賀
くろまてがし　宮崎（西都）
しまじー　静岡（伊豆）
たいこじー　丹波
たわらじー　静岡（伊豆）
とーじ　千葉
とーじー　千葉（安房）
とくじー　宮崎（延岡）
ばかがし　宮崎（西都）
はびろかし　宮崎
はびろがし　宮崎
ふかし　沖縄（国頭）
ふくえ　静岡（伊豆）
またしー　九州
またじー　静岡（遠江）　福岡
まちのき　鹿児島
まて　大分（大分）　宮崎　鹿児島
まてー　長崎（壱岐島）
まてーのき　長崎（壱岐）
まてかし　鹿児島（薩摩・出水）
まてがし　佐賀　長崎　熊本　宮崎　鹿児島　鹿児島（垂水市・甑島）
まてしー　福岡　佐賀
まてじー　九州　福岡　福岡（八女）　熊本
まてのき　佐賀　宮崎　鹿児島（甑島・肝属）

マナ 〔アブラナ科／草本〕
しゃかな　香川（仲多度）

マニラアサ 〔バショウ科／草本〕
からそ　富山

マネキグサ 〔シソ科／草本〕
やまきせわた　和歌山（伊都）

ママコノシリヌグイ　トゲソバ 〔タデ科／草本〕
あかのまま　山口（厚狭）
いらくさ　宮崎（児湯）　鹿児島（国分市）
かえるのはなとーし　高知（土佐）
かなむぐら　長崎（壱岐島）
かなもぐら　山形（北村山）　長崎（壱岐島）
こんぺーとーばな　高知（土佐）
こんぺとー　三重（志摩）
こんぺとーぐさ　鹿児島（加世田市）
こんぺとーばな　鹿児島（始良）
こんぺとばな　新潟（佐渡）
こんぺんとー　大阪（泉北）
すかんこ　青森
そまのおとくさ　鹿児島（奄美大島）
たで　長崎（東彼杵）
とげそば　和歌山（西牟婁）
とげそま　鹿児島（揖宿）
ねこんつらかき　熊本（玉名）
ねどつのかいな　青森（津軽）
はちそば　愛媛（新居）
ばらすいこ　長野（北佐久）
はりそば　和歌山（東牟婁・新宮市）
びっきのつらかき　熊本（玉名）
めどつのかいな　青森（津軽）
もぐらくさ　鹿児島（国分市・揖宿）

マムシグサ 〔サトイモ科／草本〕
いたいたぐさ　山形（飽海）
かつやま　静岡（富士）
くちなわんよめご　長崎（北松浦）
しばぎく　青森
だいばし　岩手（九戸）
だいはず　青森（八戸・三戸）
だいばず　岩手（北部）
だいはち　南部　木曾
だえはず　岩手（遠野）
でーばず　岩手（上閉伊）

てんなんそー　岡山（真庭）
のどしばり　雲州
へーびのしたべら　静岡（富士）
へっじゃくい　鹿児島（肝属）
へびぐさ　山形（飽海）
へびでもち　山形
へびのだいおー　佐渡
へびのだいはち　木曾　山形（西置賜）　三重
へびのだいばち　青森（津軽）　岩手（釜石市）　広島（福山市）
へびのだいはつ　岩手（二戸）
へびのだいもち　山形
へびのだやばじ　岩手（盛岡）
へびのでーぁーばち　岩手（釜石）
へびのでばじ　青森（上北）
へびのでばち　青森（上北）
へびのまぐら　岩手（盛岡）
へびまくら　山形（飽海）
へびゆり　山形（東田川）
へんべす　伊豆大島
まちん　伊豆神津島
まへんご　伊豆八丈島
ももわれそー　岡山（真庭）
やまこんにゃく　周防　山形（北村山・飽海）　静岡（富士）　岡山（真庭）
やまごんにゃく　静岡（富士）

マメガキ　シナノガキ，ブドウガキ
〔カキノキ科／木本〕
あきめ　山梨*
あまがき（マメガキの1種）　東国
あまめ　埼玉　群馬（多野）　滋賀
あまめがき　埼玉*　神奈川（津久井）
あまめのき　群馬（多野）
あまんぞー　群馬（甘楽）
あまんど　山梨*
あまんどー　山梨　静岡
あまんぽ　神奈川（西丹沢）
いーがー　岡山
いーがき　愛知*　岡山（備中）　広島*
いがき　三重（員弁）
いちび　静岡（遠江）
いぼがき　静岡（伊豆）　新潟*　三重（宇治山田）　広島*　福岡*　大分*
いんぽがき　静岡（伊豆）
かきまめ　鳥取*

マメガキ

がらがき　福島* 長崎* 熊本* 宮崎*
がらがらがき　福岡* 長崎*
からっぴゅ　熊本*
がんがらがき　福岡* 宮崎*
くまがき　香川
くろがき　青森（三戸）岩手　宮城（磐城）山形
　（羽前）福島　神奈川* 新潟* 富山　静岡　鳥
　取* 島根* 広島* 高知* 熊本　宮崎　鹿児島
こうめがき　群馬*
こかき　長野（木曾）
こがき　青森　岩手　宮城　秋田　福島* 群馬*
　新潟（長岡市）富山* 福井（若狭）長野　岐
　阜　静岡* 高知*
こまがき　青森（三戸）岩手　島根　広島*
ごまがき　香川
ごろーがき　徳島*
ころがき　静岡（伊豆）島根　徳島* 香川*
こんがき　青森（津軽）
さぶろーがき　高知（幡多）
さるがき　富山（砺波）静岡（遠江）滋賀　鳥
　取　愛媛（松山市）福岡（小倉市）
さるなかし　徳島*
さるなかせ　静岡（伊豆）
さるなき　神奈川* 愛媛*
しーつーがき　佐賀*
しーならがき　讃州
じざいがき　兵庫*
しながき　茨城* 石川　福井　京都* 鳥取*
しのながき　福島* 茨城　富山　石川　福井*
　長野（松本市・北安曇）岐阜　静岡　愛知*
　滋賀　京都* 兵庫（但馬）鳥取（因幡）島根
　岡山* 広島* 山口　長崎* 熊本
しならがき　福井　福井（三方）
しなんがき　広島*
しぶ　秋田（北秋田）長野（諏訪）沖縄
しぶがき　秋田　新潟（東蒲原・南蒲原）高知
　（高岡）鹿児島（奄美大島）沖縄
しぶっかき　埼玉（入間）
しまがき　静岡（遠江）
しもがき　岐阜* 三重*
しゃみせんがき　静岡（伊豆）
しんごーがき　富山*
しんどーがき　富山*
しんなながき　岡山
しんならがき　越中
しんなるがき　富山（東礪波）

すずがき　滋賀*
せんなりがき　富山*
せんぽろ　岐阜（恵那）
せんぽろがき　岐阜（恵那）
せんぽん　京都*
そだめがき　愛知*
ちがき　和歌山*
ちちがき　和歌山
ちぼがき　三重* 和歌山*
ちまめがき　徳島*
ちゃのきがき　高知（土佐）
ちょーせんがき　福井*
ちんからがき　福島*
ちんちろがき　静岡（志太・駿河）
ちんちろりん　栃木*
ちんぺがき　新潟*
ちんぽがき　岡山（岡山市）
つぶがき　徳島*
なつがき　大分（南海部）
なつめがき　京都*
なまめ　山梨*
のがき　静岡*
はくさんがき　石川　山口
はながき　熊本*
はびろがき　高知（幡多）
ひーながき　若州
ひとくちがき　鳥取* 島根*
ひながき　岡山
びんぐ　埼玉（秩父）
びんぐがき　和歌山*
びんぽーがき　山口*
びんぽがき　筑前
ふがき　静岡（伊豆）
ふでがき　岡山*
ぶどーがき　静岡（駿河）三重（志摩）奈良
　和歌山　徳島*
へどがき　静岡（遠江）三重（志摩・宇治山田市）
ぽぽがき　富山*
ぽんごね　鹿児島*
まめがき　仙台　江戸　山形　福島　長野　愛知
　（知多）和歌山　福岡
まめがぎ　青森　岩手
まめこがき　岩手* 山形（北村山）新潟*
まめぞー　大分*
まめちょ　福島*
まめちょがき　山形*

マメザクラ

まめどーがき　大分*
まめびんぐ　和歌山*
まやき　長野
みながらがき　熊本*
むくろがき　長崎*
むしながき　神奈川*
めめがき　新潟（佐渡）
やまがき　栃木*　富山*　静岡*　三重*　滋賀*　京都*　兵庫*　和歌山　島根*　山口　香川*　愛媛*　高知*　長崎*　熊本*　宮崎　鹿児島（垂水市）
やまご　三重*
やましぶ　高知（高知・幡多）
りーがー　岡山*

マメザクラ　フジザクラ　　　　〔バラ科／木本〕
こめざくら　静岡

マメヅタ　　　　　　　　　〔ウラボシ科／シダ〕
いしまめ　長州
いわまめ　播州　讃州　静岡（磐田）　兵庫（播磨）　岡山（岡山市）　福岡（小倉市）
かがみごけ　城州加茂
こまのつめ　静岡（志太）
さねかずら　雲州
さるのぜに　和歌山（新宮市）
ぜに　和歌山（東牟婁）
ぜにくさ　和歌山（東牟婁）
ぜにご　高知（土佐）
ぜにごけ　静岡（賀茂）
ぜにすだ　静岡（賀茂）
ぜにぶた　東京（三宅島）
まめしだ　三重（宇治山田市・伊勢）
まめづた　筑前　予州
ゆわまめ　岡山

マメヅタラン　　　　　　　〔ラン科／草本〕
まめらん　和歌山（東牟婁・西牟婁）

マメナシ　　　　　　　　　〔バラ科／木本〕
やまなし　新潟（佐渡）

マメブシ → キブシ

マユミ　　　　　　　　　〔ニシキギ科／木本〕
あかいべべ　香川（高松）
いぬえりまき　北海道

いぬのくそまき　青森（上北）　岩手（九戸）
いぬのくそまぎ　青森（三戸）
いぬまゆみ　神奈川（東丹沢）
いろまき　青森　岩手
うしころし　埼玉（秩父）
うめここんぶくろ　山形（北村山）
えりまき　北海道
おーまき　岩手　秋田
おーまゆみ　新潟（西頸城）　長野（下水内）
おとこにしきぎ　越中
おとこまゆみ　山梨（北都留）
かくぎ　徳島（三好）
かみそりぎ　徳島
からすばこ　神奈川（箱根）
からすもちのき　周防
きのめ　長野（安曇）
きめこきんちゃく　山形（北村山）
きめここんぶくろ　山形（北村山）
ごぜのき　熊本（玉名）
こばまゆみ　長野（北佐久）
さるのえだ　新潟（岩船）
さるのじゅーばこ　濃州　岐阜（美濃）
さわだつ（マユミの1種）　尾張　愛知
じーとばー　香川（丸亀市）
しおじ　伊豆
じじばば　長野（北安曇）
したわれ　千葉　千葉（長生）
しらみころし　新潟（北魚沼）
しろおとこ　新潟（佐渡）
たまてばこ　京
ちゃんこー　周防
つりばな　山形（東田川）
なべわり　静岡（御殿場）
のはらまき　岩手（東磐井）
はきしば　青森（東津軽・下北）
はんこのき　長野（佐久・北安曇）
はんじけ　山形（酒田市）
はんのき　長野（北佐久）
ひしまゆみ　埼玉（秩父）
ふじま　千葉（清澄山）
ほーきぎ　宮城（刈田）
ほーちょのき　千葉（印旛）
ほーちょのき　千葉（印旛）
まえみ　長野（下水内）　熊本
まき　青森（三戸）　岩手　宮城　秋田（山本）
まぎ　青森（三戸）

まきしば　秋田
まさき　江戸
ますき　勢州
ますぎ　勢州
ますのき　紀伊
まみな　土佐
まゆみぎ　高知（香美）
まよめ　長野（松本）　山梨（東山梨）　静岡（土肥）
みこのすず　丹州　予州
みゃーぶのき　熊本（球磨）
みゃーむ　熊本（玉名）
みゃむ　熊本（玉名）
めぎ　宮崎
もよみ　大分（南海部）
やまいちょー　岐阜（揖斐）
やまにしき　島根（平田市）
やまにしきぎ　出雲
ゆみぎ　愛媛　愛媛（新居）　高知
ゆみぎな　愛媛（上浮穴）

マリゴールド　コウオウソウ，センジュギク
〔キク科／草本〕
からしゅんきく（アフリカン・マリゴールド）　鹿児島
こーおー（フレンチ・マリゴールド）　新潟
さんしょーぎく（フレンチ・マリゴールド）　岡山
さんしょーぎく（フレンチ・マリゴールド）　香川
さんぱつ（アフリカン・マリゴールド）　鹿児島（垂水市）
じごくばな（アフリカン・マリゴールド）　宮崎（東諸県）
じゃのめそー（フレンチ・マリゴールド）　神奈川（津久井）
じゃらめんそー（フレンチ・マリゴールド）　神奈川（津久井）
ほーおーそー（フレンチ・マリゴールド）　甲州河口
まんじょひき（アフリカン・マリゴールド）　鹿児島（鹿屋市）

マルナス → ナス

マルバウツギ　〔ユキノシタ科／木本〕
あまちぎ　鹿児島（奄美大島）
うつっしば　鹿児島（川辺）
うつっのはな　鹿児島（薩摩）
おーくさまぎ　鹿児島（名瀬市）
こめうつぎ　鹿児島（国分市）
こめうつし　鹿児島（鹿屋市）

こめごめ　鹿児島（肝属）
ごめごめ　和歌山（有田）
しろうつげ　香川（綾歌）
とりっかぎ　鹿児島（奄美大島）
のうつぎ　香川（綾歌）

マルバカエデ → ヒトツバカエデ
マルバグミ → オオバグミ

マルバサツキ　〔ツツジ科／木本〕
いわつつじ　鹿児島（硫黄島）

マルバシャリンバイ → シャリンバイ

マルバチシャノキ　〔ムラサキ科／木本〕
しゃーぬき　鹿児島（奄美大島）
なんじゃもんじゃ　和歌山（東牟婁）
みつながしわ　和歌山（西牟婁）

マルバツユクサ　〔ツユクサ科／草本〕
ちぶんぐさ　鹿児島（与論島）

マルバドコロ　〔ヤマノイモ科／草本〕
おとこやまいも　熊本（阿蘇）
かっしゅ　千葉（長生）
とくら　東京（八丈島）
ところ　岩手（二戸）　宮城（仙台）　鹿児島（阿久根・薩摩）
ところてん　宮崎（児湯）
ひめ　熊本（八代・球磨）　宮崎（東臼杵）
ひめかずら　熊本（八代・球磨）
ひめむかご　宮崎（東臼杵）
やまいん　鹿児島（大島）

マルバニッケイ　〔クスノキ科／木本〕
いそじらき　鹿児島（硫黄島）
はっかぎ　鹿児島（奄美大島）

マルバノキ　ベニマンサク　〔マンサク科／木本〕
かますのき　木曾　長野（木曾）
さわふさぎ　木曾　長野（木曾）
どべそ　木曾
ひつとば　岐阜（武儀）
ひとつぱ　木曾　長野（木曾）
ひとつばのき　木曾
まるっぱ　長野（木曾）

マルバノニンジン → トウシャジン

マルバノフナバラソウ 〔ガガイモ科／草本〕
かきしお　阿州

マルバノホロシ 〔ナス科／草本〕
いぬのなんばん　北国
うまのなんばん　北国
つるとーがらし　大阪
のごしょー　越後
のなんばん　越後

マルバハギ　ミヤマハギ 〔マメ科／木本〕
たまはき　長州
はちまきばんば　島根（大原）
はちまきばんばん　島根（大原）
はっのこ　鹿児島（垂水市）

マルバヤナギ　アカメヤナギ 〔ヤナギ科／木本〕
あすなり　愛媛（上浮穴）
しろやなぎ　周防

マルメロ 〔バラ科／木本〕
あんだかん　長野*
あんらく　新潟（佐渡）
うんぶつ　岐阜（大野）
かりん　山形*　新潟（佐渡）　山梨*　長野*
かんたん　新潟*
かんたんのき　新潟（中蒲原）
すなし　周防
ぼーかい　仙台　宮城（仙台）
ぼーかい　仙台
ぼーかいなし　仙台　宮城（登米・仙台市）
ぼーぎゅ　宮城*
ぼけ　福岡*
ぼげぁ　岩手（江刺）
ぼげー　岩手*
ぼけなし　宮城*
まるーめ　南部　愛媛（周桑）
まるべ　秋田
まるめ　南部　青森（南部）　秋田（鹿角）　福島（相馬）
まろべ　秋田（山本）
めろ　和歌山*
めろめろ　青森（津軽）

マングローブ 〔木本〕
ぴにきー　沖縄（石垣島）

マンサク 〔マンサク科／木本〕
あおもみ　岐阜（飛騨・中濃）
あんべーどー　山梨（南巨摩）
うな　福井（大野）
かたそぎ　山梨（河口湖）
かたそげ　青森（上北・下北）　静岡（富士）
かたつげ　静岡
かまどのき　埼玉（秩父）
きまぐさく　岩手（九戸）
きまんさく　青森（上北）　岩手
くろまんしゃく　新潟（東蒲原）
しおねじ　長野（松本市）
ししはらい　新潟（佐渡・南魚沼・塩沢・西頸城）
　　長野（下水内・下高井）
ししはり　新潟（佐渡）
ししはれー　新潟（佐渡）
じしゃ　福井（大野）　長野（上伊那）
ししゃらい　新潟（佐渡）
しばまんちゃく　秋田（鹿角）
たにいそぎ　岡山
つくらべ　福井（大飯）
つむら　福井（三方）　滋賀（滋賀）
つむらぎ　滋賀（滋賀）
つむらのき　福井（若狭）
ときしらず　木曾　岐阜（恵那・揖斐）
ななかま　木曾
ななかまど　埼玉（秩父）
なまねり　京都（北桑田）
ならっかま　埼玉（入間）
にそ　富山（黒部）
ねじき　福島（信夫）
ねじりき　長野（下水内）
ねじりっき　群馬（利根）
ねずき　山形（北村山・南村山）
ねそ　新潟　富山　富山（東礪波）　石川（加賀）
　　福井　岐阜
ねそうら　福井（大野）
ねそのき　岐阜（飛騨・揖斐）　福井（若狭）
ねっそ　岐阜（飛騨）
ねり　滋賀
ねりそ　岐阜（揖斐）
のいそ　福井（大野）
のたりまんさく　岩手（岩手・盛岡）
はしばみ　新潟（北蒲原）
まごさく　岩手（九戸）
まんさく　新潟　富山　群馬　栃木　三重（伊賀）

まんさぐ　青森（中津軽）　秋田
まんさくしば　青森（上北・下北）　秋田（山本）
まんざくら　新潟（刈羽）
まんしゃく　新潟（岩船・北蒲原）
まんちゃく　青森（津軽・上北）　秋田　山形
むさで　埼玉（三峰山）
むらだち　山梨（東八代）

マンジュシャゲ → ヒガンバナ

マンダラゲ → チョウセンアサガオ

マンネングサ → オノマンネングサ

マンネンスギ　〔ヒカゲノカズラ科／シダ〕
まんねんぐさ　和歌山（伊都）
まんねんそー　日光

マンネンタケ　レイシ（霊芝）
〔マンネンタケ科／キノコ〕
おおごんたけ　千葉（君津）
かどいでくさ　丹波
かどいでだけ　丹波
かどでくさ　長州
かどでたけ　丹波
かどでだけ　長州
きちじょーたけ　勢州　三重（伊勢）
きっしょーたけ　勢州
さいわいたけ　京都　周防　勢州　京都　島根
　（隠岐島）　香川（仲多度）　熊本（玉名）
さえわえたけ　島根（周吉）
さるのこしかけ　山梨（南巨摩）　大阪（泉北）
せんねんだけ　山梨（南巨摩）
でしここ　滋賀（彦根）
てんぐのこしかけ　常陸　山梨（南巨摩）
てんごーじゃくし　神奈川（津久井）
ねこじゃくし　江戸
ねこのしゃくし　関東　江戸
まござくし　岩手（上閉伊・釜石）
まごしゃくし　奥州　仙台　水戸　岩手（上閉伊）
　茨城（水戸）
まごじゃくし　奥州　岩手（上閉伊）　宮城（登
　米）　山形
まんねんたけ　勢州
やまのかみのしゃくし　紀伊　熊野　奈良（吉野）
　和歌山
れいし　京

マンリョウ　オオマンリョウ　〔ヤブコウジ科／木本〕
せんりょー　島根（周吉）　徳島　愛媛（周桑）
　長崎（壱岐島）
せんりょーだまのき　静岡（榛原）
せんりょーまんりょー　静岡（小笠・榛原）
せんりょーもも　静岡（榛原）
せんりょまんりょ　熊本（玉名）
たごみ　鹿児島（川辺）
だごみ　鹿児島（川辺）
ひねまんじゅ　鹿児島
ひめまんじゅー　鹿児島（鹿児島市）
やまあくち　鹿児島（薩摩・甑島）
やましきみ　紀州
やませんりょー　長崎（北松浦）

ミカエリソウ　〔シソ科／草本〕
あさご　伊勢
うさぎかくし　高知（安芸）
ごまくさ　近江坂田
なすがら　岐阜（美濃）
ねがた　高知（香美）

ミカン　〔ミカン科／木本〕
うんしょ　富山（砺波）
うんしょー　富山（射水）
かんかん　静岡（庵原）　島根（出雲市・簸川）
かんちょ　福岡（八女）
かんぽ　島根（大原）
くねんぽ　広島（倉橋島）
こーじ　東京（八丈島）
こーるい　兵庫（淡路島）　島根（石見）　山口
　（大島）　徳島　高知
こーるいもの　高知
ふなぶ　沖縄（鳩間島）
ふにふ　沖縄（竹富島）
ふにん　沖縄（石垣島）
ふねぶ　沖縄（石垣島）

ミクリ　〔ミクリ科／草本〕
うきやから　伏見
うきやがら　伏見
おば　新潟
がば　東京
さぎのしりさし　伊勢
さぎのや　島根（益田市）
みしかど　勢州

みつかど　芸州
みつかどぐさ　木曾
やから　伏見
やがら　河州
ろーとー　播州

ミコシグサ → ゲンノショウコ

ミシマサイコ　〔セリ科／草本〕
さいこ　鹿児島（国分市）
せこ　鹿児島（国分市・肝属）　宮崎（西諸県）

ミズ　〔イラクサ科／草本〕
かくすべ　福井
かくすべのき　福井（三方）
かふすべのき　福井（鯖江）

ミズアオイ　ナギ（菜葱）　〔ミズアオイ科／草本〕
あおき　駿河
あぎなし　中国　九州
いもば　伯州
うしのした　熊本（玉名）
かにかにくさ　新潟（佐渡）
かにがにぐさ　新潟（佐渡）
かべんそー　長野（木曾）　岐阜（東濃）
かわいもじ　紀州　紀伊牟婁
ごきあらい　千葉（印旛）
さわぎきょー　佐渡　畿内
たいもがら　豊前
たおこばこ　近江
たばす　和歌山（新宮市・東牟婁）
たぶ　出羽
だぶなぎ　宮城（登米）
ちょーせんくさ　静岡（小笠）
ちょーちんくさ　静岡（小笠）
なぎ　仙台　新潟　新潟（南蒲原）
にしっこり　日光
みずあおい　東国
みずなぎ　尾張　大和
むしかり　木曾

ミズイモ → サトイモ

ミズオオバコ　〔トチカガミ科／草本〕
いぬほーずき　山口（厚狭）
おんばく　新潟（加茂市）
かわじしゃ　山口（厚狭）
かわふーずき　佐賀（神埼）　熊本（玉名）

かわふずっ　鹿児島（姶良）
かわほーずき　備前　福島（相馬）　岡山（邑久）
たおーばこ　江州　滋賀　岡山（川上）
たおんばく　島根（益田市・那賀）
たおんばこ　岡山（川上）　広島（比婆）
たじしゃ　岡山
とっぴょーし　新潟（北蒲原）
ほーずき　香川（東部）
みずあおい　西土　筑前
みずほーずき　香川（東部）
みずほこり　西土　筑前

ミズガシワ → ミツガシワ

ミズガヤツリ　〔カヤツリグサ科／草本〕
ますぐさ　岡山（川上）

ミズガラシ → オランダガラシ

ミズキ　〔ミズキ科／木本〕
あいたまのき　青森（上北）
あおみずき　三重（大杉谷）
あかいき　長野（佐久）
あかき　岩手（九戸）
あかしば　岩手（九戸）
あかはしか　高知（高岡）
あかみず　熊本（下益城）
あかみずし　福岡（犬ヶ岳）　大分（直入）　宮崎（東臼杵）
あかんぽー　長野（下水内）
あかんぽや　長野（伊那）
いつき　兵庫
いわいぎ　新潟（北蒲原）
うしなかせ　静岡（駿河）
おおあめふり　佐賀（藤津）
おんなみつびしゃ　岩手（気仙）
かぎーこのき　神奈川（津久井）
かぎこしば　秋田（北秋田）
かぎさまのき　栃木（芳賀）
かきしば　秋田
かぎしば　秋田
かぎっこ　青森（上北）　秋田（鹿角）
かぎっこのき　栃木（塩谷）　神奈川（足柄上）　山梨
かぎっちょのき　東京（八王子）
かぎっぴき　茨城　長野
かぎのき　秋田
かぎふかけ　秋田（山本）

かぎんこ　群馬（勢多）
かぎんこのき　新潟（刈羽）
かぎんちょのき　群馬（多野）
かぎんぽ　群馬（勢多）
かげっこ　長野（上水内）
かげばり　青森（津軽）
かげびき　秋田
かげびき　秋田（鹿角・由利）
かげびこ　秋田（由利）
かげべろ　青森（三戸）
かさみ　石川
かさみずき　岡山（備中）
かしわ　高知（高岡）
かたつげ　埼玉（秩父）
かっきんぽ　群馬（勢多）
からかさみずき　京都　兵庫（佐用）　鳥取
からかさみずのき　富山（五箇山）
かんこのき　青森（上北）
かんだい　新潟（岩船）
かんだいのき　新潟（岩船）
くさみず　茨城
くそみずき　岡山
くるまそー　福井（三方）
くるまはしか　三重　和歌山
くるまみず　愛知　岐阜
くるまみずき　石川　福井　岐阜　鳥取
ごーたれみずき　三重（度会）
じゅるみじゅす　福岡（粕屋）
しらき　高知（安芸）
しろき　高知（香美・安芸）
しろみずき　山口（佐波）
しろみずし　大分　宮崎　熊本　鹿児島
しろみつて　鹿児島（肝属・垂水）
じんだ　和歌山
すぽとみ　鹿児島（中之島）
すもーとりのき　新潟（刈羽）
すもとり　千葉（君津）
すもとりのき　神奈川（津久井）
たにみずし　大分（南海部・大野）
だんご　岩手（気仙）　宮城（名取）　三重（一志）
だんごき　宮城（仙台市）　山形（西置賜）　新潟
だんごぎ　山形　福島　新潟
だんごさすき　栃木（塩谷）
だんごしばぬき　山形（西置賜）
だんごぬき　山形（北村山）
だんごのき　岩手　宮城　山形　福島　新潟　茨

城　栃木　長野
だんごばら　山梨（河口湖）
だんごぼく　青森（上北）
とりあし　静岡（伊豆・遠江）
とりでみずき　山口（佐波）
なしならしぎ　山形（鶴岡市）
にっちぇのき　熊本（水俣）
のばしか　高知　高知（安芸・幡多）
はしか　高知（高岡）
はしかぎ　高知（高岡）
はしかけのき　鹿児島（鹿児島市）
はしかのき　滋賀
はしぎ　埼玉（秩父）
はなのき　福島（南会津）
まいだまのき　青森　新潟　長野（北佐久）
まえたまのき　宮城（本吉）　長野（伊那）
まゆぎ　岩手（盛岡市）
まゆたまのき　岩手　宮城
まゆだまのき　青森
みじし　宮崎
みじひさ　岩手（宮城）
みずーさ　千葉（清澄山）
みずかす　島根（隠岐島）
みずき　富山　三重　奈良　鹿児島
みずくさ　伊豆八丈島　岩手　宮城　福島　埼玉　千葉（君津・夷隅）　東京　神奈川　新潟　福井（三方）　山梨　長野　岐阜（飛騨・恵那）　静岡　静岡（愛鷹山）
みずぐさ　栃木（東部）　群馬（西部）　千葉　新潟　山梨（富士吉田市）
みずさ　千葉（夷隅・清澄山・大多喜）
みずし　広島　福岡（八女）　佐賀（小城）　長崎　熊本　宮崎　大分　鹿児島（肝属・出水市）
みずしゃ　岩手（気仙）
みずつき　埼玉　山梨
みずて　鹿児島（肝属）
みずぬき　宮城（仙台市）
みずのき　東北地方　岩手（東磐井）　宮城　福島　茨城（多賀）　栃木　石川　福井　長野（上田市）　三重
みずのばしか　高知（幡多）
みずはしか　和歌山（西牟婁）
みずばしか　三重　和歌山　愛媛　愛媛（上浮穴）　高知
みずぶき　静岡　遠江
みずふさ　岩手　宮城　埼玉　千葉

ミズギボウシ

みずぶさ　岩手　群馬　埼玉　千葉　新潟（北蒲原）　山梨　長野　岐阜（中津川市）　静岡　愛知
みぞーさ　千葉（夷隅）
みちひさ　宮城（本吉）
みつぐさ　栃木
みつし　鹿児島（肝属・出水市・加治木）
みつずし　鹿児島（川内市）
みつち　鹿児島（出水市）
みつつし　鹿児島（川内市）
みってのき　鹿児島（肝属・垂水）
みってのき　鹿児島（肝属）
みつふさ　宮城（本吉）
みろく　秋田（仙北）
みんずき　山形（東田川・西田川）
めあだまのき　青森　宮城
めーだまのき　宮城　長野
もちしば　岩手（九戸）
もちのき　茨城
もろし　長野（上田市）
りゅーじんやなぎ　和歌山（日高・西牟婁）

ミズギボウシ　〔ユリ科／草本〕

うり　秋田（雄勝・北秋田・鹿角）
うるい　岩手（紫波）　秋田（鹿角）　山形　岐阜（郡上）
うるえ　秋田（鹿角）
おとこかいろっぱ　群馬（山田）
おとこがいろっぱ　群馬（山田）
おぽんばな　静岡（富士）
きば　静岡（富士）
きぽ　静岡（富士）
きんぽ　静岡（富士）
しばうりっぱ　長野（北佐久）
ぽんばな　静岡（富士）
やじうり　秋田（鹿角）
やじうるい　岩手（二戸）
やじうるえ　秋田（雄勝）
やちうり　秋田　山形（東田川）
やちうるい　山形
やちこうりっぱ　長野（下水内）
やつうり　秋田
やまおんばく　静岡（富士）
やまおんばこ　静岡（富士）
やまかんぴょー　静岡（富士）
やまがんぴょー　静岡

ミズクサ

いけぐも　伊豆八丈島
もーれん　群馬（吾妻）
もさ　静岡

ミズゴケ　〔ミズゴケ科／コケ〕

ちのかわ　島根（美濃・益田市）
みじぬぬーり　沖縄（石垣島）

ミズスギ　〔ヒカゲノカズラ科／シダ〕

あしがる　鹿児島（奄美大島・徳之島）
いんがくさ　鹿児島（大島）
かわまつ　鹿児島（奄美大島）
きしごけ　鹿児島（揖宿）
きつねのたすき　島根（美濃）
きんごけ　鹿児島（揖宿）
さわすぎ　和歌山（西牟婁）
すぎな　鹿児島（出水・長島）
たちかずら　静岡（賀茂）
ちのくさ　鹿児島（硫黄島・大島）
はしかけのき　鹿児島（鹿児島・肝属）
まや　鹿児島（奄美大島）
やまうみじょー　鹿児島（甑島）
やまうみしょーら　鹿児島（阿久根・薩摩）
やまうみじょーら　鹿児島（甑島）
やまなちょーら　沖縄

ミズタガラシ　〔アブラナ科／草本〕

おらんだからし　山口（玖珂）
おらんだせり　鹿児島（名瀬市）
からせ　山口（玖珂・吉敷・阿武）
かわからし　山口
くるまぐさ　山口（玖珂）
こーがらし　山口（大津）
こーがらせ　山口（玖珂・熊毛・大津・阿武）
こーぜり　山口（玖珂）
こんがらせ　山口（防府・佐波・阿武）
たがらし　山口（吉敷）
たがらせ　山口（大島・玖珂・美祢・阿武）
たぜ　山口（玖珂）
たで　山口　山口（玖珂・吉敷・阿武）
てーらぎ　山口　山口（都濃・豊浦・大津・阿武）
てーれぎ　山口（山口・防府）　愛媛
ほーがらし　山口（玖珂）
みぞたがらせ　山口（玖珂）

ミズタマソウ 〔アカバナ科／草本〕
めごしつ 江戸

ミズトラノオ 〔シソ科／草本〕
あわのはな 京都（何鹿）
ぽんげ 京都（何鹿）

ミズトンボ 〔ラン科／草本〕
あおとんぼ 和歌山

ミズナ 〔アブラナ科／草本〕
いとかぶ 香川*
いとな 江戸 山口（豊浦） 香川*
しょーがつな 静岡（小笠）
せんしちな 青森（三戸）
せんすいな 岡山*
せんすじ 島根（鹿足）
せんすじな 北海道* 岩手* 宮城* 秋田* 福島* 栃木* 富山* 福井* 山梨* 滋賀* 島根* 香川* 愛媛* 高知* 長崎*
せんすじまな 大分*
せんぽんな 静岡（小笠） 熊本（玉名）
たきな 岡山（真庭）
たにふたぎ 岐阜（飛驒）
つづりな 鹿児島*
はるな 岐阜*
みずかぶ 香川（高松市）

ミズナラ オオナラ 〔ブナ科／木本〕
あおなら 長野（松本）
うつなら 愛媛（面河）
おーそ 岡山（美作）
おーなら 青森 岩手 秋田 新潟 石川 茨城 東京 静岡 高知
おーばすのき 静岡（遠江）
おーばなら 愛媛
おーぽーそ 三重 和歌山 鳥取
おとこなら 青森（東津軽）
おなら 新潟（東蒲原・南蒲原） 福井（大野）
おになら 福井（勝山）
おにばさこ 宮崎
おんなら 高知（土佐）
かくまぬき 山形（北村山）
かしなら 山形（西村山）
かしわ 愛媛 大分
かしわのき 佐賀（杵島）
きんなら 長野（北安曇）
ぎんぽそ 福井（三方）
くろなら 山形（酒田）
ごーなら 岡山（備中）
ごとごとまき 広島
ごまぎ 岡山（備中）
ごろさんのき 長野（長野）
ごんだ 島根（石見）
ごんだらまぎ 島根（石見）
ごんたろー 島根（石見）
こんだろーまき 広島
さしか 長崎（対馬）
しだみのき 岩手（上閉伊）
じとーまき 岡山
じどーまき 岡山
しば 静岡（遠江）
しろうつなき 広島
しろなら 青森 秋田 山形 新潟 茨城 長野 兵庫 大分
しろはさこ 大分（大野）
しろばさこ 大分（直入）
ずだ 熊本（八代）
たちなら 新潟（東蒲原・南蒲原）
つきなら 大分（南海部）
つちなら 高知（土佐）
どーだ 宮崎
とーだいまき 静岡（水窪）
どーなら 兵庫
どーならほーそ 岡山（備中）
どろ 長野（佐久）
どんどろまき 広島（安佐）
ながどんぐり 静岡（遠江） ならがしわ 宮崎
ならぎ 山口（玖珂）
ならご 佐賀
ならどんぐり 長崎（北高来・南高来）
ならのき 秋田（北秋田） 岐阜（揖斐）
ならばさこ 大分（南海部）
ならぽーそ 鳥取（因幡）
ならほそ 福井
ならんどんぐり 長崎（高来）
なるとこ 岡山（備後）
なろんどんぐり 長崎（北高来・南高来）
ぬかなら 茨城（久慈）
はーそまき 島根（仁多）
ばちなら 新潟（東頸城）
はなら 新潟

ははそ　和歌山（高野山）
ははた　三重　和歌山
ははな　島根（石見）
はぶろばそ　島根（隠岐島）
ばりたれのき　広島（山県）
ほーさ　福井（越前）　愛媛（東部）
ほーそ　石川　岐阜　近畿　三重　滋賀　兵庫　奈良　和歌山　中国　鳥取　島根（石見）　岡山（美作）　広島（安芸）　山口（周防）　徳島
ほーそなら　高知（香美）
ほーそまき　広島（安佐・山県）
ほさ　宮崎（南部）　鹿児島
ほそ　三重（紀伊）　兵庫（播磨）　和歌山　和歌山（高野山）
ほほさ　石川　愛媛（新居）
ほほそ　石川
まき　島根（仁多）　広島
まなら　北海道　北越　静岡（遠江）　畿内
みずき　京都（丹波）　兵庫
みずなら　北海道　宮城　新潟　栃木　山梨　静岡　岐阜　岡山　広島　高知（長岡）
みずならほーそ　兵庫
みずならほーそー　鳥取（因幡）
みずほーそ　三重　和歌山
みずぽーそ　奈良（吉野）　和歌山（有田）
みずぽーそー　三重　和歌山　岡山　岡山（美作）
みずぼそ　和歌山（高野山）
みずまき　島根（石見）　岡山　広島
やまほそ　奈良

ミズバショウ　〔サトイモ科／草本〕

うしのした　山形
うしのべら　長野（下水内）
うしのべろ　新潟（南蒲原）
おーば　青森（上北）
かんのんそー　岐阜（飛騨）
くまさか　信州
どーけ　岐阜（飛騨）
ぶっぱ　山形（南置賜）
べこのした　出羽　北海道　青森（八戸）　岩手（胆沢）　秋田（南秋田・北秋田・仙北・鹿角）　山形（西置賜・飽海）
へびまくら　山形（飽海）
やまたばこ　岩手（九戸）
やまな　新潟（佐渡）

ミズヒキ　〔タデ科／草本〕

あかこ　東京（三宅島）
あかご　東京（三宅島）
あかのごはん　東京（三宅島）　神奈川（横浜市）
あかまんま　東京（三宅島）
かみひきぐさ　岩手（遠野・上閉伊）
すじこばな　山形（西田川）
せきはんぐさ　山形（飽海）
せんこうはなび　千葉（東金）
つかみぐさ（ギンミズヒキ）　和歌山（東牟婁）
つでふきぐさ　和歌山（東牟婁）
なもみ　秋田（平鹿）
はちのじぐさ　静岡（賀茂）　広島（比婆）
ひっつきぐさ（ギンミズヒキ）　和歌山（新宮市）
ふでつきぐさ　和歌山（東牟婁）
ふでふきぐさ　和歌山（東牟婁）
みずくさ　静岡（富士）
みずひきくさ　長崎（南高米）
みちぎ　熊本（玉名）
やまたで　長崎（東彼杵）

ミズブキ → オニバス

ミスミソウ　〔キンポウゲ科／草本〕

つちさくら　山形（村山）
まんしゃく　山形（酒田・村山）
みすみそー（スハマソウ）　和歌山（伊都）
ゆきわりそー　富山（東礪波）

ミズメ　アズサ, ヨグソミネバリ　〔カバノキ科／木本〕

あおざくら　鹿児島（出水）
あかき　岐阜
あかごさいば　筑前
あずさ　宮城　群馬（吾妻）　埼玉（秩父）　長野　三重　和歌山
あずまのき　静岡（富士）
あほざくら　三重（員弁）
あんさ　岩手（上閉伊・下閉伊）
いたやみねばり　静岡（駿河）
いとち　広島
いともーか　宮崎（東臼杵）
いぬざくら　大分
うかんば　和歌山（東牟婁）
おーみねばり　栃木（西部）　群馬（東部）
おにかわもーか　大分　宮崎
おにしで　三重（北牟婁）

かいば　長州
かじ　岩手（気仙）
がじ　宮城（本吉）
かしわ　筑州
かず　播州
かわらがし　予州
かわらがしわ　土州
かわらしば　阿州
がんじ　岩手（東磐井）
きさい　静岡（駿河）
きささき　常陸
くさみねばり　群馬（利根）
くそみずめ　京都（北桑田）
くろがね　愛媛（宇摩）
くろざくら　静岡　静岡（遠江）
こごめ　山口（玖珂）
こごめざくら　山口（玖珂）
ごさいば　摂州　播州
ごさば　長州　防州
こっぱだ　栃木（西部）　群馬
こっぱだみねばり　栃木（日光市）
こね　広島
こねこねら　山口（玖珂）
こねさくら　島根（石見）　広島（山県・安佐）　山口（周防）
さくら　和歌山（東牟婁）
しわぎ　阿州
たかやま　富山（黒部）
たずは　泉州
たで　岩手（岩手）
たんで　岩手（下閉伊）
たんでん　岩手（岩手）
ちょーじゃざくら　佐賀（小城・神埼）
なたつか　新潟（東蒲原・南蒲原）
にまめざくら　山口（佐波・山口）
ねずみざくら　島根（石見）
はぐさ　群馬（利根）
はくさみねばり　群馬（利根）
はぐさみねばり　群馬（利根・勢多・多野）　埼玉（秩父）
はざくら　東京　三重　和歌山（東牟婁）
はずさ　奈良（吉野）　和歌山（東牟婁・高野山）
はなつら　岩手（西磐井）
はんさ　富山　石川　岐阜　福井　三重　滋賀　奈良　和歌山
はんしゃ　紀伊

ひーちょー　福岡（京都）　大分（日田）
ぶんにょー　新潟（中魚沼）
ほーちょーざくら　三重（伊賀）
みずね　福島　栃木　新潟　富山　岐阜　鳥取
みずのき　新潟（北蒲原）
みずめ　長野　静岡　愛知　岐阜
みずめあつさ　埼玉　埼玉（秩父）
みずめさくら　大和吉野郡　愛知（三河）　岡山（美作）
みずめざくら　静岡（遠江）　愛知　兵庫（播磨）　奈良　島根　岡山　山口　高知（吾川）　長崎（南高来）　大分（直入・大野）
みずんめ　和歌山
みねのき　長野（木曾）
みねばり　岩手　宮城　新潟　茨城　栃木　東京　神奈川　静岡　長野
めころび　若州
めつら　石川　滋賀
もーか　徳島　香川（香川）　愛媛　高知
もーかざくら　香川（綾歌）　高知（高岡・幡多）　佐賀　長崎（五島）　熊本　宮崎　鹿児島（大隅）
やまたて　岩手（下閉伊・気仙）
やまだて　岩手（下閉伊）
よぎそ　山梨　静岡
よぐそ　栃木　静岡（安倍）
よぐそざくら　神奈川　静岡
よぐそみねばり　栃木　埼玉

ミズワラビ　〔ホウライシダ科／シダ〕
すみよしぐさ　鹿児島（姶良）

ミセバヤ　〔ベンケイソウ科／草本〕
おーうちそー　江戸
ぜにつりくさ　岩手（二戸）
たまかずら　富山
たますだれ　岩手（上閉伊・釜石）　宮城（仙台市）　長野（佐久）
たまのお　大和　三重（宇治山田市・伊勢）　和歌山（日高）　岡山
だんだんぎく　神奈川（津久井）
ちどめぐさ　長野（佐久）
つるすぐさ　岩手（遠野・上閉伊）
ねなし　伊勢
ふくれんそー　富山　富山（富山）
ふくれんぼ　富山（砺波・東礪波・西礪波）
みせばやそー　青森（八戸）

ミゾカクシ

ミゾカクシ　アゼムシロ　〔キキョウ科／草本〕
あぜむしろ　和歌山（西牟婁）
こごめぐさ　周防
こめぐさ　広島（比婆）
さんしょーぐさ　芸州
じじのふんべつ　新潟（西蒲原）
じしばり　加州
はいまり　和歌山（東牟婁）
へびんした　熊本（球磨）
やなぎじしばり　山形（東田川）

ミゾコウジュ　ユキミソウ　〔シソ科／草本〕
みぞこーじゅ　和歌山（和歌山市・海草）

ミゾソバ　ウシノヒタイ, オオミゾソバ
　〔タデ科／草本〕
あかっつら　群馬（利根）
あっぷぐさ　鹿児島（川辺）
いでそば　香川
いぬそば　伊予　愛媛
いねかりくさ　新潟（刈羽・岩船）
いはいぐさ　山形
いへぐさ　山形
うしごーけ　新潟（刈羽）
うしごて　鹿児島（鹿屋）
うしのからひたい　津軽　南部
うしのからびたい　南部　兵庫（津名）
うしのひたい　江戸　佐渡　防州　山形　新潟（西蒲原）　静岡（田方）　長崎（壱岐島）　鹿児島（大口市）
うしのひたいくさ　新潟（西蒲原）
うしのひたえ　新潟
うしひたい　山形（村山）　千葉（安房）
うしぴたい　木曾　山形
うしぴたい　山形
うしぶたい　新潟（佐渡・加茂市・西蒲原・南蒲原）
うしぶて　熊本（芦北）
うゆぽけ　鹿児島（鹿屋）
えびくさ　鹿児島（肝属）
えびすくさ　鹿児島（肝属）
おしのふてー　島根（隠岐島）
おしょーにん　信州　長野
かいるくさ　加賀　鳥取（気高）
がいるぐさ　新潟（直江津）　鳥取（気高）
かいるこぐさ　石州
かいるたで　和州

がいるばな　島根（江津市）
かいるまた　播州
かえるくさ　賀州　京都（竹野）　島根（美濃・邇摩・邑智・能義）
かえるぐさ　加賀　伊勢　熊野　周防　京都（何鹿）　奈良（南大和）　島根（石見）
かえるとりくさ　奈良（高市）
かえるのはら　静岡（小笠）
かえろっぱ　静岡（小笠）
がぇろっぱ　静岡（小笠）
かなもんぐさ　新潟（刈羽）
かまつか　島根（邑智）
がらっぱぐさ　鹿児島（揖宿・肝属）
かわそば　周防　奈良（宇智）　香川（東部）　鹿児島（加世田市）
かわそま　鹿児島（垂水・肝属）
かわちぐさ　周防
かわふさぎ　長野（下水内）
かんでぐさ　山形（飽海）
かんでな　山形（東田川）
きゃーこくさ　島根（簸川・能義）
ぎゃーるくさ　京都（竹野）　兵庫
ぎゃーるぐさ　京都（竹野）
きゃるくさ　越前　和歌山（新宮）
きゃるぐさ　和歌山（東牟婁・新宮市）
ぎゃるくさ　越前
きゃわずぐさ　富山（射水）
ぎゃわずぐさ　富山
きゅーめんそー　豊後
ぎゅーめんそー　豊後
くさ　山口（美祢）
くるまそー　静岡
くわがたそー　讃州
くゎじばな　新潟（刈羽）
げーるぐさ　新潟
こーから　山口（玖珂）
こごめばな　丹波　山口（阿武）
こめこめ　新潟（直江津）
こめばな　新潟　山口（豊浦）
こめばなぐさ　新潟（直江津）
こんぺーと　山口（豊浦・玖珂）　熊本（玉名）
こんぺーとー　山口（豊浦・厚狭）　鹿児島（鹿児島市・大口・日置）
こんぺーとーばな　山形（庄内）　長野（下高井）　新潟　山口（豊浦）
こんぺーとぐさ　山口（豊浦）　鹿児島（国分市）

こんぺとぐさ　山形（鶴岡市・飽海）
こんぺとばな　山形（鶴岡市・飽海）
こんぺんぽ　奈良（南大和）
さんかくくさ　山形（庄内）　山口（阿武）
さんかくぐさ　山口（阿武）
さんかくぱ　山形（庄内・北村山）
すいじんので　長野（北安曇）
そば　山口（大島・吉敷）
そばき　山口（大島）
たそば　長門　予州　島根（石見・美濃）　岡山　山口（玖珂・熊毛・吉敷・厚狭・大津・阿武）
たつべ　岡山
たで　香川　長崎（東彼杵）　鹿児島（薩摩・甑島）
てんぺーばな　山口（美祢）
とーそば　山口（阿武）
どんこぐさ　鹿児島（日置）
はくどーくさ　大分（佐伯）
はさかけばな　新潟（直江津）
はじのじ　長野（西筑摩）
はたおりぐさ　長野（佐久）
はちのじ　木曾
はちのじぐさ　福島（石城・相馬）　長野（佐久・下高井・下水内）　静岡　静岡（志太）
はちのじそー　濃州
はちまんぐさ　上州榛名山　長野（埴科）　愛媛（周桑）
はちもんじそー　江州
はのじぐさ　山口（吉敷）
びきぐさ　鹿児島（始良）
びきのつらがき　福岡（築上）
びきのはかま　宮崎（宮崎市・東諸県）
びっきぐさ　山形（飽海・鶴岡市）
びっきのつらかき　福岡（築上）
びっきのひるぐさ　山形（飽海）
ひよこぐさ　長野（北佐久）
ひるくさ　千葉（山武）
ひるっぱ　静岡
へこくさ　秋田（北秋田）
べこぐさ　秋田（北秋田）
ぺこくさ　秋田（北秋田）
ぽさ　山梨（中巨摩）
ぽんばな　青森　岩手（上閉伊）　秋田（鹿角）　新潟（西蒲原）
まむしのあご　木曾
みずくさ　和歌山（有田）
みずぐるま　静岡

みずそーば　和歌山（東牟婁）
みずそば　和歌山（新宮）　山口（厚狭・熊毛）
みずそばくさ　兵庫（津名）
みぞそばくさ　兵庫（津名・三原）
みどそば　山口（大島・美祢）
もぐら　能州　新潟（直江津・西頸城）
れんぽぐさ　長門

ミソナオシ　ウジクサ　　　　　〔マメ科／木本〕

うじくさ　和歌山（西牟婁）
さし　鹿児島（肝属）
さしくさ　鹿児島（肝属）
さしのき　鹿児島（揖宿・肝属）
ながざし　熊本（球磨）
ぬすっとはぎ　香川（木田）
ひっつだん　長崎（五島）
むしとりぐさ　周防
ものぶれ　鹿児島（菊池）

ミソハギ　　　　　　　　　〔ミソハギ科／草本〕

うしょーろーはーし　沖縄（首里）
えぞはぎ　山口（玖珂）
えぞばな　山口（玖珂）
おしょーらいばな　新潟　富山（富山）
おしょーればな　新潟（西蒲原）
おしょらいばな　富山（砺波・東礪波・西礪波）　福井
おしょればな　新潟（刈羽）
おしょろばし　兵庫（赤穂）
おぼんばな　山形（置賜）
きゃわずぐさ　富山（射水）
こーしんばな　岡山
しょーらいばな　岐阜（飛騨）　富山（富山市）
しょーらえば　富山（上新川）
しょーらえばな　富山（富山）
しょーろーばな　三重（宇治山田市・伊勢）
しょーろばな　熊野尾鷲　京都（中）
しょらいばな　富山（富山市）
しょらえばな　富山
しょんえばな　富山
せーろばな　京都（竹野）
そいぐさ　伊豆
そーはぎ　周防　長門　島根（石見・美濃）　山口（厚狭・熊毛・都濃・佐波・吉敷・阿武）　愛媛（周桑・喜多・新居）　高知（長岡）　長崎（壱岐島）　熊本（球磨）

そはぎ　山口（大島）　宮崎（東臼杵）
そばぎ　山口（大島）　宮崎（東臼杵）
たにはぎ　山口（玖珂）
ちどめ　島根（簸川・出雲市）
とーはき　山口（阿武）
とーはぎ　島根（益田市）　山口（阿武）
ぬすびとはぎ　宮城（仙台市）
はかばな　三重（宇治山田市・伊勢）
はぎ　山口（阿武・美祢）
ひめはぎ　山口（熊毛）
べこくさ　秋田（北秋田）
ほとけさんばな　愛媛（周桑）
ぼばし　岡山（備中・上房）
ぼばな　岡山（苫田・岡山・御津）　広島（比婆）
ぼんぐさ　三重（志摩）
ぼんぐのはな　丹波
ぼんげ　京都（丹波）
ぼんご　京都（丹波）
ぼんのはし　島根（隠岐島）
ぼんのはな　京都（与謝）
ぼんばな　青森　岩手　秋田（平鹿・北秋田）
　　山形　新潟　福井　長野（下水内・北秋良）
　　岐阜（高山）　静岡　静岡（小笠）　埼玉（南埼
　　玉）　千葉（山武）　兵庫（津名）　島根　島根
　　（美濃）　鳥取　愛媛　宮崎（東臼杵）
ぼんぺな　新潟（南蒲原）
みずかけくさ　千葉（君津）
みずかけばな　静岡　長野（東筑摩）
みずつけばな　熊野尾鷲
みずはぎ　長野（佐久）　三重（伊勢・宇治山田
　　市）　和歌山（西牟婁・田辺・東牟婁）　香川
みずばな　長野（佐久・北安曇）　和歌山（西牟婁）
みずむけばな　静岡（志太）
みそぎ　和歌山（日高）
みそくさ　福島（相馬）
みそすりばな　岩手（水沢）
みぞはき　山口（吉敷・大津・阿武）
みそばな　青森（八戸・三戸）　山形（北村山・
　　最上）　福島（相馬）
みつはぎ　信州木曾湯舟沢
みどはぎ　山口（玖珂・美祢）
めどはぎ　山口（玖珂・吉敷）
めはぎ　和歌山（和歌山市）

ミゾハコベ　　　　　〔ミゾハコベ科／草本〕
あずきぐさ　香川（中讚）

なしろはこべ　青森
ほーずぐさ　三重（度会）
みずちしゃ　香川（中部）

ミゾホオズキ　　　　〔ゴマノハグサ科／草本〕
くさほーずき　長野（佐久）
ほーずきぐさ　長野（北佐久）

ミチシバ　ハナビガヤ　　　〔イネ科／草本〕
ながなたぐさ　長州

ミチヤナギ　ニワヤナギ　　〔タデ科／草本〕
うさぎもち　山形（飽海）
うしぐさ　防州
うしわらわ　長門
がらんがらんくさ　兵庫（赤穂）
さとーぐさ　山形（飽海）
ちょーせん　岡山
ととくさ　和歌山（有田）
なるこくさ　兵庫（赤穂）
にわぼーき　長野（佐久）
ねこぐさ　静岡
はきくさ　青森
はぎくさ　青森（津軽）
ははきぎもどき　備中
びんびんくさ　兵庫（赤穂）
へんちく　周防
ぺんぺんぐさ　青森
ほーききもどき　備中
ほーきくさ　青森　高知
ほーきぐさ　長野（北佐久）　高知（幡多）
みちしば　奥州　秋田
みちぼーき　新潟（西蒲原）
みちやなぎ　奥州　京都　和歌山（西牟婁）
めかごぐさ　長野（北佐久）
やのはそー　岩手（二戸）
りびょーぐさ　長野（北佐久）

ミツガシワ　ミズガシワ　〔ミツガシワ科／草本〕
かじのは　越前
かどー　山形（北村山）
だんだらしば　京都（中）
みつばおもたか　江戸
みつばおもだか　江戸
みつばこーほね　江戸　武州　東京
みつばせり　越前

みつばぜり　越前

ミツデウラボシ　　〔ウラボシ科／シダ〕
いわごけ　鹿児島（川辺・揖宿）
かみだま　島根（美濃）
としかずね　熊本（菊池）
としかずら　熊本（菊池）
ひとつぱぐさ　千葉（安房・富浦）
みつば　長崎（南高来）
やいと　兵庫（津名）
やいとぐさ　和歌山（有田）

ミツデカエデ　　〔カエデ科／木本〕
あーがらへーた　埼玉（秩父）　神奈川（西丹沢）
あさがらいたや　岩手（下閉伊）
あさがらへーた　埼玉（秩父）
あねっこいたや　秋田（南秋田・山本）
あまこぎ　福島（会津）
あまごきいたや　宮城（刈田）
あまっこかえで　木曾
うぐいすいたや　新潟（岩船）
おがらちゃーた　埼玉（秩父）
おがらっぱな　群馬（甘楽）
おがらっぴゃーた　埼玉（秩父）
おがらっぺいた　埼玉（入間）
おがらひやーた　埼玉（秩父）
おがらへいた　埼玉（秩父）
おがらべいた　山梨（北都留）
おごえすいだや　秋田（南秋田・仙北）
かいで　高知（土佐）
かえで　三重（一志）
かえでもみじ　三重（一志・飯南）
きねぎ　高知（土佐）
こめいたや　青森（上北）
こめのこいたや　山形（西村山）
ごんなれいたや　岩手（上閉伊）
さなめ　岩手（紫波）
すずめいたや　宮城（柴田）
すずめっこいたや　新潟（岩船）
そねぬぎ　秋田（北秋田）
だいなよー　鳥取（八頭）
とりあし　岐阜（揖斐）
とりばかえで　埼玉（秩父）
ねぎ　高知（長岡）
はないたや　岩手（上閉伊・西磐井・気仙）
はなかえで　宮城

ほりめきいたや　岩手（気仙）
ほりめきいたや　岩手（上閉伊）
みつでもみじ　広島
みつばいたや　岩手（岩手）
みつばかいで　青森（西津軽）
みつばかえで　青森（西津軽）　群馬（多野）　広島
みつばっぱな　群馬（勢多）

ミツバ　ミツバゼリ　　〔セリ科／草本〕
うしのひたい　京都
かきのきみつば　静岡（磐田）
ひみば　長野（上伊那）
みずば　福島（相馬）
みたば　福岡＊
みちば　秋田
みちばせい　鹿児島
みちぱんじぇり　秋田（鹿角）
みつっぱ　富山（富山）
みつば　岩手（二戸）　宮城（仙台）　山形（東村山）　鳥取（気高）　岡山　島根（美濃・邇摩・那賀・仁多）　福岡（小倉）　長崎（南松浦）　熊本（阿蘇）　鹿児島（鹿児島・垂水・川内・日置・肝属）
みつはせ　鹿児島＊
みつばせ　鹿児島（加世田・日置・薩摩）
みつばぜ　鹿児島（薩摩）
みつばせい　鹿児島（出水）
みつばぜい　鹿児島（肝属）
みつばせっ　長崎＊
みつばぜり　群馬（佐波）　新潟＊　福井（今立）　山梨＊　長野　和歌山（北部）　鳥取　島根（美濃）　岡山　山口（防府市）　高知＊　長崎（東彼杵・五島）　熊本　大分＊　宮崎＊
みつばせり　静岡（富士）
みつばぜり　秋田＊

ミツバアケビ　　〔アケビ科／木本〕
あかぼけ　鹿児島（垂水市）
あきず　香川（綾歌）
あきずら　香川
いたちあけほ　宮崎（西臼杵）
うべ　島根（隠岐島）
うべあけっ　鹿児島（肝属）
おべん　香川（香川）
からあけび　越後
からすうんべ　鹿児島（串木野市・薩摩）

きのめ　山形（東村山）
こっこ　宮崎（児湯）
さるあけび　高知（長岡）
じんじばんば　長野（北佐久）
とっぱっ　鹿児島（鹿児島市）
ねんねこぼし　木曾
むべあけび　鹿児島（肝属）
もちあくび　長野（北佐久）
もちあげび　栃木（宇都宮市・安蘇）
やまのあねこ　青森（津軽）

ミツバウツギ　〔ミツバウツギ科／木本〕
いぬこごめ　徳島（美馬）
うこぎ　青森
うつぎ　群馬（甘楽）
おんじうつぎ　千葉（清澄山）
かさぎ　山梨（北都留）
かさぎぼい　神奈川（愛甲・東丹沢）
かさな　木曾　岐阜（東部）
かさやなぎ　埼玉（秩父）
きのめ　山形（東田川）
きょーな　高知（土佐）
くしぎ　秋田
くろごめごめ　新潟（佐渡）
こごめのき　宮城　静岡
ごぜき　山口
ごぜのき　山口（佐波）
こめうつぎ　群馬（多野）
こめぎ　秋田　長野（伊那）
こめご　栃木（日光市・塩谷）
こめごめ　日光　栃木（日光市）
こめごめ　日光　榛名山　北海道　宮城　栃木　群馬　山梨　長野　静岡　山口　高知　高知（吾川）
ごめごめ　栃木（日光）
こめごめのき　静岡（天城山）
ごめごめのき　静岡（伊豆）
こめぬぎ　岩手（盛岡）
こめのき　青森（南津軽）　岩手　秋田
こめのぎ　青森
こめのきしば　青森（津軽）
こめのこ　秋田（南秋田）
こめのご　秋田
こめのこぎ　秋田
こめら　愛媛（上浮穴）
さとごめ　岩手（岩手）

しおぎな　和歌山（有田）
しょーぎな　和歌山（日高）
しろうつぎ　福島（会津）　静岡（静岡）
つけばな　山形（庄内）
なつはぜ　長門
なまい　福島　長野
なまえ　岩手
なまえのき　木曾
なんまい　山形　栃木（日光市）
なんまいだ　栃木（日光）
にしこり　長野（佐久）
のみつが　青森
はしうつぎ　福島（会津）　神奈川（津久井）
はしき　青森　岩手　宮城
はしぎ　青森　岩手　山形（酒田市・飽海）　福島　群馬
はしきぼい　神奈川（愛甲）
はしのき　北海道　青森　岩手　群馬　埼玉　東京　神奈川
はなのき　静岡（富士宮）
ほーずきのき　長野（佐久）
ほねはさみ　群馬（甘楽）
まめのき　岐阜（揖斐）
やさな　富士山

ミツバオウレン　〔キンポウゲ科／草本〕
おーれん　秋田（鹿角）
かたばみおーれん　栃木
くさおーれん　飛騨白山
くまでおーれん　栃木（日光市）
こおーれん　羽州
つるおーれん　飛騨白山

ミツバツチグリ　〔バラ科／草本〕
さるいちご　山形（東田川）

ミツバツツジ　〔ツツジ科／木本〕
いちばんつつじ　秩父　埼玉（秩父）
いもつくりばな　埼玉（秩父）
いわつつじ　埼玉（秩父）　長野　鹿児島（垂水市）
こーばいつつじ　熊本（八代）
こめこめ　河口湖
じょろつつじ　兵庫（神戸市）
ぬめらつつじ　兵庫（六甲山）

ミツバハマゴウ　〔クマツヅラ科／木本〕
がじゃんぎ　鹿児島（奄美大島）
しゅーぎ　鹿児島（奄美大島）
はかばな　鹿児島（奄美大島）
ほーぎ　鹿児島（奄美大島）

ミツマタ　〔ジンチョウゲ科／木本〕
かご　島根*　福岡*
かぞ　静岡
かみかつら　駿河
かみくさ　岐阜*
かみのき　岐阜*
かんぞー　静岡*
じゅずふさ　参州
じんちょー　徳島（美馬）
ちょーせんこぞ　紀伊
ねれ　長野
また　愛媛*
みつ　山梨*　静岡*　山口*
みつえだ　勢州
みつでかんそー　伊豆
みつのき　山梨*
みつまたかご　福岡（八女）
みつまたこーぞ　島根*
みつまたわみそ　和歌山*
みまたやなぎ　防州
むすびき　岐阜（海津）
やなぎ　愛媛*　高知（高岡）
りんちょー　高知*

ミツモトソウ　〔バラ科／草本〕
みなもと　長野（木曾）
みなもとそー　和歌山（伊都）
よごいぐさ　信州　木曾

ミネバリ　→　ヤシャブシ

ミノゴメ　カズノコグサ　〔イネ科／草本〕
かえつりぐさ　香川（中部）
かえるつりぐさ　香川（中部）
かずのこぐさ　和歌山（西牟婁）
すずめのこめ　若狭
ひえ　岡山
ひょーひょー　静岡（小笠）
みのくさ　長州
みのぐさ　和州

ミフクラギ　オキナワキョウチクトウ　〔キョウチクトウ科／木本〕
うにんぎ　鹿児島（与論島）
ちーま　鹿児島（奄美大島）
まらふくら　鹿児島（奄美大島）

ミミズバイ　〔ハイノキ科／木本〕
あおはだ　鹿児島（肝属・垂水）
いそゆずり　徳島（海部）
いぬばい　高知（幡多）
いもくそ　高知（幡多）
おーばい　和歌山（東牟婁）
けーちゃら　鹿児島（奄美大島）
しろばい　高知（幡多）
とーねる　和歌山（新宮市）
とくらべ　三重（伊勢）
ながゆずる　鹿児島（奄美大島）
ねずみのまくら　愛媛（周桑）
はいのき　高知（高岡）
はなが　鹿児島（種子島）
はまがし　徳島（海部）
ふえたら　鹿児島（奄美大島）
ふしば　鹿児島
みずき　高知（安芸）
みつき　高知（土佐清水市）
みみずばい　高知（幡多）
みみすべり　熊野
みみずり　和歌山（日高）　徳島（海部）
みみすりば　和歌山
みみぞばい　高知（幡多）
めめずり　紀州　和歌山（日高）
めめぞのまくら　鹿児島（北薩）
めめよし　鹿児島（屋久島）
やまいちょー　大分（南海部）

ミミナグサ　〔ナデシコ科／草本〕
うさぎのみみ　長門
おにのみみ　長州
ねこのみみ　備前　長門　周防　広島（比婆）
はまゆり　新潟（直江津）
ほとけのみみ　能州　長州　防州
みみな　長州

ミムラサキ　→　ムラサキシキブ

ミヤギノハギ　〔マメ科／草本〕
えどはぎ　鹿児島

ミヤコグサ 〔マメ科／草本〕

- うまげんげ　長門
- えぼしくさ　江戸
- えぼしぐさ　江戸
- おつきさんばな　和歌山（田辺市）
- おめこばな　和歌山（海草・日高）
- かもめ　青森
- かもめっこ　青森
- きつねのえんどー　江戸　近江
- きれんげ　紀伊海部郡
- こがね　加州
- こがねくさ　加州
- ごまめ　山形（飽海）　新潟（西蒲原）
- さつきばな　秋田
- すずまめ　新潟（中蒲原）
- たいこばな　和歌山（有田）
- たまごばな　愛媛（周桑）
- ちょーまそー　福島（相馬・東白川）
- はさみぐさ　福島（相馬・東白川）
- ぱちんぐさ　千葉（天羽）
- ばななぐさ　長野（北佐久）
- ひよこくさ　和歌山（田辺市・有田）
- ひよこぐさ　和歌山（田辺市・有田）
- みかずきくさ　和歌山（田辺市）
- みっぱ　長野（北安曇）
- みやこばな　鹿児島（揖宿）

ミヤコザサ　イトザサ 〔イネ科／木本〕

- ひめざさ　埼玉（秩父）

ミヤコワスレ → ミヤマヨメナ

ミヤマイヌザクラ → シウリザクラ

ミヤマイラクサ 〔イラクサ科／草本〕

- あい　青森（上北）　秋田　山形
- あいぐさ　山形（東村山）
- あいこ　青森（南津軽）　岩手　宮城（栗原）　秋田　山形
- あいこぎ　山形（酒田・飽海）
- あいたけ　山形（庄内）
- あいだけ　山形（北部）
- あいのこ　秋田（南部）
- あえ　秋田
- あえー　秋田
- あえこ　秋田（村山）
- あえっこ　秋田
- あえのこ　秋田（南秋田）

ミヤマイヌザクラ

- いら　福島（南会津）　栃木（利根川上流地方）　新潟
- えあっこ　秋田（鹿角）
- えーこぎ　山形（酒田市・飽海）
- めだ　広島（比婆）

ミヤマカタバミ 〔カタバミ科／草本〕

- えーざんかたばみ　和歌山（伊都・東牟婁）

ミヤマガマズミ 〔スイカズラ科／木本〕

- おーぞみ　秋田
- かめがら　島根（簸川）
- ずみ　新潟（上越市）
- どくよつずみ　埼玉（秩父）

ミヤマカワラハンノキ 〔カバノキ科／木本〕

- あおばん　福井（大野）
- あわらばみ　新潟（西頸城）
- おばり　福井（大野）
- おばる　福井（大野）
- くさばん　福井（大野）
- くさぽっと　福井（今立）
- くそたれ　福井（大野）
- ねぞりあかばり　富山（五箇山）
- はるのき　新潟（西頸城）
- はんのき　岐阜（揖斐）
- まるっぱはんのき　新潟（魚沼）
- まるばはんのき　新潟（魚沼）
- やまはんのき　新潟（魚沼）

ミヤマクワガタ 〔ゴマノハグサ科／草本〕

- はこ　広島（高田）

ミヤマザクラ 〔バラ科／木本〕

- めじろざくら　中国　埼玉（秩父）
- めなしざくら　長野（上田）

ミヤマシキミ 〔ミカン科／木本〕

- あおきば　青森（西津軽）
- いずせんりょー　静岡（南伊豆）
- いぬまっこー　愛媛（面河）
- いぬまっこー（ツルシキミ）　愛媛（上浮穴）
- いわくさらし　三重（度会）
- おくがん　栃木（唐沢山）
- しきび　青森　静岡　愛知　岐阜　三重　和歌山　高知　愛媛　大分　熊本

しぎび　秋田（北秋田）
しきみ　青森　神奈川　和歌山　高知　愛媛　鹿児島
しちびばな　鹿児島（垂水）
じゃぶん　鹿児島（奄美大島）
すぎみ　青森（北津軽）
せんりょー　埼玉　神奈川
つるしきみ　高知（高岡）
におしきみ　高知（安芸）
びんちょのき　宮崎（西臼杵）
へいけかずら　愛媛（上浮穴）
へーけかずら（ツルシキミ）　愛媛（上浮穴）
ほとけだまし　愛媛（宇和島）
ほんしきび　三重（員弁）
ほんしきみ　大分（南海部）
みやましきび　静岡　三重　香川　高知　愛媛
みやましきび（ツルシキミ）　香川（香川）　高知
みやましきぶ　熊本（球磨）
みやましきみ　和歌山（伊都・有田）
みやませんりょー　静岡（南伊豆）
もんとしきび　三重　奈良
もんとしきみ　和歌山（北部・有田市）
やぶしきび　三重（北牟婁）
やまくさ　宮崎（西臼杵）
やましきび　高知（土佐）
やましきび（ツルシキミ）　香川（香川）　愛媛（上浮穴）　高知（土佐）
やましきみ　木曾　静岡（南伊豆）　高知
やましきみ（ツルシキミ）　高知
やまじんちょー　鹿児島（薩摩）
やませんりょー　栃木　静岡
やまたけ　鹿児島（甑島）
やままんりょー　栃木（安蘇・唐沢山）
やまりんちょー　肥前
ゆずりは　青森　岩手

ミヤマシグレ　〔スイカズラ科／木本〕
うつぎ　島根（簸川）
なべつし　鹿児島（肝属）

ミヤマタゴボウ　〔サクラソウ科／草本〕
ぎんれーか　和歌山

ミヤマトベラ　〔マメ科／木本〕
いしゃだおし　紀伊　肥後上益城郡
せんぶり　肥後

みつかし　紀州
やまにが　紀州
やまにがき　紀州

ミヤマナナカマド　〔バラ科／木本〕
おやまさんしょー　長野（木曾）
やまさいかち　秋田（北秋田）

ミヤマニガウリ　〔ウリ科／草本〕
すずなり　青森（津軽）
まめしじ　山形（西置賜）
やまからすうり　秋田（鹿角）

ミヤマノギク　〔キク科／草本〕
たからこー　岡山（苫田）

ミヤマハギ → マルバハギ

ミヤマハハソ　〔アワブキ科／木本〕
ひきのき　武州三峰山　埼玉（秩父）

ミヤマハンノキ　〔カバノキ科／木本〕
はんのき　東京（三宅島）

ミヤマフユイチゴ　〔バラ科／木本〕
まるばふゆいちご　和歌山（伊都・東牟婁）

ミヤマヨメナ　ミヤコワスレ　〔キク科／草本〕
びじんそー　島根（那賀・鹿足）

ミョウガ　〔ショウガ科／草本〕
あほ　滋賀*　京都*
あんご　三重*
さす　千葉*　千葉（香取）
たこーな　奈良（宇陀）
たこな　奈良*　和歌山*
たてり　兵庫*
どんごんす　東京*
ねが　鹿児島（奄美大島）
ばか　群馬*　埼玉*　東京*　神奈川*　長野
みやねこ　福井*
みょーがだけ　山形　島根（大原）
みょーがねこ　福井*
みよが　福島（相馬）
みよがんこ　鹿児島（曽於）
もがんこ　鹿児島*
やましょーが　宮崎*

ミル

ろーごんそー　鹿児島*

ミル　〔ミル科／藻〕
いそまつ　相模
たからまーち　沖縄（那覇）
びーり　沖縄（石垣島）
びーる　沖縄（首里）
びんこ　山形（西田川）

ムカゴイラクサ　〔イラクサ科／草本〕
かいくさ　秋田（鹿角）
しょくじゅぐさ　尾張

ムギ　〔イネ科／草本〕
うらけ　奈良
おばく　愛媛
つが　鹿児島（喜界島）
ばく　徳島

ムギラン　〔ラン科／草本〕
いぼらん　土州
まめらん　勢州

ムギワラギク　〔キク科／草本〕
かいがら　岩手（二戸）
かいざいく　長野（北佐久）
かさかさばな　山形（東村山・北村山）
かちゃかちゃばな　山形（村山）
からから　鹿児島（鹿児島）
からからそー　静岡（小笠）
がらがらばな　鹿児島（鹿児島）
がりがりそー　静岡（小笠）
かりかりばな　山形（東田川・飽海・庄内）
けぁから　岩手（二戸）
ぱりぱりそー　長野（北佐久）
むぎわらそー　岡山（岡山市）

ムクエノキ → ムクノキ

ムクゲ　〔アオイ科／木本〕
あぶらっき　静岡（志太）
あめふりばな　山形（飽海）
えんこのき　山口（美祢）
かきつばた　奥州
かきねつばき　山形（酒田市）
からくわ　丹波　京都（与謝）
きばち　奥州　常陸　上総　下総　山形（庄内）　千葉（長生）　長野（東筑摩）
きばちす　南部　仙台　千葉
くねつばき　山形
くねばな　山形（酒田市・飽海）
げばち　千葉（安房）
こーかい　岡山（真庭）
ごじんか　大分（大分市・人分）
ごりん　大分（大分）
ごりんか　大分
ごれんか　大分（大分市・大分）　鹿児島
ごんじ　大分（大分）
ごんじんぎ　大分（大分）
さるのき　山口（吉敷）
しゃぽんばな　山形（西田川）
しゃめのき　奈良（吉野）
しんだもんのき　大分（北海部）
ぞーげ　和歌山（田辺市・西牟婁）
たきな　山口（大津）
たまつばき　宮城（仙台市）
はぞす　岩手（上閉伊）
はちす　東国　茨城（新治）　群馬（佐波）　埼玉（川越）　東京（旧市内）　神奈川（愛甲・中）　長野
はながち　沖縄（島尻・首里）
ぶいっか　静岡（榛原）
ぶてんか　鹿児島（垂水市）
ふゆのき　島根（八束）
ぶりっか　静岡（志太）
ぶんぎ　奈良（吉野）
ぶんてんか　鹿児島（鹿児島市）
ぶんでんか　鹿児島（鹿児島市）
ぽけ　山口（都濃）
ぽてんか　九州　鹿児島（垂水市）
ぽんじー　大分
ぽんじぐ　宮崎（児湯）
ぽんちか　鹿児島（肝属・曽於）
ぽんつか　鹿児島（垂水市・肝属）
ぽんでっ　長崎（五島）
ぽんてんか　薩摩
ぽんでんか　薩摩　鹿児島
ぽんにちか　鹿児島（大隅）
むきのき　三重（志摩）
むく　和歌山（那賀・東牟婁）　山口（大島・玖珂）　熊本（天草）　大分
むくで　新潟（佐渡）　石川（金沢市）　徳島
むくてんのき　越後

むくのき　大分（大分市）
むくみ　大分（大分市）
むくろげ　山口（玖珂）
むくろじ　山口（玖珂）香川（三豊）
むくんき　大分（大分市）
もきのき　千葉（印旛）
もくで　新潟（刈羽）富山（射水）石川　福井
　　（坂井）
もくれん　佐賀（藤津）
もっき　常陸　下総　上総　福島（岩瀬）茨城
　　（東南部・真壁）群馬（山田）千葉
もっこく　島根（美濃）山口（玖珂・都濃）
もめら　山口（玖珂）
もれか　山口（熊毛）
もれんか　鹿児島（加世田市・川辺）
もんき　房総　秋田　千葉（山武）
もんきん　秋田（北秋田）
もんぜんばな　鹿児島（揖宿）

ムクノキ　　ムク，ムクエノキ　　〔ニレ科／木本〕

あまみのき　群馬（山田）
いじむこ　茨城（筑波山）
えのき　茨城　石川
おーいのみ　香川（伊吹島）
おーむく　香川（綾歌）
おーもく　香川（木田・綾歌）
おむく　静岡（遠江）
おむくえのみ　静岡（伊豆）
くいむく　福岡　岡山　愛媛
さとーまめのき　群馬（佐波）
とりもちのき　茨城（久慈）
なたくま　伊豆伊東
ねば　岡山（岡山市）
はーぐわーびんぎ　沖縄
はーぐわーぶんぎ　沖縄
はーごわーぶんぎ　沖縄
ほんもく　香川　香川（香川）
むくのき　静岡　高知　大分　鹿児島
むくむくのき　島根（石見）
むくろ　熊本（玉名）
むくろーじ　岡山
むくろみのき　長崎（平戸）
むくん　鹿児島
むこ　静岡（伊豆）
むく　静岡　福井　岡山　広島　島根
もくえ　神奈川（大磯）

もくのき　静岡　岡山　島根
もものき　群馬（多野）
よのみ　石川
るり　広島

ムクロジ　　　　　　　　　〔ムクロジ科／木本〕

きんかんむく　備前
きんきんむくら　佐賀（佐賀）
くろもじ　佐州
じく　高知（土佐）
じくのき　高知（幡多・高岡）
しゅーご　広島
ちりのき　高知（幡多）
つず　奥州　安芸　長門　周防
つずのき　山口（周防）
つぶ　京都　奈良（宇陀）和歌山　和歌山（西
　　牟婁）岡山（岡山市）愛媛（中部）
つぶのき　福井　和歌山（西牟婁）岡山　徳島
はくれんずっき　埼玉（入間）
はごえだま　山形（飽海）
ふくろじ　広島
むく　江戸　岡山（備前・備中）大分（北海部）
むくのき　静岡　兵庫　岡山　広島（比婆）
むくゆ　鹿児島　宮崎
むくゆのき　鹿児島（阿久根市・薩摩）
むくよ　熊本　宮崎　鹿児島
むくりゅ　宮崎（西諸県・東諸県・小林）鹿児
　　島（出水市）
むくりゅー　熊本　大分　宮崎　宮崎（児湯）
　　鹿児島
むくりゅーのき　熊本（球磨）
むくりゅのき　熊本　熊本（球磨）
むくりょー　宮崎（東諸県）
むくりょのき　宮崎（東臼杵・西臼杵・児湯）
むくるじ　大分（宇佐）
むくれんじ　群馬　千葉　静岡
むくれんじゅ　長野
むくれんしょー　静岡（伊豆）
むくろ　久留米　愛媛（南部）佐賀　長崎　熊
　　本（球磨）大分　宮崎　鹿児島（川辺・肝属）
むくろー　長崎（壱岐島）鹿児島（種子島）
むくろーじ　筑前　岡山（備前・備中）
むくろーのき　長崎（北高来・東彼杵）
むくろじ　奈良　兵庫　高知
むくろじゅ　岡山
むくろつぶ　和歌山（西牟婁・東牟婁）

むくのき　長崎（平戸）
むくろんじ　越後　江戸　静岡（伊豆・駿河）
むっくじ　沖縄
もくげじ　佐渡
もくゆ　鹿児島（鹿児島市）
もくよ　鹿児島（鹿児島市）
もくよのき　鹿児島（垂水市）
もくれんじ　秋田　栃木　群馬（佐波）　千葉（長生）　静岡
もくれんじゅ　長野
もくろ　鹿児島（鹿屋・指宿市）
もくろーじ　岡山
もくろじ　宮城　福井　島根　香川　愛媛
もくろで　山口（厚狭）
もくろのき　佐賀　宮崎
もくろんじ　埼玉　東京（三宅島）　静岡（伊豆）

ムサシアブミ　〔サトイモ科／草本〕
あんまじき　鹿児島（奄美大島）
いぬばし　鹿児島
いんばじ　鹿児島（大島）
おしゃかのお　長崎（壱岐島）
おしゃかのて　長崎（壱岐島）
おちゃせん　山口（阿武）
おへやさま　山口（阿武）
くちなわびしゃく　長崎（南高来）
くりこ　長崎（壱岐島）
ごぜみ　鹿児島（大島・中之島）
へそべ　宮崎（肝属）
へびしゃくし　宮崎（児湯）　鹿児島（国分市・甑島）
へびのしゃくし　鹿児島（国分市・薩摩）
へぶんまくら　鹿児島（薩摩・甑島）
むさしあぶみ　江戸　京
よもいも　鹿児島（肝属）

ムシカリ → オオカメノキ

ムシトリナデシコ　〔ナデシコ科／草本〕
ありとり　新潟
ありどり　新潟（長岡）
おどりこばな　兵庫（赤穂）
こざくらそー　新潟
こまちざくら　岩手（上閉伊）
こまちざくら　岩手（釜石）
こまつざくら　青森（八戸）　岩手
じゃんぽんばな　長野（北佐久）

ねぱねぱばな　山形（北村山・西田川）
はいとりなでしこ　青森（八戸・三戸）
はいとりばな　岩手（遠野）
はえとりぐさ　新潟（直江津）
はえとりそー　長野（北佐久）
むしとりぐさ　三重（宇治山田市）
むしとりそー　三重（伊勢）　岡山
むしとりばな　福島（相馬）
もっちばな　山形（鶴岡市・庄内）

ムシャリンドウ　〔シソ科／草本〕
せーらん　山城

ムツオレグサ　〔イネ科／草本〕
かにがしら　長州

ムベ　トキワアケビ　〔アケビ科／木本〕
うしのはなぐり　山口（厚狭）
うべ　高知（安芸）　鹿児島　鹿児島（日置・硫黄島）
うべかずら　高知（香美）
うんべかずら　鹿児島（鹿児島市・甑島）
きあけび　大分（宇佐）
きまんじゅー　奥州南部
ぐべのき　長崎（東彼杵）
ここびかずら　高知（幡多）
ここぶ　高知（幡多）
さるあけぶ　高知（安芸）
さるび　和歌山（東牟婁）
しょんべたご　三重
ずながっぽ　熊本（球磨）
すべ　徳島
たわらあけび　高知（幡多・高岡）
ときわあけび　和歌山（西牟婁）
ふえんべ　島根（隠岐島）
ふゆあけび　周防
ほんむべ　鹿児島　鹿児島（阿久根市）
もちあけび　高知
もちあけぶ　高知（安芸）
わたあけぼ　宮崎（西臼杵）

ムラサキ　〔ムラサキ科／草本〕
こむらさき　江戸
ねむらさき　江戸

ムラサキオモト　シキンラン　〔ツユクサ科／草本〕
ぐしょーばな　鹿児島（与論島）
びんがら　鹿児島（与論島）

ムラサキカタバミ　〔カタバミ科／草本〕
いそれんげ　和歌山（有田）
いねくさ　鹿児島（奄美大島）
おいてけそー　静岡（志太）
かたばみ　愛知（豊橋）
かなたくさ　和歌山（有田）
かめちょ　和歌山（有田）
かんかんぐさ　広島（三次）
くろばー　愛知（蒲郡）　岡山（小田）
しなれんげ　和歌山（有田）
すいすい　愛知（豊橋）　愛媛（西条）　宮崎（延岡）
すいすいこんぼ　三重　愛媛（宇和島・東宇和・北宇和）
すいっちょ　愛媛（西条）
すいっぱ　静岡（浜名）　岐阜（揖斐）　大分（大分・速見）
すいば　山口（熊毛）
すいばな　和歌山（有田）
ちょーせんくさ　愛媛（西宇和）
つりがねそー　鹿児島（薩摩・甑島）
てってやくさ　長崎（北松浦）
なぜくさ　鹿児島（大島・徳之島）
はなかたばみ　千葉（君津）
はやりくさ　愛媛（西宇和）
ひゃくしょーたわし　長崎（北松浦）
みつば　愛知（渥美）
むぎめし　山口（萩）
むぎめしばな　山口（萩市）
やはたぐさ　沖縄（石垣島）
やふぁたぐさ　沖縄（首里）
やまとさくさ　三重（多気）
やまとやぐさ　三重（宇治山田市）
やわたそー　鹿児島（奄美大島）
よこはまそー　鹿児島（薩摩・甑島）
よつば　千葉（安房）
らっぱぐさ　和歌山（有田）
らっぱそー　鹿児島（鹿児島市）
わるぐさ　和歌山（有田）
わるさくさ　和歌山（有田）

ムラサキギボウシ　〔ユリ科／草本〕
うない　野州

ムラサキケマン　〔ケシ科／草本〕
あめふりばな　山形（鶴岡市・飽海）
かじばな　山形（東田川）　新潟（刈羽）
かじやけばな　山形（北村山）
きつねのちゃぶくろ　筑後
きつねのにんじん　福島（相馬）
くさにんじん　新潟（刈羽）
けんけばな　山形（東田川）
じぞーのまめ　越後
ちんぼぐさ　群馬（多野）
ねこのくそばな　山形（飽海）
ふじぼたん　山形
へーびのおかーさん　長野（佐久）
へびのおかーさん　長野（佐久）
へびまくら　信州
やぶけまん　三重
やぶぜり　江州
やぶにんじん　江州

ムラサキシキブ　ミムラサキ　〔クマツヅラ科／木本〕
あなめ　福井（足羽）
あわのき　青森　岩手
いぬしん　鹿児島（肝属・垂水）
えんきっき　栃木（塩谷）
おーこめごめ　高知（長岡・土佐）
おとこじみ　鹿児島（国分市）
おむろうつき　近江国坂田郡
かさやなぎ　栃木（秩父）
かしうつぎ　長野（上水内）
がじゃしば　青森
かなまさり　岩手（東磐井）
かなもと　千葉（市原）
かなもとぎ　千葉（印旛）
かなもどき　千葉（鋸山）
かなもどり　千葉（清澄山）
かまこらし　高知（土佐）
かまたたず　高知（土佐）
ぐんぐんだま　東京（三宅島）
こうめのき　茨城（太田）
こごめ　三重　香川
こごめぎ　高知（土佐・幡多）
こごめぐさ　青森（津軽）
こごめざくら　徳島（美馬）
こごめぬぎ　山形（北村山）
こごめのき　福島（双葉）　高知（高岡・幡多）
ごまごまのき　鹿児島（甑島）

ムラサキセンブリ

こまごめ　群馬（山田）　千葉（成田）
こむらさき　京都
こめうつぎ　紀伊　長野　三重
こめぎ　秋田　高知
こめご　茨城（大子）
こめこのき　岩手（東磐井）
こめごめ　木曾　岩手　宮城　山形　山形（東田川）　埼玉　神奈川　新潟　石川　福井　長野　長野（佐久）　岐阜　静岡　愛知　三重　徳島　徳島（海部）　香川　香川（香川）　愛媛　愛媛（宇摩）　高知　鹿児島（種子島）
ごめごめ　新潟（佐渡）　三重　兵庫　和歌山　鹿児島（肝属・甑島・硫黄島）
こめごめそー　高知（土佐）
こめごめのき　越後
こめぬぎ　岩手
こめのき　青森（津軽）　岩手　宮城　秋田　茨城　山梨（北都留）　長野（北安曇）　岐阜　静岡　愛知
こめのぎ　青森　秋田
ごめのき　鹿児島（硫黄島）
こめまーま　鹿児島（中之島）
こめやなぎ　青森（津軽）
ごんごめ　東京（御蔵島）
ざっとのぼー　静岡（賀茂・南伊豆）
ざとーずえ　静岡（賀茂・南伊豆）
ざとーのき　静岡（賀茂・南伊豆）
ざとーぼー　静岡（賀茂・南伊豆）
しだよー　東京（八丈島）
しぶとぎ　岐阜（揖斐）
じみのき　鹿児島（長島）
しらはし　東京（三宅島）
しらはし（オオシロシキブ）　東京（三宅島）
しろうつぎ　三重（員弁）　大分（南海部）　長崎（対馬）
しろうつげ　愛媛（新居）
しろごめごめ　新潟（佐渡）
しろじみ　熊本（球磨）
しろとーすみ　高知（幡多）
しんぎ　鹿児島（屋久島）
ずずのき　東京（三宅島）
ずんぼうつぎ　山口（佐波）
たにうつげ　高知（土佐）
たにくさらし　高知（幡多・土佐）
つきだし　鹿児島（屋久島）
つげ　愛媛（上浮穴）

とーしみ　島根（石見）
とーずみ　高知（土佐）
とねり　千葉（大多喜）
とりのみ　鹿児島（屋久島）
ななえ　宮城
なまい　奥州　埼玉（秩父）
なまえ　宮城　埼玉　埼玉（秩父）　長野
なまえのき　宮城　福島
なめー　埼玉（秩父）
なんきんだまのき　埼玉
なんめいら　栃木（日光）
にしこーり　青森　岩手　宮城
にしこり　青森　秋田　秋田（南秋田・鹿角）
ねりそ　熊本
のみずか　青森　岩手　秋田（北秋田・南秋田）
のみずが　秋田（南秋田・北秋田）
のみつか　青森　秋田
のみつが　青森
はしぎ　青森　岩手　宮城　東京（八丈島）
はしぎのみ　東京（三宅島）
はしのき　山形（庄内）　東京（八丈島）
はしのみ　東京（三宅島）
はんたんぐいちい　沖縄（与那国島）
ひもみ　木曾
ぶしょーのき　長崎（壱岐）
まつだんご　東京（大島）
みむらさき　播磨　高知（幡多・土佐）
みやまうつぎ　愛媛（上浮穴）
むらさきしぶれん　奈良（吉野）
めーめーのき　鹿児島（屋久島）
めくらこめごめ　群馬（利根）
めくらこめのき　岩手（下閉伊）
めじろのき　東京
やまうつぎ　秋田（仙北・山本）
やまこめ　岩手
やまごめ　岩手（岩手）
やまこめのき　秋田（鹿角・男鹿）
やまむらさき　秋田
ゆみぎ　三重（尾鷲）

ムラサキセンブリ　〔リンドウ科／草本〕

うまnone せんぶり　鹿児島（始良）

ムラサキタンポポ → センボンヤリ

ムラサキツメクサ　アカツメクサ　〔マメ科／草本〕

あかうまこやし　岩手（二戸）

あかほくさ　長野（佐久）
あかもくしゅく　島根（邇摩）
うまごやし　新潟（西蒲原）　静岡（志太）　島根（美濃）　徳島
くろばー　和歌山（日高）
しりょーぐさ　長野（北佐久）
ちょーせんれんげ　愛媛（周桑）
みつば　青森
みっぱ　青森　長野（北安曇）

ムラサキツユクサ　〔ツユクサ科／草本〕
いんき　群馬（勢多）
いんきばな　岩手（九戸）　秋田（南秋田）　長野（佐久）
いんくぐさ　長野（佐久）
かやききょー　山形（東田川）
かるかやそー　長野（北佐久）
じゅずだまのき　長野（北佐久）
すずはな　奈良（南大和）
とんぼぐさ　栃木

ムレスズメ　〔マメ科／木本〕
うぐいすかぐら　木曾
うぐいすぼく　長野（北佐久）

ムロ → ネズミサシ
メイゲツカエデ → ハウチワカエデ
メガルカヤ　〔イネ科／草本〕
かねかや　熊本（玉名）
かや　長野（佐久）
かるかや　鹿児島（川内）
きつねかや　長野（下水内）
きつねがや　長野（北佐久）
とっぽ　鹿児島（国分市）
どっぽ　鹿児島（国分市）
とっぽー　鹿児島（国分市）
どっぽー　鹿児島（国分市）
ぽんばな　福島（東白川）

メギ　コトリトマラズ　〔メギ科／木本〕
いばらえんじ　和歌山（日高）
いろき　青森（上北）
えんじ　和歌山（日高）
かこぎ　和歌山（日高）
かししぼりしば　青森（南津軽）
かなきばら　千葉（鋸山）

きんざんしょー　高知（安芸・香美）
こがねえんじゅ　紀伊　三重（南部）　和歌山
こがねぎ　高知（土佐）
こがねざんしょー　愛媛（宇摩）　高知（土佐）
こがねず　徳島（美馬）　高知（長岡）
こがねんず　高知（土佐）
こごめざんしょー　高知（土佐）
ことりすわらず　勢州　三重（伊勢）
ことりとまらず　勢州　栃木　千葉　三重　和歌山　高知（吾川）
こわた　周防
さわばら　茨城（高萩）
しょーき　青森
とりことまらず　青森（三戸）　岩手（盛岡市）
とりとまらず　青森　岩手　宮城（登米）　福島　富山　長野（佐久）　岐阜　静岡　滋賀　広島（比婆）　徳島　香川（大川・香川）　愛媛（上浮穴）　高知（長岡）
にっけーいばら　能州
ねぎばら　神奈川（津久井）　山梨　静岡
ねずみばら　千葉　長野（佐久）
はがけばら　福島（相馬）
はきしば　青森　岩手
はったんばら　上州三峰山　埼玉（秩父）
はりえんじゅ　奈良（吉野）
はりぼく　青森（上北）
みょーき　青森
みょーこ　青森
めぎ　青森　栃木　群馬
めぎばら　静岡（南伊豆）
めぐい　雲州
めっき　新潟（佐渡）
めのき　長野（上水内）
めんぎ　千葉（清澄山）
めんぎばら　千葉（清澄山）
やなぎばら　千葉（鋸山）

メキャベツ　コモチカンラン　〔アブラナ科／草本〕
おやこかんらん　新潟*　宮崎*
こかんらん　熊本*
こだからかんらん　大分*
こもちたまな　青森*　岩手*　宮城*　秋田*　山形*　福島*　栃木*　富山*　長野*

メグスリノキ　〔カエデ科／木本〕
あかっぱな　群馬（利根）

メタカラコウ

あまがきいたや　宮城（伊具）
あまくき　福島（二本松）
あまごきいたや　宮城（刈田）
いしっぴゃーた　埼玉（入間）
いしひゃーた　埼玉（入間）
おのでっぱな　群馬（利根）
かたしおばな　群馬（利根）
かまねぶ　埼玉（秩父）山梨
こちょーのき　熊本
しぶきょいたや　新潟（西頸城）
せみのき　肥後
ちょーじゃのき　陸前　羽前　宮城　山形　福島
とりあし　福井（三方）
とりなし　愛媛（上浮穴・面河）
はな　群馬（利根）
みつば　栃木　埼玉　埼玉（秩父）神奈川
みつはいた　甲州
みつばかえで　埼玉（秩父）山梨（西八代・本栖）静岡（周智）
みつばっぱな　群馬（利根）
みつばな　山梨（東山梨）
みつばばな　栃木（日光市）新潟（中越）
みつばもみじ　埼玉（秩父）
みねたにぐさ　滋賀（坂田）
もみじ　埼玉（秩父）
やましば　宮城（柴田）

メタカラコウ　〔キク科／草本〕

くわたいな　岩手（二戸）
ぼな　岩手（二戸）
ぼんな　岩手（二戸）

メダケ　〔イネ科／木本〕

おなごだけ　福井（今立）兵庫（加古）和歌山　島根　岡山（小田）高知（幡多）長崎（東彼杵）熊本（玉名）
おんなだけ　静岡（志太）
くれたけ　肥前長崎
こーたけ　島根（石見）
しのべ　奈良（南大和）高知（土佐）
しばだけ　島根（隠岐島）
だいみょーだけ　盛岡
ないたけ　伊豆
ないだけ　鹿児島（鹿児島市）
なえたけ　鹿児島（肝属）
なやたけ　千葉（東葛飾）

なよたけ　伊豆
なよだけ　和歌山（日高）
なるたけ　香川（綾歌）
にがくだけ　熊本（芦北・八代市）
にがこ　島根（隠岐島・能義）
にがこだけ　静岡　愛知（知多）
にがざさ　鹿児島（加世田市）
にがじ　山口（厚狭）
にがじたけ　熊本（下益城）
にがたけ　山形（西田川）和歌山　島根　高知（幡多・高岡）宮崎（東諸県）鹿児島
にがに　静岡
にがまだけ　久留米　熊本（玉名）
にょーばーたけ　島根（仁多・隠岐島）
にょばたけ　島根（出雲）
のじの　群馬（佐波）
まな　岐阜
まなざさ　山口（厚狭）
まねだけ　岐阜（郡上）島根（石見）
みがたけ　長野（更級）
やじの　群馬（佐波）

メダラ → タラノキ

メドハギ　〔マメ科／草本〕

あさがらはし　長崎（北松浦）
いぬとりぎ　新潟（佐渡）
いんとりき　新潟（佐渡）
おとこはぎ　佐渡
かくし　徳島
からよもぎ　勢州
かわはぎ　長野（下高井）愛媛（新居）
かわやなぎ　岡山（上房）
きじかくし　埼玉（秩父）
きのこつなぎ　青森
くさはぎ　新潟
こーぼー　山口（厚狭）
こはぎ　木曾
さしよもぎ　備前
さわさわぐさ　木曾
しょーりょーばし　鹿児島（奄美大島）
しょーろはし　長崎（北松浦）
しょろさまのはし　宮崎（西諸県）
しょろどんのはし　鹿児島（鹿屋市・薩摩・曽於・日置）
しょろのはし　鹿児島（薩摩・加世田・日置）
じょろはぎ　周防

しょろばし　鹿児島（奄美大島）
しょろんのはし　鹿児島（川辺）
そーはぎ　鹿児島（肝属・垂水）
そーろーばー　沖縄（国頭）
そーろーはーじ　沖縄（島尻）
そーろーめーし　沖縄（本島）
そーろんはし　沖縄（八重山）
ねごはぎ　山形（北村山）
ねんどー　群馬　京都
のこぎりば　越前
のはぎ　山形（東田川）　和歌山（有田）
のぽーき　周防
はが　鹿児島（徳之島・大島）
はさみくさ　兵庫（津名）
はつのこ　鹿児島（鹿児島）
はっのこ　鹿児島（肝属）
はん　鹿児島（揖宿）
ほーきぐさ　長野（北佐久）　沖縄
みずはぎ　新潟　和歌山（新宮市）
みそはぎ　埼玉（秩父）
みぞはぎ　岡山
みどはぎ　和歌山（新宮）
めだはぎ　島根（美濃）
めどー　熊本（玉名）
めはぎ　和歌山（日高）
めんどー　長州　佐賀（東松浦）　長崎（壱岐島）
やまくさ　近江
やまぽーき　周防
れんどー　長州

メナモミ　　　　　　　　　〔キク科／草本〕
あきぽこり　石州　島根（石見）
いしもち　勢州
おなもみ　武蔵　筑前
がんこぇ　福島（相馬）
がんこじ　福島（相馬）
がんどのやり　近江坂田
きちげー　長崎（壱岐島）
くんしょー　山口（厚狭）
けめなもみ　和歌山（西牟婁）
こんき　千葉（東金）
なめそ　千葉（夷隅）
なもみ　青森（八戸）　岩手（二戸）
ねこのかいもち　長門
のえび　長門　周防
ばか　岩手（東磐井）　新潟（中蒲原）

はながら　岩手（二戸）
ほれぐさ　青森　岩手　秋田　福島（相馬）

メノマンネングサ　　　〔ベンケイソウ科／草本〕
あまのすてぐさ　常陸真壁郡　周防
いちりくさ　津軽
いつまでぐさ　長州
いみりぐさ　豊前　豊後
からくさ　江州守山
こごめぐさ　周防　勢州
こまのつめ　勢州
たかのつめ　静岡（小笠）　岡山（苫田）
つめきりそー（タイトゴメ）　山口（厚狭）
てんじんのすてぐさ　芸州
なげぐさ　越後
ねなしくさ　勢州
のびきやし（タイトゴメ）　長崎（壱岐島）
のぶくさ（タイトゴメ）　長崎（北松浦）
はままつ　播州
ふゆくさ　秋田
ほとけぐさ　勢州度会郡神前

メハジキ　　　　　　　　　〔シソ科／草本〕
うしよもぎ　伊豆八丈島
めつっぱい　鹿児島（肝属）
やぐさ　新潟（佐渡）
やくもそー　静岡　和歌山（西牟婁）　鹿児島（徳之島）

メヒシバ　　　　　　　　　〔イネ科／草本〕
あきぽこり　雲州　青森（津軽）　岩手（紫波）　秋田（北秋田・鹿角）　奈良
あきんぽこり　秋田（鹿角）
あこぽこり　秋田（北秋田）
いちござし　備後
うまのおっぱ　山形（東田川）
えんびえ　岡山（上道）
おこたち　熊本（玉名）
おことし　福岡（八女）
おとこし　福岡（八女）
おなごすもーとり　岡山（岡山市）
おなごすもとり　岡山（岡山市）
がーぎな　鹿児島（与論島）
がーぎにゃ　鹿児島（与論島）
がいな　和歌山（東牟婁）
がぎな　沖縄（宮古島）

メヒルギ

がぎにゃ　鹿児島（沖永良部島）
かげくさ　兵庫（津名・淡路島）　島根（美濃）　山口（厚狭）
かげぐさ　兵庫（津名・三原）　島根（美濃）
かさ　静岡（富士）
かさぐさ　新潟（燕市）
かやつりぐさ　京都
からくさ　長崎（北松浦）
かんざし　岡山（児島）
かんざしぐさ　三重（阿山・宇治山田市・伊勢）
かんざしそー　福井（今立）　京都（何鹿）
かんざしばな　新潟（刈羽）
こーもり　長野（下伊那）　静岡（富士）
こーもりぐさ　長野（北佐久・下伊那）　静岡（富士）
こぞーころし　備後
こもりくさ　長野（飯田・更級・南佐久・北佐久）
しじばり　新潟（佐渡）
じしばり　備前　島根（邑智）
しば　千葉（山武）
しらくさ　長野（更級）　長崎（南松浦・五島）
じんば　千葉（安房）
すもーぐさ　仙台　長野（北佐久）
すもーとりくさ　長野（上田）
すもーとりぐさ　宮城（登米）　長野（佐久）
すもとりぐさ　仙台　山形　新潟（西蒲原・西頸城）　長野（下水内・更級）　大阪（大阪市）　鳥取（気高）　高知（土佐）　福岡（小倉市）
すもとりばな　山形（庄内）
すもんとりぐさ　大阪（大阪市）
そーめん　群馬（山田）
そーめんぐさ　新潟（刈羽・佐渡）
たけひしば　石州
たけひしわ　石見
たねほとくい　鹿児島（垂水）
たねほとくい　鹿児島（肝属）
ちゅーな　木曾　長野（下伊那・飯田）
ちょーちんぐさ　新潟（南蒲原）
ちょーなぐさ　長野（東筑摩）
とーげ　新潟（佐渡）
とーげぐさ　新潟（佐渡）
ところてんぐさ　淡路州
とのはんのこしかけぐさ　山形（東田川）
とんぼぐさ　新潟（新潟）
にたかり　愛媛
ねばりくさ　新潟（西蒲原）

はかりぐさ　長野（佐久）
はぐさ　山形（北村山）　栃木　群馬（山田）　神奈川（足柄上・川崎）　新潟（刈羽・西蒲原）　長野（佐久・上田・下水内）
はたかり　山口（大島）　愛媛
はたかりぐさ　高知（幡多）　愛媛（新居・周桑）
はだかりくさ　山形（庄内）
はんくさ　山形（東田川）
ひー　新潟（佐渡）
ひーぽーき　新潟（佐渡）
ひがさぐさ　山形（酒田市・飽海）
ひがさばな　山形（酒田市・飽海）
ひじら　鳥取（気高）
ひじわ　島根（江津市）　岡山（御津・邑久・上道）
ふじはい　雲州　島根（能義）
ほーきぐさ　山形（東村山・鶴岡市）
ほーとり　和歌山（西牟婁）
ほーとりぐさ　和歌山（東牟婁）
ほとくい　鹿児島（鹿児島・国分・川内・加世田・出水・姶良・薩摩・肝属・川辺・熊毛）
ほとくさ　雲州
ほとくり　香川（中部）　熊本（菊池）　大分（大分市・佐伯）　宮崎（西臼杵・児湯）　鹿児島（加世田・国分・熊毛）
ほとぐり　熊本（八代）
ほとくる　熊本（菊池）
ほとぐる　熊本（菊池）
ほとくろ　鹿児島　鹿児島（肝属・川辺・揖宿）
ほとり　和歌山　和歌山（海草）
ぼんぼり　秋田（北秋田）
まがりそー　秋田
まくさ　香川
めじは　薩州
めんひえ　岡山（御津）
やつくさ　埼玉（秩父）
やつまた　讃岐　雲州
よばいぐさ　香川（東部）
よばいずる　奈良（南大和）
よべくさ　千葉（館山）
よめはんぐさ　香川（中部）
よわぐさ　和歌山（日高）

メヒルギ　リュウキュウコウガイ　〔ヒルギ科／木本〕
うしのつののき　鹿児島（揖宿）
がらすこげ　鹿児島（揖宿）
こげのき　鹿児島（揖宿）

じゅきゅじんこげ　鹿児島（揖宿）

モウセンゴケ　　　〔モウセンゴケ科／草本〕
いしもち　岐阜（恵那）
ねこげ　秋田（平鹿）
はいとりそー　岡山
はえとりぐさ　岡山（御津・真庭）　山口（厚狭）
むしすいぐさ　愛媛（周桑）
むしとりぐさ　秋田（北秋田）　長野（佐久）

モウソウチク　　　〔イネ科／木本〕
からもそ　宮崎（東諸県）

モウリンカ → マツリカ
モガシ → ホルトノキ
モクゲンジ　センダンバノボダイジュ
　　　　　　　　　　〔ムクロジ科／木本〕
すくも　長州
ぼだい　長野（北佐久）

モグサ → ヨモギ
モクセイ　　　〔モクセイ科／木本〕
きーは　沖縄
せんりっこ　和歌山（新宮市）

モクタチバナ　　　〔ヤブコウジ科／木本〕
あくち　鹿児島（奄美大島・硫黄島・中之島）
あくちのき　鹿児島（悪石島）
あくちゃー　鹿児島（喜界島）
だごじろ　鹿児島（肝属）
へーばちのき　高知（幡多）
んずし　沖縄（国頭）

モクマオウ　　　〔モクマオウ科／木本〕
べーまつ　鹿児島（奄美大島）

モクレイシ　　　〔ニシキギ科／木本〕
はまもち　薩摩
ふちまぎ　沖縄（国頭）
めーぶ　鹿児島（悪石島）
もちのき　伊豆熱海

モクレン　　　〔モクレン科／木本〕
あかくぶし　岐阜（北飛騨）
うーまのした　富山（砺波）
うばざくら　岩手（九戸）

うまのべろ　群馬（佐波）
かまさき　伊豆八丈島
こぶし　島根
さくら　岩手（九戸）
たうちざくら　青森
ちちでよ　近江
つたかずら　伊豆八丈島
なすびばな　鹿児島（種子島）
はじし　岩手（九戸）
べろばな　岐阜
まさき　伊豆大島
まんじゅばな　鹿児島（肝属）
むくれぎ　山形（北村山）
もくれんげ　佐渡　山形
もくれんず　山形（北村山）
れんげ　奈良（南大和）

モジズリ → ネジバナ
モズク　　　〔モズク科／藻〕
うごも　青森
しぬり　沖縄（首里）
もーそく　京都

モチツツジ　　　〔ツツジ科／木本〕
あめつつじ　和歌山（日高）
つちんじょ　和歌山（北部）
ひげつつじ　徳島（海部）
ひっつき　和歌山（新宮市・東牟婁）
ひっつきつつじ　和歌山（新宮市・東牟婁）
みみごつつじ　和歌山（南部）
むしとりつつじ　静岡（賀茂）
やまんばのはな　島根（隠岐島）

モチノキ　　　〔モチノキ科／木本〕
あおもち　高知（安芸）
あかまめのき　福岡（八女）
あけしば　伊豆
あさし　沖縄（石垣島・鳩間島）
あさつてき　沖縄（与那国島）
いすもち　宮崎　鹿児島（屋久島）
いすやんもち　鹿児島（肝属）
いぬもーち　三重（熊野）
いぬもち　静岡（南伊豆）　三重　奈良　高知
いぬもちのき　静岡（東遠）
えぞもち　奈良（吉野）
おながやんもち　鹿児島＊

おなごやんもち　鹿児島（肝属）
くろぎ　城州
ことりもち　高知（幡多・安芸）　大分
こばもーち　三重（尾鷲）
こばもち　和歌山（東牟婁）
さなのき　高知（高岡）
しろもち　静岡（南伊豆）　東京（御蔵島・八丈島）
せんだいもち　福井（越前）
とりもち　九州　愛媛　福岡
とりもちのき　静岡　山口（厚狭）　愛媛　福岡
　　（八女）　佐賀　長崎　熊本（玉名）　大分（宇佐）
はともち　静岡　静岡（遠江）
はまかし　鹿児島（喜界島）
びんか　静岡（伊豆）
ふくら　和歌山（西牟婁）
ふくらせ　岡山（岡山市）
ふくらそ　三重（三重）
ふくらもち　三重
ほんもち　静岡　高知
むしにあさし　沖縄（石垣島）
むっちゃぎ　沖縄
もーち　紀州
もーちのき　静岡　三重　和歌山
もち　茨城　東京（大島）　静岡　富山　和歌山　鳥取　島根　高知　大分
もちい　静岡
もちいのき　静岡
もちなし　鹿児島（奄美大島）
もちのき　東京（八丈島）　高知
やまつげ　鹿児島（垂水市）
やんむちぎー　沖縄
やんもち　熊本（八代）　宮崎（東諸県）　鹿児島
やんもちのき　宮崎　熊本　鹿児島
ゆすもち　熊本（球磨）　鹿児島（肝属）
ゆすやんもち　鹿児島（大口）

モッコク　〔ツバキ科／木本〕
あかぎ　宮崎　鹿児島
あかとべら　長崎（壱岐）
あかのき　鹿児島（出水・長島）
あかみ　伊豆八丈島　東京（八丈島）
あかみのき　伊豆八丈島　東京（八丈島）
あかめ　東京（八丈島）
あかもも　鹿児島（中之島・悪石島・奄美大島）　トカラ列島
いーく　沖縄（首里）

いーず　沖縄（与那国島）
いく　沖縄（国頭）
くろつた　千葉（清澄山）
さいま　東京（八丈島）
たまつばき　新潟（佐渡）
はゆす　鹿児島（奄美大島）
ぶっぷ　長崎（南松浦）　鹿児島（出水）
ぶっぷいす　宮崎（西諸県）　鹿児島（肝属）
ぶっぽ　鹿児島（川内市）
ぶっぽー　鹿児島（大口・肝属）
ぶっぽーのき　熊本（球磨）
ぶっぽーゆす　熊本　宮崎（西諸県）
ぶっぽのき　宮崎（西諸県）　鹿児島（出水）
ぶふ　鹿児島（肝属・垂水）
ぶふー　鹿児島（中之島）
ぶふのき　鹿児島（肝属）
ほーずき　愛媛（東部・周桑）
ぽーぽゆす　宮崎（南那珂）　鹿児島（姶良）
ぽっく　鹿児島
ぽっぷ　宮崎　鹿児島（薩摩）
ぽっぷゆす　宮崎
ぽっぽー　日州　宮崎（児湯）
ぽっぽゆす　宮崎　鹿児島
ぽっぽゆす　宮崎
ほほずき　愛媛（周桑）
むほー　宮崎（西諸県）
もっこく　静岡　三重　和歌山　大分　宮崎　熊本　鹿児島
もっぽー　鹿児島（薩摩）
もていす　宮崎（児湯）
もほー　鹿児島（屋久島・熊毛）　宮崎（西諸県・小林）
やまあくちぎ　鹿児島（奄美大島）

モミ　〔マツ科／木本〕
あかもみ　大分（日田）
おじーもみ　愛媛（面河）
がんぎ　和歌山（日高）
くろもみ　群馬（勢多）
さな　高知（高岡・幡多）
さなき　高知
さなのき　高知（高岡・幡多）
とーもみ　広島
とが　富山　石川　福井
とがまつ　新潟（佐渡）
としよりもみ　愛媛（面河）

とんびのき　滋賀（彦根）
ほんもみ　埼玉　岐阜　愛媛（面河・上浮穴）
みずもみ　大分（日田）
もみ　岩手　宮城　栃木　三重　奈良　大分　宮崎
もみそ　甲州富士山　宮城　栃木　群馬（多野・甘楽）　埼玉　千葉（君津・安房）　東京（南多摩）　神奈川（愛甲・津久井）　山梨（南巨摩）　長野　静岡
もみそのき　長野（佐久）
もみつ　宮城
もみのき　山形　岐阜
もん　島根（出雲）

モミジアオイ　〔アオイ科／草本〕
とうあさ　千葉（柏）

モミジイチゴ　〔バラ科／木本〕
あおまきいちご　三重（飯南）
あずきいちご　埼玉（三峰山）
あまーきいちご　山梨（北都留）
あわいちご　青森　茨城　群馬　埼玉　石川　長野　岐阜　愛知　三重　兵庫　奈良　和歌山　和歌山（伊都・有田）　熊本（玉名）
あわいちごばら　愛媛（上浮穴）
あわまきいちご　神奈川　山梨
いちご　青森　山梨　三重　和歌山　高知　愛媛
いちごいばら　秋田（南秋田）　和歌山（東牟婁）
いばらいちご　三重（志摩・尾鷲）
えずごばら　秋田（南秋田）
えちご　青森（北津軽）
おごんえちご　岩手（釜石）
おさがりいちご　愛媛（周桑）
おたうえいちご　静岡（駿河）
かないちご　三重（北牟婁）　奈良（吉野）
かばいちご　山梨（本栖）
きいちご　岩手　山形（北村山）　栃木　群馬　埼玉　東京　静岡　長野　長野（佐久）　福井　三重　和歌山　岡山　高知　愛媛　福岡　大分　熊本　鹿児島
きいちんご　熊本（芦北）
きいっご　鹿児島
きいろいちご　岩手（和賀）
きえずご　岩手（釜石）
きないちご　和歌山　熊本
くさたれいちご　熊本（天草）
ぐみ　栃木（塩谷）

ごがついちご　秋田（鹿角）　三重（伊賀）
ごがつえちご　秋田（鹿角）
ごげついちご　青森（上北）
さがりいちご　青森　埼玉　埼玉（秩父）　新潟　新潟（佐渡）　富山　石川　福井　静岡　静岡（磐田）　愛知　愛知（東三河）　奈良　島根　山口　愛媛　高知
さがりこばら　香川（大川）
さがりばな　高知（香美）
さがりまめ　愛媛（宇摩）
さがりまめいちご　香川（香川）
ささいちご　長野（下伊那）
さつきいちご　秋田（北秋田・仙北）　新潟　福井　福井（今立）
さつきえちご　秋田（北秋田・仙北）
さるえずご　秋田（北秋田）
さわいずご　秋田（仙北）
さんがりいちご　島根（美濃・益田市）　和歌山　山口
しおいっご　鹿児島（川辺）
せついちご　三重（一志）
たうえいちご　和歌山（東牟婁）
とーいちご　高知（高岡）
とのさまいちご　和歌山（有田）
とのさんいちご　和歌山（有田）
ながせいちご　高知（安芸）
なしろいちご　高知（幡多）
なついちご　岩手
なわしろいちご　山梨　三重　高知　宮崎
はないちご　高知（幡多）
ばらいちご　千葉　長野　静岡（南伊豆）
ほーくろいちご　静岡（南伊豆）　三重
ほーろくぐみ　三重（度会）
ほごいちご　島根（鹿足）
ほほろいちご　岡山
まいちご　木曾
まめいちご　埼玉（秩父）
むぎいちご　香川（大川・綾歌）
もずいずご　秋田（河辺）
やまいちご　栃木　新潟　静岡　福井　三重　和歌山（日高）
やまぶきいちご　徳島（那賀）
やまほーずき　新潟（佐渡）
わせいちご　石川（能登）

モミジガサ　シトギ, モミジソウ　〔キク科／草本〕
うどぶき　新潟
きのした　埼玉（秩父）
しとき　福島（安達）
しどき　秋田　山形
しどきな　山形（西置賜・西田川）
しとけ　奥州　野州
しとげ　青森（上北）
しどけ　青森（三戸）岩手（上閉伊）宮城（仙台市）秋田　山形　福島（安達）
しどけな　山形（西田川）
しんどき　山形（飽海）
しんどけな　山形（西田川）
すどけ　岩手（上閉伊）宮城（栗原）山形（東村山）
そばな　木曾
たにこさず　東京御蔵島
ちょぼな　島根（仁多）
とーきち　木曾　濃州　埼玉（秩父）
とーきちろー　群馬（尾瀬）
むこにがし　周防
もみじぐさ　静岡（富士）
もみじそー　和歌山
やぶきり　駿州
わたな　大和吉野郡

モミジカラスウリ　〔ウリ科／草本〕
うるね　和歌山（東牟婁）
からすぐり　宮崎（西臼杵）
こーべ　宮崎（東臼杵）
ごーり　熊本（八代）

モミジコウモリ　〔キク科／草本〕
そらし　鹿児島（肝属）
そらで　鹿児島（肝属）

モミジソウ → モミジガサ

モミジハグマ　〔キク科／草本〕
きのした　富山（東礪波）
すどけ　山形（中部）

モメンヅル　ヤワラグサ　〔マメ科／草本〕
つるおーぎ　伊豆八丈島
もめんずる　和歌山（伊都）

モモ　〔バラ科／木本〕
かたいしもも（ツバイモモ）福岡＊佐賀＊
かたしもも（ツバイモモ）島根＊山口＊長崎＊熊本＊宮崎＊鹿児島＊
かたせもも（ツバイモモ）山口＊
かたちもも（ツバイモモ）広島＊長崎＊
かてしもも（ツバイモモ）長崎（壱岐島）鹿児島
きど　長野（長野市・上水内）
きもも　富山＊
けなしもも（ツバイモモ）山形＊埼玉＊石川＊福井＊山梨＊岡山＊宮崎＊
けもも　青森＊埼玉＊新潟＊富山（砺波）石川＊福井＊長野（更級・佐久）岐阜（飛騨）京都　和歌山（和歌山）
じべ（ツバイモモ）秋田（山本）
じもも（ツバイモモ）青森＊
じんべ（ツバイモモ）秋田（秋田市）
ずいべもも（ツバイモモ）福島＊
すばいもも（ツバイモモ）岩手＊宮城＊山形＊福島＊兵庫＊
ずばいもも（ツバイモモ）青森＊山形＊
ずびぁこ（ツバイモモ）秋田＊
すびや（ツバイモモ）秋田＊
ずべーもも（ツバイモモ）秋田＊
ずべもも（ツバイモモ）長野＊
ずんばい（ツバイモモ）岩手（上閉伊）
ずんばいもも（ツバイモモ）仙台　岩手＊秋田＊山形＊福島＊
ずんばいもんも（ツバイモモ）福島＊
ずんべ（ツバイモモ）秋田（秋田市）
すんべーもも（ツバイモモ）岩手＊宮城＊秋田＊福島　新潟＊長野＊
すんべもも（ツバイモモ）長野（下水内）
ずんべもも（ツバイモモ）青森（上北）山形＊福島＊
とぅむんぶ　沖縄（与那国島）
とーむん　沖縄（八重山）
なつもも　静岡＊三重（志摩）
ねんぼ　静岡（磐田）
はだかもも（ツバイモモ）山梨　長野＊鹿児島（薩摩）
はわらもも（ツバイモモ）長崎＊
ひげもも　和歌山＊
むんまま　沖縄（首里）
よーもも　長野＊

モリアザミ 〔キク科/草本〕
やぶあざみ 和歌山
やまごぼー 長野(北佐久・下伊那) 岐阜 愛知

モロコシ ソルガム,モロコシキビ 〔イネ科/草本〕
あかきび 京都*
あかもろこし 埼玉 神奈川* 山梨 長野* 静岡*
あかんぼ 山梨
あきなんばん 岡山
いたきび 秋田*
うぶい 沖縄(小浜島)
うぶん 沖縄(黒島・新城島)
うぼーん 沖縄(鳩間島)
うまきみ 岩手*
うまもろこし 山梨 長野*
うるきみ 青森*
おだいしきび 愛媛*
かぎもろこし 甲州 豆州 神奈川* 山梨*
かずらなんばん 愛知
かむきび 兵庫(飾磨)
からすむぎ 香川(綾歌)
きび 越後 岩手* 山形* 新潟* 石川 長野* 岐阜* 静岡* 三重(名張市) 京都* 大阪(泉北) 兵庫* 和歌山(海草・東牟婁) 鳥取 岡山 広島(比婆・高田) 香川* 愛媛* 高知* 福岡* 佐賀* 長崎* 熊本* 大分*
きみ 盛岡 中国 宮城(栗原) 秋田* 東京(八丈島) 島根* 沖縄(久米島)
きみもじゃ 青森*
きん 島根*
けんせ 愛知(宝飯・碧海)
けんせー 愛知(碧海)
こーらい 岐阜*
こーらいきび 岐阜*
こーりゃん 山形* 埼玉* 岐阜* 愛知* 宮崎*
こきび 肥前
こずきもろこし 東京*
ささもろこし 群馬*
さとーきび 大阪 兵庫
さときっ 宮崎(西諸県)
さときび 兵庫(飾磨)
さんじゃくきび 富山*
しろきび 長野
しんげんもろこし 山梨*
ずりぎび 兵庫*

せーたかきび 越後 新潟(中頸城) 和歌山(日高)
せーたかきみ 岩手*
せーだかきみ 岩手(九戸)
せたかきび 新潟*
だいごもろこし 茨城* 千葉* 大分*
たかきっ 鹿児島(肝属・揖宿)
たかきび(コーリャン) 香川
たかきび 四国 阿波 伊予 西国 久留米 北海道* 青森* 岩手(二戸) 新潟* 福井* 長野* 岐阜* 静岡(磐田) 愛知(北設楽) 滋賀 京都* 大阪* 兵庫* 奈良(吉野) 鳥取* 島根 岡山 山口 山口(向島) 徳島* 香川* 愛媛(松山・新居) 高知 佐賀* 長崎* 熊本* 大分* 宮崎 鹿児島*
たかきみ 北海道* 青森 岩手(九戸) 宮城* 秋田(鹿角) 島根*
たがついん 沖縄(与那国島)
たかときび 兵庫(三原・淡路島)
だごきび 鹿児島*
だごたかきび 鹿児島*
だごときび 鹿児島*
だごもろこし 埼玉*
たたきび 愛媛*
たちきび 山形* 新潟* 新潟(佐渡)
たちぎみ 津軽
だんごきび 青森* 山形* 山形(鶴岡)
てっきゃきび 秋田*
とーきび(コーリャン) 島根(邑智) 徳島(那賀)
とーきび 佐州 畿内 京都 浪花 久留米 北海道* 秋田* 神奈川* 新潟* 長野(佐久) 岐阜* 静岡* 愛知* 三重* 滋賀* 大阪* 兵庫* 和歌山* 鳥取 岡山(和気) 広島(安芸) 山口 香川 佐賀(唐津市) 長崎* 宮崎
とーきみ 宮城*
とーぎみ 鹿児島(奄美大島)
とーきん 島根*
とーぎん 鹿児島(与論島・徳之島) 沖縄(島尻)
とーじん 愛知*
とーじんもろこし 東京*
とーときび 愛知(知多)
とーぬちみ 鹿児島(喜界島)
とーぬちん 沖縄
とーのきび 愛知
とーびき 岡山(北木島) 島根 広島(大崎上島) 香川(島嶼) 愛媛(弓削島)

モロコシソウ

とーもろこし　埼玉* 長野（南佐久）愛知* 長崎*
とーんちん　沖縄（中頭）
ときっ　宮崎（西諸県）
ときび　三重（北牟婁・尾鷲）大阪* 和歌山（和歌山・海草・日高）高知* 熊本（天草）鹿児島*
とっきび　三重（尾鷲）
とぬきん　鹿児島（奄美大島）
とのきび　岐阜* 愛知* 愛知（愛知）三重*
とのきん　鹿児島（奄美大島）
とびき　三重（志摩）香川（豊島・小豆島）
なんば　愛知* 京都（京都市）和歌山* 岡山（小田）徳島*
なんばん　長野（北安曇）
はききみ　秋田（鹿角）
はせきび　秋田*
はぜこくれん　新潟*
ばら　兵庫*
ふいん　沖縄（竹富島）
ふーむん　沖縄（八重山）
ほーききび　山形（東田川）
ほーきび　新潟* 兵庫*
ほーきもろこし　長野（南佐久）
ほききび　山形（飽海）
ほきっ　鹿児島* 鹿児島（揖宿）
ほきび　加賀　静岡（磐田）
ほっすきび（モロコシの1種）尾州
ほもろこし　群馬* 埼玉* 神奈川（津久井）山梨* 長野* 静岡*
まんまんきび　島根*
まんまんこ　島根*
みだれきび（コーリャン）奈良（吉野）
もろこし　東国
もろこしきみ　青森（八戸・三戸）
もろこす　千葉（山武）
やたぶ　沖縄（波照間島）
やまとぅぶん　沖縄（石垣島）

モロコシソウ　〔サクラソウ科／草本〕

かばしぐさ　鹿児島（熊毛・種子島・悪石島）
むろこし　鹿児島（大島）
やまくりぶ　鹿児島（沖永良部島）

ヤ

ヤイトバナ　ヘクソカズラ　　　〔アカネ科／草本〕
あおかずら　長門
あまくさずる　播磨
うまくわず　千葉（印旛）
うりかずら　長野（北佐久）
おがらみ　山形（東田川）
おきゅーばな　千葉（印旛）　東京（三宅島）
おどりくさ　防州
おどりこかずら　高知（土佐）
おどりこそー　雲州
おどりこばな　島根（簸川）　愛媛（新居・周桑）
おどりずる　阿州
おどりばな　土州
からまれ　山形（飽海）
くさおとめかつら　長門
くさばな　加賀
くそかずら　長州　岡山（苫田）
くそねじら　東京（三宅島）
くそめじら　東京（三宅島）
くそめずら　東京（御蔵島）
くそめんずら　東京（三宅島）
さおとめかずら　和歌山（西牟婁）
さおとめぐさ　周防
さおとめばな　周防
さとめばな　周防
しもかずら　長門　周防
しらみころし　長野（埴科）
すいかずら　新潟（刈羽）
そーとめ　東国　長州
そーとめかずら　東国　長州
そーとめぐさ　山口（大津）
そーとめばな　東国
たうえばな　播州
つた　岡山（御津）
つづま　東京（三宅島）
てーにょかずら　鹿児島（奄美大島）
てくされ　岡山（御津）
てんぐぐさ　栃木
てんぐさんのはな　神奈川（足柄上）　宮崎（西諸県）　鹿児島（姶良）
てんぐばな　奈良（吉野）　宮崎（西諸県）　鹿児島（姶良）
どくぶそ　長野（北佐久）
ととぎ　岩手（二戸）
どりばな　土州
にがいも　加州　石川
はなたこ　長崎（東彼杵）
はなたご　長崎（東彼杵）
ぴーふさりかざ　沖縄（石垣島）
びんずる　埼玉（秩父）
びんづる　埼玉（秩父）
へーくそかずら　和歌山（東牟婁）　長崎（南高来）　熊本（玉名）
へくさかずら　長崎（長崎）
へくさずる　群馬（勢多）　千葉（印旛）　神奈川（愛甲）
へくさつる　木曾
へくさりかんだ　長崎（壱岐島）
へくさんぼ　愛媛（新居）　高知（土佐）
へくさんぼーかずら　土州
へくさんぼかずら　高知　高知（高知市）
へくそぐさ　福岡（大牟田市）
へくそずる　木曾
へくそばな　和歌山（東牟婁・新宮市）
へくそんぼかずら　高知
へこずる　木曾
へっくさずる　埼玉（秩父）　東京（南多摩）　神奈川（津久井）
へっそー　鹿児島（揖宿）
へっそかずら　鹿児島（国分・加世田・鹿屋・出水・肝属）
へっつりぐさ　千葉（君津）
べどずる　長野（埴科）
へびとかずら　鹿児島（薩摩）
へひりばな　和歌山（新宮）
へふんど　神奈川（足柄上）
まつかずら　鹿児島（姶良）
まつがずら　鹿児島（姶良）

ヤエザクラ

まんてし　鹿児島（肝属）
めつぶし　岡山（邑久）
めつぶれ　岡山（邑久）
もぐさばな　熊本（玉名）
やいとーばな　静岡（志太）
やいとくさ　千葉（長生）
やいとばな　江州　滋賀（坂田・東浅井）　和歌山（西牟婁・田辺市）　長崎（南高来）　熊本（球磨）　鹿児島（薩摩・甑島）
やえしゃきばな　福島（石城）
やとばな　熊本（球磨）
やぶがらめかずら　長州
らっぱぐさ　和歌山（有田）
わごくさ　岡山（小田）

ヤエザクラ → サクラ

ヤエツバキ → ツバキ

ヤエナリ → リョクトウ

ヤエムグラ　　　　　〔アカネ科／草本〕
あもじゃぐさ　熊本（玉名）
いがいがぐさ　愛媛（周桑）
いげはこべ　鹿児島（薩摩・甑島）
うずら　香川（中部）
うずらくさ　香川（中部）　愛媛（周桑）
おぐら　愛媛（上浮穴）
おとこちんぽ　長野（北安曇）
かざぐるま　山形（飽海）　山口（大島）
かなもぐら　群馬（山田）
かみすりぐさ　福島（相馬）
がんがんくさ　岡山
きつねのちょーちん　青森（三戸）　岩手（上閉伊・遠野）　山形（東置賜・南置賜）
きつねのちょーちんこ　青森（三戸）
くちきり　香川（西部）　愛媛（周桑）
くるまくさ　島根（周吉）
くるまぐさ　島根（隠岐島）
くんしょー　青森　群馬（利根）　千葉（山武）　静岡（志太）　山口（玖珂）　愛媛（周桑）
くんしょーかご　栃木（足利市）
くんしょーぐさ　山形　埼玉（秩父）　新潟　福井（今立）　愛知（知多）　三重（宇治山田市・伊勢）　岡山（岡山市）　山口（美祢・大島）　香川　愛媛（高松）
くんしょーばな　岩手（盛岡）　山形（庄内）　新潟（上越市）　島根（益田市）　愛媛（周桑）　熊本（球磨）
したきりぐさ　長州
すくもひずる　岡山（邑久）
すねかき　香川（東部）
とりぐさ　新潟（上越市）
なんきんぐさ　愛媛（周桑）
はたがり　山口（玖珂）
ひえっつぶれ　神奈川（津久井）
ひぜんぐさ　愛媛（周桑）
ひっつき　愛媛（周桑）
ひっつきもっつき　山口（阿武）
へーっつぶれ　神奈川（津久井）
ほーれんぐさ　岩手（二戸）
ほれぐさ　岩手（二戸）
まいつきぐさ　山口（吉敷）
まづくさ　青森
まつばくさ　青森
まんきんたん　香川（西部）
むがら　山口（玖珂）
むぐら　広島（比婆）　山口（玖珂・熊毛）
もぐら　青森（三戸）
ももら　青森（三戸）
もんぐさ　愛知（知多）
もんつき　群馬（山田）　岡山（邑久）　熊本（玉名）
もんつきぐさ　三重（宇治山田市・伊勢）　岡山
もんもんぐさ　岡山（岡山市）
やえもぐら　新潟（新潟）　山口（熊毛・都濃・吉敷）　香川（高松）
よめこもここ　青森（上北）

ヤエヤマコクタン　リュウキュウコクタン
　　　　　　　　　〔カキノキ科／木本〕
くるき　鹿児島（与論島）　沖縄（島尻・八重山）
くるち　沖縄（首里）

ヤクシソウ　　　　　〔キク科／草本〕
うさぎのちち　静岡（安倍）
うしのちち　愛媛（新居）
うまこやし　長州　熊本（球磨）　鹿児島（揖宿・肝属）
うまごやし　熊本（球磨）　鹿児島（垂水・揖宿）
うみくさ　周防
さんしちぐさ　大分（大分市・東国東）
せんかんそー　長州
ちぐさ　神奈川（津久井）　長崎（東彼杵）　宮崎（西諸県）　鹿児島（揖宿・川内市）

ちちくさ　愛媛（新居）　宮崎（西諸県）　鹿児島
　　（川内・揖宿）
ちちぐさ　宮崎（西諸県）
ちないそー　防州
つばくらな　新潟（佐渡）
つんぼばな　熊本（玉名）
にがくさ　鹿児島（伊佐・大口市）
にがみぐさ　鹿児島（川辺）
にがん　鹿児島（串木野市）
のまごやす　千葉
はなぐさ　鹿児島（熊毛・種子島）
まごやす　千葉
やまじしゃな　木曾

ヤクヨウニンジン　→　チョウセンニンジン

ヤグラネギ　〔ユリ科／草本〕
おかいねぎ　新潟*
おやこねぎ　鳥取*
おやふこーねぎ　岩手*
かくべねぎ　神奈川*
かぐらねぎ　群馬*　新潟*
かるわざねぎ　江戸　東京*　福井*　長野*　島根*
　　山口*
きょーねぎ　滋賀*
きょくねぎ　千葉*　長野*
くじゅーねぎ　大阪*
くらかけねぎ　山形*
こーぼーねぎ　埼玉*
こもちねぎ　北海道*　群馬*　新潟*　山梨*　広島*
　　山口*
さかくまねぶか　岡山*
さんがいねぎ　北海道*　青森*　岩手*　秋田*　山
　　形*　福島　茨城　神奈川*　新潟*　石川*　福井*
　　山梨*　鳥取*　島根*　岡山*　広島
さんがいひともじ　富山*
さんだんねぎ　島根*　熊本*
さんだんねぶか　広島*
しばねぎ　新潟*
せっきねぎ　京都*
だいかぐらねぎ　神奈川*　島根
だいだいねぎ　島根*
たかねぎ　北海道*
たけつきねぶか　富山*
てんぐるまねぎ　群馬*
てんじくねぎ　山梨*
とーきょーねぎ　和歌山*　香川*

とーだいねぎ　高知*
とーねぎ　長崎*
ときょーねぎ　和歌山*　香川*
にかいねぎ　北海道*　青森*　宮城*　秋田　山形*
　　福島　栃木*　千葉*　新潟*　石川*　山梨*　長
　　野*　岐阜　三重*　大阪*　奈良*　広島*
にだんねぎ　栃木*
まがりねぎ　長野*
みつまたねぎ　石川*
やぐらしろ　青森*
やぐらびろ　岩手*
やぐらひろっこ　秋田*
よそせんもと　鹿児島*
よそねぎ　鹿児島*

ヤグルマギク　〔キク科／草本〕
ぐしょーばな　鹿児島（与論島）

ヤグルマソウ　〔ユキノシタ科／草本〕
いつつば　木曾
えへくー　安芸
このて　秋田
ごは　埼玉（秩父）　長野（北佐久）　岐阜（美濃）
ごはそー　長野（北佐久）
さるかさ　秋田
ぬすびとのかさ　山形（東置賜）
むこかさ　秋田
むこのごき　秋田
むこのごし　秋田
やっこがさ　山形（東田川）
やぶれがさ　山形

ヤシ　〔ヤシ科／木本〕
おにせんあい　和歌山（日高）
とーよし　津軽

ヤシャビシャク　〔ユキノシタ科／草本〕
きうめ　土州　高知　高知（高岡）
きむめ　土州
きんめ　高知（幡多・高岡）
しょーいたどり　土佐　高知
たかのつめ　岩手（上閉伊・釜石）
てんのうめ　薩州　高知（高岡・土佐）　九州
　　熊本（球磨）
てんのんんめ　熊本（球磨）
てんばい　筑前　栃木（日光）

ヤシャブシ

てんぱいそー　高知（高岡・安芸）
てんぱいそー　高知（高岡）
てんふんばい　加州　石川（加賀）
てんりゅーばい　加州　石川（加賀）
てんりょーはい　加州
やしお　紀州竜神　岩手（上閉伊・釜石・盛岡）和歌山（伊都・日高）
やしほ　岩手（遠野）　和歌山（東牟婁）
やしゃ　神奈川（愛甲・足柄上）　新潟
やしゃぶしゃ　岐阜（吉城）
やしゃもしゃ　岐阜（加茂）
やしょ　和歌山（熊野・東牟婁）
やしょー　青森（八戸・三戸）
やそ　秋田（北秋田）
やそー　秋田（鹿角）

ヤシャブシ　ミネバリ　〔カバノキ科／木本〕

あずま　富士東麓　神奈川　山梨
あぶらしで　長野
いともーか　宮崎（東臼杵）
いわしば　青森（津軽・上北）　岩手（和賀）
うかんば　紀伊
おーみねばり　岡山
おにしで　三重（度会）
おはぐろ　長崎（南高来）
おはぐろのき　茨城（大子）　長崎（南高来）
かわがり　長野（木曾）
かわらしで　鳥取
かわらはんのき　岐阜（美濃西部）
かわらぶし　静岡（駿河）
きぶし　新潟（北蒲原）　山梨　福岡（八女）
きぶしのき　長野
くそぶな　三重（一志・飯南）
ずっくらばん　長野（下水内）
すなどめ　山口
そーばり　熊本
そーばる　長崎（南高来）
そばいのき　鹿児島（肝属）
だんごぶな　三重（一志）
ちくらぎ　三重（北牟婁）
ちんちろぶな　三重（飯南）
つくなべ　奈良（吉野）
つくらめ　奈良（吉野）
ななかまど　大分（直入）
ねはりしば　兵庫（播磨）
はいのき　東京（八丈島）

はげ　愛媛（東予）
はげしばり　秋田　群馬（利根）　和歌山（西牟婁）　三重　岡山　香川
はげらかくし　鳥取（因幡）
はぜ　福井（越前）
はりのき　奈良（吉野）
はるのき　伊豆
はんのき　東京（大島・八丈島）
ふし　茨城　山梨
ふしのき　茨城　茨城（多賀）　栃木
ふち　群馬（利根）
ふちのき　群馬（甘楽）
ふつちのき　群馬（多野）
ふな　伊豆
ほーちょーざくら　三重（伊賀）
まつかさ　大分（大分・南海部）
まつかさぶな　大分　宮崎
みねはり　木曾
みねばり　山形（東田川）
みやまばり　徳島（美馬）
やしなら　新潟
やしゃ　茨城　栃木（日光市）　埼玉　長野（下水内・下高井）　静岡　岐阜　三重　京都
やしゃぐす　徳島　高知　愛媛
やしゃのき　福島（双葉）　群馬（勢多）　東京　静岡
やしゃぶし　高知（土佐）
やしゃんぼ　静岡（榛原）
やないで　鳥取　鳥取（伯耆）
ゆわしば　青森（津軽）

ヤダケ　シノダケ　〔イネ科／木本〕

おんなだけ　千葉
きよめたけ　宮崎
こざさ　広島（比婆）
しのびだけ　京都（竹野）
すずだけ　伊豆八丈島
せの　千葉（印旛）
てっぽーたけ　京都（船井）
のざさ　島根（隠岐島）
のだけ　東京（三宅島）
はんがだけ　東京（三宅島）
ほーきばたけ　鹿児島
みがたけ　長野（更級）
めだけ　京都（竹野）
やじの　熊本（玉名）

ヤチダモ 〔モクセイ科／木本〕
あかだも　岩手（和賀）
いまじえり　岩手（下閉伊）
さわぐり　群馬（利根）
しおじ　武州三峰　青森　岩手　秋田　山形　福島　群馬
しおち　長野（上水内・大町）
しゅーじ　岩手　秋田
しゅーじたも　岩手（岩手）
しゅーじのき　宮城
しゅーり　岩手（胆沢）
しゅじ　秋田（北秋田・仙北）
しゅじのき　青森　岩手
しゅず　岩手（上閉伊）
しゅずたも　岩手（岩手）
しょーじ　青森（三戸）
しょーじき　山形（庄内）
しょじき　岩手　秋田
すおじ　秋田（仙北）
たまつばき　静岡
たむぎ　青森（下北）
たも　北海道　青森　岩手　秋田（北秋田）　山形（最上）　静岡（伊豆）
たもき　青森（三戸）
たもぎ　新潟
たものき　新潟
にれ　山形（西村山）
ひじのき　秋田
むしだま　新潟（中蒲原）
やちだ　長野（上田）
やちたも　青森　岩手
やちだも　長野（下水内・下高井）
やつたもぎ　宮城（宮城）

ヤツガシラ 〔サトイモ科／草本〕
あかじく　長野（佐久）
かきくぐり　鹿児島
かしらいも　上方
くろから（ヤツガシラの１種）　江戸
ちんぬく　鹿児島（与論島）　沖縄（首里）
つぃんぬく　沖縄（首里）
とーいも　新潟（佐渡）
ほどー　山口（厚狭）
やっぐ　鹿児島（垂水市）
やっくっいも　鹿児島（垂水市）

ヤッコササゲ 〔マメ科／草本〕
げんぶくまめ　備前

ヤッコソウ 〔ラフレシア科／草本〕
はなしんちち　鹿児島　鹿児島（肝属）

ヤツシロミカン 〔ミカン科／木本〕
いわいみかん　奈良*
こみかん　福岡*　長崎*
しらわみかん　千葉*
たかだみかん　熊本
ふゆみかん　三重*
やつ　和歌山*

ヤツデ 〔ウコギ科／木本〕
いつつば　長門
うしおーぎ　上総
うふあさぐる　沖縄
おーは　岡山（川上）
おにのうちわ　和歌山（日高）
おにのて　長門　秋田　山口　福岡
おんのて　福岡（築上）
かじっぱ　埼玉（入間）
かんなさんのて　新潟（刈羽）
せんぼんぎ　長州
てがしわ　島根（邑智・出雲）
てんぐうちわ　三重（伊勢市・宇治山田市）
てんぐちゃ　千葉（鋸山）
てんぐっぱ　群馬（佐波）　千葉（長生）　神奈川（足柄上）
てんぐのうちわ　千葉　静岡（沼津市・富士）　山口
てんぐのて　奈良（南大和）　山口（阿武）
てんぐのはうちわ　石川（鳳至）
てんぐば　静岡（駿東）　三重（伊勢市・宇治山田市）
てんぐんさんのうちわ　香川（香川）
てんごーっぱ　神奈川（津久井）
てんごっぱ　埼玉　埼玉（入間）　神奈川　神奈川（津久井・中）
ぬすっとのて　和歌山（海草）
ぬすとのてしばり　長州
ぬっとこっ　鹿児島（始良）
はびら　東京（八丈島）
はぼろ　長崎（南高来）
はぼろし　長崎（長崎）

ヤドリギ

やがら　長門
やすで　山口（阿武）
やつで　高知（高岡・幡多）　宮崎
やっで　鹿児島
やっでん　鹿児島
やまから　長門
やまがら　長門

ヤドリギ　　　　　　〔ヤドリギ科／木本〕

あおき　山形（東田川・西田川）
おーや　島根（簸川）
おばけ　長野
おひゅー　岩手（盛岡）
からすのうえき　長州　防州　静岡（小笠）　岡山（苫田）　山口（大島・玖珂・都濃・佐波）
からすのこしかけ　長野（諏訪）
からすのついき　長野（南安曇）
からすのついほ　長野（下水内）
からすのつえんき　新潟（中頸城・中蒲原）
からすのつぎき　紀伊牟婁　長州　長野（北部・下水内）　山口（阿武）
からすのつぎほ　長野（北部）　静岡（榛原・磐田）　山口（阿武）　長崎（壱岐島）
からすのつぎほー　長野（下水内）　山口（阿武・厚狭・大津）
からすのつぎぼー　長野（下水内）
からすのとんや　長野（下高井）
からすのはな　長野（小県・北佐久）
からすのほや　新潟（東蒲原）　長野（上水内）
からすのもち　岡山（津山市）
きじのほや　山形（西置賜・東田川）
さかはやし　京都
さるのほや　山形（鶴岡市）
しびぐすり　長野（北佐久）
そーきせん　島根（隠岐島・周吉）
たかのし　秋田（由利）
たかのひょー　秋田
たかひょー　秋田
つがのき　長野（西筑摩）
つぎき　長野（西筑摩）
つぎほ　静岡（磐田）
つげ（ヤドリギの1種）　香川（三豊）
つたかずら　山口（玖珂）
てんぐのなげくさ　上総
とびき　讃州　香川
とびざた　江戸　東京
とびずた　筑前
とびつた　神奈川（東丹沢・愛甲）
とまりぎ　長野
とりあし　長野（上伊那）
にしきぎ　山口（阿武）
ねなしかずら　山口（玖珂）
はさみばこ　長野（北安曇）
はなごんご　長野（北佐久）
ひゅー　秋田（北秋田・山本）
ひよ　青森（三戸・八戸）　岩手（九戸・上閉伊・釜石）
ひょ　青森　岩手（和賀・上閉伊・盛岡・九戸・二戸・気仙・紫波）　秋田（鹿角・仙北・雄勝）
ひょろ　秋田
ふぇおー　青森
ふゆ　岩手（九戸）
ふよ　青森　岩手（九戸）
ふょー　青森
ぶんぶんじー　熊本（球磨）
へょー　秋田（鹿角）
ほい　静岡（榛原）
ほえ　長野（北安曇）
ほー　長野（南佐久）
ぽちゃぽちゃ　上総埴生郡
ほや　仙台　信濃　美濃　岩手（上閉伊・釜石）　山形　福島（石城）　埼玉（秩父）　長野　岐阜（飛騨・吉城）　静岡（磐田・周智）　愛知（奥設楽・北設楽）　和歌山（和歌山・海草・那賀・有田・日高）　島根（出雲）　広島（比婆）
ほよ　長野（北安曇・下伊那）
まつぐいび　岡山（吉備）
まつぐいめ　山口（大島・玖珂）
まつみどり　岡山
みどり　愛媛
ももっか　長野（佐久）
ももんか　長野（佐久）
ももんが　長野（佐久）
ももんかん　長野（佐久）
やどかい　鹿児島（谷山）
やどかり　山口（阿武）　鹿児島
やどり　奈良（宇智）　和歌山（日高）
やどりだま　山口（美祢）

ヤナギイチゴ　　　　　　〔イラクサ科／木本〕

あわいちげ　三重（北牟婁）

ヤブイバラ

いしやーも　東京（八丈島）
えびま　静岡（伊豆）
かーやなぎ　東京（大島）
からすずみ　三重（北牟婁）
かわいちび　和歌山（那智）
かわしゃしゃぶ　高知（幡多）
かわはど　鹿児島（肝属・垂水）
かわやなぎ　高知（幡多）
くわはちゃぐみ　鹿児島（奄美大島）
こえび　静岡（伊豆）
こーむぐる　鹿児島（大島・奄美大島）
こごめいちご　高知（幡多）
こはちゃぐみ　鹿児島（奄美大島）
こめいちご　三重（尾鷲）
たにしゃしゃぶ　高知（幡多）
はど　鹿児島（垂水市）
はどぎ　宮崎（青島）
はんでー　鹿児島（熊毛・種子島）
みずいちび　鹿児島（屋久島）
めぐさり　静岡（南伊豆）
めくされ　静岡（南伊豆）
めぐされ　静岡（南伊豆）

ヤナギタデ　マタデ　　〔タデ科／草本〕
うまのこーしゅー　福岡（山門・柳川）
からくさ　秋田（河辺）
かわたで　宮崎（西諸県）
こしょーば　長崎（大村市）
さで　鹿児島（奄美大島）
たちたで　鹿児島（薩摩・甑島）
たで　岡山　宮崎（西諸県）　鹿児島（薩摩）
たでくさ　秋田（北秋田）
にがくさ　長野（北佐久）
ほんたで　島根（美濃）
ほんたで（ムラサキタデ）　和歌山（日高）

ヤナギモ　　〔ヒルムシロ科／草本〕
ささもき　水戸

ヤハズアジサイ　　〔ユキノシタ科／木本〕
ういなぎ　高知（香美）
うりき　和歌山（伊都・高野山）
うりぎ　高知（安芸）
うりな　三重　和歌山　徳島　高知　三重（安芸）
うりなぎ　高知（香美）
うりのき　三重（飯南）　高知（香美）

うりば　和歌山（伊都）　宮崎（西都）
うりば　和歌山（竜神）
おにつげ　三重（度会）
きゅーりぎ　三重（飯南）　奈良（吉野）　熊本（球磨）
きゅーりな　三重（多気）
きゅーりば　奈良（吉野）
しゃで　三重（一志）
しろうり　三重（多気）
たほこぎ　徳島（美馬）
やまぎゅーり　大分（南海部）

ヤハズエンドウ → カラスノエンドウ

ヤハズソウ　　〔マメ科／草本〕
うまこやし　周防
おちゃくさ　埼玉（秩父）
たびぐさ　和歌山（有田）
つめきりそー　和歌山（有田）　岡山（真庭）
はさみ　静岡
はさみぐさ　山形（北村山・飽海）　群馬（勢多）　新潟（刈羽・十日町市・南蒲原）　福井（今立）　長野（松本・佐久）　三重（度会）　兵庫（赤穂）　和歌山（有田・日高）　島根（能義）　広島（比婆）　山口（厚狭）　岡山　愛媛（周桑）　熊本（熊本）　鹿児島（鹿児島市）
ひのはぎ　鹿児島（鹿児島市）
へぎ　鹿児島（川辺）
まつばそー　長門
まめくさ　鹿児島（肝属・垂水）
まやくさ　鹿児島（奄美大島）
めはぎ　和歌山（有田）
やぐさ　和歌山（有田）　愛媛（新居）
よめなかしゃ　鹿児島（奄美大島）

ヤブイバラ　ニオイイバラ　　〔バラ科／木本〕
あおはだ　香川（綾歌）　高知（幡多）
あかめ　徳島（美馬）　高知
あかめばら　徳島（美馬）　高知
おばなくぎ　熊本（八代）
においいばら　和歌山（西牟婁）
のいばら　鹿児島（出水市）
ばら　愛媛（新居）　高知（高岡）
ばらお　高知
ひゃーひげ　熊本（球磨）

ヤブウツギ

ヤブウツギ　ケウツギ　〔スイカズラ科／木本〕
うのき　高知（長岡）
うのはな　高知（長岡）
めくらつげ　香川（香川）

ヤブエンゴサク　〔ケシ科／草本〕
あまちゃ　山形（東置賜）
ちょべなこ　青森（津軽）

ヤブガラシ　〔ブドウ科／草本〕
あかかずら　三重
いつつば　長崎（壱岐島）
いぬえびかずら　京都
うむしかざ　沖縄（石垣島）
うむしふさ　沖縄（石垣島）
おんぼーえび　長州
かきどーし　河州
びんぼうぐさ　千葉（安房）
びんぼーかずら　京都　三重（伊勢）　和歌山（西牟婁）　徳島
びんぼーずる　大阪（泉北）
やぶあらし　千葉（山武）
やぶたおし　山形（飽海）　三重（伊勢）
やぶだおし　三重（宇治山田市）

ヤブカンゾウ　〔ユリ科／草本〕
あまさ　播州
あまな　播州　福島（東白川）　長野　広島（比婆）
あまね　和歌山（西牟婁）
いわひー　鹿児島（薩摩・甑島）
うーまゆり　富山（砺波）
おひーなくさ　神奈川（津久井）
おひなぐさ　千葉（君津）
おんなてっこ　長野（下水内）
かこじ　秋田（平鹿）
かしばな　群馬
がっこ　岩手（盛岡・紫波）
かっこくさ　岩手（岩手）
かっこな　青森（八戸・三戸）　岩手（盛岡）
かっこばな　岩手（盛岡）　青森（八戸・三戸）
からしょぎ　長野（北安曇）
かわぶくしょー　熊本（玉名）
かんざくさ　長野（北安曇）
かんしょ　秋田（鹿角）
かんしょー　岩手（九戸）
かんずー　山口（阿武）

かんずくさ　長野（北安曇）
かんそ　山形（庄内）　秋田
かんぞ　秋田　長野（諏訪）　富山（西礪波）　島根（能義）
かんそー　山形（米沢市）
かんぞー　宮城（仙台）　福島（相馬）　岡山　山口（美祢・佐波・阿武）　福岡（八女）　鹿児島（大口）
かんぞーな　長野（北佐久）　長崎（壱岐島）
かんぞーばな　長野（北佐久）
かんちょ　秋田（河辺・山本）
かんど　島根（美濃）
かんどー　山口（美祢）
かんのんそー　熊本（鹿本）
かんぴょ　秋田（北秋田）
かんぴょー　山形（東村山・北村山）
かんぺろ　秋田
ぎぼきな　新潟（佐渡）
きゃんぴょー　秋田（北秋田）
くゎんしょ　青森（八戸・三戸）
くゎんす　肥前唐津　佐賀（唐津）
くゎんぞー　愛媛（周桑）　熊本（玉名）　鹿児島（大口）
くゎんぞーな　長崎（壱岐島）
くゎんちょ　秋田（河辺・山本）
くんしょー　山口（豊浦）
けーんしょ　岩手（遠野・上閉伊）
けめんじょ　岐阜（飛騨）
けゃんしょー　岩手（二戸）
ささな　山口（厚狭）
じいじんばな　新潟（刈羽）
しょーび　防州
たうえばな　熊本（鹿本）
たけな　山口（阿武）
たんそ　秋田（平鹿）
ちがや　山口（吉敷）
つまんかし　青森（津軽）
ててっきょ　長野（下水内）
ててっこ　長野（下水内）
てんもんぞー　岐阜（飛騨）
とけっきょ　長野（北佐久）
とってこー　信濃　長野
とてこっこ　長野（東筑摩・西筑摩）
とてっこ　長野（東筑摩）
とてっこー　長野（東筑摩・西筑摩）
なさつかげ　青森

ヤブジラミ

にくな　土州
にんぎょーそー　千葉（長生）
のゆり　山口（玖珂）
はんぞー　鹿児島（熊毛）
ぴーぴーくさ　岩手（九戸）　神奈川（津久井）
ぴっぴ　秋田（鹿角）
ぴぴ　秋田（鹿角）
ぴぴくさ　青森
ひゅーじ　徳島　徳島（美馬）
ぴよぴよ　山形（庄内）　長野（北安曇）
ぴんぴ　岩手（盛岡）
ほけっきょ　長野（北佐久）
ぽんばな　熊本（鹿本）
やえかんぞー　山口（厚狭）
やぶににく　京都（与謝）
やぶにんにく　伯州
やぶねきく　鳥取（気高）
やぶねねく　鳥取（気高）
やまゆり　静岡（富士）　山口（玖珂）
んーまゆり　富山（砺波）

ヤブコウジ　　〔ヤブコウジ科／木本〕

あかだましゃじん　熊本（熊本）
あかだまのき　江戸
あかまめ　山口（厚狭）
あかめ　山口（厚狭）
いちもんなし　新潟（刈羽）
おちゃくのみ　新潟（刈羽）
おちゃのこ　山形（東田川）
おぼんちち　新潟（刈羽）
からたちばな　京
きつねのかき　長門　周防
くさたちばな　加賀　長門　周防
こーじ　新潟（南蒲原）
こーぽーちゃ　日光
せんじゅー　長崎（南高来）
せんりょう　和歌山（東牟婁）　島根　広島（高田）　山口（柳井・熊毛）
せんりょまんりょ　千葉（印旛）
ちょーじゃのかし　佐渡
とっぱんぴーよろ　高知（幡多）
はなたちばな　江戸　筑前
ふかご　和歌山（東牟婁）
へんどーみやげ　高知（長岡）
ほとけさんぐさ　島根（津津市）
ほとけのした　島根（那賀）

まんじゅのき　奈良（宇智）
まんりょー　静岡（賀茂・田方）
やびまんりょ　島根（出雲市・簸川）
やぶかんじ　筑前
やぶこーじ　関東　西国
やぶまんりょー　岐阜（海津）
やまうんじゅ　肥前
やまじゃのみ　宮崎（東臼杵）
やまたちはな　京都
やまたちばな　加賀
やまちゃ　長崎（壱岐島）
やままんじゅ　長崎（東彼杵）
やままんりょー　上総
やまみかん　周防　長門　埼玉（入間）　山口（大島）
やまりんご　長崎（北松浦）　宮崎（東臼杵）
よめのちち　新潟（刈羽）

ヤブサンザシ　　〔ユキノシタ科／木本〕

おにすぐり　長野（北佐久）
きひよどりじょーご　京都
すぐり　尾州　愛知（尾張）
どくすぐり　長野（北佐久）
はまなし　江戸
やしゃ　長野（佐久）
やしゃびしゃく　長野（佐久）
やまやしゃ　長野（北佐久）
よめごろし　長野（上田）

ヤブジラミ　　〔セリ科／草本〕

いじくさり　山形（酒田市・西田川）
いじくされ　秋田（河辺・由利）
いずくされ　秋田（由利・北秋田）
いっとろべ　兵庫（播磨）
うしぜり　伊豆八丈島
えじくされ　秋田（由利・河辺）
おとかのはり　栃木（佐野市）
がんこいこい　福島（浜通）
かんこじこ　福島（浜通）
きちげーくさ　長崎（長崎）
くさにんじん　千葉（安房）
さし　鹿児島（肝属・与論島）
さじ　鹿児島（肝属・垂水）
しらめ　奈良（高市）
しらめくさ　奈良（高市）
とっかんぼ　千葉（東葛飾）

とっかんぽ　千葉（東葛飾）
とっかんぽー　千葉（東葛飾）
とびつか　千葉（東葛飾）
とびっか　千葉（東葛飾）
とびつかみ　静岡（志太）
とびつかり　茨城（真壁）
とびっかり　茨城（真壁）
とびつきぐさ　愛知（知多）
どろぼー　北海道　埼玉（北足立）　千葉（市原）
　　新潟（南蒲原）
なもみ　秋田（平鹿）
にがくさ　長門
にがな　長州
にんじん　和歌山（有田）
にんじんくさ　愛媛（新居）　長崎（南高来）
にんじんぐさ　長野（佐久）　長崎（南高来）
にんじんふさ　沖縄（宮古島）
ぬさばりぐさ　秋田
ぬさばりこ　秋田
ぬすとぐさ　山形（飽海）
ぬすびとにんじん　京都（熊野）
ねんじんぐさ　長野（佐久）
のにんじん　愛媛（周桑）
のねんじん　山形（東田川・西田川・酒田）
のみ　奈良（南大和）
のみつきぐさ　奈良（南大和）
ばか　新潟　長野
はまにんじん　鹿児島（甑島・薩摩）
へーとーぐさ　岡山（岡山市）
へびむしろ　長州
ほいとぐさ　岡山（上道）
ものぶれ　熊本（玉名）
やまぜり　千葉（君津）
やまにんじん　伊豆八丈島　木曾　山形（飽海）

ヤブソテツ　　　　　　　　　〔オシダ科／シダ〕
かくまり　伊豆八丈島
がくまり　伊豆八丈島
せぎぞろぐさ　近江
へびござ　山形（東置賜）
やまどりかくし　長州

ヤブタバコ　　　　　　　　　〔キク科／草本〕
いぬのしりさし　周防
いのじり　勢州
うらじろ　佐州

からはまそー　鹿児島
かわろーぐさ　鹿児島
きつねのたばこ　近江坂田郡
くせいくさ　山形（酒田）
さしくさ　鹿児島（垂水）
さしぐさ　鹿児島（肝属）
たばこばな　長崎（壱岐島）
ちしゃそー　周防
はいぐさ　播州
はぐさ　播州
やくな　伊豆八丈島
やまたばこ　伊豆諸島　伊豆八丈島

ヤブツバキ　ヤマツバキ　　　〔ツバキ科／木本〕
かたーし　鹿児島（種子島）
かたいし　福岡（嘉穂）　佐賀（杵島）　熊本（球磨）
かたぎ　大分
かたし　四国　熊本（大島・八代）　宮崎（都城）
　　鹿児島
かたしー　大分（北海部・大野）
かたしのき　島根（石見）　鹿児島（硫黄島）
かたち　兵庫（神戸）　広島（安芸・比婆）　山口
　　徳島（美馬）　愛媛（温泉・上浮穴）
かてし　福岡（宗像）　鹿児島（串木野市）
つむき　茨城（水戸）
やまつばき　香川（木田）

ヤブデマリ　　　　　　　　　〔スイカズラ科／木本〕
いせび　鹿児島（薩摩）
うしのした（コヤブデマリ）　愛媛（上浮穴）
かめがら　島根（出雲）
からすのしりぬぐい　伊勢津
ぎょーす　富士山
きんかいば　富山（東礪波）
ごねず　丹波
しぶれのき　大和吉野郡
なべたおし　西国
なべとーし　徳島（美馬）
ねそだ　近江坂田郡
ばんざのき　島根（出雲）
やまあじさい　群馬（佐波）
やまでまり　京都　和歌山
やまとーし　徳島（美馬）
やまぼたん　愛媛（上浮穴）

ヤブニッケイ　　　　　　　〔クスノキ科／木本〕

あおき　和歌山（西牟婁）　島根（西部）　山口
あさかい　因幡　鳥取（因幡）　島根（石見）
あさかま　島根（石見・隠岐）
あさかや　島根（隠岐島）
あさがら　東京（三宅島・御蔵島）
あさだ　阿波　岡山　徳島（徳島市）　香川　高
　知　愛媛
あぶらあさだ　高知（安芸・幡多）
あぶらぎ　三重（志摩）
あぶらこが　静岡（天城山）
あぶらじー　徳島
あぶらしば　徳島（海部）
あぶらっかし　三重（北牟婁）
いげしん　鹿児島
いしたぶ　佐賀
いぬくす　神奈川（大磯）
いぬぐす　岡山
いぬげいし　島根
いぬけしん　鹿児島
いぬげしん　鹿児島　宮崎
いんぎしん　鹿児島（始良・吉松）
いんげーし　鹿児島（種子島）
いんげしん　鹿児島（出水）
いんげしんのき　鹿児島（甑島）
いんげせん　鹿児島（肝属・出水）
うこ　鹿児島（肝属・大根占）
うこき　鹿児島（肝属）
うこぎ　鹿児島（肝属）
うごき　鹿児島（肝属）
えまき　鹿児島（鹿屋）
おこぎ　鹿児島（肝属）
おこっのき　鹿児島（肝属・佐多）
おちゃのき　東京（小笠原）
おとこあさだ　愛媛（宇摩）
がらがら　三重（熊野）
からたぶ　熊本（菊池）
かるめんど　三重（志摩）
ぐーぐーたぶ　佐賀
くさだみ　東京（大島）
くさあさだ　高知（香美）
くすたぶ　筑前　宮崎（日向・児湯）
くすだも　滋賀　三重（鈴鹿）
くそおーき　神奈川（三浦）
くそだま　近江坂田郡
くろあさだ　阿州　高知（長岡）

くろこが　静岡（南伊豆）
くろしょだま　千葉（上総）
くろたぶ　広島
くろたま　伊豆
くろたまがら　高知（幡多・高岡）
くろだま　滋賀　大分
くろつずのき　肥前
けいしんたぶ　熊本
けいしんだぶ　福井（三方）
けーしー　鹿児島（種子島）
けしだも　福井（大飯）
けしん　鹿児島（肝属）
けしんたぶ　宮崎　鹿児島
けび　鳥取（因幡）
こが　静岡（伊豆・駿河）　島根（能義）　岡山
　（苫田）
こかいのき　西国
こがいのき　長州
こがのき　播磨　島根（能義）　岡山　山口
ごんご　愛媛
ごんごしば　愛媛　高知
しおだま　上総
じくみ　鹿児島（大島・喜界島）
しじめ　鹿児島（熊毛）
しだら　鹿児島（奄美大島・徳之島・沖永良部
　島・与論島）
しだらぎ　鹿児島（沖永良部島）
じっくん　沖縄
しっぺ　鹿児島（硫黄島）
しばき　沖縄（国頭・首里）
じゃじゃぎ　高知（幡多）
しょーだまのき　千葉（安房）
しょだま　千葉
じょんじょんのき　長崎（平戸）
すしめのき　鹿児島（加世田市・川辺）
すずえのき　鹿児島（悪石島）
すすべ　鹿児島（悪石島・硫黄島）
すすめのき　鹿児島（肝属）
すずれぎ　鹿児島（熊毛）
すだら　鹿児島（奄美大島）
すっぺのき　鹿児島（硫黄島）
せんこーたぶ　大分（大野）　宮崎　宮崎（児湯）
せんこたぶ　熊本　大分　宮崎（西臼杵）
せんたぶ　宮崎（東臼杵・児湯）
せんだん　愛媛（宇摩）
たぼ　加州

ヤブニンジン

だま 三重（伊勢市）
たまがら 伊予 愛媛 高知（幡多・高岡） 大分 宮崎（児湯）
たまくさ 伊予
たまぐす 遠江
たみ 東京（八丈島）
たみのき 東京（八丈島）
たも 越前 摂津 丹波 福井 京都 大阪 兵庫
たものき 福井（敦賀） 遠江
たんま 高知（高岡）
つず 長崎（南高来）
つずのき 西国 佐賀 佐賀（杵島・藤津） 長崎 長崎（西彼杵）
つずのみ 佐賀（杵島・藤津） 長崎（西彼杵）
てしのーたぶ 鹿児島（屋久島）
とーぐす 和歌山（日高）
とーのき 長崎（南松浦・対馬）
ななかま 静岡（伊豆）
においしょだま 千葉（君津）
にっけいたぶ 福岡 佐賀 大分 宮崎 熊本
にっけーだまし 高知（安芸）
にっけーもどき 高知（土佐）
にっけたぶ 福岡（犬ヶ岳）
ねぎ 三重（志摩）
ばいばい 鹿児島（肝属・佐多）
ひこそにっけい 高知（安芸）
べんど 兵庫（淡路島）
みこっのき 鹿児島（日置）
むず 阿州
めんど 兵庫（淡路）
めんとだも 三重（伊勢）
めんどだも 伊勢
やぶぐす 和歌山 岡山 鳥取
やぶさかき 岡山（美作）
やぶだも 三重（鈴鹿）
やぶにっき 静岡 滋賀 三重 和歌山 香川 愛媛
やぶにっけ 和歌山（東牟婁） 三重（志摩）
やぶにっけい 高知 愛媛（宇和島）
やぶにっけのき 和歌山（新宮）
やぶにっけん 静岡（駿河・遠江）
やまがら 愛媛（上浮穴）
やまげせん 鹿児島（垂水市）
やまにっき 静岡（南伊豆） 三重 奈良 和歌山
やまにっけ 和歌山（竜神）
やまにっけー 静岡 三重（南牟婁・北牟婁）

和歌山（紀伊・東牟婁） 島根（出雲） 広島（安佐） 高知 熊本（球磨） 鹿児島
やまにっけん 静岡（駿河・秋葉山）

ヤブニンジン〔セリ科／草本〕

いぬにんじん 防州
うまぜり 新潟（直江津）
ながじらみ 和歌山（西牟婁）
にがな 周防
やまにんじん 新潟（直江津）

ヤブマオ〔イラクサ科／草本〕

あかかしら 予州
あかだ 仙台
あかわた 越後
いのもっそ 島根（簸川・平田市）
えそ 熊野
おいたくさ 長崎（北松浦）
おにからむし 和歌山（東牟婁・新宮市）
おにかろし 和歌山（新宮）
おにかろじ 和歌山（東牟婁・新宮市）
おにしろほ 長崎（壱岐島）
おろろしば 東京（新島）
おろろんは 長崎（五島）
かやおんは 鹿児島（鹿屋市）
かわはぎ 鹿児島（垂水市）
きんちゃくっぱ 群馬（山田）
くちえ 南部 岩手（二戸）
くろーじ 城州笠置
しりのごえ 島根（隠岐島）
しりのごこ 島根（隠岐）
たも 南部
はず 予州
ぽんぽんくさ 熊本（熊本・玉名）
やまからむし 木曾

ヤブマメ〔マメ科／草本〕

きじねのささぎ 秋田（鹿角）
きつねのあずき 秋田
きつねのまめ 秋田
きつねまち 秋田
きつねまめ 岩手（二戸） 秋田
ぎんまめ 和歌山（西牟婁）
ごまめ 新潟（刈羽）

ヤブミョウガ　　　〔ツユクサ科／草本〕
おとこみょうが　神奈川（津久井）
ささりんどー　紀州
ちくらんそー　薩摩
はなみょーが　播州
みょーがそー　加賀　三重

ヤブムラサキ　　　〔クマツヅラ科／木本〕
こごめぎ　徳島
こごめのき　高知（高岡）
こみこみ　和歌山（東牟婁）
こめごめ　島根（出雲）　香川（香川・仲多度）
ごめごめ　和歌山（東牟婁）
しろもじ　島根（簸川）
そばうつぎ　高知（高岡）
ゆみのき　和歌山（新宮市）

ヤブラン　　　〔ユリ科／草本〕
いしたたみ　長州
いんきょのめだま　加州
いんのしっぽ　鹿児島（薩摩）
いんのしぽ　鹿児島（薩摩）
おどりこ　勢州
おふくだま　勢州
おんどのみ　志州
かしらご　江州
こーがいそー　加州
ごーかいそー　加州
じーとばば　熊本（玉名）
じゃがひげ　岐阜（吉城）
じゃのひげ　尾州
じょーがひげ　関西　四国　泉州
じょーのひげ　江州
ぜーがひげ　山口（柳井）
たたみくさ　防州
たつのひげ　奥州　加州
づくだま　丹波
でたま　周防
てっぽーだま　福島（相馬）
てっぽーのたま　江州　福島（相馬）
ねこのめ　新潟
のらん　周防
はずみだま　勢州
ひがら　勢州
ふきだま　泉州
ぽんぽな　鹿児島（薩摩・甑島）

みゃく　長崎（下県）
みゃく　長崎（対馬）
むぎめしばな　伊勢
めっちょ　勢州
やぶみ　泉州
やぼばくり　熊本（球磨）
りゅーのひげ　東国　筑前
りょーのひげ　江戸

ヤブレガサ　　　〔キク科／草本〕
うさぎこーもり　静岡（安倍）
うさぎのかさ　千葉（館山）　鹿児島（国分市）
かえるのこしかけ　静岡（磐田）
かさぶき　静岡（賀茂）
かちかちばな　高知（高岡）
かぶろぐさ　埼玉（入間・秩父）
からかさぐさ　島根（簸川）
きつねかさ　岩手（二戸）
きつねのかさ　長門　周防
きつねのからかさ　長門　周防　青森（東津軽）
　長野（下伊那）
きつねのこーもり　埼玉（秩父）
さるのからかさ　木曾
ししのかさ　島根（美濃）
てんにんかさ　岐阜
とちかくし　信濃　飛騨
ぶっちゃけがさ　千葉（印旛）
へびのかさ　千葉（君津）
ほえどかさ　岩手（上閉伊）
もみじかさ　静岡（富士）
もみじぐさ　静岡（富士）
よめのかさ　長野（下水内）

ヤマアサ → オオハマボウ

ヤマアザミ　ツクシヤマアザミ　　　〔キク科／草本〕
あにあざみ　山形（飽海）
おにあざみ　和歌山（西牟婁）
ぎざぎざ　福井
ざるぐさ　長野（佐久）
ちょーちんぐさ　長野（佐久）
やまごぼー　鹿児島（甑島）

ヤマアジサイ　サワアジサイ　　　〔ユキノシタ科／木本〕
あじさい　秋田　栃木
あずきうつぎ　新潟（佐渡）
あっさい　秋田

ヤマアワ

あまじゃ　岩手
あまちゃ　青森（下北・上北）
あまちゃもどき　福井（大野・三方）
あまて　鹿児島（垂水市・肝属）
あまてのき　鹿児島（垂水市・肝属）
あんさい　秋田
あんさうつぎ　新潟（佐渡）
あんさえ　秋田（北秋田）
あんさばな　新潟（佐渡）
あんさんばな　石川（能登）
うんさい　秋田（仙北）
きおりだ　熊本（八代）
きつねあまちゃ　青森（上北）
さーくぬぎ　千葉（夷隅）
さわっぷたぎ　神奈川（津久井）
さわぶた　千葉（夷隅）
さんがえ　島根（仁多）
じゅーてまり（シチダンカ）　甲州
ぜにっぱ　下野黒髪山
ちょーでまり（シチダンカ）　甲府
ちょーでまり（ベニガク）　甲府
つゆかえし　福井（遠敷）
つゆがえし　福井（若狭）
とーしんぼー　千葉（夷隅）
どーしんぼー　千葉（夷隅）
とちしば　和歌山（東牟婁）
とっとべ　岩手（下閉伊）
ながしば　鹿児島（垂水市）
ななかぶと　岩手（上閉伊）
ななかわり　青森（中津軽）
にがちゃ　福井（遠敷）
のこぎりば　駿州庵原郡
ふしぐろ　木曾
ほとけばな　徳島（美馬）
やまあじさい　青森（津軽）　和歌山
やまあまちゃ　島根（隠岐）
やまこぼし　福井（大野）

ヤマアワ　〔イネ科／草本〕
いちごつなぎ　山形（北村山）

ヤマイ　〔カヤツリグサ科／草本〕
あらだい　山形（北村山）

ヤマウグイスカグラ　〔スイカズラ科／木本〕
あずきいちご　香川（香川・仲多度）

ヤマウツギ　〔ユキノシタ科／木本〕
うのはな　京畿
けたのき　仙台
さつきばな　越中　福島　富山（高岡市・東礪波）
　石川　福井　島根（邑智）

ヤマウド　→　ウド

ヤマウルシ　〔ウルシ科／木本〕
あらら　北山荘河合村
いぬはぜ　和歌山（東牟婁）
うるし　青森　岩手　宮城　茨城　埼玉　三重
　香川　高知
うるしのき　高知（長岡）
うるしはぜ　熊本（八代）
おにうるし　静岡（秋葉山）
かぶれ　愛知（知多）　三重（員弁）
かぶれっき　静岡
きうるし　新潟（佐渡）
ごーのき　和歌山（伊都）
しらはぜ　高知（土佐）
しろはぜ　愛媛（上浮穴）
ねばのき　周防
のうるし　埼玉　高知（幡多）
のぶはぜ　高知（幡多）
はしぎ　周防　高知（高岡・幡多）
はぜ　石川　福井　奈良　和歌山　徳島　香川
　愛媛　高知
はぜぎ　徳島（美馬）
はぜな　高知（幡多）
はぜのき　石川　福井　香川（香川・綾歌）　高知
はんじ　静岡　愛知
はんじうるし　静岡（磐田・水窪）
はんじのき　静岡（周智・秋葉山）
はんぜ　岐阜（揖斐）
やまあずさ　埼玉（秩父）
やまうるし　岩手　宮城　神奈川　愛知　三重
　奈良
やまはぜ　奈良（吉野）　高知　愛媛
ゆみき　高知（幡多）
ゆみぎ　周防

ヤマオダマキ　〔キンポウゲ科／草本〕
おだまき　岩手（二戸）
かっこばな　秋田（鹿角・平鹿）
かんこばな　青森
たまよーじゅ　青森

たまよーらい　青森
たまよーらく　青森
のぶし　岩手（二戸）
ぶし　岩手（二戸）

ヤマカイドウ → ノカイドウ

ヤマガキ　〔カキノキ科／木本〕
がらがらのき　福岡（糸島）
さるなかし　愛媛（東部）
さるなかせ　静岡（遠江）　香川（屋島）
しぶがき　岡山　広島（安佐）　沖縄（国頭）

ヤマカシュウ　〔ユリ科／木本〕
あぶらな　甲州河口
おにのしょいな　信州軽井沢　伊勢
おにのしょいなわ　長野（北佐久）
おにのせいな　長野（北佐久）
さいこくばら　木曾
しょーがくばら　長野（北佐久）

ヤマガラシ　〔アブラナ科／草本〕
ちゅーぜんじな　栃木（日光）

ヤマグルマ　トリモチノキ　〔ヤマグルマ科／木本〕
あかもーち　三重（度会）
あかもち　東京（八丈島）　鹿児島（鹿屋）
いのもーち　三重（度会）
いわがんもち　宮崎
いわぐるま　滋賀
いわむち　筑前
いわもち　筑前　奈良　高知　愛媛　九州
いわやん　鹿児島（垂水市・鹿屋）
いわやんもち　宮崎　鹿児島
おーもちのき　九州　静岡　愛媛
おとこやまもち　長崎（対馬）
おやまだこ　東京（御蔵島）
かしもち　東京（神津島）
こねのき　長州
こはびら　東京（伊豆諸島）
さねやくしょ　鹿児島（大島）
とりもち　山形　滋賀　広島　愛媛（上浮穴）
　　福岡　宮崎
とりもちのき　埼玉　静岡　岐阜　滋賀　三重
　　和歌山　岡山　島根　高知（吾川）　愛媛
ほんもーち　三重　和歌山
ほんもち　福井　静岡　三重（牟妻）　奈良　和

歌山　高知　大分
もーち　三重（多気・度会）
もーちのき　三重
もち　静岡　愛知　広島　愛媛
もちぎ　茨城
もちのき　埼玉（秩父）　神奈川　山梨　新潟
　　長野　静岡　愛知　岐阜　三重　奈良　京都
　　和歌山（新宮市・東牟妻）　兵庫　高知　愛媛
　　鹿児島
もっちのき　秋田（由利）
やまおから　新潟（東蒲原・南蒲原）
やまぐるま　鹿児島（屋久島）
やまぐろま　岐阜（飛驒）
やまざこ　東京（御蔵島）
やまばい　東京（八丈島）
やまもち　静岡　福井
やんもち　熊本　鹿児島
ゆわんぎ　鹿児島（奄美大島・南西諸島）
ろーそくのき　鹿児島（屋久島）

ヤマグワ　シマグワ　〔クワ科／木本〕
あざみぐわ　奥州
あつさ　群馬（多野）
くわぎ　鹿児島（奄美大島）
さいずちのき　越州高田
ささくわ　土州　高知
ささぐわ　土州　高知（安芸）
じぐわ　鹿児島（甑島）
ぜんぜんこぼこぼ　滋賀（神崎）
ぜんぜんごぼごぼ　滋賀（神崎）
なでちぎ　鹿児島（徳之島）
のぐわ　高知（吾川）
のぐわ（ケグワ）　和歌山（伊都）

ヤマコウバシ　〔クスノキ科／木本〕
あかしば　熊本（玉名）
あきまんとー　長門　防州
あさかい　岡山
おぐらき　和州吉野郡
おばともぎ　徳島（美馬）
こーせんしば　埼玉（入間・秩父）
こーばし　和歌山（日高）
こなしば　埼玉（秩父）
このしば　埼玉（秩父）
たぶ　岡山
たまのき　播磨　兵庫（佐用）

ヤマゴボウ

だんごしば　愛媛（周桑）
たんば　芸州
たんばしば　防州　長州
たんばのき　岡山
てんぐそば　徳島（美馬）
ともぎ　高知（安芸）
とろしば　埼玉（秩父）
とろろぎ　広島（比婆）
なたのはおらし　福岡（粕屋）
におともぎ　高知（土佐）
のそば　香川　香川（綾歌・香川）
はおしみ　熊本（球磨）
ほーそ　香川（木田）
まそば　高知（長岡）
むらだち　三重（伊賀・度会）
もーちのき　群馬（山田）
もちぎ　岐阜（美濃）
もちしば　周防
もちのき　茨城（久慈・筑波山）　岐阜（美濃）
やぶげやき　泉州
やぶごしょー　大阪
やまこしょー　美濃
やまちゃ　千葉（成田）
やまところ　防州
やまとろろ　長州
やまむく　高知（長岡）
やまもちぎ　栃木（唐沢山）
やまもちのき　埼玉（比企）
わらべなかせ　防州　長州
わらんべなかせ　長州
わろーべなかせ　長州

ヤマゴボウ　〔ヤマゴボウ科／草本〕

いじくさり　山形（酒田市）
いぬごぼー　土州
いんきぐさ　鹿児島（鹿児島市）
いんくばな　宮崎（西諸県）
うらじろ　富山（東礪波）
おーじがたばこ　鹿児島（悪石島）
じゃこすぎ　丹州
ちょーごんぼ　岩手（上閉伊）
とーごぼー　盛岡　佐渡　木曾　山形（米沢市）　長野（佐久）
とーごんぼ　岩手（上閉伊）　新潟（西頸城）　長野（下水内）
とーな　長野（佐久）
とーのごんぼ　美濃
とごほー　山形（山形市）
ところ　伊豆八丈島
とこんぼ　宮城（登米）
むかでぐさ　福岡（大牟田市）
やまかぶ　埼玉（秩父）

ヤマコンニャク　〔サトイモ科／草本〕

つちっくい　神奈川（津久井）
おーぼて　周防

ヤマザクラ　〔バラ科／木本〕

あまざくら　大分（北海部・大野）
いぬさくら　周防
うばさくら　新潟（東蒲原・南蒲原）
かば　青森　岩手（稗貫・羽後）　秋田（北秋田）
かばざくら　奥陸　青森　青森（陸中）　岩手（九戸・羽後）　秋田（山本）　熊本（八代）
かばぬき　鹿児島（奄美大島）
かわざくら　陸前　宮城
かんば　青森（西津軽）　岩手（紫波）　秋田（南秋田）　新潟（佐渡）　岐阜（飛騨）　静岡（磐田）　高知（長岡）
かんぱ　富山（富山市）
かんばさくら　広島
かんばざくら　岐阜　静岡（遠江・磐田）
ごてんざくら　岡山
さくらかんば　奈良（吉野）
たで　鹿児島（肝属）
ちゃわんざくら　山梨
へっぴりざくら　埼玉（秩父）
ほんざくら　埼玉　岡山　広島　山口　徳島（美馬）　香川　香川（綾歌）　福岡（久留米）
まざくら　宮城

ヤマジオウ　〔シソ科／草本〕

みやまきらんそー　和歌山

ヤマジオウギク → イズハハコ

ヤマジノギク　〔キク科／草本〕

ごそんみみ　鹿児島（甑島）

ヤマシバカエデ → チドリノキ

ヤマシャクヤク　〔ボタン科／草本〕

のしゃくやく　備後　広島（備後）
やましゃくじょー　信州　長野

やまぼたん　岩手（上閉伊）

ヤマシロギク　〔キク科／草本〕
しろよめな　和歌山（西牟婁）

ヤマゼリ　〔セリ科／草本〕
うさぎのみつば　長野（北佐久）
うまうま　新潟（中頸城）
うまぜり　鹿児島（姶良・霧島山）
うまみつば　長野（北佐久）
おにみつば　長野（北佐久）
かけぜり　広島（比婆）
むまぜり　筑前
やつば　埼玉（入間・秩父）
やまぜり　静岡（磐田）
やまにんじん　相模　甲州
よめのわん　筑前

ヤマソテツ　〔キジノオシダ科／シダ〕
おにわらび　長門
きじのお　周防
げんたかぶ　木曾
しのはちげんた　信州木曾
すりばちれんだ　木曾
ひめしだ　長門
ほこりこごめ　山形（西田川）

ヤマタバコ　〔キク科／草本〕
なすがら　木曾
なすびがら　美濃

ヤマツツジ　〔ツツジ科／木本〕
あかつつじ　和歌山（西牟婁）
いわつつじ　愛媛（周桑）　鹿児島（垂水市・硫黄島）
えんちじぎ　山形（西置賜）
おんつつじ　香川
ぜにばな　広島（比婆）
どくちちぎ　山形（西置賜）
どくつつぎ　山形（新庄・最上）
にばんつつじ　埼玉（秩父）
へびちぎ　山形（西置賜）
めんつつじ　愛媛（宇摩）

ヤマツバキ → ヤブツバキ

ヤマトアオダモ　オオトネリコ　〔モクセイ科／木本〕
あぶらぎ　奈良（吉野）
おーしだ　栃木　埼玉
おーとねり　奈良（吉野）
こーばち　和歌山（有田）
しらたも　青森
しろしだ　埼玉（秩父）　栃木　群馬
しろぞわ　三重（一志）
しろたも　青森　岩手
しろだも　岩手　秋田
しろたもぎ　新潟（佐渡）
しろだんご　福井（三方）
しろとねり　鳥取
しろどねり　島根
しろとねりこ　富山（黒部）　兵庫（佐用）　徳島（那賀）
しろふじき　埼玉（秩父）
だご　富山（出町）
だごのき　富山（五箇山）
だんごのき　福井（三方）
どーこー　岐阜（揖斐）
とーねり　山口（佐波）
とねり　石川　京都　宮崎　熊本
とねりこ　群馬　徳島　熊本　鹿児島
とねる　大分（南海部）
ふじき　埼玉（秩父）　静岡（北伊豆）
もえぶと　岩手

ヤマトキホコリ　〔イラクサ科／草本〕
あおみず　山形

ヤマドリゼンマイ　〔ゼンマイ科／シダ〕
えちごわらび　長野（下高井）
おにこごみ　長野（下高井）
かくま　福島（南会津）
やまどりがくし　島根

ヤマナシ　〔バラ科／木本〕
ありなし　和歌山（有田・西牟婁）
ありのみ　京都
いぬなし　濃州　岐阜（美濃）　和歌山
うらじろ　周防　和歌山　島根（石見）
おもりこぶのこ　阿州
かたなし　北国　新潟（岩船）

ヤマナラシ

きなし 岡山
くちなし 兵庫（播磨）
こなし 山形 長野（小県） 岐阜（益田） 静岡 遠江
さなし 青森 岩手（紫波・陸中） 秋田（北秋田）
したなし 岩手（上閉伊）
しなのき 山形（西村山）
たかなし 福井 和歌山
ちんぴらり 土州
どろ 秋田（北秋田）
なしかずら 薩州
またたびもどき 三重（伊勢）
まめなし 大阪
やまりんご 山形
ゆでなし 雲州
りんろく 土州

ヤマナラシ ハコヤナギ 〔ヤナギ科／木本〕
あおどろ 北海道
あまどろ 奥羽
いせやなぎ 兵庫（姫路市） 広島（安芸）
いぬぎり 筑紫 福岡
いぬやなぎ 筑紫 青森（弘前市・中津軽）
いやなぎ 芸州 薩州 広島
いんそね 栃木（日光市）
うらじろ 島根（石見）
えんぎり 千葉（清澄山）
おかやなぎ 広島（比婆）
おがら 岩手（胆沢） 宮城
かわやなぎ 長崎（南高来）
こやなぎ 摂州
さるやなぎ 岩手（岩手）
しばふり 高知（安芸・香美）
しらばり 香川（綾歌・香川）
しろかし 長崎（南高来）
しろき 兵庫（穴栗） 徳島（美馬） 高知（香美）
しろやなぎ 周防
つらふり 播州
つらり 播州
てっぽーなし 千葉（夷隅）
でろ 岩手 宮城 新潟
どろ 新潟 茨城 栃木 埼玉 長野 兵庫 鳥取 岡山 島根
どろっき 静岡（駿河）
どろっぺ 群馬（利根）
どろっぽ 山梨（塩山）
どろなし 茨城（新治）
どろぬき 岩手
どろのき 埼玉 静岡 石川 岡山 島根
どろはこやなぎ 甲斐
どろぶ 奥州 磐城 福島 栃木 茨城 埼玉 新潟（東蒲原・南蒲原） 岡山
どろべー 群馬（利根）
どろぽ 茨城
どろー 三河 愛知 岐阜 岡山
どろほーのき 愛知（東三河）
どろほーやなぎ 広島（備後）
どろやなぎ 山形（庄内） 栃木（北部・真岡市） 新潟 長崎（南高来）
どろんぽ 長野（松本市）
どろんぽー 埼玉（秩父）
ならなし 千葉（清澄山）
ならんなし 千葉（清澄山）
はこたん 三重（伊賀）
はこや 富山 福井 三重（伊勢） 和歌山
はこやそ 江州
はこやなぎ 北海道 静岡 三重 京都 大阪 兵庫 鳥取 島根 愛媛
ばたばた 三重（志摩） 島根（隠岐）
はひろ 周防
はふり 徳島（美馬） 愛媛
はふりき 愛媛
はふりぎ 徳島（美馬）
はふりのき 徳島（美馬）
ばんぞー 広島（神石）
びゅーびゅーやなぎ 広島（安佐）
びろき 兵庫（播磨）
びろく 丹波
ひろつが 鳥取（伯耆）
ひろひろ 鳥取（伯耆）
びろびろーやなぎ 広島（比婆）
ぶらっと 和歌山（西牟婁）
ぶらっと 和歌山（東牟婁）
へらふり 兵庫
べろ 福井 京都（北桑田）
べろき 兵庫（播磨）
べろっこ 鳥取（岩美）
べろのき 福井（三方） 京都（北桑田）
ほとけぎ 栃木（西部） 群馬（東部） 新潟
ほとけどろんぼ 栃木（西部） 群馬（東部）
まっちのき 長崎（南高来）
やすもど 秋田（仙北）

やまから　新潟　新潟（東蒲原・南蒲原）
やまどろ　秋田　山形
やまなし　静岡（駿河）　三重　和歌山　和歌山（海草・西牟婁）　香川　香川（仲多度）
やまなら　愛媛
やまならし　武州八王子　静岡（南伊豆）
やまやなぎ　広島（比婆）　島根　高知（安芸）
ゆやなぎ　摂州　岩手　岩手（岩手）
よめふり　信濃　木曾　尾張　福井　長野　岐阜　静岡　愛知　三重　愛媛
よめふりやなぎ　岐阜（揖斐）
らいぎ　青森（上北・東津軽）

ヤマニガナ　　　　　　　　　〔キク科／草本〕
まごやす　千葉

ヤマニンジン　→　カワラボウフウ

ヤマネコヤナギ　バッコヤナギ　〔ヤナギ科／木本〕
べこやなぎ　秋田（北秋田）

ヤマノイモ　ジネンジョ, ジネンジョウ
　　　　　　　　　　　　　〔ヤマノイモ科／草本〕
いちょーいも　京
いも　宮城（仙台）
うかご　岡山（岡山・御津）
うん　沖縄（石垣島・鳩間島・黒島）
えぐいも　和州
おなごやまいも　熊本（阿蘇）
おにはな　和歌山（日高）
おにばな　和歌山（日高）
かやうん　沖縄（石垣島）
かやん　沖縄（竹富島）
かよーん　沖縄（石垣島）
かりょーん　沖縄（石垣島）
きりいも　兵庫
きんどころ　奈良（十津川）
しくろまき　長崎（北松浦）
じねんじ　静岡（富士）
じねんじー　静岡（富士）
じねんじいも　静岡（富士）
じねんじょ　千葉（市原）　富山（東礪波・西礪波）　和歌山（田辺・海草・日高）
じねんじょいも　静岡（富士）
じねんじょー　静岡（富士）　大分（直入）
じょねんじ　静岡（富士）
せとで　鹿児島（屋久島）

だいこくいも　仙台
つくいも　宮城（仙台）
つくねいも　肥後　神奈川（中）　石川（金沢）　山梨（南巨摩）　岐阜（飛騨・吉城）　兵庫（美方）　奈良　香川（綾歌）　愛媛（周桑）　福岡（糸島）　熊本（下益城）
つぐねいも　鳥取（西伯）　愛媛（周桑）
つくりいも　福岡（朝倉）
つるかめ　岡山（岡山市）
てこいも　島根（美濃）
ところいも　島根（石見・隠岐島）
とろ　千葉（山武）
とろいも　群馬（佐波）　千葉　山梨（南巨摩）
とろえも　千葉（印旛）
とろろいも　青森　秋田　千葉（印旛）　兵庫　福岡（糸島）
とろろえも　岩手（岩手）
ながいも　東国　秋田（鹿角）　千葉（市原）　神奈川（川崎・足柄上）　静岡（富士）　京都（竹野）
ながえも　秋田（鹿角）　千葉（印旛）
なかねいも　岡山（小田）
ながねいも　岡山（小田）
ねいも　山梨　静岡（磐田）
のいも　静岡（磐田）
ばかいも　山形（村山・東田川）　静岡（志太）　長野（東筑摩）
ばかえも　山形（村山）
ばちかご　香川
はなたかてんぐ　長崎（北松浦）
ぼーいも　新潟（中部）
ぼーうん　沖縄（石垣島）
まいも　和州　島根（美濃）
まかご　岡山
まかごいも　岡山
むかご　愛媛（周桑）
やまいも　岩手（上閉伊）　宮城（仙台）　千葉（印旛）　東京（三宅島・御蔵島）　神奈川（愛甲）　静岡（富士）　奈良　兵庫（洲本）　島根（美濃）　山口（大津）　福岡（朝倉）　長崎（南高来）　熊本（玉名・阿蘇）
やまついも　奈良
やまところ　島根（美濃）
やまどころ　山形（飽海）　島根（美濃）
やまとろいも　長野（北佐久）
やまんいも　福岡（築上）
らくだいも　長野（下伊那）

らくだえも　富山
わん　岡山（御津）

ヤマハギ　　　　　　　　　　　〔マメ科／草本〕
じゅーごやばな　鹿児島（出水市・日置）
じゅごやばな　鹿児島（日置）
だんごはぎ　群馬（佐波）
はぎ　山形（山形）　兵庫（洲本）　島根（美濃・
　　能義）　長崎（南高来）　熊本（上益城）　鹿児島
はぎのこ　鹿児島　鹿児島（姶良・肝属・薩摩）
はっ　鹿児島（薩摩）
はつのこ　鹿児島（日置・薩摩）
ほなが　愛媛（周桑）

ヤマハゼ　　　　　　　　　　　〔ウルシ科／木本〕
あらら　和州吉野郡
はぜうるし　兵庫（佐用）
まけのき　香川　香川（綾歌・仲多度）
ゆみぎ　大和吉野郡

ヤマハッカ　　　　　　　　　　〔シソ科／草本〕
えぐさ　芸州　薩州
はっかぐさ　鹿児島（垂水市）

ヤマハハコ　　　　　　　　　　〔キク科／草本〕
かなづつ　青森
じんじこ　秋田（鹿角）
ちちこ　青森
ぢっこ　青森
はまじんずこ　青森（津軽）
もくりぐさ　青森（津軽）
もぐりくさ　青森

ヤマハンノキ　　　　　　　　〔カバノキ科／木本〕
あかっぱり　茨城
あかはり　香川（綾歌）
あかばり　富山（五箇山）　石川（加賀）
あかはん　新潟（長岡）
あかばん　新潟（南魚沼）　福井（大野）
あかはんのき　新潟（長岡）
あつさ　長野（小県）
いたちのけつぬぐい　山形（北村山）
えぞばな　静岡（南伊豆）
おーばり　新潟（西頸城）
おーはんのき　山形（西置賜）
おーぼき　高知（幡多）

おーやまぶな　静岡（伊豆）
おかば　岡山　広島
おはぐろのき　栃木（塩谷）
かちぬき　山形（西置賜）
かわらはんのき　滋賀
くろはり　長野（佐久・小県）
さがみぶな　静岡（伊豆）
ざっくらばん　新潟（中魚沼）
さわっぷし　栃木（塩谷）
さわぶな　静岡（伊豆）
じはんのき　岐阜（大野）
しょーばんのき　鹿児島（肝属・垂水）
しょばんのき　鹿児島（肝属・垂水）
しろぼい　山梨（南巨摩）
ててばり　富山（東礪波・出町）
はき　群馬（碓氷）
はげしばり　愛媛（新居）
はぬき　岩手（稗貫）
はのき　岩手　宮城　山形　茨城　栃木（日光）
はのぎ　宮城（宮城）
はぶと　富山（出町）
はふり　徳島（美馬）
はふりのき　徳島（美馬）
はりぎ　愛媛（東予）
はりのき　新潟（佐渡）　長野　静岡　摂津　丹
　　波　和歌山（那賀）　徳島　愛媛　高知
はりめぎ　高知（高岡・土佐）　愛媛（面河）
はるのき　山梨　静岡　石川　徳島　高知
ばん　鳥取（岩美・気高）
ばんず　島根（仁多）
ばんぞーぎ　広島（比婆）
はんのき　北海道
ばんのき　島根　岡山
はんべ　青森（津軽）　秋田（山本）
ぶなのき　静岡
ほっとばり　福井（今立）
まるばはんのき　青森（下北）　秋田（北秋田）
　　岐阜（美濃東部）　高知（吾川）
まるはん　新潟（南魚沼）
むねば　岐阜（揖斐）
やじば　青森（南津軽・中津軽）　秋田（南秋
　　田・北秋田）
やしゃびしゃく　駿河
やしゃぼのき　静岡（遠江）
やずぐわ　秋田
やちくわ　岩手（和賀）　秋田　秋田（南秋田）

やちば　青森（東津軽）　岩手　秋田（山本）　山
　形（東田川）
やちはんのき　山形（西置賜）
やつくわ　岩手（和賀）　秋田
やつっぱのき　青森（増川）
やつば　青森（津軽）　秋田
やつば　青森（下北）
やまはるのき　静岡　静岡（伊豆）
やまはんのき　高知（長岡）
やまやしゃのき　静岡（遠江）

ヤマヒハツ　　　　　　〔トウダイグサ科／木本〕
くさすび　鹿児島（奄美大島）

ヤマビワ　　　　　　〔アワブキ科／木本〕
いそしば　長州
うしぶらい　宮崎（西臼杵）
おとぼ　鹿児島（垂水市）
おとぼがすね　鹿児島（肝属）
おんじびわ　長崎（西彼杵）
こび　愛媛（新居）
しぐのき　鹿児島（奄美大島）
しらかしのき　鹿児島（甑島）
すーのき　鹿児島（種子島）
すきで　鹿児島（北薩）
すぐのき　大分（南海部）　鹿児島（屋久島）
すぐろぎ　鹿児島（奄美大島）
すぐわ　熊野　和歌山（東牟婁）
すご　熊野　三重（度会）
すごのき　熊野　三重（尾鷲）
すのき　高知　徳島（海部）
たばくぎ　鹿児島
ながば　鹿児島（奄美大島）
はしぎ　鹿児島（種子島）
びわば　三重（度会）
ほえたら　鹿児島（奄美大島）
ほーのき　熊本（天草）
やまず　徳島（海部）　高知（安芸）
やまびわ　高知　三重　鹿児島（奄美大島）
ゆいぬごー　沖縄

ヤマブキ　　　　　　〔バラ科／木本〕
うますてばな　青森（八戸・三戸）
ずいのき　神奈川（三浦）
ずっき　秋田（河辺）
すっぽん　新潟（中越・長岡）　長野　三重（志

摩・伊勢）　兵庫（赤穂）　和歌山（日高）　愛媛
　（周桑）
すっぽんぽん　千葉（印旛）
すとんこのはな　青森（八戸・三戸）
すとんこはな　青森（三戸）
たねばら　神奈川（三浦）
たばこのき　山形（酒田）
つき　福島（相馬）
つぎつぎのこ　兵庫
つきで　山梨（南巨摩）
つくで　広島（比婆）
つつき　埼玉（秩父）
つっつき　埼玉（秩父）
でんべーぐさ　長野（佐久）
でんぽーろく　長野（諏訪）
とーしん　熊本（玉名）
とーしんそー　和歌山（海部）
とーしんのはな　福岡（築上）
とーすみ　埼玉（入間）
ほずきのはな　青森（八戸・三戸）
みそばな　青森（三戸）
みぞばな　青森（三戸）
むくろじ　島根（美濃）
めんめんぶき　群馬（利根）
やまびこ　青森（八戸・三戸）

ヤマブキショウマ　　　　　　〔バラ科／草本〕
あかはぎ　秋田（鹿角）
いわだな　秋田
いわたら　秋田
いわだら　山形（東部）　新潟
いわだんな　秋田
いわのり　山形（東田川）
じゅな　山形（村山）
じょーな　山形
じょな　山形（庄内）
じょんな　山形
しろばな　埼玉（秩父）
ゆわだら　山形（東村山・北村山）

ヤマフジ　　　　　　〔マメ科／木本〕
かなずる　木曾
とずら　木曾
ふじかずら　鳥取　山口（熊毛）　香川　香川
　（木田）　高知（安芸・土佐）　長崎（南高来）
ふじずる　香川（綾歌）

ヤマブドウ 〔ブドウ科／木本〕

いびずる　茨城（稲敷）
うしぶどー　静岡（賀茂）
うまえびこ　静岡（賀茂）
うまぶどー　静岡（賀茂・田方）
えび　上総　山形（東置賜・西置賜）　山梨　山梨（南巨摩）　長野　静岡（磐田・安倍）　兵庫（美方）　島根　山口
えびかずら　島根（石見・鹿足）　山口
えびこ　愛媛
えびこかずら　徳島（美馬）　愛媛（上浮穴）
えびしょ　三重（志摩）
えびずる　京都　大和　茨城（稲敷）　千葉（安房）　島根（益田市）
えびそ　三重（飯南）
えびつる　千葉（安房）
えびのつる　埼玉（入間）
えびんずる　群馬（勢多）
えぶ　長野（諏訪）　島根
えぶこ　東京（三宅島）
えべす　東京（八丈島・御蔵島）
えんこぶどー　香川（仲多度）
おーえび　秩父　埼玉（秩父）
おーぶどー　信州　秋田（南秋田）　埼玉（秩父）
おぶんどー　秋田（鹿角）
かかえび　神奈川（相模）
かまえび　茨城（稲敷）　群馬（佐波・勢多・群馬・多野・山田）　千葉
かまぶどー　茨城（新治）
かもえび　仙台　木曾
がらび　岡山
がらめ　熊本（南部）
くさいび　兵庫（美方）
ぐらみ　熊本（芦北）
くろぶどー　庄内　北海道（函館）　山形（鶴岡）
くんだ　丹波
ぐんだ　兵庫
ぐんだ　石川（羽咋・鳳至）
ごよ　三重（一志）
さなずら　福島（会津）
すえび　愛知（北設楽）
だけのぶどー　青森（三戸）
だけぶどー　青森（三戸）
たちかつ　鳥取
たちかわ　鳥取
どすぶんど　山形（南村山）

なべったし　徳島　徳島（美馬）
びび　島根（八束）
ぶどー　北海道　秋田　長野（木曾）
ぶどーふじ　岐阜（飛驒）
ぶんず　福島（石城）
べぶ　神奈川（津久井）
ぽんざ　島根（隠岐島）
ぽんだ　島根（隠岐島）
まさき　兵庫
まつえび　島根（益田市・那賀）
まつびび　島根（八束）
みやまつ　新潟　新潟（西頸城・西蒲原）
みやまぶどー　山形（東田川）
やまえび　群馬　岐阜（飛驒）
やまこひ　岐阜（益田）
やまぶんど　青森（八戸）
やまぶんどー　青森（八戸）　新潟
やまみつ　新潟（西頸城）
ゆび　群馬（吾妻）

ヤマボウシ 〔ミズキ科／木本〕

いつき　新潟　富山　石川　福井　岐阜　三重　京都　兵庫　和歌山　鳥取　愛媛　高知
いつぎ　岡山
いっつき　石川　福井
いんしろ　長崎（対馬）　佐賀
うちぎ　岡山
うつき　岡山　鳥取（日野）　広島（比婆）
うつぎ　島根（簸川）　鳥取　岡山
うつきぼーし　広島
うつけ　島根（石見）
うつみ　長門　山口（佐波）
えちきのき　新潟（西頸城）
おつき　島根（仁多）　鳥取　広島（比婆）
おつきのき　島根（隠岐島）
おつきのみ　広島（備後・佐伯）
おつちぼー　広島（山県）
がしんぽーず　岡山
かなめ　鹿児島（肝属）
かねかぶり　山口
からくわ　武蔵
ぎぼし　埼玉（秩父）
くさ　栃木（日光）　神奈川（箱根）
くろがねもどき　愛媛（上浮穴）
こくわ　東京（大島）
こしょーぶ　三重（一志）

ごぜんがし　千葉（清澄山）
こっくわ　東京（大島）
ごりんがし　千葉（大多喜）
さるなし　千葉（清澄山）
さるなめし　埼玉　千葉
さるのめん　千葉（清澄山）
さんなめし　千葉（清澄山）
じぞーがし　長崎（対馬）
じぞーかしら　周防
しょーどーぼー　長門
せつばな　静岡
そばぎ　高知（土佐）
たかち　長崎（対馬）
たかつぇ　長崎（対馬）
たかのつめ　兵庫（佐用）
たにがし　宮崎（東臼杵）
だんご　三重（一志）
だんごぎ　山形（西置賜）
だんごばら　山梨（河口湖）
つくばね　和歌山（伊都・有田・日高）
とりあし　静岡（秋葉山）　三重　福岡（粕屋）
とりのあし　長州　防州　筑紫　摂津　紀伊　兵庫（摂津）　和歌山
ななかまど　三重（員弁）
にーがし　高知（長岡）
はじかみ　三重（一志）
はせがめ　三重（一志）
ひゃくじつか　静岡
ひゃくじっか　静岡
ぼーし　岐阜　福井
ぼーしのき　福井（大野）
ぼくのき　群馬（甘楽）
ぽこ　静岡（伊豆）
ぽっと　長野（木曽）
ぽんず　山口（阿武）
もちしば　愛媛（宇摩）
やえんぼー　千葉（君津）
やまうめ　三重（一志）
やまか　埼玉（秩父）
やまか　岩手（上閉伊）
やまが　青森　岩手　秋田（南秋田）　山形（東田川・東村山）　茨城
やまがー　青森　岩手
やまかし　宮城（宮城）　新潟
やまがのき　青森（上北）
やまかん　宮城（本吉）

やまがん　岩手　宮城
やまくわ　青森　岩手　宮城　秋田（仙北）　新潟　群馬　埼玉　神奈川　静岡（伊豆）　東京（大島）　宮崎（西諸県・小林）
やまぐわ　秋田（鹿角）　山形　群馬（佐波）　埼玉（秩父）　長野　新潟　静岡
やまくゎし　新潟
やまご　岩手　山形
やまごわ　山形（東田川）
やまた　秋田
やまつか　埼玉（秩父）
やまっか　千葉　埼玉　山梨　静岡
やまっかー　山梨（都留）
やまっくわ　山梨　静岡　長野
やまなし　大分（大野）
やまぼーし　愛知　岐阜
やまもも　千葉　三重　広島　愛媛（上浮穴・新居）　高知（土佐）
やまんがん　岩手（紫波）
やまんぐわ　福島（信夫・伊達）

ヤマホオズキ　〔ナス科／草本〕
からすほーずき　伊豆大島・神津島

ヤマボクチ　〔キク科／草本〕
いぬごぼー　土州
いんきくさ　鹿児島（鹿児島）
いんくばな　宮崎（西諸県）
うらじろ　富山（東礪波）　島根（美濃）
えんどり　静岡
おーかみまくら　和歌山（有田）
おーじかたばこ　鹿児島（悪石島）
ごごっぱ　長野（北佐久）
ごぼっぱ　青森（津軽）　岩手　秋田（北秋田）　長野（佐久）
ごんぱ　山形
ごんぽーけぇぁば　岩手（九戸）
ごんぽーぱ　新潟（岩船）
ごんぽっぱ　岩手（上閉伊・遠野）　福島（東白川）
しゃこすぎ　丹州
ちょーごんぽ　青森（八戸）　岩手（釜石）
つちな　和歌山（北部）
とーこぼー　南部　岩手（盛岡・二戸）
とーこんぽ　新潟（西頸城）
とーごんぽ　岩手（遠野・上閉伊）　秋田（雄勝）　山形（酒田）　岐阜（加茂）　新潟（西蒲原）

ヤマホトトギス

とごぼ　秋田
とこぼー　青森　秋田
とごぼー　山形（山形）
ほーこ　島根（仁多）
ほーこー　広島（比婆）
むかでくさ　福岡（大牟田）
やまかぶ　埼玉（秩父）
やまごぼ　福岡（田川）　鹿児島（姶良）
やまごぼー　木曾　近江　新潟（佐渡）　長野（下水内）　静岡（富士）
やまごんぼ　福井　岡山　鹿児島（垂水市）
やまごんぼー　広島（比婆）
やまたばこ　和歌山（日高）
やまのごんぼー　佐賀（藤津）
やまぼーこ　紀伊
わたな　和歌山（北部）

みずもも　島根（益田市）
むん　沖縄（八重山）
もき　鹿児島（大隅・奄美大島）
もも　静岡　和歌山　高知　愛媛　鹿児島（奄美大島）
ももき　沖縄
ももぎ　高知（幡多）
もものき　静岡　三重
ももやま　長野（篠ノ井）
ももんご　鹿児島（奄美大島）
やまぎ　鹿児島（甑島）
やまむ　沖縄
やまむぐ　沖縄
やまも　東京（大島）　静岡　熊本
やまもも　千葉　三重　奈良　和歌山　鹿児島
やもも　静岡　愛媛　熊本
やもものき　佐賀
やんもも　熊本（球磨）

ヤマホトトギス　　〔ユリ科／草本〕

へびのあねさま（あねはん）　山形（鶴岡市）

ヤマモガシ　　〔ヤマモガシ科／木本〕

いんぬくす　沖縄
かまうど　鹿児島（薩摩）
かまのき　鹿児島（薩摩）
きのみのき　鹿児島（屋久島）
しゃくしぎ　徳島（海部）　高知（幡多）
しらかし　鹿児島（甑島）
しろかし　鹿児島（甑島）
ずく　和歌山（日高）
そーぼー　鹿児島（種子島）
ななかまだき　鹿児島（屋久島）
みずがし　高知（幡多）
もろずめ　高知（幡多）
よきとぎ　鹿児島（肝属）

ヤマモミジ　　〔カエデ科／木本〕

からんちょのき　長野（北佐久）
とんび　長野（北佐久）

ヤマモモ　ヨウバイ　　〔ヤマモモ科／木本〕

あずきなし　富山
おいもも　三重（度会）
おとこやまもも　静岡（駿河）
おもも　三重（宇治山田市・伊勢）
さるびゅー　熊本（天草）
しぶき　長崎（壱岐島）　沖縄

ヤマヤナギ　イワヤナギ　　〔ヤナギ科／木本〕

こごめざくら　江戸
こめこめのはな　仙台
すかやなぎ　青森（津軽）
とじら　山形（西置賜）
ねこご　長崎（南高来）
ねこやなぎ　鹿児島（国分市）
のやなぎ　鹿児島（種子島）

ヤマユリ　　〔ユリ科／草本〕

あめりか　島根（江津市）
えーざんゆり　京都
おとこゆり　熊本（玉名）
がーら　島根（簸川・飯石）
がーらばな　島根（簸川・飯石）
かっこー　島根（石見・鹿足）
かっこーばな　島根（石見・鹿足・美濃）
かんこー　島根（鹿足）
こーら　島根（那賀・邑智・美濃）
ごーら　島根（邑智・安濃・飯石・鹿足）
こーらい　島根　島根（邇摩）
ごーらい　島根　島根（邇摩）
こーらいばな　島根（邇摩・邑智・那賀）
こーらばな　島根（美濃・益田市）
こーらん　広島（山県）
ごーらん　島根（邑智）
こーらんばな　島根（那賀・邑智・美濃）

ごーらんばな　島根（邑智）
ごーろ　島根（鹿足）
ごろ　愛媛（宇和島）
しろゆり　岩手（二戸・上閉伊）　長野（北佐久）
　　岐阜（恵那）
どろ　石川（鹿島）
にがゆり　越中　熊本（球磨）
はなゆり　宮城（仙台市）　千葉
ほとけゆり　島根（八束）
ぼんのはな　岐阜
やいかみ　島根（隠岐島）
やえがん　島根（隠岐島）
やがん　島根（隠岐島）
やまえり　島根（八束）
やままり　島根（能義・八束・仁多）
やりがみ　島根（隠岐島）
ゆり　岩手（上閉伊）　島根（周吉・隠岐・能義・八束・大原・仁多・簸川・飯石）
ゆわよる　山梨（南巨摩）
よー　島根（八束）
より　島根（能義・飯石）
よろ　新潟（刈羽）

ヤマヨモギ　〔キク科／草本〕
おーよもぎ　和歌山（伊都）
たんよもぎ　富山（東礪波）

ヤマラッキョウ　〔ユリ科／草本〕
いそべらっきょー　鹿児島（甑島）
しぜんにら　新潟（佐渡）

ヤマラン → シュンラン
ヤワラグサ → モメンヅル
ヤワラスゲ　〔カヤツリグサ科／草本〕
あわぼすげ　和歌山（西牟婁）

ヤンバルハコベ　〔ナデシコ科／草本〕
べみずかぶり　鹿児島（奄美大島）

ユウガオ　カンピョウ　〔ウリ科／草本〕
いご　徳島（美馬）
いで　徳島（三好）
かなばり　沖縄（八重山）
かんぴょ　鳥取（米子）　島根
かんぴょー　岡山
しゃく　滋賀*

しゃこ　滋賀*
すぶる　沖縄（八重山）
ちょっぱげ　長崎*
ついぶり　沖縄（石垣島・新城島）
つぶる　鹿児島（奄美大島）　沖縄
つぼろ　沖縄
とーがん　千葉（山武）　長野（佐久）
とびん　宮城*
ながふくべ　兵庫*
ひょーたん　埼玉*　佐賀*　長崎*　鹿児島*
ふくべ　秋田*　新潟（佐渡）　滋賀*
ふくべんかぼちゃ　岩手*
へんぽ　富山*
へんぽん　富山*
まーちぶる　鹿児島（奄美大島）
まーついぶる　鹿児島（奄美大島）
まちぶる　鹿児島（奄美大島）
むきうり　三重*
ゆーげしょー　新潟
ゆーご　岩手（九戸）　長野（諏訪）　富山（東礪波・西礪波）
ゆーごー　防州　山梨　新潟（刈羽）
ゆーわご　岩手（紫波）
ゆわご　岩手（九戸）
よーが　新潟（中頸城）
よーがお　長野（下高井）
よごふくべ　富山（東礪波）
よるがお　和歌山（日高）
よんごー　新潟（西頸城）
んぶる　沖縄（与那国島）

ユウガギク　〔キク科／草本〕
あけずりばな　山形（村山）
うさぎぎく　長野（北佐久）
しゃぼんぐさ　長野（北佐久）
じゃぽんくさ　長野（北安曇）
しゃぼんだま　長野（北佐久）
せっけんぐさ　長野（佐久）
のぎく　岩手（上閉伊・二戸）　秋田（鹿角・北秋田・雄勝）　山形（中部）　神奈川（川崎）　千葉　新潟
めどちのさらこ　岩手（二戸）
やまぎく　千葉（山武）

ユウスゲ　キスゲ　〔ユリ科／草本〕
あまのはな　長野（佐久）

あまのばな　長野（北佐久）
うしべら　木曾
かんそーばな　長野（北佐久）

ユーカリ　〔フトモモ科／木本〕
ごむのき　和歌山（新宮市）

ユキザサ　〔ユリ科／草本〕
へびゆり　常陸

ユキノシタ　〔ユキノシタ科／草本〕
あかつわ　鹿児島（川内市・薩摩）
いきのした　島根（能義）
いくのした　富山（西礪波）
いけのはた　富山（富山・射水・砺波・東礪波）
いけはた　富山（富山・射水）
いけばた　富山　富山（射水・砺波）
いしがきばな　長野（下水内）
いしからみ　岩手（九戸）
いしくさ　青森　長野（下水内）
いしぐさ　青森（津軽）
いしごけ　山形（庄内）
いしだん　新潟
いしなめずり　新潟
いしのした　山形（飽海・東村山）
いしわたり　山形（鶴岡市・飽海）
いどくさ　青森（八戸）　岩手（盛岡・上閉伊・二戸・気仙）　宮城（伊達）　山形（東村山）　岐阜（高山・大野・吉城）　和歌山（有田）　山口（玖珂）
いどぐさ　岩手（九戸・二戸）　山形　新潟（中越）　長野（上伊那）　岐阜（飛騨）　静岡（田方）
いどご　群馬（山田）
いどばす　泉州　大阪（泉北）
いどぶき　福島（会津若松市）　新潟（東蒲原）
いどんくさ　山形（東村山・北村山）
いみりぐさ　大阪（大阪）　大分（中部）
いわかずら　上野
いわぐさ　山形（飽海）　新潟（中越）
いわごけ　山形（酒田市）
いわぶき　越前　福井（北部）
いんどんくさ　山形（東村山）
えけのはた　富山（富山市）
えしがらみ　岩手（九戸）
えしぐさ　青森
えどくさ　岩手（盛岡・九戸・紫波）
おとじろー　島根（美濃・鹿足）

かがみぐさ　群馬（山田）
かみなりぐさ　三重（南牟婁）　和歌山（東牟婁）
かんかちぐさ　福島（相馬・中村）
きーぎーそー　山口（玖珂）
きーじんそー　山口（玖珂）　大分（大野）
きぎんそー　岩手（上閉伊・釜石）　大分（大分市）
きじゅそー　大分（別府市）
きじんう　佐賀（小城）　長崎（東彼杵・北松浦・下県）
きじんこ　宮崎（西諸県）
きじんそー　熊本（玉名）　宮崎（宮崎市）
きじんそー　仙台　常陸　長門　周防　筑前　久留米　宮城（仙台・石巻）　秋田（平鹿）　山形　山梨（南巨摩）　新潟　兵庫（赤穂）　香川（木田）　福岡（久留米・八女・朝倉・小倉）　佐賀（小城）　長崎（対馬）　熊本（熊本・鹿本・球磨・阿蘇）　大分（大分・宇佐）　宮崎（西臼杵）
きじんま　山梨（西八代）
きずんそー　岩手　秋田（鹿角）
きぞんそ　宮崎
きりぎりす　山口（大島）
きりんそ　熊本（玉名）
きりんそー　広島（豊田）　佐賀（諫早市）　熊本（芦北）　鹿児島（出水）
きんぎーす　周防　島根（邇摩）
きんぎくさ　大分（西国東）
きんぎくそー　大分（速見）
きんぎそー　山口（玖珂）
きんぎょそー　山口（厚狭）
きんぎりす　大分（北海部）
きんぎりそー　大分（大分）
きんぎんか　香川（木田）
きんぎんぐさ　大分（大分市）
きんぎんくゎ　香川（木田）
きんぎんし　島根（飯石・簸川）
きんぎんす　島根（仁多・簸川・出雲市）　山口（大島・玖珂・都濃・阿武）
きんぎんすそー　山口（玖珂）
きんぎんそ　山口（大島）
きんきんそー　山口（都濃・阿武）　大分（北海部）
きんぎんそー　石州　長門　周防　島根（美濃・那賀・邇摩・邑智）　山口（大島・玖珂・熊毛・都濃・佐波・吉城・厚狭・豊浦・美祢・大津・阿武）　大分（大分）
きんぐすみれ　山口（美祢）
きんずんそー　秋田（横手）　宮城（仙台・石巻）

こじ　宮崎（児湯・東諸県）
しらした　静岡
しろばな　山口（厚狭）
ぜにくさ　秋田
ぜりしだ　佐賀
ちゃんちゃんぐさ　和歌山（新宮市）
ちょーちょーばな　山形　新潟
ちょんこばな　山形（北村山）
ちりんそー　佐賀
ちんぎそー　山口（玖珂）
つぼくさ　山形（酒田）
とらのみみ　下総
とりのした　山口（都濃）
なんきんそー　石見
ねこのした　山形（飽海）
ねこのみみ　山口（大津）　新潟（南蒲原）
のぼりちょ　山形（酒田市）
はかたくさ　宮崎（東諸県）
ひげじさ　新潟　新潟（中蒲原）
びじんそー　大分（大分市）　佐賀
ひでりそー　山口（阿武）
べこのした　青森（南部）
べっとばな　山形（酒田）
べんけーばな　山形（東田川）
べんつけ　熊本（上益城）
まつゆきそー　大分（大分市）
まんじゅーそー　兵庫（赤穂）　香川（木田）
まんじゅそー　兵庫（赤穂）
みずひき　熊本（阿蘇・菊池）
みそだれぐさ　栃木（河内）
みみあんぐさ　鹿児島（鹿児島）
みみくさ　熊本（阿蘇）
みみぐさ　沖縄（島尻）
みみごくさ　岡山
みみすだれ　青森
みみだれぐさ　青森　栃木　栃木（宇都宮）　宮崎（児湯）
みみどばな　大分（大分）
みんくさ　鹿児島（曽於）
みんぐさ　鹿児島（鹿児島市・串木野・日置・曽於・肝属）
みんざいぐさ　沖縄（島尻）
みんじゃいぐさ　沖縄（本島）
みんじゃらん　鹿児島（出水）
みんじらんは　鹿児島（出水市）
みんたれ　鹿児島（枕崎市）
みんだれくさ　栃木（宇都宮）　鹿児島（肝属）
みんだれぐさ　栃木（宇都宮市）　鹿児島
みんだれのは　鹿児島（鹿屋市）
みんだれんは　鹿児島（鹿児島）
みんちゃばぐさ　鹿児島（鹿児島市）
みんみんぐさ　鹿児島（日置）
みんやいのくすい　鹿児島（阿久根）
みんやんぐさ　鹿児島（鹿児島市・加世田）
みんやんのくすい　鹿児島（阿久根市）
ゆきのくさ　岡山
ゆきばな　大分（大分）
ゆきやけくすり　愛媛（周桑）
ゆきわりそー　大分（大野・大分）
ゆきんした　佐賀　大分
ゆつくさ　兵庫（赤穂）
ゆつぐさ　兵庫（赤穂・神崎）
りぼんそー　大分（大分）

ユキミソウ → ミゾコウジュ

ユキヤナギ　コゴメバナ　〔バラ科／木本〕
こごめ　新潟　香川
こごめぐさ　高知（土佐）
こごめばな　山形（酒田市・飽海）　和歌山（新宮市・西牟婁）　岡山（岡山市）　愛媛（松山）
こごめやなぎ　周防
こざくら　富山（砺波）
こめごのはな　福島（相馬）
こめごめ　東京（南多摩）
ごめごめ　鹿児島（日置）
こめざくら　静岡（志太）
こめのき　山形（酒田市・飽海）
こめのこ　秋田
すずかけ　畿内　四国　香川（高松）　鹿児島
たじそ　長崎（壱岐島）
ちござくら　鹿児島
ゆきざくら　和歌山（新宮市）

ユキワリソウ　〔サクラソウ科／草本〕
こぶしばな　新潟（佐渡）
じざくらばな　新潟（佐渡）
ちざくら　新潟（佐渡）
もりこ　山形（西田川）

ユクノキ　ミヤマフジキ　〔マメ科／木本〕
しろえんじ　熊本（球磨）
しろえんじゅ　福岡　大分　熊本

ユズ

しろえんず　高知（長岡）
ふじき　奈良　和歌山　徳島　高知　愛媛

ユズ　〔ミカン科／木本〕
いーこ　長崎*
いのし　鹿児島*
いのす　愛媛　愛媛（喜多）　高知*　熊本　大分
　（南海部）　宮崎　鹿児島
えぬす　熊本（球磨）　鹿児島
えのし　鹿児島*
えのす　鹿児島
かぼす　大分*　宮崎*
きず　福岡*
きのゆ　仙台　宮城（加美・仙台市）
きんゆー　大分*
げし　熊本（天草）
げず　熊本（八代・天草）
こーとー　中国　広島（佐伯）　山口（祝島・大島）
すーとりだいだい　香川（香川）
ずくにゅー　筑前
ずず　香川（三豊）
すどり　広島*
すみかん　高知*　宮崎*
つぼき　群馬*
とーゆ　大分*
はなよ　新潟*
ほんゆ　阿州
もちゆ　長門　周防　阿州
ゆ　畿内　大阪　周防　長門　富山（高岡市）
　京都　香川（高松市・綾歌）　鹿児島（揖宿）
ゆー　富山　石川　福井（坂井）　岐阜*　三重
　滋賀（上方）　京都　大阪（大阪）　兵庫　奈良
　（南大和・吉野）　和歌山　徳島　香川　愛媛
　大分（西国東）
ゆーこ　滋賀*　長崎*
ゆーす　大分
ゆーなす　大分（大分・北海部）
ゆーのす　熊本　大分
ゆーふにふ　沖縄（竹富島）
ゆかん　香川*
ゆすのき　宮崎（日向）
ゆすら　香川*
ゆどーす　大分（大分）
ゆぬす　熊本　宮崎（日向）　鹿児島
ゆねす　鹿児島
ゆのこ　奈良*

ゆのし　宮崎*　鹿児島
ゆのす　愛媛（伊予・喜多）　高知*　熊本　大分
　宮崎（日向）　鹿児島　鹿児島（肝属）
ゆぶにー　沖縄（石垣島）
ゆぶにん　沖縄（石垣島）
ゆぶふにぶ　沖縄（鳩間島）
ゆべす　大分（大分市・大分）
ゆみのーす　大分（北海部）
よのす　熊本（球磨）　鹿児島*

ユスラウメ　〔バラ科／木本〕
こうめ　長野（佐久）　広島（倉橋島）
こーめ　長野（下水内）
こんめ　岩手（上閉伊）
にわもも　神奈川（津久井）
ゆすら　京都　愛知（知多）　京都（京都市）　山
　口（厚狭）　徳島　香川
ゆすらいちご　広島（比婆）
ゆすらご　宮城（仙台）　群馬（佐波）
ゆっさ　福島（岩瀬）
ゆらいちご　島根（邑智）
ゆりさん　和州
よしらんご　山形（酒田市）

ユズリハ　〔ユズリハ科／木本〕
あおき　青森（上北）　群馬
あおばのき　高知（高岡）
あかわかば　和歌山（東牟婁）
いずのき　伊豆八丈島
いずりは　新潟（北蒲原）　三重（度会）　宮崎
　（青島）
いずりば　山口（阿武）
いたがね　山口（玖珂・柳井）
いぬつる　長崎（南松浦・五島）
いんずりは　福岡（小倉）　鹿児島（大口）
いんゆずりは　鹿児島（大口）
うさぎかくれ　青森（東津軽）
うまゆずり　鹿児島（薩摩）
うまゆずりは　宮崎（串間）
えずりは　三重（伊勢）　高知（高知・幡多）
おおゆず　東京（八丈島）
かたつけば　和歌山（海草）
けつつまり　東京（三宅島）
こめずる　大分（南海部）
しょーがちな　三重（多気）
しょーがつさん　島根（能義・隠岐島）

ユリ

しょーがつしば 富山（東礪波） 奈良（吉野・十津川）
しょーがっつぁんのは 島根（隠岐島）
しょーがつな 紀州熊野 三重 三重（尾鷲市） 奈良
しょーがつのき 山口 長崎（東彼杵）
しょーがつのは 山口（阿武）
じょーごのき 東京（三宅島）
つりしば 長崎（壱岐島）
つる 大分（直入）
つるしば 肥前 愛媛（宇和島） 長崎（壱岐島・南高来）
つるのき 大分（大野・南海部）
つるのき（イヌユズリハ） 長州 防州
つるのは 肥後 愛媛 佐賀 長崎 熊本 大分 宮崎（西臼杵） 鹿児島（川辺）
つるは 大分（大野） 宮崎（西臼杵）
つるはのき 熊本（菊池・鹿本）
つんのは 福岡（久留米市・三井） 佐賀（藤津・杵島） 長崎 熊本 鹿児島
とくばか 三重（員弁）
とくばこ 滋賀（高島）
とくわか 岐阜（瑞浪）
とこあか 福井（大野）
ひめずる 和歌山
びや 富山（黒部）
ふくしば 三重（度会・北牟婁）
ぽんのしば 奈良（十津川）
ほんゆず 東京（八丈島）
ほんゆずり 山口（厚狭） 鹿児島（肝属）
ほんわかば 和歌山（東牟婁）
めずりは 三重（度会）
めんつぁし 山口（佐波）
やまくさ 高知（幡多）
ゆず 青森（下北）
ゆずのき 東京（新島）
ゆずのは 青森（下北）
ゆずり 三重（熊野市） 鹿児島（大口市）
ゆずりしば 奈良（宇智） 大分（東国東）
ゆずりっぱ 新潟（南魚沼）
ゆずりのき 三重（北牟婁）
ゆずりば 奈良（吉野）
ゆずる 熊本 鹿児島（大島・奄美大島）
ゆずるは 高知 宮崎 鹿児島
よもな 沖縄
りずりは 青森（東津軽・下北）

わかとこ 和歌山（東牟婁）
わかば 丹波 阿州 福井（大飯） 京都 奈良（吉野） 和歌山 徳島 香川（高松市・三豊） 愛媛 高知

ユノミネシダ 〔コバノイシカグマ科／シダ〕

かなやましだ 和歌山（東牟婁）

ユリ 〔ユリ科／草本〕

いそゆり（スカシユリ） 東京（三宅島・御蔵島）
いねら（ユリの1種） 伊豆八丈島 東京（八丈島）
いり 栃木（宇都宮）
いりんぼ 栃木
いわゆり（スカシユリ） 山形（北部） 新潟（佐渡）
いんつぼ 千葉（夷隅）
えり 栃木（芳賀）
えりんぼー 栃木
えるで 香川（志士島）
おにごり 石川（江沼）
かっこー 山口（玖珂・阿武）
かっこーごーら 山口（玖珂）
がわゆり 長州
げんれんぽーず（イワユリ） 新潟（佐渡）
ごーら 長州 防州 広島（安芸） 山口（玖珂・熊毛・都濃・佐波）
こーらー 広島（倉橋）
ごーらー 広島
こーらい 島根（那賀）
ごーらん 広島（安芸）
ごーる 愛媛
ごーろ 福島 広島（安芸） 山口（大島） 愛媛（青島）
ごーろー 山口（大島）
こめゆり（クルマユリ） 山形（飽海）
こめゆり（シラユリ） 熊本（菊池）
こめゆり（ヒメユリ） 熊本（球磨）
これつぼ 福島 広島（安芸） 山口（大島） 愛媛
ごろー 山口（都濃）
さく 伊豆御蔵島 八丈島
ささゆり 木曾 周防
すきより 千葉（長生）
たかさご（タカサゴユリ） 筑前
つんつん 富山
てんじょーゆり（スカシユリ） 羽川米沢
どーれん 富山 富山（射水）
どれ 富山 富山（富山・下新川）

ユリノキ

どれん　富山
のゆい（ヒメユリ）　鹿児島（川辺・肝属）
のゆり（ヒメユリ）　鹿児島
はまゆり（エゾスカシユリ）　岩手（上閉伊）
ひめゆり（クルマユリ）　青森　岩手
ほっぽ　和歌山（西牟婁）
やまゆりおかっこー　山口（阿武）
ゆい　佐賀（藤津）　鹿児島（肝属）
ゆーり　埼玉（北足立）　三重（尾鷲）　熊本（球磨）
ゆーる　京都（竹野）
ゆな一　沖縄（鳩間島）
ゆりっぽ　千葉（夷隅）
ゆりね　三重（伊勢）
ゆりんぽ　栃木　栃木（安蘇）
ゆる　京都（竹野）　長崎（南高来）
ゆるで　香川（志々島）
ゆるね　三重（志摩）
ゆろもち　新潟（刈羽）
より　青森　岩手（九戸）　千葉（千葉・夷隅）　岐阜（吉城）
よろ　山形（酒田・村山）　群馬（北甘楽・吾妻・多野）　長野（南佐久・東筑摩）　新潟
りり　栃木（芳賀）
りれん　石川（鹿島）
るーれ　石川（鹿島）
るり　富山（富山）
るるい　富山　石川（鹿島）
るれ　富山（富山・砺波）　石川（鹿島）
れろ　石川（羽咋）
ろーれ　富山　富山（富山・砺波）
ろーれん　富山　富山（富山・射水）
ろれ　富山　富山（富山・砺波）　石川（鳳至・羽咋）
ろれい　富山（富山）
ろれー　富山
ろれん　富山

ユリノキ　〔モクレン科／木本〕
はんてんのき　新潟

ヨイマチグサ → マツヨイグサ

ヨウサイ　〔ヒルガオ科／草本〕
うんちぇー　沖縄（首里）
くがひじき　松前　奥州
つるな　江戸

ヨウバイ → ヤマモモ

ヨウラクツツジ　〔ツツジ科／木本〕
やしおつつじ　江州

ヨグソミネバリ → ミズメ

ヨシ　アシ　〔イネ科／草本〕
あし　静岡（富士）　鳥取（気高）　鹿児島（薩摩）
あせ　和歌山（海草・日高・有田・西牟婁）
あよし　山形（東置賜）
あわごめこごめ　福島
こき　尾張　愛知（鳴海）
こと　愛知（海部）
しごろ　青森（三戸）
しのっぽろ　千葉（市川市）
すごろ　青森
だんぎく　島根（益田市・江津市）
だんちく　和歌山（西牟婁）　高知（高知市）
つつよし　伏見
とぼし　鹿児島（垂水市）
ひーひーだけ　鹿児島（串木野市）
ひょんひょんだけ　鹿児島
ひんひんだけ　鹿児島
よし　山形（庄内）　新潟（南蒲原）　和歌山（那賀・伊都）
よしたけ　和歌山（東牟婁）　鹿児島（大島）
よしだけ　奈良（宇陀）　和歌山（東牟婁）　鹿児島（中之島）

ヨシタケ → ダンチク

ヨツバハギ　〔マメ科／草本〕
やまごんぼ　木曾

ヨツバムグラ　〔アカネ科／草本〕
むちぐさ　鹿児島（徳之島）

ヨブスマソウ　〔キク科／草本〕
うとーぶき　長野（北安曇）
うどな　富山
かにだいな　岩手（上閉伊）
かんだいな　岩手（遠野）
かんだえな　岩手（盛岡）
くゎんでゃな　岩手（盛岡）
ほーな　青森（津軽）　岩手（盛岡）
ほーな　北海道　青森（津軽・三戸）　岩手（盛岡）　秋田（仙北・雄勝・由利・南秋田）
ほな　秋田（平鹿）
ほんな　秋田（南部・仙北・雄勝・由利・南秋田）

ぽんな　岩手（盛岡）　秋田（北部・北秋田・南秋田・平鹿・鹿角・由利）

ヨメナ　オハギ　〔キク科／草本〕
おはぎ　畿内
かめがは　鹿児島（加世田・川辺）
きくな　周防　鳥取（気高）　島根（美濃・益田）
しゃっぽんくさ　長野（上田）
しゃぼんぐさ　長野（上田）
しゃぼんばな　長野（諏訪）
せっけんくさ　鹿児島（薩摩）
せっけんぐさ　鹿児島（加世田市・甑島）
ぞーな　福井（今立）
ちゃぎく　島根（邇摩）
なぎ　福岡（宗像）
なつぎく　島根（邇摩）
のぎく　青森　岩手（二戸）　山形（村山・庄内）　千葉（山武）　新潟（中蒲原）　三重（宇治山田市）　和歌山（新宮・海草・有田・日高）　島根（美濃・鹿足・益田　能義）　岡山　香川　愛媛（周桑）　福岡（築上・小倉）　佐賀（神埼）　長崎（壱岐島）　熊本（天草）　大分（直入）　鹿児島　鹿児島（鹿屋・出水・姶良）
のぎっ　宮崎（西諸県）
ばかよごみ　青森（西津軽）
はぎな　久留米　福岡（柳川・久留米・糸島・三瀦・八女）　佐賀（小城・神埼）　長崎（長崎・諫早市・東彼杵・南高来）　熊本（鹿本・芦北・玉名・上益城）　宮崎（日向）　鹿児島（出水・姶良・垂水市）
はげ　近江
はつな　鹿児島（垂水）
はなぎく　島根（美濃）
ぺんぺんくさ　福岡（築上）
むすめな　和歌山（東牟婁）
むらさきぎく　青森（津軽）
もつきさ　山形（村山）
やまきっ　駿河深山村
ゆきばぜり　鹿児島（揖宿）
よねがは　鹿児島（加世田・川辺）
よねがはぎ　鹿児島
よめがは　鹿児島（加世田市）
よめがはぎ　伊豆　周防　福岡（久留米市）　鹿児島（川内・串木野・薩摩）
よめがはち　鹿児島
よめがはっ　鹿児島（肝属）

よめぐさ　長野（上田）
よめごはぎ　長崎（南高来）
よめな　江戸　京
よめなはぎ　東京（八丈島）
よめのはぎ　東京（八丈島）　熊本（玉名）
よめはぎ　木曾
よもはぎ　三重（南牟婁）

ヨモギ　カズザキヨモギ，モグサ　〔キク科／草本〕
あかうま　高知（吾川）
あかんま　高知（吾川）
いそよもぎ　江州
いむぎ　岩手（二戸）　徳島（美馬）
うまばり　長州
きゅうぐさ　千葉（千葉・海上・飯岡）
くさ　大分（大分）
くさのはな　千葉（長生・夷隅）　東京（南多摩・八王子）　神奈川（足柄上）　山梨　長野（上伊那・下伊那）
くさはな　神奈川（足柄上）　静岡（田方）
くさもちぐさ　島根（美濃）
くさんはな　千葉（長生）
くさんばら　千葉（長生）
くつ　鹿児島（熊毛）
ごまのき　新潟（刈羽）
ちどめぐさ　香川（中部）　鹿児島（大口市）
はな　神奈川（藤沢市）
はなくさ　静岡（磐田）
ふーちばー　沖縄（首里）
ふーつ　鹿児島（屋久島・熊毛）
ふーついばー　沖縄（首里）
ふき　鹿児島（鹿児島市・鹿屋市）
ふし　長崎（対馬）
ふじ　鹿児島（大島）
ふしぬはー　沖縄（石垣島）
ふず　福岡（山門）
ふた　香川（塩飽島）
ふち　長崎（南高来）　熊本（下益城・八代・天草）　鹿児島（川内・肝属・大島・薩摩・奄美大島・沖永良部島・与論島）　沖縄（黒島・鳩間島）
ふちー　沖縄（石垣島・与那国島）
ふつ　九州　久留米　薩州　山口（厚狭）　香川（高見島）　福岡（久留米・三井・八女・浮羽・早良・糸島・粕屋・鞍手・嘉穂・築上）　佐賀（唐津・藤津）　長崎（南高来・北松浦・壱岐島）

ヨルガオ

熊本（玉名）　大分　宮崎　鹿児島（姶良・肝属）
ふっ　香川（高松）　福岡（福岡・久留米朝倉・田川・糸島・嘉穂・小倉）　佐賀（小城・唐津市）　長崎（長崎・南松浦・下県・東彼杵・五島）　熊本（熊本・鹿本・阿蘇・八代・球磨・天草・芦北・上益城・菊池）　宮崎（西諸県・北諸県）　大分（津久見・宇佐・直入）　鹿児島
ぶつ　肥前　宮崎（西臼杵）
ぷつ　沖縄（竹富島）
ふつい　沖縄（石垣島・小浜島）
ふぃい　鹿児島（大島）
ふっくさ　鹿児島（熊毛）
ふっち　鹿児島（大島）
ふつのは　鹿児島（日置）
ぶつのは　山口（熊毛）
ぷとう　鹿児島（喜界島）
みちくさ　富山（射水）
もーさ　長野（長野）
もくさ　愛知（額田）　鹿児島（甑島・薩摩）
もぐさ　山形　新潟　群馬（吾妻）　岐阜（武儀）　愛知（知多）　島根（美濃）　山口（阿武）　香川（大川）　長崎（東彼杵）　大分（大分市）　宮崎（東諸県）　鹿児島（甑島・奄美大島）
もぐさよごみ　香川（高松市）
もちくさ　加州　秋田（北秋田）　宮城（伊具）　福島（相馬）　群馬（山田）　埼玉（入間）　千葉（市原）　神奈川（愛甲）　静岡（小笠）　長野（東筑摩・南佐久・諏訪）　新潟（北蒲原・南蒲原・中魚沼）　石川（鳳至）　兵庫（赤穂）　愛媛（南宇和）　佐賀（唐津）　大分（大分）　宮崎（日南・児湯・西諸県）　鹿児島（姶良・薩摩）
もちぐさ　秋田（北秋田）　山形　福島　群馬　栃木　埼玉（入間）　千葉（山武）　東京　静岡　愛知　岐阜　長野（南佐久）　新潟（佐渡・中魚沼・刈羽）　富山（東礪波）　山口（熊毛・都濃・厚狭）　香川（高松）
もちんぐさ　福島（相馬）
もつくさ　秋田（北秋田）
もづくさ　秋田（由利）
もつんさ　富山（射水）
ももさ　新潟（西頸城・上越市）　岐阜（益田）
もよぎ　山梨（東八代）
もんくさ　香川（大川）

もんさ　岐阜（郡上）
もんじぐさ　新潟（中越・長岡）
やいと　愛媛（周桑）
やいとぐさ　愛媛（周桑）
やたふつい　沖縄（波照間島）
やちふさ　沖縄（宮古島）
やついぶさ　沖縄（宮古島）
やついふつい　沖縄（石垣島）
やつふつい　沖縄（新城島）
やまえぐみ　香川（高松市）
やまよもぎ　鹿児島（鹿児島）
ゆぐみ　岩手（紫波）　徳島（那賀）
ゆむぎ　青森　岩手（二戸）　兵庫（津名）　山口（厚狭）　香川（香川）　愛媛（周桑・新居）
ゆむみ　岩手（二戸）
よぎみ　三重（南牟婁）
よぐま　和歌山（日高）
よぐみ　和歌山（日高）
よごみ　青森　岩手　秋田（鹿角・北秋田・山本）　岐阜　福井　京都（京都）　三重（志摩）　和歌山　兵庫　島根　徳島　高知
よごめ　三重（志摩）
よなめ　香川（丸亀市）
よむぎ　青森（三戸）　岩手（上閉伊）　静岡（富士）　和歌山（海草・有田・日高）　岡山　島根（美濃）　山口　愛媛（新居）　福岡（築上・小倉）　熊本（熊本・菊池・鹿本・飽託・下益城・八代）
よむく　和歌山（西牟婁）
よむみ　兵庫（飾磨）
よもき　兵庫（津名・三原）
よんもぎ　兵庫（赤穂）

ヨルガオ　シロバナユウガオ, ヤカイソウ
〔ヒルガオ科／草本〕
ゆーげしょー　新潟

ヨロイグサ　〔セリ科／草本〕
うまぜり　勢州
かんら　勢州
さいき　信州
さいぎ　上田
やまうど　美作　静岡

ラ

ライチー → レイシ

ライマメ 〔マメ科／草本〕
こーらい　和歌山*
らいびん　青森*
らいまぴん　北海道*

ライムギ 〔イネ科／草本〕
あめりかむぎ　長崎*
うまむぎ　山形*
えのむぎ　長野*
おーしゃくむぎ　青森*
かげむぎ　千葉（君津）
からこむぎ　岩手*
からむぎ　青森*
くろむぎ　青森* 岩手* 福島* 新潟* 岐阜* 徳島* 大分* 鹿児島*
しょーたれむぎ　新潟*
しりょーむぎ　山梨* 岐阜*
せーよーむぎ　岩手* 山形*
せたかむぎ　秋田* 山形* 長野*
だんごむぎ　岡山*
なんきんこむぎ　新潟*
なんばし　長野*
のむぎ　岐阜*
はかむぎ　新潟*
はつかん　和歌山*
ぱんむぎ　山形*
びーるむぎ　千葉（富浦）
びんぽーむぎ　新潟*
まつきび　長野*
ろしやむぎ　宮城*

ラカンマキ 〔マキ科／木本〕
こーやまき　新潟
さるのき　岡山（御津）

ラショウモンカズラ 〔シソ科／草本〕
るりちょーそー　江戸

ラセイタソウ 〔イラクサ科／草本〕
おりしば　伊豆八丈島

ラッカセイ　ナンキンマメ 〔マメ科／草本〕
いじんまめ　神奈川（中・平塚・愛甲）　山梨*　福岡（三池）
えぐりまめ　岐阜*
えだまめ　鳥取*
おたふくまめ　兵庫（赤穂）
かいこまめ　三重*
かちまめ　山梨*
かっかせ　愛媛（周桑）
かつら　静岡*
かやまめ　富山
からまめ　青森（三戸）　岩手（九戸）　宮城　栃木　群馬（山田）　埼玉*　東京*　新潟*　山梨（南巨摩）　長野*　岐阜*　静岡　愛知*　三重（南牟婁）　滋賀*　京都*　大阪*　奈良　和歌山*　大分*
かんと　青森
かんとーまめ　秋田（由利）　山形*
かんとまめ　北海道*　青森（八戸・上北）　秋田（北秋田・鹿角）　山形　新潟（佐渡）　岡山
かんとんまめ　秋田　新潟*
くゎんとーまめ　秋田（由利）
けんじまめ　愛知*
じーまーみ　沖縄（首里・石垣島）
じーまみ　鹿児島（与論島）　鹿児島（八重山）
じーまめ　愛媛*
じくぐりまめ　東京*　愛知*　宮崎*
じごくまめ　京都（竹野）　島根　岡山*　愛媛　高知*　宮崎（延岡市）
じごま　高知*　佐賀*
じそこまめ　熊本*
じだまめ　岐阜*　岐阜（稲葉）　愛知*　熊本（芦北・八代）
しちまめ　山口（熊毛）
しなまめ　滋賀*　熊本*
じのしたまめ　佐賀*

ラッキョウ

じのそこまめ　佐賀*
じぶくりまめ　新潟*
じほぐりまめ　熊本（天草）
じまみ　鹿児島（奄美大島・徳之島）　沖縄（鳩間島）
じまめ　埼玉*　東京*　山梨　新潟（糸魚川市・中頸城）　富山*　福井　長野　岐阜　愛知（渥美・知多）　三重（北牟婁）　滋賀　京都（竹野）　島根　愛媛　高知（幡多）　佐賀*　長崎*　大分*　宮崎*　鹿児島
じむぐりまめ　千葉（成田）　新潟*
じもぐり　山梨
じもぐりまめ　新潟　新潟（中頸城）　山梨*
そこいりまめ　岡山（邑久）
そこまめ　石川*　岐阜*　三重*　滋賀　京都*　大阪（泉北）　兵庫（佐用・赤穂）　奈良（南大和・吉野）　和歌山（和歌山・海草・日高・東牟婁）　鳥取　島根　岡山　広島　山口（大島・玖珂・熊毛・都濃・佐波・吉敷・厚狭・豊浦・美祢・大津・阿武）　徳島　香川（丸亀）　愛媛　高知　福岡（直方）　長崎*　熊本*　大分*
そらまめ　山口（阿武）
たーらまめ　山口（熊毛・大津・阿武）　香川（丸亀）
たこまめ　大阪*
たちわき　福岡（鞍手）
だっきしょ　鹿児島（肝属・姶良）
だっしょ　鹿児島（枕崎・肝属）
だっちゃき　福岡（久留米・三井）
たわらまめ　大阪*　広島*　山口（山口市）　香川（丸亀）
ちちまめ　福島（相馬）
ちまめ　三重*
つちかせ　愛媛*
つちまめ　宮城*　山形（西置賜）　福島　新潟*　岐阜*　三重*　京都*　奈良*　和歌山*
つづめまめ　福島（会津）
とーじんまめ　岐阜*
どーはっせん　長崎*　長崎（南高来・長崎・佐世保・南松浦）　熊本（天草）
とーまめ　栃木
とこまめ　愛媛*
ところまめ　宮崎*
どまめ　岐阜*
なんきまめ　青森（八戸）
なんきん　山口（大島）

なんきんまめ　岩手（紫波）
ねまめ　新潟*
ひょーたんまめ　山口（豊浦）　香川*
ひょーまめ　和歌山（新宮市・東牟婁）
へこまめ　広島*
ぽーこまめ　新潟*
ほーらいまめ　滋賀*　山口（吉敷）　宮崎　宮崎（児湯・東諸県）
ぼこまめ　新潟（中越・長岡）
ほらまめ　鹿児島　宮崎*
やつがし　山梨*
よばいまめ　群馬（佐波）
らっか　千葉　静岡（磐田）
らっかしょ　千葉（千葉）　鹿児島（加世田）
らっかしょー　静岡（富士）
らっかまめ　宮城（登米・玉造）　千葉（長生）　岐阜　岐阜（稲葉）
ろーはっしぇん　長崎（長崎）
ろーはっせん　長崎（長崎市）　熊本（天草）

ラッキョウ　〔ユリ科／草本〕

おらんきょー　愛媛（周桑）
かわむき　宮城*
ぎょーじゃ　岐阜*　愛知（名古屋）　熊本*
ぎょーじゃびり　愛知（尾張・小牧）
ぎょーじゃびる　愛知
このひる（ラッキョウの1種）　尾張
こむらさき　筑紫
さとにら　岐阜*
しんからかわ　大分（大分）
せんぷき　福岡*
だっきゅ　鹿児島（鹿児島）
だっきゅー　鹿児島（鹿児島）
だっきょ　大阪（泉北）　和歌山
だっきょー　佐賀
だっちょ　宮崎（児湯・東諸県）
だんきゅー　福岡（築上）　長崎（南高来・壱岐島）
だんきょ　熊本（玉名）
だんきょー　三重（度会）　広島　福岡（築上）　佐賀　長崎
ひるだま　岐阜*
ふたもじ　岐阜*
むらさきしきみ　京
やっきょー　茨城（新治）
ら　宮崎*

580

らしや　滋賀*
らっきゅー　埼玉（北足立）　静岡（富士）　鹿児島（出水）
らっきょ　和歌山（日高・東牟婁）
らんきゅー　福岡（築上）　長崎（壱岐島）
らんきょ　愛媛（松山）　福岡　大分
らんきょー　筑前　愛知（中島）　山口（厚狭）　愛媛（新居・周桑）　福岡（久留米・築上）　佐賀　長崎　大分（大分）
らんしょ　大分

ラミー　→　ナンバンカラムシ

ラン　　　　　　　　　　　　〔ラン科／草本〕
けーせん　新潟
じじばば　福島（伊達）
ほーくろ　石川（羽咋）
ほっくり　三重（伊賀）

ランギク　→　**ダンギク**

ランタナ　シチヘンゲ　　〔クマツヅラ科／木本〕
くされぎ　鹿児島（沖永良部島）

リーキ　ニラネギ　　　　　〔ユリ科／草本〕
あめりかねんぎ　山形*
せーよーにんにく　大分*
せーよーねぎ　北海道*　青森　秋田*　埼玉*　山梨*　長野*　岐阜*　京都　愛媛*　福岡*　大分*　宮崎*
とーにんにく　福岡*
にらねぎ　青森*　秋田*　埼玉*　香川*

リクトウ　オカボ　　　　　〔イネ科／草本〕
いぎす　岐阜　愛知（葉栗・西春日井）
いぎりす　愛知*　岐阜*
いげす　愛知*
おかいね　北海道*　青森*　岩手*　宮城*　山形*　新潟　長野*　岐阜　徳島*　大分*
おかしね　岩手（気仙）　宮城*　秋田*　山形*
おかずね　山形（村山）
おかだ　静岡（駿東）
おかぶ　埼玉（入間・大里）　千葉（夷隅）
かがいね　愛知（愛知）
かがいも　愛知
くが　和歌山*
けしげ　三重*
けしね　岩手*　岐阜*　三重*

さつま　徳島*
しげ　三重*
たんご　静岡*
とーぼし　佐賀*
とーまい　佐賀*　長崎*
とぼし　宮崎*
のいね　京都*　兵庫*　鳥取*　岡山*　山口*　徳島*　愛媛*　高知（幡多）　福岡　佐賀（三養基）　長崎（南高来）　熊本（玉名）　大分　宮崎（西臼杵）　鹿児島（屋久島・肝属）
のぎょー　大分*
のごめ　長崎*　熊本*　鹿児島（肝属）
のだ　佐賀*
のんこめ　鹿児島*
のんごめ　鹿児島
はいむん　鹿児島　鹿児島（肝属）
はいもん　鹿児島（肝属）
はたいね　福井*　岐阜*　愛知*　三重*　和歌山*　鳥取*　岡山*　山口　徳島　愛媛*　高知*
はだかいね　岡山*
はたげ　三重*
はたけいね　石川*　愛知*　兵庫*　奈良*　和歌山*　島根*　広島　山口*　徳島　香川　愛媛（周桑）　高知　福岡　大分*　宮崎*
はたけごめ　奈良（吉野）
はたけし　三重*
はたけしげ　三重（伊勢）
はたげね　山口*
はたけもみ　三重*
はたしげ　岐阜（海津）　愛知　三重（宇治山田）
はたしね　三重*
はたまい　岐阜*
はるむん　鹿児島（肝属）
はるもの　鹿児島（肝属）
はるもん　宮崎*
めら　鹿児島*
やかん　鹿児島
やくゎん　鹿児島
やまいね　日向
よしの　岐阜*
りくいね　大分*

リュウガン　　　　　　　　〔ムクロジ科／木本〕
おとこやまもも　駿河

リュウキュウアイ

リュウキュウアイ 〔キツネノマゴ科／草本〕
とえ　鹿児島（川辺）
やまあい　鹿児島（中之島）

リュウキュウアオキ → ボチョウジ

リュウキュウイノモトソウ〔イノモトソウ科／シダ〕
いしぐさ　鹿児島（与論島）

リュウキュウガキ　クサノガキ〔カキノキ科／木本〕
くるぼー　沖縄（首里）
くろぼー　鹿児島（奄美大島）

リュウキュウクロウメモドキ
〔クロウメモドキ科／木本〕
さくらぎ　鹿児島（悪石島）
なべはっきゃ　鹿児島（奄美大島）
やまざくら　鹿児島（悪石島）

リュウキュウコクタン → ヤエヤマコクタン

リュウキュウバショウ　イトバショウ
〔バショウ科／草本〕
いとばしょ　鹿児島（肝属）
しまばそー　沖縄（石垣島）
やまばしょー　鹿児島（中之島）

リュウキュウハゼ → ハゼノキ

リュウキュウバライチゴ → オオバライチゴ

リュウキュウマユミ　〔ニシキギ科／木本〕
じーふぁーぎ　沖縄（国頭）

リュウキュウモクセイ　〔モクセイ科／木本〕
なたおれ　鹿児島（奄美大島）
なたおれのき　鹿児島（奄美大島）
なとりぎ　鹿児島（奄美大島）

リュウキュウユリ → テッポウユリ

リュウキンカ　〔キンポウゲ科／草本〕
おかぼっき（エンコウソウ）　山形（鶴岡市）
やちぶき（エゾリュウキンカ）　北海道
やつな　山形（東田川）

リュウゼツサイ　〔キク科／草本〕
うさぎのみみ　静岡＊　愛知＊　岡山＊　山口＊　愛媛＊　高知＊
かきちさ　秋田＊
かきな　茨城＊　栃木＊　群馬＊　千葉＊　神奈川＊　新潟＊　富山＊　長野＊　岐阜＊　静岡＊　愛知＊　三重＊　岡山＊　愛媛＊　佐賀＊
かきなっぱ　福島＊
せーよーちしゃ　高知＊
たいわんおんばく　宮崎＊
たいわんぢしゃ　愛媛　宮崎＊
たきな　新潟＊
たつのした　岡山＊
たばこな　岡山＊
ちぐさ　長崎＊
ちちぐさ　大分＊　宮崎＊　鹿児島＊
ちょーせんじしゃ　山口＊　高知＊
でんしゃな　埼玉＊
とりくいな　和歌山＊
とりな　茨城＊　群馬＊　埼玉＊　千葉＊　新潟＊　長野＊　岐阜＊　静岡＊　愛知＊　三重＊　京都＊　兵庫＊　奈良＊　和歌山＊　鳥取＊　岡山　広島＊　山口＊　香川＊　愛媛＊　大分＊
とりのいさな　岐阜＊　長崎＊
とりのちしゃ　香川＊
とりやさい　宮崎＊
にわとりぐさ　岡山＊　熊本＊　宮崎＊
にわとりな　埼玉＊　山口＊　香川（東部）＊　宮崎＊　鹿児島＊
はかきかきな　鹿児島＊
ひよこな　鳥取＊
べーな　鹿児島＊
みみじしゃ　愛媛＊
やりな　愛媛＊
よーけーそー　岡山　熊本＊
りゅーどーな　三重＊
ろくしゃくな　長崎＊

リュウゼツラン → アオノリュウゼツラン

リュウノウギク　〔キク科／草本〕
こぎく　静岡（小笠）
ぜにぎく　静岡
にがふつ　宮崎（西臼杵）
にがふつ　宮崎（西臼杵）
のぎく　甲州河口　千葉（山武）　神奈川（川崎）　静岡（小笠・富士）　和歌山　和歌山（和山・新宮・海草・東牟婁・西牟婁）　岡山
やまぎく　千葉（山武）　長野（北佐久）　静岡（富士）　三重（宇治山田市）　和歌山（新宮・東牟婁・日高）

リュウノヒゲ → ジャノヒゲ

リュウビンタイ　　〔リュウビンタイ科／シダ〕
おーとび　鹿児島（奄美大島）

リョウブ　　〔リョウブ科／木本〕
あかしば　青森（西津軽）
あぶらつつじ　埼玉（入間）
あまのき　高知（幡多）
あんぶくたらし　埼玉（秩父）
うしのくそ　富山（黒部）
うぼく　栃木（日光市）
うまつつじ　茨城（久慈）　埼玉（川越）
うらざくら　東京
おさかじょ　長崎（西彼杵）
おんなさんなめし　茨城（東茨城）
ぎょーたんぼ　東京（新島）
ぎょーぶ　山梨　静岡　愛知　岐阜　三重　徳島　長崎（対馬）
きょーぶな　高知（幡多）
ぎょーぶな　熊野　静岡　愛知　奈良
きょーぽ　福井
きょぶた　三重（鳥羽）
さたなし　秋田
さだむし　青森（南津軽）
さためし　青森　岩手
さだめし　青森　岩手　宮城　秋田　秋田（山本・仙北）
さだめしば　秋田　秋田（山本）
さなぐり　茨城
さぶた　秋田（仙北）
さる　岩手（釜石）
さるすべり　東北　関東　長野　三重　島根　広島　長崎（対馬）　熊本　大分
さるた　千葉　長野
さるだめし　青森　岩手　岩手（和賀）　秋田　山形　山形（北村山）　新潟　岡山
さるとべり　高知（幡多）
さるなめ　新潟（北魚沼）
さるなめし　岩手　宮城　秋田　山形　福島　茨城　栃木　新潟
さるば　宮城（宮城）
さるばき　福島（磐城）
さるぼー　茨城
さるめなし　宮城　福島
さんだめし　宮城（宮城）

さんたらむし　青森
さんなめ　宮城（本吉）　茨城（久慈）
さんなめし　宮城　福島　新潟
さんなめら　新潟（南魚沼）
しゃぼんのき　新潟（北魚沼）
じゅぶ　群馬（吾妻）
じょーば　富山　石川　福井
じょーぶ　三重　和歌山　佐賀　長崎　熊本
じょーぶな　三重　奈良　和歌山
しょーぶのき　肥前
じょーぶのき　三重（度会）　和歌山
しょーぼ　石川　兵庫　鳥取　広島
じょーぼ　石川　福井　長崎
しょーぼー　岡山　広島
じょーぼー　岡山　長崎（対馬）
じょーぼな　和歌山（東牟婁）
じょばな　三重（尾鷲）
じょぶな　三重（南牟婁）
じょぼ　富山（氷見）
じょほー　広島（備後）
じょぼな　和歌山　兵庫（但馬）　三重（北牟婁）
しらつつじ　高知（幡多）
しろつつじ　高知（幡多）
しろとつつじ　高知（幡多）
しろば　茨城
そぼ　岩手　宮城
そもそも　秋田（山本）
たんごばら　山梨（東山梨）　長野（南佐久）
だんすばら　山梨（東山梨）
だんすもや　山梨（東山梨）
ちょーぼー　岡山（備中）
つつじな　高知（幡多）
どじょーすべり　新潟（北蒲原）
なつき　長崎（西彼杵）
にれうつぎ　山形（東田川）
ねずりしば　秋田（鹿角）
はだかのき　茨城
はだかぼー　常州
びょーち　長野（松本）
ひょーば　福井（大野）
びょーば　長野（松本）　福井（大野）　大分（南海部）
ひょーぶ　愛媛
びょーぶ　神奈川　滋賀　三重　徳島　香川　愛媛　大分　福岡　長崎
びょーぶぎ　徳島（那賀）

リョウメンシダ

びょーぶさる　長野　静岡
びょーぶざる　静岡（伊豆・御殿場）
びょーぶな　長野　高知（幡多）
びょーぶのき　長崎（西彼杵）
びょーろー　宮崎（西都）
びょぶ　鳥取（八頭）
ふくらしば　島根（石見）
ふじゅな　高知（幡多）
ぶな　高知（幡多）
ほーきしば　秋田（山本）
ほーくろ　高知（高岡）
ぽーりょ　四国　徳島（美馬）　香川（綾歌）
　愛媛（新居・上浮穴）　高知（高岡）
ぽーりょーつつじ　高知（幡多）
ままこつめり　濃州
みずなら　茨城（久慈）　栃木
みやまぽーりょー　宮崎
みょーぶな　高知（幡多）
もちばなのき　和歌山　和歌山（海草）
やまさるすべり　茨城　栃木（唐沢山）
ゆーぽ　三重（鈴鹿）
よーぽー　三重（三重・鈴鹿）
よぶ　京都（北桑田・京都）
よぼ　福井　滋賀　三重　愛媛
よぼのき　福井（敦賀）
よんぽ　福井　三重
りゅーごー　広島（安芸）
りゅーぶき　紀伊
りゅーべー　長野（北佐久）
りゅーぽ　大分（大野）
りゅーぽー　群馬（勢多）　埼玉（秩父）
りょーば　富山　福井　大分
りょーぶ　山梨　静岡　岐阜　三重　奈良　和歌山
りょーぶな　静岡（駿河）　高知（幡多）
りょーべ　群馬（多野）
りょーぽ　新潟（佐渡）　福井　三重　奈良　和歌山　兵庫　岡山　山口　高知　愛媛　大分　福岡　長崎（対馬）
りょーぽい　埼玉（入間）
りょーぽー　茨城　埼玉　新潟　鳥取（因幡）島根（石見）　愛媛　宮崎
りょーぽぎ　高知（長岡）
りょーぽく　栃木（日光）
りょーぽのき　宮崎
りょーぽふ　栃木（日光）　三重（伊勢）
ろーば　新潟（岩船）

ろーぽー　栃木（日光）
ろば　新潟（北蒲原）
ろんぽ　岩手（稗貫・和賀）

リョウメンシダ　〔オシダ科／シダ〕

かくま　長野
みずたばねぐさ　山形（東田川）
みねぐさ　秋田（鹿角）

リョクズ → リョクトウ

リョクトウ　ブンドウ，ヤエナリ，リョクズ　〔マメ科／草本〕

あおあずき　阿州　福島*　群馬*　山梨*　宮崎*
あおまめ　三重*　沖縄（首里）
あずきたおし　静岡*
あずきぶんどー　芸州　勢州
あずきほ　富山*
あんご　愛知*
いんげんまめ　静岡（浜名）
うしとー　徳島*
おーまーみー　沖縄（首里）
おやしまめ　鹿児島*
かそか　福岡*
かつもり　伊勢　静岡　静岡（志太）　三重（桑名）
ぐんず　岡山*
けんちょ　大分*
こーれー　山梨*
さなり　備前　岡山（岡山市）
すずなり　長野*
せんなり　大分*
てーこつまめ　大分*
とーご　遠州
とーろく　東国
とつぐらなりぐら　長崎*
とるく　奈良
とろす　奈良
とんこつまめ　大分*
なべよごし　長野*
なりすけ　三重*
のーらくあずき　滋賀*　京都*
ばかあずき　宮崎*
ばかまめ　山口*
ばこ　岡山
ばころし　備前
はっしょーない　富山*　石川*
ばばーころし　岡山（岡山市）

ばばころし　備前
ひゃくなり　佐賀*
ひゅーが　高知*
ひゅつつぶれ　神奈川（津久井）
ふさなりまめ　福井*　長野*
ふしなり　東京*
ふたなり　薩州　長崎（長崎市）　熊本*
ふたなれ　長崎　長崎（長崎市）　鹿児島
ふどー　香川（綾歌）
ぶどー　備前　香川（三豊）
ぶどーあずき　岡山*
ぶんず　岡山*
ぶんとー　京都　長州
ぶんどー　畿内　大阪　周防　長州　岐阜*　愛知*　京都*　大阪*　奈良　広島（高田）　山口（大島）　高知*
ぶんどーあずき　奈良　広島*
ぶんどまめ　愛知（知多）
まさめ　筑前
まさら　長崎（対馬）
みどりあずき　山口*
みどりまめ　福井*
やえなり　東国
やつなり　新潟*
やつぶさ　香川（高松）
やろー　栃木*
りゅんとー　新潟*
りょくとー　群馬*　岐阜*
ろくず　兵庫*

リョクヨウカンラン → ケール

リンゴ　　　　　　　　　〔バラ科／木本〕
あっぷり　新潟（東蒲原）
あぶり　新潟（東蒲原）
あらりんご　加州
びんごなし　石川（能美・江沼）　福井（吉田・丹生）　島根（江津市・那賀）
りんき　北海道（小樽）　秋田（秋田市・南秋田）　新潟（佐渡）
りんごなし　福井　島根（鹿足）
りんごみかん　鹿児島（肝属）

リンドウ　　　　　　　　〔リンドウ科／草本〕
あめふりばな　群馬（山田）
いんびょーたん　熊本（玉名）
おーやまりんどう　長野（北佐久）

おこり　播州
おこりおとし　播州
からすのしょーべんたご　和歌山（海草・西牟婁）
からすのしょーべんたんご　和歌山（海草・有田）
きつねのしょーべんたが　和歌山（東牟婁）
きつねのしょーべんたご　和歌山（和歌山・田辺・日高・那賀・有田・西牟婁・東牟婁）　島根（益田市）　高知（土佐）
きつねのしょーべんたんご　和歌山（那賀・有田・海草・日高）
きつねのしょーべんばな　和歌山（田辺市）
きつねのしょんべたご　和歌山
きつねのしょんべたんご　和歌山
きつねのしょんべんたご　和歌山（日高）
きつねのしょんべんたんご　和歌山（有田）
きつねのたんぽぽ　和歌山（日高）
きつねのぼたん　島根（江津市）
きつねばな　長野（東筑摩）
くちなのしょんべたご　和歌山
けつねのしょーべんたご　和歌山（西牟婁）
けつねのしょーべんたんご　和歌山（西牟婁）
けろりぐさ　福岡（嘉穂）
ささりんどー　奥州　木曾　勢州　新潟
しおばな　木曾
せーどー　新潟（刈羽）
たぬきのしょんべたが　和歌山（東牟婁）
たぬきのしょんべたご　和歌山（東牟婁・有田）
たぬきのしょんべたんご　和歌山（東牟婁・西牟婁）
たぬきのしょんべら　和歌山（東牟婁）
たぬきのしょんべんたが　和歌山（東牟婁）
たぬきのしょんべんたこ　和歌山（東牟婁・西牟婁・有田）
たぬきのしょんべんたんご　和歌山（東牟婁・西牟婁）
たわらんばな　鹿児島（肝属）
ちょくばな　鹿児島（川辺）
びょーたん　熊本（玉名）
ふでりんどー　長野（佐久）
ほこばな　兵庫（赤穂）
まばな　青森
まんばな　青森
やちばな　青森（北津軽）　秋田（北秋田・鹿角）
よばれそー　高知（土佐）
りんちょ　和歌山（海南）
りんど　秋田

リンボク ヒイラギガシ 〔バラ科／木本〕
あかき　静岡（伊豆）
あかっかし　千葉（清澄山）
あずさ　鹿児島
いぬざくら　長崎（対馬）
いぬたで　周防
いぬはんさ　三重（度会）
うしほーか　和歌山（東牟婁）
うしほーか　和歌山（東牟婁）
うしほーく　紀伊
うしぽっこ　和歌山（那智）
うしぽっこー　紀州
おーしだ　奥州会津
おんなひーらげ　静岡
おんなひらげ　静岡（駿河）
かたがし　高知（香美）
かたざくら　阿州　和歌山　四国　徳島　高知
くろざくら　福岡（粕屋）
こざくら　鹿児島（垂水市）
さいめん　三重（南牟婁）
さくら　沖縄
ぜにがし　千葉（大多喜）
たかざくら　高知（高岡）
たでぎ　静岡（伊豆）
たんがら　和歌山（東牟婁）
にれ　長崎
ねれのき　長崎（西彼杵）
はーかのき　芸州
はざくら　高知（幡多）
ばらしー　愛知（東三河）
はんさ　三重（長島）
はんさざくら　紀州
はんしゃ　三重（尾鷲）
ひーらぎ　島根（出雲）
ひーらぎかし　茨城　千葉（夷隅）
ひーらぎがし　千葉（安房）　鳥取（岩美）　島根　島根（出雲）
ひがんぼく　但州
ひひらぎ　島根（出雲）
ひひらぎかし　茨城　千葉（夷隅）
ひらぎかし　千葉（安房）　広島
ひらぎがし　和歌山（西牟婁）
ふゆばざくら　高知（高岡）　山口（佐波）
ほーか　三重（北牟婁・長島）
ほーかのき　三重（紀伊）　和歌山　紀伊
ほーがのき　三重（北牟婁・南牟婁）

ほかのき　勢州　熊野
ぽかのき　三重（紀伊）　和歌山（紀伊）　島根（石見）
みやまかし　静岡（南伊豆）
めひーらぎ　東京　静岡（遠江）
めひひらぎ　静岡（遠江）
めんひひらぎ　丹波　摂津
もーかざくら　徳島（那賀）
やまざくら　三重（度会）　宮崎（北諸県）　鹿児島（肝属）
やまさで　長崎（西彼杵）
やまさでのき　長崎（西彼杵）
やまたぜ　大分（南海部）
やまたで　周防　筑前　三重（度会）　大分　宮崎（日向）　鹿児島（肝属）
やまだれ　筑前
やまひらぎ　佐賀（杵島）

ルイヨウボタン 〔メギ科／草本〕
やましゃくやく　木曾　長野（木曾）

ルコウソウ 〔ヒルガオ科／草本〕
ちょうせんぐさ　千葉（館山）
ちょーせんあさがお　福岡　福岡（久留米）　鹿児島　鹿児島（肝属）　千葉（安房・富山）

ルバーブ → ショクヨウダイオウ

ルリソウ 〔ムラサキ科／草本〕
かわりぐさ　長野（北佐久）
ねこじゃ　岩手（二戸）
へびのはな　岩手（二戸）
むらさきわすれなぐさ　長野（佐久）
わすれなぐさ　長野（北佐久）

ルリハコベ 〔サクラソウ科／草本〕
みじくさ　鹿児島（沖永良部島）
みずくさ　鹿児島（奄美大島）
みんな　沖縄（首里）

ルリミノウシコロシ → サワフタギ

ルリミノキ 〔アカネ科／木本〕
るりだまのき　和歌山

ルリヤナギ 〔ナス科／木本〕
ぶち　三重（志摩）

レイシ　ライチー　〔ムクロジ科／木本〕
こがごい　鹿児島（枕崎・揖宿）
でんし　奈良*
とーごーり　島原
とーごり　宮崎*
とごい　鹿児島（鹿児島）
にがごーり　久留米
へーうり　山梨*
べーすけ　徳島*
れーしこ　愛媛（周桑）
れーちく　徳島*

レイシ（霊芝）→ マンネンタケ

レタス　チサ，チシャ　〔キク科／草本〕
あかじさ（カキチシャ）　滋賀*
あぶらげな（カキチシャ）　富山*
あめりかば（立ちチシャ）　愛知*
かきな　埼玉*　長野*　岐阜　静岡*　愛知　三重*　大阪*　兵庫　和歌山
かきば　愛知*
かなこちしゃ（チヂミバチシャ）　香川*
きしゃ　島根（那賀）　岡山（吉備）　広島（山県）
きしゃっぱ　長野（北安曇）　静岡（富士）
きしゃな　愛知*
きしゃば　愛知（知多）
こめじしゃ　木曾
しろちしゃ（カキチシャ）　滋賀*
すべな（カキチシャ）　富山*
せーよーちしゃ　京都*　高知*
せんまい（カキチシャ）　和歌山*
たまな（玉チシャ）　岐阜*　滋賀*　和歌山*　島根*
ちさな　沖縄（首里）
ちさなばー　沖縄（首里）
ちじなりちしゃ（チヂミバチシャ）　愛媛*
ちじみちしゃ（チヂミバチシャ）　滋賀*　京都*　岡山　山口*　香川*　愛媛*　大分*
ちじみな（チヂミバチシャ）　宮城*
ちしゃ　和歌山（日高・東牟婁）　岡山（吉備・浅口）
ちしゃば　和歌山（海草・那賀・伊都・東牟婁）　広島（賀茂）
ちちゃ　長崎（長崎）
ちゃ（カキチシャ）　石川　鳥取　島根　佐賀
ちゃやまや（カキチシャ）　三重*
ちりめんちしゃ（チヂミバチシャ）　北海道*　岩手*　山形*　福島*　埼玉*　新潟*　富山*　岐阜*　三重*　滋賀　京都　鳥取*　島根*　岡山　広島　山口*　徳島*　香川　愛媛*　高知*　福岡*　大分*　鹿児島*
とーちしゃ　滋賀*　大阪*　京都*　徳島*　宮崎*
とーちしゃ（カキチシャ）　滋賀*　大阪*　京都*　徳島*　宮崎*
とーな（カキチシャ）　京都*
とぎしゃ　大阪*
とぎしゃ（カキチシャ）　大阪*
とこちしゃ（カキチシャ）　静岡*
ふだんそー　長崎（長崎）
へんばちしゃ（カキチシャ）　三重*
まきちしゃ（玉チシャ）　岡山*
まるちしゃ（玉チシャ）　大分*
ゆでな（カキチシャ）　兵庫*
よーちさ　香川*
よーちさ（玉チシャ）　香川*

レモン　〔ミカン科／木本〕
きず　筑前

レンギョウ　〔モクセイ科／木本〕
きまんさく　青森（三戸）
きんすだれ　山口（厚狭）

レンゲツツジ　〔ツツジ科／木本〕
あたまいたー　広島（比婆）
いぬつつぎ　山形
いぬつつじ　山形
うまつつし　秋田
うまつつじ　伊州　埼玉（秩父）
えんつつぎ　秋田（平鹿）
えんつつじ　新潟
おにつつじ　神奈川（津久井）　長野
かっぱーばな　広島（比婆）
きしゃくなげ　摂州
きつねつつじ　紀州　長野（上伊那・下伊那）
きつねばな　京都（竹野）
じごくつつじ　栃木（日光）
せーよーつつじ　青森（津軽）
そーとめしば　広島（比婆）
つりがねつつじ　熊本（八代）
どくつつじ　青森　秋田（鹿角）
ねずつつじ　香川（香川）
ねばつつじ　和歌山　香川（大川・木田）　高知（安芸）

レンコン

ねばねばつつじ　高知（安芸）
ねばりつつじ　和歌山（東牟婁）
ひゃくたろつつじ　熊本（球磨）
べこつつじ　秋田（仙北）
やくびょーばな　長野（下水内）
やつがしら　周防

レンコン　〔ハス科／草本〕
はすいも　和歌山* 鳥取* 島根* 山口* 愛媛* 高知*
はすのいも　青森* 高知* 宮城*

レンプクソウ　〔レンプクソウ科／草本〕
ごりんばな　山形（飽海）

レンヨウギリ　〔ゴマノハグサ科／木本〕
じんじんぱーやーきー　沖縄（石垣島）

じんじんぱーれーきー　沖縄（石垣島）

レンリソウ　〔マメ科／草本〕
つるくさ　長野（佐久）
とりばな　長野（佐久）
ふじばな　長野（佐久）
やまふじ　長野（北佐久）

ロウノキ → ハゼノキ

ロウバイ　〔ロウバイ科／木本〕
からうめ　大阪
らんばい　大阪

ロカイ → アロエ

ロクオンソウ → フナバラソウ

ワ

ワカメ　　　　　　　　　　　〔アイヌワカメ科/藻〕
かもじわかめ　和歌山（日高）
しんぷ　福島（東白川）
ばっはん　富山
め　山形（西田川・飛島）　富山（高岡）　石川（鳳至）　三重（志摩）　山口（長門）　長崎（壱岐島・対馬）
めー　福井（大飯・遠敷）　三重（志摩）
めーは　長崎（五島）
めこ　山形（東田川）
めし　三重（志摩）
めっぱ　秋田（平鹿）　山形（東田川）
めなは　島根（那賀）
めのは　久留米　山形（西田川）　島根　山口（長門）　福岡（久留米）　佐賀　長崎（南高来）　熊本（玉名・天草）

ワケギ　　　　　　　　　　　〔ユリ科/草本〕
かぶねぎ　長野*
かぶらねぎ　東京*
からみねぎ　東京*
きびら　鹿児島*
きびりお　鹿児島（奄美大島）
きもと　岩手*　山形*
くさねぎ　東京*
けんにょー　京都*　大阪*　奈良*
こねぎ　福島*　新潟*　福岡*　佐賀*　長崎*
さしひろ　秋田*
さんがつき　三重
さんがつねぎ　三重　滋賀*　福岡　佐賀*　長崎*　大分*
しーびび　高知
しとろもじ　三重*
じねぎ　福島*　埼玉*
しらたま　福岡*
しろ　青森*　秋田*
しろこ　青森*　秋田*
せんぐさ　福岡（福岡市）
せんすじねぎ　富山*
せんずねぎ　栃木
せんぶき　福岡*
せんむと　鹿児島（奄美大島）
せんもと　熊本*　宮崎　鹿児島（肝属・姶良）
せんもとねぎ　青森*　宮城*　福島　埼玉*　新潟*　長野　長崎　熊本*　宮崎*
せんもとびる　宮城*
せんもん　鹿児島（姶良）
ちもと　高知*　長崎*　大分（大分）
ちょーせんねぶか　岐阜*
とくばか　佐賀*　長崎*
とくわか　佐賀*　長崎*
ねもとこ　防府
ねんじゅーねぎ　静岡*
はねぎ　秋田*　福島*　埼玉*　千葉*　東京*　山梨*　愛知*　長崎*　熊本（天草）　宮崎*　鹿児島*
ひともじ　伊豆　長門　周防　富山*　石川*　三重（伊勢）　島根*　山口（厚狭）　高知*　佐賀*　長崎*　熊本
びびこ　山口*
ひゃっぽんねぎ　福井*
ひる　宮城*　秋田*
ひろ　宮城*　秋田*
ひろこ　岩手*　宮城*　秋田*　山形*
ふともじ　長崎*　長崎（南高来）
ふゆぎ　山口*
ふゆねぎ　長州
ふゆひともじ　周防　長門
ほそねぎ　山梨*
まげねぎ　福岡*
みつきこ　岐阜*
もてねぎ　新潟*
もよぎ　福岡*　熊本*
らっきょーねぶか　富山*
わきぎ　愛媛（新居）
わけねぎ　北海道*　青森*　岩手*　茨城*　埼玉*　千葉*　東京*　新潟*　山梨*　長野*　静岡*　京都*

ワサビ

ワサビ 〔アブラナ科／草本〕
からし　薩摩　三重（三重）
しゃんしょのき　島根（周吉）
せんの　秋田*
ひの　青森（上北）　秋田（北秋田・南秋田・河辺・仙北）
ふしべ　秋田*
ふすべ　秋田（北秋田・鹿角）
わさびな　京都（京都市）

ワサビダイコン　セイヨウワサビ, ホースラディッシュ　〔アブラナ科／草本〕
あいぬわさび　北海道*
うちわさび　滋賀*
おーわさび　岡山*
おかわさび　宮城*　山形*　茨城*　栃木*　群馬*　埼玉*　富山*　山梨*　長野（北佐久）　静岡*　愛知*　島根*　大分*
おべ　青森*
かたわさび　新潟*
からしだいこん　富山*　静岡*　徳島*　高知*
ごぼーわさび　岩手*
せーよーからし　北海道*
だいこわさび　島根*
だいこんわさび　宮城*　山形*　福井*　奈良*
とーわさび　山形*　新潟*　長野*
ねわさび　岩手*　宮城　山形*　新潟*　鳥取*　島根*
はたわさび　秋田*　山形*　福島　栃木*　群馬*　埼玉*　東京*　新潟*　岐阜*　三重*　和歌山*　鳥取*　島根*　高知*　宮崎*
ふしべだいこん　秋田*
やまわさび　北海道*
よーわさび　和歌山*
わさびおろし　福岡*

ワスレグサ 〔ユリ科／草本〕
かずらぐさ　木曾
がっこ　盛岡
かっこばな　南部
からしょーが　長野（上水内）
からしょぎ　長野（北安曇）
かんじ　長野（上伊那）
がんじ　長野（上伊那）
かんじぐさ　長野（南佐久）
かんじらぐさ　長野（上伊那）
かんす　肥前　唐津

かんず　長野（諏訪）
かんずら　長野
かんそ　山形
かんちょ　秋田（山本・河辺）
かんのんそー　久留米
きぼきな　佐渡　新潟（佐渡）
くゎんそー　沖縄（首里）

ワタ 〔アオイ科／草本〕
うずぬばだ　沖縄（八重山）
うちばな　沖縄（首里・国頭）
うどぅぬばた　沖縄（竹富島）
はな　沖縄
ぱな　沖縄
ぱんや　佐渡
ほーれー　静岡（田方）
むみんはな　沖縄（与那国島）
むみんぱな　沖縄（竹富島・与那国島）
もめん　群馬*　埼玉*　千葉*　新潟*　山梨*　長野*　宮崎*
もめんのき　鹿児島*
もめんわた　埼玉*　千葉*　新潟*　鹿児島*
わたばなー　沖縄（国頭）

ワナシ → ナシ

ワラビ 〔コバノイシカグマ科／シダ〕
あおくさ　青森（北津軽）
かぐま　青森（上北）
かね　備前作州　岡山（備前）
かんずり　山口（豊浦）
こーろぎ（ワラビの1種）　島根（石見）
しずらそー　周防
しだ　島根（美濃）
しどけ　土佐　高知
しょーで　新潟（古志）
せきだぐさ　木曾
ぜんざわらび　長野（下伊那）
そーじもの　鳥取（東伯）
たまぎり　佐渡
つぼ　島根（隠岐島）
はしわらび　福井（今立）
ふすべ　秋田（鹿角）
ほーろ　和歌山（有田）
ほた　岩手　秋田
ほだ　岩手（盛岡）　秋田
ほたる　長野（下水内）

ほたろば　山形（村山）
ほたろば　山形（北村山）
ほつろ　京都（竹野・中）
ぼて（ワラビの1種）　長野（佐久）
ほでら　長野（諏訪）
ほとら　新潟（西頸城）
ほとろ　和歌山（有田）
ほどろ　新潟（西頸城）　和歌山（日高）
よめのさい　伊勢　三重（伊勢）
わらびな　島根（隠岐島）　香川　長崎（長崎市）
わらべ　兵庫（津名・三原）　福岡（粕屋）　長崎
　（南高来）　熊本（八代・球磨）　鹿児島（加世
　田・垂水・日置・川辺・曽於・大島・熊毛）
わらべな　徳島　徳島（三好）　香川
わるび　千葉（夷隅）

ワリンゴ　ジリンゴ　　　　　　〔バラ科／木本〕
あおりんご　大和　宮城*　石川*
あすりんご　愛知*
えごなし　秋田（平鹿）
かいど　長野*
かいどー　山梨*
こまりんご　岩手*
こりんご　山梨*　長野*
さなし　北海道*　青森*
しぶりんご　青森*
じりんご　青森*　岩手*　秋田*　山形*
ちゃめりんご　北海道*
とーりんご　岩手*　福島*　新潟*　長野*
にほんりんご　宮城*　新潟*
まめりんご　北海道*　秋田*　新潟*
むかしりんご　秋田*　福島*
やまりんご　青森*　新潟*　長野*　鳥取*
りんき　青森（上北）　岩手*　秋田*　長野*
りんきん　青森*　岩手*　福島*
りんごなし　秋田*

ワレモコウ　　　　　　　　　　〔バラ科／草本〕
うまずいか　鹿児島（揖宿）
うりっぱ　長野（北佐久）

うるかやぼーず　栃木（佐野市）
おはぐろばな　福島（東白川）
おはぐろぼーき　埼玉（秩父）
おぼんばな　静岡（富士）
おみなえし　宮城（伊具）　鳥取（岩美）
おんなめし　奈良（宇智）
かるかや　茨城（稲敷）　神奈川（横浜）　静岡
　（小笠・富士）　和歌山（田辺）　千葉（銚子）
かるかやー　静岡（富士）
かるかやぼーず　群馬（山田）　静岡（富士）
きゅーりぐさ　日州　群馬（勢多）　新潟（中
　部・長岡）
きゅーりっぱ　長野（北佐久）
くびふりばな　福島（中部）
くろんぼ　長野（佐久）
げんこぐさ　長野（北佐久）
げんこつぐさ　長野（北佐久）
ごはんさん　兵庫（赤穂）
じーくゎそー　静岡（榛原）
すいかぐさ　群馬（勢多）　長野（佐久）
だんごいただき　江州　滋賀（伊吹山）
だんごばな　勢州　静岡
てんびそー　紀州　和歌山（日高）
てんぴそー　紀州高野
てんもくそう　紀伊有田郡
なきんべら　長野（佐久）
のかえり　石州
のがや　広島（比婆）
のかやり　岡山（真庭）
のこぎりぐさ　江州　山形（東置賜）
のこぎりそー　石州　愛媛（周桑）
のこぎりっぱ　長野（北佐久）
ぼーずばな　和州　千葉（夷隅）　長野（北佐久）
　静岡（富士）　鹿児島（熊毛・種子島）
ぼんずこ　宮城（仙台市）
ぼんばな　静岡（富士）　鹿児島（揖宿）
ぼんぼん　兵庫（赤穂）
もっこー　岡山（久米）
われもっこ　岡山（英田）
わんそー　紀伊

方言名索引

本編に採録した植物の方言名を五十音順に配列して太字で示し、対応する標準和名を細字で示した。同一方言に複数の植物が該当する場合は、標準和名の五十音順に配列した。

あ

【あ】

あー　アワ
あーがらへーた　ミツデカエデ
あーぎま　カンコノキ
あーぐしゅ　トウガラシ
あーさ　アオノリ
あーすいすい　イタドリ
あーすいまい　イタドリ
あーぶくたらし　アワブキ
あーぽ　ニワトコ
あーぽのき　ニワトコ
あーまきいちご　ナワシロイチゴ
あーまみ　アズキ
ああらげしば　アカメガシワ
あい　アイ／アオダモ／イヌタデ／イラクサ／ミヤマイラクサ
あいからし　アカソ
あいからむし　イラクサ
あいかん　ウンシュウミカン
あいぎ　アオダモ
あいくさ　イヌタデ／サクラタデ／タデ／ツユクサ／ハナタデ
あいぐさ　イラクサ／ミヤマイラクサ
あいこ　ヒルガオ／ミヤマイラクサ
あいご　アカソ／イラクサ
あいこぎ　ミヤマイラクサ
あいごき　イラクサ
あいこはぎ　イラクサ
あいささげ　フジマメ
あいす　チョウセンアサガオ
あいすり　ハツタケ
あいずり　ハツタケ
あいそ　イラクサ／トウヒ
あいたいちご　ニガイチゴ
あいたけ　ハツタケ／ミヤマイラクサ
あいだけ　ハツタケ／ミヤマイラクサ
あいたば　アシタバ
あいたば　アシタバ
あいたまのき　ミズキ
あいちゃかけ　ヒサカキ
あいつけばな　ツユクサ
あいづり　ハツタケ

あいつる　ハツタケ
あいど　イラクサ
あいなーふさ　イヌタデ
あいなぎ　アオダモ
あいぬねぎ　ギョウジャニンニク
あいぬわさび　ワサビダイコン
あいのき　アオダモ／ハマヒサカキ
あいのこ　ミヤマイラクサ
あいばかま　ギョウジャニンニク
あいばこ　アイ
あいばそー　アブラガヤ
あいばな　ツユクサ
あいもぐさ　カタバミ
あいもの　ゴキヅル
あうち　センダン
あうで　サカキ
あえ　イラクサ／ミヤマイラクサ
あえー　ミヤマイラクサ
あえーまめ　ソラマメ
あえがき　カキ（アマガキ）
あえこ　ミヤマイラクサ
あえご　イラクサ
あえごき　イラクサ
あえす　エゴマ
あえたけ　ハツタケ
あえだら　タラノキ
あえっこ　ミヤマイラクサ
あえっぱ　アイ
あえのき　アオダモ
あえのこ　ミヤマイラクサ
あえら　コバノミツバツツジ
あえらぎ　コバノミツバツツジ
あお　アワ
あおあい　ツユクサ
あおあかざ　アカザ
あおあずき　リョクトウ
あおい　アオキ／イグサ／クロガネモチ／ススキ／ゼニアオイ／タチアオイ／テンジクアオイ
あおいかずら　アオツヅラフジ／ハマヒルガオ
あおいぎ　ノイバラ
あおいくさ　ゼニアオイ
あおいぐさ　ゼニアオイ
あおいた　コンブ

あおつ ● 方言名索引

あおいのき　イイギリ
あおいも　サトイモ
あおうつぎ　ウツギ
あおうり　アオウリ／ウリカエデ／ウリハダカエデ／キュウリ／シロウリ／マクワウリ
あおうりき　ウリハダカエデ
あおえんじゅ　フジキ
あおおも　イヌシデ
あおか　ウリハダカエデ
あおかい　ウリカエデ
あおかえで　ウリカエデ／ウリハダカエデ
あおかし　アカガシ／アラカシ／イチイガシ／ツクバネガシ
あおがし　アラカシ／シラカシ
あおかずら　アオツヅラフジ／サルナシ／ヤイトバナ
あおかせ　イチイガシ
あおかのき　ウリハダカエデ
あおから　サトイモ
あおがら　カナクギノキ
あおからいも　サトイモ
あおがらいも　サトイモ
あおかわ　アオハダ／ウリハダカエデ
あおかわのき　ウリハダカエデ
あおき　アオキ／アオハダ／アスナロ／イチイ／ウリカエデ／ウリハダカエデ／クスノキ／クロガネモチ／シキミ／シャシャンボ／シロダモ／タブノキ／タマミズキ／テツカエデ／ナナメノキ／ハナイカダ／ヒノキ／マサキ／ミズアオイ／ヤドリギ／ヤブニッケイ／ユズリハ
あおぎ　アオキ／アオハダ／ウリカエデ／ウリハダカエデ／クロガネモチ／ズイナ／ナナメノキ
あおぎく　キク
あおきしば　ナナメノキ
あおきっぱ　アオキ
あおきば　アオキ／ミヤマシキミ
あおきば　アオキ
あおぎば　アオキ
あおぎり　アオギリ／ウリハダカエデ
あおぎんば　アオキ
あおぐい　イバラ／テリハノイバラ／ノイバラ
あおぐき　フキ
あおくさ　ワラビ
あおくび　ダイコン
あおくみ　アズキナシ
あおけや　ケヤキ
あおけやき　ケヤキ
あおげやき　ケヤキ
あおこ　ウリハダカエデ
あおご　ウリハダカエデ
あおこごみ　イヌワラビ

あおこごめ　イヌワラビ
あおさ　アオダイズ／アオノリ／アオミドロ／ウキクサ
あおざくら　ミズメ
あおざんしょー　ナナカマド
あおじ　アマモ
あおしー　ツブラジイ
あおじー　ツブラジイ
あおじさ　アブラチャン
あおじそ　アカザ／エゴマ
あおしだ　アオダモ／アオハダ
あおしで　アカシデ／イヌシデ／クマシデ
あおしな　オオバボダイジュ
あおしば　アオキ／イヌツゲ
あおしめじ　テングダケ
あおずけまめ　ダイズ
あおすだれ　カエデ（チリメンカエデ）
あおすり　ハツタケ
あおずる　アオツヅラフジ／サトイモ
あおそ　アオツヅラフジ／アオノリ／ウリカエデ／カキ（シブガキ）／カラムシ／コナラ
あおぞー　ゴシュユ
あおその　クマシデ
あおぞの　イヌシデ／クマシデ
あおそや　イヌシデ／クマシデ
あおぞや　イヌシデ／クマシデ
あおそり　カラムシ
あおぞり　カラムシ
あおぞわ　アオダモ
あおた　カラムシ
あおだい　シロウリ
あおだから　イバラ
あおだく　アオハダ
あおたご　アオダモ／トネリコ
あおだこ　アオダモ
あおだご　アオダモ
あおたしー　ツブラジイ
あおたぶ　アオガシ／タブノキ
あおたま　アオダモ／マサキ
あおだま　アオダモ／サワフタギ／ソヨゴ／タブノキ
あおたまがし　ソヨゴ
あおたも　アオダモ
あおだも　アオダモ／トネリコ
あおだら　カラスザンショウ／ハリギリ
あおたんご　アオダモ
あおっか　ウリハダカエデ
あおつき　アオハダ
あおつげ　イヌツゲ
あおつた　ツルマサキ
あおつばき　ナツツバキ
あおっぱもみじ　ウリカエデ

方言名索引 ● あおて

あおで　エゴノキ
あおとー　ピーマン
あおとーがらし　ピーマン
あおどーがらし　ピーマン
あおとで　アオダモ
あおとど　オオシラビソ
あおとねり　アオダモ／アオハダ
あおどねり　アオダモ
あおとねりこ　アオダモ
あおどろ　ポプラ／ヤマナラシ
あおとん　ピーマン
あおとんがらし　ピーマン
あおとんぼ　ミズトンボ
あおな　コマツナ／ナタネ／ハクサイ
あおなら　ミズナラ
あおなんばん　ナシ／ピーマン
あおにぶ　アオダイズ
あおにょろ　アオキ／アオギリ
あおにょろり　アオギリ
あおねり　アオハダ
あおのき　アオキ／アオギリ／アオハダ／アカメガシワ／ウリカエデ／ウリハダカエデ／タブノキ／マサキ
あおば　アオハダ／イタドリ／カンザブロウノキ／スギ／マツ
あおばぎ　カンザブロウノキ
あおはだ　アオダモ／アオハダ／アオマメ／ウリハダカエデ／ツクバネガシ／トネリコ／ニシキギ／ミミズバイ／ヤブバラ
あおはたのき　タブノキ
あおばだまめ　アオマメ
あおはち　ハッタケ
あおはつ　ハッタケ
あおばつ　アオマメ
あおばな　ウリハダカエデ／オトコエシ／オミナエシ／ツユクサ
あおばのき　カンザブロウノキ／ユズリハ
あおばら　カラスザンショウ
あおばらいぎ　ノイバラ
あおばん　ミヤマカワラハンノキ
あおび　アスナロ／ヒノキ
あおびー　イヌビユ
あおびょ　イヌビユ
あおぶ　アオハダ／コシアブラ
あおふき　アワブキ
あおぶき　アワブキ
あおふじ　ツヅラフジ
あおふじき　アオダモ
あおぶな　イタビカズラ／イヌブナ／ブナ
あおふよー　イヌビユ
あおへぼのき　ニワトコ

あおべら　アオギリ／アオハダ／ウリカエデ／ウリハダカエデ／テツカエデ
あおべり　ウリハダカエデ
あおぽ　アオハダ／イタドリ／ウリハダカエデ
あおぽ　アオハダ
あおぽー　アオハダ
あおぽーず　ウリハダカエデ
あおぽけ　アケビ
あおまき　ケヤキ
あおまきいちご　モミジイチゴ
あおまめ　ソラマメ／ダイズ／ナタマメ／リョクトウ
あおみ　アオキ
あおみず　ヤマトキホコリ
あおみずき　ミズキ
あおもじ　ウリカエデ
あおもち　モチノキ
あおもみ　マンサク
あおもみじ　イタヤカエデ／ウリカエデ／ウリハダカエデ
あおやぎ　マサキ
あおやぎそー　シュロソウ
あおら　ヒサカキ
あおりんご　ワリンゴ
あおんぞ　カキ（シブガキ）
あおんぞー　ゴシュユ
あおんど　アオキ
あおんどろ　アオミドロ
あか　アズキ／イチイ
あかあさだ　シロダモ
あかあずさ　オノオレカンバ
あかあわ　アワ
あかいかき　タカノツメ
あかいき　ミズキ
あかいちご　クサイチゴ／ナワシロイチゴ／バライチゴ
あかいっこ　クサイチゴ
あかいっご　クサイチゴ／ヒメバライチゴ
あかいのき　アカメガシワ
あかいぶ　アケビ
あかいべべ　マユミ
あかいも　オオバアサガラ／サツマイモ／サトイモ／ジャガイモ／トウノイモ
あかいもぎ　タカノツメ
あかいろうつぎ　ハコネウツギ
あかうい　スイカ
あかうつぎ　ウツギ／ガクウツギ／キブシ／コアカソ／タニウツギ／ネジキ／ハコネウツギ
あかうつげ　ハコネウツギ
あかうま　アザミ／ヨモギ
あかうまこやし　ムラサキツメクサ
あかえ　アカメガシワ／カンボク／サルナシ
あかえのき　アカメガシワ

あかえも　ジャガイモ
あかおも　アカシデ
あかおらんだ　サツマイモ
あかがき　トマト
あかかし　アカガシ／アカメガシワ／シロダモ
あかかじ　アカメガシワ
あかがし　アカガシ／アカメガシワ／アラカシ／シリブカガシ／ツクバネガシ
あかかしら　ヤブマオ
あかがしら　カラムシ／コアカソ
あかがしわ　アカメガシワ
あかかずら　サルナシ／スイカズラ／ヤブガラシ
あかががねもどし　シャシャンボ
あかがのこ　カノコユリ
あかかば　ダケカンバ
あかから　サトイモ
あかがら　サトイモ
あかからいも　サトイモ
あかがらす　カラスウリ
あかかんば　ダケカンバ
あかき　アカメガシワ／イチイ／イヌガヤ／ネジキ／バクチノキ／ミズキ／ミズメ／リンボク
あかぎ　アカメガシワ／イチイ／ネジキ／バクチノキ／ヒメシャラ／モッコク
あかぎしぎし　スイバ
あかきび　モロコシ
あかきれーくに　ニンジン
あかぐい　ノイバラ
あかぐさ　ゲンゲ／ニシキソウ
あかぐさ　ニシキソウ
あかくち　ウラジロサルナシ
あかくぶし　モクレン
あかくも　ウワミズザクラ
あかげい　イワニガナ
あかけや　ケヤキ
あかけやき　ケヤキ
あかげやき　ケヤキ
あかげんぞ　サツマイモ
あかこ　ミズヒキ
あかご　ミズヒキ
あかごい　カラスウリ
あかこー　アコウ
あかこがね　ヒヨドリバナ
あかこごみ　ナライシダ
あかこごめ　ナライシダ
あかこさいば　アカメガシワ／ミズメ
あかこのばっこ　クサノオウ
あかこのまんま　カラスビシャク
あかこばな　ヒガンバナ
あかごばな　ヒガンバナ

あかこぶ　ウワミズザクラ
あかこぽ　ウワミズザクラ
あかごり　カラスウリ
あかごろも　タマアジサイ
あかごんぽ　スベリヒユ／タチスベリヒユ
あかさ　ハルニレ
あかざ　アカザ／アサダ
あかざら　アカザ
あかし　スイバ
あかじ　スイバ
あかしかんば　ウダイカンバ／シラカンバ
あかじく　ネジキ／ヤツガシラ
あかじさ　アブラチャン／カエンサイ／サンゴジュ／フダンソウ／レタス
あかじしゃ　アブラチャン／エゴノキ／シロモジ／ツクバネ
あかしで　アカシデ／イヌシデ／クマシデ
あかしば　キブシ／ノアザミ／ミズキ／ヤマコウバシ／リョウブ
あかじみ　ガクウツギ
あかじゃ　アカザ
あかしゃー　アカザ
あかじゃら　アカザ
あかじょー　アカザ
あかしょだま　シロダモ
あかすいせん　サフランモドキ
あかずき　サツマイモ／トウノイモ
あかずきいも　サツマイモ
あかすぐり　フサスグリ
あかずさ　アブラチャン／エゴノキ／ダンコウバイ
あかずた　エゴノキ
あかずね　ネジキ
あかずら　エゴノキ／シャシャンボ／ネジキ
あかずる　クロヅル／サトイモ／トウノイモ
あかずんど　クリタケ
あかせいだ　ジャガイモ
あかせーだ　ジャガイモ
あかそ　アカザ／アカソ／コアカソ／コウゾ／スベリヒユ
あかぞ　アカザ／カラムシ
あかぞー　アサダ
あかそね　アカシデ
あかその　アカシデ
あかぞの　アカシデ
あかそや　アカシデ
あかぞや　アカシデ／クマシデ
あかそろ　アカシデ
あかぞろ　アカシデ
あかぞろー　イヌシデ
あかた　バクチノキ
あかた　ヒメシャラ

あかだ　アカザ／アカソ／アカメガシワ／アサダ／ネジ
　　　キ／ヒメシャラ／ヤブマオ
あがた　アカソ／エゴノキ
あかたい　アカメガシワ
あかたいとー　アカゴメ
あかたず　ハコネウツギ
あかだっ　サトイモ
あかたのき　ヒメシャラ
あかたひーば　アカザ
あかだひーば　アカザ
あかたぶ　タブノキ
あかだま　アカゴメ
あかたまがし　ウラジロノキ
あかたまがら　シロダモ
あかだましゃじん　ヤブコウジ
あかだまのき　ヤブコウジ
あかたも　ハルニレ
あかだも　アキニレ／オヒョウ／ハルニレ／ヤチダモ
あかたらのき　カナクギノキ
あかちゃ　エゴノキ
あがちゃら　エゴノキ
あかちゃん　ハリエンジュ
あかちょーじ　タニウツギ
あかちり　ヒメハギ
あかちんき　チダケサシ
あかつが　アオダモ／トガサワラ
あかっかし　リンボク
あかつき　ハツタケ
あかつぐ　ホルトノキ
あかつげ　ウツギ／ガクウツギ／タニウツギ／ハコネウ
　　　ツギ
あかっそね　アカシデ
あかったぶ　タブノキ
あかつつじ　ヤマツツジ
あかっつら　オニタビラコ／ミゾソバ
あかつなぎ　コアカソ
あかっぱな　メグスリノキ
あかっぱり　ヤマハンノキ
あかっぽ　アカメガシワ／イタドリ
あかつら　エゴノキ／クマガイソウ／ヒサカキ
あがつら　エゴノキ
あかつわ　ユキノシタ
あかでーくに　ニンジン
あかでんぽー　アカメガシワ
あかどー　オオムギ
あかとが　トガサワラ
あかとべら　モッコク
あかとぼし　アカゴメ
あかな　シソ
あかなくさ　ゲンゲ

あかなしび　トマト
あかなす　トマト
あかなすび　トマト
あかなば　シソ
あかなばー　シソ
あかなれごんぼ　タチスベリヒユ
あかなんば　トウモロコシ
あかにれ　ハルニレ
あかぬまよもぎ　オトコヨモギ
あかね　ニンジン
あがね　アカネ
あかねかずら　アカネ
あかねぎ　アカザ／コバンノキ
あかねぐさ　カタバミ
あかねし　カマツカ
あかねじ　ザイフリボク／ネジキ
あかねのき　アカネ
あかねり　ツクバネウツギ
あかのき　アコウ／アリドオシ／モッコク
あかのごはん　ミズヒキ
あかのばっこ　クサノオウ
あかのまま　イヌタデ／ママコノシリヌグイ
あかのまんま　イヌタデ
あかば　アカザ
あかはぎ　ヤマブキショウマ
あかはげ　アカメガシワ
あかばし　ネジキ
あかはしか　ミズキ
あかばしか　クマノミズキ
あかはしぎ　カンボク
あかはしのき　ネジキ
あかはすに　カンボク
あかはだ　ヒメシャラ
あかはちり　サツマイモ
あかばちり　サツマイモ
あかばちり　サツマイモ
あかはな　ヒガンバナ
あかばな　オミナエシ／ゲンゲ／シモツケソウ／ヒガン
　　　バナ／マツヨイグサ
あかばなー　ブッソウゲ
あかばら　テリハノイバラ
あかはらくさ　ゲンノショウコ
あかはらぐさ　ゲンノショウコ
あかばり　ハンノキ／ヤマハンノキ
あかはりのき　ハンノキ
あかはん　ヤマハンノキ
あかばん　ヤマハンノキ
あかはんのき　ヤマハンノキ
あかび　クロベ

あかひーな　イヌビユ
あかびこ　ギシギシ
あかびそ　イヌビユ／ヒユ
あかひゅーじ　コアカソ
あかびる　ノビエ
あかびろ　イヌビユ
あかふじそー　クリンソウ
あかぶな　イヌブナ／ブナ
あかぶら　サルスベリ
あかべ　アカメガシワ／シャシャンボ／ネジキ
あかべこ　ギシギシ
あかべそ　ヌルデ
あかべのき　アカメガシワ
あかべん　ネジキ
あかべんてんさん　ネジキ
あかぽ　イヌザクラ／ネジキ
あかほー　ネジキ
あかぽー　アカメガシワ／ネジキ
あかぽーとー　ネジキ
あかぽくさ　ムラサキツメクサ
あかぽけ　サツマイモ／ミツバアケビ
あかぽせ　ネジキ
あかほまつ　アカマツ
あがまーみ　アズキ
あかまーみー　アズキ
あかまきくさ　イヌタデ
あかまきぐさ　タデ
あがまず　アカマツ
あがまつ　カラマツ
あがまつ　アカマツ
あかまま　イヌタデ
あかままくさ　タデ
あかままぐさ　イヌタデ
あかまみ　アズキ
あがまみ　アズキ
あかまめ　アズキ／ガマズミ／カマツカ／ナンテンハギ／ヤブコウジ
あかまめのき　モチノキ
あかまらーまみ　ダイズ
あかまんま　イヌタデ／ハルタデ／ミズヒキ
あかみ　イチイ／ガマズミ／タマミズキ／モッコク
あかみかん　ウンシュウミカン
あかみず　ウワバミソウ／ミズ
あかみずき　アコウ／クマノミズキ／タマミズキ
あかみずし　クマノミズキ／ミズキ
あかみすば　ハクウンボク
あかみとり　インゲンマメ
あかみのき　ナナメノキ／モッコク
あかむーじ　トウノイモ
あかむぎ　オオムギ

あかめ　アカザ／アカメガシワ／カナメモチ／ネジキ／ノイバラ／モッコク／ヤブイバラ／ヤブコウジ
あかめいも　サトイモ
あかめうつぎ　ウツギ
あかめうり　ツルレイシ
あかめーその　ネジキ
あかめがし　アカガシ／アカメガシワ／カナメモチ／ネジキ
あかめめかしわ　アカメガシワ
あかめがしわ　アカメガシワ／カナメモチ
あかめし　イヌタデ
あかめしで　アカシデ
あかめしば　アカメガシワ
あかめのき　アカメガシワ
あかめばら　ノイバラ／ヤブイバラ
あかめはり　アカメガシワ／ネジキ
あかめまつ　アカマツ
あかめまんあ　サクラタデ
あかめまんま　イヌタデ／オオイヌタデ／シロバナサクラタデ
あかめもち　カナメモチ
あかめれーし　ツルレイシ
あかめんこ　ガマズミ
あかめんぽ　アカメガシワ
あかめんぽー　アカメガシワ
あかも　アカメガシワ
あかもーち　ヤマグルマ
あかもくしゅく　ムラサキツメクサ
あかもたし　クリタケ
あかもち　クロガネモチ／ヤマグルマ
あかもの　ササゲ
あかものささげ　ジュウロクササゲ
あかもみ　モミ
あかももき　モッコク
あかもろこし　モロコシ
あかや　カンボク
あかやかん　スノキ
あかやなぎ　オオバヤナギ
あかゆり　オニユリ／コオニユリ
あかよこじ　ダケカンバ
あかよのみ　エノキ
あがらいも　サトイモ
あがらぎ　ヒメシャラ
あからぎ　カナクギノキ／ヒメシャラ
あからまめ　ダイズ
あかりそー　シュンラン
あがりもの　ジャノヒゲ
あがりもも　ジャノヒゲ
あかわかば　ユズリハ
あかわた　アカソ／ヤブマオ

あかわたぽーし　アカソ
あかわん　ウスノキ／スノキ／ハナヒリノキ
あかわんご　スノキ
あがん　サツマイモ
あかんざ　アカザ
あかんた　アカザ
あかんちゃ　エゴノキ
あかんちゃら　エゴノキ
あかんのき　ナツハゼ
あかんば　ノアザミ
あかんべん　アカメガシワ
あかんぽ　アカメガシワ／クリタケ／ネジキ／モロコシ
あかんぽー　ネジキ／ミズキ
あかんぽや　ミズキ
あかんま　アザミ／ヨモギ
あきいも　ジャガイモ
あきうさ　アケビ
あきうどー　アケビ
あきうり　クロモジ
あきがのき　カナクギノキ
あきぎく　ショクヨウギク
あきぐいみ　アキグミ
あきぐいめ　アキグミ
あきぐさ　ナギナタコウジュ
あきぐみ　アキグミ
あきぐるま　ナツハゼ
あきごみ　アキグミ
あきごろも　ナツハゼ
あきさくら　コスモス
あきざくら　オオハルシャギク／オシロイバナ／クサキョウチクトウ／コスモス
あきさとー　サトウキビ
あきず　ダイズ／ミツバアケビ
あきずら　ミツバアケビ
あきだら　カラスザンショウ／ハリギリ
あぎなし　オモダカ／コナギ／コナギ／サワギキョウ／ミズアオイ
あきなんばん　モロコシ
あきのきりんそー　アキノキリンソウ
あきののげし　クコ
あきはぜ　シャシャンボ
あきはな　ツユクサ
あきほこり　クサネム
あきぽこり　アキメヒシバ／アブノメ／イタチササゲ／キカシグサ／コミカンソウ／メナモミ／メヒシバ
あきぼたん　シュウメイギク
あきぼとくり　カワラケツメイ
あきぽとこり　アブノメ／キカシグサ
あきまさり　イタチササゲ／コミカンソウ
あきまめ　ダイズ

あきまんとー　ヤマコウバシ
あきめ　マメガキ
あきゅ　アケビ
あきんじゃくら　オオハルシャギク
あきんどかつら　アケビ
あきんぽこり　メヒシバ
あくいも　サトイモ
あぐいも　ツクネイモ／ナガイモ
あくきのこ　ホコリタケ
あくしば　ヒサカキ
あくしゃうり　ハヤトウリ
あくしゃまめ　インゲンマメ／ササゲ／フジマメ
あくしょぎ　ツリバナ／ハナヒリノキ
あくしょのき　ハナヒリノキ
あくせうり　ハヤトウリ
あくせーまめ　インゲンマメ
あくだら　ハリギリ
あくたらぽ　ハリギリ
あくたらぽー　ハリギリ
あくだらぽー　ハリギリ
あくち　モクタチバナ
あくちのき　モクタチバナ
あくちゃー　モクタチバナ
あくのき　カラスザンショウ
あくばら　カラスザンショウ
あくびそー　カギカズラ
あくまはらい　ナギイカダ
あけうり　マクワウリ
あけぐみ　アキグミ
あけご　アケビ
あけしば　モチノキ
あけじば　ツユクサ
あけずくさ　スベリヒユ／ツユクサ
あけずぐさ　クマツヅラ
あけずすかんこ　イノコズチ
あけずのあずき　カタバミ
あけずのあずきまま　カタバミ
あけずのまま　カタバミ／スベリヒユ
あけずばな　ツユクサ
あけずりばな　ユウガギク
あけっか　アケビ
あけつぐさ　ツユクサ
あけつばな　ツユクサ
あけびひらき　アケビ
あけぽこり　シモツケソウ
あげまま　イヌタデ
あけむすべ　アケビ
あこ　アイ／アコウ
あこー　アコウ／イヌビワ／オオシラビソ／バクチノキ
あこーき　アコウ

あこーぎ　アコウ
あこーもり　アコウ
あこーん　サツマイモ
あごかきばな　スミレ
あこき　アコウ
あこぎ　アコウ／バクチノキ
あこしば　ヒサカキ
あごなし　コナギ
あごなしごんぼ　スベリヒユ
あこのき　アコウ／カラスザンショウ／バクチノキ
あこぼこり　メヒシバ
あこんき　アコウ
あさ　アサ／アマ／イチビ／ツナソ／ナンバンカラムシ
あざ　アザミ
あさーどり　アキグミ
あさいどー　アキグミ
あさいどり　アキグミ／グミ
あざいも　アザミ
あさうり　シロウリ
あさえどー　アキグミ
あさえどり　アキグミ／グミ
あさお　アサ
あさかい　カゴノキ／タブノキ／ヤブニッケイ／ヤマコウバシ
あさかえ　シロダモ
あさがお　キキョウ
あさがおいちび　ツナソ
あさがおばな　グンバイヒルガオ／ヒルガオ
あさかべ　サワラ／ヒノキ
あさかま　ヤブニッケイ
あさかや　ヤブニッケイ
あさがら　アカメガシワ／ウリハダカエデ／オオバアサガラ／ケンポナシ／タケニグサ／ツブラジイ／バリバリノキ／ハンゴンソウ／フウトウカズラ／フカノキ／ヤブニッケイ
あさがらいたや　ヒトツバカエデ／ミツデカエデ
あさがらじー　ツブラジイ
あさがらのき　フカノキ
あさがらはし　メドハギ
あさがらへー　ミツデカエデ
あさき　アサ
あさぎ　ササゲ
あさぎうり　マクワウリ
あさぎり　フダンソウ
あさぎりな　フダンソウ
あさくさ　イチビ／ツユクサ
あさくさのり　イワノリ
あさぐる　フカノキ
あさくるき　フカノキ
あさぐろ　フカノキ

あさこ　コナラ
あさご　ミカエリソウ
あざこ　トキワススキ
あさこばな　ツユクサ
あさごろ　フカノキ
あささけ　アサツキ
あさし　モチノキ
あさじ　アサダ／シナノキ
あさじき　アサツキ
あさししゃげ　ウシハコベ／ハコベ
あさしらい　ハコベ
あさしらえ　ハコベ
あさしらき　ハコベ
あさしらぎ　ウシハコベ／ハコベ
あさしらぐ　ハコベ
あさしらげ　ハコベ
あさしらべ　ハコベ
あさしらみ　ハコベ
あさしらん　ハコベ
あさずき　アサツキ
あさずきひる　アサツキ
あさすぐり　フサスグリ
あさずけ　アサツキ
あさだ　アオガシ／アサダ／イヌガシ／カナクギノキ／キブシ／シロダモ／タブノキ／ヤブニッケイ
あさだのき　オオバアサガラ
あさだら　アキグミ
あさだれ　アキグミ／ナツグミ
あさつき　アキグミ
あさつきびる　ノビル
あさつてき　モチノキ
あさっぺい　カキドオシ
あさっぺー　カキドオシ
あさど　アキグミ
あさどい　ギョウジャニンニク
あさどー　アキグミ／グミ
あさとき　アサツキ
あさとり　アサツキ
あさどり　アキグミ／グミ／ナツグミ／ノビル
あさどりいちご　アキグミ／ナワシログミ
あさどりぐいび　アキグミ
あさどろ　アキグミ
あさなべ　フナバラソウ
あさなら　アサダ
あさなろ　イヌマキ
あさなろー　イヌマキ
あざに　アダン
あざにぶらー　タコノキ
あさねぐさ　カワラケツメイ／クサネム
あさねごろ　カワラケツメイ／コミカンソウ／ネムノキ

あさねぼー　コケリンドウ／ネムノキ
あさび　アセビ
あざび　アザミ
あさひしゃぎ　ハコベ
あざびな　アザミ
あさひらぎ　ハコベ
あさひらん　サワラン
あさまつげ　イヌツゲ
あさまぶどー　クロマメノキ
あさまめ　ダイズ
あさまりんどー　オヤマリンドウ
あざみ　アキノノゲシ／アセビ／ノアザミ
あざみぐい　ノアザミ
あざみぐわ　ヤマグワ
あざみしば　アセビ
あざみな　アザミ
あざめ　アザミ／ノアザミ
あざめいぎ　アザミ
あざめくさ　ノアザミ
あざめしば　アセビ
あざめら　イラクサ
あさやいと　コガンピ
あさやけ　タケニグサ／ヒルガオ
あさやけぐさ　ヒルガオ
あさやどり　アキグミ
あさら　アキグミ
あさらげ　ハコベ
あざん　ノアザミ
あさんぐる　フカノキ
あさんどり　アキグミ
あし　ダンチク／ヨシ
あじうめ　アンズ
あじうり　ウリ／マクワウリ
あしかがり　イシミカワ
あしかき　イシミカワ／ウナギツカミ
あしがき　イシミカワ
あしがる　ミズスギ
あしかわり　イシミカワ
あじきばな　ショウジョウバカマ
あしくた　クロイゲ
あしくだし　ナワシロイチゴ
あしくれいちご　ナワシロイチゴ
あじさい　ガクアジサイ／コアジサイ／タマアジサイ／ヤマアジサイ
あじさいしば　アジサイ
あじさいつた　ツルアジサイ
あしさげ　ウキクサ
あししば　シキミ
あじしめじ　シメジ
あしじり　シバ

あしじりゆんじり　シバ
あしずり　シバ
あしたこ　ザゼンソウ
あしたっぱ　アシタバ
あしたなれ　アスナロ
あしたぶ　アシタバ
あしたぽ　アシタバ
あしだら　カラスザンショウ
あしだろ　アスナロ
あじな　トウナ
あしなが　ハコネシダ
あしば　アカメガシワ／ツノハシバミ
あしび　アセビ
あしぶ　アセビ
あじふり　マクワウリ
あじまめ　フジマメ
あじみ　アザミ
あじめ　アンズ
あじも　アマモ
あしもといっこ　ナワシロイチゴ
あしもといっこ　ナワシロイチゴ
あしゃぶ　アセビ
あじゃみ　サワアザミ／ノアザミ
あじゃむちゃがら　ツゲモチ
あじゃら　ノハラアザミ
あしゃらぐみ　アキグミ
あじょーつりくさ　ヌカボ
あしら　シバ
あす　アスナロ
あず　ウワバミソウ
あずい　アズキ
あずえご　シャシャンボ
あすかび　アスナロ
あすかべ　アスナロ／クロベ
あずき　アズキ／アズキナシ／シメジ
あずきいちご　アズキナシ／ウグイスカグラ／キイチゴ／モミジイチゴ／ヤマウグイスカグラ
あずきいちごのき　アズキナシ
あずきうつぎ　ヤマアジサイ
あずきぎ　アオハダ／キササゲ
あずきくさ　ナンバンギセル
あずきぐさ　アゼナ／アブノメ／キカシグサ／チョウジタデ／ミゾハコベ
あずきぐみ　アキグミ／ウグイスカグラ
あずきごな　シャシャンボ
あずきごのき　シャシャンボ
あずきささげ　ササゲ／ジュウロクササゲ／ハタササゲ
あずきさとー　サトウキビ
あずきしで　クマシデ
あずきじんだ　アオハダ／アズキナシ／イイギリ

あずきたおし　リョクトウ
あずきっぱ　イタチササゲ／ナンテンハギ
あずきな　アオハダ／ウメモドキ／キブシ／ナンテンハギ／ナンバンギセル／ハナイカダ
あずきなし　アズキナシ／ウラジロノキ／カマツカ／ヤマモモ
あずきねそ　ガマズミ
あずきのまんま　イヌタデ
あずきはだ　キブシ
あずきばな　カワラナデシコ／ショウジョウバカマ／タニウツギ／ツメクサ／ヌカボタデ
あずきぶんどー　リョクトウ
あずきほ　リョクトウ
あずきまま　カタバミ
あずきもだし　シメジ
あずきもだち　シメジ
あずきんば　ナンテンハギ
あずさ　アカメガシワ／アサダ／オノオレカンバ／キササゲ／サビハナナカマド／ナナカマド／ニシキギ／ハイノキ／ミズメ／リンボク
あずさのき　アカメガシワ
あずさみねばり　オノオレカンバ
あすだろ　アスナロ
あすち　タニウツギ
あすなう　イヌマキ
あすなよー　イヌマキ
あすなら　アスナロ
あすなり　マルバヤナギ
あすなる　アスナロ
あすなろ　イヌガヤ／イヌマキ／サワラ／ネズミサシ／マキ
あすなろー　アスナロ／イヌマキ／コウヤマキ
あすなろひのき　サワラ
あすひ　アスナロ
あずま　ヤシャブシ
あずまぎく　エゾギク
あずまのき　ハンノキ／ミズメ
あずまひがん　エドヒガン
あすりんご　ワリンゴ
あずんめ　アンズ
あせ　ギボウシ／クサヨシ／ダンチク／ヨシ
あぜ　サカキ
あぜいも　サトイモ
あぜうり　シロウリ／マクワウリ
あぜからし　イヌガラシ
あぜがらし　イヌガラシ
あぜくさ　アゼガヤツリ／アゼテンツキ／タマガヤツリ／ヒデリコ
あぜくな　アゼテンツキ
あぜさかき　サカキ

あせしば　アセビ
あせしらぎ　ハコベ
あぜだいこん　イヌガラシ
あぜだいず　ダイズ
あぜな　サギゴケ
あぜぬりばな　タニウツギ
あせび　アセビ
あせびしば　アセビ
あせぶ　アセビ
あせぽ　アセビ
あぜぽ　アセビ
あぜぽく　クサネム
あせぽしば　アセビ
あせぽずる　ネナシカズラ
あせぽのき　アセビ
あぜまめ　エダマメ／ソラマメ／ダイズ
あぜみ　アセビ
あぜみ　アセビ
あせみしば　アセビ
あせむし　アセビ
あぜむしろ　ミゾカクシ
あせも　アセビ
あせもぐさ　カニクサ
あせもしば　アセビ
あせものぐさ　ノミノツヅリ
あせんぽ　アセビ／シャシャンボ
あせんぽん　アセビ
あそー　バショウ
あそおこたち　エノコログサ
あそなら　アスナロ
あたいも　サトイモ
あたうば　ツユクサ
あだくし　ショウベンノキ
あたごけ　イチヤクソウ
あたたくさ　イラクサ
あたたぐさ　イラクサ
あだに　アダン
あだぬ　アダン
あだのだんぶくろ　ホタルブクロ
あたばんずき　ナツハゼ
あだびな　アザミ
あだぽ　イガホオズキ
あたまいた　ウマノアシガタ／ヒガンバナ
あたまいたー　レンゲツツジ
あたまはげ　イノコズチ／スノキ／ナツハゼ／ノブドウ
あたまはじき　ナツハゼ
あたまはしり　ヒガンバナ
あたまはんじき　ナツハゼ
あたみ　ノアザミ
あだみ　アザミ

方言名索引 ● あため

あだめ　アザミ
あだん　アザミ
あだんぶら　タコノキ
あつ　オヒョウ
あつがねくぬぎ　アベマキ
あっかべ　クロベ
あつかわ　ウワミズザクラ
あつかわくぬぎ　アベマキ
あつかわほーそ　アベマキ
あつかわまき　アベマキ／イチイ
あつきな　キブシ
あっくり　アケビ／シュンラン／ナンバンギセル
あっくりしゃっくり　シュンラン
あっけい　アカメガシワ
あっけーのき　アカメガシワ
あっけぐさ　ツユクサ
あっこのき　イチイ
あっこん　サツマイモ
あつさ　ダケカンバ／ヤマグワ／ヤマハンノキ
あっさい　ヤマアジサイ
あっさいしば　アジサイ
あっさししば　アジサイ
あつさのき　ガクアジサイ
あっさのき　ガクアジサイ
あつし　オヒョウ
あっちぇー　ガクアジサイ
あっちょーしば　アジサイ
あっつ　アズキ
あつなし　コナギ
あつに　オヒョウ
あっぱがいど　アズマギク
あつはだ　ヒノキ
あっぱちち　ホタルブクロ
あっぱつつ　ホタルブクロ
あっぱな　イタドリ／キョウガノコ
あっぱのちち　ジャコウソウ
あっぱんざい　ヒヨドリバナ
あっぷぐさ　ミゾソバ
あっぷらいも　ジャガイモ
あっぷり　リンゴ
あっぽのちち　ジャコウソウ
あつまぎ　キササゲ
あつまんどー　アブラチャン
あつんめ　アンズ
あて　アスナロ／センダン
あで　サカキ
あてがし　ドングリ
あでさかき　サカキ
あてちゃこうり　ハヤトウリ
あてのき　アスナロ

あてび　アスナロ
あでまめ　ダイズ
あどいも　ジャガイモ
あとーさま　ツユクサ
あとさきばら　ジャケツイバラ
あとのさま　ツユクサ
あとはんけち　ナツハゼ
あどはんけち　ナツハゼ
あなうつ　ウツギ
あなうつぎ　ウツギ
あなうと　ウツギ
あなうど　ウツギ
あなぐさ　ウツギ
あなぐつのき　ツゲ
あなそ　ウツギ
あなちゅー　チガヤ
あなっそ　ウツギ
あなっぽ　イタドリ／ウツギ
あなのき　ウツギ
あなぶと　ウツギ／タニウツギ
あなめ　ムラサキシキブ
あならん　ノキシノブ
あにあざみ　ヤマアザミ
あにきうに　ツルレイシ
あねこ　ヌスビトハギ
あねこいたや　オガラバナ
あねこかんじゃし　クジャクシダ
あねこぐさ　ヌスビトハギ
あねこまめ　インゲンマメ
あねさまうり　マクワウリ
あねさまけんけん　シュンラン
あねっこいたや　ミツデカエデ
あねはぎ　サネカズラ
あねばな　オミナエシ
あねり　カマツカ
あねんぽ　イタドリ
あのよのれんげ　ノウゼンカズラ
あばぁそー　オオバコ
あばいも　ジャガイモ
あはか　ウワミズザクラ
あばぎ　ヌルデ
あばく　オオバコ
あばけばな　アジサイ
あばちち　オドリコソウ
あばちゃ　カボチャ
あはなば　シソ
あばのき　キリ
あばめーきー　カクレミノ
あばんき　ヌルデ
あばんぎ　ヌルデ

あばんちゃ　アセビ
あび　オランダイチゴ／カジイチゴ／キイチゴ
あびのみ　ノミノフスマ
あひるのべんとー　ゴキヅル
あびろ　ハクウンボク
あびろぎ　ハクウンボク
あびんば　キイチゴ
あぶ　カジイチゴ／キイチゴ／ニワトコ
あぶくたらし　アワブキ
あぶくたらり　アワブキ
あぶくったらし　アワブキ
あぶちゃ　カボチャ
あぶっちゃ　カボチャ
あぶとがし　アカガシ
あふら　ジャガイモ
あぶら　エゴマ／コシアブラ／ジャガイモ
あぶら　ジャガイモ
あぶらあさだ　ヤブニッケイ
あふらいも　ジャガイモ
あぶらいも　ジャガイモ
あぶらいも　ジャガイモ
あぶらえ　エゴマ／ゴマ
あぶらえも　ジャガイモ
あぶらかや　アブラススキ
あぶらかやこ　アブラガヤ
あぶらかやご　アブラガヤ
あぶらき　アブラギリ／アブラチャン／コクサギ／コシアブラ／シラキ／シロダモ／ホルトソウ
あぶらぎ　アブラギリ／アブラチャン／イイチイ／クロモジ／コクサギ／コシアブラ／シラキ／ズイナ／ヤブニッケイ／ヤマトアオダモ
あぶらぎ　ズイナ
あぶらくさ　アオギリ／アキギリ／イヌゴマ／ウツボグサ／コクサギ／ツメクサ
あぶらぐさ　アカソ／コアカソ／ホルトソウ
あぶらげ　エゴマ
あぶらげな　レタス
あぶらこ　アオダモ／アオハダ／アキギリ／エゴマ／コシアブラ／タカノツメ
あぶらこが　ヤブニッケイ
あぶらこごみ　イヌワラビ
あぶらこし　アブラギリ／タカノツメ
あぶらごま　エゴマ
あぶらじー　ヤブニッケイ
あぶらしそ　エゴマ
あぶらしで　イヌシデ／ザイフリボク／サワシバ／ヤシャブシ
あぶらしば　ヤブニッケイ
あぶらしめ　カボチャ
あぶらすげ　アブラガヤ／クログワイ

あぶらせん　アブラギリ／コシアブラ
あぶらだく　アブラギリ
あぶらたね　アブラナ
あぶらちゃん　エゴノキ
あぶらっかし　ヤブニッケイ
あぶらっき　アブラギリ／ムクゲ
あぶらっこ　アブラチャン／コシアブラ
あぶらっこし　ギシギシ
あぶらっこのき　エゴノキ
あぶらつつじ　リョウブ
あぶらどり　サボテン
あぶらな　アキギリ／エゴマ／ヤマカシュウ
あぶらない　アオハダ
あぶらぬすびとのき　タブノキ
あぶらのき　アブラギリ
あぶらのたま　アブラチャン
あぶらのみ　アブラギリ
あぶらは　コクサギ
あぶらぽー　コシアブラ
あぶらぽーず　ウツボグサ
あぶらまつ　カラマツ
あぶらみ　アブラギリ／シラキ
あぶらみがや　イヌガヤ
あぶり　リンゴ
あぶりき　トウモロコシ
あぶりだし　タラヨウ
あぶりだしのき　ナナメノキ
あべ　アベマキ／マキ
あべくぬぎ　アベマキ
あべた　アベマキ
あべのき　クヌギ
あべわたまき　クヌギ
あへんぽ　アセビ
あほ　ミョウガ
あぼ　ニワトコ
あほいも　ジャガイモ／ツクネイモ／ナガイモ
あぼうん　コマツナ
あぽーぎく　ショクヨウギク
あほーぐさ　タバコ
あほーだら　ハリギリ
あほーなんばん　ピーマン
あほーばな　ツユクサ
あぼこったらし　アワブキ
あほざくら　ミズメ
あほだら　カラスザンショウ
あぽちゃ　カボチャ
あほまめ　インゲンマメ／ササゲ
あま　カラムシ
あまあかな　カワラサイコ
あまーきいちご　モミジイチゴ

あまいも　アマナ／カタクリ／サツマイモ
あまいよ　チガヤ
あまうり　マクワウリ
あまえんどー　エンドウ
あまがき　イチジク／マメガキ
あまがきいたや　メグスリノキ
あまかし　シリブカガシ／シロダモ
あまがし　イチイガシ／シラカシ／シリブカガシ／タブノキ／ツクバネガシ
あまかじょ　ケンポナシ
あまがす　カマツカ
あまかせ　シリブカガシ
あまかぜ　ケンポナシ
あまがぜ　ケンポナシ
あまがつのき　ケンポナシ
あまかや　チガヤ
あまがらし　ピーマン
あまかんしょ　サトウキビ
あまかんぞ　ケンポナシ
あまき　ギョボク／サトウキビ
あまぎ　ギョボク／クサギ／サトウモロコシ
あまぎく　ショクヨウギク
あまきび　サトウキビ／サトウモロコシ
あまぐい　ノイバラ
あまくき　メグスリノキ
あまくさ　イノモトソウ／シバ
あまくさぎ　クサギ
あまくさずる　ヤイトバナ
あまくさっ　クサギ
あまご　オドリコソウ
あまごいたや　ヒトツバカエデ
あまごうり　コシアブラ
あまごーず　ケンポナシ
あまこぎ　ミツデカエデ
あまごきいたや　ミツデカエデ／メグスリノキ
あまごしょー　クコ／ピーマン
あまさ　サトウキビ／ヤブカンゾウ
あまざ　ケンポナシ
あまざき　ケンポナシ
あまざくら　ヤマザクラ
あまざけ　イヌタデ／ケンポナシ
あまさけぼうき　コウヤボウキ
あまさまのまんじょのけ　チカラシバ
あまざや　クログワイ
あまし　ピーマン
あまじ　サトウキビ／サトウモロコシ／チガヤ
あまじこ　チガヤ
あましたいっこ　ナワシロイチゴ
あましたいっご　オオバライチゴ／クワノハイチゴ／ナワシロイチゴ

あまじっこ　イヌビワ
あましな　サトウキビ
あまじゃ　ケンポナシ／ヤマアジサイ
あましん　サトウキビ
あますいばな　イヌゴマ／ウツボグサ
あまずる　ツタ
あまた　チガヤ
あまだ　アラメ／サトウキビ
あまだいこん　サトウダイコン
あまちか　チガヤ
あまちぎ　イヌビワ／マルバウツギ
あまちこ　ウツボグサ／チガヤ
あまちゃ　アジサイ／アマチャヅル／オドリコソウ／カタバミ／クサネム／ケンポナシ／コアジサイ／シロバナエンレイソウ／スイカズラ／チガヤ／ボケ／ヤブエンゴサク／ヤマアジサイ
あまちゃうつぎ　コアジサイ／ハコネウツギ
あまちゃかずら　アマチャ
あまちゃこ　チガヤ
あまちゃづる　アマヅル
あまちゃのき　アジサイ／スイカズラ
あまちゃばな　コアジサイ
あまちゃもどき　ヤマアジサイ
あまちゅー　チガヤ
あまついな　サトウキビ
あまっこ　シロバナエンレイソウ
あまっこかえで　ミツデカエデ
あまっち　ツルソバ
あまっちゃ　アセビ
あまっぷり　ホタルブクロ
あまっぽり　ホタルブクロ
あまつぼろ　アマナ／カタクリ
あまて　ヤマアジサイ
あまてのき　ヤマアジサイ
あまと　サトウモロコシ
あまとー　ピーマン
あまとーがらし　ピーマン
あまときび　サトウモロコシ
あまどころ　オニドコロ／シオデ／ナルコユリ
あまどろ　ヤマナラシ
あまとん　ピーマン
あまとんがらし　クコ
あまな　ウバユリ／ギボウシ／ソバナ／ダイコン／ツリガネニンジン／ツルニンジン／トウナ／ヒオウギ／フダンソウ／ヤブカンゾウ
あまなのき　リョウブ
あまなんばん　ピーマン
あまに　カマツカ
あまにがき　ニガキ
あまによ　シシウド

あまにょー　エゾニュウ
あまね　イタドリ／カマツカ／チガヤ／ナツハゼ／ナルコユリ／ヤブカンゾウ
あまのすてぐさ　メノマンネングサ
あまのはな　ユウスゲ
あまのばな　ホタルブクロ／ユウスゲ
あまのり　イワノリ
あまびしゃこ　シャシャンボ
あまひょーだん　アブラチャン
あまぶら　ナツハゼ
あまぽー　サトウキビ
あまほーずき　ショクヨウホオズキ
あまほぜ　イヌビワ
あまみ　エノキ／カマツカ／チガヤ
あまみかん　ウンシュウミカン／キシュウミカン
あまみのき　ムクノキ
あまめ　ソラマメ／チガヤ／マメガキ
あまめがき　マメガキ
あまめのき　マメガキ
あまも　イワノリ
あまもも　イヌビワ
あまら　アマドコロ
あまんぜー　ギボウシ
あまんぞー　マメガキ
あまんど　マメガキ
あまんどー　マメガキ
あまんどろ　アオミドロ
あまんぽ　マメガキ
あみ　イグサ
あみがさそー　エノキグサ
あみぎ　サカキ
あみくさ　ツユクサ
あみぐさ　ツボクサ／ノチドメ
あみこ　アミタケ
あみこもだし　アミタケ
あみそめ　ウワミズザクラ
あみどろ　アオミドロ
あみのめ　ノミノフスマ
あめあさがお　ヒルガオ
あめうるばな　ヒルガオ
あめがたずら　テリハツルウメモドキ
あめかつら　ツヅラフジ
あめくさ　ヘラオモダカ
あめこ　オオバコ
あめごさし　コアカソ
あめごま　エゴマ
あめしかそー　ナデシコ
あめしかなでしこ　ナデシコ
あめすいばな　ウツボグサ
あめだし　ハクサンボク

あめつつじ　モチツツジ
あめっぷり　ホタルブクロ
あめっぷり　タニウツギ／ツリガネニンジン／ホタルブクロ
あめっぷりばな　ツリガネニンジン／ヒルガオ／ホタルブクロ
あめっぷる　ホタルブクロ
あめっぽり　ホタルブクロ
あめばな　サフランモドキ／ハマヒルガオ／ヒルガオ
あめぶくろ　ホタルブクロ
あめふらし　キブシ／クマノミズキ／フジキ
あめふらせばな　ヒルガオ
あめふり　アカメガシワ／タマミズキ／ヒルガオ
あめふりあさがお　ハマヒルガオ／ヒルガオ
あめふりかっこ　ツリガネニンジン／ホタルブクロ
あめふりぐさ　ホタルブクロ
あめふりげんだ　ヒルガオ
あめふりそー　タマスダレ／ホタルブクロ
あめふりのき　クマノミズキ／ゴンズイ
あめふりばな　イチリンソウ／ウツボグサ／キツネノボタン／ギボウシ／グンバイヒルガオ／コケリンドウ／シロツメクサ／スミレ／タニウツギ／ツリガネニンジン／ハマヒルガオ／ヒルガオ／ホタルブクロ／ムクゲ／ムラサキケマン／リンドウ
あめふりばなこ　スミレ／ツリガネニンジン／ホタルブクロ
あめぶりばなこ　ヒルガオ
あめふりばなっこ　ヒルガオ
あめふりばんな　ヒルガオ
あめふりんばな　ヒルガオ
あめぼっち　キブシ
あめむぎ　オオムギ
あめらん　サフランモドキ
あめりか　オクラ／ヤマユリ
あめりかいも　キクイモ／サツマイモ／ジャガイモ
あめりかうど　アスパラガス
あめりかかぼちゃ　カボチャ
あめりかぐさ　ヒメジョオン
あめりかささげ　インゲンマメ
あめりかしょーぶ　グラジオラス
あめりかすもも　セイヨウスモモ
あめりかそー　マツバボタン
あめりかとなす　カボチャ
あめりかなす　トマト
あめりかなずび　トマト
あめりかねり　オクラ
あめりかねんぎ　リーキ
あめりかば　レタス
あめりかばな　フデリンドウ
あめりかひょー　マツバボタン

あめりかぼたん	マツバボタン	あらめ	アザミ／アラメ
あめりかまめ	インゲンマメ	あらら	ヤマウルシ／ヤマハゼ
あめりかむぎ	ライムギ	あららぎ	イチイ／キササゲ／チドリノキ／ヒイラギ
あめりかもも	セイヨウスモモ	あらりんご	リンゴ
あめりかろねり	オクラ	あられぎく	カワラハハコ
あめんじょ	スモモ	あらんきょ	ハタンキョウ
あめんどー	アンズ／イヌビワ／スモモ／セイヨウスモモ	あらんきょー	アンズ
あめんとーす	アンズ	あらんぽ	アラカシ
あめんどろ	アオミドロ	あらんぽがし	アラカシ
あもじゃぐさ	ヤエムグラ	あり	ウラジロノキ／ナシ
あもじょーぐさ	ヌカボ	ありきゃねく	ハマイヌビワ
あもじょーつりくさ	ヌカボ	ありごずいこみ	カタバミ
あもと	アラメ	ありごずいこめ	カタバミ
あもんどろ	アオミドロ	ありしで	イヌシデ／クマシデ／サワシバ
あやくさ	コクサギ	ありそー	シキミ
あやこいも	サトイモ	ありぞの	クマシデ
あやさくら	ウワミズザクラ	ありそめ	イヌシデ
あやずり	ハツタケ	ありぞめ	イヌシデ
あやつり	ハツタケ	ありぞろ	クマシデ
あやとりくさ	カヤツリグサ	ありどおし	アリドオシ
あやとりそー	カヤツリグサ	ありとり	ムシトリナデシコ
あやはびた	ショウベンノキ	ありどり	ムシトリナデシコ
あやめ	イチハツ／カキツバタ／ハナショウブ	ありなし	ヤマナシ
あやものささげ	ジュウロクササゲ	ありのき	ウラジロノキ／ナシ／ハンノキ
あゆ	アイ	ありのみ	ヤマナシ
あゆび	キイチゴ	ありのみず	オドリコソウ
あよし	ヨシ	ありまふじ	ニワフジ
あら	ホオノキ	ありみかん	コミカンソウ
あらいいも	サトイモ	ありもどき	アオハダ
あらいも	サトイモ／ツクネイモ／ナガイモ	ありやけ	キンセンカ
あらかし	アカガシ／アラカシ／イチイガシ／ツクバネガシ	ありんがふきー	テリハノビワ
		ありんごくさ	ツメクサ／ツユクサ
あらき	カナクギノキ	あるかや	カキ（ゴショガキ）
あらきり	アブラギリ	あるき	アズキ
あらくち	ショウロ	あるは	アロエ
あらご	チドリノキ	あれいろー	ジャガイモ
あらさご	チドリノキ	あれーろー	ジャガイモ
あらしで	イヌシデ	あれがまち	ツルマオ
あらそ	アサ／カラムシ／ツナソ	あれろ	ジャガイモ
あらだい	ヤマイ	あれろー	ジャガイモ
あらだま	アオダモ	あれろーいも	ジャガイモ
あらは	チドリノキ	あろい	アロエ
あらはが	チドリノキ	あろえ	アロエ
あらはがら	チドリノキ	あわあけぽ	アケビ
あらはご	オガラバナ／チドリノキ	あわあやめ	ヒメシャガ
あらはだ	チドリノキ	あわいくち	アミタケ
あらひ	アスナロ	あわいくび	アミタケ
あらふぐ	チドリノキ	あわいちげ	ヤナギイチゴ
あらぶな	イヌブナ	あわいちご	キイチゴ／ナワシロイチゴ／モミジイチゴ
あらむぎ	オオムギ	あわいちごばら	モミジイチゴ

あわおこたち　エノコログサ
あわかけぽ　アケビ
あわかこめか　カタバミ
あわがら　カナクギノキ
あわぎ　アワブキ
あわぎく　シマギク
あわきび　アワ／キビ
あわきみ　キビ
あわくさ　カワラマツバ
あわぐさ　エノコログサ／オオアワガエリ／オミナエシ
あわぐみ　アキグミ／ザイフリボク
あわぐん　アキグミ
あわごな　アオハダ
あわごめ　アワ／ハハコグサ
あわごめこごめ　ヨシ
あわごめばな　オミナエシ
あわさ　アオミドロ
あわじのぎく　オグルマ
あわずのき　アワブキ
あわそー　シモツケソウ
あわたけ　アミタケ
あわたち　アワブキ
あわだちそー　アキノキリンソウ
あわだつ　アキノキリンソウ
あわたらし　アワブキ
あわだんご　ウラジロノキ
あわだんごのき　カマツカ
あわつぶ　イヌホオズキ
あわのえるこ　エノコログサ
あわのき　ムラサキシキブ
あわのこめ　アワ
あわのとくしま　シュロ
あわのはな　オオアワダチソウ／ミズトラノオ
あわのり　アオミドロ
あわばうど　アスパラガス
あわはくじゃ　エノコログサ
あわはだ　アワブキ
あわばな　アキノキリンソウ／オトコエシ／オニユリ／オミナエシ／ヒヨドリバナ
あわふき　アワブキ／ナナカマド
あわぶき　アワブキ
あわふきぎ　アワブキ
あわぶきたらし　アワブキ
あわふぐ　アワブキ
あわぶく　アワブキ
あわぶくたらし　アワブキ／ナナカマド
あわぶくだらし　アワブキ
あわつぶつぶ　ハハコグサ
あわほ　エノコログサ
あわぽ　エノコログサ／オミナエシ／トリアシショウマ／ニワトコ
あわぽー　オミナエシ／ニワトコ
あわぽーき　シラカンバ
あわぽーのき　ニワトコ
あわぽくたらし　アワブキ
あわぽすげ　ヤワラスゲ
あわぽのき　ハンノキ
あわぽんばな　オミナエシ
あわまきいちご　ナワシログミ／モミジイチゴ
あわもち　ダンコウバイ
あわもり　オグルマ／オミナエシ／ダンコウバイ／ヒヨドリバナ
あわもりそー　アワモリショウマ
あわゆり　オニユリ
あわらばみ　ミヤマカワラハンノキ
あわんこめ　アワ
あわんだのぎく　オグルマ
あわんどり　アオミドロ
あわんどろ　アオミドロ
あわんばな　オミナエシ
あん　アワ
あんあらはす　ツリバナ
あんがん　サツマイモ
あんぎ　イイギリ／カラスザンショウ
あんきゃーねぎ　アコウ
あんけついも　ナガイモ
あんご　ミョウガ／リョクトウ
あんこざくら　カマツカ
あんごっぱ　ドクダミ
あんこまめ　アズキ
あんごまめ　インゲンマメ
あんさ　アカシデ／アサダ／アジサイ／オノオレカンバ／ミズメ
あんさい　ヤマアジサイ
あんさうつぎ　ヤマアジサイ
あんさえ　ヤマアジサイ
あんさばな　ヤマアジサイ
あんさまあねさま　シュンラン
あんさんばな　アジサイ／シュンラン／ヤマアジサイ
あんしー　アジサイ
あんじうり　マクワウリ
あんじきばな　ショウジョウバカマ
あんじさぇ　オトコエシ
あんじゃみ　アザミ
あんじゅーり　マクワウリ
あんずいも　ジャガイモ
あんずうめ　アンズ
あんずき　アズキ
あんずきまま　ショウジョウバカマ／トリアシショウマ
あんずめ　アンズ

方言名索引 ● あんず

あんずん　アンズ
あんせぁ　アジサイ
あんだかん　マルメロ
あんだに　アダン
あんだりぶらー　タコノキ
あんちく　カリン
あんちゃ　オノオレカンバ
あんつさぇ　オトコエシ
あんどん　ナツハゼ／ホタルブクロ
あんなし　コナギ／サワギキョウ
あんにんぐ　ウワミズザクラ
あんにんご　ウワミズザクラ
あんねり　カマツカ
あんのき　ハンノキ
あんばぎ　オオシマコバンノキ
あんばこ　オオバコ
あんばっ　オオバコ
あんぱん　オオバコ
あんびんな　タカナ
あんぶく　アワブキ
あんぶくだし　アワブキ
あんぶくたらし　アワブキ／リョウブ
あんぷら　ジャガイモ
あんぷらぐさ　ナギナタコウジュ
あんぷらしそ　エゴマ
あんべーどー　マンサク
あんぺらいも　ジャガイモ
あんぽら　ツナソ
あんぽんたん　キクイモ／ホタルブクロ
あんまーちーぎー　アカテツ
あんまじき　ムサシアブミ
あんまめ　アズキ
あんらぎ　ボロボロノキ
あんらく　マルメロ
あんろく　アラメ

【い】

い　カヤツリグサ／シチトウ
いー　イグサ
いーがー　マメガキ
いーがき　マメガキ
いいぎさげ　コゴメウツギ
いーく　モッコク
いーこ　ユズ
いーし　テングサ
いーしぇんしょ　イヌザンショウ
いーじん　ジャガイモ
いーず　モッコク
いいずか　ウリカエデ／ウリハダカエデ

いいずく　ウリカエデ
いーずく　ウリハダカエデ／エゴノキ
いーずつみ　キササゲ
いいぞの　サワシバ
いーたんこ　イタドリ
いいつが　ウリカエデ
いーつが　ウリハダカエデ
いーなぐさ　ツクシ
いーば　カシワ
いーばまき　カシワ
いーびーずり　ノブドウ
いーむし　オガタマノキ
いえー　アイ
いぇー　イグサ／シソ
いえずく　ウリカエデ／ウリハダカエデ
いえのいも　サトイモ
いえやきばな　ヒガンバナ
いえんが　ホウセンカ
いおーぜり　ノダケ
いおずな　ヒルガオ
いおづら　ヒルガオ
いおめかずら　ツルソバ
いおんぽお　カラスザンショウ
いおんめんは　ツルソバ
いか　スイバ
いが　アザミ／イバラ／サルトリイバラ／ノアザミ
いがいが　アザミ／ノアザミ／ノイバラ
いがいぐさ　ヤエムグラ
いがいがばな　アザミ
いがいちご　ナワシロイチゴ
いがいも　ガガイモ／サトイモ／ジャガイモ
いがうり　ツルレイシ／トウガン
いがき　タカトウダイ／ノグルミ／マメガキ
いがぐい　サルトリイバラ
いがくさ　ノアザミ
いがぐさ　アザミ
いかご　カゴノキ
いがじー　シイ
いかしこ　ガガイモ
いかしば　イヌツゲ
いがしば　サルトリイバラ
いがしや　ピーマン
いがだら　ハリギリ
いかとり　イヌツゲ
いかどり　イタドリ
いがどろ　イバラ
いかな　タカナ
いがな　アザミ／ノアザミ
いがなす　チョウセンアサガオ
いがなすび　ガガイモ／チョウセンアサガオ

610

いかのす　イボタノキ	いぐいだけ　クリタケ
いがのはな　アザミ	いぐいも　サトイモ
いがばな　カワラナデシコ	いくいりゅー　アマナ
いがび　シコクビエ	いぐいりゅー　アマナ
いがぼたん　アザミ／ノイバラ／バラ	いくさ　イグサ／エゴマ
いがまつ　ネズミサシ	いぐさ　ハリイ
いかむぎ　エンバク	いくさき　アオギリ
いがむぎ　オオムギ	いぐちまめ　ソラマメ
いかむろ　ネズミサシ	いくのき　フジキ
いがら　エンドウ	いくのした　ユキノシタ
いがらくさ　オオバコ	いくばな　ツユクサ
いからっぽ　クロウメモドキ	いくり　スグリ／スモモ／ハタンキョウ
いかりばな　キツネノカミソリ／ヒガンバナ	いぐりも　スモモ
いがんつげ　ダンコウバイ	いくりもも　スモモ
いがんどー　アザミ	いぐりもも　スモモ
いがんは　サルトリイバラ	いぐろ　カクレミノ
いぎ　アザミ／イバラ／サルトリイバラ／タラノキ／ノイバラ／バラ	いくろんぼ　イタドリ
	いげ　イバラ／サルトリイバラ／ノイバラ／バラ
いきいちご　ナワシロイチゴ	いけぐさ　ウマゴヤシ
いぎいのさ　サルトリイバラ	いげくさ　ノイバラ
いきくさ　ベンケイソウ	いけぐも　ミズクサ
いぎぐさ　アザミ	いけぐり　ヒシ
いぎしどー　サルトリイバラ	いげしば　サルトリイバラ／ヒガンバナ
いぎしば　サルトリイバラ	いげしらき　カラスザンショウ
いぎす　リクトウ	いげしん　ヤブニッケイ
いきせ　ハッカ	いげす　リクトウ
いぎな　アザミ	いげぞろ　イバラ
いぎぬき　ホウセンカ	いげだら　ノイバラ
いぎぬぎ　ホウセンカ	いげどら　ノイバラ
いぎのき　タラノキ／ノイバラ	いげどろ　ノイバラ
いぎのくさ　サルトリイバラ	いげどろぼたん　バラ
いきのした　ユキノシタ	いけのおもだか　アサザ
いぎのは　アザミ／サルトリイバラ	いげのは　サルトリイバラ
いぎのはな　アザミ	いけのはた　ユキノシタ
いぎのぶ　カラスザンショウ	いげはこべ　ヤエムグラ
いぎばな　アザミ	いけはた　ユキノシタ
いきび　キビ	いけばた　ユキノシタ
いぎぼたん　アザミ／ノイバラ／バラ／マツバボタン	いげばな　バラ
いぎま　ヒサカキ	いげぶたん　バラ
いぎまんめー　サルトリイバラ	いげぼたん　ノイバラ／バラ
いきもどりぐい　ジャケツイバラ	いげま　インゲンマメ
いぎゃな　タイサイ	いげまめ　フジマメ
いぎりす　リクトウ	いげんと　イバラ
いぎんぞー　アザミ	いげんどろ　ノイバラ
いぎんど　アザミ／サルトリイバラ	いげんは　サルトリイバラ
いぎんどー　アザミ／サルトリイバラ／ノイバラ	いこ　エゴノキ／クログワイ
いく　フジキ／モッコク	いご　エゴノキ／クログワイ／クワイ／ユウガオ
いくい　スモモ	いごいも　サトイモ
いぐい　クスドイゲ	いこくいも　キクイモ
いぐいそー　アマナ	いごまごしょー　ピーマン

いごよ　クログワイ	いしずた　キヅタ
いこり　シュンラン	いしずの　イヌツゲ
いさかき　ヒサカキ	いしそね　クマシデ／サワシバ
いさき　アオギリ	いしぞね　イヌシデ／クマシデ／サワシバ
いさくさん　カタバミ	いしその　イヌシデ／クマシデ
いささ　ネザサ	いしぞの　クマシデ
いささき　ヒサカキ	いしぞや　クマシデ
いささぎ　ヒサカキ	いしぞろ　クマシデ
いざな　アザミ	いしたたみ　ジャノヒゲ／ヤブラン
いさねくさ　ハマオモト	いしたぶ　ヤブニッケイ
いざよいいばら　サンショウバラ	いしだん　ユキノシタ
いざら　エンドウ	いしっこずき　アオダモ
いざりひー　ヒユ	いしっぴ　アスナロ／ヒノキ
いざりまめ　エンドウ	いしっぴゃーた　メグスリノキ
いじーいも　ジャガイモ	いしなまえ　カマツカ
いしいも　オニドコロ／キクイモ／ジャガイモ	いしなめずり　ユキノシタ
いしうめ　テンノウメ	いしなら　コナラ
いしえんどー　カラスノエンドウ	いしのした　ユキノシタ
いしがき　ガガイモ	いしのねかくし　カンアオイ
いしがきしのぶ　カニクサ	いしのぼり　タカノツメ
いしがきばな　ユキノシタ	いしのわた　ホコリタケ
いしかきわらび　イノモトソウ	いしばさみ　カンアオイ
いしかずら　イタビカズラ	いしび　アスナロ／サンゴジュ／ヒノキ
いしがらまき　マツバボタン	いしひゃーた　メグスリノキ
いしからみ　ユキノシタ	いしぶ　ガマズミ
いしがらみ　ツタ／ツルマサキ	いしぶき　シマシラキ／ツワブキ
いじきまめ　ダイズ	いしぶたい　イヌビワ
いしく　クヌギ	いしぶたえ　イヌビワ
いしぐーんむ　サツマイモ	いしぶて　イヌビワ
いしくさ　センダングサ／ユキノシタ	いしぶどー　ノブドウ
いしぐさ　オノマンネングサ／ユキノシタ／リュウキュウイノモトソウ	いしぶな　イヌブナ／ブナ
いしぐさり　センダングサ	いしまき　クヌギ／コナラ
いじくさり　イノコズチ／オナモミ／キンミズヒキ／タウコギ／ヌスビトハギ／ヤブジラミ／ヤマゴボウ	いしまつ　イソマツ
	いしまどり　シャガ
いじくされ　イノコズチ／ヌスビトハギ／ヤブジラミ	いしまめ　カラスノエンドウ／ソラマメ／ノササゲ／マメツタ
いじくされだだ　イノコズチ	いじみ　アズキナシ
いしぐんぼー　アザミ	いしみずき　クマノミズキ
いしけやき　ケヤキ	いじむこ　ムクノキ
いしげやき　アキニレ／ケヤキ／ハルニレ	いしもじ　ネギ
いしげやく　ケヤキ	いしもち　イシモチソウ／メナモミ／モウセンゴケ
いしごけ　ユキノシタ	いしゃーき　ヒサカキ
いしこただみ　クマヤナギ	いしゃーも　ヤナギイチゴ
いしごみ　カマツカ	いしゃいらず　ゲンノショウコ／ハブソウ
いしこり　サワフタギ	いしゃこ　ヒサカキ
いししだ　ハコネシダ	いしゃころし　アロエ／キランソウ／ゲンノショウコ／サボテン／ドクダミ
いししで　アカシデ／イヌシデ／クマシデ	
いしじべ　オオイタビ	いしゃごろし　キランソウ／ゲンノショウコ
いしずく　イヌビワ	いしゃさき　ヒサカキ
いしずけ　キリンソウ	いしゃしゃき　ヒサカキ

いしゃしゃぎ	ヒサカキ	いせき	ハクサンボク
いしゃたおし	イヨフウロ／キランソウ／ゲンノショウコ	いせぎ	ハクサンボク
いしゃだおし	エビスグサ／ゲンノショウコ／ミヤマトベラ	いせきのき	ハクサンボク
		いせぎのき	ガマズミ
いしゃたわし	キランソウ	いせきび	キビ
いしゃっこー	ヒサカキ	いせじろ	アセビ
いしゃなかし	キランソウ／ゲンノショウコ	いせずき	イヌビワ
いしゃなかせ	ゲンノショウコ	いせずら	ハクサンボク
いじゅ	サザンカ	いせつ	ガマズミ／ハクサンボク
いしょび	オランダイチゴ	いせっ	ガマズミ／ハクサンボク
いしょまつ	オキナワハイネズ	いせつのき	ガマズミ／ハクサンボク
いじりかっぽー	ハコネダケ	いせっのき	ガマズミ／ハクサンボク
いじりがっぽー	ハコネダケ	いせのり	フノリ
いしわた	キツネノチャブクロ	いせび	ウツギ／ガマズミ／ハクサンボク／ヤブデマリ
いしわたり	ユキノシタ	いせびのき	ハクサンボク
いしわり	シメジ	いせぶ	アセビ／ガマズミ／ハクサンボク／フノリ
いじん	サトウキビ	いせぶのき	ハクサンボク
いじんいも	ジャガイモ	いせぶのり	フノリ
いじんがいも	ジャガイモ	いせぼ	アセビ
いじんがらいも	ジャガイモ	いせやなぎ	ヤマナラシ
いじんきび	サトウキビ	いぜんぜり	オランダガラシ
いじんぐさ	アレチノギク	いせんど	カラスノエンドウ
いじんさとー	サトウキビ	いせんぼ	アセビ
いじんせり	オランダガラシ／パセリ	いそあざみ	ハマアザミ
いじんそ	カラムシ	いそい	ウド
いじんそー	アレチノギク	いそがき	ツルナ
いじんばな	シロツメクサ	いそかし	ウバメガシ
いじんまめ	ラッカセイ	いそがし	ウバメガシ
いす	イスノキ／サカキ	いそからお	オニヤブマオ
いずい	アマドコロ	いそがんひ	ハマナデシコ
いずいちご	ヘビイチゴ	いそぎく	イワギク／オオシマノジギク／サツマノギク
いずくされ	キンミズヒキ／ヌスビトハギ／ヤブジラミ	いそぐみ	オオバグミ／ナワシログミ
いずくも	テツカエデ	いそぐるみ	イヌビワ
いずこぽんぽ	ドングリ	いそくろぎ	クロキ／マサキ
いずせんりょー	ミヤマシキミ	いそごき	イワギク／ハマギク
いすのき	イスノキ	いそごぽー	ハマアザミ／フジアザミ
いずのき	ユズリハ	いそさかき	サカキ／ハマヒサカキ
いずのは	エゾユズリハ	いそざくら	コブシ
いずまめ	ソラマメ	いそざんしょー	テンノウメ
いずみ	アズキナシ	いそじ	シャリンバイ
いずみぐさ	シロツメクサ	いそじゃ	イワタバコ
いずみぽんぽ	ドングリ	いそしば	ハマヒサカキ／ハマビワ／ヤマビワ
いずめぽんぽ	ドングリ	いそじらき	ハマビワ／マルバニッケイ
いすもち	モチノキ	いそずき	イチジク
いすやんもち	ツゲモチ／モチノキ	いそすげ	ハマアオスゲ
いずり	ハコベ	いそだけ	コウシュウヤク
いずりは	ヒメユズリハ／ユズリハ	いそたちわけ	ハマナタマメ
いずりば	ユズリハ	いそたっぱけ	ハマナタマメ
いせいも	ナガイモ	いそたっぱけ	ハマナタマメ
いせえんどー	スズメノエンドウ	いそつぎ	ハマヒサカキ

いそつげ　ハマヒサカキ／ヒメツゲ
いそっぱ　シソ
いそで　ハマビワ
いそとべら　トベラ
いそねずみ　イボタノキ
いそば　ヒトツバ
いそばな　ボタンボウフウ
いそばばき　ハマヒルガオ
いそばべ　ハマヒサカキ
いそびしゃこ　ハマヒサカキ
いそびわ　ハマビワ
いそぶき　ツワブキ
いそふっ　ノジギク
いそべらっきょー　ヤマラッキョウ
いそぼく　キケマン
いそまつ　オキナワハイネズ／クロマツ／ミル
いそまめ　ハマナタマメ／マサキ
いそめ　マサキ
いそもっこく　シャリンバイ
いそやまだけ　コウシュウヤク
いそゆずり　ミミズバイ
いそゆり　スカシユリ
いそよむぎ　イソギク
いそよもぎ　イソギク／ヨモギ
いぞら　イバラ／エンドウ／バラ
いぞらぼたん　バラ
いそれんげ　ムラサキカタバミ
いぞろ　イバラ
いぞろぐい　ノイバラ
いた　シイ
いたーどり　イタドリ
いたいた　アザミ／イタドリ／イバラ／ノゲシ／ヒイラギ
いたいたくさ　イラクサ
いたいたぐさ　イラクサ／マムシグサ
いたいたのき　アザミ
いたいたぼーず　アザミ
いたいたぼぼ　アザミ
いたいどり　イタドリ
いたいも　サトイモ
いたがね　ユズリハ
いたがらめ　ノブドウ
いたぎ　アオハダ／イタヤカエデ
いたきび　モロコシ
いたくらさんしょー　フユザンショウ
いたこ　イタドリ
いたこん　ネズミモチ
いたし　ネズミモチ
いだじ　ゴマギ
いたしー　スダジイ
いたじー　シイ／スダジイ
いたじーこ　イタドリ
いたじっこ　イタドリ
いたじっぽ　イタドリ
いたじっぽー　イタドリ
いだじのき　ゴマギ
いたずいこ　イタドリ
いたずいこん　イタドリ
いたずけ　ウシハコベ／ハコベ
いたずら　イタドリ
いたずらかいもち　ヌスビトハギ
いたずらこぞー　イノコズチ
いたずらすいこ　イタドリ
いたずり　イタドリ
いたずる　イタドリ
いたずろ　イタドリ
いたちあけぼ　ミツバアケビ
いたちうり　キュウリ
いたちぐさ　ゲンノショウコ
いたちせいり　タネツケバナ
いたちぜーり　タネツケバナ
いたちのあし　キツネノボタン
いたちのき　ゴマギ
いたちのけたがえし　ガマズミ
いたちのけつぬぐい　ヤマハンノキ
いたちのこしかけ　サルノコシカケ
いたちのしりかけ　ゴマギ
いたちのは　オオデマリ
いたちのひともとぐさ　タカサブロウ
いたちのへっぴり　ゴマギ
いたちはぜこ　アキニレ
いたっどり　イタドリ
いたっのき　イヌビワ
いたっぽ　イタドリ／イヌビワ
いたっぽー　イタドリ／イヌビワ
いたつり　イタドリ
いたど　イタドリ
いたどい　イタドリ
いたどー　イタドリ
いたどな　イタドリ
いたとり　イタドリ
いたどり　イタドリ
いたび　イヌビワ
いたびのき　イヌビワ
いたぶ　イタドリ／イタビカズラ／イタヤカエデ／イチジク／イヌビワ／オオイタビ／コミネカエデ／シラキ／ツルソバ／テツカエデ
いたぶり　イタドリ
いたぶろ　イタドリ
いたぼ　イタドリ／イヌビワ
いたぼぼ　イタドリ

いためきかんば	ウダイカンバ	いちごばら	ナワシロイチゴ
いたや	イタヤカエデ／ウリハダカエデ／カエデ／コミネカエデ／サトウカエデ／ハウチワカエデ	いちしー	イチイガシ
		いちしばな	ヒガンバナ
いだや	イタヤカエデ	いちじばな	ヒガンバナ
いたやぎ	イタヤカエデ	いちちく	イタビカズラ
いたやのき	イタヤカエデ	いちにちそー	マツバボタン
いたやばな	イタヤカエデ	いちね	ウマノアシガタ
いたやみねばり	ウダイカンバ／ミズメ	いちねご	オランダイチゴ
いたやもみ	イタヤカエデ	いちねんいも	ツクネイモ／ナガイモ
いたやもみじ	イタヤカエデ／カエデ	いちねんぎく	エゾギク
いだら	エンドウ	いちねんぎく	エゾギク
いたろー	イタドリ	いちねんじゃ	クサネム
いたんこ	イタドリ	いちねんじゅー	ヒナギク
いたんご	イタドリ	いちのき	イチイ／イチイガシ
いたんずり	イタドリ	いちばのき	イチイ
いたんずる	イタドリ	いちばんつつじ	コバノミツバツツジ／ミツバツツジ
いたんだら	イタドリ	いちび	アサ／イヌビワ／イノコズチ／ササクサ／サルトリイバラ／ツナソ／フヨウ／ママギ
いたんだらけ	イタドリ		
いたんどーり	イタドリ	いちびそ	イチビ
いたんどころ	イタドリ	いちびち	カマツカ
いたんどり	イタドリ	いちぶ	イチビ／イヌビワ／ツナソ
いたんどれ	イタドリ	いちぶきん	ヒイラギ
いたんどろ	イタドリ	いちべ	ツナソ
いたんぽ	イタドリ／イヌビワ	いちぼ	イヌビワ
いたんぽ	イタドリ／イヌビワ	いちほーずき	イヌビワ
いたんぽー	イタドリ	いちもんがや	ススキ
いたんぽこ	イタドリ	いちもんなし	ヤブコウジ
いち	イチイガシ	いちゃーころり	ヒガンバナ
いちい	イチイ／イチイガシ／タイミンタチバナ	いちゃいよーっく	ナツズイセン
いちいがし	アカガシ／イチイガシ	いちやくさ	タカサブロウ
いちーがし	ツクバネガシ	いちやぐさ	タカサブロウ
いちいかたぎ	イチイガシ	いちやくそー	ベンケイソウ
いちいのき	イチイガシ	いちゃちゃぼ	カタバミ
いちいも	サツマイモ	いちやにょろり	ヒガンバナ
いちぇ	イチイ	いちゃひや	イヌビワ
いちがし	イチイガシ	いちゃぶ	イヌビワ
いちかたぎ	イチイガシ	いちゅじゃー	オランダイチゴ
いちきがし	ツクバネガシ	いちゅび	オランダイチゴ
いちきりそー	マツバボタン	いちゅびゃ	オランダイチゴ
いちくさ	キツネノマゴ（キツネノヒマゴ）	いちゅびゃー	オランダイチゴ
いちげそー	イチリンソウ	いちゅんぎ	オランダイチゴ
いちご	アキグミ／オランダイチゴ／クサイチゴ／グミ／ナワシロイチゴ／モミジイチゴ	いちょーいも	ナガイモ／ヤマノイモ
		いちょーかた	ツクネイモ／ナガイモ
いちごいばら	キイチゴ／フユイチゴ／モミジイチゴ	いちょーぐさ	ハコネシダ
いちごさし	カラスムギ	いちょーしのぶ	ハコネシダ
いちござし	メヒシバ	いちょび	オランダイチゴ
いちごつなぎ	オオアワガエリ／スズメノカタビラ／ヤマアワ	いちりくさ	メノマンネングサ
		いちりご	オランダイチゴ
いちごとーし	スズメノヤリ	いちりんこ	オランダイチゴ
いちごのき	ウグイスカグラ	いちりんご	オランダイチゴ

いちりんそー　ウメバチソウ／ニリンソウ／マツバボタン	いっちがし　イチイガシ
いちろーべーごろし　ドクウツギ	いっちかっち　ドングリ
いちろく　ササクサ	いっちのき　イチイガシ
いちろべごろし　ドクウツギ	いっちゃ　エゴノキ
いちんご　ナワシロイチゴ	いっちゃのき　エゴノキ
いちんごー　ナワシロイチゴ	いっちょーつぐり　シロモジ
いちんごつなぎ　ヒメクグ	いっちん　イチイ／イチイガシ
いっかき　ウコギ	いっちんかっちん　ドングリ
いっかきのは　ウコギ	いっつき　ヤマボウシ
いっかそー　セツブンソウ	いつつのはな　タチフウロ
いつかた　ウラジロノキ／ナナカマド／ネコシデ	いつつば　アケビ／アマチャヅル／オヘビイチゴ／カク
いっがねぐさ　ジャノヒゲ	レミノ／ゲンノショウコ／ヤグルマソウ／ヤツデ／ヤ
いつき　ケヤキ／ミズキ／ヤマボウシ	ブガラシ
いつぎ　ヤマボウシ	いつつばあきび　アケビ
いつくさ　カワラナデシコ	いつつばいもぎ　コシアブラ
いっぐつ　イチジク	いつつばうそぼ　コシアブラ
いっけそー　セツブンソウ	いっといも　キクイモ
いっこ　ネコヤナギ	いっとーじしょー　キクイモ
いっご　オランダイチゴ	いっときごろし　ヒガンバナ
いづこ　ハハコグサ	いっときばな　ドクダミ／ヒガンバナ
いっこっこ　エノコログサ	いつどめ　ガマズミ
いっことおし　スズメノヤリ	いっとろべ　ヌスビトハギ／ヤブジラミ
いっさ　アオギリ／スグリ	いっとろべー　イノコズチ／ヌスビトハギ
いっさき　アオギリ／フヨウ	いっぷくひゃっぷく　オキナグサ
いっさく　アオギリ	いっぽかっぽ　ヒガンバナ
いっさっ　アオギリ	いっぼらかっぽら　ヒガンバナ
いっさっのっ　アオギリ	いっぽり　イタドリ
いつしせん　ヒガンバナ	いっぽんかっぽん　ヒガンバナ
いっしゅきん　ヒイラギ	いっぽんば　ジャノヒゲ
いっしょー　ガマズミ	いっぽんばな　シキミ
いっしょーいちご　ガマズミ	いっぽんまつ　スギナ
いっしょのき　ガマズミ	いっぽんよつづみ　オオカメノキ
いっしょますこます　セキショウ	いつまで　ヒャクニチソウ
いっずき　イヌビワ	いつまでぐさ　メノマンネングサ
いっずく　イヌビワ	いつもな　フダンソウ
いつずみ　ガマズミ	いで　ユウガオ
いっすんまめ　ソラマメ	いていて　アリドオシ
いっせいも　ナガイモ	いでそば　ミゾソバ
いったいどり　イタドリ	いでりそー　マツバボタン
いったんこ　イタドリ	いでろん　カワラヨモギ
いったんだらけ　イタドリ	いと　アサ／カラムシ
いったんどーり　イタドリ	いど　アサ
いったんどり　イタドリ	いとあおさ　アオノリ
いったんどれ　イタドリ	いとうい　ヘチマ
いったんぼ　イタドリ	いとうい　ヘチマ
いっち　イチイガシ	いとうつぎ　ウツギ
いっちい　イチイガシ	いとうやなじ　シダレヤナギ
いっちいがし　イチイガシ	いとうり　ヘチマ
いっちーかっちー　アラカシ／ドングリ	いとーそー　オオアワダチソウ
いっちいのき　イチイガシ	いとーぶ　ガクウツギ

いとかしきまめ　アオガリダイズ	いなくさ　イネ
いとかずら　カニクサ	いなぐさのおじい　オドリコソウ
いとかぶ　ミズナ	いなざんしょー　イヌザンショウ
いとぐい　ヘチマ	いなとり　テングサ
いどくさ　ユキノシタ	いなば　アザミ／カラムシ
いどぐさ　ユキノシタ	いなぴに　ススキ
いとくり　オダマキ	いなぼーずき　センナリホオズキ
いとぐり　ヘチマ	いなむぎ　オオムギ／コムギ
いどご　ユキノシタ	いなりきび　キビ
いとさくら　ウワミズザクラ	いにぇ　イネ
いとざくら　ウワミズザクラ／コブシ／タムシバ	いにしぎ　サンゴジュ
いとじ　コシアブラ	いにゃむぎ　コムギ
いとしばり　カニクサ	いにゃむに　コムギ
いとずいせん　スイセン	いぬあさがお　ヒルガオ
いとすぎ　アスナロ	いぬあし　ガマズミ
いとそ　アサ／カラムシ	いぬいぎ　ノイバラ
いとそめくさ　タケニグサ	いぬいたぶ　イヌビワ／シラキ
いとぞめのき　ハクサンボク	いぬいちご　オヘビイチゴ／ヘビイチゴ
いとち　アサガラ／アワブキ／オオバアサガラ／ミズメ	いぬいちじく　イヌビワ
いどち　アサガラ／アサダ／オオバアサガラ／コシアブラ	いぬうつぎ　ウツギ
いとな　スギナ／ハンゴンソウ／ミズナ	いぬうど　シシウド
いとはこべ　ノミノツヅリ	いぬえび　ノブドウ
いとばしょ　リュウキュウバショウ	いぬえびかずら　ツタ／ヤブガラシ
いどばす　ユキノシタ	いぬえびこ　ノブドウ
いとはん　ヒメヤシャブシ	いぬえびこ　サンカクヅル
いとひば　サワラ（ヒヨクヒバ）	いぬえぶ　ノブドウ
いとびん　クワイ	いぬえべっしょ　ノブドウ
いとふーらん　ヒモラン	いぬえりまき　マユミ
いどぶき　ユキノシタ	いぬえんじ　イヌエンジュ
いとふじ　フジ	いぬえんじゅ　イヌエンジュ／フジキ
いとほとくい　アキメヒシバ	いぬえんどー　スズメノエンドウ
いとぼとくい　アキメヒシバ	いぬおつぎ　ハコネウツギ
いとぼとくり　チヂミザサ	いぬおも　イヌシデ
いとまきざくら　コブシ	いぬがーら　ノブドウ
いどみかん　ヒュウガナツミカン	いぬかご　コガンピ
いとも　セキショウモ	いぬかざり　シダ
いともーか　ミズメ／ヤシャブシ	いぬかしわ　ナラガシワ
いともじ　ネギ	いぬかずら　ハスノハカズラ
いとやなぎ　コリヤナギ／シダレヤナギ	いぬかぶ　アオツヅラフジ／ノブドウ
いどら　アザミ／イバラ／バラ	いぬがみ　イヌツゲ／ヌスビトハギ
いどらげず　イバラ	いぬがみぐさ　センダングサ
いどらぼたん　バラ	いぬがや　アキニレ／イヌガヤ／オヒョウ／ハルニレ
いどろ　イバラ／バラ	いぬからいも　ドクダミ
いどろばな　アザミ	いぬからみ　ノブドウ
いとろべ　イノコズチ／センダングサ	いぬがらみ　ノブドウ
いどろぼたん　バラ	いぬがんび　ノブドウ
いどんくさ　ユキノシタ	いぬがんぴ　コガンピ
いどんはな　バラ	いぬき　イヌブナ
いなきび　キビ	いぬぎー　イイギリ
いなきみ　キビ	いぬきず　ナツハゼ

617

いぬきば　アサツキ
いぬぎり　アブラギリ／イイギリ／ノグルミ／ハリギリ／ヤマナラシ
いぬぐさ　エノコログサ
いぬくさぎ　コクサギ
いぬくす　ヤブニッケイ
いぬぐす　タブノキ／ヤブニッケイ
いぬくそいだや　フサザクラ
いぬくそざくら　ウダイカンバ／マカンバ
いぬくそのき　カンボク
いぬくそまき　イヌガヤ／ツリバナ
いぬぐり　ノグルミ
いぬくゎぎま　ヒサカキ
いぬげいし　ヤブニッケイ
いぬけいとー　ノゲイトウ
いぬげーとー　ノゲイトウ
いぬけしん　ヤブニッケイ
いぬげしん　ヤブニッケイ
いぬげや　アカシデ／アキニレ／イヌシデ／オヒョウ／クマシデ／ハルニレ
いぬけやき　アキニレ／ケヤキ／ハルニレ
いぬげやき　アオハダ／ハルニレ
いぬこーぞ　コウゾ／ヒメコウゾ
いぬこごめ　ミツバウツギ
いぬごしょー　イヌホオズキ
いぬこびわ　ホソバイヌビワ
いぬこぼ　エノコログサ
いぬごぼー　ヤマゴボウ／ヤマボクチ
いぬこやなぎ　ネコヤナギ
いぬごよみ　ノブドウ
いぬころ　エノコログサ／ネコヤナギ
いぬころくさ　エノコログサ
いぬころころ　エノコログサ
いぬころし　ナシ
いぬころやなぎ　ネコヤナギ
いぬさかき　ソヨゴ／ヒサカキ
いぬさくら　ヤマザクラ
いぬざくら　イヌザクラ／ウワミズザクラ／エドヒガン／ミズメ／リンボク
いぬざし　イノコズチ
いぬざんしゅー　イヌザンショウ
いぬさんしょ　イヌザンショウ
いぬざんしょー　イヌザンショウ／フユザンショウ
いぬしーしーどー　ギシギシ
いぬじおーぎく　アレチノギク
いぬししんど　ギシギシ／マダイオウ
いぬしで　イヌシデ／クマシデ／ザイフリボク／ヒメヤシャブシ
いぬしのはな　ギシギシ
いぬしば　イタドリ

いぬじらき　アオガシ
いぬじらみ　ヌスビトハギ
いぬしろで　タカノツメ
いぬしん　ムラサキシキブ
いぬしんざい　ギシギシ
いぬしんば　ギシギシ
いぬすいじ　ギシギシ
いぬすいじん　ギシギシ
いぬすいば　イタドリ／ギシギシ
いぬずいば　ギシギシ
いぬすぎ　シロダモ／バリバリノキ
いぬずる　ヒメユズリハ
いぬぜり　キツネノボタン
いぬせんだ　ノグルミ
いぬせんだん　イイギリ
いぬそぞみ　オオカメノキ／ガマズミ
いぬそば　ミゾソバ
いぬだいおー　スイバ
いぬたず　ニワトコ／ハリギリ
いぬたで　カナクギノキ／ノリウツギ／リンボク
いぬたぶ　アオガシ／イヌビワ
いぬたまがら　イヌガシ／タブノキ
いぬだら　カラスザンショウ／タラノキ／トベラ／ハリギリ
いぬたらっぽ　ハリギリ
いぬたらぼ　ハリギリ
いぬたん　ゴンズイ
いぬつが　コメツガ
いぬつげ　イヌツゲ／サワフタギ／ハマクサギ／ツゲ／ベンケイソウ
いぬつずら　ハスノハカズラ
いぬつつき　レンゲツツジ
いぬつつじ　レンゲツツジ
いぬつばき　ネズミモチ
いぬつばな　チカラシバ
いぬつる　ユズリハ
いぬでまり　ハクサンボク
いぬとーがき　イヌビワ
いぬとーしん　ガクウツギ
いぬどくさ　イノモトソウ
いぬとりぎ　メドハギ
いぬなし　ヤマナシ
いぬなまえ　カマツカ
いぬにんじん　ヤブニンジン
いぬにんどー　ハマニンドウ
いぬのあし　ウマノアシガタ／ホウセンカ
いぬのお　ノゲイトウ
いぬのきば　アサツキ
いぬのきんたま　アケビ／イヌノフグリ
いぬのきんば　ノビル

いぬのくそ　カンボク／ゴンズイ／ハマクサギ
いぬのくそまき　オオカメノキ／マサキ／マユミ
いぬのくそまぎ　マユミ
いぬのけ　イトイヌノヒゲ
いぬのこすだ　コシダ
いぬのごま　イワザクラ
いぬのしーぽ　ホソバノヒメトラノオ
いぬのした　ザゼンソウ
いぬのしらみ　ヌスビトハギ
いぬのしり　ドクダミ
いぬのしりさし　ヤブタバコ
いぬのしりだし　フシグロ
いぬのしりつき　ヘビノボラズ
いぬのしりぬぐい　ゴマギ
いぬのしりのげ　ニワトコ
いぬのすいか　スイバ
いぬのちんこ　ツクシ
いぬのちんぽ　ツクシ
いぬのちんぽ　ツルリンドウ
いぬのつべ　アケビ
いぬのなんばん　マルバノホロシ
いぬのはなげ　カヤツリグサ／ホシクサ
いぬのはり　イノコズチ
いぬのひげ　スズメノテッポウ
いぬのひば　イヌビワ
いぬのふぐり　センニンソウ
いぬのへ　ドクダミ／トベラ／ヌスビトハギ／ハマクサギ
いぬのへどくさ　ドクダミ
いぬのまたかき　アリドオシ
いぬのまら　ニンジン
いぬばい　ハイノキ／ミミズバイ
いぬばか　タカノツメ
いぬはぎ　コゴメウツギ
いぬはっぺー　ギシギシ
いぬばし　ムサシアブミ
いぬはしばみ　ツノハシバミ
いぬはす　ヒツジグサ
いぬはぜ　ヤマウルシ
いぬばら　サルトリイバラ
いぬはんさ　ウワミズザクラ／リンボク
いぬび　イヌビワ／クロベ／ノブドウ
いぬびざわら　クロベ
いぬひば　イヌビワ
いぬびば　イヌビワ
いぬひむろ　ネズミサシ
いぬびや　イヌビワ
いぬひょー　スベリヒユ
いぬびょー　スベリヒユ
いぬびわ　イヌビワ
いぬふーらん　ノキシノブ

いぬふくら　ナナメノキ
いぬふじ　ニワフジ
いぬふずき　センナリホオズキ
いぬぶどー　エビヅル／ノブドウ
いぬぶな　イヌブナ
いぬへ　ドクダミ
いぬへご　コシダ
いぬほー　タカノツメ
いぬぽー　コシアブラ／タカノツメ
いぬほーずき　イヌビワ／センナリホオズキ／ハダカホオズキ／ミズオオバコ
いぬぽか　タカノツメ
いぬぽぽ　コシアブラ
いぬまき　イヌマキ／ツリバナ
いぬまっこー　ツルシキミ／ミヤマシキミ
いぬまゆみ　コマユミ／ツリバナ／マユミ
いぬみつば　ウマノミツバ
いぬむらだち　アブラチャン
いぬもーち　イヌツゲ／ネズミモチ／モチノキ
いぬもがら　エビヅル
いぬもち　クロガネモチ／モチノキ
いぬもちのき　モチノキ
いぬもも　イヌビワ
いぬやたび　イヌビワ
いぬやなぎ　ヤマナラシ
いぬやまもも　ホルトノキ
いぬゆずりは　ヒメユズリハ
いぬよめな　ヒメジョオン
いぬよもぎ　カワラヨモギ
いぬわかば　ヒメユズリハ
いぬわげ　イヌツゲ
いねかりくさ　ミゾソバ
いねかりぐみ　アキグミ
いねきび　キビ
いねくさ　ムラサキカタバミ
いねぐさ　イネ
いねころ　エノコログサ／ネコヤナギ
いねのき　アセビ
いねび　カマツカ／ザイフリボク
いねほーずき　センナリホオズキ
いねら　テッポウユリ／ユリ
いのが　イヌビワ
いのくそ　ツリバナ
いのこ　エノコログサ／クズ
いのこかね　エノコログサ
いのこぐさ　エノコログサ
いのこしば　イボタノキ／ハイノキ
いのこずち　ヌスビトハギ／ハコベ
いのこつち　ヌスビトハギ
いのこづち　イノコズチ

いのこどち	イノコズチ
いのこのかね	クズ
いのころ	エノコログサ／ネコヤナギ
いのころくさ	エノコログサ
いのころやなぎ	ネコヤナギ
いのさんしょー	カラスザンショウ
いのざんしょー	イヌザンショウ
いのし	ユズ
いのじ	エノコログサ
いのじあわ	エノコログサ
いのししびえ	ヒエ
いのした	キカラスウリ
いのじり	ヤブタバコ
いのす	ユズ
いのすぎ	バリバリノキ
いのちのはは	トウキ
いのっこ	エノコログサ／キンエノコロ
いのてここみ	オオカグマ
いののけ	イトイヌノヒゲ
いののちんこ	ツクシ
いののちんぽ	ツクシ
いののちんぽ	ツクシ
いのび	イヌビワ
いのぶ	イヌビワ
いのぶのき	イヌビワ
いのぶや	イヌビワ
いのほーずき	イヌホオズキ／コナスビ
いのぼーずき	センナリホオズキ
いのもーち	ヤマグルマ
いのもっそ	ヤブマオ
いのらんきょ	ノビル
いはいぐさ	ミゾソバ
いばし	クワズイモ
いはだ	アカメガシワ
いばなし	イワナシ
いばなのき	ハナイカダ
いばべ	ウバメガシ
いばめ	ウバメガシ
いばめがし	ウバメガシ
いばら	カラタチ／サルトリイバラ／テリハノイバラ／ノイバラ／バラ
いばらいちご	キイチゴ／クサイチゴ／ノイチゴ／フユイチゴ／モミジイチゴ
いばらえんじ	メギ
いばらぐさ	サルトリイバラ
いばらしょーべ	ノイバラ／バラ
いばらしょーべん	ノイバラ／バラ
いばらのき	ノイバラ
いばらばす	オニバス
いばらぼたん	バラ
いばんつつじ	トウゴクミツバツツジ
いびさしぎ	イボタノキ
いびずる	ヤマブドウ
いびつ	サルトリイバラ
いびついばら	サルトリイバラ
いびつしば	サルトリイバラ
いびつのは	サルトリイバラ
いびつばら	サルトリイバラ
いびはめくさ	ツリフネソウ
いびゅ	ヒョウタン
いびら	ツルボ
いびりばっこ	アスパラガス
いぶ	ブドウ
いぶいたや	ヒトツバカエデ
いぶすのき	サンゴジュ
いぶつ	サルトリイバラ
いへぐさ	ミゾソバ
いぼ	トウモロコシ
いぼうり	キュウリ
いぼがき	マメガキ
いぼがし	アカガシ／アラカシ／ウラジロガシ
いぼきび	トウモロコシ
いぼくさ	スベリヒユ／タカサブロウ／ニシキソウ／ヒルガオ
いぼこじー	ツブラジイ
いぼしー	アオキ
いぼしー	ツブラジイ
いぼしだま	アオキ
いぼしのき	アオキ
いぼた	イヌツゲ／イボタノキ／カマツカ／サワフタギ／ネズミモチ
いぼたのき	イボタノキ／カマツカ／ネズミモチ
いぼだら	タラノキ
いぼたん	イヌツゲ／イボタノキ
いぼたんき	ネズミモチ
いぼたんのき	ネズミモチ
いぼちゃこ	カタバミ
いぼった	キヅタ／テイカカズラ
いぼった	イボタノキ／キヅタ／テイカカズラ
いぼつりばな	ウマノアシガタ／キジムシロ／ヘビイチゴ
いぼつる	ノブドウ
いぼとり	クサノオウ
いぼとりくさ	イボクサ
いぼとりぐさ	イボクサ／カラスビシャク
いぼな	ハナイカダ
いぼなのき	ハナイカダ
いぼのき	ネムノキ
いぼのは	ヒトツバ
いぼばな	ダイコンソウ／ヘビイチゴ
いぼぶな	イヌブナ／ブナ

いぼぼつ	ネコヤナギ	いもだか	クワイ
いぼらん	ムギラン	いもだつ	ズイキ
いまじえり	ヤチダモ	いもちぐさ	ヌスビトハギ
いまめ	ウバメガシ	いもっき	コシアブラ/タカノツメ
いまめがし	ウバメガシ	いもつくりばな	ミツバツツジ
いまんぼ	カラスザンショウ/タムシバ	いもづるくさ	ヒルガオ
いみしんのき	サンゴジュ	いもど	コシアブラ
いみちのしん	キブシ	いもどし	イグサ
いみりくさ	マツバボタン	いもな	ウワバミソウ
いみりぐさ	オノマンネングサ/マツバボタン/メノマンネングサ/ユキノシタ	いもなぎ	アサザ
		いもなぎん	アサザ
いむぎ	ヨモギ	いものき	オオバアサガラ/コシアブラ/タカノツメ/ハドノキ
いむし	オガタマノキ		
いも	ガガイモ/サツマイモ/サトイモ/ジャガイモ/ヤマノイモ	いものこ	サツマイモ/サトイモ
		いものご	サトイモ
いもうえばな	コブシ	いものこっこ	サトイモ
いもうめ	ツルソバ	いものは	コナギ
いもうり	シロウリ	いもば	オモダカ/コナギ/ドクダミ/ミズアオイ
いもうんめ	ツルソバ	いもはい	シロバイ
いもー	アワブキ	いもばい	カンザブロウノキ/クロバイ/シロバイ
いもおじ	ズイキ	いもばくさ	コナギ
いもーめん	ツルタデ	いもばっこり	サイハイラン
いもがー	タマアジサイ	いもばな	ダリア
いもがしら	トウノイモ	いもぼたん	ダリア
いもがら	カクレミノ/コナギ/サトイモ/ホテイアオイ	いもめ	ハドノキ
いもがらくさ	ヒルガオ	いもら	イヌツゲ
いもがわ	タマアジサイ	いもらん	シラン
いもき	コシアブラ/タイミンタチバナ/タカノツメ	いもんこ	サトイモ
いもぎ	アサガラ/オオバアサガラ/カクレミノ/カナクギノキ/クロガネモチ/コシアブラ/コバンモチ/シラキ/タカノツメ/ハリギリ/ヒメシャラ/フカノキ/フサザクラ/ホオノキ	いもんじく	ズイキ
		いやなぎ	オノエヤナギ/カワヤナギ/シダレヤナギ/ヤマナラシ
		いやなし	ズミ
		いやなん	カワヤナギ
いもぎく	キクイモ	いゆーめ	ガマズミ
いもきり	タカノツメ/ホオノキ	いよんめ	ツルソバ/ツルタデ
いもくさ	ウリカワ/コナギ/ツユクサ/ドクダミ	いら	アザミ/イラクサ/エンドウ/カラムシ/ミヤマイラクサ
いもぐさ	コナギ/コブナグサ/ドクダミ		
いもぐす	アサガラ/クロガネモチ	いらいら	イラクサ
いもくそ	アサガラ/オオバアサガラ/オガタマノキ/クロガネモチ/コシアブラ/タカノツメ/ミミズバイ	いらいらくさ	イラクサ
		いらくさ	アザミ/エノコログサ/ノアザミ/ママコノシリヌグイ
いもぐそ	クロガネモチ		
いもぐり	アサガラ/タカノツメ	いらくり	アズキ
いもこ	サトイモ	いらくわ	フサザクラ
いもじ	ズイキ	いらさ	ササ
いもじっこ	ズイキ	いらそ	イラクサ
いもしょーが	キクイモ	いらだ	エンドウ
いもじるいも	ツクネイモ/ナガイモ	いらたか	ジュズダマ
いもしん	ドクダミ	いらな	イラクサ
いもずら	ヒルガオ	いらはど	イワガネ
いもずる	ヒルガオ	いらみ	カヤ
いもぞー	アサガラ		

方言名索引 ● いらら

いらら　エンドウ／カラスノエンドウ
いららぎ　イヌツゲ
いらん　イラクサ
いり　ユリ
いりぶち　サンゴジュ
いりまめ　ソラマメ
いりんぽ　ユリ
いるまめ　ササゲ
いれーせん　エビネ
いろき　メギ
いろぎく　キク
いろけし　ヒナゲシ
いろげし　ヒナゲシ
いろど　イバラ
いろのき　アオダモ
いろはそー　ハルトラノオ
いろばな　ツユクサ
いろへほ　サボテン
いろまき　コマユミ／ツリバナ／ニシキギ／マユミ
いろまきしば　コマユミ
いろまめ　インゲンマメ／フジマメ
いわい　イワタバコ
いわいぎ　ミズキ
いわいずる　スベリヒユ
いわいちょー　ハマニガナ
いわいみかん　ヤツシロミカン
いわうちしば　ヒメヤシャブシ
いわうつぎ　ガクアジサイ／ガクウツギ／ヒメウツギ
いわうな　ギボウシ
いわおも　アカシデ
いわがしゃー　イワタケ
いわかずら　イタビカズラ／ユキノシタ
いわかちば　イソノキ
いわがね　カラムシ
いわがらお　イワガネ
いわがらみ　オオイタビ
いわがんもち　ヤマグルマ
いわぎく　マツバボタン
いわぎしゃ　ダンコウバイ
いわくさ　ノキシノブ
いわぐさ　カワラナデシコ／ユキノシタ
いわくさらし　ミヤマシキミ
いわぐみ　アキグミ
いわぐるま　ヤマグルマ
いわごけ　イワヒバ／ノキシノブ／ミツデウラボシ／ユキノシタ
いわざくら　イワウチワ
いわじゃ　イワタバコ／ダンコウバイ
いわしで　アカシデ
いわじな　イワタバコ

いわしのき　アオキ／コバンノキ
いわしのぶ　イワヒバ
いわしば　オオイタビ／クマシデ／サワシバ／ヒメヤシャブシ／ヤシャブシ
いわしばな　タニウツギ／ハコネウツギ
いわしばり　オオイタビ／ヒメヤシャブシ
いわしやかず　ゴンズイ／ネジキ
いわじゅしゃ　ダンコウバイ
いわしょーぶ　イノモトソウ
いわじろ　ウラジロ
いわすげ　ジャノヒゲ／ススキ
いわずさ　ダンコウバイ
いわぜこ　イワナシ
いわぜり　キケマン／ボタンボウフウ
いわそば　ウワバミソウ
いわだ　アカメガシワ
いわたかな　イワタバコ／コクラン
いわたがな　イワタバコ
いわだかな　イワタバコ／ギボウシ
いわだがな　イワタバコ
いわたで　トリアシショウマ
いわだな　ヤマブキショウマ
いわたま　ジャノヒゲ
いわたら　ヤマブキショウマ
いわだら　イヌショウマ／ヤマブキショウマ
いわだんな　ヤマブキショウマ
いわちさ　イワタバコ
いわちちゃ　イワタバコ
いわちゃかずら　ボタンヅル
いわつた　ダンコウバイ
いわつつじ　ウンゼンツツジ／サラサドウダン／ベニドウダン／マルバサツキ／ミツバツツジ／ヤマツツジ
いわつばき　イワナンテン
いわととき　ソバナ
いわとりき　ダンコウバイ
いわな　イワタバコ／ギボウシ／スズラン／ダイモンジソウ
いわなし　カマツカ／ズミ
いわなば　イワタケ
いわなら　サワシバ
いわにがな　イワニガナ
いわのぼり　オノマンネングサ
いわのり　ダイモンジソウ／ヤマブキショウマ
いわば　ヒメヤシャブシ
いわはぎ　イワギキョウ／キイシモツケ
いわはげ　ヒメヤシャブシ
いわばしば　ヒメヤシャブシ
いわはぜ　シラキ／ダンコウバイ
いわはぬき　ヒメヤシャブシ
いわははき　マツバラン

622

いわひー　ヤブカンゾウ
いわひば　イワヒバ
いわぶき　ギボウシ／クロクモソウ／ダイモンジソウ／
　　タマブキ／ツワブキ／ユキノシタ
いわふじ　ニワフジ／フジ
いわへぎ　イワヒバ
いわへご　カタヒバ／コシダ／コモチシダ
いわへぼ　イワヒバ／カタヒバ
いわぼき　ダイモンジソウ
いわぼたん　マツバボタン
いわまき　オノマンネングサ
いわまつ　イワヒバ／ハイビャクシン
いわまめ　イタビカズラ／イワナシ／マメヅタ
いわむち　ヤマグルマ
いわむらだち　ダンコウバイ
いわもち　アセビ／ヤマグルマ
いわやん　ヤマグルマ
いわやんもち　ヤマグルマ
いわゆり　スカシユリ／テッポウユリ
いわよぐみ　カワラヨモギ
いわよごみ　カワラヨモギ
いわらん　フウラン
いわんたいら　イヌショウマ
いわんだいら　トリアシショウマ
いわんだら　トリアシショウマ
いわんみ　ツルソバ
いんいたぶ　オオイタビ
いんかいび　ノブドウ
いんがくさ　ミズスギ
いんがぐさ　エノコログサ
いんかねっ　ノブドウ
いんがねつ　ノブドウ
いんかねび　ノブドウ
いんがねび　ノブドウ
いんかねぶ　ノブドウ
いんがねぶ　ノブドウ
いんからいも　ドクダミ
いんがらべ　ノブドウ
いんがらみ　ノブドウ
いんがらめ　ノブドウ
いんがらめっぷ　ツルタデ
いんがらんべ　ノブドウ
いんがれぶ　ノブドウ
いんがんしゃー　ノボタン
いんぎ　ヒサカキ／ムラサキツユクサ
いんぎ　ゲッキツ
いんぎー　アブラギリ／イイギリ
いんぎくさ　ツユクサ／ヤマゴボウ
いんぎぐさ　タケニグサ／ツユクサ／ヤマゴボウ
いんぎしん　ヤブニッケイ

いんきのき　アオダモ／ヒサカキ
いんきのはな　ツユクサ
いんきばな　ツユクサ／ムラサキツユクサ
いんぎまめ　インゲンマメ／フジマメ
いんきもも　ヒサカキ
いんぎょーまめ　インゲンマメ
いんきょのめだま　ジャノヒゲ／ヤブラン
いんきょぼぽ　ヒサカキ
いんきょまめ　インゲンマメ
いんぎり　イイギリ／ハリギリ
いんぎりまめ　インゲンマメ／フジマメ
いんぎん　インゲンマメ／フジマメ
いんきんば　ギョウジャニンニク
いんぎんまめ　フジマメ
いんくぐさ　ツユクサ／ムラサキツユクサ
いんぐさ　エノコログサ
いんくにぶ　ダイダイ
いんくばな　ヤマゴボウ／ヤマボクチ
いんくるび　ノボタン
いんげーし　ヤブニッケイ
いんげしん　タブノキ／ヤブニッケイ
いんげしんのき　ヤブニッケイ
いんげせん　ヤブニッケイ
いんげまめ　インゲンマメ
いんげん　インゲンマメ／フジマメ
いんげんあたま　インゲンマメ
いんげんな　ダイコン（シャムロダイコン）
いんげんまめ　インゲンマメ／ササゲ／ジュウロクササ
　　ゲ／ハタササゲ／フジマメ／リョクトウ
いんごいごー　カラスウリ
いんごびゅーたん　ネコヤナギ
いんごぼー　ネコヤナギ
いんころ　ネコヤナギ
いんころばな　エノコログサ
いんざくら　イソノキ
いんざんしゅ　イヌザンショウ
いんざんしょー　イヌザンショウ
いんしびき　ギシギシ
いんじゃぎ　ニガキ
いんじゅ　イヌエンジュ
いんしろ　ヤマボウシ
いんずくし　ホソバイヌビワ
いんずりは　ユズリハ
いんぜい　ドクゼリ
いんぞー　イチイ
いんそね　ヤマナラシ
いんだしけー　アオキ
いんたび　イヌビワ
いんたぶ　イヌビワ／オオイタビ
いんだよ　スイバ

いんだら　カラスザンショウ／ハリギリ
いんたんこ　イタドリ
いんつけ　ツゲ
いんつげ　イヌツゲ
いんつづら　ハスノハカズラ
いんつぼ　ユリ
いんでぃー　カブ
いんどうり　ハヤトウリ
いんどーふーずき　ゴキヅル
いんとりき　メドハギ
いんどりもち　クロガネモチ
いんどんくさ　ユキノシタ
いんとんとん　イバラ
いんにょこにゅーにゅー　ネコヤナギ
いんにょこにょこ　ネコヤナギ
いんにょまめ　インゲンマメ
いんぬくす　ヤマモガシ
いんぬちび　ノボタン
いんぬひ　ノボタン
いんぬび　ノボタン
いんぬひちゃ　ノボタン
いんぬひゃ　ノボタン
いんぬふぐい　ノボタン
いんねこ　ネコヤナギ
いんねこじょーじょー　ネコヤナギ
いんねこにょーにょー　ネコヤナギ
いんねこねこ　ネコヤナギ
いんねこねこのこ　ネコヤナギ
いんねこばな　ネコヤナギ
いんのあし　ウマノアシガタ
いんのあしかた　ウマノアシガタ
いんのあしがた　ウマノアシガタ
いんのお　エノコログサ
いんのくそ　ナナカマド
いんのくそぐみ　ナワシログミ
いんのくそのびる　ノビル
いんのこ　ネコヤナギ
いんのこしっしょい　チカラシバ
いんのこじゅ　ネコヤナギ
いんのこじゅーじゅー　ネコヤナギ
いんのこじょーじょー　ネコヤナギ
いんのこっこ　ネコヤナギ
いんのこどっち　イノコズチ
いんのこにょーにょー　ネコヤナギ
いんのこぼーぼー　ネコヤナギ
いんのこやなぎ　ネコヤナギ
いんのじご　ツルソバ
いんのしっぽ　キンエノコロ／ホソバノヒメトラノオ／ヤブラン
いんのしっぽばな　オカトラノオ

いんのしぽ　ヤブラン
いんのじょー　ネコヤナギ
いんのしりぽ　エノコログサ
いんのたび　イヌビワ
いんのとー　スイバ
いんのひちゃ　ノボタン
いんのひつ　ノボタン
いんのひゃー　ノボタン
いんのふん　ナナカマド
いんのへ　ドクダミ
いんのまら　トウガラシ
いんのみみ　スベリヒユ
いんばい　ナナカマド
いんばじ　ムサシアブミ
いんびかね　ノブドウ
いんびき　オオバコ
いんびょーたん　リンドウ
いんびらびー　スベリヒユ
いんふずっ　イヌホオズキ
いんふづっ　センナリホオズキ
いんぷのっ　オガタマノキ
いんぽがき　マメガキ
いんぽたのき　ネズミモチ
いんむらさけ　オカトラノオ
いんやつで　カクレミノ
いんゆずりは　ユズリハ

【う】

うあまのどー　トウダイクサ
うい　キュウリ／マクワウリ
ういごー　クワズイモ
ういたかひょーたん　ホテイアオイ
ういなぎ　ヤハズアジサイ
うー　アサ／バショウ
うーあさぐる　カクレミノ
うーかじ　コウゾ
うーがら　カラムシ
うーじ　サトウキビ
うーべー　カラムシ
うーまのした　モクレン
うーまのすいこん　スイバ
うーまみつば　キツネノボタン
うーまゆり　ヤブカンゾウ
うーるい　ギボウシ
うえこ　シメジ
うえざぬはな　オシロイバナ
うえな　タカナ／ナタネ
うえむきとんがらし　フサンゴ
うぉあ　アワ

うおぞめ　ガマズミ
うおつなぎ　ヒルガオ
うおどめ　ガマズミ
うかご　ヤマノイモ
うかしぶつ　ハハコグサ
うかぜぐさ　オヒシバ
うがてし　ツバキ
うかば　クロソヨゴ
うかばきー　クロヨナ
うがら　カラムシ
うかわ　ウダイカンバ
うかんば　ミズメ／ヤシャブシ
うぎ　サトウキビ
うきくさ　ホテイアオイ
うきぐさ　ホテイアオイ
うぎくさ　イタチガヤ
うきざる　ショウベンノキ
うぎざん　アオキ
うぎじゃん　ショウベンノキ
うきたのき　クサネム
うきな　キョウナ
うきのき　ウリノキ／タラノキ
うきはす　オニバス
うきぼーず　タマアジサイ
うきやから　ミクリ
うきやがら　ミクリ
うきょー　ナンキンハゼ
うきらん　ホテイアオイ
うきん　カンナ
うぐいす　アマナ／ウグイスカグラ／カタクリ／シュンラン／テンナンショウ／ノビル／ヒトツバカエデ
うぐいすいたや　コミネカエデ／ヒトツバカエデ／ミツデカエデ
うぐいすかぐら　スイカズラ／ツクバネウツギ／ムレスズメ
うぐいすぐみ　ウグイスカグラ
うぐいすごみ　ウグイスカグラ
うぐいすじょーご　ウグイスカグラ
うぐいすそー　ヒエンソウ
うぐいすつつじ　ウグイスカグラ
うぐいすな　コマツナ
うぐいすのはな　シュンラン
うぐいすばな　ウグイスカグラ／ツクバネウツギ
うぐいすばる　コミネカエデ
うぐいすぼく　ムレスズメ
うぐいすやぶ　ヒョウタンボク
うぐいそー　アマナ
うぐいばな　ウツギ
うぐいも　サトイモ
うぐさ　カキドオシ／サワオグルマ

うぐさん　ショウベンノキ／バクチノキ
うぐま　ゴマ
うくまーみ　インゲンマメ
うぐみ　ウグイスカグラ
うげ　カサスゲ
うけうど　エゴノリ
うけじゃぎ　ゴンズイ
うこ　ウコギ／ヤブニッケイ
うこき　ヤブニッケイ
うこぎ　ミツバウツギ／ヤブニッケイ
うごき　ヤブニッケイ
うこぎばら　ウコギ
うごくさ　ノコギリソウ
うごも　モズク
うこん　クコ／タケニグサ
うこんつつじ　ヒカゲツツジ
うこんばな　シロモジ／タカノツメ／ダンコウバイ
うこんはなのき　クロモジ
うさかき　ヒサカキ
うさぎかくし　イヌツゲ／ガクウツギ／コウヤボウキ／ナガバノコウヤボウキ／ミカエリソウ
うさぎかくれ　イヌツゲ／ユズリハ
うさぎがくれ　ツクバネウツギ
うさぎかじり　コシアブラ
うさぎかぶり　ユウガギク
うさぎくさ　アザミ／オオバコ／ノゲシ
うさぎぐさ　アキノノゲシ／アザミ／タンポポ／ノゲシ／ハコベ／ハハコグサ
うさぎこーもり　ヤブレガサ
うさぎたけ　ホコリタケ
うさぎだまり　イヌツゲ
うさぎっぷー　コシアブラ
うさぎっぽい　コシアブラ
うさぎのお　エノコログサ
うさぎのおこわ　クサフジ
うさぎのかさ　ヤブレガサ
うさぎのくさ　カラスノエンドウ／カラムシ
うさぎのさとーくさ　フジバカマ
うさぎのしりかき　コウヤボウキ
うさぎのたすき　ヒカゲノカズラ
うさぎのちち　タンポポ／ヤクシソウ
うさぎのつらかくし　ツクバネウツギ
うさぎのねどこ　ヒカゲノカズラ
うさぎのまめ　クサフジ
うさぎのみつば　ヤマゼリ
うさぎのみみ　シロダモ／スイセンノウ／ノキシノブ／ハハコグサ／ミミナグサ／リュウゼツサイ
うさぎのめはじき　コウヤボウキ
うさぎのめはり　コウヤボウキ
うさぎのもち　アキノノゲシ／ノゲシ

うさぎばな　スイセンノウ／フランスギク
うさぎぶー　コシアブラ
うさぎみみ　キンチャクソウ／スイセンノウ／ハハコグサ
うさぎもち　ミチヤナギ
うさぎもつれ　コウヤボウキ
うじ　トリカブト
うしあいた　キケマン
うしあらい　アセビ
うしあらいしば　アセビ
うしいちご　ナワシロイチゴ
うしいちじく　イヌビワ
うじいも　ツクネイモ／ナガイモ
うしいやぐさ　アキカラマツ
うしうちぎ　カマツカ
うしうちら　ツルボ
うしうど　シシウド／ノダケ
うしうらう　ツルボ
うしうろー　ツルボ
うしえび　ノブドウ
うしえびこ　フユイチゴ
うしえびす　ノブドウ
うしえぶご　テリハノブドウ
うしえべす　エビヅル
うしえべすり　ノブドウ
うしえんど　カラスノエンドウ
うしえんどー　スズメノエンドウ
うしおい　ウシノシッペイ／ヒガンバナ
うしおいぎ　カマツカ
うしおーぎ　ヤツデ
うしおき　アオキ
うしおけ　アオキ
うしおび　ヒガンバナ
うしがーまんきー　スミレ
うしかいわらび　オキナグサ
うしかく　コガンピ
うしかずら　センニンソウ
うしかっ　コガンピ
うしがねぶ　ノブドウ
うしかぶ　アオツヅラフジ／スウェーデンカブ／ツヅラフジ
うしがまつか　ガマズミ
うしがや　イヌガヤ
うしからめ　ノブドウ
うしがらめ　ノブドウ
うしかんざし　アマモ
うじきり　ドクウツギ
うしく　アコウ／ガジュマル
うしくい　ツバナ
うしくいぐさ　ギシギシ
うしくさ　センキュウ

うしぐさ　ギシギシ／ヌスビトハギ／ミチヤナギ
うじくさ　ヌスビトハギ／ミソナオシ
うじぐさ　ヌスビトハギ
うしくすべ　イヌエンジュ／シラキ
うしぐみ　アキグミ／ノブドウ
うしぐろ　ツルボ
うしくわず　アセビ／コクサギ／シロツメクサ／センニンソウ
うしげ　マツバイ
うしこーげ　マツバイ／ミゾソバ
うしこーじ　イヌビワ
うしごーり　キカラスウリ
うしごーる　キカラスウリ
うしごて　ミゾソバ
うしこべ　キカラスウリ
うしごみ　ヒョウタンボク
うしごめ　ネムノキ
うしごよみ　ノブドウ
うしごり　カラスウリ
うしころ　ガマズミ／カマツカ
うしころし　アズキナシ／アセビ／ガマズミ／カマツカ／ギシギシ／クマノミズキ／クロウメモドキ／クロツバラ／ザイフリボク／サワシバ／サンゴジュ／タイミンタチバナ／ツリバナ／ドクウツギ／ネムノキ／フサザクラ／マサキ／マユミ
うじころし　カワラマツバ／クララ／コクサギ／シャリンバイ／テンナンショウ／ドクウツギ／ヌスビトハギ／ハナヒリノキ
うしごろし　シャリンバイ／ハナヒリノキ
うしごんぼ　ダイモンジソウ
うしざんしょ　イヌザンショウ
うししーかんぽ　ギシギシ
うししーかんぽ　ギシギシ
うししーしー　ギシギシ
うじしーしー　ギシギシ
うししーとー　ギシギシ
うじしーとー　ギシギシ
うししーな　ギシギシ
うししーば　ギシギシ
うしじのとー　ギシギシ
うししば　クロガネモチ
うししばき　カマツカ
うしじゃっぽ　イヌビワ
うししわい　カマツカ
うしじんさい　ギシギシ
うししんじゃ　ギシギシ
うしじんとー　ギシギシ
うしずいか　ギシギシ
うしすいとー　ギシギシ
うしすいば　ギシギシ

うしずいもんさ　ギシギシ
うしすかんぽ　ギシギシ
うしずかんぽ　ギシギシ
うしずかんぽ　ギシギシ
うしずばい　カマツカ
うしぜり　ウマノアシガタ／キツネノボタン／センダングサ／タガラシ／ヤブジラミ
うしぜんまい　イヌガンソク
うしぞーめん　ネナシカズラ
うしたたき　イボタノキ／ガマズミ／カマツカ／ツクバネウツギ
うしたばこ　コウゾリナ
うしだみ　タブノキ
うしだら　カラスザンショウ
うしだんじ　イタドリ
うしつげ　マツバイ
うしつんばら　スズメノテッポウ
うしでーうまでー　アザミ
うしでこいうまでこい　アザミ
うしでていうまでてこい　ウツボグサ
うしとー　リョクトウ
うしとべら　トベラ
うしなかせ　ミズキ
うしなぐり　カマツカ／ザイフリボク
うしなつぐり　ツノハシバミ
うしなり　ハヤトウリ
うしにら　ツルボ
うしにんにく　ヒガンバナ
うしねじり　イヌエンジュ
うしねぶり　ギシギシ
うしのえったんこ　ギシギシ
うしのおっぱ　エノコログサ／カモジグサ
うしのかたびら　センニンソウ
うしのからひたい　ミゾソバ
うしのからびたい　ミゾソバ
うしのき　イヌエンジュ
うしのきんたま　アオキ／アツモリソウ／ナス／ナツハゼ
うしのくそ　ツクネイモ／ナガイモ／リョウブ
うしのけ　マツバイ
うしのけーもじ　マツバイ
うしのけぐさ　マツバイ
うしのけっぺー　ウシノシタ
うしのこーげ　マツバイ
うしのこぐさ　カラマツソウ
うしのこっこ　スミレ
うしのこめ　コウガイゼキショウ／スズメノヤリ／ネムノキ
うしのこめのめし　ノアザミ／ノハラアザミ
うしのしかんぽ　イタドリ
うしのした　イチジク／イヌビワ／オオウバユリ／ガマズミ／ギシギシ／キランソウ／ザゼンソウ／センニンソウ／ツクネイモ／ナガイモ／ヒメジョオン／ミズアオイ／ミズバショウ／ヤブデマリ
うしのしたあぎ　イチジク
うしのしだい　ガマズミ
うしのしたいも　ツクネイモ／ナガイモ
うしのしちゃ　ガマズミ
うしのしらめとり　アセビ
うしのしんじゃ　ギシギシ
うしのしんどー　ギシギシ
うしのじんとー　ギシギシ
うしのすいすいごんば　ギシギシ
うしのすいすいこんぽ　ギシギシ
うしのすいば　ギシギシ
うしのすかすか　ギシギシ
うしのすかっぽ　イタドリ
うしのすかぽ　イタドリ
うしのすじわたし　ヒカゲノカズラ
うしのそーめん　ネナシカズラ／ネムノキ
うしのだんべい　ナツハゼ
うしのちち　イヌビワ／ヤクシソウ
うしのつのかえ　アキカラマツ
うしのつのがえ　アキカラマツ
うしのつののき　メヒルギ
うしのつび　クマガイソウ
うしのつめ　ギンバイソウ
うしのにんにく　ツルボ／ヒガンバナ
うしののどはれ　ウマノアシガタ／キツネノボタン
うしのはおとし　アセビ／センニンソウ
うしのはこぼし　センニンソウ
うしのはなぐい　テイカカズラ
うしのはなぐり　テイカカズラ／ムベ
うしのはなどーし　テリハツルウメモドキ
うしのはなもげ　センニンソウ
うしのはもがき　アセビ
うしのはもじき　センニチコウ／センニンソウ
うしのびーびー　ネムノキ
うしのひえ　マツバイ
うしのひげ　アゼテンツキ／イグサ／マツバイ
うしのひたーぎ　イヌビワ
うしのひたい　イグサ／イシミカワ／イチジク／イヌビワ／ガマズミ／キカラスウリ／ギシギシ／スノキ／ミゾソバ／ミツバ
うしのひたいき　イヌビワ
うしのひたいぎ　イヌビワ
うしのひたいくさ　ミゾソバ
うしのひたえ　ミゾソバ
うしのびる　ツルボ
うしのふし　ツルボ
うしのふで　ツクシ

方言名索引 ● うしの

うじのへげ	オキナグサ
うしのべった	ヌスビトハギ
うしのべら	ミズバショウ
うしのべろ	サボテン／スイバ／ミズバショウ
うしのみみ	ザゼンソウ
うしのめくすり	トウキ
うしのもち	ネムノキ
うしのやっこめ	ネムノキ
うしのよだれ	ガマズミ
うしはぎ	コマツナギ
うしばな	シロツメクサ
うじはらい	アセビ
うしはんだ	フウトウカズラ
うしひたい	ミゾソバ
うしびたい	ミゾソバ
うしびたい	ミゾソバ
うしびや	イヌビワ
うしひる	ツルボ／ノビル
うしびる	ツルボ
うしびわ	イヌビワ
うしぶたい	ガマズミ／キヅタ／ミゾソバ
うしぶつ	カマツカ
うしぶて	イヌビワ／ミゾソバ
うしぶどー	ノブドウ／マツブサ／ヤマブドウ
うしぶらい	ヤマビワ
うしぶわ	イヌビワ
うしべら	ユウスゲ
うしほーか	リンボク
うしぼーか	リンボク
うしぼーく	リンボク
うしほーずき	イチジク／イヌホオズキ
うしぼくと	ウツボグサ
うしぼっこ	リンボク
うしぼっこー	リンボク
うしほひ	コブシ
うしぼんな	タマブキ
うしみつば	ウマノアシガタ／キツネノボタン
うしむぎ	エンバク／オオムギ
うしめのきんたま	ナス
うしもーか	ウラジロノキ
うしもめら	ヒガンバナ
うしもも	イヌビワ
うしやっこ	ネムノキ
うじゅきつ	ブッシュカン
うしょーろーはーし	ミソハギ
うしよもぎ	センダングサ／タマブキ／メハジキ
うしらっぽ	イヌビワ
うしわらわ	ミチヤナギ
うしんこ	スミレ
うしんびき	スミレ
うしんふぐい	サネカズラ
うしんふぐいかずら	サネカズラ
うず	ツタウルシ
うすい	エンドウ
うすいちご	スノキ
うずいも	ツクネイモ／ナガイモ
うずー	ツクネイモ／ナガイモ
うすかわ	キヌガワミカン
うすかわくぬぎ	クヌギ
うすかわみかん	キヌガワミカン
うすき	アコウ
うすぎ	オガタマノキ
うずき	ウツギ
うずぎ	ウツギ
うずきしば	ウツギ
うずきばな	シャクナゲ
うすく	アコウ
うすくさ	ゴマノハグサ
うずくさ	タケニグサ
うずぐみ	ナツハゼ
うずげなべくゎし	ウツギ
うすけばな	グラジオラス
うすしばき	カマツカ
うすすこめ	スノキ
うずな	クヌギ／フダンソウ
うずぬばだ	ワタ
うすのさと	スギナ
うすのした	イヌビワ
うずのひげ	オキナグサ
うすのみ	スノキ／ナツハゼ
うずまきかぶ	カエンサイ
うずまきだいこん	カエンサイ
うすむらさき	ザボン
うずら	ヤエムグラ
うずらかくし	イタチガヤ
うずらくさ	ヤエムグラ
うずらぐさ	ゼニゴケ
うずらのき	タニウツギ
うずらぼとくい	チヂミザサ
うせんじ	ナシ
うそー	ショウジョウバカマ
うぞくき	アコウ
うそっぽ	コシアブラ／タカノツメ
うそっぽー	コシアブラ
うそど	クスドイゲ
うそはくり	ギボウシ
うそぽ	コシアブラ／タカノツメ
うだい	ウダイカンバ
うだいかんば	ウダイカンバ
うだいまつ	ウダイカンバ／カバノキ

うたうたいな　ウワバミソウ
うたぜり　バイカモ
うたたいも　ツクネイモ／ナガイモ
うちあか　ザボン
うちうり　マクワウリ
うちぎ　ハコネウツギ／ヤマボウシ
うちたのき　クサネム
うちでのこづち　カラスウリ
うちなぐさ　イラクサ
うちの　ナデシコ
うちはずる　イワガラミ
うちばな　ワタ
うちまみ　ダイズ
うちむらさき　ザボン
うちわいも　ツクネイモ／ナガイモ
うちわかえで　ハウチワカエデ
うちわぐさ　ナズナ
うちわさび　ワサビダイコン
うちん　ウコン
うつい　ウツギ／タニウツギ
うつぃまみ　ダイズ
うつがんのき　オガタマノキ
うっがんのき　オガタマノキ
うつき　ヤマボウシ
うつぎ　ウツギ／ガクウツギ／キブシ／コゴメウツギ／
　　タニウツギ／ツクバネウツギ／ツツジ／ニワトコ／ノ
　　リウツギ／ハコネウツギ／ミツバウツギ／ミヤマシグ
　　レ／ヤマボウシ
うつぎだま　ヒョウタンボク
うつぎてっぽー　ウツギ
うっきぼーし　ヤマボウシ
うっきん　ウコン
うつけ　ヤマボウシ
うつげ　ウツギ／ガクウツギ／コアカソ／ハマクサギ
うっこ　イチイ
うつごろーのき　クロキ
うつし　ツユクサ
うつしばな　ツユクサ
うっだしのき　ガクウツギ
うっちんぎ　ハマヒサカキ
うっつぎ　ウツギ
うつっしば　マルバウツギ
うつっのはな　マルバウツギ
うつな　クヌギ
うつなき　コナラ
うつなら　コナラ／ミズナラ
うつぼ　ネギ
うつぼくさ　ウツボグサ
うつぼぐさ　アキノタムラソウ／ネギ
うつみ　ヤマボウシ

うつらぐさ　ゼニゴケ
うつろぐさ　ネギ
うつろはぎ　ヒキオコシ
うで　ギボウシ
うでい　ウダイカンバ
うでぃ　カブ
うでぃでぃーくに　カブ
うでいも　ツクネイモ／ナガイモ
うでがえし　カマツカ
うでこき　ツユクサ
うでまめ　エダマメ
うと　シマウリ／ハヤトウリ
うど　ウド
うどいも　ジャガイモ
うどぅい　カブ
うどぅぬばた　ワタ
うとーぶき　ヨブスマソウ
うどぎ　ウコギ
うどぐみ　スノキ
うどちしゃ　フダンソウ
うどづる　ブドウ
うどな　ヨブスマソウ
うどばかせ　ノダケ
うどぶき　モミジガサ
うどもどき　タラノキ
うどん　アスパラガス／スギナ
うどんきのこ　ホウキタケ
うどんげ　イチジク／イヌビワ／ヒガンバナ
うどんむぎ　コムギ
うどんもく　エビモ
うな　ウリハダカエデ／マンサク
うない　ムラサキギボウシ
うないこ　オキナグサ
うなぎころし　タカサブロウ
うなぎしば　サンゴジュ
うなぎつかみ　タカサブロウ
うなぎのひれ　ウリカワ
うなぎも　セキショウモ
うなしば　コクサギ
うにくさ　ノコギリソウ
うにぐさ　ノコギリソウ
うにんぎ　ミフクラギ
うねいこ　オキナグサ
うねーこ　オキナグサ
うねぎり　イイギリ
うねこ　オキナグサ
うねご　オキナグサ
うねつげ　サワフタギ
うねつばり　オノオレカンバ
うねもじり　ザイフリボク

うねりこ　オキナグサ
うのき　タニウツギ／ハコネウツギ／ヤブウツギ
うのとりくさ　イワニガナ
うのとりぐさ　イワニガナ
うのはな　アジサイ／ウツギ／ガクウツギ／コアジサイ／タニウツギ／ニシキウツギ／ハコネウツギ／ヤブウツギ／ヤマウツギ／マツヨイグサ
うのみのき　エノキ
うば　アブラギリ／カラスムギ
うばーずる　サワシバ
うばいろ　ウバユリ
うばいろー　イタドリ
うばうつぎ　ガクウツギ
うばうり　マクワウリ
うばおりぎ　ネジキ
うばおろし　オケラ
うばがき　ウツボグサ
うばがけやき　シャシャンボ
うばがし　アカガシ／ウバメガシ
うばかしら　オキナグサ
うばがしら　オキナグサ
うばかずら　ハスノハカズラ
うばがち　オドリコソウ／サルトリイバラ
うばがてやき　ネジキ
うばがゆり　ウバユリ
うばぎ　イソノキ
うばぎ　アカメガシワ
うばけ　オキナグサ
うばけやきや　オキナグサ
うばこ　オキナグサ
うばころし　キケマン／クロバイ／サンゴジュ／シロバイ／ネジキ
うばころししば　クロキ
うばさくら　ヤマザクラ
うばざくら　ウワミズザクラ／モクレン
うばしかずら　ノブドウ
うばしば　ウバメガシ／ヒメツゲ
うばしらが　オキナグサ
うばしらがぁ　オキナグサ
うばすかし　コゴメウツギ
うばずかし　コゴメウツギ
うばぜり　タガラシ／ドクゼリ
うばぞろ　サワシバ
うばださ　ホルトノキ
うばたず　ニワトコ
うばちこ　ウツボグサ
うばちち　ウツボグサ／オドリコソウ
うばと　オキナグサ
うばにれ　オヒョウ／ハルニレ
うばねれ　オヒョウ

うばのあたま　オキナグサ
うばのかいもち　アザミ
うばのき　イソノキ
うばのしらが　オキナグサ
うばのち　ウツボグサ
うばのちかずら　スイカズラ
うばのちち　ノウルシ
うばのちゃぽ　アセビ／サルスベリ
うばのてまき　アセビ
うばのてやき　アセビ／サルスベリ／シャシャンボ／ネジキ
うばのばっかい　オキナグサ
うばのばんかい　オキナグサ
うばばな　オキナグサ
うばふじ　マツブサ
うばべ　ウバメガシ
うばぼー　クヌギ
うばむぎ　エンバク
うばめ　ウバメガシ
うばゆり　ウバユリ／カタクリ
うびんがにふさ　シバ
うふあさぐる　ヤツデ
うぶい　モロコシ
うふいちゅび　ホウロクイチゴ
うふしざー　ダイズ
うぶしざーまみ　ダイズ
うぶずり　ヒメユズリハ
うぶださ　コバンモチ
うぶちざーまみ　ダイズ
うふつぃざーまみ　ダイズ
うふつぃじゃー　ダイズ
うぶつぃだーまみ　ダイズ
うふばいちゅり　ホウロクイチゴ
うふばきるき　イイギリ
うふわけいし　サカキ
うぶん　モロコシ
うぶんぎ　アザミ
うべ　アケビ／ミツバアケビ／ムベ
うべあけっ　ミツバアケビ
うべあろ　ウバユリ
うべかずら　ムベ
うへご　ウラジロ
うべずら　アケビ
うぽーん　モロコシ
うぼく　リョウブ
うぼころし　サンゴジュ
うぼな　フダンソウ
うま　カモジグサ／カラスムギ
うまあざみ　アキノノゲシ／ノゲシ
うまあじゃみ　アキノノゲシ／ノハラアザミ

うまあらいうつぎ　ドクウツギ
うまあらいくさ　ドクウツギ
うまあらいのき　コクサギ
うまあれーうつぎ　ハナヒリノキ
うまあんじゃみ　アキノノゲシ
うまいちご　ハドノキ／ヘビイチゴ／ホウロクイチゴ
うまいな　タカナ／フダンソウ
うまいも　サトイモ
うまいもの　カタバミ／ツルソバ
うまうど　シシウド
うまうま　ヤマゼリ
うまうまのみみ　スズラン
うまえひ　ノブドウ
うまえび　ノブドウ
うまえびこ　ノブドウ／ヤマブドウ
うまえんつる　ノブドウ
うまおどかし　ドクウツギ
うまおどろかし　ドクウツギ
うまおどろきゃす　ドクウツギ
うまおんどろがし　ドクウツギ
うまかぎ　スミレ
うまがき　スミレ
うまかたいばら　サルトリイバラ
うまがたぎー　サルトリイバラ
うまがたぐい　サルトリイバラ
うまがたり　サルトリイバラ
うまかちかち　スミレ
うまかねぶ　ノブドウ
うまがねぶ　ノブドウ
うまからばな　スミレ
うまかんこ　スイバ
うまきちきち　ギシギシ
うまきび　トウモロコシ
うまきみ　モロコシ
うまぐい　サルトリイバラ
うまくさ　ギシギシ／ススキ／スミレ
うまぐさ　オヒシバ／カモジグサ／トボシガラ／ネナシカズラ
うまぐすり　ゲンゲ
うまぐみ　ウグイスカグラ／カマツカ
うまくわず　アセビ／タガラシ／ドクダミ／ヤイトバナ
うまげんげ　ミヤコグサ
うまごい　カラスウリ／キカラスウリ
うまこえぐさ　ウマゴヤシ
うまごおやし　コウゾリナ
うまごかし　カナムグラ
うまこばな　カキツバタ／ハナショウブ
うまごま　エゴマ
うまごみ　シャシャンボ
うまこやし　アキノノゲシ／キツネアザミ／クサフジ／ヤクシソウ／ヤハズソウ
うまごやし　アキノノゲシ／ウスベニニガナ／キツネアザミ／コウゾリナ／シロツメクサ／タンポポ／ツタウルシ／ツメクサ／ニガナ／ノゲシ／ムラサキツメクサ／ヤクシソウ
うまこやす　オニタビラコ
うまごやす　オニタビラコ
うまころし　キツネノボタン
うまごんぼ　キツネアザミ
うまさいかし　サイカチ
うまさし　ギシギシ
うまざし　ギシギシ
うまさとーがら　スイバ
うまさとがら　スイバ
うまざんしゅ　イヌザンショウ
うまさんしょ　イヌザンショウ
うまさんしょー　イヌザンショウ
うましかしか　ギシギシ
うましかん　スイバ
うましぶね　ガマズミ
うまじゅみ　オオカメノキ
うまじょみ　オオカメノキ
うまじょみ　カンボク
うますいうますい　ギシギシ
うまずいか　ギシギシ／ワレモコウ
うまずいき　ギシギシ
うますいこ　ギシギシ
うまずいこ　イタドリ／ギシギシ
うまずいこき　ギシギシ／マダイオウ
うますいこけ　ギシギシ
うまずいこけ　ギシギシ
うまずいこば　ギシギシ
うますいば　ギシギシ
うまずいび　ノブドウ
うますかし　ギシギシ
うますかな　ギシギシ
うますかんぺ　ギシギシ
うますけやんこ　ギシギシ
うますすき　ギシギシ
うまずっかし　ギシギシ
うまずっかんぼ　イタドリ／ギシギシ
うまずっかんぼ　ギシギシ
うますてばな　ヤマブキ
うまずみ　ガマズミ
うまぜり　ウマノアシガタ／カラマツソウ／キツネノボタン／タガラシ／ドクゼリ／ドクダミ／ヤブニンジン／ヤマゼリ／ヨロイグサ
うませんぶり　ムラサキセンブリ
うまぜんまい　イヌガンソク
うまぞーみ　ガマズミ

方言名索引 ● うまた

うまだ　オオバボダイジュ
うまだおし　ネズミモチ
うまたで　ハナタデ
うまちゃごちゃご　ヒガンバナ
うまっかんぽ　イタドリ
うまっこのき　ネムノキ
うまつっかんぽ　イタドリ
うまつつじ　レンゲツツジ／リョウブ／レンゲツツジ
うまつなぎ　サワフタギ
うまでこん　ノアザミ
うまとし　ネズミモチ
うまどし　ネズミモチ
うまな　ウマノアシガタ
うまなすび　オナモミ
うまなんばん　ピーマン
うまの　ギシギシ
うまのあし　トリアシショウマ
うまのあしかき　イシミカワ
うまのあずき　クサフジ
うまのおこわ　アザミ／クサフジ／クズ／スギナ
うまのおっぱ　オヒシバ／メヒシバ
うまのおばこ　アザミ
うまのかちかち　スミレ
うまのからごしょー　キツネノボタン
うまのかわはぎ　イヌビワ
うまのき　ドクウツギ
うまのきんきん　スノキ
うまのくそばな　マツムシソウ
うまのくちぐい　クサフジ
うまのくら　ハマナタマメ
うまのこ　シロツメクサ
うまのこーしゅー　ヤナギタデ
うまのごち　カセンソウ
うまのごっく　スギナ
うまのこっち　スミレ
うまのごはん　コウゾリナ
うまのさしのとー　ギシギシ
うまのさとー　スギナ
うまのしかどり　イタドリ
うまのしかんこ　ギシギシ
うまのしけあんこ　イタドリ
うまのしたまがり　ヒガンバナ
うまのしょーべん　ショウベンノキ
うまのしょーべんぎ　ゴンズイ
うまのしりぬぐい　ギシギシ
うまのすいか　ギシギシ
うまのすいかし　ギシギシ
うまのすいこ　ギシギシ
うまのすいこん　ギシギシ
うまのすいば　ギシギシ

うまのすーかはーか　ギシギシ
うまのすかすか　ギシギシ
うまのすかっぽ　イタドリ／ギシギシ
うまのすかっぽち　ギシギシ
うまのすかどり　ギシギシ
うまのすかな　ギシギシ／ダイオウ
うまのすかんこ　ギシギシ
うまのすかんと　ギシギシ
うまのすかんぽ　ギシギシ
うまのすず　ナツハゼ
うまのすずかけ　ウマノスズクサ
うまのすっかし　ギシギシ
うまのそーめん　スギナ
うまのちゃ　テリハツルウメモドキ
うまのつめ　ナツハゼ
うまのどく　トウダイグサ
うまのなんばん　マルバノホロシ
うまののみ　オナモミ
うまのは　タニウツギ
うまのはおとし　センニンソウ
うまのはかけぐさ　センニンソウ
うまのはかけそー　センニンソウ
うまのはこぼし　センニンソウ
うまのはこぼれ　センニンソウ
うまのばっち　コナスビ
うまのはとーみぎ　トウモロコシ
うまのはな　ウツボグサ
うまのはぬけ　シャガ
うまのはら　サルトリイバラ
うまのばり　ナツハゼ
うまのばんじょー　ウマノアシガタ
うまのぶす　エビヅル／ガマズミ
うまのべろ　モクレン
うまのぼたもち　アザミ／クズ／ノアザミ／サワアザミ
うまのほね　イボタノキ
うまのほねき　イボタノキ
うまのほねぎ　イボタノキ
うまのみみ　オケラ／スズラン
うまのみみくさ　スズラン
うまのめ　ナツハゼ
うまのめだま　ノブドウ
うまのもち　アザミ／ノアザミ
うまはぎ　カラマツソウ
うまばな　アヤメ／カワラナデシコ／ハナショウブ
うまばり　ウリカワ／ヨモギ
うまひえ　ジュズダマ
うまぶ　マサキ
うまふーずい　イヌホオズキ
うまふじ　クズ
うまぶどー　ノブドウ／ヤマブドウ

うまぶんど　ノブドウ
うまべ　ウバメガシ
うまべのき　ウバメガシ
うまほーずき　イガホオズキ
うまぽこ　タラノキ
うまほね　イボタノキ
うまぼね　イボタノキ
うまみつば　ヤマゼリ
うまむぎ　エンバク／オオムギ／ライムギ
うまめ　ウバメガシ／ゴガツササゲ
うまめがし　ウバメガシ
うまめのき　ウバメガシ
うまもち　オオカメノキ
うまもろこし　トウモロコシ／モロコシ
うまやごえ　ウマゴヤシ
うまゆずり　ユズリハ
うまゆずりは　ユズリハ
うまよいぎ　アセビ
うまんあしがた　ウマノアシガタ
うまんえんずる　ノブドウ
うまんかっかっ　スミレ
うまんがったんがったん　スミレ
うまんがっとんがっとん　スミレ
うまんからんからん　カラスウリ
うまんこ　スミレ／ハマナタマメ
うまんご　ハマナタマメ
うまんごい　カラスウリ
うまんこーしゅー　イヌタデ
うまんこっこ　スミレ
うまんごっとんごっとん　スミレ
うまんぜり　ドクゼリ
うまんたばこ　ギシギシ
うまんつめ　ギボウシ
うまんはおとし　センニンソウ
うまんはおれ　センニンソウ
うまんはおろし　センニンソウ
うまんはかけ　センニンソウ
うまんはかげ　センニンソウ
うまんはぼろし　センニンソウ
うまんもち　ノゲシ
うみあーさ　アオノリ
うみうり　マクワウリ
うみくさ　ヤクシソウ
うみごんにゃく　エゴノリ
うみじゃ　ツルナ
うみすげ　アマモ／スガモ
うみてらし　ヒトツバタゴ
うみなぎ　コナラ
うみほーずき　ホテイアオイ
うみまつ　クサスギカズラ

うむ　サツマイモ／サトイモ
うむし　サンゴジュ
うむしかず　ウキクサ／カキドオシ／ヤブガラシ
うむしふさ　ウキクサ／カキドオシ／ヤブガラシ
うむでぃ　カブ
うむのき　コシアブラ
うめ　アンズ
うめいも　ジャガイモ
うめうり　ツルレイシ／マクワウリ
うめがえそー　ウメバチソウ
うめかずら　ツルウメモドキ
うめがたし　サザンカ
うめくさ　コアカソ
うめぐさ　クワクサ
うめぐる　ゲンノショウコ
うめここんぶくろ　マユミ
うめざき　ウメザキイカリソウ
うめす　ノブドウ
うめず　スノキ／ノブドウ
うめずかずら　ノブドウ
うめずけぐさ　カタバミ
うめずりそー　ゲンノショウコ
うめずる　ウラハグサ／ゲンノショウコ
うめずるくさ　ゲンノショウコ
うめずるそー　ゲンノショウコ
うめつる　ツルウメモドキ
うめな　ウメモドキ／キブシ／ゴンズイ
うめなのき　キブシ
うめのごろー　ウグイスカグラ
うめばち　ウメバチソウ／キンバイソウ／ツルウメモドキ
うめはちそー　ギンバイソウ／ゲンノショウコ
うめぽとき　ツルウメモドキ
うめぽどぎ　ウメモドキ
うめぽとけ　アオハダ／ウメモドキ／ツルウメモドキ
うめもと　ツルウメモドキ
うめもど　ウメモドキ
うめもどき　アオハダ／ツルウメモドキ
うめもどぎ　アオハダ
うやざばな　オシロイバナ
うやんちゅぬばな　オシロイバナ
うやんちゅぬぶーふつぁ　オオバコ
うゆぽけ　ミゾソバ
うらーんだー　サツマイモ
うらーんだあっこん　サツマイモ
うらけ　ムギ
うらざくら　リョウブ
うらじお　ウラジロ
うらしま　ヒャクニチソウ
うらしまそー　センニチコウ／ヒャクニチソウ
うらしまのはな　ヒャクニチソウ

うらじる　ウラジロ
うらじろ　アキグミ／アズキナシ／イタヤカエデ／ウラジロ／ウラジロイタヤ／ウラジロノキ／ウラジロハコヤナギ／ウラジロモミ／オヤマボクチ／カラムシ／キャベツ／ケンポナシ／コメツガ／ザイフリボク／ザゼンソウ／シダ／シラカシ／シラビソ／シロダモ／センボンヤリ／タケニグサ／タブノキ／トウヒ／ドロヤナギ／ネコシデ／ノブキ／ハンゲショウ／ヒロハノカワラサイコ／マタタビ／ヤブタバコ／ヤマゴボウ／ヤマナシ／ヤマナラシ／ヤマボクチ／ナンバンカラムシ
うらじろがし　ウラジロガシ／ウラジロノキ
うらじろかずら　マタタビ
うらじろぎく　シラヤマギク
うらじろくす　クスノキ
うらじろぐす　クスノキ／タブノキ
うらじろしだ　ウラジロ
うらじろずみ　ウラジロノキ
うらじろのき　ケンポナシ／シロダモ
うらじろへご　コシダ
うらじろまき　クヌギ
うらじろもみ　ウラジロモミ
うらだぎく　エゾギク
うらびょーそ　オオシラビソ
うらぼし　ヒトツバ
うらんだふいん　トウモロコシ
うり　アオウリ／ウリカエデ／ウリノキ／ウリハダカエデ／ギボウシ／キュウリ／シロウリ／トウギボウシ／マクワウリ／ミズギボウシ
うりい　イワギボウシ／ウリカエデ／ギボウシ
うりぃ　シロウリ
うりー　ウリハダカエデ／トウギボウシ
うりう　ウリハダカエデ
うりかえで　ウリハダカエデ
うりがお　ウリノキ
うりかずら　ヤイトバナ
うりかぬき　ウリノキ
うりかわ　ウリカエデ／ウリハダカエデ／クワイ
うりがわ　ウリカエデ／ウリハダカエデ
うりがわのき　ウリハダカエデ
うりき　ウリカエデ／ウリハダカエデ／テツカエデ／ヤハズアジサイ
うりぎ　ウリカエデ／ウリノキ／ウリハダカエデ／コミネカエデ／テツカエデ／ヤハズアジサイ
うりこ　ギボウシ
うりこー　ウリハダカエデ
うりじな　ウリハダカエデ
うりずた　イワガラミ
うりだ　ウリカエデ
うりっかわ　ウリハダカエデ
うりっき　ウリハダカエデ

うりっこ　ウリノキ／ウリハダカエデ
うりつた　ツルアジサイ
うりっは　トウギボウシ
うりっぱ　エビネ／ギボウシ／サルトリイバラ／トウギボウシ／ワレモコウ
うりっぱのき　ウリカエデ
うりっぽ　ウリハダカエデ
うりっぽー　ウリハダカエデ
うりな　ウリカエデ／ウリノキ／ウリハダカエデ／ヤハズアジサイ
うりなぎ　ヤハズアジサイ
うりなのき　ウリハダカエデ
うりね　カラスウリ
うりのき　ウリハダカエデ／カクレミノ／ヤハズアジサイ
うりば　ウリハダカエデ／トウギボウシ／ヤハズアジサイ
うりぱ　ヤハズアジサイ
うりはだ　ウリカエデ
うりばな　ウリカエデ
うりぼー　ウリカエデ／ウリハダカエデ／コミネカエデ
うりゅー　ウリハダカエデ
うりんぽ　ウリカエデ
うりんぽー　ウリカエデ／ウリハダカエデ
うるい　イワギボウシ／ウリノキ／ギボウシ／キュウリ／トウギボウシ／ミズギボウシ
うるいがわ　ウリカエデ
うるいそー　ギボウシ／トウギボウシ
うるいっぱ　ギボウシ
うるいは　ギボウシ
うるいば　ギボウシ
うるえ　ギボウシ／ミズギボウシ
うるかやぽーず　ワレモコウ
うるき　ウリハダカエデ／ウリハダカエデ
うるぎ　ウリカエデ
うるきび　キビ
うるきみ　キビ／モロコシ
うるざまめ　ゴガツササゲ
うるし　オニグルミ／キヅタ／ツタウルシ／テイカカズラ／ニガキ／ヌルデ／ヤマウルシ
うるじ　キヅタ
うるしくさ　アキノノゲシ／ハチジョウナ
うるしぐさ　コウゾリナ／トウダイグサ
うるしけし　ウマゴヤシ／ノゲシ
うるしずた　ツタウルシ
うるしなし　ノゲシ
うるしのき　ウルシ／ヌルデ／ハゼノキ／フカノキ／ヤマウルシ
うるしはぜ　ヤマウルシ
うるす　テイカカズラ
うるちのみ　アワ
うるね　カラスウリ／キカラスウリ／モミジカラスウリ

うるねかずら　カラスウリ
うるはたきぐさ　チドメグサ
うるふぎ　ウバメガシ
うるまいも　サツマイモ
うるみ　ハツタケ
うるみずく　ツタウルシ
うれ　ギボウシ
うれー　ギボウシ／トウギボウシ
うれっぱ　ギボウシ
うれき　ウリハダカエデ
うれっぱ　ギボウシ（タチキボウシ）
うれのはな　ギボウシ
うわ　エンドウ／ササゲ
うわいっご　ホウロクイチゴ
うわじ　ダンコウバイ
うわず　ダンコウバイ
うわぜり　タガラシ
うわはぜ　ダンコウバイ
うわぽー　クヌギ
うわみず　ウワミズザクラ
うわみずくら　ウワミズザクラ
うん　サツマイモ／サトイモ／ヤマノイモ
うんがじまる　ネズミモチ
うんぎ　クコ
うんこ　イチイ／キャラボク
うんさい　ヤマアジサイ
うんざい　ナタネ
うんじゃんかずら　カニクサ
うんしょ　ミカン
うんしょー　ミカン
うんぜんつつじ　コメツツジ
うんだい　ナタネ
うんちー　サツマイモ
うんちぇー　ジュンサイ／ヨウサイ
うんてぃー　サツマイモ
うんと　ウド
うんな　ウリハダカエデ
うんぬきかずら　ノブドウ
うんぬぎかずら　ノブドウ
うんばく　オオバコ
うんばくさ　オオバコ
うんばけ　オキナグサ
うんばのは　オオバコ
うんぶつ　マルメロ
うんべ　アケビ
うんべかずら　ムベ
うんまーみ　ハマナタマメ
うんまいど　シシウド
うんまがねび　ノブドウ
うんまごい　カラスウリ／キカラスウリ

うんますいこ　イタドリ
うんまぜり　キツネノボタン／ドクゼリ
うんまつつかんぽ　ギシギシ
うんまのすいこ　ギシギシ
うんまはおとし　センニンソウ
うんまふじ　クズ
うんまぶどー　ノブドウ
うんまんがえし　ツルソバ
うんまんこっこ　スミレ
うんまんごっこ　スミレ
うんまんはおろし　センニンソウ
うんむー　サツマイモ
うんらい　ナタネ

【え】

え　エゴマ／エノキ
えあっこ　ミヤマイラクサ
えぁっこ　イラクサ
えあぶら　エゴマ
えいざんゆり　ウバユリ
えいどーまめ　インゲンマメ
えいゆり　オニユリ
えーがら　ハマクサギ
えーこぎ　ミヤマイラクサ
えーざんかたばみ　ミヤマカタバミ
えーざんごけ　クラマゴケ
えーざんすみれ　エイザンスミレ
えーざんゆり　ヤマユリ
えーずく　ウリハダカエデ
えーどーまめ　インゲンマメ
えーとしば　ハクサンボク
えーのき　ネムノキ
えーゆり　オニユリ
えおじり　ヒルガオ
えか　エゴマ
えがいも　サトイモ
えがぎく　ノジギク
えかきしば　ウメモドキ／タラヨウ
えかきまめ　インゲンマメ
えかんこ　ホウセンカ
えがんこ　ホウセンカ
えきすのき　シャリンバイ
えぐ　クログワイ
えぐいも　サトイモ／ヤマノイモ
えぐき　イラクサ
えぐさ　アキチョウジ／イグサ／エゴマ／ヒキオコシ／
　　　　ヤマハッカ
えくび　ノブドウ
えくぼ　エビヅル

えくぼかずら　エビヅル	えだぎく　エゾギク
えくり　シュンラン	えたしどり　イタドリ
えぐりまめ　ラッカセイ	えたじりば　イタドリ
えぐゎんこ　ホウセンカ	えたどり　イタドリ
えげしだ　エニシダ	えたどる　イタドリ
えけのはた　ユキノシタ	えたね　エゴマ
えこ　アブラギリ／エゴマ	えたのけつぬぐい　オオカメノキ
えご　エゴノキ／エゴノリ／エゴマ／オオヌマハリイ／クログワイ／クワイ／ハクウンボク	えだまめ　ダイズ／ラッカセイ
	えたろば　イタドリ
えごいも　サトイモ	えたろべ　イタドリ
えこえこ　ネコヤナギ	えたんずり　イタドリ
えこぐさ　エゴマ／マツカゼソウ	えたんどり　イタドリ
えごくさ　エゴノリ／エゴマ／マツカゼソウ	えたんばし　イタドリ
えこごま　エゴマ	えちきのき　ヤマボウシ
えごたご　クワイ	えちご　モミジイチゴ
えごっつる　エゴノキ	えちごあび　カジイチゴ
えごな　ザゼンソウ	えちごいも　ジャガイモ／ナガイモ
えごなし　ワリンゴ	えちごぶな　イヌザクラ／ウワミズザクラ
えごのき　エゴノキ／ハシドイ	えちごわらび　ヤマドリゼンマイ
えごのみ　エゴノキ	えつ　コゴメガヤツリ
えこぶ　エビヅル	えっ　カヤツリグサ
えごまんま　スミレ	えつかた　アズキナシ
えざす　エゴノキ	えつかだ　アズキナシ／ネコシデ
えしがらみ　ユキノシタ	えっぐさ　コアカソ
えしぐさ　オノマンネングサ／ユキノシタ	えづこ　ハハコグサ
えじくされ　タウコギ／ヤブジラミ	えっこご　カワヤナギ／ネコヤナギ
えじこだたみ　ハハコグサ	えっしょますこます　セキショウ
えじこぽんぽ　ドングリ	えったえぶ　ノブドウ
えしび　エビヅル	えったすいすい　イタドリ
えすからまき　マツバボタン	えったちゃのき　コクサギ
えずくされ　タウコギ	えったのぞーり　イタドリ
えずご　オランダイチゴ	えったまめ　ソラマメ
えずごばら　モミジイチゴ	えったんどーり　イタドリ
えすのき　イチイ	えったんどり　イタドリ
えずりは　ユズリハ	えっちいがし　イチイガシ
えせび　アセビ	えっちゅーがし　イチイガシ／カゴノキ
えせぶ　アセビ	えつぶ　イチビ
えせべしば　アセビ	えっへご　ホシダ
えそ　ヤブマオ	えてのき　ヒメシャラ
えぞいも　サトイモ	えどあかざ　アカザ
えぞうつぎ　コゴメウツギ	えどあやめ　ヒメシャガ
えぞねぎ　ギョウジャニンニク	えどいち　カキ
えぞはぎ　コゴメウツギ／ミソハギ	えどいも　ツクネイモ／ナガイモ
えぞばな　ミソハギ	えどうつぎ　ハコネウツギ
えぞびえ　シコクビエ	えどぎく　エゾギク
えぞぶな　ヤマハンノキ	えどきつ　サトウモロコシ
えぞまつ　トウヒ	えどくさ　ユキノシタ
えぞみ　ガマズミ	えどこんごー　オノマンネングサ
えぞもち　モチノキ	えどささぎ　インゲンマメ
えたえどり　イタドリ	えどささげ　インゲンマメ

えどしかんこ　カタバミ
えどすいこ　イタドリ
えどずいこ　オカトラノオ
えどすぎ　サワラ（ヒムロ）
えどすもも　スモモ
えどだいこ　ダイコン（練馬ダイコン）
えどだいほ　ハコネウツギ
えとち　アサガラ
えどち　アサガラ
えどとーがん　トウガン
えどどころ　オニドコロ
えどな　タカナ
えどのき　カンボク
えどはぎ　ミヤギノハギ
えどびしゃく　シャシャンボ
えどびしゃこ　シャシャンボ
えどびわ　イヌビワ
えどふーらん　ヒモラン
えどふずき　ホオズキ
えどふろー　インゲンマメ
えどまめ　インゲンマメ／エンドウ
えどゆき　コンニャク
えとり　ウラジロ
えとりべ　ヌスビトハギ
えなぎ　ナギ
えなきみ　キビ
えなっぽ　イタドリ
えなば　アセビ
えなばのき　アセビ
えぬこご　ネコヤナギ
えぬこやなぎ　ネコヤナギ
えぬす　ユズ
えぬのへ　ドクダミ
えぬのべ　ドクダミ
えね　イネ
えのいも　サトイモ
えのき　アブラギリ／ムクノキ
えのぎ　エゾエノキ／エノキ
えのきたけ　エノキタケ
えのきはだ　マクワウリ
えのきもたし　エノキタケ
えのぐばな　ツユクサ
えのこかずら　クズ
えのこぎ　ハイノキ
えのこぐさ　エノコログサ
えのこしば　ハイノキ
えのこずち　イノコズチ
えのこぶ　エノコログサ
えのこぼ　エノコログサ
えのころ　エノコログサ／ネコヤナギ
えのころぐさ　エノコログサ
えのころずち　イノコズチ
えのころやなぎ　ネコヤナギ
えのさくら　イヌザクラ
えのし　ユズ
えのす　ユズ
えのぞま　ドクダミ
えのだら　ハリギリ
えのっ　エノキ
えのと　イラクサ
えのび　イチジク／イヌビワ
えのびわ　イヌビワ
えのぼくさ　エノコログサ
えのぼわん　イヌビワ
えのみ　エゴマ／エゾエノキ／エノキ
えのみぎ　エノキ
えのみこしょー　コショウ
えのみのき　エノキ
えのむぎ　ライムギ
えのむのき　エノキ
えのもち　クロガネモチ
えのもとそー　イノモトソウ
えのんのき　エノキ
えはだ　マクワウリ
えび　エビヅル／サンカクヅル／ノブドウ／ブドウ／ヤマブドウ
えびいちご　ノブドウ
えびいばら　サルトリイバラ
えびかずら　エビヅル／ノブドウ／ヤマブドウ
えびがらいちご　エビガライチゴ
えびかん　エビヅル／ノブドウ
えびくさ　コアカソ／ヌスビトハギ／マツモ／ミゾソバ
えびぐさ　コアカソ
えびこ　エビヅル／サンカクヅル／ノブドウ／ヤマブドウ
えびこかずら　エビヅル／サンカクヅル／ヤマブドウ
えびこぐさ　エノコログサ
えびしまくさ　コアカソ
えびしょ　エビヅル／ヤマブドウ
えびしょかずら　エビヅル
えびす　エビヅル／サルトリイバラ／ノブドウ
えびず　エビヅル
えびすいちご　ノブドウ
えびすかずら　ノブドウ
えびすぎらい　ネズミモチ
えびすくさ　ミゾソバ
えびずる　ノブドウ／ヤマブドウ
えびそ　サンカクヅル／ヤマブドウ
えびぞー　ノブドウ
えびぞろ　エビヅル
えびちょ　サンカクヅル

方言名索引 ● えひつ

えびつ　サルトリイバラ	えほど　オモダカ
えびつる　ノブドウ／ヤマブドウ	えぼもく　エビモ
えびな　ギボウシ／ナルコユリ	えまき　ヤブニッケイ
えびながさ　エビヅル	えましばな　ゲンゲ／ツメクサ
えびなぐさ　コアカソ	えましむぎ　オオムギ
えびね　イブキトラノオ	えむく　エノキ
えびのき　ヌルデ／ネムノキ	えも　サトイモ／ジャガイモ
えびのこ　エビヅル	えもーし　エンレイソウ
えびのす　マツモ	えもーで　エンレイソウ
えびのつる　ヤマブドウ	えもく　エノキ
えびはど　コアカソ	えもけーるっぱ　トウギボウシ
えびぶどー　ノブドウ	えもげるば　トウギボウシ
えびま　ヤナギイチゴ	えもこ　サトイモ
えびまめ　ノブドウ	えものこ　サトイモ
えびもく　マツモ	えもんこ　サトイモ
えびりこ　アスパラガス	えやり　カタクリ
えびわ　サルトリイバラ	えらくさ　イラクサ
えびんしょー　ノブドウ	えらしげくさ　カセンソウ
えびんずる　ヤマブドウ	えり　ユリ
えふ　ヒメクグ	えりまき　コマユミ／ツリバナ／マユミ
えぶ　エビヅル／ヤマブドウ	えりまぎ　ツリバナ
えぶかん　ノブドウ	えりんぽー　ユリ
えふきがや　ススキ	えるで　ユリ
えぶこ　エビヅル／ノブドウ／ヤマブドウ	えれぐさ　エンレイソウ／タチアオイ
えぶこかずら　エビヅル	えろかわり　ハコネウツギ
えべあろ　ウバユリ	えろまき　コマユミ
えへー　ハイノキ	えわば　ヒメヤシャブシ
えへくー　ヤグルマソウ	えわぶき　ギボウシ
えべくされ　テンナンショウ	えわぽーき　ダイモンジソウ
えべす　ノブドウ／ヤマブドウ	えわぽたん　マツバボタン
えべず　エビヅル	えわまつ　イワヒバ
えべすかずら　ノブドウ	えんが　ホウセンカ
えべすぎ　チドリノキ	えんがばな　ホウセンカ
えべつ　サルトリイバラ	えんきっき　ムラサキシキブ
えべっしょ　ノブドウ	えんぎり　イイギリ／ヤマナラシ
えべっしょー　ノブドウ	えんぎん　インゲンマメ
えへもり　カンコノキ	えんぐいも　サトイモ
えぼがし　アラカシ	えんぐゎ　ホウセンカ
えぼくさ　クサノオウ	えんぐゎばな　ホウセンカ
えぼこ　エビヅル	えんぐゎんこ　ホウセンカ
えぼしいちご　エビガライチゴ	えんげん　インゲンマメ／カラスビシャク
えぼしがき　カキ（フデガキ）	えんげんまめ　インゲンマメ／ソラマメ
えぼしぐく　ケイトウ／トリカブト	えんこ　カラマツ
えぼしくさ　ミヤコグサ	えんご　サトイモ
えぼしぐさ　ミヤコグサ	えんこー　ヒメシャラ
えぼしばな　トリカブト	えんこーいもば　アサザ
えぼしまんだら　ケイトウ	えんこーそー　スギラン
えぼた　イボタノキ／ネズミモチ	えんこーばな　ヒガンバナ
えぼだ　イボタノキ	えんこーまき　イヌガヤ
えぼった　イボタノキ	えんこーらん　オリヅルラン／ヒモサボテン

638

えんここ　ネコヤナギ
えんここしこし　ネコヤナギ
えんござ　スミレ
えんごさく　カラスビシャク
えんごだんご　オモダカ
えんこのき　ムクゲ
えんこのけつのごい　ゴマギ
えんこばな　キツネノカミソリ／ヒガンバナ
えんこぶどー　ヤマブドウ
えんこほー　マツヨイグサ
えんこまつ　カラマツ
えんころ　ネコヤナギ
えんざ　アサザ
えんざいっご　ビロードイチゴ
えんさずる　ウマゴヤシ
えんざずる　ウマゴヤシ
えんざんしょー　イヌザンショウ
えんじ　イヌエンジュ／テツカエデ／メギ
えんじゅ　イヌエンジュ／コバンノキ／ツバキ／ナナカマド／ニガキ／ハリエンジュ／フジキ
えんじゅのき　イヌエンジュ
えんじょ　イヌエンジュ／クサイチゴ
えんじょー　イヌエンジュ
えんしょーぐさ　チカラシバ
えんず　イヌエンジュ／エンドウ／ソラマメ
えんずい　イヌエンジュ
えんずー　エンドウ
えんずのき　イヌエンジュ
えんずまめ　エンドウ
えんた　エゴマ／サルスベリ／ナツツバキ／ヒメシャラ
えんたのき　ヒメシャラ
えんだら　ハリギリ
えんち　エンドウ
えんちじぎ　ヤマツツジ
えんつつぎ　レンゲツツジ
えんつつじ　レンゲツツジ
えんつる　エビヅル
えんど　エンドウ／ソラマメ
えんどい　コウヤボウキ
えんどー　インゲンマメ／エンドウ／ゲンゲ／ソラマメ／ツメクサ／ハマエンドウ
えんどーくさ　カスマグサ
えんどーぐさ　スズメノエンドウ
えんどーちゃ　カラスノエンドウ
えんどーまめ　インゲンマメ／ソラマメ
えんどぐさ　ツユクサ
えんどぽーき　ツクバネウツギ
えんどまめ　アカエンドウ／エンドウ／ソラマメ
えんどり　ウラジロ／オヤマボクチ／ヤマボクチ
えんどりっぱ　オヤマボクチ

えんのき　エゾエノキ／エノキ
えんのけ　アゼテンツキ
えんのころ　ネコヤナギ
えんのみ　エノキ
えんびえ　メヒシバ
えんぽーたち　カラムシ／ツルソバ
えんまおー　カキ（ハチヤガキ）
えんまき　コマユミ
えんまる　ネコヤナギ
えんまるぐさ　ナギナタコウジュ
えんみ　アマドコロ
えんめ　アツモリソウ
えんめーこぶくろ　アツモリソウ
えんめーそー　サワハコベ

【お】

お　アサ／アマ／アワ／イチビ／カラムシ
おあか　アズキ
おあやけぐさ　ツメクサ（爪草）
おい　オモダカ／フトイ
おいあさ　アサ
おいしな　タカナ
おいじのひげ　オキナグサ
おいじのひげこ　オキナグサ
おいしゃさんのちょんぼ　ツクシ
おいたくさ　ヤブマオ
おいだら　ハリギリ
おいちこーだいし　シュンラン
おいちのひげ　オキナグサ
おいちのひげこ　オキナグサ
おいてけそー　ムラサキカタバミ
おいでのひげ　オキナグサ
おいな　タイサイ／タカナ
おいのべ　ノブドウ
おいのへかずら　ノブドウ
おいのべかずら　エビヅル／ノブドウ
おいのめ　ノブドウ
おいのめかずら　サンカクヅル／ノブドウ
おいへぎ　キハダ
おいも　サツマイモ
おいもち　ヒガンバナ
おいもも　ヤマモモ
おいらん　タイサイ
おいらんくさ　マツヨイグサ
おいらんぐさ　ギシギシ
おいらんすいこ　イタドリ
おいらんずいこ　イタドリ
おいらんそー　オオマツヨイグサ／クサキョウチクトウ／ハルシャギク

方言名索引 ● おいら

おいらんばな　アジサイ／オオマツヨイグサ／クサキョウチクトウ／ケマンソウ／ヒガンバナ／マツヨイグサ
おいわず　ヌルデ
おうまぐさ　チカラシバ
おうめど　クリンソウ
おえ　フトイ
おえちのばば　オキナグサ
おえらんそー　ハルシャギク／マツヨイグサ
おえらんばな　マツヨイグサ
おー　アサ
おーあかずら　ハクウンボク
おーあさ　アサ
おーあざみ　アーティチョーク／フジアザミ
おおあめふり　ミズキ
おーい　タブノキ／フトイ
おーいー　ヒガンバナ
おーいくり　スモモ
おーいた　イタヤカエデ
おーいたかえで　イタヤカエデ
おーいたぎ　ハウチワカエデ
おーいのみ　ムクノキ
おーいば　アオキ
おーいも　ナガイモ
おーいろまき　コマユミ
おーうきぐさ　ホテイアオイ
おーうさぎぐさ　ハコベ
おーうちそー　ミセバヤ
おーうつぎ　ウツギ
おーえ　タブノキ
おーえご　ナツツバキ／ハクウンボク
おーえごのみ　ハクウンボク
おーえのき　タブノキ
おーえび　ヤマブドウ
おーえろまき　コマユミ
おーえんじ　イヌエンジュ
おーえんどー　エンドウ／ソラマメ
おーかえで　イタヤカエデ／ハウチワカエデ
おーかぎ　ウリハダカエデ
おーかぎのき　ウリハダカエデ
おーかざぐるま　キヌガサソウ
おおかし　シラカシ
おーかし　アカガシ／アカメガシワ／アラカシ／ツクバネガシ
おーがし　アカガシ／アラカシ
おーかたし　ツバキ
おーがたし　ツバキ
おーがちゃん　ツバキ
おーがねのき　ハクウンボク
おーかば　ウダイカンバ
おーかぶ　スウェーデンカブ

おーかみいちご　キイチゴ
おーかみおどし　タケニグサ
おーかみぐさ　タケニグサ
おーかみしばき　ガマズミ
おーかみまくら　オヤマボクチ／ヤマボクチ
おーかめ　オオカメノキ／ハクウンボク
おーがめ　オオカメノキ／ハクウンボク
おーかめぐさ　オヒシバ／チカラシバ／ヒカゲノカズラ
おーかめしばき　ザイフリボク
おーかめたおし　タケニグサ
おーかめだおし　タケニグサ
おーがめのき　オオカメノキ
おーかめばな　ハコネウツギ
おーがらあおい　タチアオイ
おーがらいも　サトイモ
おーからし　タカナ
おーかわいちご　キイチゴ／クマイチゴ／ニガイチゴ
おーかわくぬぎ　アベマキ
おーぎ　アコウ／ガジュマル／サトウキビ
おーぎいも　ツクネイモ／ナガイモ
おーぎかずら　ツルカコソウ
おーぎがや　イヌガヤ
おーぎこーぶし　ヒデリコ
おーぎっぱ　アオキ
おーぎな　カヤ／ヒオウギ
おーぎなすび　ナス
おーぎのき　アコウ
おーきば　アオキ
おーぎは　アオキ
おーきまどり　シャガ
おーぎり　アオギリ
おーぎりす　オトギリソウ
おーくさ　チカラシバ
おーくさまぎ　マルバウツギ
おーくさもくさ　ハマクサギ
おーくるび　オニグルミ
おーけやき　ケヤキ
おーごしょー　ピーマン
おーこぼし　ハクモクレン
おーごま　トウゴマ
おーごめ　アワ
おーこめごめ　ムラサキシキブ
おーごん　キュウリ
おーごんうり　マクワウリ
おーごんか　タンポポ
おーごんじゅ　キササゲ
おーごんそー　タンポポ
おおごんたけ　マンネンタケ
おーごんとー　グレープフルーツ
おーごん　／キササゲ／ヒュウガナツミカン／マクワウリ

リ
おーさかき　サカキ
おーさかぎく　ヒナギク
おーさかな　ヒケッキュウハクサイ
おおさがな　オランダガラシ
おーさかはくさい　ヒケッキュウハクサイ
おーざくら　コブシ
おーざさ　クマザサ
おーざぬぷーふさ　オオバコ
おーざんしょー　カラスザンショウ
おーじ　ギシギシ／シャシャンボ
おーじー　マテバシイ
おーじかたばこ　ヤマボクチ
おーじがたばこ　ヤマゴボウ
おーじがちち　スミレ
おーしき　キハダ
おーしさー　シバ
おーじしゃ　ハクウンボク
おーしだ　アオダモ／イワガネソウ／ウラジロ／カナビ
　キソウ／トネリコ／リンボク／ヤマトアオダモ
おおしで　イヌシデ
おーじない　ハクウンボク
おーじのき　シャシャンボ
おーじのばっこ　オキナグサ
おおしば　チカラシバ
おーしぶれ　ガマズミ
おーじめ　ガマズミ
おーしゃくむぎ　ライムギ
おーしゅーいも　ツクネイモ／ナガイモ
おーしゅくばい　オウバイ
おーじゅみ　オオカメノキ
おーじょみ　オオカメノキ／ハクウンボク
おーしらつくき　ホルトノキ
おーすがな　ヒガンバナ
おーすぐり　スグリ
おーすけ　トロロアオイ／ノリウツギ
おーすけいも　ナガイモ
おーすけかずら　サネカズラ
おーすけのき　ノリウツギ
おーずさ　ハクウンボク
おーすだ　ウラジロ
おーずた　イワガラミ
おーずつ　サボテン
おーずみ　ガマズミ
おーすもも　オウシュウスモモ
おーせい　ナルコユリ
おーぜり　ウマノアシガタ／キツネノボタン／シラネセ
　ンキュウ／タガラシ／ドクゼリ
おーせんか　ホウセンカ
おーそ　ミズナラ

おーぞみ　オオカメノキ／ミヤマガマズミ
おーたかな　タカナ
おーだくさ　シロツメクサ
おーたけ　ハチク／マダケ
おーだけ　マダケ
おーたぶ　オオイタビ
おーたまがやつり　アオガヤツリ
おーたまてんつき　カヤツリグサ
おーたまてんわき　カヤツリグサ
おーたら　ハリギリ
おーだら　タラノキ（メダラ）／ハリギリ
おーだれ　ハマヒルガオ
おーだんうつぎ　タニウツギ
おーち　センダン
おーちぶな　タンポポ／ノダケ
おーつき　キハダ
おーつげ　イヌツゲ
おーつち　オトコエシ
おーづつ　オトコエシ
おーつばき　ツバキ
おーっぱもみじ　イタヤカエデ
おーつぶら　ツヅラフジ
おーてかちき　ホルトノキ
おーとぅーじん　イグサ
おーとくさ　ドクダミ
おーとち　トチノキ
おーどち　トチノキ
おーどつ　サボテン
おーとねり　ヤマトアオダモ
おーとび　コモチシダ／シロヤマシダ／リュウビンタイ
おーとぽぽ　ヒガンバナ
おーともぎ　シロモジ
おーとりなべ　フナバラソウ
おーとりもち　タラヨウ
おーな　オオカラシ／シラヤマギク／タカナ／ナタネ
おーなら　クヌギ／ナラガシワ／ミズナラ
おーならき　ナラガシワ
おーならのき　ナラガシワ
おーにんにく　ニンニク
おーねぎ　ネギ
おおねっぷ　アワブキ
おおねぷ　アワブキ
おおねんぶ　アワブキ
おおねんぷ　アワブキ
おーの　チガヤ
おーのき　イチビ／ウリノキ／クスノキ
おーのきしのぶ　ホテイシダ
おーのな　コマツナ
おーのはらいも　サトイモ
おーのび　ノブドウ

おーのみかずら　ノブドウ	おーばもち　クロガネモチ／タラヨウ
おーは　ヤツデ	おーばもみじ　イタヤカエデ／ハウチワカエデ
おーば　オオカメノキ／ショクヨウダイオウ／タカナ／ハクウンボク／ミズバショウ	おーばやなぎ　オオバヤナギ
	おおばら　カラスザンショウ
おーばあかずら　ハクウンボク	おーばら　ハリギリ
おおばい　クロバイ	おーばらのき　ハリギリ
おーばい　ミミズバイ	おーばり　キハダ／ヤマハンノキ
おーばいいずか　ウリハダカエデ	おーばんこばん　ヒルムシロ
おーばいこ　オオバコ	おーはんのき　ヤマハンノキ
おーばいたや　ハウチワカエデ／ヒトツバカエデ	おーひ　タブノキ
おーばいだや　ヒトツバカエデ	おーひおたも　オヒョウ
おーばうりき　テツカエデ	おーひき　キハダ
おーばか　オオバコ	おーひぐらし　マツバギク／マツバボタン
おーばかえで　イタヤカエデ／テツカエデ／ハウチワカエデ	おーひげぐさ　ジャノヒゲ
	おーひめじ　シメジ
おーばかし　アラカシ	おーひゅーたも　ハルニレ
おーばがし　アカガシ／アラカシ	おーひょー　オヒョウ
おーばかめ　ハクウンボク	おーびる　ニンニク
おーばからし　タカナ	おーびん　オオムギ
おーはぎ　キハギ／シメジ	おーぶくろばな　クマガイソウ
おーばきしゃ　ハクウンボク	おーふじかずら　フジ
おーばぎしゃ　クロモジ	おーぶどー　ヤマブドウ
おーばく　オオバコ／キハダ	おーへぎ　キハダ
おーばくそー　オオバコ	おーへご　ウラジロ／コモチシダ／ヘゴ
おーばこ　ギボウシ／ハコベ／ハハコグサ／ヒガンバナ／マダイオウ	おーへんどー　ソラマメ
	おーほー　ハリギリ
おーばこじさ　フダンソウ	おーぼーそ　ミズナラ
おーばこはぜ　ハクウンボク	おーぼき　ヤマハンノキ
おーばじさ　ダンコウバイ／ハクウンボク	おーぼぎ　カワラハンノキ
おおばじゃ　アサガラ	おおぼこさん　オオバコ
おーばじゃ　ハクウンボク	おーぼて　ヤマゴンニャク
おーばずさ　ハクウンボク	おーま　ソラマメ
おーばすのき　ミズナラ	おーまーみー　リョクトウ
おーばぜり　ドクゼリ	おーまき　カシワ／ツリバナ／マユミ
おーばそ　キハダ	おーまきしば　カシワ
おーはだ　シマウリカエデ	おーまぐさ　チカラシバ
おーはだかえで　ハウチワカエデ	おーまつ　クロマツ
おーはだがし　アカガシ／ツクバネガシ	おーまめ　ダイズ／フジマメ
おーばちしゃ　ハクウンボク	おーまゆみ　ツリバナ／マユミ
おーばちどめぐさ　ツボクサ	おーまんだ　オオバボダイジュ
おーばちない　ハクウンボク	おーみ　ゲンゲ
おーばとりもちのき　タラヨウ	おーみかん　ウンシュウミカン／サクランボ
おーばな　イタヤカエデ／イトマキカエデ／タカナ	おーみつば　エンレイソウ
おーはなのき　イタヤカエデ	おーみな　アカナ
おーばなら　カシワ／ナラガシワ／ミズナラ	おーみねつつじ　ナツツバキ
おーばのちしゃ　ハクウンボク	おーみねはずさ　ウダイカンバ／シラカンバ
おーはば　タブノキ	おーみねばり　ミズメ／ヤシャブシ
おーばまだ　オオバボダイジュ	おーみるくさ　ハシリドコロ
おーばまんだ　オオバボダイジュ	おーむ　ツボクサ
おおばもえむ　ゴンズイ	おーむぎ　エンバク

おーむく　ムクノキ	おかぐわい　ホドイモ
おーむぐら　カナムグラ	おかこっこ　ヒルガオ
おーむしいちご　ヘビイチゴ	おかざり　ウラジロ／ヌルデ
おーむしばな　ヒガンバナ	おかし　アラカシ
おーむしろ　アゼナ	おがし　アカガシ／アラカシ
おーむらいも　サツマイモ	おかしね　リクトウ
おーむらだち　カナクギノキ	おがしばもち　タラヨウ
おおもく　アマモ	おかしわのは　ツユクサ
おーもく　ムクノキ	おかしわのはな　ツユクサ
おーもしすいば　ギシギシ	おかす　スノキ
おーもち　タラヨウ	おかず　スノキ
おーもちくさ　ハハコグサ	おかずぐさ　スノキ
おーもちのき　ヤマグルマ	おかずね　リクトウ
おーもと　オモト	おかずのき　ウスノキ／スノキ
おーもみじ　イタヤカエデ／ハウチワカエデ	おかた　カモジグサ
おーもみで　ハウチワカエデ	おかだ　リクトウ
おーもめら　ヒガンバナ	おかたくさ　カモジグサ
おーや　ヤドリギ	おかたぐさ　カモジグサ
おーやき　イロハモミジ	おかだちかっこ　シャガ
おーやぎ　シマウリカエデ／シマタゴ	おがたま　オガタマノキ／クロモジ
おーやなぎ　オオバヤナギ	おがたまのき　トベラ
おーやましで　ハクウンボク	おがたも　アオダモ／トネリコ
おーやまなし　オオウラジロノキ	おかつくさ　スミレ
おーやまぶな　ヤマハンノキ	おかっつぁんのはな　ツユクサ
おーやまりんどう　リンドウ	おかっつぁんはな　ツユクサ
おおやんぎ　カンザブロウノキ	おかつばな　スミレ
おおゆず　ユズリハ	おがつら　カエデ
おーよーずみ　オオカメノキ	おかねぐさ　カタバミ
おーよしかし　シリブカガシ	おかのあし　ダンチク
おーよすず　オオカメノキ	おがのみ　シロダモ
おーよもぎ　ヤマヨモギ	おかば　ハンノキ／ヤマハンノキ
おーりゅーせん　オオシラビソ	おがば　タラヨウ
おーれん　トロロアオイ／ミツバオウレン	おかはしば　ノウゼンハレン
おーれんぐさ　オウレン	おかばす　ツワブキ
おーろぎ　カワラハンノキ	おかひろこ　ノビル
おーわさび　ワサビダイコン	おかぶ　カボチャ／リクトウ
おか　ウリハダカエデ	おかぼ　カボチャ
おかい　シチトウ	おかぼくそー　シロツメクサ
おかいいも　サツマイモ	おかぼっき　リュウキンカ
おかいこな　カラシナ	おかほや　トマト
おかいちょーばな　サギゴケ	おがほや　ツルレイシ
おかいね　リクトウ	おかほれん　オクラ
おかいねぎ　ヤグラネギ	おかまさまのこしかけ　サルノコシカケ
おかいも　サツマイモ／サトイモ	おかまてっこ　ウツギ
おかいもこ　サトイモ	おかまのこしかけ　サルノコシカケ
おかぐい　クリ	おかまはんぐさ　サギゴケ
おがくら　ケマンソウ	おかまめ　ササゲ
おかぐらえんどー　エンドウ	おかみる　ツルナ
おかぐらとーがらし　ピーマン	おかめ　シュンラン
おかぐらばな　キンギョソウ／シュンラン	おがめっぱ　オオバコ

おかめな　タイサイ	おきよ　ネムノキ
おがもち　オガタマノキ／タラヨウ	おぎょー　ハハコグサ
おかやなぎ　コブシ／ヤマナラシ	おぎよし　オギ
おかやび　アベマキ	おきりかや　ススキ
おがら　アカメガシワ／アサ／オオバアサガラ／オクラ／ヤマナラシ	おくがん　ミヤマシキミ
	おくさとのき　サトウモロコシ
おがらちゃーた　ミツデカエデ	おくな　タカナ
おがらっぱな　ミツデカエデ	おくぬぎ　アベマキ
おがらっぴゃーた　ミツデカエデ	おくび　ツルグミ
おがらっぺいた　ミツデカエデ	おくひじき　ツルナ
おがらのま　イチビ	おくまめ　ダイズ
おがらひやーた　ミツデカエデ	おぐみ　ウグイスカグラ
おがらへいた　ミツデカエデ	おくめ　ジャノヒゲ
おがらべいた　ミツデカエデ	おくめのめんたま　ジャノヒゲ
おがらべっちょ　ガガイモ	おくもだせ　ナラタケ
おがらみ　ヤイトバナ	おくやまいちご　カジイチゴ
おかりやす　コブナグサ	おくやまつえぎ　シロモジ
おかれんこん　オクラ	おぐら　ヤエムグラ
おかわさび　ワサビダイコン	おくらがんぼー　オクラ
おがんおがん　タンポポ	おぐらき　ヤマコウバシ
おかんかん　タンポポ	おぐらさし　ニワトコ
おがんがん　タンポポ	おくらまめ　オクラ
おかんかんかん　タンポポ	おぐるま　ナツハゼ
おかんかんぞー　タンポポ	おぐるみ　オニグルミ
おかんかんばん　タンポポ	おけおけ　ツリガネニンジン
おがんこばな　ホタルブクロ	おけくい　ツリガネニンジン
おかんすぐさ　サギゴケ	おけこつつじ　ウラジロヨウラク／スノキ
おかんぽろ　オキナグサ	おぜこばな　カンアオイ
おぎ　オキナグサ／カシ／サトウキビ	おけさいも　ジャガイモ
おきく　シュンラン	おけさわら　サワラ
おきくぐさ　シュンラン	おけざわら　サワラ
おきくぼーさん　シュンラン	おけしょーばな　オシロイバナ
おきくぼーず　シュンラン	おけしょばな　オシロイバナ
おきくぼさん　シュンラン	おけすい　スノキ
おきくらん　シュンラン	おけだいそー　ケマンソウ
おぎたけ　シメジ	おけつつじ　ツリガネツツジ／ツリガネニンジン
おきつね　ヌスビトハギ／フジカンゾウ	おけばな　カンアオイ／ツリガネニンジン
おぎとぼーず　シュンラン	おげばな　カンアオイ
おぎなえし　オミナエシ	おげら　オクラ
おきなぐさ　オキナグサ	おけんばな　ヒルガオ
おきなしだ　サボテン	おこ　イチイ
おきなぞ　オキナグサ	おこあし　ゲンノショウコ
おぎなめし　オミナエシ	おごえすいだや　ミツデカエデ
おきなわそよご　ツゲモチ	おこー　シキミ
おきのこーぎ　シロダモ	おこーのき　カツラ／シキミ
おきのこんぶ　アケビ	おこぎ　ウコギ／ヤブニッケイ
おきゃがりこぶし　カラスウリ	おこし　ヒガンバナ
おきゃくまめ　インゲンマメ	おこしこめしば　クロバイ
おきゅーくさ　ノボロギク	おこしごめのみ　イズセンリョウ
おきゅーばな　ヤイトバナ	おこしごめんみ　イズセンリョウ

おこじそー　エノコログサ／チカラシバ
おこじのき　シモツケ
おこしんぎ　マサキ
おこしんさーぐさ　ゲンノショウコ
おこしんしば　マサキ
おこたち　オヒシバ／メヒシバ
おこっのき　ヤブニッケイ
おことし　メヒシバ
おこなぐさ　オキナグサ
おこのき　イチイ／ネムノキ
おこばな　ハハコグサ
おこまくさ　コマクサ
おこまぐさ　ベニバナイチヤクソウ
おこめぐさ　コメガヤ
おこめのめんたま　ジャノヒゲ
おごらぐさ　キクムグラ
おこり　イヌビユ／イノコズチ／リンドウ
おこりおとし　ウマノアシガタ／リンドウ
おこりぐさ　キツネノボタン／センダングサ／ヒガンバ
　ナ／ヒメムカシヨモギ
おごりくさ　アレチノギク／キツネノボタン
おごりこ　カタバミ
おこりづる　ヒルガオ
おこりばな　ウマノアシガタ／ハマヒルガオ／ヒガンバ
　ナ／ヒルガオ／ホウセンカ
おこりびっちょ　キツリフネ
おこりべっちょ　キツリフネ
おこれかずら　ヒルガオ
おこればな　ヒルガオ
おこわくさ　イヌタデ
おこわぐさ　イヌタデ／クサフジ／シモツケ／タデ
おこわのくさ　イヌタデ
おこわばな　イヌタデ／タデ／ホウセンカ
おごんえちご　キイチゴ／モミジイチゴ
おさ　イネ
おさかじょ　リョウブ
おさがりいちご　モミジイチゴ
おさくさ　クサソテツ／シシガシラ
おさくら　ウワミズザクラ
おさすり　サルトリイバラ
おさすりのは　サルトリイバラ
おさつ　カボチャ／サツマイモ
おさらくばな　オオマツヨイグサ／マツヨイグサ
おさらぐばな　マツヨイグサ
おさらばな　アズマギク
おさらんこ　ヒナギク
おさらんこばな　ヒナギク
おさんじょまめ　スズメノエンドウ
おし　キツネノカミソリ
おじ　ギシギシ

おじーおばー　シュンラン
おじーだら　ハリギリ
おじーのひげ　オキナグサ
おじーのめんたま　ジャノヒゲ
おじーのめんつー　ジャノヒゲ
おじーばば　シュンラン
おじーもみ　モミ
おしえぐさ　ハコベ
おしかけばな　ヒガンバナ
おじきそー　マツヨイグサ
おじぎそー　クサネム
おじごもち　クロガネモチ
おじごらん　ノキシノブ
おじごろし　カンコノキ／ネジキ／ヒヨドリバナ
おじごろし　カマツカ／ネジキ
おししこなんばん　ピーマン
おししなんば　ピーマン
おししなんばん　ピーマン
おしぞーめん　ネナシカズラ
おしたら　ハリギリ
おしで　イヌシデ
おじのしげ　オキナグサ
おしのはな　ヒガンバナ
おじのひげ　オキナグサ
おしのふたえ　アセビ
おしのふてー　ミゾソバ
おじのみ　ガマズミ
おじはっか　タカトウダイ
おしばな　ゲンゲ
おじばば　シュンラン
おしびて　イヌビワ
おじまいも　ジャガイモ
おじめ　ガマズミ
おじゃが　ジャガイモ
おしゃかのお　ムサシアブミ
おしゃかのて　ムサシアブミ
おしゃかばな　ゲンゲ／ツクバネウツギ／ツメクサ
おしゃがばな　マツヨイグサ
おしゃしゃ　ツクシ
おしゃしゃぶ　ヒサカキ
おしゃめばな　マツヨイグサ
おしゃめんばな　マツヨイグサ
おしゃもじ　カラスビシャク
おしゃらくばな　オオマツヨイグサ／マツヨイグサ
おしゃらくまめ　ハッショウマメ
おじゅーごんち　ヌルデ
おじゅーしがき　トキワガキ
おじゅず　ジュズダマ
おじゅり　キツネノボタン
おしょいっぱ　アオキ

おしょーき　アオキ
おしょーぎ　アオキ
おしょーこどー　シュンラン
おしょーさんのしりふき　ドクダミ
おしょーさんのすずこ　ツクシ
おしょーにん　ミゾソバ
おしょーべんばな　ツメクサ
おじょーまめ　インゲンマメ
おしょーゆぐさ　アカソ／コアカソ
おしょーらいばな　ツメクサ／ミソハギ
おしょーればな　ミソハギ
おしょーろ　ツルボ
おしょぎ　アオキ
おしょぎっぱ　アオキ
おじょぐさ　カモジグサ
おしょけっぱ　アオキ
おしょけのき　アオキ
おしょっぱ　アオキ
おしょっぴん　アオキ
おしょのき　コシアブラ
おじょべんばな　ゲンゲ
おしょめくさ　ツメクサ
おじょめぐさ　ゲンゲ
おしょらいばな　ゲンゲ／ミソハギ
おしょりばな　ヒガンバナ
おしょればな　ミソハギ
おしょろ　ジャガイモ
おしょろいも　ジャガイモ
おじょろぎく　カワラヨモギ
おじょろのすいこ　オカトラノオ／ノジトラノオ／ヒメスイバ
おしょろばし　ミソハギ
おしろい　オシロイバナ
おしろいくさ　ヒガンバナ
おしろいのき　オシロイバナ
おしろいはな　オシロイバナ
おしろいばな　ナツノハナワラビ／ノアザミ
おずーずー　クジャクシダ／ハコネシダ
おすぎ　スギナ
おすぎおたま　シュンラン
おすけかずら　サネカズラ
おすしぐ　ギシギシ
おすしぐさ　ギシギシ
おずのしげ　オキナグサ
おずのひげ　オキナグサ
おずばまつ　カラマツ
おすふら　ヒラタケ
おすみず　カラムシ
おずる　クジャクシダ／ハコネシダ
おせき　シュンラン

おぜり　キツネノボタン
おせんこ　スズメノテッポウ
おせんこばな　ホウセンカ
おせんばた　チガヤ
おぜんばな　ガンピ／センノウ／フシグロセンノウ
おそーめばな　スミレ
おそごねり　カキ（フデガキ）
おそな　クロナ
おそまな　コマツナ
おそめばな　スミレ
おそめんばな　スミレ
おそろ　イヌシデ
おだい　ダイコン
おだいこ　ダイコン
おだいしいも　ジャガイモ
おだいしきび　モロコシ
おだいしちゃ　カンコノキ
おだいしまめ　ハブソウ
おだいず　ダイズ
おだいっさん　ジャガイモ
おだいっさんいも　ジャガイモ
おたうえいちご　モミジイチゴ
おたがめ　カラスビシャク
おたきさんばな　アジサイ
おだくさ　タブノキ
おたぐり　ドングリ
おたすけいも　ジャガイモ
おたね　アサ／エゴマ
おたねがら　ハンゴンソウ
おたねぐさ　ハンゴンソウ
おたねにんじん　チョウセンニンジン
おたねばな　ヒルガオ
おたのみばな　ヒルガオ
おたばこそー　ハハコグサ
おたばこぽん　サワオグルマ
おたばな　キクザキイチゲ
おたふく　エンドウ／ピーマン
おたふくそー　サンシキスミレ
おたふくな　タイサイ／フダンソウ
おたふくなんば　ピーマン
おたふくまめ　エンドウ／ソラマメ／ベニバナインゲン／ラッカセイ
おたま　タイサイ／ハルニレ
おだま　オヒョウ
おだまき　ヤマオダマキ
おたまな　タイサイ
おたら　ハリギリ
おだら　タラノキ／ハリギリ
おだんか　ボンテンカ
おちうり　シロウリ／マクワウリ

おぢごかんば　オキナグサ
おぢごばな　オキナグサ
おちしば　ヒシ
おちばまつ　カラマツ
おちゃくさ　ヤハズソウ
おちゃぐさ　クサネム
おちゃくのみ　ヤブコウジ
おちゃせん　ムサシアブミ
おちゃっから　カタバミ
おちゃつぼ　シャシャンボ
おちゃっぽ　シャシャンボ
おちゃとぎ　カンコノキ
おちゃのき　カワラケツメイ／ヤブニッケイ
おちゃのこ　ヤブコウジ
おちゃひけとごろ　カラスムギ
おちゃぼーず　フサザクラ
おちゃぼのふーずき　ヒヨドリジョウゴ
おちょいちょ　シソ
おちょーずがし　シリブカガシ
おちょーせん　カボチャ
おちょーちょーのき　イヌマキ
おちょーちんぽんぼらこ　ヒガンバナ
おちょーばんば　スミレ
おちょぼ　スミレ
おっか　ウリハダカエデ
おっかず　コウゾ
おっかぞ　コウゾ
おっかど　カワラハンノキ／ヌルデ／マツブサ
おっかどのき　ヌルデ
おっかぶり　オキナグサ
おっかぶろ　オキナグサ
おっかぶろーのちんごんば　オキナグサ
おっかぶろばな　オキナグサ
おっがら　サトウキビ
おっかわ　ウリハダカエデ
おっかわぬき　ウリハダカエデ
おつき　ヤマボウシ
おつぎ　ウツギ／カマツカ／タニウツギ／ハコネウツギ
おつきさんばな　ミヤコグサ
おつきのき　ヤマボウシ
おつぎのき　タニウツギ
おつぎのばんちゃ　ウツギ
おつきのみ　ヤマボウシ
おつくり　イトススキ
おつげ　ウツギ／ツクバネウツギ
おっこ　イチイ／オオシラビソ
おっこー　イチイ／キャラボク
おっこのき　イチイ
おっしゅくさ　オシロイバナ
おったがしゃくし　テンナンショウ

おったんどり　イタドリ
おつちぽー　ヤマボウシ
おっとみずくさ　クマノミズキ
おつとめし　オトコエシ
おっぱこ　オオバコ
おっぱこ　オオバコ
おっぺっぺ　カタバミ
おつぼねぐさ　ウツボグサ
おっぽほんずき　イガホオズキ
おつゆな　ウワバミソウ
おつるじょー　スミレ
おで　ノダケ
おでーるぐさ　ナズナ
おてまるかん　アジサイ
おでれこ　キクザキイチゲ
おてんきそー　マツバボタン
おてんとさまのいも　スズメノヤリ
おてんとさまのみ　サルマメ
おてんぽ　サルトリイバラ
おてんぽ　サルトリイバラ
おてんぽー　サルトリイバラ
おてんぽー　サルトリイバラ
おど　アカソ
おどいかぶ　アカカブ
おといも　サツマイモ
おとーか　ヌスビトハギ／フジカンゾウ
おとーさんよもぎ　ハハコグサ
おとがいなし　オモダカ／コナギ
おとかぐさ　ホトケノザ
おとかのはり　ヤブジラミ
おとぎばら　ウコギ
おときやなし　ウリカワ
おとぎり　オトギリソウ
おとぎりす　オトギリソウ
おとぎりそー　オトギリソウ
おとげ　アサツキ
おどげそー　キランソウ
おとげなし　コナギ
おとこあさだ　ヤブニッケイ
おとこあざみ　ノアザミ
おとこいも　ジャガイモ
おとこうつぎ　ツクバネウツギ
おとこえし　オトコエシ
おとこえしぐさ　オノマンネングサ
おとこおかず　ナツハゼ
おとこおどりそー　トモエソウ
おとこかいろっぱ　ミズギボウシ
おとこがいろっぱ　ミズギボウシ
おとこかしばみ　ツノハシバミ
おとこかたこ　イチリンソウ

方言名索引 ● おとこ

おとこかだこ　ショウジョウバカマ	おとこなにし　オトコエシ
おとこかたんこ　キクザキイチゲ	おとこなら　ミズナラ
おとこかっこ　クマガイソウ	おとこにがな　コウゾリナ
おとこかっこばな　クマガイソウ	おとこにしきぎ　マユミ
おとこがや　イヌガヤ／カヤ／ススキ	おとこばか　イノコズチ
おとこかやのみ　カヤ	おとこはぎ　メドハギ
おとこがらび　ノブドウ	おとこはしばみ　ツノハシバミ
おとこくさ　スミレ	おとこはちだめ　ツノハシバミ
おとこくるみ　オニグルミ	おとこひーらげ　ヒイラギ
おとこぐるみ　オニグルミ	おとこひささき　シャシャンボ
おとこごっぽー　シラヤマギク	おとこひゅー　スベリヒユ
おとこごんぜつ　タカノツメ	おとこひゅーな　イヌビユ
おとこさかき　ハマヒサカキ	おとこひょー　イヌビユ
おとこさにん　クマタケラン	おとこびょー　イヌビユ
おとこさんしゅー　イヌザンショウ	おとこひょーな　アカザ
おとこさんしょー　イヌザンショウ	おとこへ　ツヅラフジ
おとこさんなめし　ネジキ	おとこほーずき　センナリホオズキ
おとこし　メヒシバ	おとこぼーずき　イガホオズキ
おとこじしばり　イワニガナ／ニガナ	おとこまき　ツリバナ
おとこじしゃ　アブラチャン	おとごまつ　クロマツ
おとこじね　ウバユリ	おとこまめ　ソラマメ
おとこしば　ナラ	おとこまゆみ　ツリバナ／マユミ
おとこしば　ハマヒサカキ	おとこまんさく　ツノハシバミ
おとこじみ　ハクサンボク／ムラサキシキブ	おとこまんしゃく　ツノハシバミ
おとこじんがら　ハナイカダ	おとこみじ　ツリフネソウ
おとこすいすい　イタドリ	おとこみずくさ　クマノミズキ
おとこすずらん　アマドコロ	おとこみつば　タガラシ
おとこすべらんそ　イヌビユ	おとこみょうが　ヤブミョウガ
おとこずみ　オオウラジロノキ	おとこめし　オトコエシ
おとこすもーとり　オヒシバ	おとこもぐさ　チチコグサ／ハハコグサ
おとこすもとり　オヒシバ	おとこやー　ウバユリ
おとこぜり　キツネノボタン／ドクゼリ	おとこやなぎ　タチヤナギ
おとこぜんまい　ゼンマイ	おとこやま　ナツハゼ／ハナイカダ／ハナヒリノキ
おとこだいおー　マダイオウ	おとこやまいも　マルバドコロ
おとこたけ　ハチク	おとこやまもち　ヤマグルマ
おとこだけ　マダケ	おとこやまもも　ヤマモモ／リュウガン
おとこだら　カラスザンショウ／ハリギリ	おとこやんもち　クロガネモチ
おとこたろ　タラノキ	おとこゆーぞめ　オオカメノキ
おとこちこ　ハハコグサ	おとこゆり　ウバユリ／ヤマユリ
おとこちんぽ　ヤエムグラ	おとこよーぞめ　オオカメノキ
おとこつきよざし　キブシ	おとこよもぎ　ハハコグサ
おとこつきんぼー　キブシ	おとこわらび　イヌガンソク
おとこつくずくし　スギナ	おとじろー　ユキノシタ
おとこったら　タラノキ	おととぐさ　オトギリソウ／ノコギリソウ
おとこつづこ　チチコグサ	おとのくさ　ハコネシダ
おとこっぽーずき　キリンソウ	おとのさまのたばこ　ハハコグサ
おとことりあし　イカリソウ	おとのさんゆむぎ　ハハコグサ
おとこな　ナズナ	おとのさんよもぎ　ハハコグサ
おとこなえし　オトコエシ	おとば　イヌビワ
おとこなずな　イヌガラシ／キュウリグサ／ナズナ	おとばみ　カタバミ

おとび　ヌスビトハギ
おとびのき　サカキ
おとほ　イヌビワ
おとぼ　ヤマビワ
おとぼがすね　ヤマビワ
おとむれーばな　イカリソウ
おとめ　イヌマキ
おどめ　ジャノヒゲ
おどめこ　ジャノヒゲ
おとめば　ホオノキ
おとも　トウモロコシ
おどりくさ　ヤイトバナ
おどりこ　ジャノヒゲ／ヤブラン
おどりこかずら　ヤイトバナ
おどりこそー　オドリコソウ／ヤイトバナ
おどりこばな　ナズナ／ムシトリナデシコ／ヤイトバナ
おどりずる　ヤイトバナ
おどりそー　シオガマギク
おどりばな　サルスベリ／ヤイトバナ
おどろ　アマモ
おどろかし　ドクウツギ
おとんこ　シャシャンボ
おないこ　オキナグサ
おないご　オキナグサ
おながし　ハクウンボク
おなかぽっさん　シュンラン
おながやんもち　モチノキ
おなごかや　チガヤ
おなごがや　チガヤ
おなごぐさ　ボウフウ
おなごさかき　ヒサカキ
おなごじね　ウバユリ
おなごしば　ヒサカキ
おなごじみ　ガクウツギ
おなごじんがら　キブシ
おなごすもーとり　メヒシバ
おなごすもとり　メヒシバ
おなごだけ　メダケ
おなごたろ　タラノキ
おなごな　ボウフウ
おなごなら　コナラ
おなごばか　ヌスビトハギ
おなごはじんたけ　ハツタケ
おなごひー　スベリヒユ
おなごびー　スベリヒユ
おなごほーずき　ホオズキ
おなごまつ　アカマツ
おなごやー　ウバユリ
おなごやまいも　ヤマノイモ
おなごやんもち　モチノキ

おなざかもり　アセビ
おなしだ　シキミ
おなす　ナス
おなだかもり　アセビ
おなだぎく　エゾギク
おなつ　マサキ
おなつせいじゅーろー　シュンラン
おなつせーじゅーろー　シュンラン
おなもみ　メナモミ
おなら　クヌギ／ミズナラ
おならかずら　ボタンヅル
おに　カラスムギ／ヌスビトハギ
おにあさ　イラクサ
おにあざみ　オオノアザミ／ノアザミ／ノハラアザミ／
　　　　　　フジアザミ／ヤマアザミ
おにあざん　ノアザミ
おにあんじゃみ　ノハラアザミ
おにーぎ　タラノキ
おにいちご　フユイチゴ
おにうど　シシウド／ノダケ
おにうり　ウリノキ
おにうるし　ヤマウルシ
おにおどし　ヒイラギ
おにかし　アラカシ
おにがし　アラカシ
おにがしら　オキナグサ
おにかぞ　ハナチョウジ
おにがたら　タラノキ
おにかつら　シシガシラ
おにがや　イヌガヤ／ススキ
おにからむし　オニヤブマオ／ヤブマオ
おにかろし　オニヤブマオ／ヤブマオ
おにかろじ　ヤブマオ
おにかわもーか　ミズメ
おにぐい　タラノキ
おにくさ　アザミ／ギョウギシバ
おにぐさ　アザミ
おにくぬぎ　アベマキ
おにぐま　クマイチゴ
おにぐるみ　サワグルミ／セイヨウグルミ
おにくわい　クログワイ
おにけやき　アカシデ
おにこ　ウラジロ／クロマツ／チョウセンゴヨウ／ヒシ
おにこげ　チドメグサ
おにこごみ　ヤマドリゼンマイ
おにこしだ　ウラジロ
おにこしょー　ピーマン
おにごま　エゴマ
おにごよー　チョウセンゴヨウ
おにごり　ユリ

方言名索引 ● おにこ

おにごろ　オキナグサ
おにころし　ドクウツギ
おにさし　ヒイラギ
おにざし　ヒイラギ
おにざめ　アザミ
おにざわら　アスナロ
おにさんしょー　カラスザンショウ
おにざんしょー　イヌザンショウ/カラスザンショウ
おにしーとー　ギシギシ
おにじーとー　ギシギシ
おにしーば　ギシギシ
おにじしーば　ギシギシ
おにしだ　ウラジロ/オニヤブソテツ/キジノオシダ/トラノオシダ
おにしで　アサダ/イヌシデ/イヌブナ/クマシデ/サワシバ/ミズメ/ヤシャブシ
おにしば　ウラジロ/ギョウギシバ/シバ/チカラシバ/ヒイラギ
おにしばり　ハナチョウジ
おにしゃじっぽー　イタドリ
おにしゃじっぽん　イタドリ
おにしゃっぽん　イタドリ
おにしらず　オニヤブソテツ
おにしろほ　ヤブマオ
おにしんざい　スイバ
おにしんじゃ　ギシギシ
おにずいこ　ギシギシ
おにすいすいば　ギシギシ
おにすいとー　ギシギシ
おにすいば　ギシギシ
おにすぐり　ヤブサンザシ
おにすげ　カサスゲ
おにすずらん　アマドコロ
おにぜきしょう　コウボウムギ
おにぜり　ウマノアシガタ/キツネノボタン/ドクゼリ
おにせん　ハリギリ
おにせんあい　ヤシ
おにせんまい　ナギ
おにぜんまい　イヌガンソク
おにぜんめ　オニヤブソテツ
おにそ　カジノキ
おにぞや　クマシデ
おにたたき　タラノキ（メダラ）
おにたで　オオケタデ
おにだら　カラスザンショウ/タラノキ/ハリギリ
おにたんぽぽ　アザミ
おにつくで　コアジサイ
おにつげ　ヤハズアジサイ
おにっこ　ウラジロ
おにっこしだ　コシダ

おにつつじ　レンゲツツジ
おにつめびしょ　イヌビユ
おにとーがらし　ピーマン
おにともぎ　シロモジ
おになずな　ナズナ
おになら　ミズナラ
おになんばん　ピーマン
おにのうちわ　ヤツデ
おにのかなぶ　タラノキ
おにのかなぶー　タラノキ
おにのき　タラノキ
おにのきんたまつき　ヒイラギ
おにのくちひげ　ヒカゲノカズラ
おにのござ　シシガシラ
おにのした　コタニワタリ
おにのしょいな　ヤマカシュウ
おにのしょいなわ　ヤマカシュウ
おにのせいな　ヤマカシュウ
おにのたすき　ヒカゲノカズラ
おにのつめ　タカノツメ
おにのて　ヤツデ
おにのはさみ　タウコギ
おにのばら　サルトリイバラ/タラノキ/ノイバラ
おにのふぐりつき　ヒイラギ
おにのへがずら　ノブドウ
おにのべかずら　エビヅル/ノブドウ
おにのへのき　ハマクサギ
おにのぼー　タラノキ
おにのまめ　ダイズ
おにのまゆはき　ヒレアザミ
おにのみみ　ミミナグサ
おにのめさし　ヒイラギ
おにのめつき　アリドオシ/タラノキ/ヒイラギ
おにのめっき　アリドオシ
おにのめつきしば　ヒイラギ
おにのめつこ　アリドオシ/タラノキ
おにのめっつき　ヒイラギ
おにのめつぶし　ヒイラギ
おにのめんたま　ジャノヒゲ
おにのめんつー　ジャノヒゲ
おにのや　センダングサ
おには　コアカソ
おにばーさんのこしかけ　サルノコシカケ
おにばさこ　ミズナラ
おにはす　オニバス/コウホネ
おにはな　ヤマノイモ
おにばな　ヒガンバナ/ヤマノイモ
おにばば　アザミ/シュンラン
おにばら　サルトリイバラ/タラノキ/ヒイラギ
おにはり　センダングサ

650

おにひえ　トウジンビエ
おにびえ　イヌビユ
おにびし　ヒシ
おにひば　アスナロ
おにぶき　オタカラコウ
おにぶな　イヌブナ
おにぶよだま　ノブドウ
おにへご　ウラジロ
おにべろ　トウギボウシ
おにまつ　クロマツ
おにまめ　ササゲ／ナタマメ
おにみつば　ウマノアシガタ／ウマノミツバ／シュウメイギク／ヤマゼリ
おにむぎ　オオムギ
おにめんくさ　ニシキソウ
おにもく　ホンダワラ
おにもめら　ヒガンバナ
おにやこ　オキナグサ
おにゃこ　オキナグサ
おにゆり　コオニユリ／ヒガンバナ
おによーずみ　カンボク
おによき　ネギ
おにわたいこ　イヌガラシ
おにわらび　イヌガンソク／ヤマソテツ
おにわら　ゼンマイ
おねこ　オキナグサ
おねご　オキナグサ
おねこぐさ　オキナグサ
おねごじょ　オキナグサ
おねこやんぷし　オキナグサ
おねこやんぽし　オキナグサ
おねごやんぽし　オキナグサ
おねひのき　イヌガヤ
おのうえ　ソヨゴ
おのえのじーばー　シュンラン
おのえのじーばば　シュンラン
おのえのじいばばぁ　シュンラン
おのえのじさばさ　カラマツソウ
おのおれ　オノオレカンバ
おのおれかば　オノオレカンバ
おのだいばな　イタヤカエデ
おのでっぱな　メグスリノキ
おのは　アサ／カラムシ
おのみ　アサ
おのれ　オノオレカンバ
おのれぎ　オノオレカンバ
おば　ミクリ
おばー　スギナ
おばあずかし　コゴメウツギ
おばいたや　ヒトツバカエデ

おばいちご　クサイチゴ
おばいろ　カタクリ
おばおーれん　バイカオウレン
おばおんばな　サルスベリ
おばか　オオバコ
おはかけばな　キツネノカミソリ
おばかし　ツクバネガシ
おばかしら　オキナグサ
おばがしら　オキナグサ
おばかずら　ハスノハカズラ
おはかた　ダイコン
おはぎ　コマツナギ／ヨメナ
おばく　ムギ
おはぐろ　ヤシャブシ
おはぐろのき　ヤシャブシ／ヤマハンノキ
おはぐろばな　ウマノスズクサ／ワレモコウ
おはぐろぼーき　ワレモコウ
おはぐろぽんぽん　ハンノキ
おばけ　オオバコ／オキナグサ／ヤドリギ
おばけばな　アジサイ
おばこ　オオバコ／オキナグサ／ギボウシ／ツワブキ／ハコベ／ハハコグサ
おばこーぼーぐさ　クサネム
おばこくさ　オオバコ／ハハコグサ
おはこつつじ　ウラジロヨウラク
おばこのはな　ギボウシ
おばこばな　オキナグサ
おばころし　キケマン
おばさん　アジサイ
おばさんけさん　シュンラン
おばしで　クマシデ
おはしな　アラメ
おばしらが　オキナグサ
おばしらがぁ　オキナグサ
おばすかし　コゴメウツギ
おばせり　ハマゼリ
おばぞの　サワシバ
おばぞろ　サワシバ
おばっこ　オキナグサ
おばっこー　オオバコ
おばっな　オキナグサ
おばっぱ　オキナグサ
おばっぱくさ　ツユクサ
おばともぎ　ダンコウバイ／ヤマコウバシ
おはな　シキミ
おばな　オニイタヤ／ススキ／チガヤ／ツリガネニンジン
おばなかえで　イタヤカエデ
おばなかし　ネジキ
おばなかるかや　ススキ
おはなぎ　ニワトコ／ヒサカキ

方言名索引 ● おはな

おばなくぎ　ヤブイバラ
おはなのき　シキミ
おばねいな　ツリガネニンジン
おばのけっこ　オキナグサ
おばのてやき　アセビ
おばのばっかい　オキナグサ
おばはき　コウヤボウキ
おばはぎ　コゴメウツギ
おばばきんちゃく　ナズナ
おばばぐさ　ドクダミ
おばばのしゃみせん　ナズナ
おばばのへそ　ザイフリボク
おばぶぎ　オタカラコウ
おばふたばさみ　ツリバナ
おばまだ　オオバボダイジュ
おはまなし　コケモモ
おばまんだ　オオバボダイジュ
おばめがし　アラカシ
おばもーち　コバンモチ
おばもち　カクレミノ／クロガネモチ
おばもみじ　ウリハダカエデ
おばゆり　ウバユリ
おばらん　ノキシノブ
おばり　ミヤマカワラハンノキ
おばる　ミヤマカワラハンノキ
おはるめんちょー　ジャノヒゲ
おばろ　ウバユリ
おばんこ　チガヤ
おばんたやき　アセビ
おばんち　ウグイスカグラ
おばんちゃ　アセビ
おばんちゃき　アセビ
おばんちゃぎ　アセビ
おばんてぽー　アセビ
おはんてやぎ　クロキ
おび　ナス
おひーなくさ　ヤブカンゾウ
おひーなぐさ　カンゾウ／ノカンゾウ
おびいも　ジャガイモ
おひき　キハダ
おひしや　ハナヒリノキ
おひたも　オヒョウ／ハルニレ
おひちのめんたま　ジャノヒゲ
おひでりそー　マツバボタン
おひなぐさ　カンゾウ／マツバスゲ／ヤブカンゾウ
おひふ　オヒョウ
おひめさま　シュンラン
おひもち　キツネノカミソリ
おひゅー　オヒョウ
おひゅーだも　オヒョウ／ハルニレ

おひょー　オヒョウ／ヤドリギ
おひょーだも　オヒョウ
おひょろこ　ノビル
おひらぎ　ヒイラギ
おふくだま　ジャノヒゲ／ヤブラン
おふくらぐさ　ベンケイソウ
おふと　ホンダワラ
おぶな　ブナ
おふななえし　オミナエシ
おぶゆ　アマチャ
おぶゆかずら　カニクサ
おぶれのはな　ヒガンバナ
おふればな　ヒガンバナ
おぶんどー　ヤマブドウ
おべ　ワサビダイコン
おべあろ　ウバユリ
おへぎ　キハダ／ニガキ
おへぐろ　ヒガンバナ
おへやさま　ムサシアブミ
おべん　ミツバアケビ
おへんどばな　マツヨイグサ
おほいい　ヒガンバナ
おぽーおぽー　タンポポ
おほーくさい　クサギ
おぽーしな　コマツナ
おぼーず　ツクシ
おぼーずい　ツクシ
おぽこ　オオバコ
おぼさんけさん　シュンラン
おほすがな　ヒガンバナ
おぽそ　アベマキ／クヌギ
おほど　ジャガイモ
おぽぽ　イヌビワ
おぽら　カボチャ
おほんだれのき　ヌルデ
おぽんちち　ヤブコウジ
おぽんばな　アキノタムラソウ／オミナエシ／クサレダマ／サルスベリ／センニチコウ／チダケサシ／ヒガンバナ／マツムシソウ／ミズギボウシ／ミソハギ／ワレモコウ
おまえび　ツリバナ
おまこばな　オドリコソウ
おまつりかいっこ　ガガイモ
おまゆだまのき　イヌツゲ
おまゆみ　ツリバナ
おまんこくさ　ドクダミ
おまんこばな　クマガイソウ／サギゴケ／シュンラン／ツユクサ
おまんじゅばな　ヒガンバナ
おまんびくしゃく　スミレ

おみがきそー	カタバミ	おやこねぎ	ヤグラネギ
おみぐっさま	ゲンノショウコ	おやころし	ヒガンバナ
おみこし	ゲンノショウコ／ヒガンバナ	おやしまめ	リョクトウ
おみこしくさ	カタバミ	おやたおし	ソラマメ
おみこしぐさ	カタバミ／ゲンノショウコ	おやだおし	ソラマメ
おみこしさん	ゲンノショウコ	おやだき	シラタマカズラ
おみこしばな	ゲンノショウコ／ヒガンバナ	おやだま	ジュズダマ
おみこっさん	ヒガンバナ	おやにらみ	エゴノキ
おみな	ケッキュウハクサイ	おやねらみ	エゴノキ
おみないし	オミナエシ	おやのあとつぎぐさ	イワニガナ
おみなえし	オミナエシ／ワレモコウ	おやのいも	サトイモ
おみなべし	オミナエシ	おやのめつぶし	アオツヅラフジ／ツユクサ
おみなみせ	オキナグサ	おやふこーねぎ	ヤグラネギ
おみなめし	オミナエシ	おやまおぐるま	カセンソウ
おみょーぎばな	ゲンゲ	おやまさかき	サカキ
おむき	エンドウ	おやまさんしょー	ミヤマナナカマド
おむぎ	ギシギシ	おやましば	シャクナゲ
おむく	ムクノキ	おやまだこ	ヤマグルマ
おむくえのみ	ムクノキ	おやまにんじん	シラネニンジン
おむのき	アカシデ	おやまのさんしょー	ナナカマド
おむろうつき	ムラサキシキブ	おやまめ	ソラマメ
おめき	ウマノアシガタ	おやまりんご	コケモモ
おめこくさ	ツユクサ	おやめらめ	エゴノキ
おめこばな	サギゴケ／ミヤコグサ	おやり	エノコログサ
おめでた	ヒメユズリハ	おらだぎく	エゾギク
おめなめし	オミナエシ	おらん	スルガラン
おも	アカシデ／クマシデ／ブナ	おらんきょー	ラッキョウ
おもいぐさ	ナンバンギセル	おらんだ	アスパラガス／ササゲ／ジャガイモ
おもいほか	ショクヨウギク	おらんだいも	サツマイモ／ジャガイモ
おもこしぐさ	ゲンノショウコ	おらんだおもと	アオノリュウゼツラン／ハマオモト
おもこしさん	ゲンノショウコ	おらんだがいも	ジャガイモ
おもぞや	アカシデ	おらんだからし	ミズタガラシ
おもた	オオシラビソ	おらんだぎく	エゾギク／シュンギク
おもだか	アギナシ／コナギ	おらんだぎせる	ナンバンギセル
おもだかいも	クワイ	おらんだきび	ホウキモロコシ
おもと	オモト／ハマオモト	おらんだくさ	サンシチソウ
おもど	オモト	おらんだこしょー	ピーマン
おもなめし	オミナエシ	おらんだじね	ヒメコバンソウ
おものき	アカシデ／イヌシデ／クマシデ／ブナ	おらんだせり	ミズタガラシ
おもばこ	オオバコ	おらんだそー	グラジオラス／ソクズ／ハコネウツギ／
おももも	ヤマモモ		ハコネシダ／ヒャクニチソウ
おもりこぶのこ	ヤマナシ	おらんだばな	オオマツヨイグサ／ヒャクニチソウ
おもれき	アカシデ	おらんだひえ	シコクビエ
おやいも	サトイモ	おらんだびえ	シコクビエ
おやこーこー	タンポポ	おらんだへご	イヌガンソク
おやこーこーいちご	フユイチゴ	おらんだぼーふら	アメリカボウフウ
おやこーこーだけ	ダイサンチク	おらんだまめ	インゲンマメ
おやこーこーばな	タンポポ	おらんだみつば	セロリ
おやこかんらん	メキャベツ	おりかけばな	ヒガンバナ
おやこくさ	ハハコグサ	おりかわ	ウリハダカエデ

おりかわぬき	ウリハダカエデ
おりこんばな	ヒガンバナ
おりしば	ラセイタソウ
おりでやばな	イタヤカエデ
おりど	ヒキオコシ
おりぬき	エノキタケ
おりばな	ヒガンバナ
おりばまつ	カラマツ
おりみき	ナラタケ
おりめき	エノキタケ
おりょーちょろのき	イヌマキ
おるいな	トウギボウシ
おるがんのき	イヌガヤ
おれはな	ヒガンバナ
おれん	オウレン
おろ	アカソ
おろしゃ	エゾギク
おろとど	ヒキオコシ
おろのき	バリバリノキ
おろろくさ	スベリヒユ
おろろぐさ	スベリヒユ
おろろしば	ヤブマオ
おろろんは	ヤブマオ
おろんとど	ヒキオコシ
おわだぎく	エゾギク
おん	サトウキビ
おんうつぎ	ウツギ
おんがし	アラカシ
おんがや	ススキ
おんがら	キビ／サトウキビ
おんかわ	シラカンバ
おんき	クロマツ
おんくぬぎ	アベマキ
おんこ	イチイ
おんこー	イチイ／オオシラビソ／キャラボク
おんこしばな	ヒガンバナ
おんごよー	ゴヨウマツ
おんささき	シャシャンボ
おんざさき	シャシャンボ
おんざんしょー	イヌザンショウ
おんじいざんしょー	イヌザンショウ
おんじーだら	ハリギリ
おんじーともべら	カクレミノ
おんじーもち	クロガネモチ
おんじうつぎ	ミツバウツギ
おんじぇり	ドクゼリ
おんしで	イヌシデ
おんじびわ	ヤマビワ
おんしぶね	ガマズミ
おんじもち	クロガネモチ
おんじゃかき	シャシャンボ
おんしゃねん	クマタケラン
おんじゃねん	クマタケラン
おんしょーめろん	マスクメロン
おんしょだま	サルトリイバラ
おんじょたま	スズメウリ
おんじょだま	サルトリイバラ
おんじょんてやき	ネジキ
おんぞ	カボチャ
おんだい	ナタネ
おんたけ	ハチク
おんだけ	ハチク
おんたま	ジャノヒゲ
おんだま	ジャノヒゲ
おんたまがら	イヌガシ
おんたら	ハリギリ
おんだら	カラスザンショウ／ハリギリ
おんつつじ	ヤマツツジ
おんでん	ヒガンバナ
おんど	ウド
おんどうつぎ	コアカソ
おんどのみ	ジャノヒゲ／ヤブラン
おんどりぐさ	ツユクサ
おんどりばな	ツユクサ
おんどろ	アオミドロ
おんなうつぎ	タニウツギ
おんなえし	オミナエシ
おんながいろっぱ	ギボウシ
おんながし	シロダモ／ハクウンボク
おんなかしばみ	ハシバミ
おんながしわ	ハクウンボク
おんなかしわぎ	ハクウンボク
おんなかずら	ボタンヅル
おんなかたこ	カタクリ
おんながや	アブラススキ
おんなくさ	ボタンボウフウ
おんなげやき	ハルニレ
おんなごんぜつ	コシアブラ／ニンジンボク
おんなざかもり	アセビ
おんなさんなめし	リョウブ
おんなじしゃ	ダンコウバイ
おんなしで	アカシデ
おんなしば	サルトリイバラ
おんなずみ	ズミ
おんなすみれ	コスミレ
おんなぜんまい	ゼンマイ
おんなだいおー	ギシギシ
おんなだけ	アズマネザサ／メダケ／ヤダケ
おんなったら	タラノキ
おんなてっこ	ヤブカンゾウ

おんなひーらげ　リンボク
おんなひゅー　スベリヒユ
おんなひらげ　リンボク
おんなまつ　アカマツ
おんなまゆみ　ツリバナ
おんなみつびしゃ　ミズキ
おんなめし　オミナエシ／ワレモコウ
おんなやなぎ　カワヤナギ
おんなら　ミズナラ
おんにょこにょーにょー　ネコヤナギ
おんのーれ　オノオレカンバ
おんのき　イヌマキ／バクチノキ
おんのて　ヤツデ
おんのべ　アカガシ／エビヅル
おんのへかずら　ノブドウ
おんのべかずら　ノブドウ
おんのめつき　ヒイラギ
おんのれ　オノオレカンバ
おんのれみねばり　オノオレカンバ
おんば　オオバコ／クロササゲ
おんばかしら　オキナグサ
おんばく　オオバコ／オキナグサ
おんばく　ミズオバコ
おんばくねねごーこー　オオバコ
おんばくほーれんそー　フダンソウ
おんばくろー　オオバコ
おんばこ　オオバコ／オキナグサ／トウギボウシ
おんぱこ　オオバコ

おんばこさん　ハコベ
おんばこば　オオバコ
おんばささげ　クロササゲ
おんばぞー　アサダ
おんばっ　オオバコ
おんばっこ　オオバコ
おんばっじ　オキナグサ
おんばっのは　オオバコ
おんばっぱ　オオバコ
おんばゆり　ウバユリ
おんばん　オオバコ
おんばんのは　オオバコ
おんばんば　サルトリイバラ
おんひえ　オヒシバ
おんびえ　オヒシバ
おんびょーな　イヌビユ
おんびら　オオバコ／ヒガンバナ
おんべこ　オオバコ
おんぼ　タマアジサイ
おんぼ　タンポポ
おんぼいわな　ウバユリ
おんぼー　ジャノヒゲ／タマアジサイ／ホウキモロコシ
おんぼーえび　ヤブガラシ
おんぼーのめんたま　ジャノヒゲ
おんぼーぶくろ　トリカブト
おんぼか　タカノツメ
おんぼこ　オオバコ
おんぼこさま　オオバコ

か

【か】

かーか　ネムノキ
かーかー　ネムノキ
がーがー　トキワガキ
かーかぎ　ネムノキ
かーかじゃ　クサネム
かーかちゃ　クサネム
かーかのき　ネムノキ
かーかのはな　ネムノキ
かーからっぱ　イタドリ
かーがらっぱ　イタドリ
かーかんじー　ヒガンバナ
かーきーばなー　ホウセンカ
がーぎな　メヒシバ
がーぎにゃ　メヒシバ
かーぐるま　イヌビワ
かーくるみ　サワグルミ
かーぐるみ　イヌビワ／サワグルミ
かーじうる　キカラスウリ
かーしらば　アカメガシワ
かーぞり　コウゾリナ
かーぞれ　コウゾリナ
かーだけ　クワ
かーつ　アケビ
かあっつぉ　アサ
かーで　ノダケ
がーで　ノダケ
かーば　アカメガシワ
かーぽー　カボチャ
かーぽーず　コウホネ
かーほーずき　イヌビワ
がーぽし　タマアジサイ
かーまいぐさ　ホラシノブ
かーむくれ　タマアジサイ
かーめんどろ　アオミドロ
かーも　マコモ
かーやなぎ　ヤナギイチゴ
がーら　オニユリ／ノブドウ／ヤマユリ
かーらうつぎ　ドクウツギ
かーらがし　アカメガシワ／シラキ
かーらかっぽ　イタドリ
かーらぐみ　アキグミ

かーらぐん　クコ
かーらけぐさ　オキナグサ
かーらけぽんぽ　オキナグサ
かーらしば　アカメガシワ
かーらちご　オキナグサ
かーらっぱ　イタドリ
かーらのおばさん　オキナグサ
かーらばな　スベリヒユ
がーらばな　ヤマユリ
かーらばば　オキナグサ
かーらんず　フサスグリ
かーらんつ　フサスグリ
かーらんと　フサスグリ
がーるみ　ガマズミ
かーれんず　フサスグリ
かーれんと　フサスグリ
かい　クワイ
がい　エビヅル
かいいも　サトイモ
かいう　オランダカイウ
かいかいばち　ヒガンバナ
かいかいろー　ニワトコ
かいがら　カイザイク／ムギワラギク
がいがんじのおしょーさま　シュンラン
かいくさ　イラクサ／ムカゴイラクサ
かいぐさ　イラクサ
がいぐちぎ　ゲッキツ
かいけ　ケヤキ
かいご　カヤ
がいこ　ダイコン
かいこしば　コマユミ
かいこばな　タニウツギ
かいこまめ　ソラマメ／ラッカセイ
かいこんぐさ　ヒメジョオン／ヒメムカシヨモギ
かいざいく　ムギワラギク
かいしさーま　シバ
かいせんきび　トウモロコシ
がいせんくさ　ヒメジョオン／ヒメムカシヨモギ
がいたち　カラタチ
かいっさーま　シバ
かいで　イタヤカエデ／ウリハダカエデ／ミツデカエデ
かいでもみじ　イタヤカエデ
かいど　ワリンゴ

かいどー　シュウカイドウ／ワリンゴ
かいどーざくら　カイドウ
かいどーばな　アヤメ
かいどーばら　ボケ
かいとばな　アヤメ／ハナショウブ
かいとりくさ　カキドオシ
かいとりぐさ　カキドオシ
かいとりばな　カキドオシ
かいな　タイサイ／トウナ／ノグルミ
がいな　アキメヒシバ／メヒシバ
かいなぐさ　カリヤス／コブナグサ／ササクサ
かいねぐさ　カキドオシ
かいねだばら　カキドオシ
かいねだわら　カキドオシ
かいねんずる　カキドオシ
かいば　アカメガシワ／カシワ／クズ／ホオノキ／ミズメ
かいばかずら　クズ
かいばだいず　アオガリダイズ
かいばつ　キャベツ
かいばのき　アカメガシワ
かいばのっ　アカメガシワ
かいばまめ　アオガリダイズ
がいばら　チガヤ
がいぶ　エビヅル
かいふさー　シバ
かいぶしこけら　オケラ
かいぶしのき　オケラ
かいべつ　キャベツ
かいま　ハイノキ
かいまつけ　アラカシ
かいまっけ　アラカシ
かいまっち　アラカシ
かいまめ　ツクバネ
かいも　サツマイモ／サトイモ／ジャガイモ
かいもちばら　サルトリイバラ
かいら　フノリ
かいるくさ　オオバコ／ミゾソバ
がいるぐさ　ミゾソバ
かいるこぐさ　ウマノアシガタ／ミゾソバ
かいるたで　ミゾソバ
かいるっぱ　オオバコ
がいるっぱ　ギボウシ
かいるととら　エノコログサ
かいるのきつけ　ギシギシ
がいるばな　ミゾソバ
かいるまた　ミゾソバ
かいろくさ　オオバコ
かいろずる　クズ
かいろっぱ　オオバコ／オキナグサ
がいろっぱ　オオバコ／ギボウシ／トウギボウシ／ドクダミ
かいろのわたぼーし　アオミドロ
かいろば　オオバコ
がいん　ススキ
かうら　カブ
かえいも　サトイモ
かえーろっぱ　ドクダミ
がえーろっぱ　オオバコ
がえーろぱ　オオバコ
かえき　ケヤキ
かえぐし　オケラ
かえっぽはれ　オキナグサ
かえつりぐさ　ミノゴメ
かえで　イタヤカエデ／ウリカエデ／コミネカエデ／ハウチワカエデ／ミツデカエデ
かえでのき　オガラバナ
かえでもみじ　アサノハカエデ／イタヤカエデ／ミツデカエデ
かえでん　ウリハダカエデ
かえばかずら　クズ
かえびつ　キャベツ
かえべつ　キャベツ
かえも　サトイモ
かえるいちご　ヘビイチゴ
かえるえんざ　トチカガミ
かえるかんざ　アサザ
かえるくさ　ウキクサ／ミゾソバ
かえるぐさ　ウマノアシガタ／オオバコ／スズメノテッポウ／スズメノヤリ／ツユクサ／トチカガミ／ミゾソバ
がえるぐさ　ウキクサ
かえるっぱ　オキナグサ
かえるっぱ　オオバコ／オキナグサ／ノブキ
がえるっぱ　オオバコ／ドクダミ
かえるつりぐさ　ミノゴメ
かえるとりくさ　ミゾソバ
かえるのえんざ　アサザ
かえるのきつけ　ギシギシ／タガラシ
かえるのこしかけ　ヤブレガサ
かえるのこんぺいとー　キツネノボタン
かえるのつらかき　イシミカワ／カナムグラ
かえるのは　オオバコ
かえるのはなとーし　ママコノシリヌグイ
かえるのはら　ミゾソバ
かえるのふとん　アオミドロ
かえるば　オオバコ
かえるば　オオバコ／ドクダミ
がえるば　オオバコ
かえるぽっぽ　ドクダミ
がえるぐさ　オオバコ

かえろっぱ　オオバコ
かえろっぱ　オオバコ／オキナグサ／ギボウシ／トウギボウシ／ドクダミ／ミゾソバ
がえろっぱ　オオバコ
がえろっぱ　オオバコ／ギシギシ／ギボウシ／ドクダミ
がぇろっぱ　ミゾソバ
かえろっぺ　オオバコ
がえろば　オオバコ
がえろぱ　オオバコ
かえんそー　ヒガンバナ
かおかだ　アオハダ
かおつー　アサ
かおばな　カキツバタ／ショウジョウバカマ
がおろぐさ　フサモ
かが　クワイ／シバ
がが　トキワガキ
かがいね　リクトウ
かがいも　ガガイモ／リクトウ
がかいも　ガガイモ
かかえび　ヤマブドウ
ががえび　ノブドウ
かがぎく　シュウメイギク
かがし　カゴノキ
かがそー　オキナグサ
かかだんご　カタクリ
かがち　インゲンマメ
かかっぽ　ホタルブクロ
かかのき　シナノキ／ネムノキ
ががのき　トキワガキ
かかべ　アカメガシワ
かがみ　ガガイモ
かがみくさ　ウキクサ／カタバミ／カラマツソウ
かがみぐさ　イチヤクソウ／カタバミ／チドメグサ／デンジソウ／ユキノシタ
かがみごけ　マメヅタ
かがみじしばり　チドメグサ
かがみすいば　カタバミ
かがみそー　イチヤクソウ／カタバミ
かがゆび　ノブドウ
かがゆり　カタクリ
かから　サルトリイバラ
かからいげ　サルトリイバラ
かがらいも　ガガイモ
かからのき　サルトリイバラ
かからのは　サルトリイバラ
かからば　サルトリイバラ
かがらび　ガガイモ
ががらび　ガガイモ
かからんじゅ　サルトリイバラ
かからんは　サルトリイバラ

かがんぐさ　カタバミ
かかんこーもり　ガマズミ／カマツカ
がかんず　イヌツゲ
かがんぽいぽい　ツクシ
かかんぽー　ダケカンバ
かき　コミカンソウ
かぎ　ノリウツギ
がき　トベラ
かぎーこのき　ミズキ
かきいも　キクイモ／ツクネイモ／ナガイモ
かきうり　マクワウリ
かきうるし　ツタウルシ
かきがら　コウゾ
かきがらし　タカナ
かきかんらん　ケール
かきびび　トウモロコシ
かきくぐり　ヤツガシラ
かぎぐろ　ササゲ
かぎこしば　ミズキ
かぎさまのき　ミズキ
かきしお　マルバノフナバラソウ
かきしば　イボタノキ／サワラ／ミズキ
かぎしば　ミズキ
かぎそー　ノグサ
かきそば　ツルドクダミ
かきだし　ドクダミ
かきちさ　リュウゼツサイ
かきつ　カキツバタ
かぎつけばな　スミレ
かぎっこ　ミズキ
かぎっこのき　ミズキ
かぎっちょのき　ミズキ
かきっと　スミレ
かきっぱ　ドクダミ
かきつばき　ムクゲ
かぎっぴき　ミズキ
かきとーがらし　ピーマン
かきどーさー　カキドオシ
かきとーし　ノチドメ
かきどおし　ノチドメ／ボタンヅル
かきどーし　ヤブガラシ
かきどーろ　カキドオシ
かきどくさ　カキドオシ
かぎどし　カキドオシ
かぎとりばな　スミレ
かきな　タイサイ／タカナ／ヒケッキュウハクサイ／フダンソウ／リュウゼツサイ／レタス
かぎな　タカナ
がぎな　メヒシバ
がぎなぐさ　チヂミザサ

かきなっぱ　リュウゼツサイ
がぎにゃ　メヒシバ
かきねいも　キクイモ
かきねつばき　ムクゲ
かきねどーし　カキドオシ
かきねのかずら　クズ
かぎのき　ノリウツギ／ミズキ
かきのきだまし　チシャノキ
かきのきみつば　ミツバ
かきのしりかし　イシミカワ
かぎのつる　カギカズラ
がきのでんぽ　ホタルイ
かぎのはな　スミレ
かきのほーずき　イチジク／イヌビワ
かきば　タカナ／タニウツギ／レタス
かきはくさい　ヒケッキュウハクサイ
かきばな　スミレ
かぎはな　スミレ
かぎばな　スミレ／ツユクサ
かぎひきくさ　スミレ
かぎひきばな　スミレ
かぎひきばなこ　スミレ
かぎひっぱり　オオバコ／スミレ
かぎふかけ　ミズキ
かきふろ　ジュウロクササゲ
かきぶろ　ジュウロクササゲ（ジュウハチササゲ）
かきまむ　インゲンマメ
かきまめ　インゲンマメ／エンドウ／クロマメ／フジマメ／マメガキ
かぎまめ　エンドウ
かきまめじょ　ゴガツササゲ
かきもどき　チシャノキ
かきもろこし　モロコシ
かきやさい　ヒケッキュウハクサイ
かきらん　スズラン
かぎり　オオバコ
かぎんこ　ミズキ
かぎんこのき　ミズキ
かぎんちょのき　ミズキ
かぎんぱ　タニウツギ
かぎんぽ　ミズキ
がく　ガクアジサイ
かくい　シチトウ
かぐいも　キクイモ
かくぎ　コマユミ
かくぎ　マユミ
がくくれ　オオイタビ
かぐさ　アオガシ／ハマクサギ
かくし　コウヤボウキ／メドハギ
かくすべ　ネズミサシ／ミズ

かくすべのき　ネズミサシ／ミズ
かくずみ　スノキ
かくそー　ウツボグサ
がくそー　オキナグサ
かくと　アサザ
がくどー　タケニグサ
がくのはな　ヒガンバナ
かくべねぎ　ヤグラネギ
かくま　コナラ／ゼンマイ／ヤマドリゼンマイ／リョウメンシダ
かぐま　ゼンマイ／チカラシバ／ワラビ
がくま　オシダ
かくまぬき　コナラ／ミズナラ
かくまめ　インゲンマメ／フジマメ
かくまり　コモチシダ／ヤブソテツ
がくまり　ヤブソテツ
がくもち　オキナグサ
がくもんじ　カワラサイコ
がくもんどー　ジャノヒゲ
かぐら　トウガラシ／ピーマン
かくらぎ　ニシキギ
かくらくい　サルトリイバラ
かぐらぐさ　ゲンノショウコ
かぐらごしょ　トウガラシ
かぐらしょー　ピーマン
かぐらそー　キツネノマゴ
かぐらとーがらし　ピーマン
かぐらなんばん　ピーマン
かぐらねぎ　ヤグラネギ
かくるみ　サワグルミ
かぐるみ　サワグルミ
がくろ　タケニグサ
かくわのき　サルトリイバラ
かくゎら　サルトリイバラ
かけ　カゴノキ
かげ　ハリイ
がけあざみ　フジアザミ
かげい　ハリイ
かげくさ　ツユクサ／メヒシバ
かげぐさ　メヒシバ
かけこーばな　スミレ
かけす　ハナショウブ
かけぜり　エゾニュウ／ヤマゼリ
かけだいそー　ケマンソウ
かけつ　アヤメ／カキツバタ
かげつ　アヤメ
かげっこ　ミズキ
かげつばた　アヤメ
かげっぴき　スミレ
かけのあおい　カンアオイ

かげのあおい　カンアオイ
かけばな　キツネアザミ／スミレ
かげはな　スミレ
かげばな　スミレ
かげばり　ミズキ
かげびき　スミレ／ミズキ
かげびき　ミズキ
かげびこ　ミズキ
かげびこ　スミレ
かげびっこ　スミレ
かげべろ　ミズキ
かげむぎ　ライムギ
かけろーぐさ　ジャノヒゲ
かけろこのはな　ケマンソウ
かげんばな　スミレ
かこ　クワ
かご　カゴノキ／コウゾ／ミツマタ
かごいちご　クサイチゴ
かごいも　ガガイモ／ツクネイモ／ナガイモ
がごー　ナラガシワ
がごーまき　ナラガシワ
かごがし　カゴノキ
かこぎ　メギ
かごくさ　ウツボグサ
かごぐさ　ウツボグサ／クワクサ
かこくわ　クワ
かごじ　ヤブカンゾウ
かごしまうり　ハヤトウリ
かごしまばな　ヒャクニチソウ
かこそー　ウツボグサ
かごそー　ウツボグサ
かごたけ　オカメザサ
かごだけ　オカメザサ
かごつ　ダイダイ
かこな　カンゾウ（萱草）
かごのき　カゴノキ／コウゾ
かごばな　ゲンゲ／ツメクサ／ヒガンバナ
かごばら　サルトリイバラ
かこばん　ナンバンカラムシ
かこふじ　ガマズミ
かごぶち　ガマズミ／シマハクサンボク／ハクサンボク
かこべ　カタバミ／ハコベ
かこべのこ　クマガイソウ
かこめ　ガガイモ
かごめ　カゴノキ
かごめばな　ショウジョウバカマ
かこもこ　タンポポ
がごんず　カンゾウ（萱草）
かごんそー　ウツボグサ
かさ　アキメヒシバ／メヒシバ

かざ　ウツギ／タニウツギ／ハコネウツギ
がさ　ウツギ／タニウツギ
がざ　ウツギ／タニウツギ／ノリウツギ
かさい　イイギリ
かさいきー　アカメガシワ
かさいも　サトイモ
かざうるし　ツタウルシ
かさかさばな　カイザイク／ムギワラギク
かさき　タニウツギ
かさぎ　アカメガシワ／イイギリ／ウリハダカエデ／カシワ／キブシ／ミツバウツギ
がさき　タニウツギ
がざき　タニウツギ
かさぎぽい　ミツバウツギ
かさぐさ　チドメグサ／メヒシバ
かざくさ　カザグルマ
かざくるま　クルマバソウ
かざぐるま　クチナシ／クルマバナ／トウバナ／ヒイラギ／ホトケノザ／ヤエムグラ
かさぐるまのき　ホオノキ
がざしば　タニウツギ
かさずる　ヒルガオ
かさだ　キブシ
かさとり　アキグミ
かさどり　アキグミ
かさな　クルマバハグマ／ドクウツギ／ミツバウツギ
かさなぎ　キブシ
かさなぶし　キブシ
かさねばな　ヒャクニチソウ
がざのき　タニウツギ
がざぱ　タニウツギ
かさはし　ネジキ
かさばつかずら　ツルコウジ
かさぶー　ホオノキ
かさぶき　ヤブレガサ
かざぶくろ　ホコリタケ
かさぶた　サワオグルマ
かさぽ　ホコリタケ
かざぽ　ホコリタケ
がざまに　ガジュマル
かさまめ　オクラ
かさみ　ミズキ
がざみ　アザミ／ガジュマル／ノアザミ
かさみずき　ミズキ
がざむねー　ガジュマル
がざむねーきー　ガジュマル
がざめ　アザミ
かざめし　ガマズミ
かさやなぎ　ミツバウツギ／ムラサキシキブ
かさゆり　ウバユリ／コバイモ

かざり　ウラジロ
かざりかずら　カニクサ
がさんくさ　クコ
かさんだ　キブシ
かし　カシワ／クヌギ／コウゾ／ドングリ
かじ　カゴノキ／カジノキ／カラスウリ／キカラスウリ／コウゾ／フヨウ／ミズメ
がじ　ウダイカンバ／ミズメ
かじあわ　アワ
かしー　シリブカガシ
かしいも　ジャガイモ
かしうすみ　ネジキ
かしうつぎ　ネジキ／ムラサキシキブ
かしうり　マクワウリ
かじうり　キカラスウリ
かじお　コウゾ
かしおし　ネジキ
かしおしぎ　ネジキ
がしおしし　ネジキ
かしおしみ　ネジキ
かしおしみのき　ネジキ
かしおしめ　ネジキ
かしおすみ　ネジキ
かしおずみ　ネジキ
かしおすみのき　ネジキ
かしおずみのき　ネジキ
かしおせ　ネジキ
かしおつぎ　ネジキ
かしおのき　ネジキ
かしおみ　ネジキ
かじがー　コウゾ
かじかうり　マクワウリ
かじがら　アカメガシワ／コウゾ
かじかわ　コウゾ
かしき　ダイズ
かしぎ　アラカシ
かじき　イチイ／オモダカ／クズ／フヨウ／マコモ
がじき　マコモ
かじぎー　アオギリ
かしきぐみ　ナツグミ
かしきび　トウモロコシ
かしきわらび　ホシダ
かじくさ　コウゾ／タケニグサ
かじくそ　コウゾ
かじぐり　キカラスウリ
かしぐるみ　セイヨウグルミ（テウチグルミ）
かじけ　マコモ
かじこーうり　マクワウリ
かじこーぞ　カジノキ
かしこせ　ネジキ

かしこせん　ネジキ
かししぎ　カシワ
かししぼり　ネジキ
かししぼりしば　メギ
かじそ　カジノキ
かしぞの　クマシデ
かしつぎ　ネジキ
かしっぱ　ツノハシバミ
かじっぱ　ヤツデ
かしっぽ　イタドリ
がじっぽ　イタドリ
かしどり　イタドリ
かしなら　コナラ／ミズナラ
かしならがま　クヌギ
かしに　カシ
かじね　クズ
かじねかずら　クズ
かじのき　コウゾ／ヌルデ／ヒメコウゾ
かじのたま　ツノハシバミ
かじのは　コウゾ／タケニグサ／ミツガシワ
かしのはいちご　ホウロクイチゴ
かしのみ　ツノハシバミ／ドングリ
かしのわっぱ　ドングリ
かしのわっぱのき　カシワ
かしのわんこ　ドングリ
かしば　ツノハシバミ／ハシバミ／ナンバンカラムシ
かしばぐい　カシワ
かしばな　ヤブカンゾウ
かじばな　ウツボグサ／カキドオシ／タニウツギ／ノカンゾウ／ヒガンバナ／ホトケノザ／ムラサキケマン
かしばのは　サルトリイバラ
かしばのみ　ツノハシバミ
かしばみ　ハシバミ
かしはゆり　ウバユリ
かしぶな　イヌブナ
かしぽーず　ツクシ
かしぽくろ　タンポポ
かしぼし　ネジキ
かしまめ　ソラマメ／ツノハシバミ／トウモロコシ／ハシバミ
がしまめ　ソラマメ
かじまやー　クチナシ
かしめ　ボンテンカ
かじめ　アラメ
かじもじ　コウゾリナ
かしもち　ヤマグルマ
かしもどき　ナナメノキ／ネジキ
かしもんじ　カワラサイコ
かしゃ　クマタケラン
かじゃ　タンポポ

がしゃ　シュンラン
がじゃ　タニウツギ
かしゃいちご　ホウロクイチゴ
がじゃいも　ジャガイモ
がしゃうぎ　ハコネウツギ
がじゃうつぎ　ハコネウツギ
がしゃがしゃのはな　ツユクサ
かしゃぎ　カシワ
かしゃぎ　アカメガシワ／カシワ
かじゃき　イイギリ
かじやけばな　ムラサキケマン
かしやしば　カシワ
がじゃしば　ウツギ／タニウツギ／ムラサキシキブ
かしやっぱ　カシワ
がじゃっぱ　タニウツギ
かしやっぽ　カシワ
かしやば　アカメガシワ／フユイチゴ
がしゃまめ　ゴガツササゲ
がじゃんぎ　ハマゴウ／ミツバハマゴウ
かしやんば　カシワ
かしゃんば　カクレミノ／サルトリイバラ
かじゃんば　タンポポ
かしゅー　ツルドクダミ／ホドイモ
かしゅーすい　ナツハゼ
かしょーし　アセビ
かしょーしき　オオウラジロノキ
かしょーせん　ネジキ
かじょーに　ガジュマル
かしょーらん　シシラン
かじょき　ニッケイ
かしょしょ　ネジキ
かしょしょぎ　ネジキ
かしょせ　ネジキ
かしょせ　ネジキ
かじよりくさ　カヤツリグサ
かしら　サトイモ／ノブドウ
がしら　カゴノキ
かしらいも　サトイモ／ヤツガシラ
がしらいも　サトイモ
かしらき　カシワ
かしらぎ　カシワ
かしらげ　カシワ
かしらけずら　イヌツゲ
かしらけずらずのき　イヌツゲ
かしらけずり　イヌツゲ
かしらこ　イヌツゲ
かしらご　ジャノヒゲ／ヤブラン
かしらしめ　ザイフリボク
かしらつかみ　イヌツゲ
かしらつげ　イヌツゲ

かしらつじ　イヌツゲ
かしらっぱ　ドングリ
かしらなんば　ピーマン
かしらはげ　キヅタ／ナツハゼ
かしらはら　ツゲ
かしらん　イズセンリョウ
かしわ　アカメガシワ／カクレミノ／クヌギ／コナラ／サルトリイバラ／ツユクサ／ナラガシワ／ヌルデ／ハリギリ／フユイチゴ／ホオノキ／ミズキ／ミズナラ／ミズメ
かしわいちご　フユイチゴ／ホウロクイチゴ
かしわき　カシワ
かしわぎ　アカメガシワ
かしわぐい　サルトリイバラ
かしわぐさ　ツユクサ
かしわご　アカメガシワ
かしわしば　カシワ／サルトリイバラ
かしわだんご　サルトリイバラ
かしわっぱ　ドングリ
かしわなら　ナラガシワ
かしわのき　アカメガシワ／ミズナラ
かしわのは　サルトリイバラ／ツユクサ
かしわのはな　ツユクサ
かしわば　アカメガシワ
かしわばら　サルトリイバラ
かしわもち　サルトリイバラ
かしわもちのは　サルトリイバラ
かしわゆり　ウバユリ
かじわらささげ　インゲンマメ
かしわらん　イズセンリョウ
かしわんど　アカメガシワ
かしわんどー　アカメガシワ
かしんきび　トウモロコシ
がしんぼーず　ヤマボウシ
かず　アカメガシワ／クズ／コウゾ／ミズメ
がず　コウゾ
がすいも　キクイモ
かすーぎ　ネジキ
かすおし　ネジキ
かすおしみ　ネジキ
かずおしみ　ネジキ
かすぎ　ネジキ
かずき　マコモ
かすく　キク
かすくい　アセビ
かすくりやのき　カンコノキ
かすくれ　カンコノキ
かすくれん　カンコノキ
かすげ　ネジキ
かずさ　クズ

かずざ　クズ	かぞ　コウゾ／ミツマタ
かすしぼり　ナツハゼ／ネジキ	がぞ　ウダイカンバ
かすなら　ネジキ／ブナ	かぞー　コウゾ
かすなり　ナツハゼ	かそーし　ネジキ
かずね　クズ	かそーしき　ネジキ
かずのいも　キクイモ	かそーしめ　ネジキ
かすのき　ネジキ	かそか　リョクトウ
かずのき　カツラ／スノキ／ヌルデ	かそじ　ネジキ
かずのこぐさ　ミノゴメ	かそふし　ネジキ
かすのは　ガマズミ	かた　ツバキ
かすはき　ツバキ	かたーし　ツバキ／ドングリ／ヤブツバキ
がずばな　ヒルガオ	かたーしのき　ツバキ
かすばみ　カシワ	かたいかり　カキドオシ
かすばみ　ツノハシバミ	かたいし　サザンカ／ツバキ／ヤブツバキ
かすほし　ネジキ	かたいしもも　モモ
かすぼし　ネジキ	かたいち　クマノミズキ
かすほしみ　ネジキ	かたいちご　クマノミズキ
かずら　カツラ／ホタルカズラ	かたいつご　アズキナシ
かずらいちご　フユイチゴ	かたいもぎ　タカノツメ
かずらかじ　ツルコウゾ	かたうり　アオウリ／シロウリ／トウガン／マクワウリ
かすらかっぽ　イタドリ	かどうり　シロウリ
かずらかっぽ　イタドリ	かだえ　アギナシ
かずらぐいみ　ツルグミ	かたえずり　ヒメユズリハ
かずらぐさ　オキナグサ／ワスレグサ	かたかこ　カタクリ
かずらぐん　ツルグミ	かたかご　カタクリ
かずらなし　シマサルナシ	かたがこ　カタクリ
かずらなんばん　モロコシ	かたがし　リンボク
かずらふじ　クズ	かたかずら　テリハツルウメモドキ
かずらまめ　フジマメ	かたかめ　カラスビシャク
かずらめ　カモジグサ	かたかんこ　カタクリ
かずららん　サクララン	かたかんば　オノオレカンバ
かずら　オキナグサ／カモジグサ／クズ／テイカカズラ	かたき　ウラジロガシ／ネズミノオ
かすりそね　サワシバ	かたぎ　アカガシ／アベマキ／アラカシ／イチイガシ／
かせ　カラムシ	ウバメガシ／ウラジロガシ／カシ／カタバミ／クヌ
かせうしぎ　ネジキ	ギ／コナラ／シラカシ／ツバキ／ビワ／ヤブツバキ
かせえびび　ネジキ	かたきうり　カラスウリ
かせえせぼ　ネジキ	かたぎしー　シリブカガシ
かせおしみ　サルスベリ	かたぎのみ　ドングリ
かせぎ　ネジキ	かたぎり　イイギリ
かぜくさ　カザグルマ／スズメノヤリ	かたくり　アマナ／ウバユリ／カタクリ／クズ
かぜぐるま　ヒイラギ	かだくり　カタクリ
かぜしらせ　カゼクサ	かたくりな　アマナ
かせせぎ　ネジキ	かたくりのき　クズ
がぜつな　エンレイソウ	かたくりやなぎ　オオバヤナギ
かぜひきぐさ　タウコギ	かたぐろ　ツユクサ
かぜひきばな　ネズミモチ	かたこ　カタクリ
かぜふきぐさ　カタクリ	かたご　カタクリ
かぜぶくろ　ホコリタケ	かだこ　カタクリ
かせほせ　サルスベリ／ネジキ	かたこご　カタクリ
かせるば　オオバコ／オキナグサ	かたこゆり　カタクリ

方言名索引 ● かたこ

かたこん　カタクリ	かたたご　カタクリ
かたざくら　バクチノキ／リンボク	かただんご　カタクリ
かたさご　クマノミズキ	かたち　サザンカ／ツバキ／ヤブツバキ
かたさし　ツバキ	かたちこ　クマノミズキ
かたし　クマノミズキ／サザンカ／ツバキ／ヤブツバキ	かたちみ　アズキナシ
がたし　ツバキ	かたちもも　スモモ／モモ
かたしー　ツバキ／ヤブツバキ	かたつげ　マンサク／ミズキ
かたしお　イタヤカエデ／クマシデ	かたっけーあ　カタクリ
かたしおばな　メグスリノキ	かたつけば　タラヨウ／ユズリハ
かたしぎ　ツバキ	かたつこ　クマノミズキ
かたしけ　アズキナシ	かたっこ　カタクリ
かたしげ　ナナカマド	かたっのっ　ツバキ
かたしで　カマツカ／クマシデ	かたっぱ　カタクリ
かたしのき　ツバキ／ヤブツバキ	かたつみ　アズキナシ
かたしば　アズキナシ／サワシバ	かたなぎ　ハナイカダ
かたしぶ　アズキナシ	かたなぐさ　カワラマツバ
かたしぽーず　サザンカ	かたなし　アズキナシ／ウラジロノキ／オオウラジロノキ／ズミ／ヤマナシ
かたしま　アズキナシ	
かたしみ　アズキナシ	かたなのき　コシアブラ／タカノツメ
かたしもも　モモ	かたねじ　クマシデ
かたしよ　イタヤカエデ	かたねばな　ヒルガオ
かたしょ　クマノミズキ	かたは　カタクリ
かたしょー　イタヤカエデ	かたば　カタクリ
かたしよのき　イタヤカエデ	かたはし　ツバキ
かたしろ　ハンゲショウ	かたばし　クマノミズキ
かたじろ　ガクウツギ／ドクダミ／ハンゲショウ／マタタビ	かたはしか　クマノミズキ
	かたばしか　クマノミズキ
かたじろかずら　マタタビ	かたはな　カタクリ
かたしろぐさ　ハンゲショウ	かたばな　カタクリ
かたずいこ　スイバ	かたばみ　アズキナシ／ツノハシバミ／ムラサキカタバミ
かたすき　アズキナシ	かたばみおーれん　ミツバオウレン
かたすぎ　アズキナシ／ナナカマド	かたはわらび　フユノハナワラビ
かだすぎ　アズキナシ	かたひば　ヒメヒバ
かたすげ　アズキナシ	かたびらぎ　シャシャンボ／タニソバ
かたすご　クマノミズキ	かたふし　ヒシ
かたすな　クマノミズキ	かたふじ　ガマズミ
かたすぼ　コウホネ	がたまた　ハスノハカズラ
かたすみ　アズキナシ／ウラジロノキ／ナナカマド	かたまめ　ソラマメ／タチナタマメ
かたずみ　アズキナシ／ウラジロノキ	かたまん　デンジソウ
かだすみ　アズキナシ	かたみみ　サルノコシカケ
かたすみら　アマナ／カタクリ	かたゆずり　ヒメユズリハ
かたせ　サザンカ／ツバキ	かたより　カタクリ
かたせもも　モモ	かたら　イバラ／カラタチ／サルトリイバラ／ノイバラ
かたぜんまい　イノデ	かだら　サルトリイバラ
かたそえ　アズキナシ	がたら　サルトリイバラ
かたそぎ　クマノミズキ／マンサク	かたらいぎ　サルトリイバラ
かたそげ　クマノミズキ／マンサク	かだらいぎ　サルトリイバラ
かたぞの　クマシデ	かたらぐい　サルトリイバラ
かたそば　カナメモチ	かだらぐい　サルトリイバラ
かたそべ　アズキナシ	かだらのき　サルトリイバラ

かたらのは　サルトリイバラ
かたらぼたん　バラ
かたり　イバラ／サルトリイバラ／ノイバラ
かたろ　サルトリイバラ
がたろ　サルトリイバラ
かたわさび　ワサビダイコン
かたんこ　カタクリ
がたんこ　カタクリ
かたんば　カタバミ
かちがた　オオムギ
かちかち　ガマズミ／タンポポ
かちかちいばら　サルトリイバラ
かちかちばな　アセビ／ヤブレガサ
かちがみのき　コウゾ
かちがら　コウゾ
かちき　ヌルデ
かちぎ　マコモ
がちき　マコモ
がちきび　キビ
かちくかぶ　スウェーデンカブ
かちぬき　ヤマハンノキ
かちのき　カシ／コナラ／ヌルデ
がちぼ　マコモ
がちぼー　ニワトコ
がちぼこ　マコモ
かちまめ　ラッカセイ
がちも　マコモ
かちゃーし　ツバキ
がちゃがちゃ　タケニグサ
かちゃかちゃばな　カイザイク／ムギワラギク
がちゃがちゃばな　ツユクサ
かちゃし　サザンカ／ツバキ
がちゃちゃ　タケニグサ
かちゅーな　フダンソウ
かちんこ　フサスグリ
かつ　アサ／コウゾ
かついも　ジャガイモ
かつおぐいめー　ナワシログミ
かつおぐさ　カモノハシ
かつおつぎ　ネジキ
かつおな　タカナ／フダンソウ
かっか　カキ
かっかうり　マクワウリ
かっかこばな　ツユクサ
かっかじゅ　サルトリイバラ
かっかせ　ラッカセイ
かっかべ　カタクリ／クロベ
かっから　サルトリイバラ
かっがら　コウゾ／サルトリイバラ
かっからん　サルトリイバラ

かっがらんは　サルトリイバラ
かつき　ヌルデ
かつぎ　ガマ／ヌルデ／マコモ
かづき　マコモ
がっき　ハナウド
がつぎ　マコモ
かつきいも　ジャガイモ
かっきんぽ　ミズキ
かっけこ　ツユクサ
かっこ　アツモリソウ／アヤメ／イタドリ／ウツボグサ／カキツバタ／カナクギノキ／サワフタギ／ショウブ／ノカンゾウ／ハナショウブ／ホタルブクロ
がつこ　マコモ
がっこ　ツバキ／ヤブカンゾウ／ワスレグサ
がつご　マコモ
かっこー　アヤメ／オニユリ／カキツバタ／カンコノキ／サワフタギ／ツリガネニンジン／ノハナショウブ／ハナショウブ／ヒルガオ／ホタルブクロ／ヤマユリ／ユリ
かっこーいのこ　ナンバンギセル
かっこーぎ　カンコノキ
かっこーごーら　ユリ
かっこーじ　タンポポ
がっこーし　タンポポ
かっこーのき　サワフタギ
かっこーばな　アツモリソウ／アヤメ／オニユリ／カキツバタ／ハナショウブ／ヤマユリ
かっこーへのこ　アツモリソウ／ナンバンギセル
かっこーぺのご　ナンバンギセル
かっこぎ　サワフタギ
かっこくさ　ヤブカンゾウ
かっこぐさ　クサネム
かっこな　ヤブカンゾウ
かっこのへのこ　アツモリソウ
かっごのへのご　ナンバンギセル
かっこのみずくさ　アツモリソウ
かっこのみずぐみ　アツモリソウ
かっこば　カラムシ
かっこばーな　オダマキ
かっこばな　アツモリソウ／アヤメ／オダマキ／カキツバタ／ショウブ／タニウツギ／ハナショウブ／ヤブカンゾウ／ヤマオダマキ／ワスレグサ
かっこべ　ナンバンギセル／ハコベ
かっこべのこ　アツモリソウ
かっこゆり　ササユリ
かっこん　アヤメ
かっざ　クズ
がっさんだけ　チシマザサ
かっしき　オキナグサ／ノグルミ
かつしぼり　カナウツギ

かっしぼり ネジキ
かっじゃ クズ
かっしゃぎ アカメガシワ
かっしゅ マルバドコロ
かっしゅー ネジキ
かっじんどー イタドリ
かっず コウゾ
かっずぁ クズ
かっすぽ ネジキ
かつそ アサ
かったいぎり ハリギリ
かったいばな ヒガンバナ
かったいまくら ジュウニヒトエ
かったかな タネツケバナ
かったね ナタネ
かったろばな ヒガンバナ
かっちき オキナグサ/ハナウド
かっちきじょーろ オキナグサ
かっちきばな タニウツギ
かっちぎんばな タニウツギ
かっちどんぐり クヌギ
かっちのき カシ/コナラ
かっちゃ カボチャ
かっちゃいはな ヒガンバナ
かっちゃばな ヒガンバナ
かっちゃぶら ヒガンバナ
かっちゃむぎ オオムギ
かっちょばな スミレ/ヒガンバナ
かっちん カシ
かっちんまめ ソラマメ
かっつぁもんぎ エンバク
かっつお アサ
かつつき ハコネウツギ
かつつき ヌルデ
かつつけだま ドングリ/ナギ
かつつぽ ヌルデ
かっつる オキナグサ
かってー ドクダミ
かってぐさ ドクダミ
かつな アオノリ
かつぬき ヌルデ
かつね ツクネイモ/ナガイモ
かつねかずら クズ
かつのき カシ/コナラ/ヌルデ
かっぱ アオミドロ
かっぱき フヨウ
かっぱくさ イシミカワ/ドクダミ
かっぱぐさ イシミカワ/ヒツジグサ
がっぱぐさ ドクダミ
かっぱすり ウナギツカミ

かっぱずる イシミカワ
かっぱそー イシミカワ
かっぱぞみ オオカメノキ
かっぱっだ アオミドロ
かっぱな タカナ
かっぱね コウホネ
かっぱのき アカメガシワ
かっぱのぎょーぎ トチカガミ
かっぱのごき イシミカワ/ヒツジグサ
かっぱのしりぬぐい イシミカワ/ウナギツカミ
かっぱのしんちこ ツクシ
かっぱのだまし アサザ/トチカガミ
かっぱのへ ドクダミ
かっぱぶき コウホネ
かっぱわた アオミドロ
かつぷ ホタルブクロ
かつふし ネジキ
かつぶし イケマ/ネジキ
かつぶしな フダンソウ
かっぺれそー クガイソウ
かつほ カラムシ/ナンバンカラムシ
かつぽ マコモ
かっぽ マコモ
かっぽ イタドリ/ガマ/コモ/ササユリ/ツバキ/ツリガネニンジン/ヌルデ/ホタルブクロ/マコモ
がつぽ ガマ/マコモ
がつぽ マコモ
かっぽー イタドリ/カラムシ/ヒルガオ/ホタルブクロ
かっぽーはな ホタルブクロ
かっぽーばな ホタルブクロ/レンゲツツジ
かつぽぎ ハマクサギ
かつぽく ヌルデ
かっぽくさ バイカモ
かっぽぐさ ヒルガオ
かっぽこ タンポポ
がっぽし コウゾリナ
かつぽせ ネジキ
かっぽっぽ タンポポ
かっぽり イタドリ
かっぽん イタドリ
かっぽん イタドリ
かっぽんがら イタドリ
かっぽんたん カラムシ
かっぽんば カラムシ
かっぽんはな ホタルブクロ
かっぽんばな ホタルブクロ
かっぽんぽ カラムシ
かつまめ アオガリダイズ
かつみ コモ/フトイ/マコモ
かつも マコモ

かっも　マコモ
かつもり　ブンドウ／マクワウリ／リョクトウ
かつやま　マムシグサ
かつら　クズ／ラッカセイ
かつらいぽー　ノブドウ
かつらうり　シロウリ
かつらき　カツラ
かつらぎ　カツラ
かつらくさ　ツヅラフジ
かつらしで　サワシバ
かつらな　シオデ
かつらのき　カツラ
かつらぽーこ　チチコグサ
かつわぎ　アカメガシワ
かづわき　ジャガイモ
かつんぎ　ハチジョウキブシ
かつんぽ　ヌルデ
かつんぽー　ヌルデ
かて　タニウツギ
かでうり　マクワウリ
かてーし　ツバキ
かてえんざ　アサザ
かでくさ　シシガシラ
かてくず　ノアズキ
かでこ　ショウジョウバカマ
かてし　サザンカ／ツバキ／ヤブツバキ
かてしのき　サザンカ／ツバキ
かてしもも　モモ
かてのき　タニウツギ
かてむぎ　オオムギ
かと　コウホネ
かど　オモダカ／コウホネ／シシウド
かといぐさ　ヒメハマナデシコ
かどいでくさ　マンネンタケ
かどいでだけ　マンネンタケ
かとー　コウホネ
かどー　コウホネ／ミツガシワ
がとー　コウホネ
がどー　ブドウ
かとーぐさ　ギシギシ
かどーしん　ネジキ
かどぎ　ニシキギ
かどくさ　シシガシラ
かどでくさ　マンネンタケ
かどでたけ　マンネンタケ
かどでだけ　マンネンタケ
かとば　スイバ
かどぽ　ヒルガオ
かとりぐさ　ガガイモ／カワラヨモギ
かどろ　ドロヤナギ

かな　アオミドロ
かないちご　キイチゴ／モミジイチゴ
かないばら　サルトリイバラ
かなうつぎ　ドクウツギ
かなかずら　クマヤナギ／サルナシ
かなかぶり　ネジキ
かながらばな　カイザイク
かなき　オノオレカンバ
かなぎ　オノオレカンバ／クヌギ／ケヤキ／コゴメウツギ
かなきばら　メギ
かなくぎのき　カナクギノキ
かなくず　アマモ
かなくずいも　ツクネイモ／ナガイモ
かなくそ　タマミズキ
かなくそいも　ツクネイモ／ナガイモ／ヒメドコロ
かなげ　アリドオシ
かなこ　カゴノキ／カナクギノキ
かなご　オオムギ
かなこちしゃ　レタス
かなしば　タマアジサイ
かなずら　カニクサ／クマヤナギ／ツタウルシ／ヤマフジ
かなそのき　ウラジロ
かなたくさ　ムラサキカタバミ
かなつが　コメツガ
かなづつ　ヤマハハコ
かなつとごり　キカラスウリ
かなつばき　アデク
かなつぶし　カマツカ
かなつる　カニクサ
かなと　トウモロコシ
かなとかずら　スイカズラ
かなとずら　カニクサ
かなねぶ　アオダモ／トネリコ
かなはぎ　コマツナギ
かなばり　ユウガオ
かなひき　イチビ
かなびき　イチビ
かなびきそー　イカリソウ
かなひばし　イヌビワ
かなひばしばな　ネジバナ
かなぶー　イスノキ
かなふじ　クマヤナギ
かなまき　クヌギ／コナラ
かなまさり　ムラサキシキブ
かなまつ　コウヤマキ
かなみぎ　カナメモチ
かなむぐら　イシミカワ／カラハナソウ／グンバイナズナ／ママコノシリヌグイ
かなめ　カナメモチ／ヤマボウシ
かなめがし　アカメガシワ／カナメモチ

方言名索引 ● かなめ

かなめがしわ　アカメガシワ
かなめのき　カナメモチ
かなもぐら　ママコノシリヌグイ／ヤエムグラ
かなもと　ムラサキシキブ
かなもとぎ　ムラサキシキブ
かなもどき　ムラサキシキブ
かなもどり　ムラサキシキブ
かなもんぐさ　ミゾソバ
かなやましだ　ユノミネシダ
かなよし　オギ／スダレヨシ
かにがしら　ムツオレグサ
かにかにくさ　ミズアオイ
かにがにぐさ　ミズアオイ
がにがにっ　エビヅル
かにかや　オガルカヤ／カモノハシ
かにがや　アブラガヤ／アブラシバ／オガルカヤ／ススキ／タニガワスゲ
かにくさ　エノコログサ／オオバコ／カニクサ／クジャクシダ／ハマムギ
かにぐさ　エノコログサ
がにくさ　エノコログサ／コアカソ
がにぐさ　エノコログサ／オオバコ
かにくび　ハマボウフウ
かにこくさ　カニクサ
かにこぐさ　カニクサ
かにさし　コアカソ
がにさし　コアカソ
がにしば　カゼクサ／チカラシバ
かにしゃぼ　カニサボテン
かにすかし　チガヤ
かにづる　カニクサ
かにそー　カニサボテン
かにそばえ　エノコログサ
がにそばえ　エノコログサ
かにだいな　ヨブスマソウ
かにつりくさ　カモジグサ／カヤツリグサ
かにつりぐさ　スズメノテッポウ
がにつりくさ　コアカソ
かにとりぐさ　ナズナ
かにのす　イヌツゲ／ホンダワラ
がにのす　イヌツゲ
かにのめ　スズメノエンドウ
がにのめ　アズキ／コアカソ
かにのめのえんどー　カラスノエンドウ
かにふ　ノブドウ
かにぶ　ノブドウ
がにぶし　コアカソ
かにふん　ノブドウ
かにます　スズメノテッポウ
がにまなく　クマヤナギ

かにらん　カニサボテン
かにん　ノブドウ
かにんくさ　オオバコ
がにんぐさ　オオバコ
かね　ワラビ
かねいしいも　ジャガイモ
かねーぶ　ノブドウ
がねーぶ　ノブドウ
かねかねいちんご　クマヤナギ
かねかぶり　カナメモチ／ザイフリボク／ネジキ／ヤマボウシ
かねかや　メガルカヤ
かねき　キハダ
がねき　エビヅル
かねきんたま　ジュズダマ
かねくぐさ　シマニシキソウ
かねくさ　カタバミ／ヒルムシロ
がねくさ　カタバミ
がねぐさ　エノコログサ
かねこくさ　カタバミ
かねこぐさ　カタバミ
がねっ　エビヅル／ノブドウ
がねっかずら　ノブドウ
がねっかずら　ノブドウ
かねっかぶり　ザイフリボク
かねつりくさ　カモジグサ
かねとづる　アオツヅラフジ
かねな　ツリガネニンジン
かねのき　キハダ
がねのほ　スズメノテッポウ
かねばら　サルトリイバラ
がねび　エビヅル
がねび　ノブドウ
がねびかずら　エビヅル
かねふ　ノブドウ
がねふ　エビヅル／ノブドウ
かねぶかずら　ノブドウ
がねぶかずら　エビヅル
がねぶどー　エビヅル
がねらん　カニサボテン
かねり　ハルニレ
かねんき　ニシキギ
がねんくさ　ホシダ
がねんしぶたけ　ホテイアオイ
がねんて　カニサボテン
かのか　シバ
かのが　シバ
かのこ　カゴノキ／カナクギノキ／カノコユリ
かのご　シバ
かのこが　カゴノキ

かのこがし カゴノキ	かぶしめじ シメジ
かのこしで アサダ	かぶす カボチャ／サンボウカン／ダイダイ
かのこそー キョウガノコ	かふすべのき ネズミサシ／ミズ
かのこゆい カノコユリ	かぶずる エビヅル
かのすね ハルシャギク	かぶせ オオムギ
かのつめ スダジイ	かぶた カブ
かのにげぐさ トチバニンジン	かぶだいこ カブ
かのはし ゲンノショウコ	かぶだいこん カブ
かば アカメガシワ／イタドリ／ウダイカンバ／ウワミズザクラ／オオヤマザクラ／オノオレカンバ／カボチャ／ガマ／サクラ／シラカンバ／ダケカンバ／ヤマザクラ	かぶたいも ジャガイモ
	かぶだいも ジャガイモ
	かぶたね ナタネ
	かぶたまな コールラビ
がば ガマ／ミクリ	かぶち カボチャ／ダイダイ
かばいちご モミジイチゴ	かぶちゃ カボチャ
かばきれ オキナグサ	かぶちょ カボチャ
かばざくら ウダイカンバ／マカンバ／ヤマザクラ	かぶつ ダイダイ
かばしぐさ モロコシソウ	がぶつ ダイダイ
かばしこ ダイズ	かぶつぐり コウゾリナ
かばちゃ カボチャ	かぶてこぶら オオケタデ
かばぬき ヤマザクラ	かぶと カブ
かばのき シラカンバ	かぶとぎく トリカブト
かばばのき エゴノキ	かぶとくさ トリカブト
かばらぶし ノビル	かぶとぐさ トリカブト
かび クロベ／サワラ／シラカンバ	かぶとじー マテバシイ
がび クロベ／シラカンバ／ダケカンバ	かぶとそー トウギボウシ／トリカブト
がびかずら エビヅル	かぶとばな トリカブト／ヒルガオ
かびき オオシマガンピ	かぶな ガガイモ／カブ／キツネアザミ／ケッキュウハクサイ／ヒケッキュウハクサイ
かびぎ コウゾ	
かびきー コウゾ	がぶな ガガイモ
かびぎー コウゾ	かぶねぎ ワケギ
かぴきー コウゾ	かぶのはな ヒガンバナ
かびくさ カワラヨモギ	かぶぶな イヌブナ
がびずる エビヅル	かぶら アカカブ／カブ
かびたいも ジャガイモ	かぶらうつぎ ノリウツギ
がひん アケビ	かぶらき コシアブラ／ノリウツギ
かびんぎー コウゾ	かぶらぎ ノリウツギ
かぶ アブラナ／ケッキュウハクサイ／タイサイ／ナタネ／ヒケッキュウハクサイ	かぶらぎく シュウメイギク
	かぶらぐす カラスビシャク
がぶ エビヅル／ノブドウ	かぶらすず カラスビシャク
かぶいも サトイモ／ジャガイモ	かぶらだいこん カブ
かぶうつぎ ノリウツギ	かぶらっき ノリウツギ
がぶかずら サンカクヅル	かぶらねぎ ワケギ
かぶかんらん コールラビ	かぶらぶし カラスビシャク／ツユクサ／トリカブト
かぶきれ オキナグサ	かぶらぶす カラスビシャク／トリカブト
かぶくさ コウゾリナ／ニガナ／ノゲシ／ハチジョウナ	かぶらむし カラスビシャク
かぶぐさ ハチジョウナ	かぶらむし カラスビシャク
かぶこ カブ	かぶりかずら カニクサ
かぶし オオムギ／ハマスゲ	かぶりぐさ ニガナ
かぶじー ツブラジイ	かぶる トウモロコシ
かぶしばな タニウツギ	かぶれ ウルシ／ヌルデ／ヒガンバナ／ヤマウルシ

かぶれき　ヌルデ
かぶれぎ　ヒガンバナ
かぶれぐき　ヒガンバナ
かぶれっき　ウルシ／ヌルデ／ハゼノキ／ヤマウルシ
かぶれのき　アセビ／ウルシ／ヌルデ／ハゼノキ
かぶれのはな　キツネノカミソリ
かぶればな　ヒガンバナ
かぶれんしょ　ハゼノキ／ヒガンバナ
かぶれんしょー　ヒガンバナ
かぶろ　オキナグサ／ガガイモ
がぶろ　ガガイモ
かぶろぎく　シュウメイギク
かぶろぐさ　ジャノヒゲ／スズメノカタビラ／ヤブレガサ
かぶろそー　オキナグサ
かぶろっこ　オキナグサ
かべ　イタヤカエデ／オオカメノキ／ガンピ／クワ
がべ　オオカメノキ
かべじさ　ダンコウバイ
かべたたき　サボテン
かべっちゃ　ダンコウバイ
かべとし　カキドオシ
かべのき　オオカメノキ
かべんそー　オオカメノキ／ミズアオイ
かぼ　カボチャ
かぼぇちゃ　カボチャ
かぼきれ　オキナグサ
かぼす　ユズ
かぼせ　オオムギ
かぼそ　ブンタン
かぼち　カボチャ
かぼちゃ　カボチャ
かぼら　カブ
かぼんばな　ゲンゲ
がぼんぽ　ツクシ
がま　ガマ
かまいちご　クサイチゴ
かまうど　ヤマモガシ
かまえ　アカメガシワ
かまえび　サンカクヅル／ノブドウ／ヤマブドウ
かまえぶ　ノブドウ
かまおり　コアカソ
かまおれむぎ　オオムギ
かまおろ　コアカソ
かまがら　カマツカ／ザイフリボク
かまがれ　アズキナシ
かまきなす　ナス
かまきり　オオバコ／ヘラオオバコ
かまぎり　コアカソ
かまくさ　カタバミ／ツユクサ
かまぐさ　ツユクサ

かまくた　カマツカ
かまくら　ホウセンカ
かまこしば　スズメノヤリ
かまこぶち　イヌツゲ
かまこらし　ムラサキシキブ
かまさき　モクレン
かまささげ　インゲンマメ／ゴガツササゲ
かまじか　カマツカ
がまじろ　ガガイモ
かます　ガマズミ／カマツカ
がますいび　ガマズミ
がますいび　ガマズミ
かますか　カマツカ
かますが　カマツカ
かますか　カマツカ／ツユクサ
かますが　カマツカ
がますか　カマツカ
かますぐさ　ヌスビトハギ
かますご　カマツカ
かますなんば　ピーマン
かますのき　マルバノキ
かますみ　カマツカ
がますみ　ガマズミ
かまぞ　カマツカ／フサザクラ
かまたたず　コアカソ／ムラサキシキブ
かまたてばな　フシグロ
かまちこ　カタバミ／タマガヤツリ／ツユクサ
かまつか　アズキナシ／ウワミズザクラ／ガマズミ／カマツカ（オオカマツカ）／ツユクサ／ハゲイトウ／ホタルブクロ／ミゾソバ
かまつが　カマツカ
かまつかぐみ　カマツカ／グミ
かまつこ　ツユクサ
かまつぶし　カマツカ
かまど　ナナカマド
かまとーし　ガマズミ
かまとかえし　ハチジョウナ
かまどのき　マンサク
かまねじ　カマツカ
かまねぶ　アオダモ／メグスリノキ
かまねぶり　カマツカ
かまのき　ハコネウツギ／ヤマモガシ
かまのふた　キランソウ
かまのめんたま　ジャノヒゲ
かまはじき　イボタノキ／ウラジロノキ／ザイフリボク／タマアジサイ
かまひばし　イヌビワ
かまぶどー　ヤマブドウ
かまます　カマツカ
かまままめ　フジマメ

かまゆび	ノブドウ	かみなり	トウヒ／ハリモミ
かまらーまみ	ダイズ	かみなりおそれうのは	ギボウシ
かまわれ	ヒガンバナ	かみなりぎ	アカメガシワ／ゴンズイ
かまんかー	ホウセンカ	かみなりぐさ	ハマヒルガオ／ベンケイソウ／ユキノシタ
がまんそー	アマドコロ	かみなりささぎ	アカメガシワ／キササゲ
がまんど	ウラジロ	かみなりささげ	キササゲ／クララ
かまんどげーし	ハチジョウナ	かみなりさんばな	ヒガンバナ
かみかずら	サネカズラ	かみなりすいこ	イタドリ
かみかつら	ミツマタ	かみなりずいこ	イタドリ
かみぎ	オオシマガンピ／コウゾ	かみなりずる	ヒルガオ
かみきりばな	ニワホコリ	かみなりそー	イワレンゲ／コウゾリナ／ベンケイソウ
かみくさ	コウゾ／タウコギ／ミツマタ	かみなりのき	アカメガシワ／カンボク／キササゲ／コウヨウザン／チャンチン／マサキ
かみぐさ	コウゾ		
かみさかき	サカキ	かみなりのへ	ドクダミ
かみさしばな	サクララン	かみなりのへそ	スギナ／ツクシ／ドクダミ
かみさまぐさ	ゲンノショウコ	かみなりばな	タケニグサ／ヒガンバナ／ヒルガオ
かみさんぐさ	ゲンノショウコ	かみなりひょーな	イヌビユ
かみさんしば	サカキ	かみなりびょーな	イヌビユ
かみさんばな	ゲンノショウコ／ヒガンバナ	かみなりよけ	アオノリュウゼツラン／キササゲ／チャンチン／ナギ／ヒイラギ
かみしば	イヌツゲ／サカキ		
かみしゃかき	サカキ	かみぬけしたへなれぽんぽこうえなれ	オキナグサ
かみじゃかき	サカキ	かみのき	ウラジロエノキ／オナモミ／オニシバリ／カジノキ／ガンピ／コウゾ／タイミンタチバナ／ミツマタ
かみすりぎ	ニシキギ		
かみすりぐさ	ヤエムグラ		
かみすりばら	ニシキギ	かみば	サカキ
かみすりまゆみ	ニシキギ	かみひ	ヒノキ
かみそ	カジノキ／ガンピ／コウゾ	かみひきぐさ	ミズヒキ
かみそーぎ	コウゾ	かみひのき	ヒノキ
かみそめばな	クサフジ／ツユクサ	かみもみじ	ウリカエデ
かみそり	ニシキギ／ヒガンバナ	かむきび	モロコシ
かみそりぎ	ニシキギ／マユミ	かむしっぱ	キヅタ
かみそりくさ	ニガクサ／ヒガンバナ	かむり	トウガン
かみそりぐさ	キツネノカミソリ／ヒガンバナ	かむろ	オキナグサ
かみそりな	コマツナ	がめいげ	サルトリイバラ
かみそりのき	ニシキギ	かめいばら	サルトリイバラ
かみそりばな	キツネノカミソリ／ヒガンバナ	かめうり	ツルレイシ
かみそりまゆみ	ニシキギ	かめーがら	ネジキ
かみそりまよめ	ニシキギ	かめがう	ツユクサ
かみそりもどき	ニシキギ	かめかぐら	ヒガンバナ
かみそれ	ニシキギ	かめがは	ヨメナ
かみそれぎ	ニシキギ	かめがら	ガマズミ／ツユクサ／ネジキ／ミヤマガマズミ／ヤブデマリ
かみだま	ミツデウラボシ		
かみつかう	サギゴケ	かめかんぐら	ヒガンバナ
かみっこー	サギゴケ	がめぎ	サルトリイバラ
かみつた	ヒメイタビ	かめくさ	シナガワハギ
かみつみ	ニワホコリ	かめこちちんじ	ツリガネニンジン
かみつりぐさ	ニワホコリ	かめこつつじ	ツリガネツツジ／ドウダンツツジ
かみどろ	ノリウツギ	がめしば	サルトリイバラ
かみどろろ	トロロアオイ	かめずた	ツルマサキ
かみなぐさ	カモジグサ	かめちょ	ムラサキカタバミ
		かめど	エンドウ

671

かめのこ	ヒメコバンソウ
かめのこー	イタヤカエデ
かめのこーいばら	サルトリイバラ
がめのしぶたい	ホテイアオイ
がめのしぶたけ	ホテイアオイ
がめのしゅぶたけ	ホテイアオイ
がめのしゅぶたけ	ホテイアオイ
がめのは	サルトリイバラ
がめのは	サルトリイバラ
がめばす	トチカガミ
がめばな	アサザ
がめはな	アサザ
かめゆり	ヒガンバナ
がめんしぶた	ホテイアオイ
がめんしぶた	ホテイアオイ
がめんしぶたけ	ホテイアオイ
かめんぞう	タイミンタチバナ
がめんは	カラムシ／サルトリイバラ
かもうっ	カボチャ／トウガン
かもうり	トウガン
かもえび	ヤマブドウ
かもおり	コアカソ
かもーり	トウガン
かもぐさ	スギナ／ツクシ
かもこが	カゴノキ
かもじにんじん	トチバニンジン
かもじわかめ	ワカメ
かもにんじん	ニンジン
かものき	カゴノキ
かもめ	ミヤコグサ
かもめぐさ	ニシキハギ
かもめっこ	ミヤコグサ
かもめのおび	アマモ
かもめのちち	ノウルシ
かもめのはな	スミレ／ツボスミレ
がももん	ゴキヅル
かもやぐさ	イヌビエ
かもり	トウガン
かもる	トウガン
がもんじ	コウゾリナ
かもんばな	ゲンゲ
かや	イヌガヤ／オガルカヤ／カヤツリグサ／カリヤス／クマザサ／ススキ（ムラサキススキ）／チガヤ／トキワススキ／メガルカヤ
がや	イヌガヤ／カヤ
かやうん	ヤマノイモ
かやおんは	ヤブマオ
かやおんば	ヤブマオ
かやがみ	チガヤ
かやかや	カヤツリグサ
かやぎ	ススキ
かやききょー	ムラサキツユクサ
かやきび	サトウキビ
かやくさ	カヤ／カヤツリグサ／ナンバンギセル
かやぐさ	イラクサ／ウシクグ／カヤツリグサ
かやこ	カヤツリグサ／ススキ
かやご	カヤ／ススキ／チガヤ／ツバナ
かやさとほー	サトウキビ
かやしょ	セキショウ
かやじょ	セキショウ
かやぜ	イタヤカエデ
かやそー	カヤツリグサ
かやついくさ	カヤツリグサ
かやつがい	カヤツリグサ
かやつばな	ツバナ
かやつり	イグサ／カヤツリグサ
かやつりくさ	カヤツリグサ／トウダイグサ
かやつりぐさ	メヒシバ
かやつりそー	カヤツリグサ
かやで	イタヤカエデ／ウリカエデ／コミネカエデ／ハウチワカエデ／ヒトツバカエデ
かやでもみじ	イタヤカエデ
かやとりくさ	カヤツリグサ
かやな	コウゾリナ
かやね	チガヤ
かやのき	カヤ／カヤツリグサ
かやのつりて	カヤツリグサ
かやのみ	イヌガヤ／イヌマキ／カヤ／ツバナ
かやのみのき	イヌガヤ／カヤ
かやのめ	ツバナ
かやぶ	カヤ／ススキ
かやぽ	カヤ／ススキ／チガヤ
かやぼたん	マツバボタン
かやぽんぽん	イタドリ
かやまいも	サトイモ
かやまめ	ラッカセイ
かやむぐり	コウゾリナ
かやもぐさ	ノビエ
かやもり	コウゾリナ
かやりぐさ	イブキジャコウソウ
かやん	ヤマノイモ
かやんは	カラムシ
かやんば	カラムシ
かやんぼ	カヤ／ススキ／ツバナ
かゆいも	サトイモ
かゆかい	イラクサ
かゆがり	イラクサ
かよーばさー	クワズイモ
かよーん	ヤマノイモ
かよもんなかせ	コバンノキ

がら　マダケ
からあおい　ゼニアオイ／タチアオイ
からあおえ　タチアオイ
からあけび　ミツバアケビ
からい　ケイトウ
からいご　カボチャ
からいそ　タマミズキ
からいちご　スグリ
からいむ　サツマイモ
からいも　キクイモ／サツマイモ／サトイモ／ジャガイモ／ハスイモ
がらいも　キクイモ／ノブドウ
からいもだら　タラノキ
からうつぎ　タニウツギ／ドクウツギ／ヒョウタンボク
からうめ　アンズ／スグリ／ロウバイ
からうり　カボチャ／キュウリ／シロウリ／トウガン
からえどまめ　カスマグサ
からえも　キクイモ／ジャガイモ
からお　カラムシ
からおい　ゼニアオイ／タチアオイ
からおえ　タチアオイ
からおり　マクワウリ
がらーぎな　チヂミザサ
からがき　イチジク
がらがき　マメガキ
からかさいも　サトイモ
からかさぐさ　ヤブレガサ
からかさまつ　コウヤマキ
からかさまめ　オクラ
からかさみずき　ミズキ
からかさみずのき　ミズキ
からかし　アカメガシワ
からから　ムギワラギク
がらがら　アセビ／オトコヨモギ／タケニグサ／ナズナ／ヒメコバンソウ／ヒメムカシヨモギ／ヤブニッケイ
がらがらがき　マメガキ
がらがらくさ　ナズナ／ヒメコバンソウ
からからしば　ソヨゴ
からからず　アンズ
からからそー　ムギワラギク
がらがらそー　ナズナ
がらがらのき　ヤマガキ
がらがらばな　ムギワラギク
がらがらもんじょ　ヒメコバンソウ
からかわ　エゴノキ
からぎ　シウリザクラ
からきく　シュンギク
からぎく　シュウメイギク／ハルシャギク
からきび　サトウモロコシ／トウモロコシ
からくさ　ウマゴヤシ／オノマンネングサ／クジャクシダ／ツユクサ／マツバボタン／メノマンネングサ／メヒシバ／ヤナギタデ
からくさしだ　ヒメハシゴシダ
からくさよもぎ　カワラヨモギ
からくす　カナクギノキ／タマミズキ
からくそ　タマミズキ
からくちなし　コクチナシ
からくぬぎ　アサダ
からぐみ　アキグミ
からくり　アサダ
からくるび　カラコギカエデ
からくるみ　クマノミズキ／コミネカエデ
からくわ　ムクゲ／ヤマボウシ
からけんせ　サトウモロコシ
からこ　シウリザクラ
からこぎ　カラコギカエデ
からごし　トウガラシ
からごしょ　トウガラシ
からごしょー　トウガラシ
からこむぎ　ライムギ
からざと　サトウモロコシ
からざとのき　サトウキビ／サトウモロコシ
がらさむん　ヒエ
からし　アブラナ／カラシナ／ケシ／コショウ／トウガラシ／ワサビ
がらし　ニッケイ
からしいも　キクイモ
からしうり　ツルレイシ
からしきび　アセビ
からしぐさ　タガラシ
からしぐり　フサスグリ
からしだいこん　ワサビダイコン
からしな　アブラナ
からしなたね　アブラナ
がらしぬむん　ヒエ
からしのはな　アブラナ
からしぶつ　ハハコグサ
がらしまい　ヒエ
からしむぎ　カラスムギ
からじゃいも　キクイモ
からしゃごみ　アキグミ
からしゅんきく　マリゴールド
からしょーが　イチハツ／ワスレグサ
からしょーぎ　イチハツ
からしょーごい　アオハダ／ウメモドキ
からしょぎ　ヤブカンゾウ／ワスレグサ
からすいちご　ハチジョウイチゴ／ヘビイチゴ
からすいばら　クサスギカズラ
がらすいむん　キカラスウリ
からすいも　アマナ／カラスビシャク／ヒメウズ

方言名索引 ● からす

からすうい	キカラスウリ
からすうべ	アケビ
からすうり	カラスウリ／キカラスウリ
からすうんべ	アケビ／キカラスウリ／ミツバアケビ
からすえくぼ	ノブドウ
からすえぐり	カラスビシャク
からすえび	ノブドウ
からすえびこ	フユイチゴ
からすえびご	フユイチゴ
からすえびね	ノブドウ
からすえぶこ	ノブドウ
からすえぶご	ノブドウ
からすおーぎ	ヒオウギ
からすおんのへ	ノブドウ
からすおんのべ	ノブドウ
からすかき	カラスウリ
からすがき	アオハダ／カラスウリ
からすがっぽー	イタドリ
からすかねび	ノブドウ
からすがねび	ノブドウ
からすがらめ	エビヅル
からすぎ	アスナロ／シャリンバイ／トウヒ／トベラ／ネズミサシ
がらすぎーまぎ	ハマヒサカキ
からすきぐさ	ヌマダイコン
がらすぎま	ハマヒサカキ
からすぐさ	ツユクサ
からずぐちな	カラスウリ
がらすぐま	ハマヒサカキ
がらすぐまぎゅ	ハマヒサカキ
からすぐみ	ウグイスカグラ
からすぐり	モミジカラスウリ
がらすげま	ハマヒサカキ
からすご	カラスウリ
からずごい	カラスウリ
からすこー	カラスウリ
からすこーべ	カラスウリ
からすごーり	カラスウリ／
からすこがみ	イケマ
からすこくぼ	オオイタビ
がらすこげ	メヒルギ
からすごっぺ	カラスウリ
からすこはい	カラスウリ
からすこばい	カラスウリ
からすこぶ	カラスウリ
からすこぶし	カラスウリ
からすこべ	カラスウリ
からすこべす	カラスウリ
からすこぼし	カラスウリ
からすこり	カラスウリ
からすごり	カラスウリ
からすこんび	キカラスウリ
からすこんぶ	カラスウリ
からすこんぽ	カラスウリ
からずし	ツナソ
からすしば	キンラン
からすじゅみ	カンボク
からすじょーちん	カラスウリ
からすじょみ	カンボク
からすずみ	ヤナギイチゴ
からすちょーちん	カラスウリ
からすちんご	カラスウリ
からすっかけ	ガマズミ
からすっぱ	イタドリ
からすっぽぐり	カラスウリ
からすてっぽー	カラスビシャク
からすてんぐり	キカラスウリ
からすど	エンバク／カラスムギ
からすとまらず	ゴンズイ／タラノキ
からすとんき	キカラスウリ
からすとんぎ	キカラスウリ
からすとんごー	カラスウリ
からすなす	キカラスウリ
からすなべ	ガガイモ
からすなんばん	クコ
がらすぬはんめ	オオカラスウリ
がらすぬまいきゃ	オオカラスウリ
からすねこごり	イシミカワ
からすのあし	キツネノボタン／ハコネシダ
からすのあずき	ニワトコ
からすのあずきめし	ニワトコ
からすのあぶら	マダイオウ
からすのあまだけ	アケビ
からすのあんずぎみし	ニワトコ
からすのいちご	オヘビイチゴ／ヘビイチゴ
からすのいちじく	イヌビワ
からすのいも	ヒメウズ
からすのうえき	マツグミ／ヤドリギ
からすのうど	ノブドウ
からすのうり	アケビ／カラスウリ
からすのえんどう	カラスノエンドウ／スズメノエンドウ
からすのおーぎ	シャガ／ヒオウギ
からすのおかね	ウバユリ
からすのおき	シュンラン
からすのおぎ	シュンラン
からすのおきゅー	カラスビシャク／ハハコグサ
からすのおっぺっぺ	カラスビシャク
からすのおみき	ガマズミ
からすのかき	カラスウリ
からすのかみそり	ナツズイセン

からすのき　トベラ
からすのきゅー　カラスビシャク／ノボロギク
からすのきゅーすい　カラスビシャク
からすのきんたま　カラスウリ
からすのきんちゃく　ヌスビトハギ
からすのくぎ　スノキ
からすのくし　ノグルミ
からすのぐんど　ノブドウ
からすのこーがい　ナツフジ
からすのこーがえ　ナツフジ
からすのごーり　カラスウリ
からすのごき　ゴキヅル
からすのごきづる　ゴキヅル
からすのこしかけ　ヤドリギ
からすのこまくら　カラスウリ
からすのこめ　カラスビシャク
からすのごり　カラスウリ
からすのしーのみ　ガマズミ
からすのしゃくし　カラスビシャク
からすのしょーべんたご　リンドウ
からすのしょーべんたんご　リンドウ
からすのしりぬぐい　ヒガンバナ／ヤブデマリ
からすのしりふき　ハコベ
からすのしりふり　ハコベ
からすのすいか　カラスウリ
からすのすいこ　カタバミ
からすのすいこんこ　ギシギシ
からすのすねこくり　ウナギツカミ
からすのすねこぐり　イシミカワ
からすのすねこゆり　ウナギツカミ
からすのせり　キツネノボタン
からすのせんこ　カラスビシャク
からすのせんこー　カラスビシャク／スズメノテッポウ
からすのたまご　カラスウリ／キカラスウリ
からすのちち　オオイタビ
からすのちちっぽ　カラスウリ
からすのちょーちん　カラスウリ／スグリ／スズメウリ／ホタルブクロ
からすのちょんぽ　ツクシ
からすのついき　ヤドリギ
からすのついほ　ヤドリギ
からすのつえんき　ヤドリギ
からすのつぎ　マツグミ／ヤドリギ
からすのつぎほ　マツグミ／ヤドリギ
からすのつぎほー　ヤドリギ
からすのつぎぽー　ヤドリギ
からすのてーてー　カタバミ
からすのてーらー　カタバミ
からすのてっぽー　カラスビシャク
からすのとんや　ヤドリギ

からすのなし　イヌビワ
からすのにぎりみし　ニワトコ
からすのにんぎりめし　オニウコギ
からすのにんにく　ノカンゾウ
からすのはさみ　タウコギ
からすのはっぱ　スイバ
からすのはな　ツユクサ／ヤドリギ
からすのはばき　イワオモダカ
からすのはんがい　カラスビシャク
からすのばんがい　カラスビシャク
からすのひめうり　キカラスウリ
からすのびわ　イヌビワ
からすのぶどー　ノブドウ
からすのふみおり　ゴンズイ
からすのふん　シャシャンボ
からすのふんぐり　カラスウリ
からすのべんとー　カラスウリ
からすのほや　ヤドリギ
からすのまくら　カラスウリ／ヒガンバナ／ホタルブクロ
からすのまめ　カラスノエンドウ
からすのまんま　スズメノヤリ／ニワトコ
からすのみ　ガマズミ
からすのむぎ　スズメノヤリ
からすのもち　ガガイモ／ヤドリギ
からすのや　センダングサ／タウコギ
からすのやっこ　タウコギ
からすのやひやき　カラスビシャク
からすのわすれぐさ　ノキシノブ
からすのわた　イケマ
からすばぎ　ヒオウギ
からすばこ　マユミ
からすばな　ハナズオウ
からすばり　センダングサ
がらすばり　センダングサ
からすび　カラスウリ
からすびな　キカラスウリ
からすびや　イヌビワ
からすびゃっこ　イノコズチ
からすぶかずら　カニクサ
からすふしぐり　カラスウリ
からすぶっくれ　キカラスウリ
からすふんぐり　カラスウリ
からすべご　キカラスウリ
からすぽー　カラスウリ
からすぽーこ　チチコグサ
からすほーずき　ヤマホオズキ
からすぽーぶら　カラスウリ
からすぽんぐり　キカラスウリ
からすまーり　カラスウリ
からすまくら　カラスウリ

方言名索引 ● からす

からすまっこ　カラスウリ／キカラスウリ
がらすまみ　クズ
からすまる　キカラスウリ
からすまわり　イヌビワ／カラスウリ
からすみず　キツリフネ／ツリフネソウ
からすみんじ　ツリフネソウ
からすみんず　キツリフネ／ツリフネソウ
からすむぎ　カモジグサ／カモジグサ／カラスウリ／モロコシ
からすむべ　アケビ
からすもく　エノキ
からすもち　マツグミ
からすもちのき　マユミ
からすもも　オガタマノキ／ナツハゼ
からすや　イノコズチ／タウコギ
からすゆり　アマドコロ
からすんだんご　カラスウリ
からすんべ　カラスウリ
からすんまご　カラスウリ
からせ　アブラナ／カラシナ／ケシ／トウガラシ／ミズタガラシ
がらせ　ノブドウ
からせんだん　イイギリ
からそ　ナンバンカラムシ／マニラアサ
からそーげ　ノカンゾウ
からだい　ホウライチク／マダケ
がらだい　ダイサンチク
からたき　マダケ
からたけ　タケニグサ／ハチク／マダケ
からだけ　マダケ
からたち　サイカチ／サルトリイバラ／センリョウ／ナタマメ
がらたち　サルトリイバラ
からたちいばら　サルトリイバラ
がらたちいばら　サルトリイバラ
がらたちぐい　サルトリイバラ
からたちぐさ　カタバミ
からたちずる　サルトリイバラ
からたちばな　カラタチバナ／ヤブコウジ
からたちばら　サルトリイバラ
がらたて　サルトリイバラ
からたぶ　イヌビワ／タブノキ／ヤブニッケイ
からだも　タブノキ
からちご　オキナグサ
からっかぶちゃ　カボチャ（セイヨウカボチャ）
からっぱ　サルトリイバラ
がらっぱ　サルトリイバラ
がらっぱくさ　ドクダミ
がらっぱぐさ　ドクダミ／ハンゲショウ／ミゾソバ
がらっぱんくさ　ドクダミ

がらっぱんぐさ　ドクダミ
がらっぱんは　ドクダミ
からっぴゅ　マメガキ
からっぽ　コシアブラ／タカノツメ
からっぽー　ズミ
がらでー　ダイサンチク／ホテイチク／マダケ
からと　トウモロコシ
からとー　トウモロコシ
からとーなんば　トウモロコシ
からときび　サトウモロコシ
からとり　サトイモ／ズイキ／トウノイモ
からとりいも　サトイモ
からとりのこ　トウノイモ
からとりのね　トウノイモ
からな　ネギ
からなす　キカラスウリ
からなすび　トマト
からなつめ　ナツメ
がらなら　カシワ
からなんばん　トウガラシ
からな　タカナ／トウナ
からにがき　ニガキ
からね　キクザキイチゲ
からのせり　ハルシャギク
からば　オキナグサ
からばな　オキナグサ
からばば　オキナグサ
からはまそー　ヤブタバコ
からばんば　オキナグサ
からぱんば　オキナグサ
からひ　ニンニク
からび　マツバボタン
がらび　ノブドウ／ヤマブドウ
からひー　ニンニク／ヒユ
からびえ　シコクビエ
からひがん　アマナ
からひこ　イケマ
からびこ　イケマ
からびょー　マツバボタン
からひる　ニンニク
からふと　イタドリ
からぶどー　ノブドウ
がらべ　エビヅル
からほこ　イタドリ
からぼし　カラムシ
からぼそ　カラムシ
からぼたん　ダリア／マツバボタン
からぼん　カラスムギ
からまき　イヌガヤ
からまず　カラマツ

からまつ	コウヤマキ	かりぎ	ネギ
からまつくさ	カヤツリグサ	かりくさ	イラクサ
からまつそー	アキカラマツ	がりたち	サルトリイバラ
からまめ	ソラマメ／ラッカセイ	がりっご	エビヅル
からまり	ネナシカズラ／ヒルガオ	かりのまなこ	ジャノヒゲ
からまれ	ヒルガオ／ヤイトバナ	かりまた	カクレミノ
からみ	トウガラシ	かりもり	シロウリ／マクワウリ
がらみ	エビヅル／ガマズミ／ノブドウ	かりやいも	サツマイモ
からみねぎ	ワケギ	かりゃいも	サツマイモ
からむぎ	オオムギ／ライムギ	かりやす	アブラススキ／コブナグサ／トダシバ
からむし	アサ／ツルソバ	かりょーん	ヤマノイモ
からむま	アサ	かりん	カゴノキ／ボケ／マルメロ
からめ	ノブドウ	かりんさんぐさ	ノボロギク
がらめ	エビヅル／サンカクヅル／シャシャンボ／ノブドウ／ヤマブドウ	かりんず	フサスグリ
		かりんつ	フサスグリ
がらめかずら	サンカクヅル	かりんと	フサスグリ
からめら	カニサボテン	かりんとー	カリン
からも	ノブドウ	かりんなし	カリン
がらも	ノブドウ／ホンダワラ	かりんば	ウダイカンバ
からもそ	モウソウチク	がりんばら	アカザ
からもの	アサ／イネ	かる	クワイ
からもも	アンズ／ガマズミ	かるうめ	アンズ
からもん	シソ／ノブドウ	かるかいたや	ヒトツバカエデ
がらもん	ノブドウ／ヒシ	かるかや	オガルカヤ／オミナエシ／カリヤス／ナデシコ／メガルカヤ／ワレモコウ
からゆすら	スグリ		
からよもぎ	オトコヨモギ／キク／クソニンジン／ノコギリソウ／ハハコグサ／メドハギ	かるかやそー	クサキョウチクトウ／ムラサキツユクサ
		かるかやぽー	ワレモコウ
からん	サツマイモ	かるかやぽーず	ワレモコウ
がらん	エビヅル／ノブドウ	かるぎ	ネギ
がらんがらん	ナズナ／ハコベ	がるみ	ガマズミ
がらんがらんくさ	ナズナ／ヒメコバンソウ／ミチヤナギ	かるむめ	アンズ
		かるめ	アカメガシワ／アンズ／サワグルミ
がらんささ	オカメザサ	かるめん	バリバリノキ
がらんざさ	オカメザサ	かるめんど	カゴノキ／シロダモ／バリバリノキ／ヤブニッケイ
からんちょのき	クヌギ／コクサギ／サクラ／ヤマモミジ		
がらんどー	ノブドウ	かるり	カラスウリ／キカラスウリ
からんは	カラムシ	かるわざねぎ	ヤグラネギ
からんば	カラムシ	かるんめ	アンズ
がらんぱっちょ	ドクダミ	かれうつぎ	コゴメウツギ
がらんぱっちょ	ドクダミ	がれーぶ	エビヅル
がらんべ	エビヅル	かれき	ネギ
からんぽ	サツマイモ	かれぎ	ネギ
からんぽ	コシアブラ	かれくさ	タデ
がらんぽー	ノブドウ	かれじ	スグリ
がらんみ	エビヅル	がれっご	エビヅル
からんむ	サツマイモ	かれったぐれ	タマアジサイ
がらんめ	エビヅル	がれぶ	エビヅル
かりうり	シロウリ	かれぽーず	ツクシ
かりがねそー	イカリソウ	がれめ	エビヅル
がりがりそー	ムギワラギク	かれも	サツマイモ
かりかりばな	カイザイク／センニチコウ／ムギワラギク		

かれんき	フサスグリ
かれんじ	フサスグリ
かろうめ	アンズ／ボケ
かろじ	カラムシ
がろんへ	オカトラノオ
かわあまちゃ	アマチャヅル
かわいちび	ヤナギイチゴ
かわいも	アサザ
かわいもじ	ミズアオイ
かわいもり	イワギボウシ
かわうす	ウンシュウミカン
かわうつぎ	コアカソ／ドクウツギ
かわかし	イチイガシ／ウバメガシ／ツクバネガシ
かわがし	ウバメガシ／シリブカガシ／ツクバネガシ
かわがしわ	フヨウ
かわかつら	ヒルムシロ
かわかぶり	オオムギ
かわからし	ミズタガラシ
かわがらし	タガラシ
かわがり	ヤシャブシ
かわかんじ	ヒガンバナ
かわき	ウラジロモミ／クロキ／シラビソ／トガサワラ
かわぎく	シュウメイギク
がわぎく	シュウメイギク
かわきさわら	トガサワラ
かわきとが	トウモロコシ／トガサワラ
かわぎり	キササゲ
かわくいまめ	インゲンマメ／エンドウ／ゴガツササゲ
かわぐさ	セリ
かわぐす	アオガシ
かわくた	セリ
かわぐみ	アキグミ
かわくり	サワグルミ
かわくるび	コミネカエデ
かわくるみ	コミネカエデ／サワグルミ
かわぐるみ	イヌビワ／コミネカエデ／サワグルミ／シオジ
かわくろぎ	ズイナ
かわげ	フサモ
かわこ	サワグルミ
かわごえ	サツマイモ
かわごしょー	タデ
かわごぼー	ハンゲショウ
かわざくら	サクラツツジ／ヤマザクラ
かわささぎ	キササゲ
かわじゃ	ミズオオバコ
かわしで	アサダ
かわしば	ツノハシバミ
かわしゃしゃぶ	ハドノキ／ヤナギイチゴ
かわじゅず	ジュズダマ
かわしょ	セキショウ
かわしょーぶ	ショウブ／セキショウ
かわしょっ	セキショウ
かわしょぶ	セキショウ
かわじんとー	イタドリ
かわじんどー	イタドリ
かわす	サワグルミ
かわず	サワグルミ
かわすいば	イタドリ
かわずる	ヒルガオ
かわぜり	セリ
かわそ	アサ／ヒトモトススキ
かわぞ	コウゾ
かわそっ	ヒトモトススキ
かわそば	ミゾソバ
かわそび	ヒトモトススキ
かわそま	ミゾソバ
かわたかな	ギシギシ／タネツケバナ
かわだかな	オランダガラシ／ギシギシ
かわたぐり	タマアジサイ
かわたけ	イタドリ／イヌタデ／スイゼンジノリ／マダケ
かわたけのり	スイゼンジノリ
かわたち	フサザクラ
かわだち	フサザクラ
かわたで	イヌタデ／オオイヌタデ／ヤナギタデ
かわたび	イヌビワ／コウホネ／ホソバイヌビワ
かわたぶ	イヌビワ
かわちぐさ	ミゾソバ
かわちじこ	ハハコグサ
かわぢち	ハハコグサ
かわちちこ	ハハコグサ
かわぢちこ	ハハコグサ
かわちみかん	キシュウミカン
かわつくなべ	カワラハンノキ
かわっくらび	カワラハンノキ
かわつげ	イボタノキ／ウツギ／キブシ
かわったぐれ	タマアジサイ
かわつつじ	サクラツツジ
かわつばき	ネズミモチ／フヨウ
かわでさ	タウコギ
かわでもみじ	コミネカエデ
かわと	アサザ／コウホネ
かわどーらん	ゴキヅル
かわどそー	ガマ
かわどぞー	ガマ
かわどろ	オオバヤナギ／ドロヤナギ
かわな	ギボウシ
かわなずな	オランダガラシ
かわね	コウホネ
かわねこ	カワヤナギ／ネコヤナギ

かわねず　イボタノキ
かわねぶ　アオダモ／トネリコ
かわのかしら　クロモジ
かわのぶ　サワグルミ／ノグルミ
かわはぎ　メドハギ／ヤブマオ
かわばぎ　アカメガシワ
かわばくし　ハナウド
かわはしぎ　カンコノキ
かわばたうつぎ　コアカソ
かわばたのまるばのやなぎ　カワラハンノキ
かわばたやなぎ　ネコヤナギ
かわはっ　コアカソ
かわはど　ヤナギイチゴ
かわびや　イヌビワ
かわびわ　イヌビワ
かわふーずき　ミズオオバコ
かわぶくしょー　ヤブカンゾウ
かわふさぎ　ミゾソバ
かわぶし　ドクウツギ
かわふしべ　タネツケバナ
かわふずっ　ミズオオバコ
かわぶどー　エビヅル
かわぼーず　コウホネ
かわほーずき　クコ／ゴキヅル／ミズオオバコ
かわほーそ　アベマキ
かわまつ　フサモ／マツモ／ミズスギ
かわまつぼ　マツモ
かわまめ　ツクバネ
かわみかん　キシュウミカン
かわみず　ツリフネソウ
かわみつば　ウマノアシガタ
かわむき　クサフジ／クサヨシ／ラッキョウ
かわむくれ　タマアジサイ
かわめどり　ネコヤナギ
がわもく　イトモ／サンショウモ
かわやなぎ　アカメヤナギ／イヌコリヤナギ／オノエヤナギ／コリヤナギ／ネコヤナギ／ハドノキ／メドハギ／ヤナギイチゴ／ヤマナラシ
かわゆり　ウバユリ
がわゆり　ウバユリ／ユリ
かわよし　オギ
かわらあかべ　アカメガシワ
かわらあさ　ハンゴンソウ
かわらいちご　ナワシロイチゴ
かわらいと　ハンゴンソウ
かわらいばら　ジャケツイバラ
かわらうつぎ　タニウツギ／ドクウツギ
かわらえんどー　カラスノエンドウ／カワラケツメイ
かわらかし　アカメガシワ／キササゲ
かわらがし　アカメガシワ／ミズメ

かわらかしわ　アカメガシワ／キササゲ
かわらがしわ　アカメガシワ／キササゲ／ミズメ
かわらがっぽ　イタドリ
かわらぎ　キササゲ／ドクウツギ
かわらぎり　キササゲ
かわらぐいみ　ツルグミ
かわらぐさ　イワレンゲ
かわらくさぎな　アカメガシワ／キササゲ
かわらぐみ　アキグミ
かわらけいばら　サルトリイバラ
かわらげし　フシグロ
かわらけしば　アカメガシワ
かわらけな　キュウリグサ／サギゴケ
かわらけやき　アキニレ
かわらごみ　アキグミ
かわらころび　アカメガシワ
かわらさいかち　アカソ
かわらささげ　キササゲ／クサネム
かわらじしゃ　ツルナ
かわらしちこ　カワラハハコ／ハハコグサ
かわらしづこ　ハハコグサ
かわらしで　クマシデ／ヤシャブシ
かわらしば　アカメガシワ／キササゲ／ミズメ
かわらしゃぐみ　アキグミ
かわらしらき　アカメガシワ
かわらずさ　アブラチャン
かわらずみ　アキグミ
かわらたけ　イタドリ
かわらだけ　イタドリ
かわらちご　オキナグサ
かわらぢご　ハハコグサ
かわらちちこ　ハハコグサ
かわらちゃ　カワラケツメイ
かわらつんこ　ハハコグサ
かわらつんつこ　ハハコグサ
かわらどくさ　イヌドクサ
かわらのおばさま　オキナグサ
かわらのおばさん　オキナグサ
かわらのおばちゃん　オキナグサ
かわらのおばちゃんびんたぼたおし　オキナグサ
かわらのこちこち　ネコヤナギ
かわらはぎ　コマツナギ
かわらはな　オキナグサ
かわらばな　オキナグサ
かわらばば　オキナグサ
かわらはんのき　ヤシャブシ／ヤマハンノキ
かわらばんば　オキナグサ
かわらひさぎ　キササゲ
かわらひしゃぎ　アカメガシワ／キササゲ
かわらふじ　サイカチ／ジャケツイバラ

かわらぶし　サイカチ／ドクウツギ／ヤシャブシ
かわらぶどー　ノブドウ
かわらぽー　キササゲ
かわらほーせんこ　ツリフネソウ
かわらまつ　イヌガヤ
かわらまつば　カワラヨモギ
かわらまめ　カワラケツメイ
かわらむぎ　オオムギ
かわらもちぐさ　カワラハハコ
かわらやなぎ　ネコヤナギ
かわらよもぎ　オトコヨモギ／カワラニンジン／シロヨモギ／ハギ
かわりくさ　ハッカ
かわりぐさ　ルリソウ
かわろーぐさ　ヤブタバコ
がわろんへ　オカトラノオ／ドクダミ／ハンゲショウ
かんいちご　フユイチゴ
かんうり　トウガン／マクワウリ
かんおんそー　カンゾウ
かんかけじょ　トウモロコシ
かんかけどー　トウモロコシ
かんがし　カタバミ
かんかたんは　カラムシ
かんかちぐさ　ユキノシタ
かんかばな　ウツボグサ
かんがみぐさ　カタバミ
かんがめ　カタバミ
がんがめ　カタバミ
かんから　サルトリイバラ
かんがら　イチゴツナギ／コウゾ
がんがら　サルトリイバラ
かんからいげ　サルトリイバラ
がんがらがき　マメガキ
かんからのは　サルトリイバラ
がんがらび　ガガイモ
かんがらまめ　ゴガツササゲ
かんかん　カタバミ／サツマイモ／タンポポ／ナツハゼ／ミカン
がんがん　クリ／ヒメコバンソウ
かんかんいも　ジャガイモ
かんかんぐさ　カタバミ／カヤツリグサ／シロツメクサ／スベリヒユ／ナズナ／ヒメコバンソウ／ムラサキカタバミ
かんがんぐさ　カタバミ
がんがんくさ　ハコベ／ヤエムグラ
がんがんぐさ　ヒメコバンソウ
かんかんすいば　ナツハゼ
かんかんそー　カタバミ
かんがんね　クズ
かんかんばな　タンポポ

がんがんばな　スミレ
がんがんふくらべ　イブキシダ
かんかんぽーず　ツクシ
がんぎ　ノリウツギ／モミ
かんぎく　ノボロギク
かんきばら　サルトリイバラ
かんきりそー　ボタンヅル
かんきん　ツルグミ
がんくい　ソラマメ
がんくいまめ　ソラマメ
がんくびまめ　ソラマメ
がんくら　ソラマメ
かんぐらぶす　トリカブト
がんくらまめ　ソラマメ
かんぐんそー　アレチノギク
かんげんのき　サンゴジュ
かんこ　イタドリ／カキツバタ／サツマイモ／サワフタギ／シメジ
かんご　コウゾ
がんこいこい　ヤブジラミ
がんこぇ　メナモミ
かんこー　コウヤボウキ／サワフタギ／ヤマユリ
かんこーぼーき　コウヤボウキ
かんごく　アオダイズ
がんこじ　メナモミ
かんこじこ　ヤブジラミ
かんごそー　ウツボグサ／クワクサ／スイバ
かんこのき　コウゾ／サワフタギ／ネムノキ／ミズキ
かんこばな　アズマイチゲ／イチリンソウ／オダマキ／オドリコソウ／スミレ／ホタルブクロ／ヤマオダマキ
がんこばな　ホタルブクロ
かんこばなこ　スミレ
かんこびきくさ　オオバコ
がんこべ　カタクリ
かんごんくさ　アレチノギク
かんごんぐさ　アレチノギク
かんこんばな　オダマキ／スミレ
かんさ　ハコネウツギ
がんざ　タニウツギ
かんさーくさ　ゲンノショウコ
かんさかき　サカキ
がんざぎ　タニウツギ
かんさぞー　ヤブカンゾウ
かんさくだいず　アオガリダイズ
かんささぎ　エンドウ
かんささげ　エンドウ
かんざし　オヒシバ／カヤツリグサ／キツネアザミ／シモツケ／ヒメコバンソウ／メヒシバ
かんざしくさ　カヤツリグサ
かんざしぐさ　イカリソウ／カヤツリグサ／キツネアザ

ミ／クジャクシダ／ナズナ／ヒメコバンソウ／メヒシバ
かんざしこ　ナズナ
かんざしそー　メヒシバ
かんざしば　タニウツギ
かんざしばな　アジサイ／カヤツリグサ／シモツケ／ショウジョウバカマ／タニウツギ／ヒガンバナ／メヒシバ
がんざのき　タニウツギ
がんざのはな　タニウツギ
かんざぶろーのき　カンザブロウノキ
かんじ　ワスレグサ
がんじ　オノオレカンバ／ミズメ／ワスレグサ
かんしいちご　クサイチゴ
がんじきいばら　ジャケツイバラ
かんじぐさ　ワスレグサ
がんじくそ　フクジュソウ
がんじつそー　フクジュソウ
かんじゃ　ノアサガオ
がんじゃ　ウツギ／タニウツギ
がんじゃいばら　サルトリイバラ
かんしゃかき　サカキ
かんじゃかけ　サカキ
かんじゃくるま　クルマバソウ
がんじゃしば　タニウツギ／ハコネウツギ
かんじゃしばな　ハルシャギク
かんじゅーろく　エンドウ
かんじゅろく　エンドウ
かんしょ　サツマイモ／ヤブカンゾウ
かんじょ　サツマイモ
かんしょー　ヤブカンゾウ
かんじょーしば　ガクアジサイ
かんじょーろく　エンドウ
かんしょぎ　サトウキビ
かんしょきび　サトウキビ／トウモロコシ
かんじょしば　アジサイ
かんじょぼぐさ　ホトケノザ
かんじらぐさ　ワスレグサ
かんじろく　エンドウ
かんしんきび　トウモロコシ
かんじんだけ　クマザサ
かんじんばな　ヒガンバナ
かんじんろく　ゴガツササゲ
かんす　スノキ／ノカンゾウ／ワスレグサ
かんず　コウゾ／ワスレグサ
かんすいいちご　クサイチゴ
かんすいちご　クサイチゴ／ナツハゼ／ホウロクイチゴ
かんずー　ヤブカンゾウ
かんすかびれ　イヌツゲ
かんすかべーに　イヌツゲ
かんすかべに　イヌツゲ
かんすかべり　イヌツゲ

かんすがべり　イヌツゲ
かんずくさ　ヤブカンゾウ
かんすころげ　カンアオイ
かんずた　キヅタ
かんすべ　アキグミ
かんずら　カモジグサ／ワスレグサ
かんすり　カラスウリ
かんずり　ワラビ
かんずる　カニクサ
がんぜきいばら　ジャケツイバラ
かんせんきび　トウモロコシ
かんそ　ヤブカンゾウ／ワスレグサ
かんぞ　コウゾ／ノカンゾウ／ヤブカンゾウ
かんそー　キキョウ／コウゾ／ノカンゾウ／ヤブカンゾウ
かんぞー　アマモ／カタバミ／コウゾ／タンポポ／チガヤ／ノカンゾウ／ミツマタ／ヤブカンゾウ
がんそー　ヒオウギ
がんぞー　カタバミ
かんぞーな　ヤブカンゾウ
かんそーばな　ユウスゲ
かんぞーばな　ヤブカンゾウ
かんぞのき　ケンポナシ
かんだ　サツマイモ
がんた　ソラマメ
かんだい　ミズキ
がんだいこー　ハナキリン
かんだいだま　ジャノヒゲ
かんだいな　アキギリ／コウモリソウ／ヨブスマソウ
かんだいのき　ミズキ
かんたいも　ジャガイモ
がんだいも　チョロギ
かんだえな　ヨブスマソウ
かんだがまくら　ジュウニヒトエ
かんだぐみ　ツルグミ
かんたし　ツバキ
かんたち　サルトリイバラ／ツバキ
かんだち　サルトリイバラ
がんたち　サルトリイバラ
がんだち　サルトリイバラ
かんたちいばら　サルトリイバラ
かんだちいばら　サルトリイバラ
がんたちいばら　カラタチ／サルトリイバラ
がんだちいばら　サルトリイバラ
かんだちばな　ヒルガオ
かんたのまくら　スズメノヤリ
がんたまめ　ソラマメ
かんたん　マルメロ
かんたんのき　マルメロ
かんたんのまくら　ジュウニヒトエ
かんちくとー　キョウチクトウ

かんちこ	イタドリ
かんちょ	サツマイモ／ミカン／ヤブカンゾウ／ワスレグサ
かんちょー	サツマイモ
かんちんちゃがま	スズメウリ
かんづく	キヅタ
かんつぶし	ネジキ
がんつぶに	ガジュマル
かんつみ	ツルソバ
かんつる	カニクサ
かんでぐさ	ミゾソバ
かんでな	ミゾソバ
かんと	ラッカセイ
かんど	コウゾ／ヤブカンゾウ
がんど	サルトリイバラ
かんどいばら	サルトリイバラ
かんどいも	ジャガイモ
かんとー	エンドウ
かんどー	エンドウ／ヤブカンゾウ
かんとーいも	ジャガイモ
かんとーし	ススキ
かんとーはくさい	ケッキュウハクサイ
かんとーびえ	シコクビエ
かんとーまめ	ゴガツササゲ／ラッカセイ
かんどーまめ	インゲンマメ
かんどころ	オニドコロ
がんどころ	ウチワドコロ
がんどざくら	イヌザクラ
かんとすばら	サルトリイバラ
かんとちいばら	サルトリイバラ
がんどのやり	メナモミ
かんとばら	サルトリイバラ
がんどばら	サルトリイバラ
かんとまめ	インゲンマメ／ラッカセイ
かんとりぐさ	カキドオシ
かんとりそー	カキドオシ
かんどろ	ドロヤナギ／ポプラ
かんとんいも	ジャガイモ
かんどんべー	ヒルガオ
かんどんぼ	ヒルガオ
かんとんまめ	ラッカセイ
かんな	アオミドロ／コマツナ／ダンドク
かんないいばら	サルトリイバラ
がんないばら	サルトリイバラ
かんなぐさ	カモジグサ／スミレ
かんなさんのて	ヤツデ
かんなそー	ダンドク
かんなのせり	ハルシャギク
かんなりまめ	サルマメ
かんなん	ダンドク
がんにっつぉー	フクジュソウ
がんにゃーばら	サルトリイバラ
がんにょーかづら	クズ
かんぬし	ネギ
かんね	クズ
かんねいばら	サルトリイバラ
かんねーかづら	クズ
かんねかづら	クズ／ノササゲ
かんねぐさ	カモジグサ
かんねんかづら	クズ
かんのーえびづる	サンカクヅル
がんのかも	ツクシ
がんのかもこ	スギナ／ツクシ
かんのき	オノオレカンバ／カジノキ／ハンノキ
がんのき	ノリウツギ
かんのしばな	トリカブト
がんのす	イヌツゲ
かんのばい	ドングリ
かんのみ	ツルソバ
かんのむし	ツルソバ
かんのめ	アズキ
かんのめあずき	アズキ
かんのんぎく	シュウメイギク
かんのんざさ	オカメザサ／クマザサ
かんのんす	ノカンゾウ
かんのんそー	キチジョウソウ／ギボウシ／スゲ／ノカンゾウ／ミズバショウ／ヤブカンゾウ／ワスレグサ
かんば	アサダ／ウダイカンバ／ウツギ／ガマ／サクラ／シラカンバ／ダケカンバ／ハコネウツギ／ハシバミ／マカンバ／ヤマザクラ
かんぱ	ヤマザクラ
がんば	ガマ／ショウブ
かんばき	サクラ
かんばく	コムギ
かんばさくら	ヤマザクラ
かんばざくら	ウワミズザクラ／ヤマザクラ
かんばぞーし	シラカンバ
かんばな	ゲンゲ／ヒガンバナ
がんばな	ゲンゲ
かんばなー	コウゾ
かんばのき	サクラ
かんばらいも	ジャガイモ
かんぱり	ヒガンバナ
かんぱりばな	ヒガンバナ
かんび	シラカンバ／ノブドウ／マカンバ
かんぴ	シラカンバ／ダケカンバ／ノカンゾウ
がんひ	ダケカンバ
がんび	ウダイカンバ／エビヅル／クロベ／サンカクヅル／ダケカンバ／ノブドウ
がんぴ	ウダイカンバ／シラカンバ／ダケカンバ／フシ

グロセンノウ
がんぴかずら　ツルウメモドキ
かんぴき　オオバコ
かんぴき　オオバコ
がんびゅー　オオカメノキ
かんぴょ　ダケカンバ／ヤブカンゾウ／ユウガオ
かんぴょー　トウガン／ノカンゾウ／ヤブカンゾウ／ユウガオ
かんぴょーゆーご　フクベ
かんぶ　カブ／ノブドウ
かんふじ　アセビ
がんぶたばな　イカリソウ
かんぶと　ハチジョウススキ／マクサ
かんぶとくさ　トリカブト
かんふら　ジャガイモ
かんぷら　ジャガイモ
かんぷらいも　ジャガイモ
かんぷらいも　ジャガイモ
かんぷらえも　ジャガイモ
かんべ　サルトリイバラ／ノブドウ
がんべ　サルトリイバラ／ノブドウ
がんべーじ　オオカメノキ
かんべのこ　アツモリソウ
かんべらいも　ジャガイモ
かんぺろ　ヤブカンゾウ
かんぽ　サツマイモ／タンポポ／ミカン
かんぽ　サツマイモ
がんぽ　タンポポ
かんぽいも　ジャガイモ
かんぽー　サツマイモ／タンポポ／トウモロコシ
かんぽーいも　ジャガイモ
かんぽーじ　コウゾリナ／タンポポ
かんぽーじ　タンポポ
がんぽーし　オキナグサ／タンポポ
がんぽーじ　オキナグサ／コウゾリナ／タンポポ／フキ
がんぽーじろ　タンポポ
がんぽーそー　タンポポ
かんぽく　カンボク
かんぽこ　カンボク
かんぽこいも　ジャガイモ
かんぽじ　コウゾリナ／タンポポ
がんぽじ　コウゾリナ／タンポポ
かんぽじゃ　コウゾリナ
かんぽち　ドングリ
かんぽらいも　ジャガイモ
かんぽらえも　ジャガイモ
かんぽん　イタドリ
かんぽんばな　ゲンゲ／ツメクサ
かんぽんばな　ゲンゲ
がんま　ソラマメ

がんまー　ソラマメ
かんまーきり　スミレ
かんまめ　エンドウ／フジマメ
がんまめ　ソラマメ
かんむり　トウガン
かんむりぐさ　トリカブト
かんめら　スモモ
かんも　サツマイモ
かんもじ　コウゾリナ
がんもじ　コウゾリナ
がんもどり　ゲンゲ
かんもり　トウガン
かんもる　トウガン
がんもんじ　コウゾリナ
かんら　ウド／ヨロイグサ
かんらいいばら　サルトリイバラ
がんらいいばら　サルトリイバラ
がんらいそー　ハゲイトウ
かんらん　キャベツ
かんらんたまな　キャベツ
かんりゅーそー　ギボウシ
かんろ　マクワウリ
かんろー　キャベツ
かんろーばい　コケモモ
かんろばい　コケモモ
かんわらび　オオハナワラビ／フユノハナワラビ

【き】

き　キツネノボタン／サツマイモ
きあけび　ムベ
きあさがお　チョウセンアサガオ
きあじさい　タマアジサイ
きあだん　タコノキ
きあまちゃ　アマチャ
きーうり　マクワウリ
きーかんぽ　キンカン
きいきいぐさ　ウマノアシガタ
きーきーぐち　ツユクサ
きーぎーそー　ユキノシタ
きいこ　スイバ
ぎーこんばいこん　オオバコ
きーしぐさ　ドクダミ
きーじんそー　ユキノシタ
きいずいこ　イタドリ
ぎーすぐさ　ツユクサ
ぎーすそー　ツユクサ
ぎいすのくさ　ツユクサ
きーせんか　ホウセンカ
きいだいくに　ニンジン

きーだいだい　ナツミカン
きいちご　カジイチゴ／クマイチゴ／ナワシロイチゴ／モミジイチゴ
きーちび　イヌビワ
きいちんご　モミジイチゴ
きーつ　ケイトウ
きいっご　モミジイチゴ
きーつじ　ケイトウ
きーつつじ　キレンゲツツジ
きーとぎ　ケイトウ
きーは　モクセイ
きーばな　オトコエシ／オミナエシ
きいろいちご　モミジイチゴ
きうしじ　シメジ
きうつぎ　ガクウツギ
きうめ　ヤシャビシャク
きうるし　ヤマウルシ
きえずご　モミジイチゴ
きえばな　イチリンソウ
きおーがんぐさ　コミカンソウ
きおり　キュウリ
きおりだ　ヤマアジサイ
きがかわ　キハダ
きがき　ニガキ
きかずから　タケニグサ
きかずら　サネカズラ／ナス
きかねはな　オミナエシ
きがみ　コウゾ
きがらし　カラシナ
きぎ　アカザ
きぎく　ショクヨウギク
ききすぎ　ヌスビトハギ
ききずき　ヌスビトハギ
きぎゅう　キキョウ
ききょー　ツリガネニンジン
ききょーかずら　ツリガネニンジン
ききょーかたばみ　カタバミ
ききょーぐさ　スミレ
ききょーずる　ツリガネニンジン
ききょーもどき　ツリガネニンジン
きぎんそー　ユキノシタ
ききんぽー　ツクシ
ききんま　スミレ
ぎぎんま　スミレ
きく　ジョチュウギク
ぎく　キク
きくいばら　トキンイバラ
きくいも　チョロギ
きくかぼちゃ　カボチャ
きくからくさ　ツルカコソウ

きぐさ　クサボタン
きくじゅ　オオハンゴンソウ
きくな　シュンギク／フダンソウ／マツムシソウ／ヨメナ
きくなぐさ　ノコンギク
きくなでしこ　シュンギク
きくね　マクワウリ
きくのたま　ショクヨウギク
きくのりまめ　ソラマメ
きくばこくさぎ　ハマクサギ
きくばな　スミレ
きぐばな　オグルマ／スミレ
きくびる　ギョウジャニンニク
きくぼべら　カボチャ（ザセキカボチャ）
きくよもぎ　イヌヨモギ
きくら　キクラゲ
きくれんげ　コブシ
きくんそー　アキノキリンソウ
きけーとー　アキノキリンソウ
ぎこぎこ　オオバコ
きこく　カラタチ／クネンボ／サイカチ
きこしくさ　ゲンノショウコ
きざ　サトウキビ
きさい　ミズメ
きさかき　ヒサカキ
きさきさ　ノアザミ
ぎざぎざ　アザミ／ノアザミ／ヤマアザミ
ぎさぎさくさ　ノコギリソウ
ぎざぎざぐさ　アザミ
きささき　ミズメ
きささぎ　キサゲ／ササゲ
きささげ　インゲンマメ／キササゲ／ササゲ／ジュウロクササゲ／ハタササゲ
きさなす　ナス
きさのき　チシャノキ
きしいも　ジャガイモ
きしぇも　ジャガイモ
きじかくし　アスパラガス／オシダ／コウヤボウキ／シノブ／メドハギ
ぎしき　ススキ／トキワススキ
きしきし　ギボウシ
ぎしぎし　イタドリ／オオバコ／ギシギシ／キツネノボタン／スイバ／ダイオウ／タウコギ
ぎしぎしだいおー　ギシギシ
きじきじばな　ヒガンバナ
ぎしぎしばな　ヒガンバナ
きじくさ　シノブ
きじぐさ　トウロウソウ
きしごけ　ミズスギ
きじしゃ　チシャノキ
ぎしだま　ハトムギ

きしな　シュンギク	きせるばな　ショウジョウバカマ
きじねのささぎ　ヤブマメ	きせるまめ　ナタマメ
きじのお　カモジグサ／グラジオラス／ヤマソテツ	きそ　オオシラビソ／シソ
きじのしーぽ　タマシダ	きそいかずら　ツタ
きじのす　コウヤボウキ	きぞえ　テイカカズラ
きじのすね　コウヤボウキ	ぎそー　ギボウシ
きじのすねかき　コウヤボウキ	きそざくら　ウワミズザクラ
きじのほや　ヤドリギ	きそば　ブナ
きじばら　ウマゴヤシ	きそひのき　ヒノキ
きじはり　オオヤハズエンドウ	きぞんそ　ユキノシタ
きじまめ　インゲンマメ／フジマメ	きた　イヌマキ
ぎしみょー　マクワウリ	きだ　イヌマキ
きじむしろ　オヘビイチゴ	きだいくに　ニンジン
きしゃ　レタス	きだいこね　ニンジン
ぎしゃ　エゴノキ／ダンコウバイ	きだいじ　ヌルデ
ぎしゃき　アブラチャン	きたうす　ヌルデ
ぎしゃぎしゃ　ダンコウバイ	きたかたごんず　ツクシ
きしゃく　アサダ	ぎだぎた　アザミ
きしゃぐさ　ダンコウバイ	ぎだぎだ　アザミ
きしゃくなげ　レンゲツツジ	きたす　ヌルデ
きしゃっぱ　レタス	きたすき　ヌルデ
きしゃっぽん　イタドリ	きたすぎ　ヌルデ
きしゃな　レタス	きたたぶ　シロダモ
きしゃのき　エゴノキ	きたなで　スダジイ
きしゃば　レタス	きたまめ　ソラマメ
きしゃらほそちぇ　マイヅルソウ	きたらす　ヌルデ
きじゅそー　ユキノシタ	きだるくに　ニンジン
ぎしょーいも　キクイモ	ぎだんぽ　クヌギ
きじら　インゲンマメ	ぎち　カタバミ／ギシギシ
きしりばな　ナンバンギセル	きちがい　イヌビュ／イノコズチ／キンミズヒキ
きじんう　ユキノシタ	きちがいくさ　チョウセンアサガオ
きじんこ　ユキノシタ	きちがいぐさ　ハシリドコロ
きじんそ　ユキノシタ	きちがいそー　チョウセンアサガオ
きじんそー　トウゲブキ／ベンケイソウ／ユキノシタ	きちがいなす　チョウセンアサガオ／トマト
きじんま　ユキノシタ	きちがいなすび　チョウセンアサガオ
きず　スノキ／ヒサカキ／ユズ／レモン	きちきち　ギシギシ／キツネノボタン／スイバ／タガラシ／ヒガンバナ
きずいこ　イタドリ	ぎちぎち　ギシギシ
ぎすいちご　ナワシロイチゴ	きちきちぐさ　ギシギシ／キツネノボタン
きすいば　スノキ	きちきちばな　ヒガンバナ
ぎすき　ススキ	きちきちぽーし　ツクシ
きずぐさ　ベンケイソウ	きちきちぽーし　ヒガンバナ
ぎすくさ　スベリヒユ／ツユクサ	きちきちぽーず　キツネノボタン／ヒガンバナ
ぎすぐさ　スベリヒユ／ツユクサ	きちきちもみじ　ギシギシ／スイバ
きずのき　スノキ／ヌルデ／ネジキ	きちきちもんじ　ギシギシ／スイバ
きすふり　マクワウリ	きちげー　キンミズヒキ／メナモミ
きずんそー　ユキノシタ	きちげーくさ　ヤブジラミ
きせる　ギンリョウソウ	きちげなす　チョウセンアサガオ
きせるあざみ　サワアザミ	きちじょーたけ　マンネンタケ
きせるぐさ　ガンクビソウ	きちじょーらん　キチジョウソウ
きせるそう　ナンバンギセル	

きぢねのかんじゃし　クジャクシダ	きつねつばき　アオキ
きぢねのちょーちん　カナムグラ／カラハナソウ	きつねなたね　イヌガラシ
きぢねのぽごぢ　ホコリタケ	きつねにら　ジャノヒゲ
きちねばな　ヒガンバナ	きつねねむ　クサネム
ぎちゃーぱぐさ　シマニシキソウ	きつねのあさがお　ヒルガオ
きちょむさんのしりのごい　ドクダミ	きつねのあずき　ヤブマメ
きっ　キク／キビ	きつねのあだみ　ヒメヒゴタイ
きっかわのき　ウリハダカエデ	きつねのいも　ヒガンバナ
きっきっのは　ギシギシ	きつねのうるい　スズラン
きっきょー　キキョウ	きつねのえりまき　キツネノボタン
きっきりぎゅ　ナガバアコウ	きつねのえんどー　ミヤコグサ
きっきりばばさ　シュンラン	きつねのお　ヒカゲノカズラ
きっこーそー　イチヤクソウ	きつねのおー　クサノオウ
きっしょーたけ　マンネンタケ	きつねのおーぎ　ヒガンバナ
ぎっちのこ　ツクシ	きつねのおさ　シシガシラ
ぎっちょ　オオバコ	きつねのおしろいばけ　ノアザミ／ノハラアザミ
ぎっちょぐさ　ツユクサ	きつねのおっぱ　エノコログサ／ヒカゲノカズラ
きっちょむさんのしりのごい　ドクダミ	きつねのおび　ヒカゲノカズラ
きっつぁ　サトウキビ	きつねのかおつき　イワカガミ
きつつじ　ヒカゲツツジ	きつねのかき　ヤブコウジ
きつね　オオマツヨイグサ／キツネノボタン／ヌスビト	きつねのかさ　ヤブレガサ
ハギ／ヒガンバナ／フジカンゾウ／マツヨイグサ	きつねのかた　ナタマメ
きつねあさがお　ヒルガオ	きつねのかみそり　ニシキギ／ヒガンバナ
きつねあざみ　カワラケツメイ	きつねのからいも　ドクダミ
きつねあまちゃ　ヤマアジサイ	きつねのからかさ　ホオノキ／ヤブレガサ
きつねあわ　エノコログサ	きつねのからし　イヌガラシ
きつねいっこ　ヘビイチゴ	きつねのかんざし　クジャクシダ／ナズナ／ハコネシ
きつねいっご　ヘビイチゴ	ダ／ハンノキ／ヒガンバナ
きつねお　ヒカゲノカズラ	きつねのきず　ナツハゼ
きつねおーぎ　ヒガンバナ	きつねのきんたま　ツルリンドウ
きつねかさ　ヤブレガサ	きつねのくさ　ヒカゲノカズラ
きつねかや　メガルカヤ	きつねのくし　ノグルミ
きつねがや　オガルカヤ／メガルカヤ	きつねのくびまき　ヒカゲノカズラ
きつねがら　ノブドウ	きつねのけさ　ヒカゲノカズラ
きっねがら　ノブドウ	きつねのけら　ヒカゲノカズラ
きつねぎく　シュウメイギク	きつねのこーがい　ナツフジ
きつねくさ　ヒガンバナ	きつねのこーもり　ヤブレガサ
きつねぐさ　スズメノテッポウ／タガラシ／ヒガンバ	きつねのころも　ヒカゲノカズラ
ナ／マツヨイグサ	きつねのこんぺい　キツネノボタン
きつねこーもり　クジャクシダ	きつねのこんぺいとー　キツネノボタン
きつねごーら　ヒガンバナ	きつねのこんぺーと　キツネノボタン
きつねごろー　ヒガンバナ	きつねのこんぺとー　キツネノボタン
きつねこんこん　オキナグサ	きつねのさいばし　ネジキ
きつねささぎ　クララ	きつねのささぎ　クララ
きつねささげ　カワラケツメイ／クララ	きつねのささぐ　タケニグサ
きつねささら　ネジバナ	きつねのささげ　クララ
きつねしば　オオカメノキ	きつねのしっぽ　ヒカゲノカズラ
きつねちゃ　カワラケツメイ	きつねのしゃくし　カラスビシャク
きつねちょーちん　イチリンソウ	きつねのしゃみ　カラスビシャク
きつねつつじ　レンゲツツジ	きつねのしゃみせんこ　ナズナ

きつねのしょーべんおけ　キツネノボタン
きつねのしょーべんたが　リンドウ
きつねのしょーべんたご　キツネノボタン／ホタルブクロ／リンドウ
きつねのしょーべんたんご　リンドウ
きつねのしょーべんばな　リンドウ
きつねのしょーべんぶくろ　ホタルブクロ
きつねのしょろ　ヒカゲノカズラ
きつねのしょんべたご　ツリガネニンジン／リンドウ
きつねのしょんべたんご　リンドウ
きつねのしょんべんおけ　コケリンドウ
きつねのしょんべんたご　リンドウ
きつねのしょんべんため　コケリンドウ
きつねのしょんべんたんご　リンドウ
きつねのしょんべんつぼ　ツリガネニンジン
きつねのしょんぽけ　ホタルブクロ
きつねのしらみ　イノコズチ
きつねのしりお　ヒカゲノカズラ
きつねのしりご　ヒカゲノカズラ
きつねのしりぬぐい　ヒガンバナ
きつねのしりぼし　オオカメノキ
きつねのしんのげ　ガクアジサイ／タマアジサイ
きつねのすず　トウダイグサ
きつねのせきだ　ヒトツバ
きつねのたいまつ　キツネノカミソリ／ヒガンバナ
きつねのたご　ホタルブクロ
きつねのたすき　ヒカゲノカズラ／ミズスギ
きつねのたばこ　オグルマ／キツネノチャブクロ／ツクシ／ツチグリ／ニガナ／ノゲシ／ヤブタバコ
きつねのたまご　キツネノマゴ
きつねのたんぽぽ　イワニガナ／ヒガンバナ／ホトケノザ／リンドウ
きつねのちち　ノウルシ
きつねのちゃぶくろ　ホコリタケ／ムラサキケマン
きつねのちゃんぷくりん　ホコリタケ
きつねのちょうちん　クマガイソウ
きつねのちょーちん　アズマイチゲ／アマドコロ／エノコログサ／オドリコソウ／オニナルコスゲ／カラハナソウ／キツネノボタン／ゴウソ／コバンソウ／ツクシ／ツリガネニンジン／ツルリンドウ／ヒガンバナ／ホタルブクロ／ヤエムグラ
きつねのちょーちんこ　ヤエムグラ
きつねのちんぽ　ツクシ
きつねのちんぽー　ツクシ
きつねのつばき　アオキ
きつねのつぼ　キツネノボタン
きつねのつめ　ヌスビトハギ
きつねのてぶくろ　ジギタリス
きつねのどーらん　ヌスビトハギ
きつねのとーろ　ツリガネニンジン／ホタルブクロ

きつねのとーろー　コバンソウ／ホタルブクロ
きつねのとぼしがら　タケニグサ
きつねのにんじん　ムラサキケマン
きつねのぬりばし　ネジキ
きつねのはいだわら　ホコリタケ
きつねのはいぶくろ　ホコリタケ
きつねのはさみ　タウコギ
きつねのはしのき　ネジキ
きつねのはな　ヒガンバナ
きつねのはなび　ヒガンバナ
きつねのはばき　イワオモダカ
きつねのはり　センダングサ
きつねのひきちゃ　ホコリタケ
きつねのふくろ　キツネノボタン
きつねのふで　イヌビワ／ツクシ
きつねのふとん　ヒカゲノカズラ
きつねのふんどし　ヒカゲノカズラ
きつねのへ　ホコリタケ
きつねのほーずき　アブラチャン／ハダカホオズキ
きつねのほこつ　ホコリタケ
きつねのぼたん　ウマノアシガタ／センダングサ／ドクゼリ／リンドウ
きつねのまいかけ　キツネノボタン
きつねのまいだれ　キツネノボタン
きつねのまえかけ　キツネノボタン
きつねのまえだれ　キツネノボタン
きつねのまくら　アマドコロ／ウツボグサ／カラスウリ／キツネノボタン／ツルリンドウ
きつねのまめ　ヤブマメ
きつねのまゆだれ　キツネノボタン
きつねのみの　ヒカゲノカズラ
きつねのや　センダングサ
きつねのやり　センダングサ／ニシキギ
きつねのよーだれかけ　ヒカゲノカズラ
きつねのよだれかけ　ヒカゲノカズラ
きつねのよめご　ヒガンバナ
きつねのろうそく　ガマ
きつねのろーそく　カラスビシャク／ケカモノハシ／ツクシ／ヒガンバナ
きつねばな　ウマノアシガタ／キツネノカミソリ／コケリンドウ／スミレ／ナツズイセン／ヒガンバナ／ヒルガオ／リンドウ／レンゲツツジ
きつねはり　センダングサ
きつねばり　センダングサ
きつねび　ノゲイトウ／ホコリタケ
きつねひる　ノビル
きつねふくろ　キツネノチャブクロ
きつねぶくろ　ツチグリ／ホコリタケ
きつねまち　ヤブマメ
きつねまめ　カラスノエンドウ／タンキリマメ／ツルフ

ジバカマ／ハマエンドウ／ヤブマメ
きつねむぎ　エンバク
きつねもろび　イヌガヤ
きつねゆり　キツネノカミソリ／ギンラン
きつねんかずら　ノブドウ
きつねんかみさし　カラスノエンドウ
きつねんからいも　ドクダミ
きつねんがらめ　アオツヅラフジ／ノブドウ
きつねんぐゎらめ　ノブドウ
きつねんたすき　ヒカゲノカズラ
きつねんたばこ　ハハコグサ
きつねんどーらん　ゴキヅル
きつねんはちまき　ヒカゲノカズラ
きつねんばな　ヒガンバナ
きつねんふで　ツクシ
きつねんまえかけ　ヒカゲノカズラ
きつねんみ　イタドリ
きつんはな　ケイトウ
きど　モモ
きどころ　キクバドコロ
きとびる　ギョウジャニンニク
きとびろ　ギョウジャニンニク
きないちご　モミジイチゴ
きなうり　マクワウリ
きなこまめ　クロマメ／ダイズ
きなし　ナシ／ヤマナシ
きなたまめ　タチナタマメ
きなたんぽぽ　タンポポ
きなんば　イチジク／トウモロコシ
きにれ　ノリウツギ
きぬがさそー　ウメガサソウ
きぬかつぎ　サトイモ／ジャガイモ
きぬぐさ　テングサ／ハチジョウススキ／ヒカゲノカズラ／ノグサ／マクサ
きぬぶさそー　ベニニガナ
きねいも　ナガイモ
きねぎ　アオダモ／イタヤカエデ／ミツデカエデ
きねし　ウグイスカグラ
きねじ　アオダモ
きねぶ　クネンボ
きねぶか　ネギ
きねぼぶら　カボチャ
きねゆーがお　カボチャ
きねり　カキ（アマガキ）
きねりがき　カキ（アマガキ）
きのかずら　シラタマカズラ
きのき　キリ
きのくにみかん　キシュウミカン
きのこ　シイタケ
きのこつなぎ　オトコヨモギ／メドハギ

きのした　モミジガサ／モミジハグマ
きのみ　アブラギリ／サルノコシカケ／シロダモ／ツバキ
きのみたぶ　シロダモ
きのみのき　アブラギリ／ツバキ／ヤマモガシ
きのみみ　キクラゲ／サルノコシカケ
きのめ　クマノミズキ／サンショウ／シロダモ／マユミ／ミツバアケビ／ミツバウツギ
きのゆ　ユズ
きのり　ノリウツギ
きのん　アカメイヌビワ／バクチノキ
きば　ミズギボウシ
ぎば　ギボウシ／トウギボウシ
きはくやいも　ジャガイモ
きばさ　ホンダワラ
ぎばさ　ホンダワラ
きばそ　チョウセンアサガオ
ぎばそ　ホンダワラ
きばそー　チョウセンアサガオ／ホンダワラ
ぎばそー　チョウセンアサガオ
きはだ　キハダ
きばち　カザグルマ／ムクゲ
きばちす　ムクゲ
きばな　オトコエシ／オミナエシ
きばなぐさ　ハハコグサ
きび　サトウキビ／トウモロコシ／モロコシ
きびかんしょ　サトウモロコシ
ぎびき　ギボウシ
ぎびぎ　ギボウシ
ぎびく　ギボウシ
きひげ　サルオガセ
きびざとー　サトウモロコシ
きびすいこ　スイバ
きひも　ヒモラン
きひよどりじょーご　ヤブサンザシ
きひょん　イスノキ
きびら　ワケギ
きびりお　ワケギ
きふじ　フジ
きぶし　キブシ／ヌルデ／ヤシャブシ
きぶしのき　ヤシャブシ
きぷしょ　ショウブ
きぶどー　ナツハゼ
きぶねぎく　シュウメイギク
きふろー　ササゲ
きぼ　ミズギボウシ
ぎぼ　ギボウシ／ツクシ／トウギボウシ
ぎぼー　ギボウシ
ぎぼーし　ギボウシ／トウギボウシ
ぎぼーしゅ　トウギボウシ
ぎぼーじゅ　ギボウシ

ぎぼーず　ギボウシ
きほーずき　ハナイカダ
きぼーずき　ハナイカダ
ぎぼき　ギボウシ
ぎぼき　ギボウシ
きぼきな　ワスレグサ
きぼきな　ヤブカンゾウ
ぎぼし　ギボウシ／ジギタリス／ツクシ／ヤマボウシ
きぼたん　ガマズミ／ホタルブクロ／ボタン
ぎぼな　ギボウシ
ぎぼん　ギボウシ
きまぐさく　マンサク
きまくない　エンレイソウ
きまめ　インゲンマメ／ササゲ／ダイズ
きまんさく　マンサク／レンギョウ
きまんじゅー　ムベ
きみ　キビ／トウモロコシ／モロコシ
ぎみ　トウモロコシ
きみかん　キンカン
きみだんご　キビ
きみもじゃ　モロコシ
きみる　ボウラン
きむめ　ヤシャビシャク
きむらたけ　オニク
ぎむる　ゴモジュ
ぎむるぎ　ハドノキ
ぎめかごぐさ　ジャノヒゲ
きめこきんちゃく　マユミ
きめここんぶくろ　マユミ
きもと　アサツキ／ノビル／ワケギ
きもも　モモ
ぎや　クワイ
ぎゃー　ススキ／トキワススキ
きゃーぎ　イヌマキ／マキ
きゃーこくさ　ミゾソバ
ぎゃーこぐさ　ドクダミ
きゃーなぐさ　アシボソ
きゃーなものぶれ　チヂミザサ
きゃーまめ　ソラマメ
ぎゃーもと　ススキ
きゃーら　キハダ
ぎゃーるくさ　ドクダミ／ミゾソバ
ぎゃーるぐさ　ミゾソバ
ぎゃーろっぱ　オオバコ／ドクダミ
ぎゃーろつりぐさ　ハハコグサ
ぎゃーろば　オオバコ
きゃーんぎ　マキ
きやき　ケヤキ
きやぎはくさい　ケッキュウハクサイ
きやけ　ケヤキ

きゃこ　チガヤ
きゃしつか　ナキリスゲ
きやのき　イヌマキ
きゃべつな　キャベツ
きゃほぐさ　ドクダミ
きゃぼくさ　ドクダミ
きゃら　イチイ／カキ（アマガキ）
きゃらぼく　イチイ
ぎゃりぐさ　タデ
きゃるくさ　ミゾソバ
きゃるぐさ　ミゾソバ
ぎゃるくさ　ミゾソバ
ぎゃろっぱ　オオバコ
きゃわずくさ　ミゾソバ／ミソハギ
ぎゃわずぐさ　ミゾソバ
きゃんぎ　イヌマキ
きゃんぴょー　ヤブカンゾウ
きゅい　キュウリ
きゅーきゅ　ジャガイモ
ぎゅーきゅ　ジャガイモ
きゅーきゅーいも　ジャガイモ
きゅーくさ　ノボロギク
きゅうぐさ　ヨモギ
きゅーしち　シメジ
きゅーしゅーいも　サツマイモ／ジャガイモ
ぎゅーすいそー　アケビ
きゅーなうり　マクワウリ
きゅーねん　クネンボ
ぎゅーへんそー　ゲンノショウコ
ぎゅーみ　アキグミ
きゅーみかん　キンカン
ぎゅーめんそー　ミゾソバ
ぎゅーめんそー　ミゾソバ
きゅーり　カタバミ／シロウリ／マクワウリ
きゅーりぎ　ヤハズアジサイ
きゅーりくさ　カタバミ
きゅーりぐさ　カタバミ／ワレモコウ
きゅーりっぱ　ワレモコウ
きゅーりな　ヤハズアジサイ
きゅーりば　ヤハズアジサイ
ぎゅーろっぱ　オオバコ
きゆぎ　イイギリ
きゅっ　キュウリ
ぎゅむるぎー　ゴモジュ
きゅり　キュウリ
きょー　ヒユ
きょーおーそー　オニノヤガラ
きょーがのこ　カノコソウ
きょーぎ　コシアブラ
きょーきく　エゾギク

きょーぎく　エゾギク
ぎょーぎょーな　ゴンズイ
ぎょーさん　クサギ
ぎょーじゃ　ラッキョウ
ぎょーじゃいちご　ハスノハイチゴ
ぎょーじゃいも　ジャガイモ
ぎょーじゃそー　タガネソウ
ぎょーじゃのみず　サンカクヅル
ぎょーじゃびり　ラッキョウ
ぎょーじゃびる　ラッキョウ
ぎょーじゃぶき　ツワブキ
ぎょーじゃぼたん　ダンコウバイ
ぎょーじゃもみ　ウラジロモミ
ぎょーす　ヤブデマリ
きょーぞがめんたま　ジャノヒゲ
きょーたちばな　カラタチバナ
ぎょーたんぽ　リョウブ
きょーちくしば　クスノキ
きょーとぎ　ケイトウ
きょーとぎく　ケイトウ
きょーとな　キョウナ
きょーな　ミツバウツギ
きょーなずな　ゲンゲ
きょーねぎ　ヤグラネギ
きょーのうま　スミレ
きょーのきび　トウモロコシ
きょーのふのり　トロロアオイ
ぎょーぶ　リョウブ
きょーぶき　フキ
きょーぶな　リョウブ
ぎょーぶな　リョウブ
きょーぶのり　トロロアオイ
きょーぽ　リョウブ
きょーぼたん　オオデマリ
きょーみずな　キョウナ
きょーめいたけ　アミタケ
ぎょーろば　オオバコ
ぎょく　トウモロコシ
ぎょくせー　ウケザキオオヤマレンゲ
ぎょくねぎ　ヤグラネギ
ぎょくらん　ハクモクレン
きょこつ　ササゲ
きょじんぐさ　スズメノテッポウ
きよばな　オミナエシ
きよぶた　リョウブ
きよめたけ　ヤダケ
きよめな　ズイナ
ぎょんぎょー　ゲンゲ
ぎょんぎょろ　ツメクサ
きらびえ　ヒエ

きらん　スギラン
きらんそー　ベンケイソウ
きりあさ　イチビ
きりいも　キクイモ／サトイモ／ジャガイモ／ナガイモ／ヤマノイモ
ぎりいも　チョロギ
きりぎりす　ユキノシタ
きりぎりすいちご　ナワシロイチゴ
ぎりぎりそー　オキナグサ／キリンソウ
きりきりな　ギシギシ
ぎりぎりな　ギシギシ
きりきりぼーず　ツクシ
きりきりまいちご　ナワシロイチゴ
きりぐさ　クワクサ／サルオガセ
きりこ　ハコベ
きりこし　キンセンカ
きりさご　ササゲ
きりささげ　キササゲ
きりさるかせ　サルオガセ
きりしまにんじん　ハマゼリ
きりしまみずき　コウヤミズキ
ぎりすくさ　ツユクサ
ぎりすぐさ　ツユクサ
ぎりすのはな　ツユクサ
ぎりすばな　ツユクサ
きりそー　ジギタリス
きりひら　ニラ
きりびら　ニラ
きりびらー　ニラ
ぎりまき　エンレイソウ
きりみ　アブラギリ
きりみき　ギボウシ
きりめ　アラメ
きりも　キクイモ／サルオガセ
きりゅー　コリヤナギ
ぎりりす　ギボウシ
きりんこ　オオバコ
きりんそ　ユキノシタ
きりんそー　アワモリショウマ／ジギタリス／スイバ／ユキノシタ
きれだいも　ジャガイモ
きれんげ　ミヤコグサ
ぎわ　クログワイ
ぎわい　ウバユリ
ぎわいずる　クログワイ
きわいつる　クログワイ
きわだいちご　キイチゴ
きわたぎ　シロモジ
きわら　キハダ
きん　モロコシ

きんいちご　キイチゴ
ぎんいも　ジャガイモ
きんうり　マクワウリ
ぎんうり　マクワウリ
きんおー　サンショウバラ
きんか　カボチャ／ジャガイモ／マクワウリ
きんかいば　ヤブデマリ
きんかいも　ジャガイモ
きんかぐさ　タケニグサ
きんかつ いも　ジャガイモ
ぎんかむぎ　ヒメムカシヨモギ
きんからぎく　シュンギク
ぎんがらくさ　ハコベ
きんがらし　カラシナ
きんかわ　マクワウリ
きんかん　カボチャ／ジャガイモ
きんかんいも　ジャガイモ
きんかんうり　マクワウリ
きんかんは　ショクヨウホオズキ／スイカズラ
きんかんほーずき　ショクヨウホオズキ
きんかんむく　ムクロジ
きんぎーす　ユキノシタ
きんぎくさ　ユキノシタ
きんぎくそー　ユキノシタ
きんぎそー　ユキノシタ
きんぎょぐさ　サンシチソウ／バイカモ／フサモ／マツモ
きんぎょそー　ツリフネソウ／マツモ／ユキノシタ
きんぎょばな　キンギョソウ
きんぎり　カキ（アマガキ）
きんぎりす　ユキノシタ
きんぎりすくさ　ツユクサ
ぎんぎりすぐさ　ツユクサ
きんぎりそー　ユキノシタ
ぎんぎろ　ジャノヒゲ
きんぎんか　ユキノシタ
きんぎんかずら　スイカズラ／フウトウカズラ
ぎんぎんかずら　スイカズラ
きんきんぐさ　テイカカズラ／ハハコグサ
きんぎんぐさ　ドクダミ／ユキノシタ
きんぎんくゎ　ユキノシタ
きんぎんし　ユキノシタ
きんぎんす　ユキノシタ
きんぎんすそー　ユキノシタ
きんぎんそ　ユキノシタ
きんきんそー　ユキノシタ
きんぎんそー　マツバボタン／ユキノシタ
きんきんばな　ヒョウタンボク
きんきんぼく　ヒョウタンボク
きんきんむくら　ムクロジ
ぎんぐいみ　ツルグミ

ぎんぐさ　カヤツリグサ
きんぐすみれ　ユキノシタ
きんくねっ　クネンボ
きんくねび　クネンボ
きんくねぶ　クネンボ
ぎんくねぽ　クネンボ
きんくゎ　カボチャ／キンマクワ／マクワウリ
きんくゎー　カボチャ
きんくゎん　カボチャ
きんこうり　マクワウリ
きんこーじ　コウジ
きんごけ　ミズスギ
きんごろ　ドングリ
きんごろー　ドングリ
ぎんざ　アオアカザ／シロザ
きんざくに　ニンジン
ぎんささげ　インゲンマメ
きんざし　キンミズヒキ
きんざんしょー　メギ
きんさんにら　ニラ
きんしうり　ハヤトウリ
きんじくだけ　ホウオウチク
きんしだれ　エニシダ
きんしぼたん　ダリア
きんしゃ　イヌノヒゲ
きんじゃく　ホウセンカ
きんしょー　イヌマキ／コウヤマキ
きんしょーぶ　ヒメヒオウギズイセン
きんじょーまめ　フジマメ
きんずそー　キクバドコロ
ぎんすそー　キクバドコロ
きんすだれ　エニシダ／オウバイ／レンギョウ
きんずんそー　ユキノシタ
きんせんか　ホウセンカ
きんそー　ウマノアシガタ／キツネノボタン
きんそーこー　ナツノハナワラビ
きんたい　ヒガンバナ
きんだい　スイセン
ぎんだい　スイセン
きんだいくに　ニンジン
きんだいほーね　ニンジン
きんだいま　ジャガイモ
きんたく　ホウセンカ
きんだぐに　ニンジン
きんたのまくら　スズメノヤリ
ぎんだま　ジュズダマ
きんたまいも　ジャガイモ
きんたまがき　カキ
きんたまそー　アツモリソウ
きんたまのき　オオカメノキ

きんたまはじき　ナツハゼ
きんたまばな　アツモリソウ／クマガイソウ
ぎんだまむ　エンドウ
きんだら　ハリギリ
ぎんたるも　アマモ
きんたろーぐさ　スベリヒユ
きんだんぼー　ドングリ
きんちく　ホウライチク
きんちっだけ　ホウライチク
きんちゃくいも　ツクネイモ／ナガイモ
きんちゃくっぱ　ヤブマオ
きんちゃくなす　ナス／マルナス
きんちゃくなすび　コナスビ／ナス
きんちゃくはな　ケマンソウ
きんちゃくばな　ツユクサ
きんちゃくぼたん　ケマンソウ／ハマナシ
きんちょー　ホウライチク
きんちんご　キイチゴ
きんつくばね　ハシドイ
きんつつじ　キリシマツツジ
きんで　スイセン
ぎんで　スイセン
ぎんでか　スイセン
ぎんでかん　スイセン
きんでばな　スイセン
ぎんでばな　スイセン
きんでんくゎ　スイセン
きんでんばな　スイセン
きんと　カボチャ
きんとーか　カボチャ
ぎんどーまみ　エンドウ
きんとき　アズキ／インゲンマメ／ササゲ／サトウキビ／マクワウリ
きんときいも　ジャガイモ
きんときぐさ　スベリヒユ
きんときまめ　インゲンマメ
きんどころ　ヤマノイモ
きんどろのはな　ハハコグサ
きんとん　ササゲ
きんとんあずき　ササゲ
きんどんばな　スイセン
きんとんまめ　インゲンマメ／フジマメ
ぎんな　ドングリ
ぎんなずる　ゲンノショウコ
きんなら　ミズナラ
きんなん　ハハコグサ
きんねんかずら　アオツヅラフジ
きんねんからめ　ノブドウ
きんのこ　チガヤ
きんばい　オウバイ

きんばいか　オウバイ
きんばいそー　ウマノアシガタ
ぎんばいそー　フクジュソウ
ぎんばさ　ホンダワラ
ぎんばそー　ホンダワラ
きんばな　ハハコグサ
きんび　トウモロコシ
きんひば　ヒノキ
きんひら　ニラ
きんぴら　ニラ
ぎんぶき　ギボウシ／ダイモンジソウ
きんぶるし　カラスウリ
ぎんふろー　インゲンマメ
ぎんぶろー　インゲンマメ
きんぶんし　カラスウリ
きんぶんしき　ゴキヅル／スズメウリ
きんぼ　ミズギボウシ
ぎんぼ　ギボウシ
ぎんぽ　ギボウシ
ぎんぼー　ギボウシ
ぎんぽー　トウギボウシ
きんぼーげ　キツネノボタン
ぎんぽーげ　キツネノボタン
ぎんぽーるいは　ギボウシ
きんぼき　ギボウシ
ぎんほけ　ギボウシ
きんぽこ　チガヤ
ぎんぼそ　ミズナラ
きんぽや　サワラ
きんまく　マクワウリ
きんまくわ　マクワウリ
ぎんまくわ　シマウリ／マクワウリ
きんまつ　コウヤマキ
ぎんまつ　クロマツ
きんまっか　マクワウリ
ぎんまめ　ヤブマメ
きんみ　トウモロコシ
ぎんみかん　キヌガワミカン
きんみずひき　ダイコンソウ
ぎんみどり　クロマツ
きんめ　ヤシャビシャク
きんも　ジャガイモ
きんもーげ　ヒガンバナ
きんゆー　ユズ
きんよむぎ　ハハコグサ
ぎんれーか　ミヤマタゴボウ
きんれーし　ツルレイシ
きんれん　ノウゼンカズラ
ぎんろーじ　チョロギ

【く】

くあい　ガガイモ
くい　イバラ
ぐい　イバラ／エゾマツ／サルトリイバラ／シャシャンボ／ノイバラ
くいいたび　イタビカズラ
くいいちご　キイチゴ
ぐいーび　ナワシログミ
ぐいーびー　ナワシログミ
ぐいーぼたん　バラ
くいか　ツルレイシ
ぐいかん　アキグミ
ぐいき　カラスザンショウ
くいぎく　ショクヨウギク
ぐいざくら　カマツカ
くいささぼ　シャシャンボ
ぐいし　グミ
くいたぶ　イヌビワ
くいだら　ノイバラ
くいどり　イバラ
くいどろ　イバラ
くいな　コマツナ／マツムシソウ
ぐいのき　イバラ
ぐいのみ　グミ
ぐいばな　アザミ／ノイバラ
くいばり　サルトリイバラ
くいび　オニグルミ
ぐいび　アキグミ／エビヅル／オランダイチゴ／グミ／ナツグミ／ナワシログミ
ぐいびー　グミ／ナワシログミ
ぐいびいちご　キイチゴ
くいべ　オランダイチゴ
ぐいべ　オランダイチゴ
くいぼーふー　ボタンボウフウ
くいぼたん　サルトリイバラ／ノイバラ／バラ
ぐいぼたん　コウシンバラ／サルトリイバラ／バラ
ぐいみ　アキグミ／オランダイチゴ／グミ／クルミ／ナツグミ／ナワシログミ
くいむぎ　オオムギ
くいむく　ムクノキ
ぐいめ　アキグミ／オランダイチゴ／ナツグミ／ナワシログミ
ぐー　ジャノヒゲ
くーがー　サルナシ
ぐーぐーたぶ　ヤブニッケイ
くーくーどんぐり　クヌギ
くーじ　トウツルモドキ
ぐーず　タカノツメ
くーすべ　ツクシ

くーだ　オダマキ
くーたぶ　イチジク
くーでぃ　イタヤカエデ
くーび　アキグミ／グミ
ぐーび　グミ
くーびきー　グミ
ぐーめ　アキグミ
くーらい　トウモロコシ
ぐーれー　シャシャンボ
くえいたぶ　イヌビワ
ぐぇー　クワイ
ぐぇーぽ　ニワトコ
くえしば　アオガシ
くえんどー　ツメクサ
くえんはな　ベニバナ
くぇんばな　ベニニガナ
くおと　フサザクラ
くが　カゴノキ／シマサルナシ／リクトウ
ぐか　ツルレイシ
くがにー　ニホンタチバナ
くがにーくにぶ　ニホンタチバナ
くがび　クロベ
くがひじき　ヨウサイ
くぎ　クヌギ
くきいも　サトイモ
くぎうつぎ　ツクバネウツギ
くぎき　ウツギ
くぎくさ　スギナ
くぎぞろ　タイサイ
くきたち　アブラナ／ナタネ
くぎのき　クヌギ
くぐ　クヌギ／ハマスゲ／ヒカゲスゲ
くぐさ　ニガナ
くぐしばな　ゲンゲ
くくたち　アブラナ
くくとりぐさ　スミレ
くぐのき　クヌギ
ぐぐばな　タンポポ
くぐみ　クサソテツ
くくりずきん　ホオズキ
くくるび　サワグルミ
くこ　クグ
くご　クグ／スゲ／ネズミノオ／ハマスゲ
くさ　イグサ／ミゾソバ／ヤマボウシ／ヨモギ
ぐさ　ジャノヒゲ
くさあおい　アサザ／トチカガミ
くさあさがお　ヒルガオ
くさあざみ　タムラソウ
くさいかぢ　カワラケツメイ
くさいき　ナナカマド

方言名索引 ● くさい

くさいざくら　イヌザクラ
くさいちご　オランダイチゴ／ナワシロイチゴ
くさいば　ドクダミ
くさいび　ヤマブドウ
くさいぼ　ドクダミ
くさいも　サトイモ
くさうつぎ　ニワトコ／ノリウツギ
くさうり　カラスウリ
くさうるし　ノウルシ
くさえびね　サイハイラン
くさえんじゅ　クララ
くさえんどう　カラスノエンドウ
くさえんどー　スズメノエンドウ
くさおーれん　ミツバオウレン
くさおとめかつら　ヤイトバナ
くさかき　ヒサカキ
くさかけ　ヒサカキ
くさかじ　カジノキ
くさかずら　フウトウカズラ
くさからたち　シオデ
くさぎ　カンボク／クサギ／クララ／コクサギ／ゴンズイ／ドクダミ／トベラ／ニワトコ／ハマクサギ
くさぎく　サワオグルマ
くさきな　クサギ
くさぎな　クサギ／コクサギ／タンポポ
くさぎのき　トベラ
くさきり　ベンケイソウ
くさぎり　シラネアオイ／ベンケイソウ
くさぎん　トウモロコシ
くさけとぎ　イヌビユ
くさご　クサイチゴ
くさざくら　イヌザクラ／カバノキ
くささんしょー　カラスザンショウ
くさじー　ニワトコ
くさじき　ニワトコ
くさじな　クサギ
くさしもつけ　シモツケソウ
くさじょー　トベラ
くさずいこ　スイバ
くさずき　ニワトコ
くさすび　ヤマヒハツ
くさだいおー　ギシギシ
くさたず　ソクズ／ニワトコ
くさたちばな　ヤブコウジ
くさだね　ゲンゲ
くさたばこ　サジガンクビソウ
くさだま　タブノキ
くさだみ　シロダモ／タブノキ／ヤブニッケイ
くさだりや　ハナガサギク
くさたれいちご　モミジイチゴ

くさちゃ　カスマグサ／カワラケツメイ／クサネム／ヒメハギ
くさっ　クサギ
くさつが　コメツガ
くさつげ　イヌツゲ
くさっな　クサギ
くさっぽーずき　イガホオズキ
くさつめれしょ　スベリヒユ／マツバボタン
くさな　クサギ／タカナ
くさにっとこ　ソクズ
くさにれ　トロロアオイ
くさにんじん　カワラニンジン／ムラサキケマン／ヤブジラミ
くさねぎ　ワケギ
くさねぐた　カワラケツメイ
くさねじもち　ナズナ
くさのおー　タケニグサ
くさのき　ニワトコ
くさのはな　ヨモギ
くさのぼたん　ヒメノボタン
くさはぎ　コマツナギ／ヒメハギ／ホウキギ／メドハギ
くさはな　ヨモギ
くさばな　ヤイトバナ
くさばん　ミヤマカワラハンノキ
くさぱんや　ガガイモ
くさびもみ　ハリモミ
くさひょーな　イヌビユ
くさぶ　バリバリノキ
くさふじ　コマツナギ／ハマエンドウ
くさぶどー　ノブドウ
くさへ　ノビエ
くさぼーき　ホウキギ
くさほーずき　ミゾホオズキ
くさぼき　ホウキギ
くさぼたん　ケマンソウ／シャクヤク／シュウメイギク／ハナガサギク
くさぽっと　ミヤマカワラハンノキ
くさまお　カラムシ（アオカラムシ）
くさまき　アスナロ／イヌマキ／コウヤマキ
くさまちん　チドメグサ
くさまめ　スズメノエンドウ
くさまゆみ　コマユミ
くさまんさく　イチリンソウ
くさみ　ネギ
くさみじ　ハルニレ
くさみず　アズキナシ／ウワミズザクラ／ナナカマド／ミズス
くさみずいだや　クマノミズキ
くさみち　ナナカマド
くさみつ　アズキナシ

694

くさみねばり　ミズメ
くさむぎ　オオムギ
くさめのき　ハナヒリノキ
くさもちぐさ　ヨモギ
くさやなぎ　エニシダ／カワヤナギ
くさらっきょー　アサツキ
くさらん　シュンラン
くされぎ　ランタナ
くされはな　ヒガンバナ
くさわた　ガガイモ
くさん　ホテイチク
くさんざくら　イヌザクラ
くさんずき　ニワトコ
くさんだき　ホテイチク
くさんはな　ヨモギ
くさんばら　ヨモギ
くじ　トウツルモドキ
くしあこ　ナナカマド
くしぇぁかすのぎ　ニワトコ
ぐしえも　サトイモ
くしぎ　ネジキ／ハマクサギ／ミツバウツギ
ぐしき　ススキ
ぐしぐし　イバラ
ぐしくびる　サフランモドキ
くじぐろ　サワシバ
くしこ　イヌエンジュ
くじごろ　サワシバ
くじごろー　サワシバ
くしだら　ハリギリ
ぐしち　ススキ
くじっけぁ　タンポポ
くじな　タンポポ
ぐしな　タンポポ
ぐじな　タンポポ
くしのは　シシガシラ
くしゃく　ハルニレ
くじゃくそー　ハルシャギク
くじゃくのき　コウヨウザン
くじゃくも　マツモ
くじゃくもみ　コウヨウザン
くしゃみのき　ハナヒリノキ
くじゅ　クサギ
くじゅー　クサギ
くじゅーな　クサギ／タンポポ
くじゅーねぎ　ヤグラネギ
くじゅな　タンポポ
くじょ　クズ
くじょあじ　クズ
くじょー　クズ
ぐしょーく　ブッソウゲ

ぐしょーくぬぱな　ブッソウゲ
ぐしょーばな　ハマボッス／ムラサキオモト／ヤグルマギク
くじょっつら　クズ
くじょば　クズ
くじょふじ　クズ／フジ
くじらぐさ　ドクダミ／ハマウド
くしわらび　シシガシラ
くしん　クララ
くじん　クララ
くす　シロダモ
ぐず　デイゴ
くすあさだ　ヤブニッケイ
くずかずら　クズ
くすきのちょーちんかずら　ノブドウ
くずくい　タンポポ
くずくいな　タンポポ
くすぐりっき　サルスベリ
くすぐりかた　サルスベリ
くずぐろ　サワシバ
くずごろ　クマシデ／サワシバ
くずしば　クズ
くすたぶ　タブノキ／ヤブニッケイ
くすだま　ジャノヒゲ／ハトムギ
くすだま　ジャノヒゲ
ぐすだま　ジャノヒゲ
くすだみ　シロダモ
くすだも　タブノキ／ヤブニッケイ
ぐすちゃー　トキワススキ
くずっぱ　クズ
くすどき　カカツガユ
くずな　タンポポ
くすのいき　クスドイゲ
くすのいぎ　クスドイゲ
くすのき　タブノキ
ぐずのは　クズ
くすば　クズ
くずは　クズ
くずば　カタクリ／クズ
くずば　クズ
ぐずば　クズ
くすばいかずら　クズ
くずばいかずら　クズ
くすばかずら　クズ
くずばかずら　クズ
くずばふじ　クズ
くずびた　クズ
くすふじ　クズ
くずぼーら　クズ
くすま　ツリバナ

くずま　クズ
くずまー　クズ
くずまーかずら　クズ
くずまい　クズ
くずまかずら　クズ
くずまき　クズ
くすまきかずら　クズ
くずまきかずら　クズ
くずまのかずら　クズ
くずまのき　クズ
くずまひ　クズ
くずまみ　フジマメ
くずまめ　ハッショウマメ
くずめー　クズ
くずめんどー　シロダモ
くずもりかずら　クズ
くすりかずら　ツヅラフジ
くすりぎ　ニガキ
くすりくさ　ツボクサ
くすりぐさ　ウツボグサ／オウレン／センブリ
くすりにんじん　チョウセンニンジン
くすりのはな　ゲンノショウコ
くすんだま　ジャノヒゲ
くすんど　シロダモ
ぐすんとーじん　トウモロコシ
ぐすんとーぬちん　トウモロコシ
ぐすんとーんつぃん　トウモロコシ
くずんば　クズ
くせいくさ　ヤブタバコ
くせのぎ　クサギ
くせふりき　ニワトコ
くぞ　カタクリ／クズ
ぐぞ　クズ
くそいき　クスドイゲ
くそいとち　アサガラ
くそうつぎ　ノリウツギ
くそうり　カラスウリ／キカラスウリ
くそえちご　ヘビイチゴ
くそおーき　ヤブニッケイ
ぐそーく　ブッソウゲ
ぐそーくぬばな　ブッソウゲ
ぐそーばなー　ブッソウゲ
くそかずら　ヤイトバナ
ぐそく　クロウメモドキ
くそくさぎ　オオカメノキ／カンボク
くそごい　カラスウリ／キカラスウリ
くそごいのかずら　カラスウリ
くそこーい　カラスウリ
くそごーり　カラスウリ
くそごし　ゴンズイ

くそごり　カラスウリ／キカラスウリ
くそざくら　イヌザクラ／ウワミズザクラ／ハシドイ
くそじー　スダジイ
くそしば　ガクアジサイ
くそずろ　クスドイゲ
くそずんぼ　イヌビワ
くそぜり　ドクゼリ
くそぞろ　アカシデ
くそたず　ニワトコ
くそたっ　イヌビワ
くそたび　イヌビワ
くそたぶ　アオガシ／バリバリノキ
くそだま　ヤブニッケイ
くそだみ　シロダモ
くそだも　タブノキ
くそたれ　ミヤマカワラハンノキ
くそたれうつぎ　タニウツギ
くそっき　オオカメノキ
くそつげ　イヌツゲ／ウラジロウツギ
くぞっぱ　クズ
くそど　クスドイゲ
くそとー　クスドイゲ
くそどー　オオカメノキ
くそとごい　カラスウリ
くそとびら　トベラ
くそねじら　ヤイトバナ
くそのくい　クスドイゲ
くぞば　クズ
くそばしき　カンボク
くそはすに　オオカメノキ
くそびき　クズ
くそぶ　オオバアサガラ
くそふじ　クズ
くぞふじ　クズ
くそふず　クズ
くそぶな　ヤシャブシ
くそべざくら　ウワミズザクラ
くそべた　タマミズキ
くそぼこり　キンミズヒキ
くそぼんぼり　カラスウリ
くそまき　イヌマキ
くそまゆみ　ニシキギ
くそみずき　クマノミズキ／ミズキ
くそみずめ　ミズメ
くそめじら　ヤイトバナ
くそめずら　ヤイトバナ
くそめんずら　ヤイトバナ
くそんどー　クスドイゲ
くだー　アズキ
くだき　ハナイカダ

くたち　イヌビワ／ソバナ
くたっ　イヌビワ
くだはぎ　ボチョウジ
ぐだま　ジャノヒゲ
くだり　ヒルムシロ
くだりかぼちゃ　カボチャ（チリメンカボチャ）
くだりすぐり　フサスグリ
くだりそで　アスパラガス
くだりたかな　タカナ
くだん　マテバシイ
くたんばら　サルトリイバラ
くだんばら　サルトリイバラ
くちあけ　オモダカ／ヒルムシロ
くちあけび　アケビ
くちあけみずっくりょー　ウツギ
くちーな　クチナシ
くちーびー　ウツボグサ
くちえ　ヤブマオ
くちえお　アカソ
くちがらみ　クサフジ
くちきり　ヤエムグラ
くちくちな　タンポポ
ぐちぐちな　タンポポ
くちくろ　サワシバ
くちぐろ　アカシデ／イヌシデ／クマシデ／サワシバ
くちげろ　サワシバ
くちごろ　クマシデ／サワシバ
くちごろー　アカシデ／サワシバ
くちさけ　オモダカ／トチカガミ
くちじしゃ　アサザ
くちした　コゴメウツギ
くちじゃけ　アサザ
くちどめ　ゲンノショウコ
くちな　クチナシ／タンポポ
ぐちな　タンポポ
くちなーいちご　フユイチゴ／ヘビイチゴ
くちなーばな　ヒガンバナ
くちないちご　ナワシロイチゴ／ヘビイチゴ
くちなおいちご　ヘビイチゴ
くちなおーのーとーこ　テンナンショウ
くちなおし　クチナシ
ぐちなおし　クチナシ
くちなおのとーとーこ　テンナンショウ
くちなこ　ヘビイチゴ
くちなごーろ　ヒガンバナ
くちなごのまくら　ヘビイチゴ
くちなごのやまもも　ヘビイチゴ
くちなし　カラスウリ／ヤマナシ
くちなしかずら　サカキカズラ
くちなしろ　クチナシ

くちなのごーろ　ヒガンバナ
くちなのしょんべたご　リンドウ
くちなわいちご　オヘビイチゴ／ヘビイチゴ
ぐちなわいちご　ヘビイチゴ
くちなわし　クチナシ
くちなわしーし　ギシギシ
くちなわじゃくし　テンナンショウ
くちなわじゅーこ　ウワバミソウ
くちなわしんじゃ　ギシギシ
くちなわのあさがお　ヒルガオ
くちなわのごーろー　ヒガンバナ
くちなわのしたすがり　ヒガンバナ
くちなわのはな　ヒガンバナ
くちなわのまくら　ウツボグサ
くちなわのもも　ヘビイチゴ
くちなわのよめご　ツクシ
くちなわばな　ヒガンバナ
くちなわびしゃく　ムサシアブミ
くちなわびゃくし　テンナンショウ
くちなわほーのみ　イタドリ
くちなわんいちご　ヒメヘビイチゴ／ヘビイチゴ
くちなわんべーろ　オオハンゲ
くちなわんよめご　ツクシ／ヒガンバナ／マムシグサ
くちは　オオイタビ
くちはげいちご　コウゾ
くちびーびー　ウツボグサ
くちびるばみ　ゲンノショウコ
くちべにばな　ゲンノショウコ
くちべん　ゲンノショウコ
くちまき　コウヤマキ
くちむろ　サワシバ
くちゃなし　クチナシ
くつ　ヨモギ
くつか　ウラジロマタタビ
くつかずら　クズ／センニンソウ
くっかずら　クズ
くつくさ　センニンソウ
くっくさ　センニチコウ／ヒガンバナ
くつぐさ　カキドオシ／センニンソウ／ボタンヅル
くつぐろ　クマシデ／サワシバ
くつごろ　サワシバ
ぐっしゃーめ　ジャノヒゲ
ぐっしゃめ　ジャノヒゲ
ぐっちゃ　アカソ
ぐっつべ　ツクシ
くっどんのしっぽ　ホソバノヒメトラノオ
くつば　クズ／サネカズラ
くつばかずら　クズ
くっぷ　ウダイカンバ
くつふじ　クズ

方言名索引 ● くつま

くつまかずら　クズ	くふぁ　ビロウ
くっまかずら　クズ	くぶし　タムシバ
くつまっかずら　クズ	くべ　ソバ
くっまっかずら　クズ	ぐべ　アケビ
くつわかずら　クズ	ぐべのき　ムベ
くつわくさ　カラスノエンドウ	ぐぼー　キカラスウリ
くつわばな　ツユクサ	くぼーだけ　ナメコ
くつんば　クズ	くぼーと　フサザクラ
ぐど　ブドウ	くぼとぎ　フサザクラ
くどいも　ジャガイモ	くまいちご　エビガライチゴ／キイチゴ／クマノミズキ／ナワシロイチゴ
くどーじ　カラスウリ	
ぐどーじ　カラスウリ	くまうじ　クマヤナギ
くどば　クズ	くまえ　ブナ
くにぎ　クヌギ	くまえちご　エビガライチゴ
くぬき　アベマキ／クヌギ	くまえのき　ブナ
くぬぎ　アベマキ／クヌギ	くまえぶ　クマヤナギ
くぬぎだま　ドングリ	くまがえそう　クマガイソウ
くぬぎぼーそ　クヌギ	くまがき　マメガキ
くぬぎもたせ　ナラタケ	くまかし　アカガシ／アラカシ
くね　イボタノキ／ウツギ／ネズミモチ	くまがし　アカガシ／アラカシ／ウバメガシ／シラカシ／マテバシイ
くねうつぎ　ウツギ	
くねぎ　イボタノキ／ウツギ／クヌギ／クネンボ	くまかずら　クズ
くねしば　ウツギ	ぐまぎ　サンゴジュ
くねっ　クネンボ	くまぎり　カラスザンショウ
くねつばき　ムクゲ	くまくさ　ホタルブクロ
くねなら　クヌギ	くまくま　タンポポ
くねばな　ムクゲ	ぐまぐま　タンポポ
くねび　クネンボ	くまこ　タンポポ
くねぶ　クネンボ	くまご　アワ
くねまめ　ササゲ	くまこやし　ウマゴヤシ
くねんぼ　ミカン	くまさいそー　ナナカマド
くねんぼー　クヌギ	くまさか　ミズバショウ
くのき　クヌギ	くまざさ　チマキザサ
くのぎ　カシワ	くまさんしょー　カラスザンショウ
くのっ　カラタチ	くまざんしょー　イヌザンショウ／カラスザンショウ／ナナカマド
ぐのみは　ツルソバ	
くのんば　シダ	くましー　スダジイ
くば　ビロウ	くましごえ　ウマゴヤシ
くぱ　ビロウ	くましだ　ウラジロ
くばく　ナデシコ	くましで　アサダ／イヌシデ／クマシデ／ヒメヤシャブシ
くび　ツルグミ	
くびき　ツルグミ	くますず　スズタケ
くびぎ　アキグミ	くまずる　ツタウルシ
くびぎー　ツルグミ／ナワシログミ	くまたか　アオノクマタケラン
くびきり　スミレ	くまだら　カミヤツデ／カラスザンショウ／ハリギリ
くびきりばな　スミレ／タンポポ	くまっこしだ　ウラジロ
くびつりそー　スミレ	くまっちょ　ウラジロ
くびふりばな　ワレモコウ	くまっちょしだ　ウラジロ
くびぼたん　マツバボタン	くまでおーれん　ミツバオウレン
ぐびぼたん　バラ	くまねり　アオハダ／ウメモドキ
	くまねれ　オヒョウ

くまのいも	ジャガイモ
くまのかし	アカガシ
くまのきんたま	ナツハゼ
くまのしで	クマシデ
くまのはぐま	テイショウソウ
くまのまら	ナツハゼ
くまのり	アオハダ
くまばしか	クマノミズキ
くまばら	カラスザンショウ／クマイチゴ
くまばらいちご	クマイチゴ
くまびえ	イヌビエ
くまぶき	ノブキ
くまふじ	クマヤナギ
くまぶち	アオハダ／クズ
くまべら	ツキヨタケ
くまぽ	タンポポ
くまぽ	タンポポ
くまもとにんじん	ニンジン
くまやしま	ツタウルシ
くまやなぎ	クマツヅラ／クロモジ
くまんざさ	オカメザサ
くまんど	クマヤナギ
ぐみ	アキグミ／イタドリ／ウグイスカグラ／ガマズミ／クサイチゴ／クルミ／ズミ／ナツグミ／ナワシログミ／モミジイチゴ
ぐみいちご	スグリ
くみかげそー	エノキグサ
ぐみのき	ウグイスカグラ／カマツカ
くむぎ	コムギ
めめやのき	ブナ
くもあか	サルオガセ
くもかつき	カクレミノ
くもきり	イカリソウ
くもきりそー	イカリソウ
くもぐさ	シノブ
くもさがし	チャンチン
くもしば	アワブキ
くもたけ	マイタケ
くもつき	フサザクラ
くもとーし	コウヨウザン
くものうえ	ハッサク
くものはな	サルオガセ
くもば	クサソテツ
くもやぶり	チャンチン
くもんば	シダ
ぐゆみ	グミ／ナワシログミ
ぐゆみ	ナツグミ
ぐゆめ	アキグミ
くらいたぽ	イヌビワ
くらがー	サツマイモ
くらかけねぎ	ヤグラネギ
くらかけまめ	ダイズ（クロダイズ）
くらぎ	マサキ
くらげきのこ	キクラゲ
くらしば	ソヨゴ／ヒメヤシャブシ
ぐらみ	ヤマブドウ
くらら	クララ
くらんぎ	クララ
くり	ツノハシバミ
ぐり	クロミノオキナワスズメウリ／シャシャンボ
くりいも	サツマイモ／サトイモ
ぐりいも	ツクネイモ／ナガイモ
くりうめ	オニグルミ
くりうり	キカラスウリ
ぐりかずら	キカラスウリ
くりかっくえ	クリタケ
くりからしめじ	クリタケ
くりくな	カラスビシャク
くりこ	カラスビシャク／ムサシアブミ
くりこなら	コナラ
くりしへけ	アサザ
くりじゃけ	アサザ
ぐりす	ノグルミ
くりたけ	ヌメリイグチ
ぐりのき	シャシャンボ
くりのきかっくい	クリタケ
くりのきかっくぇ	クリタケ
くりのきしめじ	クリタケ
くりのきなば	クリタケ
くりのきもだし	クリタケ
くりのきもたせ	クリタケ
くりび	オニグルミ／クルミ
くりみ	オニグルミ
ぐりみ	ノグルミ
ぐりみき	エンレイソウ
くりもだし	クリタケ
くりもたせ	クリタケ
くりもも	クリ
ぐりん	シャシャンボ／ツルソバ
ぐりんのき	シャシャンボ
くるいも	ツクネイモ／ナガイモ
くるき	ヤエヤマコクタン
くるぎま	ヒサカキ
くるじ	ウマゴヤシ
ぐるす	ノグルミ
くるち	ヤエヤマコクタン
くるび	クロベ／コメツガ／サワグルミ
ぐるび	オニグルミ
くるびのき	オニグルミ
くるぼ	クロキ

くるぽー	リュウキュウガキ	くろいげ	クスドイゲ
くるまえも	ジャガイモ	くろいたや	ハウチワカエデ
くるまぎ	カゴノキ	くろいちご	クマイチゴ
くるまくさ	ウマゴヤシ／ヤエムグラ	くろいとち	アサガラ
くるまぐさ	ウマゴヤシ／オドリコソウ／ホトケノザ／ミズタガラシ／ヤエムグラ	くろいも	サトイモ
		くろいらもの	ダイズ
くるまさくらそー	クリンソウ	くろうつぎ	キブシ／ノリウツギ／ハコネウツギ
くるまさんしち	クリンソウ	くろうめもどき	クロウメモドキ
くるまじんだ	イイギリ	くろうり	ナス
くるまそー	クリンソウ／サクラソウ／ヒャクニチソウ／ホトケノザ／ミズキ／ミゾソバ	くろえのき	エゾエノキ
		くろえんじ	イヌエンジュ
くるまっこ	クリンソウ／サクラソウ	くろえんじゅ	イヌエンジュ
くるまっぱ	キクムグラ	くろえんじょ	イヌエンジュ
くるまなへ	コナギ	くろーじ	ヤブマオ
くるまはしか	ミズキ	くろーばー	カタバミ／シロツメクサ
くるまばな	イヌコウジュ／カザグルマ／サクラソウ／テッセン／フクジュソウ／ホトケノザ	くろおも	イヌブナ／ケヤキ
		くろがき	トキワガキ／マメガキ
くるまばなこ	クサキョウチクトウ	くろかし	アラカシ／コウゾ／シラカシ
くるまみず	ミズキ	くろがし	アカガシ／アラカシ／シリブカガシ
くるまみずき	ミズキ	くろかたぎ	アラカシ
くるみ	サワグルミ／ノグルミ	くろかっし	アラカシ
ぐるみ	アキグミ／エンレイソウ／オニグルミ／サワグルミ／ツルソバ／ナワシログミ	くろがね	キブシ／クマヤナギ／シャシャンボ／ミズメ
		くろがねかずら	クマヤナギ／オオクマヤナギ
ぐるみき	エンレイソウ	くろがねのき	シャシャンボ
くるみそー	サクラソウ	くろがねもどき	カマツカ／シャシャンボ／ヤマボウシ
くるみのき	オニグルミ	くろがねもどし	ガマズミ／カマツカ
くるみわじ	イヌビワ	くろかぶ	クロナ
くるむち	ツゲモチ	くろから	ヤツガシラ
くるめ	オニグルミ	くろかんば	ダケカンバ
ぐるめ	ツルソバ	くろき	クロキ／ノグルミ／ハイノキ／ハマセンダン／マサキ
ぐるめき	エンレイソウ		
ぐるめぎ	オニグルミ	くろぎ	クヌギ／クロモジ／ナナメノキ／マサキ／モチノキ
くるめきな	エンレイソウ		
ぐるりまめ	アズキ／ササゲ	くろきな	ゴンズイ
ぐれ	シャシャンボ	くろきのこ	ヒラタケ
ぐれい	シャシャンボ	くろぐさ	ヒデリコ
ぐれいも	キクイモ／サトイモ／ツクネイモ／ナガイモ	くろくさぎ	ゴンズイ
		くろくち	サワシバ
くれたけ	ハチク／マダケ／メダケ	くろぐみ	ザイフリボク
くれない	ベニバナ／ホウセンカ	くろくわえ	オモダカ
くれないのはな	ベニバナ／ベニバナ	くろご	ノアズキ
くれねぁ	エゾノキツネアザミ	くろごーり	カラスウリ
くれねぇ	カワラハハコ	くろこが	シロダモ／ヤブニッケイ
ぐれのき	シャシャンボ	くろこば	ウワミズザクラ
ぐれみ	シャシャンボ	くろごむし	マツブサ
くれんぞ	クズ	くろごめごめ	ミツバウツギ
くろ	エビヅル	くろごろも	クロマメ
ぐろ	エビヅル	くろさい	サカキカズラ
くろあさがら	ハクウンボク	くろざくら	イヌザクラ／ミズメ／リンボク
くろあさだ	ヤブニッケイ	くろさんじ	ソヨゴ
くろあぶら	エゴマ		

くろじ	カラムシ	くろはい	ハイノキ
くろじかっこ	カラムシ	くろばい	クロバイ／ハイノキ
くろじさ	アブラチャン／エゴノキ	くろはいた	イタヤカエデ
くろじしゃ	アブラチャン／クロモジ／シロモジ／ダンコウバイ	くろはいのき	ハイノキ
		くろはぎ	ハコネウツギ／ハコネシダ
くろしで	イヌシデ／クマシデ／サワシバ	くろはさこ	コナラ
くろしば	マサキ	くろはぜ	ゴンズイ／ニガキ
くろしまみかん	キヌガワミカン	くろはな	イタヤカエデ
くろしょだま	ヤブニッケイ	くろばな	イタヤカエデ
くろず	クロマメ	くろはり	ヤマハンノキ
くろすぎ	アスナロ	くろひ	クロベ
くろずさ	タムシバ	くろび	オオシラビソ／オニグルミ／クロベ／サワラ
くろすべり	ナツツバキ	くろふち	マサキ
くろすまがす	ザイフリボク	くろぶち	サワシバ／ツバキ（タマツバキ）／マサキ
くろずみ	オオカメノキ／ズミ	くろぶどー	エビヅル／ヤマブドウ
くろずる	サトイモ	くろぶな	イヌブナ／オオバヤシャブシ／ケヤキ
くろせんぶぎ	クロモジ	くろへ	クロキ／クロバイ
くろそ	コウゾ	くろべ	オニグルミ／クロバイ／クロベ／ネズミサシ
くろそね	クマシデ	くろべすぎ	クロベ
くろその	イヌシデ	くろへのき	クロキ
くろぞや	アカシデ	くろぼー	クロキ／クロバイ／リュウキュウガキ
くろだいこん	イブキダイコン	くろぼーき	ドウダンツツジ
くろたぶ	ヤブニッケイ	くろまき	ナラガシワ
くろたま	ヤブニッケイ	くろまさかずら	テイカカズラ
くろたまがら	ヤブニッケイ	くろまさき	サカキカズラ
くろただも	ハルニレ／ヤブニッケイ	くろまさきかずら	サカキカズラ
くろたもぎ	アオダモ	くろまたかた	ダンコウバイ
くろだら	カラスザンショウ／ハリギリ	くろまつ	トウヒ／ハリモミ
くろちゃん	アブラチャン	くろまつかん	テンノウメ
くろつが	コメツガ／ツガ	くろまて	シリブカガシ
くろつぐ	ホルトノキ	くろまてがし	マテバシイ
くろつげ	イヌツゲ	くろまな	クロナ
くろつし	クロウメモドキ	くろまめ	ササゲ／ジュウロクササゲ／フジマメ
くろつずのき	ヤブニッケイ	くろまゆみ	ニシキギ
くろつた	モッコク	くろまんしゃく	マンサク
くろっだんぺー	クロキ／クロバイ	くろみ	シャリンバイ／ノグルミ
くろつばた	ネズミサシ	ぐろみ	ツルソバ
くろどー	トウノイモ	くろみずき	クマノミズキ
くろとが	コメツガ	くろみずな	クロナ
くろともぎ	アブラチャン／クロモジ／シロモジ	くろみって	クマノミズキ
くろとり	ナス	くろむぎ	ソバ／ライムギ
くろとりぎ	クロモジ	くろめかずら	テイカカズラ（チョウジカズラ）
くろどろ	ドロヤナギ	くろも	トウヒ／ハリモミ
くろなす	ナス	くろもーず	クロモジ
くろなら	コナラ／ミズナラ	くろもーずい	クロモジ
くろねそ	ガマズミ	くろもーち	クロモジ／ネズミモチ
くろのき	タラノキ／ハリギリ	くろもじ	クロモジ／ズイナ／ムクロジ
くろば	シロツメクサ	くろもじゃ	クロモジ
くろばー	シロツメクサ／ムラサキカタバミ／ムラサキツメクサ	くろもず	クロモジ
		くろもみ	モミ

方言名索引 ● くろも

くろもみじ	ウリカエデ／クロモジ	くゎしきぶ	トウモロコシ
くろもんじ	クロモジ	くゎしば	ツノハシバミ
くろもんしゃ	クロモジ	くゎじばな	ウツボグサ
くろもんじゃ	クロモジ／ゴンズイ	くゎじばな	ショウジョウバカマ／ヒガンバナ／ヒルガオ／ミゾソバ
くろもんじゅ	クロモジ		
くろもんしょ	クロモジ	くゎしばみ	ツノハシバミ
くろもんじょ	クロモジ	くゎしまめ	ソラマメ／ツノハシバミ
くろもんじょー	クロモジ	くゎしわん	ツノハシバミ
くろもんず	クロモジ	くゎずなし	カリン
くろもんぞー	クロモジ	くゎずのくり	トチノキ
くろもんど	クロモジ	くゎずぶき	オタカラコウ
くろやかん	ナツハゼ	くゎずみ	フサザクラ
くろよのみ	エゾエノキ	くゎだい	クワイ
くろわん	ナツハゼ	くゎたいな	メタカラコウ
ぐろん	ツルソバ	くゎだいな	ザゼンソウ
くろんご	サワグルミ	くゎっから	サルトリイバラ
くろんちゃ	アブラチャン	くゎっくゎじゅ	サルトリイバラ
くろんぼ	ウワミズザクラ／クロバイ／トウヒ／ワレモコウ	くゎっくゎら	サルトリイバラ
		くゎな	フサザクラ
くろんぽー	カゼクサ	ぐゎね	クワイ
ぐわ	クワイ	くゎのうと	フサザクラ
ぐゎ	オモダカ／クログワイ	くゎのきのきのこ	ナラタケ
くゎぁー	クワイ	くゎのきまめ	インゲンマメ
くゎい	アマナ／オモダカ／ツルボ	くゎのだいくさ	クワイ
くゎい	クワイ	くゎはちゃぐみ	ヤナギイチゴ
ぐゎい	アマナ	くゎぶし	フサザクラ
ぐゎい	クワイ	くゎぶそ	フサザクラ
ぐゎいいも	クワイ	くゎべら	カクレミノ
くゎいぐさ	アギナシ／オモダカ	くゎぽーと	フサザクラ
くゎいくゎい	チガヤ	くゎまた	ヒバマタ
くゎいも	クワイ／サトイモ	くゎまめ	インゲンマメ
ぐゎいも	クワイ	くゎもこ	タンポポ
くゎうと	フサザクラ	くゎもどき	フサザクラ
くゎえ	アギナシ	くゎらつ	オモダカ
くゎえ	クワイ	くゎれほーずき	センナリホオズキ
ぐゎぇ	クワイ	くゎんから	サルトリイバラ
くゎおと	フサザクラ	くゎんくゎら	サルトリイバラ
くゎがた	イワオモダカ	くゎんご	クワイ
くゎがたそー	ミゾソバ	ぐゎんじつそー	フクジュソウ
くゎから	サルトリイバラ	くゎんしょ	ヤブカンゾウ
くゎがらな	オモダカ	くゎんじんばな	ヒガンバナ
くゎぎ	ヤマグワ	くゎんす	ヤブカンゾウ
くゎぐさ	カラムシ	くゎんすいちご	クサイチゴ
くゎくゎじゅ	サルトリイバラ	くゎんぞ	ノカンゾウ
くゎくゎら	サルトリイバラ	くゎんそー	キキョウ／ワスレグサ
くゎくゎらいげ	サルトリイバラ	くゎんぞー	ヤブカンゾウ
くゎくゎらしば	サルトリイバラ	くゎんぞーな	ヤブカンゾウ
くゎくゎらんは	サルトリイバラ	くゎんちょ	ヤブカンゾウ
くゎしいも	ジャガイモ	くゎんでゃな	ヨブスマソウ
くゎしきび	トウモロコシ	くゎんとうい	スイカ

くゎんとうり　スイカ
くゎんとーまめ　ラッカセイ
くゎんねんかずら　クズ
くゎんのんぎく　シュウメイギク
くゎんのんざさ　オカメザサ
くゎんのんす　ノカンゾウ
くゎんのんそー　ノカンゾウ
ぐん　ナワシログミ
ぐんぐんだま　ムラサキシキブ
くんしょう　アメリカセンダングサ
くんしょー　イノコズチ／センダングサ／タウコギ／メ
　ナモミ／ヤエムグラ／ヤブカンゾウ
くんしょーかご　ヤエムグラ
くんしょーぎく　コヒマワリ／ヒマワリ
くんしょーくさ　タウコギ
くんしょーぐさ　アザミ／コウゾリナ／センダングサ／
　タウコギ／ヤエムグラ
くんじょーそー　コウゾリナ
くんしょーばな　アザミ／イノコズチ／タウコギ／ヤエ
　ムグラ
くんしょぐさ　コウゾリナ
ぐんず　リョクトウ
くんだ　ヤマブドウ
ぐんだ　エビヅル／ノブドウ／ヤマブドウ
ぐんだれ　バイカモ
ぐんちなばな　タンポポ
ぐんと　ノブドウ
ぐんど　グミ／ノブドウ／ブドウ／ヤマブドウ
ぐんどー　ノブドウ
ぐんのき　アキグミ／ナワシログミ
ぐんばいうちわ　スベリヒユ
ぐんばいささ　ナズナ
ぐんばいむぎ　オオムギ
ぐんび　グミ／ナワシログミ
くんまかずら　クズ
くんめ　オニグルミ

【け】

けぁいどしんじ　カキドオシ
けぁから　ムギワラギク
けあしぽそ　アシボソ
げぁろっぱ　オオバコ／ヒメジョオン
げぁろぱ　オオバコ
げいくさ　イワニガナ
けいしんたぶ　シロダモ／ヤブニッケイ
けいしんだも　ヤブニッケイ
けいせいそー　オキナグサ
けいせいばな　オキナグサ／ホウセンカ
けいせんくゎ　オキナグサ

けいせんくゎん　キンセンカ
けいと　ケイトウ
けいとぎ　ケイトウ
けいどり　ケイトウ
げいば　アカメガシワ
けいも　カシュウイモ／サトイモ／ホドイモ
けいらん　シラン
けー　イグサ
げぇーろくさ　オオバコ
げぇーろっぱ　タカトウダイ
けーかくそー　カナムグラ
げーくさ　イワニガナ
げーぐさ　イワニガナ
けーけー　オキナグサ
けーしー　ヤブニッケイ
げーしゃ　ナズナ
げーしゅんか　コブシ
けーしんば　オキナグサ
けーしんばな　オキナグサ
げーずやぽ　クスドイゲ
けーせーかん　キンセンカ
けーせーぐさ　ドクダミ
けーせーそー　オキナグサ
けーせーばな　オキナグサ
けーせばな　ホウセンカ
けーせん　オキナグサ／ラン
けーせんばな　オキナグサ
けーそくそー　シダ
けーちゃら　ミミズバイ
けーつー　ケイトウ
けーつーし　ケイトウ
けーつーじ　ケイトウ
けっちまめ　ソラマメ
けーと　ケイトウ
けーど　ケイトウ
けーとい　ケイトウ
けーとー　ケイトウ
けーとーげ　ケイトウ
けーとーし　ケイトウ
けーとーじ　ケイトウ
けーとーばな　オオケタデ
けーとーまめ　ダイズ
けーとき　ケイトウ
けーとぎ　ケイトウ
けーとげ　ケイトウ
けーとばな　ケイトウ
けーとり　ケイトウ
けーとん　ケイトウ
けーとんじ　ケイトウ
けーなぐさ　コブナグサ

けーのまわり　ニンジン	けさばな　ヒガンバナ
けーのめぐり　ニンジン	けさんぼー　ヒガンバナ
けーび　ケンポナシ	けし　アキノノゲシ／スミレ／ノゲシ
げーぶき　ギボウシ	げし　オニヤブソテツ／カラタチ／コウジ／ユズ
けーむし　キンエノコロ	げじ　カラタチ
げーらび　エビヅル	げしいちご　ナワシロイチゴ
げーるぐさ　ミゾソバ	げしいも　サトイモ
けーるっぱ　オオバコ／ドクダミ	けしくさ　ニワホコリ
げーるっぱ　オオバコ	けしげ　リクトウ
げーるぱ　オオバコ	げしげし　ギシギシ
けーろっぱ　オオバコ	げじげじ　ギシギシ／タガラシ
げえろっぱ　オキナグサ	げじげじいも　チョロギ
げぇろっぱ　トウギボウシ	げじげじまないた　オキナグサ
げーろっぱ　オオバコ／オキナグサ／ギボウシ	げしだま　ハトムギ
げーろっぱ　オオバコ	けしだも　ヤブニッケイ
げぇろのわたぼし　アオミドロ	けしな　ゲンゲ／ノゲシ
けぇろぱ　オオバコ	けしなくさ　ノゲシ
げーろぱ　オオバコ	けしね　イネ／ヒエ／リクトウ
げーろまま　イヌビエ	けしの　ヒガンバナ
げーん　ススキ	けしのはな　イチリンソウ
けーんぎ　マキ	けしのみ　ケシ
げーんこばな　ヒガンバナ	げしぶどー　アオツヅラフジ／ツヅラフジ
けーんしょ　ヤブカンゾウ	けしょー　ハンゲショウ
げかころし　チョウセンアサガオ	けしょーぐさ　オキナグサ
けがしいも　キクイモ	けしょーばな　オシロイバナ
げかたおし　ダンドク	げじょがま　カンアオイ
げかだおし　チョウセンアサガオ	けしょぐさ　オキナグサ
げかたらし　ダンドク	けじら　イヌツゲ
げきな　ツメクサ	けしん　ニッケイ／ヤブニッケイ
げきび　アケビ	けしんたぶ　ヤブニッケイ
げきょー　キキョウ	けしんのき　ニッケイ
けぐさ　テングサ	けしんみのき　オシロイバナ
けけうま　スミレ	げす　カラタチ
げけうま　スミレ	げず　カラタチ／コウジ／ユズ
げげうま　スミレ	げすいも　サトイモ
けげけ　ゲンゲ	げすこ　スミレ
けけこーろー　ツユクサ	げずのき　カラタチ／クスドイゲ
げげしょ　タンポポ	けずま　クズ
けけっこ　カンゾウ（甘草）	けずまかずら　クズ
けけっちょ　カンゾウ（甘草）	けずら　ウツギ／キイシモツケ／ツゲ
げげな　ゲンゲ	げずら　イヌツゲ
けけろ　シュンラン	けずらき　イヌツゲ
けけろばば　シュンラン	けずりくさ　カヤツリグサ
げげんうま　スミレ	けせん　ニッケイ
けけんばな　スミレ	げせん　ニッケイ
げけんばな　スミレ	けせんのき　ニッケイ
けけんま　スミレ	けたがらし　キツネノボタン
けさかけ　ヒガンバナ	げたぎ　ウラジロエノキ／カラスザンショウ／ノグルミ
けさかけばな　キツネノカミソリ／ヒガンバナ	けたじゃかき　ヒサカキ
けさのき　ハマヒサカキ	けたっぱ　ハマヒサカキ

けやし ● 方言名索引

げたづら　ヒルガオ
けたのき　タニウツギ／ハマヒサカキ／ヤマウツギ
けだのき　ヒサカキ
げたのき　ハマセンダン
げたのひも　ヒルムシロ
げたばら　カラスザンショウ
けちぢみざさ　チヂミザサ
けちまめ　ソラマメ
けちゅー　ケイトウ
けつ　ケイトウ
けっき　ケッキュウハクサイ
けつくさりくさ　センニンソウ
けっくりけーし　ダイコン（聖護院ダイコン）
けっくりげーし　ダイコン（聖護院ダイコン）
けっくりげし　ダイコン（聖護院ダイコン）
けっけらけん　スミレ
けっけりだんべ　シュンラン
けっころがし　ダイコン（聖護院ダイコン）
けっし　ケイトウ
けっちまめ　ソラマメ
けつっまめ　ソラマメ
けつつまり　ユズリハ
けっとーじ　ケイトウ
けっとぎ　ケイトウ
けっとばし　カブ
けつねしば　オオカメノキ
けつねのしょーべんたご　リンドウ
けつねのしょーべんたんご　リンドウ
けつねのしょんべたんご　ハマヒルガオ
けつねのしりふき　アオキ
けつねのたすき　ヒカゲノカズラ
けつねのちょーちん　ツリガネニンジン
けつべ　ツクシ
けつまめ　ソラマメ
けつろ　イヌツゲ
けつわり　ソラマメ
けつわりまめ　ソラマメ
けと　ケイトウ
けど　ケイトウ
げど　イノコズチ
けとー　ケイトウ
げとー　オニバス
げどー　オニバス／ヌスビトハギ
げどーくさ　カタバミ
けとーげ　ケイトウ
けとき　ケイトウ
けとぎ　ケイトウ
けどぎ　ケイトウ
けとぎく　ケイトウ
けとけ　ケイトウ

けとげ　ケイトウ
けどげ　ケイトウ
けとし　ケイトウ
けとばしだいこん　ダイコン（聖護院ダイコン）
げどばな　ヒガンバナ
けとん　ケイトウ
けとんじ　ケイトウ
けなしいも　ヒガンバナ
けなしむぎ　オオムギ
けなしもも　モモ
けのくち　イワヒゲ
けのび　ナギ
けば　ホオノキ
けはえかんば　ネコシデ
げばち　ムクゲ
けび　ケンポナシ／ヤブニッケイ
けびのき　エノキ／ケンポナシ
げぶき　ギボウシ
けぶし　ツクシ
けぶだし　ホコリタケ
けぶりごけ　ホコリタケ
けべし　ギボウシ
げべし　ギボウシ
けぺぺのこ　アツモリソウ
けぽ　シバ
げほー　キカラスウリ
げまめ　ソラマメ
けまり　オオカメノキ／カンボク
けまりのはな　オオカメノキ／カンボク
けまりばな　オオカメノキ／カンボク
けまる　アジサイ／オオデマリ
けみ　ケンポナシ
けむぎ　オオムギ
けむし　エノコログサ／キンエノコロ／チカラシバ／ネコヤナギ
けむしぐさ　アワガエリ／エノコログサ／オオアワガエリ
けむたし　ホコリタケ
けむりだし　ホコリタケ
げむる　ゴモジュ
けめなもみ　メナモミ
けめんじょ　ヤブカンゾウ
けもも　モモ
けや　アキニレ／イヌマキ／オキナグサ／ケヤキ／サクラ
けやき　ハルニレ
けやぎ　ケヤキ
けやけ　ケヤキ
けやけや　オキナグサ
げゃげゃ　オキナグサ
けやじ　オニユリ

けやしき	ケヤキ
けやのき	アスナロ／ケヤキ
けゃぺばな	クマガイソウ
けやりそー	ホシクサ
けやんしょー	ノカンゾウ
けゃんしょー	ヤブカンゾウ
けよびん	ケンポナシ
けらっぱ	ネズミモチ
けらねんぶり	カワラケツメイ／クサネム
げらむぎ	オオムギ
けりとばし	カブ
げりどめ	ゲンノショウコ
げりな	ゲンゲ
げりめき	バイケイソウ／ハゲイトウ
ける	イグサ
けるしー	オウシュウスモモ
げろ	イイギリ
げろー	タマミズキ
げろーば	オオバコ
げろーば	オオバコ
げろっぱ	オオバコ
けろりぐさ	リンドウ
けん	ケンポナシ
けんかぐさ	スミレ
けんかなかよし	カヤツリグサ
けんかばな	スミレ
けんかぼー	カタバミ／スミレ
けんぎ	マキ
げんき	サツマイモ
げんきーいも	サツマイモ
げんきいも	サツマイモ／サトイモ／ジャガイモ
げんきちいも	ジャガイモ
げんきのはな	ツメクサ
げんぎのはな	ゲンゲ
けんくゎばな	スミレ
けんげ	ツメクサ
げんげ	スミレ／ツメクサ
げんけいも	サツマイモ
げんげいら	ツメクサ
げんげーら	ゲンゲ
げんげじ	ツメクサ
げんげそー	ツメクサ
げんげち	ゲンゲ／ツメクサ
げんげな	ゲンゲ
げんげな	ゲンゲ
けんげばな	ムラサキケマン
げんげばな	ゲンゲ
げんげばな	ゲンゲ
げんげばな	ゲンゲ／ツメクサ
げんげぽー	ゲンゲ
げんげら	ゲンゲ
けんけらぽーず	コウホネ
けんけろ	ニワトコ
けんけろのき	ニワトコ
けんけん	インゲンマメ
げんげん	ツメクサ
けんけんいも	ヒメウズ
げんげんしょ	ツメクサ
けんけんばたばた	ツクバネ
けんけんばな	ショウジョウバカマ／ドクダミ
げんげんばな	ゲンゲ／ツメクサ
げんげんぽ	ゲンゲ
けんけんぽとぽと	ツクバネ
げんこぐさ	チダケサシ／ワレモコウ
げんこそー	ウツボグサ
げんこつ	イノコズチ／サツマイモ
げんこつうり	ハヤトウリ
げんこつぐさ	チダケサシ／ワレモコウ
げんこつはさみ	シュンラン
げんごば	カタクリ
けんこばな	カイザイク
げんごべ	ゲンゲ
げんごべい	ツメクサ
げんごべー	ゲンゲ
けんさいまめ	クラカケマメ
げんじ	ゲンゲ／サツマイモ
げんじいも	サツマイモ
げんじそー	チョウジザクラ／ベンケイソウ
げんじばな	ゲンゲ
げんじへいき	スミレ
げんじへーけ	スミレ
けんじまめ	ラッカセイ
げんしゃ	カニクサ
げんじやま	ショクヨウギク
けんせ	モロコシ
けんせい	トウモロコシ
げんせい	トウモロコシ
けんせー	トウモロコシ／モロコシ
げんせー	トウモロコシ
げんた	ヒルガオ
げんだ	ヒルガオ
げんだいちご	フユイチゴ
げんたかぶ	クサソテツ／ヤマソテツ
げんだづら	ヒルガオ
けんちいも	サツマイモ
けんちょ	リョクトウ
けんつー	アズキナシ
けんつけぐさ	スミレ
げんとく	ゲンゲ
けんどのき	シャシャンボ

げんなぐさ　ゲンノショウコ
けんなし　ケンポナシ
げんなんそー　ゲンノショウコ
けんにょー　ワケギ
げんのいも　ツクネイモ／ナガイモ
けんのき　イイギリ／キリ／ケンポナシ
げんのしょーく　ゲンノショウコ
げんのそー　ゲンノショウコ
げんのそーご　ゲンノショウコ
げんのまら　ツクシ
けんのみ　ケンポナシ
げんのんそー　ゲンノショウコ
けんば　イワオモダカ
げんば　イワオモダカ
げんぱ　イワオモダカ
けんびき　ギボウシ
けんぶ　ケンポナシ
けんぷ　ケンポナシ
げんぶき　ギボウシ
けんぷくなし　ケンポナシ
げんぷくまめ　ハナササゲ／ヤッコササゲ
けんぷなし　ケンポナシ
けんぶなす　ケンポナシ
けんぶん　ケンポナシ
けんぶんなし　ケンポナシ
げんぺーぐさ　スミレ
けんぽ　ケンポナシ
けんぽー　ケンポナシ
けんぽー　ケンポナシ
けんぽかなし　ケンポナシ
けんぽがなし　ケンポナシ
けんぽこなし　ケンポナシ
けんぽな　タマブキ
けんぽなし　ケンポナシ
けんぽなす　トマト
けんぽのき　ケンポナシ
けんぽのき　ケンポナシ
けんぽろ　ケンポナシ
けんぽんなし　ケンポナシ
けんまりざくら　オオカメノキ／カンボク
けんもも　テリハノイバラ
けんもんぎ　ガジュマル
げんよりしょーこ　ゲンノショウコ
げんれんぽーず　イワユリ
げんろーじ　チョロギ

【こ】

こあさつき　ノビル
ごあじ　ノゲシ

こあじも　コアマモ
こあま　ノグサ／ヒカゲノカズラ
ごあみ　ガガイモ
こあめ　イヌガンソク
ごあめ　ガガイモ
こあんべ　ガガイモ
ごい　カラスウリ／キカラスウリ／クログワイ／ツルレ
　　イシ
ごいかずら　カラスウリ
こいかのき　ネムノキ
ごいごい　キカラスウリ
ごいごいしょ　カラスウリ
ごいこんごいこん　オオバコ
ごいしまめ　インゲンマメ
ごいしも　ジャガイモ
ごいしんぐさ　アレチノギク／ヒメジョオン
ごいしんそう　ヒメムカシヨモギ
ごいずい　ゴンズイ
こいち　サトイモ
こいちじく　イヌビワ
こいっこ　ナワシロイチゴ
ごいっこ　ナワシロイチゴ
ごいっしんぐさ　アレチノギク
ごいのき　バクチノキ
ごいび　グミ
ごいぶ　グミ
こいぶくろ　トリカブト
こいまめ　ソラマメ
こいも　サトイモ
こうつぎ　ツクバネウツギ
こうめ　ウグイスカグラ／スノキ／ニワウメ／ユスラウメ
こうめがき　マメガキ
こうめぐさ　ツユクサ
こうめのき　ムラサキシキブ
こえうり　シロウリ
こえくさ　ゲンゲ／ヘアリーベッチ
こえぐさ　ゲンゲ
こえび　ヤナギイチゴ
こえまけぐさ　ヌマトラノオ
ごえもんきはだ　ニガキ
こえんどー　エンドウ
こー　シキミ
こーおー　マリゴールド
こおーね　ダイコン（守口ダイコン）
こおーれん　センブリ／ミツバオウレン
こーか　アベマキ／ネムノキ／ベニガナ
こーが　カゴノキ／カナクギノキ／ネムノキ
こーかー　ネムノキ
こーがー　アオガシ
こーかーじゃ　カワラケツメイ

こーかーのき　ネムノキ	こーくるみ　サワグルミ
こーかい　ネムノキ／ムクゲ	こーぐるみ　サワグルミ
こーかいき　ネムノキ	こーぐわ　カナクギノキ
こーかいぎ　ネムノキ	こーけ　ネムノキ
こーがいそー　ヤブラン	こーげ　シバ／マツバイ
ごーかいそー　ヤブラン	こーけぇ　ネムノキ
こーがいひえ　イヌビエ	こーけーのき　ネムノキ
こーかえ　ネムノキ	こーげくさ　シバ
こーかぎ　ネムノキ	ごーけしば　カリガネソウ
こーかくさ　クサネム	こーけのき　ネムノキ
こーかぐさ　ネムノキ	こーけん　ネムノキ／ホウセンカ
こーかし　アラカシ／ツゲモドキ	こーこ　ネムノキ
こーかしぎ　ウラジロガシ	ごーご　ナラガシワ
こーがずら　ネナシカズラ	こーこいも　キクイモ／サツマイモ／サトイモ
こーがずる　ネナシカズラ	こーこうり　マクワウリ
こーかちゃ　カワラケツメイ	こーごー　ウワミズザクラ
こーかっぽ　ネムノキ	こーこーいも　サツマイモ
こーかねむのき　ネムノキ	こーこーうり　シロウリ／マクワウリ
こーかのき　ネムノキ	ごーこーしば　ナラガシワ
こーがのき　ネムノキ	ごーごーしば　ナラガシワ
こーかぶ　ネムノキ	こーこーだけ　ダイサンチク
こーかみ　ツユクサ	こーこーのき　ネムノキ
こーがみ　ガガイモ／ツユクサ	こーこーぶな　アオハダ
ごーがみ　ガガイモ	こーごく　オニグルミ
こーがめ　ガガイモ	こーこぐさ　ネムノキ
ごーがめ　ガガイモ	こーこのき　ネムノキ
こーがも　ガガイモ	こーごのき　ウワミズザクラ
こーから　ミゾソバ	こーこも　サツマイモ
こーがらし　ミズタガラシ	こーこもも　サツマイモ
こーがらせ　タネツケバナ／ミズタガラシ	こーざ　イタドリ
こーかりうり　シロウリ	ごーさ　イタドリ
こーかん　ネムノキ	ごーざ　イタドリ
こーかんたろー　ネムノキ	こーささ　ネザサ
こーかんぽ　ネムノキ	こーじ　カラムシ／コウゾ／ダイダイ／チガヤ／ツバラジイ／ミカン／ヤブコウジ
こーかんぽ　ネムノキ	
ごーかんぽ　ネムノキ	ごーじ　イヌビワ
こーかんぽー　ネムノキ	こーしいで　カマツカ
こーかんぽー　ネムノキ	こーしいも　ジャガイモ
こーかんぽく　ネムノキ	こーじいも　ジャガイモ
ごーかんぽく　ネムノキ	ごーしいも　ジャガイモ
こーき　シキミ	こーしぇんか　ホウセンカ
こーぎ　シキミ	こーしぇんこ　ホウセンカ
こーぎそ　カゴノキ	こーじがし　シラカシ
こーぎな　コマツナ	ごーじがら　クララ
こーくぬぎ　アベマキ	こーしぎ　スノキ／ハゼノキ
ごーくゃー　オモダカ	こーじくさ　オトコエシ
こーくり　クルミ	こーじぐさ　オミナエシ／シロヤマゼンマイ／センニンソウ
こーぐり　オニグルミ	
こーくる　サワグルミ	ごーじぐさ　クララ
こーくるび　クルミ／サワグルミ	こーじぐわ　コウゾ

こーじころし　クララ
ごーじころし　クララ／ハナヒリノキ
こーじしば　オオタニワタリ／コウゾ
こーじっころし　クララ
こーじのき　コウゾ／ツブラジイ
こーしば　シキミ
こーじばな　オトコエシ／オミナエシ／クロモジ／ダンコウバイ／ハハコグサ
こーじばなのき　ダンコウバイ
こーじぶた　オオタニワタリ
こーじぶたい　イヌビワ
こーじぶつ　ハハコグサ
こーしふろ　インゲンマメ
こーしぶろ　インゲンマメ／ヒラマメ
ごーしも　ジャガイモ
こーしゅ　トウガラシ
こーしゅいも　ジャガイモ
ごーしゅいも　ジャガイモ
こーしゅー　トウガラシ
ごーしゅー　ジャガイモ
こーしゅーいも　ジャガイモ
こーじゅーいも　ジャガイモ
ごーしゅーいも　ジャガイモ
こーしゅーぶな　アオハダ
こーしゅーふろー　インゲンマメ
こーしょいも　ジャガイモ
こーしょー　トウガラシ
こーしょーいも　ジャガイモ
ごーしょーいも　ジャガイモ
こーじらき　シラキ
こーじろいき　アザミ
ごーじろいぎ　アザミ
こーじん　カラタチバナ
こーしんか　ホウセンカ
こーしんぎ　マサキ
こーしんしば　マサキ
こーしんばな　コウシンバラ／バラ／ミソハギ
こーじんばな　ノアザミ
こーしんぽ　ジャガイモ
こーず　コウゾ／トロロアオイ／ノカンゾウ
こーずり　ツキヨタケ
ごーずり　ヒルガオ
こーずりぐさ　コウゾリナ
こーずりな　ハハコグサ
ごーずる　ヒルガオ
ごーせーすぶら　オシロイバナ
こーぜり　ミズタガラシ
こーせん　ホウセンカ
こーせんか　ホウセンカ
こーせんくゎ　ホウセンカ

こーせんこ　ホウセンカ
こーせんこー　ホウセンカ
こーせんしば　ヤマコウバシ
こーせんのき　コシアブラ／タカノツメ
こーそ　コウゾ
こーぞ　カジノキ／コウゾ
こーぞー　コウゾ
こーぞーまめ　ダイズ
こーぞぎ　ネズミモチ
こーそばな　ウツボグサ
こーだ　サワグルミ／ノグルミ
こーたけ　メダケ
ごーたねしゃし　ネズミモチ
ごーたれみずき　ミズキ
こーちゃ　タンポポ
こーちん　キハダ／チャンチン
ごーちんころし　ウラジロガシ
こーつば　ハマビワ
こーっぱ　シキミ／ハシバミ／ハマビワ
こーづる　ヒルガオ
ごーづる　ヒルガオ
ごーで　シシウド
こーてくさ　オヒシバ
こーと　トウガラシ
こーど　コウゾ
こーといも　ジャガイモ
こーとー　クネンボ／ユズ
こーどー　コウゾ
こーとーなば　エノキタケ
ごーとーばら　サルトリイバラ
ごーどーばら　サルトリイバラ
こーとく　ナツハゼ
こおどく　クロウメモドキ
こーどく　ナツハゼ
こーどぐ　ナツハゼ
こおとこ　ナツハゼ
こーとねんぶつ　ネコヤナギ
ごーどばら　サルトリイバラ
ごーともも　サルトリイバラ
こーとりばな　オオマツヨイグサ
ごーな　イタドリ
ごーなら　ナラガシワ／ミズナラ
こーのき　カツラ／シキミ／ネムノキ
ごーのき　ガマズミ／ヤマウルシ
こーのきはな　シキミ
こーのは　シキミ
こーのはな　シキミ
ごーのみ　ガマズミ／ノブドウ
こーのみき　ガマズミ
ごーのみぎ　ガマズミ

こーのものうり　シロウリ
こーば　シキミ／ノグルミ
こーぱ　シキミ
こーばいいも　ジャガイモ
こーばいつつじ　ミツバツツジ
こーばいも　ジャガイモ
こーはう　シキミ
こーばく　オオバコ
こーばこ　オオバコ
こーばし　コクサギ
こーばしあぶら　エゴマ
こーはた　ハドノキ
こーはち　ハリギリ
こーばち　シオジ／ヤマコウバシ／ヤマトアオダモ
こーはな　シキミ
こーばな　シキミ
こーはり　カナクギノキ
こーばり　カワラハンノキ
こーはる　カナクギノキ
こーばる　カワラハンノキ
こーび　グミ
こーひー　オクラ
こーひーだいこん　チコリ
こーひーにんじん　チコリ
こーひる　クサトベラ
こーびる　ギシギシ
こーぶし　カヤツリグサ／コブシ／タムシバ／ハマスゲ
こーぶつ　ダイダイ
こーぶり　アカメイヌビワ／カラスウリ
ごーぶり　カラスウリ
こーべ　ツチグリ／モミジカラスウリ
こーへんこ　ホウセンカ
こーぽ　ジャガイモ
ごーぽ　ゴボウ
こーぽいも　キクイモ／ジャガイモ／トウモロコシ
こーぽえも　ジャガイモ
こーぽー　シコクビエ／ハトムギ／メドハギ
ごーぽー　ゴボウ
こーぽーいも　ジャガイモ／トウモロコシ
こーぽーきび　キビ
こーほーくさ　ゲンノショウコ
こーぽーぐさ　ゲンノショウコ
こーぽーくわずのくり　トチノキ
こーぽーざくら　ウワミズザクラ
こーぽーさんのふで　コウボウムギ
ごーぽーしば　コナラ
こーぽーたい　カワラケツメイ
こーぽーだいしくわずのくり　トチノキ
こーぽーだいしちゃ　カンコノキ
こーぽーだいしのまぶた　カワラケツメイ

こーぽーちゃ　アオハダ／カワラケツメイ／カンコノキ／ヤブコウジ
こーぽーねぎ　ヤグラネギ
こーぽーのふで　コウボウムギ
こーぽーひえ　シコクビエ
こーぽーびえ　シコクビエ
こーぽーむぎ　ハトムギ
こーぼく　ビャクシン
こーぼし　ジャノヒゲ／タムシバ／ハマスゲ
こーぼしゃ　クサネム
こーぼすくさ　ハマスゲ
こーぼっちゃ　トウヒ
こーまりはじき　ナツハゼ
こーみ　シダ
こーむぐる　ヤナギイチゴ
こめ　ユスラウメ
こーもり　アキメヒシバ／カヤツリグサ／メヒシバ
ごーもり　カマツカ
こーもりぎ　ウリノキ
こーもりぐさ　アキメヒシバ／クジャクシダ／ゲンノショウコ／メヒシバ
こーもりのき　カマツカ
こーもりらん　ビカクシダ
こーもんそー　クサスギカズラ（タチテンモンドウ）
こーや　ソラマメ
ごーや　ツルレイシ
ごーやー　ツルレイシ
こーやぐさ　ツユクサ
こーやぐみ　アキグミ
こーやくんさー　オオバコ
こーやしきび　アオキ
こーやずみ　ズミ
こーやたろー　ツユクサ
こーやのあねま　ツユクサ
こーやのおかた　ツユクサ
こーやのおめん　ツユクサ
こーやのじょーざん　ハマクサギ
こーやのたろー　ツユクサ
こーやのめん　ツユクサ
こーやまき　イヌマキ／コウヤマキ／ラカンマキ
こーやまぎ　コウヤマキ
こーやまつ　コウヤマキ
こーやまめ　ソラマメ
こーやめん　ツユクサ
こーゆす　バクチノキ／ヒイラギズイナ
こーら　カヤ／コオニユリ／サトウキビ／タケニグサ／トウモロコシ／ヤマユリ
ごーら　アマナ／オニユリ／ヒガンバナ／ヤマユリ／ユリ
こーらー　ユリ
ごーらー　ユリ

こーらーきび　トウモロコシ
こーらい　トウモロコシ／モロコシ／ヤマユリ／ユリ／
　ライマメ
ごーらい　ヤマユリ
こーらいがき　イチジク
こーらいぎく　シュウメイギク／シュンギク
こーらいきび　サトモロコシ／トウモロコシ／モロコシ
こーらいぎぼーし　ギボウシ／トウギボウシ
こーらいごしょー　トウガラシ
こーらいせきちく　セキチク
こーらいはぎ　コゴメウツギ
こーらいばな　ヤマユリ
こーらえ　トウモロコシ
ごーらきしゃ　アブラチャン
こーらきび　トウモロコシ
こーらぐす　トウガラシ
こーらご　タケニグサ
こーらさど　タケニグサ
こーらしば　クマシデ／チドリノキ
こーらはぎ　コアカソ
ごーらはぎ　コアカソ
こーらばな　ヤマユリ
ごーらばな　ヒガンバナ
こーらん　カラスウリ／ヤマユリ
ごーらん　ヤマユリ／ユリ
こーらんばな　ヤマユリ
ごーらんばな　ヤマユリ
ごーり　カラスウリ／キカラスウリ／モミジカラスウリ
ごーりかづら　キカラスウリ／ツルレイシ
ごーりき　キカラスウリ
こーりのき　コリヤナギ
こーりゃー　トウモロコシ
こーりゃーきび　トウモロコシ
こーりゃん　トウモロコシ／モロコシ
こーりゃんきび　トウモロコシ
ごーる　オニユリ／ユリ
こーるい　ダイダイ／ミカン
こーるいもの　ダイダイ／ミカン
こーれ　ギボウシ
こーれー　ギボウシ／リョクトウ
こーれーぐーす　トウガラシ
こーれーぐしゅ　トウガラシ
こーれーぐす　トウガラシ
こーれっぱ　オオバコ／ギボウシ／トウギボウシ
こーれん　ギボウシ／トウモロコシ
こーれんば　ギボウシ
ころ　オニユリ
ごーろ　オニユリ／ヒガンバナ／ヤマユリ／ユリ
ごーろー　ヒガンバナ／ユリ
ごーろーはぎ　コアカソ

こーろぎ　タケニグサ／ワラビ
ごーろぎ　タケニグサ
こーろぎぐさ　イタチガヤ／スベリヒユ
こーわ　ネムノキ
ごーわー　オモダカ
こーんはな　シキミ
こか　アラカシ／ネムノキ
こが　エゴノキ／カゴノキ／カナクギノキ／シロダモ／
　タブノキ／ヤブニッケイ
こがあさだ　カゴノキ
こがい　ガクアジサイ
ごかいさんいちご　ヘビイチゴ
こかいのき　ヤブニッケイ
こがいのき　アジサイ／ヤブニッケイ
こがかし　カゴノキ
こかき　マメガキ
こかぎ　ネムノキ
こがき　マメガキ
こかげ　ネムノキ
こかこ　ツユクサ
ごかご　サルナシ
こがごい　レイシ
こがごり　ツルレイシ
こかじ　コウゾ
こがし　アラカシ／ウラジロガシ／ツクバネガシ
こがしわ　ナラガシワ
こかたし　サザンカ
こがたし　サザンカ
こがたぶ　タブノキ
こがたま　シロダモ
こがちゃし　サザンカ
ごがちょ　ガガイモ
ごがつあさどり　ナツグミ
ごがついちご　キイチゴ／ナワシロイチゴ／モミジイチゴ
ごがついも　ジャガイモ
ごがつえちご　モミジイチゴ
ごがつぐみ　ナワシログミ
ごがつささぎ　インゲンマメ
ごがつささげ　インゲンマメ／ジュウロクササゲ
ごがっちょー　ガガイモ
ごがつのき　エノキ
ごがつまめ　インゲンマメ／ソラマメ／ダイズ
こがてし　サザンカ
こがでっぽー　シロダモ
こがね　オミナエシ／ガガイモ／カタバミ／ミヤコグサ
こがねいちご　キイチゴ／ニガイチゴ
こがねえんじゅ　メギ
こがねがや　アブラススキ／トダシバ
こがねぎ　メギ
こがねくさ　カタバミ／ミヤコグサ

こがねぐさ	アカネ／イワニガナ／エビヅル／カタバミ／スベリヒユ
こがねくぶり	ダイダイ
こがねざんしょー	コゴメウツギ／メギ
こがねず	メギ
こがねばな	オトコエシ／オミナエシ／カタバミ／ショウジョウバカマ／タガラシ
こがねほらごけ	ツルホラゴケ
こがねんず	メギ
こかのき	ネムノキ
こがのき	カゴノキ／シロダモ／ネムノキ／ヤブニッケイ
ごがべっちょ	ガガイモ
こがぼい	スベリヒユ
こがみ	ガガイモ／スズサイコ／テイカカズラ
ごがみ	ガガイモ
ごがみずる	ガガイモ
こがめ	イケマ
こがめしょ	ガガイモ
こかもち	イケマ
こがや	カリヤス
こからい	ガガイモ
こからおえ	ゼニアオイ
こがらし	トウガラシ
こからしな	カラシナ
こがらび	ガガイモ
ごがらび	ガガイモ
こがらみ	ガガイモ
ごがらみ	ガガイモ
こがりくさ	ホラシノブ
ごかりくさ	ホラシノブ
こがれくさ	ハマヒルガオ
こがれぐさ	カタバミ
ごかん	タニウツギ
こがんせん	カゴノキ
こかんね	ノササゲ
こかんらん	メキャベツ
こき	ヨシ
こぎ	カワラヨモギ
ごきあらい	ミズアオイ
ごきいばら	サルトリイバラ
こぎく	リュウノウギク
こきげしば	イヌツゲ
こきす	ハナヒリノキ
こきそ	イチビ
こきつ	サトウモロコシ
ごきのき	アカメガシワ
こきび	キビ／モチキビ／モロコシ
こぎぼーし	サギソウ
こきみ	キビ
こぎみ	キビ
ごきやす	シャシャンボ／スノキ
こぎょー	ゲンゲ
ごぎょー	カワラヨモギ／クソニンジン／ゲンゲ／シロツメクサ／ツメクサ／ハハコグサ
ごぎょーぶつ	ハハコグサ
ごぎょーよもぎ	ハハコグサ
ごぎょぶつ	ハハコグサ
こぎん	キビ
ごぎんちく	ホウビチク
こぐ	ネムノキ
こくおー	サルナシ
こくさ	コクサギ
こくさぎ	コクサギ
こぐさぎ	コクサギ
こくさっぱ	コクサギ
こくぞ	トウモロコシ
こくそっぱ	コクサギ
ごくつぶし	コウヤボウキ
こくで	トウモロコシ
こくでんかし	トウモロコシ
ごくどの	オキナグサ
こくとり	ササゲ
こくどんかし	カカツガユ
ごくな	ウコギ
ごくのい	サネカズラ
こぐめ	サワグルミ
ごくもの	アワ／キビ／ヒエ
ごくらきまき	キジカクシ
ごくらくしょーぶ	グラジオラス
ごくらくすぎ	クサスギカズラ
ごくらくばな	ゲンゲ／シオン／ツメクサ／ノウゼンカズラ
こくるび	サワグルミ
こぐるび	サワグルミ
こぐるみ	オニグルミ／サワグルミ／ノグルミ
こくれん	トウモロコシ
こくれんかし	トウモロコシ
こくれんくし	トウモロコシ
こくわ	サルナシ／マタタビ／ヤマボウシ
こぐゎい	オモダカ
こくゎえ	オモダカ
ごぐゎついちご	ナワシロイチゴ
こぐん	アキグミ
こけ	ヒデリコ
こげ	ヒデリコ／マツバイ
こげあちょ	ガガイモ
こけあちょー	イケマ
こげぁちょー	ガガイモ
ごげぁちょー	イケマ／ガガイモ
こけいも	ジャガイモ

こげー　アジサイ
こげぇじょ　ガガイモ
こけかぶ　カブ
ごげぎ　アオハダ
こけこーろのはな　スミレ
こけこっこ　チョウセンアサガオ／ツユクサ
こけこっこー　ツユクサ
こけこっこのくさ　ツユクサ
こけこっこばな　ツユクサ
こけこのはな　ツユクサ
こけさまゆみ　ニシキギ
こけじょろ　ツルボ
こけじょろー　ツルボ
こけすぎ　オノマンネングサ
こげちょ　ガガイモ
ごげついちご　モミジイチゴ
こけっかっか　スミレ
こけっこまめ　エンドウ
こげっぽぐさ　ヒデリコ
こけな　タイサイ
こげのき　ネコノチチ／メヒルギ
ごけのつび　クサギ
こけのみ　ガンコウラン／ツルコケモモ
こけのゆーれい　ギンリョウソウ
こげばな　マツヨイグサ
ごげばな　オオマツヨイグサ
こけばら　サルトリイバラ
こけまつ　イワヒバ
こけら　オケラ
こけろっこ　シュンラン
ここ　ウワミズザクラ／スゲ／ネムノキ
ごご　タンポポ
ここあ　オクラ
こごーね　ダイコン（守口ダイコン）
ここーのき　ネムノキ
ここここ　ホタルブクロ
こござくら　ウワミズザクラ
こごしょー　コショウ／ツクシ
ごごじょー　タンポポ
ここぜ　カシワ
ごごぜ　カシワ
ごごっぱ　ヤマボクチ
ここのき　ウワミズザクラ／ネムノキ
こごのき　イヌザクラ／ウワミズザクラ／ナナカマド／ネムノキ
ここびかずら　ムベ
ここぶ　ムベ
こごみ　イヌガンソク／イノデ／イノモトソウ／クサソテツ／コムギ／シダ
こごめ　アゼナ／イボタノキ／クサソテツ／コゴメウツ

ギ／ノミノフスマ／ミズメ／ムラサキシキブ／ユキヤナギ
こごめいちご　キイチゴ／ヤナギイチゴ
こごめぎ　ムラサキシキブ／ヤブムラサキ
こごめくさ　イシミカワ／ノミノツヅリ／ノミノフスマ／ハコベ
こごめぐさ　キジカクシ／シジミバナ／ツメクサ／ノミノフスマ／ヒャクニチソウ／ミゾカクシ／ムラサキシキブ／メノマンネングサ／ユキヤナギ
こごめざくら　エドヒガン／コデマリ／ミズメ／ムラサキシキブ／ヤマヤナギ
こごめざんしょー　メギ
こごめしば　ハイノキ
こごめつつじ　ウンゼンツツジ
こごめぬぎ　ムラサキシキブ
こごめのき　ガマズミ／キブシ／コゴメウツギ／ミツバウツギ／ムラサキシキブ／ヤブムラサキ
こごめばな　アセビ／イボタノキ／オミナエシ／コデマリ／シジミバナ／ニワゼキショウ／ハクチョウゲ／ミゾソバ／ユキヤナギ
こごめやなぎ　ユキヤナギ
ごごろっけ　タンポポ
こころび　サワグルミ
こころぼち　テングサ
こごんぽ　スイバ
こさ　イケマ
ごさー　タカナ
ごさい　イグサ
こさいば　アカメガシワ
ごさいば　アカメガシワ／イチビ／ミズメ
ごさいば　アカメガシワ
ごさいぼずる　アケビ
こさかき　ヒサカキ
こざかき　ヒサカキ
ござくさ　イグサ
こざくら　アオハダ／アオモジ／ウワミズザクラ／ユキヤナギ／リンボク
こざくらそー　ムシトリナデシコ
こささ　チヂミザサ／ネザサ／ヤダケ
こささき　ヒサカキ
こさしぐさ　イノコズチ
こさしらず　ササゲ／ジュウロクササゲ／ハタササゲ
こさずな　コシアブラ
こさっぱら　コシアブラ
こさば　アカメガシワ
ごさば　アカメガシワ／ミズメ
こさばら　アオハダ／コシアブラ／タカノツメ
こさぶた　アオハダ
こさぶな　アオハダ／アカシデ／イヌシデ／コシアブラ
こさぶろ　アブラチャン／コシアブラ

こさぶろー　アオハダ／コシアブラ／タカノツメ
こさむらい　アオハダ
ござるまめ　サルトリイバラ
こざわふさぎ　サワシバ
こさん　ホテイチク
こさんしち　ノコギリソウ
こさんだけ　ホテイチク
こさんちく　ホテイチク
ごさんちく　ホテイチク
ござんば　アカメガシワ
こさんばら　アオハダ／コシアブラ
こじ　チガヤ／ツブラジイ／ユキノシタ
ごし　ゴンズイ
こしあぶら　コシアブラ／タカノツメ
こしあぶらのき　コシアブラ
こじー　ツブラジイ
ごしーいも　ジャガイモ
こしいで　カマツカ
こしいも　ジャガイモ
ごしいも　ジャガイモ
こしいれ　カマツカ
ごしぇも　ジャガイモ
こしからげ　サルトリイバラ
こしき　ウグイスカグラ／ウスノキ／カマツカ／シャシャンボ／スノキ
こしぎ　カマツカ
こじき　イノコズチ／オナモミ／ヌスビトハギ
こしききり　ウグイスカグラ
こしきぐみ　ウグイスカグラ
こじきぐみ　ウグイスカグラ
こじきこめむし　スズメノヤリ
ごしきそー　ケイトウ／ハゲイトウ
こじきちち　ヘビイチゴ
こしきどり　ウスノキ
こじきねぎ　ノビル
こじきねぶか　ニラ／ノビル
こじきのきんちゃく　ヌスビトハギ
こじきのやっこめ　カマツカ
こしきび　ヒサカキ
こしきぶくろ　ホタルブクロ
こじきほほば　アワブキ
こしきみ　アセビ
こじきやなぎ　ギョリュウ
こしくさ　ゲンノショウコ
こしこ　カマツカ
こしこし　ネコヤナギ
こじしゃ　アブラチャン／ダンコウバイ
こしだ　アオダモ／ウラジロ／ホシダ
こしで　アカシデ
こしな　イヌワラビ

こじのき　シイ／ツブラジイ
こしば　アセビ／ハイノキ／ヒサカキ
こしばかずら　クズ
こしべ　コシアブラ
ごしべ　スグリ
こしも　ジャガイモ
ごしも　ジャガイモ
こしゃ　コシアブラ
こしゃかき　ヒサカキ
こじゃかき　ヒサカキ
こしゃぎ　コシアブラ
こしゃぎとんこ　ホウセンカ
こしゃぐら　コシアブラ
こしゃのき　タカノツメ／トウガラシ
こしゃは　アカメガシワ
こしゃば　アカメガシワ
ごしゃば　アカメガシワ
こしゃぶな　アオハダ
こしやぶら　トサミズキ
こしゃら　ヒメシャラ
こしゅ　トウガラシ
ごしゅ　ゴンズイ
ごじゅ　カラスザンショウ
こしゅー　トウガラシ
こじゅーいも　ジャガイモ
こしゅのっ　トウガラシ
こしょ　トウガラシ
ごしょあおい　フタバアオイ
こしょいも　ツクネイモ／ナガイモ
ごしょいも　キクイモ／ジャガイモ
ごしょえも　ジャガイモ
こしょー　オニシバリ／トウガラシ
ごじょー　カラスザンショウ
ごしょーいも　キクイモ／ジャガイモ
ごしょーえも　ジャガイモ
こしょーな　カラシナ
ごしょーのき　ガマズミ
こしょーば　ヤナギタデ
こしょーばな　キツネノカミソリ
ごしょーばな　ヒガンバナ
こしょーぶ　ヤマボウシ
こしょーぶち　アオハダ
こしょーぶな　アオハダ／コシアブラ
ごしょざくら　クサキョウチクトウ
ごしょなりいも　キクイモ
ごじょのき　カラスザンショウ
ごしょばな　クサソテツ／クサボケ／ヒガンバナ
こしょぶ　カマツカ
こしょめ　コシアブラ
ごじんか　ムクゲ

ごじんかそー	アレチノギク	ごぜんしりのごい	ドクダミ
ごしんこー	キササゲ	こぞ	コウゾ
ごしんさーばな	ゲンノショウコ/ツメクサ	ごそいも	ジャガイモ
ごしんさばな	ツメクサ	こぞうなかせ	スズメノカタビラ
ごしんさんばな	ゲンノショウコ	ごそえも	ジャガイモ
こじんば	クズ	こぞーいも	サトイモ
ごじんばかずら	クズ	こぞーころし	イワニガナ/ツヅラフジ/ツメクサ/メヒシバ
こす	トウガラシ	ごぞーしば	カシワ
こすあぶら	タカノツメ	こぞーなかせ	アワブキ/クサノオウ/ツメクサ/トキンソウ
ごすいせん	ニワゼキショウ		
ごずいせん	ニワゼキショウ	こぞーみ	ガマズミ
ごすき	ススキ	こそぎいぎ	サルスベリ
こずきもろこし	モロコシ	こそぐりのき	サルスベリ
こすくい	オモダカ	こそぐんのき	サルスベリ
こずくみ	ツルウメモドキ	こそこそのき	サルスベリ
こすぐり	フサスグリ	こそば	シャシャンボ
こずくわ	コウゾ	ごそば	クズ
ごすべり	ノブドウ	ごそんみみ	ヤマジノギク
こずぽ	クズ	こたかな	カラシナ
ごすぽ	クズ	こだからかんらん	メキャベツ
こずもず	イヌツゲ	ごだご	フサザクラ
こずら	マタタビ	こたちぼこ	クサノオウ
こせあぶら	コシアブラ	こたっ	イヌビワ
ごぜいさまのつえ	ノリウツギ	こたっのは	イヌビワ
こせいも	タカノツメ	こたつばな	フシグロ/フシグロセンノウ
ごぜき	ミツバウツギ		
ごぜぐさ	ドクダミ	こだね	サトイモ
ごぜだけ	カンチク/ホテイチク	こたび	イタビカズラ/イヌビワ
こせだら	コシアブラ/タカノツメ	こたぶ	イヌビワ
こせとーだい	タカノツメ	こだら	イヌビワ
ごぜな	ドクダミ	ごだんが	フサザクラ
ごぜなー	ゲンゲ/ツメクサ	こたんご	フサザクラ
ごぜのき	コマユミ/ゴンズイ/ニシキギ/ハマクサギ/マユミ/ミツバウツギ	ごだんこ	フサザクラ
		ごだんご	フサザクラ
ごぜのしりさし	コマツナギ	こたんのは	イヌビワ
ごせのしりのごい	ドクダミ	こちこち	サルスベリ/ネコヤナギ
ごせのたま	ジャノヒゲ	こちこちばな	ヒルガオ
ごぜのたま	ジャノヒゲ	こちふち	タンポポ
ごぜのへ	トベラ	こちふな	タンポポ
ごぜのめ	ジャノヒゲ	こちぶな	タンポポ
こせみ	アオハダ	こちまめ	ダイズ
ごぜみ	ムサシアブミ	こちょーのき	メグスリノキ
こせも	ジャガイモ	こちょぐいのき	サルスベリ
こせんか	ホウセンカ	こちょぐりのき	サルスベリ
ごぜんがし	ヤマボウシ	こちょぐんのき	サルスベリ
こぜんくさ	ハハコグサ	こちょこちょ	サルスベリ
こせんくゎ	ホウセンカ	こちょこちょきんよーず	ツクシ
こせんこ	ホウセンカ	こちょこちょのき	サルスベリ
ごぜんしば	ハマヒサカキ	ごちょごちょのき	サルスベリ
ごぜんしりさし	コマツナギ	こちょぶいのき	サルスベリ

こっか	サルナシ	こで	ケンポナシ
こっかー	ホオズキ	こてぁいも	ジャガイモ
こっきみ	キビ	こでっぽー	イタドリ
ごっきんごっきん	オオバコ	こてなし	ケンポナシ
こっくりばな	シュンラン	ごでのつび	ドクダミ
こっくわ	ヤマボウシ	ごでのつめ	ドクダミ
こっけっこーばな	スミレ	ごてんざくら	イヌザクラ／ウワミズザクラ／ヤマザクラ
こっこ	ウラジロサルナシ／サルナシ／ミツバアケビ	ごてんそー	ゲンノショウコ
こっこー	アケビ／シマサルナシ	ごてんばら	サルトリイバラ
ごっこー	サルナシ	こと	ナラガシワ／ヨシ
こっしゅー	トウガラシ	こど	コウゾ
こつずみ	ガマズミ	こといかつら	シオデ
ごったれぽーしのはな	ヒガンバナ	こといごろし	フジバカマ
こっちゃーまめ	ササゲ／ジュウロクササゲ／ハタササゲ	こどいも	ジャガイモ
ごっちゃうり	ハヤトウリ	ごといも	キクイモ／サツマイモ／ジャガイモ
ごっつい	ゴンズイ	こどえも	ジャガイモ
こつつし	ウンゼンツツジ	ごとー	イイギリ
こってーかけ	ボタンヅル	ごとーいも	サツマイモ
こってーこかし	チカラシバ	ごとーぎり	アオギリ
こってかずら	ジャケツイバラ	ごどーしば	カシワ
こってころし	サンゴジュ／ジャケツイバラ／チドリノキ	ごどーしゅ	ジャガイモ
こっといかけ	ヒシ	ごとーばら	サルトリイバラ
こっといかけたか	ウツボグサ	ごとーまき	カシワ
こっといかたげた	ウツボグサ	ごとごとー	ナラガシワ
こっといこやし	ウマゴヤシ	ごとごとこいし	ツクシ
こっといごやし	ウマゴヤシ	ごとごとしば	ナラガシワ
こっといころばし	ウツボグサ	ことことのき	サルスベリ
こっといつなき	チカラシバ	ごとごとまき	ナラガシワ／ミズナラ
こっといつなぎ	コマツナギ	ごどばら	サルトリイバラ
こつのは	コンブ	ごとまき	ナラガシワ
こっぱ	ハシバミ	こともぎ	アブラチャン
こつばき	サザンカ	こどもなかせ	ノアザミ
こつはさみ	ウツギ	ことりいも	サトイモ
こつばさみ	タニウツギ	ことりぐさ	ハコベ
こっぱしょだま	カゴノキ	ことりすわらず	アリドオシ／メギ
こっぱだ	ミズメ	ことりとまらず	アリドオシ／イボタノキ／クロウメモドキ／メギ
こっぱだみねばり	ウダイカンバ／ミズメ		
こっぱまゆみ	ニシキギ	ことりなべ	フナバラソウ
こつぶ	アケビ	ことりもち	イヌツゲ／モチノキ
こっぷ	コシアブラ／シマサルナシ	ごとろーまき	ナラガシワ
こっほ	ホタルブクロ	こどろぼー	ヌスビトハギ
こっぽ	タカノツメ	ことんぼそー	トンボソウ
こっぽ	イタドリ	こな	コマツナ／ヒケッキュウハクサイ
ごっぽ	イタドリ／ゴボウ	こなきび	トウモロコシ
こっぽーかずら	アオツヅラフジ	こなし	アズキナシ／ズミ／ヤマナシ
こっぽくさ	カラムシ	こなしば	タマアジサイ／ヤマコウバシ
こっぽばな	ツリガネニンジン	こなす	ズミ
こっぽん	イタドリ	こなすび	イヌホオズキ
こつら	マタタビ	こなつつばき	ヒメシャラ
こつらふじ	マタタビ	こなつみかん	ヒュウガナツミカン

こなむぎ　コムギ
こなら　コナラ／ドングリ／ナラ
こなれまめ　アズキ
こにかん　キシュウミカン
こにら　ニラ
こぬかいらず　シロツメクサ
こぬぐす　タブノキ
こね　オトコヨウゾメ／ミズメ
こねいがっ　カキ（アマガキ）
こねがき　カキ（アマガキ）
こねがっ　カキ（アマガキ）
こねぎ　ワケギ
こねこねら　ミズメ
こねさくら　ウワミズザクラ／ミズメ
ごねず　ヤブデマリ
こねっがっ　カキ（アマガキ）
こねのき　ヤマグルマ
こねもり　カワラケツメイ
こねり　アキニレ／カキ（アマガキ）／ハルニレ
こねりがき　カキ（アマガキ）
このしば　ヤマコウバシ
ごのしろ　ヒルガオ
このて　ヤグルマソウ
このはな　シキミ
このひる　ラッキョウ
ごのまめ　ダイズ
このまんじゅ　オケラ
このみ　アブラギリ／ドングリ／ブナ
このみのき　ブナ
このむら　コウゾリナ
このめ　ハナイカダ
このもと　クリタケ
このわか　オオカラシ
こば　ビロウ
ごは　コシアブラ／ビロウ／ヤグルマソウ
ごば　アマモ
こばあおき　ヒメモチ
こばい　ハイノキ
ごばいし　ヌルデ
こばいも　ジャガイモ
こばがし　ウラジロガシ
こはぎ　コマツナギ／メドハギ
こばく　コムギ
こばこば　イタドリ／オオバコ
こばし　エゴマ／ハマスゲ
こはじけ　ナツハゼ
こばしだけ　マダケ
こはじゃ　ナツハゼ
こはじゃのみ　ナツハゼ
こばじろ　ウラジロガシ

こはず　エゴノキ
こはずけ　ナツハゼ
こはぜ　エゴノキ／シラキ／ナツハゼ
こはぜのき　エゴノキ
ごはそー　ヤグルマソウ
こばたおし　イワニガナ
こはち　ハリギリ
こはちゃぐみ　ヤナギイチゴ
ごばつる　マツブサ
こはで　エゴノキ
こばとーし　イワニガナ
こはな　シキミ
こばな　ツバナ
こばなら　コナラ
こばのき　ビロウ
こばのはなのき　コミネカエデ
こばのまだ　シナノキ
ごはのまつ　ゴヨウマツ
こばのまんだ　シナノキ
こばはかし　ツクバネガシ
こばひのき　ヒノキ
こはびら　ヤマグルマ
ごはま　タチバナ
こはまゆみ　ニシキギ
こばまゆみ　ニシキギ／マユミ
こばもーち　コバンモチ／モチノキ
こばもち　コバンモチ／モチノキ
こばもちのおば　コバンモチ
こばら　カラスザンショウ
こばらし　イワニガナ
こばり　ヒメヤシャブシ
こはる　カナクギノキ
こはるがき　カキ（アマガキ）
こばん　コバンノキ／サンショウモ／ハンノキ／ヒルムシロ
こばんぎ　コバンノキ
こばんぐさ　ヒルムシロ
ごはんさん　ワレモコウ
こばんしば　ウバメガシ
こはんちゃ　ナツハゼ
こばんのき　コバンノキ
こび　ヤマビワ
ごび　グミ／クルミ／スグリ／ナワシログミ
こびえ　ヒエ
こびくさ　クガイソウ
こびじん　カキバカンコノキ
こびのき　タカノツメ
こびのこ　キカラスウリ
こびむぎ　オオムギ
こびや　イヌビワ

こびや　イヌビワ
こびらん　キシュウミカン
こびわ　イヌビワ
こひんこ　ホウセンカ
ごぶ　グミ／ネギ
こぶい　クコ
ごぶいちご　キイチゴ
こぶかわ　コンブ
こぶき　コブシ／タムシバ
こぶくさ　ハマスゲ
こぶぐさ　ハマスゲ
こぶくろそー　ツリガネニンジン
こぶくろばな　アツモリソウ／キキョウ
こふじ　ナツフジ
こぶし　アオダモ／イヌビワ／イノコズチ／カヤツリグ
　サ／タムシバ／トネリコ／ハマスゲ／モクレン
こぶしいも　ツクネイモ／ナガイモ
こぶしのき　ニワトコ
こぶしばな　ユキワリソウ
こぶしもくれん　コブシ
こぶしろ　コブシ
こぶだも　コブニレ／ハルニレ
こぶつ　ダイダイ
こぶと　アケビ
こぶとあけび　アケビ
こぶどー　エビヅル
こぶなくさ　コブナグサ
こぶにれ　アキニレ
こぶぬき　ニワトコ
こぶのき　ウワミズザクラ／コブシ／タムシバ／ニワトコ
こぶまよみ　ツリバナ
こぶやなぎ　キツネヤナギ／ネコヤナギ
ごぶりょー　クズ
こぶんど　エビヅル
こへ　アデク
こべ　カラスウリ／キカラスウリ
ごべ　カラスウリ／キカラスウリ
こべうり　カラスウリ
こべー　カラスウリ
ごべー　カラスウリ
こへご　コシダ
こべずる　カラスウリ
ごべずる　カラスウリ
こべたたき　アセビ
ごへのき　サカキ
ごべんぎょー　シナノキ
こへんこ　ホウセンカ
ごぼ　ゴボウ
こぼいも　ジャガイモ
こぼいも　ジャガイモ

ごぼいも　ジャガイモ
ごぼー　ツクシ
ごぼーあざみ　ナンブアザミ
ごぼーいも　ジャガイモ
こぼーそ　コナラ
ごぼーな　イヌガラシ
ごぼーなら　クヌギ
ごぼーなら　クヌギ
ごぼーぱ　オヤマボクチ
ごぼーゆり　ウバユリ
ごぼーわさび　ワサビダイコン
こぼくさ　シロツメクサ
こぼさん　ジャガイモ
こぼし　コブシ／タムシバ／ハマスゲ
ごほずり　ヒルガオ
こぼせ　コブシ／タムシバ
こぼそのき　コナラ
ごぼっぱ　オヤマボクチ／ヤマボクチ
こぼのき　ウワミズザクラ／ニワトコ
こぼのぎ　ニワトコ
こぼりばな　コブシ
こぼれまつ　カラマツ
ごほんまつ　ゴヨウマツ
ごま　イヌタデ
こまあかな　カワラサイコ
こまいささ　オカメザサ
ごまいざさ　オカメザサ
こまいさらげ　カヤツリグサ
ごまいらず　フダンソウ
ごまいり　アセビ／クロガネモチ
ごまいりのはな　アセビ
ごまいれ　アセビ
ごまいれ　アセビ
ごまうつぎ　タニウツギ
こまうり　シロウリ
ごまえ　アセビ
こまえ　カキ（アマガキ）
こまがえし　サンゴジュ
こまがき　マメガキ
ごまがき　マメガキ
こまかけ　スミレ
こまかけばな　スミレ
こまかし　ツクバネガシ
こまがし　ウラジロガシ／ツクバネガシ
こまかずら　キヅタ
こまがたし　サザンカ
こまがっこ　ショウジョウバカマ
こまがやし　サンゴジュ
ごまがら　コブシ
ごまがらくさ　ヒキオコシ

こまら ● 方言名索引

こまき　コナラ／コマユミ
こまぎ　ゴマギ／チシャノキ／ヌルデ／ネジキ
ごまき　ヌルデ
ごまぎ　クサギ／クロモジ／ゴマギ／ゴモジュ／ヌルデ／ミズナラ
こまくさ　ウメバチソウ
こまぐさ　スミレ
ごまくさ　イヌゴマ／タカサブロウ／ニワホコリ／ヒキオコシ／ヒメムカシヨモギ／ミカエリソウ
ごまぐさ　ヒメムカシヨモギ
こまくだら　サルトリイバラ
ごまぐだら　サルトリイバラ
こまぐみ　アキグミ
こまくらのき　ニワトコ
こまけいとー　ヒモケイトウ
ごまごのき　ムラサキシキブ
こまごめ　ムラサキシキブ
こまこやし　クコ
ごまざい　ガガイモ
こまさき　ヒサカキ
ごましおのき　ゴマギ
ごましおやなぎ　ゴマギ
こましたげ　ノゲシ
こましたけ　ノゲシ
こましで　ウラジロ／ウワミズザクラ
こましで　クマシデ
こましばり　オヒシバ
ごまじょ　ガガイモ
ごまじょから　ガガイモ
ごまじりかい　ガガイモ
ごまじりきゃっこ　ガガイモ
こましろ　ガガイモ
ごましろ　ガガイモ
ごまじろ　ガガイモ
ごましろかい　ガガイモ
ごまぞ　ヌルデ
こまそり　アリドオシ
ごまぞり　アリドオシ
ごまだ　タニウツギ
こまだいず　ダイズ
こまちぐさ　ビジョザクラ
こまちざくら　ムシトリナデシコ
こまぢざくら　ムシトリナデシコ
こまちそー　クサキョウチクトウ／ビジョザクラ
ごまちゃ　イケマ／ガガイモ
ごまちゃのからこ　ガガイモ
ごまちゃのきゃっこ　ガガイモ
ごまちょ　イケマ／ガガイモ
ごまちょーから　ガガイモ
こまつ　ネズミノオ

こまつけばな　スミレ
こまつざくら　ムシトリナデシコ
ごまっちょ　ガガイモ
こまつなぎ　カゼクサ／コガンピ／ダイコンソウ／チカラシバ／ネコハギ／ネズミノオ
こまつねぎ　ネズミノオ
こまつまめ　インゲンマメ
ごまつり　イケマ／ガガイモ
ごまつりこ　イケマ
こまつる　ウメバチソウ
こまとどめ　タムラソウ
こまなかせ　オキナグサ
ごまなば　テングタケ
ごまにぎり　イワシン
こまのあしがた　トチカガミ
こまのかみ　アゼテンツキ／ヒデリコ
こまのき　イヌビワ／キヅタ／ネジキ
ごまのき　カツラ／ゴマギ／ゴンズイ／タカサブロウ／ヌルデ／ヨモギ
こまのすね　イノコズチ
こまのちんぽ　ノカイドウ
こまのつめ　ウメバチソウ／オノマンネングサ／クマヤナギ／ヒメヒゴタイ／マメヅタ／メノマンネングサ
こまのはじき　ナツハゼ
こまのひげ　イノコズチ
こまのひざ　イノコズチ／オキナグサ
こまのひざくさ　イノコズチ
こまのひざぐさ　イノコズチ
こまのひじゃき　オキナグサ
こまのまら　ナツハゼ
ごまばな　ショウジョウバカマ
こまひきくさ　アキノノゲシ／スミレ
こまひきぐさ　ウメバチソウ／スミレ
こまびやし　ノゲシ
ごまひやし　ノゲシ
ごまふき　カキ（アマガキ）
こまぶな　イヌブナ
こままめ　ダイズ
こまみそ　イワシン
ごまみそ　イワシン
こまめ　アズキ／ダイズ／ツルマメ／ノササゲ
ごまめ　ウマゴヤシ／カスマグサ／シラカシ／ダイズ／ハマエンドウ／ミヤコグサ／ヤブマメ
こまめえび　サンカクヅル
ごまめずる　クサフジ
ごまやきしば　アセビ
こまゆみ　コマユミ
こまゆり　ホトトギス
こまよせばな　スミレ
こまらはんぜ　エゴノキ

719

こまりんご　ワリンゴ
ごまんこうり　マクワウリ
ごまんこーり　マクワウリ
ごまんざい　ガガイモ／タカナ
ごまんざえ　ガガイモ
ごまんさや　ガガイモ
ごまんじょ　ウラジロ／コシダ
ごまんじょー　コシダ
ごまんぞ　ウラジロ
ごまんぞー　ヌルデ
ごまんだ　ゴマギ
ごまんだら　ゴマギ
ごまんちょ　ガガイモ
ごまんど　ウラジロ
ごまんどー　アセビ
ごみ　アキグミ／グミ／ナツグミ
こみかん　キシュウミカン／コウジ／ヤツシロミカン
こみこみ　ヤブムラサキ
ごみし　マツブサ
こみっかん　キシュウミカン
こみねかえで　コミネカエデ
ごむ　クジャクシダ
こむく　エノキ
ごむけ　クソニンジン
ごむし　チョセンゴミシ／マツブサ
こむそーくさ　ウツボグサ
こむそーぐさ　ウツボグサ
こむそぐさ　ウツボグサ
こむね　ツリバナ
ごむのき　ユーカリ
ごむばな　カイザイク
こむめ　ニワウメ
こむらさき　ムラサキ／ムラサキシキブ／ラッキョウ
こむらだち　アブラチャン
こめ　イネ
こめいたや　ミツデカエデ
こめいちご　ヤナギイチゴ
こめうつぎ　ガクウツギ／コゴメウツギ／マルバウツギ／ミツバウツギ／ムラサキシキブ
こめうつし　マルバウツギ
こめがたし　サザンカ
こめかみ　クログワイ
こめぎ　アセビ／コマユミ／ミツバウツギ／ムラサキシキブ
こめきび　キビ
こめぐさ　ギシギシ／ツユクサ／ノミノツヅリ／ノミノフスマ／ミゾカクシ
こめぐみ　アキグミ／ナツグミ
こめぐん　アキグミ
こめご　サワフタギ／タネツケバナ／ミツバウツギ／ムラサキシキブ
こめこのき　ムラサキシキブ
こめごのき　ニワトコ
こめごのはな　ユキヤナギ
こめこめ　コメガヤ／ミゾソバ／ミツバウツギ／ミツバツツジ
こめごめ　アセビ／イヌツゲ／ガマズミ／コゴメウツギ／シジミバナ／タネツケバナ／ニワトコ／ハマクサギ／マルバウツギ／ミツバウツギ／ムラサキシキブ／ヤブムラサキ／ユキヤナギ
ごめごめ　ウツギ／キブシ／ヌルデ／マルバウツギ／ミツバウツギ／ムラサキシキブ／ヤブムラサキ／ユキヤナギ
ごめごめくさ　キカシグサ
こめごめじん　コウシュウウヤク
こめごめそー　ムラサキシキブ
こめごめのき　コムラサキ
こめごめのき　コムラサキ／ハマクサギ／ミツバウツギ／ムラサキシキブ
ごめごめのき　ミツバウツギ
こめごめのはな　ヤマヤナギ
こめざいばな　シモツケソウ
こめさかき　ヒサカキ
こめざくら　ウワミズザクラ／マメザクラ／ユキヤナギ
こめさま　イネ
こめさん　イネ
こめじしゃ　エゴノキ／レタス
こめしだ　コシダ
こめしで　アカシデ／クマシデ
こめしば　アセビ／キブシ／シャシャンボ／シロバイ／ハマヒサカキ／ヒサカキ
こめじゃかき　シャシャンボ
こめしゃしゃぶ　アキグミ
こめずる　ユズリハ
こめたび　イヌビワ
こめだら　カラスザンショウ
こめたわら　スミレ
こめつが　コメツガ
こめつつじ　イソツツジ／ウンゼンツツジ
こめつばき　ネズミモチ
こめとが　コメツガ
こめな　ノミノツヅリ／ノミノフスマ
ごめな　ズイナ
こめなずな　タネツケバナ
こめなら　コナラ
こめぬぎ　ミツバウツギ／ムラサキシキブ
こめのき　アセビ／コゴメウツギ／シキミ／シジミバナ／ドロヤナギ／ミツバウツギ／ムラサキシキブ／ユキヤナギ
こめのぎ　ミツバウツギ／ムラサキシキブ

ごめのき	ハマクサギ／ムラサキシキブ
こめのきしば	ミツバウツギ
こめのぐん	アキグミ
こめのこ	ミツバウツギ／ユキヤナギ
こめのご	ミツバウツギ
こめのこいたや	ミツデカエデ
こめのこぎ	ミツバウツギ
こめのごしば	コゴメウツギ
こめのみ	シャシャンボ
こめばな	アオモジ／カマツカ／キイシモツケ／ハナタデ／ヒメコバンソウ／フジバカマ／ミゾソバ
こめばなあわばな	スミレ
こめばなぐさ	ミゾソバ
こめばら	カラスザンショウ
こめばりのき	コマユミ
こめびーびー	ナワシログミ
こめぼー	アオモジ
こめぼそ	コナラ
こめまーま	ムラサキシキブ
こめまつ	ゴヨウマツ
こめみず	エゴノキ
こめみょーじ	エゴノキ
こめむぎ	オオムギ
こめやなぎ	ムラサキシキブ
こめゆずり	ヒメユズリハ
こめゆり	クルマユリ／シラユリ／ヒメユリ
こめら	ミツバウツギ
こも	ウワミズザクラ／ガマ／マコモ
ごも	アマモ／スガモ
こもうつぎ	ニワトコ
こもかや	コモ
こもがや	マコモ
こもぎ	コムギ
こもく	エノキ
ごもく	ホンダワラ
こもくさ	コモ／マコモ
こもぐさ	マコモ
ごもご	アマモ
こもそぐさ	ナズナ
こもちいばら	ノイバラ
こもちぐい	テリハノイバラ
こもちぐさ	ニリンソウ
こもちたまな	メキャベツ
こもちち	ノゲシ
こもちな	ニリンソウ
こもちな	ノゲシ
こもちねぎ	ヤグラネギ
こもちばな	ニリンソウ
こもちぶな	イヌマダ
こものき	ウワミズザクラ／ナナカマド
こもりくさ	メヒシバ
こもりば	アカメガシワ
ごもんか	マクワウリ
ごもんかうり	マクワウリ
ごもんぐさ	カタバミ
ごもんくゎ	マクワウリ
こもんば	シダ
ごや	クログワイ
こやうとしみぐさ	クログワイ
ごやおぎ	トキンイバラ
こやし	エゴノキ
ごやじ	アキノノゲシ／タンポポ
こやしいらず	ウマゴヤシ
こやしくさ	シロツメクサ
こやしぐさ	ゲンゲ
こやしのき	エゴノキ
ごやしのき	エゴノキ
こやす	アブラチャン／エゴノキ
こやず	ズミ
こやすかき	エゴノキ
こやすぎ	エゴノキ
こやすのき	アブラチャン／イチジク／エゴノキ
こやち	アキノノゲシ
こやなぎ	ヤマナラシ
こやまめ	ソラマメ
こゆずり	ヒメユズリハ
ごよ	クログワイ／ヤマブドウ
ごよー	ゴヨウマツ／ノブドウ
ごよーじ	オニタビラコ
ごよーそー	ニンジン／フシグロ
ごよーとが	トガサワラ
ごよーとしみぐさ	クログワイ
ごよーのまつ	ゴヨウマツ／チョウセンゴヨウ
ごよーまつ	ゴヨウマツ／チョウセンゴヨウ／ハイマツ
こよぎ	エビヅル
ごよぐり	サルスベリ
こよしのき	アオモジ
こよしばな	アオモジ
ごよのき	ゴヨウマツ
ごよび	ノブドウ
ごよぶ	グミ
ごよまつ	ゴヨウマツ
ごよみ	エビヅル／ノブドウ
ごよみずり	エビヅル
ごよみずる	エビヅル
ごよめんさ	ゲンゲ
ごよんずり	ノブドウ
こらいきび	トウモロコシ
こらいばな	ヒガンバナ
こらきび	トウモロコシ

方言名索引 ● こらこ

こらこら　オキナグサ
こらび　アブラギリ
こらふしで　アカシデ
こららくさ　カワラケツメイ
こり　イヌビワ
ごり　カラスウリ／キカラスウリ／ツルレイシ
こりおご　ヒイラギ
ごりかずら　ゴキヅル
こりばらも　サルオガセ
こりゅーせん　シラビソ
ごりょーがい　ウグイスカグラ
ごりょーげ　ウグイスカグラ
ごりょーげー　ウグイスカグラ
こりん　ホシクサ
ごりん　ムクゲ
ごりんか　ムクゲ
ごりんがし　ヤマボウシ
こりんご　ズミ／ワリンゴ
ごりんご　チョロギ
ごりんそー　オヘビイチゴ
ごりんばな　レンプクソウ
ごる　キカラスウリ
こるくがし　アベマキ
こるくくぬぎ　アベマキ
こるくのき　アベマキ
こるくまき　アベマキ
これ　ギボウシ
これい　ギボウシ／トウギボウシ
これー　ギボウシ
これきみ　アセビ
これつぼ　ユリ
これらくさ　タケニグサ／ヒメムカシヨモギ
これらぐさ　ヒメムカシヨモギ
ごれんか　ムクゲ
これんげ　ハス
ごろ　ジャガイモ／ヤマユリ
ごろいのき　ホオノキ
ころいも　ジャガイモ
ごろいも　ジャガイモ
ころー　コシアブラ
ごろー　ユリ
ごろーいも　ジャガイモ
ごろーがき　マメガキ
ごろーじ　タンポポ
ごろーしろーぐさ　ヒルガオ
ごろーしろーしば　サルトリイバラ
ごろーじろーしば　サルトリイバラ
ごろーひば　クロベ
ころがき　マメガキ
ころがしうり　マクワウリ

ころがりうり　マクワウリ
ころぎ　アブラギリ
ごろげ　ウグイスカグラ
ころげいも　ジャガイモ
ころころぐさ　エノコログサ
ころころやなぎ　ネコヤナギ
ごろさ　ドングリ
ごろさいも　ジャガイモ
ごろざいも　ジャガイモ
ごろざえもん　ジャガイモ
ごろさくいも　ジャガイモ
ごろさま　ドングリ
ごろさん　ドングリ
ごろさんのき　ミズナラ
ごろぜいも　ジャガイモ
ごろぜんぐさ　ゲンノショウコ
ごろた　アブラギリ
ごろたいも　ジャガイモ
ごろたえも　ジャガイモ
ごろたのき　アブラギリ
ころっぷす　アベマキ
ころっぽ　イタドリ
ごろっぽ　イタドリ
ころのき　アブラギリ
ころばし　シロウリ
ころばしうり　シロウリ／マクワウリ
ごろはら　アブラチャン
ころび　アブラギリ／ショウロ／シラキ
ころびうり　シロウリ
ころびそー　マツバボタン
ころびのき　アブラギリ
ころぶ　アブラギリ
ころべ　ツチグリ
ごろべっき　ウラジロノキ
ころぼいも　ジャガイモ
ごろぼえも　ジャガイモ
ころぼし　ヒガンバナ
ころま　ヒメユズリハ
ごろめき　エンレイソウ
ころもぎく　ノコギリソウ
ころもな　コウゾリナ
ころもんぱ　コウゾリナ
ころり　ギボウシ／トウギボウシ
ころんぱ　コウゾリナ
ごわ　オモダカ
ごわい　オモダカ
こわぐるみ　イヌビワ
こわた　メギ
こわだ　アサダ
こわばら　コシアブラ

こわめしばな　ゲンゲ	こんしんいも　ジャガイモ
こわり　クワイ	ごんじんぎ　ムクゲ
こんがき　マメガキ	ごんず　ゴンズイ
ごんがついも　ジャガイモ	ごんずい　キブシ／コシアブラ／ゴンズイ／センダン
ごんがつまめ　ソラマメ	ごんずき　ゴンズイ
こんがみ　イケマ	こんせぇすぶら　ヒガンバナ
こんがら　ガガイモ	こんぜつ　コシアブラ／タカノツメ／ニンジンボク
ごんがら　ガガイモ	ごんせつ　コシアブラ
こんがらぐさ　カタバミ	ごんぜつ　コシアブラ／タカノツメ
こんがらさまのすず　ナズナ	ごんだ　コナラ／ミズナラ
こんがらせ　ミズタガラシ	ごんたなし　ナシ
こんき　メナモミ	ごんたぶ　タブノキ
こんぎ　クワ	ごんだら　サルトリイバラ
こんぎく　エゾギク	ごんだらまき　コナラ
こんぎく　エゾギク／サツマノギク	ごんだらまぎ　ミズナラ
こんきぐさ　ヒメムカシヨモギ	こんだろ　サルトリイバラ
ごんぎょー　ギシギシ／ゲンゲ／ツメクサ	ごんたろー　ミズナラ
こんくいも　サトイモ	ごんたろーいばら　サルトリイバラ
こんぐいも　サトイモ	ごんだろーまき　ミズナラ
ごんけ　カワラヨモギ	ごんだろーまき　コナラ
ごんげ　ゲンゲ／ツメクサ	こんちん　イヌエンジュ
こんげらごー　カラスウリ	ごんつ　イノコズチ
ごんげらこー　カラスウリ	こんでつ　コシアブラ／タカノツメ／ニンジンボク
ごんげん　ツメクサ	ごんでつ　コシアブラ
ごんげんなんばん　ピーマン	こんてりぎ　ガクウツギ
こんご　ウワミズザクラ	こんてるき　ガクウツギ
ごんご　イヌザクラ／ヤブニッケイ	こんでん　タンポポ
こんごー　ウワミズザクラ	こんでんなし　ケンポナシ
こんごーざくら　ウワミズザクラ	こんどーかずら　サカキカズラ
こんごーさんまつ　チョウセンゴヨウ	ごんどーまめ　エンドウ
こんこーじばな　タンポポ	ごんなれいたや　ミツデカエデ
こんごーのき　ウワミズザクラ	こんにゃくだま　コンニャク
こんござくら　ウワミズザクラ	こんにゃくね　コンニャク
こんごし　ウワミズザクラ	こんねんどー　タンポポ
ごんごしば　ヤブニッケイ	ごんぱ　オヤマボクチ／ヤマボクチ
こんこのぎ　ウワミズザクラ	ごんばいろ　カタクリ
こんごのき　ウワミズザクラ	ごんばち　イタドリ／コナギ
ごんごのき　ウワミズザクラ	こんばるそー　オオヤマハコベ
ごんごめ　ムラサキシキブ	ごんび　アカメガシワ
こんこん　イタドリ	こんぴらのは　サルトリイバラ
こんこんき　ネムノキ	こんぴらはじき　ナツハゼ
ごんごめ　アンズ	こんぶくさ　カニクサ
こんさいろ　ショウブ	こんぶぐさ　カニクサ
こんざいろ　ショウブ	こんぶのき　ニワトコ
ごんじ　ゴンズイ／ムクゲ	ごんべ　スベリヒユ
こんじきささ　オカメザサ	こんぺいと　キツネノボタン／ドクゼリ
こんじきすっぱ　カタバミ	こんぺいとー　イシミカワ／キツネノボタン
こんじきねぶか　ニラ	こんぺいとーぐ　ウマノアシガタ／キツネノボタン
こんじくいも　ジャガイモ	こんぺいとーぐさ　キツネノボタン
ごんじのき　ウリハダカエデ	こんぺいとーのはな　イシミカワ

こんぺいとーはな　ウマノアシガタ
こんぺいとくさ　キツネノボタン
こんぺいとはな　イシミカワ
こんぺいばい　ウナギツカミ
こんぺいる　カタクリ
ごんべいる　カタクリ
ごんべいろー　カタクリ
こんぺー　イシミカワ
ごんべー　スベリヒユ
こんぺーくさ　キツネノボタン
ごんべーくさ　スベリヒユ
ごんべーぐさ　スベリヒユ
こんぺーそー　キツネノボタン
こんぺーと　ドクゼリ
こんぺーと　キツネノボタン／ミゾソバ
こんぺーとー　ウマノアシガタ／キツネノボタン／スズメノテッポウ／タガラシ／タデ／テンナンショウ／ミゾソバ
こんぺーとーくさ　キツネノボタン
こんぺーとーぐさ　ウマノアシガタ／キツネノボタン／ハコベ
こんぺーとーばな　キツネノボタン／ママコノシリヌグイ／ミゾソバ
こんぺーとかずら　サネカズラ
こんぺーとぐさ　キツネノボタン／ミゾソバ
ごんべくさ　スベリヒユ
ごんべぐさ　スベリヒユ
こんぺこ　ハコベ
ごんべさん　スベリヒユ
こんぺと　ウマノアシガタ／オナモミ／キツネノボタン
こんぺとー　イシミカワ／ウマノアシガタ／キツネノボタン／ママコノシリヌグイ
こんぺとーくさ　キツネノボタン／ヌスビトハギ／ハコベ
こんぺとーぐさ　キツネノボタン／ママコノシリヌグイ
こんぺとーばな　ママコノシリヌグイ
こんぺとくさ　ヒメクグ
こんぺとぐさ　イヌタデ
こんぺとくさ　ウマノアシガタ／キツネノボタン
こんぺとぐさ　イヌタデ／ウナギツカミ／ウマノアシガタ／キツネノボタン／タガラシ／ミゾソバ
こんぺとはな　ウマノアシガタ
こんぺとばな　ウナギツカミ／ウマノアシガタ／キツネノボタン／ダイコンソウ／ママコノシリヌグイ／ミゾソバ

こんぺんそー　キツネノボタン
こんぺんと　カタバミ
こんぺんとー　ウマノアシガタ／キツネノボタン／ママコノシリヌグイ
こんぺんとーくさ　ウマノアシガタ
こんぺんとーぐさ　ウマノアシガタ
こんぺんとーのき　キツネノボタン
こんぺんとん　ウマノアシガタ／タデ
こんぺんばな　キツネノボタン
こんぺんぽ　キツネノボタン／ミゾソバ
こんぽ　ツバキ
ごんぽ　ゴボウ／スベリヒユ
こんぽいも　ジャガイモ
ごんぽー　ゴボウ
ごんぽーうど　シシウド
ごんぽーけぇぁぼ　ヤマボクチ
こんぽーのき　ニワトコ
ごんぽーぱ　オヤマボクチ／ヤマボクチ
ごんぽそー　センボンヤリ／ツユクサ
こんぽち　ドングリ
ごんぽっぱ　オヤマボクチ／ヤマボクチ
ごんぽのは　オヤマボクチ
ごんぽは　オヤマボクチ
ごんぽぱ　オヤマボクチ
ごんぽひき　オオバコ
ごんぽゆり　ウバユリ
ごんぽんぱ　オヤマボクチ
こんまだま　カクレミノ
こんまら　ナツハゼ
こんまらはじき　ナツハゼ
こんまりはじき　ナツハゼ
こんめ　ニワウメ／ユスラウメ
ごめんたま　ジャノヒゲ
こんもーはじき　ナツハゼ
こんもり　クジャクシダ
こんやく　コンニャク
こんやたろー　ツユクサ
こんやのもがれ　ホウセンカ
こんりー　ゴンズイ
こんりんざい　アオダイズ
こんれん　ケンポナシ
こんれんばな　タンポポ
こんろんばな　ショウジョウバカマ

さ

【さ】

さーうつぎ　ドクウツギ
さーがず　サイカチ
さーかち　サイカチ
さーぎり　イイギリ
さーぐ　ハナウド
さーくぬぎ　ヤマアジサイ
さーくわ　フサザクラ
さーご　ゲンゲ
さーじ　イタドリ／ギシギシ
さーしで　サワシバ
さーしば　チドリノキ
さーしゅーで　フタバアオイ
さーしんご　イタドリ
さーじんこ　イタドリ
さーたーうーじ　サトウキビ
さーたーぎー　ネズミモチ
さあっか　フサザクラ
さーつぽろ　イタドリ
さぁっぽろ　イタドリ
さーにん　アオノクマタケラン／クマタケラン
さーばな　クリンソウ
さーびわ　イヌビワ
さーふーのき　イスノキ
さーふさぎ　タマアジサイ／フサザクラ
さーふしのき　イスノキ
さーふたぎ　タマアジサイ
さーぽーし　タマアジサイ
さーぽし　タマアジサイ
さーら　サワラ／サンカクイ
ざーる　ボロボロノキ
ざーるいっけん　カラスノエンドウ
さいうり　シロウリ／スイカ
さいか　ナナカマド
さいが　ウラジロナナカマド／ナナカマド
さいかい　ナナカマド
さいかいし　サイカチ
さいかいじゅ　サイカチ
さいかきばら　アリドオシ
さいかし　サイカチ
さいがじ　サイカチ
さいかち　サイカチ／ナナカマド／ハマセンダン

さいかちいばら　サイカチ／サルトリイバラ／ハマナツメ
さいかちのき　ナナカマド
さいかちばら　サイカチ
さいがちばら　サイカチ
さいかちまめ　ナタマメ
さいかつ　ナナカマド
さいがつ　ナナカマド
さいかつら　ナナカマド
さいかのき　サイカチ
さいから　サトウモロコシ
さいき　イタドリ／ウド／シシウド／ノダケ／ヨロイグサ
さいぎ　ヨロイグサ
さいこ　アキノキリンソウ／ミシマサイコ
さいご　アオハダ／ソヨゴ
さいごーくさ　アレチノギク
さいごーぐさ　アレチノギク／ヒメジョオン／ヒメムカシヨモギ
さいごくさ　アレチノギク
さいごぐさ　アレチノギク／ヒメムカシヨモギ
さいこくばな　ゲンゲ
さいこくばら　ヤマカシュウ
さいごしば　ソヨゴ
さいころば　アカメガシワ
さいこん　ダイコン
さいさい　スノキ
ざいざい　ナツミカン
さいじ　イタドリ
さいじっぽ　イタドリ
さいじっぽー　イタドリ
さいしば　アカメガシワ
さいしょ　カラスザンショウ
さいしん　カンアオイ
さいしんあおい　カンアオイ
さいしんご　イタドリ
さいじんこ　イタドリ
さいじんご　イタドリ
さいしんこー　イタドリ
さいじんこー　イタドリ
さいじんごー　イタドリ
さいじんば　イタドリ
さいじんばー　イタドリ
さいず　イタドリ
さいずちぐみ　ナツグミ

さいずちのき　ヤマグワ
さいせんこ　イタドリ
さいせんご　イタドリ
さいたかきび　トウモロコシ
さいたな　イタドリ
さいとー　イノモトソウ／インゲンマメ
さいとーくさ　フクオウソウ
さいのいっご　エビガライチゴ
さいのき　スノキ
さいのつの　テイカカズラ
さいば　ホオノキ
さいはいのき　ヌルデ
さいはだ　ウダイカンバ
さいばな　アキノキリンソウ
さいひ　ツブラジイ
さいびゅー　イスノキ
さいふりぼく　カマツカ
さいま　シャリンバイ／モッコク
さいまめ　インゲンマメ／エンドウ／ナタマメ／フジマメ
さいめ　ガマズミ
さいめん　リンボク
さいも　サトイモ／ジャガイモ
さいもり　アカメガシワ
さいもりて　アカメガシワ
さいもりのき　アカメガシワ
さいもりば　アカメガシワ
さいもりばのき　アカメガシワ
さいもんかずら　ノウゼンカズラ
さいら　ギシギシ
さいわいたけ　マンネンタケ
さえが　ナナカマド
さえき　シシウド
さえじ　イタドリ
さえじん　イタドリ
さえず　イタドリ
さえずり　ウリカワ
さえせんぼー　イタドリ
さえたな　イタドリ
さえばな　アキノキリンソウ
さえま　シャリンバイ
さえまのき　シャリンバイ
さえらぐさ　ギシギシ
さえわえたけ　マンネンタケ
さえんしな　ザゼンソウ
さおとめうつぎ　タニウツギ
さおとめかずら　ヤイトバナ
さおとめぐさ　ヤイトバナ
さおとめばな　タニウツギ／ハナショウブ／ヤイトバナ
さおひめ　ジオウ
さがい　ガジュマル

さがいいっこ　オオバライチゴ
さがいいっご　クワノハイチゴ
さかいぎ　サワフタギ
さがいぐん　ツルグミ／ナワシログミ／オオバグミ
さがいこいっご　オオバライチゴ／クワノハイチゴ
さがいこまつ　オオバライチゴ／クワノハイチゴ
さかえじ　サイカチ
さかえも　イモ
さかき　イヌツゲ／コゴメウツギ／サカキ／ソヨゴ／タブノキ／ハマヒサカキ／ヒサカキ
さがき　ツルナ／ヒサカキ
さかきしば　サカキ／ヒサカキ
さかくまねぶか　ヤグラネギ
さかさなもみ　ハエドクソウ
さかさなんてん　イノコズチ
さかさはそー　イシミカワ
さかさばな　ハエドクソウ
さかさばら　ウナギツカミ／オランダイチゴ
さかさばり　イシミカワ
さかさまばな　ウツボグサ
さかしば　サカキ／シキミ／ヒサカキ
さかずき　ナツハゼ
さかたろいも　ジャガイモ
さがつ　サイカチ
さかっき　ヒサカキ
さかな　ホシダ
さかなつりぐさ　スベリヒユ
さかなのき　シシガシラ
さかば　ハシドイ
さかはやし　ヤドリギ
さがみくさ　カタバミ
さがみぶな　ヤマハンノキ
さかむこのき　ネジキ
さかやのよめじょー　ネジキ
さかやむすめ　ズイナ
さかよめ　ズイナ
さがら　フサザクラ
さがりいちご　エンレイソウ／キイチゴ／ハチジョウイチゴ／モミジイチゴ
さがりぐみ　ツルグミ／ナツグミ／ナワシログミ
さがりこ　ウグイスカグラ
さがりこっこ　ウグイスカグラ
さがりこばら　モミジイチゴ
さがりごみ　ナツグミ
さがりっこ　ウグイスカグラ
さがりつつじ　ベニドウダン
さがりは　ヒレアザミ／サワアザミ
さがりばな　ハエドクソウ／モミジイチゴ
さがりまめ　モミジイチゴ
さがりまめいちご　ウグイスカグラ／モミジイチゴ

さがんずきばな　オオマツヨイグサ／マツヨイグサ
さきあか　ネジキ
さぎくさ　ホラシノブ
さぎごけ　サギゴケ／スミレ
さぎしば　サギゴケ
さきそー　バイケイソウ
さぎそー　ギボウシ／サギゴケ／バイケイソウ
さぎのあし　イワニガナ
さぎのしりさし　イグサ／ミクリ
さぎのや　ミクリ
さきわけいわしばな　ハコネウツギ
さく　シシウド／ドクゼリ／ハナウド／ユリ
さぐ　シシウド／ドクゼリ
さくーな　キケマン
さくき　サトイモ
ざくげやき　ケヤキ
さくさ　ドクダミ
さぐさ　ドクダミ
さくさく　チヂミザサ
さくしご　ハクウンボク
さくしのき　ハクウンボク
さくたら　ハリギリ
さくだら　ハリギリ
さくたんば　タマアジサイ
さくな　キケマン
さぐなんそ　シャクナゲ
ざくぬのき　アオキ
さぐみ　ナツグミ／ナワシロイチゴ／ナワシログミ
さぐみのき　ウグイスカグラ
さくら　イヌザクラ／ウワミズザクラ／カバノキ／コブ
　　シ／ミズメ／モクレン／リンボク
さくらあさ　サクラソウ
さくらいも　サツマイモ
さくらおのれ　アサダ
さくらがわ　ゲンノショウコ
さくらかんば　ヤマザクラ
さくらがんぴ　オニシバリ
さくらぎ　シャクナゲ／リュウキュウクロウメモドキ
さくらご　サクランボ
さくらそー　オオハルシャギク／クサキョウチクトウ／
　　コスモス
さくらのり　イワノリ
さくらひ　ヒノキ
さくらめど　サクランボ
さくらもも　サクランボ
さくらんご　サクランボ
さくらんぽんぽ　サクランボ
さぐり　トウモロコシ
さけかいぼー　タンポポ
さけじ　サイカチ

さけすぎ　イヌマキ
さけのみぐさ　スベリヒユ
さけのんべくさ　スベリヒユ
さけむぎ　オオムギ
さげむすび　エノコログサ
さこき　アマモ
さごみ　ナワシログミ
さごみのき　アキグミ
さごろ　キササゲ
さごろー　キササゲ
ささ　アサ／アマ
ささいちご　モミジイチゴ
ささいどり　アキグミ
ささいも　サトイモ
ささえだけ　アシタバ
ささかし　シラカシ
ささがし　ウラジロガシ／シラカシ
ささがみ　ツルソバ
ささき　サカキ／ヒサカキ
ささぎ　インゲンマメ／ササゲ／ヒサカキ
ささぎー　サンゴジュ
ささぎいちご　シャシャンボ
ささぎしば　ヒサカキ
ささぎまめ　インゲンマメ
ささくさ　コブナグサ／シバ
ささぐさ　チヂミザサ
ささぐり　クリ（シバグリ）
ささくわ　ヤマグワ
ささぐわ　ヤマグワ
ささげ　インゲンマメ／ハッショウマメ
ささげまめ　インゲンマメ／ササゲ
ささたぶ　タブノキ／バリバリノキ
ささつばた　カラタチバナ
ささっぺた　カラタチバナ
さざとー　ササゲ
ささどり　イタドリ
ささな　カンゾウ／ヤブカンゾウ
ささにんどー　ツバメオモト
ささね　チガヤ
ささばがし　ウラジロガシ／シラカシ
ささばくり　サイハイラン
ささばっくり　サイハイラン
ささばへんご　カラスビシャク
ささばやくり　サイハイラン
ささび　グミ
ささぶ　シャシャンボ
ささへご　カニクサ
ささぼ　シャシャンボ
ささほーくり　シュンラン
ささほーずき　センナリホオズキ

ささぼくり　シュンラン
ささぼくろ　サイハイラン
ささぼこ　イタドリ
ささぼとくい　アシボソ／ササガヤ
ささみ　チガヤ
さざみ　アザミ／チガヤ
ささみぐさ　チガヤ
ささみくさ　チガヤ
ささむぎ　カラスウリ／カラスムギ
ささめ　チガヤ
さざめ　チガヤ
ささもき　ヤナギモ
ささもどき　コブナグサ
ささものずき　コブナグサ
ささもろこし　モロコシ
ささやき　タケニグサ
ささやけ　タケニグサ
ささやけがら　タケニグサ
ささやけぐさ　タケニグサ
ささゆり　ユリ
ささら　タケ
ささらまめ　エンドウ
ささらん　セッコク
ささりもの　イノコズチ
ささりんどー　カラタチバナ／コケリンドウ／ノギラン／フデリンドウ／ヤブミョウガ／リンドウ
ささん　ササゲ
さざんか　サザンカ／スモモ
ささんぎ　ササゲ
さざんぽー　イタドリ
ざざんぽー　シメジ／ホウキタケ
さし　イノコズチ／ウシクサ／オオイタドリ／オニルリソウ／クルマバナ／スイバ／センダングサ／ヌスビトハギ／ヌマダイコン／ミソナオシ／ヤブジラミ
さじ　ヤブジラミ
ざし　ヌスビトハギ
さじおもだか　オモダカ
さしか　コナラ／ミズナラ
さじかぶ　タイサイ
さしがら　イタドリ
さじぎぽー　ギボウシ
さしくさ　ウシクサ／キンミズヒキ／センダングサ／ミソナオシ／ヤブタバコ
さしぐさ　キンミズヒキ／ヌスビトハギ／ヤブタバコ
さしじろ　イタドリ
さした　ノリウツギ
さじっぱ　イタドリ
さしっぷ　シャシャンボ
さしっぽ　イタドリ
さじっぽ　イタドリ

さしっぽー　イタドリ
さじっぽー　イタドリ
さしとり　イタドリ
さしどり　イタドリ／オオイタドリ
さしどろ　イタドリ
さじな　アブラナ／イタドリ／タイサイ
さじなっぽー　イタドリ
さじなんこ　イタドリ
さじなんご　イタドリ
さしのき　ウシクサ／ミソナオシ
さじのき　ソヨゴ
さしのこ　サルノコシカケ
さしのとー　スイバ
さしび　シャシャンボ
さしひろ　ワケギ
さしびろ　アサツキ／ネギ
さしぽこ　イタドリ
さしぼのき　シャシャンボ
さしま　ハイビャクシン
さしもぐさ　フトイ
さしゃと　ガジュマル
さしよもぎ　ノコギリソウ／メドハギ
さしんこ　イタドリ
さじんこー　イタドリ
さしんどり　イタドリ
さす　イタドリ／ミョウガ
さず　アカメガシワ
さすがら　イタドリ
さすとり　イタドリ
さすどり　イタドリ
さすぽ　シャシャンボ
さずま　サツマイモ／ネズミサシ
さすりぽー　サルスベリ
させっ　シャシャンボ
させっぽ　シャシャンボ
させどり　イタドリ
させび　シャシャンボ
させぶ　アキグミ／シャシャンボ
させぶのき　シャシャンボ
させぽ　イヌツゲ／シャシャンボ
させまめ　ナタマメ
さぜんそー　オオバコ
ざぜんそー　オオバコ
させんぼ　アセビ／シャシャンボ
させんぼ　ナツハゼ
させんぽのき　シャシャンボ
さそどり　イタドリ
さそり　アカザ
さだ　イタドリ
さたいも　サトイモ

さたぎ　ネズミモチ
さたなし　リョウブ
さだむし　リョウブ
さためし　サルスベリ／リョウブ
さだめし　リョウブ
さだめしば　リョウブ
さたんご　イタドリ
さちぃー　イグサ
さちら　ダケカンバ
さちらさっぽー　サボテン
さっかいそー　ヒャクニチソウ
さっかち　イバラ
さつきいちご　キイチゴ／モミジイチゴ
さつきえちご　モミジイチゴ
さつきぐみ　ナツグミ
さつきごみ　ナツグミ
さつきなし　イワシ
さつきばな　コデマリ／タニウツギ／ミヤコグサ／ヤマウツギ
さつきまめ　インゲンマメ
ざっくらばん　ヤマハンノキ
さっこ　ハイビャクシン
さっこー　ヒサカキ
さっさ　シラカンバ
さっずし　シャリンバイ
さった　コシアブラ
さったら　コシアブラ
さっちら　ダケカンバ
さっとあび　オランダイチゴ
さっとえび　ノブドウ
ざっとのぽー　ムラサキシキブ
さっとびらかし　サルスベリ
さっとり　ジャケツイバラ
さつぶし　バイケイソウ
さつぼ　シャシャンボ
さっぽろいも　ジャガイモ
さつま　カボチャ／サツマイモ／ネズミサシ／ハゼノキ／リクトウ
さつまいも　サツマイモ／サトイモ
さつまうり　カボチャ／ハヤトウリ
さつまぎく　シュウメイギク／シュンギク
さつまきび　トウモロコシ
さつまくさ　スイバ
さつましめり　エイザンスミレ
さつますぎ　サワラ（ヒムロ）／ビャクシン（タチビャクシン）
さつまばちり　サツマイモ
さつまひば　サワラ（ヒムロ）
さつまふじ　フジモドキ
さつまぼたん　ダリア
さつまめ　ササゲ
さつまゆーがお　カボチャ
さつめいも　サツマイモ
さつめーも　サツマイモ
さつら　シラカンバ
さで　ヤナギタデ
さでぃふ　ハマオモト
さでぃふかー　ハマオモト
さでいも　サトイモ
さでー　イヌタデ／シロバナサクラタデ
さてーも　サトイモ
さでく　ハマオモト
さでも　サトイモ
さでゃーいも　サトイモ
さでん　ゲットウ
さど　イタドリ
さといも　サツマイモ
さといもこんにゃく　コンニャク
さとうぐさ　ノゲシ
さとうり　マクワウリ
さとえんじゅ　イヌエンジュ
さとー　サトウキビ
ざとー　インゲンマメ
さとーえび　ノブドウ
さとーがき　カキ（アマガキ／フユウガキ）
さとーかずら　トキワカモメヅル
さとーかぶ　サトウダイコン
さとーがら　イタドリ／サトウキビ
さとーかんしゃ　サトウキビ
さとーき　サトウキビ／サトウモロコシ
さとーぎ　サトウキビ／ネズミモチ
さとーきっ　サトウキビ
さとーきび　サトウモロコシ／トウモロコシ／モロコシ
さとーきみ　サトウモロコシ
さとーぐさ　ミチヤナギ
さとーけんせ　サトウキビ
さとーけんぜ　サトウモロコシ
さとーげんせー　トウモロコシ
さとーしば　タムシバ
ざとーずえ　ムラサキシキブ
ざとーずみ　ガマズミ
さとーたかきび　サトウキビ
さとーーがらし　ピーマン
さとーーきび　サトウキビ
さとーーびき　サトウキビ
さとーなんば　サトウキビ
さとーなんばん　サトウモロコシ
さとーのき　サトウキビ
ざとーのき　ムラサキシキブ
ざとーのつえ　キブシ／チシャノキ

さとーびる ギョウジャニンニク	さとんがら イタドリ
ざとーべべ シュンラン	さとんご イタドリ
さとーぼー サトウキビ／サトウモロコシ／トウモロコシ	さとんぽ サトイモ
ざとーぽー ムラサキシキブ	さとんぼー サトウキビ
さとーまめ エノキ／エンドウ／エンドウ／ダイズ／トウモロコシ	さどんぽー イタドリ
	さとんみのき エノキ
さとーまめのき ムクノキ	さどんめんたま ジャノヒゲ
さとーみ エノキ	さな モミ
さとがき カキ（アマガキ）	さないちご ナワシロイチゴ
さとがし アカガシ／アラカシ	さなき モミ
さとがら イタドリ	さなぐり リョウブ
さどがら イタドリ	さなし アズキナシ／ズミ／ヤマナシ／ワリンゴ
ざどがら イタドリ	さなじら サンカクヅル
さとからむし カラムシ	さなずら エビヅル／サンカクヅル／ブドウ／ヤマブドウ
さどがわ イタドリ	さなずらぶんど エビヅル／サンカクヅル
さとき サトウモロコシ	さなだむぎ オオムギ
さとぎ サトウキビ／ネズミモチ	さなのき モチノキ／モミ
さとぎしぎし スイバ	さなめ ミツデカエデ
さときっ サトウキビ／モロコシ	さなり ササゲ／リョクトウ
さときび サトウキビ／トウモロコシ／モロコシ	さなんじらぶんど サンカクヅル
さどきまめ エンドウ	さに ゲットウ
さときみ サトウモロコシ	さにー クサギ（アマクサギ）
さとぎり サトウキビ	さにん アオノクマタケラン／クマタケラン／ゲットウ
さどくら イタドリ	さにんがしわ アオノクマタケラン
さとご イタドリ	さぬきまめ ソラマメ
さどこのき エゾエノキ	ざねうり ハヤトウリ
さとごめ ミツバウツギ	さねかずら カギカズラ／マメヅタ
さとさんしゅ サンショウ	さねきまめ ソラマメ
さとすもも オウシュウスモモ	さねこばな ツユクサ
さとな コマツナ	さねなし ウンシュウミカン
さとなら コナラ	さねもーすー オキナグサ
さとにら ラッキョウ	さねやくしょ ヤマグルマ
さとのき サトウキビ／サトウモロコシ／トウモロコシ／ネズミモチ	さねん アオノクマタケラン／クマタケラン／ゲットウ
	さのき インゲンマメ
ざとのき カンボク	さのぎ インゲンマメ
さとのみのき エゾエノキ／エノキ	さのきまめ ソラマメ
さとはこべ ウシハコベ	さば ウマゴヤシ／ギシギシ
さとふき フキ	さはいいちご エンレイソウ
さどぶどー ノブドウ	さばぐいめ ナワシログミ
さとまいも サトイモ	さはだ ウダイカンバ
さとまめ エンドウ／トウモロコシ	さびかわ タマアジサイ
さどまめ エンドウ	さびそ アサ
さとみ スグリ	さひた ノリウツギ
さとみぎ サトウモロコシ	さびた ノリウツギ／ハルニレ
さとみきつ サトウモロコシ	さびた サワフタギ／ノリウツギ
さとめばな ヤイトバナ	さびどり イタドリ
さともろこし トウモロコシ	さぶい ウツギ
さとゆり オニユリ	さぶいちご フユイチゴ
さどゆり オニユリ	さぶた ノリウツギ／リョウブ
さどわら イタドリ	さふたぎ ノリウツギ

ざぶとんぐさ　ニシキソウ
さぶぽった　タウコギ
さぶろー　カヤツリグサ
さぶろーがき　マメガキ
さぶろーた　タカサブロウ
さぶろーな　コウゾリナ
さぶろた　タカサブロウ
さぶろだ　タウコギ／タカサブロウ
ざぼてん　ザボン
さぼん　エゴノキ／キヌガワミカン
ざぼんぼ　ツクシ
さまぎ　エゴノキ／シマエゴノキ
さまつ　マツタケ
ざまめ　インゲンマメ
さみ　ゲットウ
さみしぇんくさ　ナズナ
さみせくさ　ナズナ
さみせんかずら　カニクサ
さみせんぐさ　カニクサ／ナズナ
さみせんずる　カニクサ
さみせんそー　ハコベ
さみん　ゲットウ
さむーじ　サトイモ
さむらい　タケニグサ
さむらいぐさ　タケニグサ
さめせんのばっこ　ナズナ
さめらかずら　サネカズラ
さもだこ　シメジ
さもだつ　シメジ
さもも　スモモ
さもんだし　シメジ
さやーらーぐさ　ツユクサ
さやえんど　エンドウ
さやかち　サイカチ
さやくい　エンドウ
さやくいまめ　インゲンマメ
さやくりまめ　インゲンマメ
さやはだ　ウダイカンバ
さやぶどー　エンドウ
ざやぶんど　エンドウ
さやまめ　インゲンマメ／エダマメ／エンドウ／ササゲ／ダイズ／フジマメ
さゆー　クネンボ
さゆり　ウバユリ／ササユリ
ざら　カラスザンショウ
さらかき　イバラ
さらかけ　ガマズミ
さらかち　イバラ
さらけばな　アズマギク
さらこ　アズマギク

さらこばな　アズマギク
さらしな　トリアシショウマ
さらっぷ　アセビ
さらな　トウゲブキ
さらばな　アズマギク
ざらばな　ヒナギク
さらばなこ　アズマギク
さらばんこ　アズマギク
さらび　サワラ
さらふーのき　イスノキ
さらべ　ノビエ
さらぽ　アセビ
さらむしる　オオタニワタリ
ざらめ　タラノキ
さらんこ　アズマギク
さらんこばな　アズマギク
さりこばな　ツメクサ
さる　イヌマキ／リョウブ
ざる　アカメガシワ
さるあけび　ミツバアケビ
さるあけぶ　ムベ
さるあずき　コマツナギ
さるいちご　エビガライチゴ／クロイチゴ／ナワシロイチゴ／ミツバッチグリ
さるいちじく　イヌビワ
さるいも　ジャガイモ
さるうめ　イヌマキ
さるえずご　モミジイチゴ
さるえび　ノブドウ
さるえんど　エンドウ
さるえんどー　エンドウ
さるおがせ　ヒカゲノカズラ
さるがい　ナナカマド
さるかき　サルトリイバラ／ナンテンカズラ
さるがき　イヌビワ／ガマズミ／マメガキ
さるかきいばら　サルトリイバラ／ジャケツイバラ／タラノキ
さるかきばら　サルトリイバラ
さるかきやぼ　ジャケツイバラ
さるかく　サルトリイバラ
さるかくさん　ナツフジ
さるかけ　サルトリイバラ／ジャケツイバラ
さるかけいげ　サルトリイバラ／ハリエンジュ
さるかけいざら　サルトリイバラ
さるかけいざろ　サルトリイバラ
さるかけいぞろ　サルトリイバラ
さるかけいばら　サルトリイバラ／ジャケツイバラ
さるかさ　ヤグルマソウ
さるかせ　サルオガセ
さるがたり　サルトリイバラ／ジャケツイバラ

さるきいも　ジャガイモ
さるきん　ジャガイモ
さるぐさ　シシガシラ
ざるぐさ　シシガシラ／ノアザミ／ヤマアザミ
さるぐるみ　ツノハシバミ
さるご　ゲンゲ
さるごー　ゲンゲ／ツメクサ
さるこかし　バクチノキ
さるこきいばら　サルトリイバラ
さるこばな　スミレ
さるこまめ　エンドウ
さるごめ　ヒメシャラ
さるころし　ドクウツギ
さるしべり　ハクウンボク
さるじょっこ　サルスベリ
さるすべり　アオダモ／アオハダ／エゴノキ／オガタマノキ／カゴノキ／コシアブラ／サルトリイバラ／スベリヒユ／トネリコ／ナツツバキ／ネジキ／ヒメシャラ／リョウブ
さるずみ　ガマズミ
さるた　サルスベリ／ナツツバキ／ヒメシャラ／リョウブ
さるだ　ナツツバキ
さるだすき　ヒカゲノカズラ
さるたのき　ナツツバキ／ヒメシャラ
さるだひこ　ウバユリ
さるだめし　リョウブ
さるたも　サルスベリ
さるたん　ヒメシャラ
さるっこやなぎ　ネコヤナギ
さるっぱー　アセビ
さるっぽ　アセビ／コシアブラ
さるっぽさかき　アセビ
さるつらまめ　エンドウ
さるて　ボタンヅル
さるで　ヒカゲノカズラ
さるでのき　シロモジ
さるとべー　サルスベリ
さるとべり　ヒメシャラ／リョウブ
さるとりいぎ　サルトリイバラ／ジャケツイバラ
さるとりいばら　サイカチ／サルトリイバラ／ジャケツイバラ
さるとりくい　ジャケツイバラ
さるとりぐい　カギカズラ／サルトリイバラ／ジャケツイバラ
さるとりばら　サルトリイバラ／ジャケツイバラ
さるなかし　マメガキ／ヤマガキ
さるなかせ　サルスベリ／マメガキ／ヤマガキ
さるなき　マメガキ
さるなし　サンザシ／ヤマボウシ
さるなめ　ナツツバキ／リョウブ

さるなめし　サルスベリ／ナナカマド／ネジキ／ヒメシャラ／ヤマボウシ／リョウブ
さるぬめり　ネジキ
さるのうんもの　サルオガセ
さるのえだ　マユミ
さるのからかさ　ヤブレガサ
さるのき　イヌマキ／コウヤマキ／ニワトコ／ヒメシャラ／マキ／ムクゲ／ラカンマキ
さるのきんたま　イヌマキ／ニシキギ／マタタビ
さるのきんだま　イヌマキ／ニシキギ
さるのくし　ノグルミ／ハンノキ
さるのくびまき　ヒカゲノカズラ
さるのけつまっかまか　ニワトコ
さるのこがたな　ナツフジ
さるのござ　ヒカゲノカズラ
さるのこしかけ　ガマズミ／ゼンマイ／ナツフジ／マンネンタケ
さるのさいばし　ネジキ
さるのじゅーばこ　ツリバナ／マユミ
さるのしょーが　アオネカズラ
さるのしり　イヌビワ
さるのしりすけなば　キクラゲ
さるのしりふき　ヒカゲノカズラ
さるのすっかけ　ガマズミ
さるのすっかし　ガマズミ
さるのぜに　マメヅタ
さるのたすき　サルオガセ／ヒカゲノカズラ
さるのたま　イヌマキ
さるのちんぽ　アオキ
さるのつづみ　アマドコロ
さるのはまい　ネナシカズラ
さるのふえのき　イスノキ
さるのふとん　ヒカゲノカズラ
さるのふんどし　ヒカゲノカズラ
さるのほーずき　イヌビワ
さるのほや　ヤドリギ
さるのみ　イヌマキ／ツノハシバミ
さるのめあかし　バクチノキ
さるのめん　ヤマボウシ
さるば　テツカエデ
さるぱ　リョウブ
さるぱき　リョウブ
さるばべ　サルトリイバラ
さるばら　サルトリイバラ
さるび　ムベ
さるひゅー　イスノキ
さるびゅー　イスノキ／ヤマモモ
さるひゅーのき　イスノキ
さるひょー　イスノキ
さるひょーのき　イスノキ

さるふー　オモト／コシアブラ
さるふーのき　イスノキ
さるふえ　イスノキ
さるぶえ　イスノキ
さるふえのき　イスノキ
さるふえゆず　イスノキ
さるふじ　ナツフジ／フジ
さるぶどー　サルナシ／ノブドウ
さるぶんど　ノブドウ
さるべ　イスノキ
さるぼ　アセビ／コシアブラ
さるぼ　コシアブラ
さるぼー　リョウブ
さるぼーまめ　エンドウ
さるぼこ　オオカメノキ
さるぼった　タウコギ
さるぼや　イスノキ
さるまい　マイタケ
さるまぐさ　カタバミ
さるまとり　ネジキ
さるまなぐ　ノブドウ
さるまめ　イヌマキ／エンドウ／サルトリイバラ／ソラ
　マメ／ナツハゼ
さるまめり　ネジキ
さるみかん　ニシキギ
さるむしるー　オオタニワタリ
さるめだま　ノブドウ
さるめなし　リョウブ
さるめのき　ネジキ
さるめのみ　イヌマキ
さるめらかし　ネジキ
さるもも　イヌビワ／イヌマキ
さるもものき　イヌマキ
さるやなぎ　ネコヤナギ／ヤマナラシ
ざれ　コムギ
さわいごー　モミジイチゴ
さわいちご　コウゾ
さわいばら　ヘビノボラズ
さわうつぎ　ドクウツギ
さわうるし　コクサギ／ノウルシ
さわかし　チドリノキ
さわかば　ハシドイ
さわかんば　タマアジサイ
さわぎきょー　ギボウシ／ハルリンドウ／ミズアオイ
さわぎり　イイギリ
さわくり　フサザクラ
さわぐり　アベマキ／アワブキ／クヌギ／チドリノキ／
　フサザクラ／ヤチダモ
さわくるみ　サワグルミ
さわぐるみ　サワグルミ
さわくわ　フサザクラ
さわぐわ　フサザクラ
さわこんなら　サワシバ
さわさわぐさ　メドハギ
ざわざわのき　シロダモ
さわしば　コアカソ／チドリノキ
さわしわ　フサザクラ
さわすぎ　ミズスギ
さわすべり　アオダモ
さわだつ　マユミ
さわちぐさ　ヒルガオ
さわっくるみ　サワグルミ
さわっくわ　フサザクラ
さわっぷさぎ　タマアジサイ
さわっぷし　ヤマハンノキ
さわっぷたぎ　サワフタギ／ヤマアジサイ
さわな　ギボウシ
さわなし　ズミ
さわなす　ハシリドコロ
さわなすび　ハシリドコロ
さわはぎ　キブシ／コアカソ
さわばら　メギ
さわばん　ハンノキ
さわはんのき　フサザクラ
さわびそ　コミネカエデ
さわびや　イヌビワ
さわびわ　イヌビワ
さわぶさ　ダケカンバ
さわふさき　チドリノキ
さわふさぎ　コアカソ／コクサギ／コゴメウツギ／サワ
　シバ／タマアジサイ／フサザクラ／マルバノキ
さわふた　タマアジサイ／ノリウツギ
さわぶた　ヤマアジサイ
さわぶた　キブシ
さわふたぎ　オオカメノキ／キブシ／クロウメモドキ／
　コアカソ／サワシバ／サワフタギ／タマアジサイ／テ
　ツカエデ／フサザクラ／フジキ
さわぶたげ　フサザクラ
さわふたげや　タマアジサイ
さわぶどー　エンレイソウ
さわぶな　サワシバ／ダケカンバ／チドリノキ／ヤマハ
　ンノキ
さわぼーし　タマアジサイ
さわぼーず　タマアジサイ
さわぼたん　タマアジサイ
さわみずき　オオバハダ
さわみそ　オオバアサガラ
さわやなぎちゃ　カワラケツメイ
さわら　アスナロ／クロベ／サワラ／トガサワラ／ネコ
　シデ／ネコシデ／ヒノキ

さわらぎ	サワラ
さわらとが	トガサワラ
さわらひば	サワラ
さわり	エンドウ
さわわたり	オオタニワタリ
さんえいも	ジャガイモ
さんかい	トチバニンジン
さんがい	ヒメヤシャブシ
さんかいそー	キランソウ
さんがいねぎ	ヤグラネギ
さんがいひともじ	ヤグラネギ
さんがえ	ヤマアジサイ
さんかく	カヤツリグサ／カンガレイ／サルトリイバラ／サンカクイ／シチトウ／タマガヤツリ／トウモロコシ／ヒシ
さんかくい	カヤツリグサ／シチトウ
さんかくいげどろ	サルトリイバラ
さんかくいね	カヤツリグサ
さんかくかつら	フウトウカズラ
さんかくくさ	カヤツリグサ／コゴメガヤツリ／ミゾソバ
さんかくぐさ	カヤツリグサ／タマガヤツリ／ミゾソバ
さんかくくだ	シチトウ
さんかくしげ	カヤツリグサ
さんかくすげ	カヤツリグサ／タマガヤツリ
さんかくたたみぐさ	シチトウ
さんかくば	ミゾソバ
さんかくばら	サルトリイバラ
さんかくび	シチトウ
さんかくひえ	カヤツリグサ／シコクビエ
さんかくひげ	タマガヤツリ
さんかくゆ	シチトウ
さんがつき	ワケギ
さんがつこ	クロナ
さんかっすげ	カヤツリグサ
さんかつそー	トロロアオイ
さんがつだいず	ソラマメ
さんがつな	タカナ／トウナ
さんがつねぎ	ワケギ
さんがつまめ	エンドウ／ソラマメ
さんがつむぎ	オオムギ
さんがつわけぎ	アサツキ
さんから	ツブラジイ
さんがらいちご	キイチゴ
さんからじー	ツブラジイ
さんがりいちご	モミジイチゴ
さんがりぐみ	ナワシログミ
さんきさんき	オカメザサ
さんきち	サルトリイバラ／シラキ
さんきちばら	サルトリイバラ
さんきちべ	サルトリイバラ
さんきな	サルトリイバラ
さんぎな	ゴンズイ
さんきばら	サルトリイバラ
さんきまめ	ソラマメ
さんきら	サルトリイバラ
さんきらい	サルトリイバラ
さんきらいばら	サルトリイバラ
さんきらかずら	サルトリイバラ
さんきらばら	サルトリイバラ
さんきらん	サルトリイバラ
ざんぎりかぶ	オキナグサ
ざんぎりこ	オキナグサ
ざんぎりばな	オキナグサ
さんきれ	サルトリイバラ
さんきれー	サルトリイバラ
さんきれがたり	サルトリイバラ
ざんぐりそー	オキナグサ
さんくるみ	サワグルミ
さんぐゎつまめ	ソラマメ
さんご	ナツハゼ
さんごいも	ジャガイモ
さんごく	ゴマ
さんごくだち	ゴマ
さんごしいも	ジャガイモ
さんごじいも	ジャガイモ
さんごじゅなすび	トマト
さんこたけ	ヒガンバナ
さんこばな	ゲンゲ
さんごばな	ツメクサ
さんごばら	サルトリイバラ
さんごみ	ナツグミ
さんころ	ジャノヒゲ
さんごろのき	キササゲ
さんさいそー	キランソウ
さんざのき	ハリギリ
さんざらし	サンザシ
ざんざりこ	オキナグサ
さんじ	アオハダ／ソヨゴ
さんじこしば	ソヨゴ
さんじしば	アオハダ／ソヨゴ
さんしち	アオダモ／クチナシ
さんしちぐさ	ヤクシソウ
さんしば	ソヨゴ／チドリノキ
さんじゃくきび	モロコシ
さんじゃくささげ	ジュウロクササゲ
さんじゃくふろ	ジュウロクササゲ
さんじゃくふろと	ジュウロクササゲ
さんじゃくまめ	ジュウロクササゲ
ざんしょ	イヌザンショウ
さんしょー	イヌザンショウ

さんしょーかずら　ツルウメモドキ／マツブサ
さんしょーぎく　マリゴールド／マリゴールド
さんしょーぐさ　コミカンソウ／ミゾカクシ
さんしょーだけ　ホウビチク
さんしょーだら　カラスザンショウ
さんしょーまめ　ダイズ
さんしょーまゆみ　ニシキギ
さんしょのき　イヌザンショウ
さんず　アンズ／ソラマメ／ダイダイ
さんすけなし　ナシ
さんせんかずら　カニクサ
さんぜんそー　キハダ
さんぞがき　イチジク
さんだいがさ　ツルボ
さんだいそー　タウコギ
さんだいも　ジャガイモ
さんだえも　ジャガイモ
さんたねそ　ガマズミ
さんたぶ　イヌビワ／タブノキ
さんだめし　アカメガシワ／リョウブ
さんたら　コシアブラ／タカノツメ
さんたらむし　リョウブ
さんたろー　スモモ
さんだんねぎ　ヤグラネギ
さんだんねぶか　ヤグラネギ
さんちく　ホテイチク
さんちな　サルトリイバラ
さんちゅいも　ジャガイモ
さんちゅーいも　ジャガイモ
さんちん　カギカズラ
さんちんのき　クサギ
さんといも　キクイモ
さんどいも　キクイモ／ジャガイモ
さんとぅしぱな　オシロイバナ
さんどえも　ジャガイモ
さんどー　ソラマメ
さんどーまめ　インゲンマメ
さんとく　サトウモロコシ／ジャガイモ／トウモロコシ
さんとくいも　ジャガイモ
さんとくきび　サトウモロコシ
さんどこまめ　エビヅル
さんどささぎ　インゲンマメ
さんどささげ　インゲンマメ
さんどなり　インゲンマメ／エンドウ
さんどまめ　アカエンドウ／インゲンマメ／ウズラマメ／エンドウ／ソラマメ
さんとりぐい　サルトリイバラ
さんなし　ズミ
さんなめ　アカシデ／イヌシデ／ネジキ／リョウブ
さんなめし　サワフタギ／ネジキ／ヤマボウシ／リョウブ

ざんなめのき　サルスベリ
さんなめら　リョウブ
さんならめ　バクチノキ
さんにん　ゲットウ
さんぬきまめ　ソラマメ
さんねん　アオノクマタケラン／ゲットウ
さんねんうずき　サルトリイバラ／ハリギリ
さんねんかずら　カギカズラ
さんねんちしゃ　フダンソウ
さんねんな　フダンソウ
さんねんねむり　コミカンソウ
さんのこしかけ　サルスベリ
さんのすっかけ　ガマズミ
さんのたすき　ヒカゲノカズラ
さんのひえ　イスノキ
さんのみ　サルスベリ
さんのめし　ヒメシャラ
さんのもてー　ヒモラン
さんばい　ホオノキ
さんばいしば　ホオノキ
さんばいまき　イヌマキ
さんばそーまめ　インゲンマメ
さんぱつ　オナモミ／マリゴールド
さんびき　クチナシ
さんぴた　ノリウツギ
さんひち　クチナシ／サンシチソウ／タウコギ／ノゲシ
ざんぶ　ザボン
さんぽ　ザボン
ざんぼ　ザボン
さんぽー　ザボン
ざんぽー　ザボン
ざんぽーぎ　コシアブラ
さんぽこ　サンポウカン
さんぽて　サボテン
さんぽら　サボテン
さんまいささ　オカメザサ
さんまいざさ　オカメザサ
さんまいばな　ヒガンバナ
さんまたひえ　シコクビエ
さんもんだし　シメジ
さんらんのき　シャクナゲ
さんり　ソヨゴ

【し】

し　スダジイ
じあおい　オオバキスミレ
しあじ　イタドリ
しい　イヌマキ／ギシギシ／ヒシ
しー　ギシギシ／シリブカガシ／スイバ／デンジソウ／

ドングリ
じぃーねん　エゴマ
しーか　サトウモロコシ／スイカ
じーがかつかうばがかつか　スミレ
しーかし　シラカシ／スダジイ／ナナメノキ
しーがし　イチイガシ／ウラジロガシ／スダジイ／ツブラジイ
じーかずら　テイカカズラ
しーかたき　ツブラジイ
しーかたぎ　ウラジロガシ／シラカシ
じーがたま　ジャノヒゲ
じーがだま　ジャノヒゲ
じーがだまのき　ジャノヒゲ
じーがたらいも　ジャガイモ
じーかち　スミレ
じーがち　スミレ
じーがひげ　オキナグサ／ジャノヒゲ
しーかんぽ　イタドリ／スイバ
しーかんぽ　スイバ
しいかんぽー　イタドリ
しーき　ツブラジイ
しーぎ　スダジイ
じーぎ　ツブラジイ
じーきいも　サトイモ
じーきしば　キブシ／ヌルデ
じーきも　サツマイモ
じいくさ　キランソウ
しーくゎ　スイカ
じーくゎそー　ワレモコウ
じーげひげ　ジャノヒゲ
しーこ　ナツハゼ
しーご　スノキ
じーご　ジャノヒゲ／スズタケ
しーごー　スノキ
じーこーべー　シュンラン
じーこべー　シュンラン
じーさばーさ　シュンラン
じーさんいも　サツマイモ
じーさんのしおき　ヒルムシロ
じいさんばぁさん　シュンラン
じーさんばーさん　シュンラン
しーじ　ツブラジイ
しーしー　カタバミ／ギシギシ／スイバ
じーじー　ギシギシ
しーしーこ　スイバ
しーしーと　スイバ
しーしーとー　ギシギシ
しーしーどー　スイバ
しいしいば　イタドリ／カタバミ
しーしーば　スイバ

じいじいばな　スミレ
しーしーばば　スイバ
じいじいばんばー　スミレ
しーしちゃび　オオイタビ
しーしば　スイバ
じーしば　ガクアジサイ
しーじゃー　シイ
しーじゃーだむん　シイ
しーしんとー　カタバミ／ギシギシ
しーしんどー　スイバ
しーじんばな　ヒガンバナ
じいじんばな　ヤブカンゾウ
しーせん　スイセン
しーだいも　ジャガイモ
じーだま　ジュズダマ
しーたまくさ　ジャノヒゲ
じーだまぐさ　ジャノヒゲ
しーだめ　ドングリ
しーだら　ハリギリ
しーだんじ　スイバ
しーだんぽ　ドングリ
じーだんぽ　ドングリ
じいちご　クサイチゴ／ナワシロイチゴ
じーちゃーばば　オキナグサ
しーちゃび　オオイタビ
しーつーがき　マメガキ
しーと　スイバ
しーとー　ギシギシ／スイバ
しーとぎ　ホルトノキ
じーとこげ　シュンラン
じーとごけ　シュンラン
じーとこばーとこ　シュンラン
じーとばー　シュンラン／スミレ／マユミ
じーとばば　シュンラン／ヤブラン
じーとんばーとん　オキナグサ
しーな　シソ／スイバ
じーなかせ　ザイフリボク
しーなぐさ　スギナ
じーなめ　ジャノヒゲ
しーならがき　マメガキ
しーなんぽ　ドングリ
しーに　シイ
じぃになればぁになれ　カモノハシ
じーね　エゴマ
じーねご　エンバク／カラスムギ
しいのき　イタドリ
しーのき　クマシデ／スダジイ
しいのぎ　トチカガミ
じーのき　ガクアジサイ／ホルトノキ
じーのきしば　キブシ／ヌルデ

じーのきんたま	ジャノヒゲ
じーのたま	ジャノヒゲ
しーのと	スイバ
しーのとー	ギシギシ
じーのひげ	ジャノヒゲ
しーのみ	ノブドウ
じーのみ	ジャノヒゲ
じーのめ	ジャノヒゲ
じーのめんたま	ジャノヒゲ
しーば	スイバ
じいば	シュンラン
じーば	シュンラン
じーばー	シュンラン/スミレ
じーばい	シュンラン
じーばぐさ	シュンラン
じーばち	シュンラン
しーばな	ハコネウツギ
じーばなかずら	センニンソウ
じいばば	シュンラン
じーばば	シュンラン/スミレ/ツクシ/ツユクサ
じーばばぁ	シュンラン
じーばばー	シュンラン
しーばんぐさ	オオバコ
しーばんどー	スイバ
しーぴーぴー	ハコベ
しーびび	カラスノエンドウ/タンポポ/ワケギ
しーびびー	スズメノテッポウ
じーふぁーぎ	リュウキュウマユミ
じーぶた	ショウベンノキ
しーふな	ツバナ
しーぶな	アズキナシ
しーべんこっこ	ツルソバ
しーべんこっこー	ツルソバ
しーぽーざー	ツルソバ
じーまーみ	ラッカセイ
じーまみ	ラッカセイ
じーまめ	ラッカセイ
しーみ	カタバミ
しーめ	スモモ
じーめ	アキグミ/ニワトコ
しーめん	スモモ
じいも	サトイモ/ツクネイモ/ナガイモ
じーやんばーやん	スミレ
しいらぎ	ヒイラギ
しーらんぽ	ドングリ
しーらんぽ	ドングリ
しーらんぽー	ドングリ
しいれ	キツネノカミソリ
しーれ	ヒガンバナ
しーれー	ヒガンバナ
しいれくさ	キツネノカミソリ/ヒガンバナ
しーれのはな	ヒガンバナ
しいればな	ヒガンバナ
しーんき	ツブラジイ
しうふるてんす	マツバギク
しうり	ウワミズザクラ/トウガン
じうり	マクワウリ
しうんえー	ゲンゲ
しぇあんばな	アキノキリンソウ
しぇーご	ソヨゴ
しえがじ	サイカチ
しえたけ	シイタケ
しえな	スギナ
しぇよむぎ	フクド
しぇりこ	セリ
しぇんぶり	センブリ
しぇんぼんだけ	シメジ
じぇんみゃー	ゼンマイ
しお	ハナズオウ/ハリギリ
しおいっこ	キイチゴ/フユイチゴ/モミジイチゴ
しおかい	テイカカズラ
しおかぜそー	クサタチバナ
しおがまかや	カルカヤ
しおがまがや	エンバク
しおがまぎく	ノコギリソウ
しおがまざくら	サクラ（ヤエザクラ）
しおがまぞー	シオガマギク
しおから	ヌルデ
しおからかせぎ	ヌルデ
しおからのき	ゴンズイ/ヌルデ
しおぎな	ミツバウツギ
しおぎり	イイギリ/キササゲ/タマミズキ
しおぐさ	カタバミ
しおぐみ	アキグミ/ナツグミ
しおこけじょ	テイカカズラ
しおごみ	ガマズミ
しおじ	アオダモ/カラスザンショウ/サワグルミ/シオジ/ハリギリ/マユミ/ヤチダモ
しおず	ホウロクイチゴ
しおずい	ホウロクイチゴ
しおずいちご	ホウロクイチゴ
しおずー	アサガラ
しおずつみ	シナノキ
しおずみ	アキグミ/ガマズミ
しおずる	ホウロクイチゴ
しおせ	ハリギリ
しおぜ	ハリギリ
しおだま	ヤブニッケイ
しおだら	ハリギリ
しおち	ヤチダモ

しおで　アスパラガス／カラスザンショウ／シオジ	しかんぽ　カタバミ
しおていつご　ホウロクイチゴ	じぎ　サトイモ
しおどめ　カタバミ	じきー　サツマイモ
しおなめ　ヌルデ	じきいも　サツマイモ
しおねじ　マンサク	じぎいも　サトイモ
しおのき　ヌルデ	しぎく　ボチョウジ
しおのみのき　ヌルデ	しぎくさ　ツユクサ
しおはぎ　オグルマ	しぎざくら　コブシ
しおばな　フデリンドウ／リンドウ	じきじきぼーず　ツクシ
しおふき　テイカカズラ	じきしぼーず　ツクシ
しおふきかずら　テイカカズラ	しぎな　スギナ
しおふくれ　カキドオシ	じきなのこ　ツクシ
しおめ　スモモ	しきば　アスナロ／シキミ
しか　ウド	しきび　アセビ／ヒガンバナ／ミヤマシキミ
しが　ウド	しぎび　ミヤマシキミ
じが　ジャガイモ	しきびしば　シキミ
じがいも　ジャガイモ	しきびのき　シキミ
しかかくし　シシウド	しきぶ　シキミ
しかがくれ　ウド	しきみ　ホウセンカ／ミヤマシキミ
しかかくれゆり　ウバユリ	しきゅさ　ホタルグサ
しかがくれゆり　ウバユリ	じぎゆも　サトイモ
しかき　サルトリイバラ	じきろーばな　ナツハゼ
じがき　キツネノチャブクロ	しきんす　フタリシズカ
じかきしば　タラヨウ	じく　イチジク／イヌビワ／ムクロジ
しかくぐさ　カヤツリグサ	じくーも　サツマイモ
しかくそば　ウツボグサ	じくぐりまめ　ラッカセイ
しかぐみ　ナツグミ	しくさ　オオハマグルマ
しかけこばな　スミレ	しぐさ　シュクシャ
しかけばな　スミレ	じくじく　ギシギシ
じかじ　コウゾ	じくじくー　サフランモドキ
しかしか　イタドリ／カタバミ／スイバ	じくじくし　ツクシ
しがつな　タカナ／トウナ	じくじくしょ　ツクシ
しがつまめ　ソラマメ	じくじくぼー　ツクシ
しがつみつば　ベニドウダン	じくじくぼーず　ツクシ
しかどり　イタドリ／スイバ	じくじくぽっぽ　ツクシ
しかな　シシウド／スイバ	じくじくぽぽ　ツクシ
しがね　コンブ	じくしぼーし　ツクシ
しかのたち　シシウド	しくしゃ　クマタケラン／ハナミョウガ
しかばな　ネジバナ／ヒメコバンソウ	じくしん　イヌビワ
しかぱり　エンドウ	じくじん　ウンシュウミカン
しがまめ　エンドウ	じくず　ジュズダマ
しかみぐさ　ニシキハギ	じくなし　タニウツギ
じがら　イワニガナ／ニガナ	じくなしばな　タニウツギ
じがらみ　イワニガナ／ヒカゲノカズラ	しぐのき　ヤマビワ
しがわり　エンドウ	じくのき　ムクロジ
しかん　スイバ	じくび　ツクシ
しかんこ　イタドリ／カタバミ／スイバ	じくべ　ツクシ
しかんしょ　スイバ	じぐべ　ツクシ
しかんぱ　イタドリ	じくぼ　ツクシ
しかんば　イタドリ	しぐま　オキナグサ

じくみ ヤブニッケイ	じごくのはな ヒガンバナ
じぐみ アカモノ	じごくばな ヒガンバナ
じくりん ウンシュウミカン	じごくばな キツネノカミソリ／ネムノキ／ヒガンバナ／ヒャクニチソウ／マリゴールド
しぐれ ガマズミ	
じぐれ フシグロセンノウ	じごくばら サルトリイバラ
しぐれくさ トキンソウ	じごくまめ ラッカセイ
しぐれのき アズキナシ／ウラジロノキ／ガマズミ	しこくむぎ ハトムギ
しくろまき ヤマノイモ	じごくもめら ヒガンバナ
じくゎ スイカ	じごくんね ダイオウ
じぐわ ヤマグワ	じごくんばら サルトリイバラ
しぐゎつまめ ソラマメ	しごこいも ジャガイモ
しげ リクトウ	しこさ ホタルグサ
じけいも サトイモ	じごしょー ジンチョウゲ
じけぎ サガリバナ	じごずまい センニンソウ
しけぐさ チカラシバ	じごっぱな アジサイ
しげくさ オヒシバ	しこのき キハダ／ショウベンノキ
じげた ハマヒサカキ	しこのへ キハダ
しげのき ハマビワ	しこのへい キハダ
しけば イタドリ	しこのへー キハダ
しけやんこ スイバ	じごばこ ツクシ
しけやんこへ スイバ	じごばな ネムノキ
しけれべに キハダ	じごばば ツクシ
しこ キハダ	じごべ ツクシ
しこあし ゲンノショウコ	しこへい ガガイモ
しこー キハダ	しこへー ガガイモ
じこーじこ ドクダミ	しごま コナラ
じごくあざみ オニアザミ	じごま ラッカセイ
じごくいばら サルトリイバラ	しごめ カタバミ
しこくいも ジャガイモ	じごめ カタバミ
じごくかんは アジサイ	しころ キハダ
じごくくさ スギナ／ドクダミ	しごろ ヨシ
じごくぐさ スギナ／ドクダミ／ハコベ	しころいも ジャガイモ
じごくさいかち ネムノキ	しころうり シロウリ
じごくさみ ドクダミ	しころべ キハダ
じごくそー ハコベ	しころぺ キハダ
じごくそば ドクダミ	しこん イヌムラサキ
じごくつつじ レンゲツツジ	しざ サトウキビ
じごくどーしん ジャガイモ	じさ アブラチャン／エゴノキ／オオシラビソ／シソ
じごくのかぎっつるし スギナ	しざー ギシギシ
じごくのかぎつるし スギナ	じざい クヌギ／ドングリ
じごくのかねひも スギナ	じざいがき マメガキ
じごくのかま スギナ	じざいがし クヌギ
じごくのかまのふた キランソウ	じざいのき クヌギ
じごくのじざいかき スギナ	じざいぼ ドングリ
じごくのじずぇかき スギナ	じさから エゴノキ
じごくのしでかぎ スギナ	じさき アブラチャン／エゴノキ
じごくのそこのかぎっつるし ツクシ	じざくらばな ユキワリソウ
じごくのつりがき スギナ	じさっから アブラチャン
じごくのね ギシギシ	じさっき エゴノキ
じごくのはな ヒガンバナ	しさのき エゴノキ

じさのき　アブラチャン／エゴノキ
じさばさ　シュンラン
しさび　シキミ
しさぽ　エゴノキ
しさむーじ　サトイモ
じさん　イノコズチ
しし　ヒメビシ
ししあつき　クララ
じじーのきんたま　ジャノヒゲ
しじーばばー　シュンラン
じじーばばー　アケビ／シュンラン／スミレ
ししいも　キクイモ
しじうば　ハスノハカズラ
じじえちご　クサイチゴ
ししがしら　ヒシ
ししかず　アセビ
じじかち　スミレ
ししがや　カモジグサ
じしがら　アブラチャン
ししがらし　ピーマン
ししき　シラキ
しじく　ボチョウジ
ししくいばし　ネジキ
ししくさ　アオガシ／タブノキ／バリバリノキ
ししくわず　アセビ／エンドウ
じじげ　ジャノヒゲ
じじこ　カワラハハコ／ハハコグサ
ししこしょー　ピーマン
じじこすぐれ　ツクシ
しじこばな　オキナグサ
じじこはれ　ツクシ
ししした　アオガシ
ししずい　オオカメノキ
ししぜんまい　ホシダ
ししだ　イイギリ
ししだま　ジュズダマ
ししだま　ハトムギ
ししだら　カラスザンショウ／ハリギリ
しじち　オヒシバ
じじっくゎー　ホオズキ
しじっちぐゎー　ホオズキ
ししとーがらし　ピーマン
じじとばば　オキナグサ
ししとんがらし　ピーマン
ししどんぐり　クヌギ
しし な　ウマゴヤシ
ししなんばん　ピーマン
ししのかさ　ヤブレガサ
じじのきんちゃく　ナズナ
じじのきんちゃくばばのきんちゃく　ナズナ

ししのたてがみ　シシガシラ
ししのねば　ヒカゲノカズラ
ししのはばき　ギボウシ／バイケイソウ
ししのふぐり　アツモリソウ
じじのふんべつ　ミゾカクシ
じしば　キブシ／チカラシバ／ヒメヤシャブシ
じじばー　シュンラン
ししばくい　エビネ
しじばとーがらし　ピーマン
しじばな　シュンラン
じじばな　シュンラン
しじばば　シュンラン
じじばば　オキナグサ／シュンラン／ツクシ／ヒヨドリバナ／マユミ／ラン
ししはらい　マンサク
ししはり　マンサク
しじばり　メヒシバ
じしばり　ウマゴヤシ／カキドオシ／カワヤナギ／コマツナギ／チドメグサ／ツユクサ／ノチドメ／ハマヒルガオ／ミゾカクシ／メヒシバ
ししはれー　マンサク
しじびーびー　カラスノエンドウ
ししぶえ　イスノキ
ししぶえのき　イスノキ
ししふきそー　ベンケイソウ
じじへげ　ジャノヒゲ
ししまいとーがらし　ピーマン
しじめ　ガマズミ／ヤブニッケイ
じしゃ　アブラチャン／エゴノキ／クロモジ／シロモジ／ダンコウバイ／チシャノキ／ハクウンボク／マンサク
ししゃかけ　ヒサカキ
ししゃがら　アブラチャン／エゴノキ／ダンコウバイ
じじゃから　エゴノキ
じしゃき　シロモジ
じしゃきんば　アブラチャン
じしゃぐら　シロモジ
じしゃぐれ　アブラチャン
ししゃげ　アカメガシワ
ししゃのき　シロモジ
じしゃのき　アブラチャン／エゴノキ／クロモジ／チシャノキ
じしゃばな　ダンコウバイ
ししゃらい　マンサク
しじゅーにち　サツマイモ
ししょ　シソ
ししょあぶら　エゴマ
ししょーかき　ヒサカキ
じじょぐさ　カモジグサ
ししょっぱ　シソ

しじりこばし　クラカケマメ
ししわらべ　オオカグマ
しじんこ　カラスムギ
じじんこ　カラスムギ／ジャノヒゲ／センリョウ／ヒガンバナ
じじんこはな　ヒガンバナ
ししんだま　ジュズダマ
ししんど　スイバ
ししんとー　ギシギシ
ししんどー　スイバ
ししんば　スイバ
ししんびき　スミレ
ししんぴき　スミレ
じじんびき　スミレ
ししんぷき　スミレ
じじんぶき　スミレ
しずかけ　コデマリ
しずく　ボチョウジ
しずくさ　ウワバミソウ
しずくち　ウワバミソウ
しずくな　ウワバミソウ
しずこばな　アセビ
しずこはれ　ツクシ
しずしずな　ウワバミソウ
しずのき　ジュズダマ
じずばな　ヒガンバナ
じすばり　イワニガナ
じすべり　スベリヒユ
しずめくさ　ハコベ
じすもも　スモモ
しずら　シダ
しずらそー　ワラビ
しせつそー　シオン
じせょーくさ　ツメクサ
しぜんにら　ヤマラッキョウ
じせんびき　スミレ
しそー　シソ
じぞーがし　ヤマボウシ
じぞーかしら　ヤマボウシ
じぞーつばな　オオアワガエリ
じぞーのまめ　ムラサキケマン
しそかぜいばら　サルトリイバラ
じそこまめ　ラッカセイ
しそっぱ　シソ
しだ　ウラジロ／シバ／スズメノヤリ／ワラビ
しだー　ギシギシ
じだい　ドングリ
じだいちご　クサイチゴ
しだいも　サトイモ
したかずら　マツブサ

じたかな　カラシナ
したかりばな　ヒガンバナ
しだき　イボタノキ／ネズミモチ
したきり　オヒシバ／スズメノヤリ
したきりぐさ　ヤエムグラ
したきりばな　ヒガンバナ
したくさ　ヒサカキ
しだくさ　シバ
じだくさ　イワニガナ
したくぼ　シリブカガシ
じだぐり　ドングリ
したけ　シイタケ
じだけ　チシマザサ
したこじき　ヒガンバナ
したこじけ　ヒガンバナ
しだじー　スダジイ
したしぼ　シダ
したそ　アサ
しただし　ヒガンバナ
しただしあねま　コマユミ／シュンラン
しただしおーかみ　シュンラン
しただしおかべ　サギゴケ／シュンラン
しただしねーちゃん　シュンラン
しただしぺろちゃん　シュンラン
しだっこ　ウラジロ
したどり　イタドリ
したなし　カマツカ／ヤマナシ
しだなし　ズミ
しだに　ドングリ
しだのき　アオダモ
したば　ウラジロ
したび　イチジク
しだび　ドングリ
しだふか　ハマモト
したまがり　ドクウツギ／ヒガンバナ
じだまめ　ラッカセイ
したまわり　ヒガンバナ
しだみ　ウグイスカグラ／クヌギ／ドングリ
しだみのき　ミズナラ
しだもどき　クサソテツ／トラノオシダ
しだよー　ムラサキシキブ
しだら　ヤブニッケイ
しだらぎ　ヤブニッケイ
じだらんぼ　ドングリ
したりぐさ　ハハコグサ
しだれけいと　ヒモケイトウ
したわれ　ウメモドキ／ツリバナ／ドクウツギ／トベラ／マサキ／マユミ
したわれしば　アセビ
したん　シャリンバイ

じだんぐり　クヌギ／ドングリ	じっちゃく　アブラチャン
したんば　シダ	じっちゃくしば　アブラチャン
しだんば　ウラジロ／シダ	じっちゃしば　エゴノキ
したんぽ　シダ	しっつぁ　サトウキビ
しだんぽ　ドングリ	じっつぁ　ソクズ
じだんぽ　ドングリ	しっつきぽー　ヌスビトハギ
じだんぽー　クヌギ／ドングリ	しっつりこんぶ　オオバコ
じだんぽーのき　クヌギ	しっつん　タイミンタチバナ
しちかいそー　クリンソウ	しっとー　シチトウ
しちかえそー　クリンソウ	しっとーくさ　カヤツリグサ
しちぎ　タイミンタチバナ	しっとぐさ　カヤツリグサ
しちけょんそー　クリンソウ	しっとろべー　イノコズチ
しちごさん　トウガラシ	しっぱずき　イガホオズキ
しちざくら　コブシ	じっぱっこ　ツクシ
しちとー　シチトウ／フトイ	しっぺ　ヤブニッケイ
しちとくさ　シチトウ	しっぽく　イタドリ
しちのき　タイミンタチバナ	しっぽん　イタドリ
しちばけ　アジサイ	しつんじょ　タイミンタチバナ
しちびばな　ミヤマシキミ	しで　アカシデ／イヌシデ／クマシデ／ザイフリボク／
しちまめ　ラッカセイ	サワシバ／シダ／ツノハシバミ／ヒガンバナ
しちめんちょー　アジサイ	しでおも　クマシデ
じちゃばちゃ　ツクシ	してくさ　オノマンネングサ
しちゃふぁが　ナガバアコウ	しでこ　イヌワラビ
しちゃまぎー　エゴノキ	しでざくら　ザイフリボク
じちょーそー　ノウルシ	しでのき　アカシデ／イヌシデ／シイ
しちりぎ　タイミンタチバナ	してんぼ　ツリガネニンジン
しちりんぎ　タイミンタチバナ	しどいも　ジャガイモ
しつがけ　コデマリ	じどーぐさ　アブノメ
しつぎ　タイミンタチバナ	じとーまき　ミズナラ
じっき　キブシ	じどーまき　ミズナラ
しっきー　サツマイモ	しとき　モミジガサ
じっきしんば　キブシ	しどき　モミジガサ
じっくび　ツクシ	しどきな　モミジガサ
じっくべ　ツクシ	しとぎのくちふき　マタタビ
じっくん　ヤブニッケイ	しとけ　モミジガサ
しっけえあこ　カタバミ	しとげ　モミジガサ
じつげつうつぎ　ハコネウツギ	しどけ　モミジガサ／ワラビ
しっこ　キハダ	しどけな　モミジガサ
しっこー　キハダ	しとこ　キブシ
じっことばば　ツクシ	しところばし　ノブドウ
しっこのき　キハダ／シイ	しとっぺ　オオバコ
しっこのへ　キハダ	しととまめ　インゲンマメ
じっこばっこ　シュンラン	しとどまめ　インゲンマメ
じっこばば　ツクシ	しとねご　オオバコ
じっこべ　スギナ／ツクシ	しどのき　シャシャンボ
しっこぼじ　シリブカガシ	じとば　シュンラン
しっざ　サトウキビ	じどばば　ツクシ
じったまのき　ジュズダマ	しとみ　ボケ
しっち　タイミンタチバナ	しどみ　ガマズミ／クサボケ／ボケ
じっちゃぎ　アブラチャン	しどめ　クサボケ／ボケ

しどめくさ　ハコベ
しともじ　アサツキ／ネギ
しどりげっちょ　サクラソウ
しとろもじ　ワケギ
しな　オオバボダイジュ／シソ／シナノキ
じな　クロナ／ヒケッキュウハクサイ
しないだも　ハルニレ
しないちご　オランダイチゴ
しないも　ジャガイモ／チョロギ
じないも　チョロギ
しなうり　ハヤトウリ／マクワウリ
しながき　イチジク／マメガキ
しなかわ　シナノキ
しながわ　オヒョウ／シナノキ
しながわのき　シナノキ
しなかわむき　シナノキ
しなき　シナノキ
しなぎり　オオバコ
しなぎり　アブラギリ
しなくさ　スギナ／ヒメムカシヨモギ
しなぐさ　スギナ／ヒメムカシヨモギ
しなぐゅみ　ナツグミ
しなごま　エゴマ／トウゴマ
じなし　イワナシ／クサボケ／ボケ
しなじき　アサダ
しなじん　シナノキ
しなすいせん　スイセン
しなずいせん　スイセン
しなずき　オヒョウ
しなぜり　オランダガラシ／タカナ
じなたまめ　ゴガツササゲ／タチナタマメ／ナタマメ
しなっかわのき　シナノキ
しなつき　オヒョウ
しなっき　シナノキ
しなてかつら　シオデ
しなのいも　ジャガイモ
しなのお　イチビ
しなのがき　シナノキ／マメガキ
しなのかわのき　シナノキ
しなのかわむき　シナノキ
しなのき　アオギリ／オオバボダイジュ／ヤマナシ
しなのまめ　インゲンマメ
しなは　ギシギシ
しなばいたや　イタヤカエデ
しなはくさい　トウナ
しなひこ　ギシギシ
しなぴこ　ギシギシ
しなひだも　ハルニレ
しなぶき　アレチノギク／ヒメムカシヨモギ
しなまめ　ラッカセイ

しならがき　マメガキ
しなりやなぎ　シダレヤナギ
しなれんげ　ムラサキカタバミ
しなわ　シナノキ
しんがき　マメガキ
しなんぼ　ドングリ
しにとばな　ヒガンバナ
しにぶどー　アオツヅラフジ
しぬぎ　ヒノキ
じぬきしば　キブシ
じぬぎしば　キブシ
しぬり　モズク
じね　カモジグサ／カラスムギ
じねー　カラスムギ
じねーご　カラスムギ
じねぎ　ワケギ
じねご　カラスムギ
しねび　スベリヒユ
しねりくさ　ハハコグサ
じねんこ　カラスムギ
じねんこ　カラスムギ
じねんこ　カモジグサ／カラスムギ／トウモロコシ
じねんごー　カラスムギ／ツクシ
じねんごぐさ　カモジグサ／カラスムギ
じねんごむぎ　カラスムギ
じねんじ　ヤマノイモ
じねんじー　ヤマノイモ
じねんじいも　ヤマノイモ
じねんじょ　カラスムギ／ヤマノイモ
じねんじょいも　ヤマノイモ
じねんじょー　ツクネイモ／ナガイモ／ヤマノイモ
じねんよーば　ニガカシュウ
しの　ギシギシ／クマザサ／シナノキ／ススキ／チシマザサ
しのからみ　カニクサ
しのき　コシアブラ／スダジイ
しのぎ　アスナロ／サワラ／ヒノキ
じのき　キブシ
じのきしば　キブシ
じのぎしば　キブシ
しのぎひば　アスナロ
しのくさ　ノコギリソウ
しのけ　ホンモンジスゲ
じのしたまめ　ラッカセイ
じのそこまめ　ラッカセイ
しのっぽろ　ヨシ
しのと　ギシギシ
しのね　ギシギシ／チガヤ
しのは　ギシギシ／シソ／スイバ／フダンソウ
しのば　ギシギシ

しのはぐさ　ギシギシ
しのはだいおー　ギシギシ
しのはちげんた　ヤマソテツ
しのばなかずら　スイカズラ
しのび　ギシギシ／ノダイオウ
しのびぐるま　イワニガナ／サワオグルマ
じのひげ　ジャノヒゲ
しのびこ　スイバ
しのびだけ　ヤダケ
しのぶ　イシカグマ／タチシノブ／ホラシノブ
しのぶざくら　ウワミズザクラ
しのぶな　コマツナ
しのぶもどけ　ホラシノブ
しのべ　ギシギシ／スイバ／スベリヒユ／メダケ
じのへげ　ジャノヒゲ
しのへこ　スイバ
しのぺこ　スイバ
しのまきかつら　カニクサ
しのまぶた　カワラケツメイ
しのみ　ガマズミ
じのみ　ジャノヒゲ
しのめだけ　スズタケ
しのもつれ　カニクサ
しのんび　ダイオウ
しば　ウバメガシ／ガクアジサイ／カヤ／ギョウギシバ／コナラ／サカキ／サルトリイバラ／シイ／シキミ／スズメノテッポウ／スダジイ／タブノキ／チガヤ／チドリノキ／ハマヒサカキ／ヒサカキ／ミズナラ／メヒシバ
しばーま　フキ
じはいいちご　フユイチゴ
じばいうり　シロウリ
じばいまつ　ヒカゲノカズラ
しばいも　スズメノヤリ
しばいわ　コウヤノマンネングサ
しばうりっぱ　ミズギボウシ
しばえんじ　ニガキ
しばかき　ヒサカキ
しばかし　アラカシ
しはぎ　アカメガシワ
しばぎ　ツバキ／ヤブニッケイ
しばぎ　ハマビワ
しばぎく　マツムシソウ／マムシグサ
しばくさ　シバ／スズメノヤリ
しばくり　ツノハシバミ／ハシバミ／ホドイモ
しばぐり　ツノハシバミ／ホドイモ
しばくるみ　ツノハシバミ
しばぐるみ　ツノハシバミ
しばくれ　シバ
しばくろぎ　ハマセンダン

しばざくら　アカシデ／タムシバ
しはすやまもも　タイミンタチバナ
しばだけ　メダケ
しばたのき　ハマビワ
しばっくり　ツノハシバミ
しばつけのは　サルトリイバラ
しばっこぶし　タムシバ
しばとりぐみ　ウグイスカグラ
しばとりごみ　ウグイスカグラ
しばにっけー　タムシバ
しばねぎ　ヤグラネギ
しばのき　アスナロ／ウラジロノキ／チドリノキ／ハマビワ／ヒサカキ／ヒノキ
しばのは　サルトリイバラ
じばば　ツクシ
しばはな　アジサイ／ガクアジサイ／チガヤ
しばな　チガヤ／ヒサカキ
しばはり　アミタケ／ハツタケ
しばふり　ヤマナラシ
しばまんちゃく　マンサク
しばめ　チガヤ
しばめのくさ　チガヤ
しばもちぐさ　ツユクサ
しばもちそー　ツユクサ
しばゆり　コオニユリ
じはんのき　ヤマハンノキ
しび　イチイ／イヌガヤ／ツバナ
しびー　キヅタ
じびーぐさ　ゲンノショウコ
しびーびー　クサフジ／スズメノテッポウ
しびがら　ツルソバ
しびき　ヒサカキ
じひき　ススキ／トキワススキ
しびぐさ　ギシギシ
しびぐすり　ヤドリギ
しびさ　ネギ
しびたい　イヌビワ
しびっとばな　ヒガンバナ／ホトトギス
しびとくさ　ドクダミ／マツカゼソウ
しびとぐさ　ドクダミ／ヒガンバナ／マツカゼソウ
しびとぐみ　アキグミ
しびとっぱな　ヒガンバナ
しびとのまくら　ウツボグサ
しびとばさみ　ウツギ
しびとばな　ウツギ
しびとばな　ウツボグサ／ドクダミ／ヒガンバナ
しびとばら　カラスザンショウ／タラノキ／ハリギリ
しびとりぐさ　ドクダミ
しびな　ツバナ／ツルボ／ヒガンバナ
しびのき　イヌガヤ

じひのき　サワラ
しびび　カスマグサ／カラスノエンドウ
しびびー　クサフジ／ハコベ
しびびーやー　カラスノエンドウ
じびゃくぐさ　ゲンノショウコ
しびょーくさ　ゲンノショウコ
じびょーぐさ　ウツボグサ／オオバコ／ゲンノショウコ
しびょーそー　ゲンノショウコ
じびょーそー　ゲンノショウコ
しびら　ネギ／ヒガンバナ
しひらぎ　ヒイラギ
しびり　ヒガンバナ
しびる　ネギ
しびれ　ヒガンバナ
しびれぐさ　ヒガンバナ
しびればな　ヒガンバナ
しびんこ　スイバ
しぶ　ツバナ／ヒサカキ／マメガキ
しふぁしけぁこ　カタバミ
しぶい　トウガン
しぶがき　マメガキ／ヤマガキ
しぶき　ハナヒリノキ／ヤマモモ
しぶぎ　ヒサカキ
しぶきょいたや　メグスリノキ
しぶくさ　オランダガラシ／ギシギシ／スイバ／ヒデリコ
じぶくさ　ギシギシ
しぶくさのとー　ツクシ
じぶくりまめ　ラッカセイ
しぶさい　オランダガラシ
しぶっかき　マメガキ
しぶつかみ　センダングサ
しぶで　アズキナシ
しぶとぎ　オオカメノキ／ムラサキシキブ
しぶとくさ　ドクダミ
しぶとぐさ　ドクダミ／ヒガンバナ
しぶとっぱな　ヒガンバナ
しぶとばな　ヒガンバナ
しぶとまり　カキ（アマガキ）
しふな　ツバナ
しぶなら　コナラ
しぶね　ガマズミ
じぶね　エゴマ
しぶら　ヒガンバナ
しぶらい　ヒガンバナ
しふり　トウガン
しぶり　ササゲ／トウガン
じぶり　ササゲ
しぶりごみ　ガマズミ
しぶりん　トウガン
しぶりんご　ワリンゴ

しぶる　トウガン／ヒガンバナ
しぶるん　トウガン
しぶれ　ガマズミ／ヒガンバナ
しぶれごみ　ガマズミ
しぶれのき　ヤブデマリ
しぶれん　ガマズミ
しぶろ　ササゲ
じぶろ　ササゲ
しぶんぎ　ヒサカキ
じべ　テイカカズラ／モモ
しべいも　ジャガイモ
しべえも　ジャガイモ
しべらび　スベリヒユ
じへんぐさ　ダンドボロギク
しべんすまい　キツネノボタン
しべんずまい　キツネノボタン
しべんずまいくさ　キツネノボタン
しべんずまいぐさ　キツネノボタン
じほぐりまめ　ラッカセイ
しほこ　カラスムギ
しぼしぼ　イチイ
しまいも　サツマイモ
じまいも　サトイモ
しまうり　シロウリ／キンマクワ／ギンマクワ／マクワウリ
しまおばこ　ギボウシ
しまおもと　ハマオモト
しまがき　マメガキ
しまがや　ススキ
しまぎく　シュウメイギク
しまぐす　タブノキ
しまぐみ　スグリ
しまぐり　クリ（シバグリ）
しまくろ　ハマセンダン
しまくろき　クロバイ
しまくろぎ　クロバイ／ハマセンダン
しまざさ　クサヨシ（シマガヤ）／クマザサ
しまじー　マテバシイ
しましで　アカシデ／イヌシデ
しまずさんうり　ハヤトウリ
しますすき　カルカヤ
しまだけ　マダケ
しまだら　ハリギリ
じまつ　アカマツ
しまつわり　ヒガンバナ
しまにんじん　トチバニンジン／ニンジン／フシグロ
しまば　ウラジロ
しまばそー　リュウキュウバショウ
しまばらにんじん　トチバニンジン／ニンジン／フシグロ
じまみ　ラッカセイ

745

方言名索引 ● しまめ

じまめ　ダイズ／ラッカセイ	しもやけ　アミガサタケ
しまやなぎ　タムシバ	しや　ナツツバキ
じみ　イグサ／ガクウツギ／ガマズミ／キブシ	しゃ　ナツツバキ
じみかん　イワナシ／キシュウミカン	じゃ　カタバミ
じみのき　オオムラサキシキブ／キブシ／ハクサンボク／ムラサキシキブ	じゃーがひげ　ジャノヒゲ
	しゃーく　アサダ
じむぐり　キツネノチャブクロ／ハマヒルガオ	じゃーこ　ダイコン
じむぐりまめ　ラッカセイ	じゃーこん　ダイコン
じむしくさ　ウシハコベ／ハコベ	しゃーじ　イタドリ
しむとぅ　ネギ	しゃーしんご　イタドリ
しむり　ガマズミ	しゃーじんご　イタドリ
しむれ　ガマズミ	しゃーず　イタドリ
じめ　ガマズミ	じゃーず　ダイズ
しめかずら　ツルソバ	じゃーずまめ　ダイズ
しめがら　ツルソバ	しゃーせんこ　イタドリ
しめじ　ハツタケ	しゃーせんご　イタドリ
しめじな　タイサイ	しゃーせんごー　イタドリ
しめっぱり　クロウメモドキ	じゃーたらいも　ジャガイモ
しめばり　ハンノキ	じゃーち　ダイズ
しもうつぎ　ハコネウツギ	しゃーにん　アオノクマタケラン／クマタケラン
しもがき　マメガキ	しゃーぬき　マルバチシャノキ
しもかずき　イソギク／クリタケ	しゃーまふり　オキナグサ
しもかずら　ヤイトバナ	しゃーまん　シマエゴノキ
しもかつぎ　イソギク	しゃーりんご　イタドリ
しもかぶり　アワ	しゃいかち　サイカチ
しもくさ　カルカヤ／ノボロギク	しゃいじ　イタドリ
しもぐみ　アキグミ	しゃいじんご　イタドリ
じもぐり　ラッカセイ	しゃいなっぽ　イタドリ
じもぐりまめ　ラッカセイ	じゃいも　ジャガイモ
しもごみ　アキグミ	しゃえーし　イタドリ
しもしらず　コマツナ／ノボロギク	しゃえーじ　イタドリ
しもぞー　ガマズミ	しゃえん　クマタケラン
しもだいず　アオガリダイズ	しゃえんのは　クマタケラン
じもち　ツチトリモチ	じゃが　ジャガイモ
しもつ　ハコネウツギ	じゃがいも　サツマイモ／サトイモ
しもてずみ　ガマズミ	じゃがえも　ジャガイモ
しもと　トクサ／ハコネウツギ	しゃかき　サカキ／ヒサカキ
しもとじ　アサツキ	しゃかけ　サカキ
しもな　タイサイ	しゃがじ　サイカチ
しもふけ　キジョラン	じゃがじ　ジャガイモ
しもふけかずら　ガガイモ／キジョラン	じゃがたいも　ジャガイモ
しもふらし　ガマズミ	じゃがだいも　ジャガイモ
しもふり　ガマズミ／カルカヤ	じゃがたら　ウンシュウミカン／ザボン／ジャガイモ／ブンタン
しもふりかずら　ガガイモ	
しもふりかや　カルカヤ	じゃがたらいも　ジャガイモ
しもふりくさ　ウメバチソウ	じゃがたらえも　ジャガイモ
しもふりぐみ　ガマズミ	じゃがたらみかん　ザボン
しもふりまつ　ゴヨウマツ／ハイマツ	じゃがたれ　ジャガイモ
しもみそ　ウメバチソウ	じゃがたれいも　ジャガイモ
じもも　モモ	じゃがたろ　ザボン／ジャガイモ

じゃがたろいも　ジャガイモ
じゃがたろえも　ジャガイモ
じゃがたろー　ジャガイモ／ブンタン
じゃがたろーいも　ジャガイモ
じゃがたろみかん　ナツミカン
しゃかち　サイカチ
しゃがち　サイカチ
しゃかつ　サイカチ
しゃかな　コマツナ／トウナ／マナ
しゃかばな　オオカメノキ／ゲンゲ／ツメクサ
しゃがばな　シャガ
じゃがひげ　ジャノヒゲ／ヤブラン
じゃがひげそー　ジャノヒゲ
しゃがら　アブラチャン
じゃから　エゴノキ
じゃがら　コウジ／ジャガイモ
じゃからいも　ジャガイモ
じゃがらいも　ジャガイモ
しやかわむぎ　シナノキ
じゃきしば　タラヨウ
しゃきしゃき　ヒガンバナ
じゃきち　カラタチ
じゃきつ　カラタチ
じゃきっぽ　カラタチ
じゃぎな　ゴンズイ
しゃく　スイトウ／ユウガオ
しゃくいも　サトイモ
しゃくおしのき　ニワトコ
しゃくぎ　イチイ
じゃくさ　ドクダミ
じゃぐさ　ウワバミソウ／ドクダミ
しゃくしかぶ　タイサイ
しゃくしき　ハクウンボク
しゃくしぎ　アオハダ／エゴノキ／コバンモチ／タカノ
　ツメ／ハクウンボク／ホルトノキ／ヤマモガシ
しゃくしご　ハクウンボク
しゃくしごな　タイサイ
じゃくじつ　オケラ
しゃくしな　ツリガネニンジン
しゃくしまな　タイサイ
しゃくしゃ　ツリガネニンジン
しゃぐしゃ　ツリガネニンジン
しゃぐじゃ　ツリガネニンジン
しゃくじょーまめ　インゲンマメ／ハッショウマメ
しゃくじょーゆり　オニユリ
しゃくじょまめ　ゴガツササゲ
しゃくすぎ　ハクウンボク
しゃくせ　センダングサ
しゃくで　テツカエデ

しゃくな　ウワバミソウ／タイサイ／フダンソウ
しゃくなん　シャクナゲ／ツクシシャクナゲ
しゃくなんしょ　ハマビワ
しゃくなんしょー　シャクナゲ／ハマビワ
しゃくなんぞー　シャクナゲ／ツクシシャクナゲ
しゃくのき　イチイ
しゃぐま　オキナグサ／ジャノヒゲ／チョウセンゴヨ
　ウ／ネズミサシ／マツバイ
しゃぐまぐさ　オキナグサ
しゃぐまさいこ　オキナグサ
しゃぐみ　ウグイスカグラ／ナツグミ
しゃけ　ヒガンバナ
じゃけいも　ジャガイモ
じゃけち　カラタチ
じゃけつ　カラタチ
じゃけつぐい　カラタチ
しゃこ　ユウガオ
じゃこ　ダイコン
じゃやこーぎ　ハマクサギ
じゃこーそー　カキドオシ
しゃこくさ　ネコハギ
じゃこくさ　ドクダミ
じゃこぐさ　ドクダミ
じゃこじゃこ　ナズナ
じゃごじゃご　ナズナ
しゃこすぎ　ヤマボクチ
じゃこすぎ　ヤマゴボウ
しゃこばな　カタバミ
しゃごひげ　ジャノヒゲ
しゃごま　ヒガンバナ
じゃこまめ　フジマメ
しゃごみ　トウグミ／ナツグミ
じゃころし　ドクダミ
じゃごろし　ドクダミ
じゃこん　ダイコン
しゃこんたー　イタドリ
しゃじ　イタドリ
じゃじ　ダイズ
しゃじいな　イタドリ
しゃじごご　イタドリ
しゃしっぽ　イタドリ
しゃじっぽ　イタドリ
しゃじっぽ　イタドリ
しゃしっぽー　イタドリ
しゃじっぽー　イタドリ
しゃじっぽー　イタドリ
しゃじな　イタドリ
しゃじなご　イタドリ
しゃじなっこー　イタドリ
しゃじなっぽー　イタドリ

しゃじのとー イタドリ	じゃっけつき カラタチ
しゃじぽ イタドリ	じゃっちゃ ダイズ
しゃじぽー イタドリ	じゃっぱ ツクシ
しゃじぽん イタドリ	じゃっぱっぱ ツクシ
しゃじま ネズミサシ	しゃっぱん イタドリ
しゃしゃ サカキ／ヒサカキ	しゃっぷばな ヒャクニチソウ
しゃじゃ ツリガネニンジン	しゃっぽぎく ヒャクニチソウ
しゃしゃお シャシャンボ	しゃっぽばな ウラシマソウ／トリカブト／ヒャクニチソウ
しゃしゃか タマミズキ	
しゃしゃき サカキ／シキミ／ヒサカキ	しゃっぽらいも ジャガイモ
しゃしゃぎ ヒサカキ	しゃっぽろえも ジャガイモ
じゃじゃぎ ヤブニッケイ	しゃっぽん イタドリ
しゃしゃきしば ヒサカキ	しゃっぽんぎく ヒャクニチソウ
しゃじゃしゃ ツリガネニンジン	しゃっぽんくさ ヨメナ
しゃしゃっぽ アセビ／シャシャンボ	しゃっぽんのぎく ヒャクニチソウ
しゃしゃばな ヒガンバナ	しゃっぽんばな ヒャクニチソウ
しゃしゃび アキグミ／アセビ／グミ／シャシャンボ／ヒサカキ	しゃっぽんばな ヒャクニチソウ
	しゃつら シラカンバ
しゃしゃぶ アキグミ／アセビ／グミ／シャシャンボ／ナツグミ／ナワシログミ／ヒサカキ	しゃで ヤハズアジサイ
	しゃとこめ ニワトコ
しゃしゃぶのき グミ／シャシャンボ	じゃどのき カンボク
しゃしゃぽ アセビ／グミ／シャシャンボ／ヒサカキ	じゃどのみみ カンアオイ
	じゃとりあび ナワシロイチゴ
しゃしゃぽのき ヒサカキ	しゃな コウゾ
しゃしゃも アセビ	しやなし カマツカ
しゃしゃんぐさ ナズナ	しゃなし カマツカ
しゃしゃんば ヒガンバナ	しゃにん クマタケラン
しゃしゃんぼ シャシャンボ／ナツハゼ	しゃねん クマタケラン
しゃしん スイバ	じゃのき エゴノキ
しゃしんこ イタドリ	じゃのひげ ジャノヒゲ／ホウキモロコシ／ホンモンジスゲ／ヤブラン
しゃじんこ イタドリ	
しゃじんご イタドリ	じゃのべろ アオノリュウゼツラン
しゃしんごー イタドリ	じゃのめそー ハルシャギク／マリゴールド
しゃしんばな ショウジョウバカマ	しゃはとこめ ニワトコ
しゃじんぽー イタドリ	しゃばな アキノキリンソウ
しゃじんぽー イタドリ	しゃばらいも ジャガイモ
じゃず ダイズ	じゃばらいも ジャガイモ
じゃずばな ヒガンバナ	じゃひずら カラハナソウ
じゃずま ネズミサシ	しゃぴた ノリウツギ
じゃずまめ ダイズ	しゃびつら カラハナソウ
しゃせっ シャシャンボ	じゃぶん ミヤマシキミ
しゃせっぷ シャシャンボ	しゃべっぽり ホタルブクロ
しゃせっぽー シャシャンボ	しゃぺな タイサイ
しゃせぶ アキグミ／シャシャンボ	しゃぼてん サボテン
じゃぜまめ ダイズ	じゃぼてん ザボン
しゃぜん オオバコ	しゃぼん イタドリ
しゃせんしば アセビ	しゃぼんぐさ タニウツギ／ユウガギク／ヨメナ
しゃせんぽ アセビ	
しゃせんぽ シャシャンボ	じゃぼんくさ ユウガギク
じゃぜんまめ ダイズ	しゃぼんだま エゴノキ／ユウガギク
じゃっけつ カラタチ	しゃぼんのき コハクウンボク／リョウブ

じゃぽんのは	アマチャ	じゃんかにゅー	オオバグミ
しゃぽんぱ	ケンポナシ	じゃんがばば	オキナグサ
しゃぽんばな	ナデシコ／ヒメジョオン／ムクゲ／ヨメナ	じゃんがら	ジャガイモ
じやま	ニラ	じゃんがらいも	ジャガイモ
じゃま	ニラ	じゃんがらえも	ジャガイモ
しゃまき	エゴノキ	しゃんがらばば	オキナグサ
しゃまぎ	シマエゴノキ	じゃんぎりぐさ	スベリヒユ
しゃみせん	カニクサ	じゃんこくさ	トキンソウ
しゃみせんがき	マメガキ	しゃんこばな	オキナグサ
しゃみせんかずら	カニクサ	しゃんごばな	オキナグサ
しゃみせんぎ	ニシキギ	じゃんこばな	オキナグサ
しゃみせんくさ	カニクサ	しゃんごろばばー	オキナグサ
しゃみせんぐさ	カニクサ／テンナンショウ／ナズナ／ヒメコバンソウ	じゃんじゃこ	ヒメコバンソウ
しゃみせんこ	ナズナ	じゃんじゃらこ	オキナグサ
しゃみせんずる	カニクサ	しゃんしゃんばな	オキナグサ
しゃみせんそー	カニクサ	しゃんしゃんばら	オキナグサ
しゃみせんのいとかずら	カニクサ	じゃんじゃんもく	アサザ
しゃみせんばな	カタバミ／シュンラン／ナズナ	しゃんしょのき	ワサビ
しゃめのき	ムクゲ	しゃんしょび	シャシャンボ
しゃもじかぶ	タイサイ	じゃんとんばな	タンポポ
しゃもじき	エゴノキ	じゃんどんばな	タンポポ
しゃもじくさ	ナズナ	しゃんにん	ゲットウ
しゃもじな	タイサイ	じゃんぽ	クワイ
しゃもな	タイサイ	しゃんぽこ	イタドリ
しゃらいも	ジャガイモ	しゃんぽん	イタドリ
じゃらかたこ	ショウジョウバカマ	じゃんぽん	タンポポ
じゃらじゃらぐさ	ナズナ	しゃんぽんぎく	ヒャクニチソウ
じゃらめんそー	ハルシャギク／マリゴールド	じゃんぽんばな	ヒガンバナ／ホタルブクロ／ムシトリナデシコ
しゃらもみ	トウヒ	じゃんぽんばな	ヒガンバナ
じゃらんじゃらん	カヤツリグサ／ハコベ	じゃんもち	ツチトリモチ
じゃらんぽん	ヒツジグサ	しゅ	ヒサカキ
じゃらんぽん	ホタルブクロ	じゅいたまのっ	ジュズダマ
じゃらんぽんくさ	キツネノカミソリ	じゅーあく	ドクダミ
じゃらんぽんぐさ	ヒガンバナ	しゅーいも	サトイモ
じゃらんぽんくさ	ヒガンバナ	しゅーから	ヌスビトハギ
じゃり	エンドウ	しゅーぎ	ハマジンチョウ／ミツバハマゴウ
じゃりかけばな	ショウジョウバカマ	じゅーきいも	サツマイモ
じゃりしばり	ヒメヤシャブシ	じゅーきも	サツマイモ
しゃりしゃり	アセビ／スギゴケ	じゅーきゅーいも	サツマイモ
しゃりしゃりばな	カイザイク	しゅーご	ムクロジ
じゃりまめ	クロマメ	じゅーごだま	ジャノヒゲ
しゃりんこ	イタドリ	じゅーごにちばな	アジサイ
しゃりんご	イタドリ	しゅーこまつ	エゾマツ
しゃりんこー	イタドリ	じゅーごやぐさ	シオン
しゃりんごー	イタドリ	じゅーごやそー	シオン／ヌマトラノオ
しゃりんぽ	イタドリ	じゅーごやはな	キクイモ
じゃん	ダイズ	じゅーごやばな	シオン／ヤマハギ
じゃんが	ジャガイモ	じゅーごやんかずら	クズ
じゃんがー	ジャガイモ	しゅーさい	ドクダミ

しゅーざくら	チョウジザクラ	しゅーび	イヌガヤ
しゅーさんやのおまめ	ダイズ	しゅーめ	スモモ
じゅーさんやまめ	エダマメ	しゅーめいぎく	シュウメイギク
しゅーし	ナナカマド	じゅーもんじつが	オオシラビソ
しゅーじ	イタドリ／ヤチダモ	じゅーやく	オオバコ／ドクダミ
しゅーししば	ヒサカキ	しゅーらん	シラン
しゅーじたも	ヤチダモ	しゅーり	ヤチダモ
しゅーじのき	ヤチダモ	じゅーりまめ	ハッショウマメ
しゅーしばな	ヒサカキ	じゅーりん	ウンシュウミカン
しゅーしゅー	クサギ／ドングリ	じゅーれんこー	ヒガンバナ
しゅーしゅーだま	ジャノヒゲ	しゅーろいも	ジャガイモ
じゅーじゅーだま	ジャノヒゲ	じゅーろー	ハタササゲ
しゅーしゅーばな	ヒガンバナ	じゅーろーくさ	ドクダミ
しゅーしんこー	ヒガンバナ	じゅーろく	インゲンマメ／ササゲ／ジュウロクササゲ／ハタササゲ
しゅーじんばな	ヒガンバナ		
じゅーじんばな	ヒガンバナ	じゅーろくささぎ	ササゲ
じゅーせり	ドクダミ	じゅーろくささげ	ササゲ
しゅーせん	スイセン／ヒガンバナ	じゅーろくまめ	ササゲ／ジュウロクササゲ／ハタササゲ
しゅーせんぐさ	ダンドボロギク	じゅーわく	ドクダミ
じゅーだま	ジャノヒゲ	じゅきいも	サツマイモ
じゅーだめ	ジャノヒゲ	じゅきゅじんこげ	メヒルギ
じゅーたん	ジャノヒゲ	しゅくえー	ゲンゲ
じゅーたんぽ	ジャノヒゲ	しゅくきな	トチバニンジン
じゅーだんぽ	ジャノヒゲ	しゅくしゃ	ハナミョウガ
しゅーでこ	シオデ	じゅくじん	ウンシュウミカン
じゅーてまり	ヤマアジサイ	しゅくはいそー	ウメバチソウ
じゅーど	ジャノヒゲ	しゅこ	ヒエ
しゅーとばな	ツユクサ	じゅこーき	サワグルミ
しゅーとめ	フキノトウ	じゅこーぼく	サワグルミ
しゅーどめ	ガクウツギ	じゅごやばな	ヤマハギ
しゅーとんばな	ヒガンバナ	じゅごやんかずら	ナツフジ
しゅーとんばら	ヒガンバナ	じゅごんち	サツマイモ
じゅーな	タカナ／ドクダミ	しゅじ	ハルニレ／ヤチダモ
じゅーなぐさ	ドクダミ	しゅじだも	ハルニレ
じゅーにかげつ	ヒャクニチソウ	しゅじのき	ヤチダモ
しゅーにごー	カラスムギ	じゅしゃ	アブラチャン／ジュンサイ
じゅーにひとえ	ギョウジャニンニク／ハウチワカエデ	しゅしゅたま	ジュズダマ
		じゅじゅたま	ジャノヒゲ
じゅーね	エゴマ	じゅじゅだま	ジャノヒゲ
じゅーねあぶら	エゴマ	じゅじゅばな	ヒガンバナ
じゅーねん	エゴマ	しゅず	ジュズダマ／ヤチダモ
じゅーねんご	カラスムギ	じゅず	ジャノヒゲ／ヒガンバナ
しゅーねんたま	ジャノヒゲ	じゅずかけばな	ヒガンバナ
じゅーねんだま	ジャノヒゲ	じゅずがたま	ジュズダマ
しゅーのきび	ジャノヒゲ	じゅずくたま	ジュズダマ
じゅーはいそー	ウメバチソウ	じゅずこ	ジュズダマ
じゅーばこぐさ	カヤツリグサ	じゅずすぐり	フサスグリ
じゅーはち	ササゲ	じゅずたま	ジャノヒゲ／ハトムギ
じゅーはちささげ	ササゲ／ジュウロクササゲ／ハタササゲ	じゅずだま	ジャノヒゲ／ハトムギ
じゅーはちまめ	ササゲ／ジュウロクササゲ／ハタササゲ	じゅずだまのき	ムラサキツユクサ

しゅずたも　ヤチダモ
じゅずのき　ジュズダマ／ジャノヒゲ
じゅすばな　ヒガンバナ
じゅずばな　キツネノカミソリ／ヒガンバナ
じゅずふさ　ミツマタ
じゅだま　ジャノヒゲ
しゅたん　コバンノキ
じゅちゅーぎく　ジョチュウギク
しゅっこ　ヒエ
じゅったま　ジュズダマ
しゅでこ　シオデ
しゅとんばな　ヒガンバナ
じゅな　ヤマブキショウマ
じゅにそどめ　グラジオラス
しゅねしば　オオカメノキ
じゅねん　ジャノヒゲ
じゅのみ　ガマズミ
しゅび　イヌガヤ
しゅびき　イヌガヤ
しゅびたい　イヌビワ
じゅぶ　リョウブ
しゅぶい　トウガン
じゅぶだま　ジャノヒゲ
しゅみ　アズキナシ／ガマズミ／カマツカ
しゅもくしだ　ジュウモンジシダ
しゅらん　シラン
じゅりん　ウンシュウミカン
じゅるみじゅす　ミズキ
しゅろきみ　ホウキモロコシ
じゅろく　ジュズダマ
しゅろこ　ニンニク／ネギ
しゅろちく　シュロ
しゅろっぺ　シュロ
しゅろなば　ハツタケ
しゅろのき　クスノキ
しゅろらん　シラン
じゅんがら　ガクウツギ
しゅんきく　ドクダミ
しゅんぎく　シュンギク
じゅんきく　ドクダミ
しゅんぐ　トウヒ
じゅんさい　ヒツジグサ
じゅんさぇ　ジュンサイ
しゅんじゅーいも　ジャガイモ
じゅんしょぇ　ジュンサイ
じゅんせぇ　ジュンサイ
じゅんたま　ジャノヒゲ／ジュズダマ
じゅんだま　ジャノヒゲ
しゅんでこ　シオデ
しゅんべん　ヒサカキ

じゅんめ　ガマズミ／コバノガマズミ
しゅんやく　ドクダミ
しゅんよーちく　ホウオウチク
しょいのいげ　クスドイゲ
しょいのび　クスドイゲ
しょいのぴ　クスドイゲ
しよえぎ　ソヨゴ
しょーいたどり　ヤシャビシャク
しょーえんどー　インゲンマメ
しょーか　ゲットウ
しょーかいせき　ヒメシオン
しょーかいせきぐさ　ダンドボロギク
しょーかいも　ガガイモ
しょーがいも　ガガイモ／キクイモ／ツクネイモ／ナガイモ
しょーがき　コブシ
しょーがくばら　サルトリイバラ／ヤマカシュウ
しょーがくぼー　サルトリイバラ
しょーがこーいも　キクイモ
しょーがずる　マツブサ
じょーがだま　ジャノヒゲ
しょーがちな　ユズリハ
しょーがつさん　ユズリハ
しょーがつしだ　ウラジロ
しょーがつしば　ユズリハ
しょーがっつぁんのは　ユズリハ
しょーがつな　キョウナ／コマツナ／タイサイ／トウナ／フナバラソウ／ミズナ／ユズリハ
しょーがつのき　ハマビワ／ユズリハ
しょーがっのき　ヒメユズリハ
しょーがつのは　ユズリハ
しょーがつみかん　キシュウミカン
しょーがのき　アオモジ／クロモジ
しょーがはじかみ　ショウガ
じょーがひげ　ジャノヒゲ／ヤブラン
しょーがふじ　マツブサ
じょーかよもぎ　ハハコグサ
しょーから　エゴノキ／ヌルデ
しょーき　メギ
しょーぎ　サカキ／ソヨゴ
じょーき　カシ／クヌギ
しょーぎしば　ソヨゴ
しょーぎな　ミツバウツギ
しょーぐり　ドングリ
しょーごい　ソヨゴ
じょーごたま　ジャノヒゲ
じょーごだま　ジャノヒゲ
じょーごのき　ユズリハ
じょーさい　タカナ
じょーざけ　エンレイソウ

じょーさん　クサギ／シュンラン
じょーざん　コクサギ
しょーじ　シオジ／シオデ／ハリギリ／ヤチダモ
しょーじき　センナリホオズキ／ヤチダモ
しょーじのき　ネジキ
しょーじぼね　ニシキギ
じょーしゅーいも　サトイモ／ジャガイモ
じょーしゅーだけ　ハチク
じょーじゅーな　フダンソウ
じょーじょーな　キョウナ／フダンソウ
しょーしょーばな　ヒガンバナ
しょーじょーばな　ヒガンバナ
しょーず　アズキ
しょーせん　スイセン
しょーたけ　ハツタケ
しょーたね　アブラナ
じょーたま　ジャノヒゲ
じょーだま　ジャノヒゲ
しょーだまのき　ヤブニッケイ
しょーたれむぎ　ライムギ
しょーちぎ　アカテツ／ハマビワ
じょーちごー　カラスウリ
しょーちゅーいちご　ホウロクイチゴ
しょーちゅーいも　サトイモ
じょーちん　ヒガンバナ
しょーっぴ　チョロギ
しょーで　シオデ／ヌルデ／ワラビ
しょーでん　シオデ
じょーでん　ゲンゲ
しょーてんくさ　ツメクサ
じょーでんぐさ　ゲンゲ
しょーでんずる　シオデ
しょーでんぽ　シオデ
しょーでんぽー　シオデ
じょーでんぽー　シオデ
しょーでんぽーい　シオデ
しょーどーぼー　ヤマボウシ
じょーどの　オキナグサ
しょーどめ　アヤメ
じょーとんばーさ　シュンラン
じょーとんぽー　シュンラン
しょーな　オオカラシ
じょーな　タカナ／トリアシショウマ／フダンソウ／ヤマブキショウマ
しょーにんのいりまめ　ウズラマメ
じょーね　エゴマ
しょーねなし　アサガラ／オオバアサガラ
しょーのーのき　クスノキ／クロモジ
しょーのき　カタバミ／シャシャンボ
しょーのじゅー　ジャガイモ

じょーのひげ　ジャノヒゲ／ヤブラン
しょーのみ　ヌルデ
しょーのみのき　ヌルデ
じょーば　リョウブ
しょーはり　アサダ／サワシバ
しょーばんのき　ヤマハンノキ
しょーび　イヌガヤ／カンゾウ／ヤブカンゾウ
しょーびー　カラスノエンドウ
しょーびき　シダ
じょーひげ　ジャノヒゲ
しょーびのき　イヌガヤ
しょーびん　バラ
しょーぶ　イヌガヤ／セキショウ／ハマエンドウ／バラ
じょーぶ　イヌガヤ／リョウブ
しょーぶかや　イヌガヤ
しょーぶから　イヌガヤ
しょーぶがら　イヌガヤ
しょーぶき　イヌガヤ
しょーぶこ　イヌガヤ
しょーぶしば　イヌガヤ
しょーふた　キブシ
じょーぶな　リョウブ
しょーぶのき　イヌガヤ／リョウブ
じょーぶのき　リョウブ
しょーぶらん　フウラン
しょーべんいちご　フユイチゴ
しょーべんかがし　シリブカガシ
しょーべんがし　シリブカガシ
しょーべんぎ　コブシ／ゴンズイ
しょーべんのき　コクサギ／ゴンズイ／ショウベンノキ／タイミンタチバナ
しょーべんぼー　ゴンズイ／タイミンタチバナ／バリバリノキ
しょーぽ　リョウブ
じょーぽ　リョウブ
しょーぽー　リョウブ
じょーぽー　リョウブ
じょーぽな　リョウブ
しょーまめ　アズキ
じょーみ　ガマズミ
じょーみたま　ジャノヒゲ
しょーめくさ　ツメクサ
しょーめぐさ　ゲンゲ
しょーめくさ　ゲンゲ／シロツメクサ
じょーめぐさ　ゲンゲ／チガヤ
しょーやくさ　スミレ
しょーやぐさ　スミレ
しょーやさんのしりのごい　ドクダミ
しょーやさんのしりふき　ドクダミ
しょーやどんのしりのごい　ドクダミ

しょーやのへ　ドクダミ
しょーゆのき　カツラ
しょーゆむぎ　コムギ
しょーらいばな　ヒガンバナ／ミソハギ
しょーらえば　ミソハギ
しょーらえばな　ミソハギ
じょーりぐさ　ドクダミ
しょーりゃーばな　ハギ
しょーりょーばし　メドハギ
しょーるすん　オガタマノキ
しょーろいも　ジャガイモ
じょーろいも　ジャガイモ
しょーろー　ショウロ
じょーろーいも　ジャガイモ
しょーろーばな　ミソハギ
じょーろーばな　オオマツヨイグサ／マツヨイグサ
じょーろくさ　ドクダミ
じょーろぐさ　ドクダミ
しょーろぐみ　ナツグミ
しょーろずじょー　ホウロクイチゴ
しょーろばし　メドハギ
しょーろばな　ミソハギ
じょーろばな　マツヨイグサ
じょーろりのしりぬぐい　ドクダミ
しょかいし　シュウカイドウ
しょがつすだ　ウラジロ
しょかつな　ハボタン
しょがぶし　マツブサ
しょぎ　ソヨゴ
しょぎ　ソヨゴ
しょぎしば　ソヨゴ
しょく　ショウブ／ヒメユズリハ
しょくうり　マクワウリ
じょぐさ　ドクダミ
しょくじゅぐさ　ムカゴイラクサ
しょくだら　タラノキ
しょごい　ソヨゴ
しょごい　ソヨゴ
しょじき　ヤチダモ
しょしょぐり　ドングリ
しょしょばな　ヒガンバナ
しょしょぶき　ハマクサギ
じょじょむけ　ナツハゼ
しょだま　シロダモ／タブノキ／ヤブニッケイ
しょちょき　カナメモチ
しょっから　カタバミ／スイバ
しょっじ　ノイバラ
しょっとうつぎ　コゴメウツギ
しょっとごや　コゴメウツギ
しょっのけ　クスドイゲ

しょっぱ　カタバミ／スイバ
しょっぱい　カタバミ
しょっぱくさ　カタバミ／スイバ
しょっぱぐさ　カタバミ／スイバ
しょっぱしょっぱ　カタバミ
しょっぱっか　カタバミ
しょっぱみ　ヌルデ
しょっぱん　ギシギシ／スイバ
しょっぱんくさ　スイバ
しょっぱんぐさ　カタバミ
しょっぱんこ　カタバミ
しょっぱんぴん　カタバミ
しょっぷ　シマサルナシ
しょっぺ　カタバミ
しょっぺー　カタバミ
しょっぺしょっぺ　イタドリ／カタバミ
しょっぺしょっぺのき　ヌルデ
しょっぽ　シマサルナシ
しょで　シオデ
しょでこ　シオデ
しょでっこ　シオデ
じょどぐさ　ドクダミ
しょとめ　カキツバタ／ノハナショウブ／ハナショウブ
しょどめ　アヤメ／イチハツ／カキツバタ／ノハナショウブ／ハナショウブ
じょな　トリアシショウマ／ヤマブキショウマ
じょねんじ　ヤマノイモ
しょの　クスノキ
しょののき　クスノキ
しょののっ　クスノキ
じょのみ　ガマズミ
しょば　アオガリダイズ
しょば　イヌガヤ
じょばな　リョウブ
しょばんのき　ヤマハンノキ
しょびしょび　ガマズミ
しょびん　バラ
しょぶ　イヌガヤ
しょぶ　イヌガヤ
しょふき　フキ
しょぶき　イヌガヤ
しょぶしょぶのき　ハマクサギ
じょぶな　リョウブ
しょぶのき　イヌガヤ
じょぼ　リョウブ
じょほー　リョウブ
じょぼな　リョウブ
じょみ　アズキナシ／ガマズミ
しょやき　ニワトコ
しょゆーのき　ソヨゴ

しょよぎ	ソヨゴ	しょんべんぼー	バリバリノキ
しょよず	カナメモチ	しょんべんまめ	ツクバネ
しょよむぎ	カワラハハコ	しら	サトウキビ／シバ／スズメノヤリ
しょらいばな	ミソハギ	しらあぶら	トウゴマ
しょらえばな	ミソハギ	しらいた	イタヤカエデ
しょろ	ショウロ	しらいたぎ	ヒトツバカエデ
じょろ	クスドイゲ	しらいたや	ヒトツバカエデ
しょろいも	ジャガイモ	しらうつぎ	ウツギ／コゴメウツギ／ツクバネウツギ／
じょろいも	ジャガイモ		バイカウツギ／ヒメウツギ
じょろーぎく	ハルシャギク	しらうり	ヒトツバカエデ
じょろーくさ	ドクダミ	しらえせば	ネジキ
じょろーぐさ	カモジグサ／ドクダミ	しらお	カラムシ
じょろーしで	アカシデ	しらがうば	オキナグサ
じょろーだら	タラノキ	しらかえで	イタヤカエデ／ウリカエデ／ヒトツバカエデ
じょろーな	ウツボグサ	しらがくさ	オキナグサ
じょろーばな	オオマツヨイグサ／マツヨイグサ	しらかけ	ヒサカキ
しょろき	チョロギ	しらかし	ウラジロガシ／シラカシ／ヤマモガシ
じょろくさ	オガルカヤ／ドクダミ	しらがし	ウラジロガシ
じょろぐさ	オガルカヤ／カモジグサ／ドクダミ	しらかしのき	ヤマビワ
しょろごも	ハギ	しらかたぎ	ウラジロガシ
しょろさまのはし	メドハギ	しらかねのはな	ツルラン
じょろつつじ	ミツバツツジ	しらかば	カバノキ／ダケカンバ
じょろてん	ハッカ	しらがばな	オキナグサ
しょろどんのはし	メドハギ	しらがばば	オキナグサ
じょろのしりぬぐい	ドクダミ	しらがばばぁ	オキナグサ
じょろのしりのぐい	ドクダミ	しらがばんば	オキナグサ
じょろのしりふき	ドクダミ	しらがぼーず	オキナグサ
しょろのはし	メドハギ	しらかや	チガヤ
じょろはぎ	メドハギ	しらがや	チガヤ
しょろばし	メドハギ	しらかわ	キヌガワミカン
じょろばな	オオマツヨイグサ／オキナグサ／サギゴ	しらかんば	シラカンバ／ダケカンバ
	ケ／ヒガンバナ／マツヨイグサ	しらがんば	オキナグサ
じょろふき	チョロギ	しらかんぽー	シラカンバ
しょろんのはし	メドハギ	しらき	アオガシ／アオハダ／アカメガシワ／ウラジロ
しょんえばな	ミソハギ		ノキ／ケヤキ／コシアブラ／コバンモチ／サワフタ
しょんぐり	ドングリ		ギ／シラキ／シロモジ／タカノツメ／タマミズキ／ド
しょんぐな	オウチ		ロヤナギ／バリバリノキ／ブナ／ミズキ
じょんごだま	ジャノヒゲ	しらぎ	ウラジロノキ／タマミズキ／ハマクサギ
しょんじき	トネリコ／ヌルデ	しらくさ	アキメヒシバ／シバ／メヒシバ
じょんじょんしば	タブノキ	しらくち	クロヅル／サルナシ／シマサルナシ
じょんじょんのき	ヤブニッケイ	しらくちずる	クロヅル
しょんちき	ヌルデ	しらさき	ヒサカキ
しょんつき	トネリコ／ヌルデ	しらさぎ	ヒサカキ
しょんでこ	シオデ	しらじ	トネリコ
じょんな	トリアシショウマ／ヤマブキショウマ	しらじぐさ	クサソテツ
じょんのひげ	ジャノヒゲ	しらしげ	アサツキ
しょんびろ	チョロギ	しらした	ユキノシタ
しょんべぐさ	イラクサ	しらしで	アカシデ／イヌシデ／イヌブナ
しょんべたご	ムベ	しらずかずら	ツルウメモドキ／テリハツルウメモドキ
しょんべんぐさ	イラクサ	しらそ	カラムシ

しろあ ● 方言名索引

しらぞね　イヌシデ／クマシデ
しらた　シラカンバ
しらだ　シラカンバ
しらたぶ　アオガシ
しらたま　バリバリノキ／ワケギ
しらたも　ヤマトアオダモ
しらだも　アオハダ
しらち　シロモジ
しらちぐ　コバンモチ
しらちゃに　イネ
しらつが　オオシラビソ／シラビソ／ハリモミ
しらっかし　ウラジロガシ
しらつぐ　コバンモチ
しらつげ　サワフタギ／ハマクサギ
しらつつじ　リョウブ
しらてし　ハチジョウススキ
しらとり　シチトウ
しらな　ヒケッキュウハクサイ
しらの　ザイフリボク
しらはい　クロガネモチ
しらばい　クロキ／シロバイ／ハイノキ
しらはぎ　イヌハギ／コガンピ／コゴメウツギ／ヌマトラノオ
しらはし　ウラジロノキ／ウリカエデ／ウリノキ／ウリハダカエデ／オオシロシキブ／オオムラサキシキブ／ムラサキシキブ
しらはしぎ　コゴメウツギ
しらはしのき　ウリカエデ／ウリノキ／ハナノキ
しらはぜ　ヤマウルシ
しらはだ　シラカンバ
しらはり　シラカンバ／ダケカンバ
しらばり　ヤマナラシ
しらはりのき　ウダイカンバ
しらはりよぎそ　ダケカンバ
しらばん　ヒメヤシャブシ
しらび　アスナロ／ウダイカンバ／クロベ／シラビソ
しらびそ　シラビソ
しらふき　タイサイ
しらふくろ　アオハダ
しらべ　アスナロ／シラビソ
しらほいまつ　クロマツ
しらほー　コシアブラ
しらみ　スズメノヤリ
しらみくさ　イタドリ
しらみぐさ　スズメノヤリ／トリカブト
しらみころし　コマユミ／サイカチ／ツヅラフジ／トリカブト／ニガキ／ニシキギ／マユミ／ヤイトバナ
しらみごろし　ニシキギ
しらみつぶし　ホンダワラ
しらみとり　コマユミ／ニシキギ

しらみのき　ニシキギ
しらみばな　ヒガンバナ
しらみまめ　タンキリマメ
しらめ　ヤブジラミ
しらめくさ　ヤブジラミ
しらもみ　シラビソ
しらもみじ　イタヤカエデ
しらやまあおい　マイヅルソウ
しらゆきたいさい　タイサイ
しらわみかん　ヤツシロミカン
しらんかづら　スイカズラ
しらんぼ　ドングリ
しらんぼー　ドングリ
じらんぼー　ドングリ
しりがせいばら　サルトリイバラ
しりこ　ノビル
しりさし　クログワイ
じりじり　アセビ／タブノキ
しりつまいぐさ　ハハコグサ
しりつまりぐさ　ハハコグサ
しりなし　ナツハゼ
しりのぎ　トチカガミ
しりのごえ　ヤブマオ
しりのごご　ヤブマオ
しりふか　シリブカガシ
しりぶか　シリブカガシ
しりふかがし　シリブカガシ
しりぶかがし　シリブカガシ
しりまき　カナムグラ
しりやす　カヤツリグサ
しりょーきみ　トウモロコシ
しりょーぐさ　ムラサキツメクサ
しりょーむぎ　ライムギ
じりんご　ワリンゴ
じりんどー　タンポポ
じりんどばな　タンポポ
しるた　アズキナシ
しるべ　スベリヒユ
しるみ　サワグルミ
しるむぎ　ハトムギ
しれ　ヒガンバナ
しれい　ヒガンバナ
しれー　キツネノカミソリ／ヒガンバナ
しれーのはな　ヒガンバナ
しれーばな　ヒガンバナ
しれべ　ハリモミ
しろ　アサツキ／カラムシ／ショウロ／シラビソ／ネギ／ワケギ
しろあさだ　アオガシ／シロダモ
しろあざみ　センボンヤリ／ヒレアザミ

755

しろあじゃみ　センボンヤリ
しろあぶら　エゴマ
しろあわばな　オトコエシ
しろあんじゃみ　センボンヤリ
しろい　キツネノカミソリ／ヒガンバナ
しろいー　キツネノカミソリ
しろいげ　ノイバラ
しろいたぎ　イタヤカエデ
しろいたぶ　シラキ
しろいたや　イタヤカエデ／ヒトツバカエデ
しろいだや　ヒトツバカエデ
しろいっご　ホウロクイチゴ
しろいとじ　オオバアサガラ
しろいとち　オオバアサガラ
しろいも　アサガラ／コシアブラ／サトイモ／ジャガイモ／タカノツメ／ツクネイモ／ナガイモ／ハスイモ
しろいもぎ　コシアブラ
しろいもじ　ハスイモ
しろいもち　ヒガンバナ
しろうつぎ　ウグイスカグラ／ウツギ／ガクウツギ／コゴメウツギ／ツクバネウツギ／ハコネウツギ／ミツバウツギ／ムラサキシキブ
しろうつげ　ウツギ／マルバウツギ／ムラサキシキブ
しろうつなき　ミズナラ
しろうり　ウリノキ／トウギボウシ／ヤハズアジサイ
しろうりぎ　テツカエデ
しろえ　キツネノカミソリ／ヒガンバナ
しろえのみ　エノキ
しろえんじ　ユクノキ
しろえんじゅ　イヌエンジュ／エンジュ／ユクノキ
しろえんず　ユクノキ
しろお　カラムシ
しろー　カラムシ
しろーぐさ　カラムシ
じろーたろー　スミレ
じろーたろーくびひき　スミレ
しろおとこ　マユミ
じろーばな　スミレ
じろーぽーたろーぽー　スミレ
しろおみなえし　オトコエシ／ヒヨドリバナ
しろおも　クマシデ
しろおもとき　カラムシ
しろおんなめし　オトコエシ
しろかし　アラカシ／ウラジロガシ／シラカシ／ホルトノキ／ヤマナラシ／ヤマモガシ
しろがし　ウラジロガシ
しろかたし　ナツツバキ
しろかっこー　サワフタギ
しろかねばな　オトコエシ
しろかのこ　カノコユリ

しろかば　オノオレカンバ
しろがや　カヤ（シブナシガヤ）
しろがやつり　アゼガヤツリ
しろき　アオハダ／イイギリ／クマシデ／クロガネモチ／ケヤキ／コシアブラ／サワグルミ／シラカンバ／シラキ／シラビソ／シロモジ／スギ／ソヨゴ／タカノツメ／ネズミモチ／ヒノキ／ブナ／ミズキ／ヤマナラシ
しろぎ　カクレミノ／クロガネモチ／コシアブラ／コバンモチ／シラキ／タカノツメ／チョロギ／ハマクサギ
しろきく　タカサブロウ
しろぎく　ヒメジョオン
しろぎしぎし　ギシギシ
しろきび　モロコシ
しろくさ　スズメノテッポウ
しろぐす　タブノキ
しろぐろ　タイサイ
しろけやき　エノキ
しろこ　アオハダ／アサツキ／ノビル／ワケギ
しろこが　カゴノキ／カナクギノキ
しろこがね　オトコエシ
しろごぎょー　シロツメクサ
しろごごめ　オトコエシ
しろごぼー　ダイコン（守口ダイコン）／パラモンジン
しろごめごめ　ムラサキシキブ
しろさいご　タマミズキ
しろざくら　コブシ／シラカンバ／タムシバ
しろさど　タケニグサ
しろさんじ　アオハダ／クロガネモチ
しろさんり　アオハダ
しろじしゃ　アオハダ／ダンコウバイ
しろじしゃくら　ダンコウバイ
しろじしゃぐら　ダンコウバイ
しろじそ　エゴマ
しろしだ　ヤマトアオダモ
じろしたろー　スミレ
しろしで　アカシデ／アサダ／イヌシデ／クマシデ／サワシバ
しろしのと　ギシギシ
しろじみ　ムラサキシキブ
じろじゅーやく　カラスビシャク
しろすいせん　スイセン
しろずさ　ダンコウバイ
しろすみれ　ツボスミレ
しろずわ　ツワブキ
しろせんこ　アオガシ
しろせんこー　バリバリノキ
しろせんぶり　センブリ
しろそ　カラムシ／コウゾ
しろそね　アカシデ／イヌシデ
しろその　アカシデ／クマシデ

しろぞの　アカシデ／イヌシデ
しろそや　アカシデ／イヌシデ／クマシデ
しろぞや　アカシデ／イヌシデ
しろそよも　ソヨゴ
しろぞろ　イヌシデ
しろぞわ　ヤマトアオダモ
しろだえはつ　テンナンショウ
しろたず　ニワトコ／ハコネウツギ
しろたぶ　アオガシ／タブノキ
しろたまがら　アオガシ／イヌガシ／タブノキ
しろたも　ヤマトアオダモ
しろだも　オヒョウ／タブノキ／ヤマトアオダモ
しろたもぎ　ヤマトアオダモ
じろたろ　スミレ
じろたろー　スミレ
じろたろーばな　サギゴケ
じろたろぐさ　スミレ
しろだんご　トネリコ／ヤマトアオダモ
しろちゃ　レタス
しろちばち　サザンカ
しろつが　オオシラビソ／コメツガ／シラビソ
しろっき　シラキ／タカノツメ
しろつきで　キブシ
しろつぐ　コバンモチ
しろつげ　イボタノキ／サワフタギ／ハマクサギ
しろっこ　シラカンバ
じろっこたろっこ　スミレ
しろつず　シロダモ
しろつつじ　リョウブ
しろっぱ　カラムシ／ハルジョオン
しろつばき　サザンカ／ナツツバキ
しろつばな　チガヤ
しろっぱな　イタヤカエデ／ハウチワカエデ
しろっぺ　キハダ
しろつむら　ツノハシバミ
しろとーすみ　ムラサキシキブ
しろどくだめ　ハンゲショウ
しろどくだんす　ハンゲショウ
しろとつつじ　リョウブ
しろとねり　ヤマトアオダモ
しろどねり　ヤマトアオダモ
しろとねりこ　ヤマトアオダモ
しろともぎ　アブラチャン／シラキ／シロモジ／ダンコウバイ
しろとんしゃこ　ホウセンカ
しろな　オオバキスミレ／ケッキュウハクサイ／タイサイ／ヒケッキュウハクサイ／フダンソウ
しろなまえ　カマツカ
しろなら　ミズナラ
しろにんじん　チョウセンニンジン

しろね　ツルボ
しろねぐさ　クサフジ／クサヨシ
しろねず　イボタノキ
しろねずき　イボタノキ
しろねそ　オヒョウ／ツノハシバミ
しろのは　カラムシ
しろは　カラムシ
しろば　リョウブ
しろばい　クロマツ／シロバイ／ミミズバイ
しろはいた　イタヤカエデ
しろはぎ　イヌハギ／コガンピ／コゴメウツギ
しろはさこ　ミズナラ
しろばさこ　ミズナラ
しろはしか　クマノミズキ
しろはしぎ　ノリウツギ
しろはしのき　ウリカエデ
しろはぜ　チャンチン／ヤマウルシ
しろはだ　シラキ
しろはだのき　シラキ
しろはつたけ　シメジ
しろはな　イタヤカエデ
しろばな　イタヤカエデ／ハナノキ／ヤマブキショウマ／ユキノシタ
じろばな　スミレ
しろばなさぎごけ　サギゴケ（サギシバ）
しろばなさばのお　ツルシロカネソウ
じろばなたろばな　スミレ
しろひ　ヒノキ
しろび　アスナロ
しろひえ　シコクビエ
しろびそ　トウヒ
しろひば　サワラ
しろふじ　ナツフジ
しろふじき　アオハダ／ヤマトアオダモ
しろぶつ　ハハコグサ
しろぶどー　ブドウ
しろぶな　アズキナシ／ブナ
しろべ　エゾマツ
しろへい　シラキ
しろほ　カラムシ
しろほい　クロマツ
しろぼい　ヤマハンノキ
しろほいまつ　クロマツ
しろぼー　ハイノキ
しろほーし　オオムギ
しろほぐさ　カラムシ
じろぼくろぼ　スミレ
しろぼたろぼ　スミレ
じろぼたろぼ　スミレ
しろぼたん　アズキナシ

方言名索引 ● しろほ

しろぽっこ	ホウキタケ
しろぽや	サワラ
しろまさき	ハマニンドウ
しろまたかた	シラキ
しろまつ	クロマツ
しろまてがし	シリブカガシ
しろまな	ケッキュウハクサイ
しろまめ	ゴガツササゲ／ダイズ
しろまんさく	アズマイチゲ
しろまんしゃく	ツノハシバミ
しろみずき	ミズキ
しろみずし	クマノミズキ／ミズキ
しろみずひき	イヌショウマ
しろみそはぎ	コガンピ
しろみつて	ミズキ
しろみとり	ゴガツササゲ
しろみどり	クロマツ
しろみみ	サルノコシカケ
しろむしお	カラムシ
しろむら	トサミズキ
しろめうつぎ	ガクウツギ
しろもーか	アサダ
しろもくしゅく	シロツメクサ
しろもじ	ダンコウバイ／テンダイウヤク／ヤブムラサキ
しろもず	カナクギノキ
しろもち	モチノキ
しろもみ	ウラジロモミ／シラビソ／ハリモミ
しろもみじ	シロダモ
しろもも	オガタマノキ／ヒイラギズイナ
しろもや	コゴメウツギ
しろもんじ	ダンコウバイ
しろもんじゃ	ダンコウバイ
じろやさぶろー	スミレ
しろやなぎ	マルバヤナギ／ヤマナラシ
しろやまぶき	コゴメウツギ
しろゆ	カラムシ
しろゆり	ヤマユリ
しろよそず	オオカメノキ
しろよつどどめ	コバノガマズミ
しろよむぎ	カワラハハコ
しろよめな	ヤマシロギク
しろよもぎ	カワラハハコ／チチコグサ
しろらん	シラン
しろり	ヒガンバナ
しろれんげ	シロツメクサ
しろわ	キシュウミカン
じろんたろー	スミレ
じろんべたろんべ	ツユクサ
じろんぽーたろんぽー	スミレ
じろんぽたろんぽ	スミレ

しわき	ザイフリボク
しわぎ	アカメガシワ／ガマズミ／カマツカ／ザイフリボク／ミズメ
しわすいちご	フユイチゴ
しわすいばな	ヒカンザクラ
しわすばな	ヒカンザクラ
しわのしで	ザイフリボク
じわらび	ホシダ
じん	イグサ／ハクサンボク
しんが	ソラマメ
しんがつまめ	ソラマメ
じんがら	ガクウツギ
しんからかわ	ラッキョウ
じんからのき	フカノキ
じんがらのき	フカノキ
しんがらび	ヒカゲノカズラ
しんぎ	オオムラサキシキブ／ノリウツギ／ムラサキシキブ
じんき	シマタゴ
じんぎ	シマタゴ／ススキ
しんぎく	シュンギク／シュンラン
しんぎす	シュンギク
しんぎそー	ハイノキ
しんきゅー	スイバ
じんぐ	ヘゴ
じんくさ	イグサ
じんぐさ	イグサ
しんげー	スイバ
しんげんもろこし	モロコシ
しんこ	カタバミ／スイバ／ツバナ
じんこー	カシワ
しんごーがき	マメガキ
しんごーまめ	ソラマメ
じんごくまっこー	ネムノキ
じんごだま	ジャノヒゲ
しんこなし	ナツハゼ
しんこばな	ネジバナ
しんこべ	ツクシ
じんこべ	ツクシ
しんこまつ	アカエゾマツ／エゾマツ
じんごろべ	サルトリイバラ
しんざ	サトウキビ／スイバ
しんざい	イタドリ／ギシギシ／スイバ
しんざいぎ	キブシ
しんざえ	イタドリ／スイバ
しんざく	ホウセンカ
しんざこ	イタドリ
しんさん	シュンギク
しんしーいも	ジャガイモ
じんじーばんば	シュンラン

758

じんじーばんばー　シュンラン／スミレ
しんしいも　ジャガイモ
しんじうり　マクワウリ
しんじくさ　ゲンノショウコ
じんじくろ　ツユクサ
しんじこ　ハハコグサ
じんじこ　ヤマハハコ
じんじごー　ヒガンバナ
しんじこしんじこ　チチコグサ
しんじところ　ゲンノショウコ
じんじとろろ　ゲンノショウコ
じんしば　ガクウツギ
しんじばっぱ　シュンラン
しんじばんば　シュンラン
じんじばんば　アケビ／シュンラン／スミレ／ミツバアケビ
しんじゃ　イタドリ／ギシギシ／サトウキビ／スイバ
しんじゃい　スイバ
しんじゃく　ホウセンカ
しんじゃこ　スイバ
じんじゃっこ　スミレ
しんじゃん　スイバ
しんじゅ　カラスザンショウ
しんしゅいも　ジャガイモ
しんしゅーいも　ジャガイモ／ナガイモ
しんしゅーうり　マクワウリ
しんしゅーな　トウナ／ナタネ
しんしょいも　ナガイモ
しんしょーば　シソ
しんしょーひえ　シコクビエ
じんじょーそー　ジャノヒゲ
じんじょそば　ドクダミ
しんしょなおしいも　ナガイモ
じんじろ　アセビ
しんじん　ウンシュウミカン
しんしんいも　ジャガイモ
しんしんどー　スイバ
じんじんのき　タブノキ
じんじんばー　シュンラン
じんじんばーやーきー　レンヨウギリ
じんじんばーれーきー　レンヨウギリ
じんじんばな　スミレ
しんすいー　スイバ
しんすけ　トウモロコシ
しんぜ　スイバ
しんぜぁー　スイバ
しんぜー　スイバ
しんせん　クサキョウチクトウ
じんそー　シュンギク
じんぞーぐさ　カワラケツメイ

しんだ　イイギリ
じんだ　イイギリ／タカノツメ／ドングリ／ミズキ
しんだいかぎり　ヒメムカシヨモギ
じんだけ　チシマザサ
じんだぽ　ドングリ
じんだぽー　ドングリ
じんだま　ジュズダマ
しんだみ　ドングリ
しんだもののはな　ヒガンバナ
しんだもんぐさ　ドクダミ
しんだもんのき　ムクゲ
しんだもんのはな　ヒガンバナ
しんだもんばな　ヒガンバナ
しんだらめ　タチシノブ
じんたんぐさ　コミカンソウ
じんだんぐり　ドングリ
しんたんぺ　ドングリ
しんだんぽ　ドングリ
しんだんぽ　ドングリ
じんたんぽ　ドングリ／ナラ
じんだんぽ　ドングリ
しんたんぽー　クヌギ
しんたんぽー　クヌギ／ドングリ
しんだんぽー　クヌギ／ドングリ
じんたんぽのき　クヌギ
しんちぐさ　キンミズヒキ
しんちこ　ツクシ
じんちこ　ツクシ
しんちこしんちこ　ハハコグサ
しんちこはれ　ツクシ
じんちょ　ジンチョウゲ
じんちょー　ジンチョウゲ／ミツマタ
しんつこばれ　ツクシ
しんてんかづら　ボタンヅル
しんでんかづら　ボタンヅル
しんとー　スイバ
じんとー　ギシギシ／スイバ
じんどー　ギシギシ
しんどーがき　マメガキ
しんとーがらし　トウガラシ／ピーマン
しんとーばな　ヒガンバナ
しんどき　モミジガサ
しんどくさ　カタバミ
しんどけな　モミジガサ
しんどみ　クサボケ
しんな　ネギ
しんなつ　ヒュウガナツミカン
しんなながき　マメガキ
しんならがき　マメガキ
しんなるがき　マメガキ

しんにょらちく　ホウライチク
しんにんそー　サボテン
しんぬき　キブシ
しんねそ　ハイノキ
しんのーくさ　ツメクサ
しんのーぐさ　ゲンゲ
じんのき　アオモジ／キブシ／ハクサンボク
しんのは　ギシギシ
しんのび　ダイオウ
じんのみ　ジャノヒゲ
じんのめんたま　ジャノヒゲ
じんば　シュンラン／ホンダワラ／メヒシバ
しんぱく　ビャクシン
じんばさ　ホンダワラ
しんぱじ　イガホオズキ
じんばそー　ホンダワラ
しんばな　シキミ
じんばな　ホンダワラ
しんばり　ビャクシン
じんばり　カタバミ
しんびらびー　スベリヒユ
しんびり　ヒガンバナ
しんぷ　ワカメ
しんぶし　ヌルデ
しんぷせり　オランダガラシ
しんぷやさい　オランダガラシ
しんぷり　ガマズミ／カマツカ
しんぶり　ガマズミ
しんぷりごみ　ガマズミ
しんぶんそー　アオツヅラフジ
じんべ　モモ
しんべろべろ　スベリヒユ
じんま　アマ
しんまめ　ソラマメ
しんむとぅ　ネギ
しんむとぅー　ネギ
じんめ　イタドリ／ガマズミ
じんやく　ドクダミ
しんよー　コブシ

【す】

すあび　ハチジョウイチゴ
すい　スモモ
ずい　ガクアジサイ／キブシ
すぃーくゎーしゃー　タチバナ
すぃーくゎうい　スイカ
ずぃーびら　ネギ
すいか　イタドリ／オカトラノオ／カタバミ／シュウカ
　　イドウ／スイバ
すいかぐさ　ワレモコウ
すいかしょ　スイバ
すいかずら　ノブドウ／ヤイトバナ
すいかっぽ　イタドリ
すいがっぽ　イタドリ
すいかっぽー　イタドリ
すいかっぽん　イタドリ
すいかのぽんぽん　スイバ
すいかもも　オウシュウスモモ／スモモ
すいかんずる　カキドオシ
すいかんと　オウシュウスモモ
すいかんとー　スイバ
すいかんぽ　イタドリ／カタバミ／スイバ
すいかんぽ　イタドリ／スイバ
すいかんぽー　イタドリ／カタバミ／スイバ
すいかんぽー　イタドリ
すいかんぽん　イタドリ
すいかんももー　オウシュウスモモ
すいき　スイバ
すぎ　スノキ／バクチノキ
ずいき　キブシ／サトイモ／シシウド
ずいきいも　サツマイモ／サトイモ
すいぎく　ギシギシ
ずいきも　サトイモ
すいきょー　スイバ
すいきんぽー　イタドリ
すいくき　スイバ
ずいくき　ズイキ
すいくきな　トウナ
すいくさ　カタバミ／スイバ
すいぐさ　イタドリ／ウツボグサ
すいくねく　クネンボ
すいくば　スイバ
すいくゎ　オカトラノオ／スイカ／スイバ
すいくゎのはな　コマツナギ
すいこ　イタドリ／カタバミ／スイバ
すいご　スノキ
ずいご　フクラモチ
すいこき　イタドリ／カタバミ／ギシギシ／スイバ
すいこぎ　スイバ
すいこくさ　カタバミ
すいこけ　スイバ
すいこげ　スイバ
すいこたんこ　イタドリ
すいこっのは　スイバ
すいこっぱ　カタバミ
すいこっぺ　イタドリ
すいこっぽ　スイバ
すいこっぽー　イタドリ
すいこのとー　スイバ

すいこば　スイバ
すいこばな　ウツボグサ
すいこみ　スイバ
すいこめ　カタバミ／スイバ
すいこん　イタドリ／スイバ
すいこんこ　スイバ
ずいこんざいこん　オオバコ
すいこんとー　スイバ
すいこんばいこん　オオバコ
すいこんばんこん　オオバコ
すいこんべ　スイバ
すいこんべー　スイバ
すいこんぽ　イタドリ／ギシギシ／スイバ
すいこんぽ　イタドリ
すいごんぽ　ギシギシ／スイバ
ずいこんぽ　ツクシ
すいこんぽー　イタドリ／カタバミ／スイバ
ずいこんぽさん　ツクシ
すいじ　イタドリ／ギシギシ／スイバ
すいしーば　スイバ
すいじくさ　スイバ
すいじこ　スイバ
すいじのとー　スイバ
すいしば　カタバミ／ギシギシ／スイバ／スノキ
すいしゃ　スイバ
すいじょ　スイバ
すいしょー　ジャノヒゲ
すいじん　スイバ
すいじんこ　スイバ
すいじんとー　スイバ
すいじんのて　カナムグラ／ミゾソバ
すいじんのら　カナムグラ
すいす　イタドリ／カタバミ
すいすい　イタドリ／ウツボグサ／カタバミ／ギシギシ／スイバ／スノキ／ダイオウ／チガヤ／ツユクサ／ネズミモチ／ムラサキカタバミ
ずいずい　ガクアジサイ／ズイナ／スイバ／ヒサカキ
すいすいかずら　スイカズラ
すいすいくさ　カタバミ
すいすいぐさ　オドリコソウ／カタバミ／スイカズラ／スイバ
すいすいこんぽ　イタドリ／カタバミ／ギシギシ／スイバ／ムラサキカタバミ
すいすいごんぽ　イタドリ／カタバミ／ギシギシ／スイバ
すいすいだま　ジュズダマ
すいすいだまぎー　ジュズダマ
すいすいとんぽ　ツクシ
すいすいば　イタドリ／カタバミ／ギシギシ／スイバ／スノキ

すいずいば　スイバ
すいすいばな　ウツボグサ／カタバミ／スイバ／タツナミソウ／ヒガンバナ
すいせん　タマスダレ／ホウセンカ
ずいせん　スイセン
ずいたけ　アミタケ
すいだしぐさ　ドクダミ
すいたな　イタドリ
ずいだま　ジュズダマ
すいたん　イタドリ
すいちょ　ノブドウ
すいちょー　ノブドウ
すいつきどんぐり　シリブカガシ
すいっちょ　ムラサキカタバミ
すいっぱ　イタドリ／カタバミ／スイバ／スノキ／ムラサキカタバミ
すいっぽ　スイバ
ずいっぽ　キブシ
ずいっぽー　キブシ
すいと　イタドリ
すいとー　イタドリ／ギシギシ／スイバ
すいどー　スイバ
すいとーきび　サトウキビ
すいとん　アミタケ
すいな　カタバミ／ギシギシ／スギナ／ツクシ
ずいな　ツクシ
すいなくさ　スギナ
すいなぐさ　カタバミ／スギナ
ずいぬきしば　キブシ
ずいね　ガマズミ
ずいねん　ガマズミ
すいのき　スノキ
ずいのき　ガクアジサイ／キブシ／ハコネウツギ／ヤマブキ
ずいのきしば　キブシ
すいのみ　シャシャンボ／ノブドウ
すいのみさん　スノキ
すいは　スノキ
すいば　イタドリ／カタバミ／ギシギシ／スイバ／スノキ／チガヤ／ムラサキカタバミ
ずいば　チガヤ
すいばー　ギシギシ
すいばかずら　スイカズラ
すいばす　スイバ
すいばとー　スイバ
すいばな　アキノタムラソウ／ウツボグサ／オドリコソウ／カタバミ／クサキョウチクトウ／スイカズラ／スイバ／スノキ／タツナミソウ／ビロードタツナミ／タニウツギ／ハコネウツギ／ヒガンバナ／ムラサキカタバミ

方言名索引 ● すいは

すいばなかずら　スイカズラ
すいばのかずら　スイカズラ
すいばら　スイバ
すいばり　ノブドウ
すいばん　イタドリ
すいび　イタドリ／エビヅル
すいひょー　ノブドウ
ずいべもも　モモ
すいべら　スイバ
ずいべら　ツルボ
すいべん　スイバ
すいぽ　スイバ
ずいぽー　ガクウツギ／キブシ／チガヤ
すいみ　スイバ／スノキ／ツルタデ／ナツハゼ／ノブドウ
すぃむがら　ツルソバ
ずいむしぐさ　ハコベ
すいめ　カタバミ／スモモ／ノブドウ
すいも　キクイモ
すいもくさ　スイバ
すいもぐさ　カタバミ／スイバ
すいもさ　イタドリ／スイバ
すいもの　イタドリ／カタバミ／スイバ／スノキ
すいものくさ　カタバミ
すいものぐさ　カタバミ／スイバ／タツナミソウ／ツユクサ
すいもも　スモモ
すいもん　カタバミ／スノキ
すいもんかずら　ツルソバ
すいもんぎ　スノキ
すいもんぐさ　カタバミ
すいもんさ　スイバ
すいり　セリ
すいりょーひば　イトヒバ
すいれん　ヒツジグサ
すいんぎく　シュンギク
すいんこ　イタドリ
すー　ダイダイ
すーか　スイカ
すーが　スイカ
ずーきー　デイゴ
ずーきいも　サトイモ
ずーぐい　ドングリ
すーぐさ　カタバミ
ずーくり　クヌギ
ずーぐり　クヌギ
すーぐゎ　スイカ
ずーずく　ジュズダマ
ずーつくべ　ツクシ
ずーつくめ　ツクシ
すーっぱし　スノキ

すーとりだいだい　ユズ
ずーにー　カラスムギ
ずーね　カラスムギ
すーのき　ヤマビワ
ずーのき　ニワトコ
すーばく　キハダ
すーび　イヌガヤ
すーぶ　トウガン
すーみ　ツルソバ
すーみずな　スベリヒユ
すーむじ　ハスイモ
すうめ　アンズ／スノキ／スモモ
すーめ　ツルソバ
すうめのき　スノキ
すーめん　スモモ
ずえ　エゴノキ
すえがん　スイカ
ずえきえも　サトイモ
すえくさ　カタバミ
すえたね　ナタネ
ずえとりき　キブシ
すえな　ナタネ
すえび　ヤマブドウ
すおー　イチイ
すおーのき　イチイ
すおじ　ヤチダモ
すが　スイカ
すかし　アミタケ／イタドリ／スイバ
すかしきのこ　アミタケ
すかす　スイバ
すかすか　イタドリ／カタバミ／スイバ
すかすかこ　カタバミ
すかた　スイバ
すかっぱ　イタドリ／スイバ
すかっぽ　イタドリ／スイバ
すかっぽん　イタドリ
すかどり　イタドリ／スイバ
すかな　イタドリ／ギシギシ／スイバ
すがな　スイバ／ツルボ／ヒガンバナ
すかなのぽんぽん　ツクシ
すがなのぽんぽん　ツクシ
すかばり　エンドウ
すかみ　イタドリ
すかもも　オウシュウスモモ
すかやなぎ　ヤマヤナギ
すがら　イヌブナ
すがわり　エンドウ
すかんく　カタバミ
すかんこ　イタドリ／カタバミ／スイバ／ママコノシリヌグイ

762

すかんじゃ　スイバ
すかんしょ　カタバミ
すかんすかん　スイバ
すかんと　スイバ
すかんどり　イタドリ
すかんば　スイバ
すかんぱ　スイバ
すかんぴょ　ハコベ
すかんべ　カタバミ／スイバ
すかんぺ　スイバ
すかんぽ　イタドリ／カタバミ／スイバ
すかんぽ　イタドリ／カタバミ／ギシギシ／シュウカイドウ／スイバ
すかんぽー　イタドリ／スイバ
すかんぽー　イタドリ
すかんぽん　イタドリ
すかんぽんぽ　イタドリ
すかんぽんぽん　イタドリ
すかんめ　スノキ
ずき　ウツギ
ずぎ　サトイモ／ツクシ
ずきいも　サトイモ
ずぎかのか　ツクシ
すきがら　アギナシ
ずきかんぴょー　ズイキ
すぎくさ　スギナ／ツクシ
すぎこぐさ　スギナ
すぎすぎぼーぽ　ツクシ
ずきずきぼーぽ　ツクシ
すぎすぎぽんこ　ツクシ
ずきつっぽ　ツクシ
すきで　ヤマビワ
すきとーり　オムロガキ
すぎとくさ　イヌドクサ
すぎな　コマツナ／ツクシ／ツユクサ／ミズスギ
すぎなえぐさ　スギナ
すぎなくさ　スギナ
すぎなぐさ　スギナ
すぎなっくさ　ツクシ
すぎなっこ　スギナ
すぎなのこ　ツクシ
すぎなのこーと　ツクシ
すぎなのこっこ　ツクシ
すぎなのこむすめ　ツクシ
すぎなのてんぽ　ツクシ
すぎなのと　ツクシ
すぎなのとー　ツクシ
すぎなのはな　ツクシ
すぎなぽーず　ツクシ
すぎねぐさ　スギナ

すぎの　ツクシ
すぎのくさ　スギナ
すぎのこ　ツクシ
すぎのご　ツクシ
すぎのと　ツクシ
すぎのとー　ツクシ
すぎのは　カワラマツバ
すぎのもりも　スギナ
すぎは　アレチノギク
すぎひのき　サワラ
すぎぼ　ツクシ
ずぎぼ　ツクシ
すぎぼさん　ツクシ
すぎぼし　ツクシ
ずきぼし　ツクシ
ずきぼしぐさ　スギナ
すぎぼす　ツクシ
すぎぼんさん　ツクシ
ずきぼんさん　ツクシ
すぎみ　ミヤマシキミ
すきより　ユリ
すぎんいも　サトイモ
すぎんぼ　ツクシ
ずく　クズ／ツクシ／ヤマモガシ
ずぐ　デイゴ
ずくい　デイゴ
すぐい　デイゴ
すぐい　スグリ
ずぐきー　デイゴ
すくさ　カタバミ／カナムグラ／スイバ
すぐさ　カタバミ／スイバ／スギナ
ずくさ　ツクシ
ずくさん　ツクシ
ずくし　スギナ／ツクシ
ずくしのき　イヌビワ
ずくしろ　ツクシ
ずくしんぽ　ツクシ
ずくずく　ツクシ
ずくずくし　ツクシ
ずくずくぼー　ツクシ
ずくずくぼーし　ツクシ
ずくずべ　ツクシ
すぐだみ　ドクダミ
ずくだみ　ドクダミ
ずくつくべ　タンポポ
すぐな　カタバミ
ずくなし　インゲンマメ／タニウツギ
ずくなしうつぎ　タニウツギ
ずくなしば　タニウツギ
ずくなしばな　タニウツギ
ずくにゅー　ユズ

方言名索引 ● すくね

ずくねんじょー	ツクネイモ／ナガイモ
すぐのき	ヤマビワ
ずくのき	ホルトノキ
ずくび	ツクシ
ずくべ	ツクシ
ずぐべ	ツクシ
すくぽ	スイバ
ずくほ	ツクシ
ずくぽ	ツクシ
ずぐぽ	ツクシ
ずくぽー	ツクシ
ずくぽーさん	ツクシ
ずくぽーし	スギナ／ツクシ
ずくぽさん	ツクシ
ずくぽし	ツクシ
ずくぽんさん	ツクシ
すぐみ	ツルグミ
ずくみ	ツクシ
すくも	アサガラ／アサダ／コハクウンボク／モクゲンジ
すくもかずら	カナムグラ／ボタンヅル
すくもぎ	アサガラ
すくもひずる	ヤエムグラ
すぐら	アマナ
すぐり	ヤブサンザシ
ずぐり	クヌギ
すぐりんぼ	スグリ
ずくろ	スズメノテッポウ
すぐろぎ	チャンチン／ヤマビワ
すぐわ	ヤマビワ
すぐゎ	スイカ
すぐゎん	スイカ
ずくんべ	ツクシ
ずくんぽ	スギナ／ツクシ
ずくんぽー	スギナ／ツクシ
ずくんぽーし	スギナ／ツクシ
ずくんぽし	ツクシ
すげ	アブラガヤ／イグサ／カサスゲ／カヤツリグサ／カンスゲ／シュンラン／タマガヤツリ／ハマスゲ
すけぁすけぁこ	カタバミ
すげぇ	カヤツリグサ
すけぐさ	オヒシバ
すけくさ	カヤツリグサ／チカラシバ
すげぐさ	ヒデリコ
すけごっかんぽー	イタドリ
すけど	シュウカイドウ
すげな	ツクシ
すけのこ	イタドリ
すげはくり	シュンラン
すげはっくり	シュンラン
すげはほくり	シュンラン
すげひえ	シコクビエ
すげぼくり	シュンラン
すげほこり	フジバカマ
すげも	アマモ
すけやんこ	スイバ
すご	ヤマビワ
すこき	インゲンマメ
ずこずこ	オオバコ／ツクシ
ずこずまい	センニンソウ
すこっ	ギシギシ
ずことばば	ツクシ
すごのき	ヤマビワ
すごばえ	ツクシ
すこばば	ツクシ
すごべ	ツクシ
ずこべ	ツクシ
すごべー	ツクシ
すごぼ	ツクシ
ずごぼ	ツクシ
すこぽー	スイバ
すこぽこ	ツクシ
ずこもこ	オオバコ
すごりくさ	ハコベ
すころ	キハダ
すごろ	ヨシ
すごろてん	テングサ
すころへ	キハダ
すごんぽ	スモモ／ツクシ
ずごんぽ	ツクシ
すごんぽー	スモモ
ずさ	アブラチャン／エゴノキ／ダンコウバイ／ハクウンボク
ずさき	アブラチャン／エゴノキ
ずさきしば	アブラチャン
ずさぐれ	アブラチャン
ずさだま	アブラチャン
ずさのき	エゴノキ／キブシ
ずさのぎ	エゴノキ
すじおばこ	ギボウシ
すしからし	カラシナ
すしぎ	クロモジ
すじくさ	カニクサ
すじぐさ	キランソウ／センリョウ／ナガハグサ／フウトウカズラ
すじぐみ	スグリ
すしこ	カワラケツメイ
すしこー	カワラケツメイ
すじこばな	ミズヒキ
すししば	アカメガシワ
すしたで	ハコネシダ

すじたで　ハコネシダ
すしちゃー　ススキ
ずしちゃー　トキワススキ
すじつなぎ　オオバコ
すじな　キョウナ
すしのき　アブラギリ
ずしのみ　ジュズダマ
すしば　アカメガシワ／スノキ
すしまめ　ゴガツササゲ
すしめのき　ヤブニッケイ
ずしもどき　トウゲシバ
すしゃ　エゴノキ
ずしゃ　アブラチャン／エゴノキ
すじゃくろ　ガマズミ
すじわたし　ソクズ
すしんざい　スイバ
すす　ササ
すず　ササ／ジュズダマ／チシマザサ／ナズナ
ずず　ユズ
すずいのき　カンコノキ
すすいば　スイバ
すずいば　カタバミ
すずいば　スイバ
すずうり　ゴキヅル
すずえのき　シロダモ／ヤブニッケイ
すずがき　マメガキ
すずかけ　コデマリ／ナズナ／ヒガンバナ／ユキヤナギ
すずかけばな　ヒガンバナ
すずかし　ソヨゴ
すずかや　ガマ
すずがや　ヒメコバンソウ
すずがらがら　ナズナ
すすき　イトススキ
すずき　ススキ
ずすき　トキワススキ
すすきあまき　サトウキビ
すすきさとぼー　サトウキビ
すすきにからまつ　カヤツリグサ
すすきばな　ウマゴヤシ
すずくさ　オキナグサ／ジュズダマ／ナズナ／ヒメコバンソウ／マツモ
すずぐさ　ナズナ／ヒメコバンソウ
すずくだけ　タケ
すすぐみ　アカバグミ／ツルグミ
すすくれにんじん　ニンジン
すずけぇそー　クリンソウ
すすこ　カワラケツメイ
すずこ　カワラケツメイ／ジュズダマ／ツクシ
ずずこ　カワラハハコ
ずずご　ジュズダマ
すすこー　カワラケツメイ
すすこぐさ　カワラケツメイ
ずすこぐさ　ザクロソウ
すすこちゃ　カワラケツメイ
すずこばな　アセビ
すずこまめ　クサネム
すすじくさ　ソバ
すずしば　アカメガシワ
すずしろ　ダイコン／タガラシ
すずすんぐり　フサスグリ
すずだけ　ヤダケ
すすたま　キツネノカミソリ／スズラン
すずだま　ジャノヒゲ／ジュズダマ／ヒガンバナ
ずずだま　キツネノカミソリ／ジャノヒゲ／ジュズダマ／ハトムギ／ヒガンバナ
すすっ　ススキ
すすっかや　ススキ
すずっこ　ジュズダマ
すずな　タガラシ／タネツケバナ
すずなり　ウマノスズクサ／タケニグサ／ミヤマニガウリ／リョクトウ
すずなりいちご　エビガライチゴ
すすぬち　ソヨゴ
すずのき　ツリバナ
ずずのき　ムラサキシキブ
すすのだけ　スズタケ
すずのみ　ジャノヒゲ
ずずのみ　ジャノヒゲ
ずすばい　オオジシバリ
すずはぎ　シロダモ
すずはな　ツリガネニンジン／ヒメコバンソウ／ムラサキツユクサ
すずばな　ヒガンバナ
ずずばな　ジュズダマ
ヒガンバナ
すずばん　ヒガンバナ
ずずばん　ヒガンバナ
すずばんめ　ヒガンバナ
すずふりくさ　トウダイクサ
すずふりぐさ　ノウルシ
すずふりばな　トウダイクサ
すすべ　ヤブニッケイ
すすべー　シロダモ
ずすべり　オオジシバリ
すすべりのき　アオダモ
ずすぼーし　ツクシ
すずまのやり　スズメノヤリ
すずまめ　ミヤコグサ
すすみ　ガマズミ
すすみぐみ　ウグイスカグラ

すすむぎ　カラスウリ
すずむぎ　エンバク／カラスムギ
すずむしくさ　ツユクサ
すずむしぐさ　ツユクサ
すずむしそー　ツユクサ
すずめあわ　エノコログサ
すずめいたや　ミツデカエデ
すずめいちご　ウグイスカグラ
すずめうり　カラスウリ
すずめおどろ　ツクバネウツギ
すずめがくし　イボタノキ
すずめかご　カタバミ
すずめかずら　スイカズラ／ボタンヅル
すずめかたんこ　スミレ
すずめぎ　イヌツゲ
すずめくさ　ウマゴヤシ／カタバミ／スイバ／ツユクサ／ハコベ
すずめぐさ　ウシハコベ／カタバミ／スズサイコ／スズメノカタビラ／スズメノヤリ／ツメクサ／ハコベ
すずめぐみ　ウグイスカグラ
すすめげさ　カタバミ
すずめこーじょー　ツルソバ
すずめごーじょー　ツルソバ
すずめごみ　ウグイスカグラ
すずめしっかな　カタバミ
すずめすかんこ　カタバミ
すずめだらこ　ナズナ
すすめち　ソヨゴ
すずめっこいたや　ミツデカエデ
すすめなべ　ガガイモ
すずめのあいきょー　カタバミ
すずめのあしがらみ　カタバミ
すずめのあわ　エノコログサ／スズメノヤリ
すずめのうり　ゴキヅル／スズメウリ
すずめのえぼ　スズメノヤリ
すずめのえんどー　クサフジ
すずめのおこめ　コメガヤ
すずめのおさがり　カタバミ
すずめのおどりこ　ヒメコバンソウ
すずめのおはぐろ　カラスビシャク
すずめのかいろ　カタバミ
すずめのかえちょ　カタバミ
すずめのかんしょ　カタバミ
すずめのかんしょー　カタバミ
すずめのき　ヤブニッケイ
すずめのき　イヌガシ／シロダモ
すずめのきんちゃく　ナズナ
すずめのこーよ　カタバミ
すずめのこまくら　スズメノヤリ
すずめのこめ　スズメノヤリ／ミノゴメ
すずめのさいこ　カタバミ
すずめのさかずき　カタバミ
すずめのさんしょー　カタバミ
すずめのしきゃんこ　カタバミ
すずめのしそ　カタバミ
すずめのしっかな　カタバミ
すずめのすいこ　カタバミ／スイバ／ハコベ／ヒメスイバ
すずめのすいこん　カタバミ
すずめのすかし　カタバミ
すずめのすかんこ　カタバミ
すずめのすかんぽ　カタバミ
すずめのすけあんこ　カタバミ
すずめのたちばし　ケマンソウ
すずめのだらこ　ナズナ
すずめのだんご　スズメノヤリ
すずめのちょーちん　カタバミ／チチコグサ
すずめのちょんちょん　カタバミ／チチコグサ
すずめのつかもり　カタバミ
すずめのてっぽー　エノコログサ
すすめのなべ　ガガイモ
すずめのはかま　カタバミ／カナムグラ／スイバ／スズメノヤリ
すずめのはこべ　カラスビシャク
すずめのばき　カタバミ
すずめのははこ　カタバミ
すずめのははご　カタバミ
すずめのばんどり　アワゴケ
すずめのばんどる　アワゴケ
すずめのひえ　スズメノヤリ
すずめのひしゃく　カラスビシャク
すずめのまくら　イヨカズラ／ガガイモ／チチコグサ
すずめのみ　カモジグサ／ツメクサ
すずめのもり　ツクバネ／ツクバネウツギ
すずめのやり　スズメノヤリ
すずめのわかい　シメジ
すずめはぎ　センブリ／ヒメハギ
すずめばな　ヒガンバナ
すずめぼーこー　チチコグサ
すずめまめ　スズメノエンドウ
すずめむぎ　カモジグサ
すずめんぐさ　ハコベ
すずも　ヒシ／マツモ
すずらん　アセビ／アマドコロ／イチヤクソウ／エビネ／ギンラン／チゴユリ
すすりばな　ウツボグサ
すずれぎ　カンコノキ／ヤブニッケイ
すずんばな　ヒガンバナ
そ　シソ
すそっぱ　シソ
すそまめ　ソラマメ

すそやけ　タケニグサ	ずっこばば　ツクシ
すた　スイバ	すっこべ　イタドリ／オオバコ
すだ　ウラジロ／コナラ／シダ／スダジイ／バリバリノキ	ずっこべ　ツクシ
ずた　イチジク	すっこべー　イタドリ
ずだ　ツクシ／ミズナラ	ずっこべー　ツクシ
ずだぐり　ドングリ	ずっこぼ　ツクシ
すだけ　スズタケ	ずっこぼさい　ツクシ
すだしー　スダジイ	ずっこぼさん　ツクシ
すだじー　スダジイ	すっころてんぐさ　テングサ
すだた　シダレヤナギ	ずっこんべ　ツクシ
すだね　タニウツギ	ずっこんぽ　ツクシ
すだねぬき　タニウツギ	すっこんぽー　スギナ
すだねばな　タニウツギ	すっさ　アオノクマタケラン
すだのき　カゴノキ／タニウツギ	すっしゃ　ギシギシ
すだのばな　タニウツギ	ずっつべー　ツクシ
すだのみのはな　タニウツギ	すってん　アサガラ
すだみ　ドングリ	ずっとこばば　ツクシ
すだみころ　ドングリ	すっな　ツルボ
すだめ　ドングリ	すっぱ　イタドリ／カタバミ／スイバ／スノキ
すだら　ヤブニッケイ	すっぱいぽん　イタドリ
すだれ　タニウツギ	すっぱぐさ　カタバミ／スイバ
すだんぽ　ドングリ	すっぱしょー　スイバ
すちな　オニノヤガラ	すっぱすっぱ　シュウカイドウ
すっかい　カタバミ	すっぱら　イガホオズキ
すっかし　スイバ	すっぱん　イタドリ
すっかな　スイバ	すっぺのき　ヤブニッケイ
すっかぽー　スイバ	すっぽ　イタドリ
すっかん　イタドリ／スイバ	すっぽー　イタドリ
すっかんしょ　カタバミ	ずっぽー　キブシ
すっかんぽ　イタドリ／スイバ	ずっぽーのき　キブシ
すっかんぽ　イタドリ／カタバミ	すっぽかっぽ　スイバ
すっかんぽー　イタドリ	すつぼぐさ　スイバ
すっかんぽー　イタドリ／スイバ	すっぽくさ　スイバ
すっかんぽっち　イタドリ	すっぽこ　イタドリ
すっかんぽん　イタドリ	すっぽん　イタドリ／ガクウツギ／キブシ／スズメノテッポウ／ヤマブキ
ずっき　ヤマブキ	すっぽんくさ　アサザ
ずっくい　バイケイソウ	すっぽんこ　ニワトコ
すっくび　ツクシ	すっぽんすいか　イタドリ
ずっくび　ツクシ	すっぽんそー　マツバボタン
すっくべ　ツクシ	すっぽんだい　イタドリ
すっくべ　ツクシ	すっぽんてん　マツバボタン
ずっくべ　ツクシ	すっぽんのかがみ　トチカガミ
ずっくらばん　ヤシャブシ	すっぽんのかさ　トチカガミ
すっくるべ　ツクシ	すっぽんのき　タニウツギ
ずっくるべ　ツクシ	すっぽんのたで　イヌタデ
すっくんぽ　ツクシ	すっぽんぽん　イタドリ／イタヤカエデ／ヤマブキ
すっくんぽー　スイバ	すっぽんもく　アサザ
ずっこ　ツクシ／ハハコグサ	ずっんきのこ　ツクシ
すっこのぎ　キハダ	すてぃたー　ソテツ
すっこのへ　キハダ	

すてぎ アサガラ	すぬけむぎ オオムギ
すてぐさ オノマンネングサ／ニシキソウ／ベンケイソウ	すねかき ヤエムグラ
すてこくさ ヒガンバナ	ずねじ カラスムギ
すてこのはな ヒガンバナ	すねべな スベリヒユ
すてごのはな ヒガンバナ	すねもも スモモ
すてこばな ヒガンバナ	すねりべ スベリヒユ
すてごばな ヒガンバナ	ずねんご カラスムギ
すてごびる ノビル	ずねんごー カラスムギ
すてこびろ ノビル	すのき アワブキ／コナラ／スノキ／ネジキ／ヤマビワ
すてっぽー アマナ／カタクリ	ずのき キブシ／ヌルデ
ずでんぽ ドングリ	すのさ カタバミ
すどーし アミタケ	すのは シソ／スイバ
すどけ モミジガサ／モミジハグマ	すのぶ ギシギシ
すどばな スズメノテッポウ	すのべ ギシギシ
すどばな スズメノテッポウ	すのべ ギシギシ
すどみ クサボケ	すのみ ヌルデ
すどめ クサボケ	ずば チガヤ
すどり ユズ	すばいもも モモ
すどりぐさ イワニガナ	ずばいもも モモ
すとんこのはな ヤマブキ	ずばき キブシ
すとんこはな ヤマブキ	すばしりごぼー フジアザミ
ずな アブラチャン／ハルニレ	すばな スイカズラ
すないちご イワシ	ずばな チガヤ
すないも ジャガイモ	すばべり ホウセンカ
ずなえ エゴノキ	すばむん オオムギ
すなえも ジャガイモ	すび エビヅル／カサスゲ
すなか ツルボ	ずびぁこ モモ
ずながっぽ ムベ	ずびうり シロウリ
すなくさ スギナ	ずひき ギボウシ
すなし オオウラジロノキ／ズミ／マルメロ	すびび スベリヒユ
すなじー スダジイ	すびや モモ
すなずき オヒョウ／ケヤキ	すびら ツルボ／ヒガンバナ
すなっくい カラスビシャク	すびらのはな ヒガンバナ
すなどめ ヒメヤシャブシ／ヤシャブシ	すびり スベリヒユ
すなどり エノコログサ	すぶい トウガン
すなのいも ジャガイモ	すぶいぐさ オオバコ
ずなのき オヒョウ	すぶき ギボウシ
すなび ドングリ	ずぶた ドングリ
すなびこ スイバ	ずぶな チガヤ
すなべ ドングリ	すぶり トウガン
すなみご ドングリ	すぶる ユウガオ
すなもぐり イシモチソウ	すべ キヌガワミカン／ムベ
すなもち ツゲモチ	すべーび スベリヒユ
すなもちそー イシモチソウ	ずべーもも モモ
すなもぶり イシモチソウ	ずべごけ ナメコ
すなやぼ クスドイゲ	すべた ヒメシャラ
ずにー カラスムギ	ずべたけ ヌメリイグチ
ずぬき キブシ／ヌルデ	すべな キョウナ／レタス
ずぬきしば キブシ	ずべな フダンソウ
	すべべ カラスノエンドウ／スズメノエンドウ

すべみかん　キヌガワミカン	ずぼーなー　チガヤ
ずべもたせ　ナメコ	すほーのき　イチイ
ずべもも　モモ	ずぼかや　チガヤ
すべら　スベリヒユ	ずぼき　キブシ
すべらしょー　スベリヒユ	ずぼずぼのき　エゴノキ
すべらびー　スベリヒユ	すぼとみ　クマノミズキ／ミズキ
ずべらびー　スベリヒユ	ずぼな　チガヤ
すべらびゅ　スベリヒユ	ずぼん　ナツミカン
すべらひょ　スベリヒユ	ずぼんな　チガヤ
すべらひょー　スベリヒユ	すぽんぽ　スモモ
すべらびょー　スベリヒユ	ずぽんぽ　スモモ
すべらべー　スベリヒユ	すま　サツマイモ
すべらべーろ　スベリヒユ	すまがす　カマツカ
すべらべった　スベリヒユ	すまる　アブラチャン
すべらべら　スベリヒユ	ずみ　アキグミ／ウラジロノキ／オオウラジロノキ／オオカメノキ／ガマズミ／グミ／スノキ／ズミ／ナツグミ／ナワシログミ／ホルトノキ／ミヤマガマズミ
すべらべろ　スベリヒユ	
すべらへん　スベリヒユ	
すべらんしょ　スベリヒユ	
すべらんそー　スベリヒユ	すみがら　ツルソバ
すべらんちょ　スベリヒユ	すみかん　ユズ
すべらんひょー　スベリヒユ	すみだら　ハリギリ
すべり　ガクウツギ／スベリヒユ／ナツツバキ／ヒメシャラ／マツバボタン	すみつなぎ　オオバギ
	すみな　ツルボ
すべりぎ　ニワトコ	すみよしぐさ　ミズワラビ
すべりぐい　スベリヒユ	すみら　アマナ／カタクリ／スミレ／ツルボ
すべりくさ　スベリヒユ	すみれ　ウツボグサ／スミレ／タチツボスミレ
すべりぐさ　スベリヒユ	すむがら　ツルソバ
すべりしょー　スベリヒユ	すむな　ネギ
すべりそー　スベリヒユ	ずむな　チガヤ
すべりっぴょ　スベリヒユ	すめちょ　クルミ
すべりのき　ナツツバキ／ヒメシャラ	すめひょー　スベリヒユ
すべりひー　スベリヒユ	すめらひゆ　スベリヒユ
すべりびー　スベリヒユ	すめりびー　スベリヒユ
すべりびーな　スベリヒユ	すめりびーば　スベリヒユ
すべりびぇ　スベリヒユ	ずめりひーば　スベリヒユ
すべりびな　スベリヒユ	すめりびゅ　スベリヒユ
すべりひょ　スベリヒユ	すめりひょー　スベリヒユ
すべりひょー　スベリヒユ	すもーぐさ　メヒシバ
すべりひょーな　スベリヒユ	すもーといばな　スミレ
すべりぶい　スベリヒユ	すもーとり　オオバコ／カヤツリグサ／スミレ
すべりべー　スベリヒユ	すもーとりくさ　カヤツリグサ／スギナ／メヒシバ
すべりべな　スベリヒユ	すもーとりぐさ　オオバコ／オヒシバ／スミレ／ナズナ／メヒシバ
すべりみかん　キヌガワミカン	
すべるびー　スベリヒユ	すもーとりそー　スミレ
すべろ　スベリヒユ	すもーとりのき　ミズキ
すぽ　ネジキ	すもーとりばな　オオバコ／スミレ／ツメクサ
ずぽ　チガヤ	すもーどりばな　スミレ
すぽー　チガヤ	すもーとりばなこ　スミレ
ずぽー　チガヤ	すもーとりわな　スミレ
ずぽーな　チガヤ	すもーばな　スミレ
	すもぐみ　アキグミ

方言名索引 ● すもつ

すもっとー　ハコネウツギ
すもっとり　オオバコ
すもっとりくさ　スミレ
すもといぐさ　スミレ
すもといばな　スミレ
すもとーばな　スミレ
すもとっぱな　スミレ
すもとり　ウツボグサ／オオバコ／オヒシバ／スミレ／ハコベ／ミズキ
すもどり　ハコベ
すもとりくさ　イワニガナ／オヒシバ／カヤツリグサ
すもとりぐさ　イグサ／オオバコ／オヒシバ／カヤツリグサ／スミレ／ナズナ／ネジバナ／ハコベ／メヒシバ
すもとりげんげ　スミレ
すもとりそー　オヒシバ
すもとりにんぎょー　スミレ
すもとりのき　ミズキ
すもとりばな　ゲンゲ／スミレ／メヒシバ
すもとりはなこ　スミレ
すもとりばなんこ　スミレ
すもとるぐさ　スミレ
すもとるばな　スミレ
すもふりばな　ウメバチソウ
すもも　カタバミ
すももぐさ　カタバミ
すもんとり　オオバコ／スミレ
すもんとりくさ　カヤツリグサ／スミレ
すもんとりぐさ　オオバコ／スミレ／メヒシバ
すもんとりばな　スミレ
すもんぽ　スモモ
すもんぽー　スモモ
ずゆきいも　サトイモ
すらだま　ジュズダマ
すらら　カワラケツメイ
ずり　ウバユリ／カタクリ／クズ
すりいも　ナガイモ
すりえぐさ　ハコベ
すりからし　カラシナ
すりがらし　カラシナ／トウガラシ
すりかんぽ　スイバ
ずりきび　キビ
ずりぎび　モロコシ
すりこんぽ　ギシギシ／スイバ
すりごんぽ　ギシギシ
すりこんぽー　ギシギシ
すりごんぽー　ギシギシ
すりすりこんぽ　スイバ
ずりぱ　ノコギリソウ
すりばちれんだ　クサソテツ／ヤマソテツ
すりびる　スベリヒユ

ずる　ヒイラギ
するがひえ　シコクビエ
ずるずるいも　ツクネイモ／ナガイモ
ずるずるびー　スベリヒユ
するちょ　ノブドウ
するびる　スベリヒユ
するべ　シロダモ
するぽ　サトウモロコシ
するむしる　オオタニワタリ
ずるり　クログワイ
ずるりっこ　シメジ
するりん　クログワイ
ずるりん　クログワイ
ずるんさい　ジュンサイ
ずわ　チガヤ
ずわはき　アワブキ
すわりかぶ　カブ
ずんぐい　ドングリ
ずんぐいじー　ドングリ
ずんぐり　クヌギ／ドングリ
ずんぐりかぶ　カブ
すんこ　カタバミ
すんごろめ　サルトリイバラ
ずんずく　スギナ
ずんずくし　スギナ／ツクシ
ずんずくしょ　スギナ
ずんずくぽー　ツクシ
ずんずくぽーし　スギナ
ずんずこ　ツクシ
ずんだぐり　ドングリ
ずんだべー　ドングリ
ずんだみ　ドングリ
ずんだらべー　スベリヒユ
ずんだんぐり　ドングリ
ずんだんご　ドングリ
ずんだんぽ　ドングリ
すんちこばな　アズマイチゲ
ずんつこ　ツクシ
すんな　ツルボ
すんなんもともと　スギナ
すんば　チガヤ
ずんば　スズメノヤリ／チガヤ
ずんばい　チガヤ／モモ
ずんばいもも　モモ
ずんばいもんも　モモ
ずんばぇー　チガヤ
すんばこくさ　カタバミ
ずんばら　チガヤ
ずんばらこ　チガヤ
ずんべ　モモ

すんべーもも　モモ
ずんべぇろ　ウバユリ
ずんべぴー　スベリヒユ
すんべもも　モモ
ずんべもも　モモ
ずんべらこー　ツクシ
ずんべらびー　スベリヒユ
ずんべらひょー　スベリヒユ
ずんべらびょー　スベリヒユ
ずんべらぼ　スベリヒユ
すんぽ　オオムギ
ずんぽ　アズキナシ
ずんぽ　イヌビワ／ズミ／チガヤ
ずんぽうつぎ　ムラサキシキブ
ずんぽー　チガヤ
ずんぽこ　ツクシ
ずんぽな　チガヤ
ずんぽのき　オオウラジロノキ／ズミ
ずんぽろ　サルトリイバラ
すんめ　スモモ
ずんめ　ガマズミ

【せ】

せあがず　サイカチ
せい　セリ
せいがじ　サイカチ
せいかち　サイカチ
せいき　イタドリ
せいきち　カノツメソウ
せいきゅー　イヌザクラ
せいず　イタドリ
せいだ　ジャガイモ
せいだいも　ジャガイモ
せいだえも　ジャガイモ
せいたか　オオハルシャギク／オオハンゴンソウ／シオン
せいだか　クサキョウチクトウ／シラン
せいたかきび　トウモロコシ
せいたかぐさ　カラマツソウ
せいたかば　シオン
せいだら　ハリギリ
せいぬき　ハリギリ
せいねい　キキョウ
せいのは　セリ
せいよいずご　オランダイチゴ
せいよーあおい　テンジクアオイ
せいよーあさがお　ツクバネアサガオ
せいよーいちご　オランダイチゴ
せいよーえちご　オランダイチゴ
せいよーかぼちゃ　カボチャ

せいよーぜり　オランダガラシ
せいり　セリ
せいりくさ　ハルシャギク
ぜーがひげ　ヤブラン
せーき　オオバセンキュウ／シシウド／ノダケ
せーきょーざくら　イヌザクラ
せーきんぽー　イタドリ
せーさい　タカナ
せーじ　イタドリ
せーず　イタドリ
せーせだま　ジュズダマ
せーそ　アオジソ
せーそー　アオジソ／タデ
せーだ　ジャガイモ
せーだいいも　ジャガイモ
せーだいも　ジャガイモ
ぜーだいも　ジャガイモ
せーたか　コスモス／シオン
せーたかきび　トウモロコシ／モロコシ
せーたかきみ　モロコシ
せーだかきみ　モロコシ
せーたかぐさ　アレチノギク
せーたかのっぽ　キリンソウ
せーたかべろべろ　シオン
せーだゆー　ジャガイモ
せーだゆーいも　ジャガイモ
せーだら　カラスザンショウ
せーたろー　ダイズ
せーだんぽー　ジャガイモ
せーどー　リンドウ
せーねー　キキョウ
せーはだ　ウダイカンバ
せーふな　ツバナ
せーふら　ツバナ
せーぼいも　ジャガイモ
せーま　シャリンバイ
せーよいも　ジャガイモ
せーよーあさ　ツナソ
せーよーあじうり　マスクメロン
せーよーあずき　ササゲ
せーよーいちご　オランダイチゴ
せーよーいも　キクイモ／ジャガイモ
せーよーうど　アスパラガス
せーよーうり　マスクメロン
せーよーおーあまとーがらし　ピーマン
せーよーかぶ　スウェーデンカブ
せーよーからし　ワサビダイコン
せーよーがんび　マツモトセンノウ
せーよーぎり　アオギリ
せーよーぐいび　トウグミ

せーよーぐみ　トウグミ
せーよーごしょー　ピーマン
せーよーこぬかくさ　コヌカグサ
せーよーごぼー　バラモンジン
せーよーすぐり　フサスグリ
せーよーぜり　オランダガラシ／パセリ
せーよーそで　アスパラガス
せーよーそて　アスパラガス
せーよーそでこ　アスパラガス
せーよーたけのこ　アスパラガス
せーよーちしゃ　リュウゼツサイ／レタス
せーよーつつじ　レンゲツツジ
せーよーとーがらし　ピーマン
せーよーとーきび　サトウキビ
せーよーな　セロリ／タイサイ
せーよーなす　トマト／ハヤトウリ
せーよーなすっ　トマト
せーよーなすび　トマト
せーよーなんばん　ピーマン
せーよーにんにく　リーキ
せーよーねぎ　タマネギ／リーキ
せーよーねなし　マツバギク
せーよーぶどー　フサスグリ
せーよーほーずき　ショクヨウホオズキ
せーよーみつば　セロリ
せーよーむぎ　ライムギ
せーよーめろん　マスクメロン
せーよーやなぎ　ポプラ
せーよーらまこ　シロツメクサ
せーよーれんげ　シロツメクサ
せーらいも　ジャガイモ
せーらん　ムシャリンドウ
せーり　セリ
せーりっぱ　セリ
せーろばな　ミソハギ
せかいそー　オキナグサ
ぜかいそー　オキナグサ
ぜがいそー　オキナグサ
せかち　サイカチ
せぎ　ハナウド
せきざくら　コブシ
せきしょ　セキショウ
せきしょー　ニワゼキショウ
せきしょーぶ　セキショウ／ニワゼキショウ
せきずく　セキチク
せきぞろ　ウラジロ
せぎぞろぐさ　ヤブソテツ
せきだかずら　テイカカズラ
せきだぐさ　クサソテツ／コタニワタリ／ワラビ
せきちく　カワラナデシコ／ナデシコ

せきとーばな　ウツボグサ
せきとりそー　スミレ
せきどろ　ウラジロ
せきな　ニリンソウ
せきはんぐさ　イヌタデ／ミズヒキ
せきばんふき　スイセンノウ
せきむらさき　ツリフネソウ
せきらん　セッコク
せきりぐさ　ゲンノショウコ／ヒキオコシ
せきりのはな　ヒガンバナ
せきりばな　ゲンノショウコ
せきりゅー　テイカカズラ
せきりゅーと　テイカカズラ
せくじ　クララ
ぜくじ　クララ
せくはち　シャリンバイ
せこ　ミシマサイコ
せこんどばな　ヒャクニチソウ
せせぼ　アセビ
せせんびき　スミレ
せせんぴき　スミレ
せせんぶきぶき　スミレ
せそび　ヒガンバナ
せたおにんじん　ハマゼリ
せだおにんじん　トチバニンジン
せだか　シオン
せたかきび　モロコシ
せたかむぎ　ライムギ
せたんに　イヌブナ
せちあざみ　サワアザミ
せちば　ハンノキ
せついちご　モミジイチゴ
せっかいな　タイサイ
せっかこー　ハクサンボク
せっきねぎ　ヤグラネギ
せっくり　シュンラン
せっけん　エゴノキ
せっけんくさ　ヨメナ
せっけんぐさ　ユウガギク／ヨメナ
せっけんのき　エゴノキ
ぜっけんめっこん　オオバコ
せつささげ　ササゲ／ジュウロクササゲ／ハタササゲ
せっしゅ　セキショウ
せっそー　セキショウ
せっとーうつぎ　ハコネウツギ
せっとーまめ　ウズラマメ
せつばな　ヤマボウシ
せつび　ヒガンバナ
せつぶ　ホドイモ
ぜっぷ　カシュウイモ

せつぶんざくら ヒカンザクラ
ぜっぽー カシュウイモ
せつまめ ササゲ／ジュウロクササゲ／ハタササゲ
せとうち ササゲ／ジュウロクササゲ／ハタササゲ
せとで ヤマノイモ
せなー ウド
ぜに マメヅタ
ぜにあおい カンアオイ
ぜにいも ツクネイモ／ナガイモ
ぜにがし リンボク
ぜにかずら テイカカズラ
ぜにがだ ヒナギク
ぜにかねしば アセビ／ウバメガシ
ぜにぎく リュウノウギク
せにくさ カキドオシ
ぜにくさ イチヤクソウ／カキドオシ／カタバミ／スイバ／チドメグサ／マメヅタ／ユキノシタ
ぜにぐさ ウキクサ／カキドオシ／カタバミ／キツネノボタン／スベリヒユ／チドメグサ／ツボクサ
ぜにくも トチカガミ
ぜにげ イヌツゲ
ぜにこ カタバミ／チガヤ
ぜにご タチアオイ／マメヅタ
ぜにこくさ オオハルシャギク
ぜにごけ ヒメチドメグサ／マメヅタ
ぜにしば テイカカズラ
ぜにすだ マメヅタ
ぜにつた テイカカズラ
ぜにつなぎ トウダイクサ
ぜにっぱ ヤマアジサイ
ぜにつりくさ ミセバヤ
ぜにのき クジャクシダ
ぜにばな ハルシャギク／フシグロセンノウ／ヤマツツジ
ぜにぶた マメヅタ
ぜにまき コウヤマキ
ぜにみがき カタバミ
ぜにも コアマモ
ぜにもく アサザ
せぬき ハリギリ
せぬぎ ハリギリ
せの ヤダケ
せのき タラノキ／ハリギリ
せのぎ ハリギリ
せびせび ガマズミ
せぶ ニガカシュウ
せみのき メグスリノキ
せやみ インゲンマメ
せやみささげ インゲンマメ
せやみじゅーろく インゲンマメ
ぜりしだ ユキノシタ

せりもどき キツネノボタン
せる セリ／ニンニク
せろ セリ
ぜろたばこ チョウセンアサガオ／トウゴマ
せん ハリギリ
せんかいかぶ スウェーデンカブ
せんかんそー ヤクシソウ
せんきぐさ キンミズヒキ／ナンバンギセル
せんきぐすり アキカラマツ
せんきばな セリモドキ
せんきびる ニンニク
せんきゅーざくら イヌザクラ
せんきょ ツクシゼリ
せんきりな キョウナ
せんぐさ ゲンゲ／ワケギ
ぜんぐさ ツボクサ
せんこ アオガシ／スズメノテッポウ／ゼンマイ／ダイズ
せんご ゼンマイ／ソヨゴ
ぜんご ゼンマイ
ぜんごい カラスウリ
せんこうはなび ミズヒキ
せんこうわらび ゼンマイ
せんこー ゼンマイ／ノグルミ
ぜんこー ゼンマイ
せんこーじいも ジャガイモ
せんこーたけ ホウキタケ
せんこーたぶ タブノキ／ヤブニッケイ
せんこーのき ノグルミ
せんこぎ アオガシ
せんこく セッコク
せんごく フジマメ
せんごくまめ インゲンマメ／セッコク／ハッショウマメ／フジマメ
ぜんこじいも ジャガイモ
せんこたぶ タブノキ／ヤブニッケイ
せんこばな ヒガンバナ
せんこはなび カヤツリグサ
せんごばら サルトリイバラ
ぜんごわらび ゼンマイ
せんさいごーろ ヒガンバナ
ぜんざわらび ゼンマイ／ワラビ
せんじ アセビ
せんしか キンマクワ／ギンマクワ／マクワウリ
せんしちな キョウナ／ミズナ
せんしば テイカカズラ
せんじまめ インゲンマメ
せんじゅー ヤブコウジ
ぜんじょーまつ オオシラビソ／シラビソ
せんずい コクサギ
せんすいな ミズナ

せんすいも	ツクネイモ／ナガイモ
せんすじ	ミズナ
せんすじな	ミズナ
せんすじねぎ	ワケギ
せんすじまな	ミズナ
せんずねぎ	ワケギ
せんずる	ボタンヅル
ぜんぜぐさ	カタバミ
ぜんぜんかずら	イタビカズラ／テイカカズラ
ぜんぜんぐさ	カタバミ
ぜんぜんこぼこぼ	ヤマグワ
ぜんぜんごぼごぼ	ヤマグワ
せんそーぐさ	ヒメジョオン／ヒメムカシヨモギ
せんそーたばこ	チョウセンアサガオ
ぜんそくたばこ	チョウセンアサガオ
せんだ	イイギリ
せんだい	センダン
せんだいいも	ジャガイモ／ナガイモ
せんだいかぶ	スウェーデンカブ
せんだいぎく	エゾギク
せんだいささげ	インゲンマメ／ハッショウマメ
せんだいも	ジャガイモ
せんだいもち	モチノキ
せんだち	ヒガンバナ
せんたぶ	ヤブニッケイ
せんだま	ヒガンバナ
せんだゅーいも	ジャガイモ
せんだゅーいも	ナガイモ
ぜんだゅーいも	ジャガイモ
せんだら	サカキ
せんだん	ゴンズイ／ネムノキ／ノグルミ／ハリギリ／ヤブニッケイ
せんだんぎり	キササゲ
せんだんくゎ	ヒャクニチソウ
せんだんのき	キササゲ
せんだんま	ヒガンバナ
せんだんまー	ヒガンバナ
せんちぎ	クサギ
せんちゃ	アセビ
せんちんぐさ	ドクダミ
せんつば	ハラン
せんどーぐさ	ヒメジョオン
せんとく	ナタネ
ぜんとく	アブラナ
せんとび	ヌスビトハギ
せんなのほーずき	イヌホオズキ
せんなり	ハヤトウリ／リョクトウ
せんなりうり	ハヤトウリ
せんなりがき	マメガキ
せんにちこ	センニチコウ

せんにちこー	サルスベリ
せんにちばな	サルスベリ
せんにちばら	ハリギリ
せんにんかずら	センニンソウ
せんにんそー	ギシギシ／コマクサ
せんにんたけ	ゲンノショウコ
せんにんたすけ	ゲンノショウコ
せんにんのひげ	サルオガセ
せんにんびき	ナギ
せんにんりき	ナギ
せんねんそー	オノマンネングサ
せんねんだけ	マンネンタケ
せんの	ワサビ
せんのき	アブラギリ／ハリギリ
ぜんのき	ゼンマイ
せんば	オオカラシ／タカナ／ツノハシバミ
せんぱ	ツクバネガシ
せんばい	ハマヒサカキ
せんぱかし	ツクバネガシ
せんぱがし	ツクバネガシ／ハナガガシ
せんぱく	ヒノキ
せんばた	チガヤ
ぜんばづのはな	ヒツジグサ
せんばな	タカナ
ぜんばな	フシグロセンノウ
せんびき	センダン／ナギ
せんぶ	カシュウイモ
ぜんぶ	カシュウイモ／ホドイモ
せんふぃ	センブリ
せんぶき	アサツキ／ワケギ
せんぷき	ラッキョウ
せんふくそー	サワオグルマ
せんぶつ	ツメクサ
せんぶっ	ゲンゲ
せんふり	センブリ
せんぶり	クチナシ／クララ／ゲンノショウコ／ミヤマトベラ
せんぷり	センブリ
ぜんべ	ゼンマイ
せんべい	ゴマギ
せんべくさ	アカザ
せんべぐさ	アカザ
せんべへご	イノデ
ぜんぽ	カシュウイモ
せんぽー	ハマゴウ
せんぽー	タカノツメ
ぜんぽー	カシュウイモ
せんぽく	クチナシ
せんぽろ	マメガキ
せんぽろがき	マメガキ

せんぼん	マメガキ	ぞーげ	ムクゲ
せんぼん	イタドリ	そーけぐさ	ドクダミ
せんぼんかぶ	キョウナ	そーざ	ノゲシ
せんぼんぎ	アブラチャン／ヤツデ	そーざき	キブシ
せんぼんだけ	シメジ	そーしかんば	ダケカンバ
せんぼんな	キョウナ／ミズナ	そーしきばな	ヒガンバナ／ホタルブクロ／ホトトギス
せんぼんのき	コバンノキ	そーしちぐさ	トウロウソウ
せんぼんはぎ	シメジ	そーしで	サワシバ
せんぼんひめじ	シメジ	そーじもの	ウド／フキ／ワラビ
せんぼんもたし	シメジ	そーじゅっのき	オケラ
せんぼんわけぎ	アサツキ	そーず	ソラマメ
せんまい	レタス	そーずつ	オケラ
ぜんまい	ガマズミ／チドメグサ	そーだいちご	ホウロクイチゴ
せんまいさばき	ナギ	そーたき	タマアジサイ
ぜんまいしのぶ	イワヒトデ	そーたきしば	タマアジサイ
ぜんまいわらび	ゼンマイ	そーだばん	ハンノキ
ぜんみがき	カタバミ	そーちく	ササクサ
せんむと	ワケギ	ぞーっぱ	タニウツギ
ぜんめ	ゼンマイ	そーでいちご	ホウロクイチゴ
ぜんめぁ	ゼンマイ	そーてんかづら	ノウゼンカズラ
ぜんめー	ゼンマイ	そーとめ	ニシキウツギ／ハコネウツギ／ヤイトバナ
ぜんめくさ	オニヤブソテツ	そーどめ	アヤメ
せんめだけ	シメジ	そーとめかづら	ヤイトバナ
ぜんめへこ	ゼンマイ	そーとめぐさ	ヤイトバナ
せんもと	アサツキ／ネギ／ワケギ	そーとめしば	タニウツギ／レンゲツツジ
せんもとねぎ	ワケギ	そーとめつつじ	タニウツギ
せんもとびる	ワケギ	そーとめばな	ヤイトバナ
せんもん	ワケギ	そーな	ホウキタケ
せんりっこ	モクセイ	ぞーな	ヨメナ
せんりょ	イズセンリョウ	ぞーねん	エゴマ
せんりょう	カラタチバナ	そーのいげ	クスドイゲ
せんりょー	シュンラン／マンリョウ／ミヤマシキミ／ヤブコウジ	ぞーのき	オオカメノキ
		ぞーのみ	ガマズミ
せんりょーだまのき	マンリョウ	そーはぎ	エゾミソハギ／ヌスビトハギ／ミソハギ／メドハギ
せんりょーまんりょー	マンリョウ		
せんりょーもも	ジャノヒゲ／マンリョウ	そーばり	ヒメヤシャブシ／ヤシャブシ
せんりょまんりょ	マンリョウ／ヤブコウジ	そーばる	ヤシャブシ
せんろぐさ	ヒメジョオン	そーぶ	イヌガヤ
		そーぶしば	イヌガヤ
【そ】		そーぶのき	イヌガヤ
そ	アサ／コウゾ／シソ	そーぽー	ヤマモガシ
そいぐさ	ミソハギ	そーぽーまめ	インゲンマメ
そうめ	ウメ	そーまめ	エンドウ
そー	アサ／コムギ	そーみ	ガマズミ
そーか	ゲットウ	ぞーみ	ガマズミ
そーかばな	マツヨイグサ	そーみなぎ	スミレ
そーきせん	ヤドリギ	そーめん	イヌビユ／スギナ／メヒシバ
そーぎなー	フダンソウ	そーめんうり	スイカ
ぞーぐりのき	クヌギ	そーめんがぼちゃ	イトカボチャ
		そーめんくさ	スギナ

そーめんぐさ　スギナ／ネナシカズラ／メヒシバ
そーめんこ　スギナ
そーめんのき　キササゲ
そーめんばな　スミレ
そーもく　イネ
ぞーりかくし　イヌツゲ
ぞーりくさ　カヤツリグサ
そーるすん　オガタマノキ
そーれーばな　ヒガンバナ
そーればな　キツネノカミソリ／ヒガンバナ
そーれんくさ　ヒガンバナ／マツヨイグサ
そーれんぐさ　オオマツヨイグサ
そーれんのはな　ヒガンバナ
そーれんばな　オオマツヨイグサ／ヒガンバナ／ホトトギス／マツヨイグサ
そーろーばー　メドハギ
そーろーはーじ　メドハギ
そーろーめーし　メドハギ
そーろんはし　メドハギ
そぎ　イラモミ
ぞくず　ニワトコ
そくど　ソクズ
そくどー　ソクズ
そくめっし　サルトリイバラ
そげた　アオハダ／クロガネモチ
そげっぱ　ソヨゴ
そげぬきさん　ニシキギ
そごい　ソヨゴ
そこいりまめ　ラッカセイ
そこず　ニワトコ
そごず　ニワトコ
そこのべべ　ツユクサ
そこまめ　ラッカセイ
そずき　アオダモ／トネリコ
そそつかみ　スズメノヤリ
そそば　シソ
そそはぎ　タケニグサ
そそばまき　コウヤマキ
そそまめ　ソラマメ
そぞみ　ガマズミ
そぞめ　ガマズミ
ぞぞめ　ガマズミ
そそや　タケニグサ
そそやき　タケニグサ
そそやきぐさ　タケニグサ
そそやけ　タケニグサ
そそよもぎ　イソギク
そだ　カシワ／コナラ／ナラ
そだめ　コナラ
そだめがき　マメガキ

そだめまき　コナラ
そつぎょーばな　アオモジ
そっで　ハナイカダ
そっぺなし　クサボタン
そっぽ　シマサルナシ
そっぽー　サボテン
そで　アカシデ／シオデ／マカンバ
そでこ　アスパラガス／シオデ
そてつぐさ　シシガシラ
そでっこ　シオデ
そでふり　イタチササゲ
そでふりな　イタチササゲ
そでんこ　シオデ
そとめ　アヤメ／カキツバタ／ショウブ／ノハナショウブ／ハナショウブ
そどめ　アヤメ／カキツバタ／ショウブ
そないげ　クスドイゲ
そなめ　ドングリ
そなれ　ハイビャクシン／ビャクシン
そなれまつ　サワラ（シノブヒバ）／ハイマツ
ぞにぐい　クヌギ
そね　アカシデ／アサダ／イヌシデ／クマシデ
そねぎ　アカシデ
そねぬき　アカシデ
そねぬぎ　アカシデ／ミツデカエデ
そねのいげ　クスドイゲ
そねのき　アカシデ／アサダ／クスドイゲ／クマシデ
その　アカシデ／イヌシデ
そのうぎ　クスノキ
そのぎ　クスノキ
そのて　コノテガシワ
そののき　アカシデ／イヌシデ
そののっ　クスノキ
そば　カナメモチ／カナメモチ／ミゾソバ
そばいちご　ウスノキ／ナワシロイチゴ
そばいのき　ヤシャブシ
そばうつぎ　ヤブムラサキ
そばうつげ　コゴメウツギ
そばがし　カナメモチ
そばがた　クマシデ
そはぎ　ミソハギ
そばぎ　カナメモチ／ミゾソバ
そばぎ　カナメモチ／ナツツバキ／ミソハギ／ヤマボウシ
そばぐみ　アキグミ
そばぐり　ブナ
そばぐるみ　ブナ
そばこ　アオハダ
そばさんぶろ　ベニバナインゲン
そばしゃ　ツワブキ
そばたろー　カナメモチ

そばつなぎ　トウゴマ
そばな　アキカラマツ／ニリンソウ／モミジガサ
そばのき　アカメガシワ／エノキ／カナクギノキ／カナ
　　メモチ／ナットウダイ／ネジキ／ブナ
そばば　ニリンソウ
そばはっと　ソバ
そばまきいちご　ナワシロイチゴ
そばむぎ　ソバ
そぶ　ツルニンジン
そぶき　イヌガヤ
そぶどー　ノブドウ
そぶろ　ハエドクソウ
ぞべ　ガマズミ
ぞべぞべ　ガマズミ
そぼ　リョウブ
そま　ソバ
そまたばこ　タマアジサイ
そまな　ウワバミソウ
そまのおとくさ　ママコノシリヌグイ
そまのき　カナメモチ／ブナ
ぞみ　オオカメノキ／ガマズミ
そめ　アカシデ
そめうえー　アイ
そめか　ナナカマド
そめぎ　ソヨゴ
そめくさ　オトギリソウ／ツユクサ
そめこぐさ　オトギリソウ
そめこばな　オトギリソウ／ツユクサ
そめしば　クロバイ
そめんく　アリドオシ／カンコノキ／ジュズネノキ
そめんぐさ　スギナ
そもそも　イチゴツナギ／リョウブ
そもっこ　ウマノスズクサ
そや　アカシデ／イヌシデ／クマシデ
そやのき　アカシデ／イヌシデ

そよき　ソヨゴ
そよぎ　サカキ／ソヨゴ
そよご　ソヨゴ
そよず　カナメモチ
そよのき　ソヨゴ
そよみ　ソヨゴ
そよも　ソヨゴ
そら　ソラマメ
そらし　モミジコウモリ
そらしらず　ゴンズイ
そらず　エンドウ／ソラマメ／ダイズ
そらだいず　ソラマメ
そらっぱ　コシアブラ
そらで　ハナウド／モミジコウモリ
そらでのはな　ダイコンソウ
そらふき　ササゲ
そらふきなんばん　トウガラシ
そらまめ　ソラマメ／ヌスビトハギ／ラッカセイ
そるがむ　サトウモロコシ
そろ　アカシデ／イヌシデ／クマシデ／サワシバ
そろい　クログワイ
そろえ　アブノメ／コナギ
そろでぐさ　オニシバリ
そろのき　アカシデ／イヌシデ
そろのくいぎ　クスドイゲ
そろばんたけ　オカメザサ
そろばんだけ　オカメザサ
そろばんのき　ハンノキ
そろまめ　ソラマメ
そわのき　シオジ
そんどめ　ノハナショウブ
そんのいげ　クスドイゲ
そんのき　クスドイゲ
ぞんのき　クスドイゲ

た

【た】

た　イネ
たー　イネ
たーがき　イチジク
だーこ　ダイコン
たーささげ　インゲンマメ
たーじ　イタドリ
だーじ　イタドリ
だーじんば　イタドリ
だーすいちご　フユイチゴ
たーたーこ　トウモロコシ
たーたこ　トウモロコシ
たーたんば　タンポポ
たーたんぽ　タンポポ
たーたんぽ　タンポポ
たーのしらんぼー　ガガイモ
たーぽーず　ツクシ
たーま　エゴノキ
たーむじ　サトイモ
たーら　カラスザンショウ
たーらぎ　カラスザンショウ
たーらし　ホオノキ／ホルトノキ
たーらのき　カラスザンショウ／ハリギリ
たーらまめ　ラッカセイ
たーらんばら　タラノキ
たーん　サトイモ
たーんむ　サトイモ
たーんむぐさ　オオバコ
だいいちご　キイチゴ
たいえばな　タニウツギ
だいおー　ギシギシ／マダイオウ
だいおーしんざい　ギシギシ
だいおーしんじゃ　ギシギシ
だいおーすいば　ギシギシ
だいおん　イタドリ
たいがくすみれ　エイザンスミレ
だいがくすみれ　エイザンスミレ
だいかぐら　ピーマン
だいかぐらねぎ　ヤグラネギ
たいかずら　ボタンヅル
だいがん　アブラギリ
たいかんじ　アブラギリ
たいかんば　ダケカンバ
だいかんば　ウダイカンバ
だいきな　ゴンズイ
たいぐい　ハリギリ
だいくに　ダイコン
だいこ　ダイコン
だいご　ダイコン
だいこいも　ナガイモ
だいこくいも　ヤマノイモ
だいこくさま　カラスウリ
だいこくな　クロナ
たいこしー　ツブラジイ
たいこじー　ツブラジイ／マテバシイ
だいこね　ダイコン
だいこのき　タカノツメ
たいこのぶち　ホシクサ
たいこばな　フシグロセンノウ／ミヤコグサ
だいごもろこし　モロコシ
だいこわさび　ワサビダイコン
だいごん　ダイコン
だいこんいも　ナガイモ
だいこんぎ　コシアブラ
だいこんずた　ツタウルシ
だいこんそー　ダイコンソウ
だいこんな　ダイコンソウ
だいこんのき　カンザブロウノキ
だいこんわさび　ワサビダイコン
たいさぎ　コクサギ
たいさげ　コクサギ
だいさんそー　タウコギ
たいし　オランダイチゴ
だいじ　イタドリ
だいしいも　ジャガイモ／ツクネイモ／ナガイモ
だいしくり　トチノキ
だいしぐり　トチノキ
だいしこー　オガタマノキ
だいじっぽ　イタドリ
だいしぼく　オガタマノキ
たいしょうぐさ　ヒメジョオン
だいじょー　ダイズ
たいしょーくさ　ノボロギク／ハコベ
たいしょーそー　ノボロギク
たいしょーな　ハマナ

だいじょのぼ　オキナグサ
だいじょのぼり　オキナグサ
だいじんご　イタドリ
だいじんば　イタドリ
だいじんぱ　イタドリ
だいじんぽ　イタドリ
だいす　カタバミ
だいず　ソラマメ
だいずいこ　イタドリ
だいずぐみ　アキグミ
だいずまめ　ソラマメ／ダイズ
たいぜ　ハドノキ
だいせん　ナタネ
たいせんいも　ジャガイモ
たいぜんは　ハドノキ
たいせんはしら　オニタビラコ
たいせんばしら　オニタビラコ
たいそー　ナツメ
たいそーぐさ　キツネノボタン
だいだい　ダイコン／ナツミカン
たいたいしば　ハドノキ
だいだいねぎ　ヤグラネギ
だいだら　ハリギリ
だいつきだいだい　サンポウカン
たいつりそー　ケマンソウ
たいつりばな　ケマンソウ
たいと　トウモロコシ
たいとー　シイ
たいどー　イタドリ
だいとー　イタドリ／トウガン
たいとはな　ゲンゲ
たいとばな　ゲンゲ
だいどまめ　ダイズ
たいな　ゲンゲ／タイサイ
たいないそー　ノボロギク
たいないも　キクイモ
たいなかぶ　タイサイ
だいなよー　ミツデカエデ
たいね　スイトウ
だいのこ　ヌルデ
だいのこんごー　ニワトコ
だいのこんどー　ニワトコ
たいのじじ　イヌワラビ
たいのじじー　ホシダ
たいのびーび　スイバ
たいのぴーぴー　スイバ
だいば　ギシギシ
だいはくれん　タイサンボク
だいばし　マムシグサ
だいはず　マムシグサ

だいばず　マムシグサ
だいはち　オジギソウ／テンナンショウ／マムシグサ
たいひ　ウマゴヤシ
たいびーびー　スイバ
たいびーぴー　スイバ
たいびび　スイバ
たいぴぴ　スイバ
だいふくまめ　ゴガツササゲ／ベニバナインゲン
だいぶつ　ハリギリ
だいぼ　タニウツギ
だいほー　タニウツギ
たいほーぐさ　カタバミ
だいほーのき　ウツギ
たいぼく　イタドリ／ハリエンジュ
たいほせ　カタクリ
だいほぜ　ヒガンバナ
たいぼん　イタドリ
だいぽん　イタドリ
たいま　アサ／クワイ／サトイモ
だいみょーそー　アレチノギク
だいみょーだぎ　タイミンチク
だいみょーだけ　メダケ
だいみょーちく　タイミンチク
たいみん　タイミンタチバナ
たいみんと　サンゴジュ
たいも　クログワイ／クワイ／サトイモ
たいもがら　ミズアオイ
だいやもんど　キンケイギク／ホシクサ
たいらぎ　タネツケバナ
たいらご　ホトケノザ
だいりっぱ　ノダイオウ
だいりんぐさ　ギボウシ
たいろ　ノビル
だいろっぱ　オオバコ／ギシギシ／ダイオウ
たいわん　サツマイモ
たいわんいも　サツマイモ
たいわんおんばく　リュウゼツサイ
たいわんかんらん　ケール
たいわんくさ　ヒメムカシヨモギ
たいわんじしゃ　リュウゼツサイ
たいわんぜり　オランダガラシ／パセリ
たいわんそー　スイセンノウ
たいわんなぎ　ホテイアオイ
だいわんなぎ　ホテイアオイ
たいわんもがら　ホテイアオイ
だいわんもがら　ホテイアオイ
たいわんもぐら　ホテイアオイ
だいわんもぐら　ホテイアオイ
たういぐみ　ナワシログミ
たうえいちご　キイチゴ／トウグミ／ナワシロイチゴ／

モミジイチゴ
たうえいつご　ナワシロイチゴ
たうえいっご　ナワシロイチゴ
たうえぎ　ツゲ
たうえくさ　ハナショウブ
たうえぐみ　ウグイスカグラ/スグリ/ナツグミ
たうえごみ　ナワシログミ
たうえざくら　コブシ
たうえつつじ　キリシマツツジ
たうえばな　ウツギ/タニウツギ/ハコネウツギ/ハナショウブ/ヤイトバナ/ヤブカンゾウ
たうえもも　スモモ
たうこぎ　タウコギ
たうこぎそー　タウコギ
たうこん　タウコギ
たうぐみ　ツルグミ
たうちさくら　コブシ
たうちざくら　コブシ/タムシバ/ハクモクレン/モクレン
たうちじゃくら　コブシ
たうちばな　ショウジョウバカマ
たうつぎ　タニウツギ
たうつげ　タカサブロウ
たうな　ツクシ
たうらぐみ　グミ
だえーご　ダイコン
だえーずまめ　ダイズ
だえきくくさ　オオバコ
だえこ　ダイコン
だえご　ダイコン
だえこん　ダイコン
たえさんばな　オオハルシャギク
だえじょのぽ　オキナグサ
だえしょのぽー　オキナグサ
だえじょのぽり　オキナグサ
たえすかんぽ　イタドリ
たえたえぐさ　スベリヒユ
だぇどくせん　ジュズダマ
だえはず　マムシグサ
たえみ　クログワイ
たえも　サトイモ
だえろっぱ　ギシギシ
たえわんそー　オオハルシャギク
だえんごぽー　ニワトコ
たえんどー　ゲンゲ
たおーばこ　ミズオオバコ
たおがらし　トウガラシ
たおぐるま　サワオグルマ
たおこばこ　ミズアオイ
たおんばく　ミズオオバコ

たおんばこ　ミズオオバコ
たが　ツタ/ハチク
たがいそー　タウコギ
たかいちご　ナワシロイチゴ
たかいちゅび　ホウロクイチゴ
たかいっこ　カジイチゴ/ナワシロイチゴ
たかいっご　オオバライチゴ/カジイチゴ/クワノハイチゴ/ナワシロイチゴ/ホウロクイチゴ
たかがや　カヤ
たかぎく　シオン
たかきっ　モロコシ
たかきび　キビ/サトウモロコシ/トウモロコシ/モロコシ
たかきびかんしょ　サトウモロコシ
たかきみ　キビ/モロコシ
たがぐさ　アキカラマツ
たかざくら　リンボク
たかさご　シオン/タカサゴユリ
たかざらし　テンナンショウ
たかしで　クマシデ
たかじろ　ドクダミ
たがしわ　アカメガシワ
たかすいこ　イタドリ
たかずいこ　イタドリ
たかずっぽー　イタドリ
たかせんぽー　アレチノギク/ヒメムカシヨモギ
たかたうぎ　アメリカセンダングサ
たかたっ　ススキ
たかたで　イヌタデ/センニンソウ/ボタンヅル
たかたねがずら　センニンソウ
たかだみかん　ヤツシロミカン
たかたろー　タカナ
たかち　ヤマボウシ
たがつぃん　モロコシ
たかつぇ　ヤマボウシ
たかと　アキカラマツ/キランソウ
たかとー　アキカラマツ/カラマツソウ/タケニグサ
たかどー　アキカラマツ/カラマツソウ
たかとーぐさ　カラマツソウ
たかどーろ　カラマツソウ
たかとーろー　アキカラマツ
たかときび　モロコシ
たかとくさ　アキカラマツ
たかとぐさ　アキカラマツ
たかどの　イタドリ
たかどり　イタドリ
たかどんぐさ　ナンテンハギ
たかな　イタドリ/オオカラシ/カラシナ
たがな　カラシナ
たかなし　ヤマナシ

たかなり　ナス
たかねかぶ　ナタネ
たかねぎ　ヤグラネギ
たかのきずぐすり　オトギリソウ
たかのし　ヤドリギ
たかのせ　カキ（フデガキ）
たかのつめ　イワレンゲ／オノマンネングサ／カギカズラ／ゲンゲ／コシアブラ／タカノツメ／ツメクサ／ツメレンゲ／トウガラシ／マツバボタン／メノマンネングサ／ヤシャビシャク／ヤマボウシ
たかのは　コタニワタリ／ノキシノブ
たがのは　シダ
たかのひょー　ヤドリギ
たがのぽー　イヌガラシ／スカシタゴボウ
たかば　イタドリ
たかびき　トウモロコシ
たかひょー　ヤドリギ
たかぶ　アブラナ
たかへご　ウラジロ
たかぽーず　アレチノギク
たがやさん　チシャノキ
たかやま　アサダ／ミズメ
たがらいも　クワイ
たからぐみ　グミ
たからこ　イタドリ／ツワブキ
たからこー　ツワブキ／ハンカイソウ／ミヤマノギク
たからし　ウマノアシガタ
たがらし　イヌガラシ／キツネノボタン／タガラシ／タネツケバナ／トウガラシ／ミズタガラシ
たがらせ　ミズタガラシ
たからまーち　ミル
たからよもぎ　オトコヨモギ
たからんこ　イタドリ
たからんは　サルトリイバラ
たかりぐみ　アキグミ
だかんじょ　イヌマキ
だかんす　イヌマキ
だかんず　イヌマキ
たかんつめ　ゼンマイ
たかんば　イタドリ
たき　イヌビワ
たぎ　ニワトコ
だぎ　ゴンズイ
たきかずら　キヅタ
たぎく　ダンチク
たきじしゃ　イワタバコ
たきしだ　サボテン
たきな　ギボウシ／ボタンボウフウ／ミズナ／ムクゲ／リュウゼツサイ
たきのひげ　ジャノヒゲ

だきひもち　ネズミサシ
たぎや　クワイ
だきょー　セイヨウスモモ
たく　シナノキ
たぐさ　ウマゴヤシ／ニワトコ
たくさんだ　ニワトコ
たくのき　コウゾ／シナノキ
たぐわ　フサザクラ
たぐゎ　クログワイ
たけうつぎ　ウツギ／タニウツギ／ハコネウツギ
だけおっこ　オオシラビソ
だけおんこ　イヌガヤ
たけかずら　カギカズラ
たけかば　ダケカンバ
だけかば　ダケカンバ
たけかわ　ダケカンバ
たけかんば　ダケカンバ
だけかんば　ダケカンバ／ネコシデ
たけぎく　ハルシャギク
たけきのこ　イワタケ
たけく　ダンチク
だけく　ダンチク
だけこんごー　ナナカマド
だけさいかち　ナナカマド
たけざくら　ウワミズザクラ
たけさんしょ　ナナカマド
たけざんしょ　ナナカマド
たけし　イタドリ
たけしー　イタドリ
たけしーとー　イタドリ
たけしかんば　ダケカンバ
たけしま　ジャガイモ
たけしらき　シラキ
たけしんげ　イタドリ
たけしんじゃ　イタドリ
たけしんぜーこ　イタドリ
たけしんどー　イタドリ
たけじんとー　イタドリ
たけずいか　イタドリ
たけすいこ　イタドリ
たけずいこ　イタドリ
たけずいこん　イタドリ
たけすいすいば　イタドリ
たけすいば　イタドリ
たけすかな　イタドリ
たけすかんぽ　イタドリ
たけすっかん　イタドリ
たけずっかん　イタドリ
たけすっかんぽ　イタドリ
たけすっかんぽー　イタドリ

たけずっぽん イタドリ	だごきび モロコシ
たけぞ イチイ	たこくさ スベリヒユ
たけぞー イタドリ	たこぐさ スベリヒユ／ハコベ
たけぞーし ダケカンバ	たごこ カワラケツメイ
だけそーし ダケカンバ	だごこ カワラケツメイ
たけぞや イヌシデ	たこじき ヒガンバナ
だけそや イヌシデ	たこしきび トウモロコシ
たけだんじ イタドリ	たごしこ ショウロ
たけたんずり イタドリ	だごじろ ショウロ／モクタチバナ
たけだんずり イタドリ	だごたかきび モロコシ
たけだんぶり イタドリ	だごときび モロコシ
たけつが シラビソ	たこな イタドリ／ミョウガ
たけつきねぶか ヤグラネギ	たこのいぼ ギシギシ
たけつつじ アケボノツツジ	たこのき コウゾ／タラノキ／トネリコ
だけつつじ アケボノツツジ	たごのき アオダモ／トネリコ
たけつつそー ホシクサ	だごのき トネリコ／ヤマトアオダモ
たけっぽっぽ イタドリ	たこのて ゲンノショウコ
たけどり イタドリ	たごのは サルトリイバラ
たけとん イタドリ	だごのは サルトリイバラ
たけとんとこ イタドリ	たこばな ヒガンバナ
たけとんとん イタドリ	だごばな ツユクサ
たけとんとんこ イタドリ	だごびえ ヒエ
たけな ヤブカンゾウ	たこぶな ブナ
たけのこ イタドリ	だごべ オオバコ
たけのこはくさい ヒケッキュウハクサイ	だごぽ オオバコ
だけのぶどー ヤマブドウ	たごぽー ナズナ
たけのぼり グラジオラス	たごま イヌガラシ
たけばな ササユリ	たこまめ ラッカセイ
たけひしば メヒシバ	たごみ マンリョウ
たけひしわ メヒシバ	だごみ マンリョウ
だけぶどー ヤマブドウ	だごむぎ コムギ
たけぽっぽ イタドリ	たごめ イネ／スイトウ／タカサブロウ
たけぽんぽん ツクシ	だごもろこし モロコシ
たけまつ ハイマツ	たごやし ウマゴヤシ
だけまつ ハイマツ	だごんは サルトリイバラ
だけもみ ツガ	たごんぽ イヌガラシ
たけやまいちご フユイチゴ	たじ イタドリ／ニワトコ
たけんこぐさ ウシノシッペイ／ハイキビ	だじーこ イタドリ
たけんぽ イタドリ	たじから ハリモミ
たけんぽ イタドリ	たじしゃ ミズオオバコ
たけんぽっぽ イタドリ	たじそ ユキヤナギ
たこ スベリヒユ	たしっぽ イタドリ
たご アオハダ／タブノキ	たじっぽ イタドリ
だご アオダモ／ヤマトアオダモ	たしっぽ イタドリ
だごい イヌマキ	たじっぽ イタドリ
たこいも ヒガンバナ	だじっぽ イタドリ
だこいも ツクネイモ／ナガイモ	たじっぽー イタドリ
たこーな ミョウガ	たじな イタドリ
たこーらぽとくり ササガヤ	だしな フダンソウ
たこぎ タウコギ	たじのき ニワトコ

たつ ● 方言名索引

たじま　ネズミサシ
たじんこ　イタドリ
だじんこ　イタドリ
たじんこー　イタドリ
たじんぽ　イタドリ
たじんぽー　イタドリ
たじんぽー　イタドリ
たず　イタドリ／キササゲ／キヅタ／サワグルミ／ソク
　　ズ／ツタ／ニワトコ／ノリウツギ／ヒメコウゾ
だす　アカメガシワ
だず　アカメガシワ／キササゲ／ニワトコ
たすきばな　ヒガンバナ
たずぐさ　ソクズ
たすと　タウコギ
たすな　マツムシソウ
たずな　イタドリ
たずのき　ニワトコ／ネズミモチ／ノリウツギ
だずのき　キササゲ
たずのは　ニワトコ
たずのり　ノリウツギ
たずは　ミズメ
たずば　ニワトコ
だずは　マツムシソウ
たずま　マツムシソウ
たずわ　アカメガシワ
たぜ　タデ／ミズタガラシ
たせり　タガラシ
たぜり　タガラシ
たそ　アサ
たそば　ミゾソバ
だだ　イノコズチ
ただあわ　アワ
ただいも　サトイモ
たたきぐさ　カニクサ
たたきしば　サルトリイバラ
たたきび　モロコシ
たたち　ツバキ
たたっぽー　カラスウリ
たたなべ　タガラシ
たたば　アケビ
ただまめ　ダイズ
たたみいちご　エビガライチゴ
たたみおもて　イグサ
たたみくさ　イグサ／ヤブラン
たたみぐさ　イグサ／シバ
だだむぎ　オオムギ
たたらず　タガラシ
たたらび　タカサブロウ／タガラシ
たたろべ　タガラシ
だだんごかちかち　スミレ

たたんぽこ　タンポポ
たたんぽご　タンポポ
たたんぽぽ　タンポポ
たちあおい　エンレイソウ／タチアオイ
たちいちご　クマイチゴ
たちかずら　ミズスギ
たちかつ　ヤマブドウ
たちがや　カヤ
たちがれー　イタドリ
たちかわ　ヤマブドウ
たちき　ダンチク
たちきび　トウモロコシ／モロコシ
たちぎみ　トウモロコシ／モロコシ
だちく　ダンチク
たちたつばけ　タチナタマメ
たちたで　ヤナギタデ
たちったけ　ダンチク
たちっぽ　イタドリ
たちっぽー　イタドリ
たちでこ　タケニグサ
たちな　イタドリ／ヒケッキュウハクサイ
たちながら　イタドリ
たちなら　ミズナラ
たちはき　ナタマメ
たちはぎ　ナタマメ
たちばけ　ナタマメ
たちばこ　タケニグサ
たちばぎ　ナタマメ
たちばな　オカトラノオ／カラタチバナ／キンカン／コ
　　ウジ／ハウチワカエデ
たちばないたや　ハウチワカエデ
たちばなこ　スミレ
たちひ　イタドリ
たちぶ　カラタチ
たちべぽ　ビャクシン
たちぽっぽ　イタドリ
たちまちぐさ　ゲンノショウコ
たちまめ　ナタマメ
たちむろ　ネズミサシ
たちやち　ナタマメ
たちわき　タチナタマメ／ナタマメ／ハマナタマメ／ラ
　　ッカセイ
たちわけ　ナタマメ
たちわち　ナタマメ
たちわれ　ナタマメ
たちんぽ　イタドリ／タチバナ
たちんぽ　イタドリ
たちんぽー　イタドリ
たちんぽー　イタドリ
たつ　イチジク／ズイキ／タデ

783

方言名索引 ● たつ

たっ　イヌビワ
だつ　ズイキ
たつあき　ナタマメ
たついも　サツマイモ／サトイモ
だついも　サトイモ
だつーさんのしりふき　ドクダミ
たつかずら　キヅタ
だっきしょ　ラッカセイ
だっきゅ　ラッキョウ
だっきゅー　ラッキョウ
だっきょ　ラッキョウ
だっきょー　ラッキョウ
たっけん　イタドリ
だっこー　イヌビワ
だっしょ　ラッカセイ
たったんは　カラムシ
たつたんば　カラムシ
たっちゃき　ナタマメ
たっちゃぎ　ナタマメ
だっちゃき　ラッカセイ
たっちゃく　ナタマメ
だっちょ　ラッキョウ
たっちん　イタドリ
たっちんから　イタドリ
たっつら　マカンバ
たつでこ　タケニグサ
だっど　タケニグサ
たつなみそー　ウキクサ
たつのき　アコウ／シロダモ／トネリコ／ニワトコ
だつのき　ニワトコ
たつのけ　カヤツリグサ／ホンモンジスゲ
たつのした　リュウゼツサイ
たつのっ　イヌビワ／ニワトコ
たつのは　ニワトコ
たつのひげ　カヤツリグサ／ジャノヒゲ／ヤブラン
たっぱき　ナタマメ
たっぱぎ　ナタマメ
たっぱけ　ナタマメ
たっぱけ　ナタマメ／ハマナタマメ
たっぱけ　ハマナタマメ
たっぱげ　ナタマメ
たっぱっげ　ナタマメ
たつばな　ハウチワカエデ
たっぱれ　テンナンショウ
たっぷく　ソラマメ
たつべ　ミゾソバ
たつぼ　クログワイ／クワイ
たっぽ　イタドリ／イヌビワ／タンポポ
たっぽーぐさ　イノコズチ
たっぽっぽ　タンポポ

たっぽろ　カラスウリ
たっぽん　イタドリ
たつま　マツムシソウ
だつま　タニウツギ／マツムシソウ
たづも　ホンダワラ
たつら　シラカンバ／ダケカンバ
たつわき　ナタマメ
たっわけ　ナタマメ
たて　タデ
たで　アセビ／イタドリ／イヌタデ／オオイヌタデ／オノオレカンバ／カナクギノキ／ゴンズイ／シロバナサクラタデ／スイバ／ニワトコ／ママコノシリヌグイ／ミズタガラシ／ミズメ／ミゾソバ／ヤナギタデ／ヤマザクラ
たであい　アイ
たてき　ダンチク
たてぎ　ダンチク
たでぎ　カナクギノキ／カラスザンショウ／リンボク
たてぎから　ダンチク
たてく　ダンチク
たでくさ　イヌタデ／オオイヌタデ／ヤナギタデ
たてしば　ヒサカキ
たでしば　アセビ
たてじらく　カナクギノキ
たてたてごんぽ　アケビ
たてっがら　ダンチク
たてっご　ダンチク
たでっぽー　イタドリ
たてばけ　ナタマメ
たてばこ　カタバミ／タケニグサ
だてばな　ハコネウツギ
たでぽけくさ　ハルタデ
だてまめ　インゲンマメ
たでもどき　クガイソウ
たてり　ミョウガ
たてわき　ナタマメ
たとーがみ　ガガイモ
だとーのつえ　ガマズミ
たとば　アケビ
だな　タイサイ
たないのき　ハドノキ
たなうり　ハヤトウリ
たなき　アサ
たなご　アキグミ／イタドリ
たなばたゆり　カノコユリ
たなはなゆり　カノコユリ
たなぽー　タラノキ
たなまめ　フジマメ
たなんご　アキグミ
たなんぽ　キュウリグサ

784

たにあかそ　コアカソ
たにあさ　オオバアサガラ／コアカソ／シラキ／タマミズキ／チドリノキ
たにあざ　チドリノキ／フサザクラ
たにあやら　チドリノキ
たにあらし　コアカソ／ハクウンボク
たにいそぎ　ダンコウバイ／マンサク
たにいぞぎ　コブシ
たにいたぶ　シラキ
たにいもぎ　アカメガシワ
たにうつぎ　コアカソ／タニウツギ／ツクバネウツギ／ニワトコ／ノリウツギ／ハコネウツギ
だにうつぎ　タニウツギ
たにうつげ　コアカソ／ムラサキシキブ
たにおとし　キブシ
たにおも　サワシバ／チドリノキ
たにかさ　キブシ
たにがさ　カナクギノキ／コアカソ
たにがし　アカメガシワ／イヌブナ／ウバメガシ／クマシデ／チドリノキ／フサザクラ／ヤマボウシ
たにがしわ　アカメガシワ
たにかずら　カニクサ
たにかたし　トウゴマ
たにかめがら　オオカメノキ
たにぎきょー　トウシャジン
たにぎり　イイギリ／ハリギリ
たにくさぎ　コクサギ
たにくさし　コクサギ
たにくさらぎ　ネズミモチ
たにくさらし　サンゴジュ／ムラサキシキブ
たにくさり　キブシ
たにくまがし　タイミンタチバナ
たにくわ　チドリノキ／フサザクラ
たにぐわ　コウゾ／フサザクラ
たにこーばい　ダンコウバイ
たにこが　カナクギノキ
たにこさず　トリカブト／モミジガサ
たにごま　トウゴマ
だにごま　トウゴマ
たにこゆり　オニユリ
たにざくら　イヌザクラ
たにしげし　コアカソ
たにしば　チドリノキ
たにしゃしゃぶ　ヤナギイチゴ
たにしょー　チドリノキ
たにしょーぶ　セキショウ
たにしょーろ　クマノミズキ
たにじょーろ　チドリノキ
たにじょろ　チドリノキ
たにじろ　アブラチャン

たにすげ　カワラスゲ
たにそば　アカソ
たにつげ　ウツギ
たにつばき　サンゴジュ
たにっぷさぎ　タマアジサイ
たにとーし　キブシ
たにどーし　ツクバネウツギ
たになし　カマツカ
たにぬぱんきゃー　ツチトリモチ
たにねたり　ソヨゴ
だにのき　アセビ
たにはぎ　アカソ／コアカソ／チドリノキ／ミソハギ
だにばな　タニウツギ／ハコネウツギ
たにはり　フサザクラ
たにはる　フサザクラ
たにびわ　アワブキ
たにふさがり　コアカソ
たにふさき　コアカソ
たにふたぎ　ウワバミソウ／オニバス／ミズナ
たにぽーき　コアカソ
たにぽき　コアカソ
たにみずし　ミズキ
たにもだま　ウドカズラ
たにやす　アサガラ／アズキナシ／オオバアサガラ／ホルトノキ
たにやなぎ　コクサギ
たにわたし　キブシ／ツルウメモドキ／ネズミモチ
たにわたり　オオタニワタリ／キブシ／ネズミモチ／ハイビャクシン
たにわたりのき　カマツカ
たぬきのきんたま　クマガイソウ／ツルリンドウ
たぬきのきんたまはちじょーじき　ツルリンドウ
たぬきのしょんぺたが　リンドウ
たぬきのしょんぺたご　リンドウ
たぬきのしょんぺたんご　リンドウ
たぬきのしょんぺら　リンドウ
たぬきのしょんべんたが　リンドウ
たぬきのしょんべんたこ　リンドウ
たぬきのしょんべんたんご　リンドウ
たぬきのしりお　チカラシバ
たぬきのちょーちんかずら　ノブドウ
たぬきのろーそく　キツネノエフデ
たね　アブラナ
たねあぶら　エゴマ
たねかっ　アブラナ
たねかぶ　アブラナ
たねぎ　カナクギノキ
たねくさらし　サンゴジュ
たねこ　アブラナ
たねご　クワイ

方言名索引 ● たねこ

たねごじゃし　ネズミモチ
たねっ　アブラナ
たねつけばな　キクザキイチゲ／タガラシ／タネツケバナ
たねな　アブラナ
たねばら　ヤマブキ
たねびや　イヌビワ
たねほとくい　メヒシバ
たねぽとくい　メヒシバ
たねまきざくら　コブシ
たねわたし　ネズミモチ
たのくろまめ　ダイズ
たのしば　アワブキ
たのなずな　タネツケバナ
たのんばら　タラノキ
だば　ウラジロ
たばくぎ　ヤマビワ
たばこ　スズメノヤリ
たばこくさ　サジガンクビソウ／スズメノヤリ／ハハコグサ
たばこぐさ　イグサ／サジガンクビソウ／スズメノヤリ／タマアジサイ／ハハコグサ
たばこな　タカナ／リュウゼツサイ
たばこのき　ヤマブキ
たばこばな　アズマギク／オオケタデ／サワオグルマ／ヤブタバコ
たばさみ　クワイ
たばす　ミズアオイ
たはぜ　サギゴケ
だばつきり　ナンバンギセル
たばねぐさ　ゲンノショウコ
たばねはくさい　ケッキュウハクサイ
たばんぐさ　ハンゲショウ
たび　イチジク／イヌビワ／タブノキ
たびかずら　イヌビワ／オオイタビ
たびくさ　イソギク／マタタビ
たびぐさ　イソギク／マタタビ／ヤハズソウ
たびのき　イヌビワ／カクレミノ
たびらき　タネツケバナ
たびらこ　オニタビラコ／キュウリグサ／タンポポ／ハハコグサ
たびらっこ　キュウリグサ
たふ　コウゾ／ヒメコウゾ
たぶ　アオガシ／イチジク／イヌガシ／イヌビワ／イネ／オオイタビ／オヒョウ／カクレミノ／クスノキ／クログワイ／シロダモ／タブノキ／ミズアオイ／ヤマコウバシ
だぶ　オヒョウ／ヒメコウゾ
たぶがし　ソヨゴ
だぶげやき　オヒョウ

たぶし　クログワイ
たぶど　ゲンゲ／ツメクサ
たぶどー　ゲンゲ／ツメクサ
だぶなぎ　アサザ／ミズアオイ
たぶのき　アオガシ／イヌビワ／オオイタビ／タブノキ／トネリコ
たぶばな　オオマツヨイグサ
だぶばな　マツヨイグサ
だぶみみ　キクラゲ
たぶらこ　タンポポ／ハハコグサ
たぶりぐさ　イケマ／ガガイモ
だぶりくさ　スベリヒユ
だぶりぐさ　ツユクサ
たぶりそー　シオガマギク
たぶんず　ゲンゲ／ツメクサ
たぶんずー　ゲンゲ
たぶんすんずく　ツメクサ
たぶんぞー　ゲンゲ
だべーら　ヘチマ
たべらっこ　イヌガラシ
たほ　コウゾ
たぼ　イネ／ヤブニッケイ
たぼー　ササゲ
だぼー　ササゲ
たぼーこ　ハハコグサ
たぼーしゃ　ツクシ
たぼーず　ツクシ
たぼこぎ　ヤハズアジサイ
たぼこぐさ　スズメノヤリ
たぼたん　ゲンゲ
たほど　オモダカ／クワイ
たぼのき　タブノキ
たぽぽ　オオバコ
たぽぽ　オオバコ
たぽんこ　クワイ
たぽんつつ　タンポポ
たま　コンニャク／ジュズダマ／シロダモ／トウゴマ
だま　アブラギリ／ヤブニッケイ
たまいちご　キイチゴ
たまいも　ツクネイモ／ナガイモ
たまがし　バリバリノキ
だまかしどんぐり　コナラ
たまかずら　ミセバヤ
たまかっこ　グラジオラス
たまかつら　カツラ
たまかぶ　キャベツ／ケッキュウハクサイ
たまがら　イヌガシ／シロダモ／ヤブニッケイ
たまきび　トウモロコシ
たまぎり　ワラビ
たまくさ　イシミカワ／カタバミ／シロダモ／ヤブニッ

ケイ
だまくさ　アズマイチゲ
たまくさごーり　カラスウリ
たまぐし　カゴノキ
たまくす　タブノキ
たまぐす　タブノキ／ヤブニッケイ
たまぐはき　オオムラサキシキブ
たまくら　ホウセンカ
たまぐゎーぎ　オオムラサキシキブ
たまけた　ヒサカキ
たまご　ハハコグサ
たまごうり　マクワウリ
たまごくさ　ツユクサ／ハハコグサ
たまごぐさ　タマシダ／ハハコグサ／ヒメジョオン／ヘビイチゴ
たまごなすび　キンギンナスビ
たまごばな　ミヤコグサ
たまごまめ　インゲンマメ
たまごわらび　タマシダ
たましたば　キャベツ
たましちな　ケッキュウハクサイ
たましのぶんど　ナルコユリ
たましろな　ケッキュウハクサイ
たまずさ　カラスウリ
たまずさごーり　カラスウリ
たますだれ　ミセバヤ
たまぜり　タウコギ
だまちゅるび　マサキ
たまつげ　イヌツゲ
たまつばき　アオキ／タブノキ／ネズミモチ／マサキ／ムクゲ／モッコク／ヤチダモ
たまてばこ　ツリバナ／マユミ
たまとー　トマト
だまどにんば　フヨウ
たまな　キャベツ／ケッキュウハクサイ／レタス
だまな　キャベツ
たまなんばん　ピーマン
たまねぶか　タマネギ
たまのお　ミセバヤ
たまのき　オガタマノキ／シイ／シロダモ／タブノキ／ハルニレ／ヤマコウバシ
だまのき　アブラギリ
たまはき　マルバハギ
たまはくさい　ケッキュウハクサイ
たまばす　ホテイアオイ
たまばら　サルトリイバラ
たまびる　ノビル
たまびろ　ノビル
たまぶさ　カラスウリ

たまぶさ　カラスウリ
たまぶし　キブシ
たまみど　カツラ
だまむ　タイミンタチバナ
たまめ　アオガリダイズ／ダイズ／ナタマメ
たまよーじゅ　ヤマオダマキ
たまよーらい　ヤマオダマキ
たまよーらく　ヤマオダマキ
たまよーらご　ケマンソウ
たまらんこ　アメリカナデシコ
たまわらび　カニクサ／タマシダ
たまんねぎ　タマネギ
たまんばら　カラスザンショウ／サルトリイバラ
たまんぽー　カラスザンショウ
たみ　タブノキ／ヤブニッケイ
だみー　ツルグミ
たみのき　タブノキ／ヤブニッケイ
だみばな　カワラハコベ／ツリフネソウ
たむぎ　スズメノテッポウ／ヤチダモ
たむしかずら　センニンソウ
たむしぐさ　クサノオウ／センニンソウ
たむしそー　マダイオウ
たむしのくすり　ギシギシ
たむしば　タムシバ
ため　タブノキ
ためがら　ウラジロ／ザイフリボク
ためさんばな　コスモス
ためりひゆ　スベリヒユ
たも　アオダモ／アカメガシワ／アキニレ／オヒョウ／シオジ／シロダモ／タブノキ／トネリコ／トロロアオイ／ノリウツギ／ハルニレ／メヒラギ／ヤチダモ／ヤブニッケイ／ヤブマオ
だも　シロダモ／タブノキ
たもえ　アオダモ
たもき　ヤチダモ
たもぎ　アオダモ／トネリコ／ノリウツギ／ハルニレ／ヤチダモ
たもげやき　オヒョウ
たもとやぶり　ナシ
たものおばさん　シロダモ
たものき　アオダモ／アカメガシワ／アキニレ／シロダモ／タブノキ／トネリコ／ハルニレ／ヤチダモ／ヤブニッケイ
たもん　タブノキ
たもんのき　タブノキ
だぁーこん　ダイコン
たゃーじん　イタドリ
だゃーじんば　イタドリ
だやす　スイバ
たゆー　ダイコン

たゆり　アマナ
たら　カラスザンショウ／ハリギリ
だら　カラスザンショウ／コムギ／タラノキ／ハリギリ
たらーき　カラスザンショウ
たらいぎ　タラノキ
だらいぎ　タラノキ
だらいげ　タラノキ
たらいばら　タラノキ
たらいも　サトイモ
だらいも　ツクネイモ／ナガイモ
たらえも　ジャガイモ
たらおだら　ハリギリ
たらがい　ハリギリ
たらぎ　カラスザンショウ
だらぎ　タラノキ／ハリギリ
だらぐい　タラノキ
たらくさ　ノアザミ
たらぐみ　ナツグミ
たらこー　タラノキ
たらじまめ　ササゲ
たらずいも　キクイモ／ジャガイモ／ツクネイモ／ナガイモ
だらずいも　ジャガイモ
だらすけ　キハダ
だらすけのき　キササゲ
たらずまめ　インゲンマメ／ササゲ
だらちゃ　カワラケツメイ
たらっぷ　タラノキ
たらっぺ　ウコギ／タラノキ
たらっぺー　タラノキ
たらっぺーし　タラノキ
たらつぽ　タラノキ
たらっぽ　タラノキ
たらっぽい　タラノキ
たらっぽー　タラノキ
たらのき　カラスザンショウ／タラノキ／タラヨウ／ハリギリ
だらのき　カラスザンショウ／タラノキ／ハリギリ
たらのくい　タラノキ
たらのぽー　タラノキ
たらのめ　タラノキ
たらばい　タラノキ
たらばら　タラノキ
たらほ　タラノキ
たらぽ　タラノキ
たらぽ　タラノキ
たらぽい　タラノキ
たらぽー　サクラ
たらぽー　タラノキ
たらぽー　タラノキ／ハリギリ

だらぽー　タラノキ
たらぽのき　タラノキ
だらまめ　ベニバナインゲン
だらめ　タラノキ
だらり　カキ
だらり　ササゲ／ジュウロクササゲ
たらんばら　タラノキ
たらんぺ　タラノキ
たらんぽ　タラノキ
たらんぽ　タラノキ
たらんぽー　タラノキ
だらんめ　タラノキ
たりんこ　イタドリ
だるま　アオキ／ピーマン
だるまぐさ　ヒオウギ
だるまそー　センニチコウ／ヒナギク
だるまっき　アオキ
だるまな　タイサイ
だるまのき　アオキ
たるまめ　ダイズ
たれご　オモダカ
たれやなぎ　シダレヤナギ
たろ　タラノキ
たろいも　ナガイモ
たろうど　タラノキ
たろー　タラノキ
たろーうど　タラノキ
たろーじろー　スミレ
たろーのど　タラノキ
たろーのはかま　ツユクサ
たろーぽー　スミレ
たろざえもん　クロガネモチ
たろのいげ　タラノキ
たろのき　タラノキ
たろばな　スミレ
たろべ　ツユクサ
たろぽー　スミレ
たろんぽ　タラノキ
たろんぽーじろんぽー　スミレ
たろんぽーじろんぽー　スミレ
たわけいも　キクイモ
たわけまめ　アオガリダイズ／インゲンマメ／ゴガツササゲ／ササゲ／ジュウロクササゲ／ハタササゲ
たわさび　タネツケバナ
たわのひげ　ジャノヒゲ
たわら　ホンダワラ
たわらあけび　ムベ
たわらいちご　エビガライチゴ
たわらうり　マクワウリ
たわらきみ　トウモロコシ

たわらぐさ	ツユクサ
たわらぐみ	グミ／ツルグミ／ナツグミ／ナワシログミ
たわらじー	シイ／マテバシイ
たわらのき	カラスザンショウ
たわらまめ	ラッカセイ
たわらむぎ	コバンソウ
たわらも	ホンダワラ
たわらもの	ホンダワラ
たわらんばな	リンドウ
たんかずら	カニクサ／ノブドウ
たんがたし	トウゴマ
だんがたし	トウゴマ
たんがら	タガラシ／リンボク
たんがらし	タネツケバナ
だんかんじ	アブラギリ
たんぎ	ゴンズイ
だんぎ	ゴンズイ
だんぎく	ヨシ
だんぎな	ゴンズイ／ズイナ
たんぎゃたし	トウゴマ
だんきゅー	ラッキョウ
だんきょ	ラッキョウ
だんきょー	ラッキョウ
たんきらいばら	サルトリイバラ
たんぎり	ゴンズイ
たんくさ	カキドオシ
だんぐる	カクレミノ
たんこ	イタドリ／サワフタギ
たんご	リクトウ
だんこ	イタドリ
だんご	アオダモ／トネリコ／ミズキ／ヤマボウシ
だんごいただき	ワレモコウ
だんごいも	ツクネイモ／ナガイモ
だんごき	アカメガシワ／ドウダンツツジ／ミズキ
だんごぎ	ミズキ／ヤマボウシ
だんごきび	キビ／トウモロコシ／モロコシ
だんごきみ	キビ
だんごさすき	ミズキ
だんごしば	サルトリイバラ／ヤマコウバシ
だんごしばぬき	ミズキ
だんごっき	イヌツゲ
だんごっぱな	イヌツゲ
たんごな	ダイコンソウ
だんごな	イヌガラシ
だんごぬき	ミズキ
だんごのき	アカメガシワ／コゴメウツギ／トネリコ／ナツツバキ／ミズキ／ヤマアオダモ
だんごのは	サルトリイバラ
だんごはぎ	ヤマハギ
だんごはな	シロツメクサ
だんごばな	シロツメクサ／センニチコウ／ワレモコウ
たんごばら	リョウブ
だんごばら	アオハダ／イヌツゲ／サルトリイバラ／ミズキ／ヤマボウシ
だんごぶな	ヤシャブシ
だんごぼー	ニワトコ
だんごぼく	ミズキ
だんごまめ	ソラマメ
だんごむぎ	オオムギ／コムギ／ライムギ
たんこめ	スイトウ
たんごろばな	スカシタゴボウ
たんころぽ	イヌガラシ／スカシタゴボウ
だんじ	イタドリ
だんじー	イタドリ
だんじがら	イタドリ
だんじき	サルトリイバラ
だんじこ	イタドリ
だんじべそ	イタドリ
だんじょー	オキナグサ
だんじょーどの	オキナグサ
たんじり	イタドリ
だんじり	イタドリ／ウマゴヤシ／ゲンゲ／スイバ
だんじりぐさ	ホトケノザ
だんじりばな	カタバミ
たんじんば	イタドリ
だんじんば	イタドリ
だんすばら	リョウブ
だんすもや	リョウブ
だんずり	イタドリ
たんそ	ヤブカンゾウ
たんだい	ホソバタデ
たんだいくさ	アレチノギク
だんだぶっと	ヘチマ
だんだぶつど	ヘチマ
だんだらしば	ミツガシワ
だんだんいも	キクイモ
だんだんかけつ	グラジオラス
だんだんぎく	ミセバヤ
たんたんくさ	カラムシ
だんだんけ	キンシバイ
だんだんしょーぶ	グラジオラス
たんたんば	ナンバンカラムシ
たんたんばな	ヒガンバナ
だんだんばな	エノキグサ／グラジオラス
たんたんぽ	タンポポ
たんたんぽ	タンポポ
たんたんぽー	タンポポ
たんたんぽぽ	タンポポ
だんだんまつば	ネズミサシ
だんちく	ハチク／ヨシ

たんつぽ	アオハダ／イタドリ
たんで	ミズメ
たんでぐさ	タデ
たんでん	ミズメ
だんとく	ドクダミ
だんどく	カンナ
だんとくせん	ダンドク
たんとこ	イタドリ
たんにゃーわたし	トウゴマ
たんのき	タブノキ／ニワトコ
たんば	イタドリ／オオバコ／キハダ／フキ／ヤマコウバシ
たんぱ	キハダ／フキ
たんぱいちご	ホウロクイチゴ
たんぱいも	ジャガイモ
たんばくさ	ハンゲショウ
たんばこ	イタドリ
たんばこ	タンポポ
たんばしば	ヤマコウバシ
だんばな	タニウツギ
たんばのき	ヤマコウバシ
たんばのは	オニヤブマオ
たんばのは	オニヤブマオ
たんばんぐわい	ツルボ
たんばこ	フキ
たんぴょー	スズメノテッポウ
たんぶき	タンポポ
たんぶき	タンポポ
だんぶくろ	ホタルブクロ
たんぶばな	オオマツヨイグサ
だんぶばな	マツヨイグサ
だんぷりくさ	ガガイモ
だんぷりぐさ	スベリヒユ／ツユクサ
だんぷりそー	ツユクサ
だんぷりのはな	ツユクサ
だんぶりのはなこ	ツユクサ
だんぶりはな	ツユクサ
だんぷりばな	オオマツヨイグサ
だんべ	ホタルブクロ
たんぺい	オオカメノキ
だんぺい	オオカメノキ
たんぺいそう	オオカメノキ
たんぺーじ	ヒトツバカエデ
たんべこ	ツクシ
だんべはれ	オキナグサ
だんべはれ	オキナグサ／クサノオウ
だんべはれぐさ	ツユクサ
たんぽ	タンポポ
たんぽ	イタドリ／イヌビワ／タンポポ／ツバキ／ヒョウタン
たんぽいね	スイトウ
たんぽいも	サトイモ
たんぽいも	ジャガイモ
たんぽーつーつー	ウマゴヤシ
たんぽく	タンポポ
たんぽく	タンポポ
たんぽくさ	カタバミ／ツユクサ
たんぽぐさ	カタバミ
たんぽこ	ギシギシ／タンポポ
たんぽご	タンポポ
たんぽこ	イタドリ／キカラスウリ／ギシギシ／タンポポ／ノゲシ／ヒガンバナ
たんぽこな	タンポポ
たんぽこりん	タンポポ
たんぽじらみ	ヌスビトハギ
たんぽっぽ	タンポポ
たんぽな	タンポポ
たんぽな	タンポポ
だんほな	ゴンズイ
たんぽば	カラムシ
たんぽばーこ	ハハコグサ
たんぽぽ	タンポポ
たんぽぽ	アケビ／イタドリ／イヌビワ／オニタビラコ／カラムシ／シロツメクサ／シロバナタンポポ／ノゲシ／ヒガンバナ
たんぽほーずき	センナリホオズキ
たんぽぽん	タンポポ
たんぽまめ	ダイズ
たんぽん	タンポポ
たんぽんぽ	タンポポ
たんぽんぽー	タンポポ
たんぽんぽん	タンポポ
たんま	シロダモ／ヤブニッケイ
だんまかっか	スミレ
たんみー	ツユクサ
たんよもぎ	ヤマヨモギ

【ち】

ちあみ	チガヤ
ちあめ	チガヤ
ちー	チガヤ
ちーいも	サトイモ
ちーかずら	スイカズラ
ちーぐさ	キランソウ／スイカズラ／タンポポ／ニシキソウ
ちーこ	ハハコグサ
ちーぜる	オニナベナ
ちーそ	シソ
ちーち	キツネノカミソリ

ちーちーぐさ　カタバミ／ベンケイソウ
ちーちーばな　スミレ
ちーちくいたや　ヒトツバカエデ
ちーちくぼー　ツクシ
ちーちんぼ　ツクシ
ちーどぅみぐさ　サンシチソウ
ちーどめ　チドメグサ／ノチドメ
ちーとめぐさ　カタバミ
ちーどめくさ　チドメグサ
ちーのき　ホルトノキ
ちーのとー　ギシギシ
ちーばーき　ハクサンボク
ちーま　ミフクラギ
ちーろくすん　ジュウロクササゲ
ちえぎ　シラキ
ちぇんちぇんばな　ナズナ
ちか　ヒメムカシヨモギ
ちがいぐさ　オヒシバ
ちがいも　ガガイモ
ちがき　マメガキ
ちがや　オヒシバ／カヤ／ススキ／ヤブカンゾウ
ちから　ツルソバ
ちがら　ツルソバ
ちからくさ　チカラシバ
ちからぐさ　オヒシバ／チカラシバ／ネズミノオ
ちからこ　ヒガンバナ
ちからしば　オヒシバ／ナギ／ブナ
ちからっぱ　ナギ
ちからば　ナギ
ちぎ　ケヤキ／ホルトノキ
ぢきとりくさ　カラスビシャク
ちぎり　スベリヒユ
ちきりがし　タイミンタチバナ
ちぐ　シュロ
ちくうめ　クサボケ
ちくさ　アキノノゲシ／オニタビラコ／ガガイモ／ツユクサ／ニシキソウ
ちぐさ　アキノノゲシ／イワニガナ／オオジシバリ／オニタビラコ／カタバミ／シロバナタンポポ／スイバ／タンポポ／チガヤ／ツユクサ／ニガナ／ノウルシ／ノゲシ／ヤクシソウ／リュウゼツサイ
ちくし　ツクシ
ちくしゃ　アオノクマタケラン／クマタケラン
ちくちくぼし　ツクシ
ちくらぎ　ヤシャブシ
ちくらん　セッコク／マツバラン
ちくらんそー　ヤブミョウガ
ちくるまい　オキナグサ
ちぐろ　イヌツゲ
ちくんべ　ツクシ

ちこ　オオムギ
ちこく　カラタチ／サイカチ
ちこくさ　カモジグサ
ちごくさ　ゲンノショウコ
ちごぐさ　カモジグサ／ゲンノショウコ
ちござくら　エドヒガン／クサキョウチクトウ／ユキヤナギ
ちごちご　オキナグサ
ちごちごばな　オキナグサ
ちごな　コマツナ／ツリガネニンジン
ちごのかみ　クサヨシ
ちごのばな　オキナグサ
ちごのまい　オキナグサ
ちごばな　オキナグサ
ちこむぎ　オオムギ
ちごむぎ　オオムギ
ちごろまえ　オキナグサ
ちこんば　オキナグサ
ちごんば　オキナグサ
ちさ　エゴノキ
ちさかき　ヒサカキ
ちさかけ　ヒサカキ
ちさぎ　エゴノキ
ちさぐら　シロモジ
ちざくら　ユキワリソウ
ちさな　レタス
ちさなばー　レタス
ちさぬち　チシャノキ
ちさのき　エゴノキ
ちじなりちしゃ　レタス
ちじばこ　オオバコ
ちじみ　ヒガンバナ
ちじみぐさ　キクムグラ
ちじみちしゃ　レタス
ちじみな　トウナ／レタス
ちじみはくさい　トウナ
ちじみばべ　ウバメガシ
ちじみびしゃこ　ハマヒサカキ
ちしゃ　エゴノキ／クロモジ／チシャノキ／レタス
ちしゃかき　ヒサカキ
ちしゃかけ　ヒサカキ
ちしゃがらのき　アブラチャン
ちしゃぎ　アカメガシワ
ちしゃそー　ヤブタバコ
ちしゅな　フダンソウ
ちしゃのき　エゴノキ／チシャノキ／ハクウンボク
ちしゃば　レタス
ちじらめ　アラメ
ちんしこー　スズメノヤリ
ちすいば　オドリコソウ／スイバ

ちすじな　キョウナ
ちそ　シソ
ちそっぱ　シソ
ちそぶ　ツルニンジン
ちだらめへご　ホラシノブ
ちち　アキノノゲシ
ちち　イチジク／スベリヒユ／ノウルシ／ハハコグサ
ちちえちご　ナワシロイチゴ
ちちかき　イチジク
ちちがき　マメガキ
ちちかしゃ　トクサラン
ちちかずら　イケマ／テイカカズラ
ちちき　シラキ
ちちぎ　シラキ
ちちくさ　アキノノゲシ／アザミ／イワニガナ／ウスベニニガナ／ウツボグサ／オニタビラコ／クサノオウ／ニシキソウ／ノアザミ／ノウルシ／ノゲシ／ハハコグサ／ヤクシソウ
ちちぐさ　アキノノゲシ／アザミ／イワニガナ／ウスベニニガナ／ウツボグサ／ウマゴヤシ／ガガイモ／カワラマツバ／キランソウ／タンポポ／ツリガネニンジン／ニガナ／ニシキソウ／ニラ／ノアザミ／ノゲシ／ハハコグサ／ヤクシソウ／リュウゼツサイ
ちちくらん　セッコク
ちちこ　イヌビワ／ウツボグサ／オキナグサ／カワラハハコ／ギシギシ／シラキ／チチコグサ／ツクシ／ハハコグサ／ヤマハハコ
ちぢこ　ハハコグサ
ちぢこー　オキナグサ
ちちこくさ　ハハコグサ
ちちこぐさ　ウツボグサ
ちちこばな　ウツボグサ
ちちこぶ　カラスウリ
ちちこぼし　ツクシ
ちちさんしょー　コミカンソウ
ちちすいばい　オドリコソウ
ちちすいばな　オトギリソウ／ジュウニヒトエ
ちちすまぐさ　シロツメクサ
ちちたっぽ　イヌビワ
ちちっこ　オキナグサ／チチコグサ／ハハコグサ
ちちっこくさ　ハハコグサ
ちちっこばーこ　ハハコグサ
ちちっこもち　ハハコグサ
ちちっぱべんけー　ハマベンケイソウ
ちちっぽ　ドングリ
ちちでこ　イタビカズラ
ちちでよ　モクレン
ちちな　イワニガナ／ノゲシ
ちちのき　イチョウ／イヌビワ／チドリノキ
ちちのちょーちんばな　ツリガネニンジン

ちちのみ　イヌビワ／オオイタビ
ちちのめ　イヌビワ
ちちば　ノゲシ
ちちばーこ　ハハコグサ
ちちはげ　ジャノヒゲ
ちちばこ　オオバコ
ちちばな　ウツボグサ／ウマゴヤシ／オキナグサ／オドリコソウ／ニガナ／ヒルガオ
ちちばなこ　ウツボグサ
ちちばら　カラスムギ
ちちばれ　イワニガナ
ちちぶ　イヌビワ
ちちふく　イヌビワ
ちちふぐり　ショウロ
ちちぶさし　コアカソ
ちちふんべつ　ノミノフスマ
ちちぽ　イヌビワ
ちちぽーず　イヌビワ
ぢぢぼくさ　オドリコソウ
ちちぼこ　イヌビワ
ちちぽんぽん　イヌビワ
ちちまめ　イヌビワ／ラッカセイ
ちぢまんちゃく　フクジュソウ
ちちもどき　タカトウダイ
ちちもも　イタビカズラ／イヌビワ／ナツグミ
ちちもものき　イヌビワ
ちちゃ　エゴノキ／チシャノキ／レタス
ちちゃのき　エゴノキ
ちちょーそー　キランソウ
ちちょっぱ　シソ
ちちょば　シソ
ちちろ　スイセン
ちちろっぽ　スイセン
ちちん　クヌギ
ちちんこ　オキナグサ
ちちんぽ　イヌビワ
ちっくび　ツクシ
ぢっこ　ヤマハハコ
ちっこくさ　ウツボグサ／ハハコグサ
ちっこぐさ　イワニガナ／ウツボグサ
ちっこのき　イヌビワ
ちっこのめーめー　スイカズラ
ちっこべ　ツクシ
ちっち　ベンケイソウ
ちっちりばな　ウツボグサ
ちっぱ　イヌビワ
ちでーくに　ニンジン
ちと　シソ
ちとー　シソ
ちとめ　ウツボグサ／ベンケイソウ

ちどめ　イケマ／ウツボグサ／ガガイモ／カタバミ／キツネノチャブクロ／サンシチソウ／ゼンマイ／ヒトツバ／ベンケイソウ／ボケ／ホコリタケ／ミソハギ
ちとめくさ　オミナエシ
ちとめぐさ　ノコギリソウ／ベンケイソウ
ちとめぐさ　ウツボグサ／カタバミ／タカサブロウ／ノコギリソウ／ノチドメ／ベンケイソウ
ちどめぐさ　イワニガナ／ウツボグサ／オオバコ／オトギリソウ／オトコエシ／カキドオシ／カタバミ／キリンソウ／クサノオウ／ツボクサ／ニワトコ／ノチドメ／ベンケイソウ／ミセバヤ／ヨモギ
ちどめのき　ソテツ
ちとりぐさ　チドメグサ
ちどりそー　ウマノスズクサ／キンギョソウ／グラジオラス／サギゴケ／ヒエンソウ
ちな　エゴノキ／タンポポ
ちない　エゴノキ
ちないえごのき　エゴノキ
ちないぎ　エゴノキ
ちないそー　ヤクシソウ
ちないのき　エゴノキ
ちなえ　エゴノキ
ちなくさ　ニガクサ
ちなのき　エゴノキ
ちなや　エゴノキ
ちなり　エゴノキ
ちなわ　エゴノキ／カヤ
ちぬく　シイタケ
ちね　エゴノキ
ちのかわ　ミズゴケ
ちのくさ　ミズスギ
ちのこ　イヌゴマ／ツバナ
ちのね　チガヤ
ちはき　ガマズミ
ちはぎ　コマツナギ
ちばき　ツバキ
ちはきもも　ガマズミ
ちばくさ　ジャノヒゲ
ちばぐさ　ジャノヒゲ
ちばさ　ツワブキ
ちばち　ツバキ
ちばな　チガヤ
ちばな　ハリハマムギ
ちばな　ハリハマムギ
ちばみ　チガヤ
ちひばり　スイバ
ぢひばり　カタバミ
ちびやん　イヌガンソク
ちふぁふぁー　フキ
ちぶく　チガヤ

ちふじ　ニワフジ
ちぶり　チシャノキ
ちぶんぐさ　マルバツユクサ
ちぼいも　サトイモ
ちぼがき　マメガキ
ちまき　サルトリイバラ／ツユクサ
ちまきくさ　コモ／マコモ
ちまきざさ　オカメザサ／チシマザサ
ちまきしば　アカメガシワ／カシワ
ちまきすげ　タヌキラン
ちまきのは　サルトリイバラ
ちまきばら　ハリギリ
ちまきまんじゅ　ツユクサ
ちまめ　コナラ／ラッカセイ
ちまめがき　マメガキ
ちみぎりしょ　マツバボタン
ちみぎりそー　マツバボタン
ちみとこ　ノビル
ちめきりそー　マツバボタン
ちもと　アサツキ／エゾネギ／ノビル／ワケギ
ちゃ　レタス
ちゃーぎ　イヌマキ
ちゃーぎくるぼー　クロバイ
ちゃーちぎ　シャリンバイ
ちゃーぽんぽん　タンポポ
ちゃーまーみ　エビスグサ
ちゃーまみ　エビスグサ
ちゃいべつ　キャベツ
ちゃおけまめ　インゲンマメ
ちゃがいも　サツマイモ
ちゃかき　ヒサカキ
ちゃかけ　ヒサカキ
ちゃがす　ウツギ
ちゃかずら　ボタンヅル
ちゃがちゃがかずら　ハスノハカズラ
ちゃがまのき　カンアオイ
ちゃがゆこぼし　イヌツゲ
ちゃぎく　ヨメナ
ちゃくさ　カスマグサ
ちゃぐさ　カワラケツメイ
ちゃぐみ　ウグイスカグラ／ナツグミ
ちゃこのき　アオキ
ちゃごみ　シャシャンボ
ちゃしぎ　イヌマキ
ちゃせび　シャシャンボ
ちゃせんくさ　チカラシバ
ちゃせんばな　ショウジョウバカマ／ナデシコ
ちゃせんぼ　アセビ／シャシャンボ
ちゃちゃっぽ　タンポポ
ちゃちゃっぽこ　タンポポ

ちゃちゃぽこ	キリンソウ	ちゃんころ	ヒガンバナ
ちゃちゃぽぽ	タンポポ	ちゃんだかしー	トウゴマ
ちゃちゃんぼく	ハゼノキ	ちゃんちゃんぐさ	ユキノシタ
ちゃっぽん	イタドリ	ちゃんちゃんけーろー	ヒガンバナ
ちゃてうり	ハヤトウリ	ちゃんちゃんげーろー	ヒガンバナ
ちゃとうて	ハヤトウリ	ちゃんちゃんこ	ナズナ
ちゃどく	ナズナ	ちゃんちゃんぽ	キツネノカミソリ／タンポポ／ヒガンバナ
ちやのき	エゴノキ		
ちゃのき	エゴノキ／カワラケツメイ	ちゃんちゃんぽー	ツクシ／ヒガンバナ
ちゃのきがき	マメガキ	ちゃんちゃんぽごぽご	タンポポ
ちゃのきび	トウモロコシ	ちゃんちゃんぽっぽ	タンポポ
ちゃのこ	ツバナ	ちゃんちゃんぽん	タンポポ
ちゃばん	ハンノキ	ちゃんちゃんぽんぽ	タンポポ
ちゃひきぐさ	カラスムギ	ちゃんちゃんぽんぽん	タンポポ
ちゃびしゃぎ	コクサギ	ちゃんちん	ツバキ
ちゃふき	アワブキ	ちゃんばぎく	タケニグサ
ちゃぶき	アワブキ	ちゃんぶくろ	ホタルブクロ
ちゃぶくろばな	ツリガネニンジン／ホタルブクロ	ちゃんぶろば	ホタルブクロ
		ちゃんべばな	シュンラン
ちゃぽのほーずき	ヒヨドリジョウゴ	ちゃんぽ	タンポポ
ちゃまみ	ハブソウ	ちゃんぽこ	タンポポ
ちゃまめ	インゲンマメ／ダイズ／ツルマメ／ハブソウ	ちゃんぽぽ	タンポポ
ちゃめらそー	チョウセンアサガオ	ちゃんぽん	イタドリ／タンポポ
ちゃめりんご	ワリンゴ	ちゃんぽんちゃんぽん	タンポポ
ちゃややぎ	オノエヤナギ	ちゃんぽんぽ	タンポポ
ちゃやまや	レタス	ちゃんぽんぽん	タンポポ
ちゃよけ	ハヤトウリ	ちゅあみ	チガヤ
ちゃよこ	ハヤトウリ	ちゅーぎ	イタドリ
ちゃよて	ハヤトウリ	ちゅーきのき	イボタノキ
ちゃよてー	ハヤトウリ	ちゅーじゃくな	タカナ
ちゃらこ	ヒヨドリジョウゴ	ちゅーしろぐみ	ナワシログミ
ちゃらちゃらぐさ	ヒメコバンソウ	ちゅーぜんじな	イブキガラシ／ヤマガラシ
ちゃらべー	イヌツゲ	ちゅーちゅーくさ	スズメノテッポウ
ちゃらぼく	イチイ	ちゅーちゅーぐさ	スズメノテッポウ
ちゃらんそー	カラムシ	ちゅーちゅーくぼし	ツクシ
ちゃるめらそー	チョウセンアサガオ	ちゅーちゅーぼし	ツクシ
ちゃわんあげ	イヌツゲ	ちゅーちゅぐさ	キツネノマゴ
ちゃわんいちご	スノキ	ちゅーな	オヒシバ／メヒシバ
ちゃわんざくら	ヤマザクラ	ちゅーねんぽ	ヒガンバナ
ちゃわんのき	ツクバネウツギ	ちゅーぶ	ツルニンジン
ちゃわんばな	キキョウ	ちゅーりんばな	イワカガミ
ちゃわんもも	スノキ	ちゅぎ	コナラ
ちゃわんわり	サギゴケ	ちゅくちゅくぐさ	ツクシ
ちゃわんわれ	マツヨイグサ	ちゅちゅー	ケイトウ
ちゃわんわればな	サギゴケ	ちゅんぎ	バクチノキ
ちゃん	ツバキ	ちょうせんぎく	キクイモ
ちゃんきん	アサザ	ちょうせんぐさ	ルコウソウ
ちゃんぎん	アサザ	ちょうちょうばな	セイヨウフウチョウソウ
ちゃんこー	マユミ	ちょうちんばな	アマドコロ
ちゃんこまめ	エンドウ	ちょーかいにんじん	シラネニンジン
ちゃんこむぎ	オオムギ		

ちょーかいまつ　ハイマツ
ちょーきち　チガヤ／チョロギ
ちょーきび　キビ
ちょーきみ　トウモロコシ
ちょーきり　アカザ
ちょーぐさ　イワニガナ／ウツボグサ
ちょーごんぼ　ヤマゴボウ／ヤマボクチ
ちょーじ　ジンチョウゲ
ちょーじつつじ　ウンゼンツツジ
ちょーしのき　アカメガシワ
ちょーじゃくさ　スズメノテッポウ
ちょーじゃざくら　ミズメ
ちょーじゃのかし　ハゼノキ／ヤブコウジ
ちょーじゃのかま　カンアオイ
ちょーじゃのかまこ　カンアオイ
ちょーじゃのき　メグスリノキ
ちょーじゃまめ　インゲンマメ
ちょーしゅん　バラ
ちょーしん　バラ
ちょーしんばら　バラ
ちょーず　イイギリ
ちょーせいも　ジャガイモ
ちょーせん　カボチャ／チョウセンニンジン／ミチヤナギ
ちょーせんあさ　ナンバンカラムシ
ちょーせんあさがお　チョウセンアサガオ／ツクバネアサガオ／トロロアオイ／ノウゼンカズラ／ノウゼンハレン／ヒルガオ／ルコウソウ
ちょーせんあやめ　ニワゼキショウ
ちょーせんいちご　オランダイチゴ／キイチゴ／クサイチゴ
ちょーせんいも　キクイモ／ジャガイモ
ちょーせんうど　アスパラガス
ちょーせんうり　ハヤトウリ
ちょーせんおばこ　カラスビシャク／ギボウシ／ハンゲショウ
ちょーせんおばす　ドクダミ
ちょーせんか　ホウセンカ
ちょーせんがき　カマツカ／マメガキ
ちょーせんかたら　バラ
ちょーせんかたり　バラ
ちょーせんかめだ　センニンソウ
ちょーせんぎく　エゾギク
ちょーせんぎや　クワイ
ちょーせんくさ　ミズアオイ／ムラサキカタバミ
ちょーせんぐさ　ヒメコバンソウ／ヒメカギヨモギ
ちょーせんくちなし　コクチナシ
ちょーせんぐみ　ウグイスカグラ／スグリ／トウグミ
ちょーせんこ　ホウセンカ
ちょーせんこしょー　ピーマン

ちょーせんこぞ　ミツマタ
ちょーせんごま　トウゴマ
ちょーせんごよー　チョウセンゴヨウ
ちょーせんさかき　アセビ
ちょーせんざくら　オオハルシャギク／コスモス／ショウジョウバカマ
ちょーせんささげ　インゲンマメ／ササゲ／ハッショウマメ
ちょーせんさつま　カボチャ
ちょーせんじしゃ　リュウゼツサイ
ちょーせんしば　シバ
ちょーせんすぎ　サワラ
ちょーせんすびら　サフランモドキ
ちょーせんせめだ　センニンソウ
ちょーせんたばこ　オオケタデ／チョウセンアサガオ
ちょーせんだりや　ハナガサギク
ちょーせんつばき　ホウセンカ
ちょーせんとーがらし　ピーマン
ちょーせんな　ツルナ／トウナ／ヒケッキュウハクサイ／フダンソウ
ちょーせんなーしび　チョウセンアサガオ
ちょーせんなぎ　ホテイアオイ
ちょーせんなすび　チョウセンアサガオ／トマト
ちょーせんにんじん　ツリガネニンジン
ちょーせんねぎ　ニンニク
ちょーせんねぶか　ワケギ
ちょーせんはぎ　ハギ
ちょーせんはくさい　ヒケッキュウハクサイ
ちょーせんばな　イカリソウ／ショウジョウバカマ
ちょーせんひえ　シコクビエ
ちょーせんひまわり　ハナガサギク
ちょーせんほーき　ホウキモロコシ
ちょーせんほーずき　センナリホオズキ／チョウセンアサガオ
ちょーせんまき　イヌガヤ
ちょーせんまつ　カラマツ／ゴヨウマツ／チョウセンゴヨウ
ちょーせんむぎ　オオムギ／ジュズダマ／ハトムギ
ちょーせんむも　ジャガイモ
ちょーせんも　ジャガイモ
ちょーせんもろこし　サトウモロコシ／ホウキモロコシ
ちょーせんよごみ　カワラハハコ
ちょーせんよもぎ　カワラハハコ
ちょーせんれんげ　ウマゴヤシ／シロツメクサ／ムラサキツメクサ
ちょーちこ　マツバボタン
ちょーちごー　カラスウリ
ちょーちょーかんばん　スミレ
ちょーちょーすいば　カタバミ
ちょーちょーばな　ガクウツギ／スミレ／ツユクサ／ホ

ウセンカ／ユキノシタ
ちょーちょーばんばん　ツユクサ
ちょーちょこべ　カラスウリ
ちょーちょばな　ガクウツギ
ちょーちん　スグリ／ホタルブクロ
ちょーちんいちご　スグリ
ちょーちんかんかん　ヒガンバナ
ちょーちんくさ　ミズアオイ
ちょーちんぐさ　チドメグサ／ツリガネニンジン／トウロウソウ／ナガハグサ／ハコベ／ヒガンバナ／ホタルブクロ／メシバ／ヤマアザミ
ちょーちんぐみ　ウグイスカグラ／フサスグリ
ちょーちんこ　ケマンソウ／ナズナ
ちょーちんごーら　ツリガネニンジン
ちょーちんざくら　サクラ（ヤエザクラ）
ちょーちんしで　アカシデ／クマシデ／サワシバ
ちょーちんそー　カラスウリ
ちょーちんだけ　ダイサンチク／ハコネダケ
ちょーちんとーろ　ヒガンバナ
ちょーちんばな　アセビ／クマガイソウ／ケマンソウ／コバンソウ／ジギタリス／ツリガネニンジン／ナルコユリ／ネジキ／ヒガンバナ／フウリンソウ／ブッソウゲ／ホタルブクロ
ちょーちんばら　ヒガンバナ
ちょーちんふくろ　ホタルブクロ
ちょーちんぶらぶら　サンゴジュ／ジギタリス／ツリガネニンジン／ホタルブクロ
ちょーちんぼらぼら　ホタルブクロ
ちょーちんもも　スグリ
ちょーでまり　シチダンカ／ベニガク
ちょーと　サワオグルマ
ちょーとこ　カギカズラ
ちょーとこかずら　カギカズラ
ちょーな　スギナ
ちょーなぐさ　スギナ／メヒシバ
ちょーなんぐさ　スギナ
ちょーのき　エゴノキ
ちょーばな　サンシキスミレ
ちょーびなし　ケンポナシ
ちょーへんこ　ホウセンカ
ちょーぽー　リョウブ
ちょーまそー　ミヤコグサ
ちょーめ　エゴノキ／カマツカ／コハクウンボク／チシャノキ
ちょーめい　エゴノキ
ちょーめー　エゴノキ
ちょーめーそー　ツルナ
ちょーめぎ　エゴノキ
ちょーめぎく　ヒナギク
ちょーめつ　エゴノキ

ちょーめのき　エゴノキ
ちょーめん　エゴノキ／コハクウンボク／チシャノキ
ちょーめんぎく　ヒナギク
ちょーりょーそー　フジギク
ちょーろく　ジャガイモ／チョロギ
ちょーろっぴ　チョロギ
ちょーろっぴょ　チョロギ
ちょきび　トウモロコシ
ちょくこ　オオバコ
ちょくずる　ヒルガオ
ちょくばな　ヒルガオ／ゲンノショウコ／ホタルブクロ／リンドウ
ちょこぐさ　ヒルガオ
ちょこぐり　サルスベリ
ちょこじりのき　サルスベリ
ちょこちょこのき　サルスベリ／ヒメシャラ
ちょこちょこばな　ヒルガオ
ちょこばいのき　サルスベリ
ちょこばな　ヒルガオ
ちょちょこぶ　カラスウリ
ちょちょば　オオバコ
ちょちょぱ　オオバコ
ちょちょび　アケビ
ちょちょりこ　オオバコ
ちょちょりぱ　オオバコ
ちょちょれこ　オオバコ
ちょっきみ　トウモロコシ
ちょっこ　オオバコ
ちょっちゃん　ダイズ
ちょっちょばな　ツユクサ
ちょっぱげ　ユウガオ
ちょっぴん　シュンラン
ちょな　チョロギ
ちょなきみ　キビ
ちよのき　イイギリ
ちょぴん　シュンラン
ちょぶき　フキ
ちょべなこ　ヤブエンゴサク
ちょぼな　モミジガサ
ちょぽりこ　オオバコ／オキナグサ
ちょま　アカソ
ちょめーぎく　ヒナギク
ちょりちょりぱ　オオバコ
ちょりぱ　オオバコ
ちょれっぱ　オオバコ
ちょろいも　ジャガイモ／チョロギ
ちょろぎだまし　イヌゴマ
ちょろきち　チョロギ
ちょろきちいも　チョロギ
ちょろぎっ　チョロギ

ちょろぐさ　ドクダミ
ちょろけいも　キクイモ／チョロギ
ちょろけん　チョロギ
ちょろちょろいも　チョロギ
ちょろっけ　チョロギ
ちょろっこ　チョロギ
ちょろっぴき　チョロギ
ちょろっぴち　チョロギ
ちょろっぺ　チョロギ
ちょろば　オキナグサ
ちょろぱ　オオバコ
ちょろむけ　ナツハゼ
ちょろめん　シュンラン
ちょろり　チョロギ
ちょろんけ　チョロギ
ちょろんこ　チョロギ
ちょろんぴん　チョロギ
ちょんかけ　スミレ
ちょんがら　カタバミ
ちょんぎりぐさ　マツバボタン
ちょんこぐさ　カタバミ
ちょんこばな　ユキノシタ
ちょんちょ　イネ
ちょんちょー　サトイモ
ちょんちょりんぐさ　ツユクサ
ちょんちょりんのは　ツユクサ
ちょんちょいんぐさ　ツユクサ
ちょんちょん　イタドリ／サトイモ
ちょんちょんぐさ　ハコベ
ちょんちょんしば　イヌツゲ
ちょんちりんぐさ　ツユクサ
ちょんばな　オキナグサ
ちょんぶり　アズマイチゲ
ちょんべな　イチリンソウ
ちょんぽ　イタドリ／サトイモ
ちょんぽ　イタドリ
ちらさき　ヒサカキ
ちらさぎ　ヒサカキ
ちらしぐり　フサスグリ
ちらしゃき　ヒイラギ
ちらちらかみさし　ヒメコバンソウ
ちらちらくさ　ヒメコバンソウ
ちらちらばな　ハルシャギク
ちりぎ　イイギリ
ちりちり　オノマンネングサ／トキンソウ／ネギ
ちりちりぐさ　オノマンネングサ／ナズナ
ちりちりばな　カヤツリグサ
ちりとり　オノマンネングサ
ちりのき　ムクロジ
ちりのこまめ　ナタマメ
ちりびら　ニラ
ちりへり　トキンソウ
ちりめん　クヌギ／シソ／トウナ
ちりめんからし　カラシナ
ちりめんかんらん　キャベツ（チヂミバカンラン）
ちりめんぐさ　チドメグサ
ちりめんそー　キランソウ
ちりめんたま　キャベツ（チヂミバカンラン）
ちりめんちしゃ　レタス
ちりめんな　カラシナ／トウナ
ちりめんはくさい　トウナ
ちりらん　シラン
ちりりんぐさ　ウマノアシガタ／キツネノボタン
ちりりんげ　ツメクサ
ちりん　シラン
ちりんそー　キランソウ／クジャクシダ／マツバボタン／ユキノシタ
ちりんちりん　マツバボタン
ちりんとー　ヒギリ
ちれーくに　ニンジン
ちろ　イヌゴマ／ネギ
ちろりん　ナズナ／ヒメコバンソウ
ちろりんくさ　ナズナ
ちわ　チガヤ
ちわね　チガヤ
ちわみ　チガヤ
ちんかあやめ　ニワゼキショウ
ちんがき　チガヤ
ちんからがき　マメガキ
ちんからまゆみ　ツリバナ
ちんぎ　スダジイ／ホルトノキ
ちんぎそー　ユキノシタ
ちんきらかっこ　スミレ
ちんくわ　シラキ
ちんくゎー　カボチャ
ちんけぁふげぁ　オキナグサ
ちんこ　オキナグサ／ハハコグサ
ちんご　オキナグサ
ちんこあやめ　ニワゼキショウ
ちんごいごい　カラスウリ
ちんこーぼく　イヌビワ
ちんこばな　オキナグサ
ちんごべ　カラスウリ
ちんごま　エゴマ
ちんこやなぎ　ネコヤナギ
ちんころ　ネコヤナギ
ちんころたんころ　ネコヤナギ
ちんころばな　オキナグサ
ちんころやなぎ　ネコヤナギ
ちんこん　イタドリ

ちんごんばち　ナズナ
ちんごんばっち　ナズナ
ちんさーぐー　ホウセンカ
ちんじゃっこ　スミレ
ちんだいぐさ　アレチノギク／カワラヨモギ／ヒメムカシヨモギ／ヒメヨモギ
ちんだいまめ　シャシャンボ
ちんだくり　クヌギ
ちんだんか　ヒャクニチソウ
ちんち　クルミ
ちんぢ　オキナグサ
ちんちかもん　ハダカホオズキ
ちんちく　ヒガンバナ／ホウライチク
ちんちくだけ　ハチク
ちんちくたんちく　マツバボタン
ちんちこ　イタドリ／ヒガンバナ
ちんちのこま　スミレ
ぢんぢのへ　イヌタデ
ちんちもっこ　スミレ
ちんちょー　コブシ／ジンチョウゲ
ちんちょっだけ　ホウライチク
ちんちょろりんぐさ　ツユクサ／ヒメコバンソウ
ちんちりんぐさ　ツユクサ
ちんちろ　ツリガネニンジン
ちんちろいそー　ツユクサ
ちんちろがき　マメガキ
ちんちろがんす　ナツハゼ
ちんちろぐさ　ツユクサ／ナズナ／ヒメコバンソウ
ちんちろばな　ツユクサ／ヒガンバナ
ちんちろぶな　ヤシャブシ
ちんちろりん　ナズナ／ヒガンバナ／ヒメコバンソウ／マメガキ
ちんちろりんくさ　ツユクサ
ちんちろりんぐさ　ツユクサ
ちんちんかずら　アオツヅラフジ／ツヅラフジ
ちんちんぐさ　カタバミ／カヤツリグサ／ナズナ／ハコベ
ちんちんぐら　カタバミ
ちんちんこー　アオツヅラフジ
ちんちんこま　スミレ
ちんちんこまこま　スミレ
ちんちんこまどり　スミレ
ちんちんすみれ　スミレ
ちんちんとーろ　ヒガンバナ
ちんちんどーろ　ヒガンバナ
ちんちんとろ　ヒガンバナ
ちんちんのこま　スミレ
ちんちんばな　スミレ／ヒメウズ
ちんちんもぐさ　カタバミ
ちんちんもげ　カタバミ

ちんちんもっこ　スミレ
ちんちんもん　ハダカホオズキ
ちんてぃー　キビ
ちんにー　スダジイ
ちんぬく　ヤツガシラ
ちんのき　ツバキ
ちんのこ　ネコヤナギ
ちんば　チガヤ
ちんばらみ　シバ
ちんぴ　ケンポナシ
ちんぴらり　ヤマナシ
ちんぴんこみかん　キシュウミカン
ちんぴんにかん　キンカン
ちんべ　オオバコ
ちんぺがき　マメガキ
ちんぽ　カワラサイコ
ちんぽ　イタドリ
ちんぽー　チガヤ
ちんぽがき　マメガキ
ちんぽぐさ　ムラサキケマン
ちんぽこ　イタドリ
ちんぽこりん　イタドリ
ちんぽっぱれ　ナツズイセン
ちんぽね　チガヤ
ちんぽはれ　アマドコロ／オキナグサ
ちんぽはれくさ　トウダイグサ
ちんま　イワヒバ
ちんまらはぜ　エゴノキ
ちんみょー　マクワウリ
ちんむぎ　オオムギ
ちんめ　ホルトノキ
ちんめあーろ　ウバユリ
ちんめぇあろ　ウバユリ
ちんりんぽーりん　ヒガンバナ
ちんりんぽんりん　ヒガンバナ

【つ】

つあのみ　チガヤ
つぁんぽこ　ホタルブクロ
つぃーぶい　トウガン
つぃかさ　アロエ
つぃぐ　シュロ
つぃだし　キブシ
つぃだま　ジュズダマ
つぃだらぼーし　ツクシ
つぃつい　キブシ
つぃついぎ　キブシ
つぃっぱっぱ　フキ
つぃのこ　チガヤ

ついばしゃ	フキ
ついばな	チガヤ
ついばな	アザミ／チガヤ
ついふぁふぁ	ツワブキ
ついぶり	ユウガオ
ついぶる	ヒョウタン
ついぶるんぐさ	フキ
ついめ	スギナ
ついめくさ	スギナ
ついも	ハスイモ
ついもち	コブナグサ／チヂミザサ／ツユクサ
ついら	サトウキビ
ついんだー	ネギ
ついんぬく	サトイモ／ヤツガシラ
ついんぽなし	ケンポナシ
つーいちがたばこ	オトギリソウ
つーかみ	ヌスビトハギ
つーくさ	ツクシ
つーくし	ツクシ
つーぐり	フサスグリ
つーぐゎ	トウガン
つーこんぽ	ツクシ
つーざ	ノゲシ
つーつく	ツクシ
つーつんぽ	ツクシ
つーのき	クサギ
つーら	クヌギ
つーろばな	ホタルブクロ
つえぎ	シロモジ
つえぎのき	アブラチャン
つおいも	サトイモ
つおつくし	カキドオシ
つおど	ヌルデ
つが	イチイ／オオシラビソ／カボチャ／キャラボク／コメツガ／ツガ／トウガン／ムギ
つがさわら	コメツガ／トガサワラ
つがしらべ	オオシラビソ
つかづかみ	ヌスビトハギ
つかな	イタドリ／スイバ
つがね	イボクサ
つがのき	ヤドリギ
つがまつ	オオシラビソ／コメツガ
つかみ	キンミズヒキ／ササクサ／ヌスビトハギ
つかみぐさ	キンミズヒキ／ササクサ／ヌスビトハギ／ミズヒキ
つがもみ	ツガ
つがるひのき	アスナロ
つがるもみ	オオシラビソ
つかんぽ	イタドリ
つかんぽ	イタドリ
つき	ケヤキ／ヤマブキ
つきがねそー	オダマキ
つぎき	スギナ／ツクシ／ヤドリギ
つききりそー	マツバボタン
つきくさ	ツユクサ
つきぐさ	スギナ
つぎくさ	スギナ／ツクシ／ツユクサ／トクサ
つぎぎさ	スギナ
つきけやき	イヌブナ／ケヤキ
つきげやく	ケヤキ
つきだし	アオキ／ガクウツギ／キブシ／ムラサキシキブ
つきだしのき	アジサイ／ガクウツギ／キブシ
つきつき	ガクウツギ／キブシ／ツクバネウツギ／ハナイカダ
つぎつぎ	イヌドクサ／スギナ／ツクシ／フサモ
つぎつぎおんばー	スギナ
つぎつぎくさ	スギナ／ツクシ
つぎつぎぐさ	スギナ
つぎつぎのこ	ヤマブキ
つぎつぎば	アスナロ／ヒノキ
つぎつぎぽーし	スギナ／ツクシ
つぎつぎぽーず	ツクシ
つぎつっぽ	ツクシ
つきで	キブシ／ハナイカダ／ヤマブキ
つきでのき	ハナイカダ
つぎな	スギナ／ツクシ
つぎなくさ	ツクシ
つぎなぐさ	スギナ／ツクシ
つぎなこ	ツクシ
つぎなぽ	ツクシ
つきなら	ミズナラ
つきなんぽ	ツクシ
つぎなんぽ	ツクシ
つぎなんぽー	スギナ／ツクシ
つきのき	エノキ／ケヤキ
つぎのき	ホルトノキ
つきのこ	ツクシ
つきのご	ツクシ
つぎのこ	スギナ／ツクシ
つぎのご	ツクシ
つきのこごめ	ナズナ
つぎのこのはな	ツクシ
つぎのぽ	ツクシ
つぎのみ	スギナ
つぎのめ	スギナ
つきばな	ツクシ
つぎばな	ツクシ
つきぶんこ	ツルソバ
つぎほ	スギナ

方言名索引 ● つきほ

つぎほ　ヤドリギ
つぎぼ　スギナ／ツクシ
つぎぼー　スギナ
つぎぼーず　ツクシ
つぎぼーず　ツクシ
つぎぼーどっこ　ツクシ
つきほし　ツクシ
つぎぼし　ツクシ
つぎぼし　ツクシ
つぎぼしくさ　スギナ
つぎぼしのしんるい　スギナ
つきぼっさん　ツクシ
つぎぼっさん　ツクシ
つきほっどっこ　ツクシ
つきぼんさん　ツクシ
つぎぼんさん　ツクシ
つぎまつ　スギナ／ツクシ
つぎまどっこ　ツクシ
つきみくさ　オミナエシ／マツヨイグサ
つきみごけ　ツキヨタケ
つきみそー　オオマツヨイグサ／マツバボタン／マツヨイグサ
つきみばな　オミナエシ
つぎめぐさ　スギナ
つぎんぼー　ツクシ
つく　オオイタビ／ツクシ
つぐ　コバンモチ／シュロ
つくいいも　ツクネイモ／ナガイモ
つくいも　サトイモ／ツクネイモ／ナガイモ／ヒメドコロ／ヤマノイモ
つくいやまいも　ツクネイモ／ナガイモ
つぐー　シュロ
つくがらぼ　スギナ
つくし　スギナ／ツクシ／トクサ
つぐし　トクサ
つくしのおば　スギナ
つくしのおばさん　スギナ
つくしのぼーず　ツクシ
つくしのぼーや　ツクシ
つくしろ　ツクシ
つくしんぼ　スギナ／ツクシ／トクサ
つくしんぼ　ツクシ
つくしんぼー　スギナ／ツクシ
つくしんぼー　ツクシ
つくしんぼーじ　ツクシ
つくずく　キブシ／ツクシ
つくずくし　ツクシ
つくずくす　ツクシ
つくずくぼー　ツクシ
つくずくぼーり　ツクシ

つくずくよーす　ツクシ
つくずくよす　ツクシ
つくずくよんす　ツクシ
つくすぼ　ツクシ
づくだま　ヤブラン
つくつく　ツクシ／ヒガンバナ
つくづく　スギナ
つくつくし　スギナ／ツクシ
つくづくし　スギナ
つくつくぼ　ツクシ
つくつくぼー　ツクシ
つくつくぼーさん　ツクシ
つくつくほーし　ツクシ
つくつくぼーし　スギナ／ツクシ／ツバナ
つくつくぼーす　ツクシ
つくつくぼーず　ツクシ
つくつくぼーり　ツクシ
つくつくぼーん　ツクシ
つくつくぼし　ツクシ
つくつくぼん　ツクシ
つくつくぼんさん　ツクシ
つくつくよーず　ツクシ
つくつしょー　ツクシ
つくつんぼ　ツクシ
つくで　ハナイカダ／ヤマブキ
つくでのき　ガクウツギ
つくても　ツクネイモ／ナガイモ
つくでんは　ハナイカダ
つぐな　スギナ
つくなし　ツクシ
つくなべ　ハンノキ／ヤシャブシ
つくねいも　ヤマノイモ
つぐねいも　ツクネイモ／ナガイモ／ヤマノイモ
つくねんぼ　ツクシ
つくのいも　ツクネイモ／ナガイモ
つくのおば　スギナ
つぐのおば　スギナ
つくばそー　ツクバネアサガオ
つくばなそう　ツクバネアサガオ
つくばね　ツクバネ／ツクバネウツギ／ツクバネガシ／ヤマボウシ
つくばねそー　ツクバネアサガオ
つくばみ　ツクバネ
っくぶし　コブシ
つくべ　ツクシ
つぐべ　ツクシ
つくべこ　ツクシ
つくぼ　ツクシ
つくぼー　ツクシ
つくぼーし　ツクシ

つくぼーず	ツクシ
つくぼくさ	タケニグサ
つくぼし	ツクシ
つくぼせ	ツクシ
つくぼん	ツクシ
つくぼんさん	ツクシ
つくみかん	ウンシュウミカン
つぐみくさ	ヌスビトハギ
つくみそー	マツヨイグサ
つくめ	サルトリイバラ
つくめふじ	サルトリイバラ
つくも	イグサ
つくもかぼちゃ	カボチャ
つくら	ツクシ
つくらべ	マンサク
つくらめ	ヤシャブシ
つくりいも	キクイモ／ツクネイモ／ナガイモ／ヤマノイモ
つくりかぶ	カブ
つくりぐいみ	ナツグミ
つぐりのき	クヌギ
つくりふき	フキ
つくりぶき	フキ
つくろ	ブッシュカン
つぐろえ	カラスビシャク
つぐゎ	トウガン
つくんしょ	ツクシ
つくんびょーし	ツクシ
つくんべ	ツクシ
つくんぼ	ツクシ
つくんぼーし	ツクシ
つげ	イヌツゲ／イボタノキ／ウツギ／コアカソ／サワフタギ／ツクバネウツギ／ハコネウツギ／ハマクサギ／ヒイラギ／ヒメウツギ／ムラサキシキブ／ヤドリギ
つけいし	タケニグサ
つげいちご	ナワシロイチゴ
つけいも	キクイモ／タケニグサ
つけうり	アオウリ／シロウリ／ハヤトウリ／マクワウリ
つけぎりそー	マツバボタン
つげくさ	スギナ
つげつげ	ガクウツギ
つげっつげ	ガクウツギ
つけな	イヌビユ／タイサイ
つげな	スギナ
つけなはくさい	ヒケッキュウハクサイ
つげのき	イヌツゲ／ガクウツギ
つげのこ	ツクシ
つけばな	ミツバウツギ
つけまうり	シロウリ
つけまめ	エンドウ／ソラマメ
つげめ	ツクシ
つげもち	イヌツゲ
つけものうり	シロウリ
つけものはくさい	ケッキュウハクサイ
つけもんうり	キュウリ／ハヤトウリ
つけもんこ	ツルソバ
つけんだし	キブシ
つげんぽ	スギナ
つっこつこ	オドリコソウ
つっこつこしで	サワシバ
つごべ	ツクシ
つこぼこ	ツクシ
つっこも	ガマ
つさ	アブラチャン／シソ
つしたまのっ	ジュズダマ
つしろひかげ	ハンゲショウ
つじんぎー	フカノキ
つず	ガマズミ／シロダモ／ムクロジ／ヤブニッケイ
つずいのき	カンコノキ
つずぎ	ツツジ
つずこ	ツクシ
つずのき	シロダモ／ムクロジ／ヤブニッケイ
つずのみ	ヤブニッケイ
つずのみのき	シロダモ
つずばな	ヒガンバナ
つずぼーし	ツクシ
つずみ	ガマズミ／キブシ
つずみぐさ	タンポポ／ハハコグサ
つすら	ハスノハカズラ
つずら	アオツヅラフジ／ウツボグサ／ツヅラフジ／ナツズイセン
つずらかずら	ツヅラフジ
つずらのき	サクラツツジ
つずらふじ	カラスノエンドウ
つずりな	ミズナ
つずれぎ	カンコノキ／サワフタギ／ネジキ
つずれだも	コブニレ／ハルニレ
つずれのき	カンコノキ
つずろぎ	イヌツゲ
つそ	シソ
つそー	カタバミ
つそば	シソ
つそば	シソ
つた	イワガラミ／オオイタビ／キカラスウリ／キヅタ／サルオガセ／サルナシ／ツタ／ツタウルシ／ツルアジサイ／ツルマサキ／テイカカズラ／ヒメイタビ／ヤイトバナ
つたうるし	イワガラミ

つたかえで　イタヤカエデ
つたかずら　イワガラミ／オオイタビ／キヅタ／ツタ／ツルマサキ／ヒメイタビ／フウトウカズラ／マサキ／モクレン／ヤドリギ
つたから　アブラチャン
つたごがみ　テイカカズラ
つたさんごじゅ　ヒヨドリジョウゴ
つたふじ　フウトウカズラ
つたまさき　テイカカズラ
つたまめ　エンドウ
つたもみじ　イタヤカエデ
つたん　オオイタビ
つたんかずら　キヅタ／ツタ
つちあおい　オオバキスミレ
つちあきび　アミガサタケ
つちいちご　ナワシロイチゴ
つちいも　サトイモ
つちがき　ツチグリ
つちかせ　ラッカセイ
つちがんぴ　コウゾ
つちくさぎ　カリガネソウ
つちくり　ホドイモ
つちぐり　ホドイモ
つちさくら　ミスミソウ
つちざくら　ウワミズザクラ
つちざんしょー　コミカンソウ
つちしばり　ヒメヤシャブシ
つちだんご　ツチグリ
つちっくい　テンナンショウ／ヤマコンニャク
つちな　イノコズチ／オトコエシ／ヤマボクチ
つちなら　ミズナラ
つちのこぐさ　ウツボグサ
つちばこ　オオバコ
つちびわ　シノブ
つちふぐりのおば　ツチグリ
つちまめ　ラッカセイ
つちまんさぐ　フクジュソウ
つちむぐり　クサフジ
つちむろ　サワシバ
つちわた　ホコリタケ
つちわりくさ　エンドウ
つちんじょ　ツツジ／モチツツジ
つちんばち　ヒメヤシャブシ
つちんぽくさ　ウツボグサ
つちんぽぐさ　ウツボグサ
ついば　カンコノキ
つから　キリンソウ
つっかんぽ　イタドリ
つっき　ヤマブキ
つっき　キブシ

つっきんだし　キブシ
つつきんぼろ　ツツジ
つつくさ　ツクシ
つつくるべ　ツクシ
つっぐゎ　トウガン
つっこ　カワラハハコ／チチコグサ／ハハコグサ
つっこ　ツクシ
つづこ　カワラハハコ／ハハコグサ
つっこべ　ツクシ
つつごろのき　カンコノキ
つつこんぽ　ツクシ
つつじな　リョウブ
つっそば　シソ
つつだも　ハルニレ
つっつき　ヤマブキ
つっつきぶし　ガクウツギ
つっつきぼーし　ガクウツギ
つっつく　ツクシ
つっで　ハナイカダ
つっで　ハナイカダ
つっでんは　ウコギ／ハナイカダ
つづのこ　チチコグサ
つつのみ　シロダモ
つつば　ウツボグサ
つっぱこ　オオバコ
つっぱご　オオバコ
つっぱな　オドリコソウ／ヒガンバナ
つづま　ヤイトバナ
つづまめ　ラッカセイ
つつみきび　トウモロコシ
つづみくさ　ハハコグサ
つつみのき　シロダモ
つつよし　ヨシ
つつら　ウツボグサ／ナツズイセン
つづら　アオツヅラフジ／クズ／ツヅラフジ／ハスイモ
つづらかずら　カニクサ
つつらだも　ハルニレ
つづり　ハコベ
つづれあおさ　アオノリ
つつわれ　クワイ
つつんきのこ　ツクシ
つつんぼこ　ヒガンバナ
ってぃば　フキ
ってぃばんしゃ　フキ
つでふきぐさ　ミズヒキ
つときび　トウモロコシ
つとづわ　ツワブキ
つともろ　トウモロコシ
つない　エゴノキ
つないぎ　エゴノキ

つなぎ　スギナ
つなぎぐさ　スギナ
つなぎすぐり　フサスグリ
つなぎばな　シロツメクサ
つなぎばなこ　クサキョウチクトウ
つなすぐり　フサスグリ
つなそ　イチビ
つなふじ　サルナシ
つなみぐさ　ヒメムカシヨモギ
つなるき　キチジョウソウ
つねいも　サトイモ
つねーご　カラスムギ
つねな　フダンソウ
つねのき　エゴノキ
つねんごー　ツクシ
つの　ツノハシバミ
つのーる　サワフタギ
つのかしばみ　ツノハシバミ
つのぎ　サワフタギ
つのきび　トウモロコシ
つのくずし　タケニグサ
つのじー　スダジイ
つのはしば　ツノハシバミ
つのはしばみ　ツノハシバミ
つのまきかずら　カニクサ
つのまめ　オクラ
つのむぎ　オオムギ
つのらん　ボウラン
つば　チガヤ／ツワブキ
つばかし　アラカシ／ツクバネガシ
つばがし　アラカシ
つばき　ハス／バラ／マサキ
つばぎ　ツバキ
つばきくさ　コナギ
つばきちゃ　トウチャ
つばきば　コナギ／ヒルムシロ
つばきらん　サクララン
つばくらぐさ　オキナグサ
つばくらだいこん　ダイコン（三月ダイコン）
つばくらな　ヤクシソウ
つばくらまめ　フジマメ
つばくらむぎ　エンバク
つばくろ　エンバク／チガヤ
つばくろぐさ　ホウセンカ
つばくろのかかさん　オオバコ
つばくろまめ　フジマメ
つばくろむぎ　エンバク
つばころ　チガヤ
つばさくさ　カラスムギ
つばさぐさ　エンバク
つばさむぎ　エンバク
つばしゃ　ツワブキ
つばしゃー　ツワブキ
つばしゃぐさ　ツボクサ
つばたけ　ナラタケ
つばな　チガヤ
つばなこ　チガヤ
つばね　チガヤ
つばね　ホウセンカ
つばねこ　チガヤ
つばのこ　チガヤ
つばのは　ツワブキ
つばぶき　ツワブキ
つばべ　ホウセンカ
つばべー　ホウセンカ
つばべに　ホウセンカ
つばべり　ホウセンカ
つばべん　ホウセンカ
つばべんそー　ホウセンカ
つばみばな　ホウセンカ
つばめ　エンバク／カラスムギ／チガヤ／ホウセンカ
つばめー　ホウセンカ
つばめくさ　エンバク／カモジグサ／カラスムギ
つばめぐさ　エンバク／カモジグサ／ヒメノボタン
つばめそー　ホウセンカ
つばめに　ホウセンカ
つばめむぎ　エンバク／カラスムギ
つばめり　ホウセンカ
つばめんしゅ　ホウセンカ
つばらそー　オキナグサ
つばんこ　チガヤ
つばんこー　チガヤ
つばんばな　ホウセンカ
つばんべり　ホウセンカ
つびつかみ　センダングサ
つびったかり　ヌスビトハギ
つびな　チガヤ
つびやき　ウワミズザクラ
つぶ　ハリギリ／ムクロジ
つぶあぶら　エゴマ
つぶい　トウガン
っふぉーじ　コウゾ
つぶがき　マメガキ
つぶがし　アラカシ
つぶこ　トウモロコシ
つぶこーしゅ　アオモジ
つぶごしょー　アオモジ
つぶたま　ドングリ
つぶだま　ドングリ
つぶな　チガヤ

づぶな　チガヤ
つぶのき　ムクロジ
つぶやき　ウワミズザクラ
つぶり　ツバキ
つぶりぎ　ツバキ
つぶりはげ　ナツハゼ
つぶる　ユウガオ
つぶるけぇ　オキナグサ
つぶろ　イヌツゲ／ヒガンバナ／ヒョウタン
つぶろこ　カラスビシャク
つべ　チガヤ／ツバキ
つべいも　サトイモ
つべつが　ツガ
つべつべ　アスナロ
つべのこ　ツクシ
つべのご　ツクシ
つぼ　イタドリ／チガヤ／ワラビ
づぼ　チガヤ
つぼあぶら　エゴマ
つぼいも　サトイモ
つぼー　チガヤ
つぼーばな　チガヤ
つぼかし　アラカシ／ツクバネガシ
つぼがし　アラカシ／ツクバネガシ
つぼき　ユズ
つぼきゃ　オキナグサ
つぼくさ　ウツボグサ／ツユクサ／ユキノシタ
つぼくりむぎ　エンバク
つぼくろ　クロバイ
つぼけ　オキナグサ
つぼけぁ　オキナグサ
つぼたま　スミレ
つぼっけ　オキナグサ
つぼっつら　ヒルガオ
つぼっつる　ヒルガオ
つぼっぱら　ヒルガオ
つぼつら　カラスビシャク
つぼつる　ヒルガオ
つぼづる　ヒルガオ
つぼな　チガヤ
つぼななめ　クロガネモチ
つぼばな　スミレ／ホウセンカ
つぼばん　ホウセンカ
つぼぽ　ツクシ
つぼみ　チガヤ
つぼろ　イヌツゲ／ヒガンバナ／ユウガオ
つぼろけぁ　オキナグサ
つぼんば　ホウセンカ
つぼんばん　ホウセンカ
つまきささ　オカメザサ

つまきび　トウモロコシ
つまぎりそー　マツバボタン
つまぐら　ホウセンカ
つまぐり　ケイトウ／ホウセンカ
つまぐりそー　ケイトウ／ホウセンカ
つまぐれ　ホウセンカ
つまぐれそ　ホウセンカ
つまぐれそー　ホウセンカ
つまくれない　ホウセンカ
つまぐれない　ホウセンカ
つまぐろ　ホウセンカ
つまぐろそー　ホウセンカ
つましょ　ホウセンカ
つましろ　シュンギク
つまじろ　シュンギク
つまずかみ　ヌスビトハギ
つまつかみ　キンミズヒキ／センダングサ／ヌスビトハギ
つまね　ホウセンカ
つまばな　アマドコロ
つまぶさ　オオカメノキ
つまぶり　ホウセンカ
つまぶれ　ホウセンカ
つまべにくさ　ホウセンカ
つまべり　ホウセンカ
つままのき　タブノキ
つまみな　コマツナ
つまめ　ホウセンカ
つまんかし　ヤブカンゾウ
つまんじゃびっしゃげ　カタバミ
つまんじゃぴっしゃげ　カタバミ
つまんばな　ホウセンカ
つみ　ドクダミ
つみうず　ウワミズザクラ
つみきりぐさ　オノマンネングサ／マツバボタン
つみきりそー　マツバボタン
つみぎりそー　マツバボタン
つみきりぼたん　マツバボタン
つみくさ　スギナ
つみくそのき　ゴンズイ
つみざくら　イヌザクラ／ウワミズザクラ
つみさこ　ホウセンカ
つみつみ　アスナロ／スギナ
つみな　イヌガラシ
つむき　ツバキ／ヤブツバキ
つむご　サトイモ
つむぬー　タブノキ
つむら　マンサク
つむらぎ　マンサク
つむらのき　マンサク

つめあか　ネジキ
つめき　スギナ
つめきり　マツバボタン
つめきりそー　オノマンネングサ／キリンソウ／マツバボタン／メノマンネングサ／ヤハズソウ
つめぎりそー　マツバボタン
つめくさ　ウマゴヤシ／カタバミ／コモチマンネングサ／シロツメクサ／スイバ
つめぐさ　ウマゴヤシ／スイバ／チドメグサ
つめぐら　ホウセンカ
つめじそー　マツバボタン
つめしょー　スベリヒユ
つめぞめ　ホウセンカ
つめとぎ　トクサ
つめねしょ　スベリヒユ
つめのしょ　スベリヒユ
つめびしょ　スベリヒユ
つめみがき　トクサ
つめりぐさ　マツバボタン
つめりしょ　マツバボタン
つめりばな　スミレ
つめりひゅ　スベリヒユ
つめれしょ　スベリヒユ／マツバボタン
つめわりがぎな　アシボソ
つや　ツワブキ
つやぶいき　ツワブキ
つやぶき　ツワブキ
つゆいも　コンニャク
つゆかえし　ヤマアジサイ
つゆがえし　ヤマアジサイ
つゆぎく　オグルマ
つゆくさ　ツユクサ／ホタルブクロ
つゆすいばな　ウツボグサ
つゆばな　ウツギ／ウツボグサ／オグルマ
つゆぼたん　マツバボタン
つゆまめ　インゲンマメ／ウズラマメ／ササゲ
つゆもち　コブナグサ
つゆもり　ツユクサ
つよくさ　ツユクサ
つよばな　タチアオイ
つらいちご　ナワシロイチゴ
つらいも　サトイモ
つらえちご　ナワシロイチゴ
つらげ　ツバキ
つらさき　オモダカ
つらすぐり　コマガタケスグリ／フサスグリ
つらふり　シロモジ／ダンコウバイ／ヤマナラシ
つらまめ　エンドウ
つらり　ヤマナラシ
つらわれ　オモダカ／クワイ／クワズイモ

つりかずら　カギカズラ
つりがね　ツリガネニンジン
つりかねかずら　ツルニンジン
つりがねかずら　カギカズラ／ツルニンジン
つりがねぐさ　オダマキ／ガガイモ／ホタルブクロ
つりかねそー　ガガイモ／ツリガネニンジン
つりがねそー　オダマキ／ササユリ／ソバナ／ツリガネニンジン／ナルコユリ／ヒルガオ／ホタルブクロ／ムラサキカタバミ
つりがねつつじ　サラサドウダン／ベニドウダン／レンゲツツジ
つりがねにんじん　ツルニンジン
つりがねのはな　ホタルブクロ
つりがねばな　ツリガネニンジン
つりしば　ユズリハ
つりばな　マユミ
つりばりかずら　カギカズラ
つりふねそー　イカリソウ
つりまめ　フジマメ
つりみがん　ツリバナ
つる　ノブドウ／ヒメユズリハ／ユズリハ
つるあじさい　イワガラミ／ツルアジサイ
つるいちご　イタビカズラ／ナワシロイチゴ／フユイチゴ
つるいちじく　イタビカズラ
つるいも　サツマイモ／ジャガイモ
つるうめ　ゲンノショウコ
つるうめもどき　ニシキギ
つるおーぎ　モメンヅル
つるおーれん　ミツバオウレン
つるがしわ　フユイチゴ
つるがねそー　ホタルブクロ
つるかめ　ヤマノイモ
つるきび　キビ
つるきんばい　キジムシロ
つるくさ　アオツヅラフジ／カナムグラ／カニクサ／クサフジ／クズ／ヒルガオ／レンリソウ
つるぐす　クロガネモチ／ネズミモチ
つるくちなし　テイカカズラ
つるくび　ニンニク
つるご　サトイモ
つるささげ　インゲンマメ
つるさんご　ヒヨドリジョウゴ
つるさんごじゅ　ヒヨドリジョウゴ
つるしがね　オダマキ
つるしきみ　ミヤマシキミ
つるしだ　ヒノキシダ
つるしのぶ　カニクサ
つるしば　ヒメユズリハ／ユズリハ
つるすぐさ　ミセバヤ

つるすぐり	フサスグリ
つるせん	オオヤマハコベ
つるせんのー	ナンバンハコベ
つるつる	サトイモ／スベリヒユ
つるつるいも	サトイモ／ツクネイモ／ナガイモ
つるてうり	マクワウリ
つるとーがらし	マルバノホロシ
つるな	カラハナソウ／ヨウサイ
つるなしいも	サトイモ
つるなしなたまめ	タチナタマメ
つるにがな	イワニガナ
つるの	ハコベ
つるのき	イヌユズリハ／ヒメユズリハ／ユズリハ
つるのこいも	サトイモ
つるのは	ヒメユズリハ／ユズリハ
つるは	ユズリハ
つるはこべ	ハコベ
つるはし	フジマメ
つるはっか	カキドオシ
つるはな	イカリソウ
つるばな	イカリソウ
つるはのき	ユズリハ
つるぶんどー	エンドウ
つるぼ	アマナ／カタクリ／ツルボ／ニンニク
つるぼこ	ヒガンバナ
つるぽっぽ	イカリソウ
つるまき	カニクサ
つるまつ	ハイマツ
つるまめ	インゲンマメ／エンドウ／ジュウロクササゲ／フジマメ
つるまゆみ	ツルウメモドキ
つるむらさき	ハナズオウ
つるめき	サカキ
つるもぐら	カナムグラ
つるもどき	ツルウメモドキ
つるわれ	クワイ
つるんぎー	カンザブロウノキ
つるんつるん	マツバボタン
つるんぼ	ヒガンバナ
つれづれくさ	ハコベ
つわ	ツワブキ／フキ
つわきり	カキツバタ
つわっ	ツワブキ
つわな	ツワブキ
つわのじく	ツワブキ
つわはき	アワブキ
つわぶき	オキナグサ／ツワブキ
つわべに	ホウセンカ
つわべり	ホウセンカ
つわんこ	ツワブキ
つわんぼ	ツワブキ
つわんぼ	ツワブキ
つんがらべ	スギナ
つんがらぼ	スギナ
つんぎ	タブノキ／バクチノキ
つんきー	マツバボタン
つんぎー	ホルトノキ
つんきーくさ	マツバボタン
つんきーぐさ	マツバボタン
つんきーのこ	ツクシ
つんぎのこ	スギナ／ツクシ
つんきり	マツバボタン
つんきりぐさ	マツバボタン
つんぐり	イチジク／ドングリ
つんげ	イヌツゲ
つんげのこ	スギナ／ツクシ
つんげんぐさ	スギナ
つんこ	オキナグサ
つんご	サトイモ
つんじゅ	ハカマカズラ
つんずく	ツクシ
つんずくし	ツクシ
つんつく	ツクシ
つんつくぼー	ツクシ
つんつくぼーさん	ツクシ
つんつくぼーし	ツクシ
つんつこ	ツクシ
つんつん	スギナ／チガヤ／ユリ
つんつんぐさ	カタバミ／ナズナ
つんつんば	チガヤ
つんつんばな	チガヤ
つんとー	ヒサカキ
つんなぎぐさ	スギナ
つんぬき	キブシ
つんのこ	カワヤナギ／サトイモ
つんのこいも	サトイモ
つんのは	ユズリハ
つんのみ	シロダモ
つんば	チガヤ
つんばいろ	ウバユリ
つんばくらのかかさん	オオバコ
つんばくろ	ホウセンカ
つんばくろそー	ホウセンカ
つんばな	チガヤ／ベニニガナ／ベニバナ
つんばな	ベニバナ
つんばね	チガヤ
つんばら	チガヤ
つんびーくさ	ケカモノハシ
つんびつかみ	ヌスビトハギ／ハヤトウリ
つんびのけ	チカラシバ

つんぶーばな　タンポポ／ヒルガオ
つんぶかや　オガルカヤ
つんぶがや　オガルカヤ
つんぶぐり　ツバキ
つんべ　オオバコ
つんべー　オオバコ
つんべこ　オオバコ
つんぽ　チガヤ
つんぽ　チガヤ
つんぽー　チガヤ
つんぽおさ　タケニグサ
つんぽーばな　ヒルガオ
つんぽがら　タンポポ
つんぽくさ　ウマノスズクサ
つんぽぐさ　イワニガナ／ウマノスズクサ／オキナグサ／ダイコンソウ／タンポポ／ヒメジョオン／ヒメムカシヨモギ
づんぽくさ　クサノオウ
つんぽこ　ツクシ
つんぽば　チガヤ
つんぽばな　アキノノゲシ／タンポポ／ヒガンバナ／ヒルガオ／マツヨイグサ／ヤクシソウ
つんめのこ　ツクシ

【て】

で　ゴンズイ
でぁぁーこん　ダイコン
でぁーのき　ゴンズイ
でぁーばち　テンナンショウ
てあきばな　ヒガンバナ
でぁこ　ダイコン
でぁこん　ダイコン
てありささげ　インゲンマメ／ササゲ
てあればな　ウマノアシガタ
であんす　スイバ
でぃー　イグサ
てぃかち　シャリンバイ
てぃぐ　シュロ
でいこんごー　ニワトコ
てぃさきかじ　アオギリ
ていせ　ツクネイモ／ナガイモ
てぃそー　イノコズチ
てぃのーりゃ　ノゲシ
ていも　ツクネイモ／ナガイモ
でいも　ツクネイモ／ナガイモ
でいわんかぼちゃ　カボチャ
でぃん　ハス
てぃんさーぐー　ホウセンカ
てぃんざく　ホウセンカ

てぃんしゃーぐー　ホウセンカ
てぃんしゃぐ　ホウセンカ
てぃんだく　ホウセンカ
てぃんちゃぐー　ホウセンカ
てうちざくら　タムシバ
てうちまめ　ササゲ
でうり　マクワウリ
でー　ゴンズイ／タケ
てーいも　ツクネイモ／ナガイモ
でぇーこ　ダイコン
てーか　ノウゼンカズラ
てーかかずら　ノウゼンカズラ
てーかち　シャリンバイ
でーく　ダンチク
でーくに　ダイコン
でーぐに　ダイコン
でーくねぃー　ダイコン
でーくねー　ダイコン
でーこ　ダイコン
でーごいも　ナガイモ
てーこつまめ　インゲンマメ／リョクトウ
でーこん　ダイコン
てーし　オランダイチゴ
てーしば　カクレミノ
でーず　ダイズ
てーちき　シャリンバイ
てーちぎ　シャリンバイ
でーでーくえぶ　ダイダイ
てーてーぐさ　ギシギシ
でーでーくにぶ　ダイダイ
てーにー　ノボタン
てーにょかずら　ヤイトバナ
でーのき　ショウベンノキ
でーのこんごー　ニワトコ
でーばず　マムシグサ
でーも　ツクネイモ／ナガイモ
てえらぎ　タネツケバナ
てーらぎ　ミズタガラシ
てーれぎ　イヌナズナ／オオバタネツケバナ／タネツケバナ／ミズタガラシ
でがし　カクレミノ
てがしわ　カシワ／コノテガシワ／ヤツデ
てがたぎ　タラヨウ
てかち　シャリンバイ
でぎ　ゴンズイ
できうり　マクワウリ
でぎな　ゴンズイ
てきめんぐさ　ゲンノショウコ
てきめんそー　ゲンノショウコ
できゃーつきみそー　オオマツヨイグサ

方言名索引 ● てきら

てきらいそー　オジギソウ
てぎらいそー　オジギソウ
てきりがや　ススキ
てきりぐさ　ススキ／ベンケイソウ
てくさうり　ヒガンバナ
てくさび　ヒガンバナ
てくさり　キツネノカミソリ／ヒガンバナ
てくさりくさ　ヒガンバナ
てくさりぐさ　ヒガンバナ
てくさりばな　ヒガンバナ
てくされ　キツネノカミソリ／ドクダミ／ヒガンバナ／ヤイトバナ
てくさればな　ヒガンバナ
てくす　クスノキ
でくにー　ダイコン
てくらべ　カクレミノ
てぐるま　クリンソウ
てこいも　ツクネイモ／ナガイモ／ヤマノイモ
でこいも　キクイモ／ツクネイモ／ナガイモ
てごけ　ホウキタケ
でこっさーのき　ネズミモチ
でこっさーのはな　ネズミモチ
てこまな　コールラビ
でこん　ダイコン
でこんのき　カンザブロウノキ
てさん　ゴンズイ／ニガキモドキ
でし　ツルレイシ
でしいも　クワズイモ
てしおまつ　エゾマツ／トドマツ
でしここ　マンネンタケ
でしこぼ　ツルレイシ
てしのーたぶ　ヤブニッケイ
でしのはな　オミナエシ
てしば　カクレミノ
でしぼこ　ツルレイシ
てしゃぐら　シロモジ
でず　ダイズ
てすき　ススキ
ですき　トキワススキ
でずつ　ハナイカダ
でずまめ　ダイズ
てだな　アカザ
でたま　ヤブラン
てたらもっち　ツルニンジン
てちっぽ　ホタルブクロ
てちっぽまちっぽ　ホタルブクロ
てっかいいも　ツクネイモ／ナガイモ
てつかえで　ウリハダカエデ
てつぎ　フサザクラ
てっきゃきび　モロコシ

てっきり　イワスゲ
てっきりぐさ　ベンケイソウ
でっこいも　ツクネイモ／ナガイモ
でっこっけ　タンポポ
てっこぱ　カクレミノ
てっせん　カザグルマ
てっせんか　カザグルマ
てっせんかずら　カザグルマ／ノウゼンカズラ
でっちまめ　インゲンマメ
ててやくさ　ムラサキカタバミ
てつどーくさ　アレチノギク／ヒメムカシヨモギ
てつどーくさ　ヒメジョオン
てつどーぐさ　ヒメジョオン／ヒメムカシヨモギ
てつどーそー　アレチノギク
てつどぐさ　ヒメジョオン／ヒメムカシヨモギ
てつな　フダンソウ
でつのき　サンゴジュ
てつば　テツカエデ
てっぱれ　テンナンショウ
てつべんかつら　クマヤナギ
てっぽー　カラスビシャク／ホウセンカ
てっぽーうつぎ　ヒョウタンボク
てっぽーぎ　ウツギ
てっぽーくさ　イノコズチ／ナンバンカラムシ
てっぽーぐさ　イノコズチ／カンナ／スズメノテッポウ
てっぽーしば　サンゴジュ
てっぽーそー　カンナ
てっぽーたけ　ヤダケ
てっぽーだま　カンボク／ヒョウタンボク／ヤブラン
てっぽーなし　ヤマナラシ
てっぽーのき　サンゴジュ
てっぽーのたま　ヤブラン
てっぽーばな　カラスビシャク／ツリガネニンジン／ホタルブクロ
てっぽーまめ　ソラマメ／ダイズ
てっぽーゆり　ウバユリ／テッポウユリ
てっぽだま　ヒョウタンボク
てっぽつげ　ウツギ／コックバネウツギ／ツクバネウツギ
てっぽっぱばな　キクザキイチゲ／タンポポ
てっぽなし　ケンポナシ
てっぽのたみ　ヒョウタンボク
てっぽゆり　テッポウユリ
てっぽんたま　ハマビワ
でつまき　クヌギ
でつまめ　ダイズ
ててうり　マクワウリ
ででこけ　タンポポ
ででこけばなこ　タンポポ
でてここ　タンポポ

808

でてこっけ	タンポポ	でびき	ギボウシ
ででこっけ	タンポポ	てびら	カクレミノ
ででこっこ	タンポポ	でぶ	カシュウイモ／ニガカシュウ／ホドイモ
ててっきょ	ヤブカンゾウ	でぶせんぷ	カシュウイモ
ててっこ	ヤブカンゾウ	でふっさーのき	ネズミモチ
ててっこき	タンポポ	でふつのつ	ネズミモチ
でてっこっこ	タンポポ	でふっのっ	ネズミモチ
ててっぽ	イタドリ／タンポポ／ヒヨドリバナ	でべき	ギボウシ
てでっぽ	タンポポ	でぺき	ギボウシ
ででっぽ	タンポポ	でべそ	カラスビシャク／ヒガンバナ
ててっぽー	イタドリ／タンポポ／ホタルブクロ	でぼ	イヌガヤ
ててっぽかかっぽ	ツリガネニンジン	てぼー	インゲンマメ
ててっぽち	ホタルブクロ	でぼがや	イヌガヤ
ててっぽっぽ	タンポポ／ホタルブクロ	てまーばな	アジサイ
てでっぽっぽ	タンポポ	てまめ	インゲンマメ
ででっぽっぽ	タンポポ／ホタルブクロ	てまり	アジサイ
ててっぽっぽー	ベンケイソウ	てまりか	アジサイ／オオデマリ
てでっぽぽ	タンポポ	てまりかん	アジサイ
ででのき	ショウベンノキ	てまりぐさ	アジサイ／ウマノアシガタ
ててばり	ヤマハンノキ	てまりこ	アジサイ
ててぽーぽー	イタドリ	てまりこー	アジサイ
ててぽぽ	タンポポ	てまりのはな	センニチコウ
ででぽぽ	タンポポ	てまりばな	アジサイ／オオデマリ／オキナグサ／センニチコウ
ててまら	ナツハゼ		
ててまる	ナツハゼ	てまるかん	アジサイ／ジャノヒゲ
てと	イタドリ	てまるくさ	ジャノヒゲ
てとこっけ	タンポポ	てまるぐさ	ジャノヒゲ
でな	タイサイ	てまるこ	タニウツギ
てなし	インゲンマメ／ササゲ／ジュウロクササゲ／タチナタマメ／ハタササゲ	てまるこのはな	センニチコウ
		てまるばな	アジサイ
てなしいんげん	インゲンマメ	でみょだけ	タイミンチク
てなしささぎ	ササゲ	でめだけ	タイミンチク
てなしささげ	インゲンマメ／ササゲ／ジュウロクササゲ／ハタササゲ	でゃーこ	ダイコン
		でゃーこん	ダイコン
てなしなたまめ	タチナタマメ	てやき	アセビ
てなしまめ	インゲンマメ／ササゲ／ジュウロクササゲ／ハタササゲ	てやきがはな	ウマノアシガタ
		てやきしば	アセビ
でなそ	テンナンショウ	てやきばな	ウマノアシガタ／ヒガンバナ
てにが	ノウゼンカズラ	でゃこん	ダイコン
でのき	ゴンズイ／ニワトコ	てらがしわ	アカメガシワ
てのひらいも	ツクネイモ／ナガイモ	てらこばな	ガンピ（岩菲）
てばき	カクレミノ	てらし	ウダイカンバ／シラカンバ／ダケカンバ
てはじき	シロモジ	てらつば	クロガネモチ／ネズミモチ
てはりくさ	ヒガンバナ	てらつばき	クロガネモチ／ネズミモチ／マサキ
てはりばな	ヒガンバナ	てりこぱこ	オオバコ
てはれ	テンナンショウ／ヒガンバナ	てりこぱりこ	オオバコ
ではれ	テンナンショウ	てりは	ナツハゼ
てはれくさ	ヒガンバナ	てるこ	サツマイモ
てはれぐさ	キツネノカミソリ	てるこぱりこ	オオバコ
てはればな	ウマノアシガタ／ヒガンバナ	でるこまるこ	キクザキイチゲ

方言名索引 ● てるて

てるてん ナンテン	リ／ヤツデ
てるまるのき ジャノヒゲ	てんぐっぱな クサキョウチクトウ
でれ ナツミカン	でんくに ダイコン
でれこ キクザキイチゲ	てんぐのうちわ カクレミノ／ヤツデ
てれめんそー マツバボタン	てんぐのかくれぐさ オニヤブソテツ
てれんそー マツバボタン	てんぐのき カクレミノ
でろ ドロヤナギ／ヤマナラシ	てんぐのこしかけ マンネンタケ
でん ハス	てんぐのたすき サルオガセ／ヒカゲノカズラ
てんか アワブキ	てんぐのて ヤツデ
てんが アワブキ	てんぐのなげくさ ヤドリギ
てんがい ヒシ	てんぐのはうちわ ハリギリ／ヤツデ
てんがいそー ゲンノショウコ	てんぐのはな クサキョウチクトウ
てんがいばな ヒガンバナ	てんぐのはね ウラシマソウ
てんがいゆり オニユリ／コバイモ	てんぐのふんどし サルオガセ
てんがさまめ ソラマメ	てんぐのへだま ホコリタケ
てんがっき アワブキ	てんぐのもとどり イワヒバ／オキナグサ
てんがっぽー ハウチワカエデ	てんぐは ハウチワカエデ
てんがほ アワブキ	てんぐば カクレミノ／ヤツデ
てんがぽ アワブキ	てんぐばな キョウチクトウ／クサキョウチクトウ／シュンラン／ハルシャギク／ヤイトバナ
てんかぽー アワブキ	
てんがほー アワブキ	てんぐもちぐさ チチコグサ
てんがぽー ケンポナシ	てんぐゆり ウバユリ
てんがぼく アワブキ	でんぐり クヌギ／ササユリ
でんかめ シシガシラ	でんぐりみ ドングリ
てんからいも ジャガイモ	てんぐるま ヒマワリ
てんがん アワブキ	でんくるま ドングリ
てんかんぽ アワブキ	てんぐるまねぎ ヤグラネギ
てんがんぽ アワブキ	でんぐるみ ドングリ
てんかんぽー アワブキ	てんくわ アワブキ
てんかんぽー アワブキ	てんぐわ アワブキ
てんがんぽー アワブキ	てんぐんさん エノコログサ
てんがんぽー アワブキ	てんぐんさんのうちわ ヤツデ
でんき ツメクサ	でんげ ツメクサ
でんきぐさ ヒメジョオン	でんげそー ツメクサ
てんきそー マツバボタン	てんこー ササゲ／トウガラシ
でんきそー ベンケイソウ	てんこーあずき ササゲ
てんきつばな カワラナデシコ	てんごーじゃくし マンネンタケ
てんきばな ヒルガオ	てんごーっぱ ヤツデ
でんきゅーぐさ ヒメムカシヨモギ	てんごっぱ ヤツデ
てんきり アカザ	てんごりんご オオウラジロノキ
てんぐうちわ ヤツデ	てんころ ジャガイモ／ダイコン（聖護院ダイコン）
てんぐくさ アマドコロ	てんころいも ジャガイモ
てんぐさ オニドコロ／ツユクサ／ヤイトバナ	てんころえも ジャガイモ
てんぐさ カキドオシ／ホウセンカ	でんごろみ ドングリ
でんぐさ カキドオシ／ツボクサ	てんごろみのき コナラ
てんぐさんのはな ヤイトバナ	でんこん ハス
てんぐしば カマツカ／ザイフリボク	てんざや ソラマメ
てんぐそば ヤマコウバシ	てんさり ヒガンバナ
てんぐちゃ ヤツデ	でんし レイシ
てんぐっぱ カクレミノ／クサキョウチクトウ／ハリギ	てんしーとー ナンバンカラムシ

810

でんじいも　サツマイモ
てんじく　ソラマメ/トウガラシ
てんじくいも　キクイモ/サツマイモ/サトイモ/ジャガイモ
てんじくささげ　トウアズキ
てんじくそー　ヒャクニチソウ
てんじくねぎ　ヤグラネギ
てんじくぼたん　シャクヤク/ダリア
てんじくまめ　ササゲ/ソラマメ/ハッショウマメ/フジマメ
てんじくもち　ハハコグサ
てんじくらん　ハラン
てんじっぽたん　ダリア
でんしばがぎな　アシボソ
てんしぼたん　ダリア/バラ
てんじまめ　ソラマメ
でんしゃな　リュウゼツサイ
てんじゅく　ソラマメ
てんじゅくぼたん　ダリア
てんしゅくまめ　フジマメ
てんじょー　ササゲ/ジュウロクササゲ/ハタササゲ
てんじょーあずき　ササゲ/ジュウロクササゲ/ハタササゲ
てんじょーなり　ササゲ/ジュウロクササゲ/ハタササゲ
てんじょーまもり　ササゲ/ジュウロクササゲ/ハタササゲ
てんじょーゆり　スカシユリ
てんじょく　ササゲ
てんじん　ツメクサ
てんじんくさ　アレチノギク
でんしんくさ　ヒメムカシヨモギ
でんしんぐさ　ヒメジョオン
てんじんのすてくさ　オノマンネングサ
てんじんのすてぐさ　メノマンネングサ
てんじんのつめ　ツメクサ
てんじんばな　カザグルマ
てんじんまめ　ソラマメ
てんず　クログワイ
てんずきぼたん　ダリア
てんずく　ソラマメ
てんずくまぶり　トウガラシ
てんずくまめ　ソラマメ
でんすけ　イタドリ
でんだ　ゼンマイ
てんたてこんぽー　アケビ
てんちゃぐー　ホウセンカ
てんちょうぐさ　アレチノギク/ハルジョオン/ヒメジョオン
てんつき　トウガラシ/ヒデリコ

てんつきばな　カワラナデシコ/スズサイコ/ナデシコ
てんつく　ヒガンバナ
てんつくのき　チャンチン
てんつずき　チャンチン
てんつづき　センダン
てんてんぐさ　スギナ
でんでんぐさ　ジャノヒゲ
てんとー　トウガラシ
てんとーまくり　ヒマワリ
てんとーまぶり　トウガラシ
てんとーまわり　ヒマワリ
てんとぐさ　カタバミ
てんとこ　トウガラシ
てんとごしょー　トウガラシ
てんとさまのまめえり　サルマメ
てんどとーがらし　トウガラシ
てんとばな　ヒガンバナ
てんとまぶり　トウガラシ
てんどり　イタドリ
てんどりばな　イカリソウ
てんないぐさ　コンニャク
てんみなみそー　ウラシマソウ/クガイソウ
てんなんしょー　テッポウユリ
てんなんそー　テンナンショウ/マムシグサ
てんにんかさ　ヤブレガサ
てんねこいも　ツクネイモ/ナガイモ
てんのうめ　ツタ/ヤシャビシャク
てんのき　ケンポナシ
てんのんめ　ヤシャビシャク
てんばい　ツタ/ヤシャビシャク
てんばいそー　ヤシャビシャク
てんぱいそー　ヤシャビシャク
てんびそー　ワレモコウ
てんぴそー　ワレモコウ
てんびら　コンニャク
てんびん　ヌルデ
てんびんかずら　カギカズラ
てんぷなし　ケンポナシ
でんぷばな　シモツケ
でんぷりあさつき　アサツキ
てんぷんなし　ケンポナシ
てんふんばい　ヤシャビシャク
でんべ　ショウロ
でんべーぐさ　ヤマブキ
てんぺーばな　ミゾソバ
てんぺのこ　オキナグサ
てんぽ　ケンポナシ
てんぽーから　イタドリ
でんぽーし　スギナ/ツクシ
てんぽーなし　ケンポナシ

方言名索引 ● てんほ

てんぽーのなし　ケンポナシ
でんぽーろく　ヤマブキ
てんぽがなし　ケンポナシ
てんぽくなし　ケンポナシ
てんぽこ　ケンポナシ
てんぽこなし　ケンポナシ
でんぽし　ツクシ
てんぽなし　ケンポナシ
てんぼなし　ケンポナシ
てんぼのき　ケンポナシ
てんぽろ　ケンポナシ
てんま　オニノヤガラ
でんまい　ゼンマイ
てんまな　タカナ／ヒケッキュウハクサイ
てんまりぐさ　オキナグサ
てんまりばな　アジサイ／オキナグサ／ゲンゲ／コデマリ／ツメクサ
てんまる　アジサイ
てんまるかくし　タンポポ
てんまるかん　アジサイ
てんまるこ　アジサイ
てんまるざくら　サクラ（ヤエザクラ）
てんまるばな　アジサイ／オオデマリ
てんまんかっか　スミレ
てんむき　トウガラシ
てんめんぎく　ヒナギク
てんもくそう　ワレモコウ
てんもんぞー　ヤブカンゾウ
てんもんだいくさ　コヌカグサ
てんもんどー　クサスギカズラ（タチテンモンドウ）
てんや　テングサ／ドングリ
でんやしばぎ　ハマビワ
てんゆり　ササユリ
でんゆり　ササユリ
てんりゅーばい　ヤシャビシャク
てんりゅーぽー　オムロガキ
てんりょーはい　ヤシャビシャク

【と】

とあかね　ベニニガナ
といさせび　ヒサカキ
どいつぎく　ショクヨウギク／ヒマワリ
どいつまめ　フジマメ
どいつもも　オウシュウスモモ
といのあし　イノモトソウ
といも　サツマイモ／サトイモ／ズイキ／ツクネイモ／ナガイモ
どいも　サトイモ／ジャガイモ
といもがら　ハスイモ

といもぎく　ダリア
とうあさ　モミジアオイ
とうーじんいー　イグサ
どうがい　アオノリュウゼツラン
どうぐゎい　アオノリュウゼツラン
とうちみにー　トウモロコシ
とうっそー　カボチャ
とうっぴょー　カボチャ
とうてぃだー　ソテツ
とうぬなん　ノゲシ
とうのーなー　ノゲシ
とうぶ　アオノリュウゼツラン
とうむんぷ　モモ
とうらぬじゅー　チトセラン
とうり　ヘチマ
とうるい　カンザブロウノキ
とうるき　カンザブロウノキ
とうるなん　ノゲシ
とうんなー　ノゲシ
とうんにゅかがみー　ケイトウ
とうんにゅっさー　オヒシバ
とえ　リュウキュウアイ
とー　カボチャ
とーあみそー　ニシキソウ
とーあわ　トウモロコシ
とーい　シチトウ／フトイ
どーいぎ　タラノキ
とーいちご　モミジイチゴ
とーいびら　ヒガンバナ
とーいも　サツマイモ／サトイモ／ジャガイモ／ツクネイモ／ナガイモ／ハスイモ／ヤツガシラ
とーうぎ　サトウキビ
とーうつぎ　ハコネウツギ
とーうり　カボチャ／トウガン／ハヤトウリ
とーが　トウガン
とーがい　イチジク
どーがえ　イタドリ
とーがき　イチジク／トウゴマ／トマト
どーがき　トウゴマ
とーかし　トウモロコシ
とーがのかみそり　ニシキギ
とーかのちょーちん　クマガイソウ
とーかのちょーちんば　クマガイソウ
とーかぼちゃ　カボチャ（セイヨウカボチャ）
とーがま　フトイ
とーかまめ　ダイズ
どーがめばす　トチカガミ
とーから　トウモロコシ
とーからいも　キクイモ
とーがらせ　トウガラシ

とーかん　シャガ
とーがん　カボチャ／トウガン／ユウガオ
どーかんいも　ツクネイモ／ナガイモ
とーがんかぽちゃ　トウガン
とーがんしゃ　サトウキビ
どーかんのき　コシアブラ／タカノツメ
とーかんばな　ツリガネニンジン
とーかんふり　カボチャ
とーかんぽー　カラムシ
とーがんぽーず　ツクシ
とーき　ノダケ
とーぎ　トウキ
とーきし　トウロウソウ
とーきち　タチアオイ／モミジガサ
とーきちろー　モミジガサ
とーきつぃ　トウロウソウ
とーきな　ゴゼンタチバナ
とーきにんじん　トウキ
とーきび　キビ／サトウモロコシ／トウモロコシ／モロコシ
とーぎび　トウモロコシ
とーきびまめ　トウモロコシ
とーきぶ　トウモロコシ
とーきみ　トウモロコシ／モロコシ
とーぎみ　トウモロコシ／モロコシ
とーぎめ　トウモロコシ
とーきょーねぎ　ヤグラネギ
とーきょーほーずき　ショクヨウホオズキ
とーぎり　アブラギリ／ヒギリ
とーきん　キビ／トウモロコシ／モロコシ
とーぎん　トウモロコシ／モロコシ
とーきんちく　ダイサンチク
とーきんちょー　タイミンチク
どーぐい　イタドリ／ドングリ
とーくさ　ウマゴヤシ
とーぐさ　カルカヤ／ツルソバ／トクサ／フダンソウ
とーくしょー　トウガラシ
とーぐす　ヤブニッケイ
とーくちなし　コクチナシ
とーくねんぽ　ザボン
とーくねんぽ　ザボン
とーくねんぽー　クネンボ
どーぐり　イタドリ
どーぐりまて　ドングリ
とーぐゎ　トウガン
とーくゎ　トチカガミ
とーぐゎん　カボチャ／トウガン
とーげ　メヒシバ
どーけ　ミズバショウ
とーけーし　ケイトウ

とーけーじ　ケイトウ
とーけーばな　ケイトウ
とーげぐさ　メヒシバ
とーけぶ　トウモロコシ
とーけんばな　ヒガンバナ
とーこ　ハハコグサ
とーご　チチコグサ／ハハコグサ／ブンドウ／リョクトウ
どーごい　イタドリ
どーこー　ニワトコ／ヤマトアオダモ
とーごーり　ツルレイシ／レイシ
とーこぎ　タウコギ
とーごしょー　コショウ
とーごす　タブノキ
どーこね　ダイコン
とーごばな　チチコグサ
とーこぽー　ヤマボクチ
とーごぽー　ヤマゴボウ
とーごり　ツルレイシ／レイシ
とーごろ　キクバドコロ
とーごろーのき　クサギ
とーごろそー　チチコグサ
とーこん　アキグミ
とーこんぽ　ヤマボクチ
とーごんぽ　ヤマゴボウ／ヤマボクチ
とーざくろ　ナツメ
とーささ　ササクサ
とーささげ　インゲンマメ／ササゲ
とーざと　サトウキビ
とーざとー　サトウモロコシ
とーざん　サトウキビ
とーし　キブシ
とーじ　ニワトコ／マテバシイ
とーじー　マテバシイ
とーじいも　サツマイモ
とーじかずら　サカキカズラ
とーじさ　カエンサイ／サンゴジュ／フダンソウ
とーしさーま　トウロウソウ
どーしざくら　イヌザクラ
とーじしゃ　フダンソウ
とーじっき　トキワススキ
とーしねりこ　アオダモ
とーしふじ　アオツヅラフジ
とーしみ　イグサ／ガクウツギ／キブシ／ノリウツギ／ハナイカダ／ムラサキシキブ
とーしみぎ　ガクウツギ／キブシ
とーしみぐさ　イグサ／キブシ
とーしみのき　ガクウツギ／ガマズミ／キブシ／ハクサンボク
とーじむぎ　オオムギ

とーしめ　イグサ
とーしめー　バラ
とーしめぐさ　イグサ
とーしゃしゃぶ　ナツグミ
とーじょー　カナクギノキ
とーしょーそー　トウダイグサ
とーしん　イグサ／ガクウツギ／カヤツリグサ／キブシ／ハナイカダ／ヤマブキ
とーじん　モロコシ
とーじんいも　サツマイモ
とーじんかずら　オオヤマハコベ
とーしんがら　イグサ
とーじんかんしゃ　サトウモロコシ
とーしんぎ　ガクウツギ／キブシ
とーじんき　トキワススキ
とーしんくさ　イグサ
とーしんぐさ　イグサ／カヤツリグサ
とーじんくさ　アレチノギク／ヒメムカシヨモギ
とーじんぐさ　アレチノギク
とーしんご　ツクシ
どーしんご　ツクシ
とーじんさとのき　サトウモロコシ
とーしんそー　イグサ／ヤマブキ
とーじんそー　ヒメムカシヨモギ／ヒャクニチソウ
とーじんな　トウナ
とーしんのき　ガクウツギ／キブシ
とーしんのはな　ヤマブキ
とーじんぶえ　ハマヒルガオ
とーしんぼ　ガクウツギ
とーしんぼー　ツクシ／ヤマアジサイ
どーしんぼー　ヤマアジサイ
とーじんまめ　ラッカセイ
とーじんもろこし　トウモロコシ／モロコシ
とーず　ニワトコ
とーずいき　トキワススキ
どーすぐさ　ドクダミ
どーずな　クマヤナギ
とーすべり　トネリコ
とーすみ　アブラガヤ／イグサ／ガクウツギ／キブシ／ヤマブキ
とーずみ　ガマズミ／ムラサキシキブ
とーすみくさ　イグサ
とーすみぐさ　イグサ／カヤツリグサ
とーすみそー　イグサ
とーすもも　セイヨウスモモ
どーずら　クマヤナギ
どーずる　タブノキ
どーずれ　タブノキ
とーぜん　ウド
どーせん　ウド

どーぜん　ウド
とーせんき　チャンチン
とーせんそー　クサノオウ
とーせんだん　イイギリ
どーそくのき　オガタマノキ
とーそば　ミゾソバ
どーだ　アベマキ／クヌギ／ミズナラ
とーだー　セリ
とーだい　タカノツメ／ハナイカダ
とーだいくさ　ウマノアシガタ／トウダイグサ
とーだいぐさ　ウマノアシガタ
とーだいこ　フダンソウ
とーだいこん　カエンサイ
とーだいず　ソラマメ
とーだいねぎ　ヤグラネギ
とーだいぼーず　ヒガンバナ
とーだいまき　ミズナラ
とーだえばな　センニチコウ
とーたかきび　トウモロコシ
どーだがし　コナラ
とーたこ　トウモロコシ
どーだし　スノキ
とーたで　オオケタデ／チョウセンアサガオ
とーだね　ナタネ
どーだのき　クヌギ
とーたび　イチジク／ツユクサ
とーたぶ　イチジク
どーだみ　ドクダミ
どーだんうつぎ　タニウツギ
とーちさ　フダンソウ
とーちゃ　レタス
とーちび　トウモロコシ
とーちぶる　カボチャ
とーちゃ　フダンソウ
とーちゅー　オオムギ
どーちゅー　オオムギ
どーちゅーはだか　オオムギ
とーついぶる　カボチャ
とーつきび　トウモロコシ
とーっさーま　トウロウソウ
とーっしゅ　バンジロウ
どーっぱ　タニウツギ
とーつぶり　カボチャ
とーつぶる　カボチャ
とーつぶろ　カボチャ
とーつぶろー　カボチャ
とーつら　クマヤナギ
とーてぃぶり　カボチャ
とーでー　ダイサンチク
とーてん　サンボウカン

とーと　トウモロコシ／ネコヤナギ
とーといも　キクイモ
とーとー　スズメノテッポウ／トウモロコシ／ネコヤナギ
どーどーうまぐさ　スミレ
とーとーきび　トウモロコシ
とーとーぎん　トウモロコシ
とーとーぐさ　エノコログサ
とーとーこ　トウモロコシ
とーとーご　エノコログサ
とーとーじ　ニワトコ
とーとーとーきび　トウモロコシ
とーとーとーびき　トウモロコシ
とーとーねんぶ　ネコヤナギ
とーとーねんぶー　ネコヤナギ
とーとーねんぶち　ネコヤナギ
とーとーねんぶつ　ネコヤナギ
とーとーねんぽ　ネコヤナギ
とーとーねんぽー　ネコヤナギ
とーとーぽ　エノコログサ
とーとーやなぎ　ネコヤナギ
とーとがら　イタドリ／タケニグサ
とーときび　トウモロコシ／モロコシ
とーときみ　トウモロコシ
とーときん　トウモロコシ
とーとぎん　トウモロコシ
とーとこ　エノコログサ／トウモロコシ
とーどこ　エノコログサ
とーとめ　ネコヤナギ
とーとびき　トウモロコシ
とーとびきひ　トウモロコシ
とーとめ　ネコヤナギ
とーとんがら　イタドリ
とーとんきび　トウモロコシ
とーな　スギナ／タカナ／ツクシ／トウモロコシ／ナタネ／ハボタン／フダンソウ／ヤマゴボウ／レタス
とーなー　トウモロコシ
とーないぐさ　ウマゴヤシ
とーなお　トウモロコシ
とーなきび　トウモロコシ
とーなくさ　スギナ
とーなご　トウモロコシ
とーなす　カボチャ／サボテン／トマト
とーなすび　カボチャ／チョウセンアサガオ／トマト
とーなつ　サボテン
とーなっぱ　フダンソウ
とーなのこ　ツクシ
とーなもろこし　トウモロコシ
どーなら　ミズナラ
どーならほーそ　ミズナラ

とーなわ　トウモロコシ
とーなんてん　ヒイラギナンテン
とーなんば　トウガラシ
とーにんにく　リーキ
とーぬきん　トウモロコシ
とーぬちみ　キビ／モロコシ
とーぬちん　モロコシ
とーねぎ　ヤグラネギ
とーねじ　アオダモ／ガマズミ
とーねり　アオダモ／タブノキ／ヤマトアオダモ
どーねり　アオガシ／クロガネモチ／タブノキ
とーねりこ　アオダモ
とーねりこー　クロガネモチ
とーねる　アオダモ／ミミズバイ
とーねるこ　アオダモ
どーねん　タブノキ
とーねんご　コンニャク
とーねんぶつ　ネコヤナギ
とーねんぽー　ネコヤナギ
とーのいも　サツマイモ／サトイモ／ズイキ
とーのかし　トウモロコシ
とーのき　クサギ／ゴマギ／シロダモ／タブノキ／ヤブニッケイ
とーのぎ　クサギ
とーのきび　トウモロコシ／モロコシ
どーのけ　カリヤス／ハネガヤ
とーのごんぼ　ヤマゴボウ
どーのすね　タニウツギ
どーのすべ　タニウツギ
とーのとーびき　トウモロコシ
とーのひゆ　ヒユ
とーのまめ　ソラマメ
とーばい　クサギ
とーばえ　クサギ
とーはき　ミソハギ
とーはぎ　ミソハギ
とーばこ　ギボウシ
とーばしゃ　バナナ
とーはぜ　ハゼノキ
どーはっせん　ラッカセイ
とーばな　クリンソウ
どーはん　サワグルミ
とーひ　イラモミ／トウヒ
とーびえ　トウジンビエ
とーひがん　アマリリス
とーびき　トウモロコシ／モロコシ
とーびび　トウモロコシ
とーひぼ　エゴノキ
とーびや　イチジク
とーひららぎ　ヒイラギ

方言名索引 ● と―ひ

とーびる　スイセン
とーびわ　チシャノキ
とーふ　アワブキ／カクレミノ／コシアブラ
とーぶー　アオノリュウゼツラン
とーぶき　アキタブキ／フキ
どーふき　デイゴ
とーぶくがら　タケニグサ
どーぶつがら　タケニグサ
とーふっき　コシアブラ／タカノツメ
とーふなびー　ホオズキ
とーふのき　アオハダ／アワブキ／コシアブラ
とーふまーみ　ダイズ
とーふまみ　ダイズ
とーふまみー　ダイズ
とーふまめ　ダイズ
とーぷまんみ　ダイズ
とーぶら　カボチャ
とーぶろ　ササゲ／ジュウロクササゲ／ハタササゲ
とーへーじ　ハンゴンソウ
とーへんぽく　センダン
とーほー　アザミ
とーぽーさく　スモモ
とーぽーし　ツユクサ
とーほーずき　ホオズキ
とーぽーひえ　シコクビエ
とーぼさく　スモモ
とーぼし　リクトウ
とーぽら　カボチャ
とーまーみ　ソラマメ
とーまい　リクトウ
とーまき　コウヤマキ
とーまく　センブリ
とーまな　トウナ
とーまみ　ソラマメ
とーまめ　インゲンマメ／エンドウ／ソラマメ／トウモロコシ／フジマメ／ラッカセイ
とーまんみ　ソラマメ
とーみかん　ウンシュウミカン／ベニコウジ
とーみき　トウモロコシ
とーみぎ　トウモロコシ
とーみみやなぎ　カワヤナギ
とーみょー　コクサギ
とーみょーそー　コクサギ
とーむぎ　トウモロコシ／ハトムギ
とーむん　トウモロコシ／モモ
とーめぎ　トウモロコシ
とーめょー　コクサギ
とーもくず　トウモロコシ
とーもこし　トウモロコシ
とーもじ　ネギ

とーもち　タブノキ
とーもっくし　トウモロコシ
とーもみ　モミ
とーもろこし　トウモロコシ／モロコシ
とーやく　センブリ
とーやくそー　センブリ
とーやし　ソラマメ
とーやぼ　バラ
とーゆ　ユズ
とーよし　トウ／ヤシ
とーよもぎ　カワラヨモギ
とーら　クズ
とーらかずら　クズ
どーらぎ　ネジキ
どーらくいも　ツクネイモ／ナガイモ
どーらん　シマサルナシ
どーらんかずら　シマサルナシ
とーりしば　テイカカズラ
とーりんご　ワリンゴ
どーれん　ユリ
とーれんこん　オクラ
とーろーいも　チョロギ
とーろーうり　キュウリ
とーろーばな　ヒガンバナ／ホタルブクロ
とーろく　インゲンマメ／ゴガツササゲ／ブンドウ／マクワウリ／リョクトウ
とーろくうり　マクワウリ
とーろぐさ　ツリガネニンジン
とーろくすん　ササゲ／ジュウロクササゲ
とーろくまめ　インゲンマメ／ゴガツササゲ／ササゲ／ジュウロクササゲ／ナタマメ
とーろくり　マクワウリ
とーろじ　ノイバラ
とーろばな　ツリガネニンジン／ホウチャクソウ／ホタルブクロ
とーろぼたん　ケマンソウ
とーわ　トウモロコシ
とーわか　オオカラシ
とーわさび　ワサビダイコン
とーん　サトイモ
とーんちん　モロコシ
とーんべら　トベラ
とが　イチイ／オオシラビソ／カラマツ／キャラボク／コメツガ／モミ
とがき　イチジク
とかきくさ　カヤツリグサ
とがさわら　トガサワラ
とがざわら　トガサワラ
どかたいも　キクイモ
どかたくさ　カワラマツバ

816

どかたぐさ　ヒメムカシヨモギ
とがのき　イチイ／キャラボク／ツガ
とがまつ　コメツガ／ツガ／モミ
とがらし　トウガラシ
とがらんぽ　イタドリ
どがらんぽ　イタドリ
どかん　ナナカマド
どかんす　ホウロクイチゴ
どがんす　カンアオイ／クサイチゴ／ホウロクイチゴ
どがんすいちご　ホウロクイチゴ
どがんすいっご　ホウロクイチゴ
どがんそ　クサイチゴ
とぎ　ホウレンソウ
ときうり　シロウリ
とぎしゃ　レタス
ときしらず　アズマギク／キイチゴ／ダイコン（時無ダイコン）／ダンコウバイ／トサミズキ／ナツフジ／バラ／ヒガンバナ／ヒナギク／ヒャクニチソウ／フユイチゴ／マンサク
ときしらんじ　ヒナギク
ときつ　トウモロコシ
ときっ　キビ／トウモロコシ／モロコシ
ときっのよめじょ　トウモロコシ
ときな　フダンソウ
ときなし　フユイチゴ
ときなしな　フダンソウ
ときなしば　フダンソウ
とぎのき　カゴノキ
ときび　アワ／キビ／トウモロコシ／モロコシ
ときびかんしゃ　サトウモロコシ
ときびかんしょ　サトウモロコシ
ときひさそー　ウエマツソウ
ときびのこんぶ　トウモロコシ
ときぶ　トウモロコシ
ときぶね　ブンタン
ときまめ　ソラマメ
ときみ　トウモロコシ
とぎみ　トウモロコシ
どきょーぐさ　カタバミ
ときょーねぎ　ヤグラネギ
ときわ　オギ／カヤ／ススキ／トキワススキ／ハギ
ときわあけび　ムベ
ときわか　タカナ
ときわかえで　イタヤカエデ
ときわかずら　テイカカズラ
ときわかや　トキワススキ
ときわがや　トキワススキ
ときわぐさ　カンアオイ
ときわのおもだか　イワオモダカ
ときわのはちじょーそー　ハマウド

とぎん　トウモロコシ
ときんかん　クネンボ
とぎんちっ　ダイサンチク
どくあさがお　ヒルガオ
どくい　アブラギリ
どくいちご　ヘビイチゴ
どくいちじく　イヌビワ
とくいも　ジャガイモ／ツクネイモ／ナガイモ
どくいも　ジャガイモ
どぐうずぎ　ドクウツギ
どくうつぎ　コフジウツギ／タニウツギ／ドクウツギ／ヒョウタンボク
どくうつし　コフジウツギ
どくえ　アブラギリ
どくえつご　ヘビイチゴ
どくえのき　アブラギリ
どくえび　ノブドウ
どくえびしょ　ノブドウ
どくえべす　ノブドウ
とくがーそー　ヒメムカシヨモギ
どくかずら　センニンソウ
とくき　トクサ
どくぎ　キョウチクトウ／テリハボク
どくくさ　ウマノアシガタ
どくぐさ　キツネノボタン／キツネノマゴ（キツネノヒマゴ）／タケニグサ／ドクダミ／ヒガンバナ
どくけーし　ハブソウ
どくけし　エビスグサ／ハブソウ
どくげし　エビスグサ
どくけしまめ　ハブソウ
とくさ　スギナ
どくさかき　ヒサカキ
どくざくら　キョウチクトウ
どくささぼ　ヒサカキ
とくさらん　セッコク
どくさらん　セッコク
どくざんしょー　イヌザンショウ
とくじー　マテバシイ
どくしば　アセビ
とくしゃごー　ホウセンカ
どくしゅばな　ヒガンバナ
どくしょーばな　ヒガンバナ
どくすいばな　ダイコンソウ
どくすぐり　ヤブサンザシ
どくずし　コフジウツギ
どくずみた　ヒガンバナ
とくすみら　ヒガンバナ
どくすみら　ヒガンバナ
どくすみら　ヒガンバナ
どくぜり　ウマノアシガタ／キツネノボタン／クサノオ

方言名索引 ● とくそ

ウ／ドクダミ
どくそ　ドクダミ
どくそー　ドクダミ
どくだに　ドクダミ
どくだね　ドクダミ
どくだび　ドクダミ
どくだみ　ドクダミ
どくだみそー　ドクダミ
どくだむ　ドクダミ
どくため　ドクダミ
どくだめ　ハンゲショウ
どくだん　ドクダミ
どくだんくさ　ドクダミ
どくだんしゅ　ドクダミ
どくだんす　ドクダミ
どくだんそ　ドクダミ
どくだんぞ　ドクダミ
どくだんそー　ドクダミ
どくだんび　ドクダミ
どくだんべ　ドクダミ
どくだんべー　ドクダミ
どくたんぽぽ　イワニガナ
どくだんめ　ドクダミ
どくちちぎ　ヤマツツジ
どくつつぎ　ヤマツツジ
どくつつじ　レンゲツツジ
どくっぱな　ヒガンバナ
とくな　キョウナ／タカナ
どくなぎ　ドクダミ
どくなし　エビスグサ
どくなべ　ドクダミ
とくなめ　タイミンタチバナ
どくなり　センナリホオズキ／ノブドウ
とくねび　クネンボ／ブンタン
とくねぶ　クネンボ／ブンタン
どくのき　コフジウツギ／ドクウツギ／トベラ／ナベワリ
どくのみ　エゴノキ
どくば　アブラギリ
とくばか　ユズリハ／ワケギ
とくばこ　ユズリハ
どくばな　アセビ／キツネノカミソリ／キツネノボタン／テンナンショウ／ヒガンバナ／ヒルガオ／マツヨイグサ
どくばみ　ドクダミ
どくはめ　ドクダミ
どくばら　カラスザンショウ／クロウメモドキ
どくはらい　コンニャク
どくぶそ　ヤイトバナ
どくぶつ　カンボク／ドクウツギ／ノリウツギ／ヒョウ

タンボク
どくぶつのき　クサノオウ
どくぶどー　エビヅル／ノブドウ
どくぶんど　ノブドウ
どくほーじ　ヒガンバナ
どくほーせんこ　ヒガンバナ
どくほじ　ヒガンバナ
どくぽんぽ　アオキ
どくまくり　ドクダミ
どくまめ　ドクダミ
どくまり　ドクダミ
どくみそ　アオキ
とくみねぶ　ブンタン
どくむぎ　ケカモノハシ
どくもめら　ヒガンバナ
どくやまもん　トベラ
どくゆり　ヒガンバナ
どくよつずみ　ミヤマガマズミ
とくら　マルバドコロ
どくらき　ドクダミ
とくらべ　ミミズバイ
どくらみ　ドクダミ
とくらんぽ　ホタルブクロ
とくりゅーのき　アブラギリ
とくわか　ギシギシ／タカナ／ユズリハ／ワケギ
とくわかな　オオカラシ／タカナ
どくわん　ナナカマド
どくゎんそー　クサイチゴ
とげ　アブラギリ／イバラ／バラ
どけ　アブラギリ
どげ　イタドリ
どけー　アブラギリ
とげーぐさ　スギナ／マツムシソウ
とげそば　ママコノシリヌグイ
とげそま　ママコノシリヌグイ
とけっきょ　ヤブカンゾウ
とけっきょー　カンゾウ（甘草）
とげとげそー　アザミ
とげぼたん　バラ
とげみ　トウモロコシ
とげんばら　サルトリイバラ
とこあか　シャクナゲ（シロバナシャクナゲ）／ユズリハ
とごい　イタドリ／ツルレイシ／レイシ
とこいも　サツマイモ／ナガイモ
とごえ　イタドリ
とごー　スズメノテッポウ
とこぎしゃ　フダンソウ
とこくさ　ドクダミ
とこぐさ　ドクダミ
とごくさ　ドクダミ

とごぐさ　ドクダミ
とこころし　ドクダミ
とこちしゃ　レタス
どこつぃだ　スギナ／ツクシ
とことこ　ヒノキ
どこどこ　スギナ／ツクシ
どこどこくさ　スギナ／ツクシ
どこどこさいた　スギナ／ツクシ
どこどこつぃだ　スギナ／ツクシ
どこどこつぎた　スギナ／ツクシ
どこどこつなぎ　ツクシ
とこな　フダンソウ
とこなつ　マサキ
とこね　ダイコン
どこね　ダイコン
とこばがき　トキワガキ
とこばな　タチアオイ
とごぼ　ヤマボクチ
とこぽー　ヤマボクチ
とごぽー　ヤマゴボウ／ヤマボクチ
とこぽし　トウガラシ
とごま　トウゴマ
とこまめ　ラッカセイ
ところ　オニドコロ／ガガイモ／キクバドコロ／タチドコロ／マルバドコロ／ヤマゴボウ
とごろ　オニドコロ
ところいも　ツクネイモ／ナガイモ／ヤマノイモ
ところえも　オニドコロ
ところおば　ニガカシュウ
ところてん　キクバドコロ／ツユクサ／マルバドコロ
ところてんぐさ　カワラナデシコ／ツユクサ／テングサ／メヒシバ
ところてんばな　カワラナデシコ／セキチク／ナデシコ／ネムノキ
ところまめ　ラッカセイ
とこわらび　ハナワラビ
とこんぼ　ヤマゴボウ
どさうり　マクワウリ
とさか　ケイトウ
とじ　トチノキ
としかずね　ミツデウラボシ
としかずら　ミツデウラボシ
としじゃ　フダンソウ
としとりまめ　ダイズ
どしなら　クロウメモドキ
とじのき　トチノキ
とじび　イグサ
どしぶどー　ノブドウ
としべ　イグサ／シチトウ
としみ　イグサ／キブシ

としみくさ　イグサ
としめ　イグサ
としめぐさ　マツバイ
としょー　イワヒバ／カラマツ／ネズミサシ
どじょーき　ボダイジュ
どじょーぐさ　ドジョウツナギ
どじょーさし　イグサ
どじょーすべり　リョウブ
どじょーまめ　インゲンマメ／ジュウロクササゲ／ハタササゲ
どじょさし　スズメノヤリ
としよりぐさ　オキナグサ
としよりもみ　モミ
とじら　クマヤナギ／ヤマヤナギ
どす　ガマズミ
とすしゃ　フダンソウ
どすつばき　アオキ
とずな　クマヤナギ
とすなら　クロウメモドキ
どすなら　クロウメモドキ／ハシドイ
どすぶどー　ノブドウ
どすぶんど　ノブドウ／ヤマブドウ
とすべり　アオダモ／イボタノキ／トネリコ／ニシキギ／ネズミモチ
どすべり　イボタノキ
とすべりのき　イボタノキ／トネリコ
とすみ　イグサ／キブシ
とずら　クズ／クマヤナギ／ツヅラフジ／ヤマフジ
とずらぐさ　ドクダミ
とずらご　クマヤナギ
とずる　アオカズラ／クマヤナギ／ツヅラフジ
どすん　オガタマノキ
どすんくさ　ドクダミ
どすんのき　オガタマノキ
とぜん　ウド
どぜん　ウド
とたび　イチジク
どたゆ　アブラギリ
どたれいも　サトイモ
とち　アサガラ／アベマキ／クヌギ／クルミ／サラソウジュ／ドングリ／ニラ／ニンニク
とちあぶら　コシアブラ
とちいたぎ　ヒトツバカエデ
とちかがみ　アサザ
とちかくし　ヤブレガサ
とちかつみ　ジュンサイ
とちがみ　トチカガミ
とちぐさ　コアジサイ
とちくり　ツチグリ（土栗）
とちぐり　トチノキ

方言名索引 ● とちし

とちしば　クロバイ／フシグロ／ヤマアジサイ
とちどんぐり　クヌギ
とちっぽ　トチノキ／ドングリ
とちな　オトコエシ／オミナエシ／クルマバハグマ／ヒメアザミ
とちねんぼー　トチノキ
とちのかがみ　アサザ
とちのき　クヌギ
どちのき　タラノキ
とちのみ　ドングリ
とちぶのき　トチノキ
とちぽー　ドングリ
とちも　トチカガミ
どちゅーはだか　オオムギ
とちわらしで　サワシバ／チドリノキ
とちんこ　ドングリ
とちんぽ　ドングリ
とちんぽ　ドングリ
とつ　トチノキ
とっか　トキワススキ
どっか　ウド
どっかい　アオノリュウゼツラン
どっかめ　ドクダミ
とっかりばな　ホタルブクロ
とっかん　ホタルブクロ
とっかんば　ダンコウバイ／ホタルブクロ
とっかんばな　ホタルブクロ
とっかんぽ　イタドリ／トキワススキ／ホタルブクロ／ヤブジラミ
とっかんぽ　ヤブジラミ
とっがんほ　トキワススキ
とっかんぽー　ヤブジラミ
とっかんぽーず　ツクシ
とつぎく　シュンギク
とっきび　キビ／トウモロコシ／モロコシ
とっきみ　トウモロコシ
とっきよめじょ　トウモロコシ
とっくいりいも　ナガイモ
とつぐさ　ハコベ
どっぐさ　キツネノボタン
どっくはつ　ウド
とっくばな　アカバナ
とつぐらなりぐら　リョクトウ
とっくり　ギンリョウソウ
とっくりいも　ナガイモ
とっくりごみ　カマツカ
とっくりばな　アカバナ／ホタルブクロ
とっくりみかん　サンボウカン
とっくゎ　トキワススキ
とっけ　アブラギリ

とっけし　ケイトウ
どっけし　エビスグサ／ハブソウ
とっけち　ケイトウ
とっこばな　ホタルブクロ
とっこまめ　フジマメ
とっこん　イタドリ
とっさぐ　ホウセンカ
とっさご　ホウセンカ
とっし　トウロウソウ／バンジロウ
とっしゃご　ホウセンカ
とっしゃば　フダンソウ
どっす　ガマズミ
とったりばな　ホタルブクロ
とっちしゃ　フダンソウ
どっちつかず　クサボタン
どっちっかず　クサボタン
とっちのみ　ドングリ
とつちぼ　クヌギ
とっちぽ　ドングリ
とっちゃ　フダンソウ
とっちゃー　フダンソウ
とっちゃな　フダンソウ
とつつき　オナモミ／センダングサ
とつつき　ヌスビトハギ
とってこー　カンゾウ／ヤブカンゾウ
とっと　イタドリ
とっとがな　イタドリ
とっとき　ツリガネニンジン
とっとこばな　タチアオイ／ツユクサ
とっとこまめ　フジマメ
とっとのめ　ツリガネニンジン
とっとばな　ツユクサ
とっとべ　ヤマアジサイ
とっとまめ　フジマメ
とっとりもち　ツルニンジン
とつのき　トチノキ
とつば　ハクウンボク
とっぱ　トキワススキ
どっぱ　タニウツギ
とっぱっ　アケビ／ミツバアケビ
とっぱんぴーよろ　ヤブコウジ
とっぴょーし　ミズオオバコ
とっぴん　スイセン
とっぶぬき　トチノキ
とっぽ　サルトリイバラ／トキワススキ／メガルカヤ
どっぽ　メガルカヤ
とっぽー　イタドリ／メガルカヤ
どっぽー　メガルカヤ
とっぽん　イタドリ
とつまめ　ソラマメ

820

とで　クマノミズキ／ケンポナシ
とてーこ　ハコベ
どてがら　イタドリ
どてくさ　シロツメクサ
とてこーせく　インゲンマメ
とてこっこ　カンゾウ（甘草）／ヤブカンゾウ
とてこっこぐさ　ツユクサ
とてこっこばな　ツユクサ／ハコベ
どてしょーぶ　シャガ
とてっきょー　カンゾウ（甘草）
とてっこ　カンゾウ（甘草）／スイバ／ヤブカンゾウ
とてっこー　ヤブカンゾウ
とてっこばな　ツユクサ
とてっぽっぽ　ツユクサ
どでんがら　イタドリ
とと　イタドリ／エノコログサ
とど　イタドリ／オオシラビソ
ととあわ　エノコログサ
どどいかずら　サネカズラ
ととうつぎ　シラキ
どどうま　スミレ
どどうまかちかち　スミレ
どどうまかちかち　スミレ
どどーがら　タケニグサ
ととーきび　トウモロコシ
ととーこ　トウモロコシ
ととから　イタドリ
ととがら　イタドリ
どどがら　タケニグサ
ととき　オドリコソウ
ととき　ケイトウ／ツリガネニンジン／ツルニンジン
ととぎ　ツルニンジン／ヤイトバナ
ととき　オケラ／ツリガネニンジン／ツルニンジン／ツリガネニンジン
とときっぱ　ツリガネニンジン
とときな　ツリガネニンジン
とときにんじん　ツリガネニンジン
ととぎにんじん　ツルニンジン
とときび　トウモロコシ
とときん　トウモロコシ
ととくさ　イタドリ／スイバ／ミチヤナギ
ととくさ　エノコログサ／オオウシノケグサ
ととけ　ケイトウ
ととこ　イモ
ととこ　エノコログサ／トウモロコシ／ネコヤナギ
ととこい　ネコヤナギ
ととこくさ　エノコログサ
ととこぐさ　エノコログサ
ととこやなぎ　ネコヤナギ
とどな　タカナ

ととのうま　スミレ
ととびき　トウモロコシ
とどまつ　オオシラビソ
とどむま　スミレ
ととら　クマヤナギ
とどらふじ　ツヅラフジ
ととらもち　ツルニンジン
ととろ　エノコログサ
とどろー　トロロアオイ
とどろかずら　サネカズラ
とどろかつら　サネカズラ
とどろっぽ　トドマツ
とどろっぽー　オオシラビソ
どどろびー　スベリヒユ
ととろまつ　トドマツ
ととんがら　イタドリ
どどんがら　イタドリ
ととんぽ　エノコログサ／ネコヤナギ
ととんぽー　イタドリ
ととんぽーのき　ネコヤナギ
とどんま　スミレ
となお　トウモロコシ
となご　トウモロコシ
となす　カボチャ／トマト
となすび　カボチャ
となわ　トウモロコシ
とぬきん　モロコシ
とねこ　アオダモ
とねこんくさ　スギナ
とねっぽ　クネンボ
とねり　アオダモ／ムラサキシキブ／ヤマトアオダモ
とねりこ　アオダモ／コブシ／トネリコ／ヤマトアオダモ
とねる　アオダモ／ヤマトアオダモ
とねるこ　アオダモ
とのいも　サツマイモ／サトイモ
とのうま　スミレ
とのうまかつかつ　スミレ
とのき　クサギ／タブノキ
とのぎ　クサギ
とのきび　キビ／サトウモロコシ／トウモロコシ／モロコシ
とのきびさとのき　サトウモロコシ
とのきん　モロコシ
とのさまいちご　カジイチゴ／トックリイチゴ／モミジイチゴ
とのさまがつぼ　イタドリ
とのさまがらっぽ　イタドリ
とのさまぐさ　ハハコグサ
とのさまげんげ　ハハコグサ

とのさまげんげな ハハコグサ
とのさまずいこ カタバミ
とのさまたばこ ハハコグサ
とのさまのたばこ ハハコグサ
とのさまのよもぎ ハハコグサ
とのさまぽーし トリカブト
とのさまもちぐさ チチコグサ
とのさまゆむぎ ハハコグサ
とのさまよむぎ ハハコグサ
とのさまよもぎ カワラヨモギ／ハハコグサ
とのさまれんげそー ハハコグサ
とのさんいちご モミジイチゴ
とのさんよもぎ ハハコグサ
とのすぎ エゴノキ
とののうま サギゴケ／スミレ
とののむま サギゴケ
とのはんのこしかけぐさ オヒシバ／メヒシバ
とのはよもぎ ハハコグサ
とのまめ トウモロコシ
どばい ヒガンバナ
とばえくわい アギナシ
とはす アサザ
とばす アサザ／ハス
とばつかみ カタバミ
とばっかみ スイバ
とはっすん インゲンマメ
とはな トウモロコシ
とび コバンモチ／ホルトノキ
とびあがり カブ
とびかずら ヒカゲノカズラ
とびがらみかずら テイカカズラ
とびき トウモロコシ／モロコシ／ヤドリギ
とびぎ オオバヤドリギ／コバンモチ
とびきのこ トウモロコシ
とびくさ イノコズチ／ヌスビトハギ
とびぐさ ホウセンカ
とびごま ホウセンカ
とびさご ホウセンカ
とびさこぐさ ホウセンカ
とびざさ ヤドリギ
とびしっこ ホウセンカ
とびしゃ ホウセンカ
とびしゃく カタバミ／ホウセンカ
とびしゃこ ホウセンカ
とびしゃご ホウセンカ
とびしゃんご ホウセンカ
とびずた マツグミ／ヤドリギ
とびだし オオムギ
とびつか ヤブジラミ
とびっか ヤブジラミ

とびっかね イヌタデ
とびつかみ イノコズチ／カタバミ／ヌスビトハギ／ヤブジラミ
とびつかり ヤブジラミ
とびっかり ヤブジラミ
とびつき イノコズチ
とびつきくさ イノコズチ／ヌスビトハギ
とびつきぐさ イノコズチ／ヤブジラミ
とびつた ヤドリギ
とびっつかみ イノコズチ
とびでむぎ オオムギ
とびとりいげ ジャケツイバラ
とびのき コバンモチ／ホルトノキ
とびのしりさし アリドオシ
とびのふん シャシャンボ
とびのみ ホルトノキ
どびゃくしょー ジュンサイ
どびょーし ジュンサイ
どひょんぐり ドングリ
とびら トベラ
とびん ユウガオ
どびん スノキ
どびんかずら サカキカズラ
とびんしゃご ホウセンカ
どぶこしょー タガラシ
とぶしゃご ホウセンカ
とぶぜり ドクゼリ
どぶぜり ドクゼリ
どぶたまり タンポポ
どぶたまり タンポポ
とぶとぶ エゴノキ
どぶばす アサザ
とふら カボチャ
どふら カボチャ
とぶらしば トベラ
どぶりくさ ツユクサ
どべがし アラカシ
どべそ マルバノキ
どべどべかずら サネカズラ
どべのき ヒガンバナ
とべら ゴンズイ／ドクダミ／トベラ
とべらくさ ドクダミ
とべらのき トベラ
とべらもっこく トベラ
とぼし ヨシ／リクトウ
とぼしかんば ウダイカンバ
とぽつる ヒルガオ
とぼり マツ
とま チガヤ
とまがや チガヤ

とまがら	シロダモ
とまぐさ	チガヤ
とますげ	チガヤ
とまと	ダイズ
どまぬぎ	タニウツギ
とまめ	ソラマメ／トウモロコシ
どまめ	ラッカセイ
とまりぎ	ヤドリギ
どまんぎ	タニウツギ
とみかん	ウンシュウミカン
とみぎ	トウモロコシ
とみしゃご	ホウセンカ
とむる	タブノキ
とむん	タブノキ
どめ	ガマズミ
とめと	トマト
ども	トウモロコシ
ともえすぎ	スギ
ともぎ	アブラチャン／シラキ／シロバイ／シロモジ／ダンコウバイ／ヤマコウバシ
どもぐさ	ゴキヅル
どもくし	トウモロコシ
ともひら	トベラ
ともべら	トベラ
ともめ	コクサギ
ともろ	タブノキ
ともん	タブノキ
どよーちく	ホウライチク
どよーばら	タラノキ
どよーふじ	ナツフジ
どよーベー	タニウツギ
どよーまつ	アカマツ
どよーゆり	カノコユリ
とよぎ	オトコヨモギ
とよし	トウ
どよちく	ホウライチク
とよのぎく	シュウメイギク
とよば	クサギ
どよまめ	エンドウ
とら	トウヒ
とらあざみ	サワアザミ
とらいちご	フユイチゴ
とらいも	サツマイモ
とらかつら	クガイソウ
とらがわら	クガイソウ
とらきび	トウモロコシ
とらぐみ	グミ／ツルグミ／ナワシログミ／オオバグミ
とらぐん	ツルグミ／ナワシログミ
とらし	トリアシショウマ
とらだけ	シチク／マダラタケ

とらつば	ネズミモチ
とらとら	バアソブ
とらのお	クガイソウ／コウヨウザン／テンナンショウ／トウヒ／ハリモミ／ヒオウギ／ヒモケイトウ／ヒモサボテン
とらのおくさ	オニヤブソテツ
とらのおつばき	クロバイ
とらのおもみ	イラモミ／トウヒ
とらのぐさ	ハコネシダ
とらのみみ	ユキノシタ
とらまめ	ソラマメ
とらもみ	コウヨウザン／トウヒ／ハリモミ
とらんお	オカトラノオ
とりあし	アワモリショウマ／イノモトソウ／ウマノアシガタ／カラマツソウ／キョウガノコ／クジャクシダ／クマノミズキ／ゴンズイ／シロモジ／トリアシショウマ／ニシキギ／ミズキ／ミツデカエデ／メグスリノキ／ヤドリギ／ヤマボウシ
とりあしいたぎ	イタヤカエデ
とりあしぎ	アオハダ
とりあしのき	カクレミノ
とりあしみずき	クマノミズキ
とりいちご	ウグイスカグラ
とりえぶこ	ノブドウ
とりおぎ	シナノキ
とりかぶと	ケイトウ
とりき	アブラチャン／クロモジ／ニワトコ
とりきしば	クロモジ
とりく	オギ
とりくいな	リュウゼツサイ
とりくさ	ハコベ
とりぐさ	オオバコ／スミレ／ハコベ／ヤエムグラ
とりこしば	クロモジ
とりことまらず	メギ
とりこのき	クロモジ
とりこのつげ	コウヤボウキ
とりこばこ	オオバコ
とりこばっこ	オオバコ
とりこばな	ケマンソウ
とりこばりこ	オオバコ
とりしば	クロモジ
とりしょんべ	アズキナシ
とりず	クロウメモドキ
とりっかぎ	マルバウツギ
とりつきじじー	センダングサ
とりつきばば	イノコズチ
とりつきばばー	イノコズチ
とりつきむし	イノコズチ
とりっこば	ゼンマイ
とりでみずき	ミズキ

とりとまらず　アリドオシ／イヌツゲ／イボタノキ／カンコノキ／クスドイゲ／クロウメモドキ／コウヨウザン／サルトリイバラ／タラノキ／ツゲ／ニシキギ／ノカイドウ／ハリギリ／ハリブキ／ヘビノボラズ／メギ
とりな　リュウゼツサイ
とりなし　メグスリノキ
とりのあし　イノモトソウ／ウマノアシガタ／ウリカエデ／オモダカ／クジャクシダ／タカノツメ／ヤマボウシ
とりのあしがた　イノモトソウ
とりのあしくさ　イノモトソウ
とりのいきりぐさ　ベンケイソウ
とりのいさな　リュウゼツサイ
とりのえぼし　ケイトウ
とりのかさ　ケイトウ
とりのき　クロモジ
とりのけっちゃか　ケイトウ
とりのこつげ　コウヤボウキ
とりのこめ　スズメノヤリ
とりのした　ノミノツヅリ／ユキノシタ
とりのちしゃ　リュウゼツサイ
とりのなべ　ガガイモ
とりのびく　ケイトウ
とりのぼらず　クロウメモドキ／タラノキ
とりのみ　カマツカ／ムラサキシキブ
とりのみつあし　トリアシショウマ
とりば　クサギ
とりばかえで　ミツデカエデ
とりはごのき　クロモジ
とりばな　ハマエンドウ／レンリソウ
どりばな　ヤイトバナ
とりはまず　アズキナシ／カンボク
とりはまつ　ウラジロノキ
とりふき　ナンバンキブシ
とりふく　ハナイカダ
とりふくぎ　キブシ
とりまめ　エンドウ／ソラマメ／フジマメ
とりもち　モチノキ／ヤマグルマ
とりもちのき　クロガネモチ／ツゲモチ／ムクノキ／モチノキ／ヤマグルマ
とりやさい　リュウゼツサイ
とりよぼし　トリカブト
とりよもぎ　カワラヨモギ
とりわ　オギ
とるく　リョクトウ
とるまめ　ソラマメ
どれ　ユリ
どれん　ユリ
とろ　ツクネイモ／ナガイモ／ノリウツギ／ヤマノイモ
どろ　ドロヤナギ／ミズナラ／ヤマナシ／ヤマナラシ／ヤマユリ
とろいかずら　サネカズラ
どろいかずら　サネカズラ
とろいも　ナガイモ／ヤマノイモ
どろいも　サトイモ／ツクネイモ／ナガイモ
とろえも　ヤマノイモ
とろがき　イチジク
とろくすん　インゲンマメ／ゴガツササゲ／ジュウロクササゲ
とろこうり　マクワウリ
どろこがみ　ガガイモ
とろしば　ヤマコウバシ
とろす　リョクトウ
どろっき　ヤマナラシ
どろつく　ハルニレ
どろっぺ　ヤマナラシ
どろっぽ　ヤマナラシ
とろところ　ツクシ
とろとろ　トロロアオイ
どろな　フダンソウ
どろなし　ヤマナラシ
どろぬき　ヤマナラシ
とろのき　ノリウツギ
どろのき　アオハダ／タラノキ／ドロヤナギ／ヤマナラシ
どろはこやなぎ　ヤマナラシ
とろぶ　ノリウツギ
どろぶ　ドロヤナギ／ヤマナラシ
どろふき　ナンバンキブシ
どろぶやなぎ　ドロヤナギ
どろべー　ドロヤナギ／ヤマナラシ
どろぼ　イノコズチ／オナモミ／センダングサ／ヌスビトハギ／ヤマナラシ
どろぼうのけつぬぐい　タケニグサ
どろぼー　イノコズチ／オナモミ／キンミズヒキ／ケカモノハシ／ダイコンソウ／ヌスビトハギ／ヤブジラミ／ヤマナラシ
どろぼーくさ　イノコズチ
どろぼーぐさ　イヌホオズキ／イノコズチ／カタバミ／ヌスビトハギ
どろぼーのき　ヤマナラシ
どろぼーはぎ　ヌスビトハギ
どろぼーばな　カラスビシャク
どろぼーやなぎ　ヤマナラシ
どろぼぐさ　ヌスビトハギ
どろぼのあし　オニノヤガラ
どろぼのきんちゃく　ヌスビトハギ
どろぼのしんぬき　タケニグサ
どろぼのしんぬぎ　タケニグサ
どろやなぎ　ヤマナラシ

とろろ　サネカズラ／トロロアオイ／ノリウツギ
とろろいも　ナガイモ／ヤマノイモ
とろろうつぎ　ノリウツギ
とろろえも　ナガイモ／ヤマノイモ
とろろかずら　サネカズラ
とろろき　ナンバンキブシ
とろろぎ　ノリウツギ／ヤマコウバシ
とろろくさ　ウワバミソウ
とろろのき　ノリウツギ
とろろまめ　オクラ
どろんぼ　ドロヤナギ／ヤマナラシ
どろんぽー　ヤマナラシ
とわば　チガヤ
とわわ　トウモロコシ
とん　サツマイモ
とんが　ツガ／トウガン
とんがい　イタドリ
どんがいっご　ホウロクイチゴ
とんがからぽ　イタドリ
どんがからぽ　イタドリ
とんがき　イチジク
とんかち　スミレ
とんかちばな　スミレ
どんかめ　イタドリ
どんがめ　ウツギ
どんがめいちご　ナワシロイチゴ
どんがめぐい　サルトリイバラ
どんがめくさ　アサザ
どんがめぐさ　アサザ／トチカガミ
とんから　トウガラシ
どんがら　イタドリ／タケニグサ
とんからから　イタドリ
とんがらぐさ　カタバミ
とんがらし　トウガラシ
とんがらしぐさ　チョウジタデ
とんがらせ　トウガラシ／トウモロコシ
とんからぽ　イタドリ
どんがらまめ　ソラマメ
とんがらんぽ　イタドリ
とんからんぽ　イタドリ
どんがらんぽ　イタドリ
どんがん　カボチャ／トウガン
どんがん　オニバス
とんかんぽ　イタドリ
とんきば　イタドリ
とんきみ　トウモロコシ
とんぎみ　トウモロコシ
どんきゅーくさ　オオバコ
どんきゅーぐさ　オオバコ
とんきょー　イタドリ

とんきん　カボチャ
とんきんまめ　フジマメ
どんぐい　イタドリ
どんくいきりかし　オオバコ
どんぐえ　イタドリ
どんくぐさ　ツユクサ
どんくみ　ドングリ
とんぐり　クヌギ
どんぐり　アベマキ／イタドリ／クヌギ／コナラ／トチノキ
どんぐりがし　クヌギ
どんぐりがっしー　ドングリ
どんぐりぎ　クヌギ
どんぐりくさ　スベリヒユ
どんぐりどち　トチノキ
とんぐりとんぐり　ドングリ
どんぐりのき　アベマキ／クヌギ／コナラ
どんぐりべー　ドングリ
どんぐりぼず　ドングリ
どんぐりぼのき　カシワ
どんぐりまて　ドングリ
どんぐるみ　ドングリ／ノグルミ
どんぐろ　カクレミノ
どんくろぽ　イタドリ
どんぐろぽ　イタドリ
どんげがら　イタドリ
どんげんがら　イタドリ
どんげんすかんこ　イタドリ
とんご　コシアブラ／チチコグサ／ハハコグサ
どんこ　イタドリ／サルトリイバラ
どんご　イタドリ
どんこい　イタドリ
どんこいから　イタドリ
どんごえ　イタドリ
とんごくさ　ハルシャギク
どんこぐさ　ドクダミ／ミゾソバ
とんこつまめ　リョクトウ
どんこばな　ツユクサ
とんごもち　ハハコグサ
どんごろ　イタドリ／ドングリ
どんごろじー　ドングリ
どんごろぼそ　アベマキ
どんごろみ　ドングリ
とんごろもち　ハコベ／ハハコグサ
どんごんす　ミョウガ
とんさご　ホウセンカ
どんざのき　カンコノキ
どんざら　イタドリ
とんじ　トチノキ
とんしゃく　ホウセンカ

方言名索引 ● とんし

とんしゃご	ホウセンカ
とんじょ	カナクギノキ
どんす	ガマズミ
どんすかえし	ウキクサ
どんすがえし	ウキクサ
とんずら	クマヤナギ
とんずる	アオツヅラフジ／ツヅラフジ
とんずるぐさ	コマツナギ
とんで	ケンポナシ
とんでから	イタドリ
とんでんがら	イタドリ
どんでんがら	イタドリ
とんと	トウモロコシ
どんどいちご	ウグイスカグラ
どんどー	ドングリ
とんどがら	タケニグサ
どんどがら	タケニグサ
とんときび	トウモロコシ
どんとぐさ	ツユクサ
どんどばな	スミレ／ノハナショウブ／ホタルブクロ
とんどまめ	インゲンマメ
とんとめかちかち	スミレ
とんどりばな	イカリソウ
どんどろ	ウグイスカグラ／ドングリ／ボタンヅル
どんどろぎ	クワ
どんどろくさ	カタバミ
どんどろぐみ	ウグイスカグラ
どんどろけぐさ	ヒルガオ
どんどろけばな	ホタルブクロ
どんどろびー	スベリヒユ
どんどろびし	マツバボタン
どんどろべ	スベリヒユ
どんどろべー	スベリヒユ
どんどろまき	コナラ／ミズナラ
とんとん	イタドリ／サツマイモ
どんどん	ドングリ
とんとんかちかち	スミレ
とんとんがら	イタドリ
とんとんきび	トウモロコシ
どんどんぐり	ドングリ
とんとんこ	イタドリ
とんとんたけ	イタドリ
とんとんだけ	イタドリ
とんとんばな	スミレ／ノハナショウブ
どんどんばな	ノハナショウブ
どんどんみ	ドングリ
とんぬき	クサギ
とんねりこ	アオダモ
とんねるこ	アオダモ
どんのいげ	クスドイゲ
とんのうま	スミレ
とんのき	クサギ
とんのきび	トウモロコシ
とんのきぶ	トウモロコシ
とんのきみ	トウモロコシ
とんのくさ	ウリカワ
とんのこま	スミレ
どんのこま	スミレ
とんのこむしのき	クサギ
とんのした	ウリカワ
とんのじょーご	ヒヨドリジョウゴ
とんのちかずら	スイカズラ
とんのまめ	ソラマメ／トウモロコシ
とんのんま	スミレ
どんばぐさ	ツユクサ
どんばす	オニバス
どんばそー	カタバミ
どんばら	ナツハゼ
とんび	ウリカエデ／ヤマモミジ
とんびつかみ	イノコズチ
とんびのき	モミ
とんびのへそ	カラスビシャク
とんびばた	シュンラン
とんびゃん	アオノリュウゼツラン
とんぷい	オオイタビ
どんぷいぐさ	トウロウソウ
とんぶくさ	カタバミ
どんぶぐさ	ツユクサ
どんぶぐさ	カタバミ／スベリヒユ
どんぶっぱ	カタバミ
とんぶり	キブシ
どんぶり	ドングリ／ホウキギ
どんぶりそー	ツユクサ
とんべがら	イタドリ
どんべがら	イタドリ
どんべんつつみ	ツワブキ
とんぼ	アケビ／ツクバネ
とんぼーどまり	イグサ
とんぼーのち	ガガイモ
とんぼがら	タケニグサ
とんぼくさ	カタバミ／ゲンゲ／ゲンノショウコ／スイバ／スベリヒユ／ツユクサ
とんぼぐさ	カタバミ／カヤツリグサ／クサフジ／ゲンゲ／スベリヒユ／タンポポ／チドメグサ／ツユクサ／ノチドメ／ムラサキツユクサ／メヒシバ
とんぼぐさ	ツユクサ
どんほぐさ	カタバミ
どんぼくさ	ツユクサ
どんぼぐさ	カタバミ／ゲンノショウコ／ツユクサ
とんぼげさ	ツユクサ

とんぼざくら　ツクバネ
とんぼそー　ツユクサ／ヒキオコシ
とんぼとまり　ツユクサ
とんぼのき　ウリカエデ
とんぼのきゅーり　カタバミ
とんぼのしーこ　カタバミ
どんぼのしーこ　カタバミ
とんぼのち　ガガイモ
とんぼのちち　イワニガナ／タンポポ／ナットウダイ
どんぼのちち　タンポポ
とんぼはぎ　シャジクソウ

とんぼばな　ツクバネ／ツユクサ
とんぼもみじ　ウリカエデ
とんぼら　カボチャ
どんぼろ　サルトリイバラ
どんまい　イヌビワ
とんまめ　ソラマメ
とんも　エンバク
とんもろぐし　トウモロコシ
とんもろこし　トウモロコシ
どんろー　ドングリ

な

【な】

なー　ナズナ
なーしろぐみ　ウグイスカグラ
なーす　ナス
なーべーらー　ヘチマ
なーまん　ハマグルマ
なーまんきび　トウモロコシ
なーまんとーきび　トウモロコシ
なーまんとーびき　トウモロコシ
ないきん　カボチャ
ないしょーぐみ　ナツグミ
ないたけ　メダケ
ないだけ　メダケ
ないちまつ　アカマツ
ないばら　サルトリイバラ
なうひ　サワラ
なうり　アオウリ／シロウリ
なえしろいちご　ナワシロイチゴ
なえたけ　メダケ
なえのまつ　ハイマツ
なおしげつつじ　ヒカゲツツジ
ながいも　ガガイモ／ツクネイモ／ナガイモ／ヤマノイモ
なかうちまめ　アオガリダイズ
ながうり　ヘチマ
ながうんべ　アケビ
ながえも　ヤマノイモ
なかきび　トウモロコシ
ながくさ　オノマンネングサ
なかぐり　フサスグリ
なかくろ　ササゲ
ながこじー　スダジイ
ながさき　エンドウ
ながさきはくさい　トウナ
ながさきまめ　エンドウ
ながささぎ　ササゲ
ながささげ　ササゲ／ジュウロクササゲ
ながさし　ウシクサ
ながざし　ミソナオシ
ながじー　スダジイ
ながしいちご　ナワシロイチゴ／ノイチゴ
ながしいちんご　ナワシロイチゴ
ながししば　エビネ
ながしだみ　ドングリ
ながしのごみ　ウグイスカグラ
ながしば　バリバリノキ
ながしばな　アジサイ／ヤマアジサイ
ながじらみ　ヤブニンジン
ながしろぐみ　ウグイスカグラ／ナツグミ
ながせいちご　モミジイチゴ
ながせまめ　ゴガツササゲ
ながそ　コウゾ
ながたぶ　シロダモ
ながたらまめ　ナタマメ
ながつが　トウガン
なかつぐ　カヤツリグサ
なかて　アズキナシ
なかときくさ　ナガハグサ
ながどんぐり　ミズナラ
ながな　タイサイ
ながなし　セイヨウナシ
ながなたぐさ　ミチシバ
ながにんじん　ツリガネニンジン
なかねいも　ヤマノイモ
ながねいも　ヤマノイモ
ながねだいこん　ダイコン（秦野ダイコン）
ながは　バリバリノキ
ながば　ヤマビワ
ながはーぎー　クスノハガシワ
ながばがし　シラカシ
ながはたぶ　バリバリノキ
ながひこ　ナデシコ
ながふーろ　ササゲ
ながふぇーらー　ヘチマ
ながふくべ　ユウガオ
ながぶろ　ササゲ／ジュウロクササゲ
ながふろー　ササゲ／ジュウロクササゲ
ながぶろー　ササゲ
なかまめ　アオガリダイズ
ながまめ　ササゲ
なかみりんご　アカリンゴ
なかも　マコモ
ながゆずる　ミミズバイ
なかよし　イグサ／ウラハグサ／カヤツリグサ
なかよしくさ　カヤツリグサ
なかよしぐさ　カヤツリグサ

ながら　グラジオラス／ツユクサ	なすぎ　ナス
ながらかんべそ　グラジオラス	なすっ　ナス
ながらし　アブラナ／カラシナ／ケシ	なずな　イヌガラシ／タネツケバナ／ヒユ／フダンソウ
ながらべそ　グラジオラス	なずなぐさ　ヒメコバンソウ
ながらべっちょ　グラジオラス	なずなぼーさん　シュンラン
なからぺっと　グラジオラス	なすの　ナス
ながらべっと　グラジオラス	なすび　ナス
なかわけ　カヤツリグサ	なすびがら　タマアジサイ／ヤマタバコ
なぎ　アサザ／オモダカ／コナギ／シャクナゲ／ホテイアオイ／ミズアオイ／ヨメナ	なすびぐさ　コナスビ
なきぎん　トウモロコシ	なすびばな　モクレン
なぎぐさ　コナギ	なすぶ　ナス
なきそー　ナス	なすん　ナス
なきな　ハナイカダ	なぜくさ　ムラサキカタバミ
なぎなたほーずき　オウレン	なぞな　キュウリグサ
なぎのき　ナギ	なそび　ナス
なぎのは　コナギ／ナギ	なた　ナタマメ
なきびしょ　クマノミズキ	なたおらし　ザイフリボク／ヒトツバタゴ
なきり　アブラシバ／ヒトモトススキ	なたおれ　アオモジ／タイミンタチバナ／リュウキュウモクセイ
なきんべら　ワレモコウ	なたおれぎ　オノオレカンバ
なくぉ　カボチャ	なたおれのき　リュウキュウモクセイ
なくこわし　ヒルガオ	なたおろし　カナメモチ
なぐすり　ドクダミ	なたが　カマツカ
なくわ　クロモジ	なたかけ　サンゴジュ
なげくさ　オノマンネングサ／コモチマンネングサ	なたかぶり　ザイフリボク
なげぐさ　メノマンネングサ	なたぎっちょ　ナタマメ
なげざや　クガイソウ	なたくさ　チカラシバ
なげのき　ナギ	なたくま　ウバメガシ／ケヤキ／ムクノキ
なげのまつ　ハイマツ	なたささぎ　インゲンマメ／ナタマメ
なこ　コマツナ	なたささげ　インゲンマメ
なごみ　キンミズヒキ／ハエドクソウ	なたずか　ウワミズザクラ／カマツカ
なざぎ　チカラシバ	なたつか　ミズメ
なさつかげ　ヤブカンゾウ	なたてしば　アセビ
なじ　ナギ	なたなかせ　カナメモチ
なしいも　ジャガイモ	なたね　アブラナ
なしうり　ギンマクワ／マクワウリ	なだね　アブラナ
なしかずら　ヤマナシ	なたのはおらし　ヤマコウバシ
なしぎ　ウラジロノキ	なたはじき　カマツカ
なじな　ナズナ／フダンソウ	なたぶろー　ナタマメ
なしならしぎ　ミズキ	なたまめ　インゲンマメ／ソラマメ／ハッショウマメ／フジマメ
なしび　ナス	なため　インゲンマメ
なしまくわ　マクワウリ	なちまめ　ソラマメ
なじゃき　ハイキビ	なつあずき　ササゲ
なしろいちご　キイチゴ／モミジイチゴ	なついちご　キイチゴ／ナワシロイチゴ／モミジイチゴ
なしろぐみ　ウグイスカグラ	なついも　サトイモ／ジャガイモ／ナガイモ
なしろはこべ　トキンソウ／ミゾハコベ	なづいも　ジャガイモ
なず　ナタネ	なつうめ　ナツメ／マタタビ
なすがら　タマアジサイ／ハクウンボク／ミカエリソウ／ヤマタバコ	なつうんめ　ナツメ
なすき　ナス	なつえも　ジャガイモ

方言名索引 ● なつお

なつおめ　ナツメ
なつがき　マメガキ
なつがし　カゴノキ
なつかのこ　カナクギノキ
なつがのこ　カナクギノキ
なつがんどー　エビヅル
なつき　リョウブ
なっきー　チカラシバ
なつぎく　エゾギク／ショクヨウギク／ヨメナ
なつきび　サトウモロコシ
なつぐいみ　ナツグミ
なつくねぶ　ナツミカン
なつぐみ　ウグイスカグラ／ナワシログミ
なつぐり　ツノハシバミ／ハシバミ
なつこが　カナクギノキ
なつこはぜ　ナツハゼ
なつごろー　ナツハゼ
なつざくら　クサキョウチクトウ／ハルシャギク
なつざとー　サトウモロコシ
なつさとーぼー　サトウモロコシ
なつし　チガヤ
なつじーせん　タマスダレ
なつしゃしゃぶ　ナツグミ
なつしゃせぶ　ナツグミ
なつしゅ　ナツミカン
なつしょーごい　アオハダ
なつしょーごいん　アオハダ
なつしろ　ナツミカン
なつすいせん　キツネノカミソリ／タマスダレ
なつずいせん　キツネノカミソリ／サフランモドキ／タマスダレ／ヒガンバナ
なつずた　ツタ
なつそよご　アオハダ
なつだいだい　ナツミカン
なつちしゃ　フダンソウ
なつちゃ　フダンソウ
なつつばき　ナツツバキ
なつでで　ナツミカン
なつとこ　マサキ
なつとべら　ハマクサギ
なつな　シュンギク／フダンソウ
なつななめ　アオハダ
なつならめ　アオハダ
なっぱ　アブラナ／カブ
なつはくさい　ヒケッキュウハクサイ
なつはし　ハマクサギ
なつはぜ　シャシャンボ／ナツハゼ／ミツバウツギ
なつふくら　アオハダ
なつぶくら　アオハダ
なつぽーず　オニシバリ

なつぽたん　マツバボタン
なつまめ　エンドウ／ソラマメ／ダイズ／ナツメ
なつみくさ　キンミズヒキ
なつめ　ダイズ
なつめうり　マクワウリ
なつめがき　マメガキ
なつめぐさ　シロツメクサ
なつもも　モモ
なつゆき　ネナシカズラ
なつんめ　ナツメ
なでしこ　アメリカナデシコ／カワラナデシコ／セキチク
なでちぎ　ヤマグワ
なでつきくさ　ショウジョウバカマ
なでつきそー　ショウジョウバカマ
なでつきばな　ショウジョウバカマ
なでばな　ショウジョウバカマ
なとりぎ　ツゲモドキ／リュウキュウモクセイ
なないろばけ　アジサイ
なないろひば　ビャクシン
ななえ　ムラサキシキブ
ななえいたや　カラコギカエデ
ななかぶと　ヤマアジサイ
ななかま　アズキナシ／サワフタギ／シャシャンボ／ネズミモチ／ハリギリ／フサザクラ／マンサク／ヤブニッケイ
ななかまぞ　ニワトコ
ななかまだき　ヤマモガシ
ななかまちぶな　ブナ
ななかまで　ナナカマド
ななかまど　アズキナシ／ウワミズザクラ／カラタチバナ／サワフタギ／シャシャンボ／ツノハシバミ／ドクウツギ／ニワトコ／ネズミモチ／フサザクラ／マンサク／ヤシャブシ／ヤマボウシ
ななかまばら　ハリギリ
ななかまもどり　コバノキ／ネズミモチ
ななかもはら　ハリギリ
ななかわり　ヤマアジサイ
ななくさ　ナズナ
ななぐさ　ナズナ
ななくさのおば　オニタビラコ
ななしのき　タブノキ
ななつききょー　ハシリドコロ
ななつば　ハンゴンソウ
ななつばな　ヒツジグサ
ななと　オモダカ
ななとーくさ　オモダカ
ななとーぐさ　オモダカ
ななばけ　アザミ／アジサイ／ヒャクニチソウ
ななはじき　カラシナ

830

ななばな　アジサイ
ななふしぐさ　ヘラオモダカ
ななへんげ　アジサイ／ヒャクニチソウ
ななみのき　ナナメノキ
ななめ　ナナメノキ
ななめのき　ソヨゴ
ななもじり　イグサ
なにのみ　ナギ
なにぽうり　シロウリ
なのかまんじゅー　ドクウツギ
なのくさ　ナズナ
なのみ　クロガネモチ／ヌスビトハギ
なのめ　ナナメノキ
なば　キクラゲ／シイタケ／トウガラシ／マツタケ
なばな　アブラナ
なばらやー　ヘチマ
なばらよー　ヘチマ
なばんきび　トウモロコシ
なびゃーら　ヘチマ
なびら　ヘチマ
なびらー　ヘチマ
なぶら　ヘチマ
なぶり　ヘチマ
なべあらし　コアカソ
なべいちご　クサイチゴ／ナワシロイチゴ／ホウロクイチゴ
なべーら　ヘチマ
なべおとし　ガマズミ／コバノガマズミ／チョウジガマズミ
なべからまり　ボタンヅル
なべくだき　ドクウツギ／トベラ
なべくわし　キツネノボタン／シラキ
なべくゎし　アブラチャン
なべこーじ　クロウメモドキ
なべこがみ　イケマ
なべこぼち　ツリガネツツジ
なべころげ　カナムグラ／ツルドクダミ
なべこわし　ヒルガオ
なべしかしか　カタバミ
なべじまな　クロナ
なべたおし　ガマズミ／ヤブデマリ
なべたたき　イヌツゲ／ナツハゼ
なべつきだし　アオキ
なべっころげ　カナムグラ
なべつし　アオキ／ガマズミ／ハクサンボク／ミヤマシグレ
なべったし　ヤマブドウ
なべっつる　ドクウツギ
なべっとし　ガマズミ

なべとーし　ガマズミ／コバノガマズミ／ヤブデマリ
なべどーし　ガマズミ
なべとりかずら　エビヅル
なべなぐり　ノウルシ
なべはし　ツルウメモドキ
なべはじ　ナナカマド
なべはじき　ドクウツギ／ヒガンバナ
なべはっきゃ　リュウキュウクロウメモドキ
なべばな　ハマヒルガオ／ヒガンバナ
なべぶかし　イヌツゲ
なべぶち　ゴンズイ
なべぶっつぁけ　ヒルガオ
なべゆーす　ナナカマド
なべゆずり　イヌツゲ
なべよごし　リョクトウ
なべら　ヘチマ
なべらうつぎ　ノリウツギ
なべわか　アワブキ
なべわかし　オナモミ
なべわら　ゴンズイ／ハドノキ
なべわり　イタドリ／イヌツゲ／ゴンズイ／シダ／タニウツギ／ドクウツギ／トベラ／ハドノキ／バリバリノキ／ヒルガオ／マツヨイグサ／マユミ
なべわりうつぎ　タニウツギ／ドクウツギ／ドクゼリ
なべわれ　ドクウツギ
なまい　カマツカ／ミツバウツギ／ムラサキシキブ
なまえ　カマツカ／ザイフリボク／ハナノキ／ミツバウツギ／ムラサキシキブ
なまえのき　ミツバウツギ／ムラサキシキブ
なまえもどき　ザイフリボク
なまかぶら　カクレミノ
なまかまど　キササゲ／ネズミモチ
なまきび　トウモロコシ
なまぎん　トウモロコシ
なます　ザイフリボク
なますうり　シロウリ
なまずたぶ　カゴノキ
なますばな　コウホネ
なまっこ　シシウド
なまとーふ　コシアブラ
なまどーふ　コシアブラ／タカノツメ／ニンジンボク
なまなし　ウラジロノキ
なまねり　マンサク
なまめ　インゲンマメ／カマツカ／ササゲ／ナナメノキ／マメガキ
なまんきび　トウモロコシ
なまんとびき　トウモロコシ
なみこばな　ヒオウギアヤメ
なみそ　ゲンゲ／ツメクサ
なめ　エノキタケ

なめー　ムラサキシキブ
なめこ　エノキタケ
なめずく　ハルニレ
なめそ　メナモミ
なめっこ　ツキヨタケ
なめら　ツリバナ
なめらかずら　サネカズラ
なめらびえ　スベリヒユ
なめらひゆ　スベリヒユ
なめり　オヒョウ
なめんど　カゴノキ
なもみ　オナモミ／キンミズヒキ／ヌスビトハギ／ハエドクソウ／ミズヒキ／メナモミ／ヤブジラミ
なもめ　ナナメノキ
なやたけ　メダケ
なよたけ　メダケ
なよだけ　メダケ
なら　イヌマキ／カシワ／クヌギ／ドングリ／ナラガシワ／ブナ
ならうり　シロウリ
ならかし　クヌギ／コナラ／ナラガシワ
ならがし　アラカシ
ならかしわ　カシワ
ならがしわ　ミズナラ
ならかば　ゴンズイ
ならかま　フサザクラ
ならがま　ドングリ
ならき　コナラ
ならぎ　カシワ／クヌギ／ミズナラ
ならくぎ　コナラ
ならご　コナラ／ドングリ／ミズナラ
ならこー　ドングリ
ならごけ　ナラタケ／マイタケ
ならさら　ナツズイセン
ならしば　コナラ
ならしびと　ニワトコ
ならず　アズキ
ならずけうり　シロウリ
ならちゃあずき　ササゲ
ならっかま　マンサク
ならっかまど　フサザクラ
ならつけうり　アオウリ
ならどんぐり　ミズナラ
ならなし　ヤマナラシ
ならならこんぽ　ウマノアシガタ
ならぬき　コナラ
ならぬなし　ドロヤナギ
ならのき　クヌギ／コナラ／ミズナラ
ならのきもだし　ナラタケ
ならば　ナラガシワ
ならばさこ　ミズナラ
ならはのき　コナラ
ならぶさ　シイタケ
ならぽーそ　コナラ／ミズナラ
ならほそ　コナラ／ミズナラ
ならぼそ　コナラ／ブナ
ならぽぽ　ドングリ
ならまきのき　ナナカマド
ならめ　クロガネモチ／ナナメノキ
ならめのき　ナナメノキ
ならんごー　ドングリ
ならんごし　ドングリ
ならんどんぐり　ミズナラ
ならんなし　ヤマナラシ
ならんぽー　ドングリ
なりいちご　キイチゴ
なりいも　ジャガイモ
なりえも　ジャガイモ
なりきっぱ　ヘラオオバコ
なりぎっぱ　オオバコ
なりきん　カボチャ
なりきんまめ　エンドウ
なりくら　インゲンマメ
なりこっぱ　ヘラオオバコ
なりこっぱ　オオバコ
なりごっぱ　オオバコ／ヘラオオバコ
なりすけ　リョクトウ
なりつぐぎ　ホルトノキ
なりっくらいんげん　インゲンマメ
なりっこ　インゲンマメ
なるかん　カボチャ
なるこくさ　ナズナ／ミチヤナギ
なるこまめ　ハッショウマメ
なるたけ　メダケ
なるてんぐさ　サクラソウ／ザクロソウ
なるとこ　ミズナラ
なるまめ　カラスノエンドウ
なろ　アスナロ／カシワ／サワラ
なろー　アスナロ／サワラ
なろし　サワラ
なろすぎ　ヒノキ
なろひ　サワラ
なろんどんぐり　ミズナラ
なわささげ　ササゲ
なわささげふろー　ジュウロクササゲ
なわしろいちご　キイチゴ／ナワシログミ／ニガイチゴ／モミジイチゴ
なわしろぐみ　ウグイスカグラ／ナツグミ／ナワシログミ
なわしろざくら　コブシ

なわしろたず　ニワトコ
なわてくさ　アゼスゲ
なわないそー　サクラソウ
なわのき　シナノキ
なわばな　オミナエシ／ネジバナ
なわめのき　アオハダ
なんか　カボチャ
なんかだね　ツユクサ
なんがのとーきび　トウモロコシ
なんからだ　ツユクサ
なんかん　カボチャ
なんがん　トウモロコシ
なんかんだら　ツユクサ
なんがんとーきび　トウモロコシ
なんがんとーびき　トウモロコシ
なんき　カボチャ／フジマメ
なんきー　サトイモ
なんきいも　サトイモ
なんきまめ　ラッカセイ
なんきも　サトイモ
なんきん　インゲンマメ／カボチャ／ササゲ／サトイモ／トウノイモ／トウモロコシ／フジマメ／ラッカセイ
なんきんあやめ　ニワゼキショウ
なんきんいも　サトイモ／ジャガイモ
なんきんうり　カボチャ／マクワウリ
なんきんぐさ　ヤエムグラ
なんきんこむぎ　ライムギ
なんきんすいせん　カタクリ
なんきんずいせん　アマナ
なんきんそー　ユキノシタ
なんきんだまのき　ムラサキシキブ
なんきんまめ　インゲンマメ／フジマメ／ラッカセイ
なんくゎ　カボチャ
なんくゎー　カボチャ
なんくゎん　カボチャ
なんじゃのき　チャンチン
なんじゃもんじ　アキニレ
なんじゃもんじゃ　アキニレ／イヌシデ／エゴノキ／ダンコウバイ／バクチノキ／ハリモミ／マルバチシャノキ
なんしろぐみ　ナワシログミ
なんしろごみ　ナワシログミ
なんだらべっちょ　グラジオラス
なんたらむぎ　ヒメコバンソウ
なんてんぎり　イイギリ
なんてんぐさ　ナンテンハギ
なんでんじく　ナンテン
なんどきな　フダンソウ
なんどなり　ササゲ

なんないきび　トウモロコシ
なんなんきび　トウモロコシ
なんば　イチジク／テングサ／トウガラシ／トウモロコシ／ネギ／モロコシ
なんぱ　イチジク
なんばー　イチジク
なんばいこ　カボチャ
なんばいご　カボチャ
なんばかき　トウモロコシ
なんばがき　イチジク
なんばきび　トウモロコシ
なんばきみ　トウモロコシ
なんばぎみ　トウモロコシ
なんばきん　トウモロコシ
なんばぎん　トウモロコシ
なんばくさ　ヒカゲノカズラ／ヒゴクサ
なんばぐさ　イブキジャコウソウ／ノグサ
なんばし　ライムギ
なんばとー　トウモロコシ
なんばどー　トウモロコシ
なんばな　クロナ
なんばの　トウガラシ
なんばら　キビ／トウモロコシ
なんばり　トウモロコシ
なんばん　イチジク／カボチャ／トウガラシ／トウモロコシ／モロコシ
なんばんがき　イチジク
なんばんきび　トウモロコシ
なんばんぎん　トウモロコシ
なんばんぐさ　タデ／チョウジタデ
なんばんこしょー　トウガラシ
なんばんとーきび　トウモロコシ
なんばんとーじん　トウモロコシ
なんばんとーのきび　トウモロコシ
なんばんとーびき　トウモロコシ
なんばんはこべ　オオヤマハコベ／サワハコベ
なんぶー　トウゴマ
なんべくゎし　ウツギ／キツネノボタン
なんぽ　トウモロコシ
なんまい　トウモロコシ／ミツバウツギ
なんまいきび　トウモロコシ
なんまいだ　ミツバウツギ
なんまえきび　トウモロコシ
なんまぎん　トウモロコシ
なんまん　トウモロコシ
なんまんきび　トウモロコシ
なんまんぎん　トウモロコシ
なんまんこ　トウモロコシ
なんまんこー　トウモロコシ
なんまんとーきび　トウモロコシ

なんまんとーびき　トウモロコシ
なんめいら　ムラサキシキブ
なんもく　ウマノスズクサ
なんよーうり　ハヤトウリ

【に】

にーしびら　ノビル
にーじん　ニンジン／ニンニク
にーじんきょー　ウイキョウ
にいも　キクイモ
にいら　ニラ
にーら　ニラ
にーれ　アキニレ
にうか　ネギ
にえず　エンドウ
にえのき　ハルニレ
にお　エゾニュウ
においばら　ヤブイバラ
においこぶ　タムシバ
においしょだま　ヤブニッケイ
においたぶ　シラキ
におーがし　ヤマボウシ
におーさんのてもと　ネジキ
におーず　ブナ
におざくら　イヌザクラ
におしきみ　ミヤマシキミ
におしで　イヌシデ
におちょーめん　アサガラ
におつげ　ハイノキ
におともぎ　シロモジ／ヤマコウバシ
におぶき　ツワブキ
におやなぎ　タムシバ
にかいきゅう　ツルレイシ
にがいちご　キイチゴ／ニガイチゴ
にかいねぎ　ヤグラネギ
にがいほーじ　ヒガンバナ
にがいも　オニドコロ／サトイモ／ヤイトバナ
にがうめ　スグリ
にがうり　キカラスウリ／シロウリ／ツルレイシ
にかがら　ダンコウバイ
にがき　アオダモ／アオハダ／アセビ／ウツギ／ウワミズザクラ／エゴノキ／エンジュ／キハダ／コクサギ／トベラ／ニガキ／ハナヒリノキ／ハマクサギ／ハマセンダン／ハルニレ／ホウキギ
にがぎ　ニガキ
にがぎく　ノジギク
にがぎや　クワイ
にがぐい　ツルレイシ
にがくさ　クサノオウ／センブリ／ヒキオコシ／ヤクシソウ／ヤナギタデ／ヤブジラミ
にぐさ　ヒガンバナ
にがくだけ　メダケ
にがぐり　ツルレイシ
にがこ　メダケ
にがごい　ツルレイシ
にがごーい　ツルレイシ
にがごーり　ツルレイシ／レイシ
にがこだけ　メダケ
にがごり　カラスウリ／ツルレイシ
にがごる　ツルレイシ
にがざ　ニガキ
にがざくら　ウワミズザクラ
にがざさ　メダケ
にがじ　コウゾ
にがじ　メダケ
にがしき　サトイモ（ミズイモ）
にがしだ　フジキ
にがじたけ　メダケ
にがそー　アキカラマツ
にかだ　アカメガシワ
にがたけ　メダケ
にがちゃ　ヤマアジサイ
にがっ　ニガキ
にがつたけ　アズマネザサ
にがとーやく　センブリ
にがどころ　ウチワドコロ
にかな　イワニガナ
にがな　イワニガナ／タンポポ／ヒルガオ／ホソバワダン／ヤブジラミ／ヤブニンジン
にがに　メダケ
にがにが　ヒガンバナ
にがにがばな　ヒガンバナ
にがのき　ニガキ
にがばな　ヒガンバナ
にがふつ　リュウノウギク
にがふっ　リュウノウギク
にがほーじ　ツルボ／ヒガンバナ
にがほーずき　イヌホオズキ
にがほし　ニガカシュウ
にがほじ　ニガカシュウ
にがほり　ヒガンバナ
にがまだけ　メダケ
にがみぐさ　ヤクシソウ
にがめのき　スノキ
にがゆり　オニユリ／ヤマユリ
にがよろ　オニユリ
にかわうり　ツルレイシ
にがわらび　クララ
にがん　ヤクシソウ

にがんばな　ヒガンバナ	にじり　イヌビワ
にぎ　テリハノイバラ／ネギ	にしろー　カラスムギ
にぎいしょび　オオバライチゴ	にしん　オオバコ
にぎぶたん　バラ	にじん　ニンジン
にぎぼたん　キンギンナスビ／ハナキリン／バラ	にしんのはな　ヒガンバナ
にぎゃな　タンポポ／ニガナ／ノゲシ／ホソバワダン	にす　オオバコ
にぎゃなくさ　ウスベニニガナ	にすこり　サワフタギ
にきょー　サルナシ	にせつげ　イヌツゲ
にぎりいも　ツクネイモ／ナガイモ	にせはっか　イヌコウジュ
にぎりえも　ツクネイモ／ナガイモ	にそ　マンサク
にぎりまんま　コデマリ	にぞなり　ダイズ
にぎりめし　ヒメコバンソウ	にたいも　サトイモ
にく　ハハコグサ	にたかり　メヒシバ
にくいも　キクイモ	にたり　カキ／バクチノキ
にぐさ　イグサ	にたりそー　クマガイソウ
にくな　ヤブカンゾウ	にだんねぎ　ヤグラネギ
にくむぐさ　ドクダミ	にちりんそー　ヒマワリ／マツバボタン
にげ　ネギ	にちれん　ヒマワリ
にこしぐさ　ゲンノショウコ／ドクダミ	にちれんそー　ヒマワリ／マツバボタン
にこにこばな　サルスベリ	にっきだも　シロダモ
にざー　ニラ	にっけいたぶ　ヤブニッケイ
にさくいも　ジャガイモ	にっけいもどき　シロダモ
にしあまめ　インゲンマメ	にっけー　タムシバ
にしき　ツリバナ／ニシキギ	にっけーいばら　メギ
にしきかずら　サカキカズラ	にっけーしば　ニッケイ
にしきぎ　コマユミ／ニシキギ／ヤドリギ	にっけーだまし　ヤブニッケイ
にしきしば　マサキ	にっけーもどき　ヤブニッケイ
にしきそー　ハゲイトウ	にっけたぶ　ヤブニッケイ
にしきだいこん　カエンサイ	にっこーいたや　ハウチワカエデ
にしきづた　ツタ	にっこーにんじん　トチバニンジン／ニンジン
にしきな　ハエドクソウ	につづみ　ガマズミ
にしきまめ　インゲンマメ	にっそば　ハナウド
にじぐさ　ネジバナ	にっちぇのき　クマノミズキ／ミズキ
にしくり　サワフタギ	にっちそー　マツバボタン
にしこーり　カマツカ／サワフタギ／ムラサキシキブ	にっちゅーばな　マツバボタン
にしこぎ　ネズミサシ	にっちゅぐさ　マツバボタン
にしこり　サワフタギ／ミツバウツギ／ムラサキシキブ	にで　アキニレ／オヒョウ／ノリウツギ／ハルニレ
にしごり　サワフタギ	にといも　ジャガイモ
にしこれ　サワフタギ	にどいも　ジャガイモ
にしごろ　サワフタギ	にどいろ　ジャガイモ
にじち　カタバミ	にどえも　ジャガイモ
にしっこり　サワフタギ／サンショウバラ／ミズアオイ	にどーいも　ジャガイモ
にしな　ノビル	にどがみ　コクサギ
にじばな　ネジバナ／バラ	にどがらいも　ジャガイモ
にしむけひがしむけ　カラスムギ	にときび　トウモロコシ
にしゃどち　カラスムギ	にどこ　ジャガイモ
にじゅーろく　ササゲ	にどじゅーろく　インゲンマメ／ハッショウマメ
にしゅこーり　サワフタギ	にどとりいも　ジャガイモ
にじょーおーむぎ　オオムギ	にどとりまめ　インゲンマメ
にじょーむぎ　オオムギ	にどなり　インゲンマメ／ウズラマメ／ササゲ／ハッシ

ョウマメ
にどなりささげ　インゲンマメ
にどなりまめ　インゲンマメ／ササゲ
にどふろー　インゲンマメ
にどべりいも　ジャガイモ
にとまめ　インゲンマメ
にどまめ　インゲンマメ／ウズラマメ／エンドウ／エンドウ／ササゲ／ソラマメ／フジマメ
にどむぎ　オオムギ
にな　ニラ
にないも　キクイモ／チョロギ
になくさ　イラクサ
ににく　ニンニク
ににっこ　ニンニク
ににぼたん　バラ
ににょご　ニンニク
にねんぐさ　スイセンノウ
にねんそー　スイセンノウ／セキチク
にのこ　ニンニク
にはだ　アカメガシワ
にばんつつじ　ヤマツツジ
にぶ　アカガシ／アラカシ／イチイガシ／ウバメガシ／ウラジロガシ／シラカシ
にぶか　ネギ
にべ　アキニレ／オヒョウ／ノリウツギ／ハルニレ
にべうつぎ　ノリウツギ
にべし　シナノキ／ノリウツギ
にへな　ツリガネニンジン
にべのき　ノリウツギ
にほくさ　ハナウド
にほんいちまめ　フジマメ
にほんぜり　セリ
にほんりんご　ワリンゴ
にまめ　インゲンマメ／クロマメ／ダイズ
にまめざくら　ウワミズザクラ／ミズメ
にまるいも　ツクネイモ／ナガイモ
にむぎ　オオムギ
にもじ　ニンニク
にやーめ　コマユミ
にゃきゃん　ネコヤナギ
にゃく　コンニャク
にやっとー　ニワトコ
にゃにゃ　ネコヤナギ
にゃんこのき　ネコヤナギ
にゃんにゃんこ　ネコヤナギ
にゅーどーいも　ジャガイモ
にゅーどーくさ　ヒガンバナ
にゅーどーぐさ　ドクダミ
にゅーどーのはり　センダングサ
にゅーとーばな　キツネノカミソリ／ヒガンバナ

にゅーどーぶくろ　ツリガネニンジン
にゅーどーもめら　ヒガンバナ
にゅーどくさ　ドクダミ
にゅーどぐさ　ドクダミ
にょー　エゾニュウ／ハナウド
にょーばーたけ　メダケ
にょーばまつ　アカマツ
にょーぼかけぜり　エゾニュウ
にょーぼまつ　アカマツ
にょばたけ　メダケ
にょろり　サボテン
によん　アレチノギク／サボテン
にら　イラクサ／ニンニク／ノビル
にらー　ニラ
にらくさ　カヤツリグサ
にらねぎ　ニラ／リーキ
にらぶさ　シイタケ
にらまつ　コウヤマキ／ダイオウショウ
にらむさ　シイタケ
にらもーち　クロガネモチ
にりんのき　ハルニレ
にれ　アキニレ／オヒョウ／シナノキ／トロロアオイ／ニシキギ／ノリウツギ／コブニレ／ハルニレ／ヤチダモ／リンボク
にれうつぎ　サワフタギ／リョウブ
にれき　ノリウツギ／ハルニレ
にれぎ　オヒョウ／ハルニレ
にれけやき　アキニレ
にれのき　アキニレ
にれもみ　ウラジロモミ／シラビソ／トウヒ
にろいさんくさ　オカトラノオ
にわうつぎ　ニシキウツギ／ハコネウツギ
にわうめ　ウメ／スグリ
にわうるし　ニガキ
にわき　アオキ
にわぎり　ヒギリ
にわくさ　ジャノヒゲ
にわこくさ　ハコベ
にわさかき　イスノキ
にわざくら　キョウチクトウ／ニワウメ
にわしで　クマシデ
にわすき　キジカクシ
にわだ　アカメガシワ
にわだいこん　イヌガラシ
にわたず　ソクズ
にわつく　ニワトコ
にわつつじ　トウゴクミツバツツジ
にわっとこ　ニワトコ
にわとく　ニワトコ
にわとこ　ニワトコ

にわとりくさ　ハコベ
にわとりぐさ　ツユクサ／リュウゼツサイ
にわとりそー　ツユクサ
にわとりたぶ　カリヤス
にわとりな　リュウゼツサイ
にわとりのえぼし　ケイトウ
にわとりのたまご　ツユクサ
にわとりのとさか　ケイトウ
にわとりのよぼし　ケイトウ
にわとりぽーず　ハコベ
にわぶき　ダイモンジソウ
にわぽー　アカメガシワ
にわぽーき　ミチヤナギ
にわぽたん　マツバボタン
にわもうち　クロガネモチ
にわもも　ユスラウメ
にんぎょー　イヌマキ
にんぎょーくさ　シャガ
にんぎょーそ　ノカンゾウ
にんぎょーそー　ヤブカンゾウ
にんぎょーまめ　インゲンマメ／ソラマメ
にんぎょのき　イヌマキ
にんぎょのみ　イヌマキ
にんげすいじ　スイバ
にんじ　ニンジン
にんじゅ　イヌエンジュ
にんじん　ツリガネニンジン／ヤブジラミ
にんじんきょ　ウイキョウ
にんじんぎり　コシアブラ
にんじんくさ　コシオガマ／ヤブジラミ
にんじんぐさ　イノンド／オヤブジラミ／ヤブジラミ
にんじんこ　イタドリ／ツバナ
にんじんさんしち　サンシチソウ
にんじんすみれ　エイザンスミレ
にんじんそー　オヤブジラミ／ハルシャギク／ヒエンソウ
にんじんば　タチツボスミレ
にんじんばな　オオハルシャギク
にんじんふさ　ヤブジラミ
にんずー　エンドウ
にんずん　ニンジン
にんそくだまし　アワ
にんどいも　ジャガイモ
にんどう　スイカズラ
にんどえも　ジャガイモ
にんどー　スイカズラ
にんどーかずら　スイカズラ
にんどーちゃ　スイカズラ
にんどまめ　エンドウ／ソラマメ
にんにく　キケマン／ニラ／ノビル

にんにょご　ニンニク
にんにんぐさ　オジギソウ
にんぶとぅきー　スベリヒユ
にんべ　ノリウツギ
にんべい　ノリウツギ
にんぽー　キンカン

【ぬ】

ぬいのじし　イヌワラビ
ぬえと　ナメコ
ぬえど　ナメコ
ぬかがす　カナクギノキ
ぬかがら　アカメガシワ／カナクギノキ
ぬかせん　ハリギリ
ぬかだーら　ハルニレ
ぬかっぴ　サワラ
ぬかなら　ミズナラ
ぬかび　サワラ
ぬかぼししだ　ヌカボシクリハラン
ぬくだち　ツルタデ
ぬくぬくのき　ネジキ
ぬくば　ネギ
ぬけあし　オオムギ
ぬけがら　アカメガシワ
ぬけぎ　コシアブラ
ぬざき　チカラシバ
ぬさばりくさ　ヌスビトハギ
ぬさばりぐさ　ヤブジラミ
ぬさばりこ　ヤブジラミ
ぬしきき　タカノツメ
ぬしげな　タイサイ
ぬしとくさ　イノコズチ／ヌスビトハギ
ぬしとぐさ　イノコズチ
ぬしびら　ノビル
ぬすごはぎ　ヌスビトハギ
ぬすっと　ヌスビトハギ
ぬすっとくさ　ヌスビトハギ
ぬすっとのあし　オニノヤガラ
ぬすっとのて　ヤツデ
ぬすっとはぎ　ヌスビトハギ／ミソナオシ
ぬすと　ヌスビトハギ
ぬすとくさ　ヌスビトハギ
ぬすとぐさ　イノコズチ／キンミズヒキ／ヌスビトハギ／ヤブジラミ
ぬすとぐさ　コミカンソウ
ぬすどのて　カクレミノ／タカノツメ
ぬすとのてしばり　ヤツデ
ぬすとはぎ　ヌスビトハギ
ぬすとはな　オキナグサ

ぬすどばな　オキナグサ
ぬすとばら　ヌスビトハギ
ぬすびと　イノコズチ／センダングサ／ヌスビトハギ
ぬすびとあし　オニノヤガラ／ナルコユリ
ぬすびとくさ　イノコズチ
ぬすびとぐさ　イノコズチ
ぬすびとにんじん　ヤブジラミ
ぬすびとのあし　オニノヤガラ／ヌスビトハギ
ぬすびとのかさ　ヤグルマソウ
ぬすびとのはり　センダングサ
ぬすびはぎ　ミソハギ
ぬすびとばな　オキナグサ
ぬすびとまどり　シャガ
ぬすびら　ノビル
ぬすみ　ヌスビトハギ
ぬた　スイバ
ぬだで　チカラシバ
ぬたべ　コクサギ
ぬだりこ　マツバボタン
ぬっとこっ　ヤツデ
ぬっばしば　ハイシバ
ぬで　ヌルデ
ぬてっぽ　ヌルデ
ぬでっぽー　ヌルデ
ぬでんぽ　ヌルデ
ぬでんぽー　ヌルデ
ぬぬば　ツリガネニンジン
ぬのば　ツリガネニンジン
ぬのぱえ　シメジ
ぬひとくさ　ヌスビトハギ
ぬひとのて　カクレミノ
ぬべうつぎ　ノリウツギ
ぬべし　ノリウツギ
ぬべなびー　スベリヒユ
ぬべらびー　スベリヒユ
ぬべりびー　スベリヒユ
ぬべりびーな　スベリヒユ
ぬま　アオミドロ
ぬまだいこん　タカサブロウ
ぬまどぐさ　イヌスギナ
ぬまびし　ヒシ
ぬまぶさ　カラスウリ
ぬめ　ハツタケ
ぬめかずら　イタビカズラ
ぬめくり　ツルウメモドキ
ぬめぐり　ツルウメモドキ
ぬめたけ　ヌメリイグチ
ぬめらつつじ　ミツバツツジ
ぬめらびー　スベリヒユ

ぬめり　アキニレ／アミタケ／オヒョウ／ハルニレ
ぬめりあさじ　アサダ
ぬめりぐさ　スベリヒユ
ぬめりしな　オヒョウ
ぬめりびー　スベリヒユ
ぬめりびーな　スベリヒユ
ぬめりひゆ　スベリヒユ
ぬめりひょー　スベリヒユ
ぬめるびー　スベリヒユ
ぬりだ　ヌルデ
ぬりで　ヌルデ／ネジキ
ぬりでんぽー　ヌルデ
ぬりばし　ネジキ
ぬりばしぐさ　クジャクシダ
ぬりばしのき　ネジキ
ぬりべばそき　ネジキ
ぬるだ　ヌルデ
ぬるて　ヌルデ
ぬるで　ヌルデ
ぬるでっぽー　ヌルデ
ぬるでんぽ　ヌルデ
ぬるでんぽー　ヌルデ
ぬるでんぽー　ヌルデ
ぬれ　アキニレ／ノリウツギ
ぬれのき　ノリウツギ
ぬんじんそー　オヤブジラミ
ぬんび　ノリウツギ

【ね】

ねいも　サトイモ／ツクネイモ／ナガイモ／ヤマノイモ
ねうか　ネギ
ねーこじゃらかし　エノコログサ
ねーじん　ニンジン
ねーせー　センブリ
ねーな　ツリガネニンジン
ねーば　ツリガネニンジン
ねーぶりかん　ネーブル
ねーぶる　ネムノキ
ねーまぐさ　キカシグサ
ねえも　サトイモ
ねーら　ニラ
ねーり　アブラナ
ねーれ　アブラナ
ねーんどー　ニワトコ
ねが　ミョウガ
ねがきのき　クロガネモチ
ねがた　ミカエリソウ
ねがだけ　マダケ
ねかぶ　カブ

ねがらみ　ハチジョウナ
ねかんど　チガヤ
ねぎ　イタヤカエデ／ウリカエデ／コミネカエデ／ネギ／ミツデカエデ／ヤブニッケイ
ねぎさん　ネズミサシ
ねぎだま　タマネギ
ねきば　ネギ
ねぎばら　メギ
ねぎぼーず　ギボウシ
ねきりぐさ　エゾデンダ
ねぎりしば　ガマズミ
ねぐいも　サトイモ
ねぐさ　イグサ
ねくば　ネギ
ねくわ　ネギ
ねこ　エノコログサ／エビヅル／オキナグサ／ネコヤナギ
ねこあし　カタバミ／ゲンノショウコ／シキミ
ねこあしぐさ　ゲンノショウコ
ねこあしそー　ゲンノショウコ
ねこあな　エノコログサ
ねこあわ　エノコログサ
ねこいちご　フユイチゴ
ねこいも　ヒメウズ
ねこーじんきらい　トベラ
ねこかずら　ジャケツイバラ／ハマニンドウ／ボタンヅル
ねこがま　ヒガンバナ
ねこぐさ　エノコログサ／オキナグサ／ゲンノショウコ／ミチヤナギ
ねこくさぎ　オオカメノキ
ねこぐそ　アケビ
ねこくそうんべ　アケビ
ねこくそかずら　アケビ
ねこぐそざくら　イヌザクラ
ねこくま　ジャノヒゲ
ねこぐるま　ヒガンバナ
ねこげ　マツバイ／モウセンゴケ
ねこご　ヤマヤナギ
ねこさい　ネコヤナギ
ねこしたらべ　ホラシノブ
ねこしで　イヌシデ／ネコシデ
ねこしば　シバ
ねこじゃ　ルリソウ
ねこじゃくし　マンネンタケ
ねこじゃっぱ　カタバミ
ねこじゃら　エノコログサ
ねこじゃらかし　エノコログサ
ねこじゃらかし　エノコログサ／キンエノコロ
ねこじゃらげ　ネコヤナギ

ねこじゃらし　エノコログサ／キンエノコロ／ネコヤナギ
ねこじゃらんぽ　エノコログサ
ねこじゃれ　エノコログサ
ねこすだ　コシダ
ねこずみ　マツバボタン
ねこすみれ　サンシキスミレ
ねこずめ　イバラ／カカツガユ
ねこずめかずら　カギカズラ
ねこずら　ボタンヅル
ねこそばい　エノコログサ
ねこそばえ　エノコログサ／カニツリグサ
ねこたま　ジャノヒゲ
ねこだま　カラタチ／ジャノヒゲ／タマアジサイ／ネコヤナギ
ねこだまし　エノコログサ
ねこだましのはな　ヒガンバナ
ねこちゃっぱ　カタバミ／スイバ
ねこちゃんぴん　ネコヤナギ
ねこちゃんぽ　ネコヤナギ
ねこちんちん　ネコヤナギ
ねことぶらかす　エノコログサ
ねこどり　ネコヤナギ
ねこなぐり　ボタンヅル
ねこなぶり　ボタンヅル／マタタビ
ねこねこ　エノコログサ／ネコヤナギ
ねこねこおんぼ　ネコヤナギ
ねこねこにゃんにゃん　ネコヤナギ
ねこねこばな　ネコヤナギ
ねこねこやなぎ　ネコヤナギ
ねこのあし　ゲンノショウコ
ねこのあじ　ゲンノショウコ
ねこのえんば　ネコヤナギ
ねこのお　エノコログサ／オカトラノオ／チカラシバ
ねこのおちゃっぱ　カタバミ
ねこのおっぽ　クガイソウ
ねこのおんぼ　サルオガセ
ねこのかいもち　メナモミ
ねこのかもこ　スギナ／ツクシ
ねこのき　ネコヤナギ
ねこのきんたま　ジャノヒゲ
ねこのきんたまのき　イヌマキ
ねこのくさぎ　オオカメノキ
ねこのくそ　アケビ／ウツボグサ／オオカメノキ／カタバミ／スイバ
ねこのくそぎ　ゴマギ
ねこのくそのき　ゴンズイ
ねこのくそばな　ムラサキケマン
ねこのげーげー　アケビ
ねこのこったばき　アケビ

ねこのさかずき	カタバミ
ねこのさみせん	カヤツリグサ
ねこのしーぽ	ホソバノヒメトラノオ
ねこのしかしか	カタバミ
ねこのした	ハマグルマ／フジマメ／ユキノシタ
ねこのしっぽ	オカトラノオ／サルオガセ
ねこのしっぽぐさ	エノコログサ
ねこのしゃくし	マンネンタケ
ねこのしゃみせん	ナズナ／ヒメコバンソウ
ねこのしょっから	カタバミ／スイバ
ねこのすいこぎ	カタバミ／カタバミ
ねこのすずこ	ツクシ
ねこのすっこ	ツクシ
ねこのだっぺ	ハンノキ
ねこのたばけ	アケビ
ねこのたまとり	エノコログサ
ねこのたまとる	エノコログサ
ねこのだんぺ	ハンノキ
ねこのちしこ	ツクシ
ねこのちゃ	カタバミ
ねこのちゃっから	カタバミ
ねこのちゃっぱ	カタバミ／スイバ
ねこのちゃんから	カタバミ
ねこのちょんぽ	ツクシ
ねこのつくつく	ツユクサ
ねこのつぶ	アオイスミレ
ねこのつめ	オノマンネングサ／スイバ／タカノツメ／ツメレンゲ／ヌスビトハギ／ネコヤナギ／ヒカゲノカズラ
ねこのつらこ	サンシキスミレ
ねこのつんつこ	ツクシ
ねこのて	アワ
ねこのはながら	ツユクサ
ねこのはなくら	ツユクサ
ねこのひげ	エノコログサ
ねこのぴんぴん	ナズナ
ねこのべべ	ツユクサ
ねこのへんどー	アケビ
ねこのぺんぺん	ナズナ
ねこのぽんぽ	ネコヤナギ
ねこのまくら	ウツボグサ／ネコヤナギ
ねこのまなぐ	ノブドウ
ねこのみっと	エノコログサ
ねこのみみ	オカオグルマ／キクラゲ／コウヤボウキ／スイセンノウ／ハハコグサ／ミミナグサ／ユキノシタ
ねこのめ	アカアズキ／ジャノヒゲ／タチスズシロソウ／ネコヤナギ／ヤブラン
ねこのめだま	ジャノヒゲ／ノブドウ
ねこのわんこ	スノキ
ねこばーさん	ネコヤナギ
ねこはいぐさ	エノコログサ
ねこばえ	エノコログサ
ねごはぎ	メドハギ
ねこばな	エノコログサ／オキナグサ／タチツボスミレ／ネコヤナギ／ヒガンバナ
ねこばばのき	ゴンズイ
ねこばやし	エノコログサ
ねこびな	ナズナ
ねこぴんぴん	カニクサ／ナズナ
ねこぶどー	ノブドウ
ねこぶんど	ノブドウ
ねこぺんぺん	ナズナ
ねこべんぼ	ネコヤナギ
ねこぽこ	ネコヤナギ
ねこぽぽ	ネコヤナギ
ねこぽんな	タマブキ
ねこぽんぽ	ネコヤナギ
ねこまた	アワ／ネコヤナギ
ねこまどり	シャガ
ねこみかん	コミカンソウ
ねこみみ	スベリヒユ
ねこやなぎ	コリヤナギ／ヤマヤナギ
ねこゆず	カラタチ
ねこゆり	チゴユリ
ねころまい	ネコヤナギ
ねこんうんべ	アケビ
ねこんおしろい	ナツノハナワラビ
ねこんぎったまい	ジャノヒゲ
ねこんきんたま	ジャノヒゲ
ねこんくそ	アケビ
ねこんくそべ	アケビ
ねこんくそうんべ	アケビ
ねこんこー	ネコヤナギ
ねごんじら	ボタンヅル
ねごんず	ニンジン
ねこんたま	ジャノヒゲ
ねこんちんちん	ネコヤナギ
ねこんちんぽ	ネコヤナギ
ねこんつめ	イバラ
ねこんつらかき	ママコノシリヌグイ
ねこんばな	タチツボスミレ
ねこんびな	ナズナ
ねこんぴんぴん	ナズナ
ねこんへ	アケビ
ねこんべ	アケビ
ねこんぽ	エノコログサ
ねこんまい	ジャノヒゲ
ねざくら	サクラツツジ
ねじ	ニンジン
ねじいも	チョロギ

ねじうめ　トロロアオイ
ねじき　ガマズミ／カマツカ／ネギ／ネジキ／マンサク
ねじぐさ　ナギナタコウジュ
ねじくるい　ハクウンボク
ねじころし　ドクウツギ
ねじっちょー　ネズミモチ
ねじねじ　ヒガンバナ
ねじねじばな　ネジバナ
ねじのき　ガマズミ
ねじばな　ネジバナ
ねしばり　ネズミモチ
ねじぽ　イヌツゲ
ねじもーち　イボタノキ
ねじもじ　イヌツゲ
ねじもた　イヌツゲ
ねじもち　イヌツゲ／ネズミモチ
ねじゅ　イチジク
ねじりき　マンサク
ねじりこ　ツバナ
ねじりしば　オオカメノキ
ねじりっき　マンサク
ねじりばな　グラジオラス／ネジバナ
ねじりんぼー　ネジバナ
ねじればな　ネジバナ
ねじれもっこー　イワスゲ
ねじろ　ネギ
ねじん　ニンジン
ねじんぼ　ネジキ
ねず　イヌツゲ／ガマズミ／クロベ／コクサギ／ナタネ／ネズミサシ／ネズミモチ
ねずかたぎ　ツゲ
ねずき　イヌツゲ／オオカメノキ／マンサク
ねずぐさ　アリタソウ
ねずくるい　アワブキ
ねずこ　クロベ
ねずころし　ドクウツギ
ねずしば　ハイノキ
ねずたけ　ホウキタケ
ねずたね　ナタネ
ねすちょー　ネズミモチ
ねずっちょー　ネズミモチ
ねずつつじ　レンゲツツジ
ねずのき　イヌツゲ／ガマズミ／ネズミモチ／ネムノキ
ねずのみみ　イワニガナ
ねずぼろ　ネズミサシ
ねずみ　ネズミモチ
ねずみあし　ホウキタケ
ねずみあぶら　ナギナタコウジュ
ねずみいばら　アリドオシ
ねずみいも　ヒメウズ

ねずみうり　マクワウリ
ねずみがえし　ネズミモチ
ねずみがたら　イヌツゲ
ねずみぎ　アリドオシ／ツゲ／ネズミモチ
ねずみくさ　ナギナタコウジュ／ノゲシ
ねずみぐさ　アリタソウ
ねずみくそ　ネズミモチ
ねずみごけ　ホウキタケ
ねずみころし　ドクウツギ
ねずみざくら　ウワミズザクラ／チョウジザクラ／ミズメ
ねずみさし　アセビ／ウコギ／カンコノキ／クコ／ネズミサシ／ヒイラギ
ねずみさん　イラモミ
ねずみしば　アセビ／イヌツゲ／クロベ／ネズミモチ
ねずみすぎ　ネズミサシ
ねずみだいこん　ダイコン（黒ダイコン）
ねずみたけ　ホウキタケ
ねずみだけ　ホウキタケ
ねずみちゃ　イヌツゲ
ねずみちょー　イヌツゲ／イボタノキ／ネズミモチ
ねずみつき　ネズミサシ
ねずみつきば　ヒイラギ
ねずみつぐら　イヌツゲ
ねずみつぐろ　ツゲ
ねずみつつき　アリドオシ
ねずみつつぎ　ツゲ
ねずみつばき　ネズミモチ
ねずみつぶろ　ツゲ
ねずみで　ホウキギ／ホウキタケ
ねずみとり　ドクウツギ
ねずみのあし　ホウキタケ
ねずみのお　ネズミサシ
ねずみのき　イボタノキ／ネズミモチ
ねずみのくそ　ネズミサシ／ネズミモチ
ねずみのくそのき　ネズミモチ
ねずみのこまくら　ネズミモチ
ねずみのしりふき　アリドオシ
ねずみのて　ホウキタケ
ねずみのてーごけ　ホウキタケ
ねずみのはなつき　アリドオシ／ヒイラギ
ねずみのはなとーし　アリドオシ／イヌツゲ
ねずみのふ　ネズミサシ
ねずみのふのき　ネズミモチ
ねずみのふん　ネズミサシ／ネズミモチ
ねずみのふんたろぎ　ネズミモチ
ねずみのふんのき　ネズミモチ
ねずみのまくら　イボタノキ／カマツカ／ネズミモチ／ミミズバイ
ねずみのみみ　ハハコグサ

方言名索引 ● ねすみ

ねずみのめざし　アリドオシ
ねずみのめっき　アリドオシ
ねずみのもち　ネズミモチ
ねずみはな　アリドオシ
ねずみばな　アリドオシ
ねずみばら　アリドオシ／サワラ（シノブヒバ）／ネズミサシ／ヒイラギ／メギ
ねずみぼんぽ　ドングリ
ねずみまくわ　マクワウリ
ねずみまつ　ネズミサシ
ねずみもーち　ネズミモチ
ねずみもだし　ホウキタケ
ねずみもち　イヌツゲ／イボタノキ／ネズミモチ
ねずみもや　コゴメウツギ
ねずみよげ　ナギナタコウジュ
ねずみよもぎ　カワラヨモギ
ねずもず　イヌツゲ
ねずもち　イヌツゲ／イボタノキ／サワフタギ／ネズミモチ
ねずら　ウワミズザクラ
ねずりしば　リョウブ
ねずりばな　ネジバナ
ねずればな　ネジバナ
ねずんたけ　ホウキタケ
ねずんのき　ネズミモチ
ねずんのめさし　アリドオシ
ねずんのめつき　アリドオシ
ねぜり　カキドオシ
ねそ　オオカメノキ／ガマズミ／クロモジ／コマユミ／シナノキ／ニシキギ／マンサク
ねそうら　マンサク
ねそーきび　サトウキビ
ねぞき　ネズミモチ
ねぞぎ　イヌツゲ／ネズミモチ
ねそだ　ヤブデマリ
ねそのき　ガマズミ／シナノキ／マンサク
ねぞりあかばり　ミヤマカワラハンノキ
ねたべ　コクサギ
ねつくい　アワブキ
ねっくゎ　ネギ
ねっこもたし　ホウキタケ
ねっこもだし　ホウキタケ
ねっこもたせ　ホウキタケ
ねつさまし　バクチノキ
ねっそ　ガマズミ／マンサク
ねっぱばな　ヒマワリ
ねつぼ　イヌツゲ
ねどつのかいな　ママコノシリヌグイ
ねなし　オノマンネングサ／ネナシカズラ／マツバボタン／ミセバヤ

ねなしかずら　オノマンネングサ／ヤドリギ
ねなしくさ　ネナシカズラ／メノマンネングサ
ねなしぐさ　オノマンネングサ／ネナシカズラ
ねなしじら　ネナシカズラ
ねなしずる　ネナシカズラ
ねね　ダイコン
ねねごーこー　オオバコ
ねねころ　ネコヤナギ
ねねしかたぎ　シリブカガシ
ねのおぐさ　エノコログサ
ねば　アキニレ／シダ／ムクノキ
ねばいも　サトイモ
ねばし　サトイモ／ノリウツギ
ねはず　オオムギ
ねばつつじ　レンゲツツジ
ねばねばつつじ　レンゲツツジ
ねばねばのき　アキニレ／ハルニレ
ねばねばばな　ムシトリナデシコ
ねばのき　アキニレ／ハゼノキ／ヤマウルシ
ねばり　ヒメヤシャブシ
ねばりいも　ツクネイモ／ナガイモ
ねばりかずら　サネカズラ
ねばりくさ　イラクサ／カナムグラ／メヒシバ
ねばりぐさ　カナムグラ
ねばりじな　オヒョウ
ねはりしば　ヤシャブシ
ねばりずる　カラハナソウ
ねばりつつじ　レンゲツツジ
ねばりのき　ノリウツギ
ねばりはんのき　カワラハンノキ
ねばりぶつ　ハハコグサ
ねばりもち　ハハコグサ
ねび　ネムノキ
ねびー　ノビル
ねびーろ　ノビル
ねひけーま　カタバミ
ねびのき　ネムノキ
ねびる　ノビル
ねびろ　アサツキ／ノビル
ねぶ　イヌブナ／ヌルデ／ネギ／ネムノキ
ねぶいのき　ネムノキ
ねぶか　ネギ
ねぶかぐさ　ノビル
ねぶかん　ネギ
ねぶき　ネムノキ
ねぶぎ　ネムノキ
ねぶこ　ネギ
ねふた　ネムノキ
ねぶた　ネムノキ
ねぶたぎ　ネムノキ

ねぶたごぬき　ネムノキ
ねぶたのき　ネムノキ
ねぶたのぎ　ネムノキ
ねぶたんごぬき　ネムノキ
ねぶちゃ　ネムノキ
ねぶった　ネムノキ
ねぶったのき　ネムノキ
ねぶと　ネムノキ
ねぶとしで　クマシデ
ねぶとんくさ　オオバコ
ねぶのき　ヌルデ／ネムノキ
ねぶみぎ　ツゲ
ねぶり　ネムノキ／ノビル
ねぶりぎ　ネムノキ
ねぶりくさ　コミカンソウ
ねぶりぐさ　クサネム／ネムノキ
ねぶりこ　ネムノキ
ねぶりこっこ　ネムノキ
ねぶりこのき　ネムノキ
ねぶりそー　ネムノキ
ねぶりちゃ　ネムノキ
ねぶりっき　ネムノキ
ねぶりのき　ネムノキ
ねぶりのき　ネムノキ
ねぶりやなぎ　ネムノキ
ねぶろ　ノビル
ねぶんのき　ネムノキ
ねべし　トロロアオイ
ねべらこたも　オヒョウ
ねべらたも　オヒョウ
ねぼ　イタドリ
ねぼか　ネギ
ねぼそ　ヒメヤシャブシ
ねぼた　ネムノキ
ねまがりだけ　チマキザサ
ねまめ　ラッカセイ
ねまりいも　ツクネイモ／ナガイモ
ねまりえも　ツクネイモ
ねみぎ　ネギ
ねむ　ネムノキ
ねむいのっ　ネムノキ
ねむこかのき　ネムノキ
ねむた　ネムノキ
ねむたぎ　ネムノキ
ねむたぐさ　ネムノキ
ねむたぬき　ネムノキ
ねむたのき　ネムノキ
ねむたんぎ　ネムノキ
ねむちゃ　カワラケツメイ／クサネム／ネムノキ
ねむった　ネムノキ

ねむったき　ネムノキ
ねむったぬぎ　ネムノキ
ねむったのき　ネムノキ
ねむねむ　ネムノキ
ねむらさき　ムラサキ
ねむり　ネムノキ／ノビル
ねむりき　ネムノキ
ねむりぎ　ネムノキ
ねむりくさ　コミカンソウ
ねむりぐさ　オジギソウ／カワラケツメイ／クサネム／コマツナギ／コミカンソウ／ヌスビトハギ／ネムノキ
ねむりこ　コマツナギ／ネムノキ
ねむりこーか　ネムノキ
ねむりこーけ　ネムノキ
ねむりこーご　ネムノキ
ねむりこか　ネムノキ
ねむりこっけ　ネムノキ
ねむりこっこ　ネムノキ
ねむりこん　ネムノキ
ねむりこんこん　ネムノキ
ねむりしょ　ネムノキ
ねむりそー　カワラケツメイ／コミカンソウ
ねむりっこ　ネムノキ
ねむりっちょ　カワラケツメイ／ネムノキ
ねむりねこ　ネムノキ
ねむりのき　ネムノキ
ねむりばな　ネムノキ
ねむりんぎ　ネムノキ
ねむりんこ　ネムノキ
ねむるぎ　ネムノキ
ねむれ　ネムノキ
ねむれねむれ　ネムノキ
ねむれのき　ネムノキ
ねむれんぎ　ネムノキ
ねむんのき　ネムノキ
ねもったのき　ネムノキ
ねもとこ　ワケギ
ねやーおぐさ　イラクサ
ねやくさ　トリカブト
ねやぐさ　トリカブト
ねら　ニラ
ねり　アキニレ／オクラ／オヒョウ／トロロアオイ／ノリウツギ／ハルニレ／マンサク
ねりいも　ツクネイモ／ナガイモ
ねりうつぎ　ノリウツギ
ねりかつぎ　ノリウツギ
ねりかわ　ノリウツギ
ねりき　ノリウツギ／ハルニレ
ねりぎ　アキニレ／ノリウツギ
ねりじな　オヒョウ

方言名索引 ● ねりそ

ねりそ　クロベ／マンサク／ムラサキシキブ
ねりだま　ノリウツギ
ねりだも　ハルニレ
ねりで　ヌルデ
ねりのき　ウリカエデ／ノリウツギ
ねりもち　ネズミモチ
ねるか　ネギ
ねれ　アキニレ／オヒョウ／ハルニレ／ミツマタ
ねれがき　カキ（アマガキ）
ねれじな　オヒョウ
ねれねれのき　ネムノキ
ねれのき　アキニレ／ネジキ／ハルニレ／リンボク
ねろ　クロモジ
ねわさび　ワサビダイコン
ねんごのき　ネムノキ
ねんざ　ネギ
ねんじ　ニンジン
ねんじいも　ツクネイモ／ナガイモ
ねんじゅーな　フダンソウ
ねんじゅーねぎ　ワケギ
ねんじゅぐさ　ハマスゲ
ねんじりばな　ネジバナ
ねんじん　ニンジン／ニンニク
ねんじんぐさ　ヤブジラミ
ねんじんこ　ツバナ／ニンジン
ねんず　ネムノキ
ねんずん　ニンジン
ねんだいぼーき　コウヤボウキ
ねんたのき　ネムノキ
ねんど　コアカソ／コウヤボウキ／スイカズラ／ニワトコ／ホウキギ
ねんどい　コウヤボウキ
ねんどー　イヌツゲ／コウヤボウキ／メドハギ
ねんどーかくっとー　イヌツゲ
ねんねいも　サトイモ
ねんねくさ　オジギソウ
ねんねぐさ　ヒカゲノカズラ
ねんねこのき　ネムノキ
ねんねこぼし　ミツバアケビ
ねんねこんぼ　ネムノキ
ねんねこんぼーのき　ネムノキ
ねんねこんぼのき　ネムノキ
ねんねのき　イボタノキ
ねんねんころ　ネコヤナギ
ねんねんのき　ネムノキ
ねんねんほーずき　イヌホオズキ
ねんねんぽーずき　イヌホオズキ
ねんば　アキニレ／カマツカ
ねんばのき　アキニレ
ねんびーろ　ノビル

ねんびる　ノビル
ねんびろ　ノビル
ねんぶ　ネムノキ
ねんぶた　ネムノキ
ねんぶつうり　ハヤトウリ
ねんぶり　ネムノキ／ノビル
ねんぶりき　ネムノキ
ねんぶりっき　ネムノキ
ねんぶりのき　ネムノキ
ねんぶる　ネムノキ／ノビル
ねんぶんそー　フダンソウ
ねんぼ　イタドリ／モモ
ねんぼのき　ネムノキ
ねんぼろ　ノビル
ねんむり　ネムノキ
ねんむりがっさ　ネムノキ

【の】

のあおい　イチヤクソウ
のあさがお　ヒガンバナ／ヒルガオ
のあさつき　ノビル
のあざみ　フジアザミ
のあふひ　イチヤクソウ
のあぶら　ウツボグサ
のあわ　エノコログサ
のいかずら　サネカズラ
のいぎ　アザミ
のいげ　ノイバラ
のいし　ザイフリボク
のいそ　マンサク
のいちご　クサイチゴ／ナワシロイチゴ／フユイチゴ
のいっこ　ナワシロイチゴ
のいっご　ナワシロイチゴ
のいね　リクトウ
のいばら　ヤブイバラ
のいも　ツクネイモ／ナガイモ／ヤマノイモ
のうつぎ　マルバウツギ
のうめ　ウメバチソウ
のうるし　ニガキ／ヤマウルシ
のえび　メナモミ
のえんどー　カスマグサ／カラスノエンドウ／スズメノエンドウ
のおいね　イネ
のーぐい　ウグイスカグラ
のーぐさ　ハナウド
のーしろ　ニワトコ
のーしろいちご　クサイチゴ
のーしろいちび　オオバライチゴ
のーしろぐみ　ナワシログミ

のーしろたず　ニワトコ／ハコネウツギ
のーしろたん　ドクウツギ
のーない　コバンモチ／ホルトノキ
のーびる　ノビル
のーらくあずき　リョクトウ
のーろ　ナツトウダイ
のかえり　ワレモコウ
のがき　マメガキ
のがくばら　サルトリイバラ
のがけばら　ヘビノボラズ
のかじ　コガンピ
のがし　コナラ／サザンカ
のかず　コウゾ
のかぞ　コウゾ
のがや　ササガヤ／ワレモコウ
のかやり　ワレモコウ
のがらし　イヌガラシ
のがんぴ　コガンピ
のぎく　シマギク／アレチノギク／オグルマ／オトコヨモギ／コウゾリナ／サツマノギク／シマカンギク／ノコンギク／ノコンギク／ノジギク／ハマコンギク／ヒメジョオン／ヒメムカシヨモギ／ユウガギク／ヨメナ／リュウノウギク
のきしのぶ　ショウブ
のぎしょ　カヤ
のぎっ　ヨメナ
のぎながし　ホウセンカ
のぎのき　ホウセンカ
のぎのぎ　ホウセンカ
のぎのとと　チガヤ
のぎのはな　ホウセンカ
のきび　トウモロコシ
のぎょー　リクトウ
のぎり　イイギリ
のぐいめ　アキグミ
のぐーめ　オニグルミ
のぐさ　コクサギ
のぐみ　アキグミ／ツルグミ／ナワシログミ
のぐるみ　サワグルミ／セイヨウグルミ（テウチグルミ）
のぐるめ　ノグルミ
のくろな　クロナ
のぐろみ　ノグルミ
のぐわ　ケグワ／ヤマグワ
のげーとー　ヒモケイトウ
のげし　ニシキソウ
のけずいら　クスドイゲ
のげも　エビモ
のげや　アキニレ
のごーし　ハハコグサ
のこが　カナクギノキ

のこがねくさ　オトギリソウ
のこがねぐさ　オトギリソウ
のこぎく　セイヨウノコギリソウ／ノコギリソウ
のこぎり　タラヨウ／ノコギリソウ
のこぎりぐさ　イラクサ／キジカクシ／クサフジ／ワレモコウ
のこぎりしば　タマシダ／タラヨウ
のこぎりすみれ　エイザンスミレ
のこぎりそー　イヌナズナ／キジカクシ／シオガマギク／シシガシラ／シロネ／ワレモコウ
のこぎりっぱ　オニタビラコ／ワレモコウ
のこぎりなずな　ナズナ
のこぎりば　オニタビラコ／タラヨウ／ニシキギ／ノコギリソウ／メドハギ／ヤマアジサイ
のこぎりぱ　ノコギリソウ
のこぎりばな　ネジバナ／ノコギリソウ
のこぎりばなこ　ネジバナ
のこぎりもち　ウメモドキ／タラヨウ
のこぎりやんもち　タラヨウ
のごくさ　ノコギリソウ
のこしば　タラヨウ
のごしょー　マルバノホロシ
のこずりそー　ノコギリソウ
のこずりばな　ノコギリソウ
のこば　タラヨウ
のこま　オナモミ
のごまずた　キヅタ
のごめ　リクトウ
のこやみ　タラヨウ
のこやん　タラヨウ
のこやんもち　タラヨウ
のこんは　タラヨウ
のごんぼ　ハバヤマボクチ
のごんぼー　オヤマボクチ
のさいかい　カワラケツメイ
のさかき　ヒサカキ
のざさ　ササクサ／ヤダケ
のさばりこ　キンミズヒキ／ヌスビトハギ
のさばりんこ　ヌスビトハギ
のさばるこ　ヌスビトハギ
のさやかつ　カワラケツメイ
のさんばりこ　ヌスビトハギ
のじ　イヌブナ／ブナ
のじー　ブナ
のしおん　サワオグルマ
のじしゃ　コウゾリナ
のしで　イヌシデ／ザイフリボク
のしと　イノコズチ
のじの　メダケ
のしば　ツリガネニンジン

のしゃくやく	ヤマシャクヤク
のしろ	ノビル
のしろいちご	ナワシロイチゴ
のしろぐいめ	オオバグミ
のしろぐみ	ナワシログミ
のず	カタバミ
のすかいまめ	インゲンマメ
のすかこまめ	インゲンマメ
のずち	オニノヤガラ
のせんたん	イイギリ
のそ	カラムシ／コウゾ
のそば	シロモジ／ダンコウバイ／ヤマコウバシ
のぞはれ	オオカメノキ
のだ	リクトウ
のだいおー	ギシギシ
のだいこん	ダイコンソウ／タネツケバナ
のたいまつ	ヒガンバナ
のだいまつ	ヒガンバナ
のだけ	アキノノゲシ／イタドリ／ノダケ／ヤダケ
のたばこ	オカトラノオ
のたりいちご	ナワシロイチゴ
のたりまんさく	マンサク
のだんきょー	ノビル
のちのとんび	ツクシ
のちゃ	カワラケツメイ／ヒメハギ
のちゃまめ	カワラケツメイ
のちゅーりっぷ	オキナグサ
のつげ	イヌツゲ
のつた	フウトウカズラ
のっだ	ヌルデ
ので	ヌルデ
のでっぷし	ヌルデ
のてっぽ	ヌルデ
のでっぽ	ヌルデ
のてっぽー	ヌルデ
のてっぽー	ヌルデ
のでっぽー	ヌルデ
のでっぽー	ヌルデ
のでぬき	ヌルデ
のてねんぶり	クサネム
のでのき	ヌルデ
のでぼ	ヌルデ
のでぽ	ヌルデ
のでぽー	ヌルデ
のてんつき	ヌルデ
のでんぽ	ヌルデ
のてんぽー	ハゼノキ
のでんぽー	ヌルデ
のどいし	ドクダミ
のどーしみ	キブシ
のどくろ	オトコエシ
のどしばり	マムシグサ
のどばな	ヒガンバナ
のどはれ	ウマノアシガタ／キツネノボタン／ドクダミ
のとまつ	クロマツ
のどまつ	クロマツ
のどやき	ナメコ
のとろ	ジャガイモ／トロロアオイ
のなし	ウラジロ／ウラジロノキ
のなでしこ	カワラナデシコ
のなんばん	クコ／マルバノホロシ
のにんじん	オヤブジラミ／カワラボウフウ／ヤブジラミ
のねんじん	ヤブジラミ
ののおりば	ナギ
ののこぎ	ホツツジ
ののこしば	ハイノキ
ののしろ	ノビル
ののせり	ノビル
ののば	ツリガネニンジン
ののひり	ノビル
ののひる	ノビル
ののびる	ノビル
ののひろ	アサツキ／ノビル
ののひろこ	ノビル
ののぽ	ツリガネニンジン
のば	ツリガネニンジン
のばーけ	コウヤボウキ
のばいーき	ノイバラ
のばいたな	ドクダミ
のはぎ	コマツナギ／メドハギ
のばしか	クマノミズキ／ミズキ
のはっか	イヌコウジュ
のばな	オミナエシ
のはぶ	クサネム
のばら	ノアザミ
のはらまき	マユミ
のび	ノビル
のびーる	ノビル
のびーろ	ノビル
のびえ	イヌビエ
のびきやし	オノマンネングサ／ノゲイトウ／メノマンネングサ
のびきゃん	ノゲイトウ
のびすま	シュンギク
のひのー	コガンピ
のびら	ノビル
のびり	ノビル
のびる	スベリヒユ／ノビル
のびるこ	ノビル

のびるっこ　ノビル
のびろ　エゾネギ／ノビル
のぶ　オニグルミ／サワグルミ／ノグルミ
のふーずき　センナリホオズキ
のぶき　サワオグルマ／フキ
のぶくさ　イヌノフグリ／メノマンネングサ
のふじ　フジ
のぶし　チガヤ／トリカブト／ヤマオダマキ
のふずき　センナリホオズキ
のふずっ　センナリホオズキ
のぶた　ノグルミ
のぶだー　ノブドウ／エビヅル
のぶのき　イイギリ／サワグルミ
のぶはぜ　ヤマウルシ
のぶろー　ノブドウ
のへ　ノビエ
のべ　ノビル
のべし　ノリウツギ
のべらびー　スベリヒユ
のべらぽー　スベリヒユ
のべり　スベリヒユ
のべりびな　スベリヒユ
のぽーき　メドハギ
のぼし　チガヤ／ツバナ
のぼする　ノブドウ
のぼせ　チガヤ／ツバナ
のぼつる　ノブドウ
のぼとり　アシボソ
のぼり　マツモ
のぼりぐさ　アレチノギク
のぼりしょーぶ　グラジオラス
のぼりちょ　グラジオラス／ユキノシタ
のぼりばな　ジギタリス／ネジバナ
のぼりふじ　オカトラノオ／ハウチワマメ
のぼりべっと　グラジオラス
のま　アオミドロ
のまうり　テツカエデ
のまき　チガヤ
のまぎ　チガヤ
のまごやす　ヤクシソウ
のましで　サワシバ
のまびし　ヒシ
のまびろこ　ノビル
のまめ　ツルマメ
のまゆみ　ニシキギ
のみ　カタバミ／ヤブジラミ
のみきび　キビ
のみころし　ツヅラフジ
のみずか　ムラサキシキブ
のみずが　ムラサキシキブ

のみつか　カマツカ／ムラサキシキブ
のみつが　ミツバウツギ／ムラサキシキブ
のみつきぐさ　ヤブジラミ
のみつぎぐさ　イノコズチ
のみとりぎく　ジョチュウギク
のみとりばな　アザミ／ジョチュウギク／ノアザミ
のみとりんばな　ジョチュウギク
のみのえぎ　アオキ
のみのす　ヒデリコ
のみのすま　ノミノフスマ
のみのとー　スイバ
のみのふね　エゾノギシギシ
のみんこし　スイバ
のむぎ　ライムギ
のめー　シメジ
のめり　シメジ
のめりびゅ　スベリヒユ
のめりびる　スベリヒユ
のやなぎ　ヤマヤナギ
のゆい　ヒメユリ
のゆす　カマツカ
のゆり　ノカンゾウ／ヤブカンゾウ／ヒメユリ
のら　ソラマメ
のらあざみ　ノアザミ／フジアザミ
のらいちご　ナワシロイチゴ
のらえっご　ナワシロイチゴ
のらえんど　スズメノエンドウ
のらえんどー　クサフジ
のらせきちく　ナデシコ
のらにんじん　カワラニンジン
のらねんぶり　カワラケツメイ
のらはっか　クルマバナ
のらばら　ノイバラ
のらぶどー　エビヅル
のらほーずき　イヌホオズキ
のらぽーな　アブラナ
のらぼくさ　イノコズチ
のらまつ　アカマツ
のらまめ　エンドウ／ソラマメ
のらん　ヤブラン
のらんきょー　ノビル
のり　イワノリ／カタクリ／ノリウツギ
のりうつぎ　ノリウツギ／ハルニレ
のりがざ　ノリウツギ
のりかずら　サネカズラ
のりき　ノリウツギ
のりぎ　ノリウツギ
のりだ　ヌルデ
のりで　ヌルデ
のりでっぽ　ヌルデ

のりでっぽー　ヌルデ
のりでのき　ヌルデ
のりな　スイゼンジナ
のりにれ　ハルニレ
のりのき　ウリカエデ／ノリウツギ／ハルニレ
のりのはな　キンセンカ（トウキンセン）
のるで　ヌルデ
のるでっぽー　ヌルデ
のるまぐさ　クルマバソウ
のれつ　ノリウツギ
のれんこん　オクラ
のろ　ツリガネニンジン

のろば　ツリガネニンジン
のんぎり　イタドリ
のんこめ　リクトウ
のんごめ　リクトウ
のんでぬき　ヌルデ
のんでんぽー　ヌルデ
のんのき　ノグルミ
のんびる　ノビル
のんひろ　ノビル
のんびろ　ノビル
のんべーぐさ　スベリヒユ
のんぼりむぎ　オオムギ

は

【は】

ばー　アベマキ
ばーかち　スミレ
はーかのき　リンボク
はーぎくさ　ホウキギ
はーくり　シュンラン
はーぐゎーびんぎ　ムクノキ
はーぐゎーぶんぎ　ムクノキ
はーげ　テリハノイバラ
はーこ　ハコベ／ハハコグサ
はーご　ハハコグサ
ばーごー　アサ
はーこくさ　ハハコグサ
はーこさん　ハハコグサ
はーこり　シュンラン
ばーころし　ドクウツギ／ネコノチチ
はーごゎーぶんぎ　ムクノキ
はーそ　クヌギ／コナラ
はーそまき　ミズナラ
はーたな　イタドリ
はーたね　イタドリ
ばーなかし　ネジキ
はーのき　クロバイ
ばーのき　ネジキ
はーのへ　ドクダミ
はーぶらぎ　アカメガシワ／サルスベリ
はーぽん　ホタルブクロ
はーまみ　アズキ
はーむちならび　ツゲモチ
はーれとーきび　トウモロコシ
はい　シロバイ／ハイノキ／ハゼノキ
はいいちご　クサイチゴ／ナワシロイチゴ
はいうり　マクワウリ
はいえんぐさ　タウコギ
はいかずき　サワフタギ／ネジキ／ハイノキ
はいかずら　シラタマカズラ
はいかぶり　サワフタギ
はいがら　クロキ
はいぎ　ツクバネガシ／ネジキ／ハイノキ
はいぐさ　ヤブタバコ
ばいくさ　ウミヒルモ
ばいぐさ　ウミヒルモ
はいくり　シュンラン
はいこり　シュンラン
はいこるぐさ　シュンラン
はいころしくさ　ハエドクソウ
はいさし　コアカソ
はいしば　ハイノキ
ばいじょー　ドングリ
はいすぎ　オキナワハイネズ／サワラ（シノブヒバ）／ネズミサシ／ハイビャクシン
はいずみ　カラスザンショウ
はいた　イタドリ／イタヤカエデ／カエデ
はいたごーざ　イタドリ
はいたじっぽ　イタドリ
はいたな　イタドリ
はいたね　イタドリ
はいたぼー　イタヤカエデ
はいだま　ハマナシ
はいたもみじ　イタヤカエデ
はいたら　イタドリ
はいたろ　ヒカゲノカズラ
はいたろー　クロバイ
はいたん　イタドリ
ばいちょ　ジャガイモ
はいつげ　サワフタギ
はいどーろ　クロキ
はいとりくさ　スベリヒユ／ハエドクソウ
はいとりそー　ハエドクソウ／モウセンゴケ
はいとりなでしこ　ムシトリナデシコ
はいとりばな　ムシトリナデシコ
はいねず　サワラ（シノブヒバ）
はいのき　オオバヤシャブシ／クロキ／クロバイ／サワフタギ／シロツメクサ／シロバイ／ハイノキ／ミミズバイ／ヤシャブシ
ばいばい　オオバコ／ヤブニッケイ
ばいばいかずら　ノブドウ
はいばら　テリハノイバラ／ナワシロイチゴ／ノイバラ
はいびょーぎり　スズカケノキ
はいびょーくさ　タウコギ
はいびょーそー　タウコギ
はいびょぐさ　タウコギ
はいべぽ　ハイネズ
はいぽー　クロバイ
はいまき　ハゼノキ

はいまきのき	ハゼノキ	はおしみ	ヤマコウバシ
はいまけ	ハゼノキ	はおしめじ	シメジ
はいまつ	ハイネズ／ビャクシン	ばおりぐさ	イグサ
はいまり	ミゾカクシ	はおろし	カクレミノ
はいむん	リクトウ	はが	アキメヒシバ／メドハギ
はいも	サトイモ	ばか	アザミ／イノコズチ／キンミズヒキ／コシアブラ／ツガ／ナギナタコウジュ／ヌスビトハギ／ミョウガ／メナモミ／ヤブジラミ
ばいも	サトイモ		
ばいも	サトイモ		
はいもち	ネジキ		
はいもん	リクトウ	ばかあずき	リョクトウ
はいや	ツバナ	ばかいね	ヒエ
はいよけ	スベリヒユ	はがいも	コンニャク
はいろ	アカメヤナギ	ばかいも	キクイモ／サトイモ／ジャガイモ／ツクネイモ／ナガイモ／ヤマノイモ
はいろら	クロキ		
はうちわ	カクレミノ	はかうり	ツルレイシ
はうちわかえで	ハウチワカエデ	ばかうり	ハヤトウリ
はうちわかずら	グンバイヒルガオ	ばかえのき	エノキ
ばうつぎ	ハコネウツギ	ばかえも	サトイモ／ナガイモ／ヤマノイモ
はうべい	ハドノキ	ばかがし	シリブカガシ／マテバシイ
はうまめ	ダイズ	はががら	オトコエシ
ばうり	シロウリ	ばかがら	ドクダミ／ナギナタコウジュ
はえ	カボチャ	はかき	シキミ
はえうり	シロウリ	ばかぎ	イボタノキ／オオバイボタ／フカノキ
はええも	サトイモ	はかきかきな	リュウゼツサイ
はえおいぐさ	スベリヒユ	はかきな	タイサイ
はえかずき	ハイノキ	ばかぐさ	イノコズチ／ヌスビトハギ
はえころ	シュンラン	はかげ	ナズナ／ヒガンバナ
はえころし	テングダケ	はかけかずら	フウトウカズラ
はえころらん	シュンラン	ばかげかずら	フウトウカズラ
はえたたき	シュロ	はかけぐさ	センニンソウ
はえたち	イタドリ	はかけばな	キツネノカミソリ
はえたな	イタドリ	ばかげばな	ヒガンバナ
はえたね	イタドリ	はがけばら	メギ
はえたん	イタドリ	はかけまどり	シャガ
はえどくくさ	ハエドクソウ	ばかじぇり	ドクゼリ
はえとり	テングダケ	はかしば	シキミ／ヒサカキ
はえとりきのこ	テングダケ	ばかしょが	キクイモ
はえとりくさ	クララ／スベリヒユ	ばかすくろぎ	チャンチン
はえとりぐさ	クララ／スベリヒユ／ナンバンギセル／ハエドクソウ／ムシトリナデシコ／モウセンゴケ	ばかぜり	ドクゼリ
		はかたくさ	ユキノシタ
		はかだけ	カンチク
はえとりそー	ムシトリナデシコ	ばかたれ	アザミ
はえとりだけ	テングダケ	ばがち	スミレ
はえとりなべ	テングダケ	ばかとんがらし	ピーマン
はえとりばな	ヒガンバナ	ばかなす	イヌホオズキ
はえのどく	バイケイソウ／ハエドクソウ	ばかなす	オナモミ／チョウセンアサガオ／トマト
ばえばえばな	アセビ	ばかにんじん	カワラヨモギ
はえも	サトイモ	ばかねんじ	クソニンジン／ニンジン
はえよけ	スベリヒユ	はかのき	シキミ
はえよけぐさ	スベリヒユ	ばかのき	アワブキ／コシアブラ／タカノツメ／バクチノキ
はえんどー	ゲンゲ		

はかのちち　ノウルシ
はがは　アカメガシワ
はかばな　ヒガンバナ／ミソハギ／ミツバハマゴウ
はかばなこ　クサキョウチクトウ
はかばゆり　オニユリ
はかぶ　ヒケッキュウハクサイ
はかま　スギナ
はかまかずら　ハカマカズラ
ばかまめ　インゲンマメ／ソラマメ／リョクトウ
ばかまるべ　カリン
はかむぎ　ライムギ
ばかもだし　ツキヨタケ／テングダケ
ばかゆり　オニユリ
ばかよごみ　ヒメムカシヨモギ／ヨメナ
ばかよもぎ　ヒメムカシヨモギ
はがらし　タカナ
はかり　アキメヒシバ
はかりいも　サトイモ
はかりぐさ　メヒシバ
はかりのめ　アズキナシ／ザイフリボク
はかりぽーず　シュンラン
はかりぼとけ　シュンラン
はかりみかん　キシュウミカン／ジョウカン
はかりめ　アズキナシ
はかんぞ　コブシ
はかんぞー　アマチャ
はかんらん　ケール
はき　ホウキギ／ヤマハンノキ
はぎ　コマツナギ／ナンバンギセル／ヌスビトハギ／ホウキギ／ミソハギ／ヤマハギ
はきぎ　ツクバネウツギ／ホウキギ
はぎぎ　ツクバネウツギ
はきぎび　ホウキモロコシ
はききみ　モロコシ
はききみ　ホウキモロコシ
はきくさ　ホウキギ／ミチヤナギ
はぎくさ　コマツナギ
はぎぐさ　ミチヤナギ
はぎこ　ハギ
はきしば　イヌエンジュ／コマユミ／ツクバネウツギ／マユミ／メギ
はぎしば　ウグイスカグラ／コマユミ／ツクバネウツギ
はぎしりぐさ　トクサ
はぎだいだい　ナツミカン
はぎっこ　ハギ
はぎっちょ　ハギ
はぎな　コバンノキ／ヒトツバハギ／ヨメナ
はきぬき　コマユミ
はぎぬき　コマユミ
はぎのこ　ハギ／ヤマハギ

はぎのはな　ヌスビトハギ
はぎもたし　ホウキタケ
はきもだし　ホウキタケ
はきもたせ　ホウキタケ
はきもろこし　ホウキモロコシ
はきりいも　ジャガイモ
はきれ　シロモジ
はきん　バクチノキ
はく　ビャクシン
ばく　ムギ
はくあぞー　アセビ
はくい　シュロソウ／シュンラン
はくうん　ハクウンボク
ばくおんき　アベマキ
はぐさ　エノコログサ／オヒシバ／スズメノカタビラ／トクサ／ミズメ／メヒシバ／ヤブタバコ
はくさい　キャベツ
はくさかずら　ツヅラフジ
はくさみねばり　ミズメ
はぐさみねばり　ミズメ
はぐさん　シャクナゲ
はくさんがき　マメガキ
はくさんよもぎ　アサギリソウ
はぐしこ　ハギ
はくじゃ　エノコログサ
はくじょーきく　オオハンゴンソウ
はくしょぎ　ハナヒリノキ
はくしょのき　ハナヒリノキ
はくす　カクレミノ／クロガネモチ
はくたで　シロバナサクラタデ
はくち　カクレミノ／コシアブラ
はぐち　ココゴメウツギ／タカノツメ
はくちぎ　カクレミノ／コシアブラ
ばくちのき　タブノキ
はくちん　ハクチョウゲ
ばくっのき　バクチノキ
はくとーおー　ツリガネニンジン
はくどーくさ　ミゾソバ
ばくどくさ　ドクダミ
ばくのき　アベマキ
はくべ　ハコベ
はぐべ　ハコベ
はくべくさ　ハコベ
はくべら　ハコベ
はぐま　オキナグサ
ばくまめ　ソラマメ
ばくもんぞ　タガネソウ
はくらいちご　ナワシロイチゴ
はくらん　シラン
はくらんいちご　ナワシロイチゴ

はくらんくさ　キンミズヒキ／ナギナタコウジュ
はくり　カラスビシャク／サイハイラン／シュンラン
ばくり　シュンラン
はぐるみ　セイヨウグルミ（テウチグルミ）
はくれんずっき　ムクロジ
ばくろーそー　ウツボグサ
はくろがし　アラカシ
はぐろのき　ヌルデ
はくわず　アセビ
はげ　カラスビシャク／ナツハゼ／ネジキ／ハンノキ／ヒメヤシャブシ／ヤシャブシ／ヨメナ
はげいちご　ナワシロイチゴ／フユイチゴ
はげいど　ハゲイトウ
はげいも　カラスビシャク
ばけいも　サツマイモ
はけきみ　ホウキモロコシ
ばけけんそー　バイケイソウ
はげこ　ハギ
はげしばだ　ハンノキ
はげしばり　ハンノキ／ヒメヤシャブシ／ヤシャブシ／ヤマハンノキ
はげしょー　ハンゲショウ
はげしょーくさ　ハンゲショウ
はげたぶ　イヌビワ
はげっこ　ナツハゼ
はげっしょ　カラスビシャク
はげと　ハゲイトウ
はげのき　ナツハゼ
はげのくさ　カラスビシャク
はげのみ　ナツハゼ
はげぽーず　カラスビシャク
はげも　スノキ
ばけもの　ブンタン
はげもも　イヌビワ／ナツハゼ
はげらかくし　ヒメヤシャブシ／ヤシャブシ
ばけわな　アジサイ
はこ　ハコベ／ハハコグサ／ミヤマクワガタ
はご　ウラジロガシ
ばこ　リョクトウ
はごえ　ツクバネウツギ
はごえだま　ムクロジ
はごーき　サルスベリ
はごーぎ　サルスベリ
はこがし　アカガシ
はごがし　ウラジロガシ
はこからげ　ボタンヅル
はこくさ　ハハコグサ
はこざきささげ　ハタササゲ
はこささげ　ハタササゲ
はこじゃ　エノコログサ

はこずみ　スノキ
はごだち　コシアブラ
はこたてまめ　インゲンマメ
はこだてまめ　インゲンマメ
はこたん　ヤマナラシ
はこっこ　オオバコ
ばこつぼ　ナツハゼ
はこな　ニガナ
はごぬき　ツクバネウツギ
はこねそー　ハコネシダ
はこねぽーず　シュンラン
はごのき　ツクバネ／ツクバネウツギ／ツクバネガシ／ハナイカダ
はこばな　ツリガネニンジン
ばこばん　ホタルブクロ
ばこぱん　ホタルブクロ
はこび　オオバコ／ハコベ／ハハコグサ
はこぶ　コンブ
はごぶし　ツクバネ
はこべ　ウシハコベ／オオバコ／カタクリ／カタバミ／クロクモソウ／スノキ／タマアジサイ／ハコベ／ハハコグサ
はごべ　カタバミ／ハコベ
はこべう　ハコベ
はこべくさ　ウシハコベ／ハコベ
はこべぐさ　ハコベ
はこべずる　ハコベ
はこべら　オオバコ／クロクモソウ／クロクモソウ／ハコベ
はこべんくさ　ハコベ
はこぽ　ハコベ
はこぼし　カクレミノ
はこぼれ　ヒガンバナ
はこぼれ　アセビ／カクレミノ／タケニグサ／ノブドウ／ハコベ／ヒオウギ／ヒガンバナ
はこぼれくさ　キツネノカミソリ
はこぼれぐさ　ヒガンバナ
はごまめ　ツクバネ
ばこまめ　ナツハゼ
はごもり　アセビ
はこや　ヤマナラシ
はこやそ　ヤマナラシ
はこやなぎ　コリヤナギ／ドロヤナギ／ヤマナラシ
はこり　シュンラン／ハコベ
はこりのぽんさん　シュンラン
はこりぼとけ　シュンラン
はこりぽんさん　シュンラン
はこりらん　シュンラン
はこれ　シュンラン
ばころし　リョクトウ

はこんぺ　ハコベ
はこんぺ　カタバミ
はこんべい　ハコベ
ばさ　ヒケッキュウハクサイ
はさかけばな　ミゾソバ
はさぎ　ニガキ
はざくら　ミズメ／リンボク
はさこ　コナラ／ナラ
はざこ　コナラ
はさこのき　コナラ
ばさな　ヒケッキュウハクサイ
ばさない　バナナ
はさみ　オモダカ／カラスノエンドウ／ヤハズソウ
はさみくさ　カラスノエンドウ／センダングサ／タウコギ／メドハギ
はさみぐさ　アギナシ／カモノハシ／タウコギ／ヌスビトハギ／ミヤコグサ／ヤハズソウ
はさみそー　ネコハギ
はさみのはな　オモダカ
はさみばこ　ヤドリギ
はさんぐさ　アギナシ
はし　ハゼノキ
はじ　カラムシ／クワズイモ／ハゼノキ
ばじ　クワズイモ
はしいも　サトイモ／ジャガイモ
はしうつぎ　ミツバウツギ
はしか　クマノミズキ／ミズキ
はしかえで　ウリカエデ
はじがえり　ホガエリガヤ
はしかぎ　アカメガシワ／クマノミズキ／ミズキ
はしかけのき　ミズキ／ミズスギ
ばしかしわ　クワズイモ
はしかのき　クマノミズキ／ミズキ
はしかまめ　ツノハシバミ
はじかみ　サンショウ／ショウガ／ナナカマド／ヤマボウシ
はじがみ　ショウガ
はじかみいも　ツクネイモ／ナガイモ
はしかみず　クマノミズキ
はしかみずき　クマノミズキ
はじかめ　ショウガ
はしき　ウツギ／コゴメウツギ／タカノツメ／ミツバウツギ
はしぎ　ウツギ／ウリカエデ／ウリハダカエデ／ガマズミ／クロモジ／ハゼノキ／ミズキ／ミツバウツギ／ムラサキシキブ／ヤマウルシ／ヤマビワ
はじき　ジュズダマ
はじぎ　ハゼノキ
ぱじき　ハゼノキ
はじぎー　オオハマボウ／ハゼノキ

ぱじきー　ハゼノキ
はしぎのみ　ムラサキシキブ
はしきぽい　ミツバウツギ
はじきまめ　エダマメ／ソラマメ
はしくろぼー　クロキ
はしごーぐさ　ドクダミ
はしごしだ　ホシダ
はしごそー　ドクダミ
はしごだん　エゾスズラン
はじし　モクレン
はした　アカガシ
はしたかし　アカガシ
はしだら　カラスザンショウ
はしっぱみ　ツノハシバミ
はしどい　ハシドイ
はしどめ　カヤツリグサ
はしとり　イタドリ
はしのき　ウリノキ／ガマズミ／ネジキ／ハゼノキ／ハナズオウ／ミツバウツギ／ムラサキシキブ
はじのじ　ミゾソバ
はしのっ　ハゼノキ
はしのみ　ムラサキシキブ
はしば　ツノハシバミ
はしばのき　ヒサカキ
はしばみ　ツノハシバミ／マンサク
はじまき　ハゼノキ
はしまきのき　ハゼノキ
はじまきぶどー　ナツハゼ
はじまめ　ソラマメ
はしも　ジャガイモ
はじゃぎ　ハゼノキ
ばしゃな　タカナ
ばしゃない　バナナ
ばしゃなり　バナナ
はしやのき　クマノミズキ
ばしょ　カラシナ
はしょーいも　ジャガイモ
はしょーで　シオデ
はしょーな　タカナ
ばしょーな　カラシナ
ばしょーのみ　バナナ
はしょーまめ　ハッショウマメ
ばしょんみ　バナナ
はしりぎ　ヌルデ
はしりきび　トウモロコシ
はしりところ　ハシリドコロ
はしりな　サギゴケ
はしりまめ　イヌガヤ
はしれきび　トウモロコシ
はじろ　シラカシ

はしろな　ヒケツキュウハクサイ
はしわらび　ワラビ
はず　アカガシ／アカメガシワ／オニヤブマオ／カラムシ／ヤブマオ
ばすいき　アセビ
はすいば　ギシギシ
ばすいぼく　アセビ
はすいも　サトイモ／レンコン
はずがし　ツクバネガシ
はすがら　サトイモ／ハスイモ
はすきび　トウモロコシ
ばすきび　トウモロコシ
はすぐさ　カタバミ
はずさ　ミズメ
はずな　アブラナ
はすなりうり　ハヤトウリ
はすのいも　レンコン
はすばい　ツノハシバミ
はすばく　トウモロコシ
はずびえ　ヒエ
はすまめ　オクラ／ツノハシバミ
はずまめ　ソラマメ
はずみたま　ジャノヒゲ
はずみだま　ジャノヒゲ／ヤブラン
はすり　トクサ
はすりぎ　トクサ
はすりぐさ　トクサ
はすんぱ　ツノハシバミ
はぜ　オオハマボウ
はぜ　ギシギシ／ツノハシバミ／ヌルデ／ヤシャブシ／ヤマウルシ
はぜうるし　ヤマハゼ
はせがめ　ヤマボウシ
はぜぎ　ヤマウルシ
はせきび　モロコシ
はぜきみ　キビ
はぜこかれん　モロコシ
はぜとうり　ハヤトウリ
はぜな　ゴンズイ／サギゴケ／ヤマウルシ
はぜなんばん　トウモロコシ
はぜのき　エゴノキ／ヤマウルシ
はせばい　ツノハシバミ
はせばみのき　ツノハシバミ
はぜまめ　ソラマメ
はぜもみじ　コミネカエデ
ばせり　キツネノボタン／オランダガラシ
ばせり　キツネノボタン／オランダガラシ
はぜりきび　トウモロコシ
はせわせ　ネジキ
はせんぱ　ハシバミ

ばそーぬなり　バナナ
はぞす　ムクゲ
ばた　エンドウ
はだい　シオジ
はだいこん　イヌガラシ
はだいしいも　ツクネイモ／ナガイモ
はだいしも　ツクネイモ／ナガイモ
はだいしんこ　イタドリ
はたいね　リクトウ
はたいも　サツマイモ／サトイモ
はたえも　サトイモ
はだえも　サトイモ
はたおり　カラスムギ
はたおりぎ　ナギ
はたおりぐさ　オオバコ／ツユクサ／ミゾソバ
ぱだがーむん　オオムギ
はだかいね　リクトウ
はだかぎ　サルスベリ／サワフタギ／ハナヒリノキ
はたかし　アラカシ
はたがし　アラカシ
はだかっき　サルスベリ
はだかっぽ　オオムギ
はだかっぽ　ナツツバキ
はだかぬき　サルスベリ
はだかのき　サルスベリ／ナツツバキ／バクチノキ／リョウブ
はだかぽー　リョウブ
ぱだかむん　オオムギ
はだかもも　モモ
はだかもん　オオムギ
はたかり　コウボウムギ／ツユクサ／フデリンドウ／メヒシバ
はたがり　ヤエムグラ
はたかりくさ　ギョウギシバ／スベリヒユ
はたかりぐさ　メヒシバ
はだかりくさ　メヒシバ
はだかんぽ　ナツツバキ
はたきび　トウモロコシ
はたくさ　ジャノヒゲ
はたげ　リクトウ
はたけあさがお　ヒルガオ
はたけいちご　グミ
はたけいね　リクトウ
はたけいも　サツマイモ／サトイモ／ツクネイモ／ナガイモ
はたけくさ　センニンソウ
はたけくわがた　イヌノフグリ
はたけごめ　リクトウ
はたけささ　アシボソ
はたけし　リクトウ

はたけしげ　リクトウ	はだんきょ　アンズ
はたけしちこ　ハハコグサ	ばだんず　アンズ
はたけしな　シナノキ	はちいも　サトイモ
はたけじゃ　カワラケツメイ	ばちかご　ヤマノイモ
はたけちゃ　カワラケツメイ	ばちかしわ　クワズイモ
はたけな　アブラナ	ばちがしわ　クワズイモ
はたけなす　ナス	はちかずら　イワガラミ
はたけなすび　コナスビ	はちがつあまめ　アズキ
はたけね　リクトウ	はちがつまめ　アズキ
はたけばす　オクラ	はちかめ　ショウガ
はたけびえ　ノビエ	はちぐさ　オオケタデ
はたけびり　イワニガナ	ばちくさ　ナズナ
はたけふーずき　センナリホオズキ	はちくぼ　ハトムギ
はたけふずっ　センナリホオズキ	はちくぼまめ　フジマメ
はたけぼーず　カラスビシャク	ばちこ　アセビ
はたけぼーずき　センナリホオズキ	はちこく　ジュズダマ／トウモロコシ／ハトムギ
はたけみつば　カラスビシャク	はちごく　ジュズダマ
はたけめろん　マクワウリ	はちこくいも　ジャガイモ
はたけもみ　リクトウ	はちこくまめ　フジマメ
はたけゆり　オニユリ	はちじょーぎく　オオハンゴンソウ
はたけれんこん　オクラ	はちじょーそー　アシタバ／ダイコンソウ
ばたこ　カシワ／ナラガシワ	はちじょーまぐさ　ハチジョウススキ
ばたご　ナラガシワ	はちす　ムクゲ
はたこのき　ニワトコ	はちそば　ママコノシリヌグイ
はたしいも　ツクネイモ／ナガイモ	はちな　タイサイ
はたしげ　リクトウ	ばちなら　ミズナラ
はたしね　リクトウ	はちのこ　カヤ（シブナシガヤ）
はたしろ　ウダイカンバ	はちのじ　ミゾソバ
はだしろ　ウダイカンバ	はちのじぐさ　ミズヒキ／ミゾソバ
はだじろ　シラキ	はちのじそー　ミゾソバ
はただいこん　イヌガラシ	はちのみ　ナナカマド
はたたいも　ツクネイモ／ナガイモ	はちはぎ　ナタマメ
はだつ　サワグルミ／シオジ／トネリコ	ばちばち　トベラ／ヒサカキ／ヒノキ
はだつかずら　アケビ	ばちぱち　アセビ／クログワイ／ヒノキ
はだな　アブラナ	はちはちえんどー　ハマエンドウ
はたなすび　コナスビ	ばちばちぐさ　アセビ／アブノメ／ウバメガシ／カタバミ
はたにんじん　ニンジン	ばちばちしば　ウバメガシ
はたのき　ナギ	ばちばちのき　トベラ
ばたばた　アカメガシワ／ドロヤナギ／ヤマナラシ	ばちばちばな　アセビ／ヒガンバナ
はたびら　ツバキ	はちぶたで　オオイヌタデ
はたぶら　ツバキ	はちぶまめ　ゴイシマメ
はたほーじ　ツルボ	はちぼく　シャシャンボ／ジュズダマ／トウモロコシ／ハトムギ
はたまい　リクトウ	はちぼくとーなご　トウモロコシ
はたまな　ケール	はちまきいちご　ナツハゼ
はたまめ　ダイズ	はちまきずみ　ナツハゼ
はだむぎ　オオムギ	はちまきばんば　マルバハギ
はだよし　ナガイモ／ヒメドコロ	はちまきばんばん　マルバハギ
はだよしいも　ナガイモ	はちまきぶどー　ナツハゼ
はだら　ハドノキ	
はたわさび　ワサビダイコン	

方言名索引 ● はちま

はちまきぶどーのき　ナツハゼ
はちまきぼーず　イヌマキ
はちまきめんこのき　ナツハゼ
はちまきもも　ナツハゼ
はちまちばな　ベニバナ
はちまつけのっ　ハゼノキ
はちまんぐさ　ミゾソバ
はちまんそー　ベンケイソウ
はちまんたろー　ツツジ/ナツハゼ
はちもんじそー　ミゾソバ
はちり　サツマイモ
ばちり　サツマイモ
はちりはん　サツマイモ/ハッショウマメ
ばちりん　ナツハゼ
はちる　サツマイモ
はちろーくさ　キケマン
はちろーぐさ　キケマン
はちろーずみ　ウラジロノキ
ばちわけ　ナタマメ
ばちわけ　ナタマメ
はちん　サツマイモ
ぱちんぐさ　ミヤコグサ
ぱちんこ　カタバミ
はっ　ヤマハギ
はっか　イブキジャコウソウ/ナギナタコウジュ
はっかい　ジュズダマ
ばっかい　アカメガシワ/オキナグサ
ばっかいやろー　オキナグサ
はっかいん　ハッカ
はつかえべす　シュンラン
はっかえべす　シュンラン
はっかぎ　アカメイヌビワ/マルバニッケイ
はっかくさ　イヌコウジュ/ハッカ/ボタン
はつかぐさ　ボタン
はっかぐさ　イヌコウジュ/ナギナタコウジュ/ハコベ/ハッカ/ハナタデ/ヤマハッカ
はっかけ　ヒガンバナ
はっかけくさ　ヒガンバナ
はっかけばーさ　ヒガンバナ
はっかけばぁさん　キツネノカミソリ
はっかけばーさん　ヒガンバナ
はっかけばな　キツネノカミソリ/サギゴケ/ショウジョウバカマ/ヒガンバナ
はっかけばばー　ヒガンバナ
はっかけばんばー　ヒガンバナ
ばっかけぶどー　ノブドウ
はつかし　アカガシ
はっかそー　キツネノカミソリ
ばっかやい　オキナグサ
はっかりさー　シュンラン

はっかりそー　シュンラン
ばっかりそー　マツヨイグサ
はっかりぽーず　シュンラン
はつかん　ライムギ
はつき　ウツギ
はっき　バクチノキ
はつきみかん　ウンシュウミカン
ばっきゃー　オキナグサ
はっくり　サイハイラン/シュンラン
はっくりばぁさ　シュンラン
ばっくんくさ　ドクダミ
ばっけぁ　オキナグサ
ばっけー　フキ
ばっけぇあ　オキナグサ
ばっけや　オキナグサ
はっこ　ツバキ
ばっこ　ナズナ
ばつこいも　ツクネイモ/ナガイモ
はっこーり　シュンラン
ばっこぐさ　オオバコ
はっこべ　オオバコ/ハコベ
はっこぼれ　ニシキギ
はっこり　シュンラン/ハコベ/ハハコグサ
はっこりぐさ　シュンラン
はっこりぽー　シュンラン
はっこりぽーさ　シュンラン
はっこりぽーさー　シュンラン
はっこりぽーず　シュンラン
はっこりぽとけ　シュンラン
はっこれ　シュンラン
はっさくぼたん　シュウメイギク
ばっさりな　ヒケッキュウハクサイ
ばっさりはくさい　ヒケッキュウハクサイ
はっしゅいも　キクイモ
はっしゅー　フジマメ
はっしょいも　ジャガイモ
はっしょーいも　キクイモ/ジャガイモ
はっしょーない　リョクトウ
はっしょーまめ　インゲンマメ/ササゲ/ツノハシバミ/ハッショウマメ/フジマメ
はっしょまめ　インゲンマメ/ツノハシバミ
はつだけ　ハツタケ
はったまめ　エンドウ
ばったまめ　エンドウ
ばったりばな　ホタルブクロ
はたんきょ　アマナ
はったんばら　ハリブキ/メギ
はっちく　ハチク
はっちゃん　サツマイモ
はっちょーぐさ　ドクダミ

ぱっちらこ	ヒガンバナ	はとかずら	アオツヅラフジ
ぱっちり	アセビ	はとがみ	ガガイモ
ぱっちりこ	ヒガンバナ	はとぎ	トクサ
ぱっちんこ	アセビ	はどぎ	ヤナギイチゴ
ぱっちんばな	ホウセンカ	はとぎぐさ	トクサ
ぱっつる	オキナグサ	はときびり	アオツヅラフジ／ツヅラフジ
ぱっと	ゴマギ	はとくびり	アオツヅラフジ／ハスノハカズラ
はつといも	キクイモ	はところし	アカガシ
ぱっとー	ゴマギ	はとのあし	ネジキ
はっとぐるみ	ツノハシバミ	はとはぐれ	コバンノキ
はっとりそー	ハエドクソウ	はどはぐれ	コバンノキ
はつな	タイサイ／ヨメナ	はとばのき	ハナイカダ
はつのこ	メドハギ／ヤマハギ	はとぽっぽ	ツユクサ
はっのこ	マルバハギ／メドハギ	はとぽっぽぐさ	ツユクサ
はっぱ	イタドリ	はとぽとくい	オヒシバ
ぱっぱー	フキ	はとまめ	フジマメ
はつばき	マサキ	はとむぎ	エンバク／ジュズダマ
ぱっぱぐさ	スズメノヤリ	はともち	クロガネモチ／モチノキ
はっぱこ	タンポポ	はとりき	クロモジ
はっぱっぐさ	トベラ	はどんは	ハドノキ
はっぱはっぱのき	サンゴジュ	はな	イタヤカエデ／カエデ／シキミ／ツメクサ／ハウチワカエデ／ヒケッキュウハクサイ／ヒサカキ／ベニニガナ／ベニバナ／メグスリノキ／ヨモギ／ワタ
ぱっはん	ワカメ		
はっぴちん	アセビ		
はっぺ	イタドリ	ばな	ツリガネニンジン
ぱっぺばな	サギゴケ	ぱな	ワタ
はつぽ	センニンソウ	はないたぎ	ハウチワカエデ
はっぽ	アセビ	はないたや	イタヤカエデ／カエデ／コミネカエデ／ハウチワカエデ／ミツデカエデ
はっぽー	センニンソウ		
はっぽーくさ	ウマノアシガタ／ツユクサ	はないだや	ハウチワカエデ
はっぽーぐさ	キツネノボタン	はないちご	モミジイチゴ
ぱっぽーぐさ	ツユクサ	はないぶし	ハナヒリノキ
はっぽぐさ	ツユクサ	はないも	キクイモ／サトイモ
ぱっぽぐさ	ツユクサ	はないんげん	ベニバナインゲン
はっぽん	イタドリ	はなうつぎ	ウツギ／タニウツギ／ニシキウツギ／ハナイカダ
はつまきぐみ	ナツハゼ		
はつまきぐみのき	ナツハゼ	はなうり	ウリノキ
はつまきぶどー	ナツハゼ	はなえぐさ	ニガキ
はつまつけのっ	ハゼノキ	はなえだ	シキミ
はつゆり	カタクリ	はなが	カゴノキ／シラカシ／シロダモ／タブノキ／ナガバアコウ／ハナガガシ／ヒメユズリハ／ミミズバイ
ぱてーうむ	サトイモ		
はてどこね	ツリガネニンジン		
はと	シリブカガシ／ハイネズ	はながい	ナガバアコウ
はど	イワガネ／イワガネソウ／ヤナギイチゴ／ナンバンカラムシ	はなかえで	イタヤカエデ／カラコギカエデ／ハウチワカエデ／ミツデカエデ
はとうり	ハヤトウリ	はなかがし	ツクバネガシ
はとかし	アラカシ	はながかし	シラカシ／ハナガガシ
はとがし	アカガシ／アラカシ／シラカシ／シリブカガシ	はなかぎ	スミレ
		はながき	スミレ／マメガキ
はどかし	アラカシ	はなかご	ノアザミ
はどがし	アカガシ／アラカシ／ツクバネガシ	はながごよー	チョウセンゴヨウ
		はなかし	ツクバネガシ

はながし　カゴノキ／ツクバネガシ
はなかずら　カニクサ
はなかたばみ　カタバミ／ムラサキカタバミ
はながたぶ　バリバリノキ
はながち　ムクゲ
はながは　シロダモ
はながもり　ナガバアコウ
はながら　ツゲモチ／ツユクサ／ハコベ／メナモミ
はながらくさ　コナギ
はながらごよー　チョウセンゴヨウ
はながんぎ　ナガバアコウ
はなかんざし　ハマカンザシ
はなかんらん　カリフラワー／ハボタン／マツバボタン
はなぎ　シキミ／ニワトコ
はなぎく　キク／ヨメナ
はなきび　キビ／トウモロコシ
はなきゃべつ　カリフラワー
はなぎり　ヒギリ
はなぐいかずら　ツルウメモドキ／テイカカズラ／テリハツルウメモドキ
はなくさ　エゾノキツネアザミ／オオバウマノスズクサ／ゲンゲ／ハチジョウナ／ヨモギ
はなぐさ　ゲンゲ／ツメクサ／ハハコグサ／ヒメアザミ／ヤクシソウ
はなぐちなし　コクチナシ
はなぐつ　サルトリイバラ
はなぐっ　サルトリイバラ
はなぐら　ツユクサ
はなぐり　サルトリイバラ／ハチジョウナ
はなぐりかずら　ヒヨドリジョウゴ
はなぐんのは　サルトリイバラ
はなげ　ゲンノショウコ
はなげぐさ　ゲンノショウコ
はなげやき　ケヤキ
はなこ　ナラガシワ
はなご　アオガシ／アラカシ／シロダモ
はなごけ　サルオガセ
はなごしょー　ジンチョウゲ
はなこぶ　サルノコシカケ
はなこぼし　カヤツリグサ／クグ／ナキリスゲ／ヒメクグ
はなこもぎ　マサキ
はなごんご　アカミノヤドリギ／ホザキノヤドリギ／ヤドリギ
はなさいとー　ベニバナインゲン
はなさかき　シキミ
はなざかき　シャシャンボ
はなさぎ　ベニバナインゲン
はなさげ　ベニバナインゲン
はなさふらん　サフランモドキ

はなしきみ　クロバイ／ハイノキ
はなしごよー　チョウセンゴヨウ
はなしさんじ　アオハダ
はなしば　アセビ／イヌマキ／サカキ／シキミ／ヒサカキ／マサキ
はなしばかっだ　スイカズラ
はなしばのき　シキミ
はなしび　ハナヒリノキ
はなしふくらし　アオハダ
はなしぶれん　オオカメノキ
はなしみぎ　ハナヒリノキ
はなしむぎ　ハナヒリノキ
はなしもぎ　カラコギカエデ／ハナヒリノキ
はなじゅーろく　ベニバナインゲン
はなしゅみぎ　ハナヒリノキ
はなしゅんぎ　ハナヒリノキ
はなしょーぶ　グラジオラス
はなしょみき　ハナヒリノキ
はなしょみぎ　ハナヒリノキ
はなしょみな　ハナヒリノキ
はなしょも　ハナヒリノキ
はなしょもぎ　ハナヒリノキ
はなしょよごみ　ハナヒリノキ
はなしんぎ　ハナヒリノキ
はなしんちち　ヤッコソウ
はなしんみ　ハクサンボク
はなずおー　キブシ
はなだ　ツユクサ
はなたかてんぐ　ヤマノイモ
はなたかめん　オニドコロ
はなたこ　ヤイトバナ
はなたご　ヤイトバナ
はなたちばな　ハマナシ／ヤブコウジ
はなだね　ゲンゲ
はなたまな　ハボタン
はなちょーちん　ツリガネニンジン
はなつき　ヒイラギ
はなったらし　クマノミズキ
はなったらしのき　ツノハシバミ
はなつね　イヌガヤ
はなつばき　マサキ
はなつら　ミズメ
はなつる　イヌガヤ
はなてしば　サカキ
はなな　ゴンズイ
ばななぐさ　カタバミ／ミヤコグサ
ななたまめ　ベニバナインゲン
はなにっけい　アオガシ
はなぬき　テツカエデ／ハウチワカエデ
はなのい　シキミ

はなのお　ヒガンバナ／ヒガンバナ
はなのき　アオモジ／アセビ／イタヤカエデ／カエデ／サカキ／サワシバ／シキミ／トウカエデ／ニワトコ／ハウチワカエデ／ハンノキ／マサキ／ヒトツバカエデ／ミズキ／ミツバウツギ
はなのしば　ヒガンバナ
はなのは　シキミ
はなのみ　ウイキョウ／シキミ
はなのもと　ツリガネニンジン
はなはくさい　ヒケッキュウハクサイ
はなばしゃ　ダンドク／ヒメバショウ
ぱなばしゃ　ダンドク
はなばしゅー　ヒメバショウ
はなばしょ　ダンドク
はなび　カヤツリグサハマスゲ／ヒデリコ
はなびぐさ　ウシクグ／カヤツリグサ／スズメノカタビラ
はなびせんこ　カヤツリグサ
はなびぜんこ　カラマツ
はなびせんこー　カヤツリグサ／コウガイゼキショウ
はなびせんこーくさ　ヒデリコ
はなびせんこーぐさ　ヒデリコ
はなびのはな　カヤツリグサ
はなひりぐさ　トキンソウ
はなひりのき　ハナヒリノキ
はなひる　クララ
はなぶさ　ウルップソウ
はなふすべ　ハナヒリノキ
はなぶろ　ベニバナインゲン
はなへり　ハナヒリノキ
はなほーきぐさ　ホウキギ
はなぼたん　マツバボタン
はなまがり　アサツキ
はなまる　シロウリ
はなみ　ベニバナインゲン
はなみかん　キヌガワミカン
はなみのき　シキミ
はなみょーが　ヤブミョウガ
はなむらさき　シキミ／ハナズオウ
はなむらだち　ダンコウバイ
はなもち　クロバイ／ハイノキ
はなもちのき　ザイフリボク
はなもみじ　イタヤカエデ／ハウチワカエデ
はなやすめぎ　ツリバナ
はなやなぎ　タチヤナギ
はなゆり　ヤマユリ
はなよ　ユズ
はなら　ミズナラ
はなわぎく　シュンギク
はなんぼ　アオウリ／シロウリ

はに　ハママンネングサ
ばに　クロツグ
はにくび　ハマボウフウ
はにし　ハコベ
はにら　ツルボ／ハコベ
はぬい　ツクバネ
はぬき　ハンノキ／ヒメヤシャブシ／ヤマハンノキ
はぬぎ　ハンノキ
はぬけ　アオツヅラフジ／シャガ／センニンソウ
はぬけいばら　キツネノカミソリ／ヒガンバナ
はぬけいびら　ヒガンバナ
はぬけかずら　アオツヅラフジ／センニンソウ／ヒヨドリジョウゴ
はぬけぐさ　ヒガンバナ
はぬけばー　ヒガンバナ
はぬけぶどー　ノブドウ
はぬす　サツマイモ
ぱぬす　サツマイモ
ばね　クロツグ
はねうま　アマドコロ／スミレ
はねかす　アサダ
はねかわ　アサダ
はねぎ　ニシキギ／ワケギ
はねっこ　ツクバネ
はねのき　ツクバネ
はねむま　アマドコロ
はねり　タブノキ
はねんま　スミレ
はのき　シオジ／トネリコ／ハンノキ／ヤマハンノキ
はのぎ　ハンノキ／ヤマハンノキ
はのじぐさ　ミゾソバ
はのぶ　サワグルミ
ばば　ウバメガシ
はばーきび　トウモロコシ
ばばーころし　リョクトウ
ばばいこーらい　トウモロコシ
ばばうり　シロウリ／マクワウリ
ばばがち　スミレ
ははき　ニシキギ
ははきぎ　ホウキギ
ははきぎもどき　ミチヤナギ
ははきのほ　コマユミ
ははぐさ　ハハコグサ
ばばぐさ　オキナグサ
ばばけむし　チカラシバ
ばばこ　オキナグサ
ははこくさ　ハハコグサ
ばばこくさ　オキナグサ
ばばころし　ノブドウ／リョクトウ
ばばごろし　サツマイモ

方言名索引 ● ははし

はしぐさ　ツユクサ
ばばじらみ　ヌスビトハギ
ばばずいこ　オカトラノオ
ははそ　クヌギ／コナラ／ミズナラ
ははそ　ウラジロガシ
ははた　ミズナラ
ばばっかしら　オキナグサ
ははっこ　ハハコグサ
ばばっちぎり　ニシキギ
ははな　ミズナラ
ばばなかせ　タニウツギ／ハコネウツギ
ばばのきんちゃく　ナズナ／ハコベ
ばばのくさ　オキナグサ
ばばのしらが　オキナグサ
はばのつつ　コウゾリナ
ばばのなかづれ　アズマギク
ばばふぐりのけ　オキナグサ
ばばふじ　ノブドウ
はばまき　アベマキ
ばばゆり　ウバユリ
ばばら　サルトリイバラ
ばばら　サルトリイバラ
はばりまめ　ソラマメ
はびてこぶら　ゴシュユ
はびょー　ヒユ
はびら　カクレミノ／ハクウンボク／ヤツデ
はびらしば　アオキ
はひろ　ヤマナラシ
はびろ　アカガシ／オオカメノキ／タブノキ／ハクウンボク
はびろがき　マメガキ
はびろかし　マテバシイ
はびろがし　アカガシ／マテバシイ
はびろのあかがし　アカガシ
はびろのおーかし　アカガシ
はぶくら　オギ
はぶそー　エビスグサ／カワラケツメイ
はぶちゃ　エビスグサ／カワラケツメイ／ハブソウ
はぶちょー　カクレミノ
はぶてごーら　オオケタデ
はぶてこぶら　アカメガシワ／キササゲ／ゴシュユ
はぶと　ヤマハンノキ
はぶとがし　アカガシ／アラカシ／ツクバネガシ
はぶらし　トクサ
はふり　ヤマナラシ／ヤマハンノキ
はふりき　ヤマナラシ
はふりぎ　ヤマナラシ
はふりのき　ヤマナラシ／ヤマハンノキ
はぶろばそ　ミズナラ

はぶんそー　エビスグサ
はべ　ウバメガシ
ばべ　ウツボグサ／ウバメガシ／ドングリ
はべがし　ウバメガシ
ばべがし　ウバメガシ
ばべしま　イチジク／ドングリ
ばべどんぐり　ウバメガシ
ばべのき　ウバメガシ
はべら　ハコベ
はへる　ノビル
はべるばー　イチョウ
はほーずき　ベンケイソウ
はぽか　コシアブラ
はほぜりのき　クロモジ
はぽそ　ウラジロガシ／カラスザンショウ／シラカシ／タイミンタチバナ／ツクバネガシ／バリバリノキ／ホルトノキ
はぽそがし　ツクバネガシ
はぽそのおーかし　ツクバネガシ
はぽそもみじ　イタヤカエデ
はぽたん　ダリア／マツバボタン
はぽろ　カクレミノ／ヤツデ
はぽろし　カクレミノ／ヤツデ
はぽろせ　コクサギ
はぽろり　アリドオシ
はまあかざ　ツルナ
はまあさがお　ハマヒルガオ／ヒルガオ
はまうつぎ　ベンケイソウ
はまうぶとり　クロキ
はまうまべ　ハマヒサカキ
はまえんど　カラスノエンドウ／ハマエンドウ
はまえんどー　ハマエンドウ
はまおもと　ハマオモト
はまがき　ツルウメモドキ
はまかし　ウバメガシ／モチノキ
はまがし　ウバメガシ／ミミズバイ
はまかづら　グンバイヒルガオ／ハマゴウ
はまがみ　ハマオモト
はまがん　ハマオモト
はまかんだ　グンバイヒルガオ
はまきい　ハマボウフウ
はまぎー　ハマボウフウ
はまきく　ハマボウフウ
はまぎく　イソギク／シュウメイギク
はまきり　ハマボウフウ
はまぎり　ハスノハギリ／ハマボウフウ
はまくぐ　シオクグ
はまぐさ　イブキジャコウソウ／ボウフウ
はまくさらかし　ハマヒサカキ
はまくすかずら　ハマナタマメ

はまくねぶ　コウシュウヤク
はまぐみ　アキグミ／ナワシログミ
ばまくら　ホウセンカ
はまぐるみ　サキシマスオウノキ
はまぐんぽー　アザミ
ぱまぐんぽー　アザミ
はまけやき　ハルニレ
はまごのり　アオノリ
はまごぽ　ハマボウフウ
はまごぽー　オニアザミ／ハマアザミ／ハマボウフウ
はまごまめ　ハマエンドウ
はまごんぽ　ハマアザミ
はまさかき　ハマヒサカキ
はまざかき　ハマヒサカキ
はましおん　ウラギク
はまじかん　カマツカ
はまじさ　ツルナ
はまじしゃ　ツルナ
はましば　コウボウムギ
はまじまぐさ　キランソウ
はまじんずこ　ヤマハハコ
はますいば　イタドリ
はますぎ　ネズミサシ
はますげ　コウボウムギ
はまそー　コウボウムギ
はまそーめん　スナヅル
はまたでわき　ハマナタマメ
はまちぎ　アカテツ
はまちゃ　ツルナ／ハマキャベツ／ハマゴウ
はまちゃ　カワラケツメイ
はまつ　ウラジロノキ
はまつげ　イヌツゲ／ハマヒサカキ
はまつばき　アカテツ／タブノキ／トベラ／ハマゴウ／
　ハマボウ／マサキ
はまなし　カイドウ／カマツカ／ヤブサンザシ
はまなでしこ　ハマナデシコ
はまにり　ハマボウフウ
はまにんじん　ハマゼリ／ハマボウフウ／ヤブジラミ
はまねこ　ネコヤナギ／ノウルシ
はまねこのちち　ノウルシ
はまのえんど　ハマエンドウ
はまのまめ　ハマエンドウ
はまはい　イワダレソウ
はまはぎ　ハマゴウ
はまばしょー　ハマオモト
はまひさかき　ハマヒサカキ
はまびしゃかき　ハマヒサカキ
はまびしゃこ　ハマヒサカキ
はまびろ　エゾネギ
はまべ　ヒガンバナ

はまぽー　カワラヨモギ／ハマゴウ
はまほーのき　ハマゴウ
はまぽーふー　ボタンボウフウ
はままず　クロマツ
はままつ　オノマンネングサ／カワラハハコ／クロベ／
　クロマツ／ネズミサシ／メノマンネングサ
はままめ　ハマナタマメ
はまむぎ　コウボウムギ
はまむくど　ハマボウ
はまめ　アオガリダイズ
はまもち　モクレイシ
はまもっこく　シャリンバイ
はまやなぎ　スズサイコ
はまゆい　ハマオモト
はまゆー　アマモ／ハマオモト
はまゆり　スカシユリ（エゾスカシユリ）／ノカンゾ
　ウ／ハマオモト／ミミナグサ
はまよー　ハマオモト
はまよもぎ　カワラヨモギ／フクド
はまれんげ　ベンケイソウ
はまんこ　ハマオモト
はまんだら　ハゲイトウ
はまんぽ　コウボウムギ／ハマボウ／ハマボウフウ
はまんぽー　ハマゴウ
はみがき　トクサ
はみがきぐさ　トクサ
はみぐさ　シバ
はみずはなみず　キツネノカミソリ／ヒガンバナ
はみそー　カタバミ／サンシチソウ
ばむぎ　エンバク
ばめ　ウバメガシ／タラノキ
ばめがし　ウバメガシ
ばめき　ウツギ
ばめき　ギボウシ
ばめのき　タラノキ
はめのしぼ　ヒガンバナ
はも　ハリモミ
はもがせ　コバンモチ／ホルトノキ
はもぎ　キツネノカミソリ／ヒガンバナ
はもくれん　タイサンボク
はもげ　コクサギ／ヒガンバナ
はもけぎ　ハマクサギ
はもじ　センニチコウ／センニンソウ
はもじき　センニチコウ
はもの　アセビ
ばもみじ　ウリカエデ
はもも　ハナイカダ
はもり　アセビ
はもりしば　アセビ
はもれ　アセビ

はもろ　アセビ
はやさい　ヒケッキュウハクサイ
はやしうり　ハヤトウリ
はやといも　ジャガイモ
はやなえみかん　キヌガワミカン
はやまめ　インゲンマメ
はやりくさ　ムラサキカタバミ
はゆす　サカキ／モッコク
はゆり　ウバユリ
ばら　アザミ／イバラ／ウコギ／サイカチ／テリハノイバラ／ノイバラ／ハマナシ／ハラン／ハリギリ／ハリモミ／ヒイラギ／モロコシ／ヤブイバラ
ばらー　ハラン
ばらあび　カジイチゴ
ばらいちご　キイチゴ／クサイチゴ／クマイチゴ／ナワシロイチゴ／モミジイチゴ
ばらいも　サトイモ／ジャガイモ／ツクネイモ／ナガイモ
ばらお　ヤブイバラ
ばらからず　アンズ
はらきび　キビ
ばらきび　ホウキモロコシ
ばらくそ　クスドイゲ
ばらぐみ　スグリ
ばらくろ　ヒメバラモミ
ばらぐろ　イバラ
はらくわいいちご　ナワシロイチゴ
ばらしー　リンボク
はらしおで　サルトリイバラ
ばらしおで　サルトリイバラ
はらしば　オオカメノキ
ばらすいこ　イシミカワ／ママコノシリヌグイ
ばらすぐり　スグリ
はらたちいばら　サルトリイバラ
はらたちくさ　カタバミ
はらたちばな　カタバミ
ばらだら　タラノキ
ばらつが　ハリモミ
ばらっぱ　サルトリイバラ
ばらなぎ　ナギイカダ
ばらのき　サイカチ／サルトリイバラ／ハリギリ
はらのくさ　ゲンノショウコ
ばらのは　サルトリイバラ／ヌスビトハギ
ばらはくさい　ヒケッキュウハクサイ
はらはら　アブラチャン
はらひり　シオジ
ばらぼーずき　ノイバラ
ばらぼたん　テリハノイバラ／ハマナシ／バラ
はらみだせ　アオモジ
ばらも　ネズミサシ／ハリモミ
ばらもみ　ハリモミ

はらん　ヒトツバ
ばらん　ハラン／ヒトツバ
ばらんば　ハラン
はり　ハンノキ
ばり　ヒルムシロ
はりえんじゅ　サイカチ／メギ
はりがねくさ　イワニガナ
はりがねそー　クジャクシダ
はりがねぼーとり　スズメノヤリ
はりぎ　コノテガシワ／ハンノキ／ヤマハンノキ
はりぎく　センダングサ
はりぎり　カラスザンショウ
はりげのき　カンコノキ
ばりこのき　イヌガヤ
はりそば　ママコノシリヌグイ
ばりたれのき　ミズナラ
はりな　タカナ
はりなが　ゴヨウマツ
はりなすび　チョウセンアサガオ
はりのあるき　サボテン
はりのき　ハリギリ／ハンノキ／ヤシャブシ／ヤマハンノキ
ばりばしば　ハイノキ
はりはり　シロモジ
ばりばり　アカソ／ウバメガシ／バリバリノキ
ばりばりかずら　ノブドウ
ばりばりしば　アセビ／トベラ
ばりぱりそー　ムギワラギク
ばりぱりのき　イヌガヤ
ばりぱりのき　イヌガヤ／カラムシ／コアカソ／ヒノキ
ばりばりん　ヒノキ
はりぽく　メギ
ばりまき　コナラ
はりまぎ　カンコノキ
はりますげ　ヒメカンゾウ
はりまつ　ネズミサシ
はりまめのき　サイカチ
はりめかし　イヌガヤ
はりめがし　イヌガヤ
はりめぎ　カンコノキ／ヤマハンノキ
はりもみ　ハリモミ
ばりょーむぎ　オオムギ
ばりん　コウボウムギ
はるあざみ　ノアザミ
はるいちご　ナワシロイチゴ
はるおみなえし　カノコソウ
はるぐみ　ナワシログミ
はるげ　カンコノキ
はるこ　クロナ
はるじらみ　ヌスビトハギ

はるたま　スイセン／スイゼンジナ	ばんごーし　ホルトノキ
はるな　アブラナ／クロナ／コマツナ／タカナ／トウナ／ヒケッキュウハクサイ／ミズナ	はんこのき　ニシキギ／マユミ
	はんこのぎ　ツクバネ／ニシキギ
はるのき　ハンノキ／ミヤマカワラハンノキ／ヤシャブシ／ヤマハンノキ	はんごのき　ツクバネ／ツクバネウツギ
	はんさ　ウワミズザクラ／ミズメ／リンボク
はるはしゃげ　ダンコウバイ	ばんざ　ハンノキ／ヤマハンノキ
はるばる　ザイフリボク	はんさざくら　リンボク
ばるはんだま　ウスベニニガナ	ばんざのき　ヤブデマリ
はるひめゆり　アマナ／カタクリ	はんざぶくろ　バクチノキ
はるぽこり　タカナ	はんし　サツマイモ
はるまた　スイゼンジナ	はんじ　ヌルデ／ヤマウルシ
はるまめ　ソラマメ／ツリバナ	はんじうるし　ヤマウルシ
はるみかん　キヌガワミカン／ナツミカン	はんじけ　マユミ
はるむん　リクトウ	はんじのき　ヤマウルシ
はるもの　リクトウ	はんしゃ　ガガイモ／ミズメ／リンボク
はるもん　リクトウ	はんじゃ　ガガイモ
はるよばわり　ハシリドコロ	ばんじゃがき　シャシャンボ
はるらん　シュンラン	はんしゃくな　タカナ
ばれいしょ　ジャガイモ	ばんしゅー　サツマイモ
ばれいしょー　ジャガイモ	はんしゅん　サツマイモ
ばれーしょ　ジャガイモ	ばんじょー　ヒガンバナ
ばれーしょー　ジャガイモ	ばんしょーうい　パパイヤ
ばれーちょ　ジャガイモ	はんしょばな　ジギタリス
はれぐさ　センニンソウ	はんしん　サツマイモ
はれはれ　アブラチャン／シロモジ	はんす　サツマイモ
はれはれのき　シロモジ	ぱんすー　サツマイモ
ばれん　ケカモノハシ／ハラン	ばんすぅいー　パパイヤ
はれんげ　ノウゼンハレン	はんずきまめ　エダマメ
ばれんちょ　ジャガイモ	はんずん　ゲンゲ
ばれんちょー　ジャガイモ	はんぜ　ヤマウルシ
はろけし　ヒナゲシ	はんぞー　ヤブカンゾウ
はわらもも　モモ	ばんそー　ゲンゲ
はん　メドハギ	ばんぞー　ハンノキ／ヤマナラシ
ばん　ハンノキ／ヤマハンノキ	ばんそーき　ハンノキ
はんがい　タイサイ	ばんぞーぎ　ハンノキ／ヤマハンノキ
はんがいな　タイサイ	はんぞーのき　マタタビ
ばんかぜり　オランダガラシ	はんた　ハンノキ
はんがだけ　ヤダケ	ばんだ　ハンノキ
ばんがち　サルトリイバラ	ばんだえぐさ　ヒメムカシヨモギ
はんぎ　カラスビシャク／ニシキギ／ハンノキ	ばんだえこむぎ　ヒメムカシヨモギ
ばんぎ　ハンノキ	はんだつ　アケビ
はんきたー　ノボタン	はんだつかずら　アケビ
はんくさ　オヒシバ／メヒシバ	はんたま　スイゼンジナ
はんげ　カラスビシャク／テンナンショウ	はんだま　スイゼンジナ
はんげいも　ジャガイモ	はんだよし　ツクネイモ／ナガイモ
はんげくさ　ハンゲショウ	はんたんぐいちい　ムラサキシキブ
はんげしょー　ハンゲショウ	ばんち　ウグイスカグラ
はんげだま　カラスビシャク	はんちゃ　シャシャンボ
はんげったま　カラスビシャク	ばんちゃ　アセビ
はんごえ　ツクバネ	ばんちゃぎ　アセビ

はんちん　サツマイモ
はんちんんむ　サツマイモ
はんつー　ハンノキ
はんつけ　ツルウメモドキ／ナツハゼ／ハコネウツギ
ばんていし　イヌツゲ／ハクチョウゲ
ばんてやき　アセビ
ばんでやき　ネジキ
はんてんのき　ユリノキ
はんどー　ハドノキ／ヤナギイチゴ
ばんどー　イワガネ／ドクダミ
ばんどのき　ハンノキ
ばんどはぎ　コアカソ
ばんどやき　シャシャンボ
ばんどりいも　サトイモ
はんねんこー　サルスベリ
はんのき　イヌツゲ／オオバヤシャブシ／ニシキギ／ハンノキ／ホオノキ／マユミ／ミヤマカワラハンノキ／ミヤマハンノキ／ヤシャブシ／ヤマハンノキ
ばんのき　ハンノキ／ヤマハンノキ
ばんば　オキナグサ／ナツグミ
ばんばーときび　トウモロコシ
はんばいな　シラヤマギク
ばんばがき　カマツカ
ばんはくさ　オキナグサ
ばんばさんぐさ　カモジグサ
ばんばそー　オキナグサ／マツヨイグサ
ばんばな　アヤメ／タケニグサ
ばんばは　オキナグサ
ばんばら　キビ
ばんばら　キビ
ばんばんぐさ　イノコズチ
ばんばんくさ　カラムシ
ばんばんぐさ　カラムシ
ばんばんとーきび　トウモロコシ
ばんばんとーびき　トウモロコシ
はんびょー　イヌビユ
ばんぶくろ　ツリガネニンジン
はんべ　ハンノキ／ヤマハンノキ
はんべん　タブノキ
ぱんぽこ　アカザ
ぱんむぎ　ライムギ
はんも　ヒガンバナ
はんもげ　キツネノカミソリ／ヒガンバナ
はんや　ガガイモ
ぱんや　イケマ／ガガイモ／ワタ
はんらま　スイゼンジナ

【ひ】

ひ　ヒノキ
び　ナス
ぴ　イバラ
ひあかざ　イヌビユ／ヒユ
ひあき　アベマキ
ひあさがお　マツヨイグサ
ひー　アサツキ／イヌビユ／キカシグサ／スベリヒユ／ニンニク／ネギ／ヒエ／ヒユ／メヒシバ
びー　イグサ
びーあさんぐる　カクレミノ
ひーかち　スミレ
ひーかり　ツユクサ
ひーがんぽ　ツクシ
ひーがんぼ　ツクシ
ひーかんぼーず　ツクシ
びーぐ　イグサ
ひーぐさ　スベリヒユ／ハコベ
びーぐさ　ハコベ
ひーぐみ　ナツグミ
ひーごくさ　カラスムギ
ひーこたま　ツクバネ
ひーごのおしり　スミレ
ひーこのき　ツクバネ
ひーごむぎ　カラスムギ
びーざ　ニラ
ひーさんばな　ヒガンバナ
ひーしば　マサキ
びーず　ハコベ
ひーずる　ハコベ
ひーずるくさ　ハコベ
ひーたん　カバノキ
ひーち　タイミンタチバナ
ひーちょー　ミズメ
ひーつきぐさ　ヌスビトハギ
ひーつきもんず　ヌスビトハギ
ひーつきゃにぎ　ハリハマムギ
ぴいっこ　ナワシロイチゴ
ぴーっこ　ナワシロイチゴ
ひーてるそー　マツバボタン
びーどろ　ジャノヒゲ
ひーな　イヌビユ／ヒユ
ひーながき　マメガキ
ひーなくさ　チドメグサ
ひーなぐさ　オキナグサ
ひーなり　ネズミモチ
ひーなんばな　ヒガンバナ
ひーなんばら　ヒガンバナ
ひーなんぼ　ドングリ

ひーにゃー　イヌビユ
ひいね　スイトウ
びーのき　フヨウ
ひーのは　ヒユ
びーのみ　ナワシログミ
ひーば　アカザ／イヌビユ
びいば　アカザ
ひーばら　ヒイラギ
びーび　ナツグミ
びーびー　グミ／スズメノテッポウ
びーぴー　カンゾウ（萱草）／スズメノテッポウ
びーぴーうつぎ　ウツギ／ゴゴメウツギ
びーびーがら　イタドリ
びーびーぎー　マサキ
ひーひーぐさ　スズメノテッポウ
びーびーくさ　スズメノテッポウ
びーびーぐさ　キツネノボタン／スズメノテッポウ
びーぴーくさ　ウマノアシガタ／スズメノテッポウ／チガヤ／ハコベ／ヤブカンゾウ
びーぴーぐさ　ウマノアシガタ／カンゾウ（萱草）／キリンソウ／キンエノコロ／クサフジ／スズメノテッポウ／ナツズイセン／ノカンゾウ／ハコベ
びーぴーさし　ウマノアシガタ
びーびーされ　ウマノアシガタ
びーぴーしば　マサキ
ひーひーだけ　ヨシ
びーびーっぱ　マサキ
びーびーな　カンゾウ（萱草）
びーびーのき　グミ
びーぴーのき　マサキ
びーぴーばな　タンポポ
びーびーびー　ハマエンドウ
ひーびがや　イヌガヤ
ぴーぴぐさ　スズメノテッポウ
ぴーぴこ　カンゾウ（萱草）／スズメノテッポウ
ぴーぴっぱ　カンゾウ（萱草）
ぴーひょろ　カンゾウ（萱草）
ひーびらびー　スベリヒユ
ひーひりこっこ　ヒガンバナ
ひーふ　スベリヒユ
ぴーふさりかざ　ヤイトバナ
ひーぽーき　メヒシバ
ぴーまん　トウガラシ
びーもの　ヒルムシロ
びーよーま　クワズイモ
びーら　ヒイラギ
びーら　ニラ
ひいらき　アリドオシ
ひーらぎ　アリドオシ／イヌツゲ／ジュズネノキ／ニシキギ／ネズミサシ／ヒメツゲ／リンボク

ひーらぎかし　リンボク
ひーらぎがし　リンボク
ひーらだ　スズメノテッポウ
ひーらのき　ヒイラギ
ひーらんだ　スズメノテッポウ
ひーらんぽ　ドングリ
びーり　ミル
ひーりこっこ　ヒガンバナ
ひーる　ノビル
びーる　ミル
ひーるくさ　チドメグサ／ツユクサ／ヒルムシロ
ひーるぐさ　コナギ／チドメグサ／ツユクサ
びーるくさ　コナギ／ノチドメ
びーるぐさ　スズメノチャヒキ／チドメグサ
びーるむぎ　ライムギ
ひーろぐさ　チドメグサ
ひうかし　ネズミサシ
ひうじ　カラムシ
ひうちぐさ　カラムシ
ひえ　イヌビユ／スズメノテッポウ／ノビエ／ミノゴメ
ひえいちご　クマイチゴ
ひえからぼくち　ノゲシ
ひえがらぼっち　ノゲシ
ひえぎあわぎ　ニワトコ
ひえぎおーぎ　ニワトコ
ひえきみ　キビ
ひえくさ　ノビエ
ひえぐさ　ノビエ
ひえだんご　アズキナシ
ひえだんご　ウラジロノキ／カナクギノキ
ひえっつぶれ　ヤエムグラ
ひえなし　ナシ
ひえび　イヌガヤ
ひお　ガンピ（雁皮）／コウゾ
ひおーぎ　シャガ
ひおぎ　ヒオウギ
ひおもち　ヒガンバナ
びががず　イヌツゲ
ひかげあおもみじ　ウリカエデ
ひかげまめ　アオガリダイズ
ひがさぐさ　オヒシバ／メヒシバ
ひがさばな　オヒシバ／メヒシバ
ひかずら　スイカズラ
ひかば　シラカンバ／ダケカンバ
ひかぶら　カエンサイ
ひがや　チガヤ
ひがら　ヤブラン
ひかり　ツユクサ
ひかりば　イワカガミ
ひかわ　アスナロ

ひがんぎ　アオモジ／アセビ
ひがんきょ　アセビ
ひがんぐさ　スギナ／ヒガンバナ
ひがんざくら　イヌザクラ／エドヒガン／オオハルシャ
　　ギク／コスモス／コブシ
ひがんじー　ツブラジイ
ひがんぞ　ヒガンバナ
ひがんそー　オノマンネングサ／ヒガンバナ
ひがんだんぽ　ツクシ
ひがんな　コマツナ
ひがんのき　アセビ
ひかんば　シラカンバ
ひがんばな　キツネノカミソリ／クサボケ／シオン／シ
　　ラン／ナツズイセン／ヒオウギ／ヒガンバナ
ひがんばら　ヒガンバナ
ひがんばん　ヒガンバナ
ひがんぼ　ツクシ／ヒガンバナ
ひがんぼいぼい　ツクシ
ひがんぼー　ツクシ
ひがんぼーさ　ツクシ
ひがんぼーし　スギナ
ひかんぼーず　ツクシ
ひがんぼーず　スギナ／ツクシ
ひがんぼく　メヒラギ／リンボク
ひがんぼし　ツクシ
ひがんむーず　ツクシ
びき　キビ
びきあさてい　クロガネモチ
ひきあみぐさ　カリヤス
ひきぐさ　オオバコ
びきくさ　オヒシバ
びきぐさ　オオバコ／ミゾソバ
ひきざくら　アオハダ／コブシ／タムシバ
ひきさげ　アカメガシワ
ひきざら　タニウツギ
ひきさんぼ　アオツヅラフジ
ひきしば　シキミ
ひきしょーぶ　ハンゲショウ
びきしょーぶ　ハンゲショウ
びきたず　ニワトコ
ひきだら　ウツギ／タニウツギ
びぎとぅるな　オオバコ
ひきのかさ　タガラシ
ひきのき　ミヤマハハソ
ひぎのき　イヌガヤ
びきのつらがき　ミゾソバ
びきのはかま　ミゾソバ
びきのはなとーし　ヌメリグサ
ひきび　アケビ
ひきひき　オオバコ

びきびき　オオバコ
ひきよもぎ　ハハコグサ
ひぎり　アサ
ひきわりまめ　ソラマメ
びぐ　イグサ
びぐい　イグサ／クワズイモ
ひぐさ　オトギリソウ／オドリコソウ／スベリヒユ
びくにいも　ジャガイモ
ひぐばな　ケイトウ
びくばな　ケイトウ
ひぐみ　アキグミ
ひくらがし　シラキ／ネジキ
ひぐらし　ウツボグサ／クサネム／ツユクサ／ヌルデ／
　　ネムノキ／マツバボタン
ひぐらしのき　ネムノキ
ひぐるま　ツクバネ／ツクバネウツギ／ヒマワリ
ひぐるまそー　ヒマワリ
ひぐるみ　オニグルミ
ひぐれぐさ　トキンソウ
ひぐろ　ネズミサシ
ひくろぎ　エゴノキ
ひげ　イヌビエ
びけーし　ハイビャクシン
ひげぐさ　エノコログサ／チカラシバ
ひげじさ　ユキノシタ
ひげつつじ　モチツツジ
ひげにんじん　ウイキョウ／トチバニンジン
ひげめめじょ　チカラシバ
ひげもも　モモ
ひこ　キハダ／クコ／ボタン
びご　イグサ
びごい　イグサ
ひこーきくさ　ノボロギク
ひこーきぐさ　ダンドボロギク／ノボロギク
ひこーきまめ　フジマメ
ひこげり　イヌマキ
ひこごま　ホルトソウ
ひごずた　ヒメイタビ
ひこそにっけい　ヤブニッケイ
ひこのき　キハダ
ひこはち　シャリンバイ
ひこぴろ　ナズナ
ひごまめ　ソラマメ
ひころ　キハダ
ひさかき　ハマヒサカキ／ヒサカキ
びさかき　ヒサカキ
ひざかぎしば　ヒサカキ
ひさき　アカメガシワ
ひさげ　アカメガシワ
ひさげのき　アカメガシワ

ひささき ヒサカキ	
ひささぎ ヒサカキ	びじんまめ インゲンマメ
ひし ハマビシ	ひずー ハコベ
ひじき タイミンタチバナ	ひずず ハコベ
ひじぎ タイミンタチバナ	ひずり スベリヒユ／ハコベ／ハハコグサ
ひしこーり サワフタギ	ひずりくさ ウシハコベ／ハコベ
ひしてばな ノカンゾウ／ハマボウ	ひずりぐさ ハコベ
ひしな スベリヒユ／ヒユ	ひずりそー ハコベ
ひじのき タイミンタチバナ／ヤチダモ	ひずる ノミノフスマ／ハコベ
ひしまゆみ マユミ	ひずるくさ ハコベ
ひしゃ チシャノキ	ひずるぐさ ハコベ
びしゃ クロモジ／ヒサカキ	ひずるめ ハコベ
ひしゃかき ヒサカキ	ひずれ ハコベ
びしゃかき ヒサカキ	ひずれくさ ウシハコベ
びしゃがき ヒサカキ	ひずれぐさ ハコベ
びしゃかけ ヒサカキ	ひせ ヒエ
ひしゃく アサダ	ひぜりそー マツバボタン
びしゃぐれ アブラチャン	ひぜん ヒガンバナ
ひしゃげ アカメガシワ	ひぜんくさ クサノオウ
ひしゃげのき アカメガシワ	ひぜんぐさ スズメノテッポウ／ヤエムグラ
ひしゃこ ヒサカキ	ひぜんば コアカソ／コウヤボウキ
びしゃこ ヒサカキ	ひぜんばな ウマノアシガタ／キツネノカミソリ／ノビル／ヒガンバナ
びしゃご ヒサカキ	
びしゃこー ヒサカキ	ひそ オオシラビソ／シラビソ／トウヒ
ひしゃしゃき ヒサカキ	びそ アオノリ
ひしゃしゃぎ ソヨゴ／ヒサカキ	びぞんそ ヒャクニチソウ
びしゃしゃき ヒサカキ	ひたいすぎ ヌルデ
びしゃしゃく ヒサカキ	ひだえも サトイモ
びしゃしゃこ ヒサカキ	ひだけ マダケ
びしゃた ヒサカキ	ひたしまめ アオマメ
びしゃだ ヒサカキ	ぴたつい ヒハツ
びしゃっこ ヒサカキ	ひたっのき アオガシ
びしゃっこー ヒサカキ	ひだま イヌガヤ
びしゃのき キササゲ	ひだまがや イヌガヤ
びしゃびしゃ ツリガネニンジン	ひたりねじ チョロギ
ひしゃぶ ヒサカキ	ひだりねじ ネジバナ
びしゃもんぐれ アブラチャン	ひだりねじり ネジキ
びしょーかき ヒサカキ	ひだりねじれ ネジキ
びしょぎ ヒサカキ	ひだりまえ ネジバナ
びじょざくら クサキョウチクトウ	ひだりまき ネジバナ
びじょやなぎ ビヨウヤナギ	ひだりまぎ ネジバナ
ひじら メヒシバ	ひだりまめ ソラマメ
ひじり ハコベ	ひだんぼーず ツクシ
ひじる ハコベ	ひちーがし タイミンタチバナ
ひじわ メヒシバ	ひちがし タイミンタチバナ
ひじん ウラジロカンコノキ	ひちぎ タイミンタチバナ
びじんそ ヒメバショウ	ひちく ハチク／マダケ
びじんそー アメリカナデシコ／カンナ／クサキョウチクトウ／ケシ／サネカズラ／ハルシャギク／ヒナゲシ／ヒャクニチソウ／ホウセンカ／ミヤマヨメナ／ユキノシタ	ひちぐさ ナズナ
	ひちじょー クロガネモチ
	ひちとー カヤツリグサ／シチトウ／フトイ

ひちな　ヒケッキュウハクサイ
ひちのき　タイミンタチバナ
ひちへん　オオムギ
ひちへんげ　アジサイ
ひちみとーがらし　トウガラシ
ひちめんちょー　アジサイ
ひちゃーぶずき　センナリホオズキ
ひちゃこ　ヒサカキ
ひちゃちゃき　ヒサカキ
ひちゃちゃけ　ヒサカキ
ぴちゃぴちゃあおさ　アオノリ
ひちりんそー　クリンソウ
ひついただき　ホシクサ
ひっかけ　スミレ
ひっかけばな　スミレ
ひっかっこね　スミレ
ひっからげ　ボタンヅル
ひつき　タイミンタチバナ／ヌスビトハギ
びつき　ハマイヌビワ
びっきくさ　アゼナ／オオバコ／オキナグサ
びっきぐさ　オオバコ／カキドオシ／ミゾソバ
びっきたんこ　ヒョウタンボク
びっきっぱ　オオバコ
びっきてんこ　ヒョウタンボク
ひつきにぎ　ハリハマムギ
びっきのあし　オニノヤガラ
ひつぎのき　タイミンタチバナ
びっきのくそ　クサノオウ／タケニグサ
びっきのこ　オオバコ
びっきのつらかき　イシミカワ／ママコノシリヌグイ／ミゾソバ
びっきのは　オオバコ
びっきのはなとし　ヌメリグサ
びっきのひるぐさ　ミゾソバ
びっきぱ　オオバコ
びっきばな　ケマンソウ
ひつきゃにぎ　アリドオシ
ひっきらぎ　ナガバアコウ
びっきりこ　オオバコ
びっきりこー　オオバコ
びっきりんぽ　オオバコ
びっきんくさ　オオバコ
びっきんぐさ　オオバコ
びっくりぐみ　ナツグミ
びっくりそー　オジギソウ
びっこくさ　スズメノテッポウ
ひっさき　アカメガシワ
ひっさげ　アカメガシワ
ひっさけのき　アカメガシワ
ひっさげのき　アカメガシワ

ひつじ　ツツジ
ひつじぐさ　スイレン
びっしゃっこ　ヒサカキ
ひっじり　ハコベ
ひったま　イヌガヤ
びっち　トマト
ひっちぇーし　オキナワハイネズ
びっちょ　スミレ
びっちょぐるみ　オニグルミ
びっつ　トマト
ひっつき　センダングサ／タイミンタチバナ／モチツツジ／ヤエムグラ
ひっつきぐさ　ウリクサ／キンミズヒキ／ヌスビトハギ／ミズヒキ
ひっつきつつじ　モチツツジ
ひっつきばー　ヌスビトハギ
ひっつきばな　ハコベ
ひっつきべったり　ヌスビトハギ
ひっつきぼー　イノコズチ
ひっつきまんご　イノコズチ
ひっつきもち　イノコズチ／オナモミ
ひっつきもっつき　ヤエムグラ
ひっつきもも　イノコズチ
ひっつっだん　ミソナオシ
ひっつっぷれ　ウシクサ
びっつるまめ　エンドウ
ひっつん　タイミンタチバナ
びってー　イチジク
ひつとば　マルバノキ
ひつのき　タイミンタチバナ
びっぴ　カンゾウ／ヤブカンゾウ
びっぴーぐさ　スズメノテッポウ
びっぴくさ　スズメノテッポウ
びっぴぐさ　スズメノテッポウ／ニワホコリ
びっぴんき　マサキ
ひつる　ハコベ
ひで　ネズミサシ
ひでぐさ　スズメノテッポウ
ひでこ　シオデ
ひでりくさ　スベリヒユ／マツバボタン
ひでりぐさ　イチハツ／スベリヒユ／マツバボタン
ひでりこ　スベリヒユ／マツバボタン
ひでりこー　マツバボタン
ひでりこばな　ネジバナ
ひでりそー　イチハツ／スベリヒユ／ヒルガオ／マツバボタン／ユキノシタ
ひでりば　マツバボタン
ひでりばな　マツバボタン
ひでりびー　スベリヒユ
ひでりもー　マツバギク

ひでんそー　マツバボタン	ひなじょ　トウモロコシ
ひでんばな　ヒガンバナ	ひなじょときっ　トウモロコシ
びとぅうばいふさ　オジギソウ	ひなたぎく　マツバボタン
ひとぅつば　マキ	ひなたくさ　アレチノギク
びとぅとうふぁ　マキ	ひなたぐさ　マツバボタン
ひとえぐさ　キキョウ	ひなたそー　マツバボタン
ひとかずら　フウトウカズラ	ひなとーきび　トウモロコシ
ひとかわむぎ　オオムギ	ひなときび　トウモロコシ
ひとくちがき　マメガキ	ひなのごーし　ゴキヅル
ひとこえよばり　キケマン	ひなま　アカザ
ひとこえよぼり　キケマン	ひなよもぎ　ハハコグサ
ひとこしょー　トウガラシ	ひなら　コナラ
ひところばし　ドクウツギ／ヒョウタンボク	びなんかずら　サネカズラ／マツブサ
ひところばす　ドクウツギ／ヒョウタンボク	びなんす　ノカンゾウ
ひところび　カンボク／ドクウツギ	びなんせき　サネカズラ
ひとさご　ホウセンカ	びなんそー　サネカズラ／トロロアオイ
ひとさしくさ　イラクサ	ひなんばな　ヒガンバナ
ひとちば　オオカメノキ	ひなんばら　ヒガンバナ
ひとつっぱ　ウリカエデ／オオカメノキ／カタバミ／スイバ／ツボクサ／ハクウンボク／ヒトツバ／マルバノキ	ぴにきー　マングローブ
	ひぬき　アスナロ／ヒノキ
ひとつば　アオハダ／アカメガシワ／イチイ／イヌマキ／ウラジロノキ／エゴノキ／オオカメノキ／カクレミノ／カンアオイ／ツボクサ／ノキシノブ／ハクウンボク／ハラン／ヒトツバカエデ／ヘラシダ／マキ	ひぬぎ　ヒノキ
	ひね　アサ
	ひねかずら　サネカズラ
	ひねざんしょ　イヌザンショウ
	ひねまんじゅ　マンリョウ
	ぴねむん　オオムギ
ひとつぱ　ウラジロノキ	ひねり　アサ
ひとっぱ　ハクウンボク／ヒトツバカエデ	ひねりばな　ネジバナ
ひとつばかえで　ヒトツバカエデ	ひの　ガンピ（雁皮）／ノリウツギ／ワサビ
ひとっぱぐさ　ミツデウラボシ	ひのいかずら　サネカズラ
ひとつばな　オオマツヨイグサ	ひのえかずら　サネカズラ
ひとつばのき　マキ／マルバノキ	ひのお　ガンピ（雁皮）
ひとつめ　サンカクヅル（ケサンカクヅル）／ノブドウ	ひのかじ　オニシバリ／コショウノキ
ひとつめかずら　サンカクヅル（ケサンカクヅル）	ひのかぶ　アカカブ／アカヂシャ
ひとでくさ　ヘビイチゴ	ひのき　アスナロ／クロベ／サワラ
ひとでぐさ　オヘビイチゴ	ひのぎ　アスナロ／サワラ
ひとはかえで　ヒトツバカエデ	ひのきかずら　クロヅル
ひともーじ　ネギ	ひのくさ　ノコギリソウ
ひともじ　アサツキ／ネギ／ワケギ	ひのくちぎ　キブシ
ひともつれ　カニクサ	ひのくれそー　マツヨイグサ
ひともとぐさ　シロネ	ひのっ　ヒノキ
ひとりごと　ヒトリシズカ	ひのな　アカナ
ひとりもしめ　スイセンノウ	ひのは　シソ
ひな　アカザ	ひのはぎ　ヤハズソウ
ひなえ　スギナ	ひのまる　ヒマワリ
ひながき　マメガキ	ひのまるばな　ヒマワリ
ひなぎく　マツバボタン	ひのみ　シャシャンボ
ひなきび　キビ	ひのみのかずら　ノブドウ
ひなくさ　カモジグサ／ナズナ	ひのり　フノリ
ひなぐさ　ヒユ	ひば　アスナロ／イヌビユ／イヌマキ／クロベ／サワ
ひなさま　シュンラン	
ひなさんよもぎ　ハハコグサ	

ラ／ヒノキ／ビャクシン／ビワ
ひぱ　ヒノキ
ぴばーじ　ヒハツ
ひばしか　クマノミズキ
ぴばち　ヒハツ
ぴばつん　ヒハツ
ひばな　アスナロ
ひばのき　サワラ／ヒノキ
ひばのっ　ヒノキ
ひばのり　アオノリ
ひばひ　ヒノキ
ひばり　ソラマメ／ハコベ
ひばりこ　オオバコ
ひび　イヌガヤ
びび　ヤマブドウ
びび　カンゾウ／ヤブカンゾウ
ひびかずら　スイカズラ
ひびがや　イヌガヤ
びびくさ　ヤブカンゾウ
びびぐさ　カンゾウ／スズメノテッポウ
びびこ　ワケギ
びびごじょ　ヒヨドリジョウゴ
びびごじょごじょ　ヒヨドリジョウゴ
びびじゃぬさったーきー　ネズミモチ
びびだぐさー　シバ
ひひとーがらし　ピーマン
ひびのき　イチイ／イヌガヤ／キャラボク
びびのき　マサキ
ひびのまくら　テンナンショウ
びびばな　タンポポ
ひひら　ヒイラギ
ひひらぎ　カンコノキ／ネズミサシ／リンボク
ひひらぎかし　リンボク
びびんこ　スミレ
びぴんこ　スミレ
びぴんそ　ヒメバショウ
びぴんちょ　スミレ
ひふ　カワラニンジン
ひふき　スズメノテッポウ／ツワブキ／フキ
ひふぐさ　オニタビラコ
ひべ　イヌガヤ
ひぽ　コウゾ
ひぽたん　マツバボタン
ひぽっつる　ヒルガオ
ひぽろ　ツルボ
ひま　トウゴマ
ひまき　アベマキ／クヌギ
ひまし　トウゴマ
ひまる　ヒマワリ
ひまわり　ヒマワリ／ヒルガオ

ひまわりぎく　ヒマワリ
ひまわる　ヒマワリ
ひみば　ミツバ
ひみやこ　ホウセンカ
ひむき　ヒマワリ
ひむきくさ　ヒマワリ
ひむろ　クロベ／サワラ／ネズミサシ
ひむろすぎ　ネズミサシ
ひめ　アサ／ヒメドコロ／マルバドコロ
ひめあさしらえ　ノミノフスマ
ひめあざみ　キツネアザミ
ひめあすなろ　クロベ
ひめあぜぎく　ヒメジョオン
ひめあやめ　ニワゼキショウ／ヒメシャガ
ひめいも　アマドコロ／オニドコロ
ひめうつぎ　クロモジ
ひめうり　カラスウリ／ゴキヅル／スズメウリ
ひめかい　ツユクサ
ひめがしわ　ハクウンボク
ひめかずら　キクバドコロ／サネカズラ／ヒメドコロ／
　　　　　　マルバドコロ
ひめかたいし　サザンカ
ひめかたし　サザンカ／ツバキ
ひめがたし　サザンカ
ひめかっこ　ヒメシャガ
ひめかつら　ヒメドコロ
ひめかていし　サザンカ
ひめかてし　サザンカ
ひめからし　ノブドウ
ひめくさ　ノギラン
ひめくず　ノアズキ
ひめぐるみ　サワグルミ
ひめこ　ゴヨウマツ
ひめご　ゴヨウマツ
ひめごーり　カラスウリ
ひめこはぎ　コマツナギ
ひめこばんそー　ホタルブクロ
ひめこぶし　タムシバ
ひめこゆり　ノカンゾウ
ひめごよー　ゴヨウマツ
ひめごり　カラスウリ
ひめざくら　イヌザクラ／エドヒガン
ひめざさ　ミヤコザサ
ひめしだ　ヤマソテツ
ひめじゃかき　ヒサカキ
ひめしゃら　ヒメシャラ
ひめじょ　トウモロコシ
ひめしょーぶ　ニワゼキショウ
ひめすぎ　スギ／ネズミサシ
ひめすこ　イグサ

ひめずる　ゲンノショウコ／ヒメユズリハ／ユズリハ
ひめだまがら　シロダモ
ひめだら　タラノキ
ひめちょ　イヌザクラ／タカノツメ
ひめちょー　タマミズキ
ひめつが　コメツガ
ひめっかずら　ノブドウ
ひめっこ　オオムギ
ひめっちょざくら　ウワミズザクラ
ひめつばき　サザンカ／ツバキ（シロツバキ）／ネズミモチ
ひめなし　オオウラジロノキ
ひめねぎ　ウリカエデ／コミネカエデ
ひめねんとー　コウヤボウキ
ひめのぞーり　ジュンサイ
ひめはぎ　コゴメウツギ／ミソハギ
ひめばな　オキナグサ
ひめひまわり　ハナガサギク
ひめまき　クヌギ
ひめまつ　アカマツ／ゴヨウマツ（ヒメコマツ）
ひめまんじゅー　マンリョウ
ひめむかご　マルバドコロ
ひめむぎ　オオムギ
ひめむろ　サワラ／ネズミサシ
ひめめぐさ　ヒメハッカ
ひめゆずりは　トベラ
ひめゆり　カノコユリ／ササユリ／ユリ
ひめりんどー　アサマリンドウ
ひめんこ　セイヨウナシ
ひめんじょー　カラムシ
ひもしゃぼてん　ヒモサボテン
ひもなが　オカトラノオ
ひもみ　シャシャンボ／ムラサキシキブ
ひもろ　クロベ／サワラ／ネズミサシ
ひもろすぎ　ネズミサシ
びや　ユズリハ
ひゃーがら　ハマクサギ
ひゃーぎ　マキ
ひゃーこり　シュンラン
びやーし　ヒハツ
ひゃーた　イタヤカエデ
ひゃーのき　ハンノキ
ひゃーひげ　テリハノイバラ／ヤブイバラ
ひゃーんどく　ハエドクソウ
ひやきむぎ　コムギ
ひゃくいも　ジャガイモ
ひゃくかこー　ナツツバキ
ひゃくしぎ　ハクウンボク
ひゃくじつか　ヤマボウシ
ひゃくじっか　ヤマボウシ

ひゃくじっこー　ヒメシャラ
ひゃくしょうなかせ　カラスビシャク
ひゃくしょーたわし　ムラサキカタバミ
ひゃくじょーまめ　ナタマメ
びゃくすぎ　ビャクシン
ひゃくずつ　オケラ
ひゃくそー　ウツボグサ
ひゃくだ　トウキ
ひゃくたろつつじ　レンゲツツジ
びゃくだん　イチイ／コノテガシワ／ビャクシン
びゃくたんのき　ビャクシン
ひゃくな　フダンソウ
ひゃくなり　リョクトウ
ひゃくなん　シャクナゲ
ひゃくなんぎ　シャクヤク
ひゃくにちいも　ジャガイモ
ひゃくにちそー　クサキョウチクトウ／ホウセンカ／マツバボタン
ひゃくにちばな　ブッソウゲ
ひゃくねんうり　ハヤトウリ
ひゃくふり　センブリ
ひゃくんちそー　クサキョウチクトウ
ひやけぐさ　タカサブロウ／ヒメムカシヨモギ
ひやこ　クワイ
ひやしんす　ホテイアオイ
ひゃっか　タカナ
ひゃっくり　エビネ／キツネノカミソリ／シュンラン
ひゃっこり　シュンラン
ひゃっぽんねぎ　ワケギ
びやべら　アオハダ
ひゆ　イヌビユ／スベリヒユ／ニンニク
ひゅー　スベリヒユ／ヒユ／ヤドリギ
ひゅーが　カボチャ／リョクトウ
ひゅーがい　イヌガヤ
ひゅーがいも　サツマイモ／ジャガイモ
ひゅーがお　ヒルガオ
ひゅーじ　カラムシ／コウゾ／ヤブカンゾウ
ひゅーじゅ　バクチノキ
ひゅーず　スベリヒユ
ひゅーたん　ヒョウタン
ひゅーな　イヌビユ／スベリヒユ／ヒユ
びゅーな　ヒユ
ひゅーび　イヌガヤ
ひゅーひゅー　スベリヒユ
びゅーぴゅー　カンゾウ
ひゅーひゅーぐり　ドングリ
ひゅーひゅーのき　イスノキ
びゅーびゅーやなぎ　ヤマナラシ
びゅーまん　オオムギ
びゅーり　クワズイモ

ひゅーる	アサツキ	ひょーぶ	イヌガヤ／リョウブ
ひゆしな	イヌビワ	びょーぶ	イヌガヤ／ネジキ／リョウブ
ひゅたんも	ホンダワラ	びょーぶぎ	リョウブ
ひゅつつぶれ	リョクトウ	びょーぶさる	リョウブ
ぴゅぴゅぐさ	カンゾウ	びょーぶざる	リョウブ
ひゅひゅどんぐり	ドングリ	びょーぶな	リョウブ
ひゆり	スベリヒユ	びょーぶのき	リョウブ
ひよ	ガンピ／ノビエ／ヒユ／ヤドリギ	ひょーべら	ドングリ
ひょいひょいぐさ	ニシキハギ	ひょーまめ	ラッカセイ
ひょー	アカザ／イヌビユ／スベリヒユ／ヒユ／ヤドリギ	ひょーろ	イヌガヤ
		びょーろー	リョウブ
びょー	スベリヒユ／ヒユ	ひよくさ	スベリヒユ／ヒユ
ひょーあかざ	ヒユ	ひよくり	アベマキ
ひょーがいも	ジャガイモ	ひょくり	ドングリ
ひょーぎ	ウリカエデ	ひよぐり	イヌマキ／クヌギ／ドングリ
ひょーぐさ	スベリヒユ	ひょぐり	ドングリ
びょーくさ	スベリヒユ	ひよぐんのき	クヌギ
ひょーぐり	ドングリ	ひよけのき	チャンチン
ひょーこぐさ	ハコベ	ひよこくさ	ノミノフスマ／ハハコグサ／ミヤコグサ
ひょーじょーのき	バクチノキ	ひよこぐさ	ツメクサ／ハコベ／ハハコグサ／ミゾソバ／ミヤコグサ
ひょーずな	キョウナ		
ひょーずる	ハスノハカズラ	ひよこたん	ヒョウタン
ひょーそかずら	ツヅラフジ	ひよこたん	ヒョウタン
ひょーたん	ユウガオ	ひよこな	リュウゼツサイ
びょーたん	リンドウ	ひよこのえ	ハコベ
ひょーたんうつぎ	ヒョウタンボク	ひよずる	ハコベ
ひょーたんうり	トウガン	ひょたいきょばな	ツユクサ
ひょーたんかずら	ツルリンドウ	ひたれ	ササゲ
ひょーたんくさ	ツルシロカネソウ	ひょっ	ヒオウギ
ひょーたんぐさ	アブノメ／センニンソウ	ひょっこ	ノビル
ひょーたんごみ	ヒョウタンボク	ひょっこいも	サトイモ
ひょーたんそー	フクシア	ひょっこくさ	ハコベ
ひょーたんぞろ	アカシデ	ひょっこぐさ	ハコベ
ひょーたんつぃぶる	ヒョウタン	ひょっこぐさ	ハコベ
ひょーたんなし	セイヨウナシ	ひょっこそー	ハコベ
ひょーたんまめ	ナタマメ／ラッカセイ	ひょっぱ	イタドリ
びょーち	リョウブ	ひよっぱくさ	カタバミ
ひょーっぱ	ヒユ	ひよどいのき	ハクサンボク
ひょーな	イヌビユ／ギボウシ／ヒユ	ひよどり	シャシャンボ
ひょーのき	イスノキ	ひよどりいっご	ウグイスカグラ
ひょーば	リョウブ	ひよどりごみ	ウグイスカグラ
びょーば	リョウブ	ひよどりじゅーご	ハクサンボク
ひょーび	イヌガヤ	ひよどりじょーご	センリョウ／ツルウメモドキ
ひょーひょー	イスノキ／クリ／スズメノテッポウ／ドングリ／ミノゴメ	ひよどりばな	ヒヨドリジョウゴ
		ひよな	ヒユ
ぴょーぴょー	スズメノテッポウ	ひよのき	イスノキ／ガンピ
ひょーひょーぐさ	カンゾウ／スズメノテッポウ	ひよび	イヌガヤ
ひょーひょーぐり	イスノキ／トチノキ／ドングリ	ひよひよ	ウラハグサ／スズメノテッポウ
びょーひょくゎ	スズメノテッポウ	ぴよぴよ	カンゾウ／ヤブカンゾウ
ひょーひょっくり	ドングリ	ひよひよくさ	スズメノテッポウ

ひょひょぐさ	スズメノテッポウ	ひらつげ	トウヒ
ぴよぴよくさ	ハコベ	ひらならし	ヒメヤシャブシ
ぴよぴよぐさ	ハコベ	びらに	ブナ
ぴよぴよぐさ	ハコベ	びらびら	ナズナ／ネムノキ
ひよひよのき	イスノキ	びらびらぐさ	ニワホコリ
ひよひよのき	イスノキ	ひらぶき	ヒケッキュウハクサイ
ひょひょんぐり	ドングリ	ひらみかん	キシュウミカン
びょぶ	リョウブ	ひらむしるー	オオタニワタリ
ひよりぐさ	マツバボタン	ひらら	エンドウ／ヒイラギ
ひよりそー	マツバボタン	ひられやなぎ	オノエヤナギ
ひよりばな	ニワゼキショウ／マツバボタン	びらん	バクチノキ
ひょろ	シラカンバ	ひらんかずら	サネカズラ
ひょろ	ヤドリギ	びらんじ	バクチノキ
ひょろたけ	アミタケ	ひらんじき	サネカズラ
ひょろな	ヒユ	びらんじき	サネカズラ
ひょろひょろだけ	イタドリ	ひらんじゅ	バクチノキ
ひょろんこ	チョロギ	びらんじゅ	バクチノキ
ひょん	イスノキ／ヒョウタン	ひらんそー	サネカズラ
ぴょん	カンゾウ	びらんそー	サネカズラ
ひょんぎ	イスノキ	びらんのき	バクチノキ
ひょんぐり	ドングリ	ひらんばな	ヒガンバナ
ひょんご	イスノキ	ひり	セリ／ニンニク
ぴょんこ	カンゾウ	びり	スベリヒユ／ハコベ／ヒルムシロ
ひょんころ	イスノキ	びりくさ	コナギ
ひょんのき	イスノキ／ネズミモチ	ひりこ	ノビル／ヒルムシロ
ぴょんぴょ	カンゾウ	びりこ	ヒルムシロ
ぴょんぴょん	カンゾウ	びりご	ヒルムシロ
ひょんひょんぐり	ドングリ	びりびりぐさ	オオヤハズエンドウ／クログワイ／ハナヒリノキ
ひょんひょんだけ	ヨシ		
ぴょんぷ	ショウブ	びりも	ヒルムシロ
びら	ニラ／ネギ／ノビル	ひりもの	ヒルムシロ
びらー	ネギ	びりもの	ヒルムシロ
ひらあざみ	サワアザミ	ひりょーぐさ	ダンドボロギク
ひらいも	ツクネイモ／ナガイモ	ひりんさー	ホウセンカ
ひらか	オオカメノキ	びりんさー	ホウセンカ
びらか	オオカメノキ／ハクウンボク	びりんそー	ホウセンカ
ひらかき	ヒサカキ	ひる	アサツキ／ツルボ／ニンニク／ネギ／ノビル／ワケギ
ひらき	トベラ		
びらき	オオカメノキ	びる	クワズイモ／ノビル
ひらぎかし	リンボク	びる	ニンニク
ひらぎがし	リンボク	ひるあさがお	ヒルガオ
ひらぎく	ヒケッキュウハクサイ	ひるいも	ニンニク
ひらぎく	タイサイ／ヒケッキュウハクサイ	ひるかき	ノビル
ひらくちかずら	サネカズラ	びるかずら	ハスノハカズラ
びらけ	オオカメノキ	ひるかわ	シナノキ
ひらこーじ	イワナシ	ひるくさ	チドメグサ／ハコベ／ミゾソバ
ひらさき	ヒサカキ	ひるぐさ	チドメグサ
ひらたぎ	ニシキギ	びるくさ	チドメグサ／ヒルムシロ
ひらたちおどし	オオケタデ	びるぐさ	チドメグサ
びらっか	オオカメノキ	ひるこ	アサツキ／ネギ／ノビル

ひるご	ノビル／ヒルムシロ
ひるごさ	ヒルムシロ
びるござ	ヒルムシロ
ひるさぎ	マツバボタン
ひるしめじ	シイタケ
びるじろー	トチカガミ
ひるたけ	シイタケ
ひるたま	ニンニク
ひるだま	ニンニク／ラッキョウ
ひるったま	ニンニク
ひるっぱ	チドメグサ／ミゾソバ
ひるてるそー	マツバボタン
ひるな	カンゾウ（萱草）／タカナ／ノビル／ヒユ
ひるぬき	チガヤ
ひるのとんぼ	ノビル
びるぱ	ネギ
ひるひょーのき	イスノキ
ひるふぁぐさ	オオバコ
ひるべる	マツバボタン
ひるべろ	マツバボタン
ひるぽーず	ノビル
ひるぽし	ノビル
びるま	インゲンマメ
ひるむしろ	ヒルムシロ
ひるも	ヒルムシロ
びるも	ヒルムシロ
ひるもくさ	ハコベ
びるもの	ヒルムシロ
ひれもの	ヒルムシロ
ひれりそー	マツバボタン
ひろ	アサツキ／ネギ／ノビル／ワケギ
ひろいも	ジャガイモ
びろーさ	クワズイモ
びろーどぎく	ハルシャギク
びろーどぐさ	スイセンノウ
びろーどしのぶ	アオネカズラ
びろーどそー	スイセンノウ／ハルシャギク
びろかがず	イヌツゲ
びろき	ヤマナラシ
びろく	ヤマナラシ
ひろくさ	チドメグサ
ひろぐさ	チドメグサ
びろくさ	ヒルムシロ
びろぐさ	チドメグサ
ひろげぐさ	カヤツリグサ
ひろこ	アサツキ／ノビル／ワケギ
ひろご	ヒルムシロ
びろご	ヒルムシロ
ひろじば	カラムシ
ひろしまいも	サツマイモ
ひろしまな	シラクキナ
ひろたま	ノビル
ひろつが	ヤマナラシ
ひろっこ	ノビル
ひろったま	ノビル
びろどー	スイセンノウ
びろどそー	マツバハルシャギク
ひろは	ハラン
ひろばがし	アカガシ
ひろび	サワラ
ひろひろ	ヤマナラシ
びろびろーやなぎ	ヤマナラシ
ひろも	ヒルムシロ
びろも	ヒルムシロ
ひろり	カンスゲ
ひろろ	カンスゲ
びろんど	チョロギ
ひわ	イヌガヤ／ヒノキ
びわ	イヌビワ
びわいも	ツクネイモ／ナガイモ
ひわざし	ヌスビトハギ
びわざし	ヌスビトハギ
びわとー	セイヨウスモモ
びわば	ヤマビワ
びわゆり	テッポウユリ
びん	ニンニク
びんか	イヌツゲ／モチノキ
びんが	ヒメツゲ
びんかか	イヌツゲ
びんかが	イヌツゲ
びんかかし	イヌツゲ
びんかかず	イヌツゲ
びんかがず	イヌツゲ
びんかがつ	イヌツゲ
びんかがみ	イヌツゲ
びんかがり	イヌツゲ
びんかくじ	イヌツゲ
びんかけのき	イヌツゲ
ひんかしばな	スミレ
びんかずら	サネカズラ／マツブサ
びんかずら	サネカズラ
ひんかっ	スミレ
ひんかっか	スミレ
ひんかっこね	スミレ
ひんかっごね	ツボスミレ
ひんかっこねっ	スミレ
ひんかっちょ	スミレ
ひんかっぱな	スミレ
びんかのき	イヌツゲ
びんがら	ムラサキオモト

びんかん　イヌツゲ
びんぎ　エノキ
びんぐ　イグサ／マメガキ
びんぐがき　マメガキ
びんくわ　イヌツゲ
ひんご　ウラシマソウ
びんこ　ミル
びんごう　イグサ
びんごい　イグサ
びんごなし　リンゴ
びんごゆずり　スモモ
びんざさら　クサネム／ハッショウマメ
ぴんじまみ　ソラマメ
ひんじゃぬうばん　クワクサ
びんじょ　ウマゴヤシ／ゲンゲ／ササゲ／ジュウロクサ
　　　　サゲ
ひんしょー　イヌザンショウ／サンショウ
びんしょー　サンショウ
びんじょー　ササゲ
ひんずり　ハコベ
びんずる　ヤイトバナ
びんそ　イヌツゲ
びんそー　イヌツゲ
びんたはげいっこ　クマイチゴ
びんたぼ　オキナグサ
ひんだら　ヒサカキ
びんだらさん　スノキ
びんちゃ　ツバキ
びんちょ　イヌツゲ
びんちょのき　イヌツゲ
びんちょのき　ミヤマシキミ
ぴんちんばな　エビモ
びんつけ　サネカズラ／ツユクサ
びんつけかずら　サネカズラ
びんつけぎ　アブラチャン
びんつけぐさ　ツユクサ
びんつけのき　コクサギ
びんつけばな　ツユクサ
ひんつる　ハコベ
びんづる　ヤイトバナ
びんとーそー　アカネ
びんどろばな　オヤマリンドウ
ひんのき　ハリギリ
びんのす　チョロギ
ひんのは　アカザ
ひんぱく　ヒノキ
びんぴ　ヤブカンゾウ
びんぴばな　タンポポ
びんぴらぐさ　カタバミ
びんぴらごけ　キクラゲ

びんびらびー　スベリヒユ
びんびりごけ　キクラゲ
びんぴろ　ナズナ
びんびんかずら　カニクサ／ツヅラフジ
びんびんかずら　カニクサ／ツヅラフジ
びんびんくさ　ミチヤナギ
びんびんぐさ　カニクサ
びんびんくさ　カタバミ
びんびんぐさ　カニクサ／カヤツリグサ／ナズナ
びんぴんそー　キリンソウ
ひんひんだけ　ヨシ
びんぼうぐさ　アメリカセンダングサ／オヒシバ／ニワ
　　　　ホコリ／ハルジョオン／ヤブガラシ
びんぽーがき　マメガキ
びんぽーかずら　ヤブガラシ
びんぽーくさ　アレチノギク／スズメノカタビラ
びんぽーぐさ　ジャノヒゲ／スベリヒユ／ハチジョウ
　　　　ナ／ヒメジョオン／ヒメムカシヨモギ／ヒメヨモギ
びんぽーぐさ　スズメノカタビラ
びんぽーずる　ヤブガラシ
びんぽーむぎ　ライムギ
びんぽがき　マメガキ
ひんぽく　チャンチン
びんぽぐさ　アレチノギク／ツメクサ（爪草）
びんよろ　カンゾウ（萱草）
びんろーじ　チョロギ
ひんわり　センブリ

【ふ】

ふ　イヌビユ
ふぁえも　サトイモ
ふぁるちく　キンバイザサ
ふぃ　イヌビユ
ふぃー　イヌビユ
ふいき　シナノキ／フキ
ふいごな　トウナ
ふいじり　ハコベ
ふぃちゃーふずき　センナリホオズキ
ぶいっか　ムクゲ
ふいなり　クロガネモチ／ネズミモチ
ふいぶい　タンポポ
ぶいぶい　グミ
ふぃらふぁぐさ　オオバコ
ふいる　ニラ／ニンニク
ふぃるふぁぐさ　オオバコ
ふぃろり　カンスゲ
ふぃん　モロコシ
ふぃんでぃまーみ　ソラマメ
ふー　ホオノキ

ぶー	アサ
ぶーあさ	カラムシ
ふーい	フキ
ふーき	フキ
ふーぎ	フキ
ふーきのぽー	フキ
ふーく	ノゲシ
ふーくー	ノゲシ
ふーし	ツクシ／ヌルデ
ぶーし	ツクシ
ぶーじ	デイゴ
ふーじっぱ	オオバコ
ぶーしび	イノコズチ
ふーず	ホオズキ
ふーずぃ	ホオズキ
ふーずいっぱ	オオバコ
ふーずいば	オオバコ
ぶーずいば	オオバコ
ふーずー	ゲンゲ
ふーずーばな	ゲンゲ
ふーずき	ホオズキ
ふーずきば	オオバコ
ふーずっ	ホオズキ
ふーずばな	ゲンゲ／ツメクサ
ふーぞ	ゲンゲ／ツメクサ
ふーぞー	ゲンゲ／ツメクサ
ふーぞーばな	ゲンゲ／ツメクサ
ふーぞくさ	ゲンゲ／ツメクサ
ふーぞぐさ	ゲンゲ
ふーそばな	ゲンゲ
ふーぞばな	ゲンゲ／ツメクサ
ふーぞらばな	ゲンゲ
ぶーだのき	タマアジサイ
ふーちばー	ヨモギ
ふーつ	ヨモギ
ふーつぃばー	ヨモギ
ふーつばい	ギボウシ
ふーづばな	ツメクサ
ふーとー	フトモモ
ふーとかずら	フウトウカズラ
ふーのー	コマツナ
ふーのき	ホオノキ
ふーばぎ	アカメガシワ
ふーぴーぴー	ヘアリーベッチ
ぶーぶー	トベラ
ふーべ	ヒョウタン
ふーまみ	ソラマメ
ふーまめ	ソラマメ
ぶーまめ	カラスノエンドウ
ふーむき	オウシュウスモモ
ふーむぎ	オオムギ
ふーむん	モロコシ
ふーらん	ナゴラン／ホテイアオイ
ふーりんぐみ	ウグイスカグラ
ふーりんそー	ツリガネニンジン
ふーりんな	ホウレンソウ
ふーりんば	ギボウシ
ふーりんぱ	ギボウシ
ふーりんばな	ツリガネニンジン
ふーれー	ゲンノショウコ／ツリガネニンジン
ふーれーそー	フウチョウソウ
ふーろ	ゲンノショウコ
ふーろー	ササゲ／ジュウロクササゲ
ふーろーそー	ゲンノショウコ
ふーろーまみ	ササゲ
ふーろそー	ゲンノショウコ
ふーろまめ	インゲンマメ
ふえ	ウツギ／スズメノテッポウ／ヒエ
ぶえ	スズメノテッポウ
ふぇーとー	イノコズチ
ふぇーとーのすず	ツリガネニンジン
ふぇーまめ	ソラマメ
ふぇおー	ヤドリギ
ふえぎ	ウツギ
ふえくさ	カスマグサ
ふえくさ	スズメノテッポウ
ふえぐさ	オノマンネングサ／カスマグサ／スズメノテッポウ
ふえご	ネズミモチ
ふえしば	アオガシ
ふえたら	ミミズバイ
ふえつぶき	スズメノテッポウ
ふえのき	ウツギ
ふえのこ	スズメノテッポウ／ニワホコリ
ふえのこぐさ	スズメノテッポウ
ふえふき	スズメノテッポウ
ふえふきくさ	スズメノテッポウ
ふえふきぐさ	スズメノテッポウ
ふえんぼ	ムベ
ふぉーきしば	ツワブキ
ふか	ツルレイシ
ふかうり	カラスウリ
ふがき	マメガキ
ふかご	ヤブコウジ
ふかし	マテバシイ
ふがじ	コウゾ
ふかのき	フカノキ
ふかむぎ	オオムギ
ふき	アキタブキ／ツワブキ／ヨモギ
ふぎ	アキタブキ／フキ

ふきあげ　エンドウ／サルトリイバラ／サルマメ
ふきあげたま　エンドウ
ふきくさ　ススキ
ふきぐさ　スズメノテッポウ
ふきざくら　コブシ
ふきだま　サルトリイバラ／ジャノヒゲ／スノキ／フキ／ヤブラン
ふきだめ　ジャノヒゲ
ふきな　タカナ
ふきば　ベンケイソウ
ふきやのき　キブシ
ふきんしょ　フキ
ふきんだま　ジャノヒゲ
ふきんぬふき　オオタニワタリ
ふきんぽ　フキ
ふきんぽー　フキ
ふく　ウラジロエノキ
ふくい　アンペライ／シチトウ
ふくいき　ウラジロエノキ
ふくいぐさ　シチトウ
ふくえ　イスノキ／マテバシイ
ふくぎ　ウラジロエノキ／エノキ／クロモジ
ふぐき　クロモジ
ふくじそー　フクジュソウ
ふくしば　ウバメガシ／ソヨゴ／ヒサカキ／ユズリハ
ふぐしば　アセビ
ふくしゅー　ニンニク
ふくじんそー　フクジュソウ
ふぐせ　カナメモチ
ふくたち　ナタネ
ふくたちな　コマツナ
ふくたつな　アブラナ
ふくだつな　コマツナ
ふくだま　サルトリイバラ／ジャノヒゲ
ふくだまのき　サルトリイバラ
ふくだみ　ジャノヒゲ
ふくだめ　ジャノヒゲ
ふくだら　ノゲシ
ふくだんばら　サルトリイバラ
ふくちぎ　カンコノキ
ふくてんとー　ソヨゴ
ふくど　フクド
ふくな　タンポポ
ふくななー　タンポポ
ふくなん　タンポポ
ふくなんばん　ピーマン
ふくのき　ウラジロエノキ
ふぐのり　フノリ
ぶくぶく　ギボウシ／ベンケイソウ
ふくふくだま　ジャノヒゲ

ぶくぶくのき　エゴノキ
ふくべ　アズマイチゲ／コシアブラ／ヒョウタン／ヒョウタンボク／ユウガオ
ふくべじゃ　アブラチャン
ふくべじゃがら　アブラチャン
ふくべしば　シバ
ふくべっと　ヒョウタン
ふくべっとー　ヒョウタン
ふくべな　アズマイチゲ／ニリンソウ
ふぐべな　ニリンソウ
ふくべなし　セイヨウナシ
ふくべのき　イスノキ
ふくべら　アズマイチゲ／ニリンソウ
ふくべん　ヒョウタン
ふくべんかぼちゃ　ユウガオ
ふくまねき　サンゴジュ
ふくめんぽー　ヒョウタン
ふくら　アオハダ／クロガネモチ／クロソヨゴ／ソヨゴ／ナナメノキ／モチノキ
ふくらーと　ソヨゴ
ふくらかし　ソヨゴ
ふくらぐさ　ベンケイソウ
ふくらし　ソヨゴ
ふくらじ　ソヨゴ
ふくらしば　アオハダ／クロガネモチ／クロバイ／ソヨゴ／ヒサカキ／ベンケイソウ／リョウブ
ふくらしばのき　ソヨゴ
ふくらしゃ　ソヨゴ
ふくらすずめ　ホテイアオイ
ふくらせ　ソヨゴ／モチノキ
ふくらそ　ソヨゴ／モチノキ
ふくらそー　ソヨゴ
ふくらそのき　クロガネモチ
ふくらた　ソヨゴ
ふくらばし　ベンケイソウ
ふくらみ　オニユリ
ふくらもち　クロガネモチ／ソヨゴ／モチノキ
ふくらもどき　アオハダ
ふくらんこ　ベンケイソウ
ぶくらんこ　ホタルブクロ
ふくらんしょ　ソヨゴ
ふくらんじょ　ソヨゴ
ふくらんじょー　ソヨゴ
ふくらんそー　ベンケイソウ
ふくらんどー　ソヨゴ
ふくらんぽ　ホタルブクロ
ふくり　シチトウ
ふぐりしで　ハルニレ
ふぐりばな　アツモリソウ
ふくるぎ　キリンソウ

ふくれぎ	アベマキ
ふくれくさ	ベンケイソウ
ふくれぐさ	ベンケイソウ
ふくれしば	ソヨゴ／ヒサカキ
ふくれみかん	キシュウミカン／コウジ
ふくれんぐさ	ベンケイソウ
ふくれんそー	ツボクサ／ミセバヤ
ふくれんぼ	ミセバヤ
ふくれんぼー	ベンケイソウ
ふくろいちご	コジキイチゴ
ふくろかまし	ベンケイソウ
ふくろきび	トウモロコシ
ふくろきみ	トウモロコシ
ふくろくさ	ツリガネニンジン
ふくろぐさ	ベンケイソウ
ふくろじ	ムクロジ
ふくろそー	ホタルブクロ
ふくろばな	ジギタリス／ホタルブクロ
ふくろまめ	インゲンマメ
ふくろんば	ホタルブクロ
ふくろんばな	ホタルブクロ
ふくわぎ	アカメガシワ
ふくんだま	ジャノヒゲ
ふけぐさ	カヤツリグサ／ハタガヤ
ふけずりすぎ	ビャクシン
ふげねんじん	トチバニンジン
ふごじー	ツブラジイ
ぶさ	ハイマツ
ふさきび	トウモロコシ
ふさげ	アカメガシワ
ふさなりまめ	リョクトウ
ぶさまつ	オオシラビソ
ふさも	マツモ
ふし	キブシ／コブシ／ヌルデ／ヒシ／ヤシャブシ／ヨモギ
ふじ	エンジュ／クズ／コマユミ／トリカブト／ナツフジ／ヨモギ
ぶし	カラスビシャク／キブシ／トリカブト／ノブドウ／ヒョウタンボク／ヤマオダマキ
ぶじ	デイゴ
ふしあか	ウド
ふじえんじ	フジキ
ふじかずら	ナツフジ／フジ／ヤマフジ
ふしき	ヌルデ
ふしぎ	ヌルデ
ふじき	アオダモ／エンジュ／ザイフリボク／タイミンタチバナ／ツリバナ／ナナカマド／ニガキ／ハンゴンソウ／フジキ／ヤマトアオダモ／ユクノキ
ふしきのこ	サルノコシカケ
ふしくさ	イノコズチ／スギナ
ふしぐさ	イノコズチ
ふじくさ	スズメノテッポウ
ふじぐさ	センニンソウ
ふじぐみ	ツルウメモドキ
ふしぐろ	コアジサイ／フシグロ／ヤマアジサイ
ふじぐわい	ホドイモ
ふしこ	ヒシ
ふしこが	カゴノキ
ふじごよー	ゴヨウマツ
ふじごろ	クマシデ／サワシバ
ふじささげ	フジマメ
ふじさわぎく	サワオグルマ
ぶししとぎ	トリカブト
ぶししとげ	トリカブト
ぶししどけ	トリカブト
ぶしすとげ	トリカブト
ふじずる	クズ／ヤマフジ
ふしたか	イノコズチ
ふしだか	イヌビユ／イノコズチ
ぶしたま	ヒョウタンボク
ぶしたまのき	ヒョウタンボク
ふしつき	ヌルデ
ふじっき	アオダモ
ふしつく	ヌルデ
ふじっつる	クズ
ふしっぱ	カラコギカエデ
ふじっぱ	クズ
ふじつりばり	カギカズラ
ふじづる	ナツフジ
ふじな	タンポポ
ふじなくさ	ドクダミ
ふしなり	ハヤトウリ／マクワウリ／リョクトウ
ふしにんじん	トチバニンジン
ふしぬはー	ヨモギ
ふしのき	キブシ／コブシ／ゴマギ／ヌルデ／ノグルミ／ヤシャブシ
ふじのくさ	ドクダミ
ぶしのこ	サルノコシカケ
ふじば	ミミズバイ
ふじば	クズ
ふじはい	メヒシバ
ふじばかま	ヒガンバナ
ふじばな	レンリソウ
ふじばのき	フジキ
ふじばまめ	クズ
ふじばら	タカネイバラ
ふしはんのき	アカメガシワ
ふしふし	センリョウ
ふしふしぐさ	イワニガナ
ふしべ	ワサビ

878

ふしべだいこん　ワサビダイコン	ふたころばす　ヒョウタンボク
ふじぼたん　ケマンソウ／ムラサキケマン	ふたさく　オオムギ
ふじま　インゲンマメ／マユミ	ぶたしで　イヌシデ
ふじまつ　カラマツ	ふたつぐみ　ヒョウタンボク
ふじまめ　インゲンマメ／ハッショウマメ／フジマメ	ふたつご　ヒョウタンボク
ふしみまめ　インゲンマメ	ふたつば　オオカメノキ
ふじみまめ　インゲンマメ	ふたつばいたや　オオカメノキ
ぶしゃかき　ヒサカキ	ふたでぃり　トウツルモドキ
ぶしゃかけ　ヒサカキ	ふたでぃる　トウツルモドキ
ふしやなぎ　カワヤナギ	ふたなり　リョクトウ
ふじゅな　リョウブ	ふたなれ　リョクトウ
ぶしょーのき　ムラサキシキブ	ぶたのき　シラカンバ
ふしよりだけ　ホテイチク	ふたのぼり　オオムギ
ふじらん　ニワフジ	ふたば　オオカメノキ
ふじり　ハコベ	ふだばさみ　ニシキギ
ふじんくさ　イノモトソウ	ふたばはぎ　ナンテンハギ
ふず　ヨモギ	ふたばまつ　アカマツ
ぶす　アオツヅラフジ／キツネノチャブクロ／ドクウツギ／トリカブト／ノブドウ	ふたひらむぎ　オオムギ
	ふたまた　トベラ
ぶすうつぎ　ドクウツギ	ふたみち　オオムギ
ふずき　イヌエンジュ／ホオズキ	ふたもじ　ニラ／ラッキョウ
ふずきくさ　スベリヒユ	ふだんぎく　シュンギク
ふずきぐさ　スベリヒユ	ぶたんくさ　スベリヒユ
ぶすきのこ　サルノコシカケ	ふだんさんしょー　フユザンショウ
ふずくさ　センニンソウ	ふだんじゃ　フダンソウ
ぶすくさ　オニタビラコ／コマツナギ	ふだんそー　ギボウシ／シュンギク／レタス
ぶすご　アセビ	ふだんな　フダンソウ
ぶすしけ　トリカブト	ふだんばら　サルトリイバラ
ぶすすどげ　トリカブト	ぶたんはんめくさ　スベリヒユ
ふずっ　ホオズキ	ふち　ハンノキ／ヤシャブシ／ヨモギ
ふすのき　ヌルデ	ぶち　ハンノキ／ルリヤナギ
ふすばかずら　クズ	ふちー　ヨモギ
ふすべ　ワサビ／ワラビ	ふちうり　シロウリ
ふすまんぎ　マサキ	ふちな　クチナシ
ぶすもち　イケマ	ぶちな　タンポポ
ふすんぬふき　オオタニワタリ	ふちのき　ヤシャブシ
ふぞ　ゲンゲ／ツメクサ	ふちま　マサキ
ふそな　ツヅラフジ	ふちまぎ　モクレイシ
ふぞばな　ゲンゲ／ツメクサ	ぶちん　イスノキ
ふぞばん　ゲンゲ／ツメクサ	ふつ　カワラヨモギ／ヨモギ
ふた　ヨモギ	ふっ　ウラジロモミ／シラビソ／センニチコウ／フキ／ヨモギ
ぶた　ダケカンバ	
ぶたいも　キクイモ	ぶつ　ヨモギ
ぶたえも　キクイモ	ぷつ　ヨモギ
ふたおもて　クサソテツ	ふつい　トウツルモドキ／ヨモギ
ぶたかんば　アカカンバ／ダケカンバ／マカンバ	ふっい　ヨモギ
ぶたくさ　イヌビユ／カワラサイコ／スベリヒユ	ぶついだーまみ　ダイズ
ふたご　ヒョウタンボク	ふついび　オオタニワタリ
ふたごのみ　ヒョウタンボク	ふついま　サカキ
ふたごやぶ　ヒョウタンボク	ふついんぬふき　オオタニワタリ

方言名索引 ● ふつー

ふつーな　ヒケッキュウハクサイ
ふつぎ　タイミンタチバナ
ぶっきらなす　トマト
ふっきん　ジャノヒゲ
ぶっく　イヌビワ
ふつくさ　センニンソウ
ふっくさ　センニチコウ／センニンソウ／ツボクサ／ヨモギ
ぶっくのき　オオイタビ
ふっしば　アオバノキ
ぶっしょいも　ナガイモ
ぶっしょーいも　ナガイモ
ふっち　ヨモギ
ふつちのき　ヤシャブシ
ぶっちゃけがさ　ヤブレガサ
ぶっつー　エンドウ
ぶっつけもち　オナモミ
ふつな　クチナシ
ぶつな　ドングリ
ふつのは　ヨモギ
ぶつのは　ヨモギ
ぶっぱ　ミズバショウ
ぶっぷ　モッコク
ぶっぷいす　モッコク
ふつべたたき　イヌビワ
ぶつべたたき　イヌビワ
ぶっぽ　モッコク
ぶっぽー　モッコク
ぶっぽーのき　キブシ／モッコク
ぶっぽーゆす　モッコク
ぶっぽのき　モッコク
ふで　ツクシ
ぶて　イヌビワ
ふてぃま　マサキ
ふでがき　マメガキ
ふてくさ　アキノノゲシ
ふでくさ　オキナグサ／コウボウムギ／スズメノテッポウ／スズメノヤリ／センボンヤリ／ツクシ／ノゲシ／フデリンドウ
ふでぐさ　オキナグサ／スズメノテッポウ／ツクシ
ふでこ　ツクシ
ふでそー　ハルリンドウ
ふでつきぐさ　ミズヒキ
ふでっこ　ツクシ
ふでつぼくさ　ツクシ
ふでのき　ヌルデ／ノグルミ／ホオノキ
ふでのじく　ツクシ
ふでのほ　ツクシ
ふでのほこ　ツクシ
ふではな　ツクシ

ふでばな　オキナグサ／カキツバタ／カワラナデシコ／ゲンゲ／ツクシ
ふでふきぐさ　ミズヒキ
ふでやなぎ　ネコヤナギ
ふでりんどー　リンドウ
ぶてんか　ムクゲ
ふでんどー　サルトリイバラ
ふと　ホドイモ
ふど　ジャガイモ
ぶと　サンカクヅル／テングサ
ぶど　ジャガイモ／テングサ
ぶと　サンカクヅル
ふどいも　ジャガイモ
ぶどいも　ジャガイモ
ぶとう　ヨモギ
ふとー　エンドウ／フトモモ
ふどー　ササゲ／リョクトウ
ぶとー　エビヅル
ぶどー　エビヅル／エンドウ／カタバミ／ササゲ／ツメクサ／ノブドウ／ヤマブドウ／リョクトウ
ぶどーあずき　ササゲ／リョクトウ
ぶどーがき　マメガキ
ぶどーくさ　カタバミ
ぶどーじ　カラスウリ
ぶどーすぐり　フサスグリ
ぶどーふじ　ヤマブドウ
ぶとーまめ　アカエンドウ
ぶどーまめ　アカエンドウ／エンドウ
ふとかずら　フウトウカズラ
ふとぐさ　テングサ
ぶとぐさ　テングサ
ふところび　カンボク
ふとちゃこ　オオバコ
ふとつば　アオハダ／ネズミモチ
ふとね　イケマ
ぶとまめ　エゴノキ
ぶどまめ　エンドウ
ふともじ　ネギ／ワケギ
ふともち　ネギ
ふともつ　ネギ
ふとりもすめ　スイセンノウ／ナデシコ
ぶとん　サルトリイバラ
ぶとんのは　サルトリイバラ
ふな　ヤシャブシ
ぶな　イヌブナ／オオバヤシャブシ／カボチャ／クロバイ／サワシバ／リョウブ
ふなが　ウラジロ／シダ
ふなかずら　ツルソバ
ぶなぐり　ブナ
ふなご　ウラジロ／シダ

ふなずな　イカリソウ	ツナ／タイサイ
ぶなそろ　サワシバ	ふゆなし　シマサルナシ
ぶなぬぎ　ブナ	ふゆななめ　ソヨゴ
ぶなのき　ヤマハンノキ	ふゆなり　クロガネモチ／ネズミモチ
ふなばりかずら　ウラジロサルナシ	ふゆねぎ　ワケギ
ふなぶ　ミカン	ふゆのうめ　ゲンノショウコ
ふなぽーき　カワラヨモギ	ふゆのき　フヨウ／ムクゲ
ふなもく　マツモ	ふゆのむめ　ゲンノショウコ
ふにず　クネンボ	ふゆはくちのき　カクレミノ
ふにふ　ミカン	ふゆばざくら　リンボク
ぶにゅー　ウダイカンバ	ふゆひともじ　ワケギ
ふにん　ミカン	ふゆぶ　イヌガヤ
ふねぶ　ミカン	ふゆぶくら　ソヨゴ
ふねり　クネンボ	ふゆまめ　ソラマメ
ふのいかずら　サネカズラ	ふゆみかん　ウンシュウミカン／ヤツシロミカン
ふのき　ホオノキ	ふよ　ヤドリギ
ふのは　ホオノキ	ふよー　ゼニアオイ
ふのり　サネカズラ／トロロアオイ／ノリウツギ	ふょー　スベリヒユ／ヤドリギ
ふのりかずら　サネカズラ／マツブサ	ふよーしば　アオガシ
ふのりぐさ　ツメクサ	ふよーらん　キジョラン
ふば　アブラギリ／イイギリ／ビロウ	ぶよぐさ　タケニグサ
ふび　イヌガヤ	ぶら　イタドリ／カボチャ／ハマオモト
ふびり　グミ	ふらう　インゲンマメ／ササゲ
ふぶ　ノグルミ	ぶらっと　ヤマナラシ
ぶふ　モッコク	ぶらっと　ヤマナラシ
ぶふー　フヨウ／モッコク	ぶらぶら　ガマズミ
ぶぶき　エノキ	ぶらぶらのき　キブシ
ぶふのき　モッコク	ぶらりごみ　ナツグミ
ふむーさ　オウシュウスモモ	ぶられごみ　ナツグミ
ふもーさー　オウシュウスモモ	ぶらんす　ザボン
ふもんじくさ　カタバミ／スイバ	ふらんすいも　キクイモ
ふゆ　ヤドリギ	ふらんすな　トウナ／フダンソウ
ふゆあおい　テンジクアオイ	ふらんそー　スイセンノウ／フダンソウ／ホウセンカ
ふゆあけび　ムベ	ふらんな　フダンソウ
ふゆー　フヨウ	ふりだしぐさ　オトギリソウ
ふゆうめ　マタタビ	ぶりっか　ムクゲ
ふゆうり　トウガン	ぶりのき　シャシャンボ
ふゆがき　トキワガキ	ふりよりだけ　ホテイチク
ふゆかのこ　カゴノキ	ふりらふし　ソヨゴ
ふゆがのこ　カゴノキ	ふる　ササゲ／ニンニク
ふゆき　フキ	ぶる　ゲンゲ／ツメクサ
ふゆぎ　シナノキ／ネズミモチ／マサキ／ワケギ	ふるー　インゲンマメ
ふゆくさ　メノマンネングサ	ふるーまめ　インゲンマメ
ふゆご　ネズミモチ	ふるこ　オオバコ
ふゆざとう　サトウキビ	ふるこな　カラスビシャク
ふゆししゃず　シダ	ふるてりそー　マツバボタン
ふゆしば　ソヨゴ／マサキ	ぶるぶるー　ジャノヒゲ
ふゆずた　キヅタ	ぶるぶるくさ　クルマバソウ／クルマバナ
ふゆだいだい　キヌガワミカン	ぶるぶるそー　オドリコソウ
ふゆな　アブラナ／イヌビユ／キョウナ／クロナ／コマ	ふるむしろ　ヒルムシロ

ふるも　ヒルムシロ
ふるん　ハマセンダン
ふれっぷ　コケモモ
ふろ　インゲンマメ／ササゲ／ジュウロクササゲ
ぶろ　キビ
ふろー　インゲンマメ／ササゲ／ジュウロクササゲ／ハタササゲ
ぶろー　ササゲ
ふろーまみ　ササゲ
ふろーまめ　インゲンマメ／ジュウロクササゲ
ぶろぎ　ネズミサシ
ふろしきび　トウモロコシ
ふろすのはな　クサキョウチクトウ
ぶろと　ネズミサシ
ぶろのき　ネズミサシ
ふろふき　ダイコン
ふろまーみ　ササゲ
ふろまみ　ササゲ
ふろまめ　インゲンマメ／ササゲ／ジュウロクササゲ／ハタササゲ
ぶろん　ネズミサシ
ぶん　カラスビシャク／クワズイモ／ダンチク
ぶんいもんな　ヒケッキュウハクサイ
ふんぎ　ウラジロエノキ
ぶんぎ　エノキ／ムクゲ
ふんぐり　ハクウンボク
ふんぐりずつみ　ハクウンボク
ふんぐりばな　ホタルブクロ
ぶんこ　ナツハゼ
ぶんご　エンドウ／カヤ／サトイモ
ぶんごー　ハシドイ
ぶんごささ　オカメザサ
ぶんござさ　オカメザサ
ぶんごときわ　オギ
ぶんじゅー　エンドウ
ぶんず　エンドウ／ササゲ／ヤマブドウ／リョクトウ
ぶんずー　エンドウ
ぶんぞ　エビヅル／フジマメ
ぶんぞー　エンドウ
ぶんぞーまめ　エンドウ
ぶんだいゆり　カタクリ
ぶんたん　ザボン
ぶんちょーけ　ギボウシ
ぶんちょーそー　ギボウシ
ぶんつー　エンドウ
ふんでこ　ツクシ
ぶんてんか　ムクゲ
ぶんでんか　ムクゲ
ぶんど　エンドウ／ナタマメ
ふんどいも　ツクネイモ／ナガイモ

ふんどー　エンドウ
ぶんとー　リョクトウ
ぶんどー　エンドウ／コマツナギ／ササゲ／リョクトウ
ぶんどーあずき　リョクトウ
ふんどーいも　ツクネイモ／ナガイモ
ぶんどーすぐり　フサスグリ
ぶんどーまめ　エンドウ
ぶんどまめ　エンドウ／リョクトウ
ぶんな　ブナ
ぶんなぐり　ブナ
ぶんにょー　ミズメ
ぶんぶくさ　オドリコソウ
ぶんぶくちゃがま　ウスバサイシン／カンアオイ／ゴキヅル／ツチグリ／ナツハゼ／ホコリタケ
ぶんぶくちゃがま　カンアオイ／ナツハゼ
ぶんぶんじー　ヤドリギ
ぶんぶんのき　マサキ
ぶんまみー　ダイズ

【ヘ】

へ　ノビエ／ヒエ
へいがんぼ　ツクシ
へいけいも　サツマイモ
へいけかずら　ミヤマシキミ
べいこくさ　シロツメクサ
へいここ　アカリンゴ
へいずる　ハコベ
へいたまのき　アブラチャン
へいのあたま　コウヤボウキ
へいのき　クロバイ／ハマクサギ
へいふりぐさ　イケマ
へいべ　イヌガヤ
べいべいくさ　ハハコグサ
へいまめ　ソラマメ
へいろくさ　チドメグサ
へえ　ヒエ
へー　ヒエ
へーうのござ　シダ
へーうり　レイシ
へーがら　ハマクサギ
へーかんぼ　ツクシ
へーくそかずら　ヤイトバナ
へーくり　シュンラン
へーけいも　サツマイモ
へーけーず　スノキ
へーけかずら　ツルシキミ
へーけじゃ　コクサギ
へーけず　サルトリイバラ／スノキ
へーばな　ヒガンバナ

べーこ　ネコヤナギ
べーこくな　タカナ
へーこのした　ザゼンソウ
へーこり　シュンラン
へーじいも　サトイモ
べーすけ　レイシ
へえずり　ハコベ
へーずりくさ　ハコベ
へーずりまつ　ハイマツ
へーた　イタヤカエデ
へーたのき　イタヤカエデ
へーっつぶれ　ヤエムグラ
へーとー　イノコズチ
へーとーあさがお　ヒルガオ
へーとーぐさ　ヤブジラミ
へーとーにら　ノビル
へーとーぶどー　ノブドウ
へーとーらっきょー　ノビル
へえとり　テングダケ
べーな　リュウゼツサイ
へーない　タニウツギ
へーないうつぎ　タニウツギ
へーなぐさ　キチジョウソウ
へーのき　オオバヤシャブシ
へーばちのき　モクタチバナ
へーび　イヌガヤ
へーびいちご　ノイチゴ／ノブドウ／ヘビイチゴ
へーびくさ　テンナンショウ
へーびぐさ　クサノオウ
へえびっちょ　カラスビシャク
へーびっちょ　カラスビシャク
へーびのおかーさん　ムラサキケマン
へーびのおかた　テンナンショウ
へーびのこんにゃく　テンナンショウ
へーびのしたべら　テンナンショウ／マムシグサ
へーびのちんぽ　ツクシ
へーびのはしばこ　テンナンショウ
へーびのまくら　ツクシ／ヘビイチゴ
へーびゆり　アマドコロ／オニユリ／ナルコユリ
へーびよろ　アマドコロ／テンナンショウ
へーぶー　イボタクサギ
へーぶし　カラスビシャク
へーぶのあさがお　ヒルガオ
へーぶのござ　シダ
へーぶのねぶか　ノビル
へーぶのはしばこ　テンナンショウ
へーふりぐさ　イケマ
へーべ　イヌガヤ
べーべ　アブラガヤ
ぺーぺーぐさ　ハハコグサ

べーまつ　モクマオウ
へーまめ　ソラマメ
へえもりぎ　カンコノキ
へーらぎ　アリドオシ／ネズミサシ／ヒイラギ
へーるくさ　チドメグサ
ぺーろ　ツバキ
へーろくいも　ジャガイモ
へーろへーそ　マツバボタン
へおい　ハマクサギ
べかな　ハマナ
へから　ハマクサギ
へがら　ハマクサギ
へがらのき　ハマクサギ
へぎ　キハダ／ヤハズソウ
へぎりくさ　ゲンノショウコ
へくさ　イヌビユ／ハエドクソウ
へぐさ　イカリソウ／エノコログサ／ドクダミ／ノビエ
へくさかずら　ヤイトバナ
へくさずる　イケマ／ヤイトバナ
へくさつる　ヤイトバナ
へくさりかんだ　ヤイトバナ
へくさりのき　ハマクサギ
へくさんぽ　アオツヅラフジ／ヤイトバナ
へくさんぽーかずら　ヤイトバナ
へくさんぽかずら　ヤイトバナ
へくさんぽのき　ハマクサギ
へくそかずら　スイカズラ／ドクダミ
へくそかつら　ドクダミ
へくそぐさ　ヤイトバナ
へくそざくら　イヌザクラ
へくそずる　ヤイトバナ
へくそばな　ハクチョウゲ／ヤイトバナ
へくそんぽかずら　ヤイトバナ
へくな　イカリソウ
べけんぐさ　オオバコ
へこ　ソラマメ
へご　ウラジロ／クログワイ／コシダ／コモチシダ／シ
　　ダ／シバ／シロヤマゼンマイ／ホシダ／ホラシノブ
べこ　イヌガヤ／オオバコ／ネコヤナギ
へごかご　オニヤブソテツ
へこきぐさ　ドクダミ
へこきざくら　ウワミズザクラ／エドヒガン
へこきまめ　ソラマメ
へこくさ　ミゾソバ
べこくさ　ミソハギ
べこぐさ　シロツメクサ／ミゾソバ
べこくさ　ミゾソバ
べここ　ネコヤナギ
べここやなぎ　ネコヤナギ
べこころしいたや　カラコギカエデ

方言名索引 ● へこす

べこすかな スイバ
へこずる アオツヅラフジ／ヤイトバナ
べごだ イチイ
へこたん ヒョウタン
べつつじ レンゲツツジ
べこのきんたま ナンバンギセル
べこのした ギシギシ／ザゼンソウ／ミズバショウ／ユキノシタ
べごのした ヒツジグサ
べこのすずこ ツクシ
べこのつのつき スミレ
へこはち シャリンバイ
へごはち シャリンバイ
へこはつ シャリンバイ
へごはつ シャリンバイ
べこべこ ネコヤナギ
へこまめ ラッカセイ
べこやなぎ ネコヤナギ／ヤマネコヤナギ
へころ シャリンバイ
へころー シャリンバイ
べこんこ ネコヤナギ
へさし ハエドクソウ
へさん ハエドクソウ
へし ヒシ
べしゃご アカリンゴ
へすぎ ハイビャクシン
へずり アリドオシ／カタバミ／ハコベ
へずりくさ ハコベ
へずりぐさ ハコベ
へずる ハコベ
へそくび カラスビシャク
へそくり カラスビシャク
へそぐり カラスビシャク
へぞくり カラスビシャク
へそそび カラスビシャク
へそだいだい ネーブル
へそだか サンボウカン
へそつき アキグミ／ナツグミ
へその カラスビシャク
へそび カラスビシャク／ヒガンバナ
へそびぐさ カラスビシャク
へそべ カラスビシャク／テンナンショウ／ヒガンバナ／ムサシアブミ
へそみかん ネーブル
へそみっかん ネーブル
へそんび カラスビシャク
へた イチイ
へだ イチイ
へたな イタドリ
へだのき イチイ

へだま イチイ／イヌガヤ／カヤ／ハリモミ
へだら ヒサカキ
ぺちぺちくさ ツユクサ
ぺちべちばな ツユクサ／ヒガンバナ
ぺちぺちばな ツユクサ
へちま カボチャ
へちまうり ヘチマ
へちまこーず ヘチマ
へちゃかけ ヒサカキ
べちょなす トマト
へっかち シャリンバイ
べっきぐさ オオバコ
べっきんぐさ オオバコ
へっくさずる ヤイトバナ
ぺっけん ハヤトウリ
べっこ スモモ
べっこー スモモ
べっこーそー イチヤクソウ
べっこーばな カイザイク
べっこーふぎ ツワブキ
へっさけ アカメガシワ
へっじゃくい マムシグサ
へっそー ヤイトバナ
へっそかずら ヤイトバナ
へった キヅタ
へったま イヌガヤ／ツガ
へったまがや イヌガヤ
ぺったまがや イヌガヤ
へったまのき イヌガヤ
へったも アブラチャン
べったら コンニャク
べったりさし ヌスビトハギ
べったりざし ヌスビトハギ／ヌマダイコン
へったれまめ ソラマメ
へったんがや イヌガヤ
へったんたばこ トウゴマ
へったんどり イタドリ
ぺっち オオヤハズエンドウ
へっちー ヘチマ
べっちょぐさ イボクサ
べっちょなす トマト
べっちりさん アセビ
へっつりぐさ ヤイトバナ
べっとのき トウカエデ
べっとばな キツネノボタン／スミレ／ユキノシタ
へっのしゃくし テンナンショウ
へっぱくさ スズメノヤリ
へっぴりあさがお ヒルガオ
へっぴりいも サツマイモ
へっぴりざくら イヌザクラ／エドヒガン／ヤマザクラ

へっぴりまめ　ソラマメ
へっぴりまめ　ソラマメ
へっぴりまめ　ソラマメ
へっぷりがや　イヌガヤ
へっぷりさくら　イヌザクラ
へっぷりざくら　イヌザクラ
へっぷりまめ　ソラマメ
ぺっぺぐさ　スズメノテッポウ
ぺっぺこ　ツクシ
ぺっぺのこ　ツクシ
へっぽそ　カラスビシャク
へつま　ヘチマ
へとー　イノコズチ
へどがき　マメガキ
べどずる　ヤイトバナ
へとつきばな　ヒルガオ
へどつきばな　ヒルガオ
へどっきばな　ヒルガオ
へどっつる　ヒルガオ
へどつる　ヒルガオ
へとべ　イヌガヤ
へとりきのこ　テングダケ
ぺな　タイサイ
へなくさ　カモジグサ
べに　ゲンノショウコ／ベニニガナ／ホウセンカ
べにうつぎ　タニウツギ／ノリウツギ
べにがしら　アカメガシワ
べにかずら　アカネ
べにかつら　アカネ
べにがら　ホウセンカ
べにがらじー　スダジイ
べにかわ　タンキリマメ
べにくさ　イヌビユ
べにぐさ　イヌビユ
べにここ　アカリンゴ
べにさし　タカトウダイ
べにさら　アズマギク
べにさらこ　アズマギク
べにすげ　ノカンゾウ
べにたぶ　タブノキ
べにちゃ　ツクバネアサガオ
べにちゃらこ　アズマギク
べにちょくそー　ゲンノショウコ
べにちょくばな　ゲンノショウコ／ヒルガオ
べにつが　コメツガ
べにばな　アカザ／ゲンノショウコ
べにばないんげん　ベニバナインゲン
べにばら　アザミ
べにまめ　ササゲ
べにみかん　キシュウミカン

べにらん　シラン
べにりんご　アカリンゴ
へぬき　ハリギリ
へのき　ハイノキ
へのごば　アツモリソウ／クマガイソウ
へのどく　ハエドクソウ
へのへ　カラスビシャク
へはる　シャリンバイ／ヒサカキ
へび　イヌガヤ
へびあいた　キケマン
へびあさ　ハンゴンソウ
へびあさがお　ヒルガオ
へひあひ　ナワシロイチゴ／ヘビイチゴ
へびあび　ナワシロイチゴ／ヘビイチゴ
へびあび　ヘビイチゴ
へびあんざい　ハンゴンソウ
へびいたどり　イタドリ
へびいちご　シダ／ナワシロイチゴ／ノイチゴ
へびいつこ　ヘビイチゴ
へびおーぎ　ヒオウギ
へびがお　ヒルガオ
へびがや　イヌガヤ
へびぎしぎし　ギシギシ
へびくさ　イヌワラビ／ウラシマソウ／ウワバミソウ／チドメグサ／テンナンショウ／ドクダミ／ネコノメソウ
へびぐさ　アカザ／イヌガラシ／シダ／マムシグサ
へびごーろ　ヒガンバナ
へびござ　ヤブソテツ
へびこばな　スミレ
へびころし　ドクダミ
へびこんにゃく　テンナンショウ
へひさいき　イタドリ
へびさし　ギシギシ
へびさとがら　ドクダミ
へびしかな　ギシギシ／ダイオウ
へびしば　チガヤ
へびしゃくし　ムサシアブミ
へびじゃくし　テンナンショウ
へびじゃわん　ツリガネニンジン
へびしんどー　ギシギシ
へびじんとー　ギシギシ
へびしんぼり　ギシギシ
へびす　カラスビシャク
へびす　カラスビシャク
へびすいこ　ギシギシ
へびすいば　ギシギシ
へびすえこ　ダイオウ
へびすかな　イタドリ
へびすずらん　アマドコロ

へびぜんまい　イヌガンソク／イヌワラビ
へびたばこ　スギナ／ツクシ
へびちちぎ　ヤマツツジ
へびちゃわん　ツリガネニンジン
へびつきばな　ヒルガオ
へびっくそ　ツルボ
へびつる　アマドコロ
へびでもち　マムシグサ
へびとかずら　ヤイトバナ
へびにんじん　キケマン
へびのあさがお　ヒルガオ
へびのあねさま（あねはん）　アマドコロ／カラスビシャク／コンニャク／ナルコユリ／ヤマホトトギス
へびのあんどん　テンナンショウ
へびのいちご　オヘビイチゴ／キツネノボタン／ヘビイチゴ
へびのいっこ　ヘビイチゴ
へびのおかーさん　ムラサキケマン
へびのおがた　テンナンショウ
へびのおっかさ　カキドオシ
へびのおわだ　テンナンショウ
へびのかか　タケシマラン
へびのかさ　ヤブレガサ
へびのかたな　テンナンショウ
へびのかつやま　テンナンショウ
へびのかもこ　ツクシ
へびのからかさ　テンナンショウ
へびのかんこばな　カキドオシ
へびのき　イヌガヤ
へびのござ　クサソテツ／シシガシラ／ヘビイチゴ
へびのこしかけ　ウラシマソウ／テンナンショウ
へびのこんじんさま　テンナンショウ
へびのこんにゃく　テンナンショウ
へびのした　オオチドメ／テンナンショウ
へびのしゃくし　カラスビシャク／テンナンショウ／ムサシアブミ
へびのすいこ　ギシギシ
へびのすかっし　ギシギシ
へびのせっく　イヌガンソク
へびのだいおー　ギシギシ／テンナンショウ／マムシグサ
へびのだいはち　シダ／テンナンショウ／マムシグサ
へびのだいばち　ウラシマソウ／テンナンショウ／マムシグサ
へびのだいはつ　テンナンショウ／マムシグサ
へびのたいまつ　テンナンショウ
へびのだいまつ　テンナンショウ
へびのだいもじ　テンナンショウ
へびのだいもち　アマドコロ／カラスビシャク／ナルコユリ／マムシグサ

へびのだえはち　テンナンショウ
へびのだやばじ　マムシグサ
へびのちち　サギゴケ／ヘビイチゴ
へびのちっち　オドリコソウ
へびのちゃ　コクサギ
へびのちょーちん　ナルコユリ
へびのちょこ　テンナンショウ／ヒルガオ
へびので〓ーばち　マムシグサ
へびのでぁばん　テンナンショウ
へびのでぇもじ　テンナンショウ
へびのでばじ　マムシグサ
へびのでばち　マムシグサ
へびのとー　ヒガンバナ
へびのどんがら　テンナンショウ
へびのばっこ　テンナンショウ
へびのはな　ヒガンバナ／ルリソウ
へびのぼらず　ウラシマソウ
へびのまくら　ウツボグサ／ツクシ／テンナンショウ／ノイチゴ／ヘビイチゴ
へびのまぐら　マムシグサ
へびのゆり　ナルコユリ
へびのろーそく　ツクシ
へびばな　ウツボグサ／タニウツギ／ヒガンバナ
へびばなこ　スミレ
へびぶどー　ノブドウ
へびまくら　アマドコロ／ウラシマソウ／カラスビシャク／テンナンショウ／ヘビイチゴ／マムシグサ／ミズバショウ／ムラサキケマン
へびむぎ　カモジグサ
へびむしろ　ヤブジラミ
へびゆり　アマドコロ／カラスビシャク／チゴユリ／テンナンショウ／ナルコユリ／マムシグサ／ユキザサ
へびりくさ　ドクダミ
へびりぐさ　ドクダミ
へびりざくら　イヌザクラ
へびりのき　ハマクサギ
へびりばな　ヤイトバナ
へびわらび　イヌワラビ
へびんした　ミゾカクシ
べぶ　ヤマブドウ
へぶいっこ　ヘビイチゴ
へぶし　オオハンゲ／カラスビシャク
へぶす　カラスビシャク
へふんど　ヤイトバナ
へぶんまくら　ムサシアブミ
へべ　イヌガヤ／カワラハンノキ
べべ　イヌガヤ
へべがや　イヌガヤ
べべがや　イヌガヤ
べべこ　アカリンゴ

へんさ ● 方言名索引

べべし　イヌガヤ
べべしばな　シュンラン
へべす　カラスビシャク
べべつかみ　ヌスビトハギ
べべっちょばな　ツユクサ
べべなめ　シュンラン
へべのき　イヌガヤ
べべのき　ツガ
べべほーじろ　シュンラン
へべゆり　アマドコロ／ナルコユリ
べべゆり　アマドコロ
へへらき　ヒイラギ
へべわらび　イヌワラビ
へぽ　イヌガヤ／サワグルミ
べぽ　イヌガヤ／ネズミサシ／ハイマツ／ビャクシン
べぽー　ネズミサシ
へぽがや　イヌガヤ
へぽぎ　イヌガヤ
へぽぎり　サワグルミ
へぽくさ　オドリコソウ
へぽくそ　カラスビシャク
べぽずる　ツルアジサイ
へぽそ　カラスビシャク
へぽそー　カラスビシャク
へぽっちょ　カラスウリ／カラスビシャク
へぽっつる　ヒルガオ
へぽつる　ヒルガオ
へぽとくい　チヂミザサ
へぽのき　イヌガヤ
べぽのき　ネズミサシ
へぽのまくら　ヘビイチゴ
へぽろ　カラスビシャク／ツルボ
へまいぎ　ナワシロイチゴ
へまめ　ソラマメ
へまりいちご　ナワシロイチゴ
へみのちゃ　コクサギ
へやぶな　アオハダ
へょー　ヤドリギ
へら　アオギリ／アオハダ／シナノキ
べら　オオカメノキ
へらあざみ　ヒメアザミ
へらあんじゃみ　ヒメアザミ
へらいも　ツクネイモ／ナガイモ
へらえも　ツクネイモ／ナガイモ
べらか　オオカメノキ
へらき　ウリノキ／オオカメノキ
ぺらき　ハクウンボク
べらつか　オオカメノキ
へらな　タイサイ
へらのき　ウリハダカエデ／オオカメノキ／シナノキ／

ハクウンボク
へらふり　ヤマナラシ
べらべら　アオハダ
べらべらぐさ　ナズナ
へらも　セキショウモ
へらんだま　シャリンバイ
へりかわ　シナノキ
へりつぶ　アサツキ
べりべりこー　クログワイ
へるかぶ　タイサイ
へるくさ　チドメグサ
べろ　ヤマナラシ
べろき　ヤマナラシ
べろきれぐさ　アカネ
へろぐさ　チドメグサ
べろくさ　チドメグサ／ツメクサ（爪草）
べろっこ　ヤマナラシ
へろのき　シラカンバ
べろのき　ヤマナラシ
べろばな　モクレン
べろべろ　エノコログサ／ゲンゲ／シャクナゲ／ツメクサ
べろべろかんじょー　スミレ
へろも　ヒルムシロ
べろも　ヒルムシロ
べろやきまめ　ソラマメ
べろんぎ　ツツジ
べろんごー　ツツジ
へわり　シャリンバイ
へわりのき　シャリンバイ
ぺんきくさ　ナンバンギセル
へんきくまり　アキカラマツ
べんけいいも　ホドイモ
べんけいそー　ベンケイソウ
べんけーきらず　ナギ
べんけーそー　チドメグサ／トリカブト
べんけーつば　ナギ
べんけーなかし　ナギ
べんけーなかせ　ナギ
べんけーのさんまいぎり　ナギ
べんけーのさんまいば　ナギ
べんけーのなみだこぼし　ナギ
べんけーば　ナギ
べんけーばな　ユキノシタ
べんけーもも　スモモ
へんげばな　ヒャクニチソウ
へんご　ウラシマソウ／テンナンショウ
べんざくら　エドヒガン
べんざさら　カワラケツメイ
へんさらくさ　ホウセンカ

べんすうい	パパイヤ	へんぽん	ユウガオ
へんずる	ハコベ	へんもと	ネギ
へんだ	イヌガヤ	べんろじ	チョロギ
べんたけ	ヌメリイグチ		
へんだのき	イヌガヤ	【ほ】	
へんたぶ	タブノキ	ほあまき	サトウキビ
へんたぶ	タブノキ	ほい	ヤドリギ
へんだら	ヒサカキ／ヘンルーダ	ほいずき	ホオズキ
へんちく	ミチヤナギ	ほいたねぶか	ノビル
べんぢゃらこ	アズマギク	ほいてる	マツバボタン
べんちょくばな	ヒルガオ	ほいと	ヌスビトハギ
べんつけ	ユキノシタ	ほいとー	ヌスビトハギ
べんど	ヤブニッケイ	ほいとーがっぽ	イタドリ
べんとー	ゴキヅル	ぽいとーがっぽ	イタドリ
へんどーみやげ	ヤブコウジ	ほいとーぐさ	ヌスビトハギ
へんどくさ	ハマクサギ	ほいとーにーにく	ノビル
へんどねぶか	ニラ	ほいとーねぎ	ニラ／ノビル
へんねれそー	トラノオシダ	ほいとーねぶか	アサツキ
べんのーすいも	チョロギ	ほいとぐさ	ヤブジラミ
へんのき	イスノキ	ほいとねぎ	アサツキ
へんぱく	ヒノキ	ほいとねぶか	シュンラン／ノビル
へんぱちしゃ	レタス	ほいとのねぎ	アサツキ
べんばな	ゲンゲ／ツメクサ／ベニニガナ／マツバボタン	ほいとのまくら	ウツボグサ
へんびいちご	ヘビイチゴ	ほいとのわたいれ	トウガラシ
へんびくさ	ノブドウ	ぽいびん	スベリヒユ
へんびすかっし	ギシギシ	ほいも	サトイモ
へんびのしたまがり	ヒガンバナ	ほうきのき	コウヤボウキ
へんびのだいはち	テンナンショウ	ほうり	マクワウリ
へんびのでぇあまぢ	テンナンショウ	ほえ	ヤドリギ
へんびゆり	アマドコロ／ナルコユリ	ほぇーとーねぶか	ノビル
へんふり	センブリ	ほえたら	ヤマビワ
ぺんべぐさ	カラスウリ	ほえとーねかぶ	ノビル
ぺんぺこぐさ	ナズナ	ほえどかさ	ヤブレガサ
へんべす	マムシグサ	ほえとのかっぽ	イタドリ
へんべそ	カラスビシャク	ほえどのまくら	ウツボグサ
へんべそー	カラスビシャク	ほえひそ	ウワミズザクラ
べんべのこ	ネコヤナギ	ほえふと	ウワミズザクラ
へんべのだいはち	テンナンショウ	ほえぶとざくら	ウワミズザクラ
へんべのだいはつ	テンナンショウ	ほえんのき	アオモジ
へんべのまくら	ヘビイチゴ／キツネノカミソリ	ほー	カシワ／ナラ／ネズミサシ／ハマゴウ／ホオノキ／ヤドリギ
べんべらごけ	キクラゲ	ぽー	カボチャ／コムギ
ぺんぺん	カニクサ	ほーいも	サトイモ
ぺんぺんかずら	カニクサ	ぽーいも	ナガイモ／ヤマノイモ
ぺんぺんくさ	ナズナ	ほーうり	マクワウリ
ぺんぺんぐさ	カタバミ／カラスウリ／ゲンノショウコ	ぽーうん	ヤマノイモ
ぺんぺんさ	ハコベ／ヨメナ	ほーえんつくつく	ツクシ
ぺんぺんぐさ	イノコヅチ／カタバミ／カニクサ／カヤツリグサ／ナズナ／ハコベ／ミチヤナギ	ほーおーそー	ノコギリソウ／ハコネシダ／マリゴールド
へんぽ	ユウガオ		

ほーおーはぎ　ハコネシダ
ほーか　リンボク
ぽーか　カボチャ／ハハコグサ
ほーかい　マルメロ
ほーかい　ナツハゼ／マルメロ
ほーかいなし　マルメロ
ほーかちょー　ホタルブクロ
ほーかのき　リンボク
ほーがのき　バクチノキ／リンボク
ほーがめ　ハマオモト
ほーがらし　ミズタガラシ
ほーかん　ホタルブクロ
ほーかんしょ　ホウセンカ
ほーかんば　ネムノキ
ほーき　ハギ／フキ／ホウキモロコシ
ほーぎ　ハマゴウ／ミツバハマゴウ
ほーきぎ　アカザ／コアカソ／コウヤボウキ／コマユミ／ツクバネウツギ／ホウキギ／マユミ
ほーききび　キビ／トウモロコシ／ホウキモロコシ／モロコシ
ほーききみ　キビ／ホウキモロコシ
ほーききもどし　ミチヤナギ
ほーきぎん　ホウキモロコシ
ほーきくさ　ホウキギ／ミチヤナギ
ほーきぐさ　オヒシバ／コアジサイ／コウヤボウキ／チカラシバ／ナガバノコウヤボウキ／ヒメコバンソウ／ヒメムカシヨモギ／ミチヤナギ／メドハギ／メヒシバ
ほーきけんせ　ホウキモロコシ
ほーきしば　コマユミ／ツクバネウツギ／ツワブキ／リョウブ
ほーきたかきび　ホウキモロコシ
ほーきとーきび　ホウキモロコシ
ほーきときび　ホウキモロコシ／ウワミズザクラ
ほーこーにんしば　アセビ
ほーこーばな　ハハコグサ
ほーこーぽーず　ツクシ
ほーこーよもぎ　ハハコグサ
ほーこくさ　ハハコグサ
ほーこぐさ　オキナグサ
ほーこさん　ハハコグサ
ほーこばな　ハハコグサ
ぽーこまめ　ラッカセイ
ほーこよむぎ　ハハコグサ
ほーこよもぎ　ハハコグサ
ほーこり　シュンラン
ぽーこん　イタドリ
ほーさ　コナラ／ナラ／ミズナラ
ほーざ　コナラ
ほーさー　オオバコ
ほーさき　シロモジ

ほーさけ　シロモジ
ほーさなら　コナラ
ほーさのき　コナラ
ぽーさん　シュンラン
ほーし　スギナ／ツクシ
ほーじ　カラスビシャク
ぽーし　スギナ／ツクシ／ヤマボウシ
ほーじき　ホオズキ
ぽーしぎ　タカノツメ
ほーしこ　スギナ／ツクシ
ほーしこくさ　スギナ
ほーしこぐさ　スギナ
ほーしこのおば　スギナ
ほーしこのおばー　スギナ
ほーしこのおばさん　スギナ
ほーしこのおばはん　スギナ
ほーしこのおや　スギナ
ほーしこのき　スギナ
ほーしこのくさ　スギナ
ぽーしのき　アオキ／ヤマボウシ
ほーしのこ　ツクシ
ほーしば　ホオノキ
ほーしばな　エノキグサ
ぽーしばな　ツユクサ
ほーほーし　ツクシ
ほーぽーし　ツクシ
ぽーじぽーじ　ツクシ
ほーしみん　スベリヒユ
ほーしむぎ　オオムギ
ほーしゃ　スギナ／ツクシ
ぽーしゃ　ツクシ
ほーしゃくしゃ　ツクシ
ほーしゃくじゃ　ツクシ
ぽーじゃのき　クロモジ
ほーしゃよみのこ　ツクシ
ほーしょ　ツクシ
ほーしょー　ツクシ
ほーしょーかん　ホウセンカ
ほーしょーくゎん　ホウセンカ
ほーしょかん　ホウセンカ
ほーじろ　シャシャンボ
ほーしんか　ホウセンカ
ほーしんこ　ツクシ
ほーしんご　ツクシ
ほーす　アベマキ／クヌギ
ぽーず　ツクシ
ぽーず　ツクシ／ツチトリモチ
ほーずいこ　イタドリ
ぽーずいこ　イタドリ
ほーずいっぱ　オオバコ

ぽーずがみみ　スベリヒユ
ほーずき　コウゾリナ／センナリホオズキ／チシャノキ／ハナイカダ／ホオズキ／ホタルブクロ／ミズオオバコ／モッコク
ほーずぎ　コクサギ
ほーずきぐさ　キリンソウ／ミゾホオズキ
ほーずぎっちょ　ツクシ
ほーずきとまと　ショクヨウホオズキ
ほーずきなんばん　ピーマン
ほーずきのき　ハナイカダ／ミツバウツギ
ほーずきば　オオバコ
ほーずくさ　ウツボグサ／クサギ／スズメノテッポウ／ハマクサギ
ほーずぐさ　ウツボグサ／オニノヤガラ／スズメノテッポウ／ドクダミ／ヒンジガヤツリ／ホシクサ／ミゾハコベ
ほーずな　ツクシ
ほーずのき　クロガネモチ
ほーすはな　センニチコウ
ほーずばな　カルカヤ／センニチコウ／ワレモコウ
ほーすばり　ソラマメ
ほーずばり　ソラマメ
ほーずびえ　ヒエ
ほーずびんた　ツクシ
ほーずぽーず　ギンバイソウ
ほーすまき　アベマキ
ほーずまめ　インゲンマメ
ほーずみみ　スベリヒユ
ほーずむぎ　オオムギ
ほーずゆり　ウバユリ
ほーせ　ツクシ
ほーせ　ツクシ
ほーせきばな　オオハルシャギク
ほーせきばな　コスモス
ほーぜっぱ　オオバコ
ほーぜのはな　ヒガンバナ
ほーぜばら　ヒガンバナ
ほーせんくゎ　ホウセンカ
ほーせんくゎばな　ヒガンバナ
ほーせんくゎん　ホウセンカ
ほーせんこ　ヒガンバナ／ホウセンカ
ほーせんこー　ホウセンカ
ほーせんこばな　ヒガンバナ
ほーせんつくつく　ツクシ
ほーせんばな　ヒガンバナ
ほーそ　アカシデ／アベマキ／クヌギ／コナラ／ツクシ／ナラ／ミズナラ／ヤマコウバシ
ほーそー　コナラ／ツメクサ／ナラ
ほーぞー　ゲンゲ
ほーそーしば　ナラ

ほーそーつなぎ　コナラ
ほーそーのき　タケニグサ
ほーそーばな　ゲンゲ／タケニグサ／ツメクサ／ヒガンバナ
ほーぞーはな　ゲンゲ
ほーぞーばな　ゲンゲ／ツメクサ
ほーそなら　コナラ／ミズナラ
ほーそならぎ　クヌギ
ほーそのき　コナラ
ほーそばな　ゲンゲ
ほーぞばな　ゲンゲ／ツメクサ
ほーそばり　ソラマメ
ほーそまき　クヌギ
ほーそまき　コナラ／ミズナラ
ぽーた　ホウレンソウ
ぽーた　カボチャ
ぽーだけ　ダンチク
ぽーだら　ハリギリ
ぽーだら　イイギリ／カラスザンショウ／コシアブラ／タカノツメ／タラノキ／トベラ／ナツメ／ハリギリ
ぽーだら　ハリギリ
ぽーだらいばら　タラノキ
ぽーだらのき　タラノキ
ほーたるくさ　スギナ
ほーたるぐさ　ツユクサ
ほーたるぐみ　ウグイスカグラ
ほーたるこぐさ　ツユクサ
ほーたるのくさ　スギナ
ほーたれこ　ツユクサ
ほーたろくさ　ツユクサ
ほーたろぐさ　クサスギカズラ（タチテンモンドウ）／コモチマンネングサ／スギナ／ツユクサ
ほーたろばな　ツユクサ
ほーだろばなこ　ホタルブクロ
ぽーち　サンゴジュ
ほーちこほーこ　イスノキ
ぽーちゃ　カボチャ
ぽーちょ　アズキナシ
ぽーちょ　コシアブラ／タカノツメ
ぽーちょー　クヌギ
ぽーちょー　クヌギ／コシアブラ
ぽーちょーいぎ　サルトリイバラ
ぽーちょーぎ　ニシキギ
ぽーちょーぐい　サルトリイバラ
ぽーちょーぐい　サルトリイバラ
ぽーちょーざくら　ウワミズザクラ／ミズメ／ヤシャブシ
ぽーちょのき　マユミ
ぽーちょのき　マユミ
ぽーちん　キハダ／チャンチン

ぽーちん　カボチャ	ほーふひ　ハマスゲ
ほーっくさ　ホウキギ	ほーぶひ　ハマスゲ
ほーつくし　ツクシ	ぽーふら　アメリカボウフウ／カボチャ
ほーでー　ダンチク	ぽーぶら　カボチャ／スイカ
ほーてらばな　ホタルブクロ	ぽーふり　カボチャ
ほーと　コウモリソウ	ぽーぶり　カボチャ
ぽーどいも　サトイモ	ほーべら　カタバミ／ハコベ／ハハコグサ
ほーとー　フトモモ	ほーべら　ドングリ
ほーどー　サトイモ	ぽーぽー　クヌギ
ほーどーいも　サトイモ	ぽーぽーがら　イタドリ
ほーとーかずら　フウトウカズラ	ぽーぽーな　ノゲシ
ほーとーげ　ツメクサ	ぽーほけきょ　カタクリ
ほーどーけ　ゲンゲ	ぽーぽひ　ハマスゲ
ほーとーまめ　インゲンマメ	ぽーほひ　ハマスゲ
ほーとくにんじん　ツリガネニンジン	ぽーぽゆす　モッコク
ほーどけ　クリンソウ	ぽーぽら　カボチャ
ほーどげ　クリンソウ	ぽーぽらかぼちゃ　カボチャ
ほーとり　ツユクサ／メヒシバ	ぽーほらぎっちょ　スミレ
ほーとりくさ　アキメヒシバ	ぽーぽろ　カボチャ
ほーとりぐさ　メヒシバ	ぽーまがい　コバンモチ
ほーな　ヨブスマソウ	ぽーまばな　カルカヤ
ぽーな　アキノノゲシ／カニコウモリ／ノゲシ／ヨブスマソウ	ほーまめ　ソラマメ
	ぽーまめ　ソラマメ
ほーなら　コナラ	ほーまんな　フダンソウ
ほーねんいも　ジャガイモ	ぽーむら　カボチャ
ほーねんくさ　ゲンゲ	ぽーら　カボチャ
ほーねんぐさ　スズメノテッポウ／ヒメムカシヨモギ	ぽーらい　カボチャ
	ほーらいがき　イチジク
ほーねんそー　ゲンゲ／ツメクサ	ほーらいきび　トウモロコシ
ほーのき　アオモジ／カクレミノ／カシワ／カラスザンショウ／クロモジ／コフジウツギ／タカノツメ／ハマゴウ／ハマボウ／ヤマビワ	ほーらいまめ　ラッカセイ
	ほーらくいちご　クサイチゴ
	ほーらくごみ　シャシャンボ
ほーのつら　ハマゴウ	ほーらだけ　イタドリ
ほーのみ　ツルソバ／ツルタデ	ぽーらだけ　イタドリ
ほおば　ホオノキ	ぽーらん　カボチャ
ほーば　ホオノキ	ほーらんしば　サルトリイバラ
ほーばく　オオバコ	ぽーりょー　リョウブ
ほーばこ　オオバコ	ぽーりょーつつじ　リョウブ
ぽーばな　オオアワダチソウ	ほーるぐーしゅ　トウガラシ
ほーばのき　ホオノキ	ほーれー　ワタ
ほーぱん　ホタルブクロ	ほーれぐさ　シロツメクサ
ぽーひら　カボチャ	ほーれんぐさ　アカネ／ヤエムグラ
ぽーびら　カボチャ	ほーろ　ワラビ
ぽーふ　ハマボウフウ／ボタンボウフウ	ほーろぎぐさ　ツユクサ
ぽーふー　ハマボウフウ／ホソバワダン／ボタンボウフウ	ほーろくいちご　バライチゴ／フユイチゴ
	ほーろくぐみ　モミジイチゴ
ぽーぶーら　カボチャ	ほーろくじっさ　シュンラン
ほーぶし　ハマゴウ／ハマスゲ	ほーろへーそ　マツバボタン
ほーぶしぐさ　アレチノギク	ぽか　コシアブラ／タカノツメ
ぽーぶな　カボチャ	ぽか　タカノツメ／ホオノキ
ぽーふのおば　ハマニガナ	

ぽかーき　アカガシ
ほがーら　ハマゴウ
ぽかうん　イタドリ
ほかけそー　サギゴケ
ほかのき　リンボク
ぽかのき　コシアブラ
ぽかのき　リンボク
ほかふーずき　センナリホオズキ
ほがら　ハマゴウ
ほがれ　ハマゴウ
ほき　アキタブキ
ほぎ　アキタブキ／フキ
ぽき　カヤツリグサ
ぽき　カヤツリグサ／コウホネ
ほぎいも　ツクネイモ／ナガイモ
ほぎぎ　ツクバネウツギ
ほききび　モロコシ
ほきさ　ヒメムカシヨモギ
ほきしば　ツクバネウツギ
ほぎしば　ツクバネウツギ
ほきっ　モロコシ
ほきっちょ　カタクリ
ほきび　キビ／トウモロコシ／ホウキモロコシ／モロコシ
ぽきぽき　コウホネ
ぽきんぽきん　コウホネ
ぽく　ボタンボウフウ
ぽくさ　シロツメクサ／ハマクサギ
ほぐさ　ウマゴヤシ
ぽくそー　シロツメクサ
ほくちごぽー　オヤマボクチ
ほくちのき　タケニグサ
ほくてん　イイギリ
ぽくのき　ヤマボウシ
ぽくら　ソヨゴ
ぽくら　カボチャ
ぽぐら　カボチャ
ほくらそ　ソヨゴ
ほくらばんど　シュンラン
ほぐり　シュンラン
ほぐり　イチジク
ほくる　シュンラン
ほくろ　シュンラン
ぽけ　サツマイモ／マルメロ／ムクゲ
ぽげぁ　マルメロ
ぽけいも　サツマイモ
ぽけうり　ハヤトウリ
ぽげー　マルメロ
ほけきょ　カンゾウ
ほけきょー　ホタルブクロ

ほけきょのき　ツクバネウツギ
ほけきょばな　カタクリ／キクザキイチゲ／スミレ／トリアシショウマ
ぽけしどみ　ボケ
ほけじろ　イタドリ
ほけちょ　ガガイモ
ほけちょーばな　スミレ
ほけちょくさ　スミレ
ほけちょばな　キクザキイチゲ／スミレ
ほけっきょ　ヤブカンゾウ
ほけっきょー　カンゾウ（甘草）
ぽけなし　カリン／セイヨウナシ／マルメロ
ぽけはくさい　ヒケッキュウハクサイ
ぽけばな　ツリガネニンジン
ほげんぎょのき　イヌガヤ
ぽこ　ヤマボウシ
ほごいちご　モミジイチゴ
ぽこじや　タンポポ
ぽこじゃ　タンポポ
ほこどりや　ノゲシ
ほごどりや　ノゲシ
ぽこなかせ　コマツナギ
ほこねぎ　ネギ
ほこばな　リンドウ
ほこべ　ハコベ
ほこほこ　ハハコグサ
ぽこまめ　ラッカセイ
ほこよもぎ　ハハコグサ
ほこらほーずき　クコ
ほこりかずき　アズキ
ほこりかつぎ　アズキ
ほこりぐさ　イチゴツナギ／スズメノカタビラ
ほこりこごめ　ヤマソテツ
ぽこんぽこん　イタドリ
ほさ　クヌギ／コナラ／ナラ／ミズナラ
ぽさ　ミゾソバ
ほざきかえで　オガラバナ
ほざきしょーが　シュクシャ
ほさときっ　サトウモロコシ
ほさのき　コナラ
ほさば　アオハダ
ぽさまな　フダンソウ
ほし　ツクシ
ほじ　カシュウイモ
ぽし　ギボウシ／ツクシ
ほしかご　カゴノキ
ほしくさ　ホシクサ
ほしぐさ　イボクサ
ほしくそ　キツネノエフデ
ほしこ　ツクシ

ほしこが　カゴノキ
ほしこさん　ツクシ
ほしこぼん　ツクシ
ほしさん　ツクシ
ほしたぶ　カゴノキ
ほしだま　オナモミ
ほしでんこ　ツクシ
ほしでんご　ツクシ
ほしのき　クヌギ／ナラ
ほしのこ　ツクシ
ほしのと　ツクシ
ほしのひとみ　イヌノフグリ
ぼしばな　センニチコウ／センニンソウ
ぼしぼし　ツクシ
ほしぼし　ツクシ
ほしぼじ　ツクシ
ほじぼじ　ツクシ
ほしぼそ　ツクシ
ほしまき　コウヤマキ
ぼしみん　スベリヒユ
ほしゃどんのしりふき　ドクダミ
ほじょぐさ　エノコログサ
ほしらん　ノキシノブ
ほしんかん　ホウセンカ
ほしんたれ　コミカンソウ
ほしんたん　コミカンソウ
ほす　コナラ
ほす　ナラ
ぼず　ツクシ
ほずきくさ　ヒユ
ほずきのはな　ヤマブキ
ほすばな　センニチコウ
ぼずばな　センニチコウ
ほずまめ　ゲンゲ
ほぜ　ヒガンバナ
ほぜぐい　フユザンショウ
ほぜくさ　ヒガンバナ
ほせっか　ホウセンカ
ほぜのはな　ヒガンバナ
ほせはな　ヒガンバナ
ほぜばな　ヒガンバナ
ほそ　カシワ／コナラ／ツクシ／ドングリ／ナラ／ミズナラ
ほそいちご　クサイチゴ
ほそがし　ウラジロガシ
ほそき　イヌザンショウ／カクレミノ／カラスザンショウ
ほぞき　ホオズキ
ほそきだら　カラスザンショウ
ほそきばら　イヌザンショウ

ほそく　イヌザンショウ
ほそくび　ツルウメモドキ
ほそくびかずら　ツルウメモドキ
ほぞくり　カラスビシャク
ほそげだら　カラスザンショウ
ほそじち　ナシ
ほそずる　サツマイモ
ほそっき　イヌザンショウ
ほそなら　コナラ
ほそねぎ　ワケギ
ほそねだいこん　ダイコン
ほそのき　コナラ
ほそば　イヌマキ／マキ
ほそばがし　イチイガシ／ウラジロガシ／シラカシ
ほそばな　ゲンゲ／ツメクサ
ほそばのき　コナラ
ほそばらかんまつ　イヌマキ
ほそび　カラスビシャク／ヒガンバナ
ほぼほそ　ツクシ
ぼぼぼそ　ツクシ
ほそまき　コナラ
ほた　ホオノキ／ワラビ
ほだ　シダ／ワラビ
ぼたあさ　ナンバンカラムシ
ぼだい　モクゲンジ
ほたいくさ　ツユクサ
ぼだいじ　シナノキ
ぼだいじゅ　カンナ／シナノキ／ジュズダマ
ぼだいず　ジュズダマ
ぼたいだち　ヌメリイグチ
ぼたうり　マクワウリ
ほたうり　マクワウリ
ぼだえず　ジュズダマ
ぼたえび　サンカクヅル
ぼたからむし　アカソ
ほだくさ　シダ
ぼたひら　ヌメリイグチ
ほだま　イヌガヤ
ぼたもちばら　サルトリイバラ
ほだら　ニワトコ
ほたる　ワラビ
ほだる　ヌルデ
ほたるかご　ホタルブクロ
ほたるき　ツユクサ
ほたるくさ　ウツボグサ／ツメクサ／ツユクサ／トクサ／ホタルブクロ
ほたるぐさ　アスパラガス／イタチガヤ／イヌツゲ／ウツボグサ／カニクサ／カワラヨモギ／キジカクシ／クサスギカズラ（タチテンモンドウ）／コモチマンネングサ／シロツメクサ／スギナ／ツメクサ／ツユクサ／ヒ

方言名索引 ● ほたる

　　　　メコバンソウ／ヒメレンゲ／ホウキギ／ホタルブクロ
ほたるそー　キランソウ／スギナ
ほたるのくさのおばさん　ツクシ
ほたるのちょーちん　ホタルブクロ
ほたるのつば　ホタルブクロ
ほたるのっぱ　ホタルブクロ
ほたるのふくろ　ホタルブクロ
ほたるばな　ジギタリス／ホタルブクロ
ほたるひめ　ビャクシン
ほたるぶくろ　ウツボグサ／ジギタリス
ほたるんくさ　キジカクシ
ほたれこぐさ　ツユクサ
ほたれこばな　ツユクサ
ほたろくさ　スギナ
ほたろぐさ　ツユクサ／ノミノフスマ
ほたろば　ワラビ
ほたろぱ　ワラビ
ほたろばな　ホタルブクロ
ほだわら　ホンダワラ
ぼたん　バラ／マツバボタン
ぼたんぐい　サルトリイバラ／バラ
ぼたんけし　ケシ
ぼたんこばな　ハマギク
ぼたんざくら　サクラ（サトザクラ／ヤエザクラ）
ぼたんささげ　インゲンマメ
ぼたんな　ハボタン
ぼたんば　サルトリイバラ
ぼたんばな　キツネノボタン／トキンイバラ
ぼたんばら　サルトリイバラ
ぼたんぽーふー　ボタンボウフウ
ぽちぽち　コウホネ
ぽちゃ　カボチャ
ぽちゃぽちゃ　ヤドリギ
ぽちょ　タカノツメ
ほちょーいぎ　サルトリイバラ
ほちょーさんしょー　フユザンショウ
ほちょーのくい　サルトリイバラ
ほちろ　スミレ
ほっかいどーいも　ジャガイモ
ほっかいどーまめ　インゲンマメ
ほっかいどまめ　ウズラマメ
ほっかいまつ　カラマツ
ほっかり　マツヨイグサ
ほっかんくさ　ナンバンカラムシ
ほづき　ホオズキ
ぽっき　コウホネ
ほっきくさ　ヒユ
ほっきび　キビ／ホウキモロコシ
ほっきりならめ　クロガネモチ
ほっく　モッコク

ほっぐき　ホウキモロコシ
ほっくり　シュンラン／ラン
ほっくりさん　シュンラン
ほづけ　ホオズキ
ぽっけぁ　ホオズキ
ほっけばな　ゲンノショウコ
ぽっこ　タンポポ
ほっこり　シュンラン
ぽっこりのき　クロガネモチ
ほっころばーさ　シュンラン
ほっころばば　シュンラン
ほっころべーさ　シュンラン
ほっころべべ　シュンラン
ほっころべべちょ　シュンラン
ほっさ　ホウキギ
ほっさん　ツクシ
ほっしえくさ　オシロイバナ
ほっすきび　モロコシ
ぽった　カボチャ
ぽっだ　カボチャ
ぽったぎ　ハマクサギ
ほっだけ　スズタケ
ぽったり　カシワ
ぽったりしば　カシワ
ほったるこくさ　ツユクサ
ほったろばな　ツユクサ
ほっちょ　ツクシ
ほっちょのき　ウグイスカグラ
ほっちょんばな　ツクバネウツギ
ほっちんがら　タマアジサイ
ほつつじ　ホツツジ
ほってーろ　マツバボタン
ほってんどー　サルトリイバラ
ぽっと　ヤマボウシ
ほっときび　ホウキモロコシ
ほっとけぐさ　オノマンネングサ
ぽっとばり　ヤマハンノキ
ほっぱ　ツバキ
ぽっは　カボチャ
ぽっぱ　カボチャ
ぽっぱ　カボチャ
ぽっぱな　センニチコウ／センニンソウ
ほっぱん　ホタルブクロ
ぽっぱん　ホタルブクロ
ほっぴす　カラハナソウ
ほっぴょ　スズメノテッポウ
ほっぴょー　スズメノテッポウ／スミレ
ほっぴょーぐさ　カンゾウ（萱草）
ぽっぷ　モッコク
ほっぷす　カラハナソウ

ほっぷのき	マサキ
ぽっぷゆす	モッコク
ぽっべ	カボチャ
ほっぽ	イスノキ／ユリ
ぽっぽ	イタドリ／ウバユリ
ほっぽー	モッコク
ほっぽこ	ホタルブクロ
ぽっぽったけ	イタドリ
ぽつぽつだけ	イタドリ
ほっぽばな	ホタルブクロ
ぽっぽゆす	モッコク
ぽっぽゆす	モッコク
ぽっほらん	アブラギリ
ぽっぽんめ	ツルタデ
ぽつら	カボチャ
ぽづら	カボチャ
ほつろ	ワラビ
ほつろーいぎ	サルトリイバラ
ほっろーいぎ	サルトリイバラ
ほで	ヒガンバナ
ぽて	サルトリイバラ／ヒガンバナ／ワラビ
ぽで	ヒガンバナ
ほていそー	ホテイアオイ
ほてーそー	クマガイソウ
ほてーまめ	ソラマメ
ほてくい	サルトリイバラ
ぽてぐい	サルトリイバラ
ぽてのは	サルトリイバラ
ほでばな	ヒガンバナ
ほでら	ワラビ
ぽてれんそー	ホテイアオイ
ぽてんか	ムクゲ
ぽでんか	サザンカ
ほてんど	ヌスビトハギ
ぽてんどー	サルトリイバラ
ぼてんどー	サルトリイバラ
ほてんば	サルトリイバラ
ほてんぽ	サルトリイバラ
ぼてんぽ	サルトリイバラ
ほてんぽー	サルトリイバラ
ほど	クワイ／ジャガイモ／ショウロ／ツチグリ（土栗）／ホドイモ
ほといも	ジャガイモ
ほどいも	ジャガイモ／ホドイモ
ほとー	フトモモ
ぽどー	カワラヨモギ／トウノイモ／ヤツガシラ
ほとかずら	フウトウカズラ
ほとぎ	ツルニンジン
ほときさんばな	ヒガンバナ
ほとくい	オヒシバ／スズメノヤリ／ヒメヨモギ／メヒシバ
ほとくさ	メヒシバ
ほとくさんばな	ヒガンバナ
ほとくり	メヒシバ
ほとぐり	チカラシバ／メヒシバ
ほとくる	メヒシバ
ほとぐる	メヒシバ
ほとくろ	メヒシバ
ほどけ	クリンソウ
ほとけいも	ツクネイモ／ナガイモ
ほとけうり	マクワウリ
ほとけぎ	ドロヤナギ／ヤマナラシ
ほとけぐさ	イヌナズナ／オノマンネングサ／オミナエシ／ドクダミ／ヒガンバナ／メノマンネングサ
ほとけさんぐさ	ヤブコウジ
ほとけさんばな	ヒガンバナ／ミソハギ
ほとけしば	シキミ
ほとけそー	ハス
ほとけそば	ドクダミ
ほとけだまし	ミヤマシキミ
ほとけどろんぱ	ヤマナラシ
ほとけのざ	ウリカワ／ゲンゲ／ツメクサ／ハハコグサ
ほとげのざ	ヒガンバナ
ほとけのした	ヤブコウジ
ほとけのひずり	ノミノフスマ
ほとけのみみ	スベリヒユ／タチスベリヒユ／ミミナグサ
ほとけばな	ウツギ／シキミ／ヒガンバナ／ヒャクニチソウ／マツヨイグサ／ヤマアジサイ
ほとけみず	スベリヒユ
ほとけみん	スベリヒユ
ほとけみんぐい	スベリヒユ
ほとけみんぐさ	スベリヒユ
ほとけめん	スベリヒユ
ほとけゆり	オニユリ／ヤマユリ
ほとけんぽー	ツクシ
ほとけんみ	スベリヒユ
ほとけんみみ	スベリヒユ
ほとこ	オニドコロ
ほどこ	クワイ／ホドイモ
ほとこり	オヒシバ
ほどずら	ヒガンバナ／ホドイモ
ぽとっしゅー	ホテイアオイ
ほとと	ウグイスカグラ
ほととぎす	エゴノキ
ほととぎす	オトギリソウ／ツクバネウツギ／ツユクサ
ほととぎすそー	オトギリソウ
ぽとぽと	ウマノアシガタ／エゴノキ／サワフタギ／タガラシ
ぽとぽとのき	エゴノキ

ほどまめ	ササゲ／ジュウロクササゲ／ハタササゲ	ほほさ	コナラ／ミズナラ
ほとら	ワラビ	ぽぽじゃ	タンポポ
ほとらばな	ホタルブクロ	ほほずき	モッコク
ほとり	アキメヒシバ／カリマタガヤ／メヒシバ	ほほそ	クヌギ／コナラ／ミズナラ
ほとろ	チヂミザサ／ワラビ	ぽぽだけ	ツチグリ
ほどろ	ワラビ	ほほだら	ハリギリ
ほとんば	サルトリイバラ	ぽぽちゃ	タンポポ
ぽな	カニコウモリ／メタカラコウ／ヨブスマソウ	ぽぽちゃ	タンポポ
ほなが	ウラジロ／オオムギ／ヤマハギ	ぽぽなめ	シュンラン
ほながしだ	ウラジロ	ぽぽなめじぞー	シュンラン
ぽにがしわ	アカメガシワ	ほほのき	アオダモ／コブシ
ぽにばし	ミソハギ	ぽぽのけ	ウシノケグサ
ぽにばな	オミナエシ／ヒガンバナ／ミソハギ	ほほば	ホオノキ
ほぬき	ホオノキ	ほほのき	ホオノキ
ほぬぎ	ホオノキ	ほほもち	タラヨウ
ほねからのき	ウツギ	ぽほやなぎ	ネコヤナギ
ほねからはさみ	ウツギ／タニウツギ／ニワトコ	ぽぽゆす	イスノキ
ほねくさ	イボクサ	ぽぽら	カボチャ
ほねすいいばら	ヘビノボラズ	ぽぽらんけ	オキナグサ／タンポポ
ほねそぎぐさ	スギナ	ほぼろいちご	キイチゴ／クサイチゴ／モミジイチゴ
ほねつぎ	ニワトコ	ほほろだけ	イタドリ
ほねつぎくさ	スギナ	ぽんこ	ウマゴヤシ
ほねぬき	ホウセンカ	ほめきぐさ	ハシリドコロ
ほねのき	ホウセンカ	ぽめろ	グレープフルーツ
ほねはさみ	ミツバウツギ	ほもろこし	キビ／ホウキモロコシ／モロコシ
ぽねん	ネギ	ほや	オオバヤドリギ／マツグミ／ヤドリギ
ほのき	クロモジ／シオジ／ホオノキ	ぽや	オニグルミ／サワグルミ／サワラ
ほのぎ	ホオノキ	ぽやぎり	サワグルミ
ほのはな	アオモジ	ぽやし	ノゲシ
ほのめかし	イヌガヤ	ほやのき	テツカエデ
ほば	アブラギリ／イイギリ	ほやばなこ	ノカンゾウ
ぽば	ホンダワラ	ぽやひ	アスナロ／サワラ
ほばこ	オオバコ／オキナグサ／ハコベ	ぽやぽや	タカサブロウ／トキンソウ
ほばな	ツバナ	ほよ	ヤドリギ
ぽばな	キキョウ	ほよいのき	アオモジ
ほばのき	アブラギリ	ほよーじ	アオモジ／クロモジ
ほび	エンドウ／ヒエ	ぽら	ヌスビトハギ
ぽふ	ハマボウフウ	ほらいまめ	ソラマメ
ぽふら	カボチャ	ほらいも	チョロギ
ぽぶら	カボチャ	ほらいもこ	チョロギ
ほべ	ヒエ	ほらえもこ	チョロギ
ほべたな	タイサイ	ほらがいそー	ツリフネソウ
ほへとーぶどー	ノブドウ	ほらくい	サルトリイバラ
ほべのき	アブラギリ	ほらぐい	サルトリイバラ
ぽべら	カボチャ	ぽらじー	ツブラジイ
ぽぽ	イモ	ほらまめ	ラッカセイ
ぽぽいたや	ヒトツバカエデ	ほりそー	アズマギク
ぽぽがき	マメガキ	ぽりば	カボチャ
ほほぎっちょはな	スミレ	ぽりぽりやなぎ	コゴメヤナギ
ぽぽくり	カラスウリ	ぽりめぎ	エノキタケ／ナラタケ

ぼりめきいたや　ウリハダカエデ／ミツデカエデ	ぼんかしわ　アカメガシワ
ぼりめきいたや　ミツデカエデ	ぼんがしわ　アカメガシワ
ほるてる　マツバボタン	ほんかたぎ　アカガシ
ぼるば　カボチャ	ほんかや　カヤ
ほれぐさ　コウゾリナ／ヌスビトハギ／メナモミ／ヤエムグラ	ほんがや　カヤ
	ぼんがら　ガガイモ
ほろいも　チョロギ	ぼんがら　サルトリイバラ／タケニグサ
ほろぎ　サワフタギ／タンナサワフタギ	ほんからしな　カラシナ
ほろぎく　ノボロギク	ぼんかん　カボチャ
ほろし　ヒヨドリジョウゴ	ほんかんね　クズ／ノアズキ
ほろだま　ジャノヒゲ	ぼんぎ　アカメガシワ
ほろちらん　マツバボタン	ほんきのこ　ハツタケ
ほろびーそー　マツバボタン	ほんきび　キビ／サトウキビ
ほろびし　マツバボタン	ほんぎり　アブラギリ
ほろびんそー　マツバボタン	ぼんきん　カボチャ
ほろべし　マツバボタン	ほんぐいび　エビヅル
ほろべそ　マツバボタン	ほんぐさ　ホラシノブ
ほろべっそー　マツバボタン	ぼんぐさ　ミソハギ
ぼろぼろ　ゲンゲ	ほんぐね　ノブドウ
ぼろぼろのき　エゴノキ	ぼんぐのはな　ミソハギ
ほろまみ　ササゲ	ほんぐみ　ナツグミ
ほろまむ　ササゲ	ぼんぐみ　ナツグミ
ほろむかし　イヌガヤ	ほんぐりずつみ　ハクウンボク
ほろめかし　イヌガヤ	ほんくるみ　サワグルミ
ほろめがし　イヌガヤ	ほんぐるみ　オニグルミ
ぼろもーか　ダケカンバ	ぼんくゎ　カボチャ
ほろろだけ　イタドリ	ほんけ　イネ
ぼろん　トケイソウ	ぼんげ　ミズトラノオ／ミソハギ
ぼろんかずら　トケイソウ	ほんげせん　ニッケイ
ぼわん　ビワ	ほんけやき　ケヤキ
ほんあさ　アサ	ほんげやき　ケヤキ
ほんあずさ　オノオレカンバ	ぼんこ　ツクシ
ほんあまき　サトウキビ	ぼんご　ミソハギ
ほんいちご　クサイチゴ	ほんこー　ハハコグサ
ほんいも　サツマイモ／サトイモ／ナガイモ	ほんごーざくら　ウワミズザクラ／カバノキ
ほんうつぎ　ウツギ	ほんこーず　コウゾ
ほんうつげ　ウツギ	ほんこーや　コウヤマキ
ほんうり　ウリカエデ／シロウリ	ほんこしばな　ヒガンバナ
ぼんうり　シロウリ	ぼんごね　マメガキ
ほんえび　エビヅル	ほんごびわ　イヌビワ
ほんえんじゅ　イヌエンジュ	ぼんごも　マコモ
ほんおつぎ　ウツギ	ほんごよー　チョウセンゴヨウ
ぽんか　カボチャ	ぼんざ　ヤマブドウ
ぼんが　カボチャ	ほんさかき　オガタマノキ／サカキ
ほんかえで　イタヤカエデ	ほんざくら　ヤマザクラ
ほんかご　カゴノキ	ほんざとー　サトウキビ
ほんかし　アラカシ	ほんさとーきび　サトウキビ
ほんがし　アカガシ／アラカシ／ウラジロガシ／シラカシ	ほんざわら　サワラ
	ぼんさん　クサギ／ツクシ
ぼんがしら　アカメガシワ	ほんさんしょー　サンショウ

方言名索引 ● ほんさ

ほんざんしょー　サンショウ
ぼんさんじりじり　クサギ
ぼんさんばな　センニチコウ
ぼんじー　ムクゲ
ほんしきび　シキミ／ミヤマシキミ
ほんしきみ　ミヤマシキミ
ぼんじぐ　ムクゲ
ほんしだ　ウラジロ
ほんしで　アカシデ
ほんじな　シナノキ
ぼんしば　アカメガシワ
ほんしゃかき　サカキ
ほんじゅーまるば　エゾオオバコ
ほんじゅまるば　エゾオオバコ
ぼんしゅろ　ダイズ
ほんじょばな　ゲンゲ／ツメクサ
ほんじろ　シラビソ
ぼんじろ　ダイズ
ぼんず　ヤマボウシ
ほんずきろ　ホオズキ
ほんすげ　カサスゲ
ぼんすこ　ワレモコウ
ほんすだ　スダジイ
ほんぜり　セリ
ほんせんこばな　ヒガンバナ
ほんぜんのき　ケンポナシ
ほんぞー　ツメクサ
ぼんそー　キツネノカミソリ
ほんそね　アカシデ
ほんぞん　ゲンゲ
ぼんだ　ヤマブドウ
ほんたいや　カニコウモリ
ほんたかぎ　アラカシ
ほんだけ　マダケ
ほんたで　ウラジロサナエタデ／タデ／ムラサキタデ／ヤナギタデ
ほんたぶ　タブノキ
ほんだも　オヒョウ／タブノキ
ほんたら　ハリギリ
ほんだら　カラスザンショウ／タラノキ／ホンダワラ
ほんだる　ヌルデ
ほんだわら　ノコギリソウ／ホンダワラ
ぼんたん　カボチャ／ザボン
ぼんちか　ゼニアオイ／ムクゲ
ぼんちくゎ　ゼニアオイ
ぼんちゃん　カボチャ
ぼんちん　カボチャ
ぼんちん　イタドリ
ほんつが　オオシラビソ／ツガ
ぼんつか　ムクゲ

ぼんつかえり　ゴマギ
ほんづき　ホオズキ
ほんつげ　ハコネウツギ／ヒメツゲ
ほんづけ　ホオズキ
ほんつづら　ツヅラフジ
ぼんでっ　ムクゲ
ぼんてんか　ムクゲ
ぼんでんか　ゼニアオイ／ムクゲ
ぼんてんくゎ　ゼニアオイ
ぼんでんだら　ハリギリ
ほんでんぼ　アブラギリ
ほんとーひ　トウヒ
ほんどき　クリンソウ
ほんどぎ　クリンソウ
ほんどげ　クリンソウ
ほんとち　トチノキ
ほんどち　トチノキ
ほんどちら　ホドイモ
ほんとのきいちご　エビガライチゴ
ほんな　カニコウモリ／ヨブスマソウ
ぼんな　メタカラコウ／ヨブスマソウ
ほんなし　ナシ
ほんなだまし　オタカラコウ
ほんなめこ　ナメコ
ほんなら　コナラ
ぼんにちか　ムクゲ
ほんぬき　ホオノキ
ほんねずみたけ　ホウキタケ
ほんのき　ホオノキ
ほんのぎ　ホオノキ
ぼんのき　アカメガシワ
ほんのしで　アカシデ／イヌシデ
ぼんのしば　ユズリハ
ぼんのはし　ミソハギ
ぼんのはな　ミソハギ／ヤマユリ
ほんのぶ　オニグルミ
ほんばさこ　コナラ
ほんばったけ　ハツタケ
ほんばな　イタヤカエデ
ぼんばな　オミナエシ
ぼんばな　アキノタムラソウ／ウツボグサ／エゾミソハギ／オカトラノオ／オトギリソウ／オトコエシ／オミナエシ／カルカヤ／カワラナデシコ／キキョウ／クサキョウチクトウ／クサレダマ／コガンピ／コマツナギ／サルスベリ／シキミ／センニチコウ／センニンソウ／チダケサシ／ネジバナ／ノハナショウブ／ヒガンバナ／ヒメシオン／ヒメハギ／ヒャクニチソウ／フシグロセンノウ／フジバカマ／ホソバノヒメトラノオ／ミズギボウシ／ミゾソバ／ミソハギ／メガルカヤ／ヤブカンゾウ／ヤブラン／ワレモコウ

ぽんばなこ	キキョウ	ぽんぽんずいこん	イタドリ
ほんひ	ヒノキ	ぽんぽんすみれ	イタドリ
ほんび	ヒエ／ヒノキ	ぽんぽんそー	カラムシ
ほんぴ	ヒノキ	ぽんぽんたけ	イタドリ
ほんひーらぎ	ヒイラギ	ぽんぽんだけ	イタドリ
ほんぶー	タカノツメ	ぽんぽんだりや	アジサイ
ほんぶき	フキ	ぽんぽんちゃ	タンポポ
ほんぶな	ブナ	ぽんぽんつ	イタドリ
ぽんぷら	カボチャ	ぽんぽんは	カラムシ
ぽんぷら	イタドリ	ぽんぽんばな	アジサイ
ぽんぺな	ミソハギ	ぽんぽんばな	コウホネ／ヒガンバナ／ホタルブクロ
ほんぽ	ウバユリ	ぽんぽんまいか	イタドリ
ほんぽ	ウバユリ	ほんまいたけ	マイタケ
ほんぽ	カラムシ	ほんまき	コウヤマキ
ほんぽー	ウバユリ／ホオノキ	ほんまさき	テイカカズラ／マサキ
ほんぽーそ	コナラ	ほんまつ	マツタケ
ぽんぽこ	ホタルブクロ	ほんまつたけ	マツタケ
ぽんぽこちゃがま	タンポポ	ほんまめ	ダイズ
ぽんぽこちゃん	タンポポ	ぽんまめ	エダマメ／ササゲ／ジュウロクササゲ／ダイズ／ハタササゲ
ぽんぽこばな	シロツメクサ／センニチコウ		
ほんぽそ	コナラ	ほんまゆみ	ツリバナ
ぽんぽだけ	イタドリ	ほんまり	シュンラン
ぽんぽたん	ボタン	ほんみかん	ウンシュウミカン／キシュウミカン
ぽんぽら	エゴノキ／カボチャ	ほんみじゅす	クマノミズキ
ぽんぽら	カボチャ	ほんみずき	クマノミズキ
ぽんぽら	カボチャ	ほんみっかん	コミカン
ぽんぽらけ	オキナグサ	ほんみね	オノオレカンバ
ぽんぽり	アカメガシワ／イヌツゲ／ホタルブクロ／メヒシバ	ほんみねばり	オノオレカンバ
		ほんみょーぶ	クロトチュウ
ぽんぽろ	イタドリ	ほんむぎ	オオムギ
ぽんぽん	イタドリ／ワレモコウ	ほんむべ	ムベ
ぽんぽん	イタドリ	ほんめ	コンブ
ぽんぽんき	イタドリ	ぽんめ	コンブ
ぽんぽんぎ	イタドリ	ほんもーち	ヤマグルマ
ぽんぽんぐさ	スギナ／タンポポ	ほんもく	ムクノキ
ぽんぽんくさ	ホタルブクロ／ヤブマオ	ほんもち	クロガネモチ／モチノキ／ヤマグルマ
ぽんぽんぐさ	カラムシ／コウホネ	ほんもみ	モミ
ぽんぽんささき	ヒガンバナ	ほんもみじ	ハウチワカエデ
ぽんぽんさん	センニチコウ	ほんやしゃ	ハンノキ
ぽんぽんじしゃがら	アブラチャン	ほんゆ	ユズ
ぽんぽんしば	ハマビワ	ほんゆず	ユズリハ
ぽんぽんすいか	イタドリ	ほんゆずり	ユズリハ
ぽんぽんずいか	イタドリ	ほんゆずりは	ヒメユズリハ
ぽんぽんずいこ	イタドリ	ほんわかば	ユズリハ

ま

【ま】

まーうい　マクワウリ
まーうーり　マクワウリ
まーうーる　マクワウリ
まーうちまみ　ダイズ
まーうるん　マクワウリ
まーおーふぁー　ノゲシ
まーじく　カタバミ
まーしぐさ　カヤツリグサ
まーじん　キビ
まーすふさ　カタバミ
まーそーまふさ　カタバミ
まーそーまふつぁ　カタバミ
まーちぶる　ユウガオ
まーついぶる　ユウガオ
まーどわむむ　アオガシ
まーに　クロツグ
まーにぎ　テリハノイバラ
まーはじき　カタバミ
まーぶー　アサ
まーふがじ　コウゾ
まーま　トウモロコシ
まーまん　トウモロコシ
まーみ　ダイズ
まーめんご　カラスノエンドウ
まーや　ススキ
まーらんばそー　ダンドク
まい　イネ／キク
まいずる　ハコベ
まいだ　トガサワラ
まいだまのき　イヌツゲ／ミズキ
まいたや　イタヤカエデ
まいちご　キイチゴ／モミジイチゴ
まいつきぐさ　ヤエムグラ
まいどーかいん　ドクウツギ
まいね　スイトウ
まいび　コマユミ
まいぼんしん　キブシ
まいまいぶし　キブシ
まいみき　マサキ
まいめ　コマユミ
まいも　サツマイモ／ツクネイモ／ナガイモ／ヤマノイモ

まうさき　ヒガンバナ
まうだ　シナノキ
まうつげ　ハコネウツギ
まうり　アオウリ／シロウリ／ヒマワリ／マクワウリ
まうりのできうり　マクワウリ
まえきしゃ　ヒガンバナ
まえぎしゃ　ヒガンバナ
まえご　マイタケ
まえだき　ドウダンツツジ
まえたけ　マイタケ
まえたまのき　ミズキ
まえび　コマユミ
まえみ　マユミ
まえみき　マサキ
まえめ　マサキ
まえめかずら　ツルマサキ
まえも　サツマイモ
まえんぶしのき　キブシ
まお　カラムシ
まおそ　コナラ
まおどろかし　ドクウツギ
まおどろげぉーし　ドクウツギ
まおり　マクワウリ
まが　タブノキ
まかご　コウゾ／ヤマノイモ
まかごいも　ヤマノイモ
まかじ　カジノキ
まがし　アラカシ／イチイガシ／ウラジロガシ
まがせ　コバンモチ
まかぞ　コウゾ
まがた　サルトリイバラ
まがたぐい　サルトリイバラ
まがたら　サルトリイバラ
まかなし　ウラジロノキ
まかば　ウダイカンバ
まかも　マコモ
まがも　アマモ
まかや　チガヤ
まがや　ススキ／チガヤ
まかやのしん　ツバナ
まがりぐい　ノイバラ
まがりそー　メヒシバ

まかりな	ケッキュウハクサイ
まがりねぎ	ヤグラネギ
まかるな	ケッキュウハクサイ
まかんば	ウダイカンバ／シラカンバ
まかんはくさい	ヒケッキュウハクサイ
まき	アスナロ／アベマキ／イヌマキ／カシワ／クヌギ／ケヤキ／コウヤマキ／コナラ／コマユミ／ダケカンバ／ツリバナ／ナラ／ナラガシワ／ニシキギ／ヒノキ／マユミ／ミズナラ
まぎ	コマユミ／ダケカンバ／ツリバナ／マユミ
まきーき	イヌマキ
まきいも	チョロギ
まきおもて	イチヤクソウ
まきかぶ	ケッキュウハクサイ
まきくさ	コモ／ツバナ
まきしば	コナラ／サルトリイバラ／ツリバナ／マユミ
まきしゃ	ヒガンバナ
まぎしゃ	ヒガンバナ
まきしろな	ケッキュウハクサイ
まきたおし	ネナシカズラ
まきたらし	ネナシカズラ
まきちゃ	レタス
まきな	キャベツ／ケッキュウハクサイ
まきぬき	コマユミ
まきのき	イヌマキ／カシワ／クヌギ／コマユミ／ツリバナ
まきのは	カシワ／サルトリイバラ
まきのほ	コマユミ
まきはくさい	ケッキュウハクサイ
まきはだ	ヒノキ
まきび	トウモロコシ
まぐいも	キクイモ
まくさ	カヤ／チガヤ／メヒシバ
まぐさ	シロツメクサ／ススキ／ヒカゲノカズラ／ノグサ
まぐさく	フクジュソウ
まぐさぐ	フクジュソウ
まくそ	ソバ
まくだ	ボタンボウフウ
まぐた	ボタンボウフウ
まくな	ケッキュウハクサイ
まくも	マコモ
まくら	マクワウリ
まくらっこ	アオキ
まくり	ギシギシ
まぐり	マクワウリ
まくりっぱ	ギシギシ
まぐりっぱ	オオバコ
まくりな	ヒケッキュウハクサイ
まくる	ギシギシ
まくれっぱ	ギシギシ
まくれな	ケッキュウハクサイ
まぐればな	ジギタリス
まくわ	マクワウリ
まぐゎ	マクワウリ
まくわめろん	マクワウリ
まぐわり	マクワウリ
まけぎ	ウルシ／ヌルデ
まげき	イヌエンジュ
まげねぎ	ワケギ
まけのき	ヌルデ／ハゼノキ／ヤマハゼ
まげんぶし	キブシ
まご	トウモロコシ
まこー	ウメ
まごさく	フクジュソウ／マンサク
まごさぐ	フクジュソウ
まござくし	マンネンタケ
まごしゃくし	マンネンタケ
まごじゃくし	マンネンタケ
まごじょ	トウモロコシ
まごじょのき	ホルトノキ
まこなら	コナラ
まこのき	カツラ／ネムノキ
まこのすかっぱ	ギシギシ
まごのて	ハナイカダ
まごは	カラムシ
まこばい	カラムシ
まこばえ	カラムシ
まごばえ	カラムシ
まごまめ	インゲンマメ
まごやし	イワニガナ／ウスベニニガナ／ウマゴヤシ／オトギリソウ／ニガナ／ノゲシ
まごやしゃ	ノゲシ
まごやす	ヤクシソウ／ヤマニガナ
まごよし	イワニガナ
まさ	トウモロコシ
まさかき	イスノキ／サカキ
まさがりかぼちゃ	カボチャ（クリカボチャ）
まさき	サカキカズラ／テイカカズラ／ニシキギ／ノウゼンカズラ／マサキ／マユミ／モクレン／ヤマブドウ
まさきかずら	テイカカズラ／ノウゼンカズラ
まさきずる	サカキカズラ／テイカカズラ
まさきのかずら	テイカカズラ／ノウゼンカズラ
まさきふじ	サカキカズラ／テイカカズラ
まざくら	ヤマザクラ
まさなぐさ	ハマムギ
まざはい	カラスザンショウ
まざむぬかず	カラスウリ
まざむぬなさび	キンギンナスビ
まさめ	リョクトウ

方言名索引 ● まさら

まさら　リョクトウ
まざわい　カラスザンショウ
まし　ドクウツギ
まじ　アカマツ／イネ／スズタケ
まじー　ツブラジイ
ましこたま　オオバジャノヒゲ
ましっぺー　ドクウツギ
ましで　アカシデ／イヌシデ
ましば　ヒメヤシャブシ
ましょば　ナンバンカラムシ
ますいちご　スノキ
ますがい　マスクサ
ますかけ　カヤツリグサ
ますかじ　コウゾ
ますかたぎ　アラカシ
ますき　マユミ
ますぎ　マユミ
ますくさ　アゼガヤツリ／ウシクグ／カヤツリグサ／コゴメガヤツリ／タマガヤツリ
ますぐさ　アゼガヤツリ／イガガヤツリ／カヤツリグサ／タマガヤツリ／ミズガヤツリ
ますげ　カヤツリグサ
ますずみ　ネジキ
ますのき　マユミ
まずべそ　ヒエ
まずまいはなこ　エゾギク
まずまえぎく　エゾギク
ますまりばな　カヤツリグサ
まずものこなし　トウガラシ
ますわうり　カヤツリグサ
ますわり　カヤツリグサ
ますわりぐさ　カヤツリグサ
ますわりそー　カヤツリグサ
まぜ　ヒガンバナ
まそ　コウゾ
まぞ　コウゾ
まそば　ヤマコウバシ
まぞや　アカシデ
また　ミツマタ
まだ　オオバボダイジュ／シナノキ
まだいず　ダイズ
またかた　シラキ
またしー　マテバシイ
またじー　ドングリ／マテバシイ
またたび　イタドリ／カンコノキ／クロヅル／ノビル／ノブドウ
またたびかずら　マタタビ
またたびもどき　ヤマナシ
またたぶ　マタタビ
まАで　ウラジロサナエタデ

またぬき　コマユミ
またのき　オオバボダイジュ／シナノキ
まだのき　オオバボダイジュ／シナノキ／マタタビ
またひえ　シコクビエ
またびろ　ノビル
またぶ　エンレイソウ／マタタビ
またまめ　ソラマメ
またみ　クスノキ
まだみ　クスノキ／サワアザミ／タブノキ
まだやし　ギシギシ
またんぶ　マタタビ
まちのき　マテバシイ
まちぶる　ユウガオ
まちみかん　キシュウミカン
まちん　ドクウツギ／マムシグサ
まつ　カラマツ
まつえ　サツマイモ
まつえび　マツブサ／ヤマブドウ
まつえびこ　マツブサ
まっか　マクワウリ
まつが　ツガ
まっかうり　マクワウリ
まつがえるーだ　マツカゼソウ
まつかさ　ヤシャブシ
まっかさく　ハナウド
まつかさぐさ　ウツボグサ
まつがさぐさ　ウツボグサ
まつかさばな　カタバミ／スイバ
まつかさぶな　ヤシャブシ
まつかずら　ツルウメモドキ／ヤイトバナ
まつがずら　ヤイトバナ
まつかね　オノマンネングサ
まつがね　オノマンネングサ
まつがんび　マツブサ
まつぎ　マツ
まつきのこ　ハツタケ／マツタケ
まつぎのこ　ハツタケ
まつきび　トウモロコシ／ライムギ
まつぐぃーび　マツグミ
まつぐいび　マツグミ／マツブサ／ヤドリギ
まつぐいめ　アキグミ／マツグミ／ヤドリギ
まつぐさ　スギナ
まづくさ　カワラマツバ／ヤエムグラ
まつくさぶんど　マツブサ
まつぐゆび　マツグミ
まっくわ　マクワウリ
まつげ　イヌツゲ
まっこ　カツラ／シキミ／ネムノキ
まっこー　カツラ／シキミ／ネムノキ／ノボタン／ハリツルマサキ／ヒメクマヤナギ

まっこーぎ　シキミ
まっこーのき　イヌガヤ／カツラ／シキミ／ネムノキ
まっこーばな　シキミ
まっこぎ　イヌガヤ／シキミ／ハイイヌガヤ
まっこぬき　イヌガヤ／ハイイヌガヤ
まっこぬぎ　ネムノキ
まっこのき　カツラ／シキミ／ネムノキ
まつこのすかっぱ　エゾノギシギシ
まっこのみ　シロダモ
まつこも　マコモ
まつざかしだ　イノモトソウ
まっさき　ヒガンバナ
まっさぎ　ヒガンバナ
まっさけ　ヒガンバナ
まっさっけ　ヒガンバナ
まっしゃき　ヒガンバナ
まっしゃぎ　ヒガンバナ
まっしゃけ　ヒガンバナ
まっしゃげ　ヒガンバナ
まっせき　ヒガンバナ
まっそ　ナンバンカラムシ
まったーび　マタタビ
まつたけ　ヌメリイグチ
まつたけなば　マツタケ
まつだけなば　マツタケ
まったぶ　マタタビ
まつたぶくさ　カニクサ
まつだんご　ムラサキシキブ
まっちき　ネジキ
まっちのき　ヤマナラシ
まつっき　マツ
まつつげ　ニシキギ
まつっこ　マツ
まつな　ケッキュウハクサイ／シラヤマギク／スギナ／
　ツクシ／ハマボウフウ／ボタンボウフウ
まつなくさ　スギナ
まつなぐさ　スギナ／ツクシ
まつなば　ハツタケ
まつのと　ツクシ
まつのとー　スギナ
まつのぼん　マツ
まつのもと　アブノメ
まつばいばな　クサキョウチクトウ
まつばうど　アスパラガス
まつばかんざし　ハマカンザシ
まつばぎく　マツバボタン
まつばくさ　カワラマツバ／カワラヨモギ／ヤエムグラ
まつばぐさ　カワラマツバ／スギナ／マツバボタン
まっぱぐさんこ　ツクシ
まつばこざくら　ハマカンザシ

まつばそー　マツバギク／マツバボタン／ヤハズソウ
まつはだ　イラモミ／ウラジロモミ／シラビソ／トウ
　ヒ／ハリモミ
まっぱつ　アズキナシ
まっぱっさ　ツクシ
まつばぼたん　センニチコウ
まつばゆり　アマナ／カタクリ
まっぱり　カヤツリグサ
まつばり　カヤツリグサ
まつばんぐさ　スギナ
まつびび　ヤマブドウ
まつふーらん　ノキシノブ
まつふき　スギナ
まつぶき　スギナ
まつぶきのぽーず　ツクシ
まつぶさ　クロモジ
まつぶどー　マツブサ
まつぼたん　マツバボタン
まつまえ　ドクゼリ
まつまえいも　キクイモ
まつまえぎく　エゾギク
まつみどり　マツグミ／ヤドリギ
まつみみ　ハツタケ
まつみん　ハツタケ
まつめん　ハツタケ
まつゆきそー　ユキノシタ
まつらにっけー　イヌガシ
まつらん　ボウラン
まつりばな　ヒガンバナ
まて　ドングリ／マテバシイ
まてー　マテバシイ
まてーがし　アラカシ
まてーのき　マテバシイ
まてかし　マテバシイ
まてがし　シリブカガシ／マテバシイ
まてしー　マテバシイ
まてじー　マテバシイ
まてのき　マテバシイ
まてば　ドングリ
まてばしー　シリブカガシ
まとが　トガサワラ
まどまめ　インゲンマメ
まともぎ　アブラチャン
まとり　アヤメ
まとりくさ　クララ
まどろのき　ドクウツギ
まな　アブラナ／オオカラシ／コマツナ／ダイコン／ノ
　ザワナ／ハクサイ／ヒケッキュウハクサイ／メダケ
まなかぶ　アブラナ
まなささ　ハコネダケ

まなざさ　メダケ
まなにんじん　ツリガネニンジン
まなら　コナラ／ミズナラ
まねあさ　ハンゴンソウ
まねだけ　メダケ
まねば　クマノミズキ
まのあじきみし　クサフジ
まのみみ　オケラ
まはつぶ　イヌホオズキ
まばな　リンドウ
まはや　チガヤ
まはらい　カクレミノ
まはらんいげ　ノイバラ
まばり　ウリカワ
まひ　ヒノキ
まひや　チガヤ
まびゅー　イヌビユ
まぶき　フキ
まふじ　クズ／フジ
まぶしぼや　コゴメウツギ
まべた　アベマキ
まへんご　テンナンショウ／マムシグサ
まほーき　ギボウシ
まぽーそ　コナラ
まぽーそー　コナラ
まほさ　コナラ
まほそ　コナラ／ナラ
ままえ　カマツカ
ままおや　ドクダミ
ままき　ウラジロエノキ／コウヤマキ
ままきび　トウモロコシ
ままけし　スミレ
ままこ　イヌツゲ／イラクサ／ハナイカダ
ままご　キブシ
ままごうつぎ　ガクウツギ
ままこき　ハナイカダ
ままこぎ　ハナイカダ
ままこくさ　ネジバナ
ままこけ　ダイモンジソウ
ままこたたき　ネジキ
ままこちぎり　ニシキギ
ままこつ　イヌツゲ
ままこつぶら　イヌツゲ
ままこつめり　リョウブ
ままこで　ハナイカダ
ままこな　ハナイカダ
ままこのき　ハナイカダ
ままこのしりのごい　アカネ
ままこのて　ハナイカダ
ままこばな　ウツボグサ

ままさい　ハナイカダ
ままたきばな　オオマツヨイグサ／マツヨイグサ
ままだんご　ホドイモ
ままちぎり　ニシキギ
ままちねり　ニシキギ
ままっこ　ハナイカダ
ままっこえちご　オランダイチゴ
ままっぱちぎり　コマユミ
ままっぱつねり　ニシキギ
ままつめり　ニシキギ
ままな　ニガナ
ままのき　ウバメガシ
ままばちぎり　ニシキギ
ままぱちぎり　ニシキギ
ままぱつぎり　ニシキギ
ままほーずき　イヌホオズキ
ままみ　アズキ
ままめ　アズキ
まままんがき　イチジク
まままんき　オオシマコバンノキ
まままんきび　トウモロコシ
まままんこ　トウモロコシ
まみ　クマザサ／ダイズ
まみな　マサキ／マユミ
まみんが　クロツグ
まみんど　クマザサ
まむが　オオシマコバンノキ
まむぎ　オオムギ／コムギ
まむしぐさ　アマドコロ／オオケタデ／オノマンネングサ／コマツナギ
まむしすいば　ギシギシ
まむしそー　アキノタムラソウ／イラクサ
まむしのあご　イシミカワ／ミゾソバ
まむしぼや　コゴメウツギ
まめ　アズキ／ソラマメ／ダイズ／トウモロコシ
まめいちご　イワナシ／ウグイスカグラ／キイチゴ／モミジイチゴ
まめいばら　サルトリイバラ
まめいりしば　アセビ
まめえび　ノブドウ
まめがき　マメガキ
まめがぎ　マメガキ
まめがし　ウバメガシ
まめかすくさ　ノボロギク
まめかすそー　ノボロギク
まめかずら　クズ
まめがら　コシアブラ／タカノツメ
まめぎ　イヌビワ／ウバメガシ／キブシ／ツクバネ／ボロボロノキ
まめききょう　ツリガネニンジン

まめぎく　ヒナギク
まめぎしば　イヌビワ
まめきび　トウモロコシ
まめきみ　トウモロコシ
まめくさ　コミカンソウ／ヌスビトハギ／ネコハギ／ヤハズソウ
まめぐさ　クサハギ／ノアズキ／ハマエンドウ
まめぐみ　アキグミ
まめこがき　マメガキ
まめこくさ　シロツメクサ
まめざくら　ウワミズザクラ
まめさん　トウモロコシ
まめじー　ツブラジイ
まめしじ　ミヤマニガウリ
まめしだ　マメヅタ
まめしで　アカシデ／サワシバ
まめしば　イヌツゲ／ウバメガシ／オオカメノキ
まめじょ　ソラマメ
まめずた　イヌビワ
まめずる　ツルマメ／ホドイモ
まめぞー　イヌガヤ／マメガキ
まめだおし　ネナシカズラ
まめだんご　ホドイモ
まめちゃ　エビスグサ／カワラケツメイ／コミカンソウ／ハブソウ／ヒサカキ
まめちょ　マメガキ
まめちょがき　マメガキ
まめつげ　イヌツゲ
まめづた　マメヅタ
まめっぱ　ナンテンハギ／ナンバンギセル
まめっぽ　キブシ
まめどーがき　マメガキ
まめとりささげ　ベニバナインゲン
まめなし　アズキナシ／ウラジロノキ／ズミ／ヤマナシ
まめのき　サイカチ／マサキ／ミツバウツギ
まめのこばな　アオモジ
まめのは　ヒトツバカエデ
まめば　ヌスビトハギ
まめばし　キブシ
まめばはき　ダイモンジソウ
まめびんぐ　マメガキ
まめぶき　キブシ
まめふじ　キブシ／ナツフジ
まめぶし　キブシ／フジキ
まめぶち　キブシ
まめふりきり　ノグルミ
まめぽーし　キブシ
まめほーずき　センナリホオズキ
まめぽし　カナクギノキ
まめぽち　キブシ

まめぽっち　キブシ
まめもろこし　トウモロコシ
まめらん　マメヅタラン／ムギラン
まめりんご　ワリンゴ
まめれんげ　オオヤハズエンドウ
まめんぶし　キブシ
まめんぶち　キブシ
まめんぽ　キブシ
まめんぽー　キブシ
まや　ミズスギ
まやき　マメガキ
まやくさ　ヤハズソウ
まゆぎ　ミズキ
まゆだまっき　イヌツゲ
まゆたまのき　ミズキ
まゆだまのき　イヌツゲ／ミズキ
まゆはき　コウヤボウキ
まゆみ　コマユミ／ツリバナ／ハマクサギ／マサキ
まゆみかつら　ツルマサキ
まゆみき　マサキ
まゆみぎ　ツリバナ／マユミ
まよがら　カラムシ
まよけ　ナギイカダ
まよば　ウラジロ
まよいば　ツリバナ
まよめ　ツリバナ／マユミ
まらちと　アカメイヌビワ
まらっくす　ニューサイラン
まらっぱじき　スノキ／ナツハゼ／ネジキ
まらばさ　ダンドク
まらふくら　クサトベラ／ミフクラギ
まらふくらぎ　クサトベラ
まりくさ　オキナグサ
まりこ　オオバコ
まりご　オオバコ
まりこぐさ　オオバコ
まりごくさ　オオバコ
まりこっぱ　オオバコ
まりごっぱ　オオバコ
まりこっぺ　オオバコ
まりこば　オオバコ
まりざくら　サクラ（ヤエザクラ）
まりな　キャベツ
まりばな　オキナグサ
まるい　イグサ／フトイ
まるいも　サトイモ／ジャガイモ／ツクネイモ／ナガイモ
まるーめ　マルメロ
まるかずら　スイカズラ
まるき　オオバコ

まるきしば	オオカメノキ	まるはぐさ	イヌビワ
まるきっぱ	オオバコ	まるばぐさ	オオバコ
まるぎっぱ	オオバコ	まるばぐみ	オオバグミ
まるきのは	オオバコ	まるばたぶ	タブノキ
まるきば	オオバコ/オキナグサ/ヘラオオバコ	まるばにれ	オヒョウ
まるぎば	オオバコ	まるばのよつばむぐら	キクムグラ
まるぎば	オオバコ	まるばはんのき	ミヤマカワラハンノキ/ヤマハンノキ
まるきび	トウモロコシ	まるばふゆいちご	ミヤマフユイチゴ
まるぐ	オオバコ	まるばやなぎ	アカメヤナギ/ヒメヤシャブシ
まるぐどーじ	キカラスウリ	まるはん	ヤマハンノキ
まるぐるみ	オニグルミ	まるびょー	イヌビワ
まるこ	オオバコ/カヤツリグサ	まるべ	マルメロ
まるご	オオバコ	まるまめ	ダイズ
まるこぐさ	カヤツリグサ	まるみ	アブラギリ
まるこじー	ツブラジイ	まるむぎ	オオムギ
まるこすげ	イグサ/カヤツリグサ/フトイ	まるめ	マルメロ
まるこっぱ	オオバコ	まるめなし	カリン/セイヨウナシ
まるごっぱ	オオバコ	まるめる	カリン
まるごのこっぱ	オオバコ	まるゆーご	トウガン
まるこのは	オオバコ	まれこ	オオバコ
まるごのは	オオバコ	まれご	オオバコ
まるこば	オオバコ	まろく	オオバコ
まるこぱ	オオバコ/ハクウンボク	まろこ	オオバコ
まるごぱ	オオバコ	まろご	オオバコ
まるこやす	ノゲシ	まろこっぱ	オオバコ
まるしかんこ	カタバミ	まろこば	オオバコ
まるじゅ	サツマイモ	まろごば	オオバコ
まるじゅー	サツマイモ	まろっぱ	オオバコ
まるすぎ	カヤツリグサ	まろど	ビャクシン
まるすげ	イグサ/カヤツリグサ/タマガヤツリ/フトイ	まろべ	マルメロ
		まろもく	シダ
まるずけ	シロウリ	まわたそー	ハハコグサ
まるずけうり	シロウリ	まわり	イヌビワ
まるすだみ	クヌギ/ドングリ	まわりのき	イヌビワ
まるたたみくさ	フトイ	まんか	ホウセンカ
まるちしゃ	レタス	まんかー	スミレ
まるづけ	アオウリ	まんごこんが	タンポポ
まるっぱ	オオバコ/マルバノキ	まんがまんが	タンポポ
まるっぱがし	アラカシ	まんがらのき	マサキ
まるっぱはんのき	ミヤマカワラハンノキ	まんがれ	タンポポ
まるな	タイサイ	まんがんぎ	ハドノキ
まるなし	ナシ	まんきんたん	ヤエムグラ
まるねぎ	タマネギ	まんぐ	タマシダ
まるば	エゾオオバコ/オオバコ/ハクウンボク/ヘラオオバコ	まんぐさ	ハチジョウススキ
		まんご	タンポポ
まるぱ	オオバコ/カタバミ	まんごいし	ジャノヒゲ
まるばうめもどき	アオハダ	まんごー	タンポポ
まるばかえで	ヒトツバカエデ	まんごく	アオマメ/フジマメ
まるばかし	アラカシ	まんこたま	オオバジャノヒゲ
まるばがし	アカガシ	まんごのこ	ジャノヒゲ

まんま ● 方言名索引

まんごろ　ジャノヒゲ
まんごろこ　ジャノヒゲ
まんごろじ　ジャノヒゲ
まんざい　ヒメユズリハ
まんざいぎ　エゾギク
まんざいぎく　エゾギク
まんざいぎっ　エゾギク
まんざいはくさい　ヒケッキュウハクサイ
まんさき　ヒガンバナ
まんざき　ヒガンバナ
まんさく　クロモジ／ダンコウバイ／フクジュソウ／マンサク
まんさぐ　フクジュソウ／マンサク
まんさくしば　マンサク
まんざくら　マンサク
まんさけ　ヒガンバナ
まんざけ　ヒガンバナ
まんじ　ヒガンバナ
まんじぐさ　シロツメクサ
まんしゃ　エゴノキ／ヒガンバナ
まんしゃく　キクザキイチゲ／ハシバミ／ヒガンバナ／マンサク／ミスミソウ
まんじゃく　ヒガンバナ
まんじゅ　ツユクサ／パパイヤ／ヒガンバナ
まんじゅい　パパイヤ
まんじゅー　ドクウツギ／ヒガンバナ
まんじゅーいー　パパイヤ
まんじゅーいも　ジャガイモ
まんじゅーぎー　ナガバアコウ
まんしゅーぐさ　ノボロギク／ヒメジョオン
まんじゅーくさ　ヒメジョオン
まんじゅーぐさ　ツユクサ
まんじゅーしば　サルトリイバラ／マサキ
まんじゅーそー　キツネノカミソリ／ユキノシタ
まんじゅーのは　サルトリイバラ
まんじゅーのはな　ヒガンバナ
まんじゅーば　サルトリイバラ
まんじゅーほーずき　ホオズキ
まんじゅぎく　ジョチュウギク／ヒナギク
まんじゅぐさ　ツユクサ／ヒガンバナ
まんじゅさき　ヒガンバナ
まんじゅさけ　ヒガンバナ
まんじゅさげ　ヒガンバナ
まんじゅさま　ヒガンバナ
まんじゅしかしか　カタバミ
まんじゅしば　サルトリイバラ
まんじゅしゃげ　ヒガンバナ
まんじゅそー　ダイモンジソウ／ヒガンバナ／ユキノシタ
まんじゅっぱ　サルトリイバラ

まんじゅのき　ヤブコウジ
まんじゅのしば　サルトリイバラ
まんじゅば　サルトリイバラ
まんじゅばな　ツユクサ／ヒガンバナ／ヒナギク／モクレン
まんじゅまい　パパイヤ
まんじゅみ　パパイヤ
まんじゅやげ　ヒガンバナ
まんじゅんは　サルトリイバラ
まんじょ　ハツタケ／ヒガンバナ
まんじょいばら　サルトリイバラ
まんじょー　ナンテン
まんじょーしゃーふさ　イノコズチ
まんじょーまい　パパイヤ
まんじょひき　マリゴールド
まんずい　パパイヤ
まんだ　オオバボダイジュ／シナノキ／ボダイジュ
まんだぬき　オオバボダイジュ
まんだのき　シナノキ
まんたび　マタタビ
まんたぶ　イチジク／エンレイソウ／マタタビ
まんだぶ　マタタビ
まんだら　ケイトウ／ハゲイトウ
まんだらぎっ　ケイトウ
まんだらこが　カゴノキ
まんだらそー　ヒガンバナ
まんたんぶ　マタタビ
まんちゃく　マンサク
まんてし　ハクチョウゲ／ヤイトバナ
まんどろかし　ドクウツギ
まんな　ゲンゲ
まんねんうり　トウガン
まんねんがき　トキワガキ
まんねんぐさ　マンネンスギ
まんねんじょ　ナンテンハギ
まんねんそー　イチハツ／イワヒバ／クサキョウチクトウ／ヒナギク／マンネンスギ
まんねんたけ　コウヤノマンネングサ／マンネンタケ
まんねんぽーき　コウヤノマンネングサ
まんば　オオカラシ／カラシナ／タカナ／トウモロコシ
まんばな　リンドウ
まんびゅーぐさ　ゲンノショウコ
まんふじ　クズ
まんぶし　キブシ
まんぺはれ　サギゴケ
まんぽし　キブシ
まんぽせ　キブシ
まんぽたもち　アザミ／クズ
まんまうり　マクワウリ
まんまきび　トウモロコシ

907

まんまくわ　マクワウリ
まんまん　トウモロコシ
まんまんがき　イチジク
まんまんき　トウモロコシ
まんまんきび　トウモロコシ／モロコシ
まんまんこ　トウモロコシ／モロコシ
まんまんこー　トウモロコシ
まんもろこし　トウモロコシ
まんりゅー　ジャノヒゲ
まんりょー　クロガネモチ／シュンラン／センリョウ／ヤブコウジ

【み】

みーあさぐろ　フカノキ
みーぐら　キクラゲ
みいそび　イヌビワ
みーはじかー　カタバミ
みーはんちゃー　ゴンズイ
みえのき　エノキ
みおぞや　クマシデ
みおどろ　コアカソ
みかーだ　アカメガシワ
みかえりぎ　コクサギ
みかえりそー　クサキョウチクトウ／シオン
みがき　ハマクサギ
みがきぐさ　カタバミ／トクサ
みがきそー　トクサ
みがきのき　ナナカマド
みがしき　サトイモ（ミズイモ）
みかずき　カヤツリグサ
みかずきくさ　ミヤコグサ
みかずきざし　ヌスビトハギ
みかだ　アカメガシワ
みかたぐさ　カヤツリグサ
みがたけ　メダケ／ヤダケ
みかど　ウシクグ／サンカクイ
みかどそー　エンレイソウ
みがらし　カラシナ
みかわいも　ツクネイモ／ナガイモ
みかんうり　ハヤトウリ
みかんぐさ　カタバミ／キチジョウソウ／コミカンソウ／ヒガンバナ
みかんこーじ　コウジ
みかんこしょー　トウガラシ
みかんずみ　ズミ
みかんそー　カタバミ／ヒガンバナ
みかんど　サンカクイ
みかんどくさ　サンカクイ
みかんばな　ヒガンバナ

みぎ　テツカエデ
みぎむけひだりむけ　カラスムギ
みぐさ　キランソウ／ハコベ
みくりすげ　オニスゲ
みごーら　トウモロコシ
みこしくさ　カタバミ／ゲンノショウコ
みこしぐさ　ゲンノショウコ／ドクダミ／ホトケノザ
みこしくさのうばきじょー　ツボクサ
みこしそー　ゲンノショウコ
みこしばな　ゲンノショウコ／ツメクサ／ヒガンバナ
みこしゅぐさ　ゲンノショウコ
みこすず　ヌカキビ
みこつそー　ゲンノショウコ
みこっのき　ヤブニッケイ
みこのすず　ウツボグサ／トウダイグサ／ニシキギ／マユミ
みこぶ　サルノコシカケ
みこんぶ　サルノコシカケ
みざくら　ウワミズザクラ／サクランボ／ニワザクラ
みささげ　ササゲ／ジュウロクササゲ／ハタササゲ
みしかど　ミクリ
みしぎ　サンゴジュ
みじくさ　ルリハコベ
みしくりみん　キクラゲ
みじくるぼー　クロバイ
みしこばな　ヒガンバナ
みじさ　イグサ
みじし　ミズキ
みじな　スベリヒユ
みじぬぬーり　ミズゴケ
みしば　ノシラン
みじひさ　ミズキ
みじみじかずら　ボタンヅル
みじめざくら　チョウジザクラ
みじゃちるばな　ドクゼリ
みじゅす　クマノミズキ
みじんかずら　サネカズラ
みず　ウワバミソウ／ギンバイソウ／ササゲ／ジュウロクササゲ
みずあおい　サワギキョウ／ミズアオイ／ミズオオバコ
みずあか　アオミドロ
みずぃうんちぇー　ジュンサイ
みずいちご　ヤナギイチゴ
みずいね　スイトウ
みずいも　クワイ／ズイキ／ハスイモ
みずーさ　ミズキ
みずうつぎ　ノリウツギ
みずうめ　サクラ
みずうり　キュウリ
みずおばこ　ギボウシ

みずかけくさ　ミソハギ
みずかけばな　ミソハギ
みずかし　バクチノキ
みずがし　アラカシ／コバンモチ／サンゴジュ／ツクバネガシ／ホルトノキ／ヤマモガシ
みずかす　ミズキ
みずかぶ　スウェーデンカブ／ミズナ
みずかぶり　ヤンバルハコベ
みずがめら　イボタノキ
みずからすうり　キカラスウリ
みずき　アコウ／アサガラ／イイギリ／クヌギ／クマノミズキ／コバノガマズミ／サトウカエデ／ソヨゴ／タマミズキ／トリアシショウマ／ハシドイ／ハドノキ／ハンノキ／ミズキ／ミズナラ／ミミズバイ
みずぎ　ハドノキ
みずぎく　センボンギク／ヒナギク
みずぎり　アブラギリ／イイギリ／タマミズキ
みずくぐり　ダイズ
みずくさ　アキノタムラソウ／ウキクサ／ウワバミソウ／オノマンネングサ／カラムシ／ギンバイソウ／クマノミズキ／コアカソ／スイトウ／ミズキ／ミズヒキ／ミゾソバ／ルリハコベ
みずぐさ　ウキクサ／コナギ／トウダイグサ／ホテイアオイ／ミズキ
みずくちいね　アカゴメ
みずぐみ　ウグイスカグラ
みずぐるま　イタドリ
みずぐるま　イタドリ／オグルマ／ミゾソバ
みずぐわ　コアカソ
みずご　エンドウ
みずごーぼし　カヤツリグサ
みずさ　ミズキ
みずさくら　ウワミズザクラ
みずざくら　イヌザクラ／ウワミズザクラ
みずささげ　ササゲ
みずし　ミズキ
みずしで　サワシバ
みずしゃ　ミズキ
みすず　スズタケ
みずすいばな　ウツボグサ
みすずだけ　スズタケ
みずぜり　セリ
みずそーば　ミゾソバ
みずそば　ミゾソバ
みずそばくさ　ミゾソバ
みずたで　シロバナサクラタデ
みずたばこ　ハッカ
みずたばねぐさ　リョウメンシダ
みずたま　カラスビシャク／ホシクサ／ホテイアオイ
みずだま　カラスビシャク

みずだも　トネリコ
みずたらし　クロガネモチ
みずたんぽぽ　コウホネ
みずちしゃ　ミゾハコベ
みずつき　ミズキ
みずつきしょーま　セリモドキ
みずつけばな　ミソハギ
みずて　ミズキ
みずな　イトナ／ウワバミソウ／キョウナ／ギンバイソウ／シュンギク／スギナ
みずなー　キョウナ
みずなぎ　コナギ／ミズアオイ
みずなし　スイカ
みずなら　コナラ／ナラガシワ／ミズナラ／リョウブ
みずならぼーそ　ミズナラ
みずならぼーそー　ミズナラ
みずぬき　ミズキ
みずね　イヌザクラ／ウワミズザクラ／スイトウ／ミズメ
みずねざくら　ウワミズザクラ
みずのき　ウワミズザクラ／カツラ／ミズキ／ミズメ
みずのくさ　アキノタムラソウ
みずのは　タマミズキ
みずのばしか　ミズキ
みずば　ミツバ
みずはぎ　ミソハギ／メドハギ
みずはご　シラカシ
みずはこべ　ハコベ
みずはしか　クマノミズキ／ミズキ
みずばしか　クマノミズキ／ミズキ
みずばす　ジュンサイ
みずばな　ショウジョウバカマ／ノギラン／ミソハギ
みずひき　オオケタデ／ユキノシタ
みずひきくさ　ミズヒキ
みずひきばな　イヌタデ
みずひやし　ウキクサ
みずびやし　ウキクサ
みずひやしん　ホテイアオイ
みずぶき　タガラシ／フキ／ミズキ
みずぶくろ　ウグイスカグラ
みずふさ　ミズキ
みずぶさ　ミズキ
みずふで　アマナ
みずふるい　クマノミズキ
みずほーずき　ミズオオバコ
みずほーそ　ミズナラ
みずぼーそ　ミズナラ
みずぼーそー　コナラ／ミズナラ
みずほこり　ミズオオバコ
みずぼそ　ミズナラ

みずまき　アベマキ／クヌギ／ミズナラ
みずみ　ウワミズザクラ
みずみざくら　アカシデ／ウワミズザクラ／ザイフリボク
みすみそー　ミスミソウ
みずむけばな　ミソハギ
みずめ　ウワミズザクラ／ミズメ
みずめあつさ　ミズメ
みずめさくら　ウワミズザクラ／ミズメ
みずめざくら　イヌザクラ／ウワミズザクラ／ミズメ
みずもーち　ネズミモチ
みずもち　クロガネモチ
みずもみ　モミ
みずもも　ウグイスカグラ／ヤマモモ
みずやなぎ　シダレヤナギ
みずゅず　カンザブロウノキ
みずよす　ゴンズイ
みずら　ウワミズザクラ／ササゲ／ジュウロクササゲ
みずらん　ホテイアオイ
みずんめ　ミズメ
みせばやそー　ミセバヤ
みぞ　エンドウ／ササゲ／ジュウロクササゲ／ハタササゲ
みそうしない　ネジキ
みぞーさ　ミズキ
みそぎ　ミソハギ
みそきば　アオキ
みそくさ　ミソハギ
みぞこーじゅ　ミゾコウジュ
みそすげ　カヤツリグサ
みそずけいも　キクイモ
みそすね　シャシャンボ
みそすりばな　ミソハギ
みぞそば　キツネノボタン
みぞそばくさ　ミゾソバ
みぞたがらせ　ミズタガラシ
みそだれぐさ　ユキノシタ
みそっちょ　シャシャンボ
みそっぱ　アオキ
みそなおし　ヌスビトハギ
みそのき　ウワミズザクラ
みそば　アオキ／カクレミノ／タカノツメ
みそはぎ　エゾミソハギ／コゴメウツギ／メドハギ
みぞはき　ミソハギ
みぞはぎ　イセハナビ／エゾミソハギ／メドハギ
みそばな　オミナエシ／カキドオシ／ショウジョウバカマ／ミソハギ／ヤマブキ
みぞばな　エゾミソハギ／ショウジョウバカマ／ヤマブキ
みそぶた　アオキ／クサギ

みそぽんぽ　ガマズミ
みそまのき　シャシャンボ
みそまめ　ダイズ
みそもり　アカメガシワ
みそやかず　ドクウツギ／ナベワリ
みそやき　ネジキ
みそやきぎ　ネジキ
みそんちゅー　シャシャンボ
みそんつ　シャシャンボ
みそんつのき　シャシャンボ
みたに　コクサギ
みたば　ミツバ
みたび　インゲンマメ／コクサギ／ササゲ
みたべ　コクサギ
みたまのき　アオキ
みだれあさがお　ハマヒルガオ
みだれきび　キビ／モロコシ
みだれやなぎ　シダレヤナギ
みちおんばこ　オオバコ
みちぎ　ミズヒキ
みちきり　シャガ／ヒオウギ
みちくさ　アブラシバ／カゼグルマ／チカラシバ／ヨモギ
みちぐさ　チカラシバ／ノビエ
みちした　オヒシバ
みちしたぐさ　チカラシバ
みちしば　オヒシバ／カゼクサ／ゲンノショウコ／シチトウ／チカラシバ／ミチヤナギ
みちのはたのごろーざえもん　キツネノボタン
みちば　イグサ
みちば　ミツバ
みちばせい　ミツバ
みちばんじぇり　ミツバ
みちひさ　ミズキ
みちぽーき　オオバコ／ミチヤナギ
みちむぎ　ウツボグサ
みちやなぎ　ミチヤナギ
みちわすれぐさ　ヒガンバナ
みちんば　チカラシバ
みつ　イノコズチ／スイカズラ／ミツマタ
みつえだ　ミツマタ
みつかし　ミヤマトベラ
みつがしわ　ホルトノキ
みつかど　カヤツリグサ／コゴメガヤツリ／シチトウ／タマガヤツリ／ミクリ
みつかどくさ　カヤツリグサ
みつかどぐさ　カヤツリグサ／コゴメガヤツリ／ミクリ
みつかもり　ツボクサ
みつき　クロガネモチ／ミミズバイ
みっきーいも　ジャガイモ

みっきいも　ジャガイモ
みつきこ　ワケギ
みつぎり　イイギリ
みつきわけぎ　アサツキ
みつくさ　ウツボグサ
みつぐさ　アキノタムラソウ／ミズキ
みっこのすず　ウツボグサ
みつざくら　ウワミズザクラ
みつし　ミズキ
みつしば　ノシラン
みつじろおしろいかけ　ハンゲショウ
みつしんで　イヌシデ
みつすいばな　ウツボグサ
みつすえばな　ウツボグサ
みつずし　ミズキ
みつち　ミズキ
みっちくさ　シロツメクサ
みっちば　サンカクイ
みっちゃ　マダケ
みっちゃだけ　マダケ
みつつし　ミズキ
みつっぱ　カタバミ／スイバ／ミツバ
みつて　コシアブラ
みつで　カクレミノ／シロモジ
みつでかんそー　ミツマタ
みつてのき　ミズキ
みってのき　ミズキ
みつでもみじ　ミツデカエデ
みつなかしわ　アカメガシワ／ホオノキ
みつながしわ　アカメガシワ／カクレミノ／マルバチシャノキ
みつなら　カシワ
みつなり　ウリノキ／エゴノキ／シラキ
みつなりぎ　シラキ
みつねぐさ　キンミズヒキ
みつのき　ミツマタ
みつのくさ　アキノタムラソウ
みつば　ウマノミツバ／エンレイソウ／カクレミノ／カタバミ／シロツメクサ／ミツデウラボシ／ミツバ／ムラサキカタバミ／ムラサキツメクサ／メグスリノキ
みっば　カタバミ
みつぱ　エンレイソウ／シロツメクサ
みっぱ　カタバミ／シロツメクサ／ミヤコグサ／ムラサキツメクサ
みつばあおい　エンレイソウ
みつはいた　メグスリノキ
みつばいたや　ミツデカエデ
みつばいちご　エンレイソウ／ナワシロイチゴ
みつばいもぎ　カクレミノ／タカノツメ
みつばいものき　タカノツメ
みつばうそぼ　タカノツメ
みつばおもたか　ミツガシワ
みつばおもだか　ミツガシワ
みつばかいで　ミツデカエデ
みつばかいどー　ズミ
みつばかえで　ミツデカエデ／メグスリノキ
みつばがしわ　カクレミノ
みつはぎ　ミソハギ
みつばぎく　シュウメイギク
みつばくさ　カタバミ
みつばぐさ　ゲンノショウコ
みつばこーほね　ミツガシワ
みつはしか　クマノミズキ
みつはせ　ミツバ
みつばせ　カナムグラ／ミツバ
みつばぜ　ミツバ
みつばせい　ミツバ
みつばぜい　ミツバ
みつばせっ　ミツバ
みつばせり　ミツガシワ
みつばぜり　ミツガシワ／ミツバ
みつばせり　ミツバ
みつばぜり　ミツバ
みつばそう　サンカクイ
みつはつつじ　ツリガネツツジ
みつばっぱな　ミツデカエデ／メグスリノキ
みつばな　ウツボグサ／シロツメクサ／スイカズラ／ナミキソウ／メグスリノキ
みつばにんじん　エンレイソウ
みつばのうばきしょー　ウマノミツバ
みつばのくりきしょー　ウマノミツバ
みつばのはな　シロツメクサ
みつばばな　メグスリノキ
みつぼくさ　シロツメクサ
みつばもみじ　メグスリノキ
みつふい　クマノミズキ
みつふさ　ミズキ
みつふで　トリアシショウマ
みっぺ　ノビエ
みつまた　カヤツリグサ／コショウノキ／シコクビエ
みつまたかご　ミツマタ
みつまたこーぞ　ミツマタ
みつまたねぎ　ヤグラネギ
みつまたひえ　シコクビエ
みつまたやなぎ　キョウチクトウ
みつまたわみそ　ミツマタ
みつめ　カヤツリグサ
みてぐら　ナンバンギセル
みど　エンドウ
みときび　トウモロコシ

みどそば	ミゾソバ
みどはぎ	ミソハギ／メドハギ
みとまめ	ダイズ
みとり	エンドウ／ナタネ
みどり	アセビ／ササゲ／ジュウロクササゲ／ハタササゲ／マツグミ／ヤドリギ
みとりあずき	ササゲ／ジュウロクササゲ／ハタササゲ
みどりあずき	リョクトウ
みどりまめ	アオガリダイズ／エンドウ／リョクトウ
みどろのき	カンボク
みとろろ	オクラ
みとんがらし	フユサンゴ
みな	スベリヒユ
みなー	スベリヒユ
みながらがき	マメガキ
みなぶき	アレチノギク
みなもと	ミツモトソウ
みなもとそー	ミツモトソウ
みなわ	シナノキ
みなん	スベリヒユ
みぬぎ	オオムギ
みねいも	ツクネイモ／ナガイモ
みねぐさ	リョウメンシダ
みねさぶろー	シラカシ
みねすおー	イチイ／イヌガヤ
みねずぽ	イチイ
みねすほー	イチイ
みねずぽー	イチイ
みねぞ	イチイ
みねぞー	アスナロ／イチイ
みねぞーし	ダケカンバ
みねたにぐさ	メグスリノキ
みねつぶ	イチイ
みねどー	イチイ
みねのき	ミズメ
みねば	ツリガネニンジン
みねはり	ヤシャブシ
みねばり	アオハダ／ウダイカンバ／オノオレカンバ／カバノキ／ヒメヤシャブシ／ミズメ／ヤシャブシ
みねふくら	ソヨゴ
みねぶくら	ソヨゴ
みのいも	サトイモ
みのうり	マクワウリ
みのかえし	タカノツメ
みのかずら	センニンソウ
みのかぶり	アサダ／カクレミノ／サワフタギ
みのかや	チガヤ
みのがや	チガヤ
みのくさ	スズメノテッポウ／チガヤ／ミノゴメ
みのぐさ	イトハナビテンツキ／ミノゴメ
みのぐま	スズメノテッポウ
みのぐろ	シイタケ
みのげ	スゲ／チガヤ
みのこ	ニンニク
みのこま	スズメノテッポウ
みのごみ	スズメノテッポウ
みのすげ	カサスゲ／タヌキラン
みのはな	アオモジ
みはーぽ	アカメガシワ
みはじき	ツボクサ
みばな	アオモジ／センリョウ／ツバナ
みはんちゃぎ	ゴンズイ
みぶな	キョウナ
みぽそ	ヒメヤシャブシ
みまたやなぎ	ミツマタ
みみあんぐさ	ユキノシタ
みみかけばな	ヒガンバナ
みみかちばな	ヒガンバナ
みみきかず	ノボロギク
みみきのこ	キクラゲ
みみぐい	キクラゲ
みみくさ	ウマゴヤシ／ユキノシタ
みみぐさ	カタバミ／ユキノシタ
みみくさり	ヒガンバナ／ヒルガオ
みみくずりいも	ナガイモ
みみこぐさ	ヒルガオ
みみごくさ	ユキノシタ
みみごけ	キクラゲ
みみこち	ネコヤナギ
みみごつつじ	モチツツジ
みみじくさ	カニクサ
みみじしゃ	リュウゼツサイ
みみずき	ウリカエデ／ウリハダカエデ
みみずぎ	フサザクラ
みみずく	サギゴケ
みみずくいばら	サルトリイバラ
みみずくかずら	ガガイモ
みみすだれ	ユキノシタ
みみずのき	ウリカエデ／ウリハダカエデ
みみずばい	ミミズバイ
みみすべり	ミミズバイ
みみずみ	ショウベンノキ
みみずり	ミミズバイ
みみすりば	ミミズバイ
みみぞばい	ミミズバイ
みみたけ	キクラゲ
みみたれ	タケニグサ
みみだれ	ハマヒルガオ
みみだれあさがお	ヒルガオ
みみだれぐさ	ハマヒルガオ／ヒルガオ／ユキノシタ

みみだればな　ハマヒルガオ
みみちこ　ハンノキ
みみつく　サルトリイバラ／ヒルガオ
みみつくし　アキノノゲシ
みみつくのは　サルトリイバラ
みみつぶし　イワニガナ／オニタビラコ／ツチグリ／ノゲシ／ホコリタケ
みみっぷし　ツチグリ
みみつぶしくさ　オニタビラコ
みみつぶれ　ホコリタケ
みみつんぽ　イワニガナ／ススキ／タンポポ／ヒルガオ
みみつんぽー　オキナグサ
みみどばな　ユキノシタ
みみな　ミミナグサ
みみなば　キクラゲ
みみばれんげ　ウマゴヤシ
みみひき　スミレ
みみやかず　ノボロギク
みみやま　ハマヒルガオ
みみやみ　ハマヒルガオ
みみらごけ　キクラゲ
みみんだれ　ナルコユリ／マツヨイグサ
みみんだれあさがお　ハマヒルガオ
みみんだればな　キツネノボタン
みむぎ　オオムギ
みむらさき　ムラサキシキブ
みめぞ　イチイ
みゃーぬした　サクララン
みゃーぶ　マサキ
みゃーぶのき　マユミ
みゃーべ　マサキ
みゃーみのき　コマユミ
みゃーむ　マユミ
みやお　イラクサ
みやぎの　ハギ
みやく　ヤブラン
みゃく　ヤブラン
みやこ　ゲンゲ／ツメクサ／ホウセンカ
みやこいも　サトイモ（ミズイモ）
みやこがすり　ホウセンカ
みやこぐさ　ゲンノショウコ／ネコハギ
みやこさかき　サカキ
みやこだら　カラスザンショウ／ハリギリ
みやこのはな　ホウセンカ
みやこばしり　ホウセンカ
みやこばな　カタバミ／ゲンゲ／ツメクサ／ホウセンカ／ミヤコグサ
みやこもどり　ホウセンカ
みやこわすれ　ホウセンカ
みやじき　カタバミ

みやじっぽー　イタドリ
みやとこ　ニワトコ／ハコネウツギ
みやねこ　ミョウガ
みやま　マツムシソウ
みやまいたぎ　コミネカエデ
みやまうつぎ　ムラサキシキブ
みやまうつげ　ガクウツギ
みやまうり　ウリカエデ
みやまうりな　ウリカエデ
みやまえんず　ナナカマド
みやまかし　リンボク
みやまがすみ　タニウツギ
みやまかずら　ツヅラフジ
みやまかつふし　ハナヒリノキ
みやまからまつ　ツルシロカネソウ
みやまきらんそー　ヤマジオウ
みやまごよー　ゴヨウマツ
みやまさかき　サカキ
みやましきび　ツルシキミ／ミヤマシキミ
みやましきぶ　ミヤマシキミ
みやましきみ　ミヤマシキミ
みやまじしゃ　ダンコウバイ
みやまして　サワシバ
みやましゃかき　サカキ
みやませんりょー　ミヤマシキミ
みやまそろ　クマシデ
みやまだら　ハリギリ
みやまつ　ノブドウ／マツブサ／ヤマブドウ
みやまとさみずき　コウヤミズキ
みやまとべら　カクレミノ／センリョウ
みやまなわしろいちご　エビガライチゴ
みやまのき　サカキ
みやまばり　ヤシャブシ
みやまぶどー　ヤマブドウ
みやまぽーりょー　リョウブ
みやまもみじ　アサノハカエデ
みやまよーすず　オオカメノキ
みゃむ　マユミ
みやんみやぎ　ニシキギ
みょーかくじくさ　ヒメムカシヨモギ
みょーがそー　ヤブミョウガ
みょーがだけ　ミョウガ
みょーがねこ　ミョウガ
みょーき　メギ
みょーぎばな　ツメクサ
みょーこ　メギ
みょーせん　キハダ
みょーたん　カキ（アマガキ）
みょーぶな　リョウブ
みよが　ミョウガ

みよがし ソヨゴ
みよがんこ ミョウガ
みよどろ コアカソ
みるらん シシラン／ボウラン
みろく ミズキ
みんぎょくさ タマシダ
みんぐい キクラゲ
みんくさ ユキノシタ
みんぐさ ユキノシタ
みんぐり キクラゲ
みんぐる キクラゲ
みんぐるー キクラゲ
みんこ オオイタビ
みんこぎ イヌビワ／ホソバイヌビワ
みんざいぐさ ユキノシタ
みんじ ウワバミソウ
みんじゃいぐさ ユキノシタ
みんしゃぶ イヌビワ
みんじゃらんは ユキノシタ
みんじらんは ユキノシタ
みんず ウワバミソウ
みんずき ミズキ
みんたれ ユキノシタ
みんだれくさ ユキノシタ
みんだれぐさ ユキノシタ
みんだれのは ユキノシタ
みんだれんは ユキノシタ
みんちゃば キクラゲ／シメジ
みんちゃばいさ スベリヒユ
みんちゃばぐさ スベリヒユ／ユキノシタ
みんちゃぶかずら オオイタビ
みんつきかずら シラタマカズラ
みんどろ コアカソ
みんな ルリハコベ
みんなば キクラゲ
みんぶとぅきー スベリヒユ
みんぶとき スベリヒユ
みんぼし ヌルデ
みんぼしのき ヌルデ
みんみんぐさ ユキノシタ
みんやいのくすい ユキノシタ
みんやんぐさ ユキノシタ
みんやんのくすい ユキノシタ

【む】

むいぎょー オオイタビ
むいくゎ マツリカ
むいなばな ヒガンバナ
むいわらかずら センニンソウ

むーじ サトイモ
むーず サトイモ
むーだー サトイモ
むーりー ハクサンボク
むかが イチジク
むかかたぐい サルトリイバラ
むかご ニガカシュウ／ヤマノイモ
むかごみず ウワバミソウ
むかさ イチジク
むかしすもも スモモ
むかしな ヒケッキュウハクサイ
むかしのすいこ オカトラノオ
むかしほーき コアカソ
むかじゅ イチジク
むかしりんご ワリンゴ
むかぜくさ ノコギリソウ
むかぜぐさ タマシダ
むかぜばな ノコギリソウ
むかでくさ シシガシラ／ヤマボクチ
むかでぐさ シシガシラ／ヤマゴボウ
むかでそー シシガシラ
むかでのあし シシガシラ
むかでばな セイヨウノコギリソウ
むかでへご コモチシダ／タマシダ／ホラシノブ
むかどぐさ シシガシラ
むがら ヤエムグラ
むぎ オオムギ／ギシギシ
むぎいちご ナワシロイチゴ／ヘビイチゴ／モミジイチゴ
むきうり ユウガオ
むぎおつぎ ウツギ
むぎかい サワシバ
むぎくさ オオアワガエリ／カモジグサ／ツユクサ／ニワホコリ
むぎくはい カタクリ
むぎくわい アマナ
むぎぐわい アマナ
むぎくわえ アマナ
むぎぐん ナワシロイチゴ
むぎしゃしゃぶ グミ
むぎずる ヒメユズリハ
むきだけ ヒラタケ
むぎのおに カラスムギ
むきのき ムクゲ
むぎのき ウツギ
むぎばな アセビ
むぎび トウモロコシ
むぎびーびー ナワシロイチゴ
むきまめ エンドウ
むきむき ハナイカダ
むぎめし アセビ／ムラサキカタバミ

むぎめしのき　アセビ
むぎめしばな　アセビ／サギゴケ／ハゼノキ／ムラサキ
　　カタバミ／ヤブラン
むぎやす　オオムギ
むぎわらぎく　カイザイク
むぎわらそー　ムギワラギク
むぎわらたけ　ホウキタケ
むぎんたけ　ヒラタケ
むく　ムクゲ／ムクロジ
むくげ　ガクウツギ
むぐさく　ナツハゼ
むくしお　アマモ
むくしで　クマシデ
むくしぼ　アマモ
むくだい　ヒラタケ
むくだま　ジャノヒゲ
むくで　ムクゲ
むくてんのき　ムクゲ
むくのき　カクレミノ／タカノツメ／ムクゲ／ムクノ
　　キ／ムクロジ
むくみ　ツルコウゾ／ムクゲ
むくみかずら　ツルコウゾ
むくむくのき　ムクノキ
むくゆ　ムクロジ
むくゆのき　ムクロジ
むくよ　ムクロジ
むぐら　カナムグラ／カラハナソウ／ヤエムグラ
むぐらぐさ　イヌビユ
むぐらずる　カラハナソウ
むくりゅ　ムクロジ
むくりゅー　ムクロジ
むくりゅーのき　ムクロジ
むくりゅのき　ムクロジ
むくりょー　ムクロジ
むくりょのき　ムクロジ
むくるじ　ムクロジ
むくれぎ　モクレン
むくれんじ　ムクロジ
むくれんじゅ　ムクロジ
むくれんしょー　ムクロジ
むくれんず　ナツハゼ
むくろ　ムクノキ／ムクロジ
むくろー　ムクロジ
むくろーじ　ムクノキ／ムクロジ
むくろーのき　ムクロジ
むくろがき　マメガキ
むくろげ　ムクゲ
むくろじ　ムクゲ／ムクロジ／ヤマブキ
むくろじゅ　ムクロジ
むくろだいこん　イブキダイコン

むくろつぶ　ムクロジ
むくろのき　ムクロジ
むくろみのき　ムクノキ
むくろんじ　ムクロジ
むくん　ムクノキ
むくんかじ　ツルコウゾ
むくんかずら　ツルコウゾ
むくんき　ムクゲ
むけっちょ　ナツハゼ
むけやす　オオムギ
むこ　ムクノキ
むご　スガモ
むこかさ　ヤグルマソウ
むこしばり　マツブサ
むこな　ハナイカダ
むこなかせ　アキギリ／ツリガネニンジン
むこにがし　モミジガサ
むこのごき　ヤグルマソウ
むこのごし　ヤグルマソウ
むこんかずら　ツルコウゾ
むさしあぶみ　テンナンショウ／ムサシアブミ
むさで　マンサク
むじ　サトイモ
むしいも　サツマイモ
むしお　カラムシ
むしかく　アズキナシ
むしかご　カゴノキ
むしかつら　ダンコウバイ
むしかり　オオカメノキ／ガマズミ／ミズアオイ
むしかれ　サワフタギ
むしくいたぶ　タブノキ
むしぐすり　オトギリソウ
むしこーり　サワフタギ
むしごめ　カマツカ
むしこり　カマツカ／サワフタギ
むしころし　ハナヒリノキ
むしすいぐさ　モウセンゴケ
むしずり　ハコベ
むしずる　ヒシモドキ
むしぞの　クマシデ
むしだし　ウツボグサ
むしだま　ハルニレ／ヤチダモ
むしつき　キブシ
むしっくいそね　クマシデ
むしっくいぞね　クマシデ
むしっくいぞろ　クマシデ
むしっこのき　クサギ
むしつり　ハコベ
むしつりぐさ　キクムグラ／ナズナ
むしとりぎく　ジョチュウギク

むしとりぐさ	ミソナオシ／ムシトリナデシコ／モウセンゴケ	むねぎり	ハリギリ
むしとりそー	ムシトリナデシコ	むねつぶ	イチイ
むしとりつつじ	モチツツジ	むねば	ウダイカンバ／ヤマハンノキ
むしとりばな	ムシトリナデシコ	むべ	カラスウリ
むしな	イノコズチ	むべあけび	ミツバアケビ
むじな	タンポポ	むべうり	キカラスウリ
むしながき	マメガキ	むほー	モッコク
むじなのち	ガガイモ	むまあらいうつぎ	ドクウツギ
むじなのふとん	イワカガミ	むまがたいばら	サルトリイバラ
むしにあさし	モチノキ	むまぐい	サルトリイバラ
むじぬむ	サトイモ	むまこかし	カナムグラ
むしのこ	イワナシ／スズメノヤリ	むまごやし	ノゲシ
むしぶて	イヌビワ	むまぜり	ウド／ヤマゼリ
むしむし	ガクウツギ	むまのすずかけ	ウマノスズクサ
むじむしくさ	チカラシバ	むまのぶす	ガマズミ
むしゃしゃぎ	ヒサカキ	むまのほねぎ	イボタノキ
むしゃとりいげ	ジャケツイバラ	むまのみみ	オナモミ
むしゅびて	イヌビワ	むまのめ	ツヅラフジ
むしよけぎく	ジョチュウギク	むまぶどー	ノブドウ
むしんそ	シュンギク	むまほね	イボタノキ
むじんそ	シュンギク	むみょーそー	シュウメイギク
むしんそー	シュンギク	むみんはな	ワタ
むじんそー	シュンギク	むみんぱな	ワタ
むず	ヤブニッケイ	むらぎく	カセンソウ
むすひぎ	ジンチョウゲ	むらくぱな	マツリカ
むすびき	ジンチョウゲ／ミツマタ	むらさかき	ヒサカキ
むすびぎ	ツリバナ	むらさかぎ	ヒサカキ
むすびくさ	カヤツリグサ	むらさき	コムラサキ
むすびじょー	カラスウリ	むらさきあやめ	アヤメ
むすびて	イヌビワ	むらさきえも	ジャガイモ
むすめ	カボチャ	むらさきかこのき	クワ
むすめな	ズイナ／ヨメナ	むらさきかんらん	ケール
むすめのき	ズイナ	むらさきぎく	ヨメナ
むち	ノビル	むらさきぐさ	コウヤボウキ／ツユクサ
むちがさ	クマタケラン	むらさきしきみ	ラッキョウ
むちがしゃ	クマタケラン／ゲットウ	むらさきしぶれん	ムラサキシキブ
むちぎ	イヌツゲ	むらさきたまな	ケール
むちぐさ	ヨツバムグラ	むらさきたんぽぽ	センボンヤリ
むちざねん	アオノクマタケラン	むらさきつつじ	トウゴクミツバツツジ
むちな	タンポポ	むらさきばな	キキョウ
むちならび	シイモチ	むらさきまめ	フジマメ
むちゃがら	ツゲモチ	むらさきわすれなぐさ	ルリソウ
むっくじ	ムクロジ	むらた	ダンコウバイ
むっぐん	ナワシログミ	むらたち	ザイフリボク／ヒキオコシ／フシグロ
むつしだ	コシダ	むらだち	アカデシャ／アブラチャン／イヌブナ／シロモジ／ヒキオコシ／フサザクラ／マンサク／ヤマコウバシ
むっちゃぎ	モチノキ		
むつならび	ツゲモチ	むりくぱな	マツリカ
むつろぐさ	エノコログサ	むるぐし	トウモロコシ
むにやい	クネンボ	むるんぎゅ	オオイタビ

むろ　ネズミサシ
むろき　ネズミサシ
むろぎ　ネズミサシ
むろこし　トウモロコシ／モロコシソウ
むろた　ネズミサシ
むろだ　ネズミサシ
むろのき　ネズミサシ
むろまつ　ネズミサシ
むろむき　ウラジロ
むろんじょ　ネズミサシ
むろんど　ネズミサシ
むわだ　オオバボダイジュ
むん　ヤマモモ
むんけや　アカメガシワ／コシアブラ／コブシ／タカノ
　　ツメ
むんつぃ　サトイモ
むんまま　モモ

【め】

め　アラメ／アンズ／ワカメ
めあか　サトイモ／ツクネイモ／ナガイモ／ネジキ
めあかいも　サトイモ
めあざみ　アキノノゲシ／サワアザミ／ノゲシ
めあだまのき　ミズキ
めいしぎー　ハクサンボク
めいじくさ　アレチノギク／ヒメムカシヨモギ
めいぼくさ　イボクサ
めいぼぐさ　イボクサ
めうり　マクワウリ
めうるし　ヌルデ
めー　アラメ／アンズ／イネ／ワカメ
めーぁんだけ　マイタケ
めーげつかえで　ハウチワカエデ
めーじき　カタバミ
めーじそー　ヒメムカシヨモギ
めーじち　カタバミ
めーたま　ゴンズイ
めーだまぎ　イヌツゲ
めーだまのき　ミズキ
めーどのき　カンボク
めーのき　エノキ
めーは　ワカメ
めーはじちゃー　カタバミ
めーはりこんぽ　スベリヒユ
めーはりごんぽー　スベリヒユ
めーひっぱる　ツクシ
めーぶ　クロトチュウ／ヒゼンマユミ／モクレイシ
めーぶし　オオバコ
めーぶる　ネーブル

めーぼのはな　ウマノアシガタ
めーみ　マサキ
めーめーのき　ムラサキシキブ
めーやか　シュンラン
めーやかめ　シュンラン
めおとばな　アマリリス
めかごぐさ　ミチヤナギ
めかし　シラカシ
めがし　シラカシ
めがねぐさ　コアカソ
めかや　チガヤ
めがや　イヌガヤ／チガヤ
めかんぞー　コウゾ
めかんち　セキショウ
めき　ウラジロモミ
めぎ　イタヤカエデ／コマユミ／ハナノキ／ヒノキ／マ
　　ユミ／メギ
めぎばら　メギ
めぎわ　ウバユリ
めく　クヌギ
めぐい　メギ
めくいだら　タラノキ
めぐいだら　タラノキ
めくさ　ハッカ
めぐさ　シロツメクサ／ハッカ
めぐさり　ヤナギイチゴ
めぐさりのき　キハダ
めくさりばな　ヒガンバナ
めくされ　ヤナギイチゴ
めぐされ　ヤナギイチゴ
めくされぎ　シロモジ
めくされしぶぎ　ヒサカキ
めくされな　キランソウ
めくされのき　カンボク
めくさればな　ヒガンバナ
めぐしくさ　ゲンノショウコ
めくすり　ハッカ
めぐすりのき　ハッカ
めぐすりばな　キツネノマゴ／ツユクサ
めくぬぎ　クヌギ
めぐみ　イタドリ
めくめのめのたま　ジャノヒゲ
めくら　イヌザクラ／ウワミズザクラ
めくらかっこ　シャガ
めくらがっこ　シャガ
めくらくさ　アレチノギク
めくらぐさ　アレチノギク
めくらこめごめ　ムラサキシキブ
めくらこめのき　ムラサキシキブ
めくらしょーぶ　シャガ／ノカンゾウ

方言名索引 ● めくら

めくらぜり	タネツケバナ
めくらつげ	ハコネウツギ／ヤブウツギ
めくらつぶ	サルトリイバラ
めくらぬき	ウワミズザクラ
めくらのめんたま	ジャノヒゲ
めくらばな	ヒメムカシヨモギ
めくらぶど	ノブドウ
めぐらぶど	ノブドウ
めくらぶどー	エビヅル／ツヅラフジ／ノブドウ
めくらぶんど	ノブドウ
めぐらぶんど	ノブドウ
めくらぶんどー	ノブドウ
めくらぼ	ウワミズザクラ
めくらほーご	ウワミズザクラ
めくらほしご	ウワミズザクラ
めくらほんご	ウワミズザクラ
めくりいも	ジャガイモ
めくりそめ	イヌシデ
めくりぞめ	イヌシデ
めくるみ	オニグルミ
めぐるみ	オニグルミ
めぐれ	サワシバ
めくろ	サワシバ
めぐろ	サワシバ
めくろぐさ	タムラソウ
めぐろくさ	タムラソウ
めぐろぞの	イヌシデ
めぐろばら	ノイバラ
めぐわ	ウバユリ
めぐわい	ウバユリ
めげやき	アサダ
めこ	ワカメ
めごさく	テンナンショウ
めござさ	オカメザサ
めこしぐさ	ゲンノショウコ
めごしつ	ミズタマソウ
めごたけ	オカメザサ
めごだけ	オカメザサ
めこっぱち	セキショウ
めころび	アカメガシワ／ミズメ
めさかき	ヒサカキ
めざくら	ウワミズザクラ
めささき	ヒサカキ
めささぎ	ヒサカキ
めざめぐさ	ハッカ
めさんきら	サルトリイバラ
めし	ワカメ
めしげかぶ	タイサイ
めしじゃくしな	タイサイ
めしたきばな	オシロイバナ
めしつづみ	ギボウシ
めしつぶのき	ネジキ
めしつぶのはな	ネジキ
めしで	アカシデ
めじな	シナノキ
めしのき	ネコノチチ
めじは	メヒシバ
めしむぎ	オオムギ
めじゃくしな	タイサイ
めじろ	クロマツ
めじろくさ	ハコベ
めじろざくら	イヌザクラ／ミヤマザクラ
めじろのき	ムラサキシキブ
めじろみかん	ツルウメモドキ
めず	ウワバミソウ
めずけ	イヌザクラ
めすたいどー	イタドリ
めずら	アワブキ／イヌザクラ／インゲンマメ／ウワミズザクラ／ササゲ／ジュウロクササゲ／ハタササゲ／フジマメ
めずらし	ウワミズザクラ
めずらのき	ウワミズザクラ
めずりは	ユズリハ
めそろ	アカシデ
めだ	ミヤマイラクサ
めだけ	カンザンチク／マイタケ／ヤダケ
めだっこ	イタドリ
めだはぎ	メドハギ
めだまずる	ノブドウ
めだら	カラスザンショウ／タラノキ
めたらよー	サンゴジュ
めちょめちょ	イヌツゲ
めっか	コウゾ
めつが	コメツガ
めっき	メギ
めつきしば	ヒイラギ
めつきばら	ヒイラギ
めつきばらい	ヒイラギ
めつこ	ヒイラギ
めっこぶどー	ノブドウ
めっちょ	ヤブラン
めっちょひがら	ジャノヒゲ
めつつきばら	ヒイラギ
めつっぱい	メハジキ
めつっぱり	セキショウ／ツタ／ヒイラギ／ホコリタケ
めつっぱれ	ホコリタケ
めっつり	スベリヒユ
めっぱ	セキショウ／ヒマワリ／ワカメ
めっぱぐさ	ツボクサ
めっぱじき	コアカソ／コクサギ／セキショウ

めつぱす　アズキナシ	めはちかぎ　ゴンズイ
めつぱす　アズキナシ／カマツカ／ナツハゼ	めはっちょー　アカメガシワ
めっぱち　セキショウ	めはり　セキショウ／ツタ
めっぱつ　アズキナシ	めはりかずら　キヅタ／ツタ
めっぱつ　アズキナシ／カマツカ	めばりかずら　ツタ
めつばっくさ　オオバコ	めはりぎ　イヌツゲ
めっぱり　スベリヒユ／ハリビユ	めはりぐさ　ツタ／ハッカ
めっぱりかずら　ツタ	めばりぐさ　ハッカ
めっぱりぐさ　ササガヤ	めはりごんぼ　スベリヒユ
めつぶし　イワニガナ／ツチグリ／ヤイトバナ	めはりごんぼ　セキショウ
めつぶしかずら　ツヅラフジ	めはりのき　イヌツゲ
めつぶれ　ヤイトバナ	めひーらぎ　リンボク
めっぽーき　タブノキ	めひかい　ツユクサ
めつら　ミズメ	めひからし　ノブドウ
めつり　スベリヒユ	めひかり　ノブドウ
めつりくさ　ハコベ	めひかりかずら　ノブドウ
めつりぐさ　ハコベ	めひっかずら　ノブドウ
めつんばつぐさ　オオバコ	めひっぱい　オオバコ
めで　ノリウツギ	めひっぱり　ツタ
めでぬき　ノリウツギ	めひば　ヒメヒバ
めでのき　ネジキ／ノリウツギ	めひひらき　リンボク
めど　コクサギ	めひらぎ　ヒイラギ
めどー　メドハギ	めぶな　イヌブナ
めどちのさくら　ノコンギク	めほー　コナラ
めどちのさらこ　ユウガギク	めほーき　オオバコ
めどちのはな　カワラナデシコ	めぼし　タムシバ
めどちばな　サクラソウ	めぼそ　ヒメヤシャブシ
めどつのかいな　ママコノシリヌグイ	めぼそのき　ヒメヤシャブシ
めどつのさらこ　アズマギク	めまきしば　サルトリイバラ
めどつはな　カワラナデシコ	めまつ　アカマツ
めどつばな　サクラソウ	めむくのき　エノキ
めどっぱな　カワラナデシコ	めめがき　マメガキ
めどのき　カンボク	めめず　フサザクラ
めどのぎ　カンボク	めめすぎ　フサザクラ
めどはぎ　ハギ／ミソハギ	めめずき　フサザクラ
めどまめ　インゲンマメ	めめずぎ　フサザクラ
めどり　アセビ	めめずっき　フサザクラ
めどんぱり　オオバコ	めめずのまくら　ツクシ
めなしざくら　ミヤマザクラ	めめずり　ミミズバイ
めなずな　ナズナ	めめぞ　イチイ
めなは　ワカメ	めめぞき　ツリバナ
めなもみ　オナモミ	めめぞのまくら　ミミズバイ
めのき　エノキ／クサギ／メギ	めめた　フサザクラ
めのくすい　カタバミ／ハッカ	めめだま　ジャノヒゲ
めのは　ワカメ	めめつこはなつこ　ヒイラギ
めのみのき　ゴンズイ	めめつぶし　イワニガナ
めばえのき　ツリバナ	めめつんぼ　イワニガナ
めはぎ　ミソハギ／メドハギ／ヤハズソウ	めめよし　ミミズバイ
めはじき　アカメガシワ／カタバミ／セキショウ／ツタ	めめらごけ　キクラゲ
めはじきのき　セキショウ／ツタ	めめんこ　ジャノヒゲ

方言名索引 ● めめん

めめんこいも　サトイモ
めもち　クロガネモチ
めやか　サトイモ
めら　アザミ／イラクサ／リクトウ
めろ　マルメロ
めろめろ　マルメロ
めろん　マクワウリ
めろんうり　マクワウリ
めんがし　シラカシ／ツクバネガシ
めんかぶり　オオカメノキ
めんかや　チガヤ
めんがや　チガヤ
めんき　アカマツ
めんぎ　メギ
めんぎばら　メギ
めんぎょーぐさ　タマシダ
めんごやす　エゴノキ
めんごよー　ゴヨウマツ
めんさかき　ヒサカキ
めんじな　オヒョウ
めんだい　ハス
めんたまがら　シロダモ
めんだも　シロダモ
めんだら　タラノキ
めんつぁし　ユズリハ
めんつつじ　ヤマツツジ
めんど　コウヤボウキ／タブノキ／ヤブニッケイ
めんどー　メドハギ
めんどーのき　カンボク
めんとども　ヤブニッケイ
めんどだも　ヤブニッケイ
めんどつ　ヒツジグサ
めんどのき　カンボク
めんともぎ　アブラチャン／カナクギノキ
めんどり　コウヤボウキ
めんなら　コナラ
めんぱ　ギボウシ
めんぱ　トウギボウシ
めんひえ　メヒシバ
めんひひらぎ　リンボク
めんひょーな　ヒユ
めんぶくらた　アオハダ
めんぶくらと　アオハダ
めんぶし　ヌルデ
めんぱ　ツバナ
めんぽか　コシアブラ
めんぽこさん　イタドリ
めんまつ　アカマツ／マツ
めんめのかんじょ　カタバミ
めんめのき　キブシ

めんめんのき　キブシ
めんめんぶき　ヤマブキ
めんやかぶり　シュンラン

【も】

も　アマモ／バイカモ／ホンダワラ
もあだ　オオバボダイジュ／シナノキ／ボダイジュ
もいぶと　タカノツメ
もえがら　シラキ
もえぎ　シラキ
もえぶと　タカノツメ／トネリコ／ヤマトアオダモ
もえんざ　ボタンヅル
もー　ホンダワラ
もーいちゅび　ナワシロイチゴ
もーうい　マクワウリ
もーえ　オギ
もーか　ウワミズザクラ／ミズメ
もーかざくら　イヌザクラ／ミズメ／リンボク
もーがせ　ゴンズイ／ホルトノキ
もーくさ　エドヒガン
もーさ　ヨモギ
もーさき　ヒガンバナ
もーじ　シロダモ
もーずのき　カナクギノキ．
もーせん　カキドオシ／ゲンゲ／シマカンギク
もーそく　モズク
もーだ　シナノキ
もーち　ネズミモチ／モチノキ／ヤマグルマ
もーちのき　クロガネモチ／モチノキ／ヤマグルマ／ヤマコウバシ
もーのはな　シャクナゲ
もーりー　ハクサンボク
もーりんか　マツリカ
もーれん　ミズクサ
もがいのき　ホルトノキ
もがき　サルトリイバラ
もがきばら　サルトリイバラ／ノイバラ
もかくばら　サルトリイバラ
もがくばら　サルトリイバラ
もがし　ホルトノキ
もがせ　コバンモチ／ホルトノキ
もがみ　ゴガツササゲ／ジュウロクササゲ（ジュウハチササゲ）
もがら　ノブドウ／ホテイアオイ
もがり　ササゲ／ジュウロクササゲ
もがん　インゲンマメ／ゴガツササゲ
もがんこ　ミョウガ
もがんまめ　インゲンマメ／ゴガツササゲ
もき　ヤマモモ

もきのき　ムクゲ
もく　アオミドロ／エビモ／サルオガセ／ホンダワラ／ムクノキ
もくえ　ムクノキ
もくかぶり　テングダケ
もくげじ　ムクロジ
もくさ　イボタノキ／ヨモギ
もぐさ　トクサ／ヨモギ
もぐさばな　ヤイトバナ
もぐさよごみ　ヨモギ
もくしき　シロツメクサ
もくしく　シロツメクサ
もくしくのはな　シロツメクサ
もくしゅく　シロツメクサ
もくだ　トリアシショウマ
もくだい　ヒラタケ
もくで　ムクゲ
もくのき　ムクノキ
もくひき　シロツメクサ
もくもく　ノビル
もくゆ　ムクロジ
もくよ　ムクロジ
もくよのき　ムクロジ
もぐら　ミゾソバ／ヤエムグラ
もぐらくさ　ママコノシリヌグイ
もぐらもち　ネジバナ
もくりぐさ　ヤマハハコ
もぐりくさ　ヤマハハコ
もくれん　ムクゲ
もくれんげ　ハクモクレン／モクレン
もくれんじ　ナツハゼ／ボダイジュ／ムクロジ
もくれんじゅ　ムクロジ
もくれんず　モクレン
もくろ　ムクロジ
もくろーじ　ムクロジ
もくろじ　ムクロジ
もくろで　ムクロジ
もくろのき　ムクロジ
もくろんじ　ムクロジ
もこなかせ　アキノキリンソウ／コマツナギ
もさ　ミズクサ
もじ　キブシ
もしいも　サツマイモ
もじおぐさ　アマモ
もじずり　ネジバナ
もじなぐさ　ジャノヒゲ
もじのき　クロモジ
もしびくさ　ナズナ
もじゃ　クサギ／クロモジ
もしゃらんこ　オキナグサ

もじりばな　ネジバナ
もじんそ　シュンギク
もじんそー　シュンギク
もじんばり　タラヨウ
もす　ツバキ
もず　カナクギノキ
もずいずご　モミジイチゴ
もずく　ホンダワラ
もずす　イバラ
もずのき　カナクギノキ
もずれ　イバラ
もたし　ナラタケ
もたせ　シメジ
もたつ　ナラタケ
もたらめへご　ホラシノブ
もち　クロガネモチ／コマユミ／ネズミモチ／マツグミ／モチノキ／ヤマグルマ
もちあくび　ミツバアケビ
もちあけび　ミツバアケビ／ムベ
もちあけぶ　ムベ
もちい　モチノキ
もちいちご　エビガライチゴ
もちいのき　モチノキ
もちーもの　アワ／キビ
もちがしゃ　クマタケラン／ゲットウ
もちかずら　マツブサ／サネカズラ
もちぎ　ヤマグルマ／ヤマコウバシ
もちぎのき　クロモジ
もちきみ　トウモロコシ
もちくさ　ハハコグサ／ヒメアザミ／ヨモギ
もちぐさ　ハハコグサ／ヨモギ
もぢくさ　ハハコグサ
もちぐわ　トウグワ
もちしば　オオカメノキ／サルトリイバラ／タブノキ／ミズキ／ヤマコウバシ／ヤマボウシ
もちたら　タラノキ
もちだら　タラノキ
もちつきそー　ツユクサ
もちな　キョウナ／コマツナ／タイサイ／ヒケッキュウハクサイ
もちなぐさ　ハハコグサ
もちなし　モチノキ
もちならべ　クロガネモチ
もちねむぎ　オオムギ
もちのき　クロガネモチ／クロモジ（オオバクロモジ）／タブノキ／タラヨウ／ツゲモチ／マツグミ／ミズキ／モクレイシ／モチノキ／ヤマグルマ／ヤマコウバシ
もちのしば　サルトリイバラ
もちはぜ　サギゴケ

方言名索引 ● もちは

もちばちり　サツマイモ
もちばな　ザイフリボク／タンポポ／ハハコグサ／フジバカマ
もちばなぎ　アオモジ／クロモジ
もちばなのき　クロモジ／コウヤボウキ／リョウブ
もちぶつ　ハハコグサ
もちほや　マツグミ
もちゃがら　イヌツゲ
もちゅ　ユズ
もちよもぎ　ハハコグサ
もちんぐさ　ヨモギ
もっか　カリン
もつかずら　サネカズラ
もっき　ムクゲ
もつきさ　ヨメナ
もつきっ　トウモロコシ
もっぎっ　トウモロコシ
もつくさ　ヨモギ
もづくさ　ヨモギ
もっこ　クマガイソウ
もっこー　ワレモコウ
もっこーばな　バイカアマチャ
もっこく　シャリンバイ／ムクゲ／モッコク
もっこくさ　ハハコグサ
もっこぐさ　ハハコグサ
もっこぜんまい　イノデ
もっそ　カラムシ
もっちのき　ヤマグルマ
もっちばな　ムシトリナデシコ
もっといかずら　カニクサ
もっぱぎ　カンコノキ
もつへん　イラクサ
もっへん　イラクサ
もっぽー　モッコク
もつんさ　ヨモギ
もで　ガマズミ
もていす　モッコク
もてかずら　ツヅラフジ／テイカカズラ／ホウライカズラ
もてねぎ　ワケギ
もといかずら　カニクサ
もとぎ　アブラチャン／ダンコウバイ／ツリバナ
もとじ　アブラチャン
もとじろ　ショウジョウバカマ／シラキ
もどしろ　ショウジョウバカマ
もとす　イヌブナ
もとすぶな　イヌブナ
もととり　スミレ
もとなしかずら　ネナシカズラ
もともち　ネギ

もともと　ツクシ
もどら　ネズミサシ
ものくさ　アキカラマツ
ものぐるい　イノコズチ／オキナグサ／センダングサ
ものずき　ヌスビトハギ
ものたち　シャクナゲ
ものつき　センダングサ
ものぶれ　イノコズチ／ウシクサ／キンミズヒキ／ササクサ／センダングサ／チヂミザサ／ヌスビトハギ／フジカンゾウ／ミソナオシ／ヤブジラミ
もは　アマモ
もば　アオミドロ／アマモ／ホンダワラ
もはだ　シナノキ
もへ　カキドオシ／キハダ
もほー　モッコク
もまだ　シナノキ
もみ　イチイ／ウラジロモミ／オオシラビソ／コメツガ／ツガ／モミ
もみうり　シロウリ
もみざわら　ハリモミ
もみじ　イタヤカエデ／ウリカエデ／コミネカエデ／ツツジ／ハウチワカエデ／ハリギリ／メグスリノキ
もみじいたや　イタヤカエデ
もみじかさ　ヤブレガサ
もみじかずら　ツタ
もみじくさ　キンレイカ
もみじぐさ　イトススキ／モミジガサ／ヤブレガサ
もみじそー　モミジガサ
もみじばな　イタヤカエデ
もみず　イタヤカエデ
もみそ　モミ
もみそのき　モミ
もみつ　モミ
もみのき　モミ
もめら　ステコビル／ツルボ／ノビル／ヒガンバナ／ムクゲ
もめらのはな　ステコビル／ヒガンバナ
もめん　ワタ
もめんずる　モメンヅル
もめんのき　ワタ
もめんわた　ワタ
もも　アンズ／スモモ／ヤマモモ
ももいちご　クマイチゴ
ももえくさ　ウリクサ
ももえぐさ　ウリクサ
ももき　ヤマモモ
ももぎ　ヤマモモ
ももくさ　イヌザクラ
ももぐさ　ザクロソウ
ももさ　ヨモギ

922

ももざくら　イヌザクラ／ウワミズザクラ／エドヒガン
ももずき　カタバミ／ヌスビトハギ
ももそくさ　ナズナ
ももたろ　オニグルミ
ももちどり　キケマン
ももっか　ヤドリギ
もものき　ナナカマド／ムクノキ／ヤマモモ
ももやま　ヤマモモ
ももら　ヤエムグラ
ももろ　ネズミサシ
ももわれそー　マムシグサ
ももんか　ヤドリギ
ももんが　ヤドリギ
ももんかん　ヤドリギ
ももんぐさ　カタバミ
ももんこ　ヤマモモ
もや　コナラ
もやしむぎ　オオムギ
もよぎ　ネギ／ヨモギ／ワケギ
もよみ　マユミ
もりいちご　エビガライチゴ
もりぎ　ハクサンボク
もりこ　ユキワリソウ
もりささげ　ハタササゲ
もりな　ケッキュウハクサイ
もれか　ムクゲ
もれんか　ムクゲ
もろ　ネズミサシ
もろーぎ　ネズミサシ
もろぎ　ネズミサシ
もろこし　キビ／トウモロコシ／フジマメ／モロコシ
もろこしきび　トウモロコシ
もろこしきみ　モロコシ
もろこしぐさ　タデ
もろこす　モロコシ
もろし　ミズキ
もろすぎ　ネズミサシ
もろずめ　ヤマモガシ
もろた　シナノキ／ネズミサシ
もろだ　ネズミサシ
もろっぽ　ネズミサシ
もろと　ネズミサシ
もろのき　イヌガヤ／ネズミサシ
もろのは　ウラジロ
もろば　イヌガヤ／ウラジロ／シキミ
もろはきのこ　シイタケ
もろはのき　イヌガヤ
もろび　オオシラビソ／コメツガ／シラビソ
もろぶき　ウラジロ／シダ

もろまつ　ネズミサシ
もろむき　イチイ／ウラジロ／シダ／ツクシ
もろむぎ　イチイ／イヌガヤ／ウラジロ／ネズミサシ
もろめき　イヌガヤ／ウラジロ
もろもき　ウラジロ／コシダ／シダ
もろもぎ　イヌガヤ
もろもく　イヌガヤ／ウラジロ／シダ
もろもち　ウラジロ
もろもろ　イヌガヤ
もろもろのき　イヌガヤ
もろら　ネズミサシ
もろんじょ　ネズミサシ
もろんど　ネズミサシ
もろんぽ　ネズミサシ
もろんぽー　ネズミサシ
もわだ　シナノキ
もん　モミ
もんかきばら　サルトリイバラ
もんがきばら　サルトリイバラ
もんがくばら　サルトリイバラ
もんかたばみ　カタバミ
もんき　ムクゲ
もんきん　ムクゲ
もんくさ　ヨモギ
もんぐさ　ヤエムグラ
もんけ　コシアブラ
もんさ　ヨモギ
もんじぐさ　ヨモギ
もんしで　アカシデ
もんしゃ　クロモジ
もんじゃ　アブラチャン／クロモジ
もんじゃのき　クロモジ
もんじゅ　カラコギカエデ／ダンコウバイ
もんぜんばな　ムクゲ
もんだい　シャシャンボ
もんちゃ　クロモジ
もんつき　イタドリ／センダングサ／ヌスビトハギ／ヤエムグラ
もんつきくさ　センダングサ
もんつきぐさ　イタドリ／ヌスビトハギ／ヤエムグラ
もんつきしば　タラヨウ
もんつきそー　イタドリ
もんつくば　カゴノキ
もんつや　クロモジ
もんとしきび　ミヤマシキミ
もんとしきみ　ミヤマシキミ
もんば　ホンダワラ
もんもんぐさ　カタバミ／ヤエムグラ

や

【や】

や　ウバユリ
やー　アイ／ウバユリ／ツルボ
やーたば　アシタバ
やーらげ　ヒメクグ
やーらこかずら　サネカズラ
やーん　サツマイモ
やーんち　サツマイモ
やい　ウバユリ
やいかみ　ヤマユリ
やいかわうつぎ　ツクバネウツギ
やいと　ミツデウラボシ／ヨモギ
やいとーばな　ヤイトバナ
やいとくさ　ヤイトバナ
やいとぐさ　ミツデウラボシ／ヨモギ
やいとのき　タラヨウ
やいとばな　ガガイモ／クサノオウ／センニンソウ／ヤイトバナ
やいも　ウバユリ
やいやい　ウバユリ
やえ　シバ
やえがー　オオヒョウタンボク
やえかわ　ツクバネウツギ
やえがわ　ヒョウタンボク
やえがん　ヤマユリ
やえかんぞー　ヤブカンゾウ
やえしば　シバ
やえしゃきばな　ヤイトバナ
やえときしらず　ダンコウバイ
やえなり　リョクトウ
やえます　ツバキ（ヤエツバキ）
やえむぐら　カラハナソウ
やえもぐら　ヤエムグラ
やえんぼー　ヤマボウシ
やおひ　サワラ
やおやたおし　アオミドロ
やおやぷーふー　ハマボウフウ
やおらぎ　カヤツリグサ
やがたのき　ニシキギ
やがな　クログワイ
やがや　ススキ
やから　アゼガヤツリ／カンガレイ／シロモジ／ミクリ

やがら　カヤツリグサ／クログワイ／ハマスゲ／ミクリ／ヤツデ
やからみ　アブラチャン
やからめ　アブラチャン／シロモジ
やかん　ナツハゼ／リクトウ
やがん　ナツハゼ／ヤマユリ
やかんかずら　アオツヅラフジ
やかんからげ　アオツヅラフジ
やかんこ　アクシバ／ウスノキ
やかんずる　アオツヅラフジ
やかんふじ　アオツヅラフジ
やぎ　サワフタギ
やききび　トウモロコシ
やきちいばら　サルトリイバラ
やきばさざ　クマザサ
やきもちかずら　ハスノハカズラ
やきもちばら　サルトリイバラ
やきり　ハルニレ
やぎり　ハルニレ
やぎんくすばな　グラジオラス
やぐさ　ニガナ／メハジキ／ヤハズソウ
やくそー　センブリ
やくとーし　タチアオイ
やくな　コケリンドウ／ヤブタバコ
やくねんじ　チョウセンニンジン
やくびょーぐさ　ドクダミ
やくびょーばな　キツネノカミソリ／ヒガンバナ／レンゲツツジ
やくもそー　メハジキ
やくらかし　アラカシ
やくらがし　アラカシ
やぐらがし　アラカシ
やぐらしろ　ヤグラネギ
やぐらばな　フシグロセンノウ
やぐらびろ　ヤグラネギ
やぐらひろっこ　ヤグラネギ
やぐるまそー　イタドリ
やくゎん　リクトウ
やげ　クサノオウ
やけしらず　ダイズ
やけっつら　ダイモンジソウ
やけっぱたまめ　ソラマメ
やけとばな　ヒガンバナ

924

やけどばな　キツネノボタン
やけのは　アオキ
やけばな　キツネノボタン／ニガナ
やこーじゅー　オオカメノキ
やこそ　コウゾ／ヒメコウゾ
やごろ　カンザンチク
やごろいも　ジャガイモ
やごろえも　ジャガイモ
やさいうり　シロウリ
やさいなんばん　ピーマン
やさいほーずき　ショクヨウホオズキ
やさいまめ　インゲンマメ／フジマメ
やさな　ミツバウツギ
やざまめ　インゲンマメ
やし　サワグルミ
やじあんじゃみ　ハンゴンソウ
やじうど　ハンゴンソウ
やじうり　ミズギボウシ
やじうるい　ミズギボウシ
やじうるえ　ミズギボウシ
やしお　ヤシャビシャク
やしおつつじ　ドウダンツツジ／ヨウラクツツジ
やじぎく　カセンソウ
やじな　オヒョウ
やしなら　ヤシャブシ
やじの　メダケ／ヤダケ
やしのき　サワグルミ／ハンノキ
やじは　ハンノキ
やじば　ハンノキ／ヤマハンノキ
やじばうど　ハンゴンソウ
やしほ　ヤシャビシャク
やしゃ　オオバヤシャブシ／スグリ／ハンノキ／ヒメヤシャブシ／ブナ／ヤシャビシャク／ヤシャブシ／ヤブサンザシ
やしゃえんどー　エンドウ
やしゃぐす　ヤシャブシ
やしゃこらばな　オオマツヨイグサ／マツヨイグサ
やしゃのき　ヒメヤシャブシ／ヤシャブシ
やしゃびしゃく　カツラ／ヤブサンザシ／ヤマハンノキ
やしゃぶし　ハンノキ／ヒメヤシャブシ／ヤシャブシ
やしゃぶしゃ　ヤシャビシャク
やしゃぶな　オオバヤシャブシ
やしゃぼ　ハンノキ
やしゃぼのき　ハンノキ／ヤマハンノキ
やしゃまめ　インゲンマメ
やしゃもしゃ　ヤシャビシャク
やしゃんぼ　ヤシャブシ
やしょ　ヒメヤシャブシ／ヤシャビシャク
やしょー　ヤシャビシャク
やしりくさ　トクサ

やす　サワグルミ
やすいも　サトイモ
やすかた　オノエヤナギ
やずぐわ　ヤマハンノキ
やすじ　トウモロコシ
やずすげ　カサスゲ
やすで　ヤツデ
やすといも　ジャガイモ
やすのき　カマツカ／サワグルミ／ノグルミ
やすむぎ　オオムギ
やずめ　イヌガヤ／イヌツゲ
やすもと　カワヤナギ
やすもど　ヤマナラシ
やすもとやなぎ　オオバヤナギ
やすもも　ズミ
やすりくさ　トクサ
やすりぐさ　トクサ／ノコギリソウ
やずりんご　ズミ
やせうま　ホルトノキ
やせー　ツワブキ
やせばな　カニコウモリ
やせまめ　インゲンマメ／フジマメ
やそ　ヤシャビシャク
やそー　ヤシャビシャク
やぞーこぞーのき　イヌマキ
やぞーこぞーのき　マキ
やだな　フダンソウ
やたば　アシタバ
やたび　イヌビワ
やたぶ　モロコシ
やたふつぃ　ヨモギ
やたまき　アズキナシ
やたら　イタドリ
やたらいも　ジャガイモ
やたんぽ　イヌビワ
やぢあやめ　ハナショウブ
やちいたや　カラコギカエデ
やちいちご　ナワシロイチゴ
やちうり　ギボウシ／ミズギボウシ
やちうるい　ミズギボウシ
やちおこぎ　オニグルミ
やちおっか　テツカエデ
やちか　ハンノキ
やちかたこ　イソノキ／ショウジョウバカマ
やちかば　クロウメモドキ／ハシドイ
やちがや　カヤ
やちかんば　ハシドイ
やちくわ　アカシデ／キハダ／トチノキ／ハンノキ／ヤマハンノキ
やちこうりっぱ　ミズギボウシ

やちざくら　ハシドイ	やっこばな　ウリハダカエデ
やちしば　ハンノキ	やっこむぎ　オオムギ
やちすぎな　イヌドクサ	やっさんこ　オオバコ
やちだ　ヤチダモ	やっさんご　オオバコ
やちだま　ハルニレ	やつたもぎ　ヤチダモ
やちたも　ヤチダモ	やつっぱのき　ヤマハンノキ
やちだも　オヒョウ／ハルニレ／ヤチダモ	やつで　カクレミノ／スブタ／ヤッデ
やちつば　ハンノキ	やっで　ヤッデ
やちっぱ　ハンノキ	やっでんは　ヤッデ
やちっぱり　ハンノキ	やつどめ　ガマズミ
やちとどり　サワギキョウ	やっどどめ　ガマズミ
やちは　アカシデ	やつどめ　ツノハシバミ
やちば　ハンノキ／ヤマハンノキ	やつな　リュウキンカ
やちぱ　ハンノキ	やつなぎ　チシャノキ
やちばっかい　サワオグルマ	やつなり　リョクトウ
やちばな　クリンソウ／サワオグルマ／リンドウ	やつのき　カマツカ
やちばば　オキナグサ	やつのぎ　カマツカ
やちはり　ハンノキ	やつのみ　カマツカ
やちはんのき　ハンノキ／ヤマハンノキ	やつば　ハンノキ／ヤマゼリ／ヤマハンノキ
やちぶき　リュウキンカ／サワオグルマ	やつぱ　ヤマハンノキ
やちふさ　ヨモギ	やつはし　イチハツ
やちゅーど　サワオグルマ	やつはしけ　ツルウメモドキ
やちゆり　コオニユリ	やつばな　ショウジョウバカマ／トチカガミ
やちりんご　ズミ	やつはんのき　ハンノキ
やちりんどー　オヤマリンドウ	やつぶさ　キョウナ／マツ／リョクトウ
やつ　ヤツシロミカン	やつぶさ　インゲンマメ
やつあざみ　ハンゴンソウ	やつふつい　ヨモギ
やつあやめ　イチハツ	やっぽんぽん　カラムシ
やつぃぶさ　ヨモギ	やつまた　スズメノヤリ／メヒシバ
やつぃふつい　ヨモギ	やつみぞがき　カキ（ハチオウジガキ）
やつうり　ミズギボウシ	やつめそー　ノキシノブ
やつおり　イタドリ	やつめだら　ハリギリ
やつか　ハンノキ	やつめらん　ノキシノブ
やつがし　ラッカセイ	やつもも　ズミ
やつがしら　キョウナ／サトイモ／ハスイモ／レンゲツツジ	やつるぎ　カマツカ／チシャノキ
	やてらし　ウダイカンバ
やっかち　シロモジ	やどかい　ヤドリギ
やっかんしー　ツブラジイ	やどかり　ヒノキバヤドリギ／マツグミ／ヤドリギ
やっき　ハツタケ	やどなしぐさ　ネナシカズラ
やつぎく　カセンソウ	やとばな　ヤイトバナ
やつきのこ　エノキタケ	やどみ　イヌツゲ
やっきょー　ラッキョウ	やとめ　イヌツゲ
やっぐ　ヤツガシラ	やどめ　イヌガヤ／イヌツゲ／ヒメツゲ
やつくさ　メヒシバ	やどり　ヤドリギ
やっくっいも　ヤツガシラ	やどりだま　ヤドリギ
やつくわ　アカシデ／キハダ／ハンノキ／ヤマハンノキ	やないで　ヤシャブシ
やつぐわ　ハンノキ	やなき　オオシラビソ
やっけら　ダイモンジソウ	やなぎ　ミツマタ
やっこがさ　ヤグルマソウ	やなぎあくび　アケビ
やっこさん　カラスウリ	やなぎあんさ　アサダ

やなぎかし　ウラジロガシ
やなぎがし　ウラジロガシ／シラカシ／ツクバネガシ
やなぎきく　カセンソウ
やなぎぐさ　コンロンソウ
やなぎごり　コリヤナギ
やなぎころころ　ネコヤナギ
やなぎじしばり　ミゾカクシ
やなぎそー　ウナギツカミ／コンロンソウ
やなぎのつる　ネナシカズラ
やなぎば　キシュウミカン
やなぎばがし　シラカシ
やなぎばな　コンロンソウ
やなぎばら　メギ
やなぎよもぎ　ヒメムカシヨモギ
やなし　クロウメモドキ／ズミ
やなしで　ヒメヤシャブシ
やなじょろ　クスドイゲ
やなす　クロウメモドキ
やなっかし　シラカシ
やなぶ　テリハボク
やなんきび　ホウキモロコシ
やに　トウヒ／ハリモミ
やにいり　オヒョウ
やにかきまつ　アカマツ
やにぎ　トウヒ
やにたりのき　チョウセンゴヨウ
やにだれ　イラモミ
やにたろー　トウヒ／ハリモミ
やにったれもみ　オオシラビソ
やにでんぽろ　ガマズミ
やにのき　トウヒ
やにまつ　ツガ／ハリモミ
やにもみ　トウヒ
やにれ　オヒョウ／ハルニレ
やねがや　ススキ
やねぎ　アオハダ
やねくさ　イワレンゲ／ツメレンゲ
やねら　オヒョウ
やのいも　ウバユリ
やのはそー　ミチヤナギ
やのはのき　ニシキギ
やばず　タウコギ／ツガ／ニシキギ
やばず　ニシキギ
やばずぐさ　アリタソウ
やばずのき　ニシキギ
やはたいも　サトイモ
やはたぐさ　ムラサキカタバミ
やはたそー　カキドオシ
やはち　オオカメノキ
やはつ　ギンバイソウ

やばにしきぎ　ニシキギ
やばね　オオムギ／ニシキギ
やびまんりょ　ヤブコウジ
やひらぎ　カクレミノ
やぶあさみ　ハンゴンソウ
やぶあざみ　モリアザミ
やふぁたぐさ　ムラサキカタバミ
やぶあらし　ヤブガラシ
やぶいちご　クサイチゴ
やぶいも　ヒガンバナ／ヒメウズ
やぶかさめ　オモト
やぶがに　グミ
やぶがらお　イワガネソウ
やぶがらし　ツヅラフジ
やぶがらし　カラハナソウ
やぶがらめかずら　ヤイトバナ
やぶかんじ　ヤブコウジ
やぶき　トリカブト
やぶきり　モミジガサ
やぶくぐり　スギ
やぶぐす　ヤブニッケイ
やぶけし　スミレ
やぶけまん　ムラサキケマン
やぶげやき　ケヤキ／ヤマコウバシ
やぶこーじ　カラタチバナ／コウゾ／センリョウ／ヒメコウゾ／ヤブコウジ
やぶごしょ　ヤマコウバシ
やぶこんにゃく　テンナンショウ／ウラシマソウ
やぶごんにゃく　ウラシマソウ／テンナンショウ
やぶさ　トリカブト
やぶさかき　ヤブニッケイ
やぶしきび　ミヤマシキミ
やぶしょーが　シャガ
やぶしらみ　ヌスビトハギ／ハマゼリ
やぶじらみ　イノコズチ／ヌスビトハギ
やぶす　トリカブト
やぶすー　トリカブト
やぶすふ　トリカブト
やぶぜり　ムラサキケマン
やぶそば　オドリコソウ／ノウルシ
やぶたおし　ヤブガラシ
やぶだおし　ヤブガラシ
やぶだま　ウラシマソウ
やぶたまがら　シロダモ
やぶだも　ヤブニッケイ
やぶっちゃ　ホルトノキ
やぶつばき　ネズミモチ
やぶでまり　アジサイ／ジャノヒゲ
やぶてんまる　ジャノヒゲ
やぶとーし　スギ

やぶとそらご　クマヤナギ
やぶどろぼー　イヌビエ／イノコズチ／ヌスビトハギ
やぶなし　サルナシ
やぶにっき　ヤブニッケイ
やぶにっけ　ヤブニッケイ
やぶにっけい　シロダモ／タブノキ／ヤブニッケイ
やぶにっけのき　ヤブニッケイ
やぶにっけん　ヤブニッケイ
やぶにく　ヤブカンゾウ
やぶにんじん　カワラニンジン／ムラサキケマン
やぶにんにく　ヤブカンゾウ
やぶぬすびと　センダングサ
やぶねきく　ヤブカンゾウ
やぶねねく　ヤブカンゾウ
やぶふつぎ　ハコネウツギ
やぶへ　アリドオシ
やぶまんりょー　ヤブコウジ
やぶみ　ヤブラン
やぶみふきだま　ジャノヒゲ
やぶみょーが　ハナミョウガ
やぶもーち　ネズミモチ
やぶゆり　ホタルブクロ
やぶらん　キチジョウソウ／ジャノヒゲ／シュンラン
やぶれ　トリカブト
やぶれがさ　ダケブキ／ヤグルマソウ
やぶれくさ　オキナグサ
やぽ　イバラ
やぽどせん　ハナウド
やぽどぜん　ハナウド
やぽばくり　ヤブラン
やま　イヌザンショウ
やまあい　リュウキュウアイ
やまあおい　オオカメノキ
やまあおぎり　ウリハダカエデ
やまあかし　シラカンバ
やまあくち　マンリョウ
やまあくちぎ　モッコク
やまあけび　ツチアケビ
やまあこー　コバンモチ
やまあさ　ハンゴンソウ
やまあさがお　ヒルガオ
やまあさがら　フカノキ
やまあざん　ノアザミ
やまあじさい　コアジサイ／ヤブデマリ／ヤマアジサイ
やまあずさ　ヤマウルシ
やまあぶらき　アカメガシワ
やまあまちゃ　タマアジサイ／ヤマアジサイ
やまあやめ　ヒメシャガ
やまあらし　カラスザンショウ
やまあり　ウラジロノキ

やまあわ　アワ
やまいげ　タラノキ
やまいたち　ホオノキ
やまいたび　イヌビワ
やまいたぶ　イヌビワ／シラキ
やまいちご　カジイチゴ／キイチゴ／クサイチゴ／グミ／ナワシロイチゴ／フユイチゴ／モミジイチゴ
やまいちじく　イヌビワ
やまいちゅび　ホウロクイチゴ
やまいちょー　マユミ／ミミズバイ
やまいっこ　ヘビイチゴ
やまいつご　クサイチゴ
やまいっご　シマバライチゴ／フユイチゴ／ヘビイチゴ
やまいっさつ　ウリハダカエデ
やまいと　ハンゴンソウ
やまいね　リクトウ
やまいも　オニノヤガラ／ガガイモ／サトイモ／ツクネイモ／ナガイモ／ヤマノイモ
やまいん　マルバドコロ
やまいんじゅ　ナナカマド
やまうこぎ　オニウコギ
やまうざ　ナツハゼ
やまうつき　ウツギ／カマツカ／キョウガノコ
やまうつぎ　ウツギ／サワフタギ／シモツケ／タニウツギ／ツクバネウツギ／ノリウツギ／ハコネウツギ／ハルニレ／ムラサキシキブ
やまうど　ウド／シシウド／タラノキ／ニワトコ／ノダケ／ヨロイグサ
やまうばかずら　キカラスウリ
やまうばのおがせ　サルオガセ
やまうばのおくす　サルオガセ
やまうばのおくず　サルオガセ
やまうばのたすき　ヒカゲノカズラ
やまうみじょー　ミズスギ
やまうみしょーら　ミズスギ
やまうみじょーら　ミズスギ
やまうめ　スノキ／ヤマボウシ
やまうめもどき　アオハダ
やまうり　ウリカエデ／カラスウリ／キカラスウリ／ギボウシ／クサハギ／シュロソウ
やまうりかずら　キカラスウリ
やまうるし　カクレミノ／チャンチン／ヌルデ／ハゼノキ／ヤマウルシ
やまうんじゅ　ヤブコウジ
やまえぐみ　ヨモギ
やまえどみと　ハクサンボク
やまえのき　ブナ
やまえび　エビズル／ノブドウ／ヤマブドウ
やまえびこ　サンカクヅル
やまえり　ヤマユリ

やまえんじ	フジキ
やまえんじゅ	イヌエンジュ／カラスザンショウ／ナナカマド／フジキ
やまお	カラムシ
やまおーばい	ダンコウバイ
やまおーばこ	ガマズミ／ギボウシ
やまおから	コシアブラ／ヤマグルマ
やまおがら	コシアブラ
やまおしろい	イボタノキ
やまおとこ	ナツハゼ／ニシキギ／ハナヒリノキ
やまおのがら	タカノツメ
やまおばこ	タガネソウ
やまおんこ	イヌガヤ
やまおんば	トウギボウシ
やまおんばく	ギボウシ／トウギボウシ／ミズギボウシ
やまおんばこ	イワギボウシ／ギボウシ／トウギボウシ／ミズギボウシ
やまか	ヤマボウシ／ヤマボウシ
やまが	アワブキ／タカノツメ／フサザクラ／ヤマボウシ
やまがー	ヤマボウシ
やまかい	チョロギ
やまかいどう	クロウメモドキ
やまかいどー	ズミ
やまがいろっぱ	トウギボウシ
やまかえで	ウリカエデ
やまかえろっぱ	トウギボウシ
やまかき	イチジク
やまがき	ウメモドキ／シナノキ／ツチグリ／ツルウメモドキ／トキワガキ／マメガキ
やまかげ	シナノキ
やまかご	ウワバミソウ／コウゾ／コガンピ
やまかごめ	イケマ
やまがざ	タニウツギ
やまかし	アオツヅラフジ／ツヅラフジ／ヤマボウシ
やまかじ	コウゾ／フヨウ
やまがしゃ	オオタニワタリ
やまがしわ	アカメガシワ
やまかず	コウゾ／フヨウ
やまかずら	クズ
やまかぞ	コウゾ
やまがた	ジュウロクササゲ
やまがたし	ツバキ
やまかつら	ウバユリ
やまがのき	ヤマボウシ
やまかのこそー	ツルカノコソウ
やまかぶ	ウバユリ／ヤマゴボウ／ヤマボクチ
やまかぶち	イヌビワ
やまかぶら	コシアブラ
やまがぶら	ウバユリ
やまがみ	コウゾ
やまがみそ	コウゾ
やまがや	イヌガヤ
やまから	キンレイカ／ヤツデ／ヤマナラシ
やまがら	エゴノキ／コアジサイ／ヤツデ／ヤブニッケイ
やまがらし	カラシナ
やまがらしで	サワシバ
やまからすうり	ミヤマニガウリ
やまからむし	ヤブマオ
やまかりやす	カリヤス／コガンピ
やまがれぷ	ノブドウ
やまかん	ヤマボウシ
やまがん	ヤマボウシ
やまかんこ	オダマキ
やまがんす	ナツハゼ
やまかんぞ	コウゾ
やまかんぞー	オニシバリ
やまかんだ	ノアサガオ
やまかんだー	ノアサガオ
やまかんたし	トキワガキ
やまかんば	ダケカンバ
やまがんぴ	コウゾ
やまがんぴ	コバンモチ
やまかんひょー	トウギボウシ
やまかんぴょー	ギボウシ／トウギボウシ／ミズギボウシ
やまがんぴょー	トウギボウシ／ミズギボウシ
やまき	ジンチョウゲ
やまぎ	ヤマモモ
やまぎい	エゴノキ
やまぎー	エゴノキ
やまききょー	フデリンドウ
やまぎきょー	ツリガネニンジン
やまきく	シマギク／ヨメナ
やまぎく	シマギク／アワコガネギク／サツマノギク／シマカンギク／シラヤマギク／ノコンギク／ヒメジョオン／ユウガギク／リュウノウギク
やまきせわた	マネキグサ
やまきび	トウモロコシ
やまぎゅーり	ホトトギス／ヤハズアジサイ
やまきり	アカメガシワ／キササゲ／シラカンバ／ハリギリ
やまぎり	アオギリ／アカメガシワ／アブラギリ／イイギリ／ウリノキ／エゴノキ／オオバギ／オニグルミ／カラスザンショウ／クサギ／コシアブラ／サワグルミ／シオジ／ハマセンダン／ハリギリ
やまぐいみ	ナワシログミ
やまぐいめ	アキグミ
やまくさ	ウラジロ／シキミ／シダ／ノコギリソウ／ミ

ヤマシキミ／メドハギ／ユズリハ
やまぐさ　ウラジロ／オカトラノオ
やまくじら　ウド
やまくす　クスノキ
やまぐす　タブノキ
やまくぬぎ　サワシバ／チドリノキ
やまぐま　センリョウ
やまぐみ　アキグミ／ウグイスカグラ／ナツグミ／ナワシログミ
やまくり　ツノハシバミ
やまぐり　アワブキ
やまくりぶ　モロコシソウ
やまぐるち　ハマセンダン
やまぐるま　ヤマグルマ
やまぐるみ　オニグルミ／サワグルミ／ツノハシバミ／ノグルミ
やまくろ　ハマセンダン
やまくろぎ　クロバイ
やまぐるま　ヤマグルマ
やまくわ　ハシバミ／ヤマボウシ
やまぐわ　ウラジロノキ／ハシドイ／ハマクサギ／フサザクラ／ヤマボウシ
やまくわい　ウバユリ
やまぐわい　ウバユリ
やまくゎし　ヤマボウシ
やまぐん　アキグミ／ナワシログミ
やまけいとー　オカトラノオ
やまけーとー　サワオグルマ
やまげーとー　サワオグルマ
やまけさ　ヒサカキ
やまけし　アキノノゲシ／スミレ／タムシバ
やまけせん　ニッケイ
やまげせん　ヤブニッケイ
やまけた　ヒサカキ
やまご　マメガキ／ヤマボウシ
やまこーじゅ　ダンギク
やまこーしゅー　アオモジ
やまこーず　クサギ
やまこーぞ　コウゾ
やまごーら　オニユリ
やまごしゅ　ゴンズイ
やまごしょ　ハダカホオズキ
やまこしょー　ヤマコウバシ
やまごしょー　アオモジ／ハダカホオズキ
やまこすもす　タチフウロ
やまこでまり　キイシモツケ
やまこひ　ヤマブドウ
やまこぶし　コブシ／タムシバ
やまごぽ　ヤマボクチ
やまごぽー　アザミ／オヤマボクチ／ザゼンソウ／ツリガネニンジン／ノアザミ／ノブキ／ヒメアザミ／サワアザミ／モリアザミ／ヤマアザミ／ヤマボクチ
やまこぼし　ヤマアジサイ
やまごま　ゴマギ
やまごみ　ウグイスカグラ
やまこめ　ムラサキシキブ
やまごめ　ムラサキシキブ
やまこめのき　ムラサキシキブ
やまごよー　ゴヨウマツ
やまころび　アカメガシワ
やまごわ　ヤマボウシ
やまこんじゅ　ゴンズイ
やまごんずい　ゴンズイ
やまこんにゃく　ウラシマソウ／テンナンショウ／マムシグサ
やまごんにゃく　テンナンショウ／マムシグサ
やまごんぼ　オナモミ／オヤマボクチ／ザゼンソウ／ノブキ／ハバヤマボクチ／ヤマボクチ／ヨツバハギ
やまごんぼー　ヤマボクチ
やまさいかち　ナナカマド／ミヤマナナカマド
やまさいしん　イチヤクソウ
やまさえがず　ナナカマド
やまさかき　サカキ／ヒサカキ
やまざくら　オクチョウジザクラ／ザイフリボク／サクラ（ヤエザクラ）／セイシカ／チョウジザクラ／リュウキュウクロウメモドキ／リンボク
やまざこ　ヤマグルマ
やまささげ　ナズナ
やまさし　ヌスビトハギ
やまさつま　オニノヤガラ
やまさで　リンボク
やまさでのき　リンボク
やまさるすべり　リョウブ
やまさんじ　タイミンタチバナ
やまざんしゅ　イヌザンショウ
やまさんしょ　ヒレザンショウ
やまざんしょ　イヌザンショウ
やまさんしょー　イヌザンショウ／ナナカマド／ナンキンナナカマド
やまざんしょー　イヌザンショウ／カラスザンショウ／サンショウ／ナナカマド
やましおな　カラシナ
やまじかん　カマツカ
やましきび　アセビ／ツルシキミ／ミヤマシキミ
やましきみ　ヒサカキ／マンリョウ／ツルシキミ／ミヤマシキミ
やまじしゃ　ギボウシ／ダンコウバイ
やまじしゃな　ヤクソウ
やまじそ　アキノタムラソウ／イヌコウジュ／エゴマ
やましっ　イソノキ／トキワガキ

やましっかっ　トキワガキ
やましで　イヌシデ／イヌブナ／サワシバ／ヒメヤシャブシ
やましな　シナノキ
やまじな　シナノキ
やまじのきく　アズマギク
やましば　イヌブナ／オノオレカンバ／チドリノキ／ツノハシバミ／ヒメヤシャブシ／ホシダ／メグスリノキ
やましばり　ヒメヤシャブシ
やましび　トキワガキ
やましぶ　トキワガキ／マメガキ
やまじみ　ガマズミ／サンゴジュ
やましゃかず　ナナカマド
やましゃくじょー　ツチアケビ／ヤマシャクヤク
やましゃくやく　ルイヨウボタン
やましゃくろ　ガマズミ
やましゃしゃぶ　ナツグミ
やまじゃのみ　ヤブコウジ
やまじゃわり　カラスノエンドウ
やまじゅーぜん　ツルホラゴケ
やましょーが　ハナミョウガ／ミョウガ
やましょーぶ　イチハツ／イヌガヤ
やまじょのは　サルトリイバラ
やましょぶ　イヌガヤ
やましらみ　ヌスビトハギ
やまじらみ　ヌスビトハギ
やまじらめ　ヌスビトハギ
やましろととけ　ツリガネニンジン
やまじん　クロガネモチ
やまじんちょー　コショウノキ／ミヤマシキミ
やまず　ヤマビワ
やますいか　スノキ
やますいこ　イタドリ／オカトラノオ
やますいすい　スノキ
やますいは　スノキ
やますいば　スノキ
やますおー　イチイ／コバンノキ
やますかんぽ　イタドリ／スノキ
やますぎ　ナギ
やますぐさ　スノキ
やますた　イワタバコ／ツルマサキ
やますっかし　ギシギシ
やますほー　イチイ
やますみ　オオウラジロノキ／ガマズミ／ズミ／ツクバネ／ハクウンボク
やますみれ　アオイスミレ／カキドオシ
やますもも　ウワミズザクラ
やまずもも　ウラジロノキ／サルナシ
やますん　イヌガヤ
やまぜ　ネジキ

やませきちく　カワラナデシコ
やまぜり　シラネセンキュウ／セリモドキ／ヤブジラミ／ヤマゼリ
やませんだん　イヌエンジュ／ノグルミ／ハマセンダン／フジキ
やませんぶり　オトギリソウ
やませんりょー　マンリョウ／ミヤマシキミ
やまそ　アマ／カラムシ／コウゾ
やまそてつ　クサソテツ／シシガシラ
やまそば　シロバナエンレイソウ／ソバナ／タカノツメ
やまそぶ　イヌガヤ
やまそめき　ソヨゴ
やまた　ヤマボウシ
やまだいこ　ツリガネニンジン
やまだいこん　アキノキリンソウ／クリンソウ／ツリガネニンジン／ナベナ
やまたいし　キイチゴ
やまだいつけ　コアカソ
やまたけ　アオキ／イタドリ／サンゴジュ／チシマザサ／マダケ／ミヤマシキミ
やまだけ　アオキ／イタドリ
やまたけんは　アオキ
やまたず　ニワトコ
やまたぜ　リンボク
やまだち　イタドリ
やまたちはな　ヤブコウジ
やまたちばな　ヤブコウジ
やまたて　ミズメ
やまたで　オヤマソバ／ミズヒキ／リンボク
やまだて　ウダイカンバ／オノオレカンバ／ミズメ
やまたばこ　アジサイ／イワタバコ／オカトラノオ／オヤマボクチ／タマアジサイ／ミズバショウ／ヤブタバコ／ヤマボクチ
やまたび　イヌビワ
やまだま　ハルニレ
やまだまめ　ソラマメ
やまだみ　シロダモ
やまたも　ノリウツギ
やまだも　アオダモ
やまたもぎ　アオダモ
やまだら　カクレミノ
やまだれ　リンボク
やまたんぎ　ノイバラ
やまちが　イヌツゲ
やまちしゃ　アワブキ
やまちちき　シラキ
やまちぶな　ノゲシ
やまちゃ　アマチャ／イヌツゲ／カワラケツメイ／カンコノキ／ヒサカキ／ヤブコウジ／ヤマコウバシ
やまちゃうつぎ　ガクウツギ

やまちゃのき　クスドイゲ
やまちょーちん　クマガイソウ
やまついも　ヤマノイモ
やまつか　ヤマボウシ
やまっか　ヤマボウシ
やまっかー　ヤマボウシ
やまっかぶ　ウバユリ
やまっくわ　ヤマボウシ
やまつげ　イヌツゲ／サワフタギ／ジュズネノキ／ツゲモチ／モチノキ
やまった　ダイモンジソウ
やまつつじ　クガイソウ
やまつつみ　クガイソウ
やまつば　タカノツメ
やまつばき　イヌツゲ／サザンカ／ツバキ／テイカカズラ／ナツツバキ／ヤブツバキ
やまつばめ　ツクバネウツギ
やまつる　オオタニワタリ
やまつわがしわ　アオノクマタケラン
やまでぁこ　ツリガネニンジン
やまでー　アオキ／シマウリカエデ／ハナイカダ
やまでぇぁこ　ツリガネニンジン
やまでぇご　ツリガネニンジン
やまでき　ショウベンキ
やまでまり　オオカメノキ
やまでまり　ジャノヒゲ／ヤブデマリ
やまてまる　オオカメノキ
やまてらし　シラカンバ／ハクサンボク
やまてらす　シラカンバ
やまでらぽーさん　シュンラン
やまでらほーし　オキナグサ
やまでらぽーず　オキナグサ／シュンラン
やまと　ツクネイモ／ナガイモ
やまといも　ナガイモ
やまとぅふーがじ　コウゾ
やまとぅふーむん　トウモロコシ
やまとぅぶん　モロコシ
やまとぅやたふ　トウモロコシ
やまとー　アオノクマタケラン
やまとーがき　イヌビワ
やまとーがらし　ツチアケビ
やまとーし　ヤブデマリ
やまどーしみ　ガクウツギ
やまどーしん　ニワトコ
やまどーしん　ノリウツギ
やまどーふ　コシアブラ
やまとーら　スイカ
やまとーり　スイカ
やまとーる　スイカ
やまところ　ヤマコウバシ／ヤマノイモ

やまどころ　ナルコユリ／ヤマノイモ
やまとさくさ　ムラサキカタバミ
やまととーじに　トウモロコシ
やまととーんちん　トウモロコシ
やまとなでしこ　カワラナデシコ
やまとまめ　ソラマメ
やまとやぐさ　カタバミ／ムラサキカタバミ
やまとらのお　オカトラノオ
やまとりかくし　イヌガンソク
やまどりかくし　イヌガンソク／イノデ／キジカクシ／コモチシダ／シノブ／ヤブソテツ
やまどりがくし　ヤマドリゼンマイ
やまどりしだ　イトスゲ／イノデ
やまとりもだし　クリタケ
やまどろ　アマドコロ／ヤマナラシ
やまとろいも　ヤマノイモ
やまとろろ　ヤマコウバシ
やまとんとん　イタドリ
やまどんとん　イタドリ
やまどんどん　イタドリ
やまとんとんこ　イタドリ
やまな　アキノキリンソウ／ズイナ／ツリガネニンジン／ミズバショウ
やまなし　アズキナシ／イワナシ／ウラジロノキ／オオウラジロノキ／カマツカ／ザイフリボク／シマサルナシ／ズミ／ナシ／ナツハゼ／ネジキ／マメナシ／ヤマナラシ／ヤマボウシ
やまなしこっこー　シマサルナシ
やまなす　ナツハゼ
やまなすび　オナモミ／スノキ／ツチアケビ／ナツハゼ
やまなちょーら　ミズスギ
やまなつめ　イヌナツメ
やまなでしこ　カワラナデシコ／カワラヨモギ
やまなら　ヤマナラシ
やまならし　ヤマナラシ
やまなんてん　イイギリ／コバンノキ／サビハナナカマド／ナナカマド／ニシキギ
やまなんばん　ハナヒリノキ
やまにが　ミヤマトベラ
やまにがき　ミヤマトベラ
やまにしき　コマユミ／マユミ
やまにしきぎ　マユミ
やまにっき　ヤブニッケイ
やまにっけ　ヤブニッケイ
やまにっけー　ヤブニッケイ
やまにっけん　ヤブニッケイ
やまにれ　アキニレ
やまにんじん　イブキボウフウ／クソニンジン／ツクシゼリ／ツリガネニンジン／トチバニンジン／ニンジン／ノダケ／ハマボウフウ／フシグロ／ボウフウ／ヤ

　　　　　ブジラミ／ヤブニンジン／ヤマゼリ
やまぬすびと　イノコズチ／センダングサ
やまぬすびとぅ　イノコズチ
やまねこ　ツルボ
やまねんびろ　アサツキ
やまのあねこ　ミツバアケビ
やまのあねさ　シュンラン
やまのあねさま　シュンラン
やまのいも　ウバユリ／クズ／ツクネイモ／ナガイモ
やまのがきばら　サルトリイバラ
やまのかみのおはなぎ　クロモジ
やまのかみのくちひげ　ヒカゲノカズラ
やまのかみのくびい　ヒカゲノカズラ
やまのかみのくびかけ　ヒカゲノカズラ
やまのかみのしゃくし　マンネンタケ
やまのかみのしゃくじょー　ツチアケビ
やまのかみのたすー　ヒカゲノカズラ
やまのかみのたすき　ヒカゲノカズラ
やまのかみのほーずき　ハダカホオズキ
やまのくさ　ウラジロ／シダ
やまのごんぼー　ヤマボクチ
やまのばーさ　シュンラン
やまのばさ　ヌスビトハギ
やまのばさのよろ　チゴユリ
やまのばさま　ヌスビトハギ
やまのばばさ　ヌスビトハギ
やまのぶ　サワグルミ
やまのふき　フキ
やまのぶき　フキ
やまのふで　オキナグサ
やまのぽたもち　ノアザミ
やまのめかずら　ノブドウ
やまのゆり　ウバユリ
やまばーこ　チチコグサ
やまばい　ヤマグルマ
やまばかんのき　カクレミノ
やまはご　ツクバネ
やまはし　ハゼノキ
やまばしゃ　アオノクマタケラン
やまばしょー　リュウキュウバショウ
やまはぜ　ゴンズイ／ヌルデ／ヤマウルシ
やまはり　ヒメヤシャブシ
やまばり　オヒョウ／クマシデ
やまはるのき　ヤマハンノキ
やまばん　ネジキ
やまはんのき　ミヤマカワラハンノキ／ヤマハンノキ
やまひいらぎ　アリドオシ
やまびこ　ヤマブキ
やまびつ　イチジク
やまひとつば　イヌマキ

やまびや　アワブキ／イヌビワ
やまびゃくだん　イチイ
やまひらぎ　リンボク
やまひわ　イヌビワ
やまびわ　アワブキ／イヌビワ／ハマビワ／ヤマビワ
やまふーずき　イヌビワ／センナリホオズキ／ハダカホオズキ
やまぶーずき　イチジク
やまぶーどー　ノブドウ
やまふき　オニタビラコ
やまぶき　オニタビラコ／ザゼンソウ／シロモジ／ツワブキ／ノブキ／フキ
やまぶきいちご　モミジイチゴ
やまふくぎ　ウラジロエノキ
やまふじ　クズ／レンリソウ
やまぶし　ヌルデ
やまぶしばな　オキナグサ
やまふずき　ハダカホオズキ
やまふずっ　センナリホオズキ
やまぶど　ノブドウ
やまぶどー　アカミノヤブカラシ／エビヅル／サンカクヅル／ノブドウ／マタタビ
やまぶな　ブナ
やまぶや　アワブキ
やまぶら　ナツハゼ
やまぶんど　サンカクヅル／ヤマブドウ
やまぶんどー　エビヅル／ヤマブドウ
やまべや　アワブキ
やまべんけーそー　アオベンケイ
やまぼうき　コウヤボウキ
やまほー　カラスザンショウ
やまぽーき　コウヤボウキ／メドハギ
やまほーくろ　シュンラン
やまぽーこ　ザゼンソウ／ノブキ／ヤマボクチ
やまぽーし　ヤマボウシ
やまほおずき　ヒヨドリジョウゴ
やまほーずき　イヌホオズキ／エンレイソウ／ギボウシ／ハシリドコロ／ハナイカダ／モミジイチゴ
やまほーせんか　ツリフネソウ／クガイソウ
やまほーどげ　サクラソウ
やまぽーふー　イブキボウフウ
やまほーれんそー　ヒメジョオン
やまほそ　ミズナラ
やまぼたん　オオカメノキ／シャクヤク／シラネアオイ／タマアジサイ／ヤブデマリ／ヤマシャクヤク
やまほとくい　チヂミザサ
やまほとくろ　アキメヒシバ
やまほほ　コシアブラ
やままくり　ヒカゲノカズラ
やまますはり　アブラガヤ／アブラシバ

933

方言名索引 ● やまま

やままは　エンレイソウ
やまままめ　ダイズ／ツクバネ／ツクバネウツギ／ネムノキ
やまままんじゅ　ヤブコウジ
やまままんりょー　ミヤマシキミ／ヤブコウジ
やまみかん　イワナシ／カカツガユ／シャシャンボ／ナツミカン／ヤブコウジ
やまみつ　ヤマブドウ
やまみつば　エンレイソウ／ノダケ
やまみょーが　ハナミョウガ
やむ　ヤマモモ
やまむく　ザイフリボク／ヤマコウバシ
やまむむ　ヤマモモ
やまむらさき　ムラサキシキブ
やまむろ　ザイフリボク
やまめぐり　アワブキ
やまも　ヤマモモ
やまもくれん　コブシ
やまもち　オオカメノキ／コマユミ／ヤマグルマ
やまもちぎ　ヤマコウバシ
やまもちぐさ　エンレイソウ／ハハコグサ
やまもちのき　ヤマコウバシ
やまもみじ　カエデ
やまもも　アセビ／ウワミズザクラ／ボケ／ヤマボウシ／ヤマモモ
やまもんにゃ　ヒヨドリジョウゴ
やまやしゃ　ヤブサンザシ
やまやしゃのき　ヤマハンノキ
やまやつで　カクレミノ
やまやなぎ　オオバヤナギ／キツネヤナギ／タムシバ／ネコヤナギ／ヤマナラシ
やまゆい　ウバユリ／コオニユリ
やまゆーな　アカメガシワ
やまゆすら　スノキ
やまゆずり　バリバリノキ
やまゆり　ウバユリ／オニユリ／クズ／コオニユリ／ササユリ／ノカンゾウ／ヤブカンゾウ
やまゆりおかっこー　ユリ
やまよもぎ　ヨモギ
やまより　ササユリ／ヤマユリ
やまらっきょー　ニンニク／ノビル
やまらん　シュンラン
やまりんご　ズミ／ナナカマド／ヤブコウジ／ヤマナシ／ワリンゴ
やまりんちょー　コショウノキ／ミヤマシキミ
やまわかば　ヒメユズリハ
やまわさび　ワサビダイコン
やまわたぼーし　イチビ
やまわら　カリヤス／コウヤボウキ／チガヤ／ツクバネ／ツクバネウツギ／ホウキモロコシ

やまわらび　ナチシダ／ハチジョウシダ
やまわり　ヒメヤシャブシ
やまんいも　サトイモ／ヤマノイモ
やまんが　フサザクラ
やまんがん　ヤマボウシ
やまんぐわ　ヤマボウシ
やまんば　オキナグサ
やまんばのはな　モチツツジ
やまんばば　オキナグサ
やまんばら　サルトリイバラ
やみゆり　ノカンゾウ
やむぎ　オオムギ
やもーば　カラムシ
やもめ　ヌスビトハギ
やもも　ヤマモモ
やもものき　ヤマモモ
やもり　オニノヤガラ
やや　ウバユリ
やらぶ　テリハボク
やりかたげ　ホシクサ
やりかつぎ　スズメノテッポウ
やりがみ　ヤマユリ
やりくさ　スズメノヤリ
やりぐさ　ゲンノショウコ／スズメノテッポウ／センボンヤリ
やりこ　マツブサ
やりこかずら　マツブサ
やりこけとぎ　ヒモケイトウ
やりたて　ホシクサ
やりな　リュウゼツサイ
やりもち　スズメノテッポウ／ホシクサ
やりやり　アセビ
やろ　ウキクサ
やろー　ウキクサ
やろー　リョクトウ
やろーまめ　クラカケマメ
やろこぎく　ヒナギク
やろこはずまき　ナツハゼ
やろこばな　オキナグサ／シロツメクサ／ヒナギク
やろこばたん　ヒナギク
やわたいも　サトイモ／ツクネイモ／ナガイモ
やわたそー　ムラサキカタバミ
やわな　タカナ
やわらい　ハマスゲ
やわらかずら　マツブサ
やわらぎ　イグサ
やんがー　スミレ
やんない　アズキナシ
やんなえ　アズキナシ
やんぼしさん　ツクシ

やんぽす　センニチコウ
やんむちぎー　モチノキ
やんめしょっこ　ヒガンバナ
やんもち　クロガネモチ／タラヨウ／モチノキ／ヤマグルマ
やんもちざし　ヌマダイコン
やんもちのき　クロガネモチ／モチノキ
やんもも　ヤマモモ

【ゆ】

ゆ　イグサ／ユズ
ゆい　オニユリ／コオニユリ／ユリ
ゆいうむ　テッポウユリ
ゆいぬごー　ヤマビワ
ゆいのき　イスノキ
ゆー　ユズ
ゆーが　カボチャ／ヒルガオ
ゆーがお　オオマツヨイグサ／カボチャ／ツクバネアサガオ／ヒルガオ／マツヨイグサ
ゆーがおうり　シロウリ
ゆーき　サンカクイ
ゆーきゅ　シチトウ
ゆーぐる　カクレミノ
ゆーげしょー　オオマツヨイグサ／マツヨイグサ／ユウガオ／ヨルガオ
ゆーこ　ユズ
ゆーご　カボチャ／コウジ／ユウガオ
ゆーごー　カボチャ／ユウガオ
ゆーごーばな　テツカエデ
ゆーごなんきん　カボチャ
ゆーごろ　カクレミノ
ゆーじめ　ガマズミ
ゆーしゃ　ギシギシ
ゆーじゆめ　ガマズミ
ゆーじゅめ　ガマズミ
ゆーす　ユズ
ゆーずみ　ガマズミ
ゆーずる　ヒメユズリハ
ゆーぞめ　ガマズミ
ゆーだちあさがお　ヒルガオ
ゆーだちぐさ　ギンバイソウ
ゆーだちのき　キササゲ
ゆーだちばな　ヒルガオ／ホタルブクロ
ゆーちゃろか　カボチャ
ゆーていご　ヘチマ
ゆーてごい　ヘチマ
ゆーどー　アブラギリ
ゆーな　オオハマボウ／ハマボウ
ゆーなぎ　オオハマボウ／ハマボウ

ゆーなす　ユズ
ゆーねんぽ　クネンボ
ゆーのす　ユズ
ゆーばばな　マツヨイグサ
ゆーはんばな　オオマツヨイグサ
ゆーふにふ　ユズ
ゆーぽ　リョウブ
ゆーめしいも　サトイモ
ゆーらく　ベニドウダン
ゆーり　ユリ
ゆーりくさ　ヒメムカシヨモギ
ゆーる　ユリ
ゆーれいぐさ　オキナグサ
ゆうれいそう　ナンバンギセル
ゆーれいばな　アオダモ
ゆーれー　ギンリョウソウ
ゆーれーぐさ　アジサイ／オオマツヨイグサ
ゆーれーそー　ギンリョウソウ
ゆーれーばな　アオダモ／アジサイ／オオマツヨイグサ／オキナグサ／ギンリョウソウ／スミレ／ヒガンバナ／マツヨイグサ
ゆーれき　アキノノゲシ
ゆーれぐさ　オキナグサ
ゆーればな　オキナグサ
ゆーれんくさ　ヒガンバナ
ゆーれんぐさ　キツネノカミソリ
ゆーれんばな　オオマツヨイグサ／ヒガンバナ／マツヨイグサ
ゆーわご　ユウガオ
ゆかーりまめ　ソラマメ
ゆがーりまめ　ソラマメ
ゆかしこ　イケマ
ゆがや　イグサ／ヒデリコ／フトイ
ゆがら　イグサ／クログワイ／ヒキオコシ／ホタルイ
ゆかるぴとうぬきゃんぎ　ナギ
ゆかん　ユズ
ゆき　カブ
ゆきいちご　フユイチゴ
ゆきいも　ジャガイモ
ゆきえも　ジャガイモ
ゆきかずら　イワガラミ
ゆきぎのこ　シイタケ
ゆきげしば　ショウジョウバカマ
ゆきざくら　ユキヤナギ
ゆきした　フタバアオイ
ゆきしらず　シダ
ゆきしろたいな　タイサイ
ゆきたけ　エノキタケ
ゆきな　コマツナ
ゆきなめ　エノキタケ

方言名索引 ● ゆきの

ゆきのくさ　ユキノシタ
ゆきのした　イズノシマダイモンジソウ／イワギリソウ／エノキタケ／ショウジョウバカマ／トリアシショウマ／ナタネ／フタバアオイ／ホトケノザ
ゆきばぜり　ヨメナ
ゆきばそー　カラハナソウ
ゆきばな　ユキノシタ
ゆきふで　ハルトラノオ
ゆきふりばな　キクザキイチゲ
ゆきみそー　イヌコウジュ
ゆきやけくすり　ユキノシタ
ゆきやりまめ　ソラマメ
ゆきわり　エンドウ／ソラマメ／フキノトウ／フクジュソウ
ゆきわりそー　イチリンソウ／ショウジョウバカマ／ハクサンコザクラ／ハシリドコロ／ミスミソウ／ユキノシタ
ゆきわりばな　シュンラン／ショウジョウバカマ
ゆきわりまめ　エンドウ／ソラマメ
ゆきわれ　エンドウ／ソラマメ
ゆきわれまめ　ソラマメ
ゆきんした　ユキノシタ
ゆく　フジキ
ゆぐいも　サトイモ
ゆぐさ　イグサ
ゆくしもも　スモモ
ゆくち　ヌメリイグチ
ゆくのき　フジキ
ゆくまつ　イワヒバ
ゆぐみ　ヨモギ
ゆぐる　カクレミノ
ゆげまめ　フジマメ
ゆご　カボチャ
ゆこー　コウジ
ゆこみかん　ウンシュウミカン
ゆざり　テリハノイバラ
ゆさんしょー　フユザンショウ
ゆさんでぃばな　オシロイバナ
ゆさんでばーなー　オシロイバナ
ゆじき　イスノキ
ゆしらん　フサスグリ
ゆす　イスノキ／クスドイゲ
ゆず　ユズリハ
ゆすかけ　カヤツリグサ
ゆすぎ　イスノキ
ゆすじ　イスノキ
ゆすず　ガマズミ
ゆすのき　イスノキ
ゆすのき　ユズ
ゆずのき　カンザブロウノキ／ヒメユズリハ／ユズリハ

ゆずのは　ユズリハ
ゆすもち　モチノキ
ゆすやんもち　モチノキ
ゆすら　スグリ／ユズ／ユスラウメ
ゆすらいちご　ユスラウメ
ゆすらご　ユスラウメ
ゆずり　アセビ／ユズリハ
ゆずりしば　ユズリハ
ゆずりっぱ　ユズリハ
ゆずりのき　ヒメユズリハ／ユズリハ
ゆずりは　ウラジロ／カシワ／ヒメユズリハ／ミヤマシキミ
ゆずりば　ユズリハ
ゆずる　ハコベ／ヒメユズリハ／ユズリハ
ゆずるは　ユズリハ
ゆずるはんだ　カニクサ
ゆだ　イグサ
ゆため　オモト
ゆだめ　オモト
ゆたんこ　イタドリ
ゆたんぽ　イタドリ
ゆつくさ　ユキノシタ
ゆつぐさ　ユキノシタ
ゆっさ　ユスラウメ
ゆつづみ　ガマズミ
ゆてごい　ヘチマ
ゆでさや　エダマメ
ゆでさやまめ　エダマメ
ゆでな　レタス
ゆでなし　ヤマナシ
ゆでまめ　エダマメ
ゆどーす　ユズ
ゆなー　ユリ
ゆながし　オオハマボウ
ゆなぎ　オオハマボウ／ハマゴウ
ゆなぎー　ハマボウ
ゆなぎゅ　ハマボウ
ゆぬす　ユズ
ゆねーばな　オシロイバナ
ゆねす　ユズ
ゆのき　エノキ
ゆのこ　ユズ
ゆのし　ユズ
ゆのす　ユズ
ゆのみ　エノキ
ゆのみかぶ　カエンサイ
ゆのみのき　エノキ
ゆはば　ヒメヤシャブシ
ゆび　ハチジョウイチゴ／ヤマブドウ
ゆびがねぐさ　ジャノヒゲ

よーしん　ネジキ
よーすず　ガマズミ
よーずみ　ガマズミ
よーせり　パセリ
よーそめ　オトコヨウゾメ
よーぞめ　ガマズミ／キンレイカ
よーだちばな　ヒルガオ
よーちさ　レタス
よーでんぞー　コゴメウツギ
よーど　タケニグサ
よーどめ　ガマズミ
よーな　オオハマボウ
よーなす　トウガン
よーにゃ　オオハマボウ
よーのき　キブシ
よーぽー　リョウブ
よーもも　モモ
よーよーねぶり　ネムノキ
よーらくそー　ケマンソウ
よーらくつつじ　サラサドウダン／ツリガネツツジ
よーらくぼたん　ケマンソウ
よーり　セイヨウナシ
よーろーぐさ　タチアオイ
よーわさび　ワサビダイコン
よがのはし　ゲンノショウコ
よぎそ　ネコシデ／ミズメ
よきとぎ　オガタマノキ／ヤマモガシ
よぎみ　ヨモギ
よぎわり　エンドウ
よぐそ　ミズメ
よぐそさくら　ウワミズザクラ
よぐそざくら　イヌザクラ／ウワミズザクラ／エドヒガン／ミズメ
よぐそみねばり　ミズメ
よぐま　ヨモギ
よぐみ　ヨモギ
よごあやめ　グラジオラス
よごいぐさ　ミツモトソウ
よごいも　サトイモ
よごしぐさ　スベリヒユ
よこじそーし　マカンバ
よこずち　ウツボグサ
よこずちぐさ　ウツボグサ
よこそざくら　ウワミズザクラ
よこづち　ウツボグサ
よこつちくさ　ウツボグサ
よこづちくさ　ウツボグサ
よごとそー　イボクサ
よこはまぎく　ヒャクニチソウ
よこはまそー　ムラサキカタバミ

よごふくべ　ユウガオ
よごみ　ヨモギ
よごめ　ヨモギ
よごろ　カクレミノ
よさぎまめ　エンドウ
よさくまめ　エンドウ
よさぐまめ　エンドウ
よざさ　クマザサ
よし　オギ／ダンチク／ツバナ／ハナガガシ／ヨシ
よしかし　ハナガガシ
よしがし　シリブカガシ／ハナガガシ
よじき　クロモジ
よじけまめ　ソラマメ
よしこ　アオモジ
よしず　ガマズミ
よしたけ　ダンチク／ヨシ
よしだけ　ヨシ
よしちばい　ハイノキ
よしな　ウワバミソウ／ツリガネニンジン
よしの　アオモジ／リクトウ
よしのき　アキニレ／エノキ／クロモジ／ハナガガシ
よしび　シキミ
よしびのき　アセビ
よしぶ　アセビ／シキミ
よしみ　アセビ
よじみ　ガマズミ
よしみしば　アセビ
よじめ　ガマズミ
よじゅーむちんき　タケニグサ
よしよし　タカノツメ
よしらんご　ユスラウメ
よすずみ　ガマズミ
よすらぐみ　ガマズミ
よせくさ　カラスムギ／ホウキギ
よせときび　ホウキモロコシ
よせぶ　アセビ
よそーめ　ガマズミ
よぞーめ　ガマズミ
よぞーめん　ガマズミ
よそきび　サトウモロコシ
よしばり　ノイバラ
よそず　ガマズミ
よそせんもと　ヤグラネギ
よそぞ　ガマズミ
よそぞみ　ガマズミ
よそぞめ　ガマズミ
よそどめ　ガマズミ
よそねぎ　ヤグラネギ
よぞめ　ガマズミ
よたぐさ　イノコズチ

ゆびとーし　ツリフネソウ
ゆびのき　イヌガヤ
ゆびはめ　シロツメクサ／ツリフネソウ
ゆびはめぐさ　ツリフネソウ
ゆびら　ノビル
ゆびわばな　ジャノヒゲ
ゆぶにー　ユズ
ゆぶにん　ユズ
ゆぶふにぶ　ユズ
ゆべす　ユズ
ゆみき　ツリバナ／ヤマウルシ
ゆみぎ　アオハダ／ウツギ／ウリハダカエデ／キブシ／コマユミ／センダン／チャンチン／ツリバナ／ナナカマド／ニシキギ／ハマクサギ／マユミ／ムラサキシキブ／ヤマウルシ／ヤマハゼ
ゆみぎな　マユミ
ゆみしぎのき　サンゴジュ
ゆみしば　コマユミ
ゆみのーす　ユズ
ゆみのき　ウツギ／ケヤキ／ハマクサギ／マサキ／ヤブムラサキ
ゆむぎ　ヨモギ
ゆむみ　ヨモギ
ゆむら　ヒメユズリハ
ゆめつつじ　ウンゼンツツジ
ゆやなぎ　カワヤナギ／ヤマナラシ
ゆら　カヤツリグサ
ゆらいちご　ユスラウメ
ゆらみかん　キシュウミカン
ゆらめぐさ　カワラケツメイ
ゆらら　カワラケツメイ
ゆららぐさ　カワラケツメイ
ゆり　ウバユリ／オニユリ／カノコユリ／ササユリ／ヒガンバナ／ヤマユリ
ゆりいも　カタクリ
ゆりくさ　コンロンソウ
ゆりけい　ノカンゾウ
ゆりさん　ユスラウメ
ゆりさんしょー　カラスザンショウ
ゆりだ　ヌルデ
ゆりっぽ　ユリ
ゆりて　ヌルデ
ゆりで　ヌルデ
ゆりな　タイサイ
ゆりね　ユリ
ゆりのき　ウリカエデ／ウリハダカエデ
ゆりば　バイケイソウ
ゆりばりばな　シュンラン
ゆりら　ヌルデ
ゆりんぽ　ユリ

ゆる　ユリ
ゆるだ　ヌルデ
ゆるで　ユリ
ゆるでん　ヌルデ
ゆるね　ユリ
ゆろもち　ユリ
ゆわからまき　オノマンネングサ
ゆわご　ユウガオ
ゆわしば　ヒメヤシャブシ
ゆわしば　ヤシャブシ
ゆわだら　ヤマブキショウマ
ゆわなし　カマツカ
ゆわば　ハンノキ／ヒメヤシャブシ
ゆわぶき　ダイモンジソウ
ゆわまつ　イワヒバ
ゆわまめ　マメヅタ
ゆわよる　ヤマユリ
ゆわんぎ　ヤマグルマ
ゆわんぶき　ダイモンジソウ
ゆわんめ　イタドリ

【よ】

よいちょばな　スミレ
よいどめ　ガマズミ
よいはぎ　ヌスビトハギ
よいまちぐさ　マツヨイグサ
よいまつぐさ　マツヨイグサ
よー　ヤマユリ
よーが　ユウガオ
よーがお　ユウガオ
よーかくそー　フウチョウソウ
よーがらし　ピーマン
よーがんず　フジマメ
よーぐさ　キランソウ
よーけーそー　リュウゼツサイ
よーけなし　コゴメウツギ
よーけんなし　コゴメウツギ
よーけんぼ　ハンノキ
よーこーそー　フウチョウソウ
よーごろ　カクレミノ
よーじ　ガマズミ／クロモジ
よーじぎ　アオモジ／ガマズミ／キブシ
よーじぐさ　エノコログサ
よーじっき　クロモジ
よーじのき　アオモジ／アズキナシ／クロモジ／ダンコウバイ
よーじのみ　ガマズミ
よーじみ　ガマズミ
よーじめ　ガマズミ

よたむぎ　エンバク
よだれくい　ナンバンギセル
よだれくいくさ　ナンバンギセル
よだれくいばな　ナンバンギセル
よだれにろぎ　ヒイラギ
よつ　カヤツリグサ／ヒデリコ
よっく　カヤツリグサ
よつぐみ　ガマズミ
よつずぐみ　ガマズミ
よつずみ　ガマズミ／カマツカ
よづみ　ガマズミ
よづめ　ガマズミ
よつつずみ　ガマズミ
よっつずみ　ガマズミ
よっつどみ　ガマズミ
よっつどめ　ガマズミ
よつとぞめ　ガマズミ
よつどぞめ　ガマズミ
よつどど　ガマズミ
よっとどめ　ガマズミ
よつどどめ　ガマズミ
よつどめ　ガマズミ
よつば　コシアブラ／ムラサキカタバミ
よつばい　ツクバネ
よっぱらい　スベリヒユ
よっぱらいぐさ　スベリヒユ
よっぱらえくさ　スベリヒユ
よつばりたれ　コウヤボウキ
よっぺーぐさ　ツボクサ
よっぺぐさ　ツボクサ
よで　クマシデ
よどいも　サトイモ
よとーばな　オオマツヨイグサ
よどざくら　クサキョウチクトウ
よとずみ　ガマズミ
よとずめ　ガマズミ
よどどめ　ハクサンボク
よどまめ　エンドウ
よとりばな　オオマツヨイグサ
よながし　ハクウンボク
よなしば　アセビ
よなば　アセビ
よなばしば　アセビ
よなべばな　シオン
よなむぎ　オオムギ
よなめ　ヨモギ
よぬぎ　エノキ
よねがは　ヨメナ
よねがはぎ　ヨメナ
よねしば　アセビ／シャシャンボ

よねのき　コウヤボウキ
よねば　アセビ／シキミ
よねぶのき　エノキ
よねぶり　ネムノキ
よねもも　スモモ
よねやましょーぶ　シャガ
よのき　エゾエノキ／エノキ
よのきのみのき　エノキ
よのこ　エノコログサ
よのす　ユズ
よのみ　エゾエノキ／エノキ／ガマズミ／ムクノキ
よのみのき　エノキ
よのん　エノキ
よのんのき　エノキ
よのんば　イヌビワ
よばーり　ハシリドコロ
よばいぐさ　イヌビユ／オノマンネングサ／メヒシバ
よばいずる　メヒシバ
よばいそー　オノマンネングサ
よばいばな　オオマツヨイグサ
よばいまめ　ラッカセイ
よばら　バラ
よばれそー　リンドウ
よぶ　リョウブ
よべーくさ　コブナグサ
よべくさ　メヒシバ
よぽ　リョウブ
よぼし　エビガライチゴ
よぼしいちご　ホウロクイチゴ
よぼしぎく　トリカブト
よぼしばな　トリカブト
よぼのき　リョウブ
よむぎ　ヨモギ
よむく　ヨモギ
よむみ　ヨモギ
よめおこし　イヌツゲ
よめおこす　アセビ
よめおとし　アワモリショウマ
よめがさら　イヌツゲ／ハコネシダ／ヒメツゲ
よめがは　ヨメナ
よめがはぎ　ヨメナ
よめがはし　ハコネウツギ／ハコネシダ
よめがはち　ヨメナ
よめがはっ　ヨメナ
よめがははき　ハコネシダ
よめぐい　ノイバラ
よめぐさ　ツユクサ／ヨメナ
よめごさら　イヌツゲ
よめごはぎ　ヨメナ
よめこもここ　ヤエムグラ

よめころし　ヒョウタンボク	よめのははき　ハコネシダ
よめごろし　ザイフリボク／サクラ／サワラ／ヒノキ／	よめのふき　チョロギ
ヒョウタンボク／ヤブサンザシ	よめのへ　ドクダミ
よめさら　イヌツゲ	よめのまくら　ウツボグサ
よめさらい　イヌツゲ	よめのよりいと　サジオモダカ
よめさんのなみだ　アクシバ	よめのわん　ゴキヅル／トウキ／ヤマゼリ
よめしばな　オシロイバナ	よめはぎ　ヨメナ
よめしばり　ノイバラ	よめばな　スミレ
よめじょ　トウモロコシ	よめばら　アデク
よめじょぎ　サルスベリ	よめはんぐさ　ツユクサ／メヒシバ
よめじょきっ　トウモロコシ	よめはんばな　サギゴケ／ツユクサ
よめじょきび　トウモロコシ	よめふり　ヤマナラシ
よめじょときっ　トウモロコシ	よめふりいたぎ　イタヤカエデ
よめじょのき　アデク／ネムノキ	よめふりやなぎ　ヤマナラシ
よめぞきっ　トウモロコシ	よめんごー　ドングリ
よめぞぎっ　トウモロコシ	よめんさら　イヌツゲ
よめっこぐさ　スベリヒユ	よめんなみだぐさ　キカシグサ
よめとりぐさ　イカリソウ	よもいも　ムサシアブミ
よめとりそー　イカリソウ	よもいらばな　フシグロ
よめとりばな　キキョウ	よもき　ヨモギ
よめな　キブシ／ズイナ／センボンギク／ナズナ／ノコ	よもくさら　ハマヒサカキ
ンギク／ハナイカダ／ハハコグサ／ヨメナ	よもくさらぎ　ハマヒサカキ
よめなかしゃ　ヤハズソウ	よもそざくら　イヌザクラ／ウワミズザクラ
よめなつづら　オオバイボタ	よもな　ユズリハ
よめなのき　キブシ／ズイナ	よもはぎ　ヨメナ
よめなはぎ　ズイナ／ヨメナ	よもりばな　フシグロ
よめなり　シャシャンボ	よぎ　アキニレ
よめのかさ　ヤブレガサ	よよだけ　ホウビチク
よめのかんかがり　ボタンヅル	よより　カヤツリグサ
よめのかんざし　クジャクシダ／ハコネシダ	より　ヤマユリ／ユリ
よめのかんじゃし　クジャクシダ／ツリフネソウ	よりくさ　コンロンソウ
よめのかんだし　ヒガンバナ	よるがお　ユウガオ
よめのこ　コナラ	よるのほし　ホシクサ
よめのごき　ゴキヅル／スズメウリ／ドングリ	よるまつぐさ　マツヨイグサ
よめのこし　コナラ／ドングリ	よれーどーし　アセビ
よめのさい　ワラビ	よれねず　サワラ（シノブヒバ）
よめのささつげ　イヌツゲ	よろ　オニユリ／ノカンゾウ／ヤマユリ／ユリ
よめのさら　イヌツゲ／ゴキヅル／ナズナ	よろいぎ　ニシキギ／ネムノキ
よめのじしばり　チドメグサ	よろいぐさ　シシガシラ／チドメグサ／ウド
よめのたすき　ネジバナ	よろいった　キヅタ
よめのちち　ヤブコウジ	よろえどーし　アセビ
よめのつぼろ　イヌツゲ	よろほーし　スギナ／ツクシ
よめのてのひら　ハナイカダ	よろぼし　ツクシ
よめのでんぶくろ　アツモリソウ	よろみ　エノキ
よめのなみだ　ハナイカダ	よろんご　エノキ
よめのぬりばし　ハコネシダ	よわぐさ　メヒシバ
よめのは　ドクダミ	よわよごみ　カワラヨモギ
よめのはぎ　ヨメナ	よんごー　ユウガオ
よめのはし　クジャクシダ／ネジキ／ハコネシダ	よんぽ　リョウブ
よめのはは　ホタルブクロ	よんもぎ　ヨモギ

ら

【ら】

ら　ラッキョウ
らいおん　ギシギシ
らいおんぐさ　ギシギシ
らいき　ポプラ
らいぎ　ポプラ／ヤマナラシ
らいこん　ダイコン
らいさまぐさ　ノコギリソウ
らいさまのはな　ヒガンバナ
らいじょーぼく　コウヨウザン
らいじんぼく　チャンチン／ナナカマド
らいでんぎり　キササゲ
らいでんぼく　キササゲ／チャンチン／サビハナナカマド／ナナカマド
らいびん　ライマメ
らいふく　ダイコン
らいぼく　キササゲ／ナナカマド
らいまびん　ライマメ
らいよけ　キササゲ／センダン
らえさまくさ　ノコギリソウ
らおぎ　ハナイカダ
らかん　イヌマキ／マキ
らかんじ　イヌマキ／マキ
らかんしゅ　イヌマキ／マキ
らかんじゅ　イヌマキ／マキ
らかんそー　オキナグサ
らかんふじ　ウマノスズクサ
らくだいも　ツクネイモ／ナガイモ／ヤマノイモ
らくだえも　ヤマノイモ
らくよーまつ　カラマツ
らけこほろ　ツユクサ
らしや　ラッキョウ
らしゃかきくさ　オニナベナ
らっか　ラッカセイ
らっかしょ　ラッカセイ
らっかしょー　ラッカセイ
らっかまめ　ソラマメ／ラッカセイ
らっかん　ヒガンバナ
らっきゅー　ラッキョウ
らっきょ　ラッキョウ
らっきょーねぶか　ワケギ
らっけつ　カラタチ

らっこ　アズマイチゲ
らっぱぐさ　クマガイソウ／ムラサキカタバミ／ヤイトバナ
らっぱそー　オランダカイウ／カンナ／グラジオラス／クワズイモ／ダンドク／ムラサキカタバミ
らっぱばな　アマリリス／グラジオラス／ジギタリス／ニシキウツギ／ハコネウツギ／ハマヒルガオ／ヒルガオ／フデリンドウ
らっぽたま　ジャノヒゲ
らまそー　ガガイモ
らん　シュンラン／シラン／ニューサイラン
らんかん　ヒガンバナ
らんぎく　シュウメイギク
らんきゅー　ラッキョウ
らんきょ　ラッキョウ
らんきょー　ラッキョウ
らんこ　カツラ
らんこーばい　ダンコウバイ
らんじゅ　ポプラ
らんしょ　ラッキョウ
らんどく　ダンドク
らんどくそー　カンナ
らんとばな　ヒガンバナ
らんな　ハボタン
らんのはな　シュンラン
らんばい　ロウバイ
らんばこ　オオバコ
らんぷみがき　カザグルマ

【り】

りーがー　マメガキ
りーき　サンカクイ／シチトウ
りーきーいも　サツマイモ
りーきいも　サツマイモ
りーきえも　サツマイモ
りえきいも　サツマイモ
りぎ　ハコベ
りきいも　サツマイモ
りきも　サツマイモ
りきゅー　シチトウ
りきゅーいばら　ナニワイバラ
りきりきぼーし　ツクシ

りきりきぼーず　ツクシ
りきんね　ウワミズザクラ
りくいね　リクトウ
りくじん　ウンシュウミカン
りくびえ　イヌビエ／ノビエ
りくりん　ウンシュウミカン
りごのき　エゴノキ
りしゃ　エゴノキ
りずりは　ユズリハ
りっか　サカキ
りてんだぼ　オオカメノキ
りねのき　エゴノキ
りびょうぐさ　カキドオシ／ゲンノショウコ／ドクダミ／ミチヤナギ
りびょぐさ　ゲンノショウコ
りふじん　ウンシュウミカン
りべよくさ　ゲンノショウコ
りぽんそー　ユキノシタ
りゃーこん　ダイコン
りゃーす　ダイズ
りゃこ　ダイコン
りゅーがん　チャンチン
りゅーき　サツマイモ／シチトウ
りゅーきいも　サツマイモ
りゅーきぐさ　シチトウ
りゅーきも　サツマイモ
りゅーぎゅ　シチトウ
りゅーきゅいも　サツマイモ
りゅーきゅー　サツマイモ／シチトウ／ハスイモ／フトイ
りゅーきゅーい　シチトウ
りゅーきゅーいも　サツマイモ／サトイモ／ジャガイモ／ハスイモ
りゅーきゅーからいも　サツマイモ
りゅーきゅーぎく　シュンギク
りゅーきゅーへちま　ヘチマ
りゅーきゅーらん　ハラン
りゅーくいも　サツマイモ
りゅーぐーのおとひめのもとゆいのきりはずし　アマモ
りゅーけいも　サツマイモ
りゅーご　ジャノヒゲ
りゅーごー　リョウブ
りゅーじん　ウンシュウミカン
りゅーじんやなぎ　ミズキ
りゅーすい　グラジオラス
りゅーせい　フトイ
りゅーせん　オオシラビソ／シラビソ／ハリモミ
りゅーだま　ジャノヒゲ
りゅーだん　ジャノヒゲ

りゅーどーな　リュウゼツサイ
りゅーのけ　ジャノヒゲ
りゅーのした　ジャノヒゲ
りゅーのひげ　ジャノヒゲ／ホンモンジスゲ／ヤブラン
りゅーのめ　ジャノヒゲ
りゅーばん　チャンチン
りゅーぶき　リョウブ
りゅーべー　リョウブ
りゅーぽ　リョウブ
りゅーぽー　リョウブ
りゅーりん　ウンシュウミカン
りゅきいも　サツマイモ
りゅきゅいも　サツマイモ
りゅりしで　ツリバナ
りゅんとー　リョクトウ
りょーがん　チャンチン
りょーげいも　サツマイモ
りょーご　ジャノヒゲ
りょーのひげ　ヤブラン
りょーば　ヒメシャラ／リョウブ
りょーぶ　サルスベリ／リョウブ
りょーぶな　リョウブ
りょーべ　リョウブ
りょーぽ　リョウブ
りょーぽい　リョウブ
りょーぽー　リョウブ
りょーぽぎ　リョウブ
りょーぽく　リョウブ
りょーぽのき　リョウブ
りょーぽふ　リョウブ
りょーりささげ　ハタササゲ
りょくとー　リョクトウ
りょくひ　オオヤハズエンドウ
りり　ユリ
りりー　スズラン
りりぎ　ナナカマド
りりんこばな　ヒガンバナ
りれん　ユリ
りん　ハス
りんか　イヌツゲ
りんき　アカリンゴ／リンゴ／ワリンゴ
りんぎく　ハナガサギク
りんきび　トウモロコシ
りんきょーぐさ　カニクサ
りんきん　ワリンゴ
りんごうり　マクワウリ
りんごくさ　カヤツリグサ
りんごぐさ　カヤツリグサ
りんごなし　リンゴ／ワリンゴ
りんごのかまりくさ　カヤツリグサ

りんごのかまりぐさ　カヤツリグサ
りんごのくさ　カヤツリグサ
りんごのっこ　カヤツリグサ
りんごみかん　リンゴ
りんちょ　リンドウ
りんちょー　ジンチョウゲ／ミツマタ
りんちょーぎ　ジンチョウゲ
りんちろりん　ナズナ
りんど　リンドウ
りんどー　ウツボグサ
りんどーかずら　カニクサ
りんとーそー　ウツボグサ
りんのき　ジンチョウゲ／ハマクサギ
りんぽーぎく　マツムシソウ
りんぽく　ヒイラギ
りんりんぐさ　ナズナ
りんろく　ヤマナシ

【る】

るいきいも　サツマイモ
るーれ　ユリ
るがい　アオノリュウゼツラン
るぐゎい　アオノリュウゼツラン
るすこむちならび　クロガネモチ
るする　カボチャ
るすん　オガタマノキ／カボチャ／シュンギク
るすんとーじん　トウモロコシ
るたばか　スウェーデンカブ
るり　ウバユリ／ムクノキ／ユリ
るりだまのき　ルリミノキ
るりちょーそー　ラショウモンカズラ
るるい　ユリ
るれ　ユリ

【れ】

れいし　ツルレイシ／マンネンタケ
れいしこ　ツルレイシ
れーし　スモモ
れーしこ　レイシ
れーちく　レイシ
れろ　ユリ
れん　ハス
れんが　ホウセンカ
れんがん　ホウセンカ
れんがんそー　ホウセンカ
れんぎ　ゲンゲ
れんぎいも　ツクネイモ／ナガイモ
れんぎょー　ゲンゲ

れんぐゎ　ホウセンカ
れんぐゎんそー　ホウセンカ
れんげ　スミレ／ツメクサ／ハス／モクレン
れんげそ　ツメクサ
れんげそー　ゲンノショウコ
れんげな　ゲンゲ／タイサイ
れんげのはな　ツメクサ
れんげはな　ツメクサ
れんげばな　ゲンゲ
れんご　アマドコロ
れんこいも　ジャガイモ
れんじゃく　ガマ
れんせんそー　カキドオシ
れんだ　ゼンマイ
れんだい　ハス
れんどー　メドハギ
れんぽぐさ　ミゾソバ

【ろ】

ろうでんそー　イチヤクソウ
ろーぎ　ハゼノキ
ろーきょー　フトイ
ろーころぎ　シマエゴノキ
ろーごんそー　ミョウガ
ろーそく　ツクシ
ろーそくぎ　クロガネモチ
ろーそくぐさ　ゲンノショウコ
ろーそくそー　ゲンノショウコ
ろーそくのき　オガタマノキ／ヤマグルマ
ろーそくばな　カタバミ／ゲンノショウコ
ろーっぱ　タニウツギ
ろーとー　ミクリ
ろーな　シュンギク
ろーのき　コシアブラ／ハゼノキ／ビロウ
ろーば　リョウブ
ろーはっしぇん　ラッカセイ
ろーはっせん　ラッカセイ
ろーぼー　リョウブ
ろーぼく　ヌルデ
ろーま　シュンギク
ろーまぎく　シュンギク
ろーれ　ユリ
ろーれん　ユリ
ろかし　アカガシ
ろぎ　イチイガシ
ろくえ　アブラギリ
ろくがついも　サトイモ／ジャガイモ
ろくがつえも　ジャガイモ
ろくけし　エビスグサ

方言名索引 ● ろくさ

ろくさな　タカナ
ろくしゃくな　リュウゼツサイ
ろくしゃくばな　シオン
ろくしょ　ハツタケ
ろくしょいも　ジャガイモ
ろくしょー　ハツタケ
ろくしょーいも　キクイモ
ろくしょーだけ　ハツタケ
ろくしょーな　クロナ
ろくしょーはじんだけ　ハツタケ
ろくしょーはつたけ　ハツタケ
ろくしょはつたけ　ハツタケ
ろくず　リョクトウ
ろくだみ　ドクダミ
ろくてんそー　イチヤクソウ／カンアオイ
ろくでんそー　イチヤクソウ
ろくとー　ニンニク
ろくどー　ニンニク／ノビル
ろくのき　トベラ
ろくべな　ズイナ
ろくほーし　ヒガンバナ
ろくほーじ　ヒガンバナ
ろくりん　アブラギリ
ろくろ　エゴノキ
ろくろき　エゴノキ
ろくろぎ　エゴノキ／クロキ
ろくろのき　エゴノキ
ろじめろん　カンタループメロン

ろしゃいっご　ホウロクイチゴ
ろしやむぎ　ライムギ
ろぞく　サトウモロコシ
ろそん　カボチャ
ろっかく　オニクサ
ろっかくずみ　スノキ
ろっかくとー　クリ（ハコグリ）
ろっかくどー　クリ（ハコグリ）
ろっかくむぎ　オオムギ
ろっがついも　ジャガイモ
ろつげ　アブラギリ
ろっけし　エビスグサ
ろっそ　ガマズミ
ろっぶあさ　ニューサイラン
ろっぽーそー　ゲンノショウコ
ろとーそー　ギンセンカ
ろば　リョウブ
ろばんすいつこ　ホウロクイチゴ
ろやす　エゴノキ
ろれ　ユリ
ろれい　ユリ
ろれー　ユリ
ろれん　ユリ
ろんごぐさ　カンゾウ
ろんどー　ドングリ
ろんどん　ドングリ
ろんぼ　リョウブ
ろんろん　ドングリ

わ

【わ】

わかえ　ヒラタケ
わかくさ　ウマゴヤシ
わかじゅず　ジュズダマ
わかとこ　ユズリハ
わかな　クロナ／ツリガネニンジン
わかのり　イワノリ
わかば　ヒメユズリハ／ユズリハ
わがらし　カラシナ
わきぎ　ワケギ
わきわりまめ　ソラマメ
わくごーぐさ　ドクダミ
わくじょっこー　サルスベリ
わくで　ボタンヅル
わくどーぐさ　ドクダミ
わくどぐさ　ドクダミ
わぐどぐさ　ドクダミ
わくな　ツリガネニンジン
わくのて　ボタンヅル
わぐろ　カヤツリグサ
わけ　ヒラタケ
わげー　ヒラタケ
わけき　ネギ
わけぎ　ネギ／ノビル
わけねぎ　ワケギ
わごくさ　ドクダミ／ヤイトバナ
わさいも　サトイモ
わさぞ　アセビ
わさび　アセビ／ハリモミ
わさびおろし　ワサビダイコン
わさびな　ワサビ
わさびもみ　ウラジロモミ
わさぶな　イヌブナ
わじく　サンゴジュ
わじゅろ　シュロ
わしんとん　ネーブル
わすのり　ハコネウツギ
わすれくさ　スズメノヤリ
わすれぐさ　アジサイ／キツネノカミソリ／ギボウシ／シノブ／ナツズイセン／ニシキソウ／ノキシノブ／ヒガンバナ
わすれなぐさ　ホタルカズラ／ルリソウ

わすればな　ヒガンバナ
わせいちご　モミジイチゴ
わせいも　サトイモ／ジャガイモ
わせたで　タデ
わせび　アセビ
わせびわ　アセビ
わせぽ　アセビ
わたあけぼ　ムベ
わだいおー　ギシギシ
わたうめ　アンズ
わたかずら　マツブサ
わたかつら　マツブサ
わたぎ　ウラジロノキ
わたく　クヌギ
わたぐさ　チカラシバ／ハハコグサ／ヒメムカシヨモギ
わたくぬぎ　アベマキ
わたぜ　タデ
わたた　マタタビ
わたたび　マタタビ
わたどち　アベマキ
わたどろ　ドロヤナギ
わたな　マタタビ／モミジガサ／イズハハコ／ヤマボクチ
わたのき　アベマキ／エビヅル／オオバヤナギ／シナノキ／ドロヤナギ
わたばなー　ワタ
わたび　イヌビワ
わたふじ　マツブサ
わたぶし　マツブサ
わたぶどー　マツブサ
わたぼーし　オケラ
わたまき　アベマキ／クヌギ
わたりうめ　スグリ
わちがわ　コウゾ
わつー　サツマイモ
わっぱばな　ヒマワリ
わに　ケカモノハシ
わのき　アオダモ
わぶん　バクチノキ
わゆぎく　オグルマ
わらいぎ　サルスベリ
わらいぎ　サルスベリ
わらいぐさ　チガヤ

わらいこ	サルスベリ	んなむん	コムギ
わらいのき	サルスベリ	んばぇーろ	ウバユリ
わらうき	サルスベリ	んばかしら	オキナグサ
わらたたき	サルトリイバラ	んばし	クワズイモ
わらび	シダ／タマシダ／ナチシダ／ハチジョウシダ／ホシダ	んばしらがぁ	オキナグサ
		んばちち	ウツボグサ
わらびな	ワラビ	んばっつ	オダマキ
わらべ	ワラビ	んばのばっかい	オキナグサ
わらべかずら	ツヅラフジ／フジ	んばのばんかい	オキナグサ
わらべな	ワラビ	んばぺた	クマガイソウ
わらべなかしゃ	コンロンカ	んぶる	ユウガオ
わらべなかせ	シラタマカズラ／ヤマコウバシ	んぼ	サツマイモ
わらんべなかせ	ヤマコウバシ	んまかちかち	スミレ
わり	オオムギ	んまごい	キカラスウリ
わりがき	ゲンノショウコ	んましかんこ	マダイオウ
わりくさ	カヤツリグサ	んますかな	ギシギシ
わりな	ズイキ	んますっかな	ギシギシ
わりばな	オトコエシ	んまぜり	ドクゼリ
わりはむぎ	オオムギ	んまに	クロツグ
わるぐさ	ムラサキカタバミ	んまぬまらたかちん	トウモロコシ
わるさくさ	ムラサキカタバミ	んまぬまらちん	トウモロコシ
わるとじな	オヒョウ	んまのあんじゃみ	ノハラアザミ
わるび	ワラビ	んまのしらみ	ヌスビトハギ
わるぎ	オオムラサキシキブ	んまのすいこ	ツクシ
われつと	ゴガツササゲ	んまのすっかな	ギシギシ
われもこー	オケラ	んまのちかな	ダイオウ
われもっこ	ワレモコウ	んまのぼたもち	ノアザミ
われわれ	シロモジ	んまのみみ	スズラン
わろーべなかせ	ヤマコウバシ	んまのもち	ノアザミ
わん	ヤマノイモ	んまはこべ	オオバコ
わんごろめ	サルトリイバラ	んまぶどー	ノブドウ
わんそー	ワレモコウ	んまべのき	ウバメガシ
わんな	ズイキ	んまめ	ウバメガシ
わんのき	ゴキヅル	んまんぎしぎし	ギシギシ
		んまんこーしゅー	イヌタデ
【ん】		んまんっとんこっとん	スミレ
		んまんはおろし	センニンソウ
んじつぃちゃー	アザミ	んむ	サツマイモ
んじゃき	ニガキ	んめづけくさ	カタバミ
んじゃたき	ホウライチク	んも	サツマイモ
んじゃだき	ホウライチク	んーだー	ニラ
んじゃな	ホソバワダン	んーでぃー	カブ
んじゅ	サザンカ	んーでぃなー	カブ
んずし	モクタチバナ	んーまのすいこん	スイバ
んたび	イチジク	んーまゆり	ヤブカンゾウ
んなむじ	コムギ	んーまんむっちょー	ノゲシ

日本植物方言集成

2001年2月28日　初版第1刷発行

編　集	八　坂　書　房
発行者	八　坂　安　守
印　刷	(株)マップス
製　本	(有)高地製本所
発行所	(株)八　坂　書　房

〒101-0064　東京都千代田区猿楽町1-5-3
TEL.03-3293-7975　FAX.03-3293-7977
郵便振替　00150-8-33915

落丁・乱丁はお取り替えいたします。
ISBN 4-89694-470-4
©2001 YASAKA SHOBO, Inc.